AF597723

PHYSIOLOGISCHE CHEMIE

EIN LEHR- UND HANDBUCH FÜR ÄRZTE
BIOLOGEN UND CHEMIKER

HERVORGEGANGEN AUS DEM
LEHRBUCH DER PHYSIOLOGISCHEN CHEMIE
VON OLOF HAMMARSTEN

ZWEITER BAND

ZWEITER TEIL

BANDTEIL c

HERAUSGEGEBEN VON

B. FLASCHENTRÄGER †

UND

E. LEHNARTZ
MÜNSTER/WESTF.

SPRINGER-VERLAG BERLIN HEIDELBERG GMBH
1959

DER STOFFWECHSEL

ZWEITER TEIL

BANDTEIL c

BEARBEITET VON

H. DANNENBERG · H. DRUCKREY
H. KRAUT · M. TOMITA · W. WEIDEL
M. WIEDEMANN · H. ZIMMERMANN

MIT 71 TEXTABBILDUNGEN

SPRINGER-VERLAG BERLIN HEIDELBERG GMBH
1959

Ursprünglich erschienen bei Springer-Verlag OHG. Berlin · Gottingen · Heidelberg 1959
Softcover reprint of the hardcover 2nd edition 1959

ISBN 978-3-662-21906-5 ISBN 978-3-662-21905-8 (eBook)
DOI 10.1007/978-3-662-21905-8

Inhaltsverzeichnis.

Der Stoffwechsel. Zweiter Teil.

D. Physiologische Chemie einzelner Lebensvorgänge und Organe (Fortsetzung). Seite

VIII. Fortpflanzung und Wachstum von H. DRUCKREY, Freiburg i. Br., mit einem Beitrag über die „Biochemie genetisch-aktiver Substanzen" von W. WEIDEL, Tübingen 1

IX. Biochemie der Tumoren. Von H. DANNENBERG, München 342

X. Das Ei. Von M. TOMITA, Kobe (Japan) 460

E. Gesamtstoffwechsel und Ernährung. Von H. KRAUT, Dortmund, und H. ZIMMERMANN, Dortmund 506

F. Vergleichende physiologische Chemie.

I. Physiologische Chemie der Viren. Von M. WIEDEMANN, Tübingen 580

Namenverzeichnis 613

Sachverzeichnis 782

Berichtigungen VI

Berichtigungen.

Zu Band I.

Seite

489, 3. Absatz, Zeile 5: statt: G. T. MULDER, lies: G. J. MULDER.

492 Tab. bei Ziffer 7 u. S. 1326, rechte Spalte: statt: GORUP-BESANEZ, E. v.:, lies: GORUP-BESANEZ, E. F.

186[52]: statt: 1/2, lies: XVI/2.

Zu Band II/1b.

1513, l. Spalte: Emulsin, Gewinnung, erste, statt: 903, lies: 983.

1644, r. Spalte, bei: Koproporphyrin, Bildung bei Darmfäulnis, statt: 190—193, lies: 190. — Unter Koprosterin füge ein: Bildung bei Darmfäulnis 191ff.

Zu Band II/2a.

79, Zeile 5: statt: s. a. S. 54, lies: s. a. S. 70.

Zu Band II/2b.

693, unter: 1. Biochemie der Sehstoffe, statt: s. S. 693, lies: s. S. 936.

731[3]: statt: H. DEFFNER, lies: M. DEFFNER.

925, Zeile 8 und 10: statt: O 36 lies: O 86.

1028, r. Spalte: statt: DEFFNER, H., lies: DEFFNER, M.

1051, l. Spalte: bei FRANKE, W., statt: DEFFNER, H., lies: DEFFNER, M.

1205, bei SPRINGER, G. F., Zeile 8: statt: O 36, lies: O 86.

1264, l. Spalte: statt: Bacterium coli O 36 lies: O 86.

Zu Band II/2c.

5[3]: statt: CASPARI, D., lies: CASPARI, E.

33[11], 3. Zitat: statt: HENDERSON, I., lies: HENDERSON, J.

51[1]: statt: 1957, lies: 1951.

53[9], 2. Zitat: statt: DELLWIG, lies: DELLWEG.

53, 4. Zeile: statt: MOEVUS, lies: MOEWUS[1].

70[9]: statt: CASPARI, C., lies: CASPARI, E.

70[55,60]: statt: SYNDER, lies: SNYDER.

80, 2. Absatz, Zeile 6 v. u.: statt: petite, lies: petites.

86[7]: statt: 1041, lies: 1941.

91[3], 3. Zitat: statt: HALDANE, J. B.: S., lies: HALDANE, J. B. S.:

104[5], 1. Zitat: statt: DAVID, K E., lies: DAVID, K., E.

117[4,10]: statt: V. GILBERT, lies: C. GILBERT.

120[4]: statt: BULLOUCH, lies: BULLOUGH.

124[50]: statt: 1925, lies: 1952.

161[1]: statt: BENNET, lies: BENNETT.

171: Die Textstellen zu den Zitaten [6] und [7] finden sich auf S. 172.

212[1], 2. Zitat: statt: H. SCHMÄHL, lies: D. SCHMÄHL.

212[6]: statt: WEDLER, H. L. W., lies: WEDLER, H.-W.

219, Absatz 2, Zeile 11: statt: 1,2-Benzphenarsacins, lies: 1,2-Benzphenarsazins.

244[4], 1. Zitat: statt: 1950, lies: 1940.

258[9]: statt: SIGIURA, lies: SUGIURA.

271, vorletzte Zeile: statt: Abb. 36, lies: Abb. 37.

312[3]: statt: 70 1951), lies: 70 (1951).

327[3], 5. Zitat: statt: SELZE, lies: SEZE.

327[4], 5. Zitat: statt: LACASSYGNE, lies: LACASSAGNE.

328[16], 1. Zitat: statt: BACOLN, lies: BACON.

332[12], 1. Zitat: statt: DURAN-REYNAIS, lies: DURAN-REYNALS.
365[10]: statt: R. McCARTHY, lies: P. McCARTHY.
367[7]: statt: E. DUKES, lies: C. E. DUKES.
375[3]: statt: SEXTONS, lies: SEXTON:.
416[11,12]: statt: WILLIAM-ASHMAN, lies: WILLIAMS-ASHMAN.
439[10], 3. Zitat: statt: M. F. SHILS, lies: M. E. SHILS.
439[13]: statt: LADUE, lies: LA DUE.
446[24]: statt: WOODSITE, lies: WOODSIDE.
458, Zeile 3: statt: 3,4-Brenzpyrensarkom, lies: 3,4-Benzpyrensarkom.
458[4], 2. Zitat: statt: N. M. NACHLAS, lies: M. M. NACHLAS.
466[6]: statt: J. SAGARA, lies: J.-I. SAGARA.
476, Absatz 5, Zeile 2 und S. 477, Absatz 6, vorletzte Zeile: statt: Bombix, lies: Bombyx.
487[1]: statt: SAGIMOTO, lies: SUGIMOTO.
511[1]: statt: HESS, S., lies: HESS, G. H.
530[5]: statt: BERNSMEIERN, lies: BERNSMEIER.
532[7], letztes Zitat: statt: RICHHARDS, lies: RICHARDS.
595[1]: statt: MULLER, lies: MÜLLER.

D. Physiologische Chemie der Lebensvorgänge und Organe (Fortsetzung).

VIII. Fortpflanzung und Wachstum[1–29].

Von H. DRUCKREY.

Mit einem Beitrag über die Biochemie genetisch-aktiver Substanzen.

Von W. WEIDEL.

Inhaltsverzeichnis.

Seite

1. Allgemeines über Fortpflanzung und Wachstum 3
2. Fortpflanzungsorgane 7
   a) Die männlichen Fortpflanzungsorgane 8
      α) Hoden S. 8. — β) Nebenhoden und Samenblasen S. 9. — γ) Prostata S. 10. — δ) Sekundäre Geschlechtsmerkmale S. 10. — ε) Korrelationen S. 11. ζ) Pathologie der Inkretion S. 12. — η) Der Samen S. 12.
   b) Weibliche Fortpflanzungsorgane 14
      α) Ovarien S. 14. — β) Uterus S. 16. — γ) Vagina S. 17. — δ) Brustdrüsen S. 18. — ε) Sekundäre Geschlechtsmerkmale S. 19.
3. Sexualhormone 20
   a) Allgemeines 20
   b) Gonadotrope Hormone 23
      α) Chemie S. 24. — β) Wirkung der gonadotropen Hormone S. 26.

Zusammenfassende Darstellungen: 1—29. [1] Handb. Physiol. Bd. XIV/1 u. 2: Fortpflanzung, Entwicklung und Wachstum. Berlin 1926 u. 1927. — [2] BERTALANFFY, L. v.: Theoretische Biologie. Bd. 1 u. 2. Berlin 1932 u. 1942. Bd. 2, 2. Aufl. Bern 1951. — [3] CLAUDE, A.: The constitution of protoplasma. Science, N. Y. **97**, 451 (1943). — [4] BOURNE, G. H.: Cytology and Cell Physiology. London 1942. — [5] CLARK, W. E. LE G., and P. B. MEDAWAR: Essays on Growth and Form. London 1945. — [6] MONNÉ, L.: Struktur und Funktionszusammenhang des Cytoplasmas. Exper. **2**, 153 (1946). — [7] HOEBER, R.: Physikalische Chemie der Zellen und Gewebe. Bern 1947. — [8] LEHNARTZ, E.: Chemische Physiologie. 10. Aufl. Berlin, Göttingen, Heidelberg 1952. — [9] DARLINGTON, C. D.: Recent Advances in Cytology. 2. Aufl. London 1936. — [10] FREY-WYSSLING, A.: Submicroscopic Morphology of the Protoplasma. New York, Amsterdam 1948. — [11] HAUROWITZ, F.: Fortschritte der Biochemie 1938—1947. Basel 1948. — [12] HARTMANN, M.: Allgemeine Biologie. 3. Aufl. Jena 1947. — [13] BRACHET, J.: Embryologie chimique. 2. Aufl. Paris, Lüttich 1947. — [14] JORDAN, P.: Die Physik und das Geheimnis des organischen Lebens. 5. Aufl. Braunschweig 1947. — [15] CASPARI, E.: Cytoplasmatic inheritance. Adv. Genetics **2**, 1 (1948). — [16] GLICK, D.: Techniques of Histo- and Cytochemistry. New York 1949. — [17] CASPERSSON, T. O.: Cell Growth and Cell Function. New York 1950. — [18] KÜHN, A.: Grundriß der Vererbungslehre. 2. Aufl. Heidelberg 1950. — [19] MILOVIDOW, P. F.: Physik und Chemie des Zellkerns. Teil 2 (Protoplasma-Monogr. No. 21). Berlin 1954. — [20] MÜHLDORF, A.: Die Zellteilung als Plasmateilung. Wien 1951. — [21] EPHRUSSI, B.: Remarks on cell heredity. Genetics in the 20th Century. S. 241. New York 1951. — [22] SONNEBORN, T. M.: The role of the genes in cytoplasmatic inheritance. Genetics in the 20th Century. S. 291. New York 1951. — [23] LEDERBERG, J.: Cell genetics and hereditary symbiosis. Physiol. Rev. **32**, 403 (1952). — [24] The Chemistry and Physiology of the Nucleus. Exp. Cell. Res., Suppl. **2** (1952). — [25] Mikroskopische und chemische Organisation der Zelle. 2. Mosbacher Coll. 1951. Berlin, Göttingen, Heidelberg 1952. — [26] HEILBRUNN, L. V., u. F. WEBER (Hrsg.): Protoplasmatologia. Handbuch der Protoplasmaforschung. Wien 1953 —. [27] GEITLER, L.: Endomitose und endomitotische Polyploidisierung. Protoplasmatologia Bd. VI/C. Wien 1953. — [28] STAUDINGER, H., u. M. STAUDINGER: Makromolekulare Chemie und ihre Bedeutung für die Protoplasmaforschung. Protoplasmatologia Bd. I/1. Wien 1954. — [29] RIES, E.: Biologie der Zelle. 2. Aufl. Hrsgb. GERSCH, M. Leipzig 1953.

Seite

c) Keimdrüsenhormone 27
α) Allgemeines 27
β) Entgiftung, Ausscheidung 30
γ) Chemische Bestimmung 32
δ) Biologische Bestimmung 34
1. Allgemeines S. 34. — 2. Gonadotropine S. 35. — 3. Keimdrüsenhormone S. 38.
ε) Synthetische Oestrogene und Androgene 39

4. Schwangerschaft 43
5. Fortpflanzung 49
6. Geschlechtsbestimmung 52
7. Biochemie genetisch aktiver Substanzen. Von W. Weidel 55
a) Einführung 55
b) Nucleinsäure als Erbsubstanz 56
c) Bauprinzip und spezifische Struktur der Nucleinsäuren 58
α) DNS S. 58. — β) RNS S. 59.
d) Spezifische Funktionen der Nucleinsäuren 60
α) Speicherung und Rekombination genetischer Informationen S. 60. — β) Identische Reproduktion S. 62. — γ) Primäre Genwirkung S. 67.
e) Schlußbetrachtung 69
8. Vererbung 70
a) Plasmatische Vererbung und Plasma-Duplikanten 79
b) Mutationen 85
c) Biochemische Genetik 98
d) Befruchtungsstoffe 100
e) Befruchtung 104
9. Entwicklung 106
a) Physiologie der Entwicklung 106
b) Pathologie der Entwicklung; Mißbildungen, Teratome 115
c) Biochemie der Entwicklung 118
10. Wachstum 124
a) Allgemeines 124
b) Zellteilung 133
c) Hemmung der Zellteilung und „Mitosegifte“ 136
d) Das Zellwachstum 143
e) Wuchsstoffe 147
f) Wachstumshemmstoffe 155
11. Biochemie der Entzündung 164
12. Regeneration 176
13. Krebs 181
a) Begriffsbestimmung 181
b) Krebsvorkommen („Spontankrebs“) 185
c) Erblichkeit 186
d) Statistik 190
e) Exogene Ursachen des Krebs 192
f) Bronchialkrebs, Luftverunreinigung und Tabak 194
g) Berufskrebs 197
h) Endogene Cancerogene 201
i) Experimentelle Krebserzeugung 204
α) Ionisierende Strahlen und radioaktive Substanzen 205
β) Anorganische Cancerogene 209
γ) Aromatische Kohlenwasserstoffe 212
1. Vorkommen S. 212. — 2. Experimentelle Prüfung S. 214. — 3. Chemische Konstitution und Wirkung S. 215. — 4. Elektronentheorie der cancerogenen Aromaten S. 220. — 5. Chemische Reaktivität S. 225. — 6. Stoffwechsel der cancerogenen Kohlenwasserstoffe S. 226. — 7. Wirkungsmechanismus S. 227. — 8. Cocancerogene Faktoren S. 232.

Seite

δ) Cancerogene aromatische Amine 234
1. Amine kondensierter Aromaten S. 234. — 2. Nichtkondensierte aromatische Amine S. 237. — 3. Chemische Konstitution und cancerogene Wirkung S. 247. — 4. Stoffwechsel der cancerogenen aromatischen Amine S. 255. — 5. Wirkung cancerogener Amine auf Fermentfunktionen S. 261. — 6. Verhalten des 4-Dimethylaminoazobenzols im Organismus S. 262. — 7. Die cancerogene Wirkung des 4-Dimethylaminoazobenzols S. 265.

ε) Cancerogene organische Verbindungen verschiedener Art 268
1. Harnstoffverbindungen S. 268. — 2. Alkylierende Substanzen S. 271. 3. Halogenierte Kohlenwasserstoffe S. 276. — 4. Polymere Substanzen S. 277. 5. Allgemeine Wirkungsprinzipien S. 285. — 6. Cancerogene Wirkungen von Naturprodukten S. 286.

ζ) Parasiten und Virus als Krebsursachen 289
1. Parasiten S. 289. — 2. Virustumoren S. 292. —

η) Mechanismus der Cancerogenese 302
1. Dosis-Wirkungsbeziehungen S. 302. — 2. Duplikanten-, Mutations- und Defekt-Theorie S. 310. — 3. Der Zeitfaktor S. 316. — 4. Das Geschwulstwachstum S. 318. — 5. Hormone und Krebs S. 324. — 6. Ernährung und Geschwulstwachstum S. 331. — 7. Tumoreigene Wachstumsfaktoren S. 332. — 8. Transplantations-Tumoren S. 333. — 9. Zellfreie Übertragung von Tumoren S. 336. — 10. Heterotransplantation von Tumoren S. 337. — 11. Immunologie S. 338. — 12. Metastasen S. 339.

1. Allgemeines über Fortpflanzung und Wachstum.

Die Fähigkeit, aus der Umwelt aufgenommene Substanzen unter Angleichung zum eigenen Aufbau zu benutzen (Stoffwechsel und Wachstum, Bedingungen des individuellen Lebens) und die eigene Art durch Bildung neuer, gleichartiger Lebewesen zu erhalten und zu vermehren (Fortpflanzung, Bedingung des Lebens der Art), ist allen belebten Organismen gemeinsam. Wir finden sie beim primitivsten Einzeller nicht weniger als bei Pflanze, Tier und Mensch. Diese ,,vegetativen Funktionen" gelten deshalb mit Recht als Kriterium des Lebens.

Bei den primitivsten Lebewesen sind sie mit ihren mannigfaltigen Teilprozessen auf den engen Raum einer Zelle vereinigt. Das ungehinderte Nebeneinanderbestehen der verschiedensten chemischen Reaktionen in diesem kleinsten Raum wird durch die Feinstruktur der Zelle ermöglicht, die zugleich die wirksame Oberfläche gewaltig vergrößert. Eine Zelle ist kein Flüssigkeitsbläschen, sondern ein höchst komplizierter Mikrokosmos[1].

Die glykolytischen Enzyme wurden im löslichen *Cytoplasma* gefunden, die oxydativen Prozesse und besonders die höheren Stoffwechselvorgänge finden dagegen an spezifischen Plasmastrukturen, also im heterogenen System statt. Die einzelnen Zellorganellen, wie Mitochondrien, Mikrosomen und Plasmagranula, die im Schwerefeld der Zentrifuge separiert werden können, sind der Sitz der einzelnen Enzymfunktionen in der Zelle[2]. Die Organspezifität ist wahrscheinlich an die Plasmagranula gebunden[3]. (Zur chemischen Organisation der Zelle s. Bd. 2/1, S. 1064.)

---

[1] Frey-Wyssling, A.: Submicroscopic Morphology of Protoplasma. Amsterdam, London, New York 1953. — [2] Bensley, R. R., and N. L. Hoerr: Anat. Rec. **60**, 449 (1934). — Claude, A.: Science, N. Y., **87**, 467 (1938); **97**, 451 (1943). J. exp. Med. **84**, 51 (1946). — Linderstrøm-Lang, K.: Distribution of enzymes in tissues and cells. Harvey-Lect. (1938/39) **34**, 214 (1940). — Schneider, W. C.: J. biol. Ch. **165**, 585 (1946). — Schneider, W. C., and G. H. Hogeboom: Cancer Res. **11**, 1 (1951). — Graffi, A.: Arch. Geschwulstforsch. **1**, 61 (1949). — Lang, K., u. G. Siebert: B. Z. **322**, 360 (1951/52). — Hogeboom, G. H., W. C. Schneider and M. J. Striebich: Cancer Res. **13**, 617 (1953). — [3] Furth, J., and E. A. Kabat: J. exp. Med. **74**, 247 (1941).

Der Zellkern[1], der ebenso isoliert gewonnen werden kann[2], ist arm an oxydoreduktiven und glykolytischen Enzymen[3], bezieht die erforderliche Energie also wahrscheinlich aus dem Cytoplasma. Er enthält dagegen eine kräftige Adenosintriphosphataseaktivität, die die notwendige Energie für die Mitose liefern soll[4]. Kernlose Seeigeleier atmen normal. Kernfreie Amöbenreste zeigen Atmung, Beweglichkeit und Reaktionsfähigkeit, sind aber unfähig zu Wachstum und spontaner Teilung. Die Übertragung eines Zellkerns stellt die Vermehrungsfähigkeit wieder her[5]. Bei Seeigeleiern ist demgegenüber auch das kernlose Cytoplasma noch zu „Zellteilungen" befähigt. Der Zellkern scheint bei der Entwicklung von Eizellen erst dann eine Rolle zu spielen, wenn die Protein- und Nucleinsäuren-Synthesen beginnen und damit auch die Differenzierungsvorgänge[6]. Demnach wäre nicht der Zellkern, sondern gerade das Cytoplasma als der primitivere und fundamentale Teil der Zelle zu betrachten. Die kernlose Hälfte von Algen (Acetabularia) assimiliert CO_2 ebenso stark wie die kernhaltige[7].

Die Träger des Lebens und der Individualität sind makromolekularer Natur. Deshalb müssen die Erkenntnisse der makromolekularen Chemie als grundlegend für die biochemische Forschung betrachtet werden[8]. Zu den integrierenden Bausteinen der lebenden Substanz gehören *Proteine* und *Nucleinsäuren*. Durch die vorhandenen Restvalenzkräfte können diese makromolekularen Substanzen Wasserstoffbrücken bilden, die mehr oder minder leicht wieder gelöst werden können. Dadurch ist vor allem der Übergang aus innermolekular vernetzten Formen in einen gestreckten Zustand möglich. Die Form ist also wandelbar. Das scheint die Grundlage für viele Funktionen biologischer Makromoleküle zu sein. Ihre Spezifität beruht weniger auf der Art oder relativen Anzahl der Bausteine als vielmehr auf ihrer räumlichen Ordnung, wahrscheinlich durch Bildung eines spezifischen „Ladungsmusters". Trotzdem unterliegen auch die Proteine einem ständigen Umbau, so daß ihr Zustand kein statischer, sondern ein dynamischer ist[9] (s. Bd. 2/1, S. 911f.).

Das Wachstum setzt die Synthese von Proteinen voraus. Sie vollzieht sich sowohl im Zellkern als auch im Cytoplasma[10] unter maßgeblicher Mitwirkung von Ribonucleinsäuren. Bei erhöhter Proteinsynthese (Wachstum, Sekretion) ist der Zellkern vergrößert, der Nucleinsäuregehalt in der Zelle vermehrt, und zwar oft um ein geradzahliges Vielfaches[11]. Die Synthese von Nucleinsäuren und von Proteinen steht unter der Kontrolle des Zellkerns. Kernlose Amöbenreste verarmen schnell an Ribonucleinsäuren, weniger an Proteinen[12].

Im *Zellkern* liegen Träger der Erbmasse. Sie enthalten hochmolekulare Nucleinsäuren als spezifische Bestandteile, und zwar bei primitivsten Zellen vom

---

[1] The Chemistry and Physiology of the Nucleus. Exp. Cell Res., Suppl. **2** (1952). — [2] Bensley, R. R., and N. L. Hoerr: Anat. Rec. **60**, 449 (1934). — Claude, A.: Science, N. Y., **87**, 467 (1938); **97**, 451 (1943). J. exp. Med. **84**, 51 (1946). — Linderstrom-Lang, K.: Distribution of enzymes in tissues and cells. Harvey-Lect. (1938/39) **34**, 214 (1940). — Schneider, W. C.: J. biol. Ch. **165**, 585 (1946). — Schneider, W. C., and G. H. Hogeboom: Cancer Res. **11**, 1 (1951). — Graffi, A.: Arch. Geschwulstforsch. **1**, 61 (1949). — Lang, K., u. G. Siebert: B. Z. **322**, 360 (1951/52. — Hogeboom, G. H., W. C. Schneider and M. J. Striebich: Cancer Res. **13**, 617 (1953). — [3] Dounce, A. L.: J. biol. Ch. **147**, 685; **151**, 221 (1943). — Caspersson, T.: Symp. Soc. exp. Biol. **1**, 127 (1947). — [4] Lang, K., u. G. Siebert: B. Z. **322**, 196 (1951/52). — [5] Lorch, I. J., and J. F. Danielli: Nature **166**, 329 (1950). — [6] Seidel, F.: Naturwiss. **42**, 275 (1955). — Bautzmann, H.: Naturwiss. **42**, 286 (1955). — [7] Brachet, J., and H. Chantrenne: Nature **168**, 950 (1951). — [8] Staudinger, H., u. M. Staudinger: Makromolekulare Chemie und ihre Bedeutung für die Protoplasmaforschung. Protoplasmalogia Bd. I/1. Wien 1954. — [9] Schoenheimer, R.: Dynamic States of the Body Constituents. Cambridge, Mass. 1942. — Edsall, J. T.: Adv. Protein Chem. **3**, 383 (1947). — [10] Brachet, J., and H. Chantrenne: Nature **168**, 950 (1951). — [11] Caspersson, T.: Symp. Soc. exp. Biol. **1**, 127 (1947). — [12] Brachet, J.: Exper. **6**, 294 (1950).

Ribose-, bei höheren vom Desoxyribosetyp. Die Erbmasse ist in besonderen Organellen lokalisiert, z.B. in Chromosomen[1], die zur identischen bzw. konvarianten Selbstreproduktion befähigt sind. Sie können also nicht „de novo" in der Zelle gebildet werden, sondern nur durch Selbstvermehrung. Deshalb sind sie als die letzten Träger des artspezifischen Lebens überhaupt anzusehen. Ähnliches scheint auch für manche Strukturelemente des *Cytoplasmas* zuzutreffen. Bei Pflanzenzellen gilt das für die *Plastiden,* die morphologisch und biochemisch chromosomenähnlich sind[2]. Nach neueren Ergebnissen ist auch allgemein bei *Mitochondrien* sowie bei *Plasmagranula* anzunehmen, daß sie nur durch Selbstreproduktion vermehrt werden können[3], ebenso auch spezielle Nucleinsäuren und Proteine, vor allem Antikörper[4], wenn auch wohl meist unter der Kontrolle von Genen. Derartige, nur durch Selbstverdoppelung entstehende Bestandteile des Kerns oder Cytoplasmas können zusammenfassend als „*Duplikanten*" (s. S. 70 u. 79ff.) bezeichnet werden. Für sie gilt in Erweiterung des Satzes von VIRCHOW: omnis duplicans e duplicanti ejusdem generis. Die spezifische Funktion der „Duplikanten" scheint in der enzymatischen Synthese höchstwertiger Bau- und Funktionssubstanzen zu liegen. Einzelstufen solcher Synthesen konnten einem bestimmten Gen zugeordnet werden (s. S. 98f.).

Die makromolekularen *Nucleinsäuren* haben offenbar eine grundlegende Bedeutung für Wachstum und Fortpflanzung, also für das Leben. Alle Lebewesen, angefangen von den primitivsten Viren und kernlosen Bakterien bis zu den menschlichen Zellen enthalten Nucleinsäuren als höchstwertige und artspezifische Funktionsträger.

Die Tatsache, daß das Leben trotz der überwältigenden Fülle der Arten und Formen letztlich doch stets an gleichartige chemische Grundbausteine gebunden ist und auch in seinen grundlegenden Funktionen überall den gleichen Gesetzmäßigkeiten folgt, legt den Gedanken nahe, alles Lebendige letzten Endes auf eine gemeinsame Quelle zurückzuführen. Auch in den kompliziertesten Formen und Vorgängen ist immer das Einfache enthalten, wie in der ontogenetischen Entwicklung eines jeden Lebewesens wenigstens in großen Zügen die phylogenetische Entwicklung der Art vom Stadium des Einzellers (Keimzelle) an wiederholt wird.

Jeder Zellteilung geht ein Wachstum des Kernes und des Cytoplasmas voraus. Der Nucleinsäurestoffwechsel ist dabei erheblich erhöht[5]. Erst nach Abschluß der durch Synthesen gekennzeichneten intermitotischen Phase, die zu Unrecht als „Ruhephase" bezeichnet wird, beginnt die Zellteilung als eine 2. Phase des Zellebens[6]. Die Zellteilung hat also spezielle Stoffwechselvoraussetzungen und Folgen. Sie ist ferner von charakteristischen Änderungen des physikalischen Zustandes der Zellkolloide begleitet, die in Quellung und später in Entquellung

---

[1] Zusammensetzung und Struktur isolierter Chromosomen: MIRSKY, A. E., and H. RIS: J. gen. Physiol. **34**, 475 (1951). — [2] STRUGGER, S.: Ber. dtsch. bot. Ges. **64**, 69 (1951). — METZNER, H.: Biol. Zbl. **71**, 257 (1952). — EGLE, K.: Naturwiss. **40**, 569 (1953). — [3] FURTH, J., and E. A. KABAT: J. exp. Med. **74**, 247 (1941). — CLAUDE, A.: Science, N. Y. **97**, 451 (1943). — AVERY, O. T., C. M. MACLEOD and M. MCCARTY: J. exp. Med. **79**, 137 (1944). — DARLINGTON, C. D.: Nature **145**, 164 (1944). — WRIGHT, S.: Amer. Naturalist **79**, 289 (1945). — SPIEGELMAN, S.: Cold Spring Harb. Symp. quant. Biol. **11**, 256 (1946). — CASPARI, D.: Cytoplasmatic Inheritance. Adv. Genetics **2**, 1 (1948). — SCHULTZ, J.: Science, N. Y. **111**, 403 (1950). — SONNEBORN, T. M.: Heredity **4**, 11 (1950). Genetics in the 20th Century. S. 291. New York 1951. — DANNEEL, R., u. E. GÜTTES: Naturwiss. **38**, 117 (1951). — BESSIS, M.: Acta Un. int. Cancr., Bruxelles **7**, 646 (1951). — EPHRUSSI, B.: Remarks on Cell Heredity. Genetics in the 20th Century. S. 241. New York 1951. — OEHLKERS, F.: Z. indukt. Abstamm.-Vererb.-Lehre **84**, 213 (1952). — MARQUARDT, H.: Ber. dtsch. bot. Ges. **65**, 198 (1952). — [4] BREINL, F., u. F. HAUROWITZ: H. **192**, 45 (1930). — PAULING, L.: Am. Soc. **62**, 2643 (1940). — [5] MCFARLANE, A. S.: Brit. med. J. **1947 II**, 766. — [6] STIGLER, R.: Z. Krebsforsch. **58**, 222 (1952).

mit entsprechenden Änderungen in der Permeabilität der Zellgrenzschichten bzw. Membranen bestehen und deshalb notwendig auch zu Änderungen im Stoffaustausch führen.

Die beiden aus der Mutterzelle durch eine äquivalente „mitotische“ Teilung entstandenen Tochterzellen unterscheiden sich nicht voneinander, sie sind auch gleich jung. Beide Zellen werden sich zu gegebener Zeit wieder teilen und so fort. Für den Einzeller gibt es keinen natürlichen Tod. Das gleiche gilt für die Keimzellen bei allen Arten und in der Gewebekultur auch für viele Körperzellen. In diesem Sinne ist die lebende Substanz, soweit sie an Keimzellen gebunden ist, unsterblich. Es gibt jedoch auch „inäquale“ oder „bivalente“ Zellteilungen[1]. Dabei ist die neugebildete Zelle oft zum Untergang bestimmt (Keimzellen, Reifeteilung, Haut, Erythrocyten), während die Mutterzelle weiter teilungsfähig bleibt.

Sind mehrere Zellen zu einem *Zellverband* zusammengeschlossen, so findet eine Aufteilung der Funktionen auf die einzelnen Zellen oder Zellgruppen statt, und zwar auch dann, wenn dieser Zellverband durchaus locker und weit entfernt davon ist, einen eigenen Organismus zu bilden, wie z.B bei Volvox oder bei Algen. Eine solche Arbeitsteilung gibt die Möglichkeit der Spezialisierung einer Zelle oder eines Gewebes auf eine oder einige Funktionen, z.B im Bereich des Stoffwechsels, der Fortpflanzung oder der Bewegung. Die durch solche Differenzierung entwickelte spezielle Funktion beansprucht nun die wesentlichen Kräfte der „Körperzelle“ und drängt damit andere Fähigkeiten zunächst reversibel, später irreversibel zurück. Die Körperzelle ist im Gegensatz zur Keimzelle nicht mehr „omnipotent“, sondern nur noch „pluripotent“ und bei höchster Spezialisierung nur noch „unipotent“, sie ist obligat sterblich geworden. Diese Arbeitsteilung ermöglicht Höchstleistungen und bedingt die ungeheure Vielfältigkeit der Formen und Leistungen, die nun Regulationsmechanismen erfordert. Zur Fortpflanzung sind die spezialisierten Körperzellen nicht mehr fähig, wenn sie auch vor allem bei einfachen Lebewesen im „Regenerationsvermögen“ noch einen Teil ihrer früheren Potenzen „latent“ besitzen können. Solche Phänomene der Spezialisierung unter Potenzverlust liegen auch bei staatenbildenden Insekten vor.

Bei höheren Arten bleiben nur wenige Zellen, die unmittelbar von der befruchteten Keimzelle abstammen, als Keimmutterzellen erhalten. Sie werden von jeder speziellen Differenzierung zurückgestellt, um später wieder als Keimzellen zum Aufbau eines neuen Organismus zu dienen. Auf diese Weise tragen die Keimzellen in ununterbrochener Folge die Erbmasse weiter, auch beim Menschen (Kontinuität der Keimbahn) (A. Weismann 1887).

Die Keimzellen werden schon auf einer frühen Stufe der Ontogenese in besondere Gewebe eingebettet, aus denen sich die Keimdrüsen entwickeln. Diese bilden mit weiteren „accessorischen“, speziell der Fortpflanzung dienenden Organen den Geschlechtsapparat.

Die grundlegende Bedeutung der mit der Fortpflanzung verbundenen Leistungen im Organismus kommt dadurch zum Ausdruck, daß die Keimdrüsen auf hormonalem Wege die Erscheinungsform des Individuums und sein Verhalten im Rhythmus des Lebens bestimmen. Infantilität, Pubertät, Reife und Involution sind sexual bedingt.

Wenn zunächt von der Bildung der Keimzellen abgesehen wird, liegen die Leistungen der Fortpflanzungsorgane besonders auf stofflichem Gebiet. Zwei Gruppen von Produkten lassen sich unterscheiden. Erstens solche, die nach außen abgegeben werden (Exkrete) und im wesentlichen der zweckmäßigen Weiter-

---

[1] Rolshoven, E.: Anat. Anz. **91**, 1 (1941). Med. Welt **1952**, 1355. Verh. anat. Ges. **50**, 233 (1952).

führung der Keimzellen dienen. Sie werden meist nicht in den Keimdrüsen, sondern in „accessorischen" Drüsen gebildet. Es sind vor allem Schleimstoffe, Kohlenhydrate, Proteine und auch Enzyme. Die 2. Stoffgruppe entstammt den Keimdrüsen selbst[1]. Diese Substanzen werden vorwiegend auf dem Blutwege abgegeben („Inkrete"). Sie lösen in den primären und sekundären Geschlechtsorganen die vielseitigen für die Fortpflanzung wesentlichen Vorgänge aus und regulieren sie. Es sind die Keimdrüsenhormone, Produkte eines höchstwertigen Spezialstoffwechsels, der nur in den Keimdrüsen aktuell ist, potentiell aber auch in anderen Geweben, z. B. in der Nebennierenrinde oder in der Placenta, stattfinden kann. Die bisher bekannten Keimdrüsenhormone sind Steroide.

Schließlich bilden auch die Keimzellen selbst spezifische Wirkstoffe, die z. B. als „Gamone" beim Befruchtungsvorgang eine Rolle spielen oder bei einfachen Arten als „Termone" sogar das geschlechtliche Verhalten bestimmen können.

2. Fortpflanzungsorgane[2–34].

Die Keimdrüsen der höheren Lebewesen des gleichen Geschlechts stimmen in Bau und Leistung überraschend weitgehend überein. Was über sie zu sagen ist, läßt sich daher in relativ weiten Grenzen verallgemeinern. Die zusätzlichen Fortpflanzungsorgane zeigen dagegen größere Artunterschiede.

---

[1] BERTHOLD, A. P.: Arch. Anat., Physiol. wiss. Med. **1849**, 42.

Zusammenfassende Darstellungen: 2—34. *Fortpflanzung:* [2] SEITZ, L.: Wachstum, Geschlecht und Fortpflanzung als ganzheitlich, erbmäßig-hormonales Problem. Berlin 1939. — [3] ENGLE, E. T. (Hrsg.): Conference on Diagnosis in Sterility. Springfield 1945. — [4] ASHLEY-MONTAGU, M. F.: Adolescent Sterility in the Human Female. Springfield, Ill. 1946. — [5] ENGLE, E. T. (Hrsg.): The Problem of Fertility. Princeton, London 1947. — [6] WAGENEN, G. VAN: Reproduction. Ann. Rev. Physiol. **9**, 51 (1947). — [7] ROBSON, J. M.: Recent Advances in Sex and Reproductive Physiology. 3. Ed. London 1947. — [8] BELONOSCHKIN, B.: Zeugung beim Menschen im Lichte der Spermatozoenlehre. Stockholm 1949. — [9] HÄMMERLING, J.: Fortpflanzung im Tier- und Pflanzenreich. 2. Aufl. Berlin 1951. — [10] HARTMANN, M.: Geschlecht und Geschlechtsbestimmung im Tier- und Pflanzenreich. 2. Aufl. Berlin 1951. — *Sexualhormone:* [11] TRENDELENBURG, P.: Die Hormone. Bd. 1. Berlin 1929. — [12] EVANS, H.M., K. MEYER and M. E. SIMPSON: The Growth and Gonad-Stimulating Hormones of the Anterior Hypophysis. Berkeley, Cal. 1933. — [13] REISS, M.: Die Hormonforschung und ihre Methoden. Berlin 1934. — [14] ZONDEK, B.: Hormone des Ovariums und des Hypophysenvorderlappens. 2. Aufl. Wien 1935. — [15] LETTRÉ, H., R. TSCHESCHE u. H. H. INHOFFEN: Über Sterine, Gallensäuren und verwandte Naturstoffe. 2. Aufl. Bd. 1. Stuttgart 1954. — [16] ASHER, L.: Physiologie der inneren Sekretion. Wien, Leipzig 1936. — [17] BOMSKOV, C.: Methodik der Hormonforschung. Leipzig Bd. 1 1937; Bd. 2 1939. — [18] KOLLER, G.: Hormone bei wirbellosen Tieren. Leipzig 1938. — [19] ANSELMINO, K. J., u. F. HOFFMANN: Die Wirkstoffe des Hypophysenvorderlappens. Handb. Heffter Erg.-Bd. IX. — [20] EGGERT-SCHABBEL, E.: Die Drüsen mit innerer Sekretion. Jena 1944. — [21] GAARENSTROM, J. H., and S. E. DE JONGH: Contribution to the Knowledge of the Influences of Gonadotropic and Sex Hormones on the Gonads of Rats. Amsterdam 1946. — [22] BEACH, F. A.: Hormones and mating behavior in vertebrates. Recent Progr. Hormone Res. **1**, 27 (1947). — [23] AMMON, R., u. W. DIRSCHERL: Fermente, Hormone, Vitamine. 2. Aufl. Leipzig 1948. — [24] PINCUS, G., and K. V. THIMANN (Hrsg.): The Hormones. 3 Bde. New York 1948; 1950; 1955. — [25] LI, C. H., and H. M. EVANS: Recent Progr. Hormone Res. **3**, 1 (1948). — [26] SELYE, H.: Textbook of Endocrinology. 2. Ed. Montreal 1949. — [27] BUDDENBROCK, W. v.: Vergleichende Physiologie. Bd. 4, Hormone. Basel 1950. — [28] EMMENS, C. W. (Hrsg.): Hormone Assay. New York 1950. — [29] PINCUS, G.: Chemistry and metabolism of steroidhormones. Ann. Rev. **19**, 111 (1950). — [30] LEWIN, H., u. W. SPIEGELHOFF: Die Cyclushormone des Weibes. Stuttgart 1951. — [31] ABDERHALDEN, R.: Die Hormone. Berlin, Göttingen, Heidelberg 1952. — [32] HEUSNER, A.: Die Chemie der Hormone. (Zwangl. Abh. inn. Sekr., Bd. 10.) Leipzig 1954. — [33] BRETSCHNEIDER, L. H., and J. J. DUYVENÉ DE WIT: Sexual Endocrinology of Non-Mammalian Vertebrates. Amsterdam, London, New York 1947. — [34] ZONDEK, H.: Die Krankheiten der endokrinen Drüsen unter Berücksichtigung ihrer Anatomie und Physiologie. Unter Mitarbeit von LESZYNSKY, H. E., u. G. WOLFSOHN-ZONDEK. Basel 1953.

a) Die männlichen Fortpflanzungsorgane[1-4].

(s. a. Bd. II/2b, S. 563ff.)

α) Hoden.

Die Hoden der Wirbeltiere sind von einem bindegewebigen Gerüst durchzogen, in das das eigentliche Parenchym, die Hodenkanälchen eingebettet sind. Im pericanaliculären Bindegewebe liegen reichlich LEYDIGsche „Zwischenzellen". Sie bilden die „interstitielle Drüse", die unter der Wirkung des gonadotropen Luteinisierungshormons (LH), auch als „interstitiotropes Hormon" (IH) bezeichnet, wahrscheinlich Bildungsort der androgenen Hormone ist[5]. Die epithelialen Kanälchen enthalten die Spermatogonien und Spermatocyten, die sich mit zunehmender Reife dem Lumen nähern, um schließlich nach einer letzten „Reifeteilung", bei der die Chromosomenzahl auf die Hälfte reduziert wird, als reife Spermatozoen zur Exkretion zu kommen. Beim männlichen Geschlecht werden also fortgesetzt Keimzellen gebildet, so daß sie exogenen Einwirkungen, z.B. mutativer Art, nahezu über die ganze Lebensdauer unterliegen können. Die Bildung von Eizellen im weiblichen Organismus ist dagegen meist schon mit der Geburt beendet. Die Spermiogenese und die Entwicklung des Hodens werden durch das gonadotrope Follikelreifungshormon (FRH) angeregt[6]. Zwischen den Spermatogonien liegen die SERTOLIschen „Stützzellen", ebenfalls epithelialer Abkunft. Ihr Cytoplasma enthält zahlreiche doppelbrechende Lipoidgranula und Sekretbläschen, sowie oft nadelförmige Krystalle. Die Stützzellen unterliegen der Wirkung des FRH und scheinen vorwiegend oestrogene Hormone zu bilden[7]. Die im Hoden vorhandene Hyaluronidase[8] wird wahrscheinlich sowohl von den Stützzellen als auch von den Spermatozoen selbst gebildet[9].

Aus Hoden wurden folgende Steroide[10] isoliert: Testosteron[11], Δ^5-Pregnenol-3β-on-20, allo-Pregnan-ol-3α-on-20, allo-Pregnan-ol-3β-on-20, trans-Cholestantriol-3β,5,6, $\Delta^{3,5}$-Cholestadien-on-7, Δ^4-Cholesten-on-3, Cholestan-dion-3,6, Δ^5-Cholesten-ol-3β-on-7, α-Oestradiol[12], Oestron, Androstan-dion-3,17, Δ^{16}-Androsten-ol-3α- und -3β sowie ein Testalon der Bruttoformel $C_{21}H_{32}O_3$ und eine Substanz $C_{13}H_{22}O_2N_2$ (?)[13] (s. a. Bd. 1, S. 437).

Die erste Darstellung reiner Androgene gelang aus Männerharn, aus dem Androsteron und Dehydro-iso-androsteron gewonnen wurden[14]. Sie werden als Ausscheidungsprodukte angesehen.

Männliche Fortpflanzungsorgane: [1] OBERNDORFER, S.: Die inneren männlichen Geschlechtsorgane. Handb. path. Anat. Histol. (HENKE-LUBARSCH) Bd. 6/3, 427 (1931). — [2] MÖLLENDORFF, W. v.: Lehrbuch der Histologie. 25. Aufl. S. 393. Jena 1943. — [3] LUCIEN, M., J. PARISOT et G. RICHARD: Le testicule. Paris 1942. — [4] HOTCHKISS, R. S.: Fertility in Men. Philadelphia 1944.

[5] GAARENSTROM, J. H., and S. E. DE JONGH: Contribution to the Knowledge of the Influences of Gonadotropic and Sex Hormones on the Gonads of Rats. Amsterdam 1946. — [6] VOSS, H. E., u. S. LOEWE: Pflügers Arch. **218**, 604 (1928). — [7] WITSCHI, E., and W. F. MENGERT: J. clin. Endocrinol. **2**, 279 (1942). — BERTHRONG, M., W. E. GOODWIN and W. W. SCOTT: J. clin. Endocrinol. **9**, 579 (1949). — [8] DURAN-REYNALS, F.: J. exp. Med. **54**, 493 (1931). — [9] RIISFELDT, O.: Z. Vit.-, Horm.- Ferm.-Forsch. **3**, 66 (1949/50). — KLECKER, E.: Ärztl. Wschr. **1950**, 638. — [10] DORFMAN, R. I.: Biochemistry of Androgens; in: Pincus-Thiman, Hormones Bd. 1, S. 467. — [11] DAVID, K., E. DINGEMANSE, J. FREUD u. E. LAQUEUR: H. **233**, 281 (1935). — [12] GOLDZIEHER, J. W., and I. S. ROBERTS: J. clin. Endocrinol. **12**, 143 (1952). — [13] RUZICKA, L., u. V. PRELOG: Helv. **26**, 975 (1943). — PRELOG, V., u. L. RUZICKA: Helv. **27**, 61 (1943). — PRELOG, V., E. TAGMANN, S. LIEBERMAN u. L. RUZICKA: Helv. **30**, 1080 (1947). — [14] BUTENANDT, A.: Z. angew. Chem. **44**, 905 (1931).

Die 3-Androstanole und -one haben wegen ihres moschus- bzw. cedernölartigen Geruches wahrscheinlich eine physiologische Bedeutung als Sexualriechstoffe[1] (s. S. 104).

Bei vielen Tierarten, namentlich bei Vögeln beobachtet man erhebliche jahreszeitliche Schwankungen des Hodengewichtes, das in der Brunstzeit auf das 100fache anwachsen kann. Die Hoden vieler Säugetiere treten nur während der Brunst aus der Bauchhöhle in das Scrotum. Beim Menschen erfolgt dieser „Descensus" bereits im uterinen Leben und ist endgültig. Die Bedeutung dieses Vorganges liegt darin, daß sowohl die Spermatogenese als auch die Hormonbildung durch die relativ niedrige Temperatur im Scrotum begünstigt werden[2]. Ovarien können ebenfalls androgene Hormone bilden, wenn sie an kühle Körperstellen, z.B. bei Nagern in die Ohrmuscheln implantiert werden. Nach Rückpflanzung in den Bauchraum werden von ihnen dann wieder vorwiegend oestrogene Hormone gebildet[3]. Das Wachstum der infantilen Hoden, das physiologisch durch die gonadotropen Hormone angeregt wird, konnte z.B. an Hähnchen auch durch 2,4-Dimethylpyrimidin-sulfanilamid ausgelöst werden[4].

Röntgenstrahlen schädigen die Spermiogenese schwer, und zwar sowohl durch die direkte physikalische Wirkung als auch indirekt durch die Bildung toxischer Produkte. Auf die LEYDIGschen Zwischenzellen und damit auf die Bildung androgener Hormone hat die Röntgenbestrahlung viel weniger Einfluß[5]. Radioaktive Substanzen haben grundsätzlich die gleiche Wirkung. Beim Hamster führte ^{32}P in Dosen oberhalb $6\mu C/g$ zu Sterilität[6]. Die Auslösung mutativer Veränderungen an den Keimzellen ist möglich (s. S. 88). Auch starke Ultraviolettbestrahlung hemmt die Spermiogenese. In vitro inaktiviert sie die Keimdrüsenhormone.

β) Nebenhoden und Samenblasen.

Die *Nebenhoden*, in denen das Sperma gespeichert wird, resorbieren in ihrem Kopfteil Spermaflüssigkeit zurück und engen das Sperma damit ein, Spermatozoen werden durch „Spermiophagie" aufgenommen. Bei Verschluß der abführenden „ductus deferentes" kann es durch Steigerung des intratesticulären Druckes zu Hodenatrophie kommen, wenn die „Spermiophagie" mit der Samenbildung nicht Schritt halten kann[7].

Die sekretorische Leistung der Nebenhoden ist wenig erforscht. Die Spermien werden hier mit einer Sekrethülle überzogen, die stark puffernde Eigenschaften hat. Spermien aus dem Nebenhodenschweif verlieren ihre Beweglichkeit bei Zusatz von Milchsäure (Vaginalsekret) nicht, während solche aus hodennahen Teilen stillgestellt werden. Die Spermien des Hodens sind nicht befruchtungsfähig. Bei Seetieren erfolgt die Aktivierung der Spermien im Meerwasser. Bei Säugetieren gewinnen sie ihre Fertilität erst im weiblichen Genitaltrakt nach mehreren Stunden[8].

Die *Samenblasen* enthalten ein leicht gerinnbares Sekret unbekannter Zusammensetzung. Das Gewebe kann Glucose, nicht aber die im Samenplasma ent-

---

[1] DAVID, K., E. DINGEMANSE, J. FREUD u. E. LAQUEUR: H. **233**, 281 (1935). — PRELOG, V., L. RUZICKA, P. MEISTER u. P. WIELAND: Helv. **28**, 618 (1945). — RUZICKA, L., P. MEISTER u. V. PRELOG: Helv. **28**, 1651 (1945); **30**, 867 (1947). — LEDERER, E.: Odeurs et parfums des animaux. Fortschr. Chem. org. Naturstoffe **6**, 87 (1950). — [2] OGLE, C.: Amer. J. Physiol. **107**, 628 (1934). — [3] HILL, R. T.: Endocrinology **21**, 495 (1937). — HILL, R. T., and M. T. STRONG: Endocrinology **27**, 79 (1940). — [4] ASPLIN, F. D., E. BOYLAND, S. SARGENT and G. WOLF: Proc. R. Soc. London (B) **139**, 358 (1951/52). — [5] HUGGINS, C.: Ann. Surg. **115**, 1192 (1942). — [6] RUSS, C.: Proc. Soc. exp. Biol. Med. **74**, 729 (1950). — [7] WELCKER, E. R.: Endokrinologie **13**, 234 (1933). — [8] CHANG, M. C.: Nature **175**, 1036 (1955).

haltene Fructose spalten, obwohl die in den Samenblasen enthaltenen Phosphatasen sowohl Glucose- als auch Fructosephosphorsäure hydrolysieren[1].

Entwicklung und Funktion der Samenblasen wird durch Androgene, aber auch durch Oestrogene angeregt. Am „Vesiculardrüsen-Test" können Androgene quantitativ biologisch bestimmt werden[2].

γ) Prostata.

Die Vorsteherdrüse, die Prostata[3], besteht aus drüsigen und fibromuskulären Teilen. Die Proliferation und Sekretion des drüsigen Anteils wird durch Androgene angeregt, die des fibromuskulären Teils und der Bläschendrüsen durch Oestrogene[4]. Die oestrogenen Hormone werden auch im männlichen Organismus gebildet und haben auch hier ihre physiologische Funktion. Ihr Überwiegen über die androgenen Hormone führt im Alter zur Hyperplasie der fibromuskulären Bezirke, zur „Prostatahypertrophie". Androgene, aber auch Progesteron oder Corticoide (Nebennierenrindenhormone) heben diese Wirkung auf. Die drüsigen Teile werden dagegen durch Oestrogene zur Atrophie gebracht[5]. Auch das Wachstum des Prostatacarcinoms, das sich meist vom drüsigen Gewebe ableitet, kann durch (chirurgische) Kastration oder durch Oestrogene gehemmt werden[6]. Hier verhalten sich Oestrogene und Androgene antagonistisch.

Die Prostata gibt dem Sperma bei der Ejakulation ein dünnflüssiges Sekret bei. Es enthält ein Ferment, das das Sperma gerinnbar macht. Das Epithel der menschlichen Prostata ist durch einen hohen Gehalt an „saurer" Phosphatase (500—2500 E/g frische Drüse) ausgezeichnet[7], die durch Fluorid, bestimmte Alkohole und durch L-Tartrat[8] gehemmt, durch Ascorbinsäure dagegen aktiviert wird. Die Bildung des Fermentes wird durch Androgene angeregt, durch Oestrogene dagegen gehemmt. Die Prostataphosphatase wird in das Ejakulat abgegeben. Unter pathologischen Bedingungen, beim Zerfall der Epithelien und vor allem bei Metastasen von Prostatacarcinom[9] kann die Phosphatase in beträchtlichen Mengen in das Blut übertreten, so daß ihr Nachweis diagnostisch wichtig ist[10]. Ob die im Sperma reichlich vorhandene Cholinphosphorsäure als physiologisches Substrat dieser Phosphatase anzusehen ist[11], erscheint zweifelhaft.

Die Prostata enthält etwa 14 mg-% *Spermin*[12] (s. Bd. **1**, S. 795), ferner eine wasser- und ätherlösliche Substanz, welche den Blutdruck senkt und auf die glatte Muskulatur von Darm oder Uterus erregend wirkt[13].

Die COWPER*schen Drüsen* bilden ein stark fadenziehendes, schlüpfriges Sekret, das im sauren Milieu nicht gerinnt.

δ) Sekundäre Geschlechtsmerkmale.

Die „sekundären" männlichen Geschlechtsmerkmale entwickeln sich ebenfalls unter der Wirkung der androgenen Hormone. Da sie äußerlich sichtbar sind, werden sie als Test für die Auswertung androgener Hormonpräparate bevorzugt.

[1] MANN, T., and C. LUTWAK-MANN: Biochem. J. **43**, 266 (1948); **48**, XVI (1951). — [2] VOSS, H. E., u. S. LOEWE: A. e. P. P. **159**, 532 (1931). — LOEWE, S., u. H. E. VOSS: Kli. Wo. **1930 I**, 481. — [3] GEISSENDÖRFER, R.: Prostata. Leipzig 1940. — [4] DEANESLY, R.: Proc. R. Soc. London (B) **126**, 122 (1938). — [5] COURRIER, R., et G. GROS: C. R. Soc. Biol. **115**, 1097 (1934); **118**, 683 (1935). — CHAMORRO, A.: C. R. Soc. Biol. **144**, 222 (1950). — [6] HUGGINS, C., and C. V. HODGES: Cancer Res. **1**, 293 (1941). — [7] KUTSCHER, W., u. H. WOLBERGS: H. **236**, 237 (1935). — KUTSCHER, W., u. J. PANY: H. **255**, 169 (1938). — Histochemischer Nachweis: GOMORI, G.: Arch. Path., Chicago **32**, 189 (1941). Amer. J. clin. Path. **16**, 347 (1946). — [8] FISHMAN, W. H., and F. LERNER: J. biol. Ch. **200**, 89 (1953). — [9] BRÜSTLEIN, G.: Schweiz. med. Wschr. **72**, 70 (1942). — [10] GUTMAN, A. B., E. B. GUTMAN and J. M. ROBINSON: Amer. J. Cancer **38**, 103 (1940). — BURGESS, C. T. A., and R. W. EVANS: Lancet **1949 II**, 790. — [11] LUNDQUIST, F.: Acta physiol. scand. **13**, 322 (1947). — [12] WREDE, F., F. BOLDT u. E. BUCH: H. **165**, 155 (1927). — [13] EULER, U. S. v.: Kli. Wo. **1935 II**, 1182.

Der atrophische *Kamm des Kapaunen* wird durch Androgene zum Wachstum gebracht[1]. Die Ausmessung der Kammfläche erlaubt sehr genaue quantitative Bestimmungen (s. Bd. 1, S. 442f.). Bei lokaler Applikation des Hormons auf den Kamm genügt für eine bestimmte Wirkung ein geringer Bruchteil der bei resorptiver Wirkung notwendigen Gabe. Die Wirkung ist also eine direkte. Oestrogene hemmen dagegen die Kammentwicklung[2]. Der für den Hahn charakteristische Geschlechtsstolz kommt dagegen nur bei resorptiver Wirkung der Androgene gleichzeitig mit dem Kamm zur Entfaltung. Kanarienweibchen gewinnen unter Behandlung mit Androgenen die sonst nur den Hähnen zukommende Stimme. Die Entwicklung des Gehörns beim Rehbock wird dagegen nicht durch Androgene, sondern durch Oestrogene angeregt[3].

Die Wirkungen der Keimdrüsenhormone erstrecken sich auf den ganzen Organismus und seine Stoffwechselfunktionen. Die nach Kastration auftretende Störung des Muskelstoffwechsels mit Kreatinurie wird durch Androgene behoben[4]. Sie gestalten die Stickstoffbilanz positiv und wirken anregend auf den Gesamtstoffwechsel über eine Aktivierung der Schilddrüsenfunktion. Nach Kastration tritt vermehrter Fettansatz auf. Die gleiche Wirkung haben Oestrogene, die deshalb zur Mast von Hähnen und Ebern benutzt werden[5]. Exstirpation der Schilddrüse führt zur Atrophie des Genitale[6]. Besonders enge Beziehungen bestehen zwischen Keimdrüsen und Nebennierenrinde, die im Steroidstoffwechsel eine wesentliche Rolle spielt. Sie bildet auch androgene Hormone[7]. Bei Nebennierentumoren tritt häufig Virilismus und pubertas praecox auf[8]. Im Harn finden sich dabei Androgene und andere Steroide in bertächtlicher Menge. Auch die Insulinproduktion wird durch Androgene gesteigert[9].

ε) Korrelationen.

Die Korrelationen zwischen den einzelnen endokrinen Drüsen verlaufen über das endokrine Zentralorgan, das Zwischenhirn und die Hypophyse. Am hypophysenlosen Tier bleiben sie demgemäß aus. Die Hypophyse hat die wichtige Aufgabe, die Funktionen der peripheren Inkretorgane aufeinander abzustimmen und auf diese Weise den Organismus vor Schädigungen durch einseitige Hormonwirkungen zu schützen. Die Therapie mit Hormonen löst daher grundsätzlich Gegenregulationen aus. Andererseits ist die Gefahr, durch Überdosierung toxische Schädigungen zu verursachen, bei Hormonen weitaus geringer, als bei körperfremden Pharmaka. Dennoch wurden nach Gabe des halbsynthetischen Methyltestosteron Leberschäden und gelegentlich Gelbsucht beobachtet[10].

Die Ausschaltung zu großer Hormonmengen erfolgt stets auf 3 Wegen, nämlich durch die Ausscheidung, vornehmlich im Harn, durch Entgiftung oder durch Stimulierung antagonistisch wirkender Organe über die Hypophyse. Am hypophysenlosen Tier sind schon geringe Hormondosen toxisch[11]. Während die phenolischen Oestrogene in der Leber entgiftet werden[12], sind die Androgene stabiler[13].

---

[1] Gallagher, T. F., and F. C. Koch: J. Pharmacol. exp. Therap. **40**, 327 (1930). — Hohlweg, W., u. K. Junkmann: Kli. Wo. **1932 I**, 320. — [2] Bras, N. F., and A. W. Ludwig: Endocrinology **46**, 292 (1950). — [3] Blauel, G.: Endokrinologie **15**, 321 (1935). — [4] Bühler, F.: Z. ges. exp. Med. **96**, 821 (1935). — [5] Koch, W.: Berlin. münchen. tierärztl. Wschr. **1950**, 211. — [6] Hofmeister, F.: Bruns' Beitr. **11**, 441 (1894). — [7] Übersicht über männliche und weibliche Prägungsstoffe in der Nebennierenrinde: Ponse, K.: Schweiz. med. Wschr. **80**, 170 (1950). — [8] Kichikawa, W.: B. Z. **163**, 176 (1925). — [9] Cornil, L., et J. E. Paillas: Presse méd. **1936**, 539. — [10] Werner, S. C., F. M. Hanger and R. A. Kritzler: Amer. J. Med. **8**, 325 (1950). — [11] Reiss, M., u. S. Fischer-Popper: Endokrinologie **18**, 92 (1936). — [12] Zondek, B.: Skand. Arch. Physiol. **70**, 133 (1934). — [13] Grayhack, J. T., and W. W. Scott: Endocrinology **48**, 453 (1951).

ζ) Pathologie der Inkretion[1].

Die Pathologie der Inkretion kennt eigentlich nur quantitative Störungen. Da aber alle Funktionen durch das geordnete Zusammenwirken vieler Hormone gesteuert werden, ergibt sich stets ein komplizierteres Bild. Der höchste Grad der Unterfunktion der Keimdrüsen besteht nach Kastration. Die echte, chirurgische ist von der „Röntgenkastration" streng zu unterscheiden, weil bei der letzteren praktisch nur die Reifung von Keimzellen gestört ist, die endokrine Funktion aber zum großen Teil erhalten sein kann. Da bei der echten Kastration die drosselnde Wirkung der Keimdrüsenhormone auf die Hypophyse fehlt, ist die Bildung und Ausscheidung der gonadotropen Hormone über lange Zeit vermehrt[2]. Nach Kastration in früher Jugend können die Nebennierenrinden die Bildung von Keimdrüsenhormonen vikariierend übernehmen. Auch bei der Rückbildung der Keimdrüsen im Alter ist die gonadotrope Inkretion aktiviert. Die dadurch bedingten Störungen werden als „Klimakterium" bezeichnet. Der Infantilismus beruht dagegen meist auf mangelnder Funktion des Zwischenhirns oder der Hypophyse. Bei Knaben kann der „descensus" der Hoden in das Scrotum unterbleiben (Kryptorchismus). Impotenz[3] kann durch endokrine Störungen, durch Fehlbildungen des Genitale oder der Keimzellen bedingt sein. Im erstgenannten Fall spielen psychische Störungen[4] eine große Rolle, die bei der Frau zu „Dysmenorrhoen" führen können. Bei gesteigerter Libido finden sich oft Hyperplasien der Nebennierenrinde. Die Keimdrüsen haben für die Libido nur geringe Bedeutung, denn sie kann auch nach Kastration erhalten bleiben. Bei Nachlassen der androgenen Inkretion im Senium kommt es oft zu einer Hypertrophie der Prostata[5], die auf das Überwiegen der Oestrogene bezogen wird.

η) Der Samen[6].

(s. a. Bd. 2/2b, S. 567f.).

Die männlichen Keimzellen, die Spermatozoen des Menschen und der meisten Säugetiere, sind „heterogametisch". Sie tragen in ihrem nach der Reifeteilung (Meiosis) haploiden Chromosomensatz entweder das X- oder das Y-Chromosom. Bei der Befruchtung kombinieren sich die Spermien mit den homogametischen, nur das X-Chromosom tragenden Eizellen zu XX = weiblich und XY = männlich. Das Geschlecht wird also von den männlichen Keimzellen bestimmt (s. S. 51). Die das X-Chromosom tragenden Spermien sollen größer sein als die das Y-Chromosom enthaltenden[7], erstere sollen kathodisch wandern, letztere anodisch[8].

Die Spermatozoen enthalten in ihrem Kopfteil sehr wenig Cytoplasma, sondern praktisch nur die Zellkerne. Deshalb dienen die Hoden von reifen Fischen als wichtigste Quelle für die Darstellung von Nucleinsäuren. Die Zellkerne der Spermatozoen (von Salmoniden) enthalten nur DNS-Nucleoprotamine[9]. In der Lipoidfraktion von Spermatozoen wurde eine Oxyfettsäure gefunden, die wahr-

---

[1] Zondek, H.: Die Krankheiten der endokrinen Drüsen. Basel 1953. — [2] Druckrey, H.: A. e. P. P. **181**, 174 (1936). — [3] Engle, E. T. (Hrsg.): Conference on Diagnosis in Sterility. Springfield, Ill. 1946. — Ashley-Montagu, M. F.: Adolescent Sterility in the Human Female. Springfield, Ill. 1946. — [4] Stieve, H.: Der Einfluß des Nervensystems auf Bau und Tätigkeit der Geschlechtsorgane des Menschen. Stuttgart 1952. — [5] Owen, S. E., and M. Cutler: Amer. J. Cancer **27**, 308 (1936). — Niehans, P.: Prostata-Krebs wie Prostata-Hypertrophie sind Folgen hormonaler Störungen usw. Bern 1940. — [6] Miotti, T.: Lo sperma. Atti Soc. med.-chir.Padova **20**, 7 (1942). — [7] Klecker, E.: Ärztl. Wschr. **1950**, 638. — [8] Schröder, V.: Z. Tierzücht. **50**, 16 (1941). — [9] Felix, K.: Exper. **8**, 312 (1952).

scheinlich mit Mykolsäure identisch ist[1]. Ihre Injektion führt zu Granulomen[1]. Die Spermien bilden (?) und enthalten in ihrem Kopfteil Hyaluronidase. Ihre Bedeutung für die Auflösung der corona radiata der Eizelle und das Eindringen des Spermiums bei der Befruchtung ist wahrscheinlich[2].

Das menschliche Ejakulat enthält 3—5 Mill. Spermatozoen, seine Menge[3] beträgt 0,6—9 ml, im Mittel 3,3 ml. Es ist leicht alkalisch, der p_H liegt zwischen 7,1 und 8,9. Das Samenplasma des Menschen und der meisten Säugetiere enthält viel Kalium und 0,2—1% Fructose, die unter der Wirkung von Androgenen aus den Bläschendrüsen abgegeben wird[4]. Sie ist für die Erhaltung von Leben und Beweglichkeit der Spermien wesentlich[5]. Die Fructolyse ist charakteristisch für vitales Sperma[6]. Das menschliche Sperma enthält keine 17-Ketosteroide[7].

Tabelle 1. Aminosäureverteilung in Spermatozoen und Samenplasma vom Stier (in %)[8].

	Spermatozoen	Samenplasma
Valin	3,7	3,1
Leucin	5,2	3,8
Isoleucin	3,4	2,8
Threonin	3,8	3,2
Methionin	1,8	1,6
Arginin	25,5	7,9
Lysin	5,1	4,9
Glutaminsäure	8,3	7,8
Phenylalanin	3,8	3,4
Tryptophan	1,6	2,6
Histidin	2,5	2,1

Tabelle 2. Bestandteile im Samenplasma des Bullen (in mg-%)[9].

Natrium	238	Chlorid	175
Kalium	172	Citrat	620
Calcium	37	Fructose	460
Magnesium	8	Gesamt-N	877
Eisen	2	Gesamt-P	57

Im Samen des Ebers wurde bis 1,8% Inosit gefunden, das ebenfalls den Bläschendrüsen entstammt[10], ferner Ergothionein[11]. Auch Ascorbinsäure[12] und Cholinphosphorsäure[13] sind im Samenplasma reichlich vorhanden. An speziellen Enzymen wurden Spermin- und Spermidinoxydase nachgewiesen, die von anderen Aminoxydasen verschieden ist[14].

Proteine, Nucleinsäuren[15] und Aminosäuren wurden meist am Sperma des Stiers untersucht, weil es im großen Umfang zur künstlichen Befruchtung verwendet wird. Die Aminosäuren verteilen sich auf die Spermien und das Plasma, berechnet in Prozent der fett- und aschefreien Trockensubstanz gemäß Tabelle 1[8].

Schließlich wurden im Sperma auch spermicide Substanzen gefunden[16].

---

[1] Berg, J. W.: A. M. A. Arch. Path. **57**, 115 (1954). — [2] Duran-Reynals, F.: J. exp. Med. **54**, 493 (1931). — Hahn, L.: B. Z. **318**, 123 (1947). — Meyer, K.: Physiol. Rev. **27**, 335 (1947). — Lundquist, F.: Acta physiol. scand. **17**, 44 (1949). — [3] MacLeod, J.: Fertility & Sterility **1**, 347 (1950). — [4] Landau, R. L., and R. Loughead: J. clin. Endocrinol. **11**, 1411 (1951). — [5] Mann, T.: Biochem. J. **40**, 481 (1946). — [6] Schirren, C.: Medizinische **1955**, 872. — [7] Dirscherl, W., u. H. Breuer: Acta endocrinol., København **16**, 248 (1954). — [8] Sarkar, B. C. R., R. W. Luecke and C. W. Duncan: J. biol. Ch. **171**, 463 (1947). — [9] Lord Rothschild and H. Barnes: J. exp. Biol. **31**, 561 (1954). — [10] Mann, T.: Nature **168**, 1043 (1951). — [11] Mann, T., and E. Leone: Biochem. J. **53**, 140 (1953). — [12] Berg, O. C., C. Huggins and C. V. Hodges: Amer. J. Physiol. **133**, 82 (1941). — [13] Lundquist, F.: Acta physiol. scand. **13**, 322 (1947). — [14] Hirsch, J. G.: J. exp. Med. **97**, 345 (1953). — [15] Dallam, R. D., and L. E. Thomas: Biochim. biophysica Acta, N. Y. **11**, 79 (1953). — [16] Swayne, V. R., J. M. Beiler and G. J. Martin: Proc. Soc. exp. Biol. Med. **80**, 384 (1952).

b) Weibliche Fortpflanzungsorgane[1-12].

(s. a. Bd. II/2b, S. 548ff.)

α) Ovarien.

Die weiblichen Keimdrüsen, die Ovarien, gleichen in der frühen Embryonalzeit den männlichen. In das mesodermale Gewebe wandern schon frühzeitig die Urkeimzellen ein. Ihre Höchstzahl ist schon bei der Geburt erreicht, beim Menschen sind es etwa 300000. Damit sind die Eizellen im Gegensatz zu den Spermien exogenen (z.B. mutagenen) Einflüssen während des Lebens entzogen, bis eine Befruchtung erfolgt (mögliche Schädigungen durch Antikonzeptionsmittel!). Da von den zahlreichen Eizellen nur etwa der tausendste Teil zur Reife gelangt, ist eine Auslese möglich. Aus den Ovogonien entstehen durch bivalente Teilung die Ovocyten I. Bei der nun folgenden Ovogenese werden im Gegensatz zur Spermatogenese nicht 4 befruchtungsfähige Keimzellen gebildet, sondern nur eine. Die beiden Reifeteilungen der Ovocyten I und II erfolgen ungleich, jeweils eine Zelle erhält das Plasma, die andere wird als nicht befruchtungsfähiges *Richtungskörperchen* abgespalten und geht zugrunde. Auch hier ist also eine Selektion möglich. Bei einer der beiden Reifeteilungen wird zugleich der diploide Chromosomensatz zum haploiden reduziert *(Reduktionsteilung)*. Die ,,Reifung" betrifft durchaus nicht nur den Zellkern, sondern auch das Cytoplasma[13], dessen Bestandteile also ebenfalls eine wichtige Rolle spielen. Die menschlichen Eizellen sind homogametisch, sie enthalten sämtlich nur das X-Chromosom (s. S. 12).

Im Ovar entstehen aus den zunächst soliden Epithelkugeln die *Primordialfollikel*, die von der Zeit der Pubertät an zu GRAAFschen Follikeln heranreifen. Das Wandepithel der Follikel wird von den Granulosazellen gebildet. Nach außen sind die Follikel mit der gefäßreichen Theca umkleidet und so in das bindegewebige Stroma des Ovars eingebettet.

Unter der Wirkung des gonadotropen Follikelreifungshormons (FRH, FSH) (s. Bd. 2/2b, S. 481) entwickeln sich die Follikel und füllen sich mit der Follikelflüssigkeit, die oestrogene Hormone enthält. Als Bildungsort kommen nach Untersuchung an Tumoren des spezifischen Gewebes in erster Linie die Granulosazellen in Betracht[14], aber auch die Thecazellen produzieren Hormone, und zwar auch Androgene. Die hormonbildenden Granulosazellen sind gegen Röntgenstrahlen empfindlicher als die Theca. Bleibt diese nach Bestrahlung erhalten, so erlischt der Oestruscyclus bei Nagern nicht, sie bildet also ebenfalls Oestrogene[15]. Am empfindlichsten gegen Strahlen sind die Keimzellen. Nach Kastration durch Strahlen, die die Follikelreifung verhindert, bleibt die Hormonproduktion mindestens zum Teil erhalten.

Im Gegensatz zu den Hoden sind die Ovarien cyclischen Änderungen unterworfen, die bei Primaten besonders ausgeprägt sind und 28 Tage dauern. Bei

---

Zusammenfassende Darstellungen: 1—12. [1] ZONDEK, B.: Die Hormone des Ovariums und des Hypophysenvorderlappens. 2. Aufl. Wien 1935. — [2] MILLER, J.: Weibliche Geschlechtsorgane. Die Krankheiten des Eierstocks. Handb. path. Anat. Histol. (HENKE-LUBARSCH) Bd. 7/3 (1937). — [3] v. MÖLLENDORFF Lehrb. Histol. 25. Aufl. — [4] HOFFMAN, J.: Female Endocrinology. Philadelphia 1944. — [5] NOVAK, E.: Textbook of Gynaecology. Baltimore 1944. — [6] SIEGLER, S. L.: Fertility in Women. Philadelphia 1944. — [7] HAMBLEN, E. C.: Endocrinology of Women. Springfield, Ill. 1945. — [8] MEIGS, J. V., and S. H. STURGIS (Hrsg.): Progress in Gynaecology. New York 1946. — [9] ENGLE, E. T. (Hrsg.): Conference on Diagnosis in Sterility. Springfield, Ill. 1945. — [10] SELYE, H.: Textbook of Endocrinology. 2. Ed. Montreal 1949. — [11] LEWIN, H., u. W. SPIEGELHOFF: Die Cyclushormone des Weibes. Stuttgart 1951. — [12] ZONDEK, H.: Die Krankheiten der endokrinen Drüsen. Basel 1953.

[13] CHANG, M. C.: Science, N. Y. **121**, 867 (1955). — [14] CRELIN, E. S., and J. T. WOLSTENHOLME: Cancer Res. **11**, 212 (1951). — [15] SELYE, H.: Textbook of Endocrinology. 2. Ed. Montreal 1949.

Ratten und Mäusen, den meist gebrauchten Versuchstieren, dauert der Brunstcyclus meist 4 Tage, oft auch länger bis zu 11 Tagen. Der reife Follikel wächst zu erheblicher Größe heran und buckelt sich weit über die sonst glatte Oberfläche des Ovars vor. Gleichzeitig wandert der Eihügel an die dünnwandigste Stelle des Follikels, der schließlich platzt. Der Inhalt mit dem Ei wird von den eng anliegenden Fimbrien der Tuben aufgenommen und zum Uterus weitergeleitet. Die Zahl der gleichzeitig platzenden Follikel bzw. der ausgestoßenen Eizellen ist bei den einzelnen Arten und Individuen bemerkenswert konstant. Beim Menschen erfolgt regelmäßig nur ein Follikelsprung, und zwar spontan am 14. Tage nach der letzten Menstruation. Er wird als „Zwischenschmerz" häutig wahrgenommen. Die Körpertemperatur steigt danach unter Wirkung des Gelbkörperhormons um 0,5—1° C an[1], so daß der Verlauf des Cyclus durch Temperaturkurven verfolgt werden kann. Bei manchen Säugern, z.B. beim Kaninchen tritt der Follikelsprung nur nach Begattung ein, läßt sich aber auch durch die Injektion von gonadotropem Hormon künstlich auslösen. Das Hormon des Gelbkörpers verhindert diese Wirkung[2].

In den geplatzten Follikel erfolgt zunächst eine Blutung (Corpus rubrum; „Blutpunkte" bei der Schwangerschaftsreaktion[3], s. S. 36ff.). Dann bildet sich durch Wucherung der verbliebenen Granulosazellen das solide *corpus luteum*[4]. Das weitere Schicksal dieser Inkretdrüse ist mit dem Schicksal des Eies eng verknüpft. Wird das Ei befruchtet und in die Uterusschleimhaut eingebettet, so wächst der Gelbkörper unter der Wirkung des luteotrophen Hormons (Prolactin, s. Bd. **2**/2b, S. 485) weiter und bleibt bei der Frau etwa die ersten 4 Monate der Schwangerschaft erhalten. Die Reifung weiterer Follikel ist gehemmt. Bleibt die Befruchtung aus, so atrophiert der Gelbkörper nach kurzer Blüte zum narbigen *corpus albicans*. Nun können neue Follikel reifen, und nach Ausstoßung der vergeblich aufgebauten Uterusschleimhaut (Menstruation) beginnt der Cyclus von neuem.

Chemisch sind die Keimdrüsen wenig untersucht worden. Im Ovarium fanden sich unter anderen, weniger charakteristischen Bestandteilen Adenosintriphosphatase, Phosphatasen und Arginase.

Von oestrogenen Steroiden wurde im Eierstock bisher nur α-Oestradiol gefunden[5] (s. Bd. **1**, S. 421). Das erste krystallin gewonnene Oestrogen war das Oestron aus Schwangerenharn (BUTENANDT; DOISY 1929), die Aufklärung seiner Strukturformel gelang BUTENANDT bereits 1932. Im Gelbkörper wurden allo-Pregnanolon und Progesteron gefunden[6]. Seine Farbe wird durch β-Carotin[7] und Lutein, ein dem Xanthophyll nahestehendes Lipoproteid, bedingt, das dem Lipochrom des Eigelbs verwandt ist. Da Carotinoide bei Seeigeln und Grünalgen als „Gamone" und „Termone" wichtige Befruchtungsstoffe sind, muß es für möglich gehalten werden, daß sie auch bei höheren Arten eine Rolle spielen[8]. Jedenfalls sind die Wirkstoffe der Keimdrüsen mit den bisher bekannten Steroidhormonen wohl durchaus nicht erschöpft. Mit der Reifung des Gelbkörpers steigt sein Phosphatidgehalt, danach nimmt das Cholesterin zu.

---

[1] VOLLMANN, U.: Geburtsh. u. Frauenheilkde. **111**, 41 (1940). — [2] COLOMBO, E.: D. m. W. **1938 II**, 1034. — [3] ASCHHEIM, S.: Die Schwangerschaftsdiagnose aus dem Harn (ASCHHEIM-ZONDEK-Reaktion). Berlin 1930. — [4] KNAUS, H.: Arch. Gynäk. **141**, 374 (1930). — [5] PEARLMAN, W. H.: The chemistry and metabolism of the estrogens. Pincus-Thiman, Hormones Bd. 1, S. 351. — [6] WESTPHAL, U.: Naturwiss. **28**, 465 (1940). — [7] KUHN, R., u. H. BROCKMANN: H. **206**, 41 (1932). — KUHN, R., u. K. WALLENFELS: B. **72**, 1407 (1939). — GILLAM, A. E., and I. M. HEILBRON: Biochem. J. **29**, 1064 (1935). — [8] HARTMANN, M.: Naturwiss. **32**, 231 (1944).

Die Hormonbildung im Ovar hängt von der Temperatur ab. Explantation der Drüsen aus dem warmen Bauchraum z. B. in das kühlere subcutane Gewebe der Ohrmuscheln läßt bevorzugt androgene Gewebe entstehen[1].

Die Ausbildung und Funktion des Genitalapparates werden durch das Zusammenwirken der oestrogenen und gestagenen Hormone gesteuert. Die Oestrogene sind hauptsächlich organspezifische proliferationsauslösende Substanzen für den Uterus, die Vagina und die Brustdrüsen. Die infantilen Organe lassen sich durch sie auch künstlich zur Entwicklung bringen. Die andauernde Behandlung mit großen Dosen führt unter Stillegung der Brunstcyclen[2] zu weiterem, nun zum Teil infiltrierendem und metaplastischem Wachstum z. B. der Uterusschleimhaut, die aber reversibel bleibt und mit Krebs direkt nichts zu tun hat. Die proliferationsfördernde Wirkung der Oestrogene setzt, wie jede hormonal angeregte Proliferation, das Vorhandensein von Wuchsstoffen voraus. Durch Antiwuchsstoffe, z. B. 2,6-Diaminopurin oder Aminopterin, wird sie aufgehoben[3]. Cancerogene aromatische Amine wirken meist antioestrogen[4].

Das gestagene corpus luteum-Hormon ist dagegen kein Proliferationsstoff, sondern ein Funktionshormon. Am Uterus wandelt es die Schleimhaut in die Sekretionsphase um. Diese Wirkung wird für die biologische Bestimmung des Gelbkörperhormons als „Test" benutzt[5].

β) Uterus.

Der Uterus ist ein zunächst paarig angelegtes Organ. Bei den meisten Säugetieren vereinigen sich beide Uterushörner erst kurz oberhalb der portio vaginalis des Uterus. Die menschliche Gebärmutter ist den hier größeren Geburtsschwierigkeiten entsprechend ein besonders kräftiger Hohlmuskel, der nur noch andeutungsweise die ehedem bicorne Form erkennen läßt. Im Cyclus wird die Schleimhaut unter oestrogener Hormonwirkung aufgebaut, kommt dann durch das Gelbkörperhormon unter Glykogenspeicherung[6] in die Sekretionsphase und wird als *decidua* bei der Menstruation schließlich ausgestoßen, wenn keine Befruchtung erfolgte. Nach Befruchtung bleibt das corpus luteum erhalten. Unter seiner Inkretion wächst die Schleimhaut zur mächtigen Placenta heran, deren Chorion jedoch vom Keim gebildet wird. Dabei spielen auch nervöse Reize durch die mechanische Wirkung des Eies wahrscheinlich eine Rolle, denn auch ganz unspezifische Reizungen der Uterusschleimhaut können die Bildung von Placentomen bis zur „Scheinschwangerschaft" auslösen, wenn ein Gelbkörper vorhanden ist. Dieser bleibt dann länger als sonst erhalten. Es bestehen also Rückwirkungen vom Uterus auf die Ovarien[7]. An Nagetieren läßt sich eine Pseudogravidität leicht durch Kopulation mit einem sterilisierten Bock auslösen.

Die Uterusmuskulatur enthält nur wenig Adenosintriphosphat (1,4 mg-% P) und Phosphokreatin (1 mg-% P) gegenüber 27,4 mg-% bzw. 53 mg-% im Skeletmuskel[8].

Das Endometrium ist reich an Glykogen, an sauren und alkalischen Phosphatasen[9] sowie an β-Glucuronidasen[10]. Ihre Aktivität nimmt mit der Proliferation

[1] Hill, R. T., and M. T. Strong: Endocrinology **27**, 79 (1940). — [2] Spörri, H., u. L. Candinas: Exper. **7**, 267 (1951). — [3] Hertz, R., and W. W. Tullner: Science, N. Y. **109**, 539 (1949). — [4] Danneberg, P., u. D. Schmähl: Z. Naturforsch. **7**b, 468 (1952). — [5] Clauberg, C.: Die weiblichen Sexualhormone. Berlin 1933. — Corner, G. W., and W. M. Allen: Amer. J. Physiol. **88**, 326 (1929). — [6] Müller, J. H.: Endokrinologie **17**, 36 (1936). — [7] Mishell, D. R., and L. Motyloff: Endocrinology **28**, 436 (1941). — [8] Walaas, O., and E. Walaas: Acta physiol. scand. **21**, 1 (1950). — [9] Atkinson, W. B., and E. T. Engle: Endocrinology **40**, 327 (1947). — Ober, K.-G.: Kli. Wo. **1950**, 9. — Ober, K.-G., u. M. Weber: Kli. Wo. **1951**, 53. — Seelich, F., u. H. Ehrlich-Gomolka: Enzymologia **15**, 95 (1952/53). — [10] Fishman, W. H.: J. biol. Ch. **169**, 7 (1947). — Leonard, S. L., and E. Knobil: Endocrinology **47**, 331 (1950).

der Schleimhaut zu und erreicht auf der Höhe der sekretorischen Phase ihr Maximum. Dann nimmt sie ab und wird bei der Menstruation praktisch Null. Die physiologische Sterilität in den letzten Tagen vor der normalen Menstruation beruht also sicher nicht nur auf der beschränkten Lebensfähigkeit des Eies, sondern auch darauf, daß der adäquate Nährboden für das Ei fehlt. Der Kaliumgehalt der Schleimhaut steigt mit dem Glykogengehalt unter der Wirkung von Oestrogenen ebenfalls an[1]. In der sekretorischen Phase enthält das Endometrium Avidin[2].

Das Cervicalsekret ist leicht alkalisch (p_H 7,2—9,0). 80% der Polysaccharide im Cervicalschleim sind neutrale Mucopolysaccharide aus Galaktose, Hexosamin und Methylpentosen. Sie sollen der menschlichen Blutgruppensubstanz ähnlich sein[3].

γ) Vagina.

Das Epithel der Vagina unterliegt ähnlichen cyclischen, morphologischen und funktionellen Änderungen wie das Endometrium. Da diese recht charakteristisch

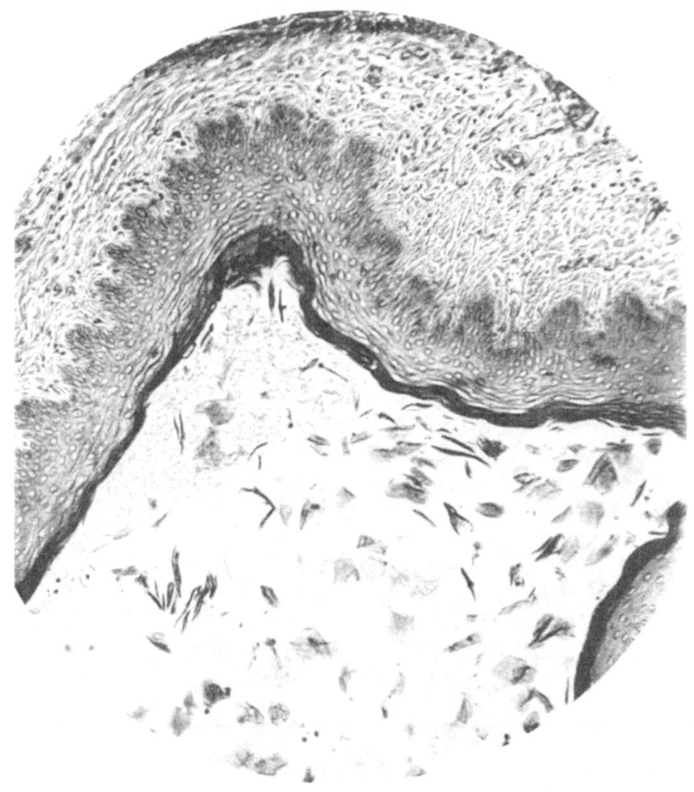

Abb. 1. Scheidenschleimhaut der Maus. Normaler *Volloestrus* (nach HOHLWEG u. DOHRN).

und durch Scheidenabstriche auch leicht erkennbar sind, werden sie als „Test" für die Funktion des Ovars auch beim Menschen[4] oder bei Maus oder Ratte für

[1] TALBOT, N. B., O. H. LOWRY and E. B. ASTWOOD: J. biol. Ch. **132**, 1 (1940). — [2] HERTZ, R.: Texas Rep. Biol. Med. 8, 154 (1950). — [3] SHETTLES, L. B., Z. DISCHE and M. OSNOS: J. biol. Ch. **192**, 589 (1951). — [4] PAPANICOLAOU, G. N., and E. SHORR: Proc. Soc. exp. Biol. Med. **32**, 585 (1935). — PAPANICOLAOU, G. N., H. F. TRAUT and A. A. MARCHETTI: The Epithelia of Woman's Reproductive Organs. New York 1948. — NAPP, J.-H., u. J. PLOTZ: Med. Klin. **1952**, 104.

die biologische Bestimmung von Oestrogenen benutzt[1]. Die durch Oestrogene ausgelösten Veränderungen am Vaginalepithel bestehen in Proliferation mit anschließender Verhornung, so daß sich bei voller Brunst im Abstrich nur verhornte, kernlose Epithelien („Schollen") finden (s. Bd. **1**, Abb. 21—24, S. 427). Dies Stadium wird als *Oestrus* bezeichnet. Im „Dioestrus" finden sich dagegen vorwiegend Leukocyten und wenige kernhaltige Epithelien. Bei Vitamin A-Mangel tritt ebenfalls eine zunehmende Verhornung an vielen Schleimhäuten ein, die ganz besonders die Vagina betrifft, so daß der Abstrich ein reines Schollenstadium zeigen kann. Diese „Kolpokeratose" hat mit dem Oestrus nichts zu tun. Durch Zufuhr von Vitamin A kann sie schnell behoben werden. Auf diese Weise kann Vitamin A an der Ratte biologisch bestimmt werden. Die Wirkung von Oestrogenen auf das Vaginalepithel kann durch hohe Dosen von Vitamin A oder Carotin gehemmt werden[2].

Die reife Vaginalschleimhaut enthält reichlich Glykogen und gibt Kohlenhydrate in das Vaginalsekret ab. Aus ihnen bildet die symbiontische Vaginalflora (Acidophilus lacticus) Milchsäure. Das dadurch saure Vaginalsekret ($p_H \sim 4{,}3$) aktiviert die im Sperma enthaltene saure Phosphatase und bedingt einen physiologischen Schutz vor pathogenen Keimen.

Die Bartolinischen Drüsen, deren Ausführungsgänge zwischen den Labien münden, sondern bei sexueller Erregung einen fadenziehenden Schleim ab, der den Eintritt des Penis in die Vagina ermöglicht.

δ) Brustdrüsen.

Die Brustdrüsen sind paarig angelegte Drüsenstränge, die symmetrisch von den Axillen zu den Inguinalgegenden ziehen. Sie haben segmentär angeordnete Anhäufungen mit Ausführungsgängen (Mammillen). Bei der Frau entwickeln sich nur zwei. Die Mammae werden in ihrem drüsigen Anteil durch gestagene Hormone und hinsichtlich der Milchgänge durch Oestrogene zur Proliferation gebracht[3]. Die Wirkung tritt auch bei lokaler Anwendung ein, erfolgt also nicht notwendig über die Hypophyse[4]. Nach Exstirpation der Hypophyse ist die Wirkung jedoch nicht mehr auslösbar, weil dazu anscheinend auch das Wachstumshormon erforderlich ist. Andererseits sollen Oestrogene die Bildung eines lipoidlöslichen „mammogenen Faktors" im Hypophysenvorderlappen anregen, der seinerseits proliferationsfördernd auf die Brustdrüse wirkt[5]. Seine Existenz ist zweifelhaft. Die Sekretion der Mammae wird durch das Hormon *Prolactin* gesteuert, das im Vorderlappen der Hypophyse gebildet wird[6] (s. Bd. **2**/2a, S. 485). Da es vor allem auf die Gelbkörper im Eierstock einen trophischen Einfluß hat, wird es auch als luteotropes Hormon (Luteotrophin) bezeichnet, gehört also zu den gonadotropen Hormonen. Bei vorhandenen Gelbkörpern kann durch seine Anwendung am Tier Pseudogravidität erzeugt werden. Die Lactation wird durch Oxytocin angeregt. Die lactierende Mamma enthält reichlich alkalische Phosphatase[7], die in die Milch übergeht.

Den Brustdrüsen der Säugetiere entsprechende Organe finden sich bei Vögeln in Gestalt der Kropfdrüsen, deren ebenfalls milchartiges Sekret den Jungen durch

---

[1] Allen, E.: Amer. J. Anat. **30**, 297 (1922). — Papanicolaou, G. N.: Amer. J. Anat., Suppl. **52**, 519 (1933). — [2] Hohlweg, W.: Kli. Wo. **1951**, 193. — [3] Wiegand, M.: Zbl. Gynäk. **61**, 1887 (1937). — Fauvet, E.: Arch. Gynäk. **170**, 244 (1940). — [4] McBryde, C. M.: J. amer. med. Ass. **112**, 1045 (1939). — Voss, H. E.: Zbl. Gynäk. **65**, 79 (1941). — Schultze-Jena, B. S.: Neue med. Welt **1950**, 854. — [5] Lewis, A. A., and C. W. Turner: Proc. Soc. exp. Biol. Med. **39**, 435 (1938). — [6] Riddle, O., R. W. Bates and S. W. Dykshorn: Amer. J. Physiol. **105**, 191 (1933). — [7] Dempsey, E. W., and G. B. Wislocki: Amer. J. Anat. **76**, 277 (1945).

eine Art Brechakt zugeführt wird. Die Ausbildung der Kropfdrüsen und ihre Sekretion wird ebenfalls durch das luteotrope Hormon Prolactin gesteuert[1].

ε) Sekundäre Geschlechtsmerkmale.

Die sekundären Geschlechtsmerkmale unterliegen auch im weiblichen Organismus der Wirkung von Keimdrüsenhormonen. Das gilt z.B. für die Ausbildung des Behaarungstyps bzw. bei Vögeln für das Federkleid. Die Federn von weiblichen Vögeln enthalten Oestrogene. Auch die menschliche Haut wird durch Keimdrüsenhormone beeinflußt. Androgene können Ursache der Pubertätsacne sein, Oestrogene sie heilen[2]. Bei bestimmten Fischen wird die Entwicklung des Hochzeitskleides[3] bzw. der Legeröhre (Bitterling) ausgelöst[4]. Als Test für den Nachweis von Sexualhormonen ist diese Wirkung nicht genügend spezifisch[5]. Die Speicheldrüsen unterliegen ebenfalls der Wirkung von Keimdrüsenhormonen. Oestrogene fördern die Entwicklung der acinösen, Androgene die der tubulären Teile der Glandula submaxillaris[6]. Sie sollen ferner auch Hypertrophie der Nieren bewirken können[7].

Wichtig sind die bisher zu wenig untersuchten Wirkungen auf den Stoffwechsel[8]. Oestrogene sollen die Knochenbildung anregen können[9], worin eine Parallele zur Bildung der Kalkschalen bei Vogeleiern liegen mag. Andererseits kann der Calciumgehalt des mütterlichen Organismus in der Schwangerschaft beträchtlich sinken, wahrscheinlich durch Calcium- und Phosphatmangel. Die Lockerung der Symphysenfuge ist dagegen eine echte Hormonwirkung[10]. Bei Ratten ist der Brenztraubensäurespiegel im Blut zur Zeit des Oestrus erhöht[11]. Mit dem Eintritt der Geschlechtsreife und unter der Wirkung von Oestrogenen steigt die Aktivität der Acetylcholinesterase im Serum[12], jedoch durchaus nicht bei allen Arten. Darüber hinaus scheinen Oestrogene auch andere Enzymfunktionen zu beeinflussen[13]. Solche Beobachtungen stehen zunächst zusammenhanglos da und lassen eine physiologische Bedeutung noch nicht erkennen.

Die Durchblutung im Bauchraum, in der Genitalsphäre und im Gehirn wird durch Oestrogene gefördert[14], die auch die Gefäßneubildung z.B. in Wundgebieten anregen. Ihre günstige Wirkung bei klimakterischen psychischen Störungen[15] beruht wohl auf einer Beeinflussung der Zwischenhirnfunktionen. Die Körpertemperatur wird durch Oestrogene gesenkt, durch Gelbkörperhormone dagegen erhöht, so daß der weibliche Cyclus von charakteristischen Temperaturänderungen begleitet ist[16]. Wenn damit auch die Oestrogene mannigfaltige Wirkungen im weiblichen Organismus haben, so können sie doch nicht als geschlechtsspezifische Keimdrüsenhormone gelten. Ähnlich, wie in den Hoden neben Androgenen auch Oestrogene gebildet werden, werden Androgene auch bei der Frau produziert und

[1] Riddle, O., R. W. Bates and S. W. Dykshorn: Amer. J. Physiol. **105**, 191 (1933). — Selye, H., J. B. Collip and D. L. Thomson: Proc. Soc. exp. Biol. Med. **32**, 1377 (1935). — Selye, H.: Textbook of Endocrinology. 2. Aufl. Montreal 1949. — [2] Andrews, G. C., A. N. Domonkos and C. F. Post: J. amer. med. Ass. **146**, 1107 (1951). — [3] Glaser, E., u. A. Konya: A. e. P. P. **182**, 219 (1936). — [4] Duyvené de Wit, J. J.: Kli. Wo. **1938 I**, 660. B. Z. **310**, 83 (1941). — [5] Müller, H. A.: Endokrinologie **18**, 251 (1937). — [6] Lacassagne, A.: C. R. Soc. Biol. **133**, 227 (1940). — [7] Pfeiffer, C. A., V. E. Emmel and W. U. Gardner: Yale J. Biol. Med. **12**, 493 (1940). — [8] Gaarenstrom, J. H., and L. H. Levie: J. Endocrinol. **1**, 420 (1939). — [9] Reiss, M., u. H. Marx: Endokrinologie **1**, 181 (1928). — Zondek, H.: Folia clin. orient., Tel Aviv **1**, 1 (1937). — Seemann, H.: Endokrinologie **18**, 225 (1937). — Miller, E. W., J. W. Orr and F. C. Pybus: J. Path. Bacteriology **55**, 137 (1943). — [10] Möhle, R.: Zbl. Gynäk. **57**, 391 (1933). — [11] Euler, B. v., H. v. Euler u. J. Pettersson: Naturwiss. **29**, 63 (1941). — [12] Zeller, E. A.: Kli. Wo. **1941**, 220. — [13] Fishman, W. H.: Vitamins & Hormones **9**, 213 (1951). — [14] Rupp, H.: Zbl. Gynäk. **65**, 1893 (1941). — [15] Düker, H.: A. e. P. P. **202**, 262 (1943). — [16] Israel, S. L., and O. Schneller: Fertility & Sterility **1**, 53 (1950).

haben hier physiologische Wirkungen[1]. Testosteron hat nur in hohen Dosen einen virilisierenden Effekt, in geringeren regt es die Libido an. Bei Affen beschleunigt Testosteron den Eintritt der Geschlechtsreife[2].

3. Sexualhormone.

a) Allgemeines.

Die Steuerung der zur Fortpflanzung erforderlichen Leistungen geschieht wie die aller primitiven vegetativen Funktionen auf dem einfachsten Wege, dem humoralen. Einige Hormone sind daher auch vielen Lebewesen so gemeinsam, wie die durch sie gesteuerten vegetativen Funktionen selbst. Hormone sind weitgehend artunspezifisch. Nachdem zuerst in Torf und Moor eine oestrogene Wirkung nachgewiesen wurde[3], wurden die für die Sexualfunktion bei beiden Geschlechtern wichtigen Oestrogene in krystalliner Form sogar aus Blüten und Samen gewonnen, z.B. Oestriol aus Weidenkätzchen[4]. Im Hopfen fanden sich bis zu 10^6 I.E./kg[5]. Die Knollen von Butea superba enthalten eine oestrogene Substanz, $C_{19}H_{20}O_6$ (Tokokinin), in der erheblichen Menge entsprechend 180000 I.E./kg[6]. Sie ist aber von den bekannten Oestrogenen verschieden[7]. Nach eigenen Beobachtungen haben einige Anthocyanine eine schwache oestrogene Wirkung, die bei vielen mehrwertigen p-Phenolen vorkommt. Manche Anthocyane und Genistein, ein Isoflavon aus einer australischen Kleeart, wirken oestrogen[8]. Auch Tulpenzwiebeln liefern oestrogen wirksame Extrakte[9]. Wahrscheinlich kommt den Oestrogenen eine fördernde Wirkung auf die pflanzliche Entwicklung zu[10].

Die Blütenbildung bei Pflanzen wird wohl auch auf stofflichem Wege ausgelöst. An Pflanzen, die sonst erst im 2. Jahr Blüten bilden, konnte durch Extrakte aus älteren Pflanzen schon im 1. Jahr die Blütenbildung ausgelöst werden[11]. Der Wuchsstoff β-Indolylessigsäure hemmt dagegen die Blütenbildung, z.B. an Brakteen[12].

Zwischen den Wirkstoffen, die schon bei niederen Lebewesen regulierende Funktionen haben, und den Hormonen der höheren Tierarten gibt es keine scharfe Grenze[13]. Viele Zwischen- und Endprodukte schon der niederwertigen energieliefernden Stoffwechselprozesse haben „regulierende" Wirkungen auf andere Teilvorgänge des Bau- und Betriebsstoffwechsels, und zwar lokale, regionale und Fernwirkungen, wie z.B. Kohlendioxyd, Harnstoff, Ionen, organische Säuren und Amine. Dadurch ist die einfachste Form der Steuerung von Lebensvorgängen auf humoralem Wege gegeben. Mit zunehmender Entwicklung finden sich dann Regulationsstoffe, die in speziellen, „höherwertigen" Stoffwechselprozessen gebildet werden und mehr und mehr spezifisch erscheinen, und zwar sowohl nach ihrer chemischen Natur als auch nach ihrer Bildungsstätte und ihrer Wirkung.

Deshalb ist es notwendig, den Begriff „Hormon" gegenüber anderen Wirkstoffen scharf zu umreißen, wenn er nicht uferlos werden soll (vgl. Schema Abb. 2).

---

[1] Parkes, A. S.: Recent Progr. Hormone Res. **5**, 101 (1950). — Voss, H. E.: Med. Klin. **1953**, 770. — Junkmann, K.: Ärztl. Wschr. **1954**, 289. — [2] Wagenen, W. van: Endocrinology **45**, 544 (1949). — [3] Aschheim, S., u. W. Hohlweg: D. m. W. **1933 I**, 12. — [4] Butenandt, A.: Naturwiss. **24**, 529 (1936). — Costello, C. H., and E. V. Lynn: J. amer. pharmaceut. Ass., sci. Ed. **39**, 177 (1950). — [5] Koch, W., u. G. Heim: M. m. W. **1953**, 845. — [6] Schoeller, W., M. Dohrn u. W. Hohlweg: Naturwiss. **28**, 532 (1940). — [7] Butenandt, A.: Naturwiss. **28**, 533 (1940). — [8] Biggers, J. D., and D. H. Curnow: Biochem. J. **58**, 278 (1954). — [9] Coussens, R., et G. Sierens: Arch. int. Pharmacodyn. Thérap. **78**, 309 (1949). — [10] Schoeller, W., u. H. Goebel: B. Z. **278**, 298 (1935). — [11] Melchers, G.: Naturwiss. **26**, 496 (1938). — [12] Harder, R., u. H. v. Senden: Naturwiss. **36**, 348 (1949). — [13] Koller, G.: Hormone bei wirbellosen Tieren. Leipzig 1938. — Bretschneider, L. H., and J. J. Duyvené de Wit: Sexual Endocrinology of Non-Mammalian Vertebrates. Amsterdam, London, New York 1947.

Als biogene „Wirkstoffe“ werden hier alle physiologischen Substanzen bezeichnet, die in geringer Konzentration auf Lebensvorgänge mit großem Stoffumsatz spezifische Wirkungen haben. Soweit sie ihre physiologischen oder pathologischen Wirkungen im gleichen Organismus entfalten, in dem sie gebildet wurden, erscheint die Sammelbezeichnung „Ergone“ (H. v. EULER) bzw. die Endung: -one zweckmäßig. Zu den Ergonen gehören damit die Hormone, Gamone, Termone, Enzyme, Induktoren und die sog. Gewebshormone.

Die Bezeichnung „Ergine“[1] würde dann für diejenigen biogenen Wirkstoffe reserviert bleiben, die ihre charakteristischen Wirkungen auf völlig andersartige, im Einzelfall jedoch zu bezeichnende Organismen haben. Zur Gruppe der Ergine gehören danach die Vitamine, Toxine, Pharmaka biogener Herkunft, manche Wuchsstoffe u.a.

Die Wirkungsmöglichkeiten der Ergone und Ergine sind durch die erblich festgelegten Reaktionsmöglichkeiten der Zellen, Gewebe und Organismen bestimmt, auf die sie wirken. Sie können also Lebensvorgänge nur auslösen, fördern oder hemmen, beschleunigen oder verlangsamen, niemals aber in ihrem Wesen ändern oder zu völlig neuartigen Erscheinungen führen. Ihre Wirkung ist meist eine katalytische oder antikatalytische bzw. eine kompetitive.

Der Hormonbegriff wird definiert: *Hormone sind die Überträgersubstanzen im humoralen Regulationssystem.* Sie werden unter physiologischen Bedingungen nur in einem, diesem humoralen Regulationssystem zugehörigen — in der Peripherie häufig paarigen —

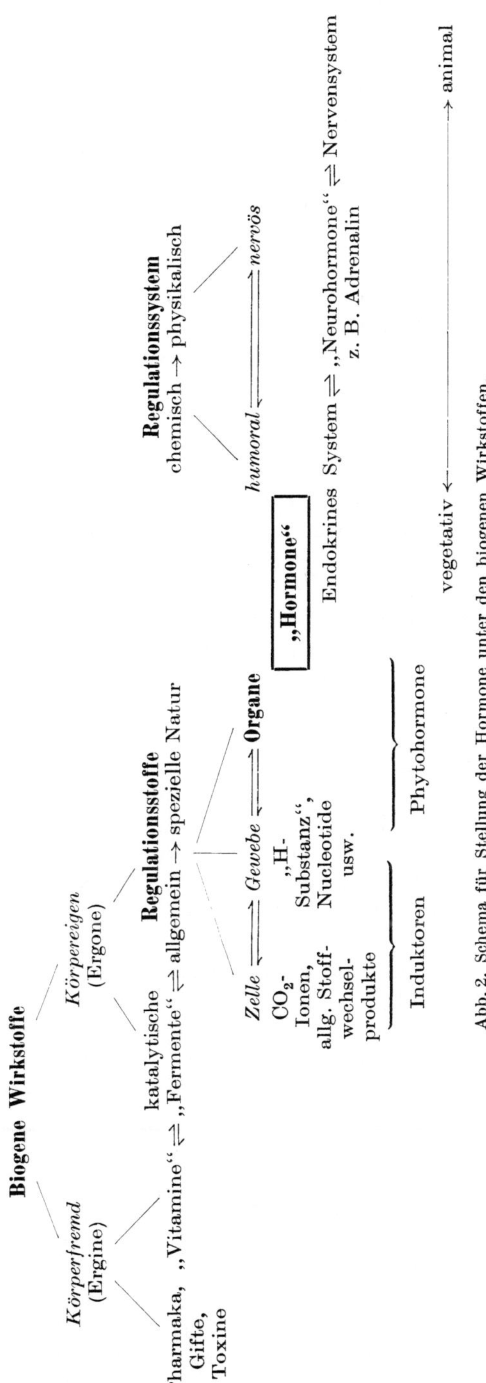

Abb. 2. Schema für Stellung der Hormone unter den biogenen Wirkstoffen.

[1] AMMON, R., u. W. DIRSCHERL: Fermente, Hormone, Vitamine. 2. Aufl. Leipzig 1948.

Organ gebildet. Die Exstirpation eines solchen Organs führt deshalb zu Ausfallserscheinungen, die durch die Zufuhr der dort gebildeten Hormone vollständig beseitigt werden können. Das ist das klassische Kriterium der Hormonnatur eines biogenen Wirkstoffes.

Das humorale Regulationssystem ist dem entwicklungsgeschichtlich späteren und komplizierteren nervösen Regulationssystem entsprechend organisiert. Hier wie dort gibt es „zentrale" und „periphere" Organe, zentrifugale und zentripetale Impulsverläufe sowie reflexartige Vorgänge. Zwischen dem humoralen und dem nervösen System steht das vegetative Nervensystem mit sowohl chemischer (Adrenalin, Arterenol, Acetylcholin) als auch physikalischer Reizübertragung.

Die verschiedenen Hormone, wie die Regulationen überhaupt, sind nicht nur durch ihre physiologischen Wirkungen charakterisiert, sondern auch durch die *Zeitkonstanten* ihrer Wirkung. Die auch im Fortpflanzungsgeschehen wichtigen Hormone des vegetativen Nervensystems haben eine schnell einsetzende, aber flüchtige Wirkung, während die Steroidhormone nur langsam, dafür aber anhaltend wirken. Zwischen diesen Extremen gibt es alle Übergänge. Erst diese *zeitliche* Ordnung der einzelnen Wirkungsabläufe macht das Wesen der Regulationssysteme aus, die durch gleichzeitige zentripetale Rückwirkungen ein geschlossenes Regelsystem (closed cycle feedback) bilden, das ähnliche Gesetzmäßigkeiten aufweist, wie sie von Regelsystemen in der Elektrotechnik bekannt sind[1].

Die Hormone sind Produkte eines besonderen Eigenstoffwechsels, der als höherwertiger Stoffwechsel den niederwertigen Umsetzungen der Kohlenhydrate, Fette, einfachen Proteine usw. übergeordnet ist[2]. Die höherwertigen Stoffwechselvorgänge sind in ihrem Ablauf an das Vorhandensein organspezifischer, nicht ersetzbarer Substanzen und Strukturen gebunden. Von ihnen hängen zahlreiche niederwertige Reaktionen ab, die im Gegensatz zu den höherwertigen bei Ausfall durch andere Umsetzungen so vollkommen ersetzt werden können, daß sich keine Störungen für den Organismus ergeben. Störungen der höherwertigen Umsetzungen müssen dagegen solche der niederwertigen notwendig zur Folge haben, wie eine Krankheitsursache für zahlreiche Symptome verantwortlich ist. Da die Hormone produzierenden Organe Teile eines eng verknüpften Regulationssystems sind, muß das Wesen von Krankheiten des endokrinen Systems in der „regulatio laesa" gesehen werden und nicht allein in einer Hyper- oder Hypofunktion eines Organs.

Das gesamte Sexualgeschehen wird bei höheren Arten von einem Sexualzentrum im Zwischenhirn[3] (Gegend des Tuber cinereum) auf nervösem und humoralem Weg über die Hypophyse[4] (hypothalamo-hypophysäres System) gesteuert. Vom Hypothalamus verlaufen Nervenfasern zum Hypophysenvorderlappen. Die Durchtrennung des Hypophysenstieles hebt die normale Reaktionsfähigkeit der Drüse gegenüber Reizen, die vom Zentrum kommen, auf[5]. Inkretgranula und die Hormone Oxytocin und Vasopressin sind in den Ganglien-

---

[1] KÜPFMÜLLER, K.: Die Systemtheorie der elektrischen Nachrichtenübertragung. Stuttgart 1948. Fernmeldetechn. Z. **4**, 337 (1951). Arch. elektr. Übertrag. **7**, 71 (1953). — Z. Naturforsch. **11**b, 1 (1956). — BERTALANFFY, F. v.: Brit. J. philos. Sci. **1**, 1 (1950). — HUGGINS, C.,: J. Urol., Baltimore **68**, 875 (1952). — WAGNER, R.: Probleme und Beispiele biologischer Regelung. Stuttgart 1954. — WIENER, N.: Cybernetics. New York 1948. — [2] FLASCHENTRÄGER, B.: Schweiz. med. Wschr. **68**, 961 (1938). — [3] BUSTAMANTE, M., H. SPATZ u. E. WEISSCHEDEL: D. m. W. **1942**, 289. — [4] FEVOLD, H. L., F. L. HISAW and R. GREEP: Amer. J. Physiol. **114**, 508 (1936). — DYKE, H. B. VAN: The Physiology and Pharmacology of the Pituitary Body. Chicago 1939. — HOHLWEG, W., u. K. JUNKMANN: Kli. Wo. **1932 I**, 321. — HARRIS, G. W.: Physiol. Rev. **28**, 139 (1948). — BARGMANN, W.: D. m. W. **1953**, 1535. — BARGMANN, W.: Das Zwischenhirn-Hypophysensystem. Berlin, Göttingen, Heidelberg 1954. — [5] HEROLD, L., u. G. EFFKEMANN: Kli. Wo. **1938 I**, 940.

zellen des Zwischenhirns nachgewiesen worden[1]. Der humorale Weg geht von den Zwischenhirnkernen über den Stiel zur Neurohypophyse (neurosekretorische Bahn)[2]. Jenseits der Hypophyse verlaufen die Regulationen nur auf humoralem Wege.

Die Zwischenhirnkerne und die Hypophyse sind das inkretorische Zentralorgan[3], das Entwicklung und Leistung der peripheren Hormondrüsen und ihr Zusammenwirken steuert. Die Bedeutung dieser zentralen Regulation erhellt aus der Beobachtung, daß nach Exstirpation der Hypophyse schon kleine Dosen, z. B. von Sexualhormonen toxisch sind[4].

b) Gonadotrope Hormone.

(s. a. Bd. II/2b, S. 480ff.)

Die Funktion der Keimdrüsen wird von gonadotropen Hormonen des Hypophysenvorderlappens gesteuert (Abb. 3). Sie wurden zuerst am weiblichen Organismus erforscht. Deshalb wurden sie nach den dabei beobachteten Wirkungen bezeichnet, obwohl sie geschlechtsunspezifisch sind. Es handelt sich vor allem um zwei komplementär wirkende gonadotrope Hormone, ein *Follikelreifungshormon* (FRH)* und ein *Luteinisierungshormon* (LH)[5], das nach seiner Wirkung auf die Hoden auch als *Interstitialzellen stimulierendes Hormon* (ICSH) bezeichnet wird. Dazu kommt noch ein *luteotrophes Hormon*, das mit dem *Prolactin* identisch ist[6]. Im Hypophysenvorderlappen wurden folgende Hormonmengen gefunden[7]:

Tabelle 3. Hormongehalt im Hypophysenvorderlappen.

Mann	500 bis 2000 RE* FRH
Frau	150 bis 200 RE FRH
Schwangere	3 bis 10 RE FRH
Kastraten und Klimakterische	bis 4000 RE FRH
Kuh	100 bis 300 ME* FRH und 70 ME LH
Schwein	sehr wenig
Schaf	1000 bis 3000 ME FRH

* RE = Ratteneinheit; ME = Mäuseeinheit.

Das Verhältnis LH:FRH in der Hypophyse ist bei den einzelnen Arten verschieden, beim Rind beträgt es etwa 1000, beim Meerschweinchen 110, beim Kaninchen 40, bei der Ratte etwa 10 und beim Menschen 1[3].

Die gonadotropen Hormone werden gebildet in den basophilen δ-Zellen des Vorderlappens[8], ihre Bildung wird vom Sexualzentrum im Zwischenhirn gesteuert. Im reifen weiblichen Organismus alternieren die Bildung von FRH und LH unter dem Einfluß zentripetaler Wirkungen der Ovarialhormone. Während der Schwangerschaft übernimmt der embryonale Teil der Placenta (Chorion) die Bildung

* In der anglo-amerikanischen Literatur: FSH = follicel stimulating hormone.

[1] Scharrer, E.: Frankf. Z. Path. **47**, 134 (1934). — Raab, W.: Ergebn. inn. Med. **51**, 125 (1936). — Hild, W., u. G. Zetler: Exper. **7**, 189 (1951). — [2] Bargmann, W.: Kli. Wo. **1949**, 617. Z. Zellforsch. **34**, 610 (1949). — [3] Witschi, E.: Naturwiss. **37**, 81 (1950). — [4] Reiss, M., u. S. Fischer-Popper: Endokrinologie **18**, 92 (1936). — [5] Evans, H. M., M. E. Simpson and P. R. Austin: J. exp. Med. **57**, 897 (1933). — Selye, H.: Textbook of Endocrinology. 2. Aufl. Montreal 1949. — Gaddum, J. H., and J. A. Lorraine: J. Pharmacy Pharmacol. **2**, 65 (1950). — Ammon, R.: Pharmaz. Industr. **14**, 222 (1952). — Junkmann, K.: Ärztl. Wschr. **1954**, 289. — [6] Riddle, O., R. W. Bates and S. W. Dykshorn: Amer. J. Physiol. **105**, 191 (1933). — Voss, E.: Arzneim.-Forsch. **4**, 467 (1954). — [7] Hellbaum, A.: Proc. Soc. exp. Biol. Med. **30**, 641 (1933). — [8] Halmi, N. S.: Endocrinology **47**, 289 (1950).

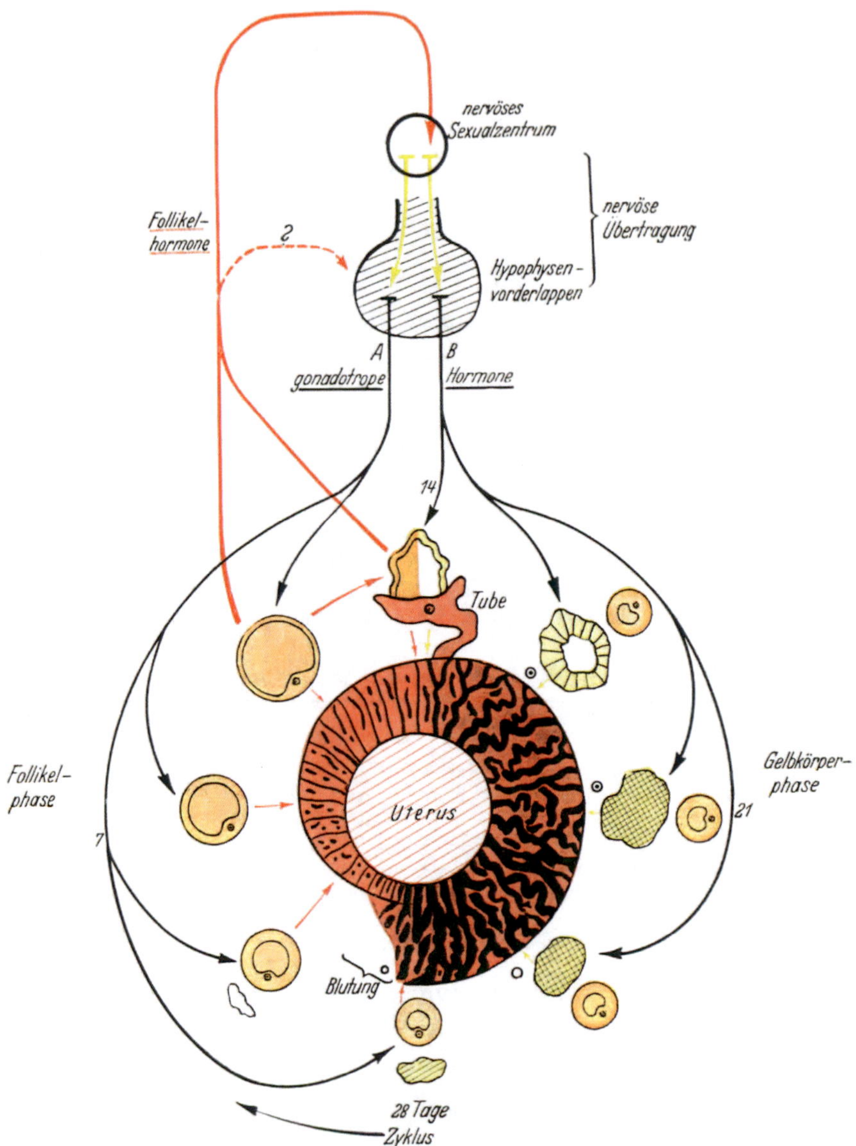

Abb. 3. Schema für die hormonale Steuerung des weiblichen Sexualcyclus.

eines gonadotropen Hormons „Prolan" (Choriongonadotropin, s. Bd. **2**/2a, S. 489) das vorwiegend luteinisierend wirkt, aber vom LH verschieden ist[1]. Das menschliche Prolan geht in den Harn über, das Gonadotropin der trächtigen Stute dagegen nicht.

α) Chemie.

Der Hypophysenvorderlappen enthält etwa 10mal mehr Jod und Brom als Gehirngewebe[2], ferner bemerkenswert viel Zink[3].

---

[1] Bourg, R., et J. Simon: Schweiz. med. Wschr. **80**, 1178 (1950). — Cheval, M.: Ann. Soc. R. Sci. méd. natur., Bruxelles **4**, 46 (1951). — [2] Antener, I., u. I. Abelin: Helv. **32**, 2416 (1949). — [3] Handovsky, H.: Arch. int. Pharmacodyn. Thérap. **66**, 46 (1941).

Die gonadotropen Hormone FRH und LH sind wasserlösliche Glykoproteide[1]. Durch Amylase werden sie inaktiviert. Das Kohlenhydrat ist daher für die Wirksamkeit wesentlich, ebenso S—S-Gruppen, freie Hydroxyle und Aminogruppen[2,3]. Die gonadotropen Hormone können bei saurer Reaktion aus wäßriger Lösung entweder mit 66% Aceton, bzw. Alkohol oder Ammonsulfat gefällt oder an Benzoesäure adsorbiert werden. Das letztgenannte Verfahren ist wegen der leichten

Tabelle 4. Eigenschaften der gonadotropen Hormone.

Gonadotropes Hormon[4]	Molekulargewicht	Isoelektrischer Punkt	Kohlenhydratgehalt
Follikelreifungshormon[5] .	70000		10—13%
Luteinisierungshormon (interstitiotropes) . . .			2,8% Mannose
Schaf[6]	40000	4,6	2,2% Hexosamin
Schwein[7]	100000	7,45	4,5% Mannose
Prolan, Mensch[8]	100000	3,3	18% Hexosamin-digalaktose
Gonadotropin, Stute[2] . .		2,6	25% Kohlenhydrat
Luteotropes Hormon[9] . .	33000	5,73	*kein* Kohlenhydrat

Eluierbarkeit der Benzoesäure besonders einfach. Die reinsten Präparate (4000 I.E./mg)[10] verhalten sich in der Ultrazentrifuge und bei der Elektrophorese einheitlich[3].

Das *Follikelreifungshormon* aus Schafshypophysen, das von dem aus Schweinehypophysen verschieden ist, wurde als einheitliches Protein dargestellt[11].

Tabelle 5. Eigenschaften und Zusammensetzung des Follikelreifungshormons aus Hypophysen vom Schaf[11].

N	15,1%	Arginin	5,3%
S	1,5%	Asparaginsäure . . .	9,3%
		Cystin	4,3%
		Glutaminsäure . . .	13,4%
Hexose	1,23%	Histidin	3,7%
Hexosamin	1,51%	Isoleucin	3,3%
		Leucin	9,2%
Isoelektr. Punkt p_H .	4,5	Lysin	11,1%
Sediment.-Konst. S .	4,7	Methionin	1,0%
Diffus.-Konst, D_A . .	$6 \cdot 10^{-7}$	Phenylalanin	5,8%
Spez. Vol., V_{20} . . .	0,718	Threonin	4,7%
Mol.Gew.	67000	Tyrosin	3,8 %
		Valin	5,8%

[1] Bischoff, F.: J. biol. Ch. **165**, 399 (1946). — [2] Evans, J. S., and J. D. Hauschildt: J. biol. Ch. **145**, 335 (1942). — [3] Li, C. H., M. E. Simpson and H. M. Evans: J. biol. Ch. **131**, 259 (1939). — [4] Salter, W. T.: Ann. Rev. **14**, 561 (1945). — Haurowitz, F.: Fortschritte der Biochemie 1938—1947, S. 180. Basel 1948. — Li, C. H., and H. M. Evans: Pincus-Thimann, Hormones. Bd. 1, S. 639. — [5] Fraenkel-Conrat, H. L., M. E. Simpson and H. M. Evans: Proc. Soc. exp. Biol. Med. **45**, 627 (1940). — [6] Li, C. H., M. E. Simpson and H. M. Evans: Am. Soc. **64**, 367 (1940). — [7] Chow, B. F., H. B. van Dyke, R. O. Greep, A. Rothen and T. Shedlovsky: Endocrinology **30**, 650 (1942). — [8] Lundgren, H. P., S. Gurin, C. Bachmann and D. W. Wilson: J. biol. Ch. **142**, 367 (1942). — [9] Li, C. H., M. E. Simpson and H. M. Evans: J. biol. Ch. **146**, 627 (1942). — Voss, H. E.: Arzneim.-Forsch. **4**, 467 (1954). — [10] White, A.: Physiol. Rev. **26**, 574 (1946). — [11] Li, C. H., and K. O. Pedersen: J. gen. Physiol. **35**, 629 (1952).

Das *luteotrope Hormon*, das wegen seiner direkten Wirkung auf die Brustdrüsen auch *Prolactin* genannt wird, kann aus dem Harn von Wöchnerinnen[1] und von Frauen nach der Menopause[2] gewonnen werden[1]. Es ist in krystalliner Form isoliert worden. Durch 66% Aceton wird es nicht gefällt und kann so von dem gonadotropen FRH und LH abgetrennt werden. Das Molekulargewicht beträgt etwa 33000. Das Hormon enthält im Gegensatz zu den anderen gonadotropen Hormonen keinen Zucker, ist also kein Glykoproteid, sondern ein Protein wie das somatotrope Wachstumshormon. Durch Pepsin oder Trypsin wird es inaktiviert. Die Verteilung der Aminosäuren zeigt Tabelle 6[3].

Tabelle 6. Aminosäurenverteilung im luteotropen Hormon der Hypophyse.

Glykokoll . . .	4,0	Lysin	7,2
Valin	5,9	Asparaginsäure	11,6
Leucin	12,5	Glutaminsäure	14,1
Isoleucin . . .	7,2	Phenylalanin .	4,1
Serin	6,5	Tyrosin . . .	4,7
Threonin . . .	4,8	Tryptophan . .	1,2
Methionin . .	3,6	Histidin . . .	4,5
Arginin	8,6	Prolin	6,2

Die quantitative Bestimmung der gonadotropen Hormone ist auf chemischem Wege noch nicht möglich, dagegen ist eine polarographische Methode angegeben worden[4]. Die wichtigsten biologischen Methoden sind im Zusammenhang mit den Verfahren zur Bestimmung von Keimdrüsenhormonen auf S. 38 dargestellt.

β) Wirkung der gonadotropen Hormone.

Die Wirkung erstreckt sich auf die Keimdrüsen, deren Wachstum und Funktion durch sie in Gang gesetzt und gesteuert wird. Die gonadotropen Hormone erscheinen daher als „organspezifische Wachstumshormone". Ihre organspezifische Wirkung kann darauf beruhen, daß sie durch spezifische Zellbestandteile, die nur im Erfolgsgewebe vorhanden sind, zum eigentlichen Wirkstoff komplettiert werden müssen, ähnlich wie ein Coenzym durch Verbindung mit einem Apoenzym zum Enzym wird. Die peripheren, primären und sekundären Geschlechtsorgane unterliegen dagegen der Steuerung durch die Keimdrüsenhormone. Die Proliferation der Erfolgsorgane wird durch alle diese Hormone wahrscheinlich nur ausgelöst, denn sie benötigt stets die Mitwirkung von Wuchsstoffen. Durch Antiwuchsstoffe kann sie gehemmt werden, z. B. durch 2,6-Diaminopurin[5].

Die fortgesetzte Gabe gonadotroper Hormone löst die Bildung von „Antihormonen" aus[6], die wahrscheinlich 2 Komponenten enthalten. Die erste ist ein Antikörper gegen das spezifische Eiweiß, die zweite richtet sich gegen das eigentliche Hormon[7]. Der antigonadotrope Faktor ist relativ beständig gegen Kochen und gegen Säure ($p_H = 1$). Durch Gerbstoff wird er gefällt[8].

Die Wirkungen der gonadotropen Hormone ergänzen sich. Das Follikelreifungshormon (FRH) wirkt im männlichen Organismus auf die Keimzellen und die Sertolischen Stützzellen, die der Bildungsort der oestrogenen Hormone sind[9].

[1] Li, C. H., M. E. Simpson and H. M. Evans: J. biol. Ch. **146**, 627 (1942). — Voss, H. E.: Arnzneim.-Forsch. **4**, 467 (1954). — Coppedge, R. L., and A. Segaloff: J. clin. Endocrinol. **11**, 465 (1951). — [2] Hadfield, G., and J. S. Young: Brit. J. Cancer **10**, 324 (1956). — [3] Li, C. H., and K. O. Pedersen: J. gen. Physiol. **35**, 629 (1952). — [4] Neukomm, S.: Exper. **7**, 349 (1951). — [5] Hertz, R., and W. W. Tullner: Science, N. Y. **109**, 539 (1949). — Hertz, R.: Texas Rep. Biol. Med. 8, 154 (1950). — [6] Collip, J. B.: J. Mt. Sinai Hosp. **1**, 28 (1934). — Collip, J. B., H. Selye and D. L. Thomson: The Antihormones. Biol. Reviews **15**, 1 (1940). — [7] Gegerson, H. J., A. R. Clark and R. Kurzrok: Proc. Soc. exp. Biol. Med. **35**, 193 (1936). — Deutsch, H. F., W. H. McShan, C. A. Ely and R. K. Meyer: Amer. J. Physiol. **162**, 393 (1950). — [8] Bunde, C. A., and A. A. Hellbaum: Amer. J. Physiol. **125**, 290 (1939). — [9] Voss, H. E., u. S. Loewe: Pflügers Arch. **218**, 604 (1928).

Diese sind also für beide Geschlechter als physiologische Keimdrüsenhormone anzusehen. Im weiblichen Organismus löst das FRH die Reifung der Follikel aus, in denen nun oestrogene Hormone gebildet werden. Nach Exstirpation der Hypophyse* erlischt die Spermiogenese und die Follikelreifung. Beide Funktionen können durch Gabe von FRH aufrechterhalten werden[1]. Die oestrogenen Hormone haben bei beiden Geschlechtern neben ihren speziellen Wirkungen auf die peripheren Sexualorgane einen hemmenden Einfluß auf die FRH-Bildung in der Hypophyse, der wahrscheinlich über das Zwischenhirn verläuft. Nach Kastration nimmt das Wachstum und die FRH-Inkretion der Hypophyse zu, nach Gabe von Oestrogenen bildet sich die „Kastrationshypophyse" wieder zurück.

In dieser zentripetalen Wirkung der Keimdrüse auf die Hypophyse liegt eine wichtige „Selbststeuerung" der endokrinen Funktionen, die einem „Regelsystem" entspricht und eine allgemeinere Bedeutung hat[2]. „Der Erfolg wirkt hemmend zurück". Auch die Wechselbeziehungen zwischen den einzelnen peripheren Hormondrüsen verlaufen über das Zwischenhirn und das inkretorische „Zentralorgan", die Hypophyse.

Neben der Hemmung der FRH-Produktion bewirkt das Ansteigen der Oestrogene im Blut eine Zunahme der Inkretion des Luteinisierungshormons (LH). Es erfolgt also eine inkretorische Umstellung.

Bei manchen weiblichen Tieren wird die Ausschüttung des LH durch einen (auch sterilen) Coitus auf nervösem Wege ausgelöst, z.B. beim Kaninchen oder bei Fröschen. Durch Narkotica kann sie verhindert werden[3]. Das LH bewirkt nun das Platzen des oder der reifen Follikel unter Ausstoßung des Eies (Ovulation) und bei Fröschen die Eiablage (s. Schwangerschaftsreaktionen S. 36ff.). Aus dem geplatzten Follikel wird bei Säugetieren der Gelbkörper, der nun unter LH-Wirkung sein Hormon bildet. Der Wechsel der beiden Inkretionsphasen bedingt den weiblichen Geschlechtscyclus.

Im männlichen Organismus wirkt das LH auf die LEYDIGschen Zwischenzellen („interstitiotropes Hormon") und regt hier die Bildung androgener Hormone an[4]. Die gleiche Wirkung scheinen die gonadotropen Hormone auch auf die Nebennierenrinde haben zu können, denn in dieser sind nicht nur Androgene, Oestrogene und Gestagene[5] gefunden worden, sondern sie kann auch nach Kastration in früher Jugend den hormonalen Ausfall der Keimdrüsen voll ersetzen, sofern die Hypophyse vorhanden ist[6].

Die *Epiphyse* (Zirbeldrüse) soll den Eintritt der Geschlechtsreife auf humoralem Wege hemmen. Bisher konnte jedoch in dieser Drüse kein Hormon nachgewiesen werden.

c) Keimdrüsenhormone.

(s. a. Bd. II/2b, S. 548)

α) Allgemeines.

Die vielseitige Bedeutung der Keimdrüsen für die Entwicklung des ganzen Körpers und seiner Funktionen ist bekannt, seit die Kastration geübt wird. Den ersten Beweis für ihre hormonale Funktion erbrachte BERTHOLD 1849[7]. Zuerst

* Technik: REISS, M., H. DRUCKREY u. A. HOCHWALD: Endokrinologie **12**, 243 (1933). — SELYE, H.: Textbook of Endocrinology. 2. Aufl. S. 232. Montreal 1949.

[1] GREEP, R. O., and H. L. FEVOLD: Endocrinology **21**, 611 (1937). — [2] LAQUEUR, E.: Kli. Wo. **1927 I**, 390. — HUGGINS, C.: J. Urol., Baltimore **68**, 875 (1952). — [3] EVERETT, J. W., and C. H. SAWYER: Proc. Soc. exp. Biol. Med. **71**, 696 (1949). — [4] REISS, M., H. SELYE u. J. BALINT: Endokrinologie **9**. 81 (1931). — [5] HOHLWEG, W.: Kli. Wo. **1942**, 160. — PONSE, K.: Schweiz. med. Wschr. **80**, 170 (1950). — [6] WOOLLEY, G., E. FEKETE and C. C. LITTLE: Proc. nat. Acad. Sci. USA **25**, 277 (1939). — SCHIRRMEISTER, S.: Endokrinologie **22**, 377 (1940). — [7] BERTHOLD, (A. P.): Arch. Anat. Physiol. **1849**, 42. — BERNARD, C.: Leçons de physiologie expérimentale. Bd. **I**, S. 96. Paris 1855.

glaubte man, das wirksame Hormon des Hodens, von dem vielseitige verjüngende Wirkungen erwartet (und dann auch „festgestellt") wurden, in der Base Spermin $NH_2—(CH_2)_3—NH—(CH_2)_4—NH—(CH_2)_3—NH_2$ (s. Bd. **1**, S. 795) gefunden zu haben, die aus Sperma zuerst gewonnen wurde[1]. Sie kommt aber auch im weiblichen Organismus vor[2] und ist kein Hormon.

Die bisher bekannten Keimdrüsenhormone sind Steroide[3] (Chemie s. Bd. **1**, S. 421ff.). Sie sind Produkte eines besonderen höherwertigen Stoffwechsels, der vorwiegend, jedoch nicht ausschließlich an die Keimdrüsen gebunden ist. Die Nebennierenrinde (NNR) kann ebenfalls sowohl oestrogene als auch androgene und gestagene Steroide bilden. Bei Geschwülsten der NNR wird pubertas praecox oder Virilismus beobachtet. Im Harn finden sich dabei große Mengen entsprechend wirkender Steroide. Das Adrenosteron ist auch als männlicher Prägungsstoff wirksam. In den ersten Lebenstagen kastrierte Nager zeigen nach 1—2 Jahren normal entwickelte Genitalorgane. Die NNR kann also vikariierend für die hormonale Funktion der Keimdrüsen eintreten[4]. Da andererseits auch die Placenta nicht nur gonadotrope, sondern auch oestrogene und gestagene Hormone produzieren kann, ist die Bildung der Sexualhormone sicher nicht ausschließlich, wie zuerst angenommen wurde, auf einen bestimmten Zelltyp beschränkt.

Die Wirkung der Keimdrüsenhormone[5] erstreckt sich in erster Linie auf die Steuerung von Wachstum und Funktion der Sexualorgane sowie auf die Ausbildung der sekundären Geschlechtsmerkmale. Darüber hinaus bestimmen sie das ganze geschlechtsspezifische Erscheinungsbild der Individuen, besonders charakteristisch bei Vögeln und manchen Fischen. Schließlich haben sie auch spezielle Wirkungen auf Stoffwechselfunktionen. Alle diese Wirkungen wurden bei der Darstellung der Sexualorgane behandelt.

Die Art der Wirkung wird naturgemäß durch die Art der Zellen, Organe und Organismen bestimmt, an denen sie stattfindet, hängt also keineswegs etwa allein von der Art des Wirkstoffes oder gar von einer bestimmten chemischen Konstitution ab, wie die Vielzahl der synthetischen Oestrogene besonders deutlich zeigt. Die Hormone und ebenso alle anderen Wirkstoffe und Pharmaka können nur auslösend, fördernd oder hemmend auf solche Funktionen wirken, die im erblich festgelegten Reaktionsbereich der Objekte liegen.

Die oestrogenen Hormone werden bei *beiden* Geschlechtern in den Keimdrüsen gebildet und haben auch bei beiden physiologische Funktionen. In diesem Sinne können sie nicht als geschlechtsspezifisch angesehen werden[6], ihre Bezeichnung als „Follikelhormone" ist histologisch bedingt und irreführend. Als spezifisch weibliches Sexualhormon erscheint dagegen das „gestagene" Corpus luteum-Hormon (Progesteron), als männliches Gegenstück das Testosteron, und zwar beide im Zusammenwirken mit Oestrogenen, wobei das gegenseitige Mengenverhältnis wesentlich ist.

Ebenso anfechtbar ist es, von jeweils einem spezifischen Hormon zu sprechen. Sämtliche Hormone sind nur Einzelprodukte aus einer ganzen Reihe chemisch ähnlicher Substanzen eines besonderen höherwertigen Stoffwechsels. Einige von ihnen mögen zwar an einem willkürlich gewählten Test eine besonders eindrucks-

---

[1] Poehl, A. v., Fürst J. v. Tarchanoff u. P. Wachs: Die rationelle Organtherapie. Berlin 1905. — [2] Wrede, F.: D. m. W. **1925 I**, 24. — [3] Butenandt, A.: Naturwiss. **17**, 879 (1929). Z. angew. Chem. **45**, 655 (1932). — Doisy, E. A., C. D. Veler and S. A. Thayer: Amer. J. Physiol. **90**, 329 (1929). — Curtis, J. M., and E. A. Doisy: J. biol. Ch. **91**, 647 (1931). — Marrian, G. F., and G. A. D. Haslewood: Biochem. J. **26**, 25 (1932). — Miescher, K.: Exper. **2**, 237 (1946). — Lewin, H., u. W. Spiegelhoff: Die Cyclushormone des Weibes. Stuttgart 1951. — [4] Spiegel, A.: Kli. Wo. **1939 II**, 1068. — [5] Selye, H.: The pharmacology of steroid hormones. Rev. canad. Biol. **1**, 577 (1942). — [6] Jongh, S. E. de: Arch. int. Pharmacodyn. Thérap. **50**, 348 (1935).

volle Wirkung entfalten, aber daraus kann nicht gefolgert werden, daß eben diese eine Substanz nun auch im Organismus die einzige Rolle spielt. Die Vielheit der Wirkungen in einem Inkretbereich wird wohl niemals nur einer Substanz zuzuschreiben sein, sondern vielmehr dem geordneten Zusammenwirken einer ganzen Gruppe chemisch verwandter Stoffe. Das zeigen besonders die Steroide der Nebennierenrinde. Die Oestrogene, das Oestradiol, das Oestron und das Oestriol haben durchaus verschiedene Wirkungen[1]. Das an Kastraten wenig wirksame Oestriol ist an juvenilen Tieren stark aktiv, wird also wahrscheinlich von den Ovarien umgewandelt. In Versuchen mit isoliertem Leber- oder Placentagewebe wurde die Umwandlung von Oestron in 17-β-Oestradiol nachgewiesen[2]. Die Wirkung der Hormone hängt also von den Bedingungen des Organismus ab. Die Überwertung eines speziellen Testes kann den Fortschritt der Forschung hemmen. Auch unspezifisch erscheinende Substanzen können eine Rolle spielen. Zum Beispiel sollen Fettsäuren und Zink die Wirkungen der Keimdrüsenhormone verstärken[3].

Die Wirkung der Keimdrüsenhormone ist auch nicht nur eine resorptive. Vielmehr werden bei der Exkretion der Keimzellen, also sowohl mit dem Sperma als auch vor allem mit der Follikelflüssigkeit beim Follikelsprung auch Hormone in die Genitalwege abgegeben, die nun hier lokale und regionale Wirkungen haben. Die Kastrationsfolgen beim Nager lassen sich durch Injektion von Oestrogenen in den Uterus vollständiger beheben als durch subcutane Injektion oder durch Implantation der Ovarien an einen unphysiologischen Ort[4]. Im männlichen Organismus gelingt die Beseitigung der Kastrationsfolgen mit den bekannten Androgenen nicht vollständig, sondern erfordert weitere „X-Stoffe", die aus Hoden gewonnen wurden[5].

Die *pathologischen Störungen* der Inkretion sind im wesentlichen dadurch bedingt, daß zuviel oder zuwenig von einem Hormon gebildet wird. Eine „Dysfunktion" der Hormondrüsen im Sinne einer Produktion chemisch andersartiger, pathologischer Hormone wurde lange Zeit abgelehnt. Mit feineren Methoden sind im Harn von Frauen mit Geschwülsten der Keimdrüsen oder der Nebennieren Steroide gefunden worden, die bei Normalen bisher nicht beobachtet waren[6]. Dennoch lassen sich die häufigsten Störungen zwanglos auf eine Unter- oder Überfunktion einer Drüse beziehen. Die mangelhafte Funktion der Hypophyse oder der Keimdrüsen führt zur Involution der Genitalien, wenn sie nicht schon deren Entwicklung unmöglich gemacht hat. Häufig sind damit Störungen des Stoffwechsels verbunden. Der vermehrte Fettansatz kann typisch lokalisiert sein, wie in der „Reithosenform" bei der dystrophia adiposo-genitalis. Als Ursachen kommen psychische Schäden, Nahrungs- oder Vitaminmangel in Frage[7]. In der menschlichen Pathologie wird bei Morbus Cushing (Hypertonie, Arteriosklerose, Osteoporose und Fettansatz am Stamm) ein basophiles Adenom der Hypophyse oder ein Nebennierenrinden-Adenom oder beides gefunden.

Im *Klimakterium* stellen die Keimdrüsen der Frau ihre generative Leistung ein. Damit sind hormonale Umstellungen verbunden, die teilweise durch Hormongaben behoben werden können. Das senile Ovar spricht auf die gonadotropen Hormone nicht mehr an, hat aber dennoch hormonale Funktionen ebenso wie

[1] Buu-Hoi, N. P.: Arzneim.-Forsch. **3**, 465 (1953). — [2] Ryan, K. J., and L. L. Engel: Endocrinology **52**, 277 (1953). — [3] Maxwell, L. G.: Amer. J. Physiol. **110**, 458 (1934). — [4] Loeser, A.: A. e. P. P. **190**, 225 (1938). — [5] Freud, J., E. Dingemanse et J. J. Polak: Arch. int. Pharmacodyn. Thérap. **57**, 369 (1937). — [6] z.B. Butler, G. C., and G. F. Marrian: J. biol. Ch. **119**, 565 (1937). — [7] Stieve, H.: Der Einfluß des Nervensystems auf Bau und Tätigkeit der Geschlechtsorgane des Menschen. Stuttgart 1952. — Fanconi, G.: Über Störungen der Pupertät. D. m. W. **1955**, 337.

die infantilen Keimdrüsen. Beim Mann kann die germinative Leistung der Hoden sogar bis in das höchste Alter erhalten bleiben.

Nach *Kastration* steigt die gonadotrope Inkretion der Hypophyse an, weil die drosselnde Wirkung der Keimdrüsenhormone fehlt. Die granulierten Zellen der Hypophyse nehmen zu, später treten „Kastrationszellen" auf. Oestrogene beseitigen diese Veränderungen. Im Harn ist die Ausscheidung gonadotroper Hormone nach Kastration erheblich vermehrt, geht aber nach einigen Monaten wieder zurück. Die dauernde Behandlung mit Oestrogenen führt zu adenomartiger Hyperplasie der Hypophyse, die die nichtgranulierten Zellen betrifft[1]. Die Veränderung ist indessen reversibel und hat mit Krebs nichts zu tun. Nach frühzeitiger Kastration können die NNR vikariierend sowohl oestrogene, gestagene als auch androgene Hormone bilden und zur normalen Entwicklung des Genitale führen. Nach Kastration ist der Cholesteringehalt des Blutes um etwa 50% erhöht.

Erhöhte Mengen von Keimdrüsenhormonen finden sich bei Geschwülsten der inkretorischen Gewebe in den Keimdrüsen oder NNR. Bei pathologisch vermehrter Bildung von Oestrogenen über längere Zeit kommt es zu starker Proliferation und auch zu Metaplasien in der Uterusschleimhaut und in der Brustdrüse, vorhandene Krebszellen können zum Wachstum kommen. Nach toxischen Gaben wurden bei Hunden purpuraähnlichen Erscheinungen beobachtet[2].

Störungen des weiblichen Geschlechtscyclus können sich durch langes Persistieren der Follikel und Ausbleiben der Luteinisierung ergeben, so daß es zu anhaltenden Blutungen kommt, wie bei der glandulär cystischen Hyperplasie der Uterusschleimhaut. Gaben von Luteinisierungshormon bringen den Follikel zum Platzen und die Blutungen zum Aufhören. Persistieren Gelbkörper, so bleiben die Blutungen aus und es besteht hormonale Sterilität. Sie wird durch manuelles Zerdrücken der Gelbkörper oder durch große Gaben von Oestrogenen behoben. Der geordnete Ablauf des weiblichen Cyclus kann psychisch gestört werden. Die hormonalen Funktionen hängen wie alle vegetativen Vorgänge entscheidend von psychischen Faktoren ab. Den „bedingten Reflexen" PAWLOWs weitgehend entsprechende Zusammenhänge finden sich im ganzen Bereich der endokrinen Funktionen. Die „Notfallsfunktion" der „Mutsubstanz" Adrenalin, die „Alarmreaktion" oder der „Stress" nach H. SELYE, die psychisch bedingte „Scheinschwangerschaft" und das Erlöschen der Keimdrüsenfunktion bei Depressionen sind Beispiele genug. Im letztgenannten Fall kann der Gehalt der Hypophyse an gonadotropen Hormonen sogar erhöht sein[3], die Störung braucht also durchaus nicht über die Hypophyse zu gehen. Das hormonale Regulationssystem ist der wesentlichste Mittler des psychosomatischen Zusammenhangs, der hier auch der Untersuchung mit exakten naturwissenschaftlichen Mitteln zugänglich ist.

β) Entgiftung, Ausscheidung.

Der Körper besitzt die Fähigkeit, die Keimdrüsenhormone durch chemische Veränderungen zu inaktivieren[4] oder wasserlöslicher, „harnfähiger" zu machen, so daß sie im Harn ausgeschieden werden können[5]. Die Ausscheidung wird hormonal gesteuert. Gonadotrope Hormone steigern die Ausscheidung von Oestro-

---

[1] BURROWS, H.: Amer. J. Cancer **28**, 741 (1936). — [2] ARNOLD, O., H. HAMPERL, F. HOLTZ, K. JUNKMANN u. H. MARX: A. e. P. P. **186**, 1 (1937). — [3] RINALDINI, L. M.: J. Endocrinol. **6**, 54 (1949). — [4] PINCUS, G., and W. H. PEARLMAN: Vitamins & Hormones **1**, 293 (1943). — PINCUS, G.: Chemistry and metabolism of steroid hormones. Ann. Rev. **19**, 111 (1950). — [5] GALLAGHER, T. F.: The excretion of steroid hormones in urine; in: MOULTON, F. R. (Hrsgb.): The Chemistry and Physiology of Hormones. S. 186. Washington 1944.

genen und hemmen die der Ketosteroide[1]. Mit Zunahme der Wasserlöslichkeit nimmt die Wirksamkeit der Hormone meist ab.

Die phenolischen Oestrogene können im Körper durch Oxydation zu zweiwertigen Phenolen inaktiviert werden[2]. Das in der Placenta und im Harn gefundene, wenig wirksame Oestriol ist wohl als Ausscheidungsprodukt anzusehen. Im Organismus von Pferden findet eine weitere Aromatisierung zu den höher ungesättigten Steroiden Equilin, Hippulin und Equilenin statt[3]. Tyrosinase und eine spezielle „Oestronase" sollen Oestrogene inaktivieren[4]. Die entstehenden Produkte geben die Reaktionen der C(17)-Ketosteroide nicht mehr.

Die größte Bedeutung hat die *Koppelung der Keimdrüsenhormone an Glucuronsäure*[5]. Sie erfolgt in der Leber[6] und setzt die Wirksamkeit der Hormone herab[7]. Das hat insofern Bedeutung, als das Blut aus den Genitalvenen nicht in die Pfortader strömt, sondern in die Hohlvene, also die Leber umgeht. Transplantation der Keimdrüsen in Bauchorgane (Milz), deren Venenblut die Leber passiert, hat also notwendig eine Inaktivierung der von ihnen gebildeten Hormone zur Folge, so daß die sonst durch sie bewirkte Hemmung der FRH-Bildung in der Hypophyse fortfällt. Die gonadotrope Inkretion steigt daher an und kann zu tumorösem Wachstum der Transplantate führen, das aber lange Zeit hindurch als echte Hyperplasie reversibel bleibt[8]. Die Hypophyse dieser Tiere zeigt die typischen Kastrationsveränderungen. Bei Leberkrankheiten kann die Entgiftung der Oestrogene ebenfalls gehemmt sein[9]. Ein weiteres wichtiges Ausscheidungsprodukt der Oestrogene ist ihr Schwefelsäureester, z. B. *Oestronsulfat*[10]. Diese gebundenen Steroide können durch saure Hydrolyse in Freiheit gesetzt werden.

Im Urin wurden die in Tabelle 7 aufgeführten Steroide aus der Reihe der Oestrogene gefunden[11]:

Tabelle 7. Oestrogenausscheidung im Harn.

Oestran-diol-3,17	Frau
α-Oestradiol	schwangere Frau, Stute
β-Oestradiol	trächtige Stute
Oestron	Frau, Schwangerschaft, Mann, Hengst, Eber
Oestriol	schwangere Frau
Equilin, Hippulin, Equilenin	trächtige Stute
3-Desoxy-11-keto-equilenin	trächtige Stute

Die Ausscheidung von Oestrogenen ist bei Frauen mit 18—36 γ im Tagesurin etwas größer als bei Männern, die 2—29 γ ausscheiden. Im Harn von Hengsten finden sich dagegen weit größere Mengen Oestrogene als im Stutenharn. Bei Ebern ist die Ausscheidung um so größer, je lebhafter die Spermiogenese ist.

Von den Ausscheidungsprodukten des Corpus luteum-Hormons ist das wesentlichste das *Pregnandiol-glucuronid*[12]. Außer diesem fanden sich im Harn schwangerer

[1] Reiss, M., R. E. Hemphill, J. J. Gordon and E. R. Cook.: Biochem. J. **44**, 632 (1949). — [2] Westerfeld, W. W.: Biochem. J. **34**, 51 (1940). — [3] Girard, A., G. Sandulesco, A. Fridenson et J. J. Rutgers: Cr. **194**, 909 (1932). — [4] Werthessen, N. T., C. F. Baker and B. Borei: Science, N. Y. **107**, 64 (1948). — [5] Cohen, S. L., and G. F. Marrian: Biochem. J. **30**, 57 (1936). — [6] Zondek, B.: Skand. Arch. Physiol. **70**, 133 (1934). — [7] Israel, S. L., D. R. Meranze and C. G. Johnston: Amer. J. med. Sci. **194**, 835 (1937). — Biskind, G. R.: Endocrinology **28**, 894 (1941). — [8] Lancker, J. v., et J. Maisin: Acta Un. int. Cancr., Bruxelles **7**, 354 (1951). — Gardner, W. U.; Adv. Cancer. Res. **1**, 173 (1953). — [9] Glass, S. J., H. A. Edmondson and S. N. Soll: J. clin. Endocrinol. **4**, 54 (1944). — [10] Butenandt, A., u. H. Hofstetter: H. **259**, 222 (1939). — [11] Selye, H.: Textbook of Endocrinology. 2. Aufl. Montreal 1949. — Pincus, G.: Chemistry and metabolism of steroid hormones. Ann. Rev. **19**, 111 (1950). — [12] Marrian, G. F.: Biochem. J. **23**, 1090 (1929). — Butenandt, A.: B. **64**, 2529 (1931). — Westphal, U.: Naturwiss. **28**, 465 (1940). — Müller, H. A.: Kli. Wo. **1940**, 318. — Hoyt, R. E., and M. G. Levine: J. clin. Endocrinol. **10**, 101 (1950). — Kaufmann, C., U. Westphal u. J. Zander: Arch. Gynäk. **179**, 247 (1950). — Kaufmann, C.: Kli. Wo. **1955**, 345.

Frauen und Tiere noch folgende Produkte des Gelbkörperhormon-Stoffwechsels: Δ^5-Pregnen-diol-$3\beta,20\alpha$, Pregnandion, allo-Pregnandion, Pregnan-ol-3α-on-20, epi-Pregnan-ol-3, Pregnantriol und Androstan-on-3β[1].

Im Harn trächtiger Stuten wurden bisher festgestellt: Δ^{16}-allo-Pregnenol-3β-on-20-sulfat[2], allo-Pregnan-ol-3β-on-20-sulfat[3], Urandiol-sulfat[4] ($C_{21}H_{36}O_2$) und das „Diketon D“[5]:

„Diketon D“

Als *Ausscheidungsprodukte der Androgene* kommen im Urin von Männern vor: Androsteron — in besonders großen Mengen bei LEYDIG-Zelltumoren —, iso-Androsteron, Androstandion, 11-Oxyandrosteron, Δ^5-Androsten-ol-3β-on-17 und Δ^{16}-Androsten-ol-3α[6]. Pregnandiol kommt auch im männlichen Urin vor[7], Androgene werden auch von Frauen ausgeschieden[8], so daß diese Hormone sicher nicht ganz geschlechtsspezifisch sind. Sie werden auch in der Nebennierenrinde gebildet[9], vor allem bei Geschwülsten dieser Drüse[10]. Das aus der NNR gewonnene Adrenosteron hat androgene Wirkung. Kastraten scheiden ebenfalls Androgene aus[11], und zwar unabhängig von ihrem Geschlecht. Im Urin von Männern sind ferner enthalten: Testosteron und $\Delta^{3,5}$-Androstadien-on-17[12].

Tabelle 8. Steroidausscheidung im Harn[13] (mg je 24 Std).

	Frau			Mann
	Phenole	17-Keto-	Alkohole	17-Keto-phenole
5. Lebensjahr	2,5			1/2
8. Lebensjahr	4,5	3		2/1
Pubertät	7	7		3/1
Reife	9—15	9—15	3—6	
Klimakterium	5	10		
Senium	1,5	4		

Die Steroidausscheidung im Urin bei Frau und Mann beträgt 24—34 mg/Tag. Sie ist in den einzelnen Lebensperioden verschieden[13].

γ) Chemische Bestimmung.

Die Bestimmung der Keimdrüsenhormone in biologischem Material ist vielfach bearbeitet worden und macht weiterhin Fortschritte[14]. Die Ketosteroide werden mit dem Ketonreagens

[1] COHEN, S. L., G. F. MARRIAN and M. C. WATSON: Lancet **1935 I**, 674.— HEARD, R.D.H., and A. F. MCKAY: J. biol. Ch. **131**, 317 (1939). — [2] KLYNE, W., B. SCHACHTER and G. F. MARRIAN: Biochem. J. **43**, 231 (1948). — [3] PATERSON, J. Y. F., and W. KLYNE: Biochem. J. **43**, 614 (1948). — [4] KLYNE, W.: Biochem. J. **43**, 611 (1948). — [5] PRELOG, V., u. R. SCHNEIDER: Helv. **32**, 1632 (1949). — [6] BROOKSBANK, B. W. L., and G. A. D. HASLEWOOD: Biochem. J. **44**, III (1949). — [7] WESTPHAL, U.: H. **281**, 14 (1944). — [8] KOCH, F. C.: Ann. internal Med. **11**, 297 (1937). — CALLOW, N. H., and R. K. CALLOW: Biochem. J. **32**, 1759 (1938). — [9] REICHSTEIN, T., u. J. v. EUW: Helv. **21**, 1197 (1938). — WOLFE, J. K., L. F. FIESER and H. B. FRIEDGOOD: Am. Soc. **63**, 582 (1941). — [10] CALLOW, R. K.: Chem. & Industr. **55**, 1030 (1936). — [11] GALLAGHER, T. F., D. H. PETERSON, R. I. DORFMAN, A. T. KENYON and F. C. KOCH: J. clin. Invest. **16**, 695 (1937). — CALLOW, N. H., and R. K. CALLOW: Biochem. J. **34**, 276 (1940). — HIRSCHMANN, H.: J. biol. Ch. **136**, 483 (1940). — [12] AMMON, R., u. W. DIRSCHERL: Fermente, Hormone, Vitamine. 2. Aufl. Leipzig 1948. — DORFMAN, R. I.: The metabolism of androgens. Recent Progr. Hormone Res. **2**, 179 (1948). — [13] SCHLÖSSER, W.: Z. klin. Med. **148**, 581 (1951). — [14] PINCUS, G.: Assay of ovarian hormones. Pincus Thimann, Hormones, Bd. 1, S. 333. — PINCUS, G.: Chemistry and metabolism of steroid hormones. Ann. Rev. **19**, 111 (1950). — ZIMMERMANN, W.: Chemische Bestimmungsmethoden von Steroidhormonen in Körperflüssigkeiten. Berlin, Göttingen, Heidelberg 1955.

von GIRARD[1] (Trimethylammoniumessigsäurehydrazid) gefällt und können aus der Bindung durch Hydrolyse wieder gewonnen werden.

Die quantitative Bestimmung erfolgt meist photometrisch nach ZIMMERMANN[2], wobei mit m-Dinitrobenzol in alkalischer Lösung Violettfärbung auftritt. In dieser Form setzt die Reaktion das Vorhandensein einer —CH_2—CO-Gruppierung voraus, gibt aber nur für die C(17)-Ketosteroide beständige Färbungen, kann also für den Nachweis von Oestron, Equilin, Equilenin, Androsteron und trans-Dehydroandrosteron verwendet werden. Testosteron, Progesteron und die Corticoide[3] geben mit dieser Methode keine sichere Farbreaktion, sondern erfordern modifizierte Methoden[4].

Für die Bestimmung der natürlichen Oestrogene steht die KOBERsche Methode in vielen Modifikationen zur Verfügung[5]. Die phenolischen Steroide geben mit Natrium-Kobalt(III)-nitrit schwerlösliche Komplexe, deren Nitritgruppe jodometrisch bestimmbar ist[6]. Auch die Koppelung mit Diäthylaminoäthanol-p-aminophenolsulfosäure und Diazotierung wird empfohlen[7]. Neuerdings wurde die Bestimmung durch Fluorometrie[8] (mit Phosphorsäure in der Hitze) und durch Papierchromatographie[9] nützlich gefunden. Auch die Infrarotspektrometrie erscheint geeignet[10].

Tabelle 9. Gruppeneinteilung der Steroide.

Phenole	Alkohole	reduzierende	3-Keto-	17-Keto-
Oestron	Pregnandiol	Cortison	Testosteron	Androsteron
Oestradiol		Corticosteron	Corticosteron	Aetio-cholanolon
Oestriol		Desoxy-corticosteron	Progesteron	Oestron
Equilin				Equilin
Equilenin				

Progesteron und Pregnandiol können ebenfalls chemisch[11] oder papierchromatographisch[12] bestimmt werden. Für das Gelbkörperhormon wurde auch eine höchst empfindliche ($10^{-3}\,\gamma$) biologische Methode beschrieben[13]. Der Nachweis von *freien* 17-Ketosteroiden im Blut oder Urin soll als Schwangerschaftstest[14] und im Speichel zur Diagnose eines männlichen Embryos

[1] GIRARD, A., et G. SANDULESCO: Helv. **19**, 1095 (1936). — [2] ZIMMERMANN, W.: H. **233**. 257 (1935); **245**, 47 (1937). Kli. Wo. **1938 II**, 1103. Z. Vit.-, Horm.- Ferm.-Forsch. **4**, 456 (1951/52). — [3] STAUDINGER, HJ., u. M. SCHMEISSER: B. Z. **321**, 83 (1950/51). — TALBOT, N. B., A. H. SALTZMANN, R. L. WIXOM and J. K. WOLFE: J. biol. Ch. **160**, 535 (1945). — SELIGMAN, A. M., and H. A. RAVIN: Cancer Res. **11**, 277 (1951). — [4] CALLOW, N. H., R. K. CALLOW and C. W. EMMENS: Biochem. J. **32**, 1312 (1938). — BACHMAN, C.: J. biol. Ch. **131**, 455, 463 (1939). — JAYLE, M. F.: Bull. Soc. Chim. biol. **25**, 300 (1943). — NEUKOMM, S., et A. REYMOND: Exper. **6**, 62 (1950). — [5] KOBER, S.: B. Z. **239**, 209 (1931). Biochem. J. **32**, 357 (1938). — COHEN, H., and R. W. BATES: J. clin. Endocrinol. **7**, 701 (1947). — DIRSCHERL, W., u. F. ZILLIKEN: B. Z. **319**, 407 (1949). — TOMPSETT, S. L.: Analyst **74**, 6 (1949). — [6] APPEL, W.: Kli. Wo. **1952**, 88. Z. ges. exp. Med. **118**, 260 (1952). — [7] BOSCOTT, R. J.: J. Endocrinol. **7**, 154 (1951). — [8] FINKELSTEIN, M.: Proc. Soc. exp. Biol. Med. **69**, 181 (1948). Acta endocrinol., Kjøbenhavn **10**, 149 (1952). — BANCHETTI, A., C. CONTI e V. MARESCOTTI: Folia endocrinol., Pisa **5**, 161 (1952). — VELDHUIS, A. H.: J. biol. Ch. **202**, 107 (1953). — [9] ZAFFARONI, A., R. B. BURTON and E. H. KEUTMANN: J. biol. Ch. **177**, 109 (1949). — KRITCHEVSKY, T. H., and A. TISELIUS: Science, N. Y. **114**, 299 (1951). — BUSH, I. E.: Biochem. J. **50**, 370 (1952). — [10] DOBRINER, K., E. R. KATZENELLENBOGEN and R. N. JONES: Infrared Absorption Spectra of Steroids. New York 1953. — [11] VENNING, E. H.: J. biol. Ch. **119**, 473 (1937). — REYNOLDS, S. R. M., and N. GINSBURG: Endocrinology **31**, 147 (1942). — SEMMONS, E. M., and E. W. MCHENRY: J. clin. Endocrinol. **9**, 852 (1949). — HENDERSON, I., N. F. MACLAGAN, V. R. W. WHEATLY and J. H. WILKINSON: J. Endocrinol. **6**, 41 (1949). — TOMPSETT, S. L.: J. clin. Path. **3**, 287 (1950). — KAUFMANN, C., U. WESTPHAL u. J. ZANDER: Arch. Gynäk. **179**, 247 (1951). — DIBBELT, L., K. HINSBERG u. H. ESSER: H. **289**, 153 (1952). — STIMMEL, B. F.: J. clin. Endocrinol. **12**, 371 (1952). — EDGAR, D. G.: Biochem. J. **54**, 50 (1953). — ZANDER, J., u. H. SIMMER: Kli. Wo **1954**, 529. — [12] ZAFFARONI, A., and R. B. BURTON: J. biol. Ch. **193**, 749 (1951). — ZANDER, J., u. H. SIMMER: Kli. Wo. **1954**, 529. — [13] HOOKER, C. W., and T. R. FORBES: Endocrinology **41**, 158 (1947). — [14] RICHARDSON, G. C.: Amer. J. Obstet. Gynec. **61**, 1377 (1951).

brauchbar sein[1]. Digitonin fällt nur Steroide, die wie Cholesterin eine freie OH-Gruppe in β-Stellung in Position 3 haben, nicht aber in α. Dehydroandrosteron wird durch Digitonin gefällt, Androsteron dagegen nicht, so daß eine Trennung möglich ist[2].

Die Bestimmung auf chemischem Wege allein kann zu Irrtümern führen, weil es sich meist um Gruppenreaktionen handelt und die isomeren Formen biologisch verschieden wirksam sind. Deshalb ist eine biologische Bestimmung bei den Keimdrüsenhormonen oft notwendig, bei den gonadotropen Hormonen allein möglich.

δ) Biologische Bestimmung.

1. Allgemeines.

Vor der chemischen hat die biologische Bestimmung der Hormone den Vorteil, daß sie meist mit den Körperflüssigkeiten oder Präparaten direkt ohne große Reinigungsvorgänge erfolgen kann. Die quantitative „Standardisierung" erfolgt durch den Vergleich der Wirksamkeit eines unbekannten Präparates mit der des internationalen Standardpräparates. Diese werden im Auftrag der Weltgesundheitsorganisation (World Health Organisation = WHO) vom Medical Research Council, Department of Biological Standards in London, aufbewahrt.

Da biologische Objekte eine oft erhebliche artcharakteristische „individuelle Variation" zeigen[3], ist stets eine entsprechend große Tierzahl erforderlich. Genaue Untersuchungen sind nur an homogenen (Inzucht) Tierstämmen möglich. Die Dosis wird stets in g bzw. mg/kg Tiergewicht angegeben, hat also die Dimension einer Konzentration. Zur quantitativen Angabe der Wirksamkeit dient die „mittlere wirksame Dosis" D_{50}, das ist die Dosis, bei der 50% der behandelten Tiere eine als „Alles-oder-Nichts"-Effekt betrachtete Wirkung zeigen, z.B. bei Oestrogenen das Auftreten des „Schollenstadiums" im Vaginalabstrich oder die Zunahme des Uterusgewichtes um einen bestimmten Prozentbetrag.

Man wertet rechnerisch oder graphisch aus[4]. Im allgemeinen besteht eine lineare Beziehung zwischen log Dosis (= Merkmalsgrenzwertabszisse) und relativer Summenhäufigkeit des positiven Effektes (in % Wahrscheinlichkeit), wenn diese auf der Ordinate in σ-Einheiten („*Probit* Skala") bzw. nach dem GAUSSschen Integral

$$p = \frac{1}{\sqrt{2\pi}} \int_{-\infty}^{y} e^{-\frac{y^2}{2}} dy \tag{I}$$

(HAZEN-Transformation) aufgetragen ist, wie im käuflichen* „Wahrscheinlichkeitsnetz". Eine 2. Art der Darstellung teilt die Ordinate in „logit"-Einheiten[5]. Sie beruht letztlich auf

---

* Lieferant: C. Schleicher & Schüll, Dassel bei Einbeck/Hann., z. B. Muster 297 1/2 A 3.

[1] RAPP, G. W., and G. C. RICHARDSON: Science, N. Y. **115**, 265 (1952). — [2] WOLFE, J. K., E. B. HERSHBERG and L. F. FIESER: J. biol. Ch. **136**, 653 (1940). — [3] KISSKALT, K.: Z. Hyg. **81**, 42 (1916). — [4] BEHRENS, B., u. G. KÄRBER: A. e. P. P. **177**, 379 (1935). — BURN, J. H.: Biologische Auswertungsmethoden. Berlin 1937. Biological Standardization. London 1950. — SCHELLING, H. v.: Naturwiss. **30**, 306 (1942). — PRIGGE, R., u. H. v. SCHELLING: Naturwiss. **30**, 661 (1942). — CAVALLI, L., u. G. MAGNI: Zbl. Bakt. (I) **150**, 367 (1943). — KOLLER, S.: Graphische Tafeln zur Beurteilung statistischer Zahlen. 2. Aufl. Dresden, Leipzig 1943. — FINNEY, D. J.: Probit Analysis. London 1947. — FISHER, R. A., and F. YATES: Statistical Tables. 3. Ed. London 1948. — DRUCKREY, H., u. K. KÜPFMÜLLER: Dosis und Wirkung. 2. Aufl. Aulendorf, Wttbg. 1949. — EMMENS, C. W. (Hrsg.): Hormone Assay. New York 1950. — GEBELEIN, H., u. H.-J. HEITE: Statistische Urteilsbildung. Berlin, Göttingen, Heidelberg 1951. — LINDER, A.: Statistische Methoden. Basel 1945. — BLISS, C. I.: The Statistics of Bioassay. New York 1952. — MATHER, K.: Statistical Analysis in Biology. 2. Aufl. New York 1947. (Dtsche. Übers. von ZELLER, A.: Statistische Analyse in der Biologie. Wien 1954.) — [5] KROGH, M. v.: J. infect. Dis. **19**, 452 (1916). — BERKSON, J.: J. amer. statist. Ass. **44** 273 (1949). — WAKSMAN, B. H.: J. Immunol. **63**, 409 (1949).

„treffertheoretischen" Überlegungen[1]. Im Rahmen der praktisch erreichbaren Genauigkeit stimmen beide Skalen überein[2]. Besteht eine Linearität, so ist die Dosiswirkungsgerade („Regressionsgerade") durch 2 Parameter definiert, nämlich durch die *Lage* eines bestimmten Punktes zur Abszisse und durch ihre *Neigung* (slope). Die Lage der Geraden ist eine Funktion der Wirksamkeit des Präparates, die durch die D_{50} angegeben wird. Die Neigung hängt dagegen von der individuellen Variation des Tiermaterials gegenüber der betrachteten Wirkung ab. Diese Streuung (standard deviation) wird durch die Größe $\pm\sigma$ in der Dimension der Dosis oder in % der D_{50} angegeben. Den einzelnen Werten von σ sind (auf der Ordinate) bestimmte Prozentwerte P der Summenhäufigkeit des positiven Effektes zugeordnet. Die Größe σ besagt also, daß wahrscheinlich 68% der *Einzelbeobachtungen* in den Bereich der $D_{50} \pm \sigma$ fallen. Bei 2σ wären es 95% und bei $3\,\sigma = 99{,}7\,\%$. Die Streuung des Mittelwertes ist

$$\varepsilon = \frac{\sigma}{\sqrt{n}}, \tag{II}$$

sie hängt also im Gegensatz zu σ von der Anzahl der Einzelbeobachtungen (z. B. Tierzahl) n ab. Wird ein bestimmtes ε gefordert, so läßt sich aus der experimentell bestimmten Größe von σ nach Gl. (II) berechnen, wie groß die Anzahl der Einzelbeobachtungen sein muß.

Tabelle 10. Zuordnung der Prozentwerte der Wirkung zu σ-Einheiten.

σ	P%
−3	0,135
−2	2,275
−1	15,865
0	50,0
+1	84,135
+2	97,725
+3	99,865

Man vergleicht ein unbekanntes Präparat U gegen ein Standardpräparat S am rationellsten nach dem „1 + 2-Verfahren"[3]. Dabei wird der Verlauf der Wirkungsgeraden von S durch 2 Dosen zwischen 16% und 84% positive Effekte bestimmt und nun der Verlauf der parallel angenommenen Wirkungsgeraden von U durch *eine* Dosis ermittelt, die möglichst annähernd 50% positive Effekte geben soll. Das Verfahren setzt also voraus, daß beide Wirkungskurven linear und parallel sind. Das trifft erfahrungsgemäß bei allen Hormonen und 95% aller Pharmaka praktisch zu[3]. Die Signifikanz der Differenz S zwischen den Mittelwerten M_1 und M_2 wird bei großen Zahlen berechnet nach Gl. (III)

$$S = \frac{M_1 - M_2}{\sqrt{\varepsilon_1^2 + \varepsilon_2^2}}. \tag{III}$$

Ist S größer als 3, so ist die Wahrscheinlichkeit für die Zufälligkeit 1%, die Signifikanz also gesichert. Bei kleinen Zahlen müssen dagegen andere Verfahren benutzt werden, z.B. die χ^2-Methode (Literatur s. S. 30[4]).

2. Gonadotropine.

Die gonadotropen Hormone[4] können, wenn der Hormongehalt genügend groß ist, durch direkte Injektion der zu untersuchenden Lösungen bestimmt werden. Ist er dagegen nur gering, so werden sie zweckmäßig durch Adsorption an Benzoesäure angereichert, wie bei der präparativen Gewinnung des Hormons z. B. aus Urin: eine konzentrierte Lösung von Benzoesäure in Aceton oder Alkohol wird in die leicht angesäuerte wäßrige Lösung des Hormons, z. B. den Urin, gegeben (1:50) und das Präcipitat abgenutscht. Nach Extraktion der Benzoesäure aus dem Präcipitat mit 90% Aceton bleibt ein feines Pulver auf der Nutsche, das die gonadotropen Hormone praktisch quantitativ enthält. Es wird dann in einer aliquoten Menge physiologischer Kochsalzlösung aufgelöst.

[1] Jordan, P.: Naturwiss. **29**, 89 (1941); **32**, 20 (1944). — Druckrey, H.: Arzneim.-Forsch. **3**, 394 (1953). Strahlentherapie **94**, 45 (1954). — [2] Spielmann, W., u. W. Schulz: Z. Hyg. **134**, 233 (1952). — [3] Perry, W. L. M.: The Design of Toxicity Tests. Reports on Biological Standards. London 1950. — [4] Reiss, M.: Die Hormonforschung und ihre Methoden. Berlin 1934. — Bomskov, C.: Methodik der Hormonforschung. Bd. 2, S. 616. Leipzig 1939. — Selye, H.: Textbook of Endocrinology. 2. Aufl. Montreal 1949. — Emmens, C. W. (Hrsg.): Hormone Assay. New York 1950. — Burn, J. H.: Biologische Auswertungsmethoden. Berlin 1937.

Das *FRH* wird am sichersten an der hypophysektomierten Ratte* von 50 bis 70 g quantitativ bestimmt. Die internationale Ratten-Einheit (RE) ist durch die minimale Menge definiert, die an weiblichen Ratten bei subcutaner Gabe, verteilt auf 3 Tage, am 4. Tage im Ovar zu echten, ein Antrum zeigenden reifen Follikeln führt. Sie ist in 250 γ eines Standardpräparates enthalten, das vom Department of Biological Standards, National Institute for Medical Research in London aufbewahrt wird.

Tabelle 11. Vergleich der wirksamen Dosen Gonadotropin an verschiedenen Testobjekten[1].

Tierart	Geschlecht	Kriterium	Test	I.E.
Maus	männlich	Vesikulardrüsen	Gewichtsverdoppelung	2
	weiblich	Vaginalabstrich	Oestrus	2,5
Ratte	männlich	Vesikulardrüsen	Gewichtsverdoppelung	2,5
	weiblich	Ovarien	Gewichtsverdoppelung	5—10
		Uterus	Gewichtsverdoppelung	1
		Vagina	Öffnung	2
Kaninchen	weiblich	Ovar		6—8
Bufo	männlich	Kloake	Sperma	30—40
Esculenta	männlich	Kloake	Sperma	4—10
Xenopus	weiblich		Eiablage	40—70

Das *LH* bzw. Prolan wird gleichfalls an hypophysektomierten Ratten in ähnlicher Anordnung bestimmt, und zwar an Männchen oder Weibchen. Die Injektion wird ebenfalls subcutan vorgenommen; bei intraperitonealer Injektion ist die Wirksamkeit wesentlich größer. Eine internationale Einheit ist die Menge, die gerade eine Luteinisierung der Ovarien oder die Steigerung des Prostatagewichtes um 100% bewirkt. Sie ist in 100 γ des Standardpräparates enthalten. In den meisten Fällen genügt die Testung sowohl beim FRH als auch beim LH an normalen juvenilen Ratten von etwa 50 g.

Am einfachsten werden Gonadotropine an männlichen Fröschen oder Kröten ausgewertet. Einige Stunden nach der Injektion einer wirksamen Dosis sind im Kloakeninhalt Spermatozoen nachweisbar[2] (vgl. Schwangerschaftsreaktion. s. S. 37). Zwischen log Dosis und Summenhäufigkeit des Effektes in % auf der „Probit Skala“ besteht eine lineare Beziehung[3]. Der Test ist jedoch nicht spezifisch, da Adrenalin oder Arterenol ebenfalls positive Befunde geben[4].

Die *Schwangerschaftsreaktion* mit Urin in der von ASCHHEIM u. ZONDEK[5] angegebenen klassischen Form wird an juvenilen Mäusen (6—8 g) oder Ratten

* Technik: REISS, M., H. DRUCKREY u. A. HOCHWALD: Endokrinologie **12**, 243 (1933).

[1] CHEYMOL, J., R. HENRY et M. THEVENET: C. R. Soc. Biol. **146**, 988 (1952). — [2] GALLI-MAININI, C.: Sem. méd., Buenos Aires **1937 I**, 337. Endocrinology **43**, 349 (1948). — [3] WOLZOGEN, F. X., and A. HALAMA: Exper. **7**, 221 (1951). — [4] HALAMA, A.: Naturwiss. **40**, 532 (1953). — [5] ZONDEK, B., u. S. ASCHHEIM: Kli. Wo. **1928 I**, 8. — ASCHHEIM, S., u. B. ZONDEK: Kli. Wo. **1928 I**, 831. — ASCHHEIM, S.: Die Schwangerschaftsdiagnose aus dem Harn. Berlin 1930. — ZONDEK, B.: Hormone des Ovariums und des Hypophysenvorderlappens. 2. Aufl. Wien 1935.

(30—50 g) vorgenommen. Der Morgenurin wird entweder als solcher gespritzt oder vorher durch Extraktion mit Äther von Bakterien und toxischen Produkten gereinigt. Der Urin wird an 3 Tagen in 6 Einzelgaben von 0,4 ml injiziert. 100 Std nach der 1. Injektion werden die Tiere seziert und die Ovarien kontrolliert. Der Befund wird in 3 Stufen bewertet (Abb. 4 u. 5).

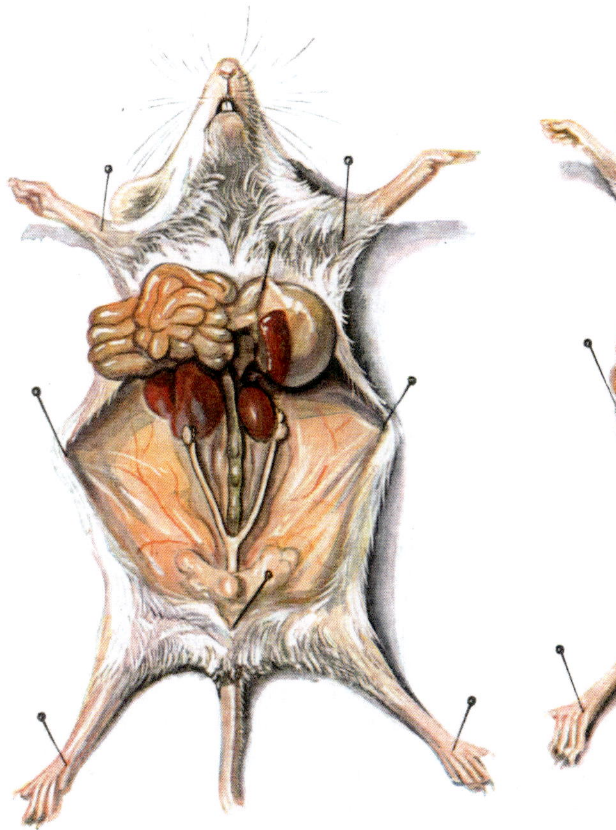

Abb. 4. Infantile Maus (Bauchhöhle eröffnet, Eingeweide zurückgeschlagen, Genitalien freigelegt). Negative Schwangerschaftsreaktion.

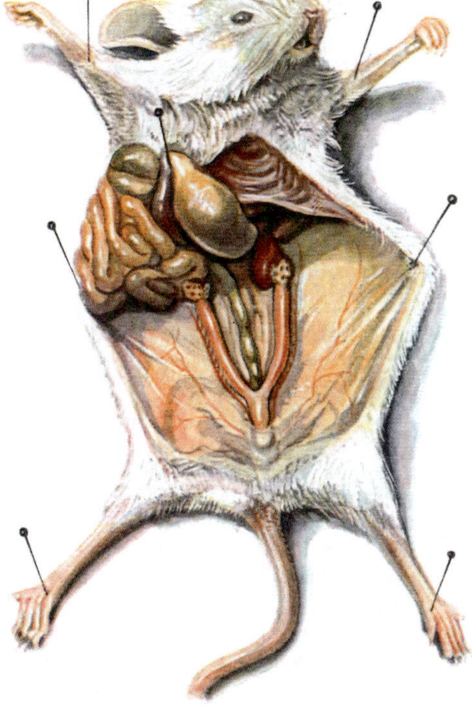

Abb. 5. Infantile Maus (wie Abb. 4). Positive Schwangerschaftsreaktion.

Reaktion 1: Ovar vergrößert, zahlreiche reife Follikel, Uterus entwickelt, Oestrus. Sie zeigt die Ausscheidung von FRH an.

Als positive Schwangerschaftsproben werden bewertet:

Reaktion 2: Blutpunkte in den Ovarien und Reaktion 3: Corpora lutea.

Am weiblichen Kaninchen löst die intravenöse Injektion von 5 ml Schwangerenurin schon nach 20 Std eine positive Reaktion mit Blutpunkten an den Ovarien aus (Friedmann-Schnelltest)[1].

Besonders einfach, schnell und verläßlich ist die Schwangerschaftsreaktion an Kröten (30—40 g) und Fröschen (25—35 g). Zuerst wurde sie am afrikanischen Krallenfrosch Xenopus levis (Hogben-Test)[2] entwickelt, kann aber auch mit

[1] Friedman, M. H.: Amer. J. Physiol. **90**, 617 (1929). — Sharnoff, J. G., and E. C. Zaino: Amer. J. Obstet. Gynec. **59**, 653 (1950). — [2] Hogben, L.: Nature **133**, 763 (1933). — Joel, C. A.: Schweiz. med. Wschr. **76**, 1106 (1946).

anderen Arten, z.B. mit dem Wasserfrosch Rana esculenta durchgeführt werden[1]. Die Injektion von 2—4 ml Schwangerenurin oder einer äquivalenten Menge eines gereinigten Extraktes in den dorsalen Lymphsack bewirkt innerhalb von 1—3 Std bei reifen Weibchen die Eiablage und noch sicherer bei Männchen[2] das Auftreten von Spermatozoen im Kloakeninhalt. Bei Haltung der Frösche in der Wärme tritt die Reaktion schon nach 30 min ein[3]. Die Schwellendosis am Frosch beträgt 20 ME Prolan. Nach 7 Tagen sind die Frösche wieder verwendbar. Adrenalin gibt ebenfalls eine positive Reaktion[4].

Die Testung des *luteotropen Hormons* (Prolactin), das von Wöchnerinnen, aber auch von Männern[5] im Urin ausgeschieden wird, erfolgt nach RIDDLE an 6—10 Wochen alten Tauben durch die Zunahme des Kropfdrüsengewichtes[6]. Sie ist dem log Dosis proportional. Der Vergleich gegen den internationalen Standard ist notwendig. Er enthält eine Einheit in 100 γ. Auch am kastrierten Kaninchen ist die Bestimmung möglich[7].

Das *corticotrope Hormon* (ACTH) wird an hypophysektomierten Ratten getestet[8]. An der Nebennierenrinde bewirkt es — nicht sehr spezifisch — eine Abnahme des Gehaltes an Ascorbinsäure. Die gefundene Differenz zwischen der vor der Injektion entnommenen Nebenniere und der danach untersuchten ist in einem weiten Bereich dem log der Dosis ACTH proportional. Als Einheit gilt die Menge ACTH, die eine Senkung um 20% bewirkt. Die Ascorbinsäure wird nach ROE u. KUETHER bestimmt[9]. Eine weitere Methode zur quantitativen Bestimmung von ACTH beruht darauf, daß das Hormon die Atmung von Gewebsschnitten der Nebennierenrinde vom Rind (WARBURG-Methode) in vitro steigert[10].

3. Keimdrüsenhormone.

Die natürlichen und synthetischen *Oestrogene* werden an der kastrierten weiblichen Ratte oder Maus bestimmt. Eine RE oder ME ist die Menge, die nach einmaliger Injektion bei 50% der Tiere ein reines Schollenstadium im Vaginalabstrich (Oestrus) auslöst[11]. Eine internationale Einheit ist für die freien Oestrogene durch die Wirkung von 0,1 γ Oestron (I.E.) bzw. durch die von 0,1 γ Oestradiol-monobenzoat (internationale Benzoat-Einheit, I.BE.) an der Ratte definiert. Eine Mäuseeinheit entspricht etwa 5 I.E.

Die „*gestagenen*" Corpus luteum-Hormone werden getestet am infantilen oder kastrierten weiblichen Kaninchen, dessen Uterusschleimhaut vorher durch Oestrogene zur Proliferation gebracht wurde. Als Kriterium dient die Überführung der Schleimhaut in die Sekretionsphase[12]. Eine I.E. entspricht der Wirksamkeit von 1 mg Progesteron, das sind etwa 2 Kanincheneinheiten (KE). Ferner ist ein hochempfindlicher Mikrotest beschrieben worden, mit dem noch $10^{-3}\,\gamma$ nachgewiesen werden können[13].

---

[1] GIUSTI, L., et B. A. HOUSSAY: C. R. Soc. Biol. **89**, 739 (1923); **91**, 313 (1924). — HOUSSAY, B. A.: Quart. Rev. Biol. **24**, 1 (1949). — LAVES, W.: D. m. W. **1940**, 5. — MANSTEIN, B., u. F. SCHMIDT-HOENSDORF: D. m. W. **1949**, 1258. — [2] GALLI-MAININI, C.: Endocrinology **43**, 349 (1948). — WIMHÖFER, H., u. P. STOLL: Zbl. Gynäk. **1952**, 1201. — [3] WIENINGER, E., u. W. LAKOMY: Med. Klinik **1951**, 439. — [4] HALAMA, A.: Naturwiss. **40**, 532 (1953). — [5] COPPEDGE, R. L., and A. SEGALOFF: J. clin. Endocrinol. **11**, 465 (1951). — [6] VOSS, H. E.: Arzneim.-Forsch. **4**, 467 (1954). — [7] LYONS, W. R.: Proc. Soc. exp. Biol. Med. **51**, 308 (1942). — [8] SAYERS, M. A., G. SAYERS and L. A. WOODBURY: Endocrinology **42**, 379 (1948). — [9] ROE, J. H., and C. A. KUETHER: J. biol. Ch. **147**, 399 (1943). — [10] REISS, M., E. BRUMMEL, I. D. HALKERSTON, F. E. BADRICK and M. FENWICK: J. Endocrinol. **9**, 379 (1953). — [11] ALLEN, E., E. A. DOISY, B. F. FRANCIS, H. V. GIBSON, L. L. ROBERTSON, C. E. COLGATE, W. B. KOUNTZ and C. G. JOHNSTON: Amer. J. Physiol. **68**, 138 (1924). — [12] CLAUBERG, C.: Kli. Wo. **1930 II**, 2004; **1931 II**, 1949. — ALLEN, W. M.: Amer. J. Physiol. **100**, 650 (1932). J. biol. Ch. **98**, 591 (1932). — [13] HOOKER, C. W., and T. R. FORBES: Endocrinology **41**, 158 (1947).

Die *Androgene* (s. a. Bd. **1**, S. 443) können nach verschiedenen Methoden bestimmt werden. Am kastrierten Hahn (Kapaun) ist eine KE die Menge, die auf 2 Gaben an 2 aufeinanderfolgenden Tagen verteilt, dieselbe Größenzunahme des Kammes bewirkt wie 100 γ Androsteron[1]. Sie entspricht 1,5 I.E. bzw. der Wirkung von 22 γ Testosteron bei subcutaner Gabe. Bei lokaler Anwendung ist die Wirksamkeit viel größer. Der „Vesikulardrüsentest"[2] wertet das durch Androgene ausgelöste Wachstum der Samenblasen an der kastrierten Maus oder Ratte. Ester der Androgene haben eine protrahierte und vielfach stärkere Wirkung als die freien Androgene[3].

ε) Synthetische Oestrogene und Androgene.

Durch Veresterung der Keimdrüsenhormone werden „halbsynthetische" Produkte mit protrahierter Wirkung gewonnen. Oestron- bzw. Oestradiol-3-monobenzoat und Testosteron-17-propionat zeichnen sich durch sehr lange Wirkungsdauer aus. Das 17-Methyl-testosteron soll auch buccal gut resorbiert werden. Durch Anfügen eines Äthinylrestes am C(17) werden oral gut wirksame Derivate erhalten, z. B. bei Oestradiol[3]. Das entsprechende 17-α-Äthinyl-testosteron (= 20, 21-Anhydroprogesteron, Pregneninolon) hat dagegen die Wirkungen des Corpus luteum-Hormons. Auch Phosphorsäureester bzw. Phosphate[4] und Glykoside[5] von Sexualhormonen sind hergestellt worden.

Die Wirkung der Keimdrüsenhormone ist nicht an ein spezifisches Grundmolekül, etwa an das Cyclopentanophenanthren-Skelet gebunden. Es gibt vielmehr zahlreiche synthetische Abwandlungsprodukte und vollsynthetisierte Substanzen mit z. B. typisch oestrogener Wirkung[6], die mit den genuinen Hormonen chemisch zum Teil überhaupt keine rechte Übereinstimmung mehr zeigen, soweit es das *Grundskelet* betrifft.

Die meisten synthetischen Oestrogene sind bifunktionell und haben die allgemeine Konfiguration: OH-Aryl-OH bzw. OH-Aryl-Alkyl-OH oder = O. Voraussetzung für die Wirksamkeit ist das Vorhandensein wenigstens eines aromatischen

---

[1] Hohlweg, W., u. K. Junkmann: Kli. Wo. **1932 I**, 321. — [2] Loewe, S., u. H. E. Voss: Kli. Wo. **1930 I**, 481. — Voss, H. E., u. S. Loewe: A. e. P. P. **159**, 532 (1931). — [2] Inhoffen, H. H., u. W. Hohlweg: Naturwiss. **26**, 96 (1938). — [3] Voss, H. E.: Arzneim.-Forsch. **5**, 208 (1955). — [4] Druckrey, H., u. S. Raabe: Kli. Wo. **1952**, 882. — [5] Hagedorn, A., F. Johannessohn, E. Rabald u. H. E. Voss: H. **264**, 23 (1940). — [6] Mac Corquodale, D. W., L. Levin, S. A. Thayer and E. A. Doisy: J. biol. Ch. **101**, 753 (1933). — Cook, J. W., E. C. Dodds, C. L. Hewett and W. Lawson: Proc. R. Soc. London (B) **114**, 272 (1934). — Dodds, E. C., and W. Lawson: Nature **139**, 627, 1068 (1937). — Dodds, E. C., L. Golberg, W. Lawson and R. Robinson: Nature **141**, 247 (1938). — Schmidt-Thomé, J.: Ergebn. Physiol. **39**, 219 (1937). — Kreitmair, H., u. W. Sieckmann: Kli. Wo. **1939 I**, 156; **1940**, 474. — Salzer, W.: H. **274**, 39 (1942). — Robson, J. M., and A. Schönberg: Nature **150**, 22 (1942). — Masson, G.: Les hormones artificielles. Rev. canad. Biol. **3**, 491 (1944). — Dodds, E. C.: Possibilities in the realm of synthetic oestrogens. Vitamins & Hormones **3**, 229 (1945). — Solmssen, U. V.: Chem. Reviews **37**, 481 (1945). — Miescher, K.: Exper. **2**, 237 (1946). — Courrier, R.: J. Thérap. franç. **21** (1947). — Brownlee, G., and A. F. Green: J. Endocrinol. **5**, 158 (1947). — Anner, G., u. K. Miescher: Helv. **30**, 1422 (1947). — Emmens, C. W.: J. Endocrinol. **5**, 170 (1947). — Case, E. M., and F. Dickens: Biochem. J. **43**, 481 (1948). — Niederl, J. B., and R. M. Silverstein: J. org. Chem. **14**, 10 (1949). — Dodds, E. C.: J. Pharmacy Pharmacol. **1**, 137 (1949). — Danneberg, P.: Arzneim.-Forsch. **1**, 339 (1951). — Lespagnol, A., J. Schmitt, L. Thieblott et M. Stoliaroff: Bull. Soc. Chim. biol. **33**, 771 (1951). — Rinderknecht, H., and L. W. Rowe: Science, N.Y. **115**, 292 (1952). — Oki, M.: Bull. chem. Soc. Jap. **25**, 112 (1952). — Druckrey, H., P. Danneberg u. D. Schmaehl: Z. Naturforsch. **5** b, 27 (1950). — Dodds, E. C., R. L. Huang, W. Lawson and R. Robinson: Proc. R. Soc. London (B) **140**, 470 (1952/53). — Hillmann-Elies, A., u. G. Hillmann: Z. Naturforsch. **8** b, 527 (1953). — Urushibara, Y., and T. Takahashi: Bull. chem. Soc. Jap. **26**, 162 (1953). — Huggins, C., and E. V. Jensen: J. exp. Med. **100**, 241 (1954).

Ringes und einer (phenolischen) Hydroxylgruppe an diesem. Der 2. Sauerstoff z.B. am Alkyl kann dagegen auch als Carbonyl oder Carboxyl vorliegen oder auch ganz fehlen, jedoch sind die Oxyketoverbindungen weniger wirksam als die Dioxyverbindungen[1]. Monofunktionelle Substanzen sind weniger oestrogen wirksam als bifunktionelle[2], jedoch sind die aromatischen Kohlenwasserstoffe Stilben oder Triphenyläthylen (α-Phenylstilben) und halogenierte Derivate von ihnen ebenfalls wirksam[3], indessen spricht ihre nach längerer Latenz beginnende Wirkung dafür, daß sie im Organismus erst oxydiert werden müssen, um wirksam zu werden.

Tabelle 12. Synthetische Oestrogene.

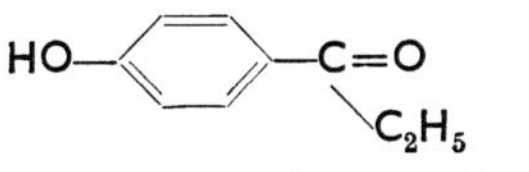

4-Oxy-benzyläthylketon[4]

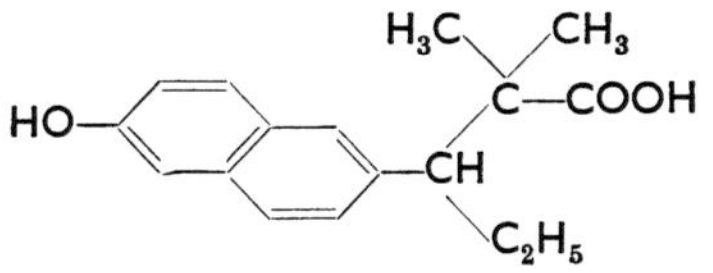

α,α-Dimethyl-β-äthyl-allenolsäure[5]

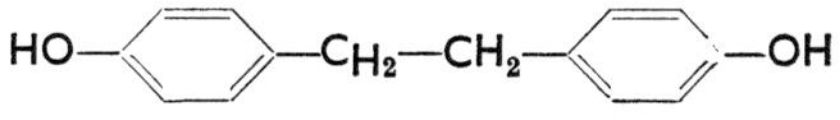

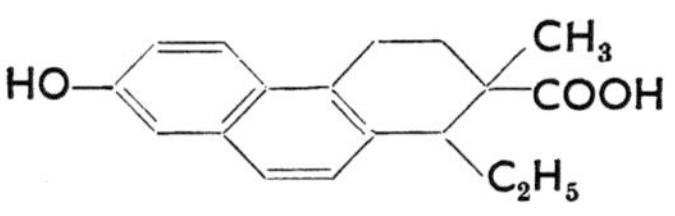

α-Bis-dehydro-doisynolsäure[6]

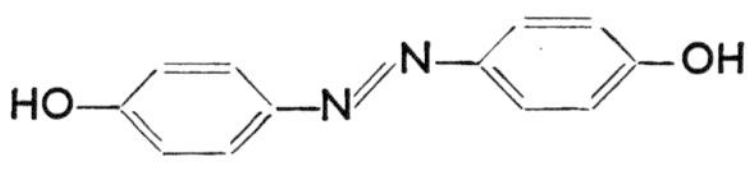

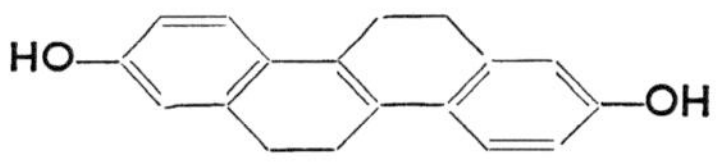

3,9-Dioxy-tetrahydro-chrysen[7]

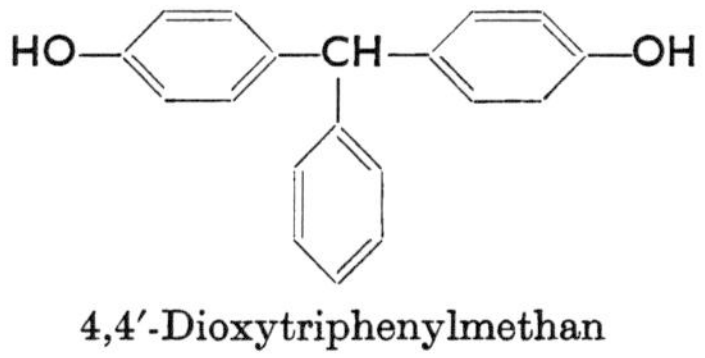

Oestradiol

4,4'-Dioxydiphenyl

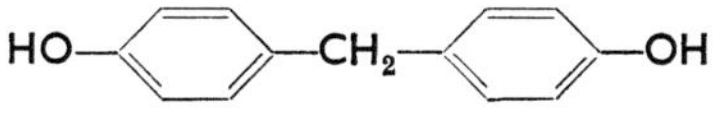

4,4'-Dioxydiphenylmethan

4,4'-Dioxydiphenyläthan

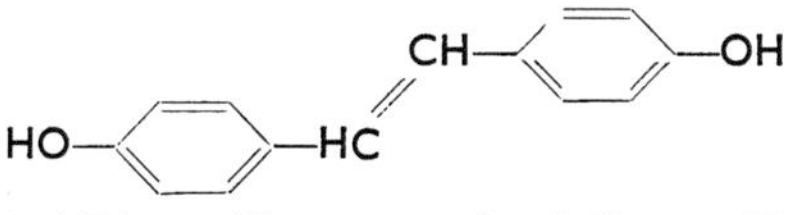

4,4'-Dioxystilben (trans)[8] „Stilboestrol"

4,4'-Dioxyazobenzol (trans)[9]

4,4'-Dioxytriphenylmethan

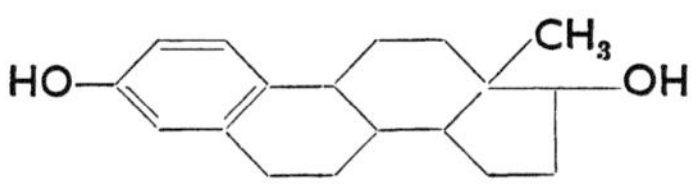

[1] Schueler, F. W.: Science, N. Y. **103**, 221 (1946). — Jacques, J.: Bull. Soc. chim. France (Docum.) 411 (1949). — [2] Huggins, C., and E. V. Jensen: J. exp. Med. **100**, 241 (1954). — [3] Schönberg, A., J. M. Robson, W. Tadros and H. A. Fahim: Soc. **1940**, 1327. — Macpherson, A. J. S., and E. M. Robertson: Lancet **1939 II**, 1362. — [4] Perrault, M.: Presse méd. **58**, 1010 (1950). — Lacassagne, A., A. Chamorro et N. P. Buu-Hoi: C. R. Soc. Biol. **144**, 95 (1950). — Lespagnol, A., J. Schmitt, L. Thieblott et M. Stoliaroff: Bull. Soc. Chim. biol. **33**, 771 (1951). — [5] Horeau, A., et J. Jacques: Cr. **222**, 1113 (1946). — [6] Miescher, K.: Helv. **27**, 1727 (1944). — Anner, G., u. K. Miescher: Helv. **29**, 1889 (1946). — Tschopp, E.: Schweiz. med. Wschr. **74**, 1310 (1944). — [7] Schueler, F. W.: Science, N.Y. **103**, 221 (1946). — [8] Dodds, E. C., and W. Lawson: Nature **139**, 627, 1068 (1037). — Dodds, E. C., R. L. Huang, W. Lawson and R. Robinson: Proc. R. Soc. London (B) **140**, 470 (1952/53). — [9] Druckrey, H., P. Danneberg u. D. Schmaehl: Z. Naturforsch. 5b, 27 (1950). — Urushibara, Y., and T. Takahashi: Bull. chem. Soc. Jap. **26**, 162 (1953).

Das cancerogene 3,4-Benzpyren soll ebenfalls oestrogen sein[1], ist es aber nicht[2]. Im Gegenteil scheinen sich cancerogene und oestrogene Wirkung gegenseitig ausschließen zu können, denn die erstere kommt Aromaten mit basischen, letztere solchen mit sauren Eigenschaften zu[3].

Die chemische Natur des Grundmoleküls ist anscheinend recht unspezifisch. In der ganzen Reihe, vom Benzol angefangen bis zu 4-Ringsystemen, finden sich zahlreiche Derivate mit zum Teil sehr starker oestrogener Wirksamkeit[4–7]. Einige Beispiele dafür sind formelmäßig zusammengestellt (Tabelle 12). Die bisher stärksten synthetischen Oestrogene sind das 4,4′-Dioxy-α-,β-diäthylstilben (trans) = Diäthylstilboestrol[5], das 4,4′-Dioxy-α,β-diphenyl-β,δ-hexadien = Dienoestrol[6] und das Trienoestrol[7]. Cantharidin und Yohimbin sind dagegen nicht oestrogen[8].

Der Versuch, durch eine oft willkürliche Schreibweise der Formeln einen Zusammenhang zwischen den Grundmolekülen der synthetischen und denen der genuinen Oestrogene zu konstruieren, führt zu Irrtümern. Die Bedeutung der Grundmoleküle für die Wirkung liegt offenbar in ihren physikalischen Eigenschaften. Dazu gehört der wenigstens partiell aromatische Charakter des Trägermoleküls und die entweder fixierte oder durch freie Drehbarkeit mögliche coplanare Anordnung der Ringe (z. B. trans-Form der oestrogenen Stilbene)[9], so daß wenigstens eine Fläche des Moleküls eben ist. Danach ist anzunehmen, daß die Oestrogene an die Receptoren nicht punktförmig gebunden werden, sondern eine flächenhafte Anlagerung (über Wasserstoftbrücken ?) notwendig ist. Schließlich spielt die gestreckte Form des Moleküls eine Rolle. Optimal ist ein Abstand von 8,55 Å zwischen den beiden O-Atomen an den Enden des Moleküls[10]. Die am Trägermolekül endständig, also in para-Position vorhandenen Hydroxylgruppen stellen demgegenüber die „Haft"- oder „Wirk"-Gruppen im Sinne von P. Ehrlich dar[11]. Das Molekül muß also sauren Charakter haben. Die Einführung von basischen Aminogruppen setzt die oestrogene Wirksamkeit herab[11,12] und kann cancerogene Eigenschaften verleihen[11]. Einige cancerogene Amine wirken antioestrogen[13]. Jedoch wurden 4-Amino-4′-oxy-diäthyl-stilboestrol[14], 3,3′-Diamino-, 3,3′-Dinitro- und 3,3′-Dijodhexoestrol, ferner Jod- bzw. Nitroverbindungen der Doisynolsäure und der Allenolsäure[15] sowie 4,4′-Bismethylthiostilben[16] mit 3—300 γ noch wirksam gefunden, jedoch erheblich schwächer als die reinen Hydroxy-Verbindungen.

Solche Sachverhalte scheinen nicht nur für Oestrogene zu gelten, sondern sinngemäß auch für Androgene[17]. Sie unterscheiden sich von den Oestrogenen durch den aliphatischen, alkoholischen Charakter. Sie gelten ferner für Corticoide[18] und

---

[1] Cook, J. W., E. C. Dodds, C. L. Hewett and W. Lawson: Proc. R. Soc. London (B) **114**, 272 (1934). — [2] Druckrey, H.: Z. Krebsforsch. **50**, 27 (1940). — [3] Druckrey, H.: Acta Un. int. Cancr., Bruxelles **7**, 116 (1950). Z. Krebsforsch. **57**, 70 (1950). — Druckrey, H., P. Danneberg u. D. Schmaehl: Z. Naturforsch. **5**b, 27 (1950). — [4] Schueler, F. W.: Science, N. Y. **103**, 221 (1946). — Jacques, J.: Bull. Soc. chim. France (Docum.) **1949**, 411. — [5] Dodds, E. C., L. Golberg, W. Lawson and R. Robinson: Nature **141**, 247 (1938). — [6] Campbell, N. R., E. C. Dodds and W. Lawson: Nature **142**, 1121 (1938). — [7] Dodds, E. C., R. L. Huang, W. Lawson and R. Robinson: Proc. R. Soc. London (B) **140**, 470 (1953). — [8] Druckrey, H.: A. e. P. P. **192**, 85 (1939). — [9] Wessely, F. v., u. H. Welleba: Naturwiss. **28**, 780 (1940). — [10] Giacomello, G., e E. Bianchi: Gazz. chim. ital. **71**, 667 (1941). — [11] Druckrey, H.: Z. Krebsforsch. **57**, 70 (1950). — [12] Baker, B. R.: Am. Soc. **65**, 1572 (1943). — [13] Danneberg, P., u. D. Schmähl: Z. Naturforsch. **7**b, 468 (1952). — [14] Druckrey, H., u. D. Schmähl: Nicht veröffentlicht. — [15] Hillmann-Elies, A., u. G. Hillmann: Z. Naturforsch. **8**b, 527 (1953). — Hillmann-Elies, A.: Z. Naturforsch. **10**b, 361 (1955). — [16] Oki, M.: Bull. chem. Soc. Jap. **25**, 112 (1952). — [17] Wilds, A. L., C. H. Shunk and C. H. Hoffman: Am. Soc. **71**, 3266 (1949). — [18] Billimoria, J. D., and N. F. Maclagan: Nature **167**, 81 (1951). — Linnell, W. H., D. W. Mathieson and G. Williams: Nature **167**, 237 (1951).

sogar für Herzgifte[1], deren Wirksamkeit an das Vorhandensein eines ungesättigten Lactonringes gebunden ist, nicht aber an ein bestimmtes Trägermolekül, an dem der Lactonring sitzt.

Die weitgehende Unspezifität des Trägermoleküls, aber spezifische Bedeutung der an ihm vorhandenen polaren Gruppen scheint ein allgemeines gültiges Prinzip der möglichen Beziehungen zwischen „Konstitution und Wirkung" zu sein. Hier bestimmt die Konstitution des „Trägermoleküls" nur die Stärke der Wirkung, während die Richtung der Wirkung von der Art der funktionellen Gruppen am Molekül abhängt. Die gleichen Verhältnisse liegen z.B. auch bei vielen Therapeutica vor.

Die *Wirkung* der synthetischen Oestrogene entspricht der der natürlichen Follikelhormone sehr weitgehend, und zwar auf den Uterus, die Vagina, die Brustdrüse, den Paarungstrieb und die Ausbildung des Federkleides[2] bzw. bei männlichen Individuen auf die Prostata[3]. Es ist bemerkenswert, daß hinsichtlich der centripetalen, die Hypophyse ruhigstellenden Wirkung volle Übereinstimmung besteht, also auch diese nicht an eine bestimmte chemische Konstitution gebunden ist. Die Meinung, daß das p-Oxypropiophenon ein spezieller „Hypophysenblocker" ist[4], hat sich nicht bestätigt[5]. Seine hemmende Wirkung auf die Inkretion der Hypophyse erklärt sich durch seine oestrogene Wirkung. Der Hemmung der gonadotropen Inkretion durch unphysiologische Oestrogene entspricht die Möglichkeit, die thyreotrope Inkretion der Hypophyse durch Thyroxin, durch Dijod- oder Difluortyrosin und sogar durch Jod genau so hemmen zu können wie durch Schilddrüsenhormon („Betrugseffekt"). Dennoch ist die Übereinstimmung der Wirkungen von natürlichen und synthetischen Oestrogenen nicht vollkommen. Diäthylstilboestrol bzw. sein Chinon kann im Organismus als Wasserstoffüberträger wirken und dadurch Dehydrogenasenwirkungen kompetitiv hemmen[6], erweist also hier seine chemische Natur als 2wertiges (para-) Phenol.

Ausscheidung und Entgiftung der synthetischen entsprechen denen natürlicher Oestrogene, da es sich in beiden Fällen letztlich um Phenole handelt. Diäthylstilboestrol wird in 12 Std zu etwa 75% mit der Galle und zu 25% im Urin ausgeschieden[7], vorwiegend als Glucuronid[8].

Die synthetischen Oestrogene werden chemisch meist durch Farbreaktionen nachgewiesen. Stilboestrol gibt beim Erhitzen mit Schwefelsäure eine orange Färbung, Dienoestrol wird grün, Hexoestrol bleibt ungefärbt[9]. Mit Antimonpentachlorid in Chloroform gibt Stilboestrol eine rote Farbe mit Maximum bei 520 mμ[10]. Mit diazotiertem m-Nitroanilin liefern die oestrogenen Phenole einen roten Azofarbstoff, dessen maximale Absorption bei 510 mμ liegt[11]. Die quantitative Bestimmung kann photometrisch erfolgen[12].

Vitamin E. Eine wesentliche Bedeutung im Fortpflanzungsgeschehen hat das von EVANS[13] entdeckte Vitamin E (s. Bd. 2/2b, S. 842). Es findet sich reichlich

---

[1] GIARMAN, N. J.: J. Pharmacol. exp. Therap. **96**, 119 (1949). — [2] DODDS, E. C., W. LAWSON and R. L. NOBLE: Lancet **1938 I**, 1389. — ZIMA, O.: Mercks Jber. **56**, 5 (1940). — [3] COURRIER, R., et G. GROS: C. R. Soc. Biol. **115**, 1097 (1934); **118**, 683 (1935). — [4] PERRAULT, M.: Presse méd. **58**, 1010 (1950). — [5] CREPAX, P., e G. MOGGIAN: Boll. Soc. ital. Biol. sperim. **28**, 772 (1952). — RAUSCHER, H.: Arch. int. Pharmacodyn. Therap. **92**, 432 (1953). — [6] HOCHSTER, R. M., and J. H. QUASTEL: Nature **164**, 865 (1949). — [7] WILDER SMITH, A. E., and P. C. WILLIAMS: Biochem. J. **42**, 253 (1948). — TWOMBLY, G. H., and E. F. SCHOENEWALDT: Cancer, N. Y. **3**, 601 (1950). — HANAHAN, D. J., E. G. DASKALAKIS, T. EDWARDS, H. J. DAUBEN jr. and R. W. MEIKLE: Arch. Biochem. **33**, 342 (1951). — [8] DODGSON, K. S., G. A. GARTON, A. L. STUBBS and R. T. WILLIAMS: Biochem. J. **42**, 357 (1948). — [9] SMITH, J. W. G., and G. E. TURFITT: J. Pharmacy Pharmacol. **2**, 10 (1950). — [10] TEAGUE, R. S., and A. E. BROWN: J. biol. Ch. **189**, 343 (1951). — [11] KELLY, C. A., and A. E. JAMES: J. amer. pharmaceut. Ass., sci. Ed. **41**, 97 (1952). — [12] MALPRESS, F. H.: Biochem. J. **39**, 95 (1945); **43**, 132 (1948). — WARREN, F. L., F. GOULDEN and A. M. ROBINSON: Biochem. J. **42**, 151 (1948). — [13] EVANS, H. M., and K. S. BISHOP: Science, N. Y. **56**, 650 (1922).

in Keimölen. Das rein dargestellte[1] und auch synthetisch gewonnene[2] Vitamin wird wegen seiner Wirkung auf den Uterus als Tokopherol bezeichnet. Von den verschiedenen Formen ist das α-Tokopherol die wirksamste.

Als biologischer Test gilt die Verhinderung des Verwerfens von Ratten[3,4]. 1 mg α-Tokopherol ist eine internationale Einheit. Die curative Dosis beträgt bei Ratten 3 mg.

Es kann chemisch bestimmt werden durch potentiometrische Titration mit $AuCl_3$[5] oder colorimetrisch mit $FeCl_3$ und α,α'-Dipyridyl[6], wobei allerdings Vitamin A und Steroide stören, ferner mit Salpetersäure[7], durch Oxydation mit Cyanoferrat (III)[8] oder fluorometrisch[9].

Die chemische Konstitution des Grundmoleküls ist auch hier für die Wirkung nicht spezifisch. Tetramethylcumaran, 5-Oxycumaran, substituierte 6-Oxychromane, o-Allylphenol und Tetramethylhydrochinone (Durochinon) sind wirksam[10].

Bei Avitaminose E kommt es zur Resorptionssterilität der weiblichen Tiere und zum Verwerfen. Die prophylaktische und curative Wirkung des Vitamin E greifen hierbei weder an den Ovarien noch an der Hypophyse an[11], sondern am Uterus. Es ist für die normale Entwicklung der Placenta erforderlich und verstärkt die gestagene Wirkung des Gelbkörperhormons[12]. Sein Fehlen führt zu degenerativen Veränderungen am Uterus[13]. Am Hoden treten schwere degenerative Veränderungen des Keimepithels unter Bildung syncytialer Riesenzellen von Spermatogonien und Spermatocyten auf. Die Spermien werden unbeweglich, das Ejakulat kann frei von lebenden Spermien sein. Diese schwere Avitaminose E kann durch Gaben des Vitamins nicht mehr behoben werden[14], dagegen werden leichte Fälle von Oligospermie auch beim Menschen durch Vitamin E gebessert[15]. Die LEYDIGschen Zwischenzellen werden durch Vitamin E-Mangel nicht geschädigt.

4. Schwangerschaft.

Die Schwangerschaft der Säugetiere wird hormonal gesteuert[16]. Das befruchtete Ei findet seinen physiologischen Nährboden in der Schleimhaut des Uterus, die sich unter der Wirkung des Gelbkörperhormons in der Sekretionsphase befindet und reich an Enzymen und Glykogen ist. Die Placenta enthält eine Isomerase,

---

[1] EVANS, H. M., O. H. EMERSON and G. A. EMERSON: J. biol. Ch. **113**, 319 (1936). — FERNHOLZ, E.: Am. Soc. **60**, 700 (1938). — [2] KARRER, P., H. FRITZSCHE, B. H. RINGIER u. H. SALOMON: Helv. **21**, 520 (1938). — KARRER, P., R. ESCHER, H. FRITZSCHE, H. KELLER, B. H. RINGIER u. H. SALOMON: Helv. **21**, 939 (1938). — [3] EVANS, H. M., and K. S. BISHOP: Science, N.Y. **56**, 650 (1922). — [4] JOHN, W.: Ergebn. Physiol. **42**, 2 (1939). — [5] KARRER, P.: Helv. **22**, 334 (1939). — [6] EMMERIE, A.: Recu. Trav. chim. Pays-Bas **61**, 305 (1942). — EULER, B. v., u. H. v. EULER: H. **265**, 147 (1940). — [7] FURTER, M., u. R. E. MEYER: Helv. **22**, 240 (1939). — [8] MEUNIER, P., et A. VINET: Cr. **211**, 611 (1940); **213**, 709 (1941) (Blut). — [9] KOFLER, M.: Helv. **25**, 1469 (1942). — [10] EVANS, H. M., G. A. EMERSON and O. H. EMERSON: Science, N.Y. **88**, 38 (1938). — EMERSON, O. H.: Science, N.Y. **88**, 40 (1938). — EVANS, H. M., O. H. EMERSON, G. A. EMERSON, L. I. SMITH, H. E. UNGNADE, W. W. PRICHARD, F. L. AUSTIN, H. H. HOEHN, J. W. O. PIE and S. WAWZONEK: J. org. Chem. **4**, 376 (1939). — KARRER, P., u. B. H. RINGIER: Helv. **22**, 61 (1939). — KARRER, P., u. O. HOFFMANN: Helv. **22**, 654 (1939). — KARRER, P., H. FRITZSCHE u. R. ESCHER: Helv. **22**, 661 (1939). — BOYER, P. D., M. RABINOVITZ and E. LIEBE: J. biol. Ch. **192**, 95 (1951). — [11] MÜLLER, C.: Fortschr. Therap. **18**, 192 (1942). — [12] STÄHLER, F., u. W. HOPP: Kli. Wo. **1942**, 58. — [13] BARRIE, M. M. O.: Biochem. J. **32**, 2134 (1938). — [14] EVANS, H. M., G. O. BURR and T. L. ALTHAUSEN: Mem. Univ. Calif. **8**, 1 (1927). — [15] NIKOLOWSKY, W.: Therap. d. Gegenwart **89**, 329 (1950). — [16] Handb. Geburtsh. (DÖDERLEIN) Bd. 1 u. 2. Berlin 1924/25. — NOVAK, E.: J. clin. Endocrinol. **3**, 274 (1943). — COURRIER, R.: Endocrinologie de la gestation. Paris 1945. — SELYE, H.: Textbook of Endocrinology. 2. Aufl. Montreal 1949. — HILDEBRANDT, A.: Der Vitaminstoffwechsel in der Schwangerschaft und im Wochenbett. Stuttgart 1951.

die Glucose in Fructose umwandelt. Im fetalen Blut findet sich nur Fructose[1]. Oestrogene können dagegen die Nidation des Eies verhindern. Das eingenistete Ei löst die Bildung des luteotropen Hormons (Prolactin) in der Hypophyse aus, das nun die Erhaltung des Gelbkörpers und seine weitere Ausbildung zum Corpus luteum graviditatis bewirkt. Unter der verstärkten und anhaltenden gestagenen Inkretion wächst aus der Uterusschleimhaut die mütterliche Placenta, während die Motilität des Uterus gehemmt ist. Das Gelbkörperhormon beherrscht die Schwangerschaft.

Bei manchen Tierarten (Kaninchen) kann die Ausschüttung des Luteinisierungshormons (LH) aus der Hypophyse, die zum Follikelsprung und zur Luteinisierung führt, auch durch sterilen Coitus oder durch mechanische Reizung des Muttermundes ausgelöst werden. Sind schon Gelbkörper vorhanden, so bewirkt die bloße mechanische Reizung der Uterusschleimhaut die Inkretion des luteotropen Hormons, so daß die Gelbkörper nun erhalten bleiben und zur placentaren Umwandlung der Uterusschleimhaut (Placentom, Deciduom) führen, die auch als *Scheinschwangerschaft* bezeichnet wird. Diese, für die echte Schwangerschaft charakteristischen Umstellungen können also auch durch nervöse Reize ausgelöst werden und bedürfen einer spezifischen Mitwirkung des befruchteten Eies nicht. Der von der Uterusschleimhaut ausgehende Reiz geht über das Zwischenhirn und die Hypophyse zum Eierstock. Diese Organe sind also für die Entwicklung der Placenta notwendig. Die Pseudogravidität unterscheidet sich hormonal von der voll entwickelten echten Schwangerschaft dadurch, daß das Blut zwar erhebliche Mengen Corpus luteum-Hormon enthalten kann, aber wenig Oestrogene.

Ist die Placenta voll entwickelt, so übernimmt sie die Bildung von gonadotropem „Prolan“[2], von oestrogenen[3] und gestagenen[4] Hormonen. Die Hypophyse der Schwangeren enthält dagegen praktisch kein gonadotropes Hormon[2]. Damit ist der gravide Uterus von der inkretorischen Funktion des Organismus weitgehend unabhängig. Das weitere Vorhandensein der Hypophyse[5] und der Ovarien ist für die Erhaltung der Schwangerschaft jetzt nicht mehr nötig. Dieser „Inkretionswechsel“ geschieht beim Menschen nach etwa 4 Monaten und stellt eine kritische Phase der Schwangerschaft dar, in der ein spontaner Abort am leichtesten möglich ist. Diese Gefahr kann durch gestagene Hormone oft beherrscht werden. Im 2. Teil der Schwangerschaft kann dagegen eine verstärkte Corpus luteum-Hormonwirkung gerade zum Abort führen und eklamptische Zustände auslösen[6]. Das häufige Schwangerschaftserbrechen kann durch Vitamin B_6 behoben werden[7].

Bei Ratten und vielen anderen Tieren bleiben die Corpora lutea graviditatis über die ganze Tragzeit in Funktion. Rückschlüsse von einer Art auf andere Arten sind also nicht möglich.

Die *Bildung des Prolans* (Choriongonadotropin, s. Bd. 2/2a, S. 489) vollzieht sich im fetalen Teil der Placenta, im Chorion, die der oestrogenen und gestagenen Hormone dagegen in ihrem mütterlichen Anteil. Die Venen des Uterus münden nicht, wie die Ovarialvene, in die Vena cava ein, sondern in die Vena portae. Daher können die placentaren Hormone in der Leber abgefangen werden. Das „Prolan“ oder „Endometrin“ hat praktisch die Wirkungen des LH[8]. Eine Auf-

---

[1] Wajzer, J., et R. Zelnik: Cr. **232**, 1254 (1951). — [2] Philipp, E.: Zbl. Gynäk. **54**, 1858 (1930). — Kido, I.: Zbl. Gynäk. **61**, 1551 (1937). — [3] Hart, G. H., and H. H. Cole: Amer. J. Physiol. **109**, 320 (1934). — Diczfalusy, E.: Acta endocrinol., København, Suppl. **12** (1953). — [4] Pearlman, W. H., and E. Cerceo: J. biol. Ch. **198**, 79 (1952). — [5] Wagenen, G. v.: Ann. Rev. Physiol. **9**, 51 (1947). — [6] Spencer, R. R.: J. Kentucky med. Ass. **48**, 314 (1950). — [7] Willis, R. S., W. W. Winn, A. T. Morris, A. A. Newsom and W. E. Massey: Amer. J. Obstet. Gynec. **44**, 265 (1942). — Dorsey, C. W.: Amer. J. Obst. Gynec. **58**, 1073 (1949). — [8] Cheval, M.: Ann. Soc. R. Sci. méd. natur. Bruxelles **4**, 46 (1951).

trennung in FRH- und LH-Komponente ist nicht gelungen. Die Bedeutung des Hormons für den mütterlichen und fetalen Organismus ist noch ungeklärt[1]. Jedenfalls beweist die Entstehung der verschiedenen Sexualhormone in der Placenta, daß die Fähigkeit zur Bildung eines Hormons grundsätzlich nicht an eine bestimmte Drüse oder an einen spezifischen Zelltyp allein gebunden ist, sondern potentiell mehreren Geweben zukommt.

Die menschliche Placenta bildet sehr große Mengen Prolan. Das Hormon passiert das Glomerulusfilter und erscheint im Harn. Die Ausscheidung beginnt bereits wenige Tage nach dem Ausfall der Menstruation und erreicht ihr Maximum zwischen dem 30. und 70. Tag der Schwangerschaft mit 20000 bis zu 40000 ME/*l*, um danach sehr schnell auf eine nun bleibende Höhe von etwa 5000 E/*l* abzusinken[2]. Der biologische Nachweis des Prolans im Urin bildet die Grundlage der praktisch sicheren Schwangerschaftsreaktionen (s. biologische Hormonbestimmungen, S. 37). Bei Chorionepitheliomen und Blasenmolen sowie bei Männern mit Hodenteratomen werden dagegen oft noch größere Mengen Prolan im Harn gefunden, nämlich bis 500000 I.E. Prolan. Auch im Klimakterium und nach Kastration werden vorübergehend erhöhte Mengen gonadotroper Hormone im Harn ausgeschieden. Sie stammen aber aus der Hypophyse; meist handelt es sich um FRH.

Das Serum trächtiger Stuten enthält erhöhte Mengen eines Gonadotropins, zwischen dem 60. und 120. Tage der Tragezeit etwa 50000 RE/*l*. Die Wirkung des Gonadotropins entspricht der des FRH. Im Gegensatz zum Prolan wird es nicht in den Harn ausgeschieden. Trächtige Kühe, Schweine, Kaninchen, Ratten und Mäuse zeigen keine vermehrte Ausscheidung gonadotroper Hormone. Auch der Hormongehalt im Hypophysenvorderlappen ist nicht vermindert[3], ein „Inkretionswechsel" auf die Placenta erfolgt nicht.

Die Ausscheidung der Keimdrüsenhormone steigt erst in der Mitte der Tragzeit an und nimmt bis zu ihrem Ende zu. Zu diesem Zeitpunkt enthält der Tagesurin der Frau etwa 20 mg Oestrogene, bis zu 70 mg Pregnandiol und etwa 15 mg Pregnanolon[4]. Der Nachweis *freier* 17-Ketosteroide im Blut wurde als Schwangerschaftstest vorgeschlagen[5]. Findet sich nach der 10. Schwangerschaftswoche kein Pregnandiol im Harn, so besteht Abortgefahr[6]. Die oestrogenen Steroide liegen im Harn vorwiegend in gebundener Form vor, aus der sie erst durch Hydrolyse für die Bestimmung freigesetzt werden müssen. Mit dem Beginn der Geburt steigt plötzlich die Ausscheidung freier Oestrogene erheblich an[7]. Zu diesem Zeitpunkt werden riesige Mengen von Oestrogenen im Körper gefunden, z.B. beim Rind in der Muskulatur 0,2—2 mg/kg und im Fettgewebe sogar 50 mg/kg[8]. (Methoden zur Bestimmung s. S. 38.)

Schwangere Frauen scheiden im Urin auch das corticotrope Hormon (ACTH) vermehrt aus[9]. Die Nebennierenrinde ist bei schwangeren Tieren stets vergrößert, im Urin finden sich erhöhte Mengen von Corticosteroiden. Ihre Ausscheidung erreicht im letzten Drittel der Schwangerschaft etwa den 5fachen Wert der normalen[4].

---

[1] Samuels, J.: Die Hormonversorgung des Foetus. Leiden 1947. — [2] Venning, E. H.: Endocrinology **39**, 203 (1946). — Wilson, R. B., A. Albert and L. M. Randall: Amer. J. Obstet. Gynec. **58**, 960 (1949). — Smith, R. A., A. Albert and L. M. Randall: Amer. J. Obstet. Gynec. **61**, 514 (1951). — [3] Erhardt, K., u. B. T. Mayes: Zbl. Gynäk. **54**, 2949 (1930). — [4] Venning, E. H.: Endocrinology **39**, 203 (1946). — [5] Rapp, G. W., and G. C. Richardson: Science, NY. **115**, 265 (1952). — [6] Henderson, J., N. F. MacLagan, V. R. Wheatley and J. H. Wilkinson: J. Endocrinol. **6**, 41 (1949). — [7] Cohen, S. L., G. F. Marrian and M. C. Watson: Lancet **1935 I**, 674. — [8] Koch, W.: M. m. W. **1955**, 259. — [9] Wagenen, G. van: Ann. Rev. Physiol. **9**, 51 (1947).

Die physiologische Bedeutung der starken Hormonproduktion in der Schwangerschaft ist vielseitig. Das gestagene Gelbkörperhormon ist für die Nidation des Eies und die normale Entwicklung der Placenta unentbehrlich. Es stellt die Uterusmuskulatur ruhig[1], bewirkt die Speicherung lebenswichtiger Nährstoffe und Enzyme in seiner Schleimhaut und regt ihre sekretorische Funktion an. Damit sichert es die Trophik von Placenta und Frucht[2]. Darüber hinaus verhindert das Gelbkörperhormon weitere Ovulationen[3] und fördert die Entwicklung der Brustdrüse[4].

Die oestrogenen Hormone wirken auch in der Schwangerschaft vorwiegend als organspezifische Wachstumshormone für den Uterus[5], die Tuben[6], die Vaginalschleimhaut und die Brustdrüsen, hier besonders für das Milchgangssystem[7], hemmen aber die Ausschüttung des Lactationshormons aus der Hypophyse. Durch ihre calciummobilisierende Wirkung wird die Symphysenfuge gelockert und damit der Beckenring weiter gestellt. Diese Wirkung wird jedoch auch einem speziellen Hormon „Relaxin" (s. Bd. 2/2b, S. 561) zugeschrieben[8,9]. Da die Keimdrüsenhormone die Placenta passieren können, finden sich gelegentlich auch Wirkungen an der Frucht, z.B. Milchsekretion („Hexenmilch") und Genitalblutungen bei weiblichen Neugeborenen.

Die Schwangerschaft wirkt sich naturgemäß auf den ganzen Organismus aus, ohne jedoch zu qualitativen Veränderungen zu führen. Wohl alle Funktionen erfahren eine Anregung, die jedoch der Substanzvermehrung entspricht. Der Grundumsatz ist nur etwa um 10% erhöht. Die Stickstoffausscheidung entspricht der vermehrten Assimilation, die Reststickstoffwerte liegen tiefer als vor der Schwangerschaft. Die häufig beobachtete Hyperplasie der LANGERHANSschen Inseln ist nicht mit einer Änderung des Glucosegehaltes im Blut verbunden. Das Verschwinden eines Diabetes mellitus in der Schwangerschaft ist auf eine Leistung des embryonalen Inselapparates zu beziehen. Der Calcium- und Phosphatbedarf ist durch den notwendigen Aufbau des kindlichen Skelets erheblich erhöht. Da er durch die Nahrung meist nicht annähernd gedeckt wird, kommt es bei Schwangeren oft zu Calcium- und Phosphatmangelerscheinungen, Zahnausfall ist häufig, eine latente Tetanie kann zum Ausbruch kommen. Parathyreoprive Tiere sterben meist vor der Geburt.

Das Blut von Schwangeren enthält etwa 1000fach vermehrt Diaminoxydase (Histaminase)[10], die in der mütterlichen Placenta gebildet wird. Ihre Bestimmung mit Cadaverin als Substrat wurde zur Schwangerschaftsreaktion vorgeschlagen[11]. Schwangerenblut inaktiviert Oxytocin[12]. Die Oxytocinase[13-15] findet sich sonst bei Mann und Frau in den Erythrocyten, in der Schwangerschaft dagegen auch frei im Plasma und im Urin mit einem Anstieg um das 1000fache, so daß ihr Nachweis zur Frühdiagnose der Schwangerschaft vom 16. Tage ab dienen kann[14,16].

---

[1] KNAUS, H. H.: J. Physiol., London **61**, 383 (1926). Die periodische Fruchtbarkeit und Unfruchtbarkeit des Weibes. Wien 1935. — [2] WESTMAN, A.: Acta obstet. scand. **10**, 288 (1930). — [3] TSCHERNE, E.: Sexualhormontherapie. Wien 1948. — [4] FAUVET, E.: Arch. Gynäk. **170**, 244 (1940). — [5] VARANGOT, J.: C. R. Soc. Biol. **131**, 1027 (1939). — [6] CAFFIER, P.: Arch. Gynäk. **166**, 233 (1938). — [7] WIEGAND, M.: Zbl. Gynäk. **61**, 1887 (1937). — [8] HISAW, F. L., and M. X. ZARROW: The physiology of relaxin. Vitamins & Hormones 8, 151 (1950). — [9] FRIEDEN, E. H., and F. L. HISAW: Arch. Biochem. **29**, 166 (1950). — [10] WERLE, E., u. G. EFFKEMANN: Kli. Wo. **1940**, 717. — SWANBERG, H.: Acta physiol. scand. **23**, Suppl. **79** (1950). — [11] ZELLER, E. A.: Kli. Wo. **1941**, 220. — [12] WERLE, E., A. HEVELKE u. K. BUTHMANN: B.Z. **309**, 270 (1941). — [13] WERLE, E., u. G. EFFKEMANN: Arch. Gynäk. **171**, 286 (1941). — [14] WERLE, E., u. K. SEMM: Kli. Wo. **1951**, 544. — [15] FRIED, R., u. L. WÜST: Naturwiss. **41**, 238 (1954). — [16] WERLE, E., K. SEMM u. R. ENZENBACH: Arch. Gynäk. **177**, 211 (1950).

Im Harn wurden erhebliche Mengen Histidin festgestellt[1], ferner eine Leukocytose auslösende Substanz „Leukerethin", die am Menschen mit $10\,\gamma$/kg einen Leukocytenanstieg bis 40000 für 4—7 Tage auslöst[2] (Steroidausscheidung s. S. 31).

Die unter Gelbkörperhormonwirkung aufgebaute, an Nährstoffen reiche und gelockerte sezernierende Uterusschleimhaut nimmt das befruchtete Ei auf und überwächst es. Dann schnürt sich die Embryonalanlage von der Keimblase ab, die nun als Nabelbläschen bei Säugern bzw. als Dottersack bei Vogeleiern mit dem Embryo nur durch einen Schlauch, dem Ductus omphalomesaraicus bzw. Vitello intestinalis verbunden ist. Durch ihn ziehen die embryonalen Blutgefäße und verzweigen sich auf dem Nabelbläschen bzw. dem Dottersack in ein feines Netzwerk. Damit ist das erste Kreislaufsystem gebildet, das aber beim Säuger bald durch die Entwicklung der Choriongefäße abgelöst wird[3]. Es werden 2 Hüllen gebildet: die innere, das *Amnion*, umschließt die Amnionhöhle mit dem Fruchtwasser, die äußere ist das amniogene *Chorion*. Das Amnion von Vögeln enthält glatte Muskelfasern und macht pulsatorische Bewegungen[4].

Das seröse *Fruchtwasser* stammt vom Fetus (Harn?)[5]. Es ist leicht alkalisch ($p_H = 7{,}6$—8), das spezifische Gewicht beträgt 1007—1008. Eiweiß ist nur in Spuren enthalten, wohl aber Kohlenhydrate, bei einigen Tierarten als Fructose[6], beim Menschen als Glucose[7]. Der Fructosegehalt im Fruchtwasser vom Schaf erreicht um den 100. Tag sein Maximum mit 300 mg-% und fällt dann auf 50 mg-%. Das Fetalblut enthält in der Mitte der Schwangerschaft ebenfalls vorwiegend Fructose, das mütterliche Blut dagegen nur Glucose[8]. Ferner enthält das Fruchtwasser Milchsäure, aromatische Oxysäuren, Aminosäuren, Allantoin, Harnstoff, Harnsäure und Ammoniumsalze[9]. Das Fruchtwasser beträgt beim Menschen etwa 1—2 *l*. Vor der Geburt nimmt seine Menge auf $^1/_2\,l$ ab, schwankt indessen sehr.

Die *Allantois* entwickelt sich aus dem Schwanzdarm als blasiges Säckchen, in das die Nabelgefäße einsprossen. Mit ihnen wächst sie zum Nabel und schließlich unter Entfaltung aus diesem heraus, um nun den 2. Kreislauf[10] zu bilden. Bei Vogeleiern legt sie sich als Eiweißsack schließlich der inneren Eischale an. Bei Säugern entwickelt sich die Allantois ähnlich, dagegen kommt es beim Menschen nicht mehr zur Ausbildung einer freien Blase, vielmehr bildet die Allantois mit dem amniogenen Chorion zusammen das endgültige Chorion, dessen Vascularisation etwa mit dem 3. Monat abgeschlossen ist. Nun wachsen die Zotten als Chorion frondosum in die Tiefe der Uterusschleimhaut durch die Drüsengänge ein und durchbohren die dünne Wand der weiten Decidualgefäße, so daß sie vom mütterlichen Blut umspült in diesen intervillösen Räumen schwimmen. Dieser „hämochoriale" Typ der Placenta (Mensch, Affen) ermöglicht einen sehr engen Stoffaustausch[11].

---

[1] VOGE, C. I. B.: Brit. med. J. **1929 II**, 829. — [2] ABDERHALDEN, R.: Z. Vit.-, Horm.-Ferm.-Forsch. **2**, 365 (1948/49). — [3] SPANNER, R.: Mütterlicher und kindlicher Kreislauf der menschlichen Placenta und seine Strombahnen. Z. Anat. **105**, 163 (1935). — BARCLAY, A. E., K. J. FRANKLIN and M. M. L. PRICHARD: The Foetal Circulation and Cardiovascular System. London 1944. — BARCROFT, J.: Researches on Prenatal Life. Bd. 1. Oxford 1946. — [4] FERGUSON, J.: Amer. J. Physiol. **131**, 524 (1940). — [5] TAUSCH, M.: Arch. Gynäk. **162**, 217 (1936). — [6] MANN, T.: Biochem. J. **40**, 481 (1946). — [7] MOHS, H.: Arch. Gynäk. **147**, 532 (1931). — [8] BARKLEY, H., P. HAAS, A. S. G. HUGGET, G. KING and D. ROWLEY: J. Physiol., London **109**, 98 (1949). — [9] FLÖSSNER, O., u. F. KIRSTEIN: Z. Biol. **84**, 510 (1926). — [10] SPANNER, R.: Mütterlicher und kindlicher Kreislauf der menschlichen Placenta und seine Strombahnen. Z. Anat. **105**, 163 (1935). — BARCLAY, A. E., K. J. FRANKLIN and M. M. L. PRICHARD: The Foetal Circulation and Cardiovascular System. Oxford 1944. — BARCROFT, J.: Researches on Prenatal Life. Bd. 1. Oxford 1946. — [11] SCHLOSSMANN, H.: Der Stoffaustausch zwischen Mutter und Kind durch die Placenta. Ergebn. Physiol. **34**, 741 (1932).

Die Placenta ist das Atmungs-, Ernährungs- und Ausscheidungsorgan des Fetus. Für echt gelöste Substanzen ist sie durchgängig, nicht aber für Kolloide. Der Stoffaustausch zwischen Mutter und Kind[1] läßt sich durch Diffusion befriedigend erklären, eine sekretorische Leistung der Placenta ist nicht erwiesen. Lösliche Hormone und Pharmaka können aus dem mütterlichen Blut auf den Fetus wirken. Das gilt nicht nur für Sexualhormone[2], sondern auch für das Schilddrüsenhormon. Bei schweren Hyperthyreosen können die Feten absterben. Genußmittel und Pharmaka, wie Coffein, Nicotin, Alkohol, fast alle Alkaloide, Arsen, Quecksilber- und Thalliumverbindungen sowie auch cancerogene Substanzen[3] können nicht nur die Placenta passieren, sondern auch mit der Milch auf das Kind übergehen. Das ist wichtig, weil bestimmte Gifte zu Mißbildungen bei den Embryonen führen können[4].

Die Placenta[5] enthält außer den gonadotropen Hormonen, nämlich Prolan beim Menschen und Gonadotropin bei der Stute, die Steroide α-Oestradiol, Oestron, Oestriol, Progesteron und auch Corticoide[6]. Ferner wurden gefunden: bis 16 mg-% Acetylcholin[7], 4—8 γ-% freies und 18—38 γ-% phosphoryliertes Thiamin[8] und reichlich Vitamin C[9]. Die Thrombokinaseaktivität von Extrakten aus Placenta und aus embryonalen Geweben ist hoch[10].

Die Dauer der Schwangerschaft bei verschiedenen Arten zeigt Tabelle 13.

Tabelle 13. Schwangerschaftsdauer (in Tagen)[11].

Elefant	660	Rhesusaffe	168	Hund	60
Pferd	332 ± 7,2	Schwein	128	Kaninchen	30
Kuh	283 ± 3,6	Meerschweinchen	70	Ratte	24
Mensch	280 ± 9,2	Katze	63	Maus	20

Die *Geburt* setzt mit dem Beginn der Wehen ein[12]. Zu diesem Zeitpunkt steigt die Ausscheidung von freiem Follikelhormon im Harn sprunghaft an[13], während der Einfluß der gestagenen Hormone, die die Ruhigstellung des Uterus in der Schwangerschaft gesichert haben, zurücktritt. Dadurch wird die Uterusmuskulatur nun für die Wirkung des wehenerregenden Hormons ‚Oxytocin' sensibilisiert[14].

Das *Oxytocin* (s. Bd. 2/2b, S. 454) wurde zuerst in Extrakten des Hypophysenhinterlappens gefunden[15]. Es wird aber ebenso wie das von ihm abtrennbare[16] Hormon Vasopressin (Pitressin) in Gliazellen (Pituicyten) des Hypothalamus

[1] SCHLOSSMANN, H.: Der Stoffaustausch zwischen Mutter und Kind durch die Placenta. Ergebn. Physiol. **34**, 741 (1932). — [2] SAMUELS, J.: Die Hormonversorgung des Fetus. Leiden 1947. — [3] DANTCHAKOFF, V.: Acta Un. int. Cancr., Bruxelles **7**, 87 (1950). — SHAY, H., M. GRUENSTEIN and M. WEINBERGER: Cancer Res. **12**, 296 (1952). — [4] GILLMAN, J., C. GILBERT, I. SPENCE and T. GILLMAN: S.-afr. J. med. Sci. **16**, 125 (1951). — GREBE, H., u. A. WINDORFER: D. m. W. **1953**, 149. — KARNOFSKY, D. A.: Cancer. Res., Suppl. **3**, 83 (1955). — [5] SELYE, H., and T. MCKEOWN: Proc. R. Soc. London (B) **119**, 1 (1935). — [6] JAILER, J. W., and A. I. KNOWLTON: J. clin. Invest. **29**, 1430 (1950). — [7] HEIRMAN, P.: Arch. int. Physiol. **51**, 85 (1941). — [8] NEUWEILER, W.: Z. Vit.-Forsch. **11**, 88 (1941). — [9] MØLLER-CHRISTENSEN, E.: Vitamine u. Hormone **3**, 196 (1943). — [10] WIDENBAUER, F., u. C. REICHEL: Kli. Wo. **1941**, 1129. — REICHEL, C.: Kli. Wo. **1942**, 862. — DRUCKREY, H., H. GANGWISCH u. E. RAITHER: Langenbecks Arch. Klin. Chir. **263**, 425 (1950). — [11] STEVEN, D. M.: Nature **179**, 33 (1957). — [12] HARRIS, J. W., and M. J. THORNTON: Physiology of the Birth Processes; in: CURTIS, A. H. (Hrsgb.): Obstetrics and Gynecology. Bd. I, S. 740. Philadelphia 1933. — [13] COHEN, S. L., G. F. MARRIAN and M. C. WATSON: Lancet **1935 I**, 674. — [14] KNAUS, H. H.: J. Physiol., London **61**, 383 (1926). — [15] ABEL, J. J., and C. A. ROULLIER: J. Pharmacol. exp. Therap. **20**, 65 (1922). — ABEL, J. J.: J. Pharmacol. exp. Therap. **40**, 139 (1930). — [16] FÜHNER, H.: B. Z. **76**, 232 (1916). — KAMM, O., T. B. ALDRICH, I. W. GROTE, L. W. ROWE and E. P. BUGBEE: Am. Soc. **50**, 573 (1928). — DYKE, H. B. VAN, B. F. CHOW, R. O. GREEP and A. ROTHEN: J. Pharmacol. exp. Therap. **74**, 190 (1942). — POTTS, A. M., and T. F. GALLAGHER: J. biol. Ch. **154**, 349 (1944).

gebildet und durch den Stiel zur Neurohypophyse geleitet, wo es gespeichert wird[1]. Es handelt sich also um neurogene Hormone. Oxytocin ist ein ringförmiges Polypeptid aus 8 Aminosäuren, die nach den Analysenwerten des krystallinen Oxytocin-flavianates im gleichen molaren Verhältnis vorhanden sind[2]. Die Synthese des Oxytocins ist DU VIGNEAUD kürzlich gelungen[3]. (Näheres über Oxytocin s. Bd. 2/2a, S. 454.) Oxytocin wird durch Trypsin, Erepsin und Papain inaktiviert, nicht aber durch Pepsin[4]. Tyrosinase zerstört die biologische Aktivität[5]. Die Existenz einer spezifischen Oxytocinase[6] ist noch nicht gesichert. Oxytocin ist gegen Alkali hochempfindlich und kann dadurch isoliert zerstört werden. Bei oraler Gabe ist es wirkungslos. Es wird im Urin ausgeschieden.

Die Oxytocinpräparate werden gewöhnlich am isolierten Uterus des nichtbrünstigen Meerschweinchens (175—350 g)[7] oder der Ratte[8] im Vergleich gegen das internationale Standardpräparat ausgewertet, das in 0,5 mg eine VOEGTLIN-Einheit enthält. Bei der Auswertung muß berücksichtigt werden, daß auch Histamin, Acetylcholin und Adrenalin Uteruskontraktionen bewirken, die letzten beiden verhalten sich an verschiedenen Objekten unterschiedlich.

Nach der Entbindung werden die *Brustdrüsen*, die durch die Wirkung der oestrogenen und gestagenen Hormone in der Schwangerschaft schon voll entwickelt wurden, durch das Lactationshormon (Prolactin, Luteotrophin) des Hypophysenvorderlappens zur Milchbildung angeregt[9]. Für das Fortbestehen der Lactation ist der nervöse Reiz des Saugens an den Mammillen notwendig[10], der zur Ausschüttung eines milchaustreibenden (milk let down) Faktors aus dem Hinterlappen der Hypophyse führen soll. Der Faktor ist ein Polypeptid[11]. Da Oxytocin am Kaninchen die gleiche Wirkung hat[12], ist der Faktor wahrscheinlich mit Oxytocin identisch. Die Existenz eines weiteren „mammogenen Hormons"[13] ist nicht gesichert. Hohe Dosen Follikelhormon stoppen die Lactation. Die Ovarien sind für die Milchsekretion nicht erforderlich. Diese ist aber vom Zustand des Uterus abhängig. Nach Füllung des Uterus mit Paraffin erlischt die Milchsekretion schlagartig, setzt aber nach Ablassen des Paraffins sofort wieder ein.

5. Fortpflanzung[14].

Die Aufgabe der Fortpflanzung ist die Erhaltung und Vermehrung der Art. Bei Einzellern fällt Zellteilung und vegetative Fortpflanzung zusammen. Die Zellteilung setzt gewöhnlich ein, wenn das Individuum durch Assimilation von

[1] TRENDELENBURG, P.: Kli. Wo. **1928 II**, 1679. — SCHARRER, E., and B. SCHARRER: Physiol. Rev. **25**, 171 (1945). — BARGMANN, W.: Med. Mschr. **5**, 466 (1951). — HILD, W., u. G. ZETLER: Pflügers Arch. **257**, 169 (1953). — [2] PIERCE, J. G., and V. DU VIGNEAUD: J. biol. Ch. **186**, 77 (1950). — TURNER, R. A., J. G. PIERCE and V. DU VIGNEAUD: J. biol. Ch. **193**, 359 (1951). — PIERCE, J. G., S. GORDON and V. DU VIGNEAUD: J. biol. Ch. **199**, 929 (1952). — VIGNEAUD, V. DU, C. RESSLER and S. TRIPPETT: J. biol. Ch. **205**, 949 (1953). — TUPPY, H.: Biochim. biophysica Acta, N. Y. **11**, 449 (1953). — TUPPY, H., u. H. MICHL: Mh. Chem. **84**, 1011 (1953). — [3] VIGNEAUD, V. DU: Science, N. Y. **123**, 967 (1956). — [4] DALE, H., and H. W. DUDLEY: J. Pharmacol. exp. Therap. **18**, 27 (1921). — [5] STEHLE, R. L.: Vitamins & Hormones **7**, 383 (1949). — [6] WERLE, E., K. SEMM u. R. ENZENBACH: Arch. Gynäk. **177**, 211 (1950). — [7] DALE, H., and P. P. LAIDLAW: J. Pharmacol. exp. Therap. **4**, 75 (1912). — TRENDELENBURG, P.: A. e. P. P. **138**, 301 (1928). — LAMMERS, W., et T. J. TERPSTRA: Arch. int. Pharmacodyn. Thírap. **97**, 282 (1954). — BISSET, G. W., and J. M. WALKER: J. Physiol., London **126**, 588 (1954). — [8] HOLTON, P.: Brit. J. Pharmacol. **3**, 328 (1948). — [9] RIDDLE, O., R. W. BATES and S. W. DYKSHORN: Anat. Rec. **54**, 24 (1932). — [10] SELYE, H.: Amer. J. Physiol. **107**, 535 (1934). — [11] WHITTLESTONE, W. G., E. G. BASSET and C. W. TURNER: Proc. Soc. exp. Biol. Med. **80**, 191, 197 (1952). — [12] CROSS, B. A., and G. W. HARRIS: J. Endocrinol. **8**, 148 (1952). — VIGNEAUD, V. DU, C. RESSLER, J. M. SWAN, C. W. ROBERTS, P. G. KATSOYAMUS and S. GORDON: Am. Soc. **75**, 1879 (1953). — [13] LEWIS, A. A., and C. W. TURNER: Proc. Soc. exp. Biol. Med. **39**, 435 (1938). — TRENTIN, J. J., and C. W. TURNER: Missouri agric. exp. Stat. Res. Bull. No. 418 (1948). — [14] TROLL, W.: Lehrbuch der allgemeinen Botanik. Kap. Fortpflanzung. S. 647. Stuttgart 1948. — BRACHET, J.: Embryologie chimique. 2. Aufl. Paris, Lüttich 1947. — HÄMMERLING, J.: Fortpflanzung und Wachstum im Tier- und Pflanzenreich. 2. Aufl. Berlin 1951.

Nährstoffen zu einer kritischen Größe herangewachsen ist. Demgemäß ist die Vermehrung von Einzellern in hohem Maße von den Ernährungsbedingungen abhängig. Bei primitiven mehrzelligen Organismen kann ebenfalls noch jede Zelle einen neuen Organismus bilden, ist also „omnipotent".

Höhere Organismen, die spezielle Organe entwickeln, müssen dagegen einzellige oder mehrzellige Fortpflanzungskörper bilden, wie Sporen, Knospungen bei Coelenteraten, Brutzwiebeln, Ausläufer usw. Eine besondere Bedeutung hat die Vermehrung durch bestimmte „Keimzellen", die von jeder Differenzierung zurückgestellt werden und omnipotent bleiben. Die Entwicklung der Keimzellen zum neuen Organismus erfolgt bei primitiven Arten ungeschlechtlich und „spontan" durch natürliche Parthenogenese. Eine größere Mannigfaltigkeit und Entfaltung der Formen erreicht die Natur durch Kombination von jeweils 2 Erbmassen in der geschlechtlichen Fortpflanzung.

Die einfachste Form der Fortpflanzung ist die ungeschlechtliche. Sie beruht auf der *Mitose*, die die einmal erreichte Erbmasse festhält und überträgt. Dabei werden unterschieden: 1. Fortpflanzungskörper zum Zwecke der Vermehrung und 2. Fortpflanzungskörper zum Zwecke der Überdauerung. Die ersteren sind dadurch gekennzeichnet, daß sie in großer Zahl gebildet werden, wenig Reservestoffe enthalten, eine geringe Resistenz besitzen und eine begrenzte Lebensdauer haben. Die Fortpflanzungskörper zum Zwecke der Überdauerung sind demgegenüber dadurch ausgezeichnet, daß sie langsam gebildet werden, daß sie reichlich Reservestoffe enthalten, eine derbe Membran und hohe Resistenz besitzen und daß sie lange Zeit im Zustand der „Anabiose", d. h. einer vita minima verharren können.

Bei der geschlechtlichen Vermehrung ist die Fortpflanzung durch die Sexualität überlagert. Sie ist gekennzeichnet durch die Ausbildung von Keimzellen mit der Fähigkeit zur Befruchtung, damit durch einen Kernphasenwechsel, also durch die gesetzmäßige Aufeinanderfolge zwischen Diploidie und Haploidie. Damit besteht die Notwendigkeit einer *Meiosis*. Ihre Aufgabe ist die Herabsetzung der Chromosomenzahl auf die Hälfte, die Neukombination der einzelnen Chromosomen, Umordnung des Genoms unter Erhaltung der typischen Erbgarnitur und der Stückaustausch zwischen homologen Chromosomen. Die Meiosis kann unmittelbar vor der Gametenbildung erfolgen wie bei höheren Tierarten oder auch zeitlich getrennt von ihr (antithetischer Generationswechsel).

Die Keimzellen der sich geschlechtlich vermehrenden Arten liegen im Körper nicht fertig vor, sondern werden nach Bedarf oder nach festen Rhythmen aus den Keimmutterzellen gebildet, und zwar durch bivalente, inäquale Zellteilung[1]. Sie machen vor der Ausstoßung Reifeteilungen durch, bei denen die ursprünglich doppelt vorhandenen (diploiden) Chromosomensätze durch eine Reduktionsteilung auf den einfachen, haploiden Satz reduziert werden, so daß eine Aufspaltung gemischter Erbanlagen erfolgt. Bei der Befruchtung verschmelzen dann wieder 2 Keimzellen zu einer Zygote, die nun wieder den typischen diploiden Chromosomensatz hat und entwicklungsfähig wird (Kernphasenwechsel). Manche Arten zeigen einen Generationswechsel, also sowohl die ungeschlechtliche, diploide Form der Vermehrung als auch die haploide geschlechtliche Form.

Meist lassen sich 2 Arten von Keimzellen unterscheiden, und zwar entweder nur durch ihr Verhalten bei Isogamie oder auch morphologisch (Heterogamie), wie bei männlichen und weiblichen Keimzellen. Die Kernmasse und der Chromosomenbestand sind in beiden Keimzellen gleich, wenn von den Geschlechtschromosomen abgesehen wird. Die Größenunterschiede zwischen der Eizelle und Samenzelle liegen ausschließlich in der Ausbildung des Cytoplasmas beim Ei, das der Samenzelle fehlt.

[1] ROLSHOVEN, E.: Anat. Anz. **91**, 1 (1941). Verh. anat. Ges. **50**, 233 (1952).

Die *männlichen Keimzellen* werden im Gegensatz zu den weiblichen während der ganzen Lebensdauer und fast stets in einer ungeheuren Zahl gebildet. Dadurch wird nicht nur die Befruchtung gesichert, sondern wahrscheinlich auch eine Auslese beim Wettlauf der Samenzellen um die Eizelle ermöglicht. Außerdem können auf diese Weise auch Ereignisse von sehr geringer Wahrscheinlichkeit, wie z.B. Mutationen mit positivem Selektionswert doch zur Manifestation kommen. Darin liegt wohl die Bedeutung der „großen Zahl" in der Natur.

Die Samenzellen[1] (Spermatozoen) aller Tierarten sind eigenbeweglich und gestaltlich einander sehr ähnlich. Der Kopf besteht praktisch nur aus dem Kern. Die durch den Schwanz gegebene Beweglichkeit der Spermatozoen hat bei leicht alkalischer Reaktion ihr Optimum. Säuren und Narkotica sowie manche Gifte heben sie auf. Prostatasekret erhöht die Beweglichkeit[2]. Bei tiefen Temperaturen können Spermatozoen in physiologischen Flüssigkeiten lange befruchtungsfähig bleiben. Die Konservierung von tierischem Sperma spielt für die künstliche Befruchtung eine große Rolle.

Die Samenzellen der meisten Säugetierarten sind heterogametisch. Ihr haploider Chromosomensatz enthält entweder das X- oder das Y-Geschlechtschromosom. Die im Y-Chromosom verankerten weiteren Erbeigenschaften können also nur durch die männliche Linie übertragen werden. Die Spermien mit X-Chromosom, die zu weiblichen Nachkommen führen, sollen sich durch ihre Größe[3] und die Eigenschaft auszeichnen, kathodisch zu wandern[4]. Der spezielle Nährstoff für die Spermatozoen ist die im Samenplasma enthaltene Fructose. 10^9 Spermien bauen in der Std 1,5—2 mg Fructose ab, vorwiegend anaerob. Die Fructolyse kann zum Nachweis der Vitalität des Spermas dienen[5]. Aerobe Bedingungen sind für Säugetierspermien nicht günstig, Wasserstoffperoxyd hemmt die Beweglichkeit. Samenzellen von Seetieren haben dagegen einen lebhaften aeroben Stoffwechsel[6] und sind auch unter Sauerstoff befruchtungsfähig[7]. Die Samenzellen enthalten in ihrem Kopfteil Hyaluronidase, die für die Auflösung der Corona radiata bei der Eizelle notwendig sein soll[3,8]. Spermien von Seeigeln enthalten Mucopolysaccharase, die nicht identisch mit Hyaluronidase ist, und die die Gallerthülle der Eier lösen soll[9]. Es handelt sich jedoch wahrscheinlich nicht um einen enzymatischen Prozeß[10]. Heparin und andere organische Schwefelsäureester heben die Befruchtungsfähigkeit auf. Gifte mit besonderer spermicider Wirkung werden als Antikonzeptionsmittel gebraucht, wie z. B. Chloramin oder 8-Hydroxychinolin.

Die *Eizellen* aller Tierarten sind unbeweglich und gleichen sich gestaltlich so, das das Ovulum eines Seeigels von dem einer Maus oder eines Menschen kaum unterschieden werden kann. Die Eizellen der meisten Säugetiere sind homogametisch, enthalten nur das X-Chromosom. Das Geschlecht des Kindes wird also von der Samenzelle allein bestimmt. Die Ovula sind im Gegensatz zu den Spermien protoplasmareiche Zellen mit einem Durchmesser von etwa 200 μ. Die Beigabe einer so bedeutenden Protoplasmamenge ist notwendig, weil die ersten Zellteilungen bis zur Blastula ohne Aufnahme von Nährstoffen und ohne Volumzuwachs erfolgen.

---

[1] Belonoschkin, B.: Zeugung beim Menschen im Lichte der Spermatozoenlehre. Stockholm 1957. — Mann, T.: The Biochemistry of Semen. London, New York 1954. — [2] Omura, S.: Jap. J. Genetics **16**, 63 (1940). — [3] Klecker, E.: Ärztl. Wschr. **1950**, 638. — [4] Schröder, V.: Z. Tierzücht. **50**, 16 (1941). — [5] Schirren, C.: Medizinische **1955**, 872. — [6] Gray, J.: Brit. J. exp. Biol. **5**, 345 (1927/28). — [7] Lord Rothschild: J. exp. Biol. **25**, 15, 344, 353 (1948). — [8] Duran-Reynals, F.: J. exp. Med. **54**, 493 (1931). — Meyer, K.: Physiol. Rev. **27**, 335 (1947). — McClean, D., and I. W. Rowlands: Nature **150**, 627 (1942). — [9] Ruffo, A., e A. Monroy: Pubbl. Staz. zool. Napoli Suppl. 20 (1946). — [10] Monroy, A., u. L. Tosi: Exper. **8**, 393 (1952).

Eizellen niederer Tiere (z.B. Echinodermen) können durch unphysiologische Reize zur parthenogenetischen Entwicklung gebracht werden. Spermien dagegen nicht. Deshalb muß es für möglich gehalten werden, daß auch das Cytoplasma der Eizelle Strukturelemente enthält und bei der Befruchtung beiträgt, die nicht „de novo" gebildet werden können, sondern nur durch Vervielfachung aus Elementen gleicher Art, die also die Eigenschaft von „Duplikanten" (s. S. 82) haben. Dies um so mehr, als inzwischen für bestimmte Cytoplasmafaktoren bei Hefe und Paramaecien die Vermehrungsfähigkeit und damit Duplikantennatur nachgewiesen wurde[1]. Danach gibt es grundsätzlich außer der karyotischen auch eine *außerkaryotische Vererbung*, wobei die karyotische möglicherweise noch in eine genische und eine außergenische Vererbung aufzulösen ist. Derartige extragenische oder extrakaryotische Duplikanten können Erbträger der artlichen und individuellen Spezifität sein oder auch nur — und das kann eine mindest ebenso große Bedeutung haben — für die Übertragung allgemeiner, z. B. enzymatischer Potenzen, wesentlich sein. Wenn auch bisher nur wenig Material über solche extrakaryotischen Duplikanten und keines über ihr Vorkommen im Cytoplasma derEizelle vorliegt, so darf doch die Möglichkeit ihrer Existenz nicht vernachlässigt werden[2]. Die alte Auffassung, daß das Cytoplasma der Eizellen nichts als ein Nährstoffreservoir ist, trägt der Kompliziertheit der Keimzellen nicht Rechnung.

Die Eizellen der meisten im Wasser lebenden Tiere werden als solche ins Wasser abgelegt, wo auch die Befruchtung stattfindet. Die erste Entwicklung vollzieht sich ohne Nahrungsaufnahme. Erst die beweglichen Gastrulae ernähren sich und wachsen. Auch bei Säugern erübrigt sich eine weitere Versorgung der Ovula, weil sie im mütterlichen Organismus befruchtet und dann in die Uterusschleimhaut eingebettet werden. Anders bei Vögeln. Da die Entwicklung der befruchteten Eizellen bis zum fertigen Organismus im Vogelei[3] stattfindet, besitzt dies im Dotter und Eiklar einen großen Vorrat an Nährstoffen, Salzen und Wasser. Das eben abgelegte befruchtete Hühnerei enthält eine bereits zweischichtige Keimscheibe, die sich erst bei Bebrütung weiter entwickelt.

Das menschliche Ovulum ist nur begrenzte Zeit befruchtungsfähig. Der Coitus kann deshalb nur zur Zeugung führen, wenn er in den Tagen um die Zeit des Follikelsprunges erfolgt. Soweit die Ovulation regelmäßig um den 14. Tag des Intermenstruums stattfindet, was aber durchaus nicht gesetzmäßig zutrifft, da sie auch durch den Coitus ausgelöst werden kann, darf im weiblichen Cyclus der 7.—21. Tag als fruchtbare und die Zeit um die Menstruation als physiologisch sterile Phase gelten[4]. Nur etwa 20% der menschlichen Eier sind befruchtungsfähig[5].

6. Geschlechtsbestimmung[6].

Die genotypische, im Genom verankerte Geschlechtsbestimmung muß von der phaenotypischen, nur das Erscheinungsbild oder Verhalten betreffenden Geschlechtsbestimmung unterschieden werden.

[1] Caspari, E.: Cytoplasmatic inheritance. Adv. Genetics **2**, 1 (1948). — Ephrussi, B.: Nucleo-Cytoplasmatic Relationships in Microorganisms. London 1953. — Sonneborn, T. M.: Heredity **4**, 11 (1950). — Bautz, E., u. H. Marquardt: Naturwiss. **40**, 5 (1953). — [2] „Alle diejenigen Plasma-Bestandteile sind als Erbkonstituenten anzusprechen, die die Fähigkeit der identischen Reproduktion haben." [Stubbe, H.: Wiss. Z. Univ. Halle, math. naturwiss. Reihe **4**, 173 (1954/55)]. — [3] Dalcq, A.: L'oeuf et son dynamisme organisateur. Paris 1941. — [4] Knaus, H.: Die Physiologie der Zeugung beim Menschen. Wien 1950. — [5] Hertig, A.T., and J. Rock; in: Engle, E. T. (Hrsgb.): Menstruation and its Disorders. Springfield 1950. — [6] Goldschmidt, R.: Mechanismus und Physiologie der Geschlechtsbildung. Berlin 1920. — Dantschakoff, W.: Gewebsplastizität, Hormone und Geschlecht. Ergebn. Physiol. **40**, 101 (1938). — Hartmann, M.: Die Sexualität. Jena 1943. Geschlecht und Geschlechtsbestimmung im Tier- und Pflanzenreich. 2. Aufl. Berlin 1951. — Hämmerling, J.: Fortpflanzung und Sexualität. Fortschr. Zool. (N. F.) **3**, 363 (1938); **4**, 500 (1939); **6**, 178 (1942); **8**, 159 (1947).

Bei manchen niederen Lebewesen scheinen biogene Wirkstoffe das geschlechtliche Verhalten bestimmen zu können (s. a. Bd. 2/2a, S. 612). Sie werden nach einem Vorschlag von M. HARTMANN und R. KUHN als „Termone" bezeichnet, zum Unterschied von den Hochzeitsstoffen oder „Gamonen" (s. S. 100). Ein Beispiel für die Wirkung solcher Termone sollte nach Mitteilungen von F. MOEWUS bei der Grünalge Chlamydomonas eugametos vorliegen. Hiernach bewirkt der Zusatz von Filtraten aus Gameten der getrenntgeschlechtlichen Chlamydomonas an Dunkelzellen der gemischtgeschlechtlichen Eugametos synoica dieselbe Ausbildung männlicher bzw. weiblicher Gameten wie die Belichtung. Als Wirkstoff wurde Crocin (bzw. Crocindimethylester) bezeichnet, das durch Einwirkung von Licht aus Protocrocin entsteht, wobei die Wirkung als Androtermon bzw. als Gynotermon vom Mischungsverhältnis der cis-trans-Formen abhängen sollte, das ebenfalls durch die Belichtung bestimmt wird. Als Gynotermon wurde auch das iso-Rhamnetin angegeben, während das 4-Oxy-2,6,6-trimethyl-Δ^1-tetrahydrobenzaldehyd als Androtermon II bezeichnet wurde. Ferner sollte im Zellkern der männlichen Gameten ein Pikrocrocin spaltendes Ferment enthalten sein, das mit dem Gen M identifiziert wurde. Alle diese überraschenden Mitteilungen von MOEWUS haben großes Aufsehen erregt, zumal angegeben wurde, daß vom Termon ein einziges Molekül pro Zelle für die Entwicklung der Gameten, z. B. die Geißelbildung, genügt.

Die leider erst spät erfolgte Nachprüfung ergab jedoch die völlige Haltlosigkeit dieser Angaben[2], die nur als schwere Irreführung angesehen werden können und aus dem Schrifttum ausgemerzt werden müssen. Die Geißelbildung erfolgt auch in reinem Wasser und ohne Belichtung, so daß von „Termonen" bei Chlamydomonas keine Rede sein kann[3]. Die Zellen brauchen also nichts als Wasser, um zu ihren Geißeln zu kommen[3, 4]. Auch für die Agglutination der Gameten erwiesen sich sowohl Crocin als auch sein Dimethylester als völlig wirkungslos[3].

Ein klares Beispiel für die Geschlechtsbestimmung durch ein Androtermon gibt es jedoch bei der Chätopode Bonellia viridis. Die Larven sind noch nicht geschlechtlich differenziert. Entwickeln sie sich schmarotzend auf dem Rüssel eines Weibchens, so entstehen Männchen. Extrakte aus dem Rüssel haben die gleiche vermännlichende Wirkung[5]. Die chemische Natur dieses Androtermons ist noch nicht bekannt. Die selbständig bleibenden Larven bilden Weibchen. Demgemäß hat der im Rüssel vorhandene Faktor keine fördernde Wirkung auf die männliche Entwicklung, sondern eine hemmende auf die weibliche.

Die Nahrung hat ebenfalls starken Einfluß. Bei Daphniden werden bei fettfreier Ernährung keine Nachkommen gebildet, bei geringem Fettgehalt (0,5%) fast nur Weibchen und bei höherem auch Männchen[6]. Ob aus Termitenlarven sich Arbeiter oder die größeren Soldaten entwickeln, hängt von der Ernährung in einem bestimmten Zeitpunkt der Entwicklung ab[7]. Maßgebend soll ein „Vitamin T" genannter Komplex sein, der aus Termiten oder aus Hefe gewonnen wird und eine ziemlich universelle Bedeutung als Wuchsstoff und „Großmodifikator" haben soll[8] (s. Bd. 2/2a, S. 795). Die chemische Untersuchung ergab bisher, daß alle bekannten Wachstumsfaktoren[9] sowie Glutaminsäure, Asparaginsäure,

[1] MOEWUS, F.: Arch. Protistenkde. **92**, 485 (1939). — Die Sexualstoffe von Chlamydomonas eugametos. Ergebn. Enzymforsch. **12**, 173 (1951). — [2] RAPER, I. B.: Bot. Rev. **18**, 447 (1952). — RYAN, F. J.: Science, N. Y. **122**, 470 (1955). — [3] RENNER, O.: Z. Naturforsch. **13**b, 399 (1958). — [4] FÖRSTER, H., u. L. WIESE: Z. Naturforsch. **9**b, 470 (1954). — [5] BALTZER, F.: Rev. suisse Zool. **33**, 359 (1926); **40**, 242 (1933). — [6] DEHN, M. v.: Naturwiss. **37**, 429 (1950). — [7] GOETSCH, W.: Naturwiss. **25**, 803 (1937). — [8] GOETSCH, W.: Exper. **3**, 326 (1947). Oest. zool. Z. **1**, 193, 533 (1948). — [9] WEYGAND, F.: Angew. Chem. **62**, 454 (1950). — WACKER, A., H. DELLWIG u. E. ROWOLD: Kli. Wo. **1951**, 780.

Alanin und Glykokoll in ihm vorhanden sind[1]. Die Entwicklung der allein fortpflanzungsfähigen Bienenkönigin setzt einen genügenden Vitamin E-Gehalt in der Nahrung voraus.

Bei höheren Arten wird das Geschlecht durch die Geschlechtschromosomen in den Keimzellen bei der Befruchtung festgelegt. Zwischen dieser rein genotypischen und der rein phänotypischen Geschlechtsbestimmung gibt es wahrscheinlich fließende Übergänge. Auch da, wo die geschlechtliche Veranlagung genetisch erfolgt, kann ihre Realisierung doch noch durch äußere Faktoren beeinflußt werden. Zum Beispiel bei Hühnerembryonen hängt die Entwicklung des Geschlechts davon ab, in welches Gewebe die Keimmutterzellen am 5. Tage der Entwicklung eingebettet werden[2]. Auch die Keimdrüsenhormone haben einen erheblichen Einfluß auf die geschlechtliche Entwicklung. Beim Küken führen Androgene zur Rückbildung der MÜLLERschen Gänge, während diese unter der Wirkung von Oestrogenen erhalten bleiben[3]. Wirken die Hormone auf frühere Entwicklungsstufen ein, so können sie sogar die Differenzierung der Gonaden beeinflussen[4] und einen wenigstens partiellen Geschlechtswechsel erzeugen. Oestrogene, die während der Bebrütung in Eier gegeben werden, wandeln die Hoden der Hähnchen in Ovariotestes um. Sie können auch bei Salamandern und Fröschen genetisch männliche Larven bis zur Entwicklung von Ovarien verweiblichen, so daß echte Zwitter entstehen[5]. Ein künstlicher Wechsel des Geschlechts konnte bei Ophryotrocha puerilis durch Extrakte aus reifen Eiern herbeigeführt werden[6]. Wirken hohe Dosen von Keimdrüsenhormonen erst auf einer weiteren Entwicklungsstufe ein, so betrifft die geschlechtliche Veränderung nur noch die sekundären Geschlechtsmerkmale[7]. Bei Kühen entstehen „Zwickel".

So kann die genetisch veranlagte Eingeschlechtlichkeit durch sekundäre Faktoren phänotypisch überdeckt werden. Die Sexualität scheint allgemein keine streng einseitige zu sein. Wahrscheinlich sind stets beide Geschlechtsqualitäten potentiell vorhanden, von denen nur die eine phänotypisch dominierend aktuell wird, während die andere in individuell verschiedenem Ausmaß zurücktritt, durch hormonale Einflüsse aber wieder verwirklicht werden kann. Die „relative Sexualität[8,9] kommt bei Säugetieren dadurch zum Ausdruck, daß von beiden Geschlechtern sowohl androgene als auch gynogene Keimdrüsenhormone gebildet werden können. Insoweit erscheint die Sexualität bzw. Intersexualität als quantitatives Problem.

Genisch bedingte Zwittrigkeit ist bei höheren Pflanzen allgemein. Zum Beispiel bei Streptocarpus besteht durch das Zusammenwirken von einem „A—G-Komplex" und Realisatoren ein Gleichgewicht zwischen männlich bestimmtem Kern und weiblichem Plasma.

Versuche, beim Menschen das Geschlecht des Kindes künstlich zu bestimmen oder wenigstens schon während der Schwangerschaft zu diagnostizieren, sind ergebnislos geblieben. Die Angabe, daß der Nachweis von Androgenen im Speichel der Schwangeren für ein männliches Kind spräche[10], konnte bisher nicht bestätigt werden. Dagegen läßt sich das Geschlecht des Kindes schon während

---

[1] GRUNHOFER, A., u. A. SCHÖBERL: Kli. Wo. **1951**, 385. — [2] DANTSCHAKOFF, W.: Biol. Zbl. **58**, 302 (1938). — [3] WOLFF, E.: Exper. **9**, 121 (1953). — [4] BURNS, R. K.: Survey biol. Progr. **1**, 233 (1949). — [5] WITSCHI, E.: Z. Naturforsch. **6**b, 76 (1951). — [6] HARTMANN, M.: Die Sexualität. Jena 1943. Geschlecht und Geschlechtsbestimmung im Tier- und Pflanzenreich. 2. Aufl. Berlin 1951. — [7] DANTSCHAKOFF, W.: Gewebsplastizität. Hormone und Geschlecht. Ergebn. Physiol. **40**, 101 (1938). — [8] HARTMANN, M.: Die Sexualität. Jena 1943. — [9] GOLDSCHMIDT, R.: Mechanismus und Physiologie der Geschlechtsbildung. Berlin 1920. Einführung in die Vererbungswissenschaften. Berlin 1928. Die sexuellen Zwischenstufen. Berlin 1931. — [10] RAPP, G. W., and G. C. RICHARDSON: Science, N. Y. **115**, 265 (1952).

der Schwangerschaft durch den cytologischen Nachweis des Geschlechts-Chromatins in Zellen des Amnions bestimmen[1].

Zellen eines weiblichen Organismus weisen ein zusätzliches, meist randständiges Chromozentrum auf, das bei Zellen männlicher Individuen fehlt[2]. Das gilt z. B. für spezielle Navicularzellen aus der fetalen Vagina, die im Fruchtwasser gefunden werden[3]. Das Geschlechtschromatin wurde auch in Körperzellen Erwachsener nachgewiesen, z. B. in Leukocyten[4], so daß auf diese Weise bei Zwittern das genetisch festgelegte Geschlecht bestimmt werden kann. Aus diesen neueren Beobachtungen folgt, daß die Sexualität nicht auf die Keimzellen beschränkt ist, sondern in allen Zellen des Organismus verankert ist.

7. Biochemie genetisch aktiver Substanzen.

Von **W. Weidel.**

a) Einführung.

Auf ein wirkliches Schlüsselproblem der biochemischen Grundlagenforschung führt die Frage nach dem Konstruktionsprinzip produktiv in sich geschlossener, chemisch-dynamischer Systeme, wie sie in Gestalt autonomer, lebender Zellen verifiziert sind. Es handelt sich darum zu verstehen, welche Auswahl unter den unzähligen, chemisch möglichen Typen von Makromolekülen und Komplexen aus solchen getroffen werden muß und wie sie zusammenzustellen und anzuordnen sind, damit sie durch chemische Verarbeitung eines Angebots einfachster Verbindungen in wechselseitigem Zusammenwirken immer nur ihren eigenen Bestand ergänzen und vermehren. Im Grunde wäre jedes chemisch-dynamische System, dessen synthetische Leistungen darauf hinauslaufen würden, daß am Ende nichts anderes erzeugt wird als alle die stofflichen Komponenten, aus denen es sich zusammensetzt und die ihm Synthesen erst ermöglichen, als lebend zu bezeichnen, denn es könnte sich beliebig oft aus eigenen Kräften reproduzieren. Welchen chemischen Körperklassen seine Bestandteile entstammen, spielt unter diesem Gesichtspunkt zunächst gar keine Rolle.

Es scheint aber, als sei die Auswahl geeigneter Bestandteile für solche Systeme in gewissem Sinne sehr eng begrenzt. Die Natur jedenfalls bietet sie zwar, äußerlich betrachtet, in scheinbar beliebigen Varianten dar, doch wird tatsächlich in keiner von ihnen auf die Verwendung von Vertretern zweier chemischer Körperklassen verzichtet, ohne die eine produktive Geschlossenheit im angedeuteten Sinne offenbar nicht zu erreichen ist: Protein und Nucleinsäure.

Man weiß wohl, daß die Proteine ihre Hauptrolle in lebenden Systemen als katalytisch wirksame Enzyme spielen. Enzymatisch gesteuerte biosynthetische Reaktionsketten, wie sie der Zelle zur Energiegewinnung und für alle möglichen Aufbauleistungen dienen, lassen sich aber offensichtlich nicht einmal auf dem Papier so aneinanderkoppeln, daß sie am Ende sämtliche zu ihrem Betrieb erforderlichen Typen von Enzymmolekülen erzeugen könnten. Sonst wären allein aus solchen Ketten lebende Systeme konstruierbar und rekonstruierbar, d.h. das angeschnittene Problem ließe sich in Anbetracht der Errungenschaften moderner Enzymchemie schon heute als prinzipiell gelöst betrachten. Da es nach unse-

[1] Marberger, E., R. A. Boccabella and W. O. Nelson: Proc. Soc. exp. Biol. Med. **89**, 488 (1955). — Fuchs, F., and P. Riis: Nature **177**, 330 (1956). — [2] Sachs, L., D. M. Serr and M. Danon: Science, N.Y. **123**, 548 (1956). — [3] Langreder, W.: Arch. Gynäk. **180**, 248 (1951). — [4] Barr, M. L., and E. G. Bertram: Nature **163**, 676 (1949). — Barr, M. L.: Exp. Cell Res. **2**, 288 (1951). — Davidson, W. M., and D. R. Smith: Brit. med. J. **1954 II**, 6. — Romatowski, H., M. Tolksdorf u. H. R. Wiedemann: Kli. Wo. **1955**, 911.

ren Kenntnissen über Enzymketten aber unvermeidlich scheint, daß jeder von ihnen hergestellte Stofftyp zu seiner Entstehung aus dem passenden Vorprodukt auf die Mitwirkung eines ganz speziell nur für diesen Prozeß geeigneten Katalysators bzw. Enzyms angewiesen ist, muß der Bedarf an unterschiedlichen Enzymtypen stets die produktiven Möglichkeiten eines gegebenen Kettenstücks ganz erheblich übersteigen, sowie die Forderung erfüllt werden soll, ihm produktive Geschlossenheit zu verleihen. Die Differenz zwischen produzierbaren und benötigten Molekültypen könnte auch bei beliebiger Verlängerung der Kette nie aufgeholt werden. Lebende Zellen, die es fertig bringen, mit Hilfe einer begrenzten Zahl stofflicher Individuen immer nur wieder diese neu zu erzeugen, müssen daher ein Konstruktionselement enthalten, das das Auftreten jener Differenz verhindert, sich also gleichsam als Kurzschlußglied betätigt und dafür sorgt, daß die Zahl der Kettenglieder nicht unendlich groß zu sein hat.

Selbstverständlich wäre es am einfachsten, den Kurzschluß dadurch eingeführt zu denken, daß allen Enzymmolekülen zwei Hauptfunktionen zuerkannt werden. Sie müßten nicht nur irgendeine mehr oder weniger entlegene stoffliche Umwandlung katalysieren, sondern auch die Herstellung von Kopien von sich selbst besorgen können. Ein besonderes Kurzschlußelement wäre dann gar nicht erforderlich und produktive Geschlossenheit schon mit Ketten von relativ niedriger Gliederzahl leicht zu erreichen. Tatsächlich sprechen aber alle experimentellen Erfahrungen dagegen, daß Enzymmoleküle, oder Proteinmoleküle überhaupt, zu echter autokatalytischer Vermehrung imstande sind.

Somit bleibt also die Nucleinsäure, speziell Desoxyribonucleinsäure, als mutmaßliches Kurzschlußglied. Den ersten konkreten Anhaltspunkt dafür gab die Entdeckung, daß biosynthetische Reaktionsketten Stufe für Stufe genabhängig sind. Bis dahin hatte man vermutet, daß die Gene, an deren Aufbau man sich Nucleinsäure beteiligt dachte, durch Bereitstellung irgendwelcher „Hormone“ dirigierend in den Zellstoffwechsel eingreifen könnten — eine Annahme, die das seinerzeit wohl noch gar nicht klar erkannte Problem nur um eine Stelle weiter nach rückwärts verschob. Erst die Ergebnisse chemischer Untersuchungen über die zur Augenpigmentbildung führende Reaktionskette bei Insekten[1] wiesen darauf hin, daß individuelle Gene offenbar für die Bereitstellung individueller Enzyme sorgen, d.h. eine abstrakte „Information“ darüber bergen, wie diese auszusehen haben. Der unentbehrliche Kurzschluß konnte nun zwanglos mit der ohnehin schon lange postulierten „autokatalytischen“ Reproduktionweise der Erbsubstanz identifiziert werden. Dabei mußte allerdings zunächst ganz offen bleiben, durch welche chemischen Mechanismen die genabhängige Synthese von Enzymmolekülen vollzogen wird, und ob die Erbsubstanz durch Desoxyribonucleinsäure allein oder ob jedes Gen durch eine Kombination aus Protein und Nucleinsäure, vielleicht als selbständiges Nucleoproteidmolekül, repräsentiert wird. Letzteres hielt man lange Zeit für viel wahrscheinlicher, da man nur Protein-, nicht aber Nucleinsäuremolekülen eine für Zwecke genetischer Symbolisierungen ausreichende strukturelle Vielseitigkeit zutraute.

b) Nucleinsäure als Erbsubstanz.

Die Entdeckung, daß Präparate reinster Desoxyribonucleinsäure, gewonnen aus einem bestimmten Bakterienstamm, charakteristische Erbänderungen in damit behandelten anderen Bakterienstämmen erzeugen, die als eine künstliche Genimplantierung zu deuten waren[2], lenkte die Aufmerksamkeit dann aber in die

---

[1] Weidel, W.: Diss. math. nat Berlin 1941. — [2] Avery, O. T., C. M. MacLeod and M. McCarty: J. exp. Med. **79**, 137 (1944).

anfänglich kaum beachtete Richtung. Als einige Jahre später gezeigt werden konnte, daß auch bei Bakteriophagen mit größter Wahrscheinlichkeit Desoxyribonucleinsäure allein Träger und Überträger von deren sämtlichen Erbeigenschaften ist[1], gewann diese Körperklasse als „die" Erbsubstanz größtes Interesse. Erst kürzlich gelang der Nachweis, daß auch Ribonucleinsäure als typische Erbsubstanz in Betracht kommt[2], wenn auch nicht für Gene des Zellkerns.

Damit ist eine ganze Reihe von experimentell weiter verfolgbaren Teilproblemen aufgeworfen. Grundsätzlich muß man versuchen, die molekulare Struktur der Nucleinsäuren aufzuklären, um damit Beobachtungen über die von ihnen entfalteten Funktionen in Korrelation bringen und eins aus dem anderen ableiten zu können. Beide Problemkreise überlappen sich gegenseitig auch von der experimentellen Seite her, wie noch auszuführen sein wird. Die prinzipielle Schwierigkeit für die Funktionsprüfung liegt darin, daß Nucleinsäure — bisher wenigstens — gerade diejenigen Funktionen, auf die es hier ankommt, nur innerhalb von biochemischen Systemen entfaltet, die zu komplex sind, um schon ausreichend verstanden zu werden, ja die man erst hoffen darf zu verstehen, wenn man die Rolle kennt, die die Nucleinsäure in ihnen spielt: in lebensfähigen Zellen. Immerhin ist die Situation nicht so aussichtslos, wie es hiernach scheinen mag, denn das größte Hindernis für weitere Fortschritte konnte dadurch ausgeräumt werden, daß es, wie schon angedeutet, gelang, Systeme aufzufinden, die auf die Zuführung „nackter" Nucleinsäuremoleküle spezifischer Herkunft und Struktur spezifisch und reproduzierbar reagieren. So kann man jetzt wenigstens in bezug auf *einen* der vielen beteiligten Faktoren einigermaßen sicher sein, womit man manipuliert. Solange „Erbsubstanz" nur in Gestalt von chemisch unzugänglichen, rein genetisch definierten Erbfaktoren und nur mit Hilfe von allenfalls biologisch übersichtlichen Kreuzungsexperimenten in Zellen hinein- und wieder aus ihnen herauszuschaffen war, mußten alle unmittelbar von ihr ausgehenden Wirkungen undefinierbar bleiben, eben weil das materielle Agens selbst nicht sauber definiert werden konnte.

Mit den für geeignet befundenen Systemen gilt es also, die zwei Hauptfunktionen der Nucleinsäure einmal als Trägerin und Überträgerin genetischer Informationen und zum anderen als vermutliches Kurzschlußelement in der Syntheseapparatur der Zelle so herauszuarbeiten, daß beide aus den strukturellen Gegebenheiten als chemische Mechanismen verständlich werden. Leider erweisen sich die wenigen, überhaupt brauchbaren Objekte nicht durchweg als ideal zur parallelen experimentellen Bearbeitung mehrerer, geschweige denn sämtlicher aufgeworfener Fragen. Als Experimentierender muß man sich deshalb im allgemeinen auf *ein* Objekt und damit auf gewisse Teilprobleme spezialisieren, braucht jedoch, um den ganzen Fragenkomplex überblicken und selbst sinnvoll vorgehen zu können, recht gründliche Kenntnisse auf mikrobiologischem, cytologischem, genetischem, physikochemischem, biochemischem und serologischem Gebiet, also in lauter Fächern, die, bisher mehr oder weniger dem Spezialisten vorbehalten, gerade an dieser Stelle zusammenzufließen beginnen und sich gegenseitig ergänzen.

In Ermangelung eines geeigneten Ausbildungsganges ist es heute erfahrungsgemäß noch nicht möglich, die zum vollen Verständnis der experimentellen Arbeit im Einzelfall erforderlichen theoretischen und praktischen Spezialkenntnisse allenthalben vorauszusetzen. Da der knappe, für dieses Kapitel vorgesehene Raum es andererseits verhindert, jedesmal die entsprechenden Erklärungen zu geben, bevor auf eine Besprechung interessanter Details eingegangen wird, soll

[1] Hershey, A. D., and M. Chase: J. gen. Physiol. **36**, 39 (1952). — [2] Gierer, A., u. G. Schramm: Z. Naturforsch. **11b**, 138 (1956).

im Interesse breiterer Verständlichkeit im folgenden auf die Erwähnung und Diskussion von Details fast ganz verzichtet und statt dessen nur eine Darstellung der wichtigsten Zusammenhänge gegeben werden.

c) Bauprinzip und spezifische Struktur der Nucleinsäuren.

Versuche, das *allgemeine* Bauprinzip des Desoxyribonucleinsäure- (DNS-) oder Ribonucleinsäure- (RNS-) Moleküls aufzudecken, sind zu unterscheiden von solchen, die eine Klärung der Struktur *individueller* DNS- oder RNS-Moleküle zum Ziel haben. Für den erstgenannten Zweck genügt es zunächst, sich auf gewisse, relativ einfach zu erhaltende Ergebnisse der Bausteinanalyse und auf die Auswertung von Röntgendiagrammen zu stützen. Man benötigt dazu auch nicht unbedingt vollkommen einheitliche Nucleinsäurepräparate, d. h. solche, in denen jedes einzelne Molekül vollkommen allen anderen gleicht.

α) DNS.

WATSON u. CRICK[1] gelang der glückliche Wurf, aus solchen allgemeinen Daten ein sehr plausibles Modell für das fadenförmige DNS-Molekül zu konstruieren. Danach wird der Faden von zwei spiralig ineinandergeschraubten Polynucleotidketten gebildet, deren Basen innerhalb der Doppelspirale aufeinander zu gerichtet und paarweise durch Wasserstoffbrücken miteinander verbunden sind. Dadurch werden die beiden Ketten gegenseitig fixiert. Aus sterischen Gründen kommen als Paare jeweils nur Adenin und Thymin bzw. Cytosin und Guanin in Betracht (die analytischen Daten passen dazu[2]), so daß also die zwei Polynucleotidketten eines DNS-Moleküls strukturell *komplementär* (aber nicht identisch!) sind: Ist die Reihenfolge der Nucleotide in der einen Kette gegeben, steht sie damit automatisch auch in der anderen, ihr zugeordneten fest.

Der interessanteste Aspekt dieser Struktur liegt darin, daß sie alle wesentlichen Voraussetzungen enthält, um sich unter eigener Regie identisch reduplizieren zu können. Der Nachweis, daß die Reduplikation sich wirklich so abspielt, wie das Modell erwarten läßt, ist aber damit noch nicht erbracht, sondern erfordert schwierige experimentelle Untersuchungen, auf die weiter unten eingegangen wird. Die an eine genetisch aktive Substanz vor allem zu stellende Forderung, Speicherungsmöglichkeiten für vielfältige genetische Informationen zu bieten, ist durch die vorgeschlagene DNS-Struktur ebenfalls erfüllt. Die Reihenfolge der verfügbaren Nucleotide (praktisch sind es nur vier) kann in einer der beiden zum DNS-Molekül vereinigten Polynucleotidketten beliebig sein. Bei faktischen Kettenlängen von vielen Zehntausenden von Nucleotidgliedern ergeben sich so fast unerschöpfliche kombinatorische Möglichkeiten. Schon in einem einzigen DNS-Molekül müßten sich auf diese Weise mehrere verschiedene Symbolisierungen für das, was später in Form von unabhängigen „Merkmalen“ erkennbar werden kann, quasi verschlüsselt in einem Vier-Zeichen-Code, aneinanderreihen lassen. Daß dies wirklich möglich ist, und daß die verschiedenen in einem DNS-Molekül untergebrachten, genetisch wirksamen, also spezielle „Anweisungen“ für den Zellchemismus bergenden Einheiten tatsächlich linear und in festen Lagebeziehungen zueinander aufgereiht sind, ergibt sich aus später zu besprechenden Funktionsprüfungen. Auf jeden Fall ist aber nach diesem Prinzip, selbst bei relativ begrenzter Kettenlänge, eine wahrhaft astronomische Zahl unterschiedlicher DNS-Moleküle konstruierbar.

---

[1] WATSON, J. D., and F. H. C. CRICK: Cold Spring Harbor Symp. quant. Biol. **18**, 123 (1953). — [2] WYATT, G. R.: Chemistry and Physiology of the Nucleus. New York 1952.

Damit sind gleich zwei außerordentlich wichtige Aufgaben methodischer Art gestellt, die sehr schwierig zu lösen sein dürften, falls nicht unvorhergesehene glückliche Umstände zu Hilfe kommen. Um die individuelle Struktur von präparativ isolierten DNS-Molekülen aufklären zu können, was im Verein mit Funktionsprüfungen besonders für die Entzifferung des vermuteten Vier-Zeichen-Codes unerläßlich ist, muß man erstens in der Lage sein, sie auseinanderzusortieren, um strukturell völlig übereinstimmende Moleküle in ausreichender Menge in die Hand zu bekommen. Aus Zellkernen mit ihren zahllosen Genen z. B. wird man, auch von allen Gefahren eines partiellen Abbaues bei der Aufarbeitung abgesehen, nach dem vorher Gesagten stets nur Mischungen ganz unterschiedlich konfigurierter DNS-Moleküle herausholen können. Zweitens sind Verfahren zu entwickeln, die die Nucleotidsequenz in beliebigen DNS-Molekülen zu bestimmen gestatten, wofür natürlich die Lösung der ersten Aufgabe absolute Voraussetzung ist. Die in beiden Fällen zu befürchtenden Schwierigkeiten haben eine gemeinsame Wurzel in der chemischen Monotonie im Aufbau der DNS. Fadenmoleküle von vergleichsweise enormer Länge, die sich nur durch die Sequenz ihrer vier Bausteine voneinander unterscheiden, bieten offensichtlich keine ausreichend differenzierten Angriffspunkte für Einwirkungen, die eine Fraktionierung zum Ziel haben. Ebenso wird auch eine eindeutige Endgruppenbestimmung problematisch, wenn das Molekül sehr lang ist, als Doppelspirale vier Enden hat (je zwei davon funktionell gleichwertig), nur vier Bausteine in Betracht kommen, die endständigen unter ihnen sich keineswegs durch so leicht markierbare funktionelle Gruppen auszeichnen wie z. B. endständige Aminosäuren in Polypeptidketten, und chemische Ansatzpunkte für einen schrittweisen Abbau noch kaum zu entdecken sind.

β) RNS.

Für RNS kann das Prinzip der Basenpaarung als Strukturgesetz keine Gültigkeit haben, wie die Analysendaten zeigen[1]. Trotzdem liefert sie ähnliche Röntgendiagramme wie DNS[2], und trotzdem zeigt sie die allgemeinen Kriterien einer genetisch aktiven, dem üblichen Postulat gemäß also auch zur „Selbstreproduktion" fähigen Substanz[3,4]. Es muß deshalb jetzt schon fraglich erscheinen, ob das zunächst so einleuchtende Basenpaarungsprinzip bei DNS wirklich den Schlüssel zum Reproduktionsmechanismus *wenigstens dieses* Nucleinsäuretyps liefert. Es ist wohl kaum anzunehmen, daß zwei so nahe verwandte Verbindungstypen durch vollkommen verschiedene Mechanismen reproduziert werden. Der Entwurf eines generellen Modells für das RNS-Molekül ist noch nicht gelungen. Die Art der Verknüpfung zwischen den einzelnen Nucleotiden, für die hier mehr Möglichkeiten offenstehen als bei DNS, konnte jedoch schon weitgehend geklärt werden[5]. Nur die Frage, ob Verzweigungen auftreten, bedarf noch endgültiger Entscheidung.

Das Problem, einheitliche Nucleinsäurepräparate unter Erhaltung der spezifischen Funktionsfähigkeit der Moleküle zu gewinnen, läßt sich vorläufig erst in einem RNS betreffenden Sonderfall mit einiger Aussicht auf Erfolg angreifen, weil eine nachträgliche Fraktionierung sich hier vielleicht als unnötig erweisen wird. Man hat Gründe für die Annahme, daß die RNS des Tabakmosaikvirus (TMV) als zusammenhängender Faden durch das ganze stäbchenförmige Virusteilchen hindurchläuft[6]. Falls es sich hierbei wirklich um ein einziges, stark

[1] Knight, C. A.: J. biol. Ch. **197**, 241 (1952). — [2] Rich, A., and J. D. Watson: Proc. nat. Acad. Sci. USA **40**, 759 (1954). — [3] Gierer, A., u. G. Schramm: Z. Naturforsch. **11**b, 138 (1956). — [4] Fraenkel-Conrat, H.: Am. Soc. **78**, 882 (1956). — [5] Markham, R.: 3. Int. Congr. Biochem. Brüssel 1955. Conférences et Rapports, S. 144. — [6] Schramm, G., G. Schumacher and W. Zillig: Nature **175**, 549 (1955).

spiralisiertes Fadenmolekül handelt und nicht um ein Bündel aus mehreren (die dann natürlich verschiedene individuelle Strukturen haben könnten), sollte man nach vorsichtiger Beseitigung des Proteins aus TMV-Präparaten einheitlicher Stäbchenlänge beliebig viele, untereinander übereinstimmende RNS-Moleküle erhalten können. Daß so gewonnene Präparate von proteinfreier TMV-RNS tatsächlich funktionell intakte RNS-Moleküle enthalten, wenn auch in nicht genau angebbarem Prozentsatz, ist durch ihre Infektiosität bereits sichergestellt[1,2].

Da auch ein gangbarer Weg zum schrittweisen Abbau von RNS bereits gefunden scheint[3,4], wird vielleicht das TMV als derzeit aussichtsreichstes Objekt zu betrachten sein, um durch Vergleiche zwischen RNS- und Proteinstruktur bei verschiedenen TMV-Mutanten den vierstelligen Nucleinsäure-Code entziffern zu lernen. Die Beziehungen zwischen Gen und Enzym in Zellen einerseits und zwischen funktionell spezifischer Nucleinsäure und serologisch spezifischen Proteinen in Virusteilchen andererseits weisen deutlich genug darauf hin, daß dieser Code einer Symbolisierung von Proteinstrukturen dienen dürfte. Allerdings wird bei so optimistischen Prognosen über künftige experimentelle Möglichkeiten gern vergessen, daß die in Virusteilchen anscheinend mit Händen zu greifende, enge Beziehung zwischen Protein und Nucleinsäure gerade hier in ihrer Unmittelbarkeit vielleicht täuscht. Solange unbekannt ist, über wie viele Zwischenglieder hinweg es zur Reproduktion dieser beiden Hauptkomponenten eines Virusteilchens kommt, ist es jedenfalls nicht erlaubt, gerade das Teilchenprotein für das primäre „Übersetzungsprodukt" des Nucleinsäure-Codes zu halten und mit direkten strukturellen Entsprechungen im angedeuteten Sinne fest zu rechnen. Darüber unten mehr.

d) Spezifische Funktionen der Nucleinsäuren.

α) Speicherung und Rekombination genetischer Informationen.

Bereits im zweiten Abschnitt wurden jene drei Arbeiten zitiert, die Nucleinsäuren als Trägersubstanzen für biochemische Wirkungen von höchster biologischer Spezifität auswiesen. Im einen Falle handelte es sich um die Entdeckung einer gerichteten und permanenten Umwandlung kapselloser Pneumokokkentypen in kapselbildende durch Behandlung mit reinster DNS, die aus kapselbildenden Zellen gewonnen worden war, ein Effekt, der nicht auf diesen einen Umwandlungstypus beschränkt blieb und der heute allgemein mit der Bezeichnung „bakterielle Transformation" belegt wird. In den beiden anderen Fällen konnte gezeigt werden, daß Virusvermehrung allein durch die Nucleinsäure des infizierenden Teilchens (je nach Typ DNS oder RNS) ausgelöst wird, während sein Proteinanteil hierfür ohne Bedeutung ist und gar nicht in die Zelle hineingelangt oder hineingelangen muß. Trotzdem werden die neu produzierten Virusteilchen wieder mit genau dem serologisch eindeutig charakterisierten Protein ausgerüstet, das dem infizierenden bzw. reproduzierten Teilchentyp zukommt, das aber der Zelle, die die neuen Teilchen herstellt, niemals als Muster dienen konnte.

Aus allen drei Beobachtungen war zu schließen, daß die im Mittelpunkt des Geschehens stehende Nucleinsäure jeweils eine definierte Feinstruktur hat, in der sich die Feinstruktur einer chemisch ganz andersartigen hochmolekularen Struktur, sei es eines Proteins, sei es eines spezifischen Kapselpolysaccharids, irgendwie abgebildet bzw. symbolisiert finden muß, und daß geeignete Zellen

---

[1] GIERER, A., u. G. SCHRAMM: Z. Naturforsch. **11**b, 138 (1956). — [2] FRAENKEL-CONRAT, H.: Am. Soc. **78**, 882 (1956). — [3] WHITFELD, P. R., and R. MARKHAM: Nature **171**, 1151 (1953). — [4] BROWN, D. M., M. FRIED and A. R. TODD: Chem. & Industr. **1953**, 352.

imstande sind, die Symbolisierung in reale stoffliche Gebilde zu transponieren. Doch nicht nur das, es kommt dabei jedesmal auch noch zu einer exakten, beliebig oft wiederholten Vervielfältigung der besonderen Nucleinsäurestruktur, die den ganzen Prozeß von Fall zu Fall auslöst, und dafür muß eben diese Struktur gleichfalls primär verantwortlich sein.

Aus solchen Befunden allein war aber noch nicht ohne weiteres zu entnehmen, ob die Nucleinsäuremoleküle, die derart spezifische Wirkungen hervorrufen, sich hierbei in Analogie zum Gen jedesmal funktionell als unteilbare Einheiten verhalten oder nicht. Tatsächlich verhalten sie sich keineswegs als solche. Vielmehr ergaben weitere Funktionsprüfungen an verschiedenen Objekten, daß in einem genetisch aktiven Nucleinsäuremolekül nebeneinander Symbolisierungen untergebracht sein können, die ganz verschiedene „Merkmale" betreffen. Diese Symbolisierungen sind gegen andere, homologe austauschbar[1-3] und lassen sich auch einzeln und unabhängig voneinander löschen, sei es durch kurzwellige Strahlung[4], sei es durch Einbau von radioaktivem Phosphor in die Nucleinsäuremoleküle, mit denen experimentiert wird[5].

Nackte Nucleinsäuremoleküle erweisen sich somit, ganz wie Chromosomen, denen sie aber nur hierin formell vergleichbar sind, als Aufreihung einer *größeren Anzahl* von funktionell differenzierbaren, mutationsfähigen Genen und nicht als die materiellen Repräsentanten jeweils *nur eines einzigen* Gens. Daraus ergibt sich eine weitgehende Revolutionierung des Genbegriffes. Das Gen ist jetzt nicht mehr als selbständiges Molekül aufzufassen, sondern nur noch als Teilstück eines langen Fadenmoleküls, innerhalb dessen es allein durch eine charakteristische Bausteinsequenz bestimmter Länge definiert ist, ohne notwendigerweise nach rechts und links von weiteren Genen noch besonders abgegrenzt zu sein. Auf diese Weise haben also in ein und demselben Fadenmolekül mehrere Gene Platz, und zwar ist hier jedem von ihnen, wie Rekombinationsexperimente zeigen, auch stets ein ganz bestimmter Fadenabschnitt zugeteilt. Die durch Rekombination ermittelten, festen gegenseitigen Lagebeziehungen der Gene innerhalb von Nucleinsäurefäden lassen sich nach demselben Schema darstellen, wie es in Gestalt der Genkarten für Chromosomen schon lange im Gebrauch ist[6].

Systematische Rekombinationsexperimente bieten daher eine sehr willkommene Möglichkeit, bei Nucleinsäuremolekülen neben dem üblichen, auf der Anwendung physikalischer und chemischer Methoden beruhenden Wege zur Strukturermittlung auch noch einen ganz anderen zu beschreiten, der von rein genetischen, also funktionellen Analysen ausgeht. In günstigen Fällen erreicht man damit ein überraschend hohes Auflösungsvermögen, so daß sich für die kleinste rekombinierende Einheit eines DNS-Moleküls bereits ein Umfang von nur etwa 12 (aufeinanderfolgenden) Nucleotiden abschätzen ließ[7].

Es ist nicht ausgeschlossen, daß schließlich überhaupt einzelne Nucleotide als kleinste rekombinierende Einheiten erkannt werden. Damit hätte sich dann auch von der rein genetischen Seite her der alte Genbegriff in seiner Bedeutung weitgehend aufgelöst, eine Entwicklung, die durch immer umfangreicher werdende Beobachtungen und Untersuchungen über Pseudoallelie ohnehin schon seit längerem angebahnt ist. Für solche Studien scheinen Systeme, die das Phänomen der „Transduktion" zeigen, besonders geeignet[8]. Hierbei betätigen sich Bakterio-

[1] Hershey, A. D., and R. Rotman: Proc. nat. Acad. Sci. USA **34**, 89 (1948). — [2] Hershey, A. D., and R. Rotman: Genetics **34**, 44 (1949). — [3] Hotchkiss, R. D.: J. cellul. comp. Physiol. **45**, Suppl. **2**, 1 (1955). — [4] Doermann, A. H., M. Chase and F. W. Stahl: J. cellul. comp. Physiol. **45**, Suppl. **2**, 51 (1955). — [5] Stent, G. S.: Proc. nat. Acad. Sci. USA **39**, 1234 (1953). — [6] Doermann, A. H., and M. B. Hill: Genetics **38**, 79 (1953). — [7] Benzer, S.: Proc. nat. Acad. Sci. USA **41**, 344 (1955). — [8] Starlinger, P., u. F. Kaudewitz: Z. Naturforsch. **11**b, 317 (1956).

phagen als Vehikel für die Übertragung anscheinend sehr kleiner Stücke genetisch aktiver Substanz von einer Bakterienzelle auf die andere[1].

Es braucht kaum noch ausdrücklich gesagt zu werden, daß Genmutationen gemäß den neuen Vorstellungen über die Natur des Gens als Änderungen der Nucleotidsequenz in demjenigen Teilstück eines Nucleinsäurefadens aufzufassen sind, durch welches das betreffende Symbol bzw. Gen repräsentiert wird. Zuverlässige chemische Methoden zur Sequenzbestimmung würden es gestatten, hier bereits direkte experimentelle Stützen für die vermuteten Zusammenhänge beizubringen, ohne daß die detailliertere Arbeit der eigentlichen Codeentzifferung schon geleistet zu sein brauchte — ein besonderer Ansporn, jene Aufgabe bald zu lösen.

Die Frage, wodurch Sequenzänderungen, die dann als Mutationen imponieren, verursacht werden und unter welchen Voraussetzungen sie zustande kommen können, ist offenbar nur im Zusammenhang mit einer generellen Lösung des Problems zu beantworten, welchem Mechanismus Nucleinsäuremoleküle ihre normalerweise *ganz exakte* Reproduktion verdanken. Auch im Phänomen des scheinbaren oder wirklichen Austausches genetisch aktiver Teilstücke zwischen verschieden konfigurierten Nucleinsäuremolekülen hat man zweifellos nur einen besonderen Aspekt dieses Reproduktionsmechanismus vor sich[2,3].

Mutationsforschung — besonders unter Heranziehung von Mikroorganismen und Viren — und weitere Vervollkommnung der Nucleinsäuregenetik (im Gegensatz zur Chromosomengenetik) sind also unentbehrlich zur Korrelierung von Struktur und biologischer Funktion bei Nucleinsäuremolekülen. Um den Reproduktionsmechanismus für sich allein zu sondieren, gibt es aber noch direktere Wege, wovon der folgende Absatz handelt.

β) Identische Reproduktion.

Die Konstruktion eines DNS-Modells wie des bereits erwähnten, dessen Struktur die Auswahl neuer Bausteine für eine exakte Punkt-zu-Punkt-Replikation seiner selbst auf Grund einer ihr innewohnenden Gesetzmäßigkeit ganz automatisch richtig treffen müßte, kommt natürlich den lange schon gehegten und diskutierten Vorstellungen über die Rolle einfacher Matrizenmechanismen bei „autokatalytischen" Reproduktionsprozessen[4] besonders elegant entgegen. Tatsächlich haben nicht zuletzt solche Vorstellungen und die Überzeugung von ihrer Richtigkeit beim Entwurf des Modells Pate gestanden, und da er so gut gelungen ist und die gegenwärtig verfügbaren experimentellen Daten sich dem Wunsch, es möge aus ihnen eine Struktur konstruierbar sein, die als ihre eigene Matrize fungieren kann, so überraschend glatt fügten, fällt es schwer, hier noch mit der Möglichkeit eines Zufalls zu rechnen.

Man braucht sich mit so allgemeinen Erwägungen aber nicht zu begnügen, sondern kann die Hypothese, der Reproduktionsmechanismus der DNS-Moleküle sei ein einfacher, direkt arbeitender Matrizenmechanismus, auch noch besonderen experimentellen Prüfungen unterziehen, da sie sehr übersichtliche Konsequenzen zu haben scheint, jedenfalls auf den ersten Blick.

Zum Beispiel muß sich, wenn jedes DNS-Molekül tatsächlich eine Matrize zur Abformung neuer, ihm strukturell gleichender DNS-Moleküle darstellt, ein geometrischer Vermehrungsmodus ergeben, falls fortgesetzten Reduplikationen keine äußeren Grenzen gesetzt sind. Sehr selten auftretende Fehler bei einem Abformungsakt würden „mutierte" DNS-Moleküle entstehen lassen, die von nun

---

[1] Zinder, N. D.: J. cellul. comp. Physiol. **45**, Suppl. **2**, 23 (1955). — [2] Visconti, N., and M. Delbrück: Genetics **38**, 5 (1953). — [3] Bresch, C.: Z. Naturforsch. **10**b, 545 (1955). — [4] Friedrich-Freksa, H.: Naturwiss. **28**, 376 (1940). —

an voraussetzungsgemäß nur noch Kopien ihrer eigenen, veränderten Struktur erzeugen. Solange der Vermehrungsprozeß in einer solchen „Population" von DNS-Molekülen weiterläuft, werden sich dann also mehr oder weniger große Klone von Mutanten in ihr ausbilden, je nachdem, ob die erste fehlerhafte Kopie schon auftrat, als die Population noch klein war, oder erst spät, als sie bereits eine relativ große Zahl von Mitgliedern umfaßte. Die Häufigkeitsverteilung dieser Klongrößen in unabhängig voneinander entstandenen Populationen von DNS-Molekülen sollte offensichtlich stets unmittelbar den Vermehrungsmodus reflektieren und muß, wenn dieser geometrisch ist, so beschaffen sein, daß zwar Mutantenklone aller Größen vorkommen, kleine aber wesentlich häufiger als große (exponentielle Verteilung). Mit Bakteriophagen konnte diese Voraussage experimentell nachgeprüft werden, und das Ergebnis[1] sprach sehr stark zugunsten der gemachten Annahmen, ohne indessen einen einfachen Matrizenmechanismus wirklich beweisen zu können.

Dies gilt bisher für alle Versuche, eine eindeutige Entscheidung für oder wider einen streng autokatalytischen Reproduktionsmechanismus für DNS-Moleküle herbeizuführen, denn stets kommen bei den überhaupt benutzbaren Systemen wegen ihrer inhärenten Kompliziertheit Faktoren oder Phänomene mit ins Spiel, die ihrerseits nicht klar genug durchschaut werden, um *nur eine* Auslegung der experimentell gewonnenen Daten zuzulassen. So hat sich z. B. der glückliche Umstand, daß bestimmte Bakteriophagentypen eine DNS enthalten, die sich chemisch von der ihrer Wirtszelle unterscheidet (5-Oxymethylcytosin ersetzt in ihr das Cytosin), zwar dazu ausnützen lassen, die Entstehung neuer Phagennucleinsäure in der infizierten Zelle recht genau zeitlich zu verfolgen[2]. Nach welchem Mechanismus sich die Neuproduktion vollzieht, blieb aber unklar. Es ließ sich nur zeigen, daß sich in der infizierten Zelle größere Mengen Virusnucleinsäure anhäufen, noch ehe sie fertige neue Virusteilchen enthält. Aus diesem angesammelten DNS-Vorrat, der durch Nachlieferung etwa konstant gehalten wird, beginnt dann von einem bestimmten Zeitpunkt nach der Infektion an dauernd DNS in entsprechendem Tempo abzufließen, um zu kompletten Virusteilchen verarbeitet zu werden. Diese eigenartige steady-state-Dynamik des DNS-Vorrates ist als solche durch ^{32}P-Markierung der durchgesetzten Nucleinsäure gut belegt[3], doch läßt sich nicht sagen, was sie bedeutet. Es ist natürlich verlockend, sich vorzustellen, daß dieser Vorrat gebildet wird von ständig und ausschließlich mit ihrer eigenen Reduplikation beschäftigten Nucleinsäuremolekülen, die zugleich „Paarungen" untereinander vollziehen und dabei genetische Faktoren austauschen — also das genaue Abbild einer biologischen Population zu entwerfen, nur daß an Stelle sich vermehrender, kopulierender, mutierender Organismen hier Makromoleküle als Akteure auftreten[4,5]. Formell ist dagegen nichts einzuwenden. Die DNS-Population könnte, ausgehend von den wenigen, bei der Infektion in die Zelle hineinbeförderten Molekülen von Virus-DNS, zu einer bestimmten Größe heranwachsen, um dann durch einen „Reifungsmechanismus" konstant gehalten zu werden, der ihr laufend und wahllos[6] DNS-Moleküle entnimmt und sie durch Umhüllung mit Protein zu kompletten Virusteilchen macht. Daß einmal fertig gewordene Virusteilchen in ihrer Mutter- bzw. Wirtszelle untätig liegenbleiben und sich weder weiter vermehren noch untereinander genetisch rekombinieren, ist sehr sicher bewiesen[7]. Beide Prozesse müssen sich

[1] Luria, S. E.: Cold Spring Harbor Symp. quant. Biol. **16**, 463 (1951). — [2] Hershey, A. D., J. Dixon and M. Chase: J. gen. Physiol. **36**, 777 (1953). — [3] Hershey, A. D.: J. gen. Physiol. **37**, 1 (1953). — [4] Visconti, N., and M. Delbrück: Genetics **38**, 5 (1953). — [5] Hershey, A. D.: in Green's Currents biochem. Res. Bd. II, S. 1. 1955. — [6] Stent, G. S., and O. Maaløe: Biochim. biophysica Acta, N. Y. **10**, 55 (1953). — [7] Doermann, A. H.: Cold Spring Harbor Symp. quant. Biol. **18**, 3 (1953).

abspielen, bevor die Reifung einsetzt, also im sog. „vegetativen" Stadium der Virusproduktion. Ihren Mechanismen ist man mit dieser wichtigen Erkenntnis indessen noch nicht näher gekommen.

Als bedeutsame Folgerung aus den eben skizzierten Vorstellungen ergibt sich aber, daß unter den DNS-Molekülen des intracellulären Vorrats Mutter- und Tochterfäden in jeder Beziehung *vollkommen gleichberechtigt* erscheinen müssen. Sie alle haben danach ihre Chance, irgendwann einmal vom Reifungsmechanismus erfaßt und in ein komplettes, infektiöses Phagenteilchen verwandelt zu werden — also auch die Urmutter aller in der infizierten Zelle erzeugten Tochterfäden: das DNS-Molekül oder die Moleküle, die beim Infektionsprozeß aus den infizierenden Virusteilchen in die Wirtszelle übertraten und mit ihrer Autoreduplikation begannen. Mit anderen Worten: man würde unter diesen Umständen erwarten, die Nucleinsäure des infizierenden Teilchens schließlich in der neu produzierten Teilchengeneration vollständig wiederzufinden. Es bleibt aber noch die Frage, in welcher Verteilung. Eine Antwort darauf könnte, wenn solche Vorstellungen überhaupt zutreffend sind, unmittelbare Rückschlüsse auf charakteristische Einzelheiten des Reduplikationsmechanismus zulassen. Fände sich z. B. die elterliche Nucleinsäure gleichmäßig über alle Teilchen der Tochtergeneration verteilt, spräche dies für einen Mechanismus mit zwangsläufigem und häufigem Stückaustausch zwischen allen DNS-Fäden, alten und neu produzierten, etwa in Analogie zum crossing over-Prozeß bei Chromosomen. Dabei bedürfte dann ein Austausch genetischer Faktoren zwischen verschieden konfigurierten DNS-Molekülen, auf den die schon erwähnten Rekombinationsexperimente schließen lassen, gar keiner besonderen Erklärung mehr, sondern ließe sich als unvermeidliche Folge eines solchen Reproduktionsmechanismus, prinzipiell wenigstens, begreifen. Fände sich die elterliche Nucleinsäure dagegen in ganz wenigen oder gar nur in einem einzigen Teilchen der Tochtergeneration vollständig wieder, müßte man auf einen Matrizenmechanismus „konservativster" Form schließen, bei dem also die Ausgangs- und alle Tochtermatrizen grundsätzlich intakt bleiben und sich ein Materieaustausch zwischen ihnen weder bei Replikations- noch bei Rekombinationsakten vollzieht.

Experimentell läßt sich das Problem angehen, wenn man die Nucleinsäure der Elternteilchen mit Isotopen markiert und die Tochtergeneration auf die Isotopenverteilung hin prüft. Entsprechende Untersuchungen wurden in großer Zahl und von einer ganzen Reihe verschiedener Autoren durchgeführt. Ihr wesentlichstes und etwas verwirrendes Ergebnis war zunächst, daß etwa 50% der elterlichen DNS in der Tochtergeneration *überhaupt nicht* wiederzufinden sind[1]. Nimmt man indessen — allerdings nicht besonders überzeugend — an, daß es sich hier nicht um einen signifikanten, d. h. den eigentlichen Reproduktionsmechanismus schon präjudizierenden Verlust handelt, sondern um die Summe von kleineren, verschiedenen Umständen zuzuschreibenden Teilverlusten, die einfach nicht zu vermeiden sind, so braucht man sich nur noch um die Verteilung der wirklich transferierten 50% zu sorgen. Darüber, wie sie ausfällt, läßt sich derzeit aber noch nichts vollkommen Sicheres sagen. Es scheint, daß einige wenige Virusteilchen der neuen Generation einen größeren Anteil der elterlichen DNS mitbekommen, während der verbleibende Rest gleichmäßiger, d. h. in kleineren Stücken, auf die übrigen Tochterteilchen verteilt wird[2,3].

Auch dieses Ergebnis ist nicht gerade als erfreuliche Stütze für die Annahme eines unitären, also für die gesamte zu reproduzierende DNS gültigen, direkt

[1] Maaløe, O., and J. D. Watson: Proc. nat. Acad. Sci. USA **37**, 507 (1951). — [2] Levinthal, C.: R. C. Ist. lomb. Sci. Lett. (B, c) **89**, 192 (1955). — [3] Stent, G. S., and N. K. Jerne: Proc. nat. Acad. Sci. USA **41**, 704 (1955).

arbeitenden Matrizenmechanismus zu buchen. Eine kritische Entscheidung darüber, ob wirklich größere Stücke elterlicher DNS unzerlegt in der Nachkommenschaft wieder auftauchen und welche genetischen Funktionen ihnen zukommen, ist von Experimenten zu erwarten, mit denen erstens der Transfer über *mindestens zwei* Generationen hinweg exakt verfolgt werden kann, und die zweitens durch Kombination von genetischer Markierung der elterlichen DNS mit einer Isotopenmarkierung die Frage beantworten könnten, ob beide Markierungen beim Transfer zusammenbleiben oder nicht. Bisher vorliegende Ergebnisse zeigen schon, daß dies *nicht* der Fall ist, daß aber auch keine *vollkommene* Dissoziation erfolgt[1].

Allen solchen Experimenten liegt, um es noch einmal zu betonen, die unerschütterliche Vorstellung zugrunde, daß der DNS-Reduplikationsmechanismus *als solcher* notwendigerweise einen Transfer einschließt und bedingt, was aber offensichtlich nur dann fast mit Sicherheit erwartet werden kann, wenn man eine echte Autoreduplikation der DNS-Spiralen etwa im Sinne des WATSON-CRICK-Modells als einzige Möglichkeit ins Auge faßt. Vielleicht wäre es ratsam, sich den Blickwinkel nicht mehr so sehr einzuengen und den Sinn der Transferexperimente ins Gegenteil zu verkehren, indem man es von vornherein wieder mehr darauf anlegt zu prüfen, ob der beobachtete Transfer nicht überhaupt ein ganz nebensächliches Begleitphänomen der Synthese von Virus-DNS in der infizierten Zelle ist. Dann wäre es ein durchaus vergebliches Bemühen, aus der Art des Transfers irgendwelche Rückschlüsse auf Einzelheiten des (fälschlich als im Grunde schon bekannt vorausgesetzten) Reduplikationsmechanismus ziehen zu wollen.

In der Tat mehren sich Hinweise darauf, daß die Synthese neuer Virus-DNS auf erheblichen Umwegen vollzogen wird, ja daß die gesamte genetische Information der infizierenden Nucleinsäure, die den Prozeß der Virusvermehrung auslöst, gar nicht bei ihr verbleibt, sondern sogleich nach vollzogener Infektion auf ganz andere chemische Strukturen übertragen wird, deren Aufbau zu veranlassen ihre erste Aufgabe ist[2]. Es handelt sich dabei sehr wahrscheinlich um ad hoc synthetisiertes, spezifisches Protein, das nun erst seinerseits die Produktion neuer Virus-DNS vermittelt bzw. betreibt[3,4]. Dieses Protein wäre dann vielleicht ein *primäres* Übersetzungsprodukt des Nucleinsäurecodes, falls nicht auch noch die Synthese spezifischer RNS zwischengeschaltet ist (s. u.). Es ist nicht etwa identisch mit dem Protein kompletter Virusteilchen, das erst viel später synthetisiert wird[1].

Man darf demnach die Möglichkeit nicht von der Hand weisen, ja es muß aus mancherlei Gründen sogar für recht plausibel gelten, daß der Übersetzungsprozeß nur unter gleichzeitiger fortlaufender Zerstörung der spezifischen Nucleinsäurestruktur vonstatten gehen kann, aus der die Zelle alle darin enthaltenen Informationen und Instruktionen ja so ablesen muß, daß sie sie auch befolgen kann, d.h. auf dem Wege chemischer Umsetzungen — was ihr kaum möglich sein dürfte, wenn die Struktur unversehrt und im wesentlichen nur mit ihrer eigenen Kopierung beschäftigt bliebe. Die bei einem solchen destruktiven Übersetzungsprozeß entstehenden, durch Verlust jeder charakteristischen Sequenz genetisch unspezifisch gewordenen DNS-Bruchstücke (z. B. Mono- oder Oligonucleotide), könnten nichtsdestoweniger für die alsbald einsetzende Resynthese des zerstörten Nucleinsäuretyps wiederverwendet werden, was auf eine Übertragung

[1] HERSHEY, A. D., A. GAREN, D. K. FRASER and J. D. HUDIS: Yearb. Carnegie Instn. Washington **53**, 210 (1954). — [2] STENT, G. S.: J. gen. Physiol. **38**, 853 (1955). — [3] BURTON, K.: Biochem. J. **61**, 473 (1955). — [4] TOMIZAWA, J. I., and S. SUNAKAWA: J. gen. Physiol. **39**, 553 (1956).

elterlichen DNS-Materials auf die Tochtergeneration hinausliefe. Doch wäre dieser Transfer ganz unspezifisch und eigentlich durchaus entbehrlich, wiewohl nicht leicht zu unterbinden. Daß unter diesen Umständen ein Übergang größerer, zusammenhängender Stücke elterlicher DNS auf einzelne Teilchen der Nachkommenschaft ohne weiteres vorgetäuscht werden würde, ist sehr wohl zu erwarten, denn die zuerst synthetisierten, neuen DNS-Moleküle würden einen besonders hohen Anteil von Bruchstücken elterlicher DNS zur Inkorporierung angeboten bekommen.

Solche unorthodoxen Erwägungen gruppieren sich also um den allgemeineren Gedanken, daß die infizierende DNS von der Zelle *grundsätzlich anders* behandelt wird als die schließlich in den Tochterteilchen zum Vorschein kommende, neu synthetisierte. Er findet eine direkte Stütze in dem bisher in diesem Zusammenhang noch nicht diskutierten Befund, daß durch normale Virus-DNS zur Virusproduktion angeregte Zellen zwar eine besondere, „abnormale" DNS synthetisieren und Virusteilchen damit ausrüsten können, wenn man ihnen Pyrimidinbasen anbietet, die in der Natur nicht vorkommen, daß aber solche unnatürlichen DNS-Moleküle bzw. die Virusteilchen, die sie enthalten, nicht imstande sind, einen neuen Reproduktionscyclus in einer frischen Wirtszelle in Gang zu bringen[1]. Wenn die unnatürliche DNS wirklich durch Autoreduplikationsprozesse *entstanden* wäre, könnte man nicht einsehen, warum sie ihre Autoreduplikation in einer neuen Zelle nicht *fortzusetzen* vermag.

Tatsächlich scheinen sich dieser Konzeption, wenn man sie weiter ausspinnt, alle experimentellen Befunde über DNS-Reproduktion und -Rekombination viel zwangloser zu fügen als dem autokatalytischen Schematismus. Die vielfältigen topologischen Schwierigkeiten, die die im wahren Wortsinne verwickelte Doppelspiralstruktur der DNS und die relativ enorme Fadenlänge der glatten Durchführung eines Punkt-zu-Punkt-Replikationsmechanismus entgegenstellen, entfallen zunächst. Der eigentliche Synthesemechanismus für neu produzierte DNS kann, wie alle sonst bekannten Synthesemechanismen der Zelle, linear arbeiten, wodurch ebenfalls viele naheliegende, einem exponentiellen Mechanismus anhaftende Komplikationen (die man übrigens kaum diskutiert findet!) gegenstandslos werden. Trotzdem ist damit nicht ausgeschlossen, daß der DNS-Synthese, über die ganze virusinfizierte Zelle integriert, noch gewisse exponentielle Züge verbleiben. Es liegt ganz im Sinne der eben entwickelten Vorstellungen, daß nicht nur die infizierende DNS zur Etablierung eines „Synthesezentrums" für neue DNS verwendet und dabei zwangsläufig abgebaut wird, sondern daß Entsprechendes auch noch den ersten resynthetisierten DNS-Molekülen geschieht, wobei weitere Synthesezentren errichtet werden, bis die Kapazität der Zelle in dieser Richtung erschöpft ist und die neu synthetisierten DNS-Moleküle in Ruhe gelassen werden. Erst von da ab kommt es zur Anhäufung der von den einzelnen, wahrscheinlich gar nicht besonders zahlreichen Zentren produzierten DNS-Einheiten, die schließlich zu Virusteilchen komplettiert werden. Die „Zentren" brauchten keineswegs vollkommen gegeneinander abgeschirmte Gebilde zu sein, sondern könnten, falls ihre gegenseitigen Lagebeziehungen in der Zelle und ihr Produktionsrhythmus es gestatten, z. B. so zusammenarbeiten, daß die Synthese eines DNS-Moleküls manchmal vom einen Zentrum nur begonnen, vom anderen aber weitergeführt und schließlich von ihm oder vom ersten oder gar von einem dritten vollendet wird. Dabei müßten sich zwangsläufig genetische Rekombinanten unter den so synthetisierten DNS-Molekülen ergeben, sowie zufällig zwei oder mehr Zentren zusammenarbeiten, die ihre Entstehung DNS-Molekülen von

[1] Dunn, D. B., and J. D. Smith: Nature **174**, 305 (1954). —

verschiedener Nucleotidsequenz verdanken. Was man über das Auftreten von Rekombinanten und die Eigentümlichkeiten ihrer Statistik weiß, paßt hierzu mindestens so gut wie zu irgendwelchen anderen, bisher vornehmlich in Erwägung gezogenen Rekombinationsmechanismen.

Man darf vielleicht eine baldige endgültige Bestätigung oder Widerlegung der Hypothese vom echten autokatalytischen Reproduktionsmechanismus für DNS erwarten. In beiden Fällen hätte diese Hypothese außerordentlichen Nutzen gestiftet, denn sie hatte den unschätzbaren Vorzug, durch klare Konsequenzen zu Experimenten mit klaren Fragestellungen anzuregen und so immerfort neue, wichtige Tatsachen aufdecken zu helfen.

γ) Primäre Genwirkung.

Sie rückt aber andererseits fast von selbst den Reproduktionsmechanismus der genetischen Substanz in seiner Bedeutung allzusehr in den Vordergrund. So wichtig er ist, es darf darüber nicht vergessen werden, daß auch diejenigen Mechanismen dringend der Beleuchtung und Erklärung bedürfen, von deren Betätigung die oft genannte zweite Hauptfunktion einer solchen Substanz abhängt. Erst wenn man auch noch versteht, auf welchen Wegen allen in ihr gespeicherten genetischen Informationen zur Realisierung verholfen wird, kann man vollkommen überblicken, wie sie ihre Rolle als Kurzschlußglied im Syntheseapparat lebender Zellen zu spielen vermag.

Solange man Virusteilchen als Analoga zu einzelnen Genen auffassen zu dürfen glaubte, konnte es vielleicht ausreichend und vorstellbar erscheinen, daß eigentlich nur für einen Mechanismus gesorgt sein muß, der eine gegebene, charakteristische Nucleotidsequenz unverändert immer neuen Generationen von Nucleinsäuremolekülen aufzuprägen vermag, während es dem Teilchenprotein als voraussetzungsgemäß einzigem, dieser Sequenz zugeordnetem „Übersetzungsprodukt" überlassen blieb, sich nach Bedarf gleich direkt auf den Nucleinsäuremolekülen abzuformen, wiederum durch eine Art Matrizenmechanismus, so daß komplette Virusteilchen zurückgebildet wurden. Diesem Bilde hätten sich auch die Gene von Zellkernen gefügt, nur wäre an Stelle des Teilchenproteins eben ein bestimmtes, durch die entsprechende Nucleotidsequenz symbolisiertes Enzymprotein zu setzen gewesen.

Seit man aber ziemlich sicher weiß, daß ein einzelnes DNS-Molekül nebeneinander mehrere Gene enthalten kann, die in einer Zelle ganz verschiedene und funktionell voneinander unabhängige chemische Prozesse auslösen oder modifizierend in sie eingreifen, erwecken solche Vorstellungen mehr und mehr den Verdacht, viel zu primitiv zu sein. Schon das Teilchenprotein gewisser Phagentypen z. B. kann sich keinesfalls in einfacher Weise auf der Teilchennucleinsäure als Unterlage und Muster abformen. Es besteht aus mindestens drei genetisch, serologisch, chemisch, morphologisch und funktionell voneinander differenzierbaren Komponenten[1-3], die nicht einmal alle direkten Kontakt mit der ohnehin auf engstem Raum zusammengeknäuelten, also sterisch gar nicht überall zugänglichen DNS des eigenartig geformten Teilchens haben. Sie dürften demnach kaum primäre Übersetzungsprodukte dieser DNS oder irgendwelcher Teilstücke davon sein, sondern wohl ebenso auf Umwegen synthetisiert werden wie z. B. das Kapselpolysaccharid von Pneumokokken, dem auch niemand den Charakter eines

---

[1] Lanni, F., and Y. T. Lanni: Cold Spring Harbor Symp. quant. Biol. **18**, 159 (1953). — [2] Koch, G., u. W. Weidel: Z. Naturforsch. **11**b, 345 (1956). — [3] Kellenberger, E., u. W. Arber: Z. Naturforsch. **10**b, 698 (1955).

primären Genproduktes zuschreiben würde. Wo wenigstens *eines* der primären Übersetzungsprodukte des DNS-Codes von Phagenteilchen zu suchen ist, wurde im vorhergehenden Abschnitt bereits angedeutet.

Die bei der Phagenreproduktion ineinandergreifenden Vorgänge sind aber wahrscheinlich schon zu komplex, um gerade die zur primären Genwirkung gehörenden, chemischen Umsetzungen experimentell genügend von anderen, parallellaufenden oder sich anschließenden Prozessen isolieren zu können. Die Untersuchung von Systemen, die das Phänomen einer adaptativen Enzymsynthese zeigen[1-3], scheint in der Beziehung mehr Erfolg zu versprechen. In ihnen läßt sich die Synthese ganz bestimmter, durch ihre spezifisch-enzymatische Funktion wohlcharakterisierter Typen von Proteinmolekülen willkürlich induzieren und wieder zum Verschwinden bringen. Dabei zeigte sich alsbald, daß das Vorhandensein eines bestimmten Gens zwar eine unentbehrliche Voraussetzung dafür ist, daß ein bestimmtes Enzym von der Zelle synthetisiert werden kann, aber nicht notwendigerweise auch eine zureichende Voraussetzung. Damit Enzym produziert wird, muß auch noch ein Agens zugegen sein, das als „Induktor" bezeichnet wird. Als Induktor kann sich das natürliche Substrat des zu produzierenden Enzyms betätigen, doch leisten oft Verbindungen, die nur mehr oder weniger enge stereochemische Verwandtschaftsbeziehungen zum Enzymsubstrat aufweisen, aber ohne wie dieses durch das Enzym angegriffen zu werden, denselben Dienst. Daß die Zelle endlich auch über einen intakten Apparat zur Gewinnung chemischer Energie verfügen muß, um das Enzym aufbauen zu können, war solange nicht selbstverständlich, wie man nicht ausgeschlossen hatte, daß es sich bei dem ganzen Phänomen womöglich nur um einen einfachen Aktivierungsprozeß handelt, der — ähnlich wie bei der Umwandlung von Trypsinogen in Trypsin — aus bereits fertigen Protein- nur noch aktive Enzymmoleküle zu machen hat. Tatsächlich sprechen alle experimentellen Befunde dafür, daß es kein komplexes Vorprodukt gibt, aus dem die Enzymmoleküle entstehen, sondern daß sie aus freien Aminosäuren ad hoc aufgebaut werden, wenn alle sonst noch erforderlichen, schon genannten Bedingungen gegeben sind[4,5].

Dies alles läßt bereits erkennen, daß die genabhängige (aber eben nicht allein vom Gen abhängige) Synthese spezifischer Proteine ein sehr komplexer Vorgang ist, der darüber hinaus auch noch autokatalytische Aspekte offenbart, wie kinetische Untersuchungen zeigen[6]. Man kann also gar nicht mit Sicherheit sagen, ob und an welcher Stelle man es hier mit primären Genwirkungen zu tun hat. Zudem scheint RNS viel unmittelbarer in die Enzymsynthese einzugreifen als DNS[7], der eigentliche Synthesevorgang also noch weiter vom Gen abzurücken, als anfänglich vermutet. Formal kann man zwar immer noch alle Beobachtungen unter dem Bild eines freilich nur vage umrissenen Matrizenmechanismus zusammenfassen, wobei das Gen (oder ein undefiniert bleibendes primäres Genprodukt) erst einen Teil der kompletten Matrize darstellt, auf der sich die Aminosäuren zu fertigen Enzymmolekülen zusammenzufügen hätten[6,8]. Es ist aber keineswegs ausgeschlossen, daß es in Wirklichkeit gar keine statische Matrize im Sinne eines Druckstockes gibt, sondern daß die Proteinsynthese auf einem

---

[1] Monod, J., et M. Cohn: Adv. Enzymol. **13**, 67 (1952). — [2] Stanier, R. Y: Ann. Rev. Microbiol. **5**, 35 (1951). — [3] Spiegelman, S.: Sumner-Myrbäck, Enzymes Bd. I/1, S. 267. — [4] Rotman, B., and S. Spiegelman: J. Bacteriology **68**, 419 (1954). — [5] Hogness, D. S., M. Cohn and J. Monod: Biochim. biophysica Acta, N. Y. **16**, 99 (1955). — [6] Campbell, A. M., and S. Spiegelman: C. R. Lab. Carlsberg, Sér. physiol. **26**, 13 (1956). — [7] Spiegelman, S., H. O. Halvorson and R. Ben Ishai; in: McElroy, W. D., and B. Glass (Hrsgb.): Amino Acid Metabolism. S. 124. Baltimore 1955. — [8] Cohn, M., and J. Monod; in: Symp. Soc. gen. Microbiol. Bd. 3. London 1953.

strukturgesteuerten Ineinandergreifen verschiedener chemischer Reaktionen in bestimmtem zeitlichem Rhythmus beruht, wie das oben bereits für die Nucleinsäuresynthese in Betracht gezogen wurde. Vielleicht ist es von Nutzen, sich daran zu erinnern, daß räumliche Sequenzen in zeitliche, also z.B. in Rhythmen, verwandelbar sind und umgekehrt, ohne dabei ihre innere Ordnung zu verlieren — eine Tatsache, die in vielen dynamisch arbeitenden Vorrichtungen technisch ausgenützt wird (z.B. Bildtelegraphie). Es ist schließlich eines der wesentlichsten Charakteristika lebender Zellen, daß auch sie dynamische Systeme sind, also Systeme, in denen gerade der Zeitfaktor ein unentbehrlicher Parameter ist, weshalb sie — unter Umständen sogar in besonderem Maße — von solchen Möglichkeiten Gebrauch machen könnten.

Ursprünglich hatte man erwartet, aus dem Studium genabhängiger biosynthetischer Reaktionsketten[1], das sich seit der Ausarbeitung der Neurosporamethode und ihrer Ausdehnung auf andere biologische Objekte auf sehr breiter Grundlage durchführen läßt, besonders tiefe Einblicke in den Mechanismus der primären Genwirkung gewinnen zu können. Diese Hoffnung ist bisher nur zu einem geringen Teil erfüllt worden. Hingegen brachten solche Untersuchungen viel Licht in die beim Aufbau niedermolekularer Zellbestandteile durchlaufenen Synthesestufen und die Verzweigungen und Querverbindungen zwischen den einzelnen, so zu einem ausgedehnten Netzwerk zusammengefaßten Synthesekanälen, derer sich die Zelle für ihre Zwecke bedient. Da hieraus nichts zu schöpfen ist, was von prinzipieller Bedeutung für das Thema des vorstehenden Kapitels wäre, und da eine umfassende Übersicht über Methoden und Ergebnisse der „biochemischen Genetik" kürzlich von berufener Seite in einem wohl allgemein zugänglichen Standardwerk herauskam[2], wird hier auf eine nähere Darstellung verzichtet.

e) Schlußbetrachtung.

Trotz aller zur Weiterarbeit anspornenden Fortschritte auf dem jüngsten und heikelsten Betätigungsfeld der Biochemie bleiben somit wesentliche Einzelheiten der Genstruktur und Genfunktion noch in Dunkelheit gehüllt. Da sich alles, was damit zusammenhängt, hinter einem dichten, sehr konkret durch die äußere Zellhülle gegebenen Schleier abspielt, der vorläufig nicht zerrissen werden kann, ohne daß zugleich auch die Vorgänge unterbrochen werden, deren Ablauf man näher kennen lernen möchte, ist es nicht verwunderlich, daß sich aus dem, was durch diesen Schleier hindurchdringt, nachträglich nur recht grobe Mosaikbilder vom Geschehen dahinter rekonstruieren lassen. Es ist klar, in welcher Richtung künftige methodische Verbesserungen zu suchen sind: so wie die Enzymchemie erst wirklich geboren wurde, als ein zellfreier, gärfähiger Hefesaft gewonnen war[3], so werden die zur Synthese biologisch spezifischer Proteine und Nucleinsäuren führenden Prozesse dem Biochemiker erst dann fest in den Griff kommen, wenn etwas ähnliches, aber auf höherer Ebene, noch einmal gelingt. Ohne ein System, das sich beliebig auseinandernehmen und wieder zusammensetzen läßt und dann die interessierenden Leistungen noch vollbringt, ist eine endgültige Klärung sicherlich unmöglich. Die ersten Schritte in dieser Richtung werden bereits unternommen (vgl. [4]). Mit welchem Erfolg, bleibt abzuwarten.

---

[1] Weidel, W.: Naturwiss. **39**, 55 (1952). — [2] Emerson, S.: H.-Th. 10. Aufl. Bd. II, S. 443. — [3] Buchner, E.: B. **30**, 117, 1110 (1897). — [4] 3. Int. Congr. Biochem. Brüssel 1955. Conférences et Rapports. S. 185—195; 345—355.

8. Vererbung[1-72], *.

Als „Erbmasse" werden diejenigen Bestandteile der Zellen bezeichnet, die direkt oder indirekt zur identischen und convarianten Verdoppelung („Duplikanten") befähigt sind und die für die Art, die Rasse und für das Individuum charakteristischen Qualitäten bei der Vereinigung der beiden Keimzellen (Befruchtung) und bei der Zellteilung übertragen. Erfolgt die Übertragung der Erbmasse bei der Zellteilung streng gleichmäßig auf beide Tochterzellen, so liegt

---

* s. a. das vorstehende Kapitel von W. WEIDEL.

Zusammenfassende Darstellungen; 1—72. [1] ALTENBURG, E.: Genetics. London 1947. — [2] ALTMANN, H. W., u. H. MARQUARDT: Morphologie des Zellkerns. Handb. allg. Path. (BÜCHNER-LETTERER-ROULET) Bd. II/2, in Vorbereitung. — [3] BARTHELMESS, A.: Vererbungswissenschaft. Freiburg, München 1952. — [4] BAUR, E., E. FISCHER u. F. LENZ: Menschliche Erblehre und Rassenhygiene. Bd. 1/1. 4. Aufl. München 1936. — [5] BAUER, H.: Chromosomenforschung. Fortschr. Zool. **5**, 279 (1941). — [6] BEADLE, G. W.: Biochemical genetics. Chem. Reviews **37**, 15 (1945). The gene and biochemistry. Green's Currents in biochem. Res. S. 1. Genes and biological enigmas. Sci. in Progr. **6**, 183 (1949) — [7] The chemistry and physiology of the nucleus. Exp. Cell Res., Suppl. **2** (1952). — [8] BOYD, W. C.: Genetics and the Races of Men. Boston 1950. — [9] CASPARI, C.: Cytoplasmatic inheritance. Adv. Genetics **2**, 1 (1948). — [10] CASPERSSON, T. O.: Cell Function and Cell Growth. New York 1950. — [11] CATCHESIDE, D. G.: The Genetics of Microorganisms. London 1951. — [12] CREW, F. A. E.: Genetics in Relation to Clinical Medicine. Edinburgh, London 1947. — [13] DAHLBERG, G.: Genetics of human populations. Adv. Genetics **2**, 67 (1948). — [14] DARLINGTON, C. D., and K. MATHER: The Elements of Genetics. London 1949. — [15] DEMEREC, M.: What is a gene? J. Heredity **24**, 369 (1933). — [16] DEMEREC, M. (Hrsg.): Biology of Drosophila. New York 1950. — [17] DOBZHANSKY, T.: Die genetischen Grundlagen der Artbildung. Jena 1939. — [18] FISHER, R. A.: The Theory of Inbreeding. London 1949. — [19] FITTING, H.: Grundzüge der Vererbungslehre. Stuttgart 1949. — [20] FORD, E. B.: Genetics for Medical Students. 2. Aufl. New York 1946. — [21] GATES, R. R.: Human Genetics. 2 Bde. New York 1946. — [22] GEITLER, L.: Chromosomenbau. Berlin 1938. — [23] GEORGE, W.: Genes and development. Sci. Progr. **35**, 447 (1947). — [24] GLASS, B.: The genes and gene action. Survey biol. Progr. **1**, 15 (1949). — [25] GLASS, B.: The Genes and the Man. New York 1943. — [26] GLICK, D.: Techniques of Histo- and Cytochemistry. New York 1949. — [27] GOLDSCHMIDT, R.: The gene. Quart. Rev. Biol. **3**, 307 (1928). — [28] GOLDSCHMIDT, R. B.: Gene and Character. Berkeley 1937. — [29] GOLDSCHMIDT, R. B.: Physiological Genetics. New York 1938. — [30] GOLDSCHMIDT, R. B.: The Material Basis of Evolution. New Haven 1940. — [31] GRÜNEBERG, H.: Animal Genetics and Medicine. London 1947. — [32] GULICK, A.: The chemical formulation of gene structure and gene action. Adv. Enzymol. **4**, 1 (1946). — [33] HADORN, E.: Letalfaktoren in ihrer Bedeutung für Erbpathologie und Genphysiologie der Entwicklung. Stuttgart 1955. — [34] HÄMMERLING, J.: Dauermodifikationen. Handb. Vererbungswiss. (BAUR-HARTMANN) Bd. I (E). — [35] HALDANE, J. B. S.: The Causes of Evolution. London 1932. — [36] HALDANE, J. B. S.: The Biochemistry of Genes. London 1954. — [37] Handb. Erbbiol. Mensch (JUST) 5 Bde. Berlin 1939—1940. — [38] HUSS, W., u. H. H. PFEIFFER: Zellkern und Vererbung. Stuttgart 1948. — [39] HUXLEY, J. S.: Evolution. London 1942. — [40] IRWIN, M. R.: Physiological aspects of genetics. Ann. Rev. Physiol. **9**, 605 (1947). — [41] KNAPP, E.: Das Problem der Erbsubstanz. Naturwiss. **32**, 139 (1944). — [42] KÜHN, A.: Grundriß der Vererbungslehre. 2. Aufl. Heidelberg 1950. — [43] LAW, L. W.: Mouse genetics news. J. Heredity **39**, 300 (1948). — [44] LINDEGREN, C. C.: The Yeast Cell, its Genetics and Cytology. St. Louis, 1949. — [45] LINDSEY, A. W.: A Textbook of Genetics. New York 1932. — [46] MAKINO, S.: A Review of the Chromosome Numbers in Animals. 2. Aufl. Ames, Iowa 1951. — [47] MARQUARDT, H.: Genetik der Mikroorganismen. Fortschr. Bot. **14**, 365 (1953). — [48] MARQUARDT, H.: Genetik der Mikroorganismen. Fortschr. Bot. **16**, 292 (1954). — [49] MATHER, K.: Statistical Analysis in Biology. 2. Ed. New York 1947. (Dtsche. Übers. von ZELLER, A.: Statistische Analysen in der Biologie. Wien 1954.) — [50] MAYR, E.: Systematics and the Origin of Species. New York 1942. — [51] MILODIVOV, P. F.: Physik und Chemie des Zellkerns. Berlin 1954. — [52] MIRSKY, A. E.: Chromosomes and nucleoproteins. Adv. Enzymol. **3**, 1 (1943). — [53] MORGAN, T. H.: The Scientific Basis of Evolution. 2. Ed. New York 1935. — [54] MULLER, H. J.: The method of evolution. Sci. Monthly **29**, 487 (1929). — [55] MULLER, H. J., C. C. LITTLE and L. H. SYNDER (Hrsg.): Genetics, Medicine, and Man. Ithaca, N. Y., London 1947. — [56] PLATE, L.: Spezielle Genetik einiger Nager. Vererbungslehre Bd. 3. Jena 1938. — [57] REINIG, W. F.: Elimination und Selektion. Jena 1938. — [58] RENSCH, B.: Neuere Probleme der Abstammungslehre. Stuttgart 1947. — [59] SHULL, A. F.: Heredity. 3. Aufl. New York 1938 — [60] SYNDER, L. H.: Medical Genetics. Durham, N. C. 1941. —

eine äquale Teilung vor. Das trifft nur für die indirekte, mitotische Zellteilung zu. Alle Keimmutterzellen, also Spermatogonien und Oogonien, sind durch diese Teilungsart aus Keimzellen entstanden. Durch diese „Kontinuität der Keimbahn" (WEISMANN 1887) wird die einmal erreichte Erbmasse in ununterbrochener Folge von Generation zu Generation weitergetragen. Auch die Bildung der Körper-(Soma-)zellen aus den Keimzellen und ihre weitere Vermehrung erfolgt in der Ontogenese durch mitotische Teilung. Die weitere Teilung der Keimzellen bei der Reifung („Meiosis") und die vieler Körperzellen erfolgt dagegen inäqual durch bivalente Teilung, d.h. beide Tochterzellen sind prospektiv verschiedenwertig. Eine von ihnen bleibt als Mutterzelle erhalten, während die andere als Funktionszelle bestimmten Zwecken dient, wie z.B. die reifen Keimzellen, Epithelzellen, Blutkörperchen u. a. Es ist also nicht zulässig, für alle Zellen eines Organismus ohne weiteres das Vorhandensein der gleichen Erbmasse anzunehmen.

Je nach der Lage der Erbträger im Zellkern oder außerhalb des Kerns unterscheiden wir eine karyotische von einer außerkaryotischen Vererbung.

Im Zellkern ist der wesentliche Teil der Erbmasse lokalisiert. Kernfreie Amöbenreste zeigen zwar noch eine normale Atmung, Beweglichkeit und Reaktionsfähigkeit, die damit als cytoplasmatische Funktionen gelten können, sie sind aber unfähig, sich spontan zu teilen. Die Überpflanzung des Zellkerns stellt die Vermehrungsfähigkeit wieder her[1]. Die Zellteilung wird also vom Zellkern eingeleitet. Bei kernlosen Seeigeleiern kann die Teilung noch künstlich eingeleitet werden, führt aber nur zu rohen Blastulae, jede Differenzierung bleibt aus[2]. Die Anregung zu dieser geht daher wahrscheinlich ebenfalls vom Zellkern aus.

Träger der karyotischen Erbmasse sind in erster Linie die *Chromosomen.* Die einzelnen Arten weisen eine bestimmte und für sie charakteristische Anzahl und eine Gestaltkonstanz der Chromosomen in den Keimzellen auf[3]. In den somatischen Zellen können dagegen auch abweichende Chromosomenzahlen gefunden werden. Die Körperzellen bei höheren Organismen sind meist diploid, d.h. mit dem doppelten Chromosomensatz ausgerüstet, sie können aber nach Abschluß der Differenzierung als Funktionszellen durch innere Kernteilung auch tetraploid und höher polyploid werden, so daß meist gerade Vielfache des Chromosomensatzes vorliegen. Die Keimzellen der sich geschlechtlich vermehrenden Arten unterliegen demgegenüber bei der Reifung Reduktionsteilungen, bei denen der ursprünglich ebenfalls diploide Chromosomensatz zum haploiden reduziert wird *(Meiosis).* Die dabei sowie bei der Befruchtung eintretenden Kombinationen der haploiden Sätze bestimmen den Genotyp der Nachkommen. Darauf beruhen die Gesetzmäßigkeiten der klassischen Vererbungslehre.

[61] SYNDER, L. H.: The Principles of Heredity. 4. Ed. Boston 1951. — [62] STERN, C.: Multiple Allelie. Handb. Vererbungswiss. (BAUR-HARTMANN) Bd. I (G). Berlin 1930. — [63] STERN, C.: Principles of Human Genetics. San Francisco 1949. — [64] STURTEVANT, A. H.: Physiological aspects of genetics. Ann. Rev. Physiol. **3**, 41 (1941). — [65] TIMOFÉEFF-RESSOVSKY, N. W.: Experimentelle Mutationsforschung in der Vererbungslehre. Dresden, Leipzig 1937. — [66] TISCHLER, G.: Die Chromosomenzahlen der Gefäßpflanzen Mitteleuropas. s'Gravenhage 1950. — [67] ULRICH, H.: Allgemeine Genetik. Fortschr. Zool. **6**, 215 (1942). — [68] VERSCHUER, O. Frh. v.: Humangenetik. M. m. W. **1951**, 2484. — [69] WADDINGTON, C. H.: Organisers and Genes. London 1940. — [70] WRIGHT, S.: Physiology of genes. Physiol. Rev. **21**, 487 (1942). — [71] ZIMMERMANN, W.: Vererbung „erworbener Eigenschaften" und Auslese. Jena 1938. — [72] ZIMMERMANN, W.: Grundfragen der Evolution. Frankfurt 1948.

[1] LORCH, I. J., and J. F. DANIELLI: Nature **166**, 329 (1950). — [2] HARVEY, E. B.: Biol. Bull. **71**, 101 (1936). — [3] MAKINO, S.: A Review of the Chromosome Numbers in Animals. Tokyo 1950. Atlas of Chromosome Numbers in Animals. 2. Aufl. Ames, Iowa 1951. — TISCHLER, G.: Die Chromosomenzahlen der Gefäßpflanzen Mitteleuropas. 's Gravenhage 1950.

Die systematische Kombination möglichst ähnlicher Erbmassen durch Inzucht führt[1] zu erbreinen, homozygoten Stämmen, deren Individuen in Gestalt und Verhalten weitgehend übereinstimmen, also eine nur geringe individuelle Variation zeigen, soweit die Merkmale unter strenger genetischer Kontrolle stehen und weitgehend unabhängig von Umwelteinflüssen sind. Deshalb sind für quantitative Untersuchungen, z. B. zur Testung von Vitaminen, Hormonen oder Pharmaka sowie zu genetischen Studien nur solche reinen Stämme geeignet.

Die Kreuzung (Hybridisierung, Bastardierung) von verschiedenen Stämmen führt dagegen zu heterozygoten Nachkommen (Hybriden). Die planmäßige Kreuzung reiner Stämme dient zur genetischen Analyse. Mit dieser Methode gelang die Aufstellung der MENDELschen Gesetze der Vererbung, die zunächst vergessen, dann von DE VRIES, von CORRENS und von TSCHERMAK wieder entdeckt wurden. Nach genaueren Tetradenanalysen ist jedoch eine gewisse Modifizierung der MENDEL-Theorie notwendig[2]. Weitere Einblicke vor allem in die biochemischen Probleme der Vererbung ermöglichte die Mutationsforschung (s. S. 85ff.).

Der Erbgang wird als „dominant“ bezeichnet, wenn das betreffende Merkmal (A), sofern es im Genotyp enthalten ist, auch im Phänotyp bei allen Filialgenerationen erscheint. „Recessive“ Merkmale (a) können dagegen nur dann zur Manifestation kommen, wenn das ihnen gegenüber dominante Allel (A) nicht vorhanden ist, bei Kreuzung also niemals in der ersten Filialgeneration, sondern grundsätzlich erst nach Aufspaltung in der zweiten.

Elter:	A A a a
Keimzellen:	A + a
F_1 (hybrid)	A a A a
	A + a + A + a
F_2	AA + Aa + aA + aa

Liegen die für ein Merkmal bestimmenden Gene in einem Geschlechts-Chromosom, so ist die Vererbung geschlechtsgebunden. Die Manifestation der Merkmale im Phänotyp kann auch von anderen genischen und extragenischen Faktoren abhängen, so daß sich dann Irregularitäten ergeben. Als variable Expressivität eines Gens wird der Fall bezeichnet, daß die Manifestation des abhängigen Merkmals individuell verschieden ist. Die relative Häufigkeit, mit der ein Gen einen phänotypischen Effekt hat, gilt als seine Penetranz.

Der Bau der Chromosomen[3] bietet je nach dem Zustand der Zelle ein verschiedenes Bild. Außerhalb der Mitosen, im sog. „Ruhekern“, der indessen entweder durch die Duplikation der Chromosomen oder durch spezielle Funktionen (Synthesen) biochemisch gerade besonders aktiv sein kann, liegen die Chromosomen in entspiralisiertem, gequollenem Zustand („Funktionsform“) vor und sind im allgemeinen mikroskopisch nicht erkennbar. Bei der Teilung der Zelle spiralisieren sie sich unter Entquellung und gehen damit in die „Transportform“ über. Jetzt sind die Chromosomen stark färbbar und zeigen morphologisch typische Konturen. Im Zustand der Metaphase der Kernteilung besteht das typische Chromosom aus einer Hüllsubstanz (Matrix), deren chemische Natur (Proteine ?) noch nicht geklärt ist, und durch die ganze Länge des Chromosoms gehende Längs-

[1] FISHER, R. A.: The Theory of Inbreeding. London 1949. — [2] LINDEGREN, C. C.: Exper. **9**, 75 (1953). — [3] GEITLER, L.: Chromosomenbau. Berlin 1938. — CASPERSSON, T.: Nature **153**, 499 (1944). — KNAPP, E.: Naturwiss. **32**, 139 (1944). — MIRSKY, A. E., and H. RIS: J. gen. Physiol. **34**, 475 (1951). — BERGEL, F.: Nature **171**, 905 (1953). — WATSON, J. D., and F. H. C. CRICK: Nature **171**, 964 (1953).

elemente (Chromonemen), auf denen die Chromomeren linear angeordnet sind. Sie stellen durch ihre *Art* und durch ihre *Anordnung* im Chromosom das strukturell faßbare Substrat der genischen Vererbung dar (Chromosomen-loci, Gene), deren Gesamtheit in der Zelle als Genom bezeichnet wird.

Ein spezieller Zustand auf Grund komplexer Differenzierungsvorgänge am Zellkern liegt bei den Riesenchromosomen in den Speicheldrüsen von Drosophila melanogaster[1] vor. Er ist gekennzeichnet durch DNS-haltige Banden (Querscheiben) und NS-arme Zwischensegmente (Interbanden). Eine Verallgemeinerung der hier gefundenen Verhältnisse ist nicht statthaft. Diese Riesenchromosomen und die Pachytänchromosomen von Mais sind wichtige Objekte *morphologischer* Untersuchungen. Mit mikroskopischen Methoden im ultravioletten Bereich, die noch an Meßpunkten bis 0,1 μ Durchmesser Absorptionsmessungen mit einer Genauigkeit von 1% erlauben[2], sind auch Chromosomen anderer Zellarten zu untersuchen. Ferner lassen sich durch Zentrifugieren von Homogenisaten aus Zellen und Geweben auch Chromosomen von anderen strukturierten Zellbestandteilen abtrennen[3], so daß sie auch mit *chemischen* Methoden untersucht werden können.

Die einzelnen Erbanlagen sind in den Chromosomen als distinkte loci linear angeordnet und werden als Gene angesehen[4]. Damit konnten Genkarten (Morgan) aufgestellt werden, die über die Reihenfolge der Gene auf den einzelnen Chromosomen Aussagen zulassen. Eine Anzahl von Genen ließ sich mit anderen Methoden bestimmten loci in Chromosomen zuordnen, so daß auch echte Chromosomenkarten entwickelt werden konnten. (Abb. 6, S. 74.) Nach neueren Vorstellungen sind die Gene ringförmig um das Chromosom angeordnet und jeweils in größerer Zahl vorhanden, so daß auch eine ungleiche Verteilung auf Allele möglich ist[5].

Die Frage, ob die euchromatischen Banden tatsächlich und allgemeingültig als Träger der Gene angesehen werden können, wird zur Entscheidung weiterer Untersuchungen bedürfen. Die Annahme, daß die aus wenigen Arten von Bausteinen bestehenden polymeren Nucleinsäuren die hohe Spezifität der Erbmasse nicht aufweisen könnten, hat zur Vorstellung geführt, daß präexistente Proteine die eigentlichen Träger der Spezifität seien und daß die Nucleinsäuren nur das Skelet darstellen, das die spezifischen Proteine hält[6]. Neuere Beobachtungen an Bakteriophagen, am Pneumococcusfaktor und an Virus[7] haben jedoch wohl endgültig gezeigt, daß die Desoxyribonucleinsäuren das genetisch wesentliche Material darstellen[8]. Obwohl sie weit weniger Arten von Bausteinen enthalten als Proteine, lassen sie nach der „Informationstheorie" doch die große Mannigfaltigkeit und hohe Spezifität verstehen, die vom genetischen Material vorausgesetzt werden muß. Danach werden die makromolekularen DNS als lineare „Code" verstanden, denen ein Muster von „Informationen", z.B. im Vierersystem, aufgeprägt ist. Dieses läßt bei der möglicherweise mittelbar über Proteine

---

[1] Heitz, E., u. H. Bauer: Z. Zellforsch. **17**, 67 (1933). — Pätau, K.: Naturwiss. **23**, 537 (1935). — Demerec, M. (Hrsg.): Biology of Drosophila. New York 1950. — [2] Caspersson, T., u. L. Santesson: Acta radiol., Stockholm, Suppl. **46** (1942). — Caspersson, T. O.: Cell Growth and Cell Funktion. New York 1950. — [3] Bensley, R. R., and N. L. Hoerr: Anat. Rec. **60**, 449 (1934). — Claude, A.: J. exp. Med. **61**, 27 (1935); **66**, 59 (1937). — Claude, A., and A. Rothen: J. exp. Med. **71**, 619 (1940). — Mirsky, A. E., and H. Ris: J. gen. Physiol. **31**, 1 (1947); **34**, 475 (1951). Nature **163**, 666 (1949). — Schneider, W. C., and G. H. Hogeboom: Cancer Res. **11**, 1 (1951). — Lang, K., u. G. Siebert: B. Z. **322**, 196, 360 (1951/52). — [4] Knapp, E.: Naturwiss. **32**, 139 (1944). — [5] Lindegren, C. C.: Exper. **9**, 75 (1953). — [6] Haurowitz, F.: Progress in Biochemistry. S. 365. New York 1950. — Ambrose, E.: Ann. Rep. brit. Emp. Cancer Camp. **1951**, 24. — Bergel, F.: Nature **171**, 905 (1954). — [7] Gierer, A., u. G. Schramm: Z. Naturforsch. **11** b, 138 (1956). Nature **177**, 702 (1956). — [8] Hershey, A. D., and M. Chase: J. gen. Physiol. **36**, 39 (1952).

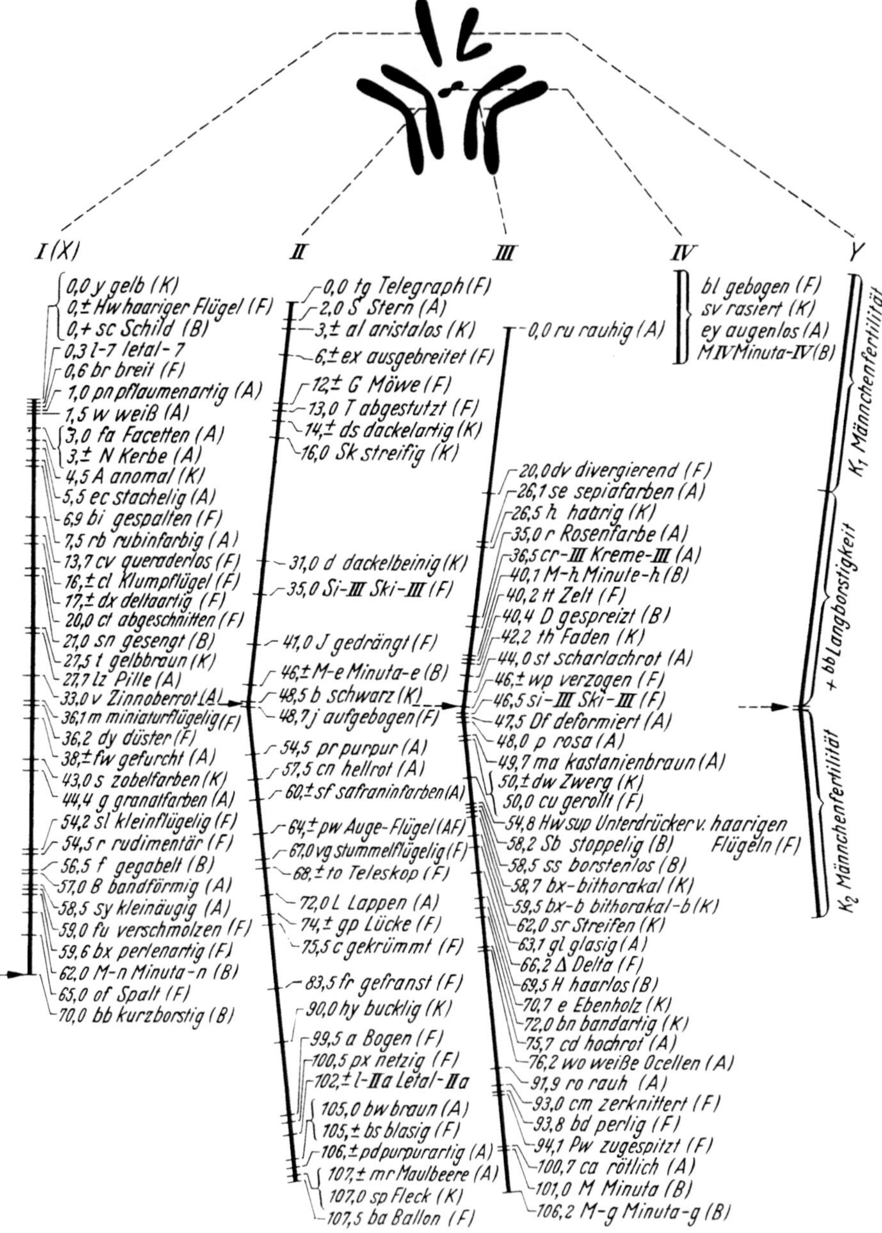

Abb. 6. Chromosomenkarte der Drosophila melanogaster. (Nach MORGAN.)

erfolgenden[1] Duplikationssynthese, die schrittweise erfolgen soll, jeweils nur den richtigen Baustein zu. Das schraubenförmige Modell der DNS von WATSON u. CRICK[2] (Abb. 7) hat sich für diese Theorie als fruchtbar erwiesen.

---

[1] STENT, G. S.: J. gen. Physiol. **38**, 853 (1954/55). — BURTON, K.: Biochem. J. **61**, 473 (1955). — KOCH, G., u. W. WEIDEL: Z. Naturforsch. **11**b, 345 (1956). — [2] WATSON, J. D., and F. H. C. CRICK: Nature **171**, 964 (1953).

Die Hauptmasse der Chromosomen sind makromolekulare Desoxyribonucleinsäuren[1-3] (DNS), und zwar Thymonucleohistone von linearer Struktur. Dadurch wird ihre Quellbarkeit und Doppelbrechung bedingt[4]. Dem ständigen dynamischen Stoffwechsel (Umbau) unterliegen sie zwar auch[5], aber nur sehr wenig, sie sind hoch stabil und können daher am Bau- und Betriebsstoffwechsel der Zelle nur katalytisch beteiligt sein. Die Nucleinsäuren (NS) haben bei 2600 Å ein höchst charakteristisches Absorptionsmaximum, das ihre quantitative Bestimmung in der Zelle ermöglicht[2]. Ribonucleinsäuren (RNS) sind histochemisch durch die Brachet-Reaktion, DNS durch die Feulgen-Reaktion darstellbar[6]. Eine euchromatische Bande im Riesenchromosom der Speicheldrüse von Drosophila, die einem Genort entsprechen soll, dürfte nach Caspersson etwa 5 bis $50 \cdot 10^{-11}\,\gamma$ NS enthalten. Hiernach, sowie nach dem Verhalten bei Genmutationen wurde ein Gen als Einzelmolekül aus 10^4—10^6 Atomen angenommen[7]. Ähnlich wurde ein Gen (oder Virus) als Krystallit angesehen[8], der aus einer Vielzahl von Einzelmolekülen besteht[9]. Diese Vorstellungen wurden durch das erwähnte Schraubenmodell der DNS erweitert[10]. Bei solchen Schätzungen darf jedoch nicht vernachlässigt werden, daß die die Gene tragenden Längselemente, die Chromonemen in den Chromosomen stets in größerer (polytäner) und im Verlaufe des Formwechsels wahrscheinlich wechselnder Anzahl vorhanden sind. Einen Extremzustand in dieser Hinsicht stellt das Riesenchromosom in der Speicheldrüse bei Drosophila dar, das sich in einem polytänen Zustand befindet, d.h. aus einer sehr großen Zahl reduplizierter Chromonemen besteht.

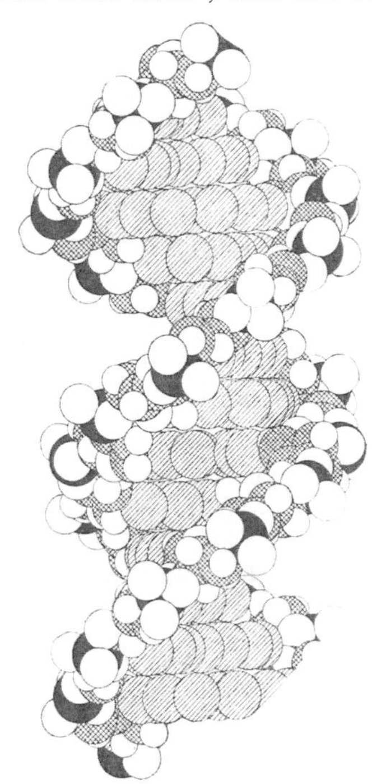

Abb. 7. Helix-Struktur der Desoxyribosenucleinsäuren. (Nach Watson u. Crick.)

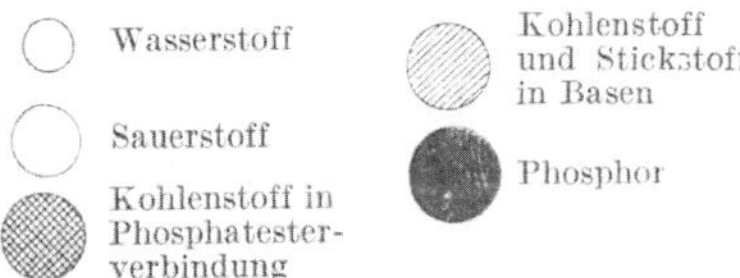

Die Bedeutung der DNS in den Erbträgern macht es verständlich, daß der DNS-Gehalt des einzelnen Zellkerns einer Species in den einzelnen Geweben nahezu konstant ist, und zwar in den diploiden somatischen Zellen doppelt so groß

[1] Caspersson, T., E. Hammarsten and H. Hammarsten: Trans. Faraday Soc. **31**, 367 (1935). — [2] Caspersson, T. O.: Cell Function and Cell Growth. New York 1950. — [3] Mikroskopische und chemische Organisation der Zelle. (2. Mosbacher Coll.) Berlin, Göttingen, Heidelberg 1952. — [4] Staudinger, H.: Organische Kolloidchemie. Braunschweig 1950. — Staudinger, H., u. M. Staudinger: Makromolekulare Chemie und ihre Bedeutung für die Protoplasmaforschung. Protoplasmalogia Bd. 1/1. Wien 1954. — Schulz, G. V.: Naturwiss. **37**, 196, 223 (1950). — [5] Barnes, F. W. jr., and R. Schoenheimer: J. biol. Ch. **151**, 123 (1943). — [6] Feulgen, R., M. Behrens u. S. Mahdihassan: H. **246**, 203 (1937). — Glick, D.: Techniques of Histo- and Cytochemistry. New York 1949. — [7] Timoféeff-Ressovsky, N. W.: Experimentelle Mutationsforschung in der Vererbungslehre. Dresden, Leipzig 1937. — [8] Bernal, J. D., and I. Fankuchen: Nature **139**, 923 (1937). — [9] Dehlinger, U., u. E. Wertz: Naturwiss. **30**, 250 (1942). — Jordan, P.: Naturwiss. **32**, 20 (1944). — [10] Watson, J. D., and F. H. C. Crick: Nature **171**, 964 (1953).

wie in den haploiden Keimzellen[1]. Die Menge in γ je Zellkern[2] beträgt etwa bei: Mensch $6 \cdot 10^{-6}$, Ratte $10 \cdot 10^{-6}$, Ente $2 \cdot 10^{-6}$, Frosch $15 \cdot 10^{-6}$ und Huhn $2{,}3 \cdot 10^{-6}$.

Die Erbmasse läßt sich indessen durch chemische Angaben allein nicht erschöpfend definieren. Wesentlich ist vielmehr die Struktur, die Reihenfolge und räumliche Ordnung der einzelnen Bausteine im Makromolekül der NS. Die ungeheure Mannigfaltigkeit der Erbanlagen braucht durchaus nicht durch Unterschiede in der Proportion der enthaltenen Bausteine bedingt zu sein, sondern kann schon allein durch ihre räumliche Anordnung erklärt werden. Bei einem gleichen Verhältnis der Purine und Pyrimidine und bei Annahme von 100 Nucleotiden in einem Makromolekül DNS sind z.B. 10^{56} Kombinationsmöglichkeiten gegeben, bei 2500 würden es schon 10^{1500}, also astronomische Zahlen[3]. Die Lage der Chromosomenorte zueinander hat ebenfalls einen maßgeblichen Einfluß auf ihre Funktion *(Positionseffekt)*. GOLDSCHMIDT[4] vertritt die Ansicht, daß alle Mutanten auf Lageeffekten beruhen und daß die Annahme korpusculärer Gene nicht notwendig sei, um Mutationen zu verstehen. Vielmehr funktionieren die Chromosomen als Einheit und nicht als Summe von Einzelgenen. Ebenso viele Gründe sprechen aber für die Annahme korpuskulärer Gene[5].

Die damit wichtige Kontinuität der Chromosomengestalt soll durch Proteinfäden vom Histon- oder Protamintyp gewährleistet werden, an denen entlang die DNS punktförmig angeordnet ist. Das als „Chromosomin" bezeichnete Protein ist reich an Glutaminsäure, Arginin, Lysin und Histidin[6]. Diese Vorstellungen fanden jedoch bald Kritik[7]. Das nach Elution der DNS verbleibende Residual-Chromosom enthält Nicht-Histonprotein und gibt die MILLON-Probe, enthält also Tyrosin.

Die euchromatischen Bänder im Speicheldrüsenchromosom von Drosophila enthalten nach CASPERSSON etwa 10—30% Nucleinsäuren und 10—15% Protein vom Histontyp. Auch hier ist eine Verallgemeinerung nicht zulässig[8]. In den nicht doppelbrechenden Zwischenscheiben finden sich Albumine und Globuline, die viel cyclische Aminosäuren und wenig Diaminosäuren aufweisen.

Die Nucleinsäuren haften wahrscheinlich an bestimmten basischen Stellen des Proteins. Das hat zu der Vorstellung geführt, daß die so entstehenden Dipolmomente bei gleichartigen Chromosomen gleich lokalisiert seien und daß die dadurch bedingte Anziehung zwischen ihnen besonders groß sei[9]. Solche Kräfte, deren Reichweite über molekulare Entfernungen hinausgeht, könnten bei der Chromosomenkonjugation wirksam sein.

Chromosomen und Gene können in der Zelle grundsätzlich nicht de novo gebildet werden, sondern nur aus Elementen gleicher Art durch identische und konvariante Reproduktion.

Alle derartigen „Duplikanten" enthalten Nucleinsäuren als charakteristischen Bestandteil (CASPERSSON). Die DNS produzieren wahrscheinlich hochspezifische, lineare „Genproteine", die RNS dagegen nichtlineare Cytoplasmaproteine[10].

[1] BOIVIN, A., R. VENDRELY et C. VENDRELY: Cr. **226**, 1061 (1948). — [2] DAVIDSON, J. N., and I. LESLIE: Cancer Res. **10**, 587 (1950). — [3] CHARGAFF, E.: Exper. **6**, 201 (1950). — SCHULZ, G. V.: Naturwiss. **37**, 196, 223 (1950). — [4] GOLDSCHMIDT, R. B.: Exper. **2**, 197, 250 (1946). — [5] STURTEVANT, A. H.: The relation of genes and chromosomes; in: DUNN, L. C. (Hrsgb.): Genetics in the 20th Century. S. 100. New York 1951. — [6] STEDTMAN, E(DGAR), and E(LLEN) STEDTMAN: Nature **152**, 267, 556 (1943); **153**, 500 (1944). — STEDTMAN, E.: Biochem. J. **39**, LVIII (1945). — [7] CASPERSSON, T.: Nature **153**, 499 (1944). — [8] MIRSKY, A. E., and H. RIS: Variable and constant components of chromosomes. Nature **163**, 666 (1949). — RIS, H., and A. E. MIRSKY: J. gen. Physiol. **33**, 125 (1949). — [9] FRIEDRICH-FREKSA, H.: Naturwiss. **28**, 376 (1940). — BUTENANDT, A.: B. **75** (A), 183 (1942). Verh. dtsch. Ges. Naturf. Ärzte **97**, 43 (1953). — HAUROWITZ, F.: Progress in Biochemistry. S. 365. New York 1950. — BERGEL, F.: Nature **171**, 905 (1953). — [10] CASPERSSON, T. (O.): Naturwiss. **29**, 33 (1941). Cell Function and Cell Growth. New York 1950.

Das Ladungsmuster der makromolekularen Nucleinsäuren und Proteine wirkt wahrscheinlich als „Matrize" für ihre identische Reproduktion[1], sei es nun direkt oder indirekt. Als erster Schritt erfolgt nach den Erfahrungen der makromolekularen Chemie die *Ordnung* der niedermolekularen Bausteine an der Matrize und erst dann ihre *Verknüpfung*[2]. Dieser Vorgang ist nur denkbar, wenn das als Matrize wirkende Makromolekül wenigstens an der betreffenden Stelle im entfalteten, linearen Zustand vorliegt und seine Restvalenzkräfte frei sind. Das damit reproduzierte Makromolekül soll sich dann durch Ausbildung von innermolekularen Wasserstoffbrücken kontrahieren und so von der Matrize abstoßen, die damit wieder frei wird[3]. Die zuerst an Chromosomen nachgewiesene Fähigkeit zum fakultativen Übergang aus der entfalteten linearen Form in die gefaltete, z.B. spiralisierte oder sphäroide Form scheint das besondere Kennzeichen biologischer Makromoleküle zu sein und nicht nur ihre Fähigkeit zur identischen Reduplikation, sondern auch viele ihrer wichtigen Funktionen zu bedingen.

Die Bindungen in den Makromolekülen der Chromosomen sind naturgemäß nicht alle gleich fest, vielmehr gibt es „prospektive Lockerstellen" zwischen Untereinheiten, wie sie z.B. ähnlich in Cellulosemolekülen vorkommen[4], an denen dann Chromosomenbrüche (s. Mutationen, S. 85ff.) bevorzugt auftreten können.

Die DNS sind relativ, aber doch nicht absolut stabile Chromosomenbestandteile. Ihr Umbau im Stoffwechsel[5] erfolgt aber sehr langsam. Nach Messungen an differenzierten Zellen mit radiomarkierten (^{14}C, ^{32}P und ^{15}N) Bausteinen geht deren Einbau in die DNS weitaus langsamer vor sich als in die RNS. Bei Zellteilungsvorgängen ist dagegen ein aktiverer Umbau nachweisbar[6].

Als *heterochromatisch* werden solche Segmente von Chromosomen bezeichnet, die in den frühen Stadien der Kernteilungen mit Essigsäurekarmin, mit Feulgen-Färbung oder Orcein sich intensiv anfärben, aber im Ruhekern keine Auflockerung (Entspiralisierung) erfahren, wie sie für euchromatische Segmente charakteristisch ist. Die heterochromatische Verpackung dürfte also eine relative Inaktivierung dieser Segmente bedeuten. So hat sich bei Mutationsexperimenten ergeben, daß sie wesentlich ärmer an aktiven Genen sind als die euchromatischen Segmente. Die Geschlechts-Chromosomen sind weitgehend heterochromatisch „verpackt"[7]. In den Speicheldrüsenchromosomen von Drosophila erfährt das Heterochromatin eigentümlicherweise nicht die Längsstreckung des Euchromatins, vielmehr sind die heterochromatischen Segmente aller Chromosomen zu dem sog. Chromozentrum vereinigt. Die Chromonemen des Heterochromatins erweisen sich in diesem Zustand als auffällig brüchig. Die Identifizierung der dort ebenfalls vorhandenen bandenförmigen Strukturen ist außerordentlich erschwert. In diesem speziellen Zustand hat Caspersson nachgewiesen, daß das Heterochromatin weniger DNS, aber viel Phosphor, Diaminosäuren und auch Histone enthält. Über chemische Unterschiede beider Chromatinsorten in anderen Kernzuständen liegen noch keine klaren Ergebnisse vor. Die Bedeutung des Heterochromatins liegt in der RNS- und Protein-Synthese sowie in der Bildung des Nucleolus (Caspersson).

---

[1] Friedrich-Freksa, H.: Naturwiss. **28**, 376 (1940). — Butenandt, A.: B. **75**(A) 183, (1942). Verh. dtsch. Ges. Naturf. Ärzte **97**, 43 (1953). — Haurowitz, F.: Progress in Biochemistry. S. 365. New York 1950. — Bergel, F.: Nature **171**, 905 (1953). — [2] Schulz, G.V.: Naturwiss. **37**, 223 (1950). — Swarc, M.: J. polymer Sci. **13**, 317 (1954). — [3] Watson, J.D.: J. cellul. comp. Physiol. **45**, Suppl. **2**, 109 (1955). — Kacser, H.: Science, N.Y. **124**, 151 (1956). — [4] Marquardt, H.: Naturwiss. **37**, 433 (1950). — Staudinger, H.: Makromolekulare Chemie und Biologie. Basel 1947. — [5] Schoenheimer, R.: Dynamic State of the Body Constituents. Cambridge, Mass. 1942. — Barnes, F. W. jr., and R. Schoenheimer: J. biol. Ch. **151**, 123 (1943). — [6] Davidson, J. N., and W. Raymond: Biochem. J. **42**, XIV (1948). — Fraenkel-Conrat, J., and C. H. Li: Endocrinology **44**, 487 (1949). — [7] Sachs, L., D. M. Serr and M. Danon: Science, N.Y. **123**, 548 (1956).

Der *Stoffwechsel des Zellkerns* ist sehr gering. Atmung und Glykolyse liegen unter 1% der Werte des Cytoplasmas. Dagegen findet sich eine kräftige Adenosintriphosphataseaktivität, die für 100 mg Kern je Std 0,4—0,9 cal liefert. Diese Energie kann für die Mitose ausreichen[1].

Die Substanz des *Nucleolus* wird von den Chromosomen produziert und kondensiert sich an einer bestimmten Stelle, der sog. *SAT-Zone* (sine acido thymonucleinico) eines bestimmten Chromosoms[2]. Die SAT-Zone ist ein achromatisches kurzes Segment des Chromosoms, in welcher häufig, jedoch nicht immer ein heterochromatisches Chromomer lokalisiert ist. In diesen Fällen vollzieht sich die Nucleoluskondensation an diesem Chromomer, das deshalb als „nucleolus organizing body" bezeichnet wird. Es muß ausdrücklich betont werden, daß Nucleoli auch außerhalb der SAT-Zone gebildet werden können[2].

Der Nucleolus enthält keine DNS, sondern nur RNS an Histone gebunden, ferner Lipoide. Er gibt die FEULGEN-Reaktion nicht, dagegen ist der BRACHET-Test positiv. Das Heterochromatin und vor allem der Nucleolus sind wichtige Regulationszentren für den NS- und den Proteinstoffwechsel der Zelle[3].

Es muß für möglich gehalten werden, daß es außer den chromosomalen Genen noch weitere strukturierte Elemente im Zellkern gibt, die als „extragenische" Erbträger zwar nicht spezifische Artmerkmale übertragen, doch aber wichtige Funktionseinheiten, z.B. für die Synthese von Enzymen oder Proteinen („Enzymoide") sind[4], und die ebenfalls nicht de novo, sondern nur durch Selbstreproduktion aus Elementen gleicher Art gebildet werden können. Das gleiche scheint für verschiedene Arten von Plasmapartikel zu gelten (s. S. 79), wie z.B. für die chlorophylltragenden Plastiden in Blattzellen, für die Mitochondrien oder die Polplasmen im Ei von Tubifex[5]. Derartige extragenische und außerkaryotische Duplikanten (self duplicating units) wären als Erbmasse im weiteren Sinne zu betrachten, die ebenfalls bei der Fortpflanzung mit den Keimzellen bzw. bei der Zellteilung mit übertragen werden müßte. Damit soll zunächst nur angedeutet sein, daß es keinesfalls möglich ist, die Chromosomen endgültig als einzige Träger von Erbfaktoren zu betrachten, zumal die Definition der Begriffe auf diesem Gebiet oft noch nicht genügend scharf ist. Außerdem ist mit Wechselwirkungen zwischen Kern und Plasma, also auch zwischen ihren „Duplikanten" zu rechnen[6].

Unter den *Einzellern* besitzen nur die entwicklungsgeschichtlich primitiven Bakterien und Blaualgen keinen „echten" Zellkern mit zahl- und formkonstanten Chromosomen, sondern nur Zellkernäquivalente („Nucleoide", PIEKARSKI)[7]. Die DNS und RNS sind auch hier getrennt lokalisiert. Soweit kernähnliche Organellen nachweisbar sind, sind die Erbfaktoren anscheinend ebenfalls linear angeordnet. Genaustauch, das Auftreten von Rekombinanten und Mutationen sind auch bei Bakterien nachweisbar[8]. Ihre Untersuchung ist für die biochemische Genetik besonders wichtig geworden (s. S. 98). Chromosomenähnliche Organellen

---

[1] LANG, K., u. G. SIEBERT: B. Z. **322**, 196, 360 (1951/52). — [2] ALTMANN, H. W., u. H. MARQUARDT: Morphologie des Zellkerns. Handb. allg. Path. (BÜCHNER-LETTERER-ROULET) Bd. II/2, in Vorbereitung. — [3] DARLINGTON, C. D.: Endeavour 8, 51 (1949). — [4] CASPARI, C.: Cytoplasmatic inheritance. Adv. Genetics **2**, 1 (1948). — SPIEGELMAN, S., R. R. SUSSMAN and E. PINSKA: Proc. nat. Acad. Sci. USA **36**, 391 (1950). — EPHRUSSI, B., and H. HOTTINGUER: Nature **166**, 956 (1950). — [5] LEHMANN, F. E.: Mikroskopische und chemische Organisation der Zelle. 2. Mosbacher Coll. S. 12. — [6] MIRSKY, A. E.: Sci. Amer. **188**, 47 (1953).
[7] BISSET, K. A.: The Cytology and Life History of Bacteria. Baltimore, Edinburgh 1950. — PIEKARSKI, G.: Naturwiss. **37**, 201 (1950). — SCHLOSSBERGER, H., u. H. BRANDIS: Kli. Wo. **1950**, 1. — [8] AVERY, O. T., C. M. MACLEOD and M. MCCARTY: J. exp. Med. **79**, 137 (1944). — BEADLE, G. W.: Biochemical genetics. Chem. Reviews **37**, 15 (1945). — TATUM, E. L., and J. LEDERBERG: J. Bacteriology **53**, 673 (1947). — MARQUARDT, H.: Genetik der Mikroorganismen. Fortschr. Bot. **14**, 365 (1953).

und Genäquivalente wurden auch bei Bakterien festgestellt[1], die keinen eigentlichen Zellkern haben. Bei Escherichia coli konnten erstmalig sogar „Chromosomenkarten" aufgestellt werden[2]. Die Genetik der Bakterien zeigt deutlich, daß die Erbmasse nicht allein morphologisch betrachtet werden kann, sondern in erster Linie chemisch und funktionell definiert werden muß, und zwar dadurch, daß die betrachteten Elemente Träger von Erbeigenschaften sind, daß sie teilungsfähige Strukturen bilden, die nur aus ihresgleichen durch Reproduktion entstehen können, makromolekulare DNS oder RNS enthalten und Zentren der Enzym- und Proteinsynthesen bilden.

Höhere Virusarten[3] (Molluscum contagiosum oder Rabies) enthalten DNS und RNS, ähnlich den Chromosomen höherer Zellen. Niedere Viren enthalten dagegen nur DNS. Zwischen Virus und Erbträgern von Zellen bestehen folgende wichtige Beziehungen[4]: sie entsprechen sich in der Größe und im chemischen Aufbau, sie sind Merkmalsträger, mutabel bzw. variabel[5] und zur identischen bzw. konvarianten Reproduktion befähigt (Butenandt). Die einfachsten krystallisierbaren Viren erscheinen als „reine" Erbsubstanz. Sie können ohne eigene plasmatische Substanz sein und sich nur in höheren Zellen schmarotzend vermehren. Für sich sind sie nicht vermehrungsfähig, sind also keine Lebewesen, sondern können nur als biologische Makromoleküle gelten, die wahrscheinlich von „Duplikanten" höherer Zellen „abstammen".

a) Plasmatische Vererbung und Plasma-Duplikanten[6-16].

Die Tatsache, daß cytoplasmareiche Eizellen, z.B. von Echinodermen (Seeigeln), künstlich zur parthenogenetischen Entwicklung gebracht werden können, Spermatozoen dagegen niemals, deutet bereits darauf hin, daß außer dem vollständigen Genmaterial auch im Cytoplasma der Eizellen bei der Befruchtung Elemente übertragen werden, die für die Entwicklung eines neuen Lebewesens notwendig sind und nicht „de novo" gebildet werden können. Das ist für die Polplasmen, elektronenoptisch sichtbare Partikel, im Ei von Tubifex nachgewiesen worden[17]. Auch Spermien enthalten eine kleine Population von Plasmapartikeln[18].

---

[1] Stapp, C.: Zbl. Bakt. (II.) **105**, 1 (1942). — Braun, A. C., and R. P. Elrod: J. Bacteriology **52**, 695 (1946). — Haas, F., O. Wyss and W. S. Stone: Proc. nat. Acad. Sci. USA **34**, 229 (1948). — [2] Lederberg, J.: Genetics **32**, 505 (1947). — [3] Schramm, G.: Die Biochemie der Viren. (Org. Chem. Einzeldarst. Bd. V.) Berlin, Göttingen, Heidelberg 1954. — Delbrück, M.: Viruses. Pasadena 1950. — [4] Friedrich-Freksa, H.: Naturwiss, **28**. 376 (1940). — Butenandt, A.: B. **75**(A), 183 (1942). — Caspersson, T.: Naturwiss. **29**. 33 (1941). — Loewe, H.: Pharmazie **4**, 549 (1949). — [5] Delbrück, M.: Bacterial viruses or bacteriophages Biol. Reviews **21**, 30 (1946).

Zusammenfassende Darstellungen: 6—16. [6] Claude, A.: The constitution of protoplasma. Science, N.Y. **97**, 451 (1943). — [7] Darlington, C. D.: Nature **154**, 164 (1944). — [8] Spiegelman, S.: Cold Spring Harbor Symp. quant. Biol. **11**, 256 (1946). — [9] Caspari, C.: Cytoplasmatic inheritance. Adv. Genetics **2**, 1 (1948). — [10] Schultz, J.: Science, N. Y. **111**, 403 (1950). — [11] Sonneborn, T. M.: The role of the genes in cytoplasmatic inheritance; in: Dunn, L.C. (Hrsgb.): Genetics in the 20th Century. S. 291. New York 1951. — [12] Ephrussi, B.: Remarks on cell heredity; in: Dunn, L. C. (Hrsgb.): Genetics in the 20th Century. S. 241. New York 1951. — [13] Lederberg, J.: Cell genetics and hereditary symbiosis. Physiol. Rev. **32**, 403 (1952). — [14] Oehlkers, F.: Z. indukt. Abstamm.- u. Vererb.-Lehre **84**, 213 (1952). Außerkaryotische Vererbung. Verh. Ges. dtsch. Naturf. Ärzte **97**, 30 (1953). — [15] Marquardt, H.: Ber. dtsch. bot. Ges. **65**, 198 (1952). — [16] Strugger, S.: Zbl. allg. Path. **90**, 129 (1953).

[17] Lehmann, F. E.: Rev. suisse Zool. **55**, 1 (1948). Exper. **6**, 382 (1950). — [18] Hirsch, G. C.: Zool. Anz., Suppl. **12**, 255 (1939).

Eine solche außerkaryotische, vorwiegend mütterliche Vererbung[1, 2] wurde zuerst für die Plastiden (C. CORRENS) bei den höheren Pflanzen, dann aber auch für das Cytoplasma von Pflanzenzellen erwiesen (Moose: v. WETTSTEIN; Streptocarpus: OEHLKERS) und damit der Begriff der *plasmatischen Erbträger* („Plasmone", v. WETTSTEIN) aufgestellt. Die Plastiden ähneln morphologisch und biochemisch den Chromosomen. Das Plastidenstroma enthält Pentosenucleinsäuren, die Grana weisen Desoxypentosenucleinsäuren auf[3]. Die Plastidenvorstufe erscheint mitochondrienartig. Weiße Plastiden, die bei Gerste mutativ aus grünen entstanden waren, werden von den weiblichen Keimzellen übertragen[4].

Einen grundlegenden Beitrag an tierischen Zellen erbrachte SONNEBORN[5, 6]. Die Bastardierung von 2 Rassen der Paramaecia aurelia („killer" und „sensitive") liefert Exkonjuganten, die auch phänotypisch verschiedene Klone bilden. Die F_1-„killer" bzw. „sensitive" Klone leiten sich vom *Cytoplasma* der betreffenden Eltern ab. Das Cytoplasma der „killer" enthält einen $\varkappa$-(killer)Faktor, der hitzeempfindlich (38,5°) ist, überraschenderweise DNS aufweist, vermehrungsfähig ist und über Generationen bleibt, wenn das Gen K vorhanden ist, das dagegen für sich den $\varkappa$-Faktor nicht zu bilden vermag. Hier ist also nicht nur die Existenz und Wirkung eines Plasmaerbträgers bewiesen, sondern auch seine Abhängigkeit von der Kontrolle eines bestimmten Gens. Hierher gehört ferner der Typenwandel bei Pneumokokken durch eine plasmatische Desoxyribosenucleinsäure („Pneumococcusfaktor")[7]. Weiter ist der σ-Faktor von L'HERITIER zu erwähnen, von dem die CO_2-Empfindlichkeit von Drosophilaeiern abhängt[8]. Im Cytoplasma einer Drosophilarasse kommt eine „Mutator"-Substanz vor, deren Vermehrung von einem speziellen „Mutator-Gen" und dem Y-Chromosom abhängt[9]. Bei der Bierhefe (Saccharomyces cerevisiae) wird in etwa 1% einer Mutante mit reduziertem Wachstum beobachtet („petite colonies"), die Zucker nicht mehr veratmen, sondern nur noch vergären kann. Die Cytochromoxydase und die Succinodehydrogenase fehlen, die Indophenolblau-(NADI)-Reaktion ist negativ[10]. Diese Mutation läßt sich bei allen Zellen durch Behandlung mit Euflavin auslösen. Es mutieren jedoch nur die Tochterzellen, während die Mutterzellen ihr normales Genom und Plasmon behalten[11].

Derartige Beobachtungen machten eine allgemeinere Bedeutung von Plasmaduplikanten wahrscheinlich und bewiesen die Möglichkeit mutativer Veränderungen an Plasmaerbträgern[12]. Diese können jedoch nicht als so sprunghafte „Alles oder Nichts"-Ereignisse in Erscheinung treten, wie etwa eine Mutation im Genom, weil Plasmaduplikanten im Gegensatz zu Genen wohl nie nur in der Ein-

---

[1] OEHLKERS, F.: Z. indukt. Abstamm.- u. Vererb.-Lehre **84**, 213 (1952). Außerkaryotische Vererbung. Verh. Ges. dtsch. Naturf. Ärzte **97**, 30 (1953). — [2] CORRENS, C.: Z. indukt. Abstamm.- u. Vererb.-Lehre **1**, 291 (1909). — WETTSTEIN, F. v.: Nachr. Ges. Wiss. Göttingen, math.-physik. Kl. **1926**, 250. — CORRENS, C.: Z. indukt. Abstamm.- u. Vererb.-Lehre Suppl. 1 (1928). — CASPARI, E.: Cytoplasmatic inheritance. Adv. Genetics **2**, 1 (1948). — MICHAELIS, P.: Z. Krebsforsch. **56**, 225 (1949). — [3] STRUGGER, S.: Ber. dtsch. bot. Ges. **64**, 69 (1951). — METZNER, H.: Biol. Zbl. **71**, 257 (1952). — EGLE, K.: Naturwiss. **40**, 569 (1953). — [4] IMAI, Y.: Genetics **13**, 544 (1928). — [5] SONNEBORN, T. M.: The role of the genes in cytoplasmatic inheritance; in: DUNN, L. C. (Hrsgb.): Genetics in the 20th Century. S. 291. New York 1951. — [6] SONNEBORN, T. M.: Adv. Genetics **1**, 269 (1947). Heredity **4**, 11 (1950). — [7] AVERY, O. T., C. M. MACLEOD and M. MCCARTY: J. exp. Med. **79**, 137 (1944). — [8] L'HÉRITIER, P.: Cold Spring Harbor Symp. quant. Biol. **16**, 99 (1951). — [9] MAMPBELL, K.: Genetics **31**, 589 (1946). — [10] EPHRUSSI, B., H. HOTTINGUER et A.-M. CHIMÈNES: Ann. Inst. Pasteur **76**, 351 (1949). — EPHRUSSI, B., and H. HOTTINGUER: Nature **166**, 956 (1950). — EPHRUSSI, B.: Naturwiss., **43**, 505 (1956). — [11] EPHRUSSI, B.: Pubbl. Staz. zool. Napoli, **22**, Suppl. 1 (1950). — MARCOVICH, H.: Ann. Inst. Pasteur **81**, 452 (1951). — [12] CORRENS, C.: Z. indukt. Abstamm.- u. Vererb.-Lehre **1**, 291 (1909). — RHOADES, M. M.: Plastid mutation. Cold Spring Harbor Symp. quant. Biol. **11**, 202 (1946). — MICHAELIS, P.: Naturwiss. **34**, 18 (1947). Z. Krebsforsch. **56**, 225 (1949).

oder Zweizahl in der Zelle vorhanden sind, sondern in größerer Zahl bei nicht absolut strenger Identität als „Populationen“, so daß statistische Verteilungen resultieren müssen. Daher können im Plasmon alle möglichen Grade einer Veränderung auftreten, die bei der Teilung der Zelle noch zu einer Verdünnung oder Entmischung (cytoplasmatic segregation) führen können[1]. Der bisherige Begriff der „Mutation“ verliert hier seinen Sinn, wenigstens aber seine Schärfe. „Dauermodifikationen“ werden auf Veränderungen an Plasmaerbträgern bezogen[2].

Für eine ganze Reihe strukturierter Plasmabestandteile auch von tierischen Zellen ist die Duplikanteneigenschaft wahrscheinlich gemacht worden. *Mitochondrien* haben eine Membran[3], zeigen einen der Mitose analogen Formwechsel und teilen sich, so daß sie als vermehrungsfähige Einheiten angesehen werden[4], die sich aber wohl aus einer Summe von Duplikanten zusammensetzen[5], also immerhin noch so kompliziert gebaut zu sein scheinen, wie etwa Bakterien, denen sie auch in der Größe entsprechen.

Auch die *Plasmagranula* tierischer Zellen scheinen „Duplikanten“ zu sein[6]. Die Vermehrung dieser Strukturen erfolgt möglicherweise nur unter Kontrolle des Zellkerns. Bei der Zellteilung werden sie zwar nicht so streng gleichmäßig verteilt, wie das für die Träger der karyotischen Erbmasse, die Chromosomen, gilt, doch aber auffallend gleichmäßig und nicht einfach zufallsmäßig[7]. In der Rattenleber wurden 2550 Mitochondrien je Zelle gezählt. Nach partiellerExstirpation der Leber (Hepatektomie) und der damit beginnenden Zellteilung sinkt die Zahl bis etwa 1700, um nach 14 Tagen den Normalwert wieder zu erreichen[8]. Die Plasmaduplikanten sollen die Organspezifität der somatischen Zellen bestimmen[9].

Sowohl die Mitochondrien als auch die Plasmagranula enthalten RNS. Sie sind durch Fraktionierung im Schwerefeld der Ultrazentrifuge gewonnen worden und chemisch untersucht[10]. Die Mitochondrienfraktion umfaßt z.B. bei Leberzellen etwa 35% des Gesamt-N der Zellen. Sie weist eine starke Synthese von Adenosintriphosphorsäure auf, enthält 80—90% der Enzyme des Citronensäurecyclus und der Cytochromsysteme, 50% der Cocarboxylase und der Flavoproteinenzyme, Succinoxydasen, Cyclophorase, Phosphopyridinnucleotide, Reduktase, Adenosintriphosphatase, Ribonuclease, Transaminasen und Phosphatasen. Die Mitochondrien sind also Sitz wichtiger enzymatischer Funktionen[10] (s. a. Bd. 2/1, S. 1130).

---

[1] Nothdurft, H.: Z. Krebsforsch. **56**, 234 (1949). — Sonneborn, T. M.: The role of the genes in cytoplasmatic inheritance; in: Dunn, L. C. (Hrsgb.): Genetics in the 20th Century. S. 291. New York 1951. — [2] Jollos, V.: Biol. Zbl. **33**, 222 (1913). Naturwiss. **21**, 455 (1933). — [3] Dalton, A. J., H. Kahler, M. G. Kelley, B. J. Lloyd and M. J. Striebich: J. nat. Cancer Inst. **9**, 439 (1948/49). — [4] Danneel, R., u. E. Güttes: Naturwiss. **38**, 117 (1951). — Lettré, H.: Z. Krebsforsch. **57**, 345 (1951). — Bessis, M.: Acta Un. int. Cancr., Bruxelles **7**, 646 (1951). — [5] Bourne, G. H.: J. R. microscop. Soc. **70**, 367 (1950). — [6] Bensley, R. R.: Science, N. Y. **96**, 389 (1942). — Brachet, J.: Ann. Soc. R. zool. Belg. **73**, 93 (1942). — Darlington, C. D.: Nature **154**, 164 (1944). — Wright, S.: Amer. Naturalist **79**, 289 (1945). — Spiegelman, S.: Cold Spring Harbor Symp. quant. Biol. **11**, 256 (1946). — Lettré, H.: Z. Krebsforsch. **57**, 661 (1951). — Lehmann, F. E.: Mikroskopische und chemische Organisation der Zelle. 2. Mosbacher Coll. S. 1. — [7] Christiansen, E. G.: Nature **163**, 361 (1949). — [8] Allard, C., G. de Lamirande and A. Cantero: Cancer Res. **12**, 580 (1952). — [9] Furth, J., and E. A. Kabat: J. exp. Med. **74**, 247 (1941). — Boivin, A., et R. Vendrely: Exper. **3**, 32 (1947). — [10] Bensley, R. R., and N. L. Hoerr: Anat. Rec. **60**, 449 (1934). — Linderstrøm-Lang, K.: Distribution of enzymes in tissues and cells. Harvey Lect. (1938/39) **34**, 214 (1940). — Claude, A.: Science, N. Y. **87**, 467 (1938); **97**, 451 (1943). J. exp. Med. **84**, 51 (1946). Harvey Lect. (1947/48) **43**, 121 (1949). — Schneider, W. C.: J. biol. Ch. **165**, 585 (1946). — Schneider, W. C., and G. H. Hogeboom: Cancer Res. **11**, 1 (1951). — Hogeboom, G. H., W. C. Schneider and M. J. Striebich: Cancer Res. **13**, 617 (1953). — Graffi, A.: Arch. Geschwulstforsch. **1**, 61 (1949). — Bourne, G. H.: J. R. microscop. Soc. **70**, 367 (1950). — Lang, K., u. G. Siebert: B. Z. **322**, 360 (1950).

Die submikroskopischen *Mikrosomen*[1] (s. a. Bd. 2/1, S. 1150) (0,06—0,2 μ) enthalten etwa 20% des Gesamt-N des Cytoplasmas, sind durch ein Hämochromogen rot gefärbt und reich an RNS und Phospholipoiden. Die Mikrosomenfraktion ist sicher nicht einheitlich. In ihr wurden Esterasen (Glucose-6-phosphatase) und Uricase nachgewiesen[5]. Auch der nach dem Zentrifugieren verbleibende „Überstand" enthält noch RNS-haltige und enzymatisch aktive Partikelchen mit einem Durchmesser unter 10 mμ. In ihm finden sich alle Enzyme der Glykolyse[1,2]. In der intakten Zelle dürften auch sie an Strukturen gebunden sein, so daß eine räumliche Trennung von Enzym und Substrat besteht. Die strukturelle Bindung der „lytischen" Enzyme scheint indessen besonders locker zu sein und durch Schädigungen der Zelle aufgehoben werden zu können.

Die Auffassung des Cytoplasmas als flüssigkeitsgefülltes Bläschen trägt der Wirklichkeit nicht Rechnung. Tatsächlich ist auch das Cytoplasma ein weitgehend strukturiertes, höchst kompliziertes Gebilde, das wahrscheinlich verschiedenartige duplikationsfähige Organellen enthält. Sie scheinen Enzyme und Proteine zu bilden[3] oder Träger spezieller enzymatischer Funktionen zu sein, wie die Plastiden, Mitochondrien oder Granula. Damit ist die Frage aufgeworfen, welche Enzyme in diesem Sinne als Duplikanten anzusehen sind und deshalb im Cytoplasma der weiblichen Keimzelle bei der Befruchtung bzw. bei somatischen Zellen in der Mitose übertragen werden müssen.

Tabelle 14. Übersicht über den „Duplikanten"-Bestand der Zelle[4,5].

	Kern	Plasma
Gesamtheit . . .	Genom	Plasmon
Obereinheit . . .	Chromosom	Mitochondrien Plasmagranula
Untereinheit. . .	Gen	?
Anzahl	Einzahl (haploid)	Vielzahl
Zellteilung, Weitergabe . . .	streng	statistisch
Bedeutung . . .	art- und individual-spezifisch	nicht artspezifisch
Funktion	Synthese von Enzymen und Proteinen	Synthese von Enzymen und Proteinen

Eine plasmatische Vererbung kann an folgenden Beispielen als erwiesen angesehen werden:

1. durch cytoplasmatische Segregation (Verdünnung und Verlust durch Teilung, Paramaecien, killer-Faktor)[5];

[1] Bensley, R. R., and N. L. Hoerr: Anat. Rec. **60**, 449 (1934). — Claude, A.: Science, N. Y. **87**, 467 (1938); **97**, 451 (1934). J. exp. Med. **84**, 51 (1946). Harvey Lect. (1947/48) **43**, 121 (1949). — Schneider, W. C.: J. biol. Ch. **165**, 585 (1946). — Schneider, W. C., and G. H. Hogeboom: Cancer Res. **11**, 1 (1951). — Hogeboom, G. H., W. C. Schneider and M. J. Striebich: Cancer Res. **13**, 617 (1953). — Graffi, A.: Arch. Geschwulstforsch. **1**, 61 (1949). — Bourne, G. H.: J. R. microscop. Soc. **70**, 367 (1950). — Lang, K., u. G. Siebert: B. Z. **322**, 360 (1950). — [2] Hölscher, H. A.: Z. Krebsforsch. **57**, 353 (1951). — [3] Spiegelman, S., R. R. Sussman and E. Pinska: Proc. nat. Acad. Sci. USA **36**, 391 (1950). — Ephrussi, B., and H. Hottinguer: Nature **166**, 956 (1950). — [4] Marquardt, H.: Ber. dtsch. bot. Ges. **65**, 198 (1952). — Strugger, S.: Zbl. allg. Path. **90**, 130 (1953). — [5] Sonneborn, T. M.: The role of genes in cytoplasmatic inheritance; in: Dunn, L. C. (Hrsgb.): Genetics in the 20th Century. S. 291. New York 1951.

2. durch plasmatische DNS (Pneumococcus-Typenfaktor)[1];
3. durch Virus-Transfer[2];
4. durch Bakteriophagen.

Grundsätzlich ist für alle Duplikanten anzunehmen, daß sie 2 Funktionen haben, nämlich einmal die eigene Reproduktion und zum zweiten eine katalytische Funktion. Beide Funktionen dürften eng miteinander verknüpft sein bzw. sich auch gegenseitig behindern, so daß ein Duplikant zeitweise „entweder“ Teilungsduplikant „oder“ Funktionsduplikant ist, wie das für ganze Zellen etwa zutreffen soll.

Die Duplikation der höheren Zellbestandteile hat einfachere Parallelen. Nach experimentellen Beobachtungen wurden makromolekulare Kohlenhydrate, z. B. in der Zelle Amylose, nur bei Vorhandensein eines Restes von Amylose oder von vorgebildeten Glucoseketten mit mehr als 3 Gliedern aufgebaut[3]. Dasselbe wird für die Synthese von Stärke in der Zelle angenommen, wobei Stärke als „Muster“ vorhanden sein muß, an dessen konkreter Struktur die monomeren Bausteine zuerst geordnet werden müssen, um dann erst miteinander verbunden zu werden[4]. Nach demselben Prinzip sollen Proteine und Nucleinsäuren synthetisiert werden[4]. Damit ist in allen diesen Fällen eine Art von „Duplikanten“-Funktion anzunehmen, wobei die vorhandene makromolekulare Substanz als „Matrize“ für den identischen Aufbau wirkt. Da Polymerisationsprozesse auch *in vitro* durch die Vorlage des Polymeren erheblich beschleunigt werden können[5], scheint es sich um ein allgemeiner zutreffendes Phänomen der makromolekularen Chemie zu handeln, wenn man es nicht sogar bis auf die Anregung der Krystallisation durch Animpfen mit einem Krystall ausdehnen will. Damit sei nur angedeutet, daß vorläufig keine scharfen Grenzen gezogen werden können und daß die „Autoreproduktion“ durchaus noch nicht zur Annahme vitalistischer Theorien zwingt, sondern ihre Analogien in bekannten physikalischen und chemischen Vorgängen hat, die zur Klärung herangezogen werden müssen. Vor allem gibt es noch kein Argument dafür, daß „Duplikanten“ — ähnlich gilt es auch für den Virus — sich selbst, also aktiv reproduzieren. Wahrscheinlicher ist es wohl, daß sie dupliziert werden. Das ist naturgemäß nur in einem Milieu denkbar, das alle dafür benötigten Bausteine in entsprechendem Mischungsverhältnis enthält.

Die Bildung von *Antikörpern* wird ebenfalls so gedeutet, daß das Antigen als (negative) Matrize für ihren spezifischen Aufbau wirkt[6].

Die Vermehrung und Funktion von Plasmaduplikanten dürften der Kontrolle von chromosomalen Genen unterliegen, die wohl nur auf humoralem Wege erfolgen kann („Genhormone“). Damit wären die Erbträger im Cytoplasma als Manifestatoren der Gene anzusehen[7]. Da sie andererseits Umwelteinflüssen unterliegen und wiederum Rückwirkungen auf Gene haben, ist ein Umwelteinfluß auf Gene über sie durchaus möglich. Die geordnete Funktion eines solchen Systems ist nur denkbar, wenn außer den zentrifugalen Einflüssen auch zentripetale bestehen, also ein geschlossnes „Regelsystem“ in der Zelle vorliegt (Abb. 8). So scheint das alte Problem der Vererbung erworbener Eigenschaften dem Experiment und der Kritik zugänglich zu werden.

---

[1] Avery, O. T., C. M. MacLeod and M. McCarty: J. exp. Med. **79**, 137 (1944). — [2] Lederberg, J.: Cell genetics and hereditary symbiosis. Physiol. Rev. **32**, 403 (1952). — [3] Weibull, F., u. A. Tiselius: Ark. Kemi, Mineral. Geol. **19** A, Nr. 1 (1945). — Bailey, J. M., W. J. Whelan and S. Peat: Soc. **1950**, 3692. — [4] Schulz, G. V.: Naturwiss. **37**, 196, 223 (1950). — [5] Swarc, M.: J. polymer Sci. **13**, 317 (1954). — [6] Breinl, F., u. F. Haurowitz: H. **192**, 45 (1930). — Pauling, L.: Am. Soc. **62**, 2643 (1940). — Pauling, L., and R. B. Corey: Proc. nat. Acad. Sci. USA **37**, 251 (1951). — [7] Spiegelman, S.: Cold Spring Harbor Symp. quant. Biol. **11**, 256 (1946). —

Die *adaptive Bildung von Enzymen*[1] für ein neuartiges Substrat kann indessen nicht als Argument für die Vererbung erworbener Eigenschaften dienen. Sie entspricht wohl meist einer Modifikation, die zwar über eine Reihe von Generationen nachweisbar bleiben kann, dann aber wieder verloren geht. Das gilt z.B. für die Induktion einer Galaktozymaseaktivität durch Galaktose bzw. einer Glucozymaseaktivität durch Glucose an Einzellern[2]. Diese Adaptation erwies sich auch noch an toten Zellen als möglich[3]. RYAN[4] beobachtete, daß ein Bakterienstamm, der ein bestimmtes Substrat mangels geeigneter Enzyme nicht verwerten kann, nach einer Wartezeit nicht nur solche Enzyme bildet, sondern diese Fähigkeit auch auf seine Nachkommen überträgt. Da die beteiligten Enzyme meist an plasmatischen Strukturen lokalisiert sind, liegt kein Anlaß vor, an eine Mutation karyotischer Erbträger zu denken. Die „erworbene" Resistenz von Bakterien oder anderen Organismen gegen manche Pharmaka, wie z.B. an Sulfonamide oder Streptomycin, brauchen mit Adaptation oder gar mit gerichteten Mutationen nichts zu tun zu haben, sondern können auf der Selektion von Mutanten beruhen[5]. Als Ursache für die Resistenz gegen Sulfonamide wurde festgestellt, daß die resistenten Streptokokken die (radiomarkierte) Substanz nicht binden, während bei den empfindlichen Stämmen die Bindung autoradiographisch nachweisbar ist[6].

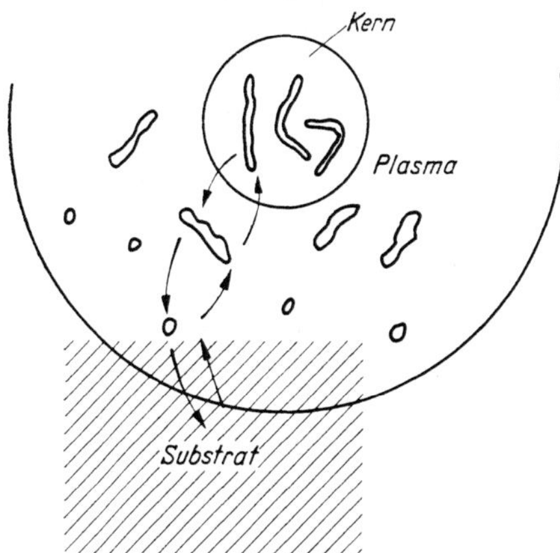

Abb. 8. Die Zelle als geschlossenes Regelsystem.

Karyotische und außerkaryotische Erbträger scheinen nur zellgebunden existenzfähig zu sein. Dennoch muß es für möglich gehalten werden, daß sie unter Umständen auch aus dieser Bindung freigesetzt werden können. Die Entstehung von Bakteriophagen wird so gedeutet. Die Vorstellung, daß Virus selbständig gewordene Plasmaduplikanten am falschen Ort sind[7], erscheint fruchtbar. Sie kann aber erst dann zur Diskussion stehen, wenn dafür experimentelle Grundlagen vorliegen. Die Annahme, daß Bakterien selbständige Mitochondrien seien, ist dagegen abwegig.

Der Nachweis extragenischer Duplikanten sowie die Aufklärung ihrer Natur und biologischen Funktion verspricht eine so wesentliche Vertiefung der biologischen und medizinischen Erkenntnis, daß diese wohl als das wichtigste Forschungsgebiet bezeichnet werden kann. Die Duplikanten erscheinen als die elementaren Träger des Lebens: omnis duplicans e duplicanti eiusdem generis. Alle bisher bekannten duplikationsfähigen Elemente von lebenden Zellen sind makromolekulare Nucleinsäuren, die deshalb mit den Methoden der makromolekularen Chemie erforscht werden müssen[8].

---

[1] WINGE, Ö., and C. ROBERTS: C. R. Lab. Carlsberg (II) **24**, 264 (1948). — DAVIES R., and E. F. GALE,: Adaptation in Microorganisms. Cambridge 1953. — [2] SPIEGELMAN, S., R. R. SUSSMAN and E. PINSKA: Proc. nat. Acad. Sci. USA **36**, 591 (1950). — [3] SPIEGELMAN, S., L. S. BARON and H. QUASTLER: Fed. Proc. **10**, 130 (1951). — [4] RYAN, F. L., and L. K. SCHNEIDER: Genetics **34**, 72 (1949). Cold Spring Harbor Symp. quant. Biol. **11**, 125 (1946) [KAPLAN, R. W.: Naturwiss. **37**, 276 (1950)]. — [5] HEILMEYER, L.: Beitr. Klin. Tuberk. **111**, 55 (1954). — [6] LACASSAGNE, A., BUU-HOI, F. ZAJDELA et N. D. XUONG: Cr. **231**, 89 (1950). — [7] HADDOW, A.: Nature **154**, 194 (1944). — [8] VISCONTI, N., and M. DELBRÜCK: Genetics **38**, 5 (1953). — HERSHEY, A. D.; in: Green's Currents biochem. Res. 1956, S. 1.

Wenn alle Träger der wesentlichen und spezifischen Zellfunktionen letzten Endes Duplikanten sind, so müßten sich schließlich nicht nur die höheren biochemischen Funktionen, sondern auch viele pathologische Störungen und pharmakologische Wirkungen auf solche Organellen zurückführen lassen. Deshalb mußte das Problem der Duplikanten ausführlicher dargestellt werden.

b) Mutationen[1-25].

Die Erbmasse ist nicht absolut stabil. Ihre irreversible Veränderung wird als „Mutation" bezeichnet (DE VRIES). Die vitale Bedeutung der Erbfaktoren bedingt es, daß die meisten Mutationen letal sind. Sind sie es nicht, so wird die veränderte Erbmasse konstant auf die Tochtergenerationen übertragen. Soweit die betroffenen Erbträger in der Einzahl (Keimzellen, Haplonten) oder Zweizahl vorliegen, kann auch die Manifestation einer Mutation als „Alles-oder-Nichts"-Ereignis sprunghaft eintreten. Das galt bisher geradezu als Kriterium für das Vorliegen einer Mutation, die demgemäß oft als Folge eines „Eintreffer-Effekts" verstanden werden konnte. Ganz in diesem Sinne wurde gefunden, daß die durch Strahlen oder verschiedene Noxen an Bakterien ausgelösten Absterbefunktionen bei haploiden Formen durch „Eintreffer", bei diploiden durch 2 und bei tetraploiden durch 4 Treffer verursacht werden[26].

Die neuere Forschung hat gezeigt, daß auch im *Plasma* verhandene, merkmalstragende Duplikanten mutieren können[27]. Da sie in der Zelle wohl stets in einer größeren Vielzahl vorhanden sind, können die Veränderungen des Plasmons und ihre Manifestation nicht als „Alles-oder-Nichts"-Effekte betrachtet werden. Vielmehr müssen sich statistische Verteilungen der veränderten Duplikanten und

---

Zusammenfassende Darstellungen: 1—26. [1] VRIES, H. DE: Die Mutationstheorie. Leipzig 1901. Die Mutationen in der Erblichkeitslehre. Berlin 1912. — [2] MULLER, H. J.: Radiations and genetics. Amer. Naturalist **64**, 220 (1930). — [3] RISSE, O.: Physikalische Grundlagen der chemischen Wirkungen des Lichts und der Röntgenstrahlen. Ergebn. Physiol. **30**, 242 (1930). — [4] STERN, C.: Faktorenkopplung und Faktorenaustausch. Handb. Vererbungswiss. (BAUR-HARTMANN) Bd. I (H). — [5] STUBBE, H.: Labile Gene. Bibliogr. genet., den Haag **10**, 299 (1933). Spontane und strahlen-induzierte Mutabilität. Leipzig 1937. Genmutationen. Handb. Vererbungswiss. (BAUR-HARTMANN) Bd. 2 (F). — [6] DEMEREC, M.: Unstable genes in Drosophila. Cold Spring Harbor Symp. quant. Biol. **9**, 145 (1941). — [7] TIMOFÉEFF-RESSOVSKY, N. W.: Experimentelle Mutationsforschung in der Vererbungslehre. Dresden 1937. — [8] JORDAN, P.: Zur Quantenbiologie. Biol. Zbl. **59**, 1 (1939). — [9] DOBZHANSKY, T.: Genetics and the Origin of Species. New York 1941. — [10] BEADLE, G. W.: Biochemical genetics. Chem. Reviews **37**, 15 (1945). Genes and the chemistry of the organism. Sci. in Progr. **5**, 166 (1947). — [11] SCHRÖDINGER, E.: What is Life? London 1944. Dtsch. Übersetzung: Was ist Leben? Bern 1946. — [12] LEA, D. E.: Actions of Radiations on Living Cells. New York 1947. — [13] IRWIN, M. R.: Physiological aspects of genetics. Ann. Rev. Physiol. **9**, 605 (1947). — [14] TIMOFÉEFF-RESOVSKY, N. W., u. K. G. ZIMMER: Das Trefferprinzip in der Biologie. Biophysik, Bd. 1. Leipzig 1947. — [15] BEADLE, G. W.: Genes and biological enigmas. Sci. in Progr. **6**, 183 (1949). — [16] GLASS, B.: The genes and gene action. Survey. biol. Progr. **1**, 15 (1949). — [17] HALDANE, J.B.S.: The rate of mutation of human genes. Int. Conf. Genetics, Proc. 8 [Hereditas, Lund, Suppl. 267 (1949)]. — [18] CATCHESIDE, D. G.: Genetic effects of radiations. Adv. Genetics **2**, 271 (1948). — [19] OEHLKERS, F.: Mutationsauslösung durch Chemikalien. Berlin, Göttingen, Heidelberg 1949. — [20] BAUER, K. H.: Das Krebsproblem, Berlin, Göttingen, Heidelberg 1949. — [21] The Chemistry and Physiology of the Nucleus. Exp. Cell. Res., Suppl. **2**, 1952. — [22] SOMMERMEYER, K.: Quantenphysik der Strahlenwirkung in Biologie und Medizin. Leipzig 1952. — [23] DESSAUER, F.: Quantenbiologie. Berlin, Göttingen, Heidelberg 1954. — [24] KARLSON, P.: Biochemische Wirkungen der Gene. Ergebn. Enzymforsch. **13**, 85ff. (1954). — [25] STADLER, L. J.: Science, N.Y. **120**, 811 (1954).

[26] LATARJET, R., et B. EPHRUSSI: Cr. **229**, 306 (1949). — WEINFURTNER, F., u. G. A. VOERKELIUS: Naturwiss. **42**, 20 (1955). — [27] EPHRUSSI, B., H. HOTTINGUER et A.-M. CHIMÈNES: Ann. Inst. Pasteur **76**, 351 (1949). — EPHRUSSI, B., and H. HOTTINGUER: Nature **166**, 956 (1950). — CHEN, S.-Y., B. EPHRUSSI and H. HOTTINGUER: Heredity **4**, 337 (1950).

damit auch gleitende Veränderungen im Phänotyp ergeben[1]. Die Veränderung des einzelnen Duplikanten scheint dagegen prinzipiell sprunghaft zu erfolgen.

Die Mutabilität der einzelnen Erbträger ist verschieden. Ferner ist in ihrem makromolekularen Gefüge mit potentiellen oder auch aktuellen „Lockerstellen" (H. MARQUARDT) zu rechnen, so daß bestimmte Mutationen häufiger beobachtet werden als andere[2]. Das gilt jedoch nur dann, wenn die einwirkende Energie etwa der benötigten Aktivierungsenergie entspricht. Ist sie dagegen erheblich größer, so können sich nur zufallsverteilte Mutationen ergeben. „Gerichtete" Mutationen sind nicht bekannt. Die meisten Mutationen sind destruktiv, solche mit positivem Selektionswert haben eine sehr geringe Wahrscheinlichkeit, können aber bei der großen Zahl von Keimzellen und Individuen trotzdem auftreten und würden sich dann nach einer entsprechenden Latenzzeit schnell durchsetzen.

Bei allen Anwendungen des Begriffes „Mutation" muß klar sein, ob damit die Veränderung des Erbträgers selbst, also der Primärvorgang gemeint ist, oder seine, im Phänotyp erkennbaren Folgen. Da ihre Manifestation meist erst nach langer Zeit, unter Umständen erst nach Generationen erfolgt und von vielen anderen Faktoren abhängt[3], wird hier unter „Mutation" lediglich die irreversible Veränderung von Merkmalsträgern („Duplikanten") verstanden, d. h. der Primärvorgang.

Das Wort Mutation ist damit ein Sammelbegriff für alle irreversiblen Veränderungen der Eigenschaften von Erbträgern, ihren quantitativen Relationen durch Verlust oder Zunahme oder ihrer Position zueinander. Mutationen können auftreten an: *Chromosomen* (Brüche, Rekombinationen mit „new arrangements", Translokationen, Inversionen, Duplikationen, Defekte und Chromatiden-Brüche), an *Genomen* (Polyploidie, Heteroploidie), an *Genen* und an *Plasmaduplikanten*. Sie sind ihrem Wesen nach verschieden[4], ebenso in ihren Folgen und hinsichtlich ihrer Ursachen. Eine einheitliche Theorie „der" Mutation ist daher unmöglich. R. B. GOLDSCHMIDT[5] vertritt die Ansicht, daß alle Mutationen Lageeffekte sind und daß die Annahme corpusculärer Gene nicht erforderlich sei, um Mutationen zu verstehen. STURTEVANT[6] vertritt den gegenteiligen Standpunkt.

Mutationen kommen in der ganzen belebten Welt von Virus und Bakterien bis zum Menschen vor und sind in allen Stadien der Keimbahn und Ontogenese möglich, unabhängig von der Zellteilung. Ihr Nachweis kann direkt cytologisch bzw. karyologisch erfolgen, soweit es sich um sichtbare Chromosomenmutationen handelt. Genmutationen sind bisher nur durch den Vererbungsversuch (Bastardierung) am veränderten Phänotyp oder an der veränderten chemischen Funktion auch der reinen Nachkommen erweisbar. Die chemische Genetik hat jedoch an Einzellern (z. B. den Haplonten Neurospora crassa) besonders wichtige Einblicke in die Funktion der Gene ermöglicht, zumal hier Mutationen sogar an einzelnen Zellen feststellbar sind[7]. Die genetische Analyse ist oft durch die Koppelung

[1] MICHAELIS, P.: Naturwiss. **41**, 22 (1954). — [2] TIMOFÉEFF-RESSOVSKY, N. W.: Experimentelle Mutationsforschung in der Vererbungslehre. Dresden 1937. — [3] NEWCOMBE, H. B.: Genetics **33**, 447 (1948). — [4] MARQUARDT, H.: Exper. **5**, 31 (1949). Naturwiss. **37**, 416 (1950).— STADLER, L. J.: Science, N. Y. **120**, 811 (1954). — [5] GOLDSCHMIDT, R. B.: Exper. **2**, 197, 250 (1946). — [6] STURTEVANT, A. H.: Genetics in the 20th Century. S. 101. New York 1950. — [7] BEADLE, G. W., and E. L. TATUM: Genetic controls of biochemic reactions. Proc. nat. Acad. Sci. USA **27**, 499 (1041). — LEDERBERG, J., and E. L. TATUM: Cold Spring Harbor Symp. quant. Biol. **11**, 113 (1946). — BEADLE, G. W.: Biochemical genetics. Chem. Reviews **37**, 15 (1945). Genes and the chemistry of the organism. Sci. in Progr. **5**, 166 (1947). — BONNER, D.: Cold Spring Harbor Symp. quant. Biol. **11**, 14 (1946). — BEADLE, G. W.: Genes and biological enigmas. Sci. in Progr. **6**, 183 (1949). — KAPLAN, R. W.: Naturwiss. **37**, 276 (1950). — WADDINGTON, C. H.: Symp. Soc. exp. Biol. **2**, 145 (1948). — EPHRUSSI, B., and H. HOTTINGUER: Nature **166**, 956 (1950).

mehrerer Faktoren[1] (Pleiotropie) erschwert; manche Phäne (manifeste Erbmerkmale) sind polygen bedingt, andererseits haben manche Gene eine polyphäne Wirkung. Erbänderungen, die ein Geschlechtschromosom betroffen haben, werden geschlechtsgebunden vererbt. Die meisten Mutationen sind recessiv, werden also bei Diploiden erst in einer späteren Generation manifest. Letale Mutationen eliminieren sich selbst. Die Effekte von Erbänderungen können durch „Suppressorgene" verdeckt werden. Auch Rückmutationen sind möglich[2].

Mutationen können „spontan" auftreten (vgl. Fußnote S. 95). Die Häufigkeit ist bei den einzelnen Arten unter konstanten Bedingungen konstant und ein charakteristisches, erbliches Merkmal von Art und Rasse. Die Raten der Spontanmutationen[3] betragen z. B. bei Bact. coli 10^{-5} bis 10^{-10}, bei Drosophilaarten $5 \cdot 10^{-3}$ bis $5 \cdot 10^{-5}$ und beim Menschen[4] (Hämophilie, PELGER-Anomalie, Retinoblastom u. a.) ziemlich gleichmäßig etwa $3 \cdot 10^{-5}$. Ihre Wahrscheinlichkeit ist also gering. Die ungeheure Zahl der Keimzellen (besonders der männlichen) und Individuen ermöglicht indessen die Verifizierung auch extrem seltener Ereignisse, wie z. B. von Mutationen mit positivem Selektionswert. Darin liegt vielleicht die besondere Bedeutung der „großen Zahl" in der Biologie. Spontanmutationen kommen bei allen Lebewesen vor, auch bei Virus. Zum Beispiel wurde die Umwandlung des SHOPE-Virus (Kaninchen) in ein SANARELLI-Virus beobachtet[5]. Damit kann als sicher gelten, daß auch die Virulenz und Pathogenität von Krankheitserregern sich mutativ ändern können. Das Auftreten einer Resistenz, z. B. gegen Pharmaka oder Phagen, beruht auf der Selektion von Mutanten[6]. Die Unterscheidung spontaner und induzierter Mutationen bei Bakterien ist durch Plattenteste möglich[7].

Die Rate der „Spontanmutationen" ist von Umwelteinflüssen abhängig. Erhöhungen der Temperatur um 10° C innerhalb des biologisch zuträglichen Bereiches erhöht die Rate bei Drosophila um das 3—5fache[8], steigert also die „Mutabilität" der Erbträger. Die Temperaturabhängigkeit soll allgemein der ARRHENIUS-Formel[9]

$$C = \frac{1}{t} = Z e^{-\frac{U}{KT}} \tag{IV}$$

folgen, in der Z eine von der Aktivierungsenergie abhängige Konstante, U die Aktivierungsenergie des Mutationsschrittes (etwa 10—20 Cal/Mol, 0,5—1,5 eV), K die BOLTZMANN-Konstante ($0{,}86 \cdot 10^{-4}$ eV · Grad^{-1} · Mol^{-1} bzw. 1,98 cal) und T die absolute Temperatur bedeutet. Hiernach wird angenommen[10], daß die Ursache für das Auftreten von Spontanmutationen in überschwelligen Wärmeschwingungen („Punktwärme") im makromolekularen Bereich zu suchen ist. Die Häufigkeit des Ereignisses entspräche also der statistischen thermodynamischen Wahrscheinlichkeit, mit der ein Makromolekül zeitweise die zur

---

[1] STERN, C.: Faktorenkopplung und Faktorenaustausch. Handb. Vererbungswiss. (BAUR-HARTMANN) Bd. 1 (H) (1933). — [2] TIMOFÉEFF-RESSOVSKY, N. W.: Roux' Arch. Entw.-Mech. **113**, 245 (1928). — [3] COCCHI, U., H. GLOOR u. H. R. SCHINZ: D. m. W. **1950**, 548. — [4] HALDANE, J. B. S.: The rate of mutations of human genes. Int. Conf. Genetics **8**, [Hereditas, Lund, Suppl. 267 (1949)]. — NACHTSHEIM, H.: Naturwiss. **41**, 385 (1954). — [5] BEERY, G. P., and H. M. DEDRICK: J. Bacteriology **31**, 50 (1936). — [6] LURIA, S. E., and M. DELBRÜCK: Genetics **28**, 491 (1943). — OAKBERG, E. G., and S. E. LURIA: Genetics **32**, 249 (1947). — SCHUBERT, G.: D. m. W. **1951**, 1581. — [7] NEWCOMBE, H. B.: Nature **164**, 150 (1949). — BORNSCHEIN, H., W. DITTRICH u. G. HÖHNE: Naturwiss. **38**, 383 (1951). — [8] MULLER, H. J., and E. ALTENBURG: Proc. Soc. exp. Biol. Med. **17**, 10 (1919). — BRUHIN, A.: Naturwiss. **38**, 565 (1951). — [9] ARRHENIUS, S.: Z. physik. Chem. **4**, 233 (1889). — DESSAUER, F.: Quantenbiologie. Berlin, Göttingen, Heidelberg 1954. — [10] TIMOFÉEFF-RESSOVSKY, N. W., K. G. ZIMMER u. M. DELBRÜCK: Nachr. Ges. Wiss. Göttingen, Fachgr. 6, (N. F.) **1**, 189 (1935). — LEMBKE, A., W. KAUFMANN, H. LAGONI u. H. GANTZ: Naturwiss. **38**, 564 (1951).

Auslösung der Reaktion nötige kritische Energie besitzt. Demnach müßte jede Art von Energiezufuhr die Mutationsrate erhöhen können, sofern sie nur groß genug ist, und den empfindlichen Bezirk erreicht. Viele quantitative Untersuchungen an strahleninduzierten Mutationen und vor allem die auffallende Unspezifität der physikalischen und chemischen Mutagene sprechen für diese molekularphysikalische Theorie. Die letzte Ursache der „spontanen" Mutationen läge also in der relativen Instabilität der als Genorte anzunehmenden Makromoleküle[1, 2] gegenüber den normalen Umwelteinwirkungen (vgl. Spontanzerfall großer Atomkerne). Da die Mutabilität von Genen unter konstanten Bedingungen eine konstante und für jede Art charakteristische, erbliche Größe ist, führt die Molekulartheorie der Gene zu dem Schluß, daß die Instabilität von Genmolekülen einen individuell und artlich typischen Wert hat.

Von der Temperaturabhängigkeit der Mutationen ist die mutagene Wirkung von Temperaturschocks (Hitze und Kälte) streng zu unterscheiden. Sie soll bei der Bildung der Arten in der Phylogenese eine Rolle gespielt haben[3]. Dasselbe kann für die Höhenstrahlung gelten[4].

Die Rate der Spontanmutationen bzw. die Mutabilität von Erbfaktoren ist ferner abhängig vom Geschlecht[5], vom Stoffwechsel[6] und der Ernährung[7]. Störungen des Nucleinsäurestoffwechsels können die Bruchbereitschaft von Chromosomen erhöhen[8]. Wichtig ist die Abhängigkeit vom Alter. Gealterte Samen haben eine wesentlich erhöhte Mutationsrate[9]. Mutagen wirksame Stoffe sind aus gealterten Samen extrahierbar[10].

Die *künstliche Auslösung von Mutationen* gelang zuerst mit *Röntgenstrahlen*. Bei Drosophila kann die Mutationsrate um das 750fache erhöht werden[11], auch bei Mäusen wurden nach Röntgenbestrahlung mutative Veränderungen in der Nachkommenschaft erzeugt[12]. Von besonderer praktischer Bedeutung ist die Möglichkeit, mutante Rassen von Bakterien auf diese Weise experimentell zu gewinnen[13]. Seitdem ist die Auslösung von Mutationen durch Röntgenstrahlen[1,14] die wichtigste Methode geworden, um ausreichende Zahlen von Mutanten zu gewinnen, die Lage und Funktion von Erbträgern zu klären und die mutagene Wirkung selbst qualitativ und quantitativ zu analysieren.

Eine ganze Reihe von Mutationen, z. B. von Drosophila, zeigten eine direkte Proportionalität zwischen der Strahlendosis, gemessen in r, und der Zunahme der Mutationsrate, und zwar unabhängig von der zeitlichen Verteilung der Dosis und der Wellenlänge der Strahlung[14, 15]. Die Wirkung wird also allein durch die Menge der applizierten ionisierenden Strahlung bestimmt. Eine unterschwellige Dosis gibt es dabei anscheinend nicht[16]. Die Einfachheit der beobachteten Beziehung führte zur Aufstellung der „Treffer-Theorie" für die mutagene Strahlen-

[1] TIMOFÉEFF-RESSOVSKY, N. W.: Experimentelle Mutationsforschung in der Vererbungslehre. Dresden 1937. — [2] SCHRÖDINGER, E.: Was ist Leben? Bern 1946. — STADLER, L. J.: Science, N. Y. **120**, 811 (1954). — [3] DOBZHANSKY, T.: Genetics and the Origin of Species. New York 1941. — [4] EUGSTER, J.: Bull. schweiz. Ges. Anthropol. **3**, 49 (1953). — [5] AUERBACH, C.: J. Genetics **41**, 255 (1941). — [6] AUERBACH, C., and J. M. ROBSON: Proc. R. Soc. Edinburgh (B) **62**, 284 (1947). — [7] OLENOV, J. M.: Nature **143**, 858 (1939). — [8] DARLINGTON, C. D.: Symp. Soc. exp. Biol. **1**, 252 (1947). — [9] NAWASCHIN, M.: Planta, Berlin **20**, 233 (1933). — STUBBE, H.: Biol. Zbl. **55**, 209 (1935). — MULLER, H. J.: Genetics **31**, 225 (1946). — KAPLAN, R.: Z. Naturforsch. **2**b, 308 (1947). — [10] MARQUARDT, H.: Ärztl. Forsch. **3**, 465 (1949). — [11] MULLER, H. J.: Science, N. Y. **66**, 84 (1927). — [12] HERTWIG, P.: Erbarzt **6**, 41 (1939). — [13] CROLAND, R.: Cr. **216**, 616 (1943). — DEMEREC, M.: Proc. nat. Acad. Sci. USA **32**, 36 (1946). — [14] MULLER, H. J.: Radiations and genetics. Amer. Naturalist **64**, 220 (1930). — CATCHESIDE, D. G.: Genetic effects of radiations. Adv. Genetics **2**, 271 (1948). — [15] HANSON, F. B., F. HEYS and E. STANTON: Amer. Naturalist **65**, 134 (1931). — HASKINS, C. P.: Proc. nat. Acad. Sci. USA **21**, 443 (1935). — [16] AUERBACH, C.: Exper. **13**, 217 (1957). — DEMEREC, M., and J. SAMS: Science N.Y. **127**, 1059 (1958).

wirkung[1,2]. Die Mutation eines Gens oder allgemeiner gesagt eines Duplikanten in der Zelle erfolgt sprunghaft als unstetiges „Alles-oder-Nichts"-Ereignis. Deshalb wird sie als Folge eines oder mehrerer „Treffer" in einem Steuerungszentrum angesehen, deren Auslösung einer Ionisierung durch Sekundärelektronen entspricht. Die Verteilung der Treffer unterliegt dem Zufall und folgt deshalb statistischen Gesetzen. Die Rate der erzeugten Mutanten N^+ in einer Population von N_0-Individuen läßt sich daher durch die POISSONsche Näherung[3] berechnen:

$$N^+ = N_0 \,(1 - e^{-VD}) \sum_{k=0}^{n-1} \frac{(VD)^k}{K!} \tag{V}$$

worin V das Volumen des empfindlichen Trefferbereichs[4], D die Dosis und n die Anzahl der für eine Mutation erforderlichen Treffer angeben. Bei $n = 1$ („Eintreffer-Ereignis") vereinfacht sich die Gl. (V) zu[5]

$$N^+ = N_0 \,(1 - e^{-VD}) \tag{VI}$$

Bleibt die Zahl der getroffenen Elemente gegenüber ihrer Gesamtzahl im Wirkungsbereich klein, was meist zutrifft, so kommt nur der praktisch linear ansteigende Anfangsteil der Kurve in Betracht und es gilt die experimentell beobachtete einfache Proportionalität, z. B.

$$N^+ = N_0 \, V D. \tag{VII}$$

Hieraus läßt sich, da alle anderen Größen aus dem Experiment bekannt sind, der empfindliche Treffbereich V berechnen[6,7]. Es ergaben sich für den Durchmesser Werte von 1—2 mμ. Das empfindliche Volumen kann danach etwa 100 bis 1500 Atome enthalten und in der Größenordnung eines Makromoleküls liegen[4,8], das wahrscheinlich dem betreffenden „Gen" entspricht. Hiernach muß mit einer Fortleitung der aufgenommenen Energie innerhalb des getroffenen Moleküls zu einer labilen Atomgruppierung gerechnet werden[9]. Die beobachteten Genmutationen können somit als monomolekuläre Ereignisse gedeutet werden und die betroffenen Gene selbst als „einzelne" Makromoleküle oder Molekülgruppen in ihnen diskutiert werden[2,7,10].

Wenn diese Deutungen auch der Kritik unterliegen, so führten sie doch zu ersten präzisen Vorstellungen über die Natur von Genen[2,7,10] und die sich an ihnen abspielenden Mutationsvorgänge. Ein Gen wird als makromolekularer spezifischer Atomverband angesehen, dessen Atomen und Atomgruppen bestimmte Elektronenzustände zukommen. Die Mutation eines Gens wird als Atomumlagerung, als Bindungs-Dissoziation[2,7,10] oder nur als räumliche Umfaltung von Nucleinsäure oder von Polypeptidketten[11] gedeutet, bzw. mit der Umwandlung eines Krystalls von definierter Molekülzahl in eine allotrope Modifikation verglichen[12], kann aber auch in einer chemischen Veränderung bestehen[13].

---

[1] BLAU, M., u. K. ALTENBURGER: Z. Physik **12**, 315 (1923). — DESSAUER, F.: Z. Physik **12**, 38 (1923); **84**, 218 (1933). — GLOCKER, R.: Z. Physik **77**, 653 (1932). — RAJEWSKY, B.: Wiss. Woche Frankfurt **2**, 93 (1939). — JORDAN, P.: Zur Quantenbiologie. Biol. Zbl. **59**, 1 (1939). — RIEHL, N., N. W. TIMOFÉEFF-RESSOVSKY u. K. G. ZIMMER: Naturwiss. **29**, 625 (1941). — [2] TIMOFÉEFF-RESSOVSKY, N. W., u. K. G. ZIMMER: Das Trefferprinzip in der Biologie. Biophysik, Bd. 1. Leipzig 1947. — [3] POISSON, S. D.: Recherches sur la probabilité des jugements en matière criminelle et en matière civile. Paris 1837. — [4] TIMOFÉEFF-RESSOVSKY, N. W., u. M. DELBRÜCK: Z. indukt. Abstamm.- u. Vererb.-Lehre **71**, 322 (1936). — [5] ZIMMER, K. G.: Strahlentherapie **51**, 179 (1934). — [6] BELGOWSKY, M. L.: Bull. Inst. Genet. USSR 159 (1939). — MULLER, H. J.: J. Genetics **40**, 1 (1940). — [7] TIMOFÉEFF-RESSOVSKY, N. W.: Experimentelle Mutationsforschung in der Vererbungslehre. Dresden, Leipzig 1937. — [8] STADLER, L. J.: Science, N. Y. **120**, 811 (1954). — [9] SCHEIBE, G., S. HARTWIG u. R. MÜLLER: Z. Elektrochem. **49**, 372, 383 (1943). — [10] DEMEREC, M.: What is a gene? J. Heredity **24**, 369 (1933). — WADDINGTON, C. H.: Organisers and Genes. London. 1947. — STARLINGER, P., u. F. KAUDEWITZ: Z. Naturforsch. **11**b, 317 (1956). — [11] SCHRAMM, G.: Z. Naturforsch. **3**b, 320 (1948). — [12] DEHLINGER, U.: Naturwiss. **24**, 391 (1946). — DEHLINGER, U., u. E. WERTZ: Naturwiss. **30**, 250 (1942). — [13] HERSHEY, A. D.: J. gen. Physiol. **37**, 1 (1953/54).

Nach neueren Beobachtungen an makromolekularen Modellsubstanzen kann die Einwirkung mutagener Agentien sowohl zu Brüchen, also zur Depolymerisation führen, als auch zu Polymerisationen[1]. Wahrscheinlich kommt es zunächst zu einer Ionisierung an einer Stelle des Makromoleküls, an der dann sowohl ein Bruch als auch die Anlagerung einer anderen Kette (chain transfer) erfolgen kann, ähnlich wie das im mikroskopischen Bereich an Chromosomen als Bruch oder Verklebung direkt beobachtet werden kann. Die Empfindlichkeit der Makromoleküle, z. B. gegen die Strahlenwirkung, muß notwendig von ihrem Zustand abhängen. Für die vernetzte z. B. spiralisierte und damit entquollene Form ist eine relative Stabilität anzunehmen, während der entfaltete Zustand, in dem die Restvalenzkräfte freiliegen und eine erhebliche Quellung ermöglichen, als besonders empfindlich gelten kann. Mit zunehmender Quellung nimmt auch die Strahlenempfindlichkeit biologischer Objekte zu. Bei feuchten Samen ist die Mutationsrate höher als bei trockenen und wächst mit dem Wassergehalt.

Hiernach ist anzunehmen, daß die Mutabilität z. B. von Chromosomen oder auch von anderen ,,Duplikanten" am größten ist, wenn sie im entfalteten, gequollenen Zustand vorliegen, wie bei der Funktion und vor allem bei der Duplikation. Bei der Zellteilung gehen die Chromosomen dagegen unter Entquellung in eine spiralisierte, vernetzte Form über. Damit muß ihre Stabilität zunehmen. Die mutagene Wirkung greift also mit aller Wahrscheinlichkeit nicht während der ,,Mitose" an, sondern in der ,,Interphase" z. B. dann, wenn die Duplikation der Erbträger stattfindet. Die Tatsache, daß die morphologische Manifestation von Mutationen erst bei der Mitose erkennbar wird, darf nicht zu der Vorstellung führen, daß auch der Primärvorgang erst jetzt erfolgt sei. Zwischen ihm und der Manifestation können sogar viele Zellgenerationen liegen[2].

Grundsätzlich wird eine Mutation eines ,,Gens" (Duplikanten) darin gesehen, daß es aus einem stabilen Zustand in einen anderen übergeführt wird[3]. Dafür ist ein Energiehub (Ionisierung, Resonanz[4]) notwendig, der einen kritischen Schwellenwert überschreiten muß (DELBRÜCK). Die Größe der erforderlichen Aktivierungsenergie ist von Fall zu Fall verschieden. Aus Beobachtungen an Drosophila wurden Werte von 0,5—1,5 eV bzw. 10—20 Cal/Mol berechnet[5]. Die Ionisierungsenergie beträgt demgegenüber etwa 30 eV. Daher sind die durch ionisierende Strahlen ausgelösten Mutationen unabhängig von der Stabilität des betreffenden Erbträgers[6]. Die Wahrscheinlichkeit W für eine Mutation, also dafür, daß ein Freiheitsgrad bei der Temperatur T die Energie U hat, läßt sich unter Annahme einer quasi monomolekularen Reaktion näherungsweise mit der Formel von ARRHENIUS[7]

$$W = Z e^{-\frac{U}{RT}} \tag{VIII}$$

bestimmen. Hierin bedeutet Z die Anzahl der empfindlichen Elemente im Wirkungsbereich und ihre mittlere Lebensdauer. Änderungen der Aktivierungsenergie U haben danach gewaltige Änderungen der Mutationswahrscheinlichkeit zur Folge (DELBRÜCK). Die Beziehung zwischen Dosis und Häufigkeit der Mutationen ist jedoch keinesfalls eine proportionale. Große Dosen wirken vielmehr unmittelbar letal und nur nach kleinen Dosen, die längere Zeit einwirken, lassen sich häufiger Mutationen beobachten.

---

[1] CARROLL, W. R., E. R. MITCHELL and M. J. CALLANAN: Arch. Biochem. **39**, 232 (1952).— [2] NEWCOMBE, H. B.: Genetics **33**, 447 (1948). — FRIEDRICH-FREKSA, H., u. F. KAUDEWITZ: Z. Elektrochem. **55**, 575 (1951). — KAUDEWITZ, F.: Z. Naturforsch. **9**b, 694, 698 (1954). — [3] SCHRÖDINGER, E.: Was ist Leben ? Bern 1946. — [4] JORDAN, P.: Naturwiss. **29**, 89 (1941). — [5] POLANYI, M., u. E. WIGNER: Z. physikal. Chem. (A) **139**, 439 (1928). — LEMBKE, A., W. KAUFMANN, H. LAGONI u. H. GANTZ: Naturwiss. **38**, 564 (1951). — [6] STADLER, L. J.: Science, N. Y. **120**, 811 (1954). — [7] ARRHENIUS, S.: Z. physik. Chem. **4**, 223 (1889). —

Diese für strahleninduzierte Mutationen entwickelten Vorstellungen können naturgemäß nicht verallgemeinernd auf alle Arten von Mutationen angewendet werden, die ihrem Wesen und ihren Ursachen nach sehr verschieden sind. Die quantitativen Formulierungen erlauben es aber, ihren Wirklichkeitswert im Einzelfall zu prüfen. Das Wesentliche wird darin gesehen, daß für die Auslösung von Mutationen kein irgendwie spezifisch geartetes Agens angenommen, sondern lediglich die Zufuhr eines Energiebetrages beliebiger Art aber definierter Größe vorausgesetzt wird. Dem entspricht die Erfahrung, daß mutagene Agentien anscheinend völlig unspezifisch sind.

Neben den Röntgenstrahlen haben sich auch γ-Strahlen des Atomzerfalls sowie β- und α-Teilchen als mutagen erwiesen[1]. Nach Einwirkung von 0,1 μC/ml ^{32}P wurde eine Zunahme von Zellen mit Chromosomenabweichungen um das 15fache gesehen[2].

An Epilobium lösten ^{32}P oder ^{35}S bei einer Dosierung von etwa 0,2 mC/100 ml Substrat bis zu 40% Mutationen, und zwar auch solche des Plasmons aus[3]. An Amoeba proteus und an B. coli führte die Behandlung mit ^{32}P erst nach vielen Generationen zu Letalmutationen oder auch zur Bildung von Riesenformen[4]. Die Aufnahme des ^{32}P in Nucleinsäuren würde durch den Zerfall im empfindlichsten Bereich die größte Trefferwahrscheinlichkeit bedingen. Deswegen wird vor dem unnötigen Gebrauch der radioaktiven Isotope in der Medizin gewarnt[3].

Die Wirkung der kosmischen Strahlung läßt sich noch nicht beurteilen. Die natürliche Radioaktivität des Kaliums ist für eine meßbare Wirkung etwa 1000fach zu klein[5].

Die *mutagene Wirkung der ultravioletten Strahlen*[6] hat ihr Maximum bei 265 mμ, also im Absorptionsmaximum der Nucleinsäuren, reicht aber etwa bis 315 mμ[7]. Da der Energiewert auch des sichtbaren Lichts mit mehr als 1,35 eV noch oberhalb des kritischen Schwellenwertes liegt, sichtbares Licht aber keine Mutationen erzeugt, wird angenommen, daß die Genstrukturen für dieses durchlässig sind. Nach Anfärbung der Zellen mit einer photosensibilisierenden Substanz, z.B mit Erythrosin, wirkt auch das sichtbare Licht mutagen[8].

Die mutagene Strahlenwirkung braucht die Erbmasse nicht direkt zu treffen und unmittelbar zu verändern, sondern kann auch eine „indirekte“ sein. Die Übertragung von Pflanzenvirus in vorbestrahlte Zellen lieferte die gleiche Mutationsrate wie eine direkte Bestrahlung[9]. Röntgenbestrahlte Plasmagranula von Seeigeleiern lösten nach Übertragung in unbestrahlte Eier die gleichen Mutationen aus wie die direkte Bestrahlung der Eier[10]. Hier wäre jedoch auch an mutative Änderungen der Granula zu denken, indessen erzeugt die Bestrahlung des Nähr-

[1] Hanson, F. B., F. Heys and E. Stanton: Amer. Naturalist **65**, 134 (1931). — Timoféeff-Ressovsky, N. W.: Experimentelle Mutationsforschung in der Vererbungslehre. Dresden, Leipzig 1937. — [2] Giles, N. H. jr.: Proc. nat. Acad. Sci. USA **33**, 283 (1947). — Giles, N. H. jr., and R. A. Bolomey: Cold Spring Harbor Symp. quant. Biol. **13**, 104 (1948). — [3] Michaelis, P., u. R. Kaplan: Naturwiss. **40**, 534 (1953). — Michaelis, P.: Naturwiss. **41**, 22 (1954). — Haldane, J. B.: S. Nature **176**, 115 (1955). — Harbers, E., u. P. Doering: Kli. Wo. **1955**, 777. — The responsibilities of the medical profession in the use of X-rays and other ionizing radiations. United Nations Scientific Committee Report. J. nat. Cancer Inst. **18**, 481 (1957). — [4] Friedrich-Freksa, H., u. F. Kaudewitz: Z. Elektrochem. **55**, 575 (1951). — [5] Muller, H. J., and L. M. Mott-Smith: Proc. nat. Acad. Sci. USA **16**, 277 (1930). — [6] Altenburg, E.: Amer. Naturalist **68**, 491 (1934). — Catcheside, D. G.: Genetic effects of radiations. Adv. Genetics **2**, 271 (1948). — [7] Knapp, E., A. Reuss, O. Risse u. H. Schreiber: Naturwiss. **27**, 304 (1939). — Lembke, A., W. Kaufmann, H. Lagoni u. H. Gantz: Naturwiss. **38**, 564 (1951). — Kaplan, R. W.: Z. Naturforsch. **7**b, 291 (1952). — [8] Kaplan, R. W.: Naturwiss. **37**, 276 (1950). — [9] Kausche, G. A., u. H. Stubbe: Naturwiss. **28**, 824 (1940). — [10] Duryee, W. R.: J. nat. Cancer Inst. **10**, 735 (1949/50).

bodens an Neurospora crassa ebenso Mutationen wie die Bestrahlung der Zellen selbst. Derartige Beobachtungen wurden zu der Vorstellung verallgemeinert, daß die mutagene Strahlenwirkung *stets* eine indirekte sei und die auf der Annahme direkter Strahlenwirkungen beruhende Treffertheorie daher abzulehnen sei.

Die „indirekte" Strahlenwirkung wird als Oxydation gedeutet[1], bei derPeroxyde, im Wasser Wasserstoffperoxyd[2] und wahrscheinlich auch Radikale und Ionen entstehen. Die Photooxydation, z.B. von Benzol zu Phenol, erlaubt sogar recht genaue Bestimmungen der Strahlendosis[3]. Diese Vorstellung wird durch die Tatsache gestützt, daß Peroxyde mutagen wirksam sind[4]. Andererseits kann aber auch die direkte Strahlenwirkung als Oxydation betrachtet werden[5]. Katalase wird schon durch 5 r inaktiviert[6]. Unter Sauerstoff ist die Strahlenempfindlichkeit biologischer Objekte am größten. Sauerstoffmangel erhöht dagegen die Strahlenresistenz der Individuen[7], ebenso Blausäure[8]. Das Mercaptoäthylamin schützt vor der mutagenen Strahlenwirkung nicht[9].

Da auch Produkte des Zellstoffwechsels Chromosomenmutationen verursachen können[10], ist es wohl möglich, daß auch die chromosomale Erbmasse cytoplasmatischen Einflüssen unterliegen kann und daß indirekte mutagene Wirkungen über das Cytoplasma möglich sind. Andererseits sind auch additive Wirkungen (Infrarot- und anschließende Röntgenbestrahlung) bei der Erzeugung von Mutationen beobachtet worden. Die Auffassung, daß Mutationen stets „Alles-oder-Nichts"-Effekte sein müssen, kann ebensowenig allgemein gelten, wie die Annahme, daß stets Eintreffer-Effekte vorliegen[11]. Das mutative Geschehen an Erbträgern läßt wohl die mannigfaltigsten Möglichkeiten zu. Es ist ganz unwahrscheinlich, daß alle auf demselben, etwa spezifischen Vorgang beruhen.

Die Auslösung von Mutationen mit chemischen Substanzen[12] gelang zuerst mit Choralhydrat und Bichromat[13], dann auch mit Äthylurethan[14] (und KCl). Als besonders wirksame Mutagene erwiesen sich die Senfgase[15] Dichlordiäthylsulfid (Lost, Yperit), Methyl-(bis-β-chloräthyl)-amin (Stickstofflost), (tris-Chloräthyl)-amin u. ä. Mit ihnen wurden an den verschiedensten Objekten, wie Drosophila[15], Neurospora[16], Hefe[17] und an Paramaecien[18] teils sichtbare Chromosomenmutationen, teils genetisch nachgewiesene Erbänderungen erzeugt, und zwar mit Ausbeuten bis zu 25%.

Besonderes Interesse verdient die Auslösung einer Mutation an Hefe (Saccharomyces cerevisiae), die z.B. durch Euflavin (Acridin-Farbstoff) möglich ist und zu einem Verlust des Atmungsvermögens führt, so daß die Zellen in der Kultur nur

---

[1] Straub, W.: A.e.P.P. **51**, 385 (1904). — Bacq, Z. M., et P. Alexander: Principes de radiobiologie. Paris, Liège 1955. — [2] Risse, O.: Physikalische Grundlagen der chemischen Wirkungen des Lichts und der Röntgenstrahlen. Ergebn. Physiol. **30**, 242 (1930). — Lea, D. E.: Actions of Radiations on Living Cells. New York 1947. — [3] Day, M. J., and G. Stein: Nature **164**, 671 (1949). — [4] Dickey, F. H., G. H. Cleland and C. Lotz: Proc. nat. Acad. Sci. USA **35**, 581 (1949). — [5] Kaplan, R. W.: Z. Naturforsch. **7**b, 291 (1952). — [6] Forssberg, A.: Nature **159**, 308 (1947). — [7] Lacassagne, A.: Cr. **215**, 231 (1942). — [8] Herve, A., et Z. M. Bacq: C. R. Soc. Biol. **143**, 881 (1949). — [9] Kaplan, W. D., and M. F. Lyon: Science, N. Y. **118**, 776 (1953). — [10] Marquardt, H.: Naturwiss. **37**, 433 (1950). — [11] Swanson, C. P., and A. Hollaender: Proc. nat. Acad. Sci. USA **32**, 295 (1946). — [12] Irwin, M. R.: Physiological aspects of genetics. Ann. Rev. Physiol. **9**, 605 (1947). — Auerbach, C.: Biol. Reviews **24**, 355 (1949). — Oehlkers, F.: Mutationsauslösung durch Chemikalien. Berlin, Göttingen, Heidelberg 1949. — Boyland, E.: Mutagens. Pharmacol. Rev. **6**, 345 (1954). — [13] Stubbe, H.: Naturwiss. **22**, 781 (1934). — [14] Oehlkers, F.: Z. indukt. Abstamm.- u. Vererb.-Lehre **81**, 313 (1943). — Vogt, M.: Exper. **4**, 68 (1948). — Marquardt, H.: Exper. **5**, 443 (1949). — [15] Auerbach, C., and J. M. Robson: Nature **154**, 81 (1944); **157**, 302 (1946). — Auerbach, C., J. M. Robson and J. G. Carr: Science, N. Y. **105**, 243 (1947). — Auerbach, C., and H. Moser: Nature **166**, 1019 (1950). — [16] Horowitz, N. H., M. B. Houlaham, M. G. Hungate and B. Wright: Science, N. Y. **104**, 233 (1946). — [17] Reaume, S. E., and E. L. Tatum: Arch. Biochem. **22**, 331 (1949). — [18] Geckler, R. P.: Genetics **35**, 253 (1950).

Tabelle 15.

Mutagene Substanzen[1].

Wasserstoffperoxyd[2]	1, 2-Benzanthrazen[2,12]
Peroxyde[3]	1, 2, 5, 6-Dibenzanthrazen
Jod, Kaliumjodid[4]	3, 4-Benzpyren
Blausäure[5]	20-Methylcholanthren
Nitrite[5]	4-Dimethylamino-azobenzol[2,12]
Bichromat[6]	Styryl 430 BROWNING
Formaldehyd[2,7]	Sulfonamide[2,12]
Chloralhydrat[6]	Akridin-Verbindungen[2,12]
Äthylurethan[2,9]	Methylxanthin[2,12]
$S(CH_2—CH_2—Cl)_2$ („Lost")[2,10]	Putrescin[13]
$O(CH_2—CH_2—S—CH_2—CH_2—Cl)_2$	Colchicin[13]
$N(CH_2—CH_2—Cl)_3$	Cumarin[13]
$H_3C—N(CH_2—CH_2—Cl)_2$	Insektizide[14]
Allylsenföl[2,10]	Phenole[2,4,8]
Chloraceton[2,10]	2, 4-Dinitrophenol[4]
sym. 2, 4, 6-Triäthylen-imintriazin (Triäthylenmelamin)[11]	Chinone[2,8]
	8-Äthoxy-coffein[15]
Epoxyde[11]	Zephirol[16]
Di-Epoxyde[11]	β-Propiolacton[17]

Nicht mutagen.

Lewisit[2,10]	Azobenzol[2,12]
Chlorpikrin[2,10]	o-Aminoazobenzol[2,12]
Anthracen[2,12]	
Pyren	

„petites colonies" bilden. Hier handelt es sich nämlich um eine Mutation plasmatischer Merkmalsträger[18]. Mit aromatischen (cancerogenen) Kohlenwasserstoffen gelang es auch an Mäusen, bei Applikation extrem kleiner Dosen über viele Generationen schließlich mutativ entstandene neue Erbmerkmale unter den Nach-

---

[1] BOYLAND, E.: Mutagens. Pharmacol. Rev. **6**, 345 (1954). — [2] AUERBACH, C.: Biol. Reviews **24**, 355 (1949). — [3] DICKEY, F. H., G. H. CLELAND and C. LOTZ: Proc. nat. Acad. Sci. USA **35**, 581 (1949). — [4] BARTHELMESS, A.: Naturwiss. **40**, 583 (1953). — [5] WAGNER, R. P., C.H. HADDOX, R. FUERST and W. S. STONE: Genetics **35**, 237 (1950). — [6] STUBBE, H.: Naturwiss. **22**, 781 (1934). — [7] RAPOPORT, I. A.: C. R. Acad. Sci. URSS **54**, 65 (1946). — KAPLAN, W. D.: Science, N. Y. **108**, 43 (1948). — AUERBACH, C.: Science, N. Y. **110**, 419 (1949). — [8] HADORN, E., and H. NIGGLI: Nature **157**, 162 (1946). — [9] OEHLKERS, F.: Z. indukt. Abstamm.- u. Vererb.-Lehre **81**, 313 (1943). Mutationsauslösung durch Chemikalien. Berlin, Göttingen, Heidelberg 1949. — VOGT, M.: Exper. **4**, 68 (1948). — MARQUARDT, H.: Exper. **5**, 443 (1949). — [10] AUERBACH, C.: Drosophila Inf. Serv. **27**, 48 (1943). — AUERBACH, C., and J. M. ROBSON: Nature **154**, 81 (1944); **157**, 302 (1946). — AUERBACH, C., J. M. ROBSON and J. G. CARR: Science, N. Y. **105**, 243 (1947). — HOROWITZ, N. H., M. B. HOULAHAN, M. G. HUNGATE and B. WRIGHT: Science, N. Y. **104**, 233 (1946). — REAUME, S. E., and E. L. TATUM: Arch. Biochem. **22**, 331 (1949). — GECKLER, R. P.: Genetics **35**, 253 (1950). — [11] BIRD, M. J., and O. G. FAHMY: Heredity **6**, 149 (1952). — ALEXANDER, P.: Melliand Textilber. **35**, 3 (1954). — [12] BAUCH, R.: Naturwiss. **30**, 263 (1942). — STRONG, L. C.: Proc. nat. Acad. Sci. USA **31**, 290 (1945). Amer. Naturalist **81**, 50 (1947). — DEMEREC, M.: Science, N. Y. **105**, 634 (1947). — LATARJET, R., N. P. BUU-HOÏ et C. A. ELIAS: Pubbl. Staz. zool. Napoli **22**, Suppl. 78 (1950). — EPHRUSSI, B., and H. HOTTINGUER: Nature **166**, 956 (1950). — [13] MARQUARDT, H.: Exper. **5**, 401 (1949). Naturwiss. **37**, 433 (1950). — [14] KOSTOFF, D.: Science, N. Y. **109**, 467 (1949). — [15] KIHLMAN, B., and A. LEVAN: Hereditas, Lund **37**, 382 (1951). — [16] MOEWUS, F.: Biol. Zbl. **60**, 597 (1940). — MARQUARDT, H.: Z. indukt. Abstamm.- u. Vererb.-Lehre **83**, 513 (1949/51). — [17] SMITH, H. H., and A. M. SRB: Science, N. Y. **114**, 490 (1951). — [18] EPHRUSSI, B., and H. HOTTINGUER: Nature **166**, 956 (1950). — CHEN, S.-Y., B. EPHRUSSI and H. HOTTINGUER: Heredity **4**, 337 (1950). — EPHRUSSI, B.: Naturwiss. **43**, 505 (1956). — MARCOVICH, H.: Ann. Inst. Pasteur **81**, 452 (1951).

kommen hervorzurufen[1]. Die bisher wirksam gefundenen chemischen Mutagene sind in der Tabelle 15 zusammengestellt. Ihre Zahl wächst ständig. Die Einwirkung von Mutagenen auf den Menschen und die damit mögliche Gefahr von Erbschädigungen stellt ein ernstes Problem dar[2].

Die Wirkung der Lost-Verbindungen ähnelt der mutagenen Strahlenwirkung sehr[3] und wird deshalb als „radiomimetische Wirkung" bezeichnet. Sie soll auf einer Blockade von SH-Gruppen beruhen. Das ebenfalls „thiolopriv" wirkende Chlorpikrin und das Lewisit sind indessen nicht mutagen wirksam. Als eigentliche Wirkform der Loste werden Ionen- oder Radikalzustände angesehen, die

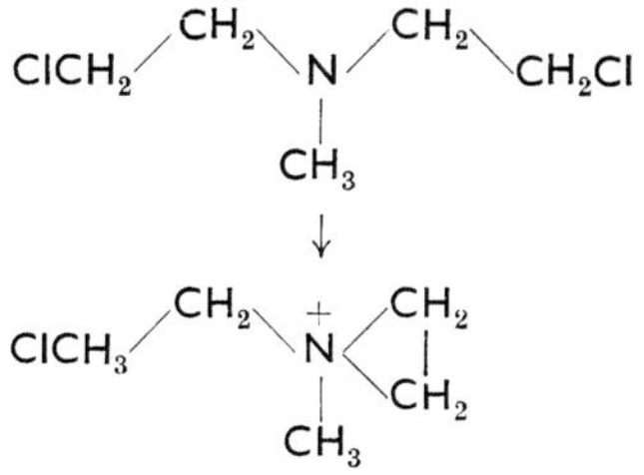

$ClCH_2-CH_2-N(CH_3)-CH_2-CH_2Cl$

↓

$ClCH_3-CH_2-\overset{+}{N}(CH_3)<(CH_2-CH_2)$

auch zu instabilen Dreiringen, z. B. Äthyleniminen oder Epoxyden, führen, andererseits aber auch aus diesen entstehen können[4]. Triäthylenmelamin[5] (I) und andere Äthylenimine, das einfache Äthylenimin[6], Epoxyde und β-Propiolacton[7] (II)

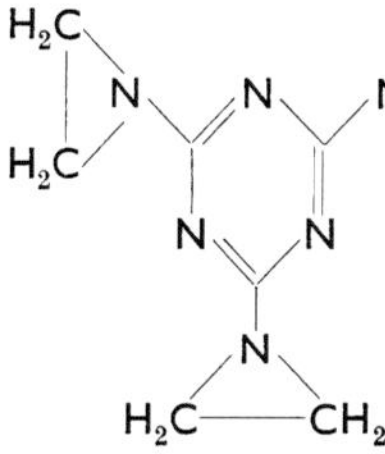

I 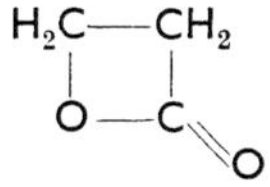 II

erwiesen sich als stark mutagen. Die „radiomimetische Wirkung" wird auf eine depolymerisierende Wirkung bzw. auf den Zerfall von Nucleinsäuren bezogen[8]. Andererseits bilden gerade Epoxyde leicht höhere lineare Polymere. Diese sollen sich durch Brückenbildung an ebenfalls lineare Proteine und Nucleinsäuren anlagern und auf diese Weise zu Veränderungen an Chromosomen und Genen führen[9]. Die auch hier diskutierte Annahme einer indirekten Wirkung z. B. über Peroxydbildung ist unwahrscheinlich, weil Lost an Drosophila unter Stickstoff die gleiche Mutationsrate lieferte wie unter Sauerstoff[10]. Andererseits lassen sich die Befunde an chemischen Mutagenen auch nach der „Treffertheorie" deuten[10].

Die ständig wachsende Zahl der mutagenen Agentien und ihre auffallende Heterogenität lassen Theorien über einen spezifischen Wirkungsmechanismus nicht zu. Eine Reihe von Mutagenen sind auch cancerogen oder sogar chemotherapeutisch wirksam, und umgekehrt sind viele Cancerogene auch mutagen. Da-

[1] STRONG, L. C.: Proc. nat. Acad. Sci. USA **31**, 290 (1945). — SHAY, H., M. GRUENSTEIN and M. WEINBERGER: Cancer Res. **12**, 296 (1952). — [2] KOLLER, P. C.: Experimental methods-cytogenetics; in: SORSBY, A. (Hrsgb.): Clinical Genetics. S. 101. London 1953. — AUERBACH, C.: Exper. **13**, 217 (1957). — DEMEREC, M., and J. SAMS: Science, N.Y. **127**, 1059 (1958). — [3] DUSTIN, P.: Nature **159**, 794 (1947). — HADDOW, A., G. A. R. KON and W. C. J. ROSS: Nature **162**, 824 (1948). — BOYLAND, E.: Endeavour **11**, 87 (1952). — BACQ, Z. M.: Exper. **7**, 11 (1950). — [4] BUTLER, J. A. V., and K. A. SMITH: Soc. **1950**, 3411. — [5] HENDRY, J. A., R. F. HOMER, F. L. ROSE and A. L. WALPOLE: Brit. J. Pharmacol. **6**, 357 (1951). — [6] RAPOPORT, I. A.: Dokl. Akad. Nauk SSSR **60**, 469 (1948). — [7] SMITH, H. H., and A. M. SRB: Science, N. Y. **114**, 490 (1951). — [8] BUTLER, J. A. V., and K. A. SMITH: Soc. **1950**, 3411. — [9] HENDRY, J. A., F. L. ROSE and A. L. WALPOLE: Brit. J. Pharmacol. **6**, 201 (1951). — [10] AUERBACH, C., and H. MOSER: Exper. **7**, 341 (1951).

durch wird die Mutationstheorie des Krebs[1] gestützt. Dennoch haben auch viele dieser Substanzen bisher nur eine der beiden Wirkungen gezeigt, so daß die mutagenen und cancerogenen Eigenschaften auch unabhängig voneinander sein können[2] (s. S. 310).

Die Erzeugung von höher polyploiden Zellen und Rassen[3] (mit mehr als doppeltem Chromosomensatz) und von Riesenformen ist durch chemische Agentien ebenfalls gelungen, so z. B. mit dem „Spindelgift" Colchicin[4], mit aromatischen Kohlenwasserstoffen, wie Naphthalin, Acenaphthen[5], Benzpyren und ähnlichen Cancerogenen[6], sowie mit Insektiziden[7]. Es ist aber fraglich, ob es sich hier stets um echte Mutationen gehandelt hat. Die Polyploidisierung von Hefen[8] hat eine praktische Bedeutung gewonnen. Da die Polyploidie auch mit Riesenwuchs verbunden sein kann, kann diese Möglichkeit unter günstigen Umständen auch für die Zucht von Nutzpflanzen dienen[3].

Besondere Einblicke haben Beobachtungen von stofflich bedingten Transformationen (Typenwandlung) bei Pneumococcen ermöglicht. Eine unspezifische „R-Variante" (rough) läßt sich künstlich in die antigenbildende „S-Form" (smooth) umwandeln, und zwar durch Zusatz eines Extraktes aus dem Plasma von abgetöteten S-Zellen[9]. Der Wirkstoff wurde als (plasmatische!) Desoxyribosenucleinsäure erkannt[10]. Er ist jedoch nur zusammen mit R-Antikörpern wirksam. Ähnliche Transformationen wurden auch an Escherichia coli beobachtet[11]. Obwohl eine rückläufige Transformation bisher nicht festgestellt wurde, kann hier nicht von einer Mutation und erst recht nicht von einer gerichteten Mutation gesprochen werden. Die Bedeutung dieser Beobachtungen liegt vielmehr darin, daß ein merkmalbestimmender Duplikant aus dem Plasma gewonnen und unter Erhaltung seiner Funktion auf andere Zellen übertragen werden konnte. Damit verwischen sich manche Grenzen (Duplikant—Virus).

Auch endogene Substanzen können Mutationen auslösen. Aus gealterten Samen wurden von MARQUARDT[12] Extrakte gewonnen, die mutagen wirkten. Da auch für Stoffwechselprodukte, wie Putrescin, und für manche Alkaloide mutagene Eigenschaften bewiesen sind, kann die chemische Auslösung von Mutationen auch biologisch eine Rolle spielen, z. B. als Ursache von „Spontanmutationen"*. Bei Drosophila pseudoobscura, die eine hohe Mutationsrate hat, ist ein „Mutator-Gen" nachgewiesen worden, das bei Vorhandensein des Y-Chromosoms eine virus-

---

* Der Ausdruck „spontan" bei biologischen Vorgängen wird oft fälschlich so ausgelegt, als ob ein solcher Vorgang ganz ohne Ursache „akausal" in Gang käme und deshalb jede Ursachenforschung hier müßig sei. Das ist nicht zulässig, vielmehr muß alles Geschehen letzten Endes eine Ursache haben. Sie kann nur in dem System selbst gelegen sein, so daß diejenigen Vorgänge als spontan bezeichnet werden können, die außer den gegebenen normalen Milieubedingungen und Umwelteinflüssen keiner *weiteren* äußeren Ursache bedürfen. Trotzdem können sie durch exogene Agentien ausgelöst, beschleunigt oder gesteigert werden. Das gilt für Mutationen und wahrscheinlich ähnlich auch für Krebs. Pharmakologische Wirkungen können grundsätzlich nur solche Vorgänge auslösen, verstärken oder hemmen, die im Reaktionsbereich des Lebendigen liegen, also auch spontan möglich sind.

[1] BAUER, K. H.: Das Krebsproblem. Berlin, Göttingen, Heidelberg 1949. — [2] BURDETTE, W. J.: Cancer Res. **9**, 594 (1949). Acta Un. int. Cancr., Bruxelles **10**, 96 (1954). — [3] STRAUB, J.: Wege zur Polyploidie. Berlin 1950. — [4] BLAKESLEE, A. F.: Cr. **205**, 476 (1937). — [5] SHMUCK, A. A., u. D. KOSTOV: C. R. Acad. Sci. URSS **23**, 263 (1939). — [6] LEWIS, M. R.: Amer. J. Cancer **25**, 305 (1935). — MÖLLENDORFF, W. v.: Z. Zellforsch. (A) **29**, 706 (1941). — EULER, H. v., L. AHLSTRÖM u. B. HÖGBERG: H. **277**, 18 (1943). — MOTTRAM, J. C.: Nature **145**, 184 (1940). — DRUCKREY, H.: Naturwiss. **30**, 734 (1942). — BAUCH, R.: Naturwiss. **30**, 263 (1942). — [7] KOSTOFF, D.: Science, N. Y. **109**, 467 (1949). — [8] MUNDKUR, B. D.: Exper. **9**, 373 (1953). — [9] GRIFFITH, F.: J. Hyg., London **27**, 113 (1928). — [10] AVERY, O. T., C. M. MCLEOD and M. MCCARTY: J. exp. Med. **79**, 137 (1944). — MCCARTY M., and O. T. AVERY: J. exp. Med. **83**, 89 (1946). — [11] BOIVIN, A.: Schweiz. Z. Path. Bakt. **9**, 505 (1946). — [12] MARQUARDT, H.: Exper. **5**, 401 (1949).

artige „Mutator-Substanz“ im Cytoplasma erzeugt[1]. Andererseits gibt es „Suppressor-Gene“, die die Effekte von Mutationen verhindern. Viren können anscheinend Mutationen auslösen. Bei Kindern von Frauen, die in der Schwangerschaft an Röteln erkrankt waren, sind häufig Mißbildungen beobachtet worden[2]. Es ist jedoch die Frage, ob es sich im Einzelfalle um eine Mutation oder um eine Phänokopie (s. S. 115) handelt.

Eine weitere Möglichkeit für das Auftreten von Erbänderungen ist im Gen-(Duplikanten)-Austausch gefunden worden. Durch Mischung von zwei verschiedenen Viren auf einem Bakterienwirt kann ein andersartiges Virus entstehen[3], bei Mischung von Mutanten (Escherichia coli) wurden neue Genotypen beobachtet[4].

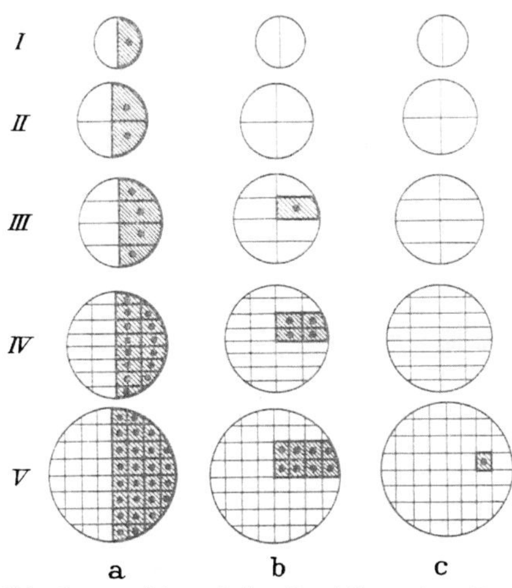

Abb. 9a—c. Schematische Darstellung des Zeitpunktes des Auftretens somatischer Mutationen. a Die Mutation ist in einem sehr frühen Furchungsstadium entstanden, und das entsprechende Merkmal zeigt sich dann in einem großen, von der mutierten Furchungszelle abstammenden Teil des Individuums; b die Mutation tritt in einem späteren Furchungsstadium auf, und das Merkmal wird sich deshalb in einem kleineren Teil des Individuums manifestieren; c die Mutation tritt noch später auf, und das Induviduum wird nur einen kleinen von der mutierten Zelle abstammenden mutanten Fleck zeigen. (Aus: TIMOFÉEFF-RESSOWSKY, N. W. Mutationsforschung in der Vererbungslehre. Dresden und Leipzig 1937.)

Mutationen können in allen Stadien der Keimbahn und Ontogenese vorkommen, also auch in somatischen Zellen. Je früher die Mutation auftritt, um so größer wird der „mutante Fleck“ im Organismus (Abb. 9). Bei somatischen Mutationen tritt die Veränderung daher je nach dem Zeitpunkt der Mutation in der Ontogenese mit mehr oder weniger großer Ausdehnung, z. B. als Mißbildung, abnorme Pigmentierung (Abb. 10) oder Behaarung in Erscheinung, sofern sie dominant ist. Recessive Mutationen manifestieren sich erst in späteren Generationen. An sich entwickelnden Hühnchen oder Mäusen sind durch verschiedene Substanzen schwere Mißbildungen ausgelöst worden[5], ebenso auch an anderen Objekten durch Sauerstoffmangel[6] oder Vitaminmangel[7] in bestimmten Phasen der Entwicklung. Es ist möglich, daß solche Fehlbildungen nicht immer Phänokopien sind, sondern daß sie auch auf somatischen Mutationen beruhenkönnen.

Im allgemeinen wird angenommen, daß Mutationen unmittelbar nach der Einwirkung des mutagenen Agens eintreten. Soweit sie Eintreffer-Effekte sind, müßten sie also „zeitlos“ erfolgen, Mehrtreffer-Mutationen dagegen erst nach

[1] MAMPBELL, K.: Genetics **31**, 589 (1946). — [2] FISCHER, E.: Naturwiss. **36**, 299 (1949). — GREGG, N. M.: Trans. ophthalmol. Soc. Australia **3**, 35 (1941). — KRUGMAN, S., and R. WARD: J. Pediatr. **44**, 489 (1954). — [3] DELBRÜCK, M., and W. T. BAILEY jr.: Cold Spring Harbor Symp. quant. Biol. **11**, 33 (1946). — [4] LEDERBERG, J., and E. L. TATUM: Cold Spring Harbor Symp. quant. Biol. **11**, 113 (1946). — [5] ANGEL, P.: Arch. Anat., Histol. Embryol., Strassbourg **20**, 1 (1947). — GILLMAN, J., C. GILBERT, I. SPENCE and T. GILLMAN: S.-afr. J. med. Sci. **16**, 125 (1951). — GREBE, H., u. A. WINDORFER: D. m. W. **1953**, 149. — DANFORTH, C. H., and E. CENTER: Proc. Soc. exp. Biol. Med. **86**, 705 (1954). — KARNOFSKY, D. A.: Cancer Res., Suppl. **3**, 83 (1955). — TÖNDURY, G.: Verh. Ges. dtsch. Naturf. Ärzte **98**, 119 (1955). — RÜBSAAMEN, H.: Verh. Ges. dtsch. Naturf. Ärzte **98**, 126 (1955). — [6] MAURATH, J., u. J. REHN: Frankf. Z. Path. **60**, 495 (1949). — BÜCHNER, F., H. RÜBSAAMEN u. G. ROTHWEILER: Naturwiss. **38**, 142 (1951). — [7] WILSON, J. G., and S. BARCH: Proc. Soc. exp. Biol. Med. **72**, 687 (1949). — COHLAN, S. Q.: Science, N. Y. **117**, 535 (1953). — GRAINGER, R. B., B. L. O'DELL and A. G. HOGAN: J. Nutrit. **54**, 33 (1954).

längerer Einwirkung des Agens als „Summationswirkung“[1]. Es gibt aber auch Mutationen, die nicht unmittelbar unter der Behandlung erfolgen, sondern erst nach einer längeren Latenzzeit[2] („delayed mutations“, C. AUERBACH).

Zwischen der erblichen und der nichterblichen Variabilität besteht ein auffallender Parallelismus[3]. Viele Änderungen des Phänotypes, die als Mutationen vorkommen, können auch die Folge von Modifikationen („Morphosen“) oder auch von toxisch bedingten Entwicklungsstörungen sein. Sie werden als Phänokopien bezeichnet. Die Unterscheidung ist oft nicht möglich. Zum Beispiel bei Drosophila können alle Merkmalsänderungen, die als nichterbliche Modifikationen auftreten, auch durch Mutationen ausgelöst werden. Dagegen gibt es Mutationen, deren Merkmale nie als Modifikationen beobachtet wurden. Die Ursache für diese Sachverhalte wäre geklärt, wenn sich bestätigen sollte, daß Modifikationen auf reversiblen oder irreversiblen Veränderungen von extrachromosomalen Duplikanten beruhen und daß diese nur als „Manifestatoren“ der chromosomalen Gene fungieren.

Abb. 10. Somatische Mutation bei Pflanzen. Eine blühende Pflanze von Delphinium ajacis, die homozygot für das Gen lavender-alpha ist; der rechte Blütenstand und die Hälfte des mittleren zeigen die erwartete lavender-Färbung; der linke Blütenstand und die andere Hälfte des mittleren sind purpurfarbig, entstanden durch somatische Mutation von lavender-alpha zu normal. (Aus DEMEREC 1931.)

Die meisten Mutationen an chromosomalem Material sind letal[4]. Sonst kann grundsätzlich jedes morphologische oder funktionelle Merkmal des Phänotyps, das im Genotyp verankert ist, durch Mutation verändert werden[5]. Die Mutation kann ein einziges Merkmal betreffen oder als Komplexmutation auch mehrere. Ebenso wie ein Gen polyphäne Effekte haben kann, gibt es auch Phäne, die polygen bedingt sind. Die Chlorophyllsynthese z. B. hängt von mehreren Genen ab[6,7]. Die Chlorophylldefekte in den von NILSSON-EHLE beschriebenen Albinomutanten von Gerste sind durch 6 voneinander unabhängige Gene verursacht[6]. Die Synthese des Chlorophylls bzw. des Porphyrinkerns muß danach durch das Zusammenwirken einer Vielzahl von Genen erfolgen. Einige der chlorophylldefekten Mutanten wiesen auch Katalasedefekte als erbliches Merkmal auf[8]. Wenn auch die Ursache für diese Fehlleistungen in einer Degeneration der Chloroplasten liegt[9], so war mit diesen Beobachtungen doch ein erstes Beispiel für die Genabhängigkeit von wichtigen Synthesen gegeben.

[1] DRUCKREY, H., u. K. KÜPFMÜLLER: Z. Naturforsch. **3**b, 254 (1948). — AUERBACH, C.: Exper. **13**, 217 (1957). — [2] NEWCOMBE, H. B.: Genetics **33**, 447 (1948). — FRIEDRICH-FREKSA, H., u. F. KAUDEWITZ: Z. Elektrochem. **55**, 571 (1951). — [3] GOLDSCHMIDT, R.: Z. indukt. Abstamm.- u. Vererb.-Lehre **69**, 38 (1935). — [4] HADORN, E.: Letalfaktoren in ihrer Bedeutung für Erbpathologie und Genphysiologie der Entwicklung. Stuttgart 1955. — [5] GLASS, B.: The genes and gene actions. Biol. Progr. **1**, 15 (1949). — BEADLE, G. W.: Genes and biological enigmas. Sci. in Progr. **6**, 183 (1949). — [6] NILSSON-EHLE, H.: Hereditas, Lund **3**, 191 (1922). — [7] EULER, H. v., H. DAVIDSON u. D. RUNEHJELM: H. **190**, 247 (1930). — [8] EULER, H. v., u. H. NILSSON: Ark. Kemi, Mineral. Geol. **10** B, Nr. 6 (1929). — EULER, H. v.: Ark. Kemi, Mineral. Geol. **26**A, Nr. 6 (1948). — [9] EULER, H. v.: Festschr. Akad. Wiss. Göttingen, math. physik. Kl. (N. F.) **1**, 123 (1951).

c) Biochemische Genetik[1-7].

Die Wirkung der Gene läßt sich in zunehmendem Maße auf biochemische Leistungen zurückführen. Das gilt für das wichtige Gebiet der physiologischen Antigene[8]. Die Antigene der klassischen Blutgruppen A, B, AB und 0 (K. LANDSTEINER) sind wahrscheinlich auf 4 Erbfaktoren zurückzuführen[8,9] (v. DUNGERN; BERNSTEIN). Bei den Rh-Faktoren kann jedes Antigen einem separaten Gen zugeordnet werden, wobei 8 Kombinationen möglich sind[10]. Da die Stabilität der Gene groß ist, kann ihre Beteiligung am Stoffumsatz nur eine katalytische sein. Deshalb wurden schon von GOLDSCHMIDT enge Beziehungen zwischen Genen und Enzymen vermutet. Heute kann es auf Grund zahlreicher Beispiele als wahrscheinlich angesehen werden, daß die Bildung bestimmter Enzyme von bestimmten Genen abhängig ist oder durch diese erfolgt.

Die Pigmentbildung wurde zuerst als eine Wirkung von „Gen-Hormonen" erkannt, und zwar die Melaninbildung beim Kaninchen[11] und ferner an Insekten (Ephestia kühniella, Calliphora, Drosophila) die Synthese der Ommochrome und damit der Tryptophanstoffwechsel[12]. Bei der Fliege Calliphora erythrocephala z. B. stellt das Gen v ein Enzym v^+ bereit, das Tryptophan in α-Oxytryptophan umwandelt. Das Gen cn liefert ein cn^+-Ferment für die Oxydation von L-Kynurenin zu L-3-Oxykynurenin[12]. Bei Ephestia kann die einer „a-Mutante" fehlende Fähigkeit zur Ommochrombildung durch Applikation der nicht gebildeten Zwischenprodukte, z. B. von α-Oxytryptophan oder von L-Kynurenin wieder hergestellt werden[12], so daß ihr Phänotyp wieder voll dem der Wildform, die das Gen A besitzt, entspricht. Das 5-Oxykynurenin ist jedoch kein Zwischenprodukt im Tryptophanstoffwechsel oder in der Ommochromsynthese[13]. Das Ommochrom wurde inzwischen von BUTENANDT aus Calliphora-Augen dargestellt und strukturell aufgeklärt.

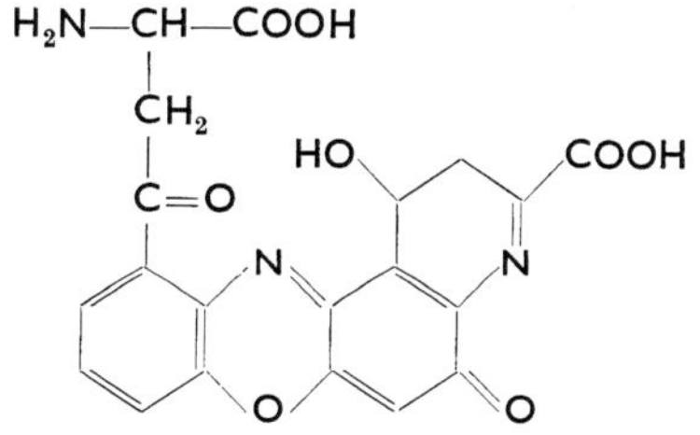

Xanthromatin

Zusammenfassende Darstellungen: 1—7. [1] BEADLE, G. W., and E. L. TATUM: Genetic control of biochemic reactions in Neurospora. Proc. nat. Acad. Sci. USA **27**, 499 (1941). — [2] BEADLE, G. W.: Biochemical genetics. Chem. Reviews **37**, 15 (1945). Genes and biological enigmas. Sci. in Progr. **6**, 183 (1949). Gene structure and gene action. Fortschr. Chem. org. Naturstoffe **12**, 466 (1955). — [3] GLASS, B.: The genes and gene action. Surv. biol. Progr. **1**, 15 (1949). — [4] HOROWITZ, N. H., and H. K. MITCHELL: Biochemical genetics. Ann. Rev. **20**, 465 (1951). — [5] BUTENANDT, A.: Über die Wirkungsweise der Erbfaktoren. Endeavour **11**, 188 (1952). — [6] KARLSON, P.: Biochemische Wirkungen der Gene. Ergebn. Enzymforsch. **13**, 85 (1954). — [7] HALDANE, J. B. S.: The Biochemistry of Genetics. London 1954. — WAGNER, R. P., and H. K. MITCHEL: Genetics and Metabolism. London 1955.

[8] LANDSTEINER, K.: B. Z. **104**, 280 (1920). The Specifity of Serological Reactions. 2. Aufl. Cambridge, Mass. 1945. — CAMPBELL, D. H., and N. BULMAN: Some current concepts of the chemical nature of antigens and antibodies. Fortschr. Chem. org. Naturstoffe **9**, 443 (1952). — [9] RACE, R. R., and R. SANGER: Blood Groups in Men. Springfield, Ill. 1950. — [10] FISHER, R. A., and R. R. RACE: Nature **157**, 48 (1946). — RACE, R. R.: Schweiz. med. Wschr. **76**, 921 (1946). — [11] DANNEEL, R.: Naturwiss. **26**, 505 (1938). — [12] KÜHN, A.: Naturwiss. **24**, 1 (1936); **43**, 25 (1956). — BUTENANDT, A., W. WEIDEL u. E. BECKER: Naturwiss. **28**, 63 (1940). — BUTENANDT, A., W. WEIDEL u. H. SCHLOSSBERGER: Z. Naturforsch. **4**b, 242 (1949). — BUTENANDT, A.: Naturwiss. **40**, 91 (1953). Verh. Ges. dtsch. Naturf. Ärzte **97**, 45 (1953). — BUTENANDT, A., U. SCHIEDT u. E. BIEKERT: A. **586**, 229; **588**, 106 (1954). — BUTENANDT, A.: Angew. Chem. **69**, 16 (1957). — [13] BUTENANDT, A., G. SCHULZ u. G. HANSER: H. **295**, 404 (1953).

Die damit eingeleitete biochemische Mutationsforschung hat an *Mikroorganismen*, z. B. an Ascomyceten oder an Bakterien, besonders klare Ergebnisse geliefert, vor allem, seitdem die künstliche Auslösung von Mutationen möglich geworden ist. Die eingetretene Mutation kann bei den Nachkommen durch Veränderungen von Morphologie, Farbe, Koloniebildung, Virulenz und vor allem der chemischen Leistungen erkannt werden. Da reine Klone sich in vitro aus einer einzigen separierten Zelle entwickeln können, ist hier eine Mutation an einer einzigen Zelle nachweisbar[1]. Diese Untersuchungen haben die Abhängigkeit wichtiger enzymatischer Synthesen von bestimmten Genen oder Genäquivalenten an zahlreichen Beispielen erwiesen. Durch Strahlen oder Gifte künstlich erzeugte Mutanten, z.B. von der Haplonten Neurospora crassa, von Escherichia coli, Ophiostoma oder Penicillium, die mit ihren Nachkommen von der Wildform z. B. durch ein einziges Gen differieren, haben damit die Fähigkeit zu bestimmten Synthesen verloren. Die Analyse der Genabhängigkeit eines Syntheseschritts kann durch 2 Methoden erfolgen[2], nämlich einmal chemisch durch die Bestimmung des Zwischenprodukts, das sich vor dem Synthesehindernis staut, also zum Endprodukt geworden ist, und zum andern biologisch durch die Prüfung, welches im Gang der Synthese mutmaßlich fehlende Zwischenprodukt bei Zugabe zum Nährboden die volle Synthese und das Wachstum der Keime wieder herstellen kann. Hinsichtlich dieser Substanz, die die Wildform ,,autotroph“ bilden kann, ist die mutierte Rasse ,,heterotroph“ geworden. In Mischkulturen kann diese Heterotrophie verdeckt sein, weil ein Stamm die Stoffe bilden und ausscheiden kann, die für den anderen essentiell sind (Syntrophismus)[3]. Deshalb müssen solche Untersuchungen mit Reinkulturen durchgeführt werden. In bestimmten Fällen kann aber gerade die Kombination mehrerer Stämme mit definierten Defekten bzw. Potenzen wichtige Aufschlüsse, z.B. über die Folge in Syntheseketten, liefern. Das wurde zuerst für die Klarstellung des Ornithin-Citrullin-Arginin-Cyclus mit Erfolg angewendet[4]. In einem anderen Beispiel ist bei einer Mutanten die Thiazolsynthese blockiert, bei einer anderen fehlt die Fähigkeit, Thiazol an Pyrimidin zum Thiamin zu koppeln u. a. Rückmutationen vom heterotrophen zum autotrophen Zustand (Wildform) kommen vor, aber sind selten[5]. Die genetische Steuerung ist für viele enzymatische Synthesen nachgewiesen worden. Allein bei Neurospora crassa wurden bisher mehr als 100 verschiedene biochemische Mutanten durch Strahlen erzeugt. Auf diese Weise wurde der Gang wichtiger biologischer Stoffwechselprozesse und Synthesen mit allen Zwischenprodukten ermittelt, z.B. für Aminosäuren, Purine, Pyrimidine, Carotinoide, Vitamine, Chlorophyll u. a.[6]. In manchen Fällen konnten auch einzelne enzymatische Glieder von Syntheseketten einem einzelnen Gen zugeordnet werden. Es gibt also Enzyme, die — direkt oder indirekt — von nur einem Gen kontrolliert sind, so daß hier ein 1:1-Beziehung zwischen einem Gen und einer Reaktion besteht. Andererseits gibt es auch Fälle, in denen mehrere Funktionen von einem ,,locus“ abhängen (Pleiotropie). Für die Genabhängigkeit ganzer Syntheseketten mögen

[1] WADDINGTON, C. H.: Symp. Soc. exp. Biol. **2**, 145 (1948). — [2] BEADLE, G. W., and E. L. TATUM: Genetic control of biochemic reactions in neurospora. Proc. nat. Acad. Sci. USA **27**, 499 (1941). — BEADLE, G. W.: Biochemical genetics. Chem. Reviews **37**, 15 (1945). Genes and the chemistry of the organism. Sci. in Progr. **5**, 166 (1947). Physiological aspects of genetics. Ann. Rev. Physiol. **10**, 17 (1948). Genes and biological enigmas. Sci. in Progr. **6**, 183 (1949). — BONNER, D.: Cold Spring Harbor Symp. quant. Biol. **11**, 14 (1946). — GLASS, B.: The genes and gene action. Survey biol. Progr. **1**, 15 (1949). — KAPLAN, R. W.: Naturwiss. **37**, 276 (1950). — [3] DAVIS, B. D.: Exper. **6**, 41 (1950). — [4] SRB, A. M., and N. H. HOROWITZ: J. biol. Ch. **154**, 129 (1944). — [5] LIEB, M.: Genetics **35**, 121 (1950). — [6] TATUM, E. L.: Fed. Proc. **8**, 511 (1949). — DAVIS, B. D.: Exper. **6**, 41 (1950). — KARLSON, P.: Biochemische Wirkungen der Gene. Ergebn. Enzymforsch. **13**, 85 (1954).

folgende Beispiele dienen, in denen jeder Pfeil der Funktion eines genkontrollierten Enzyms entspricht:

Aminoäthanol	→	Methylaminoäthanol (Colamin)	→	Dimethylamino-äthanol	→	Cholin

				Kynurensäure	→	Oxykynurensäure
				↑		↑
Tryptophan	→	Oxytryptophan	v →	Kynurenin	cn →	Oxykynurenin
				↓		↓
				Anthranilsäure	→	Oxyanthranilsäure
						↓
						Nicotinsäure

Derartige Mutationen können die Virulenz von pathogenen Keimen und ihre Empfindlichkeit gegen Chemotherapeutica[1] ändern, so daß die Mutationsforschung auch für das Gebiet der Infektionskrankheiten und darüber hinaus auch das des Krebs von großer Bedeutung ist.

Andererseits wurde beobachtet, daß ein Mikroorganismusstamm, der ein bestimmtes Substrat mangels geeigneter Enzyme nicht verwerten kann, nach einer „Wartezeit“ solche Enzyme zu bilden „lernt“ und diese Fähigkeit auch auf seine Nachkommen überträgt. Eine solche enzymatische „Adaptation“ kann aber nicht als Mutation betrachtet werden[2].

Die biochemische Genetik wird in zunehmendem Maße zur genetischen Biochemie führen und nicht nur die bisher noch recht lückenhafte Kenntnis von den chemischen Vorgängen in lebenden Organismen vertiefen, sondern damit auch tragfähige Grundlagen für eine wirklich naturwissenschaftliche Medizin schaffen können, die aus der Kenntnis der chemischen Zusammensetzung der Organismen allein noch nicht zu gewinnen waren. Die Hoffnung dazu erscheint um so mehr berechtigt, als dieses Forschungsgebiet erst wenige Jahre alt ist.

d) Befruchtungsstoffe[3-7].

Die Vereinigung der beiden, die Erbmasse tragenden Keimzellen bei der Befruchtung steht unter dem Einfluß spezifischer Wirkstoffe oder Ergone, die von den Keimzellen gebildet werden und gemäß einem Vorschlag von M. HARTMANN und von R. KUHN als „Hochzeitsstoffe“ oder Gamone bezeichnet werden[8]. Nach der Art ihrer Wirkung unterscheidet man Beweglichkeits-, Agglutinierungs-, Anlockungs- und Kopulationsstoffe, nach der Herkunft aus der männlichen oder weiblichen Keimzelle Androgamone und Gynogamone.

---

[1] WITKIN, E. M.: Proc. nat. Acad. Sci. USA **32**, 59 (1946). — [2] MONOD, J., and M. COHN: Adv. Enzymol. **13**, 67 (1952).

Zusammenfassende Darstellungen: 3—7. [3] LOEB, J.: Die chemische Entwicklungserregung des tierischen Eies. Berlin 1909. — [4] LEDERER, E.: Odeurs et parfums des animaux. Fortschr. Chem. org. Naturstoffe. **6**, 87 (1950). — [5] RUNNSTRÖM, J.: The cell surface in relation to fertilization. Symp. Soc. exp. Biol. **6**, 39 (1952). — [6] SWANN, M. M.: The nucleus in fertilization, mitosis and cell division. Symp. Soc. exp. Biol. **6**, 89 (1952). — [7] KARLSON, P.: Sexualstoffe bei Algen. Ergebn. Enzymforsch. **13**, 158 (1954). —

[8] HARTMANN, M.: Naturwiss. **28**, 807 (1940). — KUHN, R.: Angew. Chem. **53**, 1 (1940). — MEDEM, F.: Der Stand unseres derzeitigen Wissens über Befruchtungsstoffe der Tiere. Z. Vit. Horm.-Ferm.-Forsch. **3**, 94 (1949/50). — KARLSON, P.: Sexualstoffe bei Algen. Ergebn. Enzymforsch. **13**, 158 (1954). — BURGEFF, H., u. M. PLEMPEL: Naturwiss. **43**, 473 (1956).

An Seeigeleiern wurde zuerst festgestellt, daß die Gallerthülle der Eizellen für die Befruchtung notwendig ist. Aus ihr wurde eine Substanz „Fertilisin" gewonnen, die Spermien agglutiniert[1]. Dieses Gynogamon 2 (spermatozoon receptor) ähnelt den Ichthulinen der Fischeier[2]. Es handelt sich um ein saures Polysaccharidprotein, das nur wenig N und 32% SO_4 enthält[3]. Es hemmt ähnlich wie Heparin die Blutgerinnung[4], ist stabil gegen tryptische Verdauung und gegen Hitze, aber empfindlich gegen Sauerstoff und Oxydationsmittel. Bei Vertebraten wurde es ebenfalls nachgewiesen, seine Zusammensetzung variiert indessen bei den verschiedenen Arten[3]. Ein von Spermien gebildetes Antifertilisin (Androgamon 2) neutralisiert das Fertilisin (s. u.).

Ebenfalls aus der Eigallerte von Seeigeleiern wurde ferner ein rotes Echinochrom A dargestellt, das als Gynogamon 1 die Spermien anlockt, ihre Beweglichkeit aktiviert[5] und ihre Atmung steigert[6]. Es ist eine Chinon des 1,3,4,5,6,7,8-Heptaoxy-2-äthylnaphthalin[7] (Synthese: WALLENFELS u. GAUHE), das wahrscheinlich mit einer höheren Oxydationsstufe im Gleichgewicht steht. Sauerstoff ist für die Beweglichkeit der Spermien notwendig[8]. Aus 1000 Seeigelovarien

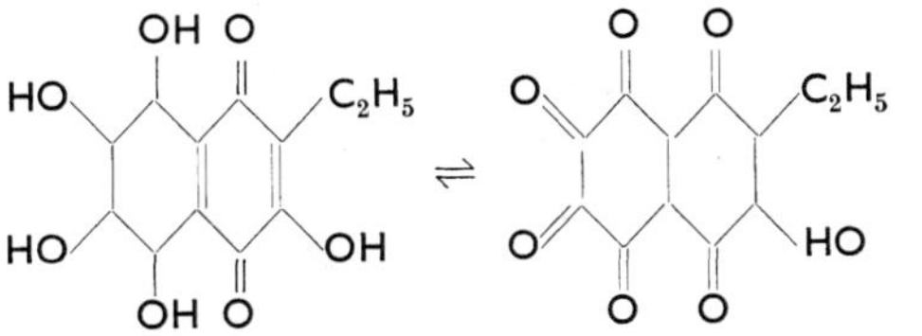

„Echinochrom A"

wurde 1 g des Gynogamons 1 gewonnen, das noch in einer Verdünnung von 10^{-9} als Anlockungsstoff für die Spermien wirksam ist.

Spermatozoen von Seeigeln lieferten ein Androgamon 1, das als Antagonist des Gynogamons 1 wirkt, sowie ein das Gynogamon 2 (Fertilisin) neutralisierendes Androgamon 2_1 (Antifertilisin[9], egg receptor neutralis), das außerdem die Gallerthülle der Eier nach Art einer Antigen-Antikörperreaktion fällt[10]. Die Wirkung ist nicht artspezifisch. Das Androgamon 2 ist ein basisches Protein mit 31—50% Arginin und 20—30% Lysin. Ein Androgamon 2_3-Faktor ist wahrscheinlich eine Desoxyribosenucleinsäure[11]. Die Existenz weiterer Gamone ist wahrscheinlich[12]. Spermien von Säugetieren enthalten im Kopfteil Hyaluronidase (DURAN-REYNALDS)[13], die die Zwischensubstanz in der corona radiata der Eier auflösen soll. Jedoch wird auch bei voll erhaltener Corona Befruchtung beobachtet[14]. Die

[1] LILLIE, F. R.: Science, N. Y. **38**, 524 (1913). J. exp. Zool. **16**, 523 (1914). — HARTMANN, M.: Naturwiss. **43**, 313 (1956). — [2] NEEDHAM, J.: Chemical Embryology. Bd. 1, S. 323. London 1931. — [3] TYLER, A.: Proc. Acad. Sci. USA **26**, 249 (1941). Ann. Rev. Physiol. **9**, 19 (1947). — [4] IMMERS, J., and E. VASSEUR: Exper. **5**, 124 (1949). — [5] HARTMANN, M., O. SCHARTAU, R. KUHN u. K. WALLENFELS: Naturwiss. **27**, 433 (1939). — [6] BIELIG, H.-J., u. P. DOHRN: Z. Naturforsch. **5**b, 316 (1950). — [7] KUHN, R., u. K. WALLENFELS: B. **72**, 1407 (1939). — KUHN, R.: Angew. Chem. **53**, 1 (1940). — WALLENFELS, K., u. A. GAUHE: B. **76**, 325 (1943). — [8] LORD ROTHSCHILD: J. exp. Biol. **25**, 15, 344, 353 (1948). Fertilization in Organisms. New York 1956. — [9] TYLER, A., and K. O'MELVENY: Biol. Bull. **81**, 364 (1941). — [10] HARTMANN, M., F. GRAF MEDEM, R. KUHN u. H.-J. BIELIG: Naturwiss. **34**, 25 (1947). — TYLER, A.: Biol. Bull. **78**, 159 (1940). — MONROY, A., and A. RUFFO: Nature **159**, 603 (1947). — BIELIG, H.-J., u. F. Graf MEDEM: Exper. **5**, 11 (1949). — [11] RUNNSTRÖM, J., S. LINDVALL and A. TISELIUS: Nature **153**, 285 (1944). — [12] RUNNSTRÖM, J.: Adv. Enzymol. **9**, 241 (1949). — [13] *Übersichten:* EICHENBERGER, E.: Z. Vit.-, Horm.-Ferm.-Forsch. **2**, 126 (1948/49). — KLECKER, E.: Ärztl. Wschr. **1950**, 638. — [14] LEONARD, S. L., P. L. PERLMAN and R. KURZROK: Proc. Soc. exp. Biol. Med. **66**, 517 (1947).

Wanderung der Spermatozoen durch die Gallerthülle ist also wohl kein enzymatischer Prozeß[1]. Neuerdings wurde ein Lysin in Sperma-Köpfen als Androgamon 3 beschrieben, das an den Lipoiden der Ei-Membran angreift[2].

Bei Forelleneiern wurden ebenfalls ein thermostabiles Gynogamon 1 und ein labiles, nicht dialysables Gynogamon 2 nachgewiesen[3]. Das erstere, das als Anlockungs- und Beweglichkeitsstoff für die Spermien wirkt, wurde aus Eiern von salmo irideus und ebenso vom Hummer gewonnen und als Astaxanthin erkannt[3]. β-Carotin ist nur schwach, Lutein gar nicht wirksam.

Die zu den Phytoflagellaten gehörende Grünalge Chlamydomonas eugametos wurde von MOEWUS[4] als Objekt empfohlen. Sie vermehrt sich ungeschlechtlich in haploider Form. Unter geeigneten Bedingungen, und zwar ausschließlich unter der Einwirkung von Licht, können Gameten gebildet werden, die kopulieren und damit zur diploiden Zygote verschmelzen. Der Gang ist der folgende: im ersten Schritt entwickeln die vegetativen Zellen Geißeln und werden zu beweglichen Gameten, die dann verschieden „geschlechtliches“ Verhalten gewinnen. Nach chemotaktischer Anlockung erfolgt die Kopulation, die Verschmelzung der Zellkerne und schließlich die Vereinigung der Zygoten zu vegetativen Zellen. Diese „geschlechtliche“ Vermehrung soll nach MOEWUS photochemisch durch spezifische Gamone und Termone ausgelöst werden. Als gesichert kann jedoch wohl nur die Wirkung des Lichts auf die Entwicklung der männlichen Gameten gelten, während die chemischen Angaben scharf abgelehnt werden[5,6]. Auch die neueren Befunde von F. MOEWUS[7] konnten nicht reproduziert werden[8]. Dagegen ließ sich die Wirkung von Gamonen an diesem Objekt besonders gut demonstrieren[9] (Abb. 11a—d).

Die Befruchtungsvorgänge bei höheren Pflanzen unterliegen wahrscheinlich ebenfalls stofflichen Wirkungen. Die „Selbststerilität“[10], die die Selbstbestäubung verhindert und damit eine Neukombination der Erbfaktoren gewährleistet, ist genetisch bedingt und kommt dadurch zustande, daß der Pollen auf der Narbe der gleichen Blüte nicht auskeimt oder daß das Wachstum des Pollenschlauchs vorzeitig aufhört[11]. Nach Versuchen an Forsythia[12] soll diese Selbststerilität durch Hemmstoffe bedingt sein. Aber auch diese Angaben von MOEWUS[12] können nicht als zutreffend angenommen werden, sondern werden entschieden betritten[6]. Reife Pollen der dimorph-heterostylen Forsythia können sehr wohl auf der Narbe der eigenen Blüte keimen[6]. Selbststerilität bewirkende Hemmstoffe sollen mit Borsäure einen unwirksamen Komplex bilden, so daß die Hemmung durch Borsäure aufgehoben werden kann. Bor ist bei verschiedenen Pflanzen für die Befruchtung wichtig[13].

Auch diese Angaben fanden Kritik. Danach ist das mangelnde Wachstum des Pollenschlauches bei der Selbststerilität dadurch bedingt, daß dieser ein zur Auf-

---

[1] MONROY, A., and L. TOSI: Exper. 8, 393 (1952). — [2] AFZELIUS, B. A.: Z. Zellforsch. **42**, 134 (1955). — [3] HARTMANN, M., F. Graf MEDEM, R. KUHN u. H.-J. BIELIG: Z. Naturforsch. **2**b, 330 (1947). Naturwiss. **34**, 25 (1947). — BIELIG, H.-J., u. F. Graf MEDEM: Exper. **5**, 11 (1949). — [4] MOEWUS, F.: Die Sexualstoffe von Chlamydomonas eugametos. Ergebn. Enzymforsch. **12**, 173 (1951). — KARLSON, P.: Sexualstoffe bei Algen. Ergebn. Enzymforsch. **13**, 158 (1954). — [5] PHILIP, U., and J. B. S. HALDANE: Nature **143**, 334 (1939). — FÖRSTER, H., u. L. WIESE: Z. Naturforsch. **9**b, 548 (1954). — [6] RENNER, O.: Z. Naturforsch. **13**b, 399 (1958). — [7] MOEWUS, F.: Biol. Bull. **107**, 293 (1954). — [8] RYAN, F. J.: Science, N. Y. **122**, 470 (1955). s. a. Bd. **2**/2b, S. **613**. — [9] FÖRSTER, H., L. WIESE u. G. BRAUNITZER: Z. Naturforsch. **11**b, 315 (1956). — [10] *Übersicht:* KARLSON, P.: Sterilitätsstoffe bei Pflanzen. Ergebn. Enzymforsch. **13**, 167 (1954). — [11] GERSTEL, D. U., and M. E. RINER: J. Heredity **41**, 49 (1950). — [12] MOEWUS, F.: Biol. Zbl. **69**, 181 (1950). — [13] KUHN, R.: Angew. Chem. **61**, 433 (1949).

lösung des Griffelparenchyms notwendiges Enzym[1] oder einen Wuchsstoff[2] nicht in genügender Menge bilden kann, so daß die Wirkstoffe sich erschöpfen, bevor der Schlauch den Fruchtknoten erreicht. Auf der anderen Seite werden auch genetische Faktoren verantwortlich gemacht[3].

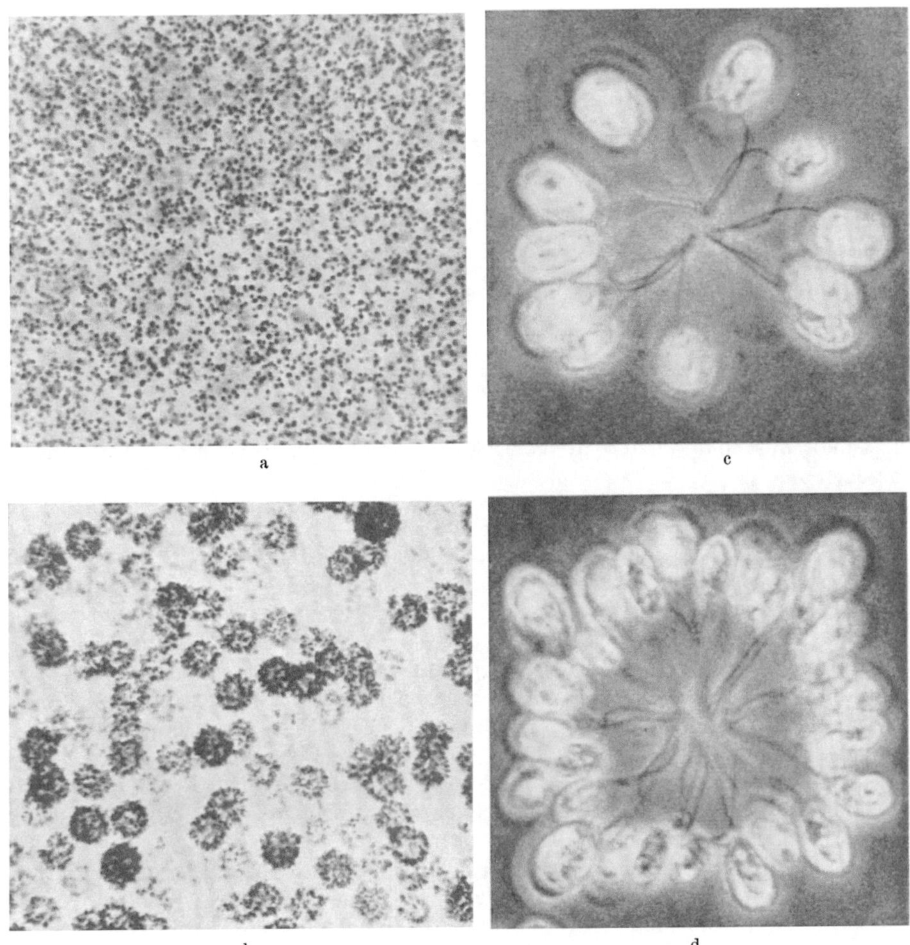

Abb. 11a—d. a Suspension kopulationsbereiter männlicher Zellen von Chlamydomonas, b dieselben Zellen nach Zugabe des konzentrierten Gynogamons. Hellfeld. Vergr. 89:1. c u. d Isoagglutination von männlichen Zellen nach Zugabe von konzentriertem Gynogamon. Die Geißeln sind deutlich sichtbar, sie zeigen alle nach dem Zentrum der Gruppe und sind mit den Enden seitlich verklebt. Lebendaufnahme. Vergr. 1000:1. Aus: FÖRSTER, H., L. WIESE u. G. BRAUNITZER, Z. Naturforsch. **11** b, 315 (1956).

Phosphoryliertes Hesperidin soll bei oraler Gabe am Tier die Befruchtung verhindern[4].

Anlockungsstoffe sind in der Natur weit verbreitet. Termiten bilden in Hinterleibsdrüsen solche Gamone, die von den letzten Abdominalringen ausgeschwitzt werden[5]. Ihre Chemie ist noch unbekannt. Die Duftstoffe weiblicher Schmetter-

[1] SCHOCH-BODMER, H., u. P. HUBER: Vjschr. naturforsch. Ges. Zürich **92**, 43 (1947). — [2] STRAUB, J.: Z. Naturforsch. **2** b, 433 (1947). — EMERSON, S., D. LEWIS, H. SCHOCH-BODMER u. J. STRAUB: Naturwiss. **35**, 25 (1948). — [3] GERSTEL, D. U., and M. E. RINER: J. Heredity **41**, 49 (1950). — [4] MARTIN, G. J., and J. M. BEILER: Science, N. Y. **115**, 402 (1952). — [5] GOETSCH, W.: Naturwiss. **29**, 1 (1941).

linge[1], die im 8. und 9. Abdominalsegment gebildet werden, sind nicht artspezifisch[2]. Genauer untersucht sind die Anlockungsstoffe bei Schmetterlingen, vor allem beim Seidenspinner Bombyx mori. Sie werden ebenfalls in einer Hinterleibsdrüse der Weibchen gebildet. Extrakte sind noch bis zu 0,01 γ wirksam. Der Lockstoff ist N-frei, lipoidlöslich, unverseifbar und thermostabil, aber empfindlich gegen Oxydationsmittel[2]. Die Reindarstellung in krystalliner Form gelang BUTENANDT[3].

Zu den Lockstoffen sind ferner die tierischen Sexualriechstoffe[4] zu rechnen, wie das Sorbinol, das Cycloheptanon, ferner vor allem das Zibeton (I) der Zibetkatze (RUZICKA), das Dihydrozibetol und Cyclopentadekanol (,,Exaltol")

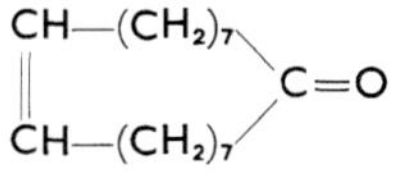

$$\begin{array}{l} CH{-}(CH_2)_7 \\ \Vert \qquad\qquad\quad \rangle C{=}O \\ CH{-}(CH_2)_7 \end{array} \qquad\qquad \begin{array}{l} H_3C{-}CH{-}{-}CH_2 \\ \qquad\quad | \qquad\quad | \\ \quad (CH_2)_{12}{-}C{=}O \end{array}$$

(I) 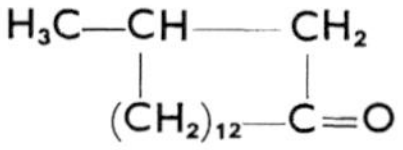 (II)

der Moschusratte und das Muskon (II) im natürlichen Moschus. Sie finden in der Parfümerie weite Anwendung, wirken also wohl auch auf den Menschen als Lockstoff. Als ,,künstlicher Moschus" sind Polynitroderivate aromatischer Kohlenwasserstoffe mit tertiären Butylgruppen im Gebrauch. Auch die den Keimdrüsenhormonen verwandten Steroide Androstanol-3 und -on sind wegen ihres moschus- bzw. zederölartigen Geruchs wohl als Sexualriechstoffe anzusprechen[5].

e) Befruchtung.

Die Ausbildung der reifen Keimzellen erfolgt durch Reduktion des ursprünglich diploiden Chromosomensatzes auf den haploiden während der Reifeteilungen. Die Befruchtung stellt insofern eine Umkehr der Meiosis dar, als in ihrem Verlauf die haploiden Chromosomensätze der männlichen und weiblichen Keimzelle (Gamete) unter Wiederherstellung der Diploidie zur befruchteten Eizelle (Zygote) verschmelzen[6]. Diese Konjugation ist nur möglich, wenn beide Keimzellen erblich festgelegten Paarungstypen angehören[7]. Die Paarung erbgleicher oder weitgehend erbähnlicher Individuen führt zu homozygoten Stämmen. Solche erbreinen Tiere sind für die experimentelle Forschung wichtig, weil sie sowohl morphologisch als auch chemisch und ebenso hinsichtlich ihrer Empfindlichkeit gegen Pharmaka einander sehr ähnlich sind, also eine relativ geringe ,,individuelle Variation" zeigen. Sie werden durch Rückkreuzung auf einen Elter und Bruder-Schwester-Inzucht unter strenger Selektion gewonnen[8]. Die Hybridisierung (Bastardierung) verschiedener Erbmassen liefert dagegen heterozygote mischerbige Nachkommen (Hybriden), deren Erbmasse in den haploiden Keimzellen wieder aufspaltet. Die systematische Hybridisierung dient zu genetischen Analysen und hat bekanntlich zur Aufdeckung der Erbregeln durch MENDEL geführt.

Die Befruchtung durch eine Samenzelle ist nur bei höheren Tierarten die notwendige Voraussetzung für die Entwicklung des Eies. Besonders bei niederen

[1] FABRE, J. H.: Bilder aus der Insektenwelt. Stuttgart 1914. — [2] GÖTZ, B.: Exper. **7**, 406 (1951). — [3] BUTENANDT, A.: Angew. Chem. **54**, 89 (1941). Naturwiss. Rdsch., Stuttgart **8**, 457 (1955). — [4] LEDERER, E.: Odeurs et parfums des animaux. Fortschr. Chem. org. Naturstoffe **6**, 87 (1950). — [5] DAVID, K E. DINGEMANSE, J. FREUD u. E. LAQUEUR: H. **233**, 281 (1935). — PRELOG, V., L. RUZICKA, P. MEISTER u. P. WIELAND: Helv. **28**, 618 (1945). — RUZICKA, L., V. PRELOG u. P. MEISTER: Helv. **28**, 1651 (1945). — RUZICKA, L., P. MEISTER u. V. PRELOG: Helv. **30**, 867 (1947). — [6] HERTWIG, O.: Gegenbaurs Jb. **1**, 347 (1876). — [7] Paarung bei niederen Lebewesen: SONNEBORN, T. M.: Proc. nat. Acad. Sci. USA **23**, 378 (1937). — JENNINGS, H. S.: Amer. Naturalist **73**, 419 (1939). — GRELL, H. G.: Z. Naturforsch. **6**b, 45 (1951). — [8] FISHER. R. A.: The Theory of Inbreeding. London 1949.

Arten (z. B. den meist untersuchten Seeigeln) kann die Entwicklung auch durch die verschiedenartigsten chemischen und physikalischen Agentien künstlich ausgelöst werden[1]. Diese künstliche Parthogenese führt unter denselben charakteristischen Steigerungen des Stoffwechsels[2], wie sie der natürlichen Befruchtung folgen, zu normalen lebensfähigen Keimen. Ihre Auslösung gelingt ebenso mit Säuren wie mit Basen, mit hypertonischen oder hypotonischen Salzlösungen, durch Metallionen, Gifte und schließlich auch durch mechanische Schädigungen. Die Wirkung ist also höchst unspezifisch und scheint letzten Endes auf einer begrenzten Schädigung zu beruhen[3]. Künstlich und natürlich zur Entwicklung gebrachte Eier verhalten sich eine Zeitlang wie geschädigte Eier, die auftretenden Stoffwechseländerungen sind dieselben, wie sie im allgemeinen an geschädigten Zellen beobachtet werden[3,4]. Das ist ein Beispiel für den Satz von JOH. MÜLLER, daß physiologische und unphysiologische Reize dieselben Effekte auslösen können.

Da die der natürlichen Befruchtung folgenden Steigerungen des Stoffwechsels ebenso auch nach künstlicher Entwicklungserregung auftreten, können sie nicht auf einer Änderung des Fermentgehaltes beruhen, die demgemäß auch bei befruchteten Eiern nicht nachweisbar ist[5]. Deshalb scheint der primäre Vorgang bei der Entwicklungserregung auf physikalischem Gebiet zu liegen, wie z. B. in Änderungen der Permeabilität[6] und den ihr folgenden Entquellungsvorgängen, die die Entstehung von Strukturen begünstigt und die räumliche Trennung zwischen Enzymen und Substraten verringert. Die Entstehung der Befruchtungsmembran ist indessen nicht osmotisch bedingt[7]. Das Ei benötigt zur Entwicklung keine spezifischen chemischen oder strukturellen Bestandteile des Spermiums. Die Annahme, daß die zur Teilung notwendigen Astrophären vom Spermium gebildet werden, ist falsch. Während Eizellen unter Umständen leicht zur Parthenogenese angeregt werden können, ist das mit Spermien niemals möglich. Da hinsichtlich des Zellkerns kein Unterschied zwischen beiden Zelltypen besteht, muß das Cytoplasma der Eizelle Bestandteile enthalten, die essentiell für die Entwicklung sind. Daß das tatsächlich so ist, folgt aus dem Nachweis, daß die Auslösung einer „Parthenogenese" auch bei kernlosen Seeigeleiern noch möglich ist. Sie führt aber nur zu rohen Blastulae, die sich nicht mehr differenzieren können[8]. Die Differenzierung setzt das Vorhandensein eines funktionsfähigen Zellkerns voraus[9].

Der Befruchtungsvorgang ist an zahlreichen Arbeiten, auch an Eiern von Säugetieren untersucht worden[10]. Das Bild ist überall nahezu das gleiche. Die Spermatozoen schwirren um das Ei und wetteifern, die das Ei umgebenden Reste der Zona granulosa (corona radiata) und die Eimembran zu durchdringen. Dabei soll die im Spermienkopf enthaltene Hyaluronidase mitwirken[11], was jedoch be-

[1] LOEB, J.: Die chemische Entwicklungserregung des tierischen Eies. Berlin 1909. — [2] WARBURG, O.: H. **66**, 305 (1910). Pflügers Arch. **160**, 324 (1915). — SHEARER, C.: Proc. R. Soc. London (B) **93**, 213 (1922). — RUNNSTRÖM, J.: Protoplasma, Berlin **20**, 1 (1933). B. Z. **258**, 257 (1933). — ÖRSTRÖM, Å.: Protoplasma, Berlin **24**, 177 (1935). — MAZIA, D.: J. cellul. comp. Physiol. **10**, 291 (1937). — [3] BROCK, N., H. DRUCKREY u. H. HERKEN: A. e. P. P. **188**, 451 (1938). — [4] WARBURG, O.: H. **66**, 305 (1910). Pflügers Arch. **160**, 324 (1915). — SHEARER, C.: Proc. R. Soc. London (B) **93**, 213 (1922). — RUNNSTRÖM, J.: Protoplasma, Berlin **20**, 1 (1933). B. Z. **258**, 257 (1933). — ÖRSTRÖM, A.: Protoplasma, Berlin **24**, 177 (1935). — MAZIA, D.: J. cellul. comp. Physiol. **10**, 291 (1937). — [5] RUNNSTRÖM, J.: Protoplasma, Berlin **10**, 106 (1930). — [6] LILLIE, R. S.: Amer. J. Physiol. **45**, 406 (1918). — HERLANT, M.: C. R. Soc. Biol. **81**, 151 (1918). — GRAY, J.: J. marine biol. Ass. **10**, 50 (1913). — [7] CHAMBERS, R.: J. cellul. comp. Physiol. **19**, 145 (1942). — [8] HARVEY, E. B.: Biol. Bull. **71**, 101 (1936). — [9] BOVERI, T.: Roux' Arch. Entw.-Mech. **44**, 417 (1918). — BALTZER, F., u. W. SCHÖNMANN: Rev. suisse Zool. **58**, 495 (1951). — BRACHET, J.: Exper. **7**, 344 (1951). — SEIDEL, F.: Naturwiss. **42**, 275 (1955). — BAUTZMANN, H.: Naturwiss. **42**, 286 (1955). — GÜTTES, E.: Arzneim.-Forsch. **5**, 315 (1955). — [10] FROMMOIT, G.: Zbl. Gynäk. **58**, 7 (1934). — [11] EICHENBERGER, E.: Z. Vit.-, Horm.-Ferm.-Forsch. **2**, 126 (1948/49).

stritten wird[1]. Ist ein Spermium in das Ei eingedrungen, so treten bald Veränderungen ein, die weiteren Spermien das Eindringen unmöglich machen. Trotzdem kommt Superfekundation vor. Bei manchen Arten (Triton) ist eine polysperme Befruchtung häufig.

9. Entwicklung[2-35].

a) Physiologie der Entwicklung.

Die Bildung eines neuen differenzierten Organismus aus der befruchteten Eizelle wird als seine ontogenetische Entwicklung bezeichnet. Sie wiederholt in großen Zügen die phylogenetische Entwicklung der Art vom Stadium des Einzellers an, auch beim Menschen. Die ersten Stufen der Entwicklung ähneln sich daher bei den verschiedenen Arten. Erst dann werden eigene Wege eingeschlagen, die wiederum innerhalb der einzelnen Klassen noch große Übereinstimmung zeigen, bis in den höheren Stufen schließlich erst spezifische Formen und Vorgänge auftreten. Dem entspricht auch die chemische Zusammensetzung. Die fundamentalen Bausteine der lebenden Substanz sind im Prinzip bei allen Arten die gleichen. Die Erbmasse ist stets an Nucleinsäuren gebunden, alle Organismen sind aus Zellen zusammengesetzt, die höhere und niedere Proteine, Lipoide, Lipide und Kohlenhydrate ähnlicher Art, Wasser und Mineralstoffgemische enthalten. Die Zusammensetzung der letzteren zeigt innerhalb der einzelnen Klassen

[1] LEONARD, S. L., P. L. PERLMAN and R. KURZROK: Proc. Soc. exp. Biol. Med. **66**, 517 (1947). — MONROY, A., and L. TOSI: Exper. **8**, 393 (1952). —

Zusammenfassende Darstellungen: 2—35. [2] FAURÉ-FREMIET, E.: La cinétique du dévelopement. Paris 1925. — [3] HUXLEY, J. S., and G. R. DE BEER: Elements of Experimental Embryology. Cambridge 1934. — [4] SPEMANN, H.: Experimentelle Beiträge zu einer Theorie der Entwicklung. Berlin 1936. — [5] DALCQ, A. (M.): Form and Causality in Early Development. Cambridge 1938. L'oeuf et son dynamisme organisateur. Paris 1941. — [6] CHILD, C. M.: Patterns and Problems of Development. Chicago 1941. — [7] WITSCHI, E.: Developmental physiology. Ann. Rev. Physiol. **3**, 57 (1941). — [8] SEIDEL, F.: Entwicklungsphysiologie der Wirbellosen. Fortschr. Zool. **9**, 620 (1952). — [9] HAMBURGER, V.: Developmental physiology. Ann. Rev. Physiol. **6**, 1 (1944). — [10] BARRON, D. H.: Developmental physiology. Ann. Rev. Physiol. **7**, 107 (1945). — [11] HAMILTON, W. J., J. D. BOYD and W. W. MOSSMAN: Human Embryology. Cambridge 1945. — [12] PATTEN, B. M.: Human Embryology. London 1946. — [13] DODDS, G. S.: Essentials of Human Embryology. 3. Ed. New York 1946. — [14] LEHMANN, F. E.: Einführung in die physiologische Embryologie. Basel 1945. — [15] FLEXNER, L. B.: Developmental physiology. Ann. Rev. Physiol. **8**, 43 (1946). — [16] TYLER, A.: Developmental physiology. Ann. Rev. Physiol. **9**, 19 (1947). — [17] WOERDEMAN, M. W., and C. P. RAVEN: Experimental Embryology in the Netherlands 1940—45. Amsterdam 1947. — [18] WILKINS, L.: Genetic and endocrine factors in the growth and development of childhood and adolescence. Recent Progr. Hormone Res. **2**, 391 (1948). — [19] BARCROFT, J.: Researches on Prenatal Life. Bd. 1. Oxford 1946. — [20] NICHOLAS, J. S.: Developmental physiology. Ann. Rev. Physiol. **10**, 43 (1948). — [21] REYNOLDS, S. R. M.: Ann. Rev. Physiol. **10**, 65 (1948). — [22] CASPERSSON, T.: Cell Growth and Cell Function. New York 1950. — [23] WEISS, P.: Perspectives in the field of morphogenesis. Quart. Rev. Biol. **25**, 177 (1950). — [24] RUGE, U.: Übungen zur Wachstums- und Entwicklungsphysiologie der Pflanze. 3. Aufl. Berlin, Göttingen, Heidelberg 1951. — [25] ZIMMERMANN, W.: Evolution. Freiburg i. Br. 1953. — [26] DODSON, E. O.: A Textbook of Evolution. Philadelphia 1952. — [27] BRACHET, J.: The role of the nucleus and the cytoplasma in synthesis and morphogenesis. Symp. Soc. exp. Biol. **6**, 173 (1952). — [28] BÜNNING, E.: Lehrbuch der Pflanzenphysiologie. Bd. II u. III: Entwicklungs- und Bewegungsphysiologie der Pflanze. Berlin, Göttingen, Heidelberg 1953. — [29] KÜHN, A.: Vorlesungen über Entwicklungsphysiologie. Berlin, Göttingen, Heidelberg 1955. — [30] FISCHER, I.: Grundriß der Gewebezüchtung. Jena 1942. — [31] FISCHER, A.: Biology of Tissue Cells. London 1946. — [32] PARKER, R. C.: Methods of Tissue Culture. 2. Aufl. New York 1950. — [33] CAMERON, G.: Tissue Culture Technique. 2. Aufl. New York 1950. — [34] NEEDHAM, J.: Biochemistry and Morphogenesis. Cambridge 1942. — [35] DUSPIVA, F.: Naturwiss. **42**, 305, (1956). Biochemie des Wachstums und der Differenzierung. Handb. allg. Path. (BÜCHNER-LETTERER-ROULET) Bd. VI/1, S. 307.

eine auffallende Übereinstimmung und ähnelt in der Gewebsflüssigkeit und im Blut der des Meerwassers so weitgehend, daß die Urentstehung des Lebens im Meerwasser gesucht wird.

Die Entwicklung des neuen Lebewesens aus der befruchteten Eizelle beginnt mit Zellteilungsprozessen. Schon nach den ersten Teilungen erweisen sich oft die einzelnen Zellgruppen nicht mehr als gleichwertig, sondern für bestimmte prospektive Entwicklungsbahnen zunächst reversibel, dann zunehmend irreversibel determiniert[1], um dann im Laufe der Differenzierung ortsgemäß bestimmte Potenzen zu Organbildungen zu verwirklichen. „Die prospektive Bedeutung einer Zelle ist eine Funktion ihrer *Lage* im Ganzen" (DRIESCH). Ihre Entwicklung ist gekennzeichnet durch Spezialisierung unter Verlust anderer Potenzen. Die experimentelle Durchschnürung des Keims im Zweizellenstadium liefert noch zwei gleichwertige, wenn auch kleinere „eineiige Zwillinge", und zwar auch bei Säugetieren[2]. Vom Gastrulastadium ab bildet nur noch die dorsale Hälfte des (Amphibien-) Keims einen Embryo, die ventrale dagegen nur Fragmente (SPEMANN). Die Körperzellen unterscheiden sich daher von den Keimzellen grundsätzlich durch Potenzverluste. Deshalb muß angenommen werden, daß höhere, zur Selbstreproduktion befähigte Funktionsträger der Zellen bei der Teilung entweder nicht streng gleich verteilt werden oder daß ihre Funktionsfähigkeit bei der Determinierung und Differenzierung verändert wird (z. B. heterochromatische Bezirke an Chromosomen).

Die Entwicklung läßt sich am besten bei Echinodermen[3] (Seeigeln), bei Aplysia, Salamander[4], Tubifex[5] oder bei Fröschen, z.B. beim afrikanischen Krallenfrosch Xenopus levis[6], untersuchen. Sie zeigt bei diesen Arten bereits erhebliche Unterschiede. Die Eizelle des Seeigels ist, wie wohl praktisch alle Eier, polar gebaut. Das gibt sich bei einigen Sorten an einem Pigmentring zu erkennen, dessen oberer Rand etwa mit dem Eiäquator zusammenfällt. Durch diesen Pigmentgehalt ist der für die Entwicklung besonders wichtige vegetative Pol gekennzeichnet. Darin liegt ein wichtiger Hinweis auf die Bedeutung cytoplasmatischer Bestandteile für die Entwicklung. Auch das Plasma des Seeigel-Eies ist nicht isotrop, vielmehr sondern sich in der vegetativen Hälfte „Plasma-Bereiche" (embryonales Feld)[7] ab. Nach der Befruchtung setzen starke Protoplasmaströmungen ein. Das Protoplasma schrumpft unter Abnahme des gebundenen und Zunahme des freien Calciums[8] und sondert an die Oberfläche Flüssigkeitstropfen ab, die bald zusammenfließen. Nach außen hebt sich die kapselartige Befruchtungsmembran ab. Die 1. Teilung in 2 Blastomeren erfolgt je nach der Tierart nach einer oder mehreren Std, ihr folgt die 2. in 4, dann die 3. in 8 Blastomeren usf. Sämtliche Teilungen stehen senkrecht zur Ebene des Pigmentringes, teilen also den vegetativen und animalen Pol. Bei der nächsten Teilung bilden sich am vegetativen Pol ungleiche Blastomeren aus, 4 Makromeren und 4 Mikromeren, während die Zellen des animalen Pols größenmäßig in der Mitte stehen (Mesomeren) (Abb. 12). Die einzelnen Zellen drängen sich bei der weiteren Teilung ihrem starken Sauerstoffbedürfnis folgend an die Oberfläche, so daß im Innern ein Hohlraum entsteht (Blastula).

---

[1] Terminologie s. RAVEN, C. P.: Acta biotheoret., Leiden (A) **4**, 51 (1938). — SPEMANN, H.: Experimentelle Beiträge zu einer Theorie der Entwicklung. Berlin 1936. — [2] DRIESCH, H.: Z. wiss. Zool. **53**, 160 (1892). — [3] LINDAHL, P. E.: Zur Kenntnis der physiologischen Grundlagen der Determination im Seeigelkeim. Acta zool., Stockholm **17**, 179 (1936). — [4] SPEMANN, H.: Experimentelle Beiträge zu einer Theorie der Entwicklung. Berlin 1936. — [5] LEHMANN, F. E.: Rev. suisse Zool. **48**, 559 (1941). Exper. **3**, 223 (1947). Einführung in die physiologische Embryologie. Basel 1945. — [6] GASCHE, P.: Rev. suisse Zool. **50**, 262 (1943). — [7] SEIDEL, F.: Naturwiss. **42**, 275 (1955). — BAUTZMANN, H.: Naturwiss. **42**, 286 (1955). — [8] MAZIA, D.: J. cellul. comp. Physiol. **10**, 291 (1937).

Diese Zellteilungen bringen z. B. beim Seeigelkeim kein Wachstum im Sinne einer Massenzunahme mit sich, sind also reine Furchungsteilungen. Die Entwicklung bis zur Morula spielt sich in dem durch die starre Befruchtungsmembran begrenzten Raum ab. Die Masse der Blastomeren wird daher mit jeder Zellteilung sogar kleiner, und zwar durch Verbrauch des dotterreichen Cytoplasmas.

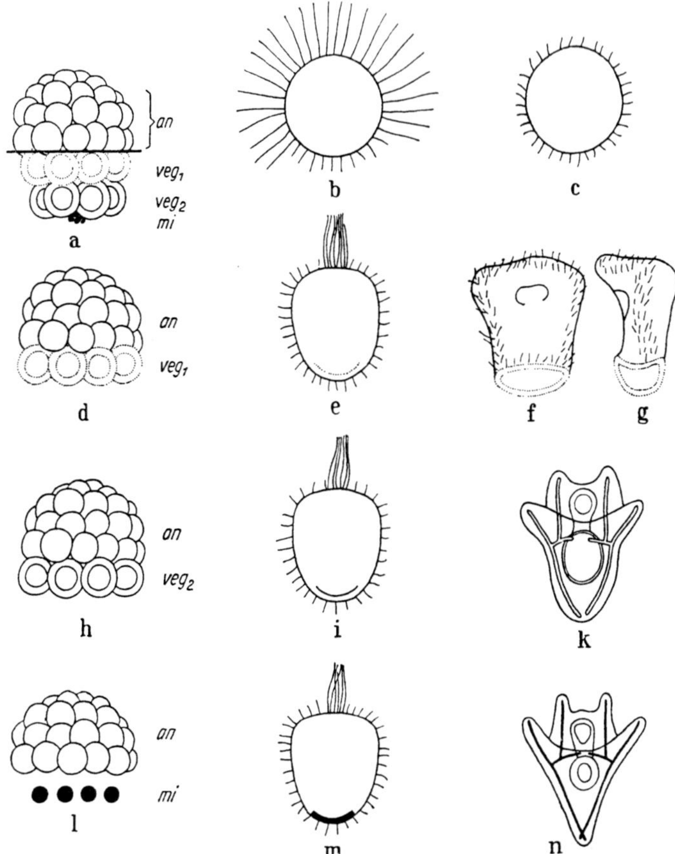

Abb. 12a—n. Paracentrotus (Seeigel). Schema über den Einfluß vegetativer Zellen auf die Differenzierung der animalen Hälfte. a Normales Ei im 64 Zellen-Stadium und Schnittführung zur Herstellung einer animalen Hälfte (an). Konturen der einzelnen Zellschichten verschieden, um die unterschiedliche Verwendung des Materials zu zeigen. Die isolierte animale Hälfte a—c ergibt: b Blastula mit großem Wimperschopf und später c Zilienblastula ohne Flimmerband und ohne Stomodäum. d—g Hinzufügung vom veg_1-Zellkranz ergibt: e Blastula mit typischem Wimperschopf und später: f animale Larve mit Flimmerband und Stomodäum (Mundbucht). g Seitenansicht. h—k Hinzufügung von veg_2 bewirkt: i normalgeformte Wimperschopfblastula und später: k ausgebildeten Pluteus mit Darm und Skelet von veg_2. l—n Implantation von Mikromeren allein läßt durch *Induktion* entstehen: m Wimperschopfblastula. n Pluteus mit normalem Skelet und Darm an an_2. [Nach Hörstadius 1935 aus Seidel, F.: Verh. Ges. dtsch. Naturf. Ärzte, **98**, 103 (1955).]

Die Gesamtmasse der Ribonucleinsäuren in den Zellkernen der reinen Furchungskeime (Seeigel) nimmt trotz der wachsenden Zellenzahl bis zum Pluteusstadium nur unwesentlich zu (Brachet). Dagegen finden begrenzte Desoxyribonucleinsäuresynthesen statt[1], die aber der Zellvermehrung bei weitem nicht entsprechen. Bei anderen Arten setzen dagegen von Anfang an lebhafte Synthesen von Nucleinsäuren ein, z. B. beim Keim des Huhns[2]. Die ersten Zellteilungen sind also bei den einzelnen Arten ganz verschieden zu beurteilen.

[1] Schmidt, G., L. Hecht and S. J. Thannhauser: J. gen. Physiol. **31**, 208 (1948). —
[2] Stevens, K. M.: Cancer Res. **12**, 62 (1952).

Gegen Ende des Morulastadiums beginnen die am vegetativen Pol liegenden Mikromeren in das Blastocoel einzuwandern. Sie bilden das Mesenchym, aus dem sich später das Kalkskelet der Seeigellarve (Pluteus) entwickelt. Die Membran wird gesprengt, und die nun vorliegenden Blastulae bewegen sich durch Wimpern lebhaft im Wasser fort, wo sie die erste Nahrung aufnehmen.

Während in der 1. Phase der Entwicklung das Eiplasma maßgebend war, greifen in der 2. Phase mit Beginn der Differenzierung

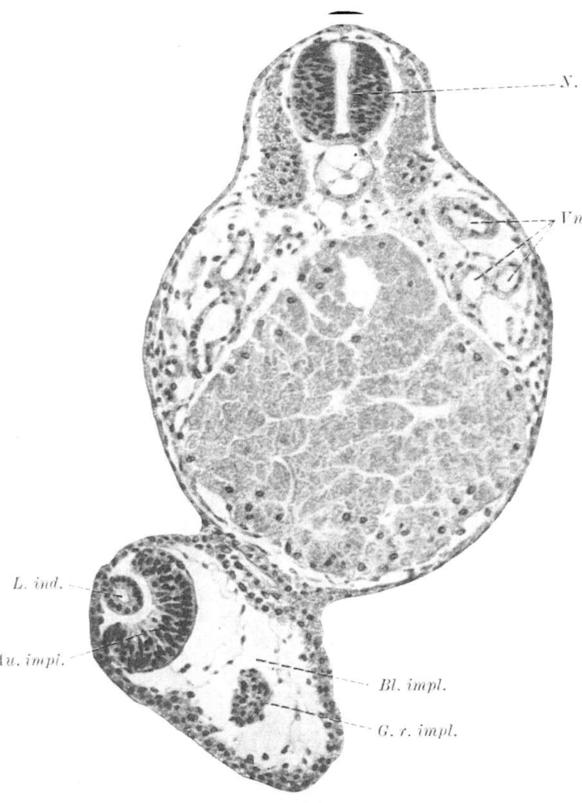

Abb. 13.

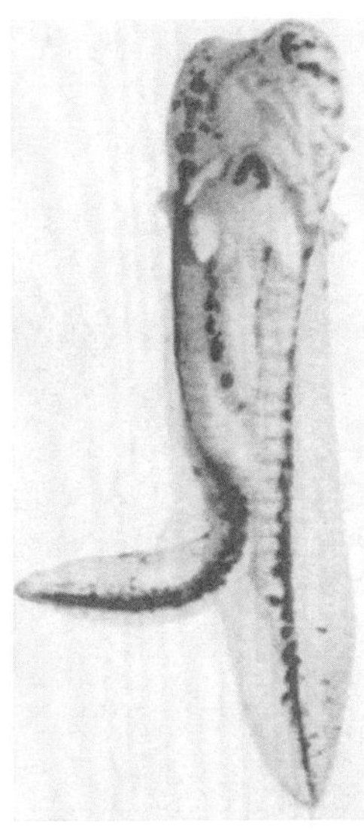

Abb. 14.

Abb. 13. Querschnitt durch Larve von Triton taeniatus mit implantiertem Stück Gehirn (*G. r. impl.*) und Augenbecher (*Au. impl.*) von Triton alpestris, deren präsumptive Anlagen aus Gastrula mit mittlerem Dotterpfropf ins Blastocoel gesteckt worden waren. Der implantierte Augenbecher von alpestris hat in der Wirtsepidermis von taeniatus eine Linse (*L. ind.*) induziert. (Nach MANGOLD, 1929.)

Abb. 14. Larve von Triton taeniatus, mit einer gleichgerichteten sekundären Embryonalanlage, welche durch die eine Hälfte der oberen Urmundlippe einer frühen Gastrula von Triton alpestris induziert worden ist. Primäre und sekundäre Organanlagen in gleicher Höhe. (Nach HOLTERETER 1933.)

spezifische Leistungen der Chromosomen ein[1]. Das kommt auch in den biochemischen Vorgängen zum Ausdruck. Bei Amphibienkeimen wird $^{14}CO_2$ zunächst nur in niedermolekulare Substanzen eingebaut, vom Blastula-Stadium ab dagegen auch in makromolekulare Bestandteile, Proteine und Ribosenucleinsäuren[2]. Mit der Gastrulation treten dann Gene in Funktion[3].

Die nun folgende Entwicklung ist durch außerordentlich mannigfaltige „Gestaltungsbewegungen" gekennzeichnet, die zur Bildung der Keimblätter und Organanlagen führen. Viele dieser wichtigen und rätselhaften Vorgänge konnten durch SPEMANN und seine Schule experimentell geklärt werden. Die vor allem an Amphibieneiern und -keimen durchgeführten Untersuchungen ergaben, daß

[1] SEIDEL, F.: Naturwiss. **42**, 275 (1955). — BAUTZMANN, H.: Naturwiss. **42**, 286 (1955). — [2] FLICKINGER, R. A.: Exp. Cell Res. **6**, 172 (1954). — [3] BRACHET, J.: Exper. **7**, 344 (1951).

die Anregungen zu solchen Gestaltungsbewegungen von einer bestimmten, frühzeitig determinierten Zellgruppe in der Oberfläche des Keimes ausgehen, die deshalb als *Organisator* bezeichnet wird. Das maßgebliche Organisationszentrum für die Entwicklung der Zentralorgane liegt im Urdarmdach. Verschiedene Teile des Urdarmdachs induzieren verschiedene Neuralregionen. Der archencephalische Organisator bewirkt zugleich die Ausbildung auch der Augen und des Geruchsorgans, ein deuteroencephaler die der Gehörbläschen und ein spinocaudaler die des Rückenmarks[1]. Wird ein solcher lebender Organisator auf einen anderen Keim überpflanzt, so wirkt er auch hier und zwingt das benachbarte Gewebe des

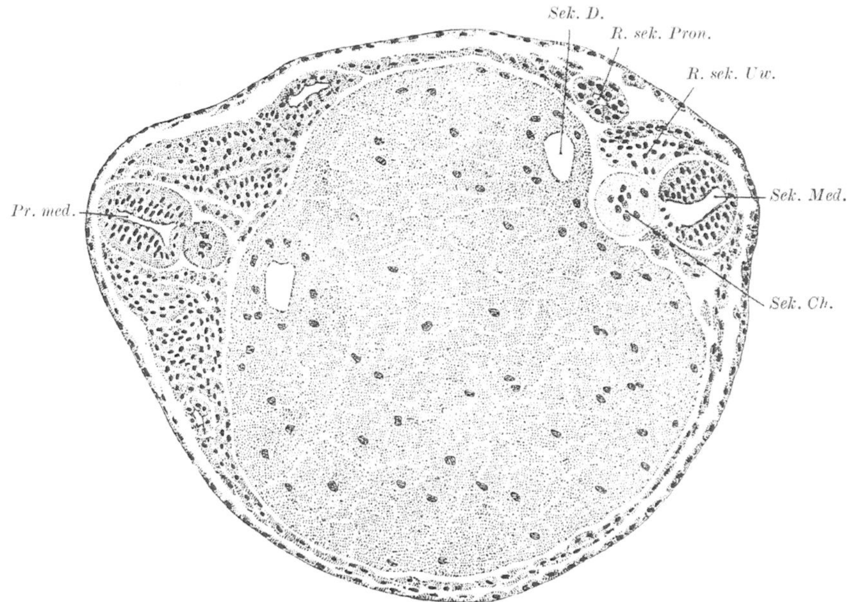

Abb. 15. Querschnitt durch Embryo von Triton taeniatus. Die Chorda (*Sek. Ch.*) der induzierten Embryonalanlage ist vom Implantat gebildet, Medullarrohr (*Sek. Med.*) und Urwirbel (*R. sek. Uw.*) sind aus Implantat und Wirtsgewebe chimärisch zusammengesetzt. *R. sek. Pron.* rechter sekundärer Vornierengang; *Sek. D.* sekundäres Darmlumen. (Nach H. SPEMANN und HILDE MANGOLD, 1924.)

Wirtsorganismus, soweit es noch plastisch ist, in bestimmte Entwicklungsbahnen (Abb. 13). Auf niederer Entwicklungsstufe können noch beträchtliche Teile einer Embryonalanlage induziert werden (Abb. 14). Wird dagegen nicht Organisatormaterial, sondern diesem anliegendes Gewebe in die Nähe eines Organisators in einen anderen Keim überpflanzt, so unterliegt es der von hier ausgehenden Induktion und nimmt der neuen Lage gemäß an den ortsgemäßen Bildungen teil (SPEMANN) (Abb. 15).

Die vom Organisator ausgeübte Wirkung wird als Induktion bezeichnet. Die damit ausgelöste Differenzierung der verschiedenen Gewebe und Organe erfolgt in der Weise, daß bestimmte Potenzen verwirklicht und gefördert, andere in die Latenz verdrängt werden. Es erfährt also *ein* Vorgang auf Kosten anderer eine erhebliche Beschleunigung. Deshalb liegt die Annahme nahe, daß spezielle enzymatische oder wenigstens stoffliche Wirkungen vorliegen, zumal die Organisationszentren während des Induktionsvorganges einen starken Stoffwechsel zeigen. So wird z. B. am vegetativen Pol im Augenblick der von ihm ausgelösten Gastrulation ein starker Glykogenverlust nachweisbar.

[1] LEHMANN, F. E.: Naturwiss. **30**, 515 (1942).

Die Induktion der Gestaltungsbewegungen und Organbildungen wird vom Organisator auf humoralem Wege ausgelöst (SPEMANN). Diese Erkenntnis geht auf die wichtige Beobachtung von HOLTFRETER[3] zurück, daß vorher abgetötetes Organisatormaterial die gleichen Bildungen auslösen kann wie lebendes. Die als Induktoren bezeichneten induzierenden Substanzen werden auch durch Kochen nicht inaktiviert. Da auch solche Gewebe, die lebend implantiert keine Wirkung entfalten, nach Abtöten deutliche Induktoreigenschaften gewinnen[1], lag es nahe, die Wirkung auf Zerfallsprodukte zu beziehen. Extrakte aus den verschiedensten Geweben heterogener Tierarten können am Amphibienkeim induktiv wirksam sein, jedoch unterscheiden sich die einzelnen Organe durch ihr Induktionsvermögen erheblich. Die inkretorischen Drüsen sind bemerkenswert aktiver als andere drüsige Gewebe. Auch Krebsgewebe induziert. Zwischen der Wachstumsintensität eines Gewebes und seinem Induktionsvermögen bestehen indessen keine Beziehungen.

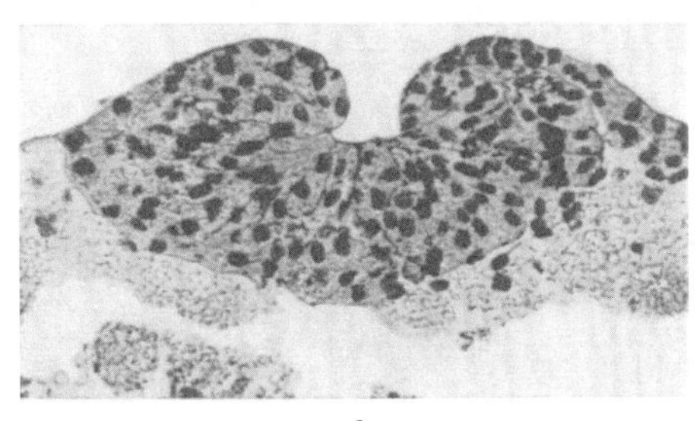

a

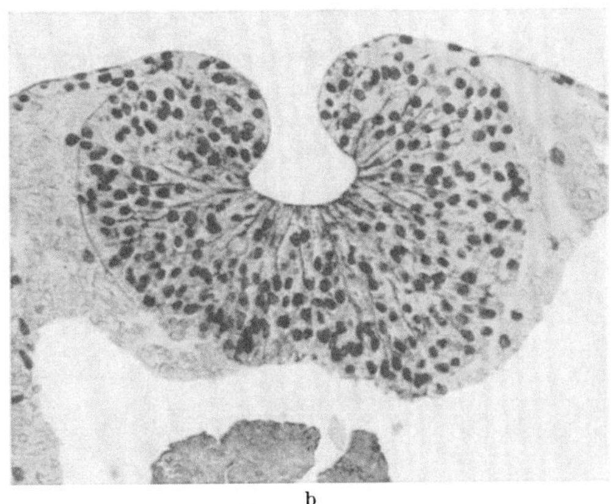

b

Abb. 16a und b. Induktion einer schönen Medullarplatte im Keim von Axolotl; a durch synthetische Ölsäure, die 5%ig in einer Agar-Agar-Gallerte emulgiert war; b durch Nucleo-Proteid aus Kalbsthymus. (Nach F. G. FISCHER, 1935.)

WOERDEMAN[2] vermutete auf Grund der Beobachtung, daß die Gestaltungsbewegungen mit einem Glykogenverlust verbunden sind, eine Beziehung zwischen Glykolyse und Induktion. Diese Deutung gewann an Wahrscheinlichkeit, als sich zeigte, daß Glykogen stark induziert. Das sorgfältig gereinigte Produkt war dagegen wirkungslos[3]. NEEDHAM[4] fand die wirksame Substanz in der lipoidlöslichen unverseifbaren Fraktion. Sie ist durch Digitonin fällbar und an einen für sich unwirksamen Glykogen-Eiweißkomplex gebunden, aus dem sie abgespalten werden kann. Aber auch zahlreiche andere Substanzen[5] sind aktiv, wie z. B. flüssige Fettsäuren (Abb. 16) und ihre Ester, ferner Nucleinsäuren[5] und oestrogene Hormone. Auch ganz unphysiologische Substanzen sind induktiv wirksam, wie z. B. Digitonin[6] oder cancerogene Substanzen. In manchen Fällen wurde eine gewisse *Spezifität der Induktionswirkung von Organextrakten* beobachtet[7]. Fixierte tierische Gewebe zeigten je nach

---

[1] HOLTFRETER, J.: Roux' Arch. Entw.-Mech. **128**, 584 (1933); **132**, 215, 307 (1934); **133**, 367 (1935). — [2] WOERDEMAN, M. W.: Proc. Kon. Akad. Wet. Amsterdam **36**, 423 (1933). — [3] SPEMANN, H., F. G. FISCHER u. E. WEHMEIER: Naturwiss. **21**, 505 (1933). — [4] NEEDHAM, J.: Angew. Chem. **49**, 116 (1936). — [5] FISCHER, F. G., E. WEHMEIER, H. LEHMANN, L. JÜHLING u. K. HULTZSCH: B. **68**, 1196 (1935). — LEHMANN, F. E.: Die Wirkungsweise chemischer Faktoren in der Embryonalentwicklung der Tiere. Rev. suisse Zool. **44**, 1 (1937). — [6] WADDINGTON, C. H., J. NEEDHAM, W. W. NOWINSKI and R. LEMBERG: Proc. R. Soc. London (B) **117**, 289 (1935). — [7] LEHMANN, F. E.: Naturwiss. **28**, 231 (1940).

Gewebeart und Dauer der Fixierung in Alkohol archencephale, deuteroencephale oder spinocaudale Induktionswirkung[1]. Ein archencephalisches Agens aus Meerschweinchenorganen erwies sich als thermostabil, ein spinocaudales dagegen nicht. Nur das erstgenannte geht in die Nucleinsäuren und Fettsäurenfraktion[2]. Von anderer Seite wird die Spezifität von Induktoren bestritten[3].

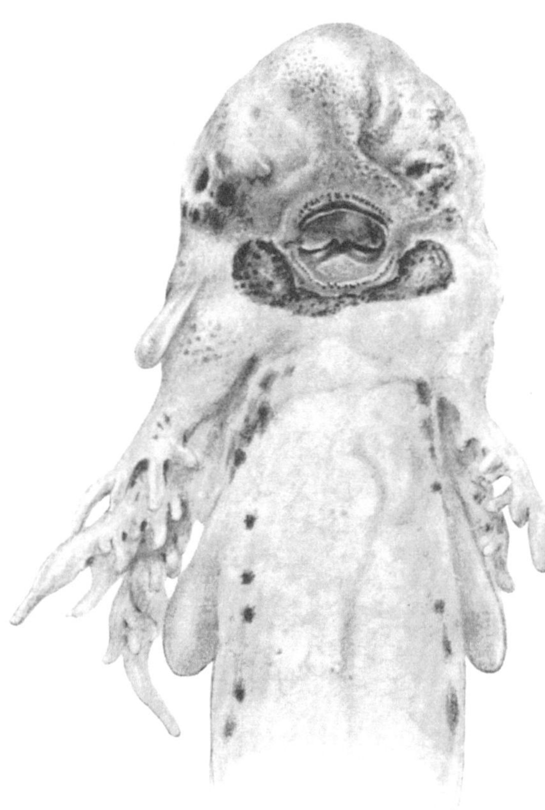

Abb. 17. Die Urodelenlarve hat aus eigenem Material einen rechten Haftfaden gebildet, im Material des Implantats ein Kaulquappenmaul mit Hornkiefern, Hornstiftchen und Haftnäpfen induziert. (Nach O. SCHOTTÉ, unveröffentlicht; gezeichnet von Frl. E. KRAUSE.)

Mag die stoffliche Unspezifität der induktiv wirksamen Agentien zunächst schwer verständlich erscheinen, sie hat einige beachtenswerte Analogien. Auch die „Parthenogenese", die „Entzündung", die „Regenerationen" und schließlich auch „Krebs" können durch bemerkenswert unspezifische chemische oder physikalische Agentien ausgelöst werden, obwohl es sich in allen Fällen doch um höchst charakteristische Phänomene handelt. Wenn am unbefruchteten Seeigelei die völlig unspezifische Einwirkung z. B. von Hydroxylionen praktisch den selben Erfolg haben kann wie die Befruchtung durch Spermien, so besagt das noch nicht, daß die Vorgänge bei der natürlichen Befruchtung so einfach und unspezifisch sind, vielmehr ist sie nur ein Ausdruck dafür, daß die erwartete Spezifität nicht oder nicht allein in der chemischen Natur des Agens zu liegen braucht, sondern in der Art und dem Zustand des lebenden Reaktionssystems.

Das zeigen die klassischen Versuche von SPEMANN[4] mit heteroplastisch überpflanztem Material bei Amphibienkeimen. Dieses entwickelt sich *orts*gemäß im Induktionsfeld des Wirts und nimmt an allen lagegemäßen Bildungen teil, liefert aber stets nur *art*gemäße, seiner eigenen Erbmasse und nicht der des Wirts entsprechenden Formen. Ektoderm von Kaulquappen, in die Mundgegend von Triton implantiert, entwickelt keine Zähne, wie es für den Wirt typisch wäre, sondern die für Kaulquappen artgemäßen Hornleisten (Abb. 17). Die Art der Bildungen ist also in der Erbmasse festgelegt und wird vom Reaktionssystem bestimmt. Der Organisator oder Induktor kann lediglich vorhandene Anlagen verwirklichen, niemals aber ändern. Die Verhältnisse liegen ähnlich wie bei den Hormonen. Auch durch sie werden durch stoffliche Wirkung

---

[1] TOIVONEN, S.: Ann. Acad. Sci. fenn. (A) **55**, 6 (1940); (A) IV, Nr. 22 (1954) — ENGLÄNDER, H., A. G. JOHNEN u. W. VAHS: Exper. **9**, 100 (1953). — [2] TOIVONEN, S.: Exper. **5**, 323 (1949). — [3] ROTHMANN, E.: Naturwiss. **30**, 60 (1942). — [4] SPEMANN, H., F. G. FISCHER u. E. WEHMEIER: Naturwiss. **21**, 505 (1933).

nur Reaktionsabläufe in Gang gebracht oder beschleunigt, die in allen Einzelheiten anlagegemäß festgelegt sind. Die maßgebliche Bedeutung des Reaktionssystems bei den Induktionsvorgängen kommt besonders dadurch zum Ausdruck, daß seine Reaktionsbereitschaft bzw. Fähigkeit zeitlich begrenzt ist und auch quantitativen Änderungen unterliegt.

Plastizität des Reaktionssystems: Die Induktion setzt voraus, daß das Erfolgsgewebe noch plastisch ist. In den ersten Entwicklungsstufen ist praktisch noch jede Zelle „omnipotent". Nur aus ihrer *Lage* zum vegetativen Pol und später zu anderen differenzierten Stellen des Keims läßt sich bis zu einem gewissen Grade voraussagen, welche Bildungen aus einer bestimmten Zellgruppe entstehen werden (präsumptive Anlagen). Mit fortschreitender Entwicklung und Differenzierung gewinnen die Gewebe unter Verlust ihrer Omnipotenz zunehmend spezifische Fähigkeiten. Die Zellen werden damit zunehmend fester determiniert und verlieren an Plastizität, bis der Potenzverlust schließlich irreversibel wird. Auf niederer Entwicklungsstufe läßt sich z. B. durch Transplantation eines Augenbechers unter die Epidermis noch an beliebiger Stelle eine Linsenbildung induzieren (Abb. 13). Das gesamte Ektoderm ist noch plastisch und besitzt die Potenz zur Linsenbildung. Später gelingt diese Induktion nur noch im Bereich der Kopfepidermis, bis schließlich nur noch die Stelle der präsumptiven Linsenanlage eine Linse zu bilden vermag. Die Fähigkeit der Gewebe, auf den Reiz eines Organisators oder Induktors zu reagieren, ist also zeitlich begrenzt. Einerseits muß das Erfolgsgewebe bereits genügend reaktionsfähig, andererseits aber noch plastisch sein. Trotzdem scheinen Induktionsvorgänge auch noch im erwachsenen Organismus eine Rolle spielen zu können, besonders bei Regenerationen. Periost oder ein alkoholischer Extrakt aus Knochen soll im Bindegewebe die Bildung von Knochen induzieren können, Muskelextrakte die Bildung von Muskelfasern[1].

Mit zunehmender Determination gewinnt das Reaktionssystem die Fähigkeit, die einmal eingeschlagene Entwicklung „aus sich heraus" zu vollenden. Das durch solche Selbstdifferenzierung „gebahnte" Material befindet sich nun im Zustande höchster Reaktionsbereitschaft. In dieser Phase genügt unter Umständen ein völlig unspezifischer Reiz, um hochspezifische ortsgemäße Bildungen auszulösen. Die Implantation z. B. eines Celloidinstückchens oder einer Gehörsknospe unter eine entsprechend determinierte Epidermisregion induziert ebenso die ortsgemäße Bildung einer Extremität wie die Implantation einer Extremitätenknospe. Die Spezifität der induktiven Wirkung ist also weniger durch die chemische Natur des Induktors bedingt als vielmehr durch die Art und Lage des Gewebes, auf das er wirkt. Die lebende Zelle kann einen unphysiologischen Reiz genau so beantworten, wie einen physiologischen (J. MÜLLER). Das galt schon für die künstliche Auslösung der Parthenogenese und hat eine allgemeinere Bedeutung. Art und Ausmaß einer pharmakologischen Wirkung werden in erster Linie durch Art und Zustand des reagierenden Organs bestimmt, das angewendete Agens löst sie lediglich aus.

Die Lebensvorgänge werden im allgemeinen von 2 Seiten her gesteuert: durch das Wechselspiel fördernder und hemmender Faktoren. Die damit gehaltene Mittellage erlaubt leicht eine Anpassung nach beiden Seiten. Die Frage, ob es auch Hemmstoffe der Induktion, also „negative" Induktoren gibt, ist aber noch nicht geklärt. Für ihr Vorhandensein spricht die Beobachtung, daß Organbildungen nur da induziert werden, wo sie fehlen. Wird z.B. über einem transplantierten Augenbecher auch eine Linse eingepflanzt, so wird eine weitere Linse nicht mehr gebildet. „Der Erfolg wirkt hemmend zurück" (Regel-System). Die einzelnen Induktionsfelder beeinflussen sich gegenseitig. Diese Wechsel-

[1] LEVANDER, G.: Nature **155**, 148 (1945).

wirkungen sind für die normale Entwicklung notwendig, die nur dann ablaufen kann, wenn Organisator und Reaktionssystem räumlich und zeitlich eine harmonische Einheit bilden. Sie ist dagegen gestört, wenn beide Systeme nicht aufeinander passen, z.B. bei verschiedenem Alter.

Bei der Induktion von Organbildungen spielen wahrscheinlich nicht nur chemische, sondern auch physikalische Faktoren eine Rolle. SPEMANN sieht im Organisatorfeld ein polares Kraftfeld. Das Zusammentreffen chemischer und physikalischer Wirkungen in bestimmter räumlicher und zeitlicher Ordnung bedingt die Kompliziertheit biologischer Vorgänge, wobei die räumliche und zeitliche Ordnung des Geschehens die integrierende Bedeutung hat, während das Stoffliche oft nur eine sekundäre Rolle spielt.

Waren die ersten Entwicklungsstufen von der Eizelle bis zur Morula durch Zellvermehrung ohne eigentliche Größenzunahme gekennzeichnet, so ergab sich für die weiteren Stadien, nämlich der Gastrula, der Neurula und der jungen Larve, das Auftreten komplizierter Gestaltungsbewegungen als typisch. Auch sie beruhen anscheinend weniger auf einer Neuerzeugung von Substanz als vielmehr auf der räumlichen Umordnung der vorhandenen. Die dabei mitwirkenden Induktoren erscheinen daher nicht als Wuchsstoffe, sondern eher als Regulationsstoffe. Zwischen den Induktoren und den Hormonen des differenzierten Organismus bestehen wohl enge Beziehungen und auch fließende Übergänge. Das ist um so wahrscheinlicher, als bei niederen Tieren z.B. das sexuelle Verhalten, die Metamorphose oder die Pigmentierung durch Wirkstoffe gesteuert werden[1], die durchaus zwischen Induktoren und Hormonen stehen.

Die *Häutung und Verpuppung von Raupen* (s. Bd. 2/2b, S. 623f.) werden auf stofflichem Wege ausgelöst. Die Impulse dazu gehen vom Gehirn aus. Bei Durchschnürung der Raupe bleibt die Verpuppung unterhalb der Schnürstelle aus. Durch Injektion von Extrakten aus der Prothoraxdrüse (Ringdrüse) kann die Verpuppung in Gang gesetzt werden. Sie enthält danach ein Verpuppungshormon[2, 3]. Der „Schnürungstest", für den die Schmeißfliege Calliphora besonders geeignet ist[4], hat eine weitgehende Aufklärung dieses hormonalen Systems ermöglicht. Das eigentliche Verpuppungshormon z.B. von Calliphora, das auch an anderen Arten (Drosophila) wirksam ist[5], wirkt jedoch nur auf die vorher aktivierte Epidermis. Der „Aktivierungsstoff" ist mit dem Verpuppungshormon nicht identisch[6], sondern stellt ein eigenes „larvales Hormon" dar, das in den corpora allata gebildet wird und auch die Art der Häutung bestimmt[7]. Damit liegt ein doppelter hormonaler Regulationsweg vor, der bei Fliegen und Schmetterlingen übereinstimmend folgendes Bild ergibt[3]:

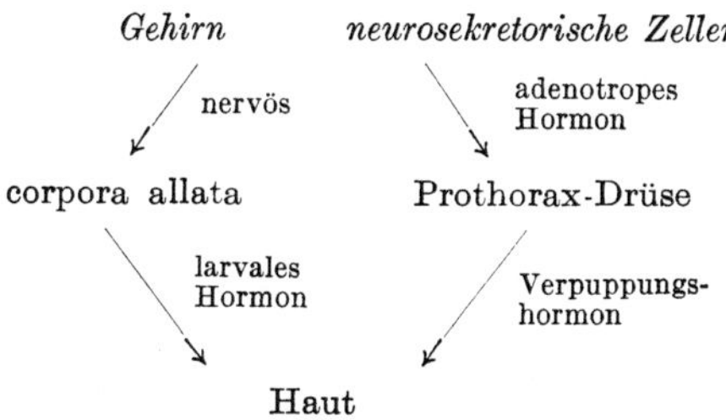

[1] KOLLER, G.: Hormone bei wirbellosen Tieren. Leipzig 1938. Hormone. 2. Aufl. Berlin 1949 (= Samml. Göschen Bd. 1141). — [2] KOPEC, S.: Biol. Bull. **42**, 323 (1922). — KÜHN, A., u. H. PIEPHO: Nachr. Ges. Wiss. Göttingen, math.-physik. Kl. (N. F.), Fachgr. VI, **2**, 141 (1935/38). — WIGGLESWORTH, V. B.: Insect Physiology. London 1934. — [3] WIGGLESWORTH, V. B.: Biol. Bull., Suppl. **33**, 174 (1949). — [4] BECKER, E., u. E. PLAGGE: Biol. Zbl. **59**, 326 (1939). — [5] KARLSON, P., u. G. HANSER: Z. Naturforsch. **7**b, 80 (1952). — [6] KARLSON, P., u. G. HANSER: Z. Naturforsch. **8**b, 91 (1953). — [7] PIEPHO, H.: Verh. dtsch. zool. Ges. **1951**, 62 (1952).

Die Reindarstellung des Verpuppungshormons in krystalliner Form gelang BUTENANDT u. KARLSON[1]. Eine Calliphora-Einheit ist in 0,0075 γ enthalten. Das Hormon ist ein hydroaromatischer Alkohol mit ungesättigter Ketongruppe, enthält also keinen Stickstoff.

Als Wirkstoff für die Metamorphose des Reismehlkäfers (Tribolium confus.) ist wahrscheinlich das *Carnitin* anzusehen[2], das auch als Wachstumsfaktor für Larven von Tenebrio molitor wirksam ist und als ,,Vitamin B_T'' bezeichnet wird[3].

$$H_3C-\overset{CH_3}{\underset{CH_3}{N^+}}-CH_2-CHOH-CH_2-COOH$$

Carnitin

b) Pathologie der Entwicklung; Mißbildungen, Teratome.

Die Keimzellen behalten ihre Fähigkeit zur normalen Entwicklung nur über begrenzte Zeit. Die Befruchtung gealterter, überreifer Eier von rana temporaria oder pipiens liefert häufig Mißbildungen oder Teratome[4]. Auch sind durchaus nicht alle Keimzellen vollwertig. Bei Spermatozoen werden häufig Mißbildungen beobachtet. Von menschlichen Eizellen erwiesen sich nur etwa 20% als vollwertig[5].

Eine unphysiologische polysperme Befruchtung kann zusammengewachsene Zwillinge erzeugen. Die Ursache solcher Beobachtungen wird jedoch in einer Anhäufung von CO_2 gesehen. Werden normale Eier in CO_2-Atmosphäre befruchtet, so resultieren Mißbildungen[6]. Zahlreiche Substanzen, vor allem solche mit mehreren funktionellen Gruppen (z.B. Benzochinon), können zu Verklebungen von mehreren Keimen führen, die sich dann zu monströsen Bildungen entwickeln[7]. Auch an Pflanzen wurden durch Gifte (z.B. 2,3,5-Trijodbenzoesäure) Verklebungen und Verwachsungen erzeugt[8]. Das ist von besonderem Interesse, weil solche Verklebungen und Verwachsungen physiologisch bei der Entwicklung eine große Rolle spielen.

Die sich entwickelnden Keime sind naturgemäß gegen Änderungen des normalen Milieus und gegen physikalische und chemische Noxen empfindlicher als die Keimzellen, so daß jedwede Störung der Entwicklungsvorgänge zu Mißbildungen führen kann[9]. Die Art der entstehenden Mißbildungen hängt weniger von der Art des Agens als vielmehr von dem Zeitpunkt seiner Einwirkung ab. Entgegengesetzt wirkende Agentien, wie z.B. Säuren und Basen oder hypertonische und hypotonische Lösungen, können die gleichen Mißbildungen auslösen, wenn sie im gleichen Zeitpunkt einwirken[10]. Andererseits kann die gleiche Noxe ganz verschiedene Effekte haben, wenn der Zeitpunkt der Einwirkung verschieden war. Die einzelnen Stadien und Bezirke der Entwicklung sind verschieden empfindlich gegen Schädigungen[11–13]. Sie unterscheiden sich vor allem durch ihren Sauerstoffbedarf[14].

[1] BUTENANDT, A., u. P. KARLSON: Z. Naturforsch. **9**b, 389 (1954). — [2] FRÖBRICH, G.: Naturwiss. **40**, 344 (1953). — [3] FRAENKEL, G.: Arch. Biochem. **34**, 468 (1951). — [4] PFLÜGER, E.: Pflügers Arch. **29**, 76 (1882). — [5] HERTIG, A. T., and J. ROCK; in: ENGLE, E. T. (Hrgb.): Menstruation and its Disorders. Springfield, Ill. 1950. — [6] WITSCHI, E.: Cancer Res. **12**, 763 (1952). — [7] DRUCKREY, H.: Z. Naturforsch. **7**b, 571 (1952). — DRUCKREY, H., P. DANNEBERG u. D. SCHMÄHL: Pubbl. Staz. zool. Napoli **24**, 247 (1953). — [8] HARDER, R.: Naturwiss. Rdsch. **6**, 99 (1953). — [9] DARESTE, C.: Recherches sur la production artificielle des monstruosités ou essais de tératogénie expérimentelle. 2. Aufl. Paris 1891. — SPEMANN, H.: Experimentelle Beiträge zu einer Theorie der Entwicklung. Berlin 1936. — [10] MANGOLD, O.: Ergebn. Biol. **7**, 193 (1931). — [11] LEHMANN, F. E.: Roux' Arch. Entw.-Mech. **138**, 106 (1938). — [12] HADORN, E.: Letalfaktoren in ihrer Bedeutung für Erbpathologie und Genphysiologie der Entwicklung. Stuttgart 1955. — [13] TÖNDURY, G.: M. m. W. **1955**, 1009. — [14] FISCHER, F. G., u. H. HARTWIG: Biol. Zbl. **58**, 567 (1938).

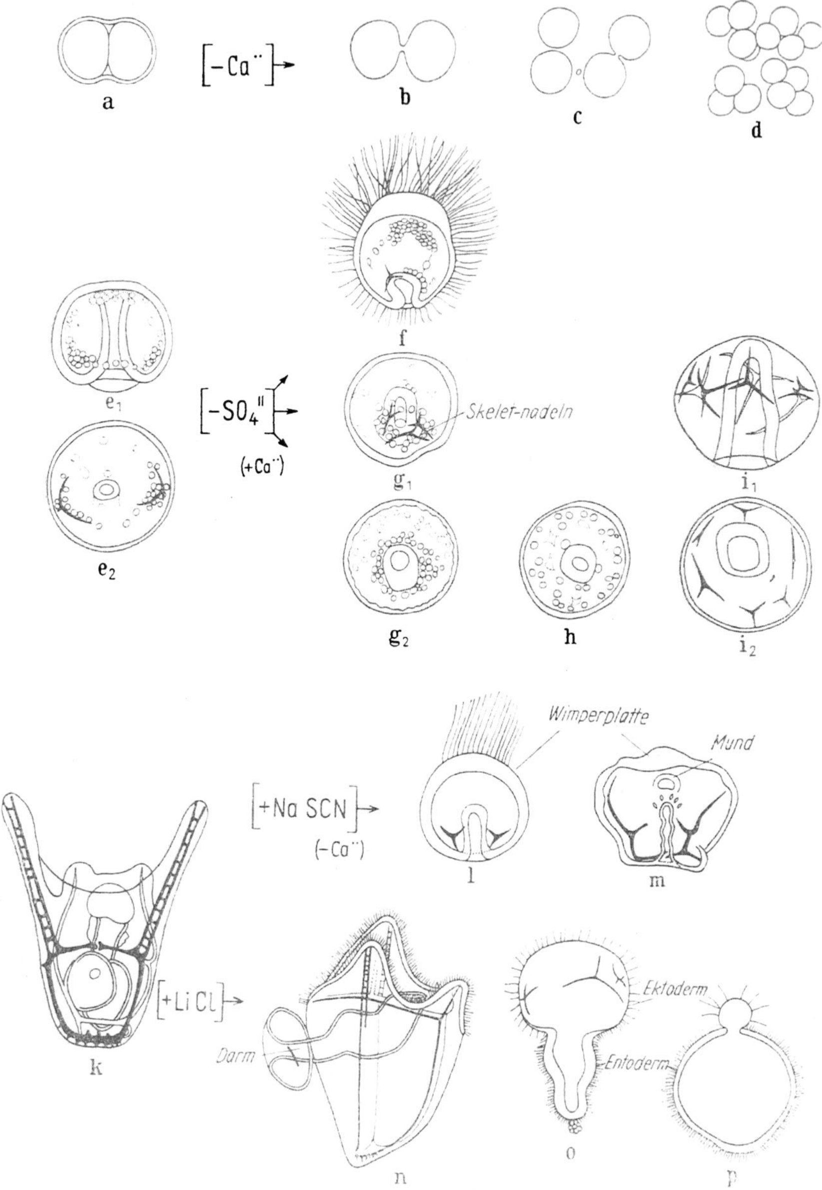

Abb. 18a—p. Seeigel. Einwirkung von Veränderungen des Mediums auf die Embryonalentwicklung (nach HERBST 1897—1904). a—d Entzug von *Calcium*. a Normales Zweizellenstadium. b—d Sphaerechinus, Furchungsstadien aus einer Ca¨-freien Zucht. e—i Entzug von *Sulfat* bei Anwesenheit von Calcium ($e_{1,2}$) Sphaerechinus, normale Gastrula von der Seite (e_1) und vom animalen Pol (e_2). Bilaterale Ausbildung der Skeletbildner. f Gastrula mit hypertrophischem Wimperschopf aus SO_4''-freier Zucht. $g_{1,2}$ Anormale Lagerung der Skeletbildner und Dreistrahler in SO_4''-freiem Wasser. h Rückwanderung der Skeletbildner nach 45stündigem Verweilen der Gastrula in SO_4-freiem Seewasser und anschließende Rückführung in normales Seewasser. $i_{1,2}$ Skeletbildung bei Larven nach Rückführung aus SO_4''-freiem Medium wie in h. Ansicht von der Seite (i_1) und vom animalen Pol (i_2). k—p *Animalisierung* und *Vegetativisierung*. Normaler Pluteus. l—m Einwirkung von *Natriumhodanid* bei Calciumentzug. l, m Paracentrotus. Behandlung des unbefruchteten Eies 15—17 Std lang mit NaSCN-haltigem Meerwasser. l Animalisierte Gastrula. m Animalisierter Pluteus. n—p Einwirkung von *Lithiumchlorid*. n Sphaerechinus, vegetativisierter Pluteus, als Blastula $18^1/_2$ Std lang mit LiCl-haltigem Meerwasser behandelt, mit kurzen Armen und leicht exogastruliert. l, p Larven, bei denen nach ähnlicher Behandlung wie der Anteil des Darm-Entoderms gegenüber dem Hautektoderm zunehmend vergrößert ist. Aus: SEIDEL, F., Verh. Ges. dtsch. Naturf. Ärzte **98**, 101 (1955).

Ähnlich wie die Anhäufung von CO_2 oder erhöhte Temperatur löst auch der Sauerstoffmangel[1], der auch als Ursache für natürliche Mißbildungen in Frage kommt, an Amphibienkeimen und ebenso an Embryonen von Warmblütern Mißbildungen aus, wenn er in der ersten Entwicklungsphase einwirkt[2]. Wirkt er bei Hühnereiern am 1. Bebrütungstage ein, so tritt Anencephalie auf, vom 2. Tage ab folgen dagegen nur noch Mißbildungen der Extremitäten[3]. Die Mißbildung trifft also das Organ, das im Zeitpunkt der Einwirkung gerade den höchsten Sauerstoffbedarf hatte und sich in einem empfindlichen Stadium der Entwicklung befand („teratogenetische Determinationsperioden", MARCHAND 1897). Ähnliches gilt für die Auslösung von Mißbildungen durch Insulin[4]. Je empfindlicher eine Organbildung ist, um so unspezifischer erscheinen die Noxen, die sie zu stören vermögen. Augenmißbildungen, wie Cyclopie, können z.B. bei Fundulus sehr leicht und häufig ausgelöst werden, sei es durch Änderungen der Temperatur, des osmotischen Drucks oder durch die verschiedensten Chemikalien[5]. Manche Chemikalien scheinen auch spezifische Wirkungen zu haben. Lithiumsalze verhindern die Bildung der Chorda und wirkt vegetativisierend auf die Keime[6], Rhodanide dagegen animalisierend[7] (Abb. 18). Injektion von Eserin in 48 Std alte Hühnerembryonen verursacht Brachymelie, Colchicin dagegen Strophosomie; Trypaflavin stört die Entwicklung des Amnion und der Gaumenspalten, Methylarsenat macht Schwanzlosigkeit und die kombinierte Behandlung mit Eserin und Trypaflavin führte zu Gesichtsmißbildungen[8]. Der Mechanismus solcher spezifisch erscheinender Wirkungen ist noch durchaus unklar. Es kann sich um die Störung von bestimmten Induktionsvorgängen handeln, ebenso aber auch um Schädigungen von Mitosen oder gar um somatische Mutationen, die alle als Ursache für die Entstehung natürlicher Mißbildungen in Frage kommen. Im Einzelfall ist es nur schwer und meist gar nicht zu entscheiden, ob eine bestimmte Mißbildung durch eine Veränderung des Genoms, also durch eine Mutation, verursacht wurde oder durch eine Störung der Manifestation des Genotyps im Phänotyp, also als „Phänokopie" zu betrachten ist. Die künstlich ausgelösten Mißbildungen sind dieselben, die auch natürlich vorkommen, und können auch um so leichter erzeugt werden, je häufiger sie spontan auftreten.

Die Möglichkeit, durch äußere Noxen sowohl Mutationen als auch Störungen der Entwicklung und damit Mißbildungen auszulösen, stellt ein ernstes praktisches Problem dar. Durch Röntgenstrahlen[9] in Dosen unter 120 r oder durch geringe Mengen von Giften konnten schwere Mißbildungen erzeugt werden. Der gleiche Effekt wurde nach Behandlung trächtiger Ratten und Kaninchen mit Colchicin, Pilocarpin, Urethan, Selen, Borsäure, Insulin oder Trypanblau beobachtet[10]. Stickstoff-Lostbehandlung trächtiger Mäuse führte bei den Nachkommen

---

[1] Übersicht: RÜBSAAMEN, H.: Naturwiss. **42**, 319 (1955). — [2] MAURATH, J., u. J. REHN: Frankf. Z. Path. **60**, 495 (1949). — [3] BÜCHNER, F., H. RÜBSAAMEN u. G. ROTHWEILER: Naturwiss. **38**, 142 (1951). — BÜCHNER, F., H. RÜBSAAMEN u. G. SCHELLONG: Naturwiss. **40**, 628 (1953). — MANGOLD, O., u. H. WAECHTER: Naturwiss. **40**, 595 (1953). — DEGENHARDT, K.-H.: Z. Naturforsch. **9**b, 530 (1954). — [4] GILLMAN, J., V. GILBERT, I. SPENCE and T. GILLMAN: S.-afr. J. med. Sci. **13**, 47 (1948); **16**, 125 (1951). — HADORN, E.: Letalfaktoren in ihrer Bedeutung für Erbpathologie und Genphysiologie der Entwicklung. Stuttgart 1955. — [5] MANGOLD, O., u. H. WAECHTER: Naturwiss. **40**, 328 (1953). — TÖNDURY, G.: Verh. Ges. dtsch. Naturf. Ärzte **98**, 119 (1955). — [6] LEHMANN, F. E.: Naturwiss. **25**, 124 (1937). Roux' Arch. Entw.-Mech. **136**, 1 (1937). — [7] LINDAHL, P. E.: Roux' Arch. Entw.-Mech. **128**, 661 (1933). — [8] ANGEL, P.: C. R. Soc. Biol. **141**, 208, 316 (1947). — [9] WRIGHT, S., and K. WAGNER: Amer. J. Anat. **54**, 383 (1934). — RUSSELL, L. B., and W. L. RUSSELL: Radiology **58**, 369 (1952). — SCHINZ, H. R., u. H. FRITZ-NIGGLI: Strahlentherapie **90**, 345 (1953). — [10] GILLMAN, J., V. GILBERT, I. SPENCE and T. GILLMAN: S.-afr. J. med. Sci **13**, 47 (1948); **16**, 125 (1951). — HARM, H.: Z. Naturforsch. **9b, 536** (1954).

zu Mißbildungen der Extremitäten[1]. Am Menschen können Virusinfektionen (Rubeolen) die Ursache von Mißbildungen sein[2]. Auch Antikonzeptionsmittel erscheinen gefährlich[3]. Eine besondere Gefahr bildet die Verseuchung der Umwelt mit radioaktivem Material von Atombomben. Die experimentelle Erforschung der möglichen Ursachen von Mißbildungen erscheint dringend notwendig, um die Grundlagen für einen wirksamen Schutz der Bevölkerung vor solchen Gefahren zu gewinnen. Hierbei ist die Möglichkeit einer Übertragung von Giftstoffen von der Mutter auf das Kind sowohl durch die Placenta (vgl. die Beobachtungen mit Trypanblau sowie mit carcinogenen Substanzen) als auch durch die Muttermilch von besonderer Bedeutung. Die bemerkenswert hohe Durchlässigkeit, die der Darmtrakt der Neugeborenen für eine sehr kurze Zeit nach der Geburt, und zwar gerade während der Sekretion des Colostrums aufweist, ermöglicht sogar eine Resorption makromolekularer Substanzen aus der Milch. Das gilt physiologisch für die Aufnahme von Globulinen und Antikörpern[4] und pathologisch z. B. für die Übertragung des Brustkrebsvirus bei Mäusen. Wichtig erscheint ferner die experimentelle Erfahrung, daß auch ein Vitaminmangel zu Mißbildungen führen kann[5].

Die als Organisatorleistung gekennzeichneten Organbildungen können auch durch Gifte ausgelöst werden[6], so daß an atypischer Stelle akzessorische Bildungen als Teratome entstehen. Das gleiche ist auch durch eine Entwicklung versprengter embryonaler Keime oder durch eine von diesen ausgehende Induktion möglich. Diese Bildungen entwickeln sich aber ihrer embryonalen Natur entsprechend in normalen Bahnen „ganzheitsgemäß", sofern keine Entartung der Zellen stattgefunden hat. Mit Krebs haben diese Teratome an sich nichts zu tun. Auch die Blasenmole und vielleicht das Chorionepitheliom stehen solchen embryonalen Bildungen noch nahe. Die Theorie von COHNHEIM, daß Krebs bloß durch das späte Wachstum versprengter embryonaler Keime entsteht, ist durch die Ergebnisse der experimentellen Forschung widerlegt.

c) Biochemie der Entwicklung[7-14].

Biochemisch wird die Entwicklung dadurch gekennzeichnet, daß der Keim zunächst zur verstärkten, später auch zu neuen Stoffwechselleistungen befähigt wird. Bei tierischen Eizellen setzen im Augenblick der Befruchtung starke Spaltprozesse mit erheblicher Säurebildung ein[15]. Der Abbau der Kohlenhydratreserven

[1] DANFORTH, C. H., and E. CENTER: Proc. Soc. exp. Biol. Med. **86**, 705 (1954). — KARNOFSKY, D. A.: Cancer Res., Suppl. **3**, 83 (1955). — [2] GREGG, N. M.: Trans. ophthalmol. Soc. Australia **3**, 35 (1941). Med. J. Australia **1945 I**, 313. — KRUGMAN, S., and R. WARD: J. Pediatr. **44**, 489 (1954). — TÖNDURY, G.: Naturwiss. **42**, 312 (1955). — DUMONT, H.: Presse méd. **62**, 116 (1954). — [3] WINDORFER, A.: Med. Klinik **1953**, 293. — GREBE, H., u. A. WINDORFER: D. m. W. **1953**, 149. — [4] SMITH, E. L., and A. HOLM: J. biol. Ch. **175**, 349 (1948). — [5] WILSON, J. G., and S. BARCH: Proc. Soc. exp. Biol. Med. **72**, 687 (1949). — GRAINGER, R. B., B. L. O'DELL and A. G. HOGAN: J. Nutrit. **54**, 33 (1954). — [6] BREEDIS, C.: Cancer Res. **12**, 861 (1952).

Zusammenfassende Darstellungen: 7—14. [7] NEEDHAM, J.: Chemical Embryology. 3 Bde. Cambridge 1931. — [8] LINDAHL, P. E.: Physiologisch-chemische Probleme der Embryonalentwicklung. Fortschr. Zool. **3**, 271 (1938); **5**, 187 (1941). — [9] BRACHET, J.: Embryologie chimique. 2. Aufl. Paris 1947. — [10] FLORKIN, M.: Biochemical Evolution. New York 1949. — [11] PARPART, A. K. (Hrsgb.): The Chemistry and Physiology of Growth. Princeton 1949. — [12] NEEDHAM, J.: Biochemistry and Morphogenesis. Cambridge 1942. — [13] CASPERSSON, T.: Cell Growth and Cell Function. New York 1950. — [14] DUSPIVA, F.: Biochemie des Wachstums und der Differenzierung. Handb. allg. Path. (BÜCHNER-LETTERER-ROULET) Bd. VI/1, S. 307. Zur Biochemie der normalen Wirbeltierentwicklung. Naturwiss. **42**, 305 (1955).

[15] ASHBEL, R.: Boll. Soc. ital. Biol. sperim. **4**, 1 (1929). — RUNNSTRÖM, J.: B.Z. **258**, 257 (1933). Protoplasma, Berlin **20**, 1 (1933).

nimmt entsprechend zu[1]. Gleichzeitig tritt eine leichte Ammoniakbildung auf[2]. Der Beginn der Entwicklung ist also durch Spaltprozesse charakterisiert, die denen bei der Muskelkontraktion[3] oder bei anderen Warmblütergeweben nach physiologischen oder pathologischen Reizen ähneln[4]. In der 1. Phase nach der Befruchtung verhalten sich Seeigeleier wie geschädigte Zellen[5]. Erst später setzen Synthesen ein. Ohne Säurebildung scheint die Entwicklungserregung nicht möglich zu sein, dagegen kann sie ohne Sauerstoff verlaufen. Froscheier z. B. können sich ohne Sauerstoff bis zur Blastula, also bis zum Beginn der Differenzierung entwickeln[5].

Die *Atmung der unbefruchteten Eizellen* ist gering und wird durch Blausäure oder Kohlenoxyd nicht gehemmt[6]. Kurz nach der Befruchtung steigt sie auf das 4—6fache an[7] (Abb. 19 u. 20). Die Zunahme betrifft jedoch nur den gegen Blausäure empfindlichen Teil der Atmung[7]. Gleichzeitig mit dem Anstieg der Oxydationen nimmt nach Versuchen am Seeigelei der Gehalt an (titrierbaren) SH-Gruppen ab[8], jedoch ist keine entsprechende Zunahme des Fermentgehaltes nachweisbar, so daß der Anstieg der Stoffwechselprozesse wohl in erster Linie physikalisch bedingt ist, wahrscheinlich durch Aufhebung der räumlichen Trennung zwischen Ferment und Substrat. Beim Seeigelei, dem wichtigsten Untersuchungsobjekt, wird eine Zunahme von Fermentaktivitäten erst im Beginn der Differenzierung beobachtet. Sie betrifft die Apyrase, die Bernsteinsäure- und Äpfelsäuredehydrogenase, die Glutaminase und das Kathepsin[9]. Konstant bleiben dagegen zunächst noch Pyro- und Metaphosphatase, saure Phosphatase, Aldolase, Phenolsulfatase und Adenosindesaminase[9]. Die Aktivität der Carboanhydratase sinkt (bei Aplysia) zunächst sogar ab[10].

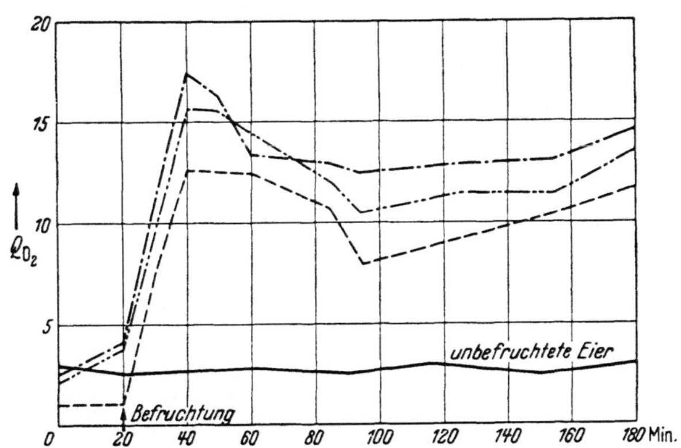

Abb. 19. Zunahme der Atmung von Seeigel-Eiern (Strongylocentrotus lividus) nach der Befruchtung in vitro. [Aus: Brock, N., H. Druckrey u. H. Herken: A. e. P. P. 188, 451 (1938).

Die Bedeutung, die die Zunahme von Atmung und Glykolyse nach der Befruchtung, dem Beginn der Zellteilungen[11], des Wachstums und der Differenzierung für diese Vorgänge im einzelnen hat, läßt sich noch nicht zutreffend beurteilen. Dies um so weniger, als oft zwischen diesen Vorgängen nicht genügend scharf unterschieden wird. Die Befunde von Warburg[12], daß embryonales und krebsiges Gewebe auch unter aeroben Bedingungen aus Glucose beträchtliche Mengen Milchsäure bilden, hatten zu der Auffassung geführt, daß die Glykolyse speziell die zum

[1] Örström, Å., u. O. Lindberg: Enzymologia 8, 367 (1940). — [2] Örström, Å.: Protoplasma, Berlin **24**, 177 (1935). — [3] Örström, Å.: Über die chemischen Vorgänge, insbesondere den Ammoniakstoffwechsel bei der Entwicklungserregung des Seeigeleis. H. **271**, 1 (1941). — [4] Brock, N., H. Druckrey u. H. Herken: A. e. P. P. **188**, 436, 451 (1938); **191**, 687 (1939). — [5] Samassa, H.: Verh. dtsch. zool. Ges. **6**, 93 (1896). — [6] Runnström, J.: Protoplasma, Berlin **10**, 106 (1930). — Lindahl, P. E.: Naturwiss. **22**, 105 (1934). — Wolsky, A.: Proc. nat. Acad. Sci. India **15**, 67 (1949). — [7] Warburg, O.: H. **57**, 1 (1908); **66**, 305 (1910). — Runnström, J.: Protoplasma, Berlin **20**, 1 (1933). — Brock, N., H. Druckrey u. H. Herken: A. e. P. P. **188**, 451 (1938). — [8] Rapkine, L.: Ann. Physiol. Physicochim. biol. **7**, 382 (1931). — [9] Gustafson, T., and I. Hasselberg: Exp. Cell Res. **2**, 642 (1951). — [10] Leiner, M.: Naturwiss. **28**, 165 (1940). — [11] Lettré, H.: Naturwiss. **38**, 490 (1951). — [12] Warburg, O.: Der Stoffwechsel der Tumoren. Berlin 1926.

Wachstum notwendige Energie liefere, während die Oxydationsprozesse von untergeordneter Bedeutung seien. Nach WARBURG gibt es kein Wachstum ohne Glykolyse. Das gilt wohl auch für die Zellteilung des befruchteten Eies. Nach Untersuchungen am embryonalen Hühnchengehirn sinkt die aerobe Glykolyse vom 2. zum 8. Tage der Bebrütung etwa linear mit der Abnahme der Zellteilungen[1]. Sie soll die Energie für die Plasmabewegung liefern, die der Zellteilung vorausgeht[2]. Wenn auch zahlreiche Beobachtungen dafür sprechen, daß die Glykolyse für das Wachstum charakteristisch ist, so ist doch auch die Atmung für das

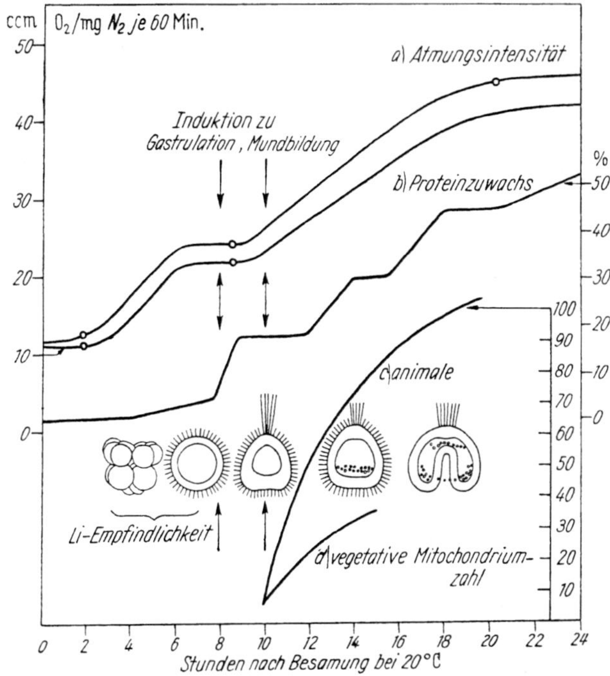

Abb. 20. Seeigelei. Atmung, Proteinzuwachs und Mitochondrienbildung im Verlauf der frühen Entwicklung. Abszisse: Entwicklungszeit nach Besamung bei 20° C und jeweils erreichte Stadien der normalen Entwicklung. Klammer: Stadium der Einwirkungsmöglichkeit von Lithium. — Senkrechte Pfeile: Stadium der Induktionsvorgänge. *a* Verlauf der normalen Atmung der Eier zweier Weibchen bei Paracentrotus nach LINDAHL (140). Ordinate (links): Sauerstoffverbrauch für je 60 min in cm^3 je mg N_2. Der Anstieg des Sauerstoffverbrauches unmittelbar nach der Besamung (etwa um 5—10 E) ist auf den Kurven nicht dargestellt. *b* Prozentualer Zuwachs von neuem (in 0,1 n KCl mit 0,011 n Essigsäure unlöslichem) Protein bei Paracentrotus nach KAVANAU (1954). Ordinate (rechts oben): Prozentsätze. *c, d* Anzahlen der Mitochondrien im animalen (*c*) und im vegetativen (*d*) Keimbereich von Psammechinus (bezogen auf gleiche Mikrometerflächeneinheit) nach GUSTAFSON u. LENICQUE (1952). Ordinate (rechts unten): Mitochondrienzahlen. Aus: SEIDEL, F.: Verh. Ges. dtsch. Naturf. Ärzte **98**, 102 (1955).

physiologische Wachstum notwendig. Nach Beobachtungen in der Gewebekultur von Fibroblasten erfolgt ohne Atmung kein Wachstum[3]. Experimentelle Herabsetzung des Oxydationspotentials unter einen kritischen Wert macht weitere Mitosen unmöglich[4]. Die Atmung ist für die Erhaltung der strukturellen Integrität und wohl auch für Synthesen notwendig[5]. Die Annahme, daß enzymatische Prozesse z. B. im Proteinstoffwechsel unter Sauerstoff grundsätzlich im Sinne einer Synthese verlaufen können, in reduzierten Systemen dagegen die Spaltung über-

[1] O'CONNOR, R. J.: Brit. J. exp. Path. **31**, 390 (1950). — [2] LETTRÉ, H.: Naturwiss. **38**, 490 (1951). — [3] DANES, B., G. S. CHRISTIANSEN and P. J. LEINFELDER: J. cellul. comp. Physiol. **43**, 365 (1954). — [4] WRIGHT, S. P.: J. Path. Bacteriology **31**, 735 (1928). — BULLOUCH, W. S., and M. JOHNSON: Nature **167**, 488 (1951). — [5] SCHULZ, G. V.: Naturwiss. **37**, 196 (1950).

wiegt[1], hat sich bisher nicht sichern lassen. Dagegen ist die Hemmung der Glykolyse durch aerobe Bedingungen, die PASTEURsche Reaktion, nach Untersuchungen an Tumorgeweben nicht als Leistung der Atmung, sondern als Funktion des Oxydationspotentials zu betrachten[2]. Die PASTEURsche Reaktion hat, wie die meisten Stoffwechselfunktionen, die Unversehrtheit der Strukturen zur Voraussetzung. Schädigungen führen regelmäßig zu aerober Glykolyse[2]. Die Ursache dafür liegt wahrscheinlich darin, daß auch die glykolytischen Enzyme bei *intakten* Zellen nicht gelöst im Cytoplasma vorliegen, sondern ebenfalls an Strukturen gebunden sind. Die strukturelle Bindung der „lytischen" Zellfermente scheint jedoch besonders locker zu sein, so daß sie durch Schädigungen leicht aufgehoben wird und damit auch die räumliche Ordnung sowie die Trennung zwischen Enzym und Substrat. Das embryonale Gewebe glykolysiert nur dann kräftig, wenn es z. B. durch Entfernung der Fruchthüllen geschädigt ist[3]. Die anaerobe Glykolyse kann bei wachsenden Geweben sehr hohe Werte zeigen[4]. Die Deutung ist schwierig, weil Sauerstoffmangel an sich schädigend wirkt und Schädigungen die Glykolyse steigern. Oxalessigsäure kann nur unter aeroben Bedingungen durch Schwermetallkatalysen gebildet werden[5]. Sie vermittelt die PASTEURsche Reaktion. Embryonales Gewebe und Krebsgewebe können zugesetzte Oxalessigsäure nur langsam angreifen. Das kindliche Gewebe erwirbt diese Fähigkeit erst in den ersten Wochen des extrauterinen Lebens. Im Zuge der Entwicklung vollzieht sich allmählich eine Umstellung vom fakultativ anaeroben zum obligat aeroben Stoffwechsel. Neugeborene Tiere und auch Kinder sind gegen Sauerstoffmangel, Kohlenoxyd- oder Blausäurevergiftung noch sehr widerstandsfähig[6]. Auch die atmungserregende Wirkung der Kohlensäure auf die Atmung wird erst in den ersten Tagen nach der Geburt nachweisbar[7]. Abschließend kann gesagt werden, daß wachsende Gewebe einen starken Stoffwechsel haben. Für die *Mitose* scheint die Glykolyse auch ohne Atmung zu genügen. Dagegen sind die Zellvermehrung, die dafür notwendigen Synthesen und damit das *physiologische Wachstum*, definiert als Zunahme der lebenden Substanz, wohl auch ohne Atmung nicht möglich. Die Stärke des Sauerstoffverbrauches geht oft dem Gehalt an Ribonucleinsäuren parallel[8]. Auch anorganische Ionen sind für die Entwicklung wesentlich. Seeigelkeime zerfallen im calciumfreien Meerwasser in die einzelnen Blastomeren[9]. Das zweiwertige „bifunktionelle" Calcium scheint also als Kittsubstanz für den Zellverband wesentlich zu sein.

Auch beim Keim des Hühnchens setzt mit dem Beginn der Bebrütung eine kräftige aerobe Glykolyse ein[10]. Erst am 2. Tag steigen Atmung und Phosphorylierungsprozesse, am 3. die Bernsteinsäureoxydase und am 6.—7. Tag auch die Apyrasen[10].

3—10 Tage alte Embryonen enthalten Glykogen, Hexosemono- und -diphosphate, Triosephosphate, Adenosintriphosphat, Adenylsäure, freies Pentosephosphat und Diphosphopyridinnucleotid[11]. Die CO_2-Bildung ist in den ersten

[1] VOEGTLIN, C.: Cold Spring Harbor Symp. quant. Biol. **2**, 84 (1934). — RONDONI, P., u. L. POZZI: H. **219**, 22 (1933). — [2] DRUCKREY, H.: A. e. P. P. **180**, 231 (1936). — [3] WARBURG, O.: Der Stoffwechsel der Tumoren. Berlin 1926. — [4] LASNITZKI, A., u. O. ROSENTHAL: B. Z. **207**, 120 (1929). — [5] SZENT-GYÖRGYI, A.: H. **244**, 105 (1936). — [6] REISS, M.: Z. ges. exp. Med. **79**, 345 (1932). — [7] ROSENFELD, M., and F. F. SNYDER: Amer. J. Physiol. **121**, 242 (1938). — [8] BRACHET, J.: Exper. **2**, 41 (1946). — [9] HERBST, K.: Methoden der Beeinflussung der tierischen Entwicklung durch chemische Stoffe. Handb. biol. Arb.-Meth. Teil V, Bd. 3A, S. 125. — [10] NEEDHAM, J., and W. W. NOWIŃSKI: Biochem. J. **31**, 1165 (1937). — NEEDHAM, J., and H. LEHMANN: Biochem. J. **31**, 1913 (1937). — O'CONNOR, R. J.: Brit. J. exp. Path. **31**, 390 (1950). — DUSPIVA, F.: Biochemie des Wachstums und der Differenzierung, Handb. allg. Path. (BÜCHNER-LETTERER-ROULET) Bd. VI/1, S. 307. Naturwiss. **42**, 305 (1955). — [11] NOVIKOFF, A. B., and V. R. POTTER: J. biol. Ch. **173**, 233 (1948).

Bebrütungstagen gering, während der Sauerstoffpartialdruck in der Luftkammer auf 14% abnimmt, um dann auf dieser Höhe zu bleiben. Kurz vor dem Ausschlüpfen der Küken steigt die CO_2-Konzentration auf 9% an[1]. Der Hämeisengehalt nimmt während der Bebrütung auf das 10fache zu[2]. Die Entwicklung erfolgt also auch hier aerob. Sauerstoffmangel führt gerade in den ersten Phasen der Entwicklung zu Mißbildungen, deren Sitz und Art je nach dem Zeitpunkt der Einwirkung verschieden ist (teratogenetische Determinierungsperioden nach MARCHAND)[3]. Die Lungenatmung beginnt mit dem 18. Bebrütungstag. Damit werden die Embryonen gegen Mangel an Vitamin B_{12} empfindlich[4]. Atembewegungen sind schon 2 Tage früher nachweisbar. Ihr Eintritt kann durch Gabe von Kohlensäure schon früher erzwungen werden. Sauerstoffmangel regt in diesem Entwicklungsstadium ebenfalls die Atmung an[5].

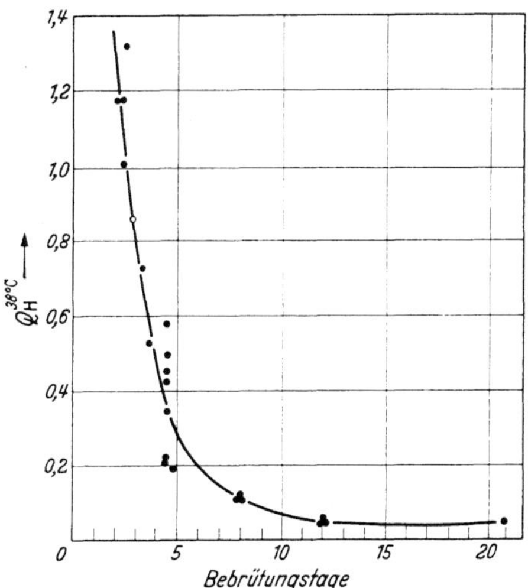

Abb. 21. Abfall der Arginase-Aktivität beim Hühner-Embryo während der Bebrütung. [BRACHET J. et J. NEEDHAM: C. R. Soc. Biol. **118**, 840 (1935)].

Die Entwicklung des *Stickstoffwechsels* ist vor allem von NEEDHAM untersucht worden[6]. Vogelembryonen scheiden in der 1. Woche zunächst Ammoniak, dann Harnstoff und erst später Harnsäure aus. Die Harnstoffbildung verläuft über das Arginin-Arginasesystem. Zwischen Wachstum und Aktivität der Arginase bestehen enge Beziehungen[7], besonders zum oxydativen Stoffwechsel, da die Aktivität der Arginase vom Oxydationspotential im Gewebe abhängt. Die Arginaseaktivität fällt im Hühnerei nach einer Bebrütungswoche auf den 200. Teil ab (Abb. 20). Die Ornithinbildung erscheint am 12. Tag. Argininphosphat ist in der glatten „vegetativen" Muskulatur enthalten, bei Wirbellosen und bei Embryonen auch in der quergestreiften. Die Kreatinphosphorsäure, die für die koordinierte Bewegung notwendig ist, erscheint in der quergestreiften Muskulatur des Kaninchenembryo um den 20. Tag[6].

Acetylcholin ist im Herzmuskel von 2 Tage alten Hühnerembryonen noch nicht nachweisbar, wird aber von diesen auch nach Explantation in die Gewebekultur im Laufe der Zeit gebildet[8]. Die Muskulatur des embryonalen Hühnerdarms gewinnt die Reaktionsfähigkeit gegen Acetylcholin um den 7.—10. Tag.

Die größte Bedeutung in der Entwicklung hat der Nucleinsäurestoffwechsel. Der Seeigelkeim entwickelt sich bis zur Blastula trotz lebhafter Zellvermehrung ohne Wachstum, ohne Volumenzunahme. Dennoch nimmt die Kernmasse zu. Der Gehalt an DNS, der im unbefruchteten Ei 0,7—1 · $10^{-3}\,\gamma$ je Ei beträgt, steigt bei der Entwicklung bis zum Larvenstadium allerdings nur etwa auf das 10fache an. Der RNS-Gehalt bleibt demgegenüber entsprechend der

[1] ROMIJN, C., and J. ROOS: J. Physiol., London **94**, 365 (1938). — [2] RAMSAY, W. N. M.: Biochem. J. **46**, 168 (1950). — [3] BÜCHNER, F., H. RÜBSAAMEN u. G. ROTHWEILER: Naturwiss. **38**, 142 (1951). — [4] MARIAKULANDAI, A., and J. MCGINNIS: Arch. Biochem. **37**, 136 (1952). — [5] WINDLE, W. F., and J. BARCROFT: Amer. J. Physiol. **121**, 684 (1938). — [6] NEEDHAM, J.: Biochemistry and Morphogenesis. Cambridge 1942. — [7] EDLBACHER, S., u. F. KOLLER: H. **227**, 99 (1934). — [8] LISSAK, K.: Magyar orv. Arch. **43**, 443, dtsch. Z.-fssg. 514 (1942) [Ber. Physiol. **134**, 208].

fehlenden Proteinsynthese in diesem Stadium bei etwa $2 \cdot 10^{-2}\,\gamma$ je Ei konstant. Eine Umwandlung von RNS in DNS ist daher unwahrscheinlich[1]. Auch die Zusammensetzung der RNS im Seeigelei bleibt mit 1,38—1,99 Mol Guanylsäure, 1,17—1,22 Mol Cytidylsäure und 0,91—0,95 Mol Uridylsäure je Mol Adenylsäure konstant, unabhängig von der Entwicklung[2]. Die Gene greifen erst mit dem Beginn der Differenzierungen ein, also erst bei der Gastrulation[3].

Im Hühnerei steigt die DNS-Konzentration des Embryos, beurteilt vor allem nach dem Einbau von radioaktiviertem Phosphor, vom 2. bis zum 13. Bebrütungstag stark an, um dann etwa konstant zu bleiben[4]. Dann steigt entsprechend der zunehmenden Proteinsynthese RNS vor allem im Cytoplasma an[5], bei gewaltiger Vergrößerung der Nucleoli, deren zentrale Bedeutung für die Proteinsynthese auch hier zum Ausdruck kommt. Der Phosphorgehalt geht dem Nucleinsäuregehalt parallel[6]. Die für die Zellvermehrung charakteristische Zunahme der DNS im Gehirn von Hühnerembryonen ist am 16. Bebrütungstag beendet, wenn auch das Wachstum durch Zellvermehrung aufhört. Das ist anscheinend allgemein bei vielen Arten nach einer Zeit der Fall, die etwa $^1/_{70}$ der durchschnittlichen Lebenserwartung ausmacht („biologische Zeit“)[7]. Das weitere Wachstum ist dann nicht mehr durch Zunahme der Zellen*zahl*, sondern durch Zunahme der Zell*größe* gekennzeichnet.

Tabelle 16. Vergleich der Aktivitäten einiger Fermente im Blut von Neugeborenen und Erwachsenen.

	Neugeborener	Erwachsener
Katalase	19,2	27,7
Carboanhydratase . . .	9,1	36,7
Glyoxalase	281,0	555,0
Saure Phosphatase . . .	4,8	4,6

Menschliche Feten zeigen folgende Besonderheiten: der Cytochrom c-Gehalt steigt zunächst und sinkt dann bis zum Ende der intrauterinen Entwicklung ab[8]; die Änderungen des Eiweißgehaltes erscheinen eigenartig, das Gesamteiweiß steigt von 3,3% im 4. Monat auf 6% bei der Geburt an, und zwar allein durch Zunahme des Albumins von 1,1% auf 5,8%, während der Globulingehalt von 2,2 auf 0,7% sinkt[9]. Die bei menschlichen Feten schon vorhandenen Antikörper sind wahrscheinlich durch die Placenta übertragen[10]. Bei Huftieren finden sich im fetalen Blut noch keine Globuline oder Antikörper. Sie sollen erst nach der Geburt aus dem Colostrum aufgenommen werden[11]. Dagegen wurde ein spezielles saures Plasmaprotein *Fetuin* mit dem MG 50000 gefunden[12]. Die Darmbewegungen beginnen bei menschlichen Feten in der 7. Woche gleichzeitig mit der Entwicklung autonomer Ganglien im Darm. Das Hormon Secretin erscheint mit der enzymatischen Leistung des Pankreas im 4.—5. Entwicklungsmonat.

Diese Beispiele aus der Biochemie der Entwicklung, die noch viel zu wenig erforscht ist, zeigen die Ausbildung neuer stofflicher Leistungen im Zuge der Ontogenese und Phylogenese.

---

[1] Schmidt, G., L. Hecht and S. J. Thannhauser: J. gen. Physiol. **31**, 203 (1948). — [2] Elson, D., T. Gustafson and E. Chargaff: J. biol. Ch. **209**, 285 (1954). — [3] Brachet, J.: Exper. **7**, 344 (1951). — Bautzmann, H.: Naturwiss. **42**, 286 (1955). — [4] Stevens, K. M.: Cancer Res. **12**, 62 (1952). — [5] Novikoff, A. B., and V. R. Potter: J. biol. Ch. **173**, 233 (1948). — [6] Caspersson, T. (O).: Cell Growth and Cell Function. New York 1950. — Szepsenwol, J., and M. H. Partridge: Amer. J. Physiol. **171**, 257 (1952). — [7] Mandel, P., et R. Bieth: Exper. **7**, 343 (1951). — [8] Opitz, E., u. H. Samlert: Pflügers Arch. **251**, 355 (1949). — [9] Knoll, W., u. C. Sievers: Ärztl. Forsch. **1948**, 396 — [10] Thurau, R.: Mschr. Kinderheilkde. **97**, 59 (1949). — [11] Smith, E. L., and A. Holm: J. biol. Ch. **175**, 349 (1948). — [12] Pedersen, K. O.: J. physic. Colloid Chem. **51**, 164 (1947).

Auch in der postnatalen Entwicklung des Menschen ändern sich die biochemischen Verhältnisse[1], z.B. bei einigen enzymatischen Funktionen im Blut[2] (s. Tabelle 16).

10. Wachstum[3-60].

a) Allgemeines.

Der Ausdruck „Wachstum" wird in der Biologie als Sammelbegriff gebraucht. Wird die einzelne Zelle betrachtet, so gilt die Zunahme ihres Volumens als Zellwachstum (Plasmawuchs), dies jedoch nur dann, wenn sie auf einer Vermehrung der lebenden *Substanz*, vor allem der Nucleinsäuren und der Proteine, nicht aber bloß auf der Einlagerung von Depotstoffen oder Wasser beruht. Der Ausdruck „Vermehrung" soll andeuten, daß die eigentliche lebende Substanz in der Zelle mit aller Wahrscheinlichkeit zur identischen Vermehrung befähigt ist, sei es, daß die vorhandenen spezifischen Strukturen als Matrize für die neu zu bildenden wirken, sei es, daß kompliziertere aktive Vermehrungsvorgänge stattfinden.

---

[1] Spray, C. M., and E. M. Widdowson: Brit. J. Nutrit. **4**, 332 (1950). — [2] Jones, P. E. H., and R. A. McCance: Biochem. J. **45**, 464 (1949). — Parpart, A. K. (Hrsgb.): The Chemistry and Physiology of Growth. Princeton 1949.

Zusammenfassende Darstellungen: 3—60. [3] Handb. allg. Path. (Büchner-Letterer-Roulet) Bd. VI, Teil 1 u. 2. Entwicklung, Wachstum. — [4] Ammon, R., u. W. Dirscherl: Fermente, Hormone, Vitamine. 2. Aufl. Leipzig 1948. — [5] Audus, L. J.: Plant Growth Substances. New York 1953. — [6] Anselmino, K. J., u. F. Hoffmann: Die Wirkstoffe des Hypophysenvorderlappens. Handb. Heffter Erg.-Bd. 9. — [7] Backmann, G.: Wachstum und organische Zeit. Leipzig 1943. — [8] Bernhauer, K.: Antibiotika. Ergebn. Enzymforsch. **11**, 389 (1950). — [9] Bertalanffy, F. v.: Theoretische Biologie. Bd. 1. Berlin 1932. Bd. 2, 2. Aufl. Bern 1951. — [10] Brachet, J.: Embryologie chimique. 2. Aufl. Paris 1947. — [11] Brown, R., W. S. Reith and R. Robinson: The mechanism of plant cell growth. Symp. Soc. exp. Biol. **6**, 329 (1952). — [12] Bünning, E.: Lehrbuch der Pflanzenphysiologie. Bd. II u. III. — Entwicklungs- und Bewegungsphysiologie der Pflanze. 3. Aufl. Berlin 1953. — [13] Cameron, G.: Tissue Culture Technique. 2. Aufl. New York 1950. — [14] Caspersson, T. (O).: Cell Growth and Cell Function. New York 1950. — [15] Costello, D. P.: Growth and development. Survey biol. Progr. **1**, 115 (1949). — [16] Druckrey, H., K. Küpfmüller u. W. Trappe: Z. Krebsforsch. **56**, 407 (1948/50). — [17] Dustin, P.: Some new aspects of mitotic poisoning. Nature **159**, 794 (1947). — [18] Evans, H. M., K. Meyer, M. E. Simpson, A. J. Szarka, R. I. Pencharz, R. E. Cornish and F. L. Reichert: The Growth and Gonad Stimulating Hormones of the Anterior Hypophysis. Berkeley, Calif. 1933. — [19] Fischer, A.: Biology of Tissue Cells. London 1946. — [20] Fischer, I.: Grundriß der Gewebezüchtung. Jena 1942. — [21] Geitler, L.: Die Mechanik der Mitose. Naturwiss. **31**, 501 (1943). — [22] Haas, J.: Physiologie der Zelle. Berlin 1955. — [23] Heidenhain, M.: Formen und Kräfte in der lebenden Natur. Berlin 1923. — [24] Hohl, K.: Experimentelle Untersuchungen über Röntgeneffekte und chemische Effekte auf die pflanzliche Mitose. Stuttgart 1949. — [25] Hughes, A.: Inhibitors and mitotic physiology. Symp. Soc. exp. Biol. **6**, 256 (1952). — [26] Hughes, A.: The Mitotic Cycle. London 1952. — [27] Knight, B. C. J. B.: Essential metabolites and antimetabolites. J. Mt. Sinai Hosp. **15**, 281 (1949). — [28] Knobloch, H.: Antivitamine. Ergebn. Enzymforsch. **11**, 67 (1950). — [29] Nouy, P. Lecomte du: Biological Time. London 1936. — [30] Lettré, H.: Mitosegifte. Chemie **55**, 225 (1942). Mitosegifte. Ergebn. Physiol. **46**, 379 (1950). — [31] Lettré, H.: Mitosegiftforschung und ihre Beziehung zu Problemen der Enzymforschung. Ergebn. Enzymforsch. **10**, 269 (1949). — [32] Lespagnol, A.: Methodes génerales de recherche des médicaments de synthese. Ann. Soc. R. Sci. méd. natur. Bruxelles **4**, 61 (1951). — [33] Milovidov, P. F.: Physik und Chemie des Zellkerns. Berlin: 1. Teil 1949. 2. Teil 1954 (Protoplasma-Monographie Bd. 20 u. 21). [34] Mühldorf, A.: Die Zellteilung als Plasmateilung. Wien 1951. — [35] Nowinski, W. W.: Fundamental Aspects of Normal and Malignant Growth. Amsterdam, London, New York 1956. — [36] Palmer, C. F., and A. Ciocco: Growth. Ann. Rev. Physiol. **3**, 79 (1941). — [37] Parker, R. C.: Methods of Tissue Culture. 2. Aufl. New York 1950. — [38] Parpart, A. K. (Hrsgb.): The Chemistry and Physiology of Growth. Princeton 1949. — [39] Pincus, G., and K. V. Thimann (Hrsgb.): The Hormones. 3 Bde. New York 1948, 1950 u. 1955. — [40] Reimann, S. P.: Growth. Ann. Rev. Physiol. **9**, 1 (1947). — [41] Ries, E.: Lebenszyklen und Arbeitsrhythmen von Zellen. Verh. dtsch. zool. Ges. **39**, 171 (1937). — [42] Rössle, R., u. F. Roulet: Maß und Zahl in der Pathologie. Berlin 1932. — [43] Rudolph, W.: Wuchsstoffe und Antiwuchsstoffe. Bern 1948. — [44] Ruge, U.: Übungen zur Wachstums- und Entwicklungs-

Bei Populationen von Zellen und bei vielzelligen Organismen kommt als zweite Form das Wachstum durch Zunahme der Zellenzahl, also durch eine Vermehrung der lebenden *Zellen* hinzu. Dies kann auch durch bloße Teilung der Zellen unter Halbierung ihres Volumens geschehen, so daß das Gesamtvolumen der Population oder des Organismus dabei sogar abnehmen kann, wie z.B. bei den ersten Teilungen des Seeigeleies bis zur Blastula. Die Substanzabnahme betrifft aber nur das Plasma. Die Kernmasse dagegen und der Gehalt an DNS nehmen bei der Zellvermehrung unter allen Umständen zu. Deshalb kann die Bestimmung des Gewichts, der Trockensubstanz oder des Stickstoffs nicht als Bezugsgröße dienen, sondern nur die eigentliche „lebende Substanz", das ist in erster Linie die Menge der DNS je Zelle oder je Volumen. Der allgemeine Sprachgebrauch bezeichnet auch die Größenzunahme in einer Achse als Wachstum (Längenwachstum, Streckungswachstum), z. B. bei Pflanzen[1], obwohl dabei weder eine Zunahme der Zellzahl noch ihres Volumens zu erfolgen braucht. In der Medizin wird die Volumzunahme eines speziellen Organs durch Zellvermehrung als *Hyperplasie* bezeichnet, nimmt nur die Zellgröße zu, so spricht man von *Hypertrophie*.

Der Begriff „Wachstum" hat naturwissenschaftlich nur dann einen Wert, wenn er im Einzelfall scharf definiert ist, d. h. wenn ihm klare physikalische Dimensionen zugeordnet werden können[2]. Unter Wachstum wird die (positive) Veränderung einer im Einzelfalle zu definierenden Größenqualität in der *Zeit* verstanden. Ihm kommt daher grundsätzlich die Dimension einer reziproken Zeit $1/t$, also einer Art von „Geschwindigkeit" zu. Das Längenwachstum wird durch den Differentialquotienten dL/dt, das Flächenwachstum durch dF/dt, das Gewichtswachstum durch dG/dt und die Zunahme der Zahl der Individuen, z.B. Zellzahl N in der Zeiteinheit dt durch dN/dt angegeben. Die Beziehung zwischen den einzelnen Wachstumsformen ergibt sich daraus, daß die Fläche F der zweiten, die Masse G einer dritten Potenz der Länge L dimensionsmäßig entspricht. Die Zellzahl N ist dagegen dimensionslos. Die einzelnen Wachstumsgrößen können absolut angegeben werden, besser aber relativ, und zwar entweder auf den Anfangswert bei $t=0$ bezogen oder auf den möglichen Endwert.

physiologie der Pflanze. 3. Aufl. Berlin, Göttingen, Heidelberg 1951. — [45] SCHRADER, F.: Mitosis. New York 1953. Deutsche Übersetzung Wien 1954. — [46] SEITZ, L.: Wachstum, Geschlecht und Fortpflanzung als ganzheitlich erbmäßig-hormonales Problem. Berlin 1939. — [47] SELYE, H.: Textbook of Endocrinology. 2. Aufl. Montreal 1949. — [48] SKOOG, F.: Plant Growth Substances. Madison, Wisc. 1951. — [49] SMITH, R. W., O. H. GAEBLER and C. N. H. LONG: The Hypophyseal Growth Hormone, Nature and Actions. New York, London 1955. — [50] SÖDING, H.: Die Wuchsstofflehre. Stuttgart 1925. — [51] STAUDINGER, H., u. M. STAUDINGER: Die makromolekulare Chemie und ihre Bedeutung für die Protoplasmaforschung. Protoplasmatologia Bd. I/1. Wien 1954. — [52] SWANN, M. M.: The Nucleus in fertilization, mitosis and cell division. Symp. Soc. exp. Biol. **6**, 89 (1952). — [53] DANIELLI, J. F., and B. BROWN (Hrsgb.): Growth in Relation to Differentiation and Morphogenesis. Symp. Soc. exp. Biol. Nr. 2 (1948). — [54] TALBOT, N. B., and E. H. SOBEL: Certain factors which influence the rate of growth in children. Recent Progr. Hormone Res. **1**, 355 (1947). — [55] THIMANN, K. V., and J. BONNER: Plant growth hormones. Physiol. Rev. **18**, 524 (1938). — [56] WASSERMANN, F.: Wachstum und Vermehrung der lebendigen Masse. Handb. mikroskop. Anat. (v. MÖLLENDORFF) Bd. I/2. Berlin 1929. — [57] WENT, F. W., and K. V. THIMANN: Phytohormones. New York 1937. — [58] WILKINS, L.: Genetic and endocrine factors in the growth and development of childhood and adolescence. Recent Progr. Hormone Res. **2**, 391 (1948). — [59] WOOLLEY, D. W.: Biological antagonisms between structurally related compounds. Adv. Enzymol. **6**, 129 (1946). — [60] WOOLLEY, D. W.: A Study of Antimetabolites. New York 1952.

[1] FREY-WYSSLING, A.: Growth of plant cell walls. Symp. Soc. exp. Biol. **6**, 320 (1952). — BROWN, R., W. S. REITH and E. ROBINSON: The mechanism of plant cell growth. Symp. Soc. exp. Biol. **6**, 329 (1952). — STECHER, H.: Mikroskopie, Wien **7**, 30 (1952). —
[2] ROESSLE, R., u. F. ROULET: Maß und Zahl in der Pathologie. Berlin 1932. — BERTALANFFY, L. v.: Theoretische Biologie. Bd. 1. Berlin 19?2; Bd. 2. 2. Aufl. Bern 1951.

Bei allen Formulierungen und ebenso bei ihrer rechnerischen Behandlung müssen die Dimensionen[1] unter allen Umständen genau so korrekt berücksichtigt und mitgerechnet werden wie die Zahlen. Die Berechnung der Dimensionen in solchen „Größengleichungen" führt oft zu wesentlicheren Erkenntnissen als eine noch so genaue Zahlenrechnung.

Grundsätzlich zu unterscheiden ist zwischen dem Wachstum durch Vermehrung von Populationen und dem individuellen Wachstum.

Die *Vermehrung von Populationen* selbständiger, autonomer Individuen ist — soweit nicht äußere Faktoren limitierend wirken — an sich unbegrenzt und deshalb nur von der *Anfangsmenge* abhängig. Das gilt im Prinzip für alle Arten, also für Bakterien[2], Insekten, sofern sie nicht Staaten bilden und schließlich auch für Menschenpopulationen und ferner für Krebszellen. Im einfachsten Falle nimmt die Zahl der Individuen je Zeiteinheit proportional zur Zahl der vorhandenen Individuen N, also in geometrischer Progression zu, so daß

$$\frac{dN}{dt} = k \cdot N = \frac{N}{\tau} \tag{IX}$$

wird. Die Konstante k muß danach die Dimension einer reziproken Zeit („Zeitkonstante" $k = 1/\tau$) haben. τ gibt in diesem Falle die Zeit an, bis zu der die Zahl das $e = 2{,}718$fache des Anfangswertes erreicht hat. Das relative Wachstum, also die Zunahme der Anzahl von Individuen gegenüber der vorhandenen Zahl

$$\frac{dN/N}{dt} = \frac{1}{\tau} = \text{konst.} \tag{X}$$

ist in diesem Falle konstant, während ihre Anzahl selbst stets mit dem Faktor τ anwächst. Soweit die Vermehrung z.B. bei Zellen durch Verdopplung erfolgt, kann an Stelle von τ auch ein „Verdopplungsfaktor" angegeben werden. Die bis zum Zeitpunkt t erreichte Anzahl N von Individuen wird durch Integration der Gl. (X) zwischen $t = 0$ und t berechnet. Sie liefert die Gleichung des exponentiellen Vermehrungswachstums

$$N_t = N_0 \cdot e^{\frac{t}{\tau}}. \tag{XI}$$

Im Gegensatz zur Vermehrung von Populationen strebt das *Wachstum von Individuen* und damit auch das ihrer normalen Organe einem Endwert oder Maximalwert zu. Dieser ist grundsätzlich ein erbliches Artmerkmal und unabhängig vom Anfangswert. Als erste Näherung gilt demgemäß

$$G_t = G_{\max}\left(1 - e^{-\frac{t}{\tau}}\right). \tag{XII}$$

Das Wachstum strebt also einem dynamischen Gleichgewicht zu. Prinzipiell gibt es sowohl positive als auch negative Wachstumsvorgänge. Das *negative* Wachstum z.B. im Hunger ist von der Ausgangsgröße abhängig und verläuft ziemlich genau[3] als negative Exponentialfunktion nach

$$G = G_0 \cdot e^{-\frac{t}{\tau}}. \tag{XIII}$$

Die Geschwindigkeit des Wachstums hat ebenso wie die anderer fundamentaler Lebensprozesse (Reifung, Altern, Eintreten von Mutationen oder krebsigen

[1] Normblatt des Ausschusses für Einheiten und Formelgrößen (AEF) DIN 1313. Beuth-Verlag Berlin, Krefeld-Uerdingen 1940. — Druckrey, H., u. K. Küpfmüller: Dosis und Wirkung. S. 555. Aulendorf, Wttbg. 1949. — [2] Hinshelwood, C. N.: Chemical Kinetics of the Bacterial Cell. London 1946. — [3] Bertalanffy, F. v.: Theoretische Biologie. Bd. 2, 2. Aufl. Bern 1951.

Entartungen) eine zwar vom Alter streng und von Umweltseinflüssen bedingt abhängige Größe („Zeitkonstante"), die aber grundsätzlich für die betreffende Art und innerhalb dieser auch für das Individuum ein charakteristisches und erbliches Merkmal ist, also in der genetischen Konstitution verankert liegt[1]. Aus diesem Grunde können biologische Vorgänge nicht allgemeingültig mit dem physikalischen Zeitmaß gemessen werden, sondern müssen in Einheiten eines artspezifischen Zeitmaßes, z. B. als Funktion der mittleren Lebensdauer, ausgedrückt oder bei physikalischer Zeitmessung auf die biologische Zeit bezogen werden $[t/\tau]$. Die innerhalb der Art vorhandenen individuellen Unterschiede und die beim Einzelindividuum, z.B. mit dem Alter oder bei Wechsel des Milieus eintretenden Änderungen der biologischen Zeitkonstante τ, sind ihr anscheinend stets proportional[2], so daß τ als artspezifische Zeitkonstante gelten kann. Für die ungehemmte Vermehrung der Individuen N in Populationen gilt daher genauer

$$\frac{dN}{dt} = \frac{1}{\alpha\tau} \cdot N_0 \,. \tag{XIV}$$

Hierbei ist α eine dimensionslose Zahl, deren Größe von Umwelteinflüssen (Ernährung, Temperatur u. a.) abhängt. Die bis zum Zeitpunkt t erreichte Zellzahl wäre dann

$$N = N_0 \cdot e^{\frac{t}{\alpha\tau}} \,. \tag{XV}$$

Für das Wachstum von Zelleinsaaten in einen gegebenen Nährboden trifft eine arc tg-Funktion meist besser zu[3].

Das subjektive Zeitgefühl wertet die Zeit ebenfalls als Vielfaches (bzw. später als Bruchteil) der bereits erlebten Zeit, die damit immer flüchtiger und kleiner erscheint, je mehr bereits verronnen ist. Darin scheint doch ein allgemeiner gültiges Prinzip zu liegen, denn auch das Wachstum (W) der Individuen ist in einfachen Fällen etwa der verflossenen biologischen Zeit umgekehrt proportional[4]

$$W \cdot \frac{t}{\tau} = k \tag{XVI}$$

und nimmt also ebenso ab wie der subjektive „Wert" der Zeit.

Zwischen Wachstum und Altern besteht anscheinend ein Zusammenhang. Beobachtungen in Tierversuchen haben gezeigt, daß eine Mangeldiät in der Wachstumsperiode nicht nur das Wachstum, sondern auch das Altern verzögert und die Lebensdauer verlängert. Eine Überernährung in der gleichen kritischen Zeit hat den gegenteiligen Effekt[5]. Das Altern wird dabei auf die Wirkung eines stofflichen Agens bezogen[5], könnte aber ebensogut am Fehlen „höchstwertiger" Substanzen liegen, die immer wieder in embryonalen Geweben vermutet und gesucht wurden.

Das individuelle Wachstum strebt einem Grenzwert oder einem Gleichgewicht zu, ist also begrenzt. Die Wachstumskurve hat daher grundsätzlich einen S-förmigen Verlauf von wechselnder Schiefe. Dafür wurden z.B. die Formeln

$$\frac{W}{W_m} = e^{k \cdot e^{\frac{t}{T_m}}} \tag{XVII}$$

bzw.

$$\ln\left(\frac{W}{W_m}\right) = k \cdot \ln^2 \frac{t}{T_m} \tag{XVIII}$$

---

[1] NOUY, P. LECOMTE DU: Biological Time. London 1936. — BACKMANN, G.: Wachstum und organische Zeit. Leipzig 1943. — MANDEL, P., et R. BIETH: Exper. **7**, 343 (1951). — [2] HEIDENHAIN, M.: Formen und Kräfte in der lebenden Natur. Berlin 1923. — [3] DAISER, K. W.: Strahlentherapie **79**, 243 (1949). — [4] SCHMALHAUSEN, J.: Roux' Arch. Entw. Mech. **113**, 462 (1928); **123**, 153 (1931). — [5] LANSING, A. I.: Sci. Amer. **188**, 38 (1953). — BOURLIÈRE, F.: Schweiz. med. Wschr. **84**, 1310 (1954).

angegeben[1], in denen W_m die Geschwindigkeit des maximalen Wachstums im Zeitpunkt T_m bedeutet.

Diese rein formalen Näherungen berücksichtigen die Tatsache noch nicht, daß gleichzeitig mit den positiven Wachstums- und Zellvermehrungsvorgängen auch negative verlaufen. BERTALANFFY[2] sieht in den lebendigen Zuständen „Fließgleichgewichte" in offenen Systemen. Grundsätzlich folgt die Größe des Wachstums aus der Bilanz der positiven und negativen Änderungen von Form, Größe und Zahl der Zellen im Organismus. Ist die Bilanz positiv, so liegt Wachstum im eigentlichen Sinne vor. Der naturwissenschaftliche Begriff „Wachstum" sollte indessen die Änderung an sich wiedergeben, während die Richtung durch das Vorzeichen angegeben werden muß. Es gibt also ebenso ein negatives wie ein positives Wachstum. Die Verkennung dieser Sachverhalte würde ein Eindringen in die Dynamik und Kinetik des Wachstums unmöglich machen und hat dies lange Zeit auch verhindert.

BERTALANFFY geht von der begründeten Annahme aus, daß die Synthesen und damit der Massenzuwachs von der Atmung abhängen und deshalb etwa proportional der Oberfläche F verlaufen, der Abbau, das negative Wachstum dagegen proportional zur Masse G. Für das Gewichtswachstum gilt daher nach BERTALANFFY (dimensionsgerecht modifiziert)

$$\frac{dG}{dt} = \frac{F}{T_1} - \frac{G}{T_2}, \tag{XIX}$$

worin G das Gewicht bzw. Volumen, F die Oberfläche und T_1 bzw. T_2 die biologischen Zeitkonstanten für beide Vorgänge bezeichnen. Da G die Dimension L^3 und F die Dimension L^2 hat, ergibt Einsetzen in Gleichung (XIX)

$$\frac{d(L^3 q)}{dt} = \frac{L^2 p}{T_1} - \frac{L^3 q}{T_2}, \tag{XX}$$

wobei p und q Proportionalitätsfaktoren sind. Division durch $L^2 q$ ergibt

$$\frac{dL}{dt} = \frac{p}{3 \cdot q \cdot T_1} - \frac{L}{3 \cdot T_2}. \tag{XXI}$$

Wird in (XXI) das Verhältnis

$$\frac{p}{q} = A$$

gesetzt, so ist vereinfacht

$$\frac{dL}{dt} = \frac{1}{3}\left(\frac{A}{T_1} - \frac{L}{T_2}\right). \tag{XXII}$$

Die Integration liefert

$$L_t = A \cdot \frac{T_2}{T_1}\left(1 - e^{-\frac{t}{T_2}}\right) + L_0 \cdot e^{-\frac{t}{T_2}}. \tag{XXIII}$$

Bei Erreichung der maximalen Endgröße L_m hört das Wachstum auf, es wird $\frac{dL}{dt} = 0$, und aus (XXIII) ergibt sich

$$L_m = A \frac{T_2}{T_1}. \tag{XXIV}$$

Das Wachstum nach (XXIII) hängt also von der Endgröße L_m ab und strebt diesem Wert zu. Wird L_m in (XXIII) eingesetzt, so folgt

$$L = L_m \cdot \left(1 - e^{-\frac{t}{T_2}}\right) + L_0 e^{-\frac{t}{T_2}}. \tag{XXV}$$

---

[1] BACKMANN, G.: Wachstum und organische Zeit. Leipzig 1943. — [2] BERTALANFFY, L. v.: Theoretische Biologie. Bd. 2, Stoffwechsel, Wachstum. 2. Aufl. Bern 1951.

Daraus folgt für das Gewichtswachstum

$$L^3 = \left[L_m \cdot \left(1 - e^{-\frac{t}{T_2}}\right) + L_0 \cdot e^{-\frac{t}{T_2}}\right]^3. \qquad \text{(XXVI)}$$

bzw.

$$G = \left[\sqrt[3]{G_m} \cdot \left(1 - e^{-\frac{t}{T_2}}\right) + \sqrt[3]{G_0} \cdot e^{-\frac{t}{T_2}}\right]^3.$$

Das Längenwachstum ergibt nach (XXV) eine Kurve mit einfachem, exponentiell abklingendem Verlauf, während das Gewicht in einer S-förmigen Kurve wächst. Zahlreiche Messungen an verschiedenen Tierarten haben ergeben, daß die theoretisch gefundenen Verhältnisse bemerkenswert gut mit der Wirklichkeit übereinstimmen. Für das Gewichtswachstum von Ratten bis zum Alter von 10 Wochen gilt sehr genau mit den Meßwerten[1] übereinstimmend

$$G_R = \left[320^{\frac{1}{3}} \cdot \left(1 - e^{-\frac{t}{90}}\right) + 5{,}4^{\frac{1}{3}} \cdot e^{-\frac{t}{90}}\right]^3 \qquad \text{(XXVII)}$$

und für Mäuse von der 2. Lebenswoche ab

$$G_m = \left[2{,}855 \cdot \left(1 - e^{-\frac{t}{8{,}3}}\right) + 1{,}205 \cdot e^{-\frac{t}{8{,}3}}\right]^3. \qquad \text{(XXVIII)}$$

Die Größe der artcharakteristischen Zeitkonstante T_2 beträgt hiernach für Ratten etwa 90, für Mäuse dagegen nur 8,3 Tage; die Werte verhalten sich also zueinander wie die Endgewichte und nicht wie die biologischen Zeitgrößen, z. B. die Lebenserwartungen bei beiden Arten. Die *Zahlen* erscheinen daher anfechtbar. Gültig bleiben dagegen die *Dimensionen*. Hier ist es beachtenswert, daß nach Gl. (XXIV) die erreichte *Endgröße* dem Verhältnis der beiden Zeitkonstanten T_2/T_1 proportional ist, daß aber die *Geschwindigkeit*, mit der diese Endgröße erreicht wird, von der Zeitkonstante T_2 für den Abbau, d. h. von der Labilität der lebenden Substanz abhängt. Es verdient weiter Beachtung, daß auch die Geschwindigkeit, mit der sich das Gleichgewicht bei reversiblen chemischen Reaktionen und ebenso bei reversiblen pharmakologischen Wirkungen einstellt, nur von der Zeitkonstante für die Dissoziation bzw. Reversibilität abhängt, die zugleich z. B. den Charakter von Giftwirkungen bestimmt[2].

Bei manchen Insekten ist die Größe der Atmung nicht der Oberfläche, sondern dem Volumen proportional. Das Gewichtswachstum ist deshalb hier exponentiell

$$G_J = G_0 \cdot e^{\frac{t}{T}}, \qquad \text{(XXIX)}$$

bis es bei der Metamorphose abbricht. Danach verläuft das individuelle Wachstum nach Gl. (XII).

Bei den S-förmigen Kurven für das Gewichtswachstum erhält man den Wendepunkt der Kurve dadurch, daß man den 2. Differentialquotienten gleich Null setzt. Der Wendepunkt liegt bei 0,2963 G. Die Wachstumskurve hat also einen schiefen Verlauf. Das Wachstum kann deshalb nicht als einfacher autokatalytischer Prozeß gedeutet werden, denn dann müßte der Wendepunkt bei einem Wert für $G = 0{,}5$ liegen.

Im Gegensatz zu häufig versuchten Formulierungen, die nur eine formale Übereinstimmung mit experimentell gefundenen Kurvenverläufen anstrebten und deshalb durchaus trivial sind, sind diese Wachstumsgleichungen aus der Formulierung der Grundvorgänge entwickelt worden. Sie haben deshalb nicht nur

[1] DONALDSON, H. H.: The Rat. 2. Aufl. Philadelphia 1924. — BERTALANFFY, F. V.: Theoretische Biologie. Bd. 2, 2. Aufl. Bern 1951. — [2] DRUCKREY, H., u. K. KÜPFMÜLLER: Dosis und Wirkung. S. 599. Aulendorf, Wttbg. 1949. — DRUCKREY, H.: Arzneim.-Forsch. **1**, 383 (1951); **7**, 449 (1957).

formale Bedeutung, sondern beschreiben reale Vorgänge. Trotzdem ist eine allgemeingültige Formulierung für alle Wachstumsvorgänge unmöglich, weil diese in den einzelnen Stadien der Entwicklung ihrem Wesen nach zu verschieden sind.

Während der embryonalen Entwicklung erfolgt das Wachstum vorwiegend durch Zellvermehrung ohne Zunahme der Zellgrößen. Die relative, auf das Endgewicht bei der Geburt bezogene Geschwindigkeit des fetalen Wachstums ist bei allen Säugetieren sehr ähnlich. Das Wachstum verläuft praktisch exponentiell, bis etwa $^1/_{30}$ bis $^1/_{10}$ des Geburtsgewichtes erreicht ist. Dann erst flacht sich die Kurve langsam ab[1]. Jetzt tritt die Zunahme der Zellgröße in den Vordergrund, die Zellvermehrung dagegen mehr und mehr zurück und bleibt schließlich nur noch so weit erhalten, um gerade den ständigen Zellausfall zu decken. Die Ganglienzellen des Gehirns stellen die Zellteilung schon im pränatalen Leben endgültig ein, beim Hühnerembryo etwa am 16. Bebrütungstag[2]. Auch die Eizellen im Ovarium, z. B. des Menschen, nehmen nach der Geburt an Zahl nicht mehr zu. Etwa vom Zeitpunkt des Abstillens an bleibt die Zellzahl in den meisten Organen[3], z. B. im Herzmuskel[4] oder in der Leber[5], konstant; Zellteilung und Zelltod halten sich nun die Waage, und der Organismus wächst nur noch durch Größenzunahme der Zellen unter amitotischer Kernteilung, endomitotischer Polyploidisierung und Kernwachstum. In der Leber von erwachsenen Ratten und Mäusen beträgt die relative Zahl der noch verlaufenden Mitosen (Mitoserate) etwa $5 \cdot 10^{-5}$. Bei der Regeneration nach partieller Exstirpation der Leber steigt die Mitoserate nach einer „lag phase" von etwa 36 Std auf das 100fache an, um wieder abzunehmen, wenn der Verlust gedeckt ist. Es liegen also stets dynamische Gleichgewichte vor. Gewebe, deren Zellen abgestoßen werden oder physiologisch kurzlebig sind, wie die Haut, die blutbildenden Organe oder das samenbildende Epithel der Hoden zeigen naturgemäß auch im erwachsenen Organismus eine höhere Rate der Zellteilung, die aber inäqual verläuft und stets nur den Ausfall deckt. Nur in einigen Geweben, wie z. B. den Knochen oder den Blutgefäßen, hält das Wachstum durch Zellvermehrung nach der Geburt noch länger an, bis sich auch hier die Zellzahl auf ein Gleichgewicht einstellt. Nach Verletzungen kann die Zellteilung bei der Regeneration indessen jederzeit wieder örtlich aktiviert werden und damit ein lebhaftes Wachstum beginnen, am schnellsten und stärksten in den Geweben, in denen der laufende Zellersatz ohnehin am lebhaftesten war. Daraus geht bereits hervor, daß die Regeneration von Substanzverlusten an sich nur eine modifizierte Form des laufenden Zellersatzes ist. Ganglienzellen, deren laufende Erneuerung nicht mehr durch Zellteilung, sondern nur noch im dynamischen Stoffwechsel erfolgt, können auch bei der Regeneration nicht mehr zur Teilung aktiviert werden. Mit zunehmendem Alter nehmen alle Wachstumspotenzen ab[6].

Die beiden Grundvorgänge des Wachstums, die Zellvermehrung und die Größenzunahme der Zellen, haben naturgemäß verschiedene biochemische Voraussetzungen und Folgen.

Die offenbare Existenz einer artcharakteristischen biologischen Zeitkonstante für die grundlegenden Lebensfunktionen, wie z. B. das Wachstum, hat die Annahme nahegelegt, daß alle diese Vorgänge letzten Endes auf quantenhafte elementare Funktionseinheiten in der Zelle zu beziehen sind, die im weiteren Sinne zur Erb-

[1] STEFFENS, K.: Z. Krebsforsch. **57**, 431 (1951). — [2] MANDEL, P., et R. BIETH: Exper. **7**, 343 (1951). — [3] RIES, E.: Naturwiss. **25**, 241 (1937). Z. mikroskop.-anat. Forsch. **43**, 558 (1938). — STEIN, E.: Kli. Wo. **1948**, 673. — [4] LINZBACH, A. J.: Virchows Arch. **314**, 534 (1947); **316**, 454 (1949). — WAGNER, G.: Z. Naturforsch. **6**b, 86 (1951). — [5] SIESS, M., u. H. STEGMANN: Virchows Arch. **318**, 534 (1950). — [6] FISCHER, A.: Biology of Tissue Cells. London 1946. — LANSING, A. I.: Sci. Amer. **188**, 38 (1953).

masse der Zelle gehören[1]. Tatsächlich ist der Zellkern, der Sitz der artspezifischen Erbmasse, zugleich das Steuerungszentrum für Proteinsynthese, Wachstum, Teilung und grundlegende Differenzierung der Zelle. Das Cytoplasma dagegen bestimmt Form und Verhalten der Zellen im Organismus und ist Träger der allgemeinen sowie der organspezifischen Stoffwechselleistungen und Zellfunktionen[2]. Kernfreie Amöben zeigen volle Atmung, Bewegung und Reaktionsfähigkeit, sind aber unfähig zur Synthese von Proteinen und Nucleinsäuren[3], zu Wachstum, geordneter Teilung und grundlegender Differenzierung. Überpflanzung eines Zellkerns stellt die verlorenen Funktionen wieder her[2,4].

Jede Art von Zellen hält mit großer Beharrlichkeit an einem rhythmischen Verdopplungswachstum fest[5]. Ebenso wächst der Kern in geometrischer Progression[6]. Beim Menschen wurden in den verschiedenen Geweben 9 Größenklassen der relativen Kernvolumina beobachtet[6]. Der Nucleinsäuregehalt im Zellkern nimmt ebenfalls meist durch Verdopplung zu, und zwar auch für die RNS[7]. Danach ist es wahrscheinlich, daß die wesentlichen Zellbestandteile von organischer Natur entweder selbst duplikationsfähige Einheiten sind oder von solchen gebildet werden. Auch für cytoplasmatische Bestandteile ist eine Vermehrung durch einen teilungsähnlichen Akt wahrscheinlich, wie z. B. für Mitochondrien oder Plasmagranula[8], so daß sie als Plasmagene[9] oder als duplikationsfähige Enzymoide[10] angesehen werden (s. S. 78). Alle bisher bekannten, selbstreproduktionsfähigen Einheiten in Zellen sind biochemisch dadurch charakterisiert, daß sie Makromoleküle sind und Nucleinsäuren enthalten, und zwar die höheren, ausschließlich im Zellkern gelegenen DNS und die primitiveren RNS. Darüber hinaus scheinen auch andere makromolekulare Zellsubstanzen, vor allem solche von spezifischer Struktur, nur dann aufgebaut werden zu können, wenn die Zelle ein Muster davon enthält.

Die Begrenzung des Wachstums wird nach einer fruchtbar erscheinenden Hypothese von Weiss[11] so verstanden, daß die als Matrize wirkenden Bestandteile der Zelle zugleich mit der Duplikation diffusible Substanzen produzieren, die die Matrizen inaktivieren, sofern sie nicht verbraucht werden. Wird angenommen, daß dieser Verbrauch der funktionellen Leistung der Zelle entspricht, so wäre tatsächlich ein selbststeuerndes „Regelsystem“ gegeben, das sowohl die begrenzte Vermehrung von normalen Zellen als auch die unbegrenzte von Krebszellen erklären kann[12]. Die Tatsache, daß sich in der Gewebekultur auch normale Zellen ähnlich wie Krebszellen fortgesetzt teilen, beweist jedoch, daß auch regulierende Einflüsse des Organismus eine Rolle spielen müssen. Sie scheinen humoraler Art zu sein.

Die DNS sind als Träger der höchstwertigen artspezifischen Erbmasse in den chromosomalen Genen lokalisiert. Nach Untersuchungen mit ^{32}P markierten

[1] Heidenhain, M.: Formen und Kräfte in der lebenden Natur. Berlin 1923. — [2] Lorch, I. J., and J. F. Danielli: Nature **166**, 329 (1950). — [3] Brachet, J.: Exper. **6**, 294 (1950). — [4] Commandon, J., et P. de Fonbrune: C.R. Soc. Biol. **130**, 740 (1939). — [5] Bertalanffy, L. v.: Theoretische Biologie. Bd. 2. 2. Aufl. Bern 1951. — *Geschwülste:* Schairer, E.: Z. Krebsforsch. **43**, 1 (1935). — Klinke, J.: Z. Krebsforsch. **51**, 477 (1941). — [6] Jacobj, W.: Z. Anat. **81**, 563 (1926). Roux' Arch. Entw.-Mech. **142**, 311 (1943). — Wermel, E. M., u. L. W. Scherschulskaja: Z. Zellforsch. **20**, 54 (1934). — Stein, E.: Kli. Wo. **1948**, 673. — [7] Caspersson, T. (O.): Exp. Cell Res. **1**, 595 (1950). Cell Growth and Cell Function. New York 1950. — Chargaff, E., and J. N. Davidson: The Nucleic Acids. Vol. I and II. New York 1955. — [8] Danneel, R., u. E. Güttes: Naturwiss. **38**, 117 (1951). — Bessis, M.: Acta Un. int. Cancr., Bruxelles **7**, 646 (1951). — [9] Darlington, C. D.: Brit. J. Cancer **2**, 118 (1948). — [10] Euler, H. v.; in: Mikroskopische und chemische Beiträge zum Krebsproblem. Mikroskopie, Wien, Sonderbd. **19** (1948/49). — [11] Weiss, P.: Self regulation of organ growth by its own products. Science, N. Y. **115**, 487 (1952). — [12] Druckrey, H.: Carcinogenesis, Mechanism of Action. Ciba Found. Symp. London. Im Druck.

Phosphaten bzw. ^{15}N markierten Aminosäuren sind die DNS im Ruhekern am Stoffwechsel kaum beteiligt[1, 2]. Auch im aktivsten Wachstum nimmt der Einbau maximal nur auf das 3fache zu. Daraus erklärt sich die hohe Stabilität der Erbmasse. Die Menge der DNS im Ruhekern aller Zellen der verschiedenen Organe ist für jede Species charakteristisch und ziemlich konstant. In den diploiden Körperzellen ist sie doppelt so groß wie in den haploiden Keimzellen. In den somatischen Zellen beträgt die DNS-Menge in γ je Zellkern[3] bei Menschen $6 \cdot 10^{-6}$, Enten $2{,}1 \cdot 10^{-6}$, Ratten $10 \cdot 10^{-6}$, Hühnern $2{,}2$—$2{,}4 \cdot 10^{-6}$, Fröschen $15 \cdot 10^{-6}$. Die DNS-Menge ist deshalb die fundamentale Bezugsgröße und das schärfste Kriterium für alle Wachstumsvorgänge. Der Anstieg eines Zellbestandteils, bezogen auf einen anderen, folgt der Formel[4]

$$y = a \cdot x^k. \qquad \text{(XXX)}$$

Bei der Zellvermehrung[5–7], der Zunahme der Chromosomenmasse und -zahl (Polyploidie) nimmt die *Menge* DNS im Gewebe zu, beim Plasmawuchs dagegen nicht, so daß ihre *Konzentration* sinkt. So ist z. B. die Zunahme des DNS-Gehaltes im Gehirn von Hühnerembryonen am 16. Bebrütungstag mit dem Aufhören der Zellvermehrung beendet[8].

Hiernach gibt es 5 Arten des Wachstums, die wahrscheinlich letztlich alle auf einer Zunahme oder Vermehrung der chromosomalen Erbmasse, also der „lebenden" Substanz im engeren Sinne beruhen:

1. Zunahme (Verdoppelung ?) der *Chromosomenmasse*, jedoch ohne Teilung (Individualisierung) der Chromosomen, des Kerns oder der Zelle[9] (Pseudoendomitose).

2. Verdopplung der *Chromosomenzahl*, z. B. durch endomitotische Teilung aber ohne Teilung von Kern und Zelle[10]. Sie führt zu Polyploidie, zu einem Kernwachstum um gerade Vielfache und zu einer Zunahme der Zellgröße.

3. Amitotische Kernteilung ohne Teilung der Zelle. Sie führt zu mehrkernigen Zellen.

4. Zellvermehrung durch mitotische Kernteilung mit nachfolgender Plasmateilung[11].

5. Plasmawuchs[10].

Die angeführten Stadien müssen anscheinend grundsätzlich nacheinander durchlaufen werden. Bleibt der Vorgang auf einer früheren Stufe stehen, kommt es also nicht zur Zellteilung, so wird meist eine der vermehrten Chromosomenmasse entsprechende Größenzunahme auch des Plasmas beobachtet, die damit sekundär erscheint. Ob es auch einen vom Kern unabhängigen Plasmawuchs gibt, ist eine offene Frage. Jede normale Zellteilung setzt eine Kernteilung voraus und diese wieder eine Zunahme der Chromosomenzahl und -masse. Die Plasma-

[1] Davidson, J. N., and W. Raymond: Biochem. J. **42**, XIV (1948). — [2] Caspersson, T. (O.): Exp. Cell Res. **1**, 595 (1950). Cell Growth and Cell Funktion. New York 1950. — Chargaff, E., and J. N. Davidson: The Nucleic Acids. Vol. I and II. New York 1955. — [3] Boivin, A., R. Vendrely and C. Vendrely: Cr. **226**, 1061 (1948). — Davidson, J. N., and I. Leslie: Cancer Res. **10**, 587 (1950). — [4] Huxley, J. S.: Nature **114**, 895 (1924). — [5] Caspersson, T.: Exp. Cell Res. **1**, 595 (1950). — [6] Caspersson, T. (O.): Cell Growth and Cell Function. New York 1950. — [7] Davidson, J. N., and W. Raymond: Biochem. J. **42**, XIV (1948). — [8] Mandel, P., et R. Bieth: Exper. **7**, 343 (1951). — [9] Bauer, H.: Cytogenetik. Fortschr. Zool. **3**, 434 (1938). — Painter, T. S., u. E. C. Reindorf: Chromosoma, Berlin **1**, 276 (1939). — Virkki, N.: Naturwiss. Rdsch. **8**, 352 (1955). — [10] Geitler, L.: Naturwiss. **26**, 722 (1938). Fortschr. Bot. **14**, 1 (1953). Endomitose und endomitotische Polyploisierung. Protoplasmalogia Bd. VI/c. Wien 1953. — [11] Mühldorf, A.: Die Zellteilung als Plasmateilung. Wien 1951. — Kopac, M. J., H. W. Beams, A. M. Brues, H. W. Chalkley, R. Chambers, G. H. A. Clowes, E. G. Conklin, I. Cornman, M. E. Cornman and others: The mechanism of cell division. Ann. N. Y. Acad. Sci. **51**, 1279 (1951).

teilung scheint als kompliziertester Vorgang gegen unspezifische Noxen empfindlicher zu sein als die Kernteilung oder das Kernwachstum [1]. Die Vermehrung der Zellen im Organismus dient dem Aufbau. Wenn nach Abschluß dieser Periode ein Wachstum der Zellkerne durch Vermehrung der Chromosomenmasse und -zahl ohne nachfolgende Zellteilung einsetzt, so dient diese Autosynthese der erst an wenigen Stellen geklärten Funktion [2]. Zum Beispiel die sekretorische Funktion ist häufig mit einer endomitotischen Polyploidisierung verbunden [3].

b) Zellteilung.

Bei der normalen Zellteilung werden die vorher verdoppelten Chromosomensätze streng gleichmäßig auf die Tochterkerne durch die „indirekte Kernteilung" verteilt. Dieser Vorgang der Kernteilung, bei dem sich die Chromosomen zu typischen Kernteilungsfiguren ordnen und bei der höchst charakteristische Stadien („Phasen") durchlaufen werden, wird als *Mitose* [4] oder *Karyokinese* bezeichnet (Abb. 22, S. 134). Ihr Ablauf ist in Bild und Film [5] leicht darstellbar. Mit Beginn der *Prophase* rundet sich die Zelle ab. Dann setzen starke Plasmabewegungen ein. Jodessigsäure hebt diese auf, während der Farbstoff Viktoriablau, der die Atmung stark hemmt, intensive Plasmabewegungen auslöst [6]. Daraus wird geschlossen, daß die Energie für die Mitose nicht durch die Atmung, sondern durch glykolytische Prozesse geliefert wird [6,7]. Für diese Annahme spricht die weitere Beobachtung, daß die rhythmischen Kontraktionen bei der Zellteilung nur möglich sind, wenn wenig Adenosintriphosphat vorhanden ist. Werden dagegen bei starker Atmung viele energiereiche Phosphatbindungen gebildet, so verharren die Zellen in Dauerkontraktur [6]. Die Mitose (Karyokinese) als motorischer Vorgang scheint also nur bei gehemmter Atmung ablaufen zu können. Ganz anders sind natürlich die viel wichtigeren Synthesen zu beurteilen, die notwendig der Mitose vorausgehen müssen. Sie erfordern doch eine normale Atmung. Unter Stickstoff gehaltene Gewebe weisen nur 10% der unter Luft beobachteten Mitoserate auf [8].

In der Prophase verschwindet der Nucleolus. Die Chromosomen, die in der „Funktionszelle" stark gequollen und daher nicht erkennbar vorliegen, beginnen in der Prophase zu entquellen, sich zu spiralisieren und damit schärfere, fadenähnliche Konturen zu zeigen. Hierbei gehen die Chromosomen aus der aktiven „Funktionsform" in die inaktive „Transportform" über. Während sie sich mit einer Hülle (Matrix) umgeben, löst sich die Kernmembran auf, so daß die Chromosomen nun frei im Cytoplasma liegen. Das Zentralkörperchen teilt sich, die Teilstücke treten als „Polkörperchen" an die Pole des „Spindelapparates". In diesem wird Ribonucleinsäure eingebaut [9]. Die *Metaphase* ist durch die Ordnung der bisher verknäult vorliegenden Chromosomensätze gekennzeichnet. Sie enthalten die gesamte DNS. Die Chromosomen spalten sich nun der

---

[1] Druckrey, H.: Z. Krebsforsch. **47**, 13 (1937). — Druckrey, H., P. Danneberg u. D. Schmähl: Pubbl. Staz. zool. Napoli **24**, 247 (1953). — [2] Stein, E.: Kli. Wo. **1948**, 673. — Altmann, H. W., u. H. Marquardt: Morphologie des Zellkernes. Handb. allg. Path. (Büchner-Letterer-Roulet) Bd. II/2. In Vorbereitung. — Altmann, H. W.: Verh. Ges. dtsch. Naturf. Ärzte **98**, 60 (1955). — [3] Deufel, J.: Naturwiss. **41**, 41 (1954). — [4] Geitler, L.: Die Mechanik der Mitose. Naturwiss. **31**, 501 (1943). — Caspersson, T. (O.): Cell Growth and Cell Function. New York 1950. — Hughes, A.: The Mitotic Cycle. London 1952. — Schrader, F.: Mitosis. New York 1953; deutsch: Wien 1954. — [5] Filme von H. Lettré, Institut f. Krebsforschung, Heidelberg und von W. Kuhl, Institut f. kinematogr. Forsch., Frankfurt a. M.; ferner vom Institut für Film und Bild in Wiss. u. Unterricht, Göttingen. — [6] Lettré, H.: Naturwiss. **38**, 490 (1951). — [7] O'Connor, R. J.: Brit. J. exp. Path. **31**, 390 (1950). — [8] Bullough, W. S., and M. Johnson: Nature **167**, 488 (1951). — Danes, B., G. S. Christiansen and P. J. Leinfelder: J. cellul. comp. Physiol. **43**, 365 (1954). — [9] Stich, H.: Z. Naturforsch. **6**b, 259 (1951).

Länge nach und werden durch den Spindelapparat in der *Anaphase* auf die beiden Tochterkerne gleichmäßig verteilt. Der Spindelapparat wird in seinem zentralen Teil als Stemmkörper, in den mit den Chromosomen verbundenen Fasern aber als kontraktiles System angesehen, dessen Funktion der Muskelkontraktion entsprechen soll und das die für die Mitose erforderliche Energie aus der Spaltung von Adenosintriphosphat gewinnt[1]. Während der Mitose sollen Umsetzungen der RNS stattfinden[2], und zwar sowohl in den Chromosomen als auch im Spindelapparat und im Cytoplasma[3]. Mit dem Beginn der *Telophase* schnürt sich der Zelleib durch, die Kernmembranen bilden sich wieder und die Teilung der Zelle wird abgeschlossen. Die Zeit zwischen zwei Mitosen heißt „*Interphase*“.

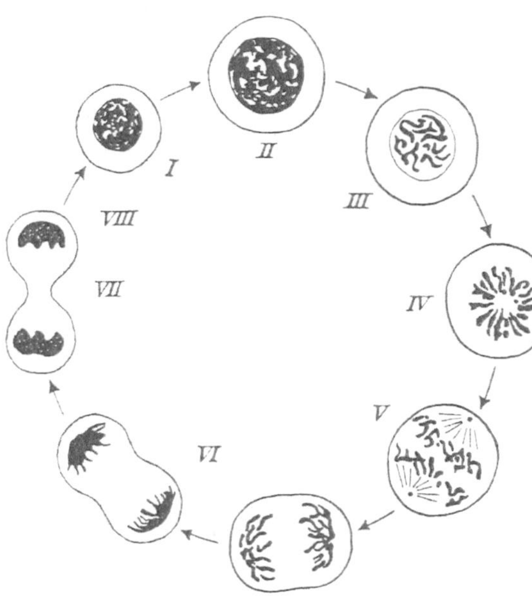

Abb. 22. Schema der Mitose nach H. LETTRÉ.

Morphologisch	Biochemisch
I. Ruhekern	Charakterisiert durch Plasmastoffwechsel
II. Teilungsbreiter Kern	Synthese der Desoxyribonucleotide
III. Prophase. Chromatin-Abscheidung	Polymerisation zur Thymonucleinsäure. Ablösung von der Kernmembran
IV. Metaphase. Auflösung der Kernmembran	Intracelluläre Proteolyse
V. Spindelbildung. Anheftung an die Chromosomen	Intracelluläre Gerinnung. Verknüpfung der Disulfidbindung
VI. Anaphase. Auseinanderwandern der Chromosomensätze	Kontraktilität der Spindel, des Plasmas oder der Plasmaoberfläche
VII. Telophase. Abschnürung der Zelle	
VIII. Rekonstruktion des Kerns	Entpolymerisierung der Thymonucleinsäure Bildung der Kernmembran

Die Mitose (Karyokinese) ist in erster Linie ein motorischer Vorgang, bei dem die wesentlichen Zellbestandteile, vor allem die Chromosomen, in inaktiviertem Zustand nur passiv transportiert und verteilt werden. Der eigentlich aktive Vorgang bei der Zellteilung ist dagegen nicht in der Mitose zu sehen, sondern in der Synthese und Duplikation der spezifischen Zellelemente und Zellorganelle. Diese Vorgänge beginnen neuerdings auch morphologisch darstellbar zu werden[4].

Im Mittelpunkt der Zellvermehrung steht die Synthese der Nucleinsäuren[4,5]. Die biologischen, makromolekularen Substanzen sind dadurch gekennzeichnet, daß sie mehr oder weniger leicht und schnell aus einem verknäulten Zustand in einen relativ entfalteten übergehen können und umgekehrt.

---

[1] BRACHET, J.: Embryologie chimique. 2. Aufl. Paris 1947. — [2] KAUFMANN, B. P., M. McDONALD and H. GAY: Nature **162**, 814 (1948). — [3] BRACHET, J.: Cold Spring Harbor Symp. quant. Biol. **12**, 18 (1947). — STICH, H.: Chromosoma, Berlin **4**, 429 (1951). — LETTRÉ, H.: Naturwiss. **38**, 490 (1951). — [4] CA-PERSSON, T. (O.): Cell Growth and Cell Function. New York 1950. — ALTMANN, H W., u. H. MARQUARDT: Morphologie des Zellkernes. Handb. allg. Path. (BÜCHNER-LETTERER-ROULET) Bd. II/2. In Vorbereitung — [5] JACOBSON, W., and M. WEBB: Endeavour **11**, 200 (1952).

Diese Fähigkeit scheint für ihre biologische Funktion von entscheidender Bedeutung zu sein, wobei die entfaltete Form die aktive „Funktionsform", die verknäulte dagegen die inaktive, z. B. „Transportform", darstellen dürfte. Ein Beispiel dafür im sichtbaren Bereich bildet der Übergang der Chromosomen aus der gequollenen entfalteten in die entquollene spiralisierte Form in der frühen Prophase.

Eine identische Reproduktion der makromolekularen Nucleinsäuren, die auf einer Art „Matrizen"-Wirkung beruhen soll, ist in verknäultem Zustand nicht vorstellbar, sondern setzt eine wenigstens partielle Entfaltung voraus. Danach ist eine Synthese des chromosomalen Materials während der Mitose unmöglich. Nach neueren experimentellen Befunden wird DNS nicht während der Mitose, sondern gerade in der Zeit zwischen den Mitosen, der „Interphase", synthetisiert[1]. Ihre Bezeichnung als „Ruhephase" ist durch die Überschätzung der sichtbaren Veränderungen bei der Mitose bedingt und irreführend. Während der Dauer der Synthesen sind die Zellen gegen eine Strahlenwirkung am empfindlichsten. Eine Stunde vor der Prophase, wenn die Chromosomen schon spiralisiert werden und in die „Transportform" übergehen, nimmt die Empfindlichkeit ab[5]. Der DNS-Gehalt teilungsbereiter Zellen muß verdoppelt sein. Sobald dieser Grenzwert erreicht ist, kann die nächste Mitose folgen[1,2]. In sich teilenden Zellen sind auch mehr Mitochondrien enthalten als in ruhenden Zellen[3], so daß auch für sie eine Vermehrung vor der Zellteilung zumindest ebenso wahrscheinlich ist wie nach ihr. Während der Mitose wird der DNS-Gehalt im Kern halbiert, so daß er in der Telophase gerade die Hälfte des in der Prophase vorhandenen ausmacht. Die beherrschende Rolle der Nucleinsäuresynthesen als Voraussetzung für die Zellteilung folgt auch aus der Beobachtung, daß die Gabe von Chromatin, von Kerntrümmern oder von Mitochondrien die Mitosen anregt[4]. Nucleinsäuren sind auch die wachstumsfördernden Bestandteile des Embryonalextraktes in der Gewebekultur.

Die Dauer der Mitose ist nach neueren Beobachtungen bei Säugetierzellen, und zwar auch bei Krebszellen, ziemlich konstant und beträgt etwa 25 min[5]. Unterschiede der Mitosehäufigkeiten beruhen danach nur auf der verschiedenen Größe der Interphasen. Die Geschwindigkeit des Mitoseablaufs ist abhängig von der Temperatur ($Q_{10} = 1{,}7$—$3{,}9$)[6]. Eine oft diskutierte „mitogenetische Strahlung" (GURWITSCH) kann keine Rolle spielen, weil die angegebenen Intensitäten von 10^{-10} Erg/cm^2/sec für solche Wirkungen aus Absorptionsgründen zu klein sind[7] (s. a. Bd. 1, S. 50). Bei Pflanzen dauert die Mitose meist mehrere Stunden. An Mäusegeweben wurden die in Tabelle 17 angegebenen Zeiten beobachtet[8].

Tabelle 17. Dauer und Häufigkeit von Mitosen.

Maus	Mitosen	
	Dauer min	Abstand Std
Kernhaltige Erythrocyten	29,5 ± 2,4	99 ± 16
Myeloische Zellen	35,3 ± 3	155 ± 20
Epidermis	30,2 ± 12	670 ± 300
Ovarium	21,1 ± 4,8	123 ± 33
Ascites Carcinom (LETTRÉ)	60	

[1] SWIFT, H. H.: Physiol. Zool. **23**, 169 (1950). Proc. nat. Acad. Sci. USA. **36**, 643 (1950). — WALKER, P. M. B., and H. B. YATES: Symp. Soc. exp. Biol. **6**, 265 (1952). — GRUNDMANN, E., u. H. MARQUARDT: Chromosoma, Berlin **6**, 115 (1953). — [2] HOWARD, A., and S. R. PELCS: Exp. Cell Res. **2**, 178 (1951). — GÜTTES, E.: Arzneim.-Forsch. **5**, 315, (1955). — [3] BAUTZ, E., u. H. MARQUARDT: Naturwiss. **40**, 531 (1953). — [4] MARSHAK, A., and A. C. WALKER: Science, N. Y. **101**, 94 (1945). — LETTRÉ, H., u. H.-J. THOM: Naturwiss. **41**, 144 (1954). — [5] WIDNER, W. R., J. B. STORER and C. C. LUSHBAUGH: Cancer Res. **11**, 877 (1951). — [6] MILOVIDOV, P. F.: Physik und Chemie des Zellkerns. 1. Teil. (Protoplasma-Monogr. Bd. 20). Berlin 1949. — [7] KOYENUMA, N.: B. Z. **318**, 1 (1948). — [8] KNOWLTON, N. P. jr., and W. R. WIDNER: Cancer Res. **10**, 59 (1950).

Die „Mitoserate“ ist die relative Anzahl von Mitosen bei *zeitloser* Betrachtung. Sie beträgt z.B. in der Leber von Ratte und Maus etwa 1:20000 Zellen. Bei der Regeneration nach partieller Exstirpation des Organs steigt sie bis auf das 200fache, also auf 1%[1]. In bösartigen Tumoren beträgt sie häufig 2%[2]. Die Zahlen sind wahrscheinlich zu klein, weil nach der Tötung des Tieres kaum noch neue Mitosen beginnen, die bereits im Gang befindlichen aber entweder zurückgebildet oder bereits beendet wurden; andererseits wird die Mitosedauer durch die Abkühlung erheblich verlängert. Im Alter nimmt die Mitoserate ab, ebenso im Hunger[3] oder bei einseitigem Mangel von Bau- und Mineralstoffen. Dabei treten oft auch Mitosestörungen auf.

Die mitotische Zellteilung ist charakteristisch für die Entwicklung und die Regeneration. Amitotische Teilungen, bei denen nur der Kern sich teilt, nicht aber die Zelle, und die deshalb zu mehrkernigen Zellen führen (Riesenzellen), kommen erst nach Abschluß der Entwicklung und unter pathologischen Umständen vor. Der Chromosomenbestand wird dabei nicht streng gleich verteilt. In Dauergeweben von Pflanzen und Tieren sind innere Kernteilungen[4] (Endomitosen) relativ häufig. Hierbei verdoppeln sich die entspiralisierten Chromosomen. Eine äußere Kernteilung erfolgt nicht, so daß Zellen entstehen, die einen vervielfachten, polyoiden Chromosomensatz haben. Ebenso wichtig ist die Pseudoendomitose, bei der nur die Masse der Chromosomen zunimmt, nicht aber ihre Anzahl.

Als Sonderfall der Mitose kann die *Meiosis* der Keimzellen angesehen werden[5]. Durch sie wird der vorher diploide Chromosomensatz auf den haploiden reduziert (Reduktionsteilung).

c) Hemmung der Zellteilung und „Mitosegifte“.

Die Mitose sowie die plasmatische Teilung der Zelle und vor allem die vorausgehenden Synthesen sind höchst kompliziert und umfassen eine ganze Kette biochemischer und morphologischer Veränderungen. Ihr Ablauf kann daher durch die verschiedenartigsten Agentien direkt oder indirekt — z.B. über die Beeinflussung des Zellstoffwechsels — gestört oder verhindert werden. Mangel an lebenswichtigen Bau- und Betriebssubstanzen, Änderungen der Temperatur, physikalische oder chemische Schädigungen stören naturgemäß jede Zellteilung, so daß dieser Effekt fast so unspezifisch erscheint wie etwa die letale Wirkung. Die Teilung des Cytoplasmas scheint gegen alle Noxen empfindlicher zu sein als die des Kerns und diese wiederum empfindlicher als die der Chromosomen oder deren Wachstum. Kleine Dosen eines Giftes hemmen an Seeigeleiern nur die Zellteilung, lassen aber die Kernteilung noch zu, so daß mehrkernige Riesenzellen entstehen. Größere Dosen hemmen dann auch die Teilung des Kerns, lassen aber zum Teil (Coffein) das Kernwachstum noch zu und können auch zu polyploiden Zellen und „*Gigas-Formen*“ führen[6].

Als spezifische *Mitosegifte*[7,8] können nur solche Agentien bezeichnet werden, deren direkte Wirkung einem bestimmten wesentlichen Vorgang bei der Mitose,

---

[1] GLINOS, A. D., and E. G. BARTLETT: Cancer Res. **11**, 164 (1951). — [2] GOLDFEDER, A.: Cancer Res. **11**, 169 (1951). — [3] BULLOUGH, W. S., and E. A. EISA: Brit. J. Cancer **4**, 321 (1950). — [4] GEITLER, L.: Ber. dtsch. bot. Ges. **58**, 131 (1940). Das Wachstum des Zellkerns in tierischen und pflanzlichen Geweben. Ergebn. Biol. **18**, 1, (1941). — GRAFL, J.: Chromosoma, Berlin **1**, 265 (1940). — JÄHNL, G.: Chromosoma, Berlin **3**, 48 (1950). — [5] VIRKKI, N.: Mitose und Meiose. Naturwiss. Rdsch., Stuttgart **8**, 352 (1955). — [6] DRUCKREY, H.: Z. Krebsforsch. **47**, 13 (1937). Naturwiss. **30**, 734 (1942). — DRUCKREY, H., P. DANNEBERG u. D. SCHMÄHL: Arzneim.-Forsch. **3**, 151 (1953). — [7] DUSTIN, A. P.: Arch. Anat. microscop. **25**, 37 (1929). — [8] LUDFORD, R. J.: Arch. exp. Zellforsch. **18**, 411 (1936). — MÖLLENDORFF, W. v.: Zur Kenntnis der Mitose. Z. Zellforsch. **27**, 301 (1937); **28**, 512 (1938); **29**, 706 (1939);

also der Kernteilung (Karyokinese), zugeordnet werden kann und auch insofern spezifisch ist, als andere Lebensfunktionen der Zelle, wie z.B. der Energiestoffwechsel, nicht gestört werden. Da der Zellkern das Steuerungszentrum der Mitose ist, sind alle Mitosegifte ihrem Wesen nach Kerngifte[1] oder „karyoklastische“ Gifte[2]. Der grundsätzlichen Übereinstimmung der Kernsubstanz entsprechend, sind viele Mitosegifte bei den verschiedensten Arten wirksam[3], so daß sie auch chemotherapeutisch wirksam sein können.

Die mitotische Kernteilung ist jedoch nur die Einleitung zur Zellteilung, die erst mit der Plasmateilung vollendet wird. Diese kann naturgemäß auch durch Gifte oder Strahlen gestört oder verhindert werden[4]. Die Hemmung der Zellteilung durch Gifte kann also nicht einseitig als „Mitosegift“-Wirkung betrachtet werden.

Die wesentliche Rolle bei der Mitose spielen die Chromosomen. Deshalb können die an ihnen angreifenden mutagenen Agentien — bei ausreichender Dosierung — zugleich auch Mitosegifte sein, also beide Wirkungen haben. Zwischen beiden Wirkungen muß aber scharf unterschieden werden. Spezifische Mitosegifte in diesem Sinne sind nur solche Substanzen, die durch direkte Wirkung nur die Zellteilung hemmen, ohne gleichzeitig erbliche Veränderungen an den Zellen zu setzen oder andere Lebensfunktionen zu beeinträchtigen. Die Kleinheit der wirksamen Dosis kann nur insoweit als Kriterium für die Spezifität der Wirkung dienen, als sie andeutet, daß der Angriffspunkt der Wirkung an solchen Bestandteilen oder Strukturen der Zellen liegen muß, die in geringer Menge vorhanden sind und daher wahrscheinlich eine „regierende“ Funktion in der Zelle haben.

Je nach der Phase, auf die das Gift wirkt oder nach dem Angriffspunkt der Wirkung lassen sich bisher Ruhekerngifte, Teilungsgifte und Spindelgifte unterscheiden[5]. Der Prototyp eines anscheinend an allen Arten hochwirksamen Mitosegiftes ist das *Colchicin*[6]. Noch in Verdünnungen unterhalb 10^{-6} stoppt es die Mitose in der Metaphase („Stathmokinese“). Die Wirkung beruht meist darauf, daß Colchicin die Bildung des Spindelapparates unterdrückt[7]. Damit ist die Aufspaltung der Chromosomen in der Metaphase unmöglich gemacht, so daß auch polyploide Zellen entstehen können. Durch Colchicinbehandlung von pflanzlichen Keimzellen wurden polyploide Rassen erzeugt[8]. Im Spindelapparat werden den Muskelfasern analoge kontraktile Elemente gesehen[9]. Durch einen 10000fachen Überschuß an Adenosintriphosphorsäure (ATP) kann die Colchicinwirkung aufgehoben werden[10], sicherlich jedoch nicht in allen Fällen[11]. Der Viscositätsabfall

31, 60 (1940). — Brachet, J.: Embryologie chimique. 2. Aufl. Paris 1947. — Lehmann, F. E.: Chemische Beeinflussung der Zellteilung. Exper. **3**, 223 (1947). — Hohl, K.: Experimentelle Untersuchungen über Röntgeneffekte und chemische Effekte auf die pflanzliche Mitose. Stuttgart 1949. — Lettré, H.: Experimentelle Mitosegiftforschung und ihre Beziehung zu Problemen der Enzymforschung. Ergebn. Enzymforsch. **10**, 269 (1949). Mitosegifte. Ergebn. Physiol. **46**, 379 (1950). — Hughes, A.: Inhibitors and mitotic physiology. Symp. Soc. exp. Biol. **6**, 256 (1952).

[1] Brock, N., H. Druckrey u. H. Herken: Kerngifte und Cytoplasmagifte. A.e.P.P. **193**, 679 (1939). — [2] Dustin, A. P.: Arch. Anat. microscop. **25**, 37 (1929). — [3] Lehmann, F. E., u. A. Bretscher: Arch. Klaus Stift. **26**, 459 (1951). — Lehmann, F. E.: Schweiz. Z. Path. Bakt. **14**, 487 (1951). — [4] Druckrey, H., P. Danneberg u. D. Schmähl: Pubbl. Staz. zool. Napoli **24**, 247 (1953). — [5] Marquardt, H.: Ärztl. Forsch. **1948**, 407. — [6] Dustin, A. P.: Arch. Anat. microscop. **25**, 37 (1929). Arch. exp. Zellforsch. **22**, 395 (1939). — Dustin, A. P., L. J. Havas et F. Lits: C. R. Ass. Anat. **32**, 170 (1937). — Chodkowski, K.: Protoplasma, Wien **28**, 597 (1937). — Levan, A.: Hereditas, Lund **24**, 471 (1938). — Häggquist, G., and A. Bauer: Heredity **36**, 329 (1950). — [7] Ludford, R. J.: Arch. exp. Zellforsch. **18**, 411 (1936). — [8] Nebel, B. R., and M. L. Ruttle: J. Heredity **29**, 2 (1938). — [9] Brachet, J.: Embryologie chimique. 2. Aufl. Paris 1947. — [10] Lettré, H.: Angew. Chem. **54**, 202 (1941). Z. Krebsforsch. **56**, 297 (1948/50). — Lettré, H., u. M. Albrecht: Naturwiss. **38**, 547 (1951). — [11] Cafiero, M., u. D. Zambruno: Naturwiss. **39**, 305 (1952).

in ATP-Actomyosinmischungen wird durch kleinste Colchicinkonzentrationen (10^{-8}) gehemmt[1], dagegen ist es an kontraktilen Muskelstrukturen wirkungslos[2]. Colchicin hemmt die phosphatabspaltende Aktivität der Desoxyribonuclease, jedoch erst in etwa 1000fach höherer Konzentration[3], aktiviert aber die alkalische Phosphatase z. B. der Rattenleber[4]. Neuere Untersuchungen haben gezeigt, daß das Colchicin kein spezifisches Spindelgift ist, sondern die Zellteilung irreversibel hemmt. Die Zellen gehen dann zugrunde[5]. Unter der Wirkung des Colchicins sind die Zellen unfähig, eine Hülle um die Metaphasenchromosomen zu bilden; sie greift wahrscheinlich auch an plasmatischen Bestandteilen der Zellen an. Colchicin durchdringt die Kernmembran nur schwer. Deshalb nimmt die Empfindlichkeit der Zellen gegen dieses Gift erst zu, wenn die Kernmembran zu Beginn der Mitose aufgelöst wird.

Die Möglichkeit, die Mitose durch Colchicin (1 mg/kg) in der Metaphase zu stoppen, wird als Methode zur Bestimmung der Zahl von Zellteilungen benutzt, die in einem Gewebe während einer bestimmten Zeit z. B. unter der Wirkung von proliferationsfördernden Hormonen ablaufen. Dadurch sammeln sich alle Mitosen an und werden so gewissermaßen über die Zeit integriert.

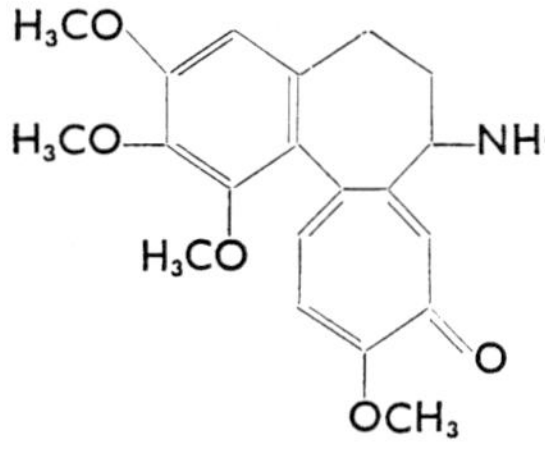

H_3CO H_3CO $NHCH_3$ H_3CO O OCH_3

Demecolcin

Aus der Herbstzeitlose (Colchicum autumnale) wurde ferner die wirksame *Substanz F* gewonnen[6] und als Desacetyl-N-methylcolchicin (Demecolcin) erkannt[7]. Den Colchicinamiden analoge Demecolceinamide haben eine ähnliche Wirksamkeit wie das Colchicin selbst, sind aber auch bakteriostatisch wirksam[8]. Zwischen der chemotherapeutischen und der „Mitosegift"-Wirkung gibt es wohl fließende Übergänge. Das im Colchicinmolekül enthaltene Tropolon (2-Oxy-2,4,6-cycloheptatrien-1-on) wirkt auf die Mitose als Antagonist des Colchicins[9]. Zum Typ der Spindelgifte gehören ferner Usninsäure[10] und Atebrin[11]. Auch Heparin, dessen Wirksamkeit als Hemmstoff für das Wachstum lange bekannt ist[12], wird als Mitosegift betrachtet, da es die als Gerinnungsvorgang gedeutete Spindelbildung verhindert[13].

Die viel diskutierte *„Mitosegift"-Wirkung der Oestrogene*[14] beruht wahrscheinlich auf ihren phenolischen Eigenschaften; denn bei zweiwertigen, vor allem parakonfigurierten Phenolen wurden starke zellteilungshemmende Wirkungen gefunden[15]. Ebenso wirksam sind Chinone[12,16].

[1] Bárány, E., u. A. Palis: Naturwiss. **38**, 547 (1951). — [2] Hasselbach, W.: Z. Naturforsch. 8b, 212 (1953). — [3] Lang, K., G. Siebert u. H. Oswald: Exper. **5**, 449 (1949). — [4] Ebner, H., u. H. Strecker: Exper. **6**, 388 (1950). — [5] Lehmann, F. E.: Schweiz. Z. Path. Bakt. **14**, 487 (1951). — Druckrey, H., P. Danneberg u. D. Schmähl: Pubbl. Staz. zool. Napoli **24**, 247 (1953). — [6] Meier, R., B. Schär u. L. Neipp: Exper. **10**, 74 (1954). — [7] Šantavý, F., R. Winkler u. T. Reichstein: Helv. **36**, 1319 (1953). — [8] Uffer, A.: Exper. **10**, 76 (1954). — [9] Benitez, H. H., M. R. Murray and E. Chargaff: Exper. **9**, 426 (1953). — [10] Marshak, A., u. J. Fager: J. cellul. comp. Physiol. **35**, 317 (1950). — [11] Rondoni, P., e A. Necco: Exper. **7**, 142 (1951). — [12] Fischer, A.: Ergebn. Physiol. **35**, 82 (1933). — Klingenberg, H. G.: H. **288**, 89 (1951). Arzneim.-Forsch. **2**, 120 (1952). — [13] Heilbrunn, L. V., and W. L. Wilson: Proc. Soc. exp. Biol. Med. **70**, 179 (1949). Protoplasma, Wien **39**, 389 (1950). — [14] Lehmann, F. E.: Exper. **3**, 223 (1947). Schweiz. Z. Path. Bakt. **14**, 487 (1951). — Möllendorff, W. v.: Kli. Wo. **1939 II**, 1098. Zur Kenntnis der Mitose. Z. Zellforsch. **27**, 301 (1937); **28**, 512 (1938); **29**, 706 (1939); **31**, 60 (1940). — Druckrey, H., P. Danneberg u. D. Schmähl: Naturwiss. **39**, 381 (1952). — Knake, E.: Virchows Arch. **319**, 547 (1951). — Agrell, I.: Nature **173**, 172 (1954). — [15] Druckrey, H., P. Danneberg u. D. Schmähl: Arzneim.-Forsch. **3**, 151 (1953). — [16] Lehmann, F. E.: Exper. **3**, 223 (1947). — Reed, H. S.: Exper. **5**, 237 (1949).

Tabelle 18. Mitosegifte.

Nitrite[1]	Aromatische Amine[2,5]
Cyanate[2]	8-Oxychinolin[17]
Sublimat[3]	Trypaflavin[3–5,17]
Kakodylat[4,5]	Atebrin[18]
Arsenit[2]	Stilbamidine[5,19]
Alkohole[3]	Stilboestrol[15]
Heptylaldehyd[6]	Sexualhormone[15,20–23]
Chloralhydrat[3]	Alloxan[24]
Maleinsäure[7]	Colchicin[4,5,15,17]
Urethan[2,5,8]	Emetin[25,26]
Dioxan[3]	Coffein[26,27]
Lostverbindungen[2,5,9,10]	2,6-Diaminopurin und Folsäureantagonisten[28]
2,4,6-Triäthylenmelamin[11,12]	8-Azaguanin[29]
Aromatische Kohlenwasserstoffe[13]	Cortison[29]
Phenole[2,14]	Sulfonsäureester[30]
Chinone[7,15,16]	Adrenalin, Adrenochrom[31]
Halogenbenzole[13]	
Nitrobenzole[13]	

Zahlreiche Substanzen hemmen oder stören die Mitose, und noch weitere können die Zellteilung als Ganzes verhindern[32]. Die Wirkung ist fast so unspezifisch wie die letale Wirkung. Der Wirkungsmechanismus ist nur bei wenigen Mitosegiften aufgeklärt. Deshalb können wahrscheinlich nicht alle in der Tabelle 18 zusammengestellten Substanzen als spezifische Mitosegifte bezeichnet werden. Einige sind nur an bestimmten Objekten wirksam. Auch die Abgrenzung gegen die cytostatisch wirkenden Chemotherapeutika wird schwierig sein.

[1] HESSE, G., J. PIRWITZ u. O. DIETZEL: Z. ges. exp. Med. **115**, 350 (1949/50). — [2] PARMENTIER, R.: C. R. Soc. Biol. **143**, 585 (1949). — [3] HOHL, K.: Experimentelle Untersuchungen über Röntgeneffekte und chemische Effekte auf die pflanzliche Mitose. Stuttgart 1949. — [4] DUSTIN, P.: Nature **159**, 794 (1947). — [5] HEILMEYER, L.: Schweiz. med. Wschr. **79**, 539 (1949). — [6] STRONG, L. C.: Proc. Soc. exp. Biol. Med. **43**, 634 (1940). — [7] FRIEDMANN, E., D. H. MARRION and I. SIMON-REUSS: Brit. J. Pharmacol. **3**, 263 (1948). — [8] PATERSON, E., I. ap THOMAS, A. HADDOW and J. M. WATKINSON: Lancet **1946 I**, 677. — HEILMEYER, L., R. MERCK u. J. PIRWITZ: Klinik und Pharmakologie des Urethans und anderer cytostatischer Stoffe. Stuttgart 1948. — [9] RHOADS, C. P.: J. amer. med. Ass. **131**, 656 (1946). — GOODMAN, L. S., M. M. WINTROBE, W. DAMESHEK, M. J. GOODMAN, A. GILMAN and M. T. McLENNAN: J. amer. med. Ass. **132**, 126 (1946). — STOCK, C. C., S. BUCKLEY, K. SUGIURA and C. P. RHOADS: Cancer Res. **11**, 432 (1951). — [10] GOLDACRE, R. J., A. LOVELESS and W. C. J. ROSS: Nature **163**, 667 (1949). — [11] PHILIPS, F. S.: Pharmacol. Rev. **2**, 281 (1950). — [12] PLUMMER, J. I., L. T. WRIGHT, G. ANTIKAJIAN and S. WEINTRAUB: Cancer Res. **12**, 796 (1952). — [13] LEVAN, A., and G. ÖSTERGREN: Hereditas, Lund **29**, 381 (1943). — ÖSTERGREN, G.: Hereditas, Lund **30**, 429 (1944). — [14] DUSTIN, P.: Nature **159**, 794 (1947). — [15] LEHMANN, F. E.: Exper. **3**, 223 (1947). Schweiz. Z. Path. Bakt. **14**, 487 (1951). — [16] REED, H. S.: Exper. **5**, 237 (1949). — [17] LETTRÉ, H.: Z. Krebsforsch. **56**, 5 (1948/50). — [18] RONDONI, P., e A. NECCO: Exper. **7**, 142 (1951). — [19] SNAPPER, I.: J. amer. med. Ass. **133**, 157 (1947). — [20] MÖLLENDORFF, W. v.: Kli. Wo. **1939 II**, 1098. Zur Kenntnis der Mitose. Z. Zellforsch. **27**, 301 (1937); **28**, 512 (1938); **29**, 706 (1939); **31**, 60 (1940). — [21] DRUCKREY, H., P. DANNEBERG u. D. SCHMÄHL: Naturwiss. **39**, 381 (1952). — [22] KNAKE, E.: Virchows Arch. **319**, 547 (1951). — [23] AGRELL, I.: Nature **173**, 172 (1954). — [24] DUNN, J. S., H. L. SHEEHAN and N. G. B. McLETCHIE: Lancet **1943 I**, 484. — [25] WATSON, D. L.: Med. World, N. Y. **1937**, 468. — [26] BROCK, N., H. DRUCKREY u. H. HERKEN: A. e. P. P. **193**, 679 (1939). — [27] DRUCKREY, H., u. E. SCHREIBER: A. e. P. P. **188**, 208 (1938). — [28] SKIPPER, H. E., J. H. MITCHELL jr., L. L. BENNETT jr., M. A. NEWTON, L. SIMPSON and M. EIDSON: Cancer Res. **11**, 145 (1951). — [29] KIDDER, G. W., and V. C. DEWEY: J. biol. Ch. **179**, 181 (1949). — KIDDER, G. W., V. C. DEWEY, R. E. PARKS jr. and G. L. WOODSIDE: Cancer Res. **11**, 204 (1951). — [30] HADDOW, A., and G. M. TIMMIS: Acta Un. int. Cancr., Bruxelles **7**, 469 (1951). — [31] LETTRÉ, H., R. LETTRÉ u. W. RIEMENSCHNEIDER: Naturwiss. **38**, 282 (1951). — [32] DRUCKREY, H., P. DANNEBERG u. D. SCHMÄHL: Arzneim.-Forsch. **3**, 151 (1953).

Der Wirkungsmechanismus der einzelnen Mitosegifte ist zum Teil sehr verschieden. Da ihr Angriffspunkt grundsätzlich im Zellkern liegen muß, können nur leicht diffusible oder lipoidlösliche Moleküle wirksam sein, die die Kernmembran passieren können. Diese schützt die ruhende Zelle gegen Gifte. Die Auflösung der Kernmembran zu Beginn der Mitose erleichtert also das Eindringen von Giften. Da die Membranen Lipoide enthalten, ist die Wirksamkeit der Mitosegifte im allgemeinen um so stärker, je größer der Koeffizient für die Verteilung zwischen lipoider und wäßriger Phase[1] ist (entsprechend der Theorie der Narkose). Zahlreiche Mitosegifte greifen an Nucleinsäuren an (Trypaflavintyp), wirken also wahrscheinlich durch Blockierung von Duplikanten. Diese Gruppe wirkt daher meist auf die Phase vor der Mitose, in der die Nucleinsäuresynthesen am lebhaftesten sind[2]. Daher kommt es unter der Wirkung dieser Gifte gar nicht erst zur Mitose. Während man nach Colchicin eine vermehrte Zahl von Mitosen beobachtet, wird sie unter der Wirkung von Prophasegiften praktisch Null. Mitosegifte können also die Zahl der sichtbaren Mitosen sowohl erhöhen als auch senken. Die Wirkung von Trypaflavin kann durch Nucleinsäuren, nicht aber durch Purine oder Pyrimidine aufgehoben werden[3]. 8-Oxychinolin, das mit den meisten Metallen schwer dissoziable Komplexe bildet, greift wahrscheinlich ebenfalls an Nucleinsäuren an[4]. Lost reagiert mit Hefenucleinsäure und Purinen, am stärksten mit Guanin[4].

Die stärkste Wirkung auf die Zellteilung haben die zur Radikalbildung neigenden alkylierenden Gifte, wie die bis-(β-Chloräthyl)-sulfide oder -amine (Lostverbindungen), ferner Verbindungen, die zwei oder mehr ähnlich labile Gruppen, wie z.B. die Äthylenimin- oder Äthylenoxydgruppen, enthalten. Die Wirkung dieser Verbindungen, ferner aber auch die von Urethan, von Chinonen, Arseniten und Cyanaten auf die Mitose entspricht der von Röntgenstrahlen weitgehend. Deshalb werden diese Substanzen als „*radiomimetische Gifte*“ bezeichnet[5]. Ihre Wirkung besteht in einer direkten Reaktion mit Nucleinsäuren[6] und kann an Chromosomen sowohl zu Verklebungen als auch zu Brüchen führen[7]. Wirksam sind dabei nur solche Substanzen, die wenigstens zwei reaktive alkylierende Gruppen enthalten und polymerisationsfähig sind. Die stärkste Wirksamkeit sollen Substanzen haben, deren reaktionsfähige Gruppen einen Abstand von etwa 3,7 Å aufweisen, wie die Purin- und Pyrimidingruppen in den Nucleinsäuren[8].

Die „radiomimetische“ Wirkung dieser Zellgifte wird als Stütze für die Annahme angeführt, daß auch die Strahlenwirkung über chemische Wirksubstanzen verläuft, z.B. über Peroxydbildung, also eine „indirekte“ ist[9]. Andererseits kann die Wirkung der radiomimetischen Gifte auch durch die „Treffertheorie“

---

[1] Levan, A., and G. Östergren: Hereditas, Lund **29**, 381 (1943). — Östergren, G.: Hereditas, Lund **30**, 429 (1944). — [2] Greenstein, J. P.: Adv. Protein Chem. **1**, 275 (1944). — Caspersson, T. O.: Cell Growth and Cell Function. New York 1950. — [3] Lettré, H.: Z. Krebsforsch. **56**, 5 (1948/50). — [4] Young, E. G., and R. B. Campbell: Canad. J. Res. (B) **25**, 37 (1947). — [5] Dustin, P.: Nature **159**, 794 (1947). — [6] Elmore, D. T., J. M. Gulland, D. O. Jordan and H. F. W. Taylor: Biochem. J. **42**, 308 (1949). — [7] Goldacre, R. J., A. Loveless and W. C. J. Ross: Nature **163**, 667 (1949). — Butler, J. A. V., and K. A. Smith: Soc. **1950**, 3411. — [8] Hendry, J. A., F. L. Rose and A. L. Walpole: Acta Un. int. Cancr., Bruxelles **7**, 490 (1951). — Sexton, W. A.: Chemical Constitution and Biological Activity. 2. Aufl. London 1953. — [9] Ahlström, L., H. v. Euler, G. Hevesy u. K. Zerahn: Ark. Kemi. Mineral. Geol. **23** A, Nr. 10 (1947). — Risse, O.: Strahlentherapie **34**, 578 (1929). — Bacq, Z. M., et A. Herve: Bull. Acad. R. Méd. Belg. **17**, 13 (1952). — Bacq, Z. M., et P. Alexander: Principes de radiobiologie. Paris, Liège 1955. — Hevesy, G. v.: Naturwiss. Rdsch., Stuttgart **7**, 221 (1954). — Stein, W., u. W. Harm: Z. Naturforsch. 8b, 742 (1953).

(s. S. 89) gedeutet werden. Beides schließt sich keineswegs aus, vielmehr sind wohl stets direkte und indirekte Wirkungen physikalischer und chemischer Art nebeneinander möglich[1]. Im übrigen bestehen trotz der Ähnlichkeit der Wirkung von radiomimetischen Giften und von Strahlen doch erhebliche Unterschiede in den Wirkungsmechanismen[2]. Gegen Strahlen ist der Zellkern oft empfindlicher als das Plasma. Jedoch ist nach letaler Veränderung des Zellkerns eine Zellteilung noch möglich, nach Schädigung des Plasmas dagegen nicht mehr[3].

Die Teilung der Zelle ist danach keineswegs eine selbstverständliche Folge der Mitose, sondern hängt entscheidend auch vom Plasma ab. Nach Versuchen am Seeigelei gibt es bei praktisch allen zellteilungshemmenden Giften, auch beim Colchicin, einen mittleren Dosierungsbereich, in dem die Kernteilungen anscheinend ungestört ablaufen, aber keine plasmatische Zellteilung mehr stattfindet, so daß vielkernige Zellen auftreten[4–6]. Hier ist also sogar eine isolierte Hemmung der Plasmateilung möglich. Etwas größere Dosen hemmen dann in allen Fällen auch die Teilung des Zellkerns. Die Art der Wirkung hängt in erster Linie von der *Dosis* ab. Ferner führen die wirksamen Dosen bei fast allen Giften später zum Tode der Zelle, und zwar auch beim Colchicin. Deshalb erscheint die Annahme einer spezifischen Wirkung zweifelhaft. Vielmehr wird man zunächst nur von Zellgiften sprechen können. Unbefruchtete reife Seeigeleier sind gegen Gifte und Strahlen etwa doppelt bis dreifach empfindlicher als befruchtete. Zur Hemmung der Zellteilung genügt die kurzfristige Behandlung der unbefruchteten Eier. Der Effekt ist nicht auswaschbar, sondern irreversibel. Es handelt sich also letztlich um cytotoxische Wirkungen, die durch die Mitose lediglich zur Manifestation kommen, primär aber gar nichts mit ihr zu tun haben müssen.

Alle diese Beobachtungen zeigen, daß das empfindliche Stadium der Zellen nicht während der Mitose, sondern vorher liegt[6, 7]. Die Zellteilung als Ganzes umfaßt ferner eine ganze Reihe einander nachgeordneter Vorgänge. Demgemäß lassen sich auch verschiedene Typen der Kern- und Zellschädigung aufstellen[6, 7], die alle zur Hemmung der Zellteilung führen können. Besonders wichtig erscheint der Befund, daß auch die durch Strahlen induzierte Blockierung des Mitosebeginns nicht durch eine verlangsamte DNS-Synthese im Kern hervorgerufen wird, sondern daß andere, wohl plasmatische Faktoren (RNS ?) eine maßgebliche Rolle auch für die Mitose spielen können[6, 7]. Als Angriffspunkt der teilungshemmenden Wirkung kommen also keineswegs nur Bestandteile des Zellkerns in Frage, sondern ebenso auch des Cytoplasmas, und zwar vor allem solche Bestandteile von Kern und Plasma, deren Duplikation Voraussetzung für die Zellteilung ist. Danach wären die zellteilungshemmenden Gifte allgemeiner als „Duplikantengifte“ zu betrachten. Dem entspricht ihre grundsätzlich ähnliche Wirkung und oft auch Wirksamkeit bei den verschiedensten Zelltypen[5, 8], die es erlaubt, einfache Lebewesen, wie Hefezellen oder Seeigeleier, als Testobjekte zu benutzen.

Die Prüfung der Beziehungen zwischen chemischer Konstitution und Wirkung von zellteilungshemmenden Giften ergab, daß das Grundmolekül keine spezifische

---

[1] Skipper, H. E., J. H. Mitchell jr., L. L. Bennett jr., M. A. Newton, L. Simpson and M. Eidson: Cancer Res. **11**, 145 (1951). — [2] Loveless, A., and S. H. Revell: Brit. Empire Cancer. Camp. Ann. Rep. **1950**, 67. — [3] Harris, E. B., L. F. Lamerton, M. J. Ord and J. F. Danielli: Nature **170**, 922 (1952). — [4] Druckrey, H.: Z. Krebsforsch. **47**, 13 (1937). — [5] Druckrey, H., P. Danneberg u. D. Schmähl: Pubbl. Staz. zool. Napoli **24**, 247 (1953). — [6] Güttes, E.: Arzneim.-Forsch. **5**, 315 (1955). — [7] Marquardt, H.: Die Schädigung von Zelle und Zellkern und ihre Bedeutung für einige Probleme der Tumorforschung. 2. Freiburger Symp. S. 117 — [8] Lehmann, F. E.: Schweiz. Z. Path. Bakt. **14**, 487 (1951).

Bedeutung für die Wirkung hat. Dasselbe gilt für die Art der funktionellen Gruppen am Grundmolekül. Wesentlich ist dagegen das Vorhandensein von wenigstens zwei funktionellen Gruppen, wobei die endständige Position („para-Prinzip"), die coplanare Anordnung zum Grundmolekül und die Fähigkeit zur Tautomerie und zur Radikalbildung eine maßgebende Rolle spielen[1]. Ähnliche Verhältnisse wurden nicht nur bei den alkylierenden Zellgiften festgestellt[1], sondern treffen auch bei vielen Chemotherapeutica, z. B. Sulfonamide[2], und anderen Pharmaka zu.

Da die für den Aufbau der Nucleinsäuren erforderliche Purinkörpersynthese unter maßgeblicher Mitwirkung der Folsäure erfolgt und die Folsäure auch für den Aufbau der Thionase (Methioninsynthese) benötigt wird[3], wirken Folsäureantagonisten, wie z.B. Aminopterin und zum Teil auch 2,6-Diaminopurin, als Mitosegifte und Antiwuchsstoffe[4]. Aminopterin unterbricht die Purinsynthese, so daß sich — ähnlich wie das bei der Sulfonamidwirkung beobachtet wurde[5] — Amino-imidazol-carbonamid (I) als Zwischenprodukt der Purinsynthese[6] anhäuft[7]. 2,6-Diaminopurin wirkt kompetitiv gegen Adenin, nicht aber gegen Guanin[8], während das 5-Amino-7-oxytriazol-pyrimidin (8-Azaguanin, Guanazol) das Guanin verdrängt, also ein Hemmstoff für die Arten ist, die Guanin nicht selbst synthetisieren können[9]. Damit soll lediglich angedeutet sein, daß Antistoffe gegen lebenswichtige Baustoffe naturgemäß auch die Zellteilung hemmen müssen. Bei der Wirkung von Chemotherapeutica spielen ähnliche Mechanismen eine Rolle[10], so daß es zur Zeit ganz unmöglich ist, die Mitosegifte von Chemotherapeutica, von Cytostatica, Antiwuchsstoffen und von mutagenen Giften abzutrennen.

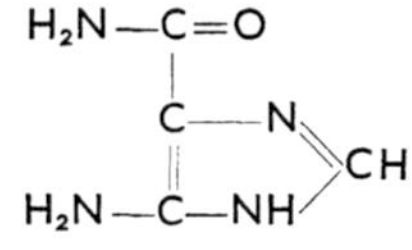

H_2N—C=O
|
C—N
‖ >CH
H_2N—C—NH
(I)

Die Mitosegiftforschung hatte das Ziel, wirksame Chemotherapeutica (Cytostatica) gegen den Krebs zu finden. Manche der bisher bekannten Mitosegifte und Cytostatica wirken zwar auf bestimmte Geschwülste, gleichzeitig aber ebenso stark auf normale Körperzellen toxisch. Es treten überall da Schäden auf, wo im Organismus lebhafte Mitosen ablaufen, wie z.B. in der Haut, dem Knochenmark und in den Keimdrüsen[11]. Damit kommt wieder die hochgradige Unspezifität dieser Gifte zum Ausdruck. Wirken Mitosegifte während der embryonalen Entwicklung, so können Mißbildungen resultieren[12]. Die Annahme, daß das Aufhören der Zellteilungen nach Abschluß der Entwicklung durch physiologische Mitosegifte verursacht wird, ist nicht haltbar[13].

---

[1] DRUCKREY, H., P. DANNEBERG u. D. SCHMAHL: Arzneim.-Forsch. **3**, 151 (1953). — SEXTON, W. A.: Chemical Constitution and Biological Activity. 2. Aufl. London 1953. — [2] KUMLER, W. D., and T. C. DANIELS: Am. Soc. **65**, 2190, 2349 (1943). — GARTEN, V. A.: Z. Naturforsch. 8b, 46 (1953). — [3] BINKLEY, F.: Am. Soc. **72**, 2809 (1950). — [4] SKIPPER, H. E., J. H. MITCHELL jr., L. L. BENNETT jr., M. A. NEWTON, L. SIMPSON and M. EIDSON: Cancer Res. **11**, 145 (1951). — [5] STETTEN, M. R., and C. L. FOX jr.: J. biol. Ch. **161**, 333 (1945). — TSCHESCHE, R.: Arzneim.-Forsch. **1**, 335 (1951). — [6] SHIVE, W., W. W. ACKERMANN, M. GORDON, M. E. GETZENDANER and R. E. EAKIN: Am. Soc. **69**, 725 (1947). — GORDON, M., J. M. RAVEL, R. E. EAKIN and W. SHIVE: Am. Soc. **70**, 878 (1948). — [7] WOOLLEY, D. W., and R. B. PRINGE: Am. Soc. **72**, 634 (1950). — [8] BIESELE, J. J., R. E. BERGER, A. Y. WILSON, G. H. HITCHINGS and G. B. ELION: Cancer, N. Y. **4**, 186 (1951). — [9] KIDDER, G. W., and V. C. DEWEY: J. biol. Ch. **179**, 181 (1949). — KIDDER, G. W., V. C. DEWEY, R. E. PARKS jr. and G. L. WOODSIDE: Cancer Res. **11**, 204 (1951). — [10] TSCHESCHE, R.: Arzneim.-Forsch. **1**, 335 (1951). — [11] LANDING, B. H., A. GOLDIN and H. A. NOE: Cancer, N. Y. **2**, 1075 (1949). — [12] ANGEL, P.: Arch. Anat. Histol. Embryol., Strasbourg **20**, 1 (1947). — DANFORTH, C. H., and E. CENTER: Proc. Soc. exp. Biol. Med. **86**, 705 (1954). — KARNOFSKY, D. A.: Cancer Res., Suppl. **3**, 83 (1955). — [13] KNAKE, E.: Naturwiss. **31**, 173 (1943).

d) Das Zellwachstum[1-7].

Die Periode der mitotischen Zellvermehrung im Organismus dient dem Aufbau. Ist sie abgeschlossen, so wächst der Zellkern durch Vermehrung der Chromosomenmasse oder- zahl und damit auch die Zelle. Jüngste Larven, z. B. von Chironomus oder Drosophila, zeigen sehr zarte, dünne Chromosomen mit nur einfachen Chromomeren. Im Laufe der Entwicklung teilen sie sich unter Wahrung des Zusammenhangs und wachsen so zu größerer Stärke heran[8]. Die „Riesenchromosomen", z. B. in Zellen der Speicheldrüse von Drosophila, sind solche vervielfachte Chromosomen[9]. Andererseits können sich die herangewachsenen Chromosomen auch aufspalten, ohne daß der Kern sich teilt. Daraus resultieren „polyploide" Zellen. Es gibt also ein Kernwachstum sowohl durch Wachstum der Chromosomen als auch durch Zunahme ihrer Zahl. Unter dem maßgegenden Einfluß des Zellkerns erfolgen dann die Synthesen von Ribonucleinsäuren und Proteinen[2]. Diese Autosynthesen dienen der Funktion[10]. Sie lassen sich z. B. an Zellen der Leber oder des Pankreas auch morphologisch als charakteristische Abläufe an Kern, Nucleolus, Kernmembran und im Zellplasma darstellen[11]. Dieser „Funktionsformwechsel" steht dem „Teilungsformwechsel" gegenüber[11]. Die spezifischen Zellfunktionen, die dieses Kern- und Zellwachstum notwendig machen, scheinen die mitotische Zellvermehrung zu hemmen[12]. Wahrscheinlich wird aber auch die Mitose dadurch ausgelöst, daß die von den Zellen eines Organs zu leistenden Funktionen durch die Zunahme von Chromosomenmasse und -zahl nicht mehr gedeckt werden kann. Während der Mitose ruht die Funktion der Zelle. Das Wachstum und auch die Teilung der Zellen sind also mit ihrer Funktion eng verknüpft. Sie setzen naturgemäß Synthesen voraus. Die Zunahme der lebenden Substanz der Zellen kann indessen sowohl auf einer Beschleunigung der Synthesen als auch auf einer Verlangsamung des Abbaues beruhen. Für das Wachstum soll meist das letztere zutreffen[13]. Das Zellwachstum beginnt nach Beendigung der Mitose. Schon im Beginn der Telophase kehren sich die biochemischen Vorgänge, die die Zellteilung eingeleitet hatten, um[14]. An den Chromomeren setzen Synthesen von höheren Proteinen ein, die akkumuliert werden, so daß die Chromosomen schwellen. In der Interphase füllen die proteinreichen Chromatinmassen schließlich den ganzen Kern. Die Struktur der entspiralisierten Chromosomen ist im typischen Ruhekern verwischt. Trotzdem bleibt ihre Kontinuität erhalten. Das Interphasenchromosom ist wohl meist polytän, besteht aus zahlreichen Fibrillen, die die typische Scheibenbildung zeigen. Die Einzelfibrille mit ihren Scheibenanteilen

---

Zusammenfassende Darstellungen: 1—7. [1] Bertalanffy, L. v.: Theoretische Biologie. 2. Bd. Stoffwechsel, Wachstum. Berlin 1942. — [2] Caspersson, T. (O.): Cell Growth and Cell Function. New York 1950. — Campbell, P. N., and T. S. Wark: Nature **171**, 997 (1953). — [3] Brachet, J.: The role of the nucleus and the cytoplasma in synthesis and morphogenesis. Symp. Soc. exp. Biol. **6**, 173 (1952). — [4] Frey-Wyssling, A.: Growth of plant cell walls. Symp. Soc. exp. Biol. **6**, 320 (1952). — [5] Brown, R., W. S. Reith and E. Robinson: The mechanism of plant cell growth. Symp. Soc. exp. Biol. **6**, 329 (1952). — [6] Weiss, P.: Self regulation of organ growth by its own products. Science, N. Y. **115**, 487 (1952). — [7] Altmann, H. W., u. H. Marquardt: Handb. allg. Path. (Büchner-Letterer-Roulet) Bd. II/2. Wachstum. In Vorbereitung.

[8] Painter, T. S., and E. C. Reindorf: Chromosoma, Wien **1**, 276 (1939). — [9] Bauer, H.: Cytogenetik. Fortschr. Zool. **3**, 434 (1938). — [10] Stein, E.: Kli. Wo. **1948**, 673. — [11] Altmann, H. W.: Z. Krebsforsch. **58**, 632 (1952). — Altmann, H. W., u. H. Marquardt: Handb. allg. Path. (Büchner-Letterer-Roulet) Bd. II/2. Die Morphologie des Zellkerns. In Vorbereitung. — [12] Peter, K.: Protoplasma, Wien **10**, 613 (1930). Z. mikrosk.-anat. Forsch. **35**, 181 (1934). — Doljansky, L.: C. R. Soc. Biol. **105**, 504 (1930). — Stein, J.: Arch. exp. Zellforsch. **20**, 78 (1937). — [13] Rittenberg, D., and D. Shemin: Green's Currents biochem. Res. S. 261 (1946). — [14] Greenstein, J. P.: Adv. Protein Chem. **1**, 275 (1944).

(Chromonema) kann wahrscheinlich als Einheit reagieren. Das einzelne Gen entspräche damit einem Verband mehrerer identischer Bausteine[1].

Die heterochromatischen Chromozentren zweier Chromosomen bilden die „nucleolus organizing bodies", von denen in der Telophase der Nucleolus gebildet wird. Das Heterochromatin ist nicht so ausgesprochen strukturiert wie das Euchromatin und wird bei der Zellteilung auch nicht streng gleich verteilt. Seine Menge und Lokalisation ist in den Zellen verschiedener Gewebe verschieden. Das heterochromatische Material ist reich an DNS, Phosphor und Diaminosäuren[2]. Es bleibt als „am Nucleolus assoziiertes Chromatin" erhalten und produziert RNS, einfachere Proteine und Histone im Nucleolus, der sie in das Cytoplasma abgibt. Der Nucleolus enthält keine DNS, sondern nur RNS an Histone gebunden. Die FEULGEN-Reaktion ist negativ, der BRACHET-Test dagegen positiv[3]. Die synthetische Funktion des Nucleolus wird offenbar von Genen kontrolliert.

Die Synthese von RNS ist eine Funktion des Zellkerns. Kernlose Amöbenreste verarmen schnell an RNS, nicht aber an Proteinen[4]. Im Interphasenkern findet sich die RNS nur im Nucleolus. Erst bei Beginn einer Mitose tritt sie in den Kernsaft und in den Spindelapparat über[6]. Die plasmatischen Nucleinsäuren sind nach Untersuchungen mit Isotopen dem Stoffumsatz etwa 10fach stärker unterworfen als die des Kerns[6].

Die zahlreichen höchstwertigen spezifischen Proteine werden wahrscheinlich nur im Zellkern durch die euchromatischen Gene synthetisiert. Die anderen Eiweißkörper werden teils im Nucleolus gebildet, teils auch im Cytoplasma als Leistung der plasmatischen RNS, die vorwiegend in den Mitochondrien, Mikrosomen und Plasmagranula, also in strukturellen Bestandteilen lokalisiert sind. Auch sie dürften der Kontrolle von Genen unterliegen. Der Kern ist das Zentrum der Proteinsynthesen; sind sie stark, so wird auch der Kern vergrößert gefunden[5], besonders aber der Nucleolus, der die größere Menge der Proteine bildet[7]. Bei Hefe z.B. bleibt der Nucleolus unbeeinflußt, so lange nur Kohlenhydrat als Substrat vorhanden ist. Zusatz von Nitrat führt dagegen unter Quellung des Nucleolus zur Ansammlung von RNS und zur raschen Zellvermehrung[2]. Mit zunehmender Alterung oder Reifung, z.B. bei der Reifung der Myeloblasten zu Granulocyten nimmt die Größe des Nucleolus und der Nucleinsäuregehalt ab, so daß auf diese Weise das Alter oder der Reifegrad der Zellen bestimmt werden kann. Alternde Zellen zeigen in der Gewebekultur ein verlangsamtes Wachstum[8].

Für die Proteinsynthesen sind Nucleinsäuren unbedingt notwendig. Sie wirken dabei möglicherweise als Matrize, indem sie ein für die Struktur des Proteins charakteristisches Ladungsmuster (negativ ?) abbilden[9]. Die Träger allen Lebens sind letzthin makromolekulare Nucleinsäuren. Das gilt bereits für die einfachsten Virusarten, deren Individuen ein einziges spezifisches RNS-Molekül darstellen und die den Organellen für die plasmatischen Proteinsynthesen ähnlich sind. DNS sind dagegen stets in chromosomenartigen Strukturen enthalten (CASPERSSON). Die DNS-haltigen höheren Virusarten ähneln damit bereits den Chromosomen.

---

[1] HOFFMANN-BERLING, H., u. G.-A. KAUSCHE: Z. Naturforsch. **6**b, 63 (1951). — [2] CASPERSSON, T. (O.): Cell Growth and Cell Function. New York 1950. — [3] DAVIDSON, J. N.: Ann. Rep. Progr. Chem. **42**, 240 (1945). — [4] BRACHET, J.: Exper. **6**, 294 (1950). — [5] STICH, H.: Z. Naturforsch. **6**b, 259 (1951). — [6] MCFARLANE, A. S.: Brit. med. J. **1947 II**, 766. — [7] ALTMANN, H. W., u. H. MARQUARDT: Die Morphologie des Zellkerns. Handb. allg. Path. (BÜCHNER-LETTERER-ROULET) Bd. II/2. In Vorbereitung. — [8] FISCHER. A.: Biology of Tissue Cells. London 1946. — GLINOS, A. D., and E. G. BARTLETT: Cancer Res. **11**, 164 (1951). — [9] FRIEDRICH-FREKSA, H.: Naturwiss. **28**, 376 (1940). — EYRING, H., F. H. JOHNSON and R. L. GENSLER: J. physic. Chem. **50**, 453 (1946). — MACHEBOEUF, M. A.: Schweiz. Z. Path. Bakt. **9**, 466 (1946).

Diesem Primat der Nucleinsäuren entsprechend scheint alles Leben nach einem einheitlichen Plan entwickelt. Die Kerne aller Metazoenzellen sind außerordentlich ähnlich organisiert.

Jede Zellvermehrung, jedes Wachstum und jede Funktion (Sekretion), bei denen eine vermehrte Proteinsynthese stattfindet, werden von einer Zunahme des Nucleinsäurestoffwechsels im Zellkern eingeleitet[1,2]. Bei Zellteilungen (s. S. 133) steigt der DNS-Gehalt, beim Zellwachstum und bei der Sekretion steigt vor allem der RNS-Gehalt der Zellen an. Die Proteine produzierenden Zellen, z.B. der Magenschleimhaut oder des Pankreas, haben große Nucleoli und enthalten reichlich RNS, die salzsäurebildenden Magenzellen dagegen nicht. Unter der Wirkung cholinergischer Pharmaka (z.B. Pilocarpin) bilden Pankreaszellen das eigene Gewicht an Protein in 24 Std [2,3]. Das Ausmaß der Proteinsynthesen ist dem Nucleinsäuregehalt nahezu parallel, auch bei Bakterien[4]. Die Vervielfachung der Chromosomensätze bei der direkten, amitotischen Kernteilung oder bei polyploiden Formen befähigt die Zelle auch zu entsprechend vermehrter Proteinsynthese; die Zellgröße nimmt dabei meist um gerade Vielfache zu. Daraus ergeben sich die lange bekannten „Kern-Plasma-Relationen[5].

Das Zellwachstum durch Zunahme der lebenden Substanz stellt an sich nur die positive Bilanz aus der Geschwindigkeit der Synthesen und des Abbaus dar. Demgemäß kann allein die Verlangsamung des Abbaus bei Konstanz der Synthesen zum Wachstum führen[6]. In wachsenden Geweben ist aber die Aktivität von Enzymen meist erhöht, wie z.B. die der Arginase, der Phosphatasen[7] oder β-Glucuronidasen[8]. Die Katalaseaktivität in der Rattenleber nimmt mit dem Alter zwischen dem 40. und dem 200. Lebenstag auf das 10fache zu[9].

Die Proteinsynthesen und damit das Wachstum setzen voraus, daß diejenigen Bausteine, die der Organismus nicht zu bilden vermag, in der Nahrung enthalten sind. Bei Einzellern ist die wichtige Feststellung, welche Substanzen von ihnen selbst — autotroph — gebildet werden können und welche er — heterotroph — aufnehmen muß, durch Züchtung auf synthetischen Nährböden relativ einfach möglich. Derartige Untersuchungen spielen für die genetische Biochemie (s. S. 98) eine große Rolle. Die einzelnen Arten verhalten sich zum Teil sehr verschieden. Die Aufklärung dieser Besonderheiten erscheint praktisch wichtig, weil damit sichere Grundlagen für die Entwicklung einer planmäßigen Chemotherapie bakterieller Krankheiten gewonnen werden können. Bei den einzelnen Metazoenarten finden sich naturgemäß noch größere Unterschiede; auch die einzelnen Organe verhalten sich in dieser Hinsicht verschieden. Im Grundsätzlichen besteht dagegen eine auffallend weitgehende Übereinstimmung. Die klarsten Einblicke ermöglicht die Züchtung der isolierten Gewebe in vitro (Gewebekultur)[10] auf Nährböden von bekannter Zusammensetzung.

---

[1] McFarlane, A. S.: Brit. med. J. **1947 II**, 766. — [2] Altmann, H. W., u. H. Marquardt: Die Morphologie des Zellkerns. Handb. allg. Path. (Büchner-Letterer-Roulet) Bd. II/2: Wachstum. In Vorbereitung. — [3] Ries, E.: Lebenszyklen und Arbeitsrhythmen von Zellen. Verh. dtsch. zool. Ges. **39**, 171 (1937). Biologie der Zelle. 2. Aufl. Hrsgb. Gersch, M. Leipzig 1953. — [4] Malmgren, B., and C.-G. Hedén [Caspersson, T. O.: Cell Growth and Cell Function. New York 1950]. — [5] Hertwig, R.: Biol. Zbl. **23**, 49, 108 (1903). — [6] Rittenberg, D., and D. Shemin: Green's Currents biochem. Res. S. 261 (1946). — [7] Rosenthal, O., H. M. Vars, C. S. Rogers and J. C. Fahl: Acta Un. int. Cancr., Bruxelles **7**, 386 (1951). — [8] Kerr, L. M. H., G. A. Levvy and J. G. Campbell: Nature **160**, 572 (1947). — [9] Weil-Malherbe, H., and R. Schade: Biochem. J. **43**, 118 (1948). — [10] Fischer, I.: Grundriß der Gewebezüchtung. Jena 1942. — Fischer, A.: Biology of Tissue Cells. London 1946. — Parker, R. C.: Methods of Tissue Culture. 2. Aufl. New York 1950. — Cameron, G.: Tissue Culture Technique. 2. Aufl. New York 1950.

Als Eiweißquelle für Gewebekulturen, z.B. von Fibroblasten, sind bei homologen Proteinen die höheren Spaltprodukte geeigneter, bei heterologen dagegen die niederen, getestet am Wachstum der Kulturen[1]. Die 10 „essentiellen" Aminosäuren Arginin, Histidin, Leucin, iso-Leucin, Lysin, Methionin, Phenylalanin, Threonin, Tryptophan und Valin[2] werden auch von den Kulturen benötigt, und zwar müssen sie in einem bestimmten Mengenverhältnis in der Nährlösung enthalten sein[3]. Große Mengen einer Aminosäure können toxisch wirken[4].

Auch Fette sind für Wachstum, Entwicklung und Fortpflanzung offenbar notwendig. Mit fettfreier Hefe ernährte Daphniden sind im Wachstum gehemmt und erzeugen keine Nachkommen[5]. Die Hexadecensäure (Palmitoleinsäure) ist z.B. ein Wuchsstoff für Milchsäurebakterien[6]. Hier zeigt sich bereits, daß zwischen den eigentlichen Nährstoffen und Wuchsstoffen fließende Übergänge bestehen.

Der Mineralstoffwechsel ist im Wachstum erhöht. Kaliummangel hemmt das Wachstum[7], ebenso Mangel an Phosphat. Der Phosphatgehalt im Serum wachsender Tiere ist höher als bei erwachsenen. Bei der Ratte fällt er von 11,5 mg-% bis zum 120. Lebenstag auf 7,5 mg-% ab.

Die *Vitamine* sind wegen ihrer grundlegenden Bedeutung im Stoffwechsel als Wirkgruppen von Enzymen für alle Arten vom Einzeller bis zu den höchsten Arten lebenswichtig. Die selbständig lebenden Einzeller, wie z. B. Hefen, können zahlreiche Vitamine noch selbst bilden, ebenso die Pflanzen, während die von pflanzlicher oder tierischer Nahrung lebenden Arten das Bildungsvermögen verloren haben. Das gilt auch für viele, auf höheren Arten schmarotzend lebende Bakterien. Der Mangel eines für die betreffende Art lebenswichtigen Vitamins führt meist auch zu einer Hemmung des Wachstums und der Zellteilung, während die Zugabe des fehlenden Vitamins das Wachstum fördert. Dennoch können diese Vitamine ebensowenig als spezifische Wuchsstoffe bezeichnet werden wie andere lebenswichtige Bestandteile der Nahrung oder die Nahrung selbst. Die wachstumsfördernde Wirkung ist indessen bei manchen Vitaminen so charakteristisch, daß sie in der Vitaminforschung als „Test" für das betreffende Vitamin benutzt wird. Das gilt vor allem für das fettlösliche Vitamin A[8] und für die essentiellen Fettsäuren[9] sowie für die wasserlöslichen Vitamine der B-Gruppe, besonders das Thiamin[10], das Riboflavin[11], die in der belebten Natur weit verbreitete Pantothensäure[12], die als Bestandteil des Coenzym A wesentlich ist[13], und ferner auch für die p-Amino-benzoesäure[14], welche einen speziellen Wuchsstoff

[1] Fischer, A.: Biol. Reviews **22**, 178 (1947). — Ehrensvärd, G., A. Fischer and R. Stjemholm: Acta physiol. scand. **18**, 218 (1949). — [2] Rose, W. C.: Fed. Proc. **8**, 546 (1949). — [3] Wolf, P. A., and R. C. Corley: Amer. J. Physiol. **127**, 589 (1939). — Benditt, E. P., R. L. Woolridge, C. H. Steffee and L. E. Frazier: J. Nutrit. **40**, 335 (1950). — Bernhauer, K.: Fortschritte der mikrobiologischen Chemie in Wissenschaft und Technik. Ergebn. Enzymforsch. **11**, 151 (1950). — [4] Nielsen, N., u. V. Hartelius: B. Z. **295**, 211 (1938). — Beerstecher, E. jr., and W. Shive: Am. Soc. **69**, 461 (1947). — [5] Dehn, M. v.: Naturwiss. **37**, 429 (1950). — [6] Hassinen, J. B., G. T. Durbin and F. W. Bernhart: Arch. Biochem. **25**, 91 (1950). — [7] Smith, S. G., B. Black-Schaffer and T. E. Lasater: Arch. Path., Chicago **49**, 185 (1950). — [8] Stepp, W.: B. Z. **22**, 452 (1909). — Steenbock, H., and P. W. Boutwell: J. biol. Ch. **42**, 131 (1920). — Sherman, H. C., and H. K. Stiebeling: J. biol. Ch. **88**, 683 (1930). — Euler, B. v., H. v. Euler u. P. Karrer: Helv. **12**, 278 (1928). — [9] Evans, H. M.: J. biol. Ch. **77**, 651 (1928). — Evans, H. M., and S. Lepkovsky: J. biol. Ch. **96**, 143 (1932). — [10] Windaus, A., R. Tschesche u. R. Grewe: H. **228**, 27 (1934). — [11] Warburg, O., u. W. Christian: B. Z. **254**, 438 (1932). — Kuhn, R., P. György u. T. Wagner-Jauregg: B. **66**, 317, 1034 (1933). — [12] Norris, L. C., and A. T. Ringrose: Science, N. Y. **71**, 643 (1930). — Williams, R. J., and E. M. Bradway: Am. Soc. **53**, 783 (1931). — [13] Novelli, G. D., and F. Lipmann: J. biol. Ch. **182**, 213 (1950). — [14] Kuhn, R., u. K. Schwarz: B. **74**, 1617 (1941).

bilden soll[1] und als Baustein des Folsäuremoleküls erforderlich ist[2]. Das gilt schließlich für das Vitamin H, das mit β-Biotin bzw. dem Hefebios IIb identisch ist[3].

e) Wuchsstoffe[4-9].

(s. a. Bd. II/2b, S. 865)

Die *Biosfaktoren der Hefe*[10], die in die Vitamin B-Gruppe gehören, können als Wuchsstoffe bezeichnet werden. Sie sind für die Zellvermehrung bei Mikroorganismen und Pflanzen, wahrscheinlich auch bei Tieren notwendig, sind also zellteilungsfördernde Wuchsstoffe. Kulturhefe zeigt bei kleiner Einsaat keine Zellteilung, wenn der Nährboden diese Wuchsstoffe nicht enthält. Wilde Heferassen vermögen dagegen die Biosfaktoren selbst zu bilden. Einzeln sind sie nicht wirksam, sie müssen zusammenwirken. Bios I ist meso-Inosit[11]. Dieser Faktor, der aus Teestaub, Hefe, Leber oder auch aus Urin gewonnen werden kann, wird auch von der Darmflora der Tiere gebildet[12] und ist hoch spezifisch. Ähnliche Substanzen, wie z.B. Mannit oder Quercit sind wirkungslos[13]. Bios II besteht aus 2 Komponenten[14]. Die Komponente IIa (identisch mit Bios III von Kögl) wird im Gegensatz zu IIb nicht adsorbiert, sondern bleibt im Filtrat. Die wirksame Substanz ist β-Alanin, das wahrscheinlich zum Aufbau von Pantothensäure benutzt wird. Es ist nur gemeinsam mit den anderen Biosfaktoren wirksam[15]. IIb ist identisch mit Vitamin H = β-Biotin (s. Bd. 2/2b, S. 797). Die Biocytinbase $C_{16}H_{28}N_4O_4S$ aus Hefe liefert bei saurer Hydrolyse Biotin[16]. Es wirkt ähnlich wie Thiamin auch auf das Pflanzenwachstum, fördert z.B. das Sproßwachstum von Erbsen und das Wachstum von Kressewurzeln (Test)[17]. Biotin findet sich auch in tierischen Geweben[18]; in Tumorgeweben, deren Wachstum durch Biotin gesteigert wird[19], etwa doppelt so viel[20] wie in normalen Geweben. Der Mensch scheidet im Urin täglich etwa 10 γ aus. Der Biotingehalt menschlicher Gewebe[20] entspricht jedoch durchaus nicht der Intensität des Wachstums, oft mehr der ihrer Funktion.

Wahrscheinlich gibt es noch weitere Biosfaktoren[21]. Als Test für die Bestimmung der Biosfaktoren dient die Zellvermehrung von Kulturhefen, die in der Zählkammer bestimmt wird[22]. Die Zunahme kann bis 600% betragen. Das Biotin

[1] Bell, E. A., W. Cocker and R. A. Q. O'Meara: Biochem. J. **45**, 373 (1949). — [2] Tschesche, R.: Z. Naturforsch. **2**b, 10 (1947). Arzneim.-Forsch. **1**, 335 (1951). — [3] Boas, M. A.: Biochem. J. **21**, 712 (1927). — György, P.: Z. ärztl. Fortbildg. **28**, 377 (1931). — Kögl, F., u. B. Tönnis: H. **242**, 43 (1936).

Zusammenfassende Darstellungen: 4—9. [4] Thimann, K. V., and J. Bonner: Plant growth hormones. Physiol. Rev. **18**, 524 (1938). — [5] Thimann, K. V.: Plant growth hormones. Pincus-Thimann, Hormones Bd. 1, S. 5. — [6] Skoog, F.: Plant Growth Substances. Madison, Wisc. 1951. — [7] Möller, E.-F.: Wuchsstoffe und mikrobiologische Stoffwechselanalyse. Fortschr. chem. Forsch. **2**, 146 (1951/53). — [8] Söding, H.: Die Wuchsstofflehre. Stuttgart 1952. — [9] Audus, L. J.: Plant Cell Growth Substances. London 1953. — Wain, R. L., and F. Wightman (Hrsgb.): The Chemistry and Mode of Action of Plant Growth Substances. London 1955; New York 1956.

[10] Wildiers, E.: Cellule **18**, 313 (1901). — [11] Eastcott, E. V.: J. physic. Chem. **32**, 1094 (1928). — Kögl, F., u. W. van Hasselt: H. **242**, 74 (1936). — [12] Woolley, D. W.: J. exp. Med. **75**, 277 (1942). — [13] Miller, W. L.: J. chem. Educat. **7**, 257 (1930). — [14] Miller, W. L., E. V. Eastcott and J. E. Maconachie: Am. Soc. **55**, 1502 (1933). — [15] Miller, W. L.: Trans. R. Soc. Canada (III), **28**, 185 (1934); **30**, 99 (1936). — [16] Wright, L. D., E. L. Cresson, H. R. Skeggs, R. L. Peck, D. E. Wolf, T. R. Wood. J. Valiant and K. Folkers: Science, N. Y. **114**, 635 (1951). — [17] Pohl, R.: Z. Bot. **40**, 307 (1952). — [18] Kögl, F., u. W. van Hasselt: H. **243**, 189 (1936). — [19] Voegtlin, C.: Bull. schweiz. Akad. med. Wiss. **7**, 1 (1951). — [20] West, P. M., and W. H. Woglom: Science, N.Y. **93**, 525 (1941). — [21] Hartelius, V.: Planta, Berlin **32**, 196 (1941). — [22] Kögl, F., u. B. Tönnis: H. **242**, 55 (1936).

hat im Avidin (s. S. 156) einen natürlichen Antagonisten[1], mit dem es einen unlöslichen Komplex bildet.

Spezielle Wuchsstoffe bei Pflanzen werden als „Phytohormone“[2] bezeichnet (s. Bd. 2/2b, S. 865). Die Ausdehnung des Hormonbegriffs auf diesen Fall ist jedoch sachlich nicht begründet. Zu dieser Klasse von Wirkstoffen gehören zuerst beim Hafer (Avena sativa) gefundene Wuchsstoffe, die in erster Linie eine Zellstreckung bewirken[3,4]. Das Wachstum von Haferkoleoptilen hört auf, wenn die Spitze abgeschnitten wird. Diese bildet einen Wirkstoff, der das Wachstum wieder herstellt[5]. Da er nur basipetal in der Pflanze wandert, läßt die einseitige Applikation des z. B. in Gelatine oder in einer Paste aufgenommenen Wirkstoffs auf nur eine Hälfte des Querschnitts nur diese Seite der Koleoptile zum Wachstum kommen, so daß die Koleoptile sich meßbar krümmt. Eine Avena-Einheit (AE) ist die Menge des Präparates, die unter Standardbedingungen eine Krümmung um 10° bewirkt. Die Wirkung ist nicht auf Avena (Hafer) beschränkt, sondern läßt sich ebenso am Stengelwachstum von Erbse, Mais und Gerste oder an der Wurzelbildung (Kressewurzel-Test)[6,7] nachweisen. Der Wirkstoff wird durch Licht inaktiviert, so daß die dem Licht abgewandte Seite stärker wächst und sich dadurch die Richtung des Wachstums zum Licht hinwendet[4] (Phototropismus). Kögl u. Erxleben[8] beschrieben eine als *Auxin* bezeichnete Substanz (s. Bd. 2/2b, S. 867). Sie soll unter Mitwirkung von Carotinoiden[9] nicht nur auf die Zellstreckung wirken, sondern auch die Zellteilung im Cambium oder bei Callusbildung fördern. Derartige Wirkstoffe wurden in reichlicher Menge im Urin gefunden, ferner in Pflanzengallen[10]. Die Vermutung, daß es sich um Auxin handelt, erwies sich als Irrtum. Der Wirkstoff wurde als β-Indolylessigsäure identifiziert und als Heteroauxin bezeichnet. Durch seine Injektion läßt sich Gallenbildung auslösen. Das Auxin kann nicht als natürlicher Wuchsstoff der Pflanzen angesehen werden[11].

Tabelle 19. Biotingehalt menschlicher Gewebe (in γ/kg)[1].

Organ	Erwachsener	Embryo
Haut . . .	84	1061
Muskel . .	191	2150
Herz . . .	1890	1610
Leber . . .	3390	2030
Niere . . .	2270	707

β-Indolylessigsäure wurde aus Hefe, Getreidekörnern oder aus Harn gewonnen[12]. Sie hat die gleiche Wirkung und Wirksamkeit wie das hypothetische Auxin an Pflanzen und Bakterien, deren Vermehrung gefördert wird. Eine Plant-Unit = 0,4 Avena-Einheiten (AE) sind 10^{-11} g[13]. Da mehr als 90% der aus Haferkoleoptilenspitzen extrahierbaren sauren Wuchsstoffe β-Indolylessigsäure sind, wird die Annahme der Auxine entbehrlich[13]. β-Indolylessigsäure entsteht auch

---

[1] Fraenkel-Conrat, H., N. S. Snell and E. D. Ducay: Arch. Biochem. **39**, 80, 97 (1952). — [2] Thimann, K. V., and J. Bonner: Plant growth hormones. Physiol. Rev. **18**, 524 (1938). — Thimann, K. V.: Plant growth hormones. Pincus-Thimann, Hormones Bd. 1, S. 5. — Skogg, F.: Plant Growth Substances. Madison, Wisc. 1951. — [3] Went, F. W.: Recu. Trav. bot. néerl. **25**, 1 (1929). — Oppenoorth, W. F. F. jr.: Recu. Trav. bot. néerl. **38**, 287 (1942). — [4] Went, F. W.: Diss. nat. Utrecht 1927. Jb. wiss. Bot. **76**, 528 (1932). — Bünning, E., H. J. Reisener, I. Weygand, H. Simon u. J. F. Klebe: Z. Naturforsch. **11** b, 363 (1956). — [5] Páal, A.: Ber. dtsch. bot. Ges. **32**, 499 (1914). — [6] West, P. M., and W. H. Woglom: Science, N. Y., 525 (1941). — [7] Pohl, R.: Z. Bot. **40**, 307 (1952). — [8] Kögl, F., A. J. Haagen-Smit u. H. Erxleben: H. **214**, 241 (1933). — Kögl, F., H. Erxleben u. A. J. Haagen-Smit: H. **216**, 31 (1933); **225**, 215 (1934). — Kögl, F., u. H. Erxleben: H. **227**, 51 (1934); **235**, 181 (1935). — Kögl, F., C. Konigsberger u. H. Erxleben: H. **244**, 266 (1936). — Kögl, F.: B. **68**, 16 (1935). Naturwiss. **25**, 465 (1937). — Kögl, F., u. N. Fries: H. **249**, 93 (1937). — [9] Kögl, F.: Naturwiss. **30**, 392 (1942). — [10] Link, G. K. K., and V. Eggers: Bot. Gaz., Chicago **103**, 87 (1941). — [11] Wildman, S. G., and J. Bonner: Amer. J. Bot. **35**, 740 (1948). — [12] Kögl, F., A. J. Haagen-Smit u. H. Erxleben: H. **228**, 90 (1934). — [13] Reinert, J.: Z. Naturforsch. **5** b, 374 (1950).

im menschlichen Darminhalt durch Bakterien aus Tryptophan, das ebenfalls wirksam ist, wenn auch schwächer als β-Indolylessigsäure[1].

Das Heteroauxin wurde auch als Aktivator für das Auxin angesehen[2]. Auch andersartige Substanzen, wie z.B. Äthylen[3], bereiten pflanzliche Gewebe für die Wirkung vor, ohne selbst als Wuchsstoff wirksam zu sein (Hemiauxine)[4]. β-Indolylessigsäure, die das Coenzym einer Phosphatase sein soll[5], wird durch Licht inaktiviert, Riboflavin sensibilisiert[6], Carotin hemmt die Inaktivierung[7].

Zahlreiche Abwandlungsprodukte des Heteroauxins sind hergestellt worden[8]. β-Indolcarbonsäure und -propionsäure sind unwirksam, ebenso α-Indolylessigsäure; dagegen sind β-Indolylisopropionsäure und -buttersäure aktiv. Der Abstand des Carboxyls vom Indolring und eine gerade Zahl von C-Atomen in der Seitenkette[9] spielen offenbar eine maßgebliche Rolle[10]. Die Ester der β-Indolylessigsäure sind wirksam, wenn auch schwächer, als die freie Säure. Hydrierung der α,β-Doppelbindung oder Alkylierung des Stickstoffs führen zu unwirksamen Produkten. Inden- und Cumarylessigsäure sind nur schwach aktiv[11], Phenyl- und Naphthylessigsäure stärker[12]. Die Wirksamkeit ist indessen an den verschiedenen Testobjekten verschieden. Aliphatische Homologe waren nicht wirksam. β-Indolylessigsäure wird zweckmäßig durch Chromatographie an Aluminiumoxyd[13] oder durch Papierchromatographie gereinigt[14]. Maissamen ergab dabei 5 γ/g, menschlicher Urin 100 γ/l[15].

In Pflanzenkeimen wurden weitere Wuchsstoffe gefunden[16], auch ein neutraler Wuchsstoff ist beschrieben worden[17]. *Hemmstoffe* für die Zellstreckung kommen ebenfalls in Pflanzen vor[18]. In Hefe, Pflanzensamen und Blättern ist eine wasserlösliche Substanz enthalten, die das Blattwachstum fördert und als „Laubwuchs-Hormon" bezeichnet wird[19]. Die Blütenbildung kann ebenfalls auf stofflichem Wege gefördert werden durch „Blühhormone" (Florigen, Vernalin)[20], die in den Blättern gebildet werden (s. Bd. 2/2b, S. 892f.). In welcher Weise das künstliche Treiben der Pflanzen durch Warmbad[21] oder durch Äther[22] in die stofflichen Vorgänge eingreift, ist noch nicht genügend geklärt. Andererseits wird das Welken von Pflanzen auf die Wirkung von „Welktoxinen" bezogen, wie z. B. Fusarinsäure, Patulin, Javanicin u. a., die aus Fusarien oder Penicillium gewonnen werden[23].

Durch tryptische Verdauung von Casein wurde ein Wuchsstoff gewonnen, der bei Hefe oder Ratten wirksam ist. Die als *Streptogenin* bezeichnete Substanz

[1] Kulescha, Z., et R. J. Gautheret: C. R. Soc. Biol. **143**, 460 (1949). — [2] Guttenberg, H. v.: Naturwiss. **30**, 109 (1942). — [3] Ruge, U.: Planta, Berlin **35**, 297 (1948). — [4] Went, F. W.: Proc. Kon. Akad. Wet. Amsterdam **42**, 581, 731 (1939). — [5] Bonner, J., and S. G. Wildman: Growth **10**, Suppl. **6**, 51 (1947). — [6] Galston, A. W., and R. S. Baker: Amer. J. Bot. **36**, 773 (1949). — [7] Reinert, J.: Naturwiss. **39**, 47 (1952). — [8] Kögl, F.: Naturwiss. **25**, 465 (1937). — Veldstra, H.: Ann. Rev. Plant Physiol. **4**, 151 (1953). — [9] Grace, N. H.: Canad. J. Res. (C) **17**, 373 (1939). — [10] Kögl, F.: Naturwiss. **25**, 465 (1937). — [11] Thimann, K. V.: J. biol. Ch. **109**, 279 (1935). — Thimann, K. V., and J. Bonner: Plant growth hormones. Physiol. Rev. **18**, 524 (1938). — [12] Koepfli, J. B., K. V. Thimann and F. W. Went: J. biol. Ch. **122**, 763 (1938). — [13] Linser, H.: Planta, Berlin **39**, 377 (1951). — [14] Jerchel, D., u. R. Müller: Naturwiss. **38**, 561 (1951). — [15] Kögl, F.: Naturwiss. **25**, 465 (1937). — Veldstra, H.: Ann. Rev. Plant Physiol. **4**, 151 (1953). — [16] Paulmann, F. K.: B. Z. **300**, 153 (1938/39). — Thimann, K. V.: Other plant hormones. Pincus-Thimann, Hormones Bd. 1, S. 75. — [17] Larsen, P.: Dansk bot. Ark. **11** (9) (1944). — [18] Linser, H.: Planta, Berlin **31**, 32 (1940). — [19] Bonner, J., A. J. Haagen-Smit and F. W. Went: Bot. Gaz., Chicago **101**, 128 (1939). — [20] Ullrich, H.: Ber. dtsch. bot. Ges. **57**, 40 (1939). — Melchers, G., u. A. Lang: Biol. Zbl. **61**, 16 (1941). — Oehlkers, F.: Z. Naturforsch. **10**b, 158 (1955). — [21] Molisch, H.: Das Warmbad als Mittel zum Treiben der Pflanzen. Jena 1909. — [22] Johannsen, W.: Das Äther-Verfahren beim Frühtreiben. 2. Aufl. Jena 1906. — [23] Übersicht: Gäumann, E.: Exper. **7**, 441 (1951).

ist ein Peptid, das Glutaminsäure enthält[1]. Einem Dimeren des Carnitin (Dicarnitin) werden Wuchsstoffeigenschaften beigemessen.

Hefe und Termiten sollen nach GOETSCH[2] einen „Vitamin T-Komplex" enthalten, der bei Termiten die Ausbildung von „Soldaten" fördern und darüber hinaus als „Großmodifikator" das Gewichtswachstum auch von Säugetieren, ferner die Eiweißsynthesen und die Wundheilung anregen soll. Die Existenz eines solchen Wirkstoffes erscheint jedoch zweifelhaft[3,4]. Von einem Vitamin kann keine Rede sein (s. Bd. 2/2b, S. 795).

Wuchsstoffe mit besonders interessanten Eigenschaften werden vom Pilz Gibberella fujikuroi (Fusarium moniliforme), der eine Krankheit der Reispflanze verursacht, gebildet. Das zuerst in krystalliner Form gewonnene Gibberellin A ist schon in einer Verdünnung 1:1 Million wirksam[5]. Praktisch ist die leichter darstellbare Gibberellinsäure wichtig geworden[6]. Es ist eine farblose einbasische Dioxylactonsäure[7].

Aus tierischem Eiweiß, z.B. aus Fischmehl oder Leber, wurden wachstumsfördernde Faktoren (animal protein factors) gewonnen, die Kobalt enthalten[8], also vielleicht Beziehungen zum Vitamin B_{12} haben. Zwischen essentiellen Nahrungsstoffen und Wuchsstoffen ist oft keine Unterscheidung möglich, so daß bei der Beurteilung Kritik geboten ist. Als tierische Wuchsstoffe wurden z.B. ein „Zoopherin"[9] (= Cyano-Cobalamin, s. Bd. 2/2b, S. 778) und ein „chicken growth factor"[10] angegeben. Ferner gehören hierher die „Trephone" von CARREL[11].

Das Wachstum von Explantaten normaler Gewebe in der Kultur, nicht aber das von Krebsgewebe setzt das Vorhandensein von Embryonalextrakten voraus[12]. Das wirksame „Embryonin" wird als Nucleinsäure mit fermentativen Eigenschaften bezeichnet[13]. Auch die von CARREL aus Lymphocyten gewonnenen „Trephone"[12] sind Nucleinsäuren. Nucleoproteide vom Ribonucleinsäuretyp sind wirksame Wuchsstoffe, beschleunigen die Nucleinsäuresynthesen[14] und regen Mitosen an, nicht aber solche von Desoxyribosenucleinsäuren[15]. Der Wuchsstoffgehalt ist z.B. bei Hühnerembryonen am 11. Bebrütungstag am höchsten, und zwar in allen Organen etwa gleich[16]. Mit zunehmendem Alter nimmt er ab[17]. Die wachstumsfördernde Wirkung ist an vielen Objekten nachweisbar. Das Nervenwachstum wird durch einen im Embryonalextrakt vorhandenen „neuroregulativen Stoff"[18] beschleunigt. Zugabe von Embryonalextrakt zu avirulenten Tuberkelbacillen, die regellos in der Kultur liegen, bewirkt die Ausbildung der für virulente Bacillen charakteristischen „cords"[19]. Körpereigene Wuchsstoffe, die die Entwicklung von Krankheitserregern oder von Krebsgeschwülsten fördern bzw. hemmen (vgl. das „Properdin", Bd. 2/2b, S. 972)[20], können auf diese Weise eine

[1] WOOLLEY, D. W.: J. exp. Med. **73**, 487 (1941). J. biol. Ch. **159**, 753 (1945); **166**, 783 (1946). — [2] GOETSCH, W.: Exper. **3**, 326 (1947). Öst. zool. Z. **1**, 193 (1948). Naturwiss. **41**, 124 (1954). — [3] WACKER, A., H. DELLWEG u. E. ROWOLD: Kli. Wo. **1951**, 780. — [4] GRUNHOFER, H., u. A. SCHÖBERL: Kli. Wo. **1951**, 385. — [5] YABUTA, T., and T. HAYASHI: J. agric. chem. Soc. Jap. **15**, 257 (1939). — [6] CURTIS, P. I., and B. E. CROSS: Chem. & Industr. **1954**, 1066. — [7] CROSS, B. E.: Soc. **1954**, 4670. — BRIAN, P. W., and J. F. GROVE: Endeavour **16**, 161 (1957). — [8] SCOTT, M. L., L. C. NORRIS and G. F. HEUSER: J. biol. Ch. **167**, 261 (1947). — [9] ZUCKER, L. M., and T. F. ZUCKER: Arch. Biochem. **16**, 115 (1948). — [10] RUBIN, M., and H. R. BIRD: J. biol. Ch. **163**, 393 (1946). — [11] CARREL, A., et A. H. EBELING: C. R. Soc. Biol. **90**, 29 (1924). — [12] FISCHER, A.: Gewebezüchtung. München 1930. Biology of Tissue Cells. London 1946. — [13] FISCHER, A.: Nature **144**, 113 (1939). — FISCHER, A., u. T. ASTRUP: Pflügers Arch. **247**, 34 (1943). — [14] BRACHET, J.: Nature **168**, 205 (1951). — KATSUTA, H., K. NISHIOKA and T. TAKAOKA: Jap. J. exp. Med. **22**, 189 (1952). — [15] WAYMOUTH, C.: Proc. Soc. exp. Biol. Med. **64**, 25 (1947). — [16] FOWLER, O. M.: J. exp. Zool. **76**, 235 (1937). — [17] GAILLARD, P. J.: Protoplasma, Berlin **23**, 145 (1935). — [18] KOECHLIN, B., u. A. v. MURALT: Schweiz. med. Wschr. **75**, 315 (1945) — [19] BOEHM, G.: Exper. **5**, 445 (1949). — [20] PILLEMER, L., L. BLUM, I. H. LEPOW, O. R. ROSS, E. W. TODD and A. C. WARDLAW: Science, N. Y. **120**, 279 (1954). — PILLEMER, L., M. D. SCHOENBERG, L. BLUM and L. WURZ: Science, N. Y. **122**, 545 (1955).

entscheidende Bedeutung für krankhafte Vorgänge haben. Im menschlichen Serum sind sowohl wirksame Wuchsstoffe als auch Hemmstoffe durch die Gewebekultur nachgewiesen worden. Das Serum alternder Individuen enthält wenig Wuchsstoffe[1].

Extrakte aus einzelnen embryonalen Organen scheinen auch organspezifische Wuchsstoffwirkungen zu haben und die Zellteilung in den entsprechenden Organen anregen zu können[2]. Ähnliche Wirkstoffe können auch in Organen erwachsener Individuen enthalten sein. Wahrscheinlich gibt es überhaupt außer den bisher bekannten Baustoffen und Vitaminen noch „höchstwertige", *organspezifische Baustoffe und Funktionssubstanzen.* Hierher gehören die *Herzhormone* und ähnliche Faktoren aus Herzgewebe. Die wirksamen Extrakte sind eiweißfrei[3]. Ferner gibt es in Leberextrakten neben dem antianämischen Prinzip noch „Leberschutzstoffe"[4], die ähnlich wie die bekannten Methyldonatoren Cholin[5] oder Methionin das Organ gegen Schädigungen durch Gifte schützen, die Verfettung verhindern, die Regeneration fördern und Cirrhosen heilen können[6]. Als Leberschutzstoff soll auch Xanthin wirken[7]. Hierher gehört auch das in Japan beschriebene *Yakriton*[8], das aus Lebergewebe gewonnen wird. Die Regeneration der Leber nach partieller Hepatektomie wird durch endogene Wuchsstoffe mit organspezifischer Wirkung ausgelöst (FRIEDRICH-FREKSA)[9]. Embryonale Gewebeextrakte sollen auch Nephritis heilen können[10]. Die wirksamen Fraktionen sind eiweißfrei. Xanthopterin regt bei Ratten starkes Nierenwachstum an und steigert die Zellteilung des Tubulusepithels. Der Effekt ist reversibel und spezifisch[11]. Das 2,4-Dimethylpyrimidin-sulfonamid führt z.B. bei Hähnen zur Hyperplasie der Hoden[12].

Bei Wirbeltieren wird das Körperwachstum durch das *Wachstumshormon* gesteuert[13] (s. Bd. 2/2b, S. 463). Es wird in den eosinophilen Zellen des Hypo-

[1] CARREL, A., and A. H. EBELING: J. exp. Med. **37**, 653; **38**, 419 (1923). — NORRIS, E. R., and J. J. MAJNARICH: Proc. Soc. exp. Biol. Med. **70**, 663 (1949). — [2] TEIR, H.: 5. int. Congr. Cancer. Paris 1950. S. 92. — [3] HABERLANDT, L.: Pflügers Arch. **228**, 595 (1931). — TÖRÖ, I.: Z. mikroskop.-anat. Forsch. **41**, 1 (1937). Arch. exp. Zellforsch. **22**, 304 (1939). — GRANDJEAN, E.: Schweiz. med. Wschr. **80**, 203 (1950). — KÜNG, H. L.: Schweiz. med. Wschr. **80**, 205 (1950). — ROTH, O.: Schweiz. med. Wschr. **80**, 206 (1950). — SURIYONG, R., u. A. VANNOTTI: Schweiz. med. Wschr. **80**, 208 (1950). — OBERHAMMER, P.: Ärztl. Wschr. **1951**, 428. — SCHWAB, R.: Med. Mschr. **5**, 269 (1951). — MISLIN, H.: Exper. **7**, 385 (1951). — [4] NEALE, R. C., and H. C. WINTER: J. Pharmacol. exp. Therap. **62**, 127 (1938). — EGER, W.: M. m. W. **1956**, 73. — [5] BARRETT, H. M., C. H. BEST, D. L. MACLEAN and J. H. RIDOUT: J. Physiol., London **97**, 103 (1939). — CZECH, W.: Med. Klin. **1951**, 667. — [6] GLYNN, L. E., and H. P. HIMSWORTH: J. Path. Bacteriology **56**, 297 (1944). — BURRI, M.: Exper. **9**, 385 (1953). — STILLE, G., u. H. P. WACHTER: Ärztl. Wschr. **1954**, 129. — [7] BARRETT, H. M., D. L. MACLEAN and E. W. MCHENRY: J. Pharmacol. exp. Therap. **64**, 131 (1938). — FORBES, J. C.: J. Pharmacol. exp. Therap. **65**, 287 (1939). — [8] SATO, A.: Proc. Imp. Acad. Jap. **2**, 518 (1926). — SATO, A., and H. OTA: Tohoku J. exp. Med. **38**, 346 (1940). — [9] FRIEDRICH-FREKSA, H., u. F. G. ZAKI: Z. Naturforsch. **9**b, 394 (1954). — [10] BAUER, K. F.: Med. Mschr. **3**, 452 (1949). — [11] HADDOW, A.: Brit. med. Bull. **4**, 338 (1947). — [12] ASPLIN, F. D., E. BOYLAND, S. SARGENT and G. WOLF: Proc. R. Soc. London (B) **139**, 358 (1951/52). — [13] EVANS, H. M., and J. A. LONG: Anat. Rec. **21**, 62 (1921). — EVANS, H. M., K. MEYER, M. E. SIMPSON, A. J. SZARKA, R. I. PENCHARZ, R. E. CORNISH and F. L. REICHERT: The Growth and Gonad-Stimulating Hormones of the Anterior Hypophysis. Berkeley 1933. — FEVOLD, H. L., M. LEE, F. L. HISAW and E. J. COHN: Endocrinology **26**, 999 (1940). — ANSELMINO, K. J., u. F. HOFFMANN: Die Wirkstoffe des Hypophysen-Vorderlappens. Handb. Heffter Bd. 9. Berlin 1941. — LI, C. H., H. M. EVANS and M. E. SIMPSON: J. biol. Ch. **159**, 353 (1945). — LI, C. H., and H. M. EVANS: Vitamins & Hormones **5**, 197 (1947). Recent Progr. Hormone Res. **3**, 1 (1948). Chemistry of anterior pituitary hormones. Pincus-Thimann, Hormones Bd. 1, S. 631. — LI, C. H., Growth **12**, Suppl. **47** (1948). Science, N.Y. **123**, 617 (1956). — LUKENS, F. D. W. Ann. Rev. Physiol. **9**, 69 (1947). — AMMON, R., u. W. DIRSCHERL: Fermente, Vitamine, Hormone. 2. Aufl. Leipzig 1948. — SELYE, H.: Textbook of Endocrinology. Montreal 1949. — VOSS, H. E.: Ärztl. Wschr. **1951**, 913. — SMITH, R. W., O. H. GAEBLER and C. N. H. LONG: The Hypophysical Growth Hormone, Nature and Actions. New York, London 1955.

physenvorderlappens gebildet[1] und ist identisch[2] mit dem diabetogenen Hormon der Hypophyse[3]. Hormonal aktive Geschwülste dieses Zelltyps in der Hypophyse führen bei Jugendlichen zu Riesenwuchs, bei Erwachsenen zu Akromegalie[4]. Bei (erblichen) Zwergmäusen fehlen die eosinophilen Zellen in der Hypophyse[5]. Nach Exstirpation der Hypophyse bei jungen Tieren hört das Wachstum auf[6], Implantation der Drüse[7] oder Zufuhr von Extrakten aus ihr führen zu entsprechendem Wachstum (EVANS). Auf die nach Hypophysektomie auftretende Anämie hat das Wachstumshormon dagegen keinen Einfluß[8]. Als Test für die Bestimmung des Hormongehaltes in Extrakten gilt das Schwanzwachstum an normalen erwachsenen oder an jungen hypophysektomierten Ratten[9] bzw. deren Gewichtszunahme[10]. Eine Einheit ist die Menge, die eine tägliche Gewichtszunahme um 1 g bewirkt. Das bisher reinste Präparat enthält diese Menge in 10 γ. Noch empfindlicher ist der histologische Test an hypophysektomierten Ratten, bei dem die Verknöcherung der Tibia bestimmt wird. Der Durchmesser der nicht verkalkten Knorpelschicht an der Epiphyse ergibt gegen die log-Dosis eine lineare Beziehung. Die Chemie des somatischen Wachstumshormons ist durch LI erfolgreich bearbeitet worden[11].

Die Wirkung des Wachstumshormons führt zu gesteigertem Knochenwachstum an den Epiphysenknorpeln, so daß es als ,,chondrotropes Hormon' angesehen wurde. Gleichzeitig nimmt aber auch das Gewicht des Gesamttieres zu, so daß echte Riesentiere erzeugt werden, die Akromegalie zeigen können. An jungen hypophysektomierten Tieren wurden Gewichtszunahmen auf das 4fache des Ausgangsgewichtes erzielt. Die relativen Organgewicht bleiben normal, lediglich die endokrinen Drüsen und die von ihnen gesteuerten Organe, wie z.B. der Uterus, bleiben atrophisch, auch der Thymus[12]. An der Gewebekultur ist das Hormon unwirksam, hat also keine direkte Wirkung auf die sich optimal vermehrenden Zellen. Nach Dauerbehandlung über die ganze Lebenszeit traten echte Geschwülste auf[13], wahrscheinlich durch Förderung der Vermehrung bereits vorgebildeter Krebszellen (s. S. 321). Andererseits soll die Dauerbehandlung mit Wachstumshormon zur Bildung eines ,,Antihormons" führen[14].

Das Wachstumshormon regt den Nucleinsäurestoffwechsel an, der Einbau von ^{32}P in Nucleinsäuren, der nach Hypophysektomie stark vermindert ist, wird durch Gabe des Hormons erhöht[15]. Die Proteinsynthesen nehmen bei gleichzeitiger Verminderung des Abbaus zu[16], dagegen sollen die oxydativen Prozesse durch das

---

[1] WOITKEWITSCH, A.: Bull. Biol. Méd. exp. URSS **6**, 85 (1938). — [2] HOUSSAY, B. A., and E. ANDERSON: Endocrinology **45**, 627 (1949). — COTES, P. M., E. REID and F. G. YOUNG: Nature **164**, 209 (1949). — CAMPBELL, J., I. W. F. DAVIDSON, W. D. SNAIR and H. P. LEI: Endocrinology **46**, 273 (1950). — REID, E.: J. Endocrinol. **8**, 50 (1952). — [3] HOUSSAY, B. A.: Endokrinologie **5**, 103 (1929). Kli. Wo. **1933 I**, 773. Endocrinology **30**, 884 (1942). — LI, C. H.: Science, N. Y. **123**, 617 (1956). — [4] MARIE, P.: Rev. Méd. **6**, 297 (1886). — [5] SMITH, P. E., and E. C. MACDOWELL: Anat. Rec. **50**, 85 (1931). — [6] ASCHNER, B.: Pflügers Arch. **146**, 1 (1912). — [7] SMITH, P. E.: Anat. Rec. **32**, 221 (1926). — [8] DYKE, C. D. VAN, M. E. SIMPSON, J. F. GARCIA and H. M. EVANS: Proc. Soc. exp. Biol. Med. **81**, 574 (1952). — [9] DINGEMANSE, E., and J. FREUD: Acta brev. neerl. Physiol. **5**, 39 (1935). — [10] COLLIP, J. B., H. SELYE u. D. L. THOMSON: Virchows Arch. **290**, 23 (1933). — EVANS, H. M., N. UYEL, Q. R. BARTZ and M. E. SIMPSON: Endocrinology **22**, 483 (1938). — BÜLBRING, E.: Quart. J. Pharmacy **11**, 26 (1938). — [11] LI, C. H., and H. POPKOFF: Science, N.Y. **124**, 1293 (1956). — [12] SMITH, P. E.: J. amer. med. Ass. **115**, 1991 (1940). — SIMPSON, M. E., H. M. EVANS and C. H. LI: Growth **13**, 151 (1949). — [13] WACHTEL, H. K.: Science, N. Y. **103**, 556 (1946). Exper. **6**, 474 (1950). — MOON, H. D., M. E. SIMPSON, C. H. LI and H. M. EVANS: Cancer Res. **10**, 297, 364 (1950). — [14] COLLIP, J. B.: J. Mt. Sinai Hosp. **1**, 28 (1934). — [15] DAVIDSON, J. N., and W. RAYMOND: Biochem. J. **42**, XIV (1948). — FRAENKEL-CONRAT, J., and C. H. LI: Endocrinology **44**, 487 (1949). — [16] LONG, C. N. H.: Cold Spring Harbor Symp. quant. Biol. **10**, 91 (1942).

(diabetogene) Wachstumshormon gehemmt werden[1]. Der Stoffwechsel von Gewebsschnitten hypophysektomierter Ratten ist vermindert, Wachstumshormon stellt den normalen Stoffwechsel wieder her[2].

Im Gegensatz zum Wachstumshormon sollen *Acetonextrakte aus Hypophysenhinterlappen* das Wachstum von Pflanzen, Tieren und Tumoren hemmen[3]. Die Keimdrüsenhormone hemmen ebenfalls das Körperwachstum und die Wirkung des Wachstumshormons[4], obwohl sie für den Genitalapparat organspezifische Proliferationssubstanzen sind. Auch die „tropen" Hormone der Hypophyse können als organspezifische Wachstumshormone gelten.

Das *Schilddrüsenhormon* (s. Bd. 2/2b, S. 502) ist für das geordnete Körperwachstum notwendig. Exstirpation der Drüse bei jugendlichen Säugern führt

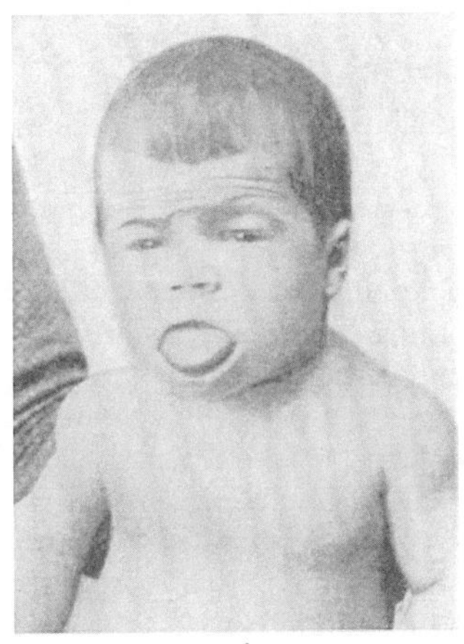
a

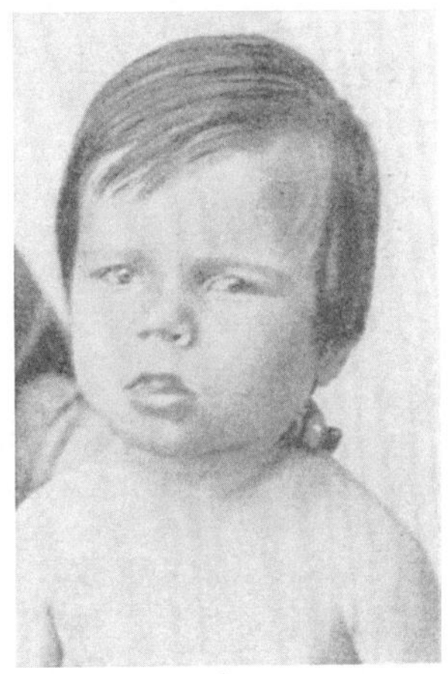
b

Abb. 23a und b. Kretin, weiblich, 4 Jahre alt. Wirkung der Schilddrüsenbehandlung. Links vorher, rechts 100 Tage später (nach HOFMEISTER). (Das Bild ist entnommen aus REIN, H.: Einführung in die Physiologie des Menschen, 1. Aufl., S. 240, Berlin 1936.)

zum Zwergwuchs, weil die Verknöcherung gestört ist. Der Grundumsatz sinkt um 20—40%, vorwiegend durch Herabsetzung des Eiweißabbaus. Die Oxydation von D-Aminosäuren durch Leberbrei schilddrüsenloser Ratten ist erniedrigt[5]. Die Stickstoffausscheidung im Harn schilddrüsenloser Tiere ist herabgesetzt, die von Adenin dagegen erheblich erhöht[6]. Schilddrüsenhormon oder Thyroxin beseitigen die Ausfallserscheinungen und stellen das normale Wachstum wieder her, jedoch nur, wenn die Hypophyse vorhanden ist[7]. Die Schilddrüse ist für die normale Entwicklung notwendig. Mangelhafte Ausbildung oder Funktion der Drüse haben beim Menschen das Ausbleiben der geistigen Entwicklung zur Folge, wie sich beim endemischen Kretinismus zeigt[8]. Gabe des Hormons kann bei infantilen Kretins die geistige Entwicklung einleiten und beschleunigen, (Abb. 23) bei erwachsenen dagegen nicht mehr. Das Hormon ist also nur so lange für die Entwicklung notwendig, wie die Zellen noch „plastisch" sind. Bei Erwachsenen wird durch Ausfall der Schilddrüse kein Kretinismus erzeugt, sondern Myxödem.

[1] COTES, P. M., J. A. CRITCHTON, S. J. FOLLEY and F. G. YOUNG: Nature **164**, 992 (1949). — [2] REISS, M., A. HOCHWALD u. H. DRUCKREY: Endokrinologie **13**, 1 (1933). — [3] LUSTIG, B., and H. K. WACHTEL: Nature **143**, 602 (1939). — [4] LUKENS, F. D. W.: Ann. Rev. Physiol. **9**, 69 (1947). — [5] KLEIN, J. R.: J. biol. Ch. **128**, 659; **131**, 139 (1939). — [6] FLÖSSNER, O., F. KUTSCHER u. WITTNEBEN: H. **220**, 13 (1933). — [7] WEISSCHEDEL, E.: Langenbecks Arch. Klin. Chir. **266**, 121 (1950). — MAQSOOD, M.: Exper. **7**, 150 (1951). — [8] QUERVAIN, F. DE, u. C. WEGELIN: Der endemische Kretinismus. Berlin 1936.

Das Schilddrüsenhormon kann chemisch durch Bestimmung des abgespaltenen Jods standardisiert werden[1]. Verläßlicher ist die biologische Auswertung. Sie kann an der Beschleunigung der Metamorphose von Kaulquappen[2] oder Axolotln[3] erfolgen, ferner durch Bestimmung der letalen Dosis an der Maus[4], der Gewichtsabnahme bei kleinen Nagern[5] sowie an der Zunahme der Resistenz von Mäusen gegen Acetonitril[6]. Besonders geeignet als Test ist die Zunahme des Grundumsatzes unter der Wirkung von Schilddrüsenhormon oder Thyroxin[7].

Die Entwicklung kaltblütiger Wirbeltiere bei der Metamorphose der kiemenatmenden Larven zum lungenatmenden Landtier wird durch Schilddrüsenhormon beschleunigt. Dieser Effekt beim Axolotl oder bei Kaulquappen (Abb. 24) dient zur biologischen Bestimmung des Hormons[8]. Nach Exstirpation der Schilddrüse bleibt die Metamorphose aus. Die Wirkung des Hormons greift sicher peripher an und geht nicht über das Zentralnervensystem, wie Versuche mit Transplantation von Schilddrüsengewebe und mit lokaler Applikation des Hormons gezeigt haben[9]. Während die Entwicklung z.B. von Kaulquappen durch Schilddrüsenhormon gefördert wird, wird das Wachstum gleichzeitig gehemmt. Es kann sogar eine erhebliche Gewichtsabnahme auftreten. Dadurch wird die Auffassung gestützt, daß die Zelle ihre Kräfte entweder für Teilung und Wachstum verwendet oder für spezielle Funktionen, daß sich beide also gegenseitig behindern oder ausschließen. Die Zelle ist entweder Arbeits- oder Teilungszelle[10]. Mit Beginn der Funktionen nach Abschluß der Entwicklung finden meist keine (mitotischen) Teilungen mehr statt[11], das Wachstum beruht nur noch auf der Zunahme der Zellgröße. Werden Gewebekulturen z.B. durch Heparin im Wachstum gehemmt, so wird ihre Ausdifferenzierung gefördert[12].

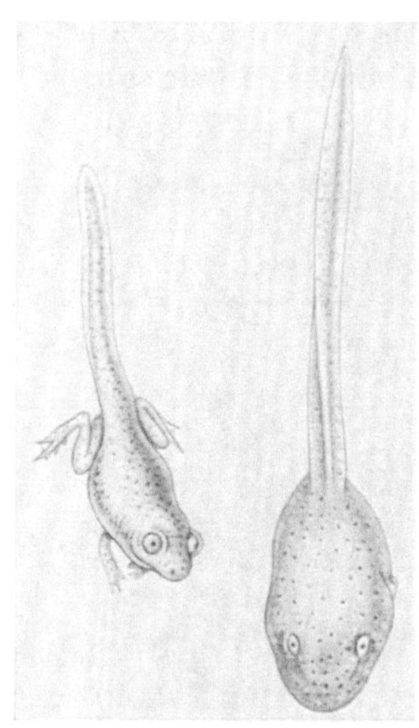
Abb. 24. Kaulquappenmetamorphose. Links: Normales Tier. Rechts: Tier von ursprünglich gleicher Größe 28 Tage nach Transplantation einer halben Schilddrüse (nach SWINGLE).

Das *thyreotrope Hormon*[13], das die Funktion der Schilddrüse steuert (siehe Bd. 2/2b, S. 466), kann nach verschiedenen Methoden bestimmt werden[14].

Die histologische Standardisierung[15] erfolgt an der Schilddrüse von jungen Meerschweinchen. Eine Einheit ist die Menge, die über 3 Tage verteilt am 4. Tage bei der Hälfte der Tiere

[1] HARINGTON, C. R., and S. S. RANDALL: Quart. J. Pharmacy **2**, 501 (1929). Biochem. J. **23**, 373 (1929). — [2] ROMEIS, B.: Z. ges. exp. Med. **4**, 379 (1916). — [3] HAFFNER, F.: Kli. Wo. **1927 II**, 1932. — [4] FREUD, P., u. E. NOBEL: Kli. Wo. **1924 II**, 1849. — [5] HAFFNER, F., u. T. KOMIYAMA: A. e. P. P. **107**, 69 (1925). — [6] HUNT, R.: Amer. J. Physiol. **63**, 257 (1923). — [7] REISS, M.: Die Hormonforschung und ihre Methoden. Berlin, Wien 1934. — BOMSKOV, C.: Die Methodik der Hormonforschung. Bd. 1, S. 199. Leipzig 1937. — LORENZ, D.: A. e. P. P. **211**, 76 (1950). — [8] GUDERNATSCH, J. F.: Roux' Arch. Entw.-Mech. **35**, 457 (1912). — [9] UHLENHUTH, E.: J. exp. Zool. **24**, 237 (1917). — HARTWIG, H.: Biol. Zbl. **60**, 473 (1940). — [10] PETER, K.: Z. Anat. (I), **72**, 463, 487 (1924). — [11] RIES, E.: Naturwiss. **25**, 241 (1937). Lebenszyklen und Arbeitsrhythmen von Zellen. Verh. dtsch. zool. Ges. **39**, 171 (1937). — RIES, E.: Biologie der Zelle. 2. Aufl., Hrsgb. GERSCH, M. Leipzig 1953. — [12] ZAKRZEWSKI, Z.: Z. Krebsforsch. **36**, 513 (1932); **39**, 471 (1933). — FISCHER, A.: Cancer. Bruxelles **12**, 160 (1935). — [13] LOEB, L.: Kli. Wo. **1932 II**, 2121, 2156. — LOEB, L., and R. B. BASSETT: Proc. Soc. exp. Biol. Med. **26**, 860 (1929). — ARON, M.: C. R. Soc. Biol. **102**, 682 (1929). — JANSSEN, S., u. A. LOESER: A. e. P. P. **163**, 517 (1931). — [14] REISS, M.: Die Hormonforschung und ihre Methoden. Berlin, Wien 1934. — BOMSKOV, C.: Die Methodik der Hormonforschung. Bd. 2, S. 867. Leipzig 1939. — AMMON, R., u. W. DIRSCHERL: Fermente, Hormone, Vitamine. 2. Aufl. S. 356. Leipzig 1948. — JUNKMANN, K.: Handb. biol. Arb.-Meth. Abt. V, Teil 3b, 1072. — [15] JUNKMANN, K., u. W. SCHOELLER: Kli. Wo. **1932 II**, 1176. — HEYL, J. G.: Acta brev. neerl. Physiol. **3**, 111 (1933).

eine deutliche Zunahme der Epithelschicht und Kolloidschwund bewirkt. Genauer ist die Bestimmung der Zunahme des relativen Gewichtes der Schilddrüse[1] ebenfalls an Meerschweinchen. Gegen den log Dosis besteht eine lineare Beziehung. Eine Meerschweinchen-Einheit ist die Menge, die eine Verdoppelung des Drüsengewichtes bewirkt. Sie entspricht etwa 2 ME nach JUNKMANN[2]. Die Testung kann auch durch Messung des Stoffwechsels erfolgen, am sichersten an hypophysektomierten Ratten[3]. Eine Einheit bewirkt eine Steigerung um 20%. Schließlich kann auch die Abnahme des Jodgehaltes in der Schilddrüse als Test dienen[4].

Den Gehalt an thyreotropem Hormon im Hypophysenvorderlappen zeigt die Tabelle 20.

Der *Thymus*[5] wurde oft als Bildungsstätte eines Wachstumshormons angesehen, weil er sich nach Beendigung der Periode des stärksten Wachstums mit dem Beginn der Pubertät zurückbildet. Alle Versuche, die Existenz eines Thymushormons nachzuweisen[6], haben zu keinem überzeugenden Resultat geführt (s. a. Bd. 2/2b, S. 516). Das Wachstumshormon der Hypophyse führt zwar zu einer Hyperplasie des Thymus, wirkt aber auch am thymektomierten Tier noch voll wachstumsfördernd. Dagegen verdient der hohe Nucleinsäurengehalt des Thymus Beachtung. Das Studium dieses rätselhaften Organs sollte nicht unbedingt von der vorgefaßten Meinung ausgehen, daß jede Drüse unbekannter Funktion ein Hormon bilden muß. Sie kann auch Bildungsort wichtiger Bau- und Funktionssubstanzen sein, ohne in das hormonale Regulationssystem zu gehören. Steroide aus Keimdrüsen und Nebennierenrinde bringen den Thymus zur Involvution, so daß seine physiologische Rückbildung bei der Pubertät damit genügend erklärt sein dürfte[7].

Tabelle 20. Gehalt an thyreotropem Hormon im Hypophysenvorderlappen (in ME je g).

Pferd . . .	70
Rind . . .	300
Schwein . .	300
Mensch . .	150—1000
Schaf . . .	1000
Ratte . . .	4000
Wal	150

Die *Zirbeldrüse* (Epiphyse, Glandula pinealis) ist wahrscheinlich nur als rudimentäres Organ anzusehen. Die Annahme, daß sie das Wachstum und die Entwicklung hemmt[8], hat sich nicht stützen lassen. Ihre Funktion ist vielmehr völlig unbekannt (s. Bd. 2/2b, S. 499).

f) Wachstumshemmstoffe.

Das Wachstum unterliegt, wie alle biologischen Funktionen nicht nur einseitigen Einflüssen, sondern dem Zusammenspiel von Wuchsstoffen und ihren Antagonisten. Solche von Hormonnatur sind bisher nicht bekannt, dagegen gibt es zahlreiche natürliche und künstliche Antiwuchsstoffe[9].

---

[1] ROWLANDS, I. W.: J. exp. Biol. **12**, 337 (1935). — JUNKMANN, K., u. A. LOESER: A. e. P. P. **188**, 474 (1938). — SMELSER, G. K.: Endocrinology **23**, 429 (1938). — BERGMAN, A. J., and C. W. TURNER: Endocrinology **24**, 656 (1939). — [2] JUNKMANN, K., u. W. SCHOELLER: Kli. Wo. **1932 II**, 1176. — HEYL, J. G.: Acta brev. neerl. Physiol. **3**, 111 (1933). — [3] ANDERSON, E. M., and J. B. COLLIP: J. Physiol., London **82**, 11 (1934). — [4] CUYLER, W. K., B. F. STIMMEL and D. R. MCCULLAGH: J. Pharmacol. exp. Therap. **58**, 286 (1936). — [5] WORMS, G., et H. P. KLOTZ: Le thymus. Paris 1935. — [6] ROWNTREE, L. G.: J. amer. med. Ass. **105**, 592 (1935). — ROWNTREE, L. G., J. H. CLARK, A. STEINBERG and A. M. HANSON: J. amer. med. Ass. **106**, 370 (1936). — HARMS, J. W.: Z. Naturforsch. **7**b, 622 (1952). **10**b, 648 (1955). — [7] SELYE, H.: Textbook of Endocrinology. Montreal 1949. — [8] ENGEL, P.: Die physiologische und pathologische Bedeutung der Zirbeldrüse. Ergebn. inn. Med. **50**, 116 (1936). — ROWNTREE, L. G., J. H. CLARK, A. STEINBERG and A. M. HANSON: Endocrinology **20**, 348 (1936). — [9] RUDOLPH, W.: Wuchsstoffe und Antiwuchsstoffe. Bern 1949 (Int. Z. Vit.-Forsch. Beih. 5).

Als Antiwuchsstoff wird das im Eiklar enthaltene und wahrscheinlich aus dem Eileiter stammende[1] thermolabile *Avidin*[2] angesehen. Es ist der natürliche Antagonist des Biotins, mit dem es einen unwirksamen Komplex bildet. Eine Avidineinheit ist die Menge, die 1 γ Biotin inaktiviert. Das rohe Eier-Eiweiß enthält etwa 0,4—0,6 E/ml[2]. Das Avidin besteht aus 3 Fraktionen, nämlich dem albuminähnlichen, 9% Kohlenhydrat enthaltenden Avidin A und 2 weiteren Fraktionen, die Nucleoproteide sind[3].

Das in den Mastzellen z.B. der Gefäßintima gebildete, die Blutgerinnung verhindernde *Heparin* hemmt das Wachstum von Gewebekulturen[4] und fördert die Differenzierung embryonaler Zellen, nicht aber von Krebszellen. Da es die „mitotic gelation" und die Spindelbildung hemmt, wird es auch als Mitosegift angesehen[5]. Andererseits soll es Nucleinsäuren blockieren oder kompetiv verdrängen können[6]. Ferner hemmen Heparin und andere Anticoagulantien, wie z.B. Dicumarol, die Wirkung von Kathepsin[7] und Hyaluronidase[8] und schließlich auch die Wundheilung[9].

Acetonextrakte aus dem Hinterlappen der Hypophyse sollen das Wachstum von Pflanzen und Tieren verhindern[10]. Die Keimdrüsenhormone wirken als Antagonisten des Wachstumshormons und hemmen das Körperwachstum[11]. Schilddrüsenhormon führt dagegen nur in toxischen Dosen zu Gewichtsverlust[12]. Als echter Antiwuchsstoff zumindest für Bindegewebe scheint dagegen das Cortison[13] wirken zu können, wenn auch nicht gesetzmäßig.

In zahlreichen Pflanzen wurden Hemmstoffe für das Pilz- und Bakterienwachstum gefunden[14], die zum Teil eine spezifische Wirkung haben. Diese führen zu den natürlichen Antibiotica vom Typ des Penicillins. Von ihnen sind schon über 100 verschiedene Arten bekannt[15]. Sie können hier nicht behandelt werden.

Die Darstellung *synthetischer Antiwuchsstoffe* hat fast unbeschränkte Möglichkeiten. Die Ansicht von WARBURG, daß man nur die chemische Natur von Katalysatoren zu kennen brauche, um wirksame Antikatalysatoren zu finden[16], kann voll auf die Wuchsstoffe und die für das Wachstum notwendigen Baustoffe angewandt werden. Derartige Antiwuchsstoffe wirken vorwiegend kompetitiv gegen die natürlichen Produkte dadurch, daß sie mit ihnen um die Besetzung funktionswichtiger Receptoren in der Zelle konkurrieren bzw. bei Synthesen an

[1] HERTZ, R., and W. H. SEBRELL: Science, N. Y. **96**, 257 (1942). — [2] EAKIN, R. E., W. A. MCKINLEY and R. J. WILLIAMS: Science, N. Y. **92**, 224 (1940). — EAKIN, R. E., E. E. SNELL and R. J. WILLIAMS: J. biol. Ch. **136**, 801 (1940). — WOOLLEY, D. W., and L. G. LONGSWORTH: J. biol. Ch. **142**, 285 (1942). — GYÖRGY, P., C. S. ROSE and R. TOMARELLI: J. biol. Ch. **144**, 169 (1942). — [3] FRAENKEL-CONRAT, H., N. S. SNELL and E. D. DUCAY: Arch. Biochem. **39**, 80, 97 (1952). — [4] ZAKRZEWSKI, Z.: Z. Krebsforsch. **36**, 513 (1932); **39**, 471 (1933). — FISCHER, A.: Ergebn. Physiol. **35**, 82 (1933). Protoplasma, Berlin **26**, 344 (1936). — [5] HEILBRUNN, L. V., and W. L. WILSON: Proc. Soc. exp. Biol. Med. **70**, 179 (1949). Protoplasma, Wien **39**, 389 (1950). — [6] ANDERSON, N. G., and K. M. WILBUR: J. gen. Physiol. **34**, 647 (1951). — [7] KLINGENBERG, H. G.: H. **288**, 89 (1951). — [8] ROGERS, H. J.: Biochem. J. **40**, 583 (1946). — BEILER, J. M., and G. J. MARTIN: J. biol. Ch. **171**, 507 (1947). — [9] SCHMID, J., u. L. STOCKINGER: Wien. Z. inn. Med. **32**, 67 (1951). — KLINGENBERG, H. G.: Arzneim.-Forsch. **2**, 120 (1952). — [10] LUSTIG, B., and H. K. WACHTEL: Nature **143**, 602 (1939). — [11] LUKENS, F. D. W.: Ann. Rev. Physiol. **9**, 69 (1947). — [12] HAFFNER, F., u. T. KOMIYAMA: A. e. P. P. **107**, 69 (1925). — [13] WINTER, C. A., R. H. SILBER and H. C. STOERK: Endocrinology **47**, 60 (1950). — BALDRIDGE, G. D., A. M. KLIGMAN, M. J. LIPNIK and D. M. PILLSBURY: A. M. A. Arch. Path. **51**, 593 (1951). — [14] FREERKSEN, E.: Naturwiss. **37**, 564 (1950). — WINTER, A. G., u. L. WILLEKE: Naturwiss. **38**, 262 (1951). — [15] FLOREY, H. W., E. CHAIN, N. G. HEATLEY, M. A. JENNINGS, A. G. SANDERS, E. P. ABRAHAM and M. E. FLOREY: Antibiotics. 2 Bde. London 1949. — WAGNER-JAUREGG, T.: Pharmazie **2**, 481 (1947). — BERNHAUER, K.: Antibiotika. Ergebn. Enzymforsch. **11**, 389 (1950). — VONDERBANK, H.: Pharmazie **5**, 210, 315, 375 (1950). Arzneim.-Forsch. **1**, 82, 131, 231, 316 (1951). — [16] WARBURG, O.: Schwermetalle als Wirkungsgruppen von Fermenten. Berlin 1946.

Stelle dieser eingebaut werden, so daß unnatürliche, zur biologischen Funktion ungeeignete Bildungen resultieren. Derartige Konkurrenz- oder Blockgiftwirkungen folgen meist dem Massenwirkungsgesetz.

Werden[1] die spezifischen freien Receptoren in den Zellen mit R bezeichnet, die entweder durch die physiologische Substanz P oder durch den Antistoff A zu den „besetzten" Receptoren R_P bzw. R_A werden, so konkurrieren die beiden Reaktionen

$$R + P \rightleftharpoons R_P \tag{XXXI}$$

und

$$R + nA \rightleftharpoons R_A. \tag{XXXII}$$

Die reaktionskinetischen Ansätze für die Geschwindigkeit, mit der sich die (molaren) Konzentrationen von R_i um den Betrag dR_i im Zeitelement dt ändern, lauten dann (P und A bekannt angenommen)

$$\frac{dR_P}{dt} = \frac{1}{T_P} P(R_0 - R_P - R_A) - \frac{R_P}{T'_P} \tag{XXXIII}$$

und

$$\frac{dR_A}{dt} = \frac{1}{T_A} A^n(R_0 - R_P - R_A) - \frac{R_A}{T'_A}. \tag{XXXIV}$$

Hierin bedeuten T_P bzw. T_A die Zeitkonstanten für die hinläufige, T'_P bzw. T'_A die Zeitkonstanten für die rückläufige Reaktion, denn die Reaktionskonstanten haben, sofern isotherme Bedingungen gewahrt bleiben, die Dimension einer reziproken Zeit. R_0 ist die Konzentration der gesamten freien Receptoren dieser Art im Zeitpunkt t_0. Im Gleichgewicht wird die Geschwindigkeit der hinläufigen Reaktion gleich der der rückläufigen, werden die Differentialquotienten in den Gl. (XXXIII) und (XXXIV) also gleich Null. Daraus folgt:

$$R_P = \frac{T'_P}{T_P} P(R_0 - R_P - R_A) \tag{XXXV}$$

und

$$R_A = \frac{T'_A}{T_A} A^n(R_0 - R_P - R_A). \tag{XXXVI}$$

Division der Gl. (XXXV) durch Gl. (XXXVI) liefert

$$\frac{R_P}{R_A} = \frac{P}{A^n} \frac{T_A}{T'_A} \frac{T'_P}{T_P} \tag{XXXVII}$$

bzw. nach der üblichen Formulierung des Massenwirkungsgesetzes

$$\frac{A^n R_P}{P R_A} = \frac{T_A T'_P}{T'_A T_P} = \text{konst.} \tag{XXXVIII}$$

Wird in Gl. (XXXV) oder (XXXVI) R_P eliminiert und an Stelle von R_A die relative Receptorenbesetzung durch das Gift R_A/R_0 eingeführt, so ergibt sich für den betrachteten vereinfachten Fall, daß P und A bekannt sind,

$$\left(\frac{A}{R_0}\right)^n \frac{T'_A}{T_A} = \left(1 + \frac{P}{R_0} \frac{T'_P}{T_P}\right) \frac{R_A/R_0}{1 - R_A/R_0}. \tag{XXXIX}$$

Wird die Konzentration des physiologischen Metaboliten als konstant angenommen, so vereinfacht sich die Gl. (XXXIX) zu

$$\left(\frac{A}{R_0}\right)^n \cdot \frac{T'_A}{T_A} = \frac{R_A/R_0}{1 - R_A/R_0} \cdot \text{konst.} \tag{XL}$$

[1] DRUCKREY, H., u. K. KÜPFMÜLLER: Dosis und Wirkung. S. 620. Aulendorf, Wttbg. 1949.

Diese Gl. (XXXIX) zeigt, daß die *Wirkung* W des Antimetaboliten durch das Verhältnis der veränderten zu den noch unveränderten Receptoren

$$W = \frac{R_A/R_0}{1 - R_A/R_0} = \frac{y}{1-y} \tag{XLI}$$

definiert ist. Diese Wirkung hängt nach Gl. (XL) nicht von der absoluten Konzentration A des Antimetaboliten ab, sondern von seiner relativen Konzentration gegenüber der der betrachteten Receptoren R_0. Je größer diese ist, um so größer muß auch A für einen bestimmten Effekt sein. Ebenso kommt in der Gl. (XL) zum Ausdruck, daß die Wirkung von der relativen Größe (dem Quotienten) der Zeitkonstanten abhängt. Je größer T_A' gegenüber T_A ist, je fester also der Antimetabolit vom Receptor gebunden wird, um so stärker wirksam ist er.

Logarithmieren der Gl. (XL) liefert die lineare Funktion

$$\log\left(\frac{R_A/R_0}{1 - R_A/R_0}\right) = n \log \frac{A}{R_0} + \log \text{konst.} \tag{XLII}$$

In einem Netz, in dem auf der Ordinate der log W nach G. (XLI) und auf der Abszisse der log Dosis des Antimetaboliten aufgetragen ist, muß sich demgemäß eine „*Wirkungsgerade*" ergeben, deren Lage durch den log konst und deren tangens durch n gegeben ist[1].

Werden gleiche Wirkungsgrößen von zwei verschiedenen Antimetaboliten A und B miteinander verglichen, so gilt (für $n = 1$)

$$A \frac{T_A'}{T_A} = B \frac{T_B'}{T_B}. \tag{XLIII}$$

Wird schließlich zum Vergleich der Konkurrenz von 2 Substanzen eine Besetzung von 50% der vorhandenen Receptoren gewählt, so wird

$$\frac{R_A/R_0}{1 - R_A/R_0} = 1$$

und Gl. (XXXIX) zu

$$\left(\frac{A}{R_0}\right)^n \frac{T_A'}{T_A} = 1 + \frac{P}{R_0} \frac{T_P'}{T_P}. \tag{XLIV}$$

Die Gl. (XXXIX) entspricht der allgemeinen Formel von GADDUM[2]

$$K[A] = (1 + K'[B]^n) \frac{y}{100 - y} \tag{XLV}$$

bzw. die Gl. (XLIV) der GADDUMschen Formel

$$K[A] = 1 + K'[B]^n \tag{XLVI}$$

unter Berücksichtigung der ihnen zukommenden Dimensionen[3].

Die Verdrängungsphänomene folgen also im einfachen Falle dem Massenwirkungsgesetz, wie z. B. bei der Konkurrenz des Kohlenoxyds mit dem Sauerstoff um das Hämoglobin oder bei der kompetitiven Hemmung der p-Aminobenzoesäurewirkung durch Sulfonamide[4] et vice versa. Die Konkurrenz hängt indessen niemals allein von der Konzentration der Antagonisten ab, sondern nach

---

[1] DRUCKREY, H.: Arzneim.-Forsch. **3**, 383 (1953). — [2] GADDUM, J. H.: J. Physiol., London **89**, P 7 (1937). — CLARK, A. J.: General Pharmacology. Handb. Heffter Erg.-Bd. 4. — [3] DRUCKREY, H., u. K. KÜPFMÜLLER: Dosis und Wirkung. Aulendorf, Wttbg. 1949. — [4] KUHN, R., u. K. SCHWARZ: B. **74**, 1617 (1941). Angew. Chem. **55**, 1 (1942).

der (dimensionalen) Gl. (XLIV) vor allem von der relativen Größe, d. h. den Quotienten der Zeitkonstanten für die Reaktionen. Die „*Wirksamkeit*" *eines Antistoffs ist damit notwendig um so größer und anhaltender, je fester und langsamer reversibel seine Bindung gegenüber der des physiologischen Produkts an den funktionellen Receptoren der Zellen ist.* Erst durch die Festigkeit ihrer Bindung in der Zelle wird eine derartige Substanz zum wirksamen Antistoff, also zum „Gift"[1]. Ist die Bindung dagegen nur locker, also die Zeitkonstante für die Wiederfreisetzung der besetzten Receptoren relativ klein, so ist eine kompetitive Wirksamkeit nur bei Konzentrationen des Antimetaboliten möglich, die ein entsprechendes Vielfaches der Konzentration des natürlichen Metaboliten betragen.

Ein einfaches Beispiel für solche Konkurrenzphänomene ist die Verdrängung von Jod durch Brom. Durch chronische Behandlung von Tieren mit Brom wird der Jodgehalt z. B. in der Schilddrüse gesenkt und das Wachstum der Tiere gehemmt[2].

Man kann einen wirksamen Antistoff gegen einen lebenswichtigen organischen Naturstoff gewinnen indem man bei sonst gleicher Struktur lediglich eine funktionelle Gruppe am Molekül fortläßt oder durch eine ähnliche ersetzt, z.B. ein Carboxyl durch einen Sulfonsäurerest, Wasserstoff gegen Halogen, ein Schwermetall durch ein anderes austauscht oder im Grundmolekül Atome nach dem GRIMMschen Hydridverschiebungssatz ersetzt, z.B. —CH= gegen —N=, $—CH_2—$ gegen —NH—, —O— oder —S— oder schließlich die sterische Konfiguration des Moleküls ändert durch Molekülverdoppelung u. a. m.[3]. Dafür seien einige Beispiele gegeben. Derivate der Sulfanilsäure[4], ferner p-Phenetidin und p-Aminobenzophenon[5] wirken als Antistoffe gegen die p-Aminobenzoesäure, die durch Kondensation mit Redukton einen natürlichen Wuchsstoff bildet[5], bzw. gegen die Folsäure, die das p-Aminobenzoesäuremolekül enthält[6]. Da diese für die Purin- und Pyrimidinsynthesen wichtig ist, werden sie durch solche Antistoffe gestört, so daß abnorme Produkte entstehen können[7]. Ersatz der Carboxylgruppe in der Pantothensäure durch den Sulfonsäurerest führt zu der als Antiwuchsstoff wirksamen Thiopansäure[8] (Pantoyltaurin) bzw. ihre Blockierung durch Aryl z.B. zum Phenylpantothenon[9]. Weitere Antiwuchsstoffe in dieser Reihe sind die β-Indolylsulfosäure, das sulfosaure β-Biotin[10], ferner das Antivitamin PP, das die Sulfonamidgruppe

---

[1] DRUCKREY, H.: Arzneim.-Forsch. **7**, 449 (1957). — [2] MORUZZI, G.: Naturwiss. **26**, 788 (1938). — [3] WOOLLEY, D. W.: Biological antagonisms between structurally related compounds. Adv. Enzymol. **6**, 129 (1946). — WOOLLEY, D. W.: Some aspects of biochemical antagonism. Green's Currents biochem. Res. S. 357. A Study of Antimetabolites. New York 1952. — VELDSTRA, H.: Actions synergiques des analogues structuraux. Bull. Soc. Chim. biol. **30**, 772 (1948). — RUDOLPH, W.: Wuchsstoffe und Antiwuchsstoffe. Bern 1948. — ENSELME, J., et J. TRAEGER: J. Méd. Lyon **29**, 53 (1948). — KNIGHT, B. C. J. G.: Essential metabolites and antimetabolites. J. Mt. Sinai Hosp. **15**, 281 (1949). — MARQUARDT, P.: Konkurrenzphänomene als Grundlage pharmakologischer Wirkungen. Pharmazie **4**, 250 (1949). — KNOBLOCH, H.: Antivitamine. Ergebn. Enzymforsch. **11**, 67 (1950). — BERNHAUER, K.: Antibiotika. Ergebn. Enzymforsch. **11**, 412 (1950). — VOEGTLIN, C.: Bull. schweiz. Akad. med. Wiss. **7**, 1 (1951). — LESPAGNOL, A.: Méthodes générales de recherche des médicaments de synthese. Ann. Soc. R. Sci. méd. natur. Bruxelles **4**, 61 (1951). — POHL, R.: Das Wuchsstoff/Hemmstoffproblem der höheren Pflanze. Naturwiss. **39**, 1 (1952). — DORNOW, A., u. G. PETSCH: Vitamine und Antivitamine im Licht ihrer Konstitutionsspezifität. Arzneim.-Forsch. **5**, 536 (1955). — [4] WOODS, D. D., and P. FILDES: Nature **146**, 838 (1940). — KUHN, R., u. K. SCHWARZ: B. **74**, 1617 (1941). — AUHAGEN, E.: H. **274**, 48 (1942); **277**, 197 (1943). — [5] BELL, E. A., W. COCKER and R. A. Q. O'MEARA: Biochem. J. **45**, 373 (1949). — [6] TSCHESCHE, R.: Z. Naturforsch. **2**b, 10 (1947). — TSCHESCHE, R., W. LOOP u. K. SOEHRING: Z. Naturforsch. **3**b, 298 (1948). — [7] VISCONTINI, M.: Schweiz. med. Wschr. **80**, 763 (1950). — [8] KUHN, R., T. WIELAND u. E. F. MÖLLER: B. **74**, 1605 (1941). — [9] WOOLLEY, D. W.: A Study of Antimetabolites. New York 1952. — [10] HOFMANN, K., A. BRIDGWATER and A. E. AXELROD: Am. Soc. **71**, 1253 (1949).

an Stelle der Carboxylamidgruppe im Vitamin PP enthält[1]. Die Oxydation des Schwefels im Biotin zur 6wertigen Stufe führt ebenfalls zu einem Antibiotin[2], ferner die Halbierung des Biotinmoleküls[3].

Pyrithiamin ist ein Antagonist von Thiamin, von dem es sich dadurch unterscheidet, daß der Thiazolring durch Pyridin ersetzt ist (s. Bd. 2/2 b, S. 718). Wirksame Antistoffe des Riboflavins sind iso-Riboflavin, Galaktoflavin[4,5], Dichlorriboflavin (KUHN) und Atebrin (WEIL-MALHERBE); ein Antistoff des Pyridoxins ist das Desoxypyridoxin.

Als Antagonisten der Folsäure wirken 4-Aminopteroylglutaminsäure (Aminopterin)[6], Aminoteropterin und A-Methopterin[7] [4-Amino-N(10)-methylpteroylglutaminsäure]. Als Hemmstoffe für die Synthesen von Purinen und Pyrimidinen greifen sie störend in den Nucleinsäurestoffwechsel ein und verhindern auf diese Weise die Zellteilung und das Wachstum von Organismen, die auf Folsäure angewiesen sind.

Durch Abwandlung von Purinkörpern sind spezifisch gegen diese gerichtete Konkurrenzgifte gewonnen worden. An Lebewesen, die für die betreffenden Purine heterotroph sind, wirken sie als Antiwuchsstoffe. Ihre Wirkung wird durch das natürliche Purinderivat kompetitiv aufgehoben. So wirken 2,6-Diaminopurin oder Mercaptopurin auch an Warmblütergeweben[8] als Konkurrenzgift gegen Adenin, nicht aber gegen Guanin. Die Wachstumswirkung von Thymin z.B. an Streptococcus faecalis wird durch 5-Bromuracil kompetitiv gehemmt[9]. Gegen Uracil wirken auch Barbitale[10] und Thiouracil[11] kompetitiv. Sie sind Hemmstoffe für Bakterien, Pflanzen und Kaulquappen. Antistoffe gegen Uracil sind ferner 4-Aminouracil, 4-Amino-2-thiouracil und sein 5-Methylderivat. Folsäure hebt die Effekte auf, jedoch wahrscheinlich nicht kompetitiv[12]. Thioharnstoff und Thiouracil sind zugleich Hemmstoffe für die Synthese des Schilddrüsenhormons und führen zu Kropfbildungen[13]. α-Naphthylthioharnstoff (ANTU) ist ein spezifisches Zellgift für Ratten[14] und erzeugt Lungenödem. Als starker Hemmstoff an zahlreichen Einzellern und Tieren, auch an Krebsgeweben hat sich das Guanazol[15]

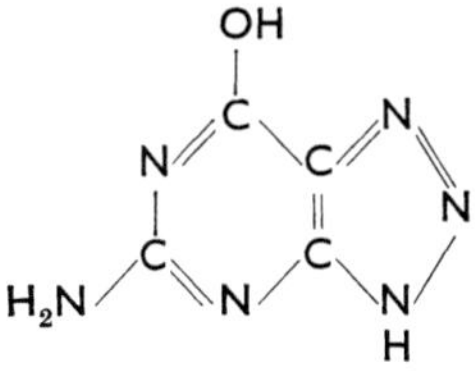

(I)

[1] ERLENMEYER, H., H. BLOCH u. H. KIEFER: Helv. **25**, 1066 (1942). — [2] VIGNEAUD, V. DU: Chem. engng. News **23**, 623 (1945). — [3] KRUEGER, K. K., and W. H. PETERSON: J. biol. Ch. **173**, 497 (1948). — [4] BELL, E. A., W. COCKER and R. A. Q. O'MEARA: Biochem. J. **45**, 373 (1949). — [5] TSCHESCHE, R.: Z. Naturforsch. **2**b, 10 (1947). — TSCHESCHE, R., W. LOOP u. K. SOEHRING: Z. Naturforsch. **3**b, 298 (1948). — [6] PHILIPS, F. S., and J. B. THIERSCH: Proc. Soc. exp. Biol. Med. **72**, 401 (1949). — MÖLLER, E.-F., F. WEYGAND u. A. WACKER: Z. Naturforsch. **5**b, 18 (1950). — WEYGAND, F., A. WACKER, H.-J. MANN, E. ROWOLD u. H. LETTRÉ: Z. Naturforsch. **5**b, 413 (1950). — VISCONTINI, M.: Schweiz. med. Wschr. **80**, 763 (1950). — [7] DOODS, E. C.: Brit. med. J. **1949 II**, 1191. — KIRSCHBAUM, A., N. C. GEISSE, T. JUDD and L. M. MEYER: Cancer Res. **10**, 762 (1950). — ROPP, R. S. DE: Cancer Res. **11**, 663 (1951). — [8] VISCONTINI, M.: Schweiz. med. Wschr. **80**, 763 (1950). — SKIPPER, H. E., J. H. MITCHELL jr., L. L. BENNETT jr., M. A. NEWTON, L. SIMPSON and M. EIDSON: Cancer Res. **11**, 145 (1951). — BIESELE, J. J., R. E. BERGER and L. WEISS: Cancer Res. **11**, 237 (1951). — [9] WEYGAND, F., A. WACKER u. H. GRISEBACH: Z. Naturforsch. **6**b, 177 (1951). — [10] WOODS, D. D.: Nature **148**, 758 (1941). — [11] BER, A.: Exper. **5**, 455 (1949). — [12] WEYGAND, F., A. WACKER u. F. WIRTH: Z. Naturforsch. **6**b, 25 (1951). — [13] MACKENZIE, J. B., C. G. MACKENZIE and E. V. MCCOLLUM: Science, N. Y. **94**, 518 (1941). — MACKENZIE, C. G., and J. B. MACKENZIE: Endocrinology **32**, 185 (1943). — MIXNER, J. P., E. P. REINECKE and C. W. TURNER: Endocrinology **34**, 168 (1944). — [14] RICHTER, C. P.: Proc. Soc. exp. Biol. Med. **63**, 364 (1946). — PHILIPS, F. S.: Fed. Proc. **5**, 292 (1946). — [15] KIDDER, G. W., V. C. DEWEY, R. E. PARKS jr. and G. L. WOODSIDE: Science, N. Y. **109**, 511 (1949). Cancer Res. **11**, 204 (1951). — KIDDER, G. W., and V. C. DEWEY: J. biol. Ch. **179**, 181 (1949). — GELLHORN, A., M. ENGELMAN, D. SHAPIRO, S. GRAFF and H. GILLESPIE: Cancer Res. **10**, 170 (1950). — SUGIURA, K., G. H. HITCHINGS, L. F. CAVALIERI and C. C. STOCK: Cancer Res. **10**, 178 (1950). — LAW, L. W.: Cancer Res. **10**, 186 (1950). — MEYER, J., J. L. HENRY and J. P. WEINMANN: Cancer Res. **11**, 437 (1951).

[5-Amino-7-oxy-1-H-triazol-(d)-pyrimidin (I)], erwiesen. Die Wirkung kann durch Guanin meist aufgehoben werden, wozu allerdings etwa die 50fache Menge benötigt wird. In manchen Fällen erweist sich die Hemmung als irreversibel. Das Guanazol wird in die Purine der RNS-Fraktion eingebaut[1]. 8-Azadenin ist nicht wirksam[2]. Das Triäthylhomologe des Cholins wirkt gegen dieses kompetitiv und hat damit auch wachstumshemmende Eigenschaften[3]. Ähnliche Konkurrenzgiftphänomene finden sich auch bei den Aminosäuren[4]. Die optischen Antipoden, α-Aminosulfonsäuren, ungesättigte Homologe u.a. können als Antagonisten der natürlichen Aminosäuren wirken. Soweit es sich um Antistoffe gegen essentielle Aminosäuren handelt, sind sie als Antiwuchsstoffe wirksam. Das gilt z.B. für das hochtoxische γ-Oxymethionin (Methoxin), das Methioninsulfon[5] und das Äthionin, deren Wirkung durch Methionin kompetitiv aufgehoben wird[6]. Methioninsulfoxyd ist dagegen ein Antimetabolit gegen die Glutaminsäure, deren Amidierung zum Glutamin verhindert wird[7]. Ein dem Leucin analog gebautes Methylketon (II) hemmt „histostatisch“ die Schwanzregeneration bei Xenopus levis[8].

$$(H_3C)_2CH{-}CH_2{-}CH(NH_2){-}C(=O){-}CH_3 \quad \text{(II)}$$

$$HC{\equiv}C{-}CH_2{-}CH(NH_2){-}COOH \quad \text{(III)}$$

Die Wirkung scheint an die α-Aminoketon-Struktur gebunden zu sein[9]. Propargylglycin (III) hemmt die Vermehrung von Hefe[10]. Ein besonders interessanter Antimetabolit ist das zur Krebstherapie empfohlene Azaacetylserin (IV), das aus Streptomyces gewonnen wurde und daher auch als Antibioticum gelten kann[11]. Das dem Arginin ähnlich gebaute Canavanin (V) ist ein Hemmstoff für das

$$\begin{matrix}N\\ \| \\ N\end{matrix}\!>\!CH{-}CO{-}NH{-}CH(CH_2OH){-}COOH \quad \text{(IV)}$$

$$(HN)(H_2N)C{-}NH{-}O{-}CH_2{-}CH_2{-}HC(COOH)(NH_2) \quad \text{(V)}$$

Pflanzenwachstum[12]. Das wichtige, auch gegen Virusarten wirksame Chemotherapeuticum Chloromycetin (VI) wirkt wahrscheinlich kompetitiv gegen Phenyl-

$$H_2N{-}C_6H_4{-}CH(OH){-}CH(CH_2OH){-}N(H){-}C(=O){-}CHCl_2 \quad \text{(VI)}$$

[1] MITCHELL, J. H. jr., H. E. SKIPPER and L. L. BENNET jr.: Cancer Res. **10**, 647 (1950). — [2] KIDDER, G. W., V. C. DEWEY, R. E. PARKS jr. and G. L. WOODSIDE: Cancer Res. **11**, 204 (1951). — [3] STEKOL, J. A., and K. WEISS: J. biol. Ch. **185**, 585 (1950). — [4] KNOBLOCH, H.: Ergebn. Enzymforsch. **11**, 142 (1950). — [5] ROBLIN, B. O. jr., J. O. LAMPEN, J. P. ENGLISH, Q. P. COLE and J. R. VAUGHAN jr.: Am. Soc. **67**, 290 (1945). — SHAFFER, C. B., and F. H. CRITCHFIELD: J. biol. Ch. **174**, 489 (1948). — BÉNARD, H., A. GAJDOS, Mme GAJDOS-TÖRÖK et M. POLONOVSKI: C. R. Soc. Biol. **142**, 204 (1948). — [6] STEKOL, J. A., and K. WEISS: J. biol. Ch. **179**, 1049 (1949). — [7] BOREK, E., H. K. MILLER, P. SHEINESS and H. WAELSCH: J. biol. Ch. **163**, 347 (1946). — WAELSCH, H., P. OWADES, H. K. MILLER and E. BOREK: J. biol. Ch. **166**, 273 (1946). — FOWLER, C. B., and S. S. COHEN: J. exp. Med. **87**, 259 (1948). — [8] ERLENMEYER, H., u. F. E. LEHMANN: Exper. **5**, 472 (1949). — [9] LEHMANN, F. E., R. WEBER, H. AEBI, J. BÄUMLER u. H. ERLENMEYER: Helv. physiol. Acta **12**, 147 (1954). — [10] GERSHON, H., J. S. MEEK and K. DITTMER: Am. Soc. **71**, 3573 (1949). — [11] STOCK, C. C, H. C. REILLY, S. M. BUCKLEY, D. A. CLARKE and C. P. RHOADS: Nature **173**, 71 (1954). — [12] POHL, R.: Naturwiss. **39**, 1 (1952).

alanin[1]. Nitroverbindungen, die zu Hydroxylaminstufen reduzierbar sind, wirken meist wachstumshemmend, z. B. an Staphylokokken. β-Indolylacrylsäure (VII)[2],

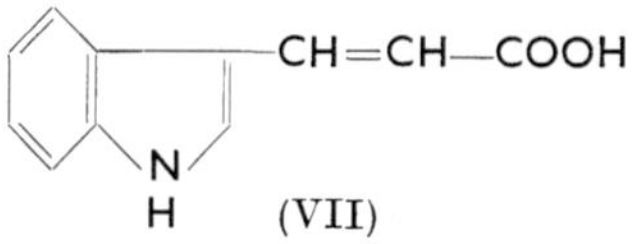

CH=CH—COOH
N
H
(VII)

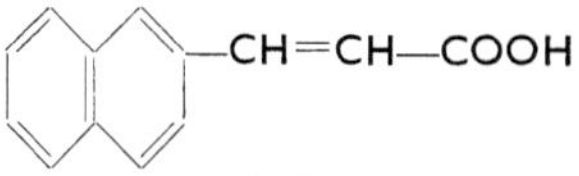

CH=CH—COOH
(VIII)

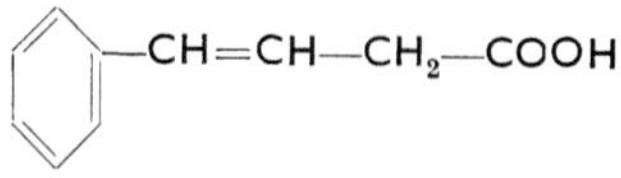

$CH=CH—CH_2—COOH$
(IX)

Naphthylacrylsäure (VIII) und Styrylessigsäure (IX)[3] hemmen kompetitiv gegen Tryptophan das Wachstum z. B. von Escherichia coli. Ein stark wirksamer Antimetabolit gegen Tryptophan ist die β-(2-Benzothienyl)-α-aminopropionsäure (X)[4]. Das 2,4-Dichloranisol (XI), das dem synthetischen Wuchsstoff 2,4-Dichlorphenoxyessigsäure (XII) („2,4-D") ähnelt, blockiert spezifisch die Wirkung von

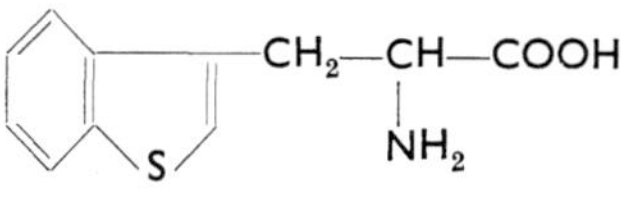

$CH_2—CH—COOH$
S
NH_2
(X)

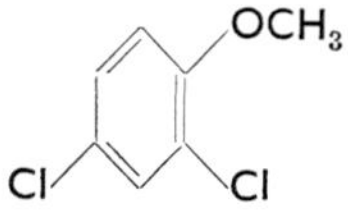

OCH_3
Cl
Cl
(XI)

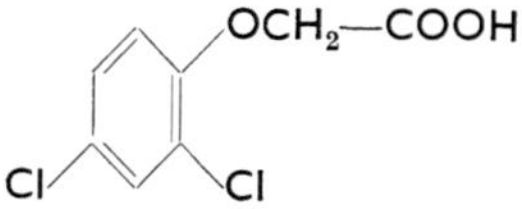

$OCH_2—COOH$
Cl
Cl
(XII)

Streckungswuchsstoffen bei Pflanzen und fördert die Blütenbildung[5], ebenso auch 2,3,5-Trijodbenzoesäure[6]. Antagonisten gegen Metaboliten des Kohlenhydratstoffwechsels, vor allem Halogenessigsäuren sind starke Gifte und werden zur Unkrautbekämpfung als Antiwuchsstoffe gebraucht[7].

Die angeführten Antistoffe sind nur als Beispiele zu werten für das Prinzip, funktionswichtige oder lebensnotwendige Bau- oder Funktionssubstanzen gegen chemisch ähnliche, aber in einem wesentlichen Punkt veränderte Substanzen auszutauschen und auf diese Weise bestimmte Lebensvorgänge spezifisch zu hemmen, zu fördern oder in andere Bahnen zu lenken. Eine weitere, nicht weniger wichtige Möglichkeit, den geordneten Ablauf von Funktionen zu stören, besteht darin, funktionswichtige Receptoren, z. B. Enzyme, durch eine sehr hohe Konzentration des *physiologischen* Metaboliten oder Wirkstoffs vollständig zu besetzen und damit für eine reversible Funktion zu blockieren. So können Wuchsstoffe in sehr hoher Dosis als Antiwuchsstoffe wirken. Synthetische Wuchsstoffe, z. B. 2,4-Dichlorphenoxyessigsäure, werden in dieser Weise zur Unkrautbekämpfung benützt[7].

Die genaue Kenntnis der physiologischen Bau- und Wirksubstanzen ermöglicht es, nach klaren chemischen und pharmakologischen Gesichtspunkten planmäßig neue Pharmaka zu entwickeln, deren Wirkungsmechanismen von vorn-

---

[1] RAISTRICK, H.: Nature **163**, 553 (1949). — [2] FILDES, P.: Biochem. J. **32**, 1600 (1938). Brit. J. exp. Path. **22**, 293 (1941). — [3] BLOCH, H., u. H. ERLENMEYER: Helv. **25**, 694 (1942). — [4] AVAKIAN, S., J. MOSS and G. J. MARTIN: Am. Soc. **70**, 3075 (1948). — [5] BONNER, J., and J. THURLOW: Bot. Gaz., Chicago **110**, 613 (1949). — [6] DENFFER, D. v.: Naturwiss. **37**, 296, 317 (1950). — [7] ZÖTTL, H.: Z. Naturforsch. 8b, 317 (1953).

herein aus den bekannten physiologischen Funktionen der körpereigenen Substanz folgen, gegen die sie ausgetauscht werden. Nach Maßgabe der Festigkeit ihrer Bindung in der lebenden Substanz ergeben sich entweder „Konkurrenzgiftwirkungen", die grundsätzlich reversibel sind und durch die natürliche Substanz kompetitiv nach dem Massenwirkungsgesetz aufgehoben werden können, oder schwerer bzw. gar nicht reversible „Blockgifteffekte"[1]. Werden sie in „Duplikanten" eingebaut, so würden Störungen der Zellteilung, der Entwicklung oder auch Mutationen resultieren können. Die Anwendung dieses Prinzips auf die bisher bekannten, meist empirisch gefundenen Pharmaka erlaubt es schon heute, viele von ihnen, vor allem Chemotherapeutica, nach solchen Gesichtspunkten zu ordnen und neue Einblicke in ihren Wirkungsmechanismus zu gewinnen. Hier erweist sich die Biochemie als notwendige und fruchtbare Grundlage für die Pharmakologie.

In fleischigen Früchten (Tomate, Apfel u. a.) und Samen wurden „*Blastokoline*"[2, 3] gefunden, die die Keimung von Samen und auch das Längenwachstum von Pflanzen hemmen. Sie sind auch in Zygoten von Grünalgen nachgewiesen worden[4] und scheinen in der Natur weit verbreitet zu sein. Die Blastokoline werden meist an keimenden Kressesamen oder Weizen ausgetestet[3]. Die Hemmung des Wurzelwachstums von Kresse ist noch etwa 10mal empfindlicher, jedoch verhalten sich die einzelnen Blastokoline bei den beiden Testen verschieden. Auch an Zygoten von Chlamydomonas eugametos können sie getestet werden[5]. Es gibt viele naturliche und synthetische Substanzen, die die Keimung hemmen. Als Blastokoline werden nur diejenigen bezeichnet, die auf die Samen und Wurzeln derselben Pflanze wirken, in der sie gebildet werden[6].

Tabelle 21. Wirksamkeit von verschiedenen Blastokolinen.

β-D-Glucosidocumarsäure	1: 6000
o-Cumarsäure	1: 20000
Zimtaldehyd	1: 30000
Heteroauxin	1: 75000
Cumarin	1: 800000
trans-Zimtsäure	1: 10000000
cis-Zimtsäure	1: 800000000

Alle Blastokoline sind schwach dissoziierte Säuren. Das einfachste Beispiel ist die Blausäure, die z. B. für Apfelsamen als Blastokolin wirkt[7]. Hemmstoff für die Keimung von Mais ist Indolacetaldehyd, der durch Oxydation in den Wuchsstoff β-Indolylessigsäure übergeht[8] (s. a. Bd. 2/2b, S. 880). Die meisten Blastokoline sind einfache aromatische Carbonsäuren oder Lactone, wie die aus Vogelbeeren gewonnene Parasorbinsäure (Hexenol-lacton), Pent- und Hept-α-enollacton, Cumarin, o-Cumarsäure, Rutin, Quercitrin, Kaffeesäure (3,4-Dioxyzimtsäure) und Zimtsäure[9]. Die Wirksamkeit, ausgedrückt in der Konzentration, die an Chlamydomonaszygoten 50% Hemmung bewirkt, ordnet sich wie in Tabelle 21 angegeben.

---

[1] Druckrey, H., u. K. Küpfmüller: Dosis und Wirkung. Aulendorf (Wttbg.) 1949. — [2] βλαστάνειν = keimen, κωλύειν = hindern. — Köckemann, A.: Ber. dtsch. bot. Ges. **52**, 523 (1934). Beih. bot. Zbl. **55** A, 191 (1936). — Oppenheimer, H.: S.-B. Akad. Wiss. Wien, math.-naturwiss. Kl. **131**, 279 (1923). — Reinhard, A. W.: Planta, Berlin **20**, 792 (1933). — [3] Evenari, M.: Blastokoline. Bot. Rev., Lancaster **15**, 153 (1949). — [4] Moewus, F.: Z. Naturforsch. **5**b, 196, (1950). — [5] Moewus, F., u. B. Banerjee: Z. Naturforsch. **6**b, 270 (1951). — [6] Moewus, F., L. Moewus u. E. Schader: Z. Naturforsch. **6**b, 261 (1951). — [7] Pohl, R.: Naturwiss. **39**, 1 (1952). — [8] Veldstra, H., and E. Havinga: Enzymologia **11**, 373 (1943/45). — [9] Koepfli, J. B., K. V. Thimann and F. W. Went: J. biol. Ch. **122**, 763 (1938). — Kuhn, R., D. Jerchel, F. Moewus, E. F. Möller u. H. Lettré: Naturwiss. **31**, 468 (1943). — Veldstra, H.: Enzymologia **11**, 97 (1943/45). — Akkerman, A. M., and H. Veldstra: Recu. Trav. chim. Pays-Bas **66**, 411 (1947). — Moewus, F.: Biol. Zbl. **68**, 58, 118 (1949). Z. Naturforsch. **5**b, 196 (1950). — Kuhn, R., u. I. Löw: B. **82**, 474 (1949). — Buston, H. W., S. K. Roy, E. S. J. Hatcher and M. R. Rawes: Arch. Biochem. **22**, 269 (1949).

Die cis-Zimtsäure kann danach wohl als physiologisches Blastokolin angesehen werden[1]. Die synthetischen Antivitamin-K-Substanzen, wie z. B. das Dicumarol, das bei Wirbeltieren als Hemmstoff für die Prothrombinbildung in der Leber wirkt und als Anticoagulans zur Therapie von Thrombosen benutzt wird, ist ebenfalls ein keimungshemmender Stoff[2]. Die „Auxine" und β-Indolylessigsäure wirken nur in hoher Verdünnung als Wuchsstoffe. In starker Konzentration hemmen sie das Wachstum (Unkrautbekämpfung), die Keimung[3] und die Blütenbildung z. B. an Bracteen[4]. Streptomycin hemmt die Chlorophyllbildung bei der Keimung, andererseits wirken keimende Samen antibiotisch auf Bakterien[5]. Antihistamin-Substanzen sind Hemmstoffe für pathogene Pilze[6]. Dagegen wirken Milchsäure oder Äthylen keimungsfördernd bei Pflanzen[7].

11. Biochemie der Entzündung[8-30].

Unspezifische Schädigungen von Zellen und Geweben können, wenn sie nicht zu schwer waren, als Reiz wirken und dieselben Vorgänge auslösen, wie ein physiologischer Reiz (JOH. MÜLLER). So können die verschiedenartigsten Noxen z. B. an unbefruchteten Seeigeleiern die parthenogenetische Entwicklung auslösen und zu den gleichen charakteristischen Stoffwechseländerungen führen wie die natürliche Befruchtung[31]. Auch an isolierten Warmblütergeweben können nach

[1] MOEWUS, F., u. B. BANERJEE: Z. Naturforsch. **6**b, 270 (1951). — [2] MARX, R., H. BAYERLE u. E. MARX: B. Z. **319**, 378 (1949). — [3] GUTTENBERG, H. v.: Naturwiss. **37**, 65 (1950). — [4] HARDER, R., u. H. VAN SENDEN: Naturwiss. **36**, 348 (1949). — [5] EULER, H. v.: Ark. Kemi **1**, 485 (1950). — [6] POLEMANN, G.: Arzneim.-Forsch. **1**, 211 (1951). — [7] RUGE, U.: Planta, Berlin **35**, 297 (1948).

Zusammenfassende Darstellungen: 8—30. [8] SCHNABEL, A.: Die Bakterientoxine. Handb. Heffter Bd. II/2, S. 1932. — [9] RICKER, G.: Relationspathologie, Pathologie als Naturwissenschaft. Berlin 1924. — [10] LEWIS, T.: The Blood Vessels of the Human Skin and their Responses. London 1927. — [11] HOFF, F.: Unspezifische Therapie und natürliche Abwehrvorgänge. Berlin 1930. — [12] CANNON, W. B.: The Wisdom of the Body. New York 1932. — [13] FELDBERG, W., u. E. SCHILF: Histamin. Berlin 1930. — [14] EPPINGER, H., H. KAUNITZ u. H. POPPER: Die seröse Entzündung. Berlin 1935. — EPPINGER, H.: Die Permeabilitäts-Pathologie als Lehre vom Krankheitsbeginn. Wien 1949. — [15] WEICHARDT, W.: Die Grundlagen der unspezifischen Therapie. Berlin 1936. — [16] HÄBLER, C.: Physikochemische Medizin nach Heinrich Schade. Dresden 1939. — [17] BOIVIN, A., et A. DELAUNAY: Phagocytes, phagocytose et défense de l'organisme contre les infections. Exper. **1**, 262 (1945). — [18] BOYD, W. C., and S. MALKIEL: Defence mechanisms. Ann. Rev. Physiol. **9**, 629 (1947). — MENKIN, V.: Dynamics of Inflammation. New York 1950. New Concepts of Inflammation. Springfield 1950. Modern views on inflammation. Int. Arch. Allergy **4**, 131 (1953). — [19] GUGGENHEIM, M.: Die biogenen Amine. 4. Aufl. Basel 1951. — [20] SELYE, H.: The Physiology and Pathology of Exposure to Stress. Montreal 1950. — Annual Report on Stress. Montreal. Bd. 1, 1951 von SEYLE, H.; Bd. 2 u. 3, 1952 u. 1953 von SELYE, H., and A. HORAVA; Bd. 4 u. 5, 1954 u. 1955/56 von SELYE, H., and G. HEUSER. — [21] FLECKENSTEIN, A.: Die periphere Schmerzauslösung und Schmerzausschaltung. Frankfurt 1950. — [22] HEINLEIN, H.: Entzündung und örtlicher Stoffwechsel. Ärztl. Wschr. **1950**, 345. — [23] HAAS, H.: Histamin und Antihistamine. Bd. 1. Aulendorf, Wttbg. 1951. — [24] LANDSTEINER, K.: The Specificity of Serological Reactions. Springfield, Ill. 2. Aufl. 1945 — [25] MARRACK, J. R.: The Chemistry of Antigens and Antibodies. London 1938 (Med. Res. Counc., Spec. Rep. Ser. 230). — [26] HARINGTON, C. R.: Synthetic immunochemistry. Soc. **1940**, 119. — [27] SEVAG, M. G.: Immuno-Catalysis. Springfield, Ill. 1945. — [28] BURNET, F. M., and F. J. FENNER: The Production of Antibodies. Carlton, Austral. 1949; New York 1950. — [29] WILLIAMS, J. W.: Some recent developments in the chemistry of antibodies. Fortschr. Chem. org. Naturstoffe **7**, 270 (1950). — [30] CAMPBELL, D. H., and N. BULMAN: Some current concepts of the chemical nature of antigens and antibodies. Fortschr. Chem. org. Naturstoffe **9**, 443 (1952). — JASMIN, G., and A. ROBERT: The Mechanism of Inflammation. Montreal 1953. Handb. allg. Path. (BÜCHNER-LETTERER-ROULET): Entzündung und Immunität. Bearbeitet von: BIELING, R.; EHRICH, W.; LETTERER, E.; ROULET, F. C.

[31] LOEB, J.: Die chemische Entwicklungserregung des tierischen Eies. Berlin 1909. — WARBURG, O.: H. **66**, 305 (1910). — BROCK, N., H. DRUCKREY u. H. HERKEN: A.e.P.P. **188**, 436, 451 (1938).

pathologischen Reizen grundsätzlich ähnliche Änderungen des Stoffwechsels und der Zellpermeabilität auftreten wie nach physiologischen Reizen[1].

Geschädigte oder gereizte Zellen oder Gewebe zeigen oft eine gegen die Norm erhöhte Atmung[2]. Trotzdem sind die Oxydationen gestört, so daß neben den physiologisch wenig wirksamen Endstufen wie Wasser, Kohlendioxyd und Harnstoff nun auch physiologisch wirksame *Produkte der unvollständigen Verbrennung* auftreten[3]. Der Kohlenhydratstoffwechsel läuft als aerobe Glykolyse ab, deren Produkte schwer diffusible „fixe Säuren" sind. Ihre Anhäufung, die z.B. hinsichtlich der Milchsäure eine Konzentration von 100 mg/100 g Gewebe übersteigen kann, führt zu entsprechender Zunahme des *osmotischen Drucks* und damit zu vermehrter Wasserbindung in den Zellen und Geweben, die zum „entzündlichen Ödem" führt[4]. Da zur Pufferung der gebildeten Säuren in der Zelle praktisch nur Kalium zur Verfügung steht, führt jede Schädigung oder Entzündung zu einem Kaliumverlust des Gewebes[5,6]. Das gleiche gilt auch für die Ermüdung nach physiologischen Reizen[7]. Übersteigt die aerobe Säurebildung das Pufferungsvermögen, so treten entsprechende Verschiebungen des p_H nach der sauren Seite auf, die bis unter p_H 6 gehen können[8]. Ursache des entzündlichen Ödems ist jedoch nicht die Säuerung, sondern die Anhäufung osmotisch wirksamer Spaltprodukte (z.B. Milchsäure, Brenztraubensäure, Phosphorsäure). Da sie nur als Salze ausgeschieden werden können, wirkt die Zufuhr von Alkali vor allem in Form von Kaliumsalzen mit leicht oxydablem Anion der Ödembildung entgegen[6,9].

Die Störung der vollständigen Oxydation im geschädigten Gewebe hat im Proteinstoffwechsel noch ernstere Folgen. Da die Aminosäuren obligat aerob desaminiert werden und die beteiligten Enzyme besonders empfindlich gegen Sauerstoffmangel und Gewebsschädigungen sind[10], können in geschädigten Geweben an Stelle der relativ inerten Ketosäuren physiologisch und pharmakologisch hochwirksame Amine entstehen, die nun regionale und auch resorptive Wirkungen auf den ganzen Organismus haben. Solche Produkte entstehen vor allem dann, wenn die Kohlenhydratreserven des Gewebes erschöpft sind. Ihre Bildung kann deshalb durch Zufuhr von Glucose und durch genügend hohen Sauerstoffdruck gehemmt werden.

In tierischen Geweben, die außer den Zellen noch Blutgefäße und Nerven enthalten, lösen Reize und Schädigungen durch physikalische, chemische und bakterielle Agentien charakteristische Reaktionen aus, die als „Entzündung" bezeichnet werden. Da die Gefäße und vor allem die Nerven gegen Noxen besonders empfindlich sind, können die an ihnen ausgelösten Funktionsänderungen das Bild der Entzündung weitgehend beherrschen. Die an der Haut wirksamen Reizstoffe

---

[1] Brock, N., H. Druckrey u. H. Herken: A. e. P. P. **191**, 687 (1939). — [2] Schmerl, E.: Graefes Arch. Ophthalm. **122**, 488 (1929). — Krebs, H. A.: Atmung und Gärung in lebenden Zellen. Tab. biol. Bd. IX, S. 209. — Druckrey, H.: A. e. P. P. **180**, 231 (1936). — Huf, E.: B. Z. **288**, 116 (1936). — Kaunitz, H., u. L. Selzer: Z. ges. exp. Med. **100**, 764 (1937). — Printz, H.: Algenphysiologische Untersuchungen. Oslo 1942. — [3] Lohmann, R.: Z. klin. Med. **135**, 316 (1938). — Druckrey, H.: Verh. dtsch. Ges. Kreislaufforsch. **14**, 177 (1941). D. m. W. **1943**, 619. — [4] Fischer, B.: Frankf. Z. Path. **28**, 201 (1922). — Eppinger, H.: Permeabilitäts-Pathologie als Lehre vom Krankheitsbeginn. Wien 1949. — Häbler, C.: Physikochemische Medizin nach Heinrich Schade. Dresden 1939. — [5] Brock, N., H. Druckrey u. H. Herken: B. Z. **302**, 393 (1939). — [6] Druckrey, H.: D. m. W. **1943**, 619. — [7] Eppinger, H.: Z. klin. Med. **133**, 1 (1937). Verh. dtsch. Ges. Kreislaufforsch. **11**, 166 (1938). — Verzár, F.: Schweiz. med. Wschr. **71**, 878 (1941). — [8] Knepper, R.: Kli. Wo. **1937 I**, 188. — Frunder, H.: Pflügers Arch. **250**, 312 (1948); **252**, 500, 520 (1949/50). — [9] Dienst, C.: Kli. Wo. **1939 II**, 1516. — [10] Holtz, P.: Ergebn. Physiol. **44**, 230 (1941). — Druckrey, H.: Verh. dtsch. Ges. Kreislaufforsch. **14**, 177 (1941). — Lang, K.: Kli. Wo. **1943**, 529.

lassen sich in 3 Gruppen ordnen, die Zell-, die Capillar- und die Nervengifte[1]. Ähnlich wird vom morphologischen Standpunkt zwischen den neuralen, den vasalen, den interstitiellen, den cellulären und schließlich den molekularen Vorgängen bei der Entzündung unterschieden[2]. Scharfe Trennungen sind indessen nicht leicht möglich, weil Stoffwechselprodukte geschädigter Zellen ihrerseits Wirkungen auf die Gefäße und Nerven haben. Der Angriffspunkt entzündungserregender Noxen an der Zelle wird meist am Cytoplasma gesucht. Demgegenüber wurde am Beispiel des Strahlenerythems[3] und auch für chemisch ausgelöste Entzündungen[4] nachgewiesen, daß der Primärvorgang zumindest auch in einer Schädigung des Zellkerns liegen kann. Jedenfalls greift die Strahlenwirkung an Nucleinsäuren an. Am Menschen ist die Erythemdosis von 1250 r bei zeitlicher Verteilung von 0,25—2500 min konstant, der Zeitfaktor = 1. Es liegt also innerhalb dieses Zeitraumes eine irreversible „Summationswirkung" vor[5].

Der Stoffwechsel des entzündeten Gewebes[6] entspricht dem bereits geschilderten „Schädigungsstoffwechsel". Er ist prinzipiell durch den unvollständigen Ablauf der Oxydation gekennzeichnet. Die aerobe Glykolyse ist eine notwendige Voraussetzung für den Ablauf der Entzündung und auch für den Entzündungsschmerz. Vergiftung der Glykolyse, z.B. durch Monojodessigsäure, hemmt die Entzündung[7]. Das bei der Glykolyse aus den Zellen freigesetzte Kalium soll der physiologische „Schmerzstoff" sein. Alle schmerzauslösenden Gifte hemmen die Oxydationen (Dehydrasen), ohne die Glykolyse zu beeinträchtigen[8]. Der Schmerz spielt für die Unterhaltung der Entzündung eine wesentliche Rolle[9], denn seine Ausschaltung, z.B. durch Lokalanaesthetica, wirkt entzündungswidrig.

Die Entzündung spielt sich vor allem an der terminalen Strombahn, an den Capillaren ab[2,10]. Sie werden ähnlich wie im arbeitenden Muskel zunächst erweitert, so daß der regionale periphere Widerstand abnimmt und die Stärke des Blutstroms wächst. Dies ist das Stadium der aktiven Hyperämie. Dann werden die Gefäße gelähmt, d.h. sie sprechen auf zentrale und periphere Impulse sowie auf Kreislaufmittel nicht mehr an. Der Blutstrom kann bis zur Stase verlangsamt sein. Die Gefäßwandungen werden durchlässiger, so daß zunächst seröse, dann eiweißhaltige, fibrinbildende Flüssigkeit und schließlich auch Blutzellen aus den Gefäßen in die intercellulären Räume austreten können und als „seröse" bzw. dann „exsudative" Entzündung zum Ödem führen[11]. Auf diese Weise wird der Stoffaustausch zwischen dem Gewebe und dem strömenden Blut erschwert und das Entzündungsgebiet in zunehmendem Maße bis zur Demarkation vom Kreislauf ausgeschlossen. Diese Vorgänge bedingen die 4 Kardinalsymptome der Entzündung: rubor, calor, dolor und tumor. Die im Entzündungsgebiet extravasal angehäuften Leukocyten stammen nur zum Teil aus dem Blut, sie werden vielmehr anscheinend zunächst aus Gewebszellen gebildet[12].

---

[1] Heubner, W.: A.e.P.P. **107**, 129 (1925). Kli.Wo. **1926 I**, 1. — Haas, H. T. A., A. Kraushaar u. C. A. Cordua: A.e.P.P. **209**, 138 (1950). — [2] Letterer, E.: D. m. W. **1953**, 759. — [3] Hamperl, H., U. Henschke u. R. Schulze: Virchows Arch. **304**, 19 (1939). — [4] Haas, H. T. A., A. Kraushaar u. C. A. Cordua: A. e. P. P. **209**, 138 (1950). — [5] Muth, H.: Strahlentherapie. **94**, 527 (1954). — [6] Krebs, H. A.: Atmung und Gärung in lebenden Zellen. Tab. biol. Bd. IX, S. 209. — Lohmann, R.: Z. klin. Med. **135**, 316 (1938). — Druckrey, H.: D. m. W. **1943**, 619. — Heinlein, H.: Entzündung und örtlicher Stoffwechsel. Ärztl. Wschr. **1950**, 345. — [7] Köhler, V., u. J. Scharf: Kli. Wo. **1951**, 60. — [8] Fleckenstein, A.: Die periphere Schmerzauslösung und Schmerzausschaltung. Frankfurt 1950. — [9] Speransky, A. D.: s. Höring, F. O.: Allg.-path. Schr.-Reihe H. 2, 18 (1941). — [10] Ricker, G.: Relationspathologie, Pathologie als Naturwissenschaft. Berlin 1924. — Lewis, T.: The Blood Vessels of the Human Skin and their Responses. London 1927. — Letterer, E.: D. m. W. **1953**, 759. — [11] Eppinger, H.: Die Permeabilitäts-Pathologie als Lehre vom Krankheitsbeginn. Wien 1949. — Meyer-Arendt, J.: Virchows Arch. **323**, 351 (1953). — [12] Busse-Grawitz, P.: Graefes Arch. Ophthalm. **155**, 238 (1954).

Die verschiedenartigsten physikalischen, chemischen oder bakteriellen Noxen können den gleichen charakteristischen Ablauf der Entzündung auslösen. Das erklärt sich daraus, daß die Noxen nicht unmittelbar zur Entzündung führen, sondern vielmehr biogene Wirkstoffe, die aus den geschädigten Zellen freigesetzt werden. Einige Wirkstoffe sind ultrafiltrabel, thermostabil und stickstoffhaltig. Allylbromid löst die typische „seröse Entzündung" aus. Eine wesentliche Rolle spielen Amine. Nach Verbrennungen wurden Mono-, Di- und Trimethylamin gefunden, in Eiter Allylamin[1,2].

Die größte Beachtung fand das Histamin[3]. Seine Injektion löst Gefäßreaktionen aus, die denen bei der Entzündung weitgehend entsprechen, so daß die akute Entzündung als Histaminwirkung gedeutet wurde[4]. Nach Bestrahlung[5], Verbrennung[6,7], Erfrierung[8], nach Wirkung von Reizgiften[6,9], Allergenen und Bakterientoxinen[10] wurde Histamin in der Durchströmungsflüssigkeit des geschädigten Organs gefunden. Zu einer derartigen Freisetzung von Histamin sollen indessen nur solche Gifte führen, die am Zellkern angreifen[11]. Das Histamin kann chemisch[12] oder biologisch[13] bestimmt werden. Das Histamin befindet sich im Gewebe an Proteine amidartig gebunden in einer unwirksamen Vorstufe, aus der es durch die Reize freigesetzt wird[14] oder durch Decarboxylierung von Histidin bei gestörten Oxydationsprozessen[15]. Eosinophile Leukocyten enthalten relativ viel Histamin[16]. Die Quelle des Gewebs-Histamins sind vornehmlich die Mastzellen[17]. Das meiste Histamin entstammt der Leber, aber auch bei hepatektomierten Hunden wurden im Schock große Mengen Histamin gefunden[18]. Das Amin wird zerstört[19] durch eine Diaminooxydase (Histaminase), ein kupferhaltiges blaues Protein[20]. Die Wirkung von Histamin an den verschiedenartigen Testen kann durch „Antihistaminica"[21] gehemmt werden, die also auch antiphlogistisch wirken[22], die Permeabilität der Zellen herabsetzen und sogar konservierend für lebende Gewebe wirken[23]. Resorptiv bewirkt Histamin Lähmung der Capillaren, Abfall des Blutdrucks und Bronchospasmen. Die Wirkung des Histamins wird nach interessanten Modellversuchen auf oberflächenspannungssenkende Eigenschaften bezogen, zumal Antihistamine am gleichen Modell den gegenteiligen Effekt haben[24].

[1] Eppinger, H.: Die Permeabilitäts-Pathologie als Lehre vom Krankheitsbeginn. Wien (1949). — Meyer-Arendt, J.: Virchows Arch. **323**, 351 (1953). — [2] Zorn, B., u. W. Dihlmann: Dtsch. Gesundh.-Wes. **8**, 1522 (1953). — [3] Ackermann, D.: H. **65**, 504 (1910). — Busse-Grawitz, P.: Acta Un. int. Cancr., Bruxelles **11**, 662 (1955). — [4] Feldberg, W., u. E. Schilf: Histamin. Berlin 1930. – Gaddum, J. H.: Gefäßerweiternde Stoffe der Gewebe. Leipzig 1936. — Guggenheim, M.: Die biogenen Amine. 4. Aufl. Basel 1951. — Haas, H.: Arneim.-Forsch. **1**, 362 (1951). — [5] Ellinger, F.: Strahlentherapie **47**, 517 (1933). — [6] Barsoum, G. S., and J. H. Gaddum: Clin. Sci. **2**, 357 (1936). — [7] Bachmann, H.: A.e.P.P. **190**, 345 (1938). — Loos, H. O.: Arch. Derm. Syph., Berlin **180**, 50 (1940). — [8] Ziemke, H.: A.e.P.P. **206**, 288 (1949). — [9] Feldberg, W., and W. J. O'Connor: J. Physiol., London **90**, 288 (1937). — [10] Feldberg, W., and C. H. Kellaway: J. Physiol., London **90**, 257 (1937). — Feldberg, W., and M. Schachter: J. Physiol., London **118**, 124 (1952). — [11] Haas, H. T. A.: A.e.P.P. **205**, 170 (1948). — [12] Lubschez, R.: J. biol. Ch. **183**, 731 (1950). — Schmidt, F., u. I. Gruhn: Naturwiss. **42**, 391 (1955). — [13] Ther, L.: Pharmakologische Methoden zur Auffindung von Arzneimitteln und Giften und Analyse ihrer Wirkungsweise. Stuttgart 1949. — [14] Rocha e Silva, M.: J. Physiol. Path. gén. **39**, 401 (1947). — Klamerth, O.: B.Z. **327**, 62 (1955/56). — [15] Holtz, P., u. R. Heise: A.e.P.P. **186**, 269 (1937). — Werle, E., u. G. Mennicken: B. Z. **291**, 325 (1937). — [16] Code, C. F.: J. Physiol., London **90**, 485 (1937). — [17] Graham, H. T., O. H. Lowry, N. Wahl and M. K. Priebat: J. exp. Med. **102**, 307 (1955). — [18] Waters, E. T., and J. Markowitz: Amer. J. Physiol. **130**, 379 (1940). — Feldberg, W., and M. Schachter: J. Physiol., London **118**, 124 (1952). — [19] Best, C. H.: J. Physiol., London **67**, 256 (1929). — Edlbacher, S., u. A. Zeller: Helv. **20**, 717 (1937). — Zeller, E. A., P. Stern u. L. A. Blanksma: Naturwiss. **43**, 157 (1956). — [20] Holmberg, C. G., and C.-B. Laurell: Nature **161**, 236 (1948). — [21] Haas, H.: Histamin und Antihistamine. Aulendorf, Wttbg. 1951. — [22] Wilhelmi, G., et R. Domenjoz: Arch. int. Pharmacodyn. Thérap. **85**, 129 (1951). — [23] Leduc, J. R.: C. R. Soc. Biol. **144**, 190 (1950). — [24] Hirt, R., u. R. Berchtold: Arzneim.-Forsch. **2**, 453 (1952).

Die mannigfaltigen Vorgänge bei der Entzündung lassen sich indessen nicht allein durch Wirkung von Histamin erklären, vielmehr müssen noch andere „H-Substanzen" eine Rolle spielen, vor allem für die Auswanderung von Blutzellen aus den Gefäßen. Werden mit Gewebsbrei gefüllte Säckchen aus Kollodium in die Bauchhöhle implantiert, so finden sich dort massenhaft Leukocyten, schließlich wird das Säckchen von einem proliferierenden Granulationsgewebe umwachsen, während mit Salzlösung gefüllte Säckchen reaktionslos liegen bleiben[1]. Aus den zerfallenden Gewebszellen freigesetzte Wirksubstanzen müssen also ultrafiltrabel sein. Der Austritt von Leukocyten aus der Blutbahn und ihre Bildung im Gewebe[2] spielen bei der Entzündung eine wichtige Rolle. Die Granulocyten gewinnen phagocytäre Eigenschaften[3], die Lymphocyten enthalten reichlich Lipasen und sollen die Wachshüllen der Tuberkelbacillen auflösen können[4]. Von den ausgewanderten Zellen nehmen dann auch die proliferativen Prozesse ihren Ausgang. Sie sollen auch die Neubildung von Blutgefäßen anregen[5]. Leukocyten sind zwar im Gegensatz zu Erythrocyten recht stabil gegen Säure[6], gehen aber im Entzündungsherd schnell zugrunde. Die Produkte der Cytolyse und Proteolyse spielen bei der Entzündung eine maßgebliche Rolle, sodaß RÖSSLE[7] die Entzündung mit einer parenteralen Verdauung vergleicht. Hyaluronsäure, Fibrinogen, Fibrin und Globuline sind an den Vorgängen beteiligt[8]. Aus den zerfallenen Zellen freigesetzte Desoxyribonucleoproteide finden sich unter Umständen massenhaft in Exsudaten[9]. Sie werden durch Streptodornase abgebaut[10]. Die Streptokinase aktiviert Plasmin und damit die Fibrinolyse im Exsudat. Aber auch immunbiologische Vorgänge scheinen eine Rolle zu spielen. Die Injektion einer Mischung von präcipitierendem Antiserum und homologem Plasma fördert die Bildung von Granulomen bei Ratten[11].

Aus entzündlichen Exsudaten wurden mehrere Entzündungssubstanzen[12] gewonnen. Ein *Leukotaxin* steigert ähnlich wie Histamin die Permeabilität der Capillarwände und regt chemotaktisch die Auswanderung von Leukocyten an[13]. Das von MENKIN krystallin gewonnene Leukotaxin ist ein thermostabiles Polypeptid[14], das in Säure löslich ist, von Alkali aber zerstört wird. Die Indolprobe ist positiv. In verbrühter Haut von Kaninchen wurden 30—60000 Einheiten Leukotaxin nachgewiesen[15]. Die subcutane Injektion dieser Dosis löst die gleiche Wirkung aus wie die Verbrühung. Antihistamine beeinflussen die Wirkung des Leukotaxin nicht, dagegen wird sie durch Cortison unterdrückt[14]. Serum-γ-Globuline regen ebenfalls die Auswanderung der Leukocyten an, Albumine dagegen nicht[16]. Nucleinsäuren und Adenylsäure wirken ähnlich und aktivieren die Fibrocyten[17]. Eine zweite, in der α-Globulinfraktion frischer, „alkalischer" Exsudate enthaltene Substanz aktiviert das Knochenmark und bewirkt einen Anstieg der Leukocytenzahl im strömenden Blut[17]. Dieser *leucocytosis promoting factor* ist

[1] DRUCKREY, H.: Kli. Wo. **1936 I**, 433. — [2] BUSSE-GRAWITZ, P.: Graefes Arch. Ophthalm. **155**, 238 (1954). — [3] BOIVIN, A., et A. DELAUNAY: Phagozytes, phagozytose et défense de l'organisme contre les infections. Exper. **1**, 262 (1945). — [4] KRAUT, H., u. H. BURGER: H. **253**, 105 (1938). — [5] HOHENADEL, B., u. F. TRAUTMANN: Z. ges. inn. Med. **7**, 798 (1952). — [6] WEISS, C., A. KAPLAN and C. E. LARSON: J. biol. Ch. **125**, 247 (1938). — [7] RÖSSLE, R.: Verh. dtsch. path. Ges. **19**, 18 (1923). — [8] WUHRMANN, F., u. C. WUNDERLY: Die Bluteiweißkörper der Menschen. 2. Aufl. Basel 1952. — [9] SHERRY, S., W. S. TILLETT and L. R. CHRISTENSEN: Proc. Soc. exp. Biol. Med. **68**, 179 (1948). — HALSE, T., u. P. BRAUN: D. m. W. **1953**, 846. — [10] CHRISTENSEN, L. R.: J. clin. Invest. **28**, 163 (1949). — [11] MEIER, R., P. DESAULLES u. B. SCHÄR: Exper. **11**, 442, (1955). — [12] DOLD, H., u. A. RADOS: Z. ges. exp. Med. **2**, 192 (1913). — MENKIN, V.: Newer Concepts of Inflammation. Springfield, Ill. 1950. Modern views of inflammation. Int. Arch. Allergy **4**, 131 (1953). Science, N.Y. **123**, 527 (1956). — [13] MENKIN, V., and M. A. KADISCH: Amer. J. Physiol. **124**, 524 (1938). — MENKIN, V.: Proc. Soc. exp. Biol. Med. **47**, 456 (1941). — [14] MENKIN, V.: A. e. P. P. **219**, 473 (1953). — [15] CULLUMBINE, H.: Nature **159**, 841 (1947). — [16] ALLGÖWER, M., u. H. SÜLLMANN: Exper. **6**, 107 (1950). — [17] HEINLEIN, H.: Ärztl. Wschr. **1950**, 345.

wahrscheinlich ein Polypeptid. Seine Wirkung wird ebenfalls durch Cortison gehemmt (s. Bd. 2/2b, S. 608). Andererseits soll in der gleichen Fraktion von Exsudaten auch ein die Leukocytenzahl senkender Faktor enthalten sein[1].

In späteren Stadien der Entzündung wurde von MENKIN im nun *sauren* Exsudat ein als *Exudin* bezeichneter Wirkstoff gefunden[2]. Es handelt sich um ein Polypeptid, das proteolytische Eigenschaften haben und ähnlich wie Leukotaxin die Capillarpermeabilität erhöhen soll. Im Gegensatz zu diesem wird es nicht durch Cortison, sondern durch das adrenocorticotrope Hormon (ACTH) inaktiviert. In der Euglobulinfraktion saurer Exsudate wurde ferner ein *Nekrosin* gefunden, das aus geschädigten Zellen stammt und für den Grad der akuten Entzündung maßgeblich sein soll (MENKIN). Nekrosin ist toxisch, verursacht lokal Nekrosen und wirkt proteolytisch. Ferner wurden Wuchsstoffe und ein *fieberauslösendes* Polypeptid *Pyrexin* (s. unten) gefunden, das in krystalliner Form dargestellt und als Peptid erkannt wurde[3].

Die Natur aller dieser Substanzen, deren Zusammenwirken das stereotype Bild der „Entzündung" verursachen soll, ist noch nicht genügend erforscht. Vor allem fehlt eine scharfe Abgrenzung gegenüber ähnlich wirksamen Bestandteilen im WITTE-Pepton und gegen Histamin. Gegen die Konzeptionen von MENKIN wird mit guten Gründen eingewendet, daß die Entzündung zwar stoffliche Ursachen hätte, daß die Substanzen aber nicht im Exsudat gebildet würden, sondern Produkte geschädigter Zellen seien[4]. Auch im Harn von Schwangeren wurde eine thermostabile Substanz *Leukerethin* gefunden, die Leukocytose auslöst[5]. 50 γ bewirken am Menschen einen Anstieg der Leukocytenzahl im Blut auf 40000 je mm^3 für 4—7 Tage. Pyridoxin hält die Granulocytenzahl im Blut dagegen niedrig, Antipyridoxine (z.B. Desoxypyridoxin) führen ebenso wie Pyridoxinmangel zu Granulocytosen[6]. Eiklar aus dem Hühnerei löst bei Injektion an Ratten eine lokale Entzündung mit Ödembildung aus[7]. Diese Methode ist zum Studium von Entzündungsvorgängen gut geeignet. Die Wirkung des Eiklars wird durch Antiphlogistica und Antihistaminica gehemmt[8].

Bakterientoxine wirken auch lokal entzündungserregend, je nach Herkunft aber in verschiedener Weise[9]. Ein Phosphatid aus der Leibessubstanz von Tuberkelbacillen erzeugt typische Tuberkel. Die akut entzündungserregenden Toxine greifen meist an der terminalen Strombahn (LETTERER) an. An der Wirkung sind proteolytische Enzyme und auch Hyaluronidase beteiligt.

Aus Bakterien verschiedener Art wurden *Pyrogene* (s. Bd. 2/2b, S. 913f.) gewonnen, die in γ-Dosen an Tier und Mensch Fieber, Leukocytose und Lymphopenie sowie Eosinophilopenie erzeugen und als hexosaminhaltige Lipopolysaccharide erkannt wurden[10]. Sie werden meist am Kaninchen[11] standardisiert. Ein aus Typhusbacillen gewonnenes Polysaccharid ist beim Menschen noch mit 0,06 γ/kg

---

[1] MENKIN, V.: A.e.P.P. **219**, 473 (1953). — [2] MENKIN, V.: Die Medizinische **1956**, 557. — [3] MENKIN, V.: Arch. int. Pharmacodyn. Thérap. **89**, 229 (1952). — [4] MOON, V. H., and G. A. TERSCHAKOVEC: A. M. A. Arch. Path. **52**, 369 (1951). — MOON, V. H.: Science, N. Y. **115**, 383 (1952). — [5] ABDERHALDEN, R.: Z. Vit.-, Horm-, Ferm.-Forsch. **2**, 365 (1948/49). — [6] WEIR, D. R., R. W. HEINLE and A. D. WELCH: Proc. Soc. exp. Biol. Med. **72**, 457 (1949). — [7] SELYE, H.: Endocrinology **21**, 169 (1937). — [8] GROSS, F.: A. e. P. P. **211**, 421 (1950). — WILHELMI, G., u. R. DOMENJOZ: Arzneim.-Forsch. **1**, 151 (1951). — [9] MENKIN, V.: Newer Concepts of Inflammation. Springfield, Ill. 1950. — [10] MORGAN, H. R.: Proc. Soc. exp. Biol. Med. **42**, 529 (1940). J. Immunol. **41**, 161 (1941). — SHEAR, M. J., F. C. TURNER, A. PERRAULT and T. SHOVELTON: J. nat. Cancer Inst. **4**, 81 (1943/44). — BENNET, I. L. jr., and P. B. BEESON: Medicine, Baltimore **29**, 365 (1950). — [11] McCLOSKY, W. T., C. W. PRICE, W. VAN WINKLE jr., H. WELCH and H. O. CALVERY: J. amer. pharmaceut. Ass. **32**, 69 (1943). — PERRY, W. L.: J. Pharmacy Pharmacol. **6**, 332 (1954).

wirksam[1]. Die weitere Reinigung gelang bei Pyrogenen aus Esch. coli. Das Lipopolysaccharid,das beim Menschen noch bis zu 0,001 γ/kg wirksam war, enthält 68% Zucker, davon 39% Rhamnose, 10% Xylose, 10% Glucose, 7% N-Acetylhexosamin und 2,5% Galaktose, ferner 12% Lipoide und 7% organisch gebundenen Phosphor, jedoch kein Protein und keine Nucleinsäuren[2]. Das Pyrogen verhält sich elektrophoretisch einheitlich und besteht nach elektronenoptischen Untersuchungen aus sphärischen Teilchen (MG $\sim 10^6$), die in Lösung perlschnurartige größere Aggregate bilden[3]. Polysaccharidsymplexe aus gramnegativen Bakterien enthalten neuartige Desoxyzucker (s. Bd. 2/2b, S. 914), die isomer mit Digitoxose sind, z.B. Tyvelose aus Typhusbacillen und Abequose aus Salmonella abortus equi[4]. Die Pyrogene wirken wahrscheinlich nicht direkt, vielmehr setzt die Schädigung von Zellen erst endogene Reizstoffe (Pyrexine nach MENKIN ?) frei, die dann über eine Aktivierung des Hypophysen-Nebennierenrindensystems die Körpertemperatur erhöhen und eine Leukocytose mit Lymphopenie verursachen[5]. Ein derartiges endogenes Pyrogen wurde nach Injektion von Typhus-Vaccine am Kaninchen nachgewiesen[6].

Wachsende oder in Funktion befindliche Organe sind allgemein gegen Noxen und Toxine empfindlicher als ruhende Gewebe. Diphtherietoxin z. B., das an nicht weiter behandelten Tieren Nekrosen, vor allem im Herzmuskel erzeugt, tut dies an Tieren, die mit gonadotropem Hormon vorbehandelt wurden, vorwiegend an den Keimdrüsen, bei mit Oestrogenen vorbehandelten Weibchen in der Uterusschleimhaut[7]. Die funktionelle Belastung führt an Zellen einen ähnlichen Zustand herbei wie unspezifische Noxen, so daß eine Schädigung auf solche Zellen als ,,Zweitschlag", also stärker wirkt als auf ruhende Zellen[8].

Das lokale Entzündungsgeschehen und die von ihm ausgehenden Wirkungen auf den ganzen Organismus stehen unter der hormonalen Kontrolle des Hypophysen-Nebennierenrindensystems[9], der Schilddrüse und des vegetativen Nervensystems. Vom hormonalen System gehen sowohl ,,phlogistische" als auch ,,antiphlogistische" Einflüsse aus. Nach Exstirpation der Hypophyse führen Verbrennungen oder die Injektion von Diphtherietoxin nicht mehr zu einer typischen Entzündung[10] (TONUTTI); der Organismus ist reaktionsträge, ,,anergisch" geworden. An normalen Individuen lösen dagegen mehr oder minder plötzliche Belastungen des Organismus (,,stress")[11] eine ganze Kette von Vorgängen aus, die zunächst der Abwehr dienen und deshalb als generalisiertes Anpassungssyndrom (general adaption syndrom) bezeichnet werden, dann aber auch Ausdruck der Erschöpfung bzw. schließlich der Wiedererholung sind. Diese Vorgänge sind hormonal gesteuert und lassen sich nach der *Geschwindigkeit* ihres Ablaufes ordnen. Ein akuter psychischer oder somatischer ,,stress" (Schreck, Schock, Verwunderung u. ä.) löst kurzfristig eine ,,Alarmreaktion" aus. Sie ist durch eine plötzliche Ausschüttung von Adrenalin und ähnlichen Aminen aus dem Neben-

---

[1] CoTUI, F. W., D. HOPE, M. H. SCHRIFT, J. POWERS, A. WALLEN and L. SCHMIDT: J. Lab. clin. Med. **29**, 58 (1944). — [2] WESTPHAL, O., O. LÜDERITZ, E. EICHENBERGER u. W. KEIDERLING: Z. Naturforsch. **7**b, 536 (1952). — [3] SCHRAMM, G., O. WESTPHAL u. O. LÜDERITZ: Z. Naturforsch. **7**b, 594 (1952). — [4] WESTPHAL, O., O. LÜDERITZ, I. FROMME u. N. JOSEPH: Angew. Chem. **65**, 555 (1953). — [5] WESTPHAL, O., u. O. LÜDERITZ: D. m. W. **1953**, Beilage Allergie **2**, 17. — WESTPHAL, O., u. B. KICKHÖFEN: Z. Rheumaforsch. **12**, 321 (1953). — [6] ATKINS, E., and W. B. WOOD jr.: J. exp. Med. **102**, 499 (1955). — [7] TONUTTI, E.: Naturwiss. **37**, 455 (1950). Kli. Wo **1950**, 137. — TONUTTI, E., u. K. H. MATZNER: Neue med. Welt **1950**, 1361. — [8] BROCK, N., H. DRUCKREY u. H. HERKEN: A. e. P. P. **188**, 451 (1938); **191**, 687 (1939). — [9] TONUTTI, E.: Naturwiss. **37**, 455 (1950). — HERBRAND, W.: Med. Klin. **1950**, 41. — [10] TAUBENHAUS, M., and G. D. AMROMIN: J. Lab. clin. Med. **36**, 7 (1950). — [11] SELYE, H.: Kli. Wo. **1938 I**, 666. J. clin. Endocrinol. **6**, 117 (1946). The Physiology and Pathology of Exposure to Stress. Montreal 1950.

nierenmark gekennzeichnet. Diese Substanzen wirken je nach Konstitution zentral erregend, steigern die Leistung von Kreislauf und Atmung, der Skeletmuskulatur, mobilisieren Kohlenhydratreserven und versetzen damit den Organismus schnell in eine temporär erhöhte Leistungsfähigkeit („Notfallsfunktion" des Adrenalin nach CANNON).

Stärkere oder länger anhaltende Reize führen wahrscheinlich ebenfalls über eine primäre Ausschüttung von Adrenalin zu einer vermehrten Inkretion des *Hypophysenvorderlappens*, zunächst von thyreotropem, dann von adrenocorticotropem (ACTH) Hormon* und auch von Wachstumshormon. Die weiteren Vorgänge stehen damit unter dem Einfluß der *Schilddrüse* und schließlich der *Nebennierenrinde.*

Das Schilddrüsenhormon sensibilisiert den Organismus für die Wirkung des Adrenalins. Dadurch werden die Reaktionen weiter gesteigert. Beim besonders empfindlichen Wildkaninchen kann ein plötzlicher Schreck auf diesem hormonalen Wege sogar zum Tode führen[1].

Die langsamer und weniger dramatisch verlaufenden Vorgänge stehen unter der Steuerung des Hypophysen-Nebennierenrindensystems. Dabei lassen sich mehrere Phasen unterscheiden. In einer aktiven Phase werden die Abwehrvorgänge sowohl generell als auch lokal gesteigert („phlogistischer" Effekt). Reichen dagegen die Kräfte nicht aus (Dekompensation), so tritt unter Erschöpfung eine inaktive Phase hervor, die generell (z.B. Blutdruckabfall, motorische Schwäche) und lokal („antiphlogistischer" Effekt) eine Ruhigstellung und damit die Konzentration der Kräfte für die Erhaltung des Lebens bewirkt. In einer 3. Phase lassen sich die Erholungsprozesse zusammenfassen. Alle diese Vorgänge und ihr Zusammenhang sind noch wenig erforscht.

Die Auslösung dieser Vorgänge erfolgt wahrscheinlich durch eine primäre Ausschüttung von Adrenalin[2]. Auf diese Weise wird die Inkretion von adrenocorticotropem Hormon (ACTH) im Hypophysenvorderlappen erheblich gesteigert, das nun seinerseits die endokrine Funktion der Nebennierenrinde stimuliert[3]. Eine ähnliche, wenn auch wohl indirekte Wirkung haben Bakterientoxine und z. B. Pyrifer[4].

Die Wirkung des ACTH auf die Nebennierenrinde ist eine direkte. Zugabe des Hormons zu Gewebsschnitten der Drüse in der WARBURG-Apparatur führt zu einem Anstieg der Atmung[5] (Methode zur ACTH-Bestimmung). Nebennierenrindengewebe kann auch in vitro Steroide in der für Corticoide charakteristischen

---

* Chemie des ACTH: LI, C. H., I. I. GSCHWIND, R. D. COLE, I. D. RAAKE, J. I. HARRIS and J. S. DIXON: Nature **176**, 687 (1955).

[1] KRACHT, J., u. U. KRACHT: Virchows Arch. **321**, 238 (1952). — KRACHT, J., u. M. SPAETHE: Virchows Arch. **324**, 83 (1953). — KRACHT, J.: Acta endocrinol., København **15**, 355 (1954). — [2] LONG, C. N. H.: Fed. Proc. **6**, 461 (1947). — CHENG, C. P., G. SAYERS, L. S. GOODMAN and C. A. SWINYARD: Amer. J. Physiol. **158**, 45 (1949). — RECANT, L., P. H. FORSHAM and G. W. THORN: J. clin. Endocrinol. **8**, 589 (1948). — [3] SAYERS, G., and M. A. SAYERS: The pituitary-adrenal system. Recent Progr. Hormone Res. **2**, 81 (1948). — HARTMAN, F. A., and K. A. BROWNELL: The Adrenal Gland. Philadelphia 1949. — LONG, C. N. H.: The adrenal, a regulatory factor; in: PARPART, A. K. (Hrsgb.): The Chemistry and Physiology of Growth. Princeton 1949. — JORES, A.: Klinische Endokrinologie. 3. Aufl. Berlin, Göttingen, Heidelberg 1949. — VERZÁR, F.: Die Funktion der Nebennierenrinde. Basel 1939. — WILLIAMS, R. H.: Textbook of Endocrinology. Philadelphia, London 1950. — [4] WESTPHAL, O., O. LÜDERITZ u. W. KEIDERLING: Z. Naturforsch. **6**b, 309 (1951). — PFEFFER, K. H., u. Hj. STAUDINGER: Kli. Wo. **1951**, 325. — GÖLKEL, A., u. K. STEINDL: Ärztl. Forsch. **1951**, 444. — [5] TEPPERMAN, J., and J. M. DE WITT: Endocrinology **47**, 384 (1950). — REISS, M., E. BRUMMEL, I. D. HALKERSTONE, F. E. BADRICK and M. FENWICK: J. Endocrinol. **9**, 379 (1953). — [6] MC GINTY, D. A., G. N. SMITH, M. L. WILSON and C. S. WORREL: Science, N. Y. **112**, 506 (1950). — [7] HECHTER, O., R. P. JACOBSEN, R. JEANLOZ, H. LEVY, C. W. MARSHALL, G. PINCUS and V. SCHENKER: Am. Soc. **71**, 3261 (1949). — JACOBSEN, R. P., and G. PINCUS: Amer. J. Med. **10**, 531 (1951).

Position 11 oxydieren[6] und aus Cholesterin Corticoide herstellen[7]. Dabei ist anscheinend die Ascorbinsäure beteiligt[1]. Aus der Nebennierenrinde wurde eine Steroid-Vitamin C-Verbindung (I) isoliert [2].

Die funktionsfähige Nebennierenrinde schüttet unter der Wirkung von ACTH anscheinend vorwiegend die auf den Zuckerstoffwechsel wirkenden „Glucocorticoide", das 17-Oxycorticosteron (Compound F)[3], weniger Cortison[4] (Compound E von KENDALL) aus, dann auch Mineralocorticoide, aber keine Androgene.

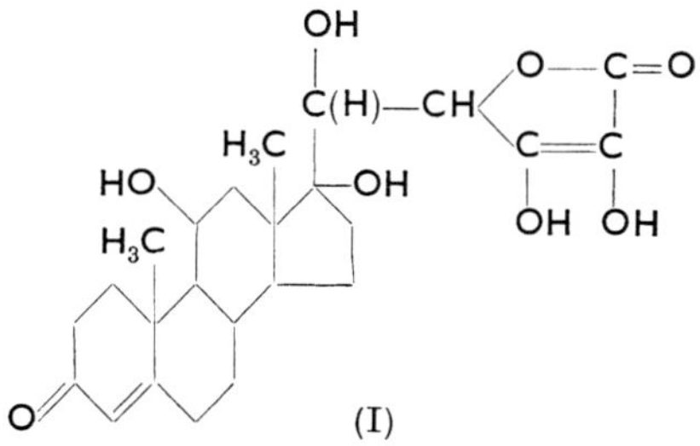

(I)

Das glucotrope Cortison[5] und der Compound F können als antiphlogistisch wirkende Hormone gelten. Sie hemmen die Entzündungsprozesse beim akuten Gelenkrheumatismus[6] wie auch allgemein[7], verhindern die Entstehung eines toxischen Lungenödems, hemmen die Bindegewebsneubildung, die Wundheilung[8] und auch das Körperwachstum[9]. Vor allem werden die lymphatischen Gewebe, wie Thymus und Lymphknoten, zur Involution gebracht. ACTH sowie Compound E und F erscheinen somit als Antagonisten des Wachstumshormons. Der Harnsäure/Kreatininquotient im Harn steigt nach Gaben von ACTH oder von Cortison erheblich an (Test), die N-Bilanz wird bei vermehrter N-Ausscheidung negativ[10], anscheinend durch Bildung von Kohlenhydraten aus Eiweiß. Die antiphlogistische Wirkung dieser Hormone kommt ferner darin zum Ausdruck, daß sie die Zahl der eosinophilen Leukocyten und der Lymphocyten im Blut senken[11] (THORN-Test für den biologischen Nachweis), während die Zahl der Thrombocyten ansteigt. Cortison hemmt die Aktivität der Hyaluronidase und die Bildung der Entzündungssubstanz Histamin, deren Abbau dagegen gefördert

[1] PFEFFER, K. H., u. HJ. STAUDINGER: Angew. Chem. **63**, 321 (1951). — HOFMANN, H., u. Hj. STAUDINGER: Arzneim.-Forsch. **1**, 416 (1951). — [2] LÖWENSTEIN, B. E., and R. L. ZWEMER: J. clin. Endocrinol. **6**, 463 (1946). — [3] MASON, H. L., and R. G. SPRAGUE: J. biol. Ch. **175**, 451 (1948). — SPRAGUE, R. G., M. H. POWER, H. L. MASON, A. ALBERT, D. R. MATHIESON, P. S. HENCH, E. C. KENDALL, C. H. SLOCUMB and H. F. POLLEY: Arch. internal Med., Chicago **85**, 199 (1950). — [4] LONG, C. N. H.: The adrenal gland, a regulatory factor; in PARPART, A. K. (Hrsgb.): The Chemistry and Physiology of Growth. Princeton 1949. — INGLE, D. J.: J. clin. Endocrinol. **10**, 1312 (1950). — WILSON, D. L.: Amer. J. Nursing **50**, 649 (1950). — [5] *Übersicht über die Chemie der Corticoide:* REICHSTEIN, T.: Chimia, Aarau **4**, 21, 47 (1950). Schweiz. med. Wschr. **80**, 169 (1950). — WETTSTEIN, A.: Advances in the field of adrenal cortical hormones. Exper. **10**, 397 (1954). — *Stereochemie:* HEUSNER, A.: Angew. Chem. **63**, 59 (1951). — [6] HENCH, P. S., C. H. SLOCUMB, A. R. BARNES, H. L. SMITH, H. F. POLLEY and E. C. KENDALL: Proc. Staff Meet. Mayo Clin. **24**, 277 (1949). — HENCH, P. S., E. C. KENDALL, C. H. SLOCUMB and H. F. POLLEY: Arch. internal Med., Chicago **85**, 545 (1950). — HEILMEYER, L.: Kli. Wo. **1950**, 254; **1952**, 865. — [7] WOODS, A. C., and R. M. WOOD: Bull. Johns Hopkins Hosp. **87**, 482 (1950). — MEIER, R., F. GROSS u. P. DESAULLES: Kli. Wo. **1951**, 653. — [8] HOWES, E. L., C. M. PLOTZ, J. W. BLUNT and C. RAGAN: Surgery **28**, 177 (1950). — MEIER, R., W. SCHULER u. P. DESAULLES: Exper. **6**, 469 (1950). — [9] WINTER, C. A., R. H. SILBER and H. C. STOERK: Endocrinology **47**, 60 (1950). — GROSS, F., u. R. MEIER: Exper. **7**, 74 (1951). — [10] VERZÁR, F.: Die Funktion der Nebennieren-Rinde. Basel 1939. Schweiz. med. Wschr. **80**, 468 (1950). — [11] THORN, G. W., P. H. FORSHAM, F. T. G. PRUNTY and A. G. HILLS: J. amer. med. Ass. **137**, 1005 (1948). — KOLLER, F., u. H. ZOLLIKOFER: Exper. **6**, 299 (1950).

wird[1]. Es erhöht die Resistenz gegen bakterielle Toxine, setzt aber die gegen die Erreger selbst herab[2]. Auch die Antikörperbildung wird herabgesetzt[3], im Blut sinkt der Gehalt an γ-Globulinen und an Fibrinogen. Bei Insuffizienz der Nebennierenrinde wird die MILLON-Probe im Urin positiv. Gabe von ACTH oder Cortison macht die Probe wieder negativ[4].

Mineralocorticoide, deren wichtigste Vertreter Aldosteron[5] und Desoxycorticosteron (Cortexon, DOC) sind, scheinen dagegen entzündungsfördernde, phlogistische Wirkungen zu haben[6]. DOC ist im THORN-Test nicht wirksam[7]. Jedoch kann die Nebennierenrinde unter der Wirkung von ACTH aus Desoxycorticosteron (-acetat=DOCA) quantitativ Corticosteron bilden[8]. Die zentrale Stellung der Nebennierenrinde im Steroidstoffwechsel ist dadurch nachgewiesen worden, daß diese Drüse aus ^{14}C-markierter Essigsäure Cholesterin synthetisieren und andererseits dessen Seitenkette abspalten kann[9]. Indessen ist die Fähigkeit zur Umwandlung von Steroidhormonen, wie z. B. die von Mineralocorticoiden in Glucocorticoide, nicht auf die Nebennierenrinde beschränkt, sondern konnte auch in den Keimdrüsen und sogar in Leber und Niere nachgewiesen werden[10]. Antiphlogistica vom Typ der Salicylsäure oder des Pyramidons, die ähnlich Cortison auch einen Sturz der eosinophilen Zellen im Blut bewirken, also einen positiven THORN-Test geben können, scheinen über die Hypophyse und die Nebennierenrinde zu wirken[11].

Die corticoide Wirksamkeit ist ähnlich, wie das z. B. auch für Oestrogene oder Androgene gilt, nicht an das Sterangrundskelet gebunden, wie Versuche mit synthetischen Produkten zeigten[12], vielmehr scheint die Richtung der Wirkung auch hier durch die Art der funktionellen Gruppen am Grundmolekül bestimmt zu werden, während von der Konstitution des Grundmoleküls nur die Stärke der Wirksamkeit abhängt.

Die Corticosteroide werden im Harn ausgeschieden, wobei das Verhältnis der einzelnen Steroide gegeneinander stark variiert[13] (s. S. 174). Nach einem „stress“ oder nach Pyriferbehandlung ist die Ausscheidung der 11-Oxycorticoide im Harn bei funktionsfähiger Nebennierenrinde etwa verdoppelt, die der Desoxycorticosterone dagegen nicht[14].

Die Glucocorticoide vom Typ des Cortisons und das ähnlich wirkende 17-Oxycorticosteron können biologisch oder chemisch bestimmt werden. Da die Ausschüttung und Bildung dieser Hormone durch ACTH angeregt wird, ist es möglich, die Corticoidbestimmung auch als Funktionsprobe für die Nebennierenrinde zu benutzen.

[1] SELYE, H.: The Physiology and Pathology of Exposure to Stress. Montreal 1950. — THORN, G. W., P. H. FORSHAM, T. F. FRAWLEY, S. R. HILL jr., M. ROCHE, D. STAEHELIN and D. L. WILSON: New Engl. J. Med. **242**, 783, 824, 865 (1950). — WILSON, D. L.: Amer. J. Nursing **50**, 649 (1950). — [2] TONUTTI, E., u. S. FETZER: M. m. W. **1952**, 2161. — [3] GERMUTH, F. G. jr., and B. OTTINGER: Proc. Soc. exp. Biol. Med. **74**, 815 (1950). — SPÜHLER, O., H. U. ZOLLINGER, M. ENDERLIN u. H. WIPF: Exper. **7**, 186 (1951). — [4] FERRERO, C.: Schweiz. med. Wschr. **80**, 492 (1950). — [5] SIMPSON, S. A., J. F. TAIT, A. WETTSTEIN, R. NEHER, J. v. EUW, O. SCHINDLER u. T. REICHSTEIN: Helv. **37**, 1163 (1954). — [6] SELYE, H.: Brit. med. J. **1950 I**, 203. Science, N. Y. **121**, 368 (1955). — [7] SCHÖNFELD, L.: Kli. Wo. **1951**, 778. — [8] PINCUS, G.: Ann. Rev. **19**, 111 (1950). — SAVARD, K., A. A. GREEN and L. A. LEWIS: Endocrinology **47**, 418 (1950). — MCGINTY, D. A., G. N. SMITH, M. L. WILSON and C. S. WORREL: Science, N. Y. **112**, 506 (1950). — [9] HECHTER, O., R. P. JACOBSEN, R. JEANLOZ, H. LEVY, C. W. MARSHALL, G. PINCUS and V. SCHENKER: Am. Soc. **71**, 3261 (1949). — JACOBSEN, R. P., and G. PINCUS: Amer. J. Med. **10**, 531 (1951). — HECHTER, O., R. P. JACOBSON, R. JEANLOZ, H. LEVY, G. PINCUS and V. SCHENKER: J. clin. Endocrinol. **10**, 827 (1950). — [10] SENECA, H., E. ELLENBOGEN, E. HENDERSON, A. COLLINS and J. ROCKENBACH: Science, N. Y. **112**, 524 (1950). — [11] MEIER, R., F. GROSS u. P. DESAULLES: Kli. Wo. **1951**, 653. — CAUWENBERGE, H. v.: Lancet **1951 II**, 374. — [12] BILLIMORIA, J. D., and N. F. MACLAGAN: Nature **167**, 81 (1951). — LINNELL, W. H., D. W. MATHIESON and G. WILLIAMS: Nature **167**, 237 (1951). — [13] VENNING, E. H.: 18. Int. Congr. Physiol. Kopenhagen. 1950. — MASON, H. L., and W. W. ENGSTROM: Physiol. Rev. **30**, 231 (1950). — [14] PFEFFER, K. H., u. HJ. STAUDINGER: Kli. Wo. **1951**, 325; **1952**, 257.

Als biologischer Test von guter Charakteristik gilt der Abfall der Zahl eosinophiler Leukocyten im Blut (THORN-Test)[1]. Die Wirkung soll auf einer Störung des DNS-Stoffwechsels beruhen. Die Bestimmung der Eosinophilenzahl soll in der Zählkammer erfolgen[2]. Zweckmäßig wird gleichzeitig auch der Harnsäure/Kreatinquotient im Harn bestimmt, der unter der Wirkung der Glucocorticoide ansteigt. Als weiterer Test gilt die Zunahme der Pepsin- (nicht der HCl-)Bildung in der Magenschleimhaut, die durch Zunahme der Uropepsinausscheidung im Harn gemessen wird[3].

Für die Bestimmung der Corticosteroide sind eine ganze Anzahl von chemischen[4], chromatographischen[5] und fluorometrischen[6] Methoden angegeben worden. Die Gluco-11-oxycorticosteroide sind relativ gut in Wasser löslich, so daß sie von den 11-Desoxycorticosteroiden abgetrennt werden können[7].

Obwohl die Entzündung, die letztlich durch artfremdes oder ortsfremdes Eiweiß ausgelöst wird, ein lokalisiertes Geschehen darstellt, zeigt ihre Abhängigkeit von hormonalen Regulationen bereits, daß von Anfang an Wechselwirkungen zwischen dem Erreger bzw. dem Entzündungsherd und dem Organismus bestehen. Seine cellulären und humoralen Abwehrfunktionen sind geeignet, den Prozeß lokal zu begrenzen. Ihr Zusammenbrechen führt dann erst zur Ausbreitung und schließlich zur Generalisierung des pathologischen Geschehens, das nun das komplexe Bild einer „Krankheit" zur Folge hat. Ihr charakteristischerAblauf wird häufig durch die Wechselwirkungen hochspezifischer, prinzipiell makromolekularer Stoffgruppen bestimmt, nämlich von Toxinen und Antitoxinen, *Antigenen* und *Antikörpern*[7–15]. Diese wichtigen Gebiete können im Rahmen dieses Beitrags nur sehr kurz angedeutet werden (Näheres s. Bd. 2/2b, S. 898 u. 938).

Lebende Zellen von Protozoen und Metazoen, Pflanzen und Tieren enthalten mehr oder weniger artspezifische, in höheren Organismen auch organspezifische[16]

---

[1] THORN, G. W., P. H. FORSHAM, F. T. G. PRUNTY and A. G. HILLS: J. amer. med. Ass. **137**, 1005 (1948). — [2] DUNGER, R.: M. m. W. **1910 II**, 1942. — [3] MIRSKY, I. A., S. BLOCK, S. OSHER and R. H. BROH-KAHN: J. clin. Invest. **27**, 818 (1948). — SPIRO, H. M., R. W. REIFENSTEIN and S. J. GRAY: J. Lab. clin. Med. **35**, 899 (1950). — WESTPHAL, O., O. LÜDERITZ u. W. KEIDERLING: Z. Naturforsch. **6**b, 309 (1951). — [4] PINCUS, G.: Endocrinology **32**, 176 (1943). — TALBOT, N. B., A. H. SALTZMANN, R. L. WIXOM and J. K. WOLFE: J. biol. Ch. **160**, 535 (1945). — DAUGHADAY, W. H., H. JAFFÉ and R. H. WILLIAMS: J. clin. Endocrinol. **8**, 166 (1948). — STAUDINGER, HJ., u. M. SCHMEISSER: H. **283**, 54 (1948). B. Z. **321**, 83 (1950/51). — PORTER, C. C., and R. H. SILBER: J. biol. Ch. **185**, 201 (1950). — ZAFFARONI, A., R. B. BURTON and E. H. KEUTMANN: Science, N. Y. **111**, 6 (1950). — WEISSBECKER, L., u. HJ. STAUDINGER: Kli. Wo. **1951**, 59. — ZIMMERMANN, W.: Arzneim.-Forsch. **1**, 396 (1951). — LANGECKER, H.: Kli. Wo. **1952**, 906. — PFEFFER, K. H., W. RUPPEL, HJ. STAUDINGER u. L. WEISSBECKER: A. e. P. P. **214**, 165 (1952). — PFEFFER, K. H., u. HJ. STAUDINGER: Z. Vit.-, Horm.-Ferm.-Forsch. **5**, 50 (1952). — HENLY, A. A.: Nature **169**, 877 (1952). — [5] BURTON, R. B., A. ZAFFARONI and E. H. KEUTMANN: J. biol. Ch. **188**, 763 (1951). — HOFMANN, H., u. HJ. STAUDINGER: Naturwiss. **38**, 213 (1951). — HOFMANN, H., u. HJ. STAUDINGER: B. Z. **322**, 230 (1951). — SCHMIDT, H., HJ. STAUDINGER u. V. BAUER: B. Z. **324**, 128 (1953). — SAVARD, K.: J. biol. Ch. **202**, 457 (1953). — BRÜCKEL, K. W., H. J. HÜBENER, G. MEYERHEIM u. G. LIERSCH: Kli. Wo. **1954**, 21. — [6] LASZT, L., u. B. NEYMAN: Helv. physiol. Acta **9**, C 8 (1951). Exper. **7**, 430 (1951). — FINKELSTEIN, M.: Nature **169**, 929 (1952). — [7] PFEFFER, K. H., W. RUPPEL, HJ. STAUDINGER u. L. WEISSBECKER: A. e. P. P. **214**, 165 (192).

Zusammenfassende Darstellungen über Antigene und Antikörper: 8—16. [8] LANDSTEINER, K.: The Specifity of Serological Reactions. Springfield, Ill. 1936. — [9] MARRACK, J. R.: The Chemistry of Antigens and Antibodies. London 1938. (Med. Res. Counc. spec. Rep. Ser. 230.) — [10] PAULING, L., D. H. CAMPBELL and D. PRESSMAN: Physiol. Rev. **23**, 203 (1943). — [11] WESTPHAL, O.: Neuere Ergebnisse der Immunchemie. Chemie **57**, 57 (1944). — [12] WUHRMANN, F., u. C. WUNDERLY: Die Bluteiweißkörper der Menschen. 2. Aufl. Basel 1952. — [13] BURNET, F. M., and F. FENNER: The Production of Antibodies. Carlton, Austral. 1949. New York 1950. — [14] DÖRR, R.: Die Immunitätsforschung. 8 Bde. Wien 1947—51. — [15] CAMPBELL, D. H., and N. BULMAN: Some current concepts of the chemical nature of antigens and antibodies. Fortschr. Chem. org. Naturstoffe **9**, 443 (1952). – [16] BOLLAG, W.: Exper. **12**, 210 (1956).

Substanzen, die im fremden Organismus die Bildung von *Antikörpern* auslösen und als *Antigene* bezeichnet werden. Das gleiche gilt für eiweißhaltige Körperflüssigkeiten, wie Serum, Milch, Sperma u. a. Antigene sind enzymähnlich wirkende Substanzen. Wesentlich für ihre Funktion sind sowohl ihre spezielle Molekülstruktur als auch die makromolekulare Natur. Oft sind es Polysaccharide, die jedoch erst in Kombination mit einem Protein zum wirksamen Antigen werden. Beliebige Polysaccharide, z.B. Stärke mit Rattenplasma behandelt, liefern höchst wirksame, histaminfreisetzende Substanzen (Anaphylatoxine)[1]. Niedermolekulare Substanzen haben keine Antigeneigenschaften. Jedoch lassen sich durch Koppelung mancher Substanzen („Haptene") an inerte Proteine oder durch Einführung unphysiologischer chemischer Gruppen (Isocyanat-, Formaldehyd-, Azo-, Halogen- u. a.) in Proteine künstliche Antigene erzeugen[2]. Derartig „markierte" Antigene haben sich als sehr nützlich für die Forschung erwiesen. So konnte z.B. gezeigt werden, daß sie in der Zelle an die Plasmagranulafraktion gebunden werden[3], daß das Antigen im Molekül des Antikörpers nicht enthalten ist und daß kein stöchiometrisches Verhältnis zwischen Antigen und gebildeten Antikörpern besteht.

Die spezifischen Antikörper, deren Bildung durch eine „Matrizen"-Funktion der Antigene am besten erklärt wird[4], entstehen in den Plasmazellen[5] und wahrscheinlich auch in „Immunzellen" der Milz[6]. Im Blut des Menschen sind die Antikörper in der γ-Globulinfraktion enthalten[7], deren Anteil demgemäß in entzündlichen Prozessen sowohl im Blut als auch in Exsudaten[8] vermehrt gefunden wird. Die erhöhte „Senkungsgeschwindigkeit" des Blutes beruht jedoch nicht allein auf einem vermehrten Gehalt von Globulinen, sondern auch von Polysacchariden[9]. Antikörper werden durch die Milch und vor allem durch das Colostrum unverändert ausgeschieden[10]. Das ist wichtig, weil das Neugeborene noch keine Antikörper zu bilden vermag.

Antikörper geben mit dem zugehörigen Antigen, sofern es wenigstens 2 haptophore Gruppen enthält, eine Fällung („Praecipitine"). Diese Praecipitinreaktion dient als Nachweismethode. Die Einwirkung auf die antigenen Zellen (Mikroorganismen, Blutkörperchen) führt zur Agglutination oder auch zur Lyse. Auch Antikörper können durch Kopplung an gefärbte, fluorescierende oder radioaktive niedermolekulare Substanzen „markiert" werden[11], ohne ihre spezifischen Eigenschaften zu verlieren. Durch diese Methoden wird das wichtige biologische Gebiet der spezifischen Antigen-Antikörperreaktionen dem Experiment zugänglich.

Die Antigen-Antikörperfunktionen greifen in das entzündliche Geschehen ein. Versuche an Kaninchen haben gezeigt, daß die Injektion einer Mischung von präzipitierendem Antiserum und homologem Plasma die Entwicklung von Granulomen fördert[12].

[1] Rocha e Silva, M., and A. M. Rothschild: Nature **175**, 987 (1955). — [2] Harington, C. R.: Synthetic immunochemistry. Soc. **1940**, 119. — [3] Haurowitz, F., C. F. Crampton u. H. H. Reller: A.e.P.P. **219**, 11 (1953). — [4] Breinl, F., u. F. Haurowitz: H. **192**, 45 (1930). — Pauling, L.: Am. Soc. **62**, 2643 (1940). — Pauling, L., and R. B. Corey: Proc. nat. Acad. Sci. USA **37**, 235 (1951). — [5] Bjoerneboe, M., H. Gormsen and F. Lundquist: J. Immunol. **55**, 121 (1947). — Fagraeus, A.: J. Immunol. **58**, 1 (1948). — Ehrich, W. E., D. L. Drabkin and C. Forman: J. exp. Med. **90**, 157 (1949). — Good, R. A., and B. Campbell: Amer. J. Med. **9**, 330 (1950). — Moeschlin, S., u. B. Demiral: Kli. Wo. **1952**, 827. — Ehrich, W. E.: Kli. Wo. **1955**, 315. — [6] Meyer-Arendt, J.: Virchows Arch. **321**, 378 (1952). — [7] Tiselius, A., and E. A. Kabat: J. exp. Med. **69**, 119 (1939). — Wuhrmann, F., u. C. Wunderly: Die Bluteiweißkörper des Menschen. 2. Aufl. S. 52. Basel 1952. — Gutman, A. B.: Adv. Protein Chem. **4**, 155 (1948). — [8] Borkenstein, E., u. H. Sterz: Wien. Z. inn. Med. **33**, 523 (1952). — [9] Stary, Z., H. Bodur u. F. Batiyok: Schweiz. med. Wschr. **81**, 1273 (1951). — [10] Askonas, B. A., P. N. Campbell, J. H. Humphrey and T. S. Work: Biochem. J. **56**, 597 (1954). — [11] Coons., A. H., and M. H. Kaplan: J. exp. Med. **91**, 1 (1950). — Goldman, M., and R. K. Carver: Science, N. Y. **126**, 839 (1957). — [12] Meier, R., P. Desaulles u. B. Schär: Exper. **11**, 442 (1955).

Im Komplement des Serums ist ein *Properdin* genannter Faktor enthalten, der im Zusammenwirken mit einem Serum Co-Faktor und Magnesium Bakterien abtöten und spezifische Abwehrmechanismen auslösen kann[1]. Durch Zymosan wird es zerstört. Properdin konnte aus dem Serum 3000fach angereichert werden. Die quantitative Bestimmung ist möglich[2]. (Über Properdin s. Bd. 2/2b, S. 972.)

12. Regeneration[3-15].

Wird die Integrität eines Organismus verletzt, z.B. durch Verwundung, so setzen bald Wachstumsvorgänge ein, die das verlorengegangene Gewebe durch „Regeneration" in erblich festgelegten Bahnen ganzheitsgemäß ersetzen oder wenigstens behelfsmäßig den Defekt durch Narbenbildung schließen. Auch in solchen Geweben, die nach Abschluß der Entwicklung nicht mehr durch Zellvermehrung, sondern nur noch durch Zunahme der Zellgröße wachsen oder bereits stationär sind, setzen nach der Verletzung oder Schädigung zuerst Kernwachstum und dann wieder mitotische Zellteilungen ein, die dem Aufbau dienen. Ist dieser abgeschlossen, so hört die Zellvermehrung mit dem Beginn der Zellfunktion auf. Das weitere Wachstum erfolgt dann nur noch durch Zunahme von Kerngröße (Chromosomenmasse und -zahl) und Zellgröße, bis diese den funktionellen Erfordernissen genügen. Die hier lokalisiert ablaufenden Vorgänge entsprechen denen bei der ontogenetischen Entwicklung des ganzen Organismus prinzipiell, und zwar morphologisch wie biochemisch[16]. Die Regeneration ist stets gleichbedeutend mit regional begrenzter Zellvermehrung und ihr folgendem Zellwachstum.

Die spezifische Zellfunktion hemmt die mitotische Zellvermehrung, deren Wiederbeginn bei der Regeneration ihrerseits wieder die Funktion ausschließt[17]. Dieser temporäre Funktionsverlust kann nicht einfach als Entdifferenzierung oder Embryonalisierung angesehen werden[18], obwohl sich Zellen von regenerierenden Organen auch bei alten Tieren wie jugendliche Zellen verhalten, und zwar nicht nur hinsichtlich ihrer Vermehrungsfähigkeit, z.B. in der Gewebekultur[19], sondern auch darin, daß sie im Rahmen ihrer noch vorhandenen Plastizität auch zu anderen Bildungen befähigt sein können[20].

Primitive Organismen, deren Zellenmaterial nicht determiniert ist[21], können sich sogar aus Teilstücken vollkommen regenerieren. Bei Einzellern ist das jedoch

[1] PILLEMER, L., L. BLUM, I. H. LEPOW, O. R. ROSS, E. W. TODD and A. C. WARDLAW: Science, N. Y. **120**, 279 (1954). — PILLEMER, L., M. D. SCHOENBERG, L. BLUM and L. WURZ: Science, N. Y. **122**, 545 (1955). — [2] LEON, M. A.: J. exp. Med. **103**, 285 (1956).

Zusammenfassende Darstellungen: 3—15. [3] NĚMEC, B.: Studien über die Regeneration. Berlin 1905. — [4] GUTHERZ, S.: Der Partialtod in funktioneller Betrachtung. Jena 1926. — [5] KORSCHELT, E.: Regeneration und Transplantation. Berlin 1927. — [6] BERTALANFFY, L. v.: Theoretische Biologie. Bd. 1. Berlin 1932. Bd. 2, 2. Aufl. Bern 1951. — [7] FISCHER, A.: Regenerationsproblematische Untersuchungen an Gewebszellen in vitro. Über das Regenerationsproblem. Protoplasma, Berlin **14**, 461 (1931/32). — [8] FISCHER-WASELS, B.: Die Bedingungen der regenerativen und der atypischen Zellwucherung. Zbl. allg. Path. **63**, Erg.-H. 47, 142 (1935). — [9] RIES, E.: Lebenszyklen und Arbeitsrhythmus von Zellen. Verh. dtsch. zool. Ges. **39**, 171 (1937). — [10] RIES, E.: Biologie der Zelle. 2. Aufl. Hrsgb. GERSCH, M. Leipzig 1953. — [11] LEPESCHKIN, W. W.: Zell-Nekrobiose und Protoplasma-Tod. Berlin 1937 (Protoplasma-Monogr. Bd. 12). — [12] SEITZ, L.: Wachstum, Geschlecht und Fortpflanzung als ganzheitlich erbmäßig-hormonales Problem. Berlin 1939. — [13] BRACHET, J.: Aspects biochemiques de la régénération. Exper. **2**, 41 (1946). — [14] HARTMANN, M.: Allgemeine Biologie. 4. Aufl. Stuttgart 1953. — [15] LÜSCHER, M.: Die Ursachen der tierischen Regeneration. Exper. **8**, 80 (1952).

[16] BRACHET, J.: Exper. **2**, 41 (1946). — [17] PETER, K.: Protoplasma, Berlin **10**, 613 (1930). — STEIN, J.: Arch. exp. Zellforsch. **20**, 78 (1937). — [18] RIES, E.: Lebenszyklen und Arbeitsrhythmus von Zellen. Verh. dtsch. zool. Ges. **39**, 171 (1937). — [19] GLINOS, A. D., and E. G. BARTLETT: Cancer Res. **11**, 164 (1951). — [20] WIGGLESWORTH, V. B.: Naturwiss. **27**, 301 (1939). — [21] SPEMANN, H.: Experimentelle Beiträge zu einer Theorie der Entwicklung. Berlin 1936.

nur dann möglich, wenn das Stück wenigstens einen Teil des Zellkernes enthält. SPALLANZANI beobachtete bereits an zerschnittenen Süßwasserpolypen, daß aus jedem genügend großen Stück ein ganzer Organismus heranwächst. Bei höher differenzierten Lebewesen ist eine vollkommene Regeneration nur noch aus einem bestimmten Zellenmaterial möglich[1], bei Medusen z.B. nur aus der Randzone des Schirms. Schnecken können noch wesentliche Teile des Kopfes regenerieren, wenn das Zentralnervensystem unverletzt geblieben ist, niedere Wirbeltiere dagegen nur mehr verlorengegangene Extremitäten.

In den Anfangsstadien der ontogenetischen Entwicklung, in denen das Zellenmaterial noch omnipotent oder weitgehend plastisch ist, sind noch volle Regenerationen möglich[2]. Zerstörung einer Blastomeren nach der ersten Teilung der befruchteten Eizelle läßt aus der anderen noch ein ganzes Individuum entstehen, das sich indessen vom normal entwickelten Keim durch seine geringere Größe unterscheidet (H. DRIESCH). Mit fortschreitender ontogenetischer bzw. phylogenetischer Differenzierung verlieren die Zellen ihre Plastizität und damit ihr Regenerationsvermögen zunehmend, so daß sie meist nur noch zu Teilregenerationen fähig sind. Die Gewebe erwachsener Säugetiere und des Menschen haben gleichwohl noch ein bedeutendes Regenerationsvermögen. Alle Gewebe, die der fortlaufenden Neubildung unterliegen, wie die blutzellenbildenden Gewebe und Epidermoidalgebilde, zeigen eine besonders gute Regeneration, ebenso das Bindegewebe und die Blutgefäße. Aber auch drüsige Organe, viele endokrine Drüsen, die Milz oder Leber regenerieren auch nach Entfernung des größten Teiles unter Umständen vollständig. Muskulatur und Nervenfasern können Substanzdefekte nur langsam und meist unvollständig decken, so daß sich fibröse Narben bilden. Ganglienzellen regenerieren nicht mehr.

Regenerationen sind grundsätzlich auch an isolierten Geweben in der Kultur möglich, erfordern also die Mitwirkung des Organismus an sich nicht[3]. Trotzdem hat der Organismus einen maßgebenden Einfluß. Mit dem Alter nimmt das Wachstum und das Regenerationsvermögen ab[4]. Die Wundheilung, die z.B. bei einem 10jährigen Menschen für eine Wundfläche von 20 cm^2 etwa 20 Tage erfordert, benötigt bei einem 20jährigen schon 30 und bei einem 60jährigen 100 Tage[5]. Die Regeneration der Leber nach partieller Hepatektomie verläuft bei jungen Ratten weitaus schneller als bei alten[6]. Die Ursache dafür liegt darin, daß der Wuchsstoffgehalt des Organismus mit dem Alter abnimmt und sogar wachstumshemmende Substanzen nachweisbar werden[7]. Eine Alterung von Zellen erfolgt nur im alternden Organismus, wahrscheinlich durch die dauernde funktionelle Belastung der Zellen bei nur langsamer Zellerneuerung oder durch den Mangel an höchstwertigen Baustoffen. In der Gewebekultur, in der die Zellen sich unter der Wirkung von Embryonalextrakten fortgesetzt teilen, tritt sogar in Zeiträumen, die ein Vielfaches der Lebenserwartung des Organismus betragen, überhaupt kein nachweisbares Altern ein (A. CARREL).

Die bei der Regeneration, z. B. der Leber, neu entstandenen Zellen verhalten sich wieder wie jugendliche Zellen und teilen sich weiter nach Maßgabe der vor-

[1] GOETSCH, W.: Roux' Arch. Entw.-Mech. **117**, 211 (1929). — [2] DUSPIVA, F.: Biochemie des Wachstums und der Differenzierung. Handb. allg. Path. (BÜCHNER-LETTERER-ROULET) Bd. VI/1, S. 307. Naturwiss. **42**, 305 (1955). — KÜHN, A.: Vorlesungen über Entwicklungsphysiologie. Berlin, Göttingen, Heidelberg 1955. — [3] FISCHER, A.: Arch. mikroskop. Anat. **77**, 1 (1911). — SMIRNOWA, V.: Arch. exp. Zellforsch. **10**, 349 (1931). — FISCHER, A.: Protoplasma, Berlin **14**, 461 (1931/32) — [4] CARREL, A.: J. exp. Med. **18**, 288 (1913). — Biology of Tissue Cells. New York 1946. — NEEDHAM, A. E.: J. Gerontol. **5**, 5 (1950). — [5] NOUY, LECOMTE DU: Biological Time. London 1936. — [6] GLINOS, A. D., and E. G. BARTLETT: Cancer Res. **11**, 164 (1951). — [7] RIES, E.: Lebenszyklen und Arbeitsrhythmus von Zellen. Verh. dtsch. zool. Ges. **39**, 171 (1937). — RIES, E.: Biologie der Zelle. 2. Aufl. Hrsgb. GERSCH, M. Leipzig 1953.

handenen Wuchsstoffe. Mit der Zellteilung ist eine Verjüngung verbunden. Das Alter einer Zelle entspricht dem Zeitabstand von der letzten Teilung, und das Alter eines Gewebes danach der Häufigkeit, mit der die Zellen durch Teilung erneuert werden; es ist insoweit also unabhängig von der Lebensdauer des Organismus. Die Regeneration ist ein Verjüngungsprozeß. Daraus folgt, daß die lebende Zelle nicht zwangsläufig dem Altern und dem Tod unterliegt, sondern nur dann, wenn die Verjüngung durch Zellteilung ausbleibt[1] (WEISMANN). Da diese physiologisch durch stoffliche Wirkung ausgelöst, beschleunigt oder gehemmt wird, ist die Verjüngung und das Altern wahrscheinlich auch ein humorales Problem.

Die Auslösung der Zellteilungsvorgänge nach Verletzung und Gewebsverlust erfolgt wohl stets auf humoralem Wege, z. B. durch „Wundhormone"[2] (s. Bd. 2/2b, S. 888). Ihr Nachweis gelang zuerst an *Pflanzen*[3]. Werden Wundflächen, z. B. an Kohlrabiknollen oder Kartoffeln, mit Wasser ausgewaschen, so treten keine Proliferationen ein, können aber durch Bestreichen mit Gewebebrei auch von anderen Pflanzen ausgelöst werden. Der Wirkstoff wird nur im Phloem[4] gebildet. Als Test für den Nachweis der Wundhormone, die also Wuchsstoffe sind, gilt die Anregung des Wachstums am Mesocarpparenchym von Bohnen (HABERLANDT-Test). Die als „Traumatin" bezeichnete Wirksubstanz wurde als Δ^9-Decen-1,10-dicarbonsäure erkannt[5].

$$HOOC{-}CH{=}CH{-}(CH_2)_8{-}COOH.$$

Homologe ungesättigte Säuren sind zum Teil noch stärker wirksam.

Hefezellen, die auf verschiedene Weise geschädigt wurden, bilden ebenfalls einen proliferationsfördernden Faktor, der ein charakteristisches Absorptionsmaximum bei 2600 Å zeigt[6], wahrscheinlich handelt es sich um Nucleinsäure. Ebenso werden auch in geschädigten *Warmblütergeweben* Spaltprodukte frei, die die Zellteilung anregen[7] und als Wundhormone angesehen werden[8]. Mit Gewebsbrei gefüllte Säckchen aus Collodium, die in die Bauchhöhle von Ratten implantiert wurden, lösen Leukocytose und die Bildung eines Granulationsgewebes um das Säckchen aus, während mit Ringerlösung gefüllte Säckchen reaktionslos im Abdomen liegen bleiben. Die im Gewebsbrei vorhandenen Wirkfaktoren müssen also dialysable niedermolekulare Substanzen sein[9]. Ob es sich bei diesen Wuchsstoffen um spezifische „Ergone" oder um unspezifische Spaltprodukte aus Zellproteinen und Nucleinsäuren handelt, kann erst nach ihrer chemischen Isolierung beurteilt werden. Aminosäuren, z. B. Lysin und Cystein, wirken bereits als Wuchsstoffe[10] und regen die Zellteilung an[11].

Die Regeneration kann durch chemische Substanzen auch gehemmt werden. Antistoffe von Aminosäuren, wie z. B. ihre optischen Antipoden, α-Aminosulfonsäuren, ungesättigte Homologe der Aminosäuren und isostere Verbindungen hemmen das Wachstum[12] (s. S. 161). Das dem Leucin entsprechende Methylketon verhindert „histostatisch" die Schwanzregeneration bei Xenopus levis[13].

---

[1] KORSCHELT, E.: Lebensdauer, Alter und Tod. 3. Aufl. Jena 1924. — [2] FREY-WYSSLING, A.: Die Stoffausscheidung der höheren Pflanzen. Berlin 1935. — [3] HABERLANDT, G.: Biol. Zbl. **42**, 145 (1922). Beitr. allg. Bot. **2**, 1 (1923). — [4] WEHNELT, B.: Jb. wiss. Bot. **66**, 773 (1926/27). — [5] ENGLISH, J. jr., J. BONNER and A. J. HAAGEN-SMIT: Science, N. Y. **90**, 329 (1939). Am. Soc. **61**, 3434 (1939). — [6] LOOFBOUROW, J. R., E. S. COOK, C. M. DWYER and M. J. HART: Nature **144**, 553 (1939). — [7] GUTHERZ, S.: Der Partialtod in funktioneller Betrachtung. Jena 1926. — BAKER, L. E., and A. CARREL: J. exp. Med. **47**, 353 (1928). — WEICHHARDT, W.: Kli. Wo. **1931 I**, 153. — [8] HEGEMANN, G., F. TRAUT u. L. v. WALLENSTERN: Langenbecks Arch. klin. Chir. **266**, 515 (1950). — [9] DRUCKREY, H.: Kli. Wo. **1936 I**, 433. — [10] VOEGTLIN, C., and J. W. THOMPSON: Publ. Hlth. Rep. **51**, 1429 (1936). — [11] RILEY, J. F.: Brit. med. J. **1940 II**, 516. — [12] KNOBLOCH, H.: Ergebn. Enzymforsch. **11**, 142 (1950). — [13] ERLENMEYER, H., u. F. E. LEHMANN: Exper. **5**, 472 (1949).

Die gleiche Wirkung haben auch andere α-Aminoketone[1].

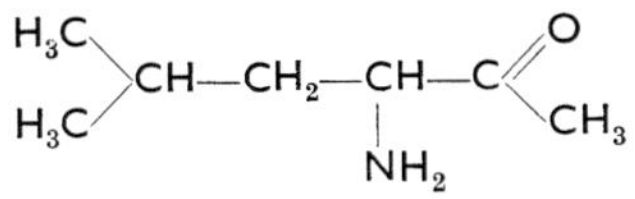

$$\begin{matrix} H_3C \\ H_3C \end{matrix}\!\!>CH-CH_2-\underset{\displaystyle NH_2}{\underset{|}{CH}}-C\!\!\begin{matrix} \nearrow O \\ \searrow CH_3 \end{matrix}$$

Die viel untersuchte Regeneration der Leber nach partieller Hepatektomie wird humoral ausgelöst. Parabioseversuche an Ratten ergaben, daß nach Hepatektomie eines Partners auch beim nicht operierten Partner in der Leber Mitosen ausgelöst werden[2], und zwar um so mehr, je intensiver der Säfteaustausch zwischen den Tieren ist[3]. Die Zunahme der Mitosenzahl ist auf die Leber beschränkt. Der übertragene Faktor muß also ein organspezifischer Wuchsstoff sein. Er konnte auch im Serum partiell hepatektomierter Ratten nachgewiesen werden[4]. Seine Herkunft und chemische Natur sind noch nicht bekannt. Es kann sich entweder um ein Hormon des Hypophysenvorderlappens handeln oder um ein „Ergon", das nur mit dem Wachstumshormon (Somatotropin) zusammen wirksam ist, denn am hypophysektomierten Tier, bei dem auch der Ablauf von Entzündungsprozessen gehemmt ist, tritt die Regeneration der Leber nur verlangsamt oder gar nicht ein. Hier unterbleibt auch die kompensatorische Hypertrophie der Niere nach einseitiger Nephrektomie. Die Hypophyse spielt danach eine maßgebliche Rolle für die Regeneration. Die Bildung von Granulomen ist dagegen vom Vorhandensein der Hypophyse unabhängig, wird aber durch Cortison gehemmt[5]. Die einzelnen Gewebe verhalten sich demnach verschieden. Die Regeneration der Leber wird auch durch andere Faktoren beschleunigt, vor allem durch Leberextrakte[6]. Diese Wirkstoffe sind kochbeständig und wirken zugleich als Schutzstoffe für die Leber gegen toxische und andere Schädigungen sicherer als Cholin, das nur als Methyldonator funktioniert, oder als Methionin[7]. Es ist daher wahrscheinlich, daß die Regeneration zumindest der parenchymatösen Organe außer den „niederwertigen", allgemein benötigten auch noch „höchstwertige", organspezifische und nicht durch andere Substanzen ersetzbare Baustoffe erfordert. Ein Organpräparat aus tierischem Nervengewebe (Bayer 638) soll therapeutisch bei multipler Sklerose wirksam sein[8]. Durch solche experimentellen Befunde erhält die bisher wenig fundierte Organtherapie bessere Grundlagen. Derartige „höchstwertige" Baustoffe scheinen vor allem in embryonalen Geweben vorhanden zu sein, im Alter aber zu fehlen.

Die Regeneration wird durch Aktivierung der Kerne in den verbliebenen Zellen eingeleitet. Bereits 20 min nach Abschneiden der Schwanzspitze beim Molch sind die Zellkerne um 50% vergrößert[9]. Der Nucleinsäurestoffwechsel wird aktiviert. 24 Std nach partieller Hepatektomie (Ratte) erreicht die ^{32}P-Bindung in den Nucleinsäuren ihr Maximum[10]. Die Aktivität der alkalischen Phosphatasen

[1] Lehmann, F. E., u. H. R. Dettelbach: Rev. suisse Zool. **59**, 253 (1952). — Lehmann, F. E., R. Weber, H. Aebi, J. Bäumler and H. Erlenmeyer: Helv. physiol. Acta **12**, 147 (1954) — [2] Bucher, N. L. R., J. F. Scott and J. C. Aub: Cancer Res. **10**, 207 (1950). — [3] Bucher, N. L. R., J. F. Scott and J. C. Aub: Cancer Res. **11**, 457 (1951). — [4] Friedrich-Freksa, H., u. F. G. Zaki: Z. Naturforsch. **9**b, 394 (1954). — [5] Desaulles, P., W. Schuler u. R. Meier: Exper. **7**, 188 (1951). — Meier, R., F. Gross u. P. Desaulles: Kli. Wo. **1951**, 653. — [6] Drabkin, D. L.: J. biol. Ch. **171**, 395 (1947). — Denton, R. W., and A. C. Ivy: Amer. J. Physiol. **152**, 460 (1948). — Newman, E., M. I. Grossman and A. C. Ivy: Amer. J. Physiol. **157**, 221 (1949). — [7] Nakahara, W., K. Mori u. T. Huziwara: Gann, Tokyo **33**, 406 (1939). — Mori, K.: Cancer Res. **1**, 830 (1941). — Miller, J. A., D. L. Miner, H. P. Rusch and C. A. Baumann: Cancer Res. **1**, 699 (1941). — Turner, J. C., and B. Mulliken: Proc. Soc. exp. Biol. Med. **49**, 317 (1942). — [8] Werner, A.: Med. Welt **1951**, 1448. — [9] Kupka, E.: Exper. **7**, 181 (1951). — [10] Johnson, R. M., S. Albert and R. Hoste: Cancer Res. **11**, 260 (1951).

steigt bis zum 2. Tag bis auf das 7fache an[1]. Gleichlaufend mit der zunehmenden Phosphatbindung nimmt der RNS-Gehalt im Cytoplasma und damit die Proteinsynthese zu[2], dann aber auch der DNS-Stoffwechsel. Während die normale Leber von Ratten nach Gabe von ^{32}P ein Aktivitätsverhältnis DNS/RNS von 1:10 bis 1:7 zeigt, steigt der Quotient in der regenerierenden Leber auf 1:2 an[3]. Die Steigerung der Synthesen ist offenbar die Voraussetzung für den Beginn der Zellteilungsprozesse. Die Zunahme der Mitosenrate beginnt erst am 2. Tag nach der Hepatektomie und erreicht am 3.—4. Tag mit einer von 50 ruhenden Zellen ihr Maximum gegenüber 1:20000 in der normalen Leber erwachsener Ratten[4]. Das ist eine Steigerung der Mitoserate um das 400fache, sie erreicht in der regenerierenden Leber also dieselben Werte, die in Krebsgeschwülsten vorkommen[5]. Die Reihenfolge der Vorgänge ist dieselbe, wie beim normalen Wachstum: am Anfang steht die Aktivierung des Nucleinsäurestoffwechsels, die zum Wachstum des Zellkerns und zur Steigerung der Proteinsynthesen führt. Erst dann kann die mitotische Zellvermehrung folgen[2]. Auch bei der Regeneration von Nerven stehen Veränderungen des Nucleinsäure- und des Proteinstoffwechsels im Vordergrund[2,6].

Der energetische Stoffwechsel ist bei der Regeneration naturgemäß erhöht, was z. B. durch eine Zunahme des Cytochrom c-Gehalts[7] und der Kathepsin-Aktivität[8] zum Ausdruck kommt. Das Granulationsgewebe von heilenden Wunden an der Rattenhaut hat einen wesentlich höheren Sauerstoffverbrauch als normale Haut erwachsener Tiere[9]. Im Granulationsgewebe wurde ein saures Mucopolysaccharid gefunden[10], dessen Bedeutung noch unklar ist.

Alle Regenerationsvorgänge sind dadurch gekennzeichnet, daß sie sich — in scharfem Gegensatz zum Krebs — in den erblich festgelegten Gesamtplan des Organismus einfügen und der Erhaltung seiner morphologischen und funktionellen Integrität dienen. Ist diese Aufgabe erfüllt, so hört das regenerative Wachstum auf. Für das regenerative Wachstum ist charakteristisch, daß es ebenso wie das Wachstum normaler Organismen und Organe unabhängig ist von der Anfangsgröße, weitgehend unabhängig vom Milieu und daß es einem Endwert zustrebt, der ein erblich festgelegtes Merkmal der Art ist. Die Zellen des regenerierenden Gewebes verhalten sich demnach stets als Bausteine einer höheren Einheit. Krebszellen dagegen vermehren sich wie selbständige Individuen. Das Wachstum des Carcinoms hängt vom Anfangswert und vom Milieu stark ab, strebt aber keinem Endwert zu[11].

Eine Regeneration ist grundsätzlich nur in solchen Geweben möglich, die dem dauernden Zellersatz unterliegen und erfolgt auch hinsichtlich seiner Geschwindigkeit nach Maßgabe des gewebstypischen normalen Zellersatzes. So erscheint die Regeneration nur als Steigerung dieses physiologischen Vorganges und der normale Zellersatz als kontinuierliche Regeneration. Zwischen beiden Vorgängen bestehen also keine grundsätzlichen Unterschiede, sondern nur quantitative. Zellen, die sich physiologisch nicht teilen wie die Ganglienzellen, können bei Verlust auch nicht regeneriert werden. Hier erfolgt die Erneuerung also nicht durch

[1] Norberg, B.: Acta physiol. scand. **19**, 246 (1950). — [2] Caspersson, T. O.: Cell Growth and Cell Function. New York 1950. — [3] Davidson, J. N., and W. Raymond: Biochem. J. **42**, XIV (1948). — [4] Brues, A. M., and B. B. Marble: J. exp. Med. **65**, 15 (1937). — Glinos, A. D., and N. L. R. Bartlett: Cancer. Res. **11**, 164 (1951). — [5] Goldfeder, A.: Cancer Res. **11**, 169 (1951). — [6] Hydén, H.: Symp. Soc. exp. Biol. **1**, 152 (1947). — [7] Drabkin, D. L.: J. biol. Ch. **171**, 395 (1947). — [8] Jensen, P.K., F.E. Lehmann u. R. Weber: Helv. physiol. Acta **14**, 188 (1956). — [9] Paul, H. E., M. F. Paul, J.D. Taylor and R. W. Marsters: Arch. Biochem. **17**, 429 (1948). — [10] Hudack, S. S., J. W. Blunt jr., P. Higbee and G. M Kearin: Proc. Soc. exp. Biol. Med. **72**, 526 (1949). — [11] Druckrey, H.: Carcinogenesis, Mechanism of Action. Ciba Foundation Symposion. Im Druck.

Zellersatz, sondern nur noch durch Erneuerung der Bausteine im dynamischen Stoffaustausch, wie in allen Zellen und auch in der extracellulären Substanz (Knochen u. a.).

13. Krebs[1-62].

a) Begriffsbestimmung.

Alle Zellen eines Organismus sind durch mitotische Teilung aus einer befruchteten Keimzelle entstanden und haben daher auch die qualitativ gleiche artspezifische Erbmasse, unabhängig von der organspezifischen Differenzierung des Gewebes. In ihr ist die Fähigkeit zur art-, orts- und ganzheitsgemäßen Entwicklung verankert. Die Ergebnisse der Entwicklungsphysiologie zeigen in ihren Induktionsexperimenten besonders klar, daß die Fähigkeit zur artgemäßen Entwicklung auch bei Transplantation eines Gewebes auf einen andersartigen Wirt und in atypischer Lage unverändert erhalten bleibt. Embryonale Gewebe

Zusammenfassende Darstellungen: 1—62. [1] VIRCHOW, R.: Die krankhaften Geschwülste (Vorlesungen über Pathologie Bde. 2 u. 3). Berlin 1863/65. — [2] BORST, M.: Die Lehre von den Geschwülsten. Wiesbaden 1902. — [3] RIBBERT, H.: Geschwulstlehre. Bonn 1904. — [4] WOLFF, J.: Die Lehre von der Krebskrankheit. 4 Bde. Jena 1907/1928. Bd. 1, 2. Aufl. 1929. — [5] LEWIN, C.: Die bösartigen Geschwülste. Leipzig 1909. — [6] AICHEL, O.: Über Zellverschmelzungen mit qualitativ abnormer Chromosomen-Verteilung als Ursachen der Geschwulstbildung. Leipzig 1911. — [7] BOVERI, T.: Zur Frage der Entstehung maligner Tumoren. Jena 1914. — [8] FISCHER-WASELS, B.: Allgemeine Geschwulstlehre. Handb. Physiol. Bd. 14/2, S. 1341. — [9] BAUER, K. H.: Die Mutationstheorie der Geschwulstentstehung. Berlin 1928. — [10] SORSBY, M.: Cancer and Race. London 1931. — [11] FISCHER-WASELS, B.: Vererbung und Krebsforschung. Leipzig 1931. — [12] HENKE, F., u. O. LUBARSCH: Handb. path. Anat. Histol. (HENKE-LUBARSCH) Bd. III/1 u. 3. — [13] SCHINZ, H. R., u. F. BUSCHKE: Krebs und Vererbung. Leipzig 1935. — [14] NEITZEL, E.: Berufsschädigungen durch radioaktive Substanzen. Leipzig 1935. — [15] PURR, A.: Tumoren bei Mensch, Tier und Pflanze. Tab. biol. Bd. XV, S. 154. — [16] BAUER, K. H.: Erbbiologie der Geschwülste des Menschen. Handb. Erbbiol. Mensch. (JUST) Bd. IV/2, S. 1122. — [17] KRÖNING, F.: Genetik der Krebsgeschwülste der Tiere. Handb. Erbbiol. Mensch. (JUST). Bd. IV/2, S. 1079. — [18] SIMMONDS, C. S.: Cancer. Boston 1940. — [19] Chemie und Krebs. (Verlag Chemie.) Berlin 1940. — [20] HINSBERG, K.: Das Geschwulstproblem in Chemie und Physiologie. Dresden, Leipzig 1942. — [21] AULER, H., u. H. MARTIUS (Hrsgb.): Diagnostik der bösartigen Geschwülste. 2. Aufl. München 1943. — [22] LETTRÉ, H.: Chemie und Krebs. Forsch. u. Fortschr. **17**, 83 (1941). — [23] EULER, H. v., u. B. SKARZYNSKY: Biochemie der Tumoren. Stuttgart 1942. — [24] CASPERSSON, T., and L. SANTESSON: Studies on Protein Metabolism in the Cells of Epithelial Tumors. Stockholm 1942. — [25] HUEPER, W. C.: Occupational Tumors and Allied Diseases. Springfield 1940. — [26] EWING, J.: Neoplastic Diseases. 4. Aufl. Philadelphia, London 1942. — [27] LILJENCRANTZ, E. (Hrsgb.): Cancer Handbook. Stanford Univ. Press, California 1939. — [28] STERN, K., and R. WILLHEIM: The Biochemistry of Malignant Tumors. Brooklyn 1943. — [29] POTTER, V. R.: Biological energy transformations and the cancer problem. Adv. Enzymol. **4**, 201 (1944). — [30] SCHRÖDINGER, E: What is Life ? New York 1943. London 1944. Was ist Leben ? Bern 1946. — [31] OBERLING, C.: The Riddle of Cancer. 2. Aufl. New Haven, London 1953. — [32] RONDONI, P.: Il Cancro. Milano 1946. — [33] BERENBLUM, I.: Science versus Cancer. London 1946. — [34] WUHRMANN, F., u. C. WUNDERLY: Die Bluteiweißkörper des Menschen. 2. Aufl. Basel 1952. — [35] NATHANSON, I. T.: Endocrine aspects of human cancer. Recent Progr. Hormone Res. **1**, 261 (1947). — [36] GARDNER, W. U.: Studies on steroid hormones in experimental carcinogenesis. Recent Progr. Hormone Res. **1**, 217 (1947). — [37] Chemical carcinogenesis. Brit. med. Bull. **4**, 309 bis 426 (1946/47). — [38] ROUS, P.: Recent advances in cancer research. Nature **159**, 12 (1947). — [39] HIEGER, I.: Progress of cancer research. Nature **159**, 527 (1947). — [40] SCHUBERT, G.: Kernphysik und Medizin. 2. Aufl. Göttingen 1948. — [41] ACKERMANN, L. V., and J. A. DEL REGATO: Cancer. 2. Aufl. St. Louis 1954. — [42] HESTON, W. E.: Genetics of cancer. Adv. Genetics **2**, 99 (1948). — [43] WEITZ, W.: Die Vererbung innerer Krankheiten. 2. Aufl. Hamburg 1949. — [44] BAUER, K. H.: Das Krebsproblem. Berlin, Göttingen, Heidelberg 1949. — [45] POTTER, V. R.: Enzymes, Growth, and Cancer. Springfield 1950. — [46] HARTWELL, J. L.: Survey of Compounds which have been Tested for Carcinogenic Activity. 2. Aufl. Washington 1951 (Publ. Hlth. Serv. Publ. Nr. 149). — [47] MILLER, E., u. J. MILLER: Die Biochemie der Krebsentstehung in der Leber. Berlin, Herne, Westf. 1952. — [48] WOLF, G.: Chemical Induction of Cancer. London 1952. —

und die ähnlich zu beurteilenden regenerierenden Gewebe[1] sind dadurch charakterisiert, daß sie unter zunehmender Differenzierung durch geordnetes und begrenztes Wachstum zu ganzheitsgemäßen Bildungen führen, die morphologisch und funktionell dem Erbbild der Art entsprechen. Das entscheidende Merkmal des Krebsgewebes liegt demgegenüber darin, daß hier eine von allen normalen Körperzellen *verschiedene Zellrasse* vorliegt. Die Krebszellen sind der im Körper selbst entstandene „Erreger" des Krebs. Ihre Vermehrung fügt sich dem Ganzheitsplan nicht ein, sondern verläuft ungeordnet und schrankenlos in eigenen Bahnen „autonom". Sie verhalten sich nicht wie Zellen eines wachsenden Organs im Organismus, sondern vermehren sich wie eine Population von selbständigen Individuen. Krebs und embryonale Gewebe sind Gegensätze. Krebs kann deshalb nicht auf ein spätes Wachstum versprengter embryonaler Keime (Theorie von COHNHEIM) bezogen werden.

Die Entstehung dieser neuen Zellrasse aus normalen Körperzellen setzt eine irreversible Veränderung ihrer Erbmasse voraus, mag diese nun chromosomale Gene, karyotische oder plasmatische „Duplikanten" betreffen. Die Echtheit der Erbänderung folgt aus der Gesetzmäßigkeit, mit der die Krebszellen ihre abweichende Art mit allen morphologischen, funktionellen und chemischen Eigenschaften auch unter wechselnden äußeren Bedingungen auf ihre Tochterzellen übertragen, und zwar auch dann, wenn das Agens, das ihre Entstehung einmal ausgelöst hat, längst nicht mehr vorhanden ist. Darin unterscheidet sich das echte Krebsgewebe trotz etwaiger gestaltlicher Übereinstimmung von bloßen Hyper- oder Metaplasien oder von anderen, auch infiltrativ wachsenden Gewebswucherungen, die des steten Weiterwirkens eines belebten oder unbelebten Agens bedürfen, die sich also zurückbilden, wenn diese Wirkung fortfällt. Zum Beispiel die durch Virus ausgelösten Geschwülste sind so lange als Sonderfall zu betrachten und von Krebs zu unterscheiden, bis ihre Verimpfung auch ohne gleichzeitige Virusübertragung gelungen ist. Krebszellen stellen eine veränderte Zellrasse dar und sind daher körperfremd. Die Malignität ist eine „erbliche" Eigenschaft der *Krebszelle* selbst. Die Krebszelle ist daher das „ens malignitatis", der im Körper selbst entstandene „Erreger" der Krankheit: Krebs. Dieser Sachverhalt wurde in der „Mutationstheorie" des Krebs bereits erkannt[2], als die Mutationsforschung selbst erst begann.

[49] Cancer Illness. Publ. Health Serv. Bethesda 1952. — [50] DENOIX, P.-F. (Hrsgb.): Documents statistiques sur la morbidité par cancer dans le monde. Paris 1953. — [51] PELLER, S.: Cancer of Man. New York 1952. — [52] HOMBURGER, F., and W. H. FISHMAN: The Physiopathology of Cancer. New York 1953. — [53] Advances in Cancer Research. Vol. 1—, New York 1953—. — [54] GREENSTEIN, J. P.: Biochemistry of Cancer. 2. Edit. New York 1954. — [55] STEINER, P. E.: Cancer, Race, and Geography. Baltimore 1954. — [56] Handb. allg. Path. (BÜCHNER-LETTERER-ROULET) Bd. VI/3. Geschwülste. — [57] BAUER, K. H., u. R. FREY: Geschwulst und Trauma. Handb. Unfallheilkde. (BÜRKLE DE LA CAMP-ROSTOCK) 2. Aufl. Bd. 2, S. 1. — [58] HADDOW, A.: Neoplastic diseases. Ann. Rev. Med. **6**, 153 (1955). The biochemistry of cancer. Ann. Rev. **24**, 689 (1955). — [59] COWDRY, E. V.: Cancer Cells. Philadelphia 1955. — [60] PULLMAN, A., et B. PULLMAN: Cancérisation par les substances chimiques et structure moléculaire. Paris 1955. — [61] SCHUBERT, K.: Steroide und Krebs. Leipzig, Dresden 1956 (Beitr. Krebsforsch. Bd. 5). — [62] NOWINSKI, W. W.: Fundamental Aspects of Normal and Malignant Growth. Amsterdam. London, New York 1956.

[1] BRACHET, J.: Exper. **6**, 41 (1946). — [2] HANSEMANN, D. v.: Virchows Arch. **119**, 299 (1890). — HAUSER, G.: Beitr. path. Anat. **33**, 1 (1903). — TYZZER, E. E.: J. Cancer Res. **1**, 125 (1916). — WHITMAN, R. C.: J. Cancer Res. **4**, 181 (1919). — STRONG, L. C.: Genetics **11**, 294 (1926). J. Cancer Res. **13**, 103 (1929). — BAUER, K. H.: Die Mutationstheorie der Geschwulstentstehung. Berlin 1928. — BOVERI, T.: The Origin of Malignant Tumors. Baltimore 1929. — DRUCKREY, H.: Kli. Wo. **1936 I**, 433. Arzneim.-Forsch. **1**, 383 (1951). — BAUER, K. H.: Das Krebsproblem. Berlin, Göttingen, Heidelberg 1949. — DRUCKREY, H., u. K. KÜPFMÜLLER: Z. Naturforsch. **3**b, 254 (1948).

Die *Krebszelle* ist nach diesem allen definiert als eine in ihrer „erblichen" Struktur irreversibel veränderte Körperzelle mit der Fähigkeit zur unbegrenzten Vermehrung. Das Ausmaß und die Art der Veränderung bestimmen den Grad der Malignität, jedoch nur in begrenztem Umfang, weil schwerere Entartungen letal sind. Die Veränderung liegt im submikroskopischen Bereich, so daß sie selbst morphologisch bisher nicht erkennbar ist, sondern nur ihre *Folgen*, die meist unspezifisch sind. Viele Irrtümer sind dadurch bedingt, daß zwischen der primären Wirkung und ihren Folgen nicht genügend scharf unterschieden wurde. Hier handelt es sich um ein cytologisches und nicht um ein histologisches Problem. Die krebsige Entartung ist ein lokaler, *cellulärer* Prozeß, der auch an isolierten Zellen in der Gewebekultur möglich ist[1], anscheinend sogar mit menschlichen Zellen[2]. Die Leichtigkeit, mit der die Cancerisierung erfolgt oder ausgelöst werden kann, wird als *celluläre* Disposition bezeichnet. Sie ist in den verschiedenen Geweben ein und desselben Organismus meist extrem verschieden und entspricht wahrscheinlich der Labilität der für die Cancerisierung wesentlichen Erbträger oder Duplikanten der Zelle (s. S. 70). Damit steht sie in Analogie zur „Mutabilität" von Chromosomen oder Genen (s. S. 88 .) Sie ist ebenso wie diese ein charakteristisches *erbliches* Merkmal jeder Art und Rasse. So ist z. B. die Auslösung von Hautkrebs bei Mäusen sehr leicht, bei Ratten aber viel schwerer möglich. Umgekehrt lassen sich bei Ratten viel leichter Sarkome erzeugen als an Mäusen. Andererseits kann die Labilität der Zellen auch durch exogene Faktoren vergrößert werden, und zwar sowohl durch spezifische „carcinogene" Agentien als auch durch unspezifische Noxen.

Die Entwicklung einer Krebs-*Geschwulst* aus entstandenen Krebszellen setzt deren Vermehrung im Organismus voraus. „*Krebs*" ist daher definiert als ein aus Krebszellen bestehendes Gewebe mit positiver Wachstumsbilanz[3]. Das Wachstum des Krebs ist von den wechselnden Gegebenheiten im Nachbargewebe und im ganzen Organismus abhängig. Diese im Milieu liegende lokale oder allgemeine Disposition für das *Wachstum* des Krebs ist im Gegensatz zur cellulären Disposition nicht unbedingt erblich, sondern hängt vom Alter, von der Ernährung, von der Funktion des betreffenden Organs, vom Kreislauf und von anderen, vor allem von hormonalen und immunologischen Faktoren ab. Sie werden als „*conditionale*" Faktoren den kausalen, cancerogenen Faktoren und Agentien gegenübergestellt. Die Gesamtheit der schädigenden Wirkungen, die ein Krebs für den Trägerorganismus hat, sei als „*Krebskrankheit*" bezeichnet. Zwischen der Krebszelle und dem Krebs bzw. der Krebskrankheit besteht etwa der gleiche Unterschied wie zwischen einem Typhusbacillus und der Krankheit Typhus. Zwischen Ursache und Wirkung liegt der Raum für die ärztliche Therapie. — Die klare Definition der Grundbegriffe und ihre Trennung muß gerade auf diesem so schwierigen Gebiet am Anfang stehen. „Die Präzisierung eines Problems enthält oft schon seine Lösung, stets aber ist sie die Voraussetzung dafür[4] (M. Planck).

Die schicksalhafte Bedeutung des Krebs für den Menschen verleitet meist dazu, ihn lediglich als „Krankheit" zu betrachten und damit biologisch zu *werten*. Das ist zu einseitig. Das Wesen eines naturwissenschaftlichen Problems ist ganz unabhängig davon, welche praktische Bedeutung es für den Menschen hat. Diese

---

[1] Sanford, K. K., W. R. Earle, M. M. Becker, E. L. Schilling, E. Duchesne, G. Likely and E. Shelton: Cancer Res. **10**, 238 (1950). — Goldblatt, H., and G. Cameron: J. exp. Med. **97**, 525 (1953). — Landschütz, C.: Naturwiss. **40**, 444 (1953). — Moore, A. E., C. M. Southam and S. S. Sternberg: Science, N. Y. **124**, 127 (1956). — [2] Leighton, J., I. Kline and H. C. Orr: Science, N. Y. **123**, 502 (1956). — [3] Büngeler, W.: Forsch. u. Fortschr. **26**, 231 (1950). — Druckrey, H.: Arzneim.-Forsch. **1**, 383 (1951). — [4] Planck, M.: Vorträge und Erinnerungen. Stuttgart 1949.

kann nur die Intensität der Forschung bestimmen, darf aber niemals zu einseitiger Betrachtung führen und damit den Blick von Anfang an trüben. Die größte Gefahr liegt in der Aufstellung von „Lehrmeinungen", die meist zu Dogmen werden. Demgegenüber ist die Forschung ständig im Fluß.

Tabelle 22. Vorkommen von Krebs bei Wirbeltieren.

Haustiere	JACKSON, C.: Onderstepoort J. veterin. Sci. **6**, 1 (1936). DOBBERSTEIN, J.; in: ADAM, C., u. H. AULER (Hrsgb.): Neuere Ergebnisse auf dem Gebiet der Krebskrankheiten. Leipzig 1937. Z. Krebsforsch. **59**, 600 (1953).
Schaf	DUNGAL, N., GISLASON and H. C. TAYLOR: J. comp. Path. **51**,46 (1938).
Hund	STICKER, A.: Z. Krebsforsch. **2**, 413 (1904); **4**, 227 (1906). KARLSON, A. G., and F. C. MANN: Ann. N. Y. Acad. Sci. **45**, 1197 (1952). KROOK, L.: Acta path. microbiol. scand. **35**, 407 (1954).
Katze	LOMBARD, C.: Recu. Méd. vétérin. **116**, 193 (1940). MULLIGAN, R. M.: Cancer Res. **11**, 271 (1951).
Kaninchen	GREENE, H. S. N.: J. exp. Med. **70**, 147 (1939). BURROWS, H.: J. Path. Bacteriology **51**, 385 (1940).
Meerschweinchen .	PAPANICOLAU, G. N., and C. T. OLCOTT: Amer. J. Cancer **40**, 310 (1940).
Ratten.	BULLOCK, F. D., and M. R. CURTIS: J. Cancer Res. **14**, 1 (1930). Spontansarkome bei 20000 Ratten: 0,98%. CURTIS, M. R., F. D. BULLOCK and W. F. DUNNING: Amer. J. Cancer **15**, 67 (1931). CURTIS, M. R., and W. F. DUNNING: Amer. J. Cancer **40**, 299 (1940). RATCLIFFE, H. L. (Wistar-Ratten): Amer. J. Path. **16**, 237 (1940). KNAKE, E.: Z. Krebsforsch. **54**, 237 (1943/44). OBERLING, C., P. GUÉRIN et M. GUÉRIN: Bull. Ass. franç. Cancer **37**, 83 (1950). DAVIS, R. K., G. T. STEVENSON and K. A. BUSCH: Cancer Res. **16**, 194 (1956) (Sprague-Dawley-Ratten). HACKMANN C.: Z. Krebsforsch. **61**, 45 (1956) (Wistar-Ratten).
Mäuse	SHABAD, L. M.: Z. Krebsforsch. **42**, 295 (1935). WELLS, H. G., M. SLYE and H. F. HOLMES: Amer. J. Cancer **33**, 223 (1938). ANDERVONT, H. B.: Publ. Hlth. Rep. **54**, 1512 (1939). HESTON, W. E.: Brit. J. Cancer **2**, 87 (1948). TYZZER, E. E.: J. med. Res. **17**, 199 (1907). HORN, H. A., and H. L. STEWART: J. nat. Cancer Inst. **13**, 591 (1952/53).
Fische	KOSSWIG, C.: Z. indukt. Abstamm.- u. Vererb.-Lehre **52**, 114 (1929). BREIDER, H.: Z. wiss. Zool. **152**, 89, 107 (1940). NIGRELLI, R. F.: Cancer Res. **11**, 272 (1951). SCHLUMBERGER, H. G.: Cancer Res. **12**, 890 (1952). ERMIN, R.: Rev. Fac. Sci. Istanbul (B) **18**, 301 (1953). ERMIN, R., and M. GORDON: Zoologica, N. Y. **40**, 53 (1955). —
Kaltblüter	LUCKÉ, B., and H. G. SCHLUMBERGER: Physiol. Rev. **29**, 91 (1949). SHEREMETIEVA-BRUNST, E. A.: Proc. amer. Ass. Cancer Res. **1**, 51 (1953/54).

b) Krebsvorkommen („Spontan“-Krebs).

Zwischen Krebs und allen eigentlichen „Krankheiten“ bestehen grundsätzlich Unterschiede. Während die Häufigkeit, die Art und Erscheinungsform fast aller Krankheiten bei den einzelnen Klassen und Arten von Lebewesen durchaus verschieden sind, vom Klima abhängen und auch in den großen Zeitepochen wechseln, kommt der Krebs in gleicher Form zu allen Zeiten[1], in allen Zonen[2,3] bei Mensch und Tier[3,4], sogar bei Wirbellosen[5] und Insekten[6] vor und in ähnlicher Form auch bei Pflanzen[7], kurz überall da, wo höher organisiertes Leben ist. So erscheint der Krebs von vornherein nicht als „Krankheit“, sondern als ein biologisches Phänomen, dessen letzte Ursache in fundamentalen Eigenschaften der lebenden Substanz liegen muß[8].

Krebs kann bei allen höheren Lebewesen „spontan“ auftreten. Die Häufigkeit des „*Spontankrebs*“ nimmt mit dem Alter zu. Für ein bestimmtes Alter und in einem bestimmten Organ oder Gewebe hat sie für jede Tierart und innerhalb dieser für jeden Stamm einen charakteristischen Durchschnittswert, der als erbliches Merkmal angesehen werden kann[9] (Tabelle 23). Das gleiche gilt für die Häufigkeit von Spontanmutationen. Die Ursache für beides, Spontanmutationen und Spontankrebs liegt wahrscheinlich darin, daß die für den betrachteten Vorgang maßgeblichen Erbträger in den Zellen nicht absolut stabil sind, sondern eine bestimmte, arttypische Labilität aufweisen. Diese Labilität würde die Größe der erblichen *cellulären* Disposition bestimmen. Dabei wäre zu berücksichtigen, daß die Stabilität von Erbträgern in der Zelle auch von plasmatischen Einflüssen abhängig sein kann[12].

Tabelle 23. Häufigkeit von „spontanen“ Tumoren* und Leukämie bei verschiedenen Mäusestämmen (in %)[10] (Gesamtübersicht der Spontantumoren bei Mäusen nach Lokalisation)[11].

Stamm	Mamma	Lungen	Leukämie	Hepatome
C_3H	75—100	5—10		♀ 10 ♂ 27
A	70—85	80—90		
dba	55—75		30—40	
C 57 Black	<1	<1	20	
I	<1	10—20		
Swiss	19	40—50		

Die Entstehung von Krebsgeschwülsten aus den entarteten Zellen und ihr Wachstum unterliegen zahlreichen weiteren Erb- und Umweltfaktoren, so daß die Verhältnisse um so komplizierter liegen, je mannigfaltiger diese Faktoren bei

* Der Ausdruck „Tumor“ wird sowohl für „gutartige“ Geschwülste (z. B. Papillome) als auch für Krebs verwendet, ist also unscharf.

[1] Erste Erwähnung: Papyrus Ebers; 1500 v. Chr. — [2] Wolff, J.: Die Lehre von der Krebskrankheit. Bd. III/1, Statistik. Jena 1913. — [3] International vital statistics 1937—44; in: Cancer Statistics, Amer. Cancer Soc. New York 1945. — Bauer, K. H.: Das Krebsproblem. Berlin, Göttingen, Heidelberg 1949. — Cancer Illness. Publ. Health Service, Bethesda, Md. 1952. — Denoix, F.: Monographie de l'institut national d'hygiene. No. 5: De la diversité de certains cancers. Paris 1955. — Schinz, H. R., u. T. Reich: Oncologia, Basel **8**, 136 (1955); **10**, 11 (1957) — [4] Jaffe, R. (Hrsgb.): Anatomie und Pathologie der Spontanerkrankungen der kleinen Laboratoriumstiere. Berlin 1931. — Purr, A.: Tumoren bei Mensch, Tier und Pflanze. Tab. biol. **15**, 154 (1938). — [5] *Wirbellose:* Scharrer, B., and M. S. Lochhead: Cancer Res. **10**, 403 (1950). — Gersch, M.: Arch. Geschwulstforsch. **3**, 1 (1951). — [6] *Insekten:* Stark, M. B.: J. exp. Zool. **27**, 509 (1919). Amer. J. Cancer **31**, 253 (1937). — [7] Ropp, R. S. de: Nature **160**, 780 (1947). — Fröhlich, K.: Dtsch. Gesundh.-Wes. **5**, 1606 (1950). — White, P. R., and W. F. Millington: Cancer Res. **14**, 128 (1954). — [8] Druckrey, H.: Z. Krebsforsch. **57**, 70 (1950). Med. Welt **1950 II**, 1613, 1652, 1688. Arzneim.-Forsch. **1**, 383 (1951). — Goldblatt, H., and G. Cameron: J. exp. Med. **97**, 525 (1953). — [9] Steiner, P. E: Cancer, Race, and Geography. Baltimore 1954. — [10] Heston, W. E.: Brit. J. Cancer **2**, 87 (1948). — [11] Horn, H. A., and H. L. Stewart: J. nat. Cancer Inst. **13**, 591 (1952/53). — [12] Michaelis, P.: Naturwiss. **36**, 220 (1949).

der betrachteten Art sind. Die Bedeutung der Vererbung für den Krebs kann deshalb nur an möglichst erbreinen Stämmen und unter strenger Konstanz der Umweltbedingungen geklärt werden.

c) Erblichkeit.

So ist es kein Zufall, daß die Untersuchungen über die *Erblichkeit des Carcinoms* an genetisch gut definierten Objekten zuerst zu klaren Resultaten geführt haben. Bei bestimmten Stämmen von *Drosophila* kommen Melanome vor[1], die transplantabel[2] sind. Einige von ihnen, wie die MORGAN-STARK-Tumoren I und II, beruhen auf einer genetischen Mutation. Die Neigung, an diesen Melanomen zu erkranken, wird vererbt. Die Vererbung wird von bestimmten Genen kontrolliert[3] und ist bei einigen Arten geschlechtsgebunden. In seltenen Fällen kann ein einziges Gen verantwortlich sein, meist ist die Vererbung der Krebsanfälligkeit aber von multiplen Genen abhängig[4]. Extrakte aus den Melanomen enthalten einen „tu-e-Faktor", der den Tumor überträgt[5]. Seine kausale Bedeutung wird jedoch bestritten[6]. Bei *Fischen* gibt es ebenfalls melanotische Tumoren, deren Entwicklung von der erblichen Disposition abhängt und mit bestimmten Genen in Zusammenhang gebracht werden konnte[7].

Bei höheren Arten stößt die Analyse auf zunehmende Schwierigkeiten. Trotzdem gelang sie in einigen Fällen auch an *Mäusen*. Durch mühevolle Züchtung sind reine Stämme gewonnen worden (MAUD SLYE), die als erbliches Merkmal eine bestimmte, hohe oder niedrige „*Anfälligkeit*" für jeweils eine Geschwulstart haben, z. B. für Brustkrebs[8], Lungenkrebs oder Leukämie. Auch hier sind multiple Gene verantwortlich, die im Falle eines für Lungenkrebs anfälligen Stammes in 2 Chromosomen identifiziert werden konnten[9], im Falle eines für Magenkrebs anfälligen Stammes sogar in einem Chromosom[10]. Die Empfänglichkeit für Leukämien bei Mäusen wird dominant übertragen[11]. Ebenso wird die Empfindlichkeit der verschiedenen Organe bei Mäusen gegenüber der carcinogenen Wirkung von 20-Methylcholanthren von multiplen Genen kontrolliert[12].

Die Beteiligung mehrerer Gene an der erblichen Krebsdisposition folgt am klarsten aus Hybridisierungsversuchen[13]. Die Kreuzung des Schwertfisches Xiphophorus Helleri und des Platyfisches liefert Bastarde, die bei bestimmter Genkombination Melanome entwickeln[14]. Bastarde von verschiedenen Tabaksorten (Nicotiana glauca und N. langsdorfi) entwickeln Spontantumoren[15]. Die

[1] MORGAN, T. H.: Die stoffliche Grundlage der Vererbung. Berlin 1921. — [2] STARK, M. B.: J. exp. Zool. **27**, 509 (1919). — [3] BRIDGES, C. B.: Genetics **1**, 107 (1916). — WILSON, I. T.: Genetics **9**, 343 (1924). Anat. Rec. **99**, 600 (1947). — RUSSELL, E. S.: Genetics **27**, 612 (1942). — DEMEREC, M. (Hrsgb.): Biology of Drosophila. New York 1950. — [4] BURDETTE, W. J.: Texas Rep. Biol. Med. **8**, 123 (1950). — [5] BURTON, L., and F. FRIEDMAN: Science, N. Y. **124**, 220 (1956). — [6] HERTWECK, H.: Naturwiss. **43**, 539 (1956). — [7] GORDON, M., and G. M. SMITH: Amer. J. Cancer **34**, 543 (1938). — GORDON, M.: Endeavour **9**, 26 (1950). — [8] SLYE, M.: Z. Krebsforsch. **13**, 500 (1913). J. Cancer Res. **5**, 25 (1920). — STRONG, L. C.: Genetics **20**, 586 (1935). J. Cancer Res. **13**, 103 (1929). — LITTLE, C. C., and L. C. STRONG: J. exp. Zool. **41**, 93 (1924). — LITTLE, C. C., and B. M. MCPHETERS: Amer. Naturalist **66**, 586 (1932). — LAW, L. W.: Mouse genetics news. J. Heredity **39**, 300 (1948). — FISHER, R. A.: The Theory of Inbreeding. Edinburgh 1949. — BITTNER, J. J., and C. C. LITTLE: J. Heredity **28**, 117 (1937). — BITTNER, J. J.: Cancer Res. **11**, 237 (1951). — [9] HESTON, W. E.: J. nat. Cancer Inst. **3**, 303 (1942/43); **7**, 79 (1946/47). — [10] STRONG, L. C.: J. nat. Cancer Inst. **5**, 339 (1944/45). — [11] BITTNER, J. J.: Genetic aspects of cancer research. Amer. J. Med. **8**, 218 (1950). — [12] STRONG, L. C., u. L. D. SANGHVI: Z. Krebsforsch. **58**, 1 (1951). — [13] BURDETTE, W. J.: New Orleans med. surg. J. **101**, 124 (1948). Texas Rep. Biol. Med. **8**, 123 (1950). — [14] KOSSWIG, C.: Z. indukt. Abstamm.- u. Vererb.-Lehre **47**, 150 (1928); **59**, 61 (1931). — HÄUSSLER, G.: Kli. Wo. **1928 II**, 1561. Z. Krebsforsch. **40**, 280 (1934). — GORDON, M.: J. Heredity **19**, 551 (1928). Cancer Res. **11**, 676 (1951). — BREIDER, H.: Z. wiss. Zool. **152**, 89, 107 (1940). — [15] WHITAKER, T. W.: J. Arnold Arboretum **15**, 144 (1934).

Kreuzung der Mäusearten Mus musculus und M. bactrianus liefert Nachkommen mit erhöhter Krebsrate[1]. Die erbliche Disposition für bestimmte Geschwulstarten ändert sich also bei Änderung der Genkombination.

Sie kann sich aber auch am reinen Stamm spontan ändern, und zwar sprunghaft als *Mutation*. Die MORGAN-STARK-Tumoren konnten auf eine definierte Mutation bezogen werden. Mutagene Agentien, Strahlen und Chemikalien können die erbliche Anfälligkeit für sog. Spontantumoren bei einem Tierstamm verändern, die sich damit wie ein mutables Artmerkmal verhält. Durch Behandlung von Mäusen mit 20-Methylcholanthren in kleinen Gaben über viele Generationen entstanden schließlich zahlreiche Merkmalsänderungen mutativen Charakters und unter diesen auch eine, die sich durch Zunahme der erblichen Krebsanfälligkeit von 0,6% auf 66%, also um das 100fache manifestierte[2,3]. Ferner trat bei diesen Mäusen eine Linie auf, deren Nachkommen im höheren Alter bis zu 100% Magenkrebs in einer ganz bestimmten Lokalisation am Pylorus bekommen. Diese Disposition konnte auf ein bestimmtes Chromosom bezogen werden und erwies sich als nicht gekoppelt mit anderen mutativ veränderten Genen[3]. Hierbei ist bemerkenswert, daß diese Krebsdisposition erst nach langdauernder Behandlung entstand, die Veränderung kann daher kaum als „Eintreffer"-Ereignis gedeutet werden, sondern beruht offenbar auf der Summation zahlreicher Einzeleffekte.

Die durch solche Beobachtungen gesicherte „Erblichkeit" des Krebs gilt in keinem Falle für alle Gewebe des Organismus gleich, sondern vielmehr stets auffallend spezifisch nur für ein ganz bestimmtes Gewebe und meist sogar noch für eine eng begrenzte Lokalisation in diesem. Da die Geschwülste bei solchen anfälligen Stämmen stets erst im höheren Alter auftreten, ist nicht der Krebs als solcher erblich, sondern meist nur die Disposition bestimmter Körperzellen, zu Krebszellen zu entarten (celluläre Disposition), sei es „spontan", sei es unter der Wirkung exogener Agentien[4]. Ob aus den Krebszellen dann auch eine Geschwulst entsteht oder nicht, hängt von weiteren erblichen und nichterblichen, endogenen und exogenen Faktoren ab, deren Bedeutung jedoch nur eine konditionale und nicht mehr kausale ist. Ihre Klarstellung wird erst dann möglich sein, wenn sie einem bestimmten Vorgang bei der Krebsentstehung zugeordnet werden können. Diese Faktoren können völlig unspezifisch sein. Zum Beispiel bei Mäusen wird die Manifestation von Krebs durch bestimmte Erbanlagen beeinflußt, die an sich mit Krebs überhaupt nichts zu tun haben[5].

Die Erblichkeit des Krebs ist also ein sehr kompliziertes Problem. An einem Beispiel des erblichen *Brustkrebs* bei bestimmten Mäusestämmen sind diese Zusammenhänge weitgehend geklärt. Die Empfänglichkeit für diesen Krebs (celluläre Disposition?) hängt von einem dominanten Erbfaktor ab, der wahrscheinlich nur an ein Gen gebunden ist. Die Verifizierung des Krebs benötigt dagegen einen virusartigen Faktor (J. J. BITTNER), der mit der Muttermilch übertragen wird[6] (s. Viruskrebs), und schließlich eine z. B. hormonale Stimulation der Brustdrüsen durch oestrogene Hormone[7]. Alle 3 Faktoren müssen zusammenkommen, damit bei den Nachkommen Brustkrebs entsteht[8]. Als kausal im engeren Sinne kann

[1] LITTLE, C. C.: Proc. nat. Acad. Sci. USA **25**, 452 (1939). — [2] STRONG, L. C.: J. nat. Cancer Inst. **5**, 334 (1944/45). — [3] STRONG, L. C., and W. F. HOLLANDER: Cancer Res. **11**, 94 (1951). — [4] BITTNER, J. J.: Amer. J. Med. **8**, 218 (1950). — STRONG, L. C., u. L. D. SANGHVI: Z. Krebsforsch. **58**, 1 (1951). — [5] LITTLE, C. C., and B. M. McPHETERS: Amer. Naturalist **66**, 568 (1932). — BAUER, K. H.: Das Krebsproblem. Berlin, Göttingen, Heidelberg 1949. — [6] DMOCHOVSKI, L.: The milk agent in the origin of mammary tumors in mice. Adv. Cancer Res. **1**, 103 (1953). — [7] LATHROP, A. E. C., and L. LOEB: J. exp. Med. **22**, 646 (1915). — LACASSAGNE, A.: Paris méd. **1935 I**, 233. — MURPHY, J. B., and E. STURM: J. exp. Med. **42**, 155 (1925). — [8] BITTNER, J. J.: J. Heredity **28**, 363 (1937). Cancer Res. **4**, 159 (1944); **8**, 625 (1948); **11**, 237 (1951).

indessen nur der „Milchfaktor" angesehen werden. Das ist deshalb von besonderer Bedeutung, weil seine Übertragung mit der Muttermilch in den ersten Lebensstunden der Mäuse erfolgt, während der Krebs erst im höheren Lebensalter auftritt. Hier liegt also ein besonders klares Beispiel dafür vor, daß die Ursache für einen im Alter auftretenden Krebs schon in frühester *Jugend* liegen kann. Ähnlich scheinen die Dinge beim Peniskrebs der Menschen zu liegen, der durch die Beschneidung mit großer Sicherheit verhütet werden kann, jedoch nur dann, wenn diese bereits in den ersten Lebensjahren erfolgt[1], obwohl der Peniskrebs eine ausgesprochene Alterskrankheit ist. Der lange Zeitabstand zwischen der Einwirkung der Ursache und dem Auftreten des Krebs macht die Aufklärung der Ätiologie im Einzelfalle fast unmöglich. Trotzdem erweisen sich mit fortschreitender Erkenntnis immer mehr Geschwulstarten, die früher für erblich gehalten wurden, als *exogen* bedingt.

Je differenzierter Lebewesen sind, und je mehr sie wechselnden unphysiologischen Umwelteinflüssen unterliegen, um so mehr treten die rein erblichen Komponenten zurück und chemische oder physikalische, vorwiegend *exogene* Krebsursachen in den Vordergrund. Wahrscheinlich gibt es in der Natur alle Übergänge von vorwiegend erblich bis zu vorwiegend exogen bedingten Geschwülsten. Deshalb erscheint es auch von vornherein als falsch, „den Krebs" mit nur einer „Theorie" erklären zu wollen. Die an der Krebsentstehung im Einzelfalle stets beteiligten kausalen und konditionalen Faktoren sind wahrscheinlich ebenso heterogen wie die Geschwülste selbst.

Die Erblichkeit des menschlichen Carcinoms[2] ist ein besonders schwieriges Problem. Schon bei Säuglingen und Kindern ist Krebs durchaus nicht selten[3]. Seine Häufigkeit hat in den letzten Jahrzehnten um etwa das 10fache zugenommen, so daß der Krebs auch bei Kindern schon eine der häufigsten Todesursachen geworden ist[4]. Danach müssen auch hier exogene Krebsursachen in Betracht gezogen werden, die in allen Stadien der Ontogenese eingewirkt haben können. Bei verschiedenen cancerogenen Substanzen konnte eine diaplacentare Übertragung aus dem mütterlichen Organismus auf die Feten[5] bzw. mit der Milch auf die Jungen[6,7] nachgewiesen werden, so daß bei diesen gehäuft Krebs beobachtet wurde. Ferner ist es im Experiment gelungen, durch kurzdauernde Behandlung trächtiger Mäuse mit Äthylurethan bei den Jungen Lungenkrebs zu erzeugen[8]. Wenn damit auch beim Krebs der Kinder unbedingt exogene Ursachen in Betracht gezogen werden müssen*, so scheint er doch weit mehr von erblichen Faktoren abzuhängen als der Krebs bei Erwachsenen. Dafür sprechen verschiedene Gründe.

---

* "Childhood cancers in general are induced in the foetus, while malignancies developing after puberty as a rule are initiated after birth". PELLER, S.: Cancer in Man. New York 1952. —

[1] PLAUT, A., and A. C. KOHN-SPEYER: Science, N. Y. **105**, 391 (1947). — SOBEL, H.: J. invest. Derm. **13**, 333 (1949). — HOVSEPIAN, D.: Calif. Med. **75**, 359 (1951). — [2] FISCHER-WASELS, B.: Geschwulstbildung und Vererbung; in: ADAM, C., u. H. AULER (Hrsgb.): Neuere Ergebnisse auf dem Gebiet der Krebskrankheiten. Leipzig 1937. — CREW, F. A. E:. Genetics in Relation to Clinical Medicine. Edinburgh 1947. — HESTON, W. E.: Genetics of cancer. Adv. Genetics **2**, 99 (1948). — BAUER, K. H.: Das Krebsproblem. Berlin, Göttingen, Heidelberg 1949. — WEITZ, W.: Die Vererbung innerer Krankheiten. 2. Aufl. Hamburg 1949. — VERSCHUER, O. Frh. v.: M. m. W. **1951**, 2583. — STEINER, P. E.: Cancer, Race, and Geography. Baltimore 1954. — [3] HECKEL, G. P.: Pediatrics **5**, 924 (1950). — [4] DARGEON, H. W.: Acta Un. int. Cancr., Bruxelles **11**, 351 (1955). — [5] SHAY, H., S. WEINHOUSE, M. GRUENSTEIN, H. E. MARX, B. FRIEDMAN and L. GLASER: Cancer, N. Y. **3**, 891 (1950). — [6] SHAY, H., B. FRIEDMAN, M. GRUENSTEIN and S. WEINHOUSE: Cancer Res. **10**, 797 (1951). — SYMEONIDIS, A.: J. nat. Cancer Inst. **15**, 539 (1954/55). — [7] SHAY, H., M. GRUENSTEIN and M. WEINBERGER: Cancer Res. **12**, 296 (1952). — [8] LARSEN, C. D., L. L. WEED and P. B. RHOADS jr.: J. nat. Cancer Inst. **8**, 63 (1947/48).

Die Abhängigkeit der relativen Krebssterblichkeit vom Lebensalter zeigt nach der am meisten verläßlichen Statistik in den USA bei einseitig logarithmischer Auftragung eine nahezu lineare Funktion (Abb. 25). Die Extrapolation auf das Lebensalter null Jahre ergibt für den kongenitalen Krebs eine Häufigkeit von etwa $2 \cdot 10^{-5}$. Dem entspricht größenordnungsmäßig auffallend genau die Häufigkeit anderer menschlicher Erbkrankheiten (Tabelle 24). Allerdings ist es hier wie da im Einzelfalle schwer zu entscheiden, ob ein mutatives Ereignis oder eine Phaenokopie durch intrauterine Noxen als Ursache in Frage kommen. Die

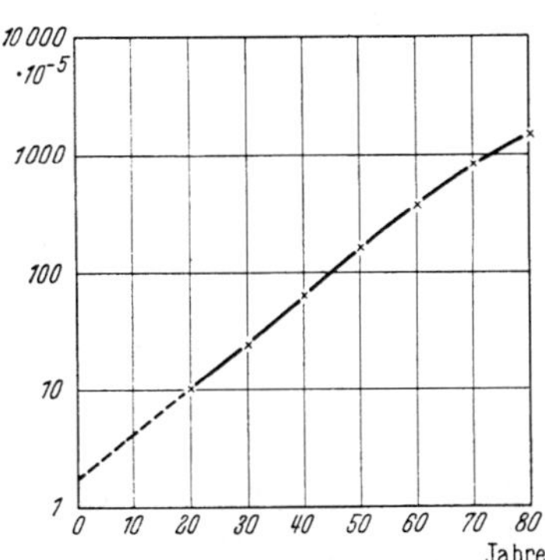

Abb. 25. Anzahl der Krebstodesfälle im Jahre 1945 je 100000 der männlichen Bevölkerung (Ordinate) in Abhängigkeit von Lebensalter (Abszisse) in den USA. Darstellung nach den „Vital Statistics of the United States 1945" (American Cancer Society).

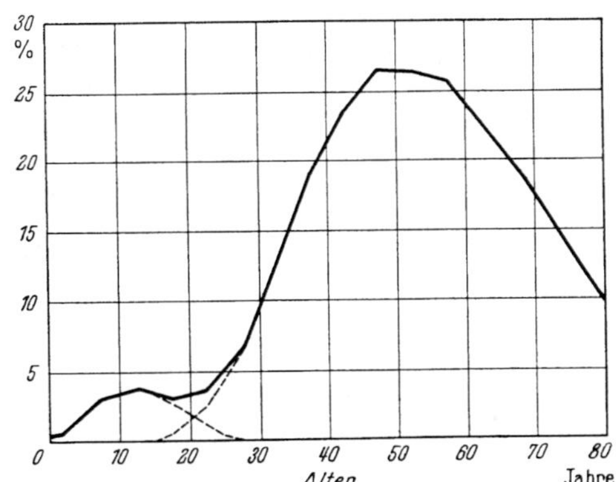

Abb. 26. Anteil der Krebstodesfälle an den Gesamttodesfällen in Prozent (Ordinate) in Abhängigkeit vom Lebensalter (Abszisse) bei Frauen in den USA. („Vital Statistics — Special Reports" National Summaries Vol. 27/11.)

Kurve der Häufigkeit von Krebstodesfällen in Abhängigkeit vom Lebensalter (s. Abb. 26) weist zwei deutliche Maxima auf, das erste im Alter von etwa 12 Jahren, das zweite bei 50 Jahren. Die Leukämien zeigen einen Gipfel im 1. Lebensjahr. Danach wäre für den kindlichen Krebs eine besondere Ätiologie anzunehmen.

Tabelle 24. Häufigkeit einiger Erbkrankheiten beim Menschen[1].

Chondrodystrophie	$4 \cdot 10^{-5}$
Hämophilie	$3 \cdot 10^{-5}$
Retinablastom	$1{,}4 \cdot 10^{-5}$
Aniridie	$1{,}2 \cdot 10^{-5}$
Epiloia	$4—8 \cdot 10^{-6}$
Pelgeranomalie	$8 \cdot 10^{-5}$
Thalassämie	$4 \cdot 10^{-4}$

Beim kindlichen Krebs handelt es sich meist um Sarkome. Jedoch werden auch hier die Carcinome in den letzten Jahrzehnten häufiger. Sarkome scheinen auch bei Erwachsenen vorwiegend endogen bedingt und weniger umweltbedingt zu sein. Im Gegensatz zu Carcinomen ist das Vorkommen von Sarkomen bemerkenswert unabhängig von Geschlecht, Alter und Muttergewebe[2]. Seine Häufigkeit ist z. B. auch bei Mensch und Maus praktisch die gleiche, nämlich 10^{-4} bis 10^{-5}, und entspricht größenordnungsmäßig auch der Rate von Spontanmutationen bei verschiedenen Arten[3].

Bei den Carcinomen Erwachsener ist eine maßgebliche Bedeutung von Erbfaktoren nur bei wenigen Geschwulstarten zu erkennen[4]. Als solche vererbbaren

[1] NACHTSHEIM, H.: Naturwiss. **41**, 385 (1954). — [2] BAUER, K. H.: Das Krebsproblem. Berlin, Göttingen, Heidelberg 1949. — [3] FREY, R.: Langenbecks Arch. klin. Chir. **263**, 1 (1949/50). — [4] VERSCHUER, O. Frh. v.: Humangenetik. M. m. W. **1951**, 2583. — JACOBSEN, O.: Heredity in Breast Cancer. Kopenhagen 1946. — BRØBECK, O.: Heredity in Cancer Uteri. Aarhus, Kopenhagen 1949. — STEINER, P. E.: Cancer, Race, and Geography. Baltimore 1954.

„Praeneoplasien“ können das Xeroderma pigmentosum, die Polyposis intestini und das Neuroblastoma retinae gelten. Aber auch hier setzt die Verifizierung von Krebs stets die Einwirkung adäquater exogener Noxen voraus, die ohnehin als cancerogen wirksam bekannt sind, wie z. B. von kurzwelligen UV-Strahlen beim Xeroderma pigmentosum, so daß sie als eigentliche Krebsursache angesehen werden müssen. Vererbt wird also nur die „Disposition“, die Labilität der Zellen gegen ein cancerogenes Agens. Hiernach kann nur eine sehr kleine Zahl von Geschwülsten als vorwiegend erbbedingt gelten, die Mehrzahl muß umweltbedingt sein und exogene Ursachen haben. Soweit diese Ursachen bekannt sind, scheinen sie bei den orientalischen Völkern vorwiegend in besonderen Gebräuchen zu liegen, bei den westlichen dagegen auch in der industriellen Entwicklung (W. C. HUEPER).

d) Statistik.

Die Häufigkeit des Krebs hat in den letzten 100 Jahren, bemerkenswert synchron mit der Entwicklung der modernen Chemie und Technik, erheblich zugenommen. In Preußen stieg die relative Zahl der Krebstodesfälle von 1876—1898 fast auf das Dreifache an[1], in den USA von 1900—1945 um mehr als das Doppelte[2] (Abb. 27), während der Anteil der Bevölkerung an über 40jährigen nur um 43% zugenommen hat (Tabelle 25). Von 1945—1955 stieg die Zahl der Krebs-Todesfälle in den USA von 177000 auf 243000, also um 37 % an (HAMMOND). Ebenso hat die Wahrscheinlichkeit einer Krebserkrankung zugenommen[3]. Die Sterblichkeit an Brustkrebs ist von 1920—1953 in 10 Ländern der Welt um mehr als 100% gestiegen[4]. Auch die Häufigkeit der Leukämien hat bis zu 16% aller Krebserkrankungen zugenommen[5]. Am größten ist die Zunahme des Bronchialkrebs, die seit 1914 in den USA das 20fache beträgt[6]. Aus der Tatsache, daß das Maximum der Krebshäufigkeit sich nicht nach höheren, sondern gerade nach

Tabelle 25. Zunahme der Krebstodesfälle gegenüber der Zunahme des Lebensalters in den USA von 1900—1944.
(Vital Statistics of the U.S. and U.S. Bureau of Census.)
(Statistic. Res. Dep., American Cancer Society.)

	1900	1944	Zunahme
Krebstodesfälle je 100000 und Jahr . .	63	133	111%
Anteil der Bevölkerung, Alter über 40 Jahre . .	23,4%	34,4%	43%

Tabelle 26. Krebstodesfälle je 100000 der Bevölkerung im Jahre 1940.
(Summary of Int. Vital Statistics, 1937—1944.)

Land	Krebstodesfälle je 100000
Schweiz	176
England	172
Österreich	164
Deutschland . . .	149
Niederlande	138
Norwegen	136
Schweden	135
Frankreich	133
Neuseeland	120
USA	120
Belgien	120
Kanada	117
Australien	117
Italien	86
Japan	71
Ceylon	11

[1] LAUTERBORN, R.: Z. Krebsforsch. **15**, 173 (1916). — [2] Cancer Statistics. American Cancer Soc. (1948). J. amer. med. Ass. **156**, 556 (1956). — [3] GOLDBERG, I. D., M. L. LEVIN, P. R. GERHARDT, V. H. HANDY and R. E. CASHMAN: J. nat. Cancer Inst. **17**, 155 (1956). Epidemiological and Vital Statistics Report. Vol. 5, No. 1/2. United Nations, World Health Organization. Genf 1952. — [4] PASCUA, M.: Bull. World Hlth. Organis. **5**, 5 (1956). — [5] KAPLAN, H. S.: Cancer Res. **14**, 535 (1954). — [6] MILMORE, B. K.: J. nat. Cancer Inst. **16**, 267 (1955/56).

jüngeren Altersklassen verschiebt, schließen SCHINZ u. REICH[1] gegen die Annahme einer Altersdisposition und für eine kausale Bedeutung exogener Krebsnoxen. Die Krebssterblichkeit ist in den Ländern am größten, deren Industrialisierung bei großer Bevölkerungsdichte am ältesten, gleichmäßigsten und höchsten ist, unabhängig von der geographischen Lage (Tabelle 26, z. B. Belgien und Neuseeland). Dagegen finden sich im gleichen Lande je nach der vorwiegend ländlichen oder städtischen Bevölkerung ganz erhebliche Unterschiede. Mit wachsender Verstädterung nimmt die Krebshäufigkeit erheblich zu (Abb. 28).

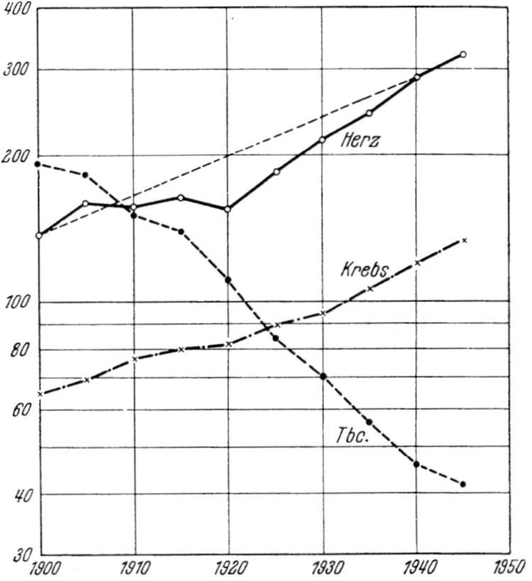

Abb. 27. Die Sterblichkeit an Herzkrankheiten, Krebs, und Tuberkulose in den USA von 1900—1945. Ordinate: Anzahl der Todesfälle auf 100000. (Vital Statics of the United States, American Cancer Society.)

Tabelle 27. Die relative Häufigkeit von Krebs als Todesursache in Abhängigkeit von Alter und Geschlecht in den USA. (Vital Statistics of the U. S. 1944.)

Altersklasse	Krebstodesfälle in % der Todesursachen	
	Männer	Frauen
bis 20 Jahre	1,2	1,2
20—40 Jahre	5,3	13,4
40—60 Jahre	12,6	26,8
über 60 Jahre	12,8	14,0

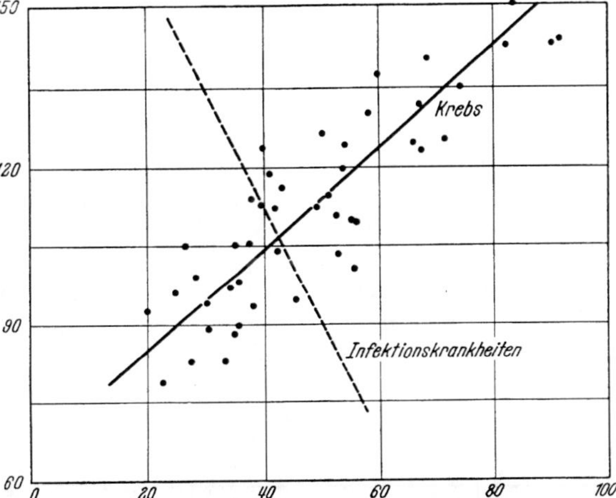

Abb. 28. Zunahme des Krebs (durchzogene Linie) und Abnahme der Infektionskrankheiten (gestrichelte Linie) als Todesursache in Abhängigkeit von der Verstädterung. Ordinate: Todesfälle je 100000 der lebenden Bevölkerung. Abszisse: Verstädterung in Prozent. Jeder Punkt gibt die nach Alter, Geschlecht und Rasse standardisierte Krebstodesrate für einen der 48 Staaten von 1939—1941 an. (Vital Statistics of the United States.)

Danach spielen die genetische Konstitution der Bevölkerung und die klimatischen Verhältnisse keine so wesentliche Rolle wie die Lebensweise, also exogene Faktoren. Dafür einige Beispiele. Bei Europäern, die in Indien leben, macht der Hautkrebs 21% aller Krebse aus, bei Indern dagegen nur 1,5%. Das Cervixcarcinom erreicht bei armen Hindus 50%, ist aber bei Jüdinnen und bei Nonnen sehr selten. Der Brustkrebs zeigt die größte Häufigkeit bei Parsen mit 50%, während er bei Japanerinnen wenig vorkommt[2]. Die systematische Forschung der „geogra-

[1] SCHINZ, H. R., u. T. REICH: Oncologia, Basel **10**, 11 (1957). — [2] TAKEDA, K.: Geographical pathology of cancer in Japan. Gann, Tokyo **46**, Suppl. (1955).

phischen Pathologie"[1] kann zur Aufklärung der wichtigsten Krebsursachen viel beitragen. Ein klares Beispiel für die kausale Bedeutung der Lebensweise liefern die Bantu-Neger in Zentralafrika. Sie erkranken bemerkenswert häufig an Leberkrebs. Neger des gleichen Stammes, die in den USA leben und die dort übliche Nahrung genießen, bekommen dagegen nicht häufiger Leberkrebs als Weiße. Die Krebsursache muß daher in der Nahrung bzw. in einer Mangelernährung (Kwashiorkor) liegen[2]. Die Alkaloide Retrorsin und Isatidin aus der Composite Senecio jacobaea, die von den Negern viel als Gewürz benutzt wird, wurden am Tier als cancerogen wirksam gefunden[3].

e) Exogene Ursachen des Krebs.

Die weitaus größte Zahl der Krebsfälle betrifft Organe, die Umwelteinflüssen am meisten ausgesetzt sind, wie die Haut, die Verdauungswege, die Atmungswege und den Urogenitalapparat[4] (Tabelle 28). Je stärker und längerdauernd die Exposition ist, vor allem: je früher sie begann, um so früher und häufiger tritt Krebs auf. Bestimmte Krebsarten, wie die der Haut, des Larynx, des Oesophagus, der Lungen oder der Blase, sind bei den stärker exponierten Männern vielfach häufiger als bei Frauen[5]. Diese Geschlechtsunterschiede treten nur in den Altersklassen oberhalb 20 Jahren in Erscheinung.

Tabelle 28. Die Häufigkeit von Krebs in verschiedenen Organgebieten bei Mann und Frau in den USA. (Vital Statistics of the U. S. A. 1944.)

Lokalisation des Krebs	Verteilung in %	
	Männer	Frauen
Verdauungswege	56,8	41,2
Urogenitalapparat . . .	18,9	28,1
Mammae		18,2
Atmungswege und Lungen	11,9	3,2
Haut	2,5	1,5
Alle anderen Organe . .	9,9	7,8

Die *Ernährung*[6] hat einen deutlichen Einfluß auf den Krebs, besonders auf den der Verdauungswege. Magenkrebs, dessen Häufigkeit übrigens sogar abgenommen hat, kommt bei Menschen mit wenig natürlicher Ernährung häufig vor, während er bei Tieren, z.B. bei Wiederkäuern, sehr selten ist[7]. In Schweden, wo besonders fettreich gegessen wird, ist Magenkrebs 3mal häufiger als in England. Auch dort werden exogene Ursachen angenommen[8]. Gastwirte erkranken etwa 25mal so häufig an Zungen- oder Speiseröhrenkrebs wie Geistliche[9]. 90% der Patienten mit Mundbodenkrebs sind starke Rotweintrinker. Fettreiche Nahrung begünstigt auch im Tierversuch die Krebsentstehung[10]. Nach Injektion von pflanzlichen Ölen wurden bei Versuchstieren[11] mehrfach und in Einzelfällen auch

[1] *Methodik:* DUNHAM, L. J., et H. F. DORN: Schweiz. Z. Path. Bakt. **18**, 472 (1955). — [2] LIGNERIS, M. J. A. DES: Amer. J. Cancer **39**, 489 (1940). — KENNAWAY, E. L.: Cancer Res. **4**, 571 (1944). — TROWELL, H. C.: Trans. R. Soc. trop. Med. Hyg. **42**, 417 (1949). — [3] SCHOENTAL, R., M. A. HEAD and P. R. PEACOCK: Brit. J. Cancer **8**, 458 (1954). — [4] BAUER, K. H.: Das Krebsproblem. Berlin, Göttingen, Heidelberg 1949. — [5] HUEPER, W. C.: Publ. Hlth. Rep., Suppl. Nr. 209 (1948). — SCHINZ, H. R., u. T. REICH: Oncologia, Basel 8, 136 (1955). — CLEMMESEN, J., and A. NIELSEN: Danish med. Bull. **3**, 36 (1956). — [6] TANNENBAUM, A., and H. SILVERSTONE: Nutrition in relation to cancer. Adv. Cancer Res. **1**, 451 (1953). — [7] SCHEIDEGGER, S.: Exper. **1**, 115 (1945). — [8] STOCKS, P.: Brit. J. Cancer **7**, 407 (1953). — NORDLING, C. O.: Brit. J. Cancer **7**, 68 (1953). — [9] KENNAWAY, E. L.: J. industr. Hyg. **7**, 69 (1925/26). — KENNAWAY, E. L., and N. M. KENNAWAY: Acta Un. int. Cancr., Bruxelles **2**, 101 (1937). — [10] MAISIN, J., Y. POURBAIX et G. CEULEMANS: Acta biol. belg. **1**, 322 (1941). — ANGELIS, G. DE, W. CIUSA e G. NEBBIA: Acta vitaminol., Milano **8**, 161 (1954). — DAVIS, R. K., G. T. STEVENSON and K. A. BUSCH: Cancer Res. **16**, 194 (1956). — [11] DOMAGK, G.: Z. Krebsforsch. **44**, 160 (1936). — COOK, J. W.: Lectures on Chemistry and Cancer. London 1943. — AULD, S. J. M.: J. Inst. Petrol. **36**, 235 (1950). — WALPOLE, A. L., D. C. ROBERTS, F. L. ROSE, J. A. HENDRY and R. F. HOMER: Brit. J. Pharmacol. **9**, 306 (1954).

beim Menschen[1] Geschwülste beobachtet. Bei der Erhitzung von Fetten können toxische[2] und cancerogene Substanzen[3] entstehen, jedoch nur dann, wenn Temperaturen von mehr als 250° erreicht werden. Das trifft für das übliche Braten in der Küche nicht zu. Wohl aber ist die häufig wiederholte Erhitzung des Fettes bei „Fritturen" gefährlich. Unter Sauerstoff in der Hitze hoch polymerisierte Öle, die früher als Emulgatoren verwendet wurden, erzeugten bei Injektion an Ratten lokale Sarkome. Eine besondere Gefahr liegt in der Verunreinigung der Nahrung mit Mineralölen, Ruß und Kohlenprodukten, weil die darin enthaltenen, stark carcinogenen aromatischen Kohlenwasserstoffe sehr stabil sind. So wurde z. B. in eßbaren Muscheln 3,4-Benzpyren nachgewiesen, das diese aus dem mit Ölrückständen zunehmend verunreinigten Wasser aufgenommen und angereichert haben[4]. Durch Verfütterung von Trockeneigelb oder Vollmilchpulver an Ratten wurden Hepatome erzeugt[5]. Eine stark mit Capsicum annuum oder frutescens gewürzte Nahrung soll zu Leberkrebs führen[6]. Die enthaltenen Alkaloide sind den carcinogenen Alkaloiden Isatidin und Retrorsin aus Senecio chemisch ähnlich. Dasselbe gilt für das Alkaloid Monocrotalin aus Crotalaria-Arten, das bei Ratten ebenfalls Leberkrebs erzeugt[7]. Manche Substanzen, die als Lebensmittelzusätze verwendet werden, haben krebserzeugende Eigenschaften gezeigt[8]. Ein Zusammenhang zwischen Krebs und künstlicher Düngung besteht dagegen sicher nicht[9]. Ein Mangel an Magnesium soll Krebs begünstigen[10].

Mangelernährung kann die Krebshäufigkeit ebenfalls steigern[11], sogar die Cancerisierung von Gewebekulturen in vitro bewirken[12]. Der Leberkrebs der Bantu-Neger (s. oben) wird auch auf Proteinmangel in der Nahrung bezogen[13]. Mangel an Methyldonatoren in der Nahrung, wie z. B. Cholin, führt bei Ratten zu Leberkrebs[14], ebenso die Gabe des Cholinantagonisten Äthionin[15]. Neuerdings wird auch lokaler Sauerstoffmangel als Krebsursache angesehen[16].

Warburg[17] hat danach eine umfassende Theorie des Krebs aufgestellt. Sie besagt, daß die letzte Ursache für jede krebsige Entartung von Zellen in wiederholten Störungen der Atmung liegt, bis sie schließlich zu einer Selektion solcher Zellen führt, die die Fähigkeit haben, anaerob die notwendige Energie aus glykolytischen Prozessen zu gewinnen. Das ist aber nur unter der Voraussetzung möglich, daß die einzelnen Störungen der Atmung irreversibel fortbestehen und sich summieren. Mit dieser Vorstellung wäre zugleich der von Warburg entdeckte aerob glykolytische Stoffwechsel aller Tumoren erklärt, der damit als Ursache und nicht als Folge der krebsigen Entartung zu betrachten wäre. Die Theorie

---

[1] Goldenberg, I. S.: Cancer, N. Y. **7**, 905 (1954). — [2] Täufel, K.: Fette u. Seifen **54**, 689 (1952). — Crampton, E. W., F. A. Farmer and F. M. Berryhill: J. Nutrit. **43**, 431 (1951). — Raju, N. V., and R. Rajagopalan: Nature **176**, 513 (1955). — Crampton, E. W., R. H. Common, F. A. Farmer, A. F. Wells and D. Crawford: J. Nutrit. **49**, 333 (1953). — [3] Lane, A., D. Blickenstaff and A. C. Ivy: Cancer, N. Y. **3**, 1044 (1950). — Chalmers, J. G.: Biochem. J. **56**, 487 (1954). — [4] Zechmeister, L., and B. K. Koe: Arch. Biochem. **35**, 1 (1952). — [5] Nelson, D., P. B. Szanto, R. Willheim and A. C. Ivy: Cancer Res. **14**, 441 (1954). — [6] Hoch-Ligeti, C.: Acta Un. int. Cancr., Bruxelles **7**, 606 (1951). — [7] Schoental, R., and M. A. Head: Brit. J. Cancer **9**, 229 (1955). — [8] Gericke, S.: Ärztl. Wschr. **1949**, 108. — [9] Tromp, S. W.: Brit. J. Cancer **8**, 585 (1954). — [10] Truhaut, R.: Oncologia, Basel **9**, 84 (1956). — [11] Kollath, W.: Z. Naturforsch. **5**b, 47 (1950). — [12] Landschütz, C.: Naturwiss. **40**, 444 (1953). — [13] Trowell, H. C.: Trans. R. Soc. trop. Med. Hyg. **42**, 417 (1949). — [14] Copeland, D. H., and W. D. Salmon: Amer. J. Path. **22**, 1059 (1946). — Staub, H., G. Viollier u. A. Werthemann: Exper. **4**, 233 (1948). — Cook, J. W., and R. Schoental: Brit. J. Cancer **3**, 557 (1949). — [15] Popper, H., J. de la Huerga and C. Yesinick: Science, N. Y. **118**, 80 (1953). — [16] Windisch, F.: Naturwiss. **34**, 190 (1947). — Goldblatt, H., and G. Cameron: J. exp. Med. **97**, 525 (1953). — [17] Warburg, O.: Naturwiss. **42**, 401 (1955). Science, N. Y. **124**, 269 (1956).

fand Kritik vor allem von WEINHOUSE[1]. Im Tierversuch konnte bisher durch wiederholten Sauerstoffmangel kein Krebs erzeugt werden[2]. Die Erzeugung von Krebs an Ratten durch 4-Dimethylaminoazobenzol war im Sauerstoffmangel (2800 m Höhe) sogar verzögert[3]. Diese Probleme müssen experimentell weiter geklärt werden.

f) Bronchialkrebs, Luftverunreinigung und Tabak.

Der Nachweis dafür, daß der Krebs beim Menschen exogene Ursachen hat, war lange Zeit nur beim „Berufskrebs“ möglich. Das erste Beispiel einer häufiger vorkommenden Geschwulstart, bei der der gleiche Nachweis gelang, ist der

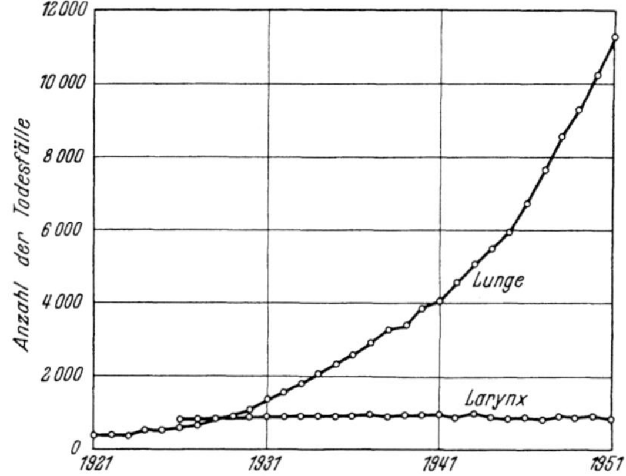

Abb. 29. Lungen- und Larynxcarcinom, Männer. England und Wales 1921—1951[4].

Bronchialkrebs*. Er hat in einigen Ländern seit 1900 um das 30fache zugenommen (Abb. 29 u. 30) und stellt heute eine der ernstesten Bedrohungen der Menschheit dar[5]. Als wesentliche Ursachen kommen die Verschmutzung der Luft in Groß-

* Das betrifft nur den Plattenepithelkrebs der Bronchien und nicht das Adeno-Carcinom der Lungen.

[1] WEINHOUSE, S.: Science, N. Y. **124**, 267 (1956). Cancer Res. **16**, 654 (1956). — [2] SAFFIOTTI, U., and P. SHUBIK: Brit. J. Cancer **10**, 54 (1956). — [3] OSHIMA, F., S. IWASE, F. KANEMAKI and K. KOMADA: Gann, Tokyo **47**, 37 (1956). — [4] Nach SCHINZ, H. R., u. T. REICH: Oncologia, Basel **8**, 136 (1955). — [5] *Übersicht:* HUEPER, W. C.: A quest into the environmental causes of cancer of the lung. Publ. Hlth. Mon. Nr. 36 (1956). — Ferner: KENNAWAY, E. L.: J. industr. Hyg. **7**, 69 (1925). — LICKINT, F.: M. m. W. **1935 II**, 1232. — SIMONS, E. J.: Primary Carcinoma of the Lung. Chicago 1937. — MÜLLER, F. H.: Z. Krebsforsch. **49**, 57 (1939). — FLORY, C. M.: Cancer Res. **1**, 262 (1941). — ROFFO, A. H.: Bol. Inst. Med. exp. Cáncer, Buenos Aires **16**, 255 (1939). Z. Krebsforsch. **49**, 588 (1940). — SCHINZ, H. R.: Schweiz. med. Wschr. **72**, 1070 (1942). — DORN, H. F.: Publ. Hlth. Rep. **59**, 97 (1944). — STEINER, P. E.: Arch. Path., Chicago **37**, 185 (1944). — KENNAWAY, E. L., and N. M. KENNAWAY: Brit. J. Cancer **1**, 260 (1947). — CLEMMESEN, J., and T. BUSK: Cancer Res. **7**, 281 (1947). — WASSINK, W. F.: Ned. T. Geneeskde. **92**, 3732 (1948). — KNORR, G.: Zbl. allg. Path. **85**, 77 (1949). — LEVIN, M. L., H. GOLDSTEIN and P. R. GERHARDT: J. amer. med. Ass. **143**, 336 (1950). — DOLL, R., and A. B. HILL: Brit. Med. J. **1950 II**, 739. — DUNGAL, N.: Lancet **1950 II**, 245. — FROBOESE, C.: Z. ges. inn. Med. **6**, 321 (1951). — WYNDER, E. L.: D. m. W. **1951**, 1498. — HUEPER, W. C.: Industr. Med. Surg. **20**, 49 (1951). — DAFF, M. E., R. DOLL and E. L. KENNAWAY: Brit. J. Cancer **5**, 1 (1951). — KORTEWEG, R.: Brit. J. Cancer **5**, 21 (1951). — BAADER, E. W.: Verh. dtsch. Ges. inn. Med. **57**, 322 (1951). — LICKINT, F.: Ätiologie und Prophylaxe des Lungenkrebs als ein Problem der Gewerbehygiene und des Tabakrauches. Dresden 1953. — CURWEN, M. P., E. L. KENNAWAY and N. M. KENNAWAY: Brit. J. Cancer **8**, 181 (1954). — SCHINZ, H. R., u. T. REICH: Oncologia, Basel **8**, 136 (1955). — DOLL, R.: Etiology of lung cancer. Adv. Cancer Res. **3**, 1 (1955). — MILMORE, B. K.: J. nat. Cancer Inst. **16**, 267 (1955/56).

städten und Industriegebieten sowie das exzessive Zigarettenrauchen in Frage, ohne daß im Augenblick entschieden werden kann, welcher dieser beiden Faktoren die größere Bedeutung hat.

Die *Verschmutzung der Luft* („air pollution“)[1] durch rußende Schornsteine und schlecht adjustierte Dieselmotoren, durch den Auspuff von Autos und durch Gummi-Abrieb von Autoreifen muß zweifellos als eine ständig anwachsende Gefahr angesehen werden. WALLER[1] hat in der verschmutzten Luft englischer Großstädte bei Nebel bis zu 30 γ des stark krebserzeugenden 3,4-Benzpyren je

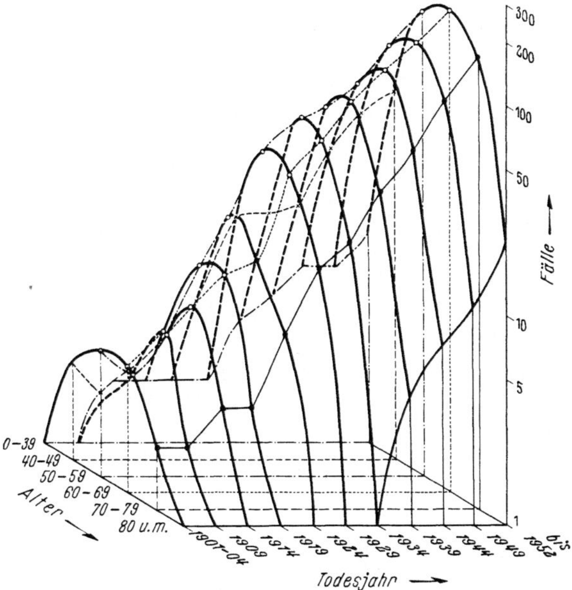

Abb. 30. In der Schweiz an Carcinom der Bronchien und Lungen gestorbene Männer seit 1901/04 nach Alters- und Todesjahrklassen. Absolute Zahlen der Häufigkeit in logarithmischem Maßstab[2].

100 m³ nachgewiesen. In norwegischen Großstädten wurden dagegen nur 0,25 bis 1,9 γ je 100 m³ gefunden[3]. Der Auspuff von Benzinmotoren enthält ebenfalls Benzpyren, der von gut arbeitenden Dieselmotoren dagegen nicht. Im Auspuff von schlecht adjustierten, einen schwarzen Ruß ausstoßenden Dieselmotoren wurden von KOTIN u. Mitarb.[1] demgegenüber große Mengen 3,4-Benzpyren nachgewiesen, bis zu 2500 γ/min!

Dem *Zigarettenrauchen* wird meist die größere Bedeutung beigemessen. Die Zunahme des Bronchialkrebs geht mit einer zeitlichen Verzögerung (Latenzzeit) von mehr als 30 Jahren dem steigenden Zigaretten-Konsum parallel[4]. In den USA beträgt er zur Zeit 1500 Stück je Kopf und Jahr im Durchschnitt[4].

---

[1] *Übersicht:* MAGILL, P. L., F. R. HOLDEN and C. ACKLEY: Air Pollution Handbook. New York 1956. — Ferner: SEELIG, M. G., and E. L. BENIGNUS: Amer. J. Cancer **34**, 391 (1938). — MCDONALD, S. jr., and D. L. WOODHOUSE: J. Path. Bacteriology **54**, 1 (1942). — WALLER, R. E.: Brit. J. Cancer **6**, 8 (1952). — KOTIN, P., H. L. FALK, P. MADER and M. THOMAS: Arch. industr. Hyg. **9**, 153 (1954). — KOTIN, P., H. L. FALK and M. THOMAS: Arch. industr. Hyg. **11**, 113 (1955). — KOTIN, P.: Cancer Res. **16**, 375 (1956). — HUEPER, W. C.: Publ. Hlth. Monogr. **36**, 54 (1955). — KURATSUNE, M.: J. nat. Cancer Inst. **16**, 1485 (1955/56). —
[2] Nach SCHINZ, H. R., u. T. REICH: Oncologia, Basel **8**, 136 (1955). — [3] CAMPBELL, J. M., and L. KREYBERG: Brit. J. Cancer **10**, 481 (1956). — [4] WYNDER, E. L., and E. A. GRAHAM: J. amer. med. Ass. **143**, 329 (1950). — LOMBARD, H. L.: Cancer, N. Y. **9**, 667 (1956). — HAENSZEL, W., and M. B. SHIMKIN: J. nat. Cancer Inst. **16**, 1417 (1955/56).

Kondensate von Zigarettenrauch haben in Versuchen an Mäusen sowohl nach Pinselung der Haut als auch nach oraler Gabe krebserzeugende Eigenschaften gezeigt[1]. Dasselbe wurde nach Inhalation von Zigarettenrauch an Mäusen beobachtet[1]. Im Kondensat wurden verschiedene aromatische Kohlenwasserstoffe nachgewiesen, darunter auch 3,4-Benzpyren[2]. Während die Menge dieser stark cancerogenen Substanz bisher mit etwa nur 1 γ je 100 Zigaretten angegeben wurde, haben neuere Versuche etwa das 10fache ergeben[3]. Dabei soll das Zigarettenpapier die Hauptquelle sein[4]. Durch Vorbehandlung des Papiers und Tabaks mit Ammonium-Verbindungen, vor allem mit Ammoniumsulfamat, kann die Bildung von Benzpyren auf etwa den 20. Teil herabgesetzt werden[4,5]. Kürzlich fanden A. LACASSAGNE u. Mitarb. im Zigarettenteer 3,4,11,12-Dibenzpyren, das die bisher stärkste krebserzeugende Wirksamkeit gezeigt hat[6]. Die cancerogene Wirkung von Zigarettenteer läßt sich jedoch durch den Gehalt an solchen aromatischen Kohlenwasserstoffen nicht erklären, weil die Mengen zu klein sind. Jedoch ist zu berücksichtigen, daß beim Inhalieren des Zigarettenrauches („Lungenraucher") bis zu 95 % des Rauches in den Lungen verbleiben können[7]. 95% der Fälle von Bronchialkrebs betreffen starke Zigarettenraucher[8]. Die Ursache ist in den Zigaretten, im Tabak und im Papier, zu suchen und nicht im Arsen[9], mit dem die Tabakpflanzen zur Schädlingsbekämpfung behandelt wurden (KENNAWAY). Die Verbrennungsprodukte und der Tabakteer sind cancerogen (ROFFO, WYNDER). Dennoch kann der Tabak als solcher wohl schon cancerogene Substanzen enthalten, denn das in Indien übliche Kauen von Betelnüssen mit Tabak führt zu Krebs der Mundhöhle und Speiseröhre[10], das Kauen von Betel allein dagegen nicht. Bei Frauen, die weniger rauchen oder Tabak kauen, kommen die gleichen Geschwulstarten entsprechend seltener vor. Nicotin soll nicht cancerogen sein[11].

[1] WYNDER, E. L., E. A. GRAHAM and A. B. CRONINGER: Cancer Res. **13**, 855 (1953). — HAMER, D., and D. L. WOODHOUSE: Brit. J. Cancer **10**, 49 (1956). — SUGIURA, K.: Gann, Tokyo **47**, 243 (1956) (Pinselung). — HOLSTI, L. R., and P. ERMALA: Cancer, N. Y. **8**, 679 (1955) (oral). — MÜHLBOCK, O.: Ned. T. Geneeskde. **99**, 2276 (1955) (Inhalation). — Dagegen: GELLHORN, A., C. KLAUSNER and J. HIBBERT: Proc. amer. Ass. Cancer Res. **2**, 109 (1955/56).— [2] KOSAK, A. I.: Exper. **10**, 69 (1954). — COMMINS, B. T., R. L. COOPER and A. J. LINDSEY: Brit. J. Cancer **8**, 296 (1954). — COOPER, R. L., and A. J. LINDSEY: Brit. J. Cancer **9**, 304 (1955). — COOPER, R. L., J. A. GILBERT and A. J. LINDSEY: Brit. J. Cancer **9**, 442 (1955). — SEELKOPF, C.: Z. Lebensm.-Unters. u. -Forsch. **100**, 218 (1955). — LAM, J.: Acta path. microbiol. scand. **37**, 421 (1955). — LETTRÉ, H., u. A. JAHN: Naturwiss. **42**, 210 (1955). — LYONS, M. J.: Nature **177**, 630 (1956). — [3] CARDON, S. Z., E. T. ALVORD, H. J. RAND and R. HITCHCOCK: Brit. J. Cancer **10**, 485 (1956). — [4] LATARJET, R., J. L. CUSIN, M. HUBERT-HABART, B. MUEL et R. ROYER: Bull. Cancer, Paris **43**, 180 (1956). — [5] ALVORD, E. T., and S. Z. CARDON: Brit. J. Cancer **10**, 498 (1956). — [6] LACASSAGNE, A.: persönl. Mitt. — [7] SCHMÄHL, D., U. CONSBRUCH u. H. DRUCKREY: Arzneim.-Forsch. **4**, 71 (1954). — [8] HALPERT, B.: J. amer. med. Ass. **117**, 1090 (1941). — STUTZ, E.: Strahlentherapie **88**, 352 (1952). — DOLL, R., and A. B. HILL: Brit. med. J. **1952II**, 1271; **1954I**, 1451. — WYNDER, E. L., and J. CORNFIELD: New Engl. J. Med. **248**, 441 (1953). — LICKINT, F.: Ätiologie und Prophylaxe des Lungenkrebs als ein Problem der Gewerbehygiene und des Tabakrauches. Dresden 1953. — WITTEKIND, D., u. R. STRÜBER: Frankf. Z. Path. **64**, 405 (1953). — RANDIG, K.: D. m. W. **1955**, 718. — HAMMOND, E. C., and D. HORN: J. amer. med. Ass. **155**, 1316 (1954). — WATSON, M. L., and A. J. CONIE: Cancer, N. Y. **7**, 245 (1954). — STEELE, C. H.: Ann. Otol., Rhinol. Laryngol., St. Louis **63**, 5 (1954). — KREYBERG, L.: Brit. J. Cancer **9**, 495 (1955). — BLÜMLEIN, H.: Arch. Hygiene **139**, 349 (1955). — DENOIX, P. F., et X. GELLÉ: Bull. Cancer, Paris **42**, 247 (1955). — LEVIN, M. L., A. S. KRAUS, I. D. GOLDBERG and P. R. GERHARDT: Cancer, N. Y. **8**, 932 (1955). — ERMALA, P., and L. R. HOLSTI: Cancer, N. Y. **8**, 673 (1955). — STOCKS, P., and J. M. CAMPBELL: Brit. med. J. **1955II**, 923. — [9] DAFF, M. E., R. DOLL and E. L. KENNAWAY: Brit. J. Cancer **5**, 1 (1951). — [10] DIETZ, W.: Krebsarzt **6**, 352 (1951). — SANGHVI, L. D., K. C. RAO and V. R. KHANOLKAR: Brit. med. J. **1955I**, 1111. — KEEN, P., N. G. DE MOOR, M. P. SHAPIRO, L. COHEN, R. L. COOPER and J. M. CAMPBELL: Brit. J. Cancer **9**, 528 (1955). — [11] FREEDLANDER, B. L., F. A. FRENCH and A. FURST: Proc. amer. Ass. Cancer Res. **2**, 109 (1955/56).

Die *Geschlechtsgebundenheit* dieser und auch anderer Geschwülste ist eine scheinbare. Sie ist bedingt durch die verschiedene Exposition beider Geschlechter gegen die cancerogenen Agentien. Die Beobachtungen beweisen, daß exogene Faktoren als Krebsursache entscheidend sind und nicht eine erbliche Disposition, denn die ist bei Männern und Frauen nicht als verschieden anzunehmen. Stark rauchende Frauen bekommen ebenso Bronchialkrebs wie Männer. Es gibt jedoch auch Tumoren, deren Entwicklung durch Sexualhormone maßgeblich beeinflußt wird.

Der männliche Genitalkrebs (Penis und Prostata) ist bei Juden, die im ersten Lebensjahr beschnitten wurden, sehr viel seltener als bei Nichtbeschnittenen[1]. Als Krebsursache wird das Smegma angesehen, denn die Häufigkeit des Genitalkrebs ist bei mangelhafter „Genital-Hygiene" am größten. Ferner ist das Smegma von Hengsten, die bemerkenswert häufig Peniskrebs bekommen, im Tierversuch cancerogen. Menschliches Smegma hat bei intravaginaler Applikation an Mäusen zu Genitalkrebs geführt[2]. Als wirksames Agens wird ein virusartiger Faktor in Betracht gezogen[3,4]. Die Beschneidung ist das älteste Beispiel einer im Massenversuch bewährten Prophylaxe des Krebs[4,5]. Sie schützt indessen nur dann sicher, wenn sie bald nach der Geburt erfolgt. Moslems, die erst um die Zeit der Pubertät beschnitten werden, erkranken zwar seltener an Peniskrebs als z.B. Hindus, aber viel häufiger als Juden. Dies Beispiel zeigt (vgl. die Übertragung des Brustkrebs bei Mäusen durch den BITTNER-Milch-Faktor, S. 188), daß die Ursache eines im Alter auftretenden Krebs schon in *früher Jugend* liegen kann.

Das Smegma kommt auch als Ursache des Genitalkrebs bei Frauen (cervix und collum uteri) in Frage, denn beide Krebsarten sind bei Jüdinnen und bei Nonnen selten[6]. Ferner können Mittel zur Verhütung der Konzeption, zur Spülung der Vagina und Pessare[7] cancerogene Eigenschaften haben. Auch beim Brustkrebs werden exogene Ursachen diskutiert[8]. Carcinogene Kohlenwasserstoffe werden nach Resorption durch die Brustdrüse ausgeschieden und können Brustkrebs auslösen[9]. In der Milch junger Frauen wurden elektronenoptisch 20—200 mμ große sphärische Partikelchen gefunden, die dem Mäuse-Milch-Faktor von BITTNER entsprechen[10]. Es gibt indessen auch Brustkrebs bei Frauen, die als Kind nie Muttermilch bekommen haben, und Brustkrebs bei Mäusen, die keinen Milch-Faktor enthalten[11].

g) Berufskrebs.

Die Annahme, daß der Krebs „exogene" Ursachen haben kann, wurde zuerst von PARACELSUS (1493—1541) geäußert[12], der das Realgar (As_2S_2) als Ursache des Lungenkrebs im Bergbau beschuldigte. Der „Arsenkrebs" ist in der mensch-

[1] NATH, V., and K. S. GREWAL: Ind. J. med. Res. **23**, 149 (1936). — [2] PRATT-THOMAS, H. R., H. C. HEINS, E. LATHAM, E. J. DENNIS and F. A. MCIVER: Cancer, N.Y. **9**, 671 (1956). — [3] PLAUT, A., and A. C. KOHN-SPEYER: Science, N.Y. **105**, 391 (1947). — [4] RAVICH, A., and R. A. RAVICH: N. Y. State J. Med. **51**, 1519 (1951). — [5] HOVSEPIAN, D.: Calif. Med. **75**, 359 (1951). — [6] GAGNON, F.: Amer. J. Obstet. **60**, 516 (1950). — FISCHER, R.: Geburtsh. u. Frauenheilkde. **12**, 888 (1952). — WYNDER, E. L., J. CORNFIELD, P. D. SCHROFF and K. R. DORAISWAMI: Amer. J. Obstet. **68**, 1016 (1954). — HOCHMAN, A., E. RATZKOWSKI and H. SCHREIBER: Brit. J. Cancer **9**, 358 (1955). — [7] DRUCKREY, H., D. SCHMÄHL u. R. MECKE jr.: Z. Krebsforsch. **61**, 55 (1956). — [8] LOMBARD, H., and E. A. POTTER: Acta Un. int. Cancr., Bruxelles **6**, 1325 (1950). — [9] SHAY, H., C. HARRIS and M. GRUENSTEIN: J. nat. Cancer Inst. **13**, 307 (1952/53). — [10] GROSS, L., A. E. GESSLER and K. S. MCCARTY: Proc. Soc. exp. Biol. Med. **75**, 270 (1950). — PASSEY, R. D., L. DMOCHOWSKY, W. T. ASTBURY, R. REED and G. EAVES: Nature **167**, 643 (1951). — [11] HORNE, H. W. jr.: New Engl. J. Med. **243**, 373 (1950). — MÜHLBOCK, O.: J. nat. Cancer Inst. **12**, 819 (1951/52). — [12] THEOPHRASTUS VON HOHENHEIM: Von der Bergsucht oder Bergkranckheiten, drey Bücher (Hrsg. v. ZIMMERMANN, S.). Dillingen 1567. [Handb. Berufskrankh. (KOELSCH) Bd. 1, S. 621.]

lichen Pathologie ein fester Begriff geworden[1]. 1775 führte der englische Wundarzt P. POTT den Scrotalkrebs der Schornsteinfeger auf die Einwirkung von Ruß zurück[2]. 100 Jahre später wurde dann der Kausalzusammenhang beim Hautkrebs der Arbeiter in der mitteldeutschen Kohlen-, Teer- und Paraffinindustrie von R. v. VOLKMANN[3] geklärt und damit der Begriff des „*Berufskrebs*"[4] geschaffen. 1895 führte L. REHN[5] den Blasenkrebs bei Arbeitern in der Farbstoffindustrie auf die chronische Vergiftung mit aromatischen Aminen vom Typ des Anilins, Naphthylamins und Benzidins zurück. Damit war zum ersten Mal erkannt, daß *chemisch* definierte Substanzen die Ursache des Krebs sein können. Die Entstehung von Krebs wurde so zum pharmakologisch-toxikologischen Problem. Nach Ausschaltung der cancerogenen Amine im Fabrikationsgang, vor allem nach Ersatz des β-Naphthylamins durch sein (1) Sulfonat (Tobias-Säure), traten keine Geschwülste mehr auf. So war zugleich prinzipiell die Möglichkeit einer wirksamen *Krebsprophylaxe* bewiesen. Diese Beobachtungen bilden die Grundlage der modernen Krebsforschung und -bekämpfung.

1894 berichtete UNNA[6] über die krebsauslösende Wirkung von Sonnenstrahlen auf die „Seemannshaut", 1902 FRIEBEN[7] über die ersten Fälle von Röntgenkrebs. So wurde bewiesen, daß auch *physikalische* Agentien Krebs auslösen können. Der „Kangri-Krebs" in Tibet wurde auf die chronische Einwirkung von Hitze zurückgeführt, ebenso der Schienbeinkrebs der Heizer[8]. In beiden Fällen ist jedoch eine entscheidende Mitwirkung von Ruß oder Teer wahrscheinlich.

1888 erkannte FENWICK, daß das „Bilharzia-Carcinom" der Blase, das als „Berufskrebs" der im Nilschlamm arbeitenden Fellachen anzusehen ist, durch das Schistoma haematobium Bilharzii verursacht wird, wahrscheinlich durch dessen Giftstoffe[9]. ASKANAZY[10] konnte dann 1900 den Gallengangskrebs bei Haff-Fischern auf die Infektion mit dem Egel Opisthorchis felineus zurückführen. Krebs kann also auch durch *belebte* Ursachen ausgelöst werden (s. S. 201).

Die Zahl der als Ursache von „Berufskrebs" festgestellten und verdächtigen Agentien wächst ständig. Die wichtigsten sind in der Tabelle 29 zusammengestellt.

Die ursächliche Bedeutung dieser Agentien für die am Menschen beobachtete Krebsentstehung wurde durch Tierversuche in vielen Fällen bewiesen. Sie werden deshalb als „krebserzeugende" (cancerogene, carcinogene) Agentien bezeichnet. Wenn auch die Anzahl der Krebsgeschwülste beim Menschen, die bisher auf eine solche Krebsursache zurückgeführt werden konnten, noch klein gegenüber ihrer Gesamtzahl ist, so führte die Aufklärung der Ätiologie des „Berufskrebses" doch zu der grundlegend wichtigen Erkenntnis, daß Krebs *exogene* Ursachen haben

[1] ROTH, F.: Z. Krebsforsch. **61**, 287 (1956). — [2] POTT, P.: Chirurgical Observations Relative to ... the Cancer of the Scrotum ... London 1775. — [3] VOLKMANN, R. v.: Beiträge zur Chirurgie. S. 370. Leipzig 1875. — SROKA, K H.: Krebsarzt **6**, 354 (1951). — [4] *Zusammenfassende Darstellungen über Berufskrebs:* UNNA, P. G.: Die Histopathologie der Hautkrankheiten. 3 Bde. Berlin 1894. — OPPENHEIM, M., J. H. RILLE u. K. ULLMANN: Die Schädigungen der Haut durch Beruf und gewerbliche Arbeit. 3 Bde. Leipzig 1921/25; 1926; 1927. — Handb. Berufskrankh. (KOELSCH), Bd. 1. — BAADER, E. W.: Berufskrebs; in ADAM, C., u. H. AULER (Hrsgb.): Neuere Ergebnisse auf dem Gebiet der Krebskrankheiten. Leipzig 1937. — CLEMMESEN, J.: Cancer and Occupationin Danmark. 1935—1939. Kopenhagen 1941. — HUEPER, W. C.: Occupational Tumors and Allied Diseases. Springfield, Ill. 1942. — HUEPER, W. C.: Environmental and occupational cancer. Publ. Hlth. Rep. Suppl. Nr. 209 (1948). — BAUER, K. H.: Das Krebsproblem. Berlin, Göttingen, Heidelberg 1949. — GROSS, E.: Z. Krebsforsch. **59**, 180 (1953). — HUEPER, W. C.: Cancer Res. **12**, 691 (1952). A. M. A. Arch. Path. **58**, 360, 475, 645 (1954). — TRUHAUT, R.: Arch. Mal. profess. **15**, 431 (1954). — [5] REHN, L.: Arch. klin. Chir. **50**, 588 (1895). — [6] UNNA, P. G.: Die Histopathologie der Hautkrankheiten. Berlin 1894. — [7] FRIEBEN, (P.): D. m. W. **1902 I**, Vereinsbeil. 335. — [8] NEVE, E. F.: Brit., med. J. **1923 II**, 1255. — ARNDT, G.: Bruns' Beitr. **157**, 305 (1933). — [9] IBRAHIM, H.: Ann. R. Coll. Surgeons Engl. **2**, 129 (1948). — FLASCHENTRÄGER, B., and J. SEDDIK: Alexandria med. J. **2**, 208 (1956). — MUSTACCHI, P., and M. B. SHIMKIN: J. nat. Cancer. Inst. **20**, 825 (1958). — [10] ASKANAZY: Verh. dtsch. path. Ges. **3**, 72 (1901).

Tabelle 29.
Ursachen von Berufskrebs* und exogene Krebsursachen beim Menschen.

A. Physikalische Agentien.	
Hitze[1–3]	Hautkrebs
Sonnenstrahlen[4]	Hautkrebs
Ultraviolettstrahlung[5], Röntgenstrahlen[6]	Haut- und Knochenkrebs, Leukämien
Radium[2,7]	Knochen, Leukämien
Emanation[8]	Lunge
Radiothor, Mesothor[9], Thorium X[10]	Knochen, Haut, Leukämien
Radioaktive Isotopen[11] **	Knochen, Haut, Drüsen, Leukämien
Uran und Atombomben[12]	Leukämien
B. Chemische Cancerogene.	
1. Anorganische	
Arsen[13]	Haut, Atemwege, Blase, Leber, Oesophagus
Asbest[14]	Lunge

* *Wichtigste Übersichten.* GROSS, E.: Z. Krebsforsch. **59**, 180 (1953). — HUEPER, W. C.: Occupational Tumors and Allied Diseases. Springfield, Ill. 1942. Recent developments in environmental cancer. A. M. A. Arch. Path. **58**, 360, 475, 645 (1954). — TRUHAUT, R.: Les substances chimiques, agents de cancers professionals. Arch. Mal. profess. **15**, 431 (1954). — Kommission für Berufskrebs der Deutschen Forschungsgemeinschaft, Bad Godesberg, Frankengraben 40.

** Warnung des Brit. „Medical Research Council“ vor der Verwendung von radioaktiven Isotopen bei nicht krebskranken Jugendlichen. Brit. med. J. **1948 II**, 569. — United Nations Scientific Committee Report. J. nat. Cancer Inst. **18**, 481 (1957). — HALDANE, J. B. S.: Nature **176**, 115 (1955).

[1] NEVE, E. F.: Brit. med. J. **1923 II**, 1255. — ARNDT, G.: Bruns' Beitr. **157**, 305 (1933). — MATTEUCCI, G.: Riforma med. **1934**, 1385. — WANIEK, H.: Arch. Gewerbepath. Gewerbehyg. **10**, 486 (1941). — [2] LACASSAGNE, A.: Les cancres produits par les rayonnements électromagnetiques. (Actual. sci. industr. Nr. 981) Paris 1945. Les cancres produits par les rayonnements corpusculaires. (Actual. sci. industr. Nr. 975). Paris 1945. — [3] BAUER, K. H.: Das Krebsproblem. Berlin, Göttingen, Heidelberg 1949. — [4] UNNA, P. G.: Die Histopathologie der Hautkrankheiten. Berlin 1894. — BLUM, H. F.: J. nat. Cancer Inst. **9**, 247 (1948/49). — PHILLIPS, C.: Texas State J. Med. **49**, 219 (1953). — [5] HOLTZ, F.: Strahlentherapie **66**, 712 (1939). — HELLER, W.: Strahlentherapie **81**, 387, 529 (1950). — [6] FRIEBEN, (P): D. m. W. **1902 I**, Vereinsbeil. 335. — HADEN, R. L.: Amer. J. Roentgenol. **55**, 387 (1946). — HENRY, S. A.: Brit. med. Bull. **4**, 389 (1946/47). — FURTH, J., and E. LORENZ: Carcinogenesis by ionizing radiations; in: Radiation Biology. Bd. I/2, S. 1145—1201. New York 1954. — RAJEWSKY, B.: Strahlendosis und Strahlenwirkung. Stuttgart 1954. — LEA, D. E.: Actions of Radiations on Living Cells. 2. Aufl. London 1955. — BROWN, W. M. C., and J. D. ABBATT: Lancet **1955 I**, 1283. — SIMPSON, C. L., L. H. HEMPELMANN and L. M. FULLER: Radiology **64**, 840 (1955). — SABANAS, A. O., D. C. DAHLIN, D. S. CHILDS jr. and J. C. IVINS: Cancer, N. Y. **9**, 528 (1956). — [7] HATCHÉR, C. H.: J. Bone Joint Surg. **27**, 179 (1945). — MARTLAND, H. S.: Radium poisoning; in CECIL, R. L. (Hrsgb.): Textbook of Medicine. 7. Aufl. Philadelphia 1947. — MUTH, H.: Strahlentherapie **94**, 527 (1954). — [8] RAJEWSKY, B., A. SCHRAUB u. G. KAHLAU: Naturwiss. **31**, 170 (1943). — VESIN, M. S.: Arch. Mal. profess. **9**, 280 (1948). — [9] MARTLAND, H. S.: Amer. J. Cancer **15**, 2435 (1931). — NEITZEL, E.: Berufsschädigungen durch radioaktive Substanzen. Leipzig 1935. — MACMAHON, H. E., A. S. MURPHY and M. I. BATES: Amer. J. Path. **23**, 585 (1947). — JAKOB, A., and F. WACHSMANN: Kli. Wo. **1948**, 20. — [10] SPIESS, H.: D. m. W. **1956**, 1053. — [11] LACASSAGNE, A., et F. JOLIOT: C. R. Soc. Biol. **138**, 50 (1944). — SCHUBERT, G.: Kernphysik und Medizin. 2. Aufl. Göttingen 1948. Strahlentherapie **76**, 389 (1947). — MITCHELL, J. S.: Brit. J. Cancer **1**, 1 (1947). — GORBMAN, A.: Proc. Soc. exp. Biol. Med. **71**, 237 (1949). — HOWARTH, F.: Lancet **1948 II**, 51. — SEIDLIN, S. M., E. SIEGEL, A. A. YALOW and S. MELAMED: Science, N. Y. **123**, 800 (1956). — KOLETSKY, S., and J. H. CHRISTIE: Proc. Soc. exp. Biol. Med. **86**, 266 (1954). — [12] BLACK-SCHAFFER, G., S. KAMBE, S. MATSUOKA, Z. WATANABE and W. J. WEDEMEYER: Amer. J. Path. **28**, 548 (1952). — MOELLER, D. W., J. G. TERRILL and S. C. INGRAHAM II: Publ. Hlth. Rep. **68**, 57 (1953). — KAPLAN, H. S.: Cancer Res. **14**, 535 (1954). — MOLONEY, W. C., and M. A. KASTENBAUM: Science, N. Y. **121**, 308 (1955). — [13] PEIN, H. v.: Dtsch. Arch. klin. Med. **190** 429 (1943). — NEUBAUER, O.: Brit. J. Cancer **1**, 192 (1947). — BUTZENGEIGER, K. H.: Ärztl. Wschr. **1949**, 365. — HUEPER, W. C.: South. med. J. **43**, 118 (1950). — LIEBEGOTT, G.: Zbl. Arbeitsmed. **2**, 15 (1952). — ROTH, F.: Z. Krebsforsch. **61**, 287 (1956). — [14] WEDLER, H.-W.: D. m. W. **1943**, 575. — SMITH, W. E.: Arch. industr. Hyg. **5**, 242 (1952). — HUEPER, W. C.: Amer. J. clin. Path. **25**, 1388 (1955).

Tabelle 29. (Fortsetzung.)

B. Chemische Cancerogene.

1. Anorganische	
Beryllium[1]	Knochen
Chromat[2]	Lunge
Eisenoxydstaub[1,3] und anderer Metallstaub	Lunge
Nickelcarbonyl[4]	Nebenhöhlen, Atemwege
Salpeter, roh[5]	Haut
Selen[6]	Leber
Talkum[7]	lokal
2. Organische	
Teer, Rauch[8], Ruß (carbon black) . . .	Haut, Lunge
Rohe Mineralöle[9], rohes Paraffin, Schieferöle	Haut
Anthracenöl[10]	Haut
Kreosot[11]	Haut
Benzol[12]	Leukämie
Styrol[13]	Haut
Höhere aromatische Kohlenwasserstoffe[14] .	lokal, Haut
Aromatische Amine[15], β-Naphthylamin, Benzidin, 4-Aminodiphenyl[16]	Blase
Gummi, Weichmacher[17], Tabak[18]	Lunge, Mund, Speiseröhre, Magen

[1] Schneider, P.: Langenbecks Arch. klin. Chir. **260**, 523 (1948). — Sissons, H. A.: Acta Un. int. Cancr., Bruxelles **7**, 171 (1950). — Hoagland, M. B., R. S. Grier and M. B. Hood: Cancer Res. **10**, 629 (1950). — Dutra, F. R., E. J. Largent and J. L. Roth: A.M.A. Arch. Path. **51**, 473 (1951). — [2] Gross, E., u. F. Koelsch: Arch. Gewerbepath. Gewerbehyg. **12**, 164 (1943/44). — Machle, W., and F. Gregorius: Publ. Hlth. Rep. **63**, 1114 (1948). — Baetjer, A. M.: Arch. industr. Hyg. **2**, 487 (1950). — Bourne, H. G. jr., and H. T. Yee: Industr. Med., Chicago **19**, 563 (1950). — Bidstrup, P. L.: Brit. J. industr. Med. **8**, 302 (1951). — Rinck, H.: Medizinische **1956**, 342. — Bidstrup, P. L., and R. A. Case: Brit. J. industr. Med. **13**, 260 (1956). — [3] Kennaway, N. M., and E. L. Kennaway: J. Hyg., London **36**, 236 (1936). — Dreyfus, J. R.: Z. klin. Med. **130**, 256 (1936). — [4] Baader, E. W.: Berufskrebs; in Adam, C., u. H. Auler: Krebskrankheiten. Leipzig 1937. — Hueper, W. C.: Cancer Res. **11**, 257 (1951). — [5] Guzman, L.: Acta Un. int. Cancr., Bruxelles **1**, 340 (1936). — [6] Nelson, A. A., O. G. Fitzhugh and H. O. Calvery: Cancer Res. **3**, 230 (1943). — [7] Gruenfeld, G. E.: Arch. Surg. **59**, 917 (1949). — [8] Volkmann, R. v.: Beiträge zur Chirurgie. S. 370. Leipzig 1875. — Irvine, E. D.: Brit. med. J. **1935 II**, 996. — Kahawata, K.: Gann, Tokyo **30**, 341 (1936). — Ingalls, T. H.: Arch. industr. Hyg. **1**, 662 (1950). — Hueper, W. C.: Industr. Med. **20**, 49 (1951). — Falk, H. L., P. E. Steiner and S. Goldfein: Cancer Res. **11**, 247 (1951). — Falk, H. L., P. E. Steiner, S. Goldfein, A. Breslow and R. Hykes: Cancer Res. **11**, 318 (1951). — Waller, R. E.: Brit. J. Cancer **6**, 8 (1952). — Kotin, P., H. L. Falk, P. Mader and M. Thomas: Arch. industr. Hyg. **9**, 153 (1954). — [9] Henry, S. A.: Brit. med. Bull. **4**, 389 (1946/47). — Page, R. R.: Arch. industr. Hyg. **4**, 297 (1951). — Hueper, W. C.: Arch. industr. Hyg. **8**, 307 (1953). — [10] Leymann, (H.): Zbl. Gewerbehyg. **5**, 170 (1917). — [11] Mackenzie, S.: Brit. J. Derm. **10**, 416 (1898). — Kennaway, E. L.: Brit. med. J. **1924 I**, 564. — Haldin-Davis, H.: Proc. R. Soc. Med. **29**, 89 (1935). — [12] Mallory, T. B., E. E. Gall and W. J. Brickley: J. Hyg., London **21**, 355 (1939). — [13] Baader, E. W.: Dtsch. med. Rdsch. **1949**, 909. — [14] Hueper, W. C.: Occupational Tumors and Allied Diseases. Springfield, Ill. 1942. — Falk, H. L., P. E. Steiner and S. Goldfein: Cancer Res. **11**, 247 (1951). — [15] Rehn, L.: Arch. klin. Chir. **50**, 588 (1895). — Simon, L.: Arch. klin. Chir. **173**, 708 (1932). — Bonser, G. M.: Brit. med. Bull. **4**, 379 (1946/47). — Bonser, G. M., D. B. Clayson and J. W. Jull: Lancet **1951 II**, 286. — Case, R. A., and J. T. Pearson: Brit. J. industr. Med. **11**, 213 (1954). — Uebelin, F., u. A. Pletscher: Schweiz. med. Wschr. **84**, 917 (1954). — [16] Walpole, A. L., M. H. C. Williams and D. C. Roberts: Brit. J. industr. Med. **9**, 255 (1952); **11**, 105 (1954). — [17] Case, R. A., and M. E. Hosker: Brit. J. prevent. Med. **8**, 39 (1954). — [18] Orr, I. M.: Lancet **1933 II**, 575. — Wynder, E. L., and E. A. Graham: J. amer. med. Ass. **143**, 329 (1950). — Wynder, E. L.: D. m. W. **1951**, 1498. — Wynder, E. L., E. A. Graham and A. B. Croninger: Cancer Res. **13**, 855 (1953).

Tabelle 29. (Fortsetzung.)

C. Belebte Krebsursachen (Parasiten).

Clonorchis sinensis[1]	Leber
Lamblia intestinalis[2]	Leber
Opisthorchis felineus[3]	Gallengänge
Schistosoma haematobium[4]	Blase, Leber

kann. Das ist inzwischen dann auch für eine häufiger vorkommende Geschwulstart, nämlich den Bronchialkrebs nachgewiesen worden, der durch die Einatmung von rußhaltiger Luft und durch das Inhalieren von Tabakrauch ausgelöst wird. Die alte Annahme, daß jeder Krebs „spontan" entsteht, ist naturwissenschaftlich nicht vertretbar[5].

Die Aufklärung der möglichen Krebsursachen erlaubt ihre Ausschaltung aus der menschlichen Umwelt und führt damit zur *Krebsprophylaxe*. Ihre unbedingte Sicherheit ist bei verschiedenen Arten von Berufskrebs erwiesen worden. Sie erscheint daher als das wichtigste Mittel zur Bekämpfung des Krebses. Auch bei der Bekämpfung der infektiösen Seuchen hat die Erfahrung ergeben, daß eine planmäßige Prophylaxe wirksamer ist als die Therapie im einzelnen Krankheitsfall.

h) Endogene Cancerogene.

Als Krebsursache kommen auch *endogene* Substanzen[6] in Frage. Lipoidextrakte aus der Leber von Krebskranken erwiesen sich in Tierversuchen als cancerogen wirksam[7]. Ähnliche Befunde erhielt man mit Extrakten aus anderen Organen oder aus Galle[8] von Krebskranken und in geringerer Ausbeute auch von Gesunden[9, 10]. Die wirksamen Substanzen sollen teils in der verseifbaren[11], vorwiegend aber in der unverseifbaren (mit Digitonin fällbaren) Fraktion sein. Da aber durch die Verseifung etwa 90% der Wirksamkeit verlorengehen[10] und die Menge der cancerogenen Substanzen offenbar nur sehr klein ist, stoßen ihr Nachweis und ihre Identifizierung auf große Schwierigkeiten. Eine Reproduzierung der Ergebnisse gelang mehrfach nicht[12].

Als wirksames Agens wurde das Cholesterin oder ein ihm chemisch nahestehendes Produkt vermutet, zumal aus Cholesterin[13] und ebenso aus Gallensäuren[14] in vitro durch Ringschluß der Seitenkette Dehydronorcholen und schließlich das stark cancerogene 20-Methylcholanthren dargestellt werden konnten (vgl. S. 203).

[1] Yamagiwa, K.: Virchows Arch. **206**, 437 (1911). — [2] Grott, J. W.: Schweiz. med. Wschr. **69**, 683 (1939). — [3] Askanazy: Verh. dtsch. path. Ges. **3**, 72 (1901). — Rindfleisch, W.: Z. klin. Med. **69**, 1 (1910). — Ruditzky, M. G.: Z. Krebsforsch. **27**, 402 (1928). — [4] Ferguson, A. R.: J. Path. Bacteriology **16**, 76 (1911). — Fischer, W.: Arch. Schiffs- u. Tropen-Hyg. **23**, 435 (1919). — Pirie, J. H. H.: Med. J. S.-Africa **17**, 87 (1921). — Ibrahim, A. B.: J. State Med. **35**, 702 (1927). — Berman, C.: Primary Carcinoma of the Liver. London 1951. — Makar, N.: Acta Un. int. Cancr., Bruxelles **8**, 323 (1952). — [5] Druckrey, H.: Arzneim.-Forsch. **1**, 383 (1951). — [6] Übersicht: Hieger, I.: Brit. med. Bull. **4**, 360 (1946/47). — [7] Shabad, L. M.: Bull. Biol. Méd. exp. URSS **3**, 252 (1937); **5**, 3 (1938). — Ligneris, M. J. A. des: Amer. J. Cancer **39**, 489 (1940). — Steiner, P. E.: Science, N. Y. **92**, 431 (1940). — Hieger, I.: Brit. J. Cancer **3**, 123 (1949). — — [8] Fortner, J. G.: Cancer, N. Y. **8**, 683 (1955). — [9] Kleinenberg, H. E., S. A. Neĭfach and L. M. Shabad: Amer. J. Cancer **39**, 463 (1940). — Hieger, I.: Amer. J. Cancer **39**, 496 (1940). — [10] Hieger, I.: Brit. med. Bull. **4**, 360 (1947). Brit. J. Cancer **3**, 123 (1949). — Steiner, P. E.: Cancer Res. **3** 385 (1943). — Steiner, P. E., D. W. Stanger and M. N. Bolyard: Cancer Res. **7**, 273 (1947). — [11] Menke, J. F.: Cancer Res. **2**, 786 (1942). — [12] Gummel, H.: Kli. Wo. **1941**, 448. — Nothdurft, H.: Z. Krebsforsch. **56**, 379 (1949). — [13] Rossner, W.: H. **249**, 267 (1937). — [14] Wieland, H., u. E. Dane: H. **219**, 240 (1933).

In vivo ließ sich aber eine derartige Umwandlung nicht nachweisen[1]. Die fluoreszierenden Substanzen in der Leber sind sicher nicht Methylcholanthren[2]. Auch die Angabe, daß z. B. die Desoxycholsäure cancerogen sei[3], hat sich nicht bestätigen lassen[4]. Aus Steroidhormonen kann Methylcholanthren nicht entstehen, weil ihnen die dafür notwendige Seitenkette fehlt. Die natürlichen Oestrogene, bei denen oft krebsfördernde oder -auslösende Eigenschaften beobachtet wurden[5], sind wahrscheinlich keine echten Cancerogene[6]. Sie können indessen durch ihre organspezifische, proliferationsfördernde Wirkung als „conditionale" Krebsfaktoren (BUTENANDT) die Entwicklung einer Geschwulst fördern[7]. Dies aber meist wohl nur dann, wenn bereits Krebszellen vorhanden sind. An Goldhamstern wurden durch Oestrogene Nierentumoren erzeugt[8]. Ihr Wachstum setzt indessen die weitere Einwirkung von Oestrogenen voraus, es handelt sich also um „hormonabhängige Tumoren". Hier liegen durchaus noch offene Probleme.

Eine Aromatisierung hydrierter Ringsysteme ist im Organismus zweifellos möglich. Nachgewiesen ist die Dehydrierung von Cyclohexancarbonsäure zu Benzoesäure[9] und sogar von Cyclohexan zu Benzol[10] oder von Tetrahydrochinolin zu Chinolin[11]. Bekannt ist ferner die Aromatisierung der Oestrogene bis zu Equilenin bei Pferden. Sogar Einzeller vermögen das Sterangrundskelet zu dehydrieren[12].

Die Frage, ob Sterine oder Steroide im Körper zu carcinogenen Homologen des Sterans umgewandelt werden können, ist ein wichtiges und mehrfach bearbeitetes Problem[13,14]. DANNENBERG fand kürzlich das 4-Methyl-1,2-cyclopentanophenanthren und das Steranthren cancerogen wirksam[15], vor allem das Dimethyl-steranthren (Formel). Der Ring A oder B kann hydriert sein. Da

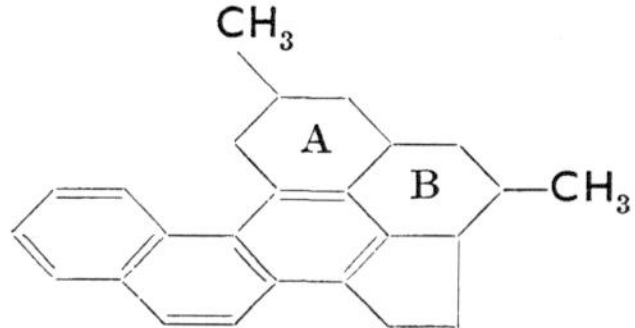

Dimethyl-steranthren

[1] COOK, J. W., and G. A. D. HASLEWOOD: Soc. **1934**, 428. — FIESER, L. F., and M. S. NEWMAN: Am. Soc. **57**, 961 (1935). — BUTENANDT, A.: A.e.P.P. **190**, 74 (1938). Verh. dtsch. Ges. inn. Med. **55**, 342 (1949). — [2] FLORSHEIM, W. H., and B. KRICHESKY: Proc. Soc. exp. Biol. Med. **75**, 693 (1950). — [3] GHIRON, V.: Bull. Atti R. Accad. med. Roma **63**, 200 (1937). — COOK, J. W., E. L. KENNAWAY and N. M. KENNAWAY: Nature **145**, 627 (1940). — [4] DRUCKREY, H.: 1939, unveröffentlichte Versuche. — NOTHDURFT, H.: Z. Krebsforsch. **56**, 379 (1949). — [5] LIPSCHÜTZ, A.: Acta Un. int. Cancr., Bruxelles **10**, 70 (1954). — HORNING, E. S.: Brit. J. Cancer **8**, 627 (1954). — MACKENZIE, I.: Brit. J. Cancer **9**, 284 (1955). — FURTH, J., K. H. CLIFTON, E. L. GADSDEN and R. F. BUFFETT: Cancer Res. **16**, 608 (1956). — [6] KAUFMANN, C., H. A. MÜLLER, A. BUTENANDT u. H. FRIEDRICH-FREKSA: Z. Krebsforsch. **56**, 482 (1949). — DRUCKREY, H.: Arzneim.-Forsch. **1**, 383 (1951). — [7] BIELSCHOWSKY, F.: Brit. J. Cancer **9**, 80 (1955). — DONTENWILL, W.: M.m.W. **1955**, 210. — [8] KIRKMAN, H., and R. L. BACON: J. nat. Cancer Inst. **13**, 745 (1952/53). — HORNING, E. S.: Brit. J. Cancer **8**, 627 (1954). — [9] BEER, C. T., F. DICKENS and J. PEARSON: Biochem. J. **48**, 222 (1951). — [10] PACAULT, A., et S. CARPENTIER: C. R. Soc. Biol. **228**, 334 (1949). — [11] BERNHARD, K.: H. **267**, 91 (1941). — [12] DAVIS, B. D.: Exper. **6**, 41 (1950). — [13] BUTENANDT, A.: Verh. dtsch. pharmakol. Ges. **14**, 74 (1938). Verh. dtsch. Ges. inn. Med. **55**, 342 (1949). D. m. W. **1950**, 5. — BUTENANDT, A., u. H. DANNENBERG: Arch. Geschwulstforsch. **6**, 1 (1953). — INHOFFEN, H. H.: Angew. Chem. **63**, 297 (1951). Progr. org. Chem. **2**, 131 (1953). — NES, W. R., and E. MOSETTIG: Am. Soc. **75**, 2787 (1953). — [14] GOUGH, N., and C. W. SHOPPEE: Biochem. J. **54**, 630 (1953). — HADDOW, A.: Brit. med. Bull. **14**, 79 (1958). — [15] DANNENBERG, H.: Mündliche Mitteilung. Z. Naturforsch. **9b**, 16 (1954). — DANNENBERG, H., u. D. DANNENBERG-V. DRESLER: A. **593**, 232 (1955). — Vgl. Teil IX, S. 342.

es als 1,2,3,4-alkyliertes Phenanthren betrachtet werden kann und z. B. das 1,2,3,4-Tetramethylphenanthren Krebs erzeugt, ordnet sich dieser Befund gut in die allgemeinen Erfahrungen ein. Jedenfalls sind bereits 3-Ringsysteme wirksam, so daß ein Ringschluß z. B. der Seitenkette von Sterinen oder Gallensäuren nicht mehr als Voraussetzung für die endogene Entstehung krebserzeugender Substanzen gelten kann. Als Ausgangsprodukte dafür kommen vielleicht Steroide der Nebennierenrinde am ehesten in Frage[1]. Diese Drüse kann partiell aromatische Steroide bilden, die am C-Atom 3 keine Hydroxylgruppe haben, nämlich

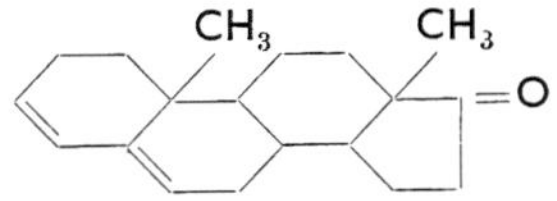

$\Delta^{3,5}$-Androstandien-17-on

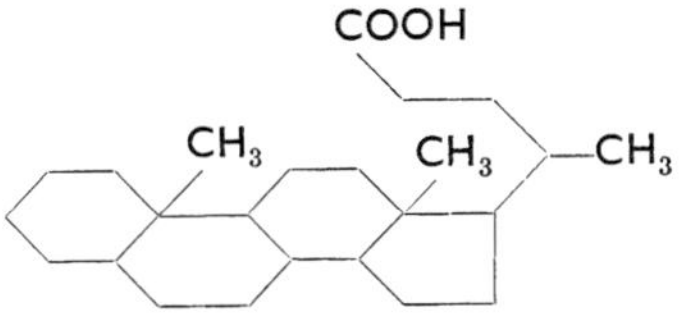

Cholansäure

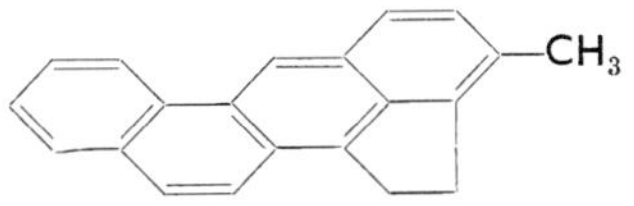

20-Methylcholanthren

das $\Delta^{3,5}$-Androstandien-on-17, das im Urin von Patienten mit Tumoren der Nebennierenrinde gefunden wurde[2]. Lipoidextrakte aus dem Harn von Krebskranken erwiesen sich in einigen Fällen als cancerogen[3].

Roffo[4] fand den Cholesteringehalt der Haut nach Bestrahlung erhöht und führte danach den „Lichtkrebs" auf eine cancerogene Wirkung des Cholesterins zurück. Wenn auch gelegentlich durch Cholesterin im Tierversuch Geschwülste erzeugt werden konnten[5], erscheint eine wirklich cancerogene Wirkung der Substanz doch zweifelhaft[6]. Ultraviolett bestrahltes Cholesterin soll eine Verbindung enthalten, die dasselbe Absorptionsspektrum gibt wie das cancerogene 3,4-Benzpyren[7]. Windaus[8] und ferner Butenandt[9] konnten indessen diese Angaben nicht bestätigen. Wohl aber erwies sich bestrahltes Cholesterin (Bestrahlungsdauer 27 Std, Hg-Lampe, Abstand 50 cm) an Ratten schwach cancerogen wirksam[10]. Rohe Progesteronpräparate, die aus Cholesterin hergestellt waren, hatten eine bemerkenswert starke cancerogene Wirkung[11]. Nach UV-Bestrahlung konnte Fieser[12] im Cholesterin ein 7,8,9,11-Diepoxydcholestanol (I) nachweisen, das cancerogen zu sein scheint. Dieser Befund verdient Beachtung, weil verschiedenartige Epoxyde eine krebserzeugende Wirkung haben[13]. Nach neueren Befunden

[1] Gough, N., and C. W. Shoppee: Biochem. J. **54**, 630 (1953). — [2] Burrows, H., J. W. Cook, E. M. F. Roe and F. L. Warren: Biochem. J. **31**, 950 (1937). — Wolfe, J. K., L. F. Fieser and H. B. Friedgood: Am. Soc. **63**, 582 (1941). — [3] Miller, E., and D. L. Turner: Amer. J. med. Sci. **206**, 146 (1943). — Nothdurft, H.: Z. Krebsforsch. **56**, 379 (1949). — [4] Roffo, A. H.: Z. Krebsforsch. **41**, 448 (1935); **48**, 6 (1938). — [5] Hieger, I.: Nature **160**, 270 (1947). — Hieger, I., and S. F. Orr: Brit. J. Cancer **8**, 274 (1954). — Fieser, L. F., and W. P. Schneider: Am. Soc. **74**, 2254 (1952). — [6] Stavely, H. E., and W. Bergmann: Amer. J. Cancer **30**, 749 (1937). — Baumann, C. A., and H. P. Rusch: Amer. J. Cancer **35**, 213 (1939). — [7] Roffo, A. H., u. L. M. Correa: Bol. Inst. Med. exp. Cancer Buenos Aires **14**, 681 (1938) [Z. Krebsforsch. **4**, 8 201 (1939)]. — [8] Windaus, A., K. Bursian u. U. Riemann: H. **271**, 177 (1941). — [9] Butenandt, A., u. L. Poschmann: B. **73**, 893 (1940). — [10] Druckrey, H.: 1941, nicht veröffentlichte Versuche. — [11] Spielman, M. A., and K. R. Meyer: Am. Soc. **61**, 893 (1939). — Bischoff, F., and J. J. Rupp: Cancer Res. **6**, 403 (1946). — [12] Fieser, L. F.: Am. Soc. **73**, 5007 (1951). — [13] Philips, F. S.: J. Pharmacol. exp. Therap. **99 II**, 281 (1950). — Hendry, J. A., R. F. Homer, F. L. Rose and A. L. Walpole: Brit. J. Pharmacol. **6**, 235, 357 (1951).

tritt als Peroxydationsprodukt des Cholesterins ein 6-β-Hydroperoxyd-Δ^4-cholesten-on-3 (II) auf, das schwach carcinogen ist[1].

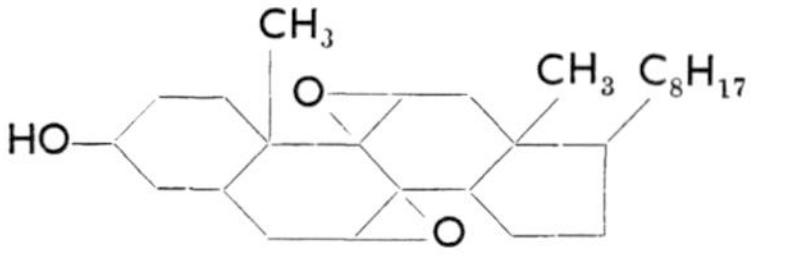

(I) 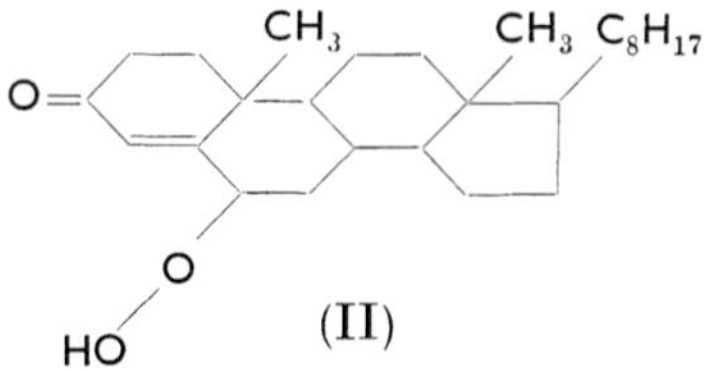 (II)

Produkte der Eiweißfäulnis im Darm, vor allem *Indol* und *Putrescin*, sind oft als Krebsursache angeschuldigt worden[2]. CARREL[3] konnte durch Verimpfung von embryonalem Gewebe unter Zusatz von Indol an Hühnern Sarkome erzeugen. Auch an Mäusen wurden nach Indolgaben Leukämien und Lymphosarkome beobachtet[4]. Eine sichere cancerogene Wirkung hat das Indol indessen nicht, denn an Ratten führte die Verfütterung von insgesamt mehr als 7 g Indol in keinem Fall zu einer malignen Geschwulst[5]. Ebenso negativ verliefen Versuche mit Putrescin[6]. Dagegen wurden mit Oxyanthranilsäure, die im Tryptophanstoffwechsel gebildet wird, bei lokaler Anwendung Tumoren erzeugt, ebenso mit Xanthin[7].

Die ursächliche Bedeutung körpereigener Faktoren für den menschlichen Krebs ist bisher beim Peniskrebs am besten gesichert, dessen Ursache im Smegma zu liegen scheint[8]. Die cancerogene Wirkung von Smegma und seine mögliche Bedeutung auch für weibliche Genitaltumoren wurde bereits bei den exogenen Krebsursachen behandelt (s. S. 197). Die Frage, ob es tatsächlich endogene bzw. biogene krebserzeugende Substanzen gibt und welcher Art sie sein können, ist noch durchaus offen. Sie ist aber ein wichtiges Problem der biochemischen Forschung. Für ihre Existenz sprechen auch tierexperimentelle Beobachtungen, vor allem die ursächliche Bedeutung des „Milchfaktors" von BITTNER für den Brustkrebs bestimmter Mäusestämme (s. S. 187). Im weiteren Sinne gehört auch die von manchen Wurmparasiten ausgehende cancerogene Wirkung bei Mensch und Tier hierher. Ein bemerkenswerter Fall der „endogenen" Verursachung von Geschwülsten wurde beim Insekt Leucophera maderae beobachtet. Nach Durchschneidung des N. recurrens traten in 75% der Fälle Tumoren auf[9].

i) Experimentelle Krebserzeugung.

Die Erkenntnis, daß physikalische und chemische Agentien beim Menschen Krebs auslösen können, gab die Möglichkeit, auch *am Tier experimentell Krebs zu erzeugen*. So wurden nicht nur die cancerogenen Eigenschaften dieser Agentien gesichert und neue Cancerogene aufgefunden, sondern auch die Vorgänge der Krebsentstehung einer experimentellen Analyse zugänglich. Da diese Probleme in der neueren biochemischen Forschung zunehmend an Bedeutung gewinnen, müssen sie ausführlicher dargestellt werden.

---

[1] FIESER, L. F., T. W. GREENE, F. BISCHOFF, G. LOPEZ and J. J. RUPP: Am. Soc. **77**, 3928 (1955). — [2] WEISS, M.: Z. Krebsforsch. **56**, 343 (1949). — [3] CARREL, A.: C. R. Soc. Biol. **93**, 1083 (1925); **96**, 1121 (1927). — [4] BÜNGELER, W.: Kli. Wo. **1932 II**, 1977. — [5] KAISER, K.: Z. Krebsforsch. **59**, 488 (1953). — [6] DANNEBERG, P., u. H. A. NIEPER: Naturwiss. **43**, 21 (1956). — [7] BOYLAND, E., and G. WATSON: Nature **177**, 837 (1956). — [8] KÜTTNER, H.: Beitr. klin. Chir. **26**, 1 (1900). — WOLBARST, A. L.: Lancet **1937 I**, 150. — PLAUT, A., and A. C. KOHN-SPEYER: Science, N. Y. **105**, 391 (1947). — RAVICH, A., and R. A. RAVICH: N. Y. State J. Med. **51**, 1519 (1951). — [9] SCHARRER, B.: Cancer Res. **13**, 73 (1953).

α) Strahlen und radioaktive Substanzen.

Die *cancerogenen Eigenschaften von Strahlen*[1] ließen sich auch im Experiment nachweisen. Anhaltende Sonnenbestrahlung führte bei Mäusen[2] und ebenso bei Ratten[3] zu Hautkrebs. Bestrahlung mit Ultraviolett („Höhensonne") hatte eine stärkere Wirkung[4] und führte bei Ratten nach einer Behandlungsdauer von etwa 250 Tagen in praktisch allen Fällen zu Krebs[5], vornehmlich an den nicht behaarten Ohren. Albinos sind besonders empfindlich. Der wirksame Strahlenbereich liegt zwischen 280 und 330 mμ. Die Wellenlänge 254 mμ, die der maximalen Absorption von Nucleinsäuren nahe liegt, erzeugte bei Albino-Mäusen keine Sarkome, sondern nur noch Hautkrebs[6], vermutlich deshalb, weil diese Strahlung nicht mehr genügend tief in die Haut eindringt. Die wirksame minimale Dosis wurde bei 297 mμ mit $2 \cdot 10^7$ erg/cm^2 ermittelt, die mittlere wirksame Dosis beträgt etwa $70 \cdot 10^7$ erg/cm^2 im Bereich zwischen 280 und 334 mμ. Die Wirkung hängt also von der Dosis ab. Wurde die Bestrahlung nach 45 Tagen abgebrochen, so kam es dennoch zum Krebs, obwohl die histologische Untersuchung des bestrahlten Gewebes im Zeitpunkt des „Stop" der Behandlung noch keine atypischen Zellen erkennen ließ. Die cancerogene Strahlenwirkung ist also nicht nur irreversibel, sondern verläuft weiter, obwohl das Agens nicht mehr einwirkt (s. S. 316). Die Dinge liegen also ähnlich, wie es von photochemischen Wirkungen bekannt ist, die sich aus einer primären, durch die Lichtabsorption bewirkten und einer sekundären, vom Licht nicht mehr abhängigen Reaktion zusammensetzen[7]. Deshalb wurde auch für die Krebserzeugung eine „indirekte" Strahlenwirkung angenommen, bei der zuerst photochemisch cancerogene Substanzen gebildet werden, die dann erst ihrerseits Krebs auslösen. Da es in der bestrahlten Haut zu einer Vermehrung des Cholesteringehaltes kommt, vertrat Roffo[8] die Meinung, daß Bestrahlungsprodukte von Cholesterin cancerogen sind. Diese Frage kann noch nicht als geklärt gelten (s. S. 203). Es können auch andersartige cancerogene Substanzen entstehen, und ebenso kann eine direkte Veränderung funktionswichtiger Zellbestandteile die Ursache sein.

An bestrahlten Mäusen führt die Pinselung mit Teer schneller zu Krebs als an dunkel gehaltenen Tieren[9]. Bei Versuchen mit reinem 3,4-Benzpyren wurde das Gegenteil gefunden[10]. Die Photooxyde von cancerogenen Kohlenwasserstoffen sind nicht mehr cancerogen[11]. Dagegen sensibilisiert Teer ebenso wie Hämatoporphyrin oder Eosin für die Strahlenwirkung. Cancerogene Kohlenwasserstoffe wirken als Photosensibilisatoren peroxydbildend[12]. Auf der geteerten Haut erzeugen Wellenlängen bis zu 450 mμ noch ein Erythem, auf der normalen Haut dagegen nur bis 320 mμ[13]. Ebenso sensibilisiert Benzpyren Paramaecien für die letale

[1] Furth, J., and E. Lorenz: Carcinogenesis by ionizing radiations; in: Radiation Biology Bd. I/Teil 1, S. 1145. New York 1954. — Brues, A. M.: Ionizing Radiations and Cancer. Adv. Cancer Res. **2**, 177 (1954). — Lea, D. E.: Actions of Radiations on Living Cells. 2. Aufl. New York 1955. — [2] Coulon, A. de: C. R. Soc. Biol. **91**, 280 (1924). — [3] Roffo, A. H.: Z. Krebsforsch. **47**, 473 (1938). — [4] Findlay, G. M.: Lancet **1928 II**, 1070. — [5] Putscher, W., u. F. Holtz: Z. Krebsforsch. **33**, 219 (1930). — Holtz, F., u. W. Putscher: M. m. W. **1930**, 1039. — Holtz, F.: Strahlentherap. **66**, 712 (1939). — Rusch, H. P., C. A. Baumann and B. E. Kline: Proc. Soc. exp. Biol. Med. **42**, 508 (1939). — Rusch, H. P., B. E. Kline and C. A. Baumann: Arch. Path., Chicago **31**, 135 (1941). — Miescher, G.: Z. Krebsforsch. **49**, 399 (1939). — Friedrich, W.: Arch. Geschwulstforsch. **1**, 137 (1949). — [6] Kelner, A., and E. B. Taft: Cancer Res. **16**, 860 (1956). — [7] Stark, J.: Physik. Z. **9**, 889 (1908). — [8] Roffo, A. H.: Z. Krebsforsch. **47**, 473 (1938). — [9] Vlès, F., A. de Coulon et A. Ugo: Arch. Physique biol. **12**, 255 (1935). — Teutschlaender, O.: Z. Krebsforsch. **50**, 81 (1940). — [10] Taussig, J., Z. K. Cooper and M. G. Seelig: Surg., Gynec. Obstet. **66**, 989 (1938). — Morton, J. J., E. M. Luce-Clausen and E. B. Mahoney: Amer. J. Roentgenol. **43**, 896 (1940). — [11] Cook, J. W., and R. H. Martin: Soc. **1940**, 1125. — [12] Schenck, G. O.: Naturwiss. **43**, 71 (1956). — [13] Peukert, L., u. H. Koehler: Strahlentherapie **67**, 266 (1940).

Wirkung von Ultraviolett[1]. Die Kombination von Teer mit Eosin oder Hämatoporphyrin lieferte an Mäusen höhere Tumorzahlen als Teer allein[2]. Da viele organische cancerogene Substanzen bei der Oxydation mit Brom oder MILAS-Reagens eine Chemilumineszenz zeigen, wurde ihre Wirkung darauf bezogen, daß durch ihre Oxydation in einem empfindlichen Bereich der Zelle eine Strahlung von genügender Intensität auftritt[3].

Die längeren Wellen des sichtbaren oder infraroten Lichtes sind nicht mehr cancerogen. Die häufig wiederholte Verbrennung führte an der Mäusehaut bei Nachbehandlung mit Crotonöl zu Tumoren[4]. Nach subcutaner Injektion von heißem Wasser (72°) wurde an Ratten die Entstehung von Lebergeschwülsten beobachtet[5]. Der KANGRI-Krebs, der bei Tibetanern nach dauerndem Tragen von Kohlenöfchen am Leib lokal entsteht, dürfte kein Hitzekrebs sein, sondern durch Teerprodukte entstehen, deren Wirkung durch die lokale Erhitzung der Haut nur verstärkt wird. — Zum Überfluß wurde auch die immer wieder behauptete krebserzeugende Wirkung von „Erdstrahlen“ geprüft. Ratten, die dauernd über Wasseradern gehalten wurden, bekamen jedoch keinen Krebs[6].

Daß *Röntgenstrahlen* Krebs erzeugen können, wurde bereits 7 Jahre nach ihrer Entdeckung festgestellt. Der erste Fall betrifft einen Röntgentechniker, dessen Hände chronisch unter starker Strahlenwirkung standen[7]. Seitdem sind zahlreiche Fälle beobachtet worden, die entweder nach chronischer Einwirkung auch kleiner Dosen („Berufskrebs“, oft Leukämie) oder auch nach einmaliger Behandlung mit großen Dosen auftraten[8]. Die Dauer der Latenzzeit schwankt je nach Dosis zwischen 4 und 40 Jahren.

Experimentell ist die cancerogene Wirkung von Röntgenstrahlen an verschiedenen Tierarten nachgewiesen worden[9]. Der Krebs braucht dabei nicht an der bestrahlten Stelle zu entstehen, vielmehr sind auch Fernwirkungen möglich. So traten nach lokalisierter Bestrahlung einer Hautfalte bei Mäusen bis zu 40% lymphoide Tumoren auf[10]. Hier kann es sich nur um eine indirekte Strahlenwirkung handeln. Auch die Bestrahlung des ganzen Körpers erhöhte die Krebshäufigkeit bei Versuchstieren und führte zu Leukämien, besonders zu bösartigen Lymphomen und Thymomen[10, 11]. Die carcinogene Wirkung tritt auch dann auf, wenn die akuten Effekte der Röntgenstrahlen durch Gaben von Cystamin verhindert werden (MAISIN). Es handelt sich also um zwei voneinander unabhängige Wirkungen. Auch bei Menschen, die häufig der Wirkung von Röntgenstrahlen ohne genügenden Schutz ausgesetzt sind, wurde eine erhebliche Häufigkeit von Leukämien und von verschiedenen Krebsarten beobachtet[8]. Auf die Gefahren eines mangelhaften Strahlenschutzes oder einer kritiklosen Anwendung von

[1] DONIACH, I., and J. C. MOTTRAM: Nature **140**, 588 (1937). — MOTTRAM, J. C., and I. DONIACH: Nature **140**, 933 (1937). — [2] BÜNGELER, W.: Z. Krebsforsch. **46**, 130 (1937). — [3] ANDERSON, W.: Nature **160**, 892 (1947). Acta Un. int. Cancr., Bruxelles **7**, 41 (1950). — [4] SAFFIOTTI, U., and P. SHUBIK: Brit. J. Cancer **10**, 54 (1956). — [5] WATANABE, F., and A. TONOMURA: Gann, Tokyo **47**, 15 (1956). — [6] BEITZKE, H.: Wien. klin. Wschr. **1935**, 959. — [7] FRIEBEN, (P.): D. m. W. **1902 I**, Vereinsbeil. 335. — [8] Lit. s. BAUER, K. H.: Das Krebsproblem. S. 327ff. Berlin, Göttingen, Heidelberg 1949. — BROWN, W. M. C., and J. D. ABBATT: Lancet **1955 I**, 1283. — SIMPSON, C. L., L. H. HEMPELMANN and L. M. FULLER: Radiology **64**, 840 (1955). — SABANAS, A. O., D. C. DAHLIN, D. S. CHILDS jr. and J. S. IVINS: Cancer, N. Y. **9**, 528 (1956). — [9] MARIE, P., J. CLUNET et G. RANCOT-LAPOINTE: Bull. Ass. franç. Cancer **3**, 404 (1910). — [10] KRÖNING, F.: Z. Krebsforsch. **60**, 666 (1955). — [11] KAPLAN, H. S., and M. B. BROWN: J. nat. Cancer Inst. **13**, 185 (1952/53). — GARDNER, W. U., and J. RYGAARD: Cancer Res. **14**, 205 (1954). — KOLETSKY, S., and G. E. GUSTAFSON: Cancer Res. **15**, 100 (1955).

Röntgenstrahlen wird deshalb von Fachleuten hingewiesen[1]. Vor allem muß bei jungen Menschen größte Vorsicht und Zurückhaltung gefordert werden.

Bei der experimentellen Erzeugung von Tumoren durch Röntgenstrahlen sind 2 Methoden zu unterscheiden, nämlich die ständige, chronische Einwirkung und die zeitlich begrenzte akute. Die ersten quantitativen Versuche mit dauernder, regelmäßig wiederholter Bestrahlung ergaben bereits sehr klare Beziehungen zwischen der Strahlendosis und der Länge der Latenzzeit bis zur Manifestation von Krebs. Die letztere ist der Dosis umgekehrt proportional. Die Wirkung hängt also nur von der Summe der Einzeldosen, der gesamten applizierten Strahlenmenge ab[1,2], ohne Rücksicht auf ihre zeitliche Verteilung („Summationswirkung", s. S. 302). Wirkungslose „unterschwellige" Dosen gibt es dabei nicht. Das gleiche gilt für die mutagene Wirkung von Röntgenstrahlen[3]. Auch die Größe der „Erythemdosis" am Menschen wurde im Zeitbereich zwischen 0,25 und 2500 min, also über 4 Größenordnungen mit 1250 r unabhängig von der zeitlichen Verteilung gefunden, so daß hier ebenfalls eine „Summationswirkung vorliegt[4]. Die zellschädigende Wirkung, die z. B. durch Cystamin hemmbar ist, ist dagegen eine von der Strahlenintensität abhängige „Konzentrationswirkung".

Röntgenstrahlen führen sowohl in vitro als auch in vivo zu einer Depolymerisation von Nucleinsäuren. Der Depolymerisationsgrad von Desoxyribonucleinsäuren, die 24 Std nach Bestrahlung aus der Thymusdrüse von Ratten extrahiert wurden, war im Bereich zwischen 250 und 1000 r der Dosis proportional. Sauerstoffmangel hemmt den Effekt. Deshalb wird eine „indirekte" Strahlenwirkung diskutiert, die über die Bildung organischer Peroxyde verlaufen soll[5]. Inwieweit das auch für die cancerogene Strahlenwirkung zutrifft, ist eine offene Frage. Da die cancerogene Wirkung indessen sicher völlig irreversibel ist, kommen für eine „indirekte" photochemische Wirkung nur solche Bestrahlungsprodukte in Frage, die eine irreversible Wirkung haben. Neuere Versuche haben ergeben, daß Nucleinsäuren bei Bestrahlung Peroxyde bilden können[6].

Die kurzfristige oder gar einmalige Einwirkung von Röntgenstrahlen kann bei genügender Dosis sowohl am Menschen[7] als auch am Versuchstier[8] ebenfalls später zu Krebs führen. Die Röntgenstrahlen können also auch schon durch einen sehr kurzdauernden „Impuls" den Prozeß der Krebsentstehung in Gang setzen, der dann bis zur Manifestation des Krebs „autonom" weiterläuft, ohne des Weiterwirkens des Agens zu bedürfen. Die Latenzzeit kann dabei sehr lang sein. Da unmittelbar nach der Bestrahlung noch keine Krebszellen nachweisbar sind, sondern erst viel später, kurz vor der Entwicklung einer Geschwulst erkennbar werden, muß gefolgert werden, daß die Bestrahlung nicht direkt durch

---

[1] z. B. Ebert, M., and A. Howard: Report Radiobiol. Conf. Cambridge 1955. Nature **176**, 683 (1955). — Rajewsky, B.: Strahlendosis und Strahlenwirkung. 2. Aufl. Stuttgart 1954. — Muller, H. J.: Strahlentherapie **85**, 362 (1951). — United Nations Scientific Committee. J. nat. Cancer Inst. **18**, 481 (1957). — Gottron, H. A.: Regensburger Jb. ärztl. Fortbildg. **5**, 1 (1956). — [2] Bloch, B.: Schweiz. med. Wschr. **54**, 857 (1924). — Rajewsky, B.: Z. Krebsforsch. **56**. 274 (1949). Strahlendosis und Strahlenwirkung. 2. Aufl. Stuttgart 1954. — Lorenz, E.: Amer. J. Roentgenol. **63**, 176 (1950). — Kaplan, H. S., and M. B. Brown: Cancer Res. **11**, 262 (1951). — Blum, H. F.: J. nat. Cancer Inst. **11**, 463 (1950/51). — Muller, H. J.: Strahlentherapie **85**, 362 (1951). — Wollman, S. H.: J. nat. Cancer Inst. **16**, 195 (1955/56). — [3] Uphoff, D. E., and C. Stern: Science, N. Y. **109**, 609 (1949). — [4] Muth, H.: Strahlentherapie **94**, 527 (1954). — [5] Kaplan, R. W.: Naturwiss. **35**, 127 (1948). — Limperos, G.: Cancer Res. **11**, 325 (1951). — Bacq, Z. M., et P. Alexander: Principes de radiobiologie. Paris, Lièges 1955. — [6] Scholes, G., J. Weiss and C. M. Wheeler: Nature **178**, 157 (1956). — [7] Schneider, W.: Strahlentherapie **80**, 335 (1949). — [8] Lacassagne, A., et R. Vinzent: C. R. Soc. Biol. **100**, 249 (1929); **112**, 562 (1933). — Dobrovolskaja-Zavadskaja, N., et M. Rodzevitch: C. R. Soc. Biol. **135**, 1347 (1941). — Burrows, H., and J. R. Clarkson: Brit. J. Radiol. **16**, 381 (1943).

ein sprunghaftes, mutatives Ereignis zu Krebszellen führt, sondern daß die „getroffenen" Zellen zunächst nur irreversibel zur Cancerisierung „determiniert" sind. Worin diese „Determinierung" besteht und wann oder in welcher Weise dann die eigentliche Cancerisierung erfolgt, ist durchaus unbekannt. Jedoch ist auch von der mutagenen[1] und der letalen[2] Strahlenwirkung bekannt, daß ihre Manifestation erst nach einer Latenzzeit, z. B. erst nach mehreren Zellteilungen, erfolgen kann, sei es, daß eine „retardierte Genodispersion" vorliegt[3] oder daß durch die Bestrahlung an Chromosomen zunächst „prospektive Lockerstellen" erzeugt werden[4], etwa durch Verklebungen, an denen dann erst später ein Bruch erfolgt. Die Manifestation der Effekte hängt offenbar besonders von äußeren Bedingungen ab. Das gilt aber wohl auch für die Empfindlichkeit von Zellen gegen die cancerogene Strahlenwirkung. So entsteht in entzündeten Geweben nach Röntgenbestrahlung besonders leicht Krebs (LACASSAGNE). Die Erfahrungen beim menschlichen und experimentellen, durch Röntgenstrahlen ausgelösten Krebs ergaben übereinstimmend, daß die Entstehung von Geschwülsten auch durch einen sehr kurzdauernden „Impuls" verursacht werden kann und deshalb nicht die Folge „chronischer Reizwirkungen" im Sinne der Theorie von VIRCHOW sein muß (s. S. 316). Alle bisherigen Versuche zeigten die Abhängigkeit der krebserzeugenden Strahlenwirkung von der applizierten *Gesamtdosis.* Das gilt sowohl für die einmalige Behandlung in Form eines „Impulses" als auch für die chronische Bestrahlung. Die Wirkung einer Dosis von 1 r Röntgen- oder γ-Strahlen entspricht im *Gewebe* einer Energiezufuhr (durch sekundäre Elektronen) von 93 erg/g bzw. im *Wasser* der Bildung von $2 \cdot 10^{12}$ Ionen/g[5]. Die sehr kleine Dosis von 0,1 r hemmt bereits den Citronensäureabbau durch isolierte Mitochondrien[6].

Die kosmische Höhenstrahlung wird wegen ihres starken Durchdringungsvermögens als Ursache von Krebs und Mutationen diskutiert, obwohl die in Frage kommenden Strahlenmengen sehr klein sind (maximal etwa 50 r im Jahr)[7]. Die Ergebnisse der ersten Tierversuche (Sekundärstrahlung unter Blei) scheinen jedoch für eine cancerogene Wirkung der Höhenstrahlen zu sprechen[8], wenigstens aber für eine Begünstigung der Carcinogenese[9].

Radium und radioaktive Substanzen haben ihre krebserregenden Eigenschaften ebenfalls zuerst am Menschen gezeigt, und zwar sowohl in Fällen von „Berufskrebs"[10] als auch nach medizinischer Anwendung[11]. Meist entstanden Geschwülste der Haut und der Knochen oder aber Leukämien[12].

Die α-Teilchen (Heliumkerne) sind die Hauptträger der Strahlungsenergie, haben aber im Gewebe nur eine sehr geringe Reichweite von 30—70 μ. Sie können also nur dann Krebs erzeugen, wenn die strahlende Substanz im Gewebe liegt. Die β-Strahlen (Elektronen) haben ein größeres, die γ-Strahlen ($\lambda = 10^{-7}$ bis

---

[1] NEWCOMBE, H. B.: Genetics **33**, 447 (1948). — [2] BOHN, G.: Cr. **36**, 1012 (1903). — [3] KAPLAN, R. W.: Arch. Mikrobiol. Berlin **15**, 152 (1950). — [4] MARQUARDT, H.: Fortschr. Bot. **13**, 297 (1951). — [5] GRAY, L. H.: J. cellul. comp. Physiol. **39**, Suppl. 57 (1952). — [6] FRITZ-NIGGLI, H.: Naturwiss. **43**, 425 (1956). — [7] GEORGE, E. P., M. GEORGE, J. BOOTH and E. S. HORNING: Nature **164**, 1044 (1949). — [8] EUGSTER, J., u. V. F. HESS: Die Weltraumstrahlung und ihre biologische Wirkung. Zürich 1940. — [9] FIGGE, F. H. J.: Science, N. Y. **105**, 323 (1947). — ONG, S. G.: Nature **163**, 244 (1949). — [10] EMILE-WEIL, P., et A. LACASSAGNE: Bull. Acad. Méd., Paris **93**, 237 (1925). — LACASSAGNE, A.: Les cancers produits par les rayonnements électromagnétiques et corpusculaires. Paris 1945. — [11] HATCHER, C. H.: J. Bone Joint Surg. **27**, 179 (1945). — SPIESS, H.: D. m. W. **1956**, 1053. — [12] Lit. s. BAUER, K. H.: Das Krebsproblem. Berlin, Göttingen, Heidelberg 1949. — KAPLAN, H. S.: Cancer Res. **14**, 535 (1954). — MOLONEY, W. C.: New Engl. J. Med. **253**, 88 (1955). — MOLONEY, W. C., and M. A. KASTENBAUM: Science, N. Y. **121**, 308 (1955). — BROWN, W. M. C., and J. D. ABBATT: Lancet **1955 I**, 1283. — SIMPSON, C. L., L. H. HEMPELMANN and L. M. FULLER: Radiology **64**, 840 (1955).

10^{-11}) das größte Durchdringungsvermögen. Die Ganz-Bestrahlung von Mäusen mit schnellen Elektronen führte zu Darmkrebs[1].

Die experimentelle Erzeugung von Krebs gelang mit Radium an den verschiedensten Tierarten, sogar am hoch resistenten Meerschweinchen[2]. Eine Radium-Dosis von weniger als 5 γ ist für den Menschen bereits cancerogen[3]. Radiumemanation wird als Hauptursache des „Schneeberger Lungenkrebses" bei Bergleuten im Joachimsthaler Revier angesehen, da Mäuse bei dauernder Exposition in den Gruben ebenfalls Krebs bekamen[4]. Die Halbwertszeit bei Emanation beträgt nur 3,8 Tage. Von den Zerfallsprodukten des Radiums haben die Substanzen der Thoriumreihe die größte medizinische Bedeutung. Mesothor 1 ist ein β-Strahler mit einer Halbwertszeit von 6,7 Jahren. In Tierversuchen zeigte es eine sichere cancerogene Wirkung[5], und zwar eine lokale. Sein Zerfallsprodukt MTh 2 geht schnell in Radiothor über. Thoriumdioxyd wurde als Kontrastmittel für Röntgenuntersuchungen viel verwendet[6] („Thorotrast"), ferner als Leuchtsubstanz auf Zifferblättern. Es ist hauptsächlich ein α-Strahler, so daß in erster Linie lokale cancerogene Wirkungen zu erwarten sind. Sie wurden bei Mensch und Tier nachgewiesen[7]. Polonium ist sehr giftig, es tötet daher die Versuchstiere, bevor sie Krebs entwickeln können (LACASSAGNE). Uran erzeugt an Ratten lokal Sarkome[8], ebenso Plutonium[9].

Radioaktive Isotopen sind ebenfalls cancerogen. Das wurde für ^{89}Sr, ^{144}Ce, ^{144}Pr und ^{239}Pu nachgewiesen[10], ferner für ^{131}J, das in Schilddrüse und Hypophyse Geschwülste erzeugt[11], und für ^{32}P. Bei Ratten entstanden bereits 165 Tage nach einer Gesamtdosis von 1—10 μC ^{32}P metastasierende Geschwülste[12]. Die Wirkung von 1 μC entspricht[13] der Aufspaltung von $37 \cdot 10^3$ Atomen/sec. Die besondere Gefährlichkeit des ^{32}P liegt darin, daß es in Nucleoproteiden, also im empfindlichsten Bereich der Zellen, eingebaut werden kann, wo es die größte Trefferwahrscheinlichkeit hat. Deshalb wird vor Versuchen mit radioaktiven Isotopen am Menschen nachdrücklich gewarnt[14]. Die Radioaktivität des natürlichen Kaliums reicht dagegen zur Auslösung von Mutationen oder von Krebs nicht aus[15]. Die Annahme, daß Krebs allgemein durch eine Zunahme der im Körper abgelagerten radioaktiven Substanzen verursacht wird[16], ist nicht exakt begründet.

β) Anorganische Cancerogene.

Verschiedene *anorganische Substanzen* sind cancerogen wirksam. *Arsenverbindungen* können Ursache von „Berufskrebs" sein, vor allem bei Winzern, die mit

[1] NOWELL, P. C., L. J. COLE and M. E. ELLIS: Cancer Res. **16**, 873 (1956). — [2] DAELS, F., et G. BAETEN: Bull. Ass. franç. Cancer **15**, 162 (1926). — DAELS, F., et R. BILTRIS: Bull. Ass. franç. Cancer **26**, 585 (1937). — MOTTRAM, J. C.: Brit. J. exp. Path. **12**, 378 (1931). — PETROV, N., u. N. KROTKINA: Z. Krebsforsch. **38**, 249 (1933). — SCHÜRCH, O., u. E. UEHLINGER: Z. Krebsforsch. **45**, 240 (1937). — [3] MUTH, H.: Strahlentherapie **94**, 527 (1954). — [4] RAJEWSKY, B., A. SCHRAUB u. G. KAHLAU: Naturwiss. **31**, 170 (1943). — [5] UEHLINGER, E., u. O. SCHÜRCH: Dtsch. Z. Chir. **251**, 12 (1939). — [6] HECHT, G.: Handb. Heffter Erg.-Bd. 8, S. 79. — [7] MARTLAND, H. S.: Amer. J. Cancer **15**, 2435 (1931). — ROUSSY, G., C. OBERLING et M. GUÉRIN: Bull. Ass. franç. Cancer **25**, 716 (1936). — ROUSSY, G., et M. GUÉRIN: Presse méd. **49**, 761 (1941). — SELBIE, F. R.: Lancet **1936 II**, 847. — MACMAHON, H. E., A. S. MURPHY and M. I. BATES: Amer. J. Path. **23**, 585 (1947). — SCHÄFER, E. L., u. H. GREUEL: M. m. W. **1952**, 158. — [8] HUEPER, W. C., J. H. ZUEFLE, A. M. LINK and M. G. JOHNSON: J. nat. Cancer Inst. **13**, 291 (1952/53). — [9] LISCO, H., M. P. FINKEL and A. M. BRUES: Radiology **49**, 361 (1947). — [10] BRUES, A. M., H. LISCO and M. P. FINKEL: Cancer Res. **7**, 48 (1947). — [11] GORBMAN, A.: Proc. Soc. exp. Biol. Med. **71**, 237 (1949). — SILBERBERG, M., and R. SILBERBERG: Proc. amer. Ass. Cancer Res. **1**, 52 (1953/54). — [12] KOLETSKY, S., F. J. BONTE and H. L. FRIEDELL: Cancer Res. **10**, 129 (1950). — KOLTESKY, S., and J. H. CHRISTIE: Proc. Soc. exp. Biol. Med. **86**, 266 (1954). — [13] EICHLER, O.: Handb. Heffter Erg.-Bd. 10, S. 573. — [14] HOWARTH, F.: Lancet **1948 II**, 51. — HARBERS, E., u. P. DOERING: Kli. Wo. **1955**, 777. — [15] KEIL, R.: B. Z. **313**, 317 (1942/43). — [16] KREBS, A.: Z. Altersforsch. **4**, 53 (1942).

arsenhaltigen Schädlingsbekämpfungsmitteln umgehen[1]. Meist handelt es sich um Hautkrebs, oft aber auch um Krebs innerer Organe (z. B. der Leber). Das Arsen hat also auch resorptive carcinogene Wirkungen. Das Vorkommen größerer Mengen von Arsen im Trinkwasser (bis 15 mg/*l*) hat sowohl in Schlesien[2] *(Reichensteiner Krankheit)* als auch in Südamerika zu Krebs geführt[3]. Dies ist das erste Beispiel für die Aufnahme cancerogener Substanzen mit der Nahrung. Experimentell ist die Krebserzeugung mit Arsen mehrfach gelungen[4], seine Wirksam-

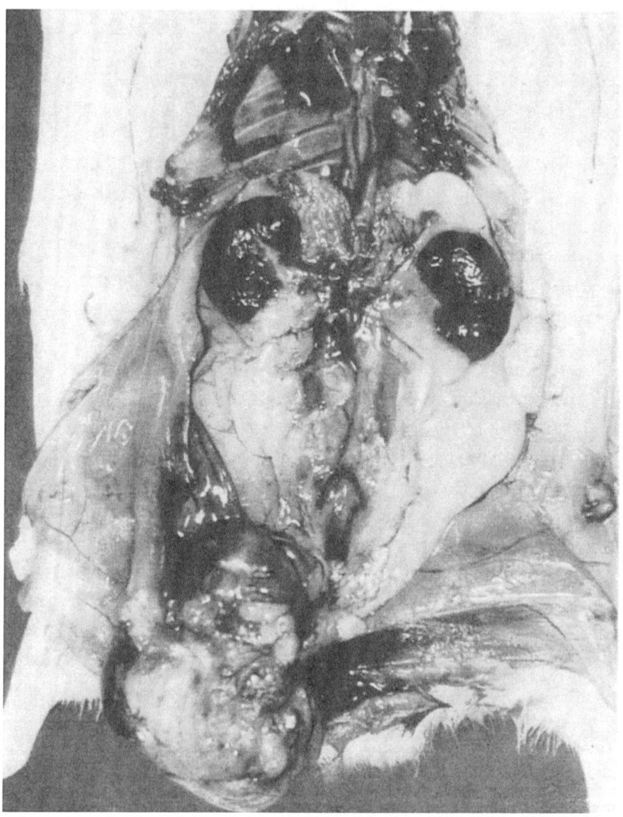

Abb. 31. Sarkom der unteren Bauchwand, 22 Monate nach 2maliger Injektion von je 0,05 ml metallischem Quecksilber bei einer Ratte.

keit ist jedoch nur schwach. *Beryllium* erzeugt bei verschiedenen Applikationsarten vorwiegend Knochensarkome[5]. Durch Inhalation eines Aerosols von Beryl-

[1] Fassrainer, S.: Zbl. Chir. **63**, 23 (1936). — Voss, F.: Strahlentherapie **66**, 155 (1939). — Currie, A. N.: Brit. med. Bull. **4**, 402 (1947). — Neubauer, O.: Brit. J. Cancer **1**, 192 (1947). — Butzengeiger, K. H.: Ärztl. Wschr. **1949**, 365. — Hueper, W. C.: South. med. J. **43**, 118 (1950). — Liebegott, G.: Zbl. Arbeitsmed. **2**, 15 (1952). — Roth, F.: Z. Krebsforsch. **61**, 287 (1956). — [2] Baader, E. W., in: Adam, C., u. H. Auler (Hrsgb.): Neuere Ergebnisse auf dem Gebiet der Krebskrankheiten. Leipzig 1937. — [3] Currie, A. N.: Brit. med. Bull. **4**, 402 (1947). — [4] Leitch, A., and E. L. Kennaway: Brit. med. J. **1922 II**, 1107. — Cholewa, J.: Z. Krebsforsch. **41**, 497 (1935). — Schinz, H. R., u. E. Uehlinger: Z. Krebsforsch. **52**, 425 (1942). — Hueper, W. C.: J. nat. Cancer Inst. **15**, 113 (1954/55). — [5] Gardner, L. U., and H. F. Heslington: Fed. Proc. **5**, 221 (1946). — Sissons, H. A.: Acta Un. int. Cancr., Bruxelles **7**, 171 (1950). — Hoagland, M. B., R. S. Grier and M. B. Hood: Cancer Res. **10**, 629 (1949/50). — Barnes, J. M., and F. A. Denz: Brit. J. Cancer **4**, 212 (1950). — Dutra, F. R., E. J. Largent and J. L. Roth: A.M.A. Arch. Path. **51**, 473 (1951).

liumsulfat konnte an Ratten auch Lungenkrebs erzeugt werden[1]. *Chromate* können durch Staubinhalation zu Lungenkrebs führen[2]. An Kaninchen entstanden nach Implantation von metallischem Chrom, Arsen oder *Kobalt* sowohl lokal als auch in entfernten Organen Sarkome[3]. Das führte zur Aufstellung des Begriffs „*Metallkrebs*". Nach der Feststellung, daß *Nickelcarbonyl* die Ursache von „Berufskrebs" sein kann, wurde auch metallisches Nickel im Tierversuch cancerogen gefunden[4]. Eine auffallend starke krebserzeugende Wirkung hat *Selen*. Bei Fütterung an Ratten in der Tagesdosis von etwa 10 γ erzeugte es Cirrhosen und Tumoren der Leber[5]. *Zinksalze*, die gelegentlich an jungen Hähnchen Teratome der Hoden erzeugt haben[6,7], sind nicht cancerogen[7,8]. Da ein relativ geringer Gehalt an Zink zu den wenigen biochemischen Merkmalen von Tumoren gehört[9], wird sogar angenommen, daß Zinkmangel krebsfördernd wirkt. Nach subcutaner Injektion von *Blei*phosphat in Suspension an Ratten wurden zahlreiche Nierentumoren beobachtet[10]. Die carcinogene Wirkung von *Uran*[11] wird wohl auf die Strahlung zu beziehen sein. Die Implantation von Plättchen aus *Silber*, *Gold* oder *Platin* an Ratten löste die lokale Entstehung von Sarkomen aus[12], Plättchen aus Tantal nur selten, aus Zinn dagegen nicht[13]. Wohl aber erwies sich metallisches *Quecksilber* als

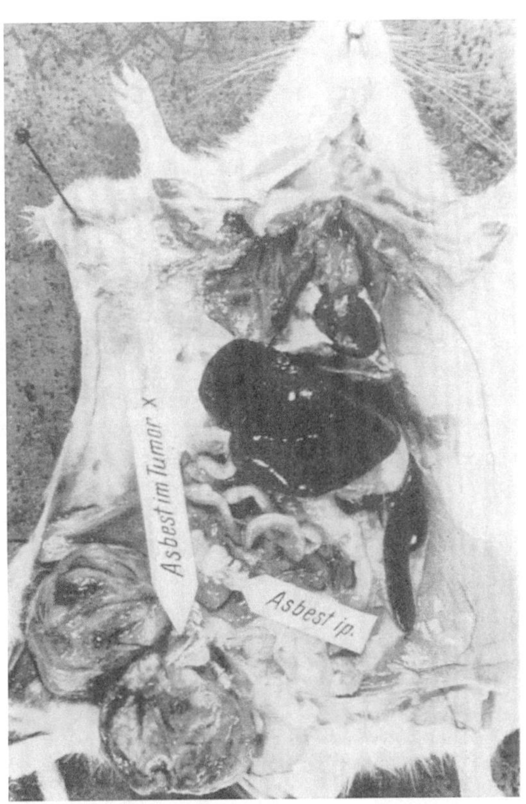

Abb. 32. Subcutanes Sarkom und Sarkomatose des Bauchraumes bei einer Ratte, 20 Monate nach Implantation von mineralischem Asbest.

[1] VORWALD, A. I., P. C. PRATT and E. I. URBAN: Acta Un. int. Cancr., Bruxelles **11**, 735 (1955). — [2] LEHMANN, K. B.: Zbl. Gewerbehyg. **19**, 168 (1932). — PFEIL, E.: D.m.W. **1935 II**, 1197.— GROSS, E., u. F. KOELSCH: Arch. Gewerbepath. **12**, 164 (1943/44). — MACHLE, W., and F. GREGORIUS: Publ. Hlth. Rep. **63**, 1114 (1948). — BAETJER, A. M.: Arch. industr. Hyg. **2**, 487 (1950). — [3] SCHINZ, H. R., u. E. UEHLINGER: Z. Krebsforsch. **52**, 425 (1942). Schweiz. med. Wschr. **72**, 1070 (1942). — HEATH, J. C.: Nature **173**, 822 (1954). — [4] HUEPER, W. C.: Cancer Res. **11**, 257 (1951). Texas Rep. Biol. Med. **10**, 167 (1952). J. nat. Cancer Inst. **16**, 55 (1955/56). — [5] NELSON, A. A., O. G. FITZHUGH and H. O. CALVERY: Cancer Res. **3**, 230 (1943). — [6] MICHALOWSKY, I.: Virchows Arch. **267**, 27 (1928); **274**, 319 (1929). — [7] BAGG, H. J.: Amer. J. Cancer **26**, 69 (1936). — FALIN, L. I., u. K. E. GROMZEWA: Virchows Arch. **306**, 578 (1940). — [8] KAHLAU, G.: Frankf. Z. Path. **50**, 281 (1937). — GUTHRIE, J.: Brit. J. Cancer **10**, 134 (1956). — [9] ADDINK, N. W. H., and L. J. P. FRANK: Naturwiss. **42**, 419 (1955). — [10] ZOLLINGER, H. U.: Virchows Arch. **323**, 694 (1953). — [11] HUEPER, W. C., J. H. ZUEFLE, A. M. LINK and G. M. JOHNSON: J. nat. Cancer Inst. **13**, 291 (1952/53). — [12] NOTHDURFT, H.: Naturwiss. **42**, 75 (1955). — [13] OPPENHEIMER, B. S., E. T. OPPENHEIMER, I. DANISHEFSKY, A. P. STOUT and F. R. EIRICH: Cancer Res. **15**, 333 (1955).

carcinogen[1] (Abb. 31). Auf welchen Mechanismus der „Metallkrebs" beruhen mag, ist noch völlig unklar.

Ganz vereinzelt wurde auch nach häufigen Injektionen von Salzsäure, Natronlauge, sogar von hypertoner Kochsalzlösung an Mäusen und Ratten Geschwulstbildung beobachtet[2]. Die Substanzen sind jedoch nicht als „cancerogen" anzusehen. Ebenso ist abzulehnen, daß die künstliche Düngung als Krebsursache in Frage kommt[3]. Versuche mit zahlreichen anderen anorganischen Substanzen verliefen negativ[4]. Dagegen können anorganische Polymere, vor allem Silikate, die Bildung von Granulomen[5] („Silikose") und echten Krebs[6] auslösen, wie z. B. Asbest (s. S. 199), das auch im Tierversuch carcinogen wirkt[7] (Abb. 32).

Die Tatsache, daß nur ganz bestimmte anorganische Substanzen cancerogen sind, andere aber nicht, deutet darauf hin, daß hier doch „spezifische" Effekte vorliegen müssen, zumal bei dem hoch wirksamen Selen. An welche Eigenschaften der Atome oder Moleküle die Wirkung gebunden ist, ist noch völlig unklar. Hier liegen wichtige Probleme für die biochemische Forschung.

γ) Aromatische Kohlenwasserstoffe[8].

Die *experimentelle Krebserzeugung* am Tier gelang nach anfänglichen Mißerfolgen[9], die durch eine ungenügende Versuchsdauer bedingt waren, zuerst mit *Teer*. Durch lang dauernde Pinselung der Haut wurden bei Kaninchen und bei Mäusen Carcinome erzeugt[10]. Seitdem hat die experimentelle Krebsforschung nicht nur die cancerogene (carcinogene[11]) Eigenschaft der als Krebsursache beim Menschen verdächtigen Agentien bewiesen, sondern auch zahlreiche neue Cancerogene aufgezeigt[12] und wesentliche Einblicke in den Mechanismus der Krebsentstehung ermöglicht[13].

1. Vorkommen.

Die wirksamen Bestandteile des Steinkohlenteers wurden in der hoch siedenden Fraktion gefunden. Sie sind „neutral" und als Pikrate fällbar[14]. Die trockene Erhitzung über 450° im Wasserstoffstrom lieferte aus organischem Material der verschiedensten Art — wie Hefe, tierischen Geweben, dann aber auch von Kohle, Petroleum, Isopren oder Acetylen — cancerogen wirksame Teere[15]. Die Feststellung einer charakteristischen Fluorescenz* bei den wirksamen Fraktionen mit

* Fluorenscenz und Absorptionsmaxima: CARDON, S. Z., E. T. ALVORD, H. J. RAND and R. HITCHCOCK: Brit. J. Cancer **10**, 485 (1956). — Infrarot Absorption: DANNENBERG, H., u. A. NAERLAND: Z. Naturforsch **12**b, 1 (1957).

[1] DRUCKREY, H., u. D. SCHMÄHL: Naturwiss. **44**, 15 (1957) — DRUCKREY, H., H. HAMPERL u. H. SCHMÄHL: Z. Krebsforsch. **61**, 511 (1957). — [2] NARAT, J. K.: Amer. J. Cancer **9**, 135 (1925). — TOKORO, Y.: Gann, Tokyo **34**, 149 (1940). — [3] GERICKE, S.: Ärztl. Wschr. **1949**, 108. — [4] HARTWELL, J. L.: Survey of compounds which have been tested for carcinogenic activity. US Publ. Hlth. Serv. Nr. **149**, 583 (1951). — [5] CAMPBELL, J. A.: Brit. med. J. **1940 II**, 275. — [6] WEDLER, H. L. W.: D. m. W. **1943**, 575. — GRUENFELD, G. E.: Arch. Surg. **59**, 917 (1949). — DRUCKREY, H., u. D. SCHMÄHL: Naturwiss. **41**, 534 (1954). — [7] HUEPER, W. C.: Industr. Med. Surg. **20**, 49 (1951). — WEISS, A.: Medizinische **1953**, 93. — DRUCKREY, H., u. D. SCHMÄHL: nicht veröffentl. — [8] Chemie: CLAR, E.: Aromatische Kohlenwasserstoffe. 2. Aufl. Berlin, Göttingen, Heidelberg 1952. — [9] HANAU, A. N.: Fortschr. Med. **7**, 321 (1889). — FISCHER-WASELS, B.: M. m. W. **1906 II**, 2041. — [10] YAMAGIWA, K., u. K. ICHIKAWA: Mitt. med. Ges. Tokyo **15**, 295 (1915). — TSUTSUI, H.: Gann, Tokyo **12**, 17 (1918). — PASSEY, R. D.: Brit. med. J. **1922 II**, 1112. — [11] Bezeichnung im angelsächsischen Schrifttum von PAGET, J.: Lectures on Surgical Pathology. 2 Bde. London 1853. Der Ausdruck „carcinogen" bedeutet eigentlich nur carcinomerzeugend, während das Wort „cancerogen" alle Arten von „Cancer" umaßt. — [12] COOK, J. W., C. L. HEWETT, E. L. KENNAWAY and N. M. KENNAWAY: Amer. J. Cancer **40**, 62 (1940). — [13] DRUCKREY, H.: Arzneim.-Forsch. **1**, 383 (1951). Grundlagen der Krebsentstehung, in: Grundlagen und Praxis chemischer Tumorbehandlung. 2. Freiburger Sympos. Berlin, Göttingen, Heidelberg 1954. — [14] BLOCH, B., u. W. DREIFUSS: Schweiz. med. Wschr. **51**, 1035 (1921). — [15] KENNAWAY, E. L.: J. Path. Bacteriology **27**, 233 (1924).

Maxima bei 4036, 4267 und 4540 Å (MAYNEORD 1927) ermöglichte die Isolierung[1] und Identifizierung[2] des 3,4-Benzpyrens (Formeltafel 1) als wesentlichen Träger der cancerogenen Wirksamkeit des Steinkohlenteers, in dem es bis zu 1,5% enthalten sein kann[3]. Es ist jedoch sicher nicht die einzige carcinogene Substanz in Teer oder Pech, denn es erwiesen sich auch solche Produkte als wirksam, die kein 3,4-Benzpyren enthalten[4]. Die Darstellung zahlreicher aromatischer, polycyclischer Kohlenwasserstoffe durch E. CLAR[5] hatte schon vorher systematische Untersuchungen[6] und die Feststellung der cancerogenen Wirksamkeit vom 1,2,5,6-Dibenzanthracen ermöglicht. Cancerogen ist ferner Ruß (carbon black), also auch die diesen enthaltenden Gummiprodukte[7] sowie die über 380° siedenden Fraktionen von natürlichen und synthetischen Mineralölen[8]. Holzteer (Benzpyrengehalt s. bei KURATSUNE[3]) ist dagegen nur sehr schwach wirksam, geräucherte Lebensmittel haben keine cancerogene Wirkung[9].

Höhere aromatische Kohlenwasserstoffe werden bei der unvollständigen Verbrennung von Kohle oder Mineralölen gebildet und kommen mit dem Rauch und Ruß als Verunreinigung in die Atmosphäre („air pollution")[10]. Nachdem Konzentrate aus der Luft von Industriestädten im Tierversuch carcinogene Eigenschaften gezeigt hatten[11], gelang auch der physikalische und chemische Nachweis höherer aromatischer Kohlenwasserstoffe[12], nämlich von Anthracen, Pyren, Fluoranthen, Perylen, 1,12-Benzperylen, Antanthren sowie von 1,2- und 3,4-Benzpyren. Der Rauchgehalt kann in Industriegebieten (z. B. Los Angeles, Liverpool, Sheffield) hundertfach größer als in anderen Großstädten (Oslo, Reykjavik) sein. In Liverpool kommen 1000 t Ruß im Jahr auf den km^2! Die höchsten Werte wurden bei nebligem Wetter („smog") gefunden[13].

---

[1] HIEGER, I.: Biochem. J. **24**, 505 (1930). Soc. **1933**, 395. — [2] COOK, J. W., and C. L. HEWETT: Soc. **1933**, 398. — [3] MIESCHER, G., F. ALMASY u. F. ZEHENDER: Schweiz. med. Wschr. **71**, 1002 (1941). — BERENBLUM, I., and R. SCHOENTAL: Brit. J. exp. Path. **24**, 232 (1943). — BERENBLUM, I.: Nature **156**, 601 (1945). — KURATSUNE, M.: J. nat. Cancer Inst. **16**, 1485 (1955/56). — [4] SHEAR, M. J.: Amer. J. Cancer **33**, 499 (1938). — POEL, W. E., A. G. KAMMER, L. J. SULLIVAN and C. B. WILLINGHAM: Proc. amer. Ass. Cancer Res. **2**, 40 (1955). — [5] CLAR, E.: B. **62**, 350 (1929). Aromatische Kohlenwasserstoffe. 2. Aufl. Berlin, Göttingen, Heidelberg 1952. — [6] KENNAWAY, E. L., and I. HIEGER: Brit. med. J. **1930 I**, 1044. — COOK, J. W., I. HIEGER, E. L. KENNAWAY and W. V. MAYNEORD: Proc. R. Soc. London (B) **111**, 455 (1932). — COOK, J. W.: B. **69**, 38 (1936). — COOK, J. W., and E. L. KENNAWAY: Amer. J. Cancer **39**, 381 (1940). — [7] BADGER, G. M., J. W. COOK, C. L. HEWETT, E. L. KENNAWAY, N. M. KENNAWAY, R. H. MARTIN and A. M. ROBINSON: Proc. R. Soc. London (B) **129**, 439 (1940). — FALK, H. L., P. E. STEINER, S. GOLDFEIN, A. BRESLOW and R. HYKES: Cancer Res. **11**, 318 (1951). — DRUCKREY, H., D. SCHMÄHL, u. R. MECKE jr.: Z. Krebsforsch. **61**, 56 (1956). — [8] HENRY, S. A.: Brit. med. Bull. **4**, 389 (1947). — SMITH, W. E., D. A. SUNDERLAND and K. SUGIURA: Acta Un. int. Cancr., Bruxelles **7**, 173 (1950). — HUEPER, W. C.: Arch. industr. Hyg. **8**, 307 (1953). — Bohröle stark cancerogen: GILMAN, J. P., and S. D. VESSELINOVITCH: Brit. J. industr. Med. **12**, 244 (1955). — Bergin-Öle schwach wirksam: SHUBIK, P., and U. SAFFIOTTI: Acta Un. int. Cancr., Bruxelles **11**, 707 (1955). — HUEPER, W. C.: Industr. Med. Surg. **25**, 51 (1956). — [9] VALADE, P.: Bull. Ass. franç. Cancer **28**, 849 (1939). — DICKENS, F., and H. WEIL-MALHERBE: Cancer Res. **2**, 680 (1942). — SCHMÄHL, D., and A. REITER: Z. Krebsforsch. **59**, 396 (1953). — Dagegen positive Befunde: FARK, G.: Z. Krebsforsch. **56**, 583 (1948). — [10] Committee on Air Pollution Report. London I954. Sympopsion on Chemical Industry and Air and Water Pollution, Soc. chem. Ind. London. Nature **175**, 790 (1955). — HUEPER, W. C.: A quest into the environmental causes of cancer of the lung. Publ. Hlth. Mon. Nr. 36 (1956). — [11] SEELIG, M. G., and E. L. BENIGNUS: Amer. J. Cancer **34**, 391 (1938). — McDONALD, S. jr., and D. L. WOODHOUSE: J. Path. Bacteriology **54**, 1 (1942). — LEITER, J., M. B. SHIMKIN and M. J. SHEAR: J. nat. Cancer Inst. **3**, 155 (1942/43). — LEITER, J., and M. J. SHEAR: J. nat. Canser Inst. **3**, 167, (1942/43). — [12] BERENBLUM, I., and R. SCHOENTAL: Soc. **1946**, 1017, — WEDGWOD, P., and R. L. COOPER: Analyst **78**, 170 (1953). — CLEMO, G. R., E. W. MILLER and F. C. PYBUS: Brit. J. Cancer **9**, 137 (1955). — CLEMO, G. R. and E. W. MILLER: Chem. & Industr. **1955**, 38. — [13] WALLER, R. E.: Brit. J. Cancer **6**, 8 (1952).

Auch Auspuffgase von Verbrennungsmotoren können carcinogene Substanzen enthalten[1]. Für Benzinmotoren und normal arbeitende Dieselmotoren trifft das nur in geringem Maße zu. Dagegen können schlecht adjustierte, schwarzen Rauch ausstoßende Dieselmotoren 3,4-Benzpyren bis zu 2,5 mg/min in die Luft abgeben[1].

Die Verunreinigung der Luft („air pollution") mit carcinogenen Substanzen (Rauch, Ruß, Gummi-Abrieb) bedeutet eine ernste Gefährdung für den Menschen und hat zweifellos auch eine kausale Bedeutung für die besorgniserregende Zunahme des Bronchialkrebses. Die enthaltenen carcinogenen Substanzen schädigen ebenso aber auch Tiere und Pflanzen[2] und können auf Grund ihrer großen Stabilität auf diesem Wege auch in die menschliche Nahrung gelangen.

Ebenso gefährlich ist die Verunreinigung der Abwässer und der See („pollution on the seas")[3] mit carcinogenen Kohlenwasserstoffen[4]. In Muscheln aus verunreinigten Seegebieten wurde 3,4-Benzpyren nachgewiesen[5]. Nach diesen Erfahrungen erscheint die Suche nach carcinogenen Substanzen und ihre Ausschaltung aus der menschlichen Umwelt als wichtige Aufgabe.

2. Experimentelle Prüfung.

Die experimentelle Prüfung von Substanzen auf carcinogene Wirkung erfolgt mit Rücksicht auf die zu erwartende lange Latenzzeit an jungen Tieren, meist Ratten oder Mäusen. Je nach Umständen wird die Substanz oral gegeben, subcutan injiziert oder auf die Haut gepinselt. Die orale Gabe kann durch Beimischung zum Futter oder durch Lösung im Trinkwasser (sehr praktisch) erfolgen. Da die aufgenommene Menge wechselt, empfiehlt es sich, bei quantitativen Versuchen nicht mit einer bestimmten Dosis/Tag, sondern mit definierten Konzentrationen zu arbeiten. Bei Zusatz von Zucker wird die Nahrung von Ratten besonders gern genommen. Die orale Applikation ist naturgemäß nur dann sinnvoll, wenn die zu prüfende Substanz vom Darm her auch resorbiert wird. Ist das nicht genügend sicher, so kann der Nachweis einer Ausscheidung im Urin als einfachstes Kriterium für die Resorption dienen. Die nicht resorbierte Substanz wird im Kot wiedergefunden. Manche Substanzen, die an sich nicht resorbierbar sind, wie z. B. höhere aromatische Kohlenwasserstoffe, können bei Anwesenheit geeigneter Lösungsvermittler, z. B. Coffein[6] und vor allem Polyäthylenglykolen oder Polyoxyäthylen-sorbitanmonostearat (Tween 60)[7] doch durch den Darm aufgenommen werden und damit auch resorptive Wirkungen haben. Höhere Aromaten, die in Wasser praktisch unlöslich sind, lösen sich in Körperflüssigkeiten wesentlich besser, vor allem im Blut[6], vornehmlich durch Bindung an lipoidreiche α_2- und β-Albumine[8]. Das gilt vor allem für das 20-Methylcholanthren, das bei oraler Gabe für sich schon nicht nur eine resorptive carcinogene Wirkung hat, z. B. Mammacarcinome bei Ratten erzeugt[9], sondern durch placentare und lactogene Übertragung auch bei den Nachkommen zu Krebs führen kann[10].

---

[1] KOTIN, P., H. L. FALK and M. THOMAS: Arch. industr. Hyg. **9**, 164 (1954); **11**, 113 (1955). — KOTIN, P.: Cancer Res. **16**, 375 (1956). — HUEPER, W. C.: Publ. Hlth. Monogr. **36**, 54 (1955). — [2] NIELSEN, J. P., H. M. BENEDICT and A. J. HOLLOMAN: Science, N.Y. **120**, 182 (1954). — BOBROV, R. A.: Science, N. Y. **121**, 510 (1955). — [3] Water Pollution Research in Britain. Ann. Rep. vgl. Nature **176**, 106 (1955). — [4] HUEPER, W. C., and C. C. RUCHHOFT: Arch. industr. Hyg. **9**, 488 (1954). — [5] ZECHMEISTER, L., and B. K. KOE: Arch. Biochem. **35**, 1 (1952). — CAHNMANN, H. J., and M. KURATSUNE: Proc. amer. Ass. Cancer Res. **2**, 99 (1955/56). — [6] BROCK, N., H. DRUCKREY u. H. HAMPERL: A. e. P. P. **189**, 709 (1938). — BOOTH, J., and E. BOYLAND: Biochim. biophysica Acta, N.Y. **12**, 75 (1953). — BOOTH, J., E. BOYLAND and S. F. D. ORR: Soc. **1954**, 598. — [7] SETÄLÄ, K.: Nature **174**, 873 (1954). — RISKA, E. B.: Acta path. microbiol. scand. Suppl. **114**, 1 (1956). — [8] WUNDERLY, C., u. F. A. PEZOLD: Naturwiss. **39**, 493 (1952). — [9] SHAY, H., C. HARRIS and M. GRUENSTEIN: J. nat. Cancer Inst. **13**, 307 (1952/53). — [10] SHAY, H., M. GRUENSTEIN and M. WEINBERGER: Cancer Res. **12**, 296 (1952).

Oral nicht resorbierbare Substanzen, die also nur eine lokale Wirkung haben können, müssen bei parenteraler Gabe geprüft werden. Die *Injektion* erfolgt meist subcutan an Ratten, Goldhamstern oder Mäusen. Besondere Sorgfalt erfordert die Auswahl eines geeigneten Lösungsmittels. Da pflanzliche Öle an Ratten, nicht aber an Mäusen für sich schon Sarkome erzeugen können[1], wird meist eine Lösung oder Suspension in Glycerin, Tricaprylin oder Schmalz verwendet. Kontrollversuche mit dem „leeren" Lösungsmittel sind nötig. Für *Pinselungsversuche* wird die Substanz (0,1—1%) zweckmäßig nicht in Benzol (starke Reizwirkung) gelöst, sondern in Aceton. Die Nackenhaut von Mäusen oder das Ohr von Kaninchen wird 2mal wöchentlich gepinselt oder betropft. An Ratten läßt sich nur sehr schwer Hautkrebs erzeugen. Die Ausbeute an Tumoren und die Größe der Induktions-(Latenz-)Zeit hängen von zahlreichen Faktoren ab[2]. Deshalb empfiehlt es sich, bei quantitativen Versuchen einheitliche Tierstämme zu verwenden.

Die Wirksamkeit W eines cancerogenen Agens[3] wird oft nur nach der HILLschen Formel ausgewertet[4]:

$$W = \sqrt{\frac{P N}{n}}, \qquad \text{(XLVII)}$$

wobei P die Anzahl der positiven, N die der negativen Fälle und n die Gesamtzahl bedeuten. Die Gl. (XLVII) ist nur für Häufigkeiten bis zu 50%, also nur für schwache Carcinogene anwendbar. In allgemeinerer und theoretisch begründeter Form[5] entspricht die Wirkung

$$W = \frac{P\%}{100\text{-}P\%} = \frac{P}{N}. \qquad \text{(XLVIII)}$$

Beide Gleichungen berücksichtigen indessen nur die Häufigkeit des Effektes. Da aber die für die Wirkung maßgebliche Einflußgröße die Dimension einer *Zeit* hat[6], muß sie berücksichtigt werden. Das geschieht z. B. beim „Index der cancerogenen Wirksamkeit" J nach IBALL[7]

$$J = \frac{P}{t}, \qquad \text{(XLIX)}$$

bei dem P die Prozentzahl der positiven Fälle angibt und t die Größe der Induktionszeit in Wochen bis zum Auftreten des Effektes. Ähnlich ist die empirische Form von BERENBLUM[8]

$$G = 16 - 6{,}5 \log t. \qquad \text{(L)}$$

Hier bedeutet t die Länge der Latenzzeit bis zum Erreichen einer positiven Ausbeute von 50%.

3. Chemische Konstitution und Wirkung[9].

Die bisher bekannten cancerogenen Kohlenwasserstoffe leiten sich vom Anthracen, vom Phenanthren oder vom Fluoren ab. (Chemie: vgl. DANNENBERG,

---

[1] BURROWS, H., I. HIEGER and E. L. KENNAWAY: J. Path. Bacteriology **43**, 419 (1936). — WALPOLE, A. L., D. C. ROBERTS, F. L. ROSE, J. A. HENDRY and R. F. HOMER: Brit. J. Pharmacol. **9**, 306 (1954). — [2] BERENBLUM, I.: Adv. Cancer Res. **2**, 129 (1954). — [3] Auswertung biologischer Versuche s. S. 34. — [4] HILL, A. B.: Principles of Medical Statistics. London 1937. — [5] DRUCKREY, H.: Arzneim.-Forsch. **3**, 394 (1953). — [6] DRUCKREY, H., u. K. KÜPFMÜLLER: Dosis und Wirkung. Aulendorf, Wttbg. 1949. — DRUCKREY, H.: Acta Un. int. Cancr., Bruxelles **10**, 29 (1954). — DRUCKREY, H., u. D. SCHMÄHL: Naturwiss. **42**, 159 (1955). — WOLLMAN, S. H.: J. nat. Cancer Inst. **16**, 195 (1955/56). — [7] IBALL, J.: Amer. J. Cancer **35**, 188 (1939). — [8] BERENBLUM, I.: Cancer Res. **5**, 561 (1945). — [9] *Übersicht:* BADGER, G. M.: Chemical constitution and carcinogenic activity. Adv. Cancer Res. **2**, 73 (1954). — *Physikalische Struktur,* Atomabstände und Winkel: vgl. IBALL, J., and S. G. G. MACDONALD: Chem. & Industr. **1955**, 326. — IBALL, J., and D. W. YOUNG: Nature **177**, 985 (1956). — MASON, R.: Nature **179**, 465 (1957).

S. 349.) Diese Substanzen sind indessen selbst noch nicht oder nur schwach[1] cancerogen. Sie haben aber „cancerophore" Eigenschaften, denn sie werden durch Einführung „auxocancerogener" Gruppen zu wirksamen „Cancerogenen".

Die Bezeichnungen sind der Chemie der Farbstoffe entlehnt. Nach der Theorie von WITT[2] sind als Träger der Farbe „chromophore" Gruppen anzusehen, die aber allein noch keine Farbe machen. Erst durch Einführung „auxochromer" Gruppen entsteht das gefärbte „Chromogen". Zwischen Farbstoffen (Chromogenen) und Cancerogenen bestehen enge Beziehungen, deren Verfolgung sich als fruchtbar erwiesen hat[3]. Sie gelten auch für andere Arten von Pharmaka, so daß allgemeiner von „toxophoren" Gruppen gesprochen werden kann. Durch Substitution „auxotoxer" Gruppen kann die Substanz dann zum wirksamen Pharmakon, zum „Toxogen" werden[4]. — In der Farbstoffchemie wurden die „chromophoren" Eigenschaften zunächst ausschließlich auf bestimmte ungesättigte Atomgruppen bezogen (WITT). Am Beispiel der Triphenylmethanfarbstoffe wies PFEIFFER[5] auf die Unzulänglichkeit dieser Vorstellung hin. Es erscheint deshalb in manchen Fällen zweckmäßig, die -phoren Eigenschaften auf das ganze resonanzfähige Grundmolekül zu beziehen.

„Auxocancerogen" wirkt die Einführung von Methylgruppen, die Anfügung weiterer aromatischer Ringe in kondensierter („Annellierung") oder nichtkondensierter Form und am stärksten die Substitution einer Aminogruppe[3]. Die Äthylgruppe hat weit schwächere „auxocancerogene" Eigenschaften als die Methylgruppe[6]. Diese Gruppen zeigen ihre „auxocancerogenen" Eigenschaften nicht nur in der Klasse der aromatischen Kohlenwasserstoffe, sondern auch bei aromatischen Aminen (s. S. 234), jedoch nur dann, wenn die coplanare Anordnung der Ringsysteme durch die Substitution nicht aufgehoben wird und ferner nur innerhalb der Grenzen, die durch die Löslichkeit der Substanzen in den Körperflüssigkeiten und Geweben gesetzt sind.

Voraussetzung für den „auxocancerogenen" Effekt ist ferner, daß die Substitution oder Anellierung an ganz bestimmten Stellen des Grundmoleküls erfolgt. Beim Anthracen sind es die Mesoregionen 9 und 10 sowie die Positionen 1, 2, 5 und 6, deren Methyl- oder Arylsubstitution die Wirksamkeit verstärkt. Beim Phenanthren sind es die Positionen 1, 2, 3 und 4[7]. Das 9,10-Dimethylanthracen und das 1,2,3,4-Tetramethylphenanthren sind die einfachsten stark wirksamen cancerogenen Kohlenwasserstoffe[8] (s. Formeltafel S. 218). Anthracen[9] und die Vier-Ringsysteme Pyren, Chrysen[10] und 1,2-Benzanthracen[11] sind nur schwach wirksam. Das letztere kann auch als 2,3-Benzphenanthren betrachtet werden. Die meisten cancerogenen Kohlenwasserstoffe sind Derivate des 1,2-Benzanthracens. Seine Wirksamkeit wird verstärkt durch Substitution von Methylgruppen oder durch weitere Anellierung in den Positionen 5, 6, 9 und 10, ansteigend geordnet[7,12]. Die Fünf-Ringsysteme 3,4-Benzpyren, 1,2,5,6-Dibenzanthracen und

[1] DRUCKREY, H., u. D. SCHMÄHL: Naturwiss. **42**, 159 (1955). — [2] WITT, O. N.: B. **9**, 522 (1876); **21**, 321 (1888). — DILTHEY, W.: B. **55**, 1275 (1922). — DILTHEY, W., u. R. WIZINGER: J. prakt. Chem. **118**, 321 (1928). — WIZINGER, R.: Organische Farbstoffe. Berlin 1933. — [3] DRUCKREY, H.: Z. Krebsforsch. **57**, 70 (1950). — DRUCKREY, H., D. SCHMÄHL u. P. DANNEBERG: Naturwiss. **39**, 393 (1952). — BOYLAND, E.: J. Chim. physique **47**, 942 (1950). — [4] DRUCKREY, H.: Arzneim.-Forsch. **2**, 503 (1952). Acta Un. int. Cancr., Bruxelles **7**, 116 (1950). — [5] PFEIFFER, P.: A. **376**, 292 (1910); **412**, 233 (1917). — [6] FIESER, L. F.: Amer. J. Cancer **34**, 37 (1938). — [7] FIESER, L. F.: Amer. J. Cancer **34**, 37 (1938). — [8] KENNAWAY, E. L., N. M. KENNAWAY and F. L. WARREN: Cancer Res. **2**, 157 (1942). — HADDOW, A., and G. A. R. KON: Brit. med. Bull. **4**, 314 (1947). — [9] DRUCKREY, H., u. D. SCHMÄHL: Naturwiss. **42**, 159 (1955). — [10] FALK, H. L., P. E. STEINER, S. GOLDFEIN, A. BRESLOW and R. HYKES: Cancer Res. **11**, 318 (1951). — [11] STEINER, P. E., and H. L. FALK: Cancer Res. **11**, 56 (1951). — STEINER, P. E., and J. H. EDGCOMB: Cancer Res. **12**, 657 (1952). — [12] BOYLAND, E.: Acta Un. int. Cancr., Bruxelles **7**, 59 (1950).

1,2,5,6-Dibenzfluoren sind kräftig wirksam, noch mehr 9- oder 10-Methyl-1,2-benzanthracen. Das 9,10-Dimethyl-1,2-benzanthracen ist eines der wirksamsten Cancerogene überhaupt und erzeugt auch am hochresistenten Meerschweinchen Krebs[1]. Die Substitution an mehreren der „aktiven" Stellen kann also die Wirksamkeit weiter erhöhen. Sind dagegen alle diese Positionen besetzt, so können praktisch unwirksame Verbindungen resultieren, wie z. B. das 9,10-Dimethyl-1,2,5,6-dibenzanthracen.

Das 20-Methylcholanthren (Formeltafel S. 218) ist hoch cancerogen[2]. Da seine Konfiguration der von Sterinen ähnlich ist und es aus Gallensäuren über Dehydronorcholen durch Dehydrierung mit Selen darstellbar ist[3], wurde seine Entstehung im Körper für möglich gehalten[4], zumal der Körper partiell aromatische Ringe voll aromatisieren kann. Alle Nachweisversuche sind bisher jedoch negativ geblieben (s. S. 203). Aus Steroiden kann sich naturgemäß kein Methylcholanthren bilden, weil die zum Ringschluß notwendige Seitenkette fehlt. Jedoch sind 4- bzw. 10-Methyl- und 3,4-Dimethylcyclopentanophenanthren cancerogen[5]. Nach neuen Befunden von DANNENBERG besitzt auch das Cyclopentanophenanthren selbst eine bemerkenswerte Aktivität und wahrscheinlich auch das Steranthren[6]. Damit ist das Problem der endogenen Entstehung carcinogener Kohlenwasserstoffe wieder aktuell geworden. Die Wirksamkeit der Cyclopentanophenanthrenderivate ist zwanglos daraus zu verstehen, daß das 20-Methylcholanthren ein 5,6,9-Trialkyl-1,2-benzanthracen ist und das Dimethylcyclopentanophenanthren ein 1,2,3,4-Tetraalkylphenanthren (Formeltafel S. 218). Die optimale Molekellänge der Oestrogene und Cancerogene ist einander auffallend ähnlich[7].

Das Maximum der Wirksamkeit findet sich bei 4- und 5-Ringsystemen. Die hexacyclischen Kohlenwasserstoffe 1,2,3,4- oder 3,4,8,9-Dibenzpyren sind weniger stark cancerogen[8]; wahrscheinlich ist ihre Löslichkeit im Körper zu gering. Anthanthren ist unwirksam[9]. Die Wirksamkeit hängt also von der Löslichkeit ab.

Der aromatische Charakter, eine ausreichende Anellierung (Größe der Ringoberfläche bzw. Länge des Moleküls), die koplanare Anordnung und das Vorhandensein eines ungestörten Systems konjugierter Doppelbindungen über die ganze Länge des Moleküls sind für die cancerogene Wirkung wesentlich[10]. Überraschend ähnliche Beziehungen zwischen chemischer Konstitution bzw. physikalischen Eigenschaften und pharmakologischer Wirkung wurden auch an anderen Beispielen (Chemotherapeutica) gefunden[11], scheinen also allgemeinere Bedeutung zu haben.

---

[1] BERENBLUM, I.: J. nat. Cancer Inst. **10**, 167 (1949/50). — GEYER, R. P., J. E. BRYANT, V. R. BLEISCH, E. M. PEIRCE and F. J. STARE: Cancer Res. **13**, 503 (1953). — [2] FIESER, L. F., and A. M. SELIGMAN: Am. Soc. **57**, 228, 942 (1935). — [3] WIELAND, H., u. E. DANE: H. **219**, 240 (1933). — COOK, J. W., and G. A. D. HASLEWOOD: Chem. & Industr. **38**, 758 (1933). — [4] KENNAWAY, E. L., and I. HIEGER: Brit. med. J. **1930 I**, 1044. — HADDOW, A., and G. A. R. KON: Brit. med. Bull. **4**, 314 (1947). — BUTENANDT, A.: A. e. P. P. **190**, 74 (1938). — INHOFFEN, H. H.: Angew. Chem. **63**, 297 (1951). — [5] BUTENANDT, A., H. DANNENBERG u. D. v. DRESLER: Z. Naturforsch. **1b**, 151 (1946). — BUTENANDT, A., u. H. DANNENBERG: Arch. Geschwulstforsch. **6**, 1 (1953). — DANNENBERG, H.: Z. Naturforsch. **9b**, 16 (1954). — [6] DANNENBERG, H., u. D. DANNENBERG-v. DRESLER: A. **593**, 232 (1955). — [7] DODDS, E. C., W. LAWSON and P. C. WILLIAMS: Nature **148**, 142 (1941). — DRUCKREY, H., D. SCHMÄHL u. P. DANNEBERG: Naturwiss. **39**, 393 (1952). — [8] HADDOW, A., and G. A. R. KON: Brit. med. Bull. **4**, 314 (1947). — [9] Übersicht: HARTWELL, J. L.: Survey of compounds which have been tested for carcinogenic activity. US Publ. Hlth. Serv. Nr. **149**, 583 (1951). — [10] FIESER, L. F.: Amer. J. Cancer **34**, 37 (1938). — DRUCKREY, H., D. SCHMÄHL u. P. DANNEBERG: Naturwiss. **39**, 393 (1952). — [11] FILDES, P., and H. N. RYDON: Brit. J. exp. Path. **28**, 211 (1947). — ALBERT, A., and R. GOLDACRE: Nature **161**, 95 (1948). — ERLENMEYER, H., J. ECKENSTEIN, E. SORKIN u. H. MEYER: Helv. **33**, 1271 (1950). — SCHWIETZER, C. H.: Arzneim.-Forsch. **1**, 402 (1951).

Formeltafel 1. *Cancerogene aromatische Kohlenwasserstoffe.*

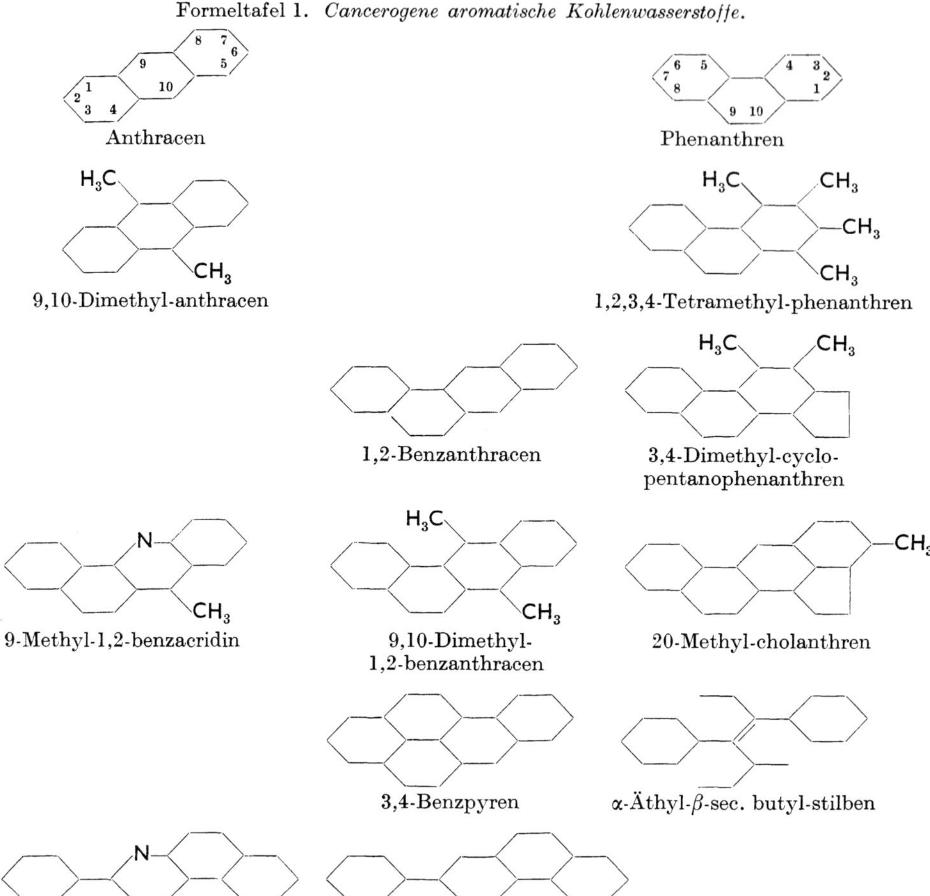

Die Hydrierung auch nur eines mittelständigen Ringes hebt die carcinogene Wirksamkeit auf[1]. Sie geht durch Oxydation des Kohlenwasserstoffs zum Phenol ebenfalls meist verloren[2]. Maßgebend dafür ist nicht der Eintritt von Sauerstoff in das Molekül, sondern die saure Eigenschaft des phenolischen Hydroxyls. Die Wirksamkeit vieler organischer Cancerogene wird durch Einführung saurer Gruppen aufgehoben oder mindestens abgeschwächt, und zwar um so sicherer, je saurer die Gruppen sind[3]. Die Sulfosäure des Benzpyrens ist völlig wirkungslos[4]. Ist der Sauerstoff dagegen veräthert oder liegt er als primäre Alkohol- oder als Ketogruppe vor, so kann die cancerogene Wirkung vorhanden sein[5]. Das 8-Methoxy-3, 4-benzpyren ist sogar stark carcinogen, die phenolische 8-Oxy-Verbindung dagegen nur schwach[6]. Eine Ausnahme bilden einige Sulfosäuren des Triphenyl-

[1] Haddow, A., and G. A. R. Kon: Brit. med. Bull. **4**, 314 (1947). — [2] Shear, M. J.: Amer. J. Cancer **36**, 211 (1939). — Boyland, E., and F. Weigert: Brit. med. Bull. **4**, 354 (1947). — Cook, J. W., and R. Schoental: Brit. J. Cancer **6**, 400 (1952). — [3] Fieser, L. F.: Amer. J. Cancer **34**, 37 (1938). — Druckrey, H., D. Schmähl u. P. Danneberg: Naturwiss. **39**, 393 (1952). — [4] Domagk, G.: Z. Krebsforsch. **48**, 283 (1939). — [5] Schoental, R., and M. A. Head: Brit. J. Cancer **9**, 457 (1955). — [6] Badger, G. M., J. W. Cook, C. L. Hewett, E. L. Kennaway, N. M. Kennaway, R. H. Martin and A. M. Robinson: Proc. R. Soc. London (B) **129**, 439 (1940). — Cook, J. W., and R. Schoental: Brit. J. Cancer **6**, 400 (1952).

methans, die bei subcutaner, nicht aber bei oraler Applikation sogar stark carcinogen sind (s. S. 243).

Einzelne —CH=- bzw. —CH_3-Gruppen der cancerogenen Kohlenwasserstoffe können nach dem GRIMMschen Hydridverschiebungssatz durch isomorphe Gruppen ausgetauscht werden, ohne daß die Wirksamkeit verlorengeht. Die den cancerogenen Derivaten des 1,2-Benzanthracens bzw. Fluorens entsprechenden heterocyclischen Verbindungen des 1,2-Benzacridins bzw. Carbazols sind ebenfalls wirksam. Sie haben auf Grund ihrer besseren Löslichkeit außer der lokalen oft auch eine resorptive cancerogene Wirkung, erzeugen also Geschwülste auch in inneren Organen[1], ähnlich wie aromatische Amine. 1,2,5,6-Dibenzphenazin, das zunächst unwirksam gefunden wurde[2], scheint doch cancerogen zu sein, ebenso Aminoverbindungen des Phenazins. Die Frage, ob der Stickstoff auch gegen Arsen austauschbar ist, ob also Derivate des 1,2-Benzphenarsacins carcinogen sind, ist noch offen[3]. Der Ersatz eines Benzolringes im Dibenzanthracen durch den Thiophenring läßt die Wirksamkeit erhalten bleiben[4]. Das dem 1,2,5,6-Dibenzanthracen entsprechende 1,2,5,6-Dibenzcarbazol ist ebenso aktiv wie das analoge Fluorenderivat. Die —CH_2-Gruppe im zentralen 5-Ring läßt sich also durch —NH— und sogar durch —O— oder —S— austauschen, ohne daß die Wirksamkeit verlorengeht[5]. Ebenso besteht eine isomorphe Vertretbarkeit substituierter Methylgruppen durch Halogen. Das 9,10-Dichlor-1,2-benzanthracen ist wirksam[6], wenn auch schwächer als die 9,10-Dimethylverbindung. Fluorierte Benzacridine sind sicher cancerogen[7]. Ebenso läßt sich die —CH_3-Gruppe durch die —CN-Gruppe ersetzen. Das 10-Cyano-9-methyl-1,2-benzanthracen z. B. ist carcinogen[8]. Diese Beispiele zeigen, daß die cancerogene Wirkung der höheren aromatischen Kohlenwasserstoffe nicht an eine bestimmte *chemische* Konstitution gebunden ist. Es müssen also die *physikalischen* Eigenschaften für die Wirkung wesentlich sein*.

Die cancerogene Wirksamkeit von aromatischen Kohlenwasserstoffen ließ sich zuerst durch quantenmechanische Behandlung des Zustandes der aromatischen Bindungen[9] deuten. Dies führte zur „Elektronentheorie" der Krebserzeugung[10]. Da die Grundlagen dieser Theorie eine allgemeine Bedeutung haben, müssen sie kurz dargestellt werden.

---

* „Pharmakologische Wirkungen ergeben sich nicht additiv aus einzelnen Atomgruppierungen, sondern sind wesentlich physikalisch bedingt" (MEYER, H. H.: B. **60**, 26 (1927). —

[1] LACASSAGNE, A.: Acta Un. int. Cancr., Bruxelles **6**, 9 (1948). — PAGES-FLON, M., N. P. BUU-HOI et R. DAUDEL: Cr. **236**, 2182 (1953). — [2] HACKMANN, C.: Z. Krebsforsch. **58**, 56 (1951). — Positive Resultate von: RUDALI, G., H. CHALVET et F. WINTERNITZ: Cr. **240**, 1738 (1955). — [3] LACASSAGNE, A., N. P. BUU-HOI, R. ROYER et G. RUDALI: Cr. **145**, 1451 (1951). — [4] SANDIN, R. B., and L. F. FIESER: Am. Soc. **62**, 3098 (1940). — DUNLAP, C. E., and S. WARREN: Cancer Res. **1**, 953 (1941). — TILAK, B. D.: Proc. Indiana Acad. Sci. **33** A, 131 (1951). — BADGER, G. M.: Adv. Cancer Res. **2**, 94 (1954). — [5] MILLER, E. C., J. A. MILLER, R. B. SANDIN and R. K. BROWN: Cancer Res. **9**, 504 (1949). — [6] LACASSAGNE, A.: Acta Un. int. Cancr., Bruxelles **6**, 9 (1948). — MÜLLER, A., u. F. G. HANKE: Mh. Chem. **80**, 435 (1949). — [7] ZAJDELA, F., et N. P. BUU-HOI: Acta Un. int. Cancr., Bruxelles **11**, 736 (1955). — [8] BUU-HOI, N. P.: Arch. Geschwulstforsch. **6**, 19 (1953). — [9] HÜCKEL, E.: Z. Physik **70**, 204 (1931). Theoretische Grundlagen der organischen Chemie. 5. Aufl. Bd. I. Leipzig 1944. — PAULING, L.: J. chem. Physics **1**, 280 (1933). The Nature of the Chemical Bond. 2. ed. London 1950. — CLAR, E.: Aromatische Kohlenwasserstoffe. 2. Aufl. Berlin, Göttingen, Heidelberg 1952. — KUHN, H.: Exper. **9**, 41 (1953) — [10] SCHMIDT, O.: Z. physik. Chem. (B) **42**, 83 (1939). Naturwiss. **29**, 146 (1941). — ECKARDT, H.-J.: B. **73**, 13 (1940). — SVARTHOLM, U.: Ark. Kemi, Mineral. Geol. **15** A, 1 (1942). — PULLMAN, A., et. B. PULLMAN: Exper. **2**, 364 (1946). — Electronic structure and carcinogenic activity of aromatic molecules. Adv. Cancer Res. **3**, 117 (1955). — BADGER, G. M.: Brit. J. Cancer **2**, 309 (1948). Soc. **1949**, 456; **1950**, 1809. — IVERSEN, S.: A Possible Correlation between Absorption Spectra and Carcinogenicity. Kopenhagen 1949. — DAUDEL, P., et R. DAUDEL: J. chem. Physics **16**, 639 (1948). — COULSON, C. A.: Electronic configuration and carcinogenesis. Adv. Cancer Res. **1**, 1 (1953).

4. Elektronentheorie der cancerogenen Aromaten (s. a. S. 354ff.).

Von den 3mal 6 Elektronen, die beim Benzol nach Herstellung der CH-Bindungen übrigbleiben, werden 2mal 6 zunächst als „σ-Elektronen" in den einfachen CC-Bindungen untergebracht, so daß 6 Elektronen verbleiben. Diese, den Doppelbindungen entsprechenden Elektronen lassen sich nicht jeweils einem bestimmten C-Atom zuordnen, sondern können einen Umlaufsinn („Elektronenwolke") haben und verschiedene Zustände im Molekül aufweisen. Sie werden als „π-Elektronen" bezeichnet. Sie bedingen die verschiedenen molekularen Zustände (molecular orbitals), die jedoch nicht im Sinne der klassischen Valenzchemie einen bestimmten Bindungszustand mit bestimmter Energie haben. Vielmehr besteht zwischen diesen PAULING-Strukturen Resonanz bzw. Mesomerie. Die DEWAR-Strukturen werden als „angeregte" bezeichnet. Sie benötigen eine geringere Aktivierungsenergie als die KÉKULÉ-Strukturen*. Die Aktivierbarkeit nimmt durch die Kondensation weiterer Ringe (Annellierung) zu. Sie kann nach 2 Bauplänen erfolgen, die zu der Reihe der „Acene" und der „Phene" führen. In beiden Fällen

bleiben jeweils 2, durch Punkte gekennzeichnete C-Atome des Benzolkerns durch die Anellierung unverändert. Deshalb müssen alle auftretenden Änderungen der Reaktivität auf diese beiden mittleren C-Atome bezogen werden. Sie werden als Meso- oder als K-Regionen bezeichnet. Die Ladung und Dichte der beweglichen π-Elektronen ist hier am höchsten. Sie nimmt mit weiterer Anellierung zu und bedingt die leichte Anregbarkeit und Reaktionsfähigkeit der höheren kondensierten Aromaten, aber auch der nicht kondensierten Systeme vom Typ des Stilbens oder Azobenzols.

Für die Deutung der Moleküleigenschaften und des „ungesättigten" Charakters der höheren Aromaten wurden vor allem 2 quantenmechanische Methoden benutzt, nämlich die Berechnung der Bindungsindices nach PAULING bzw. der „Indices der freien Valenz" (valence bond method) und der Molekülzustände (method of molecular orbitals). Beide Methoden führten zu dem Schluß, daß sich im Benzol nicht Kohlenstoffeinzelbindungen und -doppelbindungen unterscheiden lassen. Sie sind vielmehr identisch und haben einen intermediären Charakter.

---

* Die Anzahl x der möglichen mesomeren Zustände bzw. Strukturen errechnet sich, wenn die Anzahl der C-Atome $2n$ gesetzt wird, zu

$$\frac{(2n)!}{n!\,(n+1)!} = x.$$

Für Benzol ($2n = 6$) ergeben sich also

$$\frac{6!}{3!\,4!} = 5,$$

nämlich 2 KÉKULÉ- und 3 DEWAR-Strukturen. Beim Naphthalin sind es 42, beim Anthracen schon 429. Die Mesomerie-Möglichkeiten sind also ungeheuer!

Mit diesen Methoden ließen sich Molekulardiagramme aufstellen[1]. Sie geben ein anschauliches Bild über die elektronischen Eigenschaften der Moleküle, wobei die nicht benutzte Bindungsenergie der einzelnen C-Atome zahlenmäßig angegeben wird. Die beiden Methoden können naturgemäß nicht identische Zahlen liefern. Trotzdem erlauben die Modelle im Sinne einer ersten Näherung begrenzte Aussagen über die mögliche cancerogene Wirksamkeit und das chemische Verhalten noch nicht untersuchter Substanzen[1]. Die Betrachtung zeigt, daß die Indices an den Stellen am höchsten sind, die von Bindungen dritter Ordnung (quartären

1,2-Benzanthracen

Stilben

C-Atomen) umgeben sind. Die „auxocancerogenen" Eigenschaften der Methylgruppe oder von weiteren anellierten Ringen tritt am stärksten in Erscheinung,

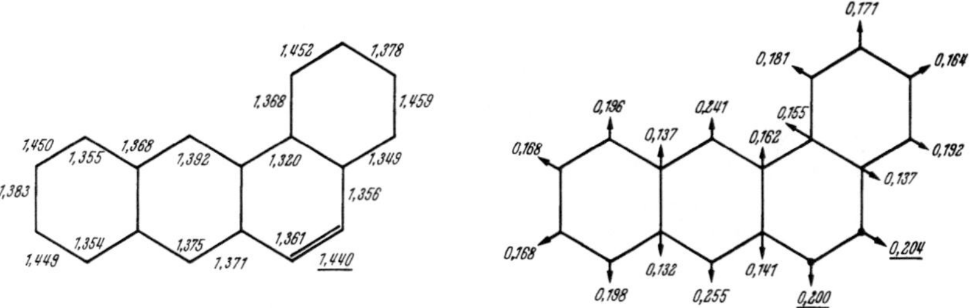

Abb. 33. Molekulardiagramme des 1,2-Benzanthracen (nach A. PULLMAN et B. PULLMAN).

wenn sie an Stellen hoher Indices erfolgt. Die Methylgruppe verstärkt Wasserstoffbrückenbindungen[2].

Die von Mme. PULLMAN für das 1,2-Benzanthracen kalkulierten Werte der Indices für die Bindung und für die freien Valenzen sind in Abb. 33 angegeben. Die Dichtefunktion e an der Mesophenanthrenregion (in der Formel markiert) errechnet sich zu

$$2p + F_1 + F_2 = e.$$

Für das 1,2-Benzanthracen ergibt sich daher

$$2 \times 0{,}440 + 0{,}204 + 0{,}200 = 1{,}284.$$

Zwischen den Dichtefunktionen der π-Elektronen (ausgedrückt in willkürlichen elektrostatischen Einheiten e und der cancerogenen Wirksamkeit bestehen

---

[1] PULLMAN, A.: Cr. **221**, 140 (1945). — PULLMAN, A., et B. PULLMAN: Exper. **2**, 364 (1946). HADDOW, A.: Brit. med. Bull. **4**, 331 (1946/47). — DAUDEL, P., et R. DAUDEL: Bull. Soc. chim. Paris **31**, 353 (1949). — DAUDEL, P., R. DAUDEL et N. P. BUU-HOI: Acta Un. int. Cancr., Bruxelles **7**, 91 (1950). — BOYLAND, E.: J. Chim. physique Physico-chim. biol. **47**, 942 (1950). — COULSON, C. A.: Electronic configuration and carcinogenesis. Adv. Cancer Res. **1**, 1 (1953). — BADGER, G. M.: Chemical constitution and carcinogenic activity. Adv. Cancer Res. **2**, 73 (1954). — PULLMAN, A., and B. PULLMAN: Electronic structure and carcinogenic activity of aromatic molecules. Adv. Cancer Res. **3**, 117 (1955). Cancérisation par les substances chimiques et structure moléculaire. Paris 1955. — SINGH, L.: Naturwiss. **43**, 493 (1956). — MASON, R.: Nature **179**, 465 (1957). — [2] FILDES, P., and H. N. RYDON: Brit. J. exp. Path. **28**, 211 (1947).

anscheinend enge Beziehungen[1]. Die wichtigsten berechneten Kohlenwasserstoffe ordnen sich wie folgt:

Phenanthren	1,231 e	nicht cancerogen
Anthracen	1,259 e	schwach cancerogen
1,2-Benzanthracen	1,284 e	schwach cancerogen
10-Methyl-1,2-benzanthracen	1,306 e	stark cancerogen
5,9,10-Trimethyl-1,2-benzanthracen	1,332 e	stark cancerogen

Die Grenze zwischen wirksamen und unwirksamen Kohlenwasserstoffen wurde im Hinblick auf die schwache Wirksamkeit von 1,2-Benzanthracen bei 1,28 ange-

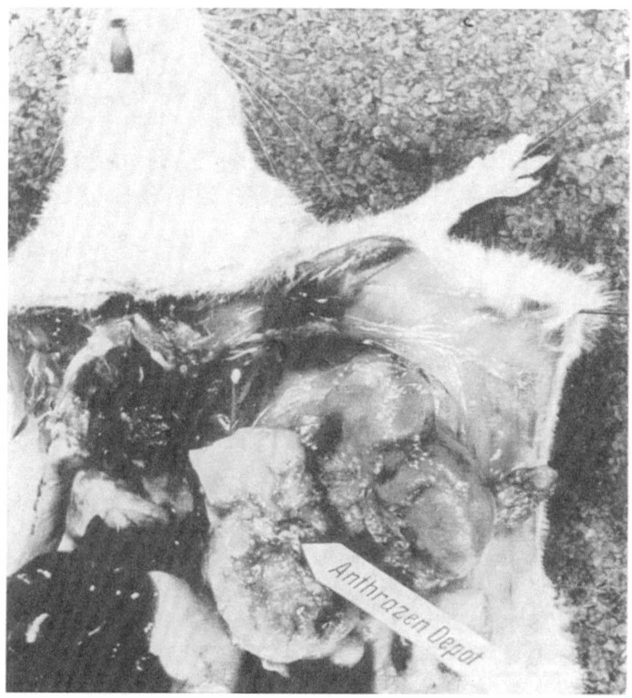

Abb. 34. Sarkom an der Injektionsstelle bei einer Ratte, 29 Monate nach wiederholten subcutanen Injektionen mit chromatographisch gereinigtem Anthracen.

nommen. Das ist indessen willkürlich. Nach der Theorie wären nur quantitative Unterschiede der Wirksamkeit zu erwarten und keine prinzipiellen. Da die Länge der Induktionszeit bei der Krebserzeugung mit der Zunahme der Anregungsenergie exponentiell ansteigen müßte, kann die Ursache für die „Unwirksamkeit" niederer Homologe in der begrenzten Lebenserwartung der Tiere liegen. An genügend lange lebenden Ratten (über 2 Jahre) erzeugte auch das unsubstituierte Anthracen noch Krebs (Abb. 34), das Naphthalin dagegen nicht mehr[2]. Demnach

[1] Pullman, A.: Cr. **221**, 140 (1945). Cr. **236**, 2318, 2508; **237**, 173 (1953). — Pullman, A., et B. Pullman: Exper. **2**, 364 (1946). Adv. Cancer Res. **3**, 117 (1955). — Haddow, A.: Brit. med. Bull. **4**, 331 (1946/47). — Daudel, P., et R. Daudel: Bull. Soc. Chim. biol. **31**, 353 (1949). — Daudel, P., R. Daudel et N. P. Buu-Hoi: Acta Un. int. Cancr., Bruxelles **7**, 91 (1950). — Boyland, E.: J. Chim. physique Physico-chim. biol. **47**, 942 (1950). — Coulson, C. A.: Electronic configuration and carcinogenesis. Adv. Cancer Res. **1**, 1 (1953). — Badger, G. M.: Chemical constitution and carcinogenic activity. Adv. Cancer Res. **2**, 73 (1954). — [2] Druckrey, H., u. D. Schmähl: Naturwiss. **42**, 159 (1955).

läge die „Grenze" bei 1,25 e. Diese Überlegungen haben eine prinzipielle Bedeutung, weil sie zeigen, daß bei Zunahme der Lebenserwartung auch schwache Carcinogene oder kleine Dosen noch zum Krebs führen können. Damit fände die Zunahme der Krebshäufigkeit mit dem Lebensalter eine einfache Erklärung.

Der Zusammenhang zwischen den Dichtefunktionen der π-Elektronen und der carcinogenen Wirksamkeit gilt indessen nicht streng. Während die Dichtefunktionen mit weiterer Anellierung zunehmen, erreicht die cancerogene Wirksamkeit bei 4—5 Ringsystemen ihr Maximum und nimmt dann steil ab. A. PULLMAN[1] fand neuerdings, daß die π-Elektronendichte in der 9,10-Phenanthrenregion (K) hoch, in der Anthracenmesoregion (L) dagegen niedrig sein muß, damit die Substanz carcinogen wirkt. Es sind also 2 Regionen wichtig[2], die als prinzipielle und subsidiäre Carcinogenophore bezeichnet werden. Der kalkulierte Wert für die Superdelokalisierbarkeit der π-Elektronensysteme wird als wichtigster Faktor angegeben. Die Abnahme der Wirksamkeit bei Anellierung über ein Optimum hinaus läßt sich jedoch einfacher dadurch deuten, daß die Substanzen nicht mehr ausreichend löslich sind.

Von der Anregbarkeit der π-Elektronen hängen die Eigenschaften der Substanzen ab, Licht zu absorbieren. Eine Bande des Absorptionsspektrums entsteht durch den Übergang eines Elektrons aus einem niederen auf ein höheres Niveau. Die *Fluorescenz* wird durch die Umkehrung dieses Vorganges bedingt. Mit der durch Anellierung bedingten Zunahme der Anregbarkeit wird die erforderliche Aktivierungsenergie kleiner. Es tritt daher eine entsprechende Verschiebung der Absorption in den längerwelligen Bereich ein. Die höheren aromatischen Kohlenwasserstoffe zeigen demgemäß starke Fluorescenz in charakteristischen Frequenzbereichen[3]. Die typischen Fluorescenzbanden des 3,4-Benzpyrens bei 4036, 4267 und 4540 Å mμ (violett) haben seine Identifizierung im Teer erst möglich gemacht[4]. Der Charakter der Fluorescenz kann jedoch verschieden sein, je nachdem die Substanz in Krystallform oder in molekularer Lösung vorliegt. So fluoresciert z. B. 3,4-Benzpyren in Krystallform gelbgrün, in molekularer Lösung aber violett. Der Nachweis der Fluorescenz und vor allem ihr charakteristisches Fluorescenzspektrum können zur qualitativen und quantitativen Bestimmung der cancerogenen Kohlenwasserstoffe dienen[5]. In Zellen der mit Benzpyren gepinselten Mäusehaut werden die carcinogenen Kohlenwasserstoffe an Proteine und Nucleoproteide sehr fest gebunden und lassen sich fluorescenzoptisch nachweisen[6]. Die stärkste Fluorescenz wurde in den Mitochondrien gefunden, die damit als Angriffspunkt der Wirkung in Frage kommen sollen[7]. Das ist jedoch noch nicht genügend belegt. Der Zellkern fluoresciert nicht. Das kann aber auch durch Fluorescenzlöschung bedingt sein[8], so daß aus dem Fehlen der Fluorescenz noch nicht auf die Abwesenheit der cancerogenen Substanz geschlossen werden kann[9]. Nach Untersuchungen mit ^{14}C-markiertem 9,10-Dimethyl-1,2,5,6-dibenzanthracen findet sich sogar die größte Aktivität in der Fraktion der Zellkerne[6].

---

[1] PULLMAN, A.: Cr. **236**, 2318, 2508 (1953). — PULLMAN, A., and B. PULLMAN: Adv. Cancer Res. **3**, 117 (1955). — [2] NAGATA, C., K. FUKUI, T. YONEZAWA and Y. TAGASHIRA; FUKUI, K., T. YONEZAWA and H. SHINGU: J. chem. Physics **20**, 722 (1952). — FUKUI, K., T. YONEZAWA, C. NAGATA and H. SHINGU: J. chem. Physics **22**, 1433 (1954). Cancer Res. **15**, 233 (1955). — [3] MOODIE, M. M., and C. REID: Brit. J. Cancer **8**, 380 (1954). — [4] MAYNEORD, W. V., and E. M. F. ROE: Proc. R. Soc. London (A) **152**, 299 (1935); **158**, 634 (1937). — PENN, H. S., and J. KAPLAN: Nature **160**, 18 (1947). — BERENBLUM, I., E. R. HOLIDAY and E. M. JOPE: Brit. med. Bull. **4**, 326 (1947). — [5] WEIL-MALHERBE, H.: Biochem. J. **38**, 135 (1944). — [6] MILLER, E. C.: Cancer Res. **11**, 100 (1951). — WIEST, W. G., and C. HEIDELBERGER: Cancer Res. **13**, 250, 255 (1953). — [7] GRAFFI, A.: Z. Krebsforsch. **54**, 254 (1943). — [8] WEIL-MALHERBE, H.: Cancer Res. **4**, 102 (1944). — WEIL-MALHERBE, H., and J. WEISS: Soc. **1944**, 541. — [9] BROCK, N., H. DRUCKREY u. H. HAMPERL: A. e. P. P. **189**, 709 (1938). Arch. klin. Chir. **194**, 250 (1939).

Bei der Einwirkung von Peroxyden zeigen die aromatischen Cancerogene Chemoluminescenz, die für ihre Wirksamkeit wesentlich sein soll[1]. Sie wirken ferner als Photosensibilisatoren für die Peroxydbildung[2].

Die biologische Wirksamkeit der cancerogenen Kohlenwasserstoffe hängt anscheinend eng mit ihrer Anregbarkeit durch Lichtenergie, letztlich also ihren „Farbstoffeigenschaften“ zusammen. Je weiter die Absorption in den längerwelligen Bereich hineinreicht, um so aktiver wirken die Substanzen[3]. Eine wirklich befriedigende Näherung ergibt sich jedoch erst, wenn mehrere Maxima und auch die Stärke der Absorption berücksichtigt werden. Dies geschieht z. B. nach IVERSEN[4] durch Berechnung des „Absorptionsniveaus“

$$A = \frac{\lambda_\alpha^{(1-T_\alpha)} + \lambda_\beta^{(1-T_\beta)} + \lambda_\gamma^{(1-T_\gamma)}}{m}, \tag{LI}$$

wobei λ_i mit Suffix die Lage der Maxima, T die Durchlässigkeit für eine 10^{-5} Mol-Lösung und m das Mol.-Gew. bedeuten.

Von der Dichte und Anregbarkeit der beweglichen π-Elektronen hängen außer den Absorptions- und Mesomerieeigenschaften der Substanzen auch die magnetischen Eigenschaften, die elektrische Leitfähigkeit, die chemische Reaktivität und die VAN DER WAALschen Kräfte ab[5]. Deshalb sind auch zwischen diesen und der cancerogenen Wirksamkeit ähnlich enge Beziehungen zu erwarten[6]. Sie scheinen außerdem nicht auf die kondensierten aromatischen Kohlenwasserstoffe beschränkt zu sein, sondern, ähnlich auch für Heterocyclen[7], nicht kondensierte Systeme und aromatische Amine zu bestehen[8].

Die Prüfung der Beziehungen zwischen der Konstitution cancerogener Aromaten und ihrer Wirkung in Tierversuchen führte zu dem Schluß, daß basische Eigenschaften wesentlich sind, die damit auch bei höheren aromatischen Kohlenwasserstoffen anzunehmen wären[9]. Dafür sprechen folgende Gründe: die Dichte der π-Elektronen ist bei den polycyclischen Aromaten nicht gleichmäßig über das ganze Molekül verteilt, sondern weist an den Mesoregionen die höchsten Werte auf (vgl. Abb. 33, S. 221). Das gilt besonders für asymmetrische Moleküle. Die hohe Elektronendichte bedingt eine entsprechende Protonenaffinität, nach der Theorie von LEWIS also polare *basische Eigenschaften.* Die cancerogenen Kohlenwasserstoffe bilden leicht „π-Komplexe“, lösen sich in Phenol und vor allem in konzentrierter Schwefelsäure, wobei sie Halochromieerscheinungen zeigen können[9,10], z. B. Anthracen oder Pyren werden tiefgrün. Nach Verdünnen der Schwefelsäure fällt die farblose unveränderte Substanz wieder aus. Aromatische Kohlenwasserstoffe können sogar echte Kationeneigenschaften haben, wie z. B. das Azulen, das bereits ein blauer Farbstoff ist. Die Existenz des von HÜCKEL vorausgesagten Trophylium-Ions konnte kürzlich

— +

Azulen

[1] ANDERSON, W.: Acta Un. int. Cancr., Bruxelles **7**, 41 (1950). — [2] SCHENCK, G. O.: Naturwiss. **43**, 71 (1956). — [3] SCHMIDT, O.: Z. physik. Chem. (B) **42**, 83 (1939). Naturwiss. **29**, 146 (1941). — MOODIE, M. M., and C. REID: Brit. J. Cancer **8**, 380 (1954). — [4] IVERSEN, S.: A Possible Correlation between Absorption Spectra and Carcinogenicity. Kopenhagen 1949. — IVERSEN, S., and N. ARLEY: Acta path. microbiol. scand. **27**, 773 (1950); **31**, 27 (1952). — ARLEY, N., and S. IVERSEN: Acta path. microbiol. scand. **30**, 27 (1952). — [5] BUU-HOI, N. P.: Acta Un. int. Cancr., Bruxelles **7**, 68 (1950). — [6] BUU-HOÏ, et A. PACAULT: J. Physique Radium **6**, 33 (1945). — BOYLAND, E.: J. Chim. physique Physico-chim. biol. **47**, 942 (1950). COULSON, C. A.: Electronic configuration and carcinogenesis. Adv. Cancer Res. **1**, 1 (1953). — [7] LACASSAGNE, A.: Acta Un. int. Cancr., Bruxelles **6**, 9 (1948). — PAGES-FLON, M., N. P. BUU-HOI et R. DAUDEL: Cr. **236**, 2182 (1953). — [8] BOYLAND, E.: Acta Un. int. Cancr., Bruxelles **7**, 59 (1950). — [9] EISTERT, B.: Chemismus und Konstitution. Stuttgart 1948. — [10] DRUCKREY, H.: Z. Krebsforsch. **57**, 70 (1950). — DRUCKREY, H., D. SCHMÄHL u. P. DANNEBERG: Naturwiss. **39**, 393 (1952).

bestätigt werden[1]. Streng genommen müßte die ungleiche Elektronendichte zu Dipol- bzw. amphoteren Eigenschaften führen. Die basischen Eigenschaften scheinen für die cancerogene Wirkung wesentlich zu sein, so daß die aromatischen Kohlenwasserstoffe, Stickstoffheterocyclen und aromatischen Amine unter diesem gemeinsamen Gesichtspunkt betrachtet werden können[2]. Zwischen dem pK-Wert der höheren Aromaten bzw. Heterocyclen und ihrer cancerogenen Aktivität scheinen enge Beziehungen zu bestehen[3]. Die Einführung funktioneller Gruppen mit sauren Eigenschaften hebt in diesen Stoffklassen die cancerogene Wirksamkeit in gleicher Weise auf. Die stark saure Sulfonsäuregruppe hat den stärksten „anticancerogenen", die basische Aminogruppe den stärksten „auxocancerogenen" Effekt (Druckrey 1950). Es gibt jedoch auch sulfonierte Substanzen, die zweifellos carcinogen sind, wie z. B. der Triphenylmethanfarbstoff „Lichtgrün SF".

5. Chemische Reaktivität.

Das leicht anregungsfähige π-Elektronensystem bedingt schließlich eine hohe chemische Reaktivität der polycyclischen Aromaten. Sie bilden an den Mesoregionen leicht Addukte[4], z. B. mit Maleinsäureanhydrid wasserlösliche Endosuccinate[5]. Ferner reagieren sie leicht mit Trichloräthylradikalen[6] oder bilden Komplexe mit Silber[7] etwa nach Maßgabe ihrer krebserzeugenden Aktivität. Auch mit Purinkörpern bilden sie wasserlösliche Addukte[8]. Die Bildung von Komplex-Verbindungen der cancerogenen Kohlenwasserstoffe mit Purinen und Nucleinsäuren in der Zelle scheint für ihre Wirkung eine Rolle zu spielen[9]. Die lösungsvermittelnde Eigenschaft des Coffeins für höhere Aromaten hängt anscheinend mit der cancerogenen Wirksamkeit so eng zusammen, daß sich z. B. aus der Größe der „Coffeinzahl" Voraussagen über die Wirksamkeit machen lassen[10]. Im Organismus werden die Kohlenwasserstoffe ebenfalls an den Mesoregionen, wahrscheinlich von Proteinen der Zelle und relativ fest gebunden (s. S. 227). Sie lassen sich weiter überraschend leicht diazotieren. So bildet z. B. 3,4-Benzpyren mit p-Nitrobenzoldiazoniumchlorid einen tiefroten Farbstoff, der als p-Nitrobenzazo-3,4-benzpyren identifiziert wurde. Die Farbreaktion ist noch bei Konzentrationen bis 10^{-6} deutlich und kann zum Nachweis dienen. Die höheren aromatischen Kohlenwasserstoffe bilden ferner Pikrate. Besonders charakteristische Krystalle mit scharfem Schmelzpunkt erhält man mit 2,4,7-Trinitrofluorenon[10]. Stets reagieren die cancerogenen Kohlenwasserstoffe am leichtesten[11]. Der Zusammenhang zwischen der chemischen Reaktivität und der carcinogenen Wirksamkeit bietet die Möglichkeit eines tieferen Verständnisses des Wirkungsmechanismus und schlägt eine Brücke zur carcinogenen Wirksamkeit der „alkylierenden" Agentien z. B. vom Typ der Lostverbindungen[12].

---

[1] Eggers-Doering, W. v., u. H. Krauch: Angew. Chem. **68**, 661 (1956). — [2] Druckrey, H.: Z. Krebsforsch. **57**, 70 (1950). — Druckrey, H., D. Schmähl u. P. Danneberg: Naturwiss. **39**, 393 (1952). — [3] Buu-Hoi, N. P.: Arch. Geschwulstforsch. **6**, 19 (1953). — [4] Clar, E.: Aromatische Kohlenwasserstoffe. 2. Aufl. Berlin, Göttingen, Heidelberg 1952. — [5] Fieser, L. F.: Amer. J. Cancer **34**, 37 (1938). — Fischer, H. G. M., W. Priestley jr., L. T. Eby, G. G. Wanless and J. Rehner jr.: Arch. industr. Hyg. **4**, 315 (1951). — [6] Kooyman, E. C., and J. W. Heringa: Nature **170**, 661 (1952). — [7] Kofahl, R. E., and H. J. Lucas: Am. Soc. **76**, 3931 (1954). — [8] Brock, N., H. Druckrey u. H. Hamperl: A. e. P. P. **189**, 709 (1938). — Weil-Malherbe, H.: Biochem. J. **40**, 351 (1946). — Klevens, H. B.: J. physic. Colloid Chem. **54**, 283 (1950). — Booth, J., and E. Boyland: Biochim. biophysica Acta, N. Y. **12**, 75 (1953). — [9] Booth, J., E. Boyland and S. F. D. Orr: Soc. **1954**, 598. — [10] Wanless, G. G., L. T. Eby and J. Rehner jr.: Analyt. Chem., Washington **23**, 563 (1951). — Sawicki, E., and R. R. Miller: Analyt. Chem., Washington **20**, 109 (1958). — [11] Fieser, L. F., and W. P. Campbell: Am. Soc. **60**, 1142 (1938). — [12] Haddow, A.: Ann. Rev. **24**, 689 (1955).

Die chemische Reaktivität der höheren Aromaten kann der von freien Radikalen („Diyl-Form") vom Typ des Triphenylmethyls entsprechen. Pentacen bildet schon an der Luft leicht ein Peroxyd[1]. Die wirksamen Cancerogene sowohl aus der Reihe der kondensierten als auch der nicht kondensierten Systeme werden durch Oxydationsmittel, wie Brom, Peroxyd, Benzopersäure[2] oder Osmiumtetroxyd[3], leicht oxydiert, und zwar an den Mesoregionen. Auch hier geht die chemische Reaktivität der biologischen Wirksamkeit parallel und entspricht der quantenmechanischen Kalkulation[4]. Die bei der Oxydation auftretenden Luminescenzerscheinungen sollen für die cancerogene Wirkung wesentlich sein[5].

6. Stoffwechsel der cancerogenen Kohlenwasserstoffe.

Im *Stoffwechsel* innerhalb des Organismus werden die cancerogenen aromatischen Kohlenwasserstoffe zu Phenolen oxydiert (vgl. DANNENBERG, S. 366 ff.). Leberschnitte können in vitro Benzol zu Phenol oxydieren[6]. Bei den höheren Aromaten geschieht dies durch Peroxylierung, durch Anlagerung von Peroxyd an eine Doppelbindung, durch deren Aufhebung dann die entsprechenden Dioxydihydroverbindungen entstehen[7,8]. Die Oxydation in vivo erfolgt in der Regel, aber nicht ausschließlich [9], nicht an den Mesoregionen, die sich in vitro als besonders reaktionsfähig erwiesen haben, sondern an anderen Stellen. So wird z. B. Anthracen bzw. Phenanthren in vitro an 9,10 oxydiert, in vivo wurden dagegen die (—)-trans-Verbindungen 1,2-Dioxydihydroanthracen bzw. 3,4-Dioxydihydrophenanthren gefunden[8], aus denen dann durch Wasserabspaltung unter Aromatisierung die Phenole entstehen. Beim 1,2-Benzanthracen, das als Grundmolekül der meisten carcinogenen Kohlenwasserstoffe wichtig ist, erfolgt die Oxydation in Stellung 1′, 2′. Sie wird nach PULLMAN als M-Region (metabolic region) bezeichnet (Formel). 3,4-Benzpyren liefert bei der Oxydation in vitro 5,8- und 5,9-Benzpyrenchinon, in vivo dagegen 7- bzw. 10-Benzpyrenol. Die einzelnen

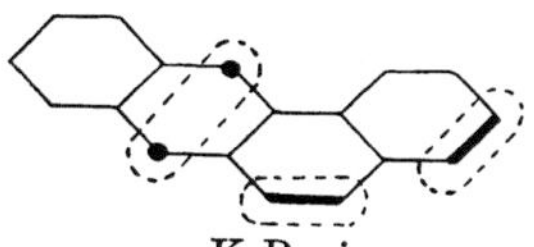

L-Region

M-Region

K-Region

Tierarten verhalten sich verschieden; das kann ihre unterschiedliche Empfindlichkeit erklären. Die Metabolite werden teils frei, teils an Glucuronsäure, Schwefelsäure oder Merkaptursäure gebunden, mit der Galle im Kot ausgeschieden, wenig im Urin[8]. Es besteht aber auch die Möglichkeit des weiteren Abbaus. Bei Mäusen

---

[1] CLAR, E., u. F. JOHN: B. **63**, 2967 (1930). — [2] ECKARDT, H.-J.: B. **73**, 13 (1940). — [3] CRIEGEE, R., B. MARCHAND and H. WANNOVIUS: A. **550**, 99 (1942). — BADGER, G. M.: Soc. **1949**, 456; **1950**, 1809. Chemical constitution and carcinogenic activity. Adv. Cancer Res. **2**, 73 (1954). — [4] PULLMAN, A., et B. PULLMAN: Bull. Soc. chim. France **1954**, 1097. — PULLMAN, B.: Cr. **238**, 1935 (1954). — [5] ANDERSON, W.: Nature **160**, 892 (1947). — [6] TSCHERNIKOW, (A.M.), I. D. GADASKIN u. I. I. GUREWITSCH: A. e. P. P. **154**, 222 (1930). — [7] CRIEGEE, R., B. MARCHAND and H. WANNOVIUS: A. **550**, 99 (1942). — BADGER, G. M.: Soc. **1949**, 456; **1950**, 1809. — [8] BOYLAND, E., and A. A. LEVI: Biochem. J. **29**, 2679 (1935); **30**, 728, 1225 (1936). — BOYLAND, E., and F. WEIGERT: Brit. med. Bull. **4**, 345 (1947). — BOOTH, J., E. BOYLAND and E. E. TURNER: Soc. **1950**, 2808. — BOYLAND, E., and G. WOLF: Biochem. J. **47**, 64 (1950). — BOYLAND, E., and G. H. WILTSHIRE: Biochem. J. **53**, 636 (1953). — BADGER, G. M.: Brit. J. Cancer **2**, 309 (1948). — NEISH, W. J. P.: Biochem. J. **43**, 333 (1948). — BOYLAND, E.: Ann. Rev. **18**, 217 (1949). — COOK, J. W., and R. SCHOENTAL: Bull. Soc. Chim. biol. **31**, 362 (1949). — DANNENBERG, H.: Med. Welt **1950 I**, 1374. — [9] HEIDELBERGER, C., H. I. HADLER and G. WOLF: Am. Soc. **75**, 1303 (1953).

fand man nach Behandlung mit 1,2,5,6-Dibenzanthracen, das an den Positionen 9 und 10 mit ^{14}C markiert war, im Kot neben dem an 4',8' oxydierten Produkt auch 5-Oxy-1,2-naphthalindicarbonsäure und α-Naphthol[1], in der Exspirationsluft radioaktives CO_2, so daß folgender Abbau stattfindet[2]:

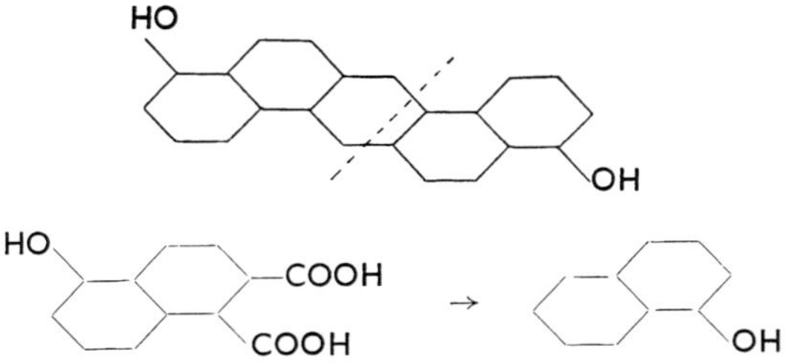

HO

OH

HO —COOH → OH

COOH

Die aus den cancerogenen Kohlenwasserstoffen im Körper entstandenen Phenole und Chinone[3] sind nicht mehr oder wenigstens stark abgeschwächt cancerogen[4]. Die freie, also saure phenolische Hydroxylgruppe hat einen „anticancerogenen“ Effekt. Die lokale carcinogene Wirksamkeit von 20%igem Phenol bei Pinselung auf der Mäusehaut[5] kann nicht ohne weiteres als spezifische Wirkung betrachtet werden.

Die Tatsache, daß die an sich reaktionsfähigeren Mesoregionen in vivo nicht oxydiert werden, zeigt, daß diese Stellen von Zellproteinen fest gebunden und damit blockiert werden[2, 6]. Diese chemische Bindung erfolgt nur durch lebende Zellen und ist sehr fest, 3,4-Benzpyren kann auch durch kochende Lösungsmittel nicht extrahiert werden, sondern erst nach alkalischer Hydrolyse[7]. Mit der Bindung an Proteine gewinnt eine Substanz nach LANDSTEINER die Eigenschaften eines spezifischen Antigens. Carcinogene Kohlenwasserstoffe, die durch Säureamidbindung, durch eine Harnstoffbrücke oder durch Isocyanat an Protein gekoppelt waren, waren antigen wirksam[8].

7. Wirkungsmechanismus.

Die Bindung der cancerogenen Substanzen an spezifische Receptoren der Zelle ist Voraussetzung für ihre Wirkung. Die Festigkeit dieser Bindung geht in vielen, jedoch nicht in allen Fällen der cancerogenen Wirksamkeit auffällig parallel[9], ein Kausalzusammenhang besteht aber nicht[10]. Bei der Bindung wird eine direkte Übertragung der von den beweglichen π-Elektronen gelieferten[11] oder bei der Oxydation freiwerdenden Energie[12] auf spezifische Zellproteine angenommen, die auf diese Weise irreversibel verändert werden. Diese Vorstellungen[13] schließen sich einer Theorie von SCHRÖDINGER[14] an, nach der eine „mutative“ Veränderung eines spezifischen Zellbestandteiles dadurch

[1] DOBRINER, K., C. P. RHOADS and G. I. LAVIN: Proc. Soc. exp. Biol. Med. **41**, 67 (1939). — [2] HEIDELBERGER, C.: Applications of radioisotopes to studies of carcinogenesis and tumor metabolism. Adv. Cancer Res. **1**, 273 (1953). — [3] HOFFMANN-OSTENHOF, O.: Die Biochemie der Chinone. Exper. **3**, 137, 176 (1947). — TIEDEMANN, H.: Z. Naturforsch. 8b, 49 (1953). — [4] SHEAR, M. J.: Amer. J. Cancer **36**, 211 (1939). — COOK, J. W., and R. SCHOENTAL: Brit. J. Cancer **6**, 400 (1952). — [5] BOUTWELL, R. K., H. P. RUSCH and D. BOSCH: Proc. amer. Ass. Cancer Res. **2**, 6 (1955/56). — [6] WIEST, W. G., and C. HEIDELBERGER: Cancer Res. **13**, 250, 255 (1953). — ALEXANDER, P.: The reactions of carcinogens with macromolecules. Adv. Cancer Res. **2**, 2 (1954). — [7] MILLER, E. C.: Cancer Res. **11**, 100 (1951). — [8] CREECH, H. J., and R. M. PECK: Am. Soc. **74**, 463 (1952). — CREECH, H. J.: Cancer Res. **12**, 557 (1952). — [9] HEIDELBERGER, C., and M. G. MOLDENHAUER: Cancer Res. **16**, 442 (1956). — [10] HADLER, H. I., V. DARCHUN and K. LEE: Science, N. Y. **125**, 72 (1957). — [11] SCHMIDT, O.: Naturwiss. **29**, 146 (1941). — [12] BOYLAND, E.: Yale J. Biol. Med. **20**, 321 (1948). — [13] HADDOW, A.: Brit. med. Bull. **4**, 331 (1947). — [14] SCHRÖDINGER, E.: What is life? Cambridge 1944.

erfolgt, daß dieser aus einem stabilen Zustand I („normal“) in einen anderen, ebenfalls stabilen Zustand II („maligne“) übergeht. Um die zwischen diesen beiden Zuständen liegende Energieschwelle zu überwinden, ist ein Energiehub zu leisten, für den eine bestimmte Mindestenergie zugeführt werden muß. Der Wert dieser theoretischen Vorstellungen liegt darin, daß sie quantitativen Charakter tragen. Da die Cancerisierung von Zellen hiernach nur die Zufuhr von Energie auf die spezifischen Receptoren voraussetzt, ist es möglich, nicht nur die auffallende Heterogenität der cancerogenen Substanzen zu verstehen, sondern auch die cancerogene Wirkung von Strahlen und von chemischen Substanzen unter einem gemeinsamen Gesichtspunkt zu betrachten. Allen diesen ist gemeinsam[1], daß sie auf der Haut Blasenbildung und Weißhaarigkeit hervorrufen können, Enzyme mit SH-Gruppen hemmen[2], Nucleinsäuren depolymerisieren[3], Chromosomenverklebungen oder -brüche erzeugen und damit in vielen Fällen sowohl mutagene als auch cancerogene Wirkungen haben können. Die quantenmechanischen Betrachtungen haben dann die Heranziehung der „Treffertheorie“ zur Analyse des Cancerisierungsvorganges nahegelegt, der durch einen „Eintreffer“-[4] oder „Vieltreffer“-Effekt in einem empfindlichen Bereich der Zelle („cancer control center“) zustande kommen soll[5] (vgl. S. 89).

Alle diese theoretischen Vorstellungen über den Mechanismus der Krebserzeugung haben einen unverkennbaren Wirklichkeitswert, sind aber doch nur als erste Näherungen zu betrachten. Der Vorgang ist zweifellos komplexer Natur, so daß es unmöglich ist, ihn mit einer Theorie erklären zu können. Die Krebsentstehung umfaßt außer der Primärwirkung, der Erzeugung von Krebszellen, auch ihre Vermehrung und das Wachstum der Geschwulst[6], die ganz verschiedenen Gesetzmäßigkeiten folgen. Aber schon die Wirkung der cancerogenen Agentien, durch die Krebszellen erzeugt werden, hängt von mehreren und verschiedenartigen Einflußgrößen ab.

Die Wirkung von Pharmaka umfaßt grundsätzlich drei hintereinander geschaltete Vorgänge. Der erste ist die *Lösung* der Substanz in den Körperflüssigkeiten, die für ihren Transport zum eigentlichen Wirkungsort notwendig ist. „Corpora non agunt nisi soluta“. Zweitens muß eine zunächst lockere, dann aber wohl festere *Bindung* des Giftes am Wirkungsort stattfinden. „Corpora non agunt, nisi fixata“. Als dritter Schritt folgt dann erst die eigentliche *Wirkung* des Giftes auf spezifische Receptoren von Zellen[7]. Diese Teilvorgänge müssen gesondert betrachtet werden, um die wirkungsbestimmenden Eigenschaften von Pharmaka einem dieser Vorgänge zuordnen zu können[8].

Der 1. Vorgang umfaßt im wesentlichen die Resorption und Verteilung des Giftes im Körper. Er wird durch folgende Einflußgrößen bestimmt:

a) Die relative Löslichkeit des Giftes in den wäßrigen und lipoiden Phasen des Körpers und der Zellen, also durch den „Verteilungsquotienten“[9]

$$Q = \frac{\text{Löslichkeit (Lipoid)}}{\text{Löslichkeit (Plasma)}}.$$

[1] BOYLAND, E.: Biochem. J. **42**, XXVII (1948). — BOYLAND, E., and S. SARGENT: Brit. J. Cancer **5**, 433 (1951). — [2] CRABTREE, H. G.: J. Brit. Cancer **2**, 281 (1948). — CALCUTT, G.: Brit. J. Cancer **3**, 306 (1949). — [3] ALEXANDER, P.: Adv. Cancer Res. **2**, 2 (1954). — [4] HESTON, W. E., and M. A. SCHNEIDERMAN: Science, N. Y. **117**, 109 (1953). — [5] MOTTRAM, J. C.: Brit. J. exp. Path. **26**, 1 (1945). — IVERSEN, S., and N. ARLEY: Acta path. microbiol. scand. **27**, 773 (1950); **31**, 27 (1952). — NORDLING, C. O.: Brit. J. Cancer **7**, 68 (1953). — GRAFFI, A.: Abh. dtsch. Akad. Wiss., Kl. med. Wiss. **1953**, Nr. 1, S. 1. — DRUCKREY, H.: Strahlentherapie **94**, 45 (1954). — [6] DRUCHREY, H.: Arzneim.-Forsch. **1**, 383 (1951). — [7] CLARK, A. J.: General Pharmacology. Handb. Heffter, Erg.-Bd. 4. — [8] DRUCKREY, H., u. K. KÜPFMÜLLER: Dosis und Wirkung. Aulendorf, Wttbg. 1949. — [9] NERNST, W.: Theoretische Chemie. 11.—15. Aufl. Stuttgart 1926.

Die Wirksamkeit von Pharmaka nimmt meist mit der Größe von Q zu, jedoch naturgemäß nur bis zu einem Optimum (vgl. Theorie der Narkose[1]).

b) Die Diffusibilität.

c) Die Permeationsfähigkeit durch biologische Grenzschichten, z. B. Membranen.

Da die Wirkung aller Pharmaka ihre Resorption voraussetzt, sind diese Einflußgrößen von zwar grundlegender aber unspezifischer Bedeutung. Sie bestimmen nur die Stärke und den zeitlichen Verlauf der Wirkung, nicht aber deren Richtung.

Auch die Wirkung der cancerogenen Kohlenwasserstoffe setzt ihre Löslichkeit in den Medien des Körpers voraus. Sehr hoch anellierte Aromaten, die völlig unlöslich z. B. im Plasma sind, können deshalb auch dann nicht wirksam sein, wenn ihre sonstigen, z. B. elektronischen, Eigenschaften für eine höhere Wirksamkeit sprächen.

Die cancerogenen Kohlenwasserstoffe sind zwar in Wasser unlöslich, werden aber von den wäßrigen Körperflüssigkeiten zu etwa 10^{-6} gelöst, besonders stark von den Gewebslipoiden[2]. Auch durch Bindung an lipoidreiche Albumine (α_2 und β) wird die Löslichkeit erhöht[3]. Als Lösungsvermittler wirken z. B. Proteine, Purine, Gallensäuren und Lipoide[2]. Die Möglichkeit, höhere Aromaten mit Purinen, z. B. Coffein, wasserlöslich zu machen, hat sich als Methode für die Extraktion aus Mineralölen bewährt[4]. Mit Cholestenonsulfosäure[5], Polyäthylenglykolen[6] („Carbowax"), Polyoxyäthylensorbitanstearat (Tween 60), Glycerin[6], Phenol und Säuren lassen sie sich ebenfalls mehr oder weniger leicht in wäßrige Lösung bringen. Die durch Koppelung mit Maleinsäureanhydrid gewonnenen Endosuccinate von aromatischen Kohlenwasserstoffen sind wasserlöslich[7].

Die Wirksamkeit der Cancerogene nimmt, ähnlich wie z. B. die von Narkotica, mit der Größe der Verteilungsquotienten Q zwischen lipoider und wäßriger Phase zu[2]. Die Art des Lösungsmittels hat einen erheblichen Einfluß auf die Wirksamkeit der Cancerogene[8]. 3,4-Benzpyren kann z. B. in öliger Lösung die Magenschleimhaut nicht durchdringen und daher hier auch nicht cancerogen wirken, wohl aber in Emulsion oder Lösung mit Gallensäuren, Tween 60 oder Carbowax[9]. Die Micellen der Emulsion werden sowohl oral als auch subcutan resorbiert und erscheinen als Chylomikronen im Blut[10], so daß es nun auch zu einer resorptiven carcinogenen Wirkung kommt. Solche resorptionsfördernden Substanzen können also eine entscheidende Bedeutung für die Krebserzeugung haben. Es erscheint jedoch nicht zweckmäßig, hier von „carcinogenen" oder „procarcinogenen" Effekten oder gar Substanzen zu sprechen. Fettreiche Nahrung begünstigt die Erzeugung von Krebs[11]. Die gleichzeitige Gabe von Lösungsvermittlern, die die

---

[1] Meyer, K. H., u. H. Hemmi: B.Z. **277**, 39 (1935). — [2] Fieser, L. F., and M. S. Newman: Am. Soc. **57**, 1602 (1935). — Lorenz, E., and H. B. Andervont: Amer. J. Cancer **26**, 783 (1936). — Brock, N., H. Druckrey u. H. Hamperl: A.e.P.P. **139**, 709 (1938). — Weil-Malherbe, H.: Biochem. J. **40**, 351, 363 (1946). — Booth, J., and E. Boyland: Biochim. biophysica Acta, N. Y. **12**, 75 (1953). — [3] Wunderly, C., u. F. A. Pezold: Naturwiss. **39**, 493 (1952). — Alexander, P.: The reactions of carcinogens with macromolecules. Adv. Cancer Res. **2**, 2 (1954). — [4] Wanless, G. G., L. T. Eby and J. Rehner jr.: Analyt. Chem., Washington **23**, 563 (1951). — [5] Windaus, A., u. S. Rennhak: H. **249**, 256 (1937). — [6] Setälä, K.: Nature **166**, 188 (1950); **174**, 873 (1954). — Setälä, K., and P. Ekwall: Science, N. Y. **112**, 229 (1950). — Riska, E. B.: Acta path. microbiol. scand. Suppl. **114** (1956). — [7] Fieser, L. F.: Amer. J. Cancer **34**, 37 (1938). — [8] Dickens, F.: Brit. med. Bull. **4**, 348 (1947). — [9] Ermala, P., K. Setälä and P. Ekwall: Cancer Res. **11**, 753 (1951). — Setälä, K., H. Setälä and P. Holsti: Science, N. Y. **120**, 1075 (1954). — [10] Setälä, K., and P. Ermala: Science, N. Y. **114**, 151 (1951). — Ermala, P., L. R. Holsti and K. Setälä: Amer. J. med. Sci. **222**, 436 (1951). — [11] Tannenbaum, A., and H. Silverstone: Cancer Res. **9**, 607 (1949).

Wasserlöslichkeit der cancerogenen Kohlenwasserstoffe erhöhen und damit die Ausscheidung fördern, wie z. B. Coffein, kann auch die Krebserzeugung hemmen[1], also ,,anticarcinogen" wirken.

Der 2. Vorgang bei pharmakologischen Wirkungen ist die *Bindung* des Giftes am Wirkungsort[2]. Sie erfolgt wahrscheinlich zunächst adsorptiv, dann aber wohl fester und orientiert. Theoretisch ist die Giftbindung nach 4 Arten möglich:

a) in der Dimension Null *punktförmig*, also etwa durch eine ,,Haftgruppe" im Sinne von P. EHRLICH. Sie hat die geringste Spezifität.

b) in der ersten Dimension, also einer *Strecke*. In diesen Fällen muß der lineare Abstand zwischen den bindungsfähigen Gruppen für die Wirkung wesentlich sein.

c) in der zweiten Dimension einer *Fläche*. Diese Bindung setzt bei cyclischen Substanzen die koplanare Anordnung der Ringe voraus. Auch hier wäre anzunehmen, daß die linearen Abstände zwischen den bindungsfähigen Gruppen zu dem vorhandenen Muster der Zellstrukturen angenähert passen müssen, etwa wie Knopf und Knopfloch.

d) in der dritten *räumlichen Dimension*. Sie müßte die größte Spezifität zeigen.

Bei den aromatischen Cancerogenen erwies sich die Wirksamkeit daran gebunden, daß ein ungestörtes System konjugierter Doppelbindungen über die ganze *Länge* der Moleküle besteht. Ist es unterbrochen, so ist die Substanz nicht wirksam. Die Länge der wirksamen Moleküle ist sowohl bei den cancerogenen Kohlenwasserstoffen als auch bei Aminen auffallend ähnlich. Ferner hat sich in beiden Stoffklassen die *coplanare* Anordnung der Ringsysteme als notwendige Voraussetzung für die Wirkung erwiesen[3]. Das gilt auch für funktionelle Gruppen am Molekül, z. B. die Dimethylaminogruppe. Wird eine Torsion durch benachbarte Substitutionen erzwungen, so ist die Substanz inaktiv (sterische Hinderung). Die für die Bindung wesentlichen Kräfte haben also nur eine geringe Reichweite von wenigen Å. Danach ist eine Bindung der Cancerogene in der zweiten Dimension, also flächenhaft, am wahrscheinlichsten. Dieser für die carcinogene Wirkung offenbar wesentliche Vorgang scheint ein Analogon zur ,,Substantivität" von Farbstoffen zu sein. Alle wirksamen cancerogenen Kohlenwasserstoffe werden von Proteinen und Zellstrukturen sehr fest gebunden. Sie lassen sich durch Lösungsmittel nicht direkt extrahieren, sondern zu einem Teil erst nach Hydrolyse oder Verdauung der Proteine[4]. Kleinste Mengen können monatelang am Applikationsort liegenbleiben[5]. Daraus erklärt sich die Erfahrung, daß z. B. vom 3,4-Benzpyren durch die einmalige Applikation einer kleinen Dosis von wenigen γ an Ratten oder Mäusen Krebs erzeugt werden kann. Die wirksamen Dosen sind vor allem bei wiederholter Gabe viel kleiner, als zunächst angenommen wurde[6].

Die Cancerisierung normaler Zellen setzt die direkte Wirkung des cancerogenen Agens auf die Zellen voraus; sie ist also grundsätzlich ein cellulärer Prozeß, der keine Abhängigkeit vom Organismus als Ganzheit erkennen läßt[7]. Lungengewebe von jungen Mäusen, das unter Zusatz von Methylcholanthren auf homologe Mäuse transplantiert wurde, lieferte Bronchialkrebs im Implantat[8]. Auch an isolierten

[1] WEIL-MALHERBE, H.: Biochem. J. **40**, 351, 363 (1946). — [2] CLARK, A. J.: General Pharmacology. Handb. Heffter Erg.-Bd. 4. — [3] DRUCKREY, H.: Z. Krebsforsch. **57**, 70 (1950). Arzneim.-Forsch. **2**, 503 (1952). — SAWICKI, E., and F. E. RAY: J. org. Chem. **19**, 1686 (1954). — HADDOW, A.: The biochemistry of cancer. Ann. Rev. **24**, 689 (1955). — [4] MILLER, E. C.: Cancer Res. **11**, 100 (1951). — WIEST, W. G., and C. HEIDELBERGER: Cancer Res. **13**, 250 (1953). — [5] DAUBEN, W. G., and D. MABEE: Cancer Res. **11**, 216 (1951). — [6] SAFFIOTTI, U., and P. SHUBIK: J. nat. Cancer Inst. **16**, 961 (1955/56). — POEL, W. E., and A. G. KAMMER: J. nat. Cancer Inst. **16**, 989 (1955/56). — POEL, W. E.: Science, N. Y. **123**, 588 (1956). — [7] HADDOW, A.: Brit. med. Bull. **4**, 331 (1947). — [8] HORNING, E. S.: Brit. J. Cancer **4**, 235 (1950).

Zellen in der Gewebekultur wurde eine krebsige Entartung beobachtet[1]. Wirken zwei verschiedene Carcinogene auf verschiedene Stellen eines Organismus ein, so verlaufen beide Prozesse praktisch unabhängig voneinander[2]. Die cancerogenen Kohlenwasserstoffe erzeugen Krebs lokal an der Applikationsstelle. Das erklärt sich daraus, daß diese Substanzen schwer löslich sind und lokal sehr fest gebunden werden, so daß kaum resorptive Wirkungen zu erwarten sind. Wird dagegen die Resorption begünstigt, z. B. durch häufige Injektionen kleiner Dosen[3], durch geeignete orale[4] oder intravenöse[5] Gaben, so treten Leukämien oder an entfernten Stellen, z. B. in inneren Organen, Geschwülste auf. Wo das der Fall ist, hängt dann von der Verteilung des Agens im Körper und der lokalen, also cellulären Disposition der einzelnen Gewebe ab[6]. Cancerogene Agentien können die Placenta passieren[7] und so auch bei den Nachkommen zu Geschwülsten führen[8] bzw. zu Mutationen oder Abnormitäten[9].

Die meisten cancerogenen Kohlenwasserstoffe wirken cytotoxisch und entzündungserregend. Diese Wirkung ist jedoch (soweit es nicht zum Zelltod kommt) reversibel und hat mit der cancerogenen Wirkung nichts zu tun, kann diese aber fördern. Viele Substanzen, die schwere Ulcerationen erzeugen, sind nicht cancerogen[10]. Andererseits gibt es cancerogene Substanzen, die keine Zellschädigung verursachen. Entgegen der alten Annahme, nach der Krebs die Folge chronischer und bis zur Erschöpfung getriebener Regenerationen ist, erwies sich die cancerogene Wirkung unabhängig von chronischen Entzündungen und Regenerationen[11]. Zum Beispiel hatte die Häufigkeit von Zellteilungen während der Behandlungszeit keinen Einfluß auf die Wirkung von Benzpyren an der Mäusehaut[12].

Die Geschwülste treten stets erst nach einer langen Latenz-(Induktions-)zeit auf, deren Größe bei den einzelnen Kohlenwasserstoffen verschieden ist, für eine bestimmte Substanz und Dosis an einem homogenen Tiermaterial aber nur wenig streut[13]. Zwischen der Dosis und der Länge der Latenzzeit bestehen auffällig enge Beziehungen, im einfachsten Falle, d. h. bei dauernder Einwirkung einer konstanten Konzentration, eine umgekehrte Proportionalität[14]. Auch die Ausbeute

---

[1] Sanford, K. K., W. R. Earle, E. Shelton, E. L. Schilling, E. M. Duchesne, G. D. Likely and M. M. Becker: J. nat. Cancer Inst. **11**, 351 (1950/51). — Landschütz, C.: Naturwiss. **40**, 444 (1953). — Goldblatt, H., and G. Cameron: J. exp. Med. **97**, 525 (1953). — Moore, A. E., C. M. Southam and S. S. Sternberg: Science, N. Y. **124**, 127 (1956). — Leighton, J., I. Kline and H. C. Orr: Science, N.Y. **123**, 502 (1956). — [2] Druckrey, H.: Kli. Wo. **1942**, 559. — Jaffé, W. G.: Cancer Res. **7**, 113 (1947). — [3] Lorenz, E.: J. nat. Cancer Inst. **10**, 355 (1949/50). — Rask-Nielsen, R.: Brit. J. Cancer **4**, 108 (1950). — Orr, J.W.: Acta Un. int. Cancr., Bruxelles **7**, 294 (1951). — [4] Shay, H., M. Gruenstein, H. E. Marx and L. Glazer: Cancer Res. **11**, 29 (1951). — [5] Geyer, R. P., V. R. Bleisch, J. E. Bryant, A. N. Robbins, I. M. Saslaw and F. J. Stare: Cancer Res. **11**, 474 (1951). — [6] Strong, L. C., and L. D. Sanghvi: Z. Krebsforsch. **58**, 1 (1951). — [7] Dargeon, H. W., J. W. Eversole and V. del Duca: Cancer, N. Y. **3**, 299 (1950). — Dantchakoff, V.: 5. Int. Krebs-Kongr. Paris 1950. — [8] Strong, L. C.: Proc. nat. Acad. Sci. USA **31**, 290 (1945). — Shay, H., S. Weinhouse, M. Gruenstein, H. E. Marx and B. Friedman: Cancer Res. **10**, 241 (1950). — Shay, H., M. Gruenstein and M. Weinberger: Cancer Res. **12**, 296 (1952). — Klein, M.: J. nat. Cancer Inst. **12**, 1003 (1951/52). — Symeonidis, A.: J. nat. Cancer Inst. **15**, 539 (1954/55). — [9] Waddington, C. H., and T. C. Carter: J. Embryol. exp. Morphol. **1**, 167 (1953). — [10] Berenblum, I.: Brit. med. Bull. **4**, 343 (1947). — [11] Horning, E. S.: Brit. J. Cancer **4**, 235 (1950). — Danneel, R., u. N. Weissenfels: Naturwiss. **42**, 128 (1955). — [12] Bielschowsky, F., and W. S. Bullough: Brit. J. Cancer **3**, 282 (1949). — [13] Steiner, P. E., and H. L. Falk: Cancer Res. **11**, 56 (1951). — [14] Bryan, W. R., and M. B. Shimkin: J. nat. Cancer Inst. **1**, 807 (1940/41). — Miescher, G., F. Almasy u. F. Zehender: Schweiz. med. Wschr. **71**, 1002 (1941). — Druckrey, H., u. K. Küpfmüller: Z. Naturforsch. **3**b, 254 (1948). — Graffi, A.: Abh. dtsch. Akad. Wiss., Kl. med. Wiss. **1935**, Nr. 1, S. 1. — Geyer, R. P., J. E. Bryant, V. R. Bleisch, E. M. Peirce and F. J. Stare: Cancer Res. **13**, 503 (1953). — Horton, A. W., and D. T. Denman: Cancer Res. **15**, 701 (1955).

an Tumoren nach einer bestimmten Zeit kann der Dosis proportional sein[1], beides jedoch nur in dem begrenzten Bereich, in dem die im Körper erreichte Konzentration des Giftes der applizierten Dosis proportional ist. Das gilt aber für die schwer löslichen cancerogenen Kohlenwasserstoffe nur bei sehr kleinen Dosen. Die Größe der Latenzzeit hängt in hohem Maße von der Art der cancerogenen Substanz ab. An Ratten führt das 3,4-Benzpyren meist schon nach 4 Monaten zum Krebs, Anthracen dagegen erst nach 24 Monaten. Vor allem weist die Latenzzeit bei den einzelnen Tierarten große Unterschiede auf. Sie ist den fundamentalen biologischen Zeitgrößen der Art praktisch proportional. So entsprechen z. B. 100—120 Tage bei der Ratte[2] oder Maus[3] etwa 10 Jahren beim Menschen. Der Nachweis einer cancerogenen Wirkung gelingt deshalb am schnellsten an Tierarten, die eine geringe Lebensdauer haben. Die Latenzzeit bei der Krebsentstehung kann deshalb nicht mit dem physikalischen Zeitmaß allgemeingültig erfaßt werden, sondern ist eine biologische Zeitgröße, die als erbliches Merkmal der Art anzusehen ist, also in Bruchteilen der Lebenserwartung ausgedrückt werden müßte. Daraus folgt, daß der Vorgang der krebsigen Entartung von Zellen von sehr fundamentalen, erblichen Eigenschaften der lebenden Substanz abhängen muß. Die Geschwindigkeit, mit der dann aus den erzeugten Krebszellen eine Geschwulst heranwächst, weist diese Artunterschiede nicht mehr auf; sie hängt vielmehr von der Art des Tumors ab und kann bei Ratten und bei Menschen dieselbe sein. Auch hier kommt zum Ausdruck, daß die Erzeugung von Krebszellen auf der einen Seite und das Wachstum einer Geschwulst auf der anderen ganz verschiedenartige Vorgänge sind. Zwischen Krebszelle und Krebs muß ebenso scharf unterschieden werden wie zwischen einem Bacterium und der durch dies ausgelösten Krankheit[2]. Der Begriff ,,Cancerisierung" beinhaltet danach im strengen Sinne nicht die Erzeugung von Krebs, sondern die Umwandlung normaler Körperzellen zu Krebszellen. ,,Cancerogene', Agentien sind in diesem Sinne nur die, die diesen Vorgang unmittelbar auslösen.

8. Co-cancerogene Faktoren.

Die cancerogene Wirkung ist *irreversibel*. Das gilt auch für ,,unterschwellige" Dosen eines cancerogenen Agens, die zwar Krebszellen erzeugen, aber noch nicht zu Krebs zu führen brauchen. Obwohl Gewebe nach einer solchen Behandlung morphologisch wieder völlig normal erscheinen kann, liegen doch bereits latent oder sogar manifest Krebszellen vor, die entweder im Laufe der Zeit zugrunde gehen oder aber auch viel später noch zur Vermehrung kommen können. An Tieren, die mit einer sehr geringen, noch nicht wirksamen Dosis eines Cancerogens vorbehandelt wurden, lassen sich dann durch Agentien, die selbst *nicht* cancerogen sind, wie Kreosot[4], Terpentin[5], Hitze[6], Regenerationen, Verletzungen[7] (Trauma), Crotonöl[8], Jodessigsäure[9] oder Polyoxyäthylen-sorbitan-stearat (Tween 60)[10] und gegebenenfalls auch durch proliferationsfördernde Hormone[11], das Krebswachstum

[1] HESTON, W. E., and M. A. SCHNEIDERMAN: Science, N. Y. **117**, 109 (1953). — [2] DRUCKREY, H.: Arzneim.-Forsch. **1**, 383 (1951). — [3] HADFIELD, G., and L. P. GARROD: Rec. Adv. Path. **3**, 51 (1938). — [4] SHEAR, M. J.: Amer. J. Cancer **33**, 499 (1938). — [5] ROUS, P., and J. G. KIDD: J. exp. Med. **73**, 365 (1941). — ROUS, P.: J. exp. Med. **80**, 101, 127 (1944). — [6] LIGNERIS, M. J. A. DES: Amer. J. Cancer **40**, 1 (1940). — [7] RILEY, J. F., and F. W. PETTIGREW: Brit. J. exp. Path. **26**, 63 (1945). — [8] RUSCH, H. P., and B. E. KLINE: Arch. Path., Chicago **42**, 445 (1946). — BERENBLUM, I.: Brit. med. Bull. **4**, 343 (1947). Adv. Cancer Res. **2**, 129 (1954). — [9] GWYNN, R. H., and M. H. SALAMAN: Brit. J. Cancer **7**, 482 (1953). — [10] SETÄLÄ, K.: Nature **174**, 873 (1954). — SETÄLÄ, K., H. SETÄLÄ and P. HOLSTI: Science, N. Y. **120**, 1075 (1954). — [11] HUGGINS, C.: J. Urol., Baltimore **68**, 875 (1952). — FURTH, J.: Cancer Res. **13**, 477 (1953). — GARDNER, W. U.: Hormonal aspects of experimental tumorigenesis. Adv. Cancer Res. **1**, 173 (1953). — LIPSCHÜTZ, A.: Acta Un. int. Cancr., Bruxelles **10**, 70 (1954). — DONTENWILL, W.: M. m. W. **1955**, 210.

auslösen. Das ist weitgehend unabhängig vom Zeitintervall zwischen der Vorbehandlung mit dem kausal wirkenden Cancerogen und der Nachbehandlung mit derartigen nicht cancerogenen, aber krebsfördernden Agentien. Bei Mäusen oder Ratten war die Auslösung von Geschwülsten durch Crotonöl sogar noch nach einem Jahr möglich[1]. Dem entspräche ein Zeitintervall von 30 Jahren beim Menschen. Solche Agentien werden je nach der Art des zugrunde liegenden Wirkungsmechanismus als „promoting substances" (BERENBLUM)[2], als „bedingt krebsauslösende Stoffe" (BUTENANDT)[3] oder als „Co-Cancerogene" bezeichnet. Sie können nur unter der Bedingung zum Krebs führen, daß vorher ein spezifisches Cancerogen eingewirkt hat oder daß bereits vorgebildete Krebszellen vorhanden sind.

Die Krebsentstehung erfolgt wahrscheinlich unabhängig von der Art des cancerogenen Agens stets in 2 Stufen[4]. Die erste („initiating process") umfaßt die *spezifische* und irreversible Wirkung eines kausalen Cancerogens. Das Resultat sind *Krebszellen*. Sie können lange Zeit in einem latenten Zustand verharren. In der 2. Stufe („promoting process") entwickelt sich aus ihnen eine Geschwulst, also erst der „*Krebs*". Die für den 2. Vorgang erforderlichen „promoting"-Faktoren („Co-Cancerogene", Wuchsstoffe, Hormone, Proliferationsreize) sind *unspezifisch* und haben nur eine konditionale Bedeutung.

Beim Crotonöl hat die Dosis wahrscheinlich keinen Einfluß auf die Anzahl der entstandenen Tumoren, sondern beschleunigt nur den Vorgang der Tumorentwicklung[5]. Die benötigte Induktionszeit scheint auch hier der Dosis (Konzentration) umgekehrt proportional zu sein[5]. Danach ist die cocarcinogene Wirkung des Crotonöls wahrscheinlich auch irreversibel[6]. Ihr Mechanismus ist noch unbekannt. Der wirksame Bestandteil des Crotonöls ist mit der entzündungserregenden Fraktion nicht identisch[7]. Aus Crotonöl wurde eine weiße, amorphe Substanz isoliert, die etwa 50mal wirksamer ist als das Ausgangsprodukt[8]. Manches spricht dafür, daß das Crotonöl nur als Proliferationsreiz wirkt. Es scheint aber auch selbst schwach carcinogen sein[9]. Andererseits hat sich gezeigt, daß die zum „initiating"-Prozeß benutzten kleinen Dosen von Cancerogenen, die bisher als „unterschwellig" angesehen wurden, doch für sich schon Tumoren erzeugen können, wenn die Tiere nur lange genug leben. Danach läge nur eine Kombination der Wirkung von 2 cancerogenen Substanzen vor und nicht ein „initiating"- und ein „promoting"- Prozeß[10]. Echte Carcinogene erzeugen auch ohne Mitwirkung von Co-Carcinogenen Krebs.

Die Eigenschaft des Crotonöls, die Realisierung von Krebs zu beschleunigen und latente Krebszellen zur Entwicklung zu bringen, wird experimentell benutzt, um schwach wirksame Carcinogene zu prüfen. Dabei hat sich jedoch ergeben, daß nach Vorbehandlung der Mäusehaut mit sicher carcinogenen Substanzen wie Acetylaminofluoren oder 3′-Methyl-4-dimethylaminoazobenzol später durch Crotonöl keine Tumoren ausgelöst werden konnten[11]. Diese Beobachtung zeigt, daß die Mäusehaut nicht für jedes Carcinogen empfindlich ist. Vielmehr gibt es

[1] RUSCH, H. P., and B. E. KLINE: Arch. Path., Chicago **42**, 445 (1946). — BERENBLUM, I.: Brit. med. Bull. **4**, 343 (1947). Adv. Cancer Res. **2**, 129 (1954). — [2] Übersicht: BERENBLUM, I.: Cancer Res. **14**, 471 (1954). — [3] BUTENANDT, A.: D. m. W. **1950**, 5. — [4] SHUBIK, P.: Cancer Res. **10**, 13 (1950). — SALAMAN, M. H., and R. H. GWYNN: Brit. J. Cancer **5**, 252 (1951). — BERENBLUM, I.: Adv. Cancer Res. **2**, 129 (1950). — DRUCKREY, H.: Arzneim.-Forsch. **1**, 383 (1951). — [5] REISSIG, G., u. G. GRAFFI: Arch. Geschwulstforsch. **8**, 101 (1955). — [6] GRAFFI, A.: Abh. dtsch. Akad. Wiss., Kl. med. Wiss. **1953**, Nr. 1, S. 1. — [7] DANNEEL, R., u. N. WEISSENFELS: Naturwiss. **42**, 128 (1955). — [8] GWYNN, R. H.: Brit. J. Cancer **9**, 445 (1955). — [9] SEYLE, H.: J. nat. Cancer Inst. **15**, 1291 (1954/55). — ROE, F. J.: Brit. J. Cancer **10**, 72 (1956). — [10] SALAMAN, M. H., and F. J. ROE: Brit. J. Cancer **10**, 79 (1956). — [11] GRAFFI, A., E. VLAMYNCK, F. HOFFMANN u. I. SCHULZ: Arch. Geschwulstforsch. **5**, 110 (1953).

Substanzen, die mehr oder weniger ausgesprochen eine „organotrope" oder sogar spezifische Wirkung auf bestimmte Zellarten haben. Das sind die Carcinogene mit *resorptiver* Wirkung.

δ) Cancerogene aromatische Amine.

Eine zweite große Gruppe in der Klasse der cancerogenen Substanzen sind die cancerogenen *aromatischen Amine*[1]. Sie sind in den Körperflüssigkeiten viel leichter löslich als die höheren aromatischen Kohlenwasserstoffe. Daher haben sie vorwiegend resorptive Wirkungen, erzeugen also entfernt vom Applikationsort Krebs, z. B. in inneren Organen, wie der Leber oder der Blase. Wirksam sind sowohl kondensierte als auch nichtkondensierte aromatische Amine.

1. Amine kondensierter Aromaten.

Amine kondensierter Aromaten. Die „cancerophore" Muttersubstanz ist das Anilin. Am Menschen[2] und am Tier wirkt es kaum[3] oder gar nicht cancerogen[4]. Toluidine sollen etwas wirksamer sein[5], jedoch ließ sich an Ratten mit den 3 isomeren N-Dimethyltolidinen bei oraler Gabe bis zu 10 g je Ratte kein Krebs erzeugen[6].

Dagegen wurden nach subcutaner Injektion von 3-Amino-p-toluidin (m-Toluylendiamin) an Ratten Tumoren beobachtet[7]. Nach neueren Beobachtungen von Boyland u. Watson hat auch die 3-Oxyanthranilsäure Tumoren erzeugt[8].

Durch Annellierung wird die Wirksamkeit verstärkt. Das β-Naphthylamin hat sich sowohl am Menschen als auch am Tier als sicher cancerogen wirksam erwiesen[9]. Die gleichzeitige Gabe von Tryptophan verstärkt den Effekt[10]. β-Naphthylamin ist neben 4-Aminodiphenyl und Benzidin als Hauptursache für den Blasenkrebs bei Arbeitern der Farbstoffindustrie anzusehen. Die Gefährdung läßt sich aus dem Nachweis aromatischer Amine im Urin beurteilen. Dafür hat sich die Methode von Kuchenbecker[11] als besonders empfindlich bewährt. Die aromatischen Amine werden diazotiert und z. B. mit 2-Phenylamino-5-naphthol-7-sulfosäure oder 1,2-Naphthochinon-4-sulfosäure gekoppelt. Die gebildeten Azofarbstoffe läßt man dann auf einen Wollfaden aufziehen[11]. Das β-Naph-

[1] Hartwell, J. L.: Survey of compounds which have been tested for carcinogenic activity. US Publ. Hlth. Serv. Nr. **149**, 583 (1951). — Truhaut, R.: Chim. et Industr. **69**, 129, 317 (1953). Arch. Mal. profess. **15**, 431 (1954). — Miller, J. A., and E. C. Miller: The carcinogenic aminoazo dyes. Adv. Cancer Res. **1**, 339 (1953). — Badger, G. M.: Chemical constitution and carcinogenic activity. Adv. Cancer Res. **2**, 73 (1954). Brit. J. Cancer **10**, 330 (1956). — Haddow, A.: The biochemistry of cancer. Ann. Rev. **24**, 689 (1955). — Miller, E. C., and J. A. Miller: J. nat. Cancer Inst. **15**, 1571 (1954/55). — [2] Rehn, L.: Verh. dtsch. Ges. Chir. **24**, II/240 (1895). — Leuenberger, S. G.: Beitr. klin. Chir. **80**, 208 (1912). — Müller, A.: Schweiz. med. Wschr. **79**, 445 (1949). — Uebelin, F., u. A. Pletscher: Schweiz. med. Wschr. **84**, 917 (1954). — [3] Perlmann, S., u. W. Staehler: Z. urol. Chir. **36**, 139 (1933). — Yamazaki, J., and S. Sato: Jap. J. Derm. **42**, 332 (1937). — Ekman, B., and J. P. Strömbeck: Acta path. microbiol. scand. **26**, 472 (1949). — [4] Goldblatt, M. W.: Brit. med. Bull. **4**, 405 (1947). — Druckrey, H.: A. e. P. P. **210**, 137 (1950). — White, J., and P. Mori-Chavez: J. nat. Cancer Inst. **12**, 777 (1951/52). — [5] Morigami, S., u. I. Nisimura: Gann, Tokyo **34**, 146 (1940). — Ekman, B., and J. P. Strömbeck: Acta physiol. scand. **14**, 43 (1947). Acta path. microbiol. scand. **26**, 447 (1949). — [6] Druckrey, H., D. Schmähl u. A. Reiter: Arzneim.-Forsch. **4**, 365 (1954). — [7] Umeda, M.: Gann, Tokyo **46**, 597 (1955). — [8] Boyland, E., and G. Watson: Nature **177**, 837 (1956). — [9] Hueper, W. C.: J. industr. Hyg. **16**, 255 (1934). — Bonser, G. M.: J. Path. Bacteriology **55**, 1 (1943). — Hackmann, C.: Z. Krebsforsch. **58**, 56 (1951). — Marshall, V. F., J. L. Green and J. J. Harris: Cancer, N Y. **9**, 622 (1956). — Bonser, G. M., D. B. Clayson, J. W. Jull and L. N. Pyrah: Brit. J. Cancer **10**, 533 (1956). — [10] Boyland, E., J. Harris and E. S. Horning: Brit. J. Cancer **8**, 647 (1954). — Dunning, W. F., and M. R. Curtis: Acta Un. int. Cancr., Bruxelles **11**, 654 (1955). — [11] Kuchenbecker, A.: Zbl. Gewerbehyg. **8**, 69 (1920). — Glassman, J. M., and J. W. Meigs: Arch. industr. Hyg. **4**, 519 (1951). — Engelbertz, P., u. E. Babel: Zbl. Arbeitsmed. **4**, 40 (1954).

Formeltafel 2: *Cancerogene aromatische Amine.*

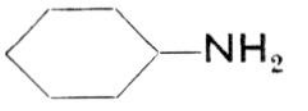

Anilin

β-Naphthylamin

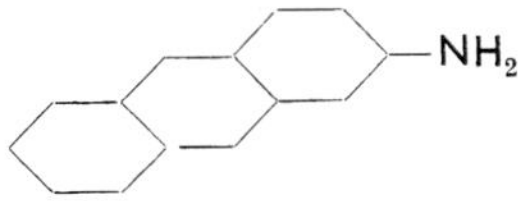

2-Anthramin

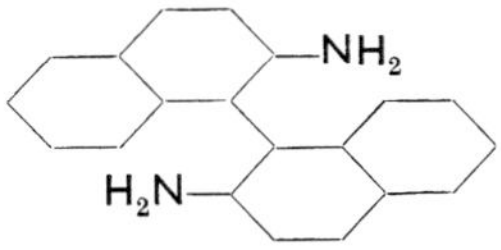

2,2′-Diamino-dinaphthyl

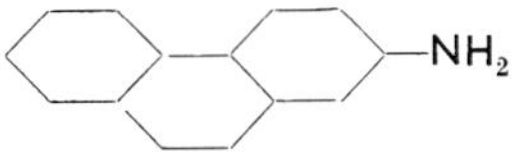

2-Aminophenanthren

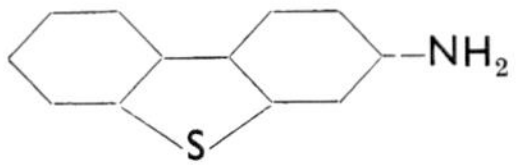

2-Amino-dibenzthiophen

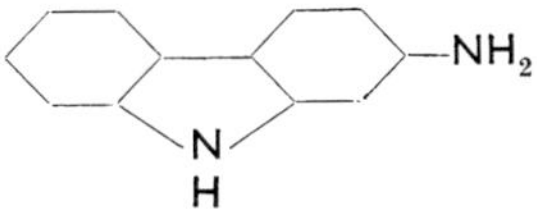

2-Amino-carbazol

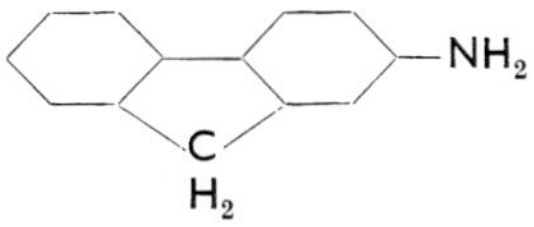

2-Aminofluoren

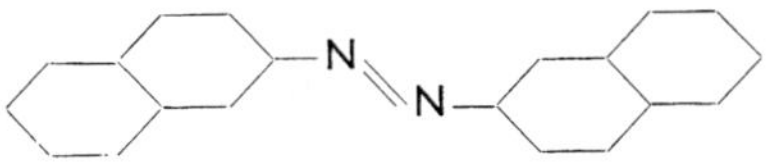

2,2′-Azonaphthalin (trans)

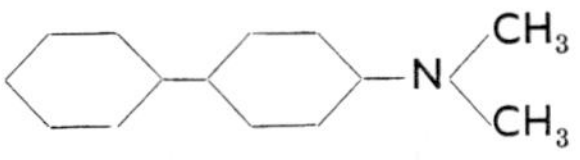

4-Dimethylaminodiphenyl

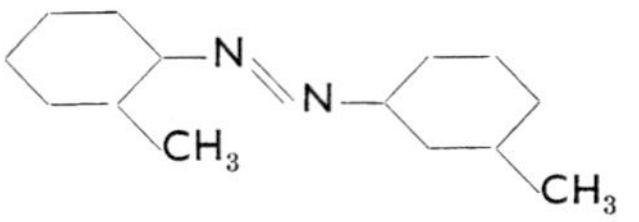

2′,3-Dimethylazobenzol (Azotoluol)

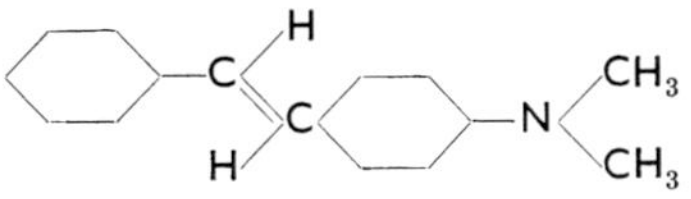

4-Dimethylaminostilben (trans)

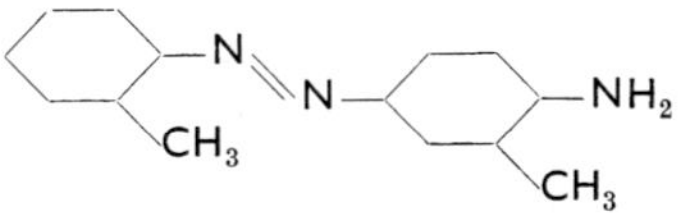

o-Aminoazotoluol (trans)

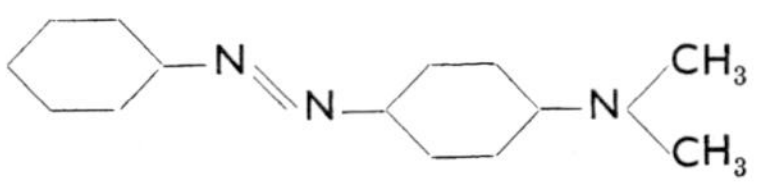

4-Dimethylaminoazobenzol („Buttergelb“, „butter yellow“)

thylamin wurde wegen seiner Gefährlichkeit in der Industrie durch die unschädliche Sulfosäure (Tobias-Säure) ersetzt.

Im Körper wird β-Naphthylamin zum 1-Oxy-2-aminonaphthalin oxydiert[1,2], das auch bei der Oxydation in vitro mit Persulfat entsteht[2]. Das o-Amino-1-naphthol hat anscheinend lokale cancerogene Wirkungen[3]. Damit würde es sich mehr als cancerogener Kohlenwasserstoff wie als aromatisches Amin verhalten. α-Naphthylamin ist nicht cancerogen. Es verdient Beachtung, daß es auch bei chemischen Reaktionen weniger aktiv ist als β-Naphthylamin, z. B. als Polymerisationskatalysator[4]. Auch 1,1′-Azonaphthalin ist nicht carcinogen,

[1] Engel, (H.): Zbl. Gewerbehyg. 8, 81 (1920). — Hueper, W. C.: Arch. Path., Chicago **25**, 856 (1938). — [2] Boyland, E., and P. Sims: Soc. **1954**, 980. — Booth, J., E. Boyland and D. Manson: Biochem. J. **60**, 62 (1955). — Henson, A. F., A. R. Somerville, M. E. Farquharson and M. W. Goldblatt: Biochem. J. **58**, 383 (1954). — [3] Bonser, G. M., D. B. Clayson and J. W. Jull: Lancet **1951 II**, 286. — Bonser, G. M., D. B. Clayson, J. W. Jull and L. N. Pyrah: Brit. J. Cancer **6**, 412 (1952). — Clayson, D. B.: Brit. J. Cancer **7**, 460 (1953). — [4] Horner, L., u. K. Scherf: A. **573**, 35 (1951).

wohl aber 2,2'-Azonaphthalin[1]. Durch Benzidinumlagerung geht es in das 2,2'-Diamino-1,1'-dinaphthyl über, und schließlich entsteht im Körper aus ihm wahrscheinlich 3,4,5,6-Dibenzcarbazol. Beide Produkte, die die β-Naphthylaminstruktur enthalten (Formeltafel, s. S. 235), sind cancerogen, nicht aber die vom α-Naphthylamin abzuleitenden Homologen.

Die 3-Ringsysteme 2-Aminoanthracen[2] (Anthramin), 2-Aminophenanthren[3] und das als Insektizid entwickelte 2-Aminofluoren[4] bzw. ihre Acetylverbindungen sind bereits so wirksam wie Dibenzanthracen oder Dibenzfluoren. Auch hier kommt zum Ausdruck, daß der „auxocancerogene" Effekt der Aminogruppe dem von zwei ankondensierten Ringen gleichkommt. Die Stellung der Aminogruppe am Kohlenstoffatom 2 ist Bedingung für die Wirksamkeit. Wahrscheinlich spielt die Länge des Moleküls eine Rolle. Während das endständig substituierte, dem 4-Aminodiphenyl analoge 2-Aminophenanthren sicher wirksam gefunden wurde, ist 9-Aminophenanthren nicht carcinogen[5].

Auch bei diesen aromatischen Aminen wird die carcinogene Wirksamkeit durch die Einführung saurer Gruppen abgeschwächt oder aufgehoben. Die aus 2-Aminofluoren im Stoffwechsel gebildete und vorwiegend im Urin ausgeschiedene 7-Oxyverbindung ist nicht mehr cancerogen[6]. Dagegen erzeugt das 3-Methoxy-2-aminofluoren Blasenkrebs[7]. 2-Nitrofluoren erzeugte bei Verfütterung an Ratten Epitheliome des Vormagens[8] ebenso wie 4-Nitrostilben[9]. Hier bestimmt offenbar die funktionelle Nitrogruppe die Richtung der Wirkung. 2-Acetylaminofluoren wird im Stoffwechsel desacetyliert. Das freie Amin ist noch wirksam, wenn auch abgeschwächt[10]. Die —CH_2-Brücke im Fluoren (Position 9) kann nach dem GRIMMschen Hydridverschiebungssatz gegen —NH—, —O— oder —S— ausgetauscht werden[11]. Aminodibenzfuran und Aminodibenzthiophen sind noch cancerogen[11], ebenso das 2'-Acetylamino-2,3,6,7-dibenztropiliden[12] (Formel).

2'-Acetylamino-dibenztropiliden

Die Wirkung auch der höheren aromatischen Amine ist eine resorptive. Das 2-Acetylaminofluoren erzeugt an den verschiedensten Stellen im Körper Krebs, vorwiegend in der Leber, dann aber auch Tumoren der Mammae, des Darmes und Krebs im Gehörgang der Ratte. Der Fluorenkern bedingt eine organotrope Wirkung auf die Leber[11]. Männliche Tiere sind anfälliger für die hepatomerzeugende Wirkung von Acetylaminofluoren[13].

[1] COOK, J. W., E. L. KENNAWAY and N. M. KENNAWAY: Nature **145**, 627 (1940). — COOK, J. W., C. L. HEWETT, E. L. KENNAWAY and N. M. KENNAWAY: Amer. J. Cancer **40**, 62 (1940). — BADGER, G. M.: Adv. Cancer Res. **2**, 116 (1954). — [2] SHEAR, M. J.: J. biol. Ch. **123**, P 108 (1938). — [3] MILLER, E., u. J. MILLER: Die Biochemie der Krebsentstehung in der Leber. Berlin, Herne, Westf. 1952. — [4] BIELSCHOWSKY, F.: Brit. J. exp. Path. **25**, 90 (1944). Brit. med. Bull. **4**, 382 (1947). — WILSON, R. H., F. DE EDS and A. J. COX jr.: Cancer Res. **1**, 595 (1941). — WILSON, R. H., and F. DE EDS: Fed. Proc. **5**, 213 (1946). — WEISBURGER, E. K., and J. H. WEISBURGER, Adv. Cancer Res. **5**, 331 (1956). — [5] DRUCKREY, H.: nicht veröffentl. Versuche. — [6] DYER, H. M.: J. nat. Cancer Inst. **16**, 11 (1955/56). — [7] HACKMANN, C.: Z. Krebsforsch. **61**, 45 (1956). — [8] MILLER, J. A., R. B. SANDIN, E. C. MILLER and H. P. RUSCH: Cancer Res. **15**, 188 (1955). — [9] DRUCKREY, H., D. SCHMÄHL u. R. MECKE jr.: Naturwiss. **42**, 128 (1955). — [10] MORRIS, H. P., C. S. DUBNIK and J. M. JOHNSON: J. nat. Cancer Inst. **10**, 1201 (1949/50). — MORRIS, H. P., J. H. WEISBURGER and E. K. WEISBURGER: Cancer Res. **10**, 620 (1950). — [11] MILLER, E. C., J. A. MILLER, R. B. SANDIN and R. K. BROWN: Cancer Res. **9**, 504 (1949). — MILLER, J. A., R. B. SANDIN, E. C. MILLER and H. P. RUSCH: Cancer Res. **15**, 188 (1955). — [12] SCHINZ, H. R., H. FRITZ-NIGGLI, T. W. CAMPBELL u. H. SCHMID: Oncologia, Basel **8**, 233 (1955). — [13] MORRIS, H. P., and H. I. FIRMINGER: J. nat. Cancer Inst. **16**, 927 (1955/56).

2. Nichtkondensierte aromatische Amine.

Nichtkondensierte aromatische Amine können stark cancerogen wirksam sein, wenn die Aminogruppe in para-Stellung zur Brücke, also in Position 4, steht. Benzidin, das in der Farbstoffindustrie als eine der Ursachen des Blasenkrebs angesehen wird[1], erzeugt im Experiment Lebercirrhose[2] („cirrhogene ‘ Wirkung) und wahrscheinlich auch Krebs in verschiedenen inneren Organen[3]. Benzidin soll im Organismus zu 3,3'-Dioxybenzidin oxydiert werden[4], das jedoch im Urin von Mensch und Hund trotz Anwendung empfindlicher Methoden (10^{-5}) nicht nachgewiesen werden konnte[5]. Im Tierversuch erzeugte 3,3'-Dioxybenzidin bei oraler Gabe Hepatome und Tumoren im Darm, Magen, Gehörgang und in der Blase[6].

Eine sichere cancerogene Wirkung hat 4-Aminodiphenyl[7]. Die N-Dimethyl- und die 3,3'-Dimethylverbindung sind noch wirksamer[8]. Die „auxocancerogenen“ Eigenschaften der Methylgruppe treten also auch bei den aromatischen Aminen zu Tage. Da diese Verbindungen im Harn von Arbeitern aus Diphenylamin-Betrieben gefunden wurden[9] und sowohl an Ratten als auch an Hunden Blasenkrebs erzeugten[4], werden sie als wichtigste Ursache des industriellen Blasenkrebs angesehen[10]. Das 3-Oxy-4-aminodiphenyl ist ebensowenig cancerogen wirksam wie das 3-Oxy-4-dimethylaminoazobenzol[11]. Deshalb darf die Annahme, daß nicht die aromatischen Amine selbst, sondern ihre ortho-Oxy-Verbindungen Krebs verursachen, zumindest nicht verallgemeinert werden. 4-Aminodiphenyl wird im Stoffwechsel in Position 4' oxydiert und damit entgiftet. Das an dieser Stelle ein Fluoratom tragende 4'-Fluor-4-aminodiphenyl erzeugt an Ratten Hepatome und Nierentumoren[12] und ist eines der wirksamsten Carcinogene.

Die Frage, ob die Einführung von Methylgruppen einen „auxocarcinogenen“ Effekt hat oder nicht, hängt auch bei den aromatischen Aminen von der Position ab. Die Substitution in Position 2 oder 2' neben der Diphenylbindung führt zu einer Torsion des Moleküls und hebt die Konjugation der Doppelbindungen auf, nachgewiesen durch die Verschiebung der spektralen Absorption in den kurzwelligen Bereich. Die Substanzen sind auch biologisch nicht mehr wirksam[13]. Die carcinogene Wirkung setzt also die Möglichkeit einer coplanaren Anordnung des Moleküls und ein ungestörtes System konjugierter Doppelbindungen voraus.

4-Aminoazobenzol ist schwach cancerogen[14]. Seine beiden doppelt methylierten Homologe, nämlich 2',3-Dimethyl-4-aminoazobenzol[15] (o-Aminoazotoluol „„Pellidol“) und das 4-Dimethylaminoazobenzol[16] („Buttergelb“) sind viel untersuchte

[1] Scott, T. S.: Brit. J. industr. Med. **9**, 127 (1952). — [2] Zylberszac, S.: C. R. Soc. Biol. **145**, 136 (1951). — [3] Otsuka, I., and N. Nagao: Gann, Tokyo **30**, 561 (1936). — Baker, K.: Acta Un. int. Cancr., Bruxelles **7**, 46 (1950). — Spitz, S., W. H. Maguigan and K. Dobriner: Cancer, N. Y. **3**, 789 (1950). — [4] Adler, O.: A. e. P. P. **58**, 167 (1908). — Baker, K.: Acta Un. int. Cancr., Bruxelles **7**, 46 (1950). — [5] Engelbertz, P., u. E. Babel: Zbl. Arbeitsmed. **3**, 161 (1953). — [6] Baker, R. K.: Cancer Res. **13**, 137 (1953). — [7] Miller, E. C., J. A. Miller, R. B. Sandin and R. K. Brown: Cancer Res. **9**, 504 (1949). — [8] Walpole, A. L., M. H. C. Williams and D. C. Roberts: Brit. J. industr. Med. **9**, 255 (1952). — [9] Engelbertz, P., u. E. Babel: Zbl. Arbeitsmed. **4**, 179 (1954). — [10] Walpole, A. L., M. H. (C.) Williams and D. C. Roberts: Brit. J. Cancer **9**, 170 (1955). Brit. J. industr. Med. **11**, 105 (1954). — [11] Miller, E. C., R. B. Sandin, J. A. Miller and H. P. Rusch: Cancer Res. **16**. 525 (1956). — [12] Hendry, J. A., J. J. Matthews, A. L. Walpole and M. H. C. Williams: Nature **175**, 1131 (1955). — [13] Sandin, R. B., R. Melby, A. S. Hay, R. N. Jones, E. C. Miller and J. A. Miller: Am. Soc. **74**, 5073 (1952). — Miller, J. A., R. B. Sandin, E. C. Miller and H. P. Rusch: Cancer Res. **15**, 188 (1955). — [14] Kirby, A. H. M.: Cancer Res. **7**, 263 (1947). — Kirby, A. H. M., and P. R. Peacock: Arch. Path., Chicago **59**, 1 (1947). — [15] Yoshida, T.: Trans. Soc. path. jap. **24**, 523 (1934). — [16] Kinoshita, R.: Trans. Soc. path. jap. **27**, 665 (1937).

Cancerogene[1]. Sie erzeugen an Ratten Leberkrebs (Abb. 35), ebenso aber auch an anderen Tieren, z. B. an Hunden[2]. Auch bei diesen Substanzen kommen die „auxocancerogenen" Eigenschaften der Methylgruppe zum Ausdruck. Aber auch hier hängt der Effekt von der Position ab. Werden 2 Methylgruppen neben der Dimethylaminogruppe eingeführt, so daß sie diese aus der Ringebene herausdrehen und damit die Konjugation aufheben, so wird die carcinogene Wirkung aufgehoben. 3,5-Dimethyl-4-dimethylaminoazobenzol ist nicht carcinogen[3].

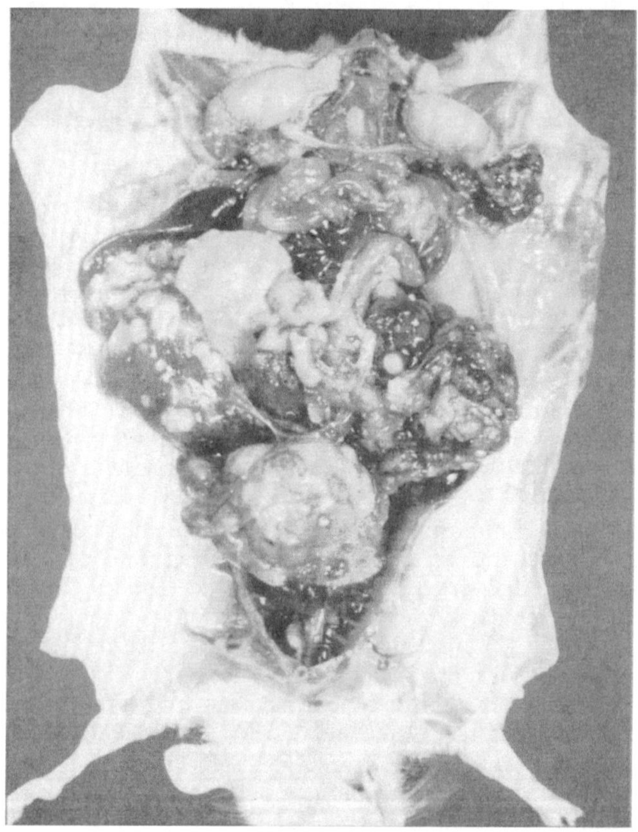

Abb. 35. Multiple Hepatome, die bei einer Ratte 5 Monate nach Behandlung mit 4-Dimethylaminoazobenzol aufgetreten sind.

Die frühzeitig entdeckte krebserzeugende Wirkung des „Scharlachrot"[4,5] beruht auf der Abspaltung von o-Aminoazotoluol aus ihm im Organismus. Wirksam

Biebricher Scharlach

[1] Brock, N., H. Druckrey u. H. Hamperl: Z. Krebsforsch. **50**, 431 (1940). — Druckrey, H.: Z. Krebsforsch. **57**, 70 (1950). — Miller, E., u. J. Miller: Die Biochemie der Krebsentstehung in der Leber. Herne, Westf. 1952. — Miller, J. A., and E. C. Miller: The carcinogenic aminoazo dyes. Adv. Cancer Res. **1**, 339 (1953). — [2] Nelson, A. A., and G. Woodard: J. nat. Cancer Inst. **13**, 1497 (1952/53). — [3] Horner, L., u. H. Druckrey: nicht veröffentl. Versuche. — [4] Fischer, B.: M. m. W. **1906 II**, 2041. — Schmidt, M. B.: Virchows Arch. **253**, 432 (1924). — [5] Hackmann, C.: Z. Krebsforsch. **57**, 530 (1951).

sind alle Aminoazotoluole, bei denen die Aminogruppe in Position 4, also in para-Stellung zur Azobrücke, steht. Dagegen läßt sich die Stellung der Methylgruppen variieren[1]. Am wirksamsten ist das 4-Amino-2',3-azotoluol (o-Aminoazotoluol), bei dem beide Methylgruppen in ortho-Stellung zu je einem Stickstoff am Ring stehen.

Bei 4-Dimethylaminoazobenzol[2] („Buttergelb") kann die Wirksamkeit durch eine Methylgruppe nur dann verstärkt werden, wenn sie in Position 3' bzw. 5' des Ringes eingeführt wird: an allen anderen Stellen schwächt sie die Wirksamkeit ab, besonders in Stellung 4', in der die Methylgruppe im Stoffwechsel besonders leicht zum Carboxyl oxydiert wird. Die 4'-Äthylverbindung ist dagegen wirksam[3]. Die Einführung von Fluor am Ring verstärkt die carcinogene Wirksamkeit hier ähnlich wie beim Aminodiphenyl. Das 4'-Fluor-4-dimethylaminoazobenzol ist die aktivste Verbindung dieser Gruppe[4]. Die Annahme, daß die Verstärkung der Wirkung durch eine „Blockierung" der Position 4' mit Fluor verursacht ist und daß daher eine Semidin- oder Benzidinumlagerung für die Wirkung keine Rolle spielen könne[4], wird damit indessen nicht begründet, weil das F in Position 4' relativ leicht abspaltbar ist, leichter jedenfalls als die anderen Halogene.

Die 2'-, 3'- oder 4'-Chlor- oder -Bromverbindungen wirken kaum noch cancerogen, ebensowenig die 2'- oder 3'-Nitroverbindungen. Durch Ankondensieren eines weiteren Benzolringes kann die Wirksamkeit praktisch nicht mehr verstärkt werden. Das Maximum liegt offenbar beim 4'-Fluor- bzw. beim 3'-Methyl-4-dimethylaminoazobenzol. 2,4-Diaminoazobenzol („Chrysoidin")[5] und 2',3'-Benz-2,4-diaminoazobenzol („Sudanbraun RR") sind cancerogen[6]. Viele inaktive Azobenzol-Verbindungen hemmen die cancerogene Wirkung von 4-Dimethylaminoazobenzol und wirken wachstumssteigernd[7].

H_2N —N=N— NH_2

„Chrysoidin"

H_2N —N=N— NH_2

„Sudanbraun RR"

Dem Grundmolekül Azobenzol werden bereits geringe krebserzeugende Eigenschaften zugeschrieben[8]. Hydrazobenzol und Azoxybenzol sind nicht wirksam. Dimethylazobenzole erzeugen Blasenkrebs[9] und 2,2'-Azonaphthalin ist ebenfalls sicher cancerogen[10] (Formel). Daraus folgt, daß die —N=N-Gruppe bzw. das Azobenzol als „Cancerophor" angesehen werden muß. Es wird durch Substitution von „auxocancerogenen" Methylgruppen oder durch Ankondensieren von 2 Benzolringen („Annellierungseffekt") in ganz ähnlicher Weise zum wirksamen „Cancerogen" wie durch Einführung der Aminogruppe in Position 4. Diese hat also die stärksten „auxocancerogenen" Eigenschaften. Das 1,1'-Azonaphthalin ist dagegen nicht wirksam[10]. Die lange, gestreckte Molekülform des

[1] Crabtree, H. G.: Brit. J. Cancer **3**, 387 (1949). — [2] Molekularstruktur: Cilento, G., J. A. Miller and E. C. Miller: Acta Un. int. Cancr., Bruxelles **11**, 632 (1955). — [3] Sugiura, K., M. L. Crossley and C. J. Kensler: J. nat. Cancer Inst. **15**, 67, (1954/55). — Sugiura, K., C. J. Kensler and M. L. Crossley: J. nat. Cancer Inst. **15**, 1595 (1954/55). — [4] Miller, J. A., and C. A. Baumann: Cancer Res. **5**, 227 (1945). — Miller, J. A., and E. C. Miller: J. exp. Med. **87**, 139 (1948). — Miller, J. A., R. W. Sapp and E. C. Miller: Cancer Res. **9**, 652 (1949). — Kuhn, R., u. G. Quadbeck: Z. Krebsforsch. **56**, 242 (1949). — Miller. J. A., E. C. Miller and G. C. Finger: Cancer Res. **13**, 93 (1953). — [5] Albert, Z.: Pol. Tyg. lek. **1954**, 1565. — [6] Hackmann, C.: Z. Krebsforsch. **57**, 530 (1951). — [7] Crabtree, H. G.: Brit. J. Cancer **9**, 310 (1955). — [8] Otsuka, I., and N. Nagao: Gann, Tokyo **30**, 561 (1936). — Spitz, S., W. H. Maguigan and K. Dobriner: Cancer, N.Y. **3**, 789 (1950). — [9] Nagao, N.: Gann, Tokyo **31**, 335 (1937). — Strömbeck, J. P.: Nord. Med. **27**, 1424 (1945). — [10] Cook, J. W., C. L. Hewett, E. L. Kennaway and N. M. Kennaway: Amer. J. Cancer **40**, 62 (1940).

cancerogenen 2,2'-Azonaphthalin scheint also für seine Wirksamkeit wesentlich zu sein. Die beiden Phenylazo-β-naphthylaminfarbstoffe Yellow AB und OB sind toxisch, wirken aber nur ganz schwach oder gar nicht cancerogen[1]. Aktiv sind nur die Homologe des Aminoazobenzols, die die Aminogruppe in para-Stellung zur Azobrücke tragen, also in Position 4.

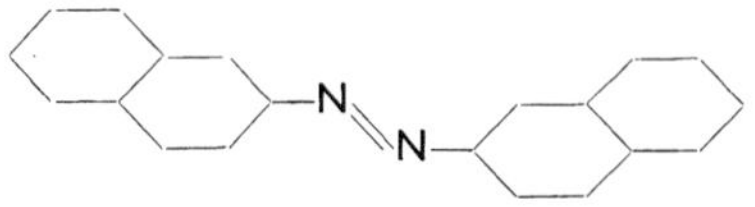

2,2'-Azonaphthalin 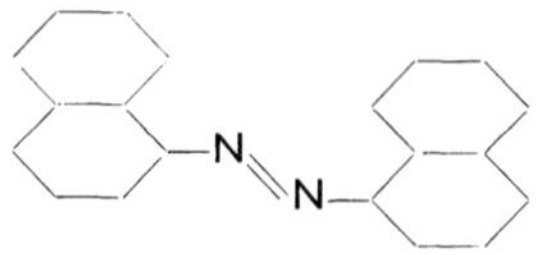 1,1'-Azonaphthalin

Die cancerogene Wirkung kommt wahrscheinlich der trans-Form zu, bei der beide Ringe des Azobenzols coplanar angeordnet sind. Die Anordnung in cis-Stellung erzwingt dagegen eine Torsion[2]. Die Einführung voluminöser Atomgruppen, die eine Torsion des Moleküls herbeiführen, hebt die cancerogene Wirksamkeit auf[2].

Die Untersuchung *heterocyclischer* Homologe von 4-Dimethylaminoazobenzol lieferte negative Resultate mit den Pyridin-2-, Pyridin-3- und Thiazol-2-Verbindungen. Das Pyridin-4'-azo-4-dimethylanilin war dagegen wirksam, vor allem seine N-Oxydverbindung[3]. Die Einführung von Methyl am Pyridinring ließ nur in Position 2 die Wirksamkeit bestehen[4]. Auch der die Aminogruppe tragende Ring läßt sich durch Heterocyclen offenbar ohne Wirkungsverlust ersetzen, denn 5β-Naphthylazo-2,4,6-triaminopyrimidin hat, ähnlich wie Toluylenblau[5], die bemerkenswerte Eigenschaft, nach intraperitonealer Gabe an Ratten Rhabdomyosarkome zu erzeugen[6].

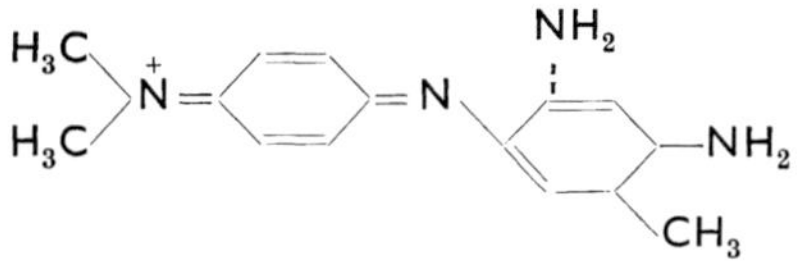

Toluylenblau

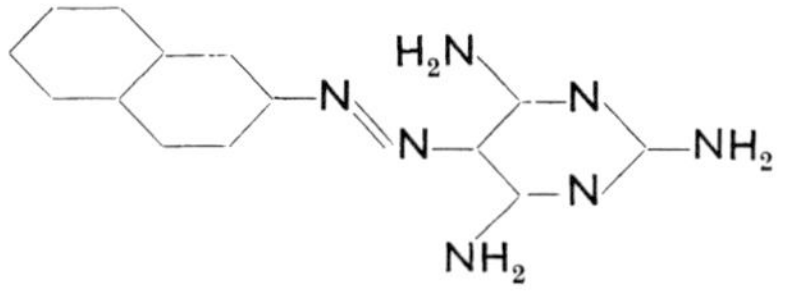

5-β-Naphthylazo-2,4,6-triaminopyrimidin

Die Azobrücke hat für die krebserzeugende Wirkung keine spezifische Bedeutung, wie schon die Wirksamkeit des 4-Aminodiphenyls zeigte. Die Annahme, alle Azofarbstoffe seien der cancerogenen Wirkung verdächtig, ist falsch. Die Azobrücke kann nach dem GRIMMschen Hydridverschiebungssatz gegen die Äthylenbrücke ausgetauscht werden. Das dem 4-Dimethylaminoazobenzol entsprechende 4-Dimethylaminostilben ist etwa 20mal stärker cancerogen wirksam als „Buttergelb"[7]. Es erzeugt an Ratten jedoch nur selten Leberkrebs, sondern die verschiedenartigsten Geschwülste, ähnlich wie 4-Aminodiphenyl, vor allem

[1] SUGIURA, K., and C. P. RHOADS: Cancer Res. **1**, 3 (1941). — DRUCKREY, H.: Z. Krebsforsch. **60**, 344 (1955). — ALLMARK, M. G., H. C. GRICE and F. C. LU: J. Pharmacy Pharmacol. **7**, 591 (1955). — [2] HADDOW, A., R. J. C. HARRIS, G. A. R. KON and E. M. F. ROE: Philos. Trans. R. Soc. London (A) **241**, 147 (1948). — SAWICKI, E., and F. E. RAY: J. org. Chem. **19**, 1686 (1954). — [3] BROWN, E. V., R. FAESSINGER, P. MALLOY, J. J. TRAVERS, P. MCCARTHY and L. R. CERECEDO: Cancer Res. **14**, 22 (1954). — [4] BROWN, E. V., P. L. MALLOY, P. MCCARTHY, M. J. VERRETT and L. R. CERECEDO: Cancer Res. **14**, 715 (1954). — [5] UMEDA, M.: Gann, Tokyo **45**, 447 (1954). — [6] HADDOW, A., G. M. TIMMIS and E. S. HORNING: J. R. microscop. Soc. **74**, 59 (1954). — [7] HADDOW, A., R. J. C. HARRIS and G. A. R. KON: Biochem. J. **39**, II (1945). — HADDOW, A., and G. A. R. KON: Brit. med. Bull. **4**, 314 (1947).

Gehörgangscarcinome (Abb. 36). Der Ort der Tumorbildung hängt also von der Art des Grundmoleküls ab[1].

Die relativ starke Wirksamkeit von 4-Dimethylaminodiphenyl bzw. -stilben erklärt sich daraus, daß beide im Organismus nicht gespalten werden können, während die Azobrücke von 4-Dimethylaminoazobenzol mit einer Halbwertszeit von etwa 12 Std durch Enzymwirkung aufgespalten wird[2]. Die Auffassung, daß es sich dabei um eine Reduktion der Azobrücke handelt, bedarf wohl noch weiterer Prüfung, denn das Reduktionspotential des 4-Dimethylaminohydrazobenzols ist bei p_H 7 mit —125 mV so negativ, daß eine Reduktion des 4-Dimethylaminoazobenzols in der Zelle für unwahrscheinlich gehalten wird[3]. Auf jeden Fall hat aber die Spaltung den Wert einer Entgiftung. Die Spaltprodukte, nämlich N-Dimethyl-p-phenylendiamin und Anilin, sind nicht mehr cancerogen[4].

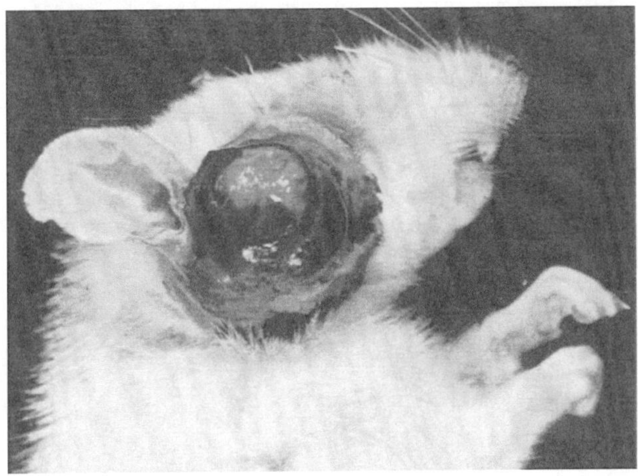

Abb. 36. Gehörgangscarcinom bei einer Ratte. Fütterungsversuch mit 4-Dimethylaminostilben.

Die beiden, dem 4-Dimethylaminoazobenzol entsprechenden Verbindungen 4- und 4'-Dimethylaminobenzalanilin, die an Stelle der —N=N-Brücke die —N=CH- bzw. —CH=N-Brücke enthalten, werden noch um Größenordnungen schneller gespalten und haben praktisch keine cancerogene Wirkung mehr[5]. Das hier als Spaltprodukt auftretende 4-N-Dimethyltoluidin ist inaktiv[6].

Die hohe Wirksamkeit des 4-Aminostilbens kann indessen auch durch die hohe π-Elektronendichte in der Äthylenbrücke bedingt sein[7], die die ungestörte Konjugation zwischen den beiden Phenylringen erlaubt, während sie durch die Azobrücke bereits gestört ist. Die trans-cis-Umlagerung durch Lichtenergie liefert beim trans-Stilben eine Quantenausbeute von 1, beim trans-Azobenzol dagegen nur $^1/_3$, d. h. beim Stilben werden alle vom Molekül aufgenommenen Quanten für die Umlagerung wirksam, beim Azobenzol dagegen nur die von der Azobrücke selbst absorbierten[8]. Die krebserzeugende Wirkung wird auch beim 4-Aminostilben der trans-Form zugeschrieben, in der eine coplanare Anordnung der beiden

[1] SCHMÄHL, D., u. R. MECKE jr.: Z. Krebsforsch. **61**, 230 (1956). — [2] MUELLER, G. C., and J. A. MILLER: Acta Un. int. Cancr., Bruxelles **7**, 134 (1950). — [3] KLAMERTH, O.: Z. Naturforsch. **8b**, 177 (1953). — [4] MILLER, J. A., and E. C. MILLER: J. exp. Med. **87**, 139 (1948). — DRUCKREY, H.: A.e.P.P. **210**, 137 (1950). — [5] HADDOW, A., R. J. C. HARRIS, G. A. R. KON and E. M. F. ROE: Philos. Trans. R. Soc. London (A) **241**, 147 (1948). — MILLER, E. C., and C. A. BAUMANN: Cancer Res. **6**, 289 (1946). — [6] DRUCKREY, H., D. SCHMÄHL u. A. REITER: Arzneim.-Forsch. **4**, 365 (1954). — [7] BEALE, R. N., and E. M. F. ROE: Am. Soc. **74**, 2302 (1952). — [8] HAUSSER, I.: Naturwiss. **36**, 315 (1949). — BEALE, R. N., and E. M. F. ROE: Soc. **1953**, 2755.

Ringe möglich ist und daher ein ungestörtes System konjugierter Doppelbindungen vorliegt[1]. Auch hier ist nur die 4-Aminoverbindung wirksam. 2- oder 3-Aminostilben sind nicht cancerogen. Die krebserzeugende Wirksamkeit des Farbstoffes „Styryl 430" von BROWNING[2] (Formel) wird auf die darin enthaltene 4-Amino-2-styrylchinolin-Struktur bezogen.

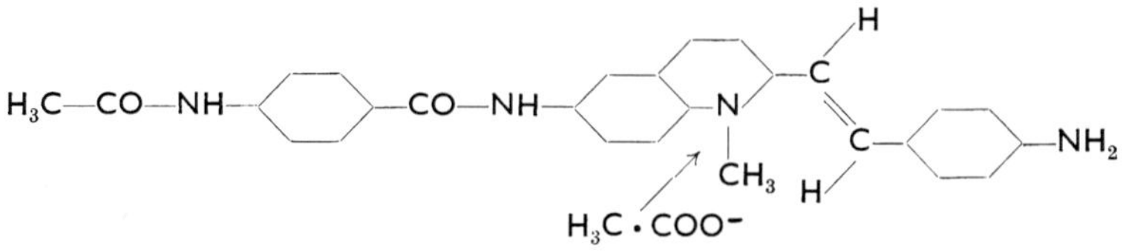

„Styryl 430" (BROWNING)

Ein ungestörtes System von konjugierten Doppelbindungen ist bei nicht kondensierten aromatischen Aminen (also unter Vermeidung einer chinoiden Iminstruktur, in der der Stickstoff „saure" Eigenschaften haben würde) nur dann möglich, wenn die Zahl der Brückenatome Null oder geradzahlig ist wie in den 4-Aminoverbindungen des Diphenyls, Azobenzols oder Stilbens. Ist sie dagegen ungeradzahlig, so ist die Wirksamkeit meist geringer, doch aber vorhanden. Diphenylamin, das als Antioxydans benutzt wurde, ist cancerogen, ebenso das Toluylenblau (Formel s. S. 240) 4-Aminodiphenylmethan hat noch eine Lebercirrhose erzeugende (cirrhogene) Wirkung[3]. Der 4-Dimethylaminodiphenylthioäther (Formel) wurde carcinogen wirksam gefunden[4].

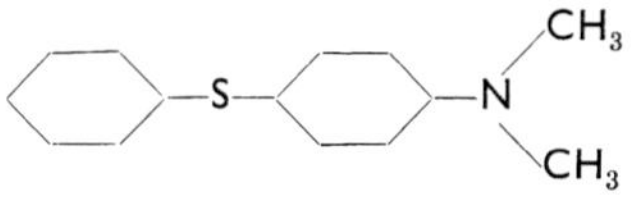

Dimethylaminodiphenylthioäther

Beim 4-Dimethylaminotriphenylmethan ist nur noch eine geringe cancerogene Wirksamkeit nachweisbar[5]. Die Substanz ist indessen in den Körperflüssigkeiten fast unlöslich und hat daher nur bei Injektion eine lokale carcinogene Wirkung[5]. Nach Erfahrungen der Farbstoffindustrie ist auch der Diaminodiphenylmethylaminfarbstoff *Auramin* und der Triphenylmethanfarbstoff Fuchsin (*Magenta*) verdächtig, Blasenkrebs zu verursachen[6]. Parafuchsin erzeugt bei Injektion an Ratten subcutane Sarkome[7]. 4-Aminotetraphenylmethan ist nicht mehr carcinogen[8].

Die leicht wasserlöslichen sulfonierten Triphenylmethanfarbstoffe werden vom Darm her nicht resorbiert und haben demgemäß bei oraler Gabe auch keine toxischen oder gar carcinogenen Wirkungen[9]. Nach subcutaner Injektion an

---

[1] HADDOW, A., R. J. C. HARRIS, G. A. R. KON and E. M. F. ROE: Philos. Trans. R. Soc. London (A) **241**, 147 (1948). — SAWICKI, E., and F. E. RAY: J. org. Chem. **19**, 1686 (1954). — [2] BROWNING, C. H., R. GULBRANSEN and J. S. F. NIVEN: J. Path. Bacteriology **42**, 155 (1936). — [3] ZYLBERSZAC, S.: C. R. Soc. Biol. **145**, 136 (1951). — [4] MILLER, E. C., J. A. MILLER, R. B. SANDIN and R. K. BROWN: Cancer Res. **9**, 504 (1949). — [5] DRUCKREY, H., u. D. SCHMÄHL: Naturwiss. **42**, 215 (1955). — [6] CASE, R. A., and J. T. PEARSON: Brit. J. industr. Med. **11**, 213 (1954). — [7] DRUCKREY, H., H. A. NIEPER u. H. W. LO: Naturwiss. **43**, 543 (1956). — [8] RUDALI, G., N. P. BUU-HOI, R. ROYER et B. EKERT: Cr. **146**, 1504 (1952). — [9] SCHILLER, W.: Amer. J. Cancer **31**, 486 (1937). — HARRIS, P. N.: Cancer Res. **7**, 35 (1947). — NELSON, A. A., and E. C. HAGAN: Fed. Proc. **12**, 397 (1953). — WILLHEIM, R., and A. C. IVY: Cancer Res. **12**, 308 (1952). Gastroenterol., Baltimore **23**, 1 (1953). — GROSS, E.: mündl. Mitt.

Ratten haben indessen einige von ihnen mit bemerkenswerter Häufigkeit Sarkome an der Injektionsstelle erzeugt. Das gilt vor allem für das „Lichtgrün SF gelblich“ und die chemisch sehr ähnlichen Farbstoffe Brillantblau FCF (Patentblau AE) und Guineagrün[1] (Formeln), für das Säure-Violett 5 BN dagegen nicht[2].

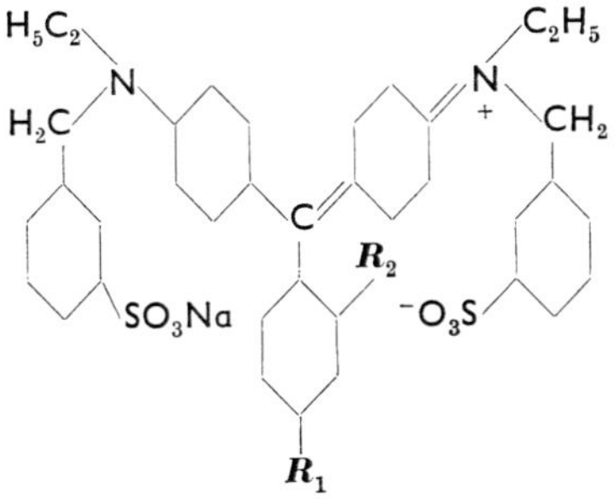

$R_1 = NaSO_3$ $R_2 = H$: Lichtgrün SF gelb
$R_1 = H$ $R_2 = NaSO_3$: Patentblau AE
$R_1 = H$ $R_2 = H$: Guineagrün B

Die positiven Ergebnisse sind deshalb bemerkenswert, weil die Sulfonsäuregruppe sonst einen „anticancerogenen“ Effekt hat. Die cancerogenen Eigenschaften der sulfosauren Triphenylmethanfarbstoffe sind jedoch offenkundig wesensverschieden von denen etwa der aromatischen Amine. Das kommt vor allem in der Tatsache zum Ausdruck, daß diese gerade durch ihre resorptive Wirksamkeit charakterisiert sind, während Triphenylmethanverbindungen auch in Form der leicht wasserlöslichen Sulfosäuren nicht resorbiert werden und deshalb bei oraler Gabe keinen Krebs erzeugen. Nach parenteraler Gabe werden sie dagegen sehr fest im Gewebe gebunden, so daß sie nach vielen Monaten noch nachweisbar sind. Damit ist ihre lokale cancerogene Wirkung verständlich. Sie soll durch die stark sauren Eigenschaften der Substanzen bedingt sein, scheint aber eher mit der besonderen Tautomeriefähigkeit der Triphenylmethanverbindungen zusammenzuhängen. Demnach dürfte eine Beziehung zu der cancerogenen Wirksamkeit von Radikalformen liefernden (z. B. den alkylierenden) Substanzen etwa vom Typ der „Lost“-Verbindungen bestehen[3]. Jedenfalls müssen strukturelle Besonderheiten eine Rolle spielen, denn den wirksamen Substanzen nahe verwandte andere sulfosaure Triphenylmethanfarbstoffe sind auch bei subcutaner Injektion nicht carcinogen. Bisher läßt sich die Wirksamkeit aus der chemischen Struktur nicht befriedigend, geschweige denn endgültig erklären. Einige sulfosaure Farbstoffe hemmen die tryptische Verdauung[4].

Den Triphenylmethanfarbstoffen stehen die Xanthenfarbstoffe nahe, bei denen 2 Benzolringe durch eine Sauerstoffbrücke in coplanarer Anordnung fixiert sind. Bei subcutaner Injektion an Ratten, nicht aber bei oraler Gabe, wurden „Rhodamin B“ (Formel) und dessen Äthylester „Rhodamin 6 C“ als cancerogen wirksam gefunden[5]. Noch wirksamer scheint „Akridinrot“ (Formel s. u.) zu sein[6], dessen Struktur der des hoch cancerogenen 2-Aminoanthracen entspricht.

[1] Schiller, W.: Amer. J. Cancer **31**, 486 (1937). — Harris, P. N.: Cancer Res. **7**, 35 (1947). — Nelson, A. A., and E. C. Hagan: Fed. Proc. **12**, 397 (1953). — Willheim, R., and A. C. Ivy: Cancer Res. **12**, 308 (1952). Gastroenterol., Baltimore **23**, 1 (1953). — Gross, E.: mündl. Mitt. — [2] Miller, E. W., and F. C. Pybus: Brit. Empire Canccer Camp. Ann. Rep. **32**, 246 (1955). — [3] Druckrey, H.: Arzneim.-Forsch. **2**, 503 (1952). — [4] Diemair, W., u. K. Boekhoff: Z. analyt. Chem. **139**, 35 (1953). — [5] Umeda, M.: Gann, Tokyo **46**, 369 (1955); **47**, 51 (1956). — [6] Umeda, M.: Gann, Tokyo **47**, 153 (1956).

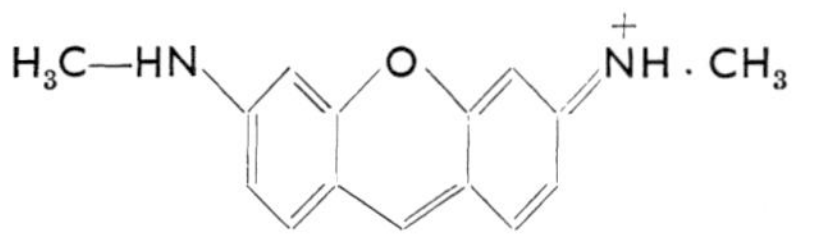

„Akridinrot" 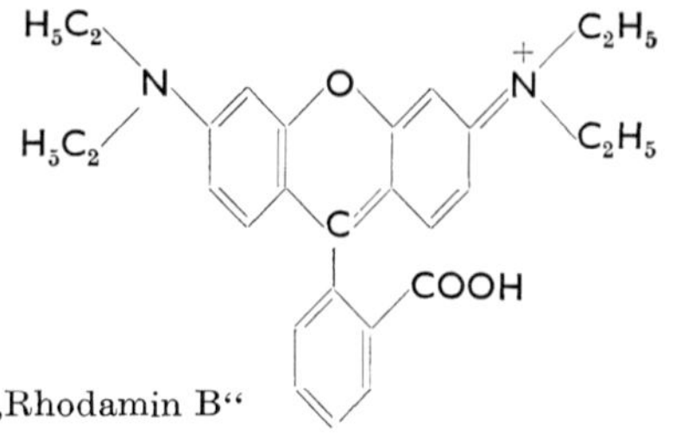 „Rhodamin B"

Wenn vom Sonderfall der Triphenylmethanfarbstoffe abgesehen wird, setzt das Vorhandensein von funktionellen Gruppen mit *sauren* Eigenschaften die cancerogene Wirksamkeit bei aromatischen Aminen ebenso herab oder kann sie sogar ausschließen wie bei höheren aromatischen Kohlenwasserstoffen (s. S. 227). Das gilt bereits für die freie phenolische, also saure Hydroxylgruppe. Zum Beispiel 4'-Oxy-4-dimethylaminoazobenzol und ebenso die 2-Oxyverbindung sind nicht mehr cancerogen[1]. Wenn die Oxygruppe in ortho-Stellung zu einer Amino- oder Azogruppe steht, so ist indessen noch eine cancerogene Wirksamkeit möglich, wie z. B. beim 1-Oxy-2-aminonaphthalin oder beim 3,3'-Dioxy-4,4'-diaminodiphenyl (Dioxybenzidin), die auf S. 237 besprochen wurden. Cancerogen sind ferner die

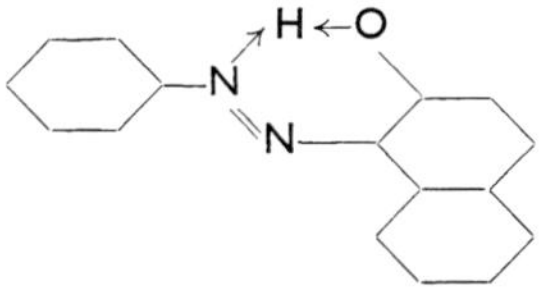

Phenylazo-2-naphthol („Sudan I")

früher als Lebensmittelfarbstoffe verwendeten Substanzen Phenylazo-2-naphthol („Sudan I")[2] und 2-Tolylazo-2-naphthol (Oil orange TX)[3]. Sie enthalten jedoch keine freie phenolische, also saure Hydroxylgruppe, vielmehr ist ihr Proton zum zweiten Stickstoff der Azobrücke in Scherenbindung (inneres Chelat) assoziiert[4]. Die Azobrücke dieser Substanzen wird durch Hefe nicht gespalten[5]. Der damit gebildete Chelat-6-Ring (Formel) ist also sehr fest und verhält sich wie ein ankondensierter Benzolring, so daß die Struktur der eines 2-Phenylphenanthrens analog ist. Beide 2-Oxyazobenzolderivate sind nur bei subcutaner Injektion an Ratten carcinogen. Das Tolylazo-2-naphthol erzeugt meist nur lokale Sarkome, das Phenylazo-2-naphthol dagegen auch Leberkrebs. Bei Verfütterung ist es nicht carcinogen[6]. Die 4-Dimethylaminoazobenzol-4'-carbonsäure erzeugt keinen Krebs. Obwohl sie an Ratten wachstumsfördernd wirkt, hemmt sie die carcinogene Wirkung des 4-Dimethylaminoazobenzols[7]. Das 2'-Carboxy-4-dimethylaminoazobenzol (Methylrot) soll wirksam sein[8]. Bei dieser Verbindung liegt

[1] Miller, J. A., and E. C. Miller: Adv. Cancer Res. **1**, 339 (1953). — Schmähl, D.: Arzneim.-Forsch. **4**, 405 (1954). — Crabtree, H. G.: Brit. J. Cancer **9**, 310 (1955). — [2] Kirby, A. H. M., and P. R. Peacock: Glasgow med. J. **30**, 364 (1949). — [3] Bonser, G. M., D. B. Clayson and J. W. Jull: Nature **174**, 879 (1954). — [4] Pauling, L.: The Nature of the Chemical Bond. 2. Aufl. London 1950. — Hoyer, H.: Kolloid.-Z. **122**, 142, 164 (1951). — Druckrey, H., D. Schmähl u. P. Danneberg: Naturwiss. **39**, 393 (1952). — [5] Mecke, R. jr., u. D. Schmähl: Naturwiss. **42**, 153 (1955). Arzneim.-Forsch. **7**, 335 (1957). — [6] Hackmann, C.: Z. Krebsforsch. **57**, 530 (1951). — [7] Crabtree, H. G.: Brit. J. Cancer **9**, 310 (1955). — [8] Kinosita, R.: Gann, Tokyo **30**, 423 (1936). — Korosteleva, T. A.: Uspechi sowr. Biol. **13**, 507 (1940).

indessen das Carboxyl nicht frei vor, sondern ist mit der Azobrücke in Chelatbindung assoziiert, und zwar mit dem benachbarten α-N-Atom[1]. Demgemäß wird die Azobrücke von Metylrot durch Hefe leicht gespalten.

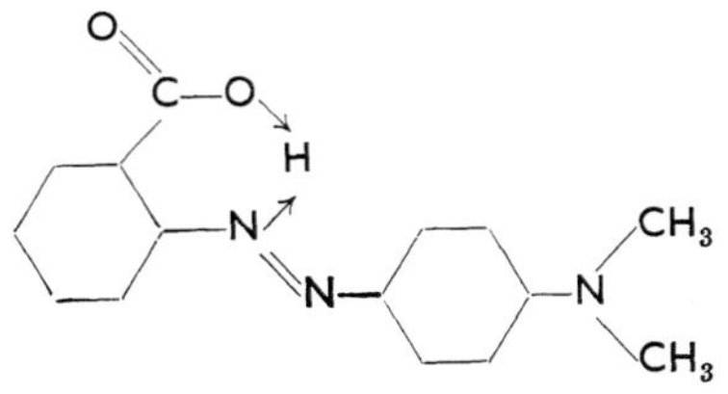

Methylrot

Die stark saure Sulfonsäuregruppe schließt eine cancerogene Wirksamkeit im allgemeinen aus; sie hat also die stärksten „anticancerogenen" Eigenschaften. Zahlreiche Azofarbstoffe, die eine oder mehrere Sulfonsäuregruppen enthalten, haben sich als nicht cancerogen wirksam erwiesen[2,3]. Sogar sicher cancerogene Substanzen, wie z. B. höhere aromatische Kohlenwasserstoffe[4], 2-Aminofluoren[5], Benzidin[6], Sudan I[3], Scharlachrot[7] oder 4-Dimethylaminoazobenzol (Buttergelb) verlieren ihre krebserzeugenden Eigenschaften nach Sulfonierung völlig. Die 4'-Sulfosäure des 4-Dimethylaminoazobenzols (Methylorange) ist weder bei oraler noch bei subcutaner Gabe an Ratten carcinogen oder auch nur toxisch[8]. Das ist um so bemerkenswerter, als Versuche mit in Position 1' durch ^{14}C markierter 3,4'-Disulfosäure des 4-Dimethylaminoazobenzols (Echtgelb) ergeben haben, daß die Substanz im Körper ähnlich verteilt wird wie 4-Dimethylaminoazobenzol[9]. Das Fehlen der carcinogenen Wirkung muß daher durch die sauren Eigenschaften des Sulfonats bedingt sein. Das 4'-Sulfonamid des 4-Dimethylaminoazobenzols ist cancerogen wirksam[10].

Aber auch andersartige pharmakologische oder toxikologische Wirkungen werden durch Sulfonierung der Substanzen stark abgeschwächt oder aufgehoben[11], wie z. B. cytotoxische Wirkungen mancher Gifte[12] oder die methämoglobinbildende und HEINZ-Körperchen erzeugende Wirkung aromatischer Amine[13]. Diese „antitoxogene" Eigenschaft der Sulfonsäuregruppe kann in ihrem stark solubilisierenden Effekt begründet sein, der die Ausscheidung des Giftes begünstigt, andererseits aber auch darin, daß die Sulfonsäuregruppen dem Molekül stark saure Eigenschaften verleiht. Sie ändert jedoch anscheinend nichts an seiner Verteilung im Körper (KARRER)[9].

Die Anwendung solcher Erfahrungen über die Zusammenhänge zwischen Konstitution und Wirkung erlaubte die Auswahl von *Farbstoffen für Lebensmittel*

---

1 MECKE, R. jr., u. D. SCHMÄHL: Naturwiss. **42**, 153 (1955). — 2 KINOSITA, R.: Yale J. Biol. Med. **12**, 287 (1940). — DRUCKREY, H., u. H. HAMPERL: Kli. Wo. **1950**, 289. — 3 COOK, J. W., C. L. HEWETT, E. L. KENNAWAY and N. M. KENNAWAY: Amer. J. Cancer **40**, 62 (1940). — 4 WINDAUS, A., u. S. RENNHAK: H. **249**, 256 (1937). — DOMAGK, G.: Z. Krebsforsch. **48**, 283 (1939). — 5 RAY, F. E., and M. F. ARGUS: Cancer Res. **11**, 274 (1951). — 6 SPITZ, S., W. H. MAGUIGAN and K. DOBRINER: Cancer, N.Y. **3**, 789 (1950). — 7 CESTARI, A.: Atti Soc. med.-chir. Padova (2) **18**, 319 (1940). — 8 DRUCKREY, H.: Z. Krebsforsch. **60**, 344 (1955). — 9 KARRER, K., E. BRODA, R. STARK, O. HROMATKA u. W. ZISCHKA: Mh. Chem. **86**, 444 (1955). — 10 CRABTREE, H. G.: Brit. J. Cancer **10**, 129 (1956). — 11 FÜHNER, H.: Die Gruppe der organischen Farbstoffe. Handb. Heffter, Bd. 1, S. 1199. — 12 DRUEY, J., P. SCHMIDT u. L. NEIPP: Exper. **6**, 296 (1950). — 13 HECHT, G., u. A. WINGLER: Arzneim.-Forsch. **2**, 192 (1952). —

Trypanblau

Schwarz 5410

und Gebrauchsgegenstände[1-12], die für die menschliche Gesundheit unbedenklich sind[13].

Bei den Azofarbstoffen ist die Spaltbarkeit der Azobrücke im Körper zu berücksichtigen, die die Freisetzung giftiger Spaltprodukte möglich macht. Beim „Biebricher Scharlach“ wurde die cancerogene Wirksamkeit auf die Abspaltung von o-Aminoazotoluol bezogen. Ähnlich lassen sich die krebserzeugenden Eigenschaften von Trypanblau[14] (Formel) und Evans Blue[15] (Formel) durch die Abspaltung von 3,3'-Dimethylbenzidin erklären. Das gleiche mag auch für das Thiazinbraun gelten, das nach Injektion an Ratten mit hoher Ausbeute lokale Sarkome erzeugt[16]. Die Wahrscheinlichkeit dafür, daß ein Azofarbstoff für die menschliche Gesundheit unbedenklich ist, kann also nur dann als gegeben

[1] Coal-tar Color Regulations, Food and Drug Administration Service Announcements Nr. 3, Washington 1940. — [2] CALVERY, H. O.: Coal-tar colors; their use in foods, drugs and cosmetics. Amer. J. Pharmacy **114**, 324 (1942). — [3] Farbstoff-Kommission der „Deutschen Forschungsgemeinschaft“ Resolution (1949) und Mitteilungen 1 bis 9 (1950 bis 1957). (Anschrift: Bad Godesberg, Frankengraben 40). — [4] Ergebnisse einer Tagung westeuropäischer Wissenschaftler zur Prophylaxe des Krebs bei der „Deutschen Forschungsgemeinschaft“ Bad Godesberg am 1. 5. 1954. — [5] DRUCKREY, H.: Vorschlag zu einer internationalen Zusammenarbeit für den Schutz der Bevölkerung vor carcinogenen Agentien. 5. Int. Krebs-Kongr. Paris 1950. Acta Un. int. Cancr., Bruxelles **9**, 277 (1953). — [6] LEHMAN, A. J.: Some toxicological reasons why certain chemicals may or may not be permitted as food additives. Quart. Bull. Ass. Food Drug Off. **14**, 82 (1950). — [7] JABLONSKI, C. F.: Coloring Matters in Foods; in: The Chemistry and Technology of Food and Food Products. Bd. 1, S. 349. New York 1951. — [8] ABRAMSON, E.: Chemicals in foods, and their control by the health authorities. Exper. Suppl. **1**, 158 (1953). — [9] HÖGL, O.: Vergleichende Betrachtungen der Schädlichkeit von Lebensmittel-Komponenten. Mitt. Lebensm.-Unters. Hyg. **44**, 484 (1953). — [10] Report on coloring matters, Food Standards Committee. Her Maj. Stat. Office London WC 2, York House 1954. — [11] WILLHEIM, R., and A. C. IVY: Gastroenterol., Baltimore **23**, 1 (1953). Cancer Res. **12**, 308 (1952). — [12] TRUHAUT, R.: Arzneim.-Forsch. **5**, 613 (1955). — [13] Resolutionen und Mitteilungen der „Deutschen Forschungsgemeinschaft“, Bad Godesberg 1950. — DRUCKREY, H.: Acta Un. int. Cancr., Bruxelles **9**, 277 (1953). Z. Krebsforsch. **60**, 344 (1955). Voeding **16**, 667 (1955/56). — WINGLER, A.: Z. Krebsforsch. **59**, 134 (1953). — [14] GILLMAN, J., T. GILLMAN and C. GILBERT: S.-afr. J. med. Sci. **14**, 21 (1949). Cancer, N.Y. **5**, 792 (1952). — GILLMAN, J., C. GILBERT and I. SPENCE: Exper. **11**, 157 (1955). — BROWN, D. V., and T. A. THORSON: J. nat. Cancer Inst. **16**, 1181 (1955/56). — [15] MARSHALL, A. H.: Acta path. microbiol. scand. **33**, 1 (1953). — [16] HECHT, G.: mündl. Mitteilung.

angesehen werden, wenn alle in ihm enthaltenen Ringsysteme sulfoniert sind. Aber auch da gibt es keine Sicherheit, denn der polyazo-Farbstoff „Schwarz 5410" (Formel S. 246) hat bei subcutaner Injektion eine starke carcinogene Wirkung[1]. Da der Farbstoff sich jedoch chromatographisch nicht einheitlich erwies, kann die Wirkung auch einem Nebenprodukt zukommen. Die chemisch sicher nicht einheitlichen sulfurierten „Nigrosine" haben in Injektionsversuchen an Ratten eine starke cancerogene Wirkung gezeigt[1]. Aus diesen Beispielen geht zugleich die Notwendigkeit hervor, die experimentell geprüften Substanzen chemisch und physikalisch ausreichend zu charakterisieren.

Das einfachste cancerogene Amin ist das Dimethylnitrosamin, das bei Verfütterung an Ratten schon in einer Konzentration von 5 mg-% in der Diät nach 6 Monaten Hepatome erzeugt hat[2].

Als relativ einfache sulfonierte Azoverbindung hat sich das als Rattengift eingeführte 4-Dimethylaminobenzoldiazoniumsulfat („DAS") als cancerogen wirksam erwiesen[3]. Es kann den Sulfonsäurerest abspalten und freie Radikale bilden.

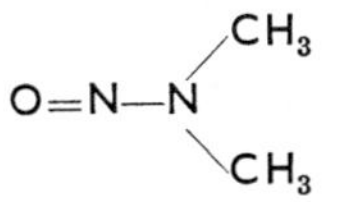

$O{=}N{-}N(CH_3)_2$

Dimethylnitrosamin

$NaO{-}SO_2{-}N{=}N{-}C_6H_4{-}N(CH_3)_2$

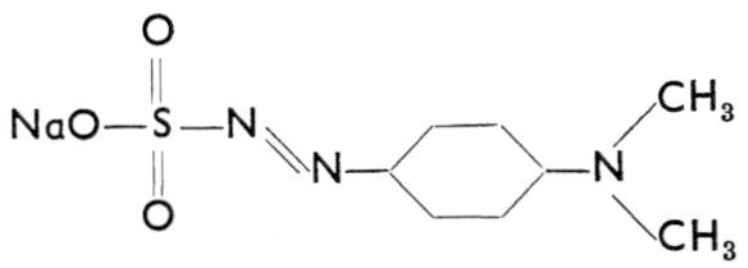

„DAS"

Das bloße Vorhandensein von Sulfonsäureresten schließt also eine cancerogene Wirkung durchaus nicht unbedingt aus, obwohl die starken „anticancerogenen" Eigenschaften dieser Gruppe unverkennbar sind. Mit Sulfonamiden konnten an Ratten und Mäusen lokal an der Injektionsstelle Sarkome erzeugt werden[4].

3. Chemische Konstitution und cancerogene Wirkung.

Die Beziehungen zwischen der chemischen Konstitution und der cancerogenen Wirkung sind in der Klasse der aromatischen Amine auffallend ähnlich wie bei den höheren aromatischen Kohlenwasserstoffen. Die Substitution von Methylgruppen und das Anfügen weiterer Benzolringe in kondensierter („Anellierung") oder in nichtkondensierter Form hat in beiden Stoffklassen meist denselben „auxocancerogenen" Effekt. Dies gilt übereinstimmend jedoch nur dann, wenn die π-Elektronendichte an den reaktionsfähigen Stellen der Moleküle dadurch erhöht wird, die coplanare Anordnung der Ringsysteme durch Torsion nicht ausgeschlossen wird und wenn ein ungestörtes, resonanzfähiges System konjugierter Doppelbindungen über die ganze Länge der Moleküle erhalten bleibt. Demnach ist die Fähigkeit zur Bildung mesomerer bzw. chinoider Zustände für die Wirkung wichtig.

Die basische Aminogruppe am aromatischen Ringsystem läßt sich als „Cancerophor" ansehen, aber auch als Träger von „auxocancerogenen" Eigenschaften. Beides läßt sich nicht scharf trennen. Das folgt aus der experimentell gesicherten Erfahrung, daß die „cancerophore" Eigenschaften besitzenden Grundmoleküle der verschiedensten Art, nämlich Anthracen, Phenanthren, Diphenyl, Fluoren, Carbazol, Dibenzfuran, Dibenzthiophen, Stilben oder Azobenzol sowohl durch Substitution von *Methylgruppen* oder *Halogen* in geeigneter Position als

[1] Hecht, G.: mündl. Mitteilung. — [2] Magee, P. N., and J. M. Barnes: Brit. J. Cancer **10**, 114 (1956). — [3] Herrmann, R. G., and K. P. du Bois: J. Pharmacol. exp. Therap. **95**, 262 (1949). — [4] Hansen, P. B., u. J. Bichel: Acta radiol., Stockholm **37**, 258 (1952). — Crabtree, H. G.: Brit. J. Cancer **10**, 129 (1956).

auch durch Ankondensieren von einem oder zwei weiteren *Benzolringen* oder durch die Substitution einer *Aminogruppe* an geeigneter Stelle in gleicher Weise zu wirksamen ,,Cancerogenen" werden. So liefert das ,,Cancerophor" Anthracen wirksame ,,Cancerogene" in den Verbindungen 9,10-Dimethylanthracen, 1,2,5,6-Dibenzanthracen und 2-Aminoanthracen. Ein 2. Beispiel ist das ,,Cancerophor" Azobenzol. Die Verbindungen 2,3'-Dimethylazobenzol[1] (Azotoluol), Dibenzazobenzol[2] (= 2,2'-Azonaphthalin)[3] und 4-Aminoazobenzol sind cancerogen.

Die basische Aminogruppe am aromatischen Ring hat den stärksten ,,auxocancerogenen" Effekt. Sie führt bereits bei den relativ schwach ,,cancerophoren" Grundmolekeln Benzol, Naphthalin, Anthracen, Diphenyl, Fluoren, Dibenzthiophen, Phenanthren oder Azobenzol zu wirksamen Cancerogenen, nämlich Anilin (?), β-Naphthylamin, 2-Anthramin, 4-Aminodiphenyl, 2-Aminofluoren, 2-Aminodibenzthiophen, 2-Aminophenanthren oder 4-Dimethylaminoazobenzol. Die gleiche Wirkungsverstärkung läßt sich an diesen Grundmolekeln durch Methylsubstitution meist nicht erreichen, sondern nur durch Ankondensieren von wenigstens 2 Benzolringen. Auch für die $-CH{=}CH$-Gruppe sind starke ,,cancerophore" oder ,,auxocancerogene" Eigenschaften anzunehmen, da schon beim Styrol cancerogene Wirkungen am Menschen angegeben wurden[4]; Sie kommen ferner in der starken Wirksamkeit der 4-Aminostilbenverbindungen zum Ausdruck. Halogene haben gemäß ihrer isomorphen Vertretbarkeit gegen die Methylgruppe einen ,,auxocancerogenen" Effekt. Er ist am stärksten bei Fluor[5], schwach bei Chlor[6] und nicht mehr nachweisbar bei Brom und Jod. Danach lassen sich die Gruppen nach ihren ,,auxocancerogenen" Eigenschaften etwa in der folgenden, ansteigenden Reihenfolge ordnen[7]:

$$\mathrm{Cl},\quad -CH_3,\quad F,\quad -CH{=}CH-,\quad \text{[Benzolring]},\quad -NH_2,\quad N(CH_3)_2.$$

Diese Zusammenhänge zeigen, daß es unmöglich ist, eine scharfe Grenze zwischen den höheren aromatischen Kohlenwasserstoffen und Aminen hinsichtlich ihrer cancerogenen Wirkungen zu ziehen. Vielmehr ist es notwendig und möglich, sie pharmakologisch unter gemeinsamen Gesichtspunkten zu betrachten[8].

Die Beziehungen zwischen Konstitution und Wirkung bei den aromatischen Cancerogenen ähneln auffallend und in vieler Hinsicht jenen, die die Farbstofftheorie[9] zwischen Konstitution und Farbe aufgezeigt hat. Viele ,,Cancerophore", wie z. B. Azobenzol, Stilben, Diphenyl, Anthracen oder Acridin, sind zugleich Grundsubstanzen für wichtige Farbstoffe, also für ,,Chromogene", und auf der anderen Seite sind viele Cancerogene Farbstoffe. Die Anwendung der in der Farbenchemie gewonnenen Erkenntnisse auf Chemie und Pharmakologie der cancerogenen Substanzen hat sich als sehr fruchtbar erwiesen[7,10]. In dieser Darstellung wurden die ,,cancerophoren" Eigenschaften den aromatischen, mesomeriefähigen Grundmolekeln als Ganzes zugeschrieben, letztlich also dem Benzolkern. Dies geschah abweichend von der klassischen Farbentheorie auf quantenmecha-

---

[1] HECHT, G.: mündl. Mitteilung. — [2] STRÖMBECK. J. P.: Nord. Med. **27**, 1424 (1945). — [3] COOK, J. W., E. L. KENNAWAY and N. M. KENNAWAY: Nature **145**, 627 (1940). — [4] BAADER, (E. W.): Dtsch. med. Rdsch. **3**, 909 (1949). — [5] MILLER, J. A., R. W. SAPP and E. C. MILLER: Cancer Res. **9**, 652 (1949). — [6] MÜLLER, A., u. F. G. HANKE: Mh. Chem. **80**, 435 (1949). — [7] DRUCKREY, H.: Z. Krebsforsch. **57**, 70 (1950). — [8] DRUCKREY, H., D. SCHMÄHL u. P. DANNEBERG: Naturwiss. **39**, 393 (1952). — DRUCKREY, H.: Arzneim.-Forsch. **2**, 503 (1952). — [9] WITT, O. N.: B. **9**, 522 (1876). — DILTHEY, W.: B. **55**, 1275 (1922). — WIZINGER, R.: Organische Farbstoffe. Berlin 1933. — [10] DRUCKREY, H.: Acta Univ. int. Cancr., Bruxelles **7**, 116 (1950). Arzneim.-Forsch. **2**, 503 (1952). — BOYLAND, E.: J. Chim. physique Physico-chim. biol. **47**, 942 (1950).

nischer Grundlage (s. S. 220), weil auch die Farbentheorie einer neuen quantenmechanischen Behandlung zu bedürfen scheint[1]. BOYLAND[2] bezog demgegenüber in engerer Anlehnung an die klassische Farbentheorie die ,,carcinophoren" Eigenschaften auf bestimmte Atome oder Atomgruppen, z. B. im Anthracen oder Phenanthren auf die Mesoregionen die C-Atome 9 und 10, im Stilben auf die Äthylenbrücke, im Azobenzol auf die Azobrücke, in den Acridinen und Carbazolen auf den Ringstickstoff, in den Dibenzthiophenen auf den Schwefel und auf die Aminogruppe in den aromatischen Aminen. Die carcinogene Wirksamkeit setzt das Vorhandensein von wenigstens zwei solcher Gruppen voraus. Die Annahme von einatomigen carcinophoren oder chromophoren Gruppen stößt indessen auf Schwierigkeiten, woran auch die Kritik PFEIFFERS an der Farbentheorie von WITT ansetzte. Alle ,,carcinophoren" Gruppen sind chemisch reaktionsfähig, reagieren z. B. leicht mit Osmiumtetroxyd oder mit Perbenzoesäure[3]. Hierfür scheint die hohe π-Elektronendichte maßgebend zu sein (s. S. 225). Sie bedingt eine entsprechende Protonenaffinität, also basische Eigenschaften, die für die cancerogene Wirkung wesentlich sind.

Die Einführung funktioneller Gruppen mit saurem Charakter hebt in bemerkenswert vielen Fällen, wenn auch keinesfalls gesetzmäßig, die cancerogene Wirkung von aromatischen Kohlenwasserstoffen und Aminen auf. Wird die basische Aminogruppe bei den cancerogenen Aminen durch die saure, phenolische Hydroxylgruppe in gleicher Position ersetzt, so geht die cancerogene Wirkung verloren. Dagegen tritt nun, vor allem nach Einführung einer zweiten Oxygruppe in para-Stellung, eine ganz andersartige pharmakologische Wirkung auf, nämlich die *oestrogene*. Die para-Dioxyverbindungen von Naphthalin, Diphenyl, Stilben, Triphenylmethan oder Azobenzol u. a. sind oestrogen wirksam[2], während Amine dieser Grundmolekeln cancerogen sind[2] und oft sogar oestrushemmend[4] wirken. Umgekehrt wird die oestrogene Wirkung durch Einführung einer basischen Aminogruppe abgeschwächt.[5]

Die Tatsache, daß so verschiedenartige Grundmoleküle wie Naphthalin, Anthracen, Phenanthren, Fluoren, Carbazol, Stilben, Diphenyl oder Azobenzol dieselben ,,cancerophoren" und darüber hinaus auch ,,oestrophore" Eigenschaften haben können, beweist, daß die chemische Konstitution des Grundmoleküls keine spezifische Bedeutung für die Wirkung haben kann. *Die Richtung der pharmakologischen Wirkung hängt offenbar von der Art der funktionellen Gruppen an den Molekülen ab.* Saure phenolische Hydroxyle führen zu Oestrogenen, die basische Aminogruppe — genauer: der basische Charakter — zu Cancerogenen. Bei den cancerogenen aromatischen Aminen scheint die Aminogruppe eine ,,Haft-" oder ,,Wirkgruppe" im Sinne von P. EHRLICH[6] zu sein. Das gilt für das 4-Dimethylaminoazobenzol[7]. Aber auch andere cancerogene Amine, wie z. B. 2-Aminofluoren, werden im Körper in eine nicht mehr diazotierbare Form übergeführt[8]. Die cancerogenen höheren aromatischen Kohlenwasserstoffe, die basische Eigenschaften haben[9], werden an den Mesoregionen, den Orten höchster π-Elektronen-

[1] PFEIFFER, P.: A. **412**, 253 (1917). — [2] DRUCKREY, H.: Acta Un. int. Cancr., Bruxelles **7**, 116 (1950); Arzneim.-Forsch. **2**, 503 (1952). — BOYLAND, E.: J. Chim. physique Physicochim. biol. **47**, 942 (1950). — [3] ECKARDT, H.-J.: B. **73**, 13 (1940). — [4] DANNEBERG, P., u. D. SCHMÄHL: Z. Naturforsch. **7**b, 468 (1952). — [5] SCHMÄHL, D.: Arzneim.-Forsch. **7**, 211 (1957). — [6] EHRLICH, P.: B. **42**, 17 (1909). — EHRLICH, P., u. A. BERTHEIM: B. **45**, 756 (1912). — [7] PRICE, J. M., E. C. MILLER and J. A. MILLER: J. biol. Ch. **173**, 345 (1948). — MILLER, E. C., J. A. MILLER, R. W. SAPP and G. M. WEBER: Cancer Res. **9**, 336 (1949). — [8] DYER, H. M., H. E. ROSS and H. P. MORRIS: Cancer Res. **11**, 307 (1951). — [9] DRUCKREY, H., D. SCHMÄHL u. P. DANNEBERG: Naturwiss. **39**, 393 (1952).

dichte von Zellproteinen sehr fest gebunden[1]. Die carcinophoren bzw. oestrophoren Eigenschaften kommen also nicht dem Grundmolekül, sondern „funktionellen" Gruppen zu.

Die Konstitution des *Grundmoleküls* sowie seine physikalisch-chemischen Eigenschaften bestimmen zunächst die *Stärke* der Wirkung, also die Wirksamkeit des Pharmakons und den zeitlichen Ablauf der Wirkung. Darüber hinaus hat die Art des Grundmoleküls noch eine weitere und sehr wichtige pharmakologische Bedeutung. Sie kann nämlich den *Ort* im Körper bestimmen, an dem die Wirkung auftritt. Das gilt naturgemäß nur für solche Carcinogene, die eine resorptive Wirkung haben, vor allem für die aromatischen Amine.

Die para-konfigurierte Amino-(Dimethylamino- oder Acetylamino-)Verbindung von *Azobenzol* erzeugt fast ausschließlich *Leberkrebs*, die von *Stilben* dagegen Krebs im *Gehörgang*. *β-Naphthylamin* erzeugt *Blasenkrebs*, *Aminodiphenyl* ebenfalls, aber vor allem Tumoren der *Mamma* und des *Darms*[2]. Acetylamino*fluoren* hat ebenfalls eine recht vielseitige carcinogene Wirkung, kann aber wieder häufig zu *Leberkrebs* führen. Die Fluorenkonfiguration soll die „hepatotropen" Eigenschaften bedingen[3].

Hier liegen ebenso klare wie interessante Beziehungen zwischen der chemischen Konstitution und der pharmakologischen Wirkung vor. Die Erfahrung, daß die *Richtung* der Wirkung von der Art der funktionellen Gruppen abhängt, während die Konstitution des Grundmoleküls nicht nur die *Stärke* und den zeitlichen Ablauf, sondern auch den *Ort* der Wirkung bestimmt, scheint für die Arzneimittelsynthese von hoher praktischer Bedeutung werden zu können. Das gilt vor allem für die Möglichkeit, durch die Wahl eines geeigneten Grundmoleküls eine „organotrope" Wirkung zu erzielen. Da das bei carcinogenen Substanzen gelingt, erscheint auch eine spezifische Chemotherapie von Krebsgeschwülsten prinzipiell möglich.

Die chemische Heterogenität der „cancerophoren" aromatischen Grundmoleküle läßt erkennen, daß nicht ihre chemische Konstitution für die Wirkung wesentlich ist. Es müssen also die physikalischen Eigenschaften der Moleküle sein, die diese Wirkung bedingen. Voraussetzung für die cancerogene Wirkung ist das Vorhandensein eines ungestörten, zu Mesomerie und Resonanz befähigten Systems von konjugierten Doppelbindungen (π-Elektronen), und zwar über die ganze Länge des Moleküls. Ist es durch hydrierte Ringe oder Brückenatome unterbrochen, so ist die Substanz nicht cancerogen. Das Molekül muß also fähig sein, mesomere Formen zu bilden[4]. Die Mesomerie- und Resonanzfähigkeit ist nur bei planer Lage der Atomkerne im Molekül ungestört. Jedoch können, nach Untersuchungen der Elektronenspektren beurteilt, auch Substanzen, die in vorwiegend nichtplanarem Grundzustand existieren, in coplanare angeregte Zustände übergehen[5]. Die (fakultativ) planare Anordnung ist Bedingung nicht nur für die cancerogene Wirkung[4], sondern auch für die Fluorescenz[6], durch die viele cancerogene Substanzen ausgezeichnet sind und so leicht nachgewiesen werden können. Bei Stilben und Azobenzol ist eine coplanare Anordnung der Ringe nur in der trans-Konfiguration möglich[7]. In dieser Form liegen die cancerogenen Stilben- und Azobenzolderivate vor. Ihre Umwandlung[8] in die cis-Form durch Energiezufuhr ist möglich. Sie führt zur Torsion der Molekel, durch die die Anregungsfähigkeit durch Licht, die Resonanzstabilisierung und die Fähigkeit, „chinoide" Strukturen

[1] Miller, E. C.: Cancer Res. **11**, 100 (1951). — [2] Schmähl, D., u. R. Mecke, jr.: Z. Krebsforsch. **61**, 230 (1956). — [3] Miller, J. A., R. B. Sandin, E. C. Miller and H. P. Rusch: Cancer Res. **15**, 188 (1955). — [4] Haddow, A.: Brit. med. Bull. **4**, 334 (1947). — Haddow, A., R. J. C. Harris, G. A. R. Kon and E. M. F. Roe: Philos. Trans. R. Soc. London (A) **241**, 147 (1948). — [5] Braude, E. A.: Exper. **11**, 457 (1955). — [6] Scheibe, G. u. D. Brück: Z. Elektrochem. **54**, 403 (1950). — [7] Pauling, L.: The Nature of the Chemical Bond. 2. Aufl. S. 217. London 1940. — [8] Cook, J. W.: Soc. **1938**, 876; **1939**, 1309.

zu bilden, parallel mit dem Verlust der cancerogenen Wirksamkeit reduziert werden[1]. Demgemäß wird die cancerogene Wirksamkeit durch solche Substitutionen aufgehoben, die eine Torsion des Moleküls zur Folge haben (Beispiele: 3,5-Dimethyl-4-dimethylaminoazobenzol[2], 2,2′-Dimethyl-4-dimethylaminodiphenyl sind nicht carcinogen).

Da cancerogene Substanzen z. B. bei Ratten wachstumshemmende Wirkungen haben[3] und beide Wirkungen oft, wenn auch nicht immer, parallel gehen[4], haben HADDOW u. Mitarb. 200 Derivate und Homologe des *4-Dimethylaminostilbens* an diesem „Schnelltest" untersucht. In Übereinstimmung mit den Erfahrungen über die Beziehungen zwischen Konstitution und Wirkung bei anderen cancerogenen Aminen ergaben sich folgende Befunde: die Wirksamkeit wird abgeschwächt oder ganz aufgehoben durch

1. Ersatz der N-Methylgruppen durch längere Ketten,
2. Ersatz der Dimethylaminogruppe durch den Isopropylrest,
3. Verschiebung der Dimethylaminogruppe in Position 2 oder 3,
4. Hydrierung der —CH=CH-Brücke,
5. Substitutionen an der Brücke,
6. Ersatz der —CH=CH-Brücke durch —CH=N—,
7. Verlängerung der Brücke auf 3 und 4 C-Atome,
8. Umlagerung in die cis-Form,
9. Torsion des Moleküls,
10. Unterbrechung des konjugierten Systems,
11. Besetzung der Position 4′ (Ausnahme: Fluor).

Je weiter die Kenntnis der möglichen Beziehungen zwischen chemischer Konstitution und Wirkung fortschreiten, umso mehr ergibt sich die Notwendigkeit, die Strukturformeln winkelgerecht darzustellen und auch die Atomabstände zutreffend wiederzugeben. Die Konstitution des ebenen 4-Aminostilbens ergibt folgendes Bild[5]:

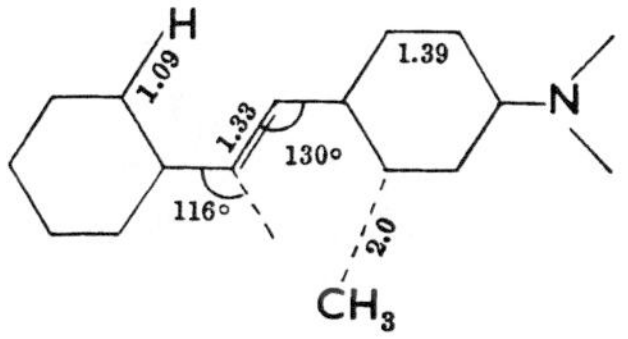

H
1.09
1.33
1.39
130°
116°
2.0
N
CH_3

Bei Derivaten des Aminoazobenzols wurden ähnliche Beziehungen zwischen Konstitution und cancerogener Wirkung gefunden[6] wie beim Aminostilben. Die Wirksamkeit ist am stärksten, wenn die Aminogruppe in Position 4 para-ständig zur Azobrücke steht. 2- oder 3-Aminoazobenzol ist nicht wirksam. Das Molekül muß anscheinend eine gestreckte, lange Form haben und eine ungestörte Mesomerie- und Resonanzfähigkeit über die ganze Länge besitzen. Das trifft für praktisch alle aromatischen Cancerogene zu (Formeltafel S. 235). Für die Länge der cancerogenen Moleküle gibt es ein Optimum, das um 8 Å liegen dürfte und damit der optimalen Länge von Oestrogenen, die 8,55 Å betragen soll[7], auffällig ähnlich st. Eine Verlängerung der Moleküle durch Erweiterung der Brücke, die auch die

[1] HADDOW, A., R. J. C. HARRIS, G. A. R. KON and E. M. F. ROE: Philos. Trans. R. Soc. London (A) **241**, 147 (1948). — [2] HORNER, L., u. H. MÜLLER: B. **89**, 2756 (1956). — [3] HADDOW, A., C. M. SCOTT and J. D. SCOTT: Proc. R. Soc. London (B) **122**, 477 (1937). — [4] BADGER, G. M., L. A. ELSON, A. HADDOW, C. L. HEWETT and A. M. ROBINSON: Proc. R. Soc. London (B) **130**, 255 (1942). — [5] ROBERTSON, J. M., and I. WOODWARD: Proc. R. Soc. London (A) **162**, 568 (1937). — [6] MILLER, E., u. J. MILLER: Die Biochemie der Krebsentstehung in der Leber. Berlin, Herne, Westf. 1952. — [7] GIACOMELLO, G., e E. BIANCHI: Gazz. chim. ital. **71**, 667 (1941).

Konjugation meist stört, hebt die cancerogene Wirksamkeit auf. Das 4-Dimethyl-amino-dis-azobenzol ist ebensowenig cancerogen[1] wie Homologe des 4-Dimethylaminostilbens mit 3 oder 4 C-Atomen in der Brücke. Auch 4-Dimethylaminobenzalacetophenon aus der Reihe der Chalkone (Formel) ist praktisch nicht cancerogen[2]. Deshalb ist es wahrscheinlich, daß die Bindung der aromatischen Cancerogene (s. S. 263) an solchen Bestandteilen der Zellen erfolgt, die eine gestreckte, lange Form haben und deren bindungsfähige Stellen einen linearen Abstand in der Größe von etwa 8 Å aufweisen.

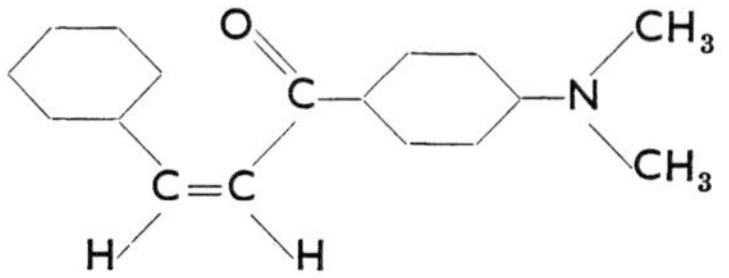

4-Dimethylaminobenzalacetophenon

Eine weitere Bedingung für die cancerogene Wirksamkeit von aromatischen Aminen und Kohlenwasserstoffen war die, daß eine plane Anordnung der Ringe in der Ebene möglich sein muß. Dies könnte dafür sprechen, daß das Gift am Wirkungsort nicht nur linear, sondern flächenhaft gebunden wird. Da bereits senkrecht zur Ringebene stehende Methylgruppen die cancerogene Wirksamkeit aufheben können, können die bei der Bindung des Giftes maßgeblichen Kräfte nur eine sehr geringe Reichweite von wenigen Å haben. Es müssen also VAN DER WAALSsche Kräfte, Wasserstoffbrücken u. ä. sein. Diskutiert wurde auch die Vorstellung, daß sich die flachen Moleküle der Cancerogene zwischen 2 Proteinlagen (Abstand etwa 6 Å) schieben und so die makromolekulare Struktur oder ihre Variabilität stören[3].

Die Eigenschaften der aromatischen Amine, die ihre krebserzeugende Wirkung bestimmen, zeigen eine bemerkenswerte Übereinstimmung mit jenen Eigenschaften von Farbstoffen, die ihre ,,Substantivität" bedingen[4], d. h. ihre Fähigkeit, auf Fasermolekeln ,,direkt" aufzuziehen. Beide Wirkungen, nämlich die, Krebs zu erzeugen, und die andere, Fasern ,,substantiv" zu färben, setzen in auffallender Übereinstimmung folgende Eigenschaften voraus[5]:

1. die Molekeln müssen zu einer gestreckten, linearen Form befähigt sein,
2. eine ausreichende Anellierung,
3. die aromatischen Ringe müssen zu coplanarer Anordnung fähig sein,
4. ein ungestörtes System konjugierter Doppelbindungen über die ganze Länge des Moleküls, d. h. Mesomerie- und Resonanzfähigkeit,
5. die Fähigkeit, Wasserstoffbrückenbindungen zu geben,
6. einen optimalen Abstand zwischen den bindungsfähigen Gruppen bzw. eine bestimmte Länge der Molekel,
7. Anordnung substituierter Gruppen entlang einer Seite der Molekel,
8. ein Minimum an solubilisierenden Gruppen,

Da auch die Farbe eines aromatischen Farbstoffs durch die Oszillationen von Elektronen längs der Kette konjugierter Doppelbindungen durch das Molekül

[1] MILLER, E., u. J. MILLER: Die Biochemie der Krebsentstehung in der Leber. Herne, Westf. 1952. — [2] DRUCKREY, H.: Z. Krebsforsch. **60**, 344 (1955). — [3] ARCOS, J. C., and M. ARCOS: Naturwiss. **42**, 651 (1955). — [4] MEYER, K. H.: Melliand Textilber. **9**, 573 (1928). — MEYER, K. H., u. H. MARK: B. **61**, 593 (1928). — VICKERSTAFF, T.: The Physical Chemistry of Dyeing. New York 1950. — [5] DRUCKREY, H., D. SCHMÄHL u. P. DANNEBERG: Naturwiss. **39**, 393 (1952).

bedingt ist[1] und eine lange Kette von Doppelbindungen einen Anstieg der Restvalenzkräfte bedingt[2], ergeben sich weitere Zusammenhänge zwischen Farbstoffeigenschaft und cancerogener Wirkung, die die elektronische Behandlung beider Phänomene fruchtbar erscheinen läßt. Nach SCHEIBE[3] ist die Lichtabsorption gesetzmäßig mit der Protonenaffinität verknüpft, die auch die aromatischen Cancerogene auszeichnet und in der Bedeutung der basischen Eigenschaften für die cancerogene Wirkung zum Ausdruck kommt[4]. Sowohl die substantive Färbung als auch die cancerogene Wirkung umfassen prinzipiell 3 Vorgänge, nämlich die *Lösung* der Substanz in der flüssigen Phase, dann ihre *Bindung* und schließlich ihre eigentliche *Wirkung*. Deshalb müssen die verschiedenen Faktoren, die die „Substantivität" bzw. die „Cancerogenität" bestimmen, jeweils einem dieser Vorgänge zugeordnet werden (s. S. 228).

Die Beziehungen zwischen Konstitution und den chemischen und physikalischen Eigenschaften[5] von Substanzen stellen an sich schon ein schwieriges Problem dar. Noch schwerer zu beurteilen sind die Beziehungen zwischen der Konstitution und den biologischen bzw. pharmakologischen Wirkungen[6]. Das folgt aus der Kompliziertheit, der Verschiedenheit und der Variabilität lebender Organismen. Wenn einerseits die Gefahren der cancerogenen Agentien und andererseits der Wunsch, den Menschen vor ihnen zu schützen, dazu zwingen, sich zunehmend Klarheit über die wirkungsbestimmenden Eigenschaften der cancerogenen Substanzen zu verschaffen, so darf doch nie außer Acht gelassen werden, daß es sich bei den entwickelten Zusammenhängen nicht um endgültige „Lösungen" der Probleme handelt, sondern um erste Näherungen. Ihr Wirklichkeitswert muß durch die weitere Forschung immer wieder geprüft und erhöht werden.

Nach den bisher vorliegenden und schon recht umfangreichen experimentellen Erfahrungen sind die Ursachen für diese Wirkung in den molekularphysikalischen, elektronischen Eigenschaften der cancerogenen aromatischen Substanzen zu suchen. Die Vorstellungen der klassischen Valenzchemie reichen für ihre Klärung ebensowenig aus, wie sie zu einer befriedigenden Theorie der Farbstoffe führen konnten. Die ausführliche Darstellung der bisher erkennbaren Zusammenhänge zwischen Konstitution und cancerogener Wirkung und deren Beziehungen zur Chemie der Farbstoffe und zur Färbung als einer „Wirkung" erschien notwendig, weil ihre Prinzipien auch für andere Pharmaka zu gelten scheinen, z. B. für „Chemotherapeutica"[7]. Dies gilt vor allem für das Prinzip, daß die chemische Konstitution der Grundmoleküle entgegen den früheren Vorstellungen *keine* spezifische Bedeutung für die pharmakologische Wirkung haben muß und meist auch nicht hat. Die Richtung der Wirkung hängt vielmehr von bestimmten funktionellen Gruppen in oder an den Molekülen ab. Bei den aromatischen *Cancerogenen* sind dies die „basischen" C-Atome höchster π-Elektronendichte an den Mesoregionen der homo- und heterocyclischen Kohlenwasserstoffe und die endständige Aminogruppe der Amine. Die *oestrogene* Wirkung z. B. wird durch para-ständige Hydroxylfunktionen bestimmt. Dagegen kann die Konstitution der

[1] VICKERSTAFF, T.: The Physical Chemistry of Dyeing. New York 1950. — [2] SCHIRM, E.: J. prakt. Chem. **144**, 69 (1935). — [3] SCHEIBE, G., u. D. BRÜCK: Z. Elektrochem. **54**, 403 (1950). — [4] DRUCKREY, H., D. SCHMÄHL u. P. DANNEBERG: Naturwiss. **39**, 393 (1952). — [5] EISTERT, B.: Chemismus und Konstitution. Stuttgart 1948. — KREMANN, R., u. M. PESTEMER: Zusammenhänge zwischen physikalischen Eigenschaften und chemischer Konstitution. Leipzig 1943. — [6] FRÄNKEL, S.: Die Arzneimittel-Synthese. Auf Grundlage der Beziehungen zwischen chemischem Aufbau und Wirkung. 6. Aufl. Berlin 1927. — SEXTON, W. A.: Chemical Constitution und Biological Activity. 2. Aufl. London 1953. — [7] DRUCKREY, H., P. DANNEBERG u. D. SCHMÄHL: Arzneim.-Forsch. **3**, 151 (1953). Pubbl. Staz. zool. Napoli **24**, 247 (1953). — DRUCKREY, H., D. SCHMÄHL, P. DANNEBERG, K. KAISER, H. A. NIEPER, H. W. LO u. R. MECKE jr.: Arzneim.-Forsch. **6**, 539 (1956).

aromatischen Grundmoleküle hier wie dort in weiten Grenzen variiert werden, ohne daß die Qualität der Wirkung sich ändert. Die Quantität oder die Intensität der Wirkung, die Wirksamkeit, kann dabei aber gewaltige Unterschiede um viele Größenordnungen zeigen. So gibt es sowohl Cancerogene als auch Oestrogene, die z. B. an der Ratte in Dosen von Gamma wirksam sind und andere, bei denen die wirksame Dosis in der Größenordnung von Grammen liegt. Der positive oder negative Ausfall eines Versuches hängt hier also besonders von der Wahl einer geeigneten Dosis ab, so daß die „Unwirksamkeit" einer Substanz allein quantitativ bedingt sein kann.

Die meisten cancerogenen Agentien, physikalische wie chemische, sind durch die Erfahrung am Menschen entdeckt worden und haben sich dann auch an den verschiedensten Tierarten wirksam erwiesen. Deshalb muß der Angriffspunkt ihrer Wirkung an solchen Bestandteilen und Funktionen der Zelle gesucht werden, die so fundamental sind, daß sie allen Tierarten gemeinsam sind. Indessen sind die Bedingungen für Resorption, Verteilung und Ausscheidung der Cancerogene sowie für ihre chemische Veränderung im Stoffwechsel, die zu einer Entgiftung, aber auch zu einer „Giftung" führen können, naturgemäß nicht nur bei verschiedenen Arten und Individuen, sondern auch in den verschiedenen Geweben eines Organismus verschieden und auch variabel. So ergeben sich Unterschiede der Wirksamkeit und auch des Wirkungsortes im Körper. Die Unterschiede sind gering bei den weniger reaktionsfähigen Kohlenwasserstoffen, größer bei solchen Cancerogenen, die im Stoffwechsel leichter verändert werden können wie die aromatischen Amine. So erzeugt z. B. 4-Dimethylaminoazobenzol an Ratten, Hunden und Katzen[1] leicht Leberkrebs, kaum aber an Mäusen. Umgekehrt verursachen Tetrachlorkohlenstoff oder Chloroform an Mäusen Leberkrebs, nicht aber an Ratten[2]. Dieser Unterschied kann also *nicht* daran liegen, daß die Leberzellen der Maus etwa überhaupt resistent gegen Carcinogene wären. Vielmehr bezieht sich die Empfindlichkeit bzw. Unempfindlichkeit ja jeweils gegen eine bestimmte Substanz. Es muß also schon so sein, daß Unterschiede entweder in der Bindung des Giftes oder in seiner metabolischen Veränderung bestehen. Daß sich hier verschiedene Tierarten und gelegentlich sogar verschiedene Stämme derselben Tierart[3] verschieden verhalten können, ist zu erwarten. So kann z. B. die mittlere wirksame Dosis von 4-Dimethylaminoazobenzol bei Dauerbehandlung an Ratten zwischen 500 und 2000 mg liegen, ist aber für einen bestimmten Stamm mit $\pm 15\%$ ziemlich charakteristisch[4].

Da die maßgeblichen Einflußgrößen für die Vorgänge der Resorption, Verteilung, Bindung, Ausscheidung und Entgiftung von Pharmaka praktisch proportionale Faktoren sind[5] und sich bei den verschiedenen Arten meist nur quantitativ unterscheiden, sind vorwiegend quantitative Unterschiede der Empfindlichkeit gegen cancerogene Substanzen zu erwarten, wie das auch der allgemeinen pharmakologischen Erfahrung entspricht[6]. Nur da, wo bei einer Art qualitativ besondere Stoffwechselverhältnisse vorliegen, sind auch qualitative Wirkungsunterschiede zu erwarten, und umgekehrt, werden sie gefunden, so sind dafür wahrscheinlich spezielle Stoffwechselfunktionen maßgebend.

---

[1] Kinosita, R.: Trans. Soc. jap. path. **27**, 665 (1937). — Nelson, A. A., and G. Woodard: J. nat. Cancer Inst. **13**, 1497 (1952/53). — [2] Edwards, J. E., and A. J. Dalton: J. nat. Cancer Inst. **3**, 19 (1942/43). — Nelson, A. A., O. G. Fitzhugh and H. O. Calvery: Cancer Res. **3**, 230 (1943). — Eschenbrenner, A. B., and E. Miller: J. nat. Cancer Inst. **5**, 251 (1944/45). — Stowell, R. E., C. S. Lee, K. K. Tsuboi and A. Villasana: Cancer Res. **11**, 345 (1951). — [3] Engel, R. W.: Cancer Res. **12**, 260 (1952). — Harris, P. N., and G. H. A. Clowes: Cancer Res. **12**, 471 (1952). — [4] Druckrey, H., u. K. Küpfmüller: Z. Naturforsch. **3b**, 254 (1948). — [5] Druckrey, H., u. K. Küpfmüller: Dosis und Wirkung. Aulendorf, Wttbg. 1949. — [6] Druckrey, H.: Kli. Wo. **1942**, 559.

Die Empfindlichkeit gegen cancerogene Amine kann erhebliche Abhängigkeiten vom Geschlecht zeigen. 4-Dimethylaminoazobenzol und ebenso 2-Aminofluoren erzeugen an männlichen Ratten schneller und häufiger Leberkrebs als an weiblichen[1]. Kastration der männlichen erzeugt dagegen eine relative Resistenz. Werden die Kastraten mit Testosteron behandelt, so nimmt ihre Anfälligkeit für Leberkrebs zu, nach Oestrogenbehandlung dagegen ab[2]. An Mäusen wurde dagegen eine Verstärkung der hepatomerzeugenden Wirkung von 4-Dimethylaminoazobenzol gerade durch Oestrogene gefunden[3].

4. Stoffwechsel der cancerogenen aromatischen Amine.

Der Stoffwechsel* der cancerogenen aromatischen Amine ist je nach ihrer chemischen Natur verschieden. Ein nennenswerter Teil wird meist im Urin unverändert wiedergefunden[4]. Die freie Aminogruppe kann in Säureamidbindung acetyliert werden[5]. Dazu sind Coenzym A, Adenosintriphosphat und Cystein erforderlich[6]. In acetylierter Form wird jedoch stets nur ein kleiner Teil durch die Nieren ausgeschieden. Aromatische Amine können auch in acetylierter Form hoch cancerogen sein, wie z. B. 2-Acetylaminofluoren. Seine Acetylgruppe wird im Körper rasch abgespalten[7]. Die Desacetylierung verläuft anscheinend wesentlich schneller im Körper als die Acetylierung.

Die wichtigste Veränderung aromatischer Amine im Stoffwechsel ist die Oxydation zu Aminophenolen. Nach den vom Anilin her vorliegenden Erfahrungen wird als primärer Schritt eine Umwandlung in eine tautomere (Radikal) oder chinoide Struktur angenommen, die auch für die methämoglobinbildenden katalytischen Eigenschaften des Anilins[8] verantwortlich gemacht wird. Intermediär soll Phenylhydroxylamin entstehen[8], das sich dann zum ortho- oder para-Aminophenol umlagert. Der Weg könnte in einer Dehydrierung zum chinoiden Imin bestehen, das durch Anlagerung von Wasser zum Phenylhydroxylamin würde[8]. Nach den Erfahrungen über den Stoffwechsel der aromatischen Kohlenwasserstoffe, die peroxyliert werden, wäre dagegen auch bei den aromatischen Aminen an die Anlagerung von Wasserstoffperoxyd an eine der Aminogruppe benachbarte oder durch chinoide Umlagerung entstehende Doppelbindung zu denken, die zur Dihydrodioxyverbindung führt (s. S. 226), aus der dann durch Abspaltung von Wasser entweder Phenylhydroxylamin oder ortho-Aminophenol werden kann. Die Zwischenprodukte sind so kurzlebig, daß der Weg der Oxydation bisher nicht experimentell geklärt werden konnte. Nachweisbar sind nur die Aminophenole als Endprodukte. Sie werden zum Teil in freier Form ausgeschieden, vorwiegend aber in der Leber mit Glucuronsäure oder Schwefelsäure gepaart, soweit sie nicht am Stickstoff acetyliert wurden. Die N-Acetylierung scheint die Kopplungsfähigkeit des phenolischen Hydroxyls zu behindern und umgekehrt; wahrscheinlich durch Wasserstoffbrückenbindung.

Während die para-Aminophenole als Entgiftungsform erscheinen, wurden eine Reihe von ortho-Oxyverbindungen höherer aromatischer Amine carcinogen

---

* Vgl. S. 366ff.

[1] LEATHEM, J. H.: Cancer Res. **11**, 266 (1951). — MILLER, J. A., R. B. SANDIN, E. C. MILLER and H. P. RUSCH: Cancer Res. **15**, 188 (1955). — [2] MORRIS, H. P., H. I. FIRMINGER and C. D. GREENE: Cancer Res. **11**, 270 (1951). — [3] SHELTON, E.: J. nat. Cancer Inst. **16**, 107 (1955/56). — [4] BERENBOM, M., and J. WHITE: J. nat. Cancer Inst. **12**, 583 (1951/52). — [5] NOVELLI, G. D., and F. LIPMANN: Arch. Biochem. **14**, 23 (1947). — [6] LIPMANN, F., N. O. KAPLAN, G. D. NOVELLI, L. C. TUTTLE and B. M. GUIRARD: J. biol. Ch. **167**, 869 (1947). — RIGGS, T. R., and D. M. HEGSTED: J. biol. Ch. **178**, 669 (1949). — [7] MORRIS, H. P., J. H. WEISBURGER and E. K. WEISBURGER: Cancer Res. **10**, 620 (1950). — [8] HEUBNER, W.: Ergebn. Physiol. **43**, 9 (1940).

wirksam gefunden. Deshalb wird angenommen, daß sie die eigentliche „Wirkform“ darstellen[1]. Die ortho-Oxyamine sollen vor allem dann entstehen, wenn die para-Position blockiert ist.

Als Metabolite des β-Naphthylamins erscheinen im Harn α-Oxy-β-naphthylamin[2] (2-Amino-1-naphthol) und in geringerer Menge 2-Amino-6-naphthol[3] teils frei, teils in gebundener Form. 2-Amino-6-naphthol wird vorwiegend als N-Acetylverbindung ausgeschieden. 2-Amino-1-naphthol wird dagegen als Sulfat und β-Glucuronat im Körper gefunden (Boyland). Die Vermutung, daß diese Ester für die Manifestation der carcinogenen Wirkung in der Blase eine Rolle spielen[4], wird durch neuere Befunde gestützt. Boyland u. Mitarb.[5] fanden, daß die pathologisch veränderte Blasenschleimhaut eine wesentlich erhöhte Glucuronidase- und Sulfataseaktivität aufweist. Die Enzyme setzen im Urin das 2-Amino-1-naphthol frei. Diese Substanz ist cancerogen[6], und zwar hat sie eine lokale cancerogene Wirkung. Das Vorkommen von Blasenkrebs bei Arbeitern in der β-Naphthylamin verarbeitenden Industrie wäre hiernach wahrscheinlich nicht auf dieses, sondern auf das 2-Amino-1-naphthol zu beziehen. Auch an Versuchstieren ließ sich die lokale cancerogene Wirkung der Substanz nachweisen (Hueper; Bonser). Tiere, die β-Naphthylamin stark umwandeln, das gebildete 2-Amino-1-naphthol vorwiegend an Schwefelsäure koppeln und reichlich Sulfatasen im Harn ausscheiden, sind für die cancerogene Wirkung des β-Naphthylamins besonders empfindlich. Das gilt auch für den Menschen. Hier liegt ein wichtiges Beispiel dafür vor, daß der spezielle Stoffwechsel für eine cancerogene Wirkung wichtiger sein kann als die celluläre Disposition.

1-Amino-2-naphthol soll etwa die gleiche cancerogene Wirkung haben[7] wie 2-Amino-1-naphthol, was jedoch bisher nicht bestätigt werden konnte. Die ortho-Aminophenole sind so reaktionsfähige Substanzen, bilden tautomere, chinoide und Radikalformen, können leicht innere und äußere Wasserstoffbrücken bilden, daß es vorerst unmöglich ist, die eigentlich wirksame Substanz zu formulieren. Die valenzchemisch formulierten ortho-Aminonaphthole von benzoider Struktur sind es wahrscheinlich nicht. Dafür spricht, daß hier und ebenso beim Benzidin nur die o-Aminophenole cancerogen sind, nicht aber solche mit größerem Abstand zwischen den beiden funktionellen Gruppen, und daß die Positionen der Hydroxyl- und der Aminogruppen sogar ohne Einfluß auf die cancerogene Wirksamkeit untereinander vertauschbar sein sollen. Die Tatsache, daß die beiden Aminonaphthole zwar eine starke lokale, aber keine resorptive cancerogene Wirkung haben, deutet darauf hin, daß die phenolischen Hydroxyle in der „Wirkform“ nicht mehr frei sind und ihre solubilisierenden und damit

---

[1] Bonser, G. M., D. B. Clayson, J. W. Jull and L. N. Pyrah: Brit. J. Cancer **6**, 412 (1952). — Clayson, D. B.: Brit. J. Cancer **7**, 460 (1953). — Walpole, A. L., M. H. C. Williams and D. C. Roberts: Brit. J. industr. Med. **9**, 255 (1952). — [2] Engel, H.: Zbl. Gewerbehyg. **8**, 81 (1920). — Goldblatt, M. W.: Brit. med. Bull. **4**, 409 (1947). — Wiley, F. H.: J. biol. Ch. **124**, 627 (1938). — Truhaut, R.: Sem. des Hôp. **25**, 3078 (1949). Arch. industr. Hyg. **5**, 264 (1952). — Manson, L. A., and L. Young: Biochem. J. **47**, 170 (1950). — Bonser, G. M., D. B. Clayson, J. W. Jull and L. N. Pyrah: Brit. J. Cancer **6**, 412 (1952). — Boyland, E., and P. Sims: Soc. **1954**, 980. — Booth, J., E. Boyland and D. Manson: Biochem. J. **60**, 62 (1955). — Henson, A. F., A. R. Somerville, M. E. Farquharson and M. W. Goldblatt: Biochem. J. **58**, 383 (1954). — [3] Goldblatt, M. W.: Brit. med. Bull. **4**, 409 (1947). — [4] Elson, L. A.: Ciba Found. Coll. Endocrinol. **1**, 284 (1952). — [5] Boyland, E., D. M. Wallace and D. C. Williams: Brit. J. Cancer **9**, 62 (1955). — [6] Hueper, W. C., F. H. Wiley and H. D. Wolfe: J. industr. Hyg. **20**, 46 (1938). — Hueper, W. C.: Arch. Path., Chicago **25**, 856 (1938). — Clayson, D. B.: Biochem. J. **47**, XLVI (1950). — Bonser, G. M., D. B. Clayson and J. W. Jull: Lancet **1951 II**, 286. — [7] Bonser, G. M., D. B. Clayson and J. W. Jull: Lancet **1951 II**, 286. — Bonser, G. M., D. B. Clayson, J. W. Jull and L. N. Pyrah: 2. Int. Congr. Biochem. Paris 1952, Résumées S. 461.

resorptionsfördernden Eigenschaften verloren haben. Hier liegen schwierige strukturchemische bzw. molekularphysikalische Probleme, die zur Zeit nicht beurteilt werden können. Aus den Beobachtungen folgt, daß die Oxydation cancerogener Amine nur in p-Stellung einer „Entgiftung" entspricht, daß sie dagegen in o-Stellung sogar eine „Giftung" bedeuten kann. Das Vorhandensein einer (valenzchemisch formulierten) phenolischen Hydroxylgruppe schließt also die cancerogene Wirkung nicht aus, sondern kann sie sogar steigern, wenn sie in o-Stellung zur Aminogruppe oder zu einer Azobrücke[1] steht (vgl. die cancerogene Wirkung von Phenylazo-2-naphthol = Sudan I, s. S. 244), anscheinend auch dann, wenn sie neben einer Methylgruppe steht[2]. Solche Sachverhalte treffen auch für nichtkondensierte cancerogene Amine zu.

Benzidin, das ähnlich wie β-Naphthylamin für den Blasenkrebs bei Arbeitern verantwortlich gemacht wird, wird im Stoffwechsel des Menschen und der Ratte ebenfalls teils acetyliert, teils oxydiert[3]. Im Urin der exponierten Arbeiter wurde 3,3'-Dioxybenzidin nachgewiesen[4]. Während Belastungsversuche an Mensch und Hund negativ verliefen[5], wurden am Hund von der gegebenen Dosis Benzidin neuerdings auch nur 1,5% als 3,3'-Dioxybenzidin im Urin gefunden[6]. Es sieht also so aus, als ob dieser Vorgang individuell sehr verschieden sein kann. 3,3'-Dioxybenzidin hat ähnlich wie die o-Aminonaphthole eine starke lokale und resorptive cancerogene Wirkung[7]. Nach Verfütterung an Ratten erzeugt es Tumoren im Darm, in der Blase und in der Leber, wirkt also bemerkenswert ähnlich wie das 4-Aminodiphenyl. Auch beim 3,3'-Dioxybenzidin erscheint es fraglich, ob die cancerogene Wirkung der valenzchemisch formulierten Substanz mit zwei freien phenolischen Gruppen selbst zukommt oder nicht vielmehr einem Abwandlungsprodukt, wie dies bei den Aminonaphtholen dikutiert wurde. Nach BONSER u. Mitarb.[8] ist 3,3'-Dioxybenzidin bei Mäusen nicht cancerogen.

Als Metabolit des cancerogenen 2', 3-Azotoluol wurde das 4-Oxy-2', 3-azotoluol gefunden. Diese Substanz erzeugt nicht Leberkrebs, sondern Blasenkrebs[2, 9], ähnlich wie die Aminonaphthole oder das 3,3'-Dioxybenzidin. Derivate des Azobenzols, die die Hydroxylgruppe nicht ortho-ständig neben einer Stickstoff- oder Methylgruppe tragen, sind dagegen nicht aktiv. Die Methylgruppe am aromatischen Ring kann nicht als „paraffin" angesehen werden, sondern ist im Organismus oxydabel. Zum Beispiel Oxymesitylen wird im Körper zum 2,6-Dimethylbenzochinon oxydiert[10], Toluol zu Benzoesäure[11] und p-Toluidin zu p-Aminobenzoesäure. Intermediär treten wahrscheinlich Methylenchinon bzw. Methyleniminstrukturen auf, wonach die Methylengruppe zum Aldehyd[12] und Carboxyl[2] oxydiert und dann abgespalten werden kann.

2-Acetylaminofluoren wird nach oraler Gabe an Ratten in wenigen Stunden zu etwa einem Drittel mit dem Urin ausgeschieden[12]. Der Nachweis erfolgte durch Diazotierung nach saurer Hydrolyse[13]. Als Metabolit erscheint 2-Acetylamino-7-oxyfluoren, das nicht mehr cancerogen wirkt.[14] Die Oxydation an „entfernter" Stelle im Molekül hat also auch hier den Wert einer Entgiftung. Mit ^{14}C

---

[1] DRUCKREY, H., D. SCHMÄHL u. P. DANNEBERG: Naturwiss. **39**, 393 (1952). — [2] NAGAO, N.: Gann, Tokyo **31**, 335 (1937). — [3] GOLDBLATT, M. W.: Brit. med. Bull. **4**, 405 (1947). — [4] ADLER, O.: A. e. P. P. **58**, 167 (1908). — [5] ENGELBERTZ, P., u. E. BABEL: Zbl. Arbeitsmed. **3**, 161 (1953). — [6] BRADSHAW, L., and D. B. CLAYSON: Nature **176**, 974 (1955). — [7] BAKER, (R.) K.: Acta Un. int. Cancr., Bruxelles **7**, 46 (1950). Cancer Res. **13**, 137 (1953). — [8] BONSER, G. M., D. B. CLAYSON and J. W. JULL: Brit. J. Cancer **10**, 653 (1956). — [9] OTSUKA, I., u. N. NAGAO: Gann, Tokyo **30**, 561 (1936). — [10] BOOTH, H., and B. C. SAUNDERS: Nature **165**, 567 (1950). — [11] BRAY, H. G., W. V. THORPE and K. WHITE: Biochem. J. **48**, 88 (1951). — [12] MORRIS, H. P., and B. B. WESTFALL: Cancer Res. **10**, 506 (1950). — [13] MORRIS, H. P.: J. nat. Cancer Inst. **6**, 23 (1945/46). — [14] WILSON, R. H., and F. DEEDS: Fed. Proc. **5**, 213 (1946).

in Position 9 markiertes Acetylaminofluoren wurde insgesamt zu 64% im Urin und zu 29% im Kot wiedergefunden[1]. Die Acetylgruppe wird leicht abgespalten. Nach Gabe von 2-(^{14}C)-Acetylaminofluoren erschienen 41% der Aktivität in der Exspirationsluft und 37% im Urin[1]. Das Maximum der Ausscheidung lag zwischen der 2. und 4. Std. Die markierte Acetylgruppe kann jedoch durch eine körpereigene ausgetauscht werden. 2-Nitrofluoren wird in vivo zum Amin reduziert[2].

Der Stoffwechsel des Azobenzols und seiner Derivate, besonders der des 4-Dimethylaminoazobenzols (s. S. 368ff.) ist eingehend untersucht worden[3]. Versuche mitradiomarkierter Substanz haben ergeben, daß etwa 80% im Urin und nur wenig im Kot ausgeschieden wird. Nur etwa 1% wird in der Leber wiedergefunden[4]. Ein großer Teil wird schnell chemisch verändert[5]. Veränderungen sind dabei grundsätzlich an 3 Stellen möglich: 1. an einem Ring (die phenolische Oxydation), 2. an der Azobrücke (die Reduktion und Spaltung) und 3. an der funktionellen Gruppe (z. B. die Demethylierung).

Das 4-Dimethylaminoazobenzol wird partiell zu 4'-Oxy-4-dimethylaminoazobenzol oxydiert. Diese Substanz ist nicht mehr cancerogen, die „fernständige" Oxydation hat also auch hier den Wert einer Entgiftung. Sie findet in der Leber statt und läßt sich auch in vitro mit Leberhomogenaten durchführen[6].

Die Azobrücke wird von lebenden Zellen durch das Zusammenwirken von zwei Enzymsystemen reduziert und gespalten[7]. Nach Gabe von Azobenzol an Ratten wurde im Urin Anilin und Benzidin gefunden[8]. Der Spaltung geht also eine Reduktion zum Hydrazobenzol voraus, das sich zum Teil in Benzidin umlagern kann[9]. Die gelegentlich beobachtete cancerogene Wirkung von Azobenzol oder Hydrazobenzol ist daher wahrscheinlich auf eine Umlagerung zum Benzidin zu beziehen. 2',3-Azotoluol liefert als Spaltprodukte o- und m-Toluidin[10], das 4-Dimethylaminoazobenzol entsprechend Anilin und N-Dimethyl-p-phenylendiamin[3].

Lebende Hefe kann ebenfalls Azobenzolverbindungen reduzieren und spalten[11]. Eine 5%ige Suspension von Bäckerhefe in Phosphatpuffer vom p_H 7 lieferte bei 30° und einer Farbstoffkonzentration, die $3{,}75 \cdot 10^{-4}$ molar war, die in der Tabelle 30 enthaltenen Werte (SCHMÄHL u. MECKE)[11].

Die Spaltbarkeit hängt demnach stark von der Art der funktionellen Gruppen und ihrer Position am Azobenzol ab. Während 4-Dimethylaminoazobenzol relativ schnell und die homologen 4- bzw. 4'-Dimethylaminobenzalaniline geradezu momentan gespalten werden, wird das Azobenzol selbst kaum angegriffen. Die Aminogruppe in Position 4 begünstigt also die Spaltung. Die Benzolazo-2-naphthylamine und die beiden untersuchten Benzolazo-2-naphthole sind auffallend resistent. Im Organismus der Ratte wird weder 4'-Oxy- noch 4'-Sulfosaures-4-dimethylaminoazobenzol gespalten[12].

[1] WEISBURGER, J. H., E. K. WEISBURGER and H. P. MORRIS: J. nat. Cancer Inst. **11**, 797 (1950/51). — [2] WILSON, R. H., and F. DE EDS: Fed. Proc. **5**, 213 (1946). — [3] MILLER, E., u. J. MILLER: Die Biochemie der Krebsentstehung in der Leber. Berlin, Herne, Westf. 1952. [4] BERENBOM, M., and J. WHITE: J. nat. Cancer Inst. **12**, 583 (1951/52). — [5] EULER, H. v., B. v. EULER u. H. HASSELQUIST: Z. Krebsforsch. **59**, 652 (1954). — [6] MUELLER, G. C., and J. A. MILLER: J. biol. Ch. **176**, 535 (1948). — [7] MAYER, R. L.: Arch. Derm. Syph., Berlin **156**, 331 (1928). — TRÉFOUËL. J., Mme. J. TRÉFOUËL et D. BOVER: C. R. Soc. Biol. **120**, 756 (1935). — [8] ELSON, L. A., and F. L. WARREN; Biochem. J. **38**, 217 (1944). — [9] KENSLER, C. J., J. W. MAGILL and K. SIGIURA: Cancer Res. **7**, 95 (1947). — [10] EKMAN, B., and J. P. STRÖMBECK: Acta physiol. scand. **14**, 63 (1947). — [11] HINSBERG, K.: D. m. W. **1940**, 1074 (1940). — EISENBRAND, J., u. A. KLAUCK: Arzneim.-Forsch. **5**, 13 (1955. — MECKE, R. jr., u. D. SCHMÄHL: Arzneim.-Forsch. **7**, 335 (1957). — [12] KENSLER, C. J., and W. C. CHU: Arch. Biochem. **25**, 66 (1950).

Tabelle 30. Entfärbung (Spaltung) von Azobenzolderivaten durch lebende Hefe (nach MECKE u. SCHMÄHL)[1].

Substanz	F	Absorptionsmaximum* mμ	Entfärbung in Std 10%	Entfärbung in Std 50%
Azobenzol	67°	320	>100	
4-Aminoazobenzol	101°	375		12
4-Aminoazotoluol (ortho)	101°	380		25
4-Dimethylaminoazobenzol	117°	410		21
4- und 4'-Dimethylaminobenzalanilin				0,05
4-Dimethylaminodisazobenzol		470	> 90	
4-Dimethylamino-4'-methylazobenzol		410	20	
4,4'-bis-Dimethylaminoazobenzol	274°	440	144	
2-Oxy-4-dimethylaminoazobenzol	162°	450	55	
2-Oxyazobenzol	81°	328		24
4-Oxyazobenzol	152°	348		20
2,4-Dioxyazobenzol	126°	388		70
4-Dimethylaminoazobenzol-2'-carbonsäure	175°	490		0,5
4-Dimethylaminoazobenzol-4'-carbonsäure	270°	442		4
Azobenzol-4-sulfosaures Na		323	> 70	
4-Dimethylaminoazobenzol-4'-sulfosaures Na		465		42
4-Dimethylaminobenzolazo-naphthalin	130°	430		22
Benzol-azo-2-naphthylamin			> 90	
Benzol-azo-2-naphthol	131°	482	>120	

* Lösungsmittel: 10 % Eisessig in Benzol.

Die Azobrücke, z. B. von 4-Dimethylaminoazobenzol, wird auch durch Homogenate der Rattenleber in vitro gespalten[2]. Gewebsschnitte oder Homogenate von Hepatomen (Lebertumoren) haben diese Eigenschaft nicht mehr[3]. Unter Stickstoff wird mit Lebergewebe Anilin zu 100% des theoretischen Wertes gefunden, N-Dimethylparaphenylendiamin dagegen nur zu 50%. Unter Luft erschien Anilin zu 70%, N-Dimethylparaphenylendiamin zu 30% und p-Aminophenol gar nicht[4]. Die N-Methylverbindungen werden schneller angegriffen als die N-Diäthylverbindungen des 4-Aminoazobenzols. Die Spaltung bedarf der Mitwirkung eines Flavoproteins, das Riboflavin-Adenin-Nucleotid als prosthetische Gruppe trägt und an den Mikrosomen und kleinen Granula der Leberzellen lokalisiert ist[5]. Daraus erklärt sich die Erfahrung, daß die Erzeugung von Leberkrebs durch 4-Dimethylaminoazobenzol bei Ratten auch von der Diät abhängt. Zusatz von Hefe und vor allem von Riboflavin verzögert die Entstehung von Leberkrebs[6], jedoch nur dann, wenn das tägliche Angebot größer ist als $100\,\gamma$ Riboflavin je Ratte. Die cancerogene Wirkung des 4-Dimethylaminoazobenzols wird jedoch dadurch nicht aufgehoben, sondern nur ein größerer Anteil der Substanz im Körper gespalten und damit entgiftet, so daß die Zugabe von Riboflavin so wirkt, als ob eine kleinere Dosis des 4-Dimethylaminoazobenzols appliziert worden wäre. Demgemäß ergeben sich entsprechend längere Latenzzeiten bis

[1] HINSBERG, K.: D. m. W. **1940**, 1974 (1940). — EISENBRAND, J., u. A. KLAUCK: Arzneim.-Forsch. **5**, 13 (1955). — MECKE, R. jr., u. D. SCHMÄHL: Arzneim.-Forsch. **7**, 335 (1957). — [2] MUELLER, G. C., and J. A. MILLER: J. biol. Ch. **176**, 535 (1948). — [3] KENSLER, C. J., and W. C. CHU: Arch. Biochem. **25**, 66 (1950). — [4] MUELLER, G. C., and J. A. MILLER: J. biol. Ch. **180**, 1125 (1949). — [5] MUELLER, G. C., and J. A. MILLER: J. biol. Ch. **185**, 145 (1950). Acta Un. int. Cancr., Bruxelles **7**, 134 (1950). Cancer Res. **10**, 234 (1950). — [6] KENSLER, C. J., K. SUGIURA, N. F. YOUNG, C. R. HALTER and C. P. RHOADS: Science, N. Y. **93**, 308 (1941). — MILLER, E. C., and C. A. BAUMANN: Cancer Res. **6**, 289 (1946).

zum Auftreten von Krebs[1]. Bei Mäusen hat dagegen Riboflavin auch in hoher Dosis keine Schutzwirkung gezeigt[2].

Nach Applikation von 4-Dimethylaminoazobenzol sinkt der Riboflavingehalt in der Leber der behandelten Ratten um etwa 30% ab[3]. Dieser Effekt hat jedoch nichts mit der cancerogenen Wirkung zu tun, denn er ist innerhalb von 24 Std voll reversibel[4], während die cancerogene Wirkung eine völlig irreversible ,,Summationswirkung" ist[5].

Auch Reiskleieöl[6], Weizenmehl oder Hafer[7] sollen die cancerogene Wirkung verhindern. Reis-, Mais-, Weizen- oder Haferdiäten ergaben indessen keine Unterschiede[8]. Dagegen hatten Leberextrakte einen reproduzierbaren hemmenden Effekt[9], der sich durch ihren Gehalt an Riboflavin zwanglos erklärt. Die Gabe von Methyldonatoren, wie z. B. Cholin, hemmt die cancerogene Wirkung nicht[10], bei Cholinmangel ist die Entwicklung von Lebertumoren sogar verzögert[11]. Die Zugabe von 5% Cholesterin zur Diät verhinderte die Entstehung von Hepatomen[12].

Als Spaltprodukt des 4-Dimethylaminoazobenzols hat vor allem das N-Dimethylparaphenylendiamin biochemisches Interesse gefunden. Die cancerogene Wirkung von Azofarbstoffen soll in Beziehung stehen zur Hemmung der Hefecarboxylaseaktivität, die dem N-Dimethylparaphenylendiamin bzw. den aus ihnen oxydativ gebildeten WURSTERschen Farbsalzen zukommt und der Beständigkeit dieser Radikale parallel geht[13]. R. KUHN[14] hat nachgewiesen, daß die Oxydation bis zum Benzochinon weitergeht und daß die Hemmung der Carboxylase und verschiedener Dehydrasen nicht dem p-Phenylendiamin oder den WURSTERschen Farbsalzen zuzuschreiben ist, sondern dem Benzochinon zukommt, das nach H. WIELAND auch Urease, Katalase und Oxydasen hemmt. Danach wurde angenommen, daß Benzochinon letzten Endes der eigentlich cancerogene Metabolit des 4-Dimethylaminoazobenzols sei. Dies um so mehr, als mit dieser Substanz und anderen Chinonen an Mäusen Krebs erzeugt wurde[15]. Diese Vorstellungen greifen ferner auf eine wichtige ältere Arbeit von STOLTZENBERG u. STOLTZENBERG-BERGIUS[16] zurück, nach der Chinone eventuell nach Polymerisation mit Zellkernen reagieren und so Krebs erzeugen sollen. Chinone sind tatsächlich starke Mitosegifte[17] und hemmen die Zellteilung[18]. Andererseits hemmt schon N-Dimethylparaphenylendiamin die Katalase in vitro, und zwar in einer Verdünnung von 10^{-5} (KCN bei 10^{-6}), so daß die Hemmung der Katalase als eigentliche Krebsursache diskutiert wurde[19]. Neuere Versuche haben indessen gezeigt, daß Benzochinon bei lokaler Anwendung nicht carcinogen ist[20]. Auch bei den aromatischen Kohlenwasserstoffen hat sich keine Beziehung zwischen der Cancerogenität und der Fähigkeit,

---

[1] DRUCKREY, H.: Kli. Wo. **1943**, 532. — HARRIS, P. N., and G. H. A. CLOWES: Cancer Res. **12**, 471 (1952). — [2] SHELTON, E.: J. nat. Cancer Inst. **16**, 107 (1955/56). — [3] PRICE, J. M., J. A. MILLER and E. C. MILLER: Cancer Res. **11**, 523 (1951). — [4] CONSBRUCH, U., u. D. SCHMÄHL: H. **290**, 28 (1952). — [5] DRUCKREY, H., u. K. KÜPFMÜLLER: Z. Naturforsch. **3**b, 254 (1948). — [6] SUGIURA, K., and C. P. RHOADS: Cancer Res. **1**, 3 (1941). — [7] VASSILIADAS, H. C.: Amer. J. Cancer **39**, 377 (1940). — [8] ORR, J. W.: J. Path. Bacteriology **50**, 393 (1940). — [9] HARRIS, P. N., and G. H. A. CLOWES: Cancer Res. **12**, 471 (1952). — [10] MILLER, J. A., and C. A. BAUMANN: Cancer Res. **5**, 227 (1945). — MILLER, E. C., and C. A. BAUMANN: Cancer Res. **6**, 289 (1946). — [11] DYER, H. M.: J. nat. Cancer Inst. **11**, 1073 (1950/51). — [12] CLEMENT, G., J. CLEMENT et E. LE BRETON: Cr. **234**, 2006 (1952). — LE BRETON, E.: Cr. **238**, 2446 (1954). — [13] KENSLER, C. J., N. F. YOUNG and C. P. RHOADS: J. biol. Ch. **143**, 465 (1942). — [14] KUHN, R., u. H. BEINERT: B. **76**, 904 (1943); **77**, 606 (1944). — [15] TAKIZAWA, N.: Gann, Tokyo **34**. 158 (1940). — [16] STOLTZENBERG, H., u. M. STOLTZENBERG-BERGIUS: Z. Krebsforsch. **18**, 46 (1921). — [17] MEIER, R., u. M. ALLGÖWER: Exper. **1**, 57 (1945). — MEIER, R., et B. SCHÄR: Exper. **3**, 358 (1947). — [18] DRUCKREY, H., P. DANNEBERG u. D. SCHMÄHL: Arzneim.-Forsch. **3**, 51 (1953). — [19] HORNER, L., u. C. BETZEL: A. **571**, 225 (1951). — [20] TIEDEMANN, H.: Z. Naturforsch. **8**b, 49 (1953).

Chinone zu bilden, ergeben. Ferner ist mehrfach nachgewiesen worden, daß das N-Dimethyl-p-phenylendiamin nicht cancerogen ist[1].

Auch die beiden 4- und 4'- Dimethylaminobenzalaniline, die besonders schnell gespalten werden und von denen das eine ebenfalls N-Dimethylparaphenylendiamin als Spaltprodukt liefert, sind nicht cancerogen[2]. Dagegen ist das nicht spaltbare analoge 4-Dimethylaminostilben viel stärker cancerogen als das 4-Dimethylaminoazobenzol, obwohl es bei Spaltung das N-Dimethyl-p-toluidin liefern würde und nicht N-Dimethylparaphenylendiamin. Nach diesen Befunden muß die cancerogene Wirkung des 4-Dimethylaminoazobenzols dem ganzen Molekül zugeschrieben werden und nicht irgendwelchen Spaltprodukten von ihm[3]. Die Spaltung der Azobrücke hat also den biologischen Wert einer „Entgiftung". Das gilt indessen nur für die einfachen Azobenzolverbindungen.

5. Wirkung cancerogener Amine auf Fermentfunktionen.

Unter der Behandlung mit 4-Dimethylaminoazobenzol erfolgt eine Aktivitätsminderung verschiedener Enzymsysteme. Es ist indessen die Frage, ob die Abnahmen, z. B. der Adenosintriphosphatase, nicht nur eine Folge des reduzierten Mitochondrienbestandes ist[4]. Viele Enzyme, wie z. B. Milchsäuredehydrase, Phosphatasen, Kathepsin, Nucleinsäuredepolymerasen und Desaminasen wiesen in Hepatomen keinen Unterschied zur normalen Leber auf[5]. Andererseits wurde beobachtet, daß die Aktivität mancher Esterasen und von Kathepsin in der Rattenleber allmählich und beim Auftreten von Adenomen sprunghaft auf weniger als 50% des Ausgangswertes abnimmt[6]. Auch in vitro hemmt 4-Dimethylaminoazobenzol die Aktivität des Kathepsins T in der Leber. Es hat diese Wirkung schon in einer Konzentration von $2 \cdot 10^{-5}$ Mol, die also kleiner ist als die, die bei üblichen Versuchen zur Krebserzeugung in der Leber vorhanden ist[7], obwohl Cystein die cancerogene Wirkung von 4-Dimethylaminoazobenzol nicht hemmt. Die Wirkung des Giftes auf Kathepsin ist insofern spezifisch, als Peptidasen, Arginase, Desoxyribonuclease, Purindesaminasen und Adenosintriphosphatase durch 4-Dimethylaminoazobenzol nicht gehemmt werden[7].

Die Befunde der einzelnen Untersucher weichen erheblich voneinander ab. Die Ursache dafür scheint darin zu liegen, daß oft unspezifische Schädigungen mitspielen. Sie können nur dann ausgeschlossen werden, wenn die Untersuchung erst in einem Zeitabstand von wenigen Tagen nach der letzten Gabe des Carcinogens erfolgt[8].

Die Aktivität der Bernsteinsäureoxydase in der Rattenleber nimmt unter der Behandlung mit cancerogenen Azofarbstoffen ab, nach nicht cancerogenen dagegen zu[9]. Mit der Malignität erscheint ein Oxydationssystem, das für die Fermentgiftwirkung des 4-Dimethylaminoazobenzols nicht mehr empfindlich ist[10]. Hierin wird eine Analogie zum Verlust enzymatischer Potenzen bei Neurospora crassa durch künstlich induzierte Mutationen[11] gesehen. Potter kam nach seinen Befunden zu der Vorstellung[12], daß die Cancerisierung von normalen Zellen

[1] Kinosita, R.: Yale J. Biol. Med. **12**, 287 (1940). — Miller, J. A., and E. C. Miller: J. exp. Med. **87**, 139 (1948). — [2] Miller, E., u. J. Miller: Die Biochemie der Krebsentstehung in der Leber. Herne, Westf. 1952. — [3] Druckrey, H.: A. e. P. P. **210**, 137 (1950). — [4] Allard, C., and A. Cantero: Rev. canad. Biol. **12**, 35 (1953). — [5] Miller, J. A., and E. C. Miller: Adv. Cancer Res. **1**, 339 (1953). — [6] Kishi, S., and K. Haruno: Gann, Tokyo **42**, 69 (1951). — [7] Siebert, G., K. Lang u. H. Wolf: B. Z. **322**, 446 (1951/52). — [8] Consbruch, U., u. D. Schmähl: H. **290**, 28 (1952). — Druckrey, H., F. Bresciani u. H. Schneider: Z. Naturforsch. **13**b, 516 (1958). — [9] Potter, V. R., J. M. Price, E. C. Miller and J. A. Miller: Cancer Res. **10**, 28 (1950). — Schneider, W. C., and G. H. Hogeboom: J. nat. Cancer Inst. **10**, 969 (1950). — [10] Rhoads, C. P., and C. J. Kensler: J. Nutrit. **21**, Suppl. 14 (1941). — [11] Lederberg, J.: Science, N. Y. **104**, 428 (1946). — [12] Potter, V. R.: Enzymes, Growth and Cancer. Springfield, Ill. 1950.

durch Verlust solcher Enzyme eintritt, die an sich nicht lebensnotwendig, doch aber für die spezielle Funktion der Zellart und die Kontrolle des Wachstums wesentlich sind. Da solche Enzyme entweder selbst oder die sie bildenden Elemente des Plasmas oder des Zellkerns die Eigenschaft von ,,Duplikanten“ haben, also nicht de novo, sondern nur aus Elementen gleicher Art gebildet werden können[1], würde eine Störung ihrer Duplikationsfähigkeit zu irreversiblen Defekten führen, die im Verlaufe weiterer Zellteilungen dann auch den völligen Verlust dieser Enzyme zur Folge haben können. Diese Vorstellung hat insofern eine Grundlage, als gerade am Beispiel des 4-Dimethylaminoazobenzols gezeigt wurde, daß die Zellbestandteile, an denen die cancerogene Wirkung angreift und auf deren irreversibler Veränderung bzw. Verlust die krebsige Entartung von Körperzellen beruht, die Eigenschaft von ,,Duplikanten“ haben müssen[1]. Es müssen jedoch nicht unbedingt Enzyme sein. Gegen die Annahme, daß die cancerogenen Agentien an Enzymen angreifen und daß ihre cancerogene Wirkung letzten Endes hierauf beruht, spricht jedoch die Tatsache, daß sich bisher überhaupt keine Beziehungen zwischen der Fermentgifteigenschaft von solchen Substanzen und ihrer cancerogenen Wirkung ergeben haben[2]. Dagegen kommt einem Befund von WEILER hohe Bedeutung zu. Er fand, daß die Rattenleber unter der Behandlung mit 4-Dimethylaminoazobenzol fortschreitend ihre organspezifischen Antigeneigenschaften verliert[3]. Auf diese wichtige Beobachtung wird zurückzukommen sein (s. S. 313). Auch die Bildung von Antikörpern wird durch cancerogene Azofarbstoffe verhindert[4].

6. Verhalten des 4-Dimethylaminoazobenzols im Organismus.

Das 4-Dimethylaminoazobenzol wird im Organismus zunächst zur Methylolverbindung oxydiert und dann (durch Formaldehydabspaltung ?) entmethyliert[5]. Die Reaktion beginnt schon im Magen, ist auch in vitro mit Peroxyden möglich und wird durch Katalase gehemmt[6]. In vivo soll nur eine Methylgruppe abgespalten werden, da im Blut und Urin vorwiegend das N-Monomethylaminoazobenzol und kein primäres Amin gefunden wurde[7]. Andererseits wurde gezeigt, daß die Abspaltung der ersten Methylgruppe langsam erfolgt und reversibel ist, die der zweiten dagegen schnell und irreversibel. Für die Demethylierung wurden Di- und Triphosphorpyridinnucleotid und Adenosintriphosphat als notwendige Co-Faktoren erkannt[8]. Nach oraler Gabe von Dimethylaminoazobenzol oder seiner 3′-Methylverbindung, die am N-Methyl mit ^{14}C markiert waren, an Ratten wurden in 10 Std 20% und in 48 Std 70% der Aktivität als $^{14}CO_2$ in der Exspirationsluft wiedergefunden, etwa 20% in den Carbonaten des Harns bzw. in den Faeces, während nur etwa 1% in den Geweben gebunden an Protein, meist im Serin (β-Kohlenstoff) und im Cholin[9]. Die CH_3-Gruppe wird demnach ähnlich leicht

[1] DRUCKREY, H., u. K. KÜPFMÜLLER: Z. Naturforsch. **3**b, 254 (1948). — DRUCKREY, H.: Arzneim.-Forsch. **1**, 383 (1951). — RUSCH, H. P.: Cancer Res. **14**, 407 (1954). — [2] KIRBY, A. H. M.: Cancer Res. **5**, 683 (1945). — [3] WEILER, E.: Z. Naturforsch. **7**b, 324 (1952); **11**b, 31 (1956). — [4] MALMGREN, R. A., and B. E. BENNISON: Cancer Res. **12**, 280 (1952). — [5] MILLER, J. A., and E. C. MILLER: The carcinogenic azo dyes. Adv. Cancer Res. **1**, 339 (1953). — MILLER, E. C., and J. A. MILLER: J. nat. Cancer Inst. **15**, 1571 (1954/55). — [6] MILLER, J. A., E. C. MILLER and C. A. BAUMANN: Cancer Res. **5**, 162 (1945). — KENSLER, C. J., J. W. MAGILL and K. SUGIURA: Cancer Res. **7**, 95 (1947). — [7] KENSLER, C. J., and W. C. CHU: Arch. Biochem. **25**, 66 (1950). — EULER, H. v., B. v. EULER u. H. HASSELQUIST: Z. Krebsforsch. **59**, 652 (1954). — [8] MUELLER, G. C., and J. A. MILLER: Cancer Res. **11**, 271 (1951). — [9] BOISSONNAS, R. A., R. A. TURNER and V. DU VIGNEAUD: J. biol. Ch. **180**, 1053 (1949). — MILLER, E. C., A. M. PLESCIA, J. A. MILLER and C. HEIDELBERGER: Cancer Res. **11**, 268 (1951). J. biol. Ch. **196**, 863 (1952). — MACDONALD, J. C., A. M. PLESCIA, E. C. MILLER and J. A. MILLER: Cancer Res. **13**, 292 (1953). — BERENBOM, M., and J. WHITE: J. nat. Cancer Inst. **12**, 583 (1951/52).

wie z. B. beim Methionin abgespalten[1]. Das 4-Dimethylaminoazobenzol fungiert jedoch nicht als Methyldonator, denn es findet keine Transmethylierung auf Cholin oder Kreatinin statt[2]. Diese aus dem Urin nach Gabe von N-(^{14}C)-Dimethylaminoazobenzol isolierten Substanzen zeigten keine Radioaktivität[3]. Das spricht für eine Oxydation der Methylgruppe vor der Abspaltung. Die cancerogene Wirkung von 4-Dimethylaminoazobenzol wird durch gleichzeitige Gaben von Cholin nicht gehemmt[4], sondern eher durch Cholinmangel, obwohl dieser auch zu Hepatomen führt. Zugabe von 5% Cholesterin zur Diät verhinderte die Entstehung von Hepatomen vollkommen[5].

4-Dimethylaminoazobenzol wird im Körper der Ratte ungleich verteilt. Die Leber enthält verhältnismäßig viel. Der Farbstoff findet sich hier nur zu einem Teil frei und direkt extrahierbar; ein zwar kleiner, aber doch stets nachweisbarer Anteil — etwa 1—2% der applizierten Dosis — ist an Proteine und Nucleoproteine auffallend fest gebunden[6], ähnlich wie auch die cancerogenen Kohlenwasserstoffe von cellulären Proteinen fest gebunden werden[7]. Die Bindung erfolgt im Kern und Plasma etwa gleich. Die höchste Konzentration findet sich indessen in den kleinen Granula des Plasmas[8]. Bei dauernder Fütterung nimmt die Konzentration des gebundenen Farbstoffs in der Leber bis zu einem Maximum zu, das z. B. bei 4-Dimethylaminoazobenzol (6 mg/Tag) in etwa vier Wochen erreicht wird. Dann fallen die Werte trotz Weiterbehandlung ab. Nach Absetzen der Behandlung wird der Farbstoff praktisch exponentiell mit einer Halbwertszeit von etwa 3,5 Tagen ausgeschieden[6]. Je wirksamer der Farbstoff und je höher die Dosierung sind, um so schneller wird das Maximum der Bindung erreicht und um so schneller entsteht Krebs[6]. Das Lebergewebe von Tierarten, bei denen 4-Dimethylaminoazobenzol keinen Leberkrebs erzeugt, wie z. B. bei der Maus, bindet auch den Farbstoff entsprechend schlechter. Die 3'-Methylverbindung, die an der Ratte stärker carcinogen wirkt als das 4-Dimethylaminoazobenzol, wird auch fester gebunden als dieses. Jedoch werden auch Homologe gebunden, die nicht carcinogen sind. Die Annahme von Miller, daß ein Zusammenhang zwischen der Wirksamkeit der Cancerogene und ihrer Bindung an Proteine besteht, läßt sich zumindest nicht verallgemeinern[9].

Aus der Bindung an Proteine[6] läßt sich das Gift nur durch alkalische Hydrolyse oder tryptische Verdauung des Homogenats freisetzen. Die aromatischen Amine werden im Benzolextrakt bestimmt nach Reduktion durch Bildung der stark gefärbten Schiffschen Basen mit 1,2-Naphthochinon-4-sulfonat. Die Basen von Anilin, den Aminophenolen, Toluidinen und den Phenylendiaminen,

[1] Mackenzie, C. G., J. P. Chandler, E. B. Keller, J. R. Rachele, N. Cross and V. du Vigneaud: J. biol. Ch. **180**, 99 (1949). — Mackenzie, C. G., J. R. Rachele, N. Cross, J. P. Chandler and V. du Vigneaud: J. biol. Ch. **183**, 617 (1950). — [2] Miller, E. C., J. C. Macdonald and J. A. Miller: Cancer Res. **15**, 320 (1955). — [3] Boissonnas, R. A., R. A. Turner and V. du Vigneaud: J. biol. Ch. **180**, 1053 (1949). — Miller, E. C., A. M. Plescia, J. A. Miller and C. Heidelberger: Cancer Res. 11, 268 (1951). J. biol. Ch. **196**, 863 (1952). — Macdonald, J. C., A. M. Plescia, E. C. Miller and J. A. Miller: Cancer Res. **13**, 292 (1953.) — Berenbom, M., and J. White: J. nat. Cancer Inst. **12**, 583 (1951/52). — [4] Dyer, H. M.: J. nat. Cancer Inst. **11**, 1073 (1950/51). — [5] Le Breton, E.: Cr. **238**, 2446 (1954). — [6] Miller, J. A., and E. C. Miller: Cancer Res. **7**, 39 (1947). Adv. Cancer Res. **1**, 339 (1953). — Miller, E. C., and J. A. Miller: Cancer Res. **7**, 468 (1947); **12**, 547 (1952). Die Biochemie der Krebsentstehung in der Leber. Herne, Westf. 1952. J. nat. Cancer Inst. **15**, 1571 (1954/55). — Miller, E. C., J. A. Miller, R. W. Sapp and G. M. Weber: Cancer Res. **9**, 336 (1949). — Berenbom, M., and J. White: J. nat. Cancer Inst. **12**, 583 (1951/52). — Taki, J.: Med. J. Osaka Univ. **2**, 573 (1951). — Boyland, E.: Cancer Res. **12**, 77 (1952). — [7] Doniach, I., J. C. Mottram and F. Weigert: Brit. J. exp. Path. **24**, 1 (1943). — Miller, E. C.: Cancer Res. **11**, 100 (1951). — [8] Price, J. M., E. C. Miller and J. A. Miller: J. biol. Ch. **173**, 345 (1948). — [9] Hadler, H. I., V. Darchun and K. Lee: Science, N. Y. **125**, 72 (1957).

die als Metaboliten des Dimethylaminoazobenzols auftreten, unterscheiden sich durch ihre Löslichkeit und die Lage ihrer Absorptionsmaxima[1], so daß ihre getrennte Bestimmung möglich ist.

Die Reduktion des proteingebundenen Farbstoffs in der Leber liefert nach Hydrolyse nicht mehr den Farbstoff, sondern aus 4-Dimethylaminoazobenzol das Anilin bzw. aus seinen 2'-, 3'- oder 4'-Methylderivaten die entsprechenden Toluidine. Die Bindung der Farbstoffe an die Proteine ist also sehr fest und erfolgt durch die alkylierte Aminogruppe bzw. durch den Ring I. Wahrscheinlich geht auch der Bindung die Oxydation einer N-Methylgruppe zur Oxymethylamino- oder Formylverbindung voraus. Danach wären unter Austritt von Wasser folgende zwei Bindungstypen möglich[2]:

$$R—N(—CH_2—C(=)—)(—CH_3) \qquad \text{Protein (alkalistabil)}$$

und

$$R—N(—CH_2—N(|)—)(—CH_3) \qquad \text{Protein (alkalihydrolysierbar)}$$

und das Vorhandensein von wenigstens einer N-Methylgruppe für die Wirkung notwendig.

7. Die cancerogene Wirkung des 4-Dimethylaminoazobenzols.

Die Proteine der erzeugten Hepatome haben im Gegensatz zu denen des normalen oder auch des regenerierenden Lebergewebes *die Fähigkeit zur Bindung der Farbstoffe nicht mehr* (MILLER). Das Vermögen zur Synthese der bindungsfähigen Proteine geht im Verlaufe des Cancerisierungsvorganges nicht sprunghaft, sondern allmählich und schließlich fast vollständig verloren. Die Tumorzellen unterscheiden sich damit hinsichtlich ihres Proteinbestandes von den Mutterzellen· Das gilt anscheinend nicht nur für Lebertumoren, sondern auch für andere Geschwulstarten[3,4]. Der Unterschied der löslichen Proteine von Hepatomen und von normaler Leber ließ sich sowohl durch die Bestimmung der Sedimentationskonstanten mit der Ultrazentrifuge als auch elektrophoretisch nachweisen[4,5]. Er betrifft drei Proteine. Die langsam wandernde h-Komponente ist in den Hepatomen stark vermindert, während die schnell beweglichen A- und N-Komponenten erheblich vermehrt sind[4,5]. Der proteingebundene Farbstoff wandert elektrophoretisch mit der h-Komponente, bindet also ein spezifisches Protein, das den Tumorzellen fehlt[6]. Nicht cancerogen wirksame Methylderivate des 4-Dimethylaminoazobenzols verhalten sich indessen ebenso. Danach könnte auch die Zunahme der A- und N-Komponenten für die Cancerisierung zumindest ebenso bedeutsam sein wie die Abnahme der h-Komponente[4,5]. Die löslichen Proteine aus geschädigter

[1] MILLER, J. A., R. W. SAPP and E. C. MILLER: Am. Soc. **70**, 3458 (1948). — [2] MUELLER, G. C., and J. A. MILLER: Cancer Res. **11**, 271 (1951). — MILLER, E. C., A. M. PLESCIA, J. A. MILLER and C. HEIDELBERGER: J. biol. Ch. **196**, 863 (1952). — BOYLAND, E.: Cancer Res. **12**, 77 (1952). — [3] GREENSTEIN, J. P.: Biochemistry of Cancer. S. 280, 367. New York 1947. — TOENNIES, G.: Cancer Res. **7**, 193 (1947). — CARRUTHERS, C.: Ann. Rev. **19**, 389 (1950). — [4] SOROF, S., and P. P. COHEN: Cancer Res. **11**, 376 (1951). — [5] SOROF, S., P. P. COHEN, E. C. MILLER and J. A. MILLER: Cancer Res. **11**, 383 (1951). — ELREDGE, N., and J. M. MURRAY-LUCK: Cancer Res. **12**, 258 (1952). — [6] MILLER, E. C., and J. A. MILLER: Cancer Res. **7**, 468 (1947).

oder regenerierender Leber verhalten sich dagegen genauso wie die aus normaler Leber. Die Abweichungen bei den Hepatomen scheinen deshalb spezifisch mit der Cancerisierung verknüpft zu sein.

Eine Reihe von Azobenzolverbindungen, die selbst nicht carcinogen sind, hemmen die Erzeugung von Hepatomen durch 4-Dimethylaminoazobenzol[1]. Hier ist an eine kompetitive Besetzung spezifischer „Receptoren" zu denken.

Die Folgerung, daß der Angriffspunkt der eigentlichen carcinogenen Wirkung an makromolekularen, und zwar an organspezifischen, funktionswichtigen Zellbestandteilen zu suchen ist, geht aus neueren Ergebnissen serologischer Untersuchungen hervor. Die isolierte Mikrosomenfraktion aus Leber zeigt *organspezifische* Antigeneigenschaften[2]. Durch Injektion der Antigenpräparationen an Kaninchen lassen sich spezifische Antikörper erzeugen, so daß das Leberantigen mit üblichen serologischen Methoden bestimmt werden kann. Zwischen Hepatomen und normalen Lebern fanden sich zunächst quantitative Unterschiede[3]. Systematische Untersuchungen von WEILER[4] ergaben dann, daß das spezifische Leberantigen in der Mikrosomenfraktion von Hepatomen, die mit 4-Dimethylaminoazobenzol erzeugt wurden, *nicht* mehr nachweisbar ist, daß dafür aber andere jedoch nicht tumorspezifische, antigene Eigenschaften auftreten[4]. Während der Behandlung von Ratten mit 4-Dimethylaminoazobenzol nehmen die spezifischen Leberantigene ab, und zwar nicht sprunghaft, sondern allmählich nach Maßgabe der applizierten Gesamtdosis.

Die Markierung der am Kaninchen erzeugten Antikörper durch Kopplung mit Fluorescein[5] ermöglichte WEILER[6] zum ersten Mal eine morphologische Darstellung der Carcinogenese. Während Leberschnitte normaler Ratten die farbstoffmarkierten spezifischen Antikörper fest binden, nimmt die Bindung unter der Behandlung mit 4-Dimethylaminoazobenzol allmählich fortschreitend ab. Der Antigenverlust erfolgt in zwei Typen, nämlich diffus über die Leber verteilt und herdförmig. Nur der zweite Typ erwies sich als irreversibel, und nur er führte schließlich zu Krebs, dessen allmähliche Entwicklung von sonst nicht darstellbaren Anfangsstadien an über alle Zwischenstufen auf diese Weise verfolgt werden konnte.

Die Ergebnisse dieser Versuche zeigen, daß die Cancerisierung einem Verlust von Eigenschaften entspricht. Der Fortfall der organspezifischen Antigene legt die Annahme nahe, daß die Zellen nun gegen teilungshemmende Regulationen des Organismus „taub" geworden sind oder daß der Fortfall der speziellen Funktion die Teilungspotenzen freisetzt. Der Verlust ist offenbar irreversibel, so daß die Antigene nicht „de novo" gebildet werden können, sondern einem speziellen, etwa der Verdopplung von Chromosomen analogen Prozeß entstammen müßten (vgl. die „Duplikantentheorie" und „Defekttheorie" des Krebs, S. 300). Diese Sachverhalte entsprechen einer Krebstheorie von RUSCH[7]. Danach wird angenommen, daß Krebszellen immer dann entstehen, wenn funktionswichtige „Duplikanten" in der Zelle zerstört werden, die Fähigkeit zur Zellvermehrung aber erhalten bleibt.

Das Bemerkenswerte dieser Ergebnisse liegt jedoch darin, daß die nachgewiesenen irreversiblen Veränderungen die Mikrosomen, also Bestandteile des Cytoplasmas, betreffen. Damit stimmt überein, daß während der Carcinogenese im

[1] CRABTREE, H. G.: Brit. J. Cancer **9**, 310 (1955). — [2] KABAT, E. A., and J. FURTH: J. exp. Med. **74**, 257 (1941). — [3] MALMGREN, R. A., and B. E. BENNISON: J. nat. Cancer Inst. **11**, 301 (1950/51). — [4] WEILER, E.: Z. Naturforsch. **7**b, 324 (1952). — [5] COONS, A. H., and M. H. KAPLAN: J. exp. Med. **91**, 1 (1950). — [6] WEILER, E.: Z. Naturforsch. **11**b, 31 (1956). — [7] RUSCH, H. P.: Cancer Res. **14**, 407 (1954).

Cytoplasma ein starker Abfall der Ribosenucleinsäure- und Proteinwerte (bezogen auf DNS-Mengen) gefunden wurde, in der Kernfraktion dagegen ein Anstieg[1]. Basische Farbstoffe reagieren mit Nucleinsäuren[2]. Mit der Cancerisierung der Leberzellen bei Ratten durch 4-Dimethylaminoazobenzol nimmt ihr Bestand an Mitochondrien signifikant ab und damit auch die Atmung der Zelle[3]. Daraus wurde geschlossen, daß die Mitochondrien die Zellteilung hemmen, ihr Verlust sie aber anregen kann[4].

4-Dimethylaminoazobenzol wird bei Ratten speziell in der Leber, in anderen Organen und in der Leber anderer Tierarten dagegen weniger gebunden (MILLER). Daraus erklärt sich sowohl die Artspezifität der Wirkung des cancerogenen Farbstoffs als auch dessen „Organotropie". Die Geschwülste gehen meist von den Leberzellen selbst aus, sind Adenome, Hepatome und Cholangiome. Meist entstehen zunächst gutartige Tumoren, aus denen sich dann maligne Geschwülste entwickeln[5]. Wenn 4-Dimethylaminoazobenzol auch bevorzugt von der Leber gebunden wird und hier in erster Linie Krebs erzeugt, so bestehen jedoch zu den anderen Geweben keine qualitativen, sondern vorwiegend quantitative Unterschiede. 4-Dimethylaminoazobenzol kann auch in anderen Geweben zu Krebs führen, jedoch nur dann, wenn die Dosierung oder die Applikationsart so gewählt wird, daß die Tiere nicht früher an den Lebertumoren sterben, ehe es zur Bildung anderer Geschwülste kommen kann. Wird es z. B. in adsorbierter Form subcutan injiziert, so entstehen bevorzugt lokale Sarkome an der Injektionsstelle. Der Ort der Geschwulstbildung hängt in erster Linie davon ab, wo die Konzentration des Giftes am höchsten ist.

In der Klasse der carcinogenen aromatischen Amine wird ihre Verteilung auf die verschiedenen Gewebe des Körpers und ihre Bindung in hohem Maße von der Konstitution der Grundmoleküle beeinflußt. Während die 4-Dimethylaminoverbindung des Azobenzols zu Leberkrebs führt, löst die des Stilbens an Ratten Krebs im Gehörgang und die des Diphenyls im Darm oder in der Blase aus[6].

Andererseits wird die Lokalisation der Tumoren auch von der (cellulären) Disposition der im Wirkungsbereich liegenden Gewebe bestimmt. Die Zellen funktionierender, proliferierender oder geschädigter Gewebe sind empfindlicher als die von ruhenden Geweben. Am längsten bekannt ist die Tatsache, daß Röntgenstrahlen auf der entzündeten Haut viel leichter Krebs erzeugen als etwa auf der normalen. Stilboestrol, das die Leber belastet, beschleunigt die Entstehung von Hepatomen nach Fütterung mit 4-Dimethylaminoazobenzol an der Maus[7]. Die Auslösung von Nierentumoren durch Stilboestrol bei Goldhamstern wird durch die einseitige Nephrektomie beschleunigt[8].

Wird die Gabe eines cancerogenen, resorptiv wirkenden Agens mit der eines nichtcancerogenen Giftes kombiniert, das eine „organotrope" proliferationsfördernde Wirkung auf ein bestimmtes Organ hat, so kann dadurch eine Lokalisation der Geschwülste an dieser Stelle erzwungen werden. 2-Acetylaminofluoren erzeugt z. B. Geschwülste in den verschiedensten Organen, aber nicht in der

---

[1] DAVIDSON, J. N., and I. LESLIE: Cancer Res. **10**, 587 (1950). — [2] KELLEY, E. G.: J. biol. Ch. **127**, 73 (1939). — [3] ALLARD, C., R. MATHIEU, G. DE LAMIRANDE and A. CANTERO: Cancer Res. **12**, 407 (1952). — FRITZ-NIGGLI, H.: Oncologia, Basel **9**, 261 (1956). — HOWATSON, A. F., and A. W. HAM: Cancer Res. **15**, 62 (1955). — [4] FIALA, S.: Naturwiss. **40**, 391 (1953). — [5] KINOSITA, R.: Gann, Tokyo **23**, 165 (1940). Yale J. Biol. Med. **12**, 287 (1940). — BROCK, N., H. DRUCKREY u. H. HAMPERL: Z. Krebsforsch. **50**, 431 (1940). — LAUBER, W., u. P. DANNEBERG: Z. Krebsforsch. **61**, 327 (1956). — [6] SCHMÄHL, D., u. R. MECKE jr.: Z. Krebsforsch. **61**, 230 (1956). — [7] SHELTON, E.: J. nat. Cancer Inst. **16**, 107 (1955/56). — [8] HORNING, E. S.: Brit. J. Cancer **8**, 627 (1954).

Schilddrüse. Wird es aber mit thyreotropem Hormon[1] oder mit Allylthioharnstoff[1,2] kombiniert, die beide eine proliferationsfördernde Wirkung auf die Schilddrüse haben, so entsteht Schilddrüsenkrebs, bei vermehrter gonadotroper Inkretion dagegen z. B. Ovarialkrebs[3]. Kombination mit Oestrogenen läßt Tumoren der Hypophyse entstehen[4]. Die Eigenschaft der Oestrogene, die Entstehung von Tumoren in den Brustdrüsen, im Uterus[5] oder im Zwischengewebe der Hoden zu begünstigen, ist ähnlich durch ihre proliferationsfördernde Wirkung speziell auf diese Organe zwanglos zu verstehen. Wahrscheinlich müssen in allen Fällen Proliferationsreize oder Wuchsstoffe hinzukommen, damit nach der Einwirkung cancerogener Substanzen wachsende Geschwülste entstehen können[6]. Daraus erklärt sich die Erfahrung, daß proliferationsfördernde Hormone in den von ihnen abhängigen Geweben die Entwicklung von Geschwülsten fördern können bzw. daß die Entwicklung von Tumoren hier an hormonale Voraussetzungen gebunden ist[7]. Substanzen, die selbst nicht cancerogen sind, aber die Realisierung eines bereits veranlagten Krebses fördern oder dessen Lokalisation bestimmen können, werden als „Co-Cancerogene" oder nach BUTENANDT[8] als „bedingt cancerogene" Substanzen bezeichnet.

Die Lokalisation der Tumoren nach Applikation eines cancerogenen Agens hängt demnach von den folgenden Faktoren ab:

1. von der Konzentration des Giftes am Wirkungsort,
2. von der cellulären Disposition der im Wirkungsbereich des Agens liegenden Gewebe.

Die „Disposition" für cancerogene Wirkungen hängt anscheinend stark von der relativen Häufigkeit der im betreffenden Gewebe ablaufenden mitotischen Zellteilungen ab. Zum Beispiel Ganglienzellen, die sich nach Abschluß der embryonalen Entwicklung nicht mehr teilen, bilden auch niemals Geschwülste. Auch Muskelzellen liefern nur dort Tumoren, wo auch normal Proliferationen möglich sind, wie im Uterus. Einen Vergleich der relativen Mitosezahlen in den einzelnen Organen — bestimmt an Ratten — mit der Häufigkeit, mit der sich beim Menschen in ihnen Geschwülste bilden, zeigt die Tabelle 31.

Tabelle 31. Die relative Häufigkeit von Mitosen und von Krebs in verschiedenen Geweben (nach LEBLOND u. Mitarb.[9]).

Organ	Mitosen (Ratte) %	Krebs (Mensch) je 100000
Darmepithel .	3	34,8
Epidermis . .	2	29,2
Magen . . .	1	27,1
Lungen . . .	0,4	14,7
Nieren . . .	0,02	
Leber	0,01	5,5

Daraus erklärt sich zugleich auch die Bedeutung von Proliferationsreizen für die Neigung zu Geschwulstbildungen.

---

[1] BIELSCHOWSKY, F.: Brit. J. exp. Path. **25**, 90 (1944). Brit. J. Cancer **3**, 547 (1949). — SEIDLIN, S. M., L. D. MARINELLI and E. OSHRY: J. amer. med. Ass. **132**, 838 (1946). — FITZHUGH, O. G., and A. A. NELSON: Science, N.Y. **108**, 626 (1948). — [2] PURVES, H. D., and W. E. GRIESBACH: Brit. J. exp. Path. **28**, 46 (1947). — PURVES, H. D., W. E. GRIESBACH and T. H. KENNEDY: Brit. J. Cancer **5**, 301 (1951). — [3] BIELSCHOWSKY, F., and W. H. HALL: Brit. J. Cancer **5**, 331 (1951). — [4] BIELSCHOWSKY, F.: Brit. med. Bull. **4**, 382 (1947). — [5] GARDNER, W. U., E. ALLEN, G. M. SMITH and L. C. STRONG: J. amer. med. Ass. **110**, 1182 (1938). — GREENE, H. S. N.: J. exp. Med. **70**, 147 (1939). — GEMMELL, A. A., and T. N. A. JEFFCOATE: J. Obstet. Gynaec. brit. Emp. **46**, 985 (1939). — [6] DRUCKREY, H., K. KÜPFMÜLLER u. W. TRAPPE: Z. Krebsforsch. **56**, 407 (1949). — DRUCKREY, H.: Arzneim.-Forsch. **1**, 383 (1951). — [7] FURTH, J.: Cancer Res. **13**, 477 (1953). — MÜHLBOCK, O.: Acta endocrinol., København **12**, 105 (1953). — MÜHLBOCK, O., and T. G. VAN RIJSSEL: J. nat. Cancer Inst. **15**, 73 (1954/55). — GARDNER, W. U.: Hormonal aspects of experimental tumorigenesis. Adv. Cancer Res. **1**, 173 (1953). — DONTENWILL, W.: M.m.W. **1955**, 210. — [8] BUTENANDT, A.: D.m.W. **1950**, 5. — [9] LEBLOND, C. P., W. F. STOREY and F. BERTALANFFY: Acta Un. int. Cancr., Bruxelles **7**, 692 (1951).

Die Fähigkeit zur mitotischen Zellvermehrung spielt indessen nur für die Entwicklung einer Geschwulst aus erzeugten Krebszellen eine Rolle, nicht aber für den Vorgang der Cancerisierung selbst[1]. Es erscheint fast selbstverständlich, daß Zellen, die sich ohnehin nicht mehr teilen können, wie z. B. Ganglienzellen, dazu erst recht nicht mehr nach einer krebsigen Entartung befähigt sind. Dagegen muß es für möglich gehalten werden, daß diese Zellen doch noch zu einer der Cancerisierung entsprechenden Entartung gebracht werden können. Wenn diese sich auch nicht durch Geschwulstbildung manifestieren kann, so muß sie doch zu anderen Defekten führen. Damit erscheint die Entstehung von Krebs nur als eine der möglichen Folgen der „cancerogenen" Wirkung. Die Krebsentstehung mag die wichtigste, braucht aber nicht die einzige „Krankheit" zu sein, die so verursacht wird. Gerade für irreversible Defekte an Ganglienzellen kommt eine solche Ätiologie durch eine extrem chronische Vergiftung in Betracht.

ε) Cancerogene organische Verbindungen verschiedener Art.

Die cancerogene Wirkung ist nicht auf aromatische Kohlenwasserstoffe und Amine beschränkt, sondern kommt vielen, sowohl verwandten als auch andersartigen Substanzen zu.

1. Harnstoff-Verbindungen.

Der als Süßstoff unter dem Namen „Dulcin" bekannte 4-Äthoxyphenylharnstoff (Phenetidinharnstoff) erzeugte bei Ratten nach oraler Gabe (0,1% im Futter) Leberkrebs[2]. Seine Verwendung als Süßstoff wurde deshalb in den USA verboten[3]. Jedoch ließ sich der Befund bisher nicht bestätigen[4]. Wenn Dulcin dennoch carcinogen sein sollte, so kann die Wirkung nicht auf der Spaltung der Harnstoffkomponente zum Amin beruhen, denn sie findet im Körper nicht statt[5], wohl aber die der Äthoxygruppe unter Bildung des entsprechenden Phenols[6].

Das dem Dulcin analog konfigurierte *Phenacetin*, das als Antipyreticum sehr viel gebraucht wird, erzeugte im Gegensatz zu Dulcin an der gleichen Tierart

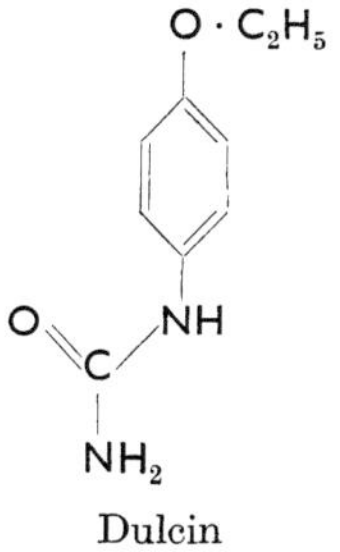

Dulcin 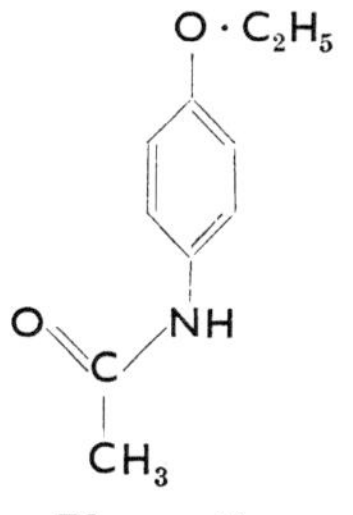 | Phenacetin 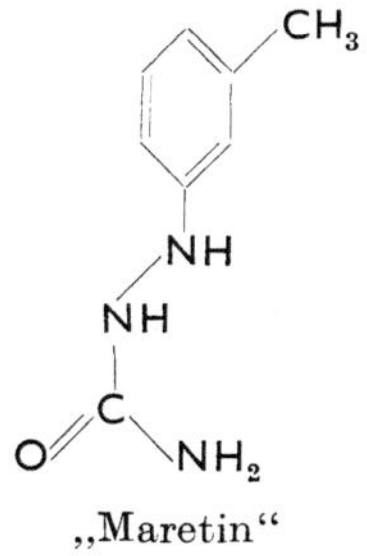 | „Maretin"

auch bei jahrelanger Behandlung mit einer Gesamtdosis von mehr als 20 g (!) keinen Krebs[7]. Die cancerogene Wirkung des Dulcins müßte also der Harnstoffkomponente zugeschrieben werden. Phenylharnstoff erwies sich als schwach

[1] Bielschowsky, F., and W. S. Bullough: Brit. J. Cancer **3**, 282 (1949). — Rogers, S.: Cancer Res. **11**, 275 (1951). — [2] Fitzhugh, O. G., and A. A. Nelson: Fed. Proc. **9**, 272 (1950). — [3] Lehman, A. J.: Quart. Bull. Ass. Food Drug Off. **14**, 82 (1950). — [4] Lettré, H., u. H. Wrba: Naturwiss. **42**, 217 (1955). — [5] Frimmer, M., u. I. Weindel: Arzneim.-Forsch. **1**, 271 (1951). — [6] Smith, J. N., and R. T. Williams: Biochem. J. **44**, 239 (1949). — Brodie, B. B., and J. Axelrod: J. Pharmacol. exp. Therap. **97**, 58 (1949). — [7] Schmähl, D., u. A. Reiter: Arzneim.-Forsch. **4**, 404 (1954).

carcinogen[1]. Das Carbaminsäure-3-tolylhydrazid („Maretin“) führte nach Injektion an Hühnern (wöchentlich 0,5 cm³, 0,25%) zu Leukosen[2].

Thioharnstoff erzeugt nach Verfütterung an Ratten (0,1% in der Diät) ebenfalls Hepatome[3], Sarkome[4] und auch Schilddrüsenkrebs[3], letzteren besonders unter Mitwirkung des thyreotropen Hormons. *Thioacetamid* hat bei Verfütterung an Ratten in Milligramm-Dosen mit großer Häufigkeit zu Gallengangskrebs geführt und scheint stark carcinogen zu sein[5]. Bei Thioharnstoff und Thioacetamid kann also im Gegensatz zu Dulcin und Phenacetin die NH_2-Gruppe gegen CH_3— im Sinne des GRIMMschen Hydridverschiebungssatzes ausgetauscht werden.

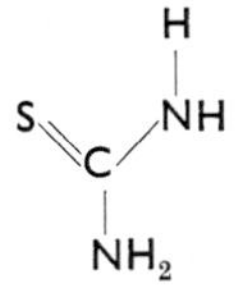

Thioharnstoff 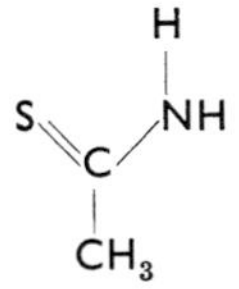 — Thioacetamid

Danach scheint die cancerogene Wirkung auch bei diesen Substanzen, ganz ähnlich wie bei den aromatischen Kohlenwasserstoffen und Aminen weniger von der chemischen Konstitution abzuhängen als von den physikalischen molekularen Eigenschaften. Da vom Harnstoff keine cancerogene Wirkung anzunehmen ist, dürfte die besondere Tautomeriefähigkeit der Thioharnstoffgruppe wesentlich sein, wobei neben der Thiongruppe nur eine Aminogruppe am gleichen C-Atom erforderlich ist.

Allylthioharnstoff erzeugt an Ratten und Mäusen Schilddrüsenkrebs[6], ähnlich wie Thioharnstoff. Die gleiche Wirkung hat das ebenfalls auf die Schilddrüse „organotrop“ wirkende *Thiouracil*, das zugleich Adenome des Hypophysenvorderlappens auslöst[7].

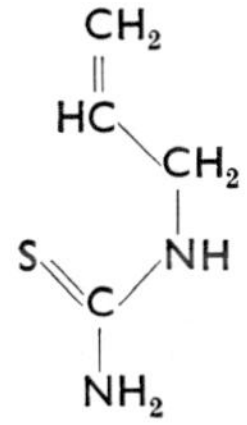

Allylthioharnstoff 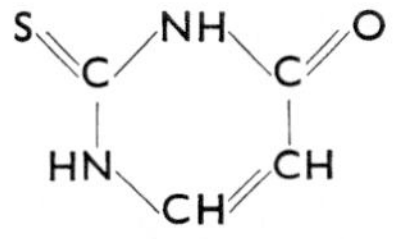 — Thiouracil 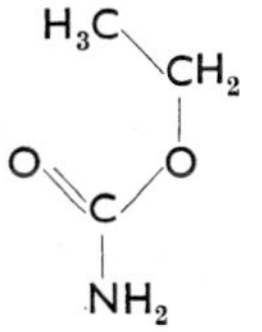 — Äthylurethan

Eine auffallend vielseitige cancerogene Wirkung bei Mensch und Tier hat das *Äthylurethan*. Es erzeugt z. B. bei Ratten und bei Mäusen in erster Linie Lungenkrebs, dann aber auch Geschwülste in Leber und Blase[8]. Hier liegt also eine

---

[1] SCHMÄHL, D.: Naturwiss. **43**, 404 (1956). — [2] JARMAI, K., u. L. LABO: Dtsch. tierärztl. Wschr. **46**, 593 (1938). — STERN, P., u. L. SPRUNG: Exper. 8, 274 (1952). — [3] FITZHUGH, O. G., and A. A. NELSON: Science, N. Y. **108**, 626 (1948). — [4] ROSIN, A., and M. RACHMILEWITZ: Cancer Res. **14**, 494 (1954). — [5] GUPTA, D. N.: Nature **175**, 257 (1955). — [6] GRIESBACH, W. E., T. H. KENNEDY and H. D. PURVES: Brit. J. exp. Path. **26**, 18 (1945). — [7] MONEY, W. L., and R. W. RAWSON: Cancer, N. Y. **3**, 231 (1950). — BASSALLECK, H.: Med. Klin. **1950**, 924. — PURVES, H. D., W. E. GRIESBACH and T. H. KENNEDY: Brit. J. Cancer **5**, 301 (1951). — MOORE, G. E., E. L. BRACKNEY and F. G. BOCK: Proc. Soc. exp. Biol. Med. **82**, 643 (1953). — [8] NELSON, A. A., O. G. FITZHUGH and H. O. CALVERY: Cancer Res. **3**, 230 (1943). — LARSEN, C. D.: J. nat. Cancer Inst. **8**, 99 (1947/48). — JAFFÉ, W. G.: Cancer Res. **7**, 107 (1947). — BALÓ, J., J. JUHÁSZ u. G. KENDREY: Z. Krebsforsch. **59**, 561 (1953).

ausgesprochen resorptive cancerogene Wirkung vor[1], die der hohen Diffusibilität und Permeationsfähigkeit des Urethans entspricht. Durch die Placenta kann es auf die Frucht übergehen.

Werden trächtige Mäuse mit Urethan behandelt (z. B. einmal 25 mg subcutan), so bekommen die Jungen wenige Monate nach der Geburt Lungenkrebs[2], obwohl sie mit dem Agens gar nicht mehr in Berührung kommen. Die Übertragung durch die Milch ist dabei nicht wesentlich, denn die Ausbeute an Geschwülsten ist dieselbe, wenn die Geburt durch Kaiserschnitt erfolgte und die Jungen von einer unbehandelten Amme gesäugt wurden[3]. Auch bei cancerogenen Kohlenwasserstoffen, z.B. beim 20-Methylcholanthren wurde das Auftreten von Krebs bei den Nachkommen der behandelten Mäuse beobachtet, zum Teil erst nach mehreren Generationen[4].

Diese am klarsten beim Urethan gewonnenen Ergebnisse sind für die Beurteilung der Bedeutung „exogener" Krebsursachen für den Menschen von großer Bedeutung. Sie zeigen, daß eine diaplacentare Einwirkung cancerogener Substanzen grundsätzlich möglich ist und daß ein im späteren Leben auftretender Krebs bereits im pränatalen Leben auf diese Weise verursacht sein kann. Der Organismus braucht also nach der Geburt gar nicht mit dem cancerogenen Agens in Kontakt gekommen zu sein. Darin liegt die außerordentliche Gefahr der cancerogenen Agentien und damit auch der Zwang zu ihrer Ausschaltung vom Kontakt mit Menschen*, d.h. zu einer planmäßigen „*Krebsprophylaxe*". Das Beispiel des Urethans beweist, daß auch leicht wasserlösliche Substanzen cancerogen sein können. Die Wasserlöslichkeit schließt diese Wirkung *nicht* aus.

Urethan vergiftet die enzymatische Transmethylierung und hemmt dadurch die Synthese von Thymin. So wird seine chromosomenschädigende Wirkung erklärt. Durch Gabe von Thymin kann sie aufgehoben werden[5]. Urethane hemmen die Zellteilung[6]. Das Äthylurethan wurde als „Mitosegift" oder „Cytostaticum" zur Krebstherapie beim Menschen benutzt. Dabei hat es bereits zu Geschwulstbildung geführt[7]. Es ist also eine Substanz, die cancerogen wirkt, obwohl sie die mitotische Zellteilung hemmt[8]. Die Zellvermehrung kann deshalb für die Cancerisierung als solche keine maßgebliche Bedeutung haben, wohl aber für die dann folgende Entwicklung einer Geschwulst aus erzeugten Krebszellen.

Propyl- oder Halogenurethane sind weniger wirksam als Urethan[9]. Die cancerogene Wirkung von Urethan und von Derivaten des Thioharnstoffes hatte schon gezeigt, daß nicht nur aromatische, sondern auch aliphatische Amine wirksam sein können. Das gilt auch für Halogenalkylamine.

Das Urethan ist zugleich ein Beispiel dafür, daß auch *Arzneimittel* krebserzeugende Eigenschaften haben[10] (s. a. S. 289). Das gleiche ist bekannt von Arsen (Liquor kalii arsenicosi)[11], von Thorium X-Präparaten[12], von Steinkohlenteer[13], von

---

* Zum Beispiel Urethan als Lösungsmittler (40%) in der Arzneimittelindustrie.

[1] HARAN, N., and I. BERENBLUM: Brit. J. Cancer **10**, 57 (1956). — [2] LARSEN, C. D., L. L. WEED and P. B. RHOADS jr.: J. nat. Cancer Inst. **8**, 63 (1947/48). — SMITH, W. E., and P. ROUS: J. exp. Med. **88**, 529 (1948). — [3] KLEIN, M.: Cancer Res. **12**, 275 (1952); **14**, 438 (1954). — [4] STRONG, L. C.: Cancer Res. **12**, 300 (1952). — [5] BOYLAND, E., and P. C. KOLLER: Brit. J. Cancer **8**, 677 (1954). — [6] WARBURG, O.: Der Stoffwechsel der Tumoren. Berlin 1926. — BROCK, N., H. DRUCKREY u. H. HERKEN: A. e. P. P. **193**, 679 (1939). — [7] MEYTHALER, F., u. F. HÄNDEL: Verh. dtsch. Ges. inn. Med. **55**, 406 (1949). — [8] ROGERS, S.: Cancer Res. **11**, 275 (1951). — [9] LARSEN, C. D.: J. nat. Cancer Inst. **8**, 99 (1947/48). — [10] DRUCKREY, H.: M.m.W. **1956**, 295. — [11] ARHELGER, S. W., and A. J. KREMEN: Surgery **30**, 977 (1951). — GEYER, E.: Z. ges. inn. Med. **10**, 685 (1955). — [12] MEESEN, H.: D. m. W. **1955**, 169. — [13] VEIEL, F.: Arch. Derm. Syph. Berlin **148**, 142 (1924). — HODGSON, G.: Brit. J. Derm. **60**, 282 (1948). — ROOK, A. J., G. A. GRESHAM and R. A. DAVIS: Brit. J. Cancer **10**, 17 (1956).

Chloroform und neuerdings auch von Hexamethylentetramin[1] und von 8-Oxychinolin[2], das als wirksamer Bestandteil in Antikonzeptionsmitteln gebraucht wird. Ob die Wirkung des 8-Oxychinolins mit seiner Eigenschaft zusammenhängt, mit Metallen feste Chelat-Verbindungen zu bilden, ist noch nicht geklärt.

2. Alkylierende Substanzen.

Bis-(2-chloräthyl)-sulfid, das unter den Namen „Lost" oder „mustard gas" zuerst als Kampfstoff benutzt, dann aber wegen seiner cytotoxischen Wir-

$$Cl-CH_2-CH_2-S-CH_2-CH_2-Cl$$

Bis-(2-chloräthyl)-sulfid („Lost", „mustard gas")

kung in die Krebstherapie eingeführt wurde, wirkt sowohl mutagen als auch cancerogen, und zwar auch am Menschen[3]. Seine stickstoffhaltigen Homologen, wie das Methyl-bis-(β-chloräthyl)-amin („N-Lost", „nitrogen mustard") haben die gleiche Wirkung. Das Schwefelatom ist also durch Stickstoff ohne Wirkungsverlust ersetzbar. N-Lost erzeugt z. B. an Mäusen nach intravenöser Gabe von

$$Cl-CH_2-CH_2-N(CH_3)-CH_2-CH_2-Cl$$

Bis-(2-chloräthyl)-methyl-amin („N-Lost")

wenigen Gamma in einigen Monaten multiple Lungengeschwülste[4]. Auch an Ratten löst es die Bildung verschiedenartiger Geschwülste aus, wie Lungenkrebs, Leukämien, Lymphosarkome oder lokale Sarkome[5], ganz ähnlich wie Urethan. Die gleiche Wirkung haben auch das Tri-(2-chloräthyl)-amin und aromatische N-Lostverbindungen[6]. Das therapeutisch viel benutzte Bis-(2-chloräthyl)-aminoxyd hat sich an Ratten ebenfalls als cancerogen erwiesen, jedoch erst in einer Gesamtdosis von etwa 250 mg, ist also viel schwächer wirksam als das Amin[7].

Die cytotoxische Wirkung der Lostverbindungen beruht auf der Bildung hochreaktiver Radikalformen im Organismus, die alkylierend wirken[8]. Die Bis-β-chloräthylamine erzeugen ganz ähnlich wie das Urethan sichtbare Veränderungen an Chromosomen, nämlich Klebrigkeit („stickiness"), Verklebungen (Abb. 36) („cross linkages"), Brüche und andere Läsionen und Defekte[9], haben also mutagene

[1] Watanabe, F., and S. Sugimoto: Gann, Tokyo **46**, 365 (1955). — [2] Hoch-Ligeti, C.: Proc. amer. Ass. Cancer Res. **2**, 118 (1955/56). — Boyland, E., and G. Watson: Nature **177**, 837 (1956). — [3] Heston, W. E.: J. nat. Cancer Inst. **14**, 131 (1953/54). — Case, R. A., and A. J. Lea: Brit. J. prevent. Med. **9**, 62 (1955). — [4] Heston, W. E.: J. nat. Cancer Inst. **10**, 125 (1949/50); **14**, 131 (1953/54). — Rogers, S.: Amer. J. Path. **29**, 607 (1953). — Case, R. A., and A. J. Lea: Brit. J. prevent. Med. **9**, 62 (1955). — [5] Boyland, E., and E. S. Horning: Brit. J. Cancer **3**, 118 (1949). — Philips, F. S.: J. Pharmacol. exp. Therap. **99**, 281 (1950). — Griffin, A. C., E. L. Brandt and E. L. Tatum: Cancer Res. **11**, 253 (1951). — [6] Haddow, A., G. A. R. Kon and W. C. J. Ross: Nature **162**, 824 (1948). — Boyland, E.: Cancer Res. **12**, 77 (1952). J. Chim. physique Physico-chim. biol. **47**, 942 (1950). — [7] Steinhoff, D., u. B. T. Kuk: Z. Krebsforsch. **62**, 112 (1957). — Tokuoka, S.: Gann, Tokyo **46**, 374 1955). — [8] Boyland, E.: The pharmacology of chloraethyl-amines. Biochem. Soc. Symp. **2**, 61 (1948). Cancer Res. **12**, 77 (1952). — Haddow, A.: Practitioner **167**, 36 (1951). — Loveless, A.: Nature **167**, 338 (1951). — Alexander, P.: Adv. Cancer Res. **2**, 2 (1954). — [9] Goldacre, R. J., A. Loveless and W. C. J. Ross: Nature **163**, 667 (1949). — Auerbach, C., J. M. Robson and J. G. Carr: Science, N.Y. **105**, 243 (1947). — Alexander, P., M. Fox, K. A. Stacey and L. F. Smith: Biochem. J. **52**, 177 (1952).

Wirkungen[1]. Diese entsprechen den durch Röntgenstrahlen erzeugten Effekten so vollständig, daß sie als „radiomimetische" Wirkungen bezeichnet wurden[2]: Die Wirkungen dieser „radiomimetischen" Gifte und die von energiereichen Strahlen stimmen auch in anderen Punkten überein, denn beide wirken in gleicher Weise mutagen, cancerogen, cytotoxisch, entzündungserregend[3] und wachstumshemmend[4]. An Ratten entspricht die Wirkung einer Dosis von 0,2 mg/kg N-Lost

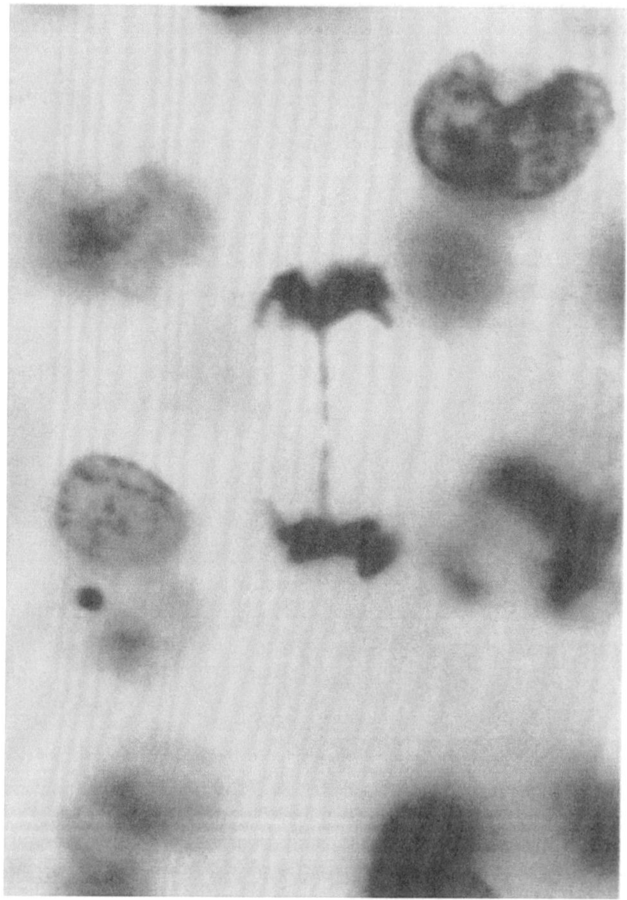

Abb. 37. YOSHIDA-Ascites-Sarkom. Chromosomenbrücke nach 200 mg Janusgrün.

der einer Röntgendosis von 100 r (s. [4]). Beide Arten von Agentien wirken auch in vitro auf hochpolymere Desoxyribonucleinsäuren, z. B. aus Kalbsthymus, und führen zu einer Abnahme der Viscosität[5]. Daraus wird auf eine Spaltung bzw. Depolymerisation geschlossen. Dieser Schluß ist indessen nicht ganz zwingend, weil eine Abnahme der Viscosität auch durch eine Knäuelung vorher fadenförmiger Molekeln bewirkt wird. Diese Möglichkeit muß in Betracht gezogen werden, weil an Chromosomen durch solche Agentien Verklebungen ausgelöst werden. Nur in verdünnten Lösungen scheinen der Abbau bzw. die Spaltung der

---

[1] DARLINGTON, C. D.: Heredity **1**, 187 (1947). — DEMEREC, M.: Brit. J. Cancer **2**, 114 (1948). — [2] DUSTIN, P.: Nature **159**, 794 (1947). — [3] MEYER, V.: B. **20**, 1729 (1887). — [4] BOYLAND, E.: Endeavour **11**, 87 (1952). — [5] BUTLER, J. A. V., L. A. GILBERT and K. A. SMITH: Nature **165**, 714 (1950).

Nucleinsäuren im Vordergrund zu stehen, denn unter der Einwirkung werden dialysable Phosphorsäureester nachweisbar[1]. Der gleiche Abbau von hochpolymeren Nucleinsäuren tritt auch bei Einwirkung von Peroxyden bzw. OH-Radikalen ein[2]. Da energiereiche Ultraviolett- oder Röntgenstrahlung in wäßrigen Lösungen Peroxyde und OH-Radikale bildet[3], wird eine „indirekte" Strahlenwirkung diskutiert. Dafür spricht, daß Strahlenwirkungen durch Sauerstoffmangel gehemmt werden[4]. Der Depolymerisationsgrad, der nach Bestrahlung in vitro von DNS nachweisbar wird, ist der Strahlendosis direkt proportional[4]. Eine Strahlenmenge von 100 r kann eine Konzentration von $0{,}3 \cdot 10^{-6}$ m freier OH-Radikale erzeugen. Die gleiche Wirkung am biologischen Objekt oder bei der Depolymerisation von DNS in vitro hat eine Dosis von $1 \cdot 10^{-6}$ m N-Lost oder 10^{-2} m Urethan[5]. So wird auch die Wirkung der Lostverbindungen ähnlich wie die anderer cancerogener Substanzen darauf bezogen, daß sie Radikale bzw. Bi-Radikale bilden[2]. Damit deuten sich Möglichkeiten an, die cancerogenen und mutagenen Wirkungen von Strahlen und von Chemikalien unter einem gemeinsamen Gesichtspunkt zu betrachten.

Bis-(2-chloräthyl)-amine reagieren mit vielen biologisch wichtigen Gruppen und Substanzen, z.B. mit SH-Gruppen und α-Aminogruppen von Aminosäuren[6]. Sie haben demgemäß sehr vielseitige Wirkungen. Für die cancerogene und ebenso die mutagene und cytotoxische Wirkung dürfte indessen der Angriff an Nucleinsäuren und Proteinen wesentlich sein. Die Erzeugung einer Ionisation an makromolekularen Substanzen erfordert eine weit geringere Anregungsenergie als etwa die Bildung von Hydroxyl-Radikalen in Wasser.

Eine leicht demonstrable radiomimetische Wirkung, die deshalb als „Schnelltest" verwendbar sein kann, ist die Erzeugung von lokaler Weißhaarigkeit, z.B. bei schwarzen Ratten durch örtliche Röntgenbestrahlung[7], Injektion von N-Lost[8] oder radioaktiven Substanzen[9]. Möglicherweise handelt es sich um eine somatische Mutation.

Es kann als gesichert gelten, daß die cancerogene, mutagene und cytotoxische Wirkung den Halogenalkylaminen nicht selbst zukommt, sondern aktiven Reaktionsprodukten von Radikalnatur. Das in dieser Hinsicht besonders untersuchte N-Lost (I) bildet in wäßriger Lösung[10] nach Abspaltung von zunächst einem Cl-Atom ein basisches Radikal (II), das wahrscheinlich die wirksame Form darstellt, aber unter Schließung eines Äthylenimoniumringes sehr schnell zum ebenfalls reaktionsfähigen Kation Methyl-(2-chloräthyl)-äthylenimonium (III) führt[11]. Dieses reagiert mit Thiosulfat leicht und ist so nachweisbar. Das Kation kann nun entweder polymerisieren und z. B. das dimere, nicht toxische N,N'-Bis-(2-chloräthyl)-N,N'-dimethylpiperazinium (IV) bilden[12], oder es kann zum Methyl-2-chloräthyläthanolamin (V) hydrolysiert werden[13]. Ein Ringschluß der

[1] CHANUTIN, A., and E. C. GJESSING: Cancer Res. **6**, 599 (1946). — SMITH, K. A., and E. M. PRESS: Acta Un. int. Cancr., Bruxelles **7**, 537 (1951). — [2] BUTLER, J. A. V., B. E. CONWAY, L. A. GILBERT and K. A. SMITH: Acta Un. int. Cancr., Bruxelles **7**, 443 (1951). — [3] STRAUB, W.: A. e. P. P. **51**, 383 (1904). — BACQ, Z. M., and P. ALEXANDER: Fundamentals of Radiobiology. London 1955. — [4] LIMPEROS, G.: Cancer Res. **11**, 325 (1951). — [5] BOYLAND, E.: Endeavour **11**, 87 (1952). — [6] FRUTON, J. S., W. H. STEIN and M. BERGMANN: J. org. Chem. **11**, 559 (1946). — [7] HANCE, R. T., and J. B. MURPHY: J. exp. Med. **44**, 339 (1926). — [8] BOYLAND, E., J. W. CLEGG, P. C. KOLLER, E. RHODEN and O. H. WARWICK: Brit. J. Cancer **2**, 17 (1948). — BOYLAND, E., and S. SARGENT: Brit. J. Cancer **5**, 433 (1951). — BOYLAND, E.: Endeavour **11**, 87 (1952). — [9] LISCO, H., M. P. FINKEL and A. M. BRUES: Radiology **49**, 361 (1947). — [10] HANBY, W. E., G. S. HARTLEY, E. O. POWELL and H. N. RYDON: Soc. **1947**, 519. — BOYLAND, E.: Biochem. Soc. Symp. **2**, 61 (1948). — [11] SELIGMAN, A. M., A. M. RUTENBURG and O. M. FRIEDMAN: J. nat. Cancer Inst. **9**, 261 (1948/49). — [12] HANBY, W. E., and H. N. RYDON: Soc. **1947**, 513. — [13] HUNT, C. C., and F. S. PHILIPS: J. Pharmacol. exp. Therap. **95**, 131 (1949).

Äthanolgruppe zum Epoxyd (VI) ist nicht wahrscheinlich. Die zweite Chloräthylkette unterliegt der gleichen Veränderung wie die erste, so daß über das Methyläthanoläthylenimonium (VII) schließlich das nicht toxische Diäthanol-

Formeltafel 3. Reaktionsformen des Di-(2-chloräthyl)-methylamin in wäßriger Lösung.

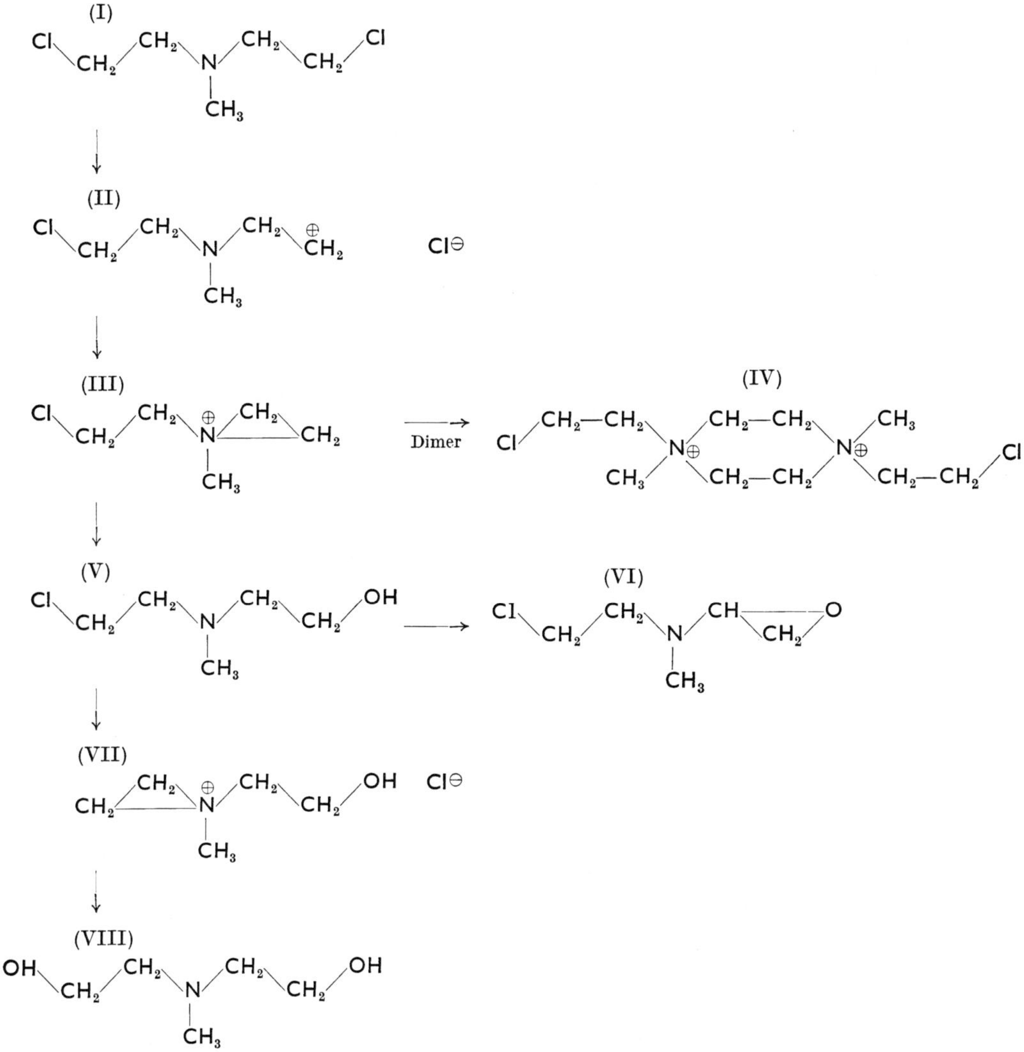

(I) $Cl{-}CH_2{-}CH_2{-}N(CH_3){-}CH_2{-}CH_2{-}Cl$

↓

(II) $Cl{-}CH_2{-}CH_2{-}N(CH_3){-}CH_2{-}\overset{\oplus}{C}H_2 \quad Cl^{\ominus}$

↓

(III) $Cl{-}CH_2{-}CH_2{-}\overset{\oplus}{N}(CH_3)\lt(CH_2{-}CH_2)$ ⟶ Dimer (IV) $Cl{-}CH_2{-}CH_2{-}\overset{\oplus}{N}(CH_3)(CH_2{-}CH_2)_2\overset{\oplus}{N}(CH_3){-}CH_2{-}CH_2{-}Cl$

↓

(V) $Cl{-}CH_2{-}CH_2{-}N(CH_3){-}CH_2{-}CH_2{-}OH$ ⟶ (VI) $Cl{-}CH_2{-}CH_2{-}N(CH_3){-}CH{-}CH_2{-}O$ (Epoxyd)

↓

(VII) $(CH_2{-}CH_2)\gt\overset{\oplus}{N}(CH_3){-}CH_2{-}CH_2{-}OH \quad Cl^{\ominus}$

↓

(VIII) $OH{-}CH_2{-}CH_2{-}N(CH_3){-}CH_2{-}CH_2{-}OH$

methylamin (VIII) entsteht. Beim Bis-(2-chloräthyl)-aminoxyd ist der Reaktionsablauf insofern anders, als die N-Methylgruppe durch Aufnahme des Sauerstoffs vom N-Atom über die Methylolform zur Formylgruppe oxydiert und als Formaldehyd abgespalten wird[1].

Da zuerst die Äthyleniminform (III) als wirksame Struktur angesehen wurde, hat man zahlreiche mono- und polyfunktionelle Verbindungen dieser Klasse in der Ab-

[1] ARNOLD, H., u. J. VENJAKOB: Arzneim.-Forsch. 5, 722 (1955). — ARNOLD, H., N. BROCK u. H. J. HOHORST: Arzneim.-Forsch. 7, 735 (1957).

sicht hergestellt[1], wirksame Mittel zur Krebstherapie zu gewinnen. Alle diese Substanzen hatten tatsächlich mehr oder minder starke „radiomimetische" Wirkungen und sind damit verdächtig, auch mutagen und cancerogen zu sein. Eine cancerogene Wirkung[1] ist z.B. beim wasserlöslichen, polyfunktionellen Triäthylenmelamin (IX) (sym. 1,3,5-Triäthylenimintriazin) nachgewiesen, ferner aber auch

Formeltafel 4. Cancerogene Äthylenimin- und Epoxydverbindungen („radiomimetische" Gifte).

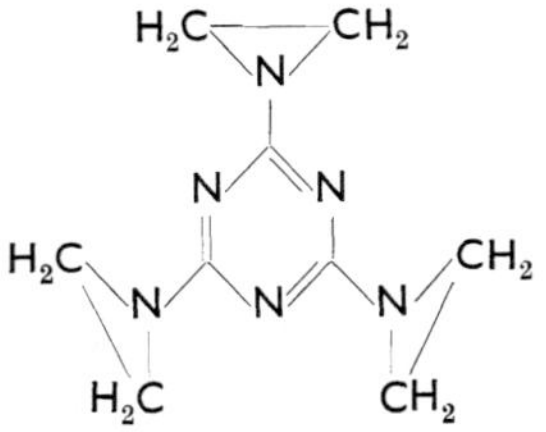

Triäthylenmelamin (IX)

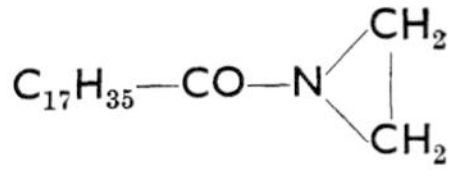

Stearoyläthylenimin (X)

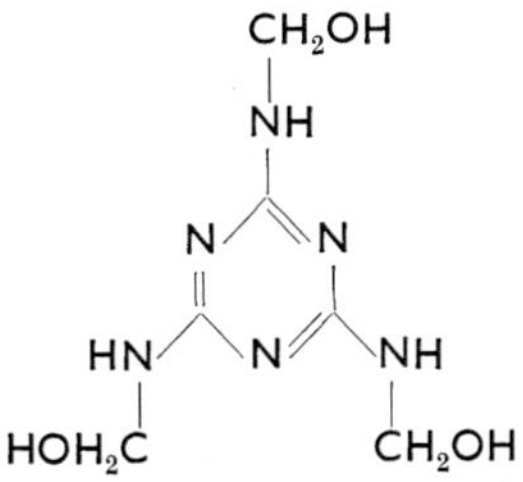

Trimethylolmelamin (XII)

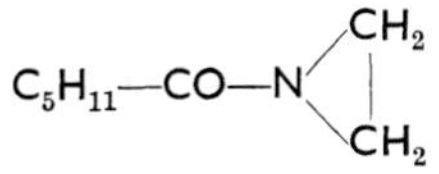

Caproyläthylenimin (XI)

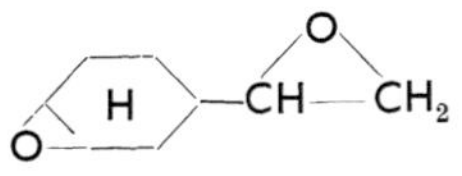

4-Vinylcyclohexan-di-epoxyd (XIII)

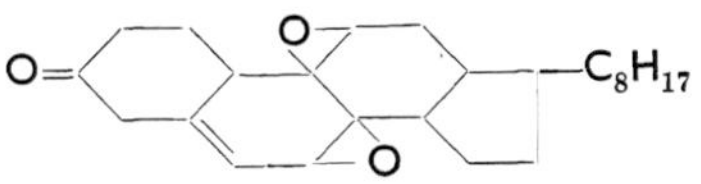

Δ^5-Cholesten-3-on-7,8,9,11-di-epoxyd (XIV)

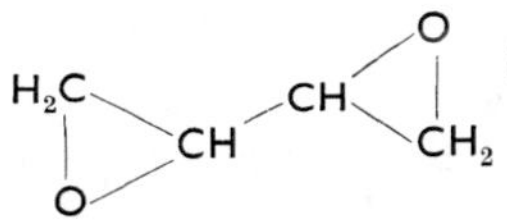

Butadien-diepoxyd (XV)

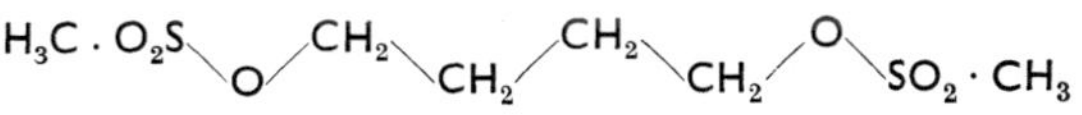

Dimesyl-α,ω-glykol (XVI)

bei dem monofunktionellen Stearoyläthylenimin (X) und Caproyläthylenimin (XI)[2] und anderen Alkyläthyleniminen sowie beim Äthylenimin selbst, nicht aber z.B. bei Äthyleniminsulfonylalkanen[2].

Polyfunktionelle Oxymethylamine (Methylolamine) haben sich ebenfalls als reaktionsfähige, radiomimetische Gifte erwiesen. Das als „Cytostaticum" benutzte Trimethylolmelamin (XII) ist schwach cancerogen[3].

[1] Philips, F. S.: J. Pharmacol. exp. Therap. **99**, 281 (1950). — Hendry, J. A., F. L. Rose and A. L. Walpole: Brit. J. Pharmacol. **6**, 201 (1951). — Hendry, J. A., R. F. Homer, F. L. Rose and A. L. Walpole: Brit. J. Pharmacol. **6**, 235, 357 (1951). — [2] Rapoport, I. A.: Dokl. Akad. Nauk SSSR **60**, 469 (1948). — Hendry, J. A., R. F. Homer, F. L. Rose and A. L. Walpole: Brit. J. Pharmacol. **6**, 357 (1951). — Walpole, A. L., D. C. Roberts, F. L. Rose, J. A. Hendry and R. F. Homer: Brit. J. Pharmacol. **9**, 306 (1954). — Shimkin, M. B.: Cancer, N. Y. **7**, 410 (1954). — [3] Hendry, J. A., F. L. Rose and A. L. Walpole: Brit. J. Pharmacol. **6**, 201 (1951).

Eine auffallende krebserzeugende Wirksamkeit haben die gleichfalls radiomimetisch wirkenden und hoch reaktionsfähigen polyfunktionellen Epoxyde der verschiedenartigsten Struktur. So ist z.B. das Vinylcyclohexandiepoxyd (XIII) sicher cancerogen sowohl nach Injektion an der Ratte als auch nach Pinselung an der Maus[1]. Nach Bestrahlung von Cholesterin fand L. F. FIESER[2] das Δ^5-Cholesten-3-on-7,8,9,11-diepoxyd (XIV) und das Δ^4-Cholesten-3-on-6β-peroxyd, von denen besonders das letztere cancerogen zu sein scheint. Das einfachste Carcinogen dieser Reihe ist das Butadien-di-epoxyd[1] (XV). Auch das Diäthylenglykol erzeugt Lungen-, Leber- und Blasenkrebs bei Ratten und Mäusen[3], ebenso das in der Therapie myeloischer Leukämien erfolgreich verwendete „Myleran" = Di-mesyl-α,ω-glykol (XVI)[4] und schließlich das einfache β-Propiolacton[5].

3. Halogenierte Kohlenwasserstoffe.

Chloroform[6] und Tetrachlorkohlenstoff[7] besitzen ebenfalls krebserzeugende Eigenschaften. Eine Dosierung von zweimal wöchentlich 0,1 ml einer 40%igen Lösung in Öl erzeugt nach etwa 25 Wochen Hepatome. Das entspricht einer Gesamtdosis von etwa 1 g. Es verdient Beachtung, daß beide Chlormethanverbindungen nur bei Mäusen, nicht aber bei Ratten Hepatome erzeugen, während das 4-Dimethylaminoazobenzol dies umgekehrt bei Ratten tut, nicht aber bei Mäusen. Der Unterschied im Verhalten beider Tierarten kann also nicht auf einer verschiedenen Empfindlichkeit der Leberzellen beruhen, sondern liegt wahrscheinlich entweder in Unterschieden der Giftbindung[8] oder in Verschiedenheiten der metabolischen Veränderungen, die die Gifte im Körper erleiden und die sowohl eine Entgiftung als auch eine Giftung bedeuten können.

Chloroform und Tetrachlorkohlenstoff werden unter der Einwirkung von Licht oder in der Hitze zu Phosgen oxydiert. Die Abspaltung von Halogen setzt wahrscheinlich das Vorhandensein von Wasser voraus, erfolgt also wohl hydrolytisch etwa in folgender Weise:

$$\mathrm{HCCl_3} \xrightarrow{+\,H_2O} \mathrm{HCCl_2OH} \xrightarrow{-\,H_2} \mathrm{Cl_2C{=}O}$$

Die Oxydation findet auch in parenchymatösen Zellen vor allem der Leber statt. Hiernach ist anzunehmen, daß die cancerogene Wirkung nicht den halogenierten Methanverbindungen selbst zukommt, sondern dem höchst reaktionsfähigen Phosgen bzw. anderen Oxydationsstufen mit Radikalcharakter, die aus ihnen in den Zellen entstehen. Auch bei anderen halogenierten Kohlenwasserstoffen, z. B. beim Insekticid Dichlordiphenyltrichloräthan („DDT.") und beim elementaren Chlor selbst werden cancerogene Wirkungen angenommen[9].

---

[1] HENDRY, J. A., R. F. HOMER, F. L. ROSE and A. L. WALPOLE: Acta Un. int. Cancr., Bruxelles **7**, 477 (1951). — [2] FIESER, L. F.: Am. Soc. **73**, 5007 (1951). Science, N. Y. **119**, 710 (1954). — FIESER, L. F., T. W. GREENE, F. BISCHOFF, G. LOPEZ and J. J. RUPP: Am. Soc. **77**, 3928 (1955). — [3] NELSON, A. A., O. G. FITZHUGH and H. O. CALVERY: Cancer Res. **3**, 230 (1943). — [4] HADDOW, A., and G. M. TIMMIS: Acta Un. int. Cancr., Bruxelles **7**, 469 (1951). — [5] RAPOPORT, I. A.: Dokl. Akad. Nauk SSSR **60**, 469 (1948). — HENDRY, J. A., R. F. HOMER, F. L. ROSE and A. L. WALPOLE: Brit. J. Pharmacol. **6**, 357 (1951). — WALPOLE, A. L., D. C. ROBERTS, F. L. ROSE, J. A. HENDRY and R. F. HOMER: Brit. J. Pharmacol. **9**, 306 (1954). — SHIMKIN, M. B.: Cancer, N. Y. **7**, 410 (1954). — [6] ESCHENBRENNER, A. B., and E. MILLER: J. nat. Cancer Inst. **5**, 251 (1944/45). — [7] EDWARDS, J. E., and A. J. DALTON: J. nat. Cancer Inst. **3**, 19 (1942/43). — RUDALI, G., et P. L. MARIANI: C. R. Soc. Biol. **144**, 1626 (1950). — STOWELL, R. E., C. S. LEE, K. K. TSUBOI and A. VILLASANA: Cancer Res. **11**, 345 (1951). — [8] MILLER, E., u. J. MILLER: Die Biochemie der Krebsentstehung in der Leber. Herne, Westf. 1952. — [9] RANDIG, K.: D. m. W. **1955**, 718,

Die bemerkenswerte Heterogenität der radiomimetischen Cancerogene läßt erkennen, daß auch hier die chemische Konstitution etwa der Grundmolekeln keine spezifische Bedeutung für die cancerogene Wirkung haben kann, daß es also vielmehr die physikalischen Eigenschaften dieser radikalbildenden, alkylierenden Substanzen sein müssen, die ihre Wirkung bedingen.

4. Polymere Substanzen.

Die Radikalformen der Äthylenimine, Epoxyde oder Methylolamine können auch mit ihresgleichen reagieren und *Polymere* bilden, wie dies beim N-Lost bereits angedeutet wurde. Dabei würden sich folgende Typen bilden[1], die in vitro erhalten wurden:

Formeltafel 5. Polymerisation von Methylolaminen, Epoxyden und Äthyleniminen.

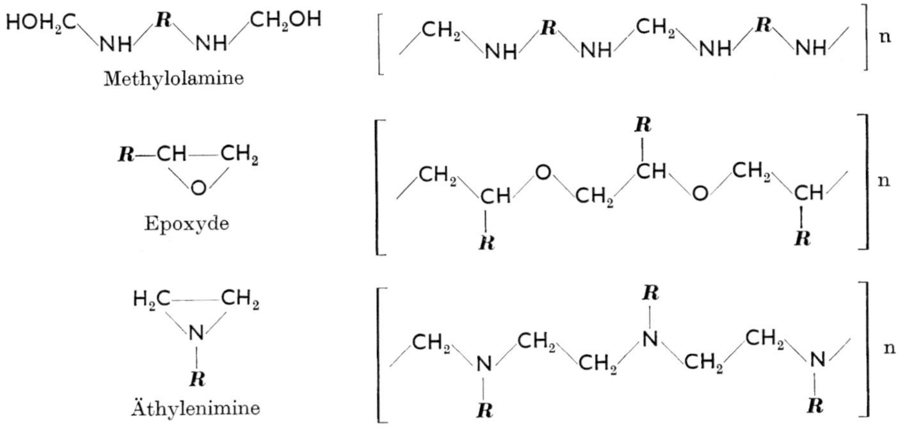

$HOH_2C{-}NH{-}\boldsymbol{R}{-}NH{-}CH_2OH$

Methylolamine

$[{-}CH_2{-}NH{-}\boldsymbol{R}{-}NH{-}CH_2{-}NH{-}\boldsymbol{R}{-}NH{-}]_n$

$\boldsymbol{R}{-}CH{-}CH_2$ (über O verbrückt)

Epoxyde

$[{-}CH_2{-}CH(\boldsymbol{R}){-}O{-}CH_2{-}CH(\boldsymbol{R}){-}O{-}CH_2{-}CH(\boldsymbol{R}){-}]_n$

$H_2C{-}CH_2$ (über N verbrückt), $N{-}\boldsymbol{R}$

Äthylenimine

$[{-}CH_2{-}N(\boldsymbol{R}){-}CH_2{-}CH_2{-}N(\boldsymbol{R}){-}CH_2{-}CH_2{-}N(\boldsymbol{R}){-}]_n$

Da monomere Substanzen in Zellen eindringen können, ist auch eine intracelluläre Polymerisation möglich. Andererseits können zur Phagocytose befähigte Zellen polymere Substanzen und sogar corpusculäre Teilchen bis zur Größe eines Erythrocyten[2] aufnehmen. Die reaktionsfähigen Substanzen könnten sich daher, ähnlich wie das in vitro mit Cellulose, Proteinen und Nucleinsäuren beobachtet wurde[3], auch in der Zelle mit funktionswichtigen Proteinen oder Nucleoproteiden vernetzen oder der Länge nach verknüpfen und sie so verändern oder blockieren. Sofern diese Veränderungen irreversibel sind und solche Zellbestandteile betreffen, die die Eigenschaft von „Duplikanten" haben, würden sich mutagene oder cancerogene Effekte ergeben können. In den linearen Polymeren der Äthylenepoxyde oder Äthylenimine beträgt der Abstand zwischen zwei periodisch wiederkehrenden Gruppen etwa 3,7 bzw. 7,5 Å und entspricht damit den Abständen zwischen den Purin- bzw. Pyrimidinkernen in Nucleinsäuren[4]. Das gilt jedoch nicht streng, vielmehr sind auch Substanzen wirksam, die etwas abweichende Abstandswerte geben. Dagegen haben Substanzen, deren Polymere keine brückenbindungsfähigen Gruppen haben, keine vergleichbare Aktivität. Für die Wirkung wäre danach nicht nur das Vorhandensein bindungsfähiger Gruppen, z. B. von π-Elek-

[1] Hendry, J. A., R. F. Homer, F. L. Rose and A. L. Walpole: Brit. J. Pharmacol. **6**, 235, 357 (1951). — [2] Fischer, H., u. L. Wagner: Naturwiss. **41**, 532 (1954). — Holtfreter, J.: Exp. Cell Res. **7**, 95 (1954). — [3] Elmore, D. T., J. M. Gulland, D. O. Jordan and H. F. W. Taylor: Biochem. J. **42**, 308 (1948). — [4] Dixon, J. K., G. L. M. Christopher and D. J. Salley: Paper Trade J. **127**, 455 (1948).

Formeltafel 6. Struktur polymerer cancerogener Substanzen.

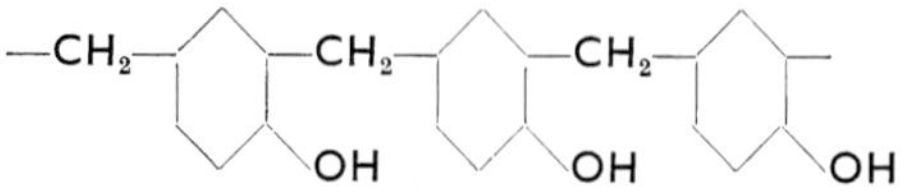

(I)

Phenol-Formaldehydharz („Bakelit")

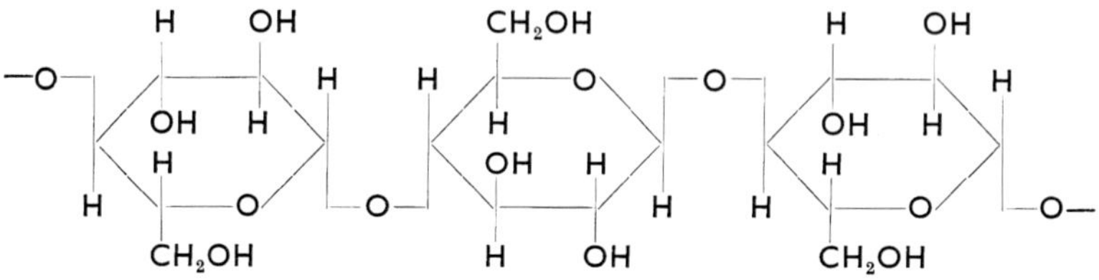

(II)

Cellulose (nach K. FREUDENBERG)

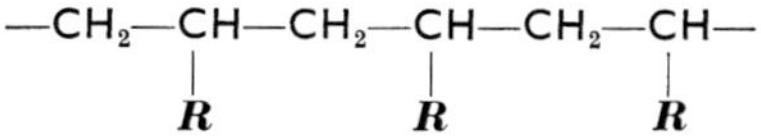

$$-CH_2-\underset{\displaystyle R}{\underset{|}{CH}}-CH_2-\underset{\displaystyle R}{\underset{|}{CH}}-CH_2-\underset{\displaystyle R}{\underset{|}{CH}}-$$

(III)

Polyvinyl

$$-CH_2-CH_2-CH_2-CH_2-CH_2-CH_2-$$

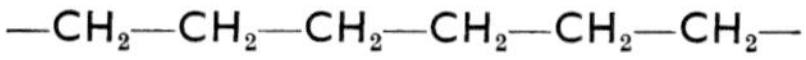

(IV)

Polyäthylen (Polythen)

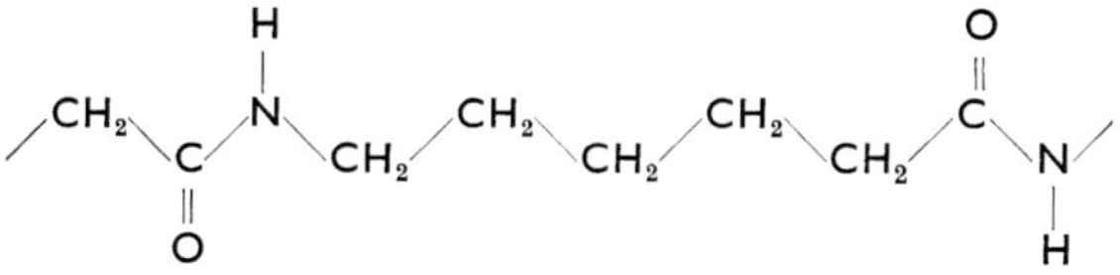

(V)

Polyamid

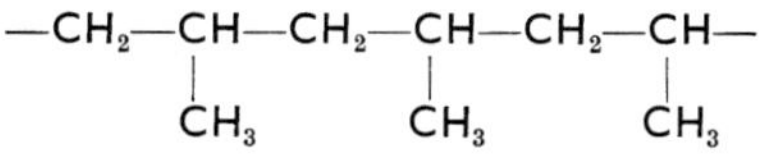

$$-CH_2-\underset{\displaystyle CH_3}{\underset{|}{CH}}-CH_2-\underset{\displaystyle CH_3}{\underset{|}{CH}}-CH_2-\underset{\displaystyle CH_3}{\underset{|}{CH}}-$$

(VI)

Isopropylöl (?)

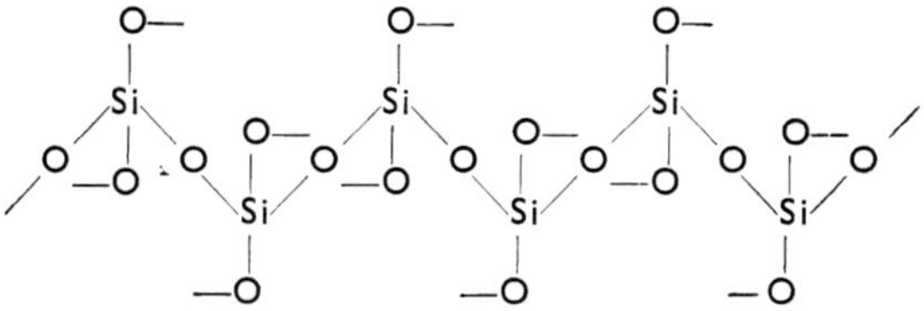

(VII)

Polymere Silikate (Faserstruktur)

tronen- oder Protonendonatoren bzw. Acceptoren, wesentlich, sondern auch ihre räumliche Ordnung, also z.B. ihr linearer Abstand voneinander in den Polymeren. Demnach müßte ihr Ladungsmuster mit dem der als „Receptoren" in der Zelle fungierenden Proteine etwa so übereinstimmen wie eine Reihe Knöpfe und Knopflöcher. Einen solchen Wirkungsmechanismus diskutieren HENDRY u. Mitarb. auch für die cancerogenen Kohlenwasserstoffe und Amine.

Die wirkungsbestimmenden Eigenschaften dieser Cancerogene stimmen auffällig mit den Eigenschaften von Farbstoffen überein[1], die ihre „Substantivität" bedingen, d.h. ihre Fähigkeit, auf lineare Cellulosefasern „direkt" aufzuziehen[2]. Die Frage, welchen Wirklichkeitswert diese Vorstellungen für den Mechanismus der cancerogenen Substanzen und speziell für den der polymerisationsfähigen radiomimetischen Gifte haben, kann erst durch die weitere experimentelle Arbeit beantwortet werden.

Wechselwirkungen zwischen polyfunktionellen bzw. polymerisationsfähigen Substanzen und Zellbestandteilen stellen ein wichtig erscheinendes biochemisches Problem dar; sie sind aber bisher nur wenig untersucht worden. Die Wirkung von bifunktionellen Lostverbindungen auf polymere Nucleinsäuren in vitro und in vivo wurden bereits erwähnt (s. S. 273). Hämin kann durch seine Vinylgruppen z.B. mit Styrol Mischpolymerisate bilden[3]. Die polyfunktionelle Borsäure vernetzt Kettenmoleküle von Polysacchariden und läßt die Lösungen gelieren[4]. Polyvinylalkohol bildet mit Zucker Hydrogele[5]. Monomeres Acrylamid führt zur Gelierung von Solen aktiver Proteine, wie z.B. Fibrinogen, γ-Globulinen oder Eiklar[6], und soll in vivo schnell polymerisieren[7].

Zu neuen Gesichtspunkten führte die zuerst zufällig gemachte Beobachtung, daß nach Implantation von Plättchen und Filmen aus Phenolformaldehydpolymerisaten (I) („Bakelit")[8], aus Cellophan (II)[9] oder Acrylharzen[10] an Ratten und Mäusen Sarkome auftraten. Die systematische Untersuchung solcher plastischen Kunststoffe lieferte die gleichen positiven Resultate auch bei reiner regenerierter Cellulose ohne Weichmacher und andere Zusätze[11–13], ferner bei Polyvinylchlorid[11], Polyäthylen[11–14], Polyfluoräthylen („Teflon")[15], Polyamiden[12,13,15], Methylmethacrylaten[16], Polystrol[15], Silastic[15] und Polyurethanen[17] zum Teil auch in reiner Form. In derselben Weise führte auch die Implantation von Gummi in verschiedenen Formen zu Sarkomen[18] (Abb. 38 u. 39).

Während im Gummi die verschiedensten Zusätze, wie Antioxydantien, z.B. Diphenylamin- oder β-Naphthylaminverbindungen, Weichmacher u. a., für die

---

[1] DRUCKREY, H., D. SCHMÄHL u. P. DANNEBERG: Naturwiss. **39**, 393 (1952). — DRUCKREY, H.: Arzneim.-Forsch. **2**, 503 (1952). — [2] VICKERSTAFF, T.: The Physical Chemistry of Dyeing. New York 1950. — [3] BROSER, W., u. W. LAUTSCH: Naturwiss. **38**, 208 (1951). — [4] DEUEL, H., H. NEUKOM and F. WEBER: Nature **161**, 96 (1948). — DEUEL, H., u. H. NEUKOM: Makromol. Chem. **3**, 13 (1949). — [5] NEUKOM, H.: Helv. **32**, 1233 (1949). — [6] DRUCKREY, H., U. CONSBRUCH u. D. SCHMÄHL: Z. Naturforsch. **8**b, 145 (1953). — [7] WILKE, G.: Naturwiss. **38**, 532 (1951). — [8] TURNER, F. C.: J. nat. Cancer Inst. **2**, 81 (1941/42). — [9] OPPENHEIMER, B. S., E. T. OPPENHEIMER and A. P. STOUT: Proc. Soc. exp. Biol. Med. **67**, 33 (1948). — [10] ZOLLINGER, H. U.: Schweiz. Z. Path. Bakt. **15**, 666 (1952). — [11] OPPENHEIMER, B. S., E. T. OPPENHEIMER and A. P. STOUT: Proc. Soc. exp. Biol. Med. **79**, 366 (1952). — [12] DRUCKREY, H., u. D. SCHMÄHL: Z. Naturforsch. **7**b, 353 (1952); **9**b, 529 (1954). — NOTHDURFT, H.: Naturwiss. **42**, 106 (1955). Strahlentherapie **100**, 192 (1956). — [13] DRUCKREY, H., u. D. SCHMÄHL: Acta Un. int. Cancr., Bruxelles **10**, 119 (1954). — [14] BERING, E. A. jr., R. L. MCLAURIN, J. B. LLOYD and F. D. INGRAHAM: Cancer Res. **15**, 300 (1955). — [15] OPPENHEIMER, B. S., E. T. OPPENHEIMER, A. P. STOUT and I. DANISHEFSKY: Science, N. Y. **118**, 305 (1953). — OPPENHEIMER, B. S., E. T. OPPENHEIMER, I. DANISHEFSKY and A. P. STOUT: Cancer Res. **15**, 333 (1955). — MOHR, H.-J., u. H. NOTHDURFT: Kli. Wo. **1958**, 493. — Negative Ergebnisse: POLEMANN, G.: Kli. Wo. **1955**, 1011. — [16] LASKIN, D. M., I. B. ROBINSON and J. P. WEINMANN: Proc. Soc. exp. Biol. Med. **87**, 329 (1954). — [17] DRUCKREY, H., u. D. SCHMÄHL: nicht veröffentlicht. — [18] DRUCKREY, H., D. SCHMÄHL u. R. MECKE jr.: Z. Krebsforsch. **61**, 55 (1956).

carcinogene Wirkung verantwortlich sein können[1], ist das bei den anderen Kunststoffen ausgeschlossen. Die Annahme, daß „eingefrorene Radikale" oder Initiatoren die Wirksamkeit bedingen[2] ist nicht möglich, weil nicht nur Polymerisate, sondern auch Polykondensate und die Polyadditionsverbindung Polyurethan (Abb. 40) Krebs erzeugten. Ebenso können die stets vorhandenen Reste der Monomeren nicht verantwortlich gemacht werden, weil z.B. Styrol oder Acrylamid keine entsprechende carcinogene Wirksamkeit haben[3].

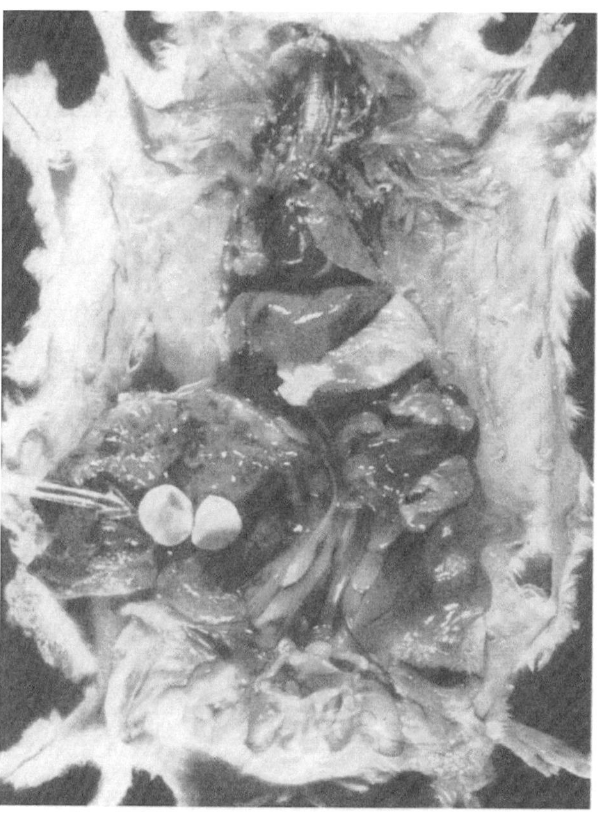

Abb. 38. Sarkom der Bauchwand nach subcutaner Implantation von scheibchenförmigen Stücken aus einem Gummisauger.

Auffällig ist die Beobachtung, daß die Größe der Latenzzeit von 12—20 Monaten und die Ausbeute an Tumoren von bis zu 80% bei allen Materialien die gleiche ist. Immer handelt es sich ausschließlich um Sarkome. Die Wirkung ist also von der chemischen Natur des Materials erstaunlich unabhängig. Entsprechend der Erfahrung, daß die chemischen und physikalischen Eigenschaften makromolekularer Substanzen entscheidend von der Form und Größe der Moleküle abhängen, wurde angenommen, daß das auch für ihre biologischen Wirkungen gilt. Demnach dürften nur solche makromolekularen Substanzen Sarkome erzeugen, die im Körper nicht gespalten werden[4].

---

[1] Case, R. A., and M. E. Hosker: Brit. J. prevent. Med. 8, 39 (1954). — [2] Fitzhugh, A. F.: Science, N. Y. **118**, 783 (1953). — Fraenkel, G. K., J. M. Hirshon and C. Walling: Am. Soc. **76**, 3606 (1954). — [3] Druckrey, H.: nicht veröffentlicht. — [4] Druckrey, H., u. D. Schmähl: Acta Un. int. Cancr., Bruxelles **10**, 119 (1954).

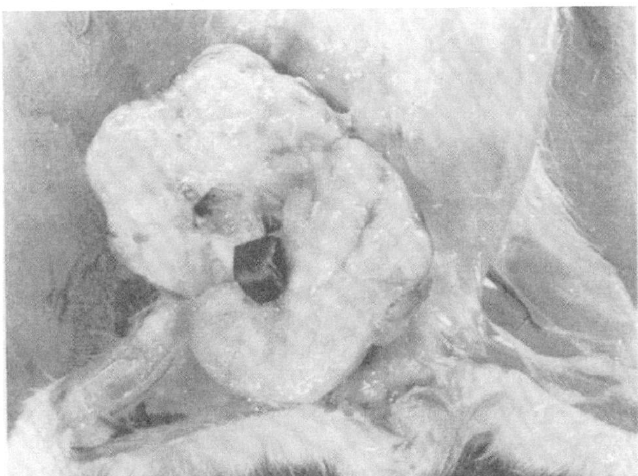

Abb. 39. Subcutanes Sarkom bei einer Ratte, 17 Monate nach subcutaner Implantation von einem Stückchen aus einem Hartgummi-Pessar.

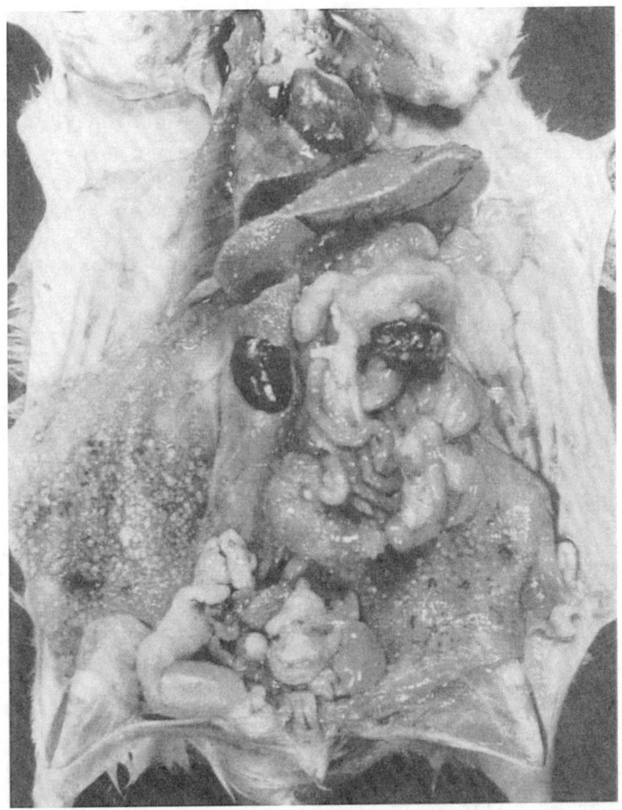

Abb. 40. Miliare, kleinknotige Sarkomatose des ganzen Bauchraumes, 27 Monate nach Implantation von 2 Polyurethan-Folien bei einer Ratte.

NOTHDURFT[1], der die Ergebnisse mit plastischen Kunststoffen bestätigte, erhielt ebenso wie OPPENHEIMER[2] auch bei der Implantation von Folien aus Edelmetallen und Elfenbein an Ratten positive Resultate. Da ferner Kunststoffe in Pulverform nur selten Sarkome erzeugten, Gespinste und Fäden anscheinend gar nicht[3], schloß NOTHDURFT, daß die Scheibchenform eine maßgebliche Rolle spiele und daß es sich letzten Endes um eine ganz unspezifische Fremdkörperwirkung handele, für die die Größe der Scheibchen entscheidend sei. Das kann als gesichert gelten. Die Entstehung von Sarkomen ließe sich dann vielleicht so deuten, daß Zellen durch die Scheibchen vom benachbarten Gewebe getrennt und so den wachstumsregulierenden humoralen Wirkungen entzogen sind, wie es im Schema auf S. 311 diskutiert wird. Die cancerogene Wirkung kann aber bei den einzelnen Substanzen durchaus auf verschiedenen Mechanismen beruhen. Bei Gummi und Isoproplyöl[4] ist mit dem Vorhandensein carcinogener Substanzen bekannten Typs zu rechnen. Die positiven Resultate mit Gold, Silber und Platinscheibchen können auch zum „Metallkrebs" in Beziehung stehen, den SCHINZ[5] zuerst mit pulverförmigem Chrom oder Kobalt erzeugte. Auch metallisches Quecksilber führte bei intraperitonealer Injektion zu Sarkomen[6], obwohl es sich um ein flüssiges Metall handelt.

Neuerdings berichtete HUEPER[7], daß Polyvinylpyrrolidon nicht nur nach Implantation in Pulverform, sondern auch bei intravenöser Injektion der wäßrigen Lösung an Ratten, nicht aber an Mäusen oder Kaninchen mit derselben Häufigkeit (35%) Sarkome erzeugt hat, wie es von Kunststoffolien bekannt ist. Mit reinem Polyvinylpyrrolidon konnten die Ergebnisse bisher jedoch nicht bestätigt werden. Das im Körper spaltbare Dextran hatte diese Wirkung dagegen nicht, wohl aber Carboxymethylcellulose[8]. Auffällig ist ferner, daß Mäuse, die in Kunststoffkäfigen gehalten wurden, eine signifikant erhöhte Rate an „spontanen" Tumoren entwickelten[9]. Auch die subcutane Injektion von autopolymerisierendem Methylmethacrylat, wie es zu Zahnprothesen benutzt wird, führte bei Ratten lokal zu Sarkomen[10]. Die Erzeugung von Sarkomen ist jedoch nur mit solchen makromolekularen Substanzen möglich, die im Körper nicht spaltbar sind[11].

Viele makromolekulare Substanzen haben auch in flüssiger Form charakteristische toxische Wirkungen auf das Blut und das Gefäßendothel, die anscheinend durch die makromolekulare Eigenschaft als solche bedingt sind und deshalb als „macromolecular haematologic symptom complex" bezeichnet werden[12]. Darüber hinaus können solche makromolekularen Substanzen auch Gewebsreaktionen bis zu Granulomen auslösen[13]. Das gilt z.B. für Agar bei subcutaner Injektion an Ratten[14]. HUEPER[13, 15] nimmt an, daß die carcinogene Wirkung sowohl bei makro-

[1] NOTHDURFT, H.: Naturwiss. **42**, 75, 106 (1955); **45**, 549 (1958). Strahlentherapie **100**, 192 (1956).— [2] OPPENHEIMER, B. S., E. T. OPPENHEIMER, I. DANISHEFSKY and A. P. STOUT: Cancer Res. **16**, 439 (1956). — [3] SCHUBERT, G., u. G. UHLMANN: D. m. W. **1955**, 1530. — [4] HUEPER, W. C.: South. med. J. **43**, 118 (1950). — WEIL, C. S., H. F. SMYTH jr. and T. W. NALE: Arch. industr. Hyg. **5**, 535 (1952). — [5] SCHINZ, H. R., u. E. UEHLINGER: Schweiz. med. Wschr. **72**, 1070 (1942).— [6] DRUCKREY, H., H. HAMPERL u. D. SCHMÄHL: Z. Krebsforsch. **61**, 511 (1957).— [7] HUEPER, W. C.: Proc. amer. Ass. Cancer Res. **2**, 120 (1955/56). Cancer, N. Y. **10**, 8 (1957). — [8] LUSKY, L. M., and A. A. NELSON: Fed. Proc. **16**, 318 (1957). — [9] FINKEL, M. P., and G. M. SCRIBNER: Brit. J. Cancer **9**, 464 (1955). — [10] HATTEMER, A. J.: Dtsch. zahnärztl. Z. **11**, 924 (1956).— [11] DRUCKREY, H., u. D. SCHMÄHL: Acta Un. int. Cancr., Bruxelles **10**, 119 (1954). — [12] HUEPER, W. C.: Arch. Path., Chicago **31**, 11 (1941); **40**, 11 (1945); **41**, 130 (1946).— WEESE, H.: D. m. W. **1951**, 757. — FRESEN, O., u. H. WEESE: Beitr. path. Anat. **112**, 44 (1952).— AMMON, R., u. G. BRAUNSCHMIDT: B. Z. **319**, 370 (1949). — HÜSSELMANN, H.: Kli. Wo. **1952**, 801. — LEFAUX, R.: Toxicologie des matières plastiques. Paris 1952. — [13] LEVEEN, H. H., and J. R. BARBERIO: Ann. Surg. **129**, 74 (1949). — VISCHER, W.: Schweiz. med. Wschr. **81**, 54 (1951).— WERTHEMANN, A., u. W. VISCHER: Schweiz. med. Wschr. **81**, 1077 (1951). — JECKELN, H.: Hamb. Ärztebl. **6**, 116 (1951). — [14] TEDESCHI, G. G.: Tumori **41**, 307 (1955). — [15] HUEPER, W. C.: Macromolecular substances as pathogenic agents. Arch. Path., Chicago **33**, 267 (1942).

molekularen Substanzen als auch bei den niedermolekularen Carcinogenen auf der Bildung von Konjugaten mit Zellproteinen beruht, wodurch immunologische oder allergische Reaktionen ausgelöst werden. Danach wäre der Krebs als „macromolecular disease" aufzufassen, ähnlich wie z. B. Amyloidosen oder Lipoidosen.

Bei plastischen Kunststoffen kommen durchaus auch substantielle Wirkungen in Frage. Derartige Materialien werden vom Körper, wenn auch langsam, so doch nachweisbar angegriffen und resorbiert[1], wie vor allem Versuche mit ^{14}C-markierten Polyäthylenfolien ergeben haben[2]. Weiter kann als gesichert gelten, daß nicht nur makromolekulare Substanzen, sondern auch größere Teilchen in Zellen eindringen bzw. aktiv aufgenommen und hier sehr lange gespeichert werden können[3]. Das gilt naturgemäß für solche Zelltypen, die zur Phagocytose befähigt sind. In diesem Zusammenhang erscheint es interessant, daß Folien im Experiment immer nur Sarkome erzeugt haben, niemals aber Carcinome. Hierbei ist jedoch zu berücksichtigen, daß die Folien ja mit Bindegewebszellen in Kontakt kommen, und ferner, daß Substanzen in geschädigte Zellen leichter eintreten[4], daß also vielleicht auch Parenchymzellen zur Aufnahme befähigt sein können, wenn sie geschädigt sind. Bei geschädigten Leberzellen wurde sogar Glykogen im Zellkern nachgewiesen[5]. Auch eine Infektion mit tumorerzeugendem Virus bei Pflanzen ist nur nach Verletzung oder Schädigung von Zellen möglich[6].

Wenn damit auch einige Hinweise möglich sind, so ist der Mechanismus der carcinogenen Wirkung von plastischen Kunststoffen heute noch ungeklärt. Indessen ergeben sich wichtig erscheinende Parallelen zu anderen Beobachtungen.

Bei Arbeiterinnen in der Seilindustrie wird häufig Krebs an den Händen beobachtet[7]. Ferner kommt bei Flachsspinnerinnen in Jugoslawien, die den Flachs mit den Lippen anfeuchten, gehäuft Krebs an den Lippen und in der Mundhöhle vor. Die Ursache soll nicht im mechanischen Reiz, sondern in carcinogenen Eigenschaften des Flachses liegen[8]. Die subcutane Implantation von Flachsfasern und -staub bei Mäusen führte zu Tumoren und Leukämien[8]. Haare, die beim gegenseitigen Beißen von Mäusen in das Zahnfleisch des Unterkiefers eindringen, können bösartige Tumoren erzeugen[9]. Sogar nach der Implantation von Hautsuspensionen neugeborener Ratten in die Bauchhöhle von Ratten wurden Sarkome beobachtet[10]. Auch die Tatsache, daß eine ganze Reihe von Wurmparasiten Krebs auslösen können (s. S. 289), ist in diesem Zusammenhang zu erwähnen. Besonders gut untersucht und allgemein bekannt sind die Sarkome in der Leber und im Bauchraum von Ratten, die mit Cysticercus fasciolaris (Taenia taeniaeformis) infiziert sind[11]. Alle Versuche, carcinogene Substanzen aus den Cysticerken zu extrahieren, blieben völlig negativ. Dagegen erwies sich das frisch extrahierte Restmaterial als carcinogen wirksam[12]. Danach wäre anzunehmen, daß das wirksame Material nicht in den extrahierbaren, niedermolekularen Substanzen zu suchen ist, sondern im makromolekularen Rest. Die

---

[1] Bing, J.: Acta path. microbiol. scand. Suppl. **105**, 16 (1955). — [2] Oppenheimer, B. S., E. T. Oppenheimer, I. Danishefsky and A. P. Stout: Cancer Res. **15**, 333 (1955). — [3] Fischer, H., u. L. Wagner: Naturwiss. **41**, 532 (1954). — [4] Möllendorff, M. v.: Z. Zellforsch. (A) **15**, 161 (1932). — [5] Walthard, B.: Schweiz. med. Wschr. **68**, 866 (1938). — [6] Black, L. M.: Nature **158**, 56 (1946). — [7] Smiley, J. A.: Brit. J. industr. Med. **8**, 265 (1951). — [8] Körbler, J., P. Frank u. V. Turner: Arch. Geschwulstforsch. **8**, 305, 320 (1955). — [9] Rijssel, T. G. van, and O. Mühlbock: J. nat. Cancer Inst. **16**, 659 (1955/56). — [10] Teir, H., A. Voutilainen and A. Kiljunen: Acta path. microbiol. scand. **34**, 417 (1954) — [11] Borrel, A.: Ann. Inst. Pasteur **17**, 81 (1903). — Bullock, F. D., and M. R. Curtis: J. Cancer Res. **10**, 393 (1926). — Dunning, W. F., and M. R. Curtis: Amer. J. Cancer **37**, 312 (1939). — [12] Dunning, W. F., and M. R. Curtis: Proc. amer. Ass. Cancer Res. **1**, 13 (1953).

Implantation frischer menschlicher Bandwürmer (Taenia saginata) an Ratten lieferte einzelne Sarkome[1] (Abb. 44, S. 299). Beim Menschen wurde beobachtet, daß Oxyuren, die in das weibliche Genitale eindringen, oft zu Riesenzell-Granulomen geführt haben[2].

Auch anorganische makromolekulare Substanzen scheinen carcinogene Eigenschaften haben zu können. Das gilt vor allem für den *Asbest.* Er hat nicht nur im Tierversuch, z. B. bei Implantation an Ratten, eine relativ starke Wirkung[1,3], sondern erzeugt auch am Menschen „Asbestose" und Lungenkrebs durch Staubinhalation[4], bei Einwirkung auf andere Gewebe aber auch dort (z. B. Bauchdecke)[5]. Silikate mit Blattstruktur, wie Talcum, scheinen ebenfalls am Menschen sarkomatöse Geschwulstbildungen auslösen zu können[6]. Positive Resultate bei Implantation an Ratten wurden auch mit Augit, Tremolit und Glimmer, sämtlich in Pulverform, beobachtet[7]. Bergkristall und Quarzsand[8] lieferten geringere Ausbeuten nach sehr langer Latenzzeit. Glas und Obsidian blieben dagegen völlig negativ. Die Verfütterung von Bentonit an Mäuse lieferte mit hoher Ausbeute Lebertumoren[9].

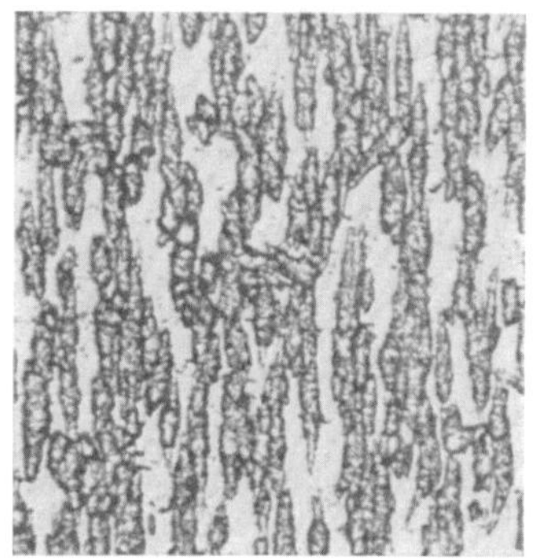

Abb. 41. Peptid von Glykokoll und Glutaminsäure auf (1010) von L-Quarz (Versuch 138). Vergrößerung 350mal. [Nach SEIFERT, H.: Naturwiss **42**, 13 (1955)].

Silikate erzeugen bei Inhalation in Staubform typische granulomatöse Lungenveränderungen, die als „Silikose" bezeichnet werden und als „Berufskrankheit" eine große praktische Bedeutung haben. Der hierbei als wahrscheinlich angesehene Wirkungsmechanismus[10] dürfte auch für die Beurteilung der cancerogenen Wirkung von Asbest und von plastischen Kunststoffen zu diskutieren sein[11]. Monomere und amorphe polymere Silikate erzeugen nämlich keine Silikose, sondern nur krystalline Polymere, und zwar um so schneller und stärker, je höher der Ordnungszustand in den Silikaten ist[10]. Das Ladungsmuster der Krystallite stimmt mit dem im Kollagen vorhandenen auffallend überein. Daher wird angenommen, daß Proteine von den linearen polymeren Silikatmolekülen an der Oberfläche gebunden werden (Abb. 41) und daß sich die gebildeten Aggregate ablösen können, wobei die aktive Oberfläche wieder regeneriert wird. Die oberflächlichen Molekelschichten von Quarzpartikeln gehen im Organismus in Lösung[12]. Die „Silikose" erzeugende Wirkung stimmt mit der krebserzeugenden insofern überein, als beide irreversibel sind und beim Menschen oft erst Jahrzehnte nach der Exposition manifest werden können. Die Erfahrung, daß Patienten mit Silikose selten Lungenkrebs bekommen, erklärt sich wohl zwanglos daraus, daß sie an ihren Kreislaufstörungen zugrunde gehen, bevor eine Krebsentwicklung möglich ist[13].

Auch andere anorganische Krystallite, die eine flächenhafte oder räumliche Struktur nach Art von Polymeren haben, können Gewebswucherungen erzeugen,

[1] DRUCKREY, H., u. D. SCHMÄHL: nicht veröffentlicht. — [2] KÖKER, H.: Geburtsh. u. Frauenheilkde. **15**, 749 (1955). — [3] NORDMANN, M., u. A. SORGE: Z. Krebsforsch. **51**, 168 (1941). — HUEPER, W. C.: Publ. Hlth. Rep. Suppl. **209** (1948). — DRUCKREY, H., u. D. SCHMÄHL: nicht veröffentlicht. — [4] WEDLER, H. W.: D. m. W. **1943**, 575. — HUEPER, W. C.: Amer. J. clin. Path. **25**, 1388 (1955). — [5] BOHLIG, H., u. G. JACOB: D. m. W. **1956**, 231. — [6] GRUENFELD, G. E.: Arch. Surg. **59**, 917 (1949). — [7] DRUCKREY, H., u. D. SCHMÄHL: nicht veröffentlicht. — [8] DRUCKREY, H., u. D. SCHMÄHL: Naturwiss. **41**, 534 (1954). — [9] WILSON, J. W.: J. nat. Cancer Inst. **14**, 65 (1953/54). — [10] JÄGER, R.: Kolloid-Z. **119**, 165 (1950). — HOLZAPFEL, L.: Beitr. Silikoseforsch. Sonderheft 15, 1952. — [11] DRUCKREY, H., u. D. SCHMÄHL: Z. Naturforsch. **7**b, 353 (1952). — [12] KING, E. J.: Occup. Med. **4**, 26 (1957). — DEMPSTER, P. B., and P. D. RITCHIE: Nature **169**, 538 (1952). — [13] GROSSE, H.: Arch. Gewerbepath. **14**, 357 (1956).

die denen bei der „Silikose" ähnlich sind. Das gilt z. B. für Kaolin, Graphit (Abb. 42) oder Diamant, aber auch für Steinkohle bei intraperitonealer Implantation an Mäusen[1] bzw. Ratten[2]. Diese Ergebnisse können noch nicht als genügend gesichert gelten.

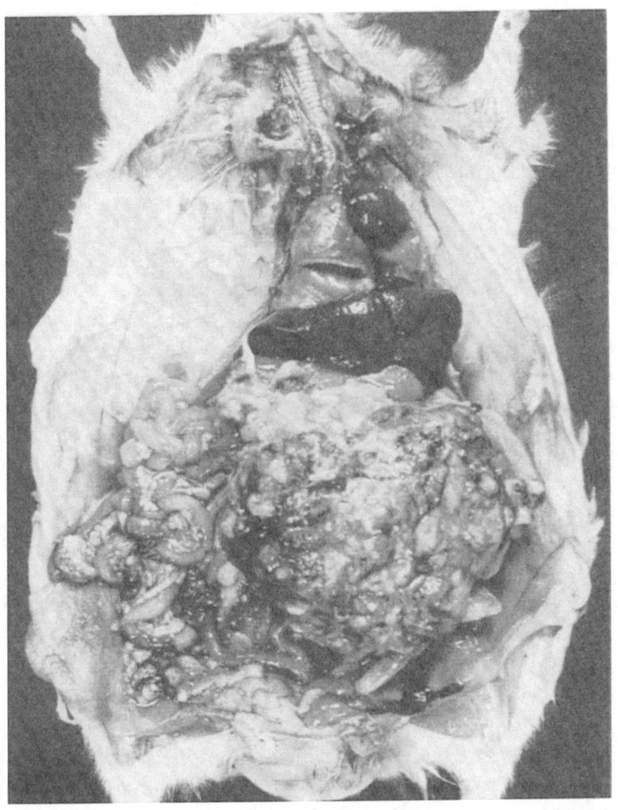

Abb. 42. Konglomerat-Sarkom in der Bauchhöhle einer Ratte, 29 Monate nach Implantation von Graphit-Pulver

5. Allgemeine Wirkungsprinzipien.

Die große chemische Verschiedenheit der organischen Cancerogene läßt es nicht zu, die krebserzeugende Wirkung einer bestimmten *chemischen* Konstitution zuzuordnen. Sie kann deshalb nur von *physikalischen* Eigenschaften der Substanzen abhängen. Für die Wirkung erscheint es wesentlich, daß die Substanzen die Fähigkeit haben, durch Mesomerie (aromatische Kohlenwasserstoffe), Tautomerie (aromatische Amine, Aminophenole, Phenylharnstoff- und Thioharnstoffverbindungen) oder durch Ionen- bzw. Radikalbildung[3] (Loste, Epoxyde, Äthylenimine, Chloroform) *intracellulär reaktive Formen* zu bilden, durch die duplikationsfähige Zellelemente irreversibel verändert werden können. Die dabei gelieferte Energie muß anscheinend einen kritischen Schwellenwert überschreiten. Nach dieser aus der derzeitigen Erfahrung folgenden Vorstellung wäre die cancerogene Wirkung nur davon abhängig, daß den speziellen empfindlichen Zellbestandteilen eine genügende Energie zugeführt wird, unabhängig davon, ob dies auf

[1] Rüttner, J. R., P. Bovet, R. Weber u. W. Willy: Naturwiss. **39**, 332 (1952). — [2] Druckrey, H., u. D. Schmähl: nicht veröffentlicht. — [3] Park, H. F.: J. physic. Colloid Chem. **54**, 1383 (1950).

physikalischem (Strahlen) oder auf chemischem Wege erfolgt, und ohne Rücksicht darauf, welcher Klasse die Substanzen angehören, sofern das wirksame Agens nur zur intracellulären und unmittelbaren Einwirkung auf die speziellen Receptoren kommt.

Wenn damit die cancerogenen Agentien auch höchst unspezifisch erscheinen, so findet sich doch eine erstaunliche Spezifität insofern, als in den ganz verschiedenartigen Stoffklassen doch stets nur wenige und ganz bestimmte Substanzen wirksam sind, andere, oft nahe verwandte dagegen nicht. Zum Beispiel das Vorhandensein oder sogar die bloße Position einer Methylgruppe kann darüber entscheiden, ob die Substanz wirksam ist oder nicht. In manchen Fällen lassen sich die Unterschiede der Wirksamkeit durch Verschiedenheiten der Löslichkeit und der chemischen Reaktivität erklären, in anderen aus sterischen Gründen. Nach den bisher vorliegenden Erfahrungen setzt die cancerogene Wirkung eine flächenhafte Bindung des Giftes an den maßgeblichen Zellbestandteilen voraus. Bei den aromatischen Verbindungen sind nur diejenigen wirksam, die entweder schon in Lösung eine (wenigstens einseitig) *plane* Anordnung der Ringsysteme und ihrer funktionellen Gruppen haben[1] (kondensierte Ringsysteme) oder diese im angeregten Zustand[2] bzw. bei der adsorptiven Bindung annehmen können. Die Bindung des Giftes und damit die Wirkung setzt also eine starke räumliche *Annäherung* an die maßgeblichen Zellbestandteile voraus[3], die in der Größenordnung von einem oder wenigen Å liegen dürfte. Daraus folgt, daß die Kräfte für die Bindung zwischen Giftmolekül und speziellem Receptor nur eine sehr *geringe Reichweite* haben können. Es werden also keine Hauptvalenzen, sondern wahrscheinlich Restvalenzkräfte oder VAN DER WAALsche Kräfte[4] sein. Da die cancerogenen Gifte am Wirkungsort wahrscheinlich flächenhaft gebunden werden, ist weiter anzunehmen, daß zwischen dem Ladungsmuster des Giftes und dem der speziellen Receptoren in der Zelle — die wohl Makromoleküle sind — eine hinreichende Übereinstimmung bestehen muß.

Damit sind einige Grundvorstellungen umrissen, die nach dem derzeitigen Stand der Erkenntnis zur Diskussion stehen können. Jedes Bemühen aber, den Mechanismus der cancerogenen Wirkung auf einen Nenner zu bringen, wird die Tatsache berücksichtigen müssen, daß es nicht nur ganz heterogene krebserzeugende Agentien gibt, sondern daß auch die Geschwülste sehr verschiedenartig sind und ihre Entstehung keineswegs nur einem einzigen, stets gleichartigem Mechanismus verdanken müssen.

6. Cancerogene Wirkung von Naturprodukten.

Außer den bekannten cancerogenen Chemikalien synthetischer Art gibt es durchaus auch Naturprodukte, die anscheinend bei Mensch und Tier Krebs erzeugen können. Die Meinung, daß alle synthetischen Substanzen gefährlich, alle natürlichen aber harmlos seien, ist sicher falsch. Gerade die stärksten Gifte sind bekanntlich Naturprodukte. So wurden auch bei *pflanzlichen* Produkten carcinogene Eigenschaften beobachtet. Die cancerogene Wirksamkeit des Tabaks wurde bereits auf S. 194 behandelt. Die Verfütterung von *Buchweizen* soll an Laboratoriumstieren Lebercirrhose und Tumoren erzeugen[5]. Nach chronischer Gabe von *Mutterkorn* (Secale cornutum) an Ratten oder Mäusen wurden Neurofibrome

[1] DRUCKREY, H., D. SCHMÄHL u. P. DANNEBERG: Naturwiss. **39**, 393 (1952). — SAWICKI, E., and F. E. RAY: J. org. Chem. **19**, 1686 (1954). — [2] BRAUDE, E. A.: Exper. **11**, 457 (1955). — [3] ARCOS, J. C., u. M. ARCOS: Naturwiss. **42**, 651 (1955). — [4] BUU-HOÏ, N. P.: Arzneim.-Forsch. **6**, 251 (1956). — [5] KUBO, H., u. H. FUJIMOTO: Trans. Soc. path. jap. **30**, 195 (1940).

beobachtet[1]. Der Zusatz von *spanischem Pfeffer* (Capsicum annuum und frutescens) zu 10% zu der Nahrung löste bei Ratten nach mehr als sechs Monaten mit hoher Ausbeute Cholangiome und Hepatome aus[2]. Die gleiche Wirkung hatten die Alkaloide Retrorsin und sein N-Oxyd Isatidin aus *Senecio jacobaea*[3], einer Komposite, die von den häufig an primärem Leberkrebs erkrankenden Bantunegern viel als Arznei und Gewürz genommen wird, und ferner das chemisch ähnliche Alkaloid Monocrotalin aus Crotalaria[4]. Als wesentlich für die Wirkung dieser Klasse von Alkaloiden haben sich das Vorhandensein der Doppelbindung und die Esterstruktur erwiesen. Cyclische Di-Ester waren am wirksamsten[5] (Formel). Überraschend ist die Beobachtung, daß die subcutane Injektion von Gerbstoff an Ratten zu Lebercirrhose und zu Hepatomen führt[6].

Auch Nahrungsmittel scheinen nicht ohne weiteres als harmlos gelten zu können. Die Erfahrung hat gelehrt, daß eine fettreiche Ernährung sowohl beim Menschen als auch beim Versuchstier eine zumindest krebsfördernde Wirkung haben kann[7].

Zahlreiche Untersucher haben beobachtet, daß die wiederholte Injektion von Ölen oder von Schweineschmalz, die in Kontrollversuchen erfolgte, bei Ratten, nicht aber bei Mäusen zu Sarkomen führt[8]. Da die Ausbeute bei hohen Dosen erheblich ist[9] und die Tumoren an der Injektionsstelle entstanden, ist ein Kausalzusammenhang unabweisbar. Die systematische Prüfung ergab, daß solche carcinogenen Eigenschaften zwar nicht selten, doch aber nur bei einigen Ölproben gefunden werden, bei anderen dagegen sicher nicht[10]. Das spricht aber für eine substantielle Wirkung. Es muß also damit gerechnet werden, daß auch Öle cancerogene Substanzen — wenn auch in geringer Menge — enthalten können, und zwar müßten es solche mit lokaler Wirkung sein. Da pflanzliche Öle oft durch Extraktion der Ölsaaten mit Benzin, Trichloräthylen und ähnlichen Lösungsmitteln gewonnen werden, ist an eine Verunreinigung mit carcinogenen Kohlenwasserstoffen zu denken. Messungen der spektralen Absorption ergaben dafür bisher keinen Anhaltspunkt[11], jedoch reicht die Empfindlichkeit der Methode für den Nachweis der sehr kleinen, biologisch noch wirksamen Mengen nicht aus. Das meist durch Pressen gewonnene Leinöl scheint bei Injektion an Ratten besonders

Monocrotalin

[1] NELSON, A. A., O. G. FITZHUGH and H. O. CALVERY: Cancer Res. **3**, 230 (1943). — [2] HOCH-LIGETI, C.: Acta Un. int. Cancr., Bruxelles **7**, 606 (1951). — [3] COOK, J. W., E. DUFFY and R. SCHOENTAL: Brit. J. Cancer **4**, 405 (1950). — SCHOENTAL, R., M. A. HEAD and P. R. PEACOCK: Brit. J. Cancer **8**, 458 (1954). — [4] SCHOENTAL, R., and M. A. HEAD: Brit. J. Cancer **9**, 229 (1955). — [5] SCHOENTAL, R.: Nature **179**, 361 (1957). — [6] KORPÁSSY, B., and K. KOVACS: Brit. J. exp. Path. **30**, 266 (1949). — KORPÁSSY, B., and M. MOSONYI: Brit. J. Cancer **4**, 411 (1950). — MOSONYI, M., and B. KORPÁSSY: Nature **171**, 791 (1953). — [7] DOMAGK, G.: Z. Krebsforsch. **48**, 283 (1939). — MAISIN, J., Y. POURBAIX et G. CEULEMANS: Acta biol. belg. **1**, 322 (1941). — TANNENBAUM, A.: Cancer Res. **2**, 460, 468 (1942). — TANNENBAUM, A., and H. SILVERSTONE: Cancer Res. **9**, 607 (1949). — DAVIS, R. K., G. T. STEVENSON and K. A. BUSCH: Cancer Res. **16**, 194 (1956). — [8] BURROWS, H., I. HIEGER and E. L. KENNAWAY: Amer. J. Cancer **16**, 57 (1932). J. Path. Bacteriology **43**, 419 (1936). — DOMAGK, G.: Verh. dtsch. path. Ges. **30**, 289 (1937). Z. Krebsforsch. **48**, 283 (1939). — ATHIAS, M., et M. T. FURTADO-DIAS: C. R. Soc. Biol. **127** 237 (1938). — PEACOCK, P. R., and S. BECK: Brit. J. exp. Path. **19**, 315 (1938). — STRONG, L. C., and G. M. SMITH: Yale J. Biol. Med. **11**, 589 (1939). — DICKENS, F., and H. WEIL-MALHERBE: Cancer Res. **2**, 560 (1942). — HIEGER, I.: Brit. J. Cancer **3**, 123 (1949). — *Am Menschen:* GOLDENBERG, I. S.: Cancer, N. Y. **7**, 905 (1954). — [9] WALPOLE, A. L., M. H. C. WILLIAMS and D. C. ROBERTS: Brit. J. industr. Med. **9**, 255 (1952). — WALPOLE, A. L., D. C. ROBERTS, F. L. ROSE, J. A. HENDRY and R. F. HOMER: Brit. J. Pharmacol. **9**, 306 (1954). — [10] DRUCKREY, H.: unveröffentlichte Versuche. — [11] LANE, A., D. BLICKENSTAFF and A. C. IVY: Cancer, N. Y. **3**, 1044 (1950).

häufig Sarkome zu erzeugen[1] (Abb. 43). Demnach könnte die Peroxylierung an den Doppelbindungen, die gerade beim Leinöl durch Autoxydation[2] besonders leicht eintritt, eine Rolle spielen, vor allem dann, wenn sie zu Epoxyden führt, denn in dieser Stoffklasse wurden häufig carcinogene Eigenschaften gefunden (s. S. 276). Der damit wichtige Nachweis von Epoxyden erfolgt mit Thiobarbitursäure[3].

Ebenso ist aber auch an eine Polymerisierung von Ölen zu denken. Erhitzte Öle (z.B. von Fritturen) haben häufig carcinogene Eigenschaften gezeigt, vor allem dann, wenn Temperaturen von 350° überschritten wurden[4,5]. Die chemischen Veränderungen der Öle, z. B. Umlagerungen, Cyclisierungen[6] oder Polymerisationen[5], beginnen schon bei 180°. Dabei entstehen giftige Produkte[7], die leberschädigend wirken und zu Gelbsucht führen[8]. Unter Sauerstoff hitzepolymerisierte Öle, wie sie als Emulgierungsmittel benutzt wurden, erwiesen sich in Injektionsversuchen an Ratten als hochgradig carcinogen[9]. Die ebenfalls als Emulgierungsmittel verwendeten Sorbinpolyäthylenoxydstearate bzw. -palmitate und -lauterate („Tweens") haben ausgesprochene co-carcinogene[10] und sogar cancerogene[11] Eigenschaften und schädigen zum Teil auch die Leber. Ferner wirken sie als Lösungsvermittler. Lipophile Carcinogene, die bei oraler Gabe an sich

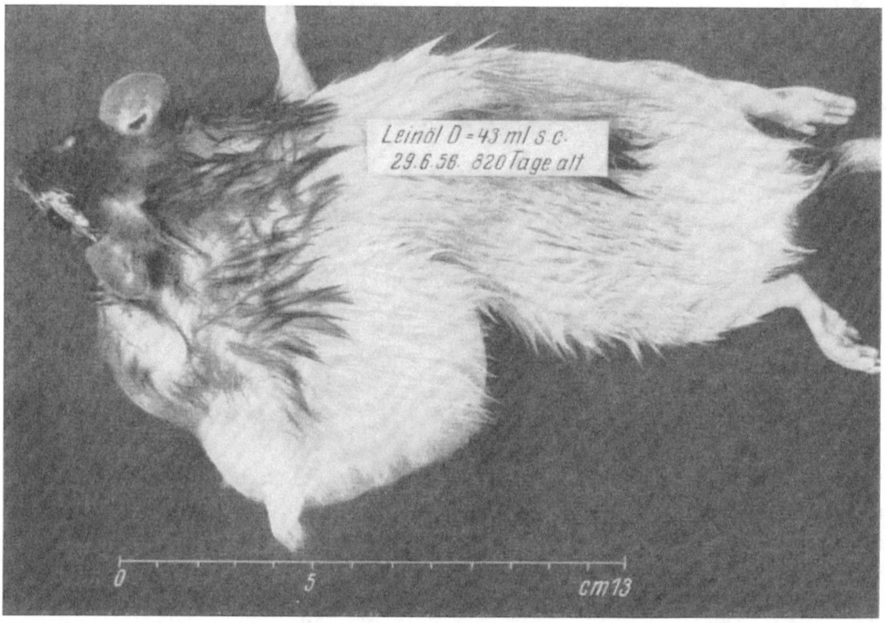

Abb. 43. Sarkom an der Injektionsstelle nach wiederholter subcutaner Injektion von Leinöl

[1] DRUCKREY, H.: unveröffentlichte Versuche. — [2] KHAN, N. A.: Canad. J. Chem. **32**, 1149 (1954). — [3] BERNHEIM, F., M. L. C. BERNHEIM and K. M. WILBUR: J. biol. Ch. **174**, 257 (1948). — WILBUR, K. M., F. BERNHEIM and O. W. SHAPIRO: Arch. Biochem. **24**, 305 (1949). — [4] ROFFO, A. H.: Amer. J. digest. Dis. **13**, 33 (1946). — PEACOCK, P. R.: Brit. med. Bull. **4**, 364 (1947). — [5] CHALMERS, J. G.: Biochem. J. **56**, 487 (1954). — [6] CRAMPTON, E. W., F. A. FARMER and F. M. BERRYHILL: J. Nutrit. **43**, 431 (1951). — [7] TÄUFEL, K.: Fette u. Seifen **54**, 689 (1952). — [8] RAJU, N. V., and R. RAJAGOPALAN: Nature **176**, 513 (1955). — [9] THOMASSON, H. J.: mündliche Mitteilung. — [10] SETÄLÄ, K.: Nature **174**, 873 (1954). Acta path. microbiol. scand. Suppl. **115** (1956). — SETÄLÄ, K., H. SETÄLÄ and P. HOLSTI: Science, N.Y. **120**, 1075 (1954). — [11] LUSKY, L. M., and A. A. NELSON: Fed. Proc. **16**, 318 (1957).

keinen Krebs erzeugen, gewinnen durch Zusatz von Tween auch resorptive carcinogene Wirkungen[1].

Die Verfütterung von großen Mengen Magermilchpulver hat als Mangelkost an Ratten zu Leberschädigungen geführt. Sprühpulver, Vollmilchpulver oder frische Magermilch dagegen nicht. Zusatz von Vitamin E hebt die leberschädigende Wirkung auf[2]. Die Verfütterung von Trockeneigelb an Ratten hat Hepatome erzeugt[3].

Diese Beobachtungen zeigen, daß nicht nur chemische Lebensmittelzusätze, sondern auch verarbeitete Lebensmittel selbst giftige und sogar carcinogene Eigenschaften haben können. Die gründliche Untersuchung der hier liegenden Probleme erscheint dringend notwendig, um die Allgemeinheit vor carcinogenen Gefahren in der Nahrung schützen zu können. Auch bei Arzneimitteln kommen z. T. starke cancerogene Wirkungen vor[4]. Hier wären der Steinkohlenteer, Arsen, Thorium-Präparate, Radium, Chloroform, Maretin, Urethan, alkylierende Krebs-Chemotherapeutica und Farbstoffe wie Scharlachrot, Pellidol und Trypanblau zu erwähnen[4], sowie das in Antikonzeptionsmitteln und als Antiseptikum viel verwendete 8-Oxychinolin[5], ferner auch Hexamethylentetramin[6].

ζ) Parasiten und Virus als Krebsursachen.

1. Parasiten.

Cancerogene Wirkungen von *Parasiten* wurden zuerst am Menschen erkannt (s. S. 201). Hierher gehört der Bilharzia-Krebs, der in Ägypten mehr als 6% aller Geschwülste ausmacht. Als auslösendes Agens gelten die Eier des Parasiten, die wahrscheinlich auf chemischem Wege[7] lokale Gewebswucherungen auslösen, welche dann zu echtem Krebs entarten können. Der Krebs tritt meist in der Blase auf. Die Isolierung von Bilharzia-Eiern mit lebenden Myracidien aus menschlichem Harn hat FLASCHENTRÄGER[8] beschrieben. Weitere Beispiele dafür, daß Parasiten als Krebsursache beim Menschen in Frage kommen, sind der Gallengangskrebs bei Fischern, der durch die Infektion mit dem Egel Opisthorchis felineus ausgelöst wird und der durch den Leberegel Distomum japonicum verursachte Leberkrebs. Auch Trichinellen können Krebsursache sein[9]. Alle diese Geschwülste entstehen streng lokal an dem Ort, an dem die Parasiten liegen bzw. gelegen haben. Das Kalkbeincarcinom bei Hühnern wird wahrscheinlich durch Milben ausgelöst[10]. Bei Mäusen scheint die Infektion mit Eperythrozoon coccoides Krebs auslösen zu können[11].

Experimentell hat zuerst FIBIGER[12] Tumoren durch einen Parasiten ausgelöst, und zwar mit Spiroptera neoplastica, dabei wurden Küchenschaben, die die Eier des Wurms enthalten, an Ratten verfüttert. Der Wurm entwickelt sich im Vormagen und erzeugt auch hier Geschwülste. In den auftretenden Metastasen sind keine Parasiten nachweisbar, ferner sind die Geschwülste ohne Beimengung von Parasiten verimpfbar. Das spricht für die Erzeugung von echtem Krebs. Die Ergebnisse FIBIGERs ließen sich jedoch nur teilweise

---

[1] SAXÉN, E., P. EKWALL and K. SETÄLÄ: Acta path. microbiol. scand. **27**, 914 (1950). — EKWALL, P., K. SETÄLÄ and L. SJÖBLON: Acta chem. scand. **5**, 175 (1951). — EKWALL, P., and K. SETÄLÄ: Acta path. microbiol. scand. Suppl. **91**, 66 (1951). — SETÄLÄ, K., and P. EKWALL: Acta path. microbiol. scand. Suppl. **91**, 78 (1951). — [2] FINK, H., u. I. SCHLIE: Naturwiss. **42**, 21 (1955); **43**, 254 (1956). — [3] NELSON, D., P. B. SZANTO, R. WILLHEIM and A. C. IVY: Cancer Res. **14**, 441 (1954). — [4] DRUCKREY, H.: M. m. W. **1956**, 295. — [5] HOCH-LIGETI, C.: Proc. amer. Ass. Cancer Res. **2**, 118 (1955/56). — BOYLAND, E., and G. WATSON: Nature **177**, 837 (1956). — [6] WATANABE, F., and S. SUGIMOTO: Gann, Tokyo **46**, 365 (1955). — [7] ONSY, A.: Acta Un. int. Cancr., Bruxelles **4**, 299 (1939). — [8] FLASCHENTRÄGER, B., u. M. M. TAHA: H. **295**, 285 (1953). — [9] SCHMIDT-LANGE, W.: Z. Krebsforsch. **43**, 264 (1936). — [10] TEUTSCHLAENDER, O.: Z. Krebsforsch. **44**, 281 (1936). — [11] NELSON, J. B.: J. exp. Med. **103**, 743 (1956). — [12] FIBIGER, J.: Z. Krebsforsch. **17**, 1 (1920).

reproduzieren, vor allem wird bestritten, daß es sich um echten Krebs handelt[1] Teile von Küchenschaben lösten nach Implantation an Ratten Sarkome aus[2].

Die Larven des Katzenbandwurms Taenia crassiocollis, die sich als Cysticercus fasciolaris in der Leber von Ratten (Zwischenwirt) ansiedeln, führen dagegen häufig zu echtem Krebs[3]. An einem experimentell infizierten Material von 26000 Ratten, von denen 13000 genügend lange lebten, wurden 3300 Tumoren beobachtet[4]. Die Ausbeute betrug je nach Art des verwendeten Rattenstammes 20 bis 65%. Davon waren 99,9% Lebersarkome und 0,1% Gallengangsadenome. Die Häufigkeit, mit der Tumoren entstanden, zeigte ebenso wie die Länge der Latenzzeit bis zu ihrem Auftreten eine auffallend klare Beziehung zur Anzahl der bei den betreffenden Ratten vorhandenen Cysticerken. Die Ergebnisse sind reproduzierbar[5], so daß die echte cancerogene Eigenschaft dieses Parasiten gesichert ist. Der bei Ratten gelegentlich auch frei in der Bauchhöhle vorkommende Wurm kann ebenfalls die lokale Entstehung von Sarkomen auslösen[5]. Eier von Ascaris megalocephala und ebenso Brei und wäßrige Extrakte aus diesem Wurm erzeugen zwar Proliferationen, aber keinen echten Krebs[6]. Beim Affen Macacus cynomolgus löst die Nematode Nochtia nochti polypöse Magentumoren aus[7].

Nach diesen Beobachtungen ist es nicht zweifelhaft, daß Parasiten sowohl beim Menschen als auch bei Tieren Krebs auslösen können. Dagegen liegen noch keine Angaben darüber vor, ob auch andere beim Menschen häufiger vorkommende Wurmarten, wie Bandwürmer, Ascariden oder Oxyuren, als Krebsursache in Frage kommen können. Durch Implantation von frisch gewonnenen Taenia saginata auf Ratten gelang die Erzeugung von Sarkomen[8] (Abb. 44).

Parasiten lösen nach der experimentellen Erfahrung auf *stofflichem* Wege die Krebsbildung aus. Die wirksamen Substanzen konnten jedoch bisher weder extrahiert noch identifiziert werden. Da die Geschwülste stets am Ort der direkten Einwirkung und niemals entfernt auftreten, können nur Substanzen mit lokaler Wirkung vorliegen. Der Versuch, in Cysticerken experimentell carcinogene Substanzen nachzuweisen, blieb stets negativ. Extrakte oder Filtrate aus Cysticercusbrei erzeugten bei Injektion an Ratten keine Tumoren. Die Injektion des Breies aus Cysticerken in die Bauchhöhle von Ratten lieferte dagegen mit 90% Ausbeute in drei Monaten, also sehr schnell, die charakteristischen lokalen Sarkome[9]. Die aktiven Substanzen sind nach diesen sehr umfangreichen Versuchen also nicht extrahierbar. Sie haben auch niemals eine resorptive, sondern stets nur lokale cancerogene Wirkung. Deshalb muß angenommen werden, daß die Wirkung höher molekularen Bestandteilen der Parasiten zukommt, z.B. solchen in der Cuticula, die durch die Enzyme des Wirtsorganismus nicht gepalten werden können.

Die Entwicklung der Bakteriologie hat zu der Vorstellung geführt, daß auch der Krebs durch einen Erreger verursacht wird. So wurden *Bakterien*, Protozoen oder Pilze, die in Krebsgeweben aufgefunden wurden, immer wieder als „Krebserreger" entdeckt. Tatsächlich findet man in Geschwülsten relativ häufig die verschiedensten Mikroorganismen, die sich hier im „locus minoris resistentiae" an-

---

[1] Oberling, C.: Le Problème du Cancer. Montreal 1942. — Hitchcock, C. R., and E. T. Bell: J. nat. Cancer Inst. **12**, 1345 (1951/52). — [2] Schmähl, D.: unveröffentlichte Versuche. — [3] Borrel: A.: Ann. Inst. Pasteur **17**, 81 (1903). — Bullock, F. D., and M. R. Curtis: J. Cancer Res. **10**, 393 (1926). — [4] Curtis, M. R., W. F. Dunning and F. D. Bullock: Amer. J. Cancer **17**, 894 (1933). — Dunning, W. F., and M. R. Curtis: Amer. J. Cancer **37**, 312 (1939). — [5] Druckrey, H.: unveröffentlichte Beobachtungen. — [6] Carminati, V.: Tumori **15**, 261 (1941). — [7] Bonne, C., and J. H. Sandground: Amer. J. Cancer **37**, 173 (1939). — [8] Druckrey, H., u. D. Schmähl: unveröffentlichte Versuche. — [9] Dunning, W. F., and M. R. Curtis: Proc. amer. Ass. Cancer Res. **1**, 13 (1953). Cancer Res. **13**, 838 (1953).

scheinend bevorzugt ansiedeln können und deshalb nur die Folge, nicht aber die Ursache des Krebses sind[1]. Dagegen können sie zu einer „Krebskachexie" führen. Der Nachweis, daß solche aus Krebsgeweben isolierte Mikroorganismen an anderen Tieren auch tatsächlich Krebs erzeugen können, ist niemals gelungen[2]. Manche derartige „Erreger" entpuppten sich sogar als Entmischungsformen von Lipoiden z.B. im Blut[2,3].

Die Tatsache, daß durch Strahlen oder durch bestimmte chemische Substanzen im Experiment Krebs ausgelöst werden kann, schließt es endgültig aus, daß „der Krebs" durch einen spezifischen Erreger verursacht wird. Dagegen muß es bei der Mannigfaltigkeit der cancerogenen Agentien für möglich gehalten werden, daß auch Erreger von Infektionskrankheiten in sehr seltenen Fällen vielleicht auch einmal zu Krebs führen können. So wurde während der 39. Passage (!) des Eperythrozoon coccoides an Mäusen die Entstehung eines Sarkoms beobachtet[4]. Es wäre aber sinnlos, hier von einem „Krebserreger" zu sprechen.

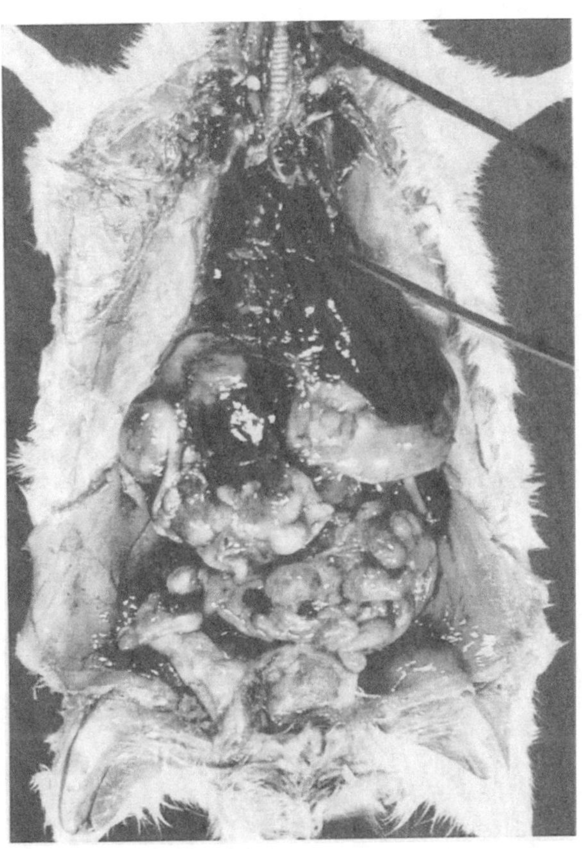

Abb. 44. Multiple Sarkome bei einer Ratte, 21 Monate nach Implantation einiger Glieder des menschlichen Bandwurms Taenia saginata.

Das Bacterium Pseudomonas tumefaciens verursacht ausschließlich bei Pflanzen große knotige Geschwülste („crown galls"), die sogar metastasieren können[5]. Die Geschwülste lassen sich durch die Metastasen erfolgreich über mehrere Passagen transplantieren, obwohl sie den Erreger sicher nicht mehr enthalten[6]. Insoweit handelt es sich um echte Geschwülste. Das Vorliegen echter Krebsgeschwülste gilt allgemein dann als erwiesen, wenn die Malignität unabhängig vom weiteren Vorhandensein des auslösenden Agens eine irreversible, bleibende Eigenschaft der Tumorzellen selbst geworden ist und auf die Tochterzellen als Dauermerkmal ihrer Abartigkeit voll übertragen wird. Das heißt also, daß normale Körperzellen irreversibel in echte Krebszellen umgewandelt werden.

[1] Diller, I. C., and M. Fisher: Cancer Res. **10**, 595 (1950). — Mescon, H., J. W. Eiman and A. M. Kligman: Cancer Res. **13**, 318 (1953). — [2] Druckrey, H.: Med. Welt **1934 II**, 1355. — Lange, L.: Z. Krebsforsch. **43**, 196 (1935). — [3] Neergaard, K. v.: Z. ges. exp. Med. **91**, 729 (1933). — Clauberg, K. W.: Kli. Wo. **1939 I**, 632. — [4] Nelson, J. B.: J. exp. Med. **103**, 743 (1956). — [5] Smith, E. F., and C. O. Townsend: Science, N. Y. **25**, 671 (1907). — Stapp, C.: Ber. dtsch. bot. Ges. **45**, 480 (1927). Naturwiss. **34**, 81 (1947). — [6] White, P. R.: Amer. J. Bot. **32**, 237 (1945). — Braun, A. C.: Ann. N. Y. Acad. Sci. **54**, 1153 (1952).

2. Virustumoren.

Dieser Nachweis ist bei den nun zu behandelnden *Virustumoren*[1] noch nicht erbracht worden, obwohl sie meist als echte Krebsgeschwülste angesehen werden. Ihre Darstellung an dieser Stelle soll keineswegs besagen, daß etwa alle tumorerzeugenden Virusarten als Parasiten, also als Lebewesen, anzusehen sind. Für manche, vor allem höhere Viren gilt das zweifellos, nicht aber sicher für die krystallisierbaren Viren, die als Makromoleküle diskutiert werden[2]. Die Fähigkeit lebender Zellen, *eigene* makromolekulare Bestandteile durch identische Reduplikation zu vermehren[3], kann sich durchaus unter besonderen Bedingungen auch auf ähnlich gebaute, *zellfremde* Makromoleküle erstrecken, wenn diese in die Zelle oder den Zellkern eindringen. Die Annahme, daß solche krystallisierbaren Viren sich dabei selbst aktiv vermehren, ist wohl kaum möglich. Wahrscheinlicher ist es, daß sie in der Zelle passiv redupliziert werden, zumal Teilsynthesen sogar in vitro möglich sind[4].

Auf eine Virusgenese mancher Geschwülste wurde aus der experimentellen Erfahrung geschlossen, daß diese Geschwülste durch zellfreie Extrakte übertragen werden konnten. Behauptet wurde das zunächst für sehr viele Tumoren. In vielen Fällen erwies es sich aber, daß die Extrakte noch Tumorzellen enthielten. Nur für einige Geschwülste kann die zellfreie Übertragbarkeit als gesichert gelten. Diese Extrakte müssen daher ein Agens enthalten, das von den Zellen abgetrennt werden kann und das an gleichartigen Tieren wieder Tumoren des gleichen Typs erzeugt. Oft hat ein solches Agens oder Virus eine elektive Affinität zu ganz bestimmten Zellen oder Geweben, so daß die Tumoren stets hier entstehen. Es ist aber noch nicht sicher entschieden, ob alle diese Geschwülste durch eine virusbedingte krebsige Entartung von Körperzellen entstehen, also echte Krebszellen enthalten, oder ob sie nur die Folge eines chronischen Proliferationsreizes des Virus auf an sich nicht entartete Zellen sind[5]. Das erstere kann erst dann als erwiesen gelten, wenn die Geschwulst durch die Geschwulstzellen selbst erfolgreich verimpft werden kann, ohne auch das Virus mit zu übertragen. Das ist noch nicht gelungen. Ferner muß nicht jedes Tumoragens dieser Art unbedingt ein Virus sein.

Die zellfreie Übertragbarkeit konnte zuerst an einer Leukose bei Hühnern experimentell gesichert werden[6]. Seitdem sind eine ganze Anzahl ähnlicher Erkrankungen bei Hühnern auf eine Virusätiologie zurückgeführt worden, Leukosen[7], Lymphomatosen[8,9], Erythroleukämien und Neurolymphomatosen, die gewaltigen Schaden in der Geflügelzucht verursachen[10]. Die Übertragung erfolgt durch blutsaugende Parasiten, vor allem Milben, deren Bekämpfung einen guten Schutz gewährleistet. Schutzimpfungen haben sich dagegen als wertlos erwiesen[10]. Die Übertragung soll auch im Ei möglich sein[8].

Die erste zellfreie Verimpfung eines soliden Sarkoms gelang 1910 P. Rous[11] beim Huhn. Das Rous-Virus löst bald nach dem Eindringen in die Zellen fort-

---

[1] Gye, W. E.: Verh. dtsch. pharmakol. Ges. **14**, 92 (1938). — Black, L. M.: Virus tumors. Survey biol. Progr. **1**, 155 (1949). — Dmochowski, L.: The milk agent in the origin of mammary tumors in mice. Adv. Cancer Res. **1**, 103 (1953). — Oberling, C., et M. Guérin: The role of viruses in the production of cancer. Adv. Cancer Res. **2**, 353 (1954). — [2] Schramm, G.: Die Biochemie der Virusarten. Fortschr. Chem. org. Naturstoffe **4**, 87 (1945). Die Biochemie der Viren (Org. Chem. Einzeldarst. Bd. 5). Berlin, Göttingen, Heidelberg 1954. — [3] Porter, K. R., and F. L. Kallman: Ann. N. Y. Acad. Sci. **54**, 882 (1952). — [4] Fraenkel-Conrat, H., and R. C. Williams: Proc. nat. Acad. Sci. USA **41**, 690 (1955). — [5] Pentimalli, F.: Der Krebs als biologisches Problem. Freiburg 1942. — Duran-Reynals, F.: Cancer Res. **3**, 569 (1943); **6**, 529, 545 (1946). — [6] Ellermann, V., u. O. Bang: Zbl. Bakteriol. (I) **46**, 595 (1908). — [7] Johnson, E. P.: Poultry Sci. **16**, 255 (1937). — [8] Cole, R. K.: Poultry Sci. **28**, 31 (1949). — [9] Burmester, B. R., and R. F. Gentry: Cancer Res. **14**, 34 (1954). — [10] Carr, J. G.: Exper. **9**, 326 (1953). — [11] Rous, P.: J. exp. Med. **12**, 696 (1910). J. amer. med. Ass. **56**, 198 (1911). Amer. J. Cancer **28**, 233 (1936). Viruses and Tumors in Virus Diseases. New York 1943.

gesetzte Zellteilungen aus, wenn es intramuskulär oder intravenös an Hühner injiziert wird. Verimpfung an Embryonen erzeugt dagegen keine Tumoren, sondern Hämorrhagien[1]. In den Rous-Sarkomzellen ist das Virus UV-mikroskopisch nicht sicher darstellbar, wohl aber elektronenoptisch[2]. Die Eigenschaften des Virus[3] in Lösungen[4] ermöglichten eine Reinigung[5]. Die infektiöse Durchströmungsflüssigkeit weist eine Absorptionsbande bei 260—280 mμ auf. Das Agens ist ein phosphorhaltiges Nucleoprotein[6]. Die Präparation erfolgt durch Fällung der mit Hyaluronidase behandelten Tumorextrakte und Verdauung der inerten Proteine mit Trypsin. Das Virus wird durch Trypsin nicht angegriffen[7] Als Partikelgröße wird 0,1 μ angegeben[7]. Das Rous-Virus I läßt sich durch Gefriertrocknung mit HCN als Oxydationsschutz stabilisieren und ist so über ein Jahr haltbar. Die für die Verimpfung erforderliche minimale Dosis der Präparation entspricht 10^{-8} g Stickstoff[7]. Die Länge der Latenzzeit bis zum Auftreten der Tumoren ist der Dosis nach der Formel

$$c^n t = k \tag{LII}$$

so streng proportional, daß aus ihr die Menge des verimpften Virus berechnet werden kann[8]. Es verdient Beachtung, daß bei cancerogenen Substanzen eine ähnliche Beziehung zwischen Dosis und Latenzzeit gefunden wurde[9]. Somit ließ sich auch die Entstehung des Viruskrebses nach der „Treffertheorie" interpretieren[10].

Ein am Huhn durch 20-Methylcholanthren erzeugtes Sarkom wurde nach mehreren Passagen zellfrei transplantabel[11]. (Das gilt jedoch nicht allgemein[12]. Die Sicherung des Befundes ist schwer, weil das Rous-Virus erfahrungsgemäß leicht zur Verseuchung von Laboratorium und Stallung führen kann[13].) Solche Beobachtungen haben die Vorstellung nahegelegt, daß das Rous-Agens kein eigentliches exogenes Virus, sondern ein endogenes, Proliferation auslösendes Zellprodukt ist (Pentimalli), z. B. in die Klasse der Mikrosomen gehört[14]. Auch sonst wird die Vorstellung diskutiert, daß bei der Carcinogenese durch beliebige Agentien Chromosomen, Kernfragmente[15] oder auch nur ein „Enzym X"[16] ihre obligate Bindung an die Zelle verlieren und sich nun wie ein Virus verhalten.

Das Rous-Sarkom läßt sich sowohl durch das Agens als auch durch Sarkomzellen erfolgreich auf andere Vogelarten übertragen[17]. Ferner gelang schon frühzeitig die Infektion von Zellen in vitro[18]. Das Virus führt jedoch stets zu Sarkomen, befällt also nur mesenchymale Zellen. Die Infektion setzt eine Zellschädigung voraus[19]. Wird eine Verletzung gesetzt, so entstehen die Tumoren

[1] Milford, J., and F. Duran-Reynals: Cancer Res. **3**, 578 (1943). — [2] Gaylord, W. H. jr.: Cancer Res. **15**, 80 (1955). — Epstein, M. A.: Brit. J. Cancer **10**, 33 (1956). — [3] Harris, R. J.: Properties of the agent of Rous No. 1 sarcoma. Adv. Cancer Res. **1**, 233 (1953). — [4] Carr, J. G., and R. J. C. Harris: Acta Un. int. Cancr., Bruxelles **7**, 216 (1951). — Carr, J. G., R. J. King and E. M. F. Roe: Acta Un. int. Cancr., Bruxelles **7**, 219 (1951). — [5] Moloney, J. B.: J. nat. Cancer Inst. **16**, 877 (1955/56). — [6] Pentimalli, F., e G. Schmidt: Tumori (II) **10**, 14 (1936). — [7] Carr, J. G., and R. J. C. Harris: Brit. J. Cancer **5**, 83 (1951). — [8] Bryan, W. R.: J. nat. Cancer Inst. **6**, 225 (1945/46); **16**, 843 (1955/56). — [9] Druckrey, H., u. K. Küpfmüller: Z. Naturforsch. **3**b, 254 (1948). — Wollman, S. H.: J. nat. Cancer Inst. **16**, 195 (1955/56). — Horton, A. W., and D. T. Denman: Cancer Res. **15**, 701 (1955). — [10] Iversen, S., and N. Arley: Acta path. microbiol. scand. **31**, 27 (1952). — [11] Oberling, C., et M. Guérin: Bull. Ass. franç. Cancer **37**, 5 (1950). — [12] Peacock, P. R.: Cancer Res. **6**, 311 (1946). — [13] Begg, A. M., and W. Cramer: Lancet **1929 II**, 697 — [14] Claude, A.: Science, N. Y. **91**, 77 (1940). — Porter, K. R., and F. L. Kallman: Ann. N. Y. Acad. Sci. **54**, 882 (1952). — [15] Copisarow, M.: Naturwiss. **42**, 101 (1955). — [16] Potter, V. R.: Adv. Enzymol. **4**, 201 (1944). Enzymes, Growth and Cancer. Springfield, Ill. 1950. — [17] Duran-Reynals, F.: Cancer Res. **3**, 569 (1943); **7**, 99, 103 (1947). — [18] Carrel, A.: C. R. Soc. Biol. **93**, 1083, 1278 (1925). — [19] Rous, P., J. B. Murphy and W. H. I. Tytler: J. amer. med. Ass. **48**, 1751 (1914). — Pentimalli, F.: Z. Krebsforsch. **22**, 74 (1924).

nach intravenöser Injektion des Agens an der Verletzungsstelle[1]. Es kann daher wahrscheinlich nur in verletzte oder phagocytierende Zellen eindringen. Die Geschwülste entstehen stets ohne eigentliche Latenzzeit und führen in wenigen Wochen zum Tode. Dadurch unterscheiden sich die Tumor-Virusarten von allen anderen cancerogenen Agentien.

Das ROUS-Virus läßt sich in vitro inaktivieren[2]. Als Protein hat es Antigeneigenschaften, so daß sich durch Injektion an andere Tiere Antisera gewinnen lassen, durch die Hühner gegen das ROUS-Virus immunisiert werden können[3]. Die gegen das freie Virus immunisierten Hühner bleiben aber für die Sarkomübertragung durch Zellen empfänglich. Außer dem ROUS-Sarkom gibt es noch eine ganze Anzahl anderer mesenchymaler Virustumoren beim Huhn[4]. Das Kalkbeincarcinom (s. a. S. 289) soll dagegen durch Milben ausgelöst werden[5].

Bei *Pflanzen* werden Virustumoren durch Grashüpfer übertragen[6]. Die Virusätiologie von Papillomen und Lymphosarkomen bei *Fischen* ist noch nicht gesichert[7]. Dagegen werden Nierengeschwülste beim Leopardfrosch und bei Rana pipiens wahrscheinlich durch Viren ausgelöst und übertragen[8]. Dies Agens erzeugt unabhängig vom Applikationsort stets Nierengeschwülste und erweist damit die für Tumorviren charakteristische Organotropie. Das Agens kann sich offenbar nur in Nierenzellen bestimmter Froscharten vermehren. Daraus wird geschlossen, daß es sich mit speziellen Zellbestandteilen kombinieren muß, die in den einzelnen Geweben verschieden sind. Nach Passage durch Salamander erzeugt dies Agens jedoch auch Knochengeschwülste[9].

Das SHOPE-Papillom, ein gutartiges und zu Spontanheilung neigendes Hautpapillom beim wilden *Baumwollschwanz-(„cotton tail"-)Kaninchen*, ist zellfrei verimpfbar und wird durch ein echtes Virus hervorgerufen[10]. Das Papillom ist auch auf zahme Kaninchen transplantabel. Die einzelnen Rassen sind aber auffällig verschieden empfänglich[11]. Sofern bei ihnen keine Heilung erfolgt, können aus den Papillomen nach einer Latenzzeit von etwa sechs Monaten sprunghaft echte, metastasierende Carcinome entstehen, seltener beim Wildkaninchen[12]. In den Carcinomen ist das Virus nicht mehr nachweisbar[13]. Dagegen wurde in ihnen eine andere, mit den Mikrosomen sedimentierende Entität mit besonderen, von denen des Papillomvirus verschiedenen Eigenschaften[14] gefunden. Deshalb wird eine „Virusvariation" bei der krebsigen Entartung angenommen. Die kausale Bedeutung dieser „Entität" für den Krebs ist noch fraglich. Das Carcinom ist auf neugeborene Ratten übertragbar. Dabei kann das Virus noch bis zur 22. Passage gefunden werden, spätere Passagen enthalten es dann nicht mehr, obwohl der Krebs verimpfbar bleibt, wenn Zellen übertragen werden.

Auch das SHOPE-Papillom zeigt eine ausgesprochene organotrope Wirkung, und zwar nur auf die äußere Haut. In der normalen Haut werden keine Papillome erzeugt, sondern nur in der verletzten oder geschädigten[15]. Das Virus scheint daher

[1] DOERR, R., L. BLEYER and G. W. SCHMIDT: Z. Krebsforsch. **36**, 256 (1932). — [2] LEWIS, M. R., and H. B. ANDERVONT: Bull. Johns Hopkins Hosp. **41**, 185 (1927). — [3] GYE, W. E.: Verh. dtsch. pharmak. Ges. **14**, 92 (1938). — [4] ENGELBRETH-HOLM, J.: Acta path. microbiol. scand. **38**, 26 (1938). — DURAN-REYNALS, F.: Cancer Res. **6**, 529, 545 (1946). — [5] TEUTSCHLAENDER, O.: Z. Krebsforsch. **44**, 281 (1936). — [6] BLACK, L. M.: Ann. N. Y. Acad. Sci. **54**, 1067 (1952). — [7] NIGRELLI, R. F.: Ann. N. Y. Acad. Sci. **54**, 1076 (1952). — [8] LUCKÉ, B., and H. G. SCHLUMBERGER: Neoplasia in cold blooded vertebrates. Physiol. Rev. **29**, 91 (1949). — LUCKÉ, B.: Ann. N. Y. Acad. Sci. **54**, 1093 (1952). — [9] ROSE, S. M., and F. C. ROSE: Cancer Res. **12**, 1 (1952). — [10] SHOPE, R. E.: J. exp. Med. **58**, 607 (1933); **63**, 173 (1936). — PASCHEN, E.: Zbl. Bakteriol. **138**, 1 (1936). — [11] DANNEEL, R.: Biol. Zbl. **61**, 441 (1941). — [12] ROUS, P., and J. W. BEARD: J. exp. Med. **60**, 701 (1934); **62**, 523 (1935). — [13] SHOPE, R. E.: Proc. Soc. exp. Biol. Med. **32**, 830 (1935). — [14] KIDD, J. G.: Cold Spring Harbor Symp. quant. Biol. **11**, 94 (1946). — [15] KIDD, J. G.: J. exp. Med. **67**, 551 (1938). — FRIEDEWALD, W. F.: J. exp. Med. **75**, 197 (1942).

nur in verletzte Zellen eindringen zu können und kann sich ferner nur in Hautzellen vermehren. Hierin besteht eine wichtige Übereinstimmung mit dem ROUS-Virus und dem Agens des Nierentumors beim Frosch.

Das SHOPE-Virus ist vielleicht dem Tabakmosaikvirus ähnlich. Die Untersuchung in der Ultrazentrifuge ergab ein Mol.-Gew. von etwa 20 Millionen[1]. Die nahezu sphärischen Partikel haben einen Durchmesser von 47 ± 5 mμ[2]. Der Stickstoffgehalt des Virusproteins beträgt 15%. Die zur Verimpfung benötigte minimale Dosis ist 10^{-8} g. Im infizierten Gewebe erreicht die Konzentration des Virusproteins etwa 0,05%.

Das SHOPE-Virus ist in vitro gegen Röntgenstrahlen hoch resistent und wird erst durch Dosen von 25 Millionen r inaktiviert. Die Papillome bilden sich demgegenüber schon nach sehr kleinen Strahlendosen zurück, während benachbarte, unbestrahlt gebliebene Papillome weiter wachsen[3]. Dieser therapeutische Strahleneffekt beruht demnach nicht auf einer Inaktivierung des Virus, sondern auf einer Hemmung der Zellteilung in den Papillomen, deren Zellen gegen Strahlen besonders empfindlich sind.

Mit der Entwicklung der Papillome treten spezifische Antikörper auf, deren Titer mit dem Wachstum der Papillome steigt. Daraus erklärt sich die Häufigkeit von Spontanheilungen beim SHOPE-Papillom. Die geheilten Tiere sind dann gegen das Virus resistent. Die spezifischen Antikörper können zum Nachweis des Virus benutzt werden[4], jedoch kann das Virus auch kachiert vorliegen, so daß der Nachweis nur mit speziellen Methoden gelingt[5]. Im Carcinom, das am Hauskaninchen nach Impfung mit SHOPE-Virus entsteht, ist das Virus nicht mehr auffindbar[6].

Dem SHOPE-Papillom der äußeren Haut ähnlich sind gutartige Papillome der Mundschleimhaut beim Kaninchen. Sie werden ebenfalls durch ein Virus ausgelöst[7], das aber vom SHOPE-Virus verschieden sein muß, denn Tiere, die für das eine Virus immun sind, bleiben empfänglich für das andere. Auch dies Virus hat eine organspezifische Wirkung und löst ferner nur an verletzten Zellen Papillombildung aus. Die virusbedingte SANARELLI-Myxomatose des Kaninchens ist wohl nicht als Geschwulstkrankheit anzusehen.

Bei weiblichen *Mäusen* bestimmter Inzuchtstämme tritt im Alter regelmäßig Brustkrebs auf, der demgemäß als „erblich" angesehen und als Beweis füı die Erblichkeit von Krebs angeführt wurde (s. S. 186). Es gibt hoch anfällige Stämme, wie z.B. C3H oder dilute brown, und wenig anfällige bzw. resistente Stämme, wie C 57, CBA, S, I oder C[8]. Die experimentelle Analyse des Erbganges ergab eine vorwiegend mütterliche Übertragung. Wurden befruchtete Eizellen von Mäusen aus solchen „anfälligen" Stämmen in den Uterus von nicht anfälligen Mäusen implantiert, so trat bei den Jungen später kein Krebs auf, wohl aber bei Jungen aus Eizellen nicht anfälliger Mütter, die im Uterus von anfälligen Mäusen zur Entwicklung gebracht wurden. Daraus folgte, daß der Krebs nicht durch die Eizelle übertragen, also nicht vererbt wird, daß auch die Anfälligkeit kein rein erbliches Merkmal ist, sondern daß die Krebsanlage erst im Laufe der Entwick-

[1] BEARD, J. W., and R. W. G. WYCKOFF: Science, N. Y. **85**, 201 (1937). — [2] SHARP, D. G., A. R. TAYLOR, A. E. HOOK and J. W. BEARD: Proc. Soc. exp. Biol. Med. **61**, 259 (1946). — KAHLER, H., and B. J. LLOYD jr.: J. nat. Cancer Inst. **12**, 1167 (1951/52). — BERNHARD, W., A. BAUER, J. HAREL et C. OBERLING: Bull. Ass. franç. Cancer **41**, 423 (1954). — [3] LACASSAGNE, A.: C. R. Soc. Biol. **123**, 736 (1936). — DANNEEL, R.: Biol. Zbl. **61**, 441 (1941). — FRIEDEWALD, W. F., and R. S. ANDERSON: Proc. Soc. exp. Biol. Med. **45**, 713 (1940). J. exp. Med. **75**, 2 (1942); **78**, 285 (1943). — [4] KIDD, J. G.: J. exp. Med. **74**, 321 (1941). — [5] FRIEDEWALD, W. F., and J. G. KIDD: J. exp. Med. **79**, 591 (1944). — [6] KIDD, J. G.: Cold Spring Harbor Symp. quant. Biol. **11**, 94 (1946). — [7] PARSONS, R. J., and J. G. KIDD: J. exp. Med. **77**, 233 (1943). — [8] DMOCHOWSKI, L.: Adv. Cancer Res. **1**, 103 (1953).

lung übertragen wird. Frisch geworfene Mäuse aus einem anfälligen Stamm, die aber von einer nicht anfälligen Amme gesäugt wurden, bekamen keinen Krebs, wohl aber weibliche Mäuse auch aus nichtanfälligen Stämmen, wenn sie von einer anfälligen Amme gesäugt wurden. Dies jedoch nur dann, wenn die Übertragung unmittelbar nach der Geburt erfolgte, bei einem Zeitabstand von mehr als 10 Std dagegen nicht mehr[1]. Daraus folgte, daß die Krebsanfälligkeit durch die Muttermilch, also substantiell durch einen „Milchfaktor“[2], übertragen wird, daß aber die Jungen nur in den ersten Stunden ihres Lebens für ihn empfänglich sind. Der Milchfaktor ist auch in künstlich gewonnener Milch, ferner in den verschiedensten Organen und im Sperma[3] der Mäuse aus anfälligen Stämmen nachweisbar[4], nicht aber in Urin oder Kot[5]. Auch bei Wildmäusen wurde das Milchagens gefunden[6]. Auf der anderen Seite gibt es Mäuse mit Brustkrebs, die sicher keinen Milchfaktor enthalten[7]. Mäuse aus nicht anfälligen Stämmen enthalten ihn jedoch nicht[8]. Er wird dagegen auch bei ihnen nachweisbar, wenn sie von einer anfälligen Amme gesäugt waren. Der Faktor ist für viele Mäusearten wirksam, jedoch mit genetisch bedingten Unterschieden. Die einmal infizierten Mäuse können ihn weiter übertragen und erkranken im Alter dann selbst an Brustkrebs. Daraus wurde auf eine Vermehrung des Faktors im Mäuseorganismus und auf eine Virusnatur geschlossen[9]. Diese Annahme ließ sich durch den Nachweis stützen, daß der Faktor infektiös, vermehrungsfähig, filtrierbar und sedimentierbar ist.

Gereinigte Präparate sind bis 10^{-6} verdünnt noch infektiös. Bei 61° wird das Virus in 30 min inaktiviert. Getrocknet sind die Präparate bis zu 2 Jahren haltbar[10]. Eine Aktivierung durch Kälte bei —76° ist nicht erkennbar[11]. Die Latenzzeit bis zum Auftreten der Geschwülste beträgt etwa 340 Tage. Eine Abhängigkeit dieser Zeit von der Dosis, wie sie beim Rous-Sarkomvirus streng gilt, ließ sich bisher nicht exakt bestimmen[12]. Das Ultrazentrifugat ist stark infektiös und antigen wirksam. Durch Antisera, die z. B. am Kaninchen gewonnen werden, wird das Virus inaktiviert[13]. Das Virusprotein ist von den normalen Proteinen der Maus oder Mäusemilch antigenisch verschieden. Das gereinigte Virus zeigt ein Absorptionsmaximum bei 260 mμ und eine hohe Dichte im Elektronenstrahl. Im Ultrazentrifugat wurde eine scharfe Bande mit einer Sedimentationskonstante = 900 S und eine zweite, diffuse zwischen 500 und 700 S gefunden. Ebenso lieferte die elektrophoretische Untersuchung zwei Komponenten, die beide aktiv waren[14]. Durch scharfe Sedimentation bei 120000 S wurden dann Partikelchen gewonnen, die elektronenoptisch sichtbar sind und einen Durchmesser von 24 mμ haben[15].

[1] Bittner, J. J.: Amer. J. Cancer **30**, 539 (1937). — Bittner, J. J., and C. C. Little: J. Heredity **28**, 117 (1937). — [2] Dmochowski, L.: The milk agent in the origin of mammary tumors in mice. Adv. Cancer Res. **1**, 104 (1953). — [3] Mühlbock, O.: J. nat. Cancer Inst. **12**, 819 (1951/52). — [4] Bittner, J. J.: Proc. Soc. exp. Biol. Med. **45**, 805 (1940). Amer. J. Cancer **39**, 104 (1940). Cancer Res. **1**, 113 (1941). Science, N. Y. **93**, 527 (1941). — Fekete, E., and C. C. Little: Cancer Res. **2**, 525 (1942). — [5] Mühlbock, O.: Acta physiol. pharmacol. neerl. **1**, 645 (1950). — [6] Andervont, H. B.: Ann. N. Y. Acad. Sci. **54**, 1004 (1952). — [7] Mühlbock, O.: J. nat. Cancer Inst. **12**, 819 (1951/52). — [8] Dmochowski, L.: Brit. J. Cancer **3**, 525 (1949). Acta Un. int. Cancr., Bruxelles **7**, 230 (1951). — [9] Bittner, J. J.: Science, N. Y. **95**, 462 (1942). Cancer Res. **4**, 159 (1944). — Visscher, M. B., R. G. Green, J. J. Bittner, Z. B. Ball and H. A. Siedentopf: Proc. Soc. exp. Biol. Med. **49**, 94 (1942). — [10] Black, L. M.: Survey biol. Progr. **1**, 155 (1949). — [11] Bittner, J. J., and D. T. Imagawa: Proc. amer. Ass. Cancer Res. **1**, 6 (1953). — [12] Barnum, C. P., and R. A. Huseby: Cancer Res. **10**, 523 (1950). — [13] Green, R. G., M. M. Moosey and J. J. Bittner: Proc. Soc. exp. Biol. Med. **61**, 115, 362 (1946). — [14] Graff, S., W. M. Stanley, D. H. Moore, H. T. Randall and C. D. Haagensen: Cancer Res. **9**, 611 (1949). — Graff, S., M. Heidelberger and C. D. Haagensen: Ann. N. Y. Acad. Sci. **54**, 1012 (1952). — [15] Passey, R. D., L. Dmochowski, W. T. Astbury, R. Reed and P. Johnson: Acta Un. int. Cancr., Bruxelles **7**, 299 (1951).

Das Virus wird zwar vorwiegend durch die Muttermilch übertragen, jedoch kann die Infektion auch durch den Vater bei der Befruchtung erfolgen[1]. Das Sperma anfälliger Mäuse enthält das infektiöse Virus[2]. Neben der maßgeblichen Bedeutung des Virus für diese Art von Brustkrebs besteht außerdem ein wahrscheinlich dominanter genischer Einfluß auch vom Vater her[3], der jedoch wohl nur die Disposition der Tiere für die Virusinfektion oder deren hormonale Konstitution betrifft[3]. Das Virus zeichnet sich ebenso, wie dies für alle Tumorvirusarten charakteristisch ist, durch eine auffällige Organotropie aus, hier zur Brustdrüse. In anderen Organen führt es nicht zu Krebs. Deshalb ist anzunehmen, daß das Virus nur in den Zellen der Brustdrüsen die Voraussetzungen für seine Vermehrung findet. Andere Arten von Brustkrebs, sowohl „spontan" auftretende als auch durch 20-Methylcholanthren erzeugte Mammatumoren enthalten das Virus nicht[4].

Der Brustkrebs tritt praktisch nur bei weiblichen Mäusen „spontan" auf. Die rechtzeitige Kastration verhütet ihn[5]. Erfolgt sie aber schon sehr bald nach der Geburt, so kommt es doch zum Brustkrebs, weil die Nebennierenrinden vikariierend für die Inkretion der Ovarien eintreten[6]. Kastrierte Männchen der anfälligen Stämme bekommen ebenfalls Brustkrebs, wenn entweder Anomalien der Keimdrüsen vorliegen[7] oder wenn Ovarien auf sie transplantiert wurden[8]. Dieser Einfluß der Ovarien ist humoral, findet sich in den Follikeln[9] und konnte mit Oestradiol identifiziert werden[10]. So gelang es mit reinen natürlichen und synthetischen Oestrogenen, auch bei männlichen Mäusen Brustkrebs auszulösen, sofern sie mit dem Virus infiziert waren[11]. Danach wird angenommen, daß das Virus nur in latenter Form übertragen wird und erst durch Oestrogene aktiviert werden muß[12]. Die Bedeutung der Oestrogene für den Brustkrebs erklärt sich aber wohl zwangloser aus ihrer proliferationsfördernden Wirkung speziell auf die Brustdrüsen, denn die Wahrscheinlichkeit für das Auftreten von Krebs unter dem kausalen Einfluß des Virus muß notwendig um so größer sein, je größer die Zahl der empfindlichen Brustdrüsenzellen im infizierten Organismus ist[13] und je labiler die Zellen sind. Grundsätzlich hängt die Manifestation des Brustkrebses an diesem besonders gut untersuchten Beispiel von folgenden drei Faktoren ab[14]:

1. dem Milchfaktor, dem Virus,
2. der genisch bedingten Disposition (cellulär ?),
3. der hormonalen Konstitution.

Bei Wildmäusen wird ein bestimmter Brustkrebs ebenfalls durch ein Virus mit der Milch übertragen[15]. Andererseits gibt es aber auch Brustkrebs bei Mäusen, der mit Virus nichts zu tun hat[16]. Dies Beispiel zeigt besonders klar, daß sogar der

---

[1] BITTNER, J. J.: Cancer Res. **10**, 204 (1950); **12**, 387 (1952). — [2] MÜHLBOCK, O.: J. nat. Cancer Inst. **10**, 861 (1949/50); **12**, 819 (1951/52). — [3] LATHROP, A. E. C., and L. LOEB: J. exp. Med. **28**, 475 (1918). — BITTNER, J. J.: J. nat. Cancer Inst. **1**, 155 (1940/41). — ANDERVONT, H. B.: J. nat. Cancer Inst. **1**, 135, 147 (1940/41). — [4] BITTNER, J. J., and A. KIRSCHBAUM: Proc. Soc. exp. Biol. Med. **74**, 191 (1950). — [5] LATHROP, A. E. C., and L. LOEB: J. Cancer Res. **1**, 1 (1916). J. exp. Med. **28**, 475 (1918). — CORI, C. F.: J. exp. Med. **45**, 983 (1927). — MURRAY, W. S.: J. Cancer Res. **12**, 18 (1928). — [6] FEKETE, E., G. WOOLLEY and C. C. LITTLE: J. exp. Med. **74**, 1 (1941). — [7] ATHIAS, M.: Arq. Pat., Lisboa **17**, 3 (1945). — [8] MURRAY, W. S.: J. Cancer Res. **12**, 18 (1928); **14**, 602 (1930). — [9] GOORMAGHTIGH, N., et A. AMERLINCK: Bull. Ass. franç. Cancer **19**, 527 (1930). — [10] MACCORQUODALE, D. W., S. A. THAYER and E. A. DOISY: J. biol. Ch. **115**, 435 (1936). — [11] LACASSAGNE, A.: Cr. **195**, 630 (1932). C. R. Soc. Biol. **122**, 183, 1060 (1936); **129**, 641 (1938). — NELSON, W. O.: Yale J. Biol. Med. **17**, 217 (1944). — [12] MANN, I.: Brit. med. J. **1949 II**, 251. — [13] DRUCKREY, H., u. K. KÜPFMÜLLER: Z. Naturforsch. **3**b, 254 (1948). — [14] BITTNER, J. J.: Cancer Res. **8**, 625 (1948). — [15] ANDERVONT, H. B.: Ann. N. Y. Acad. Sci. **54**, 1004 (1952). — [16] DMOCHOWSKI, L.: Brit. J. Cancer **3**, 525 (1949). Acta Un. int. Cancr., Bruxelles **7**, 230 (1951). — MÜHLBOCK, O.: J. nat. Cancer Inst. **12**, 819 (1951/52).

Krebs eines bestimmten Organs von Fall zu Fall seinem Wesen nach ganz verschiedenartig sein kann. Die Annahme, „der Krebs" sei ein einheitliches Phänomen, ist falsch.

In der *menschlichen* Milch von jungen Frauen aus Familien, in denen Brustkrebs häufiger vorkommt, wurden 20—200 mμ große Partikel gefunden, die dem BITTNER-Virus des Mäusebrustkrebses ähneln[1]. Sie kommen aber auch in der Milch „unbelasteter" Frauen vor[2]. Über ihre Natur und Bedeutung kann noch nichts ausgesagt werden. Dagegen ist sicher, daß Brustkrebs auch bei Frauen vorkommt, die niemals Muttermilch bekommen haben[3].

Die „erbliche" lymphatische *Leukämie** bei Ak-Mäusen wird durch ein filtrables Agens, wahrscheinlich durch ein „Virus", verursacht[4]. Die Infektion erfolgt nicht durch die Milch[5], sondern wahrscheinlich intrauterin[6]. Die Manifestation der Leukämie tritt erst im Alter der Tiere ein. Sie ist durch Organextrakte der leukämischen Ak-Mäuse transplantabel. Eine Übertragung auf andere Mäusestämme, z.B. auf den C3H-Stamm gelingt nur bei sehr jungen Tieren. Nach 11 Monaten wurde eine Ausbeute von 80% Leukämien beobachtet. Die Verimpfung des frischen Überstandes nach Zentrifugieren (10 min bei 7000 g) lieferte schon nach 5 Monaten Leukämien. Bei Zentrifugieren unter 144000 g scheint das Agens selbst sedimentiert zu werden. Durch Erhitzen auf 65° für 30 min wird es zerstört[7].

In Fortsetzung dieser Versuche wurde beobachtet, daß die Verimpfung zellfreier Filtrate auch aus Sarkomen an neugeborenen Mäusen zu Leukämien und auch zu Sarkomen führt[8]. GRAFFI erhielt ebenfalls mit zellfreien Zentrifugaten und Filtraten aus den verschiedensten homologen Tumoren bei einmaliger Verimpfung von 0,1 ml auf neugeborene Mäuse nach etwa 6 Monaten Chloroleukämien und Sarkome[9]. Neuerdings gelang die zellfreie Übertragung auch auf erwachsene Mäuse[10]. Extrakte aus heterologen Tumoren oder aus Normalgeweben blieben negativ. Das Agens ist wahrscheinlich corpusculär (⌀ etwa 0,1 μ), besitzt Antigeneigenschaft und ist speciesspezifisch[11], bei 65° oder p_H 3,7 wird es inaktiviert[12]. An Nachkommen von Mäusen mit Impftumoren wurden später bis zu 45% Leukämien und Tumoren beobachtet[13]. Auch beim EHRLICH-Adenocarcinom gelang eine Transplantation durch Filtrate[14]. Aus solchen Beobachtungen kann jedoch noch nicht auf eine Virusätiologie der Tumoren geschlossen werden, zumal Gewebshomogenate nachweislich noch intakte Zellen enthalten[15].

---

* Experimentelle Leukämien, Übersicht bei: GROSS, L.; in: WOLSTENHOLME, G. E. W. (Hrsgb.): Ciba Found. Symposion Leukaemia Research. London 1954. — LAW, L. W.: Cancer Res. **14**, 695 (1954). — GALLICO, E.: Tumori **42**, 76 (1956).

[1] GROSS, L., A. E. GESSLER and K. S. MCCARTY: Proc. Soc. exp. Biol. Med. **75**, 270 (1950). — GROSS, L., K. S. MCCARTY and A. E. GESSLER: Ann. N. Y. Acad. Sci. **54**, 1018 (1952). — [2] PASSEY, R. D., L. DMOCHOWSKI, W. T. ASTBURY, R. REED and G. EAVES: Nature **167**, 643 (1951). — [3] HORNE, H. W. jr.: New Engl. J. Med. **243**, 373 (1950). — [4] GROSS, L.: Proc. Soc. exp. Biol. Med. **76**, 27; **78**, 342 (1951). Cancer, N. Y. **9**, 778 (1956). — STEWART, S. E.: J. nat. Cancer Inst. **16**, 41 (1955/56). — [5] BARNES, W. A., and R. K. COLE: Cancer Res. **1**, 99 (1941). — [6] GROSS, L.: Cancer, N. Y. **3**, 1073 (1950); **6**, 153 (1953). Ann. N. Y. Acad. Sci. **54**, 1184 (1952). — [7] GROSS, L.: Cancer, N. Y. **6**, 153 (1953). — [8] GROSS, L.: Proc. Soc. exp. Biol. Med. **86**, 734 (1954). Proc. amer. Ass. Cancer Res. **2**, 112 (1955/56). — WOOLEY, G. W., and M. C. SMALL: Proc. amer. Ass. Cancer Res. **2**, 158 (1955/56). — LAW, L. W., T. B. DUNN and P. J. BOYLE: J. nat. Cancer Inst. **16**, 495 (1955/56). — [9] BIELKA, H., A. GRAFFI u. F. FEY: Naturwiss. **42**, 399 (1955). — FEY, F., A. GRAFFI u. H. BIELKA: Naturwiss. **42**, 421 (1955). — GRAFFI, A., F. FEY u. H. BIELKA: Kli. Wo. **1956**, 15. — GRAFFI, A., H. BIELKA u. F. FEY: Acta haematol., Basel **15**, 145 (1956). — [10] GIMMY, J., W. KRISCHKE u. A. GRAFFI: Naturwiss. **43**, 305 (1956). — [11] GRAFFI, A., F. FEY, H. BIELKA, U. HEINE u. F. HOFFMANN: Naturwiss. **43**, 63 (1956). — [12] LOHMANN, K., u. F. SCHMIDT: Naturwiss. **43**, 20, 254, 255 (1956). — [13] SCHMIDT, F.: Naturwiss. **42**, 347 (1955). — [14] FRIEND, C.: Proc. amer. Ass. Cancer Res. **2**, 106 (1955/56). — [15] BROWN, J. R. C.: Science, N. Y. **121**, 511 (1955).

Bei der menschlichen Leukämie, deren Häufigkeit bis zu 16% aller Krebse zugenommen hat[1], ist die Annahme einer Virusätiologie unwahrscheinlich. Kinder von leukämischen Müttern haben normale Leukocyten, obwohl sonst alle Viruskrankheiten auf die Früchte übertragen werden[2]. Beim menschlichen Melanom wurde gelegentlich eine placentare Übertragung beobachtet[3], die jedoch auch durch den Übertritt von Zellen bedingt gewesen sein kann. Wenn bei der Leukämie bisher keine diaplacentare Übertragung beobachtet wurde, so ist damit noch kein endgültiges Urteil gegeben, weil die Leukämie verschiedene Ursachen haben kann (z.B. Strahlen oder radioaktive Substanzen) und weil gerade die Erfahrung bei der Leukämie und dem Brustkrebs bei Mäusen lehrt, daß eine Virusinfektion in früher Jugend erst im fortgeschrittenen Alter zur entsprechenden Geschwulstkrankheit führen kann. Im Cytoplasma leukämischer Zellen vom Menschen wurden elektronenoptisch streptokokkenartige Ketten dargestellt, deren Partikel einen Durchmesser von etwa 120 mμ haben[4]. Ähnliche Gebilde wurden auch in anderen menschlichen Geschwülsten beobachtet[5]. Ihre Bedeutung ist noch gar nicht zu beurteilen. Für die noch immer recht unklare Lymphogranulomatose (HODGKIN) wird eine Virusätiologie diskutiert[6]. Ein aus menschlicher Lymphogranulomatose isoliertes ,,Virus" erzeugte an Mäusen Encephalitis[7].

Bei vielen Virusgeschwülsten ist jedoch die Frage noch durchaus offen, ob es sich wirklich immer um echten Krebs handelt. Es darf nicht vergessen werden, daß z.B. luetische Gummen oder tuberkulöse Granulome lange Zeit für Krebs gehalten wurden, bis man die eigentliche Ursache erkannte. Bei den Viren gibt es Arten, die eine besondere proliferationsfördernde Wirkung haben, z.B. Warzen, Papillome, spitze Kondylome oder Molluscum contagiosum auslösen. Das menschliche Influenzavirus (Typ A, PR 8) bewirkt bei Mäusen gewaltige Regenerationen des Bronchialepithels, ist aber nicht cancerogen[8]. Die bisherige Forschung nach einer möglichen Virusätiologie von Tumoren ging noch von der Vorstellung aus, daß die Infektion in wenigen Wochen zu einer Geschwulstbildung führen müsse, wie z.B. beim ROUS-Sarkom. Die neueren experimentellen Ergebnisse haben jedoch gezeigt, daß es offenbar auch Fälle gibt, bei denen erst nach sehr langer Latenzzeit Geschwülste entstehen, wie beim Mäusebrustkrebs und der Leukämie.

Die Entdeckung der Viren als Krankheitserreger hat naturgemäß zu der Hypothese geführt, daß letztlich alle Geschwülste durch Viren verursacht sind und zellfrei übertragen werden können. Nach klinischen Beobachtungen über ,,Krebsinfektionen" verimpfte HEIDENHAIN Autolysate *menschlicher* Geschwülste auf Mäuse[9]. In 180 von 2479 Fällen entstand Krebs, während bei 870 Kontrollmäusen nur 18 Tumoren gefunden wurden. Die Zahlen sind jedoch nicht statistisch gesichert, zumal gerade bei Mäusen relativ häufig ,,spontane" Tumoren vorkommen.

Bei den meisten *tierischen* Geschwülsten wurde immer wieder eine zellfreie Übertragbarkeit behauptet. Sie ließ sich jedoch für die ,,klassischen" Impfgeschwülste, wie das JENSEN-Sarkom, das FLEXNER-JOBLING-Carcinom oder das Carcinosarkom Walker-256 bei Ratten trotz vieler Mühe ebensowenig nachweisen, wie für Geschwülste, die durch cancerogene Agentien erzeugt waren[10]. Dabei ging man

[1] KAPLAN, H. S.: Cancer Res. **14**, 535 (1954). — [2] KUCHARIK, J.: Schweiz. med. Wschr. **78**, 634 (1948). — [3] MEYER, H. W., and S. L. GUMPORT: Ann. Surg. **138**, 643 (1953). — [4] OBERLING, C., W. BERNHARD, H. BRAUNSTEINER et H. L. FEBVRE: Bull. Ass. franç. Cancer **37**, 15 (1950). — [5] FOX, J. D.: Cancer, N. Y. **4**, 168 (1951). — [6] BOSTICK, W. L.: Ann. N. Y. Acad. Sci. **54**, 1162 (1952). — [7] BOSTICK, W. L., and L. HANNA: Cancer Res. **15**, 650 (1955). — [8] STEINER, P. E., and C. G. LOOSLI: Cancer Res. **10**, 385 (1950). — [9] HEIDENHAIN, L.: Dtsch. Z. Chir. **252**, 604 (1939). — [10] GOTTSCHALK, R. G.: Acta Un. int. Cancr., Bruxelles **7**, 250 (1951).

jedoch von der Erwartung aus, daß die Impfung in wenigen Wochen zu Tumoren führen müsse. Seitdem bei Virustumoren auch sehr lange Latenzzeiten bekannt geworden sind, erscheint eine erneute experimentelle Prüfung notwendig. Aus der positiven Verimpfbarkeit tief gefrorenen und getrockneten Tumormaterials, die sogar bis zu einem Jahr erhalten bleibt, wurde auf die kausale und universale Bedeutung von Viren für alle Arten von Krebs geschlossen[1]. Die Krebserzeugung durch Strahlen oder cancerogene Substanzen wurde darauf bezogen, daß das Virus ,,ubiquitär" vorkomme. Durch Kälte soll es sogar aktiviert werden[2]. Durch zahlreiche Untersucher ist jedoch endgültig bewiesen worden, daß Krebszellen extrem tiefe Temperaturen überleben können[3]. Das gilt sogar für Zellen der normalen Mäusehaut[4] und für Spermatozoen[5] und ist inzwischen sogar zu einer wichtigen Methode für die langdauernde Erhaltung lebender Zellen und Gewebe geworden. Das von GYE benutzte Tumormaterial kann deshalb nicht als zellfrei angesehen werden. Auch die Aktivierung von Viren durch Kälte konnte nicht bestätigt werden[6]. Eine allgemeine Virushypothese für alle Krebsarten ist durch nichts gestützt[7]. Virusantibiotica sind gegen Krebs wirkungslos[8].

Neue Gesichtspunkte ergaben sich aus dem experimentell gewonnenen Ergebnis, daß die Zellbestandteile, an denen die cancerogene Wirkung angreift und auf deren irreversibler Veränderung die krebsige Entartung der Zelle beruht, die Eigenschaft von ,,Duplikanten" haben müssen[9]. Dies in dem Sinne, daß die ,,Duplikanten" nur aus ihresgleichen, nicht aber ,,de novo" von der Zelle gebildet werden können. Ferner ergaben sich Argumente dafür, daß die in Frage kommenden ,,Duplikanten" auch Bestandteile des Plasmas und nicht nur des Kerns sein können[10]. Deshalb wurden Impfversuche mit verschiedenen Fraktionen aus Tumorzellen vorgenommen. Die Verimpfung der bei 24000 g isolierten Mitochondrien- oder Chromatinfraktion aus Krebszellen soll ebenso schnell zu Krebs führen, wie die Übertragung von Zellen[11]. Anderen Untersuchern gelang das nicht[12]. Sorgfältig homogenisierte Tumorzellen sind nicht mehr positiv verimpfbar[13]. Eine Rekombination von Tumorzellen aus den Trümmern ist also nicht möglich. LETTRÉ[13] isolierte durch osmotische Cytolyse, durch Homogenisieren und fraktioniertes Zentrifugieren aus Zellen des Mäuse-Ascitestumors verschiedene Fraktionen und prüfte die Transplantierbarkeit. Isolierte Zellkerne, Mitochondrien oder Plasmagranula lieferten keine Geschwülste. Dagegen soll die kombinierte Applikation

---

[1] GYE, W. E.: Verh. dtsch. pharmak. Ges. **14**, 92 (1938). Brit. med. J. **1949 I**, 511. — GYE, W. E., A. M. BEGG, I. MANN and J. CRAIGIE: Brit. J. Cancer **3**, 259 (1949). — RODEWALD, W.: Ärztl. Forsch. **4**, 135 (1950). Acta Un. int. Cancr., Bruxelles **7**, 309 (1951). — [2] MANN, I., and W. J. DUNN: Brit. med. J. **1949 II**, 255. — [3] MICHAELIS, L.: Med. Klin. **1905**, 203. — EHRLICH, P.: Z. Krebsforsch. **5**, 59 (1907). — KLINKE, J.: Z. Krebsforsch. **48**, 400 (1939). — WALSH, L. B., D. GREIFF and H. T. BLUMENTHAL: Cancer Res. **10**, 726 (1950). — PASSEY, R. D., L. DMOCHOWSKI, I. LASNITZKI and A. MILLARD: Brit. med. J. **1950 II**, 1134. Acta Un. int. Cancr., Bruxelles **7**, 304 (1951). — HIEGER, I.: Acta Un. int. Cancr., Bruxelles **7**, 259 (1951). — CRAIGIE, J.: Survival and preservation of tumors in frozen state. Adv. Cancer Res. **2**, 197 (1954). — CASSEL, W. A.: Cancer Res. **17**, 48 (1957). — [4] KREYBERG, L., and O. E. HANSSEN: Acta Un. int. Cancr., Bruxelles **7**, 275 (1951). — [5] POLGE, C., and L. E. A. ROWSON: Nature **169**, 626 (1952). — [6] BITTNER, J. J., and D. T. IMAGAWA: Cancer Res. **10**, 739 (1950). — [7] RAUBITSCHEK, H. V.: Wien. klin. Wschr. **1952**, 561 (1952). — [8] VOEGTLIN, C.: Bull. schweiz. Akad. med. Wiss. **7**, 1 (1951). — [9] DRUCKREY, H., u. K. KÜPFMÜLLER: Z. Naturforsch. **3b**, 254 (1948). — DRUCKREY, H.: Arzneim.-Forsch. **1**, 383 (1951). — [10] DITTMAR, C.: Z. Krebsforsch. **53**, 107 (1942). — POTTER, V. R.: Adv. Enzymol. **4**, 201 (1944). — NOTHDURFT, H.: Z. Krebsforsch. **56**, 176, 234 (1948/50). — MICHAELIS, P.: Z. Krebsforsch. **56**, 165, 225 (1948/50). — DARLINGTON, C. D.: Brit. J. Cancer **2**, 118 (1948). — GRAFFI, A.: Arch. Geschwulstforsch. **1**, 61 (1949). — [11] STASNEY, J., A. CANTAROW and K. E. PASCHKIS: Cancer Res. **10**, 775 (1950). — STASNEY, J., K. E. PASCHKIS, A. CANTAROW and H. P. MORRIS: Acta Un. int. Cancr., Bruxelles **11**, 715 (1955). — KLEIN, G.: Cancer Res. **12**, 589 (1952). — [12] TOURTELLOTTE, W. W., and J. B. STORER: Cancer Res. **10**, 783 (1950). — [13] LETTRÉ, H.: Naturwiss. **37**, 335 (1950). Z. Krebsforsch. **57**, 121, 661 (1950/51).

von Mitochondrien mit Zellkernen wieder Tumoren liefern, wenn sie auch verzögert angehen. Die Kombination Kerne und Plasmagranula blieb negativ. Auch plasmagranulafreie Zellen sind nicht mehr transplantabel. Die Plasmagranula können daher wahrscheinlich nicht „de novo" von den Zellen gebildet werden, sondern haben die Eigenschaft von „Duplikanten". Die kombinierte Verimpfung von granulafreien Zellen mit isolierten Plasmagranula lieferte Tumoren, so daß eine Rekombination der Zellen angenommen wird. Versuche von GROSS sowie von GRAFFI haben ferner gezeigt, daß die Verimpfung von Tumor-Homogenisaten der Maus nach langer Latenzzeit von 10—24 Monaten doch zu Leukämien und Tumoren führt, vor allem dann, wenn sie auf neugeborene Tiere erfolgt[1].

Diese neuartigen Befunde lassen noch kein Urteil zu, sondern bedürfen dringend der experimentellen Sicherung und Erweiterung. Dennoch muß an die Möglichkeit gedacht werden, daß auch duplikationsfähige Zellbestandteile als „Viroide" (HOFFMANN) selbständig werden und Geschwulstbildungen induzieren können. Damit geht man jedoch schon erheblich über die experimentell gesicherten Grundlagen hinaus. Auf der anderen Seite ist aber auch die „klassische" Auffassung, die in der Zelle die letzte Einheit des Lebens sieht, kritikbedürftig. Mit der Sprengung alter Grenzen öffnet sich der Forschung ein weites Feld.

Schon heute sprechen viele experimentelle Ergebnisse dafür, daß der Krebs ein Duplikantenproblem ist. Deshalb erscheint es als wichtige Aufgabe der weiteren Forschung, die dabei in Frage kommenden Duplikanten sowohl morphologisch und funktionell als auch biochemisch zu charakterisieren (BUTENANDT)[2].

Da auch Viren die Eigenschaften von „Duplikanten" haben, erscheint die Virushypothese des Krebses in neuem Licht. Zwischen Genen oder anderen „Duplikanten" der Zellen auf der einen Seite und Viren auf der anderen wird nur der Unterschied gesehen, daß die ersteren zellgebunden sind, die Viren dagegen nicht. Daher wird die Vermutung immer wieder diskutiert, daß die Viren ursprünglich Bestandteile der Wirtszellen waren und z.B. aus Mitochondrien oder Granula durch einen irreversiblen „mutativen" Vorgang entstanden sind. Dabei sollen sie ihre obligate Bindung an die Zelle verlieren und als „errabunde" Gene frei werden[3]. Die Ursache für diesen Vorgang wird z.B. in einer pathologischen Peroxydbildung in der Zelle gesehen[4]. Das auf diese Weise gebildete virusartige Agens soll dann normale Zellen infizieren und zur krebsigen Entartung bringen können. In diesem Zusammenhang erscheint die Beobachtung interessant, daß DNS, die aus Tumoren von Ratten und Mäusen isoliert wurden, stets auch RNS enthielten, solche aus normalen Geweben dagegen nicht[5].

So interessant solche Analogisierungen zwischen Duplikanten von Metazoenzellen und Viren sein mögen, so sehr ist hier Kritik und begriffliche Klarheit zu fordern. Eine scharfe Definition des Begriffes „Virus" gibt es noch nicht, vielmehr wird diese Bezeichnung für offenbar belebte und unbelebte Agentien angewendet. Die andere Frage, welche strukturellen und funktionellen Bestandteile von Zellen „Duplikanten" sind und welche Bedeutung sie für den Krebs haben, ist ebenfalls ungeklärt. Unklar ist ferner, ob „Duplikanten" tatsächlich aus ihrer Bindung an die Zelle frei werden können, und wenn das der Fall ist, ob sie dann

[1] GROSS, L.: Proc. Soc. exp. Biol. Med. **78**, 342 (1951). — GRAFFI, A., H. BIELKA, F. FEY, F. SCHARSACH u. R. WEISS: Wien. med. Wschr. **1955**, 61. — [2] BUTENANDT, A.: 5. Congr. int. Cancer. Paris 1950. — [3] BORDET, J.: Proc. R. Soc. London (B) **107**, 398 (1931). — EULER, H. v., u. B. SKARZYNSKI: Die Biochemie der Tumoren. Stuttgart 1942. — POTTER, V. R.: Adv. Enzymol. **4**, 201 (1944). — DARLINGTON, C. D.: Brit. J. Cancer **2**, 118 (1948). — RONDONI, P.: Mikroskopie, Wien, Sonderbd. 3: Mikroskopische und chemische Beiträge zum Krebsproblem. S. 7 (1949). — EULER, H. v.: ebenda. S. 1. — BLACK, L. M.: Survey Biol. Progr. **1**, 155 (1949). — [4] YAMAFUJI, K., and Y. KOSA: B. Z. **317**, 81 (1944). — [5] BUTLER, J. A. V., E. W. JOHNS, J. A. LUCY and P. SIMSON: Brit. J. Cancer **10**, 202 (1956).

auch andere Zellen nach Art eines Virus infizieren, d.h. dort wieder vermehrungs- und funktionsfähig werden können. Es ist auch keineswegs bekannt, worin die irreversible Veränderung der Duplikanten bei der Cancerisierung der Zelle besteht, welche Art und Lokalisation die dabei beteiligten Duplikanten in der Zelle haben und ob ihre Veränderungen immer mit einer Aufhebung der Bindung an die Zelle verknüpft sein muß. Bisher waren künstlich erzeugte Geschwülste nicht zellfrei transplantabel. Ferner spricht die experimentelle Erfahrung dafür, daß die „Duplikanten" bei der Cancerisierung einen Defekt erleiden, irreversibel blockiert oder eliminiert werden („Defekttheorie" des Krebses[1]). Das wäre mit der Annahme ihrer Infektiosität nicht leicht in Einklang zu bringen. Sie würde vielmehr eine qualitative Änderung ihrer Funktion voraussetzen, für die es bisher kein Argument gibt. Die Zelle gewinnt mit der Cancerisierung keine neuen Eigenschaften, vielmehr ist gerade der Verlust ihrer Differenzierung für den Grad der krebsigen Entartung kennzeichnend. Schließlich ist auch bei den Geschwülsten, die sicher durch Viren verursacht werden, noch nicht entschieden, ob sie alle als echter Krebs anzusehen sind. Hier kann nur die systematische experimentelle Forschung weiterführen. Hypothesen sind nur dann diskutabel, wenn sie streng präzisiert und damit der Kritik zugänglich sind. Voraussetzung dafür ist eine ausreichende begriffliche Klarheit, die noch nicht besteht. Für Viren werden folgende Eigenschaften gefordert[2]:

1. Vermehrung nur in wachsenden Zellen mit aktivem Stoffwechsel,
2. Übertragbarkeit nur auf verwandte Wirtsarten, Gewebsspezifität,
3. Wesentlicher Bestandteil: Nucleoproteide,
4. Verschiedenheit von den Proteinen der Wirtszellen,
5. Antigeneigenschaften,
6. Inaktivierung durch spezifische Antikörper,
7. Kein Eigenstoffwechsel.

η) Mechanismus der Cancerogenese.

1. Dosis-Wirkungsbeziehungen.

Der Fortschritt der Erkenntnis wird vor allem durch quantitative Forschungen gefördert. Der Wirkungsmechanismus der cancerogenen Agentien wurde durch Prüfung der Beziehungen zwischen Dosis und Wirkung untersucht. Als Test diente dabei einerseits die Häufigkeit, mit der Geschwülste erzeugt wurden und andererseits die Zeitdauer bis zu ihrer Manifestation, also die Geschwindigkeit des Wirkungseintritts. Nach theoretischen Untersuchungen hat die maßgebliche Einflußgröße, die den Wirkungscharakter von Giften bestimmt, die Dimension einer reziproken Zeit[3] („Geschwindigkeit"), so daß nur solche Untersuchungen wirkliche Erkenntnisse über die Wirkungsweise vermitteln können, die die Zeit berücksichtigen. Die Untersuchung der Häufigkeit als Test kann demgegenüber nur dimensionslose Zahlen liefern.

Die dosierte *Röntgenbestrahlung* eines definierten Volumens am Kaninchenohr, die *dauernd* 2mal wöchentlich mit 5 x bzw. 20 X (ungenügend definierte alte Einheiten) erfolgte, ergab bei der schwächeren Dosierung eine „Latenzzeit" von $2^1/_2$ Jahren, bei der 4fach stärkeren dagegen von nur $^3/_4$ Jahren[4]. Die applizierte Gesamtdosis war in beiden Fällen mit etwa 2000 X praktisch gleich. Die cancerogene Wirkung hängt hier also nicht von der Intensität der Bestrahlung ab, sondern

[1] Druckrey, H., u. K. Küpfmüller: Z. Naturforsch. **3**b, 254 (1948). Acta Un. int. Cancr., Bruxelles **10**, 29 (1954). — [2] Potter, V.R.: Adv. Enzymol. **4**, 201 (1944). — [3] Druckrey, H., u. K. Küpfmüller: Dosis und Wirkung. Aulendorf/Wttbg. 1949. — [4] Bloch, B.: Schweiz. med. Wschr. **54**, 857 (1924).

ist eine Funktion der *Gesamtdosis*, unabhängig von ihrer zeitlichen Verteilung[1]. Dasselbe gilt für die mutagene Strahlenwirkung[2]. Eine unwirksame Schwellendosis gibt es dabei nicht. Die einzelnen Strahleneffekte summieren sich also, ohne daß ein Erholungsfaktor nachweisbar wäre. Demgegenüber erwies sich die letale Wirkung auf Zellen, die therapeutisch gebraucht wird, als Funktion der Intensität[3]. Bei den Röntgenstrahlen sind deshalb wenigstens zwei verschiedenartige Wirkungsqualitäten zu unterscheiden[4]. Die gefundenen Gesetzmäßigkeiten der cancerogenen Strahlenwirkung am Kaninchenohr bewiesen erstmalig, daß die Krebsentstehung ein lokales *celluläres* Ereignis ist. Gleichzeitig sprachen sie gegen eine universelle parasitäre Ätiologie und gegen die Theorie CONHEIMs, nach der Krebs aus embryonalen Keimen entstehen soll.

Dagegen wird die cancerogene Wirkung auch vom Zustand der Zellen maßgeblich bestimmt. Entzündete Gewebe entarten unter Strahlenwirkung viel leichter zu Krebs als normale Zellen. Die Entzündung erscheint deshalb fast als Voraussetzung für die cancerogene Wirkung von Strahlen[5]. Aus der klinischen Erfahrung mit Röntgenstrahlen ist ferner bekannt, daß nicht nur die *chronische* Einwirkung kleiner Dosen cancerogen ist, sondern daß auch eine *kurzfristige* Bestrahlung genügender Intensität noch nach Jahrzehnten zu Krebs führen kann[6]. In Tierversuchen an Ratten führte auch die kurzfristige UV-Bestrahlung später noch zu Krebs, obwohl bei Beendigung der Behandlung noch keine atypischen Zellen zu erkennen waren[7].

Bei den cancerogenen *Kohlenwasserstoffen* wurden ähnliche Verhältnisse gefunden. Zwischen der Dosis C und der mittleren Latenzzeit t ergaben sich praktisch lineare Beziehungen[8]. Bei geeigneter Methode war t der Dosis C umgekehrt proportional[9], es gilt also in diesem Fall:

$$C\,t = \text{konst. bzw. } t = \frac{\text{konst.}}{C} \tag{LIII}$$

An der Mäusehaut bei dauernd fortgesetzter Behandlung fanden A. W. HORTON und D. T. DENMAN[10] experimentell die folgende Gleichung gültig

$$t = \frac{8}{C + 0{,}1} + 3\,, \tag{LIV}$$

wobei die additive Größe 0,1 im Nenner die „spontane" Entstehung von Tumoren berücksichtigt. Die Einfachheit der gefundenen Beziehungen führte zu einer quantenmechanischen Interpretation der Krebsentstehung nach der „Treffertheorie"[11], die auch auf die Entstehung von Virustumoren ausgedehnt wurde[12].

---

[1] KAPLAN, H. S., and M. B. BROWN: Cancer Res. **11**, 262 (1951). — [2] UPHOFF, D. E., and C. STERN: Science, N. Y. **109**, 609 (1949). — [3] LEMBKE, A., u. R. BÖNICKE: Zbl. Bakteriol. (I), (Org.) **153**, 145 (1949). — [4] RAJEWSKY, B.: Z. Krebsforsch. **56**, 274 (1949). — RAJEWSKY, B., O. HEUSE u. K. AURAND: Z. Naturforsch. 8b, 157 (1953). — CATSCH, A., u. M. LANGENDORFF: Naturwiss. **43**, 281 (1956). — [5] LACASSAGNE, A., et R. VINZENT: C. R. Soc. Biol. **100**, 249 (1929). — LACASSAGNE, A.: C. R. Soc. Biol. **112**, 562 (1933). — BURROWS, H., and J. R. CLARKSON: Brit. J. Radiol. **16**, 381 (1943). — [6] SCHNEIDER, W.: Strahlentherapie **80**, 335 (1949). — HORNBERGER, A.: Strahlentherapie **80**, 367 (1949). — [7] FRIEDRICH, W.: Arch. Geschwulstforsch. **1**, 137 (1949). — [8] BRYAN, W. R., and M. B. SHIMKIN: J. nat. Cancer Inst. **1**, 807 (1940/41). — MIESCHER, G., F. ALMASY u. F. ZEHENDER: Schweiz. med. Wschr. **71**, 1002 (1941). — KROTKINA, N. A.: Arch. Pat., Moskva **9**, 31 (1947). — GEYER, R. P., J. E. BRYANT, V. R. BLEISCH, E. M. PEIRCE and F. J. STARE: Cancer Res. **13**, 503 (1953). — GRAFFI, A.: Abh. dtsch. Akad. Wiss., Kl. med. Wiss. **1953**, Nr. 1, S. 1. — [9] ENGELBRETH-HOLM, J., and S. IVERSEN: Acta path. microbiol. scand. **29**, 77 (1951). — [10] HORTON, A. W., and D. T. DENMAN: Cancer Res. **15**, 701 (1955). — [11] IVERSEN, S., and N. ARLEY: Acta path. microbiol. scand. **27**, 773 (1950). — [12] IVERSEN, S., and N. ARLEY: Acta path. microbiol. scand. **31**, 27 (1952).

Die Größe der Latenzzeit hängt nach Gl. (LIII) und (LIV) von der Konzentration C des Giftes am Wirkungsort ab, von der angewendeten Dosis oder Konzentration aber nur insoweit, als diese eine ihr proportionale Konzentration im Körper erzeugt. Durch die extrem geringe Löslichkeit der cancerogenen aromatischen Kohlenwasserstoffe gilt diese Proportionalität nur in einem sehr begrenzten Bereich niedrigster Dosen. Bei höheren Dosen wird die Sättigungsgrenze bereits überschritten, die Substanz bleibt als „Depot" am Applikationsort liegen, so daß sich auch nach einmaliger Gabe Dauerwirkungen ergeben. Die Verhältnisse sind bei den cancerogenen Kohlenwasserstoffen durch ihre geringe Löslichkeit also kompliziert. Daher ist die Abhängigkeit zwischen Latenzzeit und Dosis nur in einem begrenzten Bereich nachweisbar. Starke und schwache Carcinogene unterscheiden sich weniger durch die erzielbare Ausbeute an Tumoren oder durch die dafür benötigte Dosis als vielmehr durch die Länge der Latenzzeit[1]. Sie liegt bei den verschiedenen Substanzen dieser Reihe meist in einem charakteristischen Bereich, der z. B. beim 9,10-Dimethyl-1,2-benzanthracen an der Ratte oder Maus etwa 4 Monaten, beim 3,4-Benzpyren 6 Monaten und beim Anthracen mehr als 24 Monaten entspricht[1].

Wird eine einmalige Dosis von Teer oder cancerogenen Kohlenwasserstoffen z.B. auf die Haut von Mäusen appliziert, und zwar eine sehr kleine Dosis, die innerhalb der Lebenserwartung der Tiere kaum noch zu Krebs führen kann, so brauchen anschließend überhaupt keine Veränderungen an der behandelten Haut erkennbar zu sein. Wirken aber später bestimmte Reize auf diese Hautstellen ein, so lösen sie hier Tumoren aus, an den nicht vorbehandelten Stellen dagegen nicht. Eine solche „co-cancerogene" Wirkung hatten mechanische Verletzungen oder Verbrennungen[2] (Trauma) und vor allem chemische Reizstoffe, wie z.B. basische Fraktionen von Kreosot[3], Terpentin, Chloroform[4], Jodacetat, Chloracetophenon[5] und vor allem bestimmte Fraktionen von Crotonöl[6,7], sowie Emulgierungsmittel und Detergents vom Typ des Polyoxyäthylensorbinmonostearats („Tween 60").[8] Dabei wurde angenommen, daß diese Agentien selbst nicht cancerogen sind, sondern nur unter der *Bedingung* Tumoren erzeugen können, daß vorher ein spezifisches cancerogenes Agens eingewirkt hat, also bereits cancerisierte Zellen vorliegen, wenn auch in latentem Zustand. Derartige Agentien werden deshalb als „bedingt" cancerogen bezeichnet (BUTENANDT) und als „conditionale" Faktoren den „kausalen" gegenübergestellt. BERENBLUM,[9] der grundlegende Untersuchungen über diese Probleme durchgeführt hat, spricht von „initiating" und „promoting factors". Die letzteren scheinen als Proliferationsreize zu wirken, denn auch das meist benutzte Cortonöl löst an der Mäuse-

[1] DRUCKREY, H., u. D. SCHMÄHL: Naturwiss. **42**, 159 (1955). — SCHMÄHL, D.: Z. Krebsforsch. **60**, 697 (1955). — [2] DEELMANN, H. T., u. J. P. VAN ERP: Z. Krebsforsch. **24**, 86 (1927). — RONDONI, P., e A. CORBELLINI: Tumori **10**, 106 (1936). — DIETRICH, D.: Z. Krebsforsch. **48**, 187 (1938). — LIGNERIS, M. J. A. DES: Amer. J. Cancer **40**, 1 (1940). — MACKENZIE, I., and P. ROUS: J. exp. Med. **73**, 391 (1941). — FRIEDEWALD. W. F., and P. ROUS: J. exp. Med. **80**, 101 (1944). — FRITZSCHE, H.: Z. Krebsforsch. **54**, 77 (1944). — RILEY, J. F., and F. W. PETTIGREW: Brit. J. exp. Path. **26**, 63 (1945). — PULLINGER, B. D.: J. Path. Bacteriology **55**, 301 (1943). — [3] SHEAR, M. J.: Amer. J. Cancer **33**, 499 (1938). — SALL, R. D., and M. J. SHEAR: J. nat. Cancer Inst. **1**, 45 (1940/41). — CABOT, S., N. SHEAR and M. J. SHEAR: Amer. J. Path. **16**, 301 (1940). — [4] ROUS, P., and J. G. KIDD; LEITER, J., and A. PERRAULT: J. exp. Med. **73**, 365 (1941). — FRIEDEWALD, W. F., and P. ROUS: J. exp. Med. **80**, 101 (1944). — [5] GWYNN, R. H., and M. H. SALAMAN: Brit. J. Cancer **7**, 482 (1953). — [6] BERENBLUM, I.: Cancer Res. **1**, 807 (1941). Brit. med. Bull. **4**, 343 (1947). — [7] DANNEEL, R., u. N. WEISSENFELS: Naturwiss. **42**, 128 1955). — GWYNN, R. H.: Brit. J. Cancer **9**, 445 (1955). — [8] SETÄLÄ, K., H. SETÄLÄ and P. HOLSTI: Science, N. Y. **120**, 1075 (1954). — SETÄLÄ, H.: Acta path. microbiol. scand. Suppl. **115** (1956). — [9] BERENBLUM, I.: Cancer Res. **14**, 471 (1954).

haut starke Hyperplasie aus[1]. Damit liegen anscheinend ähnliche Verhältnisse vor wie bei der „bedingt cancerogenen“ Wirkung bestimmter Hormone, die entweder eine universelle (somatotropes Hormon) oder organspezifische proliferationsfördernde Wirkung haben, wie z. B. Oestrogene oder thyreotropes Hormon (s. S. 324)[2].

Nach genaueren Untersuchungen von BERENBLUM u. SHUBIK kann mit Crotonöl an Mäusen auch dann noch Krebs ausgelöst werden, wenn die Vorbehandlung mit dem cancerogenen Agens ein Jahr zurückliegt[3]. Diese Ergebnisse führten zu wichtigen Schlüssen. Danach ist die kausale Wirkung des spezifischen cancerogenen Agens bei der Vorbehandlung vollkommen irreversibel und wird „erblich“ auf die Tochterzellen übertragen[4], die als „latente Tumorzellen“ fortbestehen, bis ein „bedingt cancerogener“ Reiz zum aktuellen Geschwulstwachstum führt. Die Krebsentstehung ist deshalb nach BERENBLUM[5] ein „2-Schritte“-Prozeß. Der erste Schritt ist die spezifische und irreversible „initiating“-Phase, in der latente Krebszellen entstehen, die dann in einer unspezifischen „promoting“-Phase als zweiter Schritt zur Krebsgeschwulst wachsen. Die Art des spezifischen cancerogenen Agens kann dabei verschieden sein. An Hautstellen von Mäusen, die mit einer kleinen Dosis des β-Strahlers ^{204}Thalliumnitrat[6] oder durch eine Verbrennung[7] vorbehandelt waren, konnte durch Nachbehandlung mit Crotonöl ebenfalls Krebs ausgelöst werden.

Den kausalen „initiating“-Prozeß der Cancerisierung betrachtet BERENBLUM[5] als ein sprunghaftes und schnell eintretendes Ereignis. Dabei resultieren jedoch zunächst latente („dormant“) Tumorzellen, die erst durch den zweiten „promoting“-Effekt zur Entwicklung kommen. Da die Zellen im normalen Fall nach der Teilung weiter heranreifen und sich damit in das Gefüge des Organs bzw. des Organismus einordnen, wird das Wesen der „promoting action“ in einer Hemmung der Reifung gesehen. Auf diese Weise sammeln sich nach Maßgabe dieser Hemmung latente Tumorzellen an, bis nach Überschreitung einer kritischen Zellzahl das Geschwulstwachstum beginnt.

Die experimentellen Ergebnisse von BERENBLUM konnten von allen Nachuntersuchern voll bestätigt werden. Die daraus abgeleiteten Folgerungen fanden dagegen Kritik. Sie wies zunächst auf die Tatsache hin, daß die auf diese Weise an der Mäusehaut erzeugten Tumoren meist keine Krebsgeschwülste waren, sondern Papillome, die noch dazu nach Absetzen der Behandlung mit Crotonöl wieder rückbildungsfähig waren. Die schärfsten Einwände ergaben sich aus der Feststellung, daß auch das als „promoting substance“ verwendete Corotonöl selbst, wenn auch schwach, so doch sicher carcinogen ist[8] und daß auch die als „initiating factor“ verwendeten kleinen Dosen eines Carcinogens durchaus nicht „unterschwellig“ sind, sondern bei wiederholter Gabe sogar zu echten Carcinomen führen[9]. Demnach handelt es sich möglicherweise bei der „initiating“ und „promoting action“ gar nicht um zwei qualitativ verschiedene Vorgänge, sondern nur um das Zusammenwirken zweier Carcinogene in einem Vorgang. Die Ver-

[1] RITCHIE, A. C., P. SHUBIK, M. LANE and E. P. LEROY: Cancer Res. **13**, 45 (1953). — [2] FURTH, J.: Cancer Res. **13**, 477 (1953). — [3] BERENBLUM, I., and P. SHUBIK: Brit. J. Cancer **1**, 379, 383 (1947); **3**, 109, 384 (1949). — SHUBIK, P.: Cancer Res. **10**, 713 (1950). — SALAMAN, M. H., and R. H. GWYNN: Brit. J. Cancer **5**, 252 (1951). — [4] FRITZSCHE, H.: Z. Krebsforsch. **54**, 77 (1944). — BERENBLUM, I., and P. SHUBIK: Brit. J. Cancer **3**, 384 (1949). — [5] BERENBLUM, I.: Cancer Res. **14**, 471 (1954) — [6] SHUBIK, P., A. R. GOLDFARB, A. C. RITCHIE and H. LISCO: Nature **171**, 934 (1953). — [7] SAFFIOTTI, U., and P. SHUBIK: Brit. J. Cancer **10**, 54 (1956). — [8] SEYLE, H.: J. nat. Cancer Inst. **15**, 1291 (1954/55). — ROE, F. J.: Brit. J. Cancer **10**, 72 (1956). — BOUTWELL, R. K., D. BOSCH and H. P. RUSCH: Cancer Res. **17**, 71 (1957). — [9] POEL, W. E.: Science, N. Y. **123**, 588 (1956). — SALAMAN, M. H., and F. J. ROE: Brit. J. Cancer **10**, 79 (1956).

stärkung der Wirkung des zuerst gegebenen Carcinogens durch die Nachbehandlung mit Crotonöl würde sich dann aus der Erfahrung erklären, daß die wiederholte Anwendung auch sehr kleiner Dosen stärkere carcinogene Effekte haben kann als die einmalige oder seltene Applikation einer u. U. 100fach größeren Dosis[1,2]. In gleichem Sinne spricht auch die Beobachtung, daß die Nachbehandlung mit Crotonöl die Entstehung von Tumoren beschleunigt. Die Latenzzeit scheint auch hier der Dosis Crotonöl umgekehrt proportional zu sein[3], so daß der Mechanismus dieser Wirkung dem der echten Carcinogene zu entsprechen scheint. Mögen die Deutungen dieser wichtigen Befunde auch noch der Kritik unterliegen, sie haben doch die weitere Forschung entscheidend angeregt.

Recht klare und mathematisch formulierbare Ergebnisse wurden bei quantitativen Versuchen mit 4-Dimethylaminoazobenzol („Buttergelb"), das ausreichend löslich ist, erhalten. Die Stärke einer pharmakologischen Wirkung ist eine Funktion der Konzentration des Giftes am Wirkungsort. Von der applizierten Dosis kann die Wirkung dagegen nur insoweit abhängen, als zwischen ihr und der Konzentration eine Beziehung, z.B. eine Proportionalität, besteht. Das setzt eine gute Löslichkeit des Giftes in den Körperflüssigkeiten voraus. Bei den höheren aromatischen Kohlenwasserstoffen ist diese Voraussetzung nicht erfüllt, wohl aber z. B. beim 4-Dimethylaminoazobenzol („Buttergelb"), das deshalb auch eine resorptive cancerogene Wirkung hat.

Tabelle 32. Abhängigkeit der notwendigen Behandlungsdauer t bis zum Auftreten von Lebertumoren bei Ratten und Unabhängigkeit der erforderlichen Gesamtdosis D von der Größe der Tagesdosis c 4-Dimethylaminoazobenzol bei dauernder Fütterung mit konstanten Dosen[5].

c Einzeldosis mg/Tag	t Behandlungsdauer Tage	$ct = D$ Gesamtdosis mg
0,1		
0,3		
1	700	700
3	350	1050
6	167	1000
10	95	950
20	52	1040
30	34	1020

Bei *dauernder* oraler Gabe des Farbstoffes an Ratten in verschiedenen Dosierungsgruppen ergab sich eine umgekehrte Proportionalität zwischen der Höhe der Tagesdosis c und der (mittleren) notwendigen Behandlungsdauer t bis zum Auftreten von Lebergeschwülsten[4] (Tabelle 32). Hierbei ist jedoch zu berücksichtigen, daß die beobachtete Latenzzeit t auch die Zeit des Geschwulstwachstums bis zum Tode des Tieres enthält, die unabhängig von der Dosierung etwa als konstant anzunehmen ist. Sie würde bei kurzen Latenzzeiten einen erheblichen Fehler bedingen, so daß die eigentliche Latenzzeit $t = t_i - t_s$ zu setzen wäre. Unter dieser Voraussetzung ergab sich in einem begrenzten Bereich

$$ct = \text{konst.} \qquad \text{(LV)}$$

Im vorliegenden Fall war c = Dosis je Tag $= D/t$, so daß nach Gl. (LV)

$$D = \text{konst.}$$

ist. Die zur Krebserzeugung erforderliche Gesamtdosis D des Farbstoffes ist

[1] POEL, W. E.: Science, N. Y. **123**, 588 (1956). — SALAMAN, M. H., and F. J. ROE: Brit, J. Cancer **10**, 79 (1956). — [2] SAFFIOTTI, U., and P. SHUBIK: J. nat. Cancer Inst. **16**, 961 (1955/56). — POEL, W. E., and A. G. KAMMER: J. nat. Cancer Inst. **16**, 989 (1955/56). — [3] REISSIG, G., u. G. GRAFFI: Arch. Geschwulstforsch. **8**, 101 (1955). — [4] DRUCKREY, H.: Kli. Wo. **1943**, 532. Acta Un. int. Cancr., Bruxelles **10**, 29 (1954). — DRUCKREY, H., u. K. KÜPFMÜLLER: Z. Naturforsch. **3**b, 254 (1948). — WHITE, J., and R. R. HEIN: J. nat. Cancer Inst. **12**, 23 (1951/52). — [5] DRUCKREY, H.: Acta Un. int. Cancr., Bruxelles **10**, 29 (1954).

unter diesen Bedingungen, also bei dauernder Behandlung, konstant. Sie beträgt etwa 1000 mg je Ratte[1–4], ist aber je nach Art des Rattenstamms, des Geschlechts[5] und der gegebenen Diät[6] verschieden. Männliche Ratten sind empfindlicher. Die Konzentration des Giftes in der Diät bestimmt hier nur die Geschwindigkeit, mit der die Wirkung anwächst

$$\frac{dW}{dt} = Kc. \tag{LVI}$$

Die Wirkung selbst entspricht dem Integral der Giftkonzentration über die Zeit

$$W = K \int c\, dt. \tag{LVII}$$

Bei konstanter Konzentration c ist

$$W = K c t \tag{LVIII}$$

und

$$t = \frac{K}{c}. \tag{LIX}$$

Die Wirkung hängt von der *Menge* des Giftes ab, ohne Rücksicht auf deren zeitliche Verteilung[2,4], und zwar in einem Bereich für t von 34 bis zu 700 Tagen. Das ist etwa die normale Lebensdauer einer Ratte. Die cancerogenen Effekte aller Einzeldosen sind danach über die ganze Lebensdauer *irreversibel* und summieren sich verlustlos. Dieser neuartige Wirkungstyp wurde deshalb als „Summationswirkung“ bezeichnet[7].

Die in den Gleichungen wiedergegebenen Verhältnisse entsprechen prinzipiell denen, die auch für die cancerogene Wirkung andersartiger Agentien bei dauernder Behandlung zutreffend gefunden wurden. In Pinselungsversuchen an der Mäusehaut fanden Horton u. Denman[8] folgende empirische Formel gültig

$$t = \frac{8}{c + 0.1} + 3, \tag{LX}$$

die der Gl. (LIX) entspricht. Wollman[9] beschrieb die Cancerogenese durch die Formel

$$N_t = \int N_0 c t \lambda\, dt. \tag{LXI}$$

Darin bedeutet N_t die Anzahl der Krebszellen, die bis zum Zeitpunkt t aus N_0 normaler Zellen erzeugt wurden. λ berücksichtigt variable Milieufaktoren. Grundsätzlich handelt es sich auch hier um eine Integralfunktion nach Art der Gl. (LVII), die eine „Summationswirkung“ beinhaltet.

Die Summationswirkung ist dadurch bemerkenswert, daß es bei ihr keine „unterschwelligen“ Dosen gibt, die als unschädlich angesehen werden können. Bei kleinen Einzeldosen nimmt die erforderliche Behandlungszeit bis zur Krebsentstehung zu. Sie kann schließlich so groß werden, daß sie vom Tier nicht mehr erlebt wird. Damit wird die Krebsentstehung zu einer Frage der Lebenserwartung. Wächst diese, so kann der Krebs in den Erlebensbereich hineinfallen. Auf diese Weise scheint die Zunahme auch mancher menschlicher Krebsarten mit der

---

[1] Druckrey, H.: Kli. Wo. **1943**, 532. — [2] Druckrey, H., u. K. Küpfmüller: Z. Naturforsch. **3b**, 254 (1948). — [3] Druckrey, H.: Med. Welt **1950**, 1613, 1652, 1688. — White, J., and R. R. Hein: J. nat. Cancer Inst. **12**, 23 (1951/52). — [4] Richardson, H. L., and E. Borsos-Nachtnebel: Cancer Res. **11**, 398 (1951). — [5] Rumsfeld, H. W. jr., W. L. Miller jr. and C. A. Baumann: Cancer Res. **11**, 814 (1951). — Leathem, J. H.: Cancer Res. **11**, 266 (1951). — Morris, H. P., H. I. Firminger and C. D. Green: Cancer Res. **11**, 270 (1951). — [6] Miller, E., u. J. Miller: Die Biochemie der Krebsentstehung in der Leber. Herne, Westf. 1952. — [7] Druckrey, H., u. K. Küpfmüller: Dosis und Wirkung. Aulendorf/Wttbg. 1949. — [8] Horton, A. W., and D. T. Denman: Cancer Res. **15**, 701 (1955). — [9] Wollman, S. H.: J. nat. Cancer Inst. **16**, 195 (1955/56).

Vergrößerung der Lebenserwartung eine einfache Erklärung zu finden[1], und zwar dadurch, daß nun die Wirkung auch schwacher cancerogener Noxen noch erlebt wird. Wenn die Zunahme einer Krebsart rein altersbedingt ist, so muß das Maximum der Krebshäufigkeit zugleich nach einem höheren Lebensalter verschoben sein, wie es in Abb. 45 angedeutet ist. Ist das dagegen nicht der Fall oder verschiebt sich das Maximum sogar in jüngere Alterstufen, so kann die beobachtete Zunahme einer Geschwulstart nur durch eine vermehrte Einwirkung exogener Noxen bedingt sein. Dieses statistische Kriterium hat sich für die Entscheidung solcher Fragen bewährt[1].

Aus dem gleichen Grunde interessieren Versuche zur Krebserzeugung mit kleinen Dosen. Bei den geschilderten quantitativen Fütterungsversuchen mit

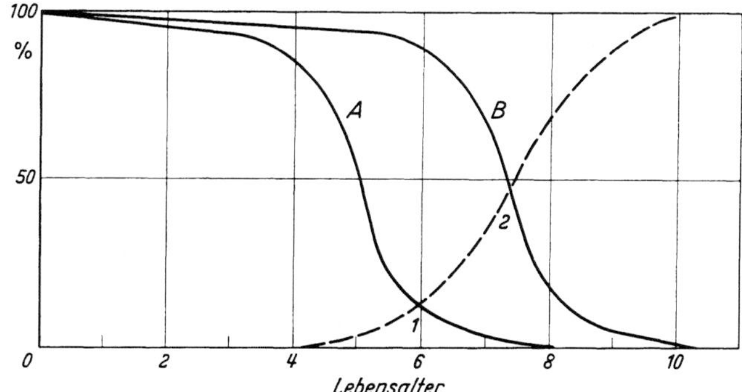

Abb. 45. *Schema für die Abhängigkeit der Krebshäufigkeit von der Lebenserwartung.* Zunahme der Lebenserwartung von Kurve A nach Kurve B führt zu einer Zunahme der Krebshäufigkeit von Feld 1 nach Feld 2. Die mittlere Latenzzeit wird *größer*. Ausgezogene Kurven: Absterbekurven für 2 verschiedene Populationen. Gestrichelte Kurve: Einer bestimmten cancerogenen Wirkung zugeordnete Verteilungskurve der Tumor-Häufigkeit. Ordinate: Prozent überlebende Individuen bzw. Tumoren. Abszisse: Lebensalter. Zum Beispiel Ratten in 100 Tagen, Menschen in Jahrzehnten.

4-Dimethylaminoazobenzol an Ratten führten geringe Dosen von 1 mg/Tag erst nach 700 Tagen zu Tumoren (Tabelle 32), also erst im hohen Alter der Tiere. Die benötigte Gesamtdosis beträgt danach nur 700 mg. Sie wird demnach bei Verteilung auf eine längere Zeit nicht größer, sondern gerade signifikant kleiner. Damit scheint die Zeit einen positiven Beitrag zur cancerogenen Wirkung zu leisten. Auf jeden Fall können Erholungsvorgänge ausgeschlossen werden.

Ganz ähnliche Verhältnisse wurden in Versuchen mit 4-Dimethylaminostilben[2] gefunden, das eine völlig andere Art von Krebs erzeugt, nämlich Carcinome im Gehörgang[3]. Bei einer hohen Tagesdosis von z. B. 4 mg betrug die mittlere cancerogene Gesamtdosis 900 mg/kg, bei täglicher Gabe von 0,5 mg dagegen nur 250 mg/kg. Auch bei anderen Cancerogenen ergab sich, daß die dauernde Einwirkung kleiner Dosen über lange Zeit stärkere Effekte haben kann als die seltene Gabe größerer Dosen. 3,4-Benzpyren erzeugte bei einmaliger Gabe von 125 γ auf die Mäusehaut keinen Krebs. Wurde dagegen die gleiche Menge auf zahlreiche Einzeldosen von nur 1 γ verteilt, so entwickelte mehr als die Hälfte der Mäuse Tumoren[4].

So verschieden die erzeugten Tumoren sind und so sehr die Wirksamkeit der einzelnen Cancerogene bei verschiedenen Tierarten differiert, der Mechanismus der cancerogenen Wirkung scheint letztlich stets ähnlich zu sein. Die Wirkung

[1] Oeser, H.: Strahlentherapie 88, 239 (1952). — Druckrey, H.: Acta Un. int. Cancr., Bruxelles **10**, 29 (1954). — Schinz, H. R., u. T. Reich: Oncologia, Basel 8, 136 (1955); **10**, 11 (1957). — [2] Schmähl, D., u. R. Mecke jr.: Z. Krebsforsch. **61**, 230 (1956). — Druckrey, H.: Ciba Foundation. Carcinogenesis, Mechanisme of Action. London 1959. — [3] Haddow, A., R. J. C. Harris, G. A. R. Kon and E. M. F. Roe: Philos. Trans. R. Soc. London (A) **241**, 147 (1948). — [4] Poel, W. E.: Science, N. Y. **123**, 588 (1956).

ist völlig irreversibel und deshalb ohne Rücksicht auf etwa noch hinzukommende andere Faktoren (z.B. Zeit) ihrem Wesen nach eine Funktion der Gesamtdosis, also eine Summationswirkung. Sie hat demnach in erster Näherung die Dimension einer *Menge*. Das hat auch für die experimentelle Krebsforschung insofern praktische Bedeutung, weil auf diese Weise eine Entscheidung darüber möglich ist, ob eine betrachtete z.B. biochemische Wirkung eines cancerogenen Agens der cancerogenen Wirkung zuzuordnen ist oder nicht. Das ist nämlich nur dann möglich, wenn sie irreversibel ist. Erweist sie sich dagegen als reversibel, so kann ein Kausalzusammenhang ausgeschlossen werden[1].

Die Einfachheit der gefundenen Beziehungen nach Gl. (LVIII) und (LIX) führte zu einer mathematischen Analyse der cancerogenen Wirkung nach der „Treffertheorie"[2]. Die Wahrscheinlichkeit dafür, daß spezifische Receptoren der Zelle durch ein Gift verändert werden, ist um so größer, je größer die Anzahl der Giftmoleküle C und der spezifischen Receptoren R im Wirkungsvolumen ist.

Die Geschwindigkeit, mit der die Wirkung W im Zeitelement dt um den Betrag dW zunimmt, ist danach bei irreversiblen Effekten in Erweiterung der Gl. (LVI)

$$\frac{dW}{dt} = K\,C\,R. \tag{LXII}$$

Die Konstante K hat die Dimension: 1/Zeit. Diese Gl. (LXII) ist prinzipiell identisch mit den Formulierungen der „Treffertheorie" und der irreversiblen bimolekularen Reaktion[2]. Die Gl. (LXII) führt zu dem wichtigen Schluß, daß die Wirkung nicht nur von der Menge des Giftes abhängt, sondern ebenso auch von der Menge der Receptoren, d.h. von der Anzahl der empfindlichen Zellen im Wirkungsbereich des Giftes, wie das auch in der Gl. LXI) von WOLLMAN zum Ausdruck kommt. Damit wäre z.B. die vieldiskutierte brustkrebsfördernde Wirkung von Oestrogenen wenigstens zum Teil dadurch erklärt, daß mit der Zunahme des Drüsengewebes auch die Wahrscheinlichkeit der Entstehung von Brustkrebs zunehmen muß. Seine Häufigkeit bei beiden Geschlechtern ist etwa ebenso verschieden wie die Größe der drüsigen Mammae. Experimentell wurde gefunden, daß nach Pinselung der Haut bei Mäusen die Ausbeute an Tumoren um so größer wird, je größere Hautfelder gepinselt wurden[3]. Die wirksame „Dosis" eines Pharmakons ist nicht durch seine Menge allein definiert, sondern hängt ebenso von der Menge der Receptoren im Wirkungsvolumen ab[4]. Das ist z.B. aus der Mutationsforschung genügend bekannt[5].

Die Anzahl der für die cancerogene Primärwirkung wesentlichen Receptoren R in der Zelle nimmt durch die Einwirkung des Agens fortlaufend ab. Im Zeitpunkt t ist

$$R = R_0 - R', \tag{LXIII}$$

so daß die vervollständigte Gl. (LXII)

$$\frac{dR'}{dt} = K\,C\,(R_0 - R') \tag{LXIV}$$

lauten müßte. Die Integration der Gl. (LXIV) liefert die Grundgleichung der „Treffertheorie"

$$W = R' = 1 - e_{-K'ct}, \tag{LXV}$$

[1] CONSBRUCH, U., u. D. SCHMÄHL: H. **290**, 28 (1952). — DRUCKREY, H.: Arzneim.-Forsch. **7**, 449 (1957). — DRUCKREY, H., F. BRESCIANI u. H. SCHNEIDER: Z. Naturforsch. **13**b, 516 (1958). — [2] DRUCKREY, H., u. K. KÜPFMÜLLER: Z. Naturforsch. **3**b, 254 (1948). Dosis und Wirkung. Aulendorf/Wttbg. 1949. — DRUCKREY, H.: Strahlentherapie **94**, 45 (1954). Arzneim.-Forsch. **7**, 449 (1957). — IVERSEN, S., and N. ARLEY: Acta path. microbiol. scand. **27**, 5, 773 (1950). — [3] CRAMER, W., and R. E. STOWELL: J. nat. Cancer Inst. **2**, 369 (1941/42). — [4] DRUCKREY, H.: Arzneim.-Forsch. **3**, 394 (1953). — [5] TIMOFÉEFF-RESSOVSKY, N. W.: Experimentelle Mutationsforschung in der Vererbungslehre. Dresden 1937.

also eine hyperbolische Funktion. Experimentell wurden jedoch die einfachen Gl. (LVIII) und (LX) gefunden. Daraus folgt, daß für die krebsige Entartung von Zellen wahrscheinlich nur ein Bruchteil der vorhandenen Receptoren verändert werden muß. Man befindet sich damit im praktisch linearen Anfangsteil der hyperbolischen Kurve.

Die „Summationswirkung" der cancerogenen Agentien läßt zwei Deutungen zu[1]. Entweder entsteht der Krebs dadurch, daß krebshemmende Gegenstoffe, z. B. spezielle Enzyme, nach Art einer Titration[2] durch das Agens blockiert werden, oder dadurch, daß funktionswichtige Receptoren der Zelle irreversibel verändert werden. Ein grundsätzlicher Unterschied zwischen beiden Auffassungen besteht indessen nicht.

2. Duplikanten-, Mutations- und Defekt-Theorie.

Über die Natur der betroffenen Zellelemente sind schon einige Aussagen möglich. Die dauernde Irreversibilität der cancerogenen Wirkung führt zu dem Schluß[1,3], daß die in Frage kommenden Zellelemente nicht „de novo" gebildet werden können, sondern nur aus Elementen gleicher Art. Deshalb wurden sie als „*Duplikanten*" bezeichnet[1,3]. Für sie gilt also in Erweiterung des Satzes von VIRCHOW: „omnis duplicans e duplicanti eiusdem generis". Dafür spricht auch die Erfahrung, daß die Summation der Wirkung anscheinend unabhängig davon ist, ob die Zellen sich während der Expositionszeit geteilt haben. Wenn nämlich mit jeder Zellteilung auch eine Halbierung der bisher aufgelaufenen Wirkung eintreten würde, dann müßten zur Krebs-Erzeugung um so größere Gesamtdosen erforderlich sein, je länger die Behandlungszeit ist. Tatsächlich trifft sogar das Gegenteil zu. Die cancerogenen Effekte werden danach bei der Teilung der Zelle nicht halbiert, sondern voll auf beide Tochterzellen übertragen, also „vererbt", wie ja auch die fertige Krebszelle ihre Andersartigkeit über viele Zellgenerationen überträgt. Die Receptoren der Zelle, an denen die cancerogene Wirkung angreift und deren irreversible Veränderung zur krebsigen Entartung führt, müssen deshalb an der Duplikation bei der Zellteilung teilnehmen, also „Duplikanten" sein. Da diese Eigenschaft in erster Linie den Chromosomen zukommt, schien die „*Mutationstheorie*" des Krebses[4] gestützt. Als Mutation wird in der Genetik das sprunghafte Auftreten einer bleibenden Veränderung bezeichnet. Ein solcher „Alles- oder Nichts"-Effekt setzt jedoch voraus, daß das betreffende Zellelement in der Einzahl vorliegt, wie z. B. ein bestimmtes Gen oder Chromosom in einer Keimzelle. Demgemäß wurde die Cancerisierung zunächst auch als „Ein"- oder „Zweitreffer"-Effekt gedeutet[5].

Die quantitative Analyse der Wirkung des 4-Dimethylaminoazobenzols führte indessen zu dem Schluß, daß die Cancerisierung einer Zelle auf der Summation einer Mehrzahl von „Treffern" beruht, die sogar in der Größenordnung von 100 je Zelle liegen kann[1]. Da die Chromosomen auch in somatischen Zellen meist nur in der Zweizahl vorliegen, wurde angenommen, daß die Cancerisierung an plasmatischen „Duplikanten" angreift[6], z. B. an Mitochondrien[7], von denen die

[1] DRUCKREY, H., u. K. KÜPFMÜLLER: Z. Naturforsch. **3**b, 254 (1948). — [2] REIF, A. E., and V. R. POTTER: Cancer Res. **13**, 49 (1953). — [3] NOTHDURFT, H.: Z. Krebsforsch. **56**, 234 (1949). — BUTENANDT, A.: Verh. dtsch. Ges. inn. Med. **55**, 342 (1949). — HENDRY, J. A., R. F. HOMER, F. L. ROSE and A. L. WALPOLE: Brit. J. Pharmacol. **6**, 357 (1951). — [4] HANSEMANN, D.: Virchows Arch. **119**, 299 (1890). — BAUER, K. H.: Das Krebsproblem. Berlin, Göttingen, Heidelberg 1949. — [5] MOTTRAM, J. C.: Brit. J. exp. Path. **26**, 1 (1945). [6] DITTMAR, C.: Z. Krebsforsch. **53**, 107 (1942). — NOTHDURFT, H.: Z. Krebsforsch. **56**, 234 (1949). — DARLINGTON, C. D.: Brit. J. Cancer **2**, 118 (1948). — LATARJET, R.: Paris med. **41**, 105 (1951). — BESSIS, M.: Acta Un. int. Cancr., Bruxelles **7**, 646 (1951). — [7] GRAFFI, A.: Arch. Geschwulstforsch. **1**, 61 (1949).

Zelle eine größere Anzahl enthält und die wahrscheinlich die Eigenschaft von „Duplikanten" haben[1]. Dafür wird die Beobachtung angeführt, daß Hepatomzellen weniger Mitochondrien enthalten als Leberzellen[2].

Eine maßgebliche Beteiligung von chromosalen Elementen kann aber noch keineswegs ausgeschlossen werden, weil z. B. Interphasen-Chromosome hochpolytaen sein können, also Bündel aus zahlreichen Fibrillen darstellen[3]. Ferner wurden in Zellen des YOSHIDA-Ascites-Sarkoms bis zu 18 V-förmige, also veränderte Chromosomen gefunden[4] und ähnlich auch beim EHRLICH-Ascites-Tumor[5]. Schließlich werden nach Einwirkung cancerogener Strahlen und Chemikalien regelmäßig charakteristische Veränderungen an den Zellkernen gefunden[6]. Das würde ebenfalls für einen Angriff der Wirkung am Kern sprechen. Demgegenüber fand LUDFORD, daß Zellen ohne erkennbare Veränderung der Kernstruktur cancerisieren können[7]. Eine Entscheidung darüber, ob die krebsige Entartung an chromosalen oder an plasmatischen „Duplikanten" erfolgt, ist noch nicht möglich, zumal auch Wechselwirkungen zwischen Kern und Plasma anzunehmen sind und die Labilität der Gene vom Plasma her veränderlich sein kann[8]. Außerdem braucht auch die Beziehung zwischen Duplikanten und den abhängigen Eigenschaften der Zelle keine unmittelbare zu sein, sondern kann als Regler-System (feedback cycle) über eine ganze Kette von Zwischenstufen verlaufen[9]. Ihre Störung kann deshalb denselben Effekt haben wie eine Veränderung des Duplikanten selbst. Demnach kann auch der Ausfall von Regulationsmechanismen zumindest theoretisch ähnlich zu Geschwulstbildungen führen wie die Veränderung von Duplikanten, die diese Regulationen auslösen oder durch sie gesteuert werden[10] (vgl. Schema in Abb. 46). Das scheint für die hormonabhängigen „konditionalen" Tumoren tatsächlich zu gelten[11]. Aus der Art einer Merkmalsänderung läßt sich noch nicht schließen,

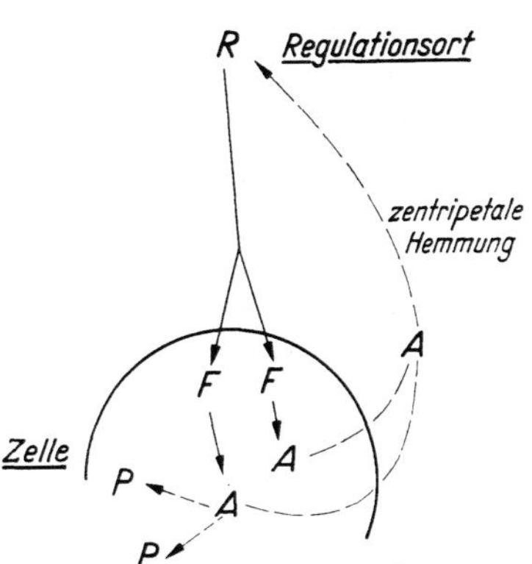

Abb. 46. Hypothetisches Schema für die Steuerung von Funktion und Vermehrung der Zellen als „Regelsystem" und für die verschiedenen Möglichkeiten der Geschwulstbildung[10].
Von einem Regulationsort R aus werden Funktionsorganelle F in der Zelle zur Vermehrung und Leistung angeregt. Unter ihrem Einfluß werden von der Zelle organspezifische Substanzen A (Antigene ?) gebildet. Die funktionelle Beanspruchung der Zelle führt zu ihrer Ausschüttung und zum Verbrauch. Das nicht verbrauchte A wirkt hemmend auf den Regulationsort R zurück. Fehlt die funktionelle Beanspruchung, so häuft sich A in der Zelle an und blockiert die Proliferationseinheiten P. Durchzogene Linien: *Förderung*. Gestrichelte Linien: *Hemmung*. Die exponentielle Vermehrung der Zellen ist möglich durch: 1. Ausfall des Regulationsortes R (Beispiel: Gewebekultur). 2. Zerstörung der Funktionsorganelle F (Cancerisierung ?). 3. Ungenügende Bildung von A (Beispiel: Regeneration nach partieller Hepatektomie). 4. Fortfall der zentripetalen Hemmung (Beispiel: tumoröses Wachstum von Ovarien nach Implantation in die Milz von Kastraten). Wird die obligate Bindung der Proliferationseinheiten P an die Zelle aufgehoben, so können sie *Virus*-artige Eigenschaften gewinnen.

---

[1] FAURÉ-FREMIET, M. E.: Anat. Anz. **36**, 186 (1910). — EPHRUSSI, B.: Nucleo-Cytoplasmatic Relations in Microorganisms. London 1953. — LEON, H. A., and S. F. COOK: Science, N.Y. **124**, 123 (1956). — [2] HOWATSON, A. F., and A. W. HAM: Cancer Res. **15**, 62 (1955). — [3] HOFFMANN-BERLING, H., u. G.-A. KAUSCHE: Z. Naturforsch. **6**b, 63 (1951). — MARQUARDT, H.: Naturwiss. **37**, 416 (1950). — FRIEDRICH-FREKSA, H., u. F. KAUDEWITZ: Z. Naturforsch. **8**b, 343 (1953). — [4] MAKINO, S.: Chromosoma, Berlin **4**, 649 (1952). — [5] BAYREUTHER, K.: Z. Naturforsch. **7**b, 554 (1952). — [6] BROCK, N., H. DRUCKREY u. H. HAMPERL: Z. Krebsforsch. **50**, 431 (1940). — BOYLAND, E.: J. Chim. physique Physico-Chim. biol. **47**, 942 (1950). — RICHARDSON, H. L., and E. BORSOS-NACHTNEBEL: Cancer Res. **11**, 398 (1951). — [7] LUDFORD, R. J.: Ann. Rep. brit. Emp. Cancer Camp. **1953**, 401. — [8] MICHAELIS, P.: Naturwiss. **36**, 220 (1949). — MIRSKY, A. E.: Sci. Amer. **188**, 47 (1953). — HÄMMERLING, J.: Z. Naturforsch. **13**b, 440 (1958). — [9] WEISS, P., and J. L. KAVANAU: J. gen. Physiol. **41**, 1 (1957/58). — [10] DRUCKREY, H.: Ciba Foundation. Carcinogenesis, Mechanism of Action. London 1959. — [11] HUGGINS, C.: J. Urol., Baltimore **68**, 875 (1952).

wo die Veränderung in der Kette erfolgt ist (vgl. Mutation und Phaenokopie). Schließlich gibt es kein Argument dafür, daß die krebsige Entartung von Zellen in allen Fällen stets auf der Veränderung gleichartiger Bestandteile beruht. Die Annahme der Existenz von einem spezifischen „Cancer Control Center" in der Zelle ist nicht gestützt. Vielmehr ist es sogar wahrscheinlich, daß es von Fall zu Fall verschiedene karyotische oder auch plasmatische Bestandteile sein können. Bisher läßt sich nur aussagen, daß es mit aller Wahrscheinlichkeit „Duplikanten" sind. Eine einseitige „Plasmagen"- oder „Mutationstheorie" ist nicht möglich. Deshalb ergab sich die Notwendigkeit, die dargestellte „Duplikantentheorie" des Krebses zu entwickeln. Sie hat sich als fruchtbar erwiesen[1,2].

Die chemische und biologische Identifizierung der in Frage kommenden „Duplikanten" ist ein wichtiges Problem[3]. Die naheliegende Annahme, daß es Nucleoproteide sind, kann noch nicht entschieden werden. Dagegen ist es wahrscheinlich, daß es sich um makromolekulare Einheiten handelt. Da diese prinzipiell labil sind, kann die letzte Ursache für das „spontane" Auftreten sowohl von Mutationen als auch von Krebs in der makromolekularen Natur der „Duplikanten" liegen[1].

Da die Cancerisierung einer Zelle eine Vielzahl von Treffern voraussetzt, kann sie nicht sprunghaft als „Alles oder Nichts"-Ereignis eintreten. Vielmehr muß die Verteilung der Treffer auf die Zellen eine statistische sein. In solchen Fällen ist die Anwendung des Begriffes „Mutation" in der klassischen Form sinnlos. Das gilt indessen nur für die erkennbaren Veränderungen an den Zellen, also für die *Folgen* des Vorganges. Der Primärvorgang selbst, d.h. die bleibende Veränderung des Duplikanten, kann dagegen durchaus einer Mutation entsprechen. Deshalb bleibt die Mutationstheorie des Krebses weiterhin wertvoll, es wäre nur eine schärfere Definition der Begriffe wünschenswert.

Viele mutagene Agentien wirken auch cancerogen und manche Cancerogene auch mutagen. Das läßt sich jedoch angesichts der zahlreichen Ausnahmen nicht verallgemeinern[4] und daher auch nicht als Stütze für die Mutationstheorie anführen. Eher spricht es dafür, daß die in Frage kommenden Zellbestandteile in beiden Fällen „Duplikanten" sind. Ihre vitale Bedeutung für die Zelle macht es zugleich verständlich, daß sowohl mutagene als auch cancerogene Effekte an Zellen meist letal sind.

Die Cancerisierung von Zellen ist nicht mit einem Gewinn neuer Eigenschaften verbunden, sondern mit einem *Verlust.* Sie hat also den biologischen Wert eines Defekts („Defekt-Theorie" des Krebses)[2,5]. Das folgt zunächst aus der biologischen und klinischen Erfahrung. Der Verlust betrifft vorwiegend die Fähigkeit zu organspezifischen Funktionen. Da die für sie maßgeblichen Organelle wahrscheinlich nicht im Zellkern, sondern im Plasma anzunehmen sind, würde das für die Lokalisation der speziellen „Duplikanten" im Plasma sprechen. Nach RUSCH führt die Zerstörung funktionswichtiger Duplikanten bei Erhaltung der Zellteilung zu Krebs[6].

Der Defektcharakter der krebsigen Entartung ist an 2 Beispielen bewiesen. MILLER[7] fand, daß die Proteine der durch „Buttergelb" erzeugten Hepatome

[1] DRUCKREY, H.: Arzneim.-Forsch. **1**, 383 (1951). — [2] DRUCKREY, H.: Die Grundlagen der Krebsentstehung; in: Grundlagen und Praxis chemischer Tumorbehandlung. 2. Freiburger Symposion 1953. S. 1. Berlin, Göttingen, Heidelberg 1954. — [3] BUTENANDT, A.: Verh. dtsch. Ges. Path. **35**, 701951). Naturwiss. **40**, 91 (1953). — [4] BURDETTE, W. J.: Cancer Res. **15**, 201 (1955). — [5] DRUCKREY, H., u. K. KÜPFMÜLLER: Z. Naturforsch. **3**b, 254 (1948). — DRUCKREY, H., u. D. SCHMÄHL: Acta Un. int. Cancr., Bruxelles **10**, 119 (1954). — [6] RUSCH, H. P.: Cancer Res. **14**, 407 (1954). — [7] MILLER, E., u. J. MILLER: Die Biochemie der Krebsentstehung in der Leber. Herne, Westf. 1952.

sich von denen der normalen Leber dadurch unterscheiden, daß sie diesen Farbstoff nicht mehr zu binden vermögen, also das spezielle Protein nicht mehr enthalten. Ferner hat WEILER[1] festgestellt, daß die Mikrosomen-Fraktion der Rattenleber mit der Cancerisierung durch 4-Dimethylaminoazobenzol keine krebsspezifischen Antigene gewinnt, sondern vielmehr ihre organspezifischen Leber-Antigen-Eigenschaften verliert. Darin scheint ein für die Cancerogenese allgemein gültiger Faktor zu liegen, denn krebserzeugende Kohlenwasserstoffe und Azofarbstoffe hemmen die Bildung von Antikörpern[2]. Das Wesentliche der Beobachtungen von WEILER, die von ihm inzwischen auch an Nierentumoren bestätigt werden konnten, liegt darin, daß der Defekt im Bereich der organspezifischen Antigen-Antikörper-Funktionen[3] liegt. Da sie nicht nur für die Steuerung der Zellfunktionen, sondern auch für die der Zellvermehrung eine maßgebliche Rolle spielen, wäre verständlich, daß ihr Ausfall im Sinne von RUSCH die Zellteilung enthemmt (vgl. Schema, Abb. 46). Ferner deuten die Befunde darauf hin, daß die Zellorganelle, die die organspezifischen Antigene bilden, nicht de novo entstehen können, also „Duplikanten"-Natur besitzen.

In weiteren Versuchen hat WEILER[4] die am Kaninchen gewonnenen organspezifischen Antikörper[3] gegen Rattenleber durch Isocyanat-Koppelung mit dem Farbstoff Fluorescein nach der Methode von COONS u. KAPLAN[5] markiert. Die damit behandelten normalen Leberzellen der Ratte zeigten lebhafte Fluorescenz. Unter der fortschreitenden Behandlung der Ratten mit dem krebserzeugenden 4-Dimethylaminoazobenzol ging dann die Bindungsfähigkeit für die markierten Antikörper allmählich verloren, zunächst in einzelnen Zellen, dann in größer werdenden Inseln. So konnte zum ersten Mal die allmähliche Cancerisierung von Zellen und die Krebsentstehung in einem Organ in spezifischer Weise sichtbar gemacht werden.

Mit diesen grundlegend wichtigen Beobachtungen wurde zugleich an zwei Beispielen unmittelbar bewiesen, daß die Cancerogenese mit irreversiblen Veränderungen an plasmatischen, wahrscheinlich duplikationsfähigen Zellbestandteilen verbunden ist, daß es sich um Defekte im Bereich organspezifischer Antigen-Funktionen handelt und daß schließlich die krebsige Entartung nicht als „Eintreffer"-Effekt sprunghaft erfolgt, sondern allmählich im Sinne einer Summation zahlreicher Treffer. Gleichzeitig zeigten die Bilder eindeutig, daß die Tumoren nicht durch die Vermehrung einer erzeugten Krebszelle entstehen können, sondern erst dann, wenn eine genügende Anzahl von Zellen cancerisiert wurde.

Da die Zelle mit ihrer krebsigen Entartung keine neuen biochemischen oder speziell antigenen Eigenschaften gewinnt, die die normalen Zellen nicht haben, sondern umgekehrt welche verliert, sind die prinzipiellen Voraussetzungen für eine spezifische serologische *Therapie* nicht gegeben. Sie fehlen ebenso für eine spezifische biochemische oder serologische Krebs-*Diagnose*[6]. Die bisherigen experimentellen und klinischen Erfahrungen sprechen leider vollkommen für diese Schlußfolgerung[6]. Dagegen kann die Cancerisierung mit dem Verlust der Fähigkeit zu bestimmten Synthesen verbunden sein, so daß die Krebszellen nicht mehr im gleichen Maße „autotroph" sind wie die normalen Zellen, sondern auf bestimmte „höchstwertige" Bau- oder Betriebsstoffe im Substrat angewiesen. Das mag auch die Ursache dafür sein, daß einzelne Krebsarten nur in ganz bestimmte Organe hinein metastasieren können, in denen sie die benötigten Metaboliten

---

[1] WEILER, E.: Z. Naturforsch. 7b, 324 (1952). Brit. J. Cancer **10**, 553, 560 (1956). — [2] MALMGREN, R. A., and B. E. BENNISON: Cancer Res. **12**, 280 (1952). — [3] KABAT, E. A., and J. FURTH: J. exp. Med. **74**, 257 (1941). — [4] WEILER, E.: Z. Naturforsch. **11**b, 31 (1956). — [5] COONS, A. H., and M. H. KAPLAN: J. exp. Med. **91**, 1 (1950). — [6] BROUGHTON, P. M., G. HIGGINS and J. R. O'BRIEN: Brit. J. Cancer **5**, 384 (1951).

finden. Aus dem gleichen Grunde erscheint die Entwicklung geeigneter „Antimetabolite“ für die Krebstherapie aussichtsreich. Das setzt indessen die Kenntnis nicht nur der Substanzen voraus, hinsichtlich derer die Krebszelle „heterotroph“ ist, sondern auch Klarheit über ihre Bedeutung für sie und die normalen Zellen.

Die Schlußfolgerungen, daß die krebsige Entartung einer Zelle die Summation einer *Mehrzahl* von „Treffern“ voraussetzt und daß sie mit einem *Verlust* von Eigenschaften bzw. der funktionstragenden „Duplikanten“ verbunden ist, führt

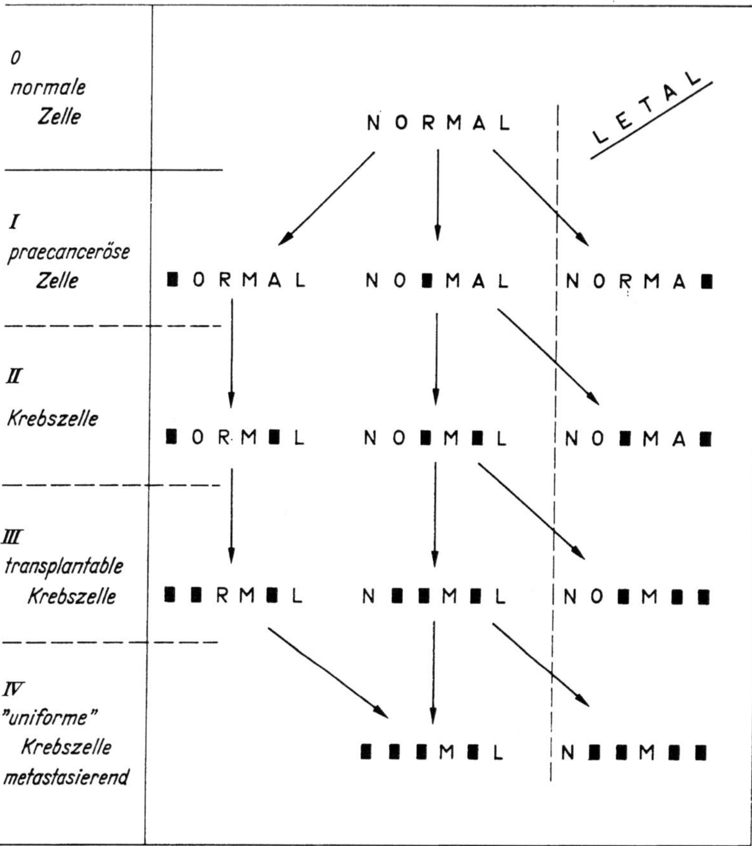

Abb. 47. Schema für verschiedene Möglichkeiten der krebsigen Entartung einer Zelle unter der Annahme, daß keine gerichteten Wirkungen, sondern zufallsmäßig verteilte „Treffer“ vorliegen und daß zur Cancerisierung die Summation einer Mehrzahl von Treffern erforderlich ist.

bereits zu einem übersichtlichen Schema (Abb. 47). Die Duplikanten bzw. Duplikantengruppen der normalen Zelle, deren irreversible Veränderung zur Cancerisierung führt, sind dabei durch die Buchstaben NORMAL symbolisiert, ihre Veränderungen durch die Blockierung des betreffenden Buchstabens. Da kein Anhaltspunkt für eine gerichtete Wirkung der cancerogenen Agentien gegeben ist, ist mit ihrer zufallsmäßigen Verteilung als „Treffer“ zu rechnen. Deshalb können sich je nach der Art des zufällig zuerst getroffenen Duplikanten ganz verschiedenartige Anfangszustände ergeben, wie dies in Abb. 47 angedeutet ist. Da ferner die Cancerisierung der Zelle eine Mehrzahl von „Treffern“ ($T > T_{\min}$) voraussetzt, müssen prinzipiell Zustände durchlaufen werden, in denen die Zellen weniger als die Mindestzahl $T_{\min}$ an Treffern erhalten haben. Solche Zellen sind also nicht mehr „normal". Sie werden als „präcanceröse" Zellen bezeichnet (Abb. 47). Die eingetretenen Veränderungen sind bisher nicht sichtbar, sie müssen daher im submikroskopischen Bereich liegen. Pharmakologisch sind solche „präcancerösen" Zellen dadurch definiert, daß ihre komplette Cancerisierung durch eine kleinere Zahl von Treffern, d.h. durch eine kleinere Dosis bzw. durch ein schwächeres (weniger spezifisches) Cancerogen möglich ist als die von normalen Zellen. Damit kann die „bedingt" cancerogene Wirkung z.B. des Crotonöls (s. S. 232) in manchen Fällen erklärt werden.

Die bleibende Veränderung eines „Duplikanten" kann als „Mutation" betrachtet werden. Dabei wäre indessen zu berücksichtigen, daß über die Natur und die Lokalisation der bei der Cancerisierung betroffenen Duplikanten bisher keine Aussagen möglich sind. Solange nur ein einziger Duplikant in einer Zelle verändert ist, kann die „Rückmutation" noch eine reale Wahrscheinlichkeit haben. Sie wird jedoch bei größerer Anzahl getroffener Zellen bzw. mit zunehmender Zahl von Treffern je Zelle praktisch Null. Die Verteilung der „Treffer" auf die empfindlichen Zellen im Wirkungsbereich kann nur eine statistische sein. Danach ist anzunehmen, daß zu dem Zeitpunkt, in dem die erste Zelle eine genügende Anzahl von Treffern erhalten hat, um zur „Krebszelle" zu werden, praktisch alle benachbarten Zellen schon „präcancerös" verändert sind.

Die Abb. 47 zeigt ferner, daß die Annahme einer Mehrzahl spezieller Receptoren („Duplikanten") in der Zelle und einer Mehrzahl von Treffern zwangsläufig zu der Folgerung führt, daß aus einer Spezies normaler Zellen je nach der *Art* der „getroffenen" Duplikanten verschiedenartige Krebszellen werden können und daß je nach der *Zahl* der erhaltenen Treffer auch verschiedene *Stufen* der Entartung (Malignität) möglich sind. Das entspricht der Erfahrung. Bei Experimenten mit cancerogenen Agentien wird allgemein beobachtet, daß zuerst „gutartige" Tumoren entstehen und später erst Krebs. Die „Malignität" der Geschwülste nimmt dann meist weiter zu, besonders dann, wenn zusätzlich cancerogene Agentien einwirken. Das ist in Abb. 47 in den Stadien II bis IV anschaulich gemacht. Das Schema zeigt ferner, daß mit zunehmender Zahl erlittener Treffer die Wahrscheinlichkeit für das Auftreten *ähnlicher* Zustände größer wird und sich die Unterschiede zwischen den einzelnen Zelltypen zunehmend verwischen. Mit steigender Malignität müssen daher die verschiedenen Wege in „uniforme" Zustände einmünden (Stadium IV im Schema). Dem entspricht sowohl die klinische als auch die experimentelle Erfahrung. So betont z.B. GREENSTEIN[1] die Feststellung des „nearly uniform metabolic pattern of tumors of different etiology and histogenesis" als wesentliches Ergebnis der biochemischen Krebsforschung. Daraus folgt ebenfalls, daß die Veränderungen bei der Cancerisierung Defektcharakter besitzen müssen, denn wenn sie mit der Erwerbung neuer Eigenschaften verbunden wären, müßten sich gerade zunehmend verschiedene Zustände ergeben.

Die experimentell erzeugten Krebsgeschwülste sind gewöhnlich nicht von Anfang an transplantabel und damit metastasierungsfähig, sondern gewinnen diese Eigenschaften meist erst im weiteren Verlauf der Entwicklung. Das Auftreten der Transplantabilität und ebenso der Metastasierungsfähigkeit ist deshalb nicht automatisch mit der Cancerisierung verbunden, sondern wahrscheinlich ein Vorgang eigener Art, der die Veränderung bestimmter Duplikanten voraussetzt[2]. Wird für sie im Schema der Abb. 47 ein bestimmter Buchstabe, z.B. A als Symbol angenommen, so ist anschaulich erkennbar, daß ihre Veränderung zufällsmäßig schon im Anfang erfolgen kann, daß aber die Wahrscheinlichkeit dafür

[1] GREENSTEIN, J. P.: Biochemistry of Cancer. S. 304. New York 1947. — [2] HAUSCHKA, T. S.: Cancer Res. **12**, 615 (1952). — KLEIN, G.: Neoplastic growth. Ann. Rev. Physiol. **18**, 13 (1956).

mit Zunahme der Trefferzahl wachsen muß. Ähnliches gilt für das Auftreten *letaler* Treffer, für die im Schema der Buchstabe L als Symbol gewählt wurde. Es ist ohne weiteres erkennbar, daß das Schema einen erheblichen Wirklichkeitswert besitzt.

3. Der Zeitfaktor.

Weitere wichtige Erkenntnisse ergaben sich bei Versuchen mit 4-Dimethylaminoazobenzol an Ratten, in denen der Farbstoff nicht dauernd bis zum Auftreten von Leberkrebs gefüttert wurde, sondern nur über eine *begrenzte* „Expositions-Zeit" in der Jugend der Tiere („Stop-Versuche"). Die applizierte Gesamtdosis war dabei relativ so niedrig, daß sie nicht unmittelbar zum Krebs führte. Nach der Beendigung der Behandlung wird der Farbstoff in längstens 14 Tagen von der Ratte entgiftet und ausgeschieden[1]. Die Tiere verhalten sich dann völlig normal und zeigen weder biochemisch noch histologisch Veränderungen, die die Diagnose „Krebs" erlauben. Trotzdem bekommen diese Ratten erst lange Zeit später Leberkrebs, und zwar nach Maßgabe der Dosis (Tabelle 33)[2].

Tabelle 33. Die Dauer der „Latenzzeit" t_2 vom „Stop" der Fütterung mit 4-Dimethylaminoazobenzol bis zum Auftreten von Krebs und die Häufigkeit der Krebsentstehung in Abhängigkeit von der Gesamtdosis $D = dt_1$ bei konstanter Tagesdosis $d = 5$ mg je Ratte.

Gewertet wurden nur Leberzell- und Gallengangs-Carcinome ($n = 268$), die von Prof. H. HAMPERL und Dr. W. LAUBER, Bonn, histologisch diagnostiziert wurden[3].

„*1. Vorgang*" Exposition, kausale Faktoren			„*2. Vorgang*" Krebsentstehung, konditionale Faktoren	
d Tagesdosis mg/Tag	t_1 Behandlungsdauer Tage	$D = dt_1$ Gesamtdosis mg/Ratte	t_2 „Latenzzeit" (Medianwert) Tage	Krebs %
5	200	1000	0	81
5	140	700	110	80
5	100	500	240	49
5	60	300	280	26
5	**40**	200	**320**	20

Dieses Ergebnis deckt sich vollkommen mit den Beobachtungen bei analog angeordneten Versuchen mit cancerogenen Strahlen und Kohlenwasserstoffen. Die Verhältnisse treffen also allgemein für die cancerogene Wirkung zu und entsprechen auch den Erfahrungen beim menschlichen Krebs, z. B. Berufskrebs. Zur Auslösung von Krebs ist nicht die chronische Einwirkung eines cancerogenen Agens erforderlich, wie VIRCHOW meinte, sondern es genügt eine zeitlich begrenzte „Exposition". Die cancerogene Wirkung erweist sich hier nicht nur als vollkommen irreversibel, sondern sie wächst auch weiter, wenn das Agens gar nicht mehr vorhanden ist. Danach muß der Zeitfaktor eine wesentliche Rolle spielen.

Die Tabelle 33 zeigt an einem Zahlenbeispiel von „Stop-Versuchen" mit 4-Dimethylaminoazobenzol an Ratten, wie sowohl die Häufigkeit der Geschwülste als auch die Dauer der Latenzzeit von der *Menge* des applizierten Giftes abhängig sind. Bei hoher Gesamtdosis ist die mittlere Latenzzeit vom Ende der Exposition bis zur Krebsentstehung, die als t_2 bezeichnet ist, kurz bzw. praktisch Null. Bei kleinerer Dosis nimmt sie dann erheblich zu und kann ein Vielfaches der Expositionszeit t_1 betragen. Ist die Dosis sehr klein, so wird die Latenzzeit so lang, daß

[1] MILLER, E., u. A. MILLER: Die Biochemie der Krebsentstehung in der Leber. Berlin, Herne, Westf. 1952. — [2] DRUCKREY, H.: Arznem.-Forsch. **1**, 383 (1951). — GLINOS, A. D., N. L. R. BUCHER and J. C. AUB: J. exp. Med. **93**, 313 (1951). — HECHT, G.: A. e P. P. **215**, 610 (1952). — [3] LAUBER, W., u. P. DANNEBERG: Z. Krebsforsch. **61**, 327 (1956).

es nur dann noch zum Krebs kommen kann, wenn die Tiere lange genug leben. Die Gefährdung eines Individuums durch cancerogene Agentien ist daher um so größer, je jünger es im Zeitpunkt der Exposition ist. Die Ursache einer Krebsgeschwulst wäre hiernach um so mehr in der Jugend zu suchen, je schwächer das cancerogene Agens war. Die Prophylaxe des Krebses müßte deshalb in erster Linie den *Schutz der Jugend* anstreben.

Grundsätzlich genügt zur Krebserzeugung eine zeitlich begrenzte Exposition. Die damit einmal angestoßene cancerogene Wirkung läuft dann „selbständig" weiter, und zwar mit einer Geschwindigkeit, die von der Menge des Agens abhängt, die insgesamt eingewirkt hat. Die cancerogene Wirkung als Gesamtvorgang enthält also die Dimensionen: Menge und Zeit.

Der Gesamtvorgang der Krebsentstehung umfaßt damit wenigstens zwei Teilprozesse. Der *erste Vorgang* enthält die Wirkung des cancerogenen Agens während der Expositionszeit. Das ist die kausale cancerogene Wirkung. Sie ist gekennzeichnet durch die irreversible Veränderung einer Mehrzahl von „Duplikanten" je Zelle, ist also ein *cellulärer Prozeß*. Ihr Resultat ist die Transformation normaler Körperzellen zu Krebs*zellen*, die demgemäß das „ens malignitatis" darstellen.

Es ist aber die Frage, ob die Wirkung der Cancerogene unmittelbar zu Krebszellen führt oder ob sie ähnlich wie die von Mutagenen zunächst einen labilen Zustand erzeugt[1], der erst nach einer „phenomic lag"-Phase[2] auch ohne weitere Einwirkung z.B. durch Belastung der Zellen[3] oder im Verlauf von mehreren Zellteilungen zur phaenotypischen Manifestation führt[4]. Dabei können Vorgänge wie z.B. eine „retardierende Gendispersion"[5] eine Segregation[6] oder Entmischung[7] der „Duplikanten" eine Rolle spielen, ähnlich wie derartiges in der Mutationsforschung diskutiert wird. Von der Häufigkeit der Mitosen im Gewebe hat sich die cancerogene Wirkung indessen bisher auffällig unabhängig gezeigt[8]. Zum Beispiel in der Leber der Ratte läßt sich durch partielle Hepatektomie die relative Mitosehäufigkeit von 50 auf $6000 \cdot 10^{-6}$ steigern[9]. Ein Einfluß auf die Leberkrebs erzeugende Wirkung des 4-Dimethylaminoazobenzols ist jedoch ebenso wenig erkennbar[10] wie von einer künstlich erzeugten Cirrhose und der ihr folgenden Regeneration[11]. Die Mitose kann daher nicht als das „empfindliche Stadium" der Zelle angesehen werden, wohl aber kann sie die Voraussetzung für die Manifestation der *vorher* erfolgten cancerogenen Wirkung sein. In diesem Sinne führt der erste Vorgang vielleicht nicht direkt zur krebsigen Entartung der Körperzellen, sondern nur zu einer irreversiblen „Determination".

Im *zweiten Vorgang* entwickelt sich dann eine Geschwulst aus den im ersten Vorgang erzeugten oder „determinierten" Krebszellen. Das ist letztlich ein Wachstumsprozeß durch Zellvermehrung. Er ist grundsätzlich nicht abhängig vom weiteren Vorhandensein des kausalen Agens, aber abhängig vom Milieu, also von *konditionalen* Faktoren. Das kann offenbar auch für die Form des Wachstums gelten, z.B. abgekapselt oder infiltrativ und metastasierend, also für die „Malignität" der Geschwulst. Nur dieser zweite Vorgang ist morphologisch oder klinisch erkennbar und macht die Krankheit „Krebs" aus. Wenn eine Geschwust erkenn-

[1] VOGT, M.: Z. indukt. Abstamm.- u. Vererb.-Lehre **83**, 341 (1949/51). — [2] DAVIS, B. D.: Exper. **6**, 41 (1950). — [3] FRITZSCHE, H.: Z. Krebsforsch. **54**, 77 (1944). — FRIEDEWALD, W. F., and P. ROUS: J. exp.Med. **80**, 101 (1944). — [4] NEWCOMBE, H. B.: Genetics **33**, 447 (1948). — [5] KAPLAN, R. W.: Arch. Mikrobiol., Berlin **15**, 152 (1950/51). — [6] AUERBACH, C.: Publ. Staz. zool. Napoli **22**, Suppl. 1 (1950). — [7] NOTHDURFT, H.: Z. Krebsforsch. **56**, 176 (1948/50). — FRIEDRICH-FREKSA, H., u. F. KAUDEWITZ: Z. Naturforsch. 8b, 343 (1953). — [8] BIELSCHOWSKY, F., and W. S. BULLOUGH: Brit. J. Cancer **3**, 282 (1949). — [9] BRUES, A. M., and B. B. MARBLE: J. exp. Med. **65**, 15 (1937). — GLINOS, A. D., and E. G. BARTLETT: Cancer Res. **11**, 164 (1951). — [10] GLINOS, A. D., N. L. R. BUCHER and J. C. AUB: J. exp. Med. **93**, 313 (1951). — [11] MILLER, E., u. J. MILLER: Die Biochemie der Krebsentstehung in der Leber. Herne, Westf. 1952.

bar wird, sind die *kausalen* Vorgänge längst abgeschlossen und liegen weit zurück. Zwischen ihnen und der Manifestation des Krebses liegt keine scharfe Grenze. Deshalb muß die Möglichkeit „spezifischer", z. B. biochemischer Methoden zur Krebsdiagnose fragwürdig erscheinen.

Die Krebsentstehung setzt sich damit aus einem primären, durch das Agens bewirkten Vorgang und einem sekundären, vom Agens nicht mehr abhängigen Vorgang zusammen[1], ähnlich wie das z. B. für photochemische Reaktionen gilt[2]. Diese erste Aufteilung erlaubt es, die einzelnen krebsbegünstigenden oder -hemmenden Faktoren einem dieser Vorgänge zuzuordnen. Die spezifische kausale, „cancerogene" Wirkung ist ein *cellulärer* Prozeß, der deshalb morphologisch nur mit den Methoden der *Cytologie* erkennbar sein kann. Die *histologisch* nachweisbaren Veränderungen am Gewebe betreffen demgegenüber den „zweiten Vorgang", der von unspezifischen, konditionalen Faktoren abhängt. Deshalb erscheint es notwendig, bei allen Aussagen zum Krebsproblem scharf zu unterscheiden, ob die Dimension „Zelle" oder „Gewebe" gemeint ist.

4. Das Geschwulstwachstum.

Das klinische Phänomen der Krankheit „Krebs" umfaßt nur den „zweiten Vorgang". Deshalb müssen die grundlegenden Gesetzmäßigkeiten des Wachstums kurz klargestellt werden[2]. Das *normale* Wachstum beruht, von der befruchteten Keimzelle ausgehend, zuerst vorwiegend auf einer Zunahme der *Zellzahl*. Die Geschwindigkeit, mit der sich die Zellen vermehren, überwiegt die Geschwindigkeit des Absterbens von Zellen. Mit der Beendigung der Entwicklung des betreffenden Organs hört die Zellvermehrung dann in vielen Organen auf oder tritt ganz zurück. Das Wachstum erfolgt dann nur noch durch Zunahme der *Zellgröße*. Nur in einigen Geweben, wie der Haut, den Schleimhäuten, den Hoden oder den blutbildenden Organen finden weiterhin (anscheinend meist inäquale[3]) Zellteilungen statt. Aber auch in allen diesen Fällen gibt es kein Wachstum durch Zellvermehrung mehr, vielmehr halten sich die Geschwindigkeiten der Zellvermehrung und des Absterbens von Zellen die Waage. Das normale „Wachstum" strebt also einem Endwert zu, der als charakteristisches Merkmal der Art genetisch festgelegt ist und auffallend unabhängig ist sowohl von der Anfangsgröße als auch vom Milieu. Die einfachste Formulierung des normalen Wachstums wäre

$$G_t = G_{\text{fin}} \left(1 - e^{-\frac{t}{\tau}}\right). \qquad \text{(LXVI)}$$

Hierin bedeutet G_t den im Zeitpunkt t erreichten Wert und G_{fin} den genetisch verankerten Endwert. τ ist eine Zeitkonstante.

Grundsätzlich verschieden von diesem Wachstum eines *Individuums* oder seiner Organe ist das Wachstum einer *Population* von selbständigen Individuen durch Vermehrung. Das trifft für Krebszellen zu. Ihre Vermehrung strebt keinem Endwert zu, sondern verläuft praktisch exponentiell, solange das Milieu nicht begrenzend wirkt, ist also abhängig vom Milieu und ebenso von der Anfangsgröße der Population („Einsaat"). Die allgemeine Wachstumsgleichung lautet hier

$$Z_t = Z_0 \cdot e^{\frac{t}{\tau}}. \qquad \text{(LXVII)}$$

Dabei bedeutet Z_t die im Zeitpunkt erreichte Anzahl von Individuen, Z_0 die Anzahl bei t_0 und τ eine Zeitkonstante, deren Größe vom Milieu abhängt.

[1] BERENBLUM, I., and P. SHUBIK: Brit. J. Cancer **1**, 379 (1947). — DRUCKREY, H., u. K. KÜPFMÜLLER: Z. Naturforsch. **3**b, 254 (1948). — SHUBIK, P.: Cancer Res. **10**, 13 (1950). — [2] DRUCKREY, H., K. KÜPFMÜLLER u. W. TRAPPE: Z. Krebsforsch. **56**, 407 (1949). — [3] ROLSHOVEN, E.: Med. Welt **1951**, 1567.

Die krebsige Entartung ist also mit einer prinzipiellen Wandlung des Wachstumstyps verbunden. Der Krebs folgt nicht mehr der Gl. (LXVI) für das normale Wachstum, sondern wächst durch Zellvermehrung nach Gl. (LXVII). Die Krebszellen haben ihre Bindung an die erblich festgelegten Grenzen des Organismus verloren und vermehren sich wie selbständige Individuen in einer Population. Deshalb muß erwartet werden, daß das Wachstum des Krebses von „konditionalen" Milieu-Faktoren abhängig ist und ebenso von der Anfangsgröße des Krebskeims, also von der Zahl der erzeugten Krebszellen[1].

Für das Wachstum einer Geschwulst[2] aus erzeugten Krebszellen Z bestehen zwei Möglichkeiten. Entweder genügt im Regelfall das Vorhandensein einer einzigen Krebszelle als Krebskeim, oder es ist eine bestimmte Mindestzahl $Z_{\min} > 1$ dafür erforderlich. Versuche mit dosierter Verimpfung von Krebszellen ergaben, daß die Übertragung mit einer Zelle nur in wenigen Ausnahmen (z.B. YOSHIDA-Ascites-Sarkom) und nur unter Mitwirkung von Wuchsstoffen oder durch Ausschaltung von Hemmstoffen gelingt. Auch bei sehr bösartigen Transplantations-Tumoren müssen meist 10^4 bis 10^6 Zellen übertragen werden, damit bei 50% der Tiere ein Tumor angeht[3]. Dasselbe gilt auch für die Explantation in Gewebskulturen[4]. Experimentell erzeugte Geschwülste lassen sich auch mit Millionen Zellen nur schwer verimpfen, so daß beim menschlichen Krebs mit größeren Werten von $Z_{\min}$ gerechnet werden muß. Die Notwendigkeit einer Mindestzellzahl $Z_{\min}$ für das Geschwulstwachstum führt damit zur modifizierten Gl. (LXVIII):

$$Z_t = (Z_0 - Z_{\min})\, e^{\frac{t}{T}} . \qquad \text{(LXVIII)}$$

Die zahlenmäßige Größe von $Z_{\min}$ ist ebenso wie die der Zeitkonstante τ vom Milieu abhängig, also individuell verschieden und variabel. Das ist ein Ausdruck für die „Disposition" des Organs oder Organismus zum Geschwulst*wachstum*.

Hiernach müssen für die Entstehung von Krebs zwei Bedingungen erfüllt sein, die etwa den oben bezeichneten beiden „Vorgängen" entsprechen. Erstens müssen Körperzellen im „1. Vorgang" eine Mindestzahl von „Treffern" T erhalten haben, die wesentlich größer ist als 1, damit sie zu Krebszellen werden, und zweitens muß für das Wachstum einer Geschwulst im „2. Vorgang" eine genügend große Anzahl von derartigen erzeugten Krebszellen Z vorliegen, die ebenfalls wesentlich größer ist als 1.

Die Klarstellung dieser beiden Bedingungen, nämlich $T > T_{\min}$ und $Z > Z_{\min}$ führt zu der übersichtlichen Darstellung des Gesamtvorganges der Krebsentstehung in Abb. 48[5]. Auf der Abszisse ist die Anzahl T von cancerogenen „Treffern" bzw. von irreversibel veränderten Duplikanten je Zelle angegeben. Die Grenze $T_{\min}$ bedeutet die Mindestzahl von Treffern, die für die Cancerisierung von einer Zelle erforderlich ist. Die Ordinate gibt die relative Anzahl Z der im Wirkungsbereich liegenden empfindlichen Zellen an, die T Treffer erhalten haben. Die Grenze $Z_{\min}$ bedeutet die Mindestzahl von Krebszellen, die vorhanden sein muß, damit sich aus ihnen eine Krebsgeschwulst entwickeln kann. Die beiden notwendigen Bedingungen: $T > T_{\min}$ und $Z > Z_{\min}$ sind dann in dem schrägschraffierten Feld erfüllt. Unter der begründeten Annahme, daß die Häufigkeits-

[1] DRUCKREY, H.: D. m. W. **1952 II**, 1495, 1534. — [2] DRUCKREY, H., K. KÜPFMÜLLER u. W. TRAPPE: Z. Krebsforsch. **56**, 407 (1949). — [3] JUNKMANN, K.: A. e P. P. **205**, 276 (1948). — DRUCKREY, H.: Med. Welt **1950**, 1613, 1652, 1688. — SCHMÄHL, D., u. R. MECKE jr.: Z. Krebsforsch. **60**, 711 (1955). — KLEIN, G., u. E. KLEIN: Acta Un. int. Cancr., Bruxelles **7**, 376 (1951). — GOLDIE, H., and M. D. FELIX: Cancer Res. **11**, 73 (1951). — [4] LANDSCHÜTZ, C.: Z. Krebsforsch. **58**, 599 (1952). — HANKS, J. H.: J. nat. Cancer Inst. **19**, 827 (1957). — [5] DRUCKREY, H.; in: Grundlagen und Praxis chemischer Tumorbehandlung, 2. Freiburger Symposium 1953. S. 1. Berlin, Göttingen, Heidelberg 1954.

verteilung der „Treffer" auf die empfindlichen Zellen im Wirkungsbereich des Agens nicht gerichtet, sondern eine statistische ist, nimmt die Zahl der getroffenen Zellen und der Treffer in der durch einzelne Kurven angedeuteten Weise in Quantensprüngen progredient nach T zu. Zu dem Zeitpunkt, in dem die Kurve das schrägschraffierte Feld überschneidet, sind beide Bedingungen erfüllt, und es entsteht *Krebs.* Die Abb. 48 zeigt zugleich, daß fast alle im Wirkungsbereich liegenden empfindlichen Zellen bereits Treffer erhalten haben müssen, wenn die Trefferzahl in einigen Zellen höhere Werte erreicht. Dem entsprechen experimentelle Erfahrungen[1]. Zellen, die weniger als die Mindestzahl $T_{\min}$ von cancerogenen Treffern erhalten haben, werden folgerichtig als „präcanceröse *Zellen*" bezeichnet. Sie sind morphologisch nicht erkennbar, pharmakologisch aber dadurch definiert, daß ihre volle Cancerisierung nur noch eine kleinere Dosis eines cancerogenen Agens erfordert und daher leichter und schneller möglich ist als die von normalen Zellen[2]. Das normal erscheinende Nachbargewebe von Krebsgeschwülsten kann hiernach nicht mehr ohne weiteres als „gesundes" Gewebe angesehen werden[1]. Solche präcancerösen Zellen sind Krebszellen „in statu nascendi". Aus ihnen können sich unter Umständen pathologische Gewebsbildungen oder „gutartige" Geschwülste entwickeln, deren Kausalzusammenhang mit einer cancerogenen Wirkung im Einzelfall nur schwer nachweisbar ist.

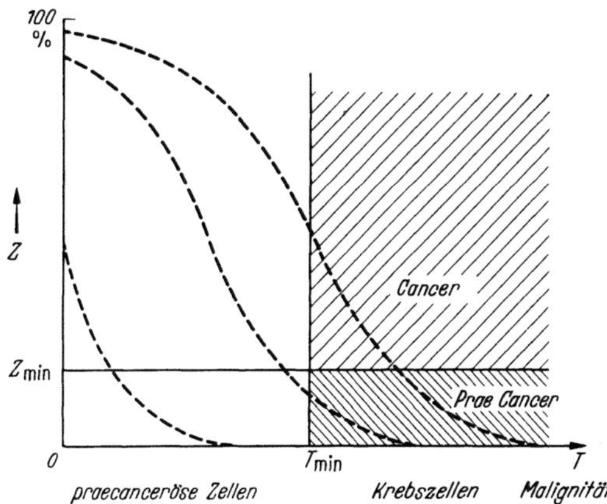

Abb. 48. Schema für die Entstehung von Krebs. Unter der Bedingung, daß 1. zur Cancerisierung einer Zelle eine Vielzahl von Treffern: $T > T_{\min}$ und 2. zum Geschwulstwachstum eine Vielzahl von Krebszellen $Z > Z_{\min}$ notwendig ist. Ordinate: Z = Anzahl der getroffenen Zellen in Prozent der empfindlichen Zellen im Wirkungsbereich. $Z_{\min}$ = Mindestzahl von Krebszellen für das Geschwulstwachstum. Abszisse: T = Anzahl von cancerogenen Treffern je Zelle, (entspricht dem Grad der Entartung). $T_{\min}$ = Mindestzahl von Treffern für die Cancerisierung einer Zelle. (Die Kurven für die Häufigkeitsverteilung der Treffer sind als Kontinuum skizziert, obwohl es sich um Quanten-Stufen handelt.)

Sind dagegen bereits voll cancerisierte Krebszellen vorhanden, ist aber ihre Zahl für den Beginn eines positiven und autonomen Geschwulstwachstums noch zu klein, so liegt ein „*Präcancer*[1]" vor. Das gilt für das enger schraffierte Feld in Abb. 48. „Präcancer" ist danach ein latenter Krebskeim. Er wird zum Krebs, wenn eine ausreichende Zahl weiterer Krebszellen hinzukommt, wenn Abwehrfunktionen fortfallen, oder wenn stärkere Proliferationsreize einwirken. Damit ist der „Präcancer" dadurch definiert, daß bereits echte Krebszellen vorliegen, wenn auch latent, z. B. in unterschwelliger Zahl. Ihr Nachweis ist dadurch möglich, daß nun allein durch unspezifische Wuchsstoffe die Entwicklung einer Geschwulst angeregt werden kann[3]. Die Zerlegung des unscharfen Begriffes „Präcancerose" in zwei Begriffe führt damit zu einer schärferen Definition dieses Zustandes, der nun auch der Kritik und dem Experiment zugänglich ist.

Der „*Krebs*" ist definiert durch das Vorhandensein einer aus Krebszellen bestehenden Geschwulst mit positiver Wachstumsbilanz, nicht aber durch das bloße Vorhandensein von Krebszellen. Zwischen Krebs*zellen* und *Krebs* muß deshalb

[1] MACKENZIE, I., and P. ROUS: J. exp. Med. **73**, 391 (1941). — HACKMANN, C.: Z. Krebsforsch. **57**, 454 (1951). — [2] GOTTRON, H. A.: D. m. W. **1954**, 1250, 1331. — [3] BERENBLUM, I., and P. SHUBIK: Brit. J. Cancer **3**, 384 (1949).

ebenso scharf unterschieden werden wie zwischen Bakterien und den durch sie ausgelösten Krankheiten. Hier wie dort hängt die Frage, ob es zur Krankheit kommt oder nicht, also keineswegs vom bloßen Vorhandensein der „Erreger" ab, sondern von ihrer Zahl und Virulenz gegenüber den Abwehrkräften des Organismus, „Dosis facit morbum". Zwischen dem Normalen und dem Pathologischen scheint auch hier nur ein quantitativer Unterschied zu bestehen.

Das Vorkommen von einer einzigen oder von einigen wenigen Krebszellen im Organismus muß naturgemäß viel häufiger sein als das Vorkommen einer Krebsgeschwulst. Da nun 16% der Menschen an Krebs sterben, ist anzunehmen, daß in jedem Organismus vor allem im Alter häufig einmal Krebszellen entstehen, ohne daß es gleich zu Krebs kommen muß. Dafür sprechen neuere histologische Befunde[1]. Andererseits kann es wohl keinem Zweifel unterliegen, daß die Krebszelle das „ens malignitatis" letzten Endes ist.

Diese Überlegungen führen notwendig auch zu einer Kritik der sog. „biochemischen *Krebsreaktionen*". Wenn sie das Vorhandensein von Krebszellen im Körper anzeigen würden, dann müßten sie praktisch bei allen Menschen immer wieder positiv ausfallen. Wenn die positive Reaktion dagegen nur das Vorliegen einer wachsenden Geschwulst voraussetzt, so ist die Frage, wie groß diese dafür sein muß. Ein klarer Befund wäre nur dann zu erwarten, wenn die Geschwulst bereits einen nennenswerten Bruchteil des betreffenden normalen Organs ausmacht. Dann kann sie aber wohl meist schon mit klinischen Methoden diagnostiziert werden. Für den *serologischen* Nachweis von „Krebs" scheinen die Voraussetzungen ebenfalls zu fehlen, weil bisher bei der krebsigen Entartung niemals das Auftreten neuer Antigen-Eigenschaften festgestellt werden konnte, sondern nur ein Verlust. Die Nachprüfung der bisherigen „Krebsreaktionen" hat nur völlig negative Resultate gebracht[2].

Die Geschwindigkeit, mit der die Anzahl Z der vorhandenen Krebszellen in der Zeiteinheit dt um den Betrag dZ anwächst, ergibt sich aus der Differenz zwischen der Geschwindigkeit der Zellvermehrung und der Absterbegeschwindigkeit. Da beide in erster Näherung der Zahl Z der vorhandenen Krebszellen proportional sein werden, gilt

$$\frac{dZ}{dt} = \alpha Z - \beta Z . \qquad \text{(LXIX)}$$

In *normalen* Geweben ist die durch αZ ausgedrückte Vermehrungsgeschwindigkeit der Zellen während der Entwicklung und des Wachstums größer als die Absterbegeschwindigkeit βZ. Wenn der Organismus erwachsen ist, werden beide gleich. Bei (fertigen) *Krebszellen* muß dagegen die Absterbegeschwindigkeit anfangs größer sein als die Vermehrungsgeschwindigkeit, denn wenn es umgekehrt wäre, dann müßte zum Wachstum der Geschwulst grundsätzlich eine einzige erzeugte Krebszelle ausreichen. Das ist aber sicher nicht der Fall. Da aber andererseits allein eine größere Zahl von Krebszellen genügt, um zu einem positiven Geschwulstwachstum zu führen, müssen die Krebszellen selbst einen Beitrag für ihre weitere Vermehrung leisten. Sei es, daß sie Wuchsstoffe bilden[3] oder daß sie Abwehrkräfte des Organismus überwinden[4]. Welcher von diesen beiden Vorgängen der maßgebende ist, ist für die hier vorgenommene Betrachtung der

[1] HRYNTSCHAK, T.: Wien. med. Wschr. **1947**, 9. — KORENCHEVSKY, V., and S. K. PARIS: Cancer, N.Y. **3**, 903 (1950). — JONES, E. E.: Acta Un. int. Cancr., Bruxelles **7**, 263 (1951).
[2] BROUGHTON, P. M., G. HIGGINS and J. R. O'BRIEN: Brit. J. Cancer **5**, 384 (1951). —
[3] LOEB, L.: Acta Un. int. Cancr., Bruxelles **2**, 148 (1937). — DRUCKREY, H., K. KÜPFMÜLLER u. W. TRAPPE: Z. Krebsforsch. **56**, 407 (1949). — MARTINEZ, C., G. MIROFF and J. J. BITTNER: Cancer Res. **15**, 442 (1955). — MALMGREN, R. A.: Cancer Res. **16**, 232 (1956).
[4] DRUCKREY, H., D. SCHMÄHL u. M. RAJEWSKY: Naturwiss. **45**, 16 (1958).

Gesetzmäßigkeit gleichgültig, weil das Hinzukommen eines positiven Betrages zu derselben Formulierung führt wie die Beseitigung eines negativen Einflusses. Da dieser Beitrag aber grundsätzlich von Krebszellen stammt und auf Krebszellen wirkt, muß in der Gl. (LXIX) ein drittes proportionales Glied hinzukommen, das in der Zellzahl Z quadratisch ist. Damit erweitert sich die Gl. (LXIX) zu

$$\frac{dZ}{dt} = \alpha Z - \beta Z + \gamma Z^2. \qquad \text{(LXX)}$$

Die damit erhaltene Wachstumsfunktion des Krebsgewebes nach Gl. (LXX) ist in Abb. 49, und zwar in der unteren Kurve 1, dargestellt. Auf der Ordinate ist die positive oder negative Wachstumsgeschwindigkeit $\frac{dZ}{dt}$ aufgetragen, mit der sich die Zahl der Krebszellen ändert, und zwar in Abhängigkeit von der Anzahl Z der jeweils vorhandenen Krebszellen (Abszisse). Die Abb. 49 läßt erkennen, daß die Geschwindigkeit bei kleinen Werten von Z zunächst *negativ* ist, bis im Punkt D, der der Zellzahl $Z_{\min}$ entspricht, die Nullinie überschritten und ein praktisch exponentielles Wachstum erreicht wird.

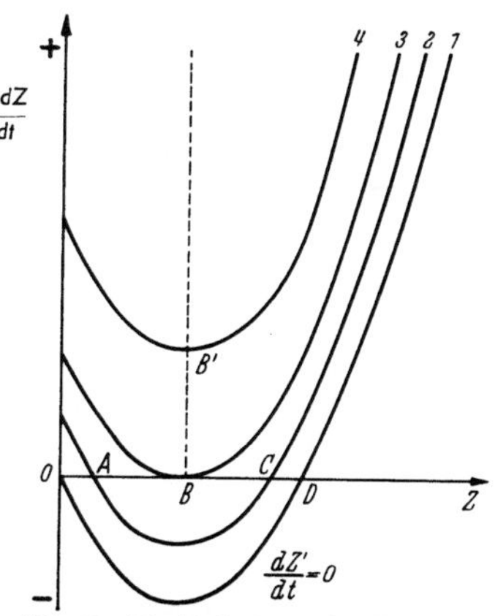

Abb. 49. Die Bedeutung der Zellzahl Z eines Geschwulstkeimes (Abszisse) für die Geschwindigkeit seines Wachstums durch Zellvermehrung dZ/dt (Ordinate) in der Anfangsphase nach Gl. (3). Kurven 2—4: Beispiel für das ständige Hinzukommen neuer Krebszellen. Im Falle der Kurve 1 ist $dZ'/dt = 0$.

Wenn nun außer den bereits vorhandenen Krebszellen Z in der Zeiteinheit dt noch fortgesetzt dZ' neue Krebszellen hinzukommen, sei es, daß sie erzeugt oder metastatisch angeschwemmt werden, so ergibt sich die folgende Gl. (LXXI) für den Gesamtvorgang der Krebserzeugung und des Krebswachstums

$$\frac{dZ}{dt} = \frac{dZ'}{dt} + \alpha Z - \beta Z + \gamma Z^2. \qquad \text{(LXXI)}$$

Eine solche mathematische Formulierung erscheint kompliziert und etwas gewaltsam. Ihr Wirklichkeitswert ergibt sich indessen schnell. Das erste Glied auf der rechten Seite der Gl. (LXXI) $\frac{dZ'}{dt}$ entspricht z.B. der fortgesetzten Erzeugung von Krebszellen durch ein cancerogenes Agens und damit dem kausalen „ersten Vorgang". Bei dauernder Exposition kann er die Krebserzeugung praktisch allein bestimmen. — Die drei folgenden Glieder geben dann den „zweiten Vorgang" des Geschwulstwachstums wieder, der von konditionalen Faktoren abhängt und um so maßgeblicher in Erscheinung tritt, je schwächer die cancerogene Wirkung war. Die der Gl. (LXXI) entsprechenden Kurven verlaufen der Grundkurve 1 nach Gl. (LXX) parallel und sind nur um den Betrag $\frac{dZ'}{dt}$ nach oben verschoben. Das ist für verschiedene Werte von $\frac{dZ'}{dt}$ in Abb. 49 durch die Kurven 2, 3 und 4 dargestellt. Sie lassen erkennen, wie bei größeren Werten von $\frac{dZ'}{dt}$ die Mindestzahl der erforderlichen Krebszellen entsprechend den Punkten C oder B immer kleiner wird.

Das soll am Beispiel der Kurve 2 in Abb. 49 erläutert werden. Sie entspricht der fortgesetzten Erzeugung (oder Anschwemmung) von *wenigen* Krebszellen. Im Anfang bei kleinen Zellzahlen ist das Wachstum bis zum Punkt A noch positiv, wird dann aber *negativ*. Bei etwas größeren Werten würde die Zahl der Krebszellen also zunächst abnehmen, niemals aber den Wert A unterschreiten, so daß diese kleine Zahl von Krebszellen theoretisch über unbegrenzte Zeit als „latenter Krebskeim" fortbestehen kann. Kommen begünstigende Faktoren hinzu, so würde er zum Wachstum kommen, durch krebshemmende Faktoren aber zum Absterben gebracht werden können. Ähnliche Verhältnisse gelten auch für die Vermehrung von Bakterien[1].

Die Mindestzahl von Krebszellen, die für das positive Wachstum einer Geschwulst erforderlich ist, hängt nach Gl. (LXIX) und (LXX) von der Differenz zwischen der Zellvermehrungs- und der Absterbegeschwindigkeit ab. Diese beiden Vorgänge bilden zugleich den wesentlichen Angriffspunkt der „Chemotherapie" des Krebses mit cytostatischen und cytotoxischen Substanzen. Deshalb ist zu untersuchen, welchen Einfluß die Veränderung einer dieser beiden Größen auf die Entwicklung und das Wachstum der Geschwulst haben kann. Die Größe des Gliedes αZ für die Geschwindigkeit der Zellvermehrung gegenüber βZ (und umgekehrt) hängt naturgemäß davon ab, in welchem Maße entweder Wuchsstoffe bzw. Proliferationsreize oder im Gegensatz dazu Gifte auf die Krebszellen einwirken. Dieser Einfluß ist in Abb. 50 an einem Zahlenbeispiel nach Gl. (LXX) untersucht, und zwar für den Fall, daß der Wert von α gegenüber dem von β nur halbiert bzw. verdoppelt ist. Dem entspricht der Übergang von der gestrichelten Kurve 2 auf die durchgezogene Kurve 1 bzw. umgekehrt.

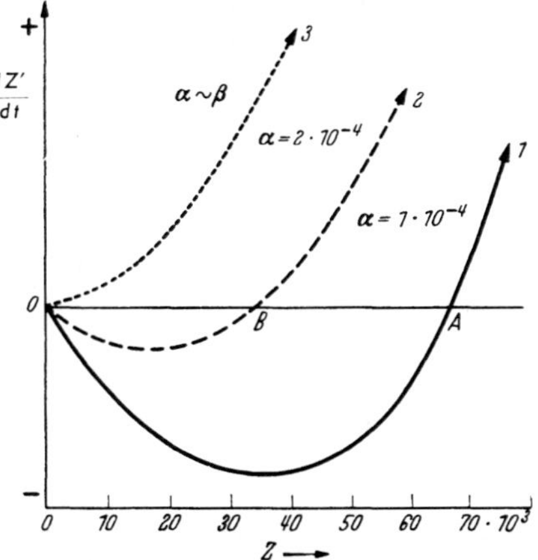

Abb. 50. Der Einfluß von Wuchsstoffen und Hemmstoffen auf das Geschwulstwachstum nach der „Wachstumsgleichung"

$$\frac{dZ}{dt} = \alpha Z - \beta Z + \gamma Z^2 \qquad (2)$$

Kurven 1—3: Zahlenbeispiele für die Abhängigkeit der Vermehrungsgeschwindigkeit $\frac{dt}{dZ}$ (Ordinate) von der Zellzahl Z (Abszisse) bei verschiedenen Werten für α. β ist stets $3 \cdot 10^{-4}$.

Wird zunächst der Einfluß von *Wuchsstoffen* betrachtet, so zeigt die Abb. 50, wie unter ihrer Wirkung nun in Kurve 2 die negative Phase des Wachstums zurücktritt und wie dementsprechend die Mindestzellzahl für das exponentielle Krebswachstum vom Punkt A nach B wandert, also erheblich *kleiner* wird. Sind starke Wuchsstoffe vorhanden, so würde sich Kurve 3 ergeben. Damit ist auch die Beobachtung erklärt, daß manche Geschwülste sogar durch eine einzige Zelle übertragen werden können, wenn Hemmstoffe fehlen oder wenn genügend starke Wuchsstoffe vorhanden sind[2]. Die Ausschaltung von Wuchsstoffen oder die Therapie mit Hemmstoffen würde dagegen den gegenläufigen Effekt nach Abb. 50 haben.

Die damit formulierten Gesetzmäßigkeiten für das Wachstum von Geschwülsten haben naturgemäß nur den Charakter einer ersten Näherung. Sie haben aber gleichwohl einen unverkennbaren Wirklichkeitswert und erlauben es, nicht nur die Angriffsmöglichkeiten für die Therapie zu beurteilen, sondern darüber hinaus auch die bisher gebrauchten therapeutischen Eingriffe einem bestimmten Vorgang zuzuordnen.

Nach diesen Ergebnissen muß das Wachstum jeder Geschwulst ein kritisches Stadium durchlaufen, in dem es von Wuchsstoffen oder Proliferationsreizen ab-

[1] HINSHELWOOD, C. N.: Chemical Kinetics of the Bacterial Cell. Oxford 1947. — [2] DRUCKREY, H.; in: Grundlagen und Praxis chemischer Tumorbehandlung. 2. Freiburger Symposion 1953. S. 1. Berlin, Göttingen, Heidelberg 1954. — SCHMÄHL, D., u. R. MECKE jr.: Z. Krebsforsch. **60**, 711 (1955).

hängig ist[1]. Erst später, wenn die Zahl der vorhandenen Krebszellen die erforderliche „Mindestzahl" erheblich überschritten hat, wird das Geschwulstwachstum wirklich autonom und von den Wuchsstoffen des Organismus *unabhängig*[2].

Die Abhängigkeit des Geschwulstwachstums von Wuchsstoffen oder Proliferationsreizen ist aus zahlreichen Beispielen bekannt. Die Geschwindigkeit des Geschwulstwachstums bei Mensch und Tier entspricht etwa der des Körperwachstums. Bei jungen Individuen wachsen erzeugte oder transplantierte Tumoren schnell, bei alten langsam[3]. Die Transplantation von Tumoren gelingt am leichtesten bei neugeborenen Tieren[4], die noch keine Antikörper bilden können. Embryonalextrakt wirkt als starker Wuchsstoff für Tumoren[5]. Die wirksamen Substanzen sind wahrscheinlich Pentosenucleinsäuren[6]. Im Serum wurden fördernde und hemmende Faktoren gefunden[7], bei alten Menschen vorwiegend hemmende[8]. Die bei allen Regenerationen z.B. nach Gewebsschädigung wirkenden Proliferationsreize fördern auch das Geschwulstwachstum[9] und können latente Krebskeime zur Entwicklung bringen. Auf dem Boden chronischer Regenerationen können sich Geschwülste anscheinend besonders leicht entwickeln. Das hat mehrfach zu der Hypothese geführt, daß Krebs durch die Erschöpfung des Regenerationsvermögens entstünde. Dagegen spricht aber die Erfahrung, daß die besonders chronisch verlaufenden Prozesse z.B. bei der Tuberkulose nicht häufiger zu Krebs führen. Demnach scheinen chronische Regenerationen und Proliferationsreize keine kausale Bedeutung für den Krebs zu haben, wohl aber als konditionale Faktoren seine Entstehung und sein Wachstum fördern zu können.

5. Hormone und Krebs.

Einen maßgeblichen Einfluß haben Hormone[10]. Sie können als konditionale Faktoren je nach ihrer physiologischen Wirkung das Geschwulstwachstum fördern oder auch hemmen. Das somatotrope Hormon des Hypophysen-Vorderlappens (S.H.) scheint gemäß seiner Bedeutung als allgemeines *Wachstumshormon* ein notwendiger Wuchsstoff auch für nahezu alle Geschwülste zu sein. Nach Exstirpation der Hypophyse wachsen Impfgeschwülste nicht mehr[11], sofern sie bei der Operation nicht schon zu groß und damit „autonom" sind. An hypophysektomierten Tieren lassen sich auch mit cancerogenen Substanzen nur sehr selten noch Tumoren erzeugen[12]. Durch Gabe des adreno-corticotropen Hormons (ACTH) wird die Cancerogenese wieder in Gang gesetzt[13]. Auch an hypophysenlosen

[1] Kosir, A.: Oncologia, Basel **4**, 109 (1951). — [2] Shimkin, M. B., and W. R. Bryan: J. nat. Cancer Inst. **4**, 25 (1943/44). — [3] Cowdry, E. V., and V. Suntzeff: Yale J. Biol. Med. **17**, 47 (1944). — Li, M. H., and W. U. Gardner: Cancer Res. **10**, 162 (1950). — [4] Hauschka, T. S.: Proc. amer. Ass. Cancer Res. **1**, 24 (1953/54). — [5] Greene, H. S. N.: Science, N.Y. **101**, 644 (1945). — Rous, P., and W. E. Smith: J. exp. Med. **81**, 597 (1954). — Kosir, A.: Schweiz. med. Wschr. **80**, 58 (1950). — [6] Katsuta, H., K. Nishioka and T. Takaoka: Jap. J. exp. Med. **22**, 189 (1952). — [7] Norris, E. R., and J. J. Majnarich: Proc. Soc. exp. Biol. Med. **70**, 229, 663 (1949). — [8] Fischer, A.: Biology of Tissue Cells. London 1946. — [9] Deelman, H. T., u. J. P. van Erp: Z. Krebsforsch. **24**, 86 (1926). — Friedewald, W. F., and P. Rous: J. exp. Med. **80**, 101, 127 (1944). — Pullinger, B. D.: J. Path. Bacteriology **57**, 477 (1945). — Sampson, W. L.: Cancer Res. **7**, 726 (1947). — Glinos, A. D., and E. G. Bartlett: Cancer Res. **11**, 164 (1951). — Menkin, V.: Cancer Res. **17**, 963 (1957). — [10] Furth, J.: Cancer Res. **13**, 477 (1953). — Bielschowsky, F.: Brit. J. Cancer **9**, 80 (1955). — Dontenwill, W.: M. m. W. **1955**, 210. — Mühlbock, O.: The hormonal genesis of mammary cancer. Adv. Cancer Res. **4**, 371 (1956). — [11] Reiss, M., H. Druckrey u. A. Hochwald: Z. ges. exp. Med. **90**, 408 (1933). — Funk, C., P. Tomashefsky, A. Ehrlich and R. Soukup: Proc. Soc. exp. Biol. Med. **74**, 289 (1950). — Funk, C., P. Tomaschefsky, R. Soukup and A. Ehrlich: Fed. Proc. **10**, 185 (1951). — [12] Korteweg, R., and F. Thomas: Amer. J. Cancer **37**, 36 (1939). — Moon, H. D., M. E. Simpson and H. M. Evans: Science, N. Y. **116**, 331 (1952). — Griffin, A. C., A. P. Rinfret and V. F. Corsigilia: Cancer Res. **13**, 77 (1953). — [13] Robertson, C. H., M. A. O'Neal, J. D. Spain and A. C. Griffin: Fed. Proc. **13**, 281 (1954).

Zwerg-Mäusen ließen sich durch Methylcholanthren keine Tumoren erzeugen[1]. Die Behandlung mit Wachstumshormon (S.H.) fördert das Geschwulstwachstum sehr stark[2]. Da das somatotrope Wachstumshormon mit dem „diabetogenen Faktor" des Hypophysenvorderlappens identisch ist[3], kann die relativ große Häufigkeit von Krebs bei Diabetikern[4] so zu verstehen sein. An „normalen" Versuchstieren, z. B. Ratten, konnte sogar allein durch chronische Gabe von täglich 3 mg reinem Wachstumshormon über 400 Tage Krebs in verschiedenen Organen erzeugt werden[5]. Es ist indessen fraglich, ob es sich hier um eine kausale cancerogene Wirkung handelt. Wahrscheinlich können in den verschiedenen Organen, vor allem bei alten Individuen sogar häufig Nester von Krebszellen vorkommen, die normalerweise entweder wieder verschwinden oder in einem latenten Stadium bleiben, die aber durch genügend Proliferationsreize, z. B. durch Hormone oder Wuchsstoffe zum Geschwulstwachstum gebracht werden. Bei senilen Ratten wurden solche potentiellen Krebskeime beobachtet[6]. Es gibt viele Beispiele dafür, daß Hormone ein Geschwulstwachstum auslösen können. Die auf solche Weise entstandenen Geschwülste werden als „konditionale Tumoren" von den durch cancerogene Agentien verursachten „autonomen" Tumoren unterschieden[7].

Außer dem „somatotropen" Wachstumshormon mit genereller Wirkung auf den ganzen Körper bildet der Vorderlappen der Hypophyse eine Reihe von „-tropen" Hormonen mit proliferations- und funktionsfördernder Wirkung auf *spezielle* Organe, vor allem auf periphere Inkretionsdrüsen, wie z. B. auf die Keimdrüsen, die Schilddrüse oder die Nebennierenrinde, deren Hormone ihrerseits wieder hemmend auf die „trope" Inkretion der Hypophyse zurückwirken. Das Wachstum eines Organs wird auf diese Weise durch seine eigenen Produkte reguliert[8]. Damit liegen bei den Hormonen geschlossene Regulationssysteme vor, deren Funktion den bekannten „Regler-Vorgängen" der Technik entspricht[9]. Störungen dieses Systems, z. B. durch Unterbrechung des Regler-Kreises, können zum Geschwulstwachstum führen (vgl. Abb. 46, S. 311).

In Tierversuchen wurden die Ovarien in die Milz der kastrierten Mäuse oder Ratten verpflanzt, um die erzeugten Ovarialhormone über die Pfortader in die Leber zu leiten, wo sie inaktiviert werden. Damit fällt die natürliche Hemmung der gonatotropen Inkretion fort, so daß die Ovarien ständig unter ihrem verstärkten Proliferationsreiz stehen. Im Laufe der Zeit bildeten sich Granulosazell-Tumoren der transplantierten Ovarien in der Milz[10].

---

[1] Bickis, I., R. R. Estwick and J. S. Campbell: Cancer, N. Y. **9**, 763 (1956). — [2] Reiss, M., H. Druckrey u. A. Hochwald: Z. ges. exp. Med. **90**, 408 (1933). — Funk, C., P. Tomashefsky, A. Ehrlich and R. Soukup: Proc. Soc. exp. Biol. Med. **74**, 289 (1950). — Funk, C., P. Tomashefsky, R. Soukup and A. Ehrlich: Fed. Proc. **10**, 185 (1951). — [3] Bomskow, C., u. B. Hölscher: Z. klin. Med. **137**, 745 (1940). — Cotes, P. M., E. Reid and F. G. Young: Nature **164**, 209 (1949). — Campbell, J., I. W. F. Davidson, W. D. Snair and H. P. Lei: Endocrinology **46**, 273 (1950). — [4] Jacobson, P. H.: Milbank Mem. Fund Quart. **26**, 90 (1948). — [5] Wachtel, H. K.: Science, N. Y. **103**, 556 (1946). — Simpson, M. E., H. M. Evans and C. H. Li: Growth **13**, 151 (1949). — Moon, H. D., M. E. Simpson, C. H. Li and H. M. Evans: Cancer Res. **10**, 297, 364, 549 (1950). — [6] Korenchevsky, V., and S. K. Paris: Cancer, N. Y. **3**, 903 (1950). — [7] Furth, J.: Cancer Res. **13**, 477 (1953). — Gardner, W. U.: Hormonal aspects of experimental tumorigenesis. Adv. Cancer Res. **1**, 173 (1953). — [8] Weiss, P.: Science, N. Y. **115**, 487 (1952). — [9] Huggins, C.: J. Urol., Baltimore **68**, 875 (1952). — [10] Woolley, G., E. Fekete and C. C. Little: Proc. nat. Acad. Sci. USA **25**, 277 (1939). — Gardner, W. U.: Cancer Res. **3**, 92, 757 (1943). — Biskind, M. S., and G. R. Biskind: Proc. Soc. exp. Biol. Med. **55**, 176 (1944). — Lipschütz, A., H. Ponce de Leon, E. Woywood and O. Gay: Rev. canad. Biol. **5**, 181 (1946). — Furth, J., and H. Sobel: J. nat. Cancer Inst. **8**, 7 (1947/48). — Li, M. H., and W. U. Gardner: Science, N. Y. **106**, 270 (1947). Cancer Res. **9**, 35 (1949). — Lacour, F., C. Oberling et M. Guérin: Bull. Ass. franç. Cancer **38**, 128 (1951). — Peckham, B. M., and R. R. Greene: Cancer Res. **12**, 25, 654 (1952). — Mühlbock, O.: Acta endocrinol., København **12**, 47, 105 (1953).

Ihre Entstehung konnte durch Gabe oestrogener Substanzen verhindert werden[1]. Es ist indessen noch zweifelhaft, ob es sich dabei stets um echte Tumoren handelt[2]. Diese Frage läßt sich durch die Feststellung entscheiden, ob die Veränderungen irreversibel sind, also auch nach Fortfall der Hormonwirkung bestehen bleiben oder nicht. In einigen Fällen ist dieser Nachweis gelungen. Durch Transplantation der *Hoden* in die Milz wurden ebenfalls Tumoren erzeugt[3]. Nach chronischer Behandlung männlicher Nager mit Oestrogenen entstanden ebenfalls Hodengeschwülste[4], die wahrscheinlich auch auf eine Stimulation der Hypophyse zu beziehen sind und nicht auf eine direkte cancerogene Wirkung der Oestrogene.

Ähnlich wie die gonadotropen Hormone die Entstehung von Tumoren in den Keimdrüsen begünstigen, fördert das thyreotrope Hormon die Entwicklung von Geschwülsten in der *Schilddrüse*[5]. Ihre Transplantation in die Milz an schilddrüsenlosen Ratten führt zu Tumoren[6]. Thioharnstoff, Allylthioharnstoff oder Thiouracil blockieren die Thyroxin-Synthese, so daß die thyreotrope Inkretion der Hypophyse nicht mehr gehemmt wird, sondern verstärkt weiterläuft und eine Proliferation der Schilddrüse („Struma") bewirkt.

Bei chronischer Gabe führen diese „strumigenen" Substanzen zu Schilddrüsen-Tumoren[7, 8]. Ihr Wachstum setzt eine genügend starke thyreotrope Inkretion voraus. Die Thioharnstoff-Derivate haben indessen auch eine echte cancerogene Wirkung. Sie erzeugen sonst aber vorwiegend Leber-Tumoren[9]. Die cancerogene Wirkung dieser Substanzen kann durch zusätzliche Gabe von thyreotropem Hormon auf die Schilddrüse gelenkt werden. Dieser wichtige Sachverhalt ist bei Untersuchungen mit 2-Acetylaminofluoren am besten geklärt. Diese Substanz hat eine resorptive cancerogene Wirkung und kann in den verschiedensten Organen Krebs erzeugen, bei Ratten jedoch praktisch nie in endokrinen Drüsen. Wird aber die thyreotrope Inkretion gesteigert, so erzeugt es Schilddrüsenkrebs[8], während Steigerung der gonadotropen Inkretion es Keimdrüsen-Tumoren erzeugen läßt[10]. Die Frage, in welchem Organ eine cancerogene Substanz Krebs erzeugt, hängt also nicht nur von ihr, sondern auch von konditionalen Faktoren ab. Diese „Organotropie" kann zwei Gründe haben, nämlich einmal dadurch bedingt sein, daß die Krebsentstehung außer einer kausalen cancerogenen Wirkung noch Proliferationsreize voraussetzt, so daß auch an anderen Stellen im Körper erzeugte Krebszellen zuerst in dem Organ zur Geschwulst wachsen, das unter dem stärksten Proliferationsreiz steht. Es kann aber auch so sein, daß die hormonal stimulierten Drüsenzellen labiler sind als ruhende Zellen und des-

---

[1] FURTH, J., and E. LORENZ: Carcinogenesis by ionizing radiations. Radiation Biology. Bd. I/2, S. 1145—1201. New York 1954. — GARDNER, W. U.: Adv. Cancer Res. **1**, 173 (1953). — [2] LANCKER, J. VAN, et J. MAISIN: Acta Un. int. Cancr., Bruxelles **7**, 354 (1951). — [3] BISKIND, M. S., and G. R. BISKIND: Proc. Soc. exp. Biol. Med. **59**, 4 (1945). — TWOMBLY, G. H., D. MEISEL and A. P. STOUT: Cancer, N.Y. **2**, 884 (1949). — LACOUR, F., C. OBERLING et M. GUÉRIN: Bull. Ass. franç. Cancer **38**, 128 (1951). — [4] BONSER, G. M., and J. M. ROBSON: J. Path. Bacteriology **51**, 9 (1940). — SHIMKIN, M. B., H. G. GRADY and H. B. ANDERVONT: J. nat. Cancer Inst. **2**, 65 (1941/42). — HOOKER, C. W., and C. A. PFEIFFER: Cancer Res. **2**, 759 (1942). — GARDNER, W. U.: Cancer Res. **3**, 92 (1943). — BONSER, G. M.: J. Path. Bacteriology **56**, 15 (1944). — BODDAERT, J., and W. U. GARDNER: Cancer Res. **11**, 238 (1951). — [5] SEIDLIN, S. M., L. D. MARINELLI and E. OSHRY: J. amer. med. Ass. **132**, 838 (1946). — [6] LACOUR, F., C. OBERLING et M. GUÉRIN: Bull. Ass. franç. Cancer **39**, 390 (1952). — [7] BIELSCHOWSKY, F.: Brit. J. exp. Path. **25**, 90 (1944). Brit. J. Cancer **3**, 547 (1949). — PURVES, H. D., and W. E. GRIESBACH: Brit. J. exp. Path. **28**, 46 (1947). — HALL, W. H.: Brit. J. Cancer **2**, 273 (1948). — DALTON, A. J., H. P. MORRIS and C. S. DUBNIK: J. nat. Cancer Inst. **9**, 201 (1948/49). — MONEY, W. L., and R. W. RAWSON: Cancer, N. Y. **3**, 321 (1950). — WOLLMAN, S. H., H. P. MORRIS and C. D. GREEN: J. nat. Cancer Inst. **12**, 27 (1951/52). — [8] HALL, W. H., and F. BIELSCHOWSKY: Brit. J. Cancer **3**, 534 (1949). — [9] FITZHUGH, O. G., and A. A. NELSON: Science, N.Y. **108**, 626 (1948). — [10] BIELSCHOWSKY, F., and W. H. HALL: Brit. J. Cancer **5**, 331 (1951).

halb schneller entarten. Die Pharmakologie kennt viele Beispiele dafür, daß ein „belastetes" Organ gegen die verschiedenartigsten Giftwirkungen und Noxen besonders empfindlich ist. Jede pharmakologische Wirkung hängt nicht allein vom Agens ab, sondern ebenso vom zeitlich variablen Zustand des Reaktors, also des Erfolgsorgans[1].

Störungen der peripheren Inkretion können auch zu Tumoren der übergeordneten *Hypophyse* führen. Experimentell wurden nach Schädigung der Schilddrüse durch ^{131}J oder durch Röntgenstrahlen Hypophysengeschwülste beobachtet[2]. Ihre Bildung wird durch Thyroxin oder durch thyreotropes Hormon gehemmt. Die Kastration führt lediglich zu einer Hyperplasie und zu einem Umbau der Hypophyse, dagegen konnten experimentell durch chronische Behandlung mit natürlichen oder synthetischen *Oestrogenen* Tumoren der Hypophyse erzeugt werden[3]. Ihre Bildung wird durch Androgene verhindert[4]. Die erzeugten Tumoren lassen sich nur auf oestrogenbehandelte Ratten transplantieren, sind also hormonabhängig.

Ebenso wie die Hypophyse als endokrines Zentralorgan Einfluß auf Geschwulstbildungen in den peripheren Inkretdrüsen hat, haben diese einen maßgeblichen Einfluß auf die von ihnen gesteuerten Gewebe, soweit ihre Hormone proliferationsfördernd wirken. Das gilt besonders für *Keimdrüsen*-Hormone. Da im weiblichen Organismus die Brustdrüsen und der Uterus von oestrogenen Substanzen zur Proliferation gebracht werden können, fördern Oestrogene die Geschwulstbildung in diesen Organen. Durch chronische Behandlung mit natürlichen und synthetischen Oestrogenen konnte experimentell *Brustkrebs* ausgelöst werden, und zwar auch an männlichen Tieren[5].

Je frühzeitiger die Behandlung beginnt, um so größer ist die Ausbeute an Tumoren[6]. Die Krebsauslösung gelingt bei Mäusen vorwiegend an Stämmen, die für Brustkrebs empfänglich sind[7] oder den „Milchfaktor" (BITTNER, s. S. 187) enthalten[8], ist aber auch an nicht belasteten Stämmen möglich[9] und auch an Ratten[10]. Auch bei Frauen[11] und sogar bei Männern[12] wurden nach chronischer Therapie mit Oestrogenen Mamma-Geschwülste beobachtet. Es handelt

[1] DRUCKREY, H.: Arzneim.-Forsch. **3**, 394 (1953); **7**, 449 (1957). — [2] FURTH, J., and W. T. BURNETT jr.: Proc. Soc. exp. Biol. Med. **78**, 222 (1951). — FURTH, J., E. L. GADSDEN and W. T. BURNETT jr.: Proc. Soc. exp. Biol. Med. **80**, 4 (1952). — GOLDBERG, R. C., and I. L. CHAIKOFF: Endocrinology **48**, 1 (1951). — GORBMAN, A.: Proc. Soc. exp. Biol. Med. **80**, 538 (1952). — [3] ZONDEK, B.: Lancet **1936 I**, 776. — GARDNER, W. U., and L. C. STRONG: Yale J. Biol. Med. **12**, 543 (1940). — DUNNING, W. F., M. R. CURTIS and A. SEGALOFF: Cancer Res. **7**, 511 (1947). — BURROWS, H., and E. S. HORNING: Brit. med. Bull. **4**, 367 (1947). — OBERLING, C., M. GUÉRIN, L. DE SELZE et P. LACOUR: Bull. Cancer, Paris **37**, 176 (1950). — FURTH, J., K. H. CLIFTON, E. L. GADSDEN and R. F. BUFFETT: Cancer Res. **16**, 608 (1956). — [4] GARDNER, W. U.: Cancer Res. **8**, 397 (1948). — [5] LOEB, L.: J. med. Res. **40**, 477 (1919). — MURRAY, W. S.: J. Cancer Res. **12**, 18 (1928). — CORI, C. F.: J. exp. Med. **45**, 983 (1927). — LACASSVGNE, A.: C. R. Soc. Biol. **112**, 562 (1933). Amer. J. Cancer **37**, 414 (1939). — BURROWS, H.: Brit. J. Surg. **23**, 191 (1935). — GSCHICKTER, C. F., and E. W. BYRNES: Arch. Path., Chicago **33**, 334 (1942). — MACKENZIE, I.: Brit. J. Cancer **9**, 284 (1955). — MÜHLBOCK, O.: The hormonal genesis of mammary cancer. Adv. Cancer Res. **4**, 371 (1956). — [6] SILBERBERG, M., and R. SILBERBERG: Cancer Res. **11**, 279 (1951). — [7] LACASSAGNE, A.: Amer. J. Cancer **37**, 414 (1939). — KAUFMANN, C., H. A. MÜLLER, A. BUTENANDT u. H. FRIEDRICH-FREKSA: Z. Krebsforsch. **56**, 482 (1949). — BUTENANDT, A.: D. m. W. **1950**, 5. — [8] RUDALI, G.: C. R. Soc. Biol. **146**, 916 (1952). — [9] DUNNING, W. F., M. R. CURTIS and M. E. MADSEN: Acta Un. int. Cancr., Bruxelles **7**, 238 (1951). — [10] MACKENZIE, I.: Brit. J. Cancer **9**, 284 (1955). — [11] ALLABEN, G. R., and S. E. OWEN: J. amer. med. Ass. **112**, 1933 (1939). — AUCHINCLOSS, R., and C. D. HAAGENSEN: J. amer. med. Ass. **114**, 1517 (1940). — PARSONS, W. H., and E. F. MCCALL: Surgery **9**, 780 (1941). — [12] DARJET, J.: Presse méd. **54**, 734 (1946). — LIEBEGOTT, G.: Kli. Wo. **1948**, 599. — GARDINI, G. F.: Oncologia, Basel **1**, 129 (1948). — ABRAMSON, W., and H. WARSHAWSKY: J. Urol., Baltimore **59**, 76 (1948). — ENTZ, F. H.: J. Urol., Baltimore **59**, 1203 (1948). — CORBETT, D. G., and E. W. ABRAMS: J. Urol., Baltimore **64**, 377 (1950). — JACOBSEN, A. H. I.: Acta path. microbiol. scand. **31**, 61 (1952)

sich jedoch nur um Einzelfälle[1], bei Männern zum Teil um Metastasen eines Prostata-Krebses, die unter der Therapie mit Oestrogenen in der Brust zum Wachstum kamen und durch den Nachweis einer hohen (sauren) Phosphatase-Aktivität biochemisch identifiziert wurden.

Die brustkrebsfördernde Wirkung von Oestrogenen wird durch Androgene gehemmt[2], die deshalb auch mit gutem Erfolg zur Therapie des menschlichen präklimakterischen Brustkrebses benutzt werden[3], der postklimakterische wird dagegen gerade durch Oestrogene in hohen Dosen günstig beeinflußt.

Ähnlich wie die Oestrogene eine direkte proliferationsfördernde Wirkung auf die Brustdrüsenzellen haben, ist auch die hemmende Wirkung der Androgene eine direkte celluläre[4]. Deshalb wurde auch ihre lokale Anwendung zur Therapie des Brustkrebs empfohlen[5]. Die offenbare hormonale Abhängigkeit der Brustdrüse von den Ovarien hat schon frühzeitig dazu geführt, den Brustkrebs durch operative Kastration zu behandeln[6]. Nachdem ihre sichere Wirkung auch experimentell nachgewiesen werden konnte[7], ist die Kastration in Kombination mit der Gabe von Androgenen das Mittel der Wahl beim präklimakterischen Brustkrebs.

Durch chronische Behandlung mit Oestrogenen konnten auch im *Uterus* von Mäusen[8] oder Kaninchen[9] Carcinome erzeugt werden. Auch beim menschlichen Uterus-Krebs (collum oder cervix) scheinen Oestrogene eine konditionale, krebsfördernde Bedeutung zu haben, denn diese Geschwulstarten finden sich gehäuft bei vermehrter oestrogener Inkretion[10], z. B. nach Entwicklung von Granulosazell-Tumoren der Ovarien. Deshalb kommt auch hier die therapeutische Kastration in Frage.

An bestimmten Tierarten können Oestrogene auch *extragenitale* Tumoren erzeugen. An Meerschweinchen entstehen Fibrome in der Bauchhöhle, jedoch kein Krebs[11]. Die „fibromatogene" Wirkung der Oestrogene ist wahrscheinlich reversibel und wird durch Progesteron und andere Steroide gehemmt[12]. An „Simpson A"-Mäusen wurden nach chronischer Behandlung mit Oestrogenen Knochentumoren beobachtet[13], an anderen Mäusen lymphoide Tumoren[14], die aber auch nach Kastration auftraten[15].

An männlichen Goldhamstern (cricetus aureatus) erzeugen Oestrogene in hohen Dosen reproduzierbar metastasierende maligne Adenome in den Nieren[16]. Auch hier handelt es sich offenbar um hormonabhängige Tumoren, denn sie lassen sich auf andere Hamster nur dann transplantieren, wenn diese mit Oestrogenen vorbehandelt wurden[16]. Trotzdem sind diese Versuche von großer Bedeu-

---

[1] Hertz, R.: Cancer Res. **11**, 393 (1951). — [2] Heiman, J., and O. F. Krehbiel: Amer. J. Cancer **27**, 450 (1936). — Heiman, J.: Cancer Res. **3**, 65 (1943). — [3] Ulrich, P.: Acta Un. int. Cancr., Bruxelles **4**, 377 (1939). — Karnofsky, D. A., and D. H. Burchenal: Amer. J. Med. **8**, 767 (1950). — Galton, D. A. G.: Brit. J. Cancer **4**, 20 (1950). — [4] Caputo, A.: Tumori **38**, 275 (1952). — Elert, R.: Gynéc. prat. **3**, 139 (1952). — [5] Druckrey, H.: D. m. W. **1952**, 1495, 1534. — [6] Schinzinger: Verh. dtsch. Ges. Chir. **18**, 28 (1889). — Beatson, G. T.: Lancet **1896 II**, 104. — [7] Lathrop, A. E. C., and L. Loeb: J. exp. Med. **22**, 646 (1915). J. Cancer Res. **1**, 1 (1916). — Loeb, L.: J. med. Res. **40**, 477 (1919). — [8] Gardner, W. U., E. Allen, G. M. Smith and L. C. Strong: J. amer. med. Ass. **110**, 1182 (1938). — [9] Greene, H. S. N.: J. exp. Med. **70**, 147 (1939). — [10] Gemmell, A. A., and T. N. A. Jeffcoate: J. Obstet. Gynaec. brit. Empire **46**, 985 (1939). — Allen, E., and W. U. Gardner: Cancer Res. **1**, 359 (1941). — [11] Lipschutz, A.: J. amer. med. Ass. **120**, 171 (1942). — Steroid Hormones and Tumors. Baltimore 1950. — [12] Lipschutz, A., E. Mardones, R. Iglesias, F. Fuenzalida and S. Bruzzone: Science, N. Y. **116**, 448 (1952). — Mardones, E., R. Iglesias, F. Fuenzalida, S. Bruzzone and A. Lipschutz: Nature **170**, 917 (1952). — [13] Pybus, F. C., and E. W. Miller: Amer. J. Cancer **40**, 47 (1940). — [14] Lacassagne, A.: C. R. Soc. Biol. **132**, 222 (1939). — [15] Miller, E. W., and F. C. Pybus: J. Path. Bacteriology **54**, 155 (1942). — [16] Bacoln, R. L., and H. Kirkman: Anat. Rec. **103**, 421 (1949). Cancer Res. **10**, 122 (1950). — Horning, E. S.: Brit. J. Cancer **8**, 627 (1954).

tung, weil eine ganze Reihe menschlicher Geschwülste (Krebs der Mammae, des Corpus uteri, der Prostata) offenbar ebenfalls hormonabhängig sind. Diese Tumoren sind deshalb vielleicht anders zu beurteilen als die durch cancerogene Agentien erzeugten Geschwülste (vgl. Abb. 46).

Pinselungsversuche mit Oestradiol auf der Haut von Mäusen erbrachten auch in Kombination mit Crotonöl keinen Krebs[1]. Versuche an Ratten oder an Affen (Macacus rhesus) blieben ebenfalls völlig negativ[2]. Die oestrogenen Substanzen können nicht als kausale Cancerogene angesehen werden[3], vielmehr sprechen Untersuchungen über Beziehungen zwischen Konstitution und Wirkung bei Oestrogenen und Cancerogenen dafür, daß beide Wirkungen sich meist gegenseitig ausschließen[4]. Dagegen haben Oestrogene zweifellos eine „bedingt" krebsfördernde Wirkung[5] auf alle die Gewebe, die physiologisch ihrem proliferationsfördernden Einfluß unterliegen, wie die Brustdrüse oder der Uterus. Sie kann verschiedene Mechanismen haben. Erstens mag sie darin bestehen, daß die *Labilität* der Zellen in diesen Organen gegenüber cancerogenen Agentien durch den chronischen, hormonalen Reiz erhöht wird. Zweitens wird die *Zahl* der empfindlichen Zellen im Körper durch sie vermehrt, so daß damit auch die Wahrscheinlichkeit der krebsigen Entartung einer Zelle entsprechend wächst[6]. Beide Mechanismen greifen also im kausalen cancerogenen Prozeß fördernd ein. Die Oestrogene wirken aber drittens als *Proliferationsreiz* auf bereits vorhandene Krebszellen der Brustdrüsen oder des Uterus. Welcher dieser Mechanismen im Einzelfalle der maßgebende ist, läßt sich aus der Größe der Latenzzeit entscheiden. Bei der kausalen cancerogenen Wirkung am Menschen beträgt sie etwa 20 Jahre, bei der krebsbegünstigenden Wirkung „konditionaler Faktoren" von Wuchsstoff-Charakter dagegen nur Monate. Das letztere trifft z. B. für die Fälle von Brustkrebs zu, die nach therapeutischer Anwendung von Oestrogenen entstanden[7].

Am Beispiel des *Prostata*-Krebses wurde ebenfalls gezeigt, daß Hormone, die die normale Drüse kontrollieren, auch auf den Prostata-Krebs wirken[8]. Oestrogene, die auf die Prostata proliferationshemmend wirken, haben sich in der Therapie des Prostata-Krebs ausgezeichnet bewährt, besonders in Kombination mit der chirurgischen Kastration, um die Bildung der proliferationsfördernden Androgene auszuschalten[8]. Die Verhältnisse liegen hier also gerade umgekehrt wie beim Brustkrebs. Biochemisch hat der Prostata-Krebs insofern ein besonderes Interesse, weil Adeno-Carcinome — nicht aber undifferenzierte Carcinome — der Prostata ebenso wie die normale Drüse beim Menschen[9], nicht aber bei Ratten[10], erhebliche Mengen einer „sauren" Phosphatase bilden, die auch histochemisch nachweisbar ist[11]. Sie wird durch 0,01 mol L-(+)-Tartrat spezifisch gehemmt[12]. Metastasen des Prostata-Carcinoms (meist im Skeletsystem) schütten ihre saure Phosphatase ins Blut aus, so daß deren Bestimmung im Serum zur sicheren

---

[1] GRAFFI, A., u. H. GUMMEL: Dtsch. Gesundh.-Wes. **7**, 1250 (1952). — [2] ENGLE, E. T., C. KRAKOWER and C. D. HAAGENSEN: Cancer Res. **3**, 858 (1943). — PFEIFFER, C. A., and E. ALLEN: Cancer Res. **8**, 97 (1948). — [3] LACASSAGNE, A.: Amer. J. Cancer **37**, 414 (1939). — ZONDEK, B.: Acta radiol., Stockholm **28**, 433 (1947). — [4] DRUCKREY, H.: Acta Un. int. Cancr., Bruxelles **7**, 116 (1950). Z. Krebsforsch. **57**, 70 (1950). — DRUCKREY, H., D. SCHMÄHL u. P. DANNEBERG: Naturwiss. **39**, 393 (1952). — [5] BUTENANDT, A.: D. m. W. **1950**, 5. — [6] DRUCKREY, H., u. K. KÜPFMÜLLER: Z. Naturforsch. **3**b, 254 (1948). — [7] LIEBEGOTT, G.: Kli. Wo. **1948**, 599. — [8] HUGGINS, C., and P. J. CLARK: J. exp. Med. **72**, 747 (1940). — HUGGINS, C., and C. V. HODGES: Cancer Res. **1**, 293 (1941). — HUGGINS, C.: Ann. Surg. **115**, 1192 (1942). — [9] KUTSCHER, W., u. H. WOLBERGS: H. **236**, 237 (1935). — KUTSCHER, W., u. J. PANY: H. **255**, 169 (1938). — GUTMAN, A. B.: J. amer. med. Ass. **120**, 1112 (1942). — [10] WOODARD, H. Q.: Cancer, N. Y. **9**, 352 (1956). — [11] GOMORI, G.: Arch. Path., Chicago **32**, 189 (1941). — [12] BENSLEY, E. H., A. DRYSDALE and R. OSIEK: Amer. J. clin. Path. **26**, 247 (1956).

Diagnose eines metastasierenden Prostata-Krebses dienen kann[1]. Damit ist nicht nur die Entwicklung dieser Geschwulst, sondern auch ihre therapeutische Beeinflussung objektiv und quantitativ kontrollierbar. Nach Kastration und Behandlung mit Oestrogenen sinkt die Aktivität der „sauren" Phosphatase im Serum auf normale Werte[1]. Die hohe Phosphatase-Aktivität des Prostata-Krebses legte die therapeutische Anwendung der leicht wasserlöslichen Phosphate von Oestrogenen nahe, aus denen dann durch das Ferment das wirksame Oestrogen abgespalten wird[2]. Das Stilboestrol-diphosphat hat sich in der Therapie sehr gut bewährt. Eine solche Ausnutzung der speziellen enzymatischen Funktionen einer Zellart für eine gezielte „Chemotherapie" erscheint allgemein aussichtsreich. Oestrogene sind auch bei Papillomen und Carcinomen der Harnblase gut wirksam. Da diese Tumoren eine relativ hohe Sulfatase- und β-Glucuronidase-Aktivität besitzen[3], käme die Anwendung von Oestrogensulfaten oder -glucuronaten in Frage.

Nach Kastration kann die *Nebennierenrinde* vikariierend Keimdrüsen-Hormone bilden. Werden Mäuse bald nach der Geburt kastriert, so entstehen Hyperplasien und schließlich Tumoren der Nebennierenrinde[4]. Durch Gabe von Oestrogenen wird ihre Bildung verhindert[5]. Cortison kann ähnlich wie Testosteron[6] das Wachstum speziell lymphatischer Tumoren (temporär) hemmen[7], dagegen kann Cortison bei experimentellen Geschwülsten die Transplantabilität[8] und die Metastasierung[9] begünstigen. Hohe Dosen von adrenocorticotropem Hormon (ACTH) können die Bildung von Nebennieren-Carcinomen fördern[10].

Aus allen Beobachtungen folgt, daß Hormone keine kausale cancerogene Wirkung haben. Andererseits hängt aber die Entwicklung und vor allem das Wachstum von Tumoren aus bereits vorhandenen Krebszellen in starkem Maße von hormonalen Faktoren ab. Hormone oder ihre Ausschaltung, z.B. durch Kastration, können sowohl krebsfördernd als auch krebshemmend wirken. Welche Wirkung sie im Einzelfalle haben, hängt weniger von dem betreffenden Hormon ab, als vielmehr von den Bedingungen des Einzelfalles, vornehmlich von der Art des betreffenden Gewebes oder der Geschwulst. Deshalb wäre es korrekter, z.B. von einer konditionalen krebsfördernden *Wirkung* zu sprechen und nicht von konditional krebsfördernden Substanzen. Ihr Einfluß kann so entscheidend sein, daß bei manchen Tumoren die kausalen, primären Faktoren an Bedeutung zurücktreten („bedingte Tumoren")[11].

Der hormonale Einfluß ist in den Fällen am klarsten zu übersehen, in denen es sich um Geschwülste endokrin-gesteuerter Organe handelt, wie z.B. beim Brustkrebs. Indessen sprechen viele Beobachtungen dafür, daß auch andersartige Geschwülste von hormonalen Faktoren abhängen. Auffällig ist die

[1] Sullivan, T. J., E.B. Gutman and A.B. Gutman: J. Urol., Baltimore **48**, 426 (1942).— Huggins, C., and C. V. Hodges: Cancer Res. **1**, 293 (1941). — Fishman, W. H., and F. Lerner: J. biol. Ch. **200**, 89 (1953). — Whitmore, W. F. jr., O. Bodansky, M. K. Schwartz, S.H. Ying and E. Day: Cancer, N.Y. **9**, 228 (1956).— Brock, N.: Ärztl. Lab. **2**, 327 (1956). — [2] Druckrey, H., u. S. Raabe: Kli. Wo. **1952**, 882. — [3] Booth, J., E. Boyland and D. Manson: Biochem. J. **60**, 62 (1955). — Boyland, E., D. M. Wallace and D. C. Williams: Brit. J. Cancer **9**, 62 (1955). — [4] Woolley, G., E. Fekete and C. C. Little: Proc. nat. Acad. Sci. USA **25**, 277 (1939). — Woolley, G. W.: Recent Progr. Hormone Res. **5**, 383 (1950). — [5] Woolley, G. W., and C. C. Little: Cancer Res. **6**, 491 (1946). — [6] Kaplan, H. S., and M. B. Brown: Cancer Res. **11**, 706 (1951). — [7] Woolley, G. W.: Trans. N.Y. Acad. Sci. **13**, 64 (1950). — Kaplan, H. S., S. N. Marder and M. B. Brown: Cancer Res. **11**, 629 (1951). — Heilmeyer, L.: Strahlentherapie **86**, 411 (1952). — [8] Toolan, H. W.: Cancer Res. **13**, 389 (1953). — [9] Sulzberger, M. B., F. Herrmann, R. Piccagli and L. Frank: Proc. Soc. exp. Biol. Med. **82**, 673 (1953). — Baserga, R., and P. Shubik: Cancer Res. **14**, 12 (1954). Science, N.Y. **121**, 100 (1955). —[10] Gallagher, T. F., A. Kappas, H. Spencer and D. Laszlo: Science, N. Y. **124**, 487 (1956). — [11] Huggins, C.: J. Urol., Baltimore **68**, 875 (1952). — Furth, J.: Cancer Res. **13**, 477 (1953) (Übersicht).

Geschlechtsabhängigkeit mancher extragenitaler Tumoren. Sie ist in einigen Fällen durch die verschiedene Exposition beider Geschlechter gegen cancerogene Agentien, wie z.B. Sonnenstrahlen, Tabakrauch u. a., befriedigend erklärbar. Im Experiment findet man dagegen auch bei gleicher „Exposition" oft eine erheblich verschiedene Empfänglichkeit beider Geschlechter, die durch Sexualhormone verstärkt oder ausgeglichen werden kann, also hormonal bedingt ist[1].

Andererseits können auch Geschwülste zu Störungen der hormonalen Regulationen führen. Häufig tritt eine Atrophie der Keimdrüsen mit Ausfall der Sexualfunktionen auf[2], dagegen sind die Nebennieren bei Tumortieren oft vergrößert (s. „Stress").

Geschwülste von endokrinen Organen können Hormone bilden, aber auch das endokrine Gewebe schädigen und damit zu Ausfallserscheinungen führen. Adenome des Hypophysenvorderlappens, die vermehrt somatotropes „Wachstumshormon" bilden, führen bei Jugendlichen zu Riesenwuchs, bei Erwachsenen zu Akromegalie, meist mit Störungen der Keimdrüsenfunktion. Geschwülste des Inselapparats im Pankreas verursachen Hypoglykämie. Bei Granulosa-Zelltumoren der Ovarien kann die vermehrte Bildung von Follikelhormon als „konditionaler Faktor" die Entwicklung von Tumoren im Uterus fördern. Geschwülste der Epithelkörperchen sind die Ursache der Ostitis fibrosa generalisata. Tumoren des Nebennierenmarks (Phaeochromocytome) produzieren Adrenalin und Arterenol, die gefährliche Blutdrucksteigerungen verursachen können. Geschwülste der Nebennierenrinde bilden häufig auch bei weiblichen Individuen androgene Steroide, so daß es je nach dem Alter zu Pubertas praecox oder zu Virilismus und Hirsutismus kommt. Zuweilen werden bei Tumoren der Nebennierenrinde auch Steroide gefunden, die von der normalen Drüse nicht gebildet werden. Solche durch Tumoren endokriner Organe bedingte Störungen sind von größter Bedeutung für die Hormonforschung.

6. Ernährung und Geschwulstwachstum.

Die Bedeutung von Hormonen für den Krebs ist nur ein Beispiel für die Abhängigkeit des Geschwulst*wachstums* von den Bedingungen des Milieus. Das gilt naturgemäß für die *Ernährung*[3]. Mangelernährung („caloric-restriction"), speziell Mangel an Proteinen hemmt das Wachstum der Tumoren, kann aber andererseits die Cancerisierung von Zellen fördern[4]. Umgekehrt fördert Überernährung, vor allem fettreiche Kost, auch das Geschwulstwachstum[5]. Die rein vegetabile Ernährung hat nach der Krebsstatistik an Trappisten keinen Einfluß[6]. Dagegen ist das Wachstum von Tumoren, ebenso wie das des ganzen Organismus abhängig von Bestandteilen in der Nahrung, soweit sie für den Baustoffwechsel lebenswichtig sind, vor allem für die Synthesen von Proteinen und Nucleinsäuren. Mangel an essentiellen Aminosäuren hemmt das Tumorwachstum[7]. Die Zugabe von β-Indolessigsäure hat keine signifikante Bedeutung[8]. Auch die fördernde Wirkung des Biotins[9] bzw. die hemmende des Avidins[9] sind umstritten[10]. Bei den Vitaminen B_1 und C ist kein Einfluß nachweisbar, dagegen scheint Vitamin A

[1] Leathem, J. H.: Cancer Res. **11**, 266 (1951). — Rumsfeld, H. W. jr., W. L. Miller jr. and C. A. Baumann: Cancer Res. **11**, 814 (1951). — [2] Druckrey, H.: Z. Krebsforsch. **48**, 241 (1938). — [3] Tannenbaum, A., and H. Silverstone: Nutrition in relation to cancer. Adv. Cancer Res. **1**, 451 (1953). — [4] Elson, L. A.: Brit. J. Cancer **6**, 392 (1952). — [5] Tannenbaum, A.: Arch. Path., Chicago **30**, 509 (1940). — [6] Taminiau, P. L. M. M.: Geneesk. Bl. **32**, 35 (1934). — [7] White, F. R.: J. nat. Cancer Inst. **5**, 49 (1944/45). — [8] Eliashew, S. J.: Arch. biol. Nauk. **57**, 114 (1940). — [9] Vigneaud, V. du, J. M. Spangler, D. Burk, C. J. Kensler, K. Sugiura and C. P. Rhoads: Science, N.Y. **95**, 174 (1942). — [10] Hackmann, C., u. F. Schultz: Kli. Wo. **1949**, 385.

auch das Tumorwachstum fördern zu können[1]. Pyridoxin soll die Entwicklung von Hepatomen fördern[2]. Eine sicher fördernde Wirkung auf das Wachstum von Tumoren der verschiedensten Art haben das Vitamin B_{12} und die Folsäure[3]. Deshalb können ihre *Antimetaboliten* zur Therapie des Krebses verwendet werden.

7. Tumoreigene Wachstumsfaktoren.

Wesentliche Substanzen, die das Geschwulstwachstum fördern, stammen von den *Krebszellen selbst.* Die Bildung von Wuchsstoffen durch (absterbende?) Krebszellen kann als gesichert gelten[4]. In Tumoren wurde ein hitzestabiler, wachstumsfördernder Faktor nachgewiesen[5]. Die Injektion von Tumorbrei an Mäuse erhöhte die Mitose-Rate in der Leber[6].

Die eigene Wuchsstoff-Bildung ist wahrscheinlich eine Ursache dafür, daß Geschwülste nach Überschreiten einer kritischen Zellzahl von Wuchsstoffen des Organismus unabhängig werden[7]. Die proliferationsfördernde Wirkung solcher Substanzen hängt notwendig von ihrer lokalen Konzentration am Ort der Krebszellen ab. Der Säftestrom im Gewebe wirkt dieser Konzentrations-Bildung entgegen. Darin mag der Grund dafür liegen, daß das Geschwulstwachstum durch Muskelarbeit und die dadurch bedingte vermehrte Durchblutung gehemmt[8], durch Ischämie aber gefördert wird[9]. Krebszellen bilden proteolytische Enzyme. In der Gewebekultur zeigen Krebszellen der verschiedensten Art die Fähigkeit, das geronnene Plasma zu verflüssigen, während normale Zellen dies nicht tun[10]. Obwohl die proteolytische Funktion für das infiltrative Wachstum der Tumoren und damit für ihre Bösartigkeit die größte Bedeutung hat[11], ist dies wichtige biochemische Problem bisher noch nicht systematisch untersucht worden. Die Hyaluronidase hat keinen Einfluß auf die Ausbreitung von Geschwülsten[12]. Von maßgeblicher Bedeutung kann dagegen die amöboide Beweglichkeit von Krebszellen sein[13]. Da diese durch einen ständigen Wechsel von Proteinen zwischen entfaltetem (Quellung) und gefaltetem Zustand (Kontraktion) bewirkt wird[14], ist eine entsprechende Labilität von Proteinen in Tumorzellen anzunehmen.

Die Fähigkeit zum *infiltrativen Wachstum* ist nicht zwangsläufig mit der Cancerisierung von Zellen verbunden, sondern wird auch bei normalen Geweben beobachtet. Das gilt vor allem für die normale Uterusschleimhaut[15], die sogar Metastasen z.B. in der Skeletmuskulatur („Endometriosen") bilden kann[16].

---

[1] GORDONOFF, T., u. F. LUDWIG: Z. Krebsforsch. **47**, 421 (1938). — STEIGERWALDT, F.: Mschr. Krebsbekämpf. **11**, 1 (1943). — [2] MINER, D. L., J. A. MILLER, C. A. BAUMANN and H. P. RUSCH: Cancer Res. **3**, 296 (1943). — [3] SKIPPER, H. E., J. B. CHAPMAN and M. J. BELL: Cancer, N. Y. **3**, 871 (1950). — DAY, P. L., L. D. PAYNE and J. S. DINNING: Proc. Soc. exp. Biol. Med. **74**, 854 (1950). — LITTLE, P. A., A. SAMPATH, V. PAGNELLI, E. LOCKE and Y. SUBBAROW: J. Lab. clin. Med. **33**, 1144 (1942). — VOEGTLIN, C.: Bull. schweiz. Akad. med. Wiss. **7**, 1 (1951). — [4] CARREL, A., u. A. H. EBELING: Z. ges. exp. Med. **48**, 285 (1928). — FISCHER, A.: Protoplasma, Berlin **14**, 461, 474 (1931). Strahlentherapie **50**, 79 (1934). — DRUCKREY, H.: Kli. Wo. **1936 I**, 401. — LOEB, L.: Acta Un. int. Cancr., Bruxelles **2**, 148 (1937). — EULER, H. v., u. B. SKARZYNSKI: Die Biochemie der Tumoren. Stuttgart 1942. — BROWNING, H.: Cancer Res. **12**, 13 (1952). — [5] MARTINEZ, C., G. MIROFF and J. J. BITTNER: Cancer Res. **15**, 442 (1955). — [6] MALMGREN, R. A.: Cancer Res. **16**, 232 (1956). — [7] DRUCKREY, H., K. KÜPFMÜLLER u. W. TRAPPE: Z. Krebsforsch. **56**, 407 (1949).— [8] MÜHLBOCK, O.: Acta Un. int. Cancr., Bruxelles **7**, 351 (1951). — RASHKIS, H. A.: Science, N.Y. **116**, 169 (1952). — [9] ORR, J. W.: Brit. J. exp. Path. **15**, 73 (1934). — [10] FISCHER, A.: Biology of Tissue Cells. London 1946. — [11] RÖSSLE, R.: D. m. W. **1950**, 7. — [12] DURAN-REYNAIS, F.: J. exp. Med. **54**, 493 (1931). — O'FEYNN, C. P: Med. J. Austral. **1**, 356 (1950).— SEIFTER, J., and G. H. WARREN: Proc. Soc. exp. Biol. Med. **74**, 796 (1950). — [13] CARMALT, W. H.: Virchows Arch. **55**, 481 (1872). — ENTERLINE, H. T., and D. R. COMAN: Cancer, N.Y. **3**, 1033 (1950). — [14] GOLDACRE, R. J., and I. J. LORCH: Nature **166**, 497 (1950). — [15] PHILIPP, E., u. H. HUBER: D. m. W. **1940**, 1242. — RÖSSLE, R.: D. m. W. **1950**, 7. — [16] NAVRATIL, E.: Kli. Wo. **1939 I**, 905. — PHILIPP, E., u. H. HUBER: Zbl. Gynäk. **1939**, 7, 482. — LIMBURG, (H.): Zbl. Gynäk. **1949**, 309. — SCHULZ, A., u. G. ZEHRER· Zbl. Chir. **78**, 708 (1953).

Normales embryonales Gewebe kann bei Implantation an Stellen, an denen keine determinierenden Einflüsse wirken, geschwulstartig infiltrierend und destruierend wachsen[1]. Das infiltrative Wachstum oder die Bildung von Metastasen allein kann daher nur bedingt als Kriterium für „Krebs" gelten. Dies um so mehr, als die Form des Wachstums auch bei echten Krebsgeweben in hohem Maße vom Milieu abhängt. So können Impftumoren je nach den Bedingungen (z.B. Impftechnik) sowohl völlig abgekapselt als auch infiltrierend und sogar metastasierend wachsen[2]. Ferner können Carcinome nach Transplantation als Sarkome weiter wachsen[3]. Bei manchen Tumoren, z.B. dem Impftumor *Walker 256* an Ratten, läßt sich oft nicht entscheiden, ob es sich um ein Sarkom oder um ein Carcinom handelt. Wenn die histologische Diagnose des Krebses auch von unschätzbarem Wert für die Klinik ist, so darf doch nicht vergessen werden, daß ihre Aussagen stets die Dimension: *Gewebe* betreffen. Das entscheidende Merkmal des Krebs liegt dagegen in der *cellulären* Dimension, läßt sich also nur vom Standpunkt der Zelle aus beurteilen. Das dann erfolgende *Wachstum* der Krebszellen zur Geschwulst macht zwar den „klinischen" Krebs aus und steht deshalb im Vordergrund der ärztlichen Betrachtung, es kann aber nicht als entscheidendes Kriterium für die Ursachenforschung dienen, weil es weitgehend von konditionalen Faktoren abhängt, die unspezifisch sind. Für die experimentelle Forschung ist der Krebs ein naturwissenschaftliches Problem. Seine Bedeutung für den Menschen verpflichtet zur intensiven Arbeit. Sie darf aber unter keinen Umständen zu einer voreingenommenen, „anthropomorphen" Betrachtung führen. Vielmehr setzt der Fortschritt der Forschung die größtmögliche Klarheit der Begriffe voraus.

8. Transplantations-Tumoren[4].

Experimentell erzeugte oder spontan entstandene *echte* Krebsgeschwülste sind oft nicht ohne weiteres auf ein anderes Tier transplantabel. Sie gewinnen die *Transplantierbarkeit* und die ähnlich zu beurteilende Fähigkeit zur metastatischen Ansiedlung erst im Laufe ihrer Entwicklung[5]. Beide setzen deshalb wahrscheinlich weitere Veränderungen an den Krebszellen voraus, die von der eigentlichen Cancerisierung unabhängig sein können. Es ist gesichert, daß Krebszellen im Gegensatz zu normalen Zellen ständigen Änderungen ihrer Eigenschaften unterliegen[6]. Im allgemeinen nimmt ihre Bösartigkeit nach mehreren Transplantationspassagen zu[7]. Am leichtesten gelingt die Transplantation auf Tiere gleicher

[1] Spemann, H.: Roux' Arch. Entw.-Mech. **141**, 693 (1942). — [2] Druckrey, H., H. Hamperl, H. Herken u. B. Rarei: Z. Krebsforsch. **48**, 451 (1939). — Druckrey, H., K. Küpfmüller u. W. Trappe: Z. Krebsforsch. **56**, 407 (1949). — Duran-Reynals, F.: Cancer Res. **2**, 343 (1942); **3**, 569 (1943). — Klein, G.: Nature **171**, 398 (1953). Ann. Rev. Physiol. **18**, 13 (1956). — [3] Ehrlich, P., u. H. Apolant: Berlin. klin. Wschr. **1905**, 871. — Apolant, H.: Arb. exp. Therap. Chemotherap. **1**, 7 (1906). — Ewing, J.: Neoplastic Discases. 4. Ed. Philadelphia, London 1940. — Ludford, R. J., and H. Barlow: Cancer Res. **5**, 257 (1945). — Sanford, K. K., G. D. Likely, V. J. Evans, C. J. Mackey and W. R. Earle: J. nat. Cancer Inst. **12**, 1057 (1951/52). — [4] *Übersichten:* Nowinsky, M.: Zbl. med. Wiss. **14**, 790 (1876). — Hanau, A.: Fortschr. Med. **7**, 321 (1889). — Lewin, C.: Die bösartigen Geschwülste. Leipzig 1909. — Flexner, S., and J. W. Jobling: J. amer. med. Ass. **48**, 420 (1907). — Bauer, K. H.: Das Krebsproblem. Berlin, Göttingen, Heidelberg 1949. — Dunham, L. J., and H. L. Stewart: A survey of transplantable and transmissible animal tumors. J. nat. Cancer Inst. **13**, 1299 (1952/53). — Klein, G.: Neoplastic growth. Ann. Rev. Physiol. **18**, 13 (1956). — [5] Greene, H. S. N.: Cancer, N. Y. **5**, 24 (1952). Cancer Res. **13**, 347 (1953). — [6] Ehrlich, P., u. H. Apolant: Berlin. klin. Wschr. **1905**, 871. — Möllendorff, M. v.: Arch. exp. Zellforsch. **21**, 411 (1938). — Taylor, A., and N. Carmichael: Cancer Res. **7**, 78 (1947). — Barrett, M. K., and M. K. Deringer: J. nat. Cancer Inst. **12**, 1011 (1951/52). — Goldfeder, A., and F. Nagasaki: Proc. amer. Ass. Cancer Res. **1**, 19 (1953/54). — Lettré, H.: Z. Krebsforsch. **59**, 568 (1953). — [7] Sanford, K. K., G. D. Likely, V. J. Evans, C. J. Mackey and W. R. Earle: J. nat. Cancer Inst. **12**, 1057 (1951/52). — Klein, G.: Neoplastic growth. Ann. Rev. Physiol. **18**, 13 (1956).

genetischer Konstitution (erbreine Stämme), auf neugeborene Tiere oder nach Ausschaltung der Antikörperbildung z.B. durch Röntgenbestrahlung oder Behandlung mit Cortison.

Mit der ersten gelungenen Transplantation einer Krebsgeschwulst (HANAU 1889)[1] begann die experimentelle Krebsforschung. Damit erhielt die celluläre Theorie des Krebses eine entscheidende Stütze. Nachdem RÖSSLE[2] nachwies, daß die spätere Geschwulst aus den überlebenden Krebszellen entsteht, war endgültig bewiesen, daß die Krebszellen das „ens malignitatis" sind. In der Folgezeit wurden zahlreiche Impfgeschwülste gezüchtet. Die wichtigsten sind[3]:

Maus: EHRLICH-Adenocarcinom
Sarkom 180
CROCKER-Sarkom

Ratte: JENSEN-Sarkom
CROCKER-Sarkom 39
WALKER-Carcinom 256
FLEXNER-JOBLING-Carcinom
YOSHIDA-Ascites-Sarkom

Kaninchen: BROWN-PEARCE-Carcinom.

Da die Transplantation auf gesunde Tiere erfolgt, stellen die Impfgeschwülste praktisch eine „Gewebekultur in vivo" dar. Sie haben sich für Untersuchungen der Biochemie und Biologie des Krebses, seines Wachstums, der Wechselwirkungen zwischen Tumor und Wirtsorganismus sowie für Therapie-Versuche als höchst wertvoll erwiesen. Benutzt werden meist der EHRLICH-Ascites-Tumor, das WALKER 256-Carcinom[4] und das YOSHIDA-Ascites-Sarkom[5]. Alle diese Tumoren gehen bei geeigneter Impftechnik in etwa 85—95% der Fälle an. Ein Teil der Tiere bleibt dagegen aus unbekannten Gründen resistent[6]. Unter gleichen Bedingungen behalten die Tumoren ihren Charakter über viele Passagen — in vivo und in vitro — unverändert, so daß sie für viele Untersuchungen als relativ konstantes Material benutzt werden können. Diese Tatsache ist ein zwingender Beweis dafür, daß in den Krebszellen eine veränderte Zellrasse vorliegt, die ihre Andersartigkeit auf die Tochterzellen überträgt[7]. Gelegentlich kommen indessen anscheinend „mutative" Veränderungen vor, die zu einer Steigerung der Malignität führen.

Zur Verimpfung solider Tumoren, die steril ggf. unter Zusatz eines geeigneten Antibioticums erfolgen soll, werden die Randpartien noch nicht zu großer Tumoren verwendet. Die zentralen nekrotischen Partien sind häufig infiziert. Als Suspensionsflüssigkeit dient *Ringer*-Lösung mit Zusatz von je 200 mg-% Hydrogencarbonat und Glucose, weil die Krebszellen hierin auch unter anaeroben Bedingungen

---

[1] HANAU: Arch. klin. Chir. **39**, 678 (1889). — [2] RÖSSLE, R.: S.-B. preuss. Akad. Wiss., physik.-math. Kl. **1936**, 22. — [3] DUNHAM, L. J., and H. L. STEWART: A survey of transplantable and transmissible animal tumors. J. nat. Cancer Inst. **13**, 1299 (1952/53). — Bezugsquellen-Nachweis: Deutsche Forschungsgemeinschaft, Bad Godesberg, Frankengraben 40. — Chester Beatty Research Institute, London SW3, Fulham Road. — National Cancer Institute, Bethesda 14, Maryland, U.S.A. — Niederländisches Krebs-Institut, Amsterdam, Sarphatistraat 108. — [4] EARLE, W. R.: Amer. J. Cancer **24**, 566 (1935). — WALPOLE, A. L.: Brit. J. Pharmacol. **6**, 135 (1951). — TALALAY, P., G. M. V. TAKANO and C. HUGGINS: Cancer Res. **12**, 834 (1952). — [5] YOSHIDA, T.: Gann, Tokyo **40**, 1 (1949). J. nat. Cancer Inst. **12**, 947 (1951/52). Ann. N.Y. Acad. Sci. **63**, 852 (1956). — LETTRÉ, H.: Z. Krebsforsch. **59**, 287 (1953). — SCHMÄHL, D., u. R. MECKE jr.: Z. Krebsforsch. **60**, 711 (1955). — [6] JUNKMANN, K.: A. e. P. P. **205**, 276 (1948). — [7] YOSHIDA, T.: Ann. N.Y. Acad. Sci. **63**, 852 (1956).

etwa 100mal länger überleben als in Lösung ohne Glucose[1]. Ohne Substrat gehen die Tumorzellen anaerob in 2 Std zugrunde[2]. Ascitestumoren werden durch intraperitoneale Injektion von etwa 0,5 ml zellhaltiger Ascites-Flüssigkeit direkt verimpft.

Bei soliden Tumoren verwendet man zur „Stammerhaltung" am besten Gewebeschnitte. Sollen größere Tierzahlen zum Versuch geimpft werden, ist es praktischer, Gewebebrei zu transplantieren, der mit Glucose und hydrogencarbonathaltiger *Ringer*-Lösung 1 + 2 verdünnt wird. Die Transplantation erfolgt meist unter die Rückenhaut, in besonderen Fällen intramuskulär in den Oberschenkel oder in bestimmte Organe, z. B. die Hoden (BROWN-PEARCE-Carcinom). Bei schwer transplantablen Tumoren erhält man durch gleichzeitige Verimpfung von embryonalem (z. B. Lungen) Gewebe bessere Ausbeuten. Zweckmäßig ist in solchen Fällen auch die Impfung in die vordere Augenkammer, das Frontal-Hirn oder in die Backentasche von Goldhamstern. Gute Ausbeuten, oft auch mit Metastasenbildung[3], liefert die intraperitoneale Impfung. Bei infizierten Tumoren empfiehlt es sich, sie über einige *intraperitoneale* Passagen laufen zu lassen. Manche Tumoren, wie das EHRLICH-Carcinom oder das YOSHIDA-Ascites-Sarkom, liefern bei subcutaner Impfung solide Tumoren, während sie bei intraperitonealer Injektion als Ascitestumor in flüssiger Form wachsen.

Die Überführung solider Tumoren in die *Ascites-Form* durch konsequente intraperitoneale Transplantation hat große praktische Bedeutung gewonnen[4]. Sie ist bei vielen Tumoren gelungen. Die *intravenöse* Impfung liefert geringere Ausbeuten[5]. Viele Krebszellen gehen in den Blutgefäßen zugrunde[6] oder werden in den Lungen abgefangen, wo sie unter Umständen lange Zeit „latent" liegenbleiben können[7]. Jedoch entwickeln sich je nach Art der Geschwulst auch Tumoren in inneren Organen, besonders in den Nieren und Nebennieren. Ihre Lokalisation wird nur teilweise von Zirkulationsmechanismen bestimmt. Eine besondere Bedeutung des Mutterbodens, die lange Zeit abgelehnt wurde[8], ist nach neueren experimentellen Ergebnissen[9] doch nachweisbar, ganz entsprechend den Verhältnissen beim menschlichen Krebs.

Die Transplantation eines Tumors auf ein anderes Tier erfordert ähnlich wie die Explantation in die Gewebekultur[10] im allgemeinen eine größere Anzahl von Krebszellen[11]. Die Größe dieser Zahl ist nicht nur von der Art des Tumors abhängig, sondern auch von der Lokalisation und vor allem vom Wirtsorganismus. So wird z. B. für das EHRLICH-Carcinom häufig eine Mindestzahl von 10^5—10^6

---

[1] WARBURG, O., u. S. MINAMI: Kli. Wo. **1923 I**, 776. — WARBURG, O., K. POSENER u. E. NEGELEIN: B. Z. **152**, 309 (1924). — [2] RACZKOWSKI, H. A., K. KLOOS u. E. OPITZ: Z. Krebsforsch. **59**, 260 (1953). — [3] WOLLHEIM, E.: A. e. P. P. **206**, 124 (1949). — [4] HESSE, F.: Zbl. Bakteriol. (I) **102**, 367 (1927). — LOEWENTHAL, H., u. G. JAHN: Z. Krebsforsch. **37**, 439 (1932). — YOSHIDA, T.: Gann, Tokyo **40**, 1 (1949). Ann. N.Y. Acad. Sci. **63**. 852 (1956). Virchows Arch. **330**, 85 (1957). — GOLDIE, H., and M. D. FELIX: Cancer Res. **11**, 73 (1951). — KLEIN, G., and E. KLEIN: Cancer Res. **11**, 466 (1951). — KLEIN, E.: Exp. Cell Res. **8**, 188, 213 (1955). — KLEIN, G.: Z. Krebsforsch. **61**, 99 (1956). — SNELL, G. D.: Transpl. Bull. **1**, 14 (1954). J. nat. Cancer Inst. **15**, 665 (1954/55). — [5] WARREN, S., and O. GATES: Amer. J. Cancer **27**, 485 (1936). — [6] SCHRÄGLE, M.: Z. Krebsforsch. **49**, 573 (1939). — [7] SCHAIRER, E.: Z. Krebsforsch. **46**, 364 (1937). — KOST, G. F. W.: Z. Krebsforsch. **43**, 291 (1936). — DRUCKREY, H., H. HAMPERL, H. HERKEN u. B. RAREI: Z. Krebsforsch. **48**, 451 (1939). — ZEIDMAN, I., M. MCCUTCHEON and D. R. COMAN: Cancer Res. **10**, 357 (1950). — [8] MOORE, D. B., and E. A. LAWRENCE: Cancer Res. **11**, 270 (1951). — COMAN, D. R., R. P. DE LONG and M. MCCUTCHEON: Cancer Res. **11**, 648 (1951). — [9] SCHMÄHL, D., u. T. RIESEBERG: Z. Krebsforsch. **62**, 456 (1958). — [10] WITTE, G.: Z. Krebsforsch. **42**, 340 (1935). — LANDSCHÜTZ, C.: Z. Krebsforsch. **58**, 599 (1952). — [11] DRUCKREY, H., K. KÜPFMÜLLER u. W. TRAPPE: Z. Krebsforsch. **56**, 407 (1949). — SCHMÄHL, D., u. R. MECKE jr.: Z. Krebsforsch. **60**, 711 (1955).

Zellen angegeben[1], stellenweise nur 10^2—10^3 Zellen[2]. Bei Ascitestumoren (EHRLICH und YOSHIDA[3]) kann sogar eine einzige Zelle genügen. Das ist jedoch ein Ausnahmefall, der auch nur bei intraperitonealer Impfung zutrifft. Bei subcutaner oder intravenöser Transplantation werden auch beim YOSHIDA-Ascites-Sarkom etwa 1000 Zellen benötigt[4]. Im allgemeinen muß eine größere Zahl von Tumorzellen transplantiert werden[5]. Quantitative Untersuchungen ergaben naturgemäß, daß die Häufigkeit des Impferfolges von der Zahl der Zellen nach Art der bekannten Dosis-Wirkungs-Kurven abhängig ist[6]. Die Verhältnisse entsprechen durchaus denen bei der Übertragung von Infektionskrankheiten[7]. „Dosis facit effectum".

9. Zellfreie Übertragung von Tumoren.

Krebszellen sind in mancher Hinsicht auffallend resistent[8]. Aus der Beobachtung, daß bis zur Temperatur von —190°C gefrorenes und getrocknetes Krebsgewebe, das für „sicher" tot gehalten wurde, bei Verimpfung Tumoren liefern kann, wurde auf eine allgemeine Virus-Ätiologie des Krebses geschlossen[9]. Es wurde jedoch bewiesen, daß Krebszellen[10] und sogar normale Zellen[11] das Einfrieren überleben können.

Die Aufbewahrung von transplantablen Tumorgeweben mit 40% Glycerin in Trockeneis, die so über ein Jahr virulent bleiben, ist inzwischen eine gebräuchliche Methode zur Haltung von Tumorstämmen geworden[12]. Eine zellfreie Impfung lag bei diesem Material also nicht vor.

Das Problem der zellfreien Impfung gewann jedoch eine praktische Bedeutung durch die neueren Ergebnisse der Krebsforschung, nach denen die Cancerisierung von Zellen auf einer irreversiblen Veränderung von duplikationsfähigen Elementen der Zellen beruht. Danach ist nicht mehr die Zelle als letzte Einheit des Lebendigen zu betrachten, es sind vielmehr die in ihr enthaltenen vermehrungsfähigen Bestandteile („Duplikanten"). Sie können in besonderen Fällen auch nach Freisetzung aus Krebszellen (in einem geeigneten Wirtsorganismus) ihre Vermehrungsfähigkeit behalten und damit virusartige Eigenschaften gewinnen. Derartige Vorstellungen haben zu Versuchen geführt, Krebs mit einzelnen abtrennbaren Zellbestandteilen zu übertragen. Während Zellreste nach Entfernung der Plasmagranula nicht mehr transplantabel waren, führte die gleichzeitige Verimpfung der Zellreste mit isolierten Granula oder Mitochondrien zu Krebs[13]. Derartige Beobachtungen würden zugleich bedeuten, daß Plasmagranula oder Mitochondrien

[1] WITTE, G.: Dtsch. Z. Chir. **245**, 251 (1935). — GAËTANI, G. F. DE, u. E. BLOTHNER: Z. Krebsforsch. **44**, 108 (1936). — KLEIN, G., u. E. KLEIN: Acta Un. int. Cancr., Bruxelles **7**, 377 (1951). — [2] SYMEONIDIS, A.: Virchows Arch. **300**, 429 (1937). — KAHN, M. C., and J. FURTH: Proc. Soc. exp. Biol. Med. **38**, 485 (1938). — REINHARD, M. C., H. L. GOLTZ and S. G. WARNER: Cancer Res. **5**, 102 (1945). — [3] YOSHIDA, T.: Gann, Tokyo **40**, 1 (1949). J. nat. Cancer Inst. **12**, 947 (1951/52). — ISHIBASHI, K.: Gann, Tokyo **41**, 1 (1950). — [4] DRUCKREY, H., K. KÜPFMÜLLER u. W. TRAPPE: Z. Krebsforsch. **56**, 407 (1949). — SCHMÄHL, D., u. R. MECKE jr.: Z. Krebsforsch. **60**, 711 (1951). — [5] GOLDIE, H., and M. D. FELIX: Cancer Res. **11**, 73 (1951). — [6] JUNKMANN, K.: A. e. P. P. **205**, 276 (1948). — DRUCKREY, H.: Neue med. Welt **1950**, 1613, 1652, 1668. — ROPP, R. S. DE, and E. MCKENZIE: Cancer Res. **14**, 588 (1954). — [7] BORMANN, F. v.: D. m. W. **1953**, 289. — [8] MICHAELIS, L.: Med. Klinik **1905**, 203. — EHRLICH, P.: Z. Krebsforsch. **5**, 59 (1907). — [9] GYE, W. E.: Brit. med. J. **1949 I**, 511. — GYE, W. E., A. M. BEGG, I. MANN and J. CRAIGIE: Brit. J. Cancer **3**, 259 (1949). — [10] KLINKE, J.: Z. Krebsforsch. **48**, 400 (1939). — WALSH, L. B., D. GREIFF and H. T. BLUMENTHAL: Cancer Res. **10**, 726 (1950). — PASSEY, R. D., L. DMOCHOWSKY, I. LASNITZKI and A. MILLARD: Acta Un. int. Cancr., Bruxelles **7**, 304 (1951). — HIEGER, I.: Acta Un. int. Cancr., Bruxelles **7**, 259 (1951). — HODAPP, E. L., N. J. WADE and L. J. MENZ: Proc. Soc. exp. Biol. Med. **81**, 468 (1952). — [11] KREYBERG, L., and O. E. HANSSEN: Acta Un. int. Cancr., Bruxelles **7**, 275 (1951). — [12] CASSEL, W. A.: Cancer Res. **17**, 48 (1957). — [13] LETTRÉ, H.: Naturwiss. **37**, 335 (1950). Z. Krebsforsch. **57**, 661 (1951).

nicht „de novo“ von der Zelle gebildet werden können, sondern nur aus Elementen gleicher Art. In anderen Fällen ist die Transplantation von Geschwülsten durch die kombinierte Verimpfung der Mitochondrien- und Chromatin-Fraktion von Krebszellen[1] und sogar mit der Chromatin-Fraktion allein (von einem Lymphosarkom der Ratte) gelungen[2]. Dem wird jedoch entgegengehalten, daß solche Fraktionen oft noch Zellen enthalten und daß nur diese erfolgreich transplantabel seien[3].

Die systematischen Forschungsarbeiten von GROSS[4] haben jedoch den Nachweis erbracht, daß eine Übertragung von Geschwülsten bei Mäusen allein durch isolierte Zell-Organellen möglich ist, allerdings vorwiegend nur auf neugeborene Tiere des gleichen Stammes. Die Tumoren entstehen auch nicht nach wenigen Tagen, wie bei der Verimpfung von Zellen, sondern erst nach 10—24 Monaten. Das mag die Ursache dafür sein, daß viele frühere Versuche gleicher Art erfolglos blieben. Filtrate und Zentrifugate (7000 g) aus Mäuse-Leukämien (C_3H) und Tumoren, aber auch aus den Organen von Tumormäusen lieferten bis 80% Leukämien[5,6]. Die Ergebnisse wurden bald von verschiedenen Seiten teils unabhängig bestätigt und erweitert[7]. Auch auf erwachsene Mäuse gelang die Übertragung[8], ferner wurde beobachtet, daß die Nachkommen von Tumormäusen in hohem Prozentsatz später an Leukämien und Tumoren erkranken[9]. Demnach liegt bei diesen Mäuse-Leukämien und -tumoren ein filtrierbares Agens vor. Durch Erhitzen auf 65° wird es inaktiviert[6], ebenso durch Säure bei p_H 3,7[10]. Das Agens ist corpusculär (∅ etwa 0,1 μ), besitzt Antigen-Eigenschaften, ist species-spezifisch[11] und läßt sich anreichern[12]. Damit ist eine Virus-Natur wahrscheinlich. Bei Ratten-Tumoren ist bisher eine zellfreie Übertragung nicht gelungen. (Virustumoren s. S. 292.)

10. Heterotransplantation von Tumoren.

Die Verimpfbarkeit einer Geschwulst hängt außer von der Art der Krebszellen ebenso wie jede Transplantation von der genetischen Übereinstimmung zwischen Spender und Empfänger ab[13]. Tumoren, die bei homozygoten Tieren regelmäßig angehen, wachsen auf genetisch verschiedenen Stämmen der gleichen Tierart viel schlechter oder gar nicht[14]. Die *heteroplastische* Transplantation gelingt auch bei verwandten Arten, z.B. von Maus auf Ratte[15] nur selten, und auch nur nach Vorbehandlung mit Tumor-Preßsaft[16], Cortison oder Röntgen-Bestrahlung.

Das wichtigste Problem ist die Transplantation *menschlicher* Geschwülste auf Versuchstiere. Sie verspricht einen wesentlichen Fortschritt nicht nur für die

---

[1] STASNEY, J., A. CANTAROW and K. E. PASCHKIS: Cancer Res. **10**, 775 (1950). Ann. N.Y. Acad. Sci. **54**, 1177 (1952). — [2] STASNEY, J., K. E. PASCHKIS, A. CANTAROW and H. P. MORRIS: Acta Un. int. Cancr., Bruxelles **11**, 715 (1955). — [3] TOURTELLOTTE, W. W., and J. B. STORER: Cancer Res. **10**, 783 (1950). — BROWN, J. R. C.: Science, N.Y. **121**, 511 (1955). — [4] GROSS, L.: Cancer, N. Y. **3**, 1073 (1950); **6**, 153 (1953). Proc. Soc. exp. Biol. Med. **76**, 27 (1951); **86**, 734 (1954). — [5] GROSS, L.: Proc. Soc. exp. Biol. Med. **76**, 27; **78**, 342 (1951); **86**, 734 (1954). Proc. amer. Ass. Cancer Res. **2**, 112 (1955/56). — [6] GROSS, L.: Cancer, N.Y. **6**, 153 (1953). — [7] SCHMIDT, F.: Naturwiss. **42**, 347 (1955). — BIELKA, H., A. GRAFFI u. F. FEY: Naturwiss. **42**, 399 (1955). — FEY, F., A. GRAFFI u. H. BIELKA: Naturwiss. **42**, 421 (1955). — GRAFFI, A., F. FEY u. H. BIELKA: Kli. Wo. **1956**, 15. — GRAFFI, A., H. BIELKA u. F. FEY: Acta haematol., Basel **15**, 145 (1956). — WOOLLEY, G. W., and M. C. SMOLL: Proc. amer. Ass. Cancer Res. **2**, 158 (1955/56). — FRIEND, C.: Proc. amer. Ass. Cancer Res. **2**, 106 (1955/56). — [8] GIMMY, J., W. KRISCHKE u. A. GRAFFI: Naturwiss. **43**, 304 (1956). — [9] SCHMIDT, F.: Naturwiss. **42**, 347 (1955). — [10] LOHMANN, K., u. F. SCHMIDT: Naturwiss. **43**, 254 (1956). — [11] GRAFFI, A., F. FEY, H. BIELKA, U. HEINE u. F. HOFFMANN: Naturwiss. **43**, 63 (1956). — [12] GRAFFI, A., W. KRISCHKE, G. SYDOW u. L. VENKER: Naturwiss. **44**, 284 (1957). — [13] SCHÖNE, G.: Zbl. Bakteriol. **162**, 487 (1955). — [14] POLLIA, J. A.: Amer. J. Cancer **32**, 545 (1938). — [15] PUTNOKY, J., u. M. HARY: Z. Krebsforsch. **46**, 30 (1937). — [16] PIKOVSKY, M., and M. SCHLESINGER: Cancer Res. **15**, 285 (1955).

biochemische, sondern auch für die diagnostische und therapeutische Forschung. Die bösartigsten, vor allem die metastasierenden Tumoren, wie z. B. Melanosarkom[1] oder Lungenkrebs, sind am ehesten transplantabel[1]. Die Transplantabilität und die Metastasierungsfähigkeit scheinen wesensgleich zu sein[2]. Beide Eigenschaften kommen jedoch den Krebszellen nach der experimentellen Erfahrung nicht von Anfang an zu, sondern werden offenbar erst später erworben[2]. Sie müssen deshalb auf zusätzlichen Veränderungen der Zellen beruhen, die in die bloße Cancerisierung noch nicht notwendig eingeschlossen zu sein brauchen. Die heterologe Transplantabilität hängt wesentlich von der Art des Organs ab, in das die Impfung erfolgt. Die Transplantation in die vordere Augenkammer z. B. des Meerschweinchens ist manchmal erfolgreich[3], oft erfolgt aber eine Rückbildung[4]. Bessere Resultate liefert die Verimpfung in das Frontalhirn von Ratten oder Meerschweinchen[5] und vor allem in die Backentasche des Goldhamsters[6]. Ferner wird die Vorbehandlung der Empfänger-Tiere mit Homogenaten normaler Gewebe des Spenders oder des Tumors selbst empfohlen[7], sowie die Vorbehandlung mit hohen Dosen Röntgenstrahlen[8] (3mal 200 r für die Ratte) oder mit Cortison[9]. Die Transplantation gelingt erfahrungsgemäß an jungen, möglichst an neugeborenen Tieren sowie unter Beigabe von embryonalem Gewebe (Lunge) zum Transplantat am leichtesten.

11. Immunologie.

Gegenüber den meist recht unklaren älteren Untersuchungen über die Immunologie des Krebs und die Bedeutung von Antigenen und Antikörpern für das Geschwulstwachstum hat die neuere Forschung ebenso klare wie entscheidende Grundlagen geliefert. Die Möglichkeit einer erfolgreichen Transplantation wird danach bei Tumoren in derselben Weise wie bei normalen Geweben von genetischen Faktoren bestimmt[10]. Die Ergebnisse dieses wichtigen Zweiges der Krebsforschung sind deshalb zugleich von entscheidender Bedeutung für die plastische Chirurgie[11]. Das Wachstum des Transplantats hängt von der Anwesenheit dominanter Gene ab. Stimmen diese im Transplantat und im Wirt überein, so werden keine Antikörper gebildet und das Transplantat kann wachsen. Wenn das Transplantat dagegen ein oder mehrere dominante loci für die Bildung von Antigenen besitzt und der Wirt inaktive oder immunologisch differente Allele hat, dann tritt eine Antikörper-Bildung auf, die zur Rückbildung des Transplantates führen kann[12]. Der erste Angriffspunkt der Wirkung liegt wahrscheinlich an den Blutgefäßen[13]. Ein begrenztes Wachstum ist demnach dadurch bedingt, daß hemmende Antikörper durch die Antigene des Transplantates abgesättigt werden. Daraus erklärt sich die Erfahrung, daß selbst bei sehr bösartigen Geschwülsten meist

[1] Plonskier, M.: Z. Krebsforsch. **47**, 462 (1938). — Toolan, H. W.: Cancer Res. **17**, 418 (1957). — [2] Greene, H. S. N.: Cancer Res. **12**, 266 (1952); **13**, 347 (1953). — [3] Greene, H. S. N.: J. exp. Med. **73**, 461 (1941). — Greene, H. S. N., and E. D. Murphy: Cancer Res. **5**, 269 (1945). — [4] Towbin, A.: Cancer Res. **11**, 716 (1951). — Browning, H.: Cancer Res. **12**, 13 (1952). — [5] Shirai, Y.: Jap. med. World **2**, 14 (1921). — Murphy, J. B., and E. Sturm: J. exp. Med. **38**, 183 (1923). — Greene, H. S. N.: Cancer Res. **11**, 529 (1951). — [6] Patterson, W. B.: Proc. amer. Ass. Cancer Res. **2**, 39 (1955/56). — [7] Kaliss, N.: Science, N.Y. **116**, 279 (1952). Cancer Res. **12**, 379 (1952). — [8] Sommers, S. C., R. N. Chute and S. Warren: Cancer Res. **12**, 909 (1952). — [9] Toolan, H. W.: Cancer Res. **13**, 389 (1953); **14**, 660 (1954). — Iversen, H. G.: Brit. J. Cancer **10**, 472 (1956). — [10] Bittner, J. J.: J. Genetics **31**, 471 (1935). — Loeb, L.: The Biological Basis of Individualty. Springfield, Ill. 1944. — Little, C. C.: Biol. Reviews **22**, 315 (1947). Genetics and the cancer problem; in: Dunn, L. C. (Hrsgb.): Genetics in the 20th Century. S. 431 New York 1951. — Hauschka, T. S.: Cancer Res. **12**, 615 (1952). — [11] Kearns, J. E. jr., and S. E. Reid: Plastic reconstr. Surg. **4**, 502 (1949). — Schöne, G.: Zbl. Bakteriol. **162**, 487 (1955). — [12] Snell, G. D.: J. Genetics **49**, 87 (1948). Cancer Res. **11**, 281 (1951); **12**, 543 (1952). Heredity **6**, 247 (1952). J. nat. Cancer Inst. **15**, 665 (1954/55). — [13] Knake, E.: Z. Naturforsch. 8b, 298 (1953). Virchows Arch. **327**, 533 (1955).

größere Anzahlen von Zellen verimpft werden müssen und daß die Transplantation eines Tumors durch Vorbehandlung des Wirts mit Gewebshomogenaten des Spenders begünstigt wird[1].

Die Allel-Differenz in einem einzigen Genort von Tumorzellen kann die Kompatibilität oder Inkompatibilität entscheiden. Das Vorhandensein von nur 20 kompatiblen unter 50 Millionen inkompatiblen Zellen bewirkte noch Angang eines Tumors[2]. Der Wirtsorganismus „erkennt" also die kleine Zahl der kompatiblen Zellen.

Die maßgeblichen genetischen loci werden als „Histokompatibilitäts-Gene" bezeichnet und durch die Buchtsaben H und h symbolisiert[3]. Bei Mäusen liegen wahrscheinlich 14 H-loci vor. Der genetische Faktor H_2, für den bisher 6 dominante Allele für Transplantabilität nachgewiesen wurden, ist an die loci Fu, Ki und T im 9. Chromosom der Maus gebunden (Snell). Die Histokompabilitäts-Antigene der Gewebszellen entsprechen den Erythrocyten-Antigenen, so daß die „Blutgruppen"-Allele als Modelle für die Immungenetik der Tumor-Transplantation angesehen werden. Zum Beispiel bestimmt der H_2-locus bei Mäusen des A-Stammes außer der Susceptibilität für Tumoren auch das Erythrocyten-Antigen II[3]. Es ist nun von grundsätzlicher Bedeutung, daß Tumorzellen weniger H-Antigene bilden, also weniger aktive H-loci enthalten als die normalen Zellen, aus denen sie entstanden sind[4] (s. S. 283). Im Laufe der Zeit kann die Zahl dieser loci in einem Tumor (mutativ ?) weiter abnehmen. Damit nimmt seine Transplantabilität zu, so daß er sogar heterolog verimpfbar werden kann. Das gleiche gilt wahrscheinlich auch für seine Fähigkeit zum infiltrativen Wachstum und zur Metastasierung, also für seine „klinische Bösartigkeit". Das Wachstum von Tumoren, das die Krankheit „Krebs" ausmacht, ist hiernach entscheidend von Antigen-Antikörper-Wirkungen abhängig. Die bisher vorliegenden Untersuchungen betreffen jedoch nur Transplantationstumoren. Es ist deshalb die Frage, ob ähnliche Verhältnisse auch für Geschwülste zutreffen, die im Organismus selbst aus körpereigenen Zellen entstanden sind. Indessen läßt die Tatsache, daß normale Gewebe organspezifische Antigene bilden, die also wahrscheinlich im Zusammenhang mit ihrer Funktion stehen, an die Möglichkeit denken, daß auch die physiologische Begrenzung des Wachstums normaler Gewebe durch ähnliche Mechanismen bedingt ist. Das unbegrenzte Wachstum der Geschwülste könnte dann die Folge davon sein, daß die Krebszellen die Fähigkeiten zur spezifischen Funktion und zur Bildung der organspezifischen Antigene nicht mehr besitzen[5], so daß die wachstumshemmenden Regulationen nicht mehr ausgelöst werden können. Damit würde im Antigen-Antikörper-System ein ähnliches „Regler-Prinzip" für das Wachstum vorliegen, wie dies für die hormonalen, das Wachstum regulierenden Faktoren diskutiert wird (vgl. Abb. 46). Diese Probleme sind der biochemischen Forschung zugänglich. Daß der Organismus über Abwehrkräfte auch gegen körpereigene Geschwülste verfügt, ist nach den Erfahrungen über die Entwicklung von Metastasen wahrscheinlich (s. S. 341).

12. Metastasen.

Die Möglichkeit der Ausschwemmung von Krebszellen aus einem Primärtumor und ihre Entwicklung zu *Metastasen* hängt einerseits von der Art der Krebszellen, des Gewebsverbandes in der Geschwulst und ihrer Lokalisation, also vom Tumor

[1] Snell, G. D.: J. Genetics **49**, 87 (1948). Cancer Res. **11**, 281 (1951); **12**, 543 (1952). Heredity **6**, 247 (1952). J. nat. Cancer Inst. **15**, 665 (1954/55). — [2] Klein, G., and E. Klein: Nature **178**, 1389 (1956). — [3] Snell, G. D.: Heredity **6**, 247 (1952). J. nat. Cancer Inst. **15**, 665 (1954/55). — Gorer, P. A.: Some recent work on tumor immunity. Adv. Cancer Res. **4**, 149 (1956). — Zilber, L. A.: Specific tumor antigens. Adv. Canc. Res. **5**, 291 (1958). — [4] Hauschka, T. S.: Cancer Res. **12**, 615 (1952). — [5] Weiler, E.: Z. Naturforsch. **7**b, 324 (1952). Brit. J. Cancer **10**, 553, 560 (1956).

ab, andererseits aber auch vom Wirtsorganismus, und zwar sowohl von humoralen Faktoren, als auch von den lokalen Kreislaufbedingungen.

Obwohl viele Impfgeschwülste keine Metastasen bilden, führt die Verimpfung von äußerlich normal erscheinenden Organen, vor allem Lunge, Lymphdrüsen oder Milz der Tumortiere doch bemerkenswert oft zur Entwicklung von Tumoren[1]. Diese Befunde, die oft fälschlich als Stütze für eine allgemeine Virus-Hypothese des Krebses angeführt wurden, konnten darauf zurückgeführt werden, daß in den inneren Organen von krebskranken Individuen schon viel frühzeitiger und weitaus häufiger verschleppte Krebszellen vorkommen, als sich Metastasen entwickeln. Es findet also eine ständige Aussaat statt. Diese Krebszellen gehen entweder durch „Abwehrreaktionen" zugrunde[2] oder können auch lange Zeit bei erhaltener Virulenz in einem latenten Zustand liegen bleiben. Versuche mit Doppelimpfung sprechen dafür, daß eine schnellwachsende Geschwulst die Entwicklung eines zweiten Tumors hemmt[3]. Die operative Entfernung eines Primärtumors kann dagegen die Metastasierung fördern. Manche Impfgeschwülste, die sonst keine Metastasen bilden, können auf diese Weise zur Metastasierung gebracht werden[4], während bei anderen Geschwülsten die Tiere durch die Operation nicht nur geheilt werden, sondern sich auch gegen erneute Beimpfung resistent erweisen. Die einzelnen Tumorarten verhalten sich also verschieden. Das gilt auch für den menschlichen Krebs, bei dem Operation ebenfalls nicht nur zu Heilung, sondern auch zur Metastasierung führen kann[4,5]. In Versuchen am Brustkrebs der dba-Mäuse wurde auch nach lokaler Bestrahlung eine vermehrte Metastasenbildung beobachtet[6]. Die Ursache dafür braucht nicht in einer vermehrten Ausschwemmung von Krebszellen zu liegen, sondern kann hier auch durch Einbuße der Resistenz bedingt sein, denn sie wird durch hohe Strahlendosen sicher abgeschwächt. Darüber hinaus kann die Bösartigkeit und Metastasierungsfähigkeit von Krebszellen mit der Zeit (mutativ ?) zunehmen.

Die Metastasierungsfähigkeit ist kein spezifisches Merkmal der Krebszelle, sondern wird auch bei normalen Geweben, besonders bei Uterusschleimhaut, beobachtet[7]. Sie ist ferner nicht zwangsläufig mit der Cancerisierung verbunden, sondern kann anscheinend auch unabhängig von ihr später zufallsmäßig auftreten. Diese celluläre Ursache der Metastasierung muß deshalb zunächst als eigenes Problem angesehen werden. Ferner spielt die amöboide Beweglichkeit von Krebszellen für die Metastasenbildung eine Rolle[8] wie auch die Zellform.

Rundzellengeschwülste metastasieren besonders häufig[9]. Von großer Bedeutung ist die Festigkeit des Zellverbandes, die in manchen Krebsgeweben so gering ist, daß die Krebszellen als „Krebsmilch" abstreichbar sind. Das ist wahrscheinlich die Folge des geringen Calciumgehaltes in Geschwülsten[10], der als eines der

[1] Blumenthal, F., u. H. Auler: Z. Krebsforsch. **24**, 285 (1927). — Wagner, A.: Z. Krebsforsch. **48**, 40 (1938). — Woglom, W. H.: Amer. J. Cancer **38**, 328 (1940). — Ostenfeld, J.: Acta path. microbiol. scand. **19**, 209 (1942). — Gaza, B. v.: Z. Krebsforsch. **55**, 57 (1944/45). — [2] Büngeler, W.: Med. Welt **1938**, 1587, 1625. — Druckrey, H., D. Schmähl u. M. Rajewsky: Naturwiss. **45**, 16 (1958). — [3] Dietrich, A., u. L. Schützinger: Z. Krebsforsch. **56**, 121 (1948—50). — [4] Roussy, G., C. Oberling et M. Guérin: Bull. Ass. franç. Cancer **25**, 592 (1936). — Druckrey, H., H. Hamperl, H. Herken u. B. Rarei: Z. Krebsforsch. **48**, 451 (1939). — Crabb, E. D.: J. nat. Cancer Inst. **10**, 581 (1949/50). — Zeidman, I.: Cancer Res. **11**, 291 (1951). — Kaae, S.: Cancer Res. **13**, 744 (1953). — [5] Oberling, C.: The Riddle of Cancer. New Haven, Conn. 1944. — Ackermann, L. V., and M. W. Wheat jr.: Acta Un. int. Cancr., Bruxelles **10**, 143 (1954). — [6] Kaae, S.: Cancer Res. **13**, 744 (1953). — [7] Philipp, E., u. H. Huber: Zbl. Gynäk. **1939**, 7, 482. — Limburg, (H.): Zbl. Gynäk. **1949**, 309. — Schulz, A., u. G. Zehrer: Zbl. Chir. **78**, 708 (1953). — [8] Virchow, R.: Virchows Arch. **28**, 237 (1863). — Crabb, E. D.: J. nat. Cancer Inst. **10**, 581 (1949/50). — [9] Crabb, E. D.: J. nat. Cancer Inst. **10**, 581 (1949/50). — [10] Eichholtz, F.: Schr. Königsb. gelehr. Ges., naturwiss. Kl. **10**, 26 (1933). — Kellner, B.: Z. Krebsforsch. **50**, 299 (1940); **51**, 36 (1940). — Coman, D. R.: Cancer Res. **4**, 625 (1944). Science, N.Y. **105**, 347 (1947). — DeLong, R. P., D. R. Coman and I. Zeidman: Cancer, N.Y. **3**, 718 (1950).

wenigen konstanten biochemischen Merkmale bei praktisch allen Tumoren gefunden wird[1]. Im Blut kann dagegen das Calcium sogar erhöht sein, besonders bei Knochentumoren. Im übrigen erlaubt die Konzentration einer Substanz im Blut keineswegs immer Rückschlüsse auf ihre Konzentration im Gewebe, denn die erstere ist eine regulierte Konzentration und wird auch zu Lasten des Bestandes im Gewebe aufrecht erhalten. Calcium bildet mit der intercellulären Kittsubstanz einen schwer löslichen Komplex[2]. Die gewebsfestigenden Eigenschaften des Calciums sind aus vielen Beispielen bekannt. Seeigelkeime zerfallen bei Calcium-Mangel in ihre einzelnen Blastomere[3]. Calcium hemmt ferner die Zellteilung[4]. Antikoagulantien oder gefäßerweiternde Pharmaka haben keinen Einfluß auf die Metastasierung[5].

Die Ausschwemmung von Krebszellen erfolgt entweder durch die Lymphbahnen[6], wobei sie von den Lymphknoten abgefangen werden oder bei Einbruch der Geschwulst in ein Gefäß auf dem Blutwege. Viele Krebszellen gehen bereits in den Blutgefäßen[7] oder in den Lungen[8] zugrunde. Durch intravenöse Impfung von Tumorbrei oder Tumor-Ascites lassen sich künstlich Metastasen erzeugen. Ihre Lokalisation ist je nach Art des Tumors verschieden. Beim Brown-Pearce-Carcinom (Kaninchen) wurde folgende Verteilung beobachtet[9]: Niere 50%, Magen 40%, Nebennieren 30%, Augen 16%, Zwerchfell 13% und Milz 0,3%. Ähnlich vielseitig metastasiert auch das Yoshida-Ascites-Sarkom bei intravenöser Impfung[10]. Dagegen gibt es andere Rattentumoren, die z.B. nur in die Lunge metastasieren oder bevorzugt andere, und zwar stets nur bestimmte Organe befallen[10]. Die einzelnen Tumorarten haben also im Experiment, ebenso wie das von menschlichen Tumoren bekannt ist[11], ausgesprochene Prädilektionsstellen bei der Metastasierung. Als Ursache dafür wurden bisher ausschließlich kreislaufmechanische Gründe angenommen und damit Einflüsse des Mutterbodens geleugnet[9,12]. Neuere experimentelle Ergebnisse zeigen aber, daß die charakteristische Lokalisation der Metastasen bei den verschiedenen Tumorarten doch vom *Milieu* bestimmt werden kann, das die Tumorzellen in den einzelnen Organen vorfinden[10] (Schmähl). Dagegen wird die relative Seltenheit von Milz-Metastasen durch die geringe Durchblutung der Milz befriedigend erklärt und rechtfertigt die Behauptung einer „antiblastischen Funktion" dieses Organes bisher in keiner Weise[13]. Eine genuine oder experimentell erzeugte Resistenz gegen eine Tumorart blieb nach Exstirpation der Milz vollkommen erhalten, Transplantation dieser Milz auf andere Tiere beeinflußte das Wachstum dieser Tumorart überhaupt nicht[14].

Dagegen haben neue Experimente gezeigt[15], daß Homogenate normaler Gewebe die Fähigkeit haben, schon nach 2stündiger Inkubation mit Krebszellen deren Transplantabilität vollkommen aufzuheben und die Krebszellen selbst zur Auflösung zu bringen[16]. Stoffwechselmessungen in der Warburg-Apparatur

---

[1] Greenstein, J. P.: Biochemistry of Cancer. New York 1947. — [2] Chambers, R., G. Cameron and C. G. Grand: Acta Un. int. Cancr., Bruxelles **6**, 696 (1949). — [3] Herbst, C.: Arch. Entw.-Mech. **5**, 650 (1897); **17**, 306 (1904). — [4] Spek, J.: Biol. Zbl. **39**, 23 (1919). — [5] Williams, W. L.: Cancer Res. **6**, 344 (1946). — [6] Kellner, B.: Z. Krebsforsch. **50**, 299 (1940). — [7] Schrägle, M.: Z. Krebsforsch. **49**, 573 (1939). — [8] Kost, G. F. W.: Z. Krebsforsch. **43**, 291 (1936). — Schairer, E.: Z. Krebsforsch. **46**, 364 (1937). — Zeidman, I., M. McCutcheon and D. R. Coman: Cancer Res. **10**, 357 (1950). — [9] Coman, D. R., R. P. de Long and M. McCutcheon: Cancer Res. **11**, 648 (1951). — [10] Schmähl, D., u. T. Rieseberg: Z. Krebsforsch. **62**, 456 (1958). — [11] Ewing, J.: Neoplastic Diseases. 4. Ed. Philadelphia 1942. — [12] Long, R. P. de, and D. R. Coman: Cancer Res. **10**, 212 (1950). — McCutcheon, M., D. R. Coman and R. P. DeLong: Cancer Res. **11**, 267 (1951). — Moore, D. B., and E. A. Lawrence: Cancer Res. **11**, 270 (1951). — Coman, D. R.: Cancer Res. **13**, 397 (1953). — [13] Gallone, L., e P. Castoldi: Arch. Ist. biochim. ital. **10**, 185 (1938). — [14] Druckrey, H.: Kli. Wo. **1936 I**, 401. — [15] Druckrey, H., D. Schmähl u. M. Rajewsky: Naturwiss. **45**, 16 (1958). — [16] Steinhoff, D., T. Flaschenträger u. P. Bannasch: Naturwiss. **45**, 297 (1958).

ergaben, daß die Atmung in dieser Zeit praktisch auf Null abnimmt. Die stärkste Wirksamkeit hatten Homogenate aus Milz, Lunge und Muskelgewebe. Gehirngewebe z. B. war dagegen inaktiv. Interessanterweise wird die Wirkung der Gewebshomogenate durch Zusatz von Blut noch in 10facher Verdünnung vollkommen aufgehoben. Nach diesen Ergebnissen müssen organspezifische Abwehrmechanismen für möglich gehalten werden. Das würde auch der klinischen Erfahrung entsprechen. Auf jeden Fall scheint das Milieu für die Entwicklung von Tumoren und Metastasen eine weit größere Rolle zu spielen, als früher angenommen wurde.

Auch bei diesen Versuchen verhielten sich die einzelnen Geschwulstarten verschieden. Solche Beobachtungen zeigen, daß es nicht möglich ist, allgemein von „dem Krebs" zu sprechen, als ob es sich stets um das gleiche Problem handelt. Tatsächlich ist es nicht möglich, Krebs = Krebs zu setzen. Die einzelnen Geschwulstarten sind sowohl ihrer Ursache nach als auch hinsichtlich ihres Verhaltens im Organismus und seinen Organen durchaus verschieden zu beurteilen. Jede Voreingenommenheit kann den Fortschritt der Erkenntnis nur hemmen.

IX. Biochemie der Tumoren[1–14].

Von H. DANNENBERG.

Inhaltsverzeichnis.

Seite

1. Einleitung 343
2. Entstehung der Tumoren 344
   a) Definition der krebserzeugenden Wirkung 344
   b) Krebserzeugende chemische Außenfaktoren 345
      α) Polycyclische, aromatische Kohlenwasserstoffe 345
         1. Historisches S. 345. — 2. Biologische Aktivität S. 348. — 3. Konstitution und Wirksamkeit S. 349. — 4. Verhalten im Stoffwechsel S. 355.
      β) Aromatische Amine 358
         1. Historisches S. 358. — 2. Biologische Aktivität S. 359. — 3. Konstitution und Wirksamkeit S. 360. — 4. Verhalten im Stoffwechsel S. 366.
      γ) Alkylierend wirkende Verbindungen 371
      δ) Verschiedene Stoffe 374
      ε) Anorganische Verbindungen 376

Zusammenfassende Darstellungen: 1—14. [1] EULER, H. v., u. B. SKARZYNSKI: Biochemie der Tumoren. Stuttgart 1942. — [2] STERN, K., and R. WILLHEIM: The Biochemistry of Malignant Tumors. Brooklyn, N. Y. 1943. — [3] GREENSTEIN, J. P.: Biochemistry of Cancer. New York. 1. Aufl. 1947; 2. Aufl. 1954. — [4] BAUER, K. H.: Das Krebsproblem. Berlin-Göttingen-Heidelberg 1949. — [5] Chemie und Krebs. Berlin 1940. — [6] LETTRÉ, H.: Biochemie der Tumoren. Fiat Rev. Bd. **40** (Biochemie II), S. 137 (1948 u. 1953). — [7] HOMBURGER, F., and W. H. FISHMAN (Hrsgb.): The Physiopathology of Cancer. New York 1953. — [8] PIRWITZ, J. (Hrsg.): Grundlagen und Praxis chemischer Tumorbehandlung. Berlin, Göttingen, Heidelberg 1954. — [9] Handb. allg. Path. (BÜCHNER-LETTERER-ROULET) Bd. VI, Teil 3: Geschwülste: BUTENANDT, A. u. H. DANNENBERG: Die Biochemie der Geschwülste. — DOMAGK, G.: Die experimentelle Geschwulstforschung. — FISCHER, W.: Die Ätiologie der Geschwülste — [10] COWDRY, E. V.: Cancer Cells. Philadelphia, London 1955. — [11] The biochemistry of malignant tissue; in Ann. Rev.: BOYLAND, E.: **3**, 400 (1934). — HOLMES, B. E.: **4**, 469 (1935). — DODDS, E. C., and F. DICKENS: **9**, 423 (1940). — BURK, D., and R. J. WINZLER: **13**, 487 (1944). — GREENSTEIN, J. P.: **14**, 643 (1945). — ZAMECNIK, P. C.: **21**, 411 (1952). — [12] RUSCH, H. P., and G. A. LEPAGE: The biochemistry of carcinogenesis. Ann. Rev. **17**, 471 (1948). — [13] Chemistry of neoplastic tissue; in Ann. Rev.: BOYLAND, E.: **18**, 217 (1949). — CARRUTHERS, C.: **19**, 389 (1950). — KENSLER, C. J., and M. L. PETERMANN: **22**, 319 (1953). — [14] Biochemistry of cancer; in Ann. Rev.: BRUES, A. M., and E. S. G. BARRON: **20**, 343 (1951). — GRIFFIN, A. C.: **23**, 345 (1954). — HADDOW, A.: **24**, 689 (1955). — HEIDELBERGER, C.: **25**, 573 (1956). — SKIPPER, H. E., and L. L. BENNETT: **27**, 137 (1958).

Seite
c) Krebserzeugende physikalische Außenfaktoren 377
d) Bedingt krebsauslösende Stoffe 380
e) Berufskrebs und Umweltkrebs 383
f) Tumor-Virusarten 384
g) Zur endogenen Krebsentstehung 388
3. Chemie und Stoffwechsel der Tumoren 392
a) Anorganische Bestandteile 397
α) Wasser und Wasserstoffionenkonzentration 397
β) Metalle 398
γ) Nichtmetalle 400
b) Kohlenhydrate und Kohlenhydratstoffwechsel 402
α) Kohlenhydrate und Zwischenprodukte des Kohlenhydratabbaus und des Citronensäurecyclus 402
β) Kohlenhydrat- und Oxydationsstoffwechsel und ihre Enzyme 405
1. Glykolyse S. 406. — 2. Enzyme der Glykolyse S. 410. — 3. Citronensäurecyclus S. 412. — 4. Oxydative Phosphorylierung S. 416. — 5. Oxydationsfermente S. 417.
c) Eiweiß und Eiweißstoffwechsel 423
α) Aminosäuren und Proteine 423
β) Enzyme des Proteinstoffwechsels 435
d) Nucleinsäuren und Nucleinsäurestoffwechsel 440
α) Nucleinsäuren 440
β) Stoffwechsel der Nucleinsäuren 445
γ) Nucleinsäurespaltende Enzyme 448
e) Lipoide und Lipoidstoffwechsel 450
α) Lipoide 450
β) Fett- und esterspaltende Fermente 454
f) Phosphatasen 455
g) Andere Enzymsysteme 458
h) Vitamine 459

1. Einleitung.

Tumoren bestehen aus Zellen, die aus den eigenen Zellen des Tumorträgers durch eine anscheinend irreversible Umwandlung hervorgegangen sind. Tumoren fügen sich nicht wie normale Organe und Körperteile in den Bauplan des Organismus ein; sie wachsen autonom und ohne Rücksicht auf das Nachbargewebe und den ganzen Körper. Die Tumorzellen dringen zwischen die einzelnen Zellen des gesunden Gewebes ein (infiltrierendes Wachstum) und zerstören diese. Einzelne Tumorzellen können sich, mit dem Blut- oder Lymphstrom fortgeschwemmt, an anderen Stellen des Organismus festsetzen und Tochtergeschwülste (Metastasen) bilden. Tumoren sind Wachstumsexzesse, die sich durch ihre Selbständigkeit und Eigenmächtigkeit in Gegensatz zum umgebenden Gewebe und zum Gesamtorganismus stellen und schließlich zum Tode des Wirtsorganismus führen.

Wie erfolgt die Umwandlung der normalen Körperzelle in eine Tumorzelle? Worin bestehen die prinzipiellen Unterschiede zwischen den hochdifferenzierten normalen Geweben mit ihrem kontrollierten Wachstum und den meist undifferenzierten Tumoren mit ihrem ungehemmten Wachstum? Beide Fragen, die eng miteinander verknüpft sind, sind bis heute noch ungeklärt; sie bilden das Grundproblem der experimentellen Tumorforschung*.

* Diese hier nur kurz behandelten Fragen sind in dem voranstehenden Beitrag von Druckrey ausführlich dargestellt.

Die Chemie kann zur Lösung dieses Problems Beiträge vor allem auf zwei Wegen leisten:

1. Durch Aufklärung des Mechanismus der Umwandlung der normalen Zellen in Tumorzellen, die durch äußere Einflüsse (chemische Verbindungen, Strahlen) entstehen. Am Beginn dieser Arbeitsrichtung stehen die Entdeckung bzw. der experimentelle Nachweis krebserzeugender Faktoren: die Erzeugung von typischen Tumoren beim Huhn durch einen zellfreien Tumorextrakt (Virus) (ROUS, 1911) und die Erzeugung von Hauttumoren beim Kaninchen durch Pinselung mit Teer (YAMAGIWA u. ICHIKAWA 1915). Diese Arbeitsrichtung ist gekennzeichnet durch die Aufstellung von Gesetzmäßigkeiten zwischen krebserzeugender Wirkung und Konstitution, durch die Analyse der chemischen Wirkungsweise der krebserzeugenden Faktoren und durch die Untersuchungen der Umwandlungen, welche krebserzeugende Verbindungen im Organismus insbesondere am Ort ihrer Wirkung erleiden.

2. Durch die chemische Charakterisierung der Tumoren. Im Vordergrund dieser Arbeitsrichtung stehen vergleichende Untersuchungen über die qualitativen und quantitativen Unterschiede der Baustoffe, Inhaltsstoffe, Wirkstoffe und des Stoffwechsels von Tumoren und von normalen ruhenden und wachsenden Geweben. Material hierfür liefern außer menschlichen Tumoren vor allem Impftumoren von Versuchstieren und experimentelle Tumoren, die unter der Einwirkung tumorerzeugender Außenfaktoren entstehen. Letztere Tumorart, die mit den spontanen Tumoren beim Menschen am ehesten zu vergleichen ist, gestattet auch Untersuchungen über die Veränderungen, die in einem Gewebe bei der Umwandlung in einen Tumor vor sich gehen. Eng verknüpft mit den Untersuchungen über die chemische Charakterisierung der Tumoren sind die Untersuchungen über die Veränderungen, die der Organismus bei der Entstehung und der Entwicklung eines Tumors erfährt.

2. Entstehung der Tumoren*.

a) Definition der krebserzeugenden Wirkung.

Die experimentelle Analyse der Tumorentstehung unter der Wirkung krebserzeugender Außenfaktoren führt zur Unterscheidung von 2 Phasen im Ablauf der Geschwulstentwicklung: die 1. Phase, *Initialphase*, ist ausschließlich durch die Umwandlung von Normalzellen in Tumorzellen gekennzeichnet; als 2. Phase schließt sich die *Entwicklungsphase* an, in der sich aus Tumorzellen ein Tumor entwickelt[1,2]. Die Entstehung von Tumorzellen aus normalen Zellen in der „Initialphase" ist ein rein cellulärer Prozeß; die „Entwicklungsphase" dagegen ist ein Wachstumsprozeß, der weitgehend von den Gegebenheiten des Milieus abhängt. Beide Phasen sind in ihrem Wesen verschieden voneinander und unterliegen auch verschiedenen Gesetzmäßigkeiten. Die „Entwicklungsphase" braucht sich nicht unbedingt sofort an die „Initialphase" anzuschließen; sie kann ganz ausfallen oder durch eine mehr oder weniger lange „Latenzzeit" von ihr getrennt sein.

Dem 2phasigen Verlauf der Tumorentstehung entsprechend sind die Faktoren, welche die Entstehung eines Tumors hervorrufen können, in 2 Klassen einzuteilen: in *krebserzeugende* Faktoren und in *bedingt krebsauslösende* Faktoren[3].

* s. hierzu auch den Beitrag von DRUCKREY.

[1] *Zusammenfassung:* BERENBLUM, I.: Brit. med. Bull. **4**, 343 (1946/47). — [2] FRIEDEWALD, W. F., and P. ROUS: J. exp. Med. **80**, 101 (1944). — BERENBLUM, I.: Arch. Path., Chicago **38**, 233 (1944). — BERENBLUM, I., and P. SHUBIK: Brit. J. Cancer **1**, 379, 383 (1947). — BUTENANDT, A.: Verh. dtsch. Ges. Path. **35**, 70 (1951). — DRUCKREY, H.: D. m. W. **1952**, 1495, 1534. — [3] BUTENANDT, A.: Verh. dtsch. Ges. inn. Med. **55**, 342 (1949).

Als „krebserzeugende" Faktoren dürfen nur Faktoren chemischer oder physikalischer Art bezeichnet werden, welche Normalzellen in Tumorzellen umzuwandeln vermögen. Die Wirkung dieser Faktoren, welche wahrscheinlich an „Duplikanten" der Zellen angreifen[1], ist irreversibel. Die Frage nach der Natur der vom carcinogenen Agens angegriffenen und veränderten Duplikanten und ihrer Lokalisation in der Zelle läßt sich nach dem heutigen Stand unserer Kenntnisse noch nicht beantworten. Auch über das Wesen der Veränderung der von carcinogenen Faktoren getroffenen Duplikanten kann man noch keine gesicherte Aussage machen; nach WARBURG[2] soll sie immer mit einer irreversiblen „Schädigung der Atmung" gekoppelt sein.

Die „bedingt krebsauslösenden" Faktoren vermögen die Umwandlung in Tumorzellen *nicht* zu vollziehen. Ihr Wirkungsmechanismus kann von sehr verschiedener Art sein und bedarf von Fall zu Fall der näheren Analyse. In erster Linie werden zu den „bedingt krebsauslösenden" Faktoren solche zu rechnen sein, die in die „Entwicklungsphase" der Tumorentstehung eingreifen, z.B. durch eine proliferationsfördernde Wirkung eine latente Krebsanlage manifestieren, die Wachstumspotenz bereits vorhandener Krebszellen steigern oder die Abwehrkräfte der normalen Umgebung dieser Zellen vermindern. „Bedingt krebsauslösende" Faktoren können aber auch in die Initialphase eingreifen, etwa dadurch, daß sie durch ihre Proliferationswirkung auf das Normalgewebe die absolute Zahl der Zellen in einem vom krebserzeugenden Agens betroffenen Gewebe vergrößern oder sie für den Angriff der carcinogenen Noxe empfindlicher machen und damit in beiden Fällen die Wahrscheinlichkeit für die Abwandlung normaler Zellen zu Krebszellen erhöhen.

b) Krebserzeugende chemische Außenfaktoren[3].

α) Polycyclische, aromatische Kohlenwasserstoffe[4].

1. Historisches.

Der englische Arzt PERCIVALL POTT führte schon 1775 den Hodenkrebs der Schornsteinfeger auf die Verunreinigung der Haut mit Ruß zurück, und der Hallenser Chirurg v. VOLKMANN[5] erkannte 1875 den ursächlichen Zusammenhang zwischen Teer und Hautkrebs bei Arbeitern der Teer- und Paraffinindustrie. Heute sind eine Reihe von Berufen bekannt, bei denen Hautkrebs als Folge von

[1] *Zusammenfassung:* DRUCKREY, H.; in PIRWITZ, J. (Hrsgb.): Grundlagen und Praxis chemischer Tumorbehandlung. S. 1. Berlin, Göttingen, Heidelberg 1954. — [2] WARBURG, O.: Naturwiss. **42**, 401 (1955).

[3] **Zusammenfassende Darstellungen:** COOK, J.W.: Ergebn. Vit.- u. Horm.-Forsch. **2**, 213 (1939). — LACASSAGNE, A.: Les cancers produits par des substances chimiques exogènes. Paris 1946. — Brit. med. Bull. **4**, No. 5—6 (1947) (Chemical carcinogenesis). — BOYLAND, E.: Cancer Res. **12**, 77 (1952). — WOLF, G.: Chemical Induction of Cancer. Cambridge, Mass. 1952. — HADDOW, A.; in HOMBURGER, F., and W. H. FISHMAN (Hrsg.): The Physiopathology of Cancer. S. 441, 475. New York 1953. — BADGER, G. M.: Adv. Cancer Res. **2**, 73 (1954). — HARTWELL, J. L.: Survey of compounds which have been tested for cancerogenic activity. (U. S. Publ. Hlth. Serv. Nr. 149.) 2. Aufl. Washington 1951.

[4] **Zusammenfassende Darstellungen:** COOK, J. W., G. A. D. HASLEWOOD, C. L. HEWETT, I. HIEGER, E. L. KENNAWAY and W. V. MAYNEORD: Amer. J. Cancer **29**, 219 (1937). — COOK, J. W., and E. L. KENNAWAY: Amer. J. Cancer **33**, 50 (1938); **39**, 381, 521 (1940). — COOK, J. W.: Lectures on Chemistry and Cancer. London 1943. — FIESER, L. F.: Amer. J. Cancer **34**, 37 (1938). — HADDOW, A., and G. A. R. KON: Brit. med. Bull. **4**, 314 (1946/47). — HADDOW, A.: Brit. med. Bull. **4**, 331 (1946/47). — BADGER, G. M.: Brit. J. Cancer **2**, 309 (1948).

[5] VOLKMANN, R. v.: Beiträge zur Chirurgie. Leipzig 1875.

Arbeiten mit *Teer, Pech, Asphalt, Ruß, Mineralölen* oder *Creosotöl* entsteht (Berufskrebs)[1] (s. a. S. 383). Der erste experimentelle Nachweis der krebserzeugenden Wirkung des *Steinkohlenteers* gelang 1915 YAMAGIWA u. ICHIKAWA[2], die bei Kaninchen durch wiederholte Pinselung mit Teer innerhalb von 103 bis 565 Tagen Hauttumoren an den Ohren hervorrufen konnten. Wenig später (1918) gelang TSUTSUI[3] die Erzeugung von Epitheliomen bei der Maus durch Pinselung mit Teer (s. a. S. 348). Für *Ruß* wurde der experimentelle Nachweis der krebserzeugenden Wirkung an der Maus 1922 durch PASSEY[4] und für *Mineralöle* durch LEITCH[5] erbracht.

BLOCH u. DREIFUSS[6] zeigten 1921, daß der carcinogene Faktor des Steinkohlenteers in den hochsiedenden Fraktionen konzentriert, neutral und frei von Stickstoff ist, und KENNAWAY[7] konnte künstlich verschiedene krebserzeugende Teere (Durchleiten von Acetylen bzw. Isopren mit Wasserstoff durch glühende Röhren; Pyrolyse von Haut, Haar, Hefe oder Cholesterin) darstellen, die nur Kohlenstoff und Wasserstoff enthielten. Die weiteren Untersuchungen wurden besonders durch die Beobachtung gefördert, daß alle carcinogen wirksamen Teere und Teerfraktionen ein charakteristisches Fluorescenzspektrum (Banden bei 400, 418 und 440 mμ) aufwiesen (MAYNEORD 1927), welches demjenigen des 1,2-Benzanthracens sehr ähnlich, aber nicht mit ihm identisch war (HIEGER[8]). Zur gleichen Zeit hatte CLAR[9] Methoden zur Synthese polycyclischer aromatischer Kohlenwasserstoffe mit 1,2-Benzanthracensystem entwickelt. Unter den dargestellten Verbindungen befand sich auch das *1,2,5,6-Dibenzanthracen* (I), für welches eine krebserzeugende Wirkung (Pinselung an der Maus) von KENNAWAY u. HIEGER[10] nachgewiesen wurde, womit zugleich die erste chemisch reine, krebserzeugende Verbindung gefunden worden war. Andererseits wurde von COOK eine Reihe von Homologen des 1,2-Benzanthracens dargestellt, unter denen sich auch Verbindungen mit carcinogener Aktivität befanden[11]. Keine zeigte aber das gleiche Fluorescenzspektrum wie der carcinogene Faktor des Steinkohlenteers. Dieser wurde erst 1933 mit dem Fluorescenzspektrum als Test von COOK, HEWETT u. HIEGER[12] isoliert und als *3,4*-Benzpyren (II) identifiziert[13] und seine Konstitution durch Synthese gesichert[14]. 3,4-Benzpyren zeigte die gleichen Fluorescenzbanden wie die carcinogen wirksamen Fraktionen des Steinkohlenteers und erwies sich als sehr stark krebserzeugend.

Der *Gehalt an 3,4-Benzpyren* kann, nach einer spektrographischen Methode bestimmt, *in manchen Teeren* bis zu 1,5% betragen[15], und nach einer relativ einfachen Methode konnten aus einem Rohteerdestillat (Sdp. 200—240° bei 0,1 mm) 0,75% fast reines 3,4-Benzpyren gewonnen werden[16]. 3,4-Benzpyren ist nicht die einzige krebserzeugende Substanz des Steinkohlenteers. Es ist in ihm zumindest noch eine andere Substanz enthalten, welche, ebenso wie Steinkohlenteer selbst, beim Kaninchen leichter Hauttumoren erzeugt als Benzpyren; diese Verbindung,

---

[1] *Zusammenfassung:* HENRY, S. A.: Brit. med. Bull. **4**, 389 (1946/47). — [2] YAMAGIWA, K., u. K. ICHIKAWA: Mitt. med. Fak. Tokyo **15**, 295 (1916); **19**, 483 (1918). — [3] TSUTSUI, H.: Gann, Tokyo **12**, 17 (1918). — [4] PASSEY, R. D.: Brit. med. J. **1922 II**, 1112. — [5] LEITCH, A.: Brit. med. J. **1922 II**, 1104. — [6] BLOCH, B., u. W. DREIFUSS: Schweiz. med. Wschr. **51**, 1033 (1921). — [7] KENNAWAY, E. L.: J. Path. Bacteriology **27**, 233 (1924). Brit. med. J. **1925 II**, 1. — KENNAWAY, E. L., and B. SAMPSON: J. Path. Bacteriology **31**, 609 (1928). — [8] HIEGER, I.: Biochem. J. **24**, 505 (1930). — [9] CLAR, E.: B. **62**, 350 (1929). — [10] KENNAWAY, E. L., and I. HIEGER: Brit. med. J. **1930 I**, 1044. — [11] COOK, J. W., I. HIEGER, E. L. KENNAWAY and W. V. MAYNEORD: Proc. R. Soc. London (B) **111**, 455 (1932). — COOK, J. W.: Proc. R. Soc. London (B) **111**, 485 (1932). — [12] COOK, J. W., C. (L.) HEWETT and I. HIEGER: Nature **130**, 926 (1932). — [13] HIEGER, I.: Soc. **1933**, 395. — [14] COOK, J. W., and C. L. HEWETT: Soc. **1933**, 398. — [15] BERENBLUM, I., and R. SCHOENTAL: Brit. J. exp. Path. **24**, 232 (1943). — [16] BERENBLUM, I.: Nature **156**, 601 (1945).

die auch ein polycyclischer aromatischer Kohlenwasserstoff zu sein scheint, konnte bisher in reiner Form aber noch nicht gefaßt werden[1].

3,4-Benzpyren ist einer der in der experimentellen Krebsforschung am häufigsten verwendeten carcinogenen Kohlenwasserstoffe, und es verdient besondere Beachtung wegen seiner weiten Verbreitung. Es ist außer im Steinkohlenteer nachgewiesen in Ruß[2], im Dunst von Industrieanlagen und Großstädten[3,4] (carcinogene Wirkung von Extrakten s. [4,5]), in Abgasen von Verbrennungsmotoren[6], in verarbeitetem Gummi[7] und im kondensierten Rauch von Zigarren und Zigaretten[8] (carcinogene Wirkung dieses Teers s. [9]). Bemerkenswert ist das Vorkommen von 3,4-Benzpyren neben anderen polycyclischen aromatischen Kohlenwasserstoffen in gewissen Muschelarten (Tetraclita squamosa rubescens, Mitella polymerus) der südkalifornischen Küste[10]. Die Kohlenwasserstoffe scheinen keine normalen Stoffwechselprodukte dieser Muscheln zu sein, sondern aus teerigen Produkten der Umgebung zu stammen.

Kurz nach der Isolierung und Synthese des 3,4-Benzpyrens wurde im *3-Methylcholanthren* (III) (nach der Sterinnomenklatur: 20-Methylcholanthren) ein weiterer Kohlenwasserstoff mit sehr hoher krebserzeugender Wirksamkeit gefunden[11]. Die Darstellung dieses Kohlenwasserstoffs aus Desoxycholsäure, einem normalen Bestandteil der menschlichen Galle (WIELAND u. DANE[12]), warf zugleich die Frage auf, ob polycyclische aromatische Kohlenwasserstoffe *in vivo* infolge eines anormalen Stoffwechsels gebildet werden können (s. S. 388). In den folgenden Jahren bis heute sind Hunderte von polycyclischen aromatischen Kohlen-

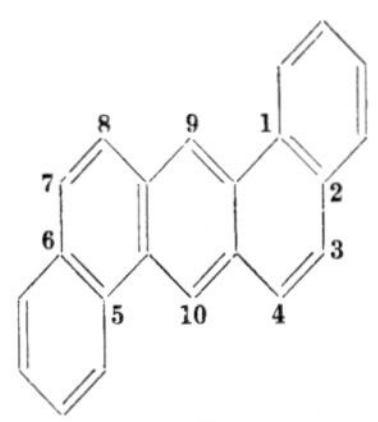

I
1,2,5,6-Dibenzanthracen

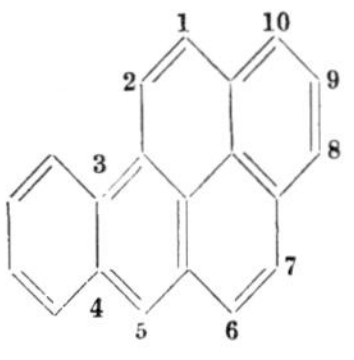

II
3,4-Benzpyren

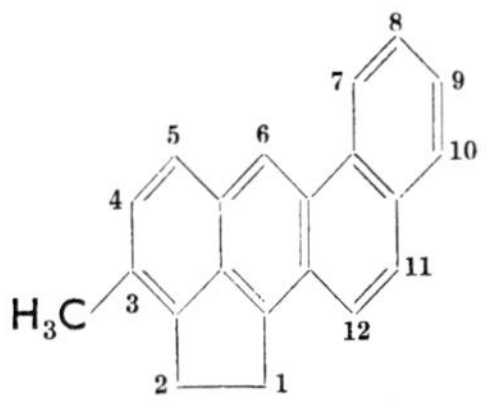

III
3-Methylcholanthren

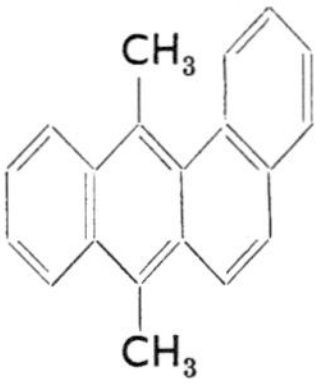

IV
9,10-Dimethyl-1,2-benzanthracen

[1] BERENBLUM, I., and R. SCHOENTAL: Brit. J. Cancer **1**, 157 (1947). — [2] FALK, H. L., and P. E. STEINER: Cancer Res. **12**, 30, 40 (1952). — STEINER, P.: Cancer Res. **14**, 103 (1954). — [3] GOULDEN, F., and M. M. TIPLER: Brit. J. Cancer **3**, 157 (1949). — WALLER, R. E.: Brit. J. Cancer **6**, 8 (1952). — DIKUN, P. P., L. M. SHABAD u. V. L. NORKIN: Gig. i. San. **21**, H. 1, S. 6 (1956). [Excerpta med., Cancer **5**, 464 (1957)]. — [4] KOTIN, P., H. L. FALK, P. MADER and M. THOMAS: A.M.A. Arch. industr. Hyg. **9**, 153 (1954). — [5] LEITER, J., and M. J. SHEAR: J. nat. Cancer Inst. **3**, 167 (1942/43). — CLEMO, G. R., E. W. MILLER and F. C. PYBUS: Brit. J. Cancer **9**, 137 (1955). — [6] KOTIN, P., H. L. FALK and M. THOMAS: A. M. A. Arch. industr. Hyg. **9**, 164 (1955). Arch. industr. Hlth. **11**, 113 (1955). — [7] FALK, H. L., P. E. STEINER, S. GOLDFEIN, A. BRESLOW and R. HYKES: Cancer Res. **11**, 318 (1951). — [8] COOPER, R. L., and A. J. LINDSEY: Brit. J. Cancer **9**, 304 (1955). — SEELKOPF, C.: Z. Lebensm.-Unters. u. -Forsch. **100**, 218 (1955). — LETTRÉ, H., A. JAHN u. C. HAUSBECK: Angew. Chem. **68**, 212 (1956). — LYONS, M. J.: Nature **177**, 630 (1956). — BONNET, J., et S. NEUKOMM: Helv. **39**, 1724 (1956). — LATARJET, R., J. L. CUSIN, M. HUBERT-HABART, B. MUEL et R. ROYER: Bull. Ass. franç. Cancer **43**, 180 (1956). — [9] WYNDER, E. L., E. A. GRAHAM and A. B. CRONINGER: Cancer Res. **13**, 855 (1953); **15**, 445 (1955) — SUGIURA, K.: Gann, Tokyo **47**, 243 (1956). — BLACKLOCK, J. W. S.: Brit. J. Cancer **11**, 181 (1957). — [10] ZECHMEISTER, L., and B. K. KOE: Arch. Biochem. **35**, 1 (1952). — KOE, B. K., and L. ZECHMEISTER: Arch. Biochem. **41**, 396 (1952). — [11] COOK, J. W., and G. A. D. HASLEWOOD: Soc. **1934**, 428. — [12] WIELAND, H., u. E. DANE: H. **219**, 240 (1933).

wasserstoffen synthetisiert[1] und auf krebserzeugende Wirkung geprüft worden[2]. Diese Arbeiten wurden vor allem in England von COOK, KENNAWAY, HIEGER u. Mitarb. und in USA von SHEAR, FIESER u. ANDERVONT durchgeführt[3].

Zu den bei der Maus am stärksten carcinogen wirksamen Kohlenwasserstoffen gehören: *3,4-Benzpyren* (II), *3-Methylcholanthren* (III), *9,10-Dimethyl-1,2-benzanthracen* (IV) und *1,2,5,6-Dibenzanthracen* (I).

2. Biologische Aktivität[4].

Zur Prüfung der polycyclischen aromatischen Kohlenwasserstoffe auf krebserzeugende Wirksamkeit sind 2 Methoden angewendet worden. Bei der einen Technik wird eine 0,3%ige Lösung des zu prüfenden Kohlenwasserstoffs in Benzol auf die Rücken-Nackenhaut von Mäusen 2mal wöchentlich gepinselt, wobei im Falle der Wirksamkeit epitheliale Tumoren (Papillome und Carcinome) entstehen *(Pinselungsmethode)*[5]. Bei der anderen Technik, der *Injektionsmethode*, werden bei Mäusen 5—10 mg der mit etwas Glycerin angefeuchteten Substanz oder Lösungen in Schmalz, Sesamöl oder vor allem in Tricaprylin einmalig subcutan oder intraperitoneal injiziert, oder die Substanz wird mit etwas Cholesterin verschmolzen subcutan implantiert. Bei dieser Methode entstehen am Ort der Applikation Tumoren des Bindegewebes (Sarkome)[6]. Die Wirksamkeit der Kohlenwasserstoffe kann beeinflußt werden vom Lösungsmittel, in dem sie verabfolgt werden[7]. Die mit den beiden Methoden erzielten Ergebnisse stimmen meist überein; es sind aber auch Unterschiede gefunden worden. (Zur Durchführung der Teste s.[8]).

Kennzeichnend für die aromatischen Kohlenwasserstoffe ist, daß sie stets am Ort der Applikation krebserzeugend wirken; es lassen sich mit ihnen bei lokaler Anwendung in vielen Geweben des Organismus Tumoren erzeugen. Carcinogene Kohlenwasserstoffe haben nicht alle die gleiche Wirksamkeit. Die Tumoren erscheinen bei den behandelten Tieren erst nach einer Latenzzeit, die von 1—2 Monaten für die sehr aktiven Verbindungen bis zu etwa 2 Jahren für die sehr schwach wirksamen Verbindungen variieren kann. Sehr aktive Verbindungen erzeugen Tumoren bei einem hohen Prozentsatz der Versuchstiere, während durch schwach wirksame Verbindungen Tumoren nur bei einigen Tieren nach langer Latenzzeit entstehen. Bei genügend kleinen Dosen ist die Zeit bis zum Auftreten der Tumoren der Dosis umgekehrt proportional[9] (s. a. S. 360).

Viele Versuche sind unternommen worden, um ein brauchbares System zum genauen Vergleich der krebserzeugenden Wirksamkeit der Kohlenwasserstoffe zu finden. Derartige Methoden sind angegeben worden von IBALL[10] und von BERENBLUM[11]. Die Empfindlichkeit gegenüber der krebserzeugenden Wirksamkeit ist nicht bei allen Mäusestämmen gleich; die Latenzzeiten können bei ver-

---

[1] *Zusammenfassung:* CLAR, E.: Aromatische Kohlenwasserstoffe. 2. Aufl. Berlin, Göttingen, Heidelberg 1952. — [2] *Zusammenfassung:* HARTWELL, J. L.: Survey of compounds, which have been tested for carcinogenic activity. (U.S. Publ. Hlth. Serv. Nr. 149.) 1. Aufl. 1941. 2. Aufl. 1951. — [3] s. Zusammenfassungen S. 345. — [4] BERENBLUM, I.: Adv. Cancer Res. **2**, 129 (1954). — [5] COOK, J. W., I. HIEGER, E. L. KENNAWAY and W. V. MAYNEORD: Proc. R. Soc. London (B) **111**, 455 (1932). — s. a. DOMAGK, G.: Med. u. Chem. **3**, 274 (1936). — FRIEDRICH-FREKSA, H.: Biol. Zbl. **60**, 498 (1940). — [6] BURROWS, H.: Proc. R. Soc. London (B) **111**, 238 (1932). — BURROWS, H., I. HIEGER and E. L. KENNAWAY: Amer. J. Cancer **16**, 57 (1932). — SHEAR, M. J.: Amer. J. Cancer **26**, 322 (1936). — [7] *Zusammenfassung:* DICKENS, F.: Brit. med. Bull. **4**, 348 (1946/47). — [8] SHUBIK, P., and J. SICÉ: Cancer Res. **16**, 728 (1955/56). — [9] POEL, W. E., and A. G. KAMMER: J. nat. Cancer Inst. **16**, 989 (1955/56). — Vgl. auch: KLEIN, M.: Cancer Res. **16**, 123 (1955/56). — [10] IBALL, J.: Amer. J. Cancer **35**, 188 (1939). — [11] BERENBLUM, I.: Cancer Res. **5**, 561 (1945).

schiedenen Mäuseinzuchtstämmen[1] recht verschieden sein (s. z.B. [2]). Das Auftreten von Spontantumoren braucht nicht mit der Empfindlichkeit der Haut gegenüber den krebserzeugenden Kohlenwasserstoffen parallel zu gehen. Hypophysektomie verzögert das Auftreten von Tumoren durch carcinogene Kohlenwasserstoffe[3]; diese Verzögerung wird durch hypophysäres Wachstumshormon (Somatotropin) aufgehoben[4]. (Über den Einfluß von Alter, Geschlecht, hormonalen Faktoren und Nahrung s. [5].)

Die Wirkung eines cancerogenen Kohlenwasserstoffs gegenüber einzelnen Tierarten und die Empfindlichkeit verschiedener Gewebe bei der gleichen Tierart können sehr unterschiedlich sein. Außer der Maus sind mit aromatischen Kohlenwasserstoffen Tumoren erzeugt worden bei Ratten, Kaninchen, Goldhamstern, Meerschweinchen und einigen Vogelarten; nicht gelungen ist es bisher beim Hund und beim Affen. Für die Empfindlichkeit des Menschen zumindest gegen Teer und Ruß, in denen 3,4-Benzpyren nachgewiesen ist, spricht das Auftreten von Hauttumoren in bestimmten Berufen.

3. Konstitution und Wirksamkeit[6].

Alle bisher bekannten krebserzeugend wirksamen Kohlenwasserstoffe gehören zur Klasse der *polycyclischen, aromatischen Kohlenwasserstoffe*. Die einfachsten Verbindungen *Benzol*[7] und *Naphthalin*[8] sind unwirksam, und auch die tricyclischen Kohlenwasserstoffe *Anthracen*[7,9] (zur schwachen Wirksamkeit bei der Ratte vgl.[10])und *Phenanthren*[7,9] sind als solche inaktiv; Substitution durch Methylgruppen in bestimmten Stellungen führt bei letzteren aber bereits zu Verbindungen mit, allerdings nur schwacher, carcinogener Wirksamkeit: *9,10-Dimethylanthracen*[11] (V) und *1,2,4-Trimethyl-*[12] und *1,2,3,4-Tetramethylphenanthren*[13] (VI) (s. a. *Methylhomologe des 1,2-Cyclopentenophenanthrens*[12], S. 389).

Von den tetracyclischen Kohlenwasserstoffen zeigen *3,4-Benzphenanthren*[14] (VII) und *1,2-Benzanthracen*[15] (VIII) selbst eine schwache Wirksamkeit, die aber beträchtlich zunimmt, wenn Methylgruppen an „günstigen" Stellen eingeführt werden; auch *Chrysen* (IX) liefert dann carcinogene Verbindungen.

Der Grad der Wirksamkeit hängt sehr von der Stellung der Methylgruppen ab. Alle *Methylhomologen des 1,2-Benzanthracens* sind dargestellt und im Injektions- und Pinselungstest geprüft worden: die 5-, 9- und 10-Methylderivate sind mäßig, die 3-, 4-, 6-, 7- und 8-Methylderivate schwach wirksam und die 1'-, 2'-, 3'- und 4'-Methylderivate unwirksam. Die Einführung einer weiteren Methylgruppe verstärkt im allgemeinen die Aktivität, wenn beide Methylgruppen an „wirksamen" Stellen stehen, z.B. *9,10-Dimethyl-1,2-benzanthracen* (IV). Auch entsprechende

---

[1] Zusammenstellung von Mäuseinzuchtstämmen s. Standardized Nomenclature for Inbred Strains of Mice: Cancer Res. **12**, 602 (1952). — s.a. STAATS, J.: Science, N.Y. **119**, 295 (1954). — [2] ANDERVONT, H. B.: Publ. Hlth. Rep. **53**, 1647 (1938). — ANDERVONT, H. B., and J. H. EDGCOMB: J. nat. Cancer Inst. **17**, 481 (1956). — [3] AGATE, F. J. jr., W. ANTOPOL, S. GLAUBACH, F. AGATE and S. GRAFF: Cancer Res. **15**, 6 (1955). — [4] MOON, H. D., C. H. LI and M. E. SIMPSON: Cancer Res. **16**, 111 (1956). — [5] *Zusammenfassung:* BERENBLUM, I.: Adv. Cancer Res. **2**, 129 (1954). — [6] *Zusammenfassung:* BADGER, G. M.: Brit. J. Cancer **2**, 309 (1948). — [7] KENNAWAY, E. L.: Brit. med. J. **1924 I**, 564. — [8] KENNAWAY, E. L.: Biochem. J. **24**, 497 (1930). — [9] MAISIN, J., P. DESMEDT et L. JACQMIN: C. R. Soc. Biol. **96**, 1056 (1927). — [10] SCHMÄHL, D.: Z. Krebsforsch. **60**, 697 (1955). — [11] COOK, J. W., and E. L. KENNAWAY: Amer. J. Cancer **39**, 381 (1940). — [12] BUTENANDT, A., u. H. DANNENBERG: Arch. Geschwulstforsch. **6**, 1 (1953). — [13] BADGER, G. M., J. W. COOK, C. L. HEWETT, E. L. KENNAWAY, N. M. KENNAWAY and R. H. MARTIN: Proc. R. Soc. London (B) **131**, 170 (1942). — [14] BARRY, G., J. W. COOK, G. A. D. HASLEWOOD, C. L. HEWETT, I. HIEGER and E. L. KENNAWAY: Proc. R. Soc. London (B) **117**, 318 (1935). — [15] STEINER, P. E., and J. H. EDGCOMB: Cancer Res. **12**, 657 (1952).

V VI VII

VIII IX

Trimethylderivate sind sehr aktive Verbindungen. Es scheint, als ob bei der Einführung von 3 Methylgruppen ein Optimum läge, denn die Einführung weiterer Methylgruppen führt zu keiner weiteren Steigerung der carcinogenen Wirksamkeit[1–4]. Beim *Chrysen* bedingt die Einführung einer Methylgruppe vor allem in der 1-Stellung, aber auch in 2-, 3- und 6-Stellung krebserzeugende Aktivität (besonders wirksam *1,2-Dimethylchrysen*[2–7]) und beim *3,4-Benzphenanthren* verursachen Methylgruppen in 1- oder 2-Stellung eine Wirkungssteigerung. 3,4-Benzphenanthren und seine Methylhomologen sind im Injektionstest weniger wirksam als im Pinselungstest[1–5].

Die hohe Wirksamkeit des 5,10-Dimethyl-1,2-benzanthracens bleibt erhalten, wenn an Stelle der beiden Methylgruppen eine Dimethylenbrücke tritt; der entsprechende Kohlenwasserstoff hat den Trivialnamen *Cholanthren* erhalten, da sein Methylhomologes *3-Methylcholanthren* (III) zuerst aus Gallensäuren dargestellt wurde (s. S. 347 u. 389). Dimethylverbindungen und die entsprechenden Dimethylenverbindungen (Ace-Verbindungen) haben die gleiche Wirksamkeit; bei den Ace-Verbindungen treten keine Besonderheiten auf, sondern die carcinogene Aktivität richtet sich wie bei den Dimethylverbindungen nach den „wirksamen“ Stellen des Kohlenwasserstoffs[5,8,9].

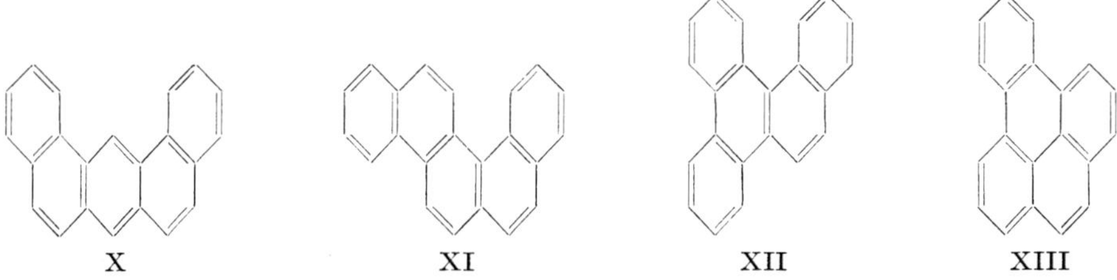

X XI XII XIII

[1] Barry, G., J. W. Cook, G. A. D. Haslewood, C. L. Hewett, I. Hieger and E. L. Kennaway: Proc. R. Soc. London (B) **117**, 318 (1935). — [2] Badger, G. M., J. W. Cook, C. L. Hewett, E. L. Kennaway, N. M. Kennaway, R. H. Martin and A. M. Robinson: Proc. R. Soc. London (B) **129**, 439 (1940). — [3] Shear, M. J.: Amer. J. Cancer **33**, 499 (1938). — [4] Shear, M. J., and J. Leiter: J. nat. Cancer Inst. **2**, 241 (1941/42). — [5] Bachmann, W. E., J. W. Cook, A. Dansi, C. G. M. de Worms, G. A. D. Haslewood, C. L. Hewett and A. M. Robinson: Proc. R. Soc. London (B) **123**, 343 (1937). — [6] Dunlap, C. E., and S. Warren: Cancer Res. **3**, 606 (1943). — [7] Gough, N., and C. W. Shoppee: Biochem. J. **54**, 630 (1953). — [8] Shear, M. J.: Amer. J. Caucer **28**, 334 (1936). — [9] Bradbury, J. T., W. E. Bachmann and M. G. Lewisohn: Cancer Res. **1**, 685 (1941).

Von den 15 möglichen pentacyclischen Kohlenwasserstoffen weisen eine krebserzeugende Wirksamkeit auf: *1,2,5,6-Dibenzanthracen*[1,2] (I) (stark wirksam, s. a. S. 346), *1,2,7,8-Dibenzanthracen*[3] (X) (schwach wirksam), *3,4-Benzpyren*[3,4] (II) (sehr stark wirksam, s. S. 346), *1,2,5,6-Dibenzphenanthren*[5] (XI) und *1,2,3,4-Dibenzphenanthren*[5] (XII) (beide mäßig wirksam). Alle anderen pentacyclischen Kohlenwasserstoffe, auch das *1,2-Benzpyren*[3] (XIII) sind unwirksam. Fast alle dieser wirksamen Verbindungen können aufgefaßt werden als Derivate des 1,2-Benzanthracens, 3,4-Benzphenanthrens oder Chrysens, mit einem an „wirksamen" Stellen annellierten Benzolring. Methylgruppen und ankondensierte Benzolringe haben den gleichen Einfluß. Durch Einführung von Methylgruppen läßt sich bei den pentacyclischen Kohlenwasserstoffen keine Wirkungssteigerung mehr erzielen (*2'-Methyl-* und *3'-Methyl-3,4-benzpyren* sind sogar unwirksam)[6,7].

Die bisher dargestellten hexacyclischen Kohlenwasserstoffe sind unwirksam, mit Ausnahme von *1,2,3,4-Dibenzpyren*[8] (schwach wirksam) und *3,4,8,9-Dibenzpyren*[8,9] (stark wirksam), und unter den höhergliedrigen Kohlenwasserstoffen ist überhaupt noch keine wirksame Verbindung gefunden worden. *Das Optimum der krebserzeugenden Wirksamkeit befindet sich also bei den tetra- und pentacyclischen aromatischen Kohlenwasserstoffen.*

Einfluß von Substituenten. Während die Einführung von Methylgruppen eine teilweise beträchtliche Aktivitätssteigerung der entsprechenden Grundkohlenwasserstoffe verursacht, wenn die Substitution an „günstigen" Stellen erfolgt, sinkt die Wirksamkeit meistens sehr schnell bei Einführung anderer Alkylgruppen, und zwar mit zunehmender Länge der Kohlenstoffseitenkette, z.B. *5-Alkyl-* und *10-Alkyl-1,2-benzanthracene* und *3-Alkylcholanthrene*[3,5,8,10–12].

Der Einfluß anderer Substituenten ist besonders eingehend beim 1,2-Benzanthracen untersucht worden; von diesem sind über 20 verschiedene in 10-Stellung substituierte Derivate geprüft worden (s. Tabelle 34). Viele Derivate sind aktiv und zwar sowohl solche mit elektronenliefernden Substituenten (Amino-, Mercapto- und Methoxygruppe) als auch solche mit elektronenbindenden Gruppen (Cyano- und Formylgruppe). Auffallend ist, daß die 10-Chlorverbindung Tumoren erzeugt, während die entsprechende Bromverbindung inaktiv ist[13]. Die Einführung saurer Gruppen (phenolische Hydroxylgruppe[14,15] Carboxylgruppe[15], Sulfonsäuregruppe[16]) führt im allgemeinen um so sicherer zum Erlöschen der carcinogenen Wirksamkeit, je saurer die Eigenschaften des Substituenten sind. So geht die hohe carcinogene Wirksamkeit des 3,4-Benzpyrens beinahe vollkommen verloren, wenn in 8-Stellung eine Oxygruppe eingeführt wird, während der entsprechende Methyläther *(8-Methoxy-3,4-benzpyren)*, welcher keine sauren Eigenschaften

---

[1] Cook, J. W.: Proc. R. Soc. London (B) **111**, 485 (1932). — [2] Andervont, H. B.: Publ. Hlth. Rep. **49**, 620 (1934); **50**, 1211 (1935). — [3] Barry, G., J. W. Cook, G. A. D. Haslewood, C. L. Hewett, I. Hieger and E. L. Kennaway: Proc. R. Soc. London (B) **117**, 318 (1935). — [4] Shear, M. J.: Amer. J. Cancer **26**, 322 (1936). — [5] Badger, G. M., J. W. Cook, C. L. Hewett, E. L. Kennaway, N. M. Kennaway, R. H. Martin and A. M. Robinson: Proc. R. Soc. London (B) **129**, 439 (1940). — [6] Fieser, L. F., and H. Heymann: Am. Soc. **63**, 2333 (1941). — [7] Schürch, O., u. A. Winterstein: H. **236**, 79 (1935). — [8] Bachmann, W. E., J. W. Cook, A. Dansi, C. G. M. de Worms, G. A. D. Haslewood, C. L. Hewett and A. M. Robinson: Proc. R. Soc. London (B) **123**, 343 (1937). — [9] Kleinenberg, G. E.: Arch. Sci. biol. (russ.) **51**, 127 (1938); **56**, 39 (1939) [C. **1940 II** (1031)]. — [10] Badger, G. M., J. W. Cook, C. L. Hewett, E. L. Kennaway, N. M. Kennaway and R. H. Martin: Proc. R. Soc. London (B) **131**, 170 (1942). — [11] Shear, M. J.: Amer. J. Cancer **33**, 499 (1938). — [12] Shear, M. J., J. Leiter and A. Perrault: J. nat. Cancer Inst. **1**, 303 (1940/41); **2**, 99 (1941/42). — [13] Lacassagne, A., N. P. Buu-Hoi, N. Hoan et G. Rudali: Cr. **226**, 1852 (1948). — [14] Shear, M. J.: Amer. J. Cancer **36**, 211 (1939). — [15] Boyland, E., and F. Weigert: Brit. med. Bull. **4**, 354 (1946/47). — [16] Windaus, A., u. S. Rennhak: H. **249**, 256 (1937). — Rossner, W.: H. **249**, 267 (1937).

mehr hat, beinahe genauso wirksam ist wie das 3,4-Benzpyren selbst[1] (vgl. a. Methoxyderivate des 1,2-Benzanthracens: Tabelle 34 und [2]). Die *Chinone* der krebserzeugenden Kohlenwasserstoffe zeigen keine Aktivität mehr[3,4].

Die biologische Wirksamkeit der Kohlenwasserstoffe wird verringert oder geht vollkommen verloren, wenn das aromatische System durch partielle *Hydrierung* gestört wird. Es genügt bereits die Anlagerung von Wasserstoff an ein oder zwei Doppelbindungen, um einen hochwirksamen Kohlenwasserstoff in eine unwirksame Verbindung zu überführen, z.B. *9,10-Dihydro-, 1',2',3',4'-Tetrahydro-* oder *5,6,7,8-Tetrahydro-10-methyl-1,2-benzanthracen*[5], *11,12-Dihydro-3-methylcholanthren*[6]). Vollkommen hydrierte Verbindungen, wie das *Dehydronorcholen*, die hydroaromatische Vorstufe des Methylcholanthrens bei der Darstellung aus Gallensäuren, vermögen keine Tumoren zu erzeugen[7] (s. S. 389).

Tabelle 34. Carcinogene Aktivität von 10-substituierten Benzanthracenen[8] (vgl. VIII).

Substituent in 10-Stellung	Carcinogene Aktivität	
	Haut	Subcutane Gewebe
$—CH_3$	+++	++++
$—CH_2CN$		+
$—CH_2Cl$		0
$—CH_2SH$		+
$—CH_2OH$	++	+++
$—CH_2OCH_3$		0
$—CH_2OCOCH_3$	++	+++
$—CH_2OCH_2CH_3$	+	0
$—CH_2N(CH_3)_2$		0
$—CH_2N(CH_2CH_3)_2$		0
$—CH_2COOH$		0
$—CH_2COOCH_3$		+
$—OH$		0
$—OCH_3$		++
$—NO_2$		0
$—NH_2$		+
$—CN$	+	++
$—SH$		+
$—NCO$		+
$—CHO$		+
$—CHOH \cdot CH_3$		0
$—COCH_3$	0	
$—Cl$	++	
$—Br$	0	

Heterocyclen und Fluorenanaloge. Kondensierte heterocyclische Ringsysteme ähneln ihren carbocyclischen Analogen im aromatischen Charakter und in der Struktur weitgehend, und viele polycyclische heterocyclische Verbindungen wirken daher auch krebserzeugend. Strukturelle Ähnlichkeit ist aber keine ausreichende Voraussetzung für carcinogene Aktivität, auch die Stellung des Heteroatoms im Ringsystem ist von Einfluß. Ausführlich sind die den Homologen des 1,2-Benzanthracens entsprechenden *Methylderivate der Benzacridine* untersucht worden[9]. Einige Dimethyl- und Trimethylderivate des *1,2*-Benzacridins (XIV) sind sowohl im Pinselungstest als auch im Injektionstest sehr stark wirksame Verbindungen, während die entsprechenden Derivate des *3,4-Benzacridins* (XV) schwächer oder gar nicht wirksam sind.

Das 2 Stickstoffatome im Ringskelet enthaltende Phenazin und die sich von ihm ableitenden *1,2,3,4-Dibenz-* und *1,2,5,6-Dibenzphenazine* erzeugen ebenso wie

[1] Cook, J. W., and R. Schoental: Brit. J. Cancer **6**, 400 (1952). — [2] Schoental, R., and M. A. Head: Brit. J. Cancer **9**, 457 (1955). — [3] Barry, G., J. W. Cook, G. A. D. Haslewood, C. L. Hewett, I. Hieger and E. L. Kennaway: Proc. R. Soc. London (B) **117**, 318 (1935). — [4] Berenblum, I., and R. Schoental: Cancer Res. **3**, 145 (1943). — [5] Shear, M. J.: Amer. J. Cancer **36**, 211 (1939). — [6] Shear, M. J., J. Leiter and A. Perrault: J. nat. Cancer Inst. **2**, 99 (1941/42). — [7] Shear, M. J.: Amer. J. Cancer **33**, 499 (1938). — [8] Badger, G. M.: Adv. Cancer Res. **2**, 73 (1954). — [9] *Zusammenfassung:* Lacassagne, A., N. P. Buu-Hoi, R. Daudel and F. Zajdela: Adv. Cancer Res. **4**, 315 (1956).

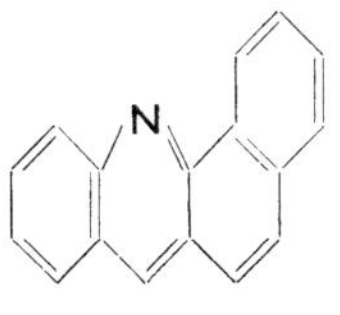

XIV 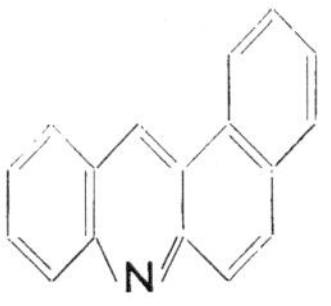 XV 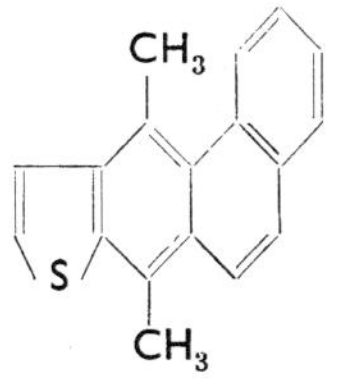 XVI 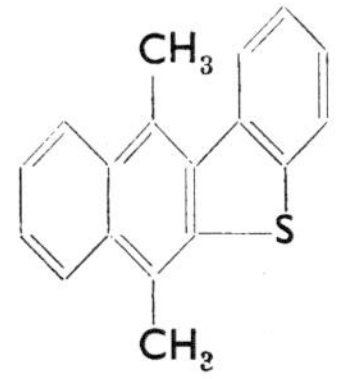 XVII

3-Methylcholanthren bei örtlicher Applikation an der Blase von Ratten Blasentumoren[1].

Der Ersatz eines endständigen Benzolringes beim 9,10-Dimethyl-1,2-benzanthracen durch einen Thiophenring *4,9-Dimethyl-5,6-benzthiophenanthren* (XVI) verursacht kaum einen Wirkungsverlust[2] und auch *4,7-Dimethyl-2,3,5,6-dibenzthionaphthen* (XVII) (Ersatz eines mittelständigen Ringes) besitzt im Pinselungstest noch eine schwache Aktivität[3]. Auch Thiophenanaloge von Dibenzanthracenen wirken stark krebserzeugend[3].

Von den Systemen mit einem fünfgliedrigen, heterocyclischen Ringsystem besitzen die den Dibenzanthracenen analogen *Dibenzcarbazole* besonderes Interesse. *1,2,5,6-Dibenzcarbazol* (XVIII) und *3,4,5,6-Dibenzcarbazol* (XIX) erzeugen bei lokaler Applikation bei der Maus Tumoren der Haut[4]. Das 3,4,5,6-Dibenzcarbazol ruft darüber hinaus nach subcutaner Applikation aber auch bösartige Veränderungen der Leber hervor[5]; es vereinigt in sich somit die krebserzeugenden Eigenschaften der aromatischen Kohlenwasserstoffe und der aromatischen Amine (s. S. 359).

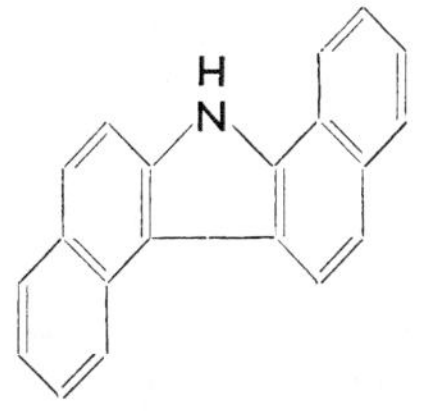

XVIII 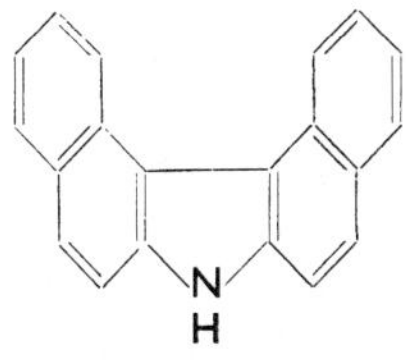 XIX 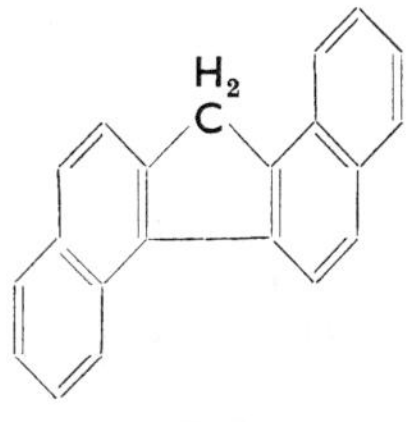 XX 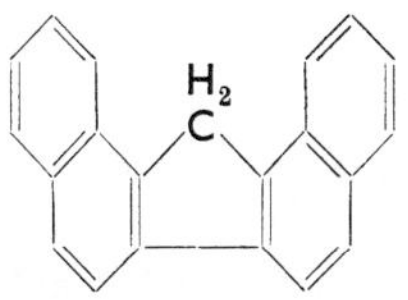 XXI

Auch die den Dibenzanthracenen entsprechenden Dibenzfluorene *1,2,5,6-Dibenzfluoren*[6,7] (XX) und *1,2,7,8-Dibenzfluoren*[7] (XXI) sind noch schwach wirksame Carcinogene. Dieses ist insofern von Bedeutung, da diese beiden Verbindungen wohl ungefähr die gleiche Struktur haben wie die analogen Dibenzanthracene und Dibenzcarbazole, das Zentralkohlenstoffatom aber gesättigt ist und keinen Beitrag zum π-Elektronensystem liefert.

Allgemeine Gesetzmäßigkeiten. Fast alle krebserzeugend wirksamen Kohlenwasserstoffe können nach HEWETT[8] aufgefaßt werden als Abkömmlinge

---

[1] RUDALI, G., H. CHALVET et F. WINTERNITZ: Cr. **240**, 1738 (1955). — [2] DUNLAP, C. E., and S. WARREN: Cancer Res. **1**, 953 (1941). — [3] TILAK, I. B. D.: Proc. Indiana Acad. Sci. **33A**, 131 (1951). — [4] BOYLAND, E., and A. M. BRUES: Proc. R. Soc. London (B) **122**, 429 (1937). — [5] STRONG, L. C., G. M. SMITH and W. U. GARDNER: Yale J. Biol. Med. **10**, 335 (1938). — ANDERVONT, H. B., and J. E. EDWARDS: J. nat. Cancer Inst. **2**, 139 (1941/42). — [6] BACHMANN, W. E., J. W. COOK, A. DANSI, C. G. M. DE WORMS, G. A. D. HASLEWOOD, C. L. HEWETT and A. M. ROBINSON: Proc. R. Soc. London (B) **123**, 343 (1936). — [7] BADGER, G. M., J. W. COOK, C. L. HEWETT, E. L. KENNAWAY, N. M. KENNAWAY, R. H. MARTIN and A. M. ROBINSON: Proc. R. Soc. London (B) **129**, 439 (1940). — [8] HEWETT, C. L.: Soc. **1940**, 293.

des Phenanthrens, welches als solches noch nicht wirksam ist, aber bereits „cancerophore" Eigenschaften[1] besitzt. Erst die Einführung von Methylgruppen oder die Annellierung von Benzolringen in geeigneten Positionen („auxocancerogener" Effekt[1]) führt zu carcinogenen Verbindungen, von denen sehr viele durch die allgemeine Struktur XXII wiedergegeben werden können, wobei die gestrichelten Linien Gruppen oder aromatische Ringe darstellen, die im aktiven Molekül enthalten sein können oder nicht. Die aktiven Kohlenwasserstoffe dürfen aus nicht weniger als 3 und aus nicht mehr als 6 kondensierten Ringen bestehen (s. o.); sie müssen eine ebene Struktur haben[2] und das aromatische System darf nicht gestört sein (s. Einfluß der Hydrierung S. 352). Einflüsse, welche Gestalt, Größe,

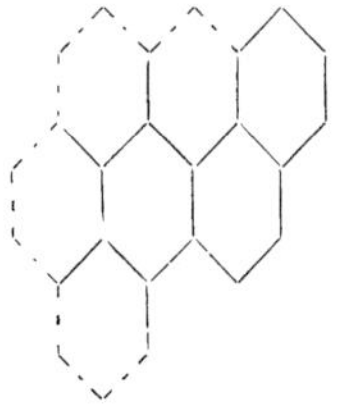

M-Region
L-Region
K-Region

XXII 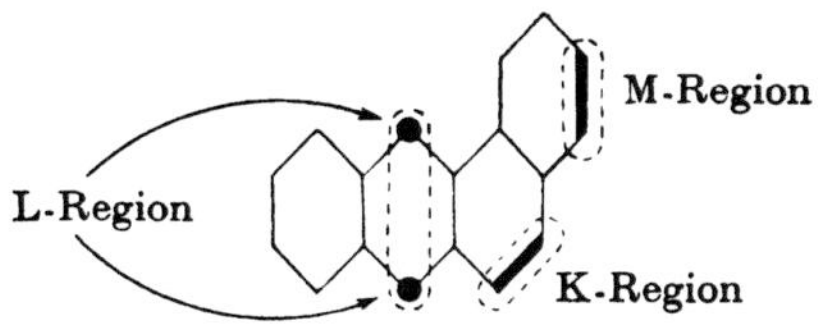 XXIII

Löslichkeit und Reaktionsfähigkeit nicht oder nur wenig verändern, wie der Ersatz eines Kohlenstoffatoms durch ein Heteroatom, wirken sich auf die carcinogene Aktivität meist nur wenig aus.

Schmidt[3] hat erstmalig darauf hingewiesen, daß Beziehungen bestehen zwischen der Dichte der π-Elektronen an bestimmten Stellen der aromatischen Kohlenwasserstoffe und ihrer krebserzeugenden Wirksamkeit (s. a. S. 220); von Bedeutung sind die K-Region und die L-Region (XXIII). Diese beiden Regionen haben auch chemisch die größte Reaktionsfähigkeit. *Die L-Region* (meso-Stellungen) *umfaßt die reaktionsfähigsten Zentren*, an denen Substitutions- oder Additionsreaktionen angreifen[4]. *Die K-Region* (Doppelbindung vom Phenanthrentyp) *stellt die reaktionsfähigste Doppelbindung dar* (s. u.).

Der K-Region, die in fast allen krebserzeugend wirksamen Kohlenwasserstoffen enthalten ist, wird für die Wirkung eine ganz besondere Bedeutung zugesprochen[5]. Quantenmechanische Berechnungen haben ergeben, daß die Werte für die π-Elektronendichte und die Bindungszahl an der K-Region bei den carcinogenen Kohlenwasserstoffen sehr groß sind und einen kritischen Wert überschritten haben müssen, damit ein Kohlenwasserstoff krebserzeugend wirkt[6,7]. Diese Berechnungen finden ihre Bestätigung durch quantitative Untersuchungen der *Reaktion der polycyclischen aromatischen Kohlenwasserstoffe mit Osmiumtetroxyd.* Dieses reagiert unter Anlagerung ausschließlich mit der reaktionsfähigsten Doppelbindung, also mit der K-Region[8] (andere Reagentien dieser Art sind *Ozon*, *Diazoessigester* und *Perbenzoesäure*). Die (colorimetrisch meßbare) Geschwindigkeit der Reaktion mit Osmiumtetroxyd geht weitgehend parallel der π-Elektronendichte und der Bindungszahl an der K-Region und der carcinogenen Wirksamkeit[9].

[1] Druckrey, H.: Z. Krebsforsch. **57**, 70 (1950/51). — Boyland, E.: Acta Un. int. Cancr. Bruxelles **7**, 59 (1950). — [2] Bergmann, F.: Cancer Res. **2**, 660 (1942). — [3] Schmidt, O.: B. **73** (A), 97 (1940). Naturwiss. **29**, 146 (1941). — [4] Fieser, L. F., and E. B. Hershberg: Am. Soc. **60**, 1893, 2542 (1938); **61**, 1565 (1939). — Fieser, L. F., and W. P. Campbell: Am. Soc. **60**, 1142 (1938). — [5] Robinson, R.: Brit. med. J. **1946 I**, 943. — [6] *Zusammenfassungen:* Coulson, C. A.: Adv. Cancer Res. **1**, 1 (1953). — Badger, G. M.: Adv. Cancer Res. **2**, 73 (1954). — [7] Pullman, A., and B. Pullman: Adv. Cancer Res. **3**, 117 (1955). — [8] Cook, J. W., and R. Schoental: Soc. **1948**, 170. — [9] Badger, G. M.: Soc. **1949**, 456; **1950**, 1809. — Badger, G. M., and K. R. Lynn: Soc. **1950**, 1726.

Die Beziehungen zwischen chemischer Reaktionsfähigkeit der *L-Region*, die in vielen wirksamen Kohlenwasserstoffen fehlt, und krebserzeugenden Eigenschaften sind nur begrenzt, und es wird sogar betont, daß zu den Voraussetzungen für die carcinogene Wirkung von aromatischen Kohlenwasserstoffen außer einer sehr aktiven K-Region eine wenig aktive L-Region gehört[1,2].

Für das Verhalten der aromatischen Kohlenwasserstoffe im Stoffwechsel ist ferner noch die neben der K-Region sich befindende *M-Region*[3] von Bedeutung (s. u.). Kohlenwasserstoffe, welche an der *M*-Region einen Substituenten tragen, sind meist unwirksam (vgl. 3'-Methyl- und 4'-Methyl-1,2-benzanthracen).

Alle aromatischen Kohlenwasserstoffe sind ausgezeichnet durch charakteristische *Absorptionsspektren*; Lage und Intensität der Absorptionsbanden hängen von Größe und Art des aromatischen Systems ab[4]. Viele Kohlenwasserstoffe zeigen auch charakteristische *Fluorescenzspektren*. Aber zwischen spektralem Verhalten und krebserzeugender Wirksamkeit haben bisher, abgesehen von Einzelfällen (Absorption[5] und Phosphorescenz[6] bei Derivaten des 1,2-Benzanthracens), noch keine allgemeinen spezifischen Zusammenhänge ergeben. Sowohl Fluorescenz- als auch Absorptionsspektren lassen sich zum Nachweis oder zur Bestimmung von krebserzeugenden Kohlenwasserstoffen verwenden[7]. Untersucht worden sind auch die *Infrarotspektren* polycyclischer Kohlenwasserstoffe; Beziehungen zwischen Spektrum und krebserzeugender Wirksamkeit haben sich bisher aber nicht ergeben[8]. Ähnliches gilt auch für das *magnetische Verhalten*[9]. — Carcinogene Kohlenwasserstoffe vermögen wie phototoxische Farbstoffe die *strahlensensibilisierte O_2-Übertragung* zu katalysieren[10].

4. Verhalten im Stoffwechsel[11].

Aromatische Kohlenwasserstoffe werden vom Organismus zum Teil unverändert, zur Hauptmenge aber in abgewandelter Form im Harn und in den Faeces ausgeschieden. Die jeweils isolierten und identifizierten Umwandlungsprodukte stellen nur einen Teil der verabfolgten Kohlenwasserstoffe dar, der größte Teil wird weiter abgebaut. Wie am Beispiel des *Naphthalins* angeführt sei, können im wesentlichen folgende Typen von Stoffwechselprodukten mit intaktem Kohlenstoffskelet auftreten: *trans-1,2-Dihydroxy-1,2-dihydro-Verbindungen* (XXIV) und ihre Glucuronide, *Phenole* (z. B. XXV) sowie ihre Glucuronide und ihre Schwefelsäureester und *Mercaptursäuren* (XXVI)[12,13]. Ob die Phenole im Organismus ausschließlich aus den 1,2-Dihydroxydihydro-Verbindungen, (Perhydroxylierung), aus denen sie sich unter milden Bedingungen durch Wasserabspaltung (Erwärmen mit verdünnten Säuren) darstellen lassen, oder ob sie auch durch direkte Hydroxylierung aus den Kohlenwasserstoffen entstehen, ist noch nicht geklärt[13,14].

---

[1] PULLMAN, A., and B. PULLMAN: Adv. Cancer Res. **3**, 117 (1955). — [2] PULLMAN, A.: Bull. Soc. Chim. France **1954**, 595. — [3] PULLMAN, B., et J. BAUDET: Cr. **238**, 964 (1954). — [4] *Zusammenfassung:* CLAR, E.: Aromatische Kohlenwasserstoffe. 2. Aufl. Berlin, Göttingen, Heidelberg 1952. — [5] JONES, R. N.: Am. Soc. **62**, 148 (1940). — IVERSEN, S.: A Possible Correlation Between Absorption Spectra and Carcinogenity. Kopenhagen 1949. — [6] MOODIE, M. M., and C. REID: Brit. J. Cancer **8**, 380 (1954). — [7] *Zusammenfassung:* BERENBLUM, I., E. R. HOLIDAY and E. M. JOPE: Brit. med. Bull. **4**, 326 (1946/47). — [8] ORR, S. F. D., and H. W. THOMPSON: Soc. **1950**, 218. — [9] RONDONI, P., G. MAYR and E. GALLICO: Exper. **5**, 357 (1949). — [10] SCHENCK, G. O.: Strahlentherapie Sonderbd. **37**, 123 (1957). — [11] *Zusammenfassungen:* BADGER, G. M.: Brit. J. Cancer **2**, 309 (1948). — BOYLAND, E.: Ann. Rev. **18**, 217 (1949). Biochem. Soc. Symp. **5**, 40 (1950). — COOK, J. W.: Soc. **1950**, 1210. — DANNENBERG, H.: Neue med. Welt **1950**, 1374. — [12] YOUNG, L.: Biochem. J. **41**, 417 (1947). — BOOTH, J., and E. BOYLAND: Biochem. J. **44**, 361 (1949). — [13] CORNER, E. D. S., and L. YOUNG: Biochem. J. **58**, 647 (1954); **61**, 132 (1955). — BOYLAND, E., and J. B. SOLOMON: Biochem. J. **59**, 518 (1955). — [14] SMITH, J. N.: Biochem. Soc. Symp. **5**, 15 (1950).

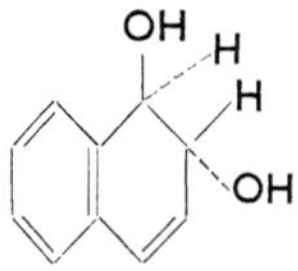

XXIV 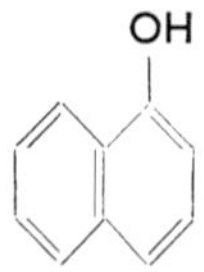 XXV 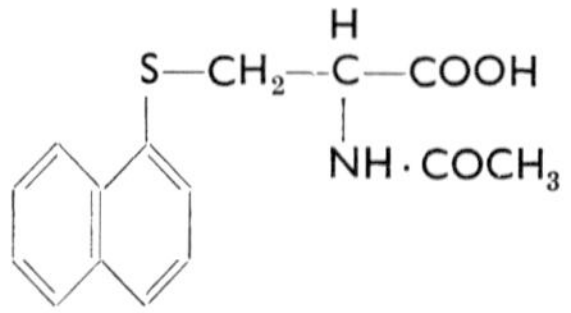 XXVI

Die *Mercaptursäuren* besitzen wahrscheinlich keine Bedeutung als Ausscheidungsprodukte der höheren aromatischen, insbesondere krebserzeugenden Kohlenwasserstoffe. 3,4-Benzpyren und 1,2,5,6-Dibenzanthracen werden im Gegensatz zu Benzol, Naphthalin und Anthracen nicht in Form der Mercaptursäure ausgeschieden[1].

Von größerer Bedeutung als Stoffwechselprodukte sind die *trans-1,2-Dihydroxy-1,2-dihydro-Verbindungen* und die entsprechenden *Phenole*, doch scheint kein Unterschied zu bestehen zwischen dem Verhalten der krebserzeugend wirksamen und demjenigen der unwirksamen Kohlenwasserstoffe im Stoffwechsel. Die 1,2-Dihydroxydihydro-Verbindungen sind besonders nach Verabfolgung von *Naphthalin, Anthracen* und *Phenanthren* an Versuchstiere (Maus, Ratte, Kaninchen) isoliert worden, während bei den höheren aromatischen Kohlenwasserstoffen die entsprechenden Phenole ausgeschieden werden, was auf den größeren Gewinn an Resonnanzenergie bei der Aromatisierung der höher kondensierten Aromaten zurückgeführt wird[2]. 1,2-Benzanthracen wird vom Organismus übergeführt in *4'-Hydroxy-1,2-benzanthracen*[3] (XXVII, R = H), 9,10-Dimethyl-1,2-benzanthracen in *4'-Hydroxy-9,10-dimethyl-1,2-benzanthracen*[4] (XXVII, R = CH_3), Chrysen in *3'-Hydroxychrysen*[5] (XXVIII), 3,4-Benzpyren in *8-Hydroxy-3,4-benzpyren* (XXX) und *10-Hydroxy-3,4-benzpyren*[6] und 1,2,5,6-Dibenzanthracen in *4',8'-Dihydroxy-1,2,5,6-dibenzanthracen*[7] (XXXI).

3,4-Benzpyren wird bei Mäusen nach Pinselung in der Haut zuerst umgewandelt in Derivate des *8,9-Dihydroxy-8,9-dihydro-3,4-benzpyrens* (XXIX), welche dann in Derivate des 8-Hydroxy-3,4-benzpyrens und in dieses selbst übergehen[8] (vgl. dazu[9]). Die gleichen Metabolite lassen sich auch in der Leber von Mäusen und Ratten nach intravenöser Injektion von 3,4-Benzpyren nachweisen (Bestimmung in verschiedenen Zellfraktionen[10]).

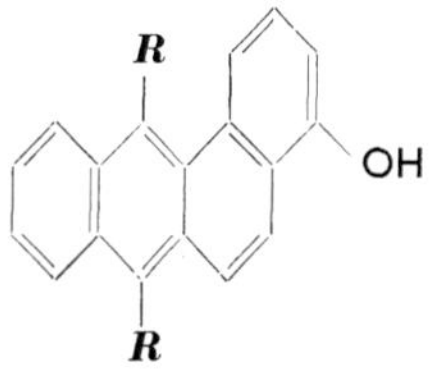

XXVII 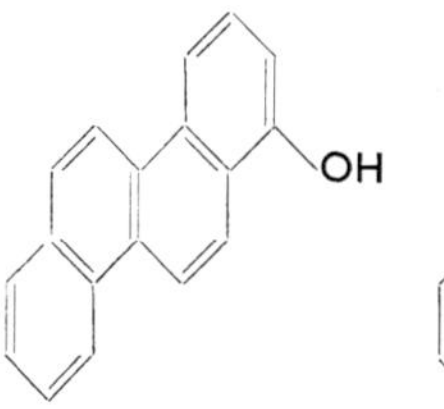 XXVIII 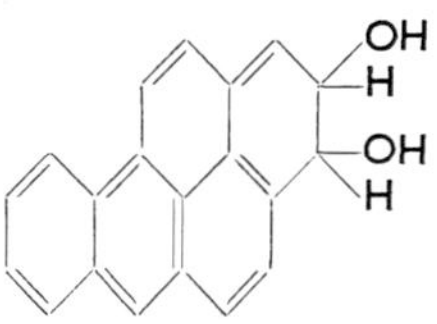 XXIX 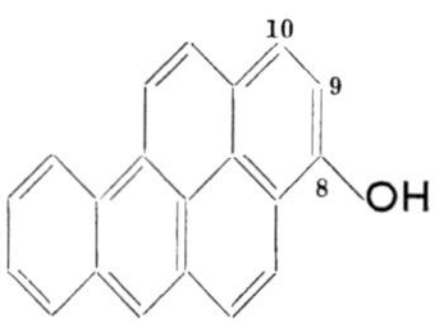 XXX

[1] Elson, L. A., F. Goulden and F. L. Warren: Biochem. J. **39**, 301 (1945). Brit. J. Cancer **1**, 80 (1947). — Gutmann, H. R., and J. L. Wood: Cancer Res. **10**, 8, 701 (1950). — [2] Pullman, B.: Cr. **238**, 1935 (1954). — [3] Berenblum, I., and R. Schoental: Cancer Res. **3**, 686 (1943). — [4] Dickens, F.: 22nd Ann. Rep. brit. Emp. Cancer Camp. S. 53 (1945). — [5] Berenblum, I., and R. Schoental: Biochem. J. **39**, LXIV (1945). — [6] Berenblum, I., D. Crowfoot, E. R. Holiday and R. Schoental: Cancer Res. **3**, 151 (1943). — Berenblum, I., and R. Schoental: Cancer Res. **6**, 699 (1946). — [7] Boyland, E., A. A. Levi, E. H. Mawson and E. Roe: Biochem. J. **35**, 184 (1941). — Dobriner, K., C. P. Rhoads and G. I. Lavin: Cancer Res. **2**, 95 (1942). — [8] Weigert, F., and J. C. Mottram: Cancer Res. **6**, 97, 109 (1946). — Weigert, F., G. Calcutt and A. K. Powell: Brit. J. Cancer **1**, 405 (1947). — [9] Berenblum, I., and R. Schoental: Science, N.Y. **122**, 470 (1955). — [10] Calcutt, G., and S. Payne: Nature **174**, 841 (1954). Brit. J. Cancer **8**, 554, 561, 710 (1954); **9**, 426 (1955).

Die Hydroxyverbindungen mit intakter polycyclischer Struktur sind nicht die Endprodukte der Umwandlung der Kohlenwasserstoffe im Stoffwechsel, sondern es erfolgt ein weiterer Abbau unter oxydativer Sprengung des Ringsystems. So kann nach Verabfolgung von 1,2,5,6-Dibenzanthracen auch *5-Hydroxy-1,2-naphthalindicarbonsäure* (XXXII) isoliert werden; diese entsteht sehr wahrscheinlich aus dem *4',8'-Dihydroxy-1,2,5,6-dibenzanthracen* (XXXI) über das *4',8'-Dihydroxy-1,2,5,6-dibenzanthracenchinon-(9,10)* als Zwischenprodukt (Untersuchungen mit ^{14}C-markiertem 1,2,5,6-Dibenzanthracen)[1]:

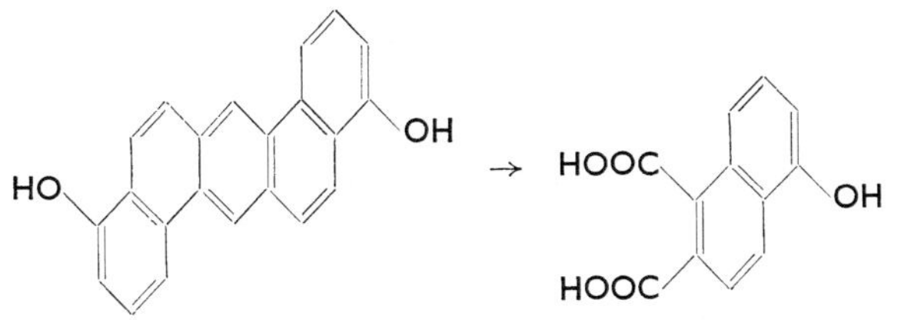

HO, OH → HOOC, HOOC, OH

XXXI XXXII

Die Umwandlung der verschiedenen Kohlenwasserstoffe erfolgt nicht bei allen Tieren gleichartig. Die Stoffwechselprodukte können sich stereochemisch voneinander unterscheiden (optisch aktives bzw. racemisches *trans*-1,2-Dihydroxy-1,2 dihydronaphthalin bei Ratten und Kaninchen). Die Umwandlungsprodukte als solche können verschieden sein (verschiedene Dihydroxy-1,2,5,6-dibenzanthracene bei Mäusen und Ratten einerseits und Kaninchen andererseits) oder die Mengenverhältnisse der Umwandlungsprodukte können verschieden sein (8-Hydroxy- und 10-Hydroxy-3,4-benzpyren bei Ratten und Kaninchen). Die Unterschiede im Stoffwechsel können vielleicht ein Ausdruck sein für das verschiedene Verhalten der einzelnen Tierarten gegenüber der carcinogenen Wirkung der einzelnen Kohlenwasserstoffe.

Das Verhalten der polycyclischen aromatischen Kohlenwasserstoffe gewinnt an Bedeutung, wenn man die biologischen Umwandlungsprodukte (Dihydroxy-dihydro-Verbindungen und Phenole) mit den Produkten vergleicht, die bei chemischen Reaktionen entstehen. Die biologische Oxydation greift weder an den reaktionsfähigsten Zentren (L-Region) noch an der reaktionsfähigsten Doppelbindung (K-Region) an, sondern an der sich neben der K-Region befindenden M-Region (s. XXIII, S. 354). Dieses spricht dafür, daß sich primär ein Komplex

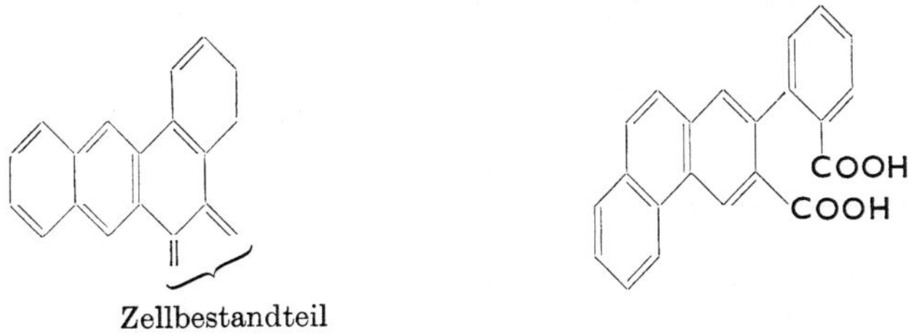

Zellbestandteil COOH COOH

XXXIII XXXIV

zwischen einem Bestandteil der Zelle und dem Kohlenwasserstoff an dessen K-Region bildet (XXXIII, s. dazu[2]) und daß an diesem Komplex die biologische Oxydation stattfindet.

[1] *Zusammenfassung:* HEIDELBERGER, C.: Adv. Cancer Res. **1**, 273 (1953). — [2] PULLMAN, B., et J. BAUDET: Cr. **238**, 964 (1954). — PULLMAN, A., et B. PULLMAN: Bull. Soc. chim. France **1954**, 1097.

Diese Auffassung wird gestützt durch die Auffindung von Komplexen zwischen löslichen und strukturgebundenen Proteinen und polycyclischen Kohlenwasserstoffen (bzw. Umwandlungsprodukten dieser Kohlenwasserstoffe) nach Pinselung der Haut lebender Mäuse[1]. Derartige „*Kohlenwasserstoff*"-*Protein-Komplexe* wurden zuerst beim 3,4-Benzpyren[2], dann beim 1,2,5,6-Dibenzanthracen[3] gefunden. Spätere Versuche mit ^{14}C-markierten Kohlenwasserstoffen haben ergeben, daß die Bindung an Eiweiß der Haut meist um so stärker ist, je stärker krebserzeugend der Kohlenwasserstoff ist[4] (Bestimmungen auf Grund der Fluorescenz liefern zum Teil widersprechende Ergebnisse[5]). Bei der mit 1,2,5,6-Dibenzanthracen behandelten Haut liegt ein Teil des proteingebundenen „Kohlenwasserstoffs" als *2-Phenyl-phenanthrendicarbonsäure-(3,2')*[6] (XXXIV) vor, deren Carboxylgruppen amidartig mit Eiweiß verknüpft sind[7] (Versuche zur Strukturaufklärung beim 3,4-Benzpyren-Protein-Komplex vgl.[8]). Diese Umwandlung des 1,2,5,6-Dibenzanthracens bedeutet Oxydation und Bindung an Eiweiß an der K-Region.

Welche der bisher bekannten Stoffwechselreaktionen der krebserzeugenden Kohlenwasserstoffe lediglich Entgiftungsprozesse sind und welche für die Umwandlung der normalen Zellen in Krebszellen von Bedeutung sind, ist noch offen. Die bisher isolierten hydroxylierten Stoffwechselprodukte sind alle unwirksam oder viel schwächer wirksam als die Kohlenwasserstoffe selbst. Besonderes Interesse für den Cancerisierungsprozeß wird der Reaktion der Kohlenwasserstoffe mit Sulfhydrylgruppen[9] und den „Kohlenwasserstoff"-Protein-Komplexen entgegengebracht. Die Bindung an Protein aber scheint eine notwendige, doch keine ausreichende Bedingung für die carcinogene Wirkung eines polycyclischen Kohlenwasserstoffs zu sein.

β) Aromatische Amine[10].

1. Historisches.

Die Untersuchungen über die krebserzeugenden polycyclischen Kohlenwasserstoffe haben einen gemeinsamen Ausgangspunkt: die krebserzeugende Wirkung des Teers, die schließlich zur Isolierung des 3,4-Benzpyrens geführt hat. Im Zusammenhang mit dieser Entdeckung stand die systematische Darstellung und Prüfung unzähliger aromatischer Kohlenwasserstoffe. Die krebserzeugende Wirkung der aromatischen Amine wurde dagegen bei den einzelnen Typen auf ganz verschiedenen Wegen entdeckt, und erst in neuerer Zeit scheinen sich für alle Typen gemeinsame Konstitutionsmerkmale abzuzeichnen.

Bei Arbeitern einer Fuchsinfabrik wurde von REHN 1895[11] ein häufiges Auftreten von Blasenkrebs festgestellt, wofür Anilin als Ursache angenommen wurde (*Anilinkrebs*). Blasenkrebs ist seitdem häufig als Berufskrankheit gefunden

[1] *Zusammenfassung:* MAY, M. S.: Bull. Ass. franç. Cancer **42**, 463 (1955). — [2] MILLER, E. C.: Cancer Res. **11**, 100 (1951). — [3] WIEST, W. G., and C. HEIDELBERGER: Cancer Res. **13**, 250 (1953). — [4] HEIDELBERGER, C., and M. G. MOLDENHAUER: Cancer Res. **16**, 442 (1956). — [5] WOODHOUSE, D. L.: Brit. J. Cancer **8**, 346 (1954). — MOODIE, M. M., C. REID and C. A. WALLICK: Cancer Res. **14**, 367 (1954). — [6] BHARGAVA, P. M., H. I. HADLER and C. HEIDELBERGER: Am. Soc. **77**, 2877 (1955). — [7] BHARGAVA, P. M., and C. HEIDELBERGER: Am. Soc. **78**, 3671 (1956). — [8] TARBELL, D. S., E. G. BROOKER, P. SEIFERT, A. VANTERPOOL, C. J. CLAUS and W. CONWAY: Cancer Res. **16**, 37 (1956). — [9] *Zusammenfassung:* RONDONI, P.: Adv. Cancer Res. **3**, 171 (1955). — [10] *Zusammenfassungen:* MILLER, E. (C.) u. J. (A.) MILLER: Die Biochemie der Krebsentstehung in der Leber. Berlin, Herne i. W. 1952. — J. nat. Cancer Inst. **15**, Suppl. 1571 (1955). — BADGER, G. M., and G. E. LEWIS: Brit. J. Cancer **6**, 270 (1952). — BADGER, G. M.: Brit. J. Cancer **10**, 330 (1956). — [11] REHN, L.: Arch. klin. Chir. **50**, 588 (1895).

worden[1]. Verantwortlich für diese Wirkung sind vor allem wohl *β-Naphthylamin*, *4-Aminodiphenyl* und *Benzidin* (Formeln s. S. 361 und 362).

Die Entdeckung krebserzeugender Azofarbstoffe geht auf Arbeiten von B. FISCHER[2] zurück, der mit Scharlachrot (XLV s. S. 364) bei Kaninchen atypische Wucherungen erzielte. Als wirksamer Bestandteil des Scharlachrotmoleküls wurde von HAYWARD[3] das *4-Amino-3,2'-dimethylazobenzol (o-Aminoazotoluol)* (XLVI s. S. 364) erkannt, aber erst YOSHIDA[4] hat mit dieser Verbindung bei Ratten nach Verfütterung Lebertumoren erzeugen können. Die anschließende Untersuchung verwandter Verbindungen führte dann 1936 durch KINOSITA[5] zur Auffindung des für Ratten viel stärker wirksamen *4-Dimethylaminoazobenzols* (XLIV, s. S. 364) (auch *Buttergelb* genannt, da es früher zur Färbung von Butter verwandt wurde).

Das *4-Dimethylaminostilben* (XLII, s. S. 362) und seine Derivate wurden als carcinogen erkannt auf Grund der hemmenden Wirkung, welche sie auf das Wachstum von Impftumoren ausüben[6]. Die *Parallelität zwischen krebserzeugender Wirkung und wachstumshemmender Wirkung auf Impftumoren* ist bereits früher bei den polycyclischen aromatischen Kohlenwasserstoffen beobachtet worden[7]; sie gilt auch für andere carcinogene Agentien (Urethan, Stickstofflost und ionisierende Strahlen), und nach HADDOW sind beide Wirkungen ursächlich miteinander verknüpft[8].

Mehr zufällig ist die krebserzeugende Wirkung des *2-Acetaminofluorens* (XXXIX, s. S. 361), eines der wichtigsten Vertreter dieses Abschnittes durch WILSON, DE EDS u. COX[9] im Verlaufe von Prüfungen der insekticiden Wirksamkeit und der Toxicität an Ratten entdeckt. Ähnliches gilt für den synthetischen Farbstoff *Styryl 430* (XLIII, s. S. 363), der ursprünglich auf trypanocide Wirksamkeit geprüft wurde, wobei seine carcinogene Eigenschaft bei der Maus gefunden wurde[10].

2. Biologische Aktivität[11].

Die krebserzeugenden aromatischen Amine unterscheiden sich von den krebserzeugenden aromatischen Kohlenwasserstoffen grundlegend darin, daß sie nicht wie diese lokal wirken und Tumoren am Ort der Applikation erzeugen, sondern auf Grund ihrer größeren Löslichkeit eine *resorptive Wirkung* zeigen. Tumoren, die als Folge oraler oder subcutaner Verabfolgung (bei manchen Stoffen auch nach Pinselung) von aromatischen Aminen auftreten, sind häufig an bestimmten Organen lokalisiert, z. B. an der Leber (4-Dimethylaminoazobenzol und seine Verwandten bei der Ratte) oder an der Blase (β-Naphthylamin und 4-Aminodiphenyl beim Hund); manche Verbindungstypen (2-Acetaminofluoren, 4-Dimethylaminostilben) erzeugen aber auch beim gleichen Versuchstier Tumoren in ganz verschiedenen Geweben.

Die *Ernährung* hat bei manchen aromatischen Aminen einen größeren Einfluß auf die Entstehung der Tumoren als bei den aromatischen Kohlenwasserstoffen[12].

[1] MÜLLER, A.: Schweiz. med. Wschr. **79**, 445 (1949). — *Zusammenfassung:* GOLDBLATT, M. W.: Brit. med. Bull. **4**, 405 (1946/47). — [2] FISCHER, B.: M. m. W. **1906 II**, 2041. — [3] HAYWARD, E.: M. m. W. **1909 II**, 1836. — [4] SASAKI, T., u. T. YOSHIDA: Virchows Arch. **295**, 175 (1935). — [5] KINOSITA, R.: Gann, Tokyo **30**, 423 (1936). — [6] HADDOW, A., R. J. C. HARRIS, G. A. R. KON and E. M. F. ROE: Phil. Trans. R. Soc. London (A) **241**, 147 (1948). — [7] HADDOW, A., and A. M. ROBINSON: Proc. R. Soc. London (B) **122**, 442 (1937); **127**, 277 (1939). — [8] HADDOW, A., and G. A. R. KON: Brit. med. Bull. **4**, 314 (1946/47). — [9] WILSON, R. H., F. DE EDS and A. J. COX jr.: Cancer Res. **1**, 595 (1941). — [10] BROWNING, C. H., R. GULBRANSEN and J. S. F. NIVEN: J. Path. Bacteriology **42**, 155 (1936). — [11] *Zusammenfassungen:* ORR, J. W.: Brit. med. Bull. **4**, 385 (1946/47). — BERENBLUM, I.: Adv. Cancer Res. **2**, 129 (1954). — [12] *Zusammenfassungen:* TANNENBAUM, A., and H. SILVERSTONE: Adv. Cancer Res. **1**, 451 (1953). — ORR, J. W.: Brit. med. Bull. **4**, 385 (1946/47).

Besonders beim 4-Dimethylaminoazobenzol ist die Latenzzeit der Entstehung von Lebertumoren bei der Ratte abhängig von der Art und Zusammensetzung des Futters, weswegen für vergleichende Untersuchungen synthetische oder halbsynthetische Diäten kontrollierter Zusammensetzung bevorzugt werden. Die stärkste Beeinflussung wird durch *Vitamin* B_2 (Riboflavin) ausgeübt, welches die Tumorentstehung verzögert[1]. Im Gegensatz zum 4-Dimethylaminoazobenzol scheint beim 2-Acetaminofluoren die carcinogene Wirksamkeit durch Vitamin B_2 weniger beeinflußt zu werden[2]. Durch die Diät kann aber nicht nur die Latenzzeit der Tumorentstehung beeinflußt werden, es kann auch die Spezifität der Tumorentstehung für ein bestimmtes Gewebe beeinflußt werden. So entstehen bei Verfütterung von 2-Acetaminofluoren an Ratten bei gleichzeitigem Zusatz von *Tryptophan*[3], *Indol* oder *Indolessigsäure*[4] Blasentumoren, die ohne Tryptophanzusatz nicht entstehen (Lebertumoren treten in beiden Fällen auf). Bei intraperitonealer Injektion von 4-Dimethylaminostilben begünstigt eiweißarme Diät das frühzeitige Auftreten von Cholangiomen; bei eiweißreicher Diät entstehen dagegen meist extrahepatische Geschwülste[5]. Analog den Versuchen mit carcinogenen Kohlenwasserstoffen (s. S. 349) verzögert bei den krebserzeugenden aromatischen Aminen (3'-Methyl-4-dimethylaminoazobenzol) Hypohpysektomie die Entstehung von Lebertumoren[6]; durch Verabfolgung von Hypophysenwachstumshormon oder ACTH wird dieser Effekt aufgehoben[7]. Bei Verabfolgung von Diacetylaminofluoren an die Ratte wird wohl die Entstehung von Lebertumoren, nicht aber diejenige von Gesichtstumoren durch Hypophysektomie beeinflußt[8].

Die krebserzeugende Wirkung des 4-Dimethylaminoazobenzols ist nach Dauerfütterungsversuchen an Ratten eine Funktion der Menge und unabhängig von der Zeit, d. h. bei der Entstehung von Lebertumoren unter der Wirkung von 4-Dimethylaminoazobenzol ist das Produkt aus der täglichen Dosis (c) und der Zeit (t), während welcher es verabfolgt wird, konstant ($c \cdot t =$ konst.)[9]. (Die zahlenmäßige Größe der benötigten Gesamtdosis hängt vom verwendeten Rattenstamm und von den Versuchsbedingungen ab; sie kann zwischen 350 mg[10] und 1200 mg 4-Dimethylaminoazobenzol je Ratte betragen.) Diese Gesetzmäßigkeit gilt offenbar auch für andere krebserzeugende Agentien (aromatische Kohlenwasserstoffe, Röntgenstrahlen), und es folgt aus ihr, *daß die krebserzeugenden Effekte kleinster Einzeldosen über die ganze Lebenszeit der behandelten Individuen voll summationsfähig sind; die einzelnen Schädigungen bleiben irreversibel.* Die carcinogenen Agentien sind *Summationsgifte* und nicht Konzentrationsgifte. Dieses Ergebnis ist für den Wirkungsmechanismus der krebserzeugenden Agentien von Bedeutung[11].

3. Konstitution und Wirksamkeit.

Die einfachen aromatischen Amine *Anilin*[12] (XXXV) und die drei isomeren N-*Dimethyl-toluidine*[13] zeigen in reiner Form bei der Ratte noch keine krebs-

[1] KENSLER, C. J., K. SUGIURA, N. F. YOUNG, C. R. HALTER and C. P. RHOADS: Science, N. Y. **93**, 308 (1941). — [2] HARRIS, P. N.: Cancer Res. **7**, 88 (1947). — [3] DUNNING, W. F., M. R. CURTIS and M. E. MAUN: Cancer Res. **10**, 454 (1950). — BOYLAND, E., J. HARRIS and E. S. HORNING: Brit. J. Cancer **8**, 647 (1954). — [4] DUNNING, W. F., and M. R. CURTIS: Proc. amer. Ass. Cancer Res. **2**, 197 (1957). — [5] ELSON, L. A.: Brit. J. Cancer **6**, 392 (1952). — [6] LI, C. H.; nach C. HEIDELBERGER: Ann. Rev. **25**, 573 (1956). — [7] ROBERTSON, C. H., M. A. O'NEAL, A. C. GRIFFIN and H. L. RICHARDSON: Cancer Res. **13**, 776 (1953). — ROBERTSON, C. H., M. A. O'NEAL, H. L. RICHARDSON and A. C. GRIFFIN: Cancer Res. **14**, 549 (1954). — [8] O'NEAL, M. A., and A. C. GRIFFIN: Proc. amer. Ass. Cancer Res. **2**, 236 (1957). — [9] DRUCKREY, H., u. K. KÜPFMÜLLER: Z. Naturforsch. **3b**, 254 (1948). — [10] WHITE, J., and R. R. HEIN: J. nat. Cancer Inst. **12**, 23 (1951/52). — [11] DRUCKREY, H.; in PIRWITZ, J. (Hrsg.): Grundlagen und Praxis chemischer Tumorbehandlung. S. 1. Berlin, Göttingen, Heidelberg 1954. — [12] DRUCKREY, H.: A. e. P. P. **210**, 137 (1950). — [13] DRUCKREY, H., D. SCHMÄHL u. A. REITER: Arzneim.-Forsch. **4**, 365 (1954).

erzeugende Wirkung. Diese tritt erst dann auf, wenn das aromatische System erweitert wird. Diese Erweiterung kann entweder durch Annellierung oder durch Substitution, vor allem in p-Stellung erfolgen, und man kann dementsprechend 2 Haupttypen von carcinogenen aromatischen Aminen unterscheiden: 1. die *kondensierten aromatischen Amine* und 2. die *linearen aromatischen Amine.* Methylgruppen können bei den linearen aromatischen Aminen in bestimmten Stellungen die Wirksamkeit, ähnlich wie bei den polycyclischen aromatischen Kohlenwasserstoffen, erhöhen.

Zu den kondensierten aromatischen Aminen mit krebserzeugender Wirkung gehören *β-Naphthylamin* (XXXVI) (Blasentumoren bei Kaninchen[1] und Hunden[2], Sarkome und Hepatome bei der Maus[3-5], Hepatome bei der Ratte[4]) (2-Amino-naphthol-(1) s. S. 367), *β-Anthramin* (XXXVII) (Hepatome bei Mäusen[6], Carcinome bei Mäusen[7] und Ratten[7, 8] nach Pinselung) und *2-Acetaminophenanthren* (XXXVIII) (vor allem Mammacarcinome bei weiblichen Ratten[9] und leukämogene Wirkung[10] nach Verfütterung). Alle anderen stellungsisomeren Amine des Naphthalins und des Anthracens sind unwirksam (ebenso wie 1-Acetamino- und 2-Acetaminopyren[9]); dagegen ist das *3-Acetaminophenanthren* ähnlich wirksam wie die 2-Acetamino-Verbindung[9].

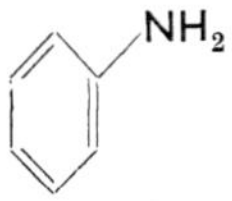

NH_2 XXXV

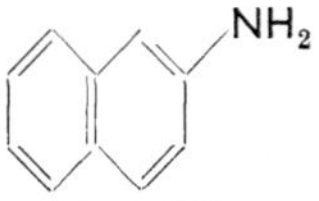

NH_2 XXXVI

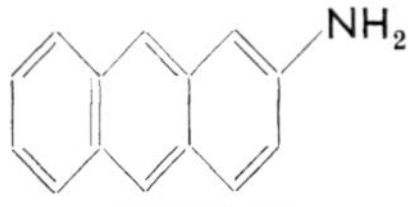

NH_2 XXXVII

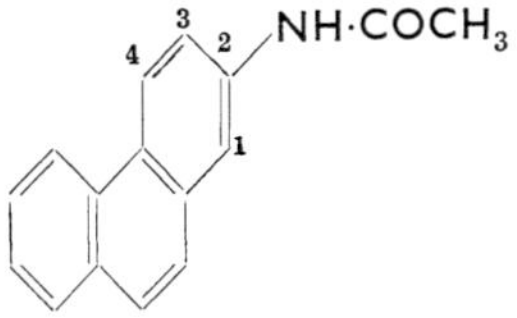

$NH \cdot COCH_3$ XXXVIII

H_2C $NH \cdot COCH_3$ XXXIX

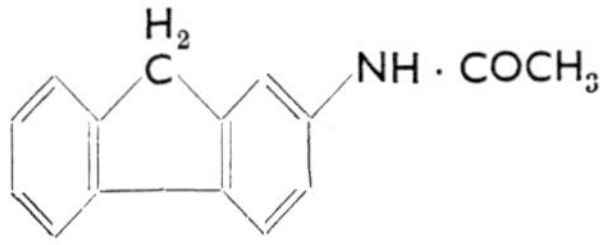

Den Übergang von den kondensierten aromatischen Aminen zu den linearen aromatischen Aminen bildet das *2-Acetaminofluoren* (XXXIX). Dieses weist eine besondere Vielseitigkeit der Blastogenese auf; es erzeugt bei verschiedenen Tierarten sowohl nach Verfütterung als auch nach Injektion oder Pinselung Tumoren der verschiedensten Lokalisation[9, 11] (Leber- und Blasentumoren beim Hund s. [12]). Die 2-Acetaminogruppe kann ersetzt werden durch die Aminogruppe, die Nitrogruppe (s. a. S. 363) (welche im Organismus wohl zur Aminogruppe reduziert wird), die Diacetaminogruppe[13, 14], die Monomethylamino- und die

[1] PERLMANN, S., u. W. STAEHLER: Kli. Wo. **1932 II**, 1955. — [2] HUEPER, W. C., F. H. WILEY, H. D. WOLFE, K. E. RANTA, M. F. LEMING and F. R. BLOOD: J. industr. Hyg. **20**, 46 (1938). [C. A. **32**, 2604[3]]. — [3] HACKMANN, C.: Z. Krebsforsch. **58**, 56 (1951/52). — [4] BONSER, G. M., D. B. CLAYSON, J.W. JULL and L. N. PYRAH: Brit. J. Cancer **6**, 412 (1952). — [5] BONSER, G. M., D. B. CLAYSON, J. W. JULL and L. N. PYRAH: Brit. J. Cancer **10**, 533 (1956). — [6] SHEAR, M. J.: J. biol. Ch. **123**, cviii (1938). — [7] LENNOX, B.: Brit. J. Cancer **9**, 631 (1955). — [8] BIELSCHOWSKY, F.: Brit. J. exp. Path. **27**, 54 (1946). — [9] MILLER, J. A., R. B. SANDIN, E. C. MILLER and H. P. RUSCH: Cancer Res. **15**, 188 (1955). — [10] HARTMANN, H. A., E. C. MILLER, F. K. MORRIS and O. O. MEYER: Proc. amer. Ass. Cancer Res. **2**, 211 (1957). — [11] *Zusammenfassung:* BIELSCHOWSKY, F.: Brit. med. Bull. **4**, 382 (1946/47). — [12] MORRIS, H. P., and W. H. EYESTONE: J. nat. Cancer Inst. **13**, 1139 (1952/53). — [13] MORRIS, H. P., C. S. DUBNIK and J. M. JOHNSON: J. nat. Cancer Inst. **10**, 1201 (1949/50). — [14] MORRIS, H. P.: J. nat. Cancer Inst. **15**, 1535 (1954/55).

Dimethylaminogruppe[1], ohne daß die carcinogene Wirkung verlorengeht; die hepatocarcinogene Wirksamkeit dieser Verbindungen ist verschieden[2]. Auch diejenigen Verbindungen, in denen die 9-Methylengruppe (Brückenkohlenstoffatom) durch Sauerstoff[3], Schwefel oder die Sulfoxydgruppe ersetzt ist, sind noch wirksam[2,4]. Die carcinogene Wirksamkeit des 2-Acetaminofluorens wird noch verstärkt, wenn eine weitere Acetaminogruppe oder ein Fluoratom in 7-Stellung (also in p'-Stellung, bezogen auf die direkte Verknüpfung der aromatischen Ringe) eingeführt wird: *2,7-Bisacetaminofluoren*[5] bzw. *7-Fluor-2-acetaminofluoren*[2,6,7]. Eine Änderung der Stellung der Acetaminogruppen am Fluorenskelet führt dagegen zum Verlust der Wirkung[8].

Von den *linearen aromatischen Aminen* wirkt das *4-Aminodiphenyl* (XL, R = H) tumorerzeugend bei der Ratte[9] und beim Hund (Blasentumoren)[10,11], und diese Wirksamkeit wird noch verstärkt durch Einführung von Methylgruppen: *3,2'-Dimethyl-4-aminodiphenyl* (XL, R= CH_3), wobei der Substitution in 3-Stellung eine besondere Bedeutung zugemessen wird[9,12]. *4-Acetylamino-diphenyl*[2,13,14] und *4-Dimethylamino-diphenyl*[13] erzeugen bei Verfütterung bei weiblichen Ratten vorwiegend Mammacarcinome, nur selten Tumoren an anderen Stellen des Organismus, während die Fluorverbindungen *4'-Fluor-4-aminodiphenyl*[15] und *4'-Fluor-4-acetylamino-diphenyl*[13,14] eine viel allgemeinere krebserzeugende Wirkung haben. Vom 4-Amino-diphenyl leitet sich ferner ab durch Einführung einer weiteren Aminogruppe in 4'-Stellung das *Benzidin* (XLI) (wirksam bei Ratte und Hund[16]) (weitere krebserzeugende Derivate des Amino-diphenyls und des Benzidins s.[13], s. a. S. 366). 4-Aminodiphenyl, Benzidin und β-Naphthylamin, die alle beim Hund Blasentumoren hervorrufen, werden verantwortlich gemacht für den „Anilinkrebs“ bei Arbeitern der Anilin und Azofarbstoffindustrie.

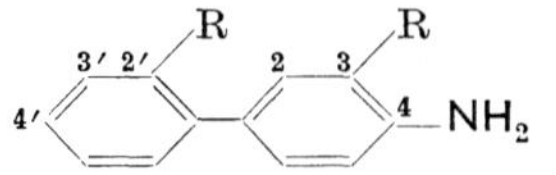

R R 3' 2' 2 3 4' 4 NH_2

XL

H_2N — — NH_2

XLI

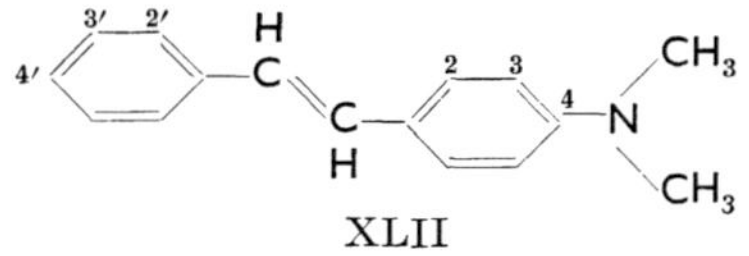

3' 2' 4' H C C H 2 3 4 N CH_3 CH_3

XLII

Die carcinogene Wirksamkeit des 4-Aminodiphenyls bleibt erhalten oder wird sogar noch verstärkt, wenn zwischen den beiden Benzolringen eine Äthylenbrücke

---

[1] Bielschowsky, F., and M. Bielschowsky: Brit. J. Cancer **6**, 89 (1952). — [2] Miller, J. A., R. B. Sandin, E. C. Miller and H. P. Rusch: Cancer Res. **15**, 188 (1955). — [3] Hackmann, C.: Z. Krebsforsch. **61**, 45 (1956). — [4] Miller, E. C., J. A. Miller, R. B. Sandin and R. K. Brown: Cancer Res. **9**, 504 (1949). — [5] Morris, H. P., and C. S. Dubnik: Cancer Res. **10**, 233 (1950). — [6] Morris, H. P.: J. nat. Cancer Inst. **15**, 1535 (1954/55). — [7] Miller, J. A., E. C. Miller, R. B. Sandin and H. P. Rusch: Cancer Res. **12**, 283 (1952). — [8] Schinz, H. R., H. Fritz-Niggli, T. W. Campbell u. H. Schmid: Oncologia, Basel **8**, 233 (1955). — [9] Walpole, A. L., M. H. C. Williams and D. C. Roberts: Brit. J. industr. Med. **9**, 255 (1952). — [10] Walpole, A. L., M. H. C. Williams and D. C. Roberts: Brit. J. industr. Med. **11**, 105 (1954). — [11] Deichmann, W. B., M. M. Coplan, F. M. Woods, W. A. D. Anderson, J. Heslin and J. Radomski: Arch. industr. Hlth. **13**, 8 (1956). — [12] Walpole, A. L., M. H. Williams and D. C. Roberts: Brit. J. Cancer **9**, 170 (1955). — [13] Miller, E. C., R. B. Sandin, J. A. Miller and H. P. Rusch: Cancer Res. **16**, 525 (1956). — [14] Morris, H. P., C. A. Velat and B. P. Wagner: J. nat. Cancer Inst. **18**, 101 (1957). — [15] Hendry, J. A., J. J. Matthews, A. L. Walpole and M. H. C. Williams: Nature **175**, 1131 (1955). — [16] Spitz, S., W. H. Maguigan and K. Dobriner: Cancer, N. Y. **3**, 789 (1950).

eingeführt wird. *4-Aminostilben* und noch ausgeprägter *4-Acetylaminostilben* und *4-Dimethylaminostilben* (XLII) erzeugen bei Ratten außer Lebertumoren auch noch Tumoren anderer Lokalisation, und sie ähneln in der Vielseitigkeit der Blastogenese dem 2-Acetaminofluoren[1-3] (Quantitative Untersuchungen s. [2, 3]). Als Gesetzmäßigkeit für die Wirksamkeit der Aminostilbene hat sich ergeben, daß nur Verbindungen mit *trans*-Konfiguration wirksam sind. Die Aminogruppe kann sich außer in 4-Stellung auch in 2-Stellung befinden. Einführung einer Methylgruppe in 2'-Stellung verstärkt die Wirksamkeit. Substituenten an der Äthylenbrücke, Aufhebung der Konjugation durch Hydrierung oder durch Einführung von Brückengliedern aus einer ungeraden Anzahl von Kohlenstoffatomen (z. B. Methylengruppe) führen zum Verlust der Wirkung[1], sofern die Resonanzfähigkeit zwischen den beiden aromatischen Ringen nicht erhalten bleibt, wie z. B. beim *4-Dimethylamino-triphenylmethan* (Sarkome bei Ratten nach Injektion[4]). Durch eine gewisse strukturelle Verwandtschaft zu den 4-Aminostilbenen läßt sich wohl auch die krebserzeugende Wirkung des wasserlöslichen, synthetischen Farbstoffs *Styryl 430* (XLIII) (s. a. S. 359) erklären[5].

$$\left[CH_3 \cdot CO-NH-C_6H_4-CO \cdot NH-C_9H_5N^{+}(CH_3)-CH=CH-C_6H_4-N(CH_3)_2 \right] CH_3 \cdot CO \cdot O^-$$

XLIII Styryl 430

Auffallenderweise erzeugt das dem 4-Aminostilben entsprechende *4-Nitrostilben*[6] (ebenso wie das 2-Nitrofluoren[7] s. a. S. 361) bei Verfütterung an Ratten Magentumoren.

Zu den Hauptvertretern der krebserzeugenden linearen aromatischen Amine gehören eine Reihe von Azofarbstoffen, die sich vom *4-Aminoazobenzol* ableiten, und deren Hauptvertreter das *4-Dimethylaminoazobenzol* (XLIV) (s. a. S. 359) ist[8]. Die Azoverbindungen dieses Typs unterscheiden sich von den meisten der bisher besprochenen aromatischen Amine dadurch, daß sie beinahe ausschließlich (besonders bei Verfütterung an Ratten) Lebertumoren hervorrufen; 4-Dimethylaminoazobenzol erzeugt bei Hunden nach Verfütterung aber auch Blasentumoren[9]. Die Azogruppierung des 4-Dimethylaminoazobenzols als solche hat keine spezifische Bedeutung für die carcinogene Wirkung; sie ist aber insofern für die Wirkung wichtig, weil sie eine verhältnismäßig stabile Doppelbindung darstellt, welche entsprechend der Äthylenbrücke bei den Aminostilbenen die Konjugation zwischen den beiden Benzolringen vermittelt. Ersatz der Äthylen- oder Azobrücke durch die leicht hydrolysierbare —CH=N-Gruppierung (SCHIFFsche Basen) oder durch die —CO—NH-Gruppierung führt zum Verlust der Wirksamkeit[10, 11]. Auch die Amine, die durch vollständige Reduktion der Azobrücke entstehen (s. S. 369),

1 HADDOW, A., R. J. C. HARRIS, G. A. R. KON and E. M. F. ROE: Phil. Trans. R. Soc. London (A) **241**, 147 (1948). — 2 DRUCKREY, H., u. D. SCHMÄHL: Exper. **12**, 185 (1956). — 3 SCHMÄHL, D., u. R. MECKE jr.: Z. Krebsforsch. **61**, 230 (1956). — 4 DRUCKREY, H., u. D. SCHMÄHL: Naturwiss. **42**, 215 (1955). — 5 HADDOW, A., and G. A. R. KON: Brit. med. Bull. **4**, 314 (1946/47). — 6 DRUCKREY, H., D. SCHMÄHL u. R. MECKE jr.: Naturwiss. **42**, 128 (1955). — 7 MILLER, J. A., R. B. SANDIN, E. C. MILLER and H. P. RUSCH: Cancer Res. **15**, 188 (1955). — 8 *Zusammenfassung:* MILLER, J. A., and E. C. MILLER: Adv. Cancer Res. **1**, 339 (1953). — 9 NELSON, A. A., and G. WOODARD: J. nat. Cancer Inst. **13**, 1497 (1952/53). — 10 MILLER, J. A., and C. A. BAUMANN: Cancer Res. **5**, 227 (1945). — 11 MILLER, J. A., and E. C. MILLER: J. exp. Med. **87**, 139 (1948).

sind inaktiv: *Anilin* (s. S. 360) und N,N-*Dimethyl-p-phenylendiamin*[1–3] bzw. ein äquimolares Gemisch dieser beiden Amine[2,4].

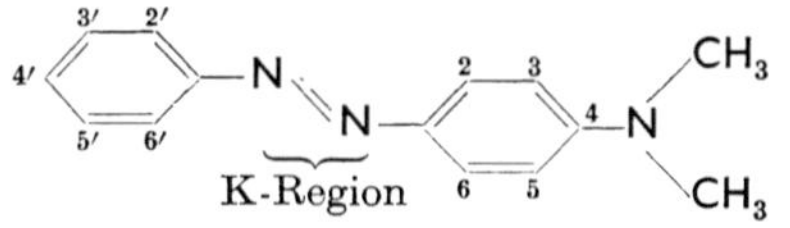

3′ 2′ 4′ 5′ 6′ N N 2 3 4 N 6 5 CH_3 CH_3
K-Region

XLIV

Die sehr schwache carcinogene Wirksamkeit des 4-Aminoazobenzols[5] kann durch Einführung von Methylgruppen in geeigneten Positionen verstärkt werden; ein Beispiel dafür ist das als wirksamer Bestandteil des *Scharlachrots* (XLV) erkannte *o-Aminoazotoluol*[6,7] (XLVI) (s. a. S. 359). Hochwirksame Verbindungen liegen aber erst dann vor, wenn mindestens eine Methylgruppe in die Aminogruppe eintritt: *4-Methylaminoazobenzol* und *4-Dimethylaminoazobenzol* (beide Verbindungen können im Stoffwechsel ineinander übergehen; s. S. 369) und auch *4-Methyläthylaminoazobenzol* haben die gleiche hohe Wirksamkeit[4,8].

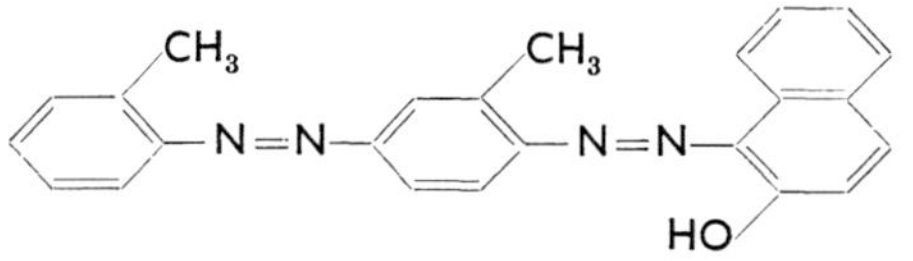

CH_3 N=N CH_3 N=N HO

XLV Scharlachrot

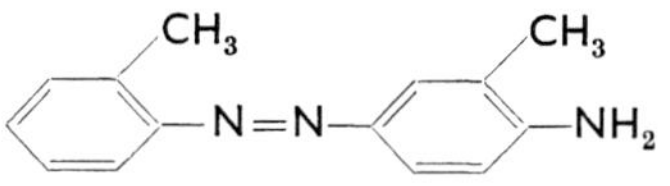

CH_3 N=N CH_3 NH_2

XLVI

Substitution an der Aminogruppe durch längerkettige Alkylgruppen[1], die Benzyl-[4], Oxyäthyl-[4,8] oder Formylgruppe[4,9] führt meist zu einem Verlust der Wirksamkeit.

Die Einführung von Substituenten in die Benzolringe des 4-Dimethylaminoazobenzols führt zu Änderungen in der Aktivität, deren Ausmaß von Art und Stellung des Substituenten abhängt. Methylgruppen bewirken nur in 3′-Stellung eine Steigerung, in anderen Positionen eine Abnahme oder einen völligen Verlust der Wirksamkeit[3,4,8,10,11]. Ähnliches gilt für die Nitro- und Chlorverbindungen[4] während die 3′-Bromverbindung unwirksam ist[12]. Während eine Äthylgruppe an der Aminogruppe einen Wirkungsverlust bedeutet, zeigt das 4′-Äthylderivat eine viel stärkere Wirksamkeit als die 4′-Methylverbindung[13]. Einführung einer oder mehrerer Fluoratome in die beiden Benzolringe ergibt eine Zunahme der Wirksamkeit[14], doch muß eine 2-Stellung unbesetzt sein (2,6-Difluor-4-dimethylaminoazobenzol ist unwirksam[3]), woraus sich Schlüsse über die Bindung des 4-Dimethylaminobenzols an Leberprotein ziehen lassen (s. S. 370). Substitution

[1] Sugiura, K., C. R. Halter, C. J. Kensler and C. P. Rhoads: Cancer Res. **5**, 235 (1945). — [2] White, F. R., A. B. Eschenbrenner and J. White: Acta Un. int. Cancr., Bruxelles **6**, 75 (1948) [Miller, J. A., and E. C. Miller: Adv. Cancer Res. **1**, 339 (1953)]. — [3] Miller, J. A., E. C. Miller and G. C. Finger: Cancer Res. **17**, 387 (1957). — [4] Miller, J. A., and E. C. Miller: J. exp. Med. **87**, 139 (1948). — [5] Kirby, A. H. M., and P. R. Peacock: J. Path. Bacteriology **59**, 1 (1947). — [6] Crabtree, H. G.: Brit. J. Cancer **3**, 387 (1949). — [7] Deringer, M. K.: J. nat. Cancer Inst. **17**, 535 (1956). — [8] Sugiura, K.: Cancer Res. **8**, 141 (1948). — [9] Miller, J. A., R. W. Sapp and E. C. Miller: Cancer Res. **9**, 652 (1949). — [10] Miller, J. A., and C. A. Baumann: Cancer Res. **5**, 227 (1945). — [11] Giese, J. E., J. A. Miller and C. A. Baumann: Cancer Res. **5**, 337 (1945). — [12] Kuhn, R., u. G. Quadbeck: Z. Krebsforsch. **56**, 242 (1949). — [13] Sugiura, K., M. L. Crossley and C. J. Kensler: J. nat. Cancer Inst. **15**, 67 (1954/55). — [14] Miller, J. A., E. C. Miller and R. W. Sapp: Cancer Res. **11**, 269 (1951). — Miller, J. A., E. C. Miller and G. C. Finger: Cancer Res. **13**, 93 (1953).

durch Trifluormethylgruppen[1] und durch saure Gruppen (phenolische Hydroxylgruppe[1-3] oder Sulfonsäuregruppen[4, 5]) führt zum Verlust der Wirksamkeit, die bei Verätherung phenolischer Hydroxylgruppen (3'-Methoxy- und 4'-Methoxyverbindung[6]) dagegen erhalten bleiben kann.

Der unsubstituierte Phenylrest des 4-Dimethylaminoazobenzols kann auch durch andere aromatische oder heterocyclische Reste ersetzt werden, so sind im *4-Dimethylaminophenylazo-1'-naphthalin*[7], *4-Dimethylaminophenylazo-2'-naphthalin*[8] (XLVII) und besonders im *4-Dimethylaminophenylazo-4'-pyridin* (XLVIII) und seinem N-*Oxyd*[9] und ihren Methylderivaten[10] carcinogene Verbindungen gefunden worden.

Einige Azoverbindungen zeigen bereits eine schwache tumorerzeugende Wirksamkeit, obwohl sie keine Aminogruppe im Molekül enthalten. Ein Vertreter dieser Gruppe ist das *2,2'-Azonaphthalin* (IL), welches bei Mäusen nach Pinselung, subcutaner Injektion oder Verfütterung Cholangiome hervorruft[11], bei Verfütterung an Ratten aber unwirksam ist[12]. Möglicherweise ist bei diesen

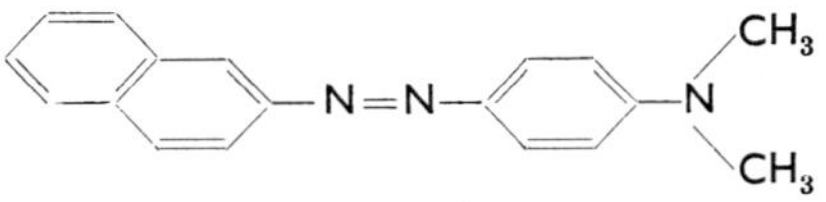

XLVII

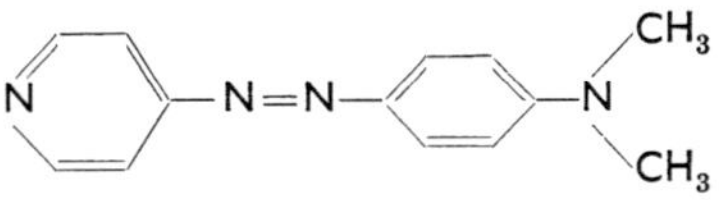

XLVIII

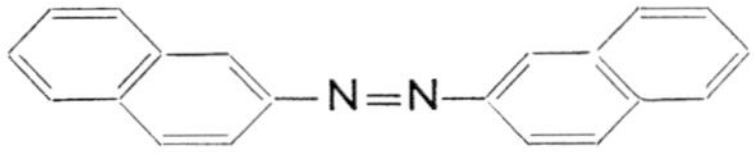

IL

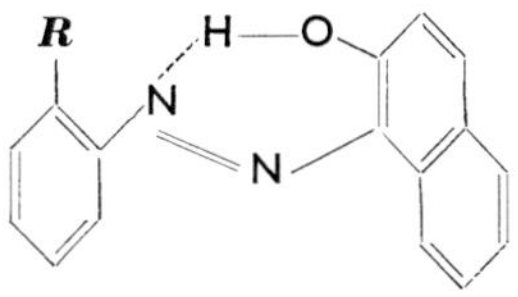

L

Azoverbindungen der Wirkungsmechanismus ein anderer als bei den aromatischen Aminen. Überraschend ist die carcinogene Wirksamkeit des *Phenylazo-2-naphthols* (L, R = H; Sudan I, Oil orange E) (bei Mäusen Lebertumoren nach Injektion[13], bei Ratten nach Verfütterung unwirksam[14]) und des *o-Tolylazo-2-naphthols* (L, R = CH_3; Oil orange TX) (bei Mäusen Sarkome an der Injektionsstelle[15]), da sie keine Aminogruppe enthalten, sondern sogar als Phenole erscheinen. Diese Verbindungen haben aber keinen phenolischen Charakter, sie besitzen Chelatstruktur und sind daher in gewisser Beziehung mit den krebserzeugenden aromatischen Kohlenwasserstoffen zu vergleichen[16, 17].

[1] Miller, J. A., R. W. Sapp and E. C. Miller: Cancer Res. **9**, 652 (1949). — [2] Miller, J. A., and E. C. Miller: J. exp. Med. **87**, 139 (1948). — [3] Sugiura, K.: Cancer Res. **8**, 141 (1948). — [4] Kinosita, R.: Trans. Soc. path. jap. **27**, 665 (1937). — [5] Nieper, H. A., P. Danneberg u. H. W. Lo: Naturwiss. **43**, 500 (1956). — [6] Miller, J. A., E. C. Miller and G. C. Finger: Cancer Res. **17**, 387 (1957). — [7] Mulay, A. S., and H. I. Firminger: J. nat. Cancer Inst. **13**, 35 (1952/53). — Mulay, A. S., and R. W. O'Gara: J. nat. Cancer Inst. **18**, 843 (1957). — [8] Mulay, A. S., and E. A. Saxén: J. nat. Cancer Inst. **13**, 1259 (1952/53). — Mulay, A. S., and C. C. Congdon: J. nat. Cancer Inst. **14**, 571 (1953/54). — [9] Brown, E. V., R. Faessinger, P. Malloy, J. J. Travers, P. McCarthy and L. R. Cerecedo: Cancer Res. **14**, 22 (1954). — [10] Brown, E. V., P. L. Malloy, R. McCarthy, M. J. Verrett and L. R. Cerecedo: Cancer Res. **14**, 715 (1954). — [11] Cook, J. W., C. L. Hewett, E. L. Kennaway and N. M. Kennaway: Amer. J. Cancer **40**, 62 (1940). — [12] Badger, G. M., G. E. Lewis and R. T. W. Reid: Nature **173**, 313 (1954). — [13] Kirby, A. H. M., and P. R. Peacock: Glasgow med. J. **30**, 364 (1949). — [14] Hackmann, C.: Z. Krebsforsch. **57**, 530 (1951). — [15] Bonser, G. M., D. B. Clayson and J. W. Jull: Nature **174**, 879 (1954). — [16] Druckrey, H., D. Schmähl u. P. Danneberg: Naturwiss. **39**, 393 (1952). — [17] Druckrey, H.: Z. Krebsforsch. **60**, 344 (1955).

Allgemeine Gesetzmäßigkeiten. Voraussetzung für die krebserzeugende Wirkung von aromatischen Aminen ist ein resonnanzfähiges System konjugierter Doppelbindungen („cancerophores" System[1]). Die Wirkung wird aber erst manifestiert durch Aminogruppen („auxocancerogener" Effekt[1]). Das Molekül muß eine gestreckte, lineare Form besitzen und eine coplanare Anordnung des aromatischen Systems aufweisen. Aufhebung der Resonanz durch sterische Behinderung innerhalb des aromatischen Systems (*2-Methyl-4-acetylaminobiphenyl*[2]) oder zwischen aromatischem System und Aminogruppe (*3,5-Dimethyl-4-dimethylaminoazobenzol*[3]) bedingen den Verlust der Wirkung. Den gleichen Effekt haben auch saure Gruppen, sofern sie frei und dissoziabel sind[4, 5]. Infolgedessen haben sulfonierte Azofarbstoffe keine carcinogene Wirkung, sofern nicht durch reduktive Spaltung der Azogruppen im Organismus Spaltamine entstehen, welche als solche carcinogen wirken. Beispiele für eine derartige „Giftung" sind bekannt beim oben erwähnten *Scharlachrot* (XLV), welches *o-Aminoazotoluol* (XLVI) als wirksame Komponente liefert, und beim krebserzeugenden sulfonierten Azofarbstoff *Trypanblau*[6] (LI), aus welchem durch reduktive Spaltung der Azogruppen *3,3'-Dimethylbenzidin* (LII) entsteht[7], für dessen N,N'-Diacetylderivat eine krebserzeugende Wirkung bekannt ist[8].

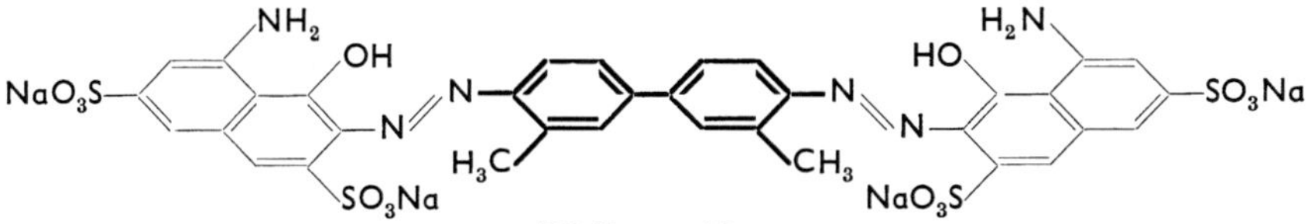

NH_2 OH NaO_3S N N H_3C SO_3Na H_2N HO N N CH_3 NaO_3S SO_3Na

LI Trypanblau

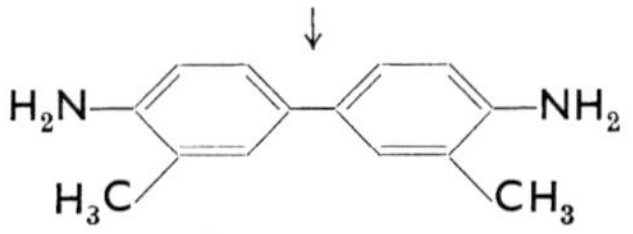

↓

H_2N NH_2 H_3C CH_3

LII 3,3'-Dimethylbenzidin

Bei den aromatischen Aminen vom Typ des 4-Dimethylaminoazobenzols scheint eine optimale Dichte der π-Elektronen an der Azobrücke (K'-Region[9, 10], XLIV) eine ähnliche Rolle für die carcinogene Wirksamkeit zu spielen wie die Elektronendichte an der K-Region der aromatischen Kohlenwasserstoffe (s. S. 354). Die Zusammenhänge zwischen krebserzeugender Wirksamkeit und der Reaktionsgeschwindigkeit mit *Perbenzoesäure*, welche an der Azogruppierung angreift, sind nicht sehr ausgeprägt[10].

4. Verhalten im Stoffwechsel.

β-Naphthylamin wird im Säugetierorganismus vor allem in 3 Richtungen umgewandelt (Ausscheidung im Harn)[11]: Konjugation der Aminogruppe mit Essigsäure, Schwefelsäure oder Glucuronsäure, Hydroxylierung zu *2-Amino-*

[1] Druckrey, H.: Z. Krebsforsch. **57**, 70 (1950). — Boyland, E.: Acta Un. int. Cancr., Bruxelles **7**, 59 (1950). — [2] Sandin, R. B., R. Melby, A. S. Hay, R. N. Jones, E. C. Miller and J. A. Miller: Am. Soc. **74**, 5073 (1952). — [3] Horner, L., u. H. Müller: B. **89**, 2756 (1956). — [4] Druckrey, H., u. H. Hamperl: Kli. Wo. **1950**, 289. — [5] Wingler, A.: Z. Krebsforsch. **59**, 134 (1953). — [6] Gillman, J., T. Gillman and C. Gilbert: S.-afr. J. med. Sci. **14**, 21 (1949). — Simpson, C. L.: Brit. J. exp. Path. **33**, 524 (1952). — Marshall, A. H.: Acta path. microbiol. scand. **33**, 1 (1935). — Brown, D. V., and T. A. Thorson: J. nat. Cancer Inst. **16**, 1181 (1955/56). — [7] Druckrey, H.: Z. Krebsforsch. **60**, 344 (1955). — [8] Miller, J. A., E. C. Miller and G. C. Finger: Cancer Res. **17**, 387 (1957). — [9] Pullman, A., et B. Pullman: Rev. sci., Paris **84**, 145 (1946). — [10] *Zusammenfassung:* Badger, G. M.: Adv. Cancer Res. **2**, 73 (1954). — [11] Boyland, E.: Bull. Soc. Chim. biol. **38**, 827 (1956).

naphthol-(1)[1,2] (LIII) und *2-Aminonaphthol-(6)*[3] (LIV), wobei die Hydroxylgruppen an Schwefelsäure oder Glucuronsäure, die Aminogruppe an Essigsäure (6-Hydroxyverbindung) oder Glucuronsäure (1-Hydroxy- und 6-Hydroxyverbindung) gebunden sind[4]. Die Hydroxylierung des β-Naphthylamins erfolgt in der Leber (Versuche mit Rattenleber)[5]; das Enzymsystem für die Hydroxylierung ist mit der Mikrosomenfraktion assoziiert und benötigt TPNH und Sauerstoff[6]. Das für die krebserzeugende Wirkung des β-Naphthylamins wichtigste Umwandlungsprodukt ist das *2-Amino-naphthol-(1)-glucuronid*, welches bei lokaler Applikation an der Blase von Mäusen Blasentumoren hervorruft[7]. An dieser Wirkung ist die *β-Glucuronidase des Harns* wohl derart beteiligt, daß sie dieses Glucuronid zum freien 2-Aminonaphthol-(1) spaltet[8], welches als solches bei lokaler Verabfolgung auch Blasentumoren bei Versuchstieren erzeugt[9]. Andererseits ist eine krebserzeugende Wirkung für das Ausscheidungsprodukt *2-Aminonaphthyl-(1)-schwefelsäure* nicht zu erwarten, da die *Sulfatase des Harns* diese Verbindung nicht zu spalten vermag[10]. — Daß β-Naphthylamin bei Hund und Mensch Blasenkrebs verursacht, nicht aber bei Nagetieren, soll darauf beruhen, daß erstere im Harn vor allem Derivate des 2-Aminonaphthols-(1), letztere dagegen vor allem Derivate des 2-Aminonaphthols-(6) ausscheiden[11].

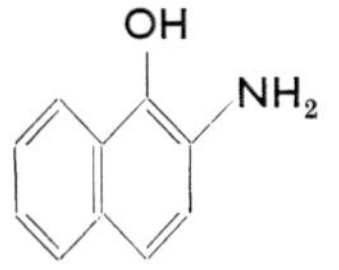

OH NH$_2$

LIII

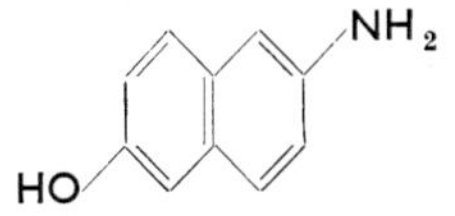

NH$_2$ HO

LIV

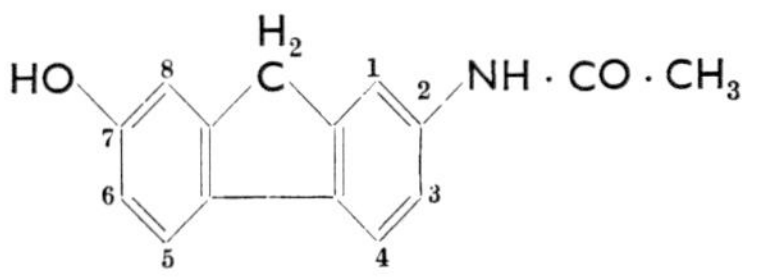

HO 8 H$_2$C 1 2 NH · CO · CH$_3$ 7 6 5 4 3

LV

2-Acetaminofluoren (AAF) (XXXIX, s. S. 361) wird bei der Ratte nach Verfütterung oder subcutaner Injektion schnell im ganzen Organismus verteilt, wobei ein großer Teil in nichtdiazotierbare Verbindungen umgewandelt wird[12,13]. Ein Abbau des Moleküls erfolgt sehr wahrscheinlich nicht, wie aus der gleichartigen Verteilung und Ausscheidung von AAF-^{15}N und AAF-9-^{14}C (in bezug auf ^{15}N und ^{14}C) geschlossen wird[14]. Dagegen erfolgt schnell hydrolytische Abspaltung der Acetylgruppe (die zum Teil als CO_2 ausgeatmet wird[13] unter der Wirkung

[1] Wiley, F. H.: J. biol. Ch. **124**, 627 (1938). — [2] Manson, L. A., and L. Young: Biochem. J. **47**, 170 (1950). — [3] Dobriner,-K., K. Hofmann and C. P. Rhoads: Science, N. Y. **93**, 600 (1941). — [4] Boyland, E., and D. Manson: Biochem. J. **60**, II (1955); **67**, 275 (1957). — Boyland, E., D. Manson and S. F. D. Orr: Biochem. J. **65**, 417 (1957). — [5] Booth, J., E. Boyland and D. Manson: Biochem. J. **60**, 62 (1955). — [6] Booth, J., and E. Boyland: Biochem. J. **66**, 73 (1957). — [7] Allen, M. J., E. Boyland, E. Dukes, E. S. Horning and J. G. Watson: Brit. J. Cancer **11**, 212 (1957). — [8] Boyland, E., D. M. Wallace and D. C. Williams: Brit. J. Cancer **9**, 62 (1955). — [9] Bonser, G. M., D. B. Clayson, J. W. Jull and L. N. Pyrah: Brit. J. Cancer **6**, 412 (1952); **10**, 533 (1956). — [10] Boyland, E., D. Manson, P. Sims and D. C. Williams: Biochem. J. **62**, 68 (1956). — [11] Clayson, D. B.: Brit. J. Cancer **7**, 460 (1953). — [12] Dyer, H. M., H. E. Ross and H. P. Morris: Cancer Res. **11**, 307 (1951). — [13] Gutmann, H. R., and J. H. Peters: Cancer Res. **13**, 415 (1953). — [14] Dyer, H. M., C. M. Damron and H. P. Morris: J. nat. Cancer Inst. **14**, 93 (1953/54).

einer *Deacetylase*, die vor allem in der Leber vorhanden ist (Leberschnitte[1, 2] und -homogenate[3] von Ratten). Die stärkste Deacetylase-Aktivität zeigen Dünndarmstreifen, wobei nach vergleichenden Untersuchungen an verschiedenen 2-Acylaminofluorenen die Deacylierung der relativen carcinogenen Wirksamkeit dieser Verbindungen parallel geht[4]. Nach Verfütterung von AAF treten in der Leber proteingebundene Abwandlungsprodukte des AAF auf[5, 6] (Bindung an Protein erfolgt auch in Versuchen mit Leberschnitten[2, 7] und -homogenaten[8]). Ausscheidungsprodukte des AAF bei der Ratte im Harn sind außer wenig AAF selbst *2-Aminofluoren*[9], *2-Acetamino-7-hydroxyfluoren*[10] (LV) (nicht carcinogen[11]), *2-Acetamino-5-hydroxyfluoren*[12], *2-Acetamino-3-hydroxyfluoren*, *2-Acetamino-1-hydroxyfluoren* und die Glucuronide aller Hydroxyverbindungen[13] (zur Trennung dieser Verbindungen s.[14]). Nach Versuchen mit Leberschnitten bestehen zwischen dem Ausmaß der Bindung an Protein und der Hydroxylierung Beziehungen (nicht aber mit der Deacetylierung)[7]. — Dem Unterschied der krebserzeugenden Wirkung des AAF bei Ratten (wirksam) und bei Meerschweinchen (unwirksam) entsprechen Unterschiede im Stoffwechsel des AAF bei diesen beiden Tierarten: Beim Meerschweinchen erfolgt keine Bindung an Leberprotein *in vivo*[6], die Verteilung nach intraperitonealer Injektion ist eine andere[15], und die Hydroxylierung erfolgt fast ausschließlich in 7-Stellung[16].

Das *4-Dimethylaminoazobenzol* (DAB) (XLIV, s. S. 364) unterliegt im Stoffwechsel der Ratte wenigstens 4 verschiedenen Umwandlungen: 1. reduktive Aufspaltung der Azobrücke, 2. Hydroxylierung im unsubstituierten Phenylrest, 3. Entmethylierung und 4. Bindung an Proteine der Leber[17]. Neben *in vivo*-Untersuchungen haben auch Untersuchungen mit Leberhomogenaten und Leberschnitten zur Aufklärung beigetragen. Einige Umwandlungen sind auch auf Methylhomologe ausgedehnt worden.

DAB → $C_6H_5-NH_2$ (LVI) + $H_2N-C_6H_4-N(CH_3)_2$ (LVII) → $H_2N-C_6H_4-N(H)(CH_3)$ (LX) → $H_2N-C_6H_4-N(H)(H)$ (LXI)

LVI ↓

$HO-C_6H_4-NH_2$ (LVIII) + $C_6H_4(OH)-NH_2$ (LIX)

1. Der größte Teil (50—60%) des an Ratten verfütterten DAB erleidet reduktive Aufspaltung an der Azobrücke und erscheint als ein Gemisch mit Säure

[1] Gutmann, H. R., and J. H. Peters: J. biol. Ch. **211**, 63 (1954). — [2] Peters, J. H., and H. R. Gutmann: J. biol. Ch. **216**, 713 (1955). — [3] Weisburger, J. H.: Biochim. biophysica Acta, N. Y. **16**, 382 (1955). — [4] Nagasawa, H. T., and H. R. Gutmann: Biochim. biophysica Acta, N. Y. **25**, 186 (1957). — [5] Weisburger, E. K., J. H. Weisburger and H. P. Morris: Arch. Biochem. **43**, 474 (1953). — [6] Dyer, H. M., and H. P. Morris: J. nat. Cancer Inst. **17**, 677 (1956). — [7] Gutmann, H. R., J. H. Peters and J. G. Burtle: J. biol. Ch. **222**, 373 (1956). — [8] Peters, J. H., and H. R. Gutmann: Arch. Biochem. **62**, 234 (1956). — [9] Morris, H. P., J. H. Weisburger and E. K. Weisburger: Cancer Res. **10**, 620 (1950). — [10] Bielschowsky, F.: Biochem. J. **39**, 287 (1945). — [11] Hoch-Ligeti, C.: Brit. J. Cancer **1**, 391 (1947). — [12] Weisburger, E. K., and J. H. Weisburger: J. org. Chem. **20**, 1396 (1955). — [13] Weisburger, J. H., E. K. Weisburger and H. P. Morris: J. nat. Cancer Inst. **17**, 345 (1956). — [14] Weisburger, J. H., E. K. Weisburger, H. P. Morris and H. A. Sober: J. nat. Cancer Inst. **17**, 363 (1956). — [15] Meade, J. M., and F. E. Ray: Arch. Biochem. **49**, 43 (1954). — [16] Weisburger, J. H., E. K. Weisburger and H. P. Morris: Science, N.Y. **125**, 503 (1957). — [17] *Zusammenfassung:* Miller, J. A., and E. C. Miller: Adv. Cancer Res. **1**, 339 (1953).

hydrolysierbarer, konjugierter Amine und ihrer Umwandlungsprodukte im Harn. Die Hauptprodukte nach Hydrolyse des Harns sind *p-Phenylendiamin* (LXI) und *p-Aminophenol* (LVIII)[1,2], in geringer Menge N-*Methyl-p-phenylendiamin* (LX), *Anilin* (LVI) und *o-Aminophenol* (LIX) und in Spuren N, N-*Dimethyl-p-phenylendiamin* (LVII)[2]. Diese Produkte entsprechen vollkommen denen, die auch nach Verabfolgung von N,N-Dimethyl-p-phenylendiamin bzw. Anilin im Harn gefunden werden.

In vivo erfolgt vor der Spaltung der Azobrücke des DAB teilweise oder vollkommene Entmethylierung, da vor allem p-Phenylendiamin im Harn erscheint (s. a. unten). *In vitro* wird DAB dagegen durch Leberschnitte[3,4] oder noch schneller durch Leberhomogenate[5,6] zu den primären Spaltprodukten *Anilin* (LVI) und N,N-*Dimethyl-p-phenylendiamin* (LVII) im stöchiometrischen Verhältnis reduziert. An dieser Reaktion ist ein *Riboflavin-Coenzym* beteiligt. Da die Amine, die bei der reduktiven Aufspaltung des DAB entstehen, keine carcinogene Wirkung haben, könnte der hemmende Einfluß von Lactoflavin auf die Carcinogenese durch DAB zum Teil auf der Begünstigung der reduktiven Spaltung zu relativ unwirksamen Produkten beruhen. Nach Untersuchungen an verschiedenen Derivaten und Homologen des DAB bestehen keine Beziehungen zwischen der krebserzeugenden Wirksamkeit und der Spaltungsgeschwindigkeit durch Leberschnitte oder Leberhomogenate.

2. In geringer Menge erfolgt vor einem weiteren Angriff an der Azobrücke des DAB im Stoffwechsel eine Hydroxylierung des intakten Moleküls, wobei auch hier die Methylgruppen der Aminogruppen teilweise abgespalten werden. *4'-Hydroxy-DAB* (LXII) und *2-Hydroxy-DAB* (LXIII) und die entsprechenden Hydroxyverbindungen des 4-Methylaminoazobenzols und des 4-Aminoazobenzols sind im Harn[2] oder *in vitro* nach Bebrütung mit Leberschnitten[4] oder Leberhomogenaten[5] nachgewiesen worden.

HO—C₆H₄—N=N—C₆H₄—N(CH₃)₂

LXII

(OH)C₆H₄—N=N—C₆H₄—N(CH₃)₂

LXIII

3. DAB wird im Organismus der Ratte entmethyliert zu *4-Monomethylaminoazobenzol* und *4-Aminoazobenzol*. Im Blut und in den Geweben werden die gleichen Mengen 4-Aminoazobenzol gefunden, gleichgültig ob dieses selbst oder seine N-Methylderivate gefüttert werden[7], und der 4-Aminoazobenzolgehalt im Blut ist proportional der verabfolgten Farbstoffmenge[8]. Die Abspaltung der ersten Methylgruppe des DAB ist reversibel, die Abspaltung der zweiten Methylgruppe dagegen fast irreversibel[9]. Auf einer geringen Umwandlung in N-methylierte Verbindungen im Organismus beruht wohl die schwache krebserzeugende Wirksamkeit des 4-Aminoazobenzols[10]. Die Entmethylierung von DAB und seinen Methyl-

[1] Stevenson, E. S., K. Dobriner and C. P. Rhoads: Cancer Res. **2**, 160 (1942). — [2] Miller, J. A., and E. C. Miller: Cancer Res. **7**, 39 (1947). — s. a. Miller, E. C., J. A. Miller, R. W. Sapp and G. M. Weber: Cancer Res. **9**, 336 (1949). — [3] Kensler, C. J.: Cancer, N. Y. **1**, 483 (1948). J. biol. Ch. **179**, 1079 (1949). — [4] Kensler, C. J., and W. C. Chu: Arch. Biochem. **25**, 66 (1950). — [5] Mueller, G. C., and J. A. Miller: J. biol. Ch. **176**, 535 (1948). — [6] Mueller, G. C., and J. A. Miller: J. biol. Ch. **180**, 1125 (1949); **185**, 145 (1950). — [7] Miller, J. A., E. C. Miller and C. A. Baumann: Cancer Res. **5**, 162 (1945). — [8] Miller, J. A., B. E. Kline and H. P. Rusch: Cancer Res. **6**, 674 (1946). — [9] Miller, E. C., and C. A. Baumann: Cancer Res. **6**, 289 (1946). — [10] Miller, J. A., and E. C. Miller: Cancer Res. **12**, 283 (1952).

homologen erfolgt nach Versuchen mit Leberhomogenat oxydativ unter Bildung von Formaldehyd, wobei als Zwischenprodukt wahrscheinlich eine N-Oxymethylverbindung auftritt. Das primäre Hepatom, Milz, Niere und Darmschleimhaut vermögen die Entmethylierung nicht durchzuführen[1,2]. Nach einmaliger Gabe von DAB und seinen Ringmethylhomologen, die an den N-Methylgruppen mit ^{14}C markiert sind, werden 50—70% der Aktivität innerhalb 48 Std als CO_2 ausgeatmet[3,4] (ein Abbau des Ringsystems zu CO_2 erfolgt nicht[5]), 10—30% erscheinen im Harn, 4—9% in den Faeces und ein kleiner, aber signifikanter Teil in den N-Methylgruppen des Cholins und in β-Stellung des Serins der Körper- und Leberproteine[4] (DAB ist aber kein ausgesprochener Methylgruppendonator[6]). Beziehungen zwischen der Verteilung der Aktivität im Organismus und der carcinogenen Wirksamkeit der verschiedenen N-methylmarkierten Ringmethylhomologen des DAB bestehen nicht[7]. Das für die *Demethylierung verantwortliche Enzym*, dessen Aktivität durch Diätfaktoren beeinflußbar ist[8], ist in Mäuse- und Rattenleber in den Mikrosomen lokalisiert und benötigt für maximale Aktivität TPNH und DPNH[2]. Durch 3-Methylcholanthren und einige andere Kohlenwasserstoffe kann die Aktivität der *Demethylase* beträchtlich gesteigert werden[9].

4. Schon 3—4 Tage nach Beginn einer laufenden Fütterung mit DAB lassen sich in der Leber von Ratten *Derivate des DAB in fester Bindung an Eiweiß* feststellen (s. a. S. 430). Sie erreichen ihre höchste Konzentration 3—5 Wochen nach Fütterungsbeginn; danach fällt die Konzentration wieder und ist nach 4 Monaten nur noch halbmaximal; der schließlich entstehende Lebertumor ist frei davon[10].

Aus dem Farbstoffproteid der Leber läßt sich der Farbstoffanteil erst nach Hydrolyse der Proteinkomponente durch Trypsin oder Alkali extrahieren; er ist daher nicht einfach an das Protein adsorbiert, sondern mit diesem durch eine echte chemische Bindung verknüpft. Nach alkalischer Hydrolyse besteht der in Freiheit gesetzte Farbstoff zu etwa 10% aus 4-Aminoazobenzol und seinem N-Monomethylderivat, der größte Teil zeigt jedoch streng polare Eigenschaften und hat in saurer Lösung ein Spektrum, welches charakteristisch für N-disubstituierte Aminoazobenzolverbindungen ist[11]. An der Verknüpfung zwischen Farbstoff und Protein kann nicht die Dimethylaminogruppe beteiligt sein, wie früher angenommen wurde[12], da unter geeigneten Bedingungen Dimethylamin als Abbauprodukt gewonnen werden kann[13]. Sehr wahrscheinlich erfolgt die Bindung mit dem die Dimethylaminogruppe tragenden Benzolring, und zwar in 2-Stellung (vgl. XLIV, S. 364), denn einerseits liefert die Reduktion des polaren Farbstoffes zwar Anilin[12] (LVI), aber ein Diamin, welches nach Dealkylierung von p-Phenylendiamin (LXI) verschieden ist, andererseits erfolgt keine Bindung an Protein, wenn 2- und 6-Stellung des DAB durch Fluor blockiert sind[13] (vgl. a.[14]).

---

[1] Mueller, G. C., and J. A. Miller: J.biol. Ch. **202**, 579 (1953). — [2] Conney, A. H., R. R. Brown, J. A. Miller and E. C. Miller: Cancer Res. **17**, 628 (1957). — [3] Boissonnas, R. A., R. A. Turner and V. du Vigneaud: J. biol. Ch. **180**, 1053 (1949). — [4] Miller, E. C., A. M. Plescia, J. A. Miller and C. Heidelberger: J. biol. Ch. **196** 863 (1952). — [5] Zischka, W., K. Karrer, O. Hromatka u. E. Broda: Mh. Chem. **85**, 856 (1954). — [6] Miller, E. C., J. C. MacDonald and J. A. Miller: Cancer Res. **15**, 320 (1955). — [7] MacDonald, J. C., A. M. Plescia, E. C. Miller and J. A. Miller: Cancer Res. **13**, 292 (1953). — [8] Brown, R. R., J. A. Miller and E. C. Miller: J. biol. Ch. **209**, 211 (1954). — [9] Conney, A. H., E. C. Miller and J. A. Miller: Cancer Res. **16**, 450 (1956). — [10] Miller, E. C., and J. A. Miller: Cancer Res. **7**, 468 (1947). — Miller, E. C., J. A. Miller, R. W. Sapp and G. M. Weber: Cancer Res. **9**, 336 (1949). — [11] Miller, J. A., R. W. Sapp and E. C. Miller: Am. Soc. **70**, 3458 (1948). — [12] Miller, E. C., and J. A. Miller: Cancer Res. **12**, 547 (1952). — [13] Rastogi, R. P., J. A. Miller and E. C. Miller: Proc. amer. Ass. Cancer Res. **2**, 141 (1956). — [14] Miller, J. A., E. C. Miller and G. C. Finger: Cancer Res. **17**, 387 (1957). —

Obwohl die Bildung von Farbstoffproteiden in der Leber gegenüber den anderen Umwandlungen des DAB im Organismus quantitativ stark zurücktritt (unter 1%), kann sie für die Tumorentstehung durch DAB von größerer Bedeutung sein als die anderen bekannten Umwandlungen des DAB im Organismus. Nach Verfütterung von DAB erfolgt die Farbstoffproteidbildung nur am Orte der Tumorbildung, der Leber, und nur bei den Tierarten, bei denen auch Lebertumoren entstehen. Bei der Ratte ist die Zeitdauer zur Erreichung der maximalen Farbstoffproteidkonzentration in der Leber nach Verfütterung verschiedener Verbindungen vom Typ des DAB proportional der carcinogenen Wirksamkeit. Riboflavin senkt die Farbstoffproteidkonzentration in der Leber und verzögert die Hepatombildung[1]. Hypophysektomie beeinflußt bei Ratten die Bindung von DAB an Leberprotein nicht wesentlich[2].

γ) Alkylierend wirkende Verbindungen[3].

(Mustards, Äthyleniminverbindungen, Methylolamide, Epoxyde.)

Mustardgas [Bis-(2-chloräthyl)-sulfid, Lost, Senfgas, Gelbkreuz] (LXIV) erhöht bei Mäusen vom A-Stamm nach intravenöser Injektion[4] oder als Gas der Atmungsluft beigemengt[5] die Rate an Lungentumoren und bewirkt bei verschiedenen Mäusestämmen[6] und bei Ratten[7] nach subcutaner Injektion die Bildung von Tumoren am Injektionsort. Eine stärkere Wirkung zeigen die Stickstoffanalogen (Stickstoff-Lostverbindungen oder im angelsächsischen Schrifttum als nitrogen mustards bezeichnet): N-*Methyl-bis-(2-chloräthyl)-amin (Stickstofflost* bzw. *nitrogen mustard)* (LXV, R = CH_3) und *Tri-(2-chloräthyl)-amin* (LVI). Beide Verbindungen erzeugen bei Mäusen nach Injektion Tumoren der verschiedensten Lokalisation[6,8] und wirken auch bei Ratten nach intravenöser, subcutaner und intraperitonealer Injektion carcinogen[9]. Die Wirkung ist nicht auf die aliphatischen Verbindungen beschränkt; die Methylgruppe des Stickstofflost (LXV, R = CH_3) kann auch durch aromatische Reste (LXV, R = Phenyl, p-Tolyl, α-Naphthyl, β-Naphthyl) ersetzt sein. Diese Verbindungen erzeugen bei der Maus, der Ratte und beim Hamster vor allem nach subcutaner Injektion aber auch nach Fütterung Tumoren[7,10]. Die aromatischen Verbindungen dieses Typs sind weniger toxisch als die aliphatischen.

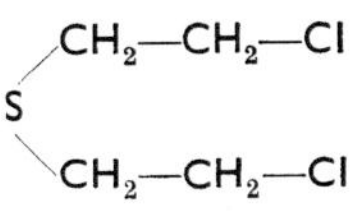

$$S(CH_2—CH_2—Cl)_2$$

LXIV

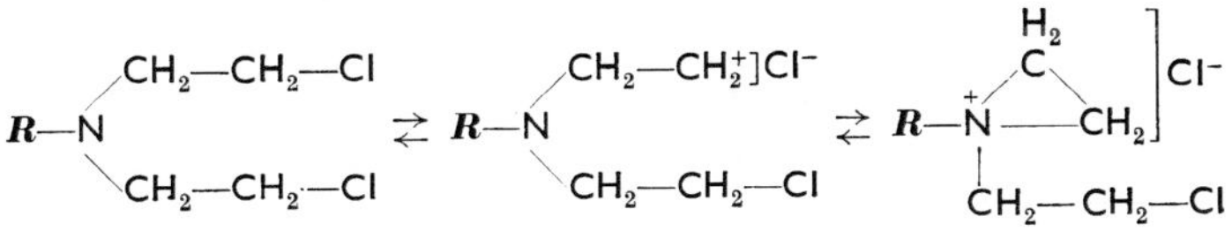

$$R—N(CH_2—CH_2—Cl)_2 \rightleftarrows R—N(CH_2—CH_2^+)(CH_2—CH_2—Cl)\,Cl^- \rightleftarrows \left[R—\overset{+}{N}(CH_2—CH_2—Cl)\!<\!\!(CH_2—CH_2)\right]Cl^-$$

LXV

$$Cl—CH_2—CH_2—N(CH_2—CH_2—Cl)_2$$

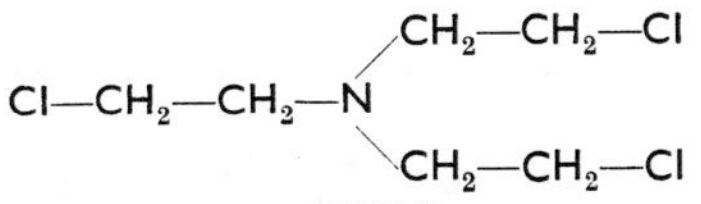

LXVI

---

[1] Miller, E. C., and J. A. Miller: Cancer Res. **12** 547 (1952). — [2] Ward. D. N., and J. D. Spain: Cancer Res. **17**, 623 (1957). — [3] Badger, G. M.: Brit. J. Cancer **10**, 330 (1956). — [4] Heston, W. E.: J. nat. Cancer Inst. **11**, 415 (1950/51). — [5] Heston, W. E., and W. D. Levillain: Proc. Soc. exp. Biol. Med. **82**, 457 (1953). — [6] Heston, W. E.: J. nat. Cancer Inst. **14**, 131 (1953/54). — [7] Haddow, A.; in Homburger, F., and W. H. Fishman (Hrsg.): The Physiopathology of Cancer. New York 1953. — [8] Boyland, E., and E. S. Horning: Brit. J. Cancer **3**, 118 (1949). — [9] Griffin, A. C., E. L. Brandt and E. L. Tatum: Cancer Res **11**, 253 (1951). — [10] Haddow, A., E. S. Horning and P. C. Koller: [Haddow, A.: Proc. nat. Cancer Conf. **1**, 88 (1949)].

Die wirksame Gruppierung der Mustardverbindungen (s. u.) ist die am Stickstoff stehende Chloräthylgruppe, von welcher das Halogenatom leicht abdissoziieren kann unter Ausbildung eines Äthylenimin-ions (LXV). Dafür spricht, daß *Äthylenimin*[1] (LXVII) selbst und noch ausgeprägter seine Acylverbindungen[1, 2] (LXVIII, $\boldsymbol{R} = -(CH_2)_n \cdot CH_3$; $n = 0$—16) bereits carcinogen wirksam sind und bei der Ratte nach wiederholter Injektion Sarkome erzeugen. Die entsprechenden Sulfonverbindungen LXIX ($\boldsymbol{R} = -(CH_2)_n \cdot CH_3$; $n = 2$, 4 und 6) sind dagegen unwirksam[1]. Krebserzeugend wirksam ist ferner das *Triäthylenmelamin*[2] (LXX). Dieser Verbindung in der Reaktionsfähigkeit nahe verwandt ist das *Trimethylolmelamin* (LXXI), welches auch eine, allerdings geringe, carcinogene Wirksamkeit zu haben scheint[3].

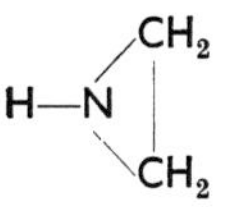

LXVII 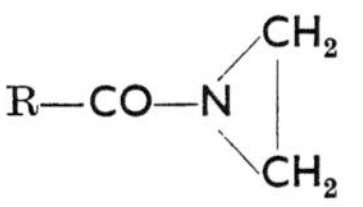 LXVIII 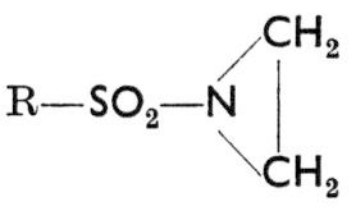 LXIX 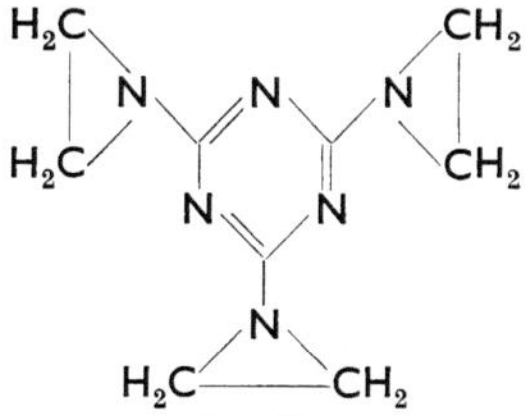 LXX

Den Mustardverbindungen und den Äthyleniminverbindungen entsprechen in der Wirkungsweise Epoxyde, von denen *1,2,3,4-Diepoxybutan* (LXXII) bei Mäusen und Ratten Tumoren erzeugt[4]. In diese Klasse gehörten auch das *β-Propiolacton* (LXXIII), welches bei Injektion an Ratten Sarkome an der Injektionsstelle[5] und bei Mäusen nach Pinselung Hauttumoren[6] hervorruft, und einige *Ester der Methansulfonsäure* (LXXIV), welche bei Mäusen bei gleichzeitiger Applikation von Crotonöl Papillome der Haut erzeugen[7].

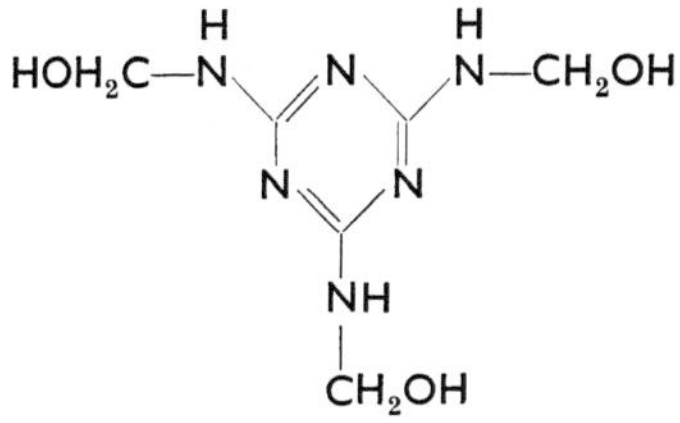

LXXI 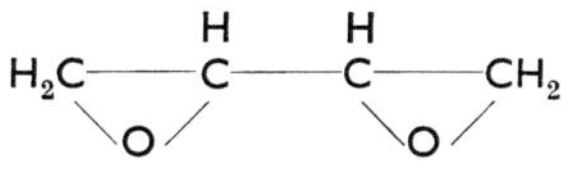 LXXII

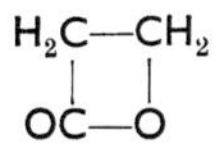

LXXIII LXXIV LXXV

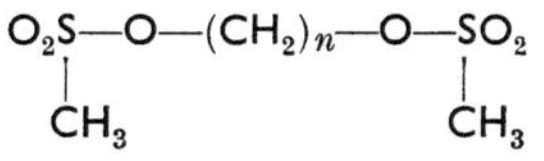

[1] WALPOLE, A. L.; in PIRWITZ, J. (Hrsg.): Grundlagen und Praxis chemischer Tumorbehandlung. S. 65. Berlin, Göttingen, Heidelberg 1954. — WALPOLE, A. L., D. C. ROBERTS, F. L. ROSE, J. A. HENDRY and R. F. HOMER: Brit. J. Pharmacol. **9**, 306 (1954). — [2] HENDRY, J. A., R. F. HOMER, F. L. ROSE and A. L. WALPOLE: Brit. J. Pharmacol. **6**, 357 (1951). — [3] HENDRY, J. A., F. L. ROSE and A. L. WALPOLE: Brit. J. Pharmacol. **6**, 201 (1951). — [4] HENDRY, J. A., R. F. HOMER, F. L. ROSE and A. L. WALPOLE: Brit. J. Pharmacol. **6**, 235 (1951). — MCCAMMON, C. J., P. KOTIN and H. L. FALK: Proc. amer. Ass. Cancer Res. **2**, 229 (1957). — [5] WALPOLE, A. L.; in PIRWITZ, J. (Hrsg.): Grundlagen und Praxis chemischer Tumorbehandlung. S. 65. Berlin, Göttingen, Heidelberg 1954. — WALPOLE, A. L., D. C. ROBERTS, F. L. ROSE, J. A. HENDRY and R. F. HOMER: Brit. J. Pharmacol. **9**, 306 (1954). — [6] ROE, F. J. C., and O. M. GLENDENNING: Brit. J. Cancer **10**, 357 (1956). — [7] ROE, F. J. C.: Cancer Res. **17**, 64 (1957).

Die biologischen Wirkungen der Mustardverbindungen, der Äthylenimine und der Epoxyde sind sehr ähnlich denen der ionisierenden Strahlen, man hat diese Verbindungen daher auch als *radiomimetische Verbindungen*, ihre Wirkung als *radiomimetische Wirkung* bezeichnet[1]. Die Verbindungen dieses Typs wirken *mutagen* (Mustardverbindungen[2], Äthyleniminpikrat[3], Triäthylenmelamin[4], Butadiendiepoxyd[5], β-Propiolacton[6] und 2-Chloräthyl-methansulfonat[7]) und *wachstumshemmend auf Tumoren*[8]. In letzterer Wirkung liegt auch die besondere Bedeutung dieser Verbindungen, sie werden in der Therapie vor allem bei Lymphosarkomen und Leukämie angewandt[9]. Es sind *Cytostatika*[10], die auf den Ruhekern wirken, und nicht *Mitosegifte*[11], deren Wirkung sich nur auf die Zellelemente erstreckt, die im Mechanismus der Mitose eine Rolle spielen. Die Entdeckung der cytostatischen Wirkung des Stickstofflosts, des Prototyps dieser Stoffe, ist wohl induziert durch die Beobachtung, daß bei Mäusen die Vorbehandlung der Haut mit Lost die carcinogene Wirkung des 3,4-Benzpyrens aufhebt[12]. Lost wirkt also anticarcinogen; Stickstofflost hat aber auch eine cytostatische Wirkung auf fertige Tumorzellen[13], die aber nur graduell abgestuft ist gegenüber derjenigen auf normale Zellen. Wachstumshemmend auf Impftumoren wirken aliphatische[14] und aromatische[15] Stickstofflostverbindungen, Äthyleniminverbindungen[16], Methylolamide[17], α,ω-Dimethansulfonoxyalkane[18] (LXXV, $n = 2$—10) und Epoxyde[19]. Tumorhemmende und tumorerzeugende Wirkung gehen nicht immer parallel; so wirken cytostatisch vor allem bi- und polyfunktionelle Verbindungen (wenn auch qualitativ gleichartige Wirkungen von Stoffen mit nur einer reaktionsfähigen Gruppe beschrieben sind[20]), während eine Reihe von monofunktionellen Verbindungen (Äthylenimin und seine Acylderivate, s. o.) nur krebserzeugend aber nicht cytostatisch wirken[21].

Das gemeinsame Kennzeichen der Stoffe dieses Abschnittes ist, daß sie *alkylierend* auf Verbindungen mit freien Carboxylgruppen, Phosphorsäure-, SH- und Aminogruppen wirken und, sofern sie bifunktionell sind, auch vernetzend wirken können[22]. Unter den Zellbestandteilen reagieren sie besonders mit Proteinen und Nucleinsäuren. In der vernetzenden Eigenschaft hat man die Ursache für die Wirkung auf die Zellen und deren Bestandteile gesehen („cross-

---

[1] DUSTIN, P.: Nature **159**, 794 (1947). — [2] STEVENS, C. M., and A. MYLROIE: Nature **166**, 1019 (1950). — AUERBACH, C., and H. MOSER: Nature **166**, 1019 (1950). — BIRD, M. J.: Nature **165**, 491 (1950). — JENSEN, K. A., J. KIRK and M. WESTERGAARD: Nature **166**, 1020 (1950). — BURDETTE, W. J.: Cancer Res. **12**, 366 (1952). — [3] CARDINALI, G.: Nature **173**, 825 (1954). — [4] LÜERS, H.: Arch. Geschwulstforsch. **6**, 77 (1953). — [5] BIRD, M. J., and O. G. FAHMY: Proc. R. Soc. London (B) **140**, 556 (1952/53). — [6] SMITH, H. H., and H. M. SRB: Science, N. Y. **114**, 490 (1951). — [7] FAHMY, O. G., and M. J. FAHMY: Nature **177**, 996 (1956). — [8] *Zusammenfassung:* HADDOW, A.; in HOMBURGER, F., and W. H. FISHMAN (Hrsg.): The Physiopathology of Cancer. New York 1953. — [9] KLOPP, C. T., and J. C. BATEMAN: Adv. Cancer Res. **2**, 255 (1954). — STOCK, C. C.: Adv. Cancer Res. **2**, 425 (1954). — FARBER, S., R. TOCH, E. M. SEARS and D. PINKEL: Adv. Cancer Res. **4**, 1 (1956). — GALTON, D. A. G.: Adv. Cancer Res. **4**, 73 (1956). — [10] LETTRÉ, H.; in PIRWITZ, J. (Hrsgb): Grundlagen und Praxis chemischer Tumorbehandlung. S. 153. Berlin, Göttingen, Heidelberg 1954. — [11] LETTRÉ, H.: Ergebn. Physiol. **46**, 379 (1950). — [12] BERENBLUM, I.: J. Path. Bacteriology **34**, 731 (1931); **41**, 549 (1935). — [13] CRABTREE, H. G.: Cancer Res. **1**, 34, 39 (1941). — [14] BOYLAND, E.: Yale J. Biol. Med. **20**, 321 (1948). — [15] HADDOW, A., G. A. R. KON and W. C. J. ROSS: Nature **162**, 824 (1948). — [16] LEWIS, M. R., and M. L. CROSSLEY: Arch. Biochem. **26**, 319 (1950). — HENDRY, J. A., R. F. HOMER, F. L. ROSE and A. L. WALPOLE: Brit. J. Pharmacol. **6**, 357 (1951). — [17] HENDRY, J. A., F. L. ROSE and A. L. WALPOLE: Brit. J. Pharmacol. **6**, 201 (1951). — [18] HADDOW, A., and G. M. TIMMIS: Lancet **1953 I**, 207. — [19] HENDRY, J. A., R. F. HOMER, F. L. ROSE and A. L. WALPOLE: Brit. J. Pharmacol. **6**, 235 (1951). — [20] BIESELE, J. J., M. CLARKE and L. WEISS: Exp. Cell Res., Suppl. **2**, 279 (1952). — [21] WALPOLE, A. L.; in PIRWITZ, J. (Hrsg.): Grundlagen und Praxis chemischer Tumorbehandlung, S. 65. Berlin, Göttingen, Heidelberg 1954. — [22] *Zusammenfassung:* ROSS, W. C. J.: Adv. Cancer Res. **1**, 397 (1953).

linkage")[1], da man annahm, daß nur bifunktionelle Verbindungen wirksam sind; dieser Mechanismus kann aber die Wirksamkeit monofunktioneller Verbindungen nicht erklären.

Lost und Stickstofflost hemmen einige Enzyme, sie sind aber keine allgemeinen Enzymgifte[2]. Spezifisch gehemmt werden die Fermente des Cholinstoffwechsels (Cholinacetylase[3], Cholinesterasen[4] und Cholinoxydase[3,5]) und, abgesehen von einigen Proteinasen, vor allem Phosphokinasen[2] (Hexokinase[6]). *Triäthylenmelamin* und andere tumorhemmende Äthyleniminverbindungen hemmen die aerobe und anaerobe Glykolyse ohne wesentliche Beeinflussung der Atmung. Der Einfluß auf die Glykolyse beruht auf einer irreversiblen *Hemmung der Triose-phosphatdehydrogenase*, wahrscheinlich durch Alkylierung von SH-Gruppen dieses Enzyms[7]. — Desoxyribonucleinsäure verliert unter der Einwirkung von Lost oder Stickstofflost ihre „Strukturviscosität" wie nach Behandlung mit Röntgenstrahlen[8]. (Zur Pharmakologie von Stickstofflost s. [9].)

δ) Verschiedene Stoffe[10].

Urethan. Unter der Einwirkung von Urethan (Äthylcarbamat) (LXXVI), dessen narkotische Wirkung schon lange bekannt ist[11], wird bei Mäusen von Stämmen, bei denen spontan Lungentumoren auftreten, die Lungentumorrate erhöht[12]. Junge, schnell wachsende Mäuse sind empfindlicher als ältere Tiere[13]. Bemerkenswert ist, daß die Verabfolgung von Urethan an tragende Mäuse auch das vermehrte Auftreten von Tumoren bei den Nachkommen bewirkt[14,15]. Empfänglich gegenüber Urethan ist außer der Maus auch die Ratte[15] [16], nicht dagegen Huhn und Meerschweinchen[17]. Urethan erzeugt spezifisch Lungenadenome, die sich vom Alveolarepithel und nicht vom Bronchialepithel ableiten[15,18]; die Tumoren metastasieren nicht; sie lassen sich aber auf Tiere des gleichen Stammes übertragen[15]. Urethan ist bei oraler Verabfolgung und bei intravenöser und intraperitonealer Injektion wirksam. Die zur Erzeugung der Tumoren benötigten Mengen sind relativ hoch, was vor allem daran liegen mag, daß es sehr schnell abgebaut und ausgeschieden wird[19]. Urethan ist bei Mäusen bei Pinselung wirkungslos, doch besitzt es „Initiator"-Wirkung, denn anschließende Pinselung mit Crotonöl ruft Tumoren hervor (s. S. 381).

Die Wirkung des Urethans ist spezifisch; andere Narkotica oder Schlafmittel wirken nicht tumorerzeugend[20,21]. Chemische Veränderungen an der Aminogruppe

[1] Goldacre, R. J., A. Loveless and W. C. J. Ross: Nature **163**, 667 (1949). — Loveless, A., and S. Revell: Nature **164**, 938 (1949). — [2] Needham, D. M.: Biochem. J. **42**, XXV (1948). — [3] Barron, E. S. G., G. R. Bartlett and Z. B. Miller: J. exp. Med. **87**, 489 (1948). — [4] Adams, D. H., and R. H. S. Thompson: Biochem. J. **42**, 170 (1948). — [5] Colter, J. S., and J. H. Quastel: Nature **166**, 773 (1950). — [6] Dixon, M., and D. M. Needham: Nature **158**, 432 (1946). — Boyland, E., G. C. L. Goss and H. G. Williams-Ashman: Biochem. J. **49**, 321 (1951). — [7] Holzer, H., G. Sedlmayr u. A. Kemnitz: B. Z. **328**, 163 (1956/57). — [8] Butler, J. A. V., L. A. Gilbert and K. A. Smith: Nature **165**, 714 (1950). — [9] Boyland, E.: Biochem. Soc. Symp. **2**, 61 (1948). — [10] *Zusammenfassung:* Badger, G. M.: Brit. J. Cancer **10**, 330 (1956). — [11] Schmiedeberg, O.: A. e. P. P. **20**, 203 (1886). — [12] Nettleship, A., P. S. Henshaw and H. L. Meyer: J. nat. Cancer Inst. **4**, 309 (1943/44). — Baló, J., J. Juhász u. G. Kendrey: Z. Krebsforsch. **59**, 561 (1953). — [13] Rogers, S.: J. exp. Med. **93**, 427 (1951). — [14] Larsen, C. D., L. L. Weed and P. B. Rhoads jr.: J. nat. Cancer Inst. **8**, 63 (1947/48). — Klein, M.: J. nat. Cancer Inst. **12**, 1003 (1951/52). — [15] Mostofi, F. K., and C. D. Larsen: Amer. J. clin. Path. **21**, 342 (1951). — [16] Jaffé, W. G.: Cancer Res. **7**, 107 (1947). — Rosin, A.: Cancer Res. **9**, 583 (1949). — [17] Cowen, P. N.: Brit. J. Cancer **4**, 245 (1950). — [18] Mostofi, F. K., and C. D. Larsen: J. nat. Cancer Inst. **11**, 1187 (1950/51). — [19] Boyland, E., and E. Rhoden: Biochem. J. **44**, 528 (1949). — Skipper, H. E., C. E. Bryan, L. White jr. and O. S. Hutchison: J. biol. Ch. **173**, 371 (1948). — Beickert, A.: Z. ges. inn. Med. **5**, 143 (1950). — [20] Orr, J. W.: Brit. J. Cancer **1**, 311 (1947). — [21] Larsen, C. D., and W. E. Heston: Cancer Res. **5**, 592 (1945). — Larsen, C. D., P. B. Rhoads jr. and L. L. Weed: J. nat. Cancer Inst. **7**, 5 (1946/47).

heben die Wirksamkeit auf; der Äthylrest kann dagegen ohne vollkommenen Wirkungsverlust durch den Isopropylrest *(Isopropylcarbamat)* ersetzt werden, oder es können sich 2 Carbamatreste an einer Methylengruppe *(Methylendiurethan*, LXXVII) befinden. Methyl-, n-Butyl- und iso-Amylcarbamat sind dagegen unwirksam[1,2].

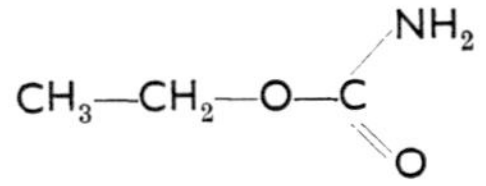

$$CH_3—CH_2—O—C(=O)NH_2$$

LXXVI

$$H_2N—C(=O)—O—CH_2—O—C(=O)—NH_2$$

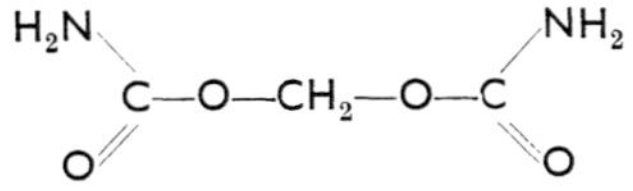

LXXVII

Fast gleichzeitig mit der Entdeckung der tumorerzeugenden Wirkung des Urethans wurde im Anschluß an die Auffindung der wachstumshemmenden Wirkung auf Experimentaltumoren gefunden[3], daß Urethan einen günstigen Einfluß auf die Leukämie beim Menschen zeigt[4]. Eine selektive Affinität zu bestimmten Zellformen des normalen oder des leukämischen Blutes *in vitro* ist nicht nachzuweisen[5].

Tetrachlorkohlenstoff und Chloroform. Orale Verabfolgung von *Tetrachlorkohlenstoff* bewirkt zumindest bei einigen Mäuseinzuchtstämmen die Entstehung von Hepatomen[6]. Viele kleine Gaben sind dabei wirksamer als eine oder wenige große Gaben[7]. Bei Ratten verursacht Tetrachlorkohlenstoff ausgesprochene Lebercirrhose aber keine Hepatome[8]. *Chloroform, per os* wiederholt gegeben, führt bei Mäusen vom A-Stamm nur bei den Weibchen zu Hepatomen; bei den Männchen entstehen so schwere Nekrosen der Niere, daß die Tiere die Entstehung der Tumoren nicht erleben[9].

Gerbsäure (Tannin). Fortgesetzte subcutane Injektion von Gerbsäure führt bei Ratten zu Lebercirrhose und bei Tieren, die länger als 100 Tage leben, zur Bildung von Hepatomen und Cholangiomen[10]. Ähnlich wie bei den Dimethylaminoazobenzolverbindungen ist die Wirkung bei eiweißarmer Diät stärker als bei eiweißreicher Diät[11].

Senecioalkaloide. Durch Fütterung von Senecioalkaloiden lassen sich bei Ratten Lebertumoren erzeugen. Seneciopflanzen werden von den Negern Südafrikas für die Behandlung der verschiedensten Krankheiten verwendet, und es besteht die Möglichkeit, daß das häufige Auftreten von primärem Leberkrebs bei diesen Negerstämmen auf Senecioalkaloide zurückzuführen ist[12].

Weitere Verbindungen, die als carcinogen erkannt worden sind, sind: *Thioharnstoff*[13] (Gesichtstumoren bei Ratten nach intraperitonealer Injektion und

[1] LARSEN, C. D., and W. E. HESTON: Cancer Res. **5**, 592 (1945). — LARSEN, C. D., P. B. Rhoads jr. and L. L. Weed: J. nat. Cancer Inst. **7**, 5 (1946/47). — [2] LARSEN, C. D.: J. nat. Cancer Inst. **8**, 99 (1947/48); **9**, 35 (1948/49). — [3] HADDOW, A., and W. A. SEXTONS Nature **157**, 500 (1946). — [4] PATERSON, E., A. HADDOW, I. APTHOMAS and J. M. WATKINSON: Lancet **1946 I**, 677. — s. a. HEILMEYER, L.; in PIRWITZ, J. (Hrsg.): Grundlagen und Praxis chemischer Tumorbehandlung. S. 204. Berlin, Göttingen, Heidelberg 1954. — [5] BEICKERT, A.: A. e. P. P. **210**, 473 (1950). — [6] EDWARDS, J. E.: J. nat. Cancer Inst. **2**, 197 (1941/42). — EDWARDS, J. E., and A. J. DALTON: J. nat. Cancer Inst. **3**, 19 (1942/43). — EDWARDS, J. E., W. E. HESTON and A. J. DALTON: J. nat. Cancer Inst. **3**, 297 (1942/43). — RUDALI, G., et P. L. MARIANI: C. R. Soc. Biol. **144**, 1626 (1950). — [7] ESCHENBRENNER, A. B., and E. MILLER: J. nat. Cancer Inst. **4**, 385 (1943/44). — [8] CAMERON, G. R., and W. A. E. KARUNARATNE: J. Path. Bacteriology **42**, 1 (1936). — GYÖRGY, P., J. SEIFTER, R. M. TOMARELLI and H. GOLDBLATT: J. exp. Med. **83**, 449 (1946). — [9] ESCHENBRENNER, A. B., and E. MILLER: J. nat. Cancer Inst. **5**, 251 (1944/45). — [10] KORPÁSSY, B., and K. KOVÁCS: Brit. J. exp. Path. **30**, 266 (1949). — KORPÁSSY, B., and M. MOSONYI: Brit. J. Cancer **4**, 411 (1950). — [11] KORPÁSSY, B., and M. MOSONYI: Lancet **1951 I**, 1416. — [12] COOK, J. W., E. DUFFY and R. SCHOENTAL: Brit. J. Cancer **4**, 405 (1950). — SCHOENTAL, R., M. A. HEAD and P. R. PEACOCK: Brit. J. Cancer **8**, 458 (1954). — [13] ROSIN, A., and M. RACHMILEWITZ: Cancer Res. **14**, 495 (1954).

Fütterung), *Thioacetamid*[1] (Gallengangskrebs bei Ratten nach Verfütterung), *Dimethylnitrosoamin*[2] (Hepatome bei Ratten nach Verfütterung), *Phenylharnstoff*[3] und *p-Äthoxy-phenylharnstoff* („Dulcin")[4] (Tumoren bei Ratten nach Verfütterung, vgl. aber dazu[5]) und *Äthionin*[6] (Hepatome bei Ratten nach Verfütterung).

Kunststoffe. Nach Implantation von Plättchen des Kunststoffs *Bakelit* unter die Haut von Ratten beobachtete TURNER[7] (1941) die lokale Bildung von Fibrosarkomen. Auch nach Implantation von einer Folie aus *Hydrocellulose* (Cellophan) unter die Haut bzw. in die Bauchhöhle von Ratten entstehen Sarkome[8, 9]. Benzolextrakte der Folie sind unwirksam, während die mit Benzol extrahierte Folie ihre Wirksamkeit behält. Die krebserzeugende Wirkung muß also der Folie selbst zukommen. Wirksam sind ferner bei Ratten und Mäusen Folien aus *Polyäthylen*, *Polyvinylchlorid*, *Polystyrol*, *Polyamid* (Nylon) und anderen Kunststoffen[8-11]. Glasplättchen, Glaswolle und Watte, in gleicher Weise implantiert, erzeugen dagegen keine Tumoren, während *Quarz* (gepulvert) bei Ratten, intraperitoneal implantiert, eine schwache aber deutliche Wirkung hat[12]. Der Mechanismus der Tumorentstehung unter der Einwirkung von Folien ist noch unbekannt; entscheidend ist wohl nicht die chemische Natur, sondern die physikalische Form der implantierten Materialien, denn Scheibchen aus *Elfenbein* und aus Edelmetallen wie *Platin*, *Gold*[11, 13] und auch *Silber*[13, 14] erzeugen Tumoren, während Perforation von Kunststoffolien eine Verminderung der Tumorausbeute bedingt und Kunststoffe in Pulverform ohne Wirkung sind[11]

ε) Anorganische Verbindungen.

Beim Menschen sind folgende anorganische Verbindungen als krebserzeugend (Berufskrebs bzw. Umweltkrebs) erkannt worden[15]: *Arsen(III)-Verbindungen*[16, 17] (Hautkrebs und eventuell Lungenkrebs), *Chromate*[18] (Lungenkrebs), *Asbest*[19] (Lungenkrebs), *Beryllium*[20] (Lungenkrebs) und *Nickelcarbonyl*[15] (Nasen- und Lungenkrebs).

---

[1] GUPTA, D. N.: Nature **175**, 257 (1955). J. Path. Bacteriology **72**, 415 (1956). — LOPEZ, M.: Exper. **12**, 185 (1956). — [2] MAGEE, P. N., and J. M. BARNES: Brit. J. Cancer **10**, 114 (1956). — [3] SCHMÄHL, D.: Naturwiss. **43**, 404 (1956). — [4] FITZHUGH, O. G., and A. A. NELSON: Fed. Proc. **9**, 272 (1950). — [5] LETTRÉ, H., u. H. WRBA: Naturwiss. **42**, 217 (1955). — [6] POPPER, H., J. DE LA HUERGA and C. YESINICK: Science, N.Y. **118**, 80 (1953). — [7] TURNER, F. C.: J. nat. Cancer Inst. **2**, 81 (1941/42). — [8] OPPENHEIMER, B. S., E. T. OPPENHEIMER and A. P. STOUT: Proc. Soc. exp. Biol. Med. **67**, 33 (1948). — [9] DRUCKREY, H., u. D. SCHMÄHL: Z. Naturforsch. **7**b, 353 (1952); **9**b, 529 (1954). — [10] OPPENHEIMER, B. S., E. T. OPPENHEIMER and A. P. STOUT: Proc. Soc. exp. Biol. Med. **79**, 366 (1952). — OPPENHEIMER, B. S., E. T. OPPENHEIMER, I. DANISHEFSKY, A. P. STOUT and F. R. EIRICH: Cancer Res. **15**, 333 (1955). — LASKIN, D. M., I. B. ROBINSON and J. P. WEINMANN: Proc. Soc. exp. Biol. Med. **87**, 329 (1954). — BERING, E. A. jr., R. L. MCLAURIN, J. B. LLOYD and F. D. INGRAHAM: Cancer Res. **15**, 300 (1955). — [11] NOTHDURFT, H.: Strahlentherapie **100**, 192 (1956). — [12] DRUCKREY, H., u. D. SCHMÄHL: Naturwiss. **41**, 534 (1954). — [13] NOTHDURFT, H.: Naturwiss. **42**, 75 (1955). — [14] OPPENHEIMER, B. S., E. T. OPPENHEIMER, I. DANISHEFSKY and A. P. STOUT: Cancer Res. **16**, 439 (1956). — [15] *Zusammenfassung:* HUEPER, W. C.: Environmental and occupational Cancer. Publ. Hlth. Rep., Suppl. **209**, 1 (1948). — [16] *Zusammenfassungen:* CURRIE, A. N.: Brit. med. Bull. **4**, 402 (1946/47). — NEUBAUER, O.: Brit. J. Cancer **1**, 192 (1947). — [17] SOMMERS, S. C., and R. G. MCMANUS: Cancer, N. Y. **6**, 347 (1953). — ROTH, F.: Z. Krebsforsch. **61**, 287 (1956). — HESS, H.: Arch. klin. Chir. **283**, 274 (1956/57). — [18] LETTERER, E., K. NEIDHARDT u. H. KLETT: Arch. Gewerbepath. Gewerbehyg. **12**, 323 (1944). — BIDSTRUP, P. L., and R. A. M. CASE: Brit. J. industr. Med. **13**, 260 (1956). — [19] BOEMKE, F.: Med. Mschr. **7**, 77 (1953). — Vgl. a.: BOHLIG, H., u. G. JAKOB: D. m. W. **1956**, 231. — [20] Nach HUEPER, W. C.; in HOMBURGER, F., and W. H. FISHMAN (Hrsg.): The Physiopathology of Cancer. S. 730. New York 1953.

Im Tierversuch konnte eine carcinogene Wirkung festgestellt werden für *Asbest*[1] (Plattenepithelcarcinome bei Mäusen nach Bestäubung), *Berylliumverbindungen*[2] (osteogene Sarkome bei Kaninchen nach Injektion oder Inhalation), *metallisches Nickel*[3] (Sarkome bei Ratten), *metallisches Kobalt*[4] und *Kobaltsalze*[5] (Sarkome bei Ratten[4] und Kaninchen[5] nach Injektion), *Zinksalze* (Liposarkome bei Ratten nach Injektion[5] und Teratome bei Hähnen nach Injektion in die Hoden[6]), *Kupfersulfat*[7] (Teratome bei Hähnen nach Injektion in die Hoden), *Selen*[8] (Hämatome bei Ratten nach Fütterung) und metallisches *Quecksilber*[9] (Sarkome in der Bauchhöhle bei Ratten nach intraperitonealer Injektion). Auch *Uran* erzeugt bei Ratten nach Injektion in die Bauchhöhle Sarkome; in diesem Falle ist aber noch nicht entschieden, ob die Wirkung dem Metall selbst zukommt oder ob es sich um eine reine Strahlenwirkung (s. S. 379) handelt[10]. Mit Arsenverbindungen und mit Chromaten ist eine Erzeugung von Tumoren im Tierversuch noch nicht gelungen.

c) Krebserzeugende physikalische Außenfaktoren[11].

Die krebserzeugende Wirkung von Strahlungen verschiedener Art ist wie diejenige der krebserzeugenden chemischen Verbindungen zuerst beim Menschen erkannt und erst später im Tierversuch bestätigt worden. Tumoren können erzeugt werden durch *Ultraviolettlicht* und durch *ionisierende Strahlungen.*

Ultraviolettlicht. Bei Menschen, die durch ihren Beruf dauernd intensiver Sonnenbestrahlung ausgesetzt sind, kann es besonders in südlichen Ländern und bei hellhäutigen Menschen zur Bildung von Hautkrebs an den der Sonne ausgesetzten Körperteilen kommen. Durch Tierversuche ist gesichert, daß ausschließlich der Ultraviolett-(UV-) Anteil des Sonnenlichtes zur Entstehung von Tumoren der Haut führt[12]. Der erste experimentelle Nachweis der carcinogenen Wirkung von UV-Licht gelang 1928 FINDLAY[13] bei der Maus und 1930 HOLTZ u. PUTSCHAR[14] bei der Ratte. Albinotiere sind empfindlicher als pigmentierte Tiere[14,15]; die Tumoren entstehen an den von Haaren unbedeckten Stellen der Haut. Die Entstehung der Tumoren ist um so eher zu erwarten, je mehr die Grenzen der natürlichen Gewöhnung überschritten werden[16]. Die Latenzzeit beträgt stets einige Monate und kann auch durch Erhöhung der Dosis nicht unter eine bestimmte Zeit verkürzt werden. Die mittlere Induktionszeit ist unabhängig von der zeitlichen Konzentration und wird nur durch die totale Dosis der absorbierten Lichtquanten bestimmt[17].

[1] NORDMANN, M., u. A. SORGE: Z. Krebsforsch. **51**, 168 (1941). — [2] GARDNER, L. U., and H. F. HESLINGTON: Fed. Proc. **5**, 221 (1946). — BARNES, J. M., and F. A. DENZ: Brit. J. Cancer **4**, 212 (1950). — DUTRA, F. R., E. J. LARGENT and J. L. ROTH: A. M. A. Arch. Path. **51**, 473 (1951). — [3] HUEPER, W. C.: Cancer Res. **11**, 257 (1951). J. nat. Cancer Inst. **16**, 55 (1955/56). — [4] HEATH, J. C.: Nature **173**, 822 (1954). — [5] THOMAS, J. A., et J. P. THIERY: Cr. **236**, 1387 (1953). — [6] MICHALOWSKY, I.: Virchows Arch. **267**, 27 (1928); **274**, 319 (1929). — BAGG, H. J.: Amer. J. Cancer **26**, 69 (1936). — FALIN, L. I.: Amer. J. Cancer **38**, 199 (1940). — CARLETON, R. L., N. B. FRIEDMAN and E. J. BOMZE: Cancer, N. Y. **6**, 464 (1953). — [7] FALIN, L. I., and W. W. ANISSIMOVA: Z. Krebsforsch. **50**, 339 (1940). — [8] NELSON, A. A., O. G. FITZHUGH and H. O. CALVERY: Cancer Res. **3**, 230 (1943). — [9] DRUCKREY, H., H. HAMPERL u. D. SCHMÄHL: Z. Krebsforsch. **61**, 511 (1957). — [10] HUEPER, W. C., J. H. ZUEFLE, A. M. LINK and M. G. JOHNSON: J. nat. Cancer Inst. **13**, 291 (1952/53). — [11] *Zusammenfassungen:* LACASSAGNE, A.: Les cancers produits par les rayonnements électromagnétiques. Paris 1945. Les cancers produits par les rayonnements corpusculaires. Paris 1945. — [12] ROFFO, A. H.: Strahlentherapie **66**, 328 (1939). — [13] FINDLAY, G. M.: Lancet **1928 II**, 1070. — [14] HOLTZ, F., u. W. PUTSCHAR: M. m. W. **1930 I**, 1039. — PUTSCHAR, W., u. F. HOLTZ: Z. Krebsforsch. **33**, 219 (1930/31). — [15] RUSCH, H. P., and C. A. BAUMANN: Amer. J. Cancer **35**, 55 (1939). — [16] MIESCHER, G.: Z. Krebsforsch. **49**, 399 (1939). — [17] BLUM, H. F.: J. nat. Cancer Inst. **11**, 463 (1950/51).

Das Gebiet der wirksamen Strahlung liegt unterhalb 334 mμ[1,2]. Maximale Tumorenentstehung scheint mit dem Strahlungsgebiet um 290 mμ erreicht zu werden. Bei Bestrahlung von Mäusen mit streng monochromatischem Licht erwies sich die Strahlung der Wellenlänge 297 mμ als carcinogen wirksam, diejenigen von 313 mμ und 253,7 mμ aber als unwirksam[3]. Das vollkommene Wirkungsspektrum ist noch nicht bekannt. Die für die Tumorentstehung benötigte Minimaldosis für die Maus beträgt für monochromatische Strahlung 297 mμ $2 \cdot 10^7$ erg/cm^2, wenn nur die Ohren bestrahlt werden[3]; sie beträgt um $50 \cdot 10^7$ erg/cm^2 bei Ganzbestrahlung mit Strahlung 290—334 mμ[1]. Für Strahlung 253,7 mμ (Strahlenquelle, welche diese Wellenlänge hauptsächlich aussendet) wird für gleiche Tumorausbeute und gleiche Latenzzeit eine etwa 10fach größere Gesamtdosis benötigt als für Mischstrahlung 280—310 mμ[4].

Welcher Photoprozeß in der Haut für die carcinogene Wirkung des UV-Lichtes verantwortlich zu machen ist, ist noch unbekannt. Von den 3 wichtigsten Photoprozessen in der normalen menschlichen Haut: der Hautbräunung, der Erythembildung und der Vitamin D-Bildung, ist die *Hautbräunung* mit Sicherheit auszuschließen, da sie im langwelligen UV-Gebiet oberhalb 310 mμ stattfindet, also in dem Gebiet, in welchem keine Tumorbildung beobachtet worden ist. Auch die *Erythembildung* steht, zumindest bei der Maus, wahrscheinlich nicht in Zusammenhang mit der Entstehung von Tumoren, denn der Prozeß der Erythembildung hat außer im Gebiet um 297 mμ, dem Bereich der Tumorbildung, noch ein zweites Maximum unterhalb 260 mμ; Tumoren können mit Strahlung 253,7 mμ aber nur schwer erzeugt werden, obwohl starke Erytheme entstehen. Auch für einen Zusammenhang zwischen krebserzeugender Wirkung von UV-Strahlen mit der *Vitamin D-Bildung* in der Haut haben sich bisher noch keine Anhaltspunkte ergeben. Die Auffassung, daß photochemische Umwandlungsprodukte des *Cholesterins* als krebserzeugendes Agens wirken[5], ließ sich nicht bestätigen[6], und auch die durch UV-Bestrahlung von *Cholestenon* und den *Steroidhormonen* entstehenden *Lumisteroide* sind nicht carcinogen[7]. Nicht carcinogen sind auch bestrahlte Fette der Haut[8] und Extrakte aus der Haut von Menschen mit multipler präcanceröser Keratose[9].

Diskutiert wird ein Zusammenhang zwischen mutationsauslösender und krebserzeugender Wirkung der UV-Strahlen. Das bisher vorliegende experimentelle Vergleichsmaterial läßt sich aber damit noch nicht gut vereinbaren, denn die Mutationswirkungsspektren für das Lebermoos[10] und für Bact. prodigiosum[11] haben Maxima um 265 mμ, dem maximalen Absorptionsgebiet der Nucleinsäuren, während das Gebiet maximaler Tumorentstehung längerwellig zu liegen scheint. (s. o.).

Ionisierende Strahlung[12]. Zu den ionisierenden Strahlen gehören Röntgenstrahlen und die Strahlen, welche die natürlichen und künstlichen radioaktiven Elemente aussenden.

Unter der Einwirkung von *Röntgenstrahlen* bilden sich bei örtlicher Einwirkung Tumoren der Haut oder des subcutanen Gewebes. Die krebserzeu-

[1] RUSCH, H. P., B. E. KLINE and C. A. BAUMANN: Arch. Path., Chicago **31**, 135 (1941). — [2] HELLER, W.: Strahlentherapie **81**, 387 (1950). — [3] FRIEDRICH, W.: Arch. Geschwulstforsch. **1**, 137 (1949). — [4] KELNER, A., and E. B. TAFT: Cancer Res. **16**, 860 (1956). — [5] ROFFO, A. H., e L. M. CORREA: Bol. Inst. Med. exp. Cáncer, Buenos Aires **14**, 681 (1938) [C. **1938 II**, 2764]. — [6] STAVELY H. E., and W. BERGMANN: Amer. J. Cancer **30**, 749 (1937). — WINDAUS, A., K. BURSIAN u. U. RIEMANN: H. **271**, 177 (1941). — [7] BUTENANDT, A., u. Mitarb.: *Zusammenfassung:* DANNENBERG, H.: Strahlentherapie **93**, 610 (1954). — [8] SNAPP, R. H., D. J. NIEDERMAN and S. ROTHMAN: Cancer Res. **10**, 73 (1950). — [9] MOHS, F. E.: Cancer Res. **8**, 371 (1948). — [10] KNAPP, E.: Naturwiss. **32**, 139 (1944). — [11] KAPLAN, R. W.: Z. Naturforsch. **7b**, 291 (1952). — [12] *Zusammenfassung:* BRUES, A. M.: Adv. Cancer Res. **2**, 177 (1954).

gende Wirkung von Röntgenstrahlen beim Menschen ist 1902 (also 7 Jahre nach Entdeckung der Röntgenstrahlen) von FRIEBEN[1] entdeckt und danach häufig beschrieben worden[2]. Im Tierexperiment sind Tumoren durch Röntgenstrahlen bei Ratten[3], Kaninchen[4,5], Meerschweinchen[6] und Mäusen[7] beschrieben worden. Ganzkörperbestrahlung von Ratten[8] und Mäusen[9,10] führt außer zu Tumoren der Haut auch zu Tumoren innerer Organe und Gewebe, bei Mäusen auch zu leukämischen Tumoren, (Hypophysentumoren bei Mäusen s.[11]). Die krebserzeugende Wirkung der Röntgenstrahlen ist (wie diejenige aller ionisierender Strahlen) vor allem abhängig von der gesamten Strahlendosis[4] (vgl. Wirkung von 4-Dimethylamino-azobenzol S. 360), doch ist fraktionierte Langzeitbestrahlung wirksamer als eine einzeitige Strahlenapplikation[10]. Zwischen weicher und harter Röntgenstrahlung besteht kein Unterschied.

Die Strahlung der radioaktiven Elemente und ihrer Verbindungen verursachen Tumoren in den von der Strahlung betroffenen Geweben[12]. Die Strahlung von *Radium* erzeugt bei äußerer Applikation Hauttumoren. Gelangen Radiumsalze in den Organismus, so entstehen Knochentumoren, da sich das Radium in den Knochen ablagert. Außerdem entstehen Veränderungen des Blutbildes. Experimentell sind mit Radiumsalzen Tumoren erzeugt worden bei Maus, Ratte, Meerschweinchen, Huhn[13] und Kaninchen[14]. Tumoren bei Menschen unter Einwirkung des Röntgenkontrastmittels *Thorotrast* sind verschiedentlich beschrieben worden[15]. (Versuche an Mäusen s.[16].)

Die Entstehung von Lungenkrebs bei Arbeitern der Erzgruben von Schneeberg und Joachimsthal beruht auf dem Gehalt der Grubenluft an *Radon* (Radiumemanation). Der experimentelle Beweis ist an weißen Mäusen erbracht worden, bei denen nach Dauereinwirkung von Radon bekannter Konzentration Lungentumoren auftraten[17].

Auf die Bedeutung der *künstlichen radioaktiven Elemente* für die Entstehung von Tumoren sei nur hingewiesen. Ein Hauptproblem für die Atomindustrie ist der Schutz der Arbeiter vor der bei der Kernspaltung entstehenden Strahlung und vor der Strahlung der als Nebenprodukte entstehenden radioaktiven Isotopen. Werden Ratten der Strahlung des *radioaktiven Phosphorisotopen* ^{32}P ausgesetzt (durch Haltung in Ställen aus ^{32}P-haltigem Kunststoff), so entstehen Tumoren der Haut und der subcutanen Gewebe[18], bei innerer Applikation entstehen Knochentumoren[19]. Bei Ratten entwickeln sich nach intraperitonealer Injektion des *radioaktiven Jodisotopen* ^{131}J Tumoren der Schilddrüse[20]. Ebenso wie Radium

[1] FRIEBEN, (P).: D. m. W. **1902**, Ver.-Beil. 335. — [2] GRÜTZMACHER, K. T.: Strahlentherapie **72**, 330 (1942). — [3] MARIE, P., J. CLUNET et G. RAULOT-LAPOINTE: Bull. Ass. franç. Cancer **3**, 404 (1910); **5**, 125 (1912). — [4] BLOCH, B.: Schweiz. med. Wschr. **54**, 857 (1924). — [5] SCHÜRCH, O.: Z. Krebsforsch. **32**, 449 (1930). — [6] GOEBEL, O., et P. GÉRARD: C. R. Soc. Biol. **93**, 1537 (1925). — [7] JONKHOFF, A. R.: Z. Krebsforsch. **26**, 32 (1928). — [8] KOLETSKY, S., and G. E. GUSTAFSON: Cancer Res. **15**, 100 (1955). — [9] KRÖNING, F., u. R. SIGMUND: Strahlentherapie **95**, 574 (1954). — [10] KRÖNING, F., u. R. SIGMUND: Z. Krebsforsch. **60**, 650 (1955). — [11] UPTON, A. C., and J. FURTH: Proc. Soc. exp. Biol. Med. **84**, 255 (1953). — [12] *Zusammenfassung über Erzeugung von Krebs durch radioaktive Substanzen:* FURTH, J., and J. L. TULLIS: Cancer Res. **16**, 5 (1956). — [13] DAELS, F., et G. BAETEN: Bull. Ass. franç. Cancer **15**, 162 (1926). — DAELS, F., et R. BILTRIS: Bull. Ass. franç. Cancer **20**, 32 (1931); **26**, 587 (1937). — [14] SCHÜRCH, O., u. E. UEHLINGER: Arch. klin. Chir. **183**, 704 (1935). — [15] Literatur s. MATTHES, T.: Arch. Geschwulstforsch. **6**, 162 (1954). — [16] GUIMARAES, J. P., L. F. LAMERTON and W. R. CHRISTENSEN: Brit. J. Cancer **9**, 253 (1955). — GUIMARAES, J. P., and L. F. LAMERTON: Brit. J. Cancer **10**, 527 (1956). — SAUERBECK, E.: Strahlentherapie **99**, 301 (1956). — [17] RAJEWSKY, B., A. SCHRAUB u. G. KAHLAU: Naturwiss. **31**, 170 (1943). — [18] HENSHAW, P. S., R. S. SNIDER and E. F. RILEY: Radiology **52**, 401 (1949). — [19] KOLETSKY, S., F. J. BONTE and H. L. FRIEDELL: Cancer Res. **10**, 129 (1950). — KOLETSKY, S., and J. H. CHRISTIE: Proc. Soc. exp. Biol. Med. **86**, 266 (1954). — [20] GOLDBERG, R. C., and I. L. CHAIKOFF: Proc. Soc. exp. Biol. Med. **76**, 563 (1951).

erzeugen auch *radioaktive Isotope der Erdalkalielemente Calcium* und *Strontium*, ^{45}Ca[1], ^{89}Sr[1] und ^{90}Sr[2], infolge ihrer Ablagerung in den Knochen bei Versuchstieren Knochentumoren, während subcutane Implantate von in Glasperlen eingeschmolzenem ^{90}Sr zu Carcinomen am Einwirkungsort der β-Strahlen führen[3]. (Erzeugung von Tumoren und Leukämie bei Mäusen durch Bestrahlung mit Neutronen s.[4].)

Parallel mit der Fähigkeit der ionisierenden Strahlen, Tumoren zu erzeugen, geht ihre Fähigkeit, Mutationen auszulösen.

d) Bedingt krebsauslösende Stoffe[5].

Die „bedingt krebsauslösenden Stoffe" (Definition s. S. 345) findet man entsprechend ihren verschiedenartigen Wirkungsqualitäten in vielen chemischen Verbindungsklassen; es fehlt ihnen ein gemeinsames konstitutionelles Merkmal, und ihre Wirkung ist unspezifischer als diejenige der krebserzeugenden Stoffe.

Allen bedingt krebsauslösenden Stoffen gemeinsam ist, daß sie als solche die Umwandlung von normalen Zellen in Tumorzellen („Initialphase") nicht vollziehen können, sondern nach Vorbehandlung mit einem krebserzeugenden Faktor die „Entwicklungsphase" beeinflussen und die Bildung von Tumoren der Haut begünstigen *(cocarcinogene Wirkung)*[6]. Das am besten untersuchte Beispiel ist das *Crotonöl*. Werden Mäuse mit (in bezug auf die Tumorentstehung) unterschwelligen Dosen von krebserzeugenden Außenfaktoren behandelt (Pinselung mit polycyclischen aromatischen Kohlenwasserstoffen[7], wie 9,10-Dimethyl-1,2-benzanthracen, 3,4-Benzpyren, Methylcholanthren oder mit Urethan[8], Triäthylenmelamin, β-Propiolacton[9] oder Behandlung mit ionisierenden Strahlen[10]) und anschließend am Applikationsort wiederholt[11] mit Crotonöl gepinselt, so bilden sich dort Tumoren in gleicher Weise, als ob das krebserzeugende Agens mit einer für die Krebsentstehung ausreichenden Dosis verabfolgt wäre. Die in der „Initialphase" durch die carcinogenen Außenfaktoren gebildeten Tumorzellen haben sich unter der Wirkung des Crotonöls zum Tumor entwickelt. Entsprechend diesem Wirkungsmechanismus ist die Anwendung von Crotonöl (und das gilt für alle wirksamen Faktoren dieser Art) *vor der Behandlung* mit dem carcinogenen Agens ohne Wirkung[12]. Die Häufigkeit der durch Crotonöl realisierten Tumoren hängt von der Konzentration des vorher applizierten carcinogenen Agens ab[13, 14]. Die Länge der Latenzzeit vom Beginn der Nachbehandlung mit Crotonöl ist unabhängig vom Zeitintervall

[1] ANDERSON, W. A. D., G. E. ZANDER and J. F. KUZMA: Arch. Path., Chicago **62**, 262 (1956). — [2] OWEN, M., H. A. SISSONS and J. VAUGHAN: Brit. J. Cancer **11**, 229 (1957). — [3] SCHUBERT, G., H. A. KÜNKEL u. G. UHLMANN: Strahlentherapie, Sonderbd. **35**, 168 (1956). — [4] UPTON, A. C., J. FURTH and K. W. CHRISTENBERRY: Cancer Res. **14**, 682 (1954). — UPTON, A. C., G. S. MELVILLE jr., M. SLATER, F. P. CONTE and J. FURTH: Proc. Soc. exp. Biol. Med. **92**, 436 (1956). — NOWELL, P. C., L. J. COLE and M. E. ELLIS: Cancer Res. **16**, 873 (1956). — [5] BUTENANDT, A.: Verh. dtsch. Ges. inn. Med. **55**, 342 (1949). Verh. dtsch. Ges. Path. **35**, 70 (1951). — [6] *Zusammenfassungen:* BERENBLUM, I.: Arch. Path., Chicago **38**, 233 (1944). Adv. Cancer Res. **2**, 129 (1954); Cancer Res. **14**, 471 (1954). — [7] BERENBLUM, I.: Cancer Res. **1**, 44, 807 (1941). — MOTTRAM, J. C.: J. Path. Bacteriology **56**, 181 (1944). — BERENBLUM, I., and P. SHUBIK: Brit. J. Cancer **1**, 379, 383 (1947). — GRAFFI, A.; in: Probleme der Krebsforschung und Krebsbekämpfung. Abh. dtsch. Akad. Wiss. Berlin, Kl. med. Wiss. **1953**, Nr 1, S. 1 (1954). — [8] GRAFFI, A., E. VLAMYNCK, F. HOFFMANN u. I. SCHULZ: Arch. Geschwulstforsch. **5**, 110 (1953). — SALAMAN, M. H., and F. J. C. ROE: Brit. J. Cancer **7**, 472 (1953). — ROE, F. J., and M. H. SALAMAN: Brit. J. Cancer **8**, 666 (1954). — BERENBLUM, I., and N. HARAN: Brit. J. Cancer **9**, 453 (1955). — [9] ROE, F. J. C., and M. H. SALAMAN: Brit. J. Cancer **9**, 177 (1955). — [10] SHUBIK, P., A. R. GOLDFARB, A. C. RITCHIE and H. LISCO: Nature **171**, 934 (1953). — [11] SALAMAN, M. H.: Brit. J. Cancer **6**, 155 (1952). — KLEIN, M.: Cancer Res. **13**, 427 (1953). — [12] BERENBLUM, I., and N. HARAN: Brit. J. Cancer **9**, 268 (1955). — [13] IVERSEN, S., J. ENGELBRETH-HOLM and O. NORING: Acta path. microbiol. scand. **32**, 218 (1953). — [14] KLEIN, M.: Cancer Res. **16**, 123 (1956).

zwischen beiden Behandlungen[1-3]; die Tumoren treten aber um so schneller auf, je häufiger mit Crotonöl gepinselt wird[4]. Die Crotonölwirkung ist bei der Maus unabhängig vom Alter der Tiere[5].

Crotonöl hat eine tumorrealisierende Wirkung nicht nur, wenn die Applikation des carcinogenen Agens (Initialfaktor) und des Crotonöls an der gleichen Stelle erfolgen, sondern auch wenn der Initialeffekt durch resorptive Gaben des Carcinogens ausgelöst wird. So entstehen Hauttumoren an der mit Crotonöl gepinselten Stelle auch nach intravenöser, intraperitonealer oder oraler Applikation von 9,10-Dimethyl-1,2-benzanthracen[6], nach oral verabfolgtem 2-Acetaminofluoren[7] und nach oral[8] oder intraperitoneal[9] verabfolgtem Urethan. Dieser Befund könnte eine Erklärung für die Entstehung von Hauttumoren bei manchen Mäusestämmen durch Pinselung mit Crotonöl allein[10] geben, wenn man hier endogene Carcinogene für die Initialphase verantwortlich machen würde.

Versuche, die für die tumorrealisierende Wirkung verantwortliche Verbindung aus dem Crotonöl zu isolieren, sind bisher ohne Erfolg geblieben[11]. Crotonöl ist bei Ratten, Meerschweinchen und Kaninchen unwirksam[12], während Terpentin beim Kaninchen wirksamer ist als bei der Maus[12, 13]. Crotonöl ist stark hautreizend, und zur Gruppe der bedingt krebsauslösenden Stoffe gehören eine Reihe weiterer hautreizender Stoffe, aber einmal wirken nicht alle hautreizenden Stoffe cocarcinogen, und zum anderen sind auch Verbindungen mit starker tumorrealisierender Wirkung gefunden worden, die nicht hautreizend wirken. Zu letzteren gehören einige nichtionisierbare oberflächenaktive Substanzen: *Fettsäureester des Sorbitan* (Span-Gruppe) und *des Polyoxyäthylensorbitan* (Tween-Gruppe) (wirksam bei Mäusen und Kaninchen nach Vorbehandlung der Haut mit 9,10-Dimethyl-1,2-benzanthracen und Methylcholanthren)[14]. Tumorrealisierend wirkt ferner bei Kanichen das *Setzen von Wunden* (mechanisch erzeugte Wunden oder Verbrennungen) im Anschluß an eine Vorbehandlung mit Teer, 3,4-Benzpyren oder Methylcholanthren[15].

Zu den bedingt krebsauslösenden Stoffen gehören ferner auch alle Hormone mit „Proliferationswirkung". Diese kann entweder allgemeiner Art sein wie beim *Wachstumshormon* des Hypophysenvorderlappens (Somatotropin), welches bei langdauernder Verabfolgung an Ratten mit intakter Hypophyse (nicht aber bei Mäusen[16]) Tumoren der verschiedensten Lokalisation hervorruft[17]. Die Proliferationswirkung kann aber auch auf ein bestimmtes Erfolgsorgan gerichtet sein wie bei den *Oestrogenen* und *Androgenen*. Da es sich hier um Wirkstoffe mit charakteristischer organotroper Wirkung handelt, spielen sie nur eine Rolle bei der Tumorbildung an ihren Erfolgsorganen. Bei Mäusen mit einer Belastung für

---

[1] Iversen, S., J. Engelbreth-Holm and O. Noring: Acta path. microbiol. scand. **32**, 218 (1953). — [2] Berenblum, I., and P. Shubik: Brit. J. Cancer **3**, 109 (1949). — [3] Vesselinovitch, S. D., and J. P. W. Gilman: Cancer Res. **17**, 52 (1957). — [4] Reissig, G., u. A. Graffi: Arch. Geschwulstforsch. **8**, 101 (1955). — [5] Graffi, A., u. G. Reissig: Arch. Geschwulstforsch. **11**, 192 (1957). — [6] Graffi, A., F. Scharsach u. E. Heyer: Naturwiss. **42**, 184 (1955). — [7] Ritchie, A. C., and U. Saffiotti: Cancer Res. **15**, 84 (1955). — [8] Haran, N., and I. Berenblum: Brit. J. Cancer **10**, 57 (1956). — [9] Ritchie, A. C.: Brit. J. Cancer **11**, 206 (1957). — [10] Boutwell, R. K., D. Bosch and H. P. Rusch: Cancer Res. **17**, 71 (1957). — [11] Danneel, R., u. N. Weissenfels: Naturwiss. **42**, 128 (1955). — Gwynn, R. H.: Brit. J. Cancer **9**, 445 (1955). — [12] Shubik, P.: Cancer Res. **10**, 13 (1950). — [13] Rous, P., and J. G. Kidd: J. exp. Med. **73**, 365 (1941). — [14] Setälä, K., H. Setälä and P. Holsti: Science, N.Y. **120**, 1075 (1954). — Setälä, K., H. Setälä, L. Merenmies u. P. Holsti: Z. Krebsforsch. **61**, 534 (1957). — Riska, E. B.: Acta path. microbiol. scand. Suppl. **114**, 1 (1956). — [15] Friedewald, W. F., and P. Rous: J. exp. Med. **80**, 101, 127 (1944). — [16] Moon, H. D., M. E. Simpson, C. H. Li and H. M. Evans: Cancer Res. **12**, 448 (1952). — [17] Moon, H. D., M. E. Simpson, C. H. Li and H. M. Evans: Cancer Res. **10**, 297, 364, 549 (1950). — Koneff, A. A., H. D. Moon, M. E. Simpson, C. H. Li and H. M. Evans: Cancer Res. **11**, 113 (1951).

Mammatumoren, die sich bei den Weibchen in einer bestimmten Höhe der Spontantumorrate manifestiert, läßt sich bei einer starken Übersteigerung der Proliferation der Brustdrüse durch Verabfolgung von *Oestron* in sehr hohen Dosen (3000facher Wert der physiologischen Dosis) über das ganze Leben eine Erhöhung der Tumorrate und eine zeitliche Vorverlegung der Tumormanifestation erreichen. Die Grenze der Reaktion ist nach Versuchen an Mäuseinzuchtstämmen mit verschieden hoher Tumorbelastung durch das Erbgut festgelegt und kann durch keine noch so hohe Dosierung von Oestron überschritten werden. Die Männchen der belasteten Mäusestämme entwickeln normalerweise keine Mammatumoren; unter der Wirkung von Oestron verhalten sie sich aber qualitativ und quantitativ wie die Weibchen. Verschiedene natürliche Oestrogene zeigen nach Verabfolgung gleicher Hormoneinheiten genau den gleichen Effekt, und ebenso verhält sich auch das synthetische Oestrogen *Stilboestrol* (Cyren), welches chemisch von den natürlichen Oestrogenen völlig verschieden ist[1]. Durch Pinselung mit Oestrogenen lassen sich an der Maus nie Carcinome erzeugen, auch nicht in Kombination mit Crotonöl[2]. Die Oestrogene wirken also nicht krebserzeugend, sondern sie schaffen auf Grund ihrer Proliferationswirkung nur eine der Bedingungen, die für das Auftreten eines Tumors notwendig sind[3]. Analoges gilt, wie die klinische Erfahrung zeigt, für das Testikelhormon *Testosteron*[4]. Das Prostatacarcinom entwickelt sich aus Gewebselementen, die unter der Wirkung des Testosterons proliferieren, und zur Manifestation einer Anlage für Prostatacarcinom ist die proliferierende Wirkung des Testosterons notwendig.

Eine indirekt bedingt krebsauslösende Wirkung haben *Thyreostatika*. Sie bewirken auf dem Wege über eine Hemmung der Thyroxinsynthese eine vermehrte Ausschüttung an *thyreotropem Hormon* und dadurch eine Proliferation der Schilddrüse, die zum Auftreten von Tumoren der Schilddrüse führen kann. Nach Verabfolgung von *Thioharnstoff*[5] oder *Thiouracil*[6] an Ratten oder von *Propylthiouracil*[7] an Mäusen bilden sich Tumoren der Schilddrüse. Entsprechende klinische Beobachtungen sind bei der Behandlung von Patienten mit Thiouracil[8] und Methylthiouracil[9] gemacht worden. Noch stärker ausgeprägt ist diese Wirkung der Thyreostatika bei Versuchstieren, wenn gleichzeitig Behandlung mit einem carcinogenen Außenfaktor (2-Acetaminofluoren[10,11] oder radioaktives Jod[12]) erfolgt. Bei gleichzeitiger Applikation von 2-Acetaminofluoren und *Allylthioharnstoff*[10] oder *Thiouracil*[11] an Ratten entwickeln sich Schilddrüsentumoren, während sonst nach Verabfolgung von 2-Acetaminofluoren bevorzugt Leber-, Parotis-, Pankreas- und Mammatumoren entstehen. Nach diesen Versuchen erscheinen die Thyreostatika als bedingt krebsauslösende Agentien; ihre Wirkung beruht aber auf der Ausschüttung von thyreotropem Hormon, welches die Schilddrüse zur Proliferation anregt und daher als das eigentliche bedingt krebsauslösende Hormon anzusprechen ist.

---

[1] KAUFMANN, C., H. A. MÜLLER, A. BUTENANDT u. H. FRIEDRICH-FREKSA: Z. Krebsforsch. **56**, 482 (1949). — [2] GRAFFI, A., u. H. GUMMEL: Dtsch. Gesundh.-Wes. **7**, 1250 (1952). — [3] *Zusammenfassungen:* LACASSAGNE, A.: Ergebn. Vit.- u. Horm.-Forsch. **2**, 259 (1939). — FRIEDRICH-FREKSA, H.: Ber. Gynäk. Geburtsh. **40**, 225 (1940). Geburtsh. u. Frauenheilkde. **3**, 199 (1941). — GARDNER, W. U., C. A. PFEIFFER, J. J. TRENTIN and J. T. WOLSTENHOLME; in HOMBURGER, F., and W. H. FISHMAN (Hrsg.): The Physiopathology of Cancer, S. 225. New York 1953. — [4] s. BAUER, K. H.: D. m. W. **1953**, 1525. — [5] PURVES, H. D., and W. E. GRIESBACH: Brit. J. exp. Path. **27**, 294 (1946); **28**, 46 (1947). — [6] MONEY, W. L., and R. W. RAWSON: Cancer, N. Y. **3**, 321 (1950). — CLAUSEN, H. J.: Proc. Soc. exp. Biol. Med. **83**, 835 (1953). — [7] MOORE, G. E., E. L. BRACKNEY and F. G. BOCK: Proc. Soc. exp. Biol. Med. **82**, 643 (1953). — [8] PAYNE, R. L., A. R. CRANE and J. G. PRICE: Surgery **22**, 496 (1947). — [9] HAGEN, J., u. A. SCHÜRMEYER: Med. Klin. **1947**, 847. — BASSALLECK, H.: Med. Klinik **1950**, 924. — [10] BIELSCHOWSKY, F.: Brit. J. exp. Path. **25**, 90 (1944). — [11] PASCHKIS, K. E., A. CANTAROW and J. STASNEY: Cancer Res. **8**, 257 (1948). — [12] DONIACH, I.: Brit. J. Cancer **7**, 181 (1953).

Zu den bedingt krebsauslösenden Stoffen sind auch eine Reihe von anderen Agentien zu rechnen, welche die Realisation von schon vorhandenen Geschwulstanlagen bewirken oder begünstigen. Die bei bestimmten Mäuseinzuchtstämmen beobachteten Erhöhungen der Tumorraten an Mammacarcinomen bei virginellen Weibchen nach Pinselung mit *Benzol*[1] und an Lungentumoren nach Injektion von *Desoxycholsäure*[2] lassen sich (wie wahrscheinlich viele Beobachtungen der Literatur über das vereinzelte Auftreten von Tumoren nach Verabfolgung von Stoffen aus verschiedenen chemischen Verbindungsklassen) in diesem Sinne deuten. Sicher sind bedingt krebsauslösende Faktoren auch für die Krebsentstehung beim Menschen von Bedeutung, entweder durch die Entwicklung anlagemäßig vorhandener Krebszellen oder durch das Zusammenwirken mit krebserzeugenden Noxen.

e) Berufskrebs und Umweltkrebs[3].

Die Erkenntnis, daß Krebs durch exogene Ursachen hervorgerufen werden kann, zwingt dazu, die Umwelt auf carcinogene Ursachen zu untersuchen. Sicher wird Krebs beim Menschen viel häufiger durch äußere Ursachen hervorgerufen, als heute bekannt ist, und der *Berufskrebs* stellt nur den Extremfall des viel häufiger verbreiteten *Umweltkrebses* dar. Bei vielen Arten von Berufskrebs konnte der Zusammenhang zwischen Krebs und Umweltfaktor gesichert werden; in anderen Fällen sind Beziehungen zu bestimmten Umweltfaktoren gefunden oder wahrscheinlich gemacht worden. Tabelle 2 gibt einen Überblick über die heute

Tabelle 35. Vermutliche krebserzeugende und bedingt krebsauslösende Faktoren der Umwelt (nach WYNDER[4]).

Lokalisation des Krebses	Das Beweismaterial ist		
	gesichert	überzeugend	nicht überzeugend
Lunge	Tabak, Chromate, radioaktiver Staub	Arsenik, Schmieröle, Isopropylöle, Metallstaub und -dämpfe, Farbe, Holzstaub, Nickel, Asbest	
Larynx	Tabak	Alkohol	Metallstaub und -dämpfe
Penis	Smegma oder andere Agentien der Vorhaut		
Cervix	Smegma oder andere Agentien der Vorhaut des Penis	therapeutisch gegebene Oestrogene	
Blase	β-Naphthylamin, Bilharziosis	Benzidin	
Mundhöhle	Tabak, Syphilis (Zunge)	Ernährungsmängel	Alkohol, schlechte Zähne, orale Infektionen

[1] KAUFMANN, C., H. A. MÜLLER, A. BUTENANDT u. H. FRIEDRICH-FREKSA: Z. Krebsforsch. **56**, 482 (1949). — [2] LAW, L. W.: Proc. Soc. exp. Biol. Med. **47**, 37 (1941). — [3] *Zusammenfassungen:* HUEPER, W. C.: Publ. Hlth. Rep., Suppl. **209**, 1 (1948). Cancer Res. **12**, 691 (1952). Arch. Path., Chicago **58**, 360, 475, 645 (1954). — GROSS, E.: Z. Krebsforsch. **59**, 180 (1953). — WINGLER, A.: Arzneim.-Forsch. **7**, 391 (1957). — [4] WYNDER, E. L.: New Engl. J. Med. **246**, 492, 538, 573 (1952).

Tabelle 35. (Fortsetzung.)

Lokalisation des Krebses	Das Beweismaterial ist		
	gesichert	überzeugend	nicht überzeugend
Speiseröhre		Tabak, Alkohol, Ernährungsmängel	thermische Faktoren, Gewürze, schlechte dentale und orale Hygiene
Magen		Thermische Faktoren, Gewürze, Alkohol, Tabak, ungenügende dentale oder orale Hygiene	Faktoren der Nahrung
Leber	Ernährungsmängel, Buttergelb		Alkohol, Bilharziosis
Haut	UV-Licht, Arsenik, Teer, Öle (mineralische Schieferöle, Paraffin), Röntgenstrahlen, Tabak (Pfeifenraucher-Lippe), Anthracen, Asphalt, Pech		Hitze
Leukämie	Strahlen, Benzol		
Schilddrüse		Faktoren in der Nahrung, Strahlen, kropferzeugende Agentien, radioaktives Jod	
Endometrium			therapeutische Oestrogene, Strahlen

bekannten Beziehungen carcinogener Faktoren der Umwelt zu Tumoren bestimmter Lokalisation beim Menschen. Die Aufdeckung derartiger Zusammenhänge bildet die Grundlage für eine Prophylaxe des „Umweltkrebses" durch Ausschaltung der entsprechenden Faktoren[1]. Besondere Beachtung in dieser Richtung wird heute chemischen Zusätzen zu Nahrungsmitteln geschenkt[2].

f) Tumor-Virusarten[3].

Eine ganz andere Art der Tumorerzeugung als bisher betrachtet ist die Bildung von Tumoren durch Virusarten, die auf die grundlegende Entdeckung von Rous (1911)[4] zurückgeht, daß zellfreie Extrakte eines spontan aufgetretenen Hühnersarkoms anderen Hühnern injiziert wieder Tumoren hervorriefen. Heute sind verschiedene Tumoren bei Vögeln, Säugetieren und Kaltblütern bekannt, die

[1] Bauer, K. H.; in Pirwitz, J. (Hrsg.): Grundlagen und Praxis chemischer Tumorbehandlung. S. 249. Berlin, Göttingen, Heidelberg 1954. — Wynder, E. L.: New Engl. J. Med. **246**, 492, 538, 573 (1952). — [2] Druckrey, H.: Z. Krebsforsch. **60**, 344 (1955). — Truhaut, R.: Ann. pharmac. franç. **13**, 36, 87 (1955). — Meuron, G. de: Mitt. Lebensmitt.-Unters. Hyg. **46**, 97 (1955). — Lang, K.: D.m.W. **1957**, 97, 137. — Souci, S. W.: M.m.W. **1957**, 1569. — Bericht über die Tätigkeit der Kommission zur Bearbeitung des Lebensmittelfarbstoff-Problems der Deutschen Forschungsgemeinschaft: Z. Lebensm.-Unters. u. -Forsch. **96**, 98 (1953). — [3] *Zusammenfassende Darstellungen:* Haagen, E., u. G. Mauer: Virus und Tumoren. Handbuch der Viruskrankheiten. (Hrsg. Gildemeister, E., E. Haagen u. O. Waldmann.) Bd. II, S. 486. Jena 1939. — Shrigley, E. W.: Ann. Rev. Microbiol. **5**, 241 (1951). — Miner, R. W., and C. P. Rhoads (Hrsg.): Viruses as causative agents in cancer. Ann. N. Y. Acad. Sci. **54**, 869 (1952). — Oberling, C., and M. Guérin: Adv. Cancer Res. **2**, 353 (1954). — s. a. Schramm, G.: Biochemie der Viren. Berlin, Göttingen, Heidelberg 1954. — [4] Rous, P.: J. amer. med. Ass. **56**, 198 (1911).

sich durch zellfreie Tumorfiltrate übertragen lassen. Das wirksame, tumorerzeugende Agens stellt in allen Fällen ein für den jeweiligen Tumor spezifisches Virus dar. Die am besten untersuchten Viren sind das Virus des ROUS-Sarkoms Nr. 1, das Kaninchenpapillomvirus und der Mammacarcinomfaktor der Maus (Milchfaktor von BITTNER). (Elektronenmikroskopische Untersuchungen von Virustumoren s.[1].)

Virus des ROUS-Sarkoms Nr. 1[2]: Das ROUS-Sarkom Nr. 1 ist wohl am häufigsten zu Untersuchungen über virusbedingte Tumoren verwendet worden, da die Übertragung leicht gelingt. Histologisch ist es ein Spindelzellensarkom. Die Latenzzeit liegt bei mittleren Dosen in der Größenordnung von 10 Tagen. Die Wirkung ist also, verglichen mit derjenigen anderer carcinogener Agentien, sehr schnell; daher darf angenommen werden, daß das Virus unmittelbar und nicht nur als auslösendes Agens für eine latente Krebsbereitschaft wirkt.

Durch differenzierte Ultrazentrifugierung kann aus Extrakten des ROUS-Sarkoms eine hochaktive tumorerzeugende Komponente abgetrennt werden[3]. Andere Reinigungsmethoden verwenden Adsorption an Aluminiumgel[4] oder Diatomeenerde (Celit)[5]. Die beste Methode zur Reinigung und Isolierung soll die Kombination von Ultrazentrifugierung und enzymatischer Reinigung durch Abbau von Mucopolysacchariden mittels Hyaluronidase und von Begleitproteinen mittels Trypsin sein[6].

Das ROUS-Virus scheint ein lipoidhaltiges Nucleoproteid zu sein, welches als Nucleinsäurekomponente Ribonucleinsäure (RNS) enthält. Der Lipoidgehalt beträgt 35—47% (Zusammensetzung s. Tabelle 36). Die Lipoide können nicht völlig ohne Verlust der Wirksamkeit abgetrennt werden[7]. Wichtig für die Aktivität des ROUS-Virus sind freie SH-Gruppen, denn SH-Blocker, wie p-Chlormercuribenzoesäure, bewirken Inaktivierung, die durch Cystein weitgehend rück-

Tabelle 36. Chemische Zusammensetzung von tumorerzeugenden Viren und Partikeln aus Embryonalgeweben[8].

Partikel	Ganze Partikel		Lipoide			Nichtlipoide			Literatur
	% N	% P	Gesamt %	Phospholipoide %	% P	Gesamt %	DNS %	RNS %	
ROUS-Agens	7,2	1,56	43,5	—	1,26	56,5	—	% P 1,69	9
ROUS-Agens	8,5—9,0	1,5	35	—	2,4	65	—	% P 1,0	10
ROUS-Agens	7,5	1,22	47	—	0,5	53	—	% P 1,85	11
Hühnchen-Embryo-Komponente . . .	9,5	2,3	35	23,4	—	66,5	—	10,6	12
Hühnchen-Embryo-Komponente . . .	8,22	2,1	51	—	—	49		7,5—8,5	13
Kaninchenpapillom-Virus	15,0	0,94	1,5	—	—	98,5	8,7	—	14

[1] BERNHARD, W., and C. OBERLING: Canad. Cancer Conf. **2**, 59 (1957). — [2] HARRIS, R. J. C.: Adv. Cancer Res. **1**, 233 (1953). — [3] CLAUDE, A.: J. exp. Med. **66**, 59 (1937). — POLLARD, A.: Brit. J. exp. Path. **20**, 429 (1939). — [4] s. DMOCHOWSKI, L.: J. nat. Cancer Inst. **9**, 69 (1948/49). — [5] RILEY, V.: J. nat. Cancer Inst. **11**, 199, 215 (1950/51). — [6] CARR, J. G., and R. J. C. HARRIS: Brit. J. Cancer **5**, 83 (1951). — [7] HARRIS, R. J. C., and J. G. CARR: [HARRIS, R. J. C.: Adv. Cancer Res. **1**, 233 (1953)]. — [8] HARRIS, R. J. C.: Adv. Cancer Res. **1**, 233 (1953). — [9] SHEMIN, D., and E. E. SPROUL: Cancer Res. **2**, 514 (1942). — [10] CLAUDE, A.: Science, N. Y. **90**, 213 (1939). — [11] HARRIS, R. J. C., and J. G. CARR: Unveröffentlicht. — [12] TAYLOR, A. R., D. G. SHARP, D. BEARD and J. W. BEARD: J. infect. Dis. **71**, 115 (1942). — [13] CLAUDE, A.: Science, N. Y. **91**, 77 (1940). — [14] TAYLOR, A. R., D. BEARD, D. G. SHARP and J. W. BEARD: J. infect. Dis. **71**, 110 (1942).

gängig gemacht werden kann[1]. Das Rous-Virus wird bei 37° ziemlich schnell inaktiv; Tumorextrakte lassen sich bei 0° nur 2—3 Tage halten; gereinigte Präparate sollen aber nach Gefriertrocknung unter geeigneten Bedingungen lange Zeit ohne Wirksamkeitsverlust haltbar sein[2]. Bestrahlung mit Ultraviolettlicht führt zum Verlust der Wirksamkeit[3]. (Elektronenmikroskopische Untersuchungen s.[4].)

Ob die bisher isolierten Partikel aus dem Rous-Sarkom wirklich schon das reine Virus darstellen, ist noch nicht geklärt, da sich nach den gleichen Methoden, die zur Abtrennung und Reinigung des Rous-Agens angewendet worden sind, auch aus normalen Hühner- und Mäuseembryonen und aus Mäusetumoren Zellpartikel sehr ähnlicher Zusammensetzung und Größe isolieren lassen, die keine tumorerzeugende Aktivität besitzen[5] (s. Tabelle 36). Auch sind die serologischen Untersuchungen über das Rous-Virus noch nicht widerspruchsfrei[6].

Kaninchenpapillomvirus. Bei Baumwollschwanzkaninchen (Cottontail-Kaninchen) ist ein gutartiges aber sehr ansteckendes Hautpapillom sehr verbreitet. Die Warzen lassen sich, wie Shope (1933)[7] zeigte, durch zellfreie Extrakte auf Tiere derselben Gattung übertragen. Auch das Hauskaninchen ist für das Papillomvirus empfänglich. Die Papillome werden hier erheblich größer und können sich besonders bei gleichzeitiger Pinselung mit Teer oder Methylcholanthren[8] in Carcinome umwandeln. Das Hauskaninchenpapillom läßt sich in der Regel nicht zellfrei übertragen, und es läßt sich aus ihm auch kein Virus isolieren.

Aus den Papillomen von Baumwollschwanzkaninchen ist zuerst von Beard u. Wyckoff (1937)[9] ein einheitliches Proteid isoliert worden, dessen Identität mit dem Virus gesichert wurde. Aus 400 g Warzenmaterial lassen sich 200 mg Virus isolieren[10] (zur Darstellung in größeren Mengen s.[11]). Das wirksame Agens ist monodispers in Ultrazentrifuge und Elektrophorese (im sauren und alkalischen Bereich) und hat folgende physikalische Konstanten: Sedimentationskonstante 280 S, Diffusionskonstante $D_{20} = 0{,}66 \cdot 10^{-7}$, spezifisches Volumen 0,757. Daraus berechnet sich ein Mol. Gew. von $45 \cdot 10^6$ und für ein sphärisches Molekül ein Durchmesser von 48 mμ. Nach elektronenmikroskopischen Aufnahmen erscheinen die Viruspartikel rund und von einheitlicher Größe mit einem Durchmesser von 44 mμ. Der Reibungsfaktor f/f_0 beträgt 1,35. Der isoelektrische Punkt liegt bei 5,0[12].

Das Kaninchenpapillomvirus ist ein Nucleoproteid, dessen Nucleinsäurekomponente aus Desoxyribonucleinsäure (DNS) besteht; Zusammensetzung s. Tabelle 36. Das Virus ist stabil zwischen p_H 3 und 7,5 und gegen äußere Einflüsse widerstandsfähiger als das Rous-Virus. Der Proteinanteil besteht aus mindestens 18 Aminosäuren, von denen aber keine in außergewöhnlichen Mengen vorkommt[13].

Mammacarcinomfaktor der Maus[14]**.** Bei Mäusen ist für die Entstehung von Mammacarcinomen neben der erblichen Disposition, der hormonalen An-

[1] Schmidt, F.: Z. Krebsforsch. **61**, 527 (1957). — [2] Carr, J. G., and R. J. C. Harris: Brit. J. Cancer **5**, 95 (1951). — Bryan, W. R., J. B. Moloney and D. Calnan: J. nat. Cancer Inst. **15**, 315 (1954/55). — [3] Claude, A., and A. Rothen: J. exp. Med. **71**, 619 (1940). — [4] Bernhard, W., C. Oberling et P. Vigier: Bull. Ass. franç. Cancer **43**, 407 (1956). — Epstein, M. A.: Brit. J. Cancer **11**, 268 (1957). — [5] Claude, A.: Science, N. Y. **91**, 77 (1940). — [6] s. Oberling, C., and M. Guérin: Adv. Cancer Res. **2**, 353 (1954). — [7] Shope, R. E., and E. W. Hurst: J. exp. Med. **58**, 607 (1933). — [8] Rous, P., and W. F. Friedewald: Science, N. Y. **94**, 495 (1941). — [9] Beard, J. W., and R. W. G. Wyckoff: Science, N. Y. **85**, 201 (1937). — [10] Neurath, H., G. R. Cooper, D. G. Sharp, A. R. Taylor, D. Beard and J. W. Beard: J. biol. Ch. **140**, 293 (1941). — [11] Taylor. A. R.: J. biol. Ch. **163**, 283 (1946). — [12] Nach Schramm, G.: Biochemie der Viren. S. 197. Berlin, Göttingen, Heidelberg (1954.) — [13] Knight, C. A.: Proc. Soc. exp. Biol. Med. **75**, 843 (1950). — [14] *Zusammenfassung:* Dmochowski, L.: Adv. Cancer Res. **1**, 103 (1953).

regung des Mammagewebes und einem Umweltfaktor die Gegenwart eines virusartigen Agens, des *Milchfaktors* (BITTNER), notwendig. Mäusestämme, die frei von diesem Faktor sind, bekommen selten Mammacarcinome. Der Faktor ist aber, wie BITTNER[1] zuerst fand, durch die Milch von belasteten Stämmen auf freie Stämme übertragbar und führt dann bei Tieren, bei denen die Disposition dafür vorhanden ist und das Mammagewebe hormonal zur Entwicklung kommt, später zu Mammacarcinomen. Die Placenta ist anscheinend nicht durchlässig für diesen Faktor, oder er wird dort neutralisiert oder gehemmt, denn Nachkommen von belasteten Tieren bekommen nur Tumoren, wenn sie mit der Milch von belasteten Stämmen ernährt werden, aber nicht, wenn sie gleich nach der Geburt von faktorfreien Mäuseweibchen (Ammen) genährt werden[2]. Schon 0,1 cm^3 der auf 1:1000 verdünnten Milch einer Maus aus einem Stamm hoher Tumorbelastung kann bei einem Jungtier aus einem Stamm niedriger Tumorbelastung in 8—12 Monaten Mammacarcinome erzeugen.

Die besten Quellen für den Milchfaktor sind Milch, lactierendes Mammagewebe und Mammacarcinome belasteter Mäusestämme. Er kommt bei diesen Stämmen aber auch in vielen Organen und im Blut vor. Der Milchfaktor ist ultrafiltrierbar, mit Salzen fällbar und in der Ultrazentrifuge sedimentierbar; er ist stabil im p_H-Gebiet von 5—10,2, in eingefrorenem Zustand oder in Glycerin einige Zeit beständig, wird aber durch Erhitzen auf 50—60° in kurzer Zeit zerstört; durch Fettlösungsmittel wird er nicht inaktiviert[3]. Bei der Fraktionierung von Homogenaten von Mammacarcinomen und lactierenden Brustdrüsen zeigt sich die Fraktion der kleinen Mikrosomen am wirksamsten[4].

Die *Reindarstellung des Milchfaktors* ist sehr schwierig, einmal, weil das Ausgangsmaterial nicht in genügender Menge zu erhalten ist, und zum anderen wegen der langen Zeitdauer des Tiertestes. Die bisher erhaltenen Ergebnisse sind nicht ohne Widerspruch. GRAFF u. Mitarb.[5] isolierten aus der Milch eines hochbelasteten Mäusestammes durch Behandlung mit Chymotrypsin und Ultrazentrifugierung eine hochaktive Fraktion, die, auch elektrophoretisch, aus 2 Komponenten bestand. Elektronenmikroskopische Aufnahmen ergaben kugelförmige Partikel mit einem Durchmesser von 50—150 $m\mu$. In der Milch von Mäusestämmen mit geringer Tumorbelastung wurden diese Partikel nicht gefunden. PASSEY u. Mitarb.[6] isolierten aus Extrakten von getrocknetem und frischem normalem Mammagewebe und Mammacarcinom von hochbelasteten Mäusestämmen nach Fettextraktion, Behandlung mit Trypsin, Ultrafiltration und Ultrazentrifugierung eine wirksame Fraktion, die, elektronenmikroskopisch untersucht, aus kugelförmigen Partikeln mit einem Durchmesser von 20 bis 120 $m\mu$, meist 30 $m\mu$, bestand. Entsprechende Extrakte aus Geweben eines wenig belasteten Mäusestamms enthielten viel weniger Partikel dieser Größe und waren biologisch inaktiv.

Virus und Krebs. Man könnte versucht sein, die Bildung von Tumoren ganz allgemein auf die Wirkung eines virusähnlichen Agens zurückzuführen, und von den beiden denkbaren Möglichkeiten: 1. alle krebsanfälligen Organismen enthalten latent geschwulstbildende Viren, die durch krebsauslösende Reize aktiviert werden können, 2. die Krebsentstehung könnte darauf beruhen, daß durch äußere Einflüsse selbstvermehrungsfähige Einheiten der Zelle soweit verändert werden, daß sie nicht mehr den Gesetzen des normalen Wachstums gehorchen, wird besonders die letzte Möglichkeit diskutiert (Duplikantentheorie s. S. 345)[7].

[1] BITTNER, J. J.: Science, N. Y. **84**, 162 (1936). — [2] *Zusammenfassung zur Genese des Mammakrebses bei Mäusen:* BITTNER, J. J.: Cancer Res. **8**, 625 (1948). — MÜHLBOCK, O.: Adv. Cancer Res. **4**, 371 (1956). — [3] *Zusammenfassung:* BARNUM, C. P., and R. A. HUSEBY: Cancer Res. **10**, 523 (1950). — [4] DMOCHOWSKI, L., and C. D. HAAGENSEN: Acta Un. int. Cancr., Bruxelles **11**, 646 (1955). — [5] GRAFF, S., D. H. MOORE, W. M. STANLEY, H. T. RANDALL and C. D. HAAGENSEN: Cancer, N. Y. **2**, 755 (1949). — [6] PASSEY, R. D., L. DMOCHOWSKI, R. REED and W. T. ASTBURY: Biochim. biophysica Acta, N. Y. **4**, 391 (1950). — [7] s. a. OBERLING, C., and M. GUÉRIN: Adv. Cancer Res. **2**, 353 (1954).

g) Zur endogenen Krebsentstehung[1].

Seit der Entdeckung exogener krebserzeugender Verbindungen ist der Frage Aufmerksamkeit geschenkt worden, ob die Entstehung spontaner Tumoren bei Mensch und Tier nicht auf das Vorkommen endogener krebserzeugender Verbindungen im Organismus infolge einer Stoffwechselstörung zurückgeführt werden könne. Eine derartige (ererbte oder erworbene) Stoffwechselstörung oder Stoffwechselanomalie könnte bestehen in der Neubildung „unnormaler" Verbindungen mit krebserzeugender Wirkung oder in der vermehrten Bildung „normaler" körpereigener Verbindungen mit krebserzeugender Wirkung, die im allgemeinen im Organismus nur in so geringer Menge vorkommen, daß die Krebsentstehung außerhalb der Lebenserwartung fällt.

Zur experimentellen Prüfung dieser Hypothese liegen heute im wesentlichen 3 verschiedene Arbeitsrichtungen vor: 1. Prüfung körpereigener Verbindungen auf krebserzeugende Wirkung, 2. Aufstellung von strukturellen Beziehungen zwischen körpereigenen Verbindungen und krebserzeugenden Stoffen und 3. Versuche zum Nachweis und zur Isolierung krebserzeugender Stoffe im Organismus krebskranker Menschen.

1. Körpereigene Verbindungen mit krebserzeugender Wirkung sind *3-Hydroxykynurenin* (LXXIX), *3-Hydroxyanthranilsäure* (LXXX) und *Xanthin*

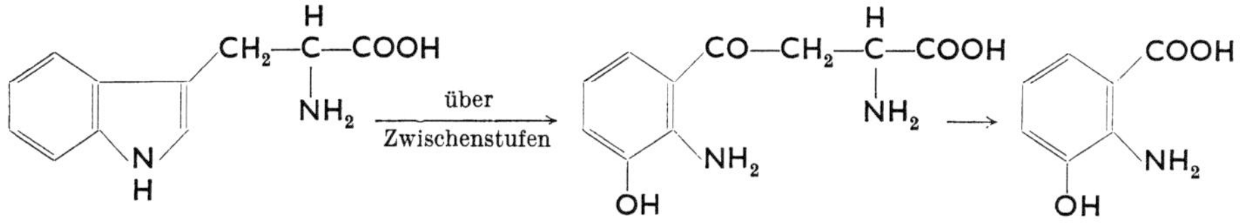

über Zwischenstufen

LXXVIII LXXIX LXXX

(LXXXI). Diese Verbindungen erzeugen, mit Cholesterin verschmolzen und operativ in die Harnblase von Mäusen eingeführt, Blasentumoren[2, 3] (vgl. auch carcinogene Wirkung des 2-Amino-naphthols-(1) unter diesen Versuchsbedingungen, S. 367). 3-Hydroxykynurenin und 3-Hydroxyanthranilsäure kommen als Zwischenprodukte im intermediären Stoffwechsel des Tryptophans (LXXVIII) normalerweise im Harn in freier und in konjugierter Form, als Glucuronide und Schwefelsäureester, vor. Im Harn von Menschen mit Blasenkrebs wird nun häufig einmal ein erhöhter Gehalt an 3-Hydroxykynurenin und an 3-Hydroxyanthranilsäure gefunden[4] und zum anderen eine abnormal hohe Aktivität der Enzyme β-Glucuronidase und Sulfatase[5]. Diese Enzyme setzen aus den Glucuroniden bzw. Schwefelsäureestern die freien, wohl wirksamen Verbindungen in Freiheit.

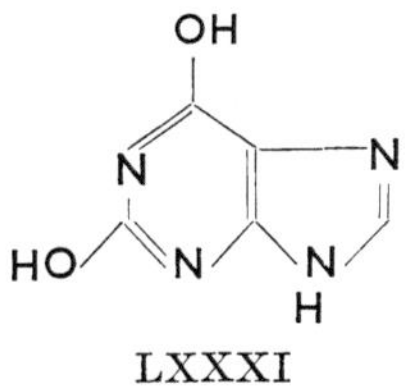

LXXXI

Xanthin (LXXXI), welches nicht nur im Blasentest bei der Maus (s. o.) sondern auch nach subcutaner Injektion bei Ratten carcinogen wirkt[6], ist ein Zwischenprodukt bei der Umwandlung der Nucleinsäurebestandteile Adenin und Guanin im Organismus in Harnsäure und normales Ausscheidungsprodukt im Harn.

---

[1] *Zusammenfassungen:* LACASSAGNE, A.: Les cancers produits par des substances chimiques endogènes. Paris 1950. — DANNENBERG, H.: Strahlentherapie, Sonderbd. **37**, 36 (1957).
[2] BOYLAND, E., and G. WATSON: Nature **177**, 837 (1956). — [3] ALLEN, M. J., E. BOYLAND, C. E. DUKES, E. S. HORNING and J. G. WATSON: Brit. J. Cancer **11**, 212 (1957). — [4] BOYLAND, E., and D. C. WILLIAMS: Biochem. J. **64**, 578 (1956). — [5] BOYLAND, E., D. M. WALLACE and D. C. WILLIAMS: Brit. J. Cancer **9**, 62 (1955). — [6] HADDOW, A.: [BOYLAND, E., and G. WATSON: Nature **177**, 837 (1956)].

2. Bei Steroiden ist ein Übergang in krebserzeugende polycyclische aromatische Kohlenwasserstoffe infolge eines abnormalen Stoffwechsels diskutiert worden (COOK, DODDS, KENNAWAY 1935)[1], nachdem die Darstellung des krebserzeugend hochwirksamen *3-Methylcholanthrens*[2] (s. S. 347) im Laboratorium aus Gallensäuren[3, 4] und Cholesterin[5] bekannt geworden war: vgl. Überführung von *Desoxycholsäure* (LXXXII) in *3-Methylcholanthren* (LXXXIV), wobei als Zwischenprodukt der hydroaromatische, carcinogen unwirksame Kohlenwasserstoff *Dehydronorcholen* (LXXXIII) auftritt[3]. Viele Arbeiten sind danach durchgeführt worden, um Steroide in krebserzeugende Kohlenwasserstoffe umzuwandeln oder um die Beziehungen zwischen Steroiden und krebserzeugenden Kohlenwasserstoffen zu erweitern[6]. Als Ergebnis dieser Arbeiten lassen sich heute für alle im Organismus vorkommenden Gruppen von Steroiden strukturelle Beziehungen

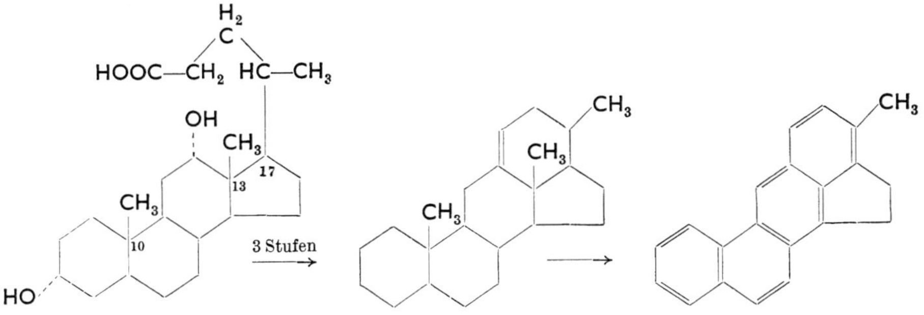

LXXXII —3 Stufen→ LXXXIII ——→ LXXXIV

zu krebserzeugenden Kohlenwasserstoffen aufstellen, wobei die Kohlenwasserstoffe als Dehydrierungsprodukte der Steroide oder ihrer Abwandlungsprodukte aufgefaßt werden können.

Die einzelnen Gruppen von Steroiden können verschiedene Ringsysteme als Dehydrierungsprodukte bilden. Die Art des Ringsystems wird vor allem durch die Anzahl der Kohlenstoffatome in der Seitenkette der Steroide am C-Atom 17 (vgl. LXXXII) bestimmt, sofern nicht eine Umlagerung innerhalb des Vierringsystems der Steroide erfolgt (vgl. Umlagerung von 9,11-Dehydroverbindungen der Steroide mit Provitamin D-Struktur in Anthrasteroide[7]).

Die *Steroidhormone* (Hormone der Keimdrüsen und der Nebennierenrinde) und ihre Umwandlungsprodukte können infolge fehlender oder zu kurzer Seitenkette als Dehydrierungsprodukte nur die aromatischen Kohlenwasserstoffe *1,2-Cyclopentenophenanthren* (LXXXV) und *Chrysen* (LXXXVI) bilden sowie deren Methylderivate, je nachdem, ob die angularen Methylgruppen in 10- und 13-Stellung des Steranskelets (s. LXXXII) abgespalten werden, wandern oder zur Erweiterung des Ringskelets (Übergang in Chrysen und seine Derivate, die auch aus D-Homosteroiden direkt entstehen können[8]) dienen[9]. Sowohl unter synthetisch dargestellten *Methylhomologen des 1,2-Cyclopentenophenanthrens*[10] als

[1] s. COOK, J. W.: Pedler Leture. Soc. **1950**, 1210. — [2] COOK, J. W., and G. A. D. HASLEWOOD: Soc. **1934**, 428. — [3] WIELAND, H., u. E. DANE: H. **219**, 240 (1933). — [4] FIESER, L. F., and M. S. NEWMAN: Am. Soc. **57**, 961 (1935). — [5] ROSSNER, W.: H. **249**, 267 (1937). — [6] *Zusammenfassungen:* INHOFFEN, H. H.: Progr. org. Chem. **2**, 131 (1953). — SCHUBERT, K.: Steroide und Krebs. Dresden, Leipzig 1956. — DANNENBERG, H.: Folia Clin. int., Barcelona **6**, 32 (1956). — [7] NES, W. R., and E. MOSETTIG: Am Soc. **75**, 2787 (1953); **76**, 3182 (1954). — [8] GOUGH, N., and C. W. SHOPPEE: Biochem. J. **54**, 630 (1953). — [9] BUTENANDT, A.: Chem.-Ztg. **74**, 7 (1950). — [10] BUTENANDT, A., u. H. DANNENBERG: Arch. Geschwulstforsch. **6**, 1 (1953).

auch *des Chrysens* (vgl. S. 349) sind krebserzeugende Verbindungen gefunden worden.

Von Steroiden mit einer längeren Seitenkette am C-Atom 17 (LXXXII), wie *Gallensäuren*, *Gallenalkoholen* und *Cholesterin*, sind als Dehydrierungsprodukte möglich: bei Ausbildung eines weiteren Ringes zwischen Seitenkette und Steranskelet Derivate des Grundkohlenwasserstoffs *Cholanthren* (vgl. Umwandlung von Gallensäuren in Methylcholanthren LXXXII—LXXXIV) und, sofern die Seitenkette lang genug ist wie bei Gallenalkoholen und Cholesterin, bei Ausbildung von zwei weiteren Ringen zwischen Seitenkette und Steranskelet, Derivate des Grundkohlenwasserstoffs *Steranthren* (LXXXVIIa, b, ***R*** = H). Die für Cholesterin diskutierte Umwandlung in 3,6-Dimethylsteranthren (LXXXVII, ***R*** = CH_3)[1] kann für die endogene Krebsentstehung von Bedeutung sein, da das Steranthren in seiner angularen Form (LXXXVIIb) (zur Isomerie des Steranthrens vgl.[2]) krebserzeugend hochwirksam ist[3].

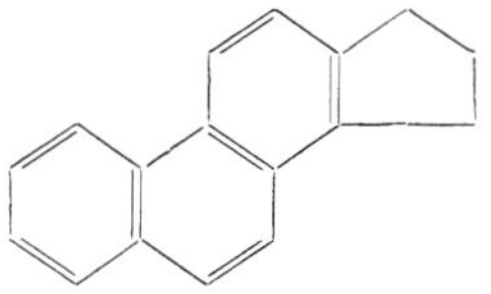

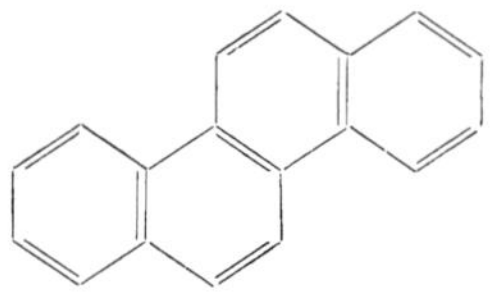

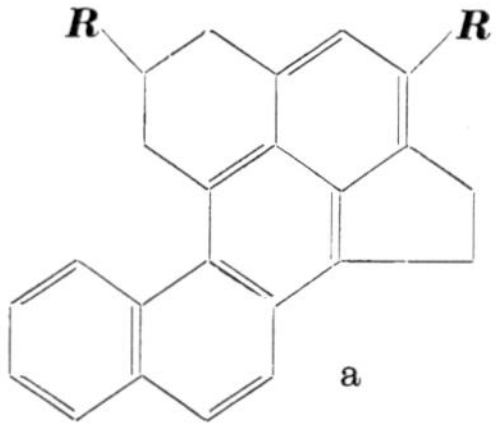

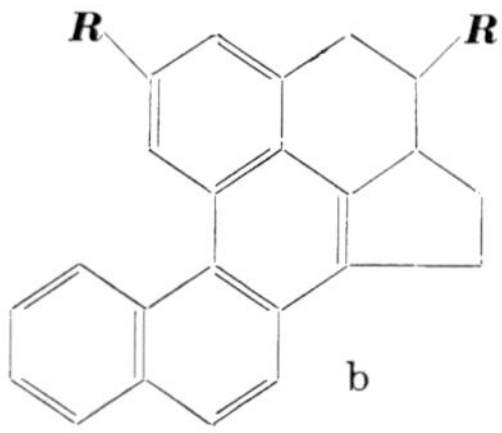

LXXXV LXXXVI

R ***R*** a ***R*** ***R*** b

LXXXVII

Der wesentliche Unterschied zwischen den Steroiden und den betrachteten, strukturell mit ihnen verwandten, carcinogenen Kohlenwasserstoffen liegt im Sättigungsgrad. Während die Steroide weitgehend gesättigte, „hydroaromatische" Verbindungen sind, haben die carcinogenen Kohlenwasserstoffe vollkommen aromatischen Charakter. Für die Aromatisierung einfacher hydroaromatischer Verbindungen *in vivo* und *in vitro* sind Beispiele bekannt[4]. Dehydrierung und Aromatisierung von Steroiden müssen aber infolge der angularen, in 10- und 13-Stellung stehenden Methylgruppen (vgl. LXXXVIII), die als Schutz der Natur gegen eine zu leichte Aromatisierung aufgefaßt werden können, komplizierter und über mehrere Stufen mit Beteiligung verschiedener Enzyme verlaufen[5]. Eine enzymatische Dehydrierung von Steroiden bis zu vollaromatischen Systemen ist bisher noch nicht bekannt, wichtige Einzelschritte können aber gesehen werden: 1. in der Aromatisierung des Ringes A des Steranskelets, wie die Umwandlung von Testosteron (LXXXVIII) in Oestron (LXXXIX) und Oestradiol[6] zeigt, welche über einen oxydativen Angriff an der 10ständigen

---

[1] BERGMANN, W.: Z. Krebsforsch. **48**, 546 (1939). — [2] DANNENBERG, H., u. D. DANNENBERG-v. DRESLER: A. **593**, 219, 232 (1955). — [3] DANNENBERG, H.: Z. Krebsforsch. **62**, 217 (1957/58). — [4] *Zusammenfassung:* DICKENS, F.: Biochem. Soc. Symp. **5**, 66 (1950). — [5] *Zusammenfassung:* s. [3]. — [6] HEARD, R. D., P. H. JELLINCK and V. J. O'DONNELL: Endocrinology **57**, 200 (1955). — BAGGETT, B., and L. L. ENGEL: J. biol. Ch. **221**, 931 (1956). — WOTIZ, H. H., J. W. DAVIS, H. M. LEMON and M. GUT: J. biol. Ch. **222**, 487 (1956).

angularen Methylgruppe verläuft[1], und 2. in der enzymatischen Einführung von Doppelbindungen und Hydroxylgruppen, die als Wasser abgespalten auch wieder zu Doppelbindungen führen können, in das Steranskelet[2]. Das Vorhandensein einer Aldehydgruppe am C-Atom 13 des Nebennierenrindenhormons Aldosteron (XC) spricht dafür, daß auch die 13ständige angulare Methylgruppe einer enzymatischen Oxydation zugängig ist, worin man den ersten Schritt für eine Eleminierung dieser Methylgruppe sehen könnte. Bei einer schrittweisen Umwandlung

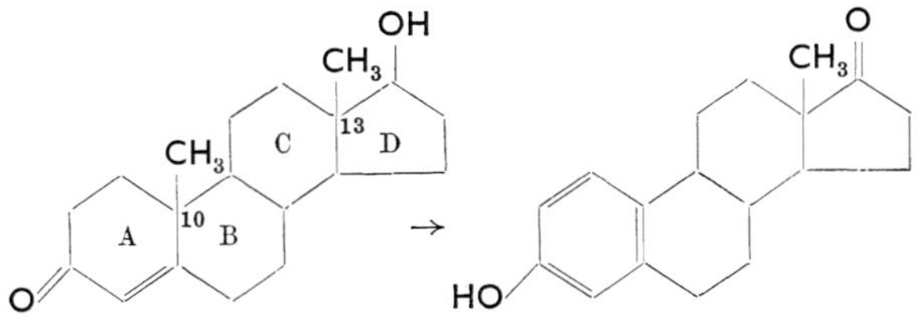

LXXXVIII → LXXXIX 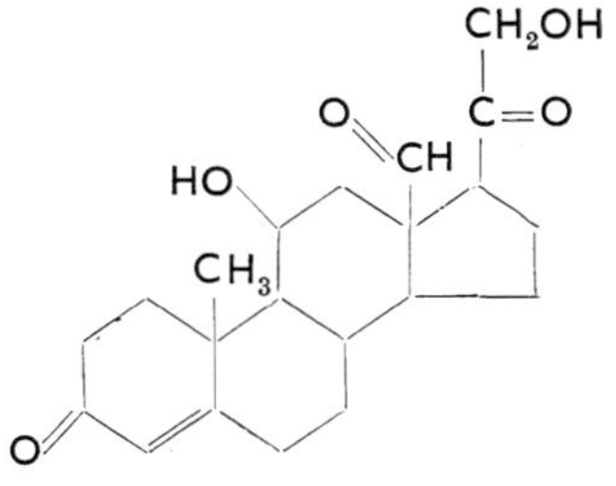 XC

von Steroiden in aromatische Kohlenwasserstoffe muß auch an die Möglichkeit gedacht werden, daß ungesättigte Zwischenprodukte bereits eine carcinogene Wirkung besitzen können[3].

Für den Übergang von Steroiden in carcinogene Verbindungen ist nicht nur ein fehlgeleiteter Steroidstoffwechsel in Betracht zu ziehen, es könnten auch Außenfaktoren daran beteiligt sein[4]. Außer der Einwirkung von Ultraviolettstrahlung auf Steroide (s. S. 378) ist auch über die Einwirkung von Mikroorganismen der Darmflora diskutiert worden, da mit lipoidlöslichen Anteilen von Bebrütungsansätzen von Dehydronorcholen (LXXXIII, s. S. 389) mit Colibakterien aus dem Darm von Patienten mit Rectumkrebs bei Ratten einige Tumoren nach Injektion erzeugt werden konnten[5]. Eine Abwandlung des Dehydronorcholens in derartigen Ansätzen in Richtung Methylcholanthren (LXXXIV, s. S. 389) konnte aber nicht nachgewiesen werden[6].

3. *Die Isolierung von krebserzeugenden Stoffen aus Organen oder Körperflüssigkeiten Krebskranker* ist bisher erfolglos geblieben. Besonders untersucht worden sind die unverseifbaren Anteile der Lebern Krebskranker. Die Prüfung derartiger Fraktionen durch wiederholte Injektion von Lösungen in Öl oder Schmalz bei Mäusen hat keine eindeutigen Ergebnisse geliefert: zum Teil wurde nur eine Erhöhung der Tumorrate der bei den verwendeten Mäusestämmen spontan auftretenden Tumoren (Lungentumoren[7,8], Uterussarkome[9]) beobachtet, zum Teil wurden in sehr geringer Zahl Sarkome an der Injektionsstelle nach sehr langer Latenzzeit beobachtet[10-12]. (Im Injektionstest bei der Ratte und im Pinselungstest bei der Maus war keine Wirksamkeit festzustellen[13].) Wirksame Extrakte liefern weder die

[1] MEYER, A. S.: Exper. **11**, 99 (1955). Biochim. biophysica Acta, N. Y. **17**, 441 (1955). — [2] *Zusammenfassungen.* WETTSTEIN, A., and G. ANNER: Exper. **10**, 397 (1954). — VISCHER, E., u. A. WETTSTEIN: Angew. Chem. **69**, 456 (1957). — [3] INHOFFEN, H. H.: Angew. Chem. **63**, 297 (1951). — [4] BUTENANDT, A : Verh. dtsch. Ges. inn. Med. **55**, 342 (1949). — [5] DRUCKREY, H., R. RICHTER u. R. VIERTHALER: Kli. Wo. **1941**, 781. — [6] BUTENANDT, A., u. H. DANNENBERG: Naturwiss. **30**, 52, 585 (1942). A. **568**, 83 (1950). — FRIEDRICH, W., u. N. KOYENUMA: Naturwiss. **30**, 145 (1942). — [7] SHABAD, L. M.: C. R. Soc. Biol. **124**, 213 (1937). — [8] KLEINENBERG, H. E., S. A. NEÏFAKH and L. M. SHABAD: Amer. J. Cancer **39**, 463 (1940). — [9] BUTENANDT, A., H. DANNENBERG u. H. FRIEDRICH-FREKSA [BUTENANDT, A.: Verh. dtsch. Ges. inn. Med. **55**, 342 (1949)]. — [10] SANNIÉ, C., R. TRUHAUT et M. GUÉRIN: Bull. Ass. franç. Cancer **32**, 44 (1944/45). — [11] STEINER, P. E.: Cancer Res. **2**, 425 (1942); **3**, 385 (1943). — [12] HIEGER, I.: Brit. J. Cancer **3**, 123 (1949). — [13] GUMMEL, H.: Kli. Wo. **1941**, 448. — NOTHDURFT, H.: Z. Krebsforsch. **56**, 379 (1949).

Lebern aller Krebskranker noch ist eine Wirksamkeit spezifisch für Extrakte aus der Leber Krebskranker (auch eine Beziehung zur Lokalisation der Tumoren ist nicht zu erkennen), denn mit gleich großer Häufigkeit wird auch eine quantitative ähnliche Wirksamkeit bei Extrakten aus Lebern Nichtkrebskranker (bei etwa 20%) gefunden[1]. Wirksam sind ferner auch Extrakte aus anderen Organen und Geweben Krebskranker und Nichtkrebskranker[2,3].

Sicher ist die Wirksamkeit der Extrakte nicht auf endogene Stoffe vom Typ der carcinogenen Kohlenwasserstoffe zurückzuführen (negatives Ergebnis im hierfür besonders charakteristischen Pinselungstest an der Maus[4] und Fehlen typischer Fluorescenz-[5] und Absorptionsbanden[4]). Bei weiterer Fraktionierung wirksamer Extrakte fand sich die Aktivität bevorzugt in einer Fraktion, die zu 85% aus Cholesterin bestand[2]; aber auch Injektion von in Olivenöl oder Schweineschmalz gelöstem ungereinigtem und gereinigtem Cholesterin führt bei Mäusen in einem kleinen Prozentsatz und nach langer Latenzzeit zu Tumoren[6]. Diese Wirkung könnte bedingt sein, durch die fortlaufende Bildung von Oxydationsprodukten des Cholesterins im gesetzten Depot, denn folgende Oxydationsprodukte des Cholesterins wurden als carcinogen gefunden: *a-Cholesterinoxyd, 6-Keto-, 6β-Hxdroxy-*[7] und vor allem *6β-Hydroperoxy-Δ⁴-cholestenon-(3)*[8] (XCI) (Injektion ihrer Sesamöl-Lösungen bei der Maus). Auffallend ist, daß ähnliche oder gleiche Oxydationsprodukte auch entstehen, wenn Cholesterin in Gegenwart von Luft mit Ultraviolettlicht[9] oder mit Röntgenstrahlen[10] bestrahlt wird. Es war die carcinogene Wirkung von *rohem Progesteron*[11], das durch Bromierung, Oxydation und Debromierung von Cholesterin erhalten wurde[12], die zuerst an die Entstehung von carcinogenen Verbindungen ganz anderen Typs aus Steroiden denken ließ[13].

C_8H_{17} CH_3 CH_3 O OOH

XCI

3. Chemie und Stoffwechsel der Tumoren[14–20].

Die Unterschiede, die zwischen normalen Geweben und Tumoren im morphologischen Charakter und im Wachstumsverhalten bestehen, müssen in irgendeiner Form auch in der Chemie der Gewebe, ihrer Zellen oder Zellbestandteile zum Aus-

[1] STEINER, P. E.: Cancer Res. **2**, 425 (1942); **3**, 385 (1943). — [2] HIEGER, I.: Brit. J. Cancer **3**, 123 (1949). — [3] KLEINENBERG, H. E., S. A. NEĬFAKH and L. M. SHABAD: Cancer Res. **1**, 853 (1941). — [4] BUTENANDT, A., H. DANNENBERG u. H. FRIEDRICH-FRESKA [BUTENANDT, A.: Verh. dtsch. Ges. inn. Med. **55**, 342 (1949)]. — [5] SANNIÉ, C., R. TRUHAUT, P. GUÉRIN et M. GUÉRIN: Cr. **211**, 365 (1940). — [6] HIEGER, I., and S. F. ORR: Brit. J. Cancer **8**, 274 (1954). — [7] BISCHOFF, F., G. LOPEZ, J. J. RUPP and C. L. GRAY: Fed. Proc. **14**, 183 (1955). — BISCHOFF, F.: J. nat. Cancer Inst. **19**, 977 (1957). — [8] FIESER, L. F., T. W. GREENE, F. BISCHOFF, G. LOPEZ and J. J. RUPP: Am. Soc. **77**, 3928 (1955). — [9] WINDAUS, A., K. BURSIAN u. U. RIEMANN: H. **271**, 177 (1941). — [10] KELLER, M., and J. WEISS: Soc. **1950**, 2709; **1951**, 1247. — COLEBY, B., M. KELLER and J. WEISS: Soc. **1954**, 66. — DAUBEN, W. G., and P. H. PAYOT: Am. Soc. **78**, 5657 (1956). — [11] BISCHOFF, F., and J. J. RUPP: Cancer Res. **6**, 403 (1946). — [12] SPIELMAN, M. A. ,and R. K. MEYER: Am. Soc. **61**, 893 (1939). — [13] *Zusammenfassung:* FIESER, L. F.: Science, N.Y., **119**, 710 (1954). — [14] HINSBERG, K.: Das Geschwulstproblem in Chemie und Physiologie. Dresden, Leipzig 1942. — [15] DITTMAR, C.: Untersuchung von Tumoren. H.-Th. 10. Aufl., Bd. V, S. 683. — s. a. die Zusammenfassungen S. 342[1]. *Spezielle Zusammenfassungen über die Enzymologie der Tumoren[16–19]:* — [16] KÖHLER, K.: Ergebn. Enzymforsch. **6**, 157 (1937). — [17] GREENSTEIN, J. P.: Adv. Enzymol. **3**, 315 (1943). — [18] POTTER, V. R.: Adv. Enzymol. **4**, 201 (1944). — [19] GREENSTEIN, J. P., and A. MEISTER: Tumor enzymology. Sumner-Myrbäck Bd. II/2, S. 1131. — [20] *Zusammenfassungen über Arbeiten mit Isotopen:* HEIDELBERGER, C.: Adv. Cancer Res. **1**, 273 (1953). — GREENBERG, D. M.: Cancer Res. **15**, 421 (1955).

druck kommen. Die Untersuchungen an Tumoren haben als Grundlage die Ergebnisse und Erkenntnisse, die an normalen Geweben erarbeitet worden sind, und alle Fortschritte in der Biochemie der normalen Gewebe spiegeln sich in entsprechenden Untersuchungen an Tumoren wieder.

Vergleichende Untersuchungen über die chemische Zusammensetzung und den Stoffwechsel von normalen und malignen Geweben können einmal derart erfolgen, daß den an einer großen Zahl verschiedener normaler Gewebe erhaltenen Ergebnissen solche an einer großen Zahl verschiedener Tumoren erarbeiteten gegenübergestellt werden (wobei die Anwendung statistischer Methoden dann Aufschluß darüber gibt, welche Unterschiede signifikant und charakteristisch für Tumoren sind), daß andererseits die an einem Tumor erhaltenen Ergebnisse mit denen seines ruhenden und wachsenden (fetalen oder regenerierenden) Muttergewebes verglichen werden (primäre und transplantierte Hepatome im Vergleich zu Leber s. Tabellen 37 und 38, Hautcarcinom und normale Epidermis s. Tabelle 39) oder daß

Tabelle 37. Zusammensetzung der normalen Rattenleber und eines transplantierten Rattenhepatoms[1].

	Normale Leber		Hepatom *	
	% Frischgewicht	% Trockengewicht	% Frischgewicht	% Trockengewicht
Wasser	71,38	0	81,93	0
Asche	1,634	5,71	1,391	7,70
N	3,200	11,18	2,315	12,81
P	0,321	1,12	0,253	1,40
S	0,264	0,921	0,207	1,148
Na	0,305	1,064	0,314	1,737
K	0,029	0,101	0,089	0,492
Ca	0,009	0,031	0,0034	0,019
Mg	0,019	0,066	0,023	0,126
Fe	0,0035	0,0121	0,0014	0,008
J	0,0025	0,009	0,0018	0,0098
Cl	0,161	0,564	0,180	0,998
Phosphatide	2,60	9,06	1,48	8,17
Cholesterin, frei	0,184	0,643	0,233	1,289
gesamt	0,268	0,936	0,357	1,976
Fettsäuren	3,09	10,81	1,09	6,00
Phosphor, gesamt (d)	0,321	1,120	0,253	1,400
anorganisch (a)	0,063	0,221	0,064	0,354
gesamt säurelöslich (b)	0,094	0,326	0,104	0,576
Lipoid-P (c)	0,103	0,360	0,059	0,327
Protein-P [d-(b+c)]	0,124	0,434	0,090	0,498
organisch P (d-a)	0,258	0,899	0,189	1,046
Nicht-Eiweiß-N	0,172	0,601	0,227	1,256
Amino-N	0,107	0,374	0,138	0,764
Kreatinin	0,005	0,017	0,003	0,017
Kreatin	0,005	0,017	0,005	0,028
Harnstoff	0,030	0,105	0,041	0,227
Harnsäure	0,014	0,049	0,020	0,111

* Ursprünglich induziert durch o-Aminoazotoluol.

[1] Kishi, S., T. Fujiwara u. W. Nakahara: Gann, Tokyo **31**, 1 (1937). — Fujiwara, T., W. Nakahara u. S. Kishi: Gann, Tokyo **31**, 51 (1937). — Nakahara, W., S. Kishi u. T. Fujiwara: Gann, Tokyo **30**, 499 (1936); **31**, 355 (1937). —

Tabelle 38. Vergleich der Enzym-Aktivitäten zwischen normaler Leber und Hepatomen[1] (normale Leber = 100).

Ferment [a]	Rattenhepatom		Mäusehepatom transplantiert	Literatur
	primär [b]	transplantiert [c]		
Acylpyruvase (α,γ-Diketovaleriansäure) . .	6	—	30 [d]	2
Adenosintriphosphatase	92	—	77 [e]	3, 4
Aminosäureamidase (Glycinamid)	193	—	75 [e]	5
Aminosäureamidase (Alaninamid)	103	—	133 [e]	5
Aminosäureamidase (Leucinamid)	400	—	100 [e]	5
D-Aminosäureoxydase	—	12	—	6
Amylase	—	100	100 [e]	7
Äpfelsäuredehydrogenase	14	—	—	8
Arginase	14	10	16 [f]	7, 9
Asparaginase II	36	—	33 [e]	10
Benzoylargininamidamidase (bei p_H 6,9; s. a. Lit. [51, 52])	112	175	106 [e]	11
Bernsteinsäuredehydrogenase	29	27	24 [e]	4, 41
Cholinoxydase	—	0	—	12
Cystindesulfurase	0	0	0 [e,f], 50 [d]	13
DPN-Cytochrom c-Reduktase	—	—	180 [e]	14
Cytochromoxydase	31	31	40 [e]	6, 15, 16
Dehydropeptidase I (Glycyldehydroalanin) .	630	—	800 [d]	17
Dehydropeptidase I (Glycyldehydrophenylalanin)	0	—	0 [d, e]	17
Dehydropeptidase I (Glycyldehydronorvalin)	—	—	115 [f]	18
Dehydropeptidase II (Chloracetyldehydroalanin)	50	5	0 [e]	13
Desoxyribonuclease	—	78	143 [e]	7, 19–22
Desoxyribonucleodesaminase	100	950	610 [e]	23–25
β,δ-Diketo-C-acylase (β,δ-Diketocapronsäure	37	—	32 [d]	26
Esterase	—	—	42 [f]	27
Fettsäureoxydase (Hexansäure)	4	—	14 [e]	28
Glutaminase I	600	—	375 [e]	10
Glutaminase II	58	—	79 [e]	10
β-Glycerophosphatase (neutral)	—	—	70 [e]	29
Glykolyse, aerobe	400	—	—	30
Glykolyse, anaerobe	826	—	—	30
Glyoxalase	10	—	—	31
Harnstoffsynthese	10	0	—	32
Histidase	5	—	—	33
Isocitronensäuredehydrogenase	—	—	53	34
Katalase	1	1	4,11 [e]	7, 20, 35–37
Kohlensäureanhydratase	50	—	—	38
Lactonase (Triessigsäurelacton)	18	—	105 [d]	26
Milchsäuredehydrogenase	—	—	156 [d]	39
N-Acylase (N-Acetylaminosäuren)	88	—	—	10
Peptidase (Glycyl-L-alanin)	60	—	480 [d]	10
Peptidase (L-Alanyl-glycin)	227	—	45 [d]	10
D-Peptidase (Glycyl-D-alanin)	30	—	—	40
Phosphatase, alkalische	6800	13500	0,25 [f], 25, 125 [e], 2500 [d]	13, 42–44
Phosphatase, saure	100	200	183 [e]	13, 45
Proteinase	—	200	—	46–48

Tabelle 38. (Fortsetzung.)

Ferment[a]	Rattenhepatom		Mäusehepatom transplantiert	Literatur
	primär[b]	transplantiert[c]		
Pyrophosphatase	—	—	41[e]	49
Ribonuclease	—	100	—	7, 19–22
Ribonucleodesaminase	100	300	—	23–25
Transaminase	33	—	—	50
Uricase	—	5	—	12
Xanthinoxydase	—	50	26, 100[f], 28, 50[e]	7, 20, 35, 36

a Die Angaben in den Klammern stellen das Substrat dar. — b Hervorgerufen durch Fütterung mit Dimethylaminoazobenzol. — c Hepatom 31, ursprünglich hervorgerufen durch Dimethylaminoazobenzol. — d Ursprünglich hervorgerufen durch Chloroform. — e Ursprünglich spontan entstanden. — f Ursprünglich hervorgerufen durch o-Aminoazotoluol. —

[1] Nach Greenstein, J. P., and A. Meister: Tumor enzymology. Sumner-Myrbäck Bd. II/2, S. 1131. — [2] Meister, A.: J. nat. Cancer Inst. **9**, 125 (1948/49). — [3] Potter, V. R., and G. J. Liebl: Cancer Res. **5**, 18 (1945). — [4] Schneider, W. C., G. H. Hogeboom and H. E. Ross: J. nat. Cancer Inst. **10**, 977 (1949/50). — [5] Errera, M., and J. P. Greenstein: J. nat. Cancer Inst. **8**, 71 (1947/48). — [6] Shack, J.: J. nat. Cancer Inst. **3**, 389 (1942/43). — [7] Greenstein, J. P., J. E. Edwards, H. B. Andervont and J. White: J. nat. Cancer Inst. **3**, 7 (1942/43). — [8] Potter, V. R.: J. biol. Ch. **165**, 311 (1946). — [9] Greenstein, J. P., W. V. Jenrette, G. B. Mider and J. White: J. nat. Cancer Inst. **1**, 687 (1940/41). — [10] Greenstein, J. P., P. J. Fodor and F. M. Leuthardt: J. nat. Cancer Inst. **10**, 271 (1949/50). — [11] Greenstein, J. P., and F. M. Leuthardt: J. nat. Cancer Inst. **6**, 203 (1945/46). — [12] Lan, T. H.: Cancer Res. **4**, 42 (1944). — [13] Greenstein, J. P., and F. M. Leuthardt: J. nat. Cancer Inst. **6**, 197, 211, 317 (1945/46). — [14] Hogeboom, G. H., and W. C. Schneider: Unveröffentlicht; nach [1]. — [15] Greenstein, J. P., J. Werne, A. B. Eschenbrenner and F. M. Leuthardt: J. nat. Cancer Inst. **5**, 55 (1944/45). — [16] Greenstein, J. P.: Biochemistry of Cancer. New York 1947. — [17] Greenstein, J. P., and F. M. Leuthardt: J. nat. Cancer Inst. **9**, 389 (1948/49). — [18] Levintow, L., S.-C. J. Fu, V. E. Price and J. P. Greenstein: J. biol. Ch. **184**, 633 (1950). — [19] Greenstein, J. P., and W. V. Jenrette: J. nat. Cancer Inst. **1**, 845 (1940/41). — [20] Greenstein, J. P., W. V. Jenrette, G. B. Mider and H. B. Andervont: J. nat. Cancer Inst. **2**, 293 (1941/42). — [21] Greenstein, J. P.: J. nat. Cancer Inst. **2**, 357 (1941/42). — [22] Greenstein, J. P.: J. nat. Cancer Inst. **4**, 55 (1943/44). — [23] Greenstein, J. P., and H. W. Chalkley: J. nat. Cancer Inst. **6**, 61 (1945/46). — [24] Greenstein, J. P., and H. W. Chalkley: Arch. Biochem. **7**, 451 (1945). — [25] Greenstein, J. P., C. E. Carter, H. W. Chalkley and F. M. Leuthardt: J. nat. Cancer Inst. **7**, 9 (1946/47). — [26] Meister, A.: J. nat. Cancer Inst. **10**, 75 (1949/50). — [27] Greenstein, J. P.: J. nat. Cancer Inst. **5**, 31 (1944/45). — [28] Lehninger, A. L., and E. P. Kennedy: J. biol. Ch. **173**, 753 (1948). — [29] Greenstein, J. P., and F. M. Leuthardt: J. nat. Cancer Inst. **7**, 1 (1946/47). — [30] Burk, D.; in: Evans, E. A. jr. (Hrsgb).: Symposium on the Respiratory Enzymes and the Biological Action of Vitamins. Chicago 1942. — [31] Cohen, P. P.: Cancer Res. **5**, 626 (1945). — [32] Greenstein, J. P.: J. nat. Cancer Inst. **3**, 293 (1942/43). — [33] Masayama, T., H. Iki, T. Yokoyama and M. Hasimoto: Gann, Tokyo **32**, 303 (1938). — [34] Hogeboom, G. H., and W. C. Schneider: J. nat. Cancer Inst. **10**, 983 (1949/50). — [35] Greenstein, J. P., W. V. Jenrette and J. White: J. nat. Cancer Inst. **2**, 17 (1941/42). — [36] Greenstein, J. P., and J. W. Thompson: J. nat. Cancer Inst. **4**, 271 (1943/44). — [37] Greenstein, J. P., and F. M. Leuthardt: J. nat. Cancer Inst. **6**, 211 (1945/46). — [38] Shacter, B., and M. B. Shimkin: J. nat. Cancer Inst. **9**, 155 (1948/49). — [39] Meister, A.: J. nat. Cancer Inst. **10**, 1263 (1949/50). — [40] Price, V. E., and J. P. Greenstein: J. biol. Ch. **175**, 969 (1948). — [41] Schneider, W. C., and V. R. Potter: Cancer Res. **3**, 353 (1943). — [42] Greenstein, J. P.; in: Publ. amer. Ass. Adv. Sci. Research Conference on Cancer. Washington, D. C., 1945. [Summer-Myrbäck Bd. II/2, S. 1161[188].] — [43] Greenstein, J. P.: Ann. Rev. **14**, 643 (1945). — [44] Woodard, H. Q.: Cancer Res. **3**, 159 (1943). — [45] Greenstein, J. P.: J. nat. Cancer Inst. **2**, 511 (1941/42). — [46] Maver, M. E., T. B. Dunn and A. Greco: J. nat. Cancer Inst. **6**, 49 (1945/46). — [47] Maver, M. E., G. B. Mider, J. M. Johnson and J. W. Thompson: J. nat. Cancer Inst. **2**, 277 (1941/42). — [48] Maver, M. E., T. B. Dunn and A. Greco: J. nat. Cancer Inst. **9**, 39 (1948/49). — [49] Greenstein, J. P., C. E. Carter and F. M. Leuthardt: J. nat. Cancer Inst. **7**, 47 (1946/47). — [50] Cohen, P. P., and G. L. Hekhuis: Cancer Res. **1**, 620 (1941). — [51] Zamecnik, P. C., and M. L. Stephenson: Cancer Res. **6**, 495 (194546). — [52] Greenstein, J. P., and F. M. Leuthardt: J. nat. Cancer Inst. **8**, 77 (1947/48). —

Tabelle 39. Änderungen in der chemischen Zusammensetzung der Epidermis der Maus bei der Carcinogenese durch Methylcholanthren[1].

Bestandteil	Einheit[a]	Normale Epidermis	Benzol-behandelt	Hyper-plastisch[b]	Carcinom[c]	Lite-ratur
Wasser	g/100 g	60,9	—	65,6	81,6	2
Gesamt-N	g/100 g	4,56	4,19	4,66	2,28	3
Nichtprotein-N	g/100 g	0,79	0,92	0,95	0,23	3
Protein[d]	g/100 g	23,6	20,4	23,2	12,8	3
Gesamtlipoide	g/100 g	19,27	16,65	7,79	—	4
Cholesterin	g/100 g	0,99	0,69	0,56	—	4
Phospholipoid-P[e]	mg/g	1,63	1,53	1,20	3,11	5
Nucleoprotein-P	mg/g	1,24	1,19	1,30	0,75	5
Kalium	γ/100 g	347	351	346	326	6
Natrium	γ/100 g	168	163	141	141	6
Calcium	γ/100 g	44	42	19	9	6
Magnesium	γ/100 g	19	19	22,6	18,0	6
Zink	γ/100 g	5,2	5,5	3,8	1,7	6
Kupfer	γ/100 g	0,58	0,58	0,33	0,10	6
Eisen	γ/100 g	6,4	8,1	2,5	—	7
Biotin	γ/g	0,196	0,194	0,125	0,149	8
Cholin	mg/g	2,47	2,18	2,65	6,24	8
Inosit	mg/g	0,53	0,57	0,55	1,15	8
p-Aminobenzoesäure	γ/g	2,4	2,3	2,4	3,09	8
B_6-Komplex	γ/g	2,45	2,88	3,05	4,10	8
Vitamin C	mg/g	0,24	0,21	0,22	0,14	7

a Bezogen auf Frischgewicht (wenn nicht anders angegeben).
b 10—20 Tage mit Methylcholanthren in Benzol behandelt.
c Transplantiertes Carcinom, das ursprünglich durch Pinselung mit Methylcholanthren entstanden war.
d Protein-N (durch Differenz erhalten) multipliziert mit 6,25. Die Werte sind wahrscheinlich zu hoch infolge des Phospholipoid-N usw.
e Bezogen auf fettfreies Trockengewebe.

die Veränderungen verfolgt werden, die bei der Entwicklung von Tumoren auftreten (z. B. Veränderungen in der Leber von Ratten nach Fütterung mit 4-Dimethylaminoazobenzol und verwandten Verbindungen oder die Veränderungen in der Mäusehaut nach Pinselung mit Methylcholanthren). Solche Untersuchungen setzen eine sehr genaue histologische Kontrolle der zu untersuchenden Gewebe voraus[9].

Grundlage für die richtige Auswertung der erhaltenen Ergebnisse ist die Wahl einer vernünftigen Bezugsbasis. Gebräuchlich sind z.B. Frischgewicht, Trockengewicht, fettfreie Trockensubstanz, Stickstoffgehalt oder Nucleoproteinphosphor. Diese Größen unterliegen aber in Geweben erheblichen Schwankungen und erlauben daher letzten Endes keine verläßliche Berechnung. Da das Krebsproblem

[1] Winzler, R. J.; in: Homburger, F., and W. H. Fishman (Hrsg.): The physiopathology of cancer. S. 552. New York 1953. — [2] Suntzeff, V., and C. Carruthers: Cancer Res. **6**, 574 (1946). — [3] Roberts, E., and S. Frankel: Cancer Res. **9**, 231 (1949). — [4] Wicks, L. F., and V. Suntzeff: Cancer Res. **5**, 464 (1945). — [5] Costello, C. J., C. Carruthers, M. D. Kamen and R. L. Simoes: Cancer Res. **7**, 642 (1947). — [6] Carruthers, C.: Cancer Res. **10**, 255 (1950). — [7] Carruthers, C., and V. Suntzeff: J. nat. Cancer Inst. **3**, 217 (1942/43). — [8] Ritchey, M. G., L. F. Wicks and E. L. Tatum: J. biol. Ch. **171**, 51 (1947). — [9] Die hierbei anzuwendenden Kriterien sind zusammengestellt worden von: Chalkley, H. W.: J. nat. Cancer Inst. **4**, 47 (1943/44). —

ein celluläres Problem ist, sollten die Versuchsdaten am zweckmäßigsten auf die einzelne Zelle bezogen werden. Es wäre also eine Bezugsbasis zu wählen, die auf einer konstanten Eigenschaft der Zelle beruht. Da der Desoxyribonucleinsäuregehalt des einzelnen Zellkerns bzw. der einzelnen Zelle eine solche Konstante zu sein scheint, ist vorgeschlagen worden, diesen als Bezugsbasis zu wählen[1]. Man erhält so ein Maß für die Veränderungen, die in der Zelle vor sich gehen.

Die vergleichenden Untersuchungen haben bisher noch keinen eindeutig gesicherten qualitativen Unterschied zwischen normalen Geweben und Tumoren ergeben. Es ist noch kein Baustoff, Inhaltsstoff oder Wirkstoff in Tumoren gefunden worden, der nicht auch in normalen Geweben enthalten ist und auch der Stoffwechsel in den beiden Gewebstypen scheint prinzipiell gleich zu sein. Dieses braucht nicht zu bedeuten, daß es keine qualitativen Unterschiede zwischen Tumoren und normalen Geweben gibt; diese Unterschiede können in einem Bereich liegen, den wir mit unseren heutigen Methoden noch nicht erfassen können, oder es können uns noch grundlegende Erkenntnisse über den Stoffwechsel und das Wachstum der normalen Zelle fehlen. Alle bisher gefundenen Unterschiede sind quantitativer Art; sie haben als Ergebnis geliefert, daß Tumoren chemisch und stoffwechselmäßig untereinander recht nahe verwandt sind. Sie zeigen untereinander mehr Ähnlichkeit als mit den Geweben, von denen sie abstammen. Normale Gewebe weisen in ihrer chemischen Zusammensetzung große Unterschiede auf, entsprechend den verschiedenen Funktionen, die sie im Organismus zu erfüllen haben. *Demgegenüber sind Tumoren Gewebe von einem biochemisch recht ähnlichen Typ*[2]. Die biochemische Verwandtschaft der Tumoren untereinander kommt vor allem zum Ausdruck in der hohen anaeroben und aeroben Glykolyse, ferner z. B. in einer gleichartigen Aktivität vieler Enzyme, in der gleichartigen Verteilung der freien Aminosäuren und der löslichen Cytoplasmaproteine und in einem ähnlichen, geringen Gehalt mancher Vitamine. Gleichzeitig mit dem Auftreten der Tumoreigenschaften gehen die Eigenschaften des Muttergewebes, die für die Funktion des Gewebes im Organismus verantwortlich sind, verloren. Sie können besonders in primären Tumoren noch zum Teil erhalten sein, verschwinden aber bei Transplantation der Tumoren meist um so mehr, je größer die Zahl der Passagen ist.

a) Anorganische Bestandteile (s. a. Tabelle 37, S. 393).

α) Wasser und Wasserstoffionenkonzentration.

Die Schwankungsbreite im Wassergehalt normaler Gewebe und Organe ist beträchtlich; die Werte für den Wassergehalt von Tumoren übersteigen aber die normale Variationsbreite und liegen allgemein höher. Außer Tumoren sind auch junge wachsende Gewebe, besonders Embryonalgewebe, wasserreich.

Die Ergebnisse der Messungen der *Wasserstoffionenkonzentration* in Tumoren sind zum Teil sehr widersprechend[3]. Alle Bestimmungen, die an isolierten Tumoren durchgeführt wurden, sind mit großer Vorsicht aufzunehmen, da nach dem Tode sehr schnell Änderungen des p_H auftreten können. Eindeutige Ergebnisse liefern nur Methoden, welche die Bestimmung des p_H im lebenden Gewebe gestatten. Messungen mit Hilfe einer Capillarglaselektrode im lebenden Gewebe[4] haben für tierische Tumoren (JENSEN-Sarkom, WALKER-Carcinom, Hepatome der Ratten

---

[1] DAVIDSON, J. N., and I. LESLIE: Cancer Res. **10**, 587 (1950). — [2] GREENSTEIN, J. P.: Biochemistry of Cancer. New York 1947. 2. Aufl. 1954. Cancer Res. **16**. 641 (1956). — [3] *Zusammenfassung:* STERN, K., and R. WILLHEIM: The Biochemistry of Malignant Tumors. Brooklyn, N. Y. 1943. — [4] VOEGTLIN, C., R. H. FITCH, H. KAHLER, J. M. JOHNSON and J. W. THOMPSON: Nat. Inst. Hlth. Bull. Nr. 164, 1 (1935).

und spontane Mäusetumoren) p_H-Werte um 6,9 ergeben gegenüber 7,4 in normalen Geweben[1,2] (vgl. a. [3]).

Die erhöhte Wasserstoffionenkonzentration ist vor allem eine Folge der hohen Glykolyse bzw. Milchsäurebildung in Tumoren. Nach Zufuhr von Glucose erfolgt eine weitere Erhöhung der Wasserstoffionenkonzentration in Tumoren (tierische Tumoren[1,4], weibliche Genitaltumoren[4]), aber nicht oder nur wenig in normalen Geweben. In der Leber fastender Ratten bleibt der p_H (7,4) nach Injektion von Glucose unverändert, während bei Ratten mit einem transplantierten Hepatom sich der p_H beim Hepatom von etwa 7,0 auf 6,3 ändert[2] (s. a. S. 404).

β) Metalle.

Natrium, Der Gehalt an Natrium weist in Tumoren gegenüber normalen Geweben keine charakteristische Veränderung auf; in manchen Fällen ist in menschlichen[5] und tierischen Tumoren (s. a. Tabelle 37, S. 393) eine Zunahme beobachtet worden; besonders reich an Natrium ist das ROUS-Sarkom des Huhns im Vergleich zu normalem Muskel (300 mg-% gegenüber 100 mg-% bezogen auf Frischgewicht)[6]. Nach Versuchen mit radioaktivem Natrium (^{24}Na), als $NaCl$ gegeben, nimmt das WALKER-Carcinom von Ratten mehr Natrium auf als die normalen Gewebe[7].

Kalium. Für Kalium wird dagegen allgemein eine Zunahme in Tumoren gegenüber Normalgeweben angegeben[8,9] (s. a. Tabelle 37, S. 393). (Kaliumgehalt von Myomen s. [10]). Es sollen Beziehungen bestehen zwischen der Wachstumstendenz eines Tumors und seinem Kaliumgehalt. Junge und aktiv wachsende Tumoren sind reicher an Kalium als langsam wachsende Tumoren[11], und der Kaliumgehalt soll der Malignität eines Tumors parallel gehen[12]. Eine Zunahme des Kaliums ist aber nicht nur charakteristisch für Tumoren, denn auch in regenerierendem Gewebe (Leber) wird ein erhöhter Kaliumgehalt gefunden, zum Unterschied von Tumoren aber ohne Änderung des Calciumgehaltes[8].

Im ROUS-Sarkom des Huhns ist der Kaliumgehalt im Vergleich zum normalen Muskel sehr gering (etwa 50 mg-% gegenüber 290 mg-%). Die Summe der einwertigen Kationen Natrium und Kalium ist im Muskel und Tumor ungefähr gleich groß, im ROUS-Sarkom ist das Kalium aber weitgehend durch Natrium ersetzt[13].

Bis jetzt ungeklärt ist die Beobachtung, daß das Verhältnis der Kaliumisotopen $^{39}K:^{41}K$ in menschlichen und tierischen Tumoren größer sein soll als in normalen Geweben[14].

Calcium. Charakteristisch für die meisten Tumoren ist ein niedriger Calciumgehalt bei hohem Kaliumgehalt[15] (s. a. Tabelle 37, S. 393), was auch neuere Untersuchungen an menschlichen Tumoren wieder bestätigen[8,16]. Angaben über

[1] VOEGTLIN, C,, R. H. FITCH, H. KAHLER, J. M. JOHNSON and J. W. THOMPSON: Nat. Inst. Hlth. Bull. Nr. **164**, 1 (1935). — [2] KAHLER, H., and W. VAN B. ROBERTSON: J. nat. Cancer Inst. **3**, 495 (1942/43). — EDEN, M., B. HAINES and H. KAHLER: J. nat. Cancer Inst. **16**, 541 (1955/56). — [3] TAGASHIRA, Y., S. TAKEDA, K. KAWANO and S. AMANO: Gann, Tokyo **45**, 99 (1954). — [4] NAESLUND, J., and K. E. SWENSON: Acta obstet. scand. **32**, 359 (1953). — [5] BUTTS, D. C. A., T. E. HUFF and F. PALMER jr.: Science, N. Y. **65**, 304 (1927). — [6] MORÁVEK, V.: Z. Krebsforsch. **35**, 509 (1932). — [7] WOEBER, K.: Naturwiss. **43**, 181 (1956). — [8] DELONG, R. P., D. R. COMAN and I. ZEIDMAN: Cancer, N. Y. **3**, 718 (1950). — [9] ARAKI, M., M. FUJITA and M. EBIHARA: Gann, Tokyo **43**, 230 (1952). — WATERHOUSE, C., A. R. TEREPKA and C. D. SHERMAN jr.: Cancer Res. **15**, 544 (1955). — [10] DODEN, W., K. HOLLSTEIN u. H. RODECK: Z. ges. exp. Med. **117**, 617 (1951). — [11] ROHDENBURG, G. L., and O. F. KREHBIEL: J. Cancer Res. **7**, 417 (1922). — [12] EPSTEIN, A.: Z. Krebsforsch. **38**, 63 (1933). — [13] MORÁVEK, V.: B. Z. **258**, 340 (1933). — [14] LASNITZKI, A., and A. K. BREWER: Cancer Res. **2**, 494 (1942). — [15] WATERMAN, N.: Arch. néerl. Physiol. **5**, 305 (1921). — *Zusammenfassung:* SHEAR, M. J.: Amer. J. Cancer **18**, 924 (1933). — [16] BRUNSCHWIG, A., L. J. DUNHAM and S. NICHOLS: Cancer Res. **6**, 230 (1946). — DUNHAM, L. J., S. NICHOLS and A. BRUNSCHWIG: Cancer Res. **6**, 233 (1946).

einen erhöhten Gehalt an Calcium können vielleicht durch die Beobachtung erklärt werden, daß es in nekrotischen Zentren zu einer Anhäufung von Calciumsalzen kommen kann[1]. Während Kalium auch in normalen rasch wachsenden Geweben vermehrt ist, findet man eine Calciumverminderung nur im Krebsgewebe. Die Größe des Quotienten K:Ca ist häufig als ein Maß für die Bösartigkeit von Tumoren betrachtet worden. Bei schnell wachsenden Tumoren wird dieser Quotient häufig größer gefunden als bei langsam wachsenden Tumoren oder bei Normalgewebe[2]. Die Erhöhung des K:Ca-Quotienten darf aber nicht als spezifisch für Tumoren angesehen werden, denn er nimmt auch in normalen Organen im Verhältnis der Wachstumsrate zu, während er beim Altern abnimmt. Allgemein gehen Größe des Quotienten und Funktionszustand eines Organs einander parallel[3]; auch regenerierendes Gewebe zeigt ein erhöhtes K:Ca-Verhältnis[4,5].

Bei der Abnahme des Calciums im Plattenepithelcarcinom der Maus[6] (im Vergleich zur normalen Epidermis, s. Tabelle 39, S. 396) handelt es sich nicht um eine einfache Konzentrationsänderung, sondern wohl zugleich auch um eine Änderung des physiologischen Zustandes, denn die Tumorzellen sollen im Gegensatz zu den normalen Epithelzellen nicht fähig sein, Calciumionen (Applikation von $^{45}CaCl_2$) auszutauschen, was auf eine Veränderung der calciumbindenden Proteine der Zellmembran zurückgeführt wird[7]. Im Tumor erfolgt vor allem eine Abnahme des ultrafiltrablen Anteils des Calciums[8]. Der geringe Calciumgehalt von Tumoren soll auch für die verminderte Haftfestigkeit der Tumorzellen untereinander verantwortlich sein[9]; diese könnte mit ein Grund für die Metastasenbildung sein[10].

Unter den Tumoren bildet das ROUS-Sarkom wieder eine Ausnahme, denn bei diesem ist der Calciumgehalt größer und der K:Ca-Quotient sehr viel kleiner als im umgebenden Muskel[11].

Magnesium. Der Magnesiumgehalt von tierischen Tumoren wird meist in den normalen Grenzen gefunden (s. Tabellen 37, S. 393, u. 39, S. 396). Für menschliche Tumoren ist zuweilen auch über eine Vermehrung berichtet worden. Sehr niedrige Werte haben vor allem die nekrotischen Teile des ROUS-Sarkoms[12].

DELBET[13] schreibt dem Magnesium in seiner Magnesiummangel-Theorie eine besondere Bedeutung für die Krebsentstehung zu. Danach soll Magnesiumarmut im Boden, im Trinkwasser und in der Nahrung einen Magnesiummangel im Organismus und damit eine erhöhte Krebsdisposition bedingen. Statistische Untersuchungen schienen zu zeigen, daß in gewissen Teilen Frankreichs, Italiens, Englands und Deutschlands die Krebssterblichkeit im entgegengesetzten Verhältnis zum Magnesiumgehalt des Bodens steht[14]; andererseits sollte das geringere Vorkommen von bösartigen Geschwülsten in Ägypten durch den Magnesiumreichtum des Bodens dieses Landes zu erklären sein (vgl. a.[15]). Eingehende Untersuchungen für Elsaß und Lothringen haben aber keine Bestätigung dieser Theorie ergeben[16]. Die Tierversuche, die von vielen Autoren zur Klärung dieser Frage durchgeführt wurden, sind widersprechend[17].

---

[1] KLEINMANN, H., u. I. REMESOW: B. Z. **196**, 146 (1928). — [2] WATERMAN, N.: B. Z. **133**, 535 (1922). — [3] KAUFMAN, L., u. M. LASKOWSKI: B. Z. **242**, 424 (1931). — [4] DELONG, R. P., D. R. COMAN and I. ZEIDMAN: Cancer, N. Y. **3**, 718 (1950). — [5] BRICKER, F., u. J. LAZARIS: Z. Krebsforsch. **34**, 35 (1931). — [6] SUNTZEFF, V., and C. CARRUTHERS: Cancer Res. **3**, 431 (1943). J. biol. Ch. **153**, 521 (1944). — [7] LANSING, A. I., T. B. ROSENTHAL and M. D. KAMEN: Arch. Biochem. **19**, 177 (1948). — [8] LANSING, A. I., T. B. ROSENTHAL and M. H. AU: Arch. Biochem. **16**, 361 (1948). — [9] COMAN, D. R.: Science, N. Y. **105**, 347 (1947). — ZEIDMAN, I.: Cancer Res. **7**, 386 (1947). — [10] *Zusammenfassung über den Mechanismus der Metastasenbildung:* COMAN, D. R.: Cancer Res. **13**, 397 (1953). — [11] MORÁVEK, V.: Z. Krebsforsch. **36**, 386 (1932). — [12] MORÁVEK, V.: Z. Krebsforsch. **36**, 529 (1932). — [13] DELBET, P.: Bull. Acad. Méd. Paris **100**, 793 (1928). — DELBET, P., G. P. DEPEYRE et H. HEINEMANN: Bull. Acad. nat. Méd. Paris **135**, 169 (1951). — [14] ROBINET, L.: Bull. Ass. franç. Cancer **19**, 243 (1930); **20**, 434 (1931); **21**, 464 (1932). — [15] TROMP, S. W.: Brit. J. Cancer **8**, 585 (1954). — [16] SARTORY, A., R. SARTORY, J. MEYER et E. KELLER: Cr. **195**, 400 (1932). — [17] Literatur s. STERN, K., and R. WILLHEIM: The Biochemistry of Malignant Tumors. Brooklyn, N. Y. 1943.

Eisen. Im Organismus ist Eisen in der Hauptmenge im Hämoglobin vorhanden. Da eine vollkommene Entblutung eines Gewebes vor der Untersuchung nicht möglich ist, sind nur solche Bestimmungen brauchbar, bei denen das gesondert bestimmte Hämoglobineisen berücksichtigt worden ist, denn von Interesse ist nur das Nichthämoglobineisen. Bei menschlichen Tumoren wird nach Abzug des Hämoglobineisens vom Gesamteisen weniger Eisen gefunden als in den entsprechenden Muttergeweben; Metastasen sind im allgemeinen eisenärmer als Primärtumoren. Im Vergleich zu normalen Geweben liegt der Eisengehalt menschlicher Tumoren im mittleren Bereich[1] (Serum-Eisen s. [2]). Das Rattenhepatom ist ärmer an Eisen als normale Leber (s. Tabelle 37, S. 393).

Beachtung haben auch noch die ***Spurenelemente*** *Kupfer, Zink* und *Mangan* gefunden, die als Bestandteile oder Aktivatoren gewisser Enzyme erkannt worden sind. Der *Kupfergehalt* von Tumoren ist nicht höher als derjenige normaler Gewebe; er schwankt in Primärtumoren und Metastasen wie in normalen Geweben in ziemlich weiten Grenzen[3] (Serumkupfer bei Menschen mit Tumoren s. [4]). In der Leber von Tumorträgern ist der *Zinkgehalt* größer als in normaler Leber, während die Angaben für die Tumoren selbst widersprechend sind[5,6]. Erhöhter Zinkgehalt wird auch bei Entzündungen gefunden. Tumorgewebe nimmt nach Applikation von Zinksalzen (Versuche mit radioaktivem ^{65}Zn) mehr Zink auf als normale Gewebe[7,8]. Das aufgenommene Zink wird an Desoxyribonucleoproteide der Zellkerne gebunden wiedergefunden[7]. *Mangan* soll in menschlichen Tumoren vermindert vorkommen[9]. Auch der Gehalt an anderen Spurenelementen ist in Tumoren gering[6]. Radioaktives *Rubidium* (^{86}Rb) wird von Hirntumoren stärker aufgenommen als von normalem Hirngewebe[10]. Eine besondere Speicherung von *Lanthan* (radioaktives ^{139}La) in Mäusetumoren erfolgt nicht[11], wohl aber von Kobalt (radioaktives ^{60}Co)[12].

Eingehende Untersuchungen sind angestellt worden über die quantitativen Änderungen von Inhaltsstoffen und Enzymen in der Epidermis während der Carcinogenese mit Methylcholanthren[13] (s. Tabelle 39, S. 396). 10 Tage nach der ersten Applikation (Pinselung) von Methylcholanthren sind besonders Calcium und Eisen, weniger ausgeprägt auch Zink und Kupfer, in der hyperplastischen Epidermis vermindert. Diese Abnahme bleibt auch bei wiederholter Pinselung bestehen und wird im Carcinom noch ausgeprägter. Der Gehalt an Natrium, Kalium und Magnesium ändert sich dagegen nur wenig. Nekrotisches Tumorgewebe hat mehr Calcium und Natrium und weniger Kalium und Magnesium als der feste kleine Tumor.

γ) Nichtmetalle.

Jod. Gewebe mit krankhaftem Stoffwechsel, und dazu gehören auch Tumoren, sind durch einen relativ hohen Gehalt an Jod (vor allem in Form löslicher Jod-

[1] LOEWENTHAL, S., u. H. PROBST: Z. Krebsforsch. **42**, 222 (1935). — BUCHWALD, K. W., and L. HUDSON: Cancer Res. **4**, 645 (1944). — [2] KEIDERLING, W., u. H. SCHARPF: M.m.W. **1953**, 437. — [3] EDLBACHER, S., u. WE. GERLACH: Z. Krebsforsch. **42**, 272 (1935). — GERLACH, WE.: Z. Krebsforsch. **42**, 290 (1935). — [4] KEIDERLING, W., u. H. SCHARPF: M.m.W. **1953**, 437. — RAURAMO, L., u. G. R. WALLGREN: Ann. Med. exp. Biol. fenn. **30**, 259 (1952) [C. **1953**, 5679]. — [5] ADDINK, N. W. H.: Recu. Trav. chim. Pays-Bas **70**, 168 (1951). — [6] OLSON, K. B., G. HEGGEN, C. F. EDWARDS and L. W. GORHAM: Science, N. Y. **119**, 772 (1954). — [7] HEATH, J. C., and J. LIQUIER-MILWARD: Biochim. biophysica Acta, N. Y. **5**, 404 (1950). — [8] TUPPER, R., R. W. E. WATTS and A. WORMALL: Biochem. J. **59**, 264 (1955). — [9] MAROT, R., et M. BURAND: Cr. **219**, 287 (1944). — [10] ZIPSER, A., and A. S. FREEDBERG: Cancer Res. **12**, 867 (1952). — [11] LASZLO, D., D. M. EKSTEIN, R. LEWIN and K. G. STERN: J. nat. Cancer Inst. **13**, 559 (1952/53). — [12] LIQUIER-MILWARD, J.: Biochim. biophysica Acta, N.Y. **14**, 459 (1954). — [13] *Zusammenfassungen:* CARRUTHERS, C.: Cancer Res. **10**, 255 (1950). — COWDRY, E. V.: Adv. Cancer Res. **1**, 57 (1953).

eiweißverbindungen) gekennzeichnet[1]; dementsprechend ist auch in Tiertumoren mehr Jod vorhanden als in Leber und Muskeln der Tiere[2]. Schilddrüsen von Tieren mit Tumoren im Vergleich zu tumorfreien Tieren haben dagegen einen verminderten Jodgehalt[2] und nehmen Jod oder Jod-Verbindungen (Versuche mit ^{131}Jod) auch weniger auf[3, 4]. Schilddrüsentumorgewebe ist viel ärmer an Jod als normales Schilddrüsengewebe[5]. Der Jodstoffwechsel tumortragender Ratten und Mäuse ist gekennzeichnet durch das *Jod-„Trapping"-Syndrom:* erhöhte Jodretention in Haut, Muskel, Magen-Darmtrakt und Blutplasma, geringere Jodaufnahme der Schilddrüse und verminderte Jodausscheidung im Harn[4, 6]. Das Ausmaß dieses Syndroms ist abhängig von Größe und Wachstum des Tumors[7] und wird durch Inhaltsstoffe der Tumoren beeinflußt[8].

Schwefel. Der Gesamtschwefelgehalt weist in Rattentumoren (FLEXNER-JOBLING- und WALKER-Carcinom, Hepatom) keine charakteristischen Unterschiede im Vergleich zum Rattenmuskel oder im Hepatom im Vergleich zu Leber (s. a. Tabelle 37, S. 393) auf[9]. Die Behauptung, daß Tumoren, nicht aber normale Gewebe (mit Ausnahme von Testes und Embryonalgewebe), locker gebundenen Schwefel (s. u.) enthalten, konnte nicht bestätigt werden[10].

Der Nachweis des locker gebundenen Schwefels beruht auf dem Befund, daß in Tetrachlorkohlenstoff-Extrakten von alkalibehandelten Acetontrockenpulvern von Tumorgeweben ein Stoff enthalten ist, welcher angeblich den PASTEUR-Effekt von gärender Hefe hemmt. Diese Substanz erwies sich als elementarer Schwefel[9]. Es liegt aber keine Hemmung des PASTEUR-Effektes durch elementaren Schwefel vor, sondern aus diesem entsteht durch die reduzierende Wirkung der Hefe Schwefelwasserstoff, welcher die Atmung hemmt, wodurch die Glykolyse ansteigt[10].

Phosphorsäure. Über den Gehalt von anorganischem und organisch gebundenem Phosphat in Tumoren im Vergleich zu normalen Geweben geben die Tabellen 37 (S. 393), 39 (S. 396) und 40 (S. 402) Aufschluß (s. a.[11]). ^{32}P (als Phosphat appliziert) wird von Tumoren und wachsenden Geweben stärker aufgenommen als von ruhenden Geweben[12,13]. Beim EHRLICH-Mäuseascitestumor ist die Aufnahme von ^{32}P (als Orthophosphat) ein brauchbares Maß für die „Vitalität" der Tumorzellen[14]. Mit Hilfe von ^{32}P ist der Gesamtphosphorstoffwechsel bei Ratten mit WALKER-Tumoren und die Beeinflussung durch Röntgenstrahlen gemessen worden[15].

[1] STURM, A., u. L. ROCKMANN: B. Z. **287**, 50 (1936). — [2] TOYODA, H., S. KISHI and W. NAKAHARA: Gann, Tokyo **29**, 29 (1935). — [3] STEVENS, C. D., P. H. STEWART, P. M. QUINLIN and M. A. MEINKEN: Cancer Res. **9**, 488 (1949). — STEVENS, C. D., M. A. MEINKEN, P. M. QUINLIN and P. H. STEWART: Cancer Res. **10**, 155 (1950). — [4] SCOTT, K. G., W. L. BOSTICK, M. B. SHIMKIN and J. G. HAMILTON: Cancer, N.Y. **2**, 692 (1949). — SCOTT, K. G., and R. S. STONE: Cancer, N.Y. **4**, 345 (1951). — [5] TRIANTAPHYLLIDIS, E., et M. TUBIANA: Bull. Cancer, Paris **43**, 266 (1956). — [6] SCOTT, K. G., and C.-T. PENG: Univ. Calif. Publ. Pharmacol. **2**, 345 (1955) [Ber. Physiol. **186**, 27]. — [7] SCOTT, K. G., and M. B. DANIELS: Cancer Res. **16**, 784 (1956). — [8] SCOTT, K. G., M. B. DANIELS and R. R. SCHELINE. Fed. Proc. **16**, 335 (1957). — [9] GHOSH, D., and H. A. LARDY: Cancer Res. **12**, 232 (1952). — [10] HIRSCH, H. H., u. I. HIRSCH: Z. Krebsforsch. **59**, 276 (1953). — [11] FRANKS, W. R.: Amer. J. Physiol. **74**, 195 (1932). — BOYLAND, E.: Amer. J. Physiol. **75**, 136 (1932). — MORÁVEK, V.: Z. Krebsforsch. **37**, 305 (1932). — BUCHWALD, K. W.: J. Cancer Res. **14**, 536 (1930). — HÖGBERG, B. [EULER, H. v., u. B. SKARZYNSKI: Biochemie der Tumoren. S. 49. Stuttgart 1942]. — [12] *Zusammenfassungen:* HEVESY, G.: Radioactive Indicators. New York 1948. — HEIDELBERGER, C.: Adv. Cancer Res. **1**, 273 (1953). — [13] STAPLETON, J. E., W. MCKISSOCK and H. E. A. FARRAN: Brit. J. Radiol. **25**, 69 (1952). — CRAMER, H., u. H. W. PABST: Z. Krebsforsch. **58**, 163 (1951/52). — DEOME, K. B., H. A. BERN, W. E. BERG and L. E. PISSOTT: Proc. Soc. exp. Biol. Med. **92**, 55 (1956). — THOMAS, C. I., M. S. BOVINGTON and J. S. KROHMER: Cancer Res. **16**, 796 (1956). — [14] WRBA, H., u. E. SEIDLER: Z. Krebsforsch. **59**, 693 (1954). — WRBA, H., E. SEIDLER u. K. ALLMANN: Naturwiss. **42**, 260 (1955). — [15] MAURER, W., A. NIKLAS, H. BASTEN u. H. PUCHTLER: Z. Krebsforsch. **57**, 423, 481, 491 (1951).

b) Kohlenhydrate und Kohlenhydratstoffwechsel.

α) Kohlenhydrate und Zwischenprodukte des Kohlenhydratabbaus und des Citronensäurecyclus.

Glykogen. Der Gehalt von Tumoren an Glykogen zeigt große Schwankungen; eine Abhängigkeit besteht von folgenden Faktoren: Glykogengehalt des Muttergewebes, Lokalisation und Wachstumsrate der Tumoren und Ernährung des Tumorträgers. Bei quantitativen Bestimmungen ist zu berücksichtigen, daß Glykogen im Gewebe nach dem Tode noch abgebaut werden kann[1].

Das durch Fütterung mit Dimethylaminoazobenzol hervorgerufene Hepatom der Ratte enthält bedeutend weniger Glykogen als normale Leber[2], entsprechendes gilt für das 2-Acetylaminofluorenhepatom beim Hund[3]. Transplantierte Tumoren sind ärmer an Glykogen als primäre Tumoren (s. Tabelle 40); der Grund hierfür

Tabelle 40. Analysen von normalen Geweben und Tumoren*[4].

Komponenten	Normale Gewebe		Primäre Tumoren		Transplantierte Tumoren (Durchschnittswerte)	
	Muskel (Ratte)	Leber (Ratte)	primäres Leber-carcinom (Ratte)	menschliches Brust-carcinom	WALKER-Carcinom 256	JENSEN-Sarkom
Milchsäure	188	230	582	1545	824	637
Glykogen**	3480	28450	462	1600	65	43
Säurelöslicher P	5070	3040	2720	2010	2430	2130
Anorganischer P	748	417	795	368	622	580
Organischer P	4322	2623	1925	1642	1808	1550
Phosphokreatin	1630	274	0	32	116	78
Adenylsäure	150	144	255	141	171	183
Adenosindiphosphat (ADP)	59	330	129	51	25	46
Adenosin-triphosphat (ATP	542	8	58	55	152	142
Glucose-1-phosphat	80	42	106	115	130	106
Glucose-6-phosphat	250	423	542	478	454	393
Fructose-6-phosphat	33	24	28	17	14	17
Hexosediphosphat	7	17	19	20	6	5
Phosphoglycerinsäure	140	183	122	168	148	98

* Werte in μ Mol je 100 g.
** Als Hexose.

könnte darin beruhen, daß primäre Tumoren mit Zellen von normalen Geweben vermischt sein können[4]. Der Glykogengehalt des transplantablen Hepatoms der Ratte schwankt mit dem Fütterungsgrad der Tiere[5]; das Glykogen nimmt beim Hungern sowohl in der Leber als auch im Hepatom ab[6] (beim WALKER-Carcinom 256 der Ratte erfährt der Glykogengehalt des Tumors dabei kaum eine Änderung[7]; auch beim JENSEN-Sarkom der Ratte und beim EHRLICHschen Mäusecarcinom ändert sich der Gesamtkohlenhydratgehalt nur wenig, wenn der Gesamtorganismus durch äußere Einflüsse an Kohlenhydraten verarmt[8]). Während in der Leber

[1] BERNHARD, F.: Kli. Wo. **1928 I**, 1184. — [2] WHITE, J., A. J. DALTON and J. E. EDWARDS: J. nat. Cancer Inst. **2**, 539 (1941/42). — DICKENS, F., and H. WEIL-MALHERBE: Cancer Res. **3**, 73 (1943). — MEDES, G., B. FRIEDMANN and S. WEINHOUSE: Cancer Res. **16**, 57 (1956). — [3] LEATHEM, J. H., and J. B. ALLISON: Proc. amer. Ass. Cancer Res. **1**/1, 32 (1953). — [4] LE PAGE, G. A.: Cancer Res. **8**, 193 (1948). — [5] KISHI, S., T. FUJIWARA and W. NAKAHARA: Gann, Tokyo **31**, 556 (1937). — [6] ZAMECNIK, P. C., R. B. LOFTFIELD, M. L. STEPHENSON and J. M. STEELE: Cancer Res. **11**, 592 (1951). — [7] SCHOTT, H. F., L. T. SAMUELS and H. A. BALL: Proc. Soc. exp. Biol. Med. **37**, 410 (1937). — [8] WERTHEIMER, E.: Pflügers Arch. **223**, 619 (1929).

Glykogen das Substrat für die Glykolyse ist, wird im Hepatom vor allem Glucose als Substrat verwendet[1]. Glykogen verschwindet in den Zellen der durch Dimethylaminoazobenzol geschädigten Rattenleber und der Hepatome von Ratte und Maus bei der Mitose ebenso wie in normalen Leberzellen[2]. (Zum Verlust des Glykogenspeicherungsvermögens der Leber von Ratten nach Verfütterung von Dimethylaminoazobenzol und anderen Hepatocarcinogenen s.[3]).

Der geringe Glykogengehalt des JENSEN-Sarkoms wird auf die Anwesenheit einer stark wirksamen Amylase zurückgeführt[4]. An der Mäuseepidermis ist der Einfluß der Pinselung mit Methylcholanthren auf den Gehalt an Glykogen untersucht worden[5].

Glucose und phosphorylierte Verbindungen des Kohlenhydratabbaues. Freie *Glucose* ist in Tumoren nur in sehr geringer Konzentration enthalten[6].

LE PAGE[7] hat die phosphorylierten Zwischenprodukte des Kohlenhydratabbaues in Tumoren und in normalen Geweben quantitativ bestimmt (s. Tabelle 41) und dabei alle Zwischenprodukte, die nach dem Schema der phosphorylierenden Glykolyse von MEYERHOF-EMBDEN auftreten, in ähnlichen Mengen gefunden. Dieses beweist zugleich eindeutig, daß die Glykolyse im Tumorgewebe vom gleichen phosphorylierenden Typ ist wie in normalen Geweben, woran früher gezweifelt worden war[8]. Auch der Gehalt an phosphatübertragenden Verbindungen (Adenosin-di- und -triphosphorsäure und Phosphokreatin) ist in normalen Geweben und in Tumorgeweben von der gleichen Größenordnung (Bestimmungen an Mammatumoren von Mäusen[9]).

Der Gehalt der Tumoren an phosphorylierten Zwischenprodukten der Glykolyse kann von der Stoffwechselaktivität des Tumors abhängen. Impfmammacarcinome des dbrB-Mäusestammes, die im Vergleich zu Impfmammacarcinomen des C3H-Stammes schneller wachsen und eine höhere Atmung und aerobe Glykolyse zeigen, haben einen höheren Gehalt an Glucose-1-phosphat und Adenosintriphosphat (ATP) und einen niedrigeren Gehalt an anorganischem Phosphat. Das Gleichgewicht ATP-Phosphat zu anorganischem Phosphat wird bei dem dbrB-Tumor auch langsamer erreicht[9,10].

Milchsäure. Tumoren haben einen abnormal hohen Gehalt an Milchsäure[11]. Das gilt sowohl für tierische Impftumoren und primäre Tumoren als auch für menschliche Tumoren[12] (s. Tabelle 40). Die aerobe Glykolyse ist in Tumoren sehr hoch[13] und aktiver als die weitere Umwandlung oder Oxydation von Milchsäure bzw. Brenztraubensäure, so daß eine Anhäufung von Milchsäure im Krebsgewebe erfolgt. Tumoren enthalten wie normale Gewebe L(+)-Milchsäure[14] (diese wird im Stoffwechsel von Tumoren auch viel schneller umgesetzt als D(—)-Milchsäure[15]).

Nach dem Tode ändert sich der Milchsäuregehalt in Geweben sehr rasch, und zwar nimmt er in den ersten Minuten am schnellsten zu, so daß der wirkliche Wert

[1] ORR, J. W., and L. H. STICKLAND: Biochem. J. **35**, 479 (1941). — [2] GROPP, A.: Z. Krebsforsch. **58**, 438 (1952). — [3] ORR, J. W., D. E. PRICE and L. H. STICKLAND: J. Path. Bacteriology **60**, 573 (1949). — GRAFFI, A., E. J. SCHNEIDER, G. SYDOW u. L. KÜGLER: Arch. Geschwulstforsch. **5**, 14 (1953). — SPAIN, J. D., and A. C. GRIFFIN: Cancer Res. **17**, 200 (1957). — [4] EDLBACHER, S., u. W. BAUMANN: Z. Krebsforsch. **47**, 191 (1938). — [5] ARGRYRIS, T. S.: J. nat. Cancer Inst. **12**, 1159 (1951/52). — [6] WERTHEIMER, E.: Pflügers Arch. **223**, 619 (1930). — LUSTIG, B.: B. Z. **284**, 367 (1936). — [7] LE PAGE, G. A.: Cancer Res. **8**, 193, 197 (1948). — [8] *Zusammenfassung:* DORFMAN, A.: Physiol. Rev. **23**, 124 (1943). — [9] GOLDFEDER, A., and H. G. ALBAUM: Cancer Res. **11**, 118 (1951). — [10] ALBAUM, H., A. GOLDFEDER and L. EISLER: Cancer Res. **12**, 188 (1952). — [11] BIERICH, R.: M. m.W. **1923 II**, 1145. H. **155**, 245 (1926). — [12] LE PAGE, G. A.: Cancer Res. **8**, 193 (1948). — [13] WARBURG, O.: Stoffwechsel der Tumoren. Berlin 1926. — [14] WARBURG, O.: B. Z. **160**, 307 (1925). — BRIN, M.: Cancer Res. **13**, 748 (1953). — [15] BRIN, M., J. JEHL and R. W. MCKEE: Fed. Proc. **12**, 182 (1953).

im lebenden Gewebe nur schwer zu erfassen ist[1]. Die vermehrte Bildung von Milchsäure wurde nicht nur in *in vitro*-Versuchen nachgewiesen, sondern auch durch Untersuchungen am lebenden Tier, indem Milchsäure und Glucose im venösen Blut, das den Tumor verläßt, bestimmt wurde[1,2]. Im Blut, welches den Tumor verläßt, ist mehr Milchsäure und weniger Glucose enthalten als im arteriellen Blut, welches den Tumor versorgt oder als im venösen Blut der tumorfreien Seite des Versuchstieres. Keine deutlichen Unterschiede in der Milchsäurekonzentration wurden dagegen bei trächtigen Meerschweinchen im Blut der Nabelgefäße, der Aorta und der Uterusvenen gefunden[3]. Parenterale Verabfolgung von Glucose bedingt beim Versuchstier eine Zunahme des Milchsäuregehaltes im Tumor[4] und eine Erhöhung der Wasserstoffionenkonzentration im Blut infolge vermehrter Milchsäureabgabe (s. S. 398). Auf vermehrter Milchsäurebildung bzw. der dadurch bedingten p_H-Änderung beruht auch die stärkere Ausfällung von Sulfapyrazin im Tumor des lebenden Tieres nach Injektion von Glucose[5].

α-Ketosäuren. Bestimmungen von *Brenztraubensäure*, welche im intermediären Stoffwechsel eine zentrale Stellung einnimmt, sind an transplantierten Rattentumoren ausgeführt worden. Der Gehalt ist in diesen Tumoren etwas höher als in normalen Geweben und im arteriellen Blut, aber tiefer als im venösen Blut[6]. Im EHRLICHschen Ascitestumor ist der Gehalt meist ebenso groß wie im Blut (keine Unterscheidung von venösem und arteriellem Blut), in manchen Fällen etwas höher. Adrenalin bewirkt nur im Ascites eine Zunahme der Brenztraubensäure, aber nicht im Blut[7]. *Oxalessigsäure* ist in Tumoren wie in normalen Geweben nur in geringer Menge enthalten; sie ist in Blut und Hirn überhaupt nicht nachweisbar[6]. An *α-Ketoglutarsäure* haben bei der Ratte Niere und transplantierte Tumoren den größten Gehalt (Größenordnung 1—2 mg-%)[6]; in menschlichen Tumoren dagegen ist die Konzentration dieser Ketosäure kleiner als der physiologische Durchschnittswert[8]. Bei Kaninchen besteht kein Unterschied in der Konzentration an α-Ketosäuren zwischen normalen Geweben und Benzanthracen-Carcinomen[9].

Propandiol-(1,2)-phosphat-(1). Brenztraubensäure unterliegt im Stoffwechsel des tierischen Organismus verschiedenen Umwandlungen[10]. In Homogenaten des FLEXNER-JOBLING-Carcinoms der Ratte ist unter anaeroben Bedingungen die Überführung in Milchsäure der Hauptweg, daneben entsteht aber noch in vergleichbarer Menge Propandiol-(1,2)-phosphat-(1)[11]. Zu seiner Bildung werden DPN und ATP benötigt. Als Zwischenprodukt tritt wahrscheinlich Acetolphosphat auf[12]. Propandiolphosphat kann sich aus Brenztraubensäure auch unter aeroben Bedingungen bilden. Dieses Phosphat ist nicht spezifisch für Tumoren. Es ist zuerst aus normalen Geweben isoliert worden[13] und kommt im FLEXNER-JOBLING-Carcinom in gleicher Menge wie in Leber und Niere von Ratten vor[14].

Citronensäure. In verschiedenen tierischen Tumoren ist der Gehalt an Citronensäure höher gefunden worden als in den entsprechenden Muttergeweben

[1] BIERICH, R., u. A. ROSENBOHM: H. **214**, 271 (1933). — [2] CORI, C. F., and G. T. CORI: J. biol. Ch. **65**, 397 (1925). — WARBURG, O., F. WIND u. E. NEGELEIN: Kli. Wo. **1926 I**, 829. — [3] WIND, F., u. K. v. OETTINGEN: B. Z. **197**, 170 (1928). — [4] CORI, C. F., and G. T. CORI: J. biol. Ch. **64**, 11 (1925). — [5] STEVENS, C. D., P. M. QUINLIN, M. A. MEINKEN and A. M. KOCK: Science, N. Y. **112**, 561 (1950). — [6] LE PAGE, G. A.: Cancer Res. **10**, 393 (1950). — [7] SCHMIDT, H. W.: Z. Krebsforsch. **54**, 170 (1943/44). — [8] GEY, K. F.: H. **294**, 128 (1953). — [9] LINKO, P., and A. I. VIRTANEN: Acta chem. scand. **9**, 855 (1955). — [10] POTTER, V. R., and C. HEIDELBERGER: Physiol. Rev. **30**, 487 (1950). — [11] LE PAGE, G. A.: J. biol. Ch. **176**, 1009 (1948). — GROTH, D. P., and G. A. LE PAGE: Cancer Res. **14**, 837 (1954). — [12] GROTH, D. P., G. A. LE PAGE, C. HEIDELBERGER and P. A. STOESZ: Cancer Res. **12**, 529 (1952). — [13] LINDBERG, O.: Ark. Kemi, Mineral. Geol. **23** A Nr. 2 (1946). — [14] LE PAGE, G. A.: Cancer Res. **8**, 197 (1948).

(s. Tabelle 41) oder den meisten normalen Organen mit Ausnahme von Haut, Knochen, Haaren und den die Samenbläschen enthaltenden Geweben[1-3]. Das Plattenepithelcarcinom der Maus enthält dagegen viel weniger Citronensäure als die normale Haut; dieser Abnahme geht parallel eine Verringerung an Calcium (s. Tabelle 39, S. 396). Citronensäure und Calcium sind auch bereits in der hyperplastischen Epidermis nach Pinselung mit Methylcholanthren vermindert[3]. Eine Reihe von Mäusetumoren zeigen einen sehr ähnlichen Gehalt an Citronensäure, während normale Gewebe jeweils einen charakteristischen Gehalt aufweisen. In menschlichen Tumoren ist Citronensäure teils erhöht[1], teils normal[4] gefunden worden.

Tabelle 41. Citronensäuregehalt von Tumoren und ihren Ausgangsgeweben bei verschiedenen Mäusestämmen[3].

Stamm und Gewebe	γ Citronensäure je g Frischgewicht
C-Stamm:	
Leber	11,2
Hepatom	130,5
Blut	29,1
Leaden-C-Stamm:	
Leber	37,9
Hepatom	64,8
C3H-C-Stamm:	
Muskel	30,0
Rhabdomyosarkom	68,0
Swiss-C-Stamm:	
Haut	465
Plattenepithelcarcinom	73,9

Bei Injektion von Natriumfluoracetat kommt es infolge einer Unterbrechung des Citronensäurecyclus zu einer Anhäufung von Citronensäure in den Geweben[5]. In transplantablen Tumoren von Ratten (aber auch in einigen normalen Geweben) bleibt dieser Effekt *in vivo* aus[6], dagegen läßt er sich in Schnitten von Tumoren nachweisen und ist unter geeigneten Bedingungen (überschüssiges Substrat, hoher O_2-Partialdruck) genauso groß wie in Schnitten vieler normaler Gewebe[7]. Als Ursache für den Unterschied zwischen den *in vivo*- und den *in vitro*-Versuchen werden diskutiert, der geringere O_2-Druck in den Tumorcapillaren (vgl.[8]), Mangel an Substrat und erhöhte Wasserstoffionenkonzentration im Tumorgewebe[7].

β) Kohlenhydrat- und Oxydationsstoffwechsel und ihre Enzyme[9].

Soweit bis heute bekannt ist, erfolgt der Abbau der Kohlenhydrate und die weitere Oxydation in Tumoren auf gleichem Wege wie in normalen Geweben. Glykolyse, oxydativer Abbau der Brenztraubensäure im Citronensäurecyclus, der Elektronentransport in der Atmungskette und die oxydative Phosphorylierung sind auch in Tumoren nachgewiesen worden. Die bisher gefundenen Unterschiede zwischen Tumoren und normalen Geweben sind nur quantitativer und nicht qualitativer Art[10].

---

[1] Dickens, F.: Biochem. J. **35**, 1011 (1941). — [2] Haven, F. L., C. Randall and W. R. Bloor: Cancer Res. **9**, 90 (1949). — [3] Miller, H., and C. Carruthers: Cancer Res. **10**, 636 (1950). — [4] Gey, K. F.: H. **294**, 128 (1953). — [5] Buffa, P., and R. A. Peters: Nature **163**, 914 (1949). — [6] Potter, V. R., and H. Busch: Cancer Res. **10**, 353 (1950). — Potter, V. R.: Cancer Res. **11**, 565 (1951). — [7] Busch, H., J. R. Davis and E. W. Olle: Cancer Res. **17**, 711 (1957). — [8] Urbach, F.: Proc. Soc. exp. Biol. Med. **92**, 644 (1956). — Urbach, F., and W. K. Noell: Proc. amer. Ass. Cancer Res. **2**, 257 (1957). — [9] *Zusammenfassungen:* Schmidt, C. G.: Kli. Wo. **1955**, 409. — Weinhouse, S.: Adv. Cancer Res. **3**, 269 (1955). — [10] Symposium: Intermediary carbohydrate metabolism in tumor tissue: Potter, V. R.: Cancer Res. **11**, 565 (1951). — Olson, R. E.: Cancer Res. **11**, 571 (1951). — Weinhouse, S.: Cancer Res. **11**, 585 (1951). — Zamecnik, P. C., R. B. Loftfield, M. L. Stephenson and J. M. Steele: Cancer Res. **11**, 592 (1951).

1. Glykolyse.

In seinen klassischen Arbeiten fand WARBURG[1], daß Tumoren durch eine hohe aerobe Glykolyse ausgezeichnet sind. Als Grundlage dienten vergleichende Untersuchungen über Atmung, anaerobe und aerobe Glykolyse von Schnitten normaler Gewebe und von Tumoren in Gegenwart von Glucose. Die Aufnahme von Sauerstoff, die *Atmung*, ist bei Tumoren von ähnlicher Größe wie in den meisten normalen Geweben; die Bildung von Milchsäure bei Abwesenheit von Sauerstoff, die *anaerobe Glykolyse*, ist in Tumoren gegenüber normalen ruhenden Geweben vermehrt. Starke anaerobe Glykolyse wird auch in normalen wachsenden Geweben gefunden, Sauerstoff unterdrückt jedoch die Milchsäurebildung in den meisten dieser Gewebe weitgehend (PASTEUR-*Effekt*). Tumoren zeigen nun auch starke Bildung von Milchsäure in Gegenwart von Sauerstoff, *aerobe Glykolyse*, und weisen keinen oder nur einen geringen PASTEUR-Effekt auf (s. Tabelle 42). (Umgekehrter PASTEUR-Effekt bei Tumoren s. [2, 3].)

Die Arbeiten WARBURGS erfuhren von vielen Seiten eine Bestätigung[2, 4]. Ausnahmen bei normalen Geweben[5] können entweder auf einer Schädigung während der Präparation (z. B. Netzhaut[6, 7]) beruhen oder durch unbefriedigende Medien (Ringerlösung an Stelle von homologem Serum)[7] bedingt sein.

Starke Glykolyse läßt sich nicht nur in Schnitten von Tumoren, sondern auch in Tumoren selbst nachweisen[8] (vgl. auch Bestimmungen von Milchsäure im Blut von Tieren mit Tumoren, S. 404). Das am besten geeignete Objekt für die Bestimmung der absoluten Größen von Atmung, anaerober und aerober Glykolyse der Krebszelle sind die frei in der Bauchhöhle lebenden Ascites-Krebszellen, da sie nicht, was bei soliden Tumoren der Fall sein kann, mit anderen Zellen vermischt sind (Bestimmung von Glykolyse und Atmung bei intakten Zellen des EHRLICHschen Mäuseascitestumors[7, 9, 10]; Nachweis der glykolytischen Aktivität bei diesem Tumor *in vivo*[11]).

In vivo zeigen nur Tumoren eine aerobe Glykolyse; sie unterscheiden sich darin charakteristisch von allen normalen ruhenden und wachsenden Geweben. Embryonale Zellen zeigen zwar unter den Bedingungen der Gewebekultur eine aerobe Glykolyse[12], nicht aber in arteigenem Serum[10] und unter physiologischen

[1] WARBURG, O.: Über den Stoffwechsel von Tumoren. Berlin 1926. — [2] CRABTREE, H. G.: Biochem. J. **23**, 536 (1929). — [3] ETINGHOF, R. N., u. V. N. GERSHANOVITCH: Biochimija Moskva **18**, 668 (1953) [Excerpta med. Cancer **2**, 549 (1954)]. — SEELICH, F., W. WEIGERT u. K. LETNANSKY: Z. Krebsforsch. **61**, 368 (1956). — SEELICH, F., u. K. LETNANSKY: Naturwiss. **44**, 450 (1957). — BRIN, M., and R. W. McKEE: Cancer Res. **16**, 364 (1956). — [4] DICKENS, F., and F. ŠIMER: Biochem. J. **24**, 1301 (1930); **25**, 985 (1931). — DICKENS, F., and H. WEIL-MALHERBE: Cancer Res. **3**, 73 (1943). — ELLIOTT, K. A. C., and M. E. GREIG: Biochem. J. **31**, 1021 (1937). — ELLIOTT, K. A. C. (Hrsgb.): Symposium on Respiratory Enzymes. Madison, Wisc. 1942. — BURK, D.: Cold Spring Harbor Symp. quant. Biol. **7**, 420 (1939). — KIDD, J. G., R. J. WINZLER, D. BURK, M. L. HESSELBACH and D. F. MACNARY: Cancer Res. **4**, 547 (1944). — DREYFUSS, M. L.: Amer. J. Cancer **38**, 551 (1940). — [5] MURPHY, J. B., and J. A. HAWKINS: J. gen. Physiol. **8**, 115 (1925). — DICKENS, F., and H. WEIL-MALHERBE: Biochem. J. **30**, 659 (1936); **35**, 7 (1941). — BYWATERS, E. G. L.: J. Path. Bacteriology **44**, 247 (1937). — WARREN, C. O.: Cancer Res. **3**, 621 (1943). — [6] NEGELEIN, E.: B. Z. **165**, 122 (1925). — [7] WARBURG, O., K. GAWEHN u. A.-W. GEISSLER: Z. Naturforsch. **12**b, 115 (1957). — [8] LEPAGE, G. A.: Cancer Res. 8, 201 (1948). — [9] WARBURG, O., u. E. HIEPLER: Z. Naturforsch. **7**b, 193 (1952). — TIEDEMANN, H.: Z. ges. exp. Med. **119**, 272 (1952). — McKEE, R. W., K. LONBERG-HOLM and J. JEHL: Cancer Res. **13**, 537 (1953). — KUN, E., P. TALALAY and H. G. WILLIAMS-ASHMAN: Cancer Res. **11**, 855 (1951). — SCHADE, A. L.: Biochim. biophysica Acta, N.Y. **12**, 163 (1953). — [10] WARBURG, O., K. GAWEHN u. A.-W. GEISSLER: Z. Naturforsch. **11**b, 657 (1956). — [11] HIATT, H. H.: Cancer Res. **17**, 240 (1957). — [12] WARBURG, O., u. F. KUBOWITZ: B.Z. **189**, 242 (1927). — LESLIE, I., W. C. FULTON and R. SINCLAIR: Biochim. biophysica Acta, N.Y. **24**, 365 (1957). — WARBURG, O.: Biochim. biophysica Acta, N.Y. **25**, 429 (1957).

Tabelle 42. Stoffwechselgrößen normaler und maligner Gewebe[1].

Gewebe	Q_{O_2} [a]	$Q_M^{N_2}$ [b]	$Q_M^{O_2}$ [c]	$\frac{3(Q_M^{N_2} - Q_M^{O_2})}{Q_{O_2}}$ [d]	$Q_M^{N_2} - 2Q_{O_2}$ [e]	Literatur
Normale Gewebe						
Rattenniere	21	3	0	0,4	—39	2
Rattenschilddrüse	13	2	0	0,4	—24	2
Rattenleber	12	3	0,6	0,6	—21	2
Rattendarmschleimhaut	12	4	1,6	1,0	—20	2
Rattenmilz	12	8	2	1,5	—16	3
Rattenhoden	12	8	0	2,0	—16	2
Rattenthymus	6	8	0,6	3,6	— 4	2
Rattenhirnrinde	11	19	2,5	4,5	— 3	2
Kaninchenpankreas	5	3	0	2,0	— 7	2
Kaninchenspeicheldrüse	4	3	0	2,2	— 5	2
Hundepankreas	3	4	0	4,0	— 2	2
Mensch, Lymphknoten	4	5	2	2,2	— 3	2
Rattenembryo	13	23	6	3,9	— 3	2
Rattennetzhaut	31	88	45	4,2	+26	2
Rattenplacenta	7	14	10	1,7	0	3
Mäuseembryo (Chorion)[f]	17	35	0	6,2	+ 1	7
Tumoren						
JENSEN-Sarkom, Ratte	9	34	17	5,6	+16	2
JENSEN-Sarkom, Ratte	9	32	18	4,7	+14	4
FLEXNER-JOBLING-Carcinom, Ratte	7	31	25	2,6	+17	2
FLEXNER-JOBLING-Carcinom, Ratte	8	29	20	4,3	+13	3
Spontantumoren, Maus	14	25	8	3,6	— 3	3
Spontantumoren, Maus	11	16	9	2,0	— 6	5
Teercarcinom, Maus	20	25	15	1,5	—15	4
Sarkom 37, Maus	15	28	12	3,2	— 2	4
Melanom, Maus	9	16	6	3,3	— 2	4
Yale Tumor I, Maus	7	16	7	4,0	+ 2	6
EHRLICH-Ascitestumorzellen, Maus[f]	7	70	30	17	+56	7
ROUS-Sarkom, Huhn	5	30	20	6,0	+20	2
Blasencarcinom, Mensch	10	36	24	3,6	+16	2
Kehlkopfcarcinom, Mensch	8	19	15	1,5	+ 3	2
Sarkom, Mensch	5	28	16	7,2	+18	2

a Atmung in cm³ O_2/mg Trockengewebe je Std.

b Anaerobe Glykolyse in cm³ Milchsäure-Äquivalent CO_2/mg Trockengewicht je Std.—

c Aerobe Glykolyse entsprechend b.

d MEYERHOFscher Oxydationsquotient; ein Maß für die PASTEUR-Reaktion in Beziehung zur Atmung.

e Überschuß (oder Unterschuß bei negativen Zahlen) der Glykolyse über die Atmung. —

f In Serum gemessen.

---

[1] Nach GREENSTEIN, J. P.: Biochemistry of Cancer. 2. Aufl. New York. 1954. — [2] WARBURG, O.: Über den Stoffwechsel der Tumoren. Berlin 1926. — [3] MURPHY, J. B., and J. A. HAWKINS: J. gen. Physiol. 8, 115 (1925). — [4] CRABTREE, H. G.: Biochem. J. **23**, 536 (1929). — [5] DICKENS, F., and F. ŠIMER: Biochem. J. **24**, 1301 (1930); **25**, 985 (1931). — [6] BELKIN, M., and K. G. STERN: Cancer Res. **3**, 164 (1943). — [7] WARBURG, O.: Science, N. Y. **124**, 269 (1956).

Bedingungen[1,2] (vgl. auch Milchsäuregehalt im Blut trächtiger Meerschweinchen, S. 404).

In Tumoren steht einer Atmung, die von gleicher Größe ist wie in vielen normalen Geweben, ein stark gesteigerter Kohlenhydratumsatz gegenüber. Dadurch kommt es zu einer vermehrten Ansammlung von unvollständig oxydierten Zwischenprodukten im Citronensäurecyclus, die in Bausteine der Zelle umgewandelt werden können, überschüssige Brenztraubensäure wird zu Milchsäure reduziert. Charakteristisch für den Tumorstoffwechsel ist die „unvollständige Oxydation", welche die Voraussetzung für das lebhafte Wachstum der Tumoren schafft[3]. Während normale Zellen viel mehr Energie in Form energiereicher Verbindungen (ATP) durch die Atmung als durch die Glykolyse gewinnen, ist bei Krebszellen der Anteil der Energie aus Atmung und Glykolyse etwa gleich groß (s. Tabelle 43)[2]. Krebszellen leben also zum Teil auf Kosten von Spaltungsprozessen und zum Teil auf Kosten von Oxydationsvorgängen.

Die Glykolyse von Tumoren durchläuft die gleichen Zwischenstufen wie diejenige normaler Gewebe. Frühere Auffassungen über eine nichtphosphorylierende Glykolyse konnten nicht bestätigt werden[4]. Auch in Tumoren erfolgt die Umwandlung von Glucose in Milchsäure nach dem Schema von EMBDEN-MEYERHOF. In transplantierten und primären Tumoren sind die meisten Zwischenprodukte[5] (s. a. Tabelle 40, S. 402) und Enzyme (s. S. 410) des EMBDEN-MEYERHOF-Schemas nachgewiesen worden (EHRLICHsche Mäuse-Ascitestumor s.[6]). Auch die Glykolyse von Tumoren wird durch *Jodessigsäure*[6, 7] und durch *Fluorid*[6] gehemmt. Negative Ergebnisse beim Versuch, die Glykolyse in Homogenaten und Extrakten von Tumoren nachzuweisen, beruhen auf einem Mangel notwendiger Co-Faktoren[8]. In einem geeigneten System läßt sich aber auch in Homogenaten eine sehr aktive Glykolyse nachweisen und in Gegenwart von Fluorid und Brenztraubensäure erfolgt eine gekoppelte Oxydoreduktion unter Bildung von Phosphoglycerinsäure und Milchsäure. Die Aufnahme des anorganischen Phosphates ist proportional der Milchsäurebildung und der Menge des eingesetzten Gewebes[9]. Nach dem EMBDEN-MEYERHOF-Schema erfolgt bei Tumoren auch der Abbau der *Fructose*[6], der durch Galaktose kompetitiv gehemmt wird[10]. Hemmung der Glykolyse (oder von Glykolyse und Atmung) bei Tumoren

Tabelle 43. Energieproduktion von Krebszellen (EHRLICH-Ascitestumorzellen der Maus) und von normalen Körperzellen[2].

	Q_{O_2}	$Q_M^{N_2}$	$Q_{ATP}^{O_2}$	$Q_{ATP}^{N_2}$	$Q_{ATP}^{O_2} + Q_{ATP}^{N_2}$
Leber . . .	15	1	105	1	106
Niere . . .	15	1	105	1	106
Embryo (sehr jung)	15	25	105	25	130
Krebszellen	7	60	49	60	109

[1] NEGELEIN, E.: B.Z. **165**, 122 (1925). — [2] WARBURG, O., Naturwiss. **42**, 401 (1955). — [3] LETTRÉ, H.: Medizinische **1953**, 897. — HIRSCH, H. H.: Z. Krebsforsch. **58**, 646 (1952). — [4] *Zusammenfassung:* DORFMAN, A.: Physiol. Rev. **23**, 124 (1943). — s. a. POTTER, V. R., and P. SIEKEVITZ; in: MCELROY, W. D., and B. GLASS (Hrsg.): Phosphorus Metabolism. Bd. 2, S. 665. Baltimore 1952. — [5] LEPAGE, G. A.: Cancer Res. **8**, 193, 197 (1948). — [6] HOLZER, H., J. HAAN u. S. SCHNEIDER: B.Z. **326**, 451 (1954/55). — [7] HOLZER, H., J. HAAN u. D. PETTE: B.Z. **327**, 195 (1955/56). — VILLAVICENCIO, M., and E. S. G. BARRON: Arch. Biochem. **67**, 121 (1957). — [8] BOYLAND, E., M. E. BOYLAND and G. D. GREVILLE: Biochem. J. **31**, 461 (1937). — [9] LE PAGE, G. A.: J. biol. Ch. **176**, 1009 (1948). Cancer Res. **10**, 77 (1950). — NOVIKOFF, A. B., V. R. POTTER and G. A. LE PAGE: Cancer Res. **8**, 203 (1948). — REIF, A. E., V. R. POTTER and G. A. LE PAGE: Cancer Res. **13**, 807 (1953). — [10] NIRENBERG, M. W., and J. E. HOGG: Am. Soc. **78**, 6210 (1956).

durch einen *Faktor aus menschlichem Serum* (EHRLICH-Ascitestumor) s.[1], durch *Röntgenstrahlen* s.[2], durch *Butazolidin* s.[3], durch *Mercaptopurin* s.[4], durch *2-Desoxy-D-glucose* s.[5].

Der glatte Ablauf der Glykolyse erfordert ein gut eingestelltes Gleichgewicht zwischen Adenosintriphosphatase (ATPase) und Hexokinase, das in Homogenaten und zellfreien Extrakten von Tumoren nicht gegeben ist. Im Gegensatz zu normalen Geweben überwiegt in Tumoren die Aktivität der ATPase sehr stark; eine stetige Glykolyse läßt sich daher bei Tumorhomogenaten nur durch Zusatz von Hexokinase oder durch spezifische Hemmung der ATPase erzielen[6] (ATPase von normalen Geweben und von Tumoren verhalten sich gegenüber Inhibitoren verschieden[6, 7]; Verteilung der ATPase in der Zelle s. Tabelle 46, S. 417). *In vivo* kann sich der Überschuß der ATPase nicht so sehr auswirken, da das Ferment durch seine Bindung an Zellstrukturen vom glykolytischen Substrat getrennt ist.

Zellfraktionierungsversuche bei Rattenleber und beim FLEXNER-JOBLING-Carcinom haben ergeben, daß von den Zellfraktionen als solchen der „Überstand" die größte glykolytische Aktivität aufweist, die durch Zusatz von Mitochondrien oder Mikrosomen aber gesteigert werden kann[8]. Die Steigerung der Glykolyse des „Überstandes" von normalem Gewebe und von Tumoren durch Mitochondrien von normalem Gewebe und Tumoren, die unter anaeroben und aeroben Bedingungen erfolgt (Erwärmen auf 65° bewirkt eine Inaktivierung der Mitochondrien), hat bei einer bestimmten Mitochondrienmenge ein Optimum[9], zu große Mengen verursachen sogar eine Hemmung der Glykolyse[9] (vgl. aber[10]). Eine besondere Bedeutung für den Einfluß der Mitochondrien wird der strukturgebundenen ATPase der Mitochondrien zugesprochen[9].

Eine hohe anaerobe Glykolyse zeigen aber auch Mitochondrien verschiedener Mäusestämme, wenn ihnen enzymatisch inaktivierter „Überstand" (auf 100° erhitzt oder ein chemisch definiertes Medium, das vor allem große Mengen von ATP enthält) zugefügt wird[11]. Mitochondrien wirken also nicht nur als potentielle Stimulatoren der Glykolyse des „Überstandes", sondern besitzen selbst alle Enzyme zur Überführung von Glucose in Milchsäure. Nur die Mitochondrien-Glykolyse der untersuchten Tumoren läßt sich durch Insulin und Insulin-Hemmstoff beeinflussen[11], und der begrenzende Schritt für die Regulierung der Glykolyse in Tumorzellen und Normalzellen soll die Glucosephosphorylierung der Hexokinase-Reaktion der Mitochondrien-Glykolyse sein[12]. Diese Reaktion läßt sich in Tumoren, was von Bedeutung für eine Chemotherapie des Krebses sein kann, unterdrücken, 1. durch kompetitive Hemmung des Substrates (Glucose) durch 2-Desoxyglucose, 2-Desoxygalaktose, Galaktose oder 6-Fluorglucose, 2. durch kompetitive Hemmung der Coenzym(ATP)-Wirkung durch Purin- oder Folsäure-Hemmstoffe, 3. durch Hemmung des Enzyms Hexokinase durch Insulin-Hemm-

[1] LANDSCHÜTZ, C.: Z. Naturforsch. **11**b, 304, 663 (1956). — [2] HÖHNE, G., H. A. KÜNKEL, G. H. RATHGEN u. J. UHLMANN: Naturwiss. **42**, 630 (1955). — RATHGEN, G. H., G. HÖHNE, H. A. KÜNKEL u. H. MAASS: Kli. Wo. **1956**, 1094. — MAASS, H., G. HÖHNE, H. A. KÜNKEL u. G. H. RATHGEN: Kli. Wo. **1956**, 1095. — [3] SEDLMAYR, G., A. KEMNITZ u. H. HOLZER: Kli. Wo. **1956**, 1114. — [4] MIHICH, E., D. A. CLARKE and F. S. PHILIPS: Proc. Soc. exp. Biol. Med. **92**, 758 (1956). — [5] WOODWARD, G. E., and M. T. HUDSON: Cancer Res. **14**, 599 (1954). — [6] MEYERHOF, O., and J. R. WILSON: Arch. Biochem. **21**, 1, 22 (1949). — [7] MEYERHOF, O., and J. R. WILSON: Arch. Biochem. **23**, 246 (1949). — [8] LE PAGE, G. A., and W. C. SCHNEIDER: J. biol. Ch. **176**, 1021 (1948). — [9] GRAFFI, A., u. E. J. SCHNEIDER: Naturwiss. **43**, 376 (1956). — GRAFFI, A., E. J. SCHNEIDER u. G. SYDOW: Naturwiss. **43**, 472 (1956). — SCHNEIDER, E. J., A. GRAFFI, H. BIELKA u. L. VENKER: Naturwiss. **44**, 446 (1957). — [10] AISENBERG, A. C., B. REINAFARJE and V. R. POTTER: J. biol. Ch. **224**, 1099 (1957). — [11] HOCHSTEIN, P.: Science, N.Y. **125**, 496 (1957). — [12] BURK, D.: Kli. Wo. **1957**, 1102 [dort ausführliche Angaben der Literatur].

stoffe (Sexualhormone, Hypophysen-Lipoproteide, Nebennierenrindenhormone, Podophyllium-Verbindungen oder Penichromin)[1].

Der Abbau der Glucose in Tumoren erfolgt außer durch Glykolyse zu einem kleinen Teil auch noch, ausgeprägter als bei normalen Geweben, durch direkte Oxydation (als Glucose-6-phosphat) in Richtung Pentosephosphat-Cyclus[2].

Pentolyse. BEVILOTTI[3] berichtete 1944, daß Erythrocyten von Menschen mit bösartigen Tumoren *in vitro* Pentosen abzubauen vermögen. Auch das *Serum* Krebskranker soll diese Eigenschaft haben[4], und da bei diesem Abbau, der Glykolyse entsprechend, Milchsäure und Brenztraubensäure entstehen sollten, wurde er von MENKES[4] als „Pentolyse" bezeichnet. Ausführliche Nachprüfungen an Seren Krebskranker und an Seren von Ratten mit Impftumoren und chemisch induzierten Tumoren sind bisher aber negativ gewesen[5].

2. Enzyme der Glykolyse.

Enzyme der Glyklyose im Tumor. In Extrakten von Zellen des EHRLICHschen Mäuse-Ascitestumors sind die Enzyme für den glykolytischen Abbau von Glucose und Fructose nach dem EMBDEN-MEYERHOF-Schema nachgewiesen worden[6].

Die *Hexokinase* (Überführung von Glucose in Glucose-6-phosphat unter Mitwirkung von ATP) ist in Tumoren (Impfcarcinomen und -sarkomen bei Ratten und Mäusen[7], Ascitestumoren von Mäusen[8]) kein begrenzender Faktor für die Glykolyse von Glucose (*in vitro*-Hemmung durch Stickstofflost s. S. 374).

Die Umwandlung der Rattenleber in einen Tumor ist mit einer Zunahme der Aktivität der *Phosphohexokinase* (Überführung von Hexose-6-phosphat in Hexose-1,6-diphosphat unter Mitwirkung von ATP) verbunden. Während in der Leber die Aktivitäten der Hexokinase und der Phosphohexokinase nur gering sind, um den größten Teil der Glucose vor dem glykolytischen Abbau zu schützen, sind die Aktivitäten dieser Enzyme im Hepatom erhöht, da im Tumor der Abbau der Glucose vorherrscht, wodurch in erhöhtem Maße Zwischenprodukte zur Synthese von Lipoiden, Aminosäuren, Purinen, Pyrimidinen usw. verfügbar werden[9]. Dementsprechend zeigen Tumoren überhaupt keine oder nur eine sehr geringe Aktivität der *Glucose-6-phosphatase*[10].

Die Aktivität der *Aldolase* (auch *Zymohexase* genannt; Spaltung von Hexose-1,6-diphosphat in 2 Moleküle Triosephosphat) ist in tierischen Tumoren größer als in einigen normalen Geweben, aber sehr viel geringer als im Muskel[11,12],

[1] BURK, D.: Kli. Wo. **1957**, 1102 [dort ausführliche Angaben der Literatur]. — [2] LEWIS, K. F., H. J. BLUMENTHAL, C. E. WENNER and S. WEINHOUSE: Fed. Proc. **13**, 252 (1954). — WENNER, C. E., and S. WEINHOUSE: J. biol. Ch. **222**, 399 (1956). — ABRAHAM, S., R. HILL and I. L. CHAIKOFF: Cancer Res. **15**, 177 (1955). — EMMELOT, P., L. BOSCH and G. H. VAN VALS: Biochim. biophysica Acta, N.Y. **17**, 451 (1955). — KIT, S.: Cancer Res. **16**, 70 (1956). — AGRANOFF, B. W., R. O. BRADY and M. COLODZIN: J. biol. Ch. **211**, 773 (1954). — BOSCH, L., G. H. VAN VALS and P. EMMELOT: Brit. J. Cancer **10**, 801 (1956). — [3] BEVILOTTI, V.: Boll. Soc. ital. Biol. sperim. **19**, 261 (1944). — [4] MENKÈS, G.: Méd. et Hyg. Genève **158**, 369 (1949). Bull. schweiz. Acad. med. Wiss. **5**, 280 (1949). Arch. Sci., Genève **2**, 337, 386 (1949). Helv. med. Acta **18**, 125 (1951). — [5] KUBOWITZ, F., u. I. WIEDING: Z. ges. inn. Med. **6**, 142 (1951). — DRUCKREY, H., u. K. KAISER: Naturwiss. **38**, 193 (1951). — BRUNS, F., A. BÜLZEBRUCK u. K. HINSBERG: Z. Krebsforsch. **57**, 626 (1951). — DANNEEL, R., u. W. KÖNIG: Z. Krebsforsch. **58**, 374 (1952). — ROE, J. H., J. W. CASSIDY, A. C. TATUM and E. W. RICE: Cancer Res. **12**, 238 (1952). — DREVON, B., et M. ROULLET: C. R. Soc. Biol. **146**, 1935 (1952). — [6] HOLZER, H., J. HAAN u. S. SCHNEIDER: B.Z. **326**, 451 (1954/55). — [7] BOYLAND, E., G. C. L. GOSS and H. G. WILLIAMS-ASHMAN: Biochem. J. **49**, 321 (1951). — [8] SCHLIEF, H., u. C. G SCHMIDT: Naturwiss. **42**, 104 (1955). — SCHLIEF, H., C. G. SCHMIDT, N. SCHÜMMELFEDER u. G. MENGES: Z. ges. exp. Med. **125**, 507 (1955). — [9] OLSON, R. E.: Cancer Res. **11**, 571 (1951). — [10] WEBER, G., and A. CANTERO: Cancer Res. **15**, 105 (1955). — [11] SIBLEY, J. A., and A. L. LEHNINGER: J. nat. Cancer Inst. **9**, 303 (1948/49). — SIBLEY, J. A., and G. A. FLEISHER: Cancer Res. **15**, 609 (1955). — [12] MEYERHOF, O., and J. R. WILSON: Arch. Biochem. **21**, 22 (1949).

der besonders reich an diesem Enzym ist. Zellen des EHRLICH-Ascitescarcinoms der Maus (Bestimmungen in Mäuse-Ascitestumoren s. a.[1]) geben *in vitro* ohne Zusatz von Glucose Aldolase an das Ascitesserum ab; diese Abgabe ist anaerob wesentlich größer als aerob[2] (s. a. [3]). Bei Gegenwart von Glucose geben die Zellen unter anaeroben und aeroben Bedingungen keine Aldolase an das Ascitesserum ab, sondern nehmen umgekehrt Aldolase aus ihrer Umgebung auf[4].

Der Hexokinasegehalt von Tumoren scheint dem Gehalt an Aldolase zu entsprechen[5], während die *Triosephosphatisomerase* in großem Überschuß vorhanden ist (für Rattensarkom Verhältnis von Aldolase- zu Isomeraseeinheiten etwa 1:100); ein entsprechender Überschuß ist aber auch in Muskel und Hirn vorhanden[6].

Die *Milchsäuredehydrogenase* (Brenztraubensäure-Milchsäureumwandlung mit Diphosphopyridinnucleotid als Coenzym) ist in krystallisierter Form aus Rattenmuskel und JENSEN-Sarkom isoliert worden. Beide Präparate sind in ihren physikalischen, chemischen und serologischen Eigenschaften identisch[7]. Eine beträchtliche Aktivität der Milchsäuredehydrogenase ist in Extrakten des JENSEN-Sarkoms nachgewiesen worden[8], während in anderen transplantierten Ratten- und Mäusetumoren die Aktivität nur gering sein soll[9]. Systematische Untersuchungen unter Anwendung einer spektrophotometrischen Methode haben aber für eine Reihe primärer und transplantierter Tumoren von Ratten und Mäusen eine ähnliche Aktivität in den Tumoren untereinander und wie in den meisten normalen Geweben ergeben[10]. Die Milchsäuredehydrogenase verschiedener Mäuse-Ascitestumoren wird wie diejenige des Herzmuskels durch *Oxamidsäure* gehemmt[11].

Enzyme der Glykolyse im Serum. Besondere Beachtung haben die Aktivitäten der *Phosphohexoseisomerase*, der *Aldolase* und der *Milchsäuredehydrogenase* im Blutserum gefunden, da sie, mehr oder weniger ausgeprägt, Maße für das Wachstumsverhalten eines vorhandenen Tumors sind.

Die Aktivität der *Phosphohexoseisomerase* im Serum (Charakterisierung und Bestimmung s. [12]) steigt bei Ratten nach Implantation eines WALKER-Carcinoms 256 vom 7. Tage mit zunehmendem Wachstum des Tumors[13]; häufig erhöht ist sie bei Menschen mit Carcinomen[14] oder chronischer myeloider Leukämie[15], regelmäßig erhöht beim metastasierenden Prostatacarcinom[16] und beim metastasierenden Mammacarcinom[17].

Die Aktivität der *Aldolase* steigt im Serum tumortragender Tiere[3, 18–20] von einer bestimmten Größe des Tumors ab progressiv an; Regression oder Exstirpation des Tumors bedingt Rückkehr zu normalen Werten[21]. Bei Krebskranken werden nur bei einem kleinen Teil (etwa 20%) abnorm hohe Aktivitäten gefun-

[1] SCHLIEF, H., u. C. G. SCHMIDT: Naturwiss. **42**, 104 (1955). — SCHLIEF, H., C. G. SCHMIDT, N. SCHÜMMELFEDER u. G. MENGES: Z. ges. exp. Med. **125**, 507 (1955). — [2] WARBURG, O., u. E. HIEPLER: Z. Naturforsch. **7b**, 193 (1952). — [3] SCHADE, A. L.: Biochim. biophysica Acta, N. Y. **12**, 163 (1953). — [4] WARBURG, O., K. GAWEHN u. G. LANGE: Z. Naturforsch. **9b**, 109 (1954). — [5] BOYLAND, E., G. C. L. GOSS and H. G. WILLIAMS-ASHMAN: Biochem. J. **49**, 321 (1951). — [6] OESPER, P., and O. MEYERHOF: Arch. Biochem. **27**, 223 (1950). — [7] KUBOWITZ, F., u. P. OTT: B. Z. **314**, 94 (1943). — [8] EULER, H. v., E. ADLER u. G. GÜNTHER: H. **247**, 65 (1937). — [9] ELLIOTT, K. A. C., M. P. BENOY and Z. BAKER: Biochem. J. **29**, 1937 (1935). — LENTA, M. P., and M. A. RIEHL: Cancer Res. **9**, 47 (1949). — [10] MEISTER, A.: J. nat. Cancer Inst. **10**, 1263 (1949/50). — [11] PAPACONSTANTINOU, J., and S. P. COLOWICK: Fed. Proc. **16**, 230 (1957). — [12] BODANSKY, O.: J. biol. Ch. **202**, 829 (1953). Cancer, N.Y. **7**, 1191 (1954). — [13] BODANSKY, O, and J. SCHOLLER: Cancer Res. **16**, 894 (1956). — [14] BRUNS, F. H., u. W. JACOB: Kli. Wo. **1954**, 1041. — [15] ISRAELS, L. G., and G. E. DELORY: Brit. J. Cancer **10**, 318 (1956). — [16] BODANSKY, O.: Cancer, N.Y. **8**, 1087 (1955). — [17] BODANSKY, O.: Cancer, N.Y. **7**, 1200 (1954). — [18] WARBURG, O., u. W. CHRISTIAN: B. Z. **314**, 399 (1943). — [19] HINSBERG, K., F. BRUNS, W. GEINITZ, W. SCHILD u. H. WÜST: Z. Krebsforsch. **60**, 72 (1954). — [20] SIBLEY, J. A., G. A. FLEISHER and G. M. HIGGINS: Cancer Res. **15**, 306 (1955). — [21] SIBLEY, J. A., and A. L. LEHNINGER: J. nat. Cancer Inst. **9**, 303 (1948/49).

den[1], vor allem beim fortgeschrittenen Prostatacarcinom[2]. (Normale Werte der Aldolase-Aktivität von Serum und roten Blutzellen beim Menschen und bei verschiedenen Tierarten s.[3].)

Ähnlich wie die beiden bisher genannten Enzyme im Serum verhält sich auch die *Milchsäuredehydrogenase*. Im Serum von Mäusen mit transplantierten[4, 5] und chemisch induzierten[5] Tumoren und mit übertragbarer Leukämie[6] steigt die Aktivität dieses Enzyms mit zunehmendem Wachstum des Tumors an und kehrt bei Regression zur Norm zurück. Auch beim Menschen wird eine Erhöhung bei akuter und chronischer Leukämie[7, 8] beobachtet, während sie bei Carcinomen nur bei einem Teil der Fälle beobachtet wird[8–10], vor allem wenn es bereits zur Beeinträchtigung des Allgemeinzustandes gekommen ist[10]. Die Milchsäuredehydrogenase des Serums wird wie das kristallisierte Enzym durch SH-Blocker wie *p-Chlormercuribenzoat* reversibel gehemmt[11].

Von anderen Enzymen der Glykolyse sind auch für die *Triosephosphatisomerase*[12, 13] und die *a-Glycerophosphatdehydrogenase*[13] erhöhte Aktivitäten im Serum oder Blutplasma tumortragender Tiere gefunden worden.

3. Citronensäure-Cyclus.

Der Abbau der Brenztraubensäure erfolgt in Tumoren wie in normalen Geweben über den Citronensäurecyclus. Zu diesem Schluß haben besonders Untersuchungen mit ^{14}C-markierten Verbindungen geführt[14]. Aus ^{14}C-markierter Brenztraubensäure, Milchsäure, Glucose und Palmitinsäure wird von Schnitten von Tumoren $^{14}CO_2$ in ähnlicher Menge gebildet wie von Schnitten verschiedener normaler Gewebe[15,16], und analoges gilt für Fibroblasten und Carcinomzellen in der Gewebekultur gegenüber verschiedenen Substraten (Ausnahme Glycerin)[17]. Von Schnitten des Hepatoms wird aus Glucose viel schneller CO_2 gebildet als von Schnitten normaler Leber (geringere Wirksamkeit der Phosphohexokinase in Leber s. S. 410); für Brenztraubensäure und Fructose ergibt sich kein Unterschied zwischen den beiden Geweben, während Bernsteinsäure von der Leber stärker in CO_2 übergeführt wird als vom Hepatom[15,18]. Die Leber hat also eine höhere Kapazität für die Bernsteinsäureoxydation als das Hepatom[15]. Im Hepatom erfolgt ein stärkerer Einbau von ^{14}C in die Proteine als in Leber. Aus dem Hepatomprotein ließ sich nach Hydrolyse gekennzeichnete Glutaminsäure, Asparaginsäure, Alanin, Glykokoll, Serin und Prolin isolieren[18].

Für Essigsäure-^{14}C wird eine geringere Umwandlungsrate in CO_2 in Schnitten von Tumoren im Vergleich zu normalen Geweben[19] und für Zellsuspensionen des

[1] Sibley, J. A., and A. L. Lehninger: J. nat. Cancer Inst. **9**, 303 (1948/49). — [2] Baker, R., and D. Govan: Cancer Res. **13**, 141 (1953). — [3] Bruns, F., u. C. Kirschner: Naturwiss. **41**, 141 (1954). — [4] Bodansky, O., and J. Scholler: Cancer Res. **16**, 894 (1956). — [5] Hsieh, K.-M., V. Suntzeff and E. V. Cowdry: Proc. Soc. exp. Biol. Med. **89**, 627 (1955); Cancer Res. **16**, 237 (1956). — [6] Friend, C., and F. Wróblewski: Science, N.Y. **124**, 173 (1956). — Hill, B. R., and R. T. Jordan: Cancer Res. **17**, 144 (1957). — [7] Wróblewski, F., and J. S. LaDue: Proc. Soc. exp. Biol. Med. **90**, 210 (1955). — [8] Bierman, H. R., B. R. Hill, L. Reinhardt and E. Emory: Cancer Res. **17**, 660 (1957). — [9] Hess, B., u. E. Gehm: Kli. Wo. **1955**, 91. — [10] Lührs, W., u. E. Negelein: Kli. Wo. **1956**, 148. — [11] Hill, B. R.: Cancer Res. **16**, 460 (1956). — [12] Warburg, O., u. W. Christian: B. Z. **314**, 399 (1943). — [13] Schade, A. L.: Biochim. biophysica Acta, N. Y. **12**, 163 (1953). — [14] *Zusammenfassung:* Heidelberger, C.: Adv. Cancer Res. **1**, 273 (1953). — [15] Olson, R. E.: Cancer Res. **11**, 571 (1951). — [16] Weinhouse, S.: Cancer Res. **11**, 585 (1951). — Weinhouse, S., R. H. Millington u. C. E. Wenner: Am. Soc. **72**, 4332 (1950). Cancer Res. **11**, 845 (1951). — Potter, V. R., Watson u. C. Heidelberger: Unveröffentlicht nach [14]. — [17] Broda, E., O. Hoffmann-Ostenhof, H. Perschke, G. Kellner u. L. Stockinger: Z. Krebsforsch. **61**, 504 (1957). — [18] Zamecnik, P. C., R. B. Loftfield, M. L. Stephenson and J. M. Steele: Cancer Res. **11**, 592 (1951). — [19] Pardee, A. B., C. Heidelberger and V. R. Potter: J. biol. Ch. **186**, 625 (1950).

Mäuselymphosarkoms im Vergleich zu Milz[1] angegeben. Tumoren zeigen im Vergleich zu normalen Geweben *in vitro* und *in vivo* eine verminderte Fähigkeit Essigsäure in „nichtflüchtige" Verbindungen umzuwandeln[2]. Von den Umwandlungen der Brenztraubensäure in Milchsäure und in Aminosäuren steht in Tumoren *in vivo* und *in vitro* die Umwandlung in Milchsäure, in normalen Geweben dagegen die Umwandlung in Aminosäuren im Vordergrund[3]. Das Verhältnis der ^{14}C-Einbaurate von Essigsäure-1-^{14}C und Brenztraubensäure-2-^{14}C in Aminosäuren von Proteinen, in Cholesterin und in Fettsäuren zeigt bei verschiedenen Tumoren erhebliche Unterschiede[4].

Aus dem Befund, daß Homogenate von Tumoren (FLEXNER-JOBLING-Carcinom, WALKER-Carcinom) Oxalessigsäure in Gegenwart von Brenztraubensäure nur gering oxydativ abbauen können, während Homogenate von normalen Geweben diese Oxydation unter den gleichen Bedingungen leicht durchführen können[5], ist geschlossen worden, daß ein Schlüsselenzym des Citronensäurecyclus, das „kondensierende Enzym", in Tumoren fehlt[6]. Dafür schien auch zu sprechen, daß bei Ratten *in vivo* nach Verabfolgung von Fluoressigsäure in Tumoren im Gegensatz zu den normalen Geweben keine Anhäufung von Citronensäure erfolgt[7] (s. a. S. 405). (Auch bei Zellsuspensionen des Mäuselymphoms wird bei Zusatz von Fluoressigsäure im Gegensatz zu Milz keine vermehrte Bildung von Citronensäure aus Essigsäure und Oxalessigsäure beobachtet[1].) Das „*kondensierende Enzym*" ist in Mäusetumoren aber in gleicher Aktivität vorhanden wie in normalen Geweben[8], und Citronensäure kann in Tumorschnitten nachgewiesen werden, wenn die Umwandlung von Citronensäure zu *cis*-Aconitsäure unterbrochen wird durch Zusatz von *trans-Aconitsäure*[9] (spezifische Hemmung der cis-Aconitase[10]). Der Ausfall der Oxalessigsäureoxydation im Homogenat von Tumoren beruht also nicht auf einem Defekt der Enzyme des Citronensäurecyclus. Als begrenzender Faktor wurde *Diphosphopyridinnucleotid* (DPN) erkannt. Zusatz von DPN zum Homogenat ermöglicht die Oxydation von Oxalessigsäure in Gegenwart von Brenztraubensäure[11]; auch die Bildung von CO_2 aus Glucose oder Fructose wird durch Zusatz von DPN zu Homogenaten stimuliert[12].

Die Enzyme des Citronensäurecyclus sind lokalisiert in den Mitochondrien der Zelle, und Mitochondrien von Tumoren vermögen die Oxydation von Substraten des Citronensäurecyclus durchzuführen[13,14]; die Oxydationsfähigkeit der Mitochondrien von Tumoren ist geringer als diejenige von Leber oder Niere, nach Zusatz von DPN entspricht die Oxydation der Tumormitochondrien aber derjenigen der Mitochondrien normaler Gewebe (s. Tabelle 44), die mit Ausnahme von Hirn keinen Effekt auf Zusatz von DPN zeigen[13,15]. Der stimulierende Effekt

[1] KIT, S., and D. M. GREENBREG: Cancer Res. **11**, 495 (1951). — [2] BUSCH, H., and V. R. POTTER: Cancer Res. **13**, 168 (1953). — BUSCH, H.: Cancer Res. **13**, 789 (1953). — BUSCH, H., and H. A. BALTRUSH: Cancer Res. **14**, 448 (1954). — BROWN.. G. W. jr., J. KATZ and I. L. CHAIKOFF: Cancer Res. **16**, 509 (1956). — [3] BUSCH, H.: Cancer Res. **15**, 365 (1955). — BUSCH, H., M. H. GOLDBERG and D. C. ANDERSON: Cancer Res. **16**, 175 (1956). — [4] EMMELOT, P., and L. BOSCH: Brit. J. Cancer **9**, 344 (1955). — EMMELOT, P., u. G. H. VAN VALS: Z. Krebsforsch. **61**, 430 (1957). — [5] POTTER, V. R., G. A. LE PAGE and H. L. KLUG: J. biol. Ch. **175**, 619 (1948). — POTTER, V. R., and G. G. LYLE: Cancer Res. **11**, 355 (1951). — [6] POTTER, V. R., and G. A. LE PAGE: J. biol. Ch. **177**, 237 (1949). — [7] POTTER, V. R., and H. BUSCH: Cancer Res. **10**, 353 (1950). — [8] WENNER, C. E., M. A. SPIRTES and S. WEINHOUSE: Am. Soc. **72**, 4333 (1950). Cancer Res. **12**, 44 (1952). — [9] WEINHOUSE, S., R. H. MILLINGTON and C. E. WENNER: Am. Soc. **72**, 4332 (1950). Cancer Res. **11**, 845 (1951). — [10] SAFFRAN, M., and J. L. PRADO: J. biol. Ch. **180**, 1301 (1949). — [11] WEINHOUSE, S.: Cancer Res. **11**, 585 (1951). — [12] WENNER, C. E., D. F. DUNN and S. WEINHOUSE: J. biol. Ch. **205**, 409 (1953). — [13] WENNER, C. E., M. A. SPIRTES and S. WEINHOUSE: Proc. Soc. exp. Biol. Med. **78**, 416 (1951). — [14] KIELLEY, R. K.: Cancer Res. **12**, 124 (1952). — [15] WENNER, C. E., and S. WEINHOUSE: Cancer Res. **13**, 21 (1953).

von DPN bei den Tumormitochondrien ist spezifisch; Triphosphopyridinnucleotid (TPN), Flavinadeninnucleotid, Coenzym A oder Adeninnucleotide zeigen diesen Effekt nicht. Die Mitochondrien von Tumorzellen sollen sich von denjenigen normaler Gewebe dadurch unterscheiden, daß sie DPN weniger stark binden können und allgemein labiler sind (vgl. z. B.)[2], wodurch die DPN-Konzentration im Cytoplasma erhöht sein könnte, was eine Förderung der Glykolyse bedeuten würde[1].

Tabelle 44. DPN-Bedarf für die Oxydation der Komponenten des Citronensäurecyclus. (Verbrauchter O_2 in mm^3 je mg Mitochondrien-N während 30 min[1]).

Substrat	Normale Mäuseleber		Mäusehepatom 7A77		Mäusehepatom 98/15	
	ohne DPN	+ DPN	ohne DPN	+ DPN	ohne DPN	+ DPN
Keines	37	49	15	44	19	36
Brenztraubensäure . . .	150	145	30	250	17	196
Citronensäure	176	215	14	153	—	153
α-Ketoglutarsäure	142	180	100	214	—	119
Bernsteinsäure	145	165	125	116	82	79
Fumarsäure	130	156	15	143	48	98
Äpfelsäure	—	—	33	176	—	82

Durch Injektion von Natriummalonat kann der Citronensäurecyclus *in vivo* unterbrochen werden; es kommt dabei in den Geweben zur Anhäufung von Bernsteinsäure. Bei Ratten mit Impftumoren erfolgt im Tumor eine ähnliche Anhäufung von Bernsteinsäure wie in normalen Geweben[3]. Bei mit Malonat behandelten Tieren wird aber nach anschließender Verabfolgung von ^{14}C-markierter Essigsäure eine viel geringere spezifische Aktivität in der angesammelten Bernsteinsäure von Tumoren als bei normalen Geweben gefunden. Die meisten Gewebe der tumortragenden Tiere enthalten den größten Teil der Aktivität in Form von nichtflüchtigen Verbindungen, während der Hauptteil der Aktivität in den Tumoren als Essigsäure vorliegt[4].

Tumoren enthalten alle Enzyme des Citronensäurecyclus (in zellfreien Extrakten von HeLa-Zellen s.[5]). In einer Reihe von transplantierten Tumoren von Maus und Ratte entsprechen die Aktivitäten des *kondensierenden Enzyms*, der *Isocitronensäuredehydrogenase*, *Oxalessigsäurecarboxylase*, *Fumarase* und *Äpfelsäuredehydrogenase*, denjenigen normaler Gewebe; nur die Aktivitäten der *Aconitase* und der *Bernsteinsäuredehydrogenase* sind verringert[6]. Von anderer Seite werden aber auch geringere Aktivitäten für die Isocitronensäuredehydrogenase (Verteilung in der Zelle s. Tabelle 45, S. 417) und für die Äpfelsäuredehydrogenase[7] in Tumoren angegeben. Bei Anwendung manometrischer Methoden zur Bestimmung der Aktivitäten von Dehydrogenasen und Oxydationsfermenten können eventuell zu niedrige Werte gefunden werden[6].

Die Aktivität der *Bernsteinsäuredehydrogenase* ist in verschiedenen experimentellen Tumoren gering gefunden worden[8]; im transplantierten Carcinom der

[1] WENNER, C. E., and S. WEINHOUSE: Cancer Res. **13**, 21 (1953). — [2] EMMELOT, P., C. J. BOS and P. J. BROMBACHER: Brit. J. Cancer **10**, 188 (1956). — [3] BUSCH, H., and V. R. POTTER: J. biol. Ch. **198**, 71 (1952). Cancer Res. **12**, 660 (1952.) — [4] BUSCH, H., and V. R. POTTER: Cancer Res. **13**, 169 (1953). — BUSCH, H.: Cancer Res. **13**, 789 (1953). — [5] BARBAN, S., and H. O. SCHULZE: J. biol. Ch. **222**, 665 (1956). — [6] WEINHOUSE, S., R. H. MILLINGTON and C. E. WENNER: Cancer Res. **11**, 845 (1951). — WENNER, C. E., M. A. SPIRTES and S. WEINHOUSE: Cancer Res. **12**, 44 (1952). — [7] POTTER, V. R.: J. biol. Ch. **165**, 311 (1946). — LENTA, M. P., and M. A. RIEHL: Cancer Res. **9**, 47 (1949). — [8] BREUSCH, F. L.: B. Z. **295**, 101 (1938). — SCHNEIDER, W. C., and V. R. POTTER: Cancer Res. **3**, 353 (1943).

Mäuseepidermis ist dieses Enzym aber aktiver als in normaler Epidermis[1]. Bei Verfütterung von Dimethylaminoazobenzol und anderen krebserzeugend wirksamen Azoverbindungen dieses Typs an Ratten erfolgt in der Leber eine progressive Abnahme der Aktivität der Bernsteinsäuredehydrogenase bis zu einer niedrigen Fermentaktivität in den Tumoren[2]. Verfütterung von 2-Acetaminofluoren an Ratten bedingt keinen derartigen Effekt, und in den entsprechenden Tumoren ist die Aktivität gegenüber Leber auch unverändert[3]. Tetrachlorkohlenstoff bewirkt bei Mäusen nach einem anfänglichen Abfall der Aktivität in der Leber eine Steigerung auf übernormale Werte; der Gehalt im Tumor selbst ist gering[4].

Der Hauptteil der Bernsteinsäuredehydrogenase ist sowohl bei der Leber als auch bei Tumoren in den Mitochondrien enthalten[5] (s. a. Tabelle 45, S. 417). Fütterung mit dem carcinogen wirksamen 3'-Methyl-4-dimethylaminoazobenzol bewirkt eine Abnahme der Aktivität in den isolierten Mitochondrien der Leber; Verabfolgung des unwirksamen 2-Methylderivates dagegen eine beträchtliche Zunahme[6]. Die Bernsteinsäuredehydrogenase zeigt in Leberzellen von Ratten eine andere Verteilung zwischen den Partikeln des Cytoplasmas (Mitochondrien, kleine und große Mikrosomen) wie in Zellen des Mammagewebes von Mäusen. Lactierende Mammagewebe von Mäusestämmen mit hoher und niedriger Krebsbelastung verhalten sich in bezug auf Größe und Verteilung der Aktivität in den verschiedenen Zellfraktionen gleichartig; dieses gilt auch für die Mammatumoren[7].

Dehydrogenasen lassen sich in Mitochondrien von Tumorzellen mit Triphenyl-tetrazolium-chlorid (Übergang in das rot gefärbte Formazan) nachweisen[8]. Die Nachweismethoden der Dehydrogenasen sind im EHRLICH-Ascitestumor mit der THUNBERG-Methode einerseits und mit der Formazanmethode andererseits verglichen worden[9].

Die *Coenzyme der Dehydrogenasen*, die Pyridinnucleotide, sind in Tumoren nachgewiesen worden. Der Gesamtgehalt an *DPN* (Diphosphopyridinnucleotid) ist in Tumoren niedriger als in den meisten normalen Geweben[10, 11] und besonders bemerkenswert ist der sehr geringe Gehalt an *TPN* (Triphosphopyridinnucleotid)[11]. Die Verteilung der Pyridinnucleotide in den Zellfraktionen zeigt in Tumoren keine wesentlichen Unterschiede gegenüber normalen Geweben, mit Ausnahme der Mikrosomen-Fraktion, die in normalen Geweben schon sehr wenig Pyridinnucleotide enthält, in Tumoren aber sogar pyridinnucleotid-frei ist[12]. Das Verhältnis von oxydierter Form zu reduzierter Form unterscheidet sich bei beiden Pyridinnucleotiden nicht auffallend im Vergleich von Tumoren zu normalen Geweben; vorherrschend ist die oxydierte Form[11, 13]. Die *Synthese von DPN* in

---

[1] CARRUTHERS, C., and V. SUNTZEFF: Cancer Res. **7**, 9 (1947). — [2] HOCH-LIGETI, C.: Cancer Res. **7**, 148 (1947). — GALLICO, E., e G. BORETTI: Tumori **22**, 130 (1948). — POTTER, V. R., J. M. PRICE, E. C. MILLER and J. A. MILLER: Cancer Res. **10**, 28 (1950). — VIOLLIER, G.: Helv. physiol. Acta **8**, C 37 (1950). — [3] HOCH-LIGETI, C.: Nature **159**, 780 (1947). — [4] KRETCHMER, N., K. K. TSUBOI and C. P. BARNUM: Cancer Res. **7**, 714 (1947). — [5] SCHNEIDER, W. C., and G. H. HOGEBOOM: J. nat. Cancer Inst. **10**, 969 (1949/50). — [6] SCHNEIDER, W. C., G. H. HOGEBOOM, E. SHELTON and M. J. STRIEBICH: Cancer Res. **13**, 285 (1953). — [7] DMOCHOWSKI, L., and L. H. STICKLAND: Brit. J. Cancer **7**, 250 (1953). — [8] HOELSCHER, H. A.: Z. Krebsforsch. **57**, 353 (1951). — GODDARD, J. W., and A. M. SELIGMAN: Cancer, N. Y. **6**, 385 (1953). — [9] SCHMITZ, H.: Z. Krebsforsch. **56**, 596 (1950). — [10] BERNHEIM, F., and A. v. FELSOVANYI: Science, N.Y. **91**, 76 (1940). — KENSLER, C. J., K. SUGIURA and C. P. RHOADS: Science, N.Y. **91**, 623 (1940). — CARRUTHERS, C., and V. SUNTZEFF: Arch. Biochem. **45**, 140 (1953). — [11] GLOCK, G. E., and P. MCLEAN: Biochem. J. **65**, 413 (1957). — [12] CARRUTHERS, C., and V. SUNTZEFF: Cancer Res. **14**, 29 (1954). — CARRUTHERS, C., V. SUNTZEFF and P. N. HARRIS: Cancer Res. **14**, 845 (1954). — [13] JEDEIKIN, L. A., and S. WEINHOUSE: J. biol. Ch. **213**, 271 (1955). — JEDEIKIN, L. A., A. J. THOMAS and S. WEINHOUSE: Cancer Res. **16**, 867 (1956).

Blut, Leber und Milz verringert sich bei Mäusen nach Implantation eines Tumors um 30—50%[1]. Die Aktivitäten der DPN-abbauenden Enzyme *DPN-Nucleosidase*[2,3] und *DPN-Pyrophosphatase*[3] liegen im Bereich der Werte für normale Gewebe. In NOVIKOFF-Hepatom ist die Aktivität der DPN-Nucleosidase wie in normaler Rattenleber hauptsächlich an die Mikrosomen-Fraktion gebunden[4].

4. Oxydative Phosphorylierung[5,6].

Die unmittelbare Energiequelle für alle Zelleistungen ist die Spaltung von energiereichem Phosphat, das beim anaeroben und aeroben Abbau der Nährstoffe gebildet wird. Der wichtigste Energiespeicher der Zelle ist neben Kreatinphosphorsäure vor allem die Adenosintriphosphorsäure (ATP), welche durch Phosphorylierung von Adenosindiphosphorsäure (ADP) gebildet wird. Die ATP-Synthese ist mit zwei prinzipiell verschiedenen Mechanismen verknüpft, mit der *Substratphosphorylierung* und der *Atmungskettenphosphorylierung*[7] (s. Bd. 2/1, S. 1137ff). Eine Substratphosphorylierung findet bei der Glykolyse (unter anaeroben und aeroben Bedingungen) statt; sie geht in der Zellfraktion „Überstand" vor sich. Die Atmungskettenphosphorylierung oder „oxydative Phosphorylierung" findet bei der Endoxydation der Nährstoffe statt und ist an die Mitochondrien geknüpft (andere Zellbestandteile katalysieren den ATP-Abbau).

Auch Tumorzellen sind befähigt, die oxydative Phosphorylierung durchzuführen, und sie ist wie in normalen Geweben an die Mitochondrien gebunden. Oxydative Phosphorylierung ist nachgewiesen worden in Homogenaten[8–10] (frühere Versuche mit Homogenaten s. [6]) und in isolierten Mitochondrien[11–14] von Tumoren, wenn dephosphorylierende Reaktionen auf ein Minimum beschränkt werden. Manche Tumoren zeigen eine wesentlich geringere oxydative Phosphorylierung als normale Gewebe (vgl. auch die geringere Zahl der Mitochondrien, s. S. 420). Das System ist in Tumoren labiler als in normalen Geweben und zeigt einen größeren Bedarf für Diphosphopyridinnucleotid[15] (s. S. 413).

In Zellen des EHRLICH-Ascitestumors stammen nach Messung der Einbaurate von ^{32}P nur etwa 30% von der oxydativen und etwa 70% von der glykolytischen Phosphorylierung[16] (s. a. [11,14]) und auch beim WALKER-Tumor 256 ist die Bildung des energiereichen Phosphats mehr mit der Glykolyse als mit Oxydationsprozessen verknüpft[17]. Untersucht worden ist bei Tumoren die Beeinflussung der oxydativen Phosphorylierung durch Fluoride, Jodessigsäure, 2,4-Dinitrophenol und Dinitrokresol[9,17]. Bei den einzelnen Tumorarten ist die Wirkung von Fluorid und 2,4-Dinitrophenol sehr verschieden[9]. Das bei der Oxydation von Bernstein-

---

[1] WARAVDEKAR, V. S., O. H. POWERS and J. LEITER: Proc. Soc. exp. Biol. Med. **92**, 797 (1956). — WARAVDEKAR, V. S., and O. H. POWERS: J. nat. Cancer Inst. **18**, 145 (1957). — [2] QUASTEL, J. H., and L. J. ZATMAN: Biochim. biophysica Acta, N.Y. **10**, 256 (1953). — [3] WARAVDEKAR, V. S., O. H. POWERS and J. LEITER: J. nat. Cancer Inst. **17**, 145 (1956). [4] BOJARSKI, T. B., and A. M. WYNNE: Canad. Cancer Conf. **2**, 95 (1957). — *Zusammenfassungen:* [5] POTTER, V. R.: Adv. Enzymol. **4**, 201 (1944). — [6] POTTER, V. R., and P. SIEKEVITZ; in: MCELROY, W. D., and B. GLASS (Hrsg.): Phosphorus Metabolism. Bd. 2, S. 665. Baltimore 1952. — [7] *Zusammenfassung:* HOLZER, H.: Angew. Chem. **64**, 248 (1952). — [8] POTTER, V. R., and G. G. LYLE: Cancer Res. **11**, 355 (1951). — [9] SIEKEVITZ, P., and V. R. POTTER: Cancer Res. **13**, 513 (1953). — [10] CLOWES, G. H. A., and A. K. KELTCH: Proc. Soc. exp. Biol. Med. **77**, 369 (1951); 81, 356 (1952). — [11] KUN, E., P. TALALAY and H. G. WILLIAM-ASHMAN: Cancer Res. **11**, 855 (1951). — [12] WILLIAM-ASHMAN, H. G., and E. P. KENNEDY: Cancer Res. **12**, 415 (1952). — [13] KIELLEY, R. K.: Cancer Res. **12**, 124 (1952). — [14] LINDBERG, O., M. LJUNGGREN, L. ERNSTER and L. RÉVÉSZ: Exp. Cell. Res. **4**, 243 (1953). — [15] WILLIAMS-ASHMAN, H. G., and E. P. KENNEDY: Cancer Res. **12**, 415 (1952). — [16] EL'CINA, N. V., u. I. F. SEJC: Dokl. Akad. Nauk (N. S.) **77**, 653 (1951). — [17] CLOWES, G. H. A., and A. K. KELTCH: Proc. Soc. exp. Biol. Med. **77**, 369 (1951); **81**, 356 (1952). — SHACTER, B.: Arch. Biochem. **57**, 387 (1955).

säure als Substrat aufgenommene organisch gebundene Phosphat wird in Phospholipoide, Nucleinsäuren und in die „Phosphoprotein"-Fraktion der Cytoplasmapartikel eingebaut (Versuche mit ^{32}P)[1]. (Einfluß von Thyroxin auf die oxydative Phosphorylierung von Tumormitochondrien s.[2].)

5. Oxydationsfermente.

Tumoren enthalten alle Enzyme, die für die biologische Oxydation notwendig sind, so daß der Wasserstoff- und Elektronentransport nach unserem heutigen Wissen auf gleichem Wege erfolgt wie in normalen Geweben. Die Atmung ist in Tumoren von gleicher Größe wie in vielen anderen normalen Geweben (s. Tabelle 42, S. 407).

Die gelben Fermente. Zu den Enzymen, welche in ihrer Wirkungsgruppe Riboflavin als integrierenden Bestandteil enthalten, gehören Diaphorase, DPN-Cytochromreductase, TPN-Cytochromreductase und die direkt auf das Substrat eingestellten Enzyme Xanthinoxydase und D-Aminosäureoxydase. Parallel mit dem niedrigen Gehalt an Riboflavin (s. S. 459) geht eine geringe Aktivität aller genannten Enzyme in Tumoren. Die Werte für die Aktivitäten dieser Enzyme in Tumoren liegen in einem verhältnismäßig engen Bereich; sie sind aber nicht kleiner als in normalen Geweben mit geringer Aktivität: *Diaphorase* und *DPN-Cytochromreductase*[3,4], *Xanthinoxydase*[5]. Im Mäusehepatom 98/15 ist die Aktivi-

Tabelle 45. Enzyme der biologischen Oxydation in Zellfraktionen von Mäusehepatom 98/15[a] und Mäuseleber[6].

	Bernsteinsäure-dehydrogenase [b]	Cytochrom-oxydase [b]	Adenosintri-phosphatase [c]	DPN-Cytochrom c-Reduktase [d]	Isocitronen-säure-dehydrogenase [e]
Hepatom 98/15					
Homogenat . . .	755	1520	857	8,80	0,95
Zellkerne	128	195	342	1,30	0,061
Mitochondrien . .	445	964	118	2,40	0,20
Mikrosomen . . .	58[f]	247	318	4,57	0,019
Überstand . . .		0	125	0,69	0,69
Leber					
Homogenat . . .	4250	6860	1575	6,95	2,74
Zellkerne	842	1360	495	0,63	0,081
Mitochondrien . .	2400	5390	790	1,97	0,32
Mikrosomen . . .	184[f]	292	240	4,12	0,024
Überstand. . . .		0	80	0,24	2,17

a Ursprünglich spontan entstanden [GREENSTEIN, J. P., J. E. EDWARDS, H. B. ANDERVONT and J. WHITE: J. nat. Cancer Inst. **3**, 7 (1942)]. —
b In mm³ O_2Std/100 mg Frischgewicht oder seiner Äquivalente.
c Als γ P/15 min/100 mg Frischgewicht oder seiner Äquivalente.
d Als μ Mol Cytochrom c reduziert/min/100 mg Frischgewicht oder seiner Äquivalente.
e Als μ Mol TPN reduziert/min/100 mg Frischgewicht oder seiner Äquivalente.
f Mikrosomen und Überstand.

[1] WILLIAMS-ASHMAN, H. G., and E. P. KENNEDY: Cancer Res. **12**, 415 (1952). — [2] EMMELOT, P., and P. J. BROMBACHER: Biochim. biophysica Acta, N.Y. **23**, 435 (1957). — [3] EULER, H. v., u. H. HELLSTRÖM: H. **255**, 159 (1938). — RHIAN, M., and V. R. POTTER: Cancer Res. **7**, 714 (1947). — REIF, A. E., V. R. POTTER and G. A. LE PAGE: Cancer Res. **13**, 807 (1953). — [4] LENTA, M. P., and M. A. RIEHL: Cancer Res. **12**, 498 (1952). — [5] *Zusammenfassung:* GREENSTEIN, J. P.: Ann. Rev. **14**, 643 (1945). — [6] SCHNEIDER, W. C., G. H. HOGEBOOM and H. E. ROSS: J. nat. Cancer Inst. **10**, 977 (1949/50). — SCHNEIDER, W. C., and G. H. HOGEBOOM: J. nat. Cancer Inst. **10**, 969 (1949/50). — HOGEBOOM, G. H., and W. C. SCHNEIDER: J. nat. Cancer Inst. **10**, 983 (1949/50).

tät der DPN-Cytochromreductase hoch und entspricht derjenigen normaler Mäuseleber[1] (dieses gilt aber nicht allgemein für Hepatome); die intracelluläre Verteilung ist in diesem Hepatom und der Leber gleichartig[2] (s. Tabelle 45). Der EHRLICHsche Mäuseascitestumor ist arm an Xanthinoxydase[3] und die Aktivität dieses Enzyms nimmt progressiv ab im Mammagewebe von Mäusen bei Bildung von Mammatumoren unter dem Einfluß des Milchfaktors[4] und in der Leber von Ratten bei Bildung eines Hepatoms unter der Einwirkung von p-Dimethylaminoazobenzol[5].

Die Aktivität der D-Aminosäureoxydase ist in Tumoren nur gering oder überhaupt nicht nachweisbar, obwohl das entsprechende Coferment (Flavinadenindinucleotid) auch in diesen Tumoren enthalten ist[6]. Auch im JENSEN-*Sarkom* ist der Gehalt an dem Coferment nur gering[7]. Dafür, daß der Aktivitätsverlust der D-Aminosäureoxydase in Tumoren zum großen Teil auf einem Mangel an dem Apoenzym beruht, spricht, daß nach Zufügung des Cofermentes der D-Aminosäureoxydase zu Präparaten des Rattenhepatoms 31 nur eine geringe Zunahme der Aktivität erfolgt[8].

Die Aktivität der D-Aminosäureoxydase ist nicht nur in Tumoren, sondern auch in der Leber von Ratten mit transplantierten Tumoren (WALKER-Tumor, Hepatom 31) vermindert[9,10]. Die Abnahme kann bis auf $^1/_3$ des normalen Wertes erfolgen; sie ist proportional der Wachstumsrate des implantierten Tumors, ist reversibel bei Exstirpation des Tumors und beruht vor allem auf einer Abnahme des Apoenzyms[9].

Häminproteide. Kennzeichnend für Tumoren ist ein relativ geringer Gehalt an *Cytochrom* c[11,12] und *Cytochromoxydase*[1,6,12,13] (s. Tabellen 45 u. 46). Beide enthalten ebenso wie die Katalase, deren Aktivität auch vermindert ist (s. u.), als Wirkungsgruppe Eisen-Porphyrinkomplexe (Hämine). In diesem Zusammenhang ist von Interesse, daß in Tumoren ein ausgesprochener Porphyrinmangel herrschen soll[14]. Alle normalen Gewebe verfügen über eine große Leistungsreserve des Cytochrom-Cytochromoxydase-Systems, die durch Zunahme des Sauerstoffverbrauchs von Gewebeschnitten oder Suspensionen in Gegenwart von überschüssigem Substrat (z.B. p-Phenylendiamin) bestimmt werden kann. Diese ist in normalen Geweben größer als in Tumoren[1,12,15]. Als begrenzender Faktor ist bisher das Cytochrom c angesehen worden, denn eine Zufügung von Cytochrom c in Gegenwart von Substrat bedingt bei Tumoren eine viel größere prozentuale Zunahme der Atmung als bei normalen Geweben (s. Tabelle 46).

---

[1] LENTA, M. P., and M. A. RIEHL: Cancer Res. **12**, 498 (1952). — [2] HOGEBOOM, G. H., and W. C. SCHNEIDER: J. nat. Cancer Inst. **10**, 983 (1949/50). — [3] COLTER, J. S., H. H. BIRD and H. KOPROWSKI: Cancer Res. **17**, 815 (1957). — [4] LEWIN, I., R. LEWIN and R. C. BRAY: Nature **180**, 763 (1957). — [5] WESTERFELD, W. W., D. A. RICHERT and M. F. HILFINGER: Cancer Res. **10**, 486 (1950). — [6] SHACK, J.: J. nat. Cancer Inst. **3**, 389 (1942/43). — [7] WARBURG, O., u. W. CHRISTIAN: B. Z. **298**, 150 (1938). — [8] LAN, T. H.: Cancer Res. **4**, 42 (1944). — [9] WESTPHAL, U., u. K. LANG: H. **276**, 205 (1942). — WESTPHAL, U.: H. **278**, 213 (1943). — [10] LAN, T. H.: Cancer Res. **4**, 37 (1944). — [11] HOLMES, B. E.: Biochem. J. **20**, 812 (1926). — EULER, H. v., G. GÜNTHER u. N. FORSMAN: Z. Krebsforsch. **49**, 46 (1940). — STOTZ, E.: J. biol. Ch. **131**, 555 (1939). — DU BOIS, K. P., and V. R. POTTER: Cancer Res. **2**, 290 (1942). — [12] GREENSTEIN, J. P., J. WERNE, A. B. ESCHENBRENNER and F. M. LEUTHARDT: J. nat. Cancer Inst. **5**, 55 (1944/45). — [13] ELLIOTT, K. A. C., and M. E. GREIG: Biochem. J. **32**, 1407 (1938). — SCHNEIDER, W. C., and V. R. POTTER: Cancer Res. **3**, 353 (1943). — [14] BINGOLD, K., W. STICH u. H. CRAMER: Z. Krebsforsch. **57**, 653 (1951). — [15] CRAIG, F. N., A. M. BASSETT and W. T. SALTER: Cancer Res. **1**, 869 (1941). — ROSKELLEY, R. C., N. MAYER, B. N. HORWITT and W. T. SALTER: J. clin. Invest. **22**, 743 (1943). — MAYER, N.: Cancer Res. **4**, 345 (1944). — KIDD, J. G., R. J. WINZLER, D. BURK, M. L. HESSELBACH and D. F. MACNARY: Cancer Res. **4**, 547 (1944). — ROSENTHAL, O., and D. L. DRABKIN: Cancer Res. **4**, 487 (1944).

Tabelle 46. Cytochromoxydase und Cytochrom c in normalen und neoplastischen Geweben beim Menschen[1].

Gewebe	Cytochrom-oxydase [a]	Cytochrom c [b]	Cytochrom-oxydase [c]	Zugabe von Cytochrom c [d] %
Normale Gewebe				
Herzmuskel	8,2	10,2	4,0	100
Skeletmuskel	2,4	2,4	0,7	375
Zwerchfell	2,9	2,8	0,9	333
Leber	2,8	2,3	0,8	400
Niere	3,6	2,4	1,0	375
Gehirn	3,9	2,3	0,9	400
Schilddrüse	0,6	1,0	0,1	750
Milz	0,4	0,8	(>0) [e]	1000
Pankreas	0,5	0,8	0,1	1000
Nebenniere	0,7	0,8	—	1000
Darmschleimhaut	0,5	0,9	0,1	857
Magen	0,5	0,9	0,1	857
Uterus	0,4	0,7	(>0)	1200
Harnblase	0,4	0,7	(>0)	1200
Prostata	0,2	0,8	(>0)	1000
Lunge	0,4	0,7	(>0)	1200
Neoplastische Gewebe				
Schilddrüsenadenom	0,38—1,42	0,9—1,6	>0—0,22	600—1000
Dermatofibrosarkom	0,68	0,6	(>0)	1500
Prostata, hypertroph	0,40—0,42	0,9—1,4	(>0)	644—1000
Prostatacarcinom	0,32	0,8	(>0)	1200
Granulosazelltumor der Ovarien	0,9	1,3	0,12	750
Uterusfibromyom	0,34—0,48	0,7—0,8	(>0)	1200—1500
Riesenzelltumor	0,54—0,68	1,3—1,6	0,12	600—700
Chondrosarkom	0,68	1,0	0,12	1000
Parotismischtumor	0,70	1,4	0,12	750
Synoviom	0,54	0,8	(>0)	1200
Spindelzellsarkom	0,48	0,7	(>0)	1500
Bindegewebstumor	0,42	0,6	(>0)	1500
Melanom	0,30—0,35	0,7—0,8		1200—1500
Desmoidtumor	0,56	0,9	(>0)	1000
Epidermoidcarcinom	0,34—0,44	0,3—0,4	(>0)	2000—3000
Meningiom	0,32—0,34	0,3—0,4	(>0)	2000—3000
Bronchuscarcinom	0,42	0,3	(>0)	3000
Lymphosarkom	0,22	0,3	(>0)	3000
Magenadenocarcinom	0,28—0,38	0,4—0,6	(>0)	2000—3000
Colonadenocarcinom	0,38—0,50	0,4—0,5	(>0)	2000—3000
Rectumadenocarcinom	0,36—0,50	0,4—0,7	(>0)	1500—3000
Mammacarcinom	0,24—0,48	0,2—0,4	(>0)	3000—6000

a Als mm^3 O_2/Std/mg Frischgewicht in Gegenwart von p-Phenylendiamin und Cytochrom c (1.10^{-4} m) im Überschuß. —
b Als mg/100 mg Frischgewicht. —
c Als mm^3 O_2/Std/mg Frischgewicht mit p-Phenylendiamin ohne Cytochrom c. —
d Zunahme der Atmung nach Zugabe von Cytochrom c im Überschuß in Prozenten (berechnet). —
e Wert für genaue Messung zu klein. —

[1] Greenstein, J. P.: Biochemistry of Cancer. New York 1947; 2. Auflage 1954. —

Tabelle 47. Cytochrom c und Cytochromoxydase in Mäusetumoren und in einigen normalen Geweben von Maus und Ratte[1].

Gewebe	Cytochrom c mg %[a]	Cytochrom c: NS—P[a]	Q_{O_2} Cytochrom c[b]	Q_{O_2} Cytochromoxydase[b]
Ehrlich-Ascitestumor	15,1	0,0128	77	100
MCA_1-Ascitestumor	15,2	0,0124	77	180
Ehrlich-Ascitestumor bei subcutanem Wachstum	11,75	0,0118	62	170
MCA_1-Ascitestumor bei subcutanem Wachstum	13,75	0,0125	72	120
Ehrlich-Ascitestumor bei intramuskulärem Wachstum	20,8	0,021	108	240
MCA_1-Ascitestumor bei intramuskulärem Wachstum	21,1	0,020	108	190
Milz (Maus)	2,3	0,0016	11,8	—
Milz (Ratte)	2,6	0,0029	15	75
Herzmuskel (Ratte)	166,0	0,95	860	2700
Leber (Ratte)	14,5	0,033	77	320

a Bezogen auf Trockensubstanz. —
b mm^3 O_2/mg fettfreie Ferment-Trockenpräparation/Std.

Neuere Untersuchungen über das Cytochromsystem einiger Mäusetumoren (gleiche Tumoren als Ascitestumoren und als solide Tumoren gewachsen) zeigen, daß diese Tumoren im Gehalt an Cytochrom c und ihrer Aktivität der Cytochromoxydase nicht entscheidend von einigen inneren Organen abweichen (s. Tabelle 47), und spektrophotometrische Untersuchungen der Atmungsfermente in ganzen Zellen von Mäuseascitestumoren ergeben das Vorhandensein der Cytochrome a, b, c und der Cytochromoxydase, und zwar mit Ausnahme von Cytochrom b in ähnlicher Konzentration wie in normalen Geweben[2]. Die Ascitestumoren besitzen gegenüber ihrer tatsächlichen Sauerstoffaufnahme einen 9fachen Überschuß an Cytochrom c und einen 12fachen Überschuß an Cytochromoxydase[3].

Die Oxydationsfermente befinden sich in der Zelle in den Mitochondrien. Die celluläre Verteilung dieser Fermente in Tumoren entspricht derjenigen normaler Gewebe[4] (s. a. Tabelle 45, S. 417), und qualitativ lassen sich keine spektrophotometrischen Unterschiede zwischen den Atmungsfermenten von Mitochondrien des Ehrlichschen Mäuseascitestumors und von normaler Rattenleber nachweisen[4]. In Tumoren ist aber die Zahl der Mitochondrien je Gewichtseinheit des Gewebes und je Zelle geringer als in den meisten normalen Geweben (besonders untersucht worden sind Hepatome im Vergleich zu normaler Leber)[5]. (Eine Abnahme der Mitochondrienzahl je Zelle wird in der Leber von Ratten nach Fütterung des carcinogen wirksamen 3'-Methyl-4-dimethylaminoazobenzols gefunden, während bei Fütterung des unwirksamen 2-Methylderivates dagegen eine Zunahme beobachtet wird[6].) Eine geringe Aktivität mitochondriengebundener Enzyme kann demnach einmal durch eine geringere Zahl der Mitochondrien in

[1] Schmidt, C. G., u. H. Schlief: Naturwiss. **42**, 105 (1955). — [2] Chance, B., and L. N. Castor: Science, N. Y. **116**, 200 (1952). — [3] Schmidt, C. G., u. H. Schlief: Naturwiss. **42**, 105 (1955). — Schmidt, C. G., H. Schlief, N. Schümmelfeder u. G. Menges: Z. Krebsforsch. **60**, 682 (1954/55). — [4] Hess, B.: Strahlentherapie, Sonderbd. **37**, 96 (1957). — [5] Wenner, C. E., and S. Weinhouse: Cancer Res. **13**, 21 (1953). — Allard, C., G. de Lamirande and A. Cantero: Cancer Res. **12**, 580 (1952). Canad. J. med. Sci. **30**, 543 (1952); 31, 103 (1953). — Filia, S.: Naturwiss. **40**, 391 (1953). — Albert, S., and R. M. Johnson: Cancer Res. **14**, 271 (1954). — Howatson, A. F., and A. W. Ham: Cancer Res. **15**, 62 (1955). — [6] Striebrich, M. J., E. Shelton and W. C. Schneider: Cancer Res. **13**, 279 (1953).

den Tumorzellen erklärt werden; in anderen Fällen kann aber auch eine absolute Verminderung der mit den Mitochondrien assoziierten Enzyme vorliegen. Darüber hinaus sind Mitochondrien von Tumoren empfindlicher als Mitochondrien von normalen Geweben[1] und unterscheiden sich im Feinbau[2].

Katalase. Die Aktivität des Eisen-Porphyrinfermentes Katalase ist in allen Tumoren nur gering oder überhaupt nicht nachweisbar[3]. Damit parallel geht eine Abnahme der Katalaseaktivität in der Leber des tumortragenden Organismus, wie bereits seit längerer Zeit bekannt ist[4], aber erst von GREENSTEIN u. Mitarb.[5] näher untersucht worden ist. Dieser Effekt wird beim Menschen beobachtet und bei allen bisher untersuchten Tierarten und Stämmen (auch beim Leopardenfrosch mit spontanem Nierentumor[6]); er wird von fast allen Tumoren gegeben, gleichgültig welcher Ätiologie, wenn sie schnell genug wachsen; er tritt erst auf, wenn der Tumor eine bestimmte Mindestgröße erreicht hat, nimmt dann aber progressiv mit fortschreitendem Tumorwachstum zu. Exstirpation des Tumors oder spontane Regression verursacht Rückkehr zu normalen Werten. Sehr langsam wachsende Tumoren, Schwangerschaft oder Implantation von Embryonalgewebe[5] haben keinen, gutartige Tumoren[7] nur einen geringen Einfluß. Von Infektionen bewirkt nur diejenige mit Leprabacillen bei Ratten eine Abnahme der Katalaseaktivität in der Leber[8]. Die Aktivität ist bei Mäusen[9,10] und Ratten[11] bei den Männchen stets größer als bei den Weibchen. Außer in der Leber wird in tumortragenden Tieren auch in der Milz[12] und in geringerem Maße in der Niere und in den Erythrocyten[5] erniedrigt. Die Aktivität der Blutkatalase, die bereits normalerweise beim Menschen große individuelle Schwankungen aufweist, zeigt zwischen krebskranken und gesunden Menschen keine deutlichen Unterschiede[13], soll aber bei Krankheiten des Verdauungstraktes (Ulcus, Magenkrebs) erniedrigt sein[14].

Die Katalase von Mäuse- und Rattenleber befindet sich fast ausschließlich im Cytoplasma und kann aufgetrennt werden in eine lösliche Fraktion und in eine partikelgebundene Fraktion[15-17] (unlösliche Fraktion[18]) (vgl. aber[19]). Die Aktivität der partikelgebundenen Katalase läßt sich durch Autolyse

---

[1] EMMELOT, P., C. J. BOS and P. J. BROMBACHER: Brit. J. Cancer **10**, 188 (1956). — EMMELOT, P., and P. J. BROMBACHER: Biochim. biophysica Acta, N.Y. **21**, 581 (1956). — [2] WEISSENFELS, N.: Z. Naturforsch. **12**b, 168 (1957). Strahlentherapie, Sonderbd. **37**, 102 (1957). — [3] GREENSTEIN, J. P., W. V. JENRETTE and J. WHITE: J. nat. Cancer Inst. **2**, 17 (1941/42). — GREENSTEIN, J. P., W. V. JENRETTE, G. B. MIDER and H. B. ANDERVONT: J. nat. Cancer Inst. **2**, 293 (1941/42). — GREENSTEIN, J. P., J. E. EDWARDS, H. B. ANDERVONT and J. WHITE: J. nat. Cancer Inst. **3**, 7 (1942/43). — GREENSTEIN, J. P.: J. nat. Cancer Inst. **3**, 491 (1942/43). — GREENSTEIN, J. P., and J. W. THOMPSON: J. nat. Cancer Inst. **4**, 271 (1943/44). — GREENSTEIN, J. P., and F. M. LEUTHARDT: J. nat. Cancer Inst. **6**, 211 (1945/46). — [4] BLUMENTHAL, F., u. B. BRAHN: Z. Krebsforsch. 8, 436 (1910). — ROSENTHAL, E.: D.m.W. **1912 II**, 2270. — [5] GREENSTEIN, J. P., W. V. JENRETTE and J. WHITE: J. biol. Ch. **141**, 327 (1941). J. nat. Cancer Inst. **2**, 283 (1941/42). — GREENSTEIN, J. P., and H. B. ANDERVONT: J. nat. Cancer Inst. **2**, 345 (1941/42). — GREENSTEIN, J. P.: J. nat. Cancer Inst. **2**, 525 (1941/42); **3**, 397 (1942/43). — GREENSTEIN, J. P., H. B. ANDERVONT and J. W. THOMPSON: J. nat. Cancer Inst. **2**, 589 (1941/42). — [6] LUCKÉ, B., and M. BERWICK: J. exp. Med. **100**, 125 (1954). — [7] BEGG, R. W., T. E. DICKINSON and J. MILLAR: Canad. J. med. Sci. **31**, 315 (1953). — [8] DOUNCE, A. L., and R. P. SHANEWISE: Cancer Res. **10**, 103 (1950). — [9] ADAMS, D. H.: Brit. J. Cancer **4**, 183 (1950); **5**, 115, 409 (1951). — s. a. Biochem. J. **50**, 486 (1952). — [10] ADAMS, D. H.: Brit. J. Cancer **10**, 748 (1956). — [11] HARGREAVES, A. B., and H. F. DEUTSCH: Cancer Res. **12**, 720 (1952). — [12] RESEGOTTI, L., u. H. v. EULER: Ark. Kemi 8, 73 (1955). — [13] PAPADOPOULOU, D.: Oncologia, Basel **6**, 48 (1953). — [14] YAMAGATA, S., and T. NAKAO: Tohoku J. exp. Med. **57**, 93 (1952/53). — [15] EULER, H. v., u. L. HELLER: Z. Krebsforsch. **56**, 393 (1949). — [16] LUDEWIG, S., and A. CHANUTIN: Arch. Biochem. **29**, 441 (1950). — [17] ADAMS, D. H., and E. A. BURGESS: Brit. J. Cancer **11**, 310 (1957). — [18] PRICE, V. E., and R. E. GREENFIELD: J. biol. Ch. **209**, 363 (1954). — [19] GREENFIELD, R. E., and V. E. PRICE: J. biol. Ch. **220**, 607 (1956).

erhöhen[1] und ist von den Bedingungen der Homogenisierung abhängig[2]. Die Aktivität der löslichen Katalase, die bei Männchen doppelt so hoch ist wie bei Weibchen[2] (s. o.), vermindert sich bei Implantation eines Tumors (oder bei Injektion von Tumorhomogenaten s. u.) zuerst und sehr stark, während die Aktivität der partikelgebundenen Katalase, welche geschlechtsunspezifisch ist[2], erst bei sehr großen Tumoren abnimmt[2–4].

Die Abnahme der Aktivität der Leberkatalase, die unabhängig vom Proteingehalt der Nahrung ist[5], wird durch einen Hemmstoff (oder mehrere, s. u.) verursacht, der vom Tumor an das Blut abgegeben wird (vgl. Versuche bei parabiotischen Ratten mit WALKER-Carcinom[6]). Der erste Nachweis eines Stoffes, welcher die Katalase hemmt (oder vermindert), gelang NAKAHARA u. FUKUOKA[7] durch Darstellung eines wirksamen Extraktes aus menschlichem Krebsgewebe (von diesen Autoren *Toxohormon* genannt). Dieser Faktor ist wasserlöslich, hitzestabil und alkoholunlöslich, besitzt ein Maximum der UV-Absorption bei 260 mμ und wird für ein Ribosenucleoproteid gehalten[8]. Dieser Hemmstoff vermindert ebenso wie Frischhomogenate von Tumoren oder Fraktionen daraus die Aktivität der Leberkatalase (von Mäusen) *in vivo*, nicht aber *in vitro* (s. u.)[9]. Kochsäfte von Tumoren (und von normalen Geweben[10] besonders nach Behandlung mit Alkohol[11] oder Extrakte autolysierter normaler Gewebe[12]) hemmen die Katalase *in vitro* (Homogenat von Rattenleber und kristallisierte Katalase[10] oder Leukocyten-Katalase[13]) und *in vivo*[10, 14]. Ascitesflüssigkeit von Mäuse-Ascitestumoren hemmt die Leberkatalase *in vivo* und *in vitro*, im Ultrafiltrat ist aber nur noch die *in vitro*-Aktivität vorhanden[15]. Die Hemmwirkung von Frischhomogenaten von Tumoren bzw. von Fraktionen daraus (Toxohormon) und diejenige des Kochsaftes von Tumoren oder normalen Geweben (Kochsaftfaktor) bzw. des Ultrafiltrates von Ascitesflüssigkeit dürfte auf verschiedene Faktoren zurückzuführen sein, über deren Zusammenhang noch nichts bekannt ist[16] (vgl. a.[17]). Der *Kochsaftfaktor* ist wasserlöslich, dialysabel und relativ stabil gegen Säure und Alkali (aktive Fraktionen haben eine starke UV-Absorption bei 270 bis 280 mμ), er bewirkt eine Änderung des Absorptionsspektrums krystallisierter Katalase und hemmt auch Cytochromoxydase, Peroxydase und Phenoloxydase *in vitro*[10] (aber nicht *in vivo*, z. B. Cytochromoxydase in der Leber[10, 18], Peroxydase in der Milz[19]).

Infolge der geringen oder fehlenden Aktivität der Katalase sind Krebszellen *in vitro* empfindlicher gegenüber zugesetztem Wasserstoffperoyd als embryonale

---

[1] ADAMS, D. H., and M. E. BERRY: Biochem. J. **64**, 492 (1956). — [2] ADAMS, D. H., and E. A. BURGESS: Brit. J. Cancer **11**, 310 (1957). — [3] EULER, H. v., u. L. HELLER: Z. Krebsforsch. **56**, 393 (1949). — [4] PRICE, V. E., and R. E. GREENFIELD: J. biol. Ch. **209**, 363 (1954). — [5] WEIL-MALHERBE, H., and R. SCHADE: Biochem. J. **43**, 118 (1948). — BEGG, R. W., T. E. DICKINSON and A. V. WHITE: Canad. J. med. Sci. **31**, 307 (1953). — [6] LUCKÉ, B., M. BERWICK and I. ZECKWER: J. nat. Cancer Inst. **13**, 681 (1952/53). — [7] NAKAHARA, W., and F. FUKUOKA: Gann, Tokyo **40**, 45 (1949); **41**, 47 (1950). — [8] NAKAGAWA, S., T. KOSUGE and H. TOKUNAKA: Gann, Tokyo **46**, 585 (1955). — [9] GREENFIELD, R. E., and A. MEISTER: J. nat. Cancer Inst. **11**, 997 (1950/51). — GREENFIELD, R. E., and V. E. PRICE: Proc. amer. Ass. Cancer Res. **1**/1, 21 (1953). — ADAMS, D. H.: Brit. J. Cancer **4**, 183 (1950); **5**, 115, 409 (1951). — [10] HARGREAVES, A. B., and H. F. DEUTSCH: Cancer Res. **12**, 720 (1952). — [11] CERIOTTI, G., and L. SPANDRIO: Biochim. biophysica Acta, N.Y. **18**, 303 (1955). — [12] SEABRA, A., and H. F. DEUTSCH: J. biol. Ch. **214**, 447 (1955). — [13] FRISCH-NIGGEMEYER, W., u. H. HÖLLER: Z. Krebsforsch. **60**, 291 (1954 55). — [14] HIRSCH, H. H., u. W. PFÜTZER: Z. Krebsforsch. **59**, 611 (1953). — [15] HIRSCH, H. H., u. W. PFÜTZER: Z. Krebsforsch. **60**, 609 (1954/55). — [16] ENDO, H., T. SUGIMURA, T. ONO and K. KONNO: Gann, Tokyo **46**, 51 (1955). — [17] ALEXANDER, N.: Fed. Proc. **16**, 144 (1957). — [18] SHACK, J.: J. nat. Cancer Inst. **3**, 389 (1942/43). — GREENE, A. A., and F. L. HAVEN: Cancer Res. **17**, 613 (1957). — [19] EULER, H. v., B. v. EULER u. H. HASSELQUIST: Z. Krebsforsch. **61**, 616 (1956/57).

Zellen. Darauf wird auch die im Vergleich zu normalen Geweben größere Empfindlichkeit von Krebsgeweben gegen Röntgenstrahlen (Wasserstoffperoxydbildung aus OH-Radikalen im wäßrigen Medium der Zellen) zurückgeführt[1].

c) Eiweiß und Eiweißstoffwechsel.

α) Aminosäuren und Proteine[2].

Freie Aminosäuren. Die Grundbausteine der Proteine, die Aminosäuren, kommen in freier Form weder in normalen Geweben noch in Tumoren in größeren Mengen vor. Der Gehalt und die Verteilung der freien Aminosäuren sind unter Anwendung einer papierchromatographischen Methode[3] in normaler und hyperplastischer Mäusehaut, in der Haut neugeborener Mäuse und im Plattenepithelcarcinom der Haut[4], ferner in verschiedenen Mäusetumoren im Vergleich zum Ausgangsgewebe[5] und Lymphosarkomen im Vergleich zu lymphatischen Geweben[6] bestimmt worden. Alle neoplastischen Gewebe enthalten weniger freie Aminosäuren als ihre Muttergewebe und zeigen, gleichgültig aus welchem Gewebe sie entstanden sind, in vieler Hinsicht eine sehr ähnliche Zusammensetzung der freien Aminosäuren[5,7,8], während normale Gewebe jeweils eine charakteristische Verteilung besitzen[5,9]. (Quantitative Bestimmungen freier Aminosäuren s.[10].) In allen wachsenden Tumoren fehlt *Glutamin*[6–8], das bei Rückbildung des Tumors[7,11] oder Schädigung, z. B. durch Röntgenstrahlen[11], wieder auftritt. Ascitestumoren können intraperitoneal verabfolgtes Glutamin leicht aufnehmen, dieses verschwindet aber aus den Krebszellen und der Ascitesflüssigkeit schnell wieder; für Glutaminsäure besteht dagegen nur eine geringe Aufnahmefähigkeit[8]. (Zur Rolle von Glutamin bei der Protein-Synthese des EHRLICHschen Mäuseascitestumors s.[12].)

Beim EHRLICHschen Mäuseascitestumor enthält das Ascitesserum freie Aminosäuren in ähnlicher Konzentration wie das Plasma, während der Gehalt an freien Aminosäuren in den Asciteszellen selbst wesentlich höher ist als im Ascitesserum. Asciteszellen vermögen auch Aminosäuren *in vitro*[13] und *in vivo*[14] stärker aufzunehmen als normale Zellen (Kinetische Untersuchungen mit Glycin s.[15].) Im Gegensatz zu Erythrocyten können Asciteszellen auch einige Peptide ohne vorherige Hydrolyse aufnehmen[16] (s. a.[17]).

Freies *Arginin* wurde in Mäusecarcinomen und in Sarkomen von Ratte und Huhn vermehrt gefunden[18], während es im Plattenepithelcarcinom der Haut im Vergleich zu normaler Mäusehaut verringert ist[19]. Diesem Abfall geht eine Zunahme der Arginaseaktivität voraus. Freies *Cystein* soll weder in Tumoren

---

[1] WARBURG, O., K. GAWEHN u. A.-W. GEISSLER: Z. Naturforsch. **12**b, 393 (1957). — [2] *Zusammenfassung*: TOENNIES, G.: Cancer Res. **7**, 193 (1947). — [3] DENT, C. E.: Biochem. J. **43**, 169 (1948). — [4] ROBERTS, E., and G. H. TISHKOFF: Science, N. Y. **109**, 14 (1949). — [5] ROBERTS, E., and S. FRANKEL: Cancer Res. **9**, 645 (1949); **10**, 237 (1950). — [6] KIT, S., and J. AWAPARA: Cancer Res. **13**, 694 (1953). — [7] ROBERTS, E., and P. R. F. BORGES: Cancer Res. **15**, 697 (1955). — [8] ROBERTS, E., and T. TANAKA: Cancer Res. **16**, 204 (1956). — [9] AWAPARA, J., A. J. LANDUA and R. FUERST: Biochim. biophysica Acta, N. Y. **5**, 457 (1950). — [10] SMITH, L. C., and F. M. ROSSI: Proc. Soc. exp. Biol. Med. **87**, 643 (1954). — [11] ROBERTS, E., K. K. TANAKA, T. TANAKA and D. G. SIMONSEN: Cancer Res. **16**, 970 (1956). — [12] RABINOVITZ, M., M. E. OLSON and D. M. GREENBERG: J. biol. Ch. **222**, 879 (1956). Proc. amer. Ass. Cancer Res. **2**, 240 (1957). — [13] CHRISTENSEN, H. N., and T. R. RIGGS: J. biol. Ch. **194**, 57 (1952). — CHRISTENSEN, H. N., T. R. RIGGS, H. FISCHER and I. M. PALATINE: J. biol. Ch. **198**, 1, 17 (1952). — [14] CHRISTENSEN, H. N., and M. E. HENDERSON: Cancer Res. **12**, 229 (1952). — [15] HEINZ, E.: J. biol. Ch. **211**, 781 (1954). — [16] CHRISTENSEN, H. N., and M. L. RAFN: Cancer Res. **12**, 495 (1952). — [17] CHRISTENSEN, H. N., B. HESS and T. R. RIGGS: Cancer Res. **14**, 124 (1954). — RIGGS, T. R., B. A. COYNE and H. N. CHRISTENSEN: J. biol. Ch. **209**, 395 (1954). — [18] KLEIN, G., u. W. ZIESE: Z. Krebsforsch. **37**, 323 (1932). — [19] ROBERTS, E., and S. FRANKEL: Cancer Res. **9**, 231 (1949).

noch in normalen Geweben, mit Ausnahme der Nebenniere, vorkommen, wenn die Bestimmung sofort nach der Isolierung des Gewebes durchgeführt wird[1]. Es wurde aber reichlich im durch Dimethylaminoazobenzol erzeugten Hepatom (26,9 mg-%) gegenüber normaler Rattenleber (0,75 mg-%) nachgewiesen[2]. (Nach Verabfolgung von Cystin ist die Ausscheidung von Schwefel und häufig auch von Cystin im Harn bei Krebskranken geringer als bei Gesunden[3].) Der Gehalt an *Harnstoff* ist im transplantierten Hepatom im Vergleich zu normaler Rattenleber etwas vermehrt (s. Tabelle 37, S. 393), im transplantierten Carcinom der Maus aber gegenüber normaler Epidermis verringert[4]. Normale und regenerierende Leber und Hepatome von Ratten und von Mäusen zeigen in ihrem Gehalt an *Kreatin* und *Kreatinin* keinen charakteristischen Unterschied (s. a. Tabelle 37, S. 393); die absoluten Werte sind bei der Maus aber nur halb so groß wie bei der Ratte[5].

Die ältesten Gehaltsangaben für das Tripeptid *Glutathion* sind widerspruchsvoll, da die Bestimmungen mit Methoden erfolgten, die nicht nur Glutathion, sondern auch andere reduzierende Substanzen erfaßten[6]. Der Gehalt der Tumoren (WALKER-Carcinom, Philadelphiasarkom) an Glutathion ist von derselben Größenordnung wie derjenige anderer Organe, während der Gehalt an *Ascorbinsäure* (Vitamin C) (die in älteren Arbeiten als reduzierende Substanz mitbestimmt wurde) in diesen Tumoren im Vergleich zu Organen mit Ausnahme der Nebennierenrinde relativ hoch ist. Das Glutathion ist besonders in den wachsenden Teilen der Tumoren vorhanden, im nekrotischen Gewebe ist sein Gehalt vermindert[6,7]. Gegenüber normaler Rattenleber ist der Gehalt an Glutathion in transplantierten oder primären Hepatomen teils etwas erhöht[8], teils unverändert[2], teils etwas vermindert[9], nach neueren Untersuchungen[10] aber sehr stark vermindert gefunden worden (Dimethylaminoazobenzol-Hepatom 0,1 mg/cm^3 Ultrafiltrat; normale, regenerierende und azofarbstoffgeschädigte Rattenleber 0,83—0,95 mg/cm^3 Ultrafiltrat). In der Leber von Ratten mit YOSHIDA-Ascitessarkom ist der Gehalt an Glutathion vermindert[11].

Aminosäuren der Proteine. Zahlreiche Angaben existieren über den Gehalt einzelner Aminosäuren in Hydrolysaten des Gesamteiweiß oder bestimmter Eiweißfraktionen. Im Vergleich zu Normalgeweben ist in Tumoren häufig eine Zunahme gefunden worden für die basischen Aminosäuren[12-14] (Arginin[13,15,16]) und Methionin[16,17], eine Abnahme dagegen für Tryptophan[18-21] und Cystin[17,22].

[1] BIERICH, R., u. K. KALLE: H. **175**, 292 (1928). — [2] IKI, H.: Gann, Tokyo **33**, 216 (1939). — [3] KELLNER, K., H. LEY u. T. STARK: Kli. Wo. **1957**, 276. — [4] ROBERTS, E., and S. FRANKEL: Cancer Res. **9**, 231 (1949). — [5] GREENSTEIN, J. P.: J. nat. Cancer Inst. **3**, 287 (1942/43). — [6] WOODWARD, G. E.: Biochem. J. **29**, 2405 (1935). — [7] VOEGTLIN, C., and J. W. THOMPSON: J. biol. Ch. **70**, 801 (1926). — [8] FUJIWARA, T., W. NAKAHARA and S. KISHI: Gann, Tokyo **32**, 107 (1938). — [9] GREENSTEIN, J. P.: J. nat. Cancer Inst. **3**, 61 (1942/43). — [10] ZAMECNIK, P. C., and M. L. STEPHENSON: Cancer Res. **9**, 1 (1949). — [11] RESEGOTTI, L., u. H. v. EULER: Z. Krebsforsch. **61**, 125 (1956). — [12] BERGELL, P.: Z. Krebsforsch. **5**, 204 (1907). — YOSHIMOTO, S.: B. Z. **22**, 299 (1909). — [13] KOCHER, R. A.: J. biol. Ch. **22**, 295 (1915). — DRUMMOND, J. C.: Biochem. J. **10**, 473 (1916). — [14] WASHIZU, Y.: Mitt. med. Akad. Kioto **20**, 1591 (1937). — CASPERSSON, T., C. NYSTRÖM u. L. SANTESSON: Naturwiss. **29**, 29 (1941). — MÜTING, D., u. H. LANGHOF: Kli. Wo. **1953**, 618. — [15] SCHENCK, E. G.: A. e. P. P. **175**, 401 (1934). — ROSEDALE, J. L.: Biochem. J. **22**, 826 (1928). — KLEIN, G., u. W. ZIESE: Z. Krebsforsch. **37**, 323 (1932). — ANNAU, E., u. B. GÖZSY: Z. Krebsforsch. **40**, 572 (1934). — ZBARSKIJ, B. I., I. B. ZBARSKIJ u. S. P. MARDASHEV: Biochimija, Moskva **9**, 161 (1944). — THOMAS, L. E., and L. M. STEINITZ: Cancer Res. **10**, 245 (1950). — [16] BELLA, S. DI: Ark. Kemi **5**, 89 (1952). — [17] GREENSTEIN, J. P., and F. M. LEUTHARDT: J. nat. Cancer Inst. **5**, 111 (1944/45). — [18] EDLBACHER, S., u. W. BAUMANN: Z. Krebsforsch. **47**, 198 (1938). — [19] FÜRTH, O., H. KAUNITZ u. F. SCHERF: B. Z. **272**, 88 (1934). — [20] LANG, A.: Z. Krebsforsch. **48**, 29 (1938). — [21] ZBARSKIJ, B. I., I. B. ZBARSKIJ u. S. P. MARDASHEV: Biochimija, Moskva **9**, 161 (1944). — [22] GREENSTEIN, J. P., and F. M. LEUTHARDT: J. biol. Ch. **156**, 349 (1944).

Andere Angaben für Lysin, Histidin, Tryptophan und Tyrosin, aber auch für Glutaminsäure und Glykokoll sind widersprechend, was wohl zum Teil auf die Verschiedenheit der untersuchten Tumoren zurückgeführt werden kann.

Sicherer sind die Angaben über den Gehalt der Gesamtproteine von Tumoren an einzelnen Aminosäuren, die in neuerer Zeit mit Hilfe mikrobiologischer Methoden quantitativ bestimmt worden sind. Die Bestimmungen erfolgten nach Hydrolyse des gesamten Gewebes oder des entfetteten Gewebes. Untersucht wurden transplantierte Fibrosarkome der Ratte im Vergleich zu normalem subcutanem Gewebe[1], FLEXNER-JOBLING-Carcinom, Methylcholanthrensarkom und

Tabelle 48. Aminosäurezusammensetzung von Tumoren und Normalgewebe[2]. (Die Werte geben den %-Gehalt an Aminosäuren in fettfreiem Trockengewebe nach Hydrolyse an, korrigiert auf 16% N.)

	Ratten-muskel	Ratten-leber	4 Ratten-tumoren [a]	Spontanes Mamma-Fibrosarkom der Ratte	Trans-plantiertes Fibrosarkom der Ratte [3]	Mensch-liches Colon-gewebe	Mensch-licher Colontumor
Alanin	7,5	4,7	6,4—7,6	8,0	—	6,3	7,8
Arginin	6,0	5,0	5,4—6,2	6,8	5,9	6,2	6,6
Asparaginsäure	8,6	7,6	8,3—9,1	6,7	8,6	8,3	7,5
Cystin	2 0	1,6	1,1—2,0	1,9	—	1,8	1,0
Glutaminsäure	15,0	12,3	11,7—13,3	10,2	12,0	11,8	12,8
Glykokoll . . .	5,6	5,4	5,0—6,3	17,1	4,5	8,0	11,0
Histidin . . .	2,0	2,0	1,9—2,7	1,2	2,5	2,1	2,0
Isoleucin . . .	5,2	4,9	5,0—5,6	2,5	4,5	5,0	4,3
Leucin	7,7	8,2	7,2—8,9	4,9	7,5	8,1	7,8
Lysin	8,3	5,2	6,5—8,3	5,2	7,5	8,1	7,7
Methionin . . .	2,5	2,2	1,9—2,0	1,2	1,8	2,0	1,4
Phenylalanin .	3,6	4,3	3,7—4,4	3,5	3,8	3,8	3,4
Prolin	4,1	4,1	4,3—5,4	9,8	—	5,1	6,4
Serin	3,9	4,7	4,8—5,6	4,7	—	4,8	4,3
Threonin . . .	4,1	3,8	3,1—5,1	2,4	3,8	3,6	3,2
Tryptophan . .	1,2	1,3	0,9—1,2	0,26	—	1,3	0,85
Tyrosin	3,1	3,6	3,3—3,6	1,7	—	3,6	3,1
Valin	4,3	5,2	4,7—5,3	3,2	5,2	5,3	5,3

a) FLEXNER-JOBLING-Carcinom, Methylcholanthrensarkom, Dimethylaminoazobenzol- und m-Methyldimethylaminoazobenzolhepatom.

Azofarbstoffhepatome der Ratte in Vergleich zu Muskel und Leber sowie ein spontanes Mammafibrosarkom[2], das transplantierte Hautcarcinom der Maus im Vergleich zu normaler und zu nach Methylcholanthrenpinselung hyperplastischer Epidermis[3], Mäusesarkom 180[4], Colontumor des Menschen[2] und anderer menschlicher Tumoren[5,6] in Vergleich zu normalen Geweben. In den Hydrolysaten aus Rattentumoren, in denen 12[1,3] bzw. 18[2] Aminosäuren bestimmt wurden, sind diese Aminosäuren in allen Tumoren vorhanden und im allgemeinen in gleichen Mengen wie in normalen Rattengeweben (s. Tabelle 48). Ausnahmen bilden das spontane Mammafibrosarkom, welches hohe Werte für Prolin und Glykokoll zeigt, die aber

[1] DUNN, M. S., E. R. FEAVER and E. A. MURPHY: Cancer Res. **9**, 306 (1949). — [2] SAUBERLICH, H. E., and C. A. BAUMANN: Cancer Res. **11**, 67 (1951). — [3] ROBERTS, E., A. L. CALDWELL, G. H. A. CLOWES, V. SUNTZEFF, C. CARRUTHERS and E. V. COWDRY: Cancer Res. **9**, 350 (1949). — [4] MICKELSON, M. N., and L. BARVICK: J. nat. Cancer Inst. **17**, 65 (1956). — [5] MONDOLFO, U., e V. CAMBONI: Boll. Soc. ital. Biol. sperim. **26**, 131 (1950). — [6] PURKAYSTHA, R., and C. S. ROY: Ann. Biochem. exp. Med., Calcutta **16**, 97 (1956) [Excerpta med. Cancer **5**, 877 (1957)].

wohl auf den Reichtum dieses Tumors an kollagenen Fasern zurückzuführen sind, und das transplantierbare Fibrosarkom, das im Vergleich zu normalem subcutanem Gewebe einen deutlich höheren Gehalt an Arginin und Glykokoll aufweist, ferner einen höheren Threonin- und einen geringeren Histidin- und Methioningehalt zeigt. Gegenüber anderen Rattentumoren bestehen bei diesem Fibrosarkom aber keine wesentlichen Unterschiede in der Aminosäurenzusammensetzung (s. Tabelle 48). Das transplantierte Hautcarcinom, das ursprünglich nach Pinselung mit Methylcholanthren entstanden war, zeigt im Gehalt der einzelnen Aminosäuren keine grundsätzlichen Unterschiede im Vergleich zu normaler Epidermis. Die Gesamtmenge der Aminosäuren ist im Carcinom und in der hyperplastischen Epidermis gegenüber normaler Epidermis erhöht. Während Colongewebe und Colontumor (s. Tabelle 48) und normale menschliche Haut[1] und Basaliom keine bedeutenden Unterschiede in der Zusammensetzung der Aminosäuren erkennen lassen, sollen in anderen menschlichen Tumoren Glutaminsäure, Threonin und Tyrosin vermehrt vorhanden sein[2]. Das Gesamthydrolysat des durch Stilboestrol hervorgerufenen Nierentumors beim Goldhamster zeigt im Vergleich zu normaler Niere nach papierchromatographischen Untersuchungen keine deutlichen Unterschiede, doch wird bei bestimmten Hydrolysebedingungen ein geringerer Gehalt an Methionin und Tyrosin im Tumor gefunden, was für Unterschiede in der Struktur oder in der Aminosäurereihenfolge zwischen Tumor und Nierenprotein spricht[3].

Die Ähnlichkeit der Aminosäurezusammensetzung von Proteinen aus Tumoren und normalen Geweben, die besonders in den Untersuchungen an den Rattentumoren zum Ausdruck kommt, bezieht sich auf die Gesamtproteine. Alle Gewebe enthalten aber eine Vielzahl von Eiweißstoffen und es ist durchaus möglich, daß Unterschiede in der Zusammensetzung bei Proteinen der verschiedenen Zellbestandteile oder bei einzelnen Proteinfraktionen bestehen können. Entsprechend geprüft worden sind Hydrolysate von Homogenaten und einzelnen Zellfraktionen von normalen, von durch 4-Dimethylaminoazobenzol-Fütterung geschädigten Rattenlebern und von den entsprechenden Hepatomen[4]. Prinzipielle Unterschiede sind dabei nicht gefunden worden. Lediglich treten gewisse quantitative Veränderungen auf; so ist beim Hepatom im Vergleich zu normaler Leber in jeder Fraktion Methionin vermindert, dagegen Cystin vermehrt; die Kernfraktion enthält mehr Glutaminsäure und Glykokoll, und in der Cytoplasmafraktion ist Serin vermehrt. Andere Untersuchungen an Zellkernproteinen von Tumoren haben Abweichungen im Stickstoffgehalt sowie in den Mengen von Arginin, Lysin, Cystin, Asparaginsäure und Tryptophan ergeben[5]. Für die Aminosäurezusammensetzung der Proteine isolierter Mitochondrien von Tumoren und normalem Gewebe haben sich dagegen keine wesentlichen Unterschiede ergeben[6].

Nucleoproteidpräparate normaler Rattenleber und des transplantierten Rattenhepatoms zeigen keine Unterschiede bei den bestimmten Aminosäuren (s. Tabelle 49) und auch für Desoxyribosenucleoproteide aus spontanen Mammatumoren der Maus wird qualitativ und quantitativ ein normaler Gehalt an Aminosäuren angegeben[7]. Bei verschiedenen Tierarten haben die Nucleoproteidprä-

[1] Liefländer, M., and H. Tronnier: Naturwiss. **41**, 282 (1954). — [2] Mondolfo, U., e V. Camboni: Boll. Soc. ital. Biol. sperim. **26**, 131 (1950). — [3] Easty, G. C., and E. J. Ambrose: Nature **176**, 1256 (1955). — [4] Schweigert, B. S., B. T. Guthneck, J. M. Price, J. A. Miller and E. C. Miller: Proc. Soc. exp. Biol. Med. **72**, 495 (1949). — [5] Zbarskij, I. B., u. K. A. Perevoščikova: Biochimija, Moskva **16**, 112 (1951). — Zbarskij, I. B., u. S. S. Debov: Biochimija, Moskva **16**, 390 (1951). — Hamer, D.: Brit. J. Cancer **5**, 130 (1951). — [6] Li, C., and E. Roberts: Science, N. Y. **110**, 559 (1949). — [7] Nunez, G., e P. Hauzwalb-Nunez: Tumori **37**, 93 (1951).

parate aus Leber eine sehr ähnliche Zusammensetzung (s. Tabelle 49) und auch die Summe von Cystin und Cystein in der Eiweißkomponente ist konstant. Unterschiede bestehen aber bei den einzelnen Species in dem Verhältnis von Cystin zu Cystein. Während beim Kaninchen das gesamte Cystin-Cystein hauptsächlich aus Cystein besteht, liegt es bei der Ratte zum größten Teil als Cystin vor. Das Rattenhepatom verhält sich in dieser Beziehung wie Rattenleber. Auch die gesamtextrahierbaren Proteine verschiedener Gewebe weisen bei einer Tierart ein ziemlich konstantes und charakteristisches Verhältnis von Cystin zu Cystein auf, während die absoluten Werte für Cystin und Cystein verschieden sind. Rattentumoren haben das für Rattengewebe charakteristische Cystin-Cysteinverhältnis, während der BROWN-PEARCE-Tumor den für Kaninchengewebe charakteristischen Wert hat[1]. Die absoluten Werte für Cystin und Cystein dagegen entsprechen beim Rattenhepatom mehr denjenigen der anderen Rattentumoren als den Werten für Rattenleber. (Analyse der an Nucleinsäuren gebundenen Proteine menschlicher Krebsgewebe s.[2].)

D-*Aminosäuren in Proteinen.* KÖGL u. ERXLEBEN[3,4] erhoben 1939 den Befund,daß in Hydrolysaten von Tumorgewebe ein Teil der Aminosäuren in der D-Form vorkommt, während Hydrolysate normaler Gewebe ausschließlich die natürlichen L-Aminosäuren enthalten. Vor allem sollte die *Glutaminsäure der Tumorproteine* zum Teil aus der D-Form bestehen (in geringerem Maße auch Leucin, Lysin und Valin). Die höchsten Werte für die D-Glutaminsäure wurden in besonders bösartig wachsenden menschlichen und tierischen Tumoren gefunden.

Durch diese Ergebnisse schien ein prinzipieller qualitativer Unterschied zwischen Tumoren und normalen Geweben gefunden zu sein, der eine Erklärung für die Sonderstellung der Tumoren geben könnte. Die Frage, ob tatsächlich das Vorkommen von D-Aminosäuren für die Ätiologie der Tumoren von Bedeutung ist, hat eine vielfache Wiederholung der Versuche von KÖGL und

Tabelle 49. Analytische Daten für fettfreie Nucleoproteidpräparate aus Leber[5].

	N	Amid-N	P	Gesamt-S	Freies SH als Cystein		Cystin-Cystein	Methionin	Tyrosin	Tryptophan
					in nativem Protein	in denaturiertem Protein				
	%	%	%	%	%	%	%	%	%	%
Kaninchen	15,6	1,0	0,8	1,0—1,2	1,2—1,4	1,2—1,4	1,3—1,5	2,9—3,1	3,8—4,0	1,3—1,5
Kalb	15,6—15,7	1,0	0,8	1,1	0,7	0,7	1,4	3,1—3,2	3,9	1,4—1,5
Kuh	15,8	1,0	0,9	1,2	0,6	0,6	1,5	3,1	3,7	1,7
Ratte	15,6—15,7	0,9—1,0	0,9	1,2	0,2	0,2	1,3—1,4	3,0—3,1	3,8	1,5
Transplantiertes Rattenhepatom .	15,8	0,9	0,7	1,1	0,2	0,2	1,4	2,9	3,6	1,5

[1] GREENSTEIN, J. P., and F. M. LEUTHARDT: J. nat. Cancer Inst. **5**, 111 (1944/45). — [2] KHOUVINE, Y., F. BARON, J. GRÉGOIRE, M.-L. HIRSCH, B. LUBOCHINSKY, M. MORTREUIL et J. P. ZALTA: Bull. Soc. Chim. biol. **36**, 31 (1954). — [3] KÖGL, F., u. H. ERXLEBEN: H. **258**, 57 (1939); **261**, 154 (1939). —KÖGL, F., H. ERXLEBEN u. A. M. AKKERMAN: H. **261**, 141 (1939). — [4] *Zusammenfassung:* KÖGL, F.: Exper. **5**, 173 (1949). — [5] GREENSTEIN, J. P.: J. nat. Cancer Inst. **1**, 91 (1940/41). — GREENSTEIN, J. P., W. V. JENRETTE and J. WHITE: J. nat. Cancer Inst. **2**, 305 (1941/42).

eine eingehende Diskussion hervorgerufen. Viele Autoren konnten überhaupt keine D-Glutaminsäure in Tumoren nachweisen, dabei wurden außer der Methode zur Isolierung von Glutaminsäure aus Tumorhydrolysaten auch enzymatische und mikrobiologische Methoden und die Isotopenverdünnungsmethode zum Nachweis von D-Glutaminsäure angewendet[1-3]. KÖGL selbst hat in neuerer Zeit weitere Versuche, welche seine ursprünglichen Befunde auf anderem Wege stützen sollen, mitgeteilt[4].

In Einklang mit dem Vorkommen von D-Glutaminsäure in Tumoren steht die Beobachtung von KÖGL, daß Hunde nach Verfütterung von gekochten Tumoren in Harn und Faeces große Mengen von Peptiden ausscheiden, welche nach Hydrolyse stark racemisierte Glutaminsäure liefern[5], und daß aus dem Harn von Hunden und Ratten nach Verfütterung gekochter Benzpyren-Rattentumoren optisch reine *D-α-Pyrrolidoncarbonsäure* isoliert werden kann[6] (L-Glutaminsäure liefert das entsprechende Laktam, die L-α-Pyrrolidoncarbonsäure nicht[7]). Eine geringe Ausscheidung von D-α-Pyrrolidoncarbonsäure im Harn erfolgt auch nach Verfütterung normaler Gewebe, aber der Gehalt an diesem Lactam scheint nach Verfütterung von Tumoren größer zu sein[8,9].

Nach dem heutigen Stand der Untersuchungen scheint die D-Glutaminsäure nicht spezifisch für Tumoren zu sein. Vielleicht hat sie eine größere, allgemeine physiologische Bedeutung, als man bisher angenommen hat[9,10].

Proteine. Quantitative Bestimmungen der Proteine oder bestimmter Proteinfraktionen von Tumoren im Vergleich zu normalen Geweben sind bereits vor längerer Zeit durchgeführt worden[11], aber erst die modernen Methoden der Eiweißforschung haben die Voraussetzung für eine bessere Trennung und Charakterisierung von Proteinen geliefert.

Tierische[12] und menschliche[13] Tumoren zeigen in der Verteilung von Protein-Stickstoff und Ribonucleinsäure in den Zellfraktionen übereinstimmend ein gleichartiges Muster, während normale Gewebe sich in dieser Hinsicht 3 verschiedenen Typen zuordnen lassen, von denen der Typ für Thymus und möglicherweise Nebenniere in bezug auf die Verteilung des Protein-Stickstoffs demjenigen für Tumoren ähnelt (Protein-Stickstoff in Tumoren in Kernfraktion und „Überstand" je annähernd 40%, in Mitochondrien- und Mikrosomenfraktion je annähernd 10% des Gesamtgehaltes). Durch den hohen Anteil von Ribonucleinsäure in der Kernfraktion (meist 30% und mehr der Gesamt-Ribonucleinsäure) unterscheiden sich Tumoren von allen normalen Geweben.

In dem Extrakt des Rhabdomyosarkoms der Maus lassen sich elektrophoretisch 7 Hauptkomponenten, in dem entsprechenden Extrakt von normalem

---

[1] *Zusammenfassung:* KÖGL, F.: Exper. **5**, 173 (1949). — [2] *Zusammenfassungen:* BURK, D., and R. J. WINZLER: Ann. Rev. **13**, 487 (1944). — MILLER, J. A.: Cancer Res. **10**, 65 (1950). — [3] BOULANGER, P., et R. OSTEUX: Biochim. biophysica Acta, N. Y. **5**, 416 (1950). — SAUBERLICH, H. E., and C. A. BAUMANN: Cancer Res. **11**, 67 (1951). — WILTSHIRE, G. H.: Brit. J. Cancer **7**, 137 (1953). — MIZUSHIMA, S., K. IZAKI, H. TAKAHASHI and K.-I. SAKAGUCHI: Gann, Tokyo **47**, 91 (1956). — [4] KÖGL, F., A. J. KLEIN, H. ERXLEBEN u. G. J. VAN VEERSEN: Recu. Trav. chim. Pays-Bas **69**, 822 (1950). — KÖGL, F., H. ERXLEBEN, A. J. KLEIN u. G. J. VAN VEERSEN: Recu. Trav. chim. Pays-Bas **69**, 834, 841 (1950). — [5] KÖGL, F., und H. ERXLEBEN: H. **264**, 108 (1940). — [6] KÖGL, F., T. J. BARENDREGT and A. J. KLEIN: Nature **162**, 732 (1948). — [7] RATNER, S.: J. biol. Ch. **152**, 559 (1944). — [8] HILLMANN, G., A. HILLMANN-ELIES and F. METHFESSEL: Nature **174**, 403 (1954). — [9] HILLMANN, G., A. HILLMANN-ELIES u. F. METHFESSEL: Z. Naturforsch. **9**b, 660 (1954). — [10] HILLMANN, G., A. HILLMANN-ELIES u. F. METHFESSEL: Z. Naturforsch. **11**b, 374 (1956). — [11] s. a. SCHENCK, E. G.: A. e. P. P. **175**, 401 (1934). — RONDINI, P.: H. **265**, 102 (1940). — [12] LAIRD, A. K.: Exp. Cell Res. **6**, 30 (1954). — [13] LAIRD, A. K., and A. D. BARTON: Science, N.Y. **124**, 32 (1956).

Muskel dagegen nur 3 Hauptkomponenten nachweisen; nur eine Komponente scheint auf Grund der elektrophoretischen Untersuchung bei beiden Geweben identisch zu sein. Der Gehalt an *Myosin* beträgt beim Muskel 38—44% vom Gesamt-N, beim Tumor dagegen nur 4,7%. Die Myosinpräparate der beiden Gewebe zeigen bei gleicher Löslichkeit Unterschiede in der Wanderungsgeschwindigkeit bei der Elektrophorese und in der spezifischen Viscosität[1] (vgl. a.[2]). Diese ist beim Tumormyosin geringer als beim Muskelmyosin, was dafür sprechen soll, daß das Tumormyosin weniger asymmetrisch ist[1]. Das kontraktile Protein von Sarkomzellen (YOSHIDA-Ascites-Sarkom oder JENSEN-Sarkom) gleicht dem Aktomyosin aus Skeletmuskeln in allen bisher untersuchten Eigenschaften. Der Anteil des kontraktilen Proteins am Zellgewicht ist bei den Sarkomzellen 50—100mal kleiner als der Anteil des Aktomyosins am Muskelgewicht (0,1—0,2% gegenüber 10—12% bezogen auf Frischgewicht)[3].

Eingehend untersucht worden sind die Veränderungen, die im Gehalt an Nucleinsäuren und Proteinen in den Zellfraktionen von Rattenleber nach Fütterung mit 4-Dimethylaminoazobenzol und diesem verwandten krebserzeugend-wirksamen und unwirksamen Verbindungen[4] und nach Fütterung von 2-Acetaminofluoren[5] auftreten, und die Veränderungen, die schließlich in den entstandenen Lebertumoren selbst festzustellen sind. In der *Zellkernfraktion* der Tumoren erfolgt parallel mit der Zunahme an Desoxyribosenucleinsäure eine beträchtliche Vermehrung der Proteine; in der *Fraktion der großen Granula* nehmen Ribonucleinsäure und Proteine ab, während im *Überstand* keine Änderung des Gehaltes an Proteinen, aber eine beträchtliche Zunahme der Ribonucleinsäuren beobachtet wird (s. Tabelle 50). Im Überstand des Tumors steigt der Quotient Ribonucleinsäure zu Eiweiß im Vergleich zur entsprechenden Zellfraktion normaler Leber an[6]. Die Änderungen im Gehalt an Nucleinsäuren und Proteinen in den Zellfraktionen treten nicht sprunghaft im Tumor auf, sondern sie erfolgen bereits, zumeist progressiv, in den Lebern unter dem Einfluß der krebserzeugend wirksamen Azoverbindungen und des 2-Acetaminofluorens. Die unwirksamen Azoverbindungen bedingen dagegen keine Änderungen. Interessanterweise wird beim Hamster, der sich gegen die Verfütterung von 4-Dimethylaminoazobenzol refraktär verhält, auch keine Änderung in der Zusammensetzung der Leberfraktionen bei der Einwirkung dieses Stoffes gefunden, während in der Leber von Mäusen, bei denen sich Tumoren der Leber langsamer als bei der Ratte entwickeln, ähnliche Verhältnisse wie in der Rattenleber gefunden werden[7].

In den auf Frischgewicht bezogenen Veränderungen im Gehalt an Nucleinsäuren und Proteinen spiegeln sich Unterschiede zwischen den Zellen von Leber und Lebertumoren wieder. Die Tumorzellen sind kleiner als Leberzellen, haben aber als solche den gleichen Gehalt an Desoxyribosenucleinsäure wie Leber-

[1] MILLER, G. L., E. U. GREEN, J. J. KOLB and E. E. MILLER: Cancer Res. **10**, 141 (1950). — MILLER, G. L., E. U. GREEN, E. E. MILLER and J. J. KOLB: Cancer Res. **10**, 148 (1950). — [2] MUTOLO, V., e F. ABRIGNANI: Boll. Soc. ital. Biol. sperim. **31**, 337 (1955). — [3] HOFFMANN-BERLING, H., u. H. H. WEBER: Naturwiss. **42**, 608 (1955). — HOFFMANN-BERLING, H.: Biochim. biophysica Acta, N.Y. **19**, 453 (1956). — [4] PRICE, J. M., E. C. MILLER and J. A. MILLER: J. biol. Ch. **173**, 345 (1948). — PRICE, J. M., J. A. MILLER, E. C. MILLER and G. M. WEBER: Cancer Res. **9**, 96 (1949). — PRICE, J. M., E. C. MILLER, and G. M. WEBER: Cancer Res. **9**, 398 (1949); **10**, 18 (1950). — [5] GRIFFIN, A. C., H. COOK and L. CUNNINGHAM: Arch. Biochem. **24**, 190 (1949). — LAIRD, A. K., and E. C. MILLER: Cancer Res. **13**, 464 (1953). — RUTMAN, R. J., A. CANTAROW and K. E. PASCHKIS: Cancer Res. **14**, 111 (1954) — [6] STOWELL, R. E.: Cancer, N. Y. **2**, 121 (1949). — [7] PRICE, J. M., J. A. MILLER and E. C. MILLER: Cancer Res. **11**, 523 (1951).

zellen[1,2]; andererseits ist die Zahl der Mitochondrien in der einzelnen Tumorzelle geringer als in der Leberzelle[2,3].

Quantitative Unterschiede in der Zusammensetzung der löslichen Cytoplasmaproteine sind bei Ratten- und Mäusetumoren bei elektrophoretischen Untersuchungen gefunden worden. Die löslichen Proteine der Azofarbstofflebertumoren der Ratte zeigen im Vergleich zu Leber eine Verringerung einer langsam wandernden Komponente (h-Komponente) und eine Zunahme von 2 schneller wandernden Komponenten[4-8]. Ein elektrophoretisch ähnlicher Verteilungstyp wie bei Azofarbstofftumoren und ihren Metastasen wird auch beim JENSEN-Sarkom, WALKER-Carcinom, JOBLING-Carcinom und etwas weniger ausgeprägt bei dem langsam wandernden chloroforminduzierten, transplantierten Mäusehepatom 112 B gefunden[5]. In den löslichen Proteinen von 2 histologisch gleichartigen

Tabelle 50. Zusammensetzung der Zellfraktionen von normaler Rattenleber und durch Fütterung mit 4-Dimethylaminoazobenzol entstandenem Lebertumor[9]. (mg je g Frischgewicht.)

	Zellkerne		Große Granula		Überstand	
	Desoxyribosenucleinsäure	Protein	Ribosenucleinsäure	Protein	Ribosenucleinsäure	Protein
Leber . . .	1,9	16,4	1,8	40	1,2	50
Tumor . . .	4,75	42,5	0,7	13	3,1	53

Rattenfibrosarkomen, von denen das eine mit Benzpyren, das andere mit Methylcholanthren induziert war, ließen sich elektrophoretisch beim Benzpyrentumor 4 Komponenten und beim Methylcholanthrentumor nur 3 Komponenten nachweisen[10]. (Auftrennung mitochondrienfreier Cytoplasma-Nucleoproteide von normaler und regenerierender Rattenleber und des p-Dimethylaminoazobenzol-induzierten Hepatoms in der analytischen Ultrazentrifuge s.[11].)

Die Änderung der Zusammensetzung der löslichen Proteine der Azofarbstofflebertumoren der Ratte (s. o.) soll charakteristisch für den Tumor sein, sie wird weder bei mit Azoverbindungen geschädigten Lebern[4,5,7,8], noch bei regenerierender Leber oder Leber von fastenden Ratten gefunden[12]. Allerdings bestehen in diesem Punkt noch Unstimmigkeiten[6].

Nach Verfütterung von Azoverbindungen vom Typ des 4-Dimethylaminoazobenzols an Ratten treten in der Leber dieser Tiere proteingebundene Derivate der Azoverbindungen auf[13,14] (s. a. S. 370). Dieses Proteid wird bei der Ratte

[1] MARK, D. D., and H. RIS: Proc. Soc. exp. Biol. Med. **71**, 727 (1949). — PRICE, J. M., E. C. MILLER, J. A. MILLER and G. M. WEBER: Cancer Res. **10**, 18 (1950). — CUNNINGHAM, L., A. C. GRIFFIN and J. M. LUCK: Cancer Res. **10**, 211 (1950). — LAIRD, A. K., and E. C. MILLER: Cancer Res. **13**, 464 (1952). — [2] RUTMAN, R. J., A. CANTAROW and K. E. PASCHKIS: Cancer Res. **14**, 111 (1954). — [3] ALLARD, C., G. DE LAMIRANDE and A. CANTERO: Cancer Res. **12**, 580 (1952). Canad. J. med. Sci. **30**, 543 (1952); **31**, 103 (1953). — [4] SOROF, S., and P. P. COHEN: Cancer Res. **11**, 376 (1951). — [5] SOROF, S., P. P. COHEN, E. C. MILLER and J. A. MILLER: Cancer Res. **11**, 383 (1951). — [6] HOFFMAN, H. E., and A. M. SCHECHTMAN: Cancer Res. **12**, 129 (1952). — [7] ELDREDGE, N. T., and J. M. LUCK: Cancer Res. **12**, 801 (1952). — [8] LAMIRANDE, G. DE, C. ALLARD and A. CANTERO: Cancer N. Y. **6**, 179 (1953). — [9] Nach MILLER, J. A., and E. C. MILLER: Adv. Cancer Res. **1**, 339 (1953). — [10] BARRY, G. T.: Cancer Res. **10**, 694 (1950). — [11] PETERMANN, M. L., N. A. MIZEN and M. G. HAMILTON: Cancer Res. **13**, 372 (1953); **16**, 620 (1956). — [12] SOROF, S., B. CLAUS and P. P. COHEN: Cancer Res. **11**, 873 (1951). — [13] MILLER, E. C., and J. A. MILLER: Cancer Res. **7**, 468 (1947). — [14] *Zusammenfassungen:* MILLER, E. (C.) u. J. (A.) MILLER: Die Biochemie der Krebsentstehung in der Leber. Berlin, Herne i. W. 1952. Adv. Cancer Res. **1**, 339 (1953). Cancer Res. **12**, 547 (1952).

nur in der Leber, dem Ort der Tumorbildung, gefunden und ist in der Leber anderer Tierarten, bei denen die Verfütterung der Azoverbindungen keine Tumoren verursacht (Hühnern, Meerschweinchen, Hamstern oder Kaninchen), nicht beobachtet worden. Der Gehalt dieses Proteids in der Leber ist bei Mäusen, entsprechend der geringeren Empfindlichkeit dieser Tiere gegenüber den Azoverbindungen, geringer als bei der Ratte. In der Rattenleber ist der Gehalt an Farbstoffproteid um so höher, je stärker wirksam der verfütterte Farbstoff ist. Ferner ist bis zur Erreichung maximaler Konzentration eine längere bzw. kürzere Dauer der Verfütterung der Carcinogene nötig, je nachdem ob eine weniger oder stärker tumorbildende Verbindung verwendet wird[1]. Die Halblebenszeit des Farbstoffproteids beträgt 3—4 Tage[2, 3], bei geringerer Nahrungsaufnahme etwas mehr[3].

Bei der Unterteilung der Leberzellen von Ratten mittels differentieller Zentrifugierung lassen sich proteingebundene Azofarbstoffderivate in jeder Zellfraktion nachweisen. Der größere Teil des fixierten Farbstoffs ist aber, nach vorübergehender Speicherung in den Mikrosomen[4] (Farbstoff bindende und Aminosäure einbauende Proteinfraktion aus Mikrosomen sind nicht identisch[5]), mit *löslichen Zellproteinen* assoziiert[6]. Bei weiterer Fraktionierung durch Elektrophorese finden sich 70—90% des an lösliches Eiweiß gebundenen Farbstoffs speziell mit langsam wandernden Proteinen (*h*-Komponente) gekoppelt. Letztere machen nur etwa 7—15% der entsprechenden Gesamteiweißfraktion aus[7]. Mit Hilfe der Ultrazentrifuge läßt sich aus den löslichen Leberproteinen eine Fraktion mit der Sedimentationskonstante 3,6 S abtrennen; diese Proteinfraktion ($^1/_4$ des Leberproteins oder die Hälfte der löslichen Proteine), welche den Hauptteil der proteingebundenen Azoverbindungen enthält, besteht nach elektrophoretischen Untersuchungen zu $^1/_4$ aus der *h*-Komponente und zu $^3/_4$ aus einem anderen Protein (*b*-Komponente). Normale Leber und Leber nach Verfütterung verschiedener krebserzeugend wirksamer und unwirksamer Azoverbindungen verhalten sich in bezug auf das „3,6-Protein" gleichartig[8].

Die Bildung von proteingebundenen Derivaten am Ort der späteren Tumorentstehung (Leber) wird nicht allein in der Klasse der krebserzeugenden Azoverbindungen beobachtet; auch bei den krebserzeugenden Kohlenwasserstoffen (3,4-Benzpyren, 1,2,5,6-Dibenzanthracen) ist am Ort ihrer Wirkung (Haut) die Entstehung von proteingebundenen Derivaten gefunden worden[9]. Synthetisch sind vor allem Konjugate der carcinogenen Kohlenwasserstoffe mit Proteinen dargestellt und auf ihre immunologischen Eigenschaften geprüft worden[10].

Durch 4-Dimethylaminoazobenzol induzierte Lebertumoren enthalten keine proteingebundenen Farbstoffderivate mehr, die entsprechende Proteinfraktion (*h*-Komponente) ist vermindert. Man könnte daher annehmen, daß das spezifische Protein, welches in der Leber Azofarbstoffe bindet, in den entstandenen Tumoren fehlt. Dieser qualitative Unterschied zwischen Tumor und Muttergewebe ist die Grundlage für *„the Protein (or Enzyme) Deletion Hypothesis"*

---

[1] Miller, E. C., J. A. Miller, R. W. Sapp and G. M. Weber: Cancer Res. **9**, 336 (1949).— Miller, J. A., R. W. Sapp and E. C. Miller: Cancer Res. **9**, 652 (1949). — [2] Miller, E. C., and J. A. Miller: Cancer Res. **7**, 468 (1947). — [3] Ward, D. N., and J. D. Spain: Cancer Res. **17**, 623 (1957). — [4] Hultin, T.: Exp. Cell Res. **10**, 71 (1956). — [5] Hultin, T.: Exp. Cell Res. **10**, 697 (1956). — [6] Price, J. M., E. C. Miller and J. A. Miller: J. biol. Ch. **173**, 345 (1948). — Price, J. M., E. C. Miller, J. A. Miller and G. M. Weber: Cancer Res. **9**, 398 (1949); **10**, 18 (1950). — [7] Sorof, S., P. P. Cohen, E. C. Miller and J. A. Miller: Cancer Res. **11**, 383 (1951). — [8] Sorof, S., R. H. Golder and M. G. Ott: Cancer Res. **14**, 190 (1954). — [9] Miller, E. C.: Cancer Res. **11**, 100 (1951). — Heidelberger, C., and S. M. Weiss: Cancer Res. **11**, 885 (1951). — Wiest, W. G., and C. Heidelberger: Cancer Res. **12**, 308 (1952); **13**, 246, 250, 255 (1953). — Bhargava, P. M., and C. Heidelberger: Am. Soc. **78**, 3671 (1956). — [10] Literatur s. Creech, H. J.: Cancer Res. **12**, 557 (1952).

von J. A. MILLER u. E. C. MILLER[1]. Auch in den löslichen Proteinen isolierter und mechanisch zerstörter Mitochondrien eines transplantierten Mäusehepatoms fehlt eine Proteinkomponente, die in normaler Leber dieses Stammes vorkommt[2].

In diesem Zusammenhang ist von Interesse, daß nach serologischen Untersuchungen in Mikrosomen und Mitochondrien von Dimethylaminoazobenzol-Lebertumoren der Ratte das organspezifische Leberantigen verschwunden ist. Dieser Verlust erfolgt allmählich. Ein Hepatom aus Leberparenchymzellen bildet sich erst, wenn *alle* leberspezifischen Antigene verschwunden sind. In den Mikrosomen und Mitochondrien des Hepatoms treten im Vergleich zu Leber neue Antigene auf, diese sind aber nicht tumorspezifisch, sondern sind in anderen Organen (Hoden, Milz) normalerweise vorhanden. Der Tumor entfaltet somit nur ein anderes „Antigenspektrum" aus dem Bereich der Antigene, die der Organismus auf Grund seines Erbgutes zu bilden vermag[3]. Völlig entsprechende Ergebnisse werden bei der Entwicklung von Nierentumoren des Goldhamsters unter der Wirkung von Stilboestrol beobachtet[4]. Wieweit der Verlust organspezifischer Antigene ein allgemein gültiges Charakteristikum für den Übergang normaler Zellen in Krebszellen darstellt und ob den organspezifischen — im Tumor nicht mehr nachweisbaren — Antigenen eine Bedeutung für die normale organspezifische Wachstumsregulation zukommt, muß weiteren Untersuchungen vorbehalten bleiben[5].

Für strukturelle Unterschiede zwischen Proteinen von normalen Geweben und Tumoren sprechen immunologische Verschiedenheiten zwischen Kathepsin von Rattenhepatom und normaler Rattenleber[6], ferner ergaben Untersuchungen mit der Methode der Gewebezüchtung, daß bei Herzfibroblasten eine stärkere Wachstumsbeschleunigung nach Zusatz von enzymatisch abgebauten Proteinen normaler Gewebe als nach Zusatz von entsprechend abgebauten Proteinen aus bösartigen Tumoren auftritt[7]. Andererseits zeigt die krystallisierte Milchsäuredehydrogenase aus JENSEN-Sarkom und Rattenmuskel weder physikalische noch chemische, serologische oder enzymatische Unterschiede[8].

Proteine des Serums[9,10]. Die Gesamtproteine im Serum sind bei neoplastischen Krankheiten häufig vermindert, besonders bei fortgeschrittenem Tumorwachstum. Die Hypoproteinämie beruht auf einer Abnahme der Albumine, wogegen der Gehalt an Fibrinogen und an einigen Fraktionen der Globuline erhöht ist[11]. Für γ-Globulin, dessen Gehalt als Maß für den Antikörperspiegel gelten kann, werden normale[12] und erhöhte Werte angegeben. Die Albumine aus dem Blut von Krebskranken sollen ein abnormales Verhalten in der Abhängigkeit der spezifischen Drehung von der Wellenlänge des verwendeten Lichtes zeigen[13]. Sekundärinfektionen spielen bei der Veränderung des Serumproteindiagramms Carcinomkranker eine wichtige Rolle[10]. — Abnahme der Albumine und Zunahme

[1] MILLER, J. A., and E. C. MILLER: Adv. Cancer Res. **1**, 339 (1953). — [2] HOGEBOOM, G. H., and W. C. SCHNEIDER: Science, N.Y. **113**, 355 (1951). — [3] WEILER, E.: Z. Naturforsch. **7**b, 324 (1952); **11**b, 31 (1956). — [4] WEILER, E.: Brit. J. Cancer **10**, 553, 560 (1956). — [5] BUTENANDT, A.; in: Tendances actuelles en gynécologie et obstétrique. S. 13. Genève 1955. — [6] MAVER, M. E., and M. K. BARRETT: J. nat. Cancer Inst. **4**, 65 (1943/44). — [7] FISCHER, A.: Enzymologia **14**, 15 (1950). — [8] KUBOWITZ, F., u. P. OTT: B. Z. **314**, 94 (1943).

Zusammenfassende Darstellungen: 9, 10. [9] TOENNIES, G.: Cancer Res. **7**, 193 (1947). — HUGGINS, C.: Cancer Res. **9**, 321 (1949). — WINZLER, R. J.: Adv. Cancer Res. **1**, 503 (1953). — [10] GUTMAN, A. B.: Adv. Protein Chem. **4**, 155 (1948).

[11] SEIBERT, F. B., M. V. SEIBERT, A. J. ATNO and H. W. CAMPBELL: J. clin. Invest. **26**, 90 (1947). — MIDER, G. B., E. L. ALLING and J. J. MORTON: Cancer, N. Y. **3**, 56 (1950). — ESSER, H., F. HEINZLER u. H. WILD: Kli. Wo. **1953**, 321. — ANDREONI, O., e G. PISANI: Tumori **39**, 289 (1953). — BOSELLI, A., e M. PIEMONTE: Tumori **39**, 236 (1953). — THOENIES, H., u. M. BÜCHNER: Naturwiss. **43**, 136 (1956). — [12] GROSS, W., and R. S. SNELL: Nature **178**, 855 (1956). — [13] JIRGENSONS, B.: Makromol. Chem. **18/19**, 46 (1956).

von Globulinfraktionen wird auch bei Mäusen[1] und bei Ratten[2] gefunden. Die freien Aminosäuren im Serum von Ratten mit transplantiertem WALKER-Carcinom 256 zeigen weder im Gehalt noch in der Verteilung eine für den Tumor charakteristische Veränderung[3].

Bei Ratten tritt nach Verfütterung von Dimethylaminoazobenzol und noch ausgeprägter bei Verfütterung seines 3'-Methylderivates eine Abnahme des Albumins und eine Zunahme des γ-Globulins auf[4]. Entsprechende Veränderungen treten aber immer bei Leberschädigungen auf[5]. Acetaminofluoren verursacht bei Verfütterung erst in hoher Konzentration eine Verminderung des Albumin-, aber keine Änderung des γ-Globulingehaltes[6]. Bei Kaninchen mit 1,2,5,6-Dibenzanthracentumoren tritt weder eine signifikante Änderung des Gehaltes an Gesamtproteinen noch an Albuminen auf. Alte Tiere mit Lebermetastasen zeigen aber eine Erhöhung des Globulinspiegels[7]. Bei Mäusen bewirken durch carcinogene Kohlenwasserstoffe hervorgerufene Tumoren mit zunehmendem Wachstum eine Abnahme der Albumine und eine Zunahme einzelner Globulinfraktionen im Serum[8].

Der einzige Tumor, bei dem eine Vermehrung der Gesamtproteine (Globuline) im Plasma beobachtet wird, ist das *multiple Myelom* oder *Plasmacytom* (physikochemische und chemische Eigenschaften der Myelomplasmaproteine s. [9]; Aminosäurezusammensetzung s. [10]). Außerdem ist mit dieser Tumorart immer die Ausscheidung eines bestimmten Proteins (BENCE-JONES-*Eiweiß*, s. Bd. **1**, S. 695) im Harn verbunden[5] (physikochemische und chemische Eigenschaften s. [11]). Zur Bildung der Myelomplasmaproteine und des BENCE-JONES-Eiweiß s. [12].

Immunität bei Tumoren s. [13].

Aminosäure- und Proteinstoffwechsel. Der Stickstoff- und Energiestoffwechsel im Tumor und im tumorkranken Organismus ist in letzter Zeit eingehend untersucht worden[14]. Bösartige Tumoren wachsen auf Kosten des tumortragenden Organismus. Die Wachstumstendenz des Tumors, seine Begierde, Baustoffe aufzunehmen und Proteine zu synthetisieren, ist so groß, daß er auf Kosten des

---

[1] BERNFELD, P., and F. HOMBURGER: Cancer Res. **15**, 359 (1955). — [2] SCHULTZ, J., W. JAMISON, H. SHAY and M. GRUENSTEIN: Arch. Biochem. **50**, 124 (1954). — [3] SASSENRATH, E. N., and D. M. GREENBERG: Cancer Res. **14**, 563 (1954). — [4] COOK, H. A., A. C. GRIFFIN and J. M. LUCK: J. biol. Ch. **177**, 373 (1949). — HOCH-LIGETI, C., H. HOCH and K. GOODALL: Brit. J. Cancer **3**, 140 (1949). — LAMIRANDE, G. DE, and A. CANTERO: Cancer Res. **12**, 330 (1952). — [5] GUTMAN, A. B.: Adv. Protein Chem. **4**, 155 (1948). — [6] LEATHEM, J. H.: Science, N. Y. **110**, 216 (1949). — [7] WILLIAMS, J. L., and R. STANSFIELD: Nature **164**, 272 (1949). — [8] KÜHL, I.: Z. Krebsforsch. **61**, 139 (1956). — [9] PUTNAM, F. W., and B. UDIN: J. biol. Ch. **202**, 727 (1953). — HILLMANN, A., G. HILLMANN u. F. LOHSS: Z. Naturforsch. **8b**, 28 (1953). — LOHSS, F., A. HILLMANN-ELIES u. G. HILLMANN: Z. Naturforsch. **8b**, 619 (1953). — LOHSS, F., E. WEILER u. G. HILLMANN: Z. Naturforsch. **8b**, 625 (1953). — LOHSS, F., u. G. HILLMANN: Z. Naturforsch. **8b**, 706 (1953). — BRAUNITZER, G., A. HILLMANN-ELIES, F. LOHSS u. G. HILLMANN: Z. Naturforsch. **9b**, 615 (1954). — SMITH, E. L., D. M. BROWN, M. L. MCFADDEN, V. BUETTNER-JANUSCH and B. V. JAGER: J. biol. Ch. **216**, 601 (1955). — CAPUTO, A.: Z. Krebsforsch. **60**, 373 (1955). — KORNGOLD, L., and R. LIPARI: Cancer, N.Y. **9**, 183 (1956). — PETERMANN, M. L., M. G. HAMILTON and L. KORNGOLD: Cancer, N.Y. **9**, 193 (1956). — [10] GRISOLIA, F. T., and P. P. COHEN: Cancer Res. **13**, 851 (1953). — [11] JIRGENSONS, B., A. J. LANDUA and J. AWAPARA: Biochim. biophysica Acta, N. Y. **9**, 625 (1952). — PUTNAM, F. W., and P. STELOS: J. biol. Ch. **203**, 347 (1953). — DEUTSCH, H. F.: J. biol. Ch. **216**, 97 (1955). — DEUTSCH, H. F., C. H. KRATOCHVIL and A. E. REIF: J. biol. Ch. **216**, 103 (1955). — [12] PUTNAM, F. W., and S. HARDY: J. biol. Ch. **212**, 361 (1955). — HARDY, S., and F. W. PUTNAM: J. biol. Ch. **212**, 371 (1955). — PUTNAM, F. W., F. MEYER and A. MIYAKE: J. biol. Ch. **221**, 517 (1956). — WOLLENSAK, J., u. G. SEYBOLD: Z. Naturforsch. **11b**, 588 (1956). — OSSERMAN, E. F., A. GRAFF, M. MARSHALL, D. LAWLOR and S. GRAFF: J. clin. Invest. **36**, 352 (1957). — [13] *Zusammenfassung:* GORER, P. A.: Adv. Cancer Res. **4**, 149 (1956). — [14] *Zusammenfassungen:* MIDER, G. B.: Cancer Res. **11**, 821 (1951). — FENNINGER, L. D., and G. B. MIDER: Adv. Cancer Res. **2**, 229 (1954).

normalen Körpergewebes auch wächst, wenn ausreichende Stickstoffquellen in der Nahrung fehlen[1] oder wenn durch andere Einflüsse im Wirtsorganismus eine negative Stickstoffbilanz hervorgerufen wird[2]. Bei Transplantationstumoren (von Ratten) erfolgt mit zunehmendem Wachstum der Tumoren eine Abnahme der Gesamtstickstoffausscheidung im Harn, die nach Exstirpation des Tumors wieder normal wird[3].

Einen weiteren Einblick in den Aminosäure- und Proteinstoffwechsel der Tumoren gewähren die Untersuchungen mit gekennzeichneten Aminosäuren[4]. Während die Geschwindigkeit des Einbaues markierter Aminosäuren *in vivo* in die Proteine von Tumoren von der gleichen Größenordnung ist wie in diejenigen der normalen Vergleichsgewebe[5,6], bei der Milz sogar noch größer ist[6], ist die Einbaugeschwindigkeit der Aminosäuren in Proteine, welche für die einzelnen Aminosäuren verschieden ist[7,8], bei Schnitten, Homogenaten oder isolierten Zellen von Tumoren größer als bei normalen Geweben[9–13]. Dieses gilt auch für isolierte Mitochondrien[12,14]. Der Unterschied zwischen den *in vivo*- und den *in vitro*-Versuchen kann dadurch erklärt werden, daß die Aufnahmefähigkeit des Tumors *in vivo* begrenzt ist durch die relativ geringe und hauptsächlich periphere Versorgung des Tumors (im transplantierten Hepatom wird aber in der Histon-Fraktion *in vivo* ein viel stärkerer Einbau von markiertem Glycin gefunden als in normaler Rattenleber[15]). Eine potentiell höhere Einbaugeschwindigkeit von Aminosäuren ist aber nicht charakteristisch für neoplastische Gewebe, sondern auch für normale Gewebe mit vermehrter Eiweißsynthese (regenerierende oder fetale Leber)[9,10]. In Zellsuspensionen von Lymphosarkomen und von Milz von Mäusen erfolgt der Einbau von markierten Aminosäuren gleich schnell[16]. Die Energie für den Einbau von Aminosäuren in Proteine kann bei den Tumoren von der Glykolyse geliefert werden[9,13,17] (Bedeutung von Glutamin für den Einbau von Aminosäuren in Proteine bei Tumoren s.[18]; Einbau von Aminosäuren in Ribonucleinsäureproteid-Partikel beim EHRLICHschen Mäuseascitestumor s.[19]).

---

[1] MIDER, G. B., L. D. FENNINGER, F. L. HAVEN and J. J. MORTON: Cancer Res. **11**, 731 (1951). — FENNINGER, L. D., and C. WATERHOUSE: Cancer Res. **11**, 247 (1951). — WATERHOUSE, C., L. D. FENNINGER and E. H. KEUTMANN: Cancer, N. Y. **4**, 500 (1951). — WHITE, F. R.: J. nat. Cancer Inst. **5**, 265 (1944/45). — BABSON, A. L.: Cancer Res. **14**, 89 (1954). — [2] INGLE, D. J., M. C. PRESTRUD and K. L. RICE: Endocrinology **46**, 510 (1950). — [3] CHORAZY, M.: Bull. Acad. pol. Sci. (Cl. 2) **4**, 351 (1956) [Ber. Physiol. **191**, 217 (1957)]. — [4] *Zusammenfassung*: ZAMECNIK, P. C.: Cancer Res. **10**, 659 (1950). — [5] SHEMIN, D., and D. RITTENBERG: J. biol. Ch. **151**, 507 (1943); **153**, 401 (1944). — GRIFFIN, A. C., S. BLOOM, L. CUNNINGHAM, J. D. TERESI and J. M. LUCK: Cancer, N. Y. **3**, 316 (1950). — TYNER, E. P., C. HEIDELBERGER and G. A. LEPAGE: Cancer Res. **12**, 158 (1952). — KIT, S., and D. M. GREENBERG: Cancer Res. **11**, 500 (1951). — [6] BLOCH, H. S., C. R. HITCHCOCK and A. J. KREMEN: Cancer Res. **11**, 313 (1951). — [7] MÜLLER, G.: Arch. Geschwulstforsch. **6**, 31 (1953). — [8] NEGELEIN, E.: B. Z. **323**, 214 (1952/53). — [9] ZAMECNIK, P. C., and I. D. FRANTZ jr.: Cold Spring Harbor Symp. quant. Biol. **14**, 199 (1949). — [10] ZAMECNIK, P. C., I. D. FRANTZ jr., R. B. LOFTFIELD and M. L. STEPHENSON: J. biol. Ch. **175**, 299 (1948). — [11] MELCHIOR, J. B., and A. H. GOLDKAMP: Cancer Res. **13**, 798 (1953). — ZAMECNIK, P. C., R. B. LOFTFIELD, M. L. STEPHENSON and J. M. STEELE: Cancer Res. **11**, 592 (1951). — LEPAGE, G. A.: Cancer Res. **13**, 178 (1953). — [12] WINNICK, T.: Arch. Biochem. **27**, 65 (1950). — [13] NYHAN, W. L., and H. BUSCH: Cancer Res. **17**, 227 (1957). — [14] RUTMAN, R. J., A. CANTAROW and K. E. PASCHKIS: Cancer Res. **14**, 115 (1954). — [15] ROTHERHAM, J., J. L. IRVIN and D. J. HOLBROOK jr.: Proc. Soc. exp. Biol. Med. **96**, 21 (1957). — [16] FARBER, E., S. KIT and D. M. GREENBERG: Cancer Res. **11**, 490 (1951). — KIT, S., and D. M. GREENBERG: Cancer Res. **11**, 495, 500 (1951). — [17] EL'TSINA, N. V.: Dokl. Akad. Nauk SSSR **91**, 601 (1953) [Excerpta med. Cancer **2**, 548 (1953)]. — RABINOVITZ, M., M. E. OLSON and D. M. GREENBERG: J. biol. Ch. **213**, 1 (1955). — [18] RABINOVITZ, M., M. E. OLSON and D. M. GREENBERG: J. biol. Ch. **222**, 879 (1956). Proc. amer. Ass. Cancer Res. **2**, 240 (1957). — [19] LITTLEFIELD, J. W., and E. B. KELLER: J. biol. Ch. **224**, 13 (1957).

Charakteristisch für Tumoren ist aber, daß die mit markierten Aminosäuren aufgenommene ^{15}N- oder ^{14}C-Isotopen langsamer abgegeben werden als von normalen Geweben[1]; die Tumorproteine scheinen also eine längere Halblebensdauer zu haben. Auch bei Hunger, wenn sich Körpergewicht und Leberproteine schon beträchtlich vermindern, sind die Tumorproteine nicht für den Wirtsorganismus verwertbar[2, 3]. Mit dem erhöhten Proteinbedarf der Tumoren hängt die Hypertrophie der Leber von Ratten mit transplantierten Tumoren zusammen[4]. Die beträchtliche Verwendung von Proteinen des Plasmas für die Synthese von Proteinen des Tumors[5, 6], läßt eine vermehrte Synthese von Plasmaproteinen durch die Leber tumortragender Tiere erwarten[7]. Die Aufnahme von (^{14}C-markierten) Plasmaproteinen erfolgt bei den Tumoren insbesondere in die Mikrosomen und Mitochondrien und ist hier *in vivo* größer als bei den entsprechenden Fraktionen normaler Gewebe[6].

Die Ergebnisse der Stickstoffbilanzversuche und der Versuche mit markierten Aminosäuren rechtfertigen es, Tumoren als „Stickstoffalle" („nitrogen trap") zu betrachten, wie MIDER[8] es ausgedrückt hat, oder nach LE PAGE u. Mitarb.[2] den Eiweißstoffwechsel zumindest schnell wachsender Tumoren als vorwiegend „one-way-passage" zu bezeichnen. Doch gilt dieses nur bedingt, denn bei mit ^{14}C-Aminosäuren markierten Ascitestumorzellen erfolgt bereits nach 48 Std eine beträchtliche Abnahme des ^{14}C-Gehaltes der Proteine aller Zellfraktionen[3, 9] (ohne Änderung des Eiweißgehaltes) unter Freisetzung der markierten Aminosäuren[9]. In Ascitestumorzellen besteht demnach ein dynamisches Gleichgewicht zwischen Proteinen und Aminosäuren[9]. Nicht alle Aminosäuren verhalten sich aber in dieser Beziehung gleichartig[10].

β) Enzyme des Proteinstoffwechsels[11].

Proteinasen und Peptidasen. Tierische Gewebe enthalten Proteinasen vom Typ des *Kathepsins* und *Peptidasen.* Die Aktivitäten liegen in beiden Fällen bei Tumoren innerhalb des Wirksamkeitsbereiches normaler Gewebe[12–14]. Die Kathepsinaktivität spontaner Tumoren soll größer sein als diejenige von Impftumoren und derjenigen von Organen mit hoher Aktivität, wie Milz und Lymphknoten, gleichkommen. Im spontan regressierenden FLEXNER-JOBLING-Carcinom ist die Aktivität des Kathepsins wesentlich größer als im wachsenden Tumor[15]. Eine Beziehung zwischen Größe bzw. Wachstumsgeschwindigkeit von Tumoren besteht nicht[14], wenn der ganze Tumor betrachtet wird. Ein anderes Bild ergibt sich aber, wenn die Bestimmungen der Aktivitäten von Kathepsin und Dipeptidase in verschiedenen Arealen eines Tumors durchgeführt werden. Dann zeigen junge, wachsende A-Zellen der Peripherie solider Tumoren (mit hohem Ribonuclein-

[1] SHEMIN, D., and D. RITTENBERG: J. biol. Ch. **153**, 401 (1944). — GRIFFIN, A. C., S. BLOOM, L. CUNNINGHAM, J. D. TERESI and J. M. LUCK: Cancer, N. Y. **3**, 316 (1950). — WINNICK, T., F. FRIEDBERG and D. M. GREENBERG: J. biol. Ch. **173**, 189 (1948). — [2] LE PAGE, G. A., V. R. POTTER, H. BUSCH, C. HEIDELBERGER and R. B. HURLBERT: Cancer Res. **12**, 153 (1952). — [3] GREENLEES, J., and G. A. LE PAGE: Cancer Res. **15**, 256 (1955). — [4] BABSON, A. L.: Cancer Res. **14**, 89 (1954). — [5] BABSON, A. L., and T. WINNICK: Cancer Res. **14**, 606 (1954). — [6] BUSCH, H., and H. S. N. GREENE: Yale J. Biol. Med. **27**, 339 (1955). — BUSCH, H., S. SIMBONIS, D. ANDERSON and H. S. N. GREENE: Yale J. Biol. Med. **29**, 105 (1956). — [7] BABSON, A. L.: Biochim. biophysica Acta, N.Y. **20**, 418 (1956). — [8] MIDER, G. B.: Cancer Res. **11**, 821 (1951). — [9] MOLDAVE, K.: J. biol. Ch. **221**, 543 (1956); **225**, 709 (1957). Proc. Soc. exp. Biol. Med. **92**, 783 (1956). — [10] FORSSBERG, A., and L. RÉVÉSZ: Biochim. biophysica Acta, N.Y. **25**, 165 (1957). — [11] s. a. Bd. **1**, 1117. — [12] KLEINMANN, H., u. F. WERR: B. Z. **241**, 108, 140, 181 (1931). — KREBS, H. A.: B. Z. **238**, 174 (1931). — [13] MASCHMANN, E., u. E. HELMERT: H. **216**, 161 (1933). — [14] MAVER, M. E., T. B. DUNN and A. GRECO: J. nat. Cancer Inst. **6**, 49 (1945/46). — [15] FODOR, P. J., C. FUNK u. P. TOMASHEFSKY: Exper. **11**, 266 (1955). Arch. Biochem. **56**, 281 (1955).

säuregehalt s. S. 440) eine viel höhere Aktivität an Kathepsin und Dipeptidase als Zellen des Tumorinnern und Zellen des den Tumor umgebenden normalen Gewebes[1]; während nekrotische Teile von Tumoren keine katheptische Aktivität mehr aufweisen und die Aktivität der Dipeptidase sehr vermindert ist[2]. In Zellen von Mäuseascitestumoren steigt die durchschnittliche Aktivität der Dipeptidase nach der Verimpfung mit dem Proteingehalt der einzelnen Zelle, während die durchschnittliche Kathepsin-Aktivität ziemlich gering bleibt[3]. Die Ascitesflüssigkeit weist aber eine höhere Kathepsin-Aktivität auf als das Serum. Dipeptidase- und Tripeptidase-Aktivität sind im Serum von Mäusen mit Ascitestumoren gegenüber tumorfreien Mäusen wesentlich erhöht[4]. In normalen Geweben tumortragender (WALKER-Carcinom 256) und tumorfreier Ratten zeigt die Aktivität des Kathepsins aber keinen Unterschied[5]. Die hohen Aktivitäten an Kathepsin und Dipeptidase der A-Zellen solider Tumoren und die Untersuchungen an Ascitestumorzellen könnten dafür sprechen, daß für das infiltrierende und destruktive Wachstum bösartiger Tumoren eine „extracellulare" Proteolyse von Bedeutung ist.

Im Vergleich zu normaler und regenerierender Leber ist im Hepatom der Ratte die Aktivität des Kathepsins (gegenüber Hämoglobin) etwa auf das Doppelte vermehrt[6], und entsprechendes gilt auch für die Aktivität der Peptidase (gegenüber D,L-Leucylglycin) des Hepatoms gegenüber normaler Leber[7]. Das Kathepsin des Rattenhepatoms ist serologisch verschieden vom Kathepsin aus Rattenleber und gleicht in seiner Spezifität zum Teil dem Kathepsin aus JENSEN-Sarkom[8]. Kathepsin ist in allen Fraktionen der Zelle enthalten; die höchste Aktivität zeigen in Leber, Milz und Niere der Ratte und auch im Dimethylaminoazobenzolhepatom die Mitochondrien[9]. Die Zellkerne normaler Leber weisen nur etwa 5% der Kathepsinaktivität des Homogenates auf, während in den durch Dimethylaminoazobenzol und Acetaminofluoren induzierten Hepatomen die Zellkerne 23—46% der Aktivität der Homogenate haben. Eine ähnliche Zunahme wird auch bei regenerierender Leber gefunden[10]. Durch Dimethylaminoazobenzol wird Kathepsin (aber nicht Peptidase, Arginase, Desoxyribonuclease, Purindesaminase oder ATPase) *in vitro* gehemmt; Cystein hebt diese Wirkung auf[11].

Parallel mit der proteinspaltenden Wirkung von Kathepsin geht die Fähigkeit, aus der Säureamidgruppe des Benzoyl-L-argininamids NH_3 abzuspalten (dieses Kathepsin besitzt also die Wirkung einer *Amidase*). Die Spaltung des Benzoylargininamids ist bei p_H 6,9 in allen Extrakten von Tumoren der Ratte und der Maus von ähnlicher Größe[12]. Das Dimethylaminoazobenzolhepatom der Ratte zeigt bei diesem p_H keinen Unterschied zu normaler Leber. Bei p_H 6,2 und noch ausgesprochener bei p_H 5 ist die Aktivität von Extrakten dieses Hepatoms jedoch größer als von Extrakten normaler oder regenerierender Leber[13]. Homogenate von Leber und Hepatome haben mehr als ein p_H-Optimum der

[1] SYLVÉN, B., and H. MALMGREN: Exp. Cell Res. 8, 575 (1955). — [2] MASCHMANN, E., u. E. HELMERT: H. **216**, 161 (1933). — [3] MALMGREN, H., B. SYLVÉN and L. RÉVÉSZ: Brit. J. Cancer **9**, 473 (1955). — [4] HINSBERG, K., F. BRUNS, W. GEINITZ, W. SCHILD u. H. WÜST: Z. Krebsforsch. **60**, 72 (1954/55). — [5] BABSON, A. L.: Science, N.Y. **123**, 1082 (1956). — [6] MAVER, M. E., G. B. MIDER, J. M. JOHNSON and J. W. THOMPSON: J. nat. Cancer Inst. **2**, 277 (1941/42). — [7] KISHI, S., T. FUJIWARA and W. NAKAHARA: Gann, Tokyo **32**, 469 (1938) [GREENSTEIN, J. P.: Biochemistry of Cancer. New York 1947, 2. Aufl. 1954.] — [8] MAVER, M. E., and M. K. BARRETT: J. nat. Cancer Inst. **4**, 65 (1943/44). — [9] MAVER, M. E., and A. E. GRECO: J. nat. Cancer Inst. **12**, 37 (1951/52). — [10] MAVER, M. E., A. E. GRECO, E. LOVTRUP and A. J. DALTON: J. nat. Cancer Inst. **13**, 687 (1952/53). — [11] SIEBERT, G., K. LANG u. H. WOLF: B. Z. **322**, 446 (1951/52). — [12] GREENSTEIN, J. P., and F. M. LEUTHARDT: J. nat. Cancer Inst. **6**, 203 (1945/46). — [13] GREENSTEIN, J. P., and F. M. LEUTHARDT: J. nat. Cancer Inst. **8**, 77 (1947/48). — ZAMECNIK, P. C., and M. L. STEPHENSON: Cancer Res. **7**, 326 (1947).

Enzymwirksamkeit; die Mitochondrien aus normaler Leber haben die höchste Aktivität bei p_H 6,2, diejenigen aus dem Hepatom dagegen bei p_H 5,0[1].

Pepsin und *Rennin*, die spezifischen Proteinasen der Magenschleimhaut, fehlen in Tumoren dieses Gewebes[2].

Die Aktivitäten der *Carboxypeptidasen*, welche Chloracetyl-L-tyrosin spalten und von denen eine Cystein für die Aktivierung benötigt, die andere dagegen nicht, sind in transplantierten Tumoren von Ratte und Maus nur gering oder überhaupt nicht nachweisbar. Die gleichzeitig in Geweben vorkommenden spezifischen Inhibitoren dieser Enzyme zeigen in Tumoren das gleiche Verhalten[3].

D-Peptidasen. Die Untersuchungen über Enzyme, welche spezifisch D-*Peptide* spalten, wurden durch die D-Aminosäurehypothese von KÖGL u. ERXLEBEN (s. S. 427) ausgelöst. In normalen Geweben und in Krebsgeweben sind die Aktivitäten der D-Peptidasen nicht sehr verschieden voneinander, die Enzyme zeigen die gleiche Aktivierbarkeit durch Cystein und Manganionen, und das Verhältnis von L-Peptidasen zu D-Peptidasen ist gleich[4,5]. Im Dimethylaminoazobenzolhepatom der Ratte ist die Aktivität der D-Peptidase beträchtlich geringer als in normaler Leber[6]. Nach Untersuchungen an menschlichen Tumoren soll D-*Leucin* die L-*Leucylglycinpeptidase*-Wirkung von Tumoren (und die L-*Leucylglycylglycinpeptidase*-Wirkung von Tumoren[7]), aber nicht von normalen Geweben steigern, umgekehrt L-*Leucin* die D-*Leucylglycinpeptidase*-Wirkung von normalen Geweben (s. a. [5,8]), aber nicht von Krebsgeweben hemmen[9]. Dieses könnte die widersprechenden Ergebnisse erklären, die sich bei der Spaltung von racemischen und optisch aktiven Peptiden ergeben haben[10]. Peptidasen aus normalen und neoplastischen Geweben zeigen im elektrophoretischen Verhalten Unterschiede[11].

Dehydropeptidasen. Tierische Gewebe enthalten 2 Dehydropeptidasen, welche verschiedene Typen von Dehydropeptiden spalten. *Dehydropeptidase I* spaltet nur Dehydropeptide mit einer freien Aminogruppe, z. B. Glycyldehydroalanin, *Dehydropeptidase II* greift Verbindungen vom Typ des Chloracetyldehydroalanins an.

$$\begin{array}{l} H_2C{=}C{-}COOH \\ \quad\;\;\; | \\ \quad\;\;\; NH{-}CO{-}CH_2{-}NH_2 \end{array}$$

Glycyldehydroalanin

$$\begin{array}{l} H_2C{=}C{-}COOH \\ \quad\;\;\; | \\ \quad\;\;\; NH{-}CO{-}CH_2Cl \end{array}$$

Chloracetyldehydroalanin

Während Dehydropeptidase I weit verbreitet ist und in vielen Geweben in hoher Aktivität vorkommt (diese ist viel höher als diejenige der Peptidasen), findet man Dehydropeptidase II nur in wenigen Geweben (Leber, Niere, Pankreas). Die Aktivität der Dehydropeptidase I ist auch in Tumoren (Ratte und Maus) sehr hoch, in manchen Fällen viel höher als in normalen Geweben; die Aktivität der Dehydropeptidase II dagegen ist in Tumoren, wenn überhaupt

[1] MAVER, M. E., and A. E. GRECO: J. nat. Cancer Inst. **12**, 37 (1951/52). — [2] GREENSTEIN, J. P., and H. L. STEWART: J. nat. Cancer Inst. **2**, 631 (1941/42). — [3] FEINSTEIN, R. N., and J. C. BALLIN: Cancer Res. **13**, 780 (1953). — [4] HERKEN, H.: Z. Krebsforsch. **52**, 455 (1942). — MASCHMANN, E.: B. Z. **313**, 129, 156 (1942/43). — WALDSCHMITZ-LEITZ, E.: Ergebn. Enzymforsch. **9**, 193 (1943). — [5] BAMANN, E., u. O. SCHIMKE: B. Z. **310**, 131 (1941/42). — [6] PRICE, V. E., and J. P. GREENSTEIN: J. biol. Ch. **175**, 969 (1948). — [7] VESCIA, A., F. FANELLI and A. IACONO: Naturwiss. **43**, 21 (1956). — [8] SCHMITZ, A., R. MERTEN u. H. HERKEN: H. **275**, 44 (1942). — [9] VESCIA, A., A. ALBANO u. A. IACONO: H. **293**, 216 (1953). — [10] WALDSCHMITZ-LEITZ, E., u. K. MAYER: H. **262**, IV (1939/40). — BAYERLE, H., u. F. H. PODLOUCKY: H. **264**, 189 (1940). — [11] VESCIA, A.: H. **299**, 54 (1955).

vorhanden, nur gering[1]. Nach GREENSTEIN[2] könnte die hohe Aktivität der Dehydropeptidase I in Tumoren ein Zeichen dafür sein, daß dieses Enzym im Tumorstoffwechsel eine besondere Rolle spielt und möglicherweise an der Proteinsynthese beteiligt ist.

Cystindesulfurase. Cystin wird durch die Cystindesulfurase in Brenztraubensäure, H_2S, Schwefel und NH_3 gespalten (s. Bd. 2/1, S. 959). Auch Peptide mit einem endständigen Cystinrest werden angegriffen, wobei unter Abspaltung von H_2S wahrscheinlich Dehydropeptide gebildet werden. Cystindesulfurase kommt nur in Leber, Niere und Pankreas vor; sie fehlt in allen Tumoren, auch in primären und transplantierten Hepatomen[3].

Arginase. Für Tumoren sind die älteren Angaben über die Aktivität dieses Enzyms, welches L-Arginin in L-Ornithin und Harnstoff spaltet, widerspruchsvoll. Eingehende und vergleichende Untersuchungen sind besonders von GREENSTEIN[4,5] durchgeführt worden. Abgesehen von spontanen Mammatumoren und transplantierten, durch Methylcholanthren induzierten Hautcarcinomen[6] der Maus, die eine auffallend hohe Aktivität im Vergleich zu anderen Tumoren und im Vergleich zu den Muttergeweben haben, liegt die Aktivität der Arginase bei den meisten Tumoren im Vergleich zu normalen Geweben in einem verhältnismäßig kleinen Bereich. Bei einem transplantierten Mammacarcinom der Maus zeigten langsam wachsende Tumoren eine doppelt so hohe Aktivität wie schnell wachsende[7].

In der Leber, welche das arginasereichste Gewebe ist, dient dieses Enzym der Harnstoffbildung. Diese spezifische Funktion der Leber geht beim Übergang zum Hepatom verloren (Verminderung der Harnstoffbildung[8] und der Aktivität der Arginase[9] in der Leber nach Verfütterung hepatocarcinogener Amine); einmal ist die Aktivität der Arginase in primären und transplantierten Hepatomen von Ratte und Maus im Vergleich zu normaler Leber um etwa eine Zehnerpotenz gesunken[10], zum anderen ist die Synthese des Citrullins, der Zwischenstufe im Harnstoffbildungscyclus, vermindert[11] (s. a. [12]).

Die Verminderung der Aktivität der Arginase in der Leber (Milz und Niere)[4,13] und die Zunahme im Muskelgewebe[14] im tumortragenden Organismus konnte bei Mäusen mit GARDNER-Lymphosarkom nicht beobachtet werden[15].

Glutaminase, Asparaginase. Von den Glutaminasen und Asparaginasen, welche aus der Amidgruppe von Glutamin bzw. Asparagin NH_3 abspalten, kommen Glutaminase I und Asparaginase I (relativ hitzestabil, in der Ultra-

---

[1] GREENSTEIN, J. P., and F. M. LEUTHARDT: J. nat. Cancer Inst. **6**, 211, 317 (1945/46); **9**, 389 (1948/49). — CARTER, C. E., and J. P. GREENSTEIN: J. nat. Cancer Inst. **7**, 51 (1946/47). — GREENSTEIN, J. P., P. J. FODOR and F. M. LEUTHARDT: J. nat. Cancer Inst. **10**, 271 (1949/50). — PRICE, V. E., and J. P. GREENSTEIN: J. biol. Ch. **175**, 969 (1948). — LEVINTOW, L., S.-C. J. FU, V. E. PRICE and J. P. GREENSTEIN: J. biol. Ch. **184**, 633 (1950). — [2] GREENSTEIN, J. P.: Adv. Enzymol. **8**, 117 (1948) (Zusammenfassung). — [3] GREENSTEIN, J. P., and F. M. LEUTHARDT: J. nat. Cancer Inst. **5**, 249 (1944/45); **6**, 197, 211, 317 (1946/47). — [4] GREENSTEIN, J. P., W. V. JENRETTE, G. B. MIDER and J. WHITE: J. nat. Cancer Inst. **1**, 687 (1940/41). — [5] GREENSTEIN, J. P., and J. W. THOMPSON: J. nat. Cancer Inst. **4**, 271, 275 (1943/44). — [6] ROBERTS, E., and S. FRANKEL: Cancer Res. **9**, 231 (1949). — [7] BACH, S. J., and I. LASNITZKI: Enzymologia **12**, 198 (1947). — [8] BURKE, W. T., and L. L. MILLER: Cancer Res. **16**, 330 (1956). — [9] TAKAHASHI, T.: Gann, Tokyo **45**, 631 (1954). — [10] GREENSTEIN, J. P., J. E. EDWARDS, H. B. ANDERVONT and J. WHITE: J. nat. Cancer Inst. **3**, 7 (1942/43). — [11] TUNG, T. C., and P. P. COHEN: Cancer Res. **10**, 793 (1950). — [12] GREENSTEIN, J. P.: J. nat. Cancer Inst. **3**, 293 (1942/43). — [13] FUJIWARA, H.: H. **185**, 1 (1929). — WALDSCHMITZ-LEITZ, E., u. E. MCDONALD: H. **219**, 115 (1933). — WEIL, L.: J. biol. Ch. **110**, 201 (1935). — [14] KLEIN, G., u. W. ZIESE: Z. Krebsforsch. **37**, 323 (1932). — ANNAU, E., u. B. GÖZSY: Z. Krebsforsch. **40**, 572 (1934). — [15] GREENBERG, D. M., and E. N. SASSENRATH: Cancer Res. **13**, 709 (1953).

zentrifuge sedimentierbar) in normalen und neoplastischen Geweben vor, während Glutaminase II und Asparaginase II (hitzestabil, in der Ultrazentrifuge nicht sedimentierbar) nur in der Leber und vermindert in den daraus entstehenden Tumoren vorkommen[1]. Die Aktivität der Asparaginase in der Leber sinkt bereits bei Verfütterung von Dimethylaminoazobenzol[2]. (Änderungen der Aktivität der Glutaminase in der Leber von Ratten nach Fütterung verschiedener hepatocarcinogener Amine s.[3].) Die Aktivität der Glutaminase in der Leber ist bei tumorfreien und tumortragenden Ratten (NOVIKOFF-Hepatom) nicht verschieden[4].

Die Glutamindesamidierung durch Extrakte und Homogenate normaler Leber wird durch α,γ-Diketosäuren beschleunigt; dieser Effekt tritt nicht bei Lebertumoren auf[5]. Der Grund für beschleunigte Spaltung bei normaler Leber beruht auf der enzymatischen Spaltung der α,γ-Diketosäuren zu α-Ketosäuren, welche auf die Glutaminase II aktivierend wirken. Die Aktivität des Enzyms, das die α,γ-Diketosäuren spaltet *(Acylpyruvase)*, ist in Hepatomen im Vergleich zu normaler Leber sehr vermindert, so daß im Hepatom wenig α-Ketosäure zur Aktivierung von Glutaminase II gebildet wird[6].

Tryptophanperoxydase (s. Bd. II/1, S. 987 u. Bd. II/2a, S. 287). Dieses Enzym, welches die erste Stufe der Umwandlung von Tryptophan in Kynurenin katalysiert, zeigt in transplantierten Ratten- und Mäusehepatomen eine verminderte Aktivität oder fehlt völlig[7]. In der Leber der tumortragenden Ratten ist die Aktivität etwas erhöht, bei tumortragenden Mäusen vermindert[7]; bei Mäusen mit transplantiertem LEWIS-Sarkom 241 ist die Verminderung nur vorübergehend[8].

Transaminasen. Die in allen Geweben vorkommenden Transaminasen übertragen Aminogruppen von L-Aminosäuren auf α-Ketosäuren. Man unterscheidet nach dem Aminosäure-α-Ketosäuresystem besonders *Glutaminsäure-Oxalessigsäure-Transaminase* und *Glutaminsäure-Brenztraubensäure-Transaminase*. Letztere fehlt in Tumoren oder ist nur von geringer Aktivität[9]; erstere, die im allgemeinen in Geweben viel aktiver ist, ist gewöhnlich auch in Tumoren vorhanden, aber ihre Aktivität ist in diesen geringer als in normalen Geweben[10]. Bei Fütterung mit Dimethylaminoazobenzol sinkt bei Ratten die Aktivität in der Leber progressiv; im Hepatom schließlich ist die Aktivität nur $^1/_3$ derjenigen normaler Leber[11]. In Lymphosarkomen der Maus sind die Aktivitäten beider Transaminasen recht hoch[12]. Bei Krebskranken mit Lebermetastasen wird eine erhöhte Aktivität der Glutaminsäure-Oxalessigsäure-Transaminase im Serum gefunden (die Steigerung wird aber allgemein nach akuten Leberzellschädigungen beobachtet)[13]. Die Aktivität dieser Transaminase in Leukocyten zeigt bei Leukämie oder bei Krebskranken aber keine deutliche Abweichung von der Norm[14]. Die Fähigkeit für Transaminierung von *β-2-Thienyl-D,L-alanin* mit *Phenylbrenztraubensäure* ist in

[1] GREENSTEIN, J. P., and F. M. LEUTHARDT: J. nat. Cancer Inst. **8**, 161 (1947/48). — GREENSTEIN, J. P., P. J. FODOR and F. M. LEUTHARDT: J. nat. Cancer Inst. **10**, 271 (1949/50). — [2] KISHI, S., u. K. HARUNO: B. **85**, 836 (1952). — [3] HARUNO, K.: Gann, Tokyo **47**, 231 (1956). — [4] WHITE, J. M., G. OZAWA, G. A. L. ROSS and E. W. MCHENRY: Cancer Res. **14**, 508 (1954). — [5] MEISTER, A., and J. P. GREENSTEIN: J. biol. Ch. **175**, 573 (1948) — [6] MEISTER, A.: J. nat. Cancer Inst. **9**, 125 (1948/49). — [7] CLAUDATUS, J., and S. GINORI: Science, N.Y. **125**, 394 (1957). — [8] WOOD, S. jr., R. S. RIVLIN and W. E. KNOX: Cancer Res. **16**, 1053 (1956). — [9] EULER, H. v., G. GÜNTHER u. N. FORSMAN: Z. Krebsforsch. **49**, 46 (1939). — [10] BRAUNSTEIN, A. E., and R. M. AZARKH: Nature **144**, 669 (1939). — COHEN, P. P., and G. L. HEKHUIS: Cancer Res. **1**, 620 (1941). — SHAPIRO, D. M., M. F. SHILS and L. S. DIETRICH: Cancer Res. **13**, 703 (1953). — [11] COHEN, P. P., G. L. HEKHUIS and E. K. SOBER: Cancer Res. **2**, 405 (1942). — [12] KIT, S., and J. AWAPARA: Cancer Res. **13**, 694 (1953). — [13] WRÓBLEWSKI, F., and J. S. LADUE: Cancer, N.Y. **8**, 1155 (1955). — [14] WAISMAN, H. A., C. MONDER and J. N. WILLIAMS jr.: Cancer Res. **16**, 344 (1956).

Ratten- und Mäusetumoren nur gering oder fehlt vollkommen[1]. In Mitochondrien von Ratten- und Mäusetumoren läßt sich eine hohe Transaminierung zwischen α-Ketoglutarsäure und Valin nachweisen[2].

Die *Konfigurationsspezifität der Transaminasen* von Tumoren ist im Hinblick auf die Befunde von KÖGL u. ERXLEBEN über das Vorkommen von D-Glutaminsäure in Tumoren (s. S. 427) verschiedentlich untersucht worden. In Tumoren sind die Transaminasen aber genau so spezifisch für L-Aminosäuren wie in normalen Geweben. Anzeichen für eine geringe Transaminierung der D-Aminosäuren sollen auf experimentellen Fehlern beruhen[3].

d) Nucleinsäuren und Nucleinsäurestoffwechsel[4].

α) Nucleinsäuren.

Unter den Zellbestandteilen beanspruchen die Nucleinsäuren besonderes Interesse, da sie eine grundlegende Rolle bei der Zellteilung, beim Zellwachstum und beim Aufbau der Proteine spielen.

Ältere Arbeiten zeigen bereits bei den meisten Tumoren einen hohen Gehalt an Nucleinsäuren, gemessen an der Größe der Quotienten Nuclein-P zu Gesamt-P[5] oder Purin-N zu Gesamt-N[6,7] oder am Gesamtpuringehalt[8] und einen geringen Gehalt in nekrotischen Tumoren[7]. Erst die Unterteilung in Desoxyribosenucleinsäure (DNS) und Ribosenucleinsäure (RNS), die Ausarbeitung von Methoden zur quantitativen Trennung dieser beiden Nucleinsäuren und die Erkenntnisse über die Verteilung dieser beiden Nucleinsäuren in der Zelle brachten weitere Fortschritte.

Bezogen auf die Gewichts- oder Volumeneinheit enthalten *Tumoren im allgemeinen mehr DNS als die entsprechenden Muttergewebe* (durch Azofarbstoffe oder Acetaminofluoren induzierte Hepatome der Ratte[9-11], menschliche Tumoren[12]); dies beruht auf der größeren Zell- und damit Kernzahl des Tumorgewebes je Gewichtseinheit (vgl. z. B.[13]).

Nach CASPERSSON[14] ist, wie mit Hilfe der UV-Absorptionsmessung einzelner Zellen gezeigt wurde, erhöhtes Wachstum von Zellen mit erhöhtem RNS-Gehalt verbunden, und RNS ist bei Tumoren besonders reichlich im Cytoplasma der schnell wachsenden Zellen (A-Zellen) enthalten, während die mehr im Inneren gelegenen Zellen (B-Zellen) arm an RNS sind und die Nekrosen nur noch Spuren davon enthalten.

Histochemische Untersuchungen (Anfärbung der Nucleinsäuren mit Gallocyanin-Chromalaun) ergaben im Vergleich zum Ausgangsgewebe bei menschlichen

---

[1] JACQUEZ, J. A., R. K. BARCLAY and C. C. STOCK: J. exp. Med. **96**, 499 (1952). — [2] EMMELOT, P., and P. J. BROMBACHER: Biochim. biophysica Acta, N.Y. **22**, 487 (1956). — [3] BRAUNSTEIN, A. E.: Adv. Protein Chem. **3**, 1 (1947). — [4] SCHMIDT, G.; in: HOMBURGER, F., and W. H. FISHMAN (Hrsg.): The Physiopathology of Cancer. S. 573. New York 1953. — [5] ROFFO, A. H., e P. PILONI: Bol. Inst. med. exp. Cáncer, Buenos Aires **7**, 623 (1930). — s. a. RONDONI, P.: Schweiz. med. Wschr. **71**, 1364 (1941). H. **265**, 102 (1940). — [6] EULER, H. v., u. G. SCHMIDT: H. **223**, 215 (1934). — [7] EDLBACHER, S., u. P. JUCKER: H. **240**, 78 (1936). — [8] BARRENSCHEEN, H. K., u. A. PEHAM: H. **272**, 87 (1942). — [9] MASAYAMA, T., and T. YOKOYAMA: Gann, Tokyo **34**, 174 (1940). — DAVIDSON, J. N., and C. WAYMOUTH: Biochem. J. **38**, 379 (1944). — THOMSON, R. Y., F. C. HEAGY, W. C. HUTCHISON and J. N. DAVIDSON: Biochem. J. **53**, 460 (1953). — SCHNEIDER, W. C.: Cancer Res. **5**, 717 (1945). — [10] GRIFFIN, A. C., W. N. NYE, L. NODA and J. M. LUCK: J. biol. Ch. **176**, 1225 (1948). — [11] RUTMAN, R. J., A. CANTAROW and K. E. PASCHKIS: Cancer Res. **14**, 111 (1954). — [12] STOWELL, R. E.: Cancer Res. **5**, 283 (1945); **6**, 426 (1946). — STOWELL, R. E., and Z. K. COOPER: Cancer Res. **5**, 295 (1945). — DAVIDSON, J. N., and C. WAYMOUTH: Brit. J. exp. Path. **25**, 164 (1944). — [13] ALBERT, S., and R. M. JOHNSON: Cancer Res. **14**, 271 (1954). — [14] CASPERSSON, T., C. NYSTRÖM und L. SANTESSON: Naturwiss. **29**, 29 (1941). — CASPERSSON, T., and L. SANTESSON: Acta radiol., Stockholm Suppl. **46** (1942). — s. a. MOBERGER, G.: Acta radiol., Stockholm Suppl. **112** (1954).

Tumoren nur in manchen Fällen eine Zunahme der RNS (aber immer eine Zunahme der DNS)[1]. Die Ergebnisse der chemischen Bestimmungen der RNS in Tumoren je Gewichtseinheit werden den besonderen Verhältnissen nicht gerecht, da sie Mittelwerte für den ganzen Tumor darstellen. Im Gegensatz zu normalen Geweben, die recht unterschiedliche Werte im RNS-Gehalt aufweisen, ist der RNS-Gehalt verschiedener Tumoren recht ähnlich[2] und verhältnismäßig hoch[2,3]. In Hepatomen der Ratte, die nach Fütterung mit Azofarbstoffen oder mit 2-Acetaminofluoren entstehen, ist RNS im Vergleich zu normaler Rattenleber etwas vermindert[4-8]. Auch wenn man die RNS-Werte auf die DNS von Hepatom bzw. Leber bezieht, also die RNS-Werte der einzelnen Zellen (s. u.) miteinander vergleicht, ist die RNS im Hepatom vermindert[6,9]. Einen auffallend hohen RNS-Gehalt je Zelle (etwa 5mal höher als z.B. Exsudatzellen bei steriler Peritonitis) haben die Zellen des EHRLICHschen Ascitestumors der Maus von GOLDBERG, KLEIN u. KLEIN[10]. Dieses wird darauf zurückgeführt, daß es sich bei diesem Ascitestumor ausschließlich um A-Zellen im Sinne CASPERSSONs handelt. Das RNS/DNS-Verhältnis ist bei diesem Tumor 1,84, während es bei den im Gewebsverband wachsenden Tumoren der Maus 0,57—0,90 ist[11]. Auch das Ascitesthymom der Maus hat in der Periode seines größten Wachstums einen hohen RNS-Gehalt und einen großen RNS/DNS-Quotienten[12]. Ein hoher RNS-Gehalt ist aber nicht charakteristisch für alle Ascitestumoren, so zeigten die Zellen des als Ascites gezogenen KREBS-RASK-NIELSEN-WAGNER-Sarkoms keinen besonders hohen RNS-Gehalt, und das RNS/DNS-Verhältnis liegt mit 0,83 innerhalb der Grenzen der soliden Mäusetumoren[13].

Die in den nekrotischen Teilen von Tumoren beobachtete Verminderung der Nucleinsäuren[14] beruht besonders auf einer Abnahme der RNS[15]; auch Mäuseleber zeigt bei der Nekrose eine entsprechende Veränderung[16]. Die Angaben über das Verhalten der DNS sind weniger einheitlich[15].

Verteilung der Nucleinsäuren in der Zelle und Gehalt der einzelnen Zellbestandteile an Nucleinsäuren. In den Tumorzellen kommt, wie in allen tierischen Zellen, DNS ausschließlich im Zellkern, RNS im Zellkern (Nucleolus) und vor allem im Cytoplasma (Mitochondrien, Mikrosomen, Überstand) vor. In Einklang mit den Ergebnissen der Bestimmungen der DNS in Tumoren (s. o.) ist der DNS-Gehalt der Zellkernfraktion sehr erhöht, wenn man die Werte auf Gewebsgewicht bezieht, so beim durch Azofarbstoff induzierten Hepatom der Ratte[7,17] (vgl. a. S. 429). Auch für isolierte Chromosomen des transplantierten

[1] SANDRITTER, W.: Naturwiss. **39**, 46 (1952). — [2] SCHNEIDER, W. C., and H. L. KLUG: Cancer Res. **6**, 691 (1946). — [3] KHOUVINE, Y., et J. GRÉGOIRE: C. R. Soc. Biol. **139**, 142 (1945). — [4] GRIFFIN, A. C., W. N. NYE, L. NODA and J. M. LUCK: J. biol. Ch. **176**, 1225 (1948). — [5] DAVIDSON, J. N., and C. WAYMOUTH: Biochem. J. **38**, 379 (1944). — [6] THOMSON, R. Y., F. C. HEAGY, W. C. HUTCHISON and J. N. DAVIDSON: Biochem. J. **53**, 460 (1953). — [7] PRICE, J. M., E. C. MILLER and J. A. MILLER: J. biol. Ch. **173**, 345 (1948). — [8] GRIFFIN, A. C., H. COOK and L. CUNNINGHAM: Arch. Biochem. **24**, 190 (1949). — [9] DAVIDSON, J. N., and I. LESLIE: Cancer Res. **10**, 587 (1950). — MORTREUIL, M., J.-F. DUPLAN et Y. KHOUVINE: Bull. Soc. Chim. biol. **39**, 151 (1957). — [10] GOLDBERG, L., E. KLEIN and G. KLEIN: Exp. Cell Res. **1**, 543 (1950). — [11] SCHNEIDER, W. C.: Cold Spring Harbor Symp. quant. Biol. **12**, 169 (1947). — [12] LEVY, H. B., H. M. DAVIDSON and A. L. SCHADE: Cancer Res. **12**, 278 (1952). — [13] KLEIN, E., and G. KLEIN: Nature **166**, 832 (1950). — [14] EDLBACHER, S., u. P. JUCKER: H. **240**, 78 (1936). — [15] KHOUVINE, Y.: Helv. **29**, 1348 (1946). — CERECEDO, L. R., D. V. N. REDDY, A. PIRCIO, M. E. LOMBARDO and J. J. TRAVERS: Proc. Soc. exp. Biol. Med. **78**, 683 (1951). — [16] BERENBOM, M., P. I. CHANG, H. E. BETZ and R. E. STOWELL: Cancer Res. **15**, 1 (1955). — [17] PRICE, J. M., J. A. MILLER, E. C. MILLER and G. M. WEBER: Cancer Res. **9**, 96 (1949). — PRICE, J. M., E. C. MILLER, J. A. MILLER and G. M. WEBER: Cancer Res. **9**, 398 (1949); **10**, 18 (1950). — SCHNEIDER, W. C.: Cancer Res. **6**, 685 (1946).

Carcinoms (ursprünglich hervorgerufen durch Methylcholanthren) wird im Vergleich zu normaler Mäuseepidermis ein erhöhter DNS-Gehalt angegeben, während bei der hyperplastischen Mäuseepidermis eine Verringerung beobachtet wird[1].

In neuerer Zeit hat sich zeigen lassen, daß der DNS-Gehalt des einzelnen Zellkerns für somatische Zellen einer Tierart konstant und doppelt so hoch ist wie in haploiden Zellen (Spermatozoen)[2]. Bei Säugetieren liegen die Werte je Zellkern meist um $6 \cdot 10^{-9}$ mg[2,3] (von anderer Seite wird der Wert $10{,}5 \cdot 10^{-9}$ mg angegeben[4]). Gewebe, in denen polyploide Zellen häufig vorkommen, wie Lebern von Nagetieren, weisen einen erhöhten DNS-Gehalt je Kern auf. Bei Hunger bleibt der DNS-Gehalt in der Leber von Ratten konstant[5]. Für transplantierte Hepatome und Cholangiome von Ratten werden die gleichen oder sehr ähnliche Werte je Zelle wie für normale Leber angegeben[6], desgleichen für Leber und Hepatome nach Fütterung mit Azofarbstoffen und Acetaminofluoren[4,5,7] und für andere transplantierte Tumoren der Ratte[4], wenn auch die absoluten Werte bei den einzelnen Autoren etwas verschieden sind (vgl. dazu [5]). Normale DNS-Werte je Zelle werden auch angegeben für das als Ascites gezüchtete KREBS-RASK-NIELSEN-WAGNER-Sarkom der Maus[8], für das DBA-Lymphom der Maus[9] (s. Tabelle 51),

Tabelle 51. Nucleinsäure- und Proteingehalt isolierter Zellkerne (Chemische Analyse)[9].

Material	Gesamt NS je Zellkern in 10^{-9} mg	DNS je Zellkern in 10^{-9} mg	RNS je Zellkern in 10^{-9} mg	Protein je Zellkern in 10^{-9} mg	RNS/DNS
EHRLICH-Ascitestumor (Maus)	17,3	12,9	4,4	48,0	0,34
DBA-Lymphom-Ascitestumor (Maus)	8,2	6,6	1,6	27,9	0,24
Rinderleber	6,7	6,2	0,5	21,5	0.08
Stiersperma	3,4	3,3	0,1	14,0	0,03

für Milzzellen von Mäusen mit spontaner und transplantierter Leukämie[10] und für Knochenmarkszellen[11] und Leukocyten[12] von Menschen mit Leukämie. Eine Verdoppelung des DNS-Wertes je Zellkern wurde bisher gefunden beim EHRLICHschen Ascitestumor der Maus[13] (s. Tabelle 51) (chemische und mikrophotometrische Bestimmungen liefern identische Werte[9]) und beim GRCH-15-Impftumor des Huhnes[14]. Für transplantierte Tumoren bei Mäusen wird eine Ver-

[1] GOPAL-AYENGAR, A. R., and E. V. COWDRY: Cancer Res. **7**, 1 (1947). — [2] BOIVIN, A., R. VENDRELY et C. VENDRELY: Cr. **226**, 1061 (1948). — VENDRELY, R., et C. VENDRELY: Exper. **4**, 434 (1948); **5**, 327 (1949). — *Zusammenfassungen:* DAVIDSON, J. M., and I. LESLIE: Cancer Res. **10**, 587 (1950). — VENDRELY, R.; in: CHARGAFF-DAVIDSON, Nucleic Acids, Bd. II. S. 155. — [3] MIRSKY, A. E., and H. RIS: Nature **163**, 666 (1949). — [4] LAIRD, A. K.: Exp. Cell Res. **6**, 30 (1954). — [5] THOMSON, R. Y., F. C. HEAGY, W. C. HUTCHISON and J. N. DAVIDSON: Biochem. J. **53**, 460 (1953). — [6] MARK, D. D., and H. RIS: Proc. Soc. exp. Biol. Med. **71**, 727 (1949). — [7] CUNNINGHAM, L., A. C. GRIFFIN and J. M. LUCK: Cancer Res. **10**, 211 (1950). J. gen. Physiol. **34**, 59 (1950). — PRICE, J. M., and A. K. LAIRD: Cancer Res. **10**, 650 (1950). — LAIRD, A. K., and E. C. MILLER: Cancer Res. **13**, 464 (1953). — RUTMAN, R. J., A. CANTAROW and K. E. PASCHKIS: Cancer Res. **14**, 111 (1954). — [8] KLEIN, E., and G. KLEIN: Nature **166**, 832 (1950). — [9] LEUCHTENBERGER, C., G. KLEIN and E. KLEIN: Cancer Res. **12**, 480 (1952). — [10] MIZEN, N. A., and M. L. PETERMANN: Cancer Res. **12**, 727 (1952). — MENTEN, M. L., M. WILLMS and W. D. WRIGHT: Cancer Res. **13**, 729 (1953). — [11] DAVIDSON, J. N. and I. LESLIE: Cancer Res. **10**, 587 (1950). — MENTEN, M. L., and M. WILLMS: Cancer Res. **13**, 733 (1953). — [12] MÉTAIS, P., et P. MANDEL: C. R. Soc. Biol. **144**, 277 (1950). — DAVIDSON, J. N., I. LESLIE and J. C. WHITE: Lancet **1951 I**, 1287. — [13] GOLDBERG, L., E. KLEIN and G. KLEIN: Exp. Cell Res. **1**, 543 (1950). — [14] MCINDOE, W. M., and J. N. DAVIDSON: Brit. J. Cancer **6**, 200 (1952).

größerung des diploiden Wertes[1, 2] oder ein ungefähr tetraploider Wert[2] gefunden. Auch menschliche Tumoren zeigen ein ähnliches Verhalten[3]. Chromosomenzahl und DNS-Gehalt je Kern gehen einander parallel[4, 5].

Auf Grund der Konstanz der DNS in Zellen ist der Vorschlag gemacht worden, alle Analysendaten von Geweben auf ihren Gehalt an DNS zu beziehen. Beim Vergleich von Tumoren mit normalen Geweben geben alle Analysen dann, da die Menge der DNS der Anzahl der Zellkerne bzw. der Zellen direkt proportional ist, die Änderung in der Zelle wieder. Derartige Vergleiche sind besser geeignet, Einblick in die Unterschiede zwischen normalen Zellen und Krebszellen und die Änderungen beim Cancerisierungsprozeß zu gewähren als der Vergleich von Analysendaten, die auf das Gewebegewicht bezogen sind[6].

Im Gegensatz zur DNS ist der *Gehalt der RNS des Zellkerns* nicht konstant, sondern wechselt von Gewebe zu Gewebe, und auch bei Ratten- und Mäusetumoren werden große Unterschiede gefunden[7]. In Ascitestumoren der Maus[8] (s. Tabelle 51) und in der Milz von Mäusen mit Leukämie sind die Werte für die RNS des Zellkerns höher als bei normalen Geweben[9]; im Acetaminofluorenhepatom[10] ist mehr, im Dimethylaminoazobenzolhepatom[7, 11] dagegen weniger RNS im Zellkern (je Kern) enthalten als in normaler Rattenleber.

Für die *RNS des Cytoplasmas* findet man in Hepatomen der Ratte nach Fütterung mit Dimethylaminoazobenzol, auf Frischgewicht bezogen, eine Abnahme in der Fraktion der Mitochondrien und Mikrosomen und eine starke Zunahme im Überstand (s. a. Tabelle 50, S. 430). Auf die Zelle bezogen, ergibt sich vor allem eine starke Verminderung der RNS in den Mitochondrien und in den Mikrosomen im Vergleich zu normaler Leber[12]. Ähnliche Veränderungen treten auch im durch 2-Acetaminofluoren induzierten Hepatom der Ratte auf[13].

Zusammensetzung der Nucleinsäuren. Von besonderem Interesse ist die Frage, ob zwischen den Nucleinsäuren von normalen Geweben und Tumoren Unterschiede in der Zusammensetzung bestehen. Ältere Angaben, nach denen Thymonucleinsäuren (DNS) aus menschlichen Tumoren sich in ihrem N- und P-Gehalt von entsprechend dargestellten Nucleinsäuren aus menschlicher Leber und Kalbsthymus unterscheiden sollten[14], konnten nicht bestätigt werden; nachdem die Nucleinsäurepräparate weiter gereinigt worden waren, wies das N/P-Verhältnis (1,77) keine Unterschiede mehr auf[15]. Aus den Tumornucleinsäuren konnten Guanin, Adenin, Thymin und Cytosin isoliert werden. Desoxyribose wurde nachgewiesen. Entsprechende Resultate lieferten die Untersuchungen einer Nucleinsäure aus JENSEN-Sarkom[16] und einer Nucleinsäure aus Hepatomen[17].

---

[1] BADER, S.: Proc. Soc. exp. Biol. Med. **82**, 312 (1953). — [2] MELLORS, R. C., J. HLINKA, A. KUPFER and K. SUGIURA: Cancer, N.Y. **7**, 779 (1954). — [3] LEUCHTENBERGER, C., R. LEUCHTENBERGER and A. M. DAVIS: Amer. J. Path. **30**, 65 (1954). — ATKIN, N. B., and B. M. RICHARDS: Brit. J. Cancer **10**, 769 (1956). — [4] KLEIN, E., and G. KLEIN: Nature **166**, 832 (1950). — [5] COLTER, J. S., H. H. BIRD, H. KOPROWSKI and H. B. RITTER: Nature **177**, 993 (1956). — MELLORS, R. C.: Ann. N.Y. Acad. Sci. **63**, 1177 (1956). — FREED, J. J., and D. A. HUNGERFORD: Cancer Res. **17**, 177 (1957). — [6] DAVIDSON, J. N., and I. LESLIE: Cancer Res. **10**, 587 (1950). — [7] LAIRD, A. K.: Exp. Cell Res. **6**, 30 (1954). — [8] LEUCHTENBERGER, C., G. KLEIN and E. KLEIN: Cancer Res. **12**, 480 (1952). — [9] PETERMANN, M. L., and R. M. SCHNEIDER: Cancer Res. **11**, 485 (1951). — [10] RUTMAN, R. J., A. CANTAROW and K. E. PASCHKIS: Cancer Res. **14**, 111 (1954). — [11] THOMSON, R. Y., F. C. HEAVY, W. C. HUTCHISON and J. N. DAVIDSON: Biochem. J. **53**, 460 (1953). — [12] PRICE, J. M., and A. K. LAIRD: Cancer Res. **10**, 650 (1950). — [13] LAIRD, A. K., and E. C. MILLER: Cancer Res. **13**, 464 (1953). — RUTMAN, R. J., A. CANTAROW and K. E. PASCHKIS: Cancer Res. **14**, 111 (1954). — [14] STERN, K., u. R. WILLHEIM: B. Z. **272**, 180 (1934). — [15] KLEIN, G., u. J. BECK: Z. Krebsforsch. **42**, 163 (1935). — [16] VOWLES, R. B.: Ark. Kemi, Mineral. Geol. **14B**, Nr. 10 (1940). — [17] BRUES, A. M., M. M. TRACY and W. E. COHN: J. biol. Ch. **155**, 619 (1944).

Die quantitative Analyse der Basen von Nucleinsäuren durch Papierchromatographie und mikrophotometrische Bestimmung[1] hat ergeben, daß die Zusammensetzung der DNS bei verschiedenen Organismen verschieden ist, für verschiedene Gewebe einer Tierart aber keine signifikanten Unterschiede bestehen. Tumoren verhalten sich in bezug auf die Zusammensetzung des DNS ähnlich wie ihr Wirtsorganismus. Untersucht worden sind: Lebercarcinom beim Menschen (s. Tabelle 52)[2], Epitheliom der Ratte und seine Metastasen[3], Mäusesarkom[4], eine Reihe von spontanen und experimentell erzeugten Tumoren bei Tieren und Tumoren von Menschen[5] und der hyperdiploide (vgl.[6]) EHRLICHsche Mäuseascitestumor[7]. Das Basenverhältnis der DNS dieser Tumoren ist in allen Fällen vom gleichen Typ wie bei normalen Geweben (AT-Typ der Säugetiere nach CHARGAFF[2]), doch besteht nicht in allen Fällen völlige Übereinstimmung im Basenverhältnis zwischen Tumoren und normalen Geweben. Zu beachten ist aber, daß aus gleichem Gewebe je nach der Extraktion DNS-Präparate mit verschiedenen Basenverhältnissen erhalten werden[8]. Da die DNS von Tumoren (transplantiertes Lymphom der Maus) auch ein ähnliches physikalisch-chemisches Verhalten wie die DNS aus Kalbsthymus zeigt[9], scheint der Schluß berechtigt, daß *sich die DNS von Tumoren in ihrem allgemeinen Aufbau nicht von derjenigen der normalen Gewebe unterscheidet* (Aussagen über Unterschiede in der Feinstruktur können mit den heutigen Methoden noch nicht gemacht werden). (Abhängigkeit der physikalischen Eigenschaften der DNS des EHRLICHschen Mäuseascitestumors von den Isolierungsmethoden s.[10].)

Tabelle 52. Zusammensetzung der DNS des Menschen (in Mol Base je Mol P[2]).

Base	Thymus	Leber	
		normal	Carcinom
Adenin . . .	0,28	0,27	0,27
Guanin . . .	0,19	0,19	0,18
Cytosin . . .	0,16	0,15	0,15
Thymin . . .	0,28	0,27	0,27
Ausbeute . .	0,91	0,88	0,87

Im Gegensatz zur DNS ist bei der RNS der relative Anteil der verschiedenen Basen für verschiedene Gewebe einer Tierart verschieden, dagegen scheinen die gleichen Gewebe bei verschiedenen Tierarten eine ähnliche Basenzusammensetzung zu haben[2]. Bei Tumoren wurden bisher nur die RNS von Lebermetastasen beim Menschen im Vergleich zu den nicht befallenen Partien der gleichen Leber[11] und die RNS des Hühnersarkoms GRCH 15[12] untersucht (s. Tabelle 53). Vergleiche der Basenzusammensetzung der Gesamt-RNS liefern aber nur ein ganz grobes Bild, denn die RNS der verschiedenen Zellfraktionen von Leber (Ratte) zeigen eine verschiedene Zusammensetzung[13]. Die RNS der verschiedenen Zellfraktionen im durch p-Dimethylaminoazobenzol erzeugten Rattenhepatom zeigen dagegen eine weniger heterogene Zusammensetzung als normale Rattenleber. In den Zellkernen, Mitochondrien und im Überstand (nicht aber in den Mikrosomen) ist im Vergleich zu den Fraktionen aus normaler Leber die Guanylsäure auf Kosten

[1] VISCHER, E., and E. CHARGAFF: J. biol. Ch. **168**, 781 (1947); **176**, 703 (1948). — [2] CHARGAFF, E.: Exper. **6**, 201 (1950). — [3] KHOUVINE, Y., et J. GRÉGOIRE: Bull. Soc. Chim. biol. **35**, 603 (1953). — [4] LALAND, S. G., W. G. OVEREND and M. WEBB: Soc. **1952**, 3224. — [5] WOODHOUSE, D. L.: Biochem. J. **56**, 349 (1954). — [6] LETTRÉ, H.: Z. Krebsforsch. **59**, 568 (1953). — [7] SCHNEIDER, W., u. H. EBNER: Exper. **11**, 491 (1955). — [8] KHOUVINE, Y.: Cr. **239**, 782 (1954). — KHOUVINE, Y., et J. VIEYRES: Bull. Soc. Chim. biol. **37**, 623 (1955.) — [9] SHACK, J., R. J. JENKINS and J. M. THOMPSETT: J. nat. Cancer Inst. **13**, 1435 (1952/53). — SHACK, J., and J. M. THOMPSETT: J. nat. Cancer Inst. **13**, 1425 (1952/53). — SHACK, J., and R. J. JENKINS: J. nat. Cancer Inst. **18**, 749 (1957). — [10] COLTER, J. S., R. A. BROWN and D. KRITCHEVSKY: Exper. **13**, 38 (1957). — [11] CHARGAFF, E., B. MAGASANIK, E. VISCHER, C. GREEN, R. DONIGER and D. ELSON: J. biol. Ch. **186**, 51 (1950). — [12] BEALE, R. N., R. J. C. HARRIS and E. M. F. ROE: Soc. **1950**, 1397. — [13] LAMIRANDE, G. DE, C. ALLARD and A. CANTERO: J. biol. Ch. **214**, 519 (1955).

von Adenylsäure und Uridylsäure vermehrt[1]. Im EHRLICHschen Mäuseascitestumor haben RNS-Fraktionen von niedrigem und hohem Molekulargewicht eine sehr verschiedene Basenzusammensetzung[2].

Tabelle 53. Zusammensetzung von RNS[3,4].

Material	% N	% P	N/P	Adenylsäure [a]	Guanylsäure	Cytidylsäure	Uridylsäure	Purin/Pyrimidin
Schweineleber	15,8	8,7	1,82	10	16,3	16,1	7,7	1,1
Schafleber	15,1	8,4	1,80	10	16,8	13,4	5,6	1,4
Kalbleber	14,2	7,7	1,85	10	16,2	11,1	5,3	1,6
Ochsenleber	14,6	7,8	1,87	10	14,6	10,9	6,6	1,4
Carcinomleber (Mensch) nicht befallen . . .	14,9	8,5	1,76	10	32,9	28,8	8,3	1,1
Metastasen	13,2	8,5	1,56	10	41,4	43,2	7,2	1,0
				Adenin	Guanin	Cytosin	Uracil	
Sarkom-GRCH-15 . .	13,8	8,2	1,7	10	33,3	20	9,0	2,8

a) Alle Werte bezogen auf Adenylsäure bzw. Adenin = 10.

Freie Nucleotide. In normalen Geweben (Leber, Gehirn der Ratte) kommen wohl als Vorläufer der Nucleinsäuren freie Nucleotide vor, und zwar außer Adenosinmonophosphat, -diphosphat und -triphosphat auch die entsprechenden Analogen der Basen Guanin, Cytosin und Uracil, ferner Uridin-5'-diphosphatderivate (UDP-Glucose, UDP-Galaktose, UDP-Acetylglucosamin und UDP-Glucuronsäure). Diese Verbindungen sind auch in Tumoren enthalten: JENSEN-Sarkom[5], WALKER-Carcinom[6] und FLEXNER-JOBLING-Carcinom[7] der Ratte und Ascitestumoren der Maus[8, 9]. Allen diesen Tumoren ist gemeinsam, daß in ihnen ein in Lebern normaler[10] und tumortragender Tiere vorhandenes (noch nicht identifiziertes) Adenosinderivat[10] nicht nachweisbar ist[9]. In Mäusetumoren ist der Gehalt an freien *Desoxynucleotiden* höher als in normalen Geweben mit Ausnahme von Milz; im NOVIKOFF-Hepatom der Ratte liegt der Gehalt innerhalb der Werte normaler Gewebe (Rattengewebe weisen aber höhere Werte auf als Mäusegewebe)[11]. Aus dem FLEXNER-JOBLING-Carcinom der Ratte ist Desoxyadenosintriphosphat isoliert worden[12]. Außer Nucleotiden sind in Tumoren auch *Nucleoside* und *freie Purine* und *Pyrimidine* nachgewiesen worden[13].

β) Stoffwechsel der Nucleinsäuren[14].

In Tumoren ist, wie in allen schnell wachsenden Geweben (regenerierende Leber), der Stoffwechsel lebhafter als in ruhenden Geweben, von denen vor allem die Leber als Vergleich herangezogen worden ist. Dieses gilt sowohl für die DNS

[1] LAMIRANDE, G. DE, C. ALLARD and A. CANTERO: Cancer Res. **15**, 329 (1955). — [2] BROWN, R. A., M. C. DAVIES, J. S. COLTER, J. B. LOGAN and D. KRITCHEVSKY: Proc. nat. Acad. Sci. USA **43**, 857 (1957). — [3] CHARGAFF, E., B. MAGASANIK, E. VISCHER, C. GREEN, R. DONIGER and D. ELSON: J. biol. Ch. **186**, 51 (1950). — [4] BEALE, R. N., R. J. C. HARRIS and E. M. F. ROE: Soc. **1950**, 1397. — [5] SCHMITZ, H., V. R. POTTER, R. B. HURLBERT and D. M. WHITE: Cancer Res. **14**, 66 (1954). — [6] SCHMITZ, H.: Naturwiss. **41**, 120 (1954). — [7] SCHMITZ, H., V. R. POTTER u. R. B. HURLBERT: Z. Krebsforsch. **60**, 419 (1954/55). — [8] SCHMITZ, H.: Biochim. biophysica Acta, N. Y. **14**, 160 (1954). — [9] SCHMITZ, H., W. HART u. H. RIED: Z. Krebsforsch. **60**, 301 (1954/55). — [10] HURLBERT, R. B., H. SCHMITZ, A. F. BRUMM and V. R. POTTER: J. biol. Ch. **209**, 23 (1954). — [11] SCHNEIDER, W. C.: J. biol. Ch. **216**, 287 (1955). — [12] LE PAGE, G. A.: J. biol. Ch. **226**, 135 (1957). — [13] DOROUGH, G. D., and D. L. SEATON: Am. Soc. **76**, 2873 (1954). — ROSS, V.: Biochim. biophysica Acta, N.Y. **21**, 387 (1956). — [14] *Zusammenfassungen:* HEIDELBERGER, C.: Adv. Cancer Res. **1**, 273 (1953). — GREENBERG, D. M.: Cancer Res. **15**, 421 (1955).

als auch für die RNS. Bei Verabfolgung von Glykokoll-^{14}C[1] oder gleichzeitiger Verabfolgung von ^{32}P (als Phosphat) und Glykokoll-^{14}C[2] zeigen Rattenleber und JENSEN-Sarkom qualitativ völlig gleichartiges Verhalten beim Einbau dieser Verbindungen in DNS und RNS der verschiedenen Zellfraktionen (Zellkern, Mitochondrien, Mikrosomen und Überstand); die Aktivitäten sind beim Tumor aber stets größer (vgl. auch säurelösliche 5'-Nucleotide beim FLEXNER-JOBLING-Carcinom)[3]. Im Vergleich zu ruhenden Geweben scheint der Stoffwechsel der Tumoren demnach also im wesentlichen nur quantitativ aber nicht qualitativ verschieden zu sein.

Vermehrter Einbau oder größere Einbaugeschwindigkeit von markierten Verbindungen in Nucleinsäuren von Tumoren als Zeichen eines lebhafteren Stoffwechsels ist auch gefunden worden in Versuchen mit ^{32}P („Nucleoproteid"-Fraktion[4] und Zellkerne[5] von Mäuse- und Rattentumoren, DNS des JENSEN-Sarkoms[6], DNS und RNS von Hepatomen der Ratte[7], DNS[8] und RNS[9] des atypischen Epithelioms der Ratte und von spontanen[10] und transplantierten[11] Mammatumoren der Maus), mit *Adenin*-^{14}C (Purine der DNS des 3'-Methyl-4-dimethylaminoazobenzolhepatoms der Ratte[12], DNS des Mäusesarkoms 37[13]), mit *4-Amino-5-imidazolcarboxamid*-^{14}C (Purine der DNS, aber nicht der RNS des Mäusesarkoms 37[14]), *Glykokoll*-^{14}C (Purine der DNS und RNS des FLEXNER-JOBLING-Carcinoms der Ratte[15] und des EHRLICH-Ascitestumors der Maus *in vitro*[16]), von *Formiat*-^{14}C und *Carbamylasparaginsäure*-^{14}C (Purine bzw. Pyrimidine der RNS des Rattenhepatoms[17]), mit *Orotsäure*-^{14}C (Pyrimidine der Nucleinsäuren in Schnitten des WALKER-Carcinoms der Ratte[18] und menschlicher Tumoren[19]), mit *Uracil*-^{15}N (Pyrimidine der Nucleinsäure des EHRLICH-Ascitestumors der Maus[20]), mit *Uracil*-^{14}C (nur in RNS des 2-Acetaminofluorenhepatoms der Ratte nicht in DNS[21], RNS und DNS des FLEXNER-JOBLING-Carcinoms[22]) und mit *Glucose*-1-^{14}C (DNS und RNS des JENSEN-Sarkoms[23]). Ein spezifischer Einbau von *Guanin* in Nucleinsäuren von Mäusetumoren[24] konnte mit Guanin-^{15}N[25] oder Guanin-^{14}C[26] nicht bestätigt werden. Guanin wird im Vergleich zu normalen

---

[1] TYNER, E. P., C. HEIDELBERGER and G. A. LEPAGE: Cancer Res. **12**, 158 (1952). — [2] TYNER, E. P., C. HEIDELBERGER and G. A. LEPAGE: Cancer Res. **13**, 186 (1953). — [3] EDMONDS, M. P., and G. A. LE PAGE: Cancer Res. **15**, 93 (1955). — [4] TUTTLE, L. W., L. A. ERF and J. H. LAWRENCE: J. clin. Invest. **20**, 57 (1941). — KOHMAN, T. P., and H. P. RUSCH: Proc. Soc. exp. Biol. Med. **46**, 403 (1941). — [5] MARSHAK, A.: J. gen. Physiol. **25**, 275 (1941). — [6] EULER, H. v., u. G. v. HEVESY: Ark. Kemi, Mineral. Geol. **17A**, Nr. 30 (1944). — [7] BRUES, A. M., M. M. TRACY and W. E. COHN: J. biol. Ch. **155**, 619 (1944). — GRIFFIN, A. C., L. CUNNINGHAM, E. L. BRANDT and D. W. KUPKE: Cancer, N. Y. **4**, 410 (1951). — [8] MORTREUIL, M., et Y. KHOUVINE: Bull. Soc. Chim. biol. **38**, 951 (1956). — [9] MORTREUIL, M., et Y. KHOUVINE: Bull. Soc. Chim. biol. **39**, 161 (1957). — [10] ALBERT, S., R. M. JOHNSON and M. S. COHAN: Cancer Res. **11**, 772 (1951). — [11] BARNUM, C. P., R. A. HUSEBY and H. VERMUND: Cancer Res. **13**, 880 (1953). — [12] GRIFFIN, A. C., W. E. DAVIS jr. and M. O. TIFFT: Cancer Res. **12**, 707 (1952). — [13] WAY, J. L., H. G. MANDEL and P. K. SMITH: Cancer Res. **14**, 812 (1954). — [14] CONZELMANN, G. M. jr., H. G. MANDEL and P. K. SMITH: J. biol. Ch. **201**, 329 (1953). — MANDEL, H. G., and P.-E. CARLÓ: J. biol. Ch. **201**, 335 (1953). — [15] LEPAGE, G. A., and C. HEIDELBERGER: J. biol. Ch. **188**, 593 (1951). — [16] LEPAGE, G. A.: Cancer Res. **13**, 178 (1953). — [17] WERKHEISER, W. C., and D. W. VISSER: Cancer Res. **15**, 644 (1955). — [18] WEED, L. L., and D. W. WILSON: J. biol. Ch. **189**, 435 (1951). — [19] WEED, L. L.: Cancer Res. **11**, 470 (1951). — [20] LAGERKVIST, U., and P. REICHARD: Acta chem. scand. **8**, 361 (1954). — [21] RUTMAN, R. J., A. CANTAROW, K. E. PASCHKIS and B. ALLANOFF: Science, N. Y. **117**, 282 (1953). — RUTMAN, R. J., A. CANTAROW and K. E. PASCHKIS: Cancer Res. **14**, 119 (1954). — [22] HEIDELBERGER, C., K. C. LEIBMAN, E. HARBERS and P. M. BHARGAVA: Cancer Res. **17**, 399 (1957). — [23] SCHMITZ, H., V. R. POTTER and R. B. HURLBERT: Cancer Res. **14**, 58 (1954). — [24] KIDDER, G. W., V. C. DEWEY, R. E. PARKS jr. and G. L. WOODSITE: Science, N. Y. **109**, 511 (1949). — [25] BROWN, G. B., A. BENDICH, P. M. ROLL and K. SUGIURA: Proc. Soc. exp. Biol. Med. **72**, 501 (1949). — [26] GRAFF, S., M. ENGELMAN, H. B. GILLESPIE and A. M. GRAFF: Cancer Res. **11**, 388 (1951). —MANDEL, H. G., and P.-E. CARLÓ: J. biol. Ch. **201**, 335 (1953).

Geweben in Nucleinsäuren von Tumoren relativ wenig eingebaut[1], im Gegensatz zur Guanylsäure[2]. *Orotsäure*-^{14}C wird *in vivo* in Pyrimidine der Tumornucleinsäuren weniger eingebaut als in die Pyrimidine der Lebernucleinsäuren[3]. *Joduracil-5*-^{131}J, *Joduridin-5*-^{131}J oder *Jodorotsäure-5*-^{131}J werden weder von regenerierender Leber noch von Tumoren bevorzugt aufgenommen; auch in normalen Geweben ist die Aufnahme nur sehr gering[4].

Bei Verabfolgung von ^{32}P an tumortragende Ratten[5] und Mäuse[6] zeigen von den Zellfraktionen die Kerne den schnellsten Anstieg an spezifischer Aktivität. Für die Synthese von Purinnucleotiden (als Bausteine der Nucleinsäuren) existieren in der Zelle 2 Wege: die Neusynthese aus kleinen Bausteinen und die Verwendung vorgebildeter Purine. Verschiedene Mäuseascitestumoren unterscheiden sich beträchtlich in der relativen Bedeutung dieser beiden Wege[7] (HeLa-Carcinom s.[8]). Die beiden Wege werden von verschiedenen Hemmstoffen beeinflußt[7, 9]. In verschiedenen Tumoren ist die Neusynthese ausgeprägter als der Einbau von Purinen[10]. Im EHRLICHschen Mäuseascitestumor wird die Neusynthese der RNS-Purine aus Glykokoll durch exogene Purine und deren Nucleoside und Nucleotide gehemmt[11]; der Einbau von Formiat-^{14}C in Purine (Adenin) der DNS und RNS ist *in vitro* und *in vivo* verschieden[12]; die RNS-Pyrimidine können aus den gleichen Vorstufen wie in normalen Geweben (Rattenleber) aufgebaut werden[13].

In Schnitten von normalen Geweben (Leber, Niere) erfolgt in Gegenwart von ^{32}P (als Phosphat) und *Glucose* eine Verminderung der Aufnahme von ^{32}P in Nucleinsäuren und Phosphoproteide um 50—70% beim Übergang von aeroben zu anaeroben Bedingungen infolge Ausfalls der aeroben Oxydation. Tumorgewebe vermögen infolge ihrer hohen Glykolyse noch so viel Energie bereitzustellen, daß nur eine etwa 15%ige Hemmung des ^{32}P-Einbaus resultiert[14].

Röntgenbestrahlung verursacht, gemessen an der Aufnahme von ^{32}P, eine vorübergehende Hemmung der Bildung von DNS in Tumoren (JENSEN-Sarkom der Ratte[15], transplantiertes Mammacarcinom der Maus[16]), aber auch in normalen Geweben. (Untersuchungen am EHRLICHschen Mäuseascitestumor s.[17].) Fraktionierungsversuche am WALKER-Carcinom der Ratte zeigen, daß bei der Auftrennung der DNS in 2 Fraktionen die Neubildung der beiden Fraktionen verschieden beeinflußt wird[18]. Der Einbau von ^{32}P in RNS, Phospholipoide und „Phosphoprotein" wird zumindest beim Mammatumor der Maus nicht beeinflußt[16].

[1] BENNETT, L. L. jr., H. E. SKIPPER, C. C. STOCK and C. P. RHOADS: Cancer Res. **15**, 485 (1955). — BENNETT, L. L. jr., H. E. SKIPPER, H. W. TOOLAN and C. P. RHOADS: Cancer Res. **16**, 262 (1956). — [2] WEINFELD, H., P. M. ROLL, E. CARROLL, G. B. BROWN and C. P. RHOADS: Cancer Res. **17**, 122 (1957). — [3] HURLBERT, R. B., and V. R. POTTER: J. biol. Ch. **195**, 257 (1952). — [4] PRUSOFF, W. H., W. L. HOLMES and A. D. WELCH: Cancer Res. **13**, 221 (1953). — [5] MORTREUIL, M., et Y. KHOUVINE: Bull. Soc. Chim. biol. **39**, 161 (1957). — [6] BARNUM, C. P., R. A. HUSEBY and H. VERMUND: Cancer Res. **13**, 880 (1953). — [7] LEPAGE, G. A., and A. C. SARTORELLI: Texas Rep. Biol. Med. **15**, 169 (1957). — [8] PILERI, A., and L. LEDOUX: Biochim. biophysica Acta, N.Y. **26**, 309 (1957). — [9] FERNANDES, J. F., G. A. LEPAGE and A. LINDNER: Cancer Res. **16**, 154 (1956). — GREENLEES, J., and G. A. LEPAGE: Cancer Res. **16**, 808 (1956). — [10] BARCLAY, R. K , and E. GARFINKEL: J. biol. Ch. **212**, 397 (1955). — BALIS, M. E., D. VAN PRAAG and F. AEZEN: Cancer Res. **16**, 628 (1956). — [11] EDMONDS, M., and G. A LEPAGE: Cancer Res. **16**, 222 (1956). — [12] THOMSON, R. Y., R. M. S. SMELLIE and H. HARRINGTON: Biochem. J. **67**, 17P (1957). — [13] LAGERKVIST, U., P. REICHARD, B. CARLSSON and J. GRABOSZ: Cancer Res. **15**, 164 (1955). — [14] MANN, W., and J. GRUSCHOW: Proc. Soc. exp. Biol. Med. **71**, 658 (1949). — [15] EULER, H. v., u. G. v. HEVESY: Ark. Kemi, Mineral. Geol. **17**A, Nr. 30 (1944). — AHLSTRÖM, L., H. v. EULER u. G. v. HEVESY: Ark. Kemi, Mineral. Geol. **19**A, Nr. 13 (1945). — HOLMES, B. E.: Brit. J. Radiol. **20**, 450 (1947); **22**, 487 (1949). — [16] VERMUND, H., C. P. BARNUM, R. A. HUSEBY and K. W. STENSTROM: Cancer Res. **13**, 633 (1953). — [17] KELLY, L. S., J. D. HIRSCH, G. BEACH and N. L. PETRAKIS: Proc. Soc. exp. Biol. Med. **94**, 83 (1957). — [18] BACKMANN, R., u. E. HARBERS: Biochim. biophysica Acta, N.Y. **16**, 604 (1955).

2,4-Dinitrophenol vermag *in vivo* die Aufnahme von ^{32}P in RNS und DNS beim JENSEN-Sarkom[1] und *in vitro* die Aufnahme von Glycin-^{14}C in die RNS beim EHRLICH-Ascitestumor[2] zu hemmen. (Beeinflussung des Einbaues von ^{32}P in DNS s.[3].) Über den hemmenden Einfluß von *Thiouracil, 8-Azaguanin, 8-Azaxanthin, 6-Mercaptopurin, Aminopterin, Aminopyrazol-pyrimidine, Azaserin* u.a. auf den Nucleinsäurestoffwechsel s.[4,5].

Der Stoffwechsel der Nucleinsäuren ist nicht nur in Tumoren erhöht, sondern auch in Organen tumortragender Tiere. Dies kommt durch einen höheren Nucleinsäuregehalt und durch einen vermehrten Einbau von markierten Verbindungen in Nucleinsäuren zum Ausdruck. Ein derartiger Einfluß ist aber nicht spezifisch für Tumoren, sondern nur ein Zeichen für eine höhere Proliferationsaktivität des Organismus, denn entsprechende Veränderungen werden auch bei der Schwangerschaft beobachtet. Die Zunahme der Nucleinsäure in Organen von Ratten[6,7] und Mäusen[8] mit Impftumoren betrifft sowohl die DNS als auch die RNS; sie scheint der Wachstumsrate des Tumors parallel zu gehen[8]. Ein vermehrter Einbau von Phosphat-^{32}P[9], Formiat-^{14}C und Glykokoll-^{14}C[10] erfolgt in DNS, von Glykokoll-^{14}C[11], Adenin-^{14}C[11,12] und Ureidobernsteinsäure-^{14}C[13] in RNS von Organen von Ratten bzw. Mäusen mit Tumoren. Auch eine Änderung im Gehalt an einzelnen Basen der Nucleinsäuren von Organen tumortragender Tiere ist beschrieben worden[7,14].

γ) Nucleinsäurespaltende Enzyme.

Polynucleotidasen, welche Desoxyribonucleinsäuren bzw. Ribonucleinsäuren depolymerisieren, sind in Tumoren vorhanden; ihre Aktivitäten sind in den Tumoren von der gleichen Größenordnung wie in vielen anderen normalen Geweben[15].

[1] HOLMES, B. E., and L. K. MEE: Brit. J. Radiol. **26**, 326 (1953). — [2] MALKIN, H. M., and D. M. GREENBERG: Proc. amer. Ass. Cancer Res. **1**/1, 36 (1953). — [3] SHACTER, B.: Arch. Biochem. **57**, 387 (1955). — [4] *Zusammenfassungen:* SKIPPER, H. E.: Cancer Res. **13**, 545 (1953). Canad. Cancer Conf. **1**, 344 (1955). — [5] LASNITZKI, I., R. E. F. MATTHEWS and J. D. SMITH: Nature **173**, 346 (1954). — MANDEL, H. G., and L. W. LAW: Cancer Res. **14**, 808 (1954). — GELLHORN, A., E. HIRSCHBERG and A. KELLS: J. nat. Cancer Res. **14**, 935 (1954/55). — WERKHEISER, W. C., and D. W. VISSER: Cancer Res. **15**, 644 (1955). — WERKHEISER, W. C., R. J. WINZLER and D. W. VISSER: Cancer Res. **15**, 641 (1955). — DAVIDSON, J. D., and B. B. FREEMAN: Cancer Res. **15**, 31 (1955). — CANTAROW, A., K. E. PASCHKIS and R. J. RUTMAN: J. nat. Cancer Inst. **15**, Suppl. 1615 (1955). — ZAHL, P. A., and H. G. ALBAUM: Proc. Soc. exp. Biol. Med. **88**, 263 (1955). — ALBAUM, H. G., and P. A. ZAHL: Cancer Res. **17**, 139 (1957). — FERNANDES, J. F., G. A. LEPAGE and A. LINDNER: Cancer Res. **16**, 154 (1956). — GREENLEES, J., and G. A. LEPAGE: Cancer Res. **16**, 808 (1956). — [6] ŘEŘABÉK, J.: Ark. Kemi, Mineral. Geol. **24A**, Nr. 35 (1947). — CERECEDO, L. R., P. T. MCCARTHY, E. J. SINGER and E. T. MCGUINNES: Exp. Med. Surg. **13**, 85 (1955) [Excerpta med. Cancer **3**, 846 (1955)]. — REID, J. C., O. S. TEMMER and M. O. BACON: J. nat. Cancer Inst. **17**, 189 (1956/57). — [7] DAWYDOWA, S. J.: Biochimija, Moskva **19**, 177 (1954) [C. **1955**, 9584]. — [8] REDDY, D. V. N., and L. R. CERECEDO: J. biol. Ch. **192**, 57 (1951). — CERECEDO, L. R., D. V. N. REDDY, A. PIRCIO, M. E. LOMBARDO and J. J. TRAVERS: Proc. Soc. exp. Biol. Med. **78**, 683 (1951). — LOMBARDO, M. E., J. J. TRAVERS and L. R. CERECEDO: J. biol. Ch. **195**, 43 (1952). — RODRIGUEZ, N. M., H. T. HOCHSTRASSER, J. O. MALBICA and L. R. CERECEDO: J. biol. Ch. **211**, 483 (1954). — [9] KELLY, L. S., A. H. PAYNE, M. R. WHITE and H. B. JONES: Cancer Res. **11**, 694 (1951). — PAYNE, A. H., L. S. KELLY and M. R. WHITE: Cancer Res. **12**, 65 (1952). — KHOUVINE, Y., et M. MORTREUIL: Cr. **238**, 2129 (1954). — [10] PAYNE, A. H., L. S. KELLY, G. BEACH and H. B. JONES: Cancer Res. **12**, 426 (1952). — [11] BALIS, M. E., D. VAN PRAAG and F. AEZEN: Cancer Res. **16**, 628 (1956). — [12] WAY, J. L., H. G. MANDEL and P. K. SMITH: Cancer Res. **14**, 812 (1954). — [13] ANDERSON, E. P., C. Y. YEN, H. G. MANDEL and P. K. SMITH: J. biol. Ch. **213**, 625 (1955). — [14] KUSIN, A. M., u. S. J. DAWYDOWA: Biochimija, Moskva **19**, 184 (1954) [C. **1955**, 9584]. — [15] GREENSTEIN, J. P.: J. nat. Cancer Inst. **2**, 357 (1941/42); **4**, 55 (1943/44). — GREENSTEIN, J. P., and W. V. JENRETTE: J. nat. Cancer Inst. **1**, 845 (1940/41). — GREENSTEIN, J. P., W. V. JENRETTE, G. B. MIDER and H. B. ANDERVONT: J. nat. Cancer Inst. **2**, 293 (1941/42). — GREENSTEIN, J. P., J. E. EDWARDS, H. B. ANDERVONT and J. WHITE: J. nat. Cancer Inst. **3**, 7 (1942/43). —

Während im Dimethylaminoazobenzolhepatom der Ratte die Aktivitäten von Desoxyribonuclease und der Ribonuclease im Vergleich zu normaler Leber keine Unterschiede zeigen, steigen sie während der Fütterung mit Dimethylaminoazobenzol[1] oder seines 3′-Methylderivates[2] in der Leber vor der Tumorentstehung vorübergehend an, wobei der in den Mitochondrien enthaltene Anteil dieser Enzyme aber kaum betroffen wird[2]; in der Zellkernfraktion der Leber der mit Dimethylaminoazobenzol gefütterten Ratten und in den Hepatomen ist die Aktivität der Desoxyribonuclease beträchtlich erhöht[3]. Im Lymphom[4] und im leukämischen Gewebe der Maus[5] ist eine Desoxyribonuclease mit einem p_H-Optimum um 5 enthalten, im Serum dagegen eine solche mit einem p_H-Optimum von 7—8; in der Leber scheinen dagegen beide Enzyme vorhanden zu sein[4]. Die in Homogenaten und in gereinigten Fraktionen von Leber und Hepatomen der Ratte enthaltene Desoxyribonuclease vom p_H-Optimum um 5 wird durch Mg-Ionen, welche in gleicher Konzentration die krystallisierte Pankreas-Desoxyribonuclease aktivieren, gehemmt[6]. In bösartigen menschlichen Tumoren aber auch in Kalbsleber und in Stiertestes kommt ein spezifischer Inhibitor der Desoxyribonuclease vor; er ist ein Protein und bildet mit dem Enzym einen dissoziierbaren, unwirksamen Komplex[7]. In Homogenaten und Zellfraktionen von Leber und Lebertumoren von Ratten sind eine saure und eine alkalische Ribonuclease enthalten (p_H-Optimum 5,8 bzw. 7,8). Milz und Lymphosarkom-Präparationen zeigen eine ausgeprägte Ribonuclease-Aktivität um p_H 6 aber nur eine geringe Aktivität in alkalischem Bereich. Ribonucleasen gereinigter Fraktionen von Rattenleber und Hepatomen unterscheiden sich in der Hitzestabilität von entsprechenden Fraktionen von Milz und Lymphosarkom[6]. In den Mitochondrien von Dimethylaminoazobenzolhepatomen sind die Aktivitäten der sauren und der alkalischen Ribonuclease etwa doppelt so hoch wie in Mitochondrien normaler Rattenleber[8]. Die saure Ribonuclease des EHRLICHschen Mäuseascitestumors unterscheidet sich von der krystallisierten Pankreasribonuclease in der Substratspezifität[9].

Desoxyribonucleinsäure wird ebenso wie Ribonucleinsäure durch Extrakte aus verschiedenen normalen Geweben und aus Tumorgewebe nach Depolymerisierung unter Desaminierung und Dephosphorylierung gespalten. Frische Extrakte aus transplantierten Hepatomen (Maus oder Ratte) spalten schneller und mehr NH_3 und H_3PO_4 ab als entsprechende Extrakte aus normaler Leber; andere Tumoren besitzen die gleiche oder eine geringere Aktivität wie die entsprechenden normalen Gewebe[10]. Durch Dialyse der Extrakte aus Leber wird die Menge des abgespaltenen Phosphats erhöht; die Extrakte aus Hepatomen zeigen diesen Effekt nicht[11]. Die dialysierten Extrakte unterscheiden sich auch im UV-Spektrum[12]. Die Abspaltung von Phosphat aus Adenylsäure, Guanylsäure, Cytidylsäure und Uridylsäure erfolgt in gleichem Ausmaß mit frischen und dialysierten Extrakten von normaler Leber und vom transplantierten Hepatom der Maus[11].

---

[1] CANTERO, A., R. DAOUST and G. DE LAMIRANDE: Science, N. Y. **112**, 221 (1950). — DAOUST, R., and A. CANTERO: Rev. canad. Biol. **9**, 265 (1950). — [2] SCHNEIDER, W. C., G. H. HOGEBOOM, E. SHELTON and M. J. STRIEBICH: Cancer Res. **13**, 285 (1953). — [3] LAMIRANDE, G. DE, C. ALLARD and A. CANTERO: Canad. J. Biochem. Physiol. **32**, 35 (1954). — [4] SHACK, J.: Proc. amer. Ass. Cancer Res. **1**/1, 49 (1953). — [5] WEBB, M.: Exp. Cell Res. **5**, 27 (1953). — [6] MAVER, M. E., and A. E. GRECO: J. nat. Cancer Inst. **17**, 503 (1956). — [7] COOPER, E. J., M. L. TRAUTMANN and M. LASKOWSKI: Proc. Soc. exp. Biol. Med. **73**, 219 (1950) — [8] ALLARD, C.: J. nat. Cancer Inst. **15**, Suppl. 1607 (1954/55). — [9] STECKERL, F.: Arch. Biochem. **58**, 73 (1955). — [10] GREENSTEIN, J. P., C. E. CARTER, H. W. CHALKLEY and F. M. LEUTHARDT: J. nat. Cancer Inst. **7**, 9 (1946/47). — [11] GREENSTEIN, J. P., C. E. CARTER and F. M. LEUTHARDT: J. nat. Cancer Inst. **7**, 47 (1946/47). — [12] CARTER, C. E., and J. P. GREENSTEIN: J. nat. Cancer Inst. **7**, 29 (1946/47).

Normales und neoplastisches Gewebe von Mäusen und Kaninchen enthält eine *Desaminase*, welche das das Wachstum einiger experimenteller Tumoren hemmende *8-Azaguanin* zu dem unwirksamen 8-Azaxanthin desaminiert. Die Desaminierung ist hoch in azaguaninresistenten Tumoren und gering bei solchen Tumoren, die auf die Verbindung gut reagieren[1]. Homogenate aus dem menschlichen Hirntumor Glioblastoma multiforme können 8-Azaguanin nicht meßbar desaminieren; solche aus normalem menschlichem Gehirn zeigen dagegen die größte Desaminaseaktivität aller Organe[2].

e) Lipoide und Lipoidstoffwechsel[3].

α) Lipoide.

Aus der Lipoidfraktion von Tumoren sind bisher Verbindungen, die nicht auch in normalem Gewebe vorkommen, noch nicht isoliert worden. Die Angaben über den Gehalt der Tumoren an Lipoiden oder einzelnen Lipoidfraktionen sind recht widersprechend. Dafür können verschiedene Gründe angegeben werden: 1. Der Lipoidgehalt hängt ab vom Entwicklungsgrad und vom Alter der Tumoren 2. wachsende und nekrotische Teile eines Tumors können sich sehr stark voneinander unterscheiden (s. Tabelle 56, S. 453), 3. verschiedene Tumoren zeigen wie normale Gewebe starke Schwankungen in ihrem Lipoidgehalt.

Außer den *Gesamtlipoiden* sind in Tumoren bestimmt worden: *Fette, Phosphatide, verestertes* und *freies Cholesterin* und das „*Restunverseifbare*". An menschlichen Tumoren sind ausführliche Lipoidanalysen ausgeführt worden von LUSTIG u. MANDLER[4] und von BIERICH u. LANG[5].

Gesamtlipoide. Menschliche Lungentumoren (Carcinome und Sarkome) enthalten weniger Lipoide als normales Lungengewebe (8,07% gegenüber 11,26%, bezogen auf Trockengewicht)[6]. Der Grund für die starke Abnahme der Gesamtlipoide der normalen Mäuseepidermis nach Pinselung mit Methylcholanthren[7] (s. Tabelle 39, S. 396) dürfte in einem Verschwinden der Talgdrüsen liegen[8].

Unter den einzelnen Zellbestandteilen zeigen die Mitochondrien den größten Gehalt an Lipoiden. Untersuchungen über die Lipoidverteilung in der Zelle sind bei verschiedenen Tumoren durchgeführt worden[9], [10].

Nach Bebrütung von Gewebeschnitten in einer Lösung, die ^{14}C-markierte Glucose enthält, wird in den Lipoiden des Hepatoms eine größere Radioaktivität gefunden als in den Lipoiden normaler Leber[11]. Die Synthese von Lipoiden aus Glucose oder Essigsäure verläuft bei schnell wachsenden Tumoren wahrscheinlich nicht schnell genug, um den Lipoidbedarf zu decken, so daß der Tumor außerdem noch vorgebildete Lipoide von seinem Wirt entnehmen muß[12]. Beeinflussung des Lipoidgehaltes von Organen und Geweben von Ratten durch Transplantation eines WALKER-Carcinoms 256 s.[13].

---

[1] HIRSCHBERG, E., J. KREAM and A. GELLHORN: Cancer Res. **12**, 524 (1952). — [2] HIRSCHBERG, E., M. R. MURRAY, E. R. PETERSON, J. KREAM, R. SCHAFRANEK and J. L. POOL: Cancer Res. **13**, 153 (1953). — [3] *Zusammenfassung:* HAVEN, F. L., and W. R. BLOOR: Adv. Cancer Res. **4**, 237 (1956). — [4] LUSTIG, B., u. E. MANDLER: B. Z. **249**, 344, 352, 366 (1932); **263**, 50, 58 (1933). — [5] BIERICH, R., u. A. LANG: H. **216**, 217 (1933). — [6] LUSTIG, B.: B. Z. **284**, 367 (1936). — [7] WICKS, L. F., and V. SUNTZEFF: J. nat. Cancer Inst. **3**, 221 (1942/43). Cancer Res. **5**, 464 (1945). — [8] SUNTZEFF, V., C. CARRUTHERS and E. V. COWDRY: Cancer Res. **7**, 439 (1947). — [9] GRAFFI, A., u. K. JUNKMANN: Kli. Wo. **1946/47**, 78. — [10] DITTMAR, C.: Z. Krebsforsch. **52**, 46 (1942). — [11] ZAMECNIK, P. C., R. B. LOFTFIELD, M. L. STEPHENSON and J. M. STEELE: Cancer Res. **11**, 592 (1951). — [12] MEDES, G., A. THOMAS and S. WEINHOUSE: Cancer Res. **13**, 27 (1953). — [13] BOYD, E. M., M. L. CONNELL and H. D. MCEWEN: Canad. J. med. Sci. **30**, 471 (1952). — BOYD, E. M., V. FONTAINE and J. G. HILL: Canad. J. Biochem. Physiol. **33**, 69 (1955). — BOYD, E. M., and A. O. TIKKALA: Canad. J. Biochem. Physiol. **34**, 259 (1956). — BOYD, E. M., and E. M. CRANDELL: Cancer Res. **16**, 198 (1956). — BOYD, E. M., E. M. KELLY, M. E. MURDOCH and C. E. BOYD: Cancer Res. **16**, 535 (1956). — BLOOR, W. R., and F. L. HAVEN: Cancer Res. **15**, 173 (1955).

Der *Phosphatidgehalt* von Tumoren soll parallel mit ihrem Wachstum ansteigen. Damit in Übereinstimmung, ist der Phospholipoidgehalt beim JENSEN-Sarkom[1] und beim Rattencarcinom 256[2] in den äußeren wachsenden Teilen des Tumors etwa doppelt so hoch wie im nekrotischen Tumorinnern. Ferner enthalten bösartige menschliche Tumoren deutlich mehr Phospholipoide als gutartige Tumoren (Durchschnittswerte: 5,89% gegenüber 2,46% bezogen auf Trockengewicht[3] bzw. 1,08% gegenüber 0,5% bezogen auf Frischgewicht[4]). Der absolute Gehalt an Phospholipoiden soll aber kein Maß für die Aktivität des Tumors sein, sondern eine Abnahme des für jedes Tumorgewebe charakteristischen Phospholipoidgehaltes soll ein Zeichen der Aktivitätsverminderung sein[1].

Menschliche Lebercarcinome enthalten weniger Phosphatide als normale menschliche Leber (0,36% Lipoid-P gegenüber 0,56%, bezogen auf Trockengewicht)[5] und auch im transplantablen Rattenhepatom wurden etwas weniger Phosphatide gefunden als in normaler Rattenleber (s. Tabelle 37, S. 393).

Tabelle 54. Cholin und Colamin in Impftumoren[6] (mg-% der Trockensubstanz).

	Freies Cholin	Gesamt-cholin	Gesamt-colamin
JENSEN-Sarkom	17,5	172,1	151,6
FLEXNER-JOBLING-Carcinom . . .	13,1	213,4	165,0

Während aber der Phosphatidgehalt in menschlichen Mammatumoren größer ist als in der normalen Brustdrüse[7], unterscheiden sich darin Mammatumoren und ruhende Brustdrüsen von Mäusen nur wenig voneinander (die durch Schwangerschaft angeregte Drüse ist dagegen phosphatidreicher)[8].

Versuche mit ^{32}P bei Mäusen mit verschiedenen Tumoren haben ergeben, daß sowohl die Menge des von den Phosphatiden aufgenommenen ^{32}P als auch die Geschwindigkeit des Phosphoraustausches für jede Tumorart charakteristisch ist. Die Verschiedenheit hängt nicht vom Tumorwirt ab, sondern nur vom Tumor[9]. Die Bildung ^{32}P-gekennzeichneter Phosphatide in Tumoren ist weder besonders hoch (wie z.B. in Leber) noch besonders niedrig (wie z. B. in Muskel[10]).

Die Phosphatide von Impftumoren (JENSEN-Sarkom, FLEXNER-JOBLING-Carcinom) enthalten etwa gleichviel *Kephalin* und *Lecithin*, gemessen an den jeweils charakteristischen Basen Colamin und Cholin (s. Tabelle 54), im Rattencarcinom 256 ist auch *Sphingomyelin* in beträchtlicher Menge enthalten[11]. Lecithin unterliegt im Rattencarcinosarkom 256 einem schnelleren Umbau als Kephalin (Versuche mit ^{32}P), woraus geschlossen wird, daß Lecithin im Stoffwechsel allgemeiner verwendet wird[12]. (Quantitative Cholinbestimmungen im Serum von Carcinompatienten mit erhöhter Phosphataseaktivität s.[13].)

---

[1] BIERICH, R., u. A. LANG: H. **216**, 217 (1933). — [2] HAVEN, F. L.: Amer. J. Cancer **29**, 57 (1937). — [3] YASUDA, M., and W. R. BLOOR: J. clin. Invest. **11**, 677 (1932). — [4] BIERICH, R., A. DETZEL u. A. LANG: H. **201**, 157 (1931). — [5] WALTER, B.: B. Z. **55**, 260 (1913). — [6] WITRANOWSKI, W. R.: Bull. int. Acad. pol., Cl. Méd. **1931**, 191 (Nr. 4/6) [Z. Krebsforsch. **36**, 114 (1932)]. — [7] ENSELME, J., et (Mme.) J. ENSELME: Bull. Soc. Chim. biol. **9**, 1017 (1927). — [8] ALBERT, S., R. M. JOHNSON and M. S. COHAN: Cancer Res. **11**, 772 (1951). — JOHNSON, R. M., and P. H. DUTCH: Arch. Biochem. **40**, 239 (1952). — [9] JONES, H. B., I. L. CHAIKOFF and J. H. LAWRENCE: J. biol. Ch. **133**, 319 (1940). — [10] HEVESY, G. v.: Radioactive Indicators. New York 1948. — [11] HAVEN, F. L., and S. R. LEVY: J. biol. Ch. **141**, 417 (1941). — [12] HAVEN, F. L.: J. nat. Cancer Inst. **1**, 205 (1940/41). — [13] KUTSCHER, W., u. M. SCHIPPERS: Z. Krebsforsch. **59**, 666 (1954).

Der zuerst aus malignen Tumoren isolierte *Phosphorsäureester des Colamins*[1] ist nicht charakteristisch für Tumoren, denn er ist sowohl im Rattendarm[2] als auch in beinahe allen Rattengeweben enthalten[3]. Einen hohen Gehalt an diesem Ester weisen auf: Milz, Pankreas, Lymphknoten und Thymus, außerdem alle menschlichen Tumoren. Colaminphosphorsäureester (^{32}P-haltig) wird bei Ratten am schnellsten in die Phosphatide der Tumoren eingebaut[4].

Cholesterin. Bösartige Tumoren enthalten im allgemeinen mehr Cholesterin als gutartige Tumoren oder als homologe normale Gewebe; so beträgt der Gesamtcholesteringehalt (bezogen auf Trockengewicht) zahlreicher gutartiger menschlicher Tumoren im Durchschnitt 0,76%, derjenige bösartiger Tumoren dagegen 1,89%[5], wobei besonders das veresterte Cholesterin stark erhöht ist[5,6]. Die Bösartigkeit menschlicher Tumoren soll der Erhöhung an Gesamtcholesterin parallel gehen, und die Überlebensdauer der Geschwulstträger nach der Tumorentfernung soll sich umgekehrt verhalten wie der Gesamtcholesteringehalt der Tumoren. Eine Erklärung hierfür dürfte die verschiedene Verteilung des Cholesterins im Tumorparenchym und im Stroma sein, da Bindegewebe im allgemeinen nur wenig Cholesterin enthalten[7]. Außerdem dürften Alter der Tumoren und nekrotische Veränderungen daran mitbeteiligt sein.

Der Cholesteringehalt von Rattentumoren nimmt während des Alterns zu[8]; dieses geht besonders deutlich aus Untersuchungen am FLEXNER-JOBLING-Carcinom hervor (s. Tabelle 55)[9]. Parallel mit der Zunahme an Cholesterin

Tabelle 55. Änderung der Lipoidzusammensetzung des FLEXNER-JOBLING-Carcinoms der Ratte während des Tumorwachstums (Durchschnittswerte)[9].

Zeit nach der Implantation (Tage)	Untersuchter Tumoranteil	Wassergehalt %	Lipoidphosphor %	Cholesterin gesamt %	Cholesterin frei %	Cholesterin verestert %
14	Rand	79,5	0,299	1,22	0,92	0,30
	Mitte	80,6	0,335	1,55	1,16	0,39
21	Rand	80,8	0,250	1,61	1,24	0,37
	Mitte	81,7	0,266	2,02	1,52	0,50
30	Rand	81,7	0,229	1,79	1,41	0,38
	Mitte	82,3	0,221	2,27	1,74	0,53
40	Rand	81,4	0,205	2,11	1,64	0,47
	Mitte	82,7	0,195	2,68	2,12	0,56

erfolgt eine Abnahme der Phosphatide. Mit der Änderung der Lipoidzusammensetzung der Tumoren während des Wachstums steht auch in Einklang, daß nach Transplantation des JENSEN-Sarkoms bei der Ratte das sich neubildende Gewebe wesentlich cholesterinärmer ist als das Transplantat, dessen Gehalt an Cholesterin und Neutralfett immer mehr zunimmt, während die Phosphatide gleichzeitig abnehmen[10]. Änderung des Cholesteringehaltes ist aber keine Eigentümlichkeit des wachsenden Gewebes, denn zwischen normalen Organen jugendlicher Ratten und den entsprechenden Organen ausgewachsener Tiere bestehen keine charakte-

[1] OUTHOUSE, E. L.: Biochem. J. **30**, 197 (1936); **31**, 1459 (1937). — [2] COLOWICK, S. P., and C. F. CORI: Proc. Soc. exp. Biol. Med. **40**, 586 (1939). — [3] AWAPARA, J., A. J. LANDUA and R. FUERST: J. biol. Ch. **183**, 545 (1950). — [4] CHARGAFF, E., and A. S. KESTON: J. biol. Ch. **134**, 515 (1940). — [5] YASUDA, M., and W. R. BLOOR: J. clin. Invest. **11**, 677, 1932). — [6] BIERICH, R., A. DETZEL u. A. LANG: H. **201**, 157 (1931). — JOWETT, M.: Biochem. J. **25**, 1991 (1931). — [7] BIERICH, R., u. A. LANG: Kli. Wo. **1936 I**, 667. — [8] BENNETT, C. B.: J. biol. Ch. **17**, 13 (1914). — [9] URAMOTO, M.: J. Biochem. **16**, 69 (1932). — [10] LANG, A., u. R. ROSENBOHM: Z. Krebsforsch. **48**, 183 (1939).

ristischen Unterschiede[1], und analoges gilt für fetale menschliche Leber im Vergleich zu normaler Leber Erwachsener[2].

Analoge Veränderungen wie beim Altern, aber noch ausgesprochener finden sich in Tumoren bei der Bildung von Nekrosen. Die Zusammensetzung der Lipoide des nekrotischen Zentrums (Rattencarcinom 256[3,4], s. Tabelle 56, JENSEN-Sarkom[5]) zeigt bei ähnlichem Gesamtlipoidgehalt gegenüber der Tumorrandzone eine starke Abnahme der Phosphatide und eine bedeutende Zunahme an Cholesterin, insbesondere an Cholesterinester. Ähnliche Verhältnisse wie bei den nekrotischen Teilen der Tumoren finden sich in bezug auf die Lipoidwerte auch bei atrophischem Gewebe wie Rattenhoden, die durch Abbinden der abführenden Vene eine Schädigung erlitten haben[6].

Verfütterung von Cholesterin hat auf das Tumorwachstum keinen Einfluß, und verfüttertes Cholesterin wird im Tumor nicht gestapelt[7].

Ein Begleitstoff des Cholesterins ist, wie erst in neuerer Zeit gefunden wurde das *Δ^7-Cholestenol-(3β)*. Der Gehalt an diesem Sterin beträgt in primären und transplantierten Tumoren von Ratten und Mäusen wie in normalen Geweben meist 1,1—3,5% der Gesamtsterinfraktion. Der größte Teil des Δ^7-Cholestenols im Gewebe ist verestert. Von allen Geweben hat den größten Gehalt die Haut von Ratten und Mäusen (bis zu 39% der Gesamtsterinfraktion)[8]. Pinselung von Mäusen mit Methylcholanthren oder anderen carcinogenen Kohlenwasserstoffen verursacht eine schnelle und sehr ausgeprägte Verminderung des Gehaltes der Haut an Δ^7-Cholestenol (bei der Ratte tritt dieser Effekt viel langsamer ein). Ähnlich wirkt Crotonöl, während nichtcarcinogene Kohlenwasserstoffe und leberkrebserzeugende Amine ohne Einfluß sind[9]. Nach Bestrahlung von Ratten mit UV-Licht nimmt der Gehalt von Cholesterin und Δ^7-Cholestenol in der Rückenhaut zu[10].

„Restunverseifbares". Unter dieser Fraktion werden die unverseifbaren Anteile der Lipoide nach Abtrennung des Cholesterins (Fällung durch Digitonin) verstanden. Diese Fraktion ist in Geschwulstgeweben relativ hoch, sie beträgt

Tabelle 56. Lipoidgehalt in nekrotischen Tumoren: WALKER-Carcinom[3]. (% der Trockensubstanz).

	Gesamtlipoide	Phosphatide	Cholesterin		Neutralfette	Gesamtfettsäuren
			gesamt	verestert		
Randzone	14,94	7,62	1,67	0,37	5,37	10,65
Nekrotisches Zentrum	16,39	3,8	4,2	2,0	6,88	10,62

bezogen auf Gesamtlipoide 38,0% in Lebermetastasen gegenüber 29,2% im umgebenden Lebergewebe (Cholesterin: 9,9% gegenüber 6,9%)[11]. Die Ultraviolettspektren der unverseifbaren Anteile aus normalem Gewebe und aus Tumorgewebe zeigen keine charakteristischen Unterschiede[12].

Fettsäuren. Das WALKER-Carcinom enthält mehr ungesättigte Fettsäuren als das übrige Körpergewebe der Ratte[13]. Die unphysiologische Elaidinsäure

[1] LANG, A.: H. **246**, 219 (1937). — [2] WILLHEIM, R., u. G. FUCHS: B. Z. **247**, 297 (1932). — [3] HAVEN, F. L.: Amer. J. Cancer **29**, 57 (1937). — [4] BOYD, E. M., and H. D. MCEWEN: Canad. J. med. Sci. **30**, 163 (1952). — [5] BIERICH, R., u. A. LANG: H. **216**, 217 (1933). — [6] LANG, A.: Z. Krebsforsch. **49**, 20 (1940). — [7] BREUSCH, F. L.: Amer. J. Cancer **36**, 609 (1939). — [8] KANDUTSCH, A. A., and C. A. BAUMANN: Cancer Res. **14**, 667 (1954). — [9] KANDUTSCH, A. A., and C. A. BAUMANN: Cancer Res. **15**, 128 (1955). — [10] WELLS, W. W., and C. A. BAUMANN: Arch. Biochem. **53**, 471 (1954). — [11] BÜRGER, M., u. K. PLÖTNER: Kli. Wo. **1941**, 1209. — [12] LENORMANT, H.: C. R. Soc. Biol. **138**, 23 (1944). — [13] HAVEN, F. L., W. R. BLOOR and C. RANDALL: Cancer Res. **11**, 254 (1951). —

wird in die Phosphatide von Tumoren langsamer eingebaut als in diejenigen von Rattenmuskel oder Leber und verschwindet aus Tumoren auch langsamer[1]. Tumoren können Fettsäuren des Wirtsorganismus aufnehmen und oxydieren[2].

In Schnittversuchen mit Mäusetumoren wird die Synthese von Fettsäuren (und Cholesterin) aus Acetat-^{14}C durch Glucose stimuliert; die Glykolyse trägt also Energie zur Fettsäuresynthese bei[3]. Der Abbau der Fettsäuren erfolgt in Tumoren wie in normalen Geweben durch β-Oxydation[4]. Die Oxydation der Fettsäuren erfolgt in Leberschnitten von Ratten und Mäusen schneller als in Schnitten von Ratten- und Mäusetumoren, wobei die Unterschiede bei den kurzkettigen Fettsäuren ausgeprägter sind als bei Palmitinsäure[5].

β) Fett- und esterspaltende Fermente.

Lipase und Esterase. Die Lipase- und unspezifische Esteraseaktivität aller Tumoren ist gering und gegenüber dem Muttergewebe meist beträchtlich vermindert; die Werte liegen aber meist nicht tiefer als bei normalen Geweben mit geringer Aktivität (z. B. Muskel). Bestimmungen unter Verwendung von Tributyrin oder einfachen Buttersäureestern als Substrat sind durchgeführt worden

Tabelle 57. Esterase und Phosphatasen in normalen Geweben und Tumoren[6].

	Esterase *	Saure Phosphatase **	Alkalische Phosphatase ***
Maus:			
Pankreas	1820	10	1
Leber	411	12	4
transplantierte Hepatome	103—207	10—22	0—5
Lunge	68	33	36
Lungentumor	6	11	1
Lymphknoten	25	49	8
Lymphome	8	10—12	4—10
Darmmucosa	973	34	2789
Darm-Adenocarcinom	11	19	3
hyperplastisches Mammagewebe	—	18	9
Mammacarcinom	26	21	22
Skeletmuskel	13	19	2
Rhabdomyosarkom	—	8	24
Spindelzellsarkom	6	12	1
Knochen	1	50	420
osteogenes Sarkom	—	135	1100
Ratte:			
Leber	312	25	4
transplantiertes Hepatom	104	52	542
Muskel	4	16	2
JENSEN-Sarkom	83	22	44

* Verbrauch von cm^3 0,1 n alkoholischer KOH · 10^4 je mg Feuchtgewebe je cm^3 Extrakt nach 2 Std bei 37°; Substrat n-Buttersäuremethylester.

** Hydrolyse von Phenylphosphat je mg Gesamt-N je cm^3 Gewebeextrakt 1 Std bei 38°; p_H 4,6.

*** Wie ** aber p_H 9,5.

[1] HAVEN, F. L.: J. biol. Ch. **118**, 111 (1937). — [2] MEDES, G., G. PADEN and S. WEINHOUSE: Cancer Res. **17**, 127 (1957). — [3] EMMELOT, P., and L. BOSCH: Brit. J. Cancer **9**, 339 (1955). — [4] CHAPMAN, D. D., G. W. BROWN jr., I. L. CHAIKOFF, W. G. DAUBEN and N. O. FANSAH: Cancer Res. **14**, 372 (1954). — [5] WEINHOUSE, S., A. ALLEN and R. H. MILLINGTON: Cancer Res. **13**, 367 (1953). — [6] GREENSTEIN, J. P.: Biochemistry of Cancer. New York 1947; 2. Aufl. 1954.

am FLEXNER-JOBLING-Carcinom[1], an transplantierten Tumoren von Ratte[2] und Maus[3] (s. Tabelle 57), an Mammatumoren von verschiedenen Mäusestämmen[4] und am azofarbstoffinduzierten Hepatom der Ratte[5,6]. Histochemisch konnte in zahlreichen menschlichen Tumoren mit Ausnahme von Schilddrüsencarcinomen nur sehr wenig unspezifische Esterase im Vergleich zum Gewebe der Umgebung nachgewiesen werden[7] (s. a. [8]).

Auch in Organen[9] und im Blut[10], Plasma[5] oder Serum[11] des tumortragenden Organismus tritt eine Abnahme der Lipase- bzw. Esteraseaktivität auf. Während die Gesamtlipaseaktivität in menschlichen Tumoren und im Serum Krebskranker eine Verminderung zeigt, ist die *atoxylresistente Lipase* im Serum Krebskranker vermehrt vorhanden[12]. (Zur Frühdiagnose gynäkologischer Carcinome ist die Reaktion ungeeignet[13].)

Entgegen anderer Annahme[14] besteht bei Inzuchtmäusestämmen kein Zusammenhang zwischen der Lipaseaktivität des Serums und dem Auftreten von Mammatumoren[15].

Cholinesterase. Impftumoren von Ratten und Mäusen zeigen eine geringe Aktivität der *spezifischen Esterase, welche Cholinester spaltet*[16]; auch in manchen menschlichen Gehirntumoren, vor allem in bösartigen Tumoren, ist die Aktivität gering[17]. Im Gegensatz dazu zeigt das durch Fütterung mit Dimethylaminoazobenzol[5,18] oder seines 3'-Methylderivates[6,19] entstandene Hepatom der Ratte im Vergleich zu normaler Leber eine hohe Cholinesteraseaktivität. Im Serum krebskranker Menschen ist die Aktivität der Cholinesterase meist beträchtlich vermindert (auch bei Lebererkrankungen, bei Anämie und Unterernährung)[20].

f) Phosphatasen.

Saure Phosphatase. Die Aktivität der sauren Phosphatase, deren Optimum der Wirksamkeit um p_H 5 liegt, ist nach GREENSTEIN[21] in verschiedenen normalen Geweben von Ratte und Maus von ähnlicher Größe und in Tumoren gegenüber dem Ausgangsgewebe mit einigen Ausnahmen etwas vermindert (s. Tabelle 57). Erhöhungen der Aktivität gegenüber dem Muttergewebe sind vorhanden in transplantierten Hepatomen von Ratte und Maus[21], in menschlichen Tumoren[22,23] und besonders in osteogenen Sarkomen. Während das Enzym in den Zellen des

[1] FALK, K. G., H. M. NOYES and K. SUGIURA: J. biol. Ch. **59**, 183 (1924). — [2] GREENSTEIN, J. P., and F. M. LEUTHARDT: J. nat. Cancer Inst. **6**, 317 (1945/46). — [3] GREENSTEIN, J. P.: J. nat. Cancer Inst. **5**, 31 (1944/45). — [4] COHEN, S. L., and J. J. BITTNER: Cancer Res. **11**, 723 (1951). — [5] VIOLLIER, G., u. P. WASER: Helv. physiol. Acta **8**, C 39 (1950). — [6] LANGEMANN, H., and C. J. KENSLER: Cancer Res. **11**, 265 (1951). — [7] COHEN, R. B., M. M. NACHLAS and A. M. SELIGMAN: Cancer Res. **11**, 709 (1951). — [8] WACHSTEIN, M., and E. MEISEL: Proc. Soc. exp. Biol. Med. **79**, 680 (1952). — GOMORI, G.: Arch. Path., Chicago **41**, 121 (1946). — MENK, K. F., and H. HYER: Arch. Path., Chicago **48**, 305 (1949). — [9] EDLBACHER, S., u. M. NEBER: H. **233**, 265 (1935). — [10] TROESCHER, E. E., and E. R. NORRIS: J. biol. Ch. **132**, 553 (1940). — [11] GREEN, H. N., and C. N. JENKINSON: Brit. J. exp. Path. **15**, 1 (1934). — ICHII, S., K. MORI and M. OHASHI: Gann, Tokyo **45**, 33 (1954). — [12] BERNHARD, F.: Z. Krebsforsch. **38**, 450 (1933). — BERNHARD, F., u. K. KÖHLER: Dtsch. Z. Chir. **248**, 72 (1936). — [13] MISCHEL, A., u. W. MISCHEL: Zbl. Gynäk. **77**, 59 (1955). — [14] KHANOLKAR, V. R., and R. G. CHITRE: Cancer Res. **2**, 567 (1942). — [15] SHIMKIN, M. B., J. P. GREENSTEIN and H. B. ANDERVONT: J. nat. Cancer Inst. **5**, 29 (1944/45). — TUBA, J.: Cancer Res. **12**, 113 (1952). — [16] GOVIER, W. M., E. S. FEENSTRA, H. G. PETERING and A. J. GIBBONS: Arch. Biochem. **39**, 276 (1952). — [17] YOUNGSTROM, K. A., B. WOODHALL and R. W. GRAVES: Proc. Soc. exp. Biol. Med. **48**, 555 (1941). — [18] SATO, T.: Gann, Tokyo **47**, 237 (1956). — [19] KENSLER, C. J., M. RUDDEN and H. LANGEMANN: Cancer Res. **12**, 274 (1952). — [20] FABER, M.: Acta med. scand. **114**, 59 (1943). — SCHMIDT, H. W.: Schweiz. med. Wschr. **77**, 458 (1947). — [21] GREENSTEIN, J. P.: J. nat. Cancer Inst. **2**, 511 (1941/42). Ann. Rev. **14**, 643 (1945). — [22] LEMON, H. M., and C. L. WISSEMAN jr.: Science, N. Y. **109**, 233 (1949). — [23] LEMON, H. M., M. M. DAVISON and I. ASIMOV: Cancer, N.Y. **7**, 92 (1954).

normalen Prostatagewebes (s. u.) im Zellkern und im Cytoplasma enthalten ist, ist es in den menschlichen Tumoren ausschließlich im Zellkern lokalisiert[1].

Ungewöhnlich reich an saurer Phosphatase ist erwachsenes menschliches Prostatagewebe[2] und das Prostatacarcinom, und eine hohe Aktivität haben auch die Metastasen dieses Tumors[3,4]. Der hohe Gehalt von Prostata und Prostatacarcinom an saurer Phosphatase kann bei der Behandlung dieses Tumors mit Oestrogenen[5] als Grundlage für eine „organspezifische Therapie" dienen. Werden an Stelle der freien Oestrogene ihre Phosphorsäureester appliziert, so erfolgt die Spaltung dieser Ester im Organismus zu den freien, wirksamen Oestrogenen bevorzugt im Prostatagewebe, also am Wirkungsort[6]. Mit dieser Methode sind gute Erfahrungen gemacht worden[7].

Der Gehalt des *Serums* an saurer Phosphatase ist bei Menschen und Tieren gering und wird im allgemeinen auch durch Krebs und andere Krankheiten nur wenig beeinflußt. Eine Ausnahme bildet der metastasierende Prostatakrebs beim Menschen[4,8]. Weder die normale Prostata noch die größte Hypertrophie oder ein beginnendes Carcinom der Prostata geben saure Phosphatase ins Blut ab. Erst wenn einzelne Tumorzellen die Prostatakapsel durchbrochen haben und mit dem Lymph- oder Blutstrom fortgeschwemmt sich als Metastasen an anderer Stelle des Organismus ansiedeln, tritt diese saure Phosphatase, die in ihrem chemischen Verhalten der sauren Phosphatase der Prostata gleicht, im Blut auf. Widersprechende Befunde können darauf beruhen, daß bereits bei geringfügiger Hämolyse durch die saure Phosphatase der Erythrocyten eine erhöhte Aktivität im Serum gefunden wird oder daß die schnelle Inaktivierung der sauren Phosphatase (z. B. durch Wärme[9]) nicht beachtet worden ist. Diese Fehlerquellen können durch *spezifische Blockierung der Erythrocytenphosphatase mit Formaldehyd* und durch *quantitative Aktivierung der sauren Serumphosphatase mit Ascorbinsäure* ausgeschaltet werden[10]. Die Bestimmung der sauren Phosphatase im Serum ermöglicht nicht nur eine sehr empfindliche Diagnostik des metastasierenden Prostatakrebses, sondern sie stellt auch eine zuverlässige quantitative Beurteilung therapeutischer Maßnahmen dar[11] (Einfluß der Körpertemperatur s.[12]). Ein spezifischer Inhibitor der sauren Prostataphosphatase ist L-*Tartrat*[13], und auch die saure Serumphosphatase beim metastasierenden Prostatacarcinom ist meistens zum größten Teil durch L-Tartrat hemmbar[14]. Auch das Ergebnis vergleichender Hitzedenaturierungsversuche spricht für eine Identität der bei Prostatacarcinom im Serum auftretenden Phosphatase mit der Prostataphosphatase[15].

Alkalische Phosphatase. Im Gegensatz zu dem relativ einheitlichen Gehalt der meisten normalen Gewebe an saurer Phosphatase schwankt der Gehalt an

[1] LEMON, H. M., and C. L. WISSEMAN jr.: Science, N. Y. **109**, 233 (1949). — [2] KUTSCHER, W., u. H. WOLBERGS: H. **236**, 237 (1935). — GUTMAN, A. B., and E. B. GUTMAN: Proc. Soc. exp. Biol. Med. **39**, 529 (1938). — [3] GUTMAN, E. B., E. E. SPROUL and A. B. GUTMAN: Amer. J. Cancer **28**, 485 (1936). — WOODARD, H. Q.: Cancer, N. Y. **5**, 236 (1952). — GOMORI, G.: Arch. Path., Chicago **32**, 189 (1941). — [4] GUTMAN, A. B., and E. B. GUTMAN: J. clin. Invest. **17**, 473 (1938). — [5] HUGGINS, C., and C. V. HODGES: Cancer Res. **1**, 293 (1941). — *Zusammenfassung:* HUGGINS, C.: Science, N. Y. **97**, 541 (1943). — [6] DRUCKREY, H., u. S. RAABE: Kli. Wo. **1952**, 882. — [7] BUDNIOK, R., H. G. STOLL u. G. ALTVATER: D.m.W. **1955**, 143. — [8] BARRINGER, B. S., and H. Q. WOODARD: Trans. amer. Ass. gen.-urin. Surgeons **31**, 363 (1938). — SULLIVAN, T. J., E. B. GUTMAN and A. B. GUTMAN: J. Urol., Baltimore **48**, 426 (1942). — [9] WOODARD, H. Q.: J. Urol., Baltimore **65**, 688 (1951). — [10] RAABE, S.: Z. Krebsforsch. **58**, 654 (1952). — [11] GRÜNING, W.: Kli. Wo. **1950**, 644. — DAMMERMANN, H. J., u. E. KIRBERGER: D. m. W. **1951 II**, 886. — [12] LONDON, M., R. MCHUGH and P. B. HUDSON: Cancer Res. **14**, 718 (1954). — [13] ABDUL-FADL, M. A. M., and E. J. KING: Biochem. J. **45**, 51 (1949). — [14] FISHMAN, W. H., and F. LERNER: J. biol. Ch. **200**, 89 (1953). — FISHMAN, W. H., R. M. DART, C. D. BONNER, W. F. LEADBETTER, F. LERNER and F. HOMBURGER: J. clin. Invest. **32**, 1034 (1953). — [15] LONDON, M., and P. B. HUDSON: Biochim. biophysica Acta, N.Y. **17**, 485 (1955).

alkalischer Phosphatase (Optimum der Wirksamkeit um p_H 9) in verschiedenen Geweben sehr stark (besonders hohe Werte in Darmschleimhaut, Niere und Knochen). Experimentelle Tumoren haben zum Teil Werte, wie sie in normalen Geweben mit geringem Gehalt gefunden werden, zum Teil Werte, die viel höher als in den Ausgangsgeweben liegen (s. Tabelle 57). Im durch Dimethylaminoazobenzol induzierten Hepatom der Ratte, im entsprechenden transplantierten Hepatom und im durch Chloroform induzierten Hepatom der Maus ist die Aktivität der alkalischen Phosphate sehr erhöht (25—135facher Wert von normaler Leber, s. Tabelle 38, S. 394), in anderen primären und transplantierten Hepatomen aber erniedrigt[1, 2]. Regression eines Tumors (FLEXNER-JOBLING-Carcinom der Ratte) bedingt Verminderung der alkalischen (nicht aber der sauren) Phosphatase im Serum[3]. Besonders reich an alkalischer Phosphatase sind das osteogene Sarkom und osteoblastische Metastasen[1, 4, 5]. Die Erhöhung der alkalischen (und auch der sauren) Phosphatase im osteogenen Sarkom der Maus verschwindet bei fortgesetzter Transplantation mit der Abnahme des Differenzierungsgrades des Tumors[6]. Die alkalische Phosphatase läßt sich auch histochemisch in Tumoren nachweisen[5, 7, 8]. Frische Tumorzellen enthalten mehr alkalische Phosphatase als nekrotische[8].

Der normale Gehalt des *Serums* an alkalischer Phosphatase stammt zum größten Teil aus den Osteoblasten des Skelets. Alle Krankheiten, bei denen histologisch eine Vermehrung der osteoblastischen Elemente nachweisbar ist, führen zur Erhöhung der Aktivität der alkalischen Phosphatase im Serum. Der einzige Primärtumor, der einen starken Anstieg der Aktivität der alkalischen Phosphatase im Serum verursacht, ist das osteogene Sarkom. Metastasen bedingen nur eine Zunahme dieser Phosphatase im Serum, wenn die Metastasierung in den Knochen erfolgt, und zwar ausschließlich in den Osteoblasten. Osteoklastische Metastasen sind ohne Einfluß[9, 10].

Bei Knochenmetastasen des Prostatacarcinoms nehmen die Werte für die alkalische Phosphatase im Serum fast immer (etwa 90% der Fälle) zu, weniger häufig, wenn der Primärkrebs eine andere Lokalisation hat[11].

Der von ROCHE[12] beschriebene Test, der darauf beruht, daß die alkalische Phosphatase im Serum normalerweise durch Zn-Ionen aktiviert, bei Krebskranken aber gehemmt wird, wurde von anderer Seite für nicht empfindlich oder spezifisch genug gefunden, um für diagnostische Zwecke Verwendung zu finden, oder konnte überhaupt nicht bestätigt werden[13].

---

[1] GREENSTEIN, J. P.: J. nat. Cancer Inst. **2**, 511 (1942). Ann. Rev. **14**, 643 (1945). — [2] WOODARD, H. Q.: Cancer Res. **3**, 159 (1943). — GREENSTEIN, J. P., and F. M. LEUTHARDT: J. nat. Cancer Inst. **6**, 317 (1945/46). — MULAY, A. S., and H. I. FIRMINGER: J. nat. Cancer Inst. **12**, 917 (1951/52). — [3] FODOR, P. J., C. FUNK and P. TOMASHEFSKY: Exper. **11**, 266 (1955). Arch. Biochem. **56**, 281 (1955). — [4] FRANSEEN, C. C., and R. MCLEAN: Amer. J. Cancer **24**, 299 (1935). — [5] GOMORI, G.: Amer. J. clin. Path. **16**, 347 (1946). — [6] BARRETT, M. K., A. J. DALTON, J. E. EDWARDS and J. P. GREENSTEIN: J. nat. Cancer Inst. **4**, 389 (1943/44). — [7] MANHEIMER, L. H., and A. M. SELIGMAN: J. nat. Cancer Inst. **9**, 181 (1948/49). — BIESELE, J. J., and A. Y. WILSON: Cancer Res. **11**, 174 (1951). — [8] ARNOLD, W., u. S. OECH: Z. Krebsforsch. **56**, 543 (1950). — [9] WOODARD, H. Q.: Arch. Surgery **47**, 368 (1943). Cancer Res. **2**, 497 (1942). — [10] RAABE, S.: Z. Krebsforsch. **58**, 654 (1952). — [11] WOODARD, H. Q.: Cancer, N. Y. **6**, 1219 (1953). — [12] ROCHE, J., NGUYEN-VAN THOAI, J. MARCELET et G. DESRUISSEAUX: C. R. Soc. Biol. **140**, 632 (1946). — ROCHE, J., L. CORNIL, G. DESRUISSEAUX, N. BAUDOIN et S. LONG: C. R. Soc. Biol. **141**, 1251 (1947). — ROCHE, J., NGUYEN-VAN THOAI, J. MARCELET, G. DESRUISSEAUX et S. DURAND: Bull. Acad. Méd. Paris **130**, 294 (1946). — [13] ELLERBROCK, L. D., S. W. LIPPINCOTT and H. D. CHIPPS: J. nat. Cancer Inst. **11**, 739 (1950/51). — BODANSKY, O., and O. BLUMENFELD: Proc. Soc. exp. Biol. Med. **70**, 546 (1949). — FISHMAN, W. H., A. WAYNE and F. HOMBURGER: Cancer Res. **9**, 681 (1949).

Pyrophosphatase. Die Aktivitäten dieses Enzyms sind im transplantierten Mäusehepatom bei p_H 6,8 und in normaler Leber sehr ähnlich; in beiden Fällen werden Mg-Ionen als Aktivator benötigt[1]. Im 3,4-Brenzpyrensarkom der Ratte nimmt die Aktivität der Pyrophosphatase nach Behandlung mit *Colchicin* ab (*in vitro* ist Colchicin ohne Einfluß)[2].

g) Andere Enzymsysteme.

β-Glucuronidase. Die Aktivität dieses Enzyms, welches aus Glucuroniden Glucuronsäure abspaltet, ist nach ausgedehnten Untersuchungen von FISHMAN[3] in menschlichen Tumoren im Vergleich zum normalen Gewebe der Umgebung vermehrt (vgl. auch histochemische Untersuchungen[4]). Auch bei Schwangerschaft werden erhöhte Werte im Uterus, Ovar, Mammagewebe, Placenta und im Blut gefunden, sodaß eine Beziehung zu Wachstumsprozessen zu bestehen scheint. In gutartigen Cervixcarcinomen ist die Aktivität der β-Glucuronidase gering, in bösartigen dagegen hoch[5]. Eine Zunahme der Aktivität wird auch in menschlichen Blasentumoren[6] und bei Mammatumoren aller untersuchten Mäusestämme[7] beobachtet. Eine Ausnahme bildet das Dimethylaminoazobenzolhepatom der Ratte, bei dem die Aktivität nur etwa halb so groß ist wie in normaler Leber[8]. Im Harn von Patienten mit Blasenkrebs sind die Aktivitäten der β-Glucuronidase und der *Sulfatase* erhöht[6] (vgl. S. 388).

Hyaluronidase. Ein Zusammenhang zwischen dem infiltrierenden Wachstum von bösartigen Tumoren und ihrem Gehalt an Hyaluronidase besteht nicht. In menschlichen Tumoren ist nur in manchen Fällen eine Hyaluronidaseaktivität gefunden worden[9], und nach neueren Untersuchungen soll sich eine Hyaluronidaseaktivität weder in gutartigen noch in bösartigen menschlichen Tumoren nachweisen lassen, wenn sie frei von Bakterien sind. Frühere positive Ergebnisse können durch Bakterienhyaluronidase von infiziertem Tumorgewebe vorgetäuscht sein. Auch im Mammacarcinom[10] und im EHRLICHschen Carcinom[11] der Maus und im JENSEN-Sarkom der Ratte[12] ist keine Hyaluronidaseaktivität gefunden worden; während im WALKER-Carcinom der Ratte[11] wechselnde Aktivitäten gefunden wurden, im nekrotischen Gewebe mehr als im frischen Gewebe. Auch bei aseptischer Hydrolyse des WALKER-Tumors steigt die Hyaluronidaseaktivität[11].

Cholinoxydase. Dieses Enzym ist im transplantierten[13] und im azofarbstoffinduzierten Hepatom[14–16] der Ratte sehr verringert. Eine Abnahme im Vergleich zu normaler Leber erfolgt bereits bei Verfütterung krebserzeugend wirksamer

---

[1] GREENSTEIN, J. P., C. E. CARTER and F. M. LEUTHARDT: J. nat. Cancer Inst. **7**, 47 (1946/47). — [2] BLOCH-FRANKENTHAL, L., and A. BACK: Proc. Soc. exp. Biol. Med. **76**, 105 (1951). — [3] FISHMAN, W. H.: Science, N. Y. **105**, 646 (1947). — FISHMAN, W. H., and A. J. ANLYAN: Science, N. Y. **106**, 66 (1947). J. biol. Ch. **169**, 449 (1947). Cancer Res. **7**, 808 (1947). — [4] CAMPBELL, J. G.: Brit. J. exp. Path. **30**, 548 (1949). — SELIGMAN, A. M., N. M. NACHLAS, L. H. MANHEIMER, O. M. FRIEDMAN and G. WOLF: Ann. Surg. **130**, 333 (1949). — [5] ODELL, L. D., and J. C. BURT: Cancer Res. **9**, 362 (1949). — [6] BOYLAND, E., D. M. WALLACE and D. C. WILLIAMS: Brit. J. Cancer **9**, 62 (1955). - [7] COHEN, S. L., and J. J. BITTNER: Cancer Res. **11**, 723 (1951). — [8] MILLS, G. T., and E. E. B. SMITH: Science, N. Y. **114**, 690 (1951). — [9] DURAN-REYNALS, F., and F. W. STEWART: Amer. J. Cancer **15**, 2790 (1931). — GIBERTINI, G.: Tumori (2) **16**, 317 (1942). — MCCUTCHEON, M., and D. R. COMAN: Cancer Res. **7**, 379 (1947). — DUX, C., M. GUÉRIN et F. LACOUR: Bull. Ass. franç. Cancer **35**, 427 (1948). C. R. Soc. Biol. **142**, 789 (1948). — [10] KIRILUK, L. B., A. J. KREMEN and D. GLICK: J. nat. Cancer Inst. **10**, 993 (1949/50). — [11] BALASZ, E. A., and J. v. EULER: Cancer Res. **12**, 326 (1952). — [12] CHAIN, E., and E. S. DUTHIE: Brit. J. exp. Path. **21**, 324 (1940). — PIRIE, A.: Brit. J. exp. Path. **23**, 277 (1942). — [13] LAN, T. H.: Cancer Res. **4**, 42 (1944). — [14] VIOLLIER, G.: Helv. physiol. Acta **8**, C 37 (1950). — [15] WOODWARD, G. E.: Cancer Res. **11**, 918 (1951). — LANGEMANN, H., and C. J. KENSLER: Fed. Proc. **10**, 317 (1951). — [16] ASANO, B. I.: Gann, Tokyo **46**, 41 (1955).

Azofarbstoffe (Dimethylaminoazobenzol und sein 3′-Methylderivat), bevor der Tumor entstanden ist, während bei Verfütterung einer unwirksamen Verbindung (2-Methylderivat) sogar eine Zunahme auftritt[1,2]. Weniger ausgesprochen ist die Aktivitätsverminderung in den Leberadenomen, die infolge langandauernder cholinarmer Diät entstehen[3].

h) Vitamine[4].

Der Gehalt von Tumoren bei Menschen und Tieren an manchen Vitaminen *(Vitamine der B-Gruppe*[5], *Vitamin C*[6], *Vitamin E*[7]*)* ist gleichartiger als derjenige normaler Gewebe und verhältnismäßig gering; dabei ist es gleichgültig, in welchem Gewebe der Tumor entstanden ist oder wodurch er entstanden ist. Tumoren bilden in dieser Beziehung also eine Gruppe von Geweben mit ähnlichem biochemischem Typ.

Die Leber ist als Vorratsorgan für manche Vitamine durch einen hohen Gehalt an diesen Wirkstoffen ausgezeichnet. Das Hepatom (nachFütterung mit 4-Dimethylaminoazobenzol bei der Ratte entstanden) hat diese Eigenschaft verloren, was in einer starken Abnahme fast aller Vitamine zum Ausdruck kommt. Dementsprechend resultiert auch eine Verminderung der *Coenzyme*, die zu Vitaminen in Beziehung stehen[8]. Für *Coenzym A* und *Pantothensäure*, die einen integrierenden Bestandteil des Coenzyms A bildet, besteht außerdem noch eine Änderung in der Verteilung in der Zelle. Während diese beiden Verbindungen in normaler Leber bevorzugt in den Mitochondrien enthalten sind, befinden sie sich beim Hepatom bevorzugt im Überstand[9]. Der Gehalt der Fraktion der großen Granula (Mitochondrien) an *Vitamin* B_2 (Riboflavin) nimmt bei Verfütterung von 4-Dimethylaminoazobenzol oder seiner krebserzeugenden Verwandten zusammen mit dem Eiweißgehalt dieser Zellfraktion ab. Diese Abnahme ist meist um so ausgeprägter, je wirksamer die Verbindung ist (Ausnahme 4′-Fluorverbindung) und tritt nicht bei den unwirksamen Verbindungen dieses Typs auf[10]. Die biologische Halblebenszeit von Vitamin B_2 in der Leber von Ratten bei Verabfolgung einer halbsynthetischen Diät beträgt 6,35 Tage, nach Zusatz von 2-Acetaminofluoren zur Diät dagegen nur 1,04 Tage[11]. (Über Frühveränderungen im Gehalt an den Vitaminen A, B_1, B_2 und C in der Leber von Ratten nach Verfütterung carcinogener Azofarbstoffe s.[12].)

Vitamin A ist nach Bestimmungen mit einer Histofluorescenztechnik nur in solchen Tumoren enthalten, die aus einem Vitamin-A-haltigen Gewebe entstanden sind; der Gehalt im Tumor ist meist geringer als im Muttergewebe[13] (vgl. a. Leber und Lebermetastasen beim Menschen[14]). Auch der *Vitamin C*-Gehalt mensch-

---

[1] ASANO, B. I.: Gann, Tokyo **46**, 41 (1955). — [2] KENSLER, C. J., H. LANGEMANN and E. SHAPIRO: Proc. amer. Ass. Cancer Res. **1**/1, 29 (1953). — [3] VIOLLIER, G.; Helv. physiol. Acta 8, C 37 (1950). — [4] *Zusammenfassungen:* HINSBERG, K.: Das Geschwulstproblem in Chemie und Physiologie. Dresden und Leipzig 1942. — BURK, D., and R. J. WINZLER: Vitamins & Hormones **2**, 305 (1944). Ann. Rev. **13**, 487 (1944). — [5] POLLACK, M. A., A. TAYLOR and R. J. WILLIAMS: Univ. Texas Publ. No. 4237, 56 (1942). — TAYLOR, A., M. A. POLLACK and R. J. WILLIAMS: Science, N.Y. **96**, 322 (1943). — [6] ROBERTSON, W. v. B.: J. nat. Cancer Inst. **4**, 321 (1943/44). — [7] SWICK, R. W., and C. A. BAUMANN: Cancer Res. **11**, 948 (1951). — [8] OLSON, R. E.: Cancer Res. **11**, 571 (1951). — [9] HIGGINS, H., J. A. MILLER, J. M. PRICE and F. M. STRONG: Proc. Soc. exp. Biol. Med. **75**, 462 (1950). — [10] PRICE, J. M., E. C. MILLER and J. A. MILLER: J. biol. Ch. **173**, 345 (1948). — PRICE, J. M., E. C. MILLER, J. A. MILLER and G. M. WEBER: Cancer Res. **9**, 398 (1949); **10**, 18 (1950). — PRICE, J. M., J. A. MILLER, E. C. MILLER and G. M. WEBER: Cancer Res. **9**, 96 (1949). — [11] WASE, A. W.: Arch. Biochem. **61**, 174 (1956). — [12] REISS, R., A. PISARZEWSKI, A. GRAFFI u. W. HEBEKERL: Arch. Geschwulstforsch. **7**, 120 (1954). — REISS, R., A. GRAFFI u. W. HEBEKERL: Arch. Geschwulstforsch. **7**, 321 (1954). — [13] POPPER, H., and A. B. RAGINS: Arch. Path., Chicago **32**, 258 (1941). — [14] BÜRGER, M., u. K. PLÖTNER: Kli. Wo. **1941**, 1209.

licher Tumoren hängt vom Muttergewebe ab, übersteigt aber nie 4,5 mg-%, auch wenn das umgebende Gewebe reicher an Vitamin C ist[1]. In verschiedenen Mäuse- und Rattentumoren beträgt der Gehalt dagegen 15—70 mg-% (in normalen Geweben 4—150 mg-%)[2]. Im Gegensatz zu den Vitaminen A und C besteht im Gehalt an *Vitamin B_6* (Pyridoxin) und *Biotin* menschlicher Krebsgewebe keine Beziehung zum normalen Gewebe der Umgebung; die Werte liegen in einem verhältnismäßig engen Bereich und entsprechen normalen Geweben mit einem geringen Gehalt an Vitamin B_6 und Biotin[3] (s. a. Vitamin B_6 beim transplantablen Mammacarcinom der Maus[4]). Ähnliches gilt für Vitamin B_2 in menschlichen[5] und tierischen Tumoren[6]. Auffallend ist der hohe Gehalt an *Cholin* im transplantablen Carcinom der Maus im Vergleich zu normaler Epidermis (s. Tabelle 39, S. 396), was im Zusammenhang mit dem vermehrten Phospholipoidgehalt des Tumors stehen könnte[7]; auch *Inosit*, dessen physiologische Bedeutung noch unklar ist, ist in diesem Tumor und im Hepatom gegenüber den entsprechenden normalen Geweben vermehrt.

Bemerkenswert ist eine *Vitamin B_{12}*-Schutzwirkung, die bei Jungen von mit entsprechender Mangeldiät gefütterten Mäusen mit spontanen Mammatumoren beobachtet worden ist[8]. Dieses könnte für eine Synthese von Vitamin B_{12} in Tumoren sprechen (vgl. a.[9]).

X. Das Ei[10-14].

Von **M. Tomita.**

Inhaltsverzeichnis.

Seite
1. Allgemeines 462
2. Chemische Bestandteile des Hühnereies 464
a) Eischale 464
b) Eiereiweiß 464
α) Proteine des Eiereiweiß 464
β) Kohlenhydrate 466
γ) Mineralbestandteile 466
δ) Fermente 466
ε) Vitamine 466
c) Eidotter 466
α) Proteine des Eidotters 467
β) Kohlenhydrate 467
γ) Fettstoffe 468
1. Fettsäuren 468
2. Phosphatide und Cerebroside 468
3. Cholesterin 468

---

[1] Góth, A., and I. Littmann: Cancer Res. **8**, 349 (1948). — [2] Robertson, W. v. B.: J. nat. Cancer Inst. **4**, 321 (1943/44). — Woodward, G. E.: Biochem. J. **29**, 2405 (1935). — [3] Ballantyne, R. M., and E. W. McHenry: Cancer Res. **9**, 689 (1949). — [4] Shapiro, D. M., M. E. Shils and L. S. Dietrich: Cancer Res. **13**, 703 (1953). — [5] Vermes, E., et A. Raffy: C. R. Soc. Biol. **139**, 260 (1945). — [6] Robertson, W. v. B., and H. Kahler: J. nat. Cancer Inst. **2**, 595 (1941/42). — Shapiro, D. M., L. S. Dietrich and M. E. Shils: Cancer Res. **16**, 575 (1956). — [7] Costello, C. J., C. Carruthers, M. D. Kamen and R. L. Simoes: Cancer Res. **7**, 642 (1947). — [8] Woolley, D. W.: Proc. nat. Acad. Sci. USA **39**, 6 (1953). — [9] Woolley, D. W.: Proc. nat. Acad. Sci. USA **41**, 111 (1955). — [10] Fauré-Fremiet, E.: La cinétique du développement. Paris 1925. — [11] Needham, J.: Chemical Embryology. 3 Bde. London 1931. — [12] Needham, J.: Biochemistry and Morphogenesis. London 1942. — [13] Spemann, H.: Experimentelle Beiträge zu einer Theorie der Entwicklung. Berlin 1936. — [14] Brachet, J.: Chemical Embryology. New York 1950.

Seite
δ) Extraktivstoffe 468
1. Kreatin und Kreatinin 468
2. Milchsäure 468
ε) Mineralbestandteile 468
ζ) Lipochrome 468
η) Fermente 468
ϑ) Vitamine 469
3. Chemischer Stoffwechsel bei Bebrütung 469
a) Mineralbestandteile und Wasser 469
b) Kohlenhydrate 471
α) Freie Glucose 471
β) Glykogen 471
γ) Ovomucoid 472
δ) Pentosen 472
ε) Inosit 472
c) D-Milchsäure 472
d) Fette und Lipoide 473
α) Fette 473
β) Phosphatide 473
γ) Sterine 474
e) Proteine 474
α) Stoffwechsel der Aminosäuren 475
β) Reststickstoff 475
f) Nucleinstoffe 476
α) Synthese der Nucleinsäuren 477
β) Synthese des Puringerüstes 477
γ) ATP-Spaltung 477
g) Wirkstoffe 477
α) Fermente 477
β) Hormone 479
γ) Vitamine 480
4. Respiratorischer Stoffwechsel des Reptilienembryos 480
5. Injektionsmethode und ihre Anwendungen 484
a) Meine Injektionsmethode 484
b) Biochemische Anwendungen 484
α) Synthese der Ornithursäure 484
β) Milchsäurebildung aus Glucose 485
γ) Harnsäurebildung 485
δ) Monosaccharide als Glykogenbildner 486
ε) Das Verhalten des Cholesterins im bebrüteten Hühnerei bei Adrenalin- und Ephedrininjektion 486
c) NEEDHAMS Untersuchung der Inositbildung 486
d) Biochemische Untersuchungen von SUGIMOTO u. Mitarb. 487
e) Embryo-pharmakologische Untersuchungen von TSUNOO u. Mitarb. 487
f) Untersuchungen der embryonalen Fluorose nach HIRATA 487
α) Einwirkung von Fluorid 487
β) Einwirkung von Magnesium und Strontium 488
6. Chemische Grundlagen der Geschlechtsbestimmung 488
7. Amnion- und Allantoiswasser 490
a) Amnion- und Allantoiswasser des Hühnerembryos 490
α) Physikalische Eigenschaften 491
1. Aussehen 491
2. Mengenverhältnisse 491
3. Reaktion 491
4. Spezifisches Gewicht 491
5. Osmotischer Druck und molekulare Konzentration 491

Seite
β) Chemische Zusammensetzung 491
1. Feste Stoffe 491
2. Anorganische Stoffe 492
3. Zucker 492
4. N-haltige Verbindungen 492
b) Amnion- und Allantoiswasser des Meerschildkrötenembryos 493
α) Physikalische Eigenschaften 493
1. Aussehen 493
2. Mengenverhältnisse 493
3. Reaktion 493
4. Spezifisches Gewicht 493
5. Osmotischer Druck und molekulare Konzentration 493
β) Chemische Zusammensetzung 494
1. Feste Stoffe 494
2. Anorganische Stoffe 494
3. Zucker 494
4. N-haltige organische Verbindungen 494
8. Vergleichende embryochemische Untersuchungen 496
a) Reptilienei 496
α) Meerschildkrötenei 496
β) Schlangenei 497
b) Amphibienei 498
α) Riesensalamanderei 499
β) Hynobiuseier 500
γ) Waldfrosch 501
c) Cephalopodenei 502
d) Gastropodenei 502
e) Insektenei 503
α) Ameisenei 504
β) Das Ei des Seidenspinners 504
γ) Larven von Fleischfliegen 505

1. Allgemeines.

Versuche an einzelnen Zellen von gleichartiger Struktur bieten viele Vorteile gegenüber solchen an zusammengesetzten Organismen. Mancherlei Vorgänge lassen sich an ihnen besser feststellen als an Geweben. Die Ergebnisse treten im einzelnen Fall meistens klarer zutage. Es müssen also unter allen Organen und Organismen sich entwickelnde Eier zuerst in Frage kommen, wenn es gilt, das Leben einer Zelle vom Standpunkt der Biochemie aus möglichst vollständig zu verfolgen.

Die Eizelle ist eine sehr große, ja die größte Zelle des Körpers. Ihre Größe beruht auf der Einlagerung des Dotters, unter welchem Namen die Reservestoffe des Eies zusammengefaßt werden. An der Eizelle sind zunächst gleichfalls alle typischen Zellbestandteile nachweisbar. Der große *Kern*, ursprünglich als Keimbläschen bezeichnet, das *Protoplasma* oder *Ooplasma* und das *Centrosom* oder *Ovicentrum*. Vom Standpunkt der Eireifung sind die im Ovarium anzutreffenden Eizellen als Oocyten 1. Ordnung zu bezeichnen. Der Dotter ist ins Ooplasma eingelagert; seine Menge schwankt bei den Wirbeltieren von geringen Spuren bis zu Massen, die eine für celluläre Dimensionen ungeheure Vergrößerung der Eizellen hervorrufen.

Nach der Dottermenge werden am besten 3 Gruppen unterschieden: die oligo-, meso- und polylecithalen Eier. Der Dotter sammelt sich vorwiegend an einem Pol des Eies, dem vegetativen Pol, an, während Kern und Ooplasma am animalen

Pol schließlich nur mehr eine kleine lichte Scheibe, den Hahnentritt (Citatricula), einnehmen. Die Grenzen der Gruppen sind keine scharfen, doch ist die Gruppenbildung wichtig für das Verständnis von Furchung und Keimblattbildung. Ein bilateral symmetrischer Bau der Eizelle als Grundlage der Körpersymmetrie ist denkbar, aber nicht bewiesen.

Die kleinsten (oligolecithalen) Eizellen haben unter den Wirbeltieren Amphioxus mit 100—130 μ und die placentalen Säugetiere mit 60—200 μ. Für den Menschen schwanken die Angaben zwischen 150 und 320 μ; der Durchschnitt dürfte bei 200 oder zwischen 200 und 250 μ liegen. Möglicherweise nimmt auch beim Menschen wie bei Fischen, Amphibien und Reptilien die Größe der Eizelle mit dem Alter der Mutter zu. Jedenfalls hat der Mensch von allen Placentalien die größte Eizelle, worin ein primatives Merkmal gelegen sein mag. Mesolecithal sind die Eier der meisten Amphibien mit 1—2 mm Durchmesser; polylecithal die der Haifische, Reptilien und Vögel, bei denen das Gelbei (die Eizelle) sehr bedeutende Durchmesser erreichen kann, so beim Strauß 10,5:7,5 cm. Der Eizelle kommen besondere Hüllen zu. Ferner treten nicht selten Gallert- und Eiweißhüllen auf, die aus den weiblichen Geschlechtswegen stammen (Pferd, Hund und besonders Kaninchen); bei anderen Wirbeltieren haben sie als Reservesubstanz häufig größere Bedeutung. Gleiche Abstammung haben auch die mannigfachen Schalenbildungen der eierlegenden Wirbeltiere.

Die deuteroplasmatischen Bildungen und feinste Mitochondrien der menschlichen Eizelle liegen hauptsächlich in der Mitte, der große kugelige Kern von 30—40 μ Durchmesser liegt exzentrisch. Die Randzone ist besonders feinkörnig.

Die Zahl der in beiden Ovarien vorhandenen menschlichen Eizellen bestimmt man auf rund eine halbe Million; von diesen kommen im Laufe des Lebens rund 400 zur Reife und werden ausgestoßen. Alle nicht ausgestoßenen Eier gehen auf verschiedenen Stufen der Entwicklung, zumeist schon im Primärfollikel, zugrunde. Die Eibildung sistiert mit der Geburt, ja vielleicht schon 1—2 Monate früher.

Da die winzig kleinen Eier des Menschen und der Säugetiere aus leicht ersichtlichen Gründen kaum Gegenstand einer exakten Untersuchung werden können, hat man bisher vornehmlich die grobwahrnehmbaren Eier von Vögeln, Amphibien, Reptilien und Fischen, vor allem aber das Hühnerei untersucht.

Im befruchteten Hühnerei, dessen Eidotter, wie bekannt, eine Zelle repräsentiert, erkennen wir eine merkwürdige Fähigkeit, durch äußere Bedingungen den Zustand des statischen Gleichgewichts der Kraft in Bewegung überzuführen und diese Kraft in einer Reihe von Formbildungen zu äußern.

Es ist nun ein außerordentlich verlockendes Problem, zu verfolgen, wie die einzelnen Stoffe im werdenden Küken sich zusammenfügen und wie schließlich aus einer Reihe von Verbindungen die Zelle wird. Vor unseren Augen sehen wir fast plötzlich den Blutfarbstoff auftreten und an Menge zunehmen. Wir beobachten das erste Auftreten der Blutkörperchen, wir sehen, wie die Muskelsubstanz, das Nervengewebe und die Anlage des Knochensystems sich aus der Eisubstanz formen. Wir wissen, daß das Ei alle zum Aufbau und zur Bestreitung der Lebensbedürfnisse des keimenden Embryos erforderliche Verbindungen enthält.

Sie müssen ferner in der Form zugegen sein, in der sie zur Aufspaltung, Überführung und Umformung geeignet sind. Wir dürfen wohl annehmen, daß kein Stoff, der im Eiinhalt vorkommt, auf die Dauer entbehrlich ist.

Bei jedem einzelnen, neu auftretenden Stoff müßten wir eigentlich verfolgen können, auf Kosten welcher vorgebildeten Substanz des Eiinhaltes er gebildet wird, da von außen keine Zufuhr von Stoffen erfolgt. Wenn damit ein Anhaltspunkt für die Beziehungen zwischen Baumaterial und fertigem Gebäude gefunden wäre, so müßte alles versucht werden, um Schritt für Schritt die Zwischenglieder der Umwandlung der einzelnen Stoffe ineinander festzulegen.

Hühnereier haben viele Vorteile für embryochemische Untersuchungen. Sie können erstens reichlich brauchbares Material für die Entwicklung anbieten. Da ihre Bebrütung 3 Wochen dauert, sind die bei der Entwicklung auftretenden chemischen Vorgänge sehr schnell deutlich. Da von außen keine Stoffzufuhr erfolgt, so ist der Stoffaustausch sehr klar und qualitativ nachweisbar.

Diejenigen Eier, welche wie Hühnereier außerhalb des mütterlichen Organismus sich entwickeln, müssen alle Elemente des jungen Tieres enthalten, und jede einzelne arteigene Körpersubstanz muß auf Kosten vorgebildeter Stoffe des Eiinhaltes gebildet werden. Wir wollen hoffen, daß es der embryogenetischen Chemie dereinst vergönnt sein wird, viele der Daseinsrätsel zu lösen, obwohl eben diese Fragen ihrer Natur nach nur langsam in Zukunft der Lösung entgegenreifen können.

2. Chemische Bestandteile des Hühnereies.

a) Eischale.

Der Hauptbestandteil der Eischale ist $CaCO_3$ (95%), und zwar in Form von Kalkspat, wie von MAYNEORD[1] röntgenographisch festgestellt wurde. CALVERY[2] hat die Schalenmembran analysiert und behauptet, daß sie ausschließlich aus Keratin besteht. Sie enthält 4mal so viel Schwefel wie Eialbumin und dient bei der Entwicklung des Embryos als Schwefelquelle.

Ihre Zusammensetzung aus Aminosäuren zeigt die Tabelle 58.

Tabelle 58. Gehalt der Schalenmembran an Aminosäuren.

Aminosäure	Gehalt %
Glycin	3,9
Alanin	3,5
Leucin	7,4
Prolin	4,0
Asparaginsäure	1,1
Glutaminsäure	8,0
Tyrosin	0
Cystin	7,6
Histidin	4,3
Arginin	16,9
Lysin	9,4

b) Eiereiweiß.

Man kann das Eierweiß als eine gesättigte Lösung von Eieralbumin ansehen. Im Eierweiß finden sich außer 15% Eialbumin noch Glucoproteide (Mucoid, Mucin), Kohlenhydrate und wasserlösliche Eiweißspaltungsprodukte; nur spurweise enthält es Fett und Lipoide. Die prozentische Zusammensetzung zeigt Tabelle 59.

Tabelle 59. Zusammensetzung von Eiereiweiß.

	Wasser	Protein	Fettstoffe	N-freie Extraktstoffe	Asche
Gehalt in %	86,50	11,60	0,18	0,99	0,69

α) Proteine des Eiereiweiß.

Es ist in neuerer Zeit gelungen, mit Hilfe verbesserter Methoden aus dem Eierweiß verschiedene Proteine zu isolieren und sie in chemischer und biologischer Hinsicht zu charakterisieren. Die Trennung beruht auf einer systematischen Anwendung des Aussalzungsverfahrens.

Die Zusammensetzung der Proteine des Eierklars wurden sowohl chemisch als auch physiko-chemisch untersucht. Die Ergebnisse zeigt die Tabelle 60.

Bei Verfütterung von rohem Hühnereiweiß kommt die Biotinavitaminose dadurch zustande, daß ein im Eiklar enthaltenes Protein das Biotin bindet. Dieses

[1] MAYNEORD, W. V.: Brit. J. Radiol. **23**, 19 (1927). — [2] CALVERY, H. O.: J. biol. Ch. **100**, 183 (1933).

Protein nennt man *Avidin*. Es ist ein basisches Protein (isoelektrischer Punkt p_H 10) mit hohem Kohlenhydratgehalt. Die Bindung zwischen Biotin und Avidin ist sehr fest. Der Komplex ist biologisch unwirksam. Durch proteolytische Verdauungsfermente wird das Biotin nicht in Freiheit gesetzt, sondern erst beim Autoklavieren. Durch Kochen wird Avidin inaktiviert, d. h. es verliert die Fähigkeit, Biotin zu binden. Bei Behandlung des Komplexes mit H_2O_2 (0,45% bei p_H 3) wird das Biotin ebenfalls abgespalten, ebenso bei Belichtung.

Avidin findet sich auch im Ovidukt der Vögel, nicht nur im Ei. Beim nicht geschlechtsreifen Hühnchen kann seine Bildung durch sukzessive Behandlung mit Oestron und Progesteron hervorgerufen werden. Worin die physiologische Bedeutung des Avidins besteht, ist noch nicht klar.

Tabelle 60.
Zusammensetzung der Proteine aus Eiereiweiß.

Protein	Chemische Daten SØRENSEN[1]	Elektrophoretische Daten	
		LONGSWORTH u. Mitarb.[2]	FORSYTHE u. FOSTER[3]
Gesamteiweiß .	10—11% (feucht)		
	82,8% (trocken)		
Ovalbumin . .	70*	60*	64,9*
Conalbumin . .	9*	13,8*	13,8*
Ovomucoid . .	13*	14,0*	9,2*
Gesamtglobulin	7*		
Lysozym G_1 . .	2,6*[4]	2,8*	3,4*
Lysozym G_2 .		4,6*	8,7* (für G_2 und G_3)
Lysozym G_3 . .		4,3*	
Mucin	2*		
Avidin	0,06*[5]		

* In % des Gesamteiweiß.

Tabelle 61. Aminosäurezusammensetzung der Eiereiweißproteine.

Aminosäuren \ Proteine	Ovalbumin	Coalbumin	Ovomucoid	Avidin	G_1 (Lysozym)
Alanin	5,8—6,7	4,4	2,3		6,0
Arginin	5,6—5,9	7,6	3,7	6,5	12,7—14,5
Asparaginsäure . .	6,0—9,4	13,3	13,0	9,7	11,8—18,2
Cystin und Cystein	1,3—2,4	3,8	4,0—6,7	0,5	6,8—8,0
Cystein	1,0—1,4				
Glutaminsäure . .	14,0—16,9	11,9	6,1	6,6	3,3—4,3
Glycin	3,2	5,7	3,8	4,6	5,7
Histidin	1,5—2,3	2,6	2,2	1,0	1,05
Oxyprolin		0,0	0,0	—	0,0
Isoleucin	7,0—7,7	5,0	1,4	6,0	5,2—5,3
Leucin	9,2—10,1	8,8	5,1	4,9	7,0—8,4
Lysin	5,0—6,6	10,0	6,0	6,2	5,9—7,4
Methionin	4,8—5,2	2,1	0,9—1,4	1,4	2,0—2,3
Phenylalanin . . .	5,4—7,8	5,7	2,9	5,9	2,3—3,1
Prolin	3,6—4,0	4,9	2,7	1,7	1,4
Serin	8,1—10,0	6,3	4,2	4,5	7,0
Threonin	3,6—4,4	5,9	5,5	10,5	5,4
Tryptophan . . .	1,2	3,0	0,3—2,0	5,4	8,7—10,6
Tyrosin	3,9	4,6	3,4	0,9	3,7
Valin	7,1—8,9	8,2	6,0	10,8—14,8	4,7—4,8

[1] SØRENSEN, M.: C. R. Lab. Carlsberg **20**, Nr. 3 (1934). — [2] LONGSWORTH, L. G., R. K. CANNAN and D. A. MACINNES: Am. Soc. **62**, 2580 (1940). — [3] FORSYTHE, R. H., and J. F. FOSTER: J. biol. Ch. **184**, 377 (1950). — [4] ALDERTON, G., W. H. WARD and H. L. FEVOLD: J. biol. Ch. **157**, 43 (1945). — [5] WOOLLEY, D. W., and L. G. LONGSWORTH: J. biol. Ch. **142**, 285 (1942).

Nach monatelanger tryptischer Verdauung des Ovomucoids haben KOMORI[1] und ISEKI[2] ein aminosäurefreies Acetylaminopolysaccharid dargestellt.

Außer Ovalbumin, Coalbumin, Ovomucoid und Avidin wurden 3 Globuline, bezeichnet als G_1, G_2 und G_3, als Eierweißproteine beschrieben. G_1 ist durch elektrophoretische Eigenschaften charakterisiert, hat seine höchste Beweglichkeit bei saurem und neutralem p_H und ist positiv geladen.

Die Aminosäuren, die in den Eierweißproteinen vorkommen, enthält die Tabelle 61.

β) Kohlenhydrate.

Daß freie Glucose im Eierweiß vorhanden ist, wurde von verschiedenen Forschern festgestellt und der Gehalt zu durchschnittlich 150 mg-% ermittelt.

Rhamnose oder eine ihr isomere Methylpentose wurde nur einmal im Hühnereiweiß gefunden. Der Befund, welcher nicht regelmäßig erhoben wurde, hängt nach WEISS[3] mit der Ernährung mit rhamnosehaltigem Futter zusammen.

Bei der hydrolytischen Spaltung des Eieralbumins entsteht Glucosamin.

γ) Mineralbestandteile.

Nach ISEKI beträgt das Verhältnis von Anionen zu Kationen ungefähr 1,2 : 1,3. Der Gehalt an Mineralbestandteilen in mg-% des Feuchtgewichts vom ganzen Ei beträgt:

$$K^+ 74,\ Na^+ 75,\ Mg^{++} 13,\ Ca^{++} 5,\ Cl' 93,\ SO_4'' 90,\ PO_4''' 14$$

δ) Fermente.

ROGER[4] hat als erster Amylase gefunden, später wurde dieser Befund von KOMORI[5] und SAGARA[6] bestätigt. KOGA[7] hat weiter Lipase, Protease und Lecithase in Eierweiß gefunden. Wir[8] haben im Eierklar sowohl des Seidenhuhns als auch des weißen Leghorns deutlich Dopaoxydase gefunden.

ε) Vitamine.

CHICK[9] hat im Jahre 1930 das Vorhandensein von Vitamin B_2 im Eierweiß gefunden. Wir[10] haben in dem Eiereiweiß der Meerschildkröte 7,6 γ-% Vitamin B_1 und 15,5 γ-% Vitamin B_2, in dem Embryo des Riesensalamanders 86 γ-% Vitamin B_1 und 1602 γ-% Vitamin B_2 gefunden.

c) Eidotter.

MORAN u. HALE[11] berichteten, daß die Dottermembran aus 3 Schichten besteht, deren mittlere Schicht Keratin ist, während die beiden äußeren aus Mucin sind. Das Keratin enthält nach LIEBERMANN[12] 46,21% C, 7,55% H, 12,20% N 3,62% S und 30,42% O.

SPOHN u. RIDDLE[13] haben gelben und weißen Dotter des Huhns und auch gelben Dotter des Waldhuhns analysiert; aus dem Vergleich ihrer Resultate (Tabelle 62) kamen sie zum Schluß, daß sich das Huhn aus dem Waldhuhn entwickelt.

---

[1] KOMORI, Y.: J. Biochem. **6**, 1 (1925). — [2] ISEKI, T.: J. Biochem. **19**, 1 (1934). — [3] WEISS, O.: Jaffé-Festschrift. S. 455. Braunschweig 1902. — [4] ROGER, H.: J. Physiol. Path. gén. **10**, 797 (1908). — [5] KOMORI, Y.: J. orient. Med., Dairen **2**, 37 (1924). — [6] TOMITA, M., u. J. SAGARA: J. Biochem. **10**, 379 (1927). — [7] KOGA, T.: B. Z. **141**, 430 (1923). — [8] TOMITA, M., u. H. IMAMURA: TOMITAS gesammelte Werke Bd. II, S. 70. Kobe 1951. — [9] CHICK, H.: J. State Med. **38**, 21 (1930). — [10] TOMITA, M., K. HAMADA, Y. MANABE and M. SASAKI: J. Biochem. **39**, 299 (1952). — [11] MORAN, T., and H. P. HALE: J. exp. Biol. **13**, 35 (1936). — [12] LIEBERMANN, L. [NEEDHAM, J.: Chemical Embryology S. 265. New York 1931]. — [13] SPOHN, A. A., and O. RIDDLE: Amer. J. Physiol. **41**, 397 (1916).

α) Proteine des Eidotters.

Das Dotterprotein (33% der festen Dottersubstanz) entspricht in seiner Zusammensetzung im allgemeinen den Eiweißkörpern der Milch. Beide Eiweißstoffe bestehen aus 2 Teilen, einem größeren aus Phosphoproteid und einem kleineren aus wasserlöslichem Protein. Das Phosphoproteid des Dotters ist mit Lipid konjugiert, also als Lipoproteid vorhanden.

Tabelle 62. Zusammensetzung des Eidotters (in Gewichts-% der frischen Eier).

	Wasser	Protein	Fette	Asche	N-freie Extrakte	Lipoide
Gelber Dotter des Hühnereies .	45,40	15,04	25,25	0,44	0,36	11,15
Weißer Dotter des Hühnereies .	86,66	4,60	2,37	0,62	0,40	1,13
Gelber Dotter des Waldhuhneies	48,71	27,27	23,96	0,82	1,04	10,21

Die Proteinkomponente der Lipoproteide bezeichnet man als *Vitellin* und *Vitellenin*. Wasserlösliche Proteine werden als *Livetin* bezeichnet. Als 3. Eiweißkomponente gibt es Phosphoproteid.

Tabelle 63 zeigt die Zusammensetzung der Proteine des Eidotters.

Tabelle 63. Proteine des Eidotters.

Protein	% des trocknen Dotters	Klassifikation	Zusammensetzung
Lipovitellin . .	17—18	Lipoproteid	Phospholipide Vitellin
Lipovitellenin .	12—13	Lipoproteid	Phospholipide Vitellenin
Livetin	4—5	Pseudoglobulin	3 Komponenten
Vitellin	14—15	Phosphoproteid	1,0% P
Vitellenin . . .	8—9	Phosphoproteid	0,25—0,3% P
Phosvitin . . .	6	Phosphoproteid	10,0% P

Swigel u. Posternak[1] haben durch partielle Hydrolyse des Vitellins verschiedene Tripeptide dargestellt. Da das eine davon, Ovotyrin β bezeichnet, reichlich L-Serin enthält, haben sie vermutet, daß der Phosphor im Vitellinmolekül wahrscheinlich als Serinphosphorsäureester vorhanden ist.

Kay u. Marshall[2] haben den Gehalt des Livetins an Cystin, Tyrosin und Tryptophan bestimmt und den hohen Nahrungswert dieses Proteins für embryonale Entwicklung geschätzt.

β) Kohlenhydrate.

Glucose findet sich im Eidotter (0,03 g) ebenso wie im Eierweiß. In geringer Menge ist das Inosit im Dotter vorhanden.

Im frischen sowie im bebrüteten Hühnerei findet man immer Glykogen (0,012—0,101 g als Glucose berechnet). Nach unseren Beobachtungen[3] ist der Gehalt im Winter am reichlichsten, in den heißen Jahreszeiten findet sich eine beträchtliche Verminderung.

[1] Swigel, M., et T. Posternak: Cr. **185**, 615 (1927). — [2] Kay, H. D., and P. G. Marshall: Biochem. J. **22**, 1264 (1928). — [3] Kataoka, E.: H. **203**, 272 (1931).

γ) Fettstoffe.

1. Fettsäuren.

Über die Fettsäuren, die als Bestandteile des Neutralfettes und der Phosphatide angenommen werden, hat man Stearin-, Olein-, Palmitin-, Linol-, Linolen-, Arachidon-, Lignocerin- und Oxystearinsäure angegeben. Hochmolekulare ungesättigte Fettsäuren sind meistens als Phosphatidkomponente beteiligt und spielen eine wichtige Rolle bei der embryonalen Entwicklung.

2. Phosphatide und Cerebroside.

Zur Darstellung des Lecithins benutzt man gewöhnlich Eigelb, weil es diese Substanz so reichlich enthält. Im Eigelblecithin findet man manchmal Linol- und Arachidonsäure.

Nach LEVENE[1] findet sich Sphingomyelin im Eidotter. Außer dem Lecithin wurden spurenweise Phrenosin, Kephalin und Aminoäthylalkohol aus Eidotter isoliert.

3. Cholesterin.

MÜLLER, THANNHAUSER, DAM, KUSUI, MIYAMORI haben freie und esterartige Cholesterine im Eigelb bestimmt und $^1/_4$ des Gesamtcholesterins als Ester gefunden.

δ) Extraktivstoffe.

1. Kreatin und Kreatinin.

SENDJU[2] hat das Vorhandensein von Kreatin und Kreatinin im frischen Eierweiß und Eidotter konstatiert.

2. Milchsäure.

ANNO[3] ist der Erste, der die Fleischmilchsäure im Hühnerei gefunden hat. Ich[4] habe das Verhalten dieser Säure bei der Entwicklung des Embryos verfolgt.

ε) Mineralbestandteile.

Nach ISEKI beträgt der Gehalt an Mineralbestandteilen (in mg-% des Feuchtgewichts des ganzen Eies):

K 17, Na 24, Mg 14, Ca 48, SO_4 0, PO_4 180, Cl 4.

Das Verhältnis von Anionen:Kationen beträgt ungefähr 0,7 : 0,8.

Der Wassergehalt des frischen Eidotters ist bei weißem und gelbem Dotter verschieden, der des gelben Dotters beträgt 45,40%, der des weißen 86,66%.

ζ) Lipochrome.

Relativ reich an Lipochromen ist das Eigelb des Hühnereies. Von den ihrer Struktur nach aufgeklärten Lipochromen ist das Lutein des Hühnereies isomer mit dem Xanthophyll. Es ist durch WILLSTÄTTER u. WALDSCHMIDT-LEITZ[5] in reiner krystallisierter Form isoliert worden.

η) Fermente.

Da der Eidotter eine Zelle repräsentiert und eine merkwürdige Fähigkeit hat, durch äußere Bedingungen den Zustand des statischen Gleichgewichts der Kraft

---

[1] LEVENE, P. A.: J. biol. Ch. **18**, 453 (1914). — [2] SENDJU, Y.: J. Biochem. **7**, 181 (1927). — [3] ANNO, K.: H. **80**, 237 (1912). — [4] TOMITA, M.: B. Z. **116**, 1 (1921). — [5] WILLSTÄTTER, R., u. E. WALDSCHMIDT-LEITZ: H. **134**, 161 (1924).

in Bewegung überzuführen, so kann man mit Recht annehmen, daß sich die einzelnen Stoffe der Eier durch fermentative Einwirkungen im werdenden Küken zusammenfügen, und schließlich aus einer Reihe von Verbindungen die Zelle wird. Man findet verschiedene Fermente im Eidotter.

KOMORI hat in unserem Laboratorium im Dotter nachgewiesen: Amylase, Lipase, Protease, Nuclease und Zuckerphosphatase. Er hat ferner festgestellt, daß Arginase zum erstenmal am 14. Tage im Embryo auftritt. Es deutet daraufhin, daß die Arginase neugebildet wird, wenn die Niere ihre Funktion beginnt. Im Eierweiß und im Dotter des Seidenhuhns und des weißen Leghorns haben wir[1] Dopaoxydase gefunden. MAZIA[2] hat eine Nucleotidphosphatase im Arbaciaei und HARRIS[3] eine Phosphoproteidphosphatase im Froschei gefunden.

Cholinesterase war nach AUGUSTINSSON u. Mitarb.[4] in unbefruchteten Eiern von Paracentrotus lividus nicht vorhanden, während man bei befruchteten eine schnelle Zunahme ihrer Wirkung nach 20stündiger Entwicklung erwies.

ϑ) Vitamine.

Von verschiedenen Forschern sind die Vitamine A, B_1, B_2, D und E im Eidotter gefunden worden. Über das Vitamin C sind die Angaben verschieden. PLIMMER u. Mitarb.[5] haben im Hühnerembryo Vitamin C nicht gefunden. HAUGE u. CARRICK[6] haben dieses Vitamin weder im Eierklar noch im Dotter gefunden. Es ist aber ein verlockendes Problem, festzustellen, ob Vitamin C im Kammerwasser oder im Auge des Hühnerembryo vorhanden ist, da das Auge im Embryo sehr frühzeitig hochentwickelt ist.

3. Chemischer Stoffwechsel bei Bebrütung.

a) Mineralbestandteile und Wasser.

LIEBIG[7] hat im Jahre 1869 behauptet, daß das Calcium der Eischale zur Knochenbildung des Embryos verwandt wird. VAUGHAN u. BILLS[8] sowie GRUWE[9] stimmten dem zu. TANGL[10] hat durch genauere Analysen konstatiert, daß der Calciumgehalt der Schale im Spätstadium der Eibebrütung deutlich abnimmt.

ISEKI[11] hat bei mir den Versuch unternommen, die anorganischen Bestandteile in ganz verschiedenen Entwicklungsstadien des Hühnerembryos systematisch zu verfolgen. Er stellte die einzelnen Bestandteile der Asche bei der Bebrütung einander gegenüber und hat eine beträchtliche Vermehrung des Kalks in den späteren Stadien der Bebrütung gefunden. Dies Ergebnis deutet darauf hin, daß die Schale teilweise abgebaut und zum Aufbau des Embryos verwendet wird, da von außen keine Zufuhr erfolgt.

Die Resultate seiner Untersuchung sind leicht aus den Tabellen 64 und 65 ersichtlich.

Die Untersuchungen von TOMITA u. KARASHIMA[12] über den Mineralstoffwechsel der sich entwickelnden Meerschildkröteneier ergeben auch, daß sich in dem späteren Stadium der Bebrütung eine beträchtliche Vermehrung des Calciums und des

[1] TOMITA, M., u. H. IMAMURA: TOMITAS gesammelte Werke Bd. II, S. 70. Kobe 1951. — [2] MAZIA, D.: Cold Spring Harbor Symp. quant. Biol. **9**, 40 (1941). — [3] HARRIS, D. L.: J. biol. Ch. **165**, 541 (1946). — [4] AUGUSTINSSON, K. B., and T. GUSTAFSON: J. cellul. comp. Physiol. **34**, 311 (1949). — [5] PLIMMER, R. H. A., and J. L. ROSEDALE: Biochem. J. **17**, 787 (1923). — [6] HAUGE, S. M., u. C. W. CARRICK: J. biol. Ch. **64**, 111 (1925). — [7] LIEBIG, J. v.: Über die Ernährungswerte der Speisen. Heidelberg 1869. — [8] VAUGHAN, V. C., and H. V. BILLS: J. Physiol., London **1**, 434 (1878/79). — [9] GRUWE, J.: Diss. Greifswald 1878. — [10] TANGL, F.: Pflügers Arch. **121**, 423 (1908). — [11] ISEKI, T.: H. **188**, 189 (1930). — [12] TOMITA, M., u. J. KARASHIMA: J. Biochem. **10**, 369 (1929).

Magnesiums findet, und daß dabei die Schale teilweise abgebaut und zum Aufbau des Embryos verwendet wird.

Im Laufe der Eibebrütung findet eine Mobilisierung und Überführung von anorganischen Bestandteilen des Eiinhaltes in den werdenden Embryo statt, und es muß dabei darauf hingewiesen werden, wie verschieden untereinander der Stoffwechsel der einzelnen Mineralbestandteile des Organismus sowohl qualitativ als auch quantitativ ist, offenbar weil sie ganz verschiedenen Zwecken im Körperhaushalt dienen. ISEKI hat festgestellt, daß sich in den Frühstadien der Bebrütung mehr Alkalien im Eiweiß als im Dotter finden, aber am 7. Bebrütungstage plötzlich im Dotter zunehmen, und zwar als Chloride und Sulfate, während sie gleichzeitig im Eierklar abnehmen. Es ist also leicht zu ersehen, woher die Alkalien im Embryo stammen; die im Eierklar ursprünglich reichlich vorhandenen Alkalisalze diffundieren zunächst durch die Dotterhaut in den Dotter hinein; dort bleiben sie weiter mobil und werden in den Embryo überführt.

Tabelle 64.
Calciumgehalt der Schale des bebrüteten Hühnereies.

Bebrütungsdauer in Tagen	Mittelwert aus 5 Versuchen		
	Gewicht des Eies	Ca-Gehalt der Schale	
	g	g	%
14	46,93	1,952	5,82
18	44,68	1,605	5,02
21 (Beim Ausschlüpfen der Jungen)	48,68	1,672	4,80

Tabelle 65. Mineralgehalt des bebrüteten Hühnereies.

Bebrütungsdauer in Tagen	Mineralbestandteile im ganzen Eiinhalt (in %)							
	K	Na	Ca	Mg	PO	S	Cl	Si
Frisch	0,092	0,099	0,054	0,027	0,129	0,030	0,097	0,0051
3	0,078	0,089	0,051	0,019	0,127	0,022	0,079	0,0061
7	0,068	0,074	0,054	0,026	0,137	0,020	0,080	0,0047
14	0,064	0,107	*0,092*	0,017	0,144	0,019	0,123	0,0075
18	0,094	0,113	*0,250*	0,022	0,149	0,018	0,122	0,0065
Neugeboren	0,108	0,111	*0,342*	0,016	0,197	0,028	0,107	0,0056

Der relativ große Gehalt des Hühnereies an Eisen ist zuerst von KATSUNUMA u. Mitarb.[1] festgestellt. Sie haben auch gefunden, daß sich der Eisengehalt des Embryos mit dem Fortschritt der Entwicklung vermehrt und in den Geweben am reichlichsten lokalisiert ist, in denen die vitale Aktivität sich am lebhaftesten vollzieht. Daß das Kupfer in der Leber des Hühnerembryos sich mit der Entwicklung des Embryos vermehrt, ist durch Versuche von MCFARLANE u. MILNE[2] bestätigt. KAMEGAI[3] hat das Verhältnis Fe/Cu bestimmt und gefunden, daß Fe/Cu bei der Entwicklung des Embryos allmählich kleiner wird.

GALLUP u. NORRIS[4] haben das Schicksal des Mangans im bebrüteten Hühnerei untersucht und gefunden, daß der Mangangehalt des Embryos bei 9tägiger Bebrütung seinen Höhepunkt erreicht.

[1] KATSUNUMA, S., and H. NAMAMURA: Nagoya J. med. Sci. **6**, 101 (1932). — [2] MCFARLANE, W. D., and H. I. MILNE: J. biol. Ch. **107**, 309 (1934). — [3] KAMEGAI, S.: J. Biochem. **30**, 33 (1939). — [4] GALLUP, W. D., and L. C. NORRIS: Poultry Sci. **18**, 99 (1939).

Im Jahre 1943 hat TAMIO YAMADA[1] über den Wasserstoffwechsel der bebrüteten Hühnereier eine exakte Untersuchung ausgeführt. Nach ihm beträgt der Wassergehalt in der äußeren Schicht des frischen Eiweißes etwa 90%. Dieser Gehalt hält sich bis zum 8. Bebrütungstage, während der Wassergehalt des anderen Eiweißteiles nach dem 3. Bebrütungstage allmählich abnimmt. Das Wasser des Dotters nimmt im mittleren Entwicklungsstadium zu, wenn der Fettverbrauch des Embryos beginnt.

Im ganzen Ei oder im ganzen Embryo allein vermindert sich die Wassermenge mit dem Fortschritt der Entwicklung. Das beruht auf der Gewichtsabnahme des Eies (15—18%) während der Entwicklung.

40% der durch Fettspaltung freiwerdenden Fettsäuren werden während der Bebrütung verbrannt. Das dabei gebildete Wasser dient der Erhaltung des Wassergleichgewichts des Embryos.

b) Kohlenhydrate.

Die Kohlenhydrate im Hühnerei bestehen aus freien und gebundenen Zuckern und aus Glykogen. Der Gehalt an gesamten Kohlenhydraten schwankt an den verschiedenen Bebrütungstagen. Frisches Ei enthält 350 mg Gesamtkohlenhydrate (berechnet als Glucose). Bei der Bebrütung sinkt der Gehalt allmählich ab und erreicht am 8. Bebrütungstage den niedrigsten Wert (150 mg). Dann steigt er wieder an und erreicht am 12. Bebrütungstage den Höhepunkt (250 mg). Danach sinkt er wieder ab (200 mg) und bleibt vom 15. Bebrütungstag bis zum Ende auf diesem Wert.

Am 10. Bebrütungstage sieht man LANGERHANSsche Inseln im Pankreasgewebe, und zu dieser Zeit wird Insulin sezerniert.

α) Freie Glucose.

Die freie Glucose im Eierweiß und im Dotter des frischen Hühnereies nimmt bei der Bebrütung schnell ab und erreicht am 10. Bebrütungstage den niedrigsten Wert (weniger als 50 mg). Danach nimmt die Menge an freier Glucose sowohl im ganzen Ei als auch im Embryo zu. Diese Zunahme beruht auf Glykogen- und Ovomucoidspaltung.

Da der Stoffwechsel der Keimgewebe prinziell dem der erwachsenen Organe entspricht, so kann man auch bei der Glykolyse im Hühnerembryo die Wirkung des Cyclophorasesystems annehmen, das in bebrüteten Seeigeleiern von E. GREEN[2] gefunden wurde.

β) Glykogen.

Das Glykogen vermehrt sich in der 2. Hälfte der Bebrütung. Die Ergebnisse der Untersuchungen von KATAOKA[3] gehen aus Tabelle 66 hervor.

Tabelle 66.
Glykogengehalt des bebrüteten Hühnereies.

Bebrütungsdauer in Tagen	Glykogen (berechnet als % Glucose)		
	Oktober 1930	Januar 1931	August 1931
Frisch	0,0277	—	0,0299
5	0,0395	0,1459	0,0392
9	0,0440	0,1877	0,0453
13	0,0592	0,2002	0,1345
17	0,1512	0,2251	0,1442
21	0,1046	—	0,1323

In den bebrüteten Froscheiern im Furchungsstadium ist Glykogen in bestimmten Mengen vorhanden. Im Invaginationsstadium sinkt das Glykogen plötzlich ab. Es scheint uns, daß das Glykogen für die kinetische Energie bei der Invagination der Blastulaepithelien verbraucht wird.

[1] YAMADA, T.: Persönl. Mitt. an den Verfasser (1943). — [2] GREEN, D. E.: Biol. Reviews **26**, 410 (1951). — [3] KATAOKA, E.: H. **203**, 272 (1931).

Nach WOERDEMANS[1] Untersuchung bei mexikanischem Axolotl kommt Glykogen reichlich in der Blastula vor, während es in der Gastrula ganz fehlt. Nach der Gastrulation tritt es wieder im Ektoderm auf. Das Glykogen ist also ein Maßstab für die Organbildung des sich entwickelnden Embryos.

γ) Ovomucoid.

Bei der Bebrütung vermindert sich das Ovomucoid. Da das Mengenverhältnis des Ovomucoids und des Ovalbumins während der Bebrütung fast konstant bleibt (Ovomucoid: Ovalbumin = 0,136:1), so wird angenommen, daß es keinen großen Unterschied in der Assimilierbarkeit zwischen beiden Substanzen gibt.

δ) Pentosen.

MENDEL u. LEAVENWORTH[2] haben das Schicksal der Pentosen in bebrüteten Hühnereiern untersucht und gefunden, daß sie erst in 7 Bebrütungstagen erscheinen und sich nachher allmählich vermehren. In den Keimgeweben ist die Menge an Nucleinsäuren und an ATP größer als in erwachsenen Geweben. Interessant ist der Befund, daß die Wirkung der Apyrase von Keimzellen der Hühnereier am 7. Bebrütungstage plötzlich gesteigert wird, während sie bis zu dieser Periode schwach und konstant bleibt.

ε) Inosit.

In sich entwickelnden Hühnereiern findet sich Inosit, es hat die Struktur eines Hexaoxyhexahydrobenzols.

ROSENBERGER[3], KLEIN[4] und STARKENSTEIN[5] haben für sich besonders, sowohl in den frischen als auch in den bebrüteten Hühnereiern diese Substanz gefunden. NEEDHAM[6] hat später eine exakte Untersuchung ausgeführt und festgestellt, daß sich der bis zum Mittelstadium der Entwicklung allmählich angestiegene Inositgehalt (30 mg-%) am 16. Bebrütungstage bis auf 10 mg-% vermindert und vor dem Ausschlüpfen des Embryos auf 60 mg-% anwächst. Durch Anwendung der Injektionsmethode hat er weiter bestätigt, daß aus Glucose Inosit in dem Hühnerembryo synthetisiert wird.

c) D-Milchsäure.

Daß der Gehalt des frischen Hühnereies an D-Milchsäure sehr gering ist, daß er bei der Bebrütung allmählich zunimmt, bei 5tägiger Bebrütung seinen Höhepunkt erreicht, bei weiterer Bebrütung abnimmt und schließlich bei 14tägiger Bebrütung auf eine geringfügige Menge sinkt, ist von mir[7] festgestellt worden. In weiteren Versuchen[8] wurde das Schicksal der vermehrt gebildeten D-Milchsäure verfolgt, es wurde in ihnen eine Bestätigung der WIENERschen[9] Annahme der Harnsäurebildung im Vogelorganismus erblickt. Die D-Milchsäure, die am 5. Bebrütungstage ihr Maximum erreicht, geht durch Oxydation in Tartronsäure über. Unter Wasserabspaltung erhält man aus ihr und dem als Zersetzungsprodukt des Proteins gebildeten Harnstoff Dialursäure, die mit einem 2. Molekül Harnstoff Harnsäure gibt.

---

[1] WOERDEMAN, M. W.: Proc. Kon. Akad. Wet. Amsterdam **36**, 189 (1933). — [2] MENDEL, L. B., and C. S. LEAVENWORTH: Amer. J. Physiol. **21**, 95 (1908). — [3] ROSENBERGER, F.: H. **56**, 373 (1908). — [4] KLEIN, J. H.: Diss. med.-veterin. Gießen 1909. — [5] STARKENSTEIN, E.: B. Z. **30**, 56 (1911). — [6] NEEDHAM, J.: J. Physiol., London **57**, LXXX (1923). — [7] TOMITA, M.: B. Z. **116**, 1 (1921). — [8] TOMITA, M., u. M. TAKAHASHI: H. **184**, 272 (1929). — [9] WIENER, H.: Hofmeisters Beitr. **2**, 42 (1902).

d) Fette und Lipoide.

α) Fette.

Im Jahre 1908 haben TANGL u. FARKAS[1] durch ihre wertvollen calorimetrischen Untersuchungen den Begriff der Entwicklungsarbeit eingeführt. Es hat sich dabei herausgestellt, daß bei der Entwicklung des Hühnereies etwa $^2/_3$ der gesamten verbrauchten chemischen Energie als solche zum Aufbau des Embryos dienen, und daß $^1/_3$ als Entwicklungsarbeit in andere Energiearten umgewandelt wird. Es hat sich ferner ergeben, daß in den Anfangsstadien der Embryogenese zur Entwicklung der lebenden embryonalen Substanz die Umwandlung einer größeren Menge chemischer Energie erforderlich ist als zur Entwicklung derselben Substanzmenge in den reiferen Stadien, und daß die zur Entwicklungsarbeit im Hühnerei nötige Energie hauptsächlich aus dem chemischen Energievorrat des Eifettes geschöpft wird.

Zur Untersuchung der Frage, wie eine Mobilisierung des Fettes im Eiinhalt und seine Überführung in den werdenden Embryo stattfindet, verwendete KUSUI[2] als Untersuchungsmaterial bebrütete Hühnereier von verschiedenen Entwicklungsstadien. Dabei wurden die Embryos von dem übrigen Eiinhalt getrennt verarbeitet.

Er hat festgestellt: 1. In den späteren Entwicklungsstadien tritt eine erhebliche Abnahme des Gesamtfettes ein. 2. Bei 3tägiger Bebrütung erreicht die Menge der freien Fettsäuren ihr Maximum. 3. Die Menge der freien Fettsäuren im Embryo des 14 Tage lang bebrüteten Hühnereies beträgt im Vergleich mit deren Menge im übrigen Eiinhalt ungefähr das 5fache. In derselben Relation nimmt die Menge der freien Fettsäuren bei weiterer Bebrütung ab. 4. Die Fettsäuren des Hühnereies bestehen größtenteils aus ungesättigten Fettsäuren.

Diese Befunde wurden auch bei Meerschildkröteneiern durch Versuche von TOMITA u. KARASHIMA[3] bestätigt.

β) Phosphatide.

Phosphor kommt im Hühnerei in verschiedenen Typen von Verbindungen vor, nämlich als anorganische Phosphate, Phosphoproteid, Phosphatide, Zuckerphosphate usw. Der Gesamtphosphor beträgt im frischen und kurzbebrüteten Ei ungefähr 0,13—0,15% P. Im frischen Ei überwiegt die Phosphatidfraktion. Nach PLIMMER u. SCOTT[4] nehmen der ätherlösliche organische Phosphor (Phosphatide) und der Vitellinphosphor bei der Bebrütung allmählich ab, während der anorganische Phosphor und der Nucleoproteidphosphor im Gegensatz dazu deutlich zunehmen (Tabelle 67).

Tabelle 67. Phosphorfraktionen im bebrüteten Hühnerei.

P-Verbindung	P-Gehalt im ganzen Ei (in % des Gesamt-P)	
	Anfangsstadium der Bebrütung	Endstadium der Bebrütung
Anorganischer P	Spur	60,0
H_2O-löslicher organischer P	6,2	8,6
Ätherlöslicher organischer P (Phosphatide) .	64,8	19,3
Vitellin-P	27,1	0
Nucleoproteid-P	1,9	12,0

[1] TANGL, F., u. K. FARKAS: Pflügers Arch. **104**, 624 (1908). — [2] KUSUI, K.: J. Biochem. **15**, 319 (1932). — [3] TOMITA, M., u. J. KARASHIMA: J. Biochem. **10**, 375 (1929). — [4] PLIMMER, R. H. A., u. F. H. SCOTT: J. Physiol., London **38**, 247 (1909).

Diese Ergebnisse wurden nachher von RIDDLE[1], ILJIN[2], MASAI u. FUKUTOMI[3] bestätigt. Ähnliche Versuche haben TOMITA u. KARASHIMA[4] an Meerschildkröteneiern ausgeführt und konstatiert, daß der anorganische Phosphor mit dem Fortschreiten der Eientwicklung allmählich zunimmt, während sich der Gehalt des organischen Phosphors im Gegenteil vermindert. Die Resultate sind aus Tabelle 68 ersichtlich.

Der Phosphatidstoffwechsel erreicht bei sich entwickelnden Hühnereiern nach KUGLER[5] seine maximale Höhe zwischen dem 15.—17. Bebrütungstage. Sowohl Dotter als auch Embryo enthalten Lecithin und Kephalin während der ganzen Entwicklungsperiode im Verhältnis von 3:1

Tabelle 68. Phosphatgehalt bebrüteter Meerschildkröteneier.

Bebrütungstage	P_2O_5-Menge (in mg-% des ganzen Eiinhalts)		
	anorganisches P	organisches P	Gesamt-P
0	6	342	348
15	13	280	293
30	15	266	281
45	123	106	229
Bei der Ausschlüpfung	365	52	417

γ) Sterine.

Im Jahre 1912 hat HANES[6] zuerst eine Verminderung des freien Cholesterins und eine Zunahme der Cholesterinester im sich entwickelnden Hühnerembryo beschrieben. Vermutlich handelt es sich um einen Entgiftungsmechanismus für die bei der Phosphatidspaltung auftretenden freien Fettsäuren. Später hat MUELLER[7] die Anschauung von HANES bestätigt. KUSUI[8] hat sich bei uns die Aufgabe gestellt, eine genauere Untersuchung dieser Verhältnisse nicht nur bei Hühnereiern, sondern auch im bebrüteten Reptilienei auszuführen. Er hat im Einklang mit dem MUELLERschen Ergebnis zuerst festgestellt, daß die Esterverbindungen sich im hochentwickelten Hühnerembryo auffallend vermehren, während eine stetige Abnahme des freien Cholesterins in der ganzen Bebrütungsperiode erfolgt. Die Ergebnisse seiner Untersuchungen zeigen auch, daß das freie Cholesterin und seine Ester bei der Bebrütung des Meerschildkröteneies sich ebenso verhalten wie beim Hühnerei.

e) Proteine.

Die als Energiequelle verbrauchte Eiweißmenge ist bei Terrestrialeiern geringer als bei Eiern von Wassertieren. Die sich entwickelnden Eier, in denen über 10% der Gesamtproteine als Energiematerial verbrannt werden, gehören zu den aquatischen Eiern, während die bei der Entwicklung weniger als 10% der Gesamtproteine verbrennenden Eier als terrestrial angenommen werden können. Bei sich entwickelnden Eiern ist die Natur der ins Allantoiswasser abgegebenen Stickstoffverbindungen bei aquatischen und bei terrestrialen Eiern ebenfalls verschieden. Bei den ersteren überwiegen Ammoniak und Harnstoff, während bei den letzteren hauptsächlich Harnsäure ausgeschieden wird. Der Harnsäure-N des Hühnerembryos beträgt 91% des gesamten ausgeschiedenen Stickstoffs.

Tabelle 69 zeigt den Umfang der Proteinverbrennung in sich entwickelnden Eiern von verschiedenen Tierarten.

[1] RIDDLE, O.: Amer. J. Physiol. **41**, 409 (1916). — [2] ILJIN, M. D.: Materials for Embryochemistry (Russian). Leningrad 1917 [NEEDHAM, J.: Chemical Embryology S. 246. New York 1931]. — [3] MASAI, Y., and T. FUKUTOMI: J. Biochem. **2**, 271 (1923). — [4] TOMITA, M., u. J. KARASHIMA: J. Biochem. **10**, 375 (1929). — [5] KUGLER, O. E.: Amer. J. Physiol. **115**, 287 (1936). — [6] HANES, F. M.: J. exp. Med. **16**, 512 (1912). — [7] MUELLER, J. H.: J. biol. Ch. **21**, 23 (1915). — [8] KUSUI, K.: H. **181**, 101 (1929); **187**, 210 (1930).

Tabelle 69. Umfang der Eiweißverbrennung in sich entwickelnden Eiern.

Tierspecies	Terrestrial-(T) oder aquatischer (A) Embryo	Protein-N, verbrannt während der Entwicklung (% des Gesamtprotein-N)	
Fisch			
Lachs.	A	Bis Ende der Dottersackperiode	21,9
Flunder	A	Bis Ende der Entwicklung	18,3
Amphibien			
Frosch	A	Bei Verschwinden der äußeren Kiemen	25,7
Reptilien			
Meerschildkröte . .	A	Bis Ende der Entwicklung	16,5
Vogel			
Huhn	T	,, ,, ,, ,,	5,8
Insekten			
Bombix mori . . .	T	,, ,, ,, ,,	3,9

α) Stoffwechsel der Aminosäuren.

Auf dem gesamten Gebiete des Aminosäurestoffwechsels kommt man zu dem Problem, welche Aminosäuren als solche im tierischen Organismus eine bedeutende Rolle spielen oder als Bausteine für Eiweiß unentbehrlich sind und welche außerdem als Ausgangsmaterial zur Bildung wichtiger Inkretstoffe und Produkte Verwendung finden, welche bei bestimmten Organfunktionen und vor allem für den normalen Ablauf des Zellstoffwechsels unentbehrlich sind.

Aus diesem Grunde hat Sendju[1] bei mir das Verhalten der verschiedenen Aminosäuren bei der Bebrütung des Hühnereies untersucht. Nach seinen Angaben erfolgt bei 3tägiger Bebrütung, wo man fast plötzlich den Blutfarbstoff auftreten sieht, eine starke Abnahme von Tryptophan im Hühnerei. Bei langer Bebrütung, während der das Auftreten der Gallenfarbstoffe erfolgt, erfährt das Ei eine weitere Abnahme der Tryptophanmenge, so daß es ersichtlich ist, daß das im Hühnerei frei und gebunden vorhandene Tryptophan für die Bildung der Blut- und Gallenfarbstoffe bei der Bebrütung von Bedeutung ist. Bei der Bebrütung nimmt auch der Tyrosingehalt des Hühnereies allmählich ab. Im Hinblick auf frei sowie in gebundener Form vorhandenes Cystin und Cystein trat eine geringfügige Abnahme zutage. Bei der Bebrütung bemerkt man keine nennenswerte Mengenveränderung der in freier und in gebundener Form vorhandenen Hexonbasen, was dafür spricht, daß die Hexonbasen bei der Bebrütung des Hühnereies als solche unentbehrlich sind.

Andererseits haben sich Sagara[2] und Takahashi[3] mit der Frage beschäftigt, wie die freien Hexonbasen sich bei der Bebrütung des Hühnereies verhalten. Es zeigt sich dabei, daß in der 2. Hälfte der Bebrütung eine starke Zunahme von Arginin und Lysin erfolgt und besonders Lysin in den sich entwickelnden Hühnerembryonen in großer Menge angehäuft wird.

Takahashi[4] hat neuerdings angegeben, daß das Methionin, dessen Menge im frischen Hühnerei 200 mg beträgt, bei der Bebrütung allmählich abnimmt.

β) Reststickstoff.

Mellanby[5] und Needham[6] kamen zu der Anschauung, daß das Kreatin sich nach 14tägiger Bebrütung mit fortschreitender Entwicklung des Embryos ver-

[1] Sendju, Y.: J. Biochem. **5**, 391 (1925). — [2] Sagara, J.: H. **178**, 298 (1928). — [3] Takahashi, M.: J. Biochem. **10**, 451 (1929). — [4] Takahashi, S.: publiziert in Japan. Biochem. Kongreß 1954. — [5] Mellanby, E.: J. Physiol., London **36**, 447 (1907). — [6] Needham, J.: Physiol. Rev. **5**, 1 (1925).

mehrt. SENDJU[1] hat diese Angabe bestätigt, andererseits aber gefunden, daß die Menge des Kreatinins während der ganzen Bebrütungsperiode konstant bleibt.

Was nun den Eiweißstoffwechsel bei der Eientwicklung betrifft, so wurden ausführliche Untersuchungen von NEEDHAM an Hühnereiern ausgeführt. Er hat die ausgeschiedenen N-Mengen in Embryo, Amnion- und Allantoiswasser bestimmt und festgestellt, daß sich die Eiweißspaltung in der Periode zwischen dem 4. und 9. Bebrütungstag am stärksten vollzieht. Die Konzentration der Mischung von verschiedenen Spaltungsprodukten der Proteine soll in dieser Periode am höchsten sein.

Die Verhältnisse der Ausscheidung von Ammoniak, Harnstoff und Harnsäure werden in Tabelle 70 zusammengestellt.

Tabelle 70. Ammoniak-, Harnstoff- und Harnsäurebildung im bebrüteten Hühnerei.

	Mol.-Gew.	N-%	Zeit der maximalen Bildung	Absolute Menge (mg) während der ganzen Bebrütung	% des ausgeschiedenen N während der ganzen Bebrütung
Ammoniak . . .	17	82,3	4. Bebrütungstag	0,120	1,07
Harnstoff	60	46,6	9. ,,	0,843	7,38
Harnsäure. . . .	168	33,3	11. ,,	10,161	91,35

Wie die Tabelle zeigt, weiß man, daß das Ammoniak, welches das kleinste Molekulargewicht und den höchsten N-Gehalt hat, am stärksten am 4. Bebrütungstage — 5 Tage früher als Harnstoff und 7 Tage früher als Harnsäure — gebildet wird, und daß die Bildung der Harnsäure, die das größte Molekulargewicht und den kleinsten N-Gehalt hat, am spätesten ihren Höhepunkt erreicht.

SENDJU, SAGARA u. TAKAHASHI haben bei mir nachgewiesen, daß während der Bebrütung der Hühnereier, wie TICHOMIROFF[2] zuerst bei Bombix mori fand, eine Neubildung von Purinbasen eintritt.

f) Nucleinstoffe.

In den Zellen sind die Nucleinsäuren gewöhnlich an Eiweißkörper gebunden; sie bilden mit denselben Nucleoproteide. Alle Zellen enthalten Nucleoproteide, die an grundlegenden Lebensvorgängen beteiligt sind. Die Verteilung der Nucleinsäuren in der Zelle und ihr Verhalten unter verschiedenen Bedingungen (Zellteilung) sind in den letzten Jahren Gegenstand zahlreicher Untersuchungen gewesen. Es hat sich gezeigt, daß diese Stoffe bei der Zellteilung und der Eiweißproduktion in den Zellen eine besondere Rolle spielen müssen. Aus den Nucleinsäuren wurden verschiedene Nucleotide und Nucleoside isoliert, und zwar sowohl Purin- als auch Pyrimidinverbindungen.

Die Nucleotide spielen nicht nur als Bausteine der polymeren Nucleinsäuren eine Rolle. Wir kennen auch verschiedene nucleotidartig gebaute niedermolekulare Stoffe, die als Wirkungsgruppe von Fermenten vorkommen. Zu den wichtigsten gehört die Adenylsäure, die durch Addition von 2 Molekülen Phosphorsäure in die Adenosintriphosphorsäure (ATP) übergehen kann. Es ist auch eine Adenosindiphosphorsäure (ADP) bekannt, welche an Stelle der Triphosphorsäuregruppe einen Pyrophosphatrest enthält.

Wenn man also über den Stoffwechsel der Nucleinstoffe Genaueres wissen will, muß man dem Schicksal der Nucleinsäuren, Purinkörper, Nucleotide und Nucleoside nachgehen.

[1] SENDJU, Y.: J. Biochem. 7, 181 (1827). — [2] TICHOMIROFF, A.: H. 9, 518 (1885).

α) Synthese der Nucleinsäuren.

Man unterscheidet nach der Art des Zuckers zwei große Gruppen von Nucleinsäuren; die Ribonucleinsäuren (RNS) und die Desoxyribonucleinsäuren (DNS) (s. Bd. **1**, S. 828). Da die Desoxyribonucleinsäuren (auch als Thymonucleinsäuren bezeichnet) mit dem SCHIFFschen Reagens (fuchsinschweflige Säure) eine rote Färbung geben, für welche der Zucker verantwortlich ist, ist diese Reaktion die Grundlage der sog. Nuclealfärbung von FEULGEN und bedeutungsvoll für den Nachweis und die Lokalisation von DRN in der Zelle.

Durch BRACHET[1] ist bewiesen worden, daß die Desoxyribonucleinsäuren auf den Zellkern beschränkt sind, die Ribonucleinsäuren sich vorzugsweise im Protoplasma, aber auch im Nucleolus und im sog. Heterochromatin finden. Er hat auch bei Seeigeleiern beobachtet, daß die Chromosomen bei der Kernspaltung eine intensive FEULGEN-Spaltung zeigen, die sich mit dem Fortschreiten der Zellteilung verstärkt. Es deutet darauf hin, daß der Gehalt an Thymonucleinsäuren im Zellkern bei der Entwicklung der Keimzellen allmählich zunimmt.

β) Synthese des Puringerüstes.

Daß der tierische Organismus die Fähigkeit zur Synthese des Purinringes besitzt, haben Versuche am Hühnerei ergeben (s. a. Bd. **II**/1b, S. 1218).

HERTWIG[2] hat zuerst die Mengenverhältnisse der Kernsubstanzen gegen Protoplasmasubstanzen „Nucleoplasmatic Ratio (N.P.R.)“ genannt, und GODLEWSKI[3] hat gefunden, daß dieser Wert bei der Entwicklung der Echinodermeneier allmählich zunimmt. Dann haben LE BRETON u. SCHAEFFER[4] das Verhältnis mit chemischer Methode ermittelt und durch folgende Formel angegeben:

$$\text{chemical N.P.R.} = \frac{\text{Purin-N} \times 100}{\text{Gesamt-N} - \text{Purin-N}}$$

Ihre Versuchsresultate bei der Entwicklung von Hühner- und Säugetierembryonen zeigten, daß der Wert im Laufe der Entwicklung absinkt.

Daß die im Hühnerei frei und gebunden vorhandenen Purinstickstofformen sich während der Bebrütung mit fortschreitender Entwicklung des Embryos vermehren, hat SENDJU[5] in unserem Laboratorium gezeigt. Ihm folgend haben SAGARA[6] und TAKAHASHI[7] auch bei uns nachgewiesen, daß während der Bebrütung des Hühnereies, wie TICHOMIROFF[8] zuerst bei Bombix mori fand, eine Neubildung der Purinbasen eintritt.

γ) ATP-Spaltung.

Adenosintriphosphat wird bei der Entwicklung der Hühnereier gespalten. Die Wirkung der Apyrase der Keimzelle der Hühnereier ist am 7. Bebrütungstage plötzlich gesteigert, während sie bis dahin schwach und konstant bleibt.

Bei den Keimzellen der Froscheier verstärkt sich die Apyrasewirkung im Laufe der Entwicklung und erreicht ihren Höhepunkt im Neuroblastenstadium.

g) Wirkstoffe.

α) Fermente.

Es wurde schon gesagt, daß im frischen Hühnereiweiß Amylase, Lipase, Protease, Lecithase und Dopaoxydase vorhanden sind und im Dotter des frischen

[1] BRACHET, J.: C. R. Soc. Biol. **108**, 813 (1931); **122**, 108 (1936). Arch. Biol., Paris **44**, 519 (1933); **48**, 529 (1937). — [2] HERTWIG, R.: Biol. Zbl. **23**, 49 (1903). — [3] GODLEWSKI, E.: Rev. gén. Sci. **32**, 676 (1921). — [4] LE BRETON, É., et G. SCHAEFFER: Cr. **178**, 1320 (1924). — [5] SENDJU, Y.: J. Biochem. **5**, 391 (1925). — [6] SAGARA, J.: H. **178**, 298 (1928). — [7] TAKAHASHI, M.: J. Biochem. **10**, 451 (1929). — [8] TICHOMIROFF, A.: H. **9**, 518 (1885).

Eies außerdem noch Nuclease und Zuckerphosphatase nachgewiesen worden sind. Bei der Entwicklung der Keimzellen werden die oben erwähnten Fermentwirkungen entweder verstärkt oder geschwächt. Viele andere Fermente werden während der Entwicklung neu gebildet.

KOMORI[1] hat bei uns die Anwesenheit von Arginase im bebrüteten Hühnerei festgestellt. BRACHET u. NEEDHAM[2] haben mitgeteilt, daß eine starke Arginasewirkung am 2. Entwicklungstag im Hühnerembryo erschien. Dann haben PALLADIN u. RASCHBA[3] konstatiert, daß die Arginasewirkung des Hühnerembryos in früheren Entwicklungsstadien stark ist und durch Mn-Salze aktiviert wird.

Das Verhalten der Dipeptidase haben PALMER u. LEVY[4] bei dem sich entwickelnden Hühnerembryo untersucht.

VAN GOOR[5] hat die Bildung von Carboanhydratase im Auge des Hühnerembryos angegeben.

Daß die Cholinesterase im Gehirn des Hühnerembryos gebildet wird und im Laufe der Entwicklung sich vermehrt, wurde von NACHMANSOHN[6] berichtet. AUGUSTINSSON u. Mitarb.[7] haben dieses Ferment bei Seeigeleiern untersucht und festgestellt, daß sich diese Fermentwirkung kurz nach der Befruchtung schnell verstärkt und nach 48 Std ihren Höhepunkt erreicht. Über Acetylcholinesterase hat DOMINI[8] gearbeitet.

KLEINZELLER u. WERNER[9] haben gezeigt, daß die Aktivität der Katalase im umgekehrten Verhältnis zur anaeroben Glykolyse des Hühnerembryos steht.

DEUTSCH u. GUSTAFSON[10] haben mitgeteilt, daß Katalase- und Cytochromoxydasewirkung in bebrüteten Seeigeleiern nach 8stdger Entwicklung stark vermindert sind.

Die Kathepsinwirkung hat MYSTKOWSKI[11] mit Gelatine, Ovalbumin und Lecithovitellin untersucht und konstatiert, daß sich keine große Veränderung während der Entwicklung vollzieht. GOLDSTEIN u. Mitarb.[12] haben angegeben, daß die Kathepsinwirkung am 9. Bebrütungstag im Hühnerembryo erscheint und schnell ihren Höhepunkt erreicht.

Phosphatase im Hühnerembryo wurde zunächst bei uns von KOMORI[1] gefunden. KAY[13] hat diese Angabe bestätigt. In Froscheiern hat HARRIS[14] eine Phosphoproteidphosphatase gefunden, die direkt aus Phosphoproteid anorganische Phosphorsäure abspalten kann. Dieses Ferment kann nicht nur Phosphat freisetzen, sondern auch Transphosphorylierungen bewirken. In dem Entwicklungsstadium, in dem der Dotterverbrauch groß ist, wirkt dieses Ferment besonders stark.

Im Hühnerembryo findet man eine besondere Phosphatase, die Adenosintriphosphatase, auch Apyrase genannt, die in Mitochondrien vorkommt. Ihre Wirkung ist bis zum 6. Bebrütungstag schwach und konstant, verstärkt sich aber bald nachher plötzlich. Anfänglich ist eine wasserlösliche Apyrase vorhanden, die im Laufe der Entwicklung allmählich abnimmt, um einer Myosinapyrase Platz

---

[1] KOMORI, Y.: J. orient. Med., Dairen **2**, 37 (1924). — [2] BRACHET, J., et J. NEEDHAM: C. R. Soc. Biol. **118**, 840 (1935). — [3] PALLADIN, A. W., u. J. J. RASCHBA: Ukrain. biochem. Ž. **10**, 193 (1937). — [4] PALMER, A. H., and M. LEVY: J. biol. Ch. **136**, 407 (1940). — [5] GOOR, H. VAN: Acta brev. neerl. Physiol. **10**, 37 (1940). — [6] NACHMANSOHN, D.: C. R. Soc. Biol. **127**, 670 (1938). — [7] AUGUSTINSSON, K. B., and T. GUSTAFSON: J. cellul. comp. Physiol. **34**, 311 (1949). — [8] DOMINI, G.: Boll. Soc. ital. Biol. sperim. **13**, 1180 (1938). — [9] KLEINZELLER, A., and H. WERNER: 7. World's Poult. Congr. Cleveland 1939. S. 186. — [10] DEUTSCH, H. F., u. T. GUSTAFSON: Ark. Kemi **4**, 221 (1952). — [11] MYSTKOWSKI, E.: Biochem. J. **30**, 765 (1936). — [12] GOLDSTEIN, B., u. E. MILLGRAM: Ukrain. biochem. Ž. **8**, 139 (1935). — GOLDSTEIN, B., u. M. GINTSBERG: Ukrain. biochem. Ž. **9**, 593 (1936). — [13] KAY, H. D.: Brit. J. exp. Path. **7**, 177 (1926) — [14] HARRIS, D. L.: J. biol. Ch. **165**, 541 (1946).

zu machen. GUSTAFSON u. Mitarb.[1] haben bei Seeigeleiern beobachtet, daß sich folgende Fermente im Entwicklungsstadium der ersten Mesodermbildung vermehren: Apyrase (p_H-Optimum 8,0), alkalische Phosphatase, Bernsteinsäuredehydrogenase, Äpfelsäuredehydrogenase, Glutaminase, Kathepsin (p_H-Optimum 4,0 bei Anwesenheit von Cystein). Diese Fermente kommen alle in den Mitochondrien vor. Bei den Keimzellen der Froscheier steigt die Apyrasewirkung im Laufe der Eientwicklung und erreicht ihr Maximum im Neuroblastenstadium.

Nach unseren Erfahrungen[2] nimmt der Dopaverbrauch im Hühnerembryo allmählich zu, die Wirkung der Dopaoxydase ist bei Seidenhuhneiern stärker als bei Leghorneiern.

Das Cyclophorasesystem ist auch bei sich entwickelnden Keimzellen studiert worden. Es besteht im wesentlichen aus Mitochondrien. HARMAN[3] hat bewiesen, daß es nichts anderes ist als durch Nucleotidmaterial aus zerstörten Zellkernen verklebte Mitochondrien. Durch Zerstörung der Mitochondrien, z. B. durch Ultraschall, lassen sich kleinste Partikelchen gewinnen, die nur noch Teile der Enzymausstattung der Mitochondrien besitzen. Auf diese Weise erhielten HOGEBOOM u. SCHNEIDER[4] Anhaltspunkte dafür, daß in den intakten Mitochondrien das Succinoxydasesystem und das Cytochromoxydasesystem oder Cytochrom c und DPN-Cytochromreduktase nahe beieinander gelegen sein müssen. In den Mikrosomen der Seeigeleier scheinen Atmungsfermente vorhanden zu sein. Es gibt kein Cytochrom c in diesen Eiern, aber eine ihm ähnliche Fe-Porphyrinverbindung. Man findet in ihnen ferner Diphosphopyridinnucleotid (DPN), Flavinadenindiphosphat (FAD), Thiamin und Pyrophosphat.

β) Hormone.

Jeder Vorgang kann der humoralen Steuerung unterworfen werden, der überhaupt auf chemischem Weg beinflußbar ist. Wir sehen denn auch, daß das wichtigste Gebiet der humoralen Regulation der Stoffwechsel und, eng damit zusammenhängend, die Entwicklungs- und Wachstumsvorgänge sind.

Den Einfluß der Hormone auf die Entwicklung der Keimzellen haben verschiedene Forscher untersucht. Zunächst ist es HANAN[5] gelungen, mittels der Injektionsmethode eine Thyroxinwirkung auf die Atmung des Hühnerembryos festzustellen. Minimale Mengen von Thyroxin in alkalischer Lösung zeigen einen steigenden Einfluß auf die Atmung des 7 Tage alten Hühnerembryos, während sie sich nach 12tägiger Bebrütung wieder abschwächt. Eine besonders auffallende Wirkung von Schilddrüsenhormon ist die Beschleunigung der Metamorphose bei Amphibien. Durch Verfütterung von Schilddrüse kann die verfrühte Umwandlung der Kaulquappe zum Frosch erzwungen werden. Ebenso bewirkt das Schilddrüsenhormon die Umwandlung der aquatischen, durch Kiemen atmenden Axolotllarve, die im Wasser geschlechtsreif werden kann, in den zur Luftatmung befähigten Molch (Amblystoma tigrinum).

Das Vorkommen des Adrenalins im Hühnerembryo haben HOGBEN u. CREW[6] untersucht und angegeben, daß dieses Hormon nach dem 16. Bebrütungstage zweifellos erscheint. LUTZ u. CASE[7] bekamen immer positive Resultate nach 10tägiger Bebrütung, wie später von OKUDA[8] bestätigt wurde.

[1] DEUTSCH, H. F., u. T. GUSTAFSON: Ark. Kemi **4**, 221 (1952). — GUSTAFSON, T., u. I. HASSELBERG: Exp. Cell Res. **1**, 371 (1950). — [2] TOMITA, M., u. H. IMAMURA: TOMITAS gesammelte Werke Bd. II, S. 70 (1951). — [3] HARMAN, J. W.: Exp. Cell Res. **1**, 382 (1950). — [4] HOGEBOOM, G. H., and W. C. SCHNEIDER: J. biol. Ch. **194**, 513 (1952). — [5] HANAN, E. B.: Proc. Soc. exp. Biol. Med. **25**, 422 (1928).— [6] HOGBEN, L. T., and F. A. CREW: Brit. J. exp. Biol. **1**, 1 (1923). — [7] LUTZ, B. R., and M. A. CASE: Amer. J. Physiol. **73**, 670 (1925).— [8] OKUDA, M.: Endocrinology **12**, 342 (1928).

Potvin u. Aron[1] haben das Erscheinen der Langerhansschen Inseln im 8—9 Tage alten Hühnerembryo mitgeteilt. Shikinami[2] fand im frischen Hühnereidotter eine dem Insulin ähnliche Substanz, die gegen Hitze und Protease widerstandsfähiger ist als Insulin und in den embryonalen Zellen nicht gefunden worden ist. Pucher u. Hanan[3] haben mitgeteilt, daß das Insulin bis zum 11. Bebrütungstage nicht erscheint.

Wird Oestron der Salamanderlarve im Anfangsstadium der sexuellen Differenzierung injiziert, so bilden sich atypische Gonaden[4]. Wurde das Oestron oder Oestradiolpropionat männlichen Salamanderlarven appliziert, so ergibt sich nach Foote[5] eine Geschlechtsumkehrung. Gaarenstroom[6] hat durch Injektion von Oestradiolbenzoat in den Hühnerembryo eine starke Verweiblichung der Jungen erzeugt. Oestrogene Hormone bewirken schon bei höherer Verdünnung in jungen, sich entwickelnden Geweben, z. B. im Amphibienkeim, typische Störungen der Zellteilung[7]. Es scheint, daß das Hormon irgendwie in den Nucleinsäurestoffwechsel eingreift. Man weiß nicht, ob diese Zellwirkung der oestrogenen Hormone in Zusammenhang mit der eigentlichen Hormonwirkung steht.

γ) Vitamine.

Die Vitamine A, B_1, B_2, D und E sind als normale Bestandteile im frischen Hühnerei aufgefunden. Unsere[8] Untersuchungen haben ergeben, daß der Gehalt des Riesensalamandereies an Vitamin B_2 auffallend hoch ist. Während der Bebrütung erscheinen noch andere Vitamine im Hühnerembryo.

Gardiner u. Mitarb.[9] haben angegeben, daß Vitamin A im Hühnerei größtenteils als Alkohol enthalten ist, während es bei der Bebrütung teilweise in die Esterform übergeht.

Scrimshaw u. Mitarb[10]. haben gefunden, daß die Menge des gesamten Thiamins im sich entwickelnden Hühnerei während der Bebrütung konstant bleibt.

Der Gehalt an Riboflavin, Pantothensäure und Biotin im Hühnerei erfahren während der Eientwicklung weder Zu- noch Abnahme[11].

Der Brechungsindex von Humor vitreus des Hühnerembryos hat schon am 6. Bebrütungstage den Wert des erwachsenen Tieres[12]. Es scheint uns denkbar, daß durch diese merkwürdig frühzeitige Entwicklung des Augapfels für den Embryo ein Vorrat an einigen unentbehrlichen Substanzen bereitgehalten wird, und daß Vitamin C, in einer die Bedürfnisse des sich entwickelnden Embryos befriedigenden Menge, schon vom Anfang der Bebrütung an in Humor aqueus gespeichert werden kann.

Parkhurst[13] hat die Meinung geäußert, daß das im frischen Eidotter reichlich vorhandene Vitamin E in einer engen Beziehung mit der Bebrütung des Eies steht.

4. Respiratorischer Stoffwechsel des Reptilienembryos.

Der Stoffwechsel des Säugetierembryos ist nur höchst unvollständig bekannt, weil technische Schwierigkeiten der Untersuchung wesentliche Hindernisse bereiten. Der embryonale Gaswechsel ist am besten an bebrüteten Hühnereiern

[1] Potvin, R., et M. Aron: C. R. Soc. Biol. **41**, 17 (1927). — [2] Shikinami, Y.: Iohoku J. exp. Med. **10**, 1 (1928). — [3] Pucher, G. W., u. E. Hanan: Private Mitteilung an Needham (1929) [Chemical Embryol. p. 1343]. — [4] Ackart, R. J., and S. Leavy: Proc. Soc. exp. Biol. Med. **42**, 720 (1939). — [5] Foote, C. L.: Proc. Soc. exp. Biol. Med. **43**, 519 (1940). — [6] Gaarenstroom, J. H.: J. Endocrinol. **2**, 47 (1940). — [7] Töndury, G.: Roux' Arch. Entw.-Mech. **142**, 1 (1942). Acta anat., Basel **4**, 269 (1947). — [8] Tomita, M., K. Hamada, Y. Manabe and M. Sasaki: J. Biochem. **39**, 299 (1952). — [9] Gardiner, V. E., W. E. Phillips, W. A. Maw and R. H. Common: Nature **170**, 80 (1952). — [10] Scrimshaw, N.S., W. P. Thomas, J. W. McKibben, C. R. Sullivan and K. C. Wells: J. Nutrit. **52**, 235 (1944). — [11] Snell, E. E., and E. Quarles: J. Nutrit. **22**, 483 (1941). — [12] Gondo, K.: J. Biochem. 8, 85 (1927). — [13] Parkhurst, R. T.: Science, N. Y. **66**, 66 (1927).

studiert worden, besonders mit gut ausgebildeter Methode von BOHR u. HASSELBALCH (1900—1903), die fanden[1], daß die Kohlensäurebildung und der Sauerstoffverbrauch des sich entwickelnden Hühnchens dem Gewicht annähernd parallel gehen, und daß der Sauerstoffverbrauch die Kohlensäurebildung überwiegt und der Respiratorische Quotient im Mittel 0,7 beträgt.

In chemischer Hinsicht beruhen die Ursachen der Differenzen in Respiratorischen Quotienten auf Verschiedenheiten des organischen Materials, das jeweils zur Verbrennung kommt, bzw. auf den verschiedenen Verhältnissen, in denen Eiweiß, Fett und Kohlenhydrate jeweils gemischt sind. Der Respiratorische Quotient gibt uns also ein Mittel, um annähernd die Natur der gerade im Körper zerfallenden Stoffe zu erkennen. Wir können demnach schließen, daß der Stoffumsatz beim Hühnerembryo vorzugsweise durch Zersetzung von Fett erfolgt.

Ein Urteil darüber, wieviel des Stoffwechsels mit Wahrscheinlichkeit dem einen und wieviel dem anderen Vorgang anzurechnen ist, bietet aber, besonders hinsichtlich der Embryonen von Warmblütern, sehr bedeutende Schwierigkeiten. Anders ist die Lage beim Kaltblüter. Hier kann die Entwicklung innerhalb eines weit größeren Temperaturintervalles stattfinden, und es ist deshalb zu erwarten, daß auch die Intensität des Wachstums des Embryos bei diesen Tieren den äußeren Bedingungen gemäß variieren kann, ohne daß darum eine normale Entwicklung ausgeschlossen wäre. Der Stoffwechsel bei den Kaltblütern ist überhaupt weniger intensiv als bei den Warmblütern, und es ist daher von Interesse, zu untersuchen, ob dieser Unterschied sich auf den Stoffwechsel des Embryos erstreckt.

Eine Schätzung der Intensität des Stoffwechsels oder der Größe desselben je Std und je kg Gewicht des Embryos, die ja für den Vergleich zwischen Embryonen verschiedenen Alters und dem erwachsenen Tier erforderlich ist, läßt sich indes nicht durch Untersuchung holoblastischer Eier erzielen; hierzu müssen notwendigerweise meroblastische Eier, wie Reptilieneier, angewandt werden, bei denen sich der Embryo von dem übrigen Eiinhalt trennen läßt.

Da es nicht immer leicht ist, eine zur Untersuchung ausreichende Menge Reptilieneier zu beschaffen, so blieben sie bei embryochemischen Studien bisher ganz unberücksichtigt. Unseres Wissens ist in der Literatur nur eine, auf die Bestimmung des respiratorischen Stoffwechsels des Reptilienembryos gerichtete Versuchsreihe zu finden; diese rührt von BOHR[2] her, der in seiner Arbeit eine Anzahl von Respirationsversuchen an Ringelnatterembryonen während einer kurzen Entwicklungsperiode ausgeführt hat. An Versuche dieser Art ist die Forderung zu stellen, daß die Dauer der einzelnen Bestimmung keine gar zu kurze ist, sondern daß die Versuche an Eiern verschiedener Entwicklungsperioden mehrere Stunden hindurch ausgeführt werden. Endlich muß zur Feststellung des respiratorischen Stoffwechsels selbstverständlich eine völlig zuverlässige Methode angewandt werden.

Von der obigen Erwägung ausgehend, haben wir[3] eine Reihe von Respirationsversuchen an sich entwickelnden Kobraeiern ausgeführt. Das Verhalten der chemischen Zusammensetzung der Eier dieses Tieres bei der Bebrütung haben wir schon ziemlich eingehend untersucht.

Die Versuchsmethode besteht ihrem Prinzip nach darin, daß das Ei sich in einem luftdicht schließenden Kasten befindet, durch den ein ununterbrochener Strom kohlensäurefreier atmosphärischer Luft gesaugt wird. Die in unserem Laboratorium zur Bestimmung benutzte Apparat ist dem Prinzip nach in derselben Weise eingerichtet wie der KNIPPINGsche und auch der BENEDICTsche zu vollständigen Respirationsversuchen.

[1] BOHR, C., u. K. (A.) HASSELBALCH: Skand. Arch. Physiol. **10**, 149 (1900); **14**, 398 (1903).— [2] BOHR, C.: Skand. Arch. Physiol. **15**, 23 (1904). — [3] TOMITA, M., u. T. TANAKA: J. Biochem. **36**, 337 (1947).

Die Kobra (Naja Naja Atra) legt ihre Eier auf gefallene Blätter im Felsen- oder Baumschatten ab. Die Tiere legen gewöhnlich 14—18 Eier. Die Jungen schlüpfen je nach der Temperatur nach Verlauf von 5—6 Wochen aus. Während die künstliche Bebrütung nicht leicht war, weil die Entwicklung der meisten Schlangeneier von dem Feuchtigkeitsgrade des sie umgebenden Mediums abhängig war, zeigten sich die Kobraeier gegen äußere Bedingungen sehr widerstandsfähig, und es bot keine große Schwierigkeit, sie künstlich zu bebrüten.

16 frische Kobraeier wurden zusammen in dem Respirationskasten stehen gelassen. Wegen Mangels an Vorbereitungsversuchen konnten wir leider keine Schlußexperimente bis zum 15. Bebrütungstage ausführen. Nachher wurde jeden Tag oder alle 2 Tage ein Versuch angestellt, der gewöhnlich 4—7 Std dauerte. Die Temperatur des Versuchszimmers zeigte keine großen Schwankungen, sie blieb fast konstant zwischen 25—30°. Am 39. Bebrütungstage fand die erste Ausschlüpfung statt. Die lebend ausgeschlüpften Jungen wurden sofort aus dem Respirationskasten herausgenommen und nur mit den noch nicht ausgeschlüpften Eiern weitere Respirationsversuche angestellt. Vier Eier blieben ohne auszuschlüpfen zurück, obwohl die Embryonen darin schon völlig zu normaler Größe entwickelt waren.

Es ist übrigens ein Zeugnis von der Brauchbarkeit der ganzen Versuchsanordnung, daß es gelang, an denselben 16 Eiern 40 Tage hindurch die Sauerstoffaufnahme und Kohlensäureproduktion kontinuierlich zu bestimmen und darauf 12 lebensfähige Schlangen fast gleichzeitig aus den Eiern zu erhalten.

Im folgenden geben wir erst eine Beschreibung der einzelnen Respirationsversuche, kurz zusammengefaßt in Tabelle 71.

Tabelle 71. Respirationsversuch an Kobraeiern.

Datum des Versuches (1940)	Tage der Bebrütung	Zahl der verwendeten Eier	Dauer der einzelnen Versuche	Temperatur beim einzelnen Versuch	Auf 0°, 760 mm Hg umgerechnet		Je Ei je Std berechnet		$\frac{CO_2}{O_2}$
					O_2-Aufnahme	CO_2-Abgabe	O_2-Aufnahme	CO_2-Abgabe	
			Std	°C	cm³	cm³	cm³	cm³	
1. 9.	16	16	11	27,1	145,0	113,0	0,82	0,64	0,78
2. 9.	17	16	5	25,7	92,5	53,0	1,15	0,66	0,57
4. 9.	19	16	5	26,6	101,0	53,0	1,26	0,66	0,52
6. 9.	21	16	5	26,8	79,2	52,5	0,99	0,65	0,65
7. 9.	22	16	9	26,4	167,0	128,0	1,15	0,88	0,75
8. 9.	23	16	10	24,8	162,0	103,0	1,01	0,64	0,63
9. 9.	24	16	6	27,1	129,0	90,5	1,34	0,94	0,70
10. 9.	25	16	5	25,2	86,5	59,5	1,08	0,74	0,68
11. 9.	26	16	4	26,6	59,0	46,3	0,92	0,72	0,78
13. 9.	28	16	5	29,0	118,0	92,0	1,47	1,15	0,78
15. 9.	30	16	5	29,5	140,5	91,0	1,75	1,13	0,64
17. 9.	32	16	3	27,5	71,2	50,5	1,48	1,05	0,70
18. 9.	33	16	3	29,2	99,0	64,0	2,06	1,33	0,64
20. 9.	35	16	7	28,2	158,0	103,0	1,41	0,92	0,65
22. 9.	37	16	7	28,2	154,0	122,5	1,37	1,09	0,79
23. 9.	38	16	7	29,0	108,0	96,5	0,96	0,86	0,89
24. 9.	39	14	3	29,5	80,1	51,7	1,90	1,23	0,64
25. 9.	40	7	6	29,0	95,5	60,5	2,27	1,44	0,63

Es geht aus obigen Versuchen hervor, daß der Sauerstoffverbrauch immer die Kohlensäurebildung überwiegt und der Respiratorische Quotient durchschnittlich 0,69 beträgt. Im Gegensatz zum Hühnerei gehen die Sauerstoffaufnahme und die Kohlensäureproduktion des Kobraeies dem Gewicht des sich entwickelnden Embryos nicht parallel.

Am 38. Bebrütungstag, also kurz vor dem Ausschlüpfen, stieg der Respiratorische Quotient plötzlich bis auf 0,89. Sieht man von den ungünstigen Bedingungen der Versuche in der Endperiode der Bebrütung ab, die dadurch entstanden, daß der respiratorische Stoffwechsel der 4 Eier vor der Beendigung des Versuches aufhörte, so besteht weiter die Möglichkeit, daß die Zersetzungsprodukte des toten Eies als Stoffwechselprodukte des lebenden Embryos angesehen wurden. Die Ergebnisse werden dadurch ungenau, und wir können keine verbindlichen Schlüsse ziehen, da kurz vor dem Ausschlüpfen ein gemischter Umsatz entstand, an welchem Kohlenhydrate wesentlich beteiligt sind.

Es war jedoch noch möglich, einen Vergleich des Stoffwechsels des Embryos mit dem des völlig entwickelten jungen Tieres anzustellen. Zu diesem Zweck wurden eine Reihe Respirationsversuche bei Inanition an den ausgeschlüpften jungen Tieren unternommen, die 2—5 Tage alt waren. Es zeigte sich folgendes:

Tabelle 72. Respirationsversuch an ausgeschlüpfter Kobra bei Inanition.

Datum des Versuches (1940)	Zahl der verwendeten Tiere	Dauer der einzelnen Versuche	Temperatur beim einzelnen Versuch	Auf 0°, 760 mm Hg umgerechnet		Je 1 Tier je Std berechnet		$\frac{CO_2}{O_2}$
				O_2-Aufnahme	CO_2-Abgabe	O_2-Aufnahme	CO_2-Abgabe	
		Std	°C	cm^3	cm^3	cm^3	cm^3	
28. 9.	12	5	28,5	178,0	131,0	2,96	2,18	0,73
29. 9.	12	3	27,5	89,3	69,5	2,47	1,93	0,78
1. 10.	12	5,5	28,6	160,5	146,2	2,43	2,21	0,90
2. 10.	12	3	26,4	82,0	57,2	2,28	1,69	0,69
3. 10.	12	5	26,0	125,0	93,0	2,08	1,55	0,74

Bei diesem Versuch ist indes daran zu erinnern, daß das junge Tier während des Versuches in lebhafter Bewegung war, der Embryo sich dagegen sehr ruhig verhielt. Der Stoffwechsel der jungen Kobra wird deshalb offenbar zu groß ge-

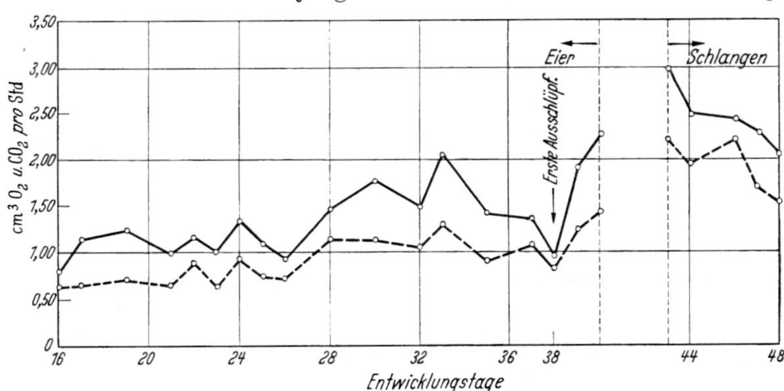

Abb. 51. Gaswechsel des Kobraembryo und des jungen Tieres.

messen werden. Im allgemeinen ist anzunehmen, daß Sauerstoffaufnahme und Kohlensäureproduktion des Kobraembryos in dem Endstadium der Bebrütung fast von derselben Größe sind, wie die für das junge Tier gefundene. Die Umsätze im hochentwickelten Embryo müssen also als denjenigen analog aufgefaßt werden, welche wir vom jungen Organismus kennen.

Den genaueren Verlauf zeigt eine graphische Darstellung, bei welcher der Gasumsatz des Kobraembryo und des jungen Tieres bei verschiedenen Entwicklungsstadien kurvenmäßig eingetragen ist (Abb. 51).

Der Wert des Respiratorischen Quotienten des sich entwickelnden Eies führt zu der Annahme, daß der respiratorische Stoffwechsel während der Bebrütung des Kobraeies jedenfalls das Ergebnis einer Fettverbrennung ist.

5. Injektionsmethode und ihre Anwendungen.

Es wäre von größtem Interesse, wenn es gelingen würde, das Ei nach Zusatz der zu untersuchenden Substanz unversehrt zu entwickeln und die chemische Umwandlung des hinzugefügten Materials zu prüfen. Von dem Gedanken ausgehend, daß, wenn die Substanz A aus B stammt und nicht aus C, die A-Menge sich bei der Bebrütung durch Zugabe von B vermehren könnte und von C nicht beeinflußt würde, habe ich meine eigentliche Injektionsmethode angewandt und den Stoffwechsel bei der Eientwicklung geprüft. Würde es in einwandfreier Weise gelingen, eine Zunahme von A durch Hinzufügung von B sicher festzustellen, so wäre durch die Kenntnis der Bildung von A aus B im tierischen Organismus ein großer Schritt vorwärts getan.

Durch Anwendung meiner Injektionsmethode habe ich zunächst die Milchsäurebildung aus Glucose festgestellt. Für die Ornithursäure- und Harnsäurebildung im Vogelembryo wurde die Entstehungsweise durch diese Methode aufgeklärt. Glykogenbildung aus verschiedenen Zuckerarten wurde mit ihr ermittelt. Die schönste Anwendung dieser Methode ist die künstliche Ernährung der Virusarten. Erst durch Anwendung der Injektionsmethode gelingt die Viruskultur.

a) Meine Injektionsmethode.

In das spitze Ende des befruchteten Eies wird ein ganz kleines Loch (so groß, daß die Injektionsnadel hindurchgeht) gebohrt und eine gemessene Menge von verschiedenen Substanzen in wäßriger Lösung eingespritzt. Sodann schließt man das Loch durch paraffiniertes Papier und läßt das Ei im Brutschrank stehen. Die Manipulation wird möglichst aseptisch ausgeführt. Nach der gewählten Bebrütungsdauer sprengt man die Eischale behutsam und prüft die Eientwicklung. Für die Untersuchung kommen nur Eier in Betracht, die im Vergleich mit dem Kontrollversuch den gleichen Entwicklungsgrad und die gleichen Lebenszeichen aufweisen.

b) Biochemische Anwendungen.

α) Synthese der Ornithursäure im bebrüteten Hühnerei bei der Einspritzung von Benzoesäure.

Um die Frage, inwieweit schon beim Hühnerembryo die Ornithursäurebildung aus hinzugefügter Benzoesäure nachweisbar ist, zu prüfen, hat TAKAHASHI[1] bei mir die Injektionsmethode angewandt und das Schicksal der eingespritzten Benzoesäure während der Bebrütung verfolgt. Dabei zeigte es sich, daß der Hühnerembryo schon nach 14tägiger Bebrütung imstande ist, die hinzugefügte Benzoesäure mit Ornithin zu paaren.

1014 frische befruchtete Hühnereier wurden mit je 0,005 g Natriumbenzoat in 10%iger Lösung versetzt und im Brutschrank belassen. Nach 9tägiger Bebrütung entwickelten sich 842 Eier ganz normal; dabei konnte weder Hippursäure noch Ornithursäure nachgewiesen werden, während aus Allantoiswasser 0,0614 g, aus Dotter und Eiweiß 0,1372 g Benzoesäure in krystallinem Zustand wiedergefunden wurden.

[1] TAKAHASHI, M.: H. **178**, 294 (1928). —

2094 frische befruchtete Hühnereier wurden mit je 0,005 g Natriumbenzoat in 10%iger Lösung injiziert. 1411 Eier davon entwickelten sich nach 14tägiger Bebrütung ganz normal. Im ganzen wurden 5,928 g Benzoesäure injiziert. Aus dem Allantoiswasser erhielt man 0,4541 g farblose Krystalle F 183°.

$C_{19}H_{20}N_2O_4$ Ber. C 67,03 H 5,92 N 8,23
Gef. 67,03 6,38 8,33

Bei der Mischprobe mit Ornithursäure keine Schmelzpunktdepression.

1292 Eier wurden mit je 0,005 g Natriumbenzoat injiziert. 774 Eier entwickelten sich bei 18tägiger Bebrütung normal. Aus Allantoiswasser bekam man 0,5964 g Ornithursäure.

In Kontrollversuchen wurden selbst Spuren von Ornithursäure nie gefunden.

β) Milchsäurebildung aus Glucose.

Von dem Gedanken ausgehend, daß die bei 3tägiger Bebrütung des Hühnereies reichlich gebildete Milchsäure aus dem Traubenzucker stammt, wurden 30 befruchtete Hühnereier mit je 0,1 g Glucose versetzt und im Brutschrank belassen. Dabei steigt der Milchsäuregehalt bei der 3tägigen Bebrütung von 0,04% auf 0,07%. Zugleich erfährt die zugefügte Glucose bei 3tägiger Bebrütung eine Abnahme.

γ) Harnsäurebildung im Organismus des Hühnerembryos.

Die Konstitutionsformel der Harnsäure zeigt, daß formal 2 Harnstoffreste an einen N-freien Atomkomplex angelagert sind. Über die mutmaßliche Herkunft dieses N-freien Atomkomplexes hat WIENER[1] die Annahme vertreten, daß sich zunächst aus irgendeiner Quelle Milchsäure bildet und diese durch Oxydation in Tartronsäure übergehen soll. Unter Wasserabspaltung erhält man aus ihr und Harnstoff Dialursäure. Diese gibt mit einem zweiten Molekül Harnstoff-Harnsäure. Wir haben verschiedene Injektionsversuche an Hühnereiern angestellt,

Tabelle 73. Harnsäurebildung im bebrüteten Hühnerei.

Menge der injizierten Substanz	Bebrütungsdauer in Tagen	Harnsäuremenge (auf 1 Ei berechnet) mg	Harnsäure-vermehrung nach Injektion mg
Kontrolle	14	0,67	
	17	3,54	
0,1 cm³ 10%ige Harnstofflösung. . .	14	1,32	0,65
	17	4,89	1,35
0,1 cm³ 20%ige Milchsäurelösung .	14	1,27	0,60
	17	5,58	2,04
0,1 cm³ 10%ige Tartronsäurelösung	14	0,70	0,03
	17	4,52	0,98
0,1 cm³ 10%ige Harnstofflösung . .	14	1,81	1,14
0,1 cm³ 10%ige Tartronsäurelösung	17	9,92	6,38

nämlich mit Harnstoff, Milchsäure und Tartronsäure, um ihre Rolle auf die Harnsäurebildung kennenzulernen. Wenn die Harnsäure wirklich aus Harnstoff und Milchsäure bzw. Tartronsäure stammt, so könnte die Harnsäuremenge sich bei der Bebrütung durch Zugabe der erwähnten Stoffe vermehren. Zu den Versuchen verwendeten wir immer 3 Eier, und für jede Versuchsreihe wurden 5 Versuche unternommen. Die einzelnen Versuchsresultate stimmen immer ziemlich gut überein, und man kann daraus ohne Zwang die Mittelwerte bilden. Um einen Überblick über die vorliegenden Versuche zu gewinnen, sind die Resultate in der Tabelle 73 zusammengestellt.

[1] WIENER, H.: Hofmeisters Beitr. 2, 42 (1902).

Wenn auch der Ausfall dieser Versuche auf Grund der WIENERschen Vorstellungen etwa in dem Sinne gedeutet werden könnte, daß während der Bebrütung des Hühnereies als Produkte des Eiweißzerfalls Aminosäuren entstehen, die sich weiter in Harnstoff verwandeln und andererseits Glucose über Milchsäure in Tartronsäure übergehen könnte, so ist eine derartige Deutung im Hinblick auf die Ergebnisse, die die Untersuchung der Purinsynthese durch Anwendung von isotop markierten Stoffen erbracht hat (s. Bd. 2/1, S. 944 u. 1204), nicht mehr haltbar. Man wird vielmehr annehmen müssen, daß im bebrüteten Hühnerei die injizierten Stoffe (Harnstoff, Milchsäure oder Tartronsäure) gespalten und ihre kleineren Spaltstücke zum Aufbau des Puringerüstes verwandt werden.

δ) Monosaccharide als Glykogenbildner.

In bezug auf den Modus der Bildung des Glykogens stehen verschiedene Anschauungen einander unvermittelt gegenüber. Als unzweifelhafte Glykogenbildner haben sich 3 Hexosen (Glucose, Fructose und Galaktose) ergeben. Bei anderen Hexosen und Pentosen lauten die Angaben in bezug auf das Glykogenbildungsvermögen recht widersprechend. Um einen Beitrag zu dieser strittigen Frage zu liefern, hat KATAOKA[1] bei mir die Injektionsmethode angewandt und den Einfluß verfolgt, den eine Zugabe von verschiedenen Zuckern zum Eiweiß auf die Bildung von Glykogen bei der Bebrütung des Hühnereies ausübt. Er kam zu dem Schluß, daß sich die Hexosen (Glucose, Fructose, Mannose und Galaktose) als unzweifelhafte Glykogenbildner erwiesen haben und die Verhältnisse für die Doppelzucker (Maltose und Lactose) recht ähnlich liegen und sie assimiliert werden können. Die Pentosen dürfen nicht den Glykogenbildnern zugezählt werden. Das Glykogenbildungsvermögen des Glucosamins muß vorderhand wenigstens als zweifelhaft bezeichnet werden. Man hat dabei festgestellt, daß sich eine beträchtliche Verminderung des Glykogens im frischen wie im bebrüteten Hühnerei in den heißen Jahreszeiten findet.

ε) Das Verhalten des Cholesterins im bebrüteten Hühnerei bei Adrenalin- und Ephedrininjektion.

KUSUI[2] hat bei mir mit der Injektionsmethode das Verhalten des freien und gebundenen Cholesterins im bebrüteten Hühnerei bei Adrenalin- und Ephedrininjektion untersucht. In das spitze Ende des frischen und 9 Tage lang bebrüteten Hühnereies wurden 0,0001 g Adrenalin in $1^0/_{00}$iger Lösung oder 0,004 g Ephedrin in 4%iger Lösung eingespritzt, worauf man das Ei im Brutschrank stehen ließ. Nach bestimmten Fristen sprengte man die Schale und prüfte die Eientwicklung. Für die Untersuchung kommen nur die Eier in Betracht, welche eine normale Entwicklung des Embryos zeigen. Bei den meisten Versuchen bemerkte man, daß sich das freie Cholesterin bei der Adrenalin- oder Ephedrininjektion zu jeder der gewählten Bebrütungszeiten deutlich vermehrt, während der Cholesterinester etwas schwankende Werte zeigt.

c) NEEDHAMS Untersuchung der Inositbildung.

NEEDHAM[3] hat mittels meiner Injektionsmethode die Inositbildung im Hühnerembryo untersucht. Bedeutende Zunahme des Gehaltes an Inosit hat er bei Glucoseinjektion bemerkt, während die injizierte Glucose fast verschwunden ist. Er hat dadurch angenommen, daß sich die Synthese des Inosits aus Glucose nur im Embryo vollzieht.

[1] KATAOKA, E.: H. **203**, 272 (1931). — [2] KUSUI, K.: H. **187**, 210 (1930). — [3] NEEDHAM, J.: Biochem. J. **18**, 1371 (1924).

d) Biochemische Untersuchungen von Sugimoto u. Mitarb.

Sugimoto und seine Schüler haben durch Anwendung der Injektionsmethode Versuche ausgeführt, die darauf hinzielen, einen Zusammenhang zwischen einer verabreichten Verbindung und einem Stoffwechselprodukt festzustellen. Sie haben sich daran bemüht, die Frage aufzuklären, welchen Einfluß eine Zugabe von einzelnen Vitaminen und Aminosäuren zum Weißei auf die Blutbildung und Körperentwicklung bei der Bebrütung des Hühnereies ausübt.

Shimada[1] hat gefunden, daß das ins Weißei injizierte Riboflavin (in freier Form) bei der Eibebrütung zunächst in den Dotter übertritt und vom Embryo in die Esterform umgewandelt wird.

Fujiwara[1] hat mit der Injektionsmethode einen positiven Einfluß von Riboflavin (0,005 γ) und von Folsäure auf die Hämoglobinbildung ermittelt.

Fujii[1] hat auch den Einfluß von Glycin und Glutaminsäure auf die Hämoglobin- und Erythrocytenbildung untersucht und eine geringe Vermehrung der Hämoglobin- und Blutzellenbildung gefunden.

Takahashi[1] hat konstatiert, daß injiziertes Methionin während der Bebrütung des Hühnereies in seiner Menge nicht verändert wird und sich erst im Spätstadium der Eientwicklung schnell zersetzt. Er hat weiter untersucht, ob die Umwandlung des Methionins zu Cystein durch Vitamin B_{12} verursacht wird.

Andererseits hat Takahashi[1] mittels Injektionsmethode den Einfluß verfolgt, den eine Zugabe von verschiedenen Aminosäuren und Vitaminen zum Weißei auf Mißbildungen des Embryos ausübt. Die Injektion von Glycin (20—30 mg in wäßriger 10%iger Lösung) führt zu ungenügendem Knochenwachstum, Krümmung des Femur und Aufstülpung der Eingeweide.

e) Embryo-pharmakologische Untersuchungen von Tsunoo u. Mitarb.

Tsunoo u. Mitarb. haben die Injektionsmethode zu embryo-pharmakologischen Studien angewandt und folgende Ergebnisse erhalten:

Dulcin bewirkt einige pathologisch-histologische Veränderungen von Leber und Niere; das im Embryo durch Spaltung des Dulcins gebildete p-Aminophenol scheidet sich teilweise in Allantoiswasser aus.

Durch $CaCl_2$-Injektion verursachte Wachstumsstörung des Knochens kann durch Parotin (Speicheldrüsenhormon) beseitigt werden.

Der Embryo erleidet durch Atropin und Scopolamin in Dosen bis zu 5 mg keine Einschränkung des Wachstums. Sie werden größtenteils im bebrüteten Hühnerei oder Embryo gespalten.

Bei der Injektion von Nicotin (2—3 mg) kann man immer eine deutliche Abnahme des Allantoiswassers und eine allgemeine Wassersucht des Embryo finden.

f) Untersuchungen der embryonalen Fluorose nach Hirata.

Es ist bekannt, daß das langjährige Trinken von fluorhaltigem Wasser zu einer eigentümlichen Zahnerkrankung führt. Hirata[2] und andere haben auch beobachtet, daß Fluoride im Trinkwasser ebenfalls zu Wachstums- und Verkalkungsstörungen des Knochens, besonders bei jüngeren Kindern führten. Sie haben weiter durch Anwendung unserer Injektionsmethode versucht, die embryonale Fluorose zu erzeugen.

α) Einwirkung von Fluorid.

Wenn man eine bestimmte Dosis von NaF in den Eisack des sich entwickelnden Hühnereies einführt, so findet man bei weiterer Entwicklung des Embryo eine auffallende Verkrümmung des Unterschenkelknochens neben der Körpergewichts-

[1] Sagimoto, K. u. Mitarb.: Die Arbeiten sind in Jap. Biochem. Kongreß 1952/53 veröffentlicht. — [2] Hirata, Y.: In Jap. Biochem. Kongreß 1955 veröffentlicht.

abnahme. Die Richtung der Knochenkrümmung ist immer gleich, ihr Grad je nach der eingeführten Dosis verschieden.

Bei histologischer Untersuchung sieht man bei der Kalkfärbung in den Fluoridversuchen im Gegensatz zu den Kontrollen eine hervorragende Wucherung der kalkarmen Osteoidgewebe. Die Magnesiumfärbung verhält sich aber gerade umgekehrt.

Dieser Ca-Mg-Antagonismus wird auch deutlich durch die chemische Analyse des Unterschenkelknochens bewiesen (s. Tabelle 74).

Tabelle 74. Mineralgehalt des Unterschenkelknochens im Fluoridversuch.

Versuche	Trockengewicht mg	Je mg des Trockengewichts Ca γ	Mg γ	PO_4 γ	Mg/Ca in der Asche
Fluorversuche	49,6	55,8	7,6	38,9	0,150
Kontrollen . .	79,5	102,4	1,6	63,5	0,012

β) Einwirkung von Magnesium und Strontium.

Da Calcium, Magnesium und Strontium in der gleichen Reihe des Periodischen Systems stehen und da Calcium und Magnesium, wie oben erörtert, sich antagonistisch verhalten, haben Hirata u. Mitarb. eine gleichartige Mißbildung des Knochens durch Magnesium und Strontium für möglich gehalten und einige Versuche ausgeführt. Tatsächlich ist es gelungen, durch Magnesium- und Strontiumchloridinjektionen die Schenkelbeinkrümmung in 100% der Versuche zu erzeugen. Chemische Analyse des Knochens zeigt die Abnahme des Kalkgehaltes im Unterschenkelknochen.

6. Chemische Grundlagen der Geschlechtsbestimmung.

Wir[1] haben Versuche geplant, in Taubeneiern geschlechtsbestimmende Stoffe zu verfolgen.

Im Gegensatz zu den meisten anderen Tieren existiert der Dimorphismus der Geschlechtszellen bei Vögeln nicht in Spermatozoen, sondern in Eiern. Das Weibchen produziert 2 Eierarten, männliche und weibliche. Die Zahl der Eier ist in jedem Gelege je nach den Vogelarten sehr verschieden und charakteristisch. Bei den meisten Regenpfeifern zählt das Gelege immer 4 Eier. Die Weibchen der Tauben und Kraniche legen normalerweise 2 Eier. Es verdient bemerkt zu werden, daß die Taubenjungen regelmäßig ein Pärchen sind.

Da wir in Formosa Gelegenheit hatten, etwa 3 Jahre hindurch Brieftauben zu züchten, so waren wir imstande, Beziehungen von Jahreszeiten und Geschlecht einerseits und von Legeordnung und Geschlecht andererseits scharf zu beobachten. Als Versuchstiere wählten wir ausschließlich registrierte Brieftauben aus. Um ihr Gelege zu vermehren, ließen wir jedesmal die gelegten Eier von anderen Weibchen bebrüten.

Nach unseren Beobachtungen legt die Taube durchschnittlich ihre Eier 1mal in einem Monat. Sie legt 2 Eier in jedes Gelege, und zwar je 1 jeden 2. Tag. Die Jungen entschlüpfen nach einer Bebrütung von 17—18 Tagen. Ihre Geschlechter wurden nach dem weiteren Wachstum sicher festgestellt. Die erhaltenen Ergebnisse sind in der Tabelle 75 zusammengestellt.

Es wurde festgestellt, daß in der Regel ein Ei männlich, ein anderes weiblich ist. Unter 83 Fällen waren 4 unregelmäßig. Bei 79 Fällen waren die Jungen ein Pärchen. 73 zuerst gelegte Eier waren männlich und nur bei 6 Fällen sind die erstgelegten Eier weiblich. Wenn die Eltern erblich ein Pärchen sind

[1] Tomita, M., u. M. Nagayama: Tomitas gesammelte Werke. Bd. II, S. 66. Kobe 1951.

Tabelle 75. Geschlechtsbestimmung an Taubeneiern in jedem Gelege.

Versuchs-Nr.	1	2	3	4	5	6	7	8
Erblichkeit und Abstammung der Eltern	(—)	(—)	(+)	(—)	(+) [♂|♀]	(—) ◇♂ ◇♀	(—) △♂ △♀	(—) ▽♀ ▽♂
Legeordnung	1 2	1 2	1 2	1 2	1 2	1 2	1 2	1 2
Zeit der Eilegung:								
Oktober 1939	♂ ♀			♀ ♂				
November								
Dezember	♂ ♀			♂ ♀				
Januar 1940								
Februar		♂ ♀	♂ ♀	♂ ♀				
März				♂ ♀				
April	♂ ♀	♂ ♀	♂ ♀					
Mai	♂ ♀	♀ ♂		♂ ♀				
Juni			[♂|♀]	♂ ♀				
Juli	△♂ ♀	♂ ♀	♂ △♀					
August	♂ ♂	♂ ♀	◇♂ ♀	♂ ♀				
		♂ ♀						
September		♂ ♀	♂ ♀	♂ ♀				
Oktober								
November		◇♀ ♂	♂ ♀	♂ ♀				
Dezember		♂ ♀	♀ ♂	♂ ♀	o —			
Januar 1941			♂ ♀	♀ ▽♂	o o			
Februar		♂ ♀	♂ ♀		♂ ♀			
März			♂ ♀		♂ ♀	o —	♂ ♀	
							♂ ♀	
April			♂ ♀			o ♀	♂ ♀	
						♂ o	♂ ♀	
Mai			♂ ♀		♂ ♀		♂ ♀	
Juni					♂ ♀	♂ ♀	♂ ♀	
					♂ ♀	♂ ♀	♂ ♀	
Juli			♂ ♀		♂ ♀	♀ ♂	♂ ♀	
			♂ ♀		♂ ♀	♂ ♀		
					♂ ♀	♂ ♀		
August								
September					♂ ♀	♂ ♂	♂ ♀	
Oktober					♂ ♀	♂ ♀	♂ ♀	
						♂ ♀		
						▽♀ ♂		
November					♂ ♀	♂ ♀	♂ ♂	
					♂ ♀	♂ ♀		
Dezember					♂ ♀	♀ ♀		
Januar 1942								
Februar								
März							♂ ♀	
April								
Mai							♂ ♀	
Juni								♂ ♀
Juli								♀ ♀
August							● ●	♂ ♀
September								● ●
Oktober								● ●

o = unbefruchtet ● = unbebrütet ♂ = männlich ♀ = weiblich

und der Tauber aus dem erstgelegten Ei und die Täubin aus dem letztgelegten herstammen, so ist die geschlechtliche Ordnung der gelegten Eier sehr ordnungsmäßig. Wenn die Eltern erbmäßig einander fernstehen und die Legeordnung der Eier, aus denen die Eltern herstammten, unregelmäßig oder umgekehrt ist (z. B. die Eltern aus den erstgelegten Eiern herstammen oder der Tauber aus dem letztgelegten und die Täubin aus dem erstgelegten Ei entschlüpfen), so wird die geschlechtliche Ordnung der Gelege mehr oder weniger unregelmäßig.

Drei Jahre hindurch konnten wir keinen Zusammenhang zwischen Geschlecht und Jahreszeiten bemerken. Wie man von alters her sagt, sind die erstgelegten Eier größtenteils männlich und die letztgelegten weiblich.

Unter Berücksichtigung der Blutsverwandschaft der Elterntauben und Überlegung der geschlechtlichen Ordnung der Gelege, aus denen die Eltern herstammten, kann man ohne besondere Schwierigkeiten ein befriedigendes Quantum von geschlechtsgetrennten Taubeneiern sammeln. Man kann vielleicht mit diesen Materialien das Vorkommen von geschlechtsbestimmenden Stoffen klären.

7. Amnion- und Allantoiswasser.

Während die Frage, wie der Fetus sich morphologisch im Leibe der Mutter entwickelt, durch die Forschungen der Anatomen schon ziemlich sicher und ausgedehnt aufgeklärt ist, ist die Frage, wie er sich aber physiologisch aufbaut, wie der Stoffwechsel desselben bei der Entwicklung sich verhält, bis jetzt nur wenig untersucht. Um diese schwierige Frage einigermaßen zu beantworten, ist das Studium des Fruchtwassers bzw. des Amnion- und Allantoiswassers unentbehrlich, denn die Biologie der Schwangerschaft, besonders des Stoffaustausches zwischen Mutter und Kind, ist zu einem nicht geringen Teile auf Untersuchungen über das Fruchtwasser gegründet. Wegen der Schwierigkeiten der Untersuchungen dieser Flüssigkeit von verschiedenen Schwangerschaftsperioden bei Säugetieren und Menschen hat der von vielen Seiten auf das Studium des Fruchtwassers verwandte Fleiß uns auf diesem Gebiete noch keineswegs zu einer befriedigenden Stufe der Erkenntnis geführt.

Hierbei läßt die während der Bebrütung des Hühner- und Meerschildkröteneies so reichlich produzierte Flüssigkeit sich mit ausgedehnten Experimenten dem Auge des Forschers sehr leicht zugänglich machen. Um so interessanter ist das Studium der Amnion- und Allantoisflüssigkeit des Hühner- und Meerschildkrötenembryos, wenn man untersuchen will, wo und wie vom wachsenden Embryo die wichtigen stickstoffhaltigen Stoffwechselprodukte sowie die gelösten Mineralstoffe eliminiert werden sollen, die bei allen erwachsenen Tieren meist im Harn auftreten.

Meiner Aufforderung gern folgend, hat KAMEI[1] einerseits die physikalischen Eigenschaften und die chemische Zusammensetzung der Amnion- und Allantoisflüssigkeit des Hühnerembryos untersucht; andererseits hat IMAMURA[2] sich mit der Erforschung derselben des Meerschildkrötenembryos beschäftigt.

a) Amnion- und Allantoisflüssigkeit des Hühnerembryos.

Wenn die Luftkammer zerlöchert und die Hälfte des Eies mit der Pinzette ausgeschält wird, kann die Schalenhaut mit einer Schere behutsam angeschnitten werden. Jetzt kann man mit Hilfe der Spritze fast quantitativ die Allantoisflüssigkeit aufsaugen. Danach kann das Amnionwasser ohne Schwierigkeit mit der Spritze aufgesogen werden. Es gelang uns in den meisten Fällen, fast die ganze Menge beider Flüssigkeiten ohne Beimischung von Blut und Dotter zu sammeln.

---

[1] KAMEI, T.: H. **171**, 101 (1927). — [2] IMAMURA, H.: J. Biochem. **29**, 403 (1939).

α) Physikalische Eigenschaften.

1. Aussehen.

Die Amnionflüssigkeit ist bei 9tägiger Bebrütung dünnflüssig, wasserklar und fast farblos, die des 14 Tage alten Embryos dagegen sehr zäh, gelblich gefärbt und etwas flockig getrübt. Bei 17tägiger Bebrütung sieht das Amnionwasser wieder wie das des 9tägigen aus. Das Allantoiswasser des 9 Tage alten Embryos ist dünnflüssig, klar und blaßgelb. Mit fortschreitender Entwicklung des Embryos wird es schleimig und weißlich getrübt.

2. Mengenverhältnisse.

Die Menge des Amnionwassers beträgt durchschnittlich 2 cm³ und die des Allantoiswassers bei 9—17tägiger Bebrütung ebenfalls 2 cm³, während es bei 14tägiger Bebrütung etwas vermehrt wird.

3. Reaktion.

Bei allen untersuchten Perioden der Bebrütung reagieren die Amnion- und Allantoisflüssigkeit gegen Lackmus neutral.

4. Spezifisches Gewicht.

Das spezifische Gewicht des Amnionwassers ist bei 14 Tage bebrüteten Eiern am höchsten (1,0616), während es bei weiterer Bebrütung wieder abnimmt (1,0402). Beim Allantoiswasser vermehrt es sich mit fortschreitender Entwicklung des Embryo (1,0068 — 1,0154 — 1,0192).

5. Osmotischer Druck und molekulare Konzentration.

Beide Werte wurden aus der beobachteten Gefrierpunktserniedrigung berechnet. Aus dem Versuchsresultat geht hervor, daß das Amnionwasser des Hühnerembryo im Vergleich zum Hühnerblutserum, besonders bei 9tägiger Bebrütung, stark hypotonisch ist.

β) Chemische Zusammensetzung.

1. Feste Stoffe.

Die getrockneten festen Stoffe wurden verascht. Durch Subtraktion des Gewichts der Asche von derjenigen der gesamten festen Stoffe wurde die Menge der organischen Stoffe gefunden. Die gegenseitigen Mengenverhältnisse der wasserlöslichen und wasserunlöslichen Aschenbestandteile wurden festgestellt. Die Ergebnisse finden sich in Tabelle 76.

Tabelle 76. Amnion- und Allantoiswasser vom Hühnerembryo.

Bebrütungsdauer	Menge des verwendeten Materials	Feste Stoffe		Organische Stoffe		Anorganische Stoffe			
						wasserlöslich		wasserunlöslich	
	cm³	g	%	g	%	g	%	g	%
a) Amnionwasser									
9 Tage	129	1,2442	0,9644	0,0434	0,0336	1,1728	0,9090	0,0280	0,0217
14 Tage	99	29,1672	29,4610	28,2900	28,5757	0,6096	0,6157	0,2676	0,2696
b) Allantoiswasser									
9 Tage	132	1,7862	1,3531	0,7962	0,6031	0,9384	0,7109	0,0516	0,0390
14 Tage	210	13,2739	6,3209	11,7212	5,5815	1,2622	0,6010	0,2905	0,1383

2. Anorganische Stoffe.

An anorganischen Salzen sind im Amnion- und Allantoiswasser hauptsächlich Chloride enthalten, die in erster Linie die molekulare Konzentration der beiden Flüssigkeiten bestimmen. Daß der Kieselsäuregehalt der beiden Flüssigkeiten so hoch ist, erklärt sich wohl ungezwungen daraus, daß der Embryo vor der Geburt ein Vorratsdepot von Kieselsäure anlegt, die für das Wachstum des Tieres ebenso wichtig ist wie Eisen. Die Tabelle 77 zeigt die Resultate.

Tabelle 77. Anorganische Stoffe in Amnion- und Allantoiswasser des Hühnerembryo.

Aschenmenge	Amnionwasser		Allantoiswasser	
	9 Tage	14 Tage	9 Tage	14 Tage
	%	%	%	%
Gesamtasche	0,930	0,885	0,750	0,739
K	0,335	0,181	0,240	0,209
Na	0,029	0,034	0,033	0,025
Ca	0,003	0,018	0,007	0,014
Mg	0,000	0,012	0,002	0,002
PO	0,001	0,017	0,010	0,011
S	0,005	0,029	0,015	0,021
Cl	0,508	0,231	0,305	0,263
Si	0,007	0,012	0,001	0,001

3. Zucker.

Das Vorkommen von Zucker im Fruchtwasser der Haussäugetiere ist von mehreren Autoren festgestellt worden. Gürber u. Grünbaum[1] stellten fest, daß der Zucker im Amnionwasser von Rind, Schwein und Ziege in der Hauptsache Fructose ist. Im menschlichen Fruchtwasser findet sich dagegen in normalen Fällen kein Zucker. Bei unseren Untersuchungen mit Amnion- und Allantoiswasser des Hühnerembryos wurde niemals Zucker gefunden.

4. N-haltige Verbindungen.

Der Stickstoffgehalt der beiden Flüssigkeiten beruht zum Teil auf dem in ihnen enthaltenen Eiweiß, zum Teil auf anderen N-haltigen Stoffen. Alle Stickstoffbestimmungen wurden nach Kjeldahl durchgeführt. Nach dem Enteiweißen mit Tannin-Baryt wurde der Rest-N ermittelt. Davon wurden durch

Tabelle 78. Stickstoffhaltige Verbindungen in Amnion- und Allantoiswasser des Hühnerembryo.

Gehalt in %	Amnionwasser			Allantoiswasser		
	9 Tage	14 Tage	17 Tage	9 Tage	14 Tage	17 Tage
Gesamt-N	0,0120	3,7155	2,0003	0,0615	0,5274	0,8388
P-Wo-sre fällbarer Rest-N	0,0015	0,0013	0,0044	0,0036	0,0006	0,0207
P-Wo-sre nicht fällbarer Rest-N						
Amino-N nach van Slyke	0,0006	0,0035	0,0022	0,0011	0,0047	0,0086
Ammoniak	0,0008	0,0019	0,0017	0,0008	0,0036	0,0125
Harnstoff	0,0034	0,0033	0,0144	0,0056	0,0213	0,0567
Harnsäure	—	—	—	0,0093	0,0102	0,0183
Kreatin	—	—	—	0,0097	0,0189	0,0379
Kreatinin	—	—	—	0,0203	0,0230	0,0561

[1] Gürber, A., u. D. Grünbaum: M. m. W. **1904 I**, 377.

Phosphorwolframsäure fällbare und nicht fällbare Anteile und nach VAN SLYKE bestimmbare Anteile gesondert bestimmt. Von den N-haltigen organischen Verbindungen wurden Harnstoff, Harnsäure und Kreatinin außerdem gesondert bestimmt.

Spezielles Interesse beanspruchen die am Amnionwasser bei der 14tägigen Bebrütung gefundenen Werte. In dieser Periode scheint der N-Gehalt des Amnionwassers seinen Höhepunkt zu erreichen. Im Amnionwasser findet sich merkwürdigerweise keine Harnsäure. Dagegen kommt im Allantoiswasser des Hühnerembryo durchschnittlich 0,01—0,02% Harnsäure vor. In der Amnionflüssigkeit wurden Kreatin und das Kreatinin immer vermißt. Die Ergebnisse finden sich in Tabelle 78.

b. Amnion- u. Allantoiswasser des Meerschildkrötenembryos.

Beide Flüssigkeiten wurden wie beim Hühnerembryo erhalten. Durch Punktion mit der Spritze kann das Allantoiswasser zum größten Teil aufgesaugt werden. Wird die Schale mit der Pinzette abgeschält und werden die Reste der Allantoisflüssigkeit quantitativ gesammelt, so kann das Amnionwasser ohne Schwierigkeit mit der Spritze ausgezogen werden.

α) Physikalische Eigenschaften.

1. Aussehen.

Die Amnionflüssigkeit des 25 Tage alten Embryos ist dünnflüssig, farblos und wasserklar, die des 35 und 40 Tage alten Embryos sieht wie die des 25tägigen aus. Das Allantoiswasser ist bei 25tägiger Bebrütung dünnflüssig, etwas getrübt und färbt sich blaßgelb, das des 35 Tage alten Embryos ist etwas dickflüssig, gelblich gefärbt und flockig getrübt. Bei 40tägiger Bebrütung wird es sehr zäh, klar und gelblich.

2. Mengenverhältnisse.

Die Menge des Amnionwassers beträgt bei 25tägiger Bebrütung 0,8 cm³ und bei 35- und 40tägiger Bebrütung 1,7—1,8 cm³, während die des Allantoiswassers viel größer ist und durchschnittlich 14—16 cm³ beträgt.

Tabelle 79. p_H-Werte von Amnion- und Allantoiswasser von Meerschildkrötenembryonen.

Bebrütungsdauer in Tagen	p_H-Werte	
	Amnionwasser	Allantoiswasser
20	—	7,3
25	6,8	6,5
30	8,7	9,7
35	9,1	9,5
45	7,9	6,8
50	7,1	6,9

3. Reaktion.

Beim Früh- und Spätstadium der Eientwicklung reagieren Amnion- und Allantoisflüssigkeit gegen Lackmus neutral. Nur bei 30- und 35tägiger Bebrütung ist die Reaktion beider Flüssigkeiten alkalisch. Die p_H-Werte finden sich in Tabelle 79.

4. Spezifisches Gewicht.

Das spezifische Gewicht von Amnionwasser und Allantoisflüssigkeit ist bei 35tägiger Bebrütung am höchsten, während es bei weiterer Entwicklung wieder abnimmt. Die Tabelle 80 zeigt die Ergebnisse.

5. Osmotischer Druck und molekulare Konzentration.

Aus der Gefrierpunktserniedrigung beider Flüssigkeiten berechnet man den osmotischen Druck und die molekulare Konzentration. Die Ergebnisse sind in Tabelle 81 zusammengestellt.

Das Allantoiswasser des Meerschildkrötenembryos ist im Vergleich zum Blutserum dieses Tieres stark hypotonisch.

Wir konstatierten, daß die physikalischen Eigenschaften der Allantoisflüssigkeit mehr denen des Harns der erwachsenen Tiere ähneln.

Tabelle 80. Spezifisches Gewicht von Amnion- und Allantoiswasser von Meerschildkrötenembryonen.

Bebrütungsdauer in Tagen	Spezifisches Gewicht	
	Amnionwasser	Allantoiswasser
25	1,0074	1,0067
35	1,0154	1,0070
40	1,0136	1,0049

Tabelle 81. Osmotischer Druck (p) und molekulare Konzentration (c) von Amnion- und Allantoiswasser von Meerschildkrötenembryonen.

Bebrütungsdauer in Tagen	Amnionwasser		Allantoiswasser	
	p	c	p	c
25	7,81	0,349	6,14	0,274
35	7,92	0,354	5,53	0,247
40	8,05	0,360	4,97	0,182

β) Chemische Zusammensetzung.

1. Feste Stoffe.

Die Flüssigkeiten wurden bei Wasserbadtemperatur zu völliger Trockenheit abgedampft. Die getrockneten festen Stoffe wurden verascht. Die Ergebnisse sind in Tabelle 82 wiedergegeben.

Tabelle 82. Gehalt von Amnion- und Allantoisflüssigkeit von Meerschildkrötenembryonen an festen Stoffen.

Gehalt in % / Bebrütungsdauer in Tagen	Feste Stoffe	Organische Stoffe	Anorganische Stoffe	
			H_2O l.	H_2O n. l.
a) Amnionwasser				
30	1,796	1,197	0,553	0,046
45	1,572	0,883	0,639	0,050
b) Allantoiswasser				
30	1,600	1,144	0,381	0,075
45	1,412	0,891	0,453	0,068

Tabelle 83. Aschengehalt und Zusammensetzung in Amnion- und Allantoiswasser vom Meerschildkrötenembryo (in %).

Bebrütungsdauer	Amnionwasser		Allantoiswasser	
	30 Tage	45 Tage	30 Tage	45 Tage
Gesamtasche . .	0,602	0,693	0,456	0,515
K	0,006	0,004	0,009	0,017
Na	0,081	0,208	0,042	0,077
Ca	0,014	0,018	0,014	0,002
Mg	0,010	0,009	0,005	0,008
PO	0,009	0,003	0,002	0,017
S	0,006	—	0,005	0,007
Cl	0,142	0,359	0,186	0,144
Si	0,000	0,000	0,004	0,000

2. Anorganische Stoffe.

Unter den anorganischen Salzen sind im Amnion- und Allantoiswasser hauptsächlich Chloride, und zwar vor allem als Kochsalz enthalten. Auf dem Chloridgehalt beruht in erster Linie die molekulare Konzentration der beiden Flüssigkeiten. Bemerkenswert ist, daß der Kaliumgehalt beim Meerschildkrötenembryo viel kleiner ist als beim Hühnerembryo. Die Aschenmenge ist überhaupt niedriger als bei Hühnern. Der Aschengehalt und die Zusammensetzung sind in der Tabelle 83 zusammengestellt.

3. Zucker.

Wie beim Hühnerembryo wurde auch in der Amnion- und Allantoisflüssigkeit des Meerschildkrötenembryos nie Zucker gefunden.

4. N-haltige organische Verbindungen.

Die Resultate unserer Untersuchungen sind in Tabelle 84 niedergelegt.

Tabelle 84. Gehalt von Amnion- und Allantoiswasser vom Meerschildkrötenembryo an N-haltigen Stoffen (in %).

	Amnionwasser		Allantoiswasser	
	30 Tage	45 Tage	30 Tage	45 Tage
Gesamt-N . . .	0,071	0,072	0,139	0,147
Harnstoff . . .	0,010	0,009	Spur	Spur
Harnsäure . . .	0,030	0,060	0,021	0,008
Kreatinin . . .	0,001	0,002	0,001	0,001

Es folgt die Tabelle 85, in der ein Vergleich der physikalischen Eigenschaften und der chemischen Zusammensetzung von Amnion- und Allantoiswasser des 45 Tage alten Meerschildkrötenembryos mit Harn und Blut der Schildkröte, einer Tierart der gleichen Familie wie die Meerschildkröte, zahlenmäßig eingetragen ist.

Tabelle 85. Vergleich von Amnion- und Allantoiswasser der Meerschildkröte mit Harn und Blut der Schildkröte.

Physikalische Eigenschaften.

Physikalische Eigenschaften	Meerschildkröte		Schildkröte	
	Amnionwasser	Allantoiswasser	Blutplasma	Harn
p_H	8,0	6,7	7,8	6,7
Spezifisches Gewicht	1,013	1,005	1,033	1,005
Δ	0,67	0,34	0,65	0,30

Chemische Zusammensetzung (in %).

%	Meerschildkröte		Schildkröte	
	Amnionwasser	Allantoiswasser	Blutplasma	Harn
Gesamtasche	0,693	0,515		0,127
Ca	0,019	0,002		0,019
Mg	0,009	0,008		0,009
PO	0,003	0,017		0,023
S	—	0,007	nicht untersucht	0,006
Cl	0,359	0,144		0,004
Gesamt-N	0,072	0,147		0,232
Harnstoff	0,009	Spur		0,144
Harnsäure	0,060	0,007		0,006
Kreatinin	0,002	0,001		0,000

Zur Entscheidung der Frage, woher Amnion- und Allantoisflüssigkeit stammen und warum sie produziert werden, muß man die physikalischen Eigenschaften und die chemischen Zusammensetzungen beider Flüssigkeiten genau untersuchen und sie nachher mit denen des Blutes, der Lymphe und des Harns der erwachsenen Tiere vergleichen.

Durch unsere Untersuchungen konstatierten wir, daß die physikalischen Eigenschaften und die chemischen Zusammensetzungen der Allantoisflüssigkeit beider Tiere mehr denen des Harns der erwachsenen Tiere ähneln.

Die Annahme, daß die Allantoisflüssigkeit als Ausscheidungsprodukt des sich entwickelnden Embryos produziert und das Amnionwasser, dessen physikalische Eigenschaften und chemischen Zusammensetzungen mehr denen des Blutplasmas ähneln, als Nährlösung des Embryos deponiert werden, ist höchstwahrscheinlich berechtigt.

8. Vergleichende embryochemische Untersuchungen.

Obwohl die Eier des Menschen und der Säugetiere aus leicht ersichtlichen Gründen kaum Gegenstand einer exakten Untersuchung werden können, gehören jedoch die außerhalb der mütterlichen nutritiven Sphäre sich entwickelnden Eier zu den bequemsten Ausgangsmaterialien, die dem physiologischen Chemiker überhaupt zu Gebote stehen. Wir haben seit Jahren außer Hühnereiern die Eier von Reptilien, Amphibien, Cephalopoden, Gastropoden und Insekten chemisch untersucht. Dadurch kann man unter den im Organismus jeder einzelnen Tierspecies ablaufenden chemischen Erscheinungen einige allen Tierarten gemeinsame auffinden. Aus diesen allgemeinen Regeln ergibt sich, daß man auf die chemischen Vorgänge in menschlichen Eiern schließen kann, die kaum Gegenstand einer exakten Untersuchung sein können. Ferner kann man aus vergleichend-embryochemischen Untersuchungen der verschiedenen Tiere ihre phylogenetischen Zusammenhänge mutmaßen und dadurch die natürlichen Verwandtschaftsverhältnisse der Tiere ermitteln.

a) Reptilienei[1].

Von Reptilieneiern haben wir Meerschildkröteneier einerseits und Schlangeneier andererseits chemisch untersucht.

α) Meerschildkrötenei[2].

Die Meerschildkröte (Chelonia cauana, Thalassochelys corticata) bewohnt hauptsächlich den Atlantischen und Pazifischen Ozean und das Mittelmeer, kommt aber auch in den Sommermonaten an den sandigen Küsten des südlichen Japans vor. Sie begibt sich nur auf das Land, um ihre zahlreichen, weichschaligen Eier abzulegen. In der finsteren Nacht steigen die Tiere ans Land, schleppen ihren schweren Körper auf die Sandküste hinauf, graben ein Loch, legen ihre Eier hinein, füllen es wieder mit Sand, den sie feststampfen, und kehren wieder ins Meer zurück. Da diese Tiere jemanden, der gerade hinter ihnen geht, nicht hören, kann man ihnen so weit folgen, bis sie die Brutstelle auswählen. Die Legezeit der Meerschildkröte beginnt bei uns meistens Mitte Juni und währt bis Mitte August. Die Tiere legen gewöhnlich 10—14 Dutzend Eier. Die Jungen schlüpfen je nach der Temperatur nach Verlauf von 6—8 Wochen aus.

Bei einer glücklichen Gelegenheit konnten wir im Sommer 1927 über 10000 Eier dieses Tieres von der Westküste in der Präfektur *Kagoshima* bekommen und haben

---

[1] Tomita, M.: J. Biochem. **10**, 351 (1929). — [2] Tomita, M., u. Y. Nakamura: J. Biochem. **10**, 357 (1929). — Tomita, M., u. Y. Sendju: J. Biochem. **10**, 361, 365 (1929). — Tomita, M., u. J. Karashima: J. Biochem. **10**, 369, 375 (1929). — Tomita, M., u. J.-I. Sagara: J. Biochem. **10**, 379 (1929). — Tomita, M., u. M. Takahashi: J. Biochem. **10**, 443 (1929). — Tomita, M., u. K. Kusui: J. Biochem. **15**, 325 (1932). — Imamura, G.: J. Biochem. **29**, 391, 403 (1939); **31**, 303 (1940). —

diese bei den ausgedehnten chemischen Untersuchungen verwendet. Dabei zeigte sich folgendes:

1. Der Kohlenhydratumsatz kann nicht im Vordergrunde stehen, da das Ei nur über geringe Mengen freier Kohlenhydrate verfügt.

2. Der Proteingehalt im Eiweiß ist ganz verschieden von dem des Hühnereies. Die Trockensubstanz im Eiweiß beträgt nur 0,2 g und besteht hauptsächlich aus Ovomucoid. So koaguliert das Eiweiß nicht beim Erhitzen.

3. Das Gesamtfett im ganzen Ei erfährt im späteren Entwicklungsstadium eine erhebliche Abnahme. Nach der 15tägigen Bebrütung ist eine beträchtliche Zunahme der freien Fettsäuren festzustellen.

4. Im Gegensatz zu Hühnereiern findet sich in dem späteren Stadium der Bebrütung eine beträchtliche Vermehrung des Magnesiums. Diese Ergebnisse deuten darauf hin, daß die Schale abgebaut und zum Aufbau des Embryos verwendet wird.

5. Wasserstoffwechsel. Bei der Entwicklung nimmt das Gewicht des Hühnereies ab. Diese Gewichtsabnahme beruht auf Wasserabgabe. Dagegen nimmt das Meerschildkrötenei bei der Entwicklung 11,3 g Wasser auf. Das aufgenommene Wasser stammt aus dem Seewasser in dem das Ei umgebenden Sand.

Sonstige chemische Vorgänge entsprechen denjenigen in Hühnereiern. Die Wachstumsgeschwindigkeit entspricht bei kurvenmäßiger Darstellung der ROBERTSONschen Formel der monomolekularen autokatalytischen Reaktion:

$$\log \frac{x}{18{,}6 - x} = 0{,}115\ (t - 38{,}6)$$

wobei x = Gewicht des Embryos am Bebrütungstag t.

Die nach der obigen Formel berechneten Werte für x stimmen mit den durch Messungen erhaltenen gut überein.

β) Schlangenei[1].

Die bei verschiedenen Tierarten allgemein verlaufenden Vorgänge können manchmal für alle Tiere gelten. Man kann also aus den Erfahrungen, die sich durch Untersuchungen an den oben erwähnten Tieren (Hühner, Meerschildkröten, Hynobius, Riesensalamander, Gastropoden, Cephalopoden, Insekten) ergeben, ungefähr mutmaßen, wie die chemischen Vorgänge in sich entwickelnden Menschenembryonen verlaufen. Wenn die Verwandtschaftsverhältnisse zwischen lebendgebärenden und eierlegenden Arten genauer verglichen würden, so wäre in der Erkenntnis der Embryochemie der Menschen und Säugetiere ein großer Schritt vorwärts getan. Dazu ist die Schlange das geeignetste Untersuchungsmaterial, weil die Fortpflanzung dieser Tiere in verschiedener Weise verläuft. Viele Schlangen legen in der Regel eine Mehrzahl von Eiern ab, andere bringen auch lebendige Junge zur Welt, entweder ganz wie die Säugetiere, oder häufiger in der Weise, daß sie die Eier im Mutterleibe so weit austragen, daß die Jungen die dünnhäutige Eischale zerreißen und bereits vollständig entwickelt geboren werden. Nach langen Bemühungen konnten wir in Formosa im Jahre 1938 ein großes Quantum frisch gelegter Eier von 12 verschiedenen Schlangenarten bekommen und haben diese bei unseren chemischen Untersuchungen verwendet. Es folgt hier eine Tabelle, die das Gewicht, die Größe und das Verhältnis von Schale und Inhalt zusammenstellt.

---

[1] FUKUDA, S.: J. Biochem. **30**, 125 (1939). — TOMITA, M., u. T. TANAKA: J. Biochem. **36**, 337 (1944).

Tabelle 86. Gewicht und Größe verschiedener Schlangeneier.

Art der Schlangen	Größe		Gewicht	Schale		Inhalt
	Länge cm	Dicke cm	g	g	%	g
Elaphe Taineurus	4,8	3,0	29,01	4,51	15,5	24,50
Elaphe Carinata	5,2	3,0	26,23	1,97	7,5	24,26
Ptyas Mucosus	4,8	3,0	21,82	2,59	11,8	19,23
Naja Naja Atra	4,8	2,2	14,50	0,62	4,2	13,88
Zaocys Nigromarginatus Oshimai	3,8	2,3	8,61	1,14	13,2	7,47
Ptyas Korros	4,1	2,1	8,26	1,82	22,0	6,44
Bungarus Multicinctus	3,3	1,9	7,92	0,45	5,6	7,47
Trimeresurus Mucrosquamatus	4,1	2,0	7,89	0,25	3,2	7,64
Natrix Piscator	2,7	1,5	2,46	0,10	4,2	2,36
Natrix Annularis	3,0	1,7	4,32	0,08	1,8	4,24
Macropisthodon Rudis Carinatus	1,9	1,1	2,22	0,04	1,8	2,18
Enhydris Plumbea	1,8	1,5	1,08	0,02	1,8	1,06

Größe und Form der oben geschilderten Schlangeneier sind aus den beigelegten Bildern ersichtlich.

Was die Menge an Trockensubstanz, freiem und gebundenem Zucker, Gesamt- und Reststickstoff, Kreatin und Kreatinin betrifft, so zeigen sich keine großen Unterschiede zwischen den verschiedenen Schlangenarten. Die Ergebnisse zeigt Tabelle 87.

Im Kobraei ist im Vergleich zu anderen Schlangeneiern reichlich Cholesterin vorhanden, während sein Gehalt an Phosphatiden im Gegensatz dazu sehr klein ist.

Tabelle 87. Zusammensetzung von Schlangeneiern.

Substanz	Prozentgehalt in Eiinhalt
Trockensubstanz	18,1 —36,9
Freier Zucker	0,002— 0,003
Glykogen	0,20 — 0,38
Gesamt-N	2,10 — 3,30
Rest-N	0,06 — 0,08
Kreatin	0,009— 0,010
Kreatinin	0,003

Hinsichtlich der Mineralbestandteile besteht keine große Verschiedenheit unter den einzelnen Schlangenarten. Der größte Teil der Asche besteht aus Calciumphosphat, das aus organischen Phosphaten stammt.

Bei eilegenden Schlangenarten können die chemischen Vorgänge nur nach künstlicher Bebrütung festgestellt werden. Es gelang uns, die frisch gelegten Eier von Elaphe Taineurus unter sorgfältiger Pflege 76 Tage lang zu bebrüten. Andererseits gelang es uns auch, die frischen Kobraeier 40 Tage lang zu bebrüten. Nach dieser Bebrütungsdauer schlüpfen die Jungen aus.

Um die physikalischen Existenzbedingungen der Organismen einigermaßen zu erschließen und gewisse Anhaltspunkte über Aufspaltung, Überführung und Umwandlung der organischen und anorganischen Substanzen der Eibestandteile zu erhalten, wurden die p_H-Werte des Eiinhaltes bestimmt. Bei den mittleren Entwicklungsstufen ist die Reaktion schwach sauer, gegen Ende der Eientwicklung immer alkalisch.

b) Amphibienei.

Zur Untersuchung haben wir als Material 3 Arten von Amphibieneiern benutzt. Nicht nur als seltene Arten, sondern als zur chemischen Untersuchung geeignet sind diese Tierarten interessant.

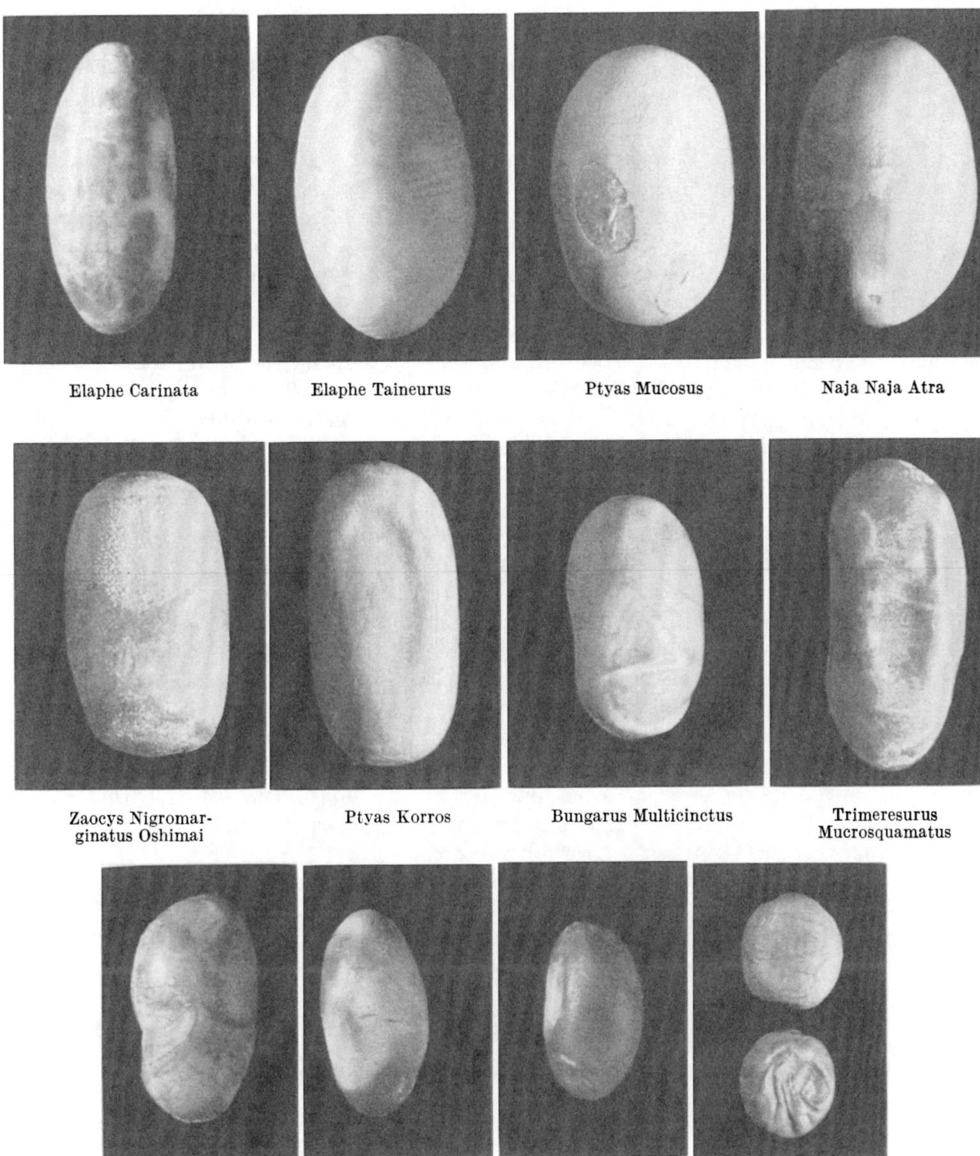

Abb. 52. Größe und Form von Schlangeneiern.

α) Riesensalamanderei[1].

Der Riesensalamander kommt nur in der südwestlichen Hälfte der Hauptinsel Japans vor, und zwar an verschiedenen Stellen der Wasserscheide. Man findet

[1] TOMITA, M., u. H. FUJIWARA: J. Biochem. **17**, 401 (1933). — FUJIWARA, H., u. S. TSUNOO: J. Biochem. **17**, 407 (1933). — ISEKI, T., u. T. KUMON: J. Biochem. **17**, 409 (1933). — ISEKI, T., T. KUMON, I. TAKAHASHI u. F. YAMASAKI: J. Biochem. **17**, 713 (1933). — KATAOKA, E., u. S. TSUNOO: J. Biochem. **17**, 417 (1933). — KATAOKA, E., u. I. TAKAHASHI: J. Biochem. **17**, 419 (1933); **22**, 45 (1934); **22**, 181 (1934).

das Tier stets in kaltem, rasch fließendem Wasser, 200—600 m, manchmal 1000—1500 m über dem Meer. Die Eier stecken in 3—10 Fuß tiefen, waagerecht verlaufenden Löchern in ruhigem Wasser. In dem Loch, in dem man Ende August bis Anfang Oktober ein Weibchen gesehen hat, findet man einen Eierklumpen. Das Weibchen legt seine mit Ausnahme des oberen, weißlichen Pols gelblichen 6—7 mm messenden Eier in rosenkranzähnlichen Schnüren ab. Die Legezeit dieses Tieres beginnt meistens Ende August und währt höchstens bis Mitte Oktober. Die Tiere legen gewöhnlich 200—500 Eier. Die Eier sind oval und an beiden Seiten in gleicher Weise abgerundet. Jedes Ei schwimmt in einer klaren Perivitellinflüssigkeit, die in eine gallertartige, kugelige Umhüllung von 1,35 bis 1,62 cm Durchmesser eingeschlossen ist; diese Hülle ist mit der des nächsten Eies durch einen dünnen Strang verbunden, der ungefähr so lang ist wie die längere Achse der einzelnen Hülle. Die Jungen schlüpfen meistens nach Verlauf von einem Monat aus. Das Gewicht des Eies beträgt durchschnittlich: frisch 0,14 g, 1.—2. Woche 3,29 g, 3.—4. Woche 3,61 g. Die Perivitellinflüssigkeit, deren physikalische Eigenschaften fast gleich denen des Wassers sind, ist in einer gallertartigen durchsichtigen Umhüllung eingeschlossen.

Die Gesamt- und Reststickstoffmengen sind im Vergleich zum Hühnerei oder Meerschildkrötenei auffallend gering. An den Umsetzungen, die den energetischen Bedürfnissen des Keimlings dienen, sind Fettstoffe und Glykogen beteiligt. Freie Glucose war kaum nachweisbar. Die Gesamtasche und die anorganische Phosphorsäure nehmen im letzten Entwicklungsstadium zu. Im Gegensatz zu Hühner- und Reptilieneiern erreicht der Kalkgehalt schon im früheren Entwicklungsstadium seinen Höhepunkt. Die Eier enthalten reichlich Vitamin B_2[1].

In vollkommenem Einklang mit dem Ergebnis an Hühner- und Reptilieneiern wurde festgestellt, daß die Esterverbindungen des Cholesterins sich beim hochentwickelten Riesensalamanderembryo auffallend vermehren, und daß im Verlauf der Eibebrütung eine stetige Abnahme des freien Cholesterins erfolgt. Im Vergleich zum Hühner- und Meerschildkrötenei ist die Harnstoffmenge sehr gering. Harnsäure ist nur spurenweise vorhanden.

Schon im Frühstadium der Entwicklung ist die Indophenoloxydase sowohl im Embryo als auch in der Perivitellinflüssigkeit deutlich nachweisbar. Im Endstadium wird die Oxydationskraft der Perivitellinflüssigkeit stärker. Bei der Eientwicklung zeigt sich eine Zunahme der Sulfhydrylgruppen.

β) Hynobiuseier[2].

Die Hynobiuseier liefern für das Studium des Bebrütungsvorganges ein günstiges Material, weil sie grob wahrnehmbar und verhältnismäßig leicht zugänglich sind, und ihre Entwicklung der großen Durchsichtigkeit der Kapselwand wegen bis zum Ausschlüpfen der Larve Schritt für Schritt zu verfolgen ist.

Manche Arten von Hynobius kommen in Japan reichlich vor. Hynobius nebulosus legt seine Eier ganz früh im Jahr ab. Der Eisack ist eine etwa 20 bis 30 cm lange spindelförmige äußere Generalhülle, in der die durch die eigentliche Kapsel geschützten Eier von 2,3—3,2 mm Durchmesser, etwa 80—150 an der Zahl, enthalten sind. Die Eikapseln nehmen durch Imbibition von Wasser allmählich an Größe zu, so daß sich der Eisack spannt und am freien Ende krümmt. Er bekommt hierdurch ein dickes strangförmiges Aussehen. Zwei Eierstränge kommen immer zusammen vor. Ein Ende des einen Eierstranges ist mit einem Ende des anderen Stranges zusammen an irgendeinen Gegenstand der Außenwelt

[1] Tomita, M., K. Hamada, Y. Manabe u. M. Sasaki: J. Biochem. **39**, 299 (1952). — [2] Takamatsu, M.: H. **238**, 96 (1936).

geklebt. Das einzelne Ei ist von zweierlei Hüllen umgeben, und der Raum zwischen beiden wird von einer Gallertmasse ausgefüllt. Sie sind im frischen Zustande vollkommen durchsichtig.

Die Jungen dieses Tieres schlüpfen je nach der Temperatur des Wassers nach Verlauf von 5—6 Wochen aus.

Die physikalischen Eigenschaften der Perivitellinflüssigkeit des Hynobiuseies sind denen des Wassers fast gleich. Man weiß also, daß das Wasser, wie bei den Riesensalamandereiern, für die Hynobiuseier von Anfang der Bebrütung an ein ganz geeignetes Medium ist. Im Gegenteil zum Hühner- und Reptilienei erreicht der Gehalt an einzelnen Mineralbestandteilen im mittleren Entwicklungsstadium seinen Höhepunkt. Die Gesamt- und Reststickstoffmengen des Hynobiuseies sind auffallend gering; der Reststickstoff vermehrt sich im letzten Entwicklungsstadium. Im späteren Stadium findet sich eine Vermehrung von Kreatin und Kreatinin. Die Menge beider Stoffe ist aber sehr gering. Eine Synthese von Harnstoff vollzieht sich sicherlich, während die Bildung von Harnsäure sehr fraglich ist. Die Purin- und Hexonbasen vermehren sich während der Bebrütung mit der fortschreitenden Entwicklung des Embryos. Eine Zunahme von Lysinstickstoff ist dabei auffallend. Die Fermentwirkungen verhalten sich im Hynobiusei denen des Vogel- und Reptilieneies sehr ähnlich. Es fällt auf, daß im Spätstadium der Eientwicklung eine Abnahme der Fettsubstanzen und des Glykogens erfolgt und im mittleren Entwicklungsstadium das Cholesterin sowohl in freier Form als auch in Esterform seine maximalen Werte zeigt.

γ) Waldfrosch[1].

Man sieht oft in den beschränkten Waldgegenden in Japan nur in der Regenperiode (meist im Juni) einige ziemlich große weiße, schwammartige Ballen an den Ästen eines niedrigen, halb in Wasser tauchenden Baumes, an den im Wasser stehenden Holz- oder Bambusstücken. In diesen schwammartigen Massen entwickelt sich der Waldfrosch. Beim Öffnen dieser Ballen befinden sich darin überall zerstreut eingefügt zahlreiche Froscheier. Die Eier entwickeln sich darin, bis die jungen Larven durch die Regengüsse von den Ballen in das Wasser hinabgespült werden. Nachdem sie ins Wasser gelangt sind, verhalten sie sich ganz wie gewöhnliche Froschlarven und entwickeln sich auch in durchaus regelmäßiger Weise weiter.

Das Ei ist ganz klein und kugelig, und sein Gewicht beträgt als Mittelwert aus 1000 Eiern 0,153 g. Mit der fortschreitenden Entwicklung des Eies nimmt das Gewicht des Eies zu. Auf 1000 Eier berechnet, verteilen sich die Nährstoffe im Embryo (oder Dotter) wie in Tabelle 88 angegeben.

Tabelle 88. Zusammensetzung von Waldfroscheiern.

Bebrütungsdauer	Gewicht der 1000 Eier	Trockensubstanz		Organische Substanz		Anorganische Substanz		Wasser	
Tage	g	g	%	g	%	g	%	g	%
Anfang	15,35	5,46	35,5	5,31	34,6	0,14	0,88	9,89	64,4
Mitte	16,75	5,81	34,1	5,69	33,9	0,13	0,78	10,94	65,3
Ende	21,55	5,07	23,5	4,96	23,0	0,11	0,52	15,48	76,4

Um die Mengenverhältnisse der Stickstofffraktion zu finden, hat man die Gesamtstickstoffmenge und den Nichteiweißstickstoff bestimmt. Es zeigt sich

[1] Tomita, M., u. S. Fujii: Nicht publiziert.

dabei folgendes:

Gesamt-N- . . . . 4,8 —4,2 —2,6%
Eiweißfreier N . . . . . 0,064—0,038—0,024%

Beide Werte nehmen mit fortschreitender Eientwicklung ab.

Zur Isolierung der Fettsubstanzen wurden die Eier mit Alkohol und Äther erschöpfend extrahiert. Die Menge der in verschiedenen Fraktionen extrahierten Fettsubstanzen wurde in folgender Weise zusammengestellt.

Tabelle 89. Lipoidgehalt von Waldfroscheiern.

Entwicklungsstadium	Gewicht der 1000 Eier	Fettstoffe		Phosphatide		Unverseifbare Substanz	
	g	g	%	g	%	g	%
Anfang	15,35	1,46	9,5	0,50	3,2	0,40	2,6
Mitte	16,75	1,45	8,6	0,50	2,9	0,55	3,2
Ende	21,55	1,42	6,6	0,67	3,1	0,63	2,9

c) Cephalopodenei[1].

Der japanische Lanzerkalmer (Loligo bleekeri Kefir.) kommt in den japanischen Küstengegenden vor. In finsteren Nächten des Frühjahrs kann man das befruchtete Weibchen einfangen. Die Tiere wurden schnell in Wasserbehälter gesetzt, in denen viele Holzplatten schwammen. Auf diesen legten die Tiere ihre Eier ab, man notierte das Datum daran; dann wurden diese Platten in andere Wasserbehälter gesetzt und zur weiteren Bebrütung aufbewahrt. Die Eier dieses Tieres sind wie die der anderen Kopffüßler durch ihren ungeheuren Dotterreichtum wesentlich charakterisiert. Fast immer legen sich 40 Eier eng aneinander und platten sich gegenseitig ab. Sie sind von einer gemeinsamen gallertigen Hülle umgeben und bilden einen strangartigen Eisack. Etwa 10 solcher Säcke kleben an einer Holzplatte fest. Am 11. Bebrütungstage bemerkten wir an beiden Seiten des Dotters purpurrote punktähnliche Augen, am 18. Bebrütungstage bildete sich der Kopf.

Mit der fortschreitenden Entwicklung des Eies nimmt das Gewicht des Embryos zu, während das Gewicht der Gallerte abnimmt. Die Gewichte von Embryo und Gallerte sind hauptsächlich von dem Wassergehalt abhängig. Man ersieht eine beträchtliche Vermehrung von Ca, Mg, SO_3 und Cl in dem späteren Entwicklungsstadium des Embryos, während in der Gallerte diese Stoffe abnehmen, was darauf hindeutet, daß die Gallerte zum Aufbau des Embryos teilweise verwendet wird. Der größte Teil der Asche besteht aus Chlorid, wahrscheinlich aus Kochsalz. Damit werden die besten Bedingungen zur Anpassung des Embryos an das umgebende Medium erzielt.

Die Reststickstofffraktion im Embryo (oder Dotter) vermehrt sich im letzten Entwicklungsstadium, während dieselben in der Gallerte bei der Bebrütung eine Abnahme erfahren.

Die Fermentwirkungen im Cephalopodenei verhalten sich ähnlich wie die im Vogel-, Reptilien- und Amphibienei.

d) Gastropodenei[2].

Was die chemischen Bestandteile der marinen Gastropodeneier betrifft, hat Komori[3] bei mir zunächst die Mucoidsubstanz in der Eisackflüssigkeit des Hemi-

[1] Kamachi, T.: H. **238**, 91 (1936). — [2] Fukuda, S.: J. Biochem. **30**, 135 (1939). — [3] Komori, Y.: J. Biochem. **6**, 129 (1926).

fusus tuba Gmel. gefunden und weiter die chemische Zusammensetzung des Vitellins dieses Tieres untersucht. Dann hat KUMON[1] festgestellt, daß die Reststickstofffraktion und die Calciumsalze sich während der Eientwicklung stetig vermehren, und daß diese Vermehrung auf der Stoffzufuhr aus Seewasser beruht,

Eine Landschnecke, Achatina fulica Férussac genannt, wurde vor mehreren Jahren aus tropischen Gegenden in Formosa eingeführt, weil sie dem Menschen einen bestimmten Nutzen leistet, und zwar dadurch, daß sie ihm in ihren Weichteilen eine in vielen Ländern überaus geschätzte Nahrung darbietet. Nachdem man aber merkte, daß sie mit Vorliebe Kulturpflanzen beschädigt, sucht man sie wieder zu vernichten.

Zur Entwicklung werden die Eier abgelegt. Die Schnecke bringt die Eier sehr sorgsam unter. Sie gräbt eine Höhle in die Erde, ein enger, trichterförmiger Zugang führt hinein; durch diesen streckt die Schnecke den Vorderleib und läßt Ei auf Ei hinabfallen. Dann wird die Öffnung geschlossen.

Die Eier sind rundlich oval. Die Länge des Eies beträgt 5 mm, die Dicke 3 mm. Die Schale bildet mehr oder weniger eine pergamentartig derbe Umhüllung des eigentlichen Eies. Was das Gewicht der Eier betrifft, so zeigt es keine großen Schwankungen. Als Mittelwert aus 47100 Eiern hat man 47,7 mg gefunden. In 47100 Eiern (= 1877,5 g Inhalt) verteilen sich die Nährstoffe wie folgt:

Tabelle 90. Zusammensetzung der Eier von Hemifusus tuba Gmel.

47100 Eier (= 1877,5 g)	Wasser	Fettstoffe			Fettfreie Trockensubstanz	
		Fette	Phosphatide	Cholesterin	Eiweißstoffe	eiweißfreie Trockensubstanz
g	1468,50	2,10	0,48	0,17	191,80	214,45
%	78,21	0,11	0,02	0,00	10,21	11,44

Unter den N-freien Extraktivstoffen wurden freie und gebundene Zucker zu 0,07% und 0,06%, Milchsäure zu 0,007% gefunden. Man ersieht, daß der größte Teil der Asche aus Calciumsalzen besteht, wahrscheinlich aus Ca-Phosphat. Es ergab sich weiter als wesentlicher Befund, daß der Gehalt an Silikat im Vergleich zu den Eiern anderer Tierarten bedeutend höher ist.

Gesamtstickstoff- und Reststickstoffgehalt des Schneckeneies sind im Vergleich zu marinen Gastropodeneiern viel höher und dem der Meerschildkröteneier fast gleich.

FUKUDA prüfte auch den Gehalt an Amylase, Esterase, Nuclease, Arginase, Phosphatase und proteolytischen Fermenten. Im frischen Ei ist die Wirkung der Amylase, Esterase und Nuclease sehr stark. Außerdem sind Arginase, Phosphatase und Trypsin nachweisbar. Die stärkeren Fermentwirkungen im frischen Schneckenei deuten darauf hin, daß die Bebrütungsdauer des Schneckeneies sehr kurz ist und sich dadurch die chemischen Umwandlungen der einzelnen Eibestandteile schon von Anfang der Entwicklung an lebhaft vollziehen.

e) Insektenei.

Von Insekteneiern haben wir das Ameisenei untersucht. Außerdem haben wir das Studium der chemischen Bestandteile der Eischale des Seidenspinners und der Larve der Fleischfliege aufgenommen.

[1] KUMON, T.: J. Biochem. 18, 145 (1933).

α) Ameisenei[1].

Ameiseneier sind für das Studium der Parthenogenesis, des Polymorphismus und der Geschlechtsbestimmung geeignet, obwohl die biochemischen Untersuchungen derselben so wenig Beachtung erfuhren.

In Formosa und in den tropischen Gegenden haben die Ameisen ihr Heim in einem aus Blättern und Zweigen kunstvoll zusammengesponnenem Nest. Manchmal sitzen auf einem von diesen Ameisen bewohnten Baum eine Anzahl von zusammengewebten Blattnestern, in denen man beim Öffnen außer den Ameisen sehr oft auch noch Ameiseneier antrifft.

Nach dem Herabholen des Nestes bringt man einen Riß in der Nestwand an und gießt eine kleine Menge Äther hinein, um sogleich Massen von Ameisen zu narkotisieren und aus dem Inneren nicht hervorstürzen zu lassen. Dadurch werden die Ameiseneier ohne Schwierigkeiten in genügendem Quantum gesammelt.

Die Eier sind reiskorngroß, weißlich und oval. Was das Gewicht der Eier betrifft, so zeigt es keine großen Schwankungen. Bei unseren Untersuchungen fanden wir als Mittelwert aus 6860 Eiern 11,6 mg. Der p_H-Wert des Eies beim Früh- und Spätstadium der Eientwicklung beträgt 6,6 und 6,4. Die Menge der Gesamt- und Reststickstofffraktion ist gleich groß wie in den Eiern von Vögeln, Reptilien, Amphibien, Schnecken und Cephalopoden. Glucose und Glykogen finden sich zu 0,873 bzw. 1,969%. Die Menge des Gesamtcholesterins und der Phosphatide beträgt 0,146 bzw. 0,756%. In der quantitativen Zusammensetzung ergab sich als wesentlicher Befund, daß der Gehalt an Kalium, Natrium, Chlor und Eisen im Vergleich zu den Eiern von anderen Tierarten bedeutend höher ist. Was nun die Fermente im Ei betrifft, so kamen wir zu dem Schluß, daß sich Qualität und Quantität der Fermente bei verschiedenen Tierarten sehr ähnlich verhalten.

β) Das Ei des Seidenspinners[2].

Vom morphologischen Standpunkt aus erschien es uns sehr interessant, zu ermitteln, wie die Eischale des Seidenspinners (Bombix mori) chemisch beschaffen ist. In der zoologischen Literatur hört man oft von chitinogen- und chitinartigen Eischalen bei den Wirbellosen sprechen. TICHOMIROFF[3] hat nun aber festgestellt, daß die Schalensubstanz des Seidenspinners kein Chitin und auch keine chitinartige Substanz ist.

Um weitere Aufschlüsse zu erhalten und ferner die chemische Zusammensetzung der Eischale des Seidenspinners zu studieren, sowie zum Zweck eines späteren Vergleichs mit der chemischen Zusammensetzung der Seide, habe ich das Studium der Eischale des Seidenspinners unternommen. Dabei wurde, wie allgemein bei Proteinstoffen, die Hydrolyse durch Säure ausgeführt. Die Ergebnisse zeigten, daß die Mengenverhältnisse der isolierten Aminosäuren denen des Seidenfibroins sehr ähneln.

Tabelle 91. Zusammensetzung der Larven von Fleischfliegen.

Bestandteile von 29,25 g Larven	%
Wassergehalt	77,05
Trockensubstanz	22,95
Organische Stoffe	21,28
Anorganische Stoffe	1,66
K	1,18
Na	0,55
Ca	0,10
Mg	0,05
PO	0,18
S	0,02
Cl	0,19
Si	0,01

[1] ISEKI, T., H. IMAMURA u. S. MOTOMURA: H. **270**, 25 (1941). — [2] TOMITA, M.: B. Z. **116**, 40 (1921). — [3] TICHOMIROFF, A.: H. **9**, 566 (1885).

γ) Larven von Fleischfliegen[1].

1900 Larven von Fleischfliegen, die 29,25 g wogen, wurden zur Bestimmung der festen Stoffe zur völligen Trockne gebracht, dann verascht. Die Befunde sind in Tabelle 91 verzeichnet.

Wie die Tabelle zeigt, bestehen die anorganischen Salze der Fliegenlarven hauptsächlich aus Natriumphosphat.

Durch Säurehydrolyse haben wir einige Aminosäuren isoliert. Verhältnismäßig reichlich wurden Diaminosäuren, Phenylalanin und Prolin isoliert.

Es gelang uns, bei der Untersuchung der Fermentwirkung eine bemerkenswerte Tatsache zu finden, daß nämlich in Fliegenlarven gleichzeitig starke, verschiedenartige Fermentwirkungen vorhanden sind. Durch Anwendung dieser Fermentwirkungen haben wir eine Möglichkeit, Darmkrankheiten, insbesonders akute Infektionskrankheiten des Verdauungskanals, erfolgreich zu bekämpfen, da einerseits durch die Fermentwirkung dieser Larven die in dem Verdauungskanal durch Mikroorganismen erzeugten Giftstoffe beseitigt werden, andererseits die Verdauung günstig beeinflußt wird.

---

[1] Tomita, M., u. T. Kumon: H. **238**, 101 (1936).

E. Gesamtstoffwechsel und Ernährung.

Von **H. Kraut** u. **H. Zimmermann***.

Inhaltsverzeichnis.

I. Geschichtlicher Überblick 507
II. Der Gesamtstoffwechsel 509
1. Allgemeines 509
a) Stoffaustausch der Lebewesen mit der Umwelt 509
b) Stoffwechsel — Stoffaustausch 510
c) Gesamtstoffwechsel und intermediärer Stoffwechsel 511
2. Bilanzrechnungen 512
a) Stickstoffwechsel 512
b) Bilanzrechnung nach Körpersubstanzen 512
c) Bilanzrechnung nach Energiewerten 513
3. Untersuchung des Stoffwechsels 513
a) Stoffbilanzen 513
b) Energiebilanzen 514
4. Die energetische Stoffwechselbetrachtung. Isodynamiegesetz 517
5. Chemische Energie und Wärmeproduktion 518
III. Der Energiewechsel 520
1. Grundumsatz 520
a) Begriffsbestimmung 520
b) Die Schwankungen des Grundumsatzes 522
c) Die Abhängigkeit des Grundumsatzes von Gewicht, Größe, Geschlecht und Alter 523
d) Vorausberechnungen des Grundumsatzes 524
e) Das Oberflächengesetz oder das Gesetz der Stoffwechselreduktion in der höheren Tierwelt 524
f) Grundumsatz und Hormone 528
g) Grundumsatz bei Krankheiten 530
h) Die Abhängigkeit des Grundumsatzes von der Temperatur der Umgebung . 531
i) Grundumsatz und Klima 534
j) Grundumsatz und Rasse 535
k) Die Abhängigkeit des Grundumsatzes vom Sauerstoffdruck in der Umgebung 536
l) Grundumsatz und Sinnesreize 536
2. Die spezifisch-dynamische Wirkung 537
3. Der Stoffwechsel bei Arbeit 540
a) Definition des Arbeitsstoffwechsels 540
b) Bestimmungsmethode 540
c) Der Umfang der Stoffwechselsteigerung bei Arbeit 542
IV. Aufbau- und Erhaltungsstoffwechsel 543
1. Der Bedarf an Eiweiß und an Aminosäuren 544
a) Stickstoffbilanz 544
b) Abnutzungsquote oder absolutes N-Minimum 545

* Dieses Kapitel wurde ursprünglich von J. E. Johansson bearbeitet, dann von O. Flössner überarbeitet und ergänzt. Wir haben uns bemüht, diese Fassung in den Grundzügen beizubehalten. Infolge der Fortschritte der Ernährungslehre mußten jedoch viele Abschnitte völlig neu geschrieben werden.

c) Stickstoff-Bilanzminimum 546
d) Biologische Wertigkeit 546
e) Bedarf an essentiellen Aminosäuren 548
2. Der Bedarf an Kohlenhydrat und an Fett 552
a) Allgemeines 552
b) Der Kohlenhydratbedarf 553
c) Der Fettbedarf 554
3. Der Bedarf an Vitaminen und an Mineralstoffen 557
V. Ernährung 558
1. Normale Ernährung 558
a) Allgemeine Ernährungslehre 558
b) Nährstoffe 559
c) Nahrungsmittel 560
d) Nahrungsbedarf 563
α) Allgemeiner Bedarf S. 563. — β) Nahrungsbedarf des arbeitenden Menschen S. 567.
e) Kostformen 567
f) Nahrungsverbrauch 571
2. Unterernährung 573
a) Völliger Nahrungsentzug 573
b) Partieller Nahrungsentzug 575
c) Die Erscheinungsformen langdauernder Unterernährung 577
3. Überernährung 579

I. Geschichtlicher Überblick[1-9].

Hippokrates (460—375 v. Chr.) behandelte in seinen Büchern über Diät (Lebensordnung) ausführlich die Ernährung und empfahl kennenzulernen, „was für eine Wirkungskraft alle Speisen und Getränke, von denen wir leben, sowohl ihrer Natur nach wie durch willkürliche Beeinflussung und die menschliche Kunst haben". Man solle die Ernährungsweise nach dem Lebensalter, der Jahreszeit, der Gewohnheit, dem Land und der Konstitution gestalten[10].

Galen[11] (129—199 n. Chr.) schrieb 4 Bücher über die Eigenschaften der Nahrungsmittel und teilte darin eine Fülle von Beobachtungen über die Wirkung der Speisen auf den gesunden und kranken Organismus mit.

Auch Paracelsus[12] (1493—1541) hat sich in seinen Überlegungen und in seiner Praxis mit Stoffwechsel- und Ernährungsfragen beschäftigt und ihnen 1531 in dem Spruch Ausdruck gegeben: „Also ist es nit genug, daß der Mensch auss seiner Mutter geboren ist, sondern gleich so wol auss der Nahrung."

In der Renaissance begann auf dem Gebiet der Ernährungslehre die moderne wissenschaftliche Forschung. Santorio stellte 1614 fest, daß der Mensch zwischen den Mahlzeiten auch ohne Exkretion an Gewicht verliert, daß also wägbare Materie durch die Lungen den Körper verläßt. Er nannte diesen Vorgang „perspiratio insensibilis". Mayow (1645—1679) gelangte zu der Annahme, daß

[1] Hintze, K.: Geographie und Geschichte der Ernährung. Leipzig 1934. — [2] Lieben, F.: Geschichte der physiologischen Chemie. Kapitel: Nahrung und Stoffwechsel S. 99—195. Leipzig u. Wien 1935. — [3] Chittenden, R. H.: The Development of Physiological Chemistry in the United States. New York 1930. — [4] Sigerist, H. E.: Große Ärzte. 3. Aufl. S. 22. München 1954. — [5] Diepgen, P.: Die Heilkunde und der ärztliche Beruf. München-Berlin 1938. — [6] Meyer-Steineg, T., u. K. Sudhoff: Geschichte der Medizin. 3. Aufl. S. 323. Jena 1928. — [7] Lenard, P.: Große Naturforscher. S. 128. München 1929. — [8] Rubner, M.: D. m. W. **1924 I**, 1699. — [9] Speter, M.: Lavoisier und seine Vorläufer. Stuttgart 1910. — [10] Zitiert nach Kapferer, R.: Hippokrates-Fibel. Stuttgart 1943. — [11] Beintker, E., u. W. Kahlenberg: Werke des Galenos, Bd. 3. Stuttgart 1948. — [12] Aus Strunz, F.: Theophrastus Paracelsus. Sein Leben und seine Persönlichkeit. Volumen Paramirum und Opus Paramirum. S. 122. Jena 1903.

die Lebewesen und die Flamme aus der Luft Bestandteile der gleichen Art absorbieren. Die Erklärung dieser Beobachtungen gab LAVOISIER[1] (1743—1794) im Anschluß an seine Untersuchungen über den Verbrennungsprozeß. Er stellte fest, daß bei der Atmung Sauerstoff verbraucht und Kohlensäure abgegeben wird. LAVOISIER fand die Abhängigkeit des respiratorischen Stoffwechsels von der Nahrungsaufnahme, der Außentemperatur und der geleisteten Arbeit. Ihm verdankt man auch die ersten Elementaranalysen der Körpersubstanzen und der Nahrungsmittel.

Nach HALLER (1708—1777) ist der Zweck der Nahrung, die fortlaufenden Verluste des Körpers zu decken. Die Trennung der Nährstoffe und Körpersubstanzen in 3 Klassen (Eiweiß, Fette und Kohlenhydrate) wurde zuerst von PROUT (1827) erwähnt, nachdem schon vorher MAGENDIE den Unterschied der N-haltigen und N-freien Nährstoffe betont hatte.

Die wissenschaftlichen Grundlagen der Stoffwechsel- und Ernährungslehre wurden von LIEBIG[2] in der Mitte des 19. Jahrhunderts gelegt. Er zeigte, daß die Vereinigung des Sauerstoffes der Luft mit den Nahrungsbestandteilen Eiweiß, Fett und Kohlenhydrat die einzige Energiequelle des menschlichen und tierischen Körpers ist. Auch die Ermittlung der Zusammensetzung der wichtigeren Nahrungsmittel nach ihren Nährstoffen und die Verwertung der Nahrung sowie die Erkenntnis von der Bedeutung der Mineralsalze in der Ernährung ist sein Werk. Es folgten nach den ersten Bilanzversuchen von BIDDER u. SCHMIDT[3] (1852) die grundlegenden Stoffwechseluntersuchungen von VOIT und PETTENKOFER[4], die sich der Respirationsapparate zur quantitativen Beobachtung der Stoffwechselvorgänge, auch beim Menschen, bedienten. VOIT und später PFLÜGER verlegten die Ursachen der Spaltung der Nährstoffe in die Zellen selbst, nachdem schon vorher feststand, daß der Sauerstoff nicht die direkte Ursache der Zerlegung der Nährstoffe im Körper ist.

Der Ausgestaltung der Ernährungslehre von den Stoffen folgten von 1880 ab RUBNERS[5] bedeutsame Betrachtungen des Energiewechsels. Hierdurch wurde 1898 die Anwendung des Gesetzes von der Erhaltung der Energie auf den Tierkörper möglich und damit eine vergleichende Ernährungslehre. Begriffe wie Abnützungsquote, spezifisch-dynamische Wirkung, Isodynamiegesetz sind seitdem allgemein bekannt und feststehend. Aus dem Streit um die Gültigkeit des RUBNERschen Oberflächengesetzes entwickelten sich die neueren Anschauungen über den Grundumsatz und seine Abhängigkeit von endogenen und exogenen Faktoren. Auch die experimentellen Untersuchungen über die Ernährung, die in der 2. Hälfte des vorigen Jahrhunderts ausgeführt wurden, waren von der größten Bedeutung für die praktische Medizin, für die Fütterungslehre der Haustiere wie für die Lehre von der Pflanzenernährung.

Um die Jahrhundertwende führte die Beobachtung, daß eine calorisch ausreichende, aus Eiweiß, Fett und Kohlenhydraten bestehende Ernährung das Leben nicht aufrechtzuerhalten vermag, zur Lehre von den Schutzstoffen oder Vitaminen

---

[1] LAVOISIER, A.: Oeuvres. Bd. II, S. 326, 693. Paris 1862. — LAVOISIER, A., et P. S. DE LAPLACE: Mem. Acad. Sci. **1780**, 379. — [2] LIEBIG, J.: Die Thier-Chemie oder die organische Chemie in ihrer Anwendung auf Physiologie und Pathologie. 2. Aufl. Braunschweig 1843. — [3] BIDDER, F. H., u. C. SCHMIDT: Die Verdauungssäfte und der Stoffwechsel. Mitau 1852. — [4] PETTENKOFER, M.: Abh. Kgl. bayer. Akad. Wiss. **1862 II**, 231. — PETTENKOFER, M., u. C. v. VOIT: A., Suppl.-Bd. II, 51 (1862/63). Z. Biol. **2**, 189 (1866). — VOIT, C.: Z. Biol. **11**, 532 (1875). — PFLÜGER, E. F. W.: Pflügers Arch. **10**, 251 (1875). — [5] RUBNER, M.: Zusammenfassende Darstellung Handb. Physiol. Bd. 5, 3—16, 17—27, 134—143, 144—153, 154—166.

(EIJKMAN[1], FUNK[2], HOLST[3], HOFMEISTER[4], STEPP[5], HOPKINS[6], MCCOLLUM[7]) und zur Erkenntnis der Bedeutung der Mineralstoffe und der Spurenelemente (OSBORNE u. MENDEL[8], BERG[9], SHERMAN[10]). Tiefer eindringende Untersuchungen über den Eiweißbedarf zeigten[11], daß ein Teil der Eiweißbausteine, die 8 lebensnotwendigen oder essentiellen Aminosäuren vom menschlichen Körper nicht aufgebaut werden, also notwendig in der Nahrung enthalten sein müssen (ROSE[12]). Wir kennen heute ungefähr 50 lebensnotwendige Bestandteile der Nahrung, deren partieller Mangel oder völliges Fehlen zu den Erscheinungen der qualitativen oder quantitativen Unterernährung führt. Die ernährungsphysiologische Forschung bedarf daher heute ganz besonders der Ergänzung durch die Nahrungsmittelanalyse. Auch über die Zubereitung der Nahrungsmittel sind wissenschaftliche Untersuchungen notwendig, um die Zerstörung lebensnotwendiger Nahrungsbestandteile zu vermeiden.

II. Der Gesamtstoffwechsel.

1. Allgemeines.

a) Stoffaustausch der Lebewesen mit der Umwelt.

Ein Kennzeichen der Lebewesen ist der Stoffaustauch mit der Umwelt; sie besitzen dazu ein spezifisches Wahlvermögen gegenüber den Stoffen ihrer Umgebung. Die chlorophyllhaltigen Pflanzen nehmen nahezu ausschließlich Verbindungen auf, die der anorganischen Natur angehören, insbesondere Kohlensäure, Wasser, Stickstoff (in Form von Ammoniumsalzen und Nitraten) und geben Sauerstoff neben Wasserdampf und Atmungskohlensäure ab. Die Tiere nehmen dagegen hauptsächlich organische Stoffe auf, die von anderen Tieren oder Pflanzen stammen, verbrauchen Sauerstoff und geben Kohlensäure, Wasser sowie stickstoffhaltige Substanzen (Harnstoff, Harnsäure, Purinbasen u. a.) ab. Die Pilze befinden sich in einer Zwischenstellung; mit Ausnahme der autotrophen Bakterien sind sie für die Zufuhr von Kohlenstoff wie die Tiere auf organische Stoffe angewiesen, den Stickstoff aber nehmen sie wie die Pflanzen aus anorganischen Substanzen, zum Teil auch direkt aus der Atmosphäre auf[13].

Der Stoffaustausch der Lebewesen dient in erster Linie dem Aufbau und der Erhaltung des Organismus. Alle stofflichen Vorgänge, die hiermit zusammenhängen, faßt man unter der Bezeichnung Aufbau- und Erhaltungsstoffwechsel zusammen. Aber die Lebewesen stehen mit ihrer Umgebung auch in einem energetischen Austausch. Sie nehmen entweder wie die Pflanzen Energie aus der

---

[1] EIJKMAN, C.: Virchows Arch. **148**, 523; **149**, 187 (1897). Arch. Hygiene **58**, 150 (1906). Arch. Schiffs- u. Tropenhyg. **15**, 699 (1911). — [2] FUNK, C.: Ergebn. Physiol. **13**, 124 (1913). Die Vitamine, ihre Bedeutung für die Physiologie und Pathologie. 3. Aufl. München 1924. — [3] HOLST, A.: J. Hyg., London **7**, 619 (1907). — HOLST, A., and T. FRÖHLICH: J. Hyg., London **7**, 634 (1907). Verh. 6. nord. Kongr. f. innere Med. **328** (1909). Z. Hyg. **72**, 1 (1912); **75**, 334 (1913) [Handb. Biochem. VI, 348]. — [4] HOFMEISTER, F.: Ergebn. Physiol. **16**, 510 (1918). — [5] STEPP, W.: B. Z. **22**, 452 (1909). Ergebn. inn. Med. **15**, 257 (1917). Handb. Physiol. Bd. 5, S. 1143. — [6] HOPKINS, F. G.: Analyst **31**, 385 (1906) [Handb. Biochem. VI, 347]. J. Physiol., London **44**, 425 (1912). — [7] MCCOLLUM, E.V.: The Newer Knowledge of Nutrition. 5. Aufl. New York 1944. — [8] OSBORNE, T. B., and L. B. MENDEL: J. biol. Ch. **34**, 131 (1918). — [9] BERG, R.: Die Vitamine, 2. Aufl. Leipzig 1927. — [10] SHERMAN, H. C., and E. HAWLEY: J. biol. Ch. **53**, 375 (1922). — SHERMAN, H. C., A. R. ROSE and M. S. ROSE: J. biol. Ch. **44**, 21 (1920). — [11] OSBORNE, T. B., L. B. MENDEL and E. L. FERRY: Carneg. Inst. Publ. No. **156**, I. u. II (1911). H. **80**, 307 (1912). — OSBORNE, T. B., and L. B. MENDEL: Science, N. Y. **34**, 722 (1911). J. biol. Ch. **13**, 233 (1912/13); **18**, 1 (1914); **25**, 1 (1916). — [12] ROSE, W. C.: Fed. Proc. 8, 546 (1949). — [13] BORESCH, K.: Handb. Physiol. Bd. 5, S. 328—376. — BORESCH, K., u. K. MOTHES: Handwörterb. Naturwiss. **9**, 716—746 (1934).

Umgebung auf (Sonnenstrahlung) oder geben wie die Tiere die bei den Oxydationsprozessen freiwerdende Energie an die Umgebung ab. Außerdem wird von den Tieren und Menschen und in geringem Umfang auch von den Pflanzen chemische Energie in Bewegungsenergie umgewandelt, so bei der Fortbewegung, bei der körperlichen Arbeit, bei den taktischen Bewegungen der Pflanzen. Alle energetischen Veränderungen sind mit stofflichen Umsetzungen verbunden; sie stellen nur ihr energetisches Äquivalent dar. Betrachtet man den Stoffwechsel nach den sich dabei vollziehenden energetischen Prozessen, so spricht man von Energiewechsel.

b) Stoffwechsel — Stoffaustausch[1].

Der Stoffaustauch der Lebewesen mit der Umwelt hängt mit ihren Lebensvorgängen zusammen. Die grünen Pflanzen bauen aus den anorganischen Verbindungen, die sie aus der Umgebung aufnehmen, aus der Kohlensäure der Luft und dem Wasser, mit Hilfe der Sonnenenergie in dem Prozeß der Assimilation die energiereichen organischen Verbindungen auf, aus denen ihre Zellen bestehen. Sie bedienen sich hierzu des Chlorophylls als Energieüberträger der photochemischen Reaktion, in der die Kohlensäure über eine Reihe von Zwischenprodukten zur Stufe des Kohlenhydrats reduziert wird[2]. Hieraus entstehen durch weitere Umwandlungen die höheren Kohlenhydrate, Fette und Proteine. Ohne die Gegenwart des Chlorophylls ist, von wenigen Ausnahmen abgesehen, die Entstehung energiereicher Bestandteile lebender Zellen auf der Erde nicht möglich. Die chlorophyllfreien Organismen müssen sie von anderen Lebewesen beziehen. Aber die aufgenommenen Stoffe werden in den Organismen selbst weiteren Umwandlungen unterworfen. Aufnahme und Umwandlung werden als Stoffwechsel oder Metabolismus bezeichnet. Zusammen mit dem Energiewechsel und dem Formwechsel sind sie allen Lebensvorgängen gemeinsam. Es gelten für sie alle ROBERT MAYERs Gesetz von der Erhaltung der Energie und das CARNOTsche Prinzip, der 2. Hauptsatz der Wärmelehre[3].

Man kann aus tierischen Geweben eine große Zahl chemischer Verbindungen isolieren, die sich nicht unter den mit der Nahrung zugeführten Stoffen befinden. Sie müssen also im Körper entstanden sein. Auch die Hauptmenge der in den Exkreten enthaltenen Substanzen ist von den Nahrungsstoffen verschieden. Teils handelt es sich um Inhaltsstoffe der Darmbakterien, zum Teil aber auch um Stoffe, die vom Körper bei Zufuhr von Nahrung wie auch im Hunger produziert werden. Es muß angenommen werden, daß sich der Zellinhalt in einem stetigen Wechsel der Stoffe befindet. Daher bedeutet Stoffwechsel nicht nur Translokation, sondern auch chemische Umwandlung von Substanzen.

Die Untersuchungen mit Isotopen haben gezeigt, daß selbst innerhalb fortbestehender chemischer Verbindungen einzelne Gruppen von Elementen ausgetauscht werden können[4]. Dem fortwährenden Aufbau zu körperspezifischen Verbindungen (Anabolismus) entspricht ein Zerfall zu unspezifischen (Katabolismus), so daß ein bleibendes chemisches Gleichgewicht fehlt, vielmehr dauernd ein Energiegefälle erzeugt wird[5]. Sind die zugeführten Stoffe als solche oder verändert in das Zellinnere aufgenommen, assimiliert, so sind sie nicht mehr von der

---

[1] Vgl. a. Bd. **2**/1, S. 589f. — [2] OCHOA, S.: II. Int. Congr. Biochem. Paris S. 83, 1952. — HOLZER, H.: Angew. Chem. **66**, 65 (1954). — CALVIN, M.: Angew. Chem. **68**, 253 (1956). — WARBURG, O., W. SCHRÖDER, G. KRIPPAHL u. W. KLOTZSCH: Angew. Chem. **69**, 627 (1957). — [3] TSCHERMAK, A. v.: Allgemeine Physiologie. Bd. 1, Tl. 2. Berlin 1924. — [4] HEVESY, G. v.: Soc. **1939**, 1213. Radioactive Indicators, their Application in Biochemistry, Animal Physiology and Pathology. New York 1948. — [5] STARLING, E. H.: Die Correlation (Integration) der Einzelfunktionen des Gesamtorganismus. Handb. Physiol. Bd. 15/1, S. 15. — STOLTE, H. A.: Das Werden der Tierformen. Stuttgart 1936.

ursprünglichen Zellsubstanz zu unterscheiden. Auch ohne äußeren Stoffwechsel findet innerhalb der lebenden Zellen ein gewisser Stoffumsatz statt, und es ist nicht möglich, den Umsatz einer Substanz aus dem Körpermaterial und den einer Substanz aus der Nahrung auseinanderzuhalten. Die beiden Ausdrücke „Stoffwechsel" und „Stoffumsatz" werden daher meist ohne Unterschied benutzt.

Die Begriffe „Assimilation" und „Dissimilation" werden gleichfalls heute noch zur Kennzeichnung von chemischen Synthesen und Spaltungen, also in der Bedeutung von Anabolismus und Katabolismus angewandt.

Durch die Synthesen bzw. „Resynthesen", die anoxydativen wie die oxydativen, werden Bau und Funktionsfähigkeit der Zellen aufrechterhalten. Die Synthese hat bei heterotrophen Lebewesen immer geringeren Umfang als der Verbrauch, es wird also durch Oxydation mehr abgebaut als wieder aufgebaut. Auf die Dauer ist die Leistung jedes Organsystems von irgendeiner Stoffzufuhr abhängig.

c) Gesamtstoffwechsel und intermediärer Stoffwechsel.

Dem Aufbau von Körpersubstanzen aus der Nahrung geht bei den Heterotrophen meist der Abbau durch die Verdauungsfermente zu resorbierbaren Bausteinen voran. Aber auch die resorbierten Substanzen erfahren noch vielfache Umwandlungen. Der Aufbau eines Teiles zu höhermolekularen Produkten auf Kosten des Abbaus anderer Substanzen, Oxydations-, Reduktions- und Umlagerungsprozesse, sind dabei aufs engste miteinander verflochten. Man faßt alle Umsätze der resorbierten Substanzen im Körper unter der Bezeichnung „*intermediärer Stoffwechsel*" oder „Zwischenstoffwechsel" zusammen. Die einzelnen Phasen des intermediären Stoffwechsels sind an anderen Stellen des Handbuches beschrieben. Häufig treten dabei sog. Kreisprozesse auf, bei denen dieselben Substanzen teilweise in den Prozeß zurückkehren, während die Energielieferung durch den endgültigen oxydativen Abbau des Restes erfolgt. Ein Beispiel ist der Bd. 2/1, S. 1025 beschriebene Citronensäurecyclus.

Unter dem *Gesamtstoffwechsel* versteht man dagegen die Gesamtheit der Vorgänge zwischen der Nahrungsaufnahme und der endgültigen Form der Ausscheidung, meist ohne Rücksicht auf die Zwischenstufen. Für Bilanzbetrachtungen des Stoffwechsels ist dies erlaubt, denn für den Aufbau und die Erhaltung der Körpersubstanz ist der Vergleich von Aufnahme und Ausscheidung maßgebend. Auch für energetische Betrachtungen ist nach dem Gesetz der konstanten Wärmesummen von HESS[1] der Weg zwischen dem Ausgangs- und dem Endzustand ohne Belang.

Im strengen Sinne kann man Bilanzen nur für die aufgenommenen und abgegebenen chemischen Elemente oder Grundstoffe aufstellen, also für C, N, O, P, S, Ca usw. Aber im übertragenen Sinne spricht man auch beim Eiweiß-, Fett- und Kohlenhydratstoffwechsel von den entsprechenden Bilanzen, wobei man die jeweiligen Endprodukte des Abbaus, also bei Fett und Kohlenhydrat CO_2 und H_2O, bei Eiweiß dazu noch Harnstoff und Harnsäure, in Rechnung stellt.

Werden Stoffe im Körper eingelagert, so sind die Stoffwechselbilanzen positiv; wird mehr ausgeschieden als aufgenommen, ist also die Bilanz negativ, so hat der Körper zusätzlich eigene Substanzen abgebaut.

Die assimilierende Pflanze nimmt bei Belichtung viel mehr CO_2 auf, als sie bei der Atmung abgibt. Ihre C-Bilanz ist also stets positiv, wenn man nicht gerade die Dunkelzeiten betrachtet, wo die Atmung fortbesteht, aber die Assimilation unterbleibt. Da es der Pflanze, abgesehen von der Ausatmung von Kohlensäure und Wasser, an Ausscheidungsmöglichkeiten fehlt, sind bei ihr auch alle anderen Bilanzen positiv.

---

[1] HESS, S. [EUCKEN, A.: Grundriß der physikalischen Chemie. 6. Aufl. S. 139. Leipzig 1948].

Das Tier dagegen bezieht seine Nährstoffe (Proteine, Fette, Kohlenhydrate, Vitamine und Mineralstoffe) von anderen Lebewesen und hat im wesentlichen einen oxydativen Stoffwechsel, bei dem die aus der Nahrung assimilierten Stoffe abgebaut und ausgeschieden werden. Zeiten des Überwiegens der Abbauprozesse über die Aufnahme, also negativer Bilanzen, sind nicht selten und bei kurzer Dauer unbedenklich, wenn nur durch nachfolgende Zeiten positiver Bilanzlage die Verluste wieder ausgeglichen werden.

2. Bilanzrechnungen.

a) Stickstoffwechsel.

Voit[1] hat in umfangreichen Bilanzversuchen bei gleichmäßiger durchschnittlicher Eiweißzufuhr gefunden, daß die Stickstoffausscheidung im Harn und Kot vollständig mit der Stickstoffzufuhr in der Nahrung übereinstimmt. Später wies Krogh[2] noch durch besondere Versuche nach, daß der atmosphärische Stickstoff durch die Atmungsorgane weder aufgenommen noch ausgeschieden wird, so daß er Menschen und Tieren gegenüber vollständig indifferent ist und bei einer Stoffwechselbetrachtung nicht berücksichtigt werden muß. Man kann also durch Stickstoffbestimmung in der Nahrung und in den Ausscheidungen eine Stickstoffbilanz aufstellen.

Da alle Proteine stickstoffhaltig sind, und neben den Proteinen nur wenig andere N-haltige Substanzen in der Nahrung vorkommen, kann man aus der N-Bilanz mit einer für die meisten Zwecke genügenden Genauigkeit Änderungen des Eiweißbestandes des Körpers und damit Aufbau oder Abbau der Gewebe bestimmen. Die Cl-, K-, Na-, Mg-, Ca- und Fe-Bilanzen, in gewissem Sinne auch die S- und P-Bilanzen, werden zum *Mineralstoffwechsel* gerechnet. Zu einer vollständigen Bilanz gehören außer der N-Bilanz auch noch diejenigen von Kohlenstoff (C), Wasserstoff (H) und Sauerstoff (O), da hierdurch Änderungen der Fett- und Glykogenbestände des Körpers ermittelt werden können.

b) Bilanzrechnung nach Körpersubstanzen.

Eine vollständige Bilanzrechnung umfaßt sämtliche Einnahmen und Abgaben des Körpers nach ihrer elementaren Zusammensetzung. Bei der Berechnung des intermediären Umsatzes wird aber eine Reihe von Ausscheidungsstoffen nicht mitgerechnet, die als Abfall direkt von der Zufuhr abzuziehen sind, so die unverdauten Nahrungsreste im Kot.

Bei der Bilanzrechnung müssen auch diejenigen Stoffe berücksichtigt werden, die wie Milch[3], Haare, Nägel und Hautepithel[4] unverändert abgegeben werden. Sie stellen einen direkten Substanzverlust dar. Hierzu zählen außerdem die nicht resorbierten Verdauungssäfte und andere in den Darm ausgeschiedene oder dort entstandene Substanzen. Diese können aber praktisch nicht von den unverdauten Speiseresten getrennt werden und werden daher im Abfall eingerechnet. Bei der Verdauung pflanzlicher Nahrungsmittel spielt diese Tatsache eine größere Rolle, da dann die Verdauungssäfte reichlicher abgegeben werden[5]. Eine Sonderstellung nimmt die Zuckerausscheidung im Harn bei Diabetes ein, die ebenfalls ein direkter Substanzverlust ohne Verbrennung ist. Sie kann einen erheblichen Umfang annehmen und daher bei Bilanzrechnungen ins Gewicht fallen.

Andere Stoffe dagegen, wie Kohlensäure, Wasser, Harnstoff, Harnsäure bei Vögeln und Reptilien und besonders bei Wiederkäuern auch Methan, sind echte Stoffwechselendprodukte. Die Menge dieser Verbindungen gibt den Umfang der in der betreffenden Zeit sich abspielenden Abbauprozesse an.

[1] Voit, C.: Z. Biol. **2**, 6, 189 (1866). Handb. Physiol. (Hermann) Bd. 6, S. 89 (1881). — [2] Krogh, A.: B. Z. **7**, 24 (1908). Skand. Arch. Physiol. **18**, 369 (1906). — [3] Johansson, J. E.: Methodik des Energiestoffwechsels. Handb. biol. Arb.-Meth. Abt. IV, Tl. 9, S. 331—366, 1925. — [4] Kraut, H., u. H. Müller-Wecker: unveröffentlicht. — [5] Kraut, H., H. Bramsel u. H. Wecker: B. Z. **320**, 422 (1949/50).

c) Bilanzrechnung nach Energiewerten.

Man kann die energetischen Umsätze aus der Differenz der Verbrennungswärmen der aufgenommenen und der ausgeschiedenen Substanzen errechnen. (Als Maß dieses Energieverbrauches dient die Calorie. 1 kcal = Wärmemenge, die 1 *l* Wasser von 14,5° C auf 15,5° C erwärmt.) Die Wärmemenge, die auf Grund der physiologischen Brennwerte bei der Verbrennung der Grundsubstanzen erhalten wird, ergibt den gesamten Energieumsatz oder Energiewechsel des Körpers. Falls außer der Oxydation der Körpersubstanzen keine weiteren Energieverschiebungen stattfinden, muß also die aus der Stoffwechselbilanz berechnete Wärmemenge einschließlich der äußeren Arbeit mit derjenigen übereinstimmen, die der Körper in den entsprechenden Zeitabschnitten abgegeben hat.

Bei einer direkten Bestimmung der Energieabgabe ist man von den unterschiedlichen Brennwerten der einzelnen Grundsubstanzen unabhängig, denn die Energie der gesamten verbrannten Grundsubstanzen wird durch die nach außen abgegebene Wärme und die geleistete mechanische Arbeit gemessen.

Eine Bilanzrechnung erhält so folgendes Aussehen:

Zufuhr brutto	A. kcal der Nahrung
Calorienverlust	B. (kcal des Kotes + kcal des Harns)
Wärmeausgleich (Nahrungs- und Körpertemperatur)	C. kcal
Zufuhr netto	D. = A. — (B. + C.)
Wärmeabgabe	E. kcal
Wärmeäquivalent äußerer Arbeit	F. kcal
Energiebilanz	G. = D. — (E. + F.)

3. Untersuchung des Stoffwechsels[1-11].

Zu einem vollständigen Bilanzversuch gehören quantitative Analysen der aufgenommenen Nahrung und des entleerten Harns und Kotes, weiter quantitative Bestimmung des Sauerstoffverbrauchs, der Kohlensäure- und Wasserabgabe und der Hautausscheidung. Gegebenenfalls müssen Schweiß, Milch, Nägel und Haare, Menstrualblut, Nasen- und Mundschleim usw. berücksichtigt werden. Für die Einzeluntersuchungen sind in den vorhergehenden Kapiteln dieses Handbuches die chemischen Verfahren erwähnt worden.

a) Stoffbilanzen.

Das Ziel der Aufstellung von Stoffbilanzen ist es, die Versorgung des Körpers mit allen notwendigen Nährstoffen unter den verschiedenen Lebensbedingungen

Zusammenfassende Darstellungen: 1—11. [1] Klein, W., u. M. Steuber: Die gasanalytische Methodik des dynamischen Stoffwechsels. Leipzig 1925. Die Methodik des Gaswechsels an großen Tieren. Handb. biol. Arb.-Meth. Abt. IV, Tl. 10, S. 675—710. 1926. — [2] DuBois, E. F.: Basal Metabolism in Health and Disease. 2. Aufl. Philadelphia 1927. — [3] Benedict, F. G.: Methoden zur Bestimmung des Gaswechsels bei Tieren und Menschen. Handb. biol. Arb.-Meth. Abt. IV, Tl. 10, S. 415—674. 1926. — [4] Krogh, A.: The Respiratory Exchange of Animals and Man. S. 41. London 1916. — [5] Møllgaard, H.: Grundzüge der Ernährungsphysiologie der Haustiere. Berlin 1931. — [6] Gerhartz, H.: Quantitative Bestimmung des Gasstoffwechsels mit der Zuntzschen Modifikation des Regnault-Reisetschen Respirationsapparates für kleine Tiere. Handb. biol. Arb.-Meth. Abt. IV, Tl. 10, S. 289—308. 1926. — [7] Grafe, E.: Quantitative Bestimmung des Gasstoffwechsels mittels Pettenkofer-, Tigerstedt-, Jaquet- und Benedict-Apparaten. Handb. biol. Arb.-Meth. Abt. IV, Tl. 10, S. 309—414. 1926. — [8] Leschke, E.: Graphische Stoffwechselregistrierung. Handb. biol. Arb.-Meth. Abt. IV, Tl. 10, S. 891—912. 1926. — [9] Dusser de Barenne, J. G., u. G. C. E. Burger: Unsere Methoden zur graphischen Bestimmung des Gesamtgaswechsels. Handb. biol. Arb.-Meth. Abt. IV, Tl. 10, S. 937—984. 1926. — [10] Mark, R. E.: Stoffwechselversuch am Menschen und am Hunde. Handb. biol. Arb.-Meth. Abt. IV, Tl. 10, S. 1031—1049. 1926. — [11] Göpfert, H., u. U. Henneberg: Pflügers Arch. **263**, 1 (1956/57).

kennenzulernen. So läßt sich mit Ausnahme von krankhaften Zuständen aus einer negativen Stickstoffbilanz der Schluß auf eine ungenügende Eiweißversorgung ziehen, vorausgesetzt, daß die Calorienzufuhr ausreichend ist. Eine ungenügende Calorienzufuhr kann nämlich auch bei reichlichem Eiweißgehalt der Nahrung den Körper zwingen, seine Eiweißbestände zur Deckung seiner Energiebilanz anzugreifen.

Bei der Durchführung der Stoffbilanzen spielt neben der Zuverlässigkeit der analytischen Methoden die Probenahme eine große Rolle. Die Nahrungsmittel haben nicht immer eine konstante Zusammensetzung. Qualität, Schwankungen des Wachstums in der Vegetationsperiode, Ungleichmäßigkeiten der Probestücke können den Stoffwechselversuch wesentlich beeinflussen. Das manchmal angewandte Verfahren, nur die Ausscheidungen zu analysieren, die Zusammensetzung der Nahrung aber aus Tabellen zu entnehmen, muß zu Fehlergebnissen führen. Auch bei der Probenahme selbst ist auf die Gleichheit zwischen der verzehrten und der analysierten Nahrung zu achten. Es hat sich bewährt, die analysierten Proben der Nahrung nicht kleiner als $^1/_5$—$^1/_4$ vom Gewicht der verzehrten Nahrung zu machen. Früher wurden meist die Proben der Nahrung und des Kotes getrocknet, pulverisiert und hiervon aliquote Teile zur Analyse verwendet. Besser ist es, die gesamten Nahrungsproben und den Kot zu hydrolysieren und die Analysenproben hiervon abzunehmen.

Kurzfristige Stoffwechselbilanzen ergeben oft ein ganz anderes Bild als über längere Zeit (Wochen und Monate) ausgedehnte. Gerade bei kurzfristigen Bilanzen spielt die Ernährung der vorhergehenden Zeit eine große Rolle. Hat z.B. ein Mensch längere Zeit täglich 1,5 g Calcium in seiner Nahrung erhalten, so sind seine Bilanzen in der ersten Woche, in der er 1,0 g Ca erhält, mit Sicherheit negativ. War er aber vorher an eine Zufuhr von 0,5 g Ca je Tag gewöhnt, wird seine Bilanz bei 1,0 g positiv. Der Körper braucht also eine gewisse Zeit zur Anpassung an die im Versuch gegebene Kostform. Auch kann die Auffüllung oder Entleerung von Depots über längere Zeit die Wirkung von Nahrungsänderungen verschleiern. Ernährungsversuche sollten daher, wenn es sich nicht um ganz extreme Änderungen handelt, mindestens über mehrere Wochen bis einige Monate ausgedehnt werden[1].

Bei der Beurteilung der Ergebnisse muß beachtet werden, daß das Erreichen des stofflichen Bilanzausgleichs noch nicht mit einer genügenden Versorgung gleichgesetzt werden darf. Zum Beispiel kann bei einer Ca-Aufnahme von 0,3 g täglich nach einer genügenden Anpassungszeit noch Gleichheit von Aufnahme und Ausscheidung erreicht werden. Trotzdem hält man allgemein eine solche Calciumzufuhr für ungenügend. Eine volle Deckung des Bedarfs an einer bestimmten Nahrungskomponente wird erst dann erreicht, wenn die mit ihr zusammenhängenden Körperfunktionen durch eine höhere Zufuhr dieser Nahrungskomponente keine Verbesserung mehr erfahren[2].

b) Energiebilanzen.

Für die energetische Seite des Stoffwechsels ist die Bestimmung des respiratorischen Gaswechsels von besonderer Bedeutung, weil sie auf einfache Weise einen Einblick in die Verbrennungsprozesse ergibt. Man verwendet hierzu zwei verschiedene Systeme von Respirationsapparaten, solche mit geschlossenem und solche mit offenem Gasumlauf.

---

[1] Kraut, H., u. A. Szakáll: Arbeitsphysiol. **11**, 408 (1941). — Kofrányi, E.: H. **309**, 235 (1957). — [2] Kraut, H., u. H. Wecker: B. Z. **315**, 329 (1943); **318**, 495 (1948). —

Vertreter des ersteren ist der Apparat von REGNAULT und REISET[1]. Die Versuchsperson befindet sich in einer geschlossenen Respirationskammer. Die Respirationsprodukte Kohlendioxyd und Wasserdampf werden absorbiert und analysiert, während gleichzeitig der verbrauchte Sauerstoff ersetzt und direkt manometrisch bestimmt wird.

Zu den offenen Systemen gehört die Apparatur von PETTENKOFER[2]. Die Respirationskammer ist in eine Ventilationsleitung eingeschaltet. Ein äquivalenter Teil der durchströmenden Luft wird aus einer kleinen Nebenleitung entnommen. Man bestimmt darin CO_2 und H_2O, neuerdings auch den Verbrauch an O_2. Wie bei allen großen Respirationsapparaten läßt die Genauigkeit der Wasserdampfbestimmung zu wünschen übrig. Überhaupt ist die Entnahme eines aliquoten Teils der Luft aus einer Respirationskammer wegen der Schwierigkeit der gleichmäßigen Durchmischung mit größeren Fehlern behaftet.

Deshalb analysiert man bei den meisten neueren Verfahren direkt die die Lunge durchströmende Luft, z. B. in der von GEPPERT u. ZUNTZ[3] angegebenen Apparatur. Die Luftwege der Versuchsperson werden in eine Ventilationsleitung eingeschaltet, in der man den Sauerstoff und die Kohlensäure bestimmt.

Für klinische Zwecke, bei denen auf eine schnelle Bestimmung Wert gelegt wird, sind geeignet die von BENEDICT[4] und von KROGH[5] beschriebenen Verfahren, die den Lungengaswechsel nach der Art von REGNAULT-REISET bestimmen. Bei dem KROGHschen Apparat und bei dem von BENEDICT beschriebenen transportablen Apparat wird allerdings nur der Sauerstoffverbrauch, nicht aber die CO_2-Produktion gemessen. Sie sind daher nur verwendbar, wenn durch ein bekanntes Kohlenhydrat-Fettverhältnis der vorangehenden Kost der Respiratorische Quotient berechenbar ist (s. S. 518). Auch die Spirometer von HERXHEIMER, von KROGH, sowie das Differenzspirometer von HELMREICH-WEGNER gehören hierher.

Die Apparaturen von KNIPPING[6] unterscheiden sich von dem BENEDICT-Apparat dadurch, daß das ausgeschiedene CO_2 mit Kalilauge absorbiert wird. Nach Beendigung des eigentlichen Versuches wird CO_2 durch Schwefelsäure wieder ausgetrieben und in dem gleichen Spirometer gemessen. Zur optischen Gasanalyse wird neuerdings das dreikammerige Zeisssche Laboratoriumsinterferometer verwendet, in dem aus der Exspirationsluft ein Teilstrom analysiert wird. Für die Grundumsatzmessung beim Menschen beträgt bei der Sauerstoffanalyse die Genauigkeit der Einzelbestimmung $\pm$ 1,0—1,3% des gefundenen Wertes, bei der Kohlensäurebestimmung $\pm$ 0,2%[7].

Während die bisher angeführten Methoden sich hauptsächlich zur Bestimmung des Ruhestoffwechsels eignen, dient zur Bestimmung des Arbeitsstoffwechsels meist die Methode nach DOUGLAS[8]-HALDANE[9]. Die gesamte Ausatmungsluft wird dabei in einem gummierten Sack gesammelt, durch eine Gasuhr entleert und in dem von HALDANE beschriebenen Apparat analysiert. Statt des großen DOUGLAS-Sackes, der von der Versuchsperson auf dem Rücken getragen wird und die körperliche Arbeit oft behindert, verwendet man neuerdings eine von KOFRÁNYI und MICHAELIS[10] beschriebene Respirationsgasuhr. Sie entnimmt bei jeder Umdrehung durch eine kleine Pumpe eine Probe der Ausatmungsluft, die in einer Gummiblase gesammelt und dann in der HALDANE-Apparatur analysiert wird. Die Versuche können durch den rasch vollziehbaren Wechsel der Gummiblasen beliebig lang ausgedehnt werden. Der integrierende Motor-Pneumotachograph (IMP) von WOLFF[11] arbeitet mit elektrischer Registrierung.

Eine Apparatur zur fortlaufenden Registrierung des respiratorischen Gaswechsels an Mensch und Tier wurde von REIN[12] konstruiert. Sein Gaswechselschreiber verwendet die

---

[1] REGNAULT, V., et J. REISET: Ann. Chim. Physique (3) **26**, 299 (1849). [A. **73**, 92, 129, 257 (1850)]. — [2] PETTENKOFER, M.: Abh. Kgl. bayr. Akad. Wiss. **1862 II**, 231. — [3] ZUNTZ, N., A. LOEWY, F. MÜLLER u. W. CASPARI: Höhenklima und Bergwanderungen in ihrer Wirkung auf den Menschen. Berlin 1906. — [4] BENEDICT, F. G., and W. E. COLLINS: New Engl. J. Med. **183**, 449 (1920). — ROTH, P.: New Engl. J. Med. **184**, 222 (1921). — [5] KROGH, A.: Wien. klin. Wschr. **1922**, 290. — [6] KNIPPING, H. W., u. H. L. KOWITZ: Klinische Gasstoffwechseltechnik. Berlin 1928. — [7] WOLLSCHITT, H., W. BOTHE, H. RUSKA u. E. G. SCHENCK: A. e. P. P. **177**, 635 (1935). — BAUMGART, K., u. E. KADEN: M. m. W. **1937 II**, 1989. — NOTHDURFT, H., u. J. HOPP: Pflügers Arch. **242**, 97 (1939). — [8] DOUGLAS, G. C.: J. Physiol., London **42**, XVII (1911). — [9] HALDANE, J. S.: Methods of Air Analysis. 3. Aufl. London 1920. — [10] KOFRÁNYI, E., u. H. F. MICHAELIS: Arbeitsphysiol. **11**, 148 (1940). — MÜLLER, E. A., u. H. FRANZ: Arbeitsphysiol. **14**, 499 (1953). — [11] WOLFF, H. S.: Proc. Nutrit. Soc. **15**, 77 (1955). — [12] REIN, H.: A. e. P. P. **171**, 363 (1933).

Veränderung der Wärmeleitfähigkeit der Luft durch den wechselnden CO_2- und O_2-Gehalt zu deren fortlaufender quantitativer Bestimmung. Die Messung der Wärmeleitfähigkeit erfolgt mit elektrisch geheizten Drähten. Ein Atemvolumschreiber verzeichnet das verbrauchte Luftvolumen und die Zahl der Atemzüge. Die Apparatur von Hartmann u. Braun (Uras)[1] arbeitet ebenfalls mit der Leitfähigkeitsmethode. Sie verwendet für die Bestimmung von CO_2 und O_2 2 verschiedene Kammern, wobei O_2 nach Entfernung des CO_2 gemessen wird. Neuerdings wird zur exakten Sauerstoffbestimmung auch ein magnetisches Gerät (Magnos 5) von der Firma Hartmann u. Braun herausgebracht.

Den Stoffwechsel von Organschnitten oder -Homogenaten mißt man in der von WARBURG konstruierten Apparatur[2].

Auch aus Kreislauffunktionen hat man mit Hilfe der READschen Formel die Berechnung des Umsatzes durchgeführt[3]. Sie lautet: G. U. $= 0{,}75 \times (p + 0{,}74\, a) - 72$, wobei p = Pulszahl je min, a = Differenz zwischen systolischem und diastolischem Blutdruck in mm Hg ist. Ihre Verwendung zur Kontrolle von therapeutischen Maßnahmen wird jedoch abgelehnt[4].

Um die vom Körper von Tieren oder Menschen gebildete und von ihm abgegebene Wärme direkt zu bestimmen, kann man ein Calorimeter benutzen. RUBNER hat mit Erfolg Calorimeter mit Luftfüllung verwendet. Eine neuere Art von Strahlungscalorimeter wird von BENZINGER beschrieben[6].

Im Absorptionscalorimeter nach ATWATER, ROSA u. BENEDICT[7] wird die freigewordene Wärmemenge von Wasser aufgenommen, das in einem Rohrsystem strömt. Zu erwähnen sind noch das weiter ausgebildete Calorimeter von HÁRI[8], das Respirationscalorimeter für Säuglinge von SCHADOW[9], das Kompensationscalorimeter für Vögel von DEIGHTON[10].

Für isolierte Organe, Explantate, Bakterienkulturen usw. genügt ein DEWAR-Gefäß mit Thermometer zur Bestimmung der produzierten Wärme.

Die Calorimetrie wird auch verwendet zur Bestimmung des Brennwertes der Nahrungsmittel. Bei der Verbrennung in der BERTHELOTschen Bombe[11] erhält man die gesamte bei der Oxydation der Nährstoffe gebildete Wärmemenge. Dies ist bei reinen, vollausgenutzten Kohlenhydraten und Fetten erlaubt. Denn sie werden im Körper ebenso wie in der BERTHELOTschen Bombe vollständig zu CO_2 und H_2O abgebaut. Sobald man aber Nahrungsmittel statt reiner Nährstoffe betrachtet, darf man nicht mehr den gesamten Brennwert in Rechnung stellen. Ein Teil der Nahrung wird nicht resorbiert, wie die Cellulose, ein anderer, nämlich die Eiweißkörper, wird nicht bis zu den in der BERTHELOTschen Bombe entstehenden Produkten abgebaut. Harnstoff und Harnsäure, die neben CO_2 und H_2O die Endprodukte des Proteinstoffwechsels sind, können in der Bombe noch zu CO_2, H_2O und N_2 verbrannt werden. Der Brennwert der Nahrungsmittel muß daher in besonderen Versuchen ermittelt werden.

Die *indirekte Methode der Stoffwechseluntersuchung*, welche häufiger als die direkte verwendet wird, berechnet die im Körper gebildete Wärme aus dem Gas-

[1] GÖPFERT, H., u. U. HENNEBERG: Pflügers Arch. **263**, 1 (1956/57). — [2] DICKENS, F.: Die manometrische Methode. Bamann-Myrbäck Bd. I, S. 985—1022. — [3] LIEBAU, G.: Diss. med. Berlin 1934. — [4] HEPPE, G.: Diss. med. Kiel 1938. — [5] RUBNER, M.: Die Kalorimetrie. Handb. physiol. Meth. (TIGERSTEDT) Bd. I/3 (3), 150—221. — HILL, A. V.: J. Physiol., London **43**, 261 (1911). — MEYERHOF, O.: Pflügers Arch. **182**, 232 (1920). — BENEDICT, F. G., and T. M. CARPENTER: Respiration Calorimeters for Studying the Respiratory Exchange and Energy Transformations of Man. Washington 1910. — KLEIN, W., u. M. STEUBER: Die Calorimetrie. Handb. biol. Arb.-Meth. Abt. IV, Tl. 10, S. 873. 1926. — SWIETOSŁAWSKI, W.: Microcalorimetrie. New York 1946, London 1947. — RUBNER, M.: Die Luftcalorimetrie. Handb. biol. Arb.-Meth. Abt. IV, Tl. 10, S. 819. 1926. — [6] BENZINGER, T. H.: Proceedings 1st Int. Photobiological Congress, Amsterdam 1954; p. 296. BENZINGER, T. H., and C. KITZINGER: Fed. Proc. **13**, 11 (1954). — KITZINGER, C., u. T. H. BENZINGER: Z. Naturforsch. **10**b, 375 (1955). — [7] ATWATER, W. O., and F. G. BENEDICT: A Respiration Calorimeter with Appliances for the Direct Determination of Oxygen. Washington 1905. — [8] HÁRI, P.: Elektrische Kompensationscalorimetrie. Handb. biol. Arb.-Meth. Abt. IV, Tl. 10, S. 711. 1926. — [9] SCHADOW, H.: Jb. Kinderheilkde. **126**, 50 (1929). — [10] DEIGHTON, T.: J. agric. Sci. **29**, 431 (1939). — [11] BERTHELOT, P. M. E.: Chaleur animale. Principes chimiques de la production de la chaleur chez les êtres vivants. Tl. 2. Paris 1899.

wechsel, also aus O_2-Verbrauch und CO_2-Ausscheidung. Aus dem Respiratorischen Quotienten (s. S. 518) und der in der Beobachtungszeit im Harn ausgeschiedenen Stickstoffmenge läßt sich der Anteil an Kohlenhydrat-, Fett- und Eiweißverbrennung berechnen und hieraus die gesamte gebildete Wärmemenge.

4. Die energetische Stoffwechselbetrachtung. Isodynamiegesetz.

Nachdem schon LAVOISIER die Ansicht ausgesprochen hatte, daß die Vereinigung der Körperbestandteile mit Sauerstoff bei der Respiration die Ursache der Wärmeentstehung im Tierkörper sei, wies J. LIEBIG in seinem Buch: „Die Thierchemie oder die organische Chemie in ihrer Anwendung auf Physiologie und Pathologie“ 1842 nach, daß die Verbrennung von C und H im Organismus die einzige Ursache der Wärmeproduktion sei, und daß die aus der Verbrennung von C und H der Speisen bei der durchschnittlichen Ernährung der Erwachsenen entstehende Wärme genüge, um die Wärmeverluste des Körpers zu decken. Aber noch war die Frage nicht beantwortet, wieviel die verschiedenen Nährstoffe, nämlich Kohlenhydrate, Fette und Eiweißkörper zu der Energiebilanz des Körpers beitragen. (Auch andere Nahrungsbestandteile, wie Lipoide, Purine, Vitamine, werden zum Teil oxydiert, fallen aber ihrer geringen Menge wegen bei der Aufstellung von Wärmebilanzen nicht ins Gewicht.)

In einer Reihe von grundlegenden Versuchen gelang es RUBNER[1] nachzuweisen, in welchem Verhältnis die Nährstoffe sich energetisch vertreten können oder, wie RUBNER es ausdrückt, isodynam sind. Das Ergebnis war, daß sich die Nährstoffe gegenseitig nach ihrem Energieinhalt vertreten können, oder mit RUBNERs Worten: „daß die isodynamen Werte der Ausdruck gleichen Energieinhaltes sind“. Dabei können Kohlenhydrate und Fette, da ihr Endprodukt im Calorimeter ebenso wie im Organismus nur CO_2 und H_2O ist, einfach nach ihrer Verbrennungswärme, also nach ihrem Caloriengehalt eingesetzt werden.

Beim Eiweiß sind die Verhältnisse schwieriger, denn es liefert im Körper Harnstoff, Harnsäure usw., bei der Verbrennung im Calorimeter jedoch molekularen Stickstoff (N_2). Da unter den N-haltigen Endprodukten im Harn sich noch andere Verbindungen als Harnstoff befinden, ist es nicht zulässig, einfach von der Verbrennungswärme des Eiweißes diejenige der entsprechenden Harnstoffmenge abzuziehen. Man muß nach RUBNER[2] zuerst die Versuchsperson mit der zu untersuchenden Substanz einige Tage ernähren, nach Stickstoffgleichgewicht den Harn sammeln und die Verbrennungswärme und den N-Gehalt der Trockensubstanz des Harns bestimmen.

Der physiologische Brennwert des Eiweißes B_E je g N läßt sich dann folgendermaßen berechnen:

$$B_E = \frac{[\text{Cal}]\ \text{Eiweiß}}{[\text{N}]\ \text{Eiweiß}} - \frac{[\text{Cal}]\ \text{Harn}}{[\text{N}]\ \text{Harn}}$$

Der N-Verlust mit dem Kot wird bei der Berechnung der Nettozufuhr von Nahrungseiweiß gesondert abgezogen.

RUBNER erkannte, daß damit die Möglichkeit gegeben ist, einen numerischen Ausdruck für den Gesamtstoffwechsel zu gewinnen, indem man die calorischen Werte der zersetzten Nährstoffe summiert: „Der größte Teil aller jener Prozesse, welche wir unter dem Namen Stoffwechsel zusammenfassen, ist seiner Bedeutung und Wirkung nach ein Wechsel der Kräfte“ (oder, wie wir heute präziser sagen, der Energie).

---

[1] RUBNER, M.: Z. Biol. **19**, 313 (1883). — [2] RUBNER, M.: Z. Biol. **21**, 296 (1885). Die Gesetze des Energieverbrauchs bei der Ernährung. Leipzig u. Wien 1902.

RUBNER hat 1885 für die Berechnung der Gesamtverbrennung im menschlichen Körper bei Aufnahme gemischter Kost die folgenden Wärmewerte, unsere heutigen *Standardzahlen*, angegeben: Je g Eiweiß 4,1 Calorien, je g Fett 9,3 Calorien und je g Kohlenhydrat 4,1 Calorien[1].

Mit der Einführung der RUBNERschen Standardzahlen sind die Kostformen durch die Calorienrechnung vergleichbar geworden. Sie wurden in einer langen Versuchsreihe an Menschen von ATWATER u. BENEDICT[2] bestätigt; neuerdings wurden aber bei kritischer Nachprüfung etwas niedrigere Zahlen gefunden[3].

5. Chemische Energie und Wärmeproduktion.

Die Höhe des Energiewechsels hängt ab von der Energiezufuhr und von der Energieabgabe an die Umgebung. RUBNER[4] gelang mittels des Strahlungscalorimeters beim Hund die direkte Messung der Wärmeabgabe und gleichzeitig mit Anwendung der oben angeführten Zahlen die Berechnung der Gesamtverbrennungen aus der aufgenommenen Nahrung.

Tabelle 92. Respiratorische Quotienten der Grundnährstoffe.

Je 1 g	Benötigt zur Oxydation		Ergibt		R.Q.
	g O_2	l O_2	g CO_2	l CO_2	
Eiweiß .	1,42	0,97	1,57	0,8	0,8
Fett . .	2,89	2,02	2,81	1,43	0,707
Stärke .	1,185	0,829	1,63	0,829	1,0
Je g N im Harn					
Eiweiß .	8,54	5,97	9,42	4,79	—

Außerdem konnte die gebildete Wärme aus dem respiratorischen Gaswechsel berechnet werden (indirekte Calorimetrie). In RUBNERs Versuchen stimmte die durch indirekte Calorimetrie berechnete Wärmemenge mit der durch direkte Calorimetrie gemessenen überein. Die Differenz betrug meist zwischen 1—2%.

Bei der indirekten Berechnung der erzeugten Wärmemenge aus der Messung von O_2-Aufnahme und CO_2-Ausscheidung ist zu berücksichtigen, daß der calorische Wert des Sauerstoffes und der Kohlensäure von der Art der im Körper verbrennenden Stoffe abhängt. Das Verhältnis von Kohlenhydrat- und Fettverbrennung erhält man aus dem Mol-Verhältnis $\frac{\text{abgegebene } CO_2}{\text{aufgenommener } O_2}$. Nach PFLÜGER wird dieses Verhältnis Respiratorischer Quotient (R.Q.) genannt. Für genauere Bestimmungen ist es notwendig, die Eiweißverbrennung in Rechnung zu stellen. Man ermittelt durch eine KJELDAHL-Analyse die während der Beobachtungszeit im Harn ausgeschiedene N-Menge, berechnet daraus durch Multiplikation mit 6,25 die umgesetzte Eiweißmenge und entnimmt aus Tabelle 92 die zur Oxydation dieses Eiweißes benötigte Sauerstoffmenge und die dabei gebildete Kohlensäure. Durch Subtraktion der für die Eiweißverbrennung errechneten O_2- und CO_2-Mengen von den im Respirationsversuch gefundenen O_2- und CO_2-Mengen erhält man den „Nicht-Eiweiß-R. Q.“, aus dem man mit Hilfe des Diagramms (Abb. 53)[5] die prozentualen Anteile der Fett- und der Kohlenhydratverbrennung findet.

[1] RUBNER, M.: Z. Biol. **21**, 296 (1885). Die Gesetze des Energieverbrauchs bei der Ernährung. Leipzig u. Wien 1902. — [2] ATWATER, W. O., and F. G. BENEDICT: Experiments on the Metabolism of Matter and Energy in the Human Body. Washington 1899, 1902, 1903. — [3] BERNSTEIN, L. M., M. I. GROSSMAN, H. KRZYWICKI, R. HARDING, F. M. BERGER, V. E. MCGARY, E. FRANCIS and L. M. LEVY: Army med. Nutrit. Rep. Nr. 168. 1955. — [4] RUBNER, M.: Z. Biol. **30**, 73 (1894). Calorimetrische Methodik. Marburg 1891. — [5] LEHNARTZ, E.: Einführung in die Chemische Physiologie. 11. Aufl. Abb. 103, S. 386. Berlin, Göttingen, Heidelberg 1959.

Bei gemischter Kost liegt der R. Q. meist zwischen 0,75 und 0,95. Im Ruhezustand beträgt der Nüchtern-Mittelwert bei unserer üblichen Ernährung rund 0,85. In größeren Höhen wies der R. Q. keine Veränderungen gegenüber der Norm auf. Nach 1-, 2- bzw. 3tägigem Hungern betrug er 0,74, 0,71 bzw. 0,70[1].

Ein R. Q. größer als 1 wird nach reichlicher Kohlenhydratzufuhr beobachtet. Er ist auf eine Fettbildung aus Kohlenhydrat zurückzuführen.

Werte unter 0,7 sind bei Diabetes festgestellt worden und hängen mit einer Zuckerbildung aus Eiweiß, vielleicht auch aus Fett zusammen[2].

Für die Verbrennung der 3 Hauptnährstoffe und Körperbestandteile hat man Durchschnittswerte der CO_2-Abgabe bzw. des O_2-Verbrauches — g oder l je g zersetzter Substanz — ermittelt. Werden diese Werte mit den physiologischen Verbrennungswerten zusammengestellt, so erhält man die calorischen Koeffizienten, d.h. die Wärmeentwicklung im Körper je g oder l aufgenommenen O_2 bzw. je g oder l ausgeschiedener CO_2.

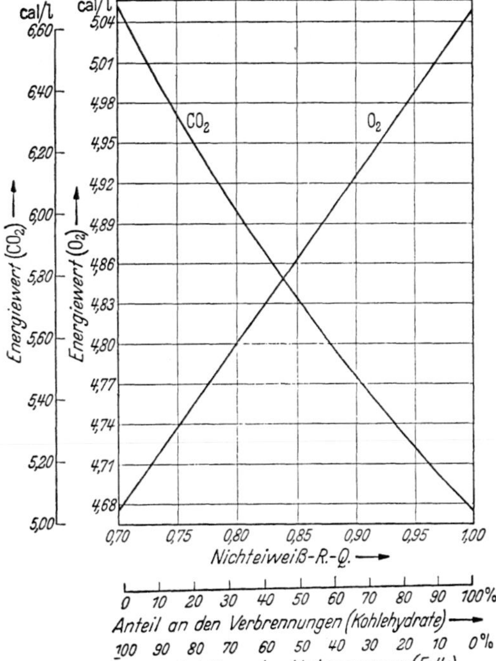

Abb. 53. Calorischer Wert für O_2 und CO_2 bei verschiedenen R. Q.-Werten.

Die indirekte Calorimetrie ist methodisch viel einfacher als die direkte Calorimetrie, daher ihre große Bedeutung am Krankenbett und in der Arbeitsphysiologie.

Ihre Anwendung ist beschränkt in jenen Grenzfällen, bei denen der R. Q. über 1 oder unter 0,7 liegt. Die Berechnung ist dann nicht mehr zutreffend, wenn andere Stoffe als Kohlenhydrat, Fett oder Eiweiß im Körper verbrennen (z.B. Alkohol), oder wenn während des Versuches eine Synthese von Fett aus Kohlenhydrat oder von Kohlenhydrat aus Fett erfolgt. Die damit verbundenen Reduktions- bzw. Oxydationsprozesse müssen nämlich in die Gesamtrechnung des respiratorischen Stoffwechsels einbezogen werden. Daher die Vorschrift, daß vor dem Versuch mindestens 12 Std keine Nahrung aufgenommen werden darf. Ferner ist die Berechnung ungenau, wenn die Verbrennung im Körper unvollständig verläuft, so daß erhebliche Mengen von oxydierbaren Zwischenprodukten im Harn ausgeschieden werden. Das trifft bei manchen pathologischen Zuständen, so z.B. beim Beginn eines Fieberanstiegs, zu (s. Bd. 2/2, S. 111, 117.)

Tabelle 93. Calorische Koeffizienten.

	Cal/g CO_2	Cal/g O_2	Cal/l CO_2	Cal/l O_2	g CO_2/100 Cal	g O_2/100 Cal
Eiweiß	2,85	3,14	5,60	4,49	35,1	31,8
Fett	3,37	3,28	6,63	4,69	29,7	30,5
Stärke	2,57	3,53	5,04	5,04	39,0	28,3

[1] Lohmann, R.: Kli. Wo. **1937 II**, 1682. — Henze, M., u. R. Stöhr: Wien. klin. Wschr. **1937 I**, 721. — [2] Lee, R. C.: J. Nutrit. **18**, 473 (1939).

Mit dem Nachweis der Isodynamie der Nährstoffe durch RUBNER erhielt die von LIEBIG in die Physiologie eingeführte energetische Betrachtungsweise ihre exakte wissenschaftliche Grundlage. Danach stellt ein Lebewesen — mit Ausnahme der chlorophyllführenden Pflanzen, die ihre Energie der Sonnenstrahlung entnehmen — ein System dar, dem die notwendige Energie nur in Form chemischer Energie zugeführt werden kann. Die Kohlensäureassimilation der Pflanzen stellt dabei den Anfang eines Energiestromes dar; als Ende kommt nur die Wärmeabgabe und die Muskelarbeit in Betracht, da Licht- und Elektrizitätsentwicklung in der organischen Welt, von seltenen Ausnahmen abgesehen, kein Endprodukt des Energiewechsels darstellen. Bei den Lebewesen handelt es sich aber nicht um calorische oder Wärmekraftmaschinen, sondern um chemodynamische Maschinen[1] (s. Bd. II/2a, S. 598). Durch die Zellvorgänge wird chemische Energie direkt in Arbeit umgesetzt, in osmotische Arbeit, Quellungsarbeit, Änderungen des elektrischen Potentials usw., wobei aber schließlich die gesamte, nicht als äußere Arbeit erscheinende Energie in Wärme umgewandelt wird. Sie verläßt den Körper in der Hauptsache durch Wärmestrahlung[2]. Der Verlust durch Leitung und Konvektion läßt sich auf rund 20% der gebildeten Wärme schätzen. Ein weiterer Teil wird durch die Bildung von Wasserdampf abgeführt, und zwar sowohl durch die Lunge als auch durch Verdunstung von der feuchten Hautoberfläche. Beim Warmblüter ist nicht nur die Wärmeproduktion zur Aufrechterhaltung seiner gegenüber der Umgebung höheren Temperatur, sondern auch die Abführung der bei den Körpervorgängen, insbesondere bei Arbeit, auftretenden überschüssigen Wärme von großer Bedeutung (s. den Abschnitt über RUBNERs Oberflächengesetz).

III. Der Energiewechsel.

Da der Organismus seinen energetischen Bedarf unter allen Umständen decken muß, stehen die Bedürfnisse des Aufbau- und Erhaltungsstoffwechsels denjenigen des Energiewechsels nach. Auch bei großem Mangel an Proteinen wird Nahrungseiweiß zur Deckung des Energiebedarfs herangezogen, ja selbst lebenswichtige Organe werden bei Nahrungsmangel abgebaut, wenn die energetischen Umsätze nicht eingeschränkt werden können. Das Kapitel Energiewechsel wird daher besser vor dem des Aufbau- und Erhaltungsstoffwechsels behandelt. Der Energiewechsel wird unterteilt nach Grundumsatz, spezifisch-dynamischer Wirkung der Nahrung und nach Arbeitsumsatz.

1. Grundumsatz.

a) Begriffsbestimmung.

Bei zahlreichen Organen, wie Muskeln, Drüsen, Nerven, lassen sich morphologisch und funktionell Ruhe und Tätigkeit unterscheiden. In chemischer Hinsicht liegt jedoch nur ein gradueller Unterschied vor[3]. Da jede Arbeitsleistung eines Organs, die über den eigenen Lebensbedarf hinausgeht, einen gesteigerten Stoffumsatz verursacht, hat man schematisch von dem „Ruhestoffwechsel" den „Tätigkeitsstoffwechsel" getrennt, der einer gewissen äußeren Leistung entspricht. Viele Organe, wie Herz, Atemmuskeln, Nieren, Leber usw., sind ununterbrochen tätig, wobei die Tätigkeit öfters Rhythmen aufweist. Einen absoluten Ruheumsatz des Körpers gibt es nicht.

Die Untersuchungen über die Abhängigkeit des Stoffwechsels von verschiedenen Einflüssen sowie die Erkenntnis der klinischen Bedeutung eines veränder-

[1] MURALT, A. v.: Ergebn. Physiol. **37**, 406 (1935). — [2] BOHNENKAMP, H.: Ergebn. Physiol. **34**, 848 (1932). — [3] BLIX, M.: Skand. Arch. Physiol. **12**, 52 (1901).

ten Umsatzes haben die Standardisierung der Untersuchungsbedingungen als notwendig erwiesen. Da der Hungerstoffwechsel sich als Standard nicht eignet, wurde eine Stoffwechsellage gewählt, bei der die äußeren Einflüsse fast völlig ausgeschaltet sind, nämlich Muskelruhe, relative Verdauungsruhe und gleichmäßige Außentemperatur, die keine zusätzliche Wärmeregulation erfordert (20° C).

Bei der Aufstellung des Begriffs „Basalstoffwechsel" ging man zuerst von der Annahme aus, daß bei lebenden Wesen die Möglichkeit besteht, den Stoffwechsel auf ein individuelles Nur-Leben der einzelnen Zellen zu beschränken, wobei jede Zelle nur so viele Stoffe verbrennt, wie zur Erhaltung des eigenen Minimum-Lebens ohne Nahrungszufuhr und ohne eine Leistung für den Gesamtorganismus erforderlich ist. Diese Bedingungen sind mindestens bei den höheren Lebewesen nicht zu erfüllen, da der Organismus auf Leistungen für die Gesamtheit der Zellen, wie Atmung, Blutkreislauf, Wärmeregulation, nicht verzichten kann, also nicht als Summe von Einzelzellen aufzufassen ist.

Krogh (1916) hat den Begriff „Standardstoffwechsel" geprägt, bei dem alle unwillkürlichen und relativ konstanten Lebenstätigkeiten weitergehen, die willkürliche Bewegung aber ausgeschlossen wird. Das kann z.B. durch Narkose geschehen, soweit sie den Umsatz nicht wesentlich beeinflußt[1]. Es können auch solche tierischen Entwicklungscyclen zur Untersuchung benutzt werden, in denen willkürliche Bewegungen fehlen (Eier, Insektenpuppen). Der Name Standardumsatz hat sich bei uns nicht eingebürgert; wir verwenden hierfür die Bezeichnung „Grundumsatz", die englische Literatur „basal metabolism".

Die störenden Schwankungen der Muskeltätigkeit lassen sich beim ruhigen Liegen einschränken, noch sicherer ist „vorsätzliche Muskelruhe" (Johansson; Loewy[2]), bei der man bewußt möglichst entspannt und bewegungslos liegenbleibt. Übergang von liegender zu sitzender Stellung erhöht bereits den Umsatz bis zu 7%. Deshalb muß auch die Körperlage berücksichtigt werden. Mittels einer von Benedict angegebenen Vorrichtung können die Bewegungen der Versuchsperson kontrolliert werden. Bei Tierversuchen erreicht man den Zustand noch sicherer durch Curare oder Narkotica (Tangl)[3]. 12—24 Std nach der Mahlzeit ist meist der Einfluß einer Speiseaufnahme verschwunden und damit der Nüchternwert im Gaswechsel erreicht: „postabsorptiver Zustand" nach Benedict. Die Angabe der Umgebungstemperatur genügt nicht, da auch Luftbewegung und Luftfeuchtigkeit von Einfluß sind. „Thermisches Wohlbehagen" ist erforderlich[4].

Der Grundumsatz besteht dann aus der Arbeit des Herzens und der Atemmuskeln, der Tätigkeit der Drüsen, der Arbeit der glatten Muskeln und dem Ruhestoffwechsel der Gewebe. Die Zell- oder Organarbeit ist vorwiegend physikochemischer und chemischer Art. Die Verteilung des Grundumsatzes auf die einzelnen Organe zeigt die folgende Tabelle 94:

Tabelle 94. Der Anteil der Organe am Grundumsatz[5].

Muskeln	24—50%	Leber	12%
Herz	5%	Niere	5—8%
Magen und Darm	7%	Gehirn	18%

[1] Bartels, E. C.: J. clin. Endocrinol. **9**, 1190 (1949). — Rapport, R. L., G. M. Curtis and S. J. Simcox: J. clin. Endocrinol. **11**, 1549 (1951). — Fraser, R., and B. E. C. Nordin: Lancet **1955** I, 532. — [2] Johansson, J. E.: Skand. Arch. Physiol. 8, 105 (1898). — Loewy, A.: Pflügers Arch. **46**, 189 (1890). — [3] Tangl, F., u. F. Verzár: B. Z. **92**, 318 (1918). — Frey, R., H. Göpfert u. W. Raule: Anaesthesist, Berlin **1**, 33 (1952). — Martinetto, G., e B. Bruni: Minerva Med. (Roma) **1953**, Nr. 18, 556. — S. a. Bansi, H. W.: Krankheiten der Schilddrüse, Handb. inn. Med. (Bergmann-Frey-Schwiegk) 4. Aufl., Bd. VII/1. S. 692ff. — [4] Hellpach, W.: Geopsyche. 5. Aufl. Leipzig 1939. — [5] Lehmann, G.: Handb. Biochem. Bd. VI, S. 564.

Bei arbeitsphysiologischen Versuchen geht man meist nicht von den strengen Standardbedingungen aus, sondern von einem Umsatz, dessen Voraussetzungen von Fall zu Fall genau angegeben werden, und bestimmt hierzu den Leistungszuwachs. Man spricht dann besser vom *Ruheumsatz* als vom Grundumsatz.

b) Die Schwankungen des Grundumsatzes.

Der Grundumsatz gehört zu den physiologischen Konstanten[1]. Er beträgt für den gesunden, nüchternen Erwachsenen in der Ruhe ungefähr 1 kcal je kg Körpergewicht und Std. Die mittlere Höhe des Umsatzes eines Menschen hält sich Jahre hindurch unverändert (LOEWY)[2]. In ausgedehnten Untersuchungen haben HARRIS u. BENEDICT während 20—53 Tagen bei 239 Menschen Variationskoeffizienten je Person von etwa 4% des durchschnittlichen Grundumsatzes ermittelt. Die Breite der Schwankungen nahm dabei mit der Dauer der Beobachtungszeit zu[3].

Nach JOHANSSON beträgt der Grundumsatz für Männer von 60—70 kg Gewicht etwa 220—250 cm³ O_2 und 160—220 cm³ CO_2 in 1 min oder 20—25 g O_2 und 20—24 g CO_2 in 1 Std, nach GIGON etwa 21 g O_2 und 23 g CO_2 je Std. Auch in neuen Untersuchungen wurden die früher gefundenen Mittelwerte des Grundumsatzes bestätigt[1,4].

Tagesschwankungen des Grundumsatzes sind festgestellt worden (JOHANSSON)[5], die im allgemeinen den Tagesschwankungen der Körpertemperatur folgen. Nach BORNSTEIN und VÖLKER[6] sowie nach BERKSON u. BOOTHBY[7] liegt das Minimum zwischen 5 und 6 Uhr morgens, ein Maximum zwischen 13 und 17 Uhr. Aber die Abweichungen vom Tagesdurchschnitt betragen nur rund 3%.

Auch unter Standardverhältnissen besteht noch eine gewisse Nachwirkung vorhergehender Tätigkeit. Vom Schlaf wird der Umsatz nicht erheblich beeinflußt. Nach EBBECKE[8] sind die quantitativen Unterschiede zwischen Schlafstoffwechsel und Ruhestoffwechsel so gering, daß sie innerhalb der Fehlergrenzen liegen. BENEDICT hält jedoch eine größere Abweichung für sicher[9]. Nach GRAFE[10] ist es sehr wahrscheinlich, daß die im Schlaf gefundenen Stoffwechselschwankungen nicht einem verminderten Muskeltonus, sondern mindestens zu einem Teil einem herabgesetzten Gehirnstoffwechsel zuzuschreiben sind, obwohl es auch im Schlaf eine absolute Ruhe des Gehirns nicht gibt. Andere Autoren fanden keine Herabsetzung des Sauerstoffverbrauchs des Gehirns im Schlaf[11].

Während des Winterschlafes ist der Stoffwechsel der Tiere stark eingeschränkt, bei Warmblütern beträgt er $^1/_{10}$—$^1/_{40}$ des Stoffwechsels im wachen Zustand[12].

---

[1] STEUBER, M.: Der Grundumsatz. Handb. Mangold Bd. IV, S. 135. — [2] LOEWY, A.: Handb. Biochem. Bd. VI, S. 160, 2. Aufl. — [3] HARRIS, J. A., and F. G. BENEDICT: J. biol. Ch. **46**, 257 (1921). — BOOTHBY, W. M., J. BERKSON and W. A. PLUMMER: Ann. internal. Med. **11**, 1014 (1937). — [4] ROGERS, E. C.: J. Nutrit. **18**, 195 (1939). — MEAKINS, J., and H. W. DAVIES: Edinburgh med. J. **28**, 4 (1922). — [5] JOHANSSON, J. E.: Skand. Arch. Physiol. **8**, 85 (1898). — [6] BORNSTEIN, A., u. H. VÖLKER: Z. ges. exp. Med. **53**, 439 (1926). — [7] BERKSON, J., and W. M. BOOTHBY: Amer. J. Physiol. **121**, 669 (1938). — [8] EBBECKE, U.: Physiologie des Schlafes. Handb. Physiol. Bd. XVII, S. 563. — s. a.[5] — [9] MASON, E. D., and F. G. BENEDICT: Amer. J. Physiol. **108**, 377 (1934). — [10] GRAFE, E.: Der Stoffwechsel bei psychischen Vorgängen. Handb. Physiol. Bd. V, S. 199—211. — ILZHÖFER, H.: Arch. Hygiene **94**, 317 (1924). — MANGOLD, R., L. SOKLOFF, E. CONNOR, I. KLEINERMAN, P. O. G. THERMAN and S. S. KETY: J. clin. Invest. **34**, 1092 (1955). — [11] KETY, S. S., R. B. WOODFORD, M. H. HARMEL, F. A. FREYHAN, K. E. APPEL and C. F. SCHMIDT: Amer. J. Psychiatr. **104**, 765 (1948). — [12] JORDAN, H. J.: Allgemeine vergleichende Physiologie der Tiere. S. 298. Berlin, Leipzig 1929. — LYMAN, C. P., and P. O. CHATFIELD: Physiol. Rev. **35**, 403 (1955).

c) Die Abhängigkeit des Grundumsatzes von Gewicht, Größe, Geschlecht und Alter.

Nach TIGERSTEDT[1] und JOHANSSON[2] beträgt der Umsatz eines erwachsenen Menschen unter Standardverhältnissen eine kcal je Std und kg Körpergewicht. Aber dies gilt nur im Durchschnitt. Denn beim einzelnen Menschen hängt der Grundumsatz nicht nur vom Körpergewicht, sondern auch von der Körpergröße ab. Ebenso haben Geschlecht und Alter einen wesentlichen Einfluß auf den Grundumsatz. Die Feststellung von LEE[3], daß sich der Grundumsatz für jedes kg Gewichtszunahme innerhalb der Grenzen von 1—7 kg um einen konstanten Beitrag erhöht, gilt also nur für das jeweilige Individuum. Die Einflüsse von Körpergewicht, Körpergröße, Alter und Geschlecht sind hauptsächlich von HARRIS u. BENEDICT[4] an einer großen Zahl von Personen studiert worden. Neuere statistische Übersicht s. [5]. Aus dem Vergleich mit der intra- und extracellulären Flüssigkeit schließen SHOCK, YIENGST u. WATKIN, daß der Grundumsatz in erster Linie von dem Betrag des funktionsfähigen Plasmas abhänge, für den der Anteil an intracellulärem Wasser ein Maßstab ist[6].

Geschlecht. Bei Frauen ist der Umsatz bei gleichem Gewicht, gleicher Körperlänge und gleichem Alter um 6—9% niedriger als bei Männern. Kurz nach der Geburt ist allerdings der Grundumsatz bei beiden Geschlechtern gleich. Aber schon im Säuglingsalter ist ein Unterschied vorhanden; seine Ursache ist unbekannt. Noch im ersten Lebensjahrzehnt sind die Unterschiede gering, im zweiten erst erreichen sie ihre bleibende Höhe. Die Differenz läßt sich teilweise[7] oder ganz[8] auf den höheren Fettanteil des weiblichen Körpers zurückführen. In der Pubertätszeit treten bei beiden Geschlechtern größere Schwankungen auf.

Alter. Der verhältnismäßig große Nahrungsbedarf der Kinder ist eine bekannte Erfahrung. Der Grundumsatz beträgt nach BENEDICT u. TALBOT[9] bei der Geburt ungefähr 48 kcal je kg Körpergewicht; er erreicht im 2. Lebensjahr das Maximum von 56 kcal und fällt dann bis zum 14. Lebensjahr auf ungefähr 32 kcal/kg.

Der Neugeborene hat auf die Einheit der Körperoberfläche bezogen gegenüber dem Erwachsenen einen um 54% geringeren, auf das Körpergewicht bezogen dagegen einen um 73% höheren Grundumsatz[10]. Dies erklärt GROSSER[11] mit der im Verhältnis zum Gewicht viel größeren Oberfläche bzw. mit der geringeren Gewebsdichte des Neugeborenen, PFAUNDLER[12] dagegen durch die noch nicht voll entwickelte Wärmeregulation des Neugeborenen. Bei Frühgeburten ist der Grundumsatz niedriger als bei normalen, was GHETTI[13] auf eine Unterfunktion der Hypophyse zurückführt. Allerdings ist der Grundumsatz bei Säuglingen nicht exakt bestimmbar, da sie nur nach Mahlzeiten ruhig schlafen[14].

---

[1] TIGERSTEDT, R.: Nord. med. Ark. **30**, Nr. 37 (1897). Handb. Biochem. 2. Aufl. Bd. VI, S. 234. — [2] JOHANSSON, J. E., E. LANDERGREN, K. SONDEN u. R. TIGERSTEDT: Skand. Arch. Physiol. **7**, 72 (1897). — [3] LEE, R. C.: J. Nutrit. **18**, 489 (1939). — [4] HARRIS, J. A., and F. G. BENEDICT: Proc. nat. Acad. Sci. USA **4**, 370 (1918). — [5] QUENOUILLE, M. H., A. W. BOYNE, W. B. FISHER and I. ZEITCH: Commonwealth agric. Bur. techn. Comm. Nr. 17. 1951. — [6] SHOCK, N. W., M. J. YIENGST and D. M. WATKIN: J. Gerontol. **8**, Nr. 3 (1953). — WEDGWOOD, R. J., D. E. BASS, J. A. KLIMAS, C. R. KLECMAN and M. QUINN: J. appl. physiol. **6**, 317 (1953/54). — [7] GARN, S. M., and L. C. CLARK jr.: Child Development **24**, 215 (1953). — LEWIS, R. C., A. M. DUVAL and A. ILIFF: Amer. J. Dis. Children **66**, 396 (1943). J. Pediatr. **23**, 1 (1943). — [8] DÖBELN, W. v.: Act. physiol. scand. **37**, Suppl. **126** (1956). — [9] BENEDICT, F. G., and F. B. TALBOT: Carnegie Instr. Publ. **302**, 219 (1921). — [10] BENEDICT, F. G.: Ergebn. Physiol. **36**, 300 (1934). — [11] GROSSER, P.: Handb. Physiol. Bd. V, S. 167. — [12] PFAUNDLER, M. v., u. A. SCHLOSSMANN: Handb. Kinderheilkde. (PFAUNDLER-SCHLOSSMANN) 4. Aufl. Bd. I. — [13] GHETTI, E.: Fisiol. e Med. **13**, 83 (1942). — [14] LESNÉ, E., et R. NATTAN-LARRIER: C. R. Soc. Biol. **115**, 802 (1934). —

Nachprüfungen der von BENEDICT u. TALBOT bei Kindern beobachteten Grundumsätze ergaben meist etwas höhere Werte. Die Tabelle von KESTNER u. KNIPPING entspricht im allgemeinen den Beobachtungen besser als die von BENEDICT u. TALBOT[1].

Im Greisenalter ist der Umsatz je m² Oberfläche entschieden niedriger als bei den Erwachsenen mittleren Alters[2,3]. Im Durchschnitt beträgt die Verminderung 16—22%. Bei Frauen über 80 Jahren war der Umsatz 27,4 kcal, bei Männern des gleichen Alters 30,1 kcal je m² Oberfläche[4]. Diese Änderungen des Umsatzes hängen offenbar nicht mit der Regulation der Körpertemperatur zusammen. Der Einfluß des Alters ist in erster Linie durch die Abnahme des funktionsfähigen Protoplasmas bedingt[5]. Nach TRENDELENBURG muß „ein gewisses Zuwenig an Stoffwechselleistung, dazu wohl auch die Abnutzung von dem Stoffwechsel entzogenen Strukturen als Wesen des Alterns bezeichnet werden".

d) Vorausberechnungen des Grundumsatzes.

Sowohl für ernährungsphysiologische als auch für klinische Zwecke ist es erwünscht, den Grundumsatz aus Geschlecht, Größe, Gewicht und Alter vorausberechnen zu können. Man muß sich dabei bewußt sein, daß durch die eventuelle Abhängigkeit des Grundumsatzes von Rasse und Klima die Verwendbarkeit der Vorausberechnungen eingeschränkt werden kann. Auch muß eine Schwankungsbreite von 10% nach oben und unten von den errechneten Durchschnittswerten noch als normal angesehen werden.

Am meisten verwendet werden die sog. Prediction Tables von HARRIS u. BENEDICT[6]; die Autoren fanden folgende Formel als beste Annäherung an ihre Messungen:

$$\text{Mann } h = 66{,}473 + 13{,}752\, w + 5{,}003\, s - 6{,}755\, a,$$
$$\text{Frau } h = 5{,}096 + 9{,}563\, w + 1{,}850\, s - 4{,}676\, a,$$

worin bedeuten

h kcal in 24 Std,
w das Körpergewicht in kg,
s die Körperlänge in cm,
a das Lebensalter in Jahren.

Diese Formel gilt nur für Erwachsene.

Andere Berechnungen, besonders auch für Jugendliche, stammen von AUB u. DUBOIS[7]; SHOCK[8], BOOTHBY, BERKSON u. DUNN[9]; LEWIS, KINSMAN u. ILIFF[10].

e) Das Oberflächengesetz oder das Gesetz der Stoffwechselreduktion in der höheren Tierwelt.

Seit Urzeiten ist der Menschheit bekannt, daß kleine Tiere relativ mehr Nahrung brauchen als größere. REGNAULT u. REISET[11] stellten Messungen hierüber an

[1] KESTNER, O., u. H. W. KNIPPING: Die Ernährung des Menschen. 2. Aufl. Berlin 1926. — KNIPPING, H. W., u. H. L. KOWITZ: Klinische Gasstoffwechseltechnik. Berlin 1928. — [2] HIRSCH, S.: Handb. Physiol. Bd. XVII, S. 752. — [3] SHOCK, N. W., and M. J. YIENGST: J. Gerontol. **10**, 31 (1955). — [4] MATSON, J. R., and F. A. HITCHCOOK: Amer. J. Physiol. **110**, 329 (1934/35). — [5] SHOCK, N. W., M. J. YIENGST and D. M. WATKIN: J. Gerontol. **8**, 289 (1953). — [6] HARRIS, J. A., and F. G. BENEDICT: Biometric Study of Basal Metabolism in Men. Carnegie Instn. Publ. **279**, 253 (1919). — [7] DUBOIS, E. F.: Arch. internal Med., Chicago **17**, 887 (1916). — [8] SHOCK, N. W.: Amer. J. Dis. Children **64**, 19 (1942). — [9] BOOTHBY, W. M., J. BERKSON and H. L. DUNN: Amer. J. Physiol. **116**, 468 (1936). — [10] LEWIS, R. C., G. M. KINSMAN and A. ILIFF: Amer. J. Dis. Children **53**, 348 (1937). — [11] REGNAULT, V., et J. REISET: Ann. Chim. Physique (3) **26**, 299 (1849).

und fanden, daß z. B. ein Sperling je kg Körpergewicht und Std 9,6 g, ein Kalb dagegen mur 0,46 g Sauerstoff veratmet. Daß diese Differenzen des Stoffwechsels mit der Wärmeregulation etwas zu tun haben, wurde bald erkannt.

Bergmann wies 1848[1] darauf hin, daß durch jede Einheit der Körperoberfläche in der Zeiteinheit eine bestimmte Wärmemenge verlorengehe. Bei den Homoiothermen sei ein dauernder Nachschub von Wärme erforderlich. Die Körperoberfläche bestimme daher ceteris paribus den wärmeerzeugenden Stoffwechsel. Nachdem Rubner[2] das Gesetz der Isodynamie der Nährstoffe aufgestellt hatte, wandte er sich der Frage nach dem Einfluß der Körpergröße auf den Stoff- und Kraftwechsel zu[3]. Er wies darauf hin, daß der Vergleich des Stoffwechsels von Tieren verschiedener Art, von jungen und von ausgewachsenen Tieren, von ruhig liegenden und von unruhigen Tieren nur mit großen Einschränkungen möglich sei, daß aber alle diese Unregelmäßigkeiten die eine Schlußfolgerung nicht hinfällig machen, „daß in der Tat kleine Tiere im allgemeinen mehr O verzehren als große". Um eine Gesetzmäßigkeit auffinden zu können, hielt er nur Versuche an einer Tierart für zulässig. Er fand an 7 Hunden (alle kurzhaarig, mäßig fett, beim Versuch ruhig und gleich zusammengerollt liegend), daß der Grundumsatz je kg in 24 Std beim schwersten Hund von 31 kg Gewicht 36 kcal, beim leichtesten von 3 kg dagegen 88 kcal betrug. Berechnete er aber den Grundumsatz je m^2 Körperoberfläche, so fand er nur Schwankungen zwischen 1036 und 1212 kcal. Innerhalb dieser Grenzen lagen auch die Beobachtungen anderer Forscher an Hunden, und nur wenig größer waren die Schwankungen bei der Berechnung der Wärmeproduktion je m^2 Oberfläche von Mensch, Kaninchen, Huhn und Ratte.

Nach Rubner konnten für den relativ höheren Gesamtstoffwechsel kleiner Tiere nur 2 Gründe maßgebend sein. 1. „Entweder handelt es sich um eine spezifische Verschiedenheit der Zellen großer und kleiner Tiere, um bestimmte Organisationsveränderungen des Protoplasmas, oder 2. es handelt sich um Änderungen jener Einflüsse auf die Zelle, welche größtenteils durch Vermittlung des Nervensystems auf dieselbe übertragen werden". Auf Grund seiner Feststellung der Proportionalität von Wärmeproduktion und Oberflächenentwicklung entschied er sich für die 2. Erklärungsmöglichkeit. „Große und kleine Hunde zersetzen nicht deswegen verschiedene Mengen von Nahrungsstoffen, weil ihre Zellen bestimmte Verschiedenheiten der Organisation haben, sondern deshalb, weil die von der Haut ausgehenden, durch die Abkühlung bedingten Impulse die Zellen zur Tätigkeit anregen".

Gegen diese Anschauung wurde bald lebhafter Widerspruch erhoben, obwohl nicht zu bestreiten ist, daß bei ähnlich gebauten Tieren der Grundumsatz annähernd proportional der Oberfläche oder vielmehr, da die Oberfläche sich nicht genau bestimmen läßt, der 2/3ten Potenz des Körpergewichtes ist. Der wichtigste Einwand ist, daß der Umsatz durch Änderungen der Außentemperatur gar nicht in dem Maße beeinflußt wird, wie es nach dem Abkühlungsreiz der Fall sein müßte, und daß die Unterschiede der Behaarung, der Fettablagerung usw. viel deutlichere Abweichungen vom Durchschnitt hervorrufen müßten. Man hat daher die Annahme einer Abhängigkeit des Grundumsatzes von der Hautoberfläche selbst verlassen. Trotzdem blieb die Frage, ob nicht eine Proportionalität des Stoffwechsels zu irgend einer Flächenentwicklung (entweder Länge^2 oder $\text{Gewicht}^{2/3}$) gegeben sei. Dabei wurden verschiedene Möglichkeiten der Flächeneinwirkung in Betracht gezogen, z.B. die ernährenden Flächen (Lenckart;

[1] Bergmann, C.: Über die Verhältnisse der Wärmeökonomie der Tiere zu ihrer Größe. Göttingen 1848. — [2] Rubner, M.: Z. Biol. **19**, 313 (1883). — [3] Rubner, M.: Z. Biol. **19**, 535 (1883).

SPENCER[1]), die Atmungsfläche (LIEBERMEISTER[2]), der Kreislaufapparat (MEISSNER), nämlich der Aortenquerschnitt oder der Querschnitt des gesamten Capillarsystems. VON HOESSLIN[3] weist darauf hin, daß es überhaupt nicht notwendig ist, eine bestimmte Fläche ins Auge zu fassen, sondern daß schon die Ähnlichkeit im Bau der Tierkörper aus gleichen Bausteinen ein Grund dafür sei, ,,daß die Funktion der einzelnen Organe und der Umsatz des Gesamttierkörpers unter vergleichbaren Umständen proportional $K^{2/3}$ geht".

PFAUNDLER[4] geht noch einen Schritt weiter und nimmt unter Hinweis auf BÜTSCHLIs Auffassung einer wabenartigen Struktur des Protoplasmas an, daß die Zelle selbst als ein Flächensystem zu betrachten sei, und daher der Grundumsatz proportional einer Flächengröße sein müsse. Allerdings zieht er auch in Betracht, daß nicht alle Zellen denselben Stoffwechsel haben, und daß der Übergang von aktivem Protoplasma in weniger aktives Protoplasma im Lauf des Lebens zu dem geringeren Umsatz je kg Körpergewicht der ausgewachsenen Lebewesen beitragen werde. Ähnlich spricht TERROINE[5] von der Menge des aktiven Protoplasmas und weist auf die Parallelität von minimalem Stickstoffumsatz und Energieabgabe hin.

Einen wichtigen Fortschritt brachten die Untersuchungen von BOHNENKAMP[6] über die Wärmeabgabe. Es ist notwendig, die verschiedenen Formen der Wärmeabgabe durch Strahlung, Leitung, Konvektion und Wasserverdampfung zu unterscheiden und einzeln zu bestimmen. Dabei stellte sich heraus, daß die Wärmeabgabe der Haut wesentlich von ihrer Beschaffenheit, insbesondere vom Unterhautfett abhängt, daß man also eine einfache Proportionalität zur Oberflächenentwicklung gar nicht erwarten kann.

Stellt man aber alle Faktoren der Wärmeabgabe in Rechnung, so läßt sich eine Gleichung für den Energieumsatz des Menschen finden, in der nur noch Faktoren für die Oberflächenentwicklung, für die Hauttemperatur und für die Perspiratio insensibilis auftreten. Hierin sieht BOHNENKAMP eine neue Begründung und eine Stütze für die energetische Flächenregel von BERGMANN und RUBNER. Aber er weist darauf hin, daß dieses Gesetz nur die Übereinstimmung der Energiebildung und der Energieabgabe feststelle, also die Tatsache, daß direkte und indirekte Calorimetrie zu demselben Ergebnis kommen. ,,Es besagt nichts über die innere Abhängigkeit der beiden Seiten der Bilanz". Wenn also die Anschauung RUBNERs, daß die durch die Abkühlung von der Haut ausgehenden Impulse den Stoffwechsel bestimmen, nicht mehr als Begründung der Flächenregel aufrechtgehalten werden kann, weil Ursache und Wirkung bei der Bilanz sich nicht unterscheiden lassen, so zeigen doch gerade die Untersuchungen BOHNENKAMPs, daß die Wärmebeschaffenheit der Haut, die allein Wärme- und Kältereceptoren enthält, auf nervösem Wege über die Verbrennungsgröße mit entscheidet.

Gegen die RUBNERsche Annahme, es gäbe ,,keinen spezifischen Stoffwechsel irgendeines Warmblüters, der durch eine bestimmte Struktur der Zelle selbst bedingt wäre", spricht schon die auch RUBNER bekannte Beobachtung, daß das Oberflächengesetz auch für heterotherme Wirbeltiere, ja selbst für Avertebraten wie Käfer und Muscheln gilt. Insbesondere kann die Entwärmung bei im Wasser lebenden Heterothermen keinen Stoffwechselreiz ausüben, da sie sich ja dauernd im Wärmegleichgewicht mit der Umgebung befinden. LEHMANN[7] bemerkt dazu,

---

[1] Zitiert nach WEISMANN, A.: Über die Dauer des Lebens. Jena 1882. — [2] LIEBERMEISTER, C.: Handbuch der Pathologie und Therapie des Fiebers. Leipzig 1875. — [3] HOESSLIN, H. v.: Arch. Anat. Physiol. (B) **1888**, 323. — [4] PFAUNDLER, M.: Pflügers Arch. **188**, 273 (1921). — [5] TERROINE, E. F., et G. DELPECH: Ann. Physiol. Physicochim. biol. **7**, 341 (1931). — [6] BOHNENKAMP, H.: Ergebn. Physiol. **34**, 848 (1932). — [7] LEHMANN, G.: Umschau **52**, 355 (1952).

daß der umgekehrte Schluß logisch viel richtiger wäre, „daß die Organe und die für den Stoffwechsel wichtigen Flächen jedes Tieres in ihrer Größe und Leistungsfähigkeit der Stoffwechselintensität entsprechen. Nicht eine Fläche bestimmt

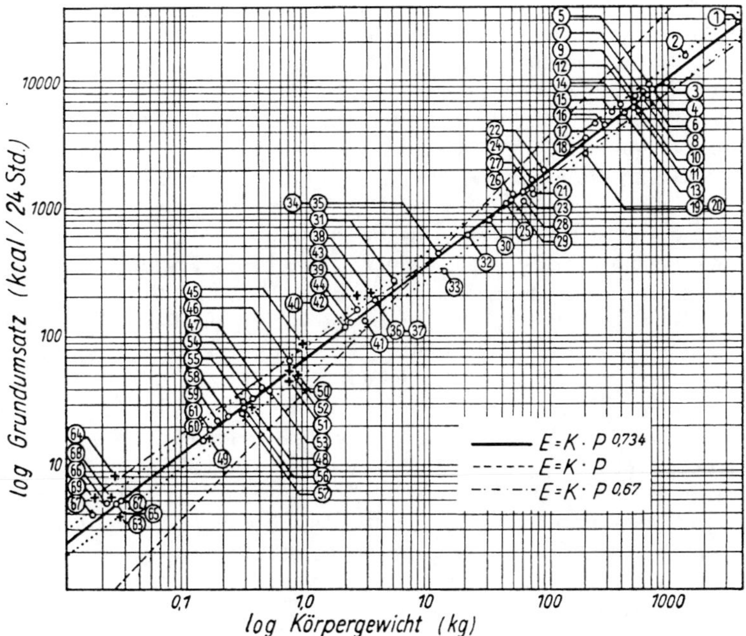

Abb. 54. Die Beziehung zwischen Grundumsatz und Körpergewicht bei Warmblütern.

Nr.	Tierart
1	Elefanten, männl. u. weibl.
2	Elefant, männl.
3	Rind
4	Rinder
5	Pferde (Stuten)
6	Pferde (Wallache)
7	Rinder
8	Rinder
9	Milchkuh
10	Milchkühe
11	Kühe
12	Bullen
13	Milchkühe
14	Pferd
15	Rinder
16	Pferde (Wallach u. Stute)
17	Rinder
18	Schweine, männl.
19	Schweine, weibl.
20	Schweine
21	Schweine, männl. u. weibl.
22	Pferde (Wallache)
23	Menschen (amerikanische weiße Männer)
24	Menschen (amerikanische weiße Frauen)
25	Schafe (Mutterschafe)
26	Schafe (Widder)
27	Schafe (Dorset-Böcke)
28	Schafe (Dorset-Mutterschafe)
29	Schafe (australische Merino, weibl.)
30	Hunde, männl. u. weibl.
31	Hunde, männl. u. weibl.
32	Hunde, männl.
33	Hunde, männl. u. weibl.
34	Hunde, weibl.
35	Hunde, männl. u. weibl.
36	Kaninchen, männl. u. weibl.
37	Haushühner, männl. u. weibl.
38	Gans, weibl.
39	Haushühner (Tagesversuche)
40	Haushühner (Hennen, Tagesversuche)
41	Haushühner (Hähne, Nachtversuche)
42	Haushühner (Hennen, Nachtversuche)
43	Katze
44	Kaninchen, männl. u. weibl.
45	Enten, weibl.
46	Meerschweinchen
47	Meerschweinchen, männl. u. weibl.
48	Tauben, männl.
49	Tauben, männl.
50	Ratte, männl.
51	Ratte, männl.
52	Ratte, männl.
53	Ratten, männl.
54	Ratten, männl.
55	Ratten, männl., hochprozentige Eiweißfütterung
56	Ratten
57	Ratten, männl. u. weibl.
58	Ratten, männl. u. weibl.
59	Ratten, weibl. Milchfütterung Sommer 1934
60	Ratten, weibl., normal
61	Ratten, ovariektomiert
62	Mäuse, männl. u. weibl., in Ruhe
63	Mäuse, männl. u. weibl., schlafend
64	Mäuse, männl. u. weibl.
65	Mäuse, männl. u. weibl.
66	Mäuse, männl. u. weibl.
67	Mäuse, männl. u. weibl.
68	Sperlinge, männl. u. weibl.
69	Kanarienvögel, männl. u. weibl.

die Stoffwechselgröße, sondern diese ist maßgebend für die Größenverhältnisse der Stoffwechselorgane".

Neuere und wesentlich präzisere Messungen an Tieren und Menschen ergaben nun, daß die beste Korrelation zwischen dem Stoffwechsel und den Körpermaßen nicht zu Gewicht$^{2/3}$, sondern zu Gewicht$^{3/4}$, vielleicht zu Gewicht^{0,85} besteht (s. Abb. 54). Dieser Unterschied ist beträchtlich. Er bedeutet, daß der Stoffwechsel je kg Körpergewicht von der Maus zum Elefanten nicht, wie nach dem Oberflächengesetz zu erwarten, auf den 120., sondern nur auf den 40. Teil absinkt. Noch eine wichtige Feststellung muß hier angeführt werden. KLEIBER[1] untersuchte in der WARBURG-Apparatur den Stoffwechsel von Leberschnitten verschiedener Tiere. Aus seinen Befunden läßt sich ebenfalls eine Proportionalität des Gesamtstoffwechsels zu Gewicht$^{3/4}$ errechnen. Das bedeutet, daß auch bei Ausschaltung jeder zentralen und peripheren Regulation die Zelle einen für die Tiergröße charakteristischen Stoffwechsel besitzt. Hierdurch ist eine klare Entscheidung zugunsten der von RUBNER abgelehnten 1. Deutungsmöglichkeit der Stoffwechselunterschiede zwischen großen und kleinen Tieren (s. S. 525) getroffen.

Aber nun erhebt sich umsomehr die Frage, wodurch die Unterschiede in der Stoffwechselintensität großer und kleiner Tiere bedingt sind. Mit LEHMANN müssen wir hierfür eine erbliche Anlage annehmen, also eine Genkombination die bei größeren Tieren zu einer Reduktion des Stoffwechsels führt. Die biologische Bedeutung dieser Reduktion läßt sich ohne weiteres erkennen. LEHMANN[2] vermutet, daß der Arbeitsstoffwechsel der Tiere im großen Durchschnitt ungefähr von derselben Größenordnung ist wie der Ruhestoffwechsel. Daraus folgt: „Der Gesamtstoffwechsel der Tiere ist ebenso wie der Ruhestoffwechsel proportional einer Potenz der Körpergröße, die sicher kleiner als 3 und sicher größer als 2 ist“. Wäre der Stoffwechsel proportional dem Körpergewicht, so müßte ein Pferd bei derselben Stoffwechselintensität, wie sie die Maus besitzt, 20mal mehr fressen, als es tatsächlich frißt. Selbst, wenn es die nötige Futtermenge finden könnte, so würde sein Verdauungsapparat und die Einrichtung des intermediären Stoffwechsels nicht ausreichen, um sie umzusetzen. Ein solches Tier wäre also nicht lebensfähig. Andererseits könnte eine Maus nicht leben, wenn ihre Stoffwechselintensität nur so groß wäre wie diejenige eines Pferdes. Denn die Abkühlung wäre bei ihrer relativ großen Oberfläche so groß, daß sie nur in einer sehr gleichmäßig warmen Umgebung vor dem Kältetod geschützt wäre. LEHMANN schlägt daher vor, statt von einem Oberflächengesetz oder einer energetischen Flächenregel zu sprechen, den Ausdruck „Gesetz der Stoffwechselreduktion“ zu gebrauchen: „Das Gesetz der Stoffwechselreduktion der höheren Tiere schafft die Möglichkeit, daß Tiere verschiedener Größe, die einander annähernd geometrisch ähnlich sind, gleichzeitig nebeneinander leben können, weil sie den Kampf ums Dasein ungefähr unter den gleichen Bedingungen auszufechten haben“.

Viele Angaben der Literatur über den Grundumsatz sind zu Vergleichszwecken auf die Oberfläche bezogen worden. Da aber der Bezug auf die Oberfläche weder gesetzmäßig begründet ist, noch die beste Korrelation zwischen den Körpermaßen und dem Stoffwechsel darstellt, wird die Absicht einer besseren Vergleichbarkeit durch diese Umrechnung nicht erfüllt.

f) Grundumsatz und Hormone[3].

Den stärksten Einfluß auf den Grundumsatz übt die *Schilddrüse* aus. Vollständige oder fast vollständige Exstirpation der Thyreoidea führt zu einer Herabsetzung des Grundumsatzes. Die Abnahme kann 25% und mehr betragen, Zufuhr von Thyroxin, noch besser die von Trijod-thyronin, beseitigt die Ausfalls-

[1] KLEIBER, M.: Proc. Soc. exp. Biol. Med. **48**, 419 (1941). — [2] LEHMANN, G.: Das Gesetz der Stoffwechselreduktion in der höheren Tierwelt. Z. Naturforsch. **6**b, 216 (1951). — [3] ABDERHALDEN, R.: Die Hormone. S. 70. Berlin, Göttingen, Heidelberg 1952. — EVANS, E. S., A. N. CONTOPOULOS and M. E. SIMPSON: Endocrinology **60**, 403 (1957).

erscheinungen[1]. Gibt man einem normalen Tier Schilddrüsenpräparate, so steigt der Grundumsatz über die Norm; Steigerungen um 50—100% wurden beobachtet.

Die Wirkung des Schilddrüsenhormons auf den Stoffwechsel beruht nach MARTIUS[2] darauf, daß das Hormon die Vorgänge der Phosphorylierung und der Atmung entkoppelt. Während die Phosphorylierungsvorgänge zurückgedrängt werden, läuft die Atmung unbehindert weiter. Mit Hilfe von radioaktivem Stickstoff konnte festgestellt werden, daß bei Ausfall des Hormons der Eiweißumsatz im Körper wesentlich verlangsamt ist[3]. Ebenso ist die spezifisch-dynamische Wirkung herabgesetzt. Auch übt Thyroxin einen starken Einfluß auf die Aktivität von Fermenten aus[4-9].

Die pathologischen Störungen der Schilddrüsenfunktion[10] stehen mit den Beobachtungen bei Entfernung der Schilddrüse oder Zufuhr von Schilddrüsenpräparaten in Übereinstimmung. Unterfunktion der Schilddrüse (Myxödem, Cachexia strumipriva, Kretinismus) gehen mit Senkungen des Grundumsatzes und der spezifisch-dynamischen Wirkung einher. So kann der Grundumsatz beim Myxödem um 30—45% erniedrigt sein. Thyreoideapräparate steigern hierbei den Grundumsatz stärker als bei Gesunden. Überfunktion der Schilddrüse (Hyperthyreose, Thyreotoxikose, Morbus Basedow) führt zu Steigerungen des Grundumsatzes, die 100% und mehr betragen können[11].

Die erhöhte Funktion der Schilddrüse kann durch sog. Thyreostatica, z.B. Thioharnstoff und Thiouracil, gehemmt werden[12,13]. Sie verhindern die Bildung von Thyroxin in der Drüse. Damit tritt zugleich eine Senkung des Grundumsatzes ein.

Die Tätigkeit der Schilddrüse wird durch das übergeordnete Hormonsystem der *Hypophyse* gesteuert. Der Hypophysenvorderlappen produziert ein thyreotropes Hormon, das die Schilddrüse zu vermehrter Tätigkeit anregt. Entfernung der Hypophyse senkt den Grundumsatz und die Körpertemperatur. Daß es sich dabei nicht um einen zweiten, nebengeordneten Mechanismus, sondern um einen übergeordneten handelt, konnte durch folgenden Versuch bewiesen werden[14]. Entfernt man bei Hunden die Hypophyse, so tritt eine Senkung des Grundumsatzes ein, z.B. um 13%. Nachfolgende Entfernung der Thyreoidea senkt den Grundumsatz noch weiter, z. B. bis zu 24%. Exstirpiert man zuerst die Thyreoidea, so tritt sofort die volle Senkung ein, die durch nachfolgende Hypophysektomie nicht vermehrt werden kann.

Der Zusammenhang mit anderen Hormondrüsen ist weniger deutlich. Ausfall der *Nebennierentätigkeit* senkt den Stoffwechsel erheblich. Zufuhr von Nebennierenrindenpräparaten ist dann oft ohne Einfluß auf den Grundumsatz, während

---

[1] ROCHE, J., S. LISSITZKY et R. MICHEL: Cr. **234**, 1228 (1952). — GROSS, J., and R. PITT-RIVERS: Lancet **1952 I**, 439. — LERMAN, J.: J. clin. Endocrinol. **13**, 1341 (1953). — ASPER, S. P. jr., H. A. SELENKOW and C. A. PLAMONDON: Bull. Johns Hopkins Hosp. **93**, 164 (1953). — [2] MARTIUS, C., u. B. HESS: A. e. P. P. **216**, 45 (1952). — HOCH, F. L., and F. LIPMANN: Proc. nat. Acad. Sci. USA **40**, 909 (1954). — MARTIUS, C., H. BIELING u. D. NITZ-LITZOW: B. Z. **327**, 163 (1955/56). — [3] BOOTHBY, W. M., and I. SANDFORD: Physiol. Rev. **4**, 69 (1924). — [4] VESTLING, C. S., and A. A. KNOEPFELMACHER: J. biol. Ch. **183**, 63 (1950). — [5] HAWKINS, R. D., M. NISHIKAWARA and B. MENDEL: Endocrinology **43**, 167 (1948). — [6] SMITH, R. H., and H. G. WILLIAMS-ASHMAN: Nature **164**, 457 (1949). — [7] CAGAN, R. N., J. L. GRAY and H. JENSEN: J. biol. Ch. **183**, 11 (1950). — [8] TIPTON, S. R., M. J. LEATH, I. H. TIPTON and W. L. NIXON: Amer. J. Physiol. **145**, 693 (1945/46). — [9] ASKONAS, B. A.: Nature **167**, 933 (1951). — [10] BANSI, H. W.: Handb. inn. Med. (BERGMANN-FREY-SCHWIEGK), 4. Aufl., Bd. VII/1, S. 457. — [11] ABDERHALDEN, R.: Die Hormone. S. 70. Berlin, Göttingen, Heidelberg 1952. — s. a. Bd. II/2a, S. 508. — [12] KENNEDY, T. H.: Nature **150**, 233 (1942). — [13] ASTWOOD, E. B.: J. amer. med. Ass. **122**, 78 (1943). J. Pharmacol. exp. Therap. **78**, 79 (1943). — [14] HOUSSAY, B. A., and A. ARTUNDO: Rev. Soc. argent. Biol. **9**, 66 (1933).

Adrenalin eine geringe und vorübergehende Steigerung hervorruft[1-4]. Auch beim Gesunden verursacht die Injektion von Adrenalin eine Steigerung des Grundumsatzes[5]. Ob es sich dabei um einen direkten Einfluß auf die Thyreoidea oder einen indirekten über die Hypophyse oder um eine Beeinflussung des Kohlenhydratstoffwechsels handelt, ist nicht bekannt. Bei Knaben fand sich eine Korrelation zwischen Grundumsatz und Ketosteroidausscheidung im Harn, nicht aber bei Mädchen. Die Zufuhr von Ketosteroiden steigert den Grundumsatz[6].

Auch die *Sexualhormone* sind von Einfluß auf den Stoffwechsel, ohne daß der Wirkungsmechanismus festgestellt werden konnte. Nach Kastration sinkt der Grundumsatz bei Frauen und bei Tieren beiderlei Geschlechts, während bei Männern der Einfluß auf den Grundumsatz nicht immer deutlich ist. Zufuhr von Follikelhormon steigert bei ovariektomierten Frauen den Grundumsatz, während das Corpus luteum-Hormon ohne Einfluß ist[7-9].

Bei normalen Personen ruft die Zufuhr von Sexualhormonen keine merkliche Veränderung des Grundumsatzes hervor[10]. In der Pubertät ist der Grundumsatz meist gesteigert[11,12]. Beim Eintritt des Klimakteriums treten Schwankungen des Grundumsatzes, hauptsächlich Senkungen auf, während später der Grundumsatz wieder normal ist[13].

Die Beobachtungen über den Einfluß der Parathyreoidea auf den Umsatz sind nicht einheitlich[14,15]. Wesentliche Veränderungen scheint sie nicht hervorzurufen, ebensowenig das Insulin.

g) Grundumsatz bei Krankheiten.

Auch bei Krankheiten, die nicht in direktem Zusammenhang mit der Schilddrüse und der Hypophyse stehen, beobachtet man Änderungen des Grundumsatzes. Bei Fieber, auch bei therapeutischem Fieber ist der Grundumsatz erhöht[16]. Chronisch Lungenkranke[17], Carcinomkranke[18], Diabetiker[19] haben meist, aber nicht immer, Hypertoniker gelegentlich einen gesteigerten Grundumsatz[20]. Bei Fettleibigen liegt der Grundumsatz im allgemeinen an der unteren Grenze des normalen[21]. Grafe beobachtete eine Senkung hauptsächlich während der Entstehung der Fettsucht, während der Grundumsatz bei voll entwickelter Fettsucht meist nicht erniedrigt ist.

Auch bei Geisteskranken wurden Veränderungen des Grundumsatzes festgestellt. Der Grundumsatz ist häufig herabgesetzt bei Schizophrenie, bei progressiver Paralyse, bei manisch-depressivem Irresein in der depressiven Phase. Normal wurde er gewöhnlich bei Epilepsie gefunden[22-24].

[1] Marañón, G., L. Calvo Pena et E. Ossorio Florit: Ann. Méd. **37**, 168 (1935). — [2] Richardson, J. S.: Acta med. scand. **98**, 583 (1939). — [3] Marañón, G., et M. Ossorio Florit: An. Med. interna, Madrid **2**, 641 (1933). — [4] Brownell, K. A., and F. A. Hartman: Endocrinology **29**, 430 (1941). — [5] Becker, J., A. Bernsmeiern u. W. Lorenz: Z. ges. exp. Med. **119**, 617 (1952). — [6] Garn, S. M., and L. C. Clark jr.: Child Development **24**, 215 (1953). — Clark, L. C. jr., and S. M. Garn: J. Appl. Physiol. **6**, 546 (1954). — [7] McClendon, J. F.: Endocrinology **23**, 102 (1938). — [8] Laudadio, E.: Boll. Soc. ital. Biol. sperim. **15**, 810 (1940). — [9] Collett, M. E., J. T. Smith, G. E. Wertenberger, D. M. Harlor, F. W. Reed and S. J. Long: Amer. J. Obstetr. Gynec. **34**, 639 (1937). — [10] Piacentini, V., e F. Guercio: Arch. Sci. biol., Bologna **24**, 239 (1938). — [11] Biehler, M.: Arch. Méd. Enf. **40**, 274 (1937). — [12] Nakagawa, I.: Amer. J. Dis. Children **53**, 991 (1937). — [13] Curci, C.: Rass. Fisiopat. **13**, 555 (1941). [Ber. Physiol. **130**, 172]. — [14] Ludány, G. v., u. L. Lengyel: B. Z. **269**, 150 (1934). — [15] Steck, I. E., D. S. Miller and C. I. Reed: Amer. J. Physiol. **110**, 1 (1934/35). — [16] Kopp, I.: Amer. J. med. Sci. **190**, 491 (1935). — Bruger, M., and V. P. Hollander: Ann. internal Med. **35**, 1260 (1951). — [17] Giuffrè, T.: Riv. med.-soc. Tuberc. Palermo **12**, 377 (1935). — [18] Emödi, G., u. K. Gergely: H. **270**, 217 (1941). — [19] Dogliotti, G. C., e E. Margulies: Arch. Stud. Fisiopat. **6**, 165 (1938). — [20] Castellani, E.: Arch. Stud. Fisiopat. **1**, 405 (1933). — [21] Faillie, R., et W. Liberson: C. R. Soc. Biol. **118**, 1151 (1935). — [22] Massazza, A., e G. U. Fajella: Ann. Osp. psichiatr. Prov. Genova **5/6**, 219 (1934). — [23] Wolberg, L. R.: Psychiatr. Quart. **9**, 586 (1935). — [24] Neri, A.: Rass. Studi psichiatr. **23**, 1148 (1934).

Bereits geringe Traumen führen zu Stoffwechseländerungen. Nach Muskelverletzungen ist beim Kaninchen der Stoffwechsel schon nach 45 min stark erhöht und kehrt erst nach 1 Woche zur Norm zurück.

Nach Vergiftungen tritt häufig eine Herabsetzung des Stoffwechsels ein. Nach Injektion von NaBr und LiCl wurde eine Minderung um 7—16% beobachtet. Langdauernde As-Aufnahme führt ebenfalls zu einer Senkung des Grundumsatzes. HF setzt den Stoffwechsel stark herab, Oxalsäure wirkt 20mal schwächer[1].

Jod setzt bei der BASEDOWschen Krankheit, bei Anämie und rheumatischem Fieber den gesteigerten Grundumsatz herab[2]. Durch Hämatoporphyrin wird eine Steigerung des Umsatzes ausgelöst[3]. Beim Morbus Addison ist der Grundumsatz erniedrigt. Zufuhr von Kochsalz steigert ihn bis auf normale Werte. Auch bei gesunden Personen wirkt Kochsalz grundumsatzsteigernd[4].

h) Die Abhängigkeit des Grundumsatzes von der Temperatur der Umgebung.

Die Körpertemperatur des Kaltblüters entspricht annähernd der Außentemperatur. Da höhere Temperaturen im allgemeinen den Stoffwechsel anregen, tiefere ihn aber herabsetzen, stellt sich beim Kaltblüter auch eine direkte Abhängigkeit des Stoffwechsels von der Umgebungstemperatur ein. Die Beziehung zwischen Stoffwechselintensität und Temperatur wird durch das VAN T'HOFF-ARRHENIUSsche Gesetz ausgedrückt. KROGH[5] und BENEDICT[6] verdanken wir die umfassenden Arbeiten über den Grundumsatz bei Kaltblütern in Abhängigkeit von ihrer Umgebungstemperatur.

Der Warmblüter besitzt dagegen „Thermodynamische Freiheit“[7]. Er kann seine Lebensprozesse weitgehend unabhängig von der äußeren Temperatur durchführen. Immerhin kennt auch er eine bevorzugte Temperaturzone, nämlich die, in der sein Ruhe-Nüchtern-Umsatz einen Minimalwert erreicht, d. h. die geringste Stoffwechseländerung zur Aufrechterhaltung der Körpertemperatur aufgewendet werden muß. Es ist die Zone der „Thermischen Neutralität“. Bei allen anderen Temperaturen, bei denen wir den Grundumsatz eines Warmblüters messen, bestimmen wir also genaugenommen nicht den Grundumsatz, sondern den Umsatz, der sich aus Grundumsatz und der Stoffwechseländerung zur Aufrechterhaltung der Körpertemperatur ergibt.

Diese Stoffwechseländerung zur Regulierung der Körperwärme macht sich besonders bei kalten Umgebungstemperaturen, also bei Temperaturen, die unter denen der neutralen Zone des jeweiligen Individuums liegen, als Umsatzsteigerung bemerkbar. Aber auch bei wärmeren Temperaturen, die über dieser Zone liegen, tritt, wenn die Regulation nicht mehr ausreicht, eine Stoffwechselerhöhung ein. Zum Beispiel fand GELINEO[8] bei Ratten eine Umsatzsteigerung von 60% und DUBOIS[9] beim Menschen je Grad Temperaturanstieg eine Zunahme der Wärmebildung um 13%.

Auf die Temperaturregulation kann hier nur kurz eingegangen werden. Schon LAVOISIER u. LAPLACE[10] beobachteten 1780 eine Stoffwechselsteigerung bei einem Meerschweinchen, das sie in ein Eis-Calorimeter setzten. Die grundlegenden Arbeiten verdanken wir jedoch RUBNER[11], der die Fähigkeit des Warmblüters,

[1] KOELSCH, F.: Handb. Berufskrankh. (KOELSCH) Bd. I, S. 418. — [2] MARTIN, K. A.: Amer. J. med. Sci. **174**, 648 (1927). — [3] KAJDI, L.: B. Z. **170**, 201 (1926). — [4] LANGEN, C. D. DE: Acta med. scand. **150**, 257 (1954). — [5] KROGH, A.: The Respiratory Exchange of Animals and Man. New York, London 1916. — KROGH, A.: Int. Z. physik.-chem. Biol. **1**, 491 (1914). — [6] BENEDICT, F. G.: Vital Energetics. Carnegie Instn. Publ. Nr. 503. 1938. — [7] BURTON, A. C., and O. G. EDHOLM: Man in a Cold Environment. S. 5. London 1955. — [8] GELINEO, S.: C. R. Soc. Biol. **115**, 865 (1934). — [9] DUBOIS, E. F.: J. amer. med. Ass. **77**, 352 (1921). — [10] LAVOISIER, A. L., et P. S. LAPLACE: Mém. Acad. Sci. 379 (1780). — [11] RUBNER, H.: Die Gesetze des Energieverbrauchs bei der Ernährung. Leipzig 1902.

seine Körpertemperatur auch in kalter Umgebung beizubehalten, mit der beobachteten Umsatzsteigerung in Zusammenhang brachte und den Begriff der „Wärmeregulation" prägte.

Der heutige Begriff der Temperaturregulation umfaßt zwei Systeme: 1. die physikalische Regulation, die die Wärmeabgabe kontrolliert und deren nervöses Zentrum im Hypothalamus[1] vermutet wird, 2. die chemische Wärmeregulation im RUBNERschen Sinne, die für die Wärmeproduktion verantwortlich ist.

Über die Ursache der chemischen Regulation herrscht noch heute, nach 70 Jahren, keine Klarheit.

Es liegen zahlreiche Arbeiten bis in die neueste Zeit vor, die die Stoffwechselerhöhung in der Kälte nur auf die erhöhte Muskelfasertätigkeit beim sichtbaren oder unsichtbaren Muskelzittern zurückführen[2].

Andere Untersuchungen[3] beweisen aber, daß außerdem noch eine „extramuskuläre Stoffwechselsteigerung" (Gewebe[4], Leber[5]) vorhanden ist, die durch hormonelle Einflüsse (Schilddrüse[6], Nebenniere, Nebennierenrinde[7], Hypophyse[8]) gesteuert wird.

Grundumsatz bei kalten Umgebungstemperaturen. Kälteakklimatisation tritt bei Tieren schon nach Stunden, sicher aber nach Wochen auf. Es zeigen sich dann neben äußeren Anpassungserscheinungen auch langfristige Veränderungen des Stoffwechsels. Der Grundumsatz steigt im Laufe der ersten Tage an und erreicht nach 2—3 Wochen ein Maximum. Bringt man die Tiere wieder in ein warmes Milieu, so bleibt zunächst der Stoffwechsel noch erhöht, um dann langsam abzusinken.

Durchschnittlich wurden Grundumsatz-Steigerungen bei Temperaturen zwischen 0 und 15° C von 10—30% bei verschiedenen Tieren gefunden[9]: Ratten[10]

[1] PRECHT, H., J. CHRISTOPHERSEN u. H. HENSEL: Temperatur und Leben. S. 367. Berlin, Göttingen, Heidelberg 1955. — BEATTIE, J., and R. D. CHAMBERS: Quart. J. exp. Physiol. **38**, 193 (1953). — [2] JOHANSSON, J. E.: Skand. Arch. Physiol. **7**, 123 (1897). — BENEDICT, F. G.: J. biol. Ch. **20**, 263 (1915). — SWIFT, R. W.: J. Nutrit. **5**, 227 (1932). — CARLSON, L. D., W. SHERWOOD and R. ELSNER: Proc. Soc. exp. Biol. Med. **85**, 303 (1954). — [3] VOIT, C.: Z. f. Biol. **14**, 57 (1878). — CANNON, W. B., A. QUERIDO, S. W. BRITTON and E. M. BRIGHT: Amer. J. Physiol. **79**, 466 (1926). — HORVATH, S. M., H. GOLDEN and J. WAGER: J. clin. Invest. **25**, 709 (1946). — DUBOIS, E. F., F. G. EBAUGH jr. and J. D. HARDY: J. Nutrit. **48**, 257 (1952). — GÖPFERT, H.: Dtsch. physiol. Ges., 21. Tag. Heidelberg 1954 [Ber. Physiol. **172**, 127]. — HART, J. S., O. HEROUX and F. DEPOCAS: J. appl. Physiol. **9**, 404 (1956). — DAVIS, T. R., and J. MAYER: Amer. J. Physiol. **181**, 675 (1955). — SCOTT, J. W., and E. A. SELLERS: 19. Int. Congr. Physiol. Montreal 1953. S. 746. — SELLERS, E. A., J. W. SCOTT and N. THOMAS: Amer. J. Physiol. **177**, 372 (1954). — [4] YOU, R. W., and E. A. SELLERS: Endocrinology **49**, 374 (1951). — BAKER, D. G., and E. A. SELLERS: Amer. J. Physiol. **174**, 459 (1953). — [5] WEISS, K. A.: Amer. J. Physiol. **177**, 201 (1954). — [6] LEBLOND, C. P., J. GROSS, W. PEACOCK and R. D. EVANS: Amer. J. Physiol. **140**, 671 (1943). — BROWN-GRANT, K.: J. Physiol., London **131**, 52 (1956). — SELLERS, E.A., and S. S. YOU: Amer. J. Physiol. **163**, 81 (1950). — HSIEH, A. C. L., and L. D. CARLSON: Amer. J. Physiol. **188**, 40 (1957). — [7] HOUSSAY, B. A., et A. ARTUNDO: C. r. Soc. Biol. **100**, 124 (1929). — SELYE, H.: Canad. med. Ass. J. **34**, 706 (1936). Science, N. Y. **85**, 247 (1937). — SELYE, H., and V. SCHENKER: Proc. Soc. exp. Biol. Med. **39**, 518 (1938). — MARAIS, A. DES, and L. P. DUGAL: Rev. canad. Biol. **7**, 662 (1948). — EGDAHL, R. H., and J. B. RICHHARDS: Amer. J. Physiol. **185**, 239 (1956). — MORIN, G.: Rev. canad. Biol. **5**, 388 (1946). — [8] TYSLOWITZ, R., and E. B. ASTWOOD: Amer. J. Physiol. **136**, 22 (1942). — EVANS, E. S., A. N. CONTOPOULOS and M. E. SIMPSON: Endocrinology **60**, 403 (1957). — [9] PRECHT, H., J. CHRISTOPHERSEN u. H. HENSEL: Temperatur und Leben. S. 404. Berlin, Göttingen, Heidelberg 1955. — [10] GELINEO, S.: Ann. Physiol. Physicochim. biol. **10**, 1083 (1934). — SCHWABE, E. L., E. E. EMERY and F. R. GRIFFITH: J. Nutrit. **15**, 199 (1938). — RING, G. C.: Amer. J. Physiol. **125**, 244 (1939). — HORVATH, S. M., F. A. HITCHCOCK and F. A. HARTMAN: Amer. J. Physiol. **121**, 178 (1938). — SELLERS, E. A., and S. S. YOU: Amer. J. Physiol. **163**, 81 (1950). — SELLERS, E. A., S. REICHMANN and N. THOMAS: Amer. J. Physiol. **167**, 644 (1951). — SELLERS, E. A., S. REICHMANN, N. THOMAS and S. S. YOU: Amer. J. Physiol. **167**, 651 (1951).

(GELINEO; SCHWABE; RING; HORVATH; SELLERS u. a.), Kaninchen[1] (RING; LEE) und Hund[2] (GELINEO).

Auch Vögel zeigen ein ähnliches Stoffwechselverhalten. Es wurden von GELINEO[3] Grundumsatz-Steigerungen von 30—100% beobachtet.

Zum Teil mögen auch die winterlichen Grundumsatz-Steigerungen, die bei Vögeln und Säugern auftreten, mit der Kälteakklimatisation zusammenhängen.

Der Calorienbedarf bei Kälte. Der Stoffwechselerhöhung bei Kälte entspricht naturgemäß ein erhöhter Calorienbedarf in der Nahrung. Wird dieser ungenügend oder gar nicht gedeckt, so tritt erst Gewichtsverlust auf, bis alle Reserven erschöpft sind, dann folgt der Tod. Hungernde Tauben[4] z. B., die man über mehrere Tage der Kälte aussetzte, behielten ihre Stoffwechselhöhe, die dem 4fachen des Grundumsatzes entsprach, zur Wärmeregulation so lange bei, bis sie verhungerten.

BLAIR[5] studierte an Kaninchen bei —30° C über mehrere Wochen den Futterbedarf. Er stieg von 60 g je Tag bei 23° C auf 105 g je Tag bei —30° C, ohne daß ein nennenswerter Gewichtsanstieg der Tiere beobachtet worden wäre. Nach CHINN[6] zeigte sich bei Versuchen an Ratten, die bei 4° C 10 Tage lang lebten, ein Futteranstieg um 60%. Bei beiden Versuchen trat nur minimales oder gar kein Muskelzittern auf, so daß eine Stoffwechselsteigerung auch in anderen Geweben angenommen werden muß.

Über die Stoffwechselreaktionen beim Menschen in kalten Umgebungstemperaturen liegen keine eindeutigen Ergebnisse vor. NEWBURGH und SPEALMAN[7] konnten bei 7 Personen über 2—4 Wochen bei 15° C einen Grundumsatz-Anstieg von 7% feststellen. WINSLOW[8] fand bei 35 Tests an jungen Männern, die sich längere Zeit bei 18° C aufgehalten hatten, ebenfalls einen leichten Anstieg. DUBOIS u. Mitarb.[9] untersuchten den Grundumsatz von 10 jungen Frauen, von denen 6 eine Umsatzsteigerung bei kälteren Temperaturen zeigten. HORVATH[10] fand während des Kälteaufenthaltes keinen, aber nach Rückkehr in ein Milieu von 25° C einen etwas erhöhten Grundumsatz. Andere Forscher konnten keinen signifikanten Unterschied feststellen[11].

Trotzdem scheint auch beim Menschen ein erhöhter Calorienbedarf zu bestehen, dessen Verwertung nicht geklärt ist. Fett- und kohlenhydratreiche Kost[12] erhöhen die Kälteresistenz, dagegen zeigen Proteingaben keine Wirkung. Auch Vitaminzulagen[13] erwiesen sich als unwirksam.

[1] RING, G. C.: Amer. J. Physiol. **125**, 244 (1939). — LEE, R. C.: J. Nutrit. **23**, 83 (1942). — [2] GELINEO, S.: Arch. biol. Nauk. **6**, 235 (1954). C. r. Soc. Biol. **148**, 1114 (1954). — [3] GELINEO, S.: C. r. Soc. Biol. **116**, 672 (1934). — [4] STREICHER, E., D. B. HACKEL and W. FLEISCHMANN: Amer. J. Physiol. **161**, 300 (1950). — [5] BLAIR, J. R., J. M. DIMITROFF and J. E. HINGELEY: Fed. Proc. **10**, 15 (1951) [BURTON, A. C., and O. G. EDHOLM: Man in a Cold Environment. S. 166. London 1955.] — [6] CHINN, H. I., F. W. OBERST, B. NYMAN and K. FENTON: Biochemical Changes in Rats Exposed to Cold. U. S. A. F. School of Aviation Medicine, Randolph Field, Sept. 1950. No. 21—23—027. [BURTON, A. C. and O. G. EDHOLM: Man in a Cold Environment. S. 166. London 1955.] — [7] NEWBURGH, L. H., and C. R. SPEALMAN: CAM Rep. No. 241 (1943). [PRECHT, H., J. CHRISTOPHERSEN u. H. HENSEL: Temperatur und Leben. S. 398. Berlin, Göttingen, Heidelberg 1955.] — [8] WINSLOW, C.-E. A., and L. P. HERRINGTON: Temperature and Life. S. 23. Princetown 1949. — GAGGE, A. P., C.-E. A. WINSLOW and L. P. HERRINGTON: Amer. J. Physiol. **124**, 30 (1938). — [9] DUBOIS, E. F., F. G. EBAUGH jr. and J. D. HARDY: J. Nutrit **48**, 257 (1952). — [10] HORVATH, S. M., A. FREEDMAN and H. GOLDEN: Amer. J. Physiol. **150**, 99 (1947). — [11] BALKE, B., H. D. CREMER, K. KRAMER u. H. REICHEL: Kli. Wo. **1944**, 204. — [12] KEETON, R. W., E. H. LAMBERT, N. GLICKMAN, H. H. MITCHELL, J. H. LAST and M. K. FAHNESTOCK: Amer. J. Physiol. **146**, 66 (1946). — MITCHELL, H. H., N. GLICKMAN, E. H. LAMBERT, R. W. KEETON and M. K. FAHNESTOCK: Amer. J. Physiol. **146**, 84 (1946). — MITCHELL, H. H., and M. EDMAN: Nutrition and Resistance to Stress with Particular Reference to Man. Oxford 1952. [BURTON, A. C., and O. G. EDHOLM: Man in a Cold Environment. S. 181. London 1955.] — [13] GLICKMAN, N., R. W. KEETON, H. H. MITCHELL and M. K. FAHNESTOCK: Amer. J. Physiol. **146**, 538 (1946).

Grundumsatz bei warmen Umgebungstemperaturen. Wärmere Umgebungstemperaturen haben im allgemeinen bei Tieren eine sehr geringe Stoffwechselwirkung. Leichte Grundumsatz-Senkungen wurden beobachtet.

Die Laboratoriumsversuche, die am Menschen bei wärmeren Umgebungstemperaturen gemacht wurden, ergaben kein eindeutiges Resultat. WINSLOW[1] berichtet in seinen oben zitierten Versuchen von einem leichten Anstieg des Grundumsatzes bei Temperaturen zwischen 25 und 41° C. STEIN u. Mitarb.[2] beobachteten jedoch an jüngeren Männern während eines 5stündigen Hitzeaufenthaltes eine Grundumsatz-Senkung. Auch HARDY u. DUBOIS[3] stellten bei Frauen bei 27° C einen merklichen Abfall des Grundumsatzes fest.

Jahreszeitliche Schwankungen des Grundumsatzes. Nach den geringen Akklimatisationserscheinungen beim Menschen sind wenig oder nur unbedeutende jahreszeitliche Grundumsatz-Änderungen zu erwarten, falls nicht andere kosmische Ursachen den Grundumsatz beeinflussen. In der Tat konnte GRIFFITH[4] nur geringe und in neuester Zeit VON EIFF[5] keine Grundumsatz-Änderungen im Ablauf des Jahres feststellen. GESSLER[6] gibt eine höhere Winterstellung und eine niedrigere Sommerstellung des Stoffwechsels an. Bei Kindern sollen dagegen nach NYLIN[7] im Winter etwas niedrigere Umsatzwerte gefunden werden.

i) Grundumsatz und Klima.

Bei dem Studium natürlicher klimatischer Einflüsse auf den Grundumsatz des Menschen ergeben sich Schwierigkeiten, die auf Verschiedenheit der Rasse, der Kleidung, besonders aber auf die der Ernährungsgewohnheiten zurückzuführen sind. Im allgemeinen kann nach KEYS[8] aus Untersuchungen an Weißen geschlossen werden, daß der Grundumsatz in warmem Klima erniedrigt ist. Zum Beispiel wurde in dem subtropischen Klima von New Orleans der Grundumsatz um 10% niedriger als in gemäßigtem Klima gefunden[9]. In Sao Paolo, Brasilien, lag der Grundumsatz um 6,5% unter dem in Nordamerika gefundenen[10]. Europäische Frauen, die in Madras lebten, zeigten im Durchschnitt eine Erniedrigung um 12,5%[11]. Ähnliche Ergebnisse (—5,6%) wurden von MUNRO[12] für Briten gefunden, die 10 Monate in Indien lebten. Amerikanische Forscher[13] untersuchten 34 Japaner (Frauen und Männer) zwischen 60 und 80 Jahren, die 30 bis 50 Jahre in Hawaii gelebt hatten. Der Grundumsatz lag um 3—8% niedriger, als der Norm für dieses Alter entspricht.

Durchschnittlich kann nach KEYS[8] für subtropisches Klima eine Grundumsatz-Senkung von 5—10% und für heißes Klima eine Erniedrigung von 10—15% angenommen werden.

Über Grundumsatz-Änderungen in kaltem Klima liegen wenig zuverlässige Untersuchungen vor. Die zahlreichen Arbeiten[14] über den Grundumsatz der Eskimos sind aus oben erwähnten Gründen schwer auszuwerten. MEEHAN[15]

[1] WINSLOW, C.-E. A., and L. P. HERRINGTON: Temperature and Life. S. 23. Princetown 1949. — [2] STEIN, H. J., J. W. ELIOT and R. A. BADER: J. appl. Physiol. **1**, 575 (1949). — [3] HARDY, J. D., and E. F. DUBOIS: Proc. nat. Acad. Sci. USA **26**, 389 (1940). — [4] GRIFFITH, F. R., G. W. PUCHER, K. A. BROWNELL, J. D. KLEIN and M. E. CRAMER: Amer. J. Physiol. **87**, 602 (1929). — [5] EIFF, A. W. v.: Grundumsatz und Psyche. S. 89. Berlin, Göttingen, Heidelberg 1957. — [6] GESSLER, H.: Pflügers Arch. **207**, 370 (1925). — [7] NYLIN, G.: Acta med. scand. Suppl. **31**, 207 (1929) [RUDDER, B. DE: Grundriß einer Meteorobiologie des Menschen. 2. Aufl. S. 161. Berlin 1938.] — [8] KEYS, A.: Nutrit. Abstr. Rev. **19**, 1 (1949/50). — [9–11] zit. nach KEYS, A.: Nutrit. Abstr. Rev. **19**, 1 (1949/50). — [12] MUNRO, A. F.: J. Physiol., London **110**, 356 (1949). — [13] MILLER, C. D., N. S. WENKAM and A. M. KIMIRA: J. Amer. dietet. Ass. **33**, 1259 (1957). — [14] Literatur bei BURTON, A. C., and O. G. EDHOLM: Man in a Cold Environment. S. 178. London 1955. — [15] MEEHAN, J. P.: J. appl. Physiol. **7**, 537 (1955).

konnte bei Kaukasiern, die in Alaska stationiert waren, keine Abweichung des Grundumsatzes von den DuBoisschen Standardwerten feststellen. Keys meint allerdings sagen zu können, daß eine geringe Erhöhung des Grundumsatzes in kaltem Klima zu verzeichnen ist.

j) Grundumsatz und Rasse.

Wurde der Grundumsatz von Personen verschiedener Rasse, die längere Zeit in dem gleichen Klima gelebt hatten, verglichen, so konnten Kilborn u. Benedict[1] sowohl bei Amerikanern als auch bei Chinesen in Szechwan einen etwas unter der Norm liegenden Grundumsatz, aber keinen rassischen Unterschied feststellen. Weder Takahira[2] noch Okada, Sakurai u. Kameda[3], die in Japan arbeiteten, noch Turner[4] im Libanon, noch Knipping[5] in Batavia, Borneo und den Tropen fanden einen rassischen Einfluß auf den Grundumsatz. In neuerer Zeit bestätigte Talaat[6] die Ansicht durch Untersuchungen an 116 erwachsenen Ägyptern. Auch Meehan[7] konnte zwischen eingeborenen Soldaten in Alaska und dort stationierten Kaukasiern keinen Grundumsatz-Unterschied feststellen.

Es gibt aber auch Beobachtungen, die für rassische Unterschiede sprechen. MacLeod, Grofts u. Benedict[8] fanden für orientalische Studentinnen in Amerika einen niedrigeren Grundumsatz, ebenso wie Turner u. Benedict[9], die feststellten, daß der Grundumsatz von 6 Studentinnen aus Japan, China und Südindien um 12% unter dem von 6 im gleichen College lebenden Amerikanerinnen lag. Es kann sich auch um rassische Einflüsse handeln, wenn in warmem Klima höhere Grundumsätze gefunden werden, als der Norm unter diesen Bedingungen entspricht. Hicks u. Matters[10] fanden bei 40 australischen Ureinwohnern ohne Ausnahme höhere Grundumsätze, und zwar von +23 bis +90%. Auch eine in Südchina, Nordburma und Indochina lebende Rasse, die Miao-Rasse[11] zeigt einen wesentlich über der Norm liegenden Grundumsatz (durchschnittlich +16%).

Wieviel zu diesen Resultaten die sehr unterschiedlichen Ernährungsformen beigetragen haben, ist allerdings nicht geprüft worden. Daß dieser Faktor aber eine ausschlaggebende Rolle spielen kann, zeigten die Versuche von Rodahl[12] an Eskimos, die auf die Kost dort stationierter Weißer gesetzt worden waren und keinen Unterschied im Grundumsatz zu dem der Weißen zeigten. Dagegen lag der Grundumsatz bei den Eskimos, die bei ihrer gewohnten Ernährung geblieben waren, infolge ihres sehr hohen Eiweißkonsums bis zu 16% höher. Schon Heinbecker[13] hatte darauf hingewiesen, und auch Wilson[14] betonte bei seinen Grundumsatz-Untersuchungen in Indien, daß man die Ernährung berücksichtigen müsse.

Daß neben der Ernährung vielleicht auch noch rassische Unterschiede in der Wärmeregulation den Grundumsatz beeinflussen können, beweisen die Experimente von Rennie[15] an 8 Negern und 8 Weißen, die, in Alaska stationiert, Temperaturen von —12° C ausgesetzt wurden. Beide Gruppen zeigten zwar den zu

[1] Kilborn, L. G., and F. G. Benedict: Chin. J. Physiol. **11**, 107 (1937). — [2] Takahira, H., S. Kitagawa, E. Ishibashi and S. Kayano: Abstract in English issued by Imperial Government Inst., Tokyo, S. 41. — [3] Okada, S., E. Sakurai and T. Kameda: Arch. internal. Med. Chicago **38**, 590 (1926). — [4] Turner, E. L.: J. amer. med. Ass. **87**, 2052 (1926). — [5] Knipping, H. W.: Z. Biol. **78**, 259 (1923). — [6] Talaat, M., Y. A. Habib and H. El-Khanagry: Acta med. scand., **147**, 221 (1953). — [7] Meehan, J. P.: J. appl. Physiol. **7**, 537 (1955). — [8] MacLeod, G., E. E. Grofts and F. G. Benedict: Amer. J. Physiol. **73**, 449 (1925). — [9] Turner, A. H., and F. G. Benedict: Amer. J. Physiol. **113**, 291 (1935). — [10] Hicks, C. S., and R. F. Matters: Austral. J. exp. Biol. med. Sci. **11**, 177 (1933). — [11] Kilborn, L. G.: and F. G. Benedict: Chin. J. Physiol. **11**, 107 (1937). — [12] Rodahl, K.: J. Nutrit. **48**, 359 (1952). — [13] Heinbecker, P.: J. biol. Ch. **93**, 327 (1931). — [14] Wilson, H. E. C., C. Ellis and N. C. Roy: Ind. J. med. Res. **25**, 901 (1938). — [15] Rennie, D., and T. Adams: J. appl. Physiol. **11**, 201 (1957).

erwartenden Anstieg des Grundumsatzes, aber der der Neger blieb unter dem der Weißen; auch die Hautdurchblutung und die Vasodilatation differierte ebenso wie das Kältezittern, was auf einen unterschiedlichen Grad der Wärmeregulation schließen läßt. Auch die innerhalb einer Rasse auftretenden individuellen Unterschiede können ihre Ursache in speziellen Unterschieden der Wärmeregulation haben. Bei den Versuchen von MASON[1] bei amerikanischen Frauen in Madras zeigten sich zwei Reaktionstypen. Bei der einen Gruppe fand sich ein Absinken des Grundumsatzes, ohne daß die Mundtemperatur sich änderte, bei der anderen Gruppe wurde kein Absinken des Grundumsatzes beobachtet, aber die Mundtemperatur stieg etwas an. Auch DUBOIS[2] beobachtete bei seinen schon zitierten Versuchen verschiedene Reaktionstypen.

GENNA[3] äußerte sich schon 1938 kritisch zu der Annahme rassischer Unterschiede. Er stellte fest, daß der Grundumsatz von Arabern in der Kindheit höher, in mittleren Jahren gleich und vom 35. Lebensjahr an niedriger war als der von dort lebenden Amerikanern.

k) Die Abhängigkeit des Grundumsatzes vom Sauerstoffdruck in der Umgebung.

Der Grundumsatz wird bei den meisten Lebewesen von Schwankungen des Sauerstoffdrucks in der Umgebung nicht merklich beeinflußt[4], denn bei den ersten Stufen der Abbauvorgänge greift der Sauerstoff noch nicht ein. Einige Tiere (z.B. Linnax) verbrauchen bei erhöhtem Sauerstoffdruck mehr Sauerstoff. Der Stoffwechsel wird natürlich bei nicht hinreichender Sauerstoffzufuhr gestört, da eine wesentliche Begrenzung der Sauerstoffzufuhr auch eine Herabsetzung der Verbrennung im Körper zur Folge haben muß. Bei den meisten Menschen treten aber Abweichungen des Gaswechsels erst bei einem Druck von etwa 400 mm Hg (etwa 80 mm Sauerstoffdruck) auf, also einer Atmungsluft, die etwa 12% O_2 bei 760 mm Hg enthält.

Die Ansichten über den Einfluß des Höhenklimas auf den Grundumsatz sind geteilt. Zahlreiche höhenphysiologische Untersuchungen ergaben, daß eine Steigerung des Grundumsatzes mindestens bis zu 3000 m Meereshöhe nicht eintritt[5]. Neuerdings wurde aber bei einer Expedition vom Meeresniveau bis auf eine Höhe von 1850 m eine deutliche Umsatzsteigerung beobachtet, die nach Rückkehr auf Meeresniveau wieder verschwand[6].

l) Grundumsatz und Sinnesreize.

1. Grundumsatz und Strahlen. Über die Wirkung des sichtbaren Lichtes auf den Menschen liegen keine klaren Ergebnisse vor, da nach LEHMANN[7] Stoffwechseländerungen durch eine größere Entspannung im Dunkeln vorgetäuscht werden können. D'AGOSTINO-BARBARO[8] fand bei Versuchspersonen, auf die ein starker, schnell wechselnder Lichtreiz ausgeübt wurde, einen Anstieg des Grundumsatzes um 8%. FILL[9] berichtet von einem steigenden Grundumsatz bei Tagtieren und einem fallenden bei Nachttieren.

---

[1] MASON, E. D.: J. Nutrit. 8, 695 (1934). — [2] DUBOIS, E. F., F. G. EBAUGH jr. and J. D. HARDY: J. Nutrit. **48**, 257 (1952). — [3] GENNA, G.: Z. Rassenkde. **7**, 209 (1938). — [4] JAQUET, A.: Der respiratorische Gaswechsel. Ergebn. Physiol. **1**, 457 (1903). — BENEDICT, F. G., R.C. LEE and F. STRIECK: The influence of breathing oxygen-rich atmospheres on human respiratory exchange during severe muscular work and recovery from work. Arbeitsphysiol. **8**, 266 (1935). — [5] BALKE, B.: Kli. Wo. **1944**, 223. — [6] TERZIOĞLU, M., and R. AYKUT: J. appl. Physiol. **7**, 329 (1954). — [7] LEHMANN, G.: Handb. Biochem. Erg.-Werk Bd. II, S. 839. — [8] D'AGOSTINO-BARBARO, A.: Boll. Soc. ital. Biol. sperim. **27**, 881 (1951). — [9] FILL, W.: Z. wiss. Zool. **155**, 343 (1942)

2. Gemischte Bestrahlung. Wird dem Licht UV und IR in bestimmtem Verhältnis beigemischt und die Grundumsatz-Messungen erst nach der Bestrahlung durchgeführt, um einen eventuellen Hitzeeffekt zu vermeiden, so konnten GIERSBERG u. LOTZ[1] bei weißen Mäusen und Hühnern eine Senkung im Gaswechsel um 25% und im Dauerversuch eine deutliche Herabsetzung des Grundumsatzes feststellen. Lichtmangel erzeugte bei weißen Mäusen eine Grundumsatz-Steigerung. Sichtbares Licht, UV- und IR-Strahlung allein hatten keine Wirkung.

Bestrahlung eines Hyperthyreotikers mit dem gleichen Strahlengemisch erzeugten eine Senkung des erhöhten Grundumsatzes.

3. UV-Strahlen. Ältere Beobachtungen mit UV-Bestrahlung[2] zeigten eine Erhöhung des Grundumsatzes, während LEHMANN u. SZAKÁLL[3] gleichzeitig mit der Erythembildung eine Erhöhung, aber nach chronischer Bestrahlung eine Erniedrigung des Grundumsatzes bei gleichzeitigem Anstieg des R.Q. fanden, der noch etwa 6 Wochen nach Bestrahlung anhielt.

4. Röntgenstrahlen. In den ersten 3 Tagen nach Röntgenbestrahlung mit 300—1000 r nahm der Grundumsatz von Albinoratten geringfügig ab. Am 4. Tag nach 800 r Bestrahlung war ein Anstieg von 25—35% zu verzeichnen, worauf am 6. und 14. Tag der Tod eintrat. Bei der subletalen Dosis von 600 r zeigte sich eine viel geringere Grundumsatz-Erhöhung[4].

SMITH[5] sah nach Gesamtröntgenbestrahlung mit 250 r an Meerschweinchen keine Änderung des Gesamtstoffwechsels.

5. Akustischer Reiz. Die Wirkung eines längeren akustischen Reizes prüfte D'AGOSTINO-BARBARO[6] an 2 jungen Studenten. Er fand eine Erhöhung des Grundumsatzes um 8%.

2. Die spezifisch-dynamische Wirkung.

Auf die Nahrungsaufnahme folgt regelmäßig eine Erhöhung des Stoffwechsels. Sie ist nur zum kleinen Teil auf die mit den Verdauungsvorgängen zusammenhängende erhöhte Muskeltätigkeit bei der Peristaltik und auf die erhöhte Kreislaufbelastung zurückzuführen. Der größte Teil dieser Stoffwechselsteigerung ist vielmehr durch Vorgänge im intermediären Stoffwechsel verursacht. RUBNER[7] stellte fest, daß die Erhöhung von der Art der in der Nahrung enthaltenen Nährstoffe abhängt. Sie beträgt für Eiweiß rund 16%, für Fett 3%, für Kohlenhydrat 6% des physiologischen Brennwertes. RUBNER führte für diese Stoffwechselerhöhung die Bezeichnung „spezifisch-dynamische Wirkung" der Nährstoffe ein. Um den Umfang der Stoffwechselsteigerung, also die Differenz gegenüber dem Grundumsatz festzustellen, müssen mit Ausnahme der Nahrungsaufnahme, deren Wirkung gemessen werden soll, Grundumsatzbedingungen eingehalten werden. Das bedeutet, daß die Stoffwechselsteigerung bei völliger Körperruhe gemessen wird ohne jede Inanspruchnahme der chemischen Wärmeregulation und nachdem 12 Std vor der Probemahlzeit keine andere Nahrung aufgenommen worden war.

---

[1] GIERSBERG, H., u. R. G. A. LOTZ: Z. Naturforsch. **3**b, 349 (1948). — [2] PINCUSSEN, L., V. BAYERL, E. BRÜCK, J. GÖRNE u. A. ROTHMANN: Strahlentherapie **45**, 401 (1932). — LAURENS, H.: J. amer. med. Ass. **111**, 2385 (1938). — [3] LEHMANN, G., u. A. SZAKÁLL: Arbeitsphysiol. **5**, 278; **6**, 84 (1932). — [4] MOLE, R. H.: Quart. J. exp. Physiol. **38**, 69 (1953). — [5] SMITH, F., W. G. BUDDINGTON and M. M. GRENAN: Proc. Soc. exp. Biol. Med. **81**, 140 (1952). — [6] D'AGOSTINO-BARBARO, A.: Boll. Soc. ital. Biol. sperim. **27**, 881 (1951). — [7] RUBNER, M.: Handb. Physiol. Bd. V, S. 134. — KRUMMACHER, O.: Ergebn. Physiol. **27**, 188 (1928).

Dauer und Ausmaß der spezifisch-dynamischen Wirkung sind von der Natur der aufgenommenen Nährstoffe abhängig. Bei Kohlenhydrat und Fett dauert die Stoffwechselsteigerung auch bei großen Mengen nicht über 6 Std, bei Eiweiß bis zu 12 Std. Meist liegt der Höhepunkt beim Eiweiß zwischen der 2. und 4. Std, bei kleineren Kohlenhydratmengen schon in der 1. oder 2. Std[1]. Durch wiederholte kleine Gaben kann man die spezifisch-dynamische Wirkung lange Zeit auf derselben Höhe halten.

Manche Autoren fanden, daß der Umfang der spezifisch-dynamischen Wirkung der *Kohlenhydrate* von deren Natur abhängig sei. So beobachteten BOLLMAN u. MANN[2] bei Fructose eine fast 50% größere spezifisch-dynamische Wirkung als bei derselben Menge Glucose. Dagegen sahen CARPENTER u. FOX[3] zwischen beiden Zuckern kaum einen Unterschied. Mit steigender Menge nahm die spezifisch-dynamische Wirkung in einigen Versuchen etwas zu, in anderen nicht. (Stets berechnet in % der aufgenommenen Calorien.) Die Erklärung sehen DANN u. CHAMBERS sowie FISCHER u. WISHART[4] darin, daß wechselnde Mengen des aufgenommenen Zuckers als Glykogen deponiert und so der Verbrennung entzogen werden. Bei Mono- und Disacchariden liegt das Ausmaß zwischen 3,5 und 6%, bei Polysacchariden zwischen 5 und 9%[2].

Noch ungleicher sind die Befunde beim *Fett*, offenbar weil ein großer Teil des aufgenommenen Fettes fast unverändert in die Körperdepots wandern kann. Im allgemeinen liegen die Beobachtungen zwischen 2,5 und 4%[5].

Besonders viel untersucht wurde die *spezifisch-dynamische Wirkung der Proteine.*[6] RUBNER[7] berechnete, daß 25 g Fleischeiweiß, die 100 kcal enthalten, 30 Extracalorien erzeugen. WEISS u. RAPPORT[8] fanden bei Hunden eine Mehrerzeugung von Wärme in Höhe von 32—50 kcal je 100 kcal verbranntes Protein, das über das Grundfutter hinaus verfüttert wurde.

Sehr wichtig für die Deutung der spezifisch-dynamischen Wirkung war der Befund, daß auch Aminosäuren die Wärmeproduktion steigern[8]. Bei Alanin beobachtete man Steigerungen bis zu 50, bei Glycin sogar bis zu 100% der mit den Aminosäuren zugeführten Calorien. Auch bei anderen Aminosäuren ist die spezifisch-dynamische Wirkung vorhanden, aber in wechselndem Ausmaß.

Als Ursache der spezifisch-dynamischen Wirkung betrachtete RUBNER die Bildung von Wärme, die bei dem Prozeß der Umwandlung der Nährstoffe bis zur eigentlichen Zellernährung entsteht. Diese Erklärung ist auch heute noch richtig, aber sie enthält keine Aussage über die Art der Umwandlungsprozesse. Einen näheren Einblick brachten Untersuchungen über den Ort der erhöhten Wärmebildung nach Eiweiß- oder Aminosäureaufnahme. WILHELMJ, BOLLMAN u. MANN[9] sowie BORSOOK[10] stellten fest, daß bei leberlosen Hunden die spezifisch-dynamische Wirkung ausblieb, wobei injizierte Aminosäuren unverändert im Harn ausgeschieden wurden. Zuckerinjektion dagegen verursachte auch bei leberlosen Hunden die

[1] Lang-Ranke, Stoffwechsel. S. 45f. — [2] Zitiert nach GRAFE, E.: Handb. Biochem. Erg.-W. Bd. II, S. 902. — [3] CARPENTER, T. M., and E. L. FOX: J. Nutrit. **2**, 389 (1930). — [4] DANN, M., and W. H. CHAMBERS: J. biol. Ch. **89**, 675 (1930). — FISHER, G., and M. B. WISHART: J. biol. Ch. **13**, 49 (1912). — [5] MURLIN, J. R., and G. LUSK: J. biol. Ch. **22**, 15 (1915). — GRAFE, E.: Handb. Biochem. Erg.-W. Bd. II, S. 903. — [6] LUSK, G.: Science of Nutrition. 4. Aufl. S. 276. Philadelphia, London 1928. — GRAFE, E.: Handb. Biochem. Erg.-W. Bd. II, S. 901. — Lang-Ranke, Stoffwechsel, S. 46 — [7] RUBNER, M.: Handb. Physiol. Bd. V, S. 134. — [8] WEISS, R., and D. RAPPORT: J. biol. Ch. **60**, 513 (1924). — BORSOOK, H.: Biol. Reviews **11**, 147 (1936). — SZAKÁLL, A.: B. Z. **269**, 196 (1934). — ZUMMO, C.: Boll. Soc. ital. Biol. sperim. 8, 367 (1933). — BARBATO, L.: Boll. Soc. ital. Biol. sperim. 8, 369 (1933). — WILHELMJ, C. M.: J. Nutrit. **7**, 431 (1934). — [9] WILHELMJ, C. M., J. L. BOLLMAN and F. C. MANN: Amer. J. Physiol. **87**, 497 (1928/29). — [10] BORSOOK, H.: Biol. Reviews **11**, 147 (1936).

spezifisch-dynamische Wirkung. Man schloß daraus, daß die Umwandlung der Aminosäuren in der Leber die Ursache der hohen spezifisch-dynamischen Wirkung des Eiweißes sei. Bekanntlich erfolgt in der Leber die oxydative Desaminierung der Aminosäuren und die Bildung von Harnstoff aus dem abgespaltenen Ammoniak. Manche Autoren sahen in der Reizwirkung der Ammoniumsalze die Ursache der Steigerung der Verbrennungsprozesse. Dem widerspricht, daß auch nach Sympathektomie, nach Decerebrierung und sogar in der isolierten überlebenden Leber die Erhöhung der Verbrennungsprozesse festgestellt werden konnte.

Von LUSK[1], von GRAFE[2] und von REIN u. JANSSEN[3] wurde beobachtet, daß die Harnstoffbildung aus Ammoniumsalzen keine spezifisch-dynamische Wirkung hervorruft. Damit stimmt der Befund von OBERDISSE[4] überein, daß auch an der überlebenden Niere im STARLINGschen Herz-Lungen-Nierenpräparat eine spezifisch-dynamische Wirkung der Aminosäuren (Glycin und Alanin) eintritt, obwohl die Niere zwar zu desaminieren, aber nicht Harnstoff zu bilden vermag. OBERDISSE schätzt den Anteil der Niere an der spezifisch-dynamischen Wirkung des Gesamtorganismus auf etwa $^1/_4$, den der Leber auf $^3/_4$. Er[5] untersuchte hierauf, ob die Desaminierung allein zur Erklärung der spezifisch-dynamischen Wirkung ausreichte und fand, daß die Desaminierung zwar hierzu einen Beitrag liefere, daß aber der größte Betrag durch die oxydative Umwandlung des N-freien Restes hervorgerufen werde. Die spezifisch-dynamische Wirkung der Brenztraubensäure, des Desaminierungsproduktes des Alanins, ist nach seinen Beobachtungen fast ebenso groß wie diejenige des Alanins selbst. Auch Milchsäure, Glycerinsäure und Essigsäure haben starke spezifisch-dynamische Wirkung.

Die RUBNERsche Annahme, daß die mit der Umwandlung der Nährstoffe im intermediären Stoffwechsel zusammenhängenden Prozesse die spezifisch-dynamische Wirkung hervorrufen, ist durch die Aufdeckung der wichtigsten dieser Prozesse bestätigt worden. Eine Reihe von weiteren Beobachtungen steht hiermit in guter Übereinstimmung. BORSOOK[6] stellte fest, daß injizierte Aminosäuren dieselbe spezifisch-dynamische Wirkung ausüben wie das aus ihnen bestehende Nahrungseiweiß. Verdauung und Resorption üben also keinen wesentlichen Einfluß aus. Die spezifisch-dynamische Wirkung geht der Ammoniakzunahme im Blut parallel, aber der Harnstoffausscheidung durch die Niere deutlich voran[7].

Nach diesen Befunden ist es verständlich, daß die spezifisch-dynamische Wirkung von der Eiweißzusammensetzung der Nahrung und vom Ernährungszustand der untersuchten Lebewesen abhängig ist. Das bestausgeglichene Futter verursachte bei Ratten die geringste spezifisch-dynamische Wirkung[8]. Überhaupt ist sie um so geringer, je mehr vom verfütterten Eiweiß angesetzt wird. Nach längeren Hungerperioden nahm die spezifisch-dynamische Wirkung bei Tieren ab[9]. Auch beim Menschen ist sie nach länger eingeschränkter Nahrungszufuhr geringer, z.B nach Beobachtungen von WACHHOLDER[10] um 25%. TSAMBOULAS[11] fand allgemein bei Wohlhabenden höhere spezifisch-dynamische Wirkung als bei Ärmeren.

[1] LUSK, G.: Ergebn. Physiol. **33**, 103 (1931). — [2] GRAFE, E.: Handb. Biochem. Erg.-W. Bd. II, S. 899. — [3] JANSSEN, (S.), u. (H). REIN: 7. Tg. dtsch. pharmakol. Ges. 1927; in: A. e. P. P. **128**, 107 (1928). — [4] OBERDISSE, K.: B. Z. **300**, 183 (1938/39). — OBERDISSE, K., u. M. ECKARDT: A. e. P. P. **184**, 109 (1936). — [5] OBERDISSE, K., u. M. ECKARDT: Verh. dtsch. Ges. inn. Med. **49**, 135 (1937). — OBERDISSE, K., u. J. N. PARASKEVOPOULOS: Z. ges. exp. Med. **102**, 374 (1938). — OBERDISSE, K., u. W. JUST: Verh. Ges. Verd.-Krankh. **1939**, 435. — OBERDISSE, K.: Ber. physik.-med. Ges. Würzburg, N. F. **63**, 76 (1940). Z. ges. exp. Med. **108**, 81 (1940). — [6] BORSOOK, H.: Biol. Reviews **11**, 147 (1936). — [7] RAYZMAN, A.: Arch. int. Physiol. **43**, 423 (1936). — [8] HAMILTON, T. S.: J. Nutrit. **17**, 583 (1939). — [9] CERA, B., u. C. LOMBROSO: B. Z. **296**, 28 (1938). — CAHN, T., et J. HOUGET: Arch. Sci. physiol. **9**, C 141 (1955). — [10] WACHHOLDER, K., u. H. FRANZ: Pflügers Arch. **247**, 632 (1944). — [11] TSAMBOULAS, N.: Z. klin. Med. **136**, 327 (1939).

Hiermit hängt auch die sog. *Luxuskonsumption*[1] zusammen, die besonders von GRAFE untersucht wurde. Schon RUBNER hatte beobachtet, daß die spezifisch-dynamische Wirkung bei eiweißüberernährten Tieren besonders groß und lang anhaltend war und dafür die Bezeichnung sekundäre spezifisch-dynamische Wirkung eingeführt. GRAFE und seine Mitarbeiter zeigten, daß jede starke Überernährung unabhängig von ihrem Eiweißgehalt eine Steigerung der Verbrennungsprozesse hervorrufen kann. Sie ist als eine Art Selbststeuerung des Organismus gegen übermäßigen Ansatz aufzufassen. Da sie nach der letzten reichlichen Mahlzeit 30—50 Std anhalten kann, scheint hierdurch manchmal sogar der Grundumsatz erhöht, während es sich in Wirklichkeit nur um eine Wirkung der Nahrung auf den Stoffwechsel handelt. Die Regulierung der spezifisch-dynamischen Wirkung erfolgt nach ABELIN u. GOLDSTEIN unter Mitwirkung des nervös-hormonalen Systems. Sie fanden gleichzeitig mit der Erhöhung des Umsatzes durch eine reichliche Fleischmahlzeit eine Mehrausscheidung von Adrenalin und Noradrenalin, die ebenso wie die spezifisch-dynamische Wirkung nach 6 Std den Höhepunkt erreichte und nach 9 Std abgeklungen war[2].

Besondere Verhältnisse liegen bei der spezifisch-dynamischen Wirkung vor, die durch den Verzehr von inneren Organen verursacht wird. MARK[3] fand die spezifisch-dynamische Wirkung von Leber geringer als die von Muskelfleisch, manchmal sogar ganz ausbleibend, wenn einige Tage vor der Lebergabe eine eiweißarme Kost gegeben wurde. Hieran scheinen zwei verschiedene Ursachen beteiligt zu sein. Offenbar ist das Lebereiweiß besonders leicht zu assimilieren und wird daher schon nach einer kurzdauernden Eiweißunterernährung fast vollständig zur Bildung von Körpereiweiß verwendet. Dies geht daraus hervor, daß bei einem mit Eiweiß ausreichend ernährten Organismus eine, wenn auch nicht sehr hohe spezifisch-dynamische Wirkung von Lebereiweiß beobachtet wird. Außerdem aber bewirkt nach MARK[4] die Zufuhr von Leber und in noch höherem Maß die von Milz eine allgemeine Verminderung des Stoffwechsels. Diese scheint nicht an das Eiweiß der Organe als ganzes gebunden zu sein. Denn auch Leber- und Milzextrakte vermindern die Pulsfrequenz, und Milzpreßsäfte haben eine hemmende Wirkung auf die Oxydationsvorgänge, während der Preßrückstand eine erhebliche spezifisch-dynamische Wirkung ausübt.

3. Der Stoffwechsel bei Arbeit.

a) Definition des Arbeitsstoffwechsels.

Als Arbeitsstoffwechsel wird die bei Muskelkontraktionen vermehrte Umwandlung chemischer in physikalische Energie bezeichnet. Die durch die spezifisch-dynamische Wirkung frei werdende Energie kann nicht oder nur in beschränktem Umfang für die Arbeitsleistung verwendet werden; der Arbeitsumsatz ist also definiert als die Differenz zwischen Gesamtumsatz und spezifisch-dynamischer Wirkung. Der Energieverbrauch durch körperliche Arbeit steigt, wie als erster JOHANSSON[5] fand, innerhalb eines bestimmten Bereichs linear mit der Leistung.

b) Bestimmungsmethode.

Zur Bestimmung des Arbeitsumsatzes im Körper bzw. des Gesamtumsatzes bei Arbeit kann man dieselben Apparate verwenden, die bei der Bestimmung des

[1] GRAFE, E.: Handb. Biochem. Erg.-W. Bd. II, S. 914. — Thannhauser: Stoffw.-Krankh. S. 26, 136. — [2] ABELIN, I., u. M. GOLDSTEIN: B. Z. **327**, 72 (1955). — [3] MARK, R. E.: Kli. Wo. **1928 II**, 2012. Ergebn. inn. Med. **42**, 156 (1932). — [4] MARK, R. E.: Verh. dtsch. Ges. inn. Med. **42**, 149 (1930). Ergebn. inn. Med. **43**, 668 (1932). — [5] JOHANSSON, J. E.: Skand. Arch. Physiol. **11**, 273 (1901).

Gesamtumsatzes beschrieben sind. Daneben verwendet man für die Leistung genau dosierter Arbeit sog. Ergometer[1], bei denen die geleistete Arbeit in mkg gemessen werden kann. Von älteren Apparaten ist zu nennen: GÄRTNERs Ergostat[2], die Fahrradergometer nach BENEDICT[3] und nach KROGH[4], das Ergometer nach JOHANSSON[5], die rotierende Tretbahn nach ZUNTZ[6]. Eine moderne Konstruktion ist das Fahrradergometer von E. A. MÜLLER[7] mit permanentmagnetischer Wirbelstrombremsung. Um den Gasaustausch bei der Arbeit auf dem Fahrradergometer oder anderen stationären Apparaten zur Messung dosierter Arbeitsleistung zu messen, kann man z. B. die von KNIPPING entwickelte Apparatur (s. S. 515) oder den Metabographen nach FLEISCH[8] benutzen. Bei der Arbeit an industriellen Arbeitsplätzen braucht man transportable Geräte zur Messung des Gasaustausches. Vielfach wird zum Sammeln der Ausatemluft der DOUGLAS-Sack verwendet[9], ein aus innen gummiertem Stoff bestehender etwa 200 *l* Ausatmungsluft fassender, auf dem Rücken befestigter Behälter, der durch einen

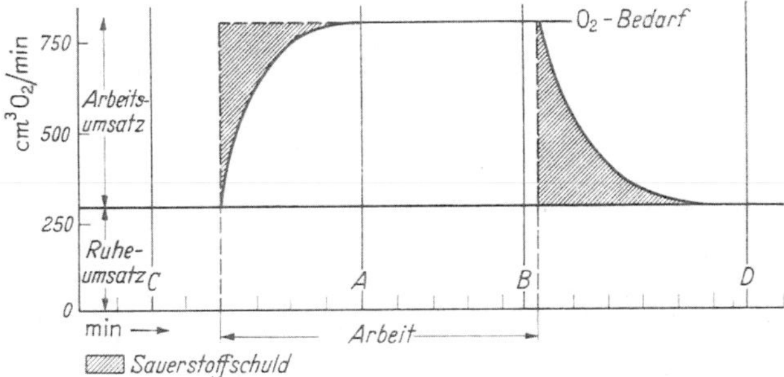

Abb. 55. Eingehen und Abdeckung der Sauerstoffschuld bei Arbeit.

beweglichen Gummischlauch über ein Ventil, das nur der Ausatmungsluft den Eintritt in den Sack gestattet, mit der Mundhöhle verbunden ist. Der Luftweg durch die Nase wird mit einer Nasenklemme verschlossen. Geeigneter für längere Arbeit und überhaupt für Arbeiten, bei denen der sperrige DOUGLAS-Sack den Arbeiter behindert, ist die von KOFRÁNYI u. MICHAELIS konstruierte Gasuhr[10] sowie der J. M. P. von WOLFF (s. S. 515).

Um die gesamte Steigerung der Verbrennungsprozesse bei einer untersuchten Arbeit zu erfassen, muß man berücksichtigen, daß die Umstellung vom Ruhe- zum Arbeitsstoffwechsel eine gewisse Zeit erfordert. In dieser Zeit wird weniger Sauerstoff verbraucht, als die Verbrennungsprozesse zum völligen Ausgleich der Energiebilanz benötigen. Diese im Anfang der Arbeit regelmäßig auftretende Sauerstoffschuld muß am Ende der Arbeit wieder eingelöst werden (s. Abb. 55, nach LEHMANN). Bei länger dauernder gleichmäßiger Arbeit beginnt man deshalb mit dem Sammeln der Respirationsluft erst nach dieser initialen Phase (meist nach 5—10 min) und bricht spätestens mit dem Ende der Arbeit ab. Voraussetzung für ein richtiges Ergebnis ist hierbei die laufende Deckung des Sauerstoffbedarfs durch die Atmung. Diesen Zustand bezeichnet man als konstante

[1] LEHMANN, G.: Praktische Arbeitsphysiologie. S. 88. Stuttgart 1953. — [2] Handb. biol. Arb.-Meth., Abt. V, Teil 5a, S. 456 (1927). — [3] BENEDICT, F. G., and W. G. CADY: Carnegie Instn. Publ. 167. 1912. — [4] KROGH, A.: Skand. Arch. Physiol. **30**, 375 (1913). — [5] JOHANSSON, J. E.: Skand. Arch. Physiol. **11**, 273 (1901). — [6] ZUNTZ, L.: [Handb. biol. Arb.-Meth. Abt. V, Tl. 5a, S. 226, 242]. — [7] MÜLLER, E. A.: Radmarkt, **1952**, Heft 4, S. 14. — [8] FLEISCH, A.: J. Physiol., Paris **44**, 615 (1952). — FLEISCH, A.: Nouvelle méthode d'étude des échanges gazeux et de la fonction pneumonaire. Basel 1954. Dtsch. Übers. von BERZON, R. Leipzig 1956. — [9] LEHMANN, G.: Praktische Arbeitsphysiologie. S. 127—131. Stuttgart 1953. — [10] KOFRÁNYI, E., u. H. F. MICHAELIS: Arbeitsphysiol. **11**, 148 (1940).

Phase oder steady state. Bei sehr schwerer Arbeit, bei der der Sauerstoffbedarf nicht laufend gedeckt werden kann, es also nicht zu einem steady state kommt, und bei sehr kurzdauernder Arbeit muß man die sog. integrative Methode anwenden: der Respirationsversuch wird vom Beginn der Arbeit bis einige Zeit nach Arbeitsende ausgedehnt. Man erfaßt so die gesamte Aufnahme an Sauerstoff einschließlich der Erholungsphase (das Flächenintegral der Kurve in Abb. 55).

c) Der Umfang der Stoffwechselsteigerung bei Arbeit.

Bei mäßiger körperlicher Arbeit, z.B. Radfahren mit einer Geschwindigkeit von 15 km je Std auf einer glatten ebenen Straße beträgt die Umsatzsteigerung etwa 4 kcal/min. Der gesamte Tagesverbrauch an Arbeitscalorien bei mittlerer körperlicher Arbeit ist durchschnittlich 600 kcal, also bei 8stündiger Arbeit 1,25 kcal/min. Daraus geht hervor, daß man bei der Beurteilung der Schwere einer Leistung stets ihre Dauer berücksichtigen muß. Die nachfolgende Tabelle 95

Tabelle 95. Leistungsmaxima eines Schwerstarbeiters (nach LEHMANN[1]).

Leistungsmaxima in Arbeitscalorien je							% der Jahresnorm
Jahr	Monat	Woche	Tag	Std	10 min	min	
750000	62500	15000	2500	313	52	5,2	100
—	70000	16800	2800	350	58	5,8	115
—	—	18000	3000	375	63	6,3	121
—	—	—	3500	437	73	7,3	140
—	—	—	—	600	100	10	192
—	—	—	—	—	150	15	288
—	—	—	—	—	—	25	480

zeigt die Leistungsmaxima, die einem Schwerstarbeiter bei verschiedener Dauer der körperlichen Anstrengung zugemutet werden können. Während einer einzigen Minute ist ein Arbeitsumsatz von 25 kcal möglich, aber er kann nicht 10 min durchgehalten werden. 150 kcal, die in 10 min möglich sind, bedeuten 15 kcal je min, die in der Stunde möglichen 600 kcal aber nur 10 kcal je min. Bei 3500 Arbeitscalorien je Tag kommt man unter Zurechnung von 1600 kcal Grundumsatz, 400 kcal für Bewegung in der Freizeit und 500 kcal für spezifisch-dynamische Wirkung auf insgesamt 6000 Gesamttagescalorien. Diese Zahlen sind Erfahrungswerte aus tatsächlich beobachteter beruflicher Arbeit. Die höchste überhaupt beobachtete Tagesleistung liegt bei 10000 kcal[2]. Sie ist nur an einzelnen Tagen möglich, weil unser Verdauungsapparat auf die tägliche Zufuhr so großer Nahrungsmengen, wie sie zur Wiederherstellung der Ausgangslage notwendig wären, nicht eingerichtet ist.

Der Energieverbrauch bei geistiger Arbeit. Über den Energieverbrauch bei geistiger Arbeit können bis heute noch keine exakten Angaben gemacht werden, obwohl dieses Problem schon seit etwa rund 100 Jahren bearbeitet wird. In den älteren Arbeiten wird von Stoffwechselsteigerungen von 1—45%[3] berichtet. SPECK[4], LOEWY[5] und auch BENEDICT[6] fanden nur geringe Grundumsatz-Steige-

[1] LEHMANN, G.: Praktische Arbeitsphysiologie. Stuttgart 1953. — [2] BALKE, B.: Kli. Wo. **1944**, 223. — [3] Zit. bei: GÖPFERT, H., A. BERNSMEIER u. R. STUFLER: Pflügers Arch. **256**, 304 (1952). — [4] SPECK: A. e. P. P. **15**, 81 (1882). — [5] LOEWY, A.: Berlin. Klin. Wschr. **1891**, 434. — [6] BENEDICT, F. G., and T. M. CARPENTER: U.S. Dep. Agric. Bull. Nr. 508 (1909).

rungen, im Gegensatz zu KESTNER u. KNIPPING[1] und vor allem CHLOPIN[2], der Grundumsatz-Steigerungen bis zu maximal 32% bei geistiger Arbeit fand. GRAFE[3] hielt in seinen kritischen Betrachtungen dieses Problems derartige Erhöhungen für unwahrscheinlich.

Schon SPECK[4], LOEWY[5] sowie JOHANSSON[6] hatten die beobachteten Stoffwechselsteigerungen zum größten Teil einer vermehrten Muskelanspannung zugeschrieben, während BENEDICT sie durch eine gesteigerte Kreislauf- und Atemtätigkeit erklärte. ROSENBLUM[7] führte später Versuche unter weitestgehender Ausschaltung von Bewegung und spontanen Muskelkontraktionen durch und fand ziemlich unabhängig von der Art der geistigen Arbeit etwa 5% Stoffwechselerhöhung. Er kommt zu dem Ergebnis, daß der Energiebedarf bei geistiger Arbeit nur wenige Calorien ausmacht.

Auch LEHMANN[8] schreibt der unbewußten spontanen Muskelaktivität den Hauptanteil an der beobachteten Grundumsatz-Steigerung zu. WACHHOLDER[9] berichtet in neuerer Zeit von Versuchen, in denen er den jeweiligen Grundumsatz der Versuchsperson in Beziehung setzt zu der beobachteten Grundumsatz-Steigerung bei geistiger Arbeit. Von dem beobachteten Calorienmehrverbrauch zieht er nur die Calorien für die gesteigerte Atmungstätigkeit ab, den Rest bezieht er dann auf die Gehirntätigkeit. Seine Theorien stehen im Gegensatz zu der Auffassung von GÖPFERT[10] und v. EIFF[11]. GÖPFERT gelang es, die Beziehung zwischen geistiger Arbeit und erhöhtem Muskeltonus experimentell zu beweisen, indem er die Aktionsströme registrierte. Es wurden Versuche an 6 weiblichen und 6 männlichen Personen durchgeführt, die verschiedene geistige Arbeit leisten mußten. Aus 57 Versuchen wurde eine durchschnittliche Grundumsatz-Steigerung von 11,6% ermittelt. Die Differenzen der einzelnen Versuchsergebnisse zu diesem Durchschnittswert waren jedoch sehr erheblich (1—56% Steigerung, in 7 Fällen Grundumsatz-Senkungen um 4—21%). Faktoren psychischer Art scheinen die Ergebnisse wesentlich zu beeinflussen. Immerhin konnte gezeigt werden, daß die Steigerung des Energiestoffwechsels in der Hauptsache auf eine Erhöhung des reflektorischen Muskeltonus zurückzuführen ist. Auch der Einfluß eines erhöhten Organstoffwechsels wird in Betracht gezogen. Eine größere Steigerung des Gehirnstoffwechsels bei geistiger Arbeit hält GÖPFERT nach seinen Versuchen für nicht wahrscheinlich.

IV. Aufbau- und Erhaltungsstoffwechsel.

Für die wissenschaftliche Betrachtung ist es notwendig, den Energiewechsel und den Aufbau- und Erhaltungsstoffwechsel scharf voneinander zu trennen. Im Leben selbst sind beide unlöslich miteinander verbunden. So dienen die Proteine sowohl dem Aufbau und dem Erhaltungsstoffwechsel, als auch zur Deckung des Energiebedarfs des Körpers. Nur wenn der Energiebedarf durch die hauptsächlichen Energieträger, Kohlenhydrate und Fette, gedeckt ist, können die Proteine oder richtiger die in ihnen enthaltenen Aminosäuren ausreichend zum Aufbau und zur Erhaltung der Körpersubstanz dienen. Umgekehrt werden

[1] KESTNER, O., u. H. W. KNIPPING: Kli. Wo. **1922** II, 1353. — [2] CHLOPIN, G. W., W. JAKOWENKO u. W. WOLSCHINSKY: Arch. Hygiene **98**, 158 (1927). — [3] GRAFE, E.: Handb. Physiol. Bd. V, S. 199ff. — [4] SPECK: A. e. P. P. **15**, 81 (1882). — [5] LOEWY, A.: Berlin. Klin. Wschr. **1891**, 434. — [6] JOHANSSON, J. E.: Skand. Arch. Physiol. **8**, 85 (1898). — [7] ROSENBLUM, D. E.: Arbeitsphysiol. **6**, 214 (1933). — [8] LEHMANN, G.: Handb. Biochem. Erg.-W., Bd. II, S. 865. — [9] WACHHOLDER, K.: Z. ges. inn. Med. **1**, 15 (1946). Verh. dtsch. Ges. inn. Med. **55**, 336 (1949). — [10] GÖPFERT, H., A. BERNSMEIER u. R. STUFER: Pflügers Arch. **256**, 304 (1952). — [11] EIFF, A. W. v., u. H. GÖPFERT: Z. ges. exp. Med. **120**, 72 (1952/53). — EIFF, A. W. v.: Grundumsatz und Psyche. Berlin, Göttingen, Heidelberg 1957.

alle Aminosäuren, die nicht zum Aufbau verwendet werden, zur Deckung des Energiebedarfs herangezogen.

Nur wenn neben Proteinen, Kohlenhydraten und Fetten noch Vitamine und Mineralstoffe in genügendem Ausmaß zur Verfügung stehen, ist ein reibungsloser Ablauf des intermediären Stoffwechsels und damit der Funktionen des Körpers gewährleistet. Es ist besonders darauf hinzuweisen, daß der einzig sichere Maßstab für den Bedarf an den Substanzen des Aufbau- und Erhaltungsstoffwechsels eben darin besteht, zu prüfen, ob die Zufuhr die Erfüllung aller vom Körper verlangten Funktionen, soweit sie von der Ernährung abhängig sind, gewährleistet.

Der Stoffwechsel aller Bestandteile der Nahrung ist in den vorangehenden Kapiteln dieses Handbuchs geschildert worden. Es ist nur noch notwendig, den Zusammenhang zwischen dem Aufbau- und Erhaltungsstoffwechsel und der Ernährung, also den Nährstoffbedarf, zu behandeln.

1. Der Bedarf an Eiweiß und an Aminosäuren[1-4].

a) Stickstoffbilanz.

Da unter den N-haltigen Körper- und Nahrungsbestandteilen das Eiweiß an Menge bei weitem überwiegt, kann man für die meisten Bedarfsuntersuchungen die N-Bilanz als Maß der Versorgung annehmen. Im allgemeinen rechnet man einfach als Eiweißumsatz das 6,25fache des N-Umsatzes. Bei einer Übersicht über die Eiweißversorgung in einer zusammengesetzten Kost ist diese Vereinfachung zulässig; bei der Anwendung einzelner Nahrungsmittel zur Untersuchung der Eiweißbedarfsdeckung können aber erhebliche Fehler entstehen. So enthalten beispielsweise Steckrüben[5] etwa 27% ihres N-Gehaltes nicht in Form von Aminosäuren, sondern von Stoffen, die nicht in den Eiweißstoffwechsel eingehen und zum größten Teil unverändert wieder ausgeschieden werden. Immerhin ist das *Stickstoffgleichgewicht* ein ausreichender Maßstab für die Erhaltung des Eiweißbestandes im Körper, zumal die anderen N-haltigen Stoffe unter normalen Verhältnissen nicht in wesentlichem Umfang im Körper gespeichert werden.

Da der Erwachsene im allgemeinen seinen Eiweißbestand nicht oder nur ganz langsam verändert, scheidet er unabhängig von der Höhe der N-Zufuhr meist ebensoviel N aus, wie er aufnimmt. Bei der Frage nach dem Eiweißbedarf interessiert aber in erster Linie, mit welcher *minimalen* Eiweißzufuhr es gelingt, den Eiweißbestand zu erhalten, welches also die untere Grenze des N-Gleichgewichtes ist. Das Eiweiß kann jedoch nicht nur für den Aufbau- und Erhaltungsstoffwechsel verwendet, sondern auch zur Deckung des Energiebedarfs herangezogen werden. Bestimmungen des minimalen N-Gleichgewichtes sind daher nur möglich, wenn die Nahrung zur Deckung des Energiebedarfs voll ausreicht. Ist dies nicht der Fall, so wird ein Teil des Nahrungseiweißes zur Energielieferung zusätzlich verbrannt, so daß das N-Gleichgewicht nur mit einer größeren Eiweißzufuhr erreicht werden kann[6-9].

---

[1] Caspari, W., u. E. Stilling: Handb. Biochem. Bd. VIII, S. 636. — [2] Mitchell, H. H.: Wiss. Abh. dtsch. Akad. Landwirtsch. Berlin **1954**, S. 279. — [3] Rose, W. C.: Nutrit. Abstr. Rev. **27**, 631 (1957). — [4] Lang-Ranke, Stoffwechsel, S. 115. — [5] Handb. Lebensm.-Chem. (Bömer u. a.) Bd. V, S. 738. — [6] Benditt, E. P., E. M. Humphreys, R. W. Wissler, C. H. Steffee, L. E. Frazier and P. R. Cannon: J. Lab. clin. Med. **33**, 257, 269 (1948). — [7] Beattie, J., P. H. Herbert and J. Bell: Brit. J. Nutrit. **1**, 202 (1947). — [8] Bansi, H. W., u. G. Fuhrmann: Kli. Wo. **1948**, 326, 358. — [9] Rubner, M.: Arch. Hygiene **66**, 1 (1908). Verh. Ges. dtsch. Naturf. u. Ärzte. **1920**, 81.

b) Abnutzungsquote oder absolutes N-Minimum.

Auch ohne jede Zufuhr von stickstoffhaltiger Substanz mit der Nahrung wird im Harn und Kot dauernd Stickstoff ausgeschieden. RUBNER nahm an, daß diese Ausscheidung von einer Abnutzung des Körpereiweißes herrühre, und nannte daher die minimale N-Ausscheidung ohne Zufuhr N-haltiger Substanz, aber bei gedecktem Calorienbedarf, die Abnutzungsquote.

Die Stickstoffausscheidung im Hunger ist größer als die Abnutzungsquote[1-4]. Zur Aufrechterhaltung des Grundumsatzes und für die unerläßlichen Körperbewegungen muß bei absolutem Hunger der gesamte Energiebedarf den Körpersubstanzen entnommen werden, wobei neben Kohlenhydraten und Fetten auch die Proteine abgebaut werden. Die minimale N-Ausscheidung kann also nur bestimmt werden, wenn die energetischen Bedürfnisse durch Kohlenhydrate und Fette, also N-freie Substanzen, voll gedeckt werden. Eine völlig N-freie Nahrung ist allerdings praktisch nicht zu verwirklichen, aber die Korrektur beträgt nur wenige Prozente der Abnutzungsquote. Es muß hinzugefügt werden, daß eine überwiegende Fettkost einen zusätzlichen Eiweißabbau veranlaßt, also zur Bestimmung der Abnutzungsquote ungeeignet ist.

Der Übergang von der N-Ausscheidung bei normaler zu der bei N-freier Ernährung erfolgt allmählich im Lauf von vielen Tagen. Die Dauer der Einstellung hängt dabei von der vorangehenden Eiweißzufuhr ab. Bei mäßiger Eiweißzufuhr in der Vorperiode dauert die Einstellung 10—12 Tage, bei hoher kann die Ausscheidung sich noch nach 3 Wochen weiter vermindern[5]. Sicher sind sowohl die Zeit als auch das erreichte Minimum von vielen Faktoren abhängig. Bei seinen ersten Versuchen fand RUBNER eine minimale N-Ausscheidung im Harn von 0,044 g je kg Körpergewicht. Die Feststellungen anderer Autoren schwanken zwischen 0,024 g und 0,059 g. Als Mittel von 35 Versuchen verschiedener Autoren errechnen BERTRAM u. BORNSTEIN[6] 0,0403 g N. Bei 14 Versuchen wurde gleichzeitig die Ausscheidung im Kot bestimmt und ein Mittel von 0,0145 g N je kg Körpergewicht gefunden. Die gesamte Abnutzungsquote berechnet sich danach auf 0,055 g je kg Körpergewicht oder 3,85 g N für einen 70 kg schweren Menschen. Das entspricht einem täglichen Eiweißverlust von 24 g. Berücksichtigt man, was bei der Suche nach dem Minimum berechtigt ist, nur die niedrigsten von mehreren Autoren gefundenen Werte der Harn-N-Ausscheidung von 0,024 g je kg Körpergewicht, so erhält man eine Gesamtausscheidung von 0,038 g N je kg oder 2,66 g für einen 70 kg schweren Menschen. *Der minimale Eiweißverlust je Tag beträgt also 16—17 g.*

Wichtig ist die Feststellung, daß sich der N-Gehalt des Harns bei der Bestimmung der Abnutzungsquote prozentual auf ganz andere N-haltige Substanzen verteilt als bei normaler Ernährung. Knapp 50% entfallen auf Harnstoff, dagegen 21% auf Kreatinin, 14% auf Ammoniak, 5% auf Harnsäure[7]. Im normalen Harn entfallen auf Harnstoff über 80%, auf Kreatinin 4,5, auf Ammoniak 5,5 und auf die Harnsäure 1,7% des Stickstoffs. Daß der Harn-N nur zu einem geringen Teil direkt aus der Nahrung und überwiegend aus dem Gewebe stammt, konnte auch durch Versuche mit Stickstoffisotopen bewiesen werden[8]. Der Nahrungs-N wird also in erster Linie in die Gewebe eingebaut und erst von diesen im Lebens-

[1] BENEDICT, F. G.: A Study of Prolonged Fasting. Carnegie Instn. Publ. No. 203. 1915. — [2] LEHMANN, C., F. MUELLER, I. MUNK, H. SENATOR u. N. ZUNTZ: Virchows Arch. **131**, Suppl. (1893). — [3] CATHCART, E. P.: B. Z. **6**, 109 (1907). — [4] WATANABE, R., u. R. SASSA: Z. Biol. **64**, 373 (1914). — [5] KOFRÁNYI, E.: H. **309**, 253 (1957). — [6] BERTRAM, F., u. A. BORNSTEIN: Handb. Physiol. Bd. V, S. 84. — [7] BERTRAM, F., u. A. BORNSTEIN: Handb. Physiol. Bd. V, S. 94. — [8] TARVER, H.: Ann. Rev. **21**, 301 (1952) u. zwar S. 324f. — SCHOENHEIMER, R., and D. RITTENBERG: Physiol. Rev. **20**, 218 (1940).

prozeß wieder abgegeben. Man kann schätzen, daß im Kot bei normaler Ernährung ungefähr 0,015 g N je kg Körpergewicht nicht aus der Nahrung, sondern aus den Verdauungssekreten und der Abstoßung des Darmepithels stammt[1]. Auch bei N-freier Nahrung wird dies der Fall sein. Die minimale N-Ausscheidung entsteht also nicht nur durch Abnutzung, sondern auch durch andere mit den normalen Zellvorgängen zusammenhängende Prozesse, z.B. durch Sekretion. Statt der RUBNERschen Abnutzungsquote[2] sind daher andere Bezeichnungen empfohlen worden, so von FOLIN[3] *endogenes* N-*Gleichgewicht*, von TERROINE[4] *spezifisch endogene* N-*Ausscheidung*, von LANG u. RANKE[5] *absolutes* N-*Minimum*.

c) Stickstoff-Bilanzminimum[2,6].

Vom absoluten N-Minimum unterscheidet sich das N-*Bilanzminimum*, also diejenige kleinste Menge an Stickstoff oder besser an Aminosäurestickstoff, die aufgenommen werden muß, um den Stickstoffverlust des Körpers auszugleichen. RUBNER hatte dafür die Bezeichnung *physiologisches Eiweißminimum* verwendet. Durch Zusammenstellung eigener und fremder Versuche kam SHERMAN[7] zu dem Ergebnis, daß im Durchschnitt 0,58 g Eiweiß je kg Körpergewicht oder 40 g Eiweiß für einen 70 kg schweren Menschen zum Ausgleich der N-Bilanz genügen. Das ist ungefähr das 3fache des absoluten N-Minimums.

d) Biologische Wertigkeit.

Allerdings ist die Menge an Nahrungseiweiß, die zum N-Bilanzminimum erforderlich ist, von der Art der zugeführten Proteine abhängig. VOIT[8] hatte schon festgestellt, daß mit Gelatine auch bei Zufuhr von großen Mengen überhaupt kein N-Gleichgewicht erreicht werden kann. Von anderen Eiweißkörpern brauchte man zum N-Bilanzausgleich sehr verschiedene Mengen, etwa von Milch 24 g, vom Weizenmehl 42 g Eiweiß. THOMAS unterscheidet daher die Proteine nach ihrer biologischen Wertigkeit, die er folgendermaßen definiert: „Die biologische Wertigkeit ist diejenige Anzahl g Körpereiweiß, die durch 100 g des betreffenden Nahrungsproteins ersetzt werden können". Seine Versuche zur Bestimmung der biologischen Wertigkeit führte er folgendermaßen durch: Die Versuchspersonen erhielten zuerst eine calorisch ausreichende, stickstoffreie (bzw. fast stickstofffreie) Nahrung, bis sich das absolute N-Minimum eingestellt hatte. Dann wurde das zu testende Protein zugelegt und die N-Bilanz, also die Differenz von N-Aufnahme und N-Ausscheidung, bestimmt. Er berechnete dann die biologische Wertigkeit nach folgender Formel:

$$\text{Biologischer Wert} = \frac{\text{Harn-N (bei eiweißfreier Kost)} + \text{N-Bilanz}}{\text{N-Aufnahme}} \times 100.$$

Um zu wissen, wie weit das resorbierte Eiweiß in der Lage ist, die N-Verluste des Körpers zu decken, müssen auch noch die Unterschiede in der Resorption des zu untersuchenden Eiweißkörpers berücksichtigt werden. Formeln hierfür wurden von THOMAS[9], von WAGNER[10] und von MARTIN u. ROBISON[11] aufgestellt.

[1] KRAUT, H., H. BRAMSEL u. H. WECKER: B. Z. **320**, 422 (1949/50). — [2] RUBNER, M.: Arch. Anat. Physiol. (B) **1911**, 39. Arch. Hygiene **66**, 1 (1908). — [3] FOLIN, O.: Amer. J. Physiol. **13**, 66, 116 (1905). — [4] TERROINE, E. F.: B. Z. **293**, 435 (1937). — [5] Lang-Ranke, Stoffwechsel, S. 116. — [6] KRAUT, H., u. G. LEHMANN: B. Z. **319**, 209 (1949). — [7] SHERMAN, H. C.: J. biol. Ch. **41**, 97 (1920). — [8] VOIT, C.: Z. Biol. **8**, 297 (1872); **10**, 207 (1874). — [9] THOMAS, K.: Arch. Anat. Physiol. (B) **1909**, 219. — [10] WAGNER, R.: Z. ges. exp. Med. **33**, 250 (1923). — [11] MARTIN, C. J., and R. ROBISON: Biochem. J. **16**, 407 (1922).

Nach letzteren gelangt man zu folgender Formel[1]:

$$\text{Biologischer Wert} = 100 \times \frac{b - a}{d - c - f + e},$$

darin bedeuten

a N-Bilanz im N-Minimum-Versuch (nahezu eiweißfreie Ernährung),
b N-Bilanz mit dem zu testenden Protein,
c N-Zufuhr im N-Minimum-Versuch (das sind die unvermeidlichen Spuren),
d N-Zufuhr mit dem zu testenden Protein,
e Kot-N im N-Minimum-Versuch,
f Kot-N aus dem Versuch mit dem zu testenden Protein.

Tabelle 96. Der biologische Wert von Nahrungsproteinen[2].
(Die Nahrung enthielt jeweils 8—10% des betreffenden Proteins.)

Protein	Biologischer Wert	Protein	Biologischer Wert
Vollei	94[2]	Casein	67[2]
Eieralbumin	88[3]	Kartoffeln	67[2] 72[10]
Milch	85[2] 86[4] 89[5] 78[6] 86[7]	Weizen-Vollkorn	67[2] 66[11]
Lactalbumin	84[7]	Haferflocken	65[2]
Eiereiweiß	83[2]	Soja	64[2] [54[11]
Fische	80—90[8]	Gerste	64[3]
Rinderleber	77[2]	Mais-Vollkorn	60[2]
Rinderniere	77[2]	Kokosnuß	58[12]
Reis	77[3]	Hirse	57[3]
Schweineschinken	74[2]	Linsen	41[11]
Rindfleisch	69[2] 63[8]	Kakao	37[2]
Hefe	69[9]	„Tankage" (Fleischabfälle)	32[13]

Für die wahre Verdaulichkeit lautet die Formel von MITCHELL:

$$\text{Wahre Verdaulichkeit} = 100 \times \frac{d - c - f + e}{d - c}.$$

Das Produkt aus der biologischen Wertigkeit und der wahren Verdaulichkeit nennt MITCHELL[14] den physiologischen Nutzwert:

$$\text{Physiologischer Nutzwert} = \frac{\text{BW} \times \text{WV}}{100}.$$

Während man zur richtigen Bestimmung der biologischen Wertigkeit eine Korrektur für die Ausnutzung der Proteine bei der Verdauung anbringen muß, ist umgekehrt bei der Verwertung der Proteine zu berücksichtigen, daß sie oft nicht vollkommen vom Körper aufgenommen werden. Beim tierischen Eiweiß ist die Ausnutzung meist 97—99%, beim pflanzlichen aber durchschnittlich nur 86%[15].

[1] s. KOFRÁNYI, E.: H. **309**, 253 (1957). — [2] MITCHELL, H. H., and T. S. HAMILTON: Biochemistry of the Amino Acids. S. 556. NewYork 1929. — [3] LI, T.-W.: Chin. J. Physiol. **4**, 49 (1930). — [4] BASU, K. P., M. C. NATH and M. O. GHANI: Ind. J. med. Res. **23**, 789 (1936). — [5] MATTILL, H. A., and M. M. CLAYTON: J. Nutrit. **3**, 17 (1930). — [6] SUMNER, E. E.: J. Nutrit. **16**, 129 (1938). — [7] KIK, M. C.: Cereal Chem. **16**, 441 (1939). — [8] LANHAM, W. B. jr., and J. M. LEMON: Food Res. **3**, 549 (1938). — [9] SURE, B., and F. HOUSE: Fed. Proc. **7**, 299 (1948). — [10] KAO, H.-W., W. H. ADOLPH and H.-W. LIU: Chin. J. Physiol. **9**, 141 (1935). — [11] SWAMINATHAN, M.: Ind. J. med. Res. **24**, 767 (1937). — [12] MITCHELL, H. H., and V. VILLEGAS: J. Dairy Sci. **6**, 222 (1923). — [13] MITCHELL, H. H.: J. biol. Ch. **58**, 905 (1923/24). — [14] MITCHELL, H. H., and T. S. HAMILTON: The Biochemistry of the Aminoacids. New York 1929. — [15] KRAUT, H., H. BRAMSEL u. H. WECKER: B. Z. **320**, 422 (1949/50).

Die Bestimmungen der biologischen Wertigkeit zeigen recht erhebliche Schwankungen und Widersprüche, die allerdings nicht verwunderlich sind, wenn man bedenkt, daß der Ersatz von abgebautem oder ausgeschiedenem Eiweiß ein sehr komplizierter und von vielen Faktoren abhängiger Vorgang ist. MITCHELL hat darum vorgeschlagen[1], statt am Menschen Versuche an Ratten auszuführen, die sich in bezug auf den Nahrungsbedarf sehr ähnlich wie der Mensch verhalten und die man über längere Zeit unter wesentlich konstanteren Ernährungsbedingungen halten kann als den Menschen. Tatsächlich sind die nach seiner Methode gewonnenen Ergebnisse, wie die dem Buch von LANG u. RANKE entnommene Tabelle 96[2] zeigt, viel einheitlicher als die Bestimmungen am Menschen. Übereinstimmend wird von fast allen Autoren angegeben, daß die tierischen Proteine eine hohe biologische Wertigkeit haben und daß unter den pflanzlichen Proteinen diejenigen aus Kartoffeln und Reis den tierischen am nächsten kommen.

e) Bedarf an essentiellen Aminosäuren.

Für die praktische Ernährung ist die genaue Ermittlung der biologischen Wertigkeit oder des physiologischen Nutzwertes einzelner Proteine oder Nahrungsmittel nicht von großer Bedeutung. Wir nehmen ja nur in den seltensten Fällen einheitliche Nahrungsproteine zu uns, sondern ernähren uns von gemischter Kost, in der verschiedene Proteine zur Deckung des Bedarfes zusammenwirken. Die biologische Wertigkeit von Proteingemischen ist aber nicht gleich der Summe der Wertigkeiten der Komponenten, sondern meist erheblich höher; denn verschieden zusammengesetzte Proteine können sich in bezug auf ihre biologische Wertigkeit ergänzen. Es gibt Mischungen von geringem und solche von hohem gegenseitigem Ergänzungswert[3]. Einen geringen haben z.B. Leguminosen plus Cerealien, einen hohen Cerealien plus Milch oder Fleisch. Der Grund hierfür ist, daß es nicht so sehr auf die Zufuhr von Proteinen als vielmehr auf diejenige der lebensnotwendigen Aminosäuren ankommt, die in den Proteinen in wechselnden Verhältnissen enthalten sind. Fehlt einem Protein *eine* lebensnotwendige Aminosäure, so sind auch die größten Mengen des Proteins nicht imstande, Stickstoffgleichgewicht herbeizuführen, während eine kleine Zulage eines Proteins, in dem *diese* Aminosäure reichlich vorkommt, der Mischung eine hohe biologische Wertigkeit verleihen kann. Allerdings sind in fast allen eingehend analysierten Proteinen alle essentiellen Aminosäuren gefunden worden, aber manche in verschwindend kleiner Menge. Von größter Bedeutung sind daher die Versuche von ROSE[4], dem man die Kenntnis der Unentbehrlichkeit bestimmter Aminosäuren verdankt. Er hat zuerst an Ratten, dann auch an Menschen durch Verfütterung von künstlichen Aminosäuregemischen festgestellt, welche Aminosäuren zu den essentiellen gehören und wieviel von jeder zur Erreichung des Stickstoffgleichgewichtes notwendig ist[5]. Schon von mehreren anderen Forschern war festgestellt worden, daß manche Aminosäuren ohne Beeinträchtigung von Leben und Wachstum aus der Nahrung entfernt werden können, während andere, wie Tryptophan, Lysin und Histidin, notwendig in der Nahrung der Versuchstiere verbleiben mußten. Aber erst die Auffindung der letzten, bis dahin unbekannten essentiellen Aminosäure Threonin durch MEYER u. ROSE[6] machte es möglich, Versuchstiere und dann auch Menschen mit Gemischen von reinen Aminosäuren zu ernähren. Die Nahrung mußte daneben völlig ausreichende Mengen an Kohlenhydraten, Fetten,

---

[1] MITCHELL, H. H.: J. biol. Ch. **58**, 873 (1923/24). — [2] Lang-Ranke, Stoffwechsel, S. 120, Tabelle 61. — [3] Lang-Ranke, Stoffwechsel, S. 141f. — [4] ROSE, W. C.: Physiol. Rev. **18**, 109 (1938). Fed. Proc. **8**, 546 (1949). — [5] ROSE, W. C.: Nutrit. Abstr. Rev. **27**, 631 (1957). — [6] MEYER, C. E., and W. C. ROSE: J. biol. Ch. **115**, 721 (1936).

Vitaminen und Mineralstoffen enthalten, damit die Stickstoffbilanz und das Wachstum wirklich nur von der vollständigen Deckung des Bedarfes an allen essentiellen Aminosäuren abhing. ROSE fand für das Wachstum von Ratten die in Tabelle 97 auf der linken Seite verzeichneten 10 Aminosäuren als unentbehrlich, während von den 12 auf der rechten Seite angeführten jede einzelne ohne Beeinträchtigung des Wachstums wegbleiben kann. Das Wegnehmen einer essentiellen Aminosäure bewirkt dagegen sofort eine negative N-Bilanz und führt einen solchen Widerwillen gegen die Nahrungsaufnahme herbei, daß die Versuche nach wenigen Tagen abgebrochen werden müssen.

Tabelle 97. Entbehrlichkeit und Unentbehrlichkeit von Aminosäuren für das Wachstum von Ratten.

Essentiell	Nicht essentiell
Lysin	Glycin
Tryptophan	Alanin
Histidin	Serin
Phenylalanin	Norleucin
Leucin	Asparaginsäure
Isoleucin	Glutaminsäure
Threonin	Oxyglutaminsäure
Methionin	Prolin
Valin	Oxyprolin
Arginin	Citrullin
	Tyrosin
	Cystein

Es war überraschend, daß sich für den Menschen 2 Aminosäuren als entbehrlich erwiesen, die für Ratten essentiell sind, nämlich Histidin und Arginin. Die endgültige Liste der für den erwachsenen Menschen essentiellen Aminosäuren lautet also: Valin, Leucin, Isoleucin, Threonin, Methionin, Phenylalanin, Lysin und Tryptophan[1]. Methionin kann zum Teil, aber nicht vollständig durch Cystin, Phenylalanin durch Tyrosin ersetzt werden[2].

Nach diesen qualitativen Feststellungen unternahm es ROSE, auch den quantitativen Bedarf des Menschen an den essentiellen Aminosäuren zu ermitteln. Sein Verfahren bestand darin, bei einer calorisch ausreichenden N-freien Kost durch Zulage von Aminosäuregemischen eine positive N-Bilanz herbeizuführen und dann eine einzige essentielle Aminosäure so lange zu vermindern, bis die Bilanz negativ wurde. Der Gleichgewichtspunkt zeigte den Bedarf an der getesteten essentiellen Aminosäure an. Die Tabelle 98 gibt die Ergebnisse von ROSE wieder.

Tabelle 98[3]. Der tägliche Aminosäure-Bedarf von jungen Männern.

Aminosäure	Zahl der Experimente	Bedarf in g	Höchster Minimalbedarf in g	„Definitely safe intake" in g
Tryptophan .	3	0,15—0,25	0,25	0,50
Phenylalanin	6	0,80—1,10	1,10	2,20
Lysin	6	0,40—0,80	0,80	1,60
Threonin . .	3	0,30—0,50	0,50	1,00
Methionin . .	6	0,80—1,10	1,10	2,20
Leucin . . .	5	0,50—1,10	1,10	2,20
Isoleucin . .	4	0,65—0,70	0,70	1,40
Valin	5	0,40—0,80	0,80	1,60

Es stellte sich heraus, daß es unmöglich ist, hierfür nur Gemische von essentiellen Aminosäuren zu verwenden. ROSE erhielt nämlich negative Bilanzen, wenn er ein Gemisch aller essentiellen Aminosäuren in der durch den geschilderten Test festgestellten Minimalmenge verfütterte. Die Bilanz wurde aber sofort ausgeglichen, als ROSE neben den essentiellen Aminosäuren noch eine beliebige nicht

[1] ROSE, W. C., W. J. HAINES and D. T. WARNER: J. biol. Ch. **206**, 421 (1954). — [2] ROSE, W. C.: Nutrit. Abstr. Rev. **27**, 631 (1957). — [3] ROSE, W. C.: Nutrit. Abstr. Rev. **27**, 642 (1957).

essentielle Aminosäure in größerer Menge verfütterte. Sogar die Zulage von Ammoniumcitrat an Stelle der nicht essentiellen Aminosäure bewirkte eine Verbesserung der Bilanz[1]. Es gibt also neben dem Aminosäurebedarf noch einen echten Stickstoffbedarf zur Synthese der nicht essentiellen Aminosäuren. Dies ist eine gewisse Bestätigung der früher viel umstrittenen Versuche von GRAFE u. Mitarb.[2], die eine Eiweißsynthese aus Ammoniumsalzen und aus Harnstoff bei kohlenhydratreicher Kost beobachteten und damit zahlreiche Versuche zur Einsparung von Futtereiweiß bei Nutztieren veranlaßten.

ROSE[3] weist ausdrücklich darauf hin, daß seine Versuche nur erkennen lassen, welche Mengen an Aminosäuren zur Herbeiführung des Bilanzausgleichs mindestens notwendig sind, nicht aber eine Empfehlung für die tägliche Kost darstellen. Bei seinen Versuchen zur Bedarfsbestimmung jeder einzelnen essentiellen Aminosäure gab er von den übrigen essentiellen Aminosäuren die doppelte Menge des Minimalbedarfs und nannte diese Menge: „definitely safe intake". Übrigens stimmen die von ROSE an jungen Männern gewonnenen Werte des Minimalbedarfs mit den von anderen Autoren an jungen Frauen erhaltenen nicht überein[4].

Der Bedarf des Körpers an Aminosäuren ist allerdings keine konstante Größe. Der *wachsende* Organismus braucht nicht nur je kg Körpergewicht viel mehr Nahrungseiweiß als der *erwachsene*, sondern hat auch einen anderen Bedarf an essentiellen Aminosäuren. Die Bestimmung der biologischen Wertigkeit durch den Wachstumstest von jungen Tieren muß daher notwendig zu etwas anderen Ergebnissen führen als die Bilanzversuche an erwachsenen. Es stellte sich heraus, daß der wachsende Organismus einen wesentlich höheren Bedarf an Lysin, Methionin, Tryptophan und Arginin hat[5]. Fütterung von jungen Tieren mit lysinarmen Nahrungsmitteln hat Wachstumshemmung oder sogar Entwicklungsstörungen zur Folge, während bei erwachsenen Lebewesen dieselben Nahrungsmittel zu den vollwertigen gehören können.

Um die biologische Wertigkeit von Eiweiß für das Wachstum zu bestimmen, stellt man nach OSBORNE, MENDEL u. FERRY[6] an Ratten fest, wie groß die Körpergewichtszunahme in g je verfüttertes g Nahrungsprotein ist. Diese Größe nennt man *protein efficiency* oder *Wachstumswert.* Zu ihrer Bestimmung müssen alle anderen lebensnotwendigen Komponenten der Nahrung im Überschuß vorhanden sein. Da der Wachstumswert der Proteine von der Höhe der Proteinzufuhr abhängt, hat man sich darauf geeinigt, für Vergleichsversuche 10% der Nahrung in Form von Eiweiß zu verabreichen. Der Wachstumswert von Vollei liegt bei 3,8, der von Casein bei 2,2, der von Weizen bei 1,5 und der von Erbsen bei 0,4.

---

[1] ROSE, W. C., L. C. SMITH, M. WOMACK and M. SHANE: J. biol. Ch. **181**, 307 (1949). — [2] GRAFE, E., u. V. SCHLÄPFER: H. **77**, 1 (1912). — GRAFE, E., u. K. TURBAN: H. **83**, 25 (1913). — GRAFE, E.: H. **78**, 485; **82**, 347 (1912); **84**, 69 (1913). — [3] s. zusammenfassende Abhandlung von ROSE, W. C.: Nutrit. Abstr. Rev. **27**, 631 (1957). — [4] LEVERTON, R. M., u. Mitarb.: J. Nutrit. **58**, 59, 83, 219, 341, 355 (1956). — JONES, E. M., C. A. BAUMANN and M. S. REYNOLDS: J. Nutrit. **60**, 549 (1956). — SWENDSEID, M. E., I. WILLIAMS and M. S. DUNN: J. Nutrit. **58**, 495 (1956). — SWENDSEID, M. E., and M. S. DUNN: J. Nutr. **58**, 507 (1956). — [5] ALBANESE, A. A.: Adv. Protein Chem. **3**, 227 (1947). — ALBANESE, A. A., V. I. DAVIS, M. LEIN and E. M. SMETAK: J. biol. Ch. **176**, 1189 (1948). — ALBANESE, A. A., L. E. HOLT jr., V. I. DAVIS, S. E. SNYDERMAN, M. LEIN and E. M. SMETAK: Fed. Proc. **7**, 141 (1948). J. Nutrit. **35**, 177 (1948); **37**, 511 (1949). — ALBANESE, A. A., L. E. HOLT jr., J. E. FRANKSTON and V. IRBY: Bull. Johns Hopkins Hosp. **74**, 251 (1944). — ALBANESE, A. A., V. IRBY, J. E. FRANKSTON and M. LEIN: Amer. J. Physiol. **150**, 389 (1947). — ALBANESE, A. A., L. E. HOLT jr., V. IRBY, S. E. SNYDERMAN and M. LEIN: Johns Hopkins Hosp. Rep. **80**, 158 (1947). — ALBANESE, A. A., L. E. HOLT jr., C. N. KAJDI and J. E. FRANKSTON: J. biol. Ch. **148**, 299 (1943). — ALBANESE, A. A., S. E. SNYDERMAN, M. LEIN, E. M. SMETAK and B. VESTAL: J. Nutrit. **38**, 215 (1949). — [6] OSBORNE, T. B., L. B. MENDEL and E. L. FERRY: J. biol. Ch. **37**, 223 (1919).

Die Ergebnisse dieser Methode gelten natürlich nur für den Aufbaustoffwechsel, nicht aber für den Erhaltungsstoffwechsel der Erwachsenen. Zur Bestimmung des Eiweißbedarfs der Erwachsenen kann man nur die oben geschilderten Bilanzmethoden verwenden. Die höhere biologische Wertigkeit der tierischen Proteine gilt aber auch für den Erhaltungsstoffwechsel[1].

Die Berechnung der biologischen Wertigkeit aus der Bausteinanalyse. Wenn die Eiweißsynthese bei dem Fehlen einer einzigen essentiellen Aminosäure unmöglich ist, so sollte die biologische Wertigkeit eines Proteins oder eines Proteingemisches durch diejenige essentielle Aminosäure begrenzt werden, die im Verhältnis zu ihrem Bedarf in prozentual kleinster Menge vorhanden ist. Nach diesem Verfahren versuchten 1946 MITCHELL u. BLOCK[2] die biologische Wertigkeit von Nahrungsproteinen zu berechnen. Da man den Bedarf an den einzelnen essentiellen Aminosäuren noch nicht mit genügender Sicherheit kennt, verglichen sie die betreffenden Nahrungsproteine mit dem Proteingemisch von Vollei, dessen Gehalt an jeder einzelnen Aminosäure = 100 gesetzt wurde. Sie hatten sich davon überzeugt, daß Vollei-Protein von keinem anderen Protein an biologischer Wertigkeit übertroffen wird und daß Zulagen von essentiellen Aminosäuren zu Vollei die Wertigkeit nicht steigert. Die einer Abhandlung von MITCHELL[3] entnommene Tabelle 99 zeigt den Vergleich von berechneter und an Ratten gemessener biologischer Wertigkeit. Im unteren Teil der Tabelle ist sowohl die nach MITCHELL u. BLOCK aus den analytischen Daten des oberen Teils berechnete Wertigkeit (chemical score) als auch der nach einem ganz anderen Prinzip von OSER[4] aufgestellte EAA-Index (essentiell amino acid-index) angeführt. OSER geht davon aus, daß nicht nur die im Minimum vorhandene essentielle Aminosäure die Proteinausnutzung begrenze, sondern daß jede essentielle Aminosäure, die im geringeren Prozentsatz vorhanden sei als im Vollei, die biologische Wertigkeit herabsetze. Er berechnet sie daher, indem er das geometrische Mittel der Prozentzahlen aller essentiellen Aminosäuren aus dem oberen Teil der Tabelle 99 bildet, wobei er die 100% übersteigenden Aminosäuren = 100 setzt. Die Tabelle zeigt, daß die EAA-Werte von OSER der biologischen Bestimmung näher kommen, als die chemical scores von MITCHELL.

In USA wurde durch eine Zusammenarbeit von 32 Forschungslaboratorien ein statistischer Vergleich der biologischen Bestimmungen und der Berechnungsmethoden der biologischen Wertigkeit durchgeführt und als Rutger-Bericht veröffentlicht[5]. In dem Bericht wird festgestellt, daß die Ergebnisse verschiedener Laboratorien zwar in der Reihenfolge der Wertigkeit übereinstimmen, dagegen die zahlenmäßigen Ergebnisse des einen Laboratoriums in einem zweiten Laboratorium nicht reproduzierbar waren. Da weder die Minimalbedarfszahlen von ROSE noch die Grundlagen der Berechnung nach MITCHELL oder nach OSER als gesichert angesehen werden können, ist die Frage nach der Berechenbarkeit der biologischen Wertigkeit noch nicht entschieden[6].

Was für den Aminosäurebedarf des wachsenden Organismus gilt, kann unter bestimmten Umständen auch beim Erwachsenen eine Rolle spielen, nämlich beim Muskelansatz im Training und bei der Wiederherstellung nach Unterernährung. Doch sind unsere Kenntnisse hier noch unzureichend. Der Zuwachs an Muskulatur hängt sowohl vom Trainingsreiz als auch von einem genügenden Eiweiß-

---

[1] KOFRÁNYI, E.: H. **309**, 253 (1957). — [2] MITCHELL, H. H., and R. J. BLOCK: J. biol. Ch. **163**, 599 (1946). — [3] MITCHELL, H. H.: Wiss. Abh. dtsch. Akad. Landwirtsch. Berlin **1954**, 279. — [4] OSER, B. L.: J. amer. dietet. Ass. **27**, 396 (1951). — [5] Rutgers University, Bureau of Biological Research. Report prepared by ALLISON, J. B., R. H. BARNES, W. H. COLE and R. A. HARTE 1946—1950. — [6] KOFRÁNYI, E.: Beiträge zum Antibiotika- und Eiweißproblem. Wiss. Veröff. dtsch. Ges. Ernähr., Bd. II. Darmstadt 1959.

Tabelle 99. Die Verwertbarkeit von Protein nach chemischen und biologischen Methoden, angewendet auf die gleichen Proben.

Aminosäure	„Rutger Cooperative Project" Protein-Vollei-Werte in %							Anheuer-Busch-Hefe-Proben Protein-Vollei-Werte in %[7]			
	Vollei[1]	Eier-albumin	Vollei	Rinder-muskel	Casein	Erdnuß-mehl	Weizen-gluten	Stamm B3	Stamm C1	Stamm K	Stamm KFY
Histidin	2,4	100	88	133	125	92	83	125	112	125	96
Lysin	7,0	103	87	123	116	50	39	116	97	96	114
Phenylalanin	6,3	94	89	62	86	78	79	67	70	73	46
Tyrosin	4,5	73	78	67	115	65	62	80	78	78	75
Phenylalanin + Tyrosin	10,8	85	84	64	92	72	72	72	73	75	58
Tryptophan	1,5	80	73	67	67	53	53	87	93	100	80
Methionin	4,0	105	80	68	80	20	42	65	67	70	70
Cystin	2,4	125	96	54	17	58	100	38	42	38	46
Methionin + Cystin	6,4	103	86	63	56	34	64	55	58	58	61
Threonin	4,3	114	114	102	105	65	65	123	121	123	119
Leucin	9,2	96	98	85	109	77	78	80	92	77	74
Isoleucin	7,7	83	81	68	83	53	58	73	78	78	75
Valin	7,2	104	97	71	103	64	60	82	67	65	75
Begrenzende Aminosäure		Tryptophan	Isoleucin	Methionin[2]	Methionin[2]	Methionin[2]	Lysin	Methionin[2]	Methionin[2]	Methionin[2]	Phenylalanin[3]
„chemical core"		80	81	63	56	34	39	55	58	58	58
EAA-Index		93	87	78	87	56	62	82	83	82	78
Biologischer Wert für die Ratte[4]		97	88	76[6]	69[6]	54	40	69	65	63	65
Wachstumswerte für die Ratte[5]		3,7	2,8	2,5	2,5	1,4	0,6	—	—	—	—

angebot in der Nahrung ab[8]. Es wurde beobachtet, daß bei bestehender Eiweißunterernährung eine Konkurrenz zwischen Muskeln und inneren Organen um das Nahrungseiweiß stattfindet, so daß die Muskeln nur bei einem Überangebot an Eiweiß ihren Bestand vermehren können. Da die Zusammensetzung der Muskel- und der Organproteine sicher verschieden ist, wird auch der Bedarf an essentiellen Aminosäuren verschieden sein, je nachdem ob Muskeln oder innere Organe aufgebaut werden.

2. Der Bedarf an Kohlenhydrat und an Fett.

a) Allgemeines.

Wenn auch die Proteine, wie schon ihr Name sagt, die Ur- und Grundsubstanz aller Zellen sind, so ist ein Leben ohne einen gewissen Vorrat der Zellen an Kohlenhydraten und Fetten nicht möglich. Es besteht aber zwischen dem Stoffwechsel der Proteine einerseits und dem der Kohlenhydrate und Fette andererseits ein wesentlicher Unterschied: Der Bedarf an Proteinen ist im allgemeinen — nämlich unter der Voraussetzung eines ausreichenden Ernährungszustandes und einer

[1] Ausgedrückt in g Aminosäure je g Ei-Stickstoff. — [2] Vorhandenes Cystin wirkt sich aus. — [3] Vorhandenes Tyrosin könnte sich auswirken. — [4] Veröffentlicht von Mitchell, H. H., and J. R. Beadles: J. Nutrit. **40**, 25 (1950). Die Werte für die Hefeproben sind nicht veröffentlicht. — [5] Veröffentlicht von Ruegamer, W. R., C. E. Poding and H. B. Lockhardt: J. Nutrit. **40**, 231 (1950). — [6] Aus: Block, R. J., and H. H. Mitchell: Nutrit. Abstr. Rev. **16**, 249 (1946). — [7] Aus: Block, R. J., and D. Bolling: Arch. Biochem. **7**, 313 (1945). — [8] Kraut, H., E. A. Müller u. H. Müller-Wecker: B. Z. **324**, 280 (1953).

genügenden Calorienzufuhr — von dem Energiebedarf des Körpers unabhängig; der Kohlenhydrat- und Fettbedarf richtet sich in erster Linie nach den energetischen Leistungen unseres Körpers. Da der Energiebedarf durch alle drei Hauptnährstoffe, Proteine, Kohlenhydrate und Fette gedeckt werden kann, ist es nicht notwendig, einen bestimmten Betrag an einem von diesen Nährstoffen in der Nahrung aufzunehmen. Vielmehr werden stets alle drei nebeneinander zur Energielieferung herangezogen. Zur experimentellen Feststellung, wieviel die 3 Hauptnährstoffe während der Beobachtungszeit zum Energieverbrauch beitragen, dient, wie S. 518 geschildert, die Messung des R.Q. und die N-Ausscheidung im Harn. (Über den Stoffwechsel der Kohlenhydrate s. Bd. 2/1a, S. 724ff. Stoffwechsel der Fette: Bd. 2/1a, S. 792ff. Über die chemischen Vorgänge bei der Muskelkontraktion: Bd. 2/2a, S. 587ff.)

Es wurde häufig angenommen, daß den Kohlenhydraten bei der Energielieferung eine bevorzugte Rolle zukomme. Das trifft jedoch unter normalen Ernährungsbedingungen nur für die erste anaerobe Phase der Muskelaktivität zu, die nur einen geringen Bruchteil zum Energiehaushalt beiträgt. Schon in der Ruhe und bei jeder Arbeit werden Kohlenhydrate und Fette nebeneinander zur Energielieferung herangezogen. Wie neuere Untersuchungen[1] ergeben haben, richtet sich das Verhältnis, in dem das geschieht, nach dem Verhältnis von Kohlenhydrat und Fett in der Nahrung. Erst wenn bei länger dauernder Arbeit ohne Nahrungszufuhr die Kohlenhydratvorräte des Körpers, die viel geringer sind als seine Fettvorräte, wesentlich vermindert sind, sinkt der R.Q.: ein Zeichen, daß nunmehr die Fettverbrennung zunimmt.

Die Verknüpfung des intermediären Stoffwechsels der Proteine, Kohlenhydrate und Fette erfolgt, wie insbesondere die Forschungen von KREBS und von MARTIUS klargelegt haben, durch den sog. Citronensäurecyclus (s. Bd. 2/1, S. 1030). Der Übergang von Kohlenhydrat in Fett findet in großem Umfang statt, sobald die Zufuhr von Energieträgern mit der Nahrung den Energiebedarf überschreitet. Der umgekehrte Vorgang, die Bildung von Kohlenhydrat aus Fett, spielt dagegen im tierischen Organismus nur eine untergeordnete Rolle[2]. Der Übergang von den sog. „glucoplastischen Aminosäuren" in Kohlenhydrat ist ein ständig ablaufender Vorgang.

b) Der Kohlenhydratbedarf.

Da der Körper Kohlenhydrat aus Eiweiß und in begrenztem Umfang auch aus Fett zu bilden vermag, sind Kohlenhydrate keine essentiellen Nahrungsbestandteile. Allerdings ist zur Verhinderung der Anhäufung von Ketonkörpern aus dem Fettabbau der gleichzeitige Abbau von geringen Mengen Kohlenhydrat erforderlich. MCCLELLAN und DUBOIS[3] fanden keine Störungen bei jahrelangen Versuchen mit einer Kost, die nur 1—2% Kohlenhydrat und sonst ausschließlich Fett und Eiweiß enthielt. Eine extrem fettreiche Ernährung (70% Fettcalorien) war nur erträglich, wenn mindestens 10% Kohlenhydrate darin enthalten waren[4], sonst trat schwere Ketonurie auf. Schon lange ist bekannt, daß ein Gewichtsverhältnis von Glucose : Fett wie 1:1,5 bei Diabetikern sowohl Glucosurie wie Acidose mit Sicherheit verhindert[5].

[1] KRAUT, H., H. ZIMMERMANN, M. BÖHM u. W. KELLER: Int. Z. angew. Physiol. **16**, 409, 421 (1957). — [2] WEINMAN, E. O., E. H. STRISOWER and I. L. CHAIKOFF: Physiol. Rev. **37**, 252 (1957). — SAKAMI, W., and J. M. LAFAYE: J. biol. Ch. **193**, 199 (1951). — [3] MCCLELLAN, W. S., and E. F. DU BOIS: J. biol. Ch. **87**, 651 (1930). — MCCLELLAN, W. S., V. R. RUPP and V. TOSCANI: J. biol. Ch. **87**, 669 (1930). — MCCLELLAN, W. S.: Kli. Wo. **1930 I**, 931. — DU BOIS, E. F., W. S. MCCLELLAN, H. J. SPENCER and E. A. FALK: Amer. J. Physiol. **90**, 334 (1929). — [4] ARON, H., u. K. KLINKE: Handb. Biochem. Erg.-W., Bd. II, S. 761. — [5] LUSK, G.: The Science of Nutrition. 4. Aufl. S. 662. Philadelphia, London 1931.

Die Bildung von Zucker aus Eiweiß ist auf gewisse Aminosäuren beschränkt, die man glucoplastische Aminosäuren nennt. Hierzu gehören alle nichtessentiellen Aminosäuren außer Tyrosin und Histidin, nämlich Glykokoll, Alanin, Serin, Cystein, Arginin, Ornithin, Prolin, Oxyprolin, Aminobuttersäure, Asparaginsäure und Glutaminsäure[1]. Offenbar handelt es sich dabei um reversible Prozesse, da ja eben diese Aminosäuren im Körper gebildet werden können.

Unter den Kohlenhydraten können sich Glucose, Fructose und Mannose gegenseitig unbegrenzt vertreten, wenn auch gewisse Unterschiede in der Resorption und in der Umwandlungsgeschwindigkeit im intermediären Stoffwechsel bestehen. Fructose wird erheblich langsamer resorbiert als Glucose, verschwindet aber rascher aus dem Blut.

Eine Sonderstellung nimmt die Galaktose ein. Sie wird zum Aufbau der Galaktoside (Cerebroside und Ganglioside) benötigt, sowie vom Säugling zur Herbeiführung einer normalen Darmflora. Während aber der Säugling als einzige Kohlenhydratquelle Lactose zu sich nimmt, also 50% an Galaktose, kann der Entwöhnte Lactose nur zu einem geringen Teil verwerten, weil die Aktivität der Galaktosidase im Darm sehr zurückgeht. Ein Anteil der Galaktose von 50 und mehr Prozent der Kohlenhydratzufuhr kann sogar toxisch wirken. Bei Ratten wurden Durchfälle, Ödeme und Koma sowie Katarakte beobachtet[2].

Ribose und Desoxyribose sind unentbehrliche Bestandteile von Fermenten und Nucleinsäuren. Sie können aber von Leber und Niere aus Glucose hergestellt werden. Dabei geht Glucose-6-phosphat in Ribose-5-phosphat über[3].

c) Der Fettbedarf[4].

Fett kann in gewissem Umfang aus Kohlenhydrat und Eiweiß gebildet werden. In welchem Ausmaß diese Synthese stattfindet, wurde in zahlreichen Isotopenversuchen[5] bestimmt. In direkten Messungen fanden Masoro[6] u. Mitarb., als sie Ratten und Mäuse bei fettfreier Kost mit aus ^{14}C markierter Glucose fütterten nach 24 Std 10—15% der Radioaktivität im Fett wieder. Neuere Arbeiten zeigen jedoch, daß die Umwandlungsrate stark mit dem Ernährungszustand[7] und dem Hormonspiegel[8] variiert. Trotz dieser Synthesemöglichkeit muß Fett mit der Nahrung aufgenommen werden, da es Träger bestimmter lebensnotwendiger Bestandteile ist.

So dient es als Träger für die fettlöslichen Vitamine A, D, E und K und erleichtert die Resorption dieser Vitamine durch den Magen-Darmtrakt. Burr u. Burr[9] erkannten als erste bei fettfrei ernährten Ratten Vitamin A- und Vitamin D-Mangelsymptome, obwohl die fettlöslichen Vitamine in der Kost ausreichend vorhanden waren. Wurde die fettfreie Diät länger beibehalten, so zeigten die Tiere Wachstumsstörungen, Veränderungen an Haut und Haarkleid und starben[10].

[1] Ringer, A. I., u. G. Lusk: H. **66**, 106 (1910). — Neuberg, C., u. L. Langstein: Arch. Anat. Physiol. **1903**, Suppl. 514. — Almagia, L., u. G. Embden: Hofmeisters. Beitr. **7**, 298 (1906). — Dakin, H. D., and H. W. Dudley: J. biol. Ch. **17**, 451 (1914). — Dakin, H. D.: J. biol. Ch. **13**, 513; **14**, 321 (1913). — Nebelthau, E.: M. m. W. **1902**, 917. — Langer, W.: Beitr. Physiol. **1**, 53 (1914). — Lusk, G.: Amer. J. Physiol. **22**, 174 (1908). — Warkalla, B.: Beitr. Physiol. **1**, 91 (1914). — [2] Guha, B. C.: Biochem. J. **25**, 1385 (1931). — [3] Dickens, F., and G. E. Glock: Biochem. J. **50**, 81 (1951/52). — [4] Deuel, H. J. jr.: The Lipids. Bd. III, S. 931ff. New York, London 1957. — [5] Stetten, D. jr., and G. E. Boxer: J. biol. Ch. **155**, 231 (1944). — Pihl, A., K. Bloch and H. S. Anker: J. biol. Ch. **183**, 441 (1950). — [6] Masoro, E. J., I. L. Chaikoff and W. G. Dauben: J. biol. Ch. **179**, 1117 (1949). — [7] Bruggen, J. T. van, T. T. Hutchens, C. K. Claycomb, W. J. Cathey and E. S. West: J. biol. Ch. **196**, 389 (1952). — s. a. Kennedy, E. P.: Ann. Rev. **26**, 125 (1957). — [8] Brady, R. O., F. D. W. Lukens and S. Gurin: J. biol. Ch. **193**, 459 (1951). — Felts, J. M., I. L. Chaikoff and M. J. Osborn: J. biol. Ch. **193**, 557 (1951). — [9] Burr, G. O., and M. M. Burr: J. biol. Ch. **82**, 345 (1929). — [10] Burr, G. O.: Fed. Proc. **1**, 224 (1942).

Diese Erscheinungen sind auf den bei völligem Fettentzug auftretenden Mangel an hoch ungesättigten Fettsäuren vom strukturellen Typ der Linol-, Linolen- und der Arachidonsäure zurückzuführen[1].

Schon BURR u. BURR[2] hatten die Heilung der durch Fettmangel entstandenen Hautveränderungen bei Ratten durch Gaben von ungesättigten Fettsäuren in Form von Schmalz oder pflanzlichen Ölen erkannt. Spätere Untersuchungen zeigten auch für Mäuse[3], Küken[4], Hunde[5], Insekten[6], Schweine[7], Schafe[7] und Kälber[7] die Notwendigkeit der sog. essentiellen Fettsäuren. Fassen wir die Erscheinungen, die bei Mangel an mehrfach ungesättigten Fettsäuren im tierischen Organismus beobachtet werden konnten, kurz zusammen, so ergibt sich folgendes Bild. Neben den Schädigungen an Haut und Haarkleid[8] treten starke Wachstumshemmungen auf[9]. Der Verlauf von Vermehrung und Lactation ist durch mangelnde Ausbildung der entsprechenden Organe gestört[10]. Die Wasserabgabe durch die Haut ist gesteigert, die Harnausscheidung vermindert[11]. Der Cholesterinstoffwechsel wird beeinflußt[12]. Der Grundumsatz nimmt zu[13]. Die Stress-Empfindlichkeit besonders gegen Strahlen ist erhöht[14].

Auch der menschliche Organismus kann die ungesättigten Fettsäuren, wie Linol-, Linolen- und Arachidonsäure u. a., nicht oder vielleicht in geringen Mengen synthetisieren, so daß auch er sie mit dem Nahrungsfett aufnehmen muß. Eine Teilsynthese der Arachidonsäure aus Linolsäure wurde bei Ratten beobachtet[15].

Mangel an essentiellen Fettsäuren kann nach HANSEN u. Mitarb.[16] beim Kleinkind zu Diarrhoe und Hautveränderungen führen, die durch Gaben von Linolsäure wieder geheilt wurden. Von einer therapeutischen Wirkung mehrfach ungesättigter Fettsäuren bei Hautkrankheiten berichtet HOLMAN[17].

Der Plasma-Cholesterinspiegel sinkt bei täglichen Gaben von tierischen oder pflanzlichen Fetten, die mehrfach ungesättigte Fettsäuren enthalten[18]. Ob dieser Effekt allerdings nur auf die essentiellen Fettsäuren oder auf andere Faktoren

[1] *Übersicht bei:* POPJAK, G., and E. LE BRETON (Hrsgb.): Biochemical Problems of Lipids. London 1956. — SINCLAIR, H. M. (Hrsgb.): Essential Fatty Acids. London 1957. — [2] BURR, G. O., and M. M. BURR: J. biol. Ch. **86**, 587 (1930). — [3] DECKER, A. B., D. L. FILLERUP and J. F. MEAD: J. Nutrit. **41**, 507 (1950). — [4] REISER, R.: J. Nutrit. **42**, 319 (1950). — [5] HANSEN, A. E., and H. F. WIESE: Proc. Soc. exp. Biol. Med. **52**, 205 (1943). — HANSEN, A. E., O. BECK and H. F. WIESE: Fed. Proc. **7**, 289 (1948). — [6] FRAENKEL, G., and M. BLEWETT: J. exp. Biol. **22**, 172 (1946). — [7] HOLMAN, R. T., in: POPJAK, G., and E. LE BRETON (Hrsgb.): Biochemical Problems of Lipids. S. 463. London 1956. — [8] RAMALINGASWAMI, V., and H. M. SINCLAIR: Brit. J. Derm. **65**, 1 (1953). — [9] DEUEL, H. J. jr., S. M. GREENBERG, L. ANISFELD and D. MELNICK: J. Nutrit. **45**, 535 (1951). — [10] DEUEL, H. J. jr., C. R. MARTIN and R. B. ALFIN-SLATER: J. Nutrit. **54**, 193 (1954). — DAM, H.; in: Die Ernährungsphysiologischen Eigenschaften der Fettsäuren. 1. Sympos. Mainz 1957, S. 1. — [11] BASNAYAKE, V., and H. M. SINCLAIR; in: Biochemical Problems of Lipids. S. 476. London 1956. — AAES-JØRGENSEN, E., and H. DAM: Brit. J. Nutrit. **8**, 290 (1954). — [12] HOLMAN, R. T., and E. AAES-JØRGENSEN; in: Essential Fatty Acids. S. 156. Hrsgb. H. M. SINCLAIR. London 1957. — PFEIFER, J. J., and R. T. HOLMAN: Arch. Biochem. **57**, 520 (1955). — DAM, H., I. PRANGE and E. SØNDERGAARD: Acta physiol. scand. **34**, 141 (1955). — ALFIN-SLATER, R. B., L. AFTERGOOD, A. F. WELLS and H. J. DEUEL jr.: Arch. Biochem. **52**, 180 (1954). — [13] PANOS, T. C., and J. C. FINERTY: J. Nutrit. **49**, 397 (1953); **54**, 315 (1954). — PANOS, T. C., J. C. FINERTY, G. F. KLEIN and R. L. WALL; in: Essential Fatty Acdis. Hrsgb. H. M. SINCLAIR, S. 105. London 1957. — [14] DEUEL, H. J. jr., A. L. S. CHENG, G. D. KRYDER and M. E. BINGEMANN: Science, N. Y. **117**, 254 (1953). — CHENG, A. L. S., M. RYAN, R. B. ALFIN-SLATER and H. J. DEUEL jr.: J. Nutrit. **52**, 637 (1954). — CHENG, A. L. S., T. M. GRAHAM, R. B. ALFIN-SLATER and H. J. DEUEL jr.: J. Nutrit. **55**, 647 (1955). — [15] WIDMER, C. jr., and R. T. HOLMAN: Arch. Biochem. **25**, 1 (1950). — MEAD, J. F., W. H. SLATON jr. and A. B. DECKER: J. biol. Ch. **218**, 401 (1956). — SMEDLEY-MACLEAN, I., and E. M. HUME: Biochem. J. **35**, 996 (1941). — [16] HANSEN, A. E., D. J. D. ADAM, H. F. WIESE, A. N. BOELSCHE and M. E. HAGGARD; in: Essential Fatty Acids. Hrsgb. H. M. SINCLAIR, S. 216. London 1957. — HANSEN, A. E.: Amer. J. Dis. Children **53**, 933 (1937). — [17] HOLMAN, R. T.: Fette und Seifen **53**, 332 (1951). — [18] MALMROS, H., in: Essential Fatty Acids. Hrsgb. H. M. SINCLAIR, S. 150. London 1957.

zurückzuführen ist, kann mit Sicherheit noch nicht gesagt werden. Eine Klärung dieser Frage wäre für die Lösung des Arteriosklerose-Problems von Bedeutung[1].

Der Einfluß der essentiellen Fettsäuren auf die Cytochromoxydase-Aktivität wurde in Tierexperimenten festgestellt[2]. Auch für weitere Enzyme könnten die essentiellen Fettsäuren von Bedeutung sein.

Die empfehlenswerte Zufuhr für den Menschen an Gesamtfett beträgt beim Säugling etwa 50%, beim Erwachsenen etwa 25—30% Fettcalorien, bezogen auf die Gesamt-Calorienaufnahme[3].

Der Bedarf an essentiellen Fettsäuren hängt von der Zusammensetzung der Grundnahrung ab und ist nicht genau anzugeben, zumal es bisher keine Möglichkeit gibt, den Bedarf am Menschen zu testen. Einen Anhaltspunkt für den Bedarf des Säuglings bietet der Gehalt der Muttermilch an mehrfach ungesättigten Fettsäuren[4]. Er beträgt 9,2% des Gesamtfettsäure-Gehaltes. Der Erwachsene braucht annähernd 3—4 g essentielle Fettsäuren je Tag, um den durchschnittlichen Spiegel dieser Verbindungen im Serum aufrechtzuerhalten[5].

Tabelle 100[6]. Die wichtigsten Speisefette und die Zusammensetzung ihrer Fettsäuren.

	Gesättigte Fettsäuren %			Ungesättigte Fettsäuren %			
	C_4—C_{10}	C_{12}—C_{14}	C_{16}—C_{18}	Ölsäure	Linolsäure	Linolensäure	höhere
Butterfett	7—13	10—15	32—40	20—34	2—4	—	1,8
Frauenmilchfett	1—3	13—20	30—36	32—36	6—8	—	3—6
Rindertalg	—	2—6	45—55	38—50	1—3	—	0,5
Schweineschmalz	—	1—3	25—40	42—55	5—12	—	1—3
Kokosöl	14—16	62—70	9—13	5—8	1—2,5	—	—
Palmkernöl	6—10	66—70	22—24	10—18	1—2,5	—	—
Palmöl	—	1—6	40—45	39—52	6—11	—	—
Kakaobutter	—	—	51—56	33—35	9—16	—	—
Olivenöl	—	1	9—19	67—85	4—15	—	—
Baumwollsaatöl	—	—	20—27	18—35	40—60	—	—
Sonnenblumenöl	—	—	5—10	25—42	54—62	—	—
Rüböl	—	—	4	14—30	11—25	1—7	42—57*
Erdnußöl	—	—	12—21 (3—7)**	50—70	17—26	—	—
Sojaöl	—	—	12—14	22—25	50—56	5—10	—
Leinöl	—	—	8—16	15—30	15—25	30—60	—

* Erucasäure. ** Arachinsäure.

Der Nahrungswert der Fette[7]. Je nach Herkunft haben die Fette eine etwas verschiedene Zusammensetzung, so daß ihr Nahrungswert differiert. So enthalten z. B. pflanzliche Fette kein Vitamin A, sondern nur das Provitamin β-Carotin. Auch Vitamin D kommt in Pflanzen nicht vor, nur wenig in tierischem Fett, sehr viel jedoch in den aus verschiedenen Fischlebern gewonnenen Ölen. Umgekehrt verhält es sich mit dem Gehalt an Vitamin E.

[1] Brückel, K. W., D. Berg, H. D. Berger, H. Jobst, B. Kommerell, M. Krebs u. G. Schettler: Z. Kreislaufforsch. **47**, 923 (1958). — Schettler, G., u. M. Eggstein: D. m. W. **1958**, 702; **1958**, 750. — [2] Tulpule, P. G., and J. N. Williams jr.: J. biol. Ch. **217**, 229 (1955). — Marinetti, G. V., D. J. Scaramuzzino and E. Stotz: J. biol. Ch. **224**, 819 (1957). — [3] *Kurze Übersicht bei* Wirths, W.; in: Die ernährungsphysiologischen Eigenschaften der Fette. 1. Sympos. Mainz 1957, S. 157. — [4] Zit. nach Dam, H.; in: Die ernährungsphysiologischen Eigenschaften der Fette. 1. Sympos. Mainz 1957, S. 20. — [5] US National Research Council. Recommended Dietary Allowances. Revised 1953. Publ. 30b (Washington D. C. 1953). — [6] Baltes, J.; in: Die ernährungsphysiologischen Eigenschaften der Fette. 1. Sympos., Mainz 1957, S. 32. — [7] Deuel, H. J. jr.: The Lipids. Bd. III, S. 898. New York, London 1957.

Der Gehalt an essentiellen Fettsäuren ist in vielen pflanzlichen Ölen größer als in den tierischen Fetten.

Die gesättigten und einfach ungesättigten Fettsäuren variieren ebenfalls in Menge und Konstitution (Kettenlänge u. a., vgl. Bd. 2/1 a, S. 820). Sie werden verschieden schnell resorbiert und enzymatisch abgebaut, so daß auch hierdurch unterschiedliche ernährungsphysiologische Eigenschaften beobachtet werden konnten[1].

Fette, die für Ernährungszwecke bestimmt sind, müssen durch den Grad der Härtung und durch die Mischung mit natürlichen Ölen auf den ungefähren Schmelzpunkt von 37° C eingestellt werden, damit die Verdaulichkeit und Resorption optimal werden und der Gehalt an essentiellen Fettsäuren und den fettlöslichen Vitaminen gesichert ist.

In zahlreichen Versuchen wurde die Gleichwertigkeit solcher Fette mit den natürlich vorkommenden, für die Ernährung gebrauchten Fetten, wie z. B. Butter, bewiesen[2]. Eine Diskussion zu diesem allgemeinen Problem findet sich bei THOMASSON[3].

3. Der Bedarf an Vitaminen und an Mineralstoffen.

In den vorangehenden Abschnitten dieses Handbuches finden sich bei der Schilderung jedes einzelnen Vitamins Angaben über seine Funktion und über seinen Bedarf. Dasselbe gilt von den Mineralstoffen.

Trotz der großen Fortschritte, die die Vitaminforschung in bezug auf die chemische Konstitution und die Funktion der Vitamine in den letzten Jahrzehnten gemacht hat, sind unsere Kenntnisse über den Bedarf an den einzelnen Vitaminen allerdings gering. Dies ist zum großen Teil durch die physiologischen Verhältnisse bedingt. Die Freilegung der Vitamine aus den Nahrungsmitteln im Verdauungstrakt, ihre Resorption und ihre Ausscheidung aus dem Körper (teils mit, teils ohne Umwandlung in andere Verbindungen ohne Vitamincharakter) sind großen Schwankungen unterworfen. Viele Vitamine werden von Darmbakterien synthetisiert und anschließend resorbiert, aber beides in sehr wechselndem Umfang. Andererseits ist der Vitaminbedarf je nach den Anforderungen an den Organismus sehr verschieden. Im Wachstum, in der Schwangerschaft, bei der Laktation, in der Rekonvaleszenz, aber auch im Alter hat der Mensch einen höheren Bedarf. Bei manchen Vitaminen steigt der Bedarf bei stärkerer körperlicher Tätigkeit, bei anderen nicht.

Soweit die Vitamine, wie besonders diejenigen der B-Gruppe, Cofermente oder Bestandteile von Cofermenten sind, hängt ihre Wirksamkeit auch von der Bildung der als Apofermente fungierenden Proteine ab. Die Symplexe von Co- und Apoferment sind meist stark dissoziiert; die Organe enthalten daher oft einen großen Überschuß an Cofermenten, um genügende Mengen der Holofermente zur Verfügung zu haben. Es darf also bei so variablen Bedingungen nicht wundernehmen, daß der mengenmäßige Bedarf kaum zu ermitteln ist. Dies hat aber noch einen besonderen Grund. Es ist zwar, falls die analytischen und präparativen Methoden ausreichen, möglich festzustellen, welche Mengen erforderlich sind, um eine Avitaminose zu heilen oder zu verhindern (kurativer und präventiver Test), aber es ist kein Zweifel, daß diese Mengen nicht die optimale Zufuhr darstellen. Für die Feststellung des Optimums fehlt es an geeigneten Maßstäben. Eine obere

[1] LANG, K.; in: Die ernährungsphysiologischen Eigenschaften der Fette. 1. Sympos. Mainz 1957, S. 103. — [2] HOAGLAND, R., and G. G. SNIDER: J. Nutrit. 22, 65 (1941). — LEICHENGER, H., G. EISENBERG and A. J. CARLSON: J. amer. med. Ass. **136**, 388 (1948). — EULER, B. v., and H. v. EULER: Ark. Kemi **3**, 31 (1951). — DEUEL, H. J. jr., S. M. GREENBERG, E. E. SAVAGE and A. L. BAVETTA: J. Nutrit. **42**, 239 (1950). — [3] THOMASSON, H. J.; in: POPJAK, G., and E. LE BRETON: Biochemical Problems of Lipids. S. 452. London 1956.

Grenze ist bei den fettlöslichen Vitaminen A, D und E dadurch gesetzt, daß eine überhöhte Zufuhr zu Störungen, zu Hypervitaminosen führt. Nur bei wenigen Vitaminen gibt es daher Schätzungen des Bedarfs, die sich bei der praktischen Anwendung bewährt haben (s. Tabelle 103 auf S. 565).

Auch bei den Mineralstoffen handelt es sich bei den Bedarfsangaben nur um Näherungswerte. Zu den Bedarfsunterschieden von Mensch zu Mensch kommen Anpassungserscheinungen an Mangellagen, die die Feststellung von optimalen Zufuhren erschweren. Bei den Spurenelementen macht es ihre Allgegenwart und die Geringfügigkeit eines etwaigen Bedarfs außerordentlich schwer, den qualitativen und noch schwerer den quantitativen Bedarf nachzuweisen. Nur für 8 Spurenelemente, nämlich Fe, Zn, Cu, Mn, J, Co, V und Mo, ist die Unentbehrlichkeit erwiesen[1]. Bei weiteren 10 ist eine biologische Bedeutung fraglich, wenn auch bei der Mehrzahl von ihnen unwahrscheinlich. Ein alimentärer Mangel des Menschen an Spurenelementen ist bisher nur bei Jod nachgewiesen worden. Eisenmangel wird nur bei Störungen der Resorption oder Ausnutzung beobachtet. Bei Fluor ist es fraglich, ob man es zu den lebensnotwendigen Spurenelementen rechnen soll. Aber ohne Zweifel hat es einen günstigen Einfluß auf die Zahngesundheit. In Tierversuchen wurde festgestellt, daß ohne Fluor die Zähne schlecht wachsen und hypoplastisch werden. Fluor ist aber nicht nur Zahnbaustein, sondern zugleich ein Anreger der Neubildung von Zahnsubstanz. Sein Fehlen verursacht eine allgemeine Störung der Mineralisierung. Nur von Eisen, Fluor und Jod lassen sich Angaben über die Größenordnung des Bedarfs machen. Fluor und andere Spurenelemente, darunter auch lebensnotwendige, wirken schon bei geringer Überdosierung toxisch. Die Empfehlungen des Ausschusses für Nahrungsbedarf der Deutschen Gesellschaft für Ernährung[2] fassen das derzeit vorliegende Wissen über den Mengenbedarf an Mineralstoffen zusammen.

V. Ernährung[3–12].

1. Normale Ernährung.

a) Allgemeine Ernährungslehre.

Der Nahrungsbedarf setzt sich aus dem Bedarf für Aufbau, Funktionen und Leistungen des Organismus, besonders auch im intermediären Stoffwechsel, zusammen. Schon bei den Mikroorganismen gibt es einen bestimmten Nahrungsbedarf, wobei die essentiellen Bestandteile je nach der Zusammensetzung des genabhängigen Fermentapparates variieren können. Zum Beispiel sind manche Organismen imstande, bestimmte Aminosäuren selbst aufzubauen, während gewisse Mutanten derselben Art diese Fähigkeit verloren haben. Auch bei den Insekten sind derartige Mutationen bekannt, die bestimmte, für sie essentielle Stoffe mit der Nahrung aufnehmen müssen, welche von artgleichen Wildformen selbst synthetisiert werden können.

[1] Ammon, R.: Mainzer Kongreßvorträge der Deutschen Gesellschaft für Ernährung 1957, Frankfurt a. M. 1957. — [2] Die wünschenswerte Höhe der Nahrungszufuhr. Frankfurt 1956. — [3] Glatzel, H.: Nahrung und Ernährung. (Verständl. Wiss. Bd. XXXIX) Berlin 1939. — [4] König, Chemie Nahr.- u. Genußm. 4. Aufl. Handb. Lebensm.-Chem. (Bömer u.a.). — [5] Hintze, K.: Geographie und Geschichte der Ernährung. Leipzig 1934. — [6] Bürger, M.: Verdauungs- und Stoffwechselkrankheiten. Stuttgart 1951. — [7] Glatzel, H.: Ernährungskrankheiten und Ernährungstherapie. Handb. inn. Med. (Bergmann-Frey-Schwiegk) 4. Aufl. Bd. VI/2, S. 313—671. — [8] Basler, A.: Über die Ernährung und die wichtigsten Nahrungsmittel in China. Canton 1932. — [9] Cooper, L. F., E. M. Barber and H. S. Mitchell: Nutrition in Health and Disease. 9. Edit. Philadelphia 1943. — [10] Lang-Ranke, Stoffwechsel. — [11] Lang, Intermed. Stoffw. — Lang, K.: Biochemie der Ernährung. Darmstadt 1957. — [12] Lang-Schoen, Ernährung.

Selbstverständlich sind bei verschiedenen Arten der Nahrungsbedarf und die essentiellen Stoffe ebenfalls verschieden, z. B. braucht die Ratte keine Ascorbinsäure, aber das Meerschweinchen und auch der Mensch müssen Vitamin C mit der Nahrung aufnehmen. Allgemein muß man Bedarf und Verbrauch unterscheiden. Der Bedarf ist biologisch oder gesundheitlich ausgerichtet, der Verbrauch aber von vielen äußeren Zufälligkeiten abhängig.

Auch auf die morphologische und physiologische Gestaltung von Tier und Pflanze übt die Ernährung einen beträchtlichen Einfluß aus (Masttiere, Pflanzen auf verschiedenen Böden und bei verschiedener Düngung).

Zu dem gesamten Ernährungskomplex gehören auch Nahrungsaufnahme, Verdauung, Resorption, Exkretion, Ausnutzung, intermediärer Stoffwechsel, körperliche Leistungen, ferner Fragen des Wohlgeschmackes, der Bekömmlichkeit, des Appetits, des Hungers und Durstes, der Kostformen und Mahlzeiten und Probleme der Nahrungsmittel (Auswahl, Gewinnung, Darstellung, Lagerung, Mischung, Zubereitung).

Zu den Momenten, die in den vorhergehenden Abschnitten für den Stoffwechsel beschrieben sind, kommen für die Ernährung außerdem noch eine Reihe von bedeutungsvollen Umweltfaktoren hinzu. Hierzu rechnen: geographische Lage, Klima, allgemeine Struktur des Landes, besonders in ernährungswirtschaftlicher Hinsicht, nationale und landwirtschaftliche Traditionen, ferner Beruf, Einkommen, wirtschaftliche Verhältnisse des einzelnen Menschen.

Die zahlreichen Beobachtungen von Fehl- und Unterernährung, von Krankheiten infolge unzweckmäßiger Ernährung zeigen, daß der Gewohnheit und dem Geschmack des einzelnen Menschen nur eine bedingte Zuverlässigkeit zukommt. UMBER[1] hat von Dysorexie, dem falschen Hungergefühl, gesprochen, das durch unzweckmäßige Erziehung schon frühzeitig den Kindern anerzogen wird. Die zunehmende räumliche und geistige Entfernung des Verbrauchers vom Erzeuger und die durch den Welthandel und die Ernährungsindustrie ungemein gesteigerte Auswahl an Nahrungsmitteln haben dazu beigetragen, die ursprüngliche Bindung des Menschen an eine durch den Standort gegebene Ernährung zu lösen. Es ist daher mehr denn je notwendig, die Erkenntnisse der Ernährungslehre allgemein zu verbreiten.

Die Nahrung muß die Ansprüche des Energiewechsels und des Aufbau- und Erhaltungsstoffwechsels erfüllen; sie muß außerdem den Forderungen der menschlichen Sinnesphysiologie und der Psychologie entsprechen und im Einklang mit den wirtschaftlichen Gegebenheiten des Landes und des betreffenden Verbrauchers stehen.

b) Nährstoffe.

Nach einer Definition von VOIT werden „alle diejenigen Stoffe, welche einen für die Zusammensetzung des Körpers notwendigen Stoff zum Ansatz bringen oder dessen Abgabe verhüten oder vermindern", Nährstoffe genannt. Allgemeiner kann man die Nährstoffe definieren als die vom Körper verwertbaren Bestandteile der Nahrungsmittel. Die Einteilung der Nährstoffe in die großen Gruppen der Proteine, Fette, Kohlenhydrate, Vitamine und Mineralstoffe, sowie die Unterscheidung des Energiewechsels vom Aufbau- und Erhaltungsstoffwechsel war im wesentlichen das Werk der Ernährungsphysiologen im vorigen Jahrhundert und in den ersten Jahrzehnten unseres Jahrhunderts. Eine große analytische Arbeit war und ist noch zu bewältigen, um festzustellen, welche Bau-

[1] UMBER, F.: Die Stoffwechselkrankheiten in der Praxis. 3. Aufl. München 1939.

steine in den 5 Nährstoffgruppen enthalten sind und welche Rolle sie im Stoffwechsel spielen. Die moderne Ernährungsforschung ist hauptsächlich damit beschäftigt, die Aufgabe und das Schicksal der einzelnen Nährstoffe in unserem Körper aufzuklären.

Dabei wurde erkannt, daß manche Nährstoffe in unserer Nahrung enthalten sein müssen, weil unser Körper sie benötigt und sie nicht selbst synthetisieren kann, während andere zwar verwertbar, aber nicht notwendig sind, oder aber, wenn notwendig, aus anderem Material in unserem Körper aufgebaut werden können. Man unterscheidet daher lebensnotwendige oder essentielle von den entbehrlichen oder nicht essentiellen Nährstoffen. Alle Vitamine sind essentielle Nährstoffe. Aber auch fast die Hälfte der in unserem Körpereiweiß vorkommenden Aminosäuren können wir nicht selbst synthetisieren, sondern müssen sie dem Nahrungseiweiß entnehmen; sie sind daher essentielle Aminosäuren. Ferner sind einige höher ungesättigte Fettsäuren lebensnotwendig. Daß alle für den Aufbau und den Stoffwechsel unseres Körpers erforderlichen Mineralstoffe zu den essentiellen Nährstoffen gehören, ist selbstverständlich.

Es muß aber wohl beachtet werden, daß es außer dem Bedarf an essentiellen Nährstoffen einen Gesamtbedarf an Proteinen, Fetten und Kohlenhydraten gibt, so daß der Nährstoffbedarf nicht einfach die Summe des Bedarfs der essentiellen Nährstoffe ist. Zur Aufrechterhaltung des Stoffwechsels braucht der Körper eine gewisse Menge von Hexosen und von Fett, wenn es auch nicht lebenswichtig ist, ob die Hexosen aus Glucose, Mannose oder Fructose bestehen, oder die Fette Palmitinsäure, Stearinsäure oder Ölsäure enthalten. Beim Eiweißbedarf gibt es neben demjenigen an essentiellen Aminosäuren auch noch einen Gesamtbedarf an Aminostickstoff, der durch irgendwelche Aminosäuren gedeckt werden kann. Der Gesamtbedarf an Energie kann sowohl durch Proteine als auch durch Kohlenhydrate oder Fette bestritten werden.

Wir kennen heute ungefähr 50 lebensnotwendige Nährstoffe, nämlich 8 Aminosäuren, einige Fettsäuren, 20—30 Vitamine und vitaminähnliche Stoffe, 15—20 Mineralstoffe, einschließlich der Spurenelemente. Dazu kommen noch ungefähr 100 nichtessentielle Nährstoffe, nämlich 12 Aminosäuren, alle Fettsäuren von der Essigsäure bis zu C_{26} einschließlich zahlreicher ungesättigter Fettsäuren, die gesamten Zwischenprodukte des Eiweiß-, Fett- und Kohlenhydratabbaus, zahlreiche Lipoide, Purin- und Pyrimidinverbindungen. Es genügt, die Inhaltsübersicht des ersten Bandes aufzuschlagen, um sich einen Überblick über alle vorkommenden Nährstoffe zu verschaffen.

c) Nahrungsmittel.

Von den Nährstoffen unterscheidet man die Nahrungsmittel, die aus Nähr- und Ballaststoffen, Duft- und Geschmackstoffen zusammengesetzt sind, z. B. Graubrot, Schellfisch, Blumenkohl. Nahrungs- und Genußmittel faßt man — nicht ganz logisch — unter der Bezeichnung Lebensmittel zusammen. Aus den Stoffwechseluntersuchungen geht hervor, welche und wieviel Nährstoffe aufgenommen werden sollen, die Nahrungsmittelanalyse gibt an, welche Nahrungsmittel zur Deckung des Nährstoffbedürfnisses geeignet sind. Bei der Auswahl der Lebensmittel spielen die klimatischen, geographischen und volkswirtschaftlichen Faktoren eine ausschlaggebende Rolle. Es gibt jedoch kein biologisches Grundgesetz, das bestimmte Nahrungsmittel, etwa eine tägliche Brot-, Milch- oder Fleischmenge, erfordert. Gerade die Kriegserfahrung hat mit großer Eindringlichkeit gezeigt, daß es wesentlich auf die in den Nahrungsmitteln enthaltenen Nährstoffe ankommt, allerdings nicht nur auf ihre Anzahl und Menge, sondern auch auf ihre Mischung.

Wenn eine bestimmte Kost Wirkungen ausübt, die nicht auf die in ihr nachgewiesenen Bestandteile zurückgeführt werden können, so ist anzunehmen, daß uns die Zusammensetzung dieser Kost noch nicht vollständig bekannt ist. Dies ist also kein Beweis gegen die Richtigkeit der Nährstoffbetrachtung, sondern ein Anreiz, die analytischen Methoden zu verbessern.

Die Nahrung stellt ein Gemenge von Nahrungsmitteln dar, die meist vor dem Verzehr durch verschiedene Zubereitung in ihrer physikalischen, chemischen oder kolloid-chemischen Struktur verändert werden. Bei der Zubereitung können auch neue physiologisch wirksame Substanzen auftreten, beim Röstvorgang z.B. histaminähnlich wirkende Stoffe. Die bei der Zubereitung eintretenden Veränderungen des Wassergehaltes beeinflussen das Nahrungsvolumen. Pflanzliche Nahrungsmittel sind gewöhnlich nach der Zubereitung wasserreicher, tierische wasserärmer.

Tabelle 101. Wassergehalt von Nahrungsmitteln vor und nach der Zubereitung (in %)[1].

Rindfleisch, frisch	71	Weizenbrot	35
Rindfleisch, gekocht	60	Erbsen, getrocknet	10
Rindfleisch, gebraten	57	Erbsenbrei	73
Kalbfleisch, frisch	73	Erbsensuppe, Konserve	86
Kalbfleisch, gebraten	62	Kartoffel, roh	78
Weizenmehl	15	Kartoffelbrei	78

Bei der Zubereitung der Nahrungsmittel entsteht meist ein wechselnder Verlust an ausnutzbaren Nährstoffen, der sog. küchentechnische Abfall, der nicht zum menschlichen Konsum kommt.

Auch wird die Ausnutzung der Nährstoffe durch Zubereitung und Konservierung oft verbessert, zum Teil aber auch verschlechtert[2].

Es gibt nur wenige Nahrungsmittel, die gleichzeitg sämtliche Nährstoffe und Schutzstoffe enthalten, die der menschliche Körper benötigt. Mindestens sind die Verhältnisse bei allen von denen des menschlichen Körpers verschieden. Die einzelnen Nahrungsmittel sind vielmehr im allgemeinen Träger vorwiegend eines oder einiger weniger Nährstoffe. Vollkommene Nahrungsmittel sind in diesem Sinne für die Grasfresser die grünen Gräser und Leguminosen, während in der menschlichen Nahrung nur die arteigene Milch für den Säugling eine solche Ausnahme ist. Aus diesem Grunde ist die Zufuhr von möglichst verschiedenen Nahrungsmitteln, wie sie in der gemischten Kost vorhanden sind, physiologisch notwendig. Bei der Mischung der Nahrungsmittel muß auf die Art der Zubereitung, auf die Zusammensetzung der Speisen und Mahlzeiten im Tages- und Wochenplan geachtet werden.

Der *Wassergehalt* der Nahrung ist von großer Wichtigkeit für die Stoffwechselvorgänge im Körper. Daher gehört die Flüssigkeitsaufnahme mit den Getränken ebenfalls zum Komplex der Ernährung. Auch für die Ausscheidung der Abbauprodukte und gelegentlich von Giften ist die Flüssigkeitsaufnahme bedeutungsvoll.

Eine Besprechung der einzelnen Nahrungsmittel würde hier zu weit führen. Die Tabelle 102[3] gibt eine Übersicht über die *Zusammensetzung einiger wichtiger*

[1] Nach: DIEMAIR, W.; in: LANG-SCHOEN, Ernährung (S. 140, Tabelle 4); und: Composition of Foods — raw, processed, prepared. U.S. Dep. of Agriculture. Agriculture Handbook No. 8. Washington 1950. — [2] DIEMAIR, W.: Die Verarbeitung der Lebensmittel; in: LANG-SCHOEN Ernährung S. 135ff. — [3] Auszug aus: W. WIRTHS, Kleine Nährwerttabelle der Deutschen Gesellschaft für Ernährung. 3. Aufl. Dortmund 1958.

Tabelle 102. Zusammensetzung einiger Nahrungsmittel[1].

Nahrungsmittel	Der genießbare Teil von 100 g eingekaufter Ware enthält										
	Eiweiß	Fett	Kohlenhydrate	Calorien	Mineralstoffe			Vitamine			
	g	g	g	kcal	Calcium mg	Phosphor mg	Eisen mg	A I. E.	B_1 mg	B_2 mg	C mg
Schweinefleisch, mittelfett	18	21	—	270	8	150	2,0	—	0,70	0,15	.
Rindfleisch, mittelfett	20	12	—	195	11	160	2,5	—	0,10	0,15	.
Kalbfleisch i. D.	19	9	—	160	9	200	5,0	—	0,15	0,35	.
Hammelfleisch i. D.	14	18	—	225	10	190	2,5	—	0,15	0,20	.
Geflügel i. D.	15	13	—	185	10	150	3,0	+	0,10	0,25	7,0
Kabeljau (ganz. Fisch)	8	—	—	35	15	195	1,0	20	0,05	0,25	2,0
Bückling, geräuchert	14	10	—	150	66	255	(1,5)	—	+	0,30	—
Salzhering	14	11	1	165	.	.	.	+	+	0,30	—
Hühnerei	12	11	1	155	54	210	2,5	1140	0,10	0,30	+
Vollmilch (3% Fettgehalt)	3,4	3	5	60	118	95	0,1	100—160	0,05	0,15	1,0
Butter, Sommer	1	80	1	750	20	15	0,2	3300	+	0,02	—
Hartkäse, 20% Fett i. T.	36	10	3	255	1200	400	1,0	180	+	+	1,0
Quark, frisch	17	1	4	95	96	190	0,5	(20)	+	0,30	—
Margarine	1	78	—	730	.	.	—	2000*	—	—	—
Pflanzliches Öl	—	100	—	930	—	—	—	—	—	—	—
Weizenmehl, Type 550	10	1	73	350	20	95	1,5	—	0,10	0,10	—
Roggenbrot	7	1	50	245	15	95	1,0	—	0,15	0,01	—
Weizenbrot, Brötchen	7	1	50	245	15	55	0,5	—	0,05	0,05	—
Mischbrot (Roggen-Weizen)	7	1	50	245	72	145	1,5	—	0,15	0,10	—
Kartoffeln, geschält	2	—	20	90	15	65	1,0	20	0,10	0,05	17,0
Bohnen, weiße	23	2	61	360	163	435	7,0	—	0,50	0,20	2,0
Blumenkohl	2	—	3	20	22	70	1,0	90	0,10	0,10	70,0
Endiviensalat	1	—	2	12	79	55	1,5	3000	0,05	0,10	11,0
Äpfel	0,4	1	13	57	6	10	0,5	90	0,05	0,05	5,0**
Birnen	0,4	—	13	56	13	15	0,5	20	+	0,05	4,0

Zeichenerklärung: + = Nährstoff ist nur in Spuren enthalten; . = es liegen keine genauen Analysen vor; ( ) = Analysenwerte sind unsicher; — = Nährstoff ist in dem Nahrungsmittel nicht enthalten; i. D. = im Durchschnitt; * = Vitamin A-Wert je nach Höhe der Vitaminierung; ** = große Schwankungen von Sorte zu Sorte.

[1] Auszug aus: W. Wirths, Kleine Nährwerttabelle der Deutschen Gesellschaft für Ernährung. 3. Aufl. Dortmund 1958.

Lebensmittel[1] (weitere Literatur über Lebensmittel und ihre Zusammensetzung[1] s. a. die Kapitel Milch, Bd. II/2b, S. 342ff. und Mineralstoffwechsel Bd. 2/1, S. 608). Es ist darauf hinzuweisen, daß die Eignung von Lebensmitteln für die menschliche Ernährung nicht nur durch ihre Zusammensetzung und Zubereitung, sondern zugleich durch die Art, wie der Körper auf die Aufnahme anspricht, bestimmt wird.

Die wichtigsten Eiweißquellen sind Milch, Milchprodukte, Fleisch der Schlachttiere, Wild, Geflügel, Fisch, Eier, Hülsenfrüchte, Brot hoher Ausmahlung.

Kohlenhydratquellen sind Brot[2], Mehl[3], Kartoffeln[4], Hülsenfrüchte, Gemüse, Obst; Fettquellen die tierischen Fette, die pflanzlichen Öle und die Kunstspeisefette.

Zur Mineralstoff- und Vitaminversorgung sind Milch, Butter, innere Organe, Gemüse, Obst, Salate, Kartoffeln, Mehl hoher Ausmahlung geeignet.

Die weiten Transporte der Nahrungsmittel, oft aus anderen Erdteilen, die Notwendigkeit langer Lagerung wie auch besonderer Haltbarmachung haben zu der Forderung einer sorgfältigen Überwachung der Volksernährung geführt. Eine Reihe von weiteren hygienischen Gesichtspunkten sind hier noch zu beachten: Zahl der Mahlzeiten, Eßpausen, Speiseräume, Alkohol- und Nicotingenuß.

d) Nahrungsbedarf.

α) Allgemeiner Bedarf.

Mit Rücksicht auf den unterschiedlichen Stoffwechsel ist die Ernährung quantitativ und qualitativ verschieden zu gestalten je nach Körpergewicht, Alter, Geschlecht und Konstitution. Sie steigt mengenmäßig mit Größe und Gewicht des Menschen. Im Alter ist das Nahrungsbedürfnis quantitativ eingeschränkt, während in der Jugend infolge der Wachstumsperiode qualitative und quantitative Mehransprüche (z.B. erhöhter Eiweiß- und Vitaminbedarf) bestehen[5]. Im allgemeinen ist der Bedarf beim weiblichen Geschlecht etwas geringer, zeitweilig auch qualitativ ein anderer.

Die Beziehungen zwischen Ernährung und Konstitution sind noch nicht endgültig aufgeklärt[6]. HUFELAND[7] hat in seiner Makrobiotik schon auf den Zusammenhang hingewiesen. Es ist eine alte Erfahrung, daß die einzelnen Menschen auf gleiches Kostmaß verschieden reagieren. Nach STOCKARD[8] neigt der „laterale Typ“ mehr zu einer kohlenhydratreichen Ernährung, bevorzugt häufig fette Speisen und Zucker, während der „lineare Typ“ mageres Fleisch, überhaupt eine eiweißreiche Kost vorzieht und für gewöhnlich wenig Fett und süße Speisen

[1] s. a.: Handb. Lebensm.-Chem. (BÖMER u. a.). — SCHALL, H. sen.: Nahrungsmitteltabelle. 17. Aufl. Leipzig 1958. — ZIEGELMAYER, W.: Unsere Lebensmittel und ihre Veränderungen. 3. Aufl. Dresden, Leipzig 1942. — McCANCE, R. A., and E. M. WIDDOWSON: The Chemical Composition of Foods. Med. Res. Council., spec. Rep. Ser. Nr. 235. 2. Aufl. 1946. — FACHMANN, W., H. KRAUT u. H. SPERLING: Nährstoff- und Nährwertgehalt von Nahrungsmitteln. Ernährung, Beih. **11**, 2. Aufl. Leipzig 1953. — JACOBS, M. B.: Chemistry and Technology of Food and Food Products. 2 Bde. New York 1944. — Food Composition Tables, FAO 1949. Food Composition Tables — Minerals and Vitamins. FAO 1954. — HEUPKE, W., u. G. ROST: Was enthalten unsere Nahrungsmittel? Frankfurt 1950. — [2] SHERMAN, H. C., and C. S. PEARSON: Modern Bread from the View Point of Nutrition. New York 1942. — [3] McCANCE, R. A., E. M. WIDDOWSON, T. MORAN, W. J. S. PRINGLE and T. F. MACRAE: Biochem. J. **39**, 213 (1945). — [4] KENT-JONES, D. W., and A. J. AMOS: Modern Cereal Chemistry. 4. Aufl. Liverpool 1947. — [5] MOLL-WEISS, Mme: Bull. Acad. Méd. Paris **103**, 417 (1930). — [6] FLÖSSNER, O.: Konstitution und Ernährung. Reichsgesh.-Bl. Nr. 52 Beih. 4 S. 124 (1938). — [7] HUFELAND, C. W.: Makrobiotik. 7. Aufl. Berlin 1886/87. — [8] STOCKARD, C. R.: Die körperliche Grundlage der Persönlichkeit. Jena 1932.

verzehrt. Auch bei Kindern ließen sich gewisse konstitutionelle Unterschiede des Nahrungsbedarfs feststellen[1].

Angeregt durch die Erfahrungen des 1. Weltkrieges setzte die Hygienesektion des Völkerbundes eine Kommission zum Studium des Nahrungsbedarfs ein, die im Jahre 1935 einen das damalige Wissen zusammenfassenden Bericht vorlegte[2]. Je kg Körpergewicht wurden folgende Nährstoffmengen vorgeschlagen: 1—1,5 g Eiweiß, 0,75—1 g Fett, 6—7 g Kohlenhydrate. Bei dieser Verteilung werden 10—15% des gesamten Energiebedarfes durch Eiweiß, 17—24% durch Fett und das übrige durch Kohlenhydrate gedeckt.

Als während des 2. Weltkrieges selbst in den Vereinigten Staaten von Amerika eine Rationierung der Nahrungsmittel unvermeidbar war, wurde der Food and Nutrition Board des National Research Council mit der Ausarbeitung von Richtlinien für die Ernährung beauftragt. Es ist hervorzuheben, daß er nicht, wie die Hygienesektion des Völkerbundes, Angaben über den Bedarf, sondern nur Empfehlungen (Recommended Allowances) herausgab[3], um damit zum Ausdruck zu bringen, daß man den Bedarf des Einzelnen nicht festsetzen kann. Sie enthalten auch Angaben über Vitamine und Mineralstoffe, soweit man bei diesen Gruppen schon genügende Kenntnisse über die benötigten Mengen besitzt. Diesem Vorgehen schloß sich der Ausschuß für Nahrungsbedarf der Deutschen Gesellschaft für Ernährung an, der 1955 Empfehlungen über die wünschenswerte Höhe der Nahrungszufuhr herausgab[4].

In Deutschland wurde während des 2. Weltkrieges das System der Rationierung dauernd kontrolliert und verfeinert. Während bei den amerikanischen Empfehlungen die Zuschläge für körperliche Arbeit nur in 2 Gruppen eingeteilt werden, nämlich für mäßige und für schwere körperliche Arbeit, führte man in Deutschland schon zu Beginn des Krieges eine Unterteilung in Normalverbraucher, Schwer- und Schwerstarbeiter ein. Es ist an sich belanglos, wie viele Gruppen man wählt, und wo man die Grenzen zieht, wenn man nur die Einstufung der Berufe in die gewählten Gruppen richtig vornimmt und dem Durchschnitt der in einer Gruppe zusammengefaßten Berufe die zweckmäßigen Nährstoffmengen zuweist. So sollte bei der deutschen Kriegsrationierung ein Schwerarbeiter sein, wer mindestens 3600 und noch nicht 4500 Cal je Tag bei voller Arbeitsleistung benötigte, Schwerstarbeiter, wer einen Bedarf von 4500 Cal und mehr hatte. Normalverbraucher sollte sein, wer 2400 Cal brauchte. Schon im 1. Kriegsjahr stellte sich aber heraus, daß der Sprung von den 2400 Cal der Normalverbraucher zu den 3600 der Schwerarbeiter zu groß war. Gerade in diesem Zwischenraum liegt nämlich die Mehrzahl aller körperlich Arbeitenden. Die unrichtige Einteilung zeigte sich bald in einem Absinken der Leistung in vielen Berufen mit mittelschwerer Arbeit. Man war daher genötigt eine Zwischengruppe einzuführen, da der andere Ausweg, die mittelschwer Arbeitenden der Schwerarbeitergruppe zuzuweisen, verschlossen war. Als nach dem Krieg die Versorgung noch schlechter wurde, war man sogar gezwungen, eine weitere Zwischenstufe einzuführen, wobei man annahm, daß ein mittelschwer Arbeitender einen Bedarf von 3000 Cal, ein „Normalarbeiter" einen von rund 2700 Cal bei normaler Durchschnittsleistung haben würde. Obwohl alle Gruppen schließlich wenig mehr als die Hälfte ihres normalen Bedarfes erhielten, ist doch die Zuteilung zu den verschiedenen Gruppen

[1] PECKOS, P. S.: Science **117**, 631 (1953). — [2] Empfehlungen der Hygienesektion des Völkerbundes. Sér. de Publ. Soc. des Nations A. 12, 1936 II B, Bd. I, S. 17 u. 37, Bd. II, S. 15 u. 22. — [3] Recommended Dietary Allowances. National Academie of Sciences. National Research Council Publication 302. Revised 1953. Washington 1953. — [4] Deutsche Gesellschaft für Ernährung: Die wünschenswerte Höhe der Nahrungszufuhr. Frankfurt 1956.

mit geradezu wissenschaftlicher Präzision von der Gewerbeaufsicht bis zum Ende der Rationierung im Jahre 1949 kontrolliert worden. Auf Grund der fast 10 Jahre dauernden und fast alle Lebensmittel erfassenden Rationierung lag schließlich für Deutschland eine genaue Übersicht vor, welche Berufe zu den Gruppen der Normalverbraucher, der Normalarbeiter, der Mittelschwer-, Schwer- und Schwerstarbeiter zu zählen sind; das bedeutet eine Übersicht über den gesamten Arbeitscalorienbedarf der Bevölkerung eines modernen Industriestaates[1]. Die folgende Tabelle 103 zeigt eine Berechnung des Bedarfs im westdeutschen Bundesgebiet auf Grund der deutschen Gruppeneinteilung sowie den tiefsten Stand der Lebensmittelzuteilung im Jahr 1947[2]. An diesem Tiefpunkt erhielt das deutsche Volk nur noch 50% seiner Arbeitscalorien; und tatsächlich betrug die gesamte volkswirtschaftliche Produktion damals auch nur ungefähr die Hälfte der Vorkriegsproduktion. Den allmählichen Rückgang der Leistung in Parallele zu der Verminderung der in der Kost enthaltenen Arbeitscalorien zeigt besonders deutlich die Abb. 56, bei der die Produktion des gesamten deutschen Ruhrbergbaus und der Caloriengehalt der Schwerstarbeiterration dargestellt sind[4], und die Abb. 57, in der das Absinken und der Wiederanstieg der industriellen Produktion in Parallele zu den verfügbaren Nahrungscalorien wiedergegeben wird[5].

Tabelle 103. Nährstoffversorgung des deutschen Volkes 1947 im Vergleich zum Bedarf[2, 3]

	Verbrauch* 1947	Bedarf
Eiweiß	55 g	69 g
davon tierisch	17 g	35 g
Fett	28 g	80 g
Kohlenhydrate	315 g	430 g
Calorien	1770	2800
Calcium	0,5 g	1,0 g
Phosphor	1,3 g	1,5 g
Eisen	11 mg	12 mg
Vitamin A	1585 I.E.	4750 I.E.
Vitamin B_1	1,5 mg	1,7 mg
Vitamin B_2	1,0 mg	1,7 mg
Vitamin C	75 mg	75 mg

* Berechnet aus den Rationen der Nichtselbstversorger und einem geschätzten Verbrauch der Selbstversorger, entsprechend 4000 Calorien je jugendlichem und erwachsenem Mann, 3000 Calorien je jugendlicher und erwachsener Frau, 2400 Calorien je Kind. Der Normalverbraucher erhielt im Jahresdurchschnitt 1947 nur 1360 Calorien je Tag.

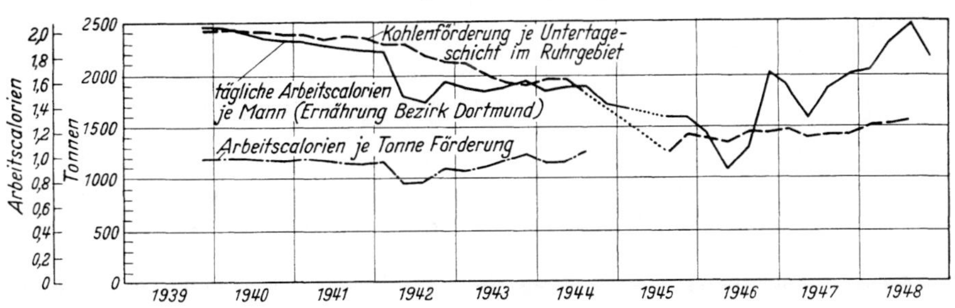

Abb. 56. Ernährung und Leistung im Bergbau.

Die Erfahrungen des 2. Weltkrieges lehrten also, daß eine Berechnung des Nahrungsbedarfs eines ganzen Volkes bei Kenntnis seiner Lebens- und Arbeitsweise durchaus möglich ist. Für die Richtigkeit der in Tabelle 103 wiedergegebenen Berechnung des Calorienbedarfs des deutschen Volkes von 2800 Cal je

[1] Zulagenhandbuch, Sonderdruck aus: Die Ernährungswirtschaft. München 1948. — [2] KRAUT, H.: Ernährung und Verpflegung **1**, 77 (1949). — [3] KRAUT, H., u. W. WIRTHS: Unveröffentlichte Arbeit. — [4] KRAUT, H. A., and E. A. MUELLER: Science, N. Y. **104**, 495 (1946). — [5] KRAUT, H.: Die Ernährung des arbeitenden Menschen. 10. Congr. int. Industr. Agric. Madrid 1954.

Kopf und Tag spricht, daß im 1. Kriegsjahr bei einer Zuteilung von durchschnittlich 2550 Cal schon eine allgemeine Gewichtsabnahme und eine Verminderung der volkswirtschaftlichen Produktion eintrat[1]. Die Angaben von FLEISCH[2], daß der Normalverbraucher in der Schweiz ohne Leistungsverminderung mit 2150 Cal je Tag auskam, sind insofern nicht mit den deutschen Erfahrungen vergleichbar, als infolge der reichlich gegebenen Zulagen der Durchschnittsverbrauch in der

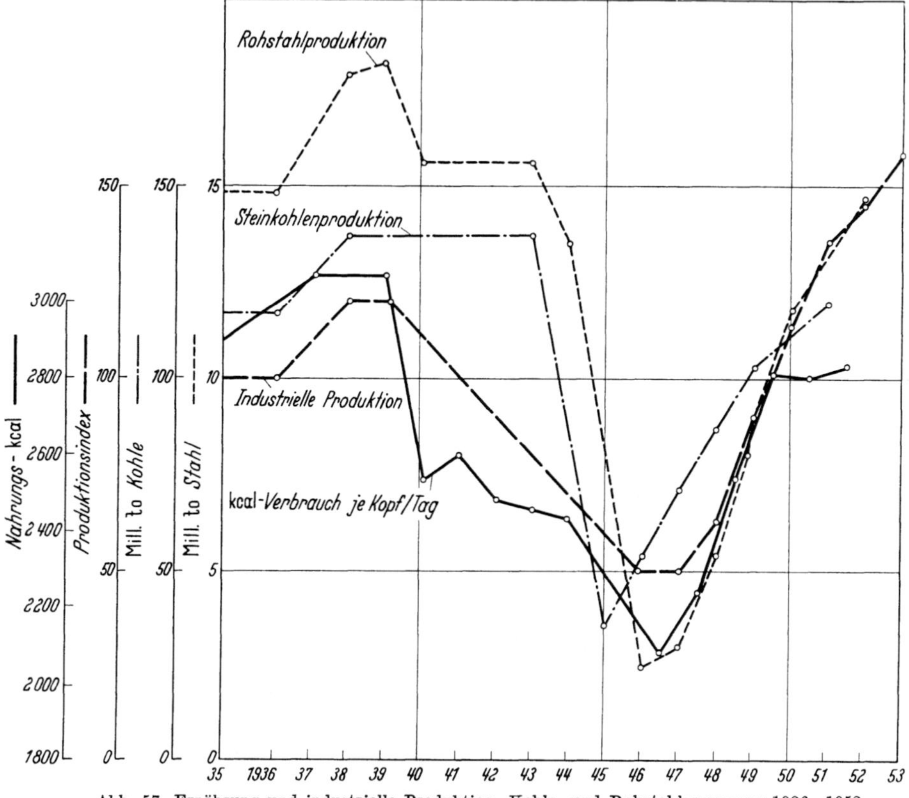

Abb. 57. Ernährung und industrielle Produktion, Kohle- und Rohstahlerzeugung 1936—1952.

Schweiz 2600—2800 Cal je Kopf und Tag war[3]. Eine Abstufung des Nahrungsbedarfs verschiedener Völker unter Berücksichtigung von Klima, Altersaufbau und Körpergewicht und Arbeitsleistung wird in Heft 15 der FAO Nutritional Studies gegeben[4].

Allerdings ist nicht zu verkennen, daß die objektive Feststellung des Ernährungszustandes zur Beurteilung der Vollständigkeit der Ernährung Schwierigkeiten bereitet. Die vorgeschlagenen Indices, z.B. Körpergewicht, Fettpolsterdicke, gestatten nur bedingt einen Rückschluß. Das reine Körpergewicht ist trügerisch, da Wasserretention den Befund verwischen und eine Abnahme verschleiern kann. Erst die Bestimmung des spezifischen Gewichtes würde hier Klarheit bringen.

---

[1] KRAUT, H., u. H. BRAMSEL: Körpergewichtsentwicklung deutscher Arbeiter von 1937 bis 1947. Arbeitsphysiol. **14**, 394 (1949/52). — [2] FLEISCH, A.: Schweiz. med. Wschr. **76**, 889 (1946). — FLEISCH, A.: Ernährungsprobleme in Mangelzeiten. Basel 1947. — [3] JUNG, A.: Exper. Suppl. I, 65 (1953). — [4] Calorie Requirements. Report 2. Comm. on Calorie Requirements. Food and Agriculture Organization of the United Nations 1957.

β) Nahrungsbedarf des arbeitenden Menschen.

Unter den exogenen Einflüssen auf den Nahrungsbedarf steht die körperliche Arbeit an der Spitze. Es scheint, daß die menschliche Ernährung an eine mittlere körperliche Betätigung, etwa an einen Bedarf von 3000—3600 Cal angepaßt ist. Bei dieser Kost findet der Mensch auch am leichtesten eine Deckung seines Bedarfs an Aufbau- und Erhaltungsstoffen. Schon HIPPOKRATES betonte den engen Zusammenhang von Ernährung und Anstrengung, die zwar entgegengesetzte Wirkungen hätten, aber gemeinsam zur Gesundheit beitrügen[1].

Am zweckmäßigsten ist es, für die Berechnung des Energiebedarfs eines arbeitenden Menschen vom Grundumsatz auszugehen[2], hierzu einen Zuschlag von 6% für die unvollständige Resorption aus dem Verdauungstrakt und von 6% für die durchschnittliche spezifisch-dynamische Wirkung zu machen. Für einen erwachsenen Mann von 170 cm Länge und 70 kg Gewicht erhält man nach den BENEDICTschen Tabellen einen Grundumsatz von 1600 Cal. Addiert man die oben angeführten 12%, so kommt man ohne jede körperliche Bewegung auf einen Bedarf von rund 1800 Cal. Hierzu kommen für die notwendige Bewegung in der Freizeit (Bewegung im Haushalt und von und zur Arbeitsstätte) noch etwa 400 Cal, also im ganzen 2200 Cal. Zu ihnen sind die eigentlichen Berufsarbeitscalorien (BACal) zu addieren, um den gesamten Energiebedarf eines Arbeitstages zu erhalten.

Nach KRAUT, LEHMANN u. BRAMSEL[2] ist es im Einzelfall richtiger, den Zuschlag für die Berufsarbeit nicht in Calorien, sondern in Anteilen des Grundumsatzes auszudrücken, da ein großer Teil, bei leichter und mittlerer Arbeit sogar der größte Teil der Arbeit, im Mitbewegen des eigenen Körpers besteht. Da wir zu den Grundumsatzcalorien die oben erwähnten 12% addieren müssen, entsprechen im Durchschnitt 300 Cal der verzehrten Nahrung einem Sechstel des Grundumsatzes. Ein mittelschwer Arbeitender (1 Vollperson, s. S. 572) mit einem Bedarf von 3000 Tagescalorien hat also einen Verbrauch von $^{10}/_{6}$ des Grundumsatzes.

Sowohl für arbeitsphysiologische als auch für volkswirtschaftliche Erwägungen ist es von Wichtigkeit, den Calorienbedarf der verschiedenen Berufe annähernd zu kennen. Natürlich läßt er sich nicht jeweils durch eine einzige Zahl ausdrücken. Schon von Mensch zu Mensch ist infolge der individuellen Körpermaße und der Art der Arbeitsausführung der Calorienbedarf bei derselben Arbeit verschieden. Dann aber schwankt der Bedarf auch sehr von Arbeit zu Arbeit. LEHMANN, MÜLLER u. SPITZER haben alle erreichbaren Angaben über den Calorienverbrauch bei Arbeit zusammengestellt[3]. In den Abbildungen 58a—d, die ihrer Arbeit entnommen sind, bedeutet die Länge des Strichs den geschätzten Bereich des Calorienbedarfs der angeführten Berufe, das Kreuz × jeweils den geschätzten Durchschnittsbedarf, während Kreise ○ tatsächlich durchgeführte Messungen darstellen. Eine Differenzierung des Calorienverbrauchs nach Grundtätigkeiten (Gehen, Transportieren usw.) und nach speziellen beruflichen Tätigkeiten haben SPITZER u. HETTINGER vorgenommen[4].

e) Kostformen.

Um von den stofflichen und energetischen Bedarfsanforderungen zu gebrauchsfähigen Kostformen zu gelangen, müssen noch folgende Punkte Berücksichtigung finden: Die Nahrung muß genügend Ballaststoffe (Cellulose) enthalten (in der

[1] HIPPOKRATES: Die Werke. Teil 3. Die Diät. Stuttgart 1934. — [2] KRAUT, H., G. LEHMANN u. H. BRAMSEL: Arbeitsphysiol. **10**, 440 (1939). — [3] LEHMANN, G., E. A. MÜLLER u. H. SPITZER: Arbeitsphysiol. **14**, 166 (1949/52). — [4] Tafeln für den Calorienumsatz bei körperlicher Arbeit. Sonderhefte der Refanachrichten. 1958.

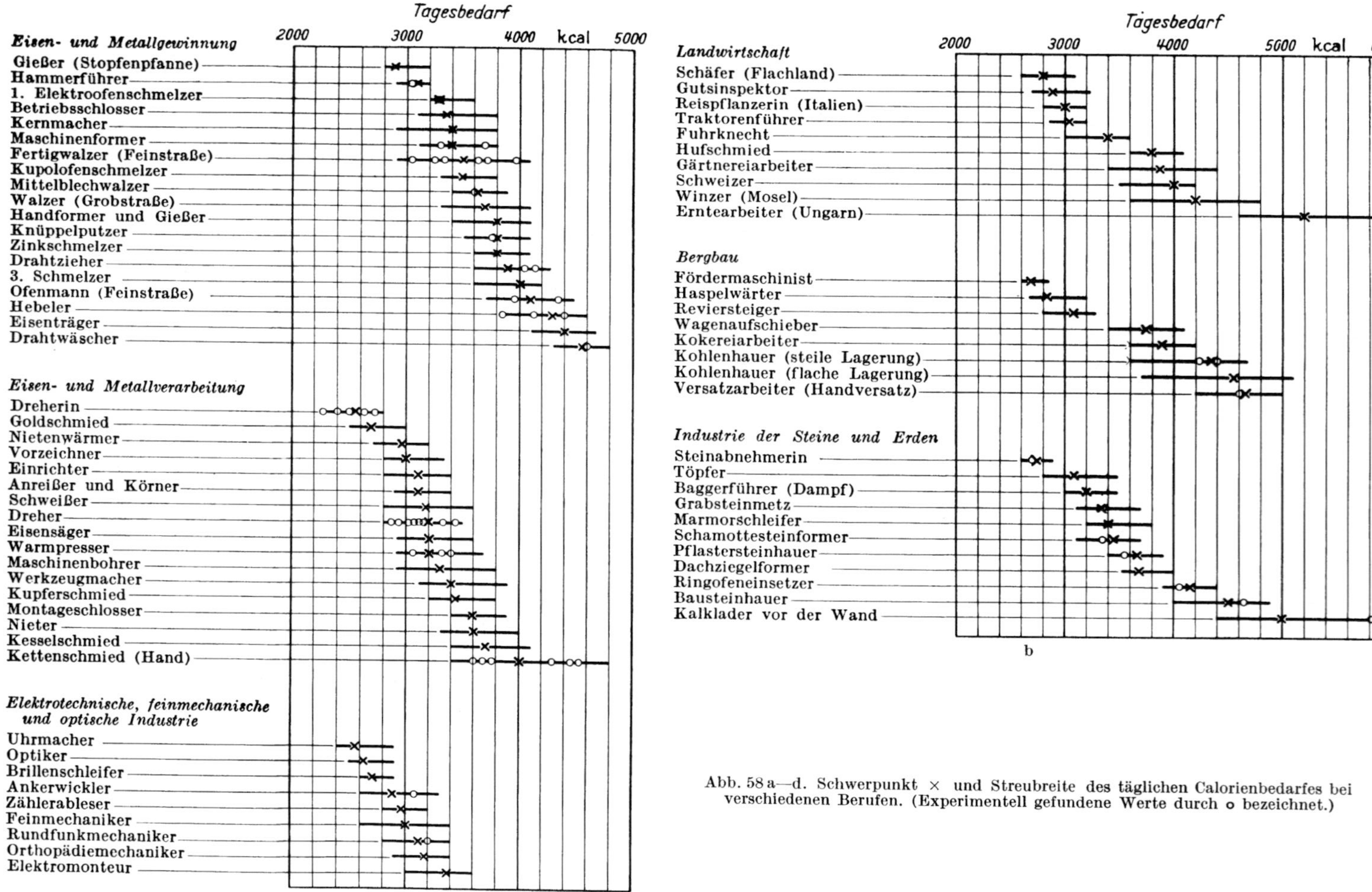

Abb. 58 a—d. Schwerpunkt × und Streubreite des täglichen Calorienbedarfes bei verschiedenen Berufen. (Experimentell gefundene Werte durch o bezeichnet.)

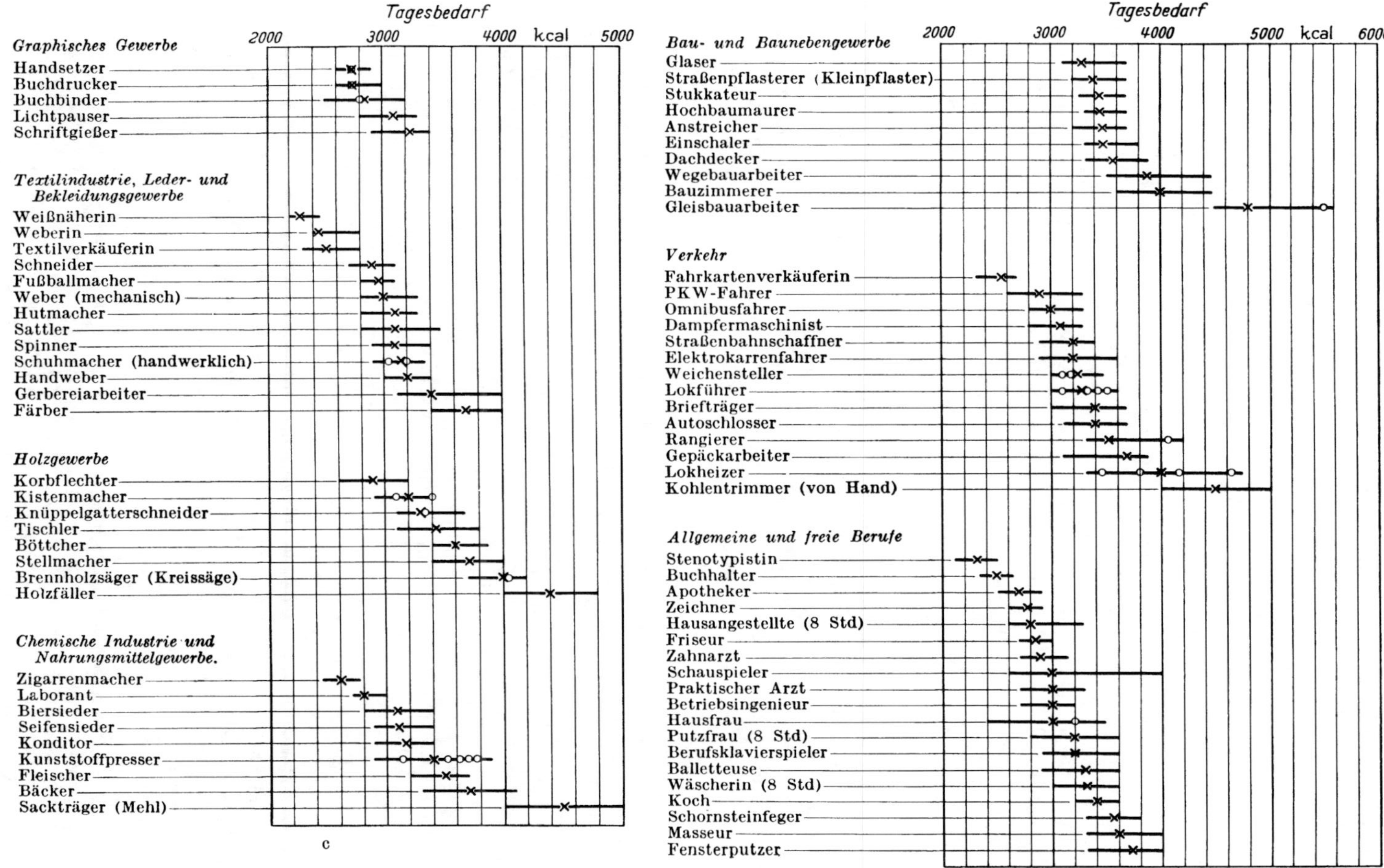
Tagesbedarf
2000
3000
4000
kcal
5000
Graphisches Gewerbe
Handsetzer
Buchdrucker
Buchbinder
Lichtpauser
Schriftgießer
Textilindustrie, Leder- und Bekleidungsgewerbe
Weißnäherin
Weberin
Textilverkäuferin
Schneider
Fußballmacher
Weber (mechanisch)
Hutmacher
Sattler
Spinner
Schuhmacher (handwerklich)
Handweber
Gerbereiarbeiter
Färber
Holzgewerbe
Korbflechter
Kistenmacher
Knüppelgatterschneider
Tischler
Böttcher
Stellmacher
Brennholzsäger (Kreissäge)
Holzfäller
Chemische Industrie und Nahrungsmittelgewerbe.
Zigarrenmacher
Laborant
Biersieder
Seifensieder
Konditor
Kunststoffpresser
Fleischer
Bäcker
Sackträger (Mehl)
c
Tagesbedarf
2000
3000
4000
5000
kcal
6000
Bau- und Baunebengewerbe
Glaser
Straßenpflasterer (Kleinpflaster)
Stukkateur
Hochbaumaurer
Anstreicher
Einschaler
Dachdecker
Wegebauarbeiter
Bauzimmerer
Gleisbauarbeiter
Verkehr
Fahrkartenverkäuferin
PKW-Fahrer
Omnibusfahrer
Dampfermaschinist
Straßenbahnschaffner
Elektrokarrenfahrer
Weichensteller
Lokführer
Briefträger
Autoschlosser
Rangierer
Gepäckarbeiter
Lokheizer
Kohlentrimmer (von Hand)
Allgemeine und freie Berufe
Stenotypistin
Buchhalter
Apotheker
Zeichner
Hausangestellte (8 Std)
Friseur
Zahnarzt
Schauspieler
Praktischer Arzt
Betriebsingenieur
Hausfrau
Putzfrau (8 Std)
Berufsklavierspieler
Balletteuse
Wäscherin (8 Std)
Koch
Schornsteinfeger
Masseur
Fensterputzer
d

Tierfütterung wird zwischen Nähr- und Füllstoffen unterschieden), muß wohlschmeckend sein, sättigen und die Nährstoffe in zweckmäßiger Korrelation enthalten.

Im großen betrachtet unterscheidet man 2 Ernährungstypen: Breiesser und Brotesser. Jene umfassen $^3/_5$ der gesamten Menschheit, sie verzehren vorwiegend Reis, Mais, Hirse. Die Brotesser stellen $^2/_5$ der menschlichen Bevölkerung der Erde; ihre Hauptnahrungsmittel sind Brot und Mehlprodukte, die aus Weizen, Roggen, seltener aus Gerste und Hafer hergestellt werden. Die Breiesser, insbesondere die Völker des fernen Ostens, sind meist einfacher und einseitiger in ihren Nahrungsansprüchen. Auch sie müssen ihre Breikost durch Zusätze ergänzen, tun dies aber meist ebenfalls sehr einseitig. So lebt der chinesische Kuli neben Reis fast nur von Sojaprodukten, die durch ihren Reichtum an Eiweiß, Fett und fettlöslichen Vitaminen eine gute Ergänzung der Reisnahrung bilden. Indonesier und Japaner, soweit sie in Küstennähe leben, essen viel Fisch. Fleisch wird dort fast ausschließlich von den Reichen verzehrt.

Die Brotesser dagegen bevorzugen eine gemischte Kost, wie sie in der westlichen Hemisphäre üblich ist. Sie ergänzen ihre gleichbleibende Grundkost Brot durch eine große Anzahl von Gerichten, in denen Milch, Fleisch, Fisch, Eier, Gemüse und Obst als Eiweiß-, Fett- und Vitaminlieferanten auftreten. Während das Brot in Deutschland früher fast $^2/_3$ des Calorienbedarfs deckte, liefert es heute nur noch $^1/_3$ unserer Calorien.

In den wärmeren Gegenden ist im allgemeinen die pflanzliche Nahrung wichtiger als die tierische[1]. In neuerer Zeit ist bei uns der Verzehr pflanzlicher Nahrungsmittel in Form der Rohkost gestiegen. Als Beikost trägt sie zur Sicherung der Vitamin- und Mineralstoffversorgung bei. Für manche Erkrankungen bedeutet Rohkost eine aussichtsreiche Behandlungs- und Heilmethode. Als ausschließliche Ernährung ist sie nicht durchführbar. Die Ernährung hat sich in Stadt und Land im Laufe der letzten Jahrzehnte von der früheren Form aus Zweckmäßigkeitsgründen weit entfernt. Bevorzugung des Eiweißes, besonders des Fleisches, auch des Fettes, sind typische Zeichen der Großstadternährung[2], die zugleich durch einen geringen Gehalt an Frischkost gekennzeichnet ist. Die konzentrierte Kost erhöht zugleich die Gefahr der Überernährung mit ihren ungünstigen Folgen für Gesundheit und Lebensdauer. Auch die Ernährung auf dem Lande ist häufig eintönig und wenig abwechslungsreich und daher manchmal ernährungsphysiologisch nicht einwandfrei. Eine Aufklärung der Bevölkerung zu richtiger Ernährung ist daher dringend erforderlich.

Es ist sicher, daß es jahreszeitliche Schwankungen der Ernährung gibt. Sie erstrecken sich besonders auf die Vitaminträger, so daß es einen Jahresrhythmus der Vitaminzufuhr gibt[3,4]. Physiologische und krankhafte Vorgänge beim Menschen können dadurch beeinflußt werden[4].

Die Ernährung ist bei den einzelnen Völkern und Rassen verschieden. Vor allem variiert der Fettanteil, in geringerem Maße auch der Eiweißanteil in der Nahrung bei den einzelnen Rassen[5]. Einen Überblick über die Ernährung bei verschiedenen Völkern im Jahre 1954/55 gibt Tabelle 104[6].

---

[1] Sapper, K.: Die Ernährungswirtschaft der Erde und ihre Zukunftsaussichten für die Menschheit. Stuttgart 1939. — Rubner, M.: Z. ärztl. Fortbildg. **17**, 273 (1920). — [2] Flössner, O.: Die Ernährung des Großstädters. 4. Frankf. Konf. 1940. — [3] Hamner, K. C.: Influence of environmental factors of the vitamin content of food plants. Surv. biol. Progr., **1**, 313 (1949) [Nutrit. Abstr. Rev. **19**, 837 (1949/50)]. — Haubold, H.: Milchwiss. **6**, 285 (1951). — [4] Czok, G., u. H. Bramsel: Klin. Wo. **1959**, 185. — [5] Berczeller, L., u. H. Wastl: Wien. med. Wschr. **1926**, 1415. — Durig, A.: Wien. klin. Wschr. **1938**, 1, 38. — [6] Yearbook of Food and Agricultural Statistics. Vol. X, Part. I, Rome 1957.

Infolge der modernen Entwicklung des staatlichen und wirtschaftlichen Lebens spielt die Gemeinschaftsverpflegung eine wesentlich größere Rolle als früher. Gaststättenverpflegung, Werksverpflegung, Krankenverpflegung, Krankenhausverpflegung, Ernährung in Alters- und Siechenheimen, in Waisenhäusern, in Jugendlagern, Schulspeisungen sowie Soldatenernährung gehören hierher.

Um dem verschiedenen Nahrungsbedarf der Teilnehmer je nach Alter, Tätigkeit, Veranlagung gerecht zu werden, sind hier die jeweiligen Durchschnittsbedarfswerte zugrunde zu legen. Das Problem der Gemeinschaftsverpflegung liegt nicht so sehr in der Bereitstellung einer ausreichenden Calorienmenge, sondern vor allem in der Lieferung der erforderlichen Mengen von Eiweiß und von Vitaminen, die, wie in der Ernährung des gesunden Menschen überhaupt, durch Nahrungsmittel, nicht durch Vitaminpräparate erfolgen soll. Darum kommt der verlustarmen Zubereitung eine besondere Bedeutung zu. Mangel an biologisch hochwertigem Eiweiß und an Vitaminen ist öfters festgestellt worden.

Tabelle 104. Vergleich der Ernährung verschiedener Völker im Januar 1954/55.

Land	Calorien	Tierisches Eiweiß
Belgien-Luxemburg	2980	42
Schweden	3070	56
Italien	2550	23
Bundesrepublik . .	2950	41
USA	3070	63
Argentinien (1952) .	2800	57
Brasilien	2350	16
Indien	1850	6
Japan	2220	14
Türkei	2650	12
Ägypten	2560	11

Für Truppen sind infolge der großen körperlichen Beanspruchung höhere Tagessätze als für den Durchschnittsverbraucher erforderlich. Als Nahrungsbedarf rechnet man meist 3600—4000 kcal und 100—170 g Eiweiß[1,2].

Bei der Ernährung des Sportlers muß man die Zeit des Trainings mit ihrem großen Eiweißbedarf für den Muskelaufbau von der Ernährung unmittelbar vor großen sportlichen Leistungen unterscheiden. Hier wird vor allem leichte Verdaulichkeit, Resorbierbarkeit und rasche Verfügbarkeit der aufgenommenen Nährstoffe verlangt[3]. Die Beobachtungen bei großen Sportleistungen und vor allem die ausgedehnten Untersuchungen anläßlich der Olympiade 1936 haben den gesteigerten Eiweißverbrauch bewiesen[4].

f) Nahrungsverbrauch.

Der Verbrauch entwickelte sich in Deutschland wie in vielen Ländern in der Richtung auf einen höheren Anteil an Fett und an tierischem Eiweiß. Diese Entwicklung wurde durch den 2. Weltkrieg unterbrochen, aber inzwischen wieder aufgenommen (s. Tabelle 105).

Tabelle 105. Verbrauch an Nährwerten und Nährstoffen je Kopf und Tag*.

	Eiweiß		Fett	Kohlenhydrate	Calorien
	insgesamt g	davon tierisch g	g	g	kcal
1909/13	87	37	91	440	2940
1924	80	34	83	380	2750
1928	85	40	102	400	2940
1932	80	37	104	390	2890
1935/38	85	43	111	435	3040
1948/49	83	27	53	460	2600
1949/50	79	33	83	430	2750
1951/52	78	38	103	400	2810
1954/55	79	43	115	405	3000
1956/57	80	44	123	395	3010

* Zusammengestellt von H. Kraut und W. Wirths nach Ber. Landwirtsch. 88 u. 138. Sonderheft; Statistisches Handbuch über Ernährung, Landwirtschaft und Forsten 1957, Hamburg 1958.

[1] Field Ration „A" Menu, Quartermaster Div. H. Q. U.S. Army Europe 1957. — [2] Wirths, W.: Arch. Hygiene **142**, 6 (1958). — [3] Mallwitz, A., u. A. Ohly: Ernährung und Getränke bei Sport. Leipzig 1939. — [4] Durig, A.: M. m. W. **1936 I**, 240. — Schenk, P.: M. m. W. **1936 II**, 1535. — [6] Schmidt-Lange, W., u. O. Gilch: Arch. Hygiene **123**, 13 (1939).

Zur Beantwortung der Frage, ob der tatsächliche Nahrungsverbrauch zu einer bestimmten Zeit, die „Istnahrung", der „Sollnahrung", also dem ernährungsphysiologisch notwendigen Bedarf der betreffenden Bevölkerung oder des Einzelmenschen, entspricht, dienen Stoffwechseluntersuchungen sowie ernährungsstatistische Erhebungen. Jene haben den Fehler der kleinen Zahl, sind dafür aber genau, wogegen diese nur Näherungswerte liefern, jedoch den Vorteil der großen Zahl haben. Bei der Unsicherheit früherer statistischer Erhebungen erscheint es allerdings bedenklich, Verbrauchsziffern der Vergangenheit zu weitgehenden Vergleichen, z.B. über die Ernährungsweise von früher und heute heranzuziehen.

Wie bei der Besprechung des Stoffwechsels und des Nahrungsbedarfs geschildert, sind die Anforderungen an die Ernährung von Mensch zu Mensch außerordentlich verschieden. Um Beobachtungen an einer größeren Zahl von Personen vergleichen zu können, verwendet man daher eine Umrechnung auf eine vergleichbare Einheit, die man *Konsumeinheit* oder *Vollperson* nennt. Wie schwierig und unsicher das ist, geht schon daraus hervor, daß Dutzende von Umrechnungsmethoden vorgeschlagen worden sind.

Mit Recht hat DURIG[1] darauf hingewiesen, daß die einfachste Berechnung, die des Bedarfs je Kopf der Bevölkerung, wegen der in den letzten Jahrzehnten eingetretenen Umschichtungen im Altersaufbau eines Volkes ebensowenig brauchbar ist, wie die Berechnung nach Familien, da der Bedarf je nach Kindern, alten Leuten, arbeitenden und nichtarbeitenden Familienangehörigen ganz verschieden ist, und außerdem die Kopfzahl der Familien sich in vielen Ländern während der letzten Jahrzehnte verringert hat.

Um Unterschiede der Ernährung innerhalb eines Volkes aufzufinden, z.B. die Abhängigkeit der Nährstoffversorgung vom Einkommen, hat sich die Umrechnung nach Vollpersonen am besten bewährt. Man muß sich aber darüber klar sein, daß diese Umrechnung sich auf den Energiebedarf beziehen muß, und daß für die sonstigen Bedürfnisse ein ganz anderer Schlüssel erforderlich ist. Das Statistische Reichsamt verwandte zur Aufarbeitung einer großen Erhebung von Wirtschaftsrechnungen (an 2000 Haushaltungen) im Jahre 1927 folgendes unter Mitwirkung von Ernährungsphysiologen und Bevölkerungsstatistikern aufgestelltes Schema:

Mann	1 Vollperson
Frau	0,9 Vollperson
Kinder von 10—14 Jahren	0,75 Vollperson
Kinder von 0—9 Jahren	0,5 Vollperson.

KRAUT, LEHMANN u. BRAMSEL[2] weisen darauf hin, daß dieses Schema zu einfach ist und daß insbesondere der energetische Mehrbedarf je nach der Berufsschwere berücksichtigt werden muß. Sind bei einer Erhebung Beruf, Alter, Größe und Gewicht der Familienmitglieder festgestellt worden, so ist es leicht, das vom Statistischen Reichsamt aufgestellte Vollpersonenschema individuell zu präzisieren. Man ermittelt aus Grundumsatztabellen den Grundumsatz jedes Familienmitgliedes und gibt für den Energiebedarf der Berufsarbeit einen Zuschlag in Anteilen des (um 12% erhöhten) Grundumsatzes (s. S. 567). Für Kinder setzt man dabei einen Gesamtbedarf von $^{10}/_{6}$ ihres Grundumsatzes an, für Hausfrauen von $^{12}/_{6}$ ihres Grundumsatzes[3, 4]. Da man den Bedarf einer Vollperson mit 3000 Cal je Tag ansetzt (= $^{10}/_{6}$ des Grundumsatzes eines erwachsenen Mannes in mittleren

[1] DURIG, A.: Ernährungsprobleme. Wien 1929. — [2] KRAUT, H., G. LEHMANN u. H. BRAMSEL: Arbeitsphysiol. **10**, 440 (1939). — [3] KRAUT, H., u. H. BRAMSEL: Arbeitsphysiol. **12**, 197 (1942). — [4] DROESE, W., E. KOFRÁNYI, H. KRAUT u. L. WILDEMANN: Arbeitsphysiol. **14**, 63 (1949).

Jahren von 170 cm Länge und 70 kg Gewicht), kann man danach für jedes an der Erhebung beteiligte Familienmitglied seine Vollpersonenzahl $\left(= \frac{\text{Calorienbedarf}}{3000}\right)$ ausrechnen. Dieses Verfahren liefert wesentlich sicherere Einblicke in die tatsächlichen Ernährungsverhältnisse als das bei der Erhebung des Jahres 1927 angewandte einfachere Vollpersonenschema. Es ist aber notwendig, darauf hinzuweisen, daß auch die neuere Vollpersonenberechnung nur auf dem Calorienverbrauch aufgebaut ist, und daß der Bedarf an Eiweiß und Vitaminen dem Bedarf an Calorien nicht parallel geht.

Für den Vergleich der Ernährung verschiedener Völker ist man meist auf den Nahrungsverbrauch je Kopf angewiesen, da zuverlässige Unterlagen für die Umrechnung auf Vollpersonen fehlen. Für ein ganzes Volk gleichen sich die individuellen Unterschiede meist so aus, daß man ein bestimmtes Verhältnis von Vollpersonenzahl und Kopfzahl angeben kann. Dieses Verhältnis richtet sich nach den geographischen und klimatischen Verhältnissen, nach der durchschnittlichen körperlichen Entwicklung und nach den vorherrschenden Arbeitsformen. In Deutschland entfällt z.B. auf den Kopf der Bevölkerung eine Vollpersonenzahl von 0,93[1].

Die Erkenntnis, daß der größere Teil der Menschheit keine ausreichende Ernährung erhält, ja von Hungerkatastrophen bedroht ist, hat während des 2. Weltkrieges zur Bildung der Food and Agriculture Organisation (FAO) mit dem Sitz in Rom geführt, deren Aufgabe das Studium der Welternährungslage und der Mittel zur Besserung der Ernährung in den bedrohten Ländern ist. Sie gibt von Zeit zu Zeit Übersichten über die Ernährung in allen Ländern der Welt heraus[2].

2. Unterernährung.

a) Völliger Nahrungsentzug[3].

Auftretender Hunger unterrichtet den Körper über die unzureichende Quantität der Nahrung; die mangelnde Qualität (Fehlen eines einzelnen Bestandteiles) bleibt uns dagegen meist verborgen, wenn auch eine gewisse Richtung des Hungeis auf eiweißhaltige oder vitaminreiche Nahrungsmittel nicht zu bestreiten ist.

Bei völligem Hunger verlaufen die Stoffwechselvorgänge ohne Einfluß des äußeren Faktors Zufuhr. Aus diesem Grunde wurde eine große Anzahl von Hungerversuchen angestellt, teils mit Tieren[4], teils mit Menschen, wie die Versuche von LUCIANI[5] (Versuchsperson Succi); ZUNTZ u. Mitarb.[6], BENEDICT[7] (Versuchsperson Levanzin). Auch die modernen Fastenkuren haben Beiträge geliefert[8].

[1] Food and Agriculture Organization of the United Nations: Second World Food Survey. Rom 1952. — [2] BRAMSEL, H.: Schriftenreihe der Ernährungs-Umschau Nr. 2, S. 71 (1953). — [3] BRUGSCH, T.: Handb. Biochem. Erg.-W. Bd. III, S. 131—139. — LEHMANN, C., F. MUELLER, I. MUNK, H. SENATOR u. N. ZUNTZ: Virchows Arch. **131**, Suppl. 378 (1893). — JOHANSSON, J. E., E. LANDERGREN, K. SONDEN u. R. TIGERSTEDT: Skand. Arch. Physiol. **7**, 29 (1897). — BENEDICT, F. G.: Carnegie Instn. Publ. Nr. 77 (1907). — RUBNER, M.: Arch. Anat. Physiol. (B) **1919**, 24. — MIESCHER, F., u. F. W. GLASER jr.: Statistische und biologische Beiträge zur Kenntnis vom Leben des Rheinlachses; in: MIESCHER, F.: Histochem. u. physiol. Arb. Bd. II, S. 116. Leipzig 1897. — MAGNUS-LEVY, A.: Z. klin. Med. **60**, 177 (1906). — LAUTER, S.: Hunger, Appetit und Ernährung. Leipzig 1937. — HOTTINGER, A., O. GESELL u.a.: Hungerkrankheit, Hungerödem, Tuberkulose. Basel 1948. — [4] HOWE, P. E., H. A. MATILL and P. B. HAWK: J. biol. Ch. **11**, 103 (1912). — KUMAGAWA, M., and R. MIURA: Arch. Physiol. **1898**, 431. — [5] LUCIANI, L.: Das Hungern. Übers. von FRAENKEL, M. O. Hamburg, Leipzig 1890. — [6] LEHMANN, C., u. N. ZUNTZ: Arch. path. Anat. **131** Suppl. 23 (1893). — [7] BENEDICT, F. G.: Study of Prolonged Fasting. Carnegie. Instn. Publ. Nr. 203 (1915). — [8] SCHENCK, E. G., u. H. E. MEYER: Das Fasten. Stuttgart, Leipzig 1938.

Im Gegensatz zu Menschen und Fleischfressern sind bei Pflanzenfressern reine Hungerversuche undurchführbar, weil noch bei Eintritt des Hungertodes beträchtliche Futtermengen sich in den Gedärmen befinden[1].

Im Hungerzustand lebt der Körper von seinen Reserven in den Depots und von seinen eigenen Zellbestandteilen, die unter der Wirkung von Gewebsenzymen unter möglichster Erhaltung der wichtigsten Organe aufgelöst werden. Im Verlauf des Hungers paßt sich der Körper durch Verringerung des Verbrauches an diesen Zustand an. Wird einem jungen Tier die Nahrung vollständig entzogen, so tritt der Tod wesentlich rascher ein als beim erwachsenen Tier. Auch sind kleinere Tiere, wie z.B. Ratten, empfindlicher gegen Hungern. Während der ersten 3 Hungertage steht der Umsatz noch unter dem Einfluß der vorherigen Zufuhr. Bei eintägigem Hunger wurden Senkungen des Gesamttagesumsatzes ermittelt. Meistens wird ein Ansteigen des Umsatzes am 2. Hungertage beobachtet. Die Depots verschwinden allmählich, es folgt eine ziemlich regelmäßige, langsame, relative und absolute Abnahme des Gesamtumsatzes (je kg Körpergewicht)[2].

Im Durchschnitt beträgt der Körpergewichtsverlust beim Menschen nach 14 Tagen 14%, nach 20 Tagen 16%, nach 30 Tagen 21%, nach 40 Tagen 25% (Benedict). Durch Vergleich mit den Ergebnissen der Tierversuche wurde die mögliche Hungerzeit des Menschen auf 60—90 Tage geschätzt. Das längste bekannte Fasten betraf den Hungerstreik des Bürgermeisters von Cork Mac Swiney[3] in einem englischen Gefängnis, er endete nach 75 Tagen mit dem Tod. Nach Rubner kann der Körper bis zur Hälfte seines gewöhnlichen Eiweißbestandes verlieren, ehe das Leben aufhört. Der Fettbestand sinkt noch weiter ab, von 8% oder noch mehr vor dem Hungern bis etwa 1% des Lebendgewichtes (Kaninchen). Dabei nimmt die durchschnittliche Größe der Fettzellen langsamer ab als das Gewicht der ganzen Fettorgane[4]. Der Höhe des Respiratorischen Quotienten nach lebt der Körper nach den ersten Hungertagen überwiegend von seinem Fett, jedoch wird auch während der Zeit der vorwiegenden Fettverbrennung täglich Körpereiweiß (etwa 1%) abgebaut. Kurz vor dem Tode tritt eine Steigerung des Eiweißzerfalles (prämortaler Eiweißzerfall) ein. Der Wassergehalt nimmt während des Hungerns zu, weshalb das Körpergewicht nicht in demselben Grade wie die eigentlichen Körpersubstanzen abnimmt. Bei einem Mann, der etwa 30% seines Körpergewichtes eingebüßt hatte und praktisch keine Arbeitskraft mehr aufwies, wurde ein Verlust von $^2/_3$ des ursprünglichen Energiebestandes berechnet.

Der Gewichtsverlust der einzelnen Organe ist verschieden. Organe, die ununterbrochen tätig sind, wie das Herz, die Atemmuskeln, das Nervensystem, weisen die geringsten Gewichtsverluste auf. Dies bestätigte ein partieller Hungerversuch von Voit, bei dem Tauben mit sehr kalkarmem Futter gefüttert wurden. Die Knochen, die zum Tragen des Körpergewichtes in Anspruch genommen werden, hielten gut das Gewicht, während andere, z.B. Schädelknochen, teilweise schwanden. Bestimmte Tierarten (wie Planarien, Hydra) vermögen eine viel weitergehende Einschmelzung ihrer gesamten Körpersubstanz zu überstehen, bis auf 1% und darunter. Von solchen Hungerzuständen werden alle Körperbestandteile gleichmäßig betroffen, während die Wirbeltiere zwar an Gewicht abnehmen, jedoch an Wasser und Asche relativ reicher werden. Normale Hungerperioden kommen z.B. bei Fischen vor, ebenso bei den Tieren im Winterschlaf.

---

[1] Krzywanek, F. W.: Gesamtstoffwechsel der Pflanzenfresser. Handb. Physiol. Bd. V, S. 113. — Wöhlbier, W.: Der Einfluß des Wachstums auf die Ernährung. Handb. Mangold Bd. IV, S. 661, bes. S. 704. — [2] Nothdurft, H.: Pflügers Arch. **242**, 700 (1939). — Bertram, W.: Dtsch. Z. Verd.- u. Stoffw.-Krankh. **3**, 122 (1940). — [3] Pütter, A.: Naturwiss. **9**, 31 (1921) [Lang-Ranke: Stoffwechsel u. Ernährung. S. 84]. — [4] Kuch, M., u. M. v. C. Lazarovich-Hrebeljanovich: A. e. P. P. **179**, 191 (1935).

b) Partieller Nahrungsentzug[1].

Wenn die Nahrungszufuhr nicht vollständig eingestellt, sondern nur mengenmäßig eingeschränkt wird, so entwickeln sich modifizierte Hungererscheinungen; die Abnahme des Körpergewichts und des Grundumsatzes geht langsam vor sich. Je nach dem Umfang der Einschränkung treten alle Übergänge zwischen dem „gewöhnlichen Ernährungszustande" und dem absoluten Hunger auf. Man hat diese Zustände Unterernährung genannt. Von der Unterernährung ist das einseitige Fehlen bestimmter unentbehrlicher Nährstoffe, z. B. der Vitamine und der lebensnotwendigen Aminosäuren, zu unterscheiden. Im folgenden wird als Unterernährung nur der allgemeine Nahrungsmangel beschrieben, wenn auch einzelne Formen, wie Eiweißmangel oder Calorienmangel, besonders hervorgehoben werden. Der 1. und noch mehr der 2. Weltkrieg und die auf ihre Beendigung folgenden Jahre gaben Gelegenheit, das Wissen über die Unterernährung sehr zu vermehren.

Eine der wichtigsten Feststellungen ist, daß der Körper bei unzureichender Ernährung seine Ausgaben einschränkt[2]. Der Grundumsatz sinkt ab, die Leistungsbereitschaft vermindert sich, so daß die Körperbewegungen auf ein Mindestmaß reduziert werden. Dadurch kann bei nicht zu starker Unterernährung sogar ein neues Gleichgewicht auf einer niedrigeren Stufe der Gesundheit und Leistungsfähigkeit entstehen, das sich über lange Zeit aufrechterhalten läßt[3]. Dies täuscht unter Umständen eine ausreichende Ernährung vor. Zur Definition einer ausreichenden Ernährung gehört daher, daß sie die Erfüllung der normalen Anforderungen an die Leistungsfähigkeit des Menschen ermöglichen muß.

Bekanntlich muß man streng zwischen dem Energiebedarf des Körpers und dem Erhaltungsbedarf an den einzelnen Nährstoffen unterscheiden. Jede unzureichende Zufuhr an energieliefernden Substanzen zwingt den Körper, seine eigenen Bestände anzugreifen. Bei normalem Ernährungszustand werden davon in erster Linie die Reserven an Kohlenhydrat und Fett betroffen, später auch die lebensnotwendigen Bestände, insbesondere an Eiweiß. So wird aus dem allgemeinen Mangel schließlich ein qualitativer. Auch die zugeführte Nahrung muß hauptsächlich zur Deckung des Energiebedarfs verwendet werden. Beim Streit, ob es in Zeiten der Unterernährung zweckmäßiger sei, den Caloriengehalt oder den Eiweißgehalt der Nahrung zu erhöhen, handelt es sich meist um eine falsche Fragestellung. Längerdauernder Mangel an Calorien bewirkt selbst schon einen Mangel an Eiweiß, und die Zufuhr von Eiweiß ist so lange ungeeignet, einen Eiweißmangel zu beseitigen, als die Nahrung calorisch unzureichend ist.

Über die Folgen der Unterernährung wurden zahlreiche Einzelbeobachtungen veröffentlicht. Der Grundumsatz vermindert sich im allgemeinen mehr als der Gewichtsabnahme entspricht[4]. Darin liegt also eine direkte Einsparung in bezug auf den Energiebedarf. Dies wurde schon im Anschluß an den 1. Weltkrieg experimentell festgestellt. Benedict[5] untersuchte den Verlauf einer 4 Monate dauernden freiwilligen Nahrungseinschränkung — bis auf durchschnittlich etwa $^2/_3$ der gewöhnlichen Zufuhr — bei 12 amerikanischen Studenten. Der Umsatz war am Ende der 4 Monate 14,6% niedriger als bei normal ernährten Studenten desselben Alters, Gewichts und derselben Größe. Das Körpergewicht hatte im

---

[1] Lusk, G.: The Science of Nutrition. 4. Aufl. S. 99ff. Philadelphia, London 1931. — Schittenhelm, A., in Stepp, W. (Hrsgb.): Ernährungslehre, S. 259ff. Berlin 1939. — Schoen, R.: Unterernährung, Fehlernährung und Überernährung; in: Lang-Schoen, Ernährung, S. 196. — Keys, A., J. Brožek, A. Henschel, O. Mickelsen and H. L. Taylor: The Biology of Human Starvation. Minneapolis 1950. — [2] Landstorfer, L.: Diss. med. Erlangen 1948. — [3] Kraut, H.: Ernährung und Leistungsfähigkeit. Arb.-Gemeinsch. Forsch. Nordrh.-Westf. Bd. 1, H. 3, 37, 1951. — [4] Keys, A., J. Brožek, A. Henschel, O. Mickelsen and H. L. Taylor: The Biology of Human Starvation. S. 329. Minneapolis 1950. — [5] Benedict, F. G., W. R. Miles, P. Roth and H. M. Smith: Carnegie Instn. Publ. Nr. 280 (1919). —

Durchschnitt 10,5% abgenommen. Der tägliche N-Verlust betrug etwa 2 g. Nach dem 2. Weltkrieg fanden GÖBEL, HARTMANN u. MERTENS[1] an einem umfangreichen Material durchschnittlich um 20% unter der Norm liegende Grundumsätze, KALLER u. RELLER[2] an 168 männlichen und weiblichen Unterernährten eine Senkung von 10% gegenüber dem Grundumsatz von gleichgroßen und gleichschweren, gleichaltrigen Normalernährten. Durch Vergleich zahlreicher Veröffentlichungen und eigener Messungen nimmt LEHMANN[3] für diese Einsparung im Durchschnitt 15% an. Allerdings ist die Grundumsatzsenkung nicht regelmäßig zu beobachten. BOENHEIM[4] untersuchte in Berlin 72 Personen mit starker Abmagerung ohne eine andere Ursache als schlechte Ernährung. Er fand keinerlei direkte Beziehung zwischen dem Grad der Abmagerung und der Grundumsatzsenkung, wohl aber regelmäßig eine Senkung der spezifisch-dynamischen Wirkung. Nach BANSI[5] gibt es sogar häufig Fälle mit erhöhtem Grundumsatz, die als Anzeichen eines lebhaften Zerfallstoffwechsels gedeutet werden können.

Von der Unterernährung werden nicht alle Organe und Gewebe gleichzeitig betroffen, wenn auch nahezu kein Organ frei von pathologischen Veränderungen bleibt. Nach SELBERGS[6] pathologisch-anatomischen Untersuchungen besteht unter den Organen und Geweben folgende absteigende Rangordnung der Empfindlichkeit gegen Nahrungseinschränkung:

1. Haut und Anhangsgebilde, 2. Schleimhäute und Drüsen, 3. Generationsorgane, 4. Nervensystem, 5. Kreislauforgane, 6. Knochen und Zähne.

KEYS, HENSCHEL u. TAYLOR[7] beobachteten bei 32 jungen Männern, die $^1/_4$ des Körpergewichtes verloren hatten, Verminderung der Herzgröße in allen Dimensionen, des gesamten Blutumlaufs um 16%, des Schlagvolumens um 18% bei geringer Abnahme des systolischen und des diastolischen Blutdrucks, während der venöse Blutdruck um 50% abnahm. Die Pulsfrequenz betrug im Durchschnitt nur noch 37. Nach 12 Wochen einer Auffütterung war die Herzgröße wieder normal, alle anderen Symptome aber noch nicht zur Norm zurückgekehrt; der Sauerstofftransport je Pulsschlag war z.B. nach 32 Wochen noch nicht wieder normalisiert. Weder besondere Eiweiß- noch Vitaminzulagen beschleunigten die Restitution.

Die Abnahme des Blutdruckes war während der schlechten Ernährung der Kriegs- und Nachkriegszeit eine allgemeine Erscheinung[8]. Die Ursachen sind strittig. Einen Mindergehalt an Hypertensinogen stellte KRONENBERG[9] fest. Bei vielen Hypertonikern waren die äußeren Krankheitserscheinungen vermindert, aber wahrscheinlich nicht die inneren Ursachen.

Im Blut sinken Hämoglobin und Erythrocyten, wenn auch meist nicht erheblich[10]. Der Durchmesser der Erythrocyten nimmt zu, was als verzögerter Zerfall und damit als Sparmaßnahme gedeutet wird[11].

Im Knochenmark treten Störungen der Ausreifung der Reticuloendothelzellen auf[12]. Am Nervensystem beobachtet man retrobulbäre Neuritis, funiculäre Spinalerkrankungen, selten Schwerhörigkeit[13].

[1] GÖBEL, P., F. HARTMANN u. O. MERTENS: Dtsch. Arch. klin. Med. **196**, 607 (1949/50). — [2] KALLER, H., u. E. RELLER: Kli. Wo. **1946/47**, 682. — [3] LEHMANN, G.: Grenzgeb. Med. **2**, 1 (1949). — [4] BOENHEIM, F.: Acta med. scand. **84**, 115 (1934). — [5] BANSI, H. W.: Das Hungerödem. S. 40. Stuttgart 1949. — [6] SELBERG, W.: Synopsis, Hamburg **1**, 23 (1948). — [7] KEYS, A., A. HENSCHEL and H. L. TAYLOR: Amer. J. Physiol. **150**, 153 (1947). — [8] REINDELL, H., u. H. KLEPZIG: Z. ges. inn. Med. **3**, 193 (1948). — [9] KRONEBERG, G., H.-J. SCHÜMANN u. W. OCKLITZ: A.e.P.P. **207**, 352 (1949). — [10] SCHOEN, R., u. F. HARTMANN: Dtsch. Arch. klin. Med. **196**, 593 (1949/50). — [11] WILHELMIJ, M.: Acta med. scand. **127**, 279 (1947). — [12] SPECKMANN, K.: Nervenarzt **18**, 262 (1947). — [13] DENNY-BROWN, D.: Medicine, Baltimore **26**, 41 (1947).

Bei allen Formen der Unterernährung steht der Eiweißmangel im Vordergrund. Er kann sowohl durch ungenügende Eiweißzufuhr, als auch durch Calorienmangel und dadurch erzwungene Einschmelzung von Körpereiweiß verursacht sein. Das führt zu einem Abbau der Muskulatur und damit zu einer Verminderung der Körperkräfte[1]. Aber sehr bald schwinden auch die übrigen Eiweißvorräte. Man hat nach dem 2. Weltkrieg den Eiweißgehalt des Serums als ein Kriterium für ausreichenden oder ungenügenden Ernährungszustand betrachtet und ihm zahlreiche Untersuchungen gewidmet. Auch das Verhältnis der Eiweißkomponenten des Serums ist bei Unterernährung verändert (Abnahme der Albumin- und Zunahme der Globulinfraktion). Aber weder die Abnahme des gesamten Serumeiweißes, noch die Verschiebung der Fraktionen verlaufen parallel mit den übrigen Erscheinungen der Unterernährung[2,3].

Vom Eiweißverlust sind ganz besonders die Fermente[4] betroffen, die ja selbst oder deren Träger aus spezifischen Eiweißkörpern bestehen. HARTMANN, FEHRMANN u. POLA[5] fanden bei 150 unterernährten Männern häufig verminderten Fermentgehalt des Magen- und Duodenalsaftes, wobei eine deutliche Parallelität zur Abnahme des Globulingehaltes des Serums bestand, nicht aber zu bestimmten Globulinfraktionen. Damit hängt auch die vor allem bei Kindern festgestellte Abnahme der Immunität zusammen. Eiweißarm ernährte Ratten zeigen eine Abnahme von Körper-, Plasma- und Lebereiweiß, von Hämoglobin und Agglutinationstiter gegen Vaccine aus FRIEDLÄNDER-Bacillen[6]. Der Immunitätstiter fällt steiler ab als das Körpereiweiß; Mangelernährung führt bei Kindern vor allem zu verminderter Resistenz gegenüber Infektionskrankheiten. So bestand von 1944—1947 ein auffallender Anstieg der Mortalität bei Diphtherie und Tuberkulose. Von den Kleinkindern starben in Wien 1945 5mal soviel an Tuberkulose wie 1937/38. Auch wurden verzögerte Heilungs- und Rückbildungstendenzen bei sonst gutartigen Tuberkuloseformen beobachtet. Die verringerte Immunität wurde besonders deutlich an dem gehäuften Auftreten einer 2. Maserninfektion[7].

c) Die Erscheinungsformen langdauernder Unterernährung.

Bei den schweren Unterernährungsfolgen unterscheidet man die trockene Dystrophie und die feuchte, das sog. *Hungerödem.* Eine besondere Verlaufsform der trockenen ist die *lipophile Dystrophie.* Es ist bemerkenswert, daß bei völligem Hunger niemals eine Ödemkrankheit auftritt, auch wenn beliebig Wasser aufgenommen werden kann. Zum Eintritt des Hungerödems gehört also nicht nur ein allgemeiner Nahrungsmangel, sondern auch ein falsches Verhältnis der aufgenommenen Nährstoffe.

Bei der *trockenen Dystrophie* steht die hochgradige Abmagerung durch Schwinden der Fettpolster und der Muskulatur im Vordergrund. Die Gewichtsdifferenz gegenüber dem Normalgewicht kann sehr groß sein. SCHOEN berichtet über Verluste von 50—70%. Die Haut im Gesicht wird lederartig, die Austrocknung der Schleimhäute führt zu Heiserkeit und Sprechbehinderung. Die Blutmenge ist stark vermindert, so daß oft Hämoglobin- und Eiweißwerte über der Norm liegen.

[1] KRAUT, H., u. E. A. MÜLLER: B. Z. **320**, 302 (1949/50). — [2] BANSI, H. W.: Das Hungerödem. S. 30 u. 105. Stuttgart 1949. — [3] SCHOEN, R.: Lang-Schoen, Ernährung, S. 217. — [4] MILLER, L. L.: J. biol. Ch. **152**, 603 (1944); **172**, 113 (1948). — POTTER, V. R., and H. L. KLUG: Arch. Biochem. **12**, 241 (1947). — TOBIN, J. R. jr., D. BERGENSTAHL and C. H. STEFFEE: Arch. Biochem. **16**, 373 (1948). — [5] HARTMANN, F., H. FEHRMANN u. W. POLA: Kli. Wo. **1948**, 215. — [6] BENDITT, E. P., R. W. WISSLER, R. L. WOOLRIDGE, D. A. ROWLEY and C. H. STEFFEE: Proc. Soc. exp. Biol. Med. **70**, 240 (1949). — zit.: Lang-Ranke, Stoffwechsel S. 106. — [7] KUNDRATITZ, K.: Wien. klin. Wschr. **1947**, 580.

Diese Hungerkranken sind meist antriebslos und stumpfer als bei der feuchten Form der Dystrophie[1].

Die besondere Form der *lipophilen Dystrophie* findet sich meist bei Frauen und bei jüngeren Männern. Bei älteren Männern tritt sie manchmal als sog. Auffütterungsfettsucht nach chronischer Unterernährung ein. Als Ursache sieht man hormonale Störungen, vor allem der Hypophyse und der Sexualdrüsen an[2].

Das *Hungerödem*, die feuchte Form der Dystrophie, ist bei vielen Hungersnöten und Kriegen als Hungerwassersucht beobachtet worden. Im vorigen Jahrhundert war sie in Gefängnissen eine häufige Todesursache. Im 1. Weltkrieg war sie in Europa weit verbreitet; auch der 2. Weltkrieg gab reichliche Gelegenheit zum Studium dieser Erkrankung. Die Wasserretention betrifft den gesamten intercellulären Raum. Aus den Wasserverlusten bei sachgemäßer Behandlung kann man schließen, daß bis zu 25% des Gesamtgewichtes der Kranken überschüssiges Wasser war. Im Gegensatz zur trockenen Dystrophie besteht bei Hungerödem stets Hydrämie.

Das Entstehen der Ödemkrankheit ist von vielen Bedingungen abhängig, die noch nicht alle im einzelnen erkannt sind. Der wesentliche Faktor ist der Mangel an Eiweiß, besonders an hochwertigem Eiweiß, bei einer calorisch nicht ausreichenden Gesamternährung. Hierfür spricht das ständige Vorliegen eines niedrigen Gehaltes an Serumeiweiß, vor allem eine wesentliche Verminderung des Serumalbumins. Die dadurch verursachte Senkung des kolloidosmotischen Drucks im Blut verursacht einen Übertritt von Wasser in den gesamten intercellulären Raum. Wahrscheinlich ist gleichzeitig die Permeabilität der Gefäßwände erhöht. Durch den Eiweißmangel wird auch der Fermentapparat sehr geschädigt, so daß häufig Mangel an Verdauungsfermenten die Ausnutzung der an sich schon unzulänglichen Nahrung beeinträchtigt[3–5].

An diese Auffassung über die Entstehung der Hungerödeme schließt sich die Ernährungstherapie an. Mit Zulagen von hochwertigem Eiweiß in Form von Fleisch, Fisch (auch als Fischtrockenmehl) und von Trockenhefe wurde meist eine rasche Ausschwemmung des retinierten Wassers erreicht. Unter den Aminosäuren, deren Mangel im Zusammenhang mit den Ödemen steht, wird meist Cystein, häufig aber auch Lysin genannt.

Reichliche Salzzufuhr begünstigt die Ödembildung. So tritt manchmal bei sehr salzarm ernährten Dystrophikern mit dem Übergang zu salzreicher Kost ein rascher Umschlag von der trockenen zur feuchten Form der Dystrophie ein. Bei der Therapie verwendet man daher kochsalzarme Kost.

Die Folgen der Unterernährung im Deutschland der Nachkriegszeit zeigten sich viel weniger bei Frauen als bei Männern, was auf den geringeren Grundumsatz und die niedrigeren Körpermaße der Frauen bei identischer Nahrungszuteilung zurückzuführen ist. Am meisten litten Kinder. Droese u. Rominger[6] sehen besonders in der Körpergewichtsentwicklung der Säuglinge ein Maß für die Ernährungslage. 1937 verdoppelten 86% aller Säuglinge in 5 Monaten das Geburtsgewicht. 1943 waren es noch 83%, 1945 nur 69%, 1948 zeigte schon wieder einen Anstieg auf 75%. Die Säuglingssterblichkeit nahm nach dem Kriege erst wesentlich zu. Sie betrug 1938—1943 5—6%, 1945 dagegen 17%.

---

[1] Schoen, R.; in: Lang-Schoen, Ernährung. S. 196. — [2] Bansi, H. W.: Das Hungerödem. S. 58. 1949. — [3] Keys, A.: J. amer. med. Ass. **138**, 500 (1948). — [4] Pevný, V.: Schweiz. med. Wschr. **77**, 1306 (1947). — [5] Bansi, H. W.: Das Hungerödem. Stuttgart 1949. — [6] Droese, W., u. E. Rominger: Z. Kinderheilkde. **67**, 615 (1949).

3. Überernährung.

Wird über längere Zeit mehr Energie aufgenommen als verbraucht, d. h. liegt eine positive Energiebilanz vor, so kommt es zur Ablagerung von Fett im Körper. Die Störungen der Bilanz können sowohl auf der Einnahme-Seite als auch auf der Seite der Ausgaben liegen, und die Vielfalt der möglichen ätiologischen Faktoren — genetische, innersekretorische, psychische und rein exogene[1–4] — hat die Fettsucht zu einem schwierigen klinischen und pathophysiologischen Problem gemacht. Die Komplexität der Fettsuchtgenese hat zur Aufstellung zahlreicher Einteilungsschemata geführt. BERNHARDT führt allein 12 Systeme auf, ohne Anspruch auf Vollständigkeit zu erheben. Es muß jedoch betont werden, daß unabhängig von der Ätiologie stets eine positive Energiebilanz vorliegen muß. Es gibt bisher keinen Anhalt dafür, daß bei Fettsüchtigen ein vom normalen abweichender Intermediärstoffwechsel mit besonderer Energieeinsparung vorliege.

SCHOEN[5] nimmt auch bei der reinen Mastfettsucht eine Neigung zu Fettleibigkeit an, die auf einer Unfähigkeit zur Steigerung der Energieausgaben in Form der „Luxuskonsumption" nach GRAFE (s. S. 540) beruht. KEYS u. BROŹEK[2] konnten aber durch systematische Überernährung bei 10 gesunden Versuchspersonen mit vorher normalem Ernährungszustand in wenigen Wochen eine Gewichtszunahme von im Durchschnitt 11 kg erzielen. Durch Bestimmung des extracellulären Wassers fanden sie rund 10 kg Zunahme an Fett und Zellsubstanz und errechneten einen Energiegehalt der Bruttogewichtszunahme von rund 6000 kcal je kg Zunahme. Man muß die Energiezufuhr für 1 kg Gewichtszunahme jedoch wahrscheinlich höher ansetzen, da mit erhöhter Nahrungszufuhr die spezifisch-dynamische Wirkung mehr Calorien verbraucht und außerdem der Aufbau von Fetten im intermediären Stoffwechsel erhebliche Energie kostet. Die Methoden der Energieverbrauchsmessung erlauben es aber bis heute nicht, die geringen Imbalanzen zu erfassen, die oft erst nach Jahren zu einer klinisch erkennbaren Fettleibigkeit führen.

[1] BERNHARDT, H.: Fettleibigkeit. Stuttgart 1955. — [2] KEYS, A., and J. BROŹEK: Body fat in adult man. Physiol. Rev. **33**, 245 (1953). — [3] MAYER, J.: Genetic, traumatic and environmental factors in the etiology of obesity. Physiol. Rev. **33**, 472 (1953). — [4] BAHNER, F.: Fettsucht und Magersucht, Hdb. inn. Med. Bd. VII/1, S. 978. — [5] SCHOEN, R; in: Lang-Schoen, Ernährung. S. 261.

F. Vergleichende physiologische Chemie.

I. Physiologische Chemie der Viren*, [1–22].

Von Malene Wiedemann.

Inhaltsverzeichnis.

	Seite
1. Allgemeines	581
2. Nachweis und Darstellung der Viren	582
a) Quantitative Bestimmung der Viren	582
b) Reindarstellung der Viren	584
c) Charakterisierung der Viren	585
3. Struktur der Viren	586
a) Kugelförmige Pflanzenviren	586
b) Stäbchenförmige Pflanzenviren	588
α) Tabakmosaikvirus	589
β) Weitere stäbchenförmige Viren	595
c) Große, sich in Insekten vermehrende Pflanzenviren	596
d) Bakteriophagen	596
e) Insektenviren	600
f) Viren der Warmblüter mit einem Durchmesser unter 50 mμ	601
α) Poliomyelitis-Viren	602
β) Encephalitis-Viren	603
γ) Papillom-Virus	604
δ) Virus der Maul- und Klauenseuche	604
g) Adenoviren	605

* Herrn Prof. Dr. G. Schramm danke ich für freundliche Anregungen und Kritik sowie für die Erlaubnis, die Abbildungen übernehmen zu dürfen.

Zusammenfassende neuere Arbeiten: 1—22. [1] Bieling, R.: Viruskrankheiten des Menschen. Leipzig, 1954. — [2] Burnet, F. M.: Principles of Animal Virology. New York 1955. — [3] Doerr, R., u. C. Hallauer: Handbuch der Virusforschung. Wien 1938—1958 1. u. 2. Teil, 1.—3. Erg.-B. — [4] Germer, W. D.: Viruserkrankungen des Menschen. Stuttgart 1954. — [5] Hartman, F. W., F. L. Horsfall and J. G. Kidd: The Dynamics of Virus and Rickettsial Infections. New York 1954. — [6] Holmes, F. O.: The Filterable Viruses. Baltimore 1948. — [7] Luria, S. E.: General Virology. New York 1953. — [8] Rivers, T. M.: Viral and Rickettsial Infections of Man. Philadelphia, London, Montreal 1948. — [9] Schäfer, W.: Allgemeine Morphologie menschen- und tierpathogener Virusarten. Ergebn. Mikrobiol. **31**, 1 (1958). — [10] Schramm, G.: Biochemie der Viren. Berlin, Göttingen, Heidelberg 1954. — [11] Andrewes, C. H.: Factors in virus evolution. Adv. Virus Res. **4**, 1 (1957). — [12] Cohen, S. S.: Comparative biochemistry and virology. Adv. Virus Res. **3**, 1 (1955). — [13] Edney, M.: Variations in animal viruses. Ann. Rev. Microbiol. **11**, 23 (1957). — [14] Kleczkowski, A.: Effects of non-ionizing radiations on viruses. Adv. Virus Res. **4**, 191 (1957). — [15] Lwoff, A.: The concept of virus. J. gen. Microbiol. **17**, 239 (1957). — [16] Pollard, E.: Action of ionizing radiation on viruses. Adv. Virus Res. **3**, 109 (1955). — [17] Cellular Biology, Nucleic Acids and Viruses. Vol. 5. N. Y. Academy of Sciences New York 1957. — [18] Viruses Cold Spring Harbor Sympos. quant. Biol. **18** (1953). — [14] Symposium on the chemical basis of heredity. Baltimore 1957. — [20] Virus and rickettsial classification and nomenclature. Ann. N. Y. Acad. Sci. **56**, Art. 3 (1953). — [21] Putnam, F. W.: Ann. Rev. **25**, 147 (1956). — [22] Schramm, G.: Ann. Rev. **27**, 101 (1958).

h) Myxoviren 605
α) Viren der Klassischen Geflügelpest und der Influenza 605
β) Viren der Atypischen Geflügelpest und der Mumps 608
i) Größere tierpathogene Viren 608
α) Tumorviren 608
β) Viren der Pockengruppe 608
k) Überblick über Aufbau und Vermehrung der Viren 610
4. Virusbekämpfung 611

1. Allgemeines.

Der Name Virus von dem Lateinischen virus, das Giftige, wurde ursprünglich auf krankmachende Agentien im allgemeinen angewandt. Später wurde der Begriff eingeengt und schließlich nur für solche Erreger benützt, die sich nicht auf künstlichen Nährböden vermehren, sondern nur in lebenden Zellen, und die einen Durchmesser unter 300 mμ besitzen, also wesentlich kleiner sind als die üblichen Mikroorganismen.

Für die Entwicklung der Virusforschung besonders bedeutungsvoll war die Untersuchung der Mosaikkrankheit der Tabakpflanzen. Bereits A. Mayer hat 1886 festgestellt, daß es sich um eine Infektionskrankheit handelt. Der russische Forscher Iwanowski fand 1892, daß der Preßsaft mosaikkranker Pflanzen seine infektiöse Wirkung behält, wenn er durch bakteriendichte Filter gegeben wird. Damit hatte er einen Krankheitserreger entdeckt, der wesentlich kleiner ist als ein Bakterium. Die allgemeine Bedeutung dieses Experiments wurde von ihm aber nicht erkannt, da er die Infektiosität auf einen filtrierbaren, nicht vermehrungsfähigen Giftstoff oder auf Materialfehler des verwendeten Filters zurückführte. Unabhängig hiervon stellte Beijerinck 1898 die gleichen Filtrationsexperimente an und fand außerdem, daß der Erreger der Mosaikkrankheit durch Agar diffundieren kann. Unter dem Eindruck dieser Experimente erschien ihm das Tabakmosaikvirus als grundsätzlich verschieden von den Bakterien, und er bezeichnete es als „contagium vivum fluidum“. In unserer heutigen Terminologie würde dies ein „infektiöses, vermehrungsfähiges molekulardisperses Agens“ bedeuten. In der Zwischenzeit erschienen 1897 die Arbeiten von Löffler und Frosch über die Filtrierbarkeit des Virus der Maul- und Klauenseuche. Diese Ergebnisse verhalfen nunmehr allgemein der Ansicht zum Durchbruch, daß es vermehrungsfähige Agentien gibt, die kleiner sind als Bakterien. Sie wurden zum Unterschied von den Mikroorganismen als „ filtrierbare“ Viren bezeichnet. Nach dem heute das Wort Virus nicht mehr auf Organismen angewendet wird, ist der Zusatz „filtrierbar“ überflüssig geworden.

Ein neuer Abschnitt in der Entwicklung der Virusforschung wurde durch die Arbeiten von Stanley[1] eingeleitet, dem es als ersten im Jahre 1935 gelang, das Tabakmosaikvirus mit chemischen Mitteln als einheitliches Nucleoproteid in Form parakrystalliner Nadeln darzustellen. Nur wenig später wurde von Bawden u. Pirie[2] ein anderes Pflanzenvirus, das Bushy-stunt-Virus der Tomate, in völlig krystallisiertem Zustand gewonnen. Die Bedeutung dieser Befunde liegt vor allem darin, daß die Krystallisierbarkeit einer Substanz ein besonders augenfälliges Kriterium für ihre Einheitlichkeit ist, denn nur Moleküle völlig gleicher Struktur können ein regelmäßiges Krystallgitter bilden. Später wurde eine große Reihe weiterer Viren rein dargestellt. Für alle bisher isolierten Viren ist ihr Gehalt an Nucleinsäure charakteristisch, sie stellen stets Nucleoproteide dar.

[1] Stanley, W. M.: Science, N. Y. **81**, 644 (1935). — [2] Bawden, F. C., and N. W. Pirie: Nature **141**, 513 (1938).

Die Abgrenzung der Viren gegenüber den Mikroorganismen nach der Größe ist willkürlich und unbefriedigend, da Unterschiede im biologischen Verhalten der Viren und Mikroorganismen nicht genügend berücksichtigt werden. Nach unseren heutigen Kenntnissen erscheint es am sinnvollsten, die Viren als Teile aus dem vollständigen System eines Organismus zu betrachten, die außerhalb der lebenden Zelle keinen Stoffwechsel aufweisen und sich nicht vermehren können, die sich aber identisch reproduzieren, indem sie von außen in eine Zelle eindringen und sich in deren Stoffwechsel einschalten. Im allgemeinen bedeutet diese Einschaltung eine Schädigung der Zelle, so daß die meisten Viren Krankheitserreger sind. Jedoch gehört die pathogene Eigenschaft nicht eigentlich zum Wesen der Viren. Es gibt auch Fälle, in denen es zu einer mehr oder weniger harmlosen Symbiose oder sogar zu einer Wachstumsförderung der befallenen Zelle kommt.

Die Viren sind ihrem Wesen nach mit den selbstvermehrungsfähigen Bestandteilen der Zelle, wie z. B. den Chromosomen oder Plastiden, vergleichbar, von denen sie sich durch ihren exogenen Ursprung unterscheiden. Gemeinsam ist allen selbstvermehrungsfähigen Körpern der Gehalt an Nucleinsäure. Diesem kommt also eine wichtige Rolle bei der Reproduktion zu. Der Beitrag der Physiologischen Chemie zur Virusforschung besteht darin, den chemischen Aufbau der Viren und ihren Einfluß auf den Stoffwechsel der befallenen Zellen zu ergründen und ihre Eigenschaften und Wirkungen mit denen der endogenen Zellelemente zu vergleichen.

2. Nachweis und Darstellung der Viren.

Zur Kennzeichnung eines Krankheitserregers als Virus müssen folgende Bedingungen erfüllt sein: 1. Die Krankheit muß auf andere Organismen übertragbar sein. 2. Das infektiöse Agens muß eine Größe unterhalb 300 mμ besitzen, also durch bakteriendichte Filter filtrierbar sein. 3. Der Erreger darf sich auf künstlichen Nährböden nicht vermehren und keinen eigenen Stoffwechsel besitzen. Zur endgültigen Sicherung der Virusnatur kann jedoch auf die Isolierung und Charakterisierung des Agens nicht verzichtet werden. Hierzu muß das Virus mittels physikalisch-chemischer Methoden angereichert und alle nichtinfektiösen Begleitstoffe entfernt werden. Die Reindarstellung setzt einen biologischen Test voraus, durch den die Virusaktivität während der Anreicherung verfolgt werden kann. Hat man bei der Aufarbeitung morphologisch definierte Partikel erhalten, so ist zunächst ihre Einheitlichkeit zu prüfen und dann ihre Identität mit dem Virus zu beweisen. Dieser Identitätsbeweis ist in vielen Fällen schwierig. Er ist häufig nicht mit genügender Sorgfalt geführt worden, was zu großen Verwirrungen Anlaß gibt.

a) Quantitative Bestimmung der Viren.

Auf dem Gebiet der tierpathogenen Virusarten wird die Wirksamkeit von Viren meist durch Bestimmung des Endpunkts einer Verdünnungsreihe ermittelt. Hierzu wird die zu untersuchende Lösung stufenweise verdünnt bis gerade noch ein bestimmtes, charakteristisches Symptom auftritt. Als Grenzdosis wird diejenige Virusmenge gewählt, bei der 50% der Tiere erkranken bzw. sterben. Diese Grenzdosis wird meist als MD_L 50 (50% Dosis letalis) bezeichnet. Die Lage des Endpunkts wird aus den Versuchsdaten graphisch oder rechnerisch ermittelt[1]. Bei den Verdünnungsverfahren kann die Wirksamkeit meist nur sehr

[1] Reed, L. J., and H. Muench: Amer. J. Hyg. **27**, 493 (1938).

roh, etwa auf eine Zehnerpotenz, ermittelt werden. Die Entwicklung der Gewebekultur[1-3] hat dazu geführt, daß der Verdünnungstest am Tier mehr und mehr durch den in der Gewebekultur ersetzt wird. Man wählt hierzu eine Zellart, bei der das betreffende Virus einen deutlichen cytotoxischen Effekt ergibt, und bestimmt die Grenzdosis, bei der die Zerstörung der Zellen gerade noch nachweisbar ist.

Bei den Verdünnungsverfahren handelt es sich in der Regel um eine Alles-oder-Nichts-Reaktion. Bequemer sind Teste, die auf einem graduellen Unterschied der Virusaktivität aufgebaut sind, z. B. der Länge der Inkubationszeit oder der Überlebensdauer. Wenn eine entsprechende Eichkurve vorliegt, braucht man zur Aktivitätsbestimmung in diesem Fall keine Verdünnungsreihe anzusetzen, es genügt die Prüfung einer einzigen Konzentration. Häufig besteht eine strenge Beziehung der Viruskonzentration zu der Zahl der lokalen Krankheitsherde, die auf einem empfänglichen Gewebe erzeugt werden[4-6]. Einige tierpathogene Viren rufen auf der Chorioallantois-Membran des Hühnereis lokale Läsionen hervor, deren Zahl als Maß für die Virusaktivität gelten kann.

Abb. 59. Einzelherde von Tabakmosaikvirus auf Nicotiana glutinosa (nach G. MELCHERS).

Besonders häufig wird der Einzelherdtest jedoch bei den pflanzenpathogenen Viren benützt. So erzeugt das Tabakmosaikvirus auf den Blättern bestimmter Pflanzen kein generelles Mosaik, sondern nur einzelne nekrotische Herde (Abb. 59). Ihre Anzahl hängt von der Viruskonzentration der Lösung ab, mit der die Blattoberfläche eingerieben wurde. Zum Vergleich wird hierbei stets auf der einen Blattoberfläche die zu prüfende Lösung, auf der anderen eine Standard-Lösung mit bekannter Konzentration aufgetragen[5]. Durch diesen verhältnismäßig einfachen Test ist die experimentelle Erforschung des Tabakmosaikvirus außerordentlich erleichtert worden.

Die Wirksamkeit der Bakteriophagen wird durch ein analoges Verfahren bestimmt, indem man die Zahl der auf einer Bakterienkultur erzeugten Löcher (plaques) auszählt. Diese entstehen dadurch, daß jeder Phage zunächst ein Bakterium und seine Nachkommen dann weitere Bakterien in der unmittelbaren Nachbarschaft zerstören. Die Zahl dieser plaques ist gleich der Zahl der auf die Kultur aufgebrachten aktiven Phagenteilchen. Die für die ganze Virusforschung bedeutenden Erfolge bei der Untersuchung der Bakteriophagen sind vor allem auf diesen genauen und verhältnismäßig einfachen Test zurückzuführen. DULBECCO[7] gelang es, die plaque-Technik auf die Untersuchung tierpathogener

[1] ACKERMANN, W. W., and T. FRANCIS: Adv. Virus Res. **2**, 81 (1954). — [2] ENDERS, J. F.: Ann. Rev. Microbiol. **8**, 473 (1954). — [3] ROSS, J. D., and J. T. SYVERTON: Ann. Rev. Microbiol. **11**, 459 (1957). — [4] REID, D. B. W., J. F. CRAWLEY and A. J. RHODES: J. Immunol. **63**, 165 (1949). — [5] HOLMES, F. O.: Bot. Gaz. **87**, 39 (1929). — [6] ISAACS, A.: Adv. Virus Res. **4**, 111 (1957). — [7] DULBECCO, R.: Proc. nat. Acad. Sci. USA **38**, 747 (1952).

Virusarten zu übertragen. Durch Behandlung mit Trypsin werden die Gewebe, z. B. Hühnerembryonen, in einzelnen Zellen aufgelöst und diese als gleichmäßiger Rasen von etwa einer Zellschicht Dicke in Petrischalen gezüchtet. Wird dann die Viruslösung aufgebracht, so erhält man ebenfalls isolierte Löcher, von denen abgeimpft werden kann. Das Verfahren wurde zunächst bei den Viren der Western Equine Encephalitis und der Atypischen Geflügelpest angewandt, es hat sich jedoch unterdessen bei sehr vielen Viren bewährt.

Zur quantitativen Bestimmung der Viren können neben biologischen auch *serologische Methoden* angewandt werden. Bei vielen tierpathogenen Viren kann ferner die *Hämagglutination*[1] zum Nachweis dienen. Sie beruht darauf, daß die Viren sich mit bestimmten Receptoren der Erythrocyten verbinden und sie dadurch verklumpen. In einer Verdünnungsreihe wird der Endpunkt ermittelt, bei dem gerade keine Agglutination der Blutkörperchen mehr eintritt. Weder der Hämagglutinationstiter noch der serologische Titer gehen stets mit der Infektiosität parallel, da auch nichtinfektiöse Teilchen bekannt sind, die ebenfalls hämagglutinierend und als Antigene wirken.

b) Reindarstellung der Viren.

Gewisse Anhaltspunkte über die Größe der Viren lassen sich bereits aus Untersuchungen von virushaltigen Rohextrakten gewinnen. Diese indirekten Methoden werden nur noch angewendet, wenn die Reindarstellung des Virus aussichtslos erscheint oder wenn man sich vor Beginn der Aufarbeitung einen Überblick über die zu erwartende Größenordnung verschaffen will. Häufig wird die Ultrafiltration benützt. Man ermittelt durch Anwendung verschiedener Filter die Grenzporenweite, durch die das Virus noch hindurchgeht. Der Filtrationsendpunkt wird hier durch biologische Auswertung des Filtrats bestimmt. Wegen der Ungenauigkeit des Testes und der unsicheren Beziehung zwischen Grenzporenweite und Durchmesser der gerade noch zurückgehaltenen Teilchen liefert das Verfahren nur eine Abschätzung der Größenordnung. Mit Hilfe der biologischen Auswertung ist es auch möglich, die Sinkgeschwindigkeit von Virusteilchen in der Ultrazentrifuge oder die Diffusion in ungereinigten Lösungen zu messen. Natürlich sind diese Verfahren wesentlich ungenauer als die optischen Messungen an reinen Viruspräparaten. Die auf einem biologischen Test beruhenden Größenbestimmungen haben auch nach der Entwicklung exakter Methoden noch eine gewisse Bedeutung behalten, da es mit ihrer Hilfe gelingt, die Identität einer isolierten Substanz mit dem biologisch wirksamen Agens nachzuweisen. So ist z. B. zu fordern, daß die biologisch bestimmte Sedimentationskonstante mit der optisch gemessenen der isolierten Viruspartikel übereinstimmt. Die Aussagen über Größe, Gestalt und Aufbau eines Virus werden um so sicherer sein, je reiner die Präparate sind, an denen Messungen vorgenommen werden.

Wegen der wichtigsten Methoden zur Reindarstellung der Viren s. Bd. I, S. 773. Weitere Einzelheiten sind der Spezialliteratur zu entnehmen. Wegen der großen Empfindlichkeit der tierpathogenen Virusarten werden für ihre Reinigung im wesentlichen physikalische Methoden, vor allem die Fraktionierung in schnelllaufenden Zentrifugen, verwendet. Da die Viren meist ein höheres Teilchengewicht besitzen als die normalen Gewebebestandteile, lassen sie sich leichter abtrennen. Infolge der dichten Packung bei der Sedimentation bilden sich aus den Gewebebestandteilen häufig unlösliche Aggregate, während dies unter geeigneten Bedingungen bei den Virusteilchen weniger der Fall ist. Durch abwechselnd hoch- und niedertouriges Zentrifugieren lassen sich die Viren rein gewinnen.

[1] Hirst, G. K.: Science, N. Y. **94**, 22 (1941). —

Besonders geeignet zur Abtrennung der Viren ist auch die Zentrifugation in einem Dichtegradienten, da hier das Zusammenpressen der Virusteilchen am Boden des Gefäßes vermieden wird. Die Trennung erfolgt bei diesem Verfahren nach dem spezifischen Gewicht (vgl. Poliomyelitis). Bei der Isolierung der neurotropen Viren aus dem sehr lipoidreichen Gehirnmaterial wird vor der Fraktionierung in der Ultrazentrifuge der größte Teil der Lipoproteide durch Extraktion mit Äther entfernt. Bei der endgültigen Reinigung von Viruspräparaten haben sich auch die Elektrophorese und die Chromatographie bewährt. Bei den weniger empfindlichen Virusarten, z. B. vielen Pflanzenviren, sind auch chemische Fällungsmethoden brauchbar, vor allem wird die Ammonsulfatfällung verwendet.

c) Charakterisierung der Viren.

Die Charakterisierung eines neu gefundenen Virus hat vor allem den Zweck, Beziehungen zu anderen bereits bekannten Virusarten herzustellen und morphologische Grundlagen für eine systematische Einordnung zu geben. Bei der biologischen Charakterisierung kommt es vor allem darauf an, die Art der empfänglichen Wirte (Wirtsspezifität) und innerhalb des Wirts die empfänglichen Gewebe (Tropismus) festzustellen, und die primären und sekundären Krankheitssymptome möglichst bei verschiedenen Arten von Wirten zu beschreiben. Die biologischen Untersuchungen genügen allein nicht, um ein Virus eindeutig zu charakterisieren, da Tropismus und Wirtsspezifität variabel sind und nahe verwandte Viren häufig sehr unterschiedliche Krankheitssymptome hervorrufen bzw. auch umgekehrt verschiedenartige Viren sich pathologisch ähnlich verhalten können. Neben der biologischen ist daher auch eine *serologische Kennzeichnung* notwendig. Es ist zu prüfen, wieweit serologische Verwandtschaft mit anderen Virusarten oder mit Bestandteilen des Wirtsorganismus vorliegt.

Bei der morphologischen Charakterisierung fällt dem Elektronenmikroskop eine wichtige Rolle zu, denn es liefert uns ein unmittelbares und anschauliches Bild der Virusteilchen[1,2]. Physikalische und chemische Messungen gestatten im allgemeinen nur, die Abweichungen von der Kugelgestalt und den Grad der Asymmetrie anzugeben, morphologische Feinheiten sind auf diesem Wege nicht erkennbar. Trotzdem sind die physikalisch-chemischen Meßverfahren durch das Elektronenmikroskop keineswegs überflüssig geworden, denn durch die Präparation für die elektronenmikroskopischen Untersuchungen und bei diesen selbst können unkontrollierbare Veränderungen in den untersuchten Formen auftreten. Da nur völlig trockne Präparate abgebildet werden können, sind Änderungen der Struktur unvermeidlich. Durch die hohe Temperatur und die Strahlenwirkung wird die biologische Aktivität der Viren bei der Abbildung vernichtet. Es wird daher in den meisten Fällen notwendig sein, die elektronenmikroskopische Abbildung durch eine Untersuchung der Struktur der aktiven Teilchen in der Lösung zu ergänzen. Eine besonders schonende Präparationstechnik wurde von Williams[3] beschrieben. Hierbei wird die zu untersuchende Lösung in feinen Tröpfchen auf eine Kollodiumfolie gesprüht, die sich auf einen auf —70° C abgekühlten Kupferblock befindet. Das Präparat wird dann in gefrorenem Zustand getrocknet.

Das wichtigste Hilfsmittel für die Untersuchung der Struktur der Viren in Lösung ist die *Ultrazentrifuge.* Die Sedimentationskonstante ist ein Charakteristikum, das zur Unterscheidung verschiedener Viren dienen kann. Zur Berechnung des Molgewichtes ist außerdem die Kenntnis der Diffusionskonstanten und

[1] Williams, R. C.: Adv. Virus Res. **2**, 183 (1954). — [2] Bang, F. B.: Ann. Rev. Microbiol. **9**, 21 (1955). — [3] Williams, R. C.: Exp. Cell Res. **4**, 188 (1953).

des Molvolumens erforderlich (Bd. 1, S. 638). Daneben werden von Fall zu Fall auch andere Methoden zur Größenbestimmung herangezogen, die Bd. I, S. 614ff. bereits näher behandelt sind.

Varianten und Mutanten einer Virusart unterscheiden sich im allgemeinen nicht durch Größe und Gestalt. Trotzdem lassen sich oft durch *elektrophoretische Untersuchungen* deutliche Unterschiede feststellen (vgl. Tabakmosaikvirus). Wenn genügend Virusmaterial zur Verfügung steht, wird man versuchen, die *chemische Zusammensetzung* näher zu ermitteln. Besonders charakteristisch sind die Art und Menge der im Virus vorkommenden Nucleinsäure. Mit den heute bekannten Methoden zur quantitativen Bestimmung der Aminosäuren, die auch für sehr geringe Mengen brauchbar sind, läßt sich auch die Aminosäure-Zusammensetzung des Proteins bestimmen.

3. Struktur der Viren.

Der Virusbegriff umfaßt eine Reihe strukturell sehr verschiedenartiger Einheiten. Eine allgemein anerkannte Systematik hat sich noch nicht durchgesetzt. Als Grundlage der Einteilung sollen die morphologischen Kennzeichen der Viren dienen. Daneben sind aber auch die serologischen Beziehungen der Viren untereinander wichtig, die es gestatten, verwandte Virusstämme zu einer Virusart zusammenzufassen. Unter Zugrundelegung dieser Kriterien läßt sich eine vorläufige Gruppeneinteilung der Viren treffen. Im folgenden sollen vor allem diejenigen Viren behandelt werden, die in chemisch reiner Form bisher isoliert wurden und deren physikalische und chemische Eigenschaften untersucht wurden.

a) Kugelförmige Pflanzenviren.

In diese Gruppe gehören die einfachsten bisher bekannten Viren. Ihre Größe liegt teilweise unter der normaler, nicht vermehrungsfähiger Proteine. Diese Viren sind krystallisierbare Nucleoproteide, die sich allen physikalisch-chemischen Kriterien nach einheitlich verhalten. Ihre Nucleinsäurekomponente ist die Ribonucleinsäure (RNS). Nach elektronenmikroskopischen, chemischen und elektrophoretischen Untersuchungen, z. B. von MARKHAM u. SMITH[1] und von COSENTINO u. Mitarb.[2,3] am turnip yellow mosaic-Virus (Kohlrüben-Gelbmosaik-Virus), kann angenommen werden, daß diese Viren aus einer Proteinhülle bestehen, in deren Inneren sich die RNS befindet, wie es von WATSON u. CRICK allgemein vorgeschlagen wurde[4]. Nach röntgenographischen Untersuchungen, wie sie von CASPAR[5] und von KLUG u. Mitarb.[6] am bushy stunt-Virus (Tomatenzwergbusch-Virus) der Tomate durchgeführt wurden, besteht die Proteinhülle aus mindestens 12, wahrscheinlich jedoch aus 60 unter sich gleichen Untereinheiten. In der Natur werden diese Viren meist durch Insekten übertragen, doch gelingt bei allen Viren dieser Gruppe auch eine Infektion durch Einreiben der Blätter. Die unverletzte Zelloberfläche vermögen die Pflanzenviren nicht zu durchdringen. Innerhalb der Pflanze können sie durch die Plasmastränge, die die einzelnen Zellen verbinden, die Plasmodesmen, von einer Zelle zur nächsten gelangen. Der Transport über große Abstände erfolgt wahrscheinlich im Phloem.

Als wichtigster Vertreter dieser Gruppe sei das *bushy stunt-Virus der Tomate* näher behandelt. Wie der Name sagt, erzeugt es bei älteren Tomatenpflanzen eine Wachstumshemmung, so daß eine buschige Zwergform entsteht. Es wurde

[1] MARKHAM, R., and K. M. SMITH: Parasitology **39**, 330 (1949). — [2] COSENTINO, V., K. PAIGEN and R. L. STEERE: Virology **2**, 139 (1956). — [3] FRASER, D., and V. COSENTINO: Virology **4**, 126 (1957). — [4] CRICK, F. H. C., and J. D. WATSON: Nature **177**, 473 (1956). — [5] CASPAR, D. L. D.: Nature **177**, 475 (1956). — [6] KLUG, A., J. T. FINCH and R. E. FRANKLIN: Nature **179**, 683 (1957).

von BAWDEN u. PIRIE[1] 1938 in Form von rhombischen Dodekaedern krystallisiert erhalten (Abb. 60). Im Elektronenmikroskop zeigt das Virus eine kugelförmige Gestalt und einen Durchmesser von 25,5—27 mμ[2,3]. In der Ultrazentrifuge sedimentiert es zwischen p_H 2,4 und 8,7 völlig einheitlich. Aus der Sedimentationskonstanten von $s_{20} = 132\ S$, der Diffusionskonstanten von $D = 1{,}15 \cdot 10^{-7}$ cm²/sec und dem partiellen spezifischen Volumen von 0,739 berechnet sich ein Mol.-Gew. von $10{,}6 \cdot 10^6$ bzw. ein Durchmesser von 29 mμ[3]. In guter Übereinstimmung hiermit ergibt sich aus den Röntgenuntersuchungen ein Mol. Gew. von $10{,}8 \cdot 10^6$ und ein Durchmesser von 27 mμ[4]. Von SMITH wurden auch Krystalle dieses Virus in infizierten Pflanzen nachgewiesen[5]. Das bushy stunt-Virus verhält sich elektrophoretisch völlig einheitlich, der isoelektrische Punkt liegt bei p_H 4,1. Das Virus enthält 17% RNS, die sich mit 5%iger Natronlauge leicht aus dem Protein abspalten läßt. Das Basenverhältnis in der Nucleinsäure wurde neuerdings von DE FREMERY u. KNIGHT[6] bestimmt.

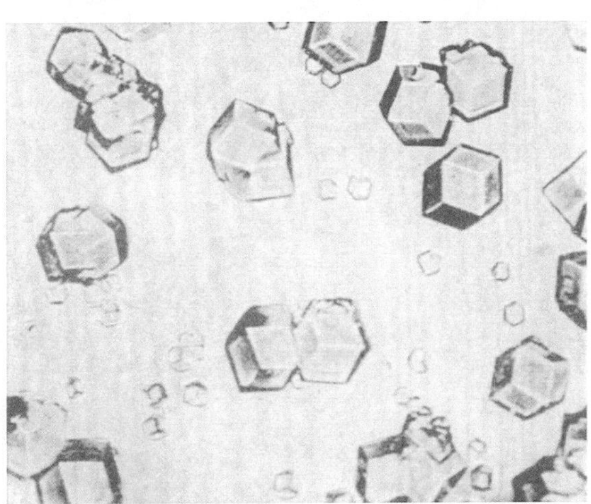

Abb. 60. Krystalle des bushy stunt-Virus, vergrößert etwa 300fach (nach BAWDEN).

Zu der Gruppe der kugelförmigen Pflanzenviren gehören ferner das *Tabaknekrose-Virus* (Abb. 61), das *turnip yellow mosaic-Virus* (Kohlrüben-Gelbmosaik-Virus) und das *southern bean mosaic-Virus* (Bohnenmosaikvirus Südstamm). Die Durchmesser, die Molgewichte und der RNS-Gehalt dieser Viren sind in der folgenden Tabelle zusammengestellt.

Tabelle 106. Molgewichte, Durchmesser und RNS-Gehalt einiger kugelförmiger Pflanzenviren.

Virus	RNS-Gehalt %	Mol. Gew. in 10^6	Durchmesser: aus Sedimentation + Diffusion mμ	Durchmesser: elektronenmikroskopisch mμ
bushy-stunt . .	17[6]	10,6	29	27
Tabaknekrose .	18[7]	8		21—26[8]
turnip yellow .	34[9]	3,5[10]		26[9]
southern bean .	21	6,6[11]	24	24[12]

[1] BAWDEN, F. C., and N. W. PIRIE: Nature **141**, 513 (1938). — [2] STANLEY, W. M., and T. A. ANDERSON: J. biol. Ch. **139**, 325 (1941). — [3] NEURATH, H., and G. R. COOPER: J. biol. Ch. **135**, 455 (1940). — [4] Zusammenfassung über Röntgenuntersuchung an Virusproteinen: CROWFOOT-HODGKIN, D.: Cold Spring Harbor Symp. quant. Biol. **14**, 65 (1950). — [5] SMITH, K. M.: Virology **2**, 706 (1956). — [6] FREMERY, D. DE, and C. A. KNIGHT: J. biol. Ch. **214**, 559 (1955). — [7] BAWDEN, F. C., and N. W. PIRIE: Brit. J. exp. Path. **26**, 277 (1945). — [8] MARKHAM, R., K. M. SMITH and R. W. G. WYCKOFF: Nature **159**, 547 (1947); **161**, 760 (1948). — [9] COSENTINO, V., K. PAIGEN and R. L. STEERE: Virology **2**, 139 (1956). — [10] COSSLETT, V. E., and R. MARKHAM: Nature **161**, 250 (1948). — [11] MILLER, G. L., and W. C. PRICE: Arch. Biochem. **10**, 467; **11**, 329 (1946). — [12] LABAW, L. W., and R. W. G. WYCKOFF: Arch. Biochem. **67**, 225 (1957).

Abb. 61. Krystalle des Tabaknekrosevirus (nach MARKHAM, SMITH u. WYCKOFF) vergrößert 1:68000.

b) Stäbchenförmige Pflanzenviren.

Diese Viren sind bisher nicht völlig krystallisiert erhalten worden, sie lassen sich jedoch teilweise in parakrystallinen Nadeln gewinnen. Physikalische und chemische Untersuchungen an den gelösten Teilchen sprechen für eine relativ hohe Einheitlichkeit, vor allem für die Existenz einer definierten Länge[1]. Diese Viren enthalten Ribonucleinsäure als Nucleinsäure-Komponente. Einige Viren dieser Gruppe können mechanisch, andere nur durch Insekten übertragen werden.

α) Tabakmosaikvirus.

Der am besten untersuchte Vertreter dieser Gruppe ist das Tabakmosaikvirus (TMV). Es soll daher ausführlich behandelt werden, da es in gewissem Sinne als Modellsubstanz für andere Viren dienen kann.

Das TMV ist in der ganzen Welt verbreitet und tritt hauptsächlich in Solanaceen auf. Es besitzt eine sehr geringe Wirtsspezifität und konnte im Laboratorium auf viele verschiedene Pflanzenfamilien übertragen werden. Bei den meisten Tabakrassen erzeugt es eine allgemeine Erkrankung, die sich in einer mosaikartigen Hellgrün-dunkelgrün-Fleckung der Blätter und einer stärkeren Deformation äußert. Auf bestimmten Varianten von Phaseolus vulgaris (Gartenbohne) und von Nicotiana glutinosa ruft das Virus beim Auftragen nur lokale Nekrosen hervor (vgl. Abb. 59, S. 583), deren Zahl als Maß für die biologische Wirksamkeit eines Viruspräparats benutzt wird (vgl. S. 583).

Das TMV ist das bisher am leichtesten zugängliche Virus. Die Ausbeute aus dem Saft kranker Pflanzen ist wesentlich höher als bei anderen Viren. Aus 1 kg Pflanzenmaterial lassen sich etwa 3—5 g Virus gewinnen. Die Darstellung erfolgt durch Ammonsulfatfällung und hochtouriges Zentrifugieren. Besonders schonend ist die Exsudat-Methode von Johnson[2].

Größe und Gestalt. Elektronenmikroskopisch wurde das Virus zuerst von Kausche, Pfankuch u. Ruska[3] dargestellt. Bei sorgfältiger Präparation des TMV aus Tabakpflanzen erhält man Konzentrate, in denen nach den elektronenmikroskopischen Untersuchungen von Williams u. Steere[4] 90% der Teilchen eine einheitliche Länge von 3000 Å aufweisen. In Lösung tritt das TMV bei niederem p_H leicht zu größeren Aggregaten zusammen und zerfällt bei hohem p_H leicht in kleine Bruchstücke. Zerfall wie Aggregation sind von der Salzkonzentration abhängig (Abb. 62). Doch lassen sich aus älteren Präparaten durch einmalige Ultrazentrifugation wieder Teilchen gleichförmiger Länge gewinnen[5]. Steere[6] wies nach, daß auch die intracellulären TMV-Partikel eine gleichförmige Länge von 3000 Å besitzen[7]. Nach elektronenmikroskopischen Untersuchungen beträgt der Durchmesser des TMV etwa 150 Å. Eine Oberflächenstruktur konnte bisher beim TMV im Elektronenmikroskop nicht mit Sicherheit nachgewiesen werden.

Die Bestimmung des Molekulargewichts durch physikalisch-chemische Methoden bietet wegen der Neigung der TMV-Partikel zur Dimerisation einerseits und zum Bruch andererseits Schwierigkeiten. In der Ultrazentrifuge zeigt das TMV eine ausgeprägte Abhängigkeit der Sedimentationskonstante von der Konzentration. Daher muß zur Ermittlung des Molgewichts auf unendliche Verdünnung extrapoliert werden. Bei einem einheitlichen Präparat fanden Schramm u. Bergold[8] für $c = 0$, $s_{20} = 198\ S$. Die Diffusionskonstante bestimmten die Autoren zu $D_{20} = 0{,}44 \cdot 10^{-7}$ cm²/sec. Aus s_{20}, D_{20} und einem partiellen spezifischen Volumen von $V_0 = 0{,}74$ ergibt sich ein Mol. Gew. von $40{,}7\ (\pm 5) \cdot 10^6$. Für das Reibungsverhältnis erhält man 2,03, woraus sich ohne Berücksichtigung der

[1] Köhler, E.: Naturwiss. **43**, 230 (1956). — [2] Johnson, J.: Phytopathology **41**, 78 (1951). — [3] Kausche, G. A., E. Pfankuch u. H. Ruska: Naturwiss. **27**, 292 (1939). — [4] Williams, R. C., and R. L. Steere: Am. Soc. **73**, 2057 (1951). — [5] Schramm, G., u. M. Wiedemann: Z. Naturforsch. **6**b, 379 (1951). — [6] Steere, R. L.: J. biophys. biochem. Cytol. **3**, 45 (1957). — [7] vgl. dagegen Pirie, N. W.: Adv. Virus Res. **4**, 159 (1957). — [8] Schramm, G., u. G. Bergold: Z. Naturforsch. **2**b, 108 (1947).

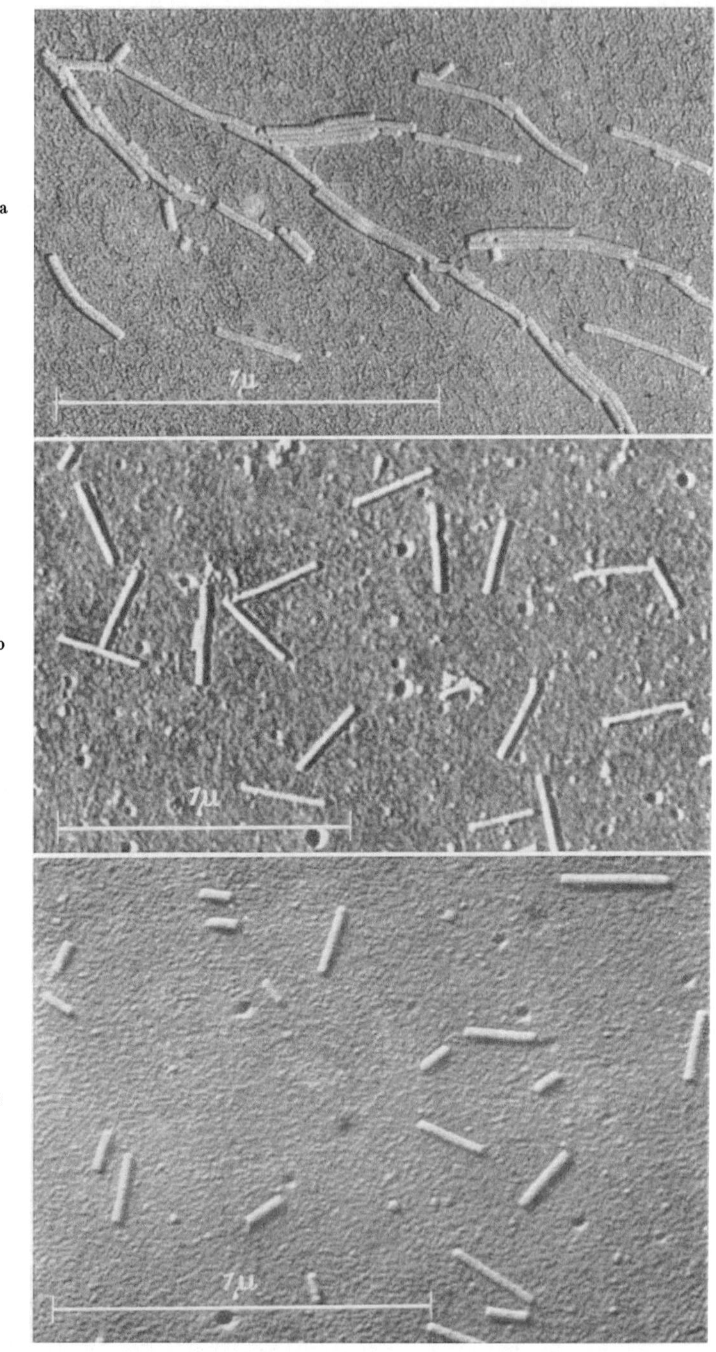

Abb. 62. Elektronenmikroskopische Abbildung des Tabakmosaikvirus bei verschiedenem p_H. *a* p_H 5,2; *b* p_H 8,6; *c* p_H 10 (nach G. SCHRAMM).

Hydratation ein Achsenverhältnis von 21:1 ergibt. Diese Ergebnisse stimmen mit den elektronenmikroskopisch erhaltenen gut überein.

Nach Messungen der Lichtstreuung von OSTER, DOTY u. ZIMM[1] hat das TMV ein Mol. Gew. von $40 \cdot 10^6$ und eine Länge von 2700 Å, nach solchen der Strömungsdoppelbrechung von 3350 ± 250 Å[2].

Die starre, langgestreckte Form der TMV-Moleküle erleichtert ihre Ausrichtung, die sowohl spontan als auch unter Einwirkung einer äußeren Kraft erfolgen kann. Die Ausrichtung äußert sich in einer optischen Anisotropie. Salzfreie Lösungen des TMV mit einer Konzentration über 1,98% trennen sich bei längerem Stehen spontan in 2 Schichten[3]. Die obere Schicht ist isotrop und zeigt

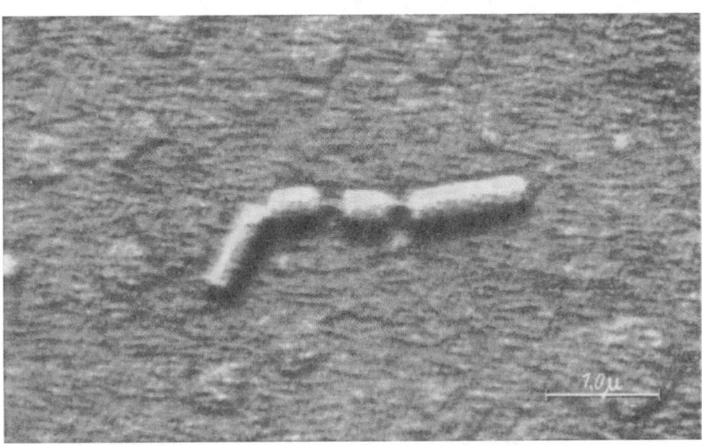

Abb. 63. Elektronenmikroskopische Aufnahme von partiell degradiertem Tabakmosaikvirus (nach G. SCHRAMM).

eine starke Lichtstreuung wie die normalen TMV-Lösungen, die untere Schicht ist doppelbrechend und streut das Licht nur wenig. Röntgenuntersuchungen zeigen, daß in der Bodenschicht die Virusteilchen senkrecht zur Längsachse wie in einem Krystall angeordnet sind. Die Ursachen für diese spontane Ordnung wurden von OSTER[4] behandelt.

Nach den Phosphor-Bestimmungen von STANLEY u. KNIGHT[5] enthält TMV 5,6% RNS. Es sind verschiedene Verfahren zur Trennung von Protein und RNS bekannt, doch gelingt es stets nur eine der beiden Komponenten in nativer, nicht denaturierter Form zu erhalten. Ein partieller Abbau des TMV wurde von SCHRAMM u. Mitarb.[6] mit mildem Alkali und von HART[7] mit Netzmitteln durchgeführt. Im Elektronenmikroskop war dann ein zentraler Nucleinsäurestrang, umgeben von einer Proteinhülle zu erkennen (Abb. 63). Im folgenden soll zunächst der Proteinanteil und dann der RNS-Anteil des TMV behandelt werden.

TMV-Protein. Durch Behandlung bei p_H 10,3 wird aus dem TMV[6] das sog. A-Protein erhalten, ein natives Protein, dem nach Sedimentations- und Diffusionsmessungen ein Mol. Gew. von etwa 90000 zukommt. Beim Ansäuern aggregiert das A-Protein wieder zu Stäbchen von Form und Größe des ursprünglichen Virus, die jedoch nicht infektiös sind, da sie keine Nucleinsäure enthalten.

[1] OSTER, G., P. M. DOTY and B. H. ZIMM: Am. Soc. **69**, 1193 (1947). — [2] ROWEN, J. W., and W. GINOZA: Biochim. biophysica Acta, N. Y. **21**, 416 (1956). — [3] BAWDEN, F. C., and N. W. PIRIE: Proc. R. Soc. London (B) **123**, 274 (1937). — [4] OSTER, G.: J. gen. Physiol. **33**, 445 (1950). — [5] STANLEY, W. M., and C. A. KNIGHT: Cold Spring Harbor Symp. quant. Biol. **9**, 255 (1941). — [6] SCHRAMM, G., G. SCHUMACHER u. W. ZILLIG: Z. Naturforsch. **10**b, 481 (1955). — [7] HART, R. G.: Proc. nat. Acad. Sci. USA **41**, 261 (1955). Virology **1**, 402 (1955).

Die Degradation wie die Aggregation verlaufen über verschiedene Zwischenstufen, die außer von SCHRAMM u. Mitarb.[1,2] auch von HARRINGTON u. SCHACHMAN näher untersucht wurden[3]. Im Elektronenmikroskop wurden Scheiben von 69 Å Dicke mit einem Loch in der Mitte beobachtet, die in der Ultrazentrifuge eine Sedimentationskonstante von 30—40 S zeigten und denen ein Molgewicht von rund 900000 zukommt.

Weiterer Aufschluß über das Vorhandensein und die Größe von Peptiduntereinheiten im TMV-Protein wurde auf chemischem Wege durch Endgruppen-Analysen erhalten. HARRIS u. KNIGHT[4] spalteten mit Carboxypeptidase das am Carboxylende stehende (C-terminale) Threonin ab, und zwar 1 Mol Threonin je 17300 g Virus. Dieses Ergebnis wurde von SCHRAMM, BRAUNITZER u. SCHNEIDER[5] bestätigt. Da gegen die enzymatische Methode Einwände erhoben werden können, wurde zur Untersuchung der C-terminalen Aminosäuren auch die Abspaltung mit Hydrazin verwandt. BRAUNITZER[6] fand dabei die Sequenz: Prolin–Alanin–Threonin. Durch Hydrolyse mit Chymotrypsin und nachfolgende Papierchromatographie der DNP-Peptide erhielten NIU u. FRAENKEL-CONRAT[7] beim normalen TMV sowie bei den Stämmen M (mild) und YA (yellow aucuba) die Sequenz: Threonin–Serin–Glycin–Prolin–Alanin–Threonin.

Die Untersuchung des Aminoendes der Peptidkette bereitete größere Schwierigkeiten, da die N-terminale Aminosäure im nativen Virus blockiert ist. Wahrscheinlich steht am Amino-Ende Acetyl-Seryl-Tyrosin[8–12, 20].

Nach den Aminosäure-Analysen des TMV-Proteins[13–15] sowie nach Messungen der Sedimentations- und Diffusionskonstante[21] ergibt sich ebenfalls ein Mol.-Gew. von 16300—18300.

Zusammenfassend kann gesagt werden, daß das TMV-Protein aus rund 2300 Peptiduntereinheiten vom Mol. Gew. 16500 besteht, die mit den gleichen Aminosäuren beginnen und enden und wahrscheinlich identisch sind.

Von TAKAHASHI u. ISHII[16] wurde zuerst elektrophoretisch in kranken Tabakpflanzen ein abnormes Protein nachgewiesen, das nichtinfektiös ist, aber mit TMV-Antiserum reagiert. Es wurde als X-Protein bezeichnet. Nach SCHRAMM u. ZILLIG[2] sind X- und A-Protein oder sein Polymerisationsprodukt sehr ähnlich, wenn nicht identisch. Eine Übersicht über die X-Proteine, von denen unterdessen mehrere festgestellt wurden, gibt KLECZKOWSKI[17]. Die Frage, ob das X-Protein ein Vorläufer oder ein Degradationsprodukt des TMV ist, ist noch nicht völlig geklärt. Doch scheint nach Messungen mit $^{15}NH_4Cl$ und $^{14}CO_2$ die erste Möglichkeit wahrscheinlicher[18].

TMV-Nucleinsäure. Nachdem SCHRAMM u. Mitarb.[1] sowie HART[19] festgestellt hatten, daß partiell degradiertes TMV noch infektiös ist, lag die Frage

---

[1] SCHRAMM, G., G. SCHUMACHER u. W. ZILLIG: Z. Naturforsch. **10**b, 481 (1955). — [2] SCHRAMM, G., u. W. ZILLIG: Z. Naturforsch. **10**b, 493 (1955. — [3] HARRINGTON, W. F., and H. K. SCHACHMAN: Arch. Biochem. **65**, 278 (1956). — [4] HARRIS, J. I., and C. A. KNIGHT: Nature **170**, 613 (1952). J. biol. Ch. **214**, 215 (1955). — [5] SCHRAMM, G., G. BRAUNITZER u. J. W. SCHNEIDER: Z. Naturforsch. **9**b, 298 (1954). — [6] BRAUNITZER, G.: B. **88**, 2025 (1955). — [7] NIU, C.-I., and H. FRAENKEL-CONRAT: Arch. Biochem. **59**, 538 (1955). — [8] SCHRAMM, G., u. G. BRAUNITZER: Z. Naturforsch. 8b, 61 (1953). — [9] BRAUNITZER, G.: Naturwiss. **42**, 371 (1955). — [10] ANDERER, F. A.: Diss. Tübingen 1957. — [11] BRAUNITZER, G.: Biochim. biophysica Acta, N. Y. **19**, 574 (1956). — [12] NARITA, K.: Biochim. biophysica Acta, N.Y. **28**, 184 (1958). — [13] KNIGHT, C. A.: J. biol. Ch. **171**, 297 (1947). — [14] BLACK, F. L., and C. A. KNIGHT: J. biol. Ch. **202**, 51 (1953). — [15] RAMACHANDRAN, L. K.: Virology **5**, 244 (1958). — [16] TAKAHASHI, W. N., and M. ISHII: Nature **169**, 419 (1952). Amer. J. Bot. **40**, 85 (1953). — [17] KLECZKOWSKI, A.: J. gen. Microbiol. **16**, 405 (1957). — [18] RYSSELBERGE, C. VAN, and R. JEENER: Biochim. biophysica Acta, N.Y. **23**, 18 (1957). — [19] HART, R. G.: Proc. nat. Acad. Sci. USA **41**, 261 (1955). Virology **1**, 402 (1955). — [20] ANDERER, F. A.: Z. Naturforsch. **14**b (1959) (im Druck). — [21] ANDERER, F. A.: Z. Naturforsch. **14**b, 24 (1959).

nahe, ob das Protein nicht vollständig abgetrennt werden könnte, ohne daß die Aktivität verlorengeht. Nach dem Verfahren von COHEN[1], 1 min Erhitzen auf 100° C, wurde ein stark abgebautes Nucleinsäure-Präparat erhalten, dessen Teilchengewicht bei etwa 300000 lag und das keine Aktivität mehr zeigte. GIERER u. SCHRAMM[2] extrahierten eine TMV-Lösung in der Kälte mit Phenol, dabei geht das Protein in die Phenol-Phase und die RNS in die wäßrige. Die RNS enthielt weniger als 0,4% Protein und besaß noch eine beträchtliche Infektiosität, 5% von der der äquivalenten Menge an TMV oder 0,3% bezogen auf die äquivalente Menge der im TMV enthaltenen RNS. Durch verschiedene Versuche konnten GIERER u. SCHRAMM beweisen, daß die Aktivität nicht auf Verunreinigungen mit intaktem Virus beruht, sondern der reinen Nucleinsäure zukommt. Die Infektiosität nahm beim Stehen rasch ab, sie wurde durch Ribonuclease zerstört, während TMV dagegen beständig ist. Durch TMV-Antiserum wurde die Infektiosität nicht verringert, ebensowenig durch weitere Extraktionen mit Phenol. Ähnliche Ergebnisse erhielten FRAENKEL-CONRAT u. Mitarb.[3], die die Nucleinsäure durch Behandlung des Virus mit Netzmitteln isolierten (Dodecylsulfat). Hiernach ist also die RNS allein für die Vermehrung verantwortlich und als Träger der genetischen Eigenschaften des Virus anzusehen. In der Ultrazentrifuge erwies sich die RNS nicht als völlig einheitlich. Der am schnellsten wandernden Bande kommt nach Messungen der Sedimentationskonstanten und der Eigenviscosität ein Mol. Gew. von rund $2{,}1 \cdot 10^6$ zu; durch differentielle Zentrifugation konnte gezeigt werden, daß sie die infektiöse Komponente darstellt. Nach den Untersuchungen über die Degradation der RNS mit Ribonuclease genügen wenige oder wahrscheinlich sogar eine einzige Spaltung des Moleküls, um die Infektiosität zu zerstören[4]. Das Mol. Gew. von rund $2 \cdot 10^6$ entspricht dem des gesamten RNS-Strangs im TMV-Molekül (5,6% von $40 \cdot 10^6$). Man kommt daher zu dem Schluß, daß nur der intakte RNS-Strang im TMV die Fähigkeit besitzt, sich in der Pflanzenzelle zu vermehren und die Bildung der Proteinhülle zu induzieren.

Neuerdings konnten COCHRAN u. CHIDESTER[5] aus infizierten Pflanzen neben aktivem intaktem Virus aktive RNS extrahieren. Somit liegt ein direkter Hinweis darauf vor, daß in bestimmten Phasen der Virusentwicklung die freie infektiöse RNS auftritt.

Wie alle Viren wird auch TMV durch Strahlung verschiedener Art inaktiviert. Das radiosensitive Volumen, d. h. das Volumen, innerhalb dessen ein Treffer zur Inaktivierung führt, wurde für TMV und für die infektiöse RNS bestimmt[6]. Die Werte sind in Übereinstimmung mit der Annahme, daß nur die RNS für die Virusvermehrung verantwortlich ist.

Die Zusammensetzung der RNS aus TMV aus den 4 Nucleotiden wurde von MARKHAM u. SMITH[7] bestimmt:

Adenin 1,24   Guanin 1,17   Cytosin 0,62   Uracil 0,96.

Die Summe der Basen ist dabei gleich 4 gesetzt.

Nach den neuesten Ergebnissen von REDDI u. KNIGHT[8] konnten in der RNS keine Endgruppen nachgewiesen werden, nach der Empfindlichkeit der Methode hätte noch eine Endgruppe auf 500 Nucleotide erfaßt werden müssen.

[1] COHEN, S. S.: J. biol. Ch. **144**, 353 (1942). — [2] GIERER, A., u. G. SCHRAMM: Z. Naturforsch. **11**b, 138 (1956). Nature **177**, 702 (1956). — [3] FRAENKEL-CONRAT, H., B. SINGER and R. C. WILLIAMS: Biochim. biophysica Acta, N. Y. **25**, 87 (1957). — [4] GIERER, A.: Nature **179**, 1297 (1957). Z. Naturforsch. **13**b, 477, 485 (1958). — [5] COCHRAN, G. W., and J. L. CHIDESTER: Virology **4**, 390 (1957). — [6] GINOZA, W., and A. NORMAN: Nature **179**, 520 (1957). — [7] MARKHAM, R., and J. D. SMITH: Biochem. J. **46**, 513 (1950). — [8] REDDI, K. K., and C. A. KNIGHT: Nature **180**, 374 (1957).

Über die *Biosynthese des TMV* ist nur wenig bekannt. Der Ort der intracellulären Virusvermehrung konnte noch nicht mit Sicherheit erfaßt werden. Die Untersuchungen von SIEGEL, GINOZA u. WILDMAN[1] über die Inaktivierung der Infektionszentren mit ultraviolettem Licht lassen ebenfalls einige Schlüsse auf den Infektionsvorgang zu. Bei Infektionen mit RNS ist die Latenzperiode, d. h. der Zeitraum, innerhalb dessen kein aktives Virus nachgewiesen werden kann, wesentlich kürzer als bei Infektion mit dem intakten Virus, wo sie 20—30 Std beträgt[2]. Weiterhin verhielten sich die Nucleinsäuren zweier verschiedener Stämme völlig gleich. Demnach besteht der erste Schritt nach dem Eindringen des TMV in die Pflanzenzelle in der Abspaltung der RNS von der Proteinhülle.

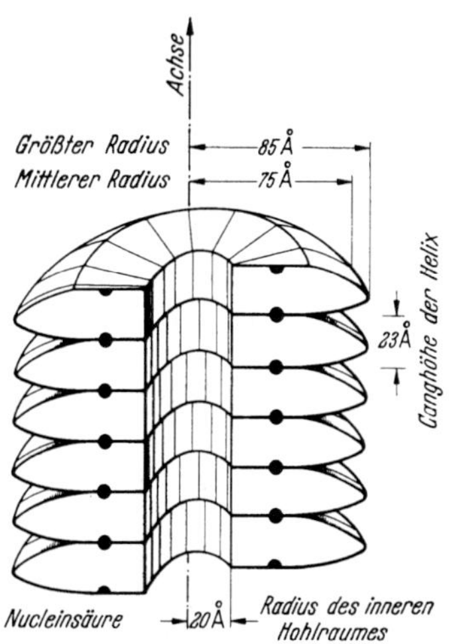

Abb. 64. Modell des Aufbaus des Tabakmosaikvirus (nach R. E. FRANKLIN).

Rekonstitution. Da die freie RNS um etwa den Faktor 300 weniger aktiv ist als die im TMV enthaltene RNS, wäre es denkbar, daß die Vereinigung der Proteinhülle mit der aktiven Nucleinsäure die Infektiosität um diesen Faktor steigern würde. Wegen der Instabilität der RNS konnte jedoch der Rekonstruktionsfaktor bisher nicht exakt bestimmt werden. Das ursprüngliche Experiment von FRAENKEL-CONRAT u. WILLIAMS[3] kann heute nicht mehr in der Weise gedeutet werden, daß inaktive RNS und inaktives Protein aktives Virus ergeben. Es erscheint ausgeschlossen, daß eine echte Rekonstitution, d.h. die Verbindung der beiden inaktiven Komponenten zu aktivem Virus, möglich ist.

Innerer Aufbau. Röntgenographisch wurde das TMV zuerst von BERNAL u. FANKUCHEN[4] untersucht. Es ergab sich ein Faserdiagramm. Die neueren Röntgenanalysen des TMV von FRANKLIN u. Mitarb.[5-7] sowie von CASPAR[8] zeigten, daß das TMV aus einem Hohlzylinder von 170 Å äußerem und 40 Å innerem Durchmesser besteht. Den Zylinder bilden die Peptiduntereinheiten vom Mol.Gew. 16300, die in einer Schraube von 23 Å Ganghöhe angeordnet sind. Auf eine Windung kommen nach den letzten Ergebnissen $3n + 1$ Untereinheiten mit $n = 16$. Die Nucleinsäure ist in den Hohlzylinder eingebettet. Bei enger Packung verzahnen sich die TMV-Stäbchen so ineinander, daß der Abstand zwischen den Mittelpunkten nur 150 Å beträgt. Das Röntgendiagramm des aggregierten A-Proteins unterscheidet sich von dem des TMV nur dadurch, daß die P-Atome mit hoher Elektronendichte im Abstand von 40 Å von der Achse fehlen. Die Proteinhülle ist vermutlich folgendermaßen aufgebaut: 6 Peptiduntereinheiten vom Mol.Gew. 16000 treten zum A-Protein vom Mol.Gew. 90000 zusammen. Acht dieser Einheiten lagern sich dann zu der Proteinscheibe von 69 Å Dicke mit dem zentralen Loch zusammen, und diese Scheiben polymerisieren zum Stäbchen (Abb. 64). An Ultradünnschnitten von TMV konnte der zentrale Hohlraum nach Anfärben mit Kontrastmitteln auch elektronenmikroskopisch sichtbar gemacht werden[9].

[1] SIEGEL, A., W. GINOZA and S. G. WILDMAN: Virology **3**, 554 (1957). — [2] SCHRAMM, G., and R. ENGLER: Nature **181**, 916 (1958). — [3] FRAENKEL-CONRAT, H., and R. C. WILLIAMS: Proc. nat. Acad. Sci. USA **41**, 690 (1955) — [4] BERNAL, J. D., and I. FANKUCHEN: J. gen. Physiol. **25**, 111, 147 (1941). — [5] FRANKLIN, R. E.: Nature **177**, 928 (1956). — [6] KLUG, A., and R. E. FRANKLIN: Biochim. biophysica Acta, N. Y. **23**, 199 (1957). — [7] FRANKLIN, R. E., and K. C. HOLMES: Biochim. biophysica Acta, N. Y. **21**, 405 (1956). — [8] CASPAR, D. L. D.: Nature **177**, 928 (1956). — [9] FERNÁNDEZ-MORAN, H., and G. SCHRAMM: Z. Naturforsch. **13**b, 68 (1958).

Chemisches, elektrochemisches und serologisches Verhalten. Bei der Elektrophorese liefert das TMV eine einheitliche Bande. Wegen des hohen Gehalts an sauren Gruppen liegt der isoelektrische Punkt besonders niedrig, nämlich bei 3,5.

Das TMV ist innerhalb des p_H-Bereichs von 2—8 stabil. Wie nach der Feststellung, daß allein die RNS für die Infektiosität verantwortlich ist, anzunehmen ist, können am Protein des TMV verschiedene Änderungen durchgeführt werden, ohne daß die Vermehrungsfähigkeit des Virus beeinträchtigt wird und ohne daß diese Veränderungen auf die Nachkommen vererbt würden[1–3]. Erbliche Änderungen des TMV neben einer Inaktivierung konnten durch Umsetzung mit Nitrit erzielt werden, wobei die Aminobasen der RNS in Oxybasen umgewandelt werden[13, 14]. Dagegen wirkt Formaldehyd[4], der ja bei anderen Viren zur Herstellung von Vaccine verwandt wird, trotz der umgebenden Proteinhülle auf die RNS ein und inaktiviert infolgedessen das Virus.

Das TMV wirkt im Säugetierorganismus als starkes Antigen (s. Bd. 2/2b, S. 933). Durch langdauernde Immunisierung erhielten SCHRAMM u. FRIEDRICH-FREKSA[5] ein Kaninchen-Antiserum mit dem besonders hohen Antikörper-Titer von 1,79 mg Antikörper-Stickstoff je cm³. Damit durchgeführte Präzipitinreaktionen zeigten, daß 1 mg TMV-N in der Äquivalenzzone 2,05 mg Antikörper-N, beim größten Antikörper-Überschuß dagegen 4,1 mg zu binden vermag. Mit der Präcipitinreaktion können noch 10 γ TMV, mit der Komplementbindungsreaktion dagegen 0,1 γ nachgewiesen werden[6]. Zwischen dem Virusprotein und dem normalen Protein des Wirts besteht keine serologische Verwandtschaft.

Varianten des TMV. Es sind eine Reihe von Virusstämmen bekannt, die nach ihrem biologischen, chemischen und serologischen Verhalten mit dem TMV sehr nahe verwandt sind. Zum Teil handelt es sich hierbei um Mutanten, deren Entstehung aus dem Wildstamm im Laboratorium experimentell verfolgt werden konnte, zum Teil aber auch um Varianten, die aus Freilandkulturen isoliert wurden. Die Verwandtschaft der Stämme untereinander wurde vor allem durch serologische Untersuchungen sichergestellt. Die Varianten unterscheiden sich in Größe und Form nicht vom gewöhnlichen Stamm (vulgare). Geringfügige Unterschiede ergaben sich in der Aminosäurezusammensetzung des Proteinanteils[7, 8] (vgl. Bd. **1**, S. 775). Diese wurden um so deutlicher, je geringer der Verwandtschaftsgrad ist. Von REDDI[9] wurden auch strukturelle Differenzen in den Nucleinsäuren verschiedener Stämme gefunden. Besonders auffallend äußern sich die durch die Mutation hervorgerufenen Strukturänderungen bei der Elektrophorese[10, 11].

β) Weitere stäbchenförmige Viren.

Zu den stäbchenförmigen Pflanzenviren, deren Durchmesser zwischen 10 und 20 mμ liegen, gehören die wirtschaftlich wichtigen *Kartoffelviren*, die vor allem in Mischinfektionen sehr schwere Symptome auf den betroffenen Pflanzen hervorrufen, und das Gelbsuchtvirus der Zuckerrübe[12]. Ihre Darstellung ist schwie-

---

[1] SCHRAMM, G., u. H. MÜLLER: H. **266**, 43 (1940); **274**, 267 (1942). — [2] ANSON, M. L., and W. M. STANLEY: J. gen. Physiol. **24**, 679 (1941). — [3] HARRIS, J. I., and C. A. KNIGHT: Nature **170**, 613 (1952). J. biol. Ch. **214**, 215 (1955). — [4] STAEHELIN, M.: Fed. Proc. **16**, 254 (1957). — [5] SCHRAMM, G., u. H. FRIEDRICH-FREKSA: H. **270**, 233 (1941). — [6] SCHRAMM, G., u. B. v. KEREKJARTO: Unveröffentlicht. — [7] BLACK, F. L., and C. A. KNIGHT: J. biol. Ch. **202**, 51 (1953). — [8] AACH, H. G.: Z. Naturforsch. **12**b, 614 (1957). — [9] REDDI, K. K.: Biochim. biophysica Acta, N. Y. **25**, 528 (1957). — [10] FRIEDRICH-FREKSA, H., G. MELCHERS u. G. SCHRAMM: Biol. Zbl. **65**, 187 (1946). — [11] KRAMER, E.: Z. Naturforsch. **12**b, 609 (1957). — [12] MUNDRY, K.-W., u. F. SCHNEIDER: Z. Naturforsch. **11**b, 573 (1956). — [13] SCHUSTER, H., u. G. SCHRAMM: Z. Naturforsch. **13**b, 697 (1958). — [14] GIERER, A., and K. W. MUNDRY: Nature **182**, 1457 (1958). — MUNDRY, K. W., u. A. GIERER: Z. Vererb.-Forsch. **89**, 614 (1958).

riger als die des TMV, da sie in geringerer Konzentration im Pflanzensaft vorkommen. Nach neueren Untersuchungen wurden für die Längen folgende Werte gefunden:

Kartoffel-X. . .	510 mμ[1]	Kartoffel-A	740 mμ[4]
Kartoffel-Aucuba	590 mμ[2]	Kartoffel-Y	750 mμ[5, 6] (Abb. 65)
Kartoffel-S . . .	650 mμ[3]	Zuckerrüben-Gelbsucht	1250 mμ[7, 8]

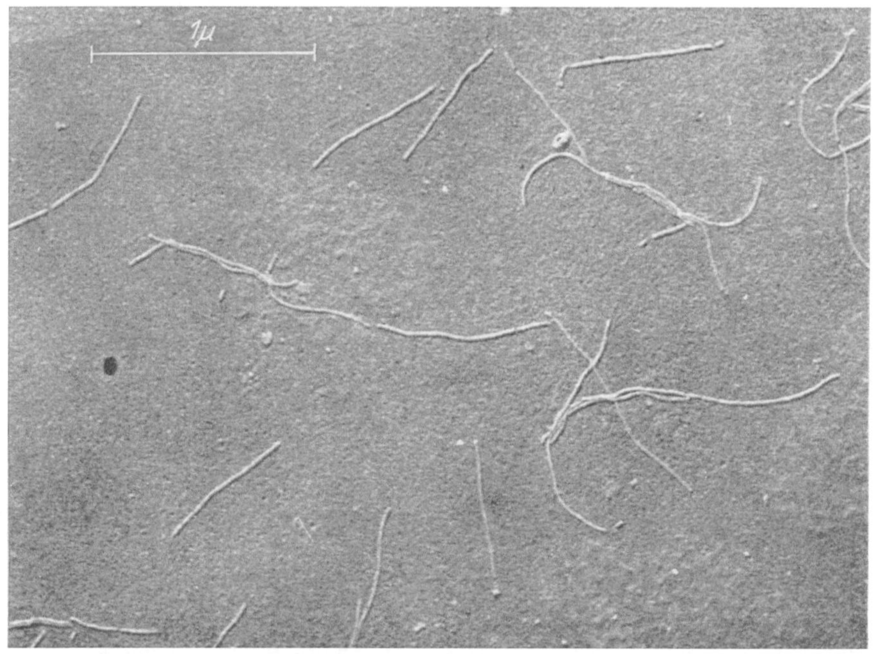

Abb. 65. Elektronenmikroskopische Aufnahme des Kartoffel-Y-Virus (nach G. SCHRAMM).

c) Große, sich in Insekten vermehrende Pflanzenviren.

Neben den einfachen Pflanzenviren, die durch Insekten übertragen werden können, gibt es noch wesentlich größere Viren, die sich nicht nur in Pflanzen, sondern auch in den übertragenden Insekten vermehren[9]. Beispiele sind das aster yellow-Virus[10] und das curly top Virus. Bei dem potato yellow dwarf-Virus von etwa 200 mμ Dicke ist die Vermehrung in Insekten nicht sicher bewiesen[11].

d) Bakteriophagen.

Die Bakteriophagen erhielten ihren Namen 1917 von ihrem Entdecker D'HERELLE. Sie sind ausschließlich für Bakterien pathogen. Die Gruppe umfaßt morphologisch sehr verschiedene Erreger, deren Durchmesser zwischen 10 und 200 mμ liegt. Am besten untersucht ist die Gruppe der T-Phagen, die sich

[1] BODE, O., and H. L. PAUL: Biochim. biophysica Acta, N. Y. **16**, 343 (1955). — [2] PAUL, H. L., u. O. BODE: Phytopath. Z. **27**, 456 (1956). — [3] WETTER, C., u. J. BRANDES: Phytopath. Z. **26**, 81 (1956). — [4] PAUL, H. L., u. O. BODE: Phytopath. Z. **27**, 211 (1956). — [5] BODE, O., u. H. L. PAUL: Phytopath. Z. **27**, 107 (1956). — [6] SCHRAMM, G.: Z. Naturforsch. **7**b, 513 (1952). — [7] BRANDES, J., u. K. ZIMMER: Phytopath. Z. **24**, 211 (1955). — [8] BURGHARDT, H., u. J. BRANDES: Naturwiss. **44**, 266 (1957). — [9] MARAMOROSCH, K.: Adv. Virus Res. **3**, 221 (1955). — [10] MARAMOROSCH, K.: Virology **2**, 369 (1956). — [11] BLACK, L. M., V. M. MOSLEY and R. W. G. WYCKOFF: Biochim. biophysica Acta, N. Y. **2**, 121 (1948).

in einem bestimmten Stamm von Escherichia coli vermehren. Sie wurden von DEMEREC u. FANO[1] zuerst beschrieben. Sie lassen sich in folgende serologisch und morphologisch verschiedene Gruppen aufteilen: 1. T_1; 2. T_5; 3. T_2, T_4, T_6; 4. T_3, T_7. Von jedem Stamm sind wieder verschiedene Mutanten bekannt, die

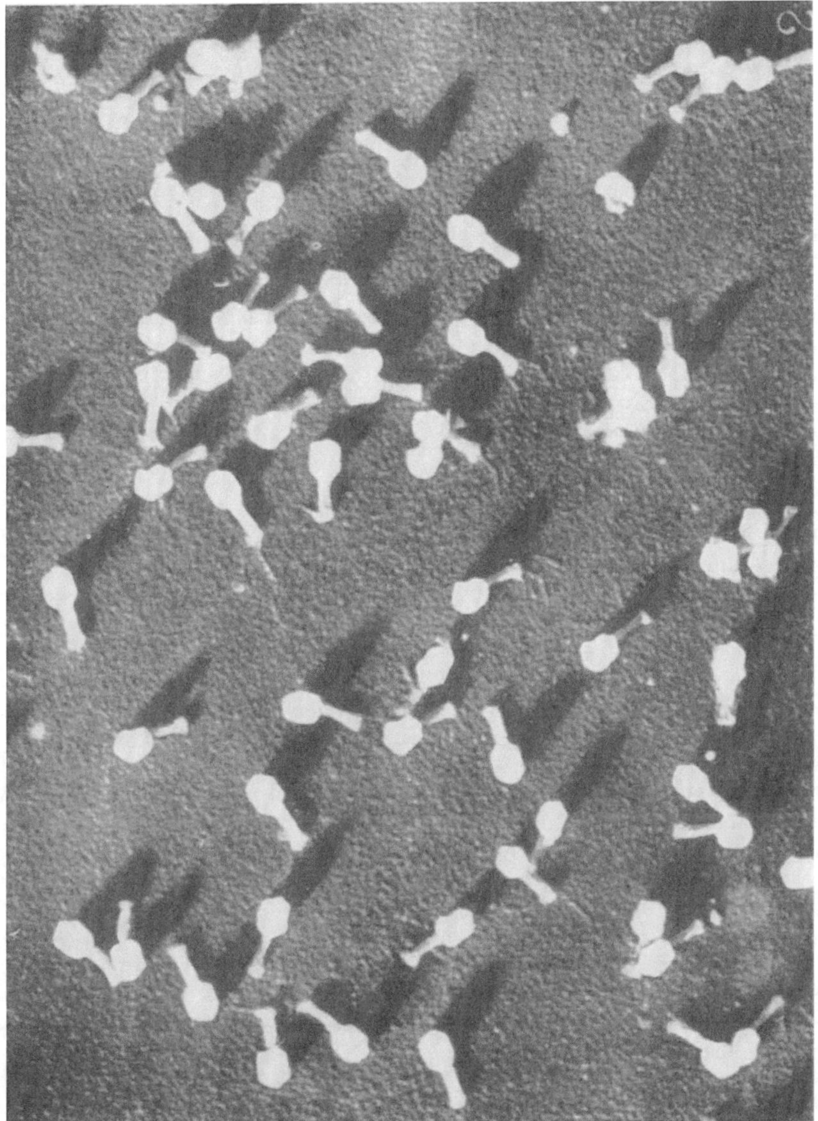

Abb. 66. Gereinigte T_2-Phagen, vergrößert 37000fach, Aufnahme J. S. MURPHY (nach HERRIOTT u. BARLOW).

sich untereinander durch ihre Wirtsspezifität oder durch Größe und Art der von ihnen erzeugten Löcher im Bakterienrasen (plaques) oder durch ihre biochemischen Leistungen unterscheiden.

Die geradzahligen Phagen, T_2 (Abb. 66), T_4 und T_6 sind ausführlich untersucht worden, auf sie soll im Folgenden näher eingegangen werden. Sie haben

[1] DEMEREC, M., and U. FANO: Genetics **30**, 119 (1945).

die Form von Kaulquappen mit dickem Kopf und einem Schwanz[1], ihr Mol.-Gew. liegt nach Sedimentations- und Diffusionsmessungen bei etwa $200 \cdot 10^6$. In der Ultrazentrifuge verhalten sie sich meist einheitlich, bei T_2 findet man jedoch 2 Gradienten, was wohl auf p_H-abhängige Formänderungen zurückzuführen ist[2]. Als Ausgangsmaterial für die Reindarstellung der Phagen dient das Lysat der infizierten Bakterienkultur. Zunächst werden die Bakterientrümmer durch das Filter entfernt, dann werden in der geklärten Lösung durch abwechselnd hoch- und niedertouriges Zentrifugieren die Bacteriophagen gereinigt. In älteren Suspensionen gelingt es, durch einen osmotischen Schock, d.h. durch plötzliches Verdünnen der Suspension in 4m NaCl-Lösung mit destilliertem Wasser, leere Kopfhüllen, an denen noch die Schwänze hängen, abzuspalten.

Die Phagen zeichnen sich durch einen außerordentlich hohen Gehalt an DNS aus (T_2 41%)[3], ferner durch das Vorkommen von Oxymethylcytosin anstelle von Cytosin in dieser DNS[4]. Die Phagen-DNS unterscheidet sich daher merklich von der der Bakterien, so daß der Infektionsvorgang leicht verfolgt werden kann. Das Fehlen von RNS in den Phagen wurde neuerdings bestätigt[5]. Durch den osmotischen Schock oder durch Behandlung mit Chloroform und Zentrifugieren des denaturierten Proteins kann die Phagen-DNS abgetrennt werden. Sie enthält Glucose[6], die glykosidisch an die Oxymethylgruppe des Oxymethylcytosins gebunden ist[7,8].

Bei den Phagen sind die Vermehrung und Mutation sowie die Wechselwirkung zwischen Virus und Wirtszelle besonders gründlich untersucht worden. Jedoch ist der gesamte Fragenkomplex noch keineswegs vollständig aufgeklärt. Der erste Schritt besteht in der Adsorption der Phagen an die Bakterienoberfläche[9], hierbei heften sie sich mit den Schwänzen an. Die spezifischen Receptoren in der Bakterienmembran wurden ebenfalls untersucht, bei dem Phagen T_2 konnte die Receptorsubstanz isoliert werden, sie stellt ein Lipoglykoproteid dar, das einen Durchmesser von 31 mμ aufweist[10,11]. In der Schwanzspitze ist ein Enzym lokalisiert, das Proteinstrukturen aus den Bakterien abspaltet, möglicherweise bewirkt es auch Lysis und Tod der Bakterien[12]. Bei der Infektion bleibt die Proteinhülle außen an der Bakterienmembran und kann nachher abgewaschen werden, während die freie DNS in das Bakterium injiziert wird. Dies konnten Hershey u. Chase[13] durch Versuche mit radioaktivem Schwefel beweisen. Die DNS stellt also das genetische Material dar, das für die Vermehrung verantwortlich ist. Der Anteil des Proteins an diesem „Phagenchromosom" kann nach den neuesten Bestimmungen höchstens 1% betragen, er ist jedoch wahrscheinlich viel geringer[14]. Bei den Phagen wurde zuerst gefunden, daß die Vermehrung eines Virus durch seine Nucleinsäure bedingt ist, unterdessen wurde dieser Sachverhalt auch bei anderen Viren, z. B. dem TMV, bestätigt, doch stellt dort die RNS das genetische Material dar.

---

[1] Über die Größe der einzelnen Phagen vgl. Putnam, F. W.: Science, N. Y. **111**, 482 (1950). — [2] Bendet, I. J., L. G. Swaby and M. A. Lauffer: Biochim. biophysica Acta, N. Y. **25**, 252 (1957). — [3] Taylor, A. R.: J. biol. Ch. **165**, 271 (1946). — [4] Wyatt, C. R., and S. S. Cohen: Nature **170**, 1072 (1952). — [5] Volkin, E., and L. Astrachan: Virology **2**, 594 (1956). — [6] Sinsheimer, R. L.: Science, N. Y. **120**, 551 (1954). — [7] Volkin, E.: Am. Soc. **76**, 5892 (1954). — [8] Jesaitis, M. A.: J. exp. Med. **106**, 233 (1957). — [9] Weidel, W.: Ann. Rev. Microbiol. **12**, 27 (1958). — [10] Weidel, W., and E. Kellenberger: Biochim. biophysica Acta, N. Y. **17**, 1 (1955). — [11] Weidel, W., G. Koch u. K. Bobosch: Z. Naturforsch. **9**b, 573 (1954). — [12] Koch, G., and E.-M. Jordan: Biochim. biophysica Acta, N. Y. **25**, 437 (1957). — [13] Hershey, A. D., and M. Chase: J. gen. Physiol. **36**, 39 (1952). — [14] Hershey, A. D.: Virology **4**, 237 (1957).

Neuerdings wurde es wahrscheinlich gemacht, daß auch DNS-Präparate aus T_2-Phagen zur Infektion befähigt sind, allerdings vermögen sie nur Protoplasten von E. coli und keine vollständigen Zellen zu infizieren[1,2].

Die Proteinhülle hat neben dem Schutz der empfindlichen DNS, der Anhaftung an die Wirtszelle und der Injektion der DNS noch andere Aufgaben. Sie besteht aus mehreren Teilen, doch ist ihre Struktur noch nicht völlig aufgeklärt[3,4]. Wahrscheinlich schließt die Phagenhülle nachfolgende Infektionen aus (Interferenz), bewirkt die Lysis, d.h. das Aufplatzen des Bakteriums, und tötet die Wirtszelle. Auch leere Proteinhüllen vermögen noch Bakterien zu lysieren. Bei der Übertragung der genetischen Information sind die Hüllen unbeteiligt[5].

Nach dem Eindringen der DNS in das Bakterium wird dessen Stoffwechsel vollkommen umgesteuert[6]. Wachstum und normale RNS-Bildung hören auf. Dagegen wird weiterhin Protein synthetisiert. Nach einigen Minuten setzt eine starke DNS-Bildung ein. Statt des zelleigenen Materials wird also Phagenprotein und Phagennucleinsäure erzeugt[7,8]. Durch Versuche mit radioaktiven Indikatoren wurde ein gewisser Aufschluß darüber erhalten, woher die Bausteine für die Phagennucleinsäure stammen. Anscheinend wird zunächst das in der Zelle vorliegende Material verwandt, das jedoch stark ab- und umgebaut wird. Später werden auch niedermolekulare Bausteine aus dem Nährmedium aufgenommen. Auch die Behandlung der infizierten Zellen mit verschiedenen Inhibitoren wird angewendet, um ein klares Bild über die Phagensynthese zu erhalten. Unter gewissen Bedingungen wird die Ausbildung der fertigen Phagen durch Proflavin unterdrückt, während Vorstufen, wie Protein der Kopfhülle, in der Zelle auftreten[9]. Durch Zugabe von Chloramphenicol wird jegliche Proteinsynthese unterbunden. Interessanterweise findet dann auch keine Synthese der DNS statt, da Protein notwendig ist, um die DNS-Synthese in Gang zu bringen[10,11]. Die in das Bakterium injizierte DNS bewirkt nicht direkt die Synthese des Phagenproteins, sondern Protein-, DNS- und auch RNS-Synthese greifen in komplizierter Weise ineinander.

Im Außenmedium lassen sich nach dem Eindringen der DNS in das Bakterium keine Phagen nachweisen. Erst nach einer gewissen Latenzzeit, die meist mehrere Minuten beträgt, platzen die Zellen (Lysis) und die neu gebildeten Phagen treten in das Medium aus. Die Vermehrungsrate, d.h. die Zahl der aus einem eingedrungenen Phagen neu entstehenden Teilchen, schwankt je nach den Versuchsbedingungen, liegt aber im allgemeinen in der Größenordnung von 100. Wird die Bakterienzelle künstlich aufgebrochen, so findet man in der 1. Hälfte der Latenzzeit keine aktiven Phagen. Dieses Verschwinden der Aktivität, das als Eklipse bezeichnet wird, ist eine allgemeine Erscheinung bei der Virusvermehrung.

Neben dem hier beschriebenen akuten Infektionsverlauf, bei dem die Bakterien getötet werden, gibt es auch einen latenten. Phagen, die keine Lyse hervorrufen, werden im Gegensatz zu den virulenten als temperierte Phagen bezeichnet. Bei der Infektion eines Bakteriums mit temperierten Phagen kommt es nur hin und wieder zur Ausschüttung von vollständigen Phagen. Bestimmte Bakterienarten

---

[1] Fraser, D., H. R. Mahler, A. L. Shug and C. A. Thomas jr.: Proc. nat. Acad. Sci. USA **43**, 939 (1957). — [2] vgl. Spizizen, J.: Proc. nat. Acad. Sci. USA **43**, 694 (1957). — [3] Kellenberger, E., u. W. Arber: Z. Naturforsch. **10b**, 698 (1955). — [4] Kellenberger, E., and J. Séchaud: Virology **3**, 256 (1957). — [5] Herriott, R. M., and J. L. Barlow: J. gen. Physiol. 41, 307 (1957). — [6] Cohen, S. S.: Science, N. Y. **123**, 653 (1956). — [7] Green, M., and S. S. Cohen: J. biol. Ch. **225**, 387 (1957). — [8] Green, M., and S. S. Cohen: J. biol. Ch. **228**, 601 (1957). — Cohen, S. S., J. Lichtenstein, H. D. Barner and M. Green: J. biol. Ch. **228**, 611 (1957). — [9] Astrachan, L., and E. Volkin: Am. Soc. **79**, 353 (1957). — [10] Tomizawa, J. I., and S. Sunakawa: J. gen. Physiol. **39**, 553 (1956). — [11] Hershey, A. D., and N. E. Melechen: Virology **3**, 207 (1957).

vermögen dauernd Phagen zu erzeugen, sie werden als lysogen bezeichnet. Durch Bestrahlung mit ultraviolettem Licht kann man diese Stämme dazu bringen, zu lysieren und Phagen in normaler Ausbeute austreten zu lassen (Induktion). Der Lebenscyclus der Phagen wird wohl am besten durch folgendes Schema wiedergegeben, das der Zusammenfassung von HERSHEY[1] entnommen ist.

Sämtliche Stadien, mit Ausnahme des als freier Phage bezeichneten, sind intrabakteriell. Nur sog. temperierte Phagen vermögen die gestrichelt bezeichneten Prozesse durchzuführen.

Ein Beweis für die außerordentlich enge Verschmelzung der Phagenbestandteile mit dem genetischen Material der Zelle in der Phase des Prophagen ist die Transduktion. Bestimmte Phagen vermögen neben ihrem eigenen genetischen Material auch Stücke aus dem Bakterium, in dem sie sich vermehrt haben, auf ein anderes Bakterium zu übertragen.

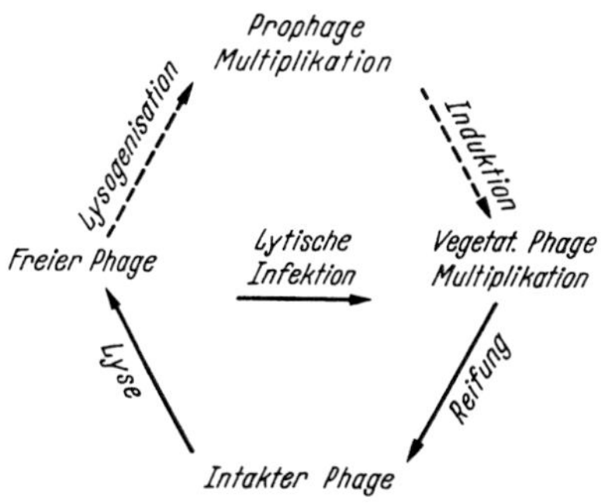

Abb. 67. Lebenscyclus der Phagen (nach HERSHEY).

Das Gebiet der Phagengenetik ist in den letzten Jahren stark entwickelt worden. Aus Versuchen über Mischinfektionen, über den Austausch genetischer Faktoren, über Ultraviolett-Inaktivierung, Photoreaktivierung und Reaktivierung bei Mischinfektionen sowie über den Zerfall von eingebautem ^{32}P wird geschlossen, daß die genetischen Determinanten linear auf der Phagen-DNS angeordnet sind. Auch Genkarten wurden für Phagen schon angegeben[2,3].

e) Insektenviren.

Bei den Insektenviren kann man nach den Symptomen, die sie in erkrankten Zellen hervorrufen, 3 Typen unterscheiden: a) Polyeder-Viren, die sich im Zellkern, und solche, die sich im Cytoplasma vermehren, b) Kapselviren und c) Viren ohne intracelluläre Einschlußkörper[4].

Von den *Polyeder-Viren* sind am besten untersucht die der Seidenraupe (Bombyx mori)[5] und die des Schwammspinners (Porthetria dispar). Bei den Seidenraupen erzeugt das Polyeder-Virus eine auch als Fettsucht oder Gelbsucht bezeichnete Krankheit, die eine erhebliche Gefahr für die Zucht darstellt. Von wirtschaftlicher Bedeutung sind ferner die Polyederkrankheiten einiger Forstschädlinge, deren Massenverbreitung meist durch eine Polyederseuche ein Ende findet. In den befallenen Zellen finden sich Krystalle von 0,5—15 μ. Sie bestehen zu 95% aus einem einheitlichen, nichtinfektiösen Protein. Wird dieses durch Alkali aufgelöst, so werden die infektiösen Virusteilchen frei, die eine Länge von etwa 280 mμ und eine Dicke von 40 mμ besitzen und DNS enthalten. Weder nach der Analyse der Aminosäuren-Zusammensetzung noch nach den serologischen Reaktionen besteht zwischen dem Polyeder-Protein und dem der Virusstäbchen eine Verwandtschaft[6]. Die Polyeder von Porthetria dispar und von Bombyx mori wurden in Dünnschnitten auch im Elektronenmikroskop unter-

[1] HERSHEY, A. D.: Adv. Virus Res. **4**, 25 (1957). — [2] vgl. z.B.: STENT, G. S., and C. R. FUERST: J. gen. Physiol. **38**, 441 (1955). — STENT, G. S.: Adv. Virus Res. **5**, 95 (1958). — [3] BRESCH, C., u. H.-D. MENNIGMANN: Z. Naturforsch. **9**b, 212 (1954). — BRESCH, C., u. T. TRAUTNER: Z. Naturforsch. **10**b, 436 (1955). — BRESCH, C.: Z. Naturforsch. **10**b, 545 (1955). — [4] Übersichten bei BERGOLD, G. (H.): Adv. Virus Res. **1**, 91 (1953) und bei SMITH, K. M.: Adv. Virus Res. **3**, 199 (1955). — [5] BERGOLD, G. (H.): Z. Naturforsch. **2**b, 122 (1947); **3**b, 25 (1948). Canad. J. Res. (E) **28**, 5 (1950). — [6] WELLINGTON, E. F.: Biochem. J. **57**, 334 (1954).

sucht[1]. Während die Polyeder mehrere Virusstäbchen enthalten, ist in den Kapseln meist nur ein einziges Virusteilchen eingeschlossen. Die Polyeder, die sich im Zellkern vermehren, enthalten DNS[2], die cytoplasmatischen Viren dagegen RNS als Nucleinsäure-Komponente[3, 4]. Bei den Viren, die keine Einschlußkörper bilden, wurde DNS festgestellt, obgleich sie sich im Cytoplasma zu vermehren scheinen[5].

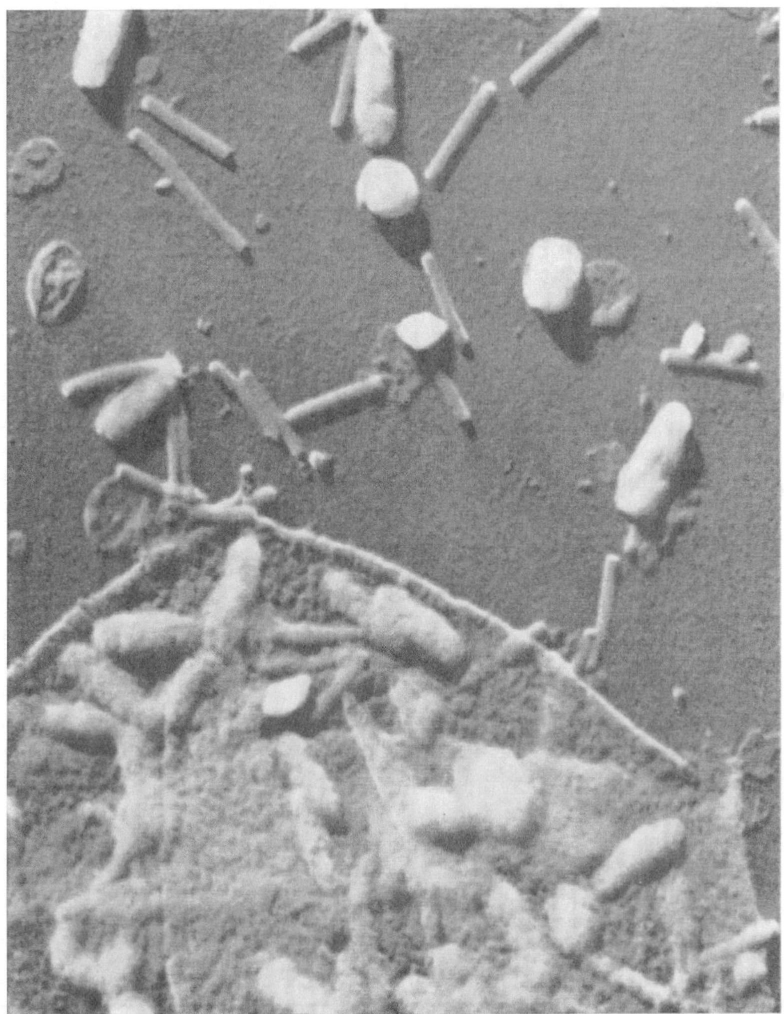

Abb. 68. Polyeder von Porthetria dispar bei der Auflösung in alkalischer Lösung, vergrößert 25000fach (nach BERGOLD)

f) Viren der Warmblütler mit einem Durchmesser unter 50 mμ.

Bei den kleinen tierischen Viren mit Durchmessern unter 50 mμ lassen sich 2 Hauptgruppen unterscheiden. Zur 1. Gruppe gehören das Virus der Poliomyelitis, der Encephalomyocarditis, das Coxsackie-Virus und die sog. ECHO

[1] MORGAN, C., G. H. BERGOLD, D. H. MOORE and H. M. ROSE: J. biophys. biochem. Cytol. **1**, 187 (1955). — [2] WYATT, G. R.: J. gen. Physiol. **36**, 201 (1952). — [3] KRIEG, A.: Naturwiss. **43**, 537 (1956). — [4] XEROS, N.: Nature **178**, 412 (1956). — [5] WILLIAMS, R. C., and K. M. SMITH: Nature **179**, 119 (1957).

(enteric cytopathogenic human orphan viruses)-Viren; zur 2. Gruppe gehören die durch Insekten übertragenen Encephalitis-Viren. Soweit die Vertreter dieser beiden Gruppen näher untersucht sind, sind sie kugelförmig und enthalten nur RNS. Weiterhin sollen bei den kleinen tierpathogenen Viren noch das Papillom-Virus des Kaninchens und das Maul-und-Klauenseuche-Virus besprochen werden. Es muß hier allgemein darauf hingewiesen werden, daß die chemischen Analysen bei den tierischen Virusarten große Schwierigkeiten bieten, da es meist nicht gelingt, sie vollkommen frei von Begleitstoffen der Wirtszellen zu erhalten (normale Komponente)[1]. Die Daten sind daher nur zuverlässig, wenn bestimmte Reinheitskriterien erfüllt sind, wie etwa die Krystallisation beim Poliovirus.

α) Poliomyelitis-Viren.

Man kennt 3 immunologisch verschiedene Poliomyelitis-Viren[2], von denen jeweils verschiedene Stämme bekannt sind. Für die Diagnose und die Differenzierung der einzelnen Poliotypen ist die Gewebekultur von Bedeutung. Es gibt eine Reihe von Zellarten, auf denen sich das Poliovirus leicht in vitro züchten läßt, was vor allem für die Herstellung von Virusmaterial für die Vaccine wichtig ist[3]. Das Poliovirus befällt das Zentralnervensystem, außer auf den Menschen ist es auch auf Primaten übertragbar. Charakteristisch ist die schlaffe Lähmung. Häufig kommt es jedoch bei einer Infektion nicht zu den schweren paralytischen Erscheinungen, sondern sie verläuft abortiv. Neutralisierende Antikörper werden bei Kindern mit zunehmendem Alter immer häufiger gefunden und kommen bei einem hohen Prozentsatz der Erwachsenen vor. Die Eintrittspforte für das Poliovirus ist der Darmtrakt. Von dort aus bereitet es sich durch die Blutbahn aus und gelangt dann in das Zentralnervensystem. Zur Schutzimpfung gegen Poliomyelitis wird ausschließlich durch Formol abgetötetes Virus verwandt (SALK)[4] (s. a. Bd. 2/2b, S. 933).

Ein wichtiger Fortschritt wurde von SCHWERDT u. SCHAFFER[5–7] 1955 durch die Krystallisation des Poliovirus erzielt. Als Ausgangsmaterial diente die infektiöse Flüssigkeit aus Gewebekulturen von Affennieren und zum Nachweis wurde die plaque-Technik von DULBECCO verwandt. Die Hauptstufen bei der Reinigung waren folgende: Fällung des Virus mit Methanol und Elution mit NaCl-Lösung, Extraktionen mit n-Butanol, nochmalige Fällung und Elution, hoch- und niedertourige Ultrazentrifugation, Behandlung mit Ribonuclease und Desoxyribonuclease, nochmalige hoch- und niedertourige Ultrazentrifugation, schließlich Elektrophorese oder Ultrazentrifugation in einem Zuckerdichtegradienten. Drei verschiedene Stämme des Poliovirus (Mahoney, MEF-1 und Saukett) ergaben in der Ultrazentrifuge die gleiche Sedimentationskonstante $s_{20} = 160$ S. Für das spezifische Volumen wurde der sehr niedrige Wert von 0,62—0,64 bestimmt. Aus den Werten für die Sedimentationskonstante und das Molvolumen V_0 berechnet sich für das wasserfreie Virus ein Durchmesser von 24 mμ. Im Elektronenmikroskop wurde beim Poliovirus ein Durchmesser von 27 mμ beobachtet. Das Partikelgewicht ergibt sich zu $6{,}8 \cdot 10^6$, es handelt sich also um ein sehr kleines Virus. Die Hydratation beträgt 0,3 g Wasser je 1 g Trokkengewicht.

---

[1] vgl. SHARP, D. G.: Adv. Virus Res. **1**, 277 (1953). — [2] Übersicht bei MELNICK, J. L.: Ann. Rev. Microbiol. **5**, 309 (1951). Adv. Virus Res. **1**, 229 (1953). — [3] ENDERS, J. F.: J. Immunol. **69**, 639 (1952). — [4] vgl. 4. Internationaler Poliomyelitis-Kongreß in Genf 1957; s.: Excerpta med., Suppl. — [5] SCHAFFER, F. L., and C. E. SCHWERDT: Proc. nat. Acad. Sci. USA **41**, 1020 (1955). — [6] SCHWERDT, C. E., and F. L. SCHAFFER: Ann. N. Y. Acad. Sci. **61**, 740 (1955). — [7] SCHWERDT, C. E., and F. L. SCHAFFER: Virology **2**, 665 (1956).

Die quantitative Analyse ergab einen RNS-Gehalt von 22—30%, auch das Basenverhältnis wurde bestimmt. DNS wurde nicht nachgewiesen. Kohlenhydrate konnten nicht aufgefunden werden, wahrscheinlich enthält das Virus auch keine oder nur wenig Lipide.

Es wurde festgestellt, daß etwa 30—35 Partikel notwendig sind, um ein plaque zu erzeugen, d. h. um eine Infektion in der Gewebekultur zu setzen[1].

In neuester Zeit gelang es auch beim Poliovirus, wie früher bereits bei einigen Encephalitis-Viren (s. S. 604) zu beweisen, daß die RNS allein für die Virusvermehrung notwendig ist. COLTER u. Mitarb.[2] konnten aus infiziertem Hamstergewebe, Gehirn und Rückenmark, mittels der Phenolextraktion eine RNS gewinnen, deren Infektiosität 0,1% von der des Virus betrug. Die RNS war frei von Protein, empfindlich gegen Ribonuclease und verlor ihre Aktivität bei längerem Stehen. ALEXANDER u. Mitarb.[3] isolierten die infektiöse RNS aus teilweise gereinigten und konzentrierten Präparaten des Poliovirus und wiesen die Infektiosität in der Gewebekultur nach.

Der erste Stamm des *Coxsackie-Virus* wurde von DALLDORF u. SICKLES[4] in dem Dorfe Coxsackie bei New York isoliert. Es existieren mehrere immunologisch verschiedene Typen. Die Coxsackie-Viren[5] unterscheiden sich von den Polioviren durch ihre Übertragbarkeit auf neugeborene, säugende Mäuse. Erwachsene Mäuse sind im allgemeinen schwer zu infizieren. Beim Menschen äußert sich eine Infektion mit Coxsackie-Viren in verschiedenen Krankheitsformen. So wird die Bornholmsche Krankheit, bei der vor allem Myalgien auftreten, durch Coxsackie-Viren hervorgerufen.

Die Reindarstellung des Coxsackie-Virus in Form von 0,1 mm Krystallen, die allerdings sehr unbeständig sind, gelang MATTERN u. DU BUY[6]. Die Partikel besitzen einen Durchmesser von 28 mμ. Chemische Analysen wurden noch nicht ausgeführt.

Die Viren der *Encephalomyocarditis* und der *ECHO-Gruppe*, die dem Poliomyelitis- und dem Coxsackie-Virus nahestehen, sind biochemisch noch sehr wenig erforscht. Zu den ersteren gehört das THEILERsche Virus (Encephalomyelitis-Virus der Maus). Die ECHO-Viren[7] wurden in Zellkulturen aufgefunden, ohne daß man sie zunächst mit bestimmten Krankheitssymptomen verbinden konnte, und erhielten daher ihren Namen. Erst später wurden sie z.B. bei aseptischer Meningitis festgestellt. In ihrer Größe wie in ihren physikalisch-chemischen Eigenschaften ähneln die beiden Gruppen dem Poliovirus.

β) Encephalitis-Viren.

Unter dieser Bezeichnung werden eine Reihe von neurotropen Viren zusammengefaßt, die durch Insekten übertragen werden. In physikalisch-chemischer Hinsicht gut untersucht, sind die beiden Typen der *amerikanischen Pferde-Encephalitis* [Western equine encephalitis (WEE) und Eastern equine encephalitis (EEE)], die serologisch nicht miteinander verwandt, in ihren sonstigen Eigenschaften einander jedoch sehr ähnlich sind. Sie kommen endemisch auf Säugetieren und Vögeln vor und sind auch für den Menschen infektiös. Sie können auf Hühnerembryonen gezüchtet und mittels der plaque-Technik nach DULBECCO

[1] SCHWERDT, C. E., and J. FOGH: Virology **4**, 41 (1957). — [2] COLTER, J. S., H. H. BIRD, A. W. MOYER and R. A. BROWN: Virology **4**, 522 (1957). — [3] ALEXANDER, H. E., G. KOCH, I. M. MOUNTAIN, K. SPRUNT and O. VAN DAMME: Virology **5**, 172 (1958). — [4] DALLDORF, G., and G. M. SICKLES: Science, N. Y. **108**, 61 (1948). — [5] Übersichten: VIVELL, O., u. R. GÄDECKE: Ergebn. Hyg. **27**, 512 (1952). — DALLDORF, G.: Ann. Rev. Microbiol. **9**, 277 (1955). — [6] MATTERN, C. F. T., and H. G. DU BUY: Science, N. Y. **123**, 1037 (1956). — [7] Committee on the Echo Viruses: Science, N. Y. **122**, 1187 (1955).

nachgewiesen werden. Im Elektronenmikroskop stellen die Encephalitis-Viren kugelförmige Teilchen von 40 mμ Durchmesser dar. Sie enthalten neben Protein 5% Lipoide und 4% RNS[1].

Bei den Encephalitis-Viren wurde experimentell bewiesen, daß wie beim TMV die RNS allein der Träger der genetischen Information ist und das Protein für die Virusvermehrung nicht benötigt wird. Mittels der Extraktion mit Phenol konnte infektiöse RNS aus infizierten Zellen gewonnen werden. Die Versuche wurden beim Meningo-Encephalitis-Virus von COLTER, BIRD u. BROWN[2], bei EEE von WECKER u. SCHÄFER[3], bei WEE von WECKER[4] und bei West Nile-Encephalitis von COLTER u. Mitarb.[5] durchgeführt. Da die RNS gegen Enzyme sehr empfindlich ist, muß die Wirkung der Ribonuclease der Zellen ausgeschlossen werden. Die Aktivität der RNS-Präparationen betrug rund $^1/_{1000}$ von der des infektiösen Ausgangsmaterials.

Auf verschiedene andere Viren, die beim Menschen Encephalitiden hervorrufen, kann hier nicht näher eingegangen werden, biochemisch sind sie noch sehr wenig untersucht. Von SABIN wurde eine serologische Verwandtschaft des *Gelbfieber-Virus* mit den Encephalitis-Viren festgestellt. Das Verbreitungsgebiet des Gelbfiebers sind die tropischen und subtropischen Zonen Amerikas und bestimmte Teile Afrikas. Bei der Bekämpfung spielt die aktive Schutzimpfung mit abgeschwächten Stämmen die Hauptrolle. Ein hierfür geeigneter Stamm wurde von THEILER entwickelt.

γ) Papillom-Virus[6].

Von SHOPE[7] wurde bei amerikanischen Cottontail-Kaninchen ein Virus nachgewiesen, das Papillome (Warzen) hervorruft. Auch bei Hauskaninchen erzeugt das Virus Warzen, die jedoch nicht zellfrei weiter übertragen werden können. Bei den Hauskaninchen können sich die Papillome besonders bei gleichzeitiger Teerpinselung leicht in Carcinome umwandeln. Bei den Cottontail-Kaninchen kommt eine solche krebsige Entartung nur in Ausnahmefällen vor. Das Virus läßt sich aus den Papillomen von Cottontail-Kaninchen durch abwechselnd hoch- und niedertouriges Zentrifugieren in Form eines einheitlichen Nucleoproteids darstellen. Auf elektronenmikroskopischen Aufnahmen erscheinen die Viruspartikel rund und von einheitlicher Größe. Ihr Durchmesser beträgt 44 mμ. Aus der Sedimentationskonstanten $s_{20} = 297$ S, der Diffusionskonstanten $D_{20} = 0{,}66 \cdot 10^{-7}$ cm²/sec und dem Molvolumen $V_0 = 0{,}76$ berechnet sich ein Mol.Gew. von $45 \cdot 10^6$, was bei einem sphärischen Molekül einem Durchmesser von 48 mμ entsprechen würde. Die Teilchen sind stark hydratisiert und enthalten 1,1 g Wasser auf 1 g trockenes Virus. Das Virusprotein verhält sich auch in elektrophoretischer Hinsicht völlig einheitlich. Das Virus enthält 8,7% DNS, zusätzliche Kohlenhydrate konnten nicht nachgewiesen werden. Ein sehr geringer Lipoidgehalt von 1,5% könnte auch von Verunreinigungen herrühren.

δ) Virus der Maul- und Klauenseuche.

Von diesem wirtschaftlich bedeutenden Virus[8] sind 3 immunologisch verschiedene Typen bekannt, die als O, A und B bezeichnet werden. Von den Typen O und A sind verschiedene Stämme bekannt, die durch Komplement-Bindung

[1] TAYLOR, A. R., D. G. SHARP, D. BEARD and J. W. BEARD: J. infect. Dis. **72**, 31 (1942). — [2] COLTER, J. S., H. H. BIRD and R. A. BROWN: Nature **179**, 859 (1957). — [3] WECKER, E., u. W. SCHÄFER: Z. Naturforsch. **12**b, 415 (1957). — [4] WECKER, E.: Z. Naturforsch. im Druck. — [5] COLTER, J. S., H. H. BIRD, A. W. MOYER and R. A. BROWN: Virology **4**, 522 (1957). — [6] Übersicht bei BRYAN, W. R., and J. W. BEARD: J. nat. Cancer Inst. **1**, 607 (1940/41). — [7] SHOPE, R. E.: J. exp. Med. **58**, 607 (1933). — [8] BROOKSBY, J. B.: Adv. Virus Res. **5**, 1 (1958).

differenziert werden können. Ferner gibt es eine Reihe experimenteller Varianten, z. B. einen durch intracerebrale Passage an die Maus adaptierten Stamm. TRAUB[1] gelang es auch, das Maul-und-Klauenseuche-Virus auf Hühnerembryonen zu züchten. Es wurden mehrere Verfahren zur Anreicherung des Maul-und-Klauenseuche-Virus angegeben und auch bereits über elektronenmikroskopische Abbildungen berichtet. Die Identifizierung der Präparate mit dem Virus ist jedoch unsicher. Es steht aber wohl fest, daß das Maul-und-Klauenseuche-Virus zu den kleinsten tierpathogenen Viren gehört und einen Durchmesser von etwa 20—30 mμ besitzt[2]. Wie viele größere tierpathogene Virusarten, wird das Maul-und-Klauenseuche-Virus im erkrankten Organismus von einem nicht infektiösen, spezifischen Antigen begleitet. Diese Begleitstoffe werden als lösliche (soluble) S-Antigene bezeichnet. Ultrazentrifugationsversuche zeigen, daß die S-Antigene ein kleineres Mol.Gew. als das Virus selbst besitzen müssen. Auch aus diesem Virus konnte infektiöse RNS gewonnen werden[11, 12].

g) Adenoviren.

Der Name Adenoviren[3] wurde einer Gruppe zugeteilt, die akute Erkrankungen des Respirationstrakts beim Menschen hervorrufen. Nach den elektronenmikroskopischen Untersuchungen, die von MORGAN u. Mitarb.[4] durchgeführt wurden, haben diese Viren einen Durchmesser von 60 mμ und bilden intranucleare Krystalle. Die Krystalle sind Feulgen-positiv, woraus man schließen kann, daß die Viren DNS enthalten. Daneben werden in infizierten Zellen auch reine Proteinkrystalle von etwa 30 μ Größe gefunden[5].

h) Myxoviren.

Der Name Myxovieren wurde von ANDREWES[6] vorgeschlagen. Die Viren dieser Gruppe sind größer als 50 mμ im Durchmesser und besitzen enzymatische Aktivität, sie können rote Blutkörperchen agglutinieren. Serologisch lassen sich in ihnen Antigene der Wirtszelle nachweisen. Bei der Vermehrung treten nicht-infektiöse, lösliche Antigene auf sowie Teilchen, die agglutinieren, aber ebenfalls keine Infektiosität besitzen.

α) Viren der Klassischen Geflügelpest und der Influenza.

Das Influenza-Virus ruft eine Infektion des Respirationstraktes hervor, die häufig mit bakteriellen Infektionen verbunden ist. Die infektiösen Einheiten der Influenza wirken außerdem toxisch. Bei den Influenza-Viren unterscheidet man mehrere serologisch nicht miteinander verwandte Typen, bei denen wieder verschiedene Stämme auftreten[7]. Da das Virus der Klassischen Geflügelpest, die bei Hühnern innerhalb weniger Tage zum Tode führt, dem Virus der Influenza in Größe, Form und Struktur sehr ähnlich ist, sollen beide Viren zusammen behandelt werden.

Sie sind kugelförmig mit einem Durchmesser von 70—80 mμ[8] (Abb. 69). Beide enthalten als Nucleinsäure RNS, und zwar das Influenza-Virus etwa 1%[9,10]

[1] TRAUB, E., u. B. SCHNEIDER: Z. Naturforsch. **3**b, 178 (1948). — [2] BACKRACH, H. L., and S. S. BREESE jr.: Proc. Soc. exp. Biol. Med. **97**, 659 (1958). — [3] ENDERS, J. F., J. A. BELL, J. H. DINGLE, T. FRANCIS jr., M. H. HILLEMAN, R. J. HUEBNER and A. M.-M. PAYNE: Science, N. Y. **124**, 119 (1956). — [4] MORGAN, C., G. C. GODMAN, H. M. ROSE, C. HOWE and J. S. HUANG: J. biophys. biochem. Cytol. **3**, 505 (1957). — [5] LEUCHTENBERGER, C., and G. S. BOYER: J. biophys. biochem. Cytol. **3**, 323 (1957). — [6] ANDREWES, C. H.: Nature **173**, 620 (1954). — [7] JENSEN, K. E.: Adv. Virus Res. **4**, 279 (1957). Übersicht über die serologischen Beziehungen. — [8] BURNET, F. M.: Science, N. Y. **123**, 1101 (1956). — [9] MILLER, H. K.: Virology **2**, 312 (1956). — [10] BURKE, D. C., A. ISAACS and J. WALKER: Biochim. biophysica Acta, N. Y. **26**, 576 (1957). — [11] BROWN, F., R. F. SELLERS and D. L. STEWART: Nature **182**, 535 (1958). — [12] MUSSGAY, M., u. K. STROHMEIER: Zbl. Bakteriol. **173**, 163 (1958).

und das Virus der Geflügelpest 1,8—4%[1], doch muß diese Differenz nicht als signifikant angesehen werden.

Die Wirkung des Enzyms, das diese Viren enthalten, besteht in der Abspaltung von Neuraminsäure aus den Zellreceptoren bei der Adsorption der Viren an der Oberfläche von Zellen, z. B. der roten Blutkörperchen. Für das Enzym wurde deshalb der Name Neuramidase vorgeschlagen[2,3]. Es ist daher auch erklärlich, daß andere Mucoproteide, die ebenfalls Neuraminsäure enthalten, die Hämagglutination der roten Blutkörperchen durch das Influenza-Virus hemmen können.

Durch Behandlung mit Äther lassen sich die Viren dieser Gruppe in verschiedene Komponenten zerlegen; auf diese Weise wurde Aufschluß über ihre Struktur erhalten[4,5]. In der Ätherphase findet sich Lipid, in der wäßrigen

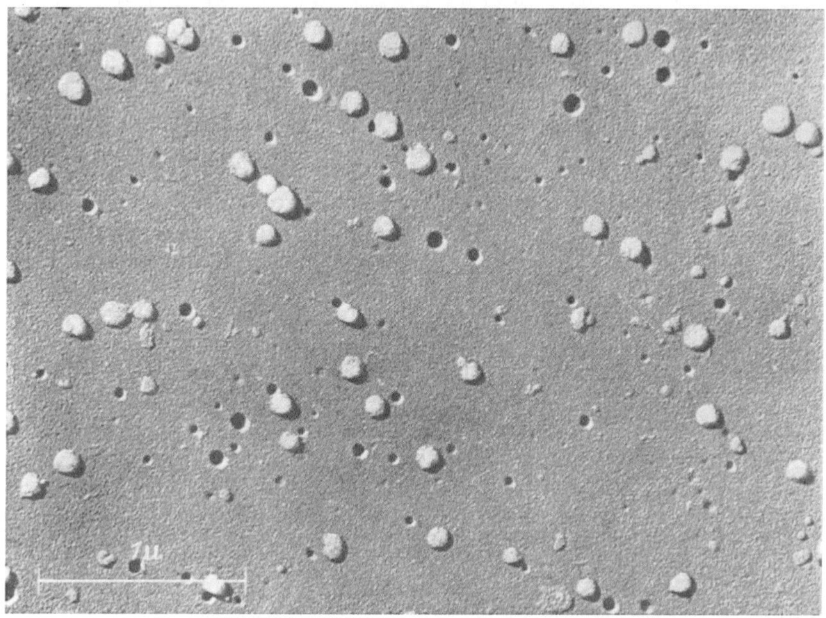

Abb. 69. Virus der Klassischen Geflügelpest, vergrößert 30000fach (nach W. Schäfer).

2 Komponenten, das gebundene Antigen und das Hämagglutinin, die beide weder für sich allein noch in Mischung infektiös sind. Das gebundene Antigen ist identisch mit dem löslichen Antigen, das bei diesen beiden wie bei anderen tierpathogenen Viren als Begleitstoff in den infizierten Zellen gefunden wird. Das lösliche Antigen hat einen Durchmesser von 10—15 mμ und enthält 10—15% RNS. Die 2. Komponente, das Hämagglutinin, besteht aus Protein und Kohlenhydrat und besitzt die enzymatische Aktivität gegen Mucine. Die Teilchen zeigen bei der Geflügelpest einen Durchmesser von 30 mμ, bei der Influenza nur von 12 mμ. Nach den serologischen Untersuchungen kann man annehmen, daß sich die gebundenen Antigene im Innern der Elementarteilchen befinden. Außen ist das Hämagglutinin lokalisiert, das durch Lipide zusammengehalten wird. Bei der Behandlung mit Äther wird das Lipid gelöst, und die Influenza-Teilchen zerfallen in die einzelnen Komponenten.

[1] Zillig, W., W. Schäfer u. S. Ullmann: Z. Naturforsch. **10**b, 199 (1955). — [2] Gottschalk, A.: Biochim. biophysica Acta, N. Y. **23**, 645 (1957). — [3] Gottschalk, A.: Physiol. Rev. **37**, 66 (1957). — [4] Hoyle, L.: J. Hyg., London **50**, 229 (1952); **52**, 180 (1954). — [5] Schäfer, W., u. W. Zillig: Z. Naturforsch. **9**b, 779 (1954).

Neben den Viruselementarteilchen treten bei der Infektion die sog. inkompletten Formen[1,2] und die fadenförmigen Teilchen auf. Beide wirken agglutinierend, die ersteren sind nicht infektiös, bei den letzteren ist diese Frage noch nicht entschieden. Die inkompletten Formen erscheinen im Elektronenmikroskop als leere Säcke sehr variabler Größe[3] und zeichnen sich durch hohen Lipid-[4] und niederen RNS-Gehalt aus[5]. Die Filamente können eine Länge bis zu 1μ erreichen[6].

Bei den Viren der Influenza und der Klassischen Geflügelpest ist der Wachstums- und Vermehrungscyclus sehr kompliziert, er konnte jedoch vor allem dank der Methode der fluoreszierenden Antikörper gut aufgeklärt werden. Bei der

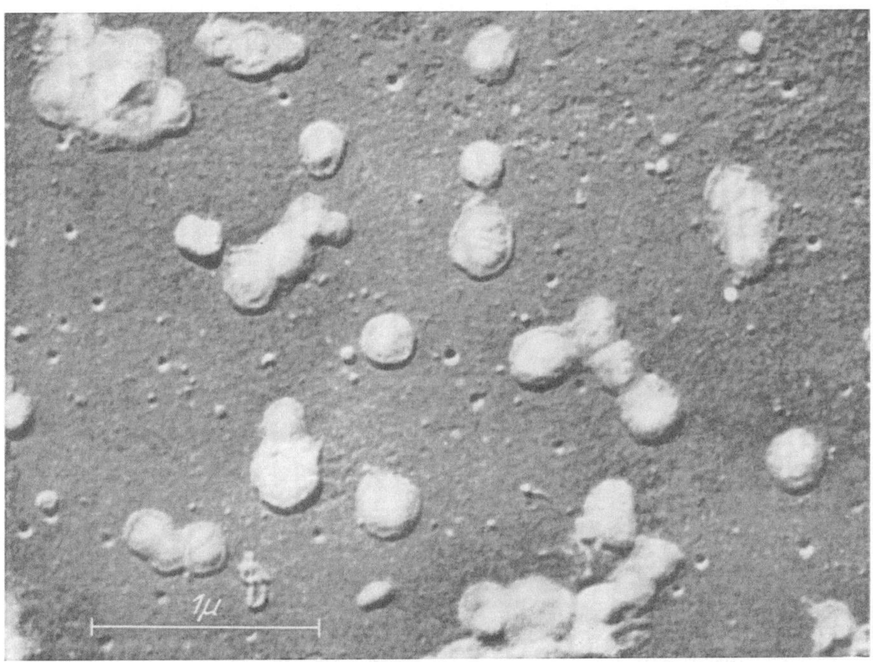

Abb. 70. Virus der Atypischen Geflügelpest (nach W. SCHÄFER).

Klassischen Geflügelpest wurden von BREITENFELD u. SCHÄFER[7,8] zunächst 3 Std nach der Infektion das Auftreten des g-Antigens im Zellkern beobachtet, später begann die Hämagglutinin-Synthese an einem bestimmten Punkt des Cytoplasmas in der Nähe des Kerns und breitete sich über das ganze Reticulum aus. Gegen Ende der Latenzzeit trat dann an der Zellmembran, wo sich die beiden Komponenten vereinigen, eine besonders starke Fluorescenz auf.

Bei den Viren dieser Gruppe wurde auch der Einbau radioaktiven Phosphors untersucht[9-11]. Es scheint, daß ^{32}P rasch und auf direktem Wege in die Nuclein-

[1] MAGNUS, P. v.: Acta path. microbiol. scand. **28**, 278 (1951). — [2] MAGNUS, P. v.: Adv. Virus Res. **2**, 59 (1954). — [3] SCHÄFER, W., W. ZILLIG u. K. MUNK: Z. Naturforsch. **9**b, 329 (1954). — [4] UHLER, M., and S. GARD: Nature **173**, 1041 (1954). — [5] ADA, G. L., and B. T. PERRY: J. gen. Microbiol. **14**, 623 (1956). — [6] VALENTINE, R. C., and A. ISAACS: J. gen. Microbiol. **16**, 195 (1957). — [7] BREITENFELD, P. M., and W. SCHÄFER: Virology **4**, 328 (1957). — [8] vgl. auch FRANKLIN, R. M.: Nature **180**, 510 (1957). — [9] WECKER, E.: Z. Naturforsch. **12**b, 208 (1957). — [10] WECKER, E., u. W. SCHÄFER: Z. Naturforsch. **12**b, 483 (1957). — [11] LIU, O. C., H. BLANK, J. SPIZIZEN and W. HENLE: J. Immunol. **73**, 415 (1954).

säure incorporiert wird, der Einbau in die Lipide jedoch langsam und auf dem Umweg über die Zellbestandteile erfolgt.

Ähnlich wie bei den Phagen konnte auch beim Influenza-Virus bei der Infektion mit 2 verschiedenen Stämmen eine Rekombination der genetischen Eigenschaften beobachtet werden[1].

β) Viren der Atypischen Geflügelpest und der Mumps.

Die Atypische Geflügelpest, auch Newcastle disease genannt, ist in Europa weit verbreitet und außer auf Hühner auch auf anderes Hausgeflügel übertragbar. Das Virus (Abb. 70) ist größer als die Viren der Influenza-Gruppe; in Lösungen von geringer Ionenstärke ist es nahezu kugelförmig, bei höheren Salzkonzentrationen nimmt es dagegen eine gestreckte Form an[2]. Die chemische Zusammensetzung scheint der der Influenza-Gruppe zu ähneln. Nach den Untersuchungen von FRANKLIN u. Mitarb.[3] über die Aufnahme von ^{32}P enthält das Virus der Atypischen Geflügelpest wahrscheinlich ebenfalls RNS und keine DNS. Phospholipid ist vermutlich ein essentieller Bestandteil. Auch bei diesem Virus wurde ein Hämagglutinin beobachtet, das nicht infektiös ist. Dem Virus der Atypischen Geflügelpest steht morphologisch das Virus der Mumps nahe, das jedoch weit weniger genau untersucht ist.

i) Größere tierpathogene Viren.

In dieser Gruppe werden verschiedene Viren zusammengefaßt, zwischen denen keine Verwandtschaft besteht. Es sollen nur ihre morphologischen und, soweit sie bekannt sind, biochemischen Eigenschaften behandelt werden.

Auf Viren, über deren Natur nahezu nichts bekannt ist und die bis jetzt nur durch ihre Krankheitssymptome charakterisiert werden, soll nicht eingegangen werden.

α) Tumorviren.

Neben dem Papillom-Virus, das bei Kaninchen gutartige Geschwülste hervorruft, gibt es eine Reihe von Viren, die typische Krebsgeschwülste verursachen. Am bekanntesten ist das *Virus des Rous-Sarkom*, das nach einer relativ kurzen Latenzzeit von wenigen Tagen bei Geflügel Sarkome erzeugt. Da diese Viren sehr schwer zu reinigen sind, wurden meist die pathologischen Gewebe ultrahistologisch untersucht[4,5]. Beim ROUS-Sarkom[6] fand BERNHARD häufig virusähnliche Teilchen mit einem Durchmesser von 75 mμ, diese traten auch in anderen neoplastischen Geweben auf und in allerdings begrenzter Anzahl auch in normalem Gewebe.

Gut untersucht sind auch die Viren, die Leukose bei Geflügel hervorrufen. Das Virus der myeloblastischen Geflügel-Leukose steht morphologisch dem der Atypischen Geflügelpest nahe, es enthält das Enzym Adenosintriphosphatase[4]. Neuerdings sind auch tumorerzeugende Viren bei Säugetieren bekanntgeworden[4].

β) Viren der Pockengruppe.

Diese Gruppe umfaßt Viren, die extracellulär eine quaderförmige Gestalt mit den Dimensionen (250—350 mμ) $\times$ (200—250 mμ) haben und die neben einer lokalisierten Erkrankung der Haut häufig noch eine generalisierte Infektion her-

[1] BURNET, (F.) M., and P. E. LIND: Nature **173**, 627 (1954). — [2] BANG, F. B.: Ann. Rev. Microbiol. **9**, 21 (1955). — [3] FRANKLIN, R. M., H. RUBIN and C. A. DAVIS: Virology **3**, 96 (1957). — [4] Übersicht über Tumorviren: BEARD, J. W., D. G. SHARP and E. A. ECKERT: Adv. Virus Res. **3**, 149 (1955). — BEARD, J. W.: Amer. Sci. **46**, 226 (1958). — [5] Übersicht über Krebsproblem, einschließlich Tumor-Viren: HUXLEY, J.: Biol. Rev. **31**, 474 (1956); **32**, 1 (1957). — [6] BERNHARD, W.: Kli. Wo. **1957** 251.

vorrufen[1,2]. Zu der Gruppe gehören: echte Pocken (Variola), Vaccine (Abb. 71), Kuhpocken, Mäusepocken (Ektromelie), Geflügelpocken, Molluscum contagiosum, Kaninchen-Myxom und Fibrom. Am besten untersucht ist das Vaccine-Virus, das ausführlicher behandelt werden soll. Es ruft beim Menschen nur lokalisierte

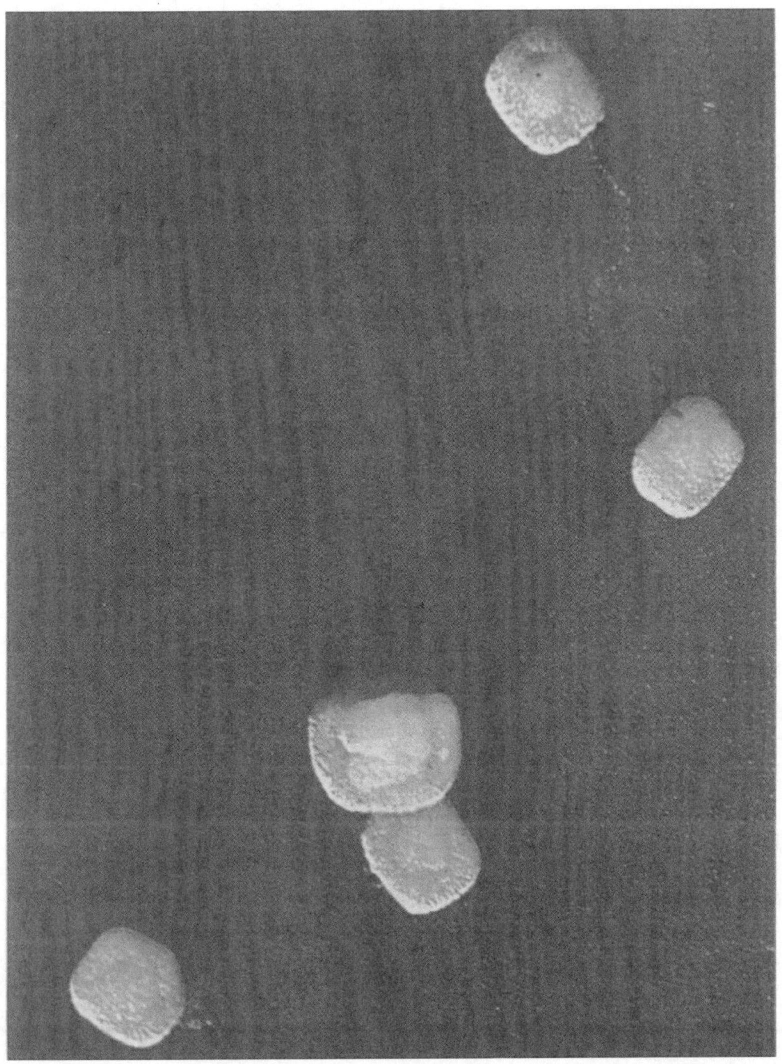

Abb. 71. Vaccine-Virus, vergrößert 60000fach (nach DAWSON u. MCFARLANE).

Erscheinungen hervor, die aber zu einer festen Immunität auch gegen Variola führen. Hierauf beruht die von JENNER 1798 entwickelte Pockenschutzimpfung.

Das Vaccine-Virus hat eine Größe von 280 × 220 × 110 mμ[3,4], sein Partikelgewicht beträgt rund $3{,}2 \cdot 10^9$; s.[5]. Neben den Viruselementarteilchen sind eine

[1] Übersichten: FENNER, F., and F. M. BURNET: Virology **4**, 305 (1957). — [2] DOWNIE, A. W., and K. R. DUMBELL: Ann. Rev. Microbiol. **10**, 237 (1956). — [3] PETERS, D.: Nature **178**, 1453 (1956). — [4] WILLIAMS, R. C.: Adv. Virus Res. **2**, 183 (1954). — [5] SMADEL, J. E., T. M. RIVERS and E. G. PICKELS: J. exp. Med. **70**, 379 (1939).

Reihe von Antigenen bekannt, so ein Nucleoproteid, ein lösliches Antigen, das eine hitzelabile und eine hitzestabile Komponente enthält, und ein Hämagglutinin.

Die Elementarteilchen enthalten neben 89% Protein 5,6% DNS und 5,7% Lipoide, die aus Cholesterin, Phospholipoiden und Neutralfett bestehen. Fest an das Virus gebunden ist das Co-Enzym Riboflavin (Flavin-Adenin-Dinucleotid), das nicht von ihm abgetrennt werden kann, ohne das Virusprotein zu denaturieren[1]. Ferner enthält das Virus Kupfer, das ebenfalls essentiell sein dürfte[2]. Die komplizierte Morphologie des Virus in vitro wurde von PETERS[3] elektronenmikroskopisch nach Behandlung mit Pepsin, Papain und Desoxyribonuclease untersucht. Danach scheint das Virus eine Art Kern zu enthalten, in dem die DNS lokalisiert ist. Die äußere Membran besteht aus 2 Schichten.

Das *Virus des Myxoms* ruft wie das *des Fibroms*[4] bei Kaninchen Geschwülste hervor, die jedoch keine echten Tumoren darstellen, sondern auf einer Entzündungsreaktion des Gewebes beruhen. Das Myxom-Virus wurde in Australien in großem Maßstab zur Bekämpfung der Kaninchenplage verwandt[5]. Die Umwandlung des Fibrom-Virus in das Myxom-Virus, die von RIVERS u. WARD[6] in vivo erzielt wurde, konnte von KILHAM[7] in der Gewebekultur reproduziert werden. Das umwandelnde Agens ist Myxom-Virus, das durch Erhitzen auf 65°C inaktiviert worden war. Es ist dies der einzige bisher bekannte Fall einer gerichteten Mutation bei Viren.

k) Überblick über Aufbau und Vermehrung der Viren.

Der Überblick über die verschiedenen Virusarten zeigt deren große Mannigfaltigkeit. Von den kleinen pflanzenpathologischen Viren über die kleinen tierpathogenen vom Typ des Poliomyelitis-Virus bis zu den großen von der Art des Influenza- und Vaccine-Virus wird der Aufbau immer komplizierter. Jedoch sind sämtlichen Virusarten gewisse charakteristische Merkmale gemeinsam. Sie enthalten alle Nucleinsäure, und zwar die phytopathogenen Viren und die kleinen tierpathogenen, wie das Poliovirus und die Encephalitis-Viren, ferner die Viren der Influenza-Gruppe RNS; die großen tierpathogenen Viren vom Vaccine-Typ und die Phagen dagegen DNS. Die Virusnucleinsäure ist verantwortlich für die Vermehrung der Viren, sie ist der Träger der genetischen Eigenschaften und gibt die Information für den Aufbau der neuen Virusteilchen weiter. Bewiesen wurde diese Rolle der Nucleinsäure für die DNS bei den Phagen und für die RNS beim TMV, bei den Viren der Pferde-Encephalitis, der West Nile-Encephalitis und der Poliomyelitis. Wird die in der Nucleinsäure lokalisierte Information verändert, so kommt es zu einer Mutation des Virus. Die Mutabilität ist für die Viren ebenso wie die Vermehrungsfähigkeit ein Charakteristikum. Von nahezu allen Viren sind Mutanten bekannt, diese unterscheiden sich häufig in ihren biologischen Eigenschaften, z.B. der Virulenz und der Wirtsspezifität. Beim TMV wurden einige Mutanten auch chemisch näher untersucht und gewisse Änderungen in der Aminosäure-Zusammensetzung festgestellt.

Auch der Aufbau zeigt bei allen Viren gewisse gemeinsame Züge. Die Nucleinsäure selbst, wie beim TMV, oder nucleinsäurereiche Partikel, wie das gebundene Antigen beim Influenza-Virus, sind im Innern des Virus angeordnet; außen befindet sich eine Proteinhülle oder auch Partikel, die Protein enthalten, aber frei

[1] HOAGLAND, C. L., S. M. WARD, J. E. SMADEL and T. M. RIVERS: J. exp. Med. **74**, 133 (1941). — [2] HOAGLAND, C. L., S. M. WARD, J. E. SMADEL and T. M. RIVERS: J. exp. Med. **74**, 69 (1941). — [3] vgl. z.B. PETERS, D.: Z. Naturforsch. **12**b, 697, 704 (1957). — [4] SHOPE, R. E.: J. exp. Med. **56**, 793 (1932). — [5] RATCLIFFE, F. N., K. MYERS, B. V. FENNESSEY and J. H. CALABY: Nature **170**, 7 (1952). — [6] RIVERS, T. M., and S. M. WARD: J. exp. Med. **66**, 1 (1937). — [7] KILHAM, L.: Proc. Soc. exp. Biol. Med. **95**, 59 (1957).

von Nucleinsäure sind, wie das Hämagglutinin beim Influenza-Virus. Die Proteinhülle schützt die empfindliche Nucleinsäure und ermöglicht die Existenz der Viren außerhalb der Zellen. Die einfachen Pflanzenviren vermögen die unverletzte Zellmembran nicht zu durchdringen, dagegen sind die Bacteriophagen und die Viren der Influenza-Gruppe mit einem Eindringmechanismus ausgestattet, der wohl in der Proteinhülle lokalisiert ist. Während die einfachen Pflanzen- und Tierviren reine Nucleoproteide darstellen, enthalten die komplizierteren tierpathogenen Viren, wie die Influenza- und Vaccine-Gruppe, noch Lipid und sind auch mit Enzymen ausgestattet.

Nach ihrem Eindringen in die Wirtszelle zerfallen die Viren, und während der Dauer der Latenzzeit sind keine fertigen Viruselementarteilchen nachweisbar. Einen gewissen Aufschluß über die einzelnen Vorgänge bei der Vermehrung geben die Beobachtungen an Phagen während der vegetativen Phase. Die Viren bewirken eine Umsteuerung des Stoffwechsels der Wirtszelle, der ebenfalls vor allem bei den Phagen genauer untersucht wurde. Gewisse Anhaltspunkte, wie die Viren in den Zellstoffwechsel eingreifen, besitzt man bereits. Nach den neueren Untersuchungen über die Biosynthese der Proteine erzeugen die aus DNS bestehenden Gene die spezifischen Zellproteine nicht unmittelbar, sondern als Zwischenstufe treten zunächst RNS-haltige cytoplasmatische Faktoren auf, die ihrerseits die Bildung der Proteine veranlassen:

$$\text{DNS} \rightarrow \text{RNS} \rightarrow \text{Proteine.}$$

Es ist wahrscheinlich, daß die Viren je nach dem Nucleinsäuretyp, den sie enthalten, sich in den 1. oder 2. Schritt dieses Reaktionsmechanismus einschalten. Zwischen den Viren und den selbstvermehrungsfähigen Einheiten der Zelle bestehen gewisse Analogien. Die Untersuchungen an den DNS-haltigen Phagen zeigen, daß diese sich in gewissen Stadien wie ein Gen verhalten. Der große Unterschied besteht jedoch darin, daß die Viren spontan von einer Zelle in die nächste gelangen können, was den übrigen selbstvermehrungsfähigen Zellbestandteilen nicht möglich ist.

Einen Einblick in den Aufbau und vor allem in die Synthese der Viren liefern auch die Begleitstoffe, die sich neben den Elementarteilchen finden, wie das X-Protein beim TMV und die löslichen Antigene bei vielen tierpathogenen Viren. Das X-Protein dürfte wohl mit dem A-Protein, einer Untereinheit der Proteinhülle, identisch sein, und die löslichen Antigene sind bei der Influenza-Gruppe mit den gebundenen, die im Inneren der Elementarteilchen lokalisiert sind, identisch. Die Bedeutung des Polyederproteins bei den Insektenviren, der nucleinsäurefreien Proteinkrystalle bei den Adenoviren und der inkompletten Formen des Influenza-Virus ist noch unklar.

4. Virus-Bekämpfung.

Eine spezifische Therapie der Viruskrankheiten gibt es bis heute nicht. Die Schwierigkeiten liegen darin, daß die Virusvermehrung intracellulär verläuft und so eng mit den normalen Wachstumsvorgängen der Zelle verknüpft ist, daß es nahezu unmöglich ist, die Virusvermehrung zu hemmen, ohne die Zellen zu schädigen. Eine Übersicht über alle Verbindungen, die zu einer Chemotherapie der Viren ausprobiert wurden, geben MATTHEWS u. SMITH[1]. Die Möglichkeiten der Chemoprophylaxe und Chemotherapie diskutieren HORSFALL u. TAMM[2]. Antibiotica zeigen nur bei Mischinfektionen von Viren mit Bakterien Erfolge.

---

[1] MATTHEWS, R. E., and J. D. SMITH: Adv. Virus Res. **3**, 49 (1955). — [2] HORSFALL, F. L., jr. and I. TAMM: Ann. Rev. Microbiol. **11**, 339 (1957).

Die hemmende Wirkung vieler Stoffe auf die Virusvermehrung beruht nur auf einer Schädigung des Zellstoffwechsels, solche Stoffe sind aber therapeutisch meist wertlos.

Da eine spezifische Therapie der Viruskrankheiten nicht existiert, läuft die praktische Bekämpfung auf eine Prophylaxe hinaus, d. h. man versucht den Eintritt der Infektion zu verhindern. Neben allgemeinen hygienischen Maßnahmen und der Züchtung resistenter Stämme bei Pflanzen kommt hierfür die aktive Schutzimpfung in Betracht. Diese kann entweder mit einem schwach pathogenen, vermehrungsfähigen Virus erfolgen, wie bei den Pocken oder dem Gelbfieber, und hinterläßt dann eine langjährige Immunität ebenso wie das Überstehen der Krankheit selbst. Es kann aber auch eine Vaccine mit abgetötetem Virus verwandt werden, wie bei der Polio-Schutzimpfung, die Immunität bleibt dann nur wenige Jahre erhalten.

Die passive Immunisierung mit spezifischen Antikörpern, die in der Praxis mit γ-Globulin durchgeführt wird, verleiht nur für sehr kurze Zeit einen Schutz. Dafür setzt die Schutzwirkung sehr rasch ein. Die Erfahrung zeigt, daß eine Verabfolgung von Antiseren nach Ausbruch der Viruserkrankung meist wirkungslos ist, da die intracellulär vorhandenen Virusteilchen nicht erfaßt werden.

Namenverzeichnis.

AACH, H. G.: Aminosäurezusammensetzung der Proteine von Tabakmosaikvirusmutanten 595[8].

AAES-JØRGENSEN, E., and H. DAM: Störung des Wasserstoffwechsels bei Mangel an mehrfach ungesättigten Fettsäuren 555[11].

— s. HOLMAN, R. T. 555[12].

ABBATT, J. D., s. BROWN, W. M. C. 199[6], 206[8], 208[12].

ABDERHALDEN, R.: Buch über Hormone (1952) 7[31]. — Leukerethin 47[2], 169[5].

ABDUL-FADL, M. A. M., and E. J. KING: L-Tartrat als Inhibitor der sauren Prostataphosphatase 456[13].

ABEL, J. J.: Oxytocin in Hypophysenhinterlappenextrakten 48[15].

— and C. A. ROULLIER: Ocytocin in Hypophysenhinterlappenextrakten 48[15].

ABELIN, I., u. M. GOLDSTEIN: Ausscheidung von Adrenalin und Noradrenalin nach Fleischmahlzeit 540[2].

— s. ANTENER, I. 24[2].

ABRAHAM, E. P., s. FLOREY, H. W. 156[15].

ABRAHAM, S., R. HILL and I. L. CHAIKOFF: Pentosephosphat-cyclus in Tumoren 410[2].

ABRAMS, E. W., s. CORBETT, D. G. 327[12].

ABRAMSON, E.: Zusammenfassung über chemische Stoffe in Nahrungsmitteln (1953) 246[8].

ABRAMSON, W., and H. WARSHAWSKY: Mammageschwülste bei Männern nach chronischer Oestrogentherapie 327[12].

ABRIGNANI, F., s. MUTOLO, V. 429[2].

ACKART, R. J., and S. LEAVY: Auslösung der Gonadenbildung bei Salamanderlarven durch Oestron 480[4].

ACKERMANN, D.: Histamin 167[3].

ACKERMANN, L. V., and J. A. DEL REGATO: Buch über Krebs. Engl. 2. Aufl. (1954) 181[41].

— and M. W. WHEAT jr.: Metastasierung nach Krebsoperationen beim Menschen 340[5].

ACKERMANN, W. W., and T. FRANCIS: Virusbestimmung mit Gewebekulturen 583[1].

— s. SHIVE, W. 142[6].

ACKLEY, C., s. MAGILL, P. L. 195[1].

ADA, G. L., and B. T. PERRY: Ribonucleinsäuregehalt der Viren der klassischen Geflügelpest und der Influenza 607[5].

ADAM, C., u. H. AULER (Hrsgb.): Buch über neuere Ergebnisse auf dem Gebiet der Krebskrankheiten (1937) 188[2].

ADAM, D. J. D., s. HANSEN, A. E. 555[16].

ADAMS, D. H.: Katalaseaktivität der Leber bei Mäusen 421[9,10]. — Katalase hemmender Faktor aus Krebsgewebe 422[9].

— and M. E. BERRY: Aktivität der partikelgebundenen Fraktion der Leberkatalase 422[1].

— and E. A. BURGESS: Lösliche und gebundene Form der Leberkatalase 421[17]. — Aktivität der partikelgebundenen Fraktion der Leberkatalase 422[2].

— and R. H. S. THOMPSON: Hemmung von Cholinesterasen durch Lost und Stickstofflost 374[4].

ADAMS, T., s. RENNIE, D. 535[15].

ADDINK, N. W. H.: Zinkgehalt in Leber und Tumoren 400[5].

— and L. J. P. FRANK: Zinkgehalt der Tumoren 211[9].

ADLER, E., s. EULER, H. v. 411[8].

ADLER, O.: Biologische Oxydation von Benzidin zu 3,3′-Dioxybenzidin 237[4], 257[4].

ADOLPH, W. H., s. KAO, H.-W. 547[10].

AEBI, H., s. LEHMANN, F. E. 161[9], 179[1].

AEZEN, F., s. BALIS, M. E. 447[10], 448[11].

AFTERGOOD, L., s. ALFIN-SLATER, R. B. 555[12].

AFZELIUS, B. A.: Androgamon 3 102[2].

AGATE, F., s. AGATE, F. J. jr. 349[3].

AGATE, F. J. jr., W. ANTOPOL, S. GLAUBACH, F. AGATE and S. GRAFF: Verzögertes Auftreten von Tumoren durch cancerogene Kohlenwasserstoffe nach Hypophysektomie 349[3].

AGRANOFF, B. W., R. O. BRADY and M. COLODZIN: Pentosephosphatcyclus in Tumoren 410[2].

AGRELL, I.: Mitosegiftwirkung der Oestrogene 138[14]. — Sexualhormone als Mitosegifte 139[23].

AHLSTRÖM, L., H. v. EULER u. G. v. HEVESY: Hemmung der Desoxyribonucleinsäurebildung im JENSEN-Sarkom durch Röntgenstrahlen 447[15].

— H. v. EULER, G. HEVESY u. K. ZERAHN: Mechanismus der Strahlenwirkung auf Zellen 140[9].

— s. EULER, H. v. 95[6].

AICHEL, O.: Buch über Zellverschmelzungen mit qualitativ abnormer Chromosomen-Verteilung als Ursachen der Geschwulstbildung (1911) 181[6].

AISENBERG, A. C., B. REINAFARJE and V. R. POTTER: Bedeutung der Mitochondrien für die Glykolyse 409[10].

AKKERMAN, A. M., and H. VELDSTRA: Blastokoline 163[9].

Akkerman, A. M., s. Kögl, F. 427[3].
Albanese, A. A.: Zusammenfassung über Aminosäurebedarf des Menschen (1947) 550[5].
— V. I. Davis, M. Lein and E. M. Smetak: Bedarf des wachsenden Organismus an essentiellen Aminosäuren 550[5].
— L. E. Holt jr., V. I. Davis, S. E. Snyderman, M. Lein and E. M. Smetak: Bedarf des wachsenden Organismus an essentiellen Aminosäuren 550[5].
— L. E. Holt jr., J. E. Frankston and V. Irby: Bedarf des wachsenden Organismus an essentiellen Aminosäuren 550[5].
— L. E. Holt jr., V. Irby, S. E. Snyderman and M. Lein: Bedarf des wachsenden Organismus an essentiellen Aminosäuren 550[5].
— L. E. Holt jr., C. N. Kajdi and J. E. Frankston: Bedarf des wachsenden Organismus an essentiellen Aminosäuren 550[5].
— V. Irby, J. E. Frankston and M. Lein: Bedarf des wachsenden Organismus an essentiellen Aminosäuren 550[5].
— S. E. Snyderman, M. Lein, E. M. Smetak and B. Vestal: Bedarf des wachsenden Organismus an essentiellen Aminosäuren 550[5].
Albano, A., s. Vescia, A. 437[9].
Albaum, H., A. Goldfeder and L. Eisler: Phosphatstoffwechsel im dbrB-Tumor 403[10].
Albaum, H. G., s. Goldfeder, A. 403[9].
— s. Zahl, P. A. 448[5].
Albert, A., and R. Goldacre: Beziehungen zwischen chemischer Konstitution und Wirkung 217[11].
— s. Smith, R. A. 45[2].
— s. Sprague, R. G. 172[3].
— s. Wilson, R. B. 45[2].
Albert, S., and R. M. Johnson: Mitochondrienzahl in Hepatomen 420[5]. — Desoxyribonucleinsäuregehalt von Tumoren und ihren Muttergeweben 440[13].
— R. M. Johnson and M. S. Cohan: Einbau von ^{32}P in Nucleinsäuren von Mammatumoren (Maus) 446[10]. — Phosphatidgehalt von Brustdrüse und Mammatumoren der Maus 451[8].
— s. Johnson, R. M. 179[10].
Albert, Z.: Cancerogene Wirkung von 2,4-Diaminoazobezol (Chrysoidin) 239[5].
Albrecht, M., s. Lettré, H. 137[10].
Alderton, G., W. H. Ward and H. L. Fevold: Lysocymgehalt von Eiereiweiß 465[4].
Aldrich, T. B., s. Kamm, O. 48[16].
Alexander, H. E., G. Koch, I. M. Mountain, K. Sprunt and O. van Damme: Infektiöse Ribonucleinsäure aus Poliovirus 603[3].
Alexander, N.: Katalasehemmung durch Gewebsextrakte 422[17].
Alexander, P.: Zusammenfassung über Reaktion von Cancerogenen mit Makromolekülen (1954) 227[6]. — Mutagene Substanzen 93[11]. — Depolymerisierung von Nucleinsäuren durch cancerogene Strahlen und Substanzen 228[3]. — Cancerogene Wirkung von Bis-(2-dichloräthyl)-aminoxyd 271[8].
— M. Fox, K. A. Stacey and L. F. Smith: Chromosomenveränderungen durch Urethan 271[9].
— s. Bacq, Z. M. 92[1].
Alfin-Slater, R. B., L. Aftergood, A. F. Wells and H. J. Deuel jr.: Cholesterinstoffwechsel bei Mangel an mehrfach ungesättigten Fettsäuren 555[12].
— s. Cheng, A. L. S. 555[14].
— s. Deuel, H. J. jr. 555[10].
Allaben, G. R., and S. E. Owen: Mammageschwülste bei Frauen nach chronischer Oestrogenbehandlung 327[11].
Allanoff, B., s. Rutman, R. J. 446[21].
Allard, C.: Ribonuclease-Aktivität in Mitochondrien von Dimethylaminoazobenzolhepatomen 449[8].
— and A. Cantero: Wirkung von 4-Dimethylaminoazobenzol auf Enzymsysteme 261[4].
— G. de Lamirande and A. Cantero: Zahl der Plasmagranula der Leberzellen nach Hepatektomie 81[8]. — Mitochondrienzahl in Hepatomen 420[5]. — Mitochondrienzahl in Tumor- und Leberzellen 430[3].
— R. Mathieu, G. de Lamirande and A. Cantero: Zahl der Lebermitochondrien nach 4-Dimethylaminoazobenzol 266[3].
— s. Lamirande, G. de 430[8], 445[1], 449[3].
Allen, A., s. Weinhouse, S. 454[5].
Allen, E.: Biologische Bestimmung der Oestrogene durch Scheidenabstriche 18[1].
— E. A. Doisy, B. F. Francis, H. V. Gibson, L. L. Robertson, C. E. Colgate, W. B. Kountz and C. G. Johnston: Oestrogene, Einheit 38[11].
— and W. U. Gardner: Rolle der Oestrogene beim menschlichen Brustkrebs 328[10].
— s. Gardner, W. U. 267[5], 328[8].
— s. Pfeiffer, C. A. 329[2].
Allen, M. J., E. Boyland, C. E. Dukes, E. S. Horning and J. G. Watson: 2-Amino-naphthol-(1)-glucuronid (Stoffwechselprodukt von β-Naphthylamin) erzeugt Blasentumoren 367[7]. — Blasentumoren durch 3-Hydroxykynurenin, 3-Hydroxyanthranilsäure und Xanthin 388[3].
Allen, W. M.: Progesteron-Nachweis 38[12].
— s. Corner, G. W. 16[5].
Allgöwer, M., u. H. Süllmann: Anregung der Leukocytenauswanderung durch Serum-γ-Globulin 168[16].
— s. Meier, R. 260[17].
Alling, E. L., s. Mider, G. B. 432[11].

Allison, J. B., R. H. Barnes, W. H. Cole and R. A. Harte: Vergleich von berechneter und bestimmter biologischer Wertigkeit von Eiweiß 551[5].
— s. Leathem, J. H. 402[3].
Allmann, K., s. Wrba, H. 401[14].
Allmark, M. G., H. C. Grice and F. C. Lu: Cancerogene Wirkung von Yellow AB und OB 240[1].
Almagia, L., u. G. Embden: Glucoplastische Aminosäuren 554[1].
Almasy, F., s. Miescher, G. 213[3], 231[14], 303[8].
Altenburg, E.: Buch über Genetik. Engl. (1947) 70[1]. — Mutagene Wirkung ultravioletter Strahlen 91[6].
— s. Muller, H. J. 87[8].
Altenburger, K., s. Blau, M. 89[1].
Althausen, T. L., s. Evans, H. M. 43[14].
Altmann, H. W.: Zellteilung 133[2]. — Funktionsformwechsel der Zelle 143[11].
— u. H. Marquardt: Zusammenfassung über Morphologie des Zellkerns 70[2].
Altvater, G., s. Budniok, R. 456[7].
Alvord, E. T., and S. Z. Cardon: Benzpyrenbildung hemmende Stoffzusätze zu Zigaretten 196[5].
— s. Cardon, S. Z. 196[3], 212*.
Amano, S., s. Tagashira, Y. 398[3].
Ambrose, E.: Nucleinsäure als Träger spezifischer Proteine 73[6].
Ambrose, E. J., s. Easty, G. C. 426[3].
American Cancer Society: Krebsstatistik. Engl. (1945) 185[3]; (1948) 190[2].
Amerlinck, A., s. Goormaghtigh, N. 297[9].
Ammon, R.: Luteinisierungshormon 23[5]. — Unentbehrliche Spurenelemente 558[1].
— u. G. Braunschmidt: Macromolecular haematologic symptom complex 282[12].
— u. W. Dirscherl: Buch über Fermente, Hormone, Vitamine. 2. Aufl. (1948) 7[23].
Amos, A. J., s. Kent-Jones, D. W. 563[4].
Amromin, G. D., s. Taubenhaus, M. 170[10].
Anderer, F. A.: Aminosäuresequenz im Tabakmosaikvirus-protein 592[10, 20]. — Sedimentations- und Diffusionskonstante von Tabakmosaikvirus 592[21].
Anderson, D., s. Busch, H. 435[6].
Anderson, D. C., s. Busch, H. 413[3].
Anderson, E., s. Houssay, B. A. 152[2].
Anderson, E. M., and J. B. Collip: Bestimmung des Schilddrüsenhormons 155[3].
Anderson, E. P., C. Y. Yen, H. G. Mandel and P. K. Smith: Vermehrter Einbau von Ureidobernsteinsäure-^{14}C in RNS der Organe von Tieren mit Impftumoren 448[13].
Anderson, N. G., and K. M. Wilbur: Wechselwirkung Heparin/Nucleinsäuren 156[6].
Anderson, R. S., s. Friedewald, W. F. 295[3].
Anderson, T. A., s. Stanley, W. M. 587[2].
Anderson, W.: Chemiluminiscenz organischer cancerogener Substanzen beruht auf Chemiluminiscenz 206[3]. — Chemiluminiscenz aromatischer Cancerogene nach Peroxydeinwirkung 224[1]. — Cancerogene Wirkung und Luminiscenz von oxydierten Cancerogenen 226[5].
Anderson, W. A. D., G. E. Zander and J. F. Kuzma: Knochentumoren durch ^{45}Ca und ^{89}Sr 380[1].
— s. Deichmann, W. B. 362[11].
Andervont, H. B.: Vorkommen von Krebs bei Mäusen 184[Tab.] — Milchfaktor bei Wildmäusen 296[6]. — Väterlicher genischer Einfluß beim Mäusebrustkrebs 297[3]. Übertragung von Brustkrebs bei Wildmäusen durch die Milch 297[15]. — Vergleich der cancerogenen Wirkung von Kohlenwasserstoffen bei verschiedenen Mäuseinzuchtstämmen 349[2]. — Cancerogene Wirkung von 1,2,5,6-Dibenzanthracen 351[2].
— and J. H. Edgcomb: Vergleich der cancerogenen Wirkung von Kohlenwasserstoffen bei verschiedenen Mäuseinzuchtstämmen 349[2].
— and J. E. Edwards: Lebertumoren nach 3,4,5,6-Dibenzcarbazol 353[5].
— s. Greenstein, J. P. 395[7, 20], 421[3, 5], 438[10], 448[15].
— s. Lewis, M. R. 294[2].
— s. Lorenz, E. 229[2].
— s. Shimkin, M. B. 326[4], 455[15].
Andreoni, O., e G. Pisani: Bluteiweißkörper bei neoplastischen Krankheiten 432[11].
Andrewes, C. H.: Zusammenfassung über Faktoren in der Virusentwicklung (1957) 580[11]. — Myxoviren 605[6].
Andrews, G. C., A. N. Domonkos and C. F. Post: Einfluß von Oestrogenen und Androgenen auf Pubertätsacne 19[2].
Angel, P.: Auslösung von Mißbildungen durch chemische Substanzen 96[5]. — Auslösung von Mißbildungen durch Eserin und Trypaflavin 117[8]. — Auslösung von Mißbildungen durch Mitosegifte 142[12].
Angelis, G. de, W. Ciusa e G. Nebbia: Fettreiche Ernährung begünstigt Krebsentstehung 192[10].
Anisfeld, L., s. Deuel, H. J. jr. 555[9].
Anissimova, W. W., s. Falin, L. I. 377[7].
Anker, H. S., s. Pihl, A. 554[5].
Anlyan, A. J., s. Fishman, W. H. 458[3].
Annau, E., u. B. Gözsy: Arginingehalt von Tumoren 424[15]. — Arginaseaktivität im Muskel bei Tumorträgern 438[14].
Anner, G., u. K. Miescher: Synthetische Oestrogene 39[6]. — α-Bis-dehydro-doisynolsäure als synthetisches Oestrogen 40[6].
— s. Wettstein, A. 391[2].
Anno, K.: Milchsäure im Hühnerei 468[3].
Annual Report on Stress. Bd. 1, 1951 von Seyle, H.; Bd. 2 u. 3, 1952 u. 1953 von Selye, H., and A. Horava; Bd. 4 u. 5, 1954 u. 1955/56 von Selye, H., and G. Heuser 164[20].

Anselmino, K. J., u. F. Hoffmann: Zusammenfassung über Hormone des Hypophysenvorderlappens (1941) 7[19].
Anson, M. L., and W. M. Stanley: Änderungen am Protein des Tabakmosaikvirus 595[2].
Antener, I., u. I. Abelin: Jod- und Bromgehalt von Gehirn und Hypophysenvorderlappen 24[2].
Antikajian, G., s. Plummer, J. I. 139[12].
Antopol, W., s. Agate, F. J. jr. 349[3].
Apolant, H.: Sarkombildung aus transplantierten Carcinomen 333[3].
— s. Ehrlich, P. 333[3, 6].
Appel, K. E., s. Kety, S. S. 522[11].
Appel, W.: Bestimmung phenolischer Steroide 33[6].
Araki, M., M. Fujita and M. Ebihara: Kaliumgehalt in Tumoren 398[9].
Arber, W., s. Kellenberger, E. 67[3], 599[3].
Arcos, J. C., and M. Arcos: Störung der makromolekularen Zellstruktur durch Cancerogene 252[3]. — Bindung cancerogener Gifte an die Zelle 286[3].
Arcos, M., s. Arcos, J. C. 252[3], 286[3].
Argryris, T. S.: Einfluß von Pinselung mit Methylcholanthren auf Glykogengehalt der Haut 403[5].
Argus, M. F., s. Ray, F. E. 245[5].
Arhelger, S. W., and A. J. Kremen: Cancerogene Wirkung von Liquor kalii arsenicosi 270[11].
Arley, N., and S. Iversen: Absorptionsniveau 224[4].
— s. Iversen, S. 224[4], 228[5], 293[10], 303[11, 12], 309[2].
Arndt, G.: Chronische Hitze als Krebsursache 198[8], 199[1].
Arnold, H., N. Brock u. H. J. Hohorst: Radikalbildung aus Bis-(2-chloräthyl)-aminoxyd 274[1].
— u. J. Venjakob: Radikalbildung aus Bis-(2-chloräthyl)-aminoxyd 274[1].
Arnold, O., H. Hamperl, F. Holtz, K. Junkmann u. H. Marx: Purpuraähnliche Erscheinungen bei Hunden nach toxischen Oestrogengaben 30[2].
Arnold, W., u. S. Oech: Alkalische Phosphatase in Tumoren 457[8].
Aron, H., u. K. Klinke: Kohlenhydratbedarf bei fettreicher Ernährung 553[4].
Aron, M.: Thyreotropes Hormon 154[13].
— s. Potvin, R. 480[1].
Arrhenius, S.: Formel der Temperaturabhängigkeit von Reaktionen 87[9], 90[7].
Artundo, A., s. Houssay, B. A. 529[14], 532[7].
Asano, B. I.: Cholinoxydaseaktivität im azofarbstoffinduzierten Hepatom der Ratte 458[16]. — Einfluß von cancerogenen Azofarbstoffen auf Cholinoxydase der Leber 459[1].
Aschheim, S.: Buch über Schwangerschaftsdiagnose aus dem Harn (Aschheim-Zondeksche Reaktion) (1930) 15[3].
Aschheim, S., u. W. Hohlweg: Oestrogene Substanzen in Torf und Moor 20[3].
— u. B. Zondek: Schwangerschaftsreaktion 36[5].
— s. Zondek, B. 36[5].
Aschner, B.: Wachstumsstillstand nach Hypophysenexstirpation 152[6].
Ashbel, R.: Stoffwechsel im befruchteten Ei 118[15].
Asher, L.: Buch über Physiologie der inneren Sekretion (1936) 7[16].
Ashley-Montagu, M. F.: Buch über Sterilität der Frau. Engl. (1946) 7[4].
Asimov, I., s. Lemon, H. M. 455[23].
Askanazy: Opisthorchis felineus als Krebsursache 198[10], 201[3].
Askonas, B. A.: Aktivierung von Fermenten durch Thyroxin 529[9].
— P. N. Campbell, J. H. Humphrey and T. S. Work: Antikörperausscheidung in Milch und Colostrum 175[10].
Asper, S. P. jr., H. A. Selenkow and C. A. Plamondon: Wirkung von Thyroxin und Trijodthyronin auf Grundumsatz 529[1]
Asplin, F. D., E. Boyland, S. Sargent and G. Wolf: Anregung des Hodenwachstums durch 2,4-Dimethylpyrimidin-sulfanilamid 9[4], 151[12].
Astbury, W. T., s. Passey, R. D. 197[10], 296[15], 298[2], 387[6].
Astrachan, L., and E. Volkin: Wirkung von Proflavin auf Phagenbildung 599[9].
— s. Volkin, E. 598[5].
Astrup, T., s. Fischer, A.: 150[13].
Astwood, E. B.: Thyreostatica 529[13].
— s. Talbot, N. B. 17[1].
— s. Tyslowitz, R. 532[8].
Athias, M.: Brustkrebs bei kastrierten Männchen 297[7].
— et M. T. Furtado-Dias: Sarkombildung nach Injektion von Öl oder Schweineschmalz 287[8].
Atkin, N. B., and B. M. Richards: Desoxyribonucleinsäuregehalt in menschlichen Tumoren 443[3].
Atkins, E., and W. B. Wood jr.: Endogenes Pyrogen beim Kaninchen 170[6].
Atkinson, W. B., and E. T. Engle: Phosphatasegehalt des Endometriums 16[9].
Atno, A. J., s. Seibert, F. B. 432[11].
Atwater, W. O., and F. G. Benedict: Buch über Stoffwechselversuche. Engl. (1899; 1902; 1903) 518[2]. — Buch über Respirationskalorimeter. Engl. (1905) 516[7].
Au, M. H., s. Lansing, A. I. 399[8].
Aub, J. C., s. Bucher, N. L. R. 179[2, 3].
— s. Glinos, A. D. 316[2], 317[10].
Auchincloss, R., and C. D. Haagensen: Mammageschwülste bei Frauen nach chronischer Oestrogenbehandlung 327[11].
Audus, L. J.: Buch über pflanzliche Wuchsstoffe. Engl. (1953). 124[5].
Auerbach, C.: Abhängigkeit der Rate der Spontanmutationen vom Geschlecht 88[5].

Keine unterschwellige Strahlendosis bei Strahlenmutationen an Drosophila 88[16]. Mutationen durch chemische Substanzen 92[12]. — Mutagene Substanzen 93[2]. — Mutagene Wirkung von Formaldehyd 93[7]. Mutagene Wirkung von Senfgasen 93[10]. — Gefahr der Erbschädigung durch Mutagene 94[2]. — Summation mutagener Wirkungen 97[1]. — Krebsige Entartung von Zellen 317[6].

Auerbach, C. and H. Moser: Mutagene Wirkung der Senfgase 92[15]. — Deutung chemischer Mutationen durch die Treffertheorie 94[10]. — Mutagene Wirkung von Mustardverbindungen 373[2].

— and J.-M. Robson: Abhängigkeit der Rate der Spontanmutationen vom Stoffwechsel 88[6]. — Mutagene Wirkung der Senfgase 92[15], 93[10].

— J. M. Robson and J. G. Carr: Mutagene Wirkung der Senfgase 92[15], 93[10]. — Chromosomenveränderungen durch Urethan 271[9].

Augustinsson, K. B., and T. Gustafson: Cholinesterase im Ei von Paracentrotus lividus 469[4], 478[7].

Auhagen, E.: Sulfanilsäurederivate als Antistoffe gegen p-Aminobenzoesäure 159[4].

Auld, S. J. M.: Tumorauslösung durch pflanzliche Öle 192[11].

Auler, H., u. H. Martius (Hrsgb.): Buch über Diagnostik der bösartigen Geschwülste. 2. Aufl. (1943) 181[21].

— s. Adam, C. 188[2].

— s. Blumenthal, F. 340[1].

Aurand, K., s. Rajewski, B. 303[4].

Austin, F. L., s. Evans, H. M. 43[10].

Austin, P. R., s. Evans, H. M. 23[5].

Avakian, S., J. Moss and G. J. Martin: β-(2-Benzothienyl)-α-aminopropionsäure als Antiwuchsstoff 162[4].

Avery, O. T., C. M. MacLeod and M. McCarty: Selbstreproduktion von Mitochondrien und Plasmagranula 5[3]. — Erbänderung durch Desoxynucleinsäure bei Bakterien 56[2]. — Genaustausch, -rekombination und -mutationen bei Bakterien 78[8]. — Pneumococcusfaktor 80[7]. — Plasmatische Vererbung durch plasmatische DNS 83[1]. — Transformation von Pneumokokken durch plasmatische Desoxyribonucleinsäure 95[10].

— s. McCarty, M. 95[10].

Awapara, J., A. J. Landua and R. Fuerst: Aminosäureverteilung in normalen Geweben 423[9]. — Colaminphosphorsäure in Rattengeweben 452[3].

— s. Jirgensons, B. 433[11].

— s. Kit, S. 423[6], 439[12].

Axelrod, A. E., s. Hofmann, K. 159[10].

Axelrod, J., s. Brodie, B. B. 268[6].

Aykut, R., s. Terzioğlu, M. 536[6].

Azarkh, R. M., s. Braunstein, A. E. 439[10].

Baader, E. W.: Zusammenfassung über Berufskrebs (1937) 198[4]. — Häufigkeit von Bronchialkrebs 194[5]. — Hautkrebs durch Styrol 200[13]. — Arsengehalt von Trinkwasser als Krebsursache 210[2]. — Cancerogene Wirkung von Styrol beim Menschen 248[4].

Babel, E., s. Engelbertz, P. 234[11], 237[5, 9], 257[5].

Babson, A. L.: Stickstoffbedarf für Tumorwachstum 434[1]. — Leberhypertrophie bei Ratten mit Transplantationstumoren 435[4]. — Vermehrte Synthese von Plasmaproteinen in der Leber tumortragender Tiere 435[7]. — Kathepsinaktivität in normalen Geweben tumortragender und tumorfreier Ratten 436[5].

— and T. Winnick: Verwendung der Plasmaproteine zur Eiweißsynthese durch Tumoren 435[5].

Bach, S. J., and I. Lasnitzki: Arginaseaktivität in transplantiertem Mäusemammacarcinom 438[7].

Bachman, C.: Bestimmung von Testosteron, Progesteron und von Corticoiden 33[4].

— s. Lundgren, H. P. 25[8].

Bachmann, H.: Histaminbildung bei Verbrennungen 167[7].

Bachmann, W. E., J. W. Cook, A. Dansi, C. G. M. de Worms, G. A. D. Haslewood, C. L. Hewett and A. M. Robinson: Cancerogene Wirkung von 1,2-Dimethyl-chrysen 350[5]. — Cancerogene Wirkung von 1,2,3,4- und von 3,4,8,9-Dibenzpyren sowie von Alkylbenzanthracenen und -cholanthrenen 351[8]. — Einfluß von Substituenten auf cancerogene Wirkung von polycyclischen aromatischen Kohlenwasserstoffen 351[8]. — Cancerogene Wirkung von 1,2,5,6-Dibenzfluoren 353[6].

— s. Bradbury, J. T. 350[9].

Back, A., s. Bloch-Frankenthal, L. 458[2].

Backmann, G.: Buch über Wachstum und organische Zeit (1943) 124[7].

Backmann, R., u. E. Harbers: Beeinflussung der Desoxyribonucleinsäurebildung im Walker-Carcinom durch Röntgenstrahlen 447[18].

Backrach, H. L., and S. S. Breese jr.: Größe des Maul- und Klauenseuche-Virus 605[2].

Bacon, M. O., s. Reid, J. C. 448[6].

Bacon, R. L., and H. Kirkman: Maligne Nierenadenome bei Goldhamstern nach Oestrogenbehandlung 328[16].

— s. Kirkman, H. 202[8].

Bacq, Z. M.: Ähnlichkeit von Lost- und mutagener Strahlenwirkung 94[3].

— et P. Alexander: Buch über Prinzipien der Radiobiologie. Franz. (1955) 92[1].

— et A. Herve: Mechanismus der Strahlenwirkung auf Zellen 140[9].

— s. Herve, A. 92[8].

Bader, R. A., s. Stein, H. J. 534[2].

Bader, S.: Desoxyribonucleinsäuregehalt in transplantierten Mäusetumoren 443[1].

Badger, G. M.: Zusammenfassung über chemische Konstitution und carcinogene Wirkung (1954) 215[9]. — Zusammenfassung über carcinogene Stoffe (1956) 374[10]. — Carcinogene Wirkung von Thiophenbenzanthracen 219[4]. — Elektronentheorie der Krebserzeugung 219[10]. — Oxydation von Cancerogenen durch Osmiumtetroxyd 226[3]. — Peroxylierung von höheren Aromaten 226[7, 8]. — Cancerogene aromatische Amine 234[1]. — Cancerogene Wirkung von 2,2′-Azonaphthalin 236[1]. — Krebserzeugende polycyclische, aromatische Kohlenwasserstoffe 345[4]. — Konstitution und Wirksamkeit von polycyclischen aromatischen Kohlenwasserstoffen 349[6]. — Carcinogene Wirkung von 10-substituierten Benzanthracenen 352[8]. — Kritischer Wert für π-Elektronendichte und Bindungszahl an der K-Region für cancerogene Wirkung 354[6]. — Parallelität von Reaktion mit Osmiumtetroxyd, π-Elektronendichte, Bindungszahl an der K-Region und cancerogener Wirkung 354[9]. — Verhalten von polycyclischen aromatischen Kohlenwasserstoffen im Stoffwechsel 355[11]. — Cancerogene aromatische Amine 358[10]. — Carcinogene Wirkung von alkylierend wirkende Verbindungen 371[3].

— J. W. Cook, C. L. Hewett, E. L. Kennaway N. M. Kennaway and R. H. Martin: Cancerogene Wirkung von 1,2, 3,4-Tetramethylphenanthren 349[13]. — Einfluß von Substituenten auf cancerogene Wirkung von polycyclischen aromatischen Kohlenwasserstoffen 351[10].

— J. W. Cook, C. L. Hewett, E. L. Kennaway, N. M. Kennaway, R. H. Martin and A. M. Robinson: Cancerogene Wirkung von Ruß und Gummiprodukten 213[7]. — Cancerogene Wirkung von 8-Methoxy-3,4-benzpyren und 8-Oxy-3,4-benzpyren 218[6]. — Cancerogene Wirkung von Methylhomologen von 1,2-Benzanthracen und von 1,2-Dimethylchrysen 350[2]. — Cancerogene Wirkung von 1,2,5,6- und von 1,2,3,4-Dibenzphenanthren 351[5]. — Einfluß von Substituenten auf cancerogene Wirkung von polycyclischen aromatischen Kohlenwasserstoffen 351[5]. — Cancerogene Wirkung von Dibenzfluorenen 353[7].

— L. A. Elson, A. Haddow, C. L. Hewett and A. M. Robinson: Wachstumshemmende Wirkungen cancerogener Substanzen 251[4].

— and G. E. Lewis: Cancerogene aromatische Amine 358[10].

— G. E. Lewis and R. T. W. Reid: Keine cancerogene Wirkung von verfüttertem 2,2′-Azonaphthalin 365[12].

Badger, G. M., and K. R. Lynn: Parallelität von Reaktion mit Osmiumtetroxyd, π-Elektronendichte, Bindungszahl an der K-Region und cancerogener Wirkung 354[9].

Badrick, F. E., s. Reiss, M. 38[10], 171[5].

Baeten, G., s. Daels, F. 209[2], 379[13].

Baetjer, A. M.: Lungenkrebs durch Chromat 200[2]. — Erzeugung von Lungenkrebs durch Chromatstaub 211[2].

Bäumler, J., s. Lehmann, F. E. 161[9], 179[1].

Bagg, H. J.: Zinksalze sind nicht cancerogen 211[7]. — Hodenteratome durch Zinksalze 211[7]. — Carcinogene Wirkung von Zinksalzen 377[6].

Baggett, B., and L. L. Engel: Umwandlung von Testosteron in Oestron und Oestradiol 390[6].

Bahner, F.: Zusammenfassung über Fettsucht und Magersucht (1955) 579[4].

Bailey, J. M., W. J. Whelan and S. Peat: Amylosesynthese 83[3].

Bailey, W. T. jr., s. Delbrück, M. 96[3].

Baker, B. R.: Basische Aminogruppen setzten oestrogene Wirkung herab 41[12].

Baker, C. F., s. Werthessen, N. T. 31[4].

Baker, D. G., and E. A. Sellers: Ursache der Stoffwechselsteigerung in der Kälte 532[4].

Baker, K.: Carcinombildung nach Benzidin 237[3]. — Biologische Oxydation von Benzidin zu 3,3′-Dioxybenzidin 237[4]. — Carcinogene Wirkung von 3,3′-Dioxybenzidin 237[4].

Baker, L. E., and A. Carrel: Zellteilung anregende Stoffe in geschädigtem Warmblütergewebe 178[7].

Baker, R., and D. Govan: Aktivität der Serumaldolase bei Prostatacarcinom 412[2].

Baker, (R.) K.: Cancerogene Wirkung von 3,3′-Dioxybenzidin 237[6], 257[7].

Baker, R. S., s. Galston, A. W. 149[6].

Baker, Z., s. Elliott, K. A. C. 411[9].

Balasz, E. A., and J. v. Euler: Keine Hyaluronidaseaktivität im Ehrlich-Carcinom der Maus 458[11].

Baldridge, G. D., A. M. Kligman, M. J. Lipnik and D. M. Pillsbury: Cortison als Antiwuchsstoff 156[13].

Balint, J., s. Reiss, M. 27[4].

Balis, M. E., D. van Praag and F. Aezen: Neusynthese von Purinen in Tumoren 447[10]. — Vermehrter Einbau von Glykokoll-^{14}C und Adenin-^{14}C in RNS der Organe von Tieren mit Impftumoren 448[11].

Balke, B.: Grundumsatz im Höhenklima 536[5]. — Maximale tägliche Arbeitsleistung 542[2].

— H. D. Cremer, K. Kramer u. H. Reichel: Grundumsatz bei verschiedenen Temperaturen 533[11].

Ball, H. A., s. Schott, H. F. 402[7].

Ball, Z. B., s. Visscher, M. B. 296[9].

Ballantyne, R. M., and E. W. McHenry: Gehalt an Vitamin B_6 und Biotin in Tumoren 460[3].

Ballin, J. C., s. Feinstein, R. N. 437[3].

Baló, J., J. Juhász u. G. Kendrey: Cancerogene Wirkung von Äthylurethan 269[8]. Lungentumoren nach Urethan 374[12].

Baltes, J.: Fettsäurezusammensetzung von Speisefetten 556[6].

Baltrush, H. A., s. Busch, H. 413[2].

Baltzer, F.: Geschlechtsbestimmung bei Bonellia viridis 53[5].

— u. W. Schönmann: Differenzierung des Eis an funktionsfähigen Zellkern gebunden 105[9].

Bamann, E., u. O. Schimke: D-Peptidasen in normalem und Tumorgewebe 437[5].

Banchetti, A., C. Conti e V. Marescotti: Bestimmung der Oestrogene durch Fluorometrie 33[8].

Banerjee, B., s. Moewus, F. 163[5], 164[1].

Bang, F. B.: Elektronenmikroskopie von Viren 585[2]. — Virus der atypischen Geflügelpest 608[2].

Bang, O., s. Ellermann, V. 292[6].

Bannasch, P., s. Steinhoff, D. 341[16].

Bansi, H. W.: Buch über Hungerödem (1949) 576[5]. — Zusammenfassung über Krankheiten der Schilddrüse (1955) 521[4].

— u. G. Fuhrmann: N-Gleichgewicht 544[8].

Bárány, E., u. A. Palis: Colchicinwirkung auf ATP-Actomyosinmischungen 138[1].

Barban, S., and H. O. Schulze: Enzyme des Citronensäurecyclus in Tumoren 414[5].

Barbato, L.: Steigerung der Wärmeproduktion durch Aminosäuren 538[8].

Barber, E. M., s. Cooper, L. F. 558[9].

Barberio, J. R., s. le Veen, H. H. 282[13].

Barch, S., s. Wilson, J. G. 96[7], 118[5].

Barclay, A. E., K. J. Franklin and M. M. L. Prichard: Buch über fetalen Kreislauf und kardiovasculäres System. Engl. (1944) 47[3].

Barclay, R. K., and E. Garfinkel: Neusynthese von Purinen bei Tumoren 447[10].

— s. Jacquez, J. A. 440[1].

Barcroft, J.: Buch über Untersuchungen über das pränatale Leben. Bd. 1. Engl. (1946) 47[3].

— s. Windle, W. F. 122[5].

Barendregt, T. J., s. Kögl, F. 428[6].

Bargmann, W.: Buch über Zwischenhirn-Hypophysen-System (1954) 22[4]. — Hypothalamo-hypophysäres System 22[4]. — Neurosekretorische Bahn 23[2]. — Speicherung von Oxytocin in der Neurohypophyse 49[1].

Barkley, H., P. Haas, A. S. G. Hugget, G. King and D. Rowley: Vorkommen von Fructose im fetalen, von Glucose im mütterlichen Blut 47[8].

Barlow, H., s. Ludford, R. J. 333[3].

Barlow, J. L., s. Herriott, R. M. 599[5].

Barner, H. D., s. Cohen, S. S. 599[8].

Barnes, A. R., s. Hench, P. S. 172[6].

Barnes, F. W. jr., and R. Schoenheimer: Umbau der Desoxyribonucleinsäuren 75[5], 77[5].

Barnes, H., s. Lord Rothschild 13[9].

Barnes, J. M., and F. A. Denz: Knochensarkome durch Beryllium 210[5]. — Carcinogene Wirkung von Berylliumverbindungen 377[2].

— s. Magee, P. N. 247[2], 376[2].

Barnes, R. H., s. Allison, J. B. 551[5].

Barnes, W. A., and R. K. Cole: Übertragung des Virus der „erblichen" lymphatischen Leukämie nicht durch die Milch 298[5].

Barnum, C. P., and R. A. Huseby: Zusammenfassung über chemische und physikalische Charakterisierung von Präparationen, die das Milchvirus enthalten (1950) 387[3]. — Keine Dosisabhängigkeit der Latenz beim Milchfaktor 296[12].

— R. A. Huseby and H. Vermund: Einbau von ^{32}P in Nucleinsäuren von Mammatumoren (Maus) 446[11]. — Aufnahme von ^{32}P in Zellkernfraktionen bei tumortragenden Mäusen 447[6].

— s. Kretchmer, N. 415[4].

— s. Vermund, H. 447[16].

Baron, F., s. Khouvine, Y. 427[2].

Baron, L. S., s. Spiegelman, S. 84[3].

Barr, M. L.: Geschlechtschromatin in menschlichen Leukocyten 55[4].

— and E. G. Betram: Geschlechtschromatin in menschlichen Leukocyten 55[4].

Barrenscheen, H. K., u. A. Peham: Puringehalt von Tumoren 440[8].

Barrett, H. M., C. H. Best, D. L. MacLean and J. H. Ridout: Cholin als Leberschutzstoff 151[5].

— D. L. MacLean and E. W. McHenry: Xanthin als Leberschutzstoff 151[7].

Barrett, M. K., A. J. Dalton, J.E. Edwards and J. P. Greenstein: Alkalische Phosphatase in Tumoren 457[6].

— and M. K. Deringer: Krebszellen ändern ihre Eigenschaften 333[6].

— s. Maver, M. E. 432[6], 436[8].

Barrie, M. M. O.: Degenerative Uterusveränderungen bei Fehlen von Vitamin E 43[13].

Barringer, B. S., and H. Q. Woodward: Saure Phosphatase im Serum bei menschlichem Prostatacarcinom 456[8].

Barron, D. H.: Zusammenfassung über Entwicklungsphysiologie (1945) 106[10].

Barron, E. S. G., R. Bartlett and Z. B. Miller: Hemmung von Cholinacetylase und Cholinoxydase durch Lost und Stickstofflost 374[3]

— s. Brues, A. M. 342[14].

— s. Villavicencio, M. 408[7].

Barry, G., J. W. Cook, G. A. D. Haslewood, C. L. Hewett, I. Hieger and E. L. Kennaway: Cancerogene Wirkung von 3,4-Benzphenanthren 349[14]. — Cancerogene Wirkung von Methylhomologen des 1,2-Benzanthracens 350[1]. — Cancerogene Wirkung von 1,2,7,8-Dibenzanthracen, 1,2- und 3,4-Benzpyren 351[3]. — Einfluß von Substituenten auf cancero-

gene Wirkung von polycyclischen aromatischen Kohlenwasserstoffen 351[3]. — Chinone cancerogener Kohlenwasserstoffe sind inaktiv 352[3].
Barry, G. T.: Lösliche Tumorproteine 430[10].
Barsoum, G. S., and J. H. Gaddum: Histaminbildung bei Verbrennung und durch Reizgifte 167[6].
Bartels, E. C.: Stoffwechsel bei Narkose 521[2].
Barthelmess, A.: Buch über Vererbungswissenschaft (1952) 70[3]. — Mutagene Substanzen 93[4].
Bartlett, E. G., s. Glinos, A. D. 136[1], 144,[8] 176[19], 177[6], 180[4], 317[9], 324[9].
Bartlett, G. R., s. Barron, E. S. G. 374[3].
Barton, A. D., s. Laird, A. K. 428[13].
Bartz, Q. R., s. Evans, H. M. 152[10].
Barvick, L., s. Mickelson, M. N. 425[4].
Baserga, R., and P. Shubik: Begünstigung der Metastasierung experimenteller Tumoren durch Cortison 330[9].
Basler, A.: Buch über Ernährung und die wichtigsten Nahrungsmittel in China (1932) 558[8].
Basnayake, V., and H. M. Sinclair: Störung des Wasserstoffwechsels bei Mangel an mehrfach ungesättigten Fettsäuren 555[11].
Bass, D. E., s. Wedgwood, R. J. 523[6].
Bassalleck, H.: Cancerogene Wirkung von Thiouracil 269[7]. — Schilddrüsentumoren nach Methylthiouracil 382[9].
Basset, E. G., s. Whittlestone, W. G. 49[11].
Bassett, A. M., s. Craig, F. N. 418[15].
Bassett, R. B., s. Loeb, L. 154[13].
Basten, H., s. Maurer, W. 401[15].
Basu, K. P., M. C. Nath and M. O. Ghani: Biologische Wertigkeit von Milcheiweiß 547[4].
Bateman, J. C., s. Klopp, C. T. 373[9].
Bates, M. I., s. MacMahon, H. E. 199[9], 209[7].
Bates, R. W., s. Cohen, H. 33[5].
— s. Riddle, O. 18[6], 19[1], 23[6], 49[9].
Batiyok, F., s. Stary, Z. 175[9].
Bauch, R.: Mutagene Substanzen 93[12]. — Polyploidie durch Cancerogene 95[6].
Baudet, J., s. Pullman, B. 355[3], 357[2].
Baudoin, N., s. Roche, J. 457[12].
Bauer, A., s. Bernhard, W. 295[2].
— s. Häggquist, G. 137[6].
Bauer, H.: Zusammenfassung über Cytogenetik (1938) 132[9]. — Zusammenfassung über Chromosomenforschung (1941) 70[5].
— s. Heitz, E. 73[1].
Bauer, K. F.: Heilung von Nephritis durch Embryonalextrakte 151[10].
Bauer, K. H.: Buch über die Mutationstheorie der Geschwulstentstehung (1928) 181[9]. — Buch über das Krebsproblem (1949) 85[20]. — Zusammenfassung über Erbbiologie der Geschwülste des Menschen (1940) 181[16]. — Cocancerogene Wirkung von Testosteron 382[4]. — Prophylaxe des Umweltkrebses 384[1].
Bauer, K. H., u. R. Frey: Zusammenfassung über Geschwulst und Trauma (1955) 181[57].
Bauer, V., s. Schmidt, H. 174[5].
Baumann, C. A., and H. P. Rusch: Cancerogene Wirkung von Cholesterin zweifelhaft 203[6].
— s. Giese, J. E. 364[11].
— s. Jones, E. M. 550[4].
— s. Kandutsch, A. A. 453[8, 9].
— s. Miller, E. C. 260[10].
— s. Miller, J. A. 179[7], 239[4], 241[5], 259[6], 260[10], 262[6], 363[10], 364[10], 369[7, 9].
— s. Miner, D. L. 332[2].
— s. Rumsfeld, H. W. jr. 307[5], 331[1].
— s. Rusch, H. P. 205[5], 377[15], 378[1].
— s. Sauberlich, H. E. 425[2], 428[3].
— s. Swick, R. W. 459[7].
— s. Wells, W. W. 453[10].
Baumann, W., s. Edlbacher, S. 403[4], 424[18].
Baumgart, K., u. E. Kaden: Genauigkeit der Grundumsatzbestimmung 515[7].
Baur, E., E. Fischer u. F. Lenz: Buch über menschliche Erblehre und Rassenhygiene. Bd. I/1. 4. Aufl. (1936) 70[4].
Bautz, E., u. H. Marquardt: Cytoplasmafaktoren bei Hefe und Paramaecien 52[1]. Mitochondrienzahl in sich teilenden Zellen 135[3].
Bautzmann, H.: Bedeutung des Zellkerns für Zelldifferenzierung 4[6]. — Differenzierung des Eis an funktionsfähigen Zellkern gebunden 105[9]. — Embryonales Feld im Plasma des Seeigeleis 107[7]. — Rolle der Chromosomen bei der 2. Phase der Entwicklung 109[1]. — Beteiligung der Gene an der Keimentwicklung 123[3].
Bavetta, A. L., s. Deuel, H. J. jr. 557[2].
Bawden, F. C., and N. W. Pirie: Erste Isolierung von Bushy-stunt-Virus 581[2], 587[1]. Ribonucleinsäuregehalt von Tabaknekrosevirus 587[7]. — Spontane Ordnung von Tabakmosaik 591[3].
Bayerl, V., s. Pincussen, L. 537[2].
Bayerle, H., u. F. H. Podloucky: Wirkung von D-Peptidasen 437[10].
— s. Marx, R. 164[2].
Bayreuther, K.: V-förmige Chromosomen in Zellen des Ehrlich-Ascites-Tumors 311[5].
Beach, F. A.: Zusammenfassung über Hormone und Paarungsverhalten bei Wirbeltieren (1947) 7[22].
Beach, G., s. Kelly, L. S. 447[17].
— s. Payne, A. H. 448[10].
Beadle, G. W.: Zusammenfassung über biochemische Genetik (1945) 70[6]. — Zusammenfassung über Gene und Biochemie (1946) 70[6]. — Zusammenfassung über Gene und Chemie des Organismus (1947) 85[10]. — Zusammenfassung über Gene und biologische Rätsel (1949) 70[6]. — Zusammenfassung über Genstruktur und Genwirkung (1955) 98[2].
— and E. L. Tatum: Zusammenfassung über genetische Kontrolle biochemischer Reaktionen in Neurospora (1941) 86[7].

BEADLES, J. R., s. MITCHELL, H. H. 552[4].
BEALE, R. N., R. J. C. HARRIS and E. M. F. ROE: Basenzusammensetzung der Ribonucleinsäure von Hühnersarkom GRCH 15 444[12]. — Zusammensetzung von Ribonucleinsäuren 445[4].
— and E. M. F. ROE: Elektronendichte der Äthylenbrücke in 4-Aminostilben 241[7]. — Elektronenausbeute bei Umlagerung von trans-Stilben und trans-Azobenzol 241[8].
BEAMS, H. W., s. KOPAC, M. J. 132[11].
BEARD, D., s. NEURATH, H. 386[10].
— s. TAYLOR, A. R. 385[12, 14], 604[1].
BEARD, J. W.: Adenosintriphosphatase im Virus der myeloblastischen Geflügelleukose 608[4].
— D. G. SHARP and E. A. ECKERT: Zusammenfassung über Tumorviren (1955) 608[4].
— and R. W. G. WYCKOFF: Mol.-Gewicht von SHOPE-Virus 295[1]. — Proteid aus Papillomen von Baumwollschwanzkaninchen 386[9].
— s. BRYAN, W. R. 604[6].
— s. NEURATH, H. 386[10].
— s. ROUS, P. 294[12].
— s. SHARP, D. G. 295[2].
— s. TAYLOR, A. R. 385[12, 14], 604[1].
BEATSON, G. T.: Brustkrebsbehandlung durch Kastration 328[6].
BEATTIE, J., and R. D. CHAMBERS: Zentrum der physikalischen Temperaturregulation im Hypothalamus 532[1].
— P. H. HERBERT and J. BELL: N-Gleichgewicht 544[7].
BECK, J., s. KLEIN, G. 443[15].
BECK, O., s. HANSEN, A. E. 555[5].
BECK, S., s. PEACOCK, P. R. 287[8].
BECKER, E., u. E. PLAGGE: Schnürungstest 114[4].
— s. BUTENANDT, A. 98[12].
BECKER, J., A. BERNSMEIER u. W. LORENZ: Grundumsatzsteigerung durch Adrenalin 530[5].
BECKER, M. M., s. SANFORD, K. K. 183[1], 231[1].
BEER, C. T., F. DICKENS and J. PEARSON: Dehydrierung von Cyclohexancarbonsäure zu Benzoesäure im Organismus 202[9].
BEER, G. R. DE, s. HUXLEY, J. S. 106[3].
BEERY, G. P., and H. M. DEDRICK: Umwandlung von SHOPE-Virus in SANARELLI-Virus durch Mutation 87[5].
BEERSTECHER, E. jr., and W. SHIVE: Toxische Wirkung von Aminosäuren auf Gewebekulturen 146[4].
BEESON, P. B., s. BENNET, I. L. jr. 169[10].
BEGG, A. M., and W. CRAMER: Verseuchung von Laboratorien durch ROUS-Sarkom 293[13].
— s. GYE, W. E. 300[1], 336[9].
BEGG, R. W., T. E. DICKINSON and J. MILLAR: Katalasegehalt der Leber bei gutartigen Tumoren 421[7].
— T. E. DICKINSON and A. V. WHITE: Aktivität der Leberkatalase bei Tumorträgern 422[5].
BEHRENS, B., u. G. KÄRBER: Rechnerische und graphische Auswertung von Versuchsergebnissen 34[4].
BEHRENS, M., s. FEULGEN, R. 75[6].
BEICKERT, A.: Ausscheidung und Abbau beeinflussen carcinogene Wirkung von Urethan 374[19]. — Urethan hat keine selektive Affinität zu bestimmten Zellformen der Leukämie 375[5].
BEILER, J. M., and G. J. MARTIN: Hemmung der Hyaluronidase durch Heparin 156[8].
— s. MARTIN, G. J. 103[4].
— s. SWAYNE, V. R. 13[16].
BEINERT, H., s. KUHN, R. 260[14].
BEINTKER, E., u. W. KAHLENBERG: Werke des Galenos. Bd. III (1948) 507[11].
BEITZKE, H.: „Erdstrahlen" haben keine cancerogene Wirkung 206[6].
BELGOWSKY, M. L.: Empfindlicher Treffbereich einer Zelle 89[6].
BELKIN, M., and K. G. STERN: Stoffwechselgrößen von Yale Tumor I, Maus 407[6].
BELL, E. A., W. COCKER and R. A. Q. O'MEARA: Wuchsstoffbildung aus p-Aminobenzoesäure 147[1]. — Antistoffe gegen p-Aminobenzoesäure 159[5]. — Galaktoflavin 160[4].
BELL, E. T., s. HITCHCOCK, C. R. 290[1].
BELL, J., s. BEATTIE, J. 544[7].
BELL, J. A., s. ENDERS, J. F. 605[3].
BELL, M. J., s. SKIPPER, H. E. 332[3].
BELLA, S. DI: Arginin- und Methioningehalt von Tumoren 424[16].
BELONOSCHKIN, B.: Buch über Zeugung beim Menschen (1949) 7[8]. — Buch über Biologie der menschlichen Spermatozoen (1951) 51[1].
BÉNARD, H., A. GAJDOS, Mme GAJDOS-TÖRÖK et M. POLONOVSKI: Antiwuchsstoffwirkung von Methoxin und Methioninsulfon 161[5].
BENDET, I. J., L. G. SWABY and M. A. LAUFFER: p_H-abhängige Formänderungen bei T_2-Phagen 598[2].
BENDICH, A., s. BROWN, G. B. 446[25].
BENDITT, E. P., E. M. HUMPHREYS, R. W. WISSLER, C. H. STEFFEE, L. E. FRAZIER and P. R. CANNON: N-Gleichgewicht 544[6].
— R. W. WISSLER, R. L. WOOLRIDGE, D. A. ROWLEY and C. H. STEFFEE: Eiweißarme Ernährung bei Ratten 577[6].
— R. L. WOOLRIDGE, C. H. STEFFEE and L. E. FRAZIER: Bedarf von Gewebekulturen an essentiellen Aminosäuren 146[3].
BENEDICT, F. G.: Zusammenfassung über Methoden zur Bestimmung des Gaswechsels bei Menschen und Tieren (1926) 513[3]. — Zusammenfassung über Oberflächenbestimmung verschiedener Tiergattungen (1934) 523[10]. — Grundumsatz von Kaltblütern 531[6]. — Ursache der Stoffwechselsteigerung in der Kälte 532[2]. — Stickstoffausscheidung und Abnutzungs-

quote 545[1]. — Stoffwechsel bei völligem Nahrungsentzug 573[3]. — Hungerversuche an Menschen 573[7].

Benedict, F. G., and W. G. Cady: Fahrradergometer 541[3].

— and T. M. Carpenter: Buch über Respirationskalorimeter. Engl. (1910) 516[5]. — Grundumsatz bei geistiger Arbeit 542[6].

— and W. E. Collins: Respirationsapparat 515[4].

— R. C. Lee and F. Strieck: Kein Einfluß des Sauerstoffdrucks auf den Grundumsatz 536[4].

— W. R. Miles, P. Roth and H. M. Smith: Stoffwechsel bei Nahrungseinschränkung 575[5].

— and F. B. Talbot: Abhängigkeit des Grundumsatzes vom Alter 523[9].

— s. Atwater, W. O. 516[7], 518[2].

— s. Harris, J. A. 522[3], 523[4], 524[6].

— s. Kilborn, L. G. 535[1, 11].

— s. MacLeod, G. 535[8].

— s. Mason, E. D. 522[9].

— s. Turner, A. H. 535[9].

Benedict, H. M., s. Nielsen, J. P. 214[2].

Benignus, E. L., s. Seelig, M. G. 195[1], 213[11].

Ben Ishai, R., s. Spiegelman, S. 68[7].

Benitez, H. H., M. R. Murray and E. Chargaff: Antagonistische Wirkung von Tropolon gegen Colchicin 138[9].

Bennet, I. L. jr., and P. B. Beeson: Pyrogene aus Bakterien 169[10].

Bennett, C. B.: Cholesteringehalt von Rattentumoren 452[8].

Bennett, L. L. jr., H. E. Skipper, C. C. Stock and C. P. Rhoads: Einbau von Guanin in Tumornucleinsäuren 447[1].

— H. E. Skipper, H. W. Toolan and C. P. Rhoads: Einbau von Guanin in Tumornucleinsäuren 447[1].

— s. Mitchell, J. H. jr. 161[1].

— s. Skipper, H. E. 139[28], 141[1], 142[4], 160[8], 342[14].

Bennison, B. E., s. Malmgren, R. A. 262[4], 265[3], 313[2].

Benoy, M. P., s. Elliott, K. A. C. 411[9].

Bensley, E. H., A. Drysdale and R. Osiek: Hemmung der sauren Phosphatase durch L(+)-Tartrat 329[12].

Bensley, R. R.: Plasmagranula als Duplikanten 81[6].

— and N. L. Hoerr: Verteilung der Enzymfunktionen in der Zelle 3[2]. — Isolierung des Zellkerns 4[2]. — Gewinnung von Chromosomen 73[3]. — Gewinnung von Plasmagranula 81[10]. — Mikrosomen 82[1].

Benzer, S.: Umfang der rekombinierenden Einheit im Desoxyribonucleinsäuremolekül 61[7].

Benzinger, T. H.: Strahlungscalorimeter 516[6].

— and C. Kitzinger: Strahlungscalorimeter 516[6].

— s. Kitzinger, C. 516[6].

Ber, A.: Antagonismus Thiouracil/Uracil 160[11].

Berchtold, R., s. Hirt, R. 167[24].

Berczeller, L., u. H. Wastl: Ernährung bei verschiedenen Rassen 570[5].

Berenblum, I.: Buch über Wissenschaft gegen Krebs. Engl. (1946) 181[33]. — Zusammenfassung über Cocarcinogenese (1946/47) 344[1]. — Zusammenfassung über Carcinogenese und Tumorpathogenese (1954) 215[2]. — 3,4-Benzpyrengehalt von Steinkohlenteer 213[3]. — Auswertung der cancerogenen Wirkung 215[8]. Cancerogene Wirkung von 9,10-Dimethyl-1,2-benzanthracen 217[1]. — Keine Beziehung zwischen Entzündungserregung und Cancerogenität von Kohlenwasserstoffen 231[10]. — Crotonöl als bedingt krebsauslösender Stoff 232[8]. — Latenz der Krebsauslösung durch Crotonöl 233[1]. — Cancer promoting substances 233[2]. — 2 Stufen der Krebsentstehung 233[4]. — Cocancerogene Wirkung von Crotonölfraktionen 304[6]. — „Initiating“ und „promoting factors“ der Krebsbildung 304[9]. — Krebs-Entstehung ein „2-Schritte“-Prozeß 305[5]. — Phasen der Tumorbildung 344[2]. — 3,4-Benzpyren aus Rohteerdestillat 346[16]. — Biologische Aktivität von polycyclischen aromatischen Kohlenwasserstoffen 348[4]. — Vergleich der Wirkung von cancerogenen Kohlenwasserstoffen 348[11]. — Einfluß exogener Faktoren auf cancerogene Wirkung von aromatischen polycyclischen Kohlenwasserstoffen 349[5]. — Vorbehandlung der Haut mit Lost hebt carcinogene Wirkung von 3,4-Benzpyren auf 373[12]. — Cocarcinogene Wirkung 380[6]. — Krebsauslösung durch Crotonöl nach unterschwelligen Dosen polycyclischer aromatischer Kohlenwasserstoffe 380[7].

— D. Crowfoot, E. R. Holiday and R. Schoental: Biologische Oxydation von 3,4-Benzpyren 356[6].

— and N. Haran: Krebsauslösung durch Crotonöl nach unterschwelligen Dosen von Urethan 380[8]. — Crotonöl wirkt nur nach Vorbehandlung mit einem cancerogenen Agens 380[12].

— E. R. Holiday and E. M. Jope: Fluorescenzbanden von 3,4-Benzpyren 223[4]. — Nachweis und Bestimmung cancerogener Kohlenwasserstoffe durch Fluorescenz- oder Absorptionsspektren 355[7].

— and R. Schoental: 3,4-Benzpyrengehalt von Steinkohlenteer 213[3]. — Nachweis höherer aromatischer Kohlenwasserstoffe in der Luft 213[12]. — Gehalt an 3,4-Benzpyren in Teeren 346[15]. — Cancerogene Substanz unbekannter Struktur aus Steinkohlenteer 347[1]. — Chinone carcinogener Kohlenwasserstoffe sind inaktiv 352[4]. — Biologische Bildung von 4′-Hydroxy-1,2-benzanthracen aus 1,2-Benzan-

thracen 356[3]. — Biologische Bildung von 3'-Hydroxychrysen aus Chrysen 356[5]. — Biologische Oxydation von 3,4-Benzpyren 356[9].
Berenblum, I., and P. Shubik: Cocancerogene Wirkung von Crotonöl 305[3]. — Irreversible Wirkung cancerogener Stoffe 305[4]. — Zwei Stufen der Krebsentstehung 318[1]. — Krebsige Umwandlung präcanceröser Zellen durch unspezifische Wuchsstoffe 320[3]. — Phasen der Tumorbildung 344[2]. — Krebsauslösung durch Crotonöl nach unterschwelligen Dosen von polycyclischen aromatischen Kohlenwasserstoffen 380[7]. — Latenzzeit der Crotonölwirkung 381[2].
— s. Haran, N. 270[1], 381[8].
Berenbom, M., P. I. Chang, H. E. Betz and R. E. Stowell: Abnahme der Ribonucleinsäure in nekrotischer Mäuseleber 441[16].
— and J. White: Ausscheidung cancerogener aromatischer Amine im Urin 255[4]. Stoffwechsel von 4-Dimethylaminoazobenzol 258[4]. — Schicksal der N-Methylgruppen des 4-Dimethylaminoazobenzol 262[9]. — 4-Dimethylaminoazolbenzol ist nicht Methyldonator 263[3]. — Bindung von 4-Dimethylaminoazobenzol an Proteine und Nucleinstoffe der Leber 263[6].
Berg, D., s. Brückel, K. W. 556[1].
Berg, J. W.: Mykolsäure in Spermatozoen 13[1].
Berg, O. C., C. Huggins and C. V. Hodges: Ascorbinsäure im Sperma 13[12].
Berg, R.: Buch über Vitamine. 2. Aufl. (1927) 509[9].
Berg, W. E., s. de Ome, K. B. 401[13].
Bergel, F.: Chromosomenbau 72[3]. — Nucleinsäuren als Träger spezifischer Proteine 73[6]. — Bindung zwischen Nucleinsäuren und Protein 76[9]. — Ladungsmuster von Nucleinsäuren und Protein als „Matrize“ 77[1].
Bergell, P.: Gehalt an basischen Aminosäuren in Tumoren 424[12].
Bergenstahl, D., s. Tobin, J. R. jr. 577[4].
Berger, F. M., s. Bernstein, L. M. 518[3].
Berger, H. D., s. Brückel, K. W. 556[1].
Berger, R. E., s. Biesele, J. J. 142[8], 160[8].
Bergman, A. J., and C. W. Turner: Bestimmung des thyreotropen Hormons 155[1].
Bergmann, C.: Buch über die Verhältnisse der Wärmeökonomie der Tiere zu ihrer Größe (1848) 525[1].
Bergmann, F.: Strukturelle Voraussetzungen für cancerogene Wirkung von Kohlenwasserstoffen 354[2].
Bergmann, M., s. Fruton, J. S. 273[6].
Bergmann, W.: Umwandlung von Cholesterin in 3,6-Dimethylsteranthren 390[1].
— s. Stavely, H. E. 203[6], 378[6].
Bergold, G. (H.): Insektenviren 600[4]. — Polyeder-Virus von Bombyx mori 600[5].
Bergold, G. (H.), s. Morgan, C. 601[1].
— s. Schramm, G. 589[8].
Bering, E. A. jr., R. L. McLaurin, J. B. Lloyd and F. D. Ingraham: Krebsbildung nach Implantation von Polyäthylen 279[14]. — Sarkombildung durch implantierte Kunststoffe 376[10].
Berkson, J.: „logit“-Einheiten 34[5].
— and W. M. Boothby: Tagesschwankungen des Grundumsatzes 522[7].
— s. Boothby, W. M. 522[3], 524[9].
Berman, C.: Buch über das primäre Lebercarcinom. Engl. (1951) 201[4].
Bern, H. A., s. de Ome, K. B. 401[13].
Bernal, J. D., and I. Fankuchen: Struktur der Gene 75[8]. — Röntgenuntersuchung von Tabakmosaikvirus 594[4].
Bernard, C.: Vorlesungen über experimentelle Physiologie- Bd. 1. Franz. (1855) 27[7].
Bernfeld, P., and F. Homburger: Eiweißveränderungen im Serum tumortragender Mäuse 433[1].
Bernhard, F.: Postmortaler Glykogenabbau im Gewebe 402[1]. — Vermehrung der atoxylresistenten Lipase im Serum Krebskranker 455[12].
— u. K. Köhler: Vermehrung der atoxylresistenten Lipase im Serum Krebskranker 455[12].
Bernhard, K.: Dehydrierung von Tetrahydrochinolin zu Chinolin im Organismus 202[11].
Bernhard, W.: Virus des Rous-Sarkom 608[5].
— A. Bauer, J. Harel et C. Oberling: Größe von Shope-Virus 295[2].
— and C. Oberling: Elektronenmikroskopische Untersuchungen an Virustumoren 385[1].
— C. Oberling et P. Vigier: Elektronenmikroskopische Untersuchungen an Rous-Virus 386[4].
— s. Oberling, C. 299[4].
Bernhardt, H.: Buch über Fettleibigkeit (1955) 579[1].
Bernhart, F. W., s. Hassinen, J. B. 146[6].
Bernhauer, K.: Zusammenfassung über Antibiotika (1950) 124[8]. — Bedarf von Gewebekulturen an essentiellen Aminosäuren 146[3].
Bernheim, F., M. L. C. Bernheim and K. M. Wilbur: Epoxydnachweis 288[3].
— and A. v. Felsovanyi: DPN-Gehalt in Tumoren 415[10].
— s. Wilbur, K. M. 288[3].
Bernheim, M. L. C., s. Bernheim, F. 288[3].
Bernsmeier, A., s. Becker, J. 530[5].
— s. Göpfert, H. 542[3], 543[10].
Bernstein, L. M., M. I. Grossman, H. Krzywicki, R. Harding, F. M. Berger, V. E. McGary, E. Francis and L. M. Levy: Calorische Werte der Nahrungsstoffe 518[3].
Berry, M. E., s. Adams, D. H. 422[1].
Berryhill, F. M., s. Crampton, E. W. 193[2], 288[6].

Bertalanffy, F. v.: Reglersysteme 22[1].
— s. Leblond, C. P. 267[9].
Bertalanffy, L. v.: Buch über theoretische Biologie. 2 Bde. (1932 u. 1942); Bd. 2, 2. Aufl. (1951) 1[2].
Bertheim, A., s. Ehrlich, P.: 249[6].
Berthelot, P. M. E.: Buch über tierische Wärme. Tl. 2: Chemische Prinzipien der Wärmebildung bei Lebewesen. Franz. (1899) 516[11].
Berthold, A. P.: Wirkstoffbildung in den Keimdrüsen 7[1]. — Nachweis der endokrinen Funktion des Hodens 27[7].
Berthrong, M., W. E. Goodwin and W. W. Scott: Bildung oestrogener Hormone im Hoden 8[7].
Bertram, E. G., s. Barr, M. L. 55[4].
Bertram, F., u. A. Bornstein: Zusammenfassung über Eiweißminimum (1928) 545[6].
Bertram, W.: Gesamtumsatz bei Hunger 574[2].
Berwick, M., s. Lucké, B. 421[6], 422[6].
Bessis, M.: Selbstreproduktion von Mitochondrien und Plasmagranula 5[3], 81[4]. — Vermehrung cytoplasmatischer Bestandteile 131[8]. — Angriffsort der cancerogenen Wirkung in den plasmatischen Duplikanten 310[6].
Best, C. H.: Histaminase 167[19].
— s. Barrett, H. M. 151[5].
Betz, H. E., s. Berenbom, M. 441[16].
Betzel, C., s. Horner, L. 260[19].
Bevilotti, V.: Pentoseabbau durch Erythrocyten von Menschen mit bösartigen Tumoren 410[3].
Bhargava, P. M., H. I. Hadler and C. Heidelberger: Bindung von 2-Phenylphenanthrendicarbonsäure-(3,2′) (aus 1,2,5,6-Dibenzanthracen) an Hautproteine 358[6].
— and C. Heidelberger: Bindung von 2-Phenyl-phenanthrendicarbonsäure-(3,2′) (aus 1,2,5,6-Dibenzanthracen) an Hautproteine 358[7]. — Bindung von Derivaten carcinogener Kohlenwasserstoffe an Lebereiweiß 431[9].
— s. Heidelberger, C. 446[22].
Bianchi, E., s. Giacomello, G. 41[10], 251[7].
Bichel, J., s. Hansen, P. B. 247[4].
Bickis, I., R. R. Estwick and J. S. Campbell: Keine Tumorbildung durch Methylcholanthren an hypophysenlosen Zwergmäusen 325[1].
Bidder, F. H., u. C. Schmidt: Buch über Verdauungssäfte und Stoffwechsel (1852) 508[3].
Bidstrup, P. L.: Lungenkrebs durch Chromate 200[2].
— and R. A. Case: Lungenkrebs durch Chromate 200[2], 376[18].
Biehler, M.: Grundumsatz während der Pubertät 530[11].
Biekert, E., s. Butenandt, A. 98[12].
Bielig, H.-J., u. P. Dohrn: Echinochrom A 101[6].
Bielig, H.-J., u. Graf F. Medem: Androgamon 2_1 101[10]. — Gynogamone in Forelleneiern 102[3].
— s. Hartmann, M. 101[10], 102[3].
Bieling, H., s. Martius, C. 529[2].
Bieling, R.: Buch über Viruskrankheiten des Menschen (1954) 580[1].
— W. Ehrich, E. Letterer u. F. C. Roulet: Zusammenfassungen über Entzündung und Immunität (1956) 164[30].
Bielka, H., A. Graffi u. F. Fey: Zellfreie Übertragbarkeit der „erblichen“ lymphatischen Leukämie 298[9]. — Zellfreie Tumorübertragung 337[7].
— s. Fey, F. 298[9], 337[7].
— s. Graffi, A. 298[9, 11], 301[1], 337[7, 11].
— s. Schneider, E. J. 409[9].
Bielschowsky, F.: Natürliche Oestrogene als „conditionale“ Krebsfaktoren 202[7]. — Cancerogene Wirkung von 2-Aminofluoren 236[4]. — Schilddrüsenkrebs bei Kombination von 2-Acetylaminofluoren mit thyreotropem Hormon oder Allylthioharnstoff 267[1]. — Hypophysentumoren bei Kombination von 2-Acetylaminofluoren mit Oestrogenen 267[4]. — Einfluß von Hormonen auf Geschwulstwachstum 324[10]. Schilddrüsentumoren nach strumigenen Substanzen 326[7]. — Carcinome bei Ratten nach β-Anthramin 361[8]. — Lokalisation von 2-Acetaminofluorentumoren 361[11]. — 2-Acetamino-7-hydroxyfluoren aus 2-Acetaminofluoren im Organismus 368[10]. — Carcinogene Wirkung der Thyreostatika bei Kombination mit 2-Acetaminofluoren 382[10].
— and M. Bielschowsky: Cancerogene Wirkung von Dimethylaminofluoren 362[1].
— and W. S. Bullough: Häufigkeit der Zellteilung ohne Einfluß auf Benzpyrenwirkung 231[12]. — Keine Bedeutung der mitotischen Zellteilung für die Cancerisierung 268[1]. — Unabhängigkeit der cancerogenen Wirkung von der Mitosenhäufigkeit 317[8].
— and W. H. Hall: Ovarialkrebs bei Kombination von 2-Acetylaminofluoren mit Gonadotropinen 267[3]. — Cancerogene Wirkung von Thioharnstoffderivaten 326[10].
— s. Hall, W. H. 326[8].
Bielschowsky, M., s. Bielschowsky, F. 362[1].
Bierich, R.: Milchsäuregehalt von Tumoren 403[11].
— A. Detzel u. A. Lang: Phosphatidgehalt von menschlichen Tumoren 451[4]. — Cholesteringehalt bösartiger Tumoren 452[6].
— u. K. Kalle: Kein Cystein in Tumoren und normalen Geweben 424[1].
— u. A. Lang: Lipoidanalyse menschlicher Tumoren 450[5]. — Phosphatidgehalt von Jensen-Sarkom 451[1]. — Verteilung von Cholesterin in Tumorparenchym und

Stroma 452[7]. — Lipoidzusammensetzung der nekrotischen Teile von JENSEN-Sarkom 453[5].

BIERICH, R., u. A. ROSENBOHM: Milchsäuregehalt von Tumoren 404[1].

BIERMAN, H. R., B. R. HILL, L. REINHARDT and E. EMORY: Aktivität der Milchsäuredehydrogenase im Serum bei Leukämie und Carcinom 412[8].

BIESELE, J. J., R. E. BERGER and L. WEISS: 2,4-Diaminopurin und Mercaptopurin als Konkurrenzgifte gegen Adenin 160[8].
— R. E. BERGER, A. Y. WILSON, G. H. HITCHINGS and G. B. ELION: Unterbrechung der Guaninsynthese durch 2,6-Diaminopurin 142[8].
— M. CLARKE and L. WEISS: Cytostatische Wirkung von bi- und polyfunktionellen Verbindungen 373[20].
— and A. Y. WILSON: Alkalische Phosphatase in Tumoren 457[7].

BIETH, R., s. MANDLE, P. 123[7], 127[1], 130[2], 132[8].

BIGGERS, J. D., and D. H. CURNOW: Oestrogene Wirkung von Anthocyanen und Genistein 20[8].

BILLIMORIA, J. D., and N. F. MACLAGAN: Strukturelle Grundlage der Wirksamkeit von Corticoiden 41[18], 173[12].

BILLS, H. V., s. VAUGHAN, V. C. 469[8].

BILTRIS, R., s. DAELS, F. 209[2], 379[13].

BING, J.: Resorption plastischer Kunststoffe 283[1].

BINGEMAN, M. E., s. DEUEL, H. J. jr. 555[14].

BINGOLD, K., W. STICH u. H. CRAMER: Porphyrinmangel in Tumoren 418[14].

BINKLEY, F.: Bedeutung von Folsäure für Bildung der Thionase 142[3].

BIRD, H. H., s. COLTER, J. S. 418[3], 443[5], 603[2], 604[2, 5].

BIRD, H. R., s. RUBIN, M. 150[10].

BIRD, M. J.: Mutagene Wirkung von Mustardverbindungen 373[2].
— and O. G. FAHMY: Mutagene Substanzen 93[11]. — Mutagene Wirkung von Butadienepoxyd 373[5].

BISCHOFF, F.: Gonadotrope Hormone sind Glykoproteide 25[1]. — Cancerogene Wirkung von a-Cholesterinoxyd, 6-Keto- und 6β-Hydroxy-Δ^4-cholestenon-3 392[7].
— G. LOPEZ, J. J. RUPP and C. L. GRAY: Cancerogene Wirkung von α-Cholesterinoxyd, 6-Keto- und 6β-Hydroxy-Δ^4-cholestenon-3 392[7].
— and J. J. RUPP: Cancerogene Wirkung von rohen Progesteronpräparaten 203[11]. Carcinogene Wirkung von rohem Progesteron 392[11].
— s. FIESER, L. F. 204[1], 276[2], 392[8].

BISHOP, K. S., s. EVANS, H. M. 42[13], 43[3].

BISKIND, G. R.: Herabgesetzte Wirkung von Keimdrüsenhormon-glucuronaten 31[7].
— s. BISKIND, M. S. 325[10], 326[3].

BISKIND, M. S., and G. R. BISKIND: Bildung von Granulosatumoren aus in die Milz transplantierten Ovarien 325[10]. — Tumorbildung aus in die Milz transplantiertem Hoden 326[3].

BISSET, G. W., and J. M. WALKER: Oxytocinauswertung 49[7].

BISSET, K. A.: Buch über Cytologie und Lebensgeschichte der Bakterien. Engl. (1950) 78[7].

BITTNER, J. J.: Zusammenfassung über Genese des Mammakrebses bei Mäusen (1948) 387[2]. — Zusammenfassung über genetische Aspekte der Krebsforschung (1950) 186[11]. —Vererbbare Anfälligkeit für Brustkrebs bei erbreinen Mäusestämmen 186[8]. Disposition von Zellen zu krebsiger Entartung 187[4]. — Brustkrebs auslösende Faktoren bei der Maus 187[8]. — Übertragbarkeit des Brustkrebs der Maus 296[1], 387[1]. — Verbreitung des Milchfaktors 296[4]. — Vermehrung des Milchfaktors in der Maus 296[9]. — Übertragung des Milchfaktors durch das Vatertier 297[1]. — Väterlicher genetischer Einfluß beim Brustkrebs der Mäuse 297[3]. — Faktoren für Manifestation des Mäusebrustkrebs 297[14]. — Bedeutung genetischer Faktoren für Tumortransplantation 338[10].
— and D. T. IMAGAWA: Keine Aktivierbarkeit von Milchfaktor durch Kälte 296[11]. Keine Aktivierung von Virus durch Kälte 300[6].
— and A. KIRSCHBAUM: Verschiedene Arten von Brustkrebs 297[4].
— and C. C. LITTLE: Vererbbare Anfälligkeit für Brustkrebs bei erbreinen Mäusestämmen 186[8]. — Übertragbarkeit von Mäusebrustkrebs 296[1].
— s. COHEN, S. L. 455[4], 458[7].
— s. GREEN, R. G. 296[13].
— s. MARTINEZ, C. 321[3], 332[5].
— s. VISSCHER, M. B. 296[9].

BJOERNEBOE, M., H. GORMSEN and F. LUNDQUIST: Bildung von spezifischen Antikörpern in Plasmazellen 175[5].

BLACK, F. L., and C. A. KNIGHT: Aminosäureanalyse des Tabakmosaikvirus-Proteins 592[14]. — Aminosäurezusammensetzung der Proteine von Tabakmosaikvirus-Varianten 595[7].

BLACK, L. M.: Zusammenfassung über Virustumoren (1949) 292[1]. — Infektion mit Tumorvirus bei Pflanzen 283[6]. — Übertragung von pflanzlichen Virustumoren durch Grashüpfer 294[6]. — Haltbarkeit von getrocknetem Milchfaktor 296[10]. — Viren als „errabunde" Gene 301[3].
— V. M. MOSLEY and R. W. G. WYCKOFF: Potato yellow dwarf virus 596[11].

BLACK-SCHAFFER, B., s. SMITH, S. G. 146[7].

BLACK-SCHAFFER, G., S. KAMBE, S. MATSUOKA, Z. WATANABE and W. J. WEDEMEYER: Leukämien durch Uran und Atombomben 199[12].

Blacklock, J.W.S.: Carcinogene Wirkung von Zigarettenteer 347[9].
Blair, J.R., J.M. Dimitroff and J.E. Hingeley: Futterbedarf von Kaninchen in der Kälte 533[5].
Blakeslee, A.F.: Polyploidie durch Colchicin 95[4].
Blank, H., s. Liu, O.C. 607[11].
Blanksma, L.A., s. Zeller, E.A. 167[19].
Blau, M., u. K. Altenburger: Treffertheorie der mutagenen Strahlenwirkung 89[1].
Blauel, G.: Einfluß von Keimdrüsenhormonen auf Gehörnentwicklung beim Rehbock 11[3].
Bleisch, V.R., s. Geyer, R.P. 217[1], 231[5, 14], 303[8].
Blewett, M., s. Fraenkel, G. 555[6].
Bleyer, L., s. Doerr, R. 294[1].
Blickenstaff, D., s. Lane, A. 193[3], 287[11].
Bliss, C.I.: Buch über die Statistik der biologischen Auswertung. Engl. (1952) 34[4].
Blix, M.: Kein gradueller Unterschied von Ruhe- und Tätigkeitsstoffwechsel 520[3].
Bloch, B.: Strahlendosis und Latenz bei Röntgenbestrahlung 207[2]. — Beziehung zwischen Dosis und Wirkung von Röntgenstrahlen 302[4]. — Cancerogene Wirkung von Röntgenstrahlen bei Kaninchen 379[4].
— u. W. Dreifuss: Cancerogene Stoffe im Steinkohlenteer 212[14]. — Carcinogener Faktor des Steinkohlenteers 346[6].
Bloch, H., u. H. Erlenmeyer: Naphthylacrylsäure und Styrylessigsäure als Antiwuchsstoffe 162[3].
— s. Erlenmeyer, H. 160[1].
Bloch, H.S., C.R. Hitchcock and A.J. Kremen: Einbaugeschwindigkeit markierter Aminosäuren in Tumoren 434[6].
Bloch, K., s. Pihl, A. 554[5].
Bloch-Frankenthal, L., and A. Back: Aktivität der Pyrophosphatase in 3,4-Benzpyrensarkom der Ratte nach Colchicin 458[2].
Block, R.J., and D. Bolling: Protein-Vollei-Werte für Aminosäuregehalt von Hefeeiweiß 552[7].
— and H.H. Mitchell: Biologischer Wert von Methionin bei Ratten 552[6].
— s. Mitchell, H.H. 551[2].
Block, S., s. Mirsky, I.A. 174[3].
Blood, F.R., s. Hueper, W.C. 361[2].
Bloom, S., s. Griffin, A.C. 434[5], 435[1].
Bloor, W.R., and F.L. Haven: Beeinflussung des Lipoidgehaltes von Rattengeweben und -organen durch transplantiertes Walker-Carcinom 450[13].
— s. Haven, F.L. 405[2], 450[3], 453[13].
— s. Yasuda, M. 451[3], 452[5].
Blothner, E., s. Gaëtani, G.F. 336[1].
Blümlein, H.: Bronchialkrebs bei Zigarettenrauchern 196[8].
Blum, H.F.: Sonnenstrahlen als Ursache von Hautkrebs 199[4]. — Strahlendosis und Latenz bei Röntgenbestrahlung 207[2]. Cancerogene Wirkung von UV-Licht 377[17].
Blum, L., s. Pillemer, L. 150[20], 176[1].
Blumenfeld, O., s. Bodansky, O. 457[13].
Blumenthal, F., u. H. Auler: Tumorbildung nach Verimpfung von normalen Organen 340[1].
— u. B. Brahn: Katalaseaktivität der Leber beim tumortragenden Organismus 421[4].
Blumenthal, H.J., s. Lewis, K.F. 410[2].
Blumenthal, H.T., s. Walsh, L.B. 300[3], 336[10].
Blunt, J.W., s. Howes, E.L. 172[8].
Blunt, J.W. jr., s. Hudack, S.S. 180[10].
Boas, M.A.: Wachstumsförderung durch Vitamin H 147[3].
Bobosch, K., s. Weidel, W. 598[11].
Bobrov, R.A.: Bedeutung der Luftverunreinigung für Tier und Pflanze 214[2].
Boccabella, R.A., s. Marberger, E. 55[1].
Bock, F.G., s. Moore, G.E. 269[7], 382[7].
Bodansky, O.: Phosphohexoseisomerase 411[12]. — Serum-Phosphohexoseisomerase bei metastasierendem Prostatacarcinom 411[16]. — Serum-Phosphohexoseisomerase bei metastasierendem Mammacarcinom 411[17].
— and O. Blumenfeld: Keine Aktivierung der alkalischen Serumphosphatase durch Zn-Ionen bei Carcinom 457[13].
— and J. Scholler: Phosphohexoseisomerase im Walker-Carcinom 411[13]. — Aktivität der Milchsäuredehydragenase des Serums bei Tumorträgern 412[4].
— s. Whitmore, W.F. jr. 330[1].
Boddaert, J., and W.U. Gardner: Hodengeschwülste nach Behandlung mit Oestrogenen 326[4].
Bode, O., and H.L. Paul: Kartoffel-X-Virus 596[1]. — Kartoffel-Y-Virus 596[5].
— s. Paul, H.L. 596[2, 4].
Bodur, H., s. Stary, Z. 175[9].
Boehm, G.: Bildung virulenter Tuberkelbazillen in Embryonalextrakten 150[19].
Böhm, M., s. Kraut, H. 553[1].
Boekhoff, K., s. Diemair, W. 243[4].
Boelsche, A.N., s. Hansen, A.E. 555[16].
Boemke, F.: Lungenkrebs nach Asbest 376[19].
Boenheim, F.: Spezifisch-dynamische Wirkung bei Abmagerung 576[4].
Bönicke, R., s. Lembke, A. 303[3].
Bohlig, H., u. G. Jacob: Tumorbildung durch Asbest 284[5]. — Lungenkrebs nach Asbest 376[19].
Bohn, G.: Latenz der letalen Strahlenwirkung 208[2].
Bohnenkamp, H.: Zusammenfassung über das Gesetz des Energiewechsels (1932) 520[2].
Bohr, C.: Gaswechsel des Reptilienembryos 481[2].

BOHR, C., u. K. (A.) HASSELBALCH: Gaswechsel im bebrüteten Hühnerei 481[1].

BOISSONNAS, R.A., R.A. TURNER and V. DU VIGNEAUD: Schicksal der N-Methylgruppen von 4-Dimethylaminoazobenzol 262[9]. — 4-Dimethylaminoazobenzol ist nicht Methyldonator 263[3]. — Abbau von an den Methylgruppen markiertem 4-Dimethylaminoazobenzol 370[3].

BOIVIN, A.: Transformationen an Escherichia coli 95[11].

— et A. DELAUNAY: Zusammenfassung über Phagocyten, Phagocytose und die Abwehr des Körpers gegen Infektionen (1945) 164[17].

— et R. VENDRELY: Plasmaduplikanten bestimmen Organspezifität somatischer Zellen 81[9].

— R. VENDRELY et C. VENDRELY: Konstanter Gehalt der Zellkerne an Desoxyribonucleinsäuren 76[1]. — DNS-Gehalt von Zellkernen 132[3]. — Desoxyribonucleinsäuregehalt von Zellkernen somatischer und haploider Zellen (Spermatozoen) 442[2].

BOJARSKI, T.B., and A.M. WYNNE: DPN-Nucleotidase in Mikrosomen 416[4].

BOLDT, F., s. WREDE, F. 10[12].

BOLLAG, W.: Bildung von Antikörpern 174[16].

BOLLING, D., s. BLOCK, R.J. 552[7].

BOLLMAN, J.L., s. WILHELMJ, C.M. 538[9].

BOLOMEY, R.A., s. GILES, N.H. jr. 91[2].

BOLYARD, M.N., s. STEINER, P.E. 201[10].

BOMSKOV, C.: Buch über Methodik der Hormonforschung 2 Bde (1937; 1939) 7[17].

— u. B. HÖLSCHER: Identität von Wachstumshormon und diabetogenem Faktor 325[3].

BOMZE, E.J., s. CARLETON, R.L. 377[6].

BONNE, C., and J.H. SANDGROUND: Magentumoren bei Affen durch Nachtia nochti 290[7].

BONNER, C.D., s. FISHMAN, W.H. 456[14].

BONNER, D.: Mutation an Einzellern 86[7]. — Genetische Analyse biochemischer Synthesen 99[2].

BONNER, J., A.J. HAAGEN-SMIT and F.W. WENT: Laubwuchs-Hormon 149[19].

— and T. THURLOW: Wirkung von 2,4-Dichloranisol auf Pflanzen 162[5].

— and S.G. WILDMAN: β-Indolylessigsäure als Coferment einer Phosphatase 149[5].

— s. ENGLISH, J. jr. 178[5].

— s. THIMANN, K.V. 124[55], 147[4], 149[11].

— s. WILDMAN, S.G. 148[11].

BONNET, J., et S. NEUKOMM: 3,4-Benzpyren im kondensierten Rauch von Zigaretten 347[8].

BONSER, G. M.: Blasenkrebs durch aromatische Amine 200[15]. — Cancerogene Wirkung von β-Naphthylamin 234[9]. — Hodengeschwülste nach Behandlung mit Oestrogenen 326[4].

BONSER, G. M., D. B. CLAYSON and J. W. JULL: Blasenkrebs durch aromatische Amine 200[15]. — Lokal cancerogene Wirkung von o-Amino-1-naphthol 235[3]. — Cancerogene Wirkung von 2-Tolylazo-2-naphthol (Oil orange TX) 244[3]. — Cancerogene Wirkung von 2-Amino-1-naphthol 256[6]. — Cancerogene Wirkung von 1-Amino-2-naphthol 256[7]. — 3,3'-Dioxybenzidin an Mäusen nicht cancerogen 257[8]. — Carcinogene Wirkung von o-Tolylazo-2-naphthol 365[15].

— D. B. CLAYSON, J. W. JULL and L. N. PYRAH: Cancerogene Wirkung von β-Naphthylamin 234[9]. — Lokal cancerogene Wirkung von o-Amino-1-naphthol 235[3]. — Cancerogene Wirkform aromatischer Amine 256[1]. — α-Oxy-β-naphthylamin aus β-Naphthylamin 256[2]. — Cancerogene Wirkung von 1-Amino-2-naphthol 256[7]. — Sarkome und Hepatome bei Mäusen und Ratten nach β-Naphthylaminen 361[4, 5]. — Blasentumoren durch 2-Aminonaphthol-(1) 367[9].

— and J. M. ROBSON: Hodengeschwülste nach Behandlung mit Oestrogenen 326[4].

BONTE, F. J., s. KOLETSKY, S. 209[12], 379[19].

BOOTH, H., and B. C. SAUNDERS: Biologische Bildung von 2,6-Dimethylbenzochinon aus Oxymesytylen 257[10].

BOOTH, J., and E. BOYLAND: Aufnahme höherer aromatischer Kohlenwasserstoffe durch den Darm 214[6]. — Löslichkeit höherer aromatischer Kohlenwasserstoffe im Blut 214[6]. — Wasserlösliche Addukte von polycyclischen Aromaten und Purinkörpern 225[8]. — Löslichkeit von Cancerogenen in Gewebslipoiden 229[2]. Stoffwechselprodukte von polycyclischen aromatischen Kohlenwasserstoffen 355[12]. Enzymsystem für Hydoxylierung von β-Naphthylamin 367[6].

— E. BOYLAND and D. MANSON: 1-Oxy-2-aminonaphthalin aus β-Naphthylamin 235[2], 256[2]. — Sulfatase- und β-Glucuronidaseaktivität in Blasentumoren 330[3]. — Hydroxylierung von β-Naphthylamin in der Leber 367[5].

— E. BOYLAND and S. F. D. ORR: Aufnahme höherer aromatischer Kohlenwasserstoffe durch den Darm 214[6]. — Löslichkeit höherer aromatischer Kohlenwasserstoffe im Blut 214[6]. — Komplexbildung von cancerogenen Kohlenwasserstoffen mit Purinen und Nucleinsäuren 225[9].

— E. BOYLAND and E. E. TURNER: Peroxylierung von höheren Aromaten 226[8].

— s. GEORGE, E. P. 208[7].

BOOTHBY, W. M., J. BERKSON and H. L. DUNN: Berechnung des Grundumsatzes 524[9].

— J. BERKSON and W. A. PLUMMER: Schwankungsbreite des Grundumsatzes 522[3].

Boothby, W. M., and I. Sandford: Eiweißumsatz bei Fehlen von Schilddrüsenhormon 529[3].
— s. Berkson, J. 522[7].
Bordet, J.: Viren als „errabunde" Gene 301[3].
Borei, B., s. Werthessen, N. T. 31[4].
Borek, E., H. K. Miller, P. Sheiness and H. Waelsch: Methioninsulfoxyd als Antimetabolit gegen Glutaminsäure 161[7].
— s. Waelsch, H. 161[7].
Boresch, K.: Zusammenfassung über Gesamtumsatz bei Pflanzen (1928) 509[13].
— u. K. Mothes: Zusammenfassung über Stoffwechsel der Pflanzen (1934) 509[13].
Boretti, G., s. Gallico, E. 415[2].
Borges, P. R., s. Roberts, E. 423[7].
Borkenstein, E., u. H. Sterz: Vermehrung der γ-Globuline im Blut und in Exsudaten bei Entzündung 175[8].
Bormann, F. v.: Ähnlichkeit zwischen Ausbeute an Impftumoren und Übertragung von Infektionskrankheiten 336[7].
Bornschein, H., W. Dittrich u. G. Höhne: Unterscheidung spontaner und induzierter Mutationen bei Bakterien 87[7].
Bornstein, A., u. H. Völker: Tagesschwankungen des Grundumsatzes 522[6].
— s. Bertram, F. 545[6].
Borrel, A.: Sarkome durch Cysticercus fasciolaris (Taenia taeniaeformis) 283[11], 290[3].
Borsook, H.: Steigerung der Wärmeproduktion durch Aminosäuren 538[8]. — Keine spezifisch-dynamische Wirkung bei leberlosen Hunden 538[10]. — Spezifisch-dynamische Wirkung von Aminosäuren gleich der von Nahrungseiweiß 539[6].
Borsos-Nachtnebel, E., s. Richardson, H. L. 307[4], 311[6].
Borst, M.: Buch über die Lehre von den Geschwülsten (1902) 181[2].
Bos, C. J., s. Emmelot, P. 414[2], 421[1].
Bosch, D., s. Boutwell, R. K. 227[5], 305[8], 381[10].
Bosch, L., G. H. van Vals and P. Emmelot: Pentosephosphatcyclus in Tumoren 410[2].
— s. Emmelot, P. 410[2], 413[4], 454[3].
Boscott, R. J.: Bestimmung der Oestrogene 33[7].
Boselli, A., e M. Piemonte: Bluteiweißkörper bei neoplastischen Krankheiten 432[11].
Bostick, W. L.: Virusätiologie des Hodgkinschen Granuloms 299[6].
— and L. Hanna: Mäuseencephalitis durch „Virus" aus menschlicher Lymphogranulomatose 299[7].
— s. Scott, K. G. 401[4].
Bothe, W., s. Wollschitt, H. 515[7].
Boulanger, P., et R. Osteux: D-Aminosäuren in Tumoren 428[3].
Bourg, R., et J. Simon: Prolan aus Placenta 24[1].
Bourlière, F.: Einfluß von Überernährung auf Altern und Lebensdauer 127[5].
Bourne, G. H.: Buch über Cytologie und Zellphysiologie. Engl. (1942) 1[4]. — Mitochondrien als vermehrungsfähige Einheiten 81[5]. — Gewinnung von Plasmagranula 81[10]. — Mikrosomen 82[1].
Bourne, H. G. jr., and H. T. Yee: Lungenkrebs durch Chromat 200[2].
Boutwell, P. W., s. Steenbock, H. 146[8].
Boutwell, R. K., D. Bosch and H. P. Rusch: Cancerogene Wirkung von Crotonöl 305[8]. — Hauttumoren bei Mäusen allein durch Crotonöl 381[10].
— H. P. Rusch and D. Bosch: Carcinogene Wirkung von Phenol an der Mäusehaut 227[5].
Bover, D., s. Tréfouel, J. 258[7].
Boveri, T.: Buch über die Frage der Entstehung maligner Tumoren (1914) 181[7]. — Buch über die Entstehung maligner Tumoren. Engl. (1929) 182[2]. — Differenzierung des Eis an funktionsfähigen Zellkern gebunden 105[9].
Bovet, P., s. Rüttner, J. R. 285[1].
Bovington, M. S., s. Thomas, C. I. 401[13].
Boxer, G. E., s. Stetten, D. jr. 554[5].
Boyd, C. E., s. Boyd, E. M. 450[13].
Boyd, E. M., M. L. Connell and H. D. McEwen: Beeinflussung des Lipoidgehaltes von Rattengeweben und -organen durch transplantiertes Walker-Carcinom 450[13].
— and E. M. Crandell: Beeinflussung des Lipoidgehaltes von Rattengeweben und -organen durch transplantiertes Walker-Carcinom 450[13].
— V. Fontaine and J. G. Hill: Beeinflussung des Lipoidgehaltes von Rattengeweben und -organen durch transplantiertes Walker-Carcinom 450[13].
— E. M. Kelly, M. E. Murdoch and C. E. Boyd: Beeinflussung des Lipoidgehaltes von Rattengeweben und -organen durch transplantiertes Walker-Carcinom 450[13].
— and H. D. McEwen: Lipoidzusammensetzung des nekrotischen Zentrums von Rattencarcinosarkomen 453[4].
— and A. O. Tikkala: Beeinflussung des Lipoidgehaltes von Rattengeweben und -organen durch transplantiertes Walker-Carcinom 450[13].
Boyd, J. D., s. Hamilton, W. J. 106[11].
Boyd, W. C.: Buch über Genetik und menschliche Rassen. Engl. (1950) 70[8].
— and S. Malkiel: Zusammenfassung über Abwehrmechanismen (1947) 164[18].
Boyer, G. S., s. Leuchtenberger, C. 605[5].
Boyer, P. D., M. Rabinovitz and E. Liebe: Synthetische Tokopherole 43[10].
Boyland, E.: Zusammenfassung über die Biochemie maligner Gewebe (1934) 342[11]. Zusammenfassung über Pharmakologie von Chloräthylaminen (1948; 1952) 271[8].

Zusammenfassung über die Biochemie neoplastischer Gewebe (1949) 342[13]. — Zusammenfassung über Mutagene (1954) 92[12]. — Ähnlichkeit der Wirkung von Lost und mutagenen Strahlen 94[3]. — Beziehungen zwischen Farbstoffen und Cancerogenen 216[3]. — Steigerung der cancerogenen Wirkung durch Substitution und Annellierung 216[12]. — Molekulardiagramme 221[1]. — Beziehungen zwischen π-Elektronen und cancerogener Wirkung 221[1], 224[6]. — Beziehungen zwischen π-Elektronen und cancerogener Wirkung von nicht kondensierten Systemen und aromatischen Aminen 224[8]. — Peroxylierung von höheren Aromaten 226[8]. — Ausscheidung von Metaboliten cancerogener Stoffe im Harn 226[8]. — Energieübertragung bei Bindung von cancerogenen Kohlenwasserstoffen an die Zelle 227[12]. — Gemeinsamkeit der Wirkung von cancerogenen Strahlen und Substanzen 228[1]. — Konstitution und Wirkung von Cancerogenen 248[10]. — Carcinophore Eigenschaften bestimmter Gruppen 249[2]. — Oestrogene Wirkung von p-Dioxyverbindungen 249[2]. — Bindung von 4-Dimethylaminoazobenzol an Proteine und Nucleinstoffe der Leber 263[6]. — Typen der Bindung von 4-Dimethylaminoazobenzol an Proteine 264[2]. — Cancerogene Wirkung von Tri-(2-chloräthyl)-aminoxyd und von aromatischen Lostverbindungen 271[6]. — Wachstumshemmung durch radiomimetische Gifte 272[4]. N-Lost- bzw. Urethanwirkung auf DNS 273[5]. — Weißhaarigkeit bei schwarzen Ratten durch N-Lost 273[8]. — Radikalbildung aus N-Lost 273[10]. — Zellkernänderungen durch Chemikalien und cancerogene Strahlen 311[6]. — Krebserzeugende, chemische Außenfaktoren 345[3]. — Cancerophore Eigenschaften von Phenanthren 354[1]. — Auxocancerogener Effekt der Annellierung von Benzolringen 354[1]. — Verhalten von polycyclischen aromatischen Kohlenwasserstoffen im Stoffwechsel 355[11]. — Resonanzfähiges System konjugierter Doppelbindungen als cancerophores System 366[1]. — Auxocancerogener Effekt von Aminogruppen 366[1]. — Verhalten von β-Naphthylamin im Stoffwechsel 366[11]. — Wachstumshemmung von Impftumoren durch aliphatische Stickstofflostverbindungen 373[14]. — Pharmakologie von Stickstofflost 374[9]. — Phosphatgehalt von Tumoren 401[11].

BOYLAND, E., M. E. BOYLAND and G. D. GREVILLE: Co-Faktoren-Bedarf der Glykolyse in Tumorhomogenaten und -extrakten 408[8].

— and A. M. BRUES: Lokale Carcinogenese durch Dibenzcarbazole 353[4].

BOYLAND, E., J. W. CLEGG, P. C. KOLLER, E. RHODEN and O. H. WARWICK: Weißhaarigkeit bei schwarzen Ratten durch N-Lost 273[8].

— G. C. L. GOSS and H. G. WILLIAMS-ASHMAN: Hemmung der Hexokinase durch Lost und Stickstofflost 374[6]. — Hexokinase kein begrenzender Faktor der Glykolyse in Ratten- und Mäusetumoren 410[7]. — Hexokinasegehalt von Tumoren 411[5].

— J. HARRIS and E. S. HORNING: Tryptophan verstärkt cancerogene Wirkung von β-Naphthylamin 234[10]. — Blasentumoren durch Tryptophanzulage zu 2-Acetaminofluoren 360[3].

— and E. S. HORNING: Geschwulstbildung nach N-Lost 271[5], 371[8]. — Cancerogene Wirkung von Tri-(2-chloräthyl)-amin 371[8].

— and P. C. KOLLER: Thymin hebt Chromosomenschädigung durch Urethan auf 270[5].

— and A. A. LEVI: Peroxylierung von höheren Aromaten 226[8].

— A. A. LEVI, E. H. MAWSON and E. ROE: Biologische Oxydation von 1,2,5,6-Dibenzanthracen 356[7].

— and D. MANSON: Ausscheidungsprodukte von 2-Aminonaphtholen 367[4].

— D. MANSON, and S. F. D. ORR: Ausscheidungsprodukte von 2-Aminonaphtholen 367[4].

— D. MANSON, P. SIMS and D. C. WILLIAMS: 2-Aminonaphthyl-(1)-schwefelsäure ist nicht cancerogen 367[10].

— and E. RHODEN: Ausscheidung und Abbau von Urethan beeinflussen cancerogene Wirkung 374[19].

— and S. SARGENT: Gemeinsamkeit der Wirkung von cancerogenen Strahlen und Substanzen 228[1]. — Weißhaarigkeit bei schwarzen Ratten durch N-Lost 273[8].

— and P. SIMS: 1-Oxy-2-aminonaphthalin aus β-Naphthylamin 235[2], 256[2].

— and J. B. SOLOMON: Phenolbildung aus polycyclischen aromatischen Kohlenwasserstoffen im Organismus 355[13].

— D. M. WALLACE and D. C. WILLIAMS: Glucuronidase- und Sulfataseaktivität pathologisch veränderter Blasenschleimhaut 256[5]. — Sulfatase- und β-Glucuronidaseaktivität in Blasentumoren 330[3], 458[6]. — Spaltung von 2-Amino-naphthol-(1)-glucuronid durch β-Glucuronidase des Harns 367[8]. — Aktivität von β-Glucuronidase und Sulfatase im Harn bei Blasenkrebs 388[5], 458[6].

— and G. WATSON: Cancerogene Wirkung von Xanthin 204[7], 388[2]. — Cancerogene Wirkung von 3-Oxyanthranilsäure 204[7], 234[8], 388[2]. — Cancerogene Wirkung von 8-Oxychinolin 271[2], 289[5]. — Blasentumoren nach 3-Hydroxykynurenin 388[2].

BOYLAND, E., and F. WEIGERT: Aufhebung der carcinogenen Wirkung durch Oxydation von Ringsystemen 218[2]. — Peroxylierung von höheren Aromaten 226[8]. — Einführung von phenolischen Hydroxylgruppen und von Carboxylgruppen hebt Wirkung polycyclischer aromatischer Kohlenwasserstoffe auf 351[15].
— and D. C. WILLIAMS: Gehalt an 3-Hydroxykynurenin und an 3-Hydroxyanthranilsäure im menschlichen Harn bei Blasenkrebs 388[4].
— and G. H. WILTSHIRE: Peroxylierung von höheren Aromaten 226[8].
— and G. WOLF: Peroxylierung von höheren Aromaten 226[8].
— s. ALLEN, M. J. 367[7], 388[3].
— s. ASPLIN, F. D. 9[4], 151[12].
— s. BOOTH, J. 214[6], 225[8, 9], 226[8], 229[2], 235[2], 256[2], 330[3], 355[12].
BOYLAND, M. E., s. BOYLAND, E. 408[8].
BOYLE, P. J., s. LAW, L. W. 298[8].
BOYNE, A. W., s. QUENOUILLE, M. H. 523[5].
BRACHET, J.: Buch über chemische Embryologie. Franz. 2. Aufl. (1947) 1[13]. — Buch über chemische Embryologie. Engl. (1950) 460[14]. — Zusammenfassung über biochemische Aspekte der Regeneration (1946) 176[13]. — Zusammenfassung über die Rolle von Kern und Cytoplasma bei Synthese und Morphogenese (1952) 106[27]. Verarmung kernloser Amöbenreste an Ribonucleinsäuren 4[12]. — Plasmagranula als Duplikanten 81[6]. — Differenzierung des Eis an funktionsfähigen Zellkern gebunden 105[9]. — Beginn der Genwirkung im Gastrulastadium 109[3]. — Beziehung zwischen Sauerstoffverbrauch und Ribonucleinsäuregehalt 121[8]. — Beteiligung der Gene an der Keimentwicklung 123[3]. — Leistungen kernfreier Amöben 131[3]. — RNS-Umsetzungen während der Mitose 134[3]. — Abnahme der Ribonucleinsäure in kernlosen Amöbenresten 144[4]. — Bedeutung der Trephone 150[14]. — Regenerations- und Wachstumsvorgänge 176[16]. — Wachstumstyp von embryonalem und regenerierendem Gewebe 182[1]. — Desoxyribonucleinsäuren im Zellkern 477[1].
— and H. CHANTRENNE: CO_2-Assimilation durch kernlose Algenteile 4[7]. — Proteinsynthese im Protoplasma 4[10].
— et J. NEEDHAM: Arginase im Hühnerembryo 478[2].
BRACKNEY, E. L., s. MOORE, G. E. 269[7], 382[7].
BRADBURY, J. T., W. E. BACHMANN and M. G. LEWISOHN: Cancerogen wirksame Stellen von Kohlenwasserstoffen 350[9].
BRADSHAW, L., and D. B. CLAYSON: Bildung von 3,3′-Dioxybenzidin aus Benzidin 257[6].
BRADWAY, E. M., s. WILLIAMS, R. J. 146[12].
BRADY, R. O., F. D. W. LUKENS and S. GURIN: Hormonale Kontrolle der Fettbildung aus Kohlenhydraten 554[8].
BRADY, R. O., s. AGRANOFF, B. W. 410[2].
BRAHN, B., s. BLUMENTHAL, F. 421[4].
BRAMSEL, H.: Ernährung in allen Ländern 573[2].
— s. CZOK, G. 570[4].
— s. KRAUT, H. 512[5], 546[1], 547[15], 566[1], 567[2], 572[2, 3].
BRANDES, J., u. K. ZIMMER: Zuckerrüben-Gelbsucht-Virus 596[7].
— s. BURGHARDT, H. 596[8].
— s. WETTER, C. 596[3].
BRANDIS, H., s. SCHLOSSBERGER, H. 78[7].
BRANDT, E. L., s. GRIFFIN, A. C. 271[5], 371[9], 446[7].
BRAS, N. F., and A. W. LUDWIG: Hemmung der Kammentwicklung durch Oestrogene 11[2].
BRAUDE, E. A.: Coplanare angeregte Zustände 250[5]. — Angeregter Zustand Voraussetzung cancerogener Wirkung 286[2].
BRAUN, A. C.: Übertragung von Pflanzengeschwülsten ("crown galls") 291[6].
— and R. P. ELROD: Chromosomenähnliche Organellen und Genäquivalente bei Bakterien 79[1].
BRAUN, P., s. HALSE, T. 168[9].
BRAUNITZER, G.: Aminosäuresequenz im Tabakmosaikvirus-protein 592[6, 9, 11].
— A. HILLMANN-ELIES, F. LOHS u. G. HILLMANN: Myelomplasmaproteine 433[9].
— s. FÖRSTER, H. 102[9], 103 Abb.
— s. SCHRAMM, G. 592[5, 8].
BRAUNSCHMIDT, G., s. AMMON, R. 282[12].
BRAUNSTEIN, A. E.: Zusammenfassung über Transaminierung und die integrative Funktion der Dicarbonsäuren im Stickstoffwechsel (1947) 440[3].
— and R. M. AZARKH: Aktivität der Glutaminsäure-Oxalessigsäure-transaminase in Tumoren 439[10].
BRAUNSTEINER, H., s. OBERLING, C. 299[4].
BRAY, H. G., W. V. THORPE and K. WHITE: Biologische Oxydation von Toluol zu Benzoesäure 257[11].
BRAY, R. C., s. LEWIN, I. 418[4].
BREEDIS, C.: Organisatorleistung von Giften 118[6].
BREESE, S. S. jr., s. BACKRACH, H. L. 605[2].
BREIDER, H.: Vorkommen von Krebs bei Fischen 184 Tab. — Melanombildung bei Bastarden aus Schwertfisch und Platyfisch 186[14].
BREINL, F., u. F. HAUROWITZ: Selbstreproduktion von Antikörpern 5[4]. — Antigen als Matrize bei Antikörperbildung 83[6]. — Erklärung der Bildung spezifischer Antikörper 175[4].
BREITENFELD, P. M., and W. SCHÄFER: g-Antigen der klassischen Geflügelpest 607[7].
BRESCH, C.: Austausch genetisch aktiver Teile zwischen Nucleinsäuren 62[3]. — Genkarten von Phagen 600[3].
— u. H.-D. MENNIGMANN: Genkarten von Phagen 600[3].

BRESCH, C., u. T. TRAUTNER: Genkarten von Phagen 600[3].
BRESCIANI, F., s. DRUCKREY, H. 261[8], 309[1].
BRESLOW, A., s. FALK, H. L. 200[8], 213[7], 216[10], 347[6].
BRETSCHER, A., s. LEHMANN, F. E. 137[3].
BRETSCHNEIDER, L. H., and J. J. DUYVENÉ DE WIT: Buch über Sexualendokrinologie von nicht säugenden Wirbeltieren. Engl. (1947) 7[33].
BREUER, H., s. DIRSCHERL, W. 13[7].
BREUSCH, F. L.: Aktivität der Bernsteinsäuredehydrogenase in Tumoren 414[8]. — Keine Speicherung von Cholesterin in Tumoren 453[7].
BREWER, A. K., s. LASNITZKI, A. 398[14].
BRIAN, P. W., and J. F. GROVE: Gibberellinsäure ist eine einbasische Dioxylactonsäure 150[7].
BRICKER, F., u. J. LAZARIS: K:Ca-Quotient in regenerierendem Gewebe 399[5].
BRICKLEY, W. J., s. MALLORY, T. B. 200[12].
BRIDGES, C. B.: Genabhängigkeit der Vererbbarkeit von Melanomen bei Drosophila 186[3].
BRIDGWATER, A., s. HOFMANN, K. 159[10].
BRIGHT, E. M., s. CANNON, W. B. 532[3].
BRIN, M.: Vorkommen von L(+)-Milchsäure in Tumoren 403[14].
— J. JEHL and R. W. MCKEE: Umsetzungsgeschwindigkeit von L(+)- und D(—)-Milchsäure in Tumoren 403[15].
— and R. W. MCKEE: Umgekehrter PASTEUR-Effekt bei Tumoren 406[3].
BRITTON, S. W., s. CANNON, W. B. 532[3].
BROCK, N.: Saure Phosphatase im Blut bei Prostatacarcinom 330[1].
— H. DRUCKREY u. H. HAMPERL: Aufnahme höherer aromatischer Kohlenwasserstoffe durch den Darm 214[6]. — Löslichkeit höherer aromatischer Kohlenwasserstoffe im Blut 214[6]. — Wasserlösliche Addukte von polycyclischen Aromaten mit Purinkörpern 225[8]. — Bindung cancerogener Kohlenwasserstoffe im Zellkern 223[9]. — Löslichkeit von Cancerogenen in Gewebslipoiden 229[2]. — Cancerogene Wirkung von o-Aminoazotoluol und von 4-Dimethylaminoazobenzol 238[1]. Art der 4-Dimethylaminoazobenzoltumoren 266[5]. — Zellkernveränderungen durch Chemikalien und cancerogene Strahlen 311[6].
— H. DRUCKREY u. H. HERKEN: Künstliche Parthenogenese 105[3]. — Stoffwechselvorgänge im befruchteten Ei 119[4]. Atmung befruchteter Eizellen 119[7]. — Kerngifte und Plasmagifte 137[1]. — Emetin und Coffein als Mitosegifte 139[26]. — Stoffwechsel von parthenogenetisch sich entwickelnden Seeigeleiern 164[31]. — Stoffwechsel und Permeabilität von Zellen bei physiologischen und pathologischen Reizen 165[1]. — Kaliumverlust des Gewebes bei Schädigung oder Entzündung 165[5]. — Funktionelle Belastung von Zellen steigert Wirkung schädigender Einflüsse 170[8]. — Hemmung der Zellteilung durch Urethane 270[6].
BROCK, N., s. ARNOLD, H. 274[1].
BROCKMANN, H., s. KUHN, R. 15[7].
BRODA, E., O. HOFFMANN-OSTENHOF, H. PERSCHKE, G. KELLNER u. L. STOCKINGER: Citronensäurecyclus in Tumoren 412[17].
— s. KARRER, K. 245[9].
— s. ZISCHKA, W. 370[5].
BRODIE, B. B., and J. AXELROD: Biologische Spaltung von Dulcin 268[6].
BRØBECK, O.: Buch über die Vererblichkeit des Uteruscarcinoms. Engl. (1949) 189[4].
BROH-KAHN, R. H., s. MIRSKY, I. A. 174[3].
BROMBACHER, P. J., s. EMMELOT, P. 414[2], 417[2], 421[1], 440[2].
BROOKER, E. G., s. TARBELL, D. S. 358[8].
BROOKSBANK, B. W. L., and G. A. D. HASLEWOOD: Ausscheidungsprodukte der Androgene 32[6].
BROOKSBY, J. B.: Virus der Maul- und Klauenseuche 604[8].
BROSER, W., u. W. LAUTSCH: Mischpolymerisate aus Hämin und Styrol 279[3].
BROUGHTON, P. M., G. HIGGINS and J. R. O'BRIEN: Keine Grundlagen für eine spezifische biochemische oder serologische Krebsdiagnose 313[6]. — Nachprüfung von „Krebsreaktionen" verlief negativ 321[2].
BROWN, A. E., s. TEAGUE, R. S. 42[10].
BROWN, B., s. DANIELLI, J. F. 124[53].
BROWN, D. M., M. FRIED and A. R. TODD: Schrittweiser Abbau von Ribonucleinsäure 60[4].
— s. SMITH, E. L. 433[9].
BROWN, D. V., and T. A. THORSON: Ursache der cancerogenen Wirkung von Trypanblau 246[14]. — Trypanblau ist cancerogen 366[6].
BROWN, E. V., R. FAESSINGER, P. MALLOY, J. J. TRAVERS, P. MCCARTHY and L. R. CERECEDO: Cancerogene Wirkung von Pyridin-4′-azo-4-dimethylanilin und seiner N-Oxyd-Verbindung 240[3]. — 4-Dimethylaminophenylazo-4′-pyridin ist cancerogen 365[9].
— P. L. MALLOY, P. MCCARTHY, M. J. VERRETT and L. R. CERECEDO: Cancerogene Wirkung von Methylderivaten des Pyridin-4′-azo-4-dimethylanilin 240[4]. — Cancerogene Wirkung von Methylderivaten von 4-Dimethylaminophenylazo-1′- (bzw. 2′-)-naphthalin und 4-Dimethyl- aminophenylazo-4-pyridin 365[10].
BROWN, F., R. F. SELLERS and D. L. STEWART: Infektiöse Ribonucleinsäure aus Maul- und Klauenseuche-Virus 605[11].
BROWN, G. B., A. BENDICH, P. M. ROLL and K. SUGIURA: Kein spezifischer Einbau von Guanin-^{15}N in Nucleinsäuren von Mäusetumoren 446[25].
— s. WEINFELD, H. 447[2].

Brown, G. W. jr., J. Katz and I. L. Chaikoff: Essigsäureumsatz in Tumorgewebe 413[2].
— s. Chapman, D. D. 454[4].
Brown, J. R. C.: Intakte Zellen in Gewebshomogenaten 298[15]. — Zur Tumortransplantation sind Zellen erforderlich 337[3].
Brown, M. B., s. Kaplan, H. S. 206[11], 207[2], 303[1], 330[6,7].
Brown, R., W. S. Reith and E. Robinson: Zusammenfassung über den Mechanismus des Wachstums pflanzlicher Zellen (1952) 124[11].
Brown, R. A., M. C. Davies, J. S. Colter, J. B. Logan and D. Kritchevsky: Basenzusammensetzung von Ribonucleinsäurefraktionen aus Ehrlichschem Mäuseascitestumor 445[2].
— s. Colter, J. S. 444[10], 603[2], 604[2, 5].
Brown, R. K., s. Miller, E. C. 219[5], 236[11], 237[7], 242[4], 362[4].
Brown, R. R., J. A. Miller and E. C. Miller: Ferment für Demethylierung von 4-Dimethylaminoazobenzol 370[8].
— s. Conney, A. H. 370[2].
Brown, W. M. C., and J. D. Abbatt: Röntgenstrahlen als Krebsursache 199[6]. — Röntgenkrebs 206[8]. — Cancerogene Wirkung von Radium und radioaktiven Substanzen 208[12].
Brown-Grant, K.: Bedeutung der Schilddrüse für Stoffwechselsteigerung in der Kälte 532[6].
Brownell, K. A., and F. A. Hartman: Grundumsatzsteigerung durch Adrenalin 530[4].
— s. Griffith, F. R. 534[4].
— s. Hartman, F. A. 171[3].
Browning, C. H., R. Gulbransen and J. S. F. Niven: Cancerogene Wirkung von Styryl 430 242[2], 359[10].
Browning, H.: Bildung von Wuchsstoffen durch Krebszellen 332[4]. — Rückbildung transplantierter Tumoren 338[4].
Brownlee, G., and A. F. Green: Synthetische Oestrogene 39[6].
Brożek, J., s. Keys, A. 575[1], 579[2].
Brück, D., s. Scheibe, G. 250[6], 253[3].
Brück, E., s. Pincussen, L. 537[2].
Brückel, K. W., D. Berg, H. D. Berger, H. Jobst, B. Kommerell, M. Krebs u. G. Schettler: Beziehung zwischen mehrfach ungesättigten Fettsäuren und Arteriosklerose 556[1] .
— H. J. Hübener, G. Meyerheim u. G. Liersch: Corticosteroidbestimmung 174[5].
Brues, A. M.: Zusammenfassung über ionisierende Strahlung und Krebs (1954) 205[1]. Cancerogene Wirkung von ionisierender Strahlung 378[12].
— and E. S. G. Barron: Zusammenfassung über die Biochemie des Krebses (1951) 342[14].
— H. Lisco and M. P. Finkel: Cancerogene Wirkung von radioaktiven Isotopen 209[10].
Brues, A. M., and B. B. Marble: Mitoserate in regenerierender Leber 180[4]. — Relative Mitosehäufigkeit nach partieller Hepatektomie 317[9].
— M. M. Tracy and W. E. Cohn: Zusammensetzung der Desoxyribonucleinsäure aus Hepatomen 443[17]. — Einbau von ^{32}P in Desoxyribo- und Ribonucleinsäuren von Rattenhepatom 446[7].
— s. Boyland, E. 353[4].
— s. Kopac, M. J. 132[11].
— s. Lisco, H. 209[9], 273[9].
Brüstlein, G.: Phosphatasegehalt des Blutes bei Metastase von Prostatacarcinom 10[9].
Bruger, M., and V. P. Hollander: Grundumsatz im Fieber 530[16].
Bruggen, J. T. van, T. T. Hutchens, C. K. Claycomb, W. J. Cathey and E. S. West: Bildung von Fett aus Kohlenhydrat 554[7].
Brugsch, T.: Zusammenfassung über Stoffwechsel bei Hunger und Unterernährung (1936) 573[3].
Bruhin, A.: Steigerung der Spontanmutationen durch Temperaturerhöhung 87[8].
Brumm, A. F., s. Hurlbert, R. B. 445[10].
Brummel, E., s. Reiss, M. 38[10], 171[5].
Bruni, B., s. Martinetto, G. 521[4].
Bruns, F., A. Bülzebruck u. K. Hinsberg: Kein Pentoseabbau durch Krebsseren 410[5].
— u. C. Kirschner: Aktivität der Aldolase in Serum und Erythrocyten 412[3].
— s. Hinsberg, K. 411[19], 436[4].
Bruns, F. H., u. W. Jacob: Serum-Phosphohexoseisomerase beim menschlichen Carcinom 411[14].
Brunschwig, A., L. J. Dunham and S. Nichols: Hoher Kalium-, niedriger Calciumgehalt in Tumoren 398[16].
— s. Dunham, L. J. 398[16].
Bruzzone, S., s. Lipschutz, A. 328[12].
— s. Mardones, E. 328[12].
Bryan, C. E., s. Skipper, H. E. 374[19].
Bryan, W. R.: Latenzzeit von Rous-Virus 293[8].
— and J. W. Beard: Papillom-Virus 604[6].
— J. B. Moloney and D. Calnan: Haltbarkeit von Rous-Virus 386[2].
— and M. B. Shimkin: Beziehungen zwischen Dosis und Latenzzeit bei cancerogenen Kohlenwasserstoffen 231[14]. — Beziehungen zwischen Dosis und Latenzzeit bei cancerogenen Kohlenwasserstoffen 303[8].
— s. Shimkin, M. B. 324[2].
Bryant, J. E., s. Geyer, R. P. 217[1], 231[5,14], 303[8].
Buch, E., s. Wrede, F. 10[12].
Bucher, N. L. R., J. F. Scott and J. C. Aub: Leberregeneration in Parabioseversuchen 179[2,3].
— s. Glinos, A. D. 316[2], 317[10].
Buchner, E.: Zellfreier gärfähiger Hefesaft 69[3].

Buchwald, K. W.: Phosphatgehalt von Tumoren 401[11].
— and L. Hudson: Eisengehalt menschlicher Tumoren 400[1].
Buckley, S., s. Stock, C. C. 139[9], 161[11].
Buddenbrock, W. v.: Buch über Vergleichende Physiologie. Bd. 4. Hormone. (1950) 7[27].
Buddington, W. G., s. Smith, F. 537[5].
Budniok, R., H. G. Stoll u. G. Altvater: Spaltung von Oestrogenphosphorsäureestern in Prostata 456[7].
Büchner, F., H. Rübsaamen u. G. Rothweiler: Mißbildungen bei Sauerstoffmangel 96[6]. — Mißbildungen nach Sauerstoffmangel 117[3], 122[3].
— H. Rübsaamen u. G. Schellong: Mißbildungen nach Sauerstoffmangel 117[3].
Büchner, M., s. Thoenies, H. 432[11].
Bühler, F.: Wirkung von Androgenen auf Kreatinurie nach Kastration 11[4].
Bülbring, E.: Bestimmung des Wachstumshormons 152[10].
Bülzebruck, A., s. Bruns, F. 410[5].
Büngeler, W.: Definition von Krebs 183[3].— Leukämien und Lymphosarkome nach Indol 204[4]. — Tumorbildung an Mäusen durch Kombination von Teer und Photosensibilisatoren 206[2]. — Abwehrreaktionen gegen Krebszellen 340[2].
Bünning, E.: Lehrbuch der Pflanzenphysiologie. Bd. II u. III. Entwicklungs- und Bewegungsphysiologie der Pflanze (1953) 106[28].
— H. J. Reisener, I. Weygand, H. Simon u. J. F. Klebe: Zellstreckungsstoffe in Hafer 148[4].
Bürger, M.: Buch über Verdauungs- und Stoffwechselkrankheiten (1951) 558[6].
— u. K. Plötner: Restunverseifbares in Leber und Lebercarcinommetastasen 453[11]. Vitamin A-Gehalt von Leber und Lebermetastasen beim Menschen 459[14].
Buettner-Janusch, V., s. Smith, E. L. 433[9].
Buffa, P., and R. A. Peters: Anhäufung von Citronensäure im Gewebe nach Natriumfluoracetat 405[5].
Buffett, R. F., s. Furth, J. 202[5], 327[3].
Bugbee, E. P., s. Kamm, O. 48[16].
Bullock, F. D., and M. R. Curtis: Vorkommen von Krebs bei Ratten 184 Tab. Sarkome durch Cysticercus fasciolaris (Taenia taeniaeformis) 283[11], 290[3].
— s. Curtis, M. R. 184 Tab., 290[4].
Bullough, W. S., and E. A. Eisa: Mitoserate im Hunger 136[3].
— and M. Johnson: Bedeutung der Atmung für Mitose 120[4]. — Mitoserate in Stickstoffatmosphäre 133[8].
— s. Bielschowsky, F. 231[12], 268[1], 317[8].
Bulman, N., s. Campbell, D. H. 98[8].
Bunde, C. A., and A. A. Hellbaum: Antigonadotroper Faktor 26[8].
Burand, M., s. Marot, R. 400[9].
Burchenal, D. H., s. Karnofsky, D. A. 328[3].
Burdette, W. J.: Unabhängigkeit von mutagener und cancerogener Wirkung 95[2]. — Abhängigkeit der Krebsanfälligkeit von multiplen Genen 186[4,13]. — Parallelität von cancerogener und mutagener Wirkung nicht allgemein richtig 312[4]. — Mutagene Wirkung von Mustardverbindungen 373[2].
Burgeff, H., u. M. Plempel: Befruchtungsstoffe 100[8].
Burger, G. C. E., s. Dusser de Barenne, J. G. 513[9].
Burger, H., s. Kraut, H. 168[4].
Burgess, C. T. A., and R. W. Evans: Phosphatasegehalt des Blutes bei metastasierendem Prostatacarcinom 10[10].
Burgess, E. A., s. Adams, D. H. 421[17], 422[2].
Burghardt, H., u. J. Brandes: Zuckerrüben-Gelbsucht-Virus 596[8].
Burk, D.: Aerobe und anaerobe Glykolyse in Leber und Hepatom 395[30]. — Tumorstoffwechsel 406[4]. — Glucosephosphorylierung als begrenzender Schritt der Glykolyse durch Mitochondrien 409[12]. — Hemmung der Hexokinase durch Insulin-Hemmstoffe 410[1].
— and R. J. Winzler: Zusammenfassung über die Biochemie maligner Geschwülste (1944) 342[11]. — Zusammenfassungen über Vitamine und Krebs (1944) 459[4].
— s. Kidd, J. G. 406[4], 418[15].
— s. Vigneaud, V. du 331[9].
Burke, D. C., A. Isaacs and J. Walker: Ribonucleinsäuregehalt von Influenza-Viren 605[10].
Burke, W. T., and L. L. Miller: Verminderte Harnstoffbildung der Leber nach hepatocarcinogenen Aminen 438[8].
Burmester, B. R., and R. F. Gentry: Viren als Ursache von Lymphomatosen 292[9].
Burn, J. H.: Buch über biologische Auswertungsmethoden (1937) 34[4]. — Buch über biologische Standardisierung. Engl. (1950) 34[4].
Burnet, F. M., Buch über Prinzipien der tierischen Virologie. Engl. (1955) 580[2]. — Größe der Viren der klassischen Geflügelpest und der Influenza 605[8].
— and F. J. Fenner: Buch über die Bildung von Antikörpern. Engl. (1949) 164[28].
— and P. E. Lind: Rekombination der genetischen Eigenschaften bei Influenza-Virus 608[1].
— s. Fenner, F. 609[1].
Burnett, W. T. jr., s. Furth, J. 327[2].
Burns, R. K.: Wirkung der Keimdrüsenhormone auf die geschlechtliche Entwicklung 54[4].
Burr, G. O.: Lebensnotwendigkeit der Fette 554[10].

Burr, G. O., and M. M. Burr: Vitamin A- und Vitamin D-Mangel bei fettfreier Kost 554[9]. — Wirkung ungesättigter Fettsäuren auf Hautveränderungen bei Ratten 555[2].
— s. Evans, H. M. 43[14].
Burr, M. M., s. Burr, G. O. 554[9], 555[2].
Burri, M.: Leberschutzstoffe 151[6].
Burrows, H.: Adenomartige Hyperplasie der Hypophyse nach Behandlung mit Oestrogenen 30[1]. — Vorkommen von Krebs beim Kaninchen 184[Tab.] — Experimenteller Brustkrebs nach Oestrogenen 327[5]. — Lokale Sarkombildung durch polycyclische aromatische Kohlenwasserstoffe 348[6].
— and J. R. Clarkson: Krebs nach einmaliger Röntgenbestrahlung 207[8]. — Entzündung als Voraussetzung für cancerogene Wirkung von Strahlen 303[5].
— J. W. Cook, E. M. F. Roe and F. L. Warren: $\Delta^{3,5}$-Androstandien-on-17 im Harn bei Tumoren der Nebennierenrinde 203[2].
— I. Hieger and E. L. Kennaway: Sarkome bei Ratten durch pflanzliche Öle 215[1]. — Sarkombildung nach Öl- oder Schweineschmalzinjektionen 287[8]. — Lokale Sarkombildung durch polycyclische aromatische Kohlenwasserstoffe 348[6].
— and E. S. Horning: Hypophysentumoren nach Oestrogenbehandlung 327[3].
Bursian, K., s. Windaus, A. 203[8], 378[6], 392[9].
Burt, J. C., s. Odell, L. D. 458[5].
Burtle, J. G., s. Gutmann, H. R. 368[7].
Burton, A. C., and O. G. Edholm: Buch über den Menschen in kalter Umgebung. Engl. (1955) 531[7].
Burton, K.: Bildung von Virus-Desoxyribonucleinsäure 65[3]. — Bedeutung der Proteine für „Duplikationen“ 74[1].
Burton, L., and F. Friedman: Tumorübertragender tu-e-Faktor aus Melanomen 186[5].
Burton, R. B., A. Zaffaroni and E. H. Keutmann: Corticosteroidbestimmung 174[5].
— s. Zaffaroni, A. 33[9, 12], 174[4].
Busch, H.: Essigsäureumsatz in Tumorgewebe 413[2]. — Aus Brenztraubensäure bildet Tumorgewebe Milchsäure, normales Gewebe Aminosäuren 413[3]. — Bernsteinsäureumsatz in Tumoren nach Natriummalonat 414[4].
— and H. A. Baltrush: Essigsäureumsatz in Tumorgewebe 413[2].
— J. R. Davis and E. W. Olle: Unterbrechung des Citronensäurecyclus durch Natriumfluoracetat in Tumorschnitten 405[7].
— M. H. Goldberg and D. C. Anderson: Aus Brenztraubensäure bildet Tumorgewebe Milchsäure, normales Gewebe Aminosäuren 413[3].
Busch, H., and H. S. Greene: Verwendung der Plasmaproteine zur Eiweißsynthese in Tumoren 435[6]. — Aufnahme von Plasmaproteinen durch Tumormikrosomen und -mitochondrien 435[6].
— and V. R. Potter: Essigsäureumsatz in Tumorgewebe 413[2]. — Bernsteinsäureumsatz in Tumoren nach Natriummalonat 414[3,4].
— S. Simbonis, D. Anderson and H. S. N. Greene: Verwendung der Plasmaproteine zur Eiweißsynthese in Tumoren 435[6]. — Aufnahme von Plasmaproteinen durch Tumormikrosomen und -mitochondrien 435[6].
— s. Le Page, G. A. 435[2].
— s. Nyhan, W. L. 434[13].
— s. Potter, V. R. 405[6], 413[7].
Busch, K. A., s. Davis, R. K. 184[Tab.], 192[10], 287[7].
Buschke, F., s. Schinz, H. R. 181[13].
Bush, I. E.: Bestimmung der Oestrogene durch Papierchromatographie 33[9].
Busk, T., s. Clemmesen, J. 194[5].
Busse-Grawitz, P.: Leukocytenbildung bei der Entzündung 166[12]. — Histaminbildung bei Entzündungen 167[3]. — Rolle der Leukocyten bei der Entzündung 168[2].
Bustamante, M., H. Spatz u. E. Weisschedel: Sexualzentrum im Zwischenhirn 22[3].
Buston, H. W., S. K. Roy, E. S. J. Hatcher and M. R. Rawes: Blastokoline 163[9].
Butenandt, A.: Zusammenfassung über die Wirkungsweise der Erbfaktoren (1952) 98[5]. — Erste Darstellung reiner Androgene aus Männerharn 8[14]. — Oestriol aus Weidenkätzchen 20[4]. — Tokokinin 20[7]. — Steroidnatur der Keimdrüsenhormone 28[3]. — Pregnandiol-glucuronid 31[12]. — Bindung zwischen Nucleinsäuren und Protein 76[9]. — Ladungsmuster von Nucleinsäuren und Proteinen als „Matrize“ 77[1]. — Beziehungen zwischen Virus und Erbträgern von Zellen 79[4]. — Ommochromsynthese und Tryptophanstoffwechsel als Wirkung von „Gen-Hormonen“ 98[12]. — Anlockungsstoff von Bombyx mori 104[3]. — Keine Bildung von carcinogenen Substanzen aus Cholesterin oder Gallensäuren in vivo 202[1]. — Bildung carcinogener Homologer des Sterans aus Sterinen oder Steroiden (?) 202[13]. — Bildung von 20-Methylcholanthren im Körper 217[4]. — Co-Cancerogene 233[3], 267[8]. — Bedeutung der Duplikanten bei der Krebsübertragung 301[2]. — Duplikanten als Angriffsorte der cancerogenen Wirkung 310[3]. — Für Krebsentstehung verantwortliche Duplikanten 312[3]. — Experimenteller Brustkrebs bei Mäusen nach Oestrogenen 327[7]. — Bedingt krebsfördernde Wirkung von Oestrogenen 329[5]. — Phasen der Tumorbildung 344[2]. — Krebserzeugende und bedingt

krebsauslösende Faktoren 344^{3}. — Bedingt krebsauslösende Stoffe 380^{5}. — Bildung von 1,2-Cyclopentenophenanthren oder Chrysen aus Steroidhormonen 389^{9}. — Übergang von Steroiden in cancerogene Verbindungen 391^{4}. — Bedeutung von Antigenen für die normale Wachstumsregulation 432^{5}.

Butenandt, A., u. H. Dannenberg: Zusammenfassung über die Biochemie der Geschwülste (1956) 342^{9}. — Bildung carcinogener Homologer von Steran aus Sterinen und Steroiden (?) 202^{13}. — Cancerogene Methylderivate von Cyclopentanophenanthren 217^{5}. — Cancerogene Wirkung von 1,2,4-Trimethylphenanthren 349^{12}. — Cancerogene Wirkung von Methylhomologen des 1,2-Cyclopentenophenanthrens 349^{12}, 389^{10}. — Cancerogene Wirkung von Methylhomologen des 1,2-Cyclo-pentenophenanthren und Chrysen 389^{10}. — Keine Bildung vonMethylcholanthren aus Dehydronorcholen durch Darmbakterien 391^{6}.

— H. Dannenberg u. D. v. Dresler: Cancerogene Methylderivate von Cyclopentanophenanthren 217^{5}.

— H. Dannenberg u. H. Friedrich-Freska: Untersuchung der cancerogenen Wirkung von unverseifbarem Anteil der Leber von Krebskranken 391^{9}. — Keine carcinogenen Kohlenwasserstoffe im Unverseifbaren aus Krebslebern 392^{4}.

— u. H. Hofstetter: Oestronsulfat 31^{10}.

— u. P. Karlson: Verpuppungshormon, Reindarstellung 115^{1}.

— u. L. Poschmann: UV-bestrahltes Cholesterin 203^{9}.

— U. Schiedt u. E. Biekert: Ommochromsynthese und Tryptophanstoffwechsel als Wirkung von ,,Gen-Hormonen“ 98^{12}.

— G. Schulz u. G. Hanser: 5-Oxykynurenin kein Zwischenprodukt des Tryptophanstoffwechsels 98^{13}.

— W. Weidel u. E. Becker: Ommochromsynthese und Tryptophanstoffwechsel als Wirkung von ,,Gen-Hormonen“ 98^{12}.

— W. Weidel u. A. Schlossberger: Ommochromsynthese und Tryptophanstoffwechsel als Wirkung von ,,Gen-Hormonen“ 98^{12}.

— u. Mitarb.: Keine carcinogene Wirkung von Lumisteroiden 378^{7}.

— s. Kaufmann, C. 202^{6}, 327^{7}, 382^{1}, 383^{1}.

Buthmann, K., s. Werle, E. 46^{12}.

Butler, G. C., and G. F. Marrian: Abnorme Steroidhormone im Harn von Frauen mit Geschwülsten der Keimdrüsen und Nebennieren 29^{6}.

Butler, J. A. V., B. E. Conway, L. A. Gilbert and K. A. Smith: Abbau von Polynucleotiden durch Peroxyde und OH-Radikale 273^{2}. — Radikalbildung durch Lost 273^{2}.

Butler, J. A. V., L. A. Gilbert and K. A. Smith: Wirkung von Röntgenstrahlen und radiomimetischen Giften auf Desoxyribonucleinsäuren 272^{5}. — Einwirkung von Lost und Stickstofflost auf Desoxyribonucleinsäure 374^{8}.

— E. W. Johns, J. A. Lucy and P. Simson: Vorkommen von DNS und RNS in Tumoren 301^{5}.

— and K. A. Smith: Mutagen wirkende Form von Lost 94^{4}. — Mechanismus der radiomimetischen Wirkung 94^{8}. — Wirkung radiomimetischer Gifte auf Chromosomen 140^{7}.

Butts, D. C. A., T. E. Huff and F. Palmer jr.: Natriumgehalt in Tumoren 398^{5}.

Butzengeiger, K. H.: Carcinogene Wirkung von Arsen 199^{13}. — Arsen als Ursache von Berufskrebs 210^{1}.

Buu-Hoi, N. P.: Verschiedenartige Wirkung der verschiedenen Oestrogene 29^{1}. — Cancerogene Wirkung von 10-Cyano-9-methyl-1,2-benzanthracen 219^{8}. — π-Elektronen und Verhalten eines Stoffes 224^{5}. — pK-Wert höherer Aromaten und cancerogene Wirkung 225^{3}. — Bindungskräfte zwischen Cancerogenen und Zellen 286^{4}.

— et A. Pacault: Beziehungen zwischen π-Elektronen und cancerogener Wirkung 224^{6}.

— s. Daudel, P. 221^{1}, 222^{1}.

— s. Lacassagne, A.: 40^{4}, 84^{6}, 219^{3}, 351^{13}, 352^{9}.

— s. Latarjet, R. 93^{12}.

— s. Pages-Flon, M. 219^{1}, 224^{7}.

— s. Rudali, G. 242^{8}.

— s. Zajdela, F. 219^{7}.

Byrnes, E. W., s. Gschickter, C. F. 327^{5}.

Bywaters, E. G. L.: Kohlenhydrat- und Oxydationsstoffwechsel von Geweben 406^{5}.

Cabot, S., N. Shear and M. J. Shear: Cocancerogene Wirkung basischer Fraktionen aus Kreosot 304^{3}.

Cady, W. G., s. Benedict, F. G. 541^{3}.

Cagan, R. N., J. L. Gray and H. Jensen: Aktivierung von Fermenten durch Thyroxin 529^{7}.

Caffier, P.: Wirkung oestrogener Hormone auf die Tuben 46^{6}.

Cafiero, M., u. D. Zambruno: Einfluß von ATP auf Colchicinwirkung 137^{11}.

Cahn, T., et J. Houget: Spezifisch-dynamische Wirkung nach Hunger 539^{9}.

Cahnmann, H. J., and M. Kuratsune: 3,4-Benzpyren in Muscheln 214^{5}.

Calaby, J. H., s. Ratcliffe, F. N. 610^{5}.

Calcutt, G.: Hemmung von Enzymen durch cancerogene Strahlen und Substanzen 228^{2}.

— and S. Payne: Biologische Oxydation von 3,4-Benzpyren 356^{10}.

— s. Weigert, F. 356^{8}.

CALDWELL, A. L., s. ROBERTS, E. 425[3].
CALLANAN, M. J., s. CARROLL, W. R. 90[1].
CALLOW, N. H., and R. K. CALLOW: Androgenausscheidung bei Frauen 32[8]. — Androgenausscheidung durch Kastraten 32[11].
— R. K. CALLOW and C. W. EMMENS: Bestimmung von Testosteron, Progesteron und von Corticoiden 33[4].
CALLOW, R. K.: Androgenbildung bei Geschwülsten der Nebennierenrinde 32[10].
— s. CALLOW, N. H. 32[8,11], 33[4].
CALNAN, D., s. BRYAN, W. R. 386[2].
CALVERY, H. O.: Farbstoffe für Lebensmittel 246[2]. — Analyse der Schalenmembran des Eis 464[2].
— s. McCLOSKY, W. T. 169[11].
— s. NELSON, A. A. 200[6], 211[5], 254[2], 269[8], 276[3], 287[1], 377[8].
CALVIN, M.: Bedeutung des Chorophylls 510[2].
CALVO PENA, L., s. MARAÑÓN, G. 530[1].
CAMBONI, V., s. MONDOLFO, U. 425[5], 426[2].
CAMERON, G.: Buch über Technik der Gewebekultur. Engl., 2. Aufl. (1950) 106[33].
— s. CHAMBERS, R. 341[2].
— s. GOLDBLATT, H. 183[1], 185[8], 193[16], 231[1].
CAMERON, G. R., and W. A. KARUNARATNE: Lebercirrhose durch Tetrachlorkohlenstoff bei Ratten 375[8].
CAMPBELL, A. M., and S. SPIEGELMAN: Autokatalyse bei Bildung spezifischer Enzyme 68[6].
CAMPBELL, B., s. GOOD, R. A. 175[5].
CAMPBELL, D. H., and N. BULMAN: Zusammenfassung über chemische Natur der Antigene und Antikörper (1952) 98[8].
— s. PAULING, L. 174[10].
CAMPBELL, H. W., s. SEIBERT, F. B. 432[11].
CAMPBELL, J., I. W. F. DAVIDSON, W. D. SNAIR and H. P. LEI: Identität von Wachstumshormon und diabetogenem Hormon 152[2]. — Identität von Wachstumshormon und diabetogenem Faktor 325[3].
CAMPBELL, J. A.: Granulombildung durch Silikate 212[5].
CAMPBELL, J. G.: β-Glucuronidasen in Tumoren 458[4].
s. KERR, L. M. H. 145[8].
CAMPBELL, J. M., and L. KREYBERG: Gehalt der Luft an 3,4-Benzpyren 195[3].
— s. KEEN, P. 196[10].
— s. STOCKS, P. 196[8].
CAMPBELL, J. S., s. BICKIS, I. 325[1].
CAMPBELL, N. R., E. C. DODDS and W. LAWSON: Synthetische Oestrogene 41[6].
CAMPBELL, P. N., and T. S. WARK: Zellwachstum 143[2].
— s. ASKONAS, B. A. 175[10].
CAMPBELL, R. B., s. YOUNG, E. G. 140[4].
CAMPBELL, T. W., s. SCHINZ, H. R. 236[12], 362[8].
CAMPBELL, W. P., s. FIESER, L. F. 225[11], 354[4].
CANDINAS, L., s. SPÖRRI, H. 16[2].
CANNAN, R. K., s. LONGSWORTH, L. G. 465[2].
CANNON, P. R., s. BENDITT, E. P. 544[6].
CANNON, W. B.: Buch über die Weisheit des Körpers. Engl. (1932) 164[12].
— A. QUERIDO, S. W. BRITTON and E. M. BRIGHT: Ursache der Stoffwechselsteigerung in der Kälte 532[3].
CANTAROW, A., K. E. PASCHKIS and R. J. PUTMAN: Hemmstoffe für Nucleinsäurestoffwechsel 448[5].
— s. PASCHKIS, K. E. 382[11].
— s. RUTMAN, R. J. 429[5], 430[2], 434[14], 440[11], 442[7], 443[10,13], 446[21].
— s. STASNEY, J. 300[11], 337[1,2].
CANTERO, A., R. DAOUST and G. DE LAMIRANDE: Aktivität von Desoxyribonuclease und Ribonuclease der Leber nach Dimethylaminoazobenzol 449[1].
— s. ALLARD, C. 81[8], 261[4], 266[3], 420[5], 430[3].
— s. DAOUST, R. 449[1].
— s. LAMIRANDE, G. DE 430[8], 433[4], 444[13], 445[1], 449[3].
— s. WEBER, G. 410[10].
CAPUTO, A.: Proliferationshemmende Wirkung von Androgenen auf Brustdrüsenzellen 328[4]. — Myelomplasmaproteine 433[9].
CARDINALI, G.: Mutagene Wirkung von Äthyleniminpikrat 373[3].
CARDON, S. Z., E. T. ALVORD, H. J. RAND and R. HITCHCOCK: Benzpyrengehalt von Zigarettenrauch 196[3]. — Fluorescenz und Absorptionsmaxima von aromatischen Kohlenwasserstoffen 212*.
— s. ALVORD, E. T. 196[5].
CARLETON, R. L., N. B. FRIEDMAN and E. J. BOMZE: Carcinogene Wirkung von Zinksalzen 377[6].
CARLÓ, P.-E., s. MANDEL, H. G. 446[14,26].
CARLSON, A. J., s. LEICHENGER, H. 557[2].
CARLSON, L. D., W. SHERWOOD and R. ELSNER: Ursache der Stoffwechselsteigerung in der Kälte 532[2].
— s. HSIEH, A. C. L. 532[6].
CARLSSON, B., s. LAGERKVIST, U. 447[13].
CARMALT, W. H.: Amöboide Beweglichkeit von Krebszellen und Krebsausbreitung 332[13].
CARMICHAEL, N., s. TAYLOR, A. 333[6].
CARMINATI, V.: Proliferationen durch Ascaris megalocephalus 290[6].
CARPENTER, T. M., and E. L. FOX: Spezifisch-dynamische Wirkung von Fructose und Glucose 538[3].
— s. BENEDICT, F. G. 516[5].
CARPENTIER, S., s. PACAULT, A. 202[10].
CARR, J. G.: Virusbedingte Geschwulsterkrankungen bei Hühnern 292[10].
— and R. J. C. HARRIS: Eigenschaften von ROUS-Virus 293[4,7]. — Reinigung und Isolierung des tumorerzeugenden Faktors aus ROUS-Sarkom 385[6]. — Haltbarkeit von ROUS-Virus 386[2].
— R. J. KING and E. M. F. ROE: Eigenschaften von ROUS-Virus-Lösungen 293[4].

Carr, J. G., s. Auerbach, C. 92[15], 93[10], 271[9].
— s. Harris, R. J. C. 385[7,11].
Carrel, A.: Regenerationsvermögen von Organen 177[4]. — Sarkombildung durch Indol 204[3]. — Infektion mit Rous-Virus in vitro 293[18].
— et A. H. Ebeling: Trephone 150[11]. — Wuchsstoffgehalt des Serums im Alter 151[1]. — Bildung von Wuchsstoffen durch Krebszellen 332[4].
— s. Baker, L. E. 178[7].
Carrick, C. W., s. Hauge, S. M. 469[6].
Carrol, E., s. Weinfeld, H. 447[2].
Carroll, W. R., E. R. Mitchell and M. J. Callanan: Auswirkung mutagener Agentien 90[1].
Carruthers, C.: Zusammenfassung über die Biochemie neoplastischer Gewebe (1950) 342[13]. — Unterschiede im Proteinstoffwechsel von Tumor- und Mutterzellen 264[3]. — Änderung in chemischer Zusammensetzung der Mäuseepidermis bei Carcinogenese durch Methylcholanthren 396[6], 400[13].
— and V. Suntzeff: Änderung im Eisen- und Vitamin C-Gehalt der Mäuseepidermis bei Carcinogenese durch Methylcholanthren 396[7]. — Aktivität der Bernsteinsäureoxydase in Epidermis und Epidermiscarcinom der Maus 415[1]. — DPN-Gehalt in Tumoren 415[10]. — Keine Pyridinnucleotide in Tumormikrosomen 415[12].
— V. Suntzeff and P. N. Harris: Keine Pyridinnucleotide in Tumormikrosomen 415[12].
— s. Costello, C. J. 396[5], 460[7].
— s. Miller, H. 405[3].
— s. Roberts, E. 425[3].
— s. Suntzeff, F. 396[2], 399[6], 450[8].
Carter, C. E., and J. P. Greenstein: Geringe Aktivität der Dehydropeptidase II in Tumoren 438[1]. — Desoxyribonucleinsäurespaltende Extrakte aus Leber und Hepatomen 449[12].
— s. Greenstein, J. P. 395[25,49], 449[10,11], 458[1].
Carter, T. C., s. Waddington, C. H. 231[9].
Carver, R. K., s. Goldman, M. 175[11].
Case, E. M., and F. Dickens: Synthetische Oestrogene 39[6].
Case, M. A., s. Lutz, B. R. 479[7].
Case, R. A., and M. E. Hosker: Carcinogene Wirkung von Weichmachern 200[17]. — Cancerogene Wirkung von Gummizusätzen 280[1].
— and J. T. Pearson: Blasenkrebs durch aromatische Amine 200[15]. — Blasenkrebs nach Duramin und Fuchsin 242[6].
Case, R. A. (M.), and A. J. Lea: Mutagene und cancerogene Wirkung von Bis-(2-chloräthyl)-sulfid 271[3]. — Lungengeschwülste nach N-Lost 271[4].
— s. Bidstrup, P. L. 200[2], 376[18].
Cashman, R. E., s. Goldberg, I. D. 190[3].
Caspar, D. L. D.: Proteinhülle kugelförmiger Pflanzenviren 586[5]. — Röntgenanalysen von Tabakmosaikvirus 594[8].
Caspari, E.: Zusammenfassung über cytoplasmatische Vererbung (1948) 1[15].
Caspari, W., u. E. Stilling: Zusammenfassung über Eiweißstoffwechsel (1925) 544[1].
— s. Zuntz, N. 515[3].
Caspersson, T. (O.): Buch über Zellwachstum und Zellfunktion. Engl. (1950) 1[17]. — Enzyme des Zellkerns 4[3]. — Vermehrung des Nucleinsäuregehaltes und Vergrößerung des Zellkerns bei erhöhter Proteinsynthese 4[11]. — Chromosomenbau 72[3]. — Kritik an der Chromosomin-Theorie 76[7]. Eiweißbildung durch Ribo- und Desoxyribonucleinsäuren 76[10]. — Beziehungen zwischen Virus und Erbträgern von Zellen 79[4]. — Zunahme der Nucleinsäuren bei Zellvermehrung 131[7], 132[5].
— E. Hammarsten and H. Hammarsten: Gehalt der Chromosomen an Desoxyribonucleinsäure 75[1].
— C. Nyström u. L. Santesson: Gehalt an basischen Aminosäuren in Tumoren 424[14]. Zusammenhang von Wachstum und Ribonucleinsäuregehalt von Zellen 440[14].
— u. L. Santesson: Chromosomengröße 73[2]. — Buch über Untersuchungen über den Eiweißstoffwechsel in den Zellen von Epitheltumoren. Engl. (1942) 181[24]. — Zusammenhang von Wachstum und Ribonucleinsäuregehalt von Zellen 440[14].
Cassel, W. A.: Krebszellen überleben extrem tiefe Temperaturen 300[3]. — Konservierung von Tumorgewebe 336[12].
Cassidy, J. W., s. Roe, J. H. 410[5].
Castellani, E.: Grundumsatz bei Hypertonikern 530[20].
Castoldi, P., s. Gallone, L. 341[13].
Castor, L. N., s. Chance, B. 420[2].
Catcheside, D. G.: Buch über Genetik der Mikroorganismen. Engl. (1951) 70[11]. — Zusammenfassung über den genetischen Effekt von Strahlungen (1948) 85[18].
Cathcart, E. P.: Stickstoffausscheidung und Abnutzungsquote 545[3].
Cathey, W. J., s. Bruggen, J. T. van 554[7].
Catsch, A., u. M. Langendorff: Zwei Wirkungsqualitäten bei Röntgenstrahlen 303[4].
Cauwenberge, H. v.: Wirkung von Antiphlogisticis über Nebennierenrinde und Hypophyse 173[11].
Cavalieri, L. F., s. Sugiura, K. 160[15].
Cavalli, L., u. G. Magni: Rechnerische und graphische Auswertung von Versuchsergebnissen 34[4].
Cecil, R. L. (Hrsgb.): Lehrbuch der Medizin. 7. Aufl. Engl. (1947) 199[7].
Center, E., s. Danforth, C. H. 96[5], 118[1], 142[12].
Cera, B., u. C. Lombroso: Spezifisch-dynamische Wirkung nach Hunger 539[9].
Cerceo, E., s. Pearlman, W. H. 44[4].

Cerecedo, L. R., P. D. McCarthy, E. J. Singer and E. T. McGuinnes: Nucleinsäurevermehrung in Organen von Tieren mit Impftumoren 448[6].
— D. V. N. Reddy, A. Pircio, M. E. Lombardo and J. J. Travers: Gehalt nekrotischer Tumorteile an Desoxyribonucleinsäure 441[15]. — Nucleinsäurevermehrung in Organen von Mäusen mit Impftumoren 448[8].
— s. Brown, E. V. 240[3, 4], 365[9, 10].
— s. Lombardo, M. E. 448[8].
— s. Reddy, D. V. N. 448[8].
— s. Rodriguez, N. M. 448[8].
Ceriotti, G., and L. Spandrio: Katalasehemmung durch Gewebskochsäfte 422[11].
Cestari, A.: Carcinogene Wirkung von Scharlachrot wird durch Sulfonierung aufgehoben 245[7].
Ceulemans, G., s. Maisin, J. 192[10], 287[7].
Chaikoff, I. L., s. Abraham, S. 410[2].
— s. Brown, G. W. jr. 413[2].
— s. Chapman, D. D. 454[4].
— s. Felts, J. M. 554[8].
— s. Goldberg, R. C. 327[2], 379[20].
— s. Jones, H. B. 451[9].
— s. Masoro, E. J. 554[6].
— s. Weinman, E. O. 553[2].
Chain, E., and E. S. Dutchie: Keine Hyaluronidaseaktivität im Jensen-Carcinosarkom der Ratte 458[12].
— s. Florey, H. W. 156[15].
Chalkley, H. W.: Histologische Gewebskontrolle bei Carcinogenese 396[9].
— s. Greenstein, J. P. 395[23–25], 449[10].
— s. Kopac, M. J. 132[11].
Chalmers, J. G.: Bildung cancerogener Stoffe beim Erhitzen von Fett 193[3]. — Carcinogene Wirkung hocherhitzter Öle 288[5].
Chalvet, H., s. Rudali, G. 219[2], 353[1].
Chambers, R.: Befruchtungsmembran des Eis 105[7].
— G. Cameron and C. G. Grand: Komplexbildung von Calcium mit intercellulärer Kittsubstanz 341[2].
— s. Kopac, M. J. 132[11].
Chambers, R. D., s. Beattie, J. 532[1].
Chambers, W. H., s. Dann, M. 538[4].
Chamorro, A.: Wirkung von Keimdrüsenhormonen auf Prostata 10[5].
— s. Lacassagne, A. 40[4].
Chance, B., and L. N. Castor: Gehalt von Mäuseasciteszellen an Cytochromen und Cytochromoxydase 420[2].
Chandler, J. P., s. Mackenzie, C. G. 263[1].
Chang, M. C.: Aktivierung der Spermien 9[8]. „Reifung“ des Cytoplasmas bei Zellteilung 14[13].
Chang, P. I., s. Berenbom, M. 441[16].
Chantrenne, H., s. Brachet, J. 4[7, 10].
Chanutin, A., and E. C. Gjessing: Spaltung von Nucleinsäuren durch N-Lost und Röntgenstrahlen 273[1].
— s. Ludewig, S. 421[16].
Chapman, D. D., G. W. Brown jr., I. L. Chaikoff, W. G. Dauben and N. O. Fansah: β-Oxydation der Fettsäuren in Tumoren 454[4].
Chapman, J. B., s. Skipper, H. E. 332[3].
Chargaff, E.: Kombinationsmöglichkeiten bei Nucleinsäuren 76[3]. — Basenzusammensetzung der Desoxyribonucleinsäure von menschlichem Lebercarcinom 444[2].
— and J. N. Davidson: Buch über Nucleinsäuren. 2 Bde. Engl. (1955) 131[7].
— and A. S. Keston: Einbau von Colaminphosphorsäure in Tumorphosphatide bei Ratten 452[4].
— B. Magasanik, E. Vischer, C. Green, R. Doniger and D. Elson: Basenzusammensetzung von Ribonucleinsäuren von Lebermetastasen beim Menschen 444[11]. — Zusammensetzung von Ribonucleinsäuren 445[3].
— s. Benitez, H. H. 138[9].
— s. Elson, D. 123[3].
— s. Vischer, E. 444[1].
Chase, M., s. Doermann, A. H. 61[4].
— s. Hershey, A. D. 57[1], 63[2], 73[8], 598[13].
Chatfield, P. O., s. Lyman, C. P. 522[12].
Chemie und Krebs (Buch). Berlin 1940 181[19].
Chen, S.-Y., B. Ephrussi and H. Hottinguer: Mutation von Plasmaduplikanten 85[27]. — Bildung von „petites colonies“ der Hefe durch mutagen wirkendes Euflavin 93[18].
Cheng, A. L. S., T. M. Graham, R. B. Alfin-Slater and H. J. Deuel jr.: Empfindlichkeit gegen Strahlen bei Mangel an mehrfach ungesättigten Fettsäuren 555[14].
— M. Ryan, R. B. Alfin-Slater and H. J. Deuel jr.: Empfindlichkeit gegen Strahlen bei Mangel an mehrfach ungesättigten Fettsäuren 555[14].
— s. Deuel, H. J. jr. 555[14].
Cheng, C. P., G. Sayers. L. S. Goodman and C. A. Swinyard: Beteiligung von Adrenalin an der Stressreaktion 171[2].
Cheval, M.: Prolan aus Placenta 24[1]. — Prolan hat luteinisierende Wirkung 44[8].
Cheymol, J., R. Henry et M. Thevenet: Auswertung wirksamer Dosen von Gonadotropin an verschiedenen Testobjekten 36[1].
Chick, H.: Riboflavin im Eiereiweiß 466[9].
Chidester, J. L., s. Cochran, G. W. 593[5].
Child, C. M.: Buch über Muster und Probleme der Entwicklung. Engl. (1941) 106[6].
Childs, D. S. jr., s. Sabanas, A. O. 199[6], 206[8].
Chimenes, A.-M., s. Ephrussi, B. 80[10], 85[27].
Chinn, H. I., F. W. Oberst, B. Nyman and K. Fenton: Futterbedarf von Ratten in der Kälte 533[6].
Chipps, H. D., s. Ellenbrock, L. D. 457[13].
Chitre, R. G., s. Khanolkar, V. R. 455[14].
Chittenden, R. H.: Buch über Entwicklung der Physiologischen Chemie in den Vereinigten Staaten. Engl. (1930) 507[3]

Chlopin, G. W., W. Jakowenko u. W. Wolschirsky: Grundumsatz bei geistiger Arbeit 543[2].
Chodkowski, K.: Colchicin als Mitosegift 137[6].
Cholewa, J.: Cancerogene Wirkung von Arsen 210[4].
Chorazy, M.: Stickstoffausscheidung im Harn vor und nach Tumorexstirpation 434[3].
Chow, B. F., H. B. van Dyke, R. O. Greep, A. Rothen and T. Shedlovsky: Luteinisierungshormon aus Schweinehypophyse 25[7].
— s. Dyke, H. B. van 48[16].
Christenberry, K. W., s. Upton, A. C. 380[4].
Christensen, H. N., and M. E. Henderson: Aufnahme von Aminosäuren durch Ascitestumorzellen 423[14].
— B. Hess and T. R. Riggs: Aufnahme von Peptiden durch Ascitestumorzellen 423[17].
— and M. L. Rafn: Aufnahme von Peptiden durch Ascitestumorzellen 423[16].
— and T. R. Riggs: Aufnahme von Aminosäuren durch Ascitestumorzellen 423[13].
— T. R. Riggs, H. Fischer and I. M. Palatine: Aufnahme von Aminosäuren durch Ascitestumorzellen 423[13].
— s. Riggs, T. R. 423[17].
Christensen, L. R.: Streptodornase 168[10].
— s. Sherry, S. 168[9].
Christensen, W. R., s. Guimaraes, J. P. 379[16].
Christian, W., s. Warburg, O. 146[11], 411[18], 412[12], 418[7].
Christiansen, E. G.: Verteilung der Plasmagranula bei der Zellteilung 81[7].
Christiansen, G. S., s. Danes, B. 120[3], 133[8].
Christie, J. H., s. Koletsky, S. 199[11], 209[12], 379[19].
Christopher, G. L. M., s. Dixon, J. K. 277[4].
Christophersen, J., s. Precht, H. 532[1].
Chu, W. C., s. Kensler, C. J. 258[12], 259[3], 262[7], 369[4].
Chute, R. N., s. Sommers, S. C. 338[8].
Cilento, G., J. A. Miller and E. C. Miller: Molekularstruktur von 4-Dimethylaminoazobenzol 239[2].
Ciocco, A., s. Palmer, C. F. 124[36].
Ciusa, W., s. Angelis, G. de 192[10].
Clar, E.: Buch über aromatische Kohlenwasserstoffe. 2. Aufl. (1952) 212[8]. — Synthese polycyclischer, aromatischer Kohlenwasserstoffe 213[5], 346[9].
— u. F. John: Pentacen, Peroxydbildung 226[1].
Clark, A. J.: Buch über allgemeine Pharmakologie. Engl. (1937) 158[2].
Clark, A. R., s. Gegerson, H. J. 26[7].
Clark, J. H., s. Rowntree, L. G. 155[6, 8].
Clark, L. C. jr., and S. M. Garn: Grundumsatzsteigerung durch Adrenalin 530[6].
— s. Garn, S. M. 523[7], 530[6].
Clark, P. J., s. Huggins, C. 329[8].
Clark, W. E. le G., and P. B. Medawar: Buch über Wachstum und Form. Engl. (1945) 1[5].
Clarke, D. A., s. Mihich, E. 409[4].
— s. Stock, C. C. 161[11].
Clarke, M., s. Biesele, J. J. 373[20].
Clarkson, J. R., s. Burrows, H. 207[8], 303[5].
Clauberg, C.: Buch über die weiblichen Sexualhormone (1933) 16[5]. — Progesteron-Nachweis 38[12].
Clauberg, K. W.: Entmischungsformen von Lipoiden 291[3].
Claudatus, J., and S. Ginori: Tryptophanperoxydase in Hepatomen 439[7].
Claude, A.: Zusammenfassung über die Konstitution des Protoplasmas (1943) 1[3]. Verteilung der Enzymfunktionen in der Zelle 3[2]. — Isolierung des Zellkerns 4[2].— Selbstreproduktion von Mitochondrien und Plasmagranula 5[3]. — Gewinnung von Chromosomen 73[3]. — Gewinnung von Plasmagranula 81[10]. — Mikrosomen 82[1]. Rous-Virus als endogenes Zellprodukt 293[14]. — Tumorerzeugende Komponente aus Extrakten des Rous-Sarkoms 385[3].— Chemische Zusammensetzung aus Rous-Agens 385[10]. — Chemische Zusammensetzung einer Hühnchen-Embryo-Komponente 385[13]. — Partikel aus Hühner- und Mäuseembryonen ohne tumorerzeugende Wirkung 386[5].
— and A. Rothen: Gewinnung von Chromosomen 73[3]. — Rous-Virus wird durch UV-Licht unwirksam 386[3].
Claus, B., s. Sorof, S. 430[12].
Claus, C. J., s. Tarbell, D. S. 358[8].
Clausen, H. J.: Schilddrüsentumoren nach Thiouracil 382[6].
Claycomb, C. K., s. Bruggen, J. T. van 554[7].
Clayson, D. B.: Lokal cancerogene Wirkung von o-Amino-1-naphthol 235[3]. — Cancerogene Wirkform aromatischer Amine 256[1]. — Cancerogene Wirkung von 2-Amino-1-naphthol 256[6]. — Ausscheidung von 2-Aminonaphthol-(1) bzw. -(6) (aus β-Naphthylamin) bei Mensch und Tieren 367[11].
— s. Bonser, G. M. 200[15], 234[9], 235[3], 244[3], 256[1, 2, 6, 7], 257[8], 361[4, 5], 365[15], 367[9].
— s. Bradshaw, L. 257[6].
Clayton, M. M., s. Mattill, H. A. 547[5].
Clegg, J. W., s. Boyland, E. 273[8].
Cleland, G. H., s. Dickey, F. H. 92[4], 93[3].
Clement, G., J. Clement et E. le Breton: Hemmung der Wirkung von 4-Dimethylaminoazobenzol durch Cholesterin 260[12].
Clement, J., s. Clement, G. 260[12].
Clemmesen, J.: Buch über Krebs und Beruf in Dänemark 1935—1939. Engl. (1941) 198[4].
— and T. Busk: Häufigkeit von Bronchialkrebs 194[5].

Clemmesen, J., and A. Nielsen: Häufigkeit verschiedener Krebsarten bei Mann und Frau 192[5].

Clemo, G. R., and E. W. Miller: Nachweis höherer aromatischer Kohlenwasserstoffe in der Luft 213[12].

— E. W. Miller and F. C. Pybus: Nachweis höherer aromatischer Kohlenwasserstoffe in der Luft 213[12]. — Cancerogene Wirkung von Luftextrakten (3,4-Benzpyren) 347[5].

Clifton, K. H., s. Furth, J. 202[5], 327[3].

Clowes, G. H. A., and A. K. Keltch: Phosphorylierung in Tumorhomogenaten 416[10]. Oxydative Phosphorylierung in Mitochondrien 416[17].

— s. Harris, P. N. 254[3], 260[1, 9].

— s. Kopac, M. J. 132[11].

— s. Roberts, E. 425[3].

Clunet, J., s. Marie, P. 206[9], 379[3].

Cocchi, U., H. Gloor u. H. R. Schinz: Rate der Spontanmutationen 87[3].

Cochran, G. W., and J. L. Chidester: Aktive Ribonucleinsäure aus mit TMV-infizierten Pflanzen 593[5].

Cocker, W., s. Bell, E. A. 147[1], 159[5], 160[4].

Code, C. F.: Histamingehalt von eosinophilen Leukocyten 167[16].

Cohan, M. S., s. Albert, S. 446[10], 451[8].

Cohen, H., and R. W. Bates: Bestimmung von natürlichen Oestrogenen 33[5].

Cohen, L., s. Keen, P. 196[10].

Cohen, P. P.: Glyoxalase-Aktivität in Leber und Hepatom 395[31].

— and G. L. Hekhuis: Transaminase-Aktivität in Leber und Hepatom 395[50]. — Aktivität der Glutaminsäure-Oxalessigsäure-transaminase in Tumoren 439[10].

— G. L. Hekhuis and E. K. Sober: Transaminaseaktivität der Leber nach Dimethylaminoazobenzolverfütterung 439[11].

— s. Grisolia, F. T. 433[10].

— s. Sorof, S. 264[4, 5], 430[4, 5, 12], 431[7].

— s. Tung, T. C. 438[11].

Cohen, R. B., M. M. Nachlas and A. M. Seligman: Unspezifische Esterase in Tumoren 455[7].

Cohen, S. L., and J. J. Bittner: Lipaseaktivität in Mammatumoren der Maus 455[4]. — β-Glucuronidaseaktivität in Mammatumoren der Maus 458[7].

— and G. F. Marrian: Koppelung der Keimdrüsenhormone an Glucuronsäure 31[5].

— G. F. Marrian and M. C. Watson: Produkte des Progesteronstoffwechsels 32[1].— Ausscheidung freier Oestrogene bei Beginn der Geburt 45[7], 48[13].

Cohen, S. S.: Zusammenfassung über Vergleichende Biochemie und Virologie (1955) 580[12]. — Abbau von Tabakmosaikvirusnucleinsäure 593[1]. — Stoffwechseländerung in Bakterien nach Eindringen der Phagen-DNS 599[6].

Cohen, S. S., J. Lichtenstein, H. D. Barner and M. Green: Produktion von Phagenprotein und -nucleinsäure in infizierten Bakterien 599[8].

— s. Fowler, C. B. 161[7].

— s. Green, M. 599[7, 8].

— s. Wyatt, G. R. 598[4].

Cohlan, S. Q.: Mißbildungen durch Vitaminmangel 96[7].

Cohn, E. J., s. Fevold, H. L. 151[13].

Cohn, M., and J. Monod: Matrizenmechanismus der Enzymbildung 68[8].

— s. Hogness, D. S. 68[5].

— s. Monod, J. 68[1], 100[2].

Cohn, W. E., s. Brues, A. M. 443[17], 446[7].

Cole, H. H., s. Hart, G. H. 44[3].

Cole, L. J., s. Nowell, P. C. 209[1], 380[4].

Cole, Q. P., s. Roblin, B. O. jr. 161[5].

Cole, R. D., s. Li, C. H. 171*.

Cole, R. K.: Viren als Ursache von Lymphomatosen 292[8].

— s. Barnes, W. A. 298[5].

Cole, W. H., s. Allison, J. B. 551[5].

Coleby, B., M. Keller and J. Weiss: Oxydation von Cholesterin durch Röntgenstrahlen 392[10].

Colgate, C. E., s. Allen, E. 38[11].

Collett, M. E., J. T. Smith, G. E. Wertenberger, D. M. Harlor, F. W. Reed and S. Y. Long: Wirkung von Follikel- und Corpus luteum-Hormon auf den Grundumsatz 530[9].

Collins, A., s. Seneca, H. 173[10].

Collins, W. E., s. Benedict, F. G. 515[4].

Collip, J. B.: Antihormone 26[6]. — Antihormon gegen Wachstumshormon 152[14].

— H. Selye and D. L. Thomson: Zusammenfassung über Antihormone (1940) 26[6]. — Bestimmung des Wachstumshormons 152[10].

— s. Anderson, E. M. 155[3].

— s. Selye, H. 19[1].

Colodzin, M., s. Agranoff, B. W. 410[2].

Colombo, E.: Wirkung des Progesterons auf Follikelsprung 15[2].

Colowick, S. P., and C. F. Cori: Colaminphosphorsäure im Rattendarm 452[2].

— s. Papaconstantinou, J. 411[11].

Colter, J. S., H. H. Bird and R. A. Brown: Meningo-Encephalitis-Virus 604[2].

— H. H. Bird and H. Koprowski: Xanthinoxydasegehalt im Ehrlichschen Mäuseascitestumor 418[3].

— H. H. Bird, H. Koprowski and H. B. Ritter: Parallelität von Chromosomenzahl und Desoxyribonucleinsäuregehalt von Zellkernen 443[5].

— H. H. Bird, A. W. Moyer and R. A. Brown: Ribonucleinsäure notwendig für Vermehrung von Poliovirus 603[2]. —West Nile Encephalitis-Virus 604[5].

— R. A. Brown and D. Kritchevsky: Desoxyribonucleinsäure aus Ehrlichschem Mäuseascitestumor 444[10].

COLTER, J. S., and J. H. QUASTEL: Hemmung der Cholinoxydase durch Lost und Stickstofflost 374[5].
— s. BROWN, R. A. 445[2].
COMAN, D. R.: Zusammenfassung über den Mechanismus der Metastasenbildung (1953) 399[10]. — Calciumgehalt von Geschwülsten 340[10]. — Einfluß des Mutterbodens auf Tumorimplantation 341[12]. — Verminderte Haftfestigkeit von Tumorzellen beruht auf niedrigem Calciumgehalt 399[9].
— R. P. DELONG and M. MCCUTCHEON: Keine Bedeutung des Mutterbodens für Krebswachstum 335[8]. — Verteilung verimpfter Zellen von BROWN-PEARCE-Carcinom auf die Organe 341[9]. — Kreislaufmechanische und milieubedingte Gründe für Ansiedlung metastasierender Tumoren 341[9].
— s. DELONG, R. P. 340[10], 341[12], 398[8], 399[4].
— s. ENTERLINE, H. T. 332[13].
— s. MCCUTCHEON, M. 341[12], 458[9].
— s. ZEIDMAN, I. 335[7], 341[8].
COMMANDON, J., et P. DE FONBRUNE: Funktionen des Zellkerns 131[4].
COMMINS, B. T., R. L. COOPER and A. J. LINDSEY: Aromatische Kohlenwasserstoffe im Zigarettenrauch 196[2].
Committee on Air Pollution: Bericht über chemische Industrie und Luft- und Wasserverschmutzung (1954) 213[10].
COMMON, R. H., s. CRAMPTON, E. W. 193[2].
— s. GARDINER. V. E. 480[9].
CONGDON, C. C., s. MULAY, A. S. 365[8].
CONIE, A. J., s. WATSON, M. L. 196[8].
CONKLIN, E. G., s. KOPAC, M. J. 132[11].
CONNELL, M. L., s. BOYD, E. M. 450[13].
CONNEY, A. H., R. R. BROWN, J. A. MILLER and E. C. MILLER: Entmethylierung von 4-Dimethylaminoazobenzol durch Hepatom, Milz, Niere und Darm nicht möglich 370[2]. — Ferment für Entmethylierung von 4-Dimethylaminoazobenzol 370[2].
— E. C. MILLER and J. A. MILLER: Demethylase für 4-Dimethylaminoazobenzol wird durch 3-Methylcholanthren aktiviert 370[9].
CONNOR, E., s. MANGOLD, R. 522[10].
CONSBRUCH, U., u. D. SCHMÄHL: Riboflavingehalt der Leber nach 4-Dimethylaminoazobenzol 260[4]. — Unspezifische Schädigungen durch 4-Dimethylaminoazobenzol 261[8]. — Wirkung von Cancerogenen als Summationswirkung 309[1].
— s. DRUCKREY, H. 279[6].
— s. SCHMÄHL, D. 196[7], 261[8].
CONTE, F. P., s. UPTON, A. C. 380[4].
CONTI, C., s. BANCHETTI, A. 33[8].
CONTOPOULOS, A. N., s. EVANS, E. S. 528[3], 532[8].
CONWAY, B. E., s. BUTLER, J. A. 273[2].
CONWAY, W., s. TARBELL, D. S. 358[8].
CONZELMANN, G. M. jr., H. G. MANDEL and P. K. SMITH: Einbau von 4-Amino-5-imidazolcarboxyamid-^{14}C in Purine der DNS des Mäusesarkoms 37 446[14].
COOK, E. R., s. REISS, M. 31[1].
COOK, E. S., s. LOOFBOUROW, J. R. 178[6].
COOK, H. (A.), A. C. GRIFFIN and J. M. LUCK: Eiweißveränderungen im Rattenserum nach Dimethylaminoazobenzol und seinem 3′-Methyl-Derivat 433[4].
— s. GRIFFIN, A. C. 429[5], 441[8].
COOK, J. W.: Vorlesungen über Chemie und Krebs. Engl. (1943) 192[11]. — Zusammenfassung über Chemie und biologische Eigenschaften carcinogener Substanzen (1939) 345[3]. — Cancerogene Kohlenwasserstoffe 213[6]. — Umwandlung von trans- in cis-Formen von Stilben- und Azobenzolderivaten 250[8]. — Cancerogene Homologe von 1,2-Benzanthracen 346[11]. Cancerogene Wirkung von 1,2,5,6-Dibenzanthracen 351[1]. — Verhalten von polycyclischen aromatischen Kohlenwasserstoffen im Stoffwechsel 355[11]. — Übergang von Steroiden in krebserzeugende polycyclische aromatische Kohlenwasserstoffe 389[1].
— E. C. DODDS, C. L. HEWETT and W. LAWSON: Synthetische Oestrogene 39[6]. — 3,4-Benzpyren soll oestrogen sein 41[1].
— E. DUFFY and R. SCHOENTAL: Senecioalkaloide als Krebsursache 287[3], 375[12].
— and G. A. D. HASLEWOOD: Keine Bildung carcinogener Substanzen aus Cholesterin oder Gallensäuren in vivo 202[1]. — Darstellung von 20-Methylcholanthren 217[3]. Cancerogene Wirkung von 3-Methylcholanthren 347[11], 389[2].
— G. A. D. HASLEWOOD, C. L. HEWETT, I. HIEGER, E. L. KENNAWAY and W. V. MAYNEORD: Krebserzeugende polycyclische, aromatische Kohlenwasserstoffe 345[4].
— and C. L. HEWETT: 3,4-Benzpyren als cancerogene Substanz aus Steinkohlenteer 213[2]. — Synthese von 3,4-Benzpyren 346[14].
— C. L. HEWETT and I. HIEGER: Cancerogener Kohlenwasserstoff aus Teer 346[12].
— C. L. HEWETT, E. L. KENNAWAY and N. M. KENNAWAY: Cancerogene Stoffe 212[12]. — Cancerogene Wirkung von 2,2′-Azonaphthalin 236[1], 239[10], 365[11]. — Anticancerogene Eigenschaften von Sulfosäuregruppen und von Sudan I 245[3].
— I. HIEGER, E. L. KENNAWAY and W. V. MAYNEORD: Cancerogene Kohlenwasserstoffe 213[6]. — Carcinogene Homologe von 1,2-Benzanthracen 346[11]. — Pinselungsmethode zur Prüfung carcinogener Wirksamkeit 348[5].
— and E. L. KENNAWAY: Cancerogene Kohlenwasserstoffe 213[6]. — Krebserzeugende polycyclische, aromatische Kohlenwasserstoffe 345[4]. — Cancerogene Wirkung von 9,10-Dimethylanthracen 349[11].

Cook, J. W., E. L. Kennaway and N. M. Kennaway: Desoxycholsäure ist cancerogen 202[3]. — Cancerogene Wirkung von Dibenzazobenzol (2,2′-Azonaphthalin) 248[3], 236[1].
— and R. H. Martin: Photooxyde cancerogener Kohlenwasserstoffe sind nicht cancerogen 205[11].
— and R. Schoental: Leberkrebs bei Mangel an Methyldonatoren 193[14]. — Aufhebung der carcinogenen Wirkung durch Oxydation von Ringsystemen 218[2]. Cancerogene Wirkung von 8-Methoxy- und von 8-Oxy-3,4-benzpyren 218[6]. — Peroxylierung von höheren Aromaten 226[8]. — Carcinogene Wirkung von Chinonen aus cancerogenen Kohlenwasserstoffen 227[4]. — Cancerogene Wirkung von 8-Methoxy-3,4-benzpyren 352[1]. — Reaktion von Osmiumtetroxyd mit polycyclischen aromatischen Kohlenwasserstoffen 354[8].
— s. Bachmann, W. E. 350[5], 351[8], 353[6].
— s. Badger, G. M. 213[7], 218[6], 349[13], 350[2], 351[5, 10], 353[7].
— s. Barry, G. 349[14], 350[1], 351[3], 352[3].
— s. Burrows, H. 203[2].
Cook, S. F., s. Leon, H. A. 311[1].
Coons, A. H., and M. H. Kaplan: Markierung von Antikörpern 175[11]. — Kopplung von Antikörpern mit Fluorescein 265[5], 313[5].
Cooper, E. J., M. L. Trautmann and M. Laskowski: Inhibitor der Desoxyribonuclease 449[7].
Cooper, G. R., s. Neurath, H. 386[10], 587[3].
Cooper, L. F., E. M. Barber and H. S. Mitchell: Buch über Ernährung in Gesundheit und Krankheit. Engl. 9. Aufl. (1943) 558[9].
Cooper, R. L., J. A. Gilbert and A. J. Lindsey: Aromatische Kohlenwasserstoffe im Zigarettenrauch 196[2].
— and A. J. Lindsey: Aromatische Kohlenwasserstoffe im Zigarettenrauch 196[2]. — 3,4-Benzpyren im kondensierten Rauch von Zigaretten 347[8].
— s. Commins, B. T. 196[2].
— s. Keen, P. 196[10].
— s. Wedgwood, P. 213[12].
Cooper, Z. K., s. Stowell, R. E. 440[12].
— s. Taussig, J. 205[10].
Copeland, D. H., and W. D. Salmon: Leberkrebs bei Mangel an Methyldonatoren 193[14].
Copisarow, M.: Tumorauslösung durch Kernfragmente 293[15].
Coplan, M. M., s. Deichmann, W. B. 362[11].
Coppedge, R. L., and A. Segaloff: Prolactin aus Wöchnerinnenharn 26[1]. — Ausscheidung von Prolactin im Männerharn 38[5].
Corbellini, A., s. Rondoni, P. 304[2].
Corbett, D. G., and E. W. Abrams: Mammageschwülste bei Männern nach chronischer Oestrogentherapie 327[12].
Cordua, C. A., s. Haas, H. T. A. 166[1, 4].
Corey, R. B., s. Pauling, L. 83[6], 175[4].
Cori, C. F.: Verhütung des Mäusebrustkrebs durch Kastration 297[5]. — Experimenteller Brustkrebs nach Oestrogenen 327[5].
— and G. T. Cori: Milchsäurebildung in Tumoren 404[2]. — Milchsäuregehalt von Tumoren nach parenteraler Glucosezufuhr 404[4].
— s. Colowick, S. P. 452[2].
Cori, G. T., s. Cori, C. F. 404[2, 4].
Corley, R. C., s. Wolf, P. A. 146[3].
Corner, E. D. S., and L. Young: Phenolbildung aus polycyclischen aromatischen Kohlenwasserstoffen im Organismus 355[13].
Corner, G. W., and W. M. Allen: Test auf Progesteron 16[5].
Cornfield, J., s. Wynder, E. L. 196[8], 197[6].
Cornil, L., et J. E. Paillas: Steigerung der Insulinproduktion durch Androgene 11[9].
— s. Roche, J. 457[12].
Cornish, R. E., s. Evans, H. M. 124[18].
Cornman, I., s. Kopac, M. J. 132[11].
Cornman, M. E., s. Kopac, M. J. 132[11].
Correa, L. M., s. Roffo, A. H. 203[7], 378[5].
Correns, C.: Außerkaryotische Vererbung 80[2]. — Mutative Veränderungen an Plasmaerbträgern 80[12].
Corsiglia, V. F., s. Griffin, A. C. 324[12].
Cosentino, V., K. Paigen and R. L. Steere: Bau kugelförmiger Pflanzenviren 586[2]. — Turnip yellow-Virus 587[9].
— s. Fraser, D. 586[3].
Cosslett, V. E., and R. Markham: Molekulargewicht von turnip yellow-Virus 587[10].
Costello, C. H., and E. V. Lynn: Oestriol aus Weidenkätzchen 20[4].
Costello, C. J., C. Carruthers, M. D. Kamen and R. L. Simoes: Änderung im Gehalt an Phospholipoid und Nucleinsäure in Mäuseepidermis bei Carcinogenese durch Methylcholanthren 396[5]. — Cholingehalt im transplantablen Carcinom der Maus 460[7].
Costello, D. P.: Zusammenfassung über Wachstum und Entwickelung (1949) 124[15].
Cotes, P. M., J. A. Critchton, S. J. Folley and F. G. Young: Hemmung oxydativer Prozesse durch Wachstumshormon 153[1].
— E. Reid and F. G. Young: Identität von diabetogenem Hormon und Wachstumshormon 152[2], 325[3].
Co Tui, F. W., D. Hope, M. H. Schrift: J. Powers, A. Wallen and L. Schmidt, Wirksame Pyrogendosis am Menschen 170[1].
Coulon, A. de: Hautkrebs bei Mäusen nach Sonnenbestrahlung 205[2].
— s. Vlès F., 205[9].

COULSON, C. A.: Zusammenfassung über Elektronenkonfiguration und Carcinogenese (1953) 219[10]. — Kritischer Wert der π-Elektronendichte und Bindungszahl an der K-Region für cancerogene Wirkung 354[6].
COURRIER, R.: Buch über Endokrinologie der Schwangerschaft. Franz. (1945) 43[16]. — Synthetische Oestrogene 39[6].
— et G. GROS: Wirkung von Keimdrüsenhormonen auf Prostata 10[5], 42[3].
COUSSENS, R., et G. SIERENS: Oestrogene Wirkung von Tulpenzwiebeln 20[9].
COWDRY, E. V.: Buch über Krebszellen. Engl. (1955) 181[59]. — Änderung in der chemischen Zusammensetzung der Epidermis während der Carcinogenese durch Methylcholanthren 400[13].
— and V. SUNTZEFF: Wachstumsgeschwindigkeit von transplantierten Tumoren 324[3].
— s. GOPAL-AYENGAR, A. R. 442[1].
— s. HSIEH, K.-M. 412[5].
— s. ROBERTS, E. 425[3].
— s. SUNTZEFF, V. 450[8].
COWEN, P. N.: Keine cancerogene Wirkung von Urethan bei Huhn und Meerschweinchen 374[17].
COX, A. J. jr., s. WILSON, R. H. 236[4], 359[9].
COYNE, B. A., s. RIGGS, T. R. 423[17].
CRABB, E. D.: Metastasierung nach Krebsoperationen am Menschen 340[4]. — Bedeutung der amöboiden Beweglichkeit der Krebszellen für Metastasenbildung 340[8]. — Metastasenbildung durch Rundzellengeschwülste 340[9].
CRABTREE, H. G.: Hemmung von Enzymen durch cancerogene Strahlen und Substanzen 228[2]. — Cancerogene Wirkung von Aminoazotoluolen 239[1]. — Wachstumssteigernde Wirkung von nicht cancerogenen Azobenzolverbindungen 239[7]. Keine cancerogene Wirkung von 2-Oxy- und 4'-Oxydimethylaminoazobenzol 244[1]. — Hemmung der carcinogenen Wirkung von 4-Dimethylaminoazobenzol durch 4-Dimethylaminoazobenzol-4'-carbonsäure 244[7]. — Cancerogene Wirkung von 4-Dimethylaminoazobenzol-4'-sulfonamid 245[10]. — Lokale Sarkombildung durch Sulfonamide 247[4]. — Hemmung der cancerogenen Wirkung von 4-Dimethylaminoazobenzol durch nicht cancerogene Azobenzolverbindungen 265[1]. — Cancerogene Wirkung von o-Aminoazotoluol 364[6]. — Cytostatische Wirkung von Stickstofflost auf Tumorzellen 373[13]. — Umgekehrter PASTEUR-Effekt bei Tumoren 406[2]. — Stoffwechselgrößen von Tumoren 407[4].
CRAIG, F. N., A. M. BASSETT and W. T. SALTER: Leistungsfähigkeit des Cytochromsystems in Tumor- und normalem Gewebe 418[15].
CRAIGIE, J.: Zusammenfassung über Überleben und Konservierung von Tumoren in gefrorenem Zustand (1954) 300[3].
— s. GYE, W. E. 300[1], 336[9].
CRAMER, H., u. H. W. PABST: Aufnahme von ^{32}P durch Tumoren und wachsende Gewebe 401[13].
— s. BINGOLD, K. 418[14].
CRAMER, M. E., s. GRIFFITH, F. R. 534[4].
CRAMER, W., and R. E. STOWELL: Treffertheorie der carcinogenen Wirkung 309[3].
— s. BEGG, A. M. 293[13].
CRAMPTON, C. F., s. HAUROWITZ, F. 175[3].
CRAMPTON, E. W., R. H. COMMON, F. A. FARMER, A. F. WELLS and D. CRAWFORD: Bildung toxischer Substanzen beim Erhitzen von Fetten 193[2].
— F. A. FARMER and F. M. BERRYHILL: Bildung toxischer Substanzen beim Erhitzen von Fetten 193[2]. — Cyclisierung von Ölen bei Erhitzen 288[6].
CRANDELL, E. M., s. BOYD, E. M. 450[13].
CRANE, A. R., s. PAYNE, R. L. 382[8].
CRAWFORD, D., s. CRAMPTON, E. W. 193[2].
CRAWLEY, J. F., s. REID, D. B. W. 583[4].
CREECH, H. J.: Antigene Wirkung proteingebundener Kohlenwasserstoffe 227[8]. — Immunologische Eigenschaften von Konjugaten carcinogener Kohlenwasserstoffe mit Proteinen 431[10].
— and R. M. PECK: Antigene Wirkung proteingebundener Kohlenwasserstoffe 227[8].
CRELIN, E. S., and J. T. WOLSTENHOLME: Bildung des Follikelreifungshormons in den Granulosazellen 14[14].
CREMER, H. D., s. BALKE, B. 533[11].
CREPAX, P., e G. MOGGIAN: p-Oxypropiophenon kein „Hypophysenblocker“ 42[5].
CRESSON, E. L., s. WRIGHT, L. D. 147[16].
CREW, F. A., s. HOGBEN, L. T. 479[6].
CREW, F. A. E.: Buch über Genetik in Beziehung zur klinischen Medizin. Engl. (1947) 70[12].
CRICK, F. H. C., and J. D. WATSON: Struktur von Ribonucleinsäure 586[4].
— s. WATSON, J. D. 58[1], 72[3], 74[2,10].
CRIEGEE, R., B. MARCHAND and H. WANNOWIUNS: Oxydation von Cancerogenen durch Osmiumtetroxyd 226[3]. — Peroxylierung von höheren Aromaten 226[7].
CRITCHFIELD, F. H., s. SHAFFER, C. B. 161[5].
CRITCHTON, J. A., s. COTES, P. M. 153[1].
CROLAND, R.: Experimentelle Erzeugung von Bakterienmutanten 88[13].
CRONINGER, A. B., s. WYNDER, E. L. 196[1], 200[18], 347[9].
CROSS, B. A., and G. W. HARRIS: Wirkung von Oxytocin auf Lactation 49[12].
CROSS, B. E.: Gibberellinsäure ist eine einbasische Dioxylactonsäure 150[6].
— s. CURTIS, P. I. 150[7].
CROSS, N., s. MACKENZIE, C. G. 263[1].
CROSSLEY, M. L., s. LEWIS, M. R. 373[16].
— s. SUGIURA, K. 239[3], 364[13].
CROWFOOT, D., s. BERENBLUM, I. 356[6].

Crowfoot-Hodgkin, D.: Zusammenfassung über Röntgenuntersuchung an Virusproteinen (1950) 587^{4}.
Cullumbine, H.: Leukotaxingehalt von verbrühter Kaninchenhaut 168^{15}.
Cunningham, L., A. C. Griffin and J. M. Luck: Desoxyribonucleinsäuregehalt von Tumorzellen gleich dem von Leberzellen 430^{1}. — Desoxyribonucleinsäuregehalt in Zellkernen von Leber und Hepatomen 442^{7}.
— s. Griffin, A. C. 429^{5}, 434^{5}, 435^{1}, 441^{8}, 446^{7}.
Curci, C.: Grundumsatz während des Klimakteriums 530^{13}.
Curnow, D. H., s. Biggers, J. D. 20^{8}.
Currie, A. N.: Arsen als Ursache von Berufskrebs 210^{1}. — Arsengehalt von Trinkwasser als Krebsursache 210^{3}. — Cancerogene Wirkung von Arsen(III)-Verbindungen 376^{16}.
Curtis, A. H. (Hrsgb.): Buch über Geburtshilfe und Gynäkologie. Bd. 1. Engl. (1933) 48^{12}.
Curtis, G. M., s. Rapport, R. L. 521^{2}.
Curtis, J. M., and E. A. Doisy: Steroidnatur der Keimdrüsenhormone 28^{3}.
Curtis, M. R., F. D. Bullock and W. F. Dunning: Vorkommen von Krebs bei Ratten 184$^{\text{Tab.}}$
— and W. F. Dunning: Vorkommen von Krebs bei Ratten 184$^{\text{Tab.}}$
— W. F. Dunning and F. D. Bullock: Tumorbildung durch Cysticercus fasciolaris 290^{4}.
— s. Bullock, F. D. 184$^{\text{Tab.}}$, 283^{11}, 290^{3}.
— s. Dunning, W. F. 234^{10}, 283^{11,12}, 290^{4,9}, 327^{3,9}, 360^{3,4}.
Curtis, P. I., and B. E. Gross: Gibberellinsäure 150^{6}.
Curwen, M. P., E. L. Kennaway and N. M. Kennaway: Häufigkeit von Bronchialkrebs 194^{5}.
Cusin, J. L., s. Latarjet, R. 196^{4}, 347^{8}.
Cutler, M., s. Owen, S. E. 12^{5}.
Cuyler, W. K., B. F. Stimmel and D. R. McCullagh: Bestimmung des Schilddrüsenhormons 155^{4}.
Czech, W.: Cholin als Leberschutzstoff 151^{5}.
Czok, G., u. H. Bramsel: Jahresrhythmus der Vitaminzufuhr 570^{4}.

Daels, F., et G. Baeten: Experimentelle Krebserzeugung durch Radium 209^{2}, 379^{13}.
— et R. Biltris: Experimentelle Krebserzeugung durch Radium 209^{2}, 379^{13}.
Daff, M. E., R. Doll and E. L. Kennaway: Häufigkeit von Bronchialkrebs 194^{5}. — Ursachen für Bronchialkrebs 196^{9}.
D'Agostino-Barbaro, A.: Einfluß von Lichtreizen auf Grundumsatz 536^{8}. — Wirkung akustischer Reize auf Grundumsatz 537^{6}.
Dahlberg, G.: Zusammenfassung über Genetik menschlicher Populationen (1948) 70^{13}.
Dahlin, D. C., s. Sabanas, A. O. 199^{6}, 206^{8}.
Daiser, K. W.: arc tg-Funktion bei Wachstum von Zelleinsaaten 127^{3}.
Dakin, H. D.: Glucoplastische Aminosäuren 554^{1}.
— and H. W. Dudley: Glucoplastische Aminosäuren 554^{1}.
Dalcq, A. (M.): Buch über Form und Kausalität bei der frühen Entwicklung. Engl. (1938) 106^{5}. — Buch über das Ei und seine organisatorische Dynamik. Franz. (1941) 52^{3}.
Dale, H., and H. W. Dudley: Verhalten von Oxytocin gegen Proteasen 49^{4}.
— and P. P. Laidlaw: Oxytocinauswertung 49^{7}.
Dallam, R. D., and L. E. Thomas: Nucleinsäuren im Stiersperma 13^{15}.
Dalldorf, G.: Coxsackie-Viren 603^{5}.
— and G. M. Sickles: Coxsackie-Virus 603^{4}.
Dalton, A. J., H. Kahler, M. G. Kelley, B. J. Lloyd and M. J. Striebich: Mitochondrien-Membran 81^{3}.
— H. P. Morris and C. S. Dubnik: Schilddrüsentumoren nach strumigenen Substanzen 326^{7}.
— s. Barrett, M. K. 457^{6}.
— s. Edwards, J. E. 254^{2}, 276^{7}, 375^{6}.
— s. Maver, M. E. 436^{10}.
— s. White, J. 402^{2}.
Dam, H.: Störung von Vermehrung und Lactation bei Mangel an mehrfach ungesättigten Fettsäuren 555^{10}. — Gehalt der Muttermilch an mehrfach ungesättigten Fettsäuren 556^{4}.
— I. Prange and E. Søndergaard: Cholesterinstoffwechsel bei Mangel an mehrfach ungesättigten Fettsäuren 555^{12}.
— s. Aaes-Jørgensen, E. 555^{11}.
Dameshek, W., s. Goodman, L. S. 139^{9}.
Damme, O. van, s. Alexander, H. E. 603^{3}.
Dammermann, H. J., u. E. Kirberger: Saure Phosphatase und Prostatacarcinom 456^{11}.
Damron, C. M., s. Dyer, H. M. 367^{14}.
Dane, E., s. Wieland, H. 201^{14}, 217^{3}, 347^{12}, 389^{3}.
Danes, B., G. S. Christiansen and P. J. Leinfelder: Ohne Atmung kein Wachstum von Gewebekulturen 120^{3}. — Mitoserate in Stickstoffatmosphäre 133^{8}.
Danforth, C. H., and E. Center: Auslösung von Mißbildungen durch chemische Substanzen 96^{5}. — Extremitätenmißbildungen nach Stickstoff-Lost 118^{1}. — Auslösung von Mißbildungen durch Mitosegifte 142^{12}.
Danielli, J. F., and B. Brown (Hrsgb.): Symposium über Wachstum in Beziehung zu Differenzierung und Morphogenese (1948) 124^{53}.
— s. Harris, E. B. 141^{3}.

Danielli, J. F., s. Lorch, I. J. 4[5], 71[1], 131[2].
Daniels, M. B., s. Scott, K. G. 401[7, 8].
Daniels, T. C., s. Kumler, W. D. 142[2].
Danishefsky, I., s. Oppenheimer, B. S. 211[13], 279[15], 282[2], 283[2], 376[10, 14].
Dann, M., and W. H. Chambers: Spezifisch-dynamische Wirkung von Fructose und Glucose 538[4].
Danneberg, P.: Synthetische Oestrogene 39[6].
— u. H. A. Nieper: Putrescin hat keine sichere cancerogene Wirkung 204[6].
— u. D. Schmähl: Antioestrogene Wirkung von cancerogenen aromatischen Aminen 16[4], 41[13]. — Oestrushemmung durch p-Dioxyverbindungen 249[4].
— s. Druckrey, H. 39[6], 40[9], 41[3], 115[7], 133[1], 136[6], 137[4], 138[5, 14, 15], 139[21, 32], 141[5], 142[1], 216[3], 217[7,10], 218[3], 224[9], 225[2], 244[4], 248[8], 249[9], 252[5], 253[4,7], 257[1], 260[18], 279[1], 286[1], 329[4], 365[16].
— s. Lauber, W. 266[5], 316[3].
— s. Nieper, H. A. 365[5].
Danneel, R.: Melaninbildung als Wirkung von „Gen-Hormonen“ 98[11]. — Transplantabilität von Shope-Virus auf zahme Kaninchen 294[11]. — Empfindlichkeit von Shope-Papillom gegen Röntgenstrahlen 295[3].
— u. E. Güttes: Selbstreproduktion von Mitochondrien und Plasmagranula 5[3]. — Mitochondrien als vermehrungsfähige Einheiten 81[4]. — Vermehrung cytoplasmatischer Bestandteile 131[8].
— u. W. König: Kein Pentoseabbau durch Krebsseren 410[5].
— u. N. Weissenfels: Cancerogene Wirkung von Kohlenwasserstoffen unabhängig von chronischen Entzündungen und Regenerationen 231[11]. — Co-cancerogener Faktor von Crotonöl 233[7]. — Cocancerogene Wirkung von Crotonölfraktionen 304[7]. — Versuch den tumorrealisierenden Faktor des Crotonöls zu isolieren 381[11].
Dannenberg, H.: Cancerogene Wirkung von Steranthren und 4-Methyl-1,2-cyclopentano-phenanthren 202[15]. — Cancerogene Methylderivate von Cyclopentanophenanthren 217[5]. — Peroxylierung von höheren Aromaten 226[8]. — Verhalten von polycyclischen aromatischen Kohlenwasserstoffen im Stoffwechsel 355[11]. — Keine carcinogene Wirkung von Lumisteroiden 378[7]. — Endogene Krebsentstehung 388[1]. Beziehungen zwischen Steroiden und krebserzeugenden Kohlenwasserstoffen 389[6]. — Cancerogene Wirkung der angularen Form des Steranthrens 390[3].
— u. D. Dannenberg-v. Dresler: Cancerogene Wirkung von Steranthren und 4-Methyl-1,2-cyclo-pentanophenanthren 202[15]. — Cancerogene Wirkung von Cyclopentanophenanthren und von Steranthren 217[6]. — Isomerie des Steranthrens 390[2].
Dannenberg, H., u. A. Naerland: Infrarot-Absorption von aromatischen Kohlenwasserstoffen 212*.
— s. Butenandt, A. 202[13], 217[5], 342[9], 349[12], 389[10], 391[6,9], 392[4].
Dannenberg-v. Dresler, D., s. Dannenberg, H. 202[15], 217[6], 390[2].
— s. a. Dresler, D.
Danon, M., s. Sachs, L. 55[2], 77[7].
Dansi, A., s. Bachmann, W. E. 350[5], 351[8], 353[6].
Dantchakoff, V., s. Dantschakoff, W.
Dantschakoff, W.: Zusammenfassung über Gewebsplastizität, Hormone und Geschlecht (1938) 52[6]. — Übertragung von cancerogenen Stoffen durch Placenta und Milch 48[3]. — Hühnerembryo, Geschlechtsentwicklung 54[2]. — Wirkung von Keimdrüsenhormonen auf geschlechtliche Veränderung 54[7]. — Durchtritt von Cancerogenen durch die Placenta 231[7].
Daoust, R., and A. Cantero: Aktivität von Desoxyribonuclease und Ribonuclease der Leber nach Dimethylaminoazobenzol 449[1].
— s. Cantero, A. 449[1].
Darchun, V., s. Hadler, H. I. 227[10], 263[9].
Dareste, C.: Buch über Untersuchungen über die künstliche Bildung von Monstrositäten. 2. Aufl. Franz. (1891) 115[9].
Dargeon, H. W.: Krebs als Todesursache bei Kindern 188[4].
— J. W. Eversole and V. del Duca: Durchtritt von Cancerogenen durch die Placenta 231[7].
Darjet, J.: Mammageschwülste bei Männern nach chronischer Oestrogentherapie 327[12].
Darlington, C. D.: Buch über neuere Fortschritte der Cytologie. 2. Aufl. Engl. (1936) 1[9]. — Selbstreproduktion von Mitochondrien und Plasmagranula 5[3]. — Regulationszentren für Protein- und Desoxyribonucleinsäurestoffwechsel der Zelle 78[3]. — Plasmatische Vererbung 79[7]. — Plasmagranula als Duplikanten 81[6]. — Bruchbereitschaft der Chromosomen bei Störungen des Nucleinsäurestoffwechsels 88[8]. — Plasmagene 131[9]. — Mutagene Wirkungen von Lostverbindungen 272[1]. Duplikanten, an denen cancerogene Wirkungen angreifen, in Cytoplasma und Kern 300[10]. — Viren als „errabunde“ Gene 301[3]. — Angriffsort der cancerogenen Wirkung in den plasmatischen Duplikanten 310[6].
— and K. Mather: Buch über Elemente der Genetik. Engl. (1949) 70[14].
Dart, R. M., s. Fishman, W. H. 456[14].
Daskalakis, E. G., s. Hanahan, D. J. 42[7].
Dauben, H. J. jr., s. Hanahan, D. J. 42[7].
Dauben, W. G., and D. Mabee: Fixierung von cancerogenen Kohlenwasserstoffen in der Zelle 230[5].
— and P. H. Payot: Oxydation von Cholesterin durch Röntgenstrahlen 392[10].
— s. Chapman, D. D. 454[4].

DAUBEN, W. G., s. MASORO, E. J. 554[6].

DAUDEL, P., et R. DAUDEL: Elektronentheorie der Krebserzeugung 219[10]. — Molekulardiagramme 221[1]. — Beziehungen zwischen π-Elektronen und carcinogener Wirkung 222[1].

— R. DAUDEL et N. P. BUU-HOI: Molekulardiagramme 221[1]. — Beziehungen zwischen π-Elektronen und cancerogener Wirkung 222[1].

DAUDEL, R., s. DAUDEL, P. 219[10], 221[1], 222[1].

— s. LACASSAGNE, A. 352[9].

— s. PAGES-FLON, M. 219[1], 224[7].

DAUGHADAY, W. H., H. JAFFÉ and R. H. WILLIAMS: Corticosteroidbestimmung 174[4].

DAVID, K., E. DINGEMANSE, J. FREUD u. E. LAQUEUR: Vorkommen von Testosteron im Hoden 8[11]. — Androstanol-3 und Androstanon-3 als Sexualriechstoffe 9[1], 104[5].

DAVIDSON, H., s. EULER, H. v. 97[7].

DAVIDSON, H. M., s. LEVY, H. B. 441[12].

DAVIDSON, I. W. F., s. CAMPBELL, J. 152[2], 325[3].

DAVIDSON, J. D., and B. B. FREEMAN: Hemmstoffe für Nucleinsäurestoffwechsel 448[5].

DAVIDSON, J. N.: Nucleinsäuren im Nucleolus 144[3].

— and I. LESLIE: Desoxyribonucleinsäuregehalt von Zellkernen 76[2], 132[3]. — Veränderungen an Nucleinsäuren in Cytoplasma und Kern bei Carcinogenese 266[1]. Desoxyribonucleinsäuregehalt als Basis für Berechnung von Zellanalysen 397[1].— Verminderung der Ribonucleinsäure in Rattenhepatomen 441[9]. — Desoxyribonucleinsäuregehalt von Zellkernen somatischer und haploider Zellen (Spermatozoen) 442[2]. — Desoxyribonucleinsäuregehalt von Knochenmarkszellen 442[11]. — Beziehung der Zellanalysen auf ihren Desoxyribonucleinsäuregehalt 443[6].

— I. LESLIE and J. C. WHITE: Desoxyribonucleinsäuregehalt von Leukocyten 442[12].

— and W. RAYMOND: Umbau von Desoxyribonucleinsäuren bei Zellteilung 77[6]. — Stoffwechsel der DNS im Ruhekern 132[1]. Zunahme der DNS bei Zellvermehrung 132[7]. — Anregung des Nucleinsäurestoffwechsels durch Wachstumshormon 152[15]. Quotient DNS/RNS in regenerierender Leber 180[3].

— and C. WAYMOUTH: Desoxyribonucleinsäuregehalt von Tumoren und ihren Muttergeweben 440[9,12]. — Verminderung der Ribonucleinsäure in Rattenhepatomen 441[5].

— s. CHARGAFF, E. 131[7].

— s. MCINDOE, W. M. 442[14].

— s. THOMSON, R. Y. 440[9], 441[6], 442[5], 443[11].

DAVIDSON, W. M., and D. R. SMITH: Geschlechtschromatin in menschlichen Leukocyten 55[4].

DAVIES, H. W., s. MEAKINS, J. 522[4].

DAVIES, M. C., s. BROWN, R. A. 445[2].

DAVIES, R., and E. F. GALE: Buch über Adaptation bei Mikroorganismen. Engl. (1953) 84[1].

DAVIS, A. M., s. LEUCHTENBERGER, C. 443[3].

DAVIS, B. D.: Syntrophismus 99[3]. — Genetische Analyse von Stoffwechselprozessen an Neurospora crassa 99[6]. — Dehydrierung des Sterangrundskelets durch Einzeller 202[12]. — „phenomic lag"-Phase bei Bildung von Krebszellen 317[2].

DAVIS, C. A., s. FRANKLIN, R. M. 608[3].

DAVIS, J. R., s. BUSCH, H. 405[7].

DAVIS, J. W., s. WOTIZ, H. H. 390[6].

DAVIS, R. A., s. ROOK, A. J. 270[13].

DAVIS, R. K., G. T. STEVENSON and K. A. BUSCH: Vorkommen von Krebs bei Ratten 184[Tab.] — Fettreiche Ernährung begünstigt Krebsentstehung 192[10], 287[7].

DAVIS, T. R., and J. MAYER: Ursache der Stoffwechselsteigerung in der Kälte 532[3].

DAVIS, V. I., s. ALBANESE, A. A. 550[5].

DAVIS, W. E. jr., s. GRIFFIN, A. C. 446[12].

DAVISON, M. M., s. LEMON, H. M. 455[23].

DAWYDOWA, S. J.: Nucleinsäurevermehrung in Organen von Ratten mit Impftumoren 448[7].

— s. KUSIN, A. M. 448[14].

DAY, E., s. WHITMORE, W. F. jr. 330[1].

DAY, M. J., and G. STEIN: Berechnung von Strahlendosen 92[3].

DAY, P. L., L. D. PAYNE and J. S. DINNING: Förderung des Tumorwachstums durch Vitamin B_{12} und Folsäure 332[3].

DEANESLY, R.: Aktivierung der Prostatafunktion durch Hormone 10[4].

DEBOV, S. S., s. ZBARSKIJ, I. B. 426[5].

DECKER, A. B., D. L. FILLERUP and J. F. MEAD: Bedeutung ungesättigter Fettsäuren für Mäuse 555[3].

— s. MEAD, J. F. 555[15].

DEDRICK, H. M., s. BEERY, G. P. 87[5].

DEELMANN, H. T., u. J. P. VAN ERP: Cocancerogene Wirkung von Verbrennungen 304[2]. — Förderung des Geschwulstwachstums durch Proliferationsreize 324[9].

DEGENHARDT, K.-H.: Mißbildungen nach Sauerstoffmangel 117[3].

DEHLINGER, U.: Erklärung der Genmutation 89[12].

— u. E. WERTZ: Struktur der Gene 75[19]. — Erklärung der Genmutation 89[12].

DEHN, M. v.: Einfluß der Nahrung auf Geschlechtsbestimmung bei Daphniden 53[6]. Bedeutung von Fett für Wachstum von Daphnidien 146[5].

DEICHMANN, W. B., M. M. COPLAN, F. M. WOODS, W. A. D. ANDERSON, J. HESLIN and J. RADOMSKI: Cancerogene Wirkung von 4-Aminodiphenyl 362[11].

DEIGHTON, T.: Kompensationscalorimeter für Vögel 516[10].

DELAUNAY, A., s. BOIVIN, A. 164[17].

DELBET, P.: Magnesiummangeltheorie der Krebsentstehung 399[13].

DELBET, P., G. P. DEPEYRE et H. HEINEMANN: Magnesiummangeltheorie der Krebsentstehung 399[13].
DELBRÜCK, M.: Buch über Viren. Engl. (1950) 79[3]. — Zusammenfassung über bakterielle Viren oder Bakteriophagen (1946) 79[5].
— and W. T. BAILEY jr.: Virusmutation durch Austausch 96[3].
— s. LURIA, S. E. 87[6].
— s. TIMOFÉEFF-RESSOVSKY, N.W. 87[10], 89[4].
— s. VISCONTI, N. 62[2], 63[4], 84[8].
DELLWEG, H., s. WACKER, A. 53[9], 150[3].
DELONG, R. P., D. R. COMAN and I. ZEIDMAN: Kalium- und Calciumgehalt in Tumoren 398[8]. — K:Ca-Quotient in regenerierendem Gewebe erhöht 399[4].
DELORY, G. E., s. ISRAELS, L. G. 411[15].
DELPECH, G., s. TERROINE, E. F. 526[5].
DEMEREC, M. (Hrsg.): Buch über Biologie der Drosophila. Engl. (1950) 70[16]. — Zusammenfassung über Natur der Gene (1933) 70[15]. — Zusammenfassung über unstabile Gene bei Drosophila (1941) 85[6]. — Experimentelle Erzeugung von Bakterienmutanten 88[13]. — Genmodell 89[10]. — Mutagene Substanzen 93[12]. — Mutagene Wirkungen von Lostverbindungen 272[1].
— and U. FANO: T-Phagen 597[1].
— and J. SAMS: Keine unterschwellige Dosis bei Strahlenmutation an Drosophila 88[16]. — Erbschädigungen durch Mutagene 94[2].
DEMIRAL, B., s. MOESCHLIN, S. 175[5].
DEMPSEY, E. W., and G. B. WISLOCKI: Alkalische Phosphatase in der lactierenden Mamma 18[7].
DEMPSTER, P. B., and P. D. RITCHIE: Auflösung von Quarzpartikeln 284[12].
DENFFER, D. v.: Wirkung von 2,3,5-Trijodbenzoesäure auf Pflanzen 162[6].
DENMAN, D. T., s. HORTON, A. W. 231[14], 293[9], 303[10], 307[8].
DENNIS, E. J., s. PRATT-THOMAS, H. R. 197[2].
DENNY-BROWN, D.: Nervöse Störungen bei Unterernährung 576[13].
DENOIX, F.: Buch über die Mannigfaltigkeit gewisser Krebse. Franz. (1955) 185[3].
DENOIX, P.-F. (Hrsg.): Buch über statistische Dokumente über die Krebssterblichkeit in der Welt. Franz. (1953) 181[50].
— et X. GELLÉ: Bronchialkrebs bei Zigarettenrauchern 196[8].
DENT, C. E.: Aminosäurenverteilung in normaler und hyperplastischer Mäusehaut 423[3].
DENTON, R. W., and A. C. IVY: Wirkung von Leberextrakten auf Leberregeneration 179[6].
DENZ, F. A., s. BARNES, J. M. 210[5], 377[2].
DEOME, K. B., H. A. BERN, W. E. BERG and L. E. PISSOTT: Aufnahme von ^{32}P durch Tumoren und wachsende Gewebe 401[13].
DEPEYRE, G. P., s. DELBET, P. 399[13].
DEPOCAS, F., s. HART, J. S. 532[3].
DERINGER, M. K.: Cancerogene Wirkung von o-Aminoazotoluol 364[7].
— s. BARRETT, M. K. 333[6].
DESAULLES, P., W. SCHULER u. R. MEIER: Hemmung von Granulombildung durch Cortison 179[5].
— s. MEIER, R. 168[11], 172[7], 173[11], 175[12], 179[5].
DESMEDT, P., s. MAISIN, J. 349[9].
DESRUISSEAUX, G., s. ROCHE, J. 457[12].
DESSAUER, F.: Buch über Quantenbiologie (1954) 85[23]. — Treffertheorie der mutagenen Strahlenwirkung 89[1].
DETTELBACH, H. R., s. LEHMANN, F. E. 179[1].
DETZEL, A., s. BIERICH, R. 451[4], 452[6].
DEUEL, H., u. H. NEUKOM: Vernetzung von Borsäure mit Polysacchariden 279[4].
— H. NEUKOM and F. WEBER: Vernetzung von Borsäure mit Polysacchariden 279[4].
DEUEL, H. J. jr.: Buch über Lipoide. 3. Bd. Engl. (1957) 554[4].
— A. L. S. CHENG, C. D. KRYDER and M. E. BINGEMAN: Empfindlichkeit gegen Strahlen bei Mangel an mehrfach ungesättigten Fettsäuren 555[14].
— S. M. GREENBERG, L. ANISFELD and D. MELNICK: Wachstumshemmungen bei Mangel an mehrfach ungesättigten Fettsäuren 555[9].
— S. M. GREENBERG, E. E. SAVAGE and A. L. BAVETTA: Nährwert von hydrierter Margarine und Butter bei Ratten 557[2].
— C. R. MARTIN and R. B. ALFIN-SLATER: Störung von Vermehrung und Lactation bei Mangel an ungesättigten Fettsäuren 555[10].
— s. ALFIN-SLATER, R. B. 555[12].
— s. CHENG, A. L. S. 555[14].
DEUFEL, J.: Endomitotische Polyploidisierung 133[3].
DEUTSCH, H. F.: BENCE-JONES-Protein 433[11].
— u. T. GUSTAFSON: Katalase- und Cytochromoxydasewirkung in bebrüteten Seeigeleiern 478[10]. — Fermente im Seeigelembryo 479[1].
— C. H. KRATOCHVIL and A. E. REIF: BENCE-JONES-Protein 433[11].
— W. H. MCSHAN, C. A. ELY and R. K. MEYER: Komponenten der Antihormonwirkung 26[7].
— s. HARGREAVES, A. B. 421[11], 422[10].
— s. SEABRA, A. 422[12].
Deutsche Forschungsgemeinschaft. Kommission für Berufskrebs. Zusammenfassung über Berufskrebs 199*. — *Farbstoffkommission.* Resolution (1949) und Mitteilungen (1950—1957) 246[3]. — Bericht der Kommission zur Bearbeitung des Lebensmittelfarbstoff-Problems (1953) 384[2].
Deutsche Gesellschaft für Ernährung: Buch über wünschenswerte Höhe der Nahrungszufuhr (1956) 558[2].
DEWEY, V. C., s. KIDDER, G. W. 139[29], 142[9], 160[15], 161[2], 446[24].

DIBBELT, L., K. HINSBERG und H. ESSER: Bestimmung von Progesteron und Pregnandiol 33[11].
DICKENS, F.: Zusammenfassung über manometrische Methode der Stoffwechseluntersuchung (1941) 516[2]. — Zusammenfassung über den Einfluß des Lösungsmittels auf den carcinogenen Effekt (1946/47) 348[7]. — Zusammenfassung über Aromatisierung einfacher hydroaromatischer Verbindungen (1950) 390[4]. — Bedeutung des Lösungsmittels für Wirksamkeit von Carcinogenen 229[8]. — 4'-Hydroxy-9,10-dimethyl-1,2-benzanthracen aus 9,10-Dimethyl-1,2-dibenzanthracen im Organismus 356[4]. — Citronensäuregehalt in Tumoren und normalen Organen 405[1].
— and G. E. GLOCK: Ribose-5-phosphat-Bildung aus Glucose-6-phosphat 554[3].
— and F. ŠIMER: Tumorstoffwechsel 406[4].— Stoffwechselgrößen von Mäusetumoren 407[5].
— and H. WEIL-MALHERBE: Geräucherte Lebensmittel sind nicht cancerogen 213[9]. Sarkombildung durch Injektion von Öl oder Schweineschmalz 287[8]. — Glykogengehalt von Hepatomen nach Dimethylaminoazobenzol 402[2]. — Tumorstoffwechsel 406[4]. — Stoffwechsel normaler Gewebe 406[5].
— s. BEER, C. T. 202[9].
— s. CASE, E. M. 39[6].
— s. DODDS, E. C. 342[11].
DICKEY, F. H., G. H. CLELAND and C. LOTZ: Mutagene Wirkung von Peroxyden 92[4], 93[3].
DICKINSON, T. E., s. BEGG, R. W. 421[7], 422[5].
DICZFALSUY, E.: Bildung oestrogener Hormone in der Placenta 44[3].
DIEMAIR, W.: Wassergehalt von Nahrungsmitteln vor und nach Zubereitung 561[1].— Einfluß der Zubereitung auf Ausnutzung der Nahrungsmittel 561[2].
— u. K. BOEKHOFF: Hemmung der tryptischen Verdauung durch sulfosaure Farbstoffe 243[4].
DIENST, C.: Wirkung von Alkali auf Ödembildung 165[9].
DIEPGEN, P.: Buch über Heilkunde und ärztlichen Beruf (1938) 507[5].
DIETRICH, A., u. L. SCHÜTZINGER: Schnellwachsende Geschwülste hemmen die Entwickelung eines zweiten Tumors 340[3].
DIETRICH, D.: Cocancerogene Wirkung von Verbrennungen 304[2].
DIETRICH, L. S., s. SHAPIRO, D. M. 439[10], 460[4,6].
DIETZ, W.: Mundhöhlen- und Speiseröhrenkrebs nach Kauen von Betelnüssen 196[10].
DIETZEL, O., s. HESSE, G. 139[1].
DIHLMANN, W., s. ZORN, B. 167[2].
DIKUN, P. P., L. M. SHABAD u. V. L. NORKIN: Vorkommen von 3,4-Benzpyren in der Luft 347[3].
DILLER, I. C., and M. FISHER: Vorkommen von Mikroorganismen in Tumoren 291[1].
DILTHEY, W.: Beziehungen zwischen Konstitution und Farbe 216[2], 248[9].
— u. R. WITZINGER: Beziehungen zwischen Konstitution und Farbe 216[2].
DIMITROFF, J. M., s. BLAIR, J. R. 533[5].
DINGEMANSE, E., and J. FREUD: Bestimmung des Wachstumshormons 152[9].
— s. DAVID, K. 8[11], 9[1], 104[5].
— s. FREUD, J. 29[5].
DINGLE, J. H., s. ENDERS, J. F. 605[3].
DINNING, J. S., s. DAY, P. L. 332[3].
DIRSCHERL, W., u. H. BREUER: Keine 17-Ketosteroide im menschlichen Sperma 13[7].
— u. F. ZILLIKEN: Bestimmung von natürlichen Oestrogenen 33[5].
— s. AMMON, R. 7[23].
DISCHE, Z., s. SHETTLES, L. B. 17[3].
DITTMAR, C.: Zusammenfassung über Untersuchung von Tumoren (1953) 392[15]. — Duplikanten, an denen cancerogene Wirkungen angreifen, in Cytoplasma und Kern 300[10]. — Angriffsort der cancerogenen Wirkung in den plasmatischen Duplikanten 310[6]. — Lipoidverteilung in Tumorzellen 450[10].
DITTMER, K., s. GERSHON, H. 161[10].
DITTRICH, W., s. BORNSCHEIN, H. 87[7].
DIXON, J., s. HERSHEY, A. D. 63[2].
DIXON, J. K., G. L. M. CHRISTOPHER and D. J. SALLEY: Gruppenabstand in polymeren Äthylenepoxyden und Äthyleniminen 277[4].
DIXON, J. S., s. LI, C. H. 171*.
DIXON, M., and D. M. NEEDHAM: Hemmung der Hexokinase durch Lost und Stickstofflost 374[6].
DMOCHOVSKI, L.: Zusammenfassung über den Milchfaktor bei der Entstehung von Brustdrüsentumoren der Maus (1953) 187[6]. — Anfälligkeit verschiedener Mäusekrebse für Brustkrebs 295[8]. — Kein Milchfaktor bei nicht anfälligen Mäusestämmen 296[8]. — Brustkrebs bei Mäusen 297[16]. — Reinigung des tumorerzeugenden Faktors aus ROUS-Sarkom 385[4]. — Mammacarcinomfaktor der Maus 386[14].
— and C. D. HAAGENSEN: Aktivität der Zellfraktionen aus Homogenaten von Mammacarcinom und lactierenden Brustdrüsen der Maus 387[4].
— and L. H. STICKLAND: Verteilung der Bernsteinsäuredehydrogenase in Zellfraktionen 415[7].
— s. PASSEY, R. D. 197[10], 296[15], 298[2], 300[3], 336[10], 387[6].
DOBBERSTEIN, J.: Vorkommen von Krebs bei Haustieren 184[Tab].
DOBRINER, K., K. HOFMANN and C. P. RHOADS: Bildung von 2-Aminonaphthol-(6) aus β-Naphthylamin im Stoffwechsel 367[3].

DOBRINER, K., E. R. KATZENELLENBOGEN and R. N. JONES: Buch über Infrarotabsorptionsspektren von Steroiden. Engl. (1953) 33^{10}.
— C. P. RHOADS and G. I. LAVIN: Biologische Oxydation von 1,2,5,6-Dibenzanthracen 227^{1}, 356^{7}.
— s. SPITZ, S. 237^{3}, 239^{8}, 245^{6}, 362^{16}.
— s. STEVENSON, E. S. 369^{1}.
DOBROVOLSKAJA-ZAVADSKAJA, N., et M. RODZEVITCH: Krebs nach einmaliger Röntgenbestrahlung 207^{8}.
DOBZHANSKY, T.: Buch über genetische Grundlagen der Artbildung (1939) 70^{17}. — Buch über Genetik und den Ursprung der Arten. Engl. (1941) 85^{9}.
DODDS, E. C.: Zusammenfassung über synthetische Oestrogene (1945) 39^{6}. — Synthetische Oestrogene 39^{6}.
— and F. DICKENS: Zusammenfassung über die Biochemie maligner Geschwülste (1940) 342^{11}.
— L. GOLBERG, W. LAWSON and R. ROBINSON: Synthetische Sexualhormone 39^{6}, 41^{5}.
— R. L. HUANG, W. LAWSON and R. ROBINSON: Synthetische Oestrogene 39^{6}, 41^{7}. — Stilboestrol 40^{8}.
— and W. LAWSON: Synthetische Sexualhormone 39^{6}. — Stilboestrol 40^{8}.
— W. LAWSON and R. L. NOBLE: Wirkung der synthetischen Oestrogene 42^{2}.
— W. LAWSON and P. C. WILLIAMS: Ähnlichkeit der Moleküllänge von Oestrogenen und Cancerogenen 217^{7}.
— s. CAMPBELL, N. R. 41^{6}.
— s. COOK, J. W. 39^{6}, 41^{1}.
DODDS, G. S.: Buch über menschliche Embryologie. 3. Aufl. Engl. (1946) 106^{13}.
DODEN, W., K. HOLLSTEIN u. H. RODECK: Kaliumgehalt von Myomen 398^{10}.
DODGSON, K. S., G. A. GARTON, A. L. STUBBS and R. T. WILLIAMS: Ausscheidung von Diäthylstilboestrol als Glucuronid 42^{8}.
DODSON, E. O.: Lehrbuch der Entwickelung. Engl. (1952) 106^{26}.
DÖBELN, W. v.: Grundumsatz bei Frauen 523^{8}.
DOERING, P., s. HARBERS, E. 91^{3}, 209^{14}.
DOERMANN, A. H.: Inerte Virusteilchen 63^{7}.
— M. CHASE and F. W. STAHL: Wirkung von kurzwelliger Strahlung auf Nucleinsäuren 61^{4}.
— and M. B. HILL: Lagebeziehungen der Gene innerhalb von Nucleinsäurefäden 61^{6}.
DÖRR, R.: Buch über Immunitätsforschung. 8 Bde. (1947—1951) 174^{14}.
— L. BLEYER and G. W. SCHMIDT: Lokalisation von ROUS-Tumoren an Verletzungsstellen 294^{1}.
— u. C. HALLAUER: Handbuch der Virusforschung (1938—1958) 580^{3}.
DOGLIOTTI, G. C., e E. MARGULIES: Grundumsatz bei Diabetikern 530^{19}.
DOHRN, M., s. SCHOELLER, W. 20^{6}.
DOHRN, P., s. BIELIG, H.-J. 101^{6}.
DOISY, E. A., C. D. VELER and S. A. THAYER: Steroidnatur der Keimdrüsenhormone 28^{3}.
— s. ALLEN, E. 38^{11}.
— s. CURTIS, J. M. 28^{3}.
— s. MACCORQUODALE, D. W. 39^{6}, 297^{10}.
DOLD, H., u. A. RADOS: Entzündungssubstanzen in entzündlichen Exsudaten 168^{12}.
DOLJANSKY, L.: Zellwachstum 143^{12}.
DOLL, R.: Zusammenfassung über Ätiologie von Lungenkrebs (1955) 194^{5}.
— and A. B. HILL: Häufigkeit von Bronchialkrebs 194^{5}. — Bronchialkrebs bei Zigarettenrauchern 196^{8}.
— s. DAFF, M. E. 194^{5}, 196^{9}.
DOMAGK, G.: Zusammenfassung über die experimentelle Krebsforschung (1956) 342^{9}. — Tumorauslösung durch pflanzliche Öle 192^{11}. — Benzpyrensulfosäure ohne cancerogene Wirkung 218^{4}. — Cancerogene Wirkung von aromatischen Kohlenwasserstoffen wird durch Sulfonierung aufgehoben 245^{4}. — Krebsfördernde Wirkung fettreicher Ernährung 287^{7}. — Sarkombildung nach Injektion von Öl oder Schweineschmalz 287^{8}. — Pinselungsmethode zur Prüfung carcinogener Wirksamkeit 348^{5}.
DOMENJOZ, R., s. WILHELMI, G. 167^{22}, 169^{8}.
DOMINI, G.: Acetylcholinesterase im Hühnerei 478^{8}.
DOMONKOS, A. N., s. ANDREWS, G. C. 19^{2}.
DONALDSON, H. H.: Buch über die Ratte. 2. Aufl. Engl. (1924) 129^{1}.
DONIACH, I.: Carcinogene Wirkung von Thyreostatika bei Kombination mit radioaktivem Jod 382^{12}.
— and J. C. MOTTRAM: Sensibilisierung von Paramaecien durch Benzpyren gegen UV 206^{1}.
— J. C. MOTTRAM and F. WEIGERT: Bindung cancerogener Kohlenwasserstoffe an Zellproteine 263^{7}.
— s. MOTTRAM, J. C. 206^{1}.
DONIGER, R., s. CHARGAFF, E. 444^{12}, 445^{3}.
DONTENWILL, W.: Natürliche Oestrogene als „conditionale“ Krebsfaktoren 202^{7}. — Proliferationsfördernde Hormone als bedingt krebsauslösende Faktoren 232^{11}. — Förderung der Geschwulstentwicklung durch proliferationsfördernde Hormone 267^{7}. — Einfluß von Hormonen auf Geschwulstwachstum 324^{10}.
DOODS, E. C.: A-Methopterin als Folsäureantagonist 160^{7}.
DORAISWAMI, K. R., s. WYNDER, E. L. 197^{6}.
DORFMAN, A.: Zusammenfassung über Wege der Glykolyse (1943) 403^{8}.
DORFMAN, R. I.: Zusammenfassung über Biochemie der Androgene (1948) 8^{10}. — Zusammenfassung über Stoffwechsel der Androgene (1948) 32^{12}.
— s. GALLAGHER, T. F. 32^{11}.

Dorn, H. F.: Häufigkeit von Bronchialkrebs 194[5].
— s. Dunham, L. J. 192[1].
Dornow, A., u. G. Petsch: Zusammenfassung über Vitamine und Antivitamine (1955) 159[3].
Dorough, G. D., and D. L. Seaton: Nucleoside, freie Purine und Pyrimidine in Tumoren 445[13].
Dorsey, C. W.: Wirkung von Vitamin B_6 bei Schwangerschaftserbrechen 44[7].
Doty, P. M., s. Oster, G. 591[1].
Douglas, G. C.: Bestimmung des Arbeitsstoffwechsels 515[8].
Dounce, A. L.: Enzyme des Zellkerns 4[3].
— and R. P. Shanewise: Abnahme der Katalaseaktivität der Leber bei leprösen Ratten 421[8].
Downie, A. W., and K. R. Dumbell: Viren der Pockengruppe 609[2].
Drabkin, D. L.: Wirkung von Leberextrakten auf Leberregeneration 179[6]. — Cytochrom c-Gehalt in regenerierenden Zellen 180[7].
— s. Ehrich, W. E. 175[5].
— s. Rosenthal, O. 418[15].
Dreifuss, W., s. Bloch, B. 212[14], 346[6].
Dresler, D. v., s. Butenandt, A. 217[5].
— s. a. Dannenberg-v. Dresler, D.
Drevon, B., et M. Roullet: Kein Pentoseabbau durch Krebsseren 410[5].
Dreyfus, J. R.: Lungenkrebs durch Metallstaub 200[3].
Dreyfuss, M. L.: Tumorstoffwechsel 406[4].
Driesch, H.: Experimentelle Keimdurchschnürung 107[2].
Droese, W., E. Kofrányi u. L. Wildemann: Energiebedarf bei Arbeit in Anteilen des Grundumsatzes 572[4].
— u. E. Rominger: Einfluß der Ernährungslage auf Körperentwicklung der Säuglinge 578[6].
Druckrey, H.: Zusammenfassung über Grundlagen der Krebsentstehung (1954) 212[13]. — Zusammenfassung über den Wirkungsmechanismus der Carcinogenese. Engl. (1959) 180[11]. — Zusammenfassung über krebserzeugende Faktoren (1954) 345[1]. — Mechanismus der Krebsentstehung 212[13]. — Einfluß von Kastration auf Bildung und Ausscheidung gonadotroper Hormone 12[2]. — Treffertheorie 35[1]. — 3,4-Benzpyren ist nicht oestrogen 41[2]. — Cancerogene und oestrogene Wirkung scheinen sich auszuschließen 41[3]. — Cantharidin und Yohimbin sind nicht oestrogen 41[8]. — Haft- oder Wirkgruppen synthetischer Oestrogene 41[11]. — Polyploidie durch Cancerogene 95[6]. — Auslösung von Mißbildungen durch chemische Stoffe 115[7]. — Bedeutung des Oxydationspotentials für Zellstoffwechsel 121[2]. — Bedeutung der Zeitkonstante 129[2]. — Ursachen der Begrenzung des Wachstums 131[12]. — Empfindlichkeit der Plasmateilung gegen unspezifische Noxen 133[1]. — Gigasformen von Seeigeleiern durch Giftwirkung 136[6]. — Plasmawirkung von Mitosegiften 141[4]. — „Wirkungsgerade" 158[1]. — Giftwirkung 159[1]. — Atmung von geschädigten und gereizten Zellen 165[2]. — Produkte unvollständiger Verbrennung in geschädigten Zellen 165[3]. — Kaliumverlust des Gewebes bei Schädigung oder Entzündung 165[6]. — Wirkung von Alkali auf Ödembildung 165[6]. — Aminbildung in geschädigtem oder entzündetem Gewebe 165[10]. — Stoffwechsel von entzündetem Gewebe 166[6]. — Entzündungsauslösung durch „H-Substanzen" 168[1]. — Wundhormone in geschädigten Warmblütergeweben 178[9]. — Mutationstheorie des Krebses 182[2]. — Definition von Krebs 183[3]. — Ursache von Krebs 185[8]. — Krebse entstehen nicht „spontan" 201[5]. — Desoxycholsäure ist nicht cancerogen 202[4]. — Natürliche Oestrogene sind keine echten Cancerogene 202[6]. — UV-bestrahltes Cholesterin cancerogen wirksam 203[10]. — Formel zur Auswertung der Wirksamkeit von Stoffen 215[5]. — Mathematische Theorie der Wirkung cancerogener Stoffe 215[6]. — Beziehungen zwischen Farbstoffen und Cancerogenen 216[3]. — Synthese cancerogen wirksamer Stoffe 216[4]. — Halochromie in Lösungen aromatischer Kohlenwasserstoffe 224[10]. — Bedeutung basischer Eigenschaften für cancerogene Wirkung 225[2]. — Cancer control center in der Zelle 228[5]. — Faktoren bei der Krebsentstehung 228[6]. — Coplanare Anordnung der Ringsysteme in aromatischen Kohlenwasserstoffen als Voraussetzung carcinogener Wirkung 230[3]. — Wirkung zweier Carcinogene bei getrennter Applikation 231[2]. — Latenzzeit der Wirkung cancerogener Kohlenwasserstoffe bei der Ratte 232[2]. — Zwei Stufen der Krebsentstehung 233[4]. — Keine cancerogene Wirkung von Anilin 234[4], 241[4]. — 9-Aminophenanthren ist nicht cancerogen 236[5]. — Cancerogene Wirkung von o-Aminoazotoluol und von 4-Dimethylaminoazobenzol 238[1]. — Cancerogene Wirkung von Yellow AB und OB 240[1]. — Keine cancerogene Wirkung von N-Dimethyl-p-phenylendiamin 241[4]. — Tautomerie der Triphenylmethanverbindungen 243[3]. — Keine cancerogene oder toxische Wirkung von 4-Dimethylaminoazobenzol-4'-sulfosäure 245[8]. — Lebensmittelfarbstoffe 246[5, 13]. — Auxocancerogene Gruppen 248[7]. — Zusammenhänge zwischen cancerogenen höheren aromatischen Kohlenwasserstoffen und Aminen 248[8]. — Konstitution und Wirkung von Cancerogenen 248[10]. — Carcinophore Eigenschaften bestimmter Gruppen 249[2]. — Oestrogene Wirkung von p-Dioxyverbin-

dungen 249[2]. — Keine cancerogene Wirkung von 4-Dimethylamino-benzalacetophenon 252[2]. — Quantitative Unterschiede in der Empfindlichkeit gegen cancerogene Substanzen 254[6]. — Verlängerung der Latenzzeit der 4-Dimethylaminoazobenzolwirkung durch Riboflavin 260[1]. — 4-Dimethylaminoazobenzol als solches cancerogen 261[3]. — Enzyme als Duplikanten 262[1]. — Zusammenwirken von cancerogenen Substanzen mit Proliferationsreizen oder Wuchsstoffen 267[6]. — Cancerogene Wirkung von Arzneimitteln 270[10]. — Gemeinsame Eigenschaften von Cancerogenen und Farbstoffen 279[1]. — Styrol und Acrylamid sind nicht cancerogen 280[3]. — Cancerogene Eigenschaften von Ölen 287[10]. — Sarkombildung nach Leinöl 288[1]. — Cancerogene Wirkung von Arzneimitteln 289[4]. — Sarkomauslösung durch Cysticercus fasciolaris 290[5]. — Entmischungsformen von Lipoiden 291[2]. — Duplikanteneigenschaften von Zellbestandteilen, an denen cancerogene Wirkungen angreifen 300[9]. — Beziehung zwischen Dosis und Wirkung bei dauernder oraler Zufuhr von 4-Dimethylaminoazobenzol 306[4]. — Cancerogene Dosis von 4-Dimethylaminoazobenzol 306[5], 307[1, 3]. — Zunahme von Krebs beim Menschen Folge der gestiegenen Lebenserwartung 308[1]. — Wirkung von Cancerogenen als Summationswirkung 309[1]. — Treffertheorie der Cancerogenese 309[2]. — Definition der „Dosis" eines Pharmakons 309[4]. — Duplikantentheorie des Krebses 312[1]. — Latenzzeit der Krebsentstehung bei „Stop"-Versuchen mit 4-Dimethylaminoazobenzol 316[2]. — Wachstum des Krebses 319[1]. — Für Tumorübertragung erforderliche Zellzahl 319[3]. — Krebsentstehung 319[5]. — Übertragung von Geschwülsten durch einzelne Zellen 323[2]. — Voraussetzungen pharmakologischer Wirkung 327[1]. — Androgene zur lokalen Brustkrebstherapie 328[5]. — Oestrogene und cancerogene Wirkung schließen einander meist aus 329[4]. — Störungen der hormonalen Regulation bei Geschwülsten 331[2]. — Bildung von Wuchsstoffen durch Tumorzellen 332[4]. — Ausbeute bei Verimpfung von Tumoren 336[6]. — Kein Einfluß der Milz auf Tumorwachstum 341[14]. — Phasen der Tumorbildung 344[2]. — Cancerophore Eigenschaften von Phenanthren 354[1]. — Auxocancerogener Effekt der Annellierung von Benzolringen 354[1]. — Wirkungsmechanismus der krebserzeugenden Agentien 360[11]. Keine cancerogene Wirkung von Anilin 360[12]. — Chelatstruktur von carcinogen wirksamen Naphtholderivaten 365[17]. — Resonanzfähiges System konjugierter Doppelbindungen als cancerophores System 366[1]. — Auxocancerogener Effekt von Aminogruppen 366[1]. — Bildung von 3,3'-Dimethylbenzidin aus Trypanblau 366[7]. — Bedeutung von Nahrungsmittelzusätzen für Carcinogenese 384[2].

Druckrey, H., F. Bresciani u. H. Schneider: Einfluß von 4-Dimethylaminoazobenzol auf Fermente 261[8]. — Wirkung von Carcinogenen als Summationswirkung 309[1].

— U. Consbruch u. D. Schmähl: Gelierung von Proteinsolen durch Acylamid 279[6].

— P. Danneberg u. D. Schmähl: Synthetische Oestrogene 39[6]. — 4,4'-Dioxyazobenzol (trans) als synthetisches Oestrogen 40[9]. — Cancerogene und oestrogene Wirkung scheinen sich auszuschließen 41[3]. — Auslösung von Mißbildungen durch chemische Stoffe 115[7]. — Empfindlichkeit der Plasmateilung gegen unspezifische Noxen 133[1]. — Gigasformen von Seeigeleiern durch Giftwirkung 136[6]. — Beeinflussung der Kernteilung 137[4]. — Irreversible Zellschädigung durch Colchicin 138[5]. Mitosegiftwirkung der Oestrogene 138[14]. Hemmung der Zellteilung durch zweiwertige Phenole 138[15]. — Sexualhormone als Mitosegifte 139[21]. — Mitose- und Zellteilungsgifte 139[32]. — Plasmawirkung von Mitosegiften 141[5]. — Strukturelle Voraussetzungen der Mitosegiftwirkung 142[1]. — Beziehungen zwischen Konstitution und Wirkung von Chemotherapeutica 253[7]. — Hemmung der Zellteilung durch Chinone 260[18].

— H. Gangwisch u. E. Raither: Thrombokinaseaktivität von Placenta und embryonalen Geweben 48[10].

— u. H. Hamperl: Anticancerogene Eigenschaften von Sulfosäuregruppen 245[2]. — Einführung saurer Gruppen hebt cancerogene Wirkung aromatischer Amine auf 366[4].

— H. Hamperl, H. Herken u. B. Rarei: Impftumoren 333[2]. — Lunge fängt Krebszellen ab 335[7]. — Metastasierung nach Krebsoperationen beim Menschen 340[4].

— H. Hamperl u. D. Schmähl: Metallisches Quecksilber ist cancerogen 212[1]. — Sarkombildung durch metallisches Quecksilber 282[6], 377[9].

— u. K. Kaiser: Kein Pentoseabbau durch Krebsserum 410[5].

— u. K. Küpfmüller: Buch über Dosis und Wirkung. 2. Aufl. (1949) 34[4]. — Summationswirkung mutagener Reize 97[1]. — Mutationstheorie des Krebses 182[2]. — Beziehungen zwischen Dosis und Latenzzeit bei cancerogenen Kohlenwasserstoffen 231[14]. — Cancerogen wirksame Dosis von 4-Dimethylaminoazobenzol 254[4], 307[2]. — Cancerogene Wirkung von 4-Dimethylaminoazobenzol als „Summationswirkung" 260[5]. — Enzyme als

Duplikanten 262[1]. — Beziehung zwischen Dosis und Latenz bei cancerogenen Substanzen 293[9]. — Bedeutung der Oestrogene für Mäusebrustkrebs 297[13]. — Duplikanteneigenschaft von Zellbestandteilen, an denen cancerogene Wirkungen angreifen 300[9]. — „Defekttheorie" des Krebses 302[1], 312[5]. Beziehung zwischen Dosis und Wirkung bei dauernder oraler Zufuhr von 4-Dimethylaminoazobenzol 306[4]. — Summationswirkung cancerogener Effekte 307[7], 310[1]. — Treffertheorie der Cancerogenese 309[2]. — Duplikanten Angriffsorte der cancerogenen Wirkung 310[1]. — Zwei Stufen der Krebsentstehung 318[1]. — Ursachen für bedingt krebsfördernde Wirkung von Oestrogenen 329[6]. — Wirkung von 4-Dimethylaminoazobenzol abhängig vom Produkt Dosis × Zeit 360[9].

DRUCKREY, H., K. KÜPFMÜLLER u. W. TRAPPE: Zusammenfassung über Wachstum (1949) 124[16]. — Zusammenwirken von cancerogenen Substanzen mit Proliferationsreizen oder Wuchsstoffen 267[6]. — Zwei Stufen bei photochemischen Reaktionen 318[2]. — Gesetzmäßigkeiten des Wachstums 318[2]. — Geschwulstwachstum 319[2]. — Wuchsstoffbildung durch Krebszellen 321[3], 332[7]. — Impftumoren 333[2]. Für Transplantation benötigte Zahl von Krebszellen 335[11], 336[4].

— H. A. NIEPER u. H. W. LO: Sarkome nach Parafuchsin 242[7].

— u. S. RAABE: Phosphate von Sexualhormonen 39[4]. — Oestrogenphosphate zur Therapie des Prostatacarcinoms 330[2]. Spaltung von Oestrogenphosphorsäureestern in Prostata 456[6].

— R. RICHTER u. R. VIERTHALER: Bildung cancerogener Stoffe aus Dehydronorcholen durch Colibakterien 391[5].

— u. D. SCHMÄHL: 4-Amino-4′-oxy-diäthylstilboestrol ist oestrogen 41[14]. — Metallisches Quecksilber ist carcinogen 212[1]. — Krebsbildung durch Silikate 212[6]. — Carcinogene Wirkung von Asbest 212[7], 284[3]. — Mathematische Theorie der Wirkung cancerogener Stoffe 215[6]. — Grundstoffe cancerogener Kohlenwasserstoffe 216[1]. — Cancerogene Wirkung von Anthracen 216[9], 222[2]. — Cancerogene Wirkung von 4-Dimethylaminotriphenylmethan 242[5]. — Krebsbildung nach Implantation von Kunststoffen 279[12, 13]. — Krebsbildung nach Implantation von Polyurethan 279[17]. — Sarkombildung durch makromolekulare Substanzen 280[4], 282[11]. — Sarkombildung durch Taenia saginata 284[1]. — Cancerogene Wirkung von Asbest 284[3]. — Geschwulstbildung durch Augit, Tremolit und Glimmer 284[7]. Geschwulstbildung durch Bergkrystall und Quarzsand 284[8]. — Mechanismus der Geschwulstbildung durch Asbest und Kunststoffe 284[11]. — Gewebswucherungen durch anorganische Krystallite 285[2]. Sarkombildung durch Taenia saginata 290[8]. — Verschiedene Latenzzeit bei starken und schwachen Cancerogenen 304[1]. — Defekt-Theorie des Krebses 312[5]. Carcinogene Wirkung von Stilbenderivaten 363[2]. — Sarkombildung durch 4-Dimethylaminotriphenylmethan 363[4]. Sarkombildung durch implantiertes Cellophan 376[9]. — Sarkombildung durch implantierten Quarz 376[12].

DRUCKREY, H., D. SCHMÄHL u. P. DANNEBERG: Beziehungen zwischen Farbstoffen und Cancerogenen 216[3]. — Ähnlichkeit der Moleküllänge von Oestrogenen und Cancerogenen 217[7]. — Konstitutive Voraussetzungen für cancerogene Wirkung 217[10]. Herabsetzung der carcinogenen Wirkung durch Einführung saurer Gruppen 218[3]. Halochromie in Lösungen aromatischer Kohlenwasserstoffe 224[10]. — Bedeutung basischer Eigenschaften für cancerogene Wirkung 225[2], 253[4]. — Struktur von Phenylazo-2-naphthol und 2-Tolylazo-2-naphthol 244[4]. — Zusammenhänge zwischen cancerogenen höheren aromatischen Kohlenwasserstoffen und Aminen 248[8]. — Bindung basischer cancerogener Kohlenwasserstoffe an die Zelle durch die Mesoregionen 249[9]. — Identische Eigenschaften von carcinogenen Substanzen und von Farbstoffen 252[5]. — Bedeutung o-ständiger Aminogruppen für Wirkung von aromatischen Aminen 257[1]. — Gemeinsame Eigenschaften von Cancerogenen und Farbstoffen 279[1]. Molekularstruktur von Cancerogenen 286[1]. — Oestrogene und cancerogene Wirkung schließen einander meist aus 329[4]. — Chelatstruktur von carcinogen wirksamen Naphtholderivaten 365[16].

— D. SCHMÄHL, P. DANNEBERG, K. KAISER, H. A. NIEPER, H. W. LO u. R. MECKE jr.: Beziehungen zwischen Konstitution und Wirkung von Chemotherapeutica 253[7]. D. SCHMÄHL u. R. MECKE jr.: Cancerogene Eigenschaften von Antikonzeptionsmitteln 197[7]. — Cancerogene Wirkung von Ruß und Gummiprodukten 213[7]. — Magenepitheliome durch 4-Nitrostilben 236[9]. — Sarkombildung nach Implantation von Gummi 279[18]. — Magentumoren bei Ratten durch 4-Nitrostilben 363[6].

— D. SCHMÄHL u. M. RAJEWSKY: Ursache der Vermehrung der Krebszellen 321[4]. — Abwehrreaktionen gegen Krebszellen 340[2]. Homogenate normaler Gewebe heben Transplantabilität von Krebszellen auf 341[15].

— D. SCHMÄHL u. A. REITER: Keine cancerogene Wirkung der N-Dimethyltoluidine 234[6], 360[13]. — Keine cancerogene Wirkung von 4-N-Dimethyltoluidin 241[6].

Druckrey, H., u. E. Schreiber: Coffein als Mitosegift 139[27].
— s. Brock, N. 105[3], 119[4,7], 137[1], 139[26], 164[31], 165[1,5], 170[8], 214[6], 223[9], 225[8], 229[2], 238[1], 266[5], 270[6], 311[6].
— s. Horner, L. 238[3].
— s. Reiss, M. 27*, 36*, 153[2], 324[11], 325[2].
— s. Schmähl, D. 196[7].
Druey, J., P. Schmidt u. L. Neipp: Aufhebung cytotoxischer Wirkung durch Sulfonierung 245[12].
Drummond, J. C.: Gehalt an basischen Aminosäuren in Tumoren 424[13].
Drysdale, A., s. Bensley, E. H. 329[12].
Dubnik, C. S., s. Dalton, A. J. 326[7].
— s. Morris, H. P. 236[10], 361[13], 362[5].
DuBois, E. F.: Buch über Grundumsatz in Gesundheit und Krankheit. 2. Aufl. Engl. (1927) 513[2]. — Berechnung des Grundumsatzes 524[7]. — Grundumsatzsteigerung beim Menschen durch Temperaturerhöhung 531[9].
— W. S. McClellan, H. J. Spencer and E. A. Falk: Kohlenhydratarme Kost 553[3].
— F. G. Ebaugh jr. and J. D. Hardy: Ursache der Stoffwechselsteigerung in der Kälte 532[3]. — Grundumsatz beim Menschen in der Kälte 533[9]. — Bedeutung der Wärmeregulation für Höhe des Grundumsatzes 536[2].
— s. Hardy, J. D. 534[3].
— s. McClellan, W. S. 553[3].
DuBois, K. P., and V. R. Potter: Gehalt von Tumoren an Cytochrom c 418[11].
— s. Herrmann, R. G. 247[3].
Du Buy, H. G., s. Mattern, C. F. T. 603[6].
Duca, V. del, s. Dargeon, H. W. 231[7].
Ducay, E. D., s. Fraenkel-Conrat, H. 148[1], 156[3].
Duchesne, E., s. Sanford, K. K. 183[1].
Duchesne, E. M., s. Sanford, K. K. 231[1].
Dudley, H. W., s. Dakin, H. D. 554[1].
— s. Dale, H. 49[4].
Düker, H.: Wirkung von Oestrogenen bei klimakterischen psychischen Störungen 19[15].
Duffy, E., s. Cook, J. W. 287[3], 375[12].
Dugal, L. P., s. Marais, A. des 532[7].
Dukes, C. E., s. Allen, M. J. 367[7], 388[3].
Dulbecco, R.: plaque-Technik für tierpathogene Viren 583[7].
Dumbell, K. R., s. Downie, A. W. 609[2].
Dumont, H.: Rubeolen als Ursachen von Mißbildungen 118[2].
Duncan, C. W., s. Sarkar, B. C. R. 13[8].
Dungal, N.: Häufigkeit von Bronchialkrebs 194[5].
— Gislason and H. C. Taylor: Vorkommen von Krebs bei Schafen 184Tab..
Dunger, R.: Thorn-Test 174[2].
Dunham, L. J., et H. F. Dorn: Geographische Pathologie des Krebs 192[1].
Dunham, L. J., S. Nichols and A. Brunschwig: Hoher Kalium-, niedriger Calciumgehalt in Tumoren 398[16].
— and H. L. Stewart: Zusammenfassung über übertragbare Tumoren (1953) 333[4].
— s. Brunschwig, A. 398[16].
Dunlap, C. E., and S. Warren: Cancerogene Wirkung von Thiophenbenzanthracen 219[4]. — Cancerogene Wirkung von 1,2-Dimethylchrysen 350[6]. — Cancerogene Wirkung von 4,9-Dimethyl-5,6-benzthiophenanthren 353[2].
Dunn, D. B., and J. D. Smith: Unnatürliche Desoxyribonucleinsäure bewirkt keine Virusreproduktion 66[1].
Dunn, D. F., s. Wenner, C. E. 413[12].
Dunn, H. L., s. Boothby, W. M. 524[9].
Dunn, J. S., H. L. Sheehan and N. G. B. McLetchie: Alloxan als Mitosegift 139[24].
Dunn, L. C. (Hrsg.): Buch über Genetik im 20. Jahrhundert. Engl. (1951) 79[11].
Dunn, M. S., E. R. Feaver and E. A. Murphy: Aminosäuregehalt von Tumorproteinen 425[1].
— s. Swendseid, M. E. 550[4].
Dunn, T. B., s. Law, L. W. 298[8].
— s. Maver, M. E. 395[46,48], 435[14].
Dunn, W. J., s. Mann, I. 300[2].
Dunning, W. F., and M. R. Curtis: Tryptophan verstärkt cancerogene Wirkung von β-Naphthylamin 234[10]. — Sarkome durch Cysticercus fasciolaris (Taenia taeniaeformis) 283[11], 290[4]. — Carcinogene Stoffe aus Cysticerken 283[12]. — Sarkombildung durch Brei von Cysticerken 290[9]. — Blasentumoren nach Zusatz von Indol oder Indolessigsäure zu 2-Acetaminofluoren 360[4].
— M. R. Curtis and M. E. Madsen: Experimenteller Brustkrebs bei Mäusen nach Oestrogenen 327[9].
— M. R. Curtis and M. E. Maun: Blasentumoren durch Tryptophanzulage zu 2-Acetaminofluoren 360[3].
— M. R. Curtis and A. Segaloff: Hypophysentumoren nach Oestrogenbehandlung 327[3].
— s. Curtis, M. R. 184Tab., 290[4].
Duplan, J.-F., s. Mortreuil, M. 441[9].
Duran-Reynals, F.: Hyaluronidase im Hoden 8[8]. — Bedeutung der Hyaluronidase bei der Befruchtung 13[2]. — Hyaluronidase in Samenzellen 51[8]. — Ursache der Tumorbildung durch Viren 292[5]. — Übertragbarkeit von Rous-Virus 293[17]. — Mesenchymale Virustumoren beim Huhn 294[4]. — Hyaluronidase ohne Einfluß auf Ausbreitung von Geschwülsten 332[12]. — Impftumoren 333[2].
— and F. W. Stewart: Hyaluronidase in menschlichen Tumoren 458[9].
— s. Milford, J. 293[1].
Durand, S., s. Roche, J. 457[12].
Durbin, G. T., s. Hassinen, J. B. 146[6].

Durig, A.: Buch über Ernährungsprobleme (1929) 572[1]. — Ernährung bei verschiedenen Rassen 570[5]. — Gesteigerter Eiweißverbrauch bei großen sportlichen Leistungen 571[4].

Duryee, W. R.: Mutagene Wirkung röntgenbestrahlter Plasmagranula aus Seeigeleiern 91[10].

Duspiva, F.: Zusammenfassung über Biochemie des Wachstums und der Differenzierung (1958) 106[35]. — Fermentaktivität im bebrüteten Hühnerei 121[10].

Dusser de Barenne, J. G., u. G. C. E. Burger: Zusammenfassung über Methoden zur graphischen Bestimmung des Gesamtgaswechsels (1926) 513[9].

Dustin, A. P.: Mitosegifte 136[7]. — Karyoklastische Gifte. 137[2]. — Colchicin als Mitosegift 137[6].

— L. J. Havas et F. Lits: Colchicin als Mitosegift 137[6].

Dustin, P.: Ähnlichkeit der Wirkung von Lost und mutagenen Strahlen 94[3]. — Zusammenfassung überVergiftung der Mitose (1947) 124[17]. — Mitosegifte 139[4]. — Phenole als Mitosegifte 139[14]. — Radiomimetische Gifte 140[5]. — Radiomimetische Wirkungen von Lostverbindungen 272[2]. Radiomimetische Wirkung von Mustardverbindungen, Äthylenimin und Epoxyden 373[1].

Dutch, P. H., s. Johnson, R. M. 451[8].

Duthie, E. S., s. Chain, E. 458[12].

Dutra, F. R., E. J. Largent and J. L. Roth: Knochentumoren nach Beryllium 200[1]. — Lungenkrebs durch Metallstaub 200[1]. — Knochensarkome durch Beryllium 210[5]. — Carcinogene Wirkung von Berylliumverbindungen 377[2].

Duval, A. M., s. Lewis, R. C. 523[7].

Dux, C., M. Guérin et F. Lacour: Hyaluronidaseaktivität in menschlichen Tumoren 458[9].

Duyvené de Wit, J. J.: Entwicklung der Legeröhre bei Bitterlingen nach Oestrogenen 19[4].

— s. Bretschneider, L. H. 7[33].

Dwyer, C. M., s. Loofbourow, J. R. 178[6].

Dyer, H. M.: 2-Amino-7-oxy-fluoren ist nicht cancerogen 236[6]. — Verzögerte Wirkung von 4-Dimethylaminoazobenzol bei Cholinmangel 260[11]. — Kein Einfluß von Cholin auf cancerogene Wirkung von 4-Dimethylaminoazobenzol 263[4].

— C. M. Damron and H. P. Morris: Kein biologischer Abbau von 2-Acetaminofluoren 367[14].

— and H. P. Morris: Bindung von Abbauprodukten des 2-Acetaminofluoren an Leberproteine 368[6].

— H. E. Ross and H. P. Morris: Umwandlung von 2-Aminofluoren im Körper 249[8]. Biologische Umwandlung von 2-Acetaminofluoren in nicht diazotierbare Verbindungen 367[12].

Dyke, C. D. van, M. E. Simpson, J. F. Garcia and H. M. Evans: Kein Einfluß von Wachstumshormon auf Anämie nach Hypophysenexstirpation 152[8].

Dyke, H. B. van: Buch über Physiologie und Pharmakologie der Hypophyse. Engl. (1939) 22[4].

— B. F. Chow, R. O. Greep and A. Rothen: Vasopressin 48[16].

— s. Chow, B. F. 25[7].

Dykshorn, S. W., s. Riddle, O. 18[6], 19[1], 23[6], 49[9].

Eakin, R. E., W. A. McKinley and R. J. Williams: Avidin 156[2].

— E. E. Snell and R. J. Williams: Avidin 156[2].

— s. Gordon, M. 142[6].

— s. Shive, W. 142[6].

Earle, W. R.: Walker 256-Carcinom 334[4].

— s. Sanford, K. K. 183[1], 231[1], 333[3, 7].

Eastcott, E. V.: Bios I = meso-Inosit 147[11].

— s. Miller, W. L. 147[14].

Easty, G. C., and E. J. Ambrose: Unterschiede der Proteine in Tumor- und Nierenproteinen 426[3].

Eaves, G., s. Passey, R. D. 197[10], 298[2].

Ebaugh, F. G. jr., s. DuBois, E. F. 532[3], 533[9], 536[2].

Ebbecke, U.: Zusammenfassung über Physiologie des Schlafes (1926) 522[8].

Ebeling, A. H., s. Carrel, A. 150[11], 151[1], 332[4].

Ebert, M., and A. Howard: Bericht über radiobiologische Konferenz (1955) 207[1].

Ebihara, M., s. Araki, M. 398[9].

Ebner, H., u. H. Strecker: Aktivierung der alkalischen Phosphatase durch Colchicin 138[4].

— s. Schneider, W. 444[7].

Eby, L. T., s. Fischer, H. G. M. 225[5].

— s. Wanless, G. G. 225[10], 229[4].

Eckardt, H.-J.: Elektronentheorie der Krebserzeugung 219[10]. — Cancerogene, Oxydierbarkeit 226[2]. — Reaktionsfähigkeit carcinophorer Gruppen 249[3].

Eckardt, M., s. Oberdisse, K. 539[4, 5].

Eckenstein, J., s. Erlenmeyer, H.[4]217[11].

Eckert, E. A., s. Beard, J. W. 608[4].

Eden, M., B. Haines and H. Kahler: Wasserstoffionenkonzentration in Tumoren und normalen Geweben 398[2].

Edgar, D. G.: Bestimmung von Progesteron und Pregnandiol 33[11].

Edgcomb, J. H., s. Andervont, H. B. 349[2].

— s. Steiner, P. E. 216[11], 349[15].

Edholm, O. G., s. Burton, A. C. 531[7].

Edlbacher, S., u. W. Baumann: Amylase im Jensen-Sarkom 403[4]. — Tryptophangehalt von Tumoren 424[18].

— u. W. Gerlach: Kupfergehalt von Tumoren und normalen Geweben 400[3].

— u. P. Jucker: Nucleinsäuregehalt von Tumoren 440[7], 441[14].

Edlbacher, S., u. F. Koller: Beziehungen zwischen Wachstum von Embryonen und Arginaseaktivität 122[7].
— u. M. Neber: Lipaseaktivität in Organen tumortragender Organismen 455[9].
— u. A. Zeller: Histaminase 167[19].
Edman, M., s. Mitchell, H. H. 533[12].
Edmonds, M., and G. A. le Page: Hemmung der Neusynthese der RNS-Purine aus Glykokoll in Ehrlichschem Mäuseascitestumor durch exogene Purine 447[11].
Edmonds, M. P., and G. A. le Page: Säurelösliche 5′-Nucleotide im Flexner-Jobling-Carcinom 446[3].
Edmondson, H. A., s. Glass, S. J. 31[9].
Edney, M.: Zusammenfassung über Variation tierischer Viren (1957) 580[13].
Eds, F. de, s. Wilson, R. H. 236[4], 257[14], 258[2], 359[9].
Edsall, J. T.: Biologischer Proteinumbau 4[9].
Edwards, C. F., s. Olson, K. B. 400[6].
Edwards, J. E.: Hepatome nach Tetrachlorkohlenstoff 375[6].
— and A. J. Dalton: Cancerogene Wirkung von Chloroform bei verschiedenen Tierarten 254[2]. — Cancerogene Wirkung von Tetrachlorkohlenstoff 254[2], 276[7]. — Hepatome nach Tetrachlorkohlenstoff 375[6].
— W. E. Heston and A. J. Dalton: Hepatome nach Tetrachlorkohlenstoff 375[6].
— s. Andervont, H. B. 353[5].
— s. Barrett, M. K. 457[6].
— s. Greenstein, J. P. 395[7], 421[3], 438[10], 448[15].
— s. White, J. 402[2].
Edwards, T., s. Hanahan, D. J. 42[7].
Effkemann, G., s. Herold, L. 22[5].
— s. Werle, E. 46[10, 13].
Egdahl, R. H., and J. B. Richards: Bedeutung der Nebenniere für Stoffwechselsteigerung in der Kälte 532[7].
Eger, W.: Leberschutzstoffe 151[4].
Eggers, V., s. Link, G. K. K. 148[10].
Eggers-Doering, W. v., u. H. Krauch: Trophylium-Ion 225[1].
Eggert-Schabbel, E.: Buch über Drüsen mit innerer Sekretion (1944) 7[20].
Eggstein, M., s. Schettler, G. 556[1].
Egle, K.: Ähnlichkeit zwischen Plastiden und Chromosomen 5[2]. — Außerkaryotische Vererbung 80[3].
Ehrensvärd, G., A. Fischer and R. Stjemholm: Eiweißquellen für Gewebskulturen 146[1].
Ehrich, W., s. Bieling, R. 164[30].
Ehrich, W. E.: Bildung von spezifischen Antikörpern in Plasmazellen 175[5].
— D. L. Drabkin and C. Forman: Bildung von spezifischen Antikörpern in Plasmazellen 175[5].
Ehrlich, A., s. Funk, C. 324[11], 325[2].
Ehrlich, P.: „Haft-“ und „Wirkgruppen“ 249[6]. — Krebszellen überleben extrem tiefe Temperaturen 300[3]. — Resistenz von Krebszellen 336[8].
Ehrlich, P., u. H. Apolant: Sarkombildung aus transplantierten Carcinomen 333[3]. — Krebszellen ändern ihre Eigenschaften 333[6].
— u. A. Bertheim: „Haft-“ und „Wirkgruppen“ 249[6].
Ehrlich-Gomolka, H., s. Seelich, F. 16[9].
Eichenberger, E.: Zusammenfassung über Hyaluronidase (1948/49) 101[13]. — Bedeutung der Hyaluronidase für Befruchtung 105[11].
— s. Westphal, O. 170[2].
Eichholtz, F.: Calciumgehalt von Geschwülsten 340[10].
Eichler, O.: Zusammenfassung über Pharmakologie anorganischer Ionen (1950) 209[13].
Eidson, M., s. Skipper, H. E. 139[28], 141[1], 142[4], 160[8].
Eiff, A. W. v.: Buch über Grundumsatz und Psyche (1957) 534[5].
— u. H. Göpfert: Stoffwechsel bei geistiger Arbeit 543[11].
Eijkman, C.: Bedeutung von Vitaminen für die Ernährung 509[1].
Eiman, J. W., s. Mescon, H. 291[1].
Eirich, F. R., s. Oppenheimer, B. S. 211[13], 376[10].
Eisa, E. A., s. Bullough, W. S. 136[3].
Eisenberg, G., s. Leichenger, H. 557[2].
Eisenbrand, J., u. A. Klauck: Biologische Spaltung von Azobenzolderivaten durch lebende Hefe 258[11], 259[1].
Eisler, L., s. Albaum, H. 403[10].
Eistert, B.: Buch über Chemismus und Konstitution (1948) 224[9].
Ekert, B., s. Rudali, G. 242[8].
Ekman, B., and J. P. Strömbeck: Cancerogene Wirkung von Anilin 234[3]. — Cancerogene Wirkung von Toluidinen 234[5]. — Biologische Bildung von o- und m-Toluidin aus 2′,3-Azotoluol 258[10].
Ekstein, D. M., s. Laszlo, D. 400[11].
Ekwall, P., and K. Setälä: Cocancerogene Wirkung von Tween 289[1].
— K. Setälä and L. Sjöblon: Cocancerogene Wirkungen von Tween 289[1].
— s. Ermala, P. 229[9].
— s. Saxén, E. 289[1].
— s. Setälä, K. 229[6], 289[1].
El'cina, N. V., u. I. F. Sejc: Oxydative und glykolytische Phosphorylierung im Ehrlich-Ascitestumor 416[16]
Eldredge, N. T., and J. M. Luck: Elektrophoretisches Verhalten von löslichen Proteinen aus Azofarbstofflebertumoren 430[7].
Elert, R.: Proliferationsfördernde Wirkung von Androgenen auf Brustdrüsenzellen 328[4].
Elias, C. A., s. Latarjet, R. 93[12].
Eliashew, S. J.: β-Indolessigsäure ohne Einfluß auf Geschwulstwachstum 331[8].
Elion, G. B., s. Biesele, J. J. 142[8].
Eliot, J. W., s. Stein, H. J. 534[2].
El-Khanagry, H., s. Talaat, M. 535[6].

Ellenbogen, E., s. Seneca, H. 173[10].

Ellenbrock, L. D., S. W. Lippincott and H. D. Chipps: Keine Aktivierung der alkalischen Serumphosphatase durch Zn-Ionen bei Carcinom 457[13].

Ellermann, V., u. O. Bang: Zellfreie Übertragung der Hühnerleukose 292[6].

Ellinger, F.: Histaminbildung bei Bestrahlung 167[5].

Elliott, K. A. C. (Hrsg.): Symposium über Atmungsfermente. Engl. (1942) 406[4].

— M. P. Benoy and Z. Baker: Aktivität der Milchsäuredehydrogenase in Transplantationstumoren 411[9].

— and M. E. Greig: Tumorstoffwechsel 406[4]. — Gehalt von Tumoren an Cytochromoxydase 418[13].

Ellis, C., s. Wilson, H. E. C. 535[14].

Ellis, M. E., s. Nowell, P. C. 209[1], 380[4].

Elmore, D. T., J. M. Gulland, D. O. Jordan and H. F. W. Taylor: Reaktion radiomimetischer Gifte mit Nucleinsäuren 140[6]. — Reaktion polymerer Substanzen mit Zellbestandteilen 277[3].

Elredge, N., and J. M. Murray-Luck: Unterschiede zwischen Proteinen von Tumor- und Mutterzellen 264[5].

Elrod, R. P., s. Braun, A. C. 79[1].

Elsner, R., s. Carlson, L. D. 532[2].

Elson, D., T. Gustafson and E. Chargaff: Beteiligung der Gene an der Keimentwicklung 123[3].

— s. Chargaff, E. 444[11], 445[3].

Elson, L. A.: Carcinogene Wirkung der Glucuronsäure- und Schwefelsäureester von 2-Amino-1-naphthol 256[4]. — Einfluß von Eiweißmangel auf Tumorwachstum und Cancerisierung von Zellen 331[4]. Einfluß des Eiweißgehaltes der Nahrung auf Lokalisation von 4-Dimethylaminostilben-Tumoren 360[5].

— F. Goulden and F. L. Warren: Mercaptursäuren als Ausscheidungsprodukte von höheren aromatischen Kohlenwasserstoffen 356[1].

— and F. L. Warren: Biologische Bildung von Anilin und Benzidin aus Azobenzol 258[8].

— s. Badger, G. M. 251[4].

El'tsina, N. V.: Glykolyse liefert Energie für Aminosäureeinbau in Proteine 434[17].

Ely, C. A., s. Deutsch, H. F. 26[7].

Embden, G., s. Almagia, L. 554[1].

Emerson, G. A., s. Evans, H. M. 43[1,10].

Emerson, O. H.: Synthetische Tokopherole 43[10].

— s. Evans, H. M. 43[1,10].

Emerson, S.: Zusammenfassung über biochemische Genetik (1955) 69[2].

— D. Lewis, H. Schoch-Bodmer u. J. Straub: Ursache der Selbststerilität von Pflanzen 103[2].

Emery, E. E., s. Schwabe, E. L. 532[10].

Emile-Well, P., et A. Lacassagne: Begünstigung der Carcinogenese durch Höhenstrahlung 208[10].

Emmel, V. E., s. Pfeiffer, C. A. 19[7].

Emmelot, P., C. J. Bos and P. J. Brombacher: DPN-Verteilung zwischen Mitochondrien und Cytoplasma bei Tumoren 414[2]. — Unterschiede zwischen den Mitochondrien von Tumoren und normalen Geweben 421[1].

— and L. Bosch: Essigsäurestoffwechsel in Tumoren 413[4]. — Bedeutung der Glykolyse für Fettsäuresynthese in Tumoren 454[3].

— L. Bosch and G. H. van Vals: Pentosephosphatcyclus in Tumoren 410[2].

— and P. J. Brombacher: Einfluß von Thyroxin auf oxydative Phosphorylierung von Tumormitochondrien 417[2]. — Unterschiede zwischen den Mitochondrien aus Tumoren und normalen Geweben 421[1]. — Transaminierung in Mitochondrien von Ratten- und Mäusetumoren 440[2].

— and G. H. van Vals: Essigsäurestoffwechsel in Tumoren 413[4].

— s. Bosch, L. 410[2].

Emmens, C. W. (Hrsg.): Buch über Hormonauswertung. Engl. (1950) 7[28]. — Synthetische Oestrogene 39[6].

— s. Callow, N. H. 33[4].

Emmerie, A.: Bestimmung von Vitamin E 43[6].

Emödi, G., u. K. Gergely: Grundumsatz bei Krebskranken 530[18].

Emory, E., s. Bierman, H. R. 412[8].

Enderlin, M., s. Spühler, O. 173[3].

Enders, J. F.: Virus-Bestimmung durch Gewebekulturen 583[2]. — Züchtung von Poliomyelitis-Viren 602[3].

— J. A. Bell, J. H. Dingle, T. Francis jr., M. H. Hilleman, R. J. Huebner and A. M.-M. Payne: Adenoviren 605[3].

Endo, H., T. Sugimura, T. Ono and K. Konno: Katalasehemmung durch Gewebsextrakte 422[16].

Engel, H.: Biologische Oxydation von β-Naphthylamin zu 1-Oxy-2-aminonaphthalin 235[1], 256[2].

Engel, I. L., s. Baggett, B. 390[6].

Engel, L. L., s. Ryan, K. J. 29[2].

Engel, P.: Zusammenfassung über die physiologische und pathologische Bedeutung der Zirbeldrüse (1936) 155[8].

Engel, R. W.: Verhalten verschiedener Tierarten gegen verschiedene Cancerogene und Gifte 254[3].

Engelbertz, P., u. E. Babel: Nachweis aromatischer Amine 234[11]. — Keine Ausscheidung von 3,3'-Dioxybenzidin nach Benzidingaben 237[5]. — Ausscheidung von 4-Amino-diphenylderivaten bei Arbeitern aus Diphenylaminbetrieben 237[9]. — Belastung mit Benzidin 257[5].

Engelbreth-Holm, J.: Mesenchymale Virustumoren beim Huhn 294[4].

— and S. Iversen: Beziehung zwischen Dosis und Latenzzeit bei cancerogenen Kohlenwasserstoffen 303[9].

ENGELBRETH-HOLM, J., s. IVERSEN, S. 380[13], 381[1].
ENGELMAN, M., s. GELLHORN, A. 160[15].
— s. GRAFF, S. 446[26].
ENGLÄNDER, H., A. G. JOHNEN u. W. VAHS: Induktorwirkung fixierter tierischer Gewebe 112[1].
ENGLE, E. T. (Hrsg.): Konferenz über Sterilitätsdiagnose. Engl. (1945) 7[3]. — Buch über Problem der Sterilität. Engl. (1947) 7[5]. — Buch über Menstruation und ihre Störungen. Engl. (1950) 52[5].
— C. KRAKOWER and C. D. HAAGENSEN: Kein Hautkrebs durch Kombination von Oestradiol mit Crotonöl 329[2].
— s. ATKINSON, W. B. 16[9].
ENGLER, R., s. SCHRAMM, G. 594[2].
ENGLISH, J. jr., J. BONNER and A. J. HAAGEN-SMIT: Struktur des Traumatins 178[5].
ENGLISH, J. P., s. ROBLIN, B. O. jr. 161[5].
ENGSTROM, W. W., s. MASON, H. L. 173[13].
ENSELME, J., et (Mme.) J. ENSELME: Phosphatidgehalt in Brustdrüse und Mammatumoren beim Menschen 451[7].
— et J. TRAEGER: Chemische Konstitution und Wirkung 159[3].
ENSELME, J. (Mme.), s. ENSELME, J. 451[7].
ENTERLINE, H. T., and D. R. COMAN: Amöboide Beweglichkeit von Krebszellen und Krebsausbreitung 332[13].
ENTZ, F. H.: Mammageschwülste bei Männern nach chronischer Oestrogentherapie 327[12].
ENZENBACH, R., s. WERLE, E. 46[16], 49[6].
EPHRUSSI, B.: Buch über Kern-Cytoplasma-Relationen bei Mikroorganismen. Engl. (1953) 52[1]. — Zusammenfassung über Zellvererbung (1951) 1[21]. — Selbstreproduktion von Mitochondrien und Plasmagranula 5[3]. — Bierhefe, „petites colonies" 80[10,11], 93[18].
— and H. HOTTINGUER: Extragenische Erbträger 78[4]. — Bierhefe, „petites colonies" 80[10], 93[10]. — Enzym- und Proteinbildung im Cytoplasma 82[3]. — Mutation von Plasmaduplikanten 85[27]. — Mutation an Einzellern 86[7]. — Mutagene Substanzen 93[12].
— H. HOTTINGUER et A.-M. CHIMÈNES: Bierhefe, „petites colonies" 80[10]. — Mutation von Plasmaduplikanten 85[27].
— s. CHEN, S.-Y. 85[27], 93[18].
— s. LATARJET, R. 85[26].
EPPINGER, H.: Buch über die Permeabilitätspathologie als Lehre vom Krankheitsbeginn (1949) 164[14]. — Kaliumverlust in ermüdetem Gewebe 165[7].
— H. KAUNITZ u. H. POPPER: Buch über die seröse Entzündung (1935) 164[14].
EPSTEIN, A.: Parallelität von Kaliumgehalt und Malignität eines Tumors 398[12].
EPSTEIN, M. A.: Elektronenoptische Darstellung von ROUS-Virus in Sarkomen 293[2]. — Elektronenmikroskopische Untersuchungen an ROUS-Virus 386[4].
ERF, L. A., s. TUTTLE, L. W. 446[4].
ERHARDT, K., u. B. T. MAYES: Gehalt an gonadotropen Hormonen im Hypophysenvorderlappen bei trächtigen Tieren 45[3].
ERLENMEYER, H., H. BLOCH u. H. KIEFER: Antivitamin PP 160[1].
— J. ECKENSTEIN, E. SORKIN u. H. MEYER: Beziehungen zwischen chemischer Konstitution und Wirkung 217[11].
— u. F. E. LEHMANN: Schwanzregeneration bei Xenopus levis 161[8], 178[13].
— s. BLOCH, H. 162[3].
— s. LEHMANN, F. E. 161[9], 179[1].
ERMALA, P., and L. R. HOLSTI: Bronchialkrebs bei Zigarettenrauchern 196[8].
— L. R. HOLSTI and K. SETÄLÄ: Carcinogene Kohlenwasserstoffe als Chylomikronen im Blut 229[10].
— K. SETÄLÄ and P. EKWALL: Bedeutung der Löslichkeit für carcinogene Wirkung von 3,4-Benzpyren 229[9].
— s. HOLSTI, L. R. 196[1].
— s. SETÄLÄ, K. 229[10].
ERMIN, R.: Vorkommen von Krebs bei Fischen 184[Tab.]
— and M. GORDON: Vorkommen von Krebs bei Fischen 184[Tab.]
ERNSTER, L., s. LINDBERG, O. 416[14].
ERP, J. P. VAN, s. DEELMANN, H. T. 304[2], 324[9].
ERRERA, M., and J. P. GREENSTEIN: Aminosäureoxydase-Aktivität in Leber und Hepatom 395[5].
ERXLEBEN, H., s. KÖGL, F. 148[8,12], 427[3], 428[4,5].
ESCHENBRENNER, A. B., and E. MILLER: Cancerogene Wirkung von Tetrachlorkohlenstoff und von Chloroform bei verschiedenen Tierarten 254[2]. — Cancerogene Wirkung von Chloroform 276[6]. — Hepatombildung durch Tetrachlorkohlenstoff 375[7]. — Nekrosen der Niere durch Chloroform 375[9].
— s. GREENSTEIN, J. P. 395[15], 418[12].
— s. WHITE, F. R. 364[2].
ESCHER, R., s. KARRER, P. 43[2,10].
ESSER, H., F. HEINZLER u. H. WILD: Bluteiweißkörper bei neoplastischen Krankheiten 432[11].
— s. DIBBELT, L. 33[11].
ESTWICK, R. R., s. BICKIS, I. 325[1].
ETINGHOF, R. N., u. V. N. GERSHANOVITCH: Umgekehrter PASTEUR-Effekt bei Tumoren 406[3].
EUCKEN, A.: Buch über Physikalische Chemie. 6. Aufl. (1948) 511[1].
EUGSTER, J.: Rolle der Höhenstrahlung bei der Bildung der Arten 88[4].
— u. V. F. HESS: Cancerogene Wirkung von Höhenstrahlen 208[8].
EULER, B. v., u. H. v. EULER: Bestimmung von Vitamin E 43[6]. — Nährwert von Fetten 557[2].
— H. v. EULER u. P. KARRER: Wachstumsförderung durch Vitamin A 146[8].

EULER, B. v., H. v. EULER u. J. PETTERSSON: Brenztraubensäuregehalt im Blut während des Oestrus 19[11].
— s. EULER, H. v. 258[5], 262[7], 422[9].
EULER, H. v.: Katalasedefekte bei chlorophylldefekten Gerstemutanten 97[8]. — Chloroplastendegeneration 97[9]. — Duplikationsfähige Enzymoide des Cytoplasmas 131[10]. — Antibiotische Wirkung keimender Samen auf Bakterien 164[5]. — Viren als „errabunde" Gene 301[3].
— E. ADLER u. G. GÜNTHER: Milchsäuredehydrogenase-Aktivität in Extrakten des JENSEN-Sarkom 411[8].
— L. AHLSTRÖM u. B. HÖGBERG: Polyploide durch Cancerogene 95[6].
— H. DAVIDSON u. D. RUNEHJELM: Gene der Chlorophyllsynthese 97[7].
— B. v. EULER u. H. HASSELQUIST: Biologischer Abbau von 4-Dimethylaminoazobenzol 258[5]. — Bildung von N-Monomethylaminoazobenzol aus 4-Dimethylaminoazobenzol 262[7]. — Hemmung der Peroxydase durch katalasehemmenden Faktor aus Leber 422[19].
— G. GÜNTHER u. N. FORSMAN: Gehalt von Tumoren an Cytochrom c 418[11]. — Aktivität der Glutaminsäure-Brenztraubensäure-Transaminase in Tumoren 439[9].
— u. L. HELLER: Lösliche und gebundene Fraktion der Leberkatalase 421[15]. — Aktivität der partikelgebundenen Leberkatalase bei Tumorträgern 422[3].
— u. H. HELLSTRÖM: Aktivität von Diaphorase und DPN-Cytochromreductase in Tumoren 417[3].
— u. G. v. HEVESY: Einbau von ^{32}P in Desoxyribonucleinsäuren von JENSEN-Sarkom beschleunigt 446[6]. — Hemmung der Desoxyribonucleinsäurebildung im JENSEN-Sarkom durch Röntgenstrahlen 447[15].
— u. H. NILSSON: Katalasedefekte bei chlorophylldefekten Gerstemutanten 97[8].
— u. G. SCHMIDT: Nucleinsäuregehalt von Tumoren 440[6].
— u. B. SKARZYNSKY: Buch über Biochemie der Tumoren (1942) 181[23].
— s. AHLSTRÖM, L. 140[9], 447[15].
— s. EULER, B. v. 19[11], 43[6], 146[8], 557[2].
— s. RESEGOTTI, L. 421[12], 424[11].
EULER, J. v., s. BALASZ, E. A. 458[11].
EULER, U. S. v.: Wirkung von Prostatasubstanzen auf Blutdruck und glatte Muskulatur 10[13].
EUW, J. v., s. REICHSTEIN, T. 32[9].
— s. SIMPSON, S. A. 173[5].
EVANS, E. A. jr. (Hrsgb.): Symposion über Atmungsenzyme und die biologische Wirkung der Vitamine. Engl. (1942) 395[30].
EVANS, E. S., A. N. CONTOPOULOS and M. E. SIMPSON: Grundumsatz und Hormone 528[3]. — Bedeutung der Hypophyse für Stoffwechselsteigerung in der Kälte 532[8].
EVANS, H. M.: Wachstumsförderung durch essentielle Fettsäuren 146[9].
— and K. S. BISHOP: Entdeckung von Vitamin E 42[13]. — Biologischer Test auf Vitamin E 43[3].
— G. O. BURR and T. L. ALTHAUSEN: Schwere Avitaminose E wird durch Vitamin E nicht beeinflußt 43[14].
— G. A. EMERSON and O. H. EMERSON: Synthetische Tokopherole 43[10].
— O. H. EMERSON and G. A. EMERSON: Vitamin E 43[1].
— O. H. EMERSON, G. A. EMERSON, L. I. SMITH, H. E. UNGNADE, W. W. PRICHARD, F. L. AUSTIN, H. H. HOEHN, J. W. O. PIE and S. WAWZONEK: Synthetische Tokopherole 43[10].
— and S. LEPKOVSKY: Wachstumsförderung durch essentielle Fettsäuren 146[9].
— and J. A. LONG: Wachstumshormon 151[13].
— K. MEYER and M. E. SIMPSON: Buch über wachstums- und keimdrüsenstimulierendes Hormon der Hypophyse. Engl. (1933) 7[12].
— K. MEYER, M. E. SIMPSON, A. J. SZARKA, R. I. PENCHARZ, R. E. CORNISH and F. L. REICHERT: Buch über wachstums- und keimdrüsenstimulierende Hormone des Hypophysenvorderlappens. Engl. (1933) 124[18].
— M. E. SIMPSON and P. R. AUSTIN: Luteinisierungshormon 23[5].
— N. UYEL, Q. R. BARTZ and M. E. SIMPSON: Bestimmung des Wachstumshormons 152[10].
— s. DYKE, C. D. VAN 152[8].
— s. FRAENKEL-CONTRAT, H. L. 25[5].
— s. KONEFF, A. A. 381[17].
— s. LI, C. H. 7[25], 25[3, 4, 6, 9], 26[1], 151[13].
— s. MOON, H. D. 152[13], 324[12], 325[5], 381[16, 17].
— s. SIMPSON, M. E. 152[12], 325[5].
EVANS, J. S., and J. D. HAUSCHILDT: Chemische Struktur und Wirkung der gonadotropen Vorderlappenhormone 25[2]. — Gonadotropin, Stute 25[2].
EVANS, R. D., s. LEBLOND, C. P. 532[6].
EVANS, R. W., s. BURGESS, C. T. A. 10[10].
EVANS, V. J., s. SANFORD, K. K. 333[3, 7].
EVENARI, M.: Zusammenfassung über Blastokoline (1949) 163[3].
EVERETT, J. W., and C. H. SAWYER: Hemmung der Ausschüttung des Luteinisierungshormons durch Narkotica 27[3].
EVERSOLE, J. W., s. DARGEON, H. W. 231[7].
EWING, J.: Buch über neoplastische Krankheiten. 4. Aufl. Engl. (1942) 181[26].
EYESTONE, W. H., s. MORRIS, H. P. 361[12].
EYRING, H., F. H. JOHNSON and R. L. GENSLER: Bedeutung der Nucleinsäuren für Eiweißsynthese 144[9].

FABER, M.: Verminderung der Cholinesteraseaktivität im Serum krebskranker Menschen 455[20].

Fabre, J. H.: Buch über Bilder aus der Insektenwelt. Dtsche. Übersetzg. (1914) 104[1].
Fachmann, W., H. Kraut u. H. Sperling: Zusammenfassung über Nährstoff- und Nährwertgehalt von Nahrungsmitteln. 2. Aufl. (1953) 563[1].
Faessinger, R., s. Brown, E. V. 240[3], 365[9].
Fager, J., s. Marshak, A. 138[10].
Fagraeus, A.: Bildung von spezifischen Antikörpern in Plasmazellen 175[5].
Fahim, H. A., s. Schönberg, A.: 40[3].
Fahl, J. C., s. Rosenthal, O. 145[7].
Fahmy, M. J., s. Fahmy, O. G. 373[7].
Fahmy, O. G., and M. J. Fahmy: Cancerogene Wirkung von 2-Chloräthylmethansulfonat 373[7].
— s. Bird, M. J. 93[11], 373[5].
Fahnestock, M. K., s. Glickman, N. 533[13].
— s. Keeton, R. W. 533[12].
— s. Mitchell, H. H. 533[12].
Faillie, R., et W. Liberson: Grundumsatz bei Fettleibigen 530[21].
Fajella, G. U., s. Massazza, A. 530[22].
Falin, L. I.: Carcinogene Wirkung von Zinksalzen 377[6].
— and W. W. Anissimova: Bildung von Teratomen nach Kupfersulfatinjektion 377[7].
— u. K. E. Gromzewa: Zinksalze sind nicht cancerogen 211[7]. — Hodenteratome durch Zinksalze 211[7].
Falk, E. A., s. DuBois, E. F. 553[3].
Falk, H. L., and P. E. Steiner: Vorkommen von 3,4-Benzpyren im Ruß 347[2].
— P. E. Steiner and S. Goldfein: Rauch als Ursache von Haut- und Lungenkrebs 200[8]. — Carcinogene Wirkung von höheren aromatischen Kohlenwasserstoffen 200[14].
— P. E. Steiner, S. Goldfein, A. Breslow and R. Hykes: Rauch als Ursache von Haut- und Lungenkrebs 200[8]. — Cancerogene Wirkung von Ruß und Gummiprodukten 213[7]. — Schwach cancerogene Wirkung von Chrysen 216[10]. — 3,4-Benzpyren in verarbeitetem Gummi 347[7].
— s. Kotin, P. 195[1], 200[8], 214[1], 347[4,6].
— s. McCammon, C. J. 372[4].
— s. Steiner, P. E. 216[11], 231[13].
Falk, K. G., H. M. Noyes and K. Sugiura: Lipaseaktivität im Flexner-Jobling-Carcinom 455[1].
Fanconi, G.: Zusammenfassung über Störungen der Pubertät (1955) 29[7].
Fanelli, F., s. Vescia, A. 437[7].
Fankuchen, I., s. Bernal, J. D. 75[8], 594[4].
Fano, U., s. Demerec, M. 597[1].
Fansah, N. O., s. Chapman, D. D. 454[4].
Farber, E., S. Kit and D. M. Greenberg: Einbau von markierten Aminosäuren in Lymphosarkom- und Milzzellsuspensionen 434[16].
Farber, S., R. Toch, E. M. Sears and D. Pinkel: Therapie von Lymphosarkomen und Leukämien mit Mustardverbindungen, Äthyleniminen und Epoxyden 373[9].
Fark, G.: Geräucherte Lebensmittel sind cancerogen 213[9].
Farkas, K., s. Tangl, F. 473[1].
Farmer, F. A., s. Crampton, E. W. 193[2], 288[6].
Farquharson, M. E., s. Henson, A. F. 235[2], 256[2].
Farran, H. E. A., s. Stapleton, J. E. 401[13].
Fassrainer, S.: Arsen als Ursache von Berufskrebs 210[1].
Fauré-Fremiet, (M.) E.: Buch über die Kinetik der Entwicklung. Franz. (1925) 106[2]. — Mitochondrien als Duplikanten 311[1].
Fauvet, E.: Wirkung von Gestagenen und Oestrogenen auf Mamma 18[3]. — Einfluß von Progesteron auf Entwicklung der Brustdrüse 46[4].
Feaver, E. R., s. Dunn, M. S. 425[1].
Febvre, H. L., s. Oberling, C. 299[4].
Feenstra, E. S., s. Govier, W. M. 455[16].
Fehrmann, H., s. Hartmann, F. 577[5].
Feinstein, R. N., and J. C. Ballin: Gehalt an Carboxypeptidasen und ihren Inhibitoren in Tumoren 437[3].
Fekete, E., and C. C. Little: Verbreitung des Milchfaktors 296[4].
— G. Woolley and C. C. Little: Brustkrebs bei kastrierten Mäusen 297[6].
— s. Woolley, G. 27[6], 325[10], 330[4].
Feldberg, W., and C. H. Kellaway: Histaminbildung durch Bakterientoxine 167[10].
— and W. J. O'Connor: Histaminbildung nach Reizgiften 167[9].
— and M. Schachter: Histaminbildung durch Bakterientoxine 167[10]. — Histaminbildung im Schock bei leberlosen Hunden 167[18].
— u. E. Schilf: Buch über Histamin (1930) 164[13].
Felix, K.: DNS-Nucleoprotamine in Zellkernen der Spermien von Salmoniden 12[9].
Felix, M. D., s. Goldie, H. 319[3], 335[4], 336[5].
Felsovanyi, A. v., s. Bernheim, F. 415[10].
Felts, J. M., I. L. Chaikoff, M. J. Osborn: Hormonale Kontrolle der Fettbildung aus Kohlenhydrat 554[8].
Fenner, F., and F. M. Burnet: Viren der Pockengruppe 609[1].
Fenner, F. J., s. Burnet, F. M. 164[28].
Fennessey, B. V., s. Ratcliffe, F. N. 610[5].
Fenninger, L. D., and G. B. Mider: Zusammenfassung über Energie- und Stickstoffstoffwechsel bei Krebs (1954) 433[14].
— and C. Waterhouse: Stickstoffbedarf für Tumorwachstum 434[1].
— s. Mider, G. B. 434[1].
— s. Waterhouse, C. 434[1].
Fenton, K., s. Chinn, H. I. 533[6].
Fenwick, M., s. Reiss, M. 38[10], 171[5].

FERGUSON, A. R.: Schistosoma haematobium als Krebsursache 201[4].
FERGUSON, J.: Vogelamnion 47[4].
FERNANDES, J. F., G. A. LE PAGE and A. LINDNER: Beeinflussung der Synthese von Purinnucleotiden in Tumoren durch Hemmstoffe 447[9]. — Hemmstoffe für Nucleinsäurestoffwechsel 448[5].
FERNÁNDEZ-MORAN, H., and G. SCHRAMM: Hohlraum in Tabakmosaikvirus 594[9].
FERNHOLZ, E.: Vitamin E 43[1].
FERRERO, C.: Positive MILLON-Reaktion im Harn bei Nebenniereninsuffizienz 173[4].
FERRY, E. L., s. OSBORNE, T. B. 509[11], 550[6].
FETZER, S., s. TONUTTI, E. 173[2].
FEULGEN, R., M. BEHRENS u. S. MAHDIHASSAN: Histochemische Darstellung der Desoxyribonucleinsäure 75[6].
FEVOLD, H. L., F. L. HISAW and R. GREEP: Hypothalamo-hypophysäres System 22[4].
— M. LEE, F. L. HISAW and E. J. COHN: Wachstumshormon 151[13].
— s. ALDERTON, G. 465[4].
— s. GREEP, R. O. 27[1].
FEY, F., A. GRAFFI u. H. BIELKA: Zellfreie Tumorübertragung 298[9], 337[7].
— s. BIELKA, H. 298[9], 337[7].
— s. GRAFFI, A. 298[9,11], 301[1], 337[7,11].
FIALA, S.: Anregung der Zellteilung durch Verlust der Mitochondrien 266[4].
FIBIGER, J.: Tumorbildung durch Spiroptera neoplastica 289[12].
FIESER, L. F.: 7,8,9,11-Diepoxydcholestanol aus Cholesterin scheint cancerogen 203[12]. Auxocancerogene Wirkung bestimmter Gruppen 216[6]. — Verstärkung der cancerogenen Wirkung durch Substitution 216[7]. — Konstitutive Voraussetzungen für cancerogene Wirkung 217[10]. Herabsetzung der carcinogenen Wirkung durch Einführung saurer Gruppen 218[3].— Reaktion von Maleinsäureanhydrid mit polycylicschen Aromaten 225[5]. — Endosuccinate von aromatischen Kohlenwasserstoffen sind wasserlöslich 229[7]. — Δ^5-Cholesten-3-on-7,8,9,11-diepoxyd und Δ^4-Cholesten-3-on-6β-peroxyd durch Bestrahlung von Cholesterin 276[2]. — Krebserzeugende polycyclische, aromatische Kohlenwasserstoffe 345[4]. — Bildung carcinogener Substanzen aus Steroiden 392[13].
— and W. P. CAMPBELL: Reaktionsfähigkeit von cancerogenen Kohlenwasserstoffen 225[11]. — L-Regionen reaktionsfähigste Zone von Kohlenwasserstoffen 354[4].
— T. W. GREENE, F. BISCHOFF, G. LOPEZ and J. J. RUPP: Cancerogene Wirkung von 6-β-Hydroperoxyd-Δ^4-cholesten-on-3 204[1], 392[8]. — Δ^5 - Cholesten - 3-on - 7,8,9,11-diepoxyd und Δ^4-Cholesten-3-on-6β-peroxyd durch Bestrahlungvon Cholesterin 276[2].
FIESER, L. F., and E. B. HERSHBERG: L-Region reaktionsfähigsteZone von Kohlenwasserstoffen 354[4].
— and H. HEYMANN: Cancerogene Wirkung von 2'-Methyl- und 3'-Methyl-3,4-benzpyren 351[6].
— and M. S. NEWMAN: Keine Bildung carcinogener Substanzen aus Cholesterin oder Gallensäuren in vivo 202[1]. — Löslichkeit von Cancerogenen in Gewebslipoiden 229[2]. — Darstellung von 3-Methylcholanthren aus Gallensäuren 389[4].
— and W. P. SCHNEIDER: Geschwulstbildung durch Cholesterin im Tierversuch 203[5].
— and A. M. SELIGMAN: Cancerogene Wirkung von 20-Methylcholanthren 217[2].
— s. SANDIN, R. B. 219[4].
— s. WOLFE, J. K. 32[9], 34[2], 203[2].
FIGGE, F. H. J.: Begünstigung der Carcinogenese durch Höhenstrahlung 208[9].
FILDES, P.: β-Indolylacrylsäure hemmt Staphylokokkenwachstum 162[2].
— and H. N. RYDON: Beziehungen zwischen chemischer Konstitution und Wirkung 217[11]. — Methylgruppe verstärkt Wasserstoffbrückenbindungen 221[2].
— s. WOODS, D. D. 159[4].
FILIA, S.: Mitochondrienzahl in Hepatomen 420[5].
FILL, W.: Grundumsatz bei Tag- und Nachttieren 536[9].
FILLERUP, D. L., s. DECKER, A. B. 555[3].
FINCH, J. T., s. KLUG, A. 586[6].
FINDLAY, G. M.: Hautkrebs nach UV-Bestrahlung 205[4]. — Nachweis der cancerogenen Wirkung von UV-Licht 377[13].
FINERTY, J. C., s. PANOS, T. C. 555[13].
FINGER, G. C., s. MILLER, J. A. 239[4], 364[3,14], 365[6], 366[8], 370[14].
FINK, H., u. I. SCHLIE: Leberschädigende Wirkung von Trockenmilch 289[2].
FINKEL, M. P., and G. M. SCRIBNER: Spontantumoren bei in Kunststoffkäfigen gehaltenen Mäusen 282[9].
— s. BRUES, A. M. 209[10].
— s. LISCO, H. 209[9], 273[9].
FINKELSTEIN, M.: Bestimmung der Oestrogene durch Fluorometrie 33[8]. — Corticosteroidbestimmung 174[6].
FINNEY, D. J.: Buch über Probit Analysis. Engl. (1947) 34[4].
FIRMINGER, H. I., s. MORRIS, H. P. 236[13], 255[2], 307[5].
— s. MULAY, A. S. 365[7], 457[2].
FISCHER, A.: Buch über Gewebezüchtung (1930) 150[12]. — Buch über Biologie von Gewebszellen. Engl. (1946) 106[31]. — Zusammenfassung über das Regenerationsproblem (1931/32) 176[7]. — Heparin und Chinone als Spindelgifte 138[12]. — Eiweißquellen für Gewebskulturen 146[1]. Bedeutung von Embryonalextrakten für Wachstum von Gewebskulturen 150[12]. — Trephone 150[12]. — Embryonin 150[13]. —

Förderung der Gewebsdifferenzierung durch Schilddrüsenhormon 154[12]. — Heparin hemmt Wachstum von Gewebskulturen 154[12], 156[4]. – Regenerationen in Gewebskulturen 154[12], 177[3]. — Bildung von Wuchsstoffen durch Krebszellen 332[4]. — Wachstumswirkung abgebauter Proteine aus normalen Geweben und aus bösartigen Tumoren 432[7].

FISCHER, A., u. T. ASTRUP: Embryonin 150[13].
— s. EHRENSVÄRD, G. 146[1].

FISCHER, B.: Entzündliches Ödem 165[4]. — Cancerogene Wirkung von Scharlachrot 238[4]. — Gewebswucherungen durch Scharlachrot 359[2].
— s. a. FISCHER-WASELS, B.

FISCHER, E.: Mißbildungen bei Kindern nach Röteln-Erkrankung der schwangeren Mutter 96[2].
— s. BAUR, E. 70[4].

FISCHER, F. G., u. H. HARTWIG: Sauerstoffbedarf verschiedener Entwicklungsstufen von Organismen 115[14].
— E. WEHMEIER, H. LEHMANN, L. JÜHLING u. K. HULTZSCH: Induktorwirkungen chemischer Substanzen 111[5].
— s. SPEMANN, H. 111[3], 112[4].

FISCHER, H., u. L. WAGNER: Phagocytose 277[2], 283[3].
— s. CHRISTENSEN, H. N. 423[13].

FISCHER, H. G. M., W. PRIESTLEY jr., L. T. EBY, G. G. WANLESS and J. REHNER jr.: Reaktion von Maleinsäureanhydrid mit polycyclischen Aromaten 225[5].

FISCHER, I.: Grundriß der Gewebezüchtung (1942) 106[30].

FISCHER, R.: Häufigkeit von Genitalkrebs bei Jüdinnen und Nonnen 197[6].

FISCHER, W.: Zusammenfassung über die Ätiologie der Geschwülste (1958) 342[9]. Schistosoma haematobium als Krebsursache 201[4].

FISCHER-POPPER, S., s. REISS, M. 11[11], 23[4].

FISCHER-WASELS, B.: Buch über allgemeine Geschwulstlehre (1927) 181[8]. — Buch über Vererbung und Krebsforschung (1931) 181[11]. — Zusammenfassung über die Bedingungen der regenerativen und der atypischen Zellwucherung (1935) 176[8]. — Zusammenfassung über Geschwulstbildung und Vererbung (1937) 188[2]. — Experimentelle Krebserzeugung 212[9].
— s. a. FISCHER, B.

FISHER, G., and M. B. WISHART: Spezifisch-dynamische Wirkung von Fructose und Glucose 538[4].

FISHER, M., s. DILLER, I. C. 291[1].

FISHER, R. A.: Buch über Theorie der Inzucht. Engl. (1949) 70[18].
— and R. R. RACE: Genkombinationen der Rh-Faktoren 98[10].
— and F. YATES: Statistische Tafeln. Engl. 3. Aufl. (1948) 34[4].

FISHER, W. B., s. QUENOUILLE, M. H. 523[5].

FISHMAN, W. H.: β-Glucuronidase im Endometrium 16[10]. — Wirkung von Oestrogenen auf Enzyme 19[13]. — Aktivität der β-Glucuronidase in Tumoren 458[3].
— and A. J. ANLYAN: Aktivität der β-Glucuronidase in Tumoren 458[3].
— R. M. DART, C. D. BONNER, W. F. LEADBETTER, F. LERNER and F. HOMBURGER: Hemmung der sauren Prostataphosphatase durch L-Tartrat 456[14].
— and F. LERNER: Hemmung der Prostataphosphatase durch Tartrat 10[8], 456[14]. — Saure Phosphatase im Blut bei Prostatacarcinom 330[1].
— A. WAYNE and F. HOMBURGER: Keine Aktivierung der alkalischen Serumphosphatase durch Zn-Ionen bei Carcinom 457[13].
— s. HOMBURGER, F. 181[52], 342[7].

FITCH, R. H., s. VOEGTLIN, C. 397[4], 398[1].

FITTING, H.: Buch über Grundzüge der Vererbungslehre (1949) 70[19].

FITZHUGH, A. F.: Krebsbildung durch implantierte Kunststoffe 280[2].

FITZHUGH, O. G., and A. A. NELSON: Schilddrüsenkrebs bei Kombination von 2-Acetylaminofluoren mit thyreotropem Hormon oder Allylthioharnstoff 267[1]. — Leberkrebs durch Dulcin (4-Äthoxyphenolharnstoff) 268[2]. — Cancerogene Wirkung von Thioharnstoff 269[3]. — Cancerogene Wirkung von Thioharnstoffderivaten 326[9]. — Carcinogene Wirkung von p-Äthoxyphenylharnstoff (Dulcin) 376[4].
— s. NELSON, A. A. 200[6], 211[5], 254[2], 269[8], 276[3], 287[1], 377[8].

FLASCHENTRÄGER, B.: Stoffwechsel der Hormone 22[2].
— and J. SEDDIK: Bilharzia-Carcinom 198[9].
— u. M. M. TAHA: Bilharzia-Eier in menschlichem Harn 289[8].

FLASCHENTRÄGER, T., s. STEINHOFF, D. 341[16].

FLECKENSTEIN, A.: Buch über die periphere Schmerzauslösung und Schmerzausschaltung (1950) 164[21].

FLEISCH, A.: Buch über Ernährungsprobleme in Mangelzeiten (1947) 566[2]. — Buch über neue Untersuchungsmethoden des Gaswechsels und der Lungenfunktion. Franz. (1956) 541[8]. — Metabograph 541[8]. Calorienbedarf des Normalverbrauchers 566[2].

FLEISCHMANN, W., s. STREICHER, E. 533[4].

FLEISHER, G. A., s. SIBLEY, J. A. 410[11], 411[20].

FLEXNER, L. B.: Zusammenfassung über Entwicklungsphysiologie (1946) 105[15].

FLEXNER, S., and J. W. JOBLING: Transplantationstumoren 333[4].

FLICKINGER, R. A.: Biochemische Leistungen von Amphibienkeimen 109[2].

FLÖSSNER, O.: Zusammenfassung über Konstitution und Ernährung (1938) 563[6]. — Ernährung des Großstädters 570[2].

FLÖSSNER, O., u. F. KIRSTEIN: Zusammensetzung von Fruchtwasser 47[9].
— F. KUTSCHER u. WITTNEBEN: Adeninausscheidung im Harn schilddrüsenloser Tiere 153[6].
FLOREY, H. W., E. CHAIN, N. G. HEATLEY, M. A. JENNINGS, A. G. SANDERS, E. P. ABRAHAM and M. E. FLOREY: Buch über Antibiotika. 2 Bde. Engl. (1949) 156[15].
FLOREY, M. E., s. FLOREY, H. W. 156[15].
FLORKIN, M.: Buch über biochemische Evolution. Engl. (1949) 118[10].
FLORSHEIM, W. H., and B. KRICHESKY: Fluorescierende Substanzen aus Leber nicht identisch mit Methylcholanthren 202[2].
FLORY, C. M.: Häufigkeit von Bronchialkrebs 194[5].
FOA s. Food and Agriculture Organization.
FODOR, P. J., C. FUNK and P. TOMASHEFSKY: Aktivität von Kathepsin im FLEXNER-JOBLING-Carcinom 435[15]. — Alkalische Serumphosphatase bei FLEXNER-JOBLING-Carcinom 457[3].
— s. GREENSTEIN, J. P. 395[10], 438[1], 439[1].
FÖRSTER, H., u. L. WIESE: Kritik der Chlamydomonas-Versuche von MOEWUS 53[4], 102[5].
— L. WIESE u. G. BRAUNITZER: Wirkung von Gamonen an Chlamydomonas 102[8], 103Abb.
FOGH, J., s. SCHWERDT, C. E. 603[1].
FOLIN, O.: Endogenes N-Gleichgewicht 546[3].
FOLKERS, K., s. WRIGHT, L. D. 147[16].
FOLLEY, S. J., s. COTES, P. M. 153[1].
FONBRUNE, P. DE, s. COMMANDON, J. 131[4].
FONTAINE, V., s. BOYD, E. M. 450[13].
Food and Agriculture Organization (FAO): 2. Übersicht über die Welternährung. Engl. (1952) 573[1]. — Tabellen über Nahrungszusammensetzung — Mineralstoffe und Vitamine. Engl. (1954) 563[1]. — Bericht über Calorienbedarf. Engl. (1957) 566[4]. — Jahrbuch der Ernährungs- und Landwirtschaftsstatistik. Engl. (1957) 570[6].
Food and Drug Administration Service. Coaltar Color Regulations. (1940) 246[1].
Food Standards Committee: Bericht über Farbstoffe. Engl. (1954) 246[10].
FOOTE, C. L.: Geschlechtsumkehr durch Oestron bei Salamanderlarven 480[5].
FORBES, J. C.: Xanthin als Leberschutzstoff 151[7].
FORBES, T. R., s. HOOKER, C. W. 33[13], 38[13].
FORD, E. B.: Buch über Genetik für Medizinstudenten. 2. Aufl. Engl. (1946) 70[20].
FORMAN, C., s. EHRICH, W. E. 175[5].
FORSHAM, P. H., s. RECANT, L. 171[2].
— s. THORN, G. W. 172[11], 173[1], 174[1].
FORSMAN, N., s. EULER, H. v. 418[11], 439[9].
FORSSBERG, A.: Inaktivierung von Katalase durch Röntgenstrahlen 92[6].
FORSSBERG, A., and L. RÉVÉSZ: Gleichgewicht zwischen Aminosäuren und Proteinen in Tumorzellen 435[10].
FORSYTHE, R. H., and J. F. FOSTER: Zusammensetzung der Eiereiweißproteine 465[3].
FORTNER, J. G.: Carcinogene Wirkung von Organextrakten und von Galle 201[8].
FOSTER, J. F., s. FORSYTHE, R. H. 465[3].
FOX, C. L. jr., s. STETTEN, M. R. 142[5].
FOX, E. L., s. CARPENTER, T. M. 538[3].
FOX, J. D.: Streptokokkenartige Ketten im Cytoplasma menschlicher Geschwulstzellen 299[5].
FOX, M., s. ALEXANDER, P. 271[9].
FOWLER, C. B., and S. S. COHEN: Methioninsulfoxyd als Antimetabolit gegen Glutaminsäure 161[7].
FOWLER, O. M.: Wuchsstoffgehalt von Hühnerembryonen 150[16].
FRAENKEL, G.: Vitamin B_T 115[3].
— and M. BLEWETT: Bedeutung von ungesättigten Fettsäuren für Insekten 555[6].
FRAENKEL, G. K., J. M. HIRSHON and C. WALLING: Krebsbildung durch implantierte Kunststoffe 280[2].
FRÄNKEL, S.: Buch über Arzneimittelsynthese. 6. Aufl. (1927) 253[6].
FRAENKEL-CONRAT, H. (L.): Ribonucleinsäure ist genetisch aktiv 59[4]. — Infektiosität der Ribonucleinsäure aus Tabakmosaikvirus 60[2].
— M. E. SIMPSON and H. M. EVANS: Follikelreifungshormon 25[5].
— B. SINGER and R. C. WILLIAMS: Ribonucleinsäure aus Tabakmosaikvirus 593[3].
— N. S. SNELL and E. D. DUCAY: Antagonismus Avidin/Biotin 148[1]. — Avidinfraktionen 156[3].
— and R. C. WILLIAMS: Reduplikation von zellfremden Makromolekülen in Zellen 292[4]. — Rekonstitution des Tabakmosaikvirus 594[3].
— s. NIU, C.-I. 592[7].
FRAENKEL-CONRAT, J., and C. H. LI: Umbau von Desoxyribonucleinsäuren bei Zellteilung 77[6]. — Anregung des Nucleinsäurestoffwechsels durch Wachstumshormon 152[15].
FRANCIS, B. F., s. ALLEN, E. 38[11].
FRANCIS, E., s. BERNSTEIN, L. M. 518[3].
FRANCIS, T., s. ACKERMANN, W. W. 583[1].
FRANCIS, T. jr., s. ENDERS, J. F. 605[3].
FRANK, L., s. SULZBERGER, M. B. 330[9].
FRANK, L. J. P., s. ADDINK, N. W. H. 211[9].
FRANK, P., s. KÖRBLER, J. 283[8].
FRANKEL, S., s. ROBERTS, E. 396[3], 423[5,19], 424[4], 438[6].
FRANKLIN, K. J., s. BARCLAY, A. E. 47[3].
FRANKLIN, R. E.: Röntgenanalysen von Tabakmosaikvirus 594[5].
— and K. C. HOLMES: Röntgenanalysen von Tabakmosaikvirus 594[7].
— s. KLUG, A. 586[6], 594[6].

Franklin, R. M.: g-Antigen der klassischen Geflügelpest 607[8].
— H. Rubin and C. A. Davis: Ribonucleinsäure im Virus der atypischen Geflügelpest 608[3].
Franks, W. R.: Phosphatgehalt von Tumoren 401[11].
Frankston, J. E., s. Albanese, A. A. 550[5].
Franseen, C. C., and R. McLean: Alkalische Phosphatase in osteogenem Sarkom und osteoblastischen Metastasen 457[4].
Frantz, I. D. jr., s. Zamecnik, P. C. 434[9,10].
Franz, H., s. Müller, E. A. 515[10].
— s. Wachholder, K. 539[10].
Fraser, D., and V. Cosentino: Bau kugelförmiger Pflanzenviren 586[3].
— H. R. Mahler, A. L. Shug and C. A. Thomas jr.: Infektiosität von Desoxyribonucleinsäure aus T_2-Phagen 599[1].
Fraser, D. K., s. Hershey, A. D. 65[1].
Fraser, R., and B. E. C. Nordin: Stoffwechsel bei Narkose 521[2].
Frawley, T. F., s. Thorn, G. W. 173[1].
Frazier, L. E., s. Benditt, E. P. 146[3], 544[6].
Freed, J. J., and D. A. Hungerford: Parallelität von Chromosomenzahl und Desoxyribonucleinsäuregehalt in Zellkernen 443[5].
Freedberg, A. S., s. Zipser, A. 400[10].
Freedlander, B. L., F. A. French and A. Furst: Nicotin ist nicht cancerogen 196[11].
Freedman, A., s. Horvath, S. M. 533[10].
Freeman, B. B., s. Davidson, J. D. 448[5].
Freerksen, E.: Hemmstoffe für Pilz- und Bakterienwachstum in Pflanzen 156[14].
Fremery, D. de, and C. A. Knight: Basenverhältnis der Nucleinsäure aus bushy stunt-Virus 587[6].
French, F. A., s. Freedlander, B. L. 196[11].
Fresen, O., u. H. Weese: Macromolecular haematologic symptom complex 282[12].
Freud, J., E. Dingemanse et J. J. Polak: Steigerung der Androgenwirkung durch „X-Stoffe". 29[5].
— s. David, K. 8[11], 9[1], 104[5].
— s. Dingemanse, E. 152[9].
Freud, P., u. E. Nobel: Bestimmung des Schilddrüsenhormons 154[4].
Frey, R.: Häufigkeit des Vorkommens von Sarkomen 189[3].
— H. Göpfert u. W. Raule: Herstellung von Grundumsatzbedingungen bei Tieren durch Curare oder Narkotica 521[4].
— s. Bauer, K. H. 181[57].
Frey-Wyssling, A.: Buch über die Stoffausscheidung höherer Pflanzen (1935) 178[2]. — Buch über submikroskopische Morphologie des Protoplasmas. Engl. (1948) 1[10]. — Wachstum von Pflanzenzellen 125[1], 143[4].
Freyhan, F. A., s. Kety, S. S. 522[11].
Fridenson, A., s. Girard, A. 31[3].
Frieben (P.): Erste Beobachtung über Röntgenkrebs 198[7], 199[6], 206[7], 379[1].
Fried, M., s. Brown, D. M. 60[4].
Fried, R., u. L. Wüst: Oxytocinase 46[15].
Friedberg, F., s. Winnick, T. 435[1].
Friedell, H. L., s. Koletsky, S. 209[12], 379[13].
Frieden, E. H., and F. L. Hisaw: Relaxin 46[9].
Friedewald, W. F.: Shope-Papillom entsteht nur in geschädigter Haut 294[15].
— and R. S. Anderson: Empfindlichkeit von Shope-Papillom gegen Röntgenstrahlen 295[3].
— and J. G. Kidd: Nachweis von kachiertem Shope-Virus 295[5].
— and P. Rous: Cocancerogene Wirkung von Verbrennungen 304[2]. — Cocancerogene Wirkung von Chloroform 304[4]. — Wirkungsmechanismus der Carcinogene 317[3]. — Förderung des Tumorwachstums durch Proliferationsreize 324[9]. — Phasen der Tumorbildung 344[2]. — Tumorrealisierende Wirkung von Verletzungen beim Kaninchen 381[15].
— s. Rous, P. 386[8].
Friedgood, H. B., s. Wolfe, J. K. 32[9], 203[2].
Friedman, B., s. Shay, H. 188[5, 6], 231[8].
Friedman, F., s. Burton, L. 186[5].
Friedman, M. H.: Schnelltest auf Schwangerschaft 37[1].
Friedman, N. B., s. Carleton, R. L. 377[6].
Friedman, O. M., s. Seligman, A. M. 273[11], 458[4].
Friedmann, B., s. Medes, G. 402[2].
Friedmann, E., D. H. Marrion and I. Simon-Reuss: Maleinsäure und Chinone als Mitosegifte 139[7].
Friedrich, W.: Hautkrebs nach UV-Bestrahlung bei Ratten 205[5]. — Krebsbildung nach kurzfristiger UV-Bestrahlung 303[7]. — Cancerogen wirksame UV-Strahlung 378[3].
— u. N. Koyenuma: Keine Bildung von Methylcholanthren aus Dehydronorcholen durch Darmbakterien 391[6].
Friedrich-Freksa, H.: Autokatalytische Reproduktionsprozesse 62[4]. — Bindung zwischen Nucleinsäuren und Protein 76[9]. Ladungsmuster von Nucleinsäuren und Proteinen als „Matrize" 77[1]. — Beziehungen zwischen Virus und Erbträger von Zellen 79[4]. — Bedeutung von Nucleinsäuren für Eiweißsynthese 144[9]. — Pinselungsmethode zur Prüfung carcinogener Wirksamkeit 348[5]. — Cocancerogene Wirkung von Oestrogenen 382[3].
— u. F. Kaudewitz: Latenz der Manifestation einer Mutation 90[2]. — Latenz in der Wirkung radioaktiver Strahlung 91[4]. — Verzögerte Mutationen 97[2]. — Struktur der Interphasenchromosomen 311[3]. — Entmischung von Duplikanten bei krebsiger Entartung von Zellen 317[7].
— G. Melchers u. G. Schramm: Elektrophorese mutierter Tabakmosaikviren 595[10].

FRIEDRICH-FREKSA, H., u. F. G. ZAKI: Anregung der Leberregeneration durch körpereigene Wirkstoffe 151[9]. — Organspezifischer Wuchsstoff im Serum partiell hepatektomierter Ratten 179[4].
— s. BUTENANDT, A. 391[9], 392[4].
— s. KAUFMANN, C. 202[6], 327[7], 382[1], 383[1].
— s. SCHRAMM, G. 595[5].
FRIEND, C.: Transplantation von EHRLICH-Adenocarcinom durch Filtrate 298[14]. — Zellfreie Tumorübertragung 337[7].
— and F. WRÓBLEWSKI: Aktivität der Milchsäuredehydrogenase im Serum bei Leukämie 412[6].
FRIES, N., s. KÖGL, F. 148[8].
FRIMMER, M., u. I. WEINDEL: Keine biologische Spaltung von Dulcin zum Amin 268[5].
FRISCH-NIGGEMEYER, W., u. H. HÖLLER: Katalasehemmung durch Leukocytenextrakte 422[13].
FRITZ-NIGGLI, H.: Hemmung des Citronensäureabbaus in Mitochondrien durch kleine Strahlendosen 208[6]. — Zahl der Lebermitochondrien nach 4-Dimethylaminoazobenzol 266[3].
— s. SCHINZ, H. R. 117[9], 236[12], 362[8].
FRITZSCHE, H.: Cocancerogene Wirkungen von Verbrennungen 304[2]. — Irreversible Wirkung cancerogener Stoffe 305[4]. — Wirkungsmechanismus der Carcinogene 317[3].
— s. KARRER, P. 43[2, 10].
FROBOESE, C.: Häufigkeit von Bronchialkrebs 194[5].
FRÖBRICH, G.: Carnitin (Vitamin B_T) als Wirkstoff der Metamorphose des Reismehlkäfers 115[2].
FRÖHLICH, K.: Vorkommen von Krebs bei Pflanzen 185[7].
FRÖHLICH, T., s. HOLST, A. 509[3].
FROMME, I., s. WESTPHAL, O. 170[4].
FROMMOIT, G.: Befruchtungsvorgang an Säugetiereiern 105[10].
FRUNDER, H.: Saure Reaktion in Zellen bei Schädigung oder Entzündung 165[8].
FRUTON, J. S., W. H. STEIN and M. BERGMANN: Reaktion von Bis-(2-chloräthyl)-amin mit Aminosäuren 273[6].
FU, S.-C. J., s. LEVINTOW, L. 395[18], 438[1].
FUCHS. F., and P. RIIS: Geschlechtsbestimmung aus dem Geschlechts-Chromatin 55[1].
FUCHS, G., s. WILLHEIM, R. 453[2].
FÜHNER, H.: Zusammenfassung über organische Farbstoffe (1923) 245[11]. — Vasopressin 48[16].
FUENZALIDA, F., s. LIPSCHÜTZ, A. 328[12].
— s. MARDONES, E. 328[12].
FUERST, C. R., s. STENT, G. S. 600[2].
FUERST, R., s. AWAPARI, J. 423[9], 452[3].
— s. WAGNER, R. P. 93[5].
FÜRTH, O., H. KAUNITZ u. F. SCHERF: Tryptophangehalt von Tumoren 424[19].
FUHRMANN, G., s. BANSI, H. W. 544[8].
FUJII, S., s. TOMITA, M. 501[1].
FUJIMOTO, H., s. KUBO, H. 286[5].
FUJITA, M., s. ARAKA, M. 398[9].
FUJIWARA, H.: Arginaseaktivität in den Organen von Tumorträgern 438[13].
— u. S. TSUNOO: Riesensalamandereier 499[1].
— s. TOMITA, M. 499[1].
FUJIWARA, T., W. NAKAHARA u. S. KISHI: Zusammensetzung von normaler Rattenleber und von transplantiertem Rattenhepatom 393[1]. — Glutathiongehalt in Hepatomen 424[8].
— s. KISHI, S. 393[1], 402[5], 436[7].
— s. NAKAHARA, W. 393[1].
FUKUDA, S.: Schlangeneier 497[1]. — Gastropodeneier 502[2].
FUKUI, K., T. YONEZAWA, C. NAGATA and H. SHINGU: Prinzipielle und subsidiäre Carcinogenophore 223[2].
— s. NAGATA, C. 223[2].
FUKUOKA, F., s. NAKAHARA, W. 422[7].
FUKUTOMI, T., s. MASAI, Y. 474[3].
FULLER, L. M., s. SIMPSON, C.L. 199[6], 206[8], 208[12].
FULTON, W. C., s. LESLIE, I. 406[12].
FUNK, C.: Buch über Vitamine. 3. Aufl. (1924) 509[2].
— P. TOMASHEFSKY, A. EHRLICH and R. SOUKUP: Bedeutung der Hypophyse für Wachstum von Impfgeschwülsten 324[11]. Förderung des Geschwulstwachstums durch Wachstumshormon 325[2].
— P. TOMASCHEFSKY, R. SOUKUP and A. EHRLICH: Bedeutung der Hypophyse für Wachstum von Impfgeschwülsten 324[11]. Förderung des Geschwulstwachstums durch Wachstumshormon 325[2].
— s. FODOR, P. J. 435[15], 457[3].
FURST, A., s. FREEDLANDER, B. L. 196[11].
FURTADO-DIAS, M. T., s. ATHIAS, M. 287[8].
FURTER, M., u. R. E. MEYER: Bestimmung von Vitamin E 43[7].
FURTH, J.: Proliferationsfördernde Hormone als bedingt krebsauslösende Faktoren 232[11]. — Förderung der Geschwulstentwicklung durch proliferationsfördernde Hormone 267[7]. — Bedingt cancerogene Wirkung von Hormonen 305[2]. — Einfluß von Hormonen auf Geschwulstwachstum 324[10]. — Konditionale (bedingte) Tumoren 325[7], 330[11].
— and W. T. BURNETT jr.: Hypophysengeschwülste nach Schädigung der Schilddrüse 327[2].
— K. H. CLIFTON, E. L. GADSDEN and R. F. BUFFETT: Krebsfördernde oder -auslösende Eigenschaften natürlicher Oestrogene 202[5]. — Hypophysentumoren nach Oestrogenbehandlung 327[3].
— E. L. GADSDEN and W. T. BURNETT jr.: Hypophysengeschwülste nach Schädigung der Schilddrüse 327[2].

FURTH, J., and E. A. KABAT: Organspezifität und Plasmagranula 3^{3}. — Selbstreproduktion von Mitochondrien und Plasmagranula 5^{3}. — Plasmaduplikanten bestimmen Organspezifität somatischer Zellen 81^{9}.
— and E. LORENZ: Zusammenfassung über Carcinogenese durch ionisierende Strahlung (1954) 199^{6}.
— and H. SOBEL: Bildung von Granulosazell-Tumoren aus in die Milz transplantierten Ovarien 325^{10}.
— and J. L. TULLIS: Zusammenfassung über Erzeugung von Krebs durch radioaktive Substanzen (1956) 379^{12}.
— s. KABAT, E. A. 265^{2}, 313^{3}.
— s. KAHN, M. C. 336^{2}.
— s. UPTON, A. C. 379^{11}, 380^{4}.

GAARENSTROOM, J. H.: Oestradiolinjektion in Hühnerembryonen 480^{6}.
— and S. E. DE JONGH: Buch über Einfluß der gonadotropen und der Sexualhormone auf die Rattengonaden. Engl. (1946) 7^{21}.
— and L. H. LEVIE: Wirkung der Keimdrüsenhormone auf den Stoffwechsel 19^{8}.
GADASKIN, I. D., s. TSCHERNIKOW, A. M. 226^{6}.
GADDUM, J. H.: Buch über gefäßerweiternde Stoffe im Gewebe (1936) 167^{4}. — Formel zur Bestimmung biologischer Wirkung 158^{2}.
— and J. A. LORRAINE: Luteinisierungshormon 23^{5}.
— s. BARSOUM, G. S. 167^{6}.
GADSDEN, E. L., s. FURTH, J. 202^{5}, $327^{2,3}$.
GAEBLER, O. H., s. SMITH, R. W. 124^{49}, 151^{13}.
GÄDECKE, R., s. VIVELL, O. 603^{5}.
GAËTANI, G. F. DE, u. E. BLOTHNER: Für Transplantation von EHRLICH-Carcinom benötigte Zellzahl 336^{1}.
GÄUMANN, E.: Zusammenfassung über Welktoxine (1951) 149^{23}.
GAGGE, A. P., C.-E. A. WINSLOW and L. P. HERRINGTON: Grundumsatzsteigerung beim Menschen in der Kälte 533^{8}.
GAGNON, F.: Häufigkeit von Genitalkrebs bei Jüdinnen und Nonnen 197^{6}.
GAILLARD, P. J.: Wuchsstoffgehalt von Hühnerembryonen 150^{17}.
GAJDOS, A., s. BÉNARD, H. 161^{5}.
GAJDOS-TÖRÖK, Mme, s. BÉNARD, H. 161^{5}.
GALE, E. F., s. DAVIES, R. 84^{1}.
GALL, E. E., s. MALLORY, T. B. 200^{12}.
GALLAGHER, T. F.: Zusammenfassung über Ausscheidung von Steroidhormonen im Harn (1944) 30^{5}.
— A. KAPPAS, H. SPENCER and D. LASZLO: ACTH fördert Bildung von Nebennierencarcinomen 330^{10}.
— and F. C. KOCH: Wirkung von Androgenen auf Kammwachstum beim Kapaun 11^{1}.
GALLAGHER, T. F., D. H. PETERSON, R. I. DORFMAN, A. T. KENYON and F. C. KOCH: Androgenausscheidung durch Kastraten 32^{11}.
— s. POTTS, A. M. 48^{16}.
GALLI-MAININI, C.: Gonadotropinnachweis an Fröschen 36^{2}. — Schwangerschaftstest an Rana esculenta 38^{2}.
GALLICO, E.: Experimentelle Leukämien 298*.
— e G. BORETTI: Bernsteinsäuredehydrogenase-Aktivität der Leber nach carcinogenen Azoverbindungen 415^{2}.
— s. RONDONI, P. 355^{9}.
GALLONE, L., e P. CASTOLDI: Keine antiblastische Funktion der Milz 341^{13}.
GALLUP, W. D., and L. C. NORRIS: Mangangehalt des Hühnerembryos 470^{4}.
GALSTON, A. W., and R. S. BAKER: Förderung der Lichtinaktivierung von β-Indolylessigsäure durch Riboflavin 149^{6}.
GALTON, D. A. G.: Androgene zur Therapie des präklimakterischen Brustkrebses 328^{3}. — Therapie von Lymphosarkomen und Leukämien mit Mustardverbindungen, Äthyleniminen und Epoxyden 373^{9}.
GANGWISCH, H., s. DRUCKREY, H. 48^{10}.
GANTZ, H., s. LEMBKE, A. 87^{10}, 90^{5}, 91^{7}.
GARCIA, J. F., s. DYKE, C. D. VAN 152^{8}.
GARD, S., s. UHLER, M. 607^{4}.
GARDINER, V. E., W. E. PHILLIPS, W. A. MAW and R. H. COMMON: Vitamin A im Hühnerei 480^{9}.
GARDINI, G. F.: Mammageschwülste bei Männern nach chronischer Osterogentherapie 327^{12}.
GARDNER, L. U., and H. F. HESLINGTON: Knochensarkome durch Beryllium 210^{5}, 377^{2}.
GARDNER, W. U.: Zusammenfassung über Steroidhormone bei der experimentellen Carcinogenese (1947) 181^{36}. — Zusammenfassung über hormonale Aspekte der experimentellen Tumorgenese (1953) 232^{11}. Inaktivierung der Keimdrüsenhormone durch die Leber 31^{8}. — Bildung von Granulosazelltumoren aus in die Milz transplantierten Ovarien 325^{10}, 326^{1}. — Hodengeschwülste nach Behandlung mit Oestrogenen 326^{4}. — Verhinderung der Bildung von Hypophysentumoren nach Oestrogenbehandlung durch Androgene 327^{4}.
— E. ALLEN, G. M. SMITH and L. C. STRONG: Begünstigung der Tumorbildung im Uterus durch Oestrogene 267^{5}. — Uteruscarcinome nach chronischer Oestrogenbehandlung 328^{8}.
— C. A. PFEIFFER, J. J. TRENTIN and J. T. WOLSTENHOLME: Cocancerogene Wirkung von Oestrogenen 382^{3}.
— and J. RYGAARD: Tumorbildung nach Röntgenbestrahlung des ganzen Tieres 206^{11}.
— and L. C. STRONG: Hypophysentumoren nach Oestrogenbehandlung 327^{3}.

GARDNER, W. U., s. ALLEN, E. 328[10].
— s. BODDAERT, J. 326[4].
— s. LI, M. H. 324[3], 325[10].
— s. PFEIFFER, C. A. 19[7].
— s. STRONG, L. C. 353[5].
GAREN, A., s. HRSHEY, A. D. 65[1].
GARFINKEL, E., s. BARCLAY, R. K. 447[10].
GARN, S. M., and L. C. CLARK jr.: Grundumsatz von Frauen 523[7]. — Grundumsatzsteigerung durch Ketosteroide 530[6].
— s. CLARK, L. C. jr. 530[6].
GARROD, L. P., s. HADFIELD, G. 232[3]
GARTEN, V. A.: Strukturelle Voraussetzungen der Wirksamkeit von Chemotherapeutica 142[2].
GARTON, G. A., s. DODGSON, K. S. 42[8].
GASCHE, P.: Entwickelung von Xenopus laevis 107[6].
GATES, O., s. WARREN, S. 335[5].
GATES, R. R.: Buch über menschliche Genetik. 2 Bde. Engl. (1946) 70[21].
GAUHE, A., s. WALLENFELS, K. 101[7].
GAUTHERET, R. J., s. KULESCHA, Z. 149[1].
GAWEHN, K., s. WARBURG, O. 406[7,10], 411[4], 423[1].
GAY, H., s. KAUFMANN, B. P. 134[2].
GAY, O., s. LIPSCHÜTZ, A. 325[10].
GAYLORD, W. H. jr.: Elektronenoptische Darstellung von ROUS-Virus in Sarkomzellen 293[2].
GAZA, B. v.: Tumorbildung nach Verimpfung von normalen Organen 340[1].
GEBELEIN, H., u. H.-J. HEITE: Buch über statistische Urteilsbildung (1951) 34[4].
GECKLER, R. P.: Chemisch ausgelöste Mutationen an Paramaecien 92[18]. — Mutagene Stoffe 93[10].
GEGERSON, H. J., A. R. CLARK and R. KURZROK: Komponenten der Antihormonwirkung 26[7].
GEHM, E., s. HESS, B. 412[9].
GEINITZ, W., s. HINSBERG, K. 411[19], 436[4].
GEISSE, N. C., s. KIRSCHBAUM, A. 160[7].
GEISSENDÖRFER, R.: Buch über Prostata (1940) 10[3].
GEISSLER, A.-W., s. WARBURG, O. 406[7,10], 423[1].
GEITLER, L.: Buch über Chromosomenbau (1938) 70[22]. — Zusammenfassung über Wachstum des Zellkerns in tierischen und pflanzlichen Geweben (1941) 136[4]. — Zusammenfassung über Mechanik der Mitose (1943) 124[21]. — Zusammenfassung über Endomitose und endomitotische Polyploidisierung (1953) 1[27]. — Endomitotische Teilung 132[10]. — Mechanik der Mitose 133[4]. — Innere Kernteilungen (Endomitosen) in Dauergeweben 136[4].
GELINEO, S.: Grundumsatz von Ratten bei höherer Temperatur 531[8]. — Grundumsatzsteigerung bei der Ratte durch Kälte 532[10]. — Grundumsatzsteigerungen bei Hunden durch Kälte 533[2]. — Grundumsatzsteigerungen durch Kälte bei Vögeln 533[3].
GELLÉ, X., s. DENOIX, P. F. 196[8].
GELLHORN, A., M. ENGELMAN, D. SHAPIRO, S. GRAFF and H. GILLESPIE: Guanazol als Zellgift 160[15].
— E. HIRSCHBERG and A. KELLS: Hemmstoffe für Nucleinsäurestoffwechsel 448[5].
— C. KLAUSNER and J. HIBBERT: Krebserzeugende Wirkung von Kondensaten aus Zigarettenrauch 196[1].
— s. HIRSCHBERG, E. 450[1].
GEMMELL, A. A., and T. N. A. JEFFCOATE: Begünstigung der Tumorbildung im Uterus durch Oestrogene 267[5]. — Rolle der Oestrogene beim menschlichen Brustkrebs 328[10].
GENNA, G.: Rassische Unterschiede im Grundumsatz 536[3].
GENSLER, R. L., s. EYRING, H. 144[9].
GENTRY, R. F., s. BURMESTER, B. R. 292[9].
GEORGE, E. P., M. GEORGE, J. BOOTH and E. S. HORNING: Kosmische Höhenstrahlung als cancerogenes Agens 208[7].
GEORGE, M., s. GEORGE, E. P. 208[7].
GEORGE, W.: Zusammenfassung über Gene und Entwickelung (1947) 70[23].
GÉRARD, P., s. GOEBEL, O. 379[6].
GERGELY, K., s. EMÖDI, G. 530[18].
GERHARDT, P. R., s. GOLDBERG, I. D. 190[3].
— s. LEWIN, M. L. 194[5], 196[8].
GERHARTZ, H.: Zusammenfassung über Bestimmung des Gasstoffwechsels (1926) 513[6].
GERICKE, S.: Krebserzeugende Wirkung von Lebensmittelzusätzen 193[8]. — Künstliche Düngung keine Krebsursache 212[3].
GERLACH, WE.: Kupfergehalt von Tumoren und normalen Geweben 400[3].
— s. EDLBACHER, S. 400[3].
GERMER, W. D.: Buch über Viruserkrankungen des Menschen (1954) 580[4].
GERMUTH, F. G. jr., and B. OTTINGER: Senkung der Antikörperbildung durch Cortison 173[3].
GERSCH, M.: Vorkommen von Krebs bei Wirbellosen 185[5].
GERSHANOVITCH, V. N., s. ETINGHOF, R. N. 406[3].
GERSHON, H., J. S. MEEK and K. DITTMER: Propargylglycin als Antimetabolit 16[10].
GERSTEL, D. U., and M. E. RINER: Selbststerilität von Pflanzen 102[11], 103[3].
GESELL, O., s. HOTTINGER, A. 573[3].
GESSLER, A. E., s. GROSS, L. 197[10], 298[1].
GESSLER, H.: Jahreszeitliche Schwankungen des Grundumsatzes 534[6].
GETZENDANER, M. E., s. SHIVE, W. 142[6].
GEY, K. F.: α-Ketoglutarsäuregehalt in menschlichen Tumoren 404[8]. — Citronensäuregehalt von menschlichen Tumoren 405[4].
GEYER, E.: Cancerogene Wirkung von Liquor kalii arsenicosi 270[11].
GEYER, R. P., V. R. BLEISCH, J. E. BRYANT, A. N. ROBBINS, I. M. SASLAW and F. J. STARE: Resorptionsbegünstigung von Carcinogenen durch intravenöse Zufuhr 231[5].

GEYER, R. P., J. E. BRYANT, V. R. BLEISCH, E.M. PEIRCE and F.J. STARE: Cancerogene Wirkung von 9,10-Dimethyl-1,2-benzanthracen 217[1]. — Beziehungen zwischen Dosis und Latenzzeit bei cancerogenen Kohlenwasserstoffen 231[14]. — Beziehung zwischen Dosis und Latenzzeit bei cancerogenen Kohlenwasserstoffen 303[8].
GHANI, M. O., s. BASU, K. P. 547[4].
GHETTI, E.: Grundumsatz bei Frühgeburten 523[13].
GHIRON, V.: Desoxycholsäure ist cancerogen 202[3].
GHOSH, D., and H. A. LARDY: Schwefelgehalt von Rattentumoren 401[9].
GIACOMELLO, G., e E. BIANCHI: Synthetische Oestrogene 41[10]. — Optimale Moleküllänge cancerogener Stoffe 251[7].
GIARMAN, N. J.: Wirksame Gruppen von Herzgiften 42[1].
GIBBONS, A. J., s. GOVIER, W. M. 455[16].
GIBERTINI, G.: Hyaluronidase in menschlichen Tumoren 458[9].
GIBSON, H. V., s. ALLEN, E. 38[11].
GIERER, A.: Abgebaute Ribonucleinsäure aus Tabakmosaikvirus nicht infektiös 593[4].
— and K. W. MUNDRY: Erbliche Änderung des Tabakmosaikvirus durch Nitrit 595[14].
— u. G. SCHRAMM: Ribonucleinsäure als Erbsubstanz 57[2]. — Ribonucleinsäure ist genetisch aktiv 59[3]. — Infektiosität der Ribonucleinsäure aus Tabakmosaikvirus 60[1]. — Desoxyribonucleinsäuren als genetisch wesentliches Material von Viren 73[7]. — Ribonucleinsäure aus Tabakmosaikvirus 593[2].
— s. MUNDRY, K. W. 595[14].
GIERSBERG, H., u. R. G. A. LOTZ: Einfluß von UV- und UR-Licht auf Grundumsatz 537[1].
GIESE, J. E., J. A. MILLER and C. A. BAUMANN: Cancerogene Wirkung von am Ring methyliertem 4-Dimethylaminoazobenzol 364[11].
GILBERT, C., s. GILLMAN, J. 48[4], 96[5], 117[4,10], 246[14], 366[6].
GILBERT, J. A., s. COOPER, R. L. 196[2].
GILBERT, L. A., s. BUTLER, J. A. V. 272[5], 273[2], 374[8].
GILCH, O., s. SCHMIDT-LANGE, W. 571[6].
GILDEMEISTER, E., E. HAAGEN u. O. WALDMANN (Hrsg.): Handbuch der Viruskrankheiten. Bd. II. (1939) 384[3].
GILES, N. H. jr.: Wirksamkeit radioaktiver Strahlung 91[2].
— and R. A. BOLOMEY: Wirksamkeit radioaktiver Strahlung 91[2].
GILLAM, A. E., and I. M. HEILBRON: β-Carotin 15[7].
GILLESPIE, H., s. GELLHORN, A. 160[15].
GILLESPIE, H. B., s. GRAFF, S. 446[26].
GILLMAN, J., C. GILBERT and I. SPENCE: Ursache der cancerogenen Wirkung von Trypanblau 246[14].
GILLMAN, J., C. GILBERT, I. SPENCE and T. GILLMAN: Auslösung von Mißbildungen durch Gifte 48[4], 96[5]. — Auslösung von Mißbildungen durch Insulin 117[4]. — Auslösung von Mißbildungen durch Giftwirkung auf trächtige Tiere 117[10].
— T. GILLMAN and C. GILBERT: Cancerogene Wirkung von Trypanblau 246[14], 366[6].
GILLMAN, T., s. GILLMAN, J. 48[4], 96[5], 117[4,10], 246[10], 366[6].
GILMAN, A., s. GOODMAN, L. S. 139[9].
GILMAN, J. P. W., and S. D. VESSELINOVITCH: Cancerogene Wirkung von Bohrölen 213[8].
— s. VESSELINOVITCH, S. D. 381[3].
GIMMY, J., W. KRISCHKE u. A. GRAFFI: Zellfreie „erbliche" lymphatische Leukämie 298[10]. — Zellfreie Tumorübertragung 337[8].
GINORI, S., s. CLAUDATUS, J. 439[7].
GINOZA, W., and A. NORMAN: Radiosensitive Volumen von Tabakmosaikvirus und infektiöser Ribonucleinsäure 593[6].
— s. ROWEN, J. W. 591[2].
— s. SIEGEL, A. 594[1].
GINSBURG, N., s. REYNOLDS, S. R. M. 33[11].
GINTSBERG, M., s. GOLDSTEIN, B. 478[12].
GIRARD, A., et G. SANDULESCO: Ketonreagens 33[1].
— G. SANDULESCO, A. FRIDENSON and J. J. RUTGERS: Equilin, Hippulin und Equilenin 31[3].
GISLASON, s. DUNGAL, N. 184 Tab..
GIUFFRÈ, T.: Grundumsatz bei Lungenkranken 530[17].
GIUSTI, L., et B. A. HOUSSAY: Schwangerschaftstest mit Rana esculenta 38[1].
GJESSING, E. C., s. CHANUTIN, A. 273[1].
GLASER, E., u. A. KONYA: Hochzeitskleid bei Fischen nach Oestrogenen 19[3].
GLASER, F. W. jr., s. MIESCHER, F. 573[2].
GLASER, L., s. SHAY, H. 188[5].
GLASS, B.: Buch über Gene und Mensch. Engl. (1943) 70[25]. — Zusammenfassung über Gene und Genwirkung (1949) 70[24].
— s. MCELROY, W. D. 68[7].
GLASS, S. J., H. A. EDMONDSON and S. N. SOLL: Hemmung der Entgiftung von Oestrogenen bei Leberkrankheiten 31[9].
GLASSMAN, J. M., and J. W. MEIGS: Nachweis aromatischer Amine 234[11].
GLATZEL, H.: Buch über Nahrung und Ernährung (1939) 558[3]. — Zusammenfassung über Ernährungskrankheiten und Ernährungstherapie (1954) 558[7].
GLAUBACH, S., s. AGATE, F. J. jr. 349[3].
GLAZER, L., s. SHAY, H. 231[4].
GLENDENNING, O. M., s. ROE, F. J. 372[6].
GLICK, D.: Buch über Technik der Histo- und Cytochemie. Engl. (1949) 1[16].
— s. KIRILUK, L. B. 458[10].
GLICKMAN, N., R. W. KEETON, H. H. MITCHELL and M. K. FAHNESTOCK: Kein Einfluß von Vitaminen auf Calorienbedarf in der Kälte 533[13].

Glickman, N., s. Keeton, R. W. 533[12].
— s. Mitchell, H. H. 533[12].
Glinos, A. D., and E. G. Bartlett: Mitoserate bei Organregeneration 136[1]. — Verlangsamtes Wachstum alternder Zellen in Gewebskulturen 144[8]. — Verhalten von Zellen in Zellkulturen 176[19]. — Leberregeneration 177[6]. — Mitoserate in regenerierender Leber 180[4]. — Relative Mitosehäufigkeit nach partieller Hepatektomie 317[9]. — Förderung des Geschwulstwachstums durch Proliferationsreize 324[9].
— N. L. R. Bucher and J. C. Aub: Latenzzeit der Krebsentstehung bei „Stop"-Versuchen mit 4-Dimethylaminoazobenzol 316[2]. — Keine Änderung der Wirkung von 4-Dimethylaminoazobenzol nach partieller Hepatektomie 317[10].
Glock, G. E., and P. McLean: DPN-Gehalt in Tumoren 415[11].
— s. Dickens, F. 554[3].
Glocker, R.: Treffertheorie der mutagenen Strahlenwirkung 89[1].
Gloor, H., s. Cocchi, U. 87[3].
Glynn, L. E., and H. P. Himsworth: Leberschutzstoffe 151[6].
Goddard, J. W., and A. M. Seligman: Dehydrogenasennachweis mit Triphenyltetrazolium-chlorid in Mitochondrien von Tumorzellen 415[8].
Godlewski, E.: Nucleoplasmatic Ratio (N.P.R.) bei Entwicklung von Echinomeneiern 477[3].
Goebel, H., s. Schoeller, W. 20[10].
Goebel, O., et P. Gérard: Cancerogene Wirkung von Röntgenstrahlen bei Meerschweinchen 379[6].
Göbel, P., F. Hartmann u. O. Mertens: Grundumsatz bei Nahrungseinschränkung 576[1].
Gölkel, A., u. K. Steindl: Wirkung von Bakterientoxinen und Pyrifer 171[4].
Göpfert, H.: „extramuskuläre" Stoffwechselsteigerung" 532[3].
— A. Bernsmeier u. R. Stufler: Maximale tägliche Arbeitsleistung 542[3]. — Stoffwechsel bei geistiger Arbeit 543[10].
— u. U. Henneberg: Untersuchung des Stoffwechsels 513[11]. — Atemvolumschreiber Uras 516[1].
— s. Eiff, A. W. v. 543[11].
— s. Frey, R. 521[3].
Görne, J., s. Pincussen, L. 537[2].
Goetsch, W.: Bedeutung der Ernährung für Differenzierung bei Termiten 53[7]. — „Vitamin T" 53[8], 150[2]. — Bildung von Gamonen bei Termiten 103[5]. — Regeneration bei höher differenzierten Lebewesen 177[1].
Götz, B.: Duftstoffe weiblicher Schmetterlinge 104[2].
Gözsy, B., s. Annau, E. 424[15], 438[14].
Golberg, L., s. Dodds, E. C. 39[6], 41[5].
Goldacre, R., s. Albert, A. 217[11].
Goldacre, R. J., and I. J. Lorch: Zustandsänderung der Tumorproteine bei amöboider Bewegung der Krebszellen 332[14].
— A. Loveless and W. C. J. Ross: Lostverbindungen als Mitosegifte 139[10]. — Wirkung radiomimetischer Gifte auf Chromosomen 140[7]. — Chromosomenveränderungen durch Urethan 271[8]. — „cross linkage" zwischen Proteinen und Nucleinsäuren durch cancerogene alkylierend wirkende Verbindungen 374[1].
Goldberg, I. D., M. L. Levin, P. R. Gerhardt, V. H. Handy and R. E. Cashman: Wahrscheinlichkeit einer Erkrankung an Krebs 190[3].
— s. Levin, M. L. 196[8].
Goldberg, L., E. Klein and G. Klein: Ribonucleinsäuregehalt von Ehrlichschem Ascitestumor 441[10]. — Desoxyribonucleinsäuregehalt in Zellkernen von Ehrlichschem Ascitestumor 442[13].
Goldberg, M. H., s. Busch, H. 413[3].
Goldberg, R. C., and I. L. Chaikoff: Hypophysengeschwülste nach Schädigung der Schilddrüse 327[2]. — Schilddrüsentumoren durch ^{131}J 379[20].
Goldblatt, H., and G. Cameron: Krebsige Entartung in Gewebskulturen 183[1]. — Ursache von Krebs 185[8]. — Lokaler Sauerstoffmangel als Krebsursache 193[16]. Krebsige Entartung in Gewebskulturen 231[1].
— s. György, P. 375[8].
Goldblatt, M. W.: Keine cancerogene Wirkung von Anilin 234[4]. — α-Oxy-β-naphthylamin aus β-Naphthylamin 256[2]. — 2-Amino-6-naphthol aus β-Naphthylamin 256[3]. — Abbau von Benzidin 257[3]. — Blasenkrebs als Berufskrankheit 359[1].
— s. Henson, A. F. 235[2], 256[2].
Golden, H., s. Horvath, S. M. 532[3], 533[10].
Goldenberg, I. S.: Geschwulstbildung nach Injektion pflanzlicher Öle 193[1]. — Sarkombildung durch Injektion von Öl oder Schweineschmalz 287[8].
Golder, R. H., s. Sorof, S. 431[8].
Goldfarb, A. R., s. Shubik, P. 305[6], 380[10].
Goldfeder, A.: Mitoserate in bösartigen Tumoren 136[2]. — Mitoserate in Krebsgeschwülsten und regenerierender Leber 180[5].
— and H. G. Albaum: Gehalt an ADP, ATP und Phosphokreatin in Tumoren 403[9].
— and F. Nagasaki: Krebszellen ändern ihre Eigenschaften 333[6].
— s. Albaum, H. 403[10].
Goldfein, S., s. Falk, H. L. 200[8, 14], 213[7], 216[10], 347[6].
Goldie, H., and M. D. Felix: Für Tumorübertragung erforderliche Zellzahl 319[3], 336[5]. — Überführung solider Tumoren in Ascitesform 335[4].
Goldin, A., s. Landing, B. H. 142[11].

GOLDKAMP, A. H., s. MELCHIOR, J. B. 434[11].

GOLDMAN, M., and R. K. CARVER: Markierung von Antikörpern 175[11].

GOLDSCHMIDT, R.: Einführung in die Vererbungswissenschaften (1928) 54[9]. — Buch über Mechanismus und Physiologie der Geschlechtsbildung (1920) 52[6]. — Buch über die sexuellen Zwischenstufen (1931) 54[9]. — Zusammenfassung über Gene (1928) 70[27]. — Parallelismus zwischen erblicher und nichterblicher Variabilität 97[3].

GOLDSCHMIDT, R. B.: Buch über Gene und Charakter. Engl. (1937) 70[28]. — Buch über physiologische Genetik. Engl. (1938) 70[29]. — Buch über die materielle Grundlage der Entwicklung. Engl. (1940) 70[30]. Ursache von Mutationen 76[4]. — Theorie der Mutation 86[5].

GOLDSTEIN, B., u. M. GINTSBERG: Kathepsin im Hühnerembryo 478[12].

— u. E. MILLGRAM: Kathepsin im Hühnerembryo 478[12].

GOLDSTEIN, H., s. LEVIN, M. L. 194[5].

GOLDSTEIN, M., s. ABELIN, I. 540[2].

GOLDZIEHER, J. W., and I. S. ROBERTS: Hormone im Hoden 8[12].

GOLTZ, H. L., s. REINHARD, M. C. 336[2].

GOMORI, G.: Histochemischer Nachweis von Phosphatase 10[7], 329[11]. — Unspezifische Esterase in Tumoren 455[8]. — Aktivität der sauren Phosphatase in Prostatacarcinom 456[3]. — Alkalische Phosphatase in osteogenem Sarkom und in osteoblastischen Metastasen 457[5].

GONDO, K.: Brechungsindex von Humor vitreus des Hühnerembryo 480[12].

GOOD, R. A., and B. CAMPBELL: Bildung von spezifischen Antikörpern in Plasmazellen 175[5].

GOODALL, K., s. HOCH-LIGETI, C. 433[4].

GOODMAN, G. C., s. MORGAN, C. 605[4].

GOODMAN, L. S., M. M. WINTROBE, W. DAMESHEK, M. J. GOODMAN, A. GILMAN and M. T. MCLENNAN: Lostverbindungen als Mitosegifte 139[9].

— s. CHENG, C. P. 171[2].

GOODMAN, M. J., s. GOODMAN, L. S. 139[9].

GOODWIN, W. E., s. BERTHRONG, M. 8[7].

GOOR, H. VAN: Carboanhydratase im Auge des Hühnerembryos 478[5].

GOORMAGHTIGH, N., et A. AMERLINCK: Bedeutung des Ovarium für Entstehung des Mäusebrustkrebs 297[9].

GOPAL-AYENGAR, A. R., and E. V. COWDRY: Desoxyribonucleinsäuregehalt von Tumorchromosomen 442[1].

GORBMAN, A.: Carcinogene Wirkung von radioaktiven Substanzen 199[11]. — Cancerogene Wirkung von radioaktivem Jod 209[11]. — Hypophysengeschwülste nach Schädigung der Schilddrüse 327[2].

GORDON, J. J., s. REISS, M. 31[1].

GORDON, M.: Melanotische Tumoren bei Fischen 186[7]. — Melanombildung bei Bastarden aus Schwertfisch und Platyfisch 186[14].

— J. M. RAVEL, R. E. EAKIN and W. SHIVE: Amino-imidazol-carbonamid als Zwischenprodukt der Purinsynthese 142[6].

— and G. M. SMITH: Melanotische Tumoren bei Fischen 186[7].

— s. ERMIN, R. 184 Tab.

— s. SHIVE, W. 142[6].

GORDON, S., s. PIERCE, J. G. 49[2].

— s. VIGNEAUD, V. DU 49[12].

GORDONOFF, T., u. F. LUDWIG: Förderung des Tumorwachstums durch Vitamin A 332[1].

GORER, P. A.: Zusammenfassung über Tumorimmunität (1956) 339[3].

GORHAM, L. W., s. OLSON, K. B. 400[6].

GORMSEN, H., s. BJOERNEBOE, M. 175[5].

GOSS, G. C. L., s. BOYLAND, E. 374[6], 410[7], 411[5].

GÓTH, A., and I. LITTMANN: Vitamin C-Gehalt menschlicher Tumoren 460[1].

GOTTRON, H. A.: Gefahren der Röntgenstrahlen 207[1]. — Präcanceröse Zellen 320[2].

GOTTSCHALK, A.: Neuramidase aus Viren der klassischen Geflügelpest und der Influenza 606[2, 3].

GOTTSCHALK, R. G.: Keine zellfreie Übertragung von tierischen Geschwülsten 299[10].

GOUGH, N., and C. W. SHOPPEE: Bildung carcinogener Homologer von Steran aus Sterinen und Steroiden 202[14]. — Nebennierenrindensteroide als Ausgangsstoffe für cancerogene Substanzen 203[1]. — Cancerogene Wirkung von 1,2-Dimethylchrysen 350[7]. — Bildung von Crysen und Derivaten aus D-Homosteroiden 389[8].

GOULDEN, F., and M. M. TIPLER: Vorkommen von 3,4-Benzpyren in der Luft 347[3].

— s. ELSON, L. A. 356[1].

— s. WARREN, F. L. 42[12].

GOVAN, D., s. BAKER, R. 412[2].

GOVIER, W. M., E. S. FEENSTRA, H. G. PETERING and A. J. GIBBONS: Cholinesteraseaktivität in Impftumoren bei Ratten und Mäusen 455[16].

GRABOSZ, J., s. LAGERKVIST, U. 447[13].

GRACE, N. H.: Strukturelle Grundlagen der Heteroauxinwirkung 149[9].

GRADY, H. G., s. SHIMKIN, M. B. 326[4].

GRAFE, E.: Zusammenfassung über quantitative Bestimmung des Stoffwechsels (1926) 513[7]. — Zusammenfassung über Stoffwechsel bei psychischen Vorgängen (1928) 522[10]. — Zusammenfassung über spezifisch-dynamische Wirkung (1935) 538[5]. — Eiweißsynthese aus Ammoniumsalzen und Harnstoff 550[2].

— u. V. SCHLÄPFER: Eiweißsynthese aus Ammoniumsalzen und Harnstoff 550[2].

GRAFE, E., u. K. TURBAN: Eiweißsynthese aus Ammoniumsalzen und Harnstoff 550[2].
GRAFF, A., s. OSSERMAN, E. F. 433[12].
GRAFF, A. M., s. GRAFF, S. 446[26].
GRAFF, S., M. ENGELMAN, H. B. GILLESPIE and A. M. GRAFF: Kein spezifischer Einbau von Guanin-^{14}C in Nucleinsäuren von Mäusetumoren 446[26].
— M. HEIDELBERGER and C. D. HAAGENSEN: Zwei aktive Komponenten im Milchfaktor 296[14].
— D. H. MOORE, W. M. STANLEY, H. T. RANDALL and C. D. HAAGENSEN: Darstellung des Milchfaktors 387[5].
— W. M. STANLEY, D. H. MOORE, H. T. RANDALL and C. D. HAAGENSEN: Zwei aktive Komponenten im Milchfaktor 296[14].
— s. AGATE, F. J. jr. 349[3].
— s. GELLHORN, A. 160[15].
— s. OSSERMAN, E. F. 433[12].
GRAFFI, A.: Verteilung der Enzymfunktionen in der Zelle 3[2]. — Isolierung von Zellkernen 4[2]. — Enzymatische Funktionen der Mitochondrien 81[10]. — Mikrosomen 82[1]. — Bindung höherer aromatischer Kohlenwasserstoffen in den Mitochondrien 223[7]. — Cancer control center in der Zelle 228[5]. — Beziehungen zwischen Dosis und Latenzzeit bei cancerogenen Kohlenwasserstoffen 231[14]. — Cocarcinogene Wirkung von Crotonöl wahrscheinlich irreversibel 233[6]. Duplikanten, an denen cancerogene Wirkungen angreifen, in Cytoplasma und Kern 300[10]. — Beziehung zwischen Dosis und Wirkung bei cancerogenen Kohlenwasserstoffen 303[8]. — Angriff der cancerogenen Stoffe an den Mitochondrien 310[7]. — Krebsauslösung durch Crotonöl nach unterschwelligen Dosen von polycyclischen aromatischen Kohlenwasserstoffen 380[7].
— H. BIELKA u. F. FEY: Zellfreie Übertragbarkeit der „erblichen" lymphatischen Leukämie 298[9]. — Zellfreie Tumorübertragung 337[7].
— H. BIELKA, F. FEY, F. SCHARSACH u. R. WEISS: Verimpfbarkeit von Tumorhomogenisaten 301[1].
— F. FEY u. H. BIELKA: Zellfreie Übertragbarkeit der „erblichen" lymphatischen Leukämie 298[9]. — Zellfreie Tumorübertragung 337[7].
— F. FEY, H. BIELKA, U. HEINE u. F. HOFFMANN: Eigenschaften der Virus der „erblichen" lymphatischen Leukämie 298[11]. — Filtrierbares Agens bei Mäuse-Leukämie und -Tumoren 337[11].
— u. H. GUMMEL: Kein Hautkrebs bei Mäusen durch Kombination von Oestradiol mit Crotonöl 329[1]. — Keine Carcinombildung nach Pinselung mit Oestrogenen 382[2].
— u. K. JUNKMANN: Lipoidverteilung in Tumorzellen 450[9].
GRAFFI, A., W. KRISCHKE, G. SYDOW u. L. VENKER: Filtrierbares Agens bei Mäuse-Leukämie und -Tumoren 337[12].
— u. G. REISSIG: Keine Abhägigkeit der Crotonölwirkung vom Alter der Tiere 381[5].
— F. SCHARSACH u. E. HEYER: Lokalisierte Crotonöltumoren auch bei intravenöser usw. Applikation von 9,10-Dimethyl-1,2-benzanthracen 381[6].
— u. E. J. SCHNEIDER: Bedeutung der Mitochondrien für die Glykolyse 409[9].
— E. J. SCHNEIDER u. G. SYDOW: Bedeutung der Mitochondrien für die Glykolyse 409[9].
— E. J. SCHNEIDER, G. SYDOW u. L. KÜGLER: Glykogenspeicherungsvermögen der Leber nach Hepatocarcinogenen 403[3].
— E. VLAMYNCK, F. HOFFMANN u. I. SCHULZ: Keine Wirkung von Crotonöl auf Cancerogenese durch Acetylaminofluoren und 3'-Methyl-dimethylaminoazobenzol an der Mäusehaut 233[11]. — Krebsauslösung durch Crotonöl nach unterwelligen Urethandosen 380[8].
— s. BIELKA, H. 298[9], 337[7].
— s. FEY, F. 298[9], 337[7].
— s. GIMMY, J. 298[10], 337[8].
— s. REISS, R. 459[12].
— s. REISSIG, G. 233[5], 306[3], 381[4].
— s. SCHNEIDER, E. J. 409[9].
GRAFL, J.: Innere Kernteilungen (Endomitosen) in Dauergeweben 136[4].
GRAHAM, E. A., s. WYNDER, E. L. 195[4], 196[1], 200[18], 347[9].
GRAHAM, H. T., O. H. LOWRY, N. WAHL and M. K. PRIEBAT: Histaminbildung durch die Mastzellen 167[17].
GRAHAM, T. M., s. CHENG, A. L. S. 555[14].
GRAINGER, R. B., B. L. O'DELL and A. G. HOGAN: Mißbildungen durch Vitaminmangel 96[7]. — Mißbildungen nach Vitaminmangel 118[5].
GRAND, C. G., s. CHAMBERS, R. 341[2].
GRANDJEAN, E.: Herzhormone 151[3].
GRAVES, R. W., s. YOUNGSTROM, K. A. 455[17].
GRAY, C. L., s. BISCHOFF, F. 392[7].
GRAY, J.: Anaerober Stoffwechsel von Samenzellen der Seetiere 51[6]. — Permeabilitätsänderungen bei Entwicklungserregung des Eis 105[6].
GRAY, J. L., s. CAGAN, R. N. 529[7].
GRAY, L. H.: Energiezufuhr ans Gewebe durch Röntgenstrahlung 208[5].
GRAY, S. J., s. SPIRO, H. M. 174[3].
GRAYHACK, J. T., and W. W. SCOTT: Entgiftung von Androgenen in der Leber 11[13].
GREBE, H., u. A. WINDORFER: Auslösung von Mißbildungen durch Gifte 48[4]. — Auslösung von Mißbildungen durch chemische Substanzen 96[5]. — Mißbildungen nach Gebrauch von Antikonzeptionsmitteln 118[3].
GRECO, A., s. MAVER, M. E. 395[46, 48], 435[14].

GRECO, A. E., s. MAVER, M. E. 436[9,10], 437[1], 449[6].
GREEN, A. A., s. SAVARD, K. 173[8].
GREEN, A. F., s. BROWNLEE, G. 39[6].
GREEN, C. s. CHARGAFF, E. 444[11], 445[3].
GREEN, C. D., s. MORRIS, H. P. 307[5].
— s. WOLLMAN, S. H. 326[7].
GREEN, D. E.: Cyclophorasesystem in bebrüteten Seeigeleiern 471[2].
GREEN, E. U., s. MILLER, G. L. 429[1].
GREEN, H. N., and C. N. JENKINSON: Lipaseaktivität im Serum tumortragender Organismen 455[11].
GREEN, J. L., s. MARSHALL, V. F. 234[9].
GREEN, M., and S. S. COHEN: Produktion von Phagenprotein und -Nucleinsäure in infizierten Bakterien 599[7,8].
— s. COHEN, S. S. 599[8].
GREEN, R. G., M. M. MOOSEY and J. J. BITTNER: Inaktivierbarkeit des Milchfaktors durch Antisera 296[13].
— s. VISSCHER, M. B. 296[9].
GREENBERG, D. M.: Tumorstoffwechsel 392[20]. Stoffwechsel der Nucleinsäuren in Tumoren 445[14].
— and E. N. SASSENRATH: Keine verminderte Arginaseaktivität in den Organen bei GARDNER-Lymphosarkom 438[15].
— s. FARBER, E. 434[16].
— s. KIT, S. 413[1], 434[5,16].
— s. MALKIN, H. M. 448[2].
— s. RABINOVITZ, M. 423[12], 434[17,18].
— s. SASSENRATH, E. N. 433[3].
— s. WINNICK, T. 435[1].
GREENBERG, S. M., s. DEUEL, H. J. jr. 555[9], 557[2].
GREENE, A. A., and F. L. HAVEN: Hemmung der Cytochromoxydase durch katalasehemmenden Faktor der Leber 422[18].
GREENE, C. D., s. MORRIS, H. P. 255[2].
GREENE, H. S. N.: Vorkommen von Krebs beim Kaninchen 184Tab.. — Begünstigung der Tumorbildung im Uterus durch Oestrogene 267[5]. — Embryonalextrakt als Wuchsstoff für Tumoren 324[5]. — Uteruscarcinome nach chronischer Oestrogenbehandlung 328[9]. — Tumoren werden erst im Laufe der Entwicklung transplantabel 333[5]. — Wesensgleichheit von Transplantabilität und Metastasierungsfähigkeit von Tumoren 338[2]. — Transplantation von Tumoren in die vordere Augenkammer 338[3]. — Tumortransplantation ins Frontalhirn 338[5].
— and E. D. MURPHY: Transplantation von Tumoren in die vordere Augenkammer 338[3].
— s. BUSCH, H. 435[6].
GREENE, R. R., s. PECKHAM, B. M. 325[10].
GREENE, T. W., s. FIESER, L. F. 204[1], 276[2], 392[8].
GREENFIELD, R. E., and A. MEISTER: Katalasehemmender Faktor aus Krebsgewebe 422[9].
GREENFIELD, R. E., and V. E. PRICE: Unlösliche Fraktion der Leberkatalase 421[19]. Katalasehemmender Faktor aus Krebsgewebe 422[9].
— s. PRICE, V. E. 421[18], 422[4].
GREENLEES, J., and G. A. LE PAGE: Tumorproteine sind für den Wirtsorganismus nicht verwertbar 435[3]. — Umsatz markierter Aminosäuren in Tumorproteinen 435[3]. — Beeinflussung der Synthese von Purinnucleotiden in Tumoren durch Hemmstoffe 447[9]. — Hemmstoffe für Nucleinsäurestoffwechsel 448[5].
GREENSTEIN, J. P.: Buch über Biochemie des Krebs. Engl. (1947) 264[3]; 2. Aufl. (1954) 181[54]. — Zusammenfassung über Fortschritte der Tumorenzymologie(1943) 392[17]. — Zusammenfassung über die Biochemie maligner Geschwülste (1945) 342[11]. Zusammenfassung über Dehydropeptidasen (1948) 438[2]. — Nucleinsäuren als Angriffspunkt von Mitosegiften 140[2]. — Zellwachstum 143[14]. — Cytochromoxydase-Aktivität in Leber und Hepatom 395[16]. — Aktivität von Desoxyribonuclease und Ribonuclease in Leber und Hepatom 395[21,22]. — Esteraseaktivität in Leber und Hepatom 395[27]. — Harnstoffsynthese in Leber und Hepatom 395[32]. — Aktivität von alkalischer Phosphatase in Leber und Hepatom 395[42,43]. — Aktivität von saurer Phosphatase in Leber und Hepatom 395[45]. — Aktivität der Katalase in Tumoren 421[3]. — Katalaseaktivität von Leber und Erythrocyten im tumortragenden Organismus 421[5]. — Kreatin- und Kreatiningehalt in Leber und Hepatom 424[5]. — Glutathiongehalt von Hepatomen 424[9]. — Analysen von Nucleoproteiden aus Leber und Hepatom 427[5]. — Citrullinsynthese in Hepatomen 438[12]. — Polynucleotidasen-Aktivität in Tumoren 448[15]. — Lipaseaktivität in Transplantationstumoren der Maus 455[3]. Aktivität der sauren Phosphatase in Tumoren und normalen Geweben 455[21]. — Aktivität der alkalischen Phosphatase in Tumoren 457[1]. — Alkalische Phosphatase in osteogenem Sarkom und osteoblastischen Metastasen 457[1].
— and H. B. ANDERVONT: Katalaseaktivität von Leber und Erythrocyten im tumortragenden Organismus 421[5].
— H. B. ANDERVONT and J. W. THOMPSON: Katalaseaktivität von Leber und Erythrocyten im tumortragenden Organismus 421[5].
— C. E. CARTER, H. W. CHALKLEY and F. M. LEUTHARDT: Desoxyribonucleo-desaminase- und Ribonucleo-desaminase-Aktivität in Leber und Hepatom 395[25]. — Spaltung von Desoxyribonucleinsäure durch Extrakte aus Tumorgeweben 449[10].

Greenstein, J. P., C. E. Carter and F. M. Leuthardt: Pyophosphatase-Aktivität in Leber und Hepatom 395[49]. — Desoxyribonucleinsäurespaltung durch Tumorextrakte 449[11]. — Mg-Ionen als Aktivator von Pyrophosphatase 458[1].
— and H. W. Chalkley: Aktivität von Desoxyribonucleo-desaminase und Ribonucleo-desaminase in Leber und Hepatom 395[23, 24].
— J. E. Edwards, H. B. Andervont and J. White: Aktivität von Fermenten in Leber und Hepatom 395[7]. — Aktivität der Katalase in Tumoren 421[3]. — Arginaseaktivität in Hepatomen 438[10]. — Polynucleotidasen-Aktivität in Tumoren 448[15].
— P. J. Fodor and F. M. Leuthardt: Aktivität von Fermenten in Leber und Hepatom 395[10]. — Geringe Aktivität der Dehydropeptidase II in Tumoren 438[1]. Verbreitung von Asparaginase und Glutaminase I und II in normalen und neoplastischen Geweben 439[1].
— and W. V. Jenrette: Desoxyribonuclease- und Ribonuclease-Aktivität in Leber und Hepatom 395[19]. — Polynucleotidasen-Aktivität in Tumoren 448[15].
— W. V. Jenrette, G. B. Mider and H. B. Andervont: Aktivität von Fermenten in Leber und Hepatom 395[20] — Aktivität der Katalase in Tumoren 421[3]. — Polynucleotidasen-Aktivität in Tumoren 448[15].
— W. V. Jenrette, G. B. Mider and J. White: Arginase-Aktivität in Leber und Hepatom 395[9]. — Aktivität der Arginase in Tumoren 438[4]. — Polynucleotidasen-Aktivität in Tumoren 448[15].
— W. V. Jenrette and J. White: Katalase- und Xanthinoxydase-Aktivität in Leber und Hepatom 395[35]. — Aktivität der Katalase in Tumoren 421[3]. — Katalaseaktivität von Leber und Erythrocyten im tumortragenden Organismus 421[5]. — Analysen von Nucleotidpräparaten aus Leber und Hepatom 427[5].
— and F. M. Leuthardt: Aktivität von Benzoylargininamid-amidase in Leber und Hepatom 395[11]. — Aktivität von Fermenten in Leber und Hepatom 395[13]. Dehydropeptidase-Aktivität in Leber und Hepatom 395[17]. — Aktivität von β-Glycerophosphatase in Leber und Hepatom 395[29]. — Katalase-Aktivität in Leber und Hepatom 395[37]. — Benzoylargininamid-amidase 395[52]. — Aktivität der Katalase in Tumoren 421[3]. — Methioningehalt von Tumoren 424[17]. — Cystingehalt von Tumoren 424[17, 22]. — Cystin : Cysteinverhältnis in Tumoren und normalen Geweben 427[1]. — Spaltung von Benzoylargininamid durch Tumorextrakte 436[12]. — Kathepsinaktivität von Hepatomextrakten 436[13]. — Geringe Aktivität der Dehydropeptidase II in Tumoren 438[1]. — Keine Cystindesulfurase in Tumoren 438[3]. — Verbreitung von Asparaginase und Glutaminase I u. II in normalen und neoplastischen Geweben 439[1]. — Lipaseaktivität in Transplantationstumoren der Ratte 455[2]. — Aktivität der alkalischen Phosphatase in Tumoren 457[2].
Greenstein, J. P.. and A. Meister: Zusammenfassung über Tumorenzymologie (1952) 392[19].
— and H. L. Stewart: Kein Pepsin oder Renin in Magenschleimhauttumoren 437[2]
— and J. W. Thompson: Katalase- und Xanthinoxydase-Aktivität in Leber und Hepatom 395[36]. — Aktivität der Katalase in Tumoren 421[3]. — Arginaseaktivität in Tumoren 438[5].
— J. Werne, A. B. Eschenbrenner and F. M. Leuthardt: Cytochromoxydase-Aktivität in Leber und Hepatom 395[15]. — Gehalt von Tumoren an Cytochrom c und Cytochromoxydase 418[12].
— s. Barrett, M. K. 457[6].
— s. Carter, C. E. 438[1], 449[12].
— s. Errera, M. 395[5].
— s. Levintow, L. 395[18], 438[1].
— s. Meister, A. 439[5].
— s. Price, V. E. 395[40], 437[6], 438[1].
— s. Shimkin, M. B. 455[15].
Greep, R. (O.), and H. L. Fevold: Wirkung von Follikelhormon auf Spermiogenese und Follikelreifung 27[1].
— s. Chow, B. F. 25[7].
— s. Dyke, H. B. van 48[16].
— s. Fevold, H. L. 22[4].
Gregg, N. M.: Mißbildungen bei Kindern nach Röteln-Erkrankung der schwangeren Mutter 96[2]. — Rubeolen als Ursache von Mißbildungen 118[2].
Grégoire, J., s. Khouvine, Y. 427[2], 441[3], 444[3].
Gregorius, F., s. Machle, W. 200[2], 211[2].
Greiff, D., s. Walsh, L. B. 300[3], 336[10].
Greig, M. E., s. Elliott, K. A. C. 406[4], 418[13].
Grell, H. G.: Befruchtungsfähige Keimzellen müssen erblich festgelegten Paarungstypen angehören 104[7].
Grenan, M. M., s. Smith, F. 537[5].
Gresham, G. A., s. Rook, A. J. 270[13].
Greuel, H., s. Schäfer, E. L. 209[7].
Greville, G. D., s. Boyland, E. 408[8].
Grewal, K. S., s. Nath, V. 197[1].
Grewe, R., s. Windaus, A. 146[10].
Grice, H. C., s. Allmark, M. G. 240[1].
Grier, R. S., s. Hoagland, M. B. 200[1], 210[5].
Griesbach, W. E., T. H. Kennedy and H. D. Purves: Schilddrüsenkrebs nach Allylthioharnstoff 269[6].
— s. Purves, H. D. 267[2], 269[7], 326[7], 382[5].
Griffin, A. C.: Zusammenfassung über Biochemie des Krebses (1954) 342[14].

Griffin, A. C., E. L. Brandt and E. L. Tatum: Geschwulstbildung nach N-Lost 271[5]. — Cancerogene Wirkung von N-Methyl-bis-(2-chloräthyl)-amin und Tri-(2-chloräthyl)-amin 371[9].
— S. Bloom, L. Cunningham, J. D. Teresi and J. M. Luck: Einbaugeschwindigkeit markierter Aminosäuren in Tumoren 434[5]. — Tumoren geben mit Aminosäuren aufgenommene Isotope langsamer ab als normale Gewebe 435[1].
— H. Cook and L. Cunningham: Protein- und Nucleinsäuregehalt von Zellfraktionen der Rattenleber nach 2-Acetaminofluoren 429[5]. — Verminderung der Ribonucleinsäure in Rattenhepatomen 441[8].
— L. Cunningham, E. L. Brandt and D.W. Kupke: Einbau von ^{32}P in Desoxy- und Ribonucleinsäuren von Rattenhepatom 446[7].
— W. E. Davis jr., and M. O. Tifft: Einbau von ^{32}P in Purine der DNS von 3'-Methyl-4-dimethylaminoazobenzol-hepatom (Ratte) 446[12].
— W. N. Nye, L. Noda and J. M. Luck: Desoxyribonucleinsäuregehalt von Tumoren und ihren Muttergeweben 440[10]. — Verminderung von Ribonucleinsäure in Rattenhepatomen 441[4].
— A. P. Rinfret and V. F. Corsiglia: Tumorerzeugung durch cancerogene Stoffe bei hypophysektomierten Tieren 324[12].
— s. Cook, H. A. 433[4].
— s. Cunningham, L. 430[1], 442[7].
— s. O'Neal, M. A. 360[8].
— s. Robertson, C. H. 324[13], 360[7].
— s. Spain, J. D. 403[3].
Griffith, F.: Transformation von Pneumokokken 95[9].
Griffith, F. R., G. W. Pucher, K. A. Brownell, J. D. Klein and M. E. Cramer: Jahreszeitliche Schwankungen des Grundumsatzes 534[4].
— s. Schwabe, E. L. 532[10].
Grisebach, H., s. Weygand, F. 160[9].
Grisolia, F. T., and P. P. Cohen: Aminosäurezusammensetzung von Myelomplasmaproteinen 433[10].
Grofts, E. E., s. MacLeod, G. 535[8].
Gromzewa, K. E., s. Falin, L. I. 211[7].
Groninger, A. B., s. Wynder, E. L. 200[18], 347[9].
Gropp, A.: Glykogenverbrauch bei der Mitose 403[2].
Gros, G., s. Courrier, R. 10[5], 42[3].
Gross, B. E., s. Curtis, P. I. 150[6].
Gross, E.: Zusammenfassung über Berufskrebs (1953) 198[4]. — Sulfonierte Triphenylmethanfarbstoffe werden nicht resorbiert 242[9]. — Lokale Sarkombildung durch Lichtgrün SF gelblich, Brillantblau FGF (Patentblau AE) und Guineagrün 243[1].
Gross, E., u. F. Koelsch: Lungenkrebs durch Chromat 200[2]. — Erzeugung von Lungenkrebs durch Chromatstaub 211[2].
Gross, F.: Hemmung der entzündungsauslösenden Wirkung von Eiklar durch Antiphlogistica und Antihistaminica 169[8].
— u. R. Meier: Wirkung von Cortison und Compound F auf Körperwachstum 172[9].
— s. Meier, R. 172[7], 173[11], 179[5].
Gross, J., and R. Pitt-Rivers: Wirkung von Thyroxin und Trijodthyronin auf Grundumsatz 529[1].
— s. Leblond, C. P. 532[6].
Gross, L.: Zusammenfassung über experimentelle Leukämie. Engl. (1954) 298*. — Virusbedingte „erbliche" lymphatische Leukämie 298[4]. — Intrauterine Infektion mit Virus der „erblichen" lymphatischen Leukämie 298[6]. — Eigenschaften des Virus der „erblichen" lympathischen Leukämie 298[7]. — Zellfreie Übertragung der „erblichen" lymphatischen Leukämie 298[8]. — Verimpfbarkeit von Tumorhomogenisaten 301[1]. — Geschwulstübertragung durch Zell-Organellen 337[4]. — Leukämieübertragung 337[5,6].
— A. E. Gessler and K. S. McCarty: Dem Mäuse-Milch-Faktor entsprechende Partikel in der Milch junger Frauen 197[10]. — Dem Milchfaktor ähnliche Partikel in Frauenmilch 298[1].
— K. S. McCarty and A. E. Gessler: Dem Milchfaktor ähnliche Partikel in Frauenmilch 298[1].
Gross, W., and R. S. Snell: γ-Globulingehalt im Serum bei Tumorkranken 432[12].
Grosse, H.: Kombination von Silikose und Lungenkrebs 284[13].
Grosser, P.: Zusammenfassung über Gesamtstoffwechsel im Wachstum (1928) 523[11].
Grossman, M. I., s. Bernstein, L. M. 518[3].
— s. Newman, E. 179[6].
Grote, I. W., s. Kamm, O. 48[16].
Groth, D. P., and G. A. le Page: Bildung von Propandiol-(1,2)-phosphat-(1) aus Brenztraubensäure 404[11].
— G. A. le Page, C. Heidelberger and P.A. Stoesz: Acetylphosphat beim Brenztraubensäureabbau 404[12].
Grott, J. W.: Lambia intestinalis als Krebsursache 201[2].
Grove, J. F., s. Brian, P. W. 150[7].
Grünbaum, D., s. Gürber, A. 492[1].
Grüneberg, H.: Buch über tierische Genetik und Medizin. Engl. (1947) 70[31].
Gruenfeld, G. E.: Carcinogene Wirkung von Talkum 200[7]. — Krebsbildung durch Silikate 212[6]. — Geschwulstbildungen durch Silikate 284[6].
Grüning, W.: Saure Phosphatase des Blutes und Prostatacarcinom 456[11].
Gruenstein, M., s. Schultz, J. 433[2].
— s. Shay, H. 48[3], 94[1], 188[5–7], 197[9], 214[9,10], 231[4,8].

Grützmacher, K. T.: Cancerogene Wirkung von Röntgenstrahlen 379[2].

Gruhn, I., s. Schmidt, F. 167[12].

Grundmann, E., u. H. Marquardt: DNS-Bildung in der Interphase 135[1].

Grunhofer, A., u. A. Schöberl: Komponenten von Vitamin T 54[1]. — Vitamin T 150[4].

Gruschow, J., s. Mann, W. 447[14].

Gruwe, J.: Verwendung von Calcium der Eischale für Knochenbildung des Embryo 469[9].

Gschickter, C. F., and E. W. Byrnes: Experimenteller Brustkrebs nach Oestrogenen 327[5].

Gschwind, I. I., s. Li, C. H. 171*.

Gudernatsch, J. F.: Wirkung des Schilddrüsenhormons auf die Metamorphose von Kaltblütern 154[8].

Günther, G., s. Euler, H. v. 411[8], 418[11], 439[9].

Gürber, A., u. D. Grünbaum: Fructosegehalt von Amnionflüssigkeit 492[1].

Guercio, F., s. Piacentini, V. 530[10].

Guérin, M., s. Dux, C. 458[9].

— s. Lacour, F. 325[10], 326[3, 6].

— s. Oberling, C. 184Tab., 292[1], 293[11], 327[3], 384[3], 386[6], 387[7].

— s. Roussy, G. 209[7], 340[4].

— s. Sannié, C. 391[10], 392[5].

Guérin, P. s. Oberling, C. 184Tab..

— s. Sannié, C. 392[5].

Güttes, E.: Differenzierung des Eis an funktionsfähigen Zellkern gebunden 105[9]. DNS-Bildung bei der Mitose 135[2]. — Zeitpunkt der Mitosegiftwirkung 141[6].

— s. Danneel, R. 5[3], 81[4], 131[8].

Guggenheim, M.: Buch über die biogenen Amine. 4. Aufl. (1951) 164[19].

Guha, B. C.: Toxische Wirkung großer Galaktosemengen 554[2].

Guimaraes, J. P., and L. F. Lamerton: Tumorerzeugung durch Thorotrast bei Mäusen 379[16].

— L. F. Lamerton and W. R. Christensen: Tumorerzeugung durch Thorotrast bei Mäusen 379[16].

Guirard, B. M., s. Lipmann, F. 255[6].

Gulbransen, R., s. Browning, C. H. 242[2], 359[10].

Gulick, A.: Zusammenfassung über chemische Formulierung der Genstruktur und Genwirkung (1946) 70[32].

Gulland, J. M., s. Elmore, D. T. 140[6], 277[8].

Gummel, H.: Carcinogene Organextrakte 201[12]. — Keine cancerogene Wirkung von unverseifbarem Anteil aus Lebern von Krebskranken 391[13].

— s. Graffi, A. 329[1], 382[2].

Gumport, S. L., s. Meyer, H. W. 299[3].

Gupta, D. N.: Cancerogene Wirkung von Thioacetamid 269[5]. — Cancerogene Wirkung von Thioacetamid 376[1].

Gurewitsch, I. I., s. Tschernikow, A. M. 226[6].

Gurin, S., s. Brady, R. O. 554[8].

— s. Lundgren, H. P. 25[8].

Gustafson, G. E., s. Koletsky, S. 206[11], 379[8].

Gustafson, T., and I. Hasselberg: Fermentaktivitäten im befruchteten Seeigelei 119[9]. — Fermente im Seeigelembryo 479[1].

— s. Augustinsson, K. B. 469[4], 478[7].

— s. Deutsch, H. F. 478[10], 479[1].

— s. Elson, D. 123[3].

Gut, M., s. Wotiz, H. H. 390[6].

Gutherz, S.: Buch über den Partialtod in funktioneller Betrachtung (1926) 176[4].

Guthneck, B. T., s. Schweigert, B. S. 426[4].

Guthrie, J.: Zinksalze sind nicht cancerogen 211[8].

Gutman, A. B.: Zusammenfassung über die Plasmaeiweißkörper bei Krankheiten (1948) 175[7]. — Bildung saurer Phosphatase durch Adenocarcinom der Prostata 329[9]. — Eiweißveränderungen im Serum bei Leberschädigung 433[5]. — Ausscheidung von Bence-Jones-Protein bei Myelomen 433[5].

— and E. B. Gutman: Saure Phosphatase in menschlicher Prostata 456[2]. — Aktivität der sauren Phosphatase im Prostatacarcinom und im Serum 456[4].

— E. B. Gutman and J. M. Robinson: Phosphatasegehalt des Blutes bei metastasierendem Prostatacarcinom 10[10].

— s. Gutman, E. B. 456[3].

— s. Sullivan, T. J. 330[1], 456[8].

Gutman, E. B., E. E. Sproul and A. B. Gutman: Aktivität der sauren Phosphatase im Prostatacarcinom 456[3].

— s. Gutman, A. B. 10[10], 456[2, 4].

— s. Sullivan, T. J. 330[1], 456[8].

Gutmann, H. R., and J. H. Peters: Biologische Umwandlung von 2-Acetaminofluoren in nicht diazotierte Verbindungen 367[13]. — Deacetylase für 2-Acetaminofluoren in Leberschnitten 368[1].

— J. H. Peters and J. G. Burtle: Bindung von Abbauprodukten des 2-Acetaminofluoren an Leberproteine 368[7].

— and J. L. Wood: Mercaptursäuren als Ausscheidungsprodukte von höheren aromatischen Kohlenwasserstoffen 356[1].

— s. Nagasawa, H. T. 368[4].

— s. Peters, J. H. 368[2, 8].

Guttenberg, H. v.: Heteroauxin als Aktivator von Auxin 149[2]. — Hemmung der Pflanzenkeimung durch hohe Dosen von „Auxinen“ und β-Indolylessigsäure 164[3].

Guzman, L.: Hautkrebs durch Salpeter 200[5].

Gwynn, R. H.: Cocarcinogene Substanz aus Crotonöl 233[8]. — Cocancerogene Wirkung von Crotonölfraktionen 304[7]. — Versuch den tumorrealisierenden Faktor aus Crotonöl zu isolieren 381[11].

GWYNN, R. H., and M. H. SALAMAN: Jodessigsäure als bedingt krebsauslösende Substanz 232[9]. — Cocancerogene Wirkung von Chloracetophenon 304[5].
— s. SALAMAN, M. H. 233[4], 305[3].
GYE, W. E.: Virustumoren 292[1]. — Antisera gegen ROUS-Virus 294[3]. — Bedeutung von Virus für Krebsentstehung 300[1]. — Virus-Ätiologie des Krebses 336[9].
— A. M. BEGG, I. MANN and J. CRAIGIE: Bedeutung von Virus für Krebsentstehung 300[1]. — Virus-Ätiologie des Krebses 336[9].
GYÖRGY, P.: Wachstumsförderung durch Vitamin H 147[3].
— C. S. ROSE and R. TOMARELLI: Avidin 156[2].
— J. SEIFTER, R. M. TOMARELLI and H. GOLDBLATT: Lebercirrhose durch Tetrachlorkohlenstoff bei Ratten 375[8].
— s. KUHN, R. 146[11].

HAAGARD, M. E., s. HANSEN, A. E. 555[16].
HAAGEN, E., u. G. MAUER: Zusammenfassung über Virus und Tumoren (1939) 384[3].
— s. GILDEMEISTER, E. 384[3].
HAAGEN-SMIT, A. J., s. BONNER, J. 149[19].
— s. ENGLISH, J. jr. 178[5].
— s. KÖGL, F. 148[8,12].
HAAGENSEN, C. D., s. AUCHINCLOSS, R. 327[11].
— s. DMOCHOWSKI, L. 387[4].
— s. ENGLE, E. T. 329[2].
— s. GRAFF, S. 296[14], 387[5].
HAAN, J., s. HOLZER, H. 408[6,7], 410[6].
HAAS, F., O. WYSS and W. S. STONE: Chromosomenähnliche Organellen und Genäquivalente bei Bakterien 79[1].
HAAS, H. (T. A.): Buch über Histamin und Antihistamine, Bd. I (1951) 164[23].— Akute Entzündung als Histaminwirkung 167[4]. — Histaminbildung durch am Zellkern angreifende Gifte 167[11].
— A. KRAUSHAAR u. C. A. CORDUA: Einteilung der Gifte 166[1]. — Primäre Zellkernschädigung bei chemisch ausgelösten Entzündungen 166[4].
HAAS, J.: Buch über Physiologie der Zelle (1955) 124[22].
HAAS, P., s. BARKLEY, H. 47[8].
HABERLANDT, G.: Wundhormone 178[3].
HABERLANDT, L.: Herzhormone 151[3].
HABIB, Y. A., s. TALAAT, M. 535[6].
HACKEL, D. B., s. STREICHER, E. 533[4].
HACKMANN, C.: Vorkommen von Krebs bei Ratten 184 Tab. — Cancerogene Wirkung von 1,2,5,6-Dibenzphenazin 219[2]. — Cancerogene Wirkung von β-Naphthylamin 234[9]. — Blasenkrebs durch 3-Methoxy-2-aminofluoren 236[7]. — Cancerogene Wirkung von Scharlachrot 238[5]. — Cancerogene Wirkung von 2′,3′-Benz-2,4-diaminoazobenzol (Sudanbraun RR) 239[6]. — Keine orale cancerogene Wirkung von Phenylazo-2-naphthol 244[6]. — Minimale Trefferzahl für Krebsentstehung 320[1]. — Präcancer 320[1]. — Sarkome und Hepatome bei Mäusen nach β-Naphthylaminen 361[3]. — Cancerogene Wirkung von Fluorenabkömmlingen 362[3]. — Phenylazo-2-naphthol bei Verfütterung nicht carcinogen 365[14].
HACKMANN, C. u. F. SCHULTZ: Einfluß von Avidin auf Geschwulstwachstum 331[10].
HADDOW, A.: Zusammenfassung über krebserzeugende, chemische Außenfaktoren (1953) 345[3]. — Zusammenfassung über neoplastischeKrankheiten (1955) 181[58].— Zusammenfassung über Biochemie des Krebses (1955) 181[58]. — Viren als selbständig gewordene Plasmaduplikanten 84[7]. — Anregung des Nierenwachstums durch Xanthopterin 151[11]. — Bildung carcinogener Homologer von Steran aus Sterinen und Steroiden 202[14]. — Molekulardiagramme 221[1]. — Beziehungen zwischen π-Elektronen und carcinogener Wirkung 222[1]. — Carcinogene Wirksamkeit „alkylierender“ Agentien 225[12]. — Bindung cancerogener Kohlenwasserstoffe an die Zelle 227[13]. — Cancerisierung als cellulärer Prozeß 230[7]. — Mesomerie als Grundlage der cancerogenen Wirkung 250[4]. — Cytotoxische Wirkung von Lostverbindungen 271[7]. — Krebserzeugende polycyclische, aromatische Kohlenwasserstoffe 345[4]. — Cancerogene Wirkung von Mustardgas 371[7]. Wachstumshemmung von Tumoren durch Mustardverbindungen, Äthylenimine und Epoxyden 373[8]. — Carcinogene Wirkung von Xanthin 388[6].
— R. J. C. HARRIS and G. A. R. KON: Cancerogene Wirkung von 4-Dimethyl-aminostilben 240[7].
— R. J. C. HARRIS, G. A. R. KON and E. M. F. ROE: Molekülstruktur und cancerogene Wirkung 240[2]. — Keine cancerogene Wirkung von 4- und 4′-Dimethylaminobenzalanilin 241[5]. — Cancerogene Wirkung der trans-Form von 4-Aminostilben 242[1]. — Mesomerie als Grundlage der cancerogenen Wirkung 250[4]. — Umwandlung von trans- in cis-Formen von Stilben- und Azobenzolderivaten 251[1]. — Gehörgangskrebs nach 4-Dimethylaminostilben 308[3]. — Cancerogene Wirkung von 4-Dimethylaminostilben 359[6]. — Carcinogene Wirkung von Stilbenderivaten 363[1].
— E. S. HORNING and P. C. KOLLER: Cancerogene Wirkung von Derivaten des Stickstofflost 371[10].
— and G. A. R. KON: Cancerogene Wirkung von 9,10-Dimethylanthracen und von 1,2,3,4-Tetramethylphenanthren 216[8]. — Bildung von 20-Methylcholanthren im Körper 217[4]. — Cancerogene Wirkung von 1,2,3,4- und von 3,4,8,9-Dibenzpyren 217[8]. — Aufhebung von carcinogener Wirkung durch Ringhydrierung 218[1]. —

Cancerogene Wirkung von 4-Dimethylaminostilben 240[7]. — Krebserzeugende polycyclische, aromatische Kohlenwasserstoffe 345[4]. — Verknüpfung von cancerogener und wachstumshemmender Wirkung cancerogener Stoffe auf Impftumoren 359[8]. — Carcinogene Wirkung von Styryl 430 363[5].

Haddow, A., G. A. R. Kon and W. C. J. Ross: Ähnlichkeit der Wirkung von Lost und mutagenen Strahlen 94[3]. — Cancerogene Wirkung von Tri-(2-chloräthyl)-aminoxyd und von aromatischen Lostverbindungen 271[6]. — Wachstumshemmende Wirkung von aromatischen Stickstofflostverbindungen auf Impftumoren 373[15].

— and A. M. Robinson: Parallelität von cancerogener und wachstumshemmender Wirkung auf Impftumoren 359[7].

— C. M. Scott and J. D. Scott: Wachstumshemmende Wirkungen cancerogener Substanzen 251[3].

— and W. A. Sexton: Hemmung des Wachstums von experimentellen Tumoren durch Urethan 375[3].

— and G. M. Timmis: Sulfonsäureester als Mitosegifte 139[30]. — Cancerogene Wirkung von Di-mesyl-α-ω-glykol (Myleran) 276[4]. — Wachstumshemmende Wirkung von α,ω-Dimethylsulfonoxyalkanen auf Impftumoren 373[18].

— G. M. Timmis and E. S. Horning: Rhabdomyosarkome bei Ratten nach 5-β-Naphthyl-azo-2,4,6-triaminopyrimidin und Toluylenblau 240[6].

— s. Badger, G. M. 251[4].

— s. Paterson, E. 139[8], 375[4].

Haddox, C. H., s. Wagner, R. P. 93[5].

Haden, R. L.: Röntgenstrahlen als Krebsursache 199[6].

Hadfield, G., and L. P. Garrod: Latenzzeit der Wirkung cancerogener Kohlenwasserstoffe bei der Maus 232[3].

— and J. S. Young: Prolactin im Harn bei Menopause 26[2].

Hadler, H. I., V. Darchun and K. Lee: Keine Beziehungen zwischen Festigkeit der Bindung an die Zelle und cancerogener Wirkung von Kohlenwasserstoffen 227[10]. — Zusammenhang zwischen Wirksamkeit von Cancerogenen und Bindung an Proteine 263[9].

— s. Bhargava, P. M. 358[6].

— s. Heidelberger, C. 226[9].

Hadorn, E.: Buch über Letalfaktoren in ihrer Bedeutung für Erbpathologie und Genphysiologie der Entwickelung (1955) 70[33].

— and H. Niggli: Mutagene Wirkung von Phenolen und Chinonen 93[8].

Häbler, C.: Buch über physikochemische Medizin nach Heinrich Schade (1939) 164[16].

Häggquist, G., and A. Bauer: Colchicin als Mitosegift 137[6].

Hämmerling, J.: Buch über Fortpflanzung in Tier- und Pflanzenreich. 2. Aufl. (1951) 7[9]. — Zusammenfassung über Dauermodifikationen (1929) 70[34]. — Zusammenfassung über Fortpflanzung und Sexualität (1938, 1939, 1942, 1947) 52[6]. — Wechselwirkungen zwischen Kern und Plasma 311[10].

Händel, F., s. Meythaler, F. 270[7].

Haenszel, W., and M. B. Shimkin: Bronchialkrebs und Zigarettenkonsum 195[4].

Häussler, G.: Melanombildung bei Bastarden aus Schwertfisch und Platyfisch 186[14].

Haffner, F.: Bestimmung des Schilddrüsenhormons an Axolotln 154[3].

— u. T. Komiyama: Bestimmung des Schilddrüsenhormons 154[5]. — Gewichtsverlust durch toxische Drüsen von Schilddrüsenhormon 156[12].

Hagan, E. C., s. Nelson, A. A. 242[9], 243[1].

Hagedorn, A., F. Johannessohn, E. Rabald u. H. E. Voss: Glykoside von Sexualhormonen 39[5].

Hagen, J., u. A. Schürmeyer: Schilddrüsentumoren nach Methylthiouracil 382[9].

Hahn, L.: Bedeutung der Hyaluronidase bei der Befruchtung 13[2].

Haines, B., s. Eden, M. 398[2].

Haines, W. J., s. Rose, W. C. 549[1].

Halama, A.: Störung des Gonadotropinnachweises an Fröschen durch Adrenalin und Arterenol 36[4]. — Adrenalin gibt positive Schwangerschaftsreaktion an Rana esculenta 38[4].

— s. Wolzogen, F. X. 36[3].

Haldane, J. B. S.: Buch über die Ursachen der Entwicklung. Engl. (1932) 70[35]. — Buch über Biochemie der Genetik Engl. (1954) 70[36]. — Zusammenfassung über Mutationsrate menschlicher Gene (1949) 85[17]. — Mutationen bei Epilobium durch radioaktive Elemente 91[3]. — Warnung vor Gebrauch von radioaktiven Isotopen in der Medizin 91[3]. — Krebs und radioaktive Strahlung 199**.

— s. Philip, U. 102[5].

Haldane, J. S.: Buch über Methoden der Luftanalyse. 3. Aufl. Engl. (1920) 515[9].

Haldin-Davis, H.: Hautkrebs durch Kreosot 200[11].

Hale, s. Moran 466[11].

Halkerston, I. D., s. Reiss, M. 38[10], 171[5].

Hall, W. H.: Schilddrüsentumoren nach strumigenen Substanzen 326[7].

— and F. Bielschowsky: Cancerogene Wirkung strumigener Substanzen 326[8].

— s. Bielschowsky, F. 267[3], 326[10].

Hallauer, C., s. Doerr, R. 580[3].

Halmi, N. S.: Bildungsort der gonadotropen Hormone 23[8].

Halpert, B.: Bronchialkrebs bei Zigarettenrauchern 196[8].

Halse, T., u. P. Braun: Desoxyribonucleoproteide im entzündlichen Exsudat 168[9].

HALTER, C. R., s. KENSLER, C. J. 259[6], 360[1].
— s. SUGIURA, K. 364[1].
HALVORSON, H. O., s. SPIEGELMAN, S. 68[7].
HAM, A. W., s. HOWATSON, A. F. 266[3], 311[4], 420[5].
HAMADA, K., s. TOMITA, M. 466[10], 480[8], 500[1].
HAMBLEN, E. C.: Buch über Endokrinologie der Frau. Engl. (1945) 14[7].
HAMBURGER, V.: Zusammenfassung über Entwicklungsphysiologie (1944) 106[9].
HAMER, D.: Zusammensetzung von Zellkernproteinen von Tumoren 426[5].
— and D. L. WOODHOUSE: Krebserzeugende Wirkung von Kondensaten aus Zigarettenrauch 196[1].
HAMILTON, J. G., s. SCOTT, K. G. 401[4].
HAMILTON, M. G., s. PETERMANN, M. L. 430[11], 433[9].
HAMILTON, T. S.: Spezifisch-dynamische Wirkung 539[8].
— s. MITCHELL, H. H. 547[2].
HAMILTON, W. J., J. D. BOYD and W. W. MOSSMAN: Buch über menschliche Embryologie. Engl. (1945) 106[11].
HAMMARSTEN, E., s. CASPERSSON, T. 75[1].
HAMMARSTEN, H., s. CASPERSSON, T. 75[1].
HAMMOND, E. C., and D. HORN: Bronchialkrebs bei Zigarettenrauchern 196[8].
HAMNER, K. C.: Jahresrhythmus der Vitaminzufuhr 570[3].
HAMPERL, H., U. HENSCHKE u. R. SCHULZE: Primäre Zellkernschädigung beim Strahlenerythem 166[3].
— s. ARNOLD, O. 30[2].
— s. BROCK, N. 214[6], 223[9], 225[8], 229[2], 238[1], 266[5], 311[6].
— s. DRUCKREY, H. 212[1], 245[2], 282[6], 333[2], 335[7], 340[4], 366[4], 377[9].
HANAHAN, D. J., E. G. DASKALAKIS, T. EDWARDS, H. J. DAUBEN jr. and R. W. MEIKLE: Ausscheidung von Diäthylstilboestrol in Galle und Harn 42[7].
HANAN, E. B.: Thyroxinwirkung auf Atmung des Hühnerembryos 479[5].
— s. PUCHER, G. W. 480[3].
HANAU, A. N.: Experimentelle Krebserzeugung 212[9]. — Transplantationstumoren 333[4]. — 1. Transplantation einer Krebsgeschwulst 334[1].
HANBY, W. E., G. S. HARTLEY, E. O. POWELL and H. N. RYDON: Radikalbildung aus N-Lost 273[10].
— and H. N. RYDON: Bildung von Bis-(2-chloräthyl)-N,N'-dimethylpiperazinium aus N-Lost 273[12].
HANCE, R. T., and J. B. MURPHY: Weißhaarigkeit bei Ratten durch Röntgenstrahlen 273[7].
HANDOVSKY, H.: Zinkgehalt von Hypophysenvorderlappen 24[3].
HANDY, V. H., s. GOLDBERG, I. D. 190[3].
HANES, F. M.: Cholesterinstoffwechsel im sich entwickelnden Hühnerei 474[6].
HANGER, F. M., s. WERNER, S. C. 11[10].
HANKE, F. G., s. MÜLLER, A. 219[6], 248[6].
HANKS, J. H.: Für Tumorgewebskultur erforderliche Zellzahl 319[4].
HANNA, L., s. BOSTICK, W. L. 299[7].
HANSEMANN, D. v.: Mutationstheorie des Krebses 182[2], 310[4].
HANSEN, A. E.: Wirkung des Mangels an mehrfach ungesättigten Fettsäuren beim Kleinkind 555[16].
— D. J. D. ADAM, H. F. WIESE, A. N. BOELSCHE and M. E. HAAGARD: Wirkung des Mangels an mehrfach ungesättigten Fettsäuren beim Kleinkind 555[16].
— O. BECK and H. F. WIESE: Bedeutung von ungesättigten Fettsäuren für Hunde 555[5].
— and H. F. WIESE: Bedeutung von ungesättigten Fettsäuren für Hunde 555[5].
HANSEN, P. B., u J. BICHEL: Lokale Sarkombildung durch Sulfonamide 247[4].
HANSER, G., s. BUTENANDT, A. 98[13].
— s. KARLSON, P. 114[5, 6].
HANSON, A. M., s. ROWNTREE, L. G. 155[6, 8].
HANSON, F. B., F. HEYS and E. STANTON: Proportionalität von Strahlendosis und Mutationsrate 88[15]. — Mutagen wirksame Strahlung 91[1].
HANSSEN, O. E., s. KREYBERG, L. 300[4], 336[11].
HARAN, N., and I. BERENBLUM: Cancerogene Wirkung von Äthylurethan 270[1]. — Lokalisierte Crotonöltumoren auch bei oraler Zufuhr von Urethan 381[8].
— s. BERENBLUM, I. 380[8, 12].
HARBERS, E., u. P. DOERING: Mutationen an Epilobium durch radioaktive Isotopen 91[3]. — Warnung vor Versuchen mit radioaktiven Isotopen am Menschen 91[3], 209[14].
— s. BACKMANN, R. 447[18].
— s. HEIDELBERGER, C. 446[22].
HARDER, R.: Auslösung von Verwachsungen bei Pflanzen durch Gifte 115[8].
— u. H. VAN SENDEN: Hemmung der Blütenbildung durch β-Indolylessigsäure 20[12]. — Hemmung der Blütenbildung durch hohe Dosen von „Auxinen" und β-Indolylessigsäure 164[4].
HARDING, R., s. BERNSTEIN, L. M. 518[3].
HARDY, J. D., and E. F. DU BOIS: Grundumsatzsenkung bei höherer Umgebungstemperatur 534[3].
— s. DU BOIS, E. F. 532[3], 533[9], 536[2].
HARDY, S., and F. W. PUTNAM: Bildung von Myelomplasmaproteinen und BENCE-JONES-Eiweiß 433[12]
— s. PUTNAM, F. W. 433[12].
HAREL, J., s. BERNHARD, W. 295[2].
HARGREAVES, A. B., and H. F. DEUTSCH: Katalaseaktivität der Leber bei Ratten 421[11]. — Hemmung von Oxydationsfermenten durch Gewebskochsäfte 422[10].
HÁRI, P.: Zusammenfassung über elektrische Kompensationscalorimetrie (1926) 516[8].
HARINGTON, C. R.: Zusammenfassung über synthetische Immunochemie (1940) 164[26].

Harington, C. R., and S. S. Randall: Bestimmung des Schilddrüsenhormons 154[1].
Harlor, D. M., s. Collett, M. E. 530[9].
Harm, H.: Auslösung von Mißbildungen durch Giftwirkungen auf trächtige Tiere 117[10].
Harm, W., s. Stein, W. 140[9].
Harman, J. W.: Cyclophorasesystem 479[3].
Harmel, M. H., s. Kety, S. S. 522[11].
Harms, J. W.: Thymushormon 155[6].
Harrington, H., s. Thomson, R. Y. 447[12].
Harrington, W. F., and H. K. Schachman: Degradation und Aggregation von Tabakmosaikvirus 592[3].
Harris, C., s. Shay, H. 197[9], 214[9].
Harris, D. L.: Phosphoproteidphosphatase im Froschei 469[3], 478[14].
Harris, E. B., L. F. Lamerton, M. J. Ord and J. F. Danielli: Schädigung des Plasmas hebt Zellteilung auf 141[3].
Harris, G. W.: Hypothalamo-hypophysäres System 22[4].
— s. Cross, B. A. 49[12].
Harris, J., s. Boyland, E. 234[10], 360[3].
Harris, J. A., and F. G. Benedict: Schwankungsbreite des Grundumsatzes 522[3]. — Einfluß von Körpergröße, -gewicht, Alter und Geschlecht auf Grundumsatz 523[4]. — Vorausberechnung des Grundumsatzes 524[6].
Harris, J. I., and C. A. Knight: Endgruppen im Tabakmosaikvirus-protein 592[4]. — Änderungen am Protein des Tabakmosaikvirus 595[3].
— s. Li, C. H. 171*.
Harris, J. J., s. Marshall, V. F. 234[9].
Harris, J. W., and M. J. Thornton: Zusammenfassung über Physiologie des Geburtsvorganges (1933) 48[12].
Harris, P. N.: Sulfonierte Triphenylmethanfarbstoffe werden nicht resorbiert 242[9]. Lokale Sarkombildung durch Lichtgrün SF gelblich, Brillantblau FCF (Patentblau AE) und Guineagrün 243[1]. — Beeinflussung der carcinogenen Wirkung von 4-Dimethylaminoazobenzol bzw. 2-Acetaminofluoren durch Riboflavin 360[2].
— and G. H. A. Clowes: Verhalten verschiedener Tierarten gegen verschiedene Cancerogene und Gifte 254[3]. — Verlängerung der Latenzzeit der 4-Dimethylaminoazobenzolwirkung durch Riboflavin 260[1]. Hemmung der cancerogenen Wirkung von 4-Dimethylaminoazobenzol durch Leberextrakte 260[9].
— s. Carruthers, C. 415[12].
Harris, R. J. (C.): Zusammenfassung über die Eigenschaften des Agens von Rous-No 1-Sarkom (1953) 293[3]. — Virus des Rous-Sarkoms 385[2]. — Chemische Zusammensetzung von tumorerzeugenden Viren und Partikeln aus Embryonalgewebe 385[8].
Harris, R. J. (C.), and J. G. Carr: Lipoidgehalt des tumorerzeugenden Faktors aus Rous-Sarkom 385[7]. — Chemische Zusammensetzung von Rous-Agens 385[11].
— s. Beale, R. N. 444[13], 445[4].
— s. Carr, J. G. 293[4, 7], 385[6], 386[2].
— s. Haddow, A. 240[2, 7], 241[5], 242[1], 250[4], 251[1], 308[3], 359[6], 363[1].
Hart, G. H., and H. H. Cole: Bildung oestrogener Hormone in der Placenta 44[3].
Hart, J. S., O. Heroux and F. Depocas: Ursache der Stoffwechselsteigerung in der Kälte 532[3].
Hart, M. J., s. Loofbourow, J. R. 178[6].
Hart, R. G.: Partieller Abbau von Tabakmosaikvirus 591[7]. — Infektiosität von partiell degradiertem Tabakmosaikvirus 592[19].
Hart, W., s. Schmitz, H. 445[9].
Harte, R. A., s. Allison, J. B. 551[5].
Hartelius, V.: Biosfaktoren 147[21].
— s. Nielsen, N. 146[4].
Hartley, G. S., s. Hanby, W. E. 273[10].
Hartman, F. A., and K. A. Brownell: Buch über die Nebenniere. Engl. (1949) 171[3].
— s. Brownell, K. A. 530[4].
— s. Horvath, S. M. 532[10].
Hartman, F. W., F. L. Horsfall and J. G. Kidd: Buch über die Dynamik von Virus- und Rickettsia-Infektionen. Engl. (1954) 580[5].
Hartmann, F., H. Fehrmann u. W. Pola: Fermentgehalt des Magen- und Darmsaftes bei Unterernährung 577[5].
— s. Göbel, P. 576[1].
— s. Schoen, R. 576[10].
Hartmann, H. A., E. C. Miller, F. K. Morris and O. O. Meyer: Leukämien nach 2-Acetaminophenanthren 361[10].
Hartmann, M.: Buch über die Sexualität (1943) 52[6]. — Buch über allgemeine Biologie. 3. Aufl. (1947) 1[12]; 4. Aufl. (1953) 176[14]. — Buch über Geschlecht und Geschlechtsbestimmung. 2. Aufl. (1951) 7[10]. — Gamone und Termone 15[8], 100[8]. — Fertilin 101[1].
— F. Graf Medem, R. Kuhn u. H.-J. Bielig: Androgamon 2_1 101[10]. — Gynogamone in Forelleneiern 102[3].
— O. Schartau, R. Kuhn u. K. Wallenfels: Echinochrom A 101[5].
Hartwell, J. L.: Übersicht über Stoffe, die auf carcinogene Wirkung untersucht wurden. Engl. 2. Aufl. (1951) 181[46].
Hartwig, H.: Angriffspunkt des Schilddrüsenhormons 154[9].
— s. Fischer, F. C. 115[14].
Hartwig, S., s. Scheibe, G. 89[9].
Haruno, K.: Aktivität der Leberglutaminase nach Verfütterung von hepatocarcinogenen Aminen 439[3].
— s. Kishi, S. 261[6], 439[2].

HARVEY, E. B.: Teilung kernloser Seeigeleier 71[2]. — Künstliche Parthenogenese führt nur zu roher Blastula 105[8].
HARY, M., s. PUTNOKY, J. 337[15].
HASIMOTO, M., s. MASAYAMA, T. 395[33].
HASKINS, C. P.: Proportionalität von Strahlendosis und Mutationsrate 88[15].
HASLEWOOD, G. A. D., s. BACHMANN, W. E. 350[5], 351[8], 353[6].
— s. BARRY, G. 349[14], 350[1], 351[3], 352[3].
— s. BROOKSBANK, B. W. L. 32[6].
— s. COOK, J. W. 202[1], 217[3], 345[4], 347[11], 389[2].
— s. MARRIAN, G. F. 28[3].
HASSELBACH, W.: Keine Colchicinwirkung auf kontraktile Muskelstrukturen 138[2].
HASSELBALCH, K. (A.), s. BOHR, C. 481[1].
HASSELBERG, I., s. GUSTAFSON, T. 119[9], 479[1].
HASSELQUIST, H., s. EULER, H. v. 258[5], 262[7], 422[19].
HASSELT, W. VAN, s. KÖGL, F. 147[11, 18].
HASSINEN, J. B., G. T. DURBIN and F. W. BERNHART: Hexadecensäure als Wuchsstoff für Milchsäurebakterien 146[6].
HATCHER, C. H.: Radium als Ursache von Knochentumoren und Leukämien 199[7]. — Cancerogene Wirkung von Radium und radioaktiven Substanzen 208[11].
HATCHER, E. S. J., s. BUSTON, H. W. 163[9].
HATTEMER, A. J.: Lokale Sarkombildung nach Injektion von Methylmethacrylat 282[10].
HAUBOLD, H.: Jahresrhythmus der Vitaminzufuhr 570[3].
HAUGE, S. M., u. C. W. CARRICK: Kein Vitamin C im Hühnerei 469[6].
HAUROWITZ, F.: Buch über Fortschritte der Biochemie 1938—1947 (1948) 1[11]. — Buch über Fortschritte der Biochemie. Engl. (1950) 73[6].
— C. F. CRAMPTON u. H. H. RELLER: Bindung von Antigenen in der Zelle 175[3].
— s. BREINL, F. 5[4], 83[6], 175[4].
HAUSBECK, C., s. LETTRÉ, H. 347[8].
HAUSCHILDT, J. D., s. EVANS, J. S. 25[2].
HAUSCHKA, T. S.: Transplantabilität und Metastasierung gebunden an Veränderung besonderer Duplikanten 315[2]. — Tumortransplantation bei neugeborenen Tieren 324[4]. — Bedeutung genetischer Faktoren für Tumortransplantation 338[10]. — H-Antigen-Bildung durch Tumorzellen 339[4].
HAUSER, G.: Mutationstheorie des Krebses 182[2].
HAUSSER, I.: Elektronenausbeute bei Umlagerung von trans-Stilben und trans-Azobenzol 241[8].
HAUZWALB-NUNEZ, P., s. NUNEZ, G. 426[7].
HAVAS, L. J., s. DUSTIN, A. P. 137[6].
HAVEN, F. L.: Phosphatidgehalt von Rattencarcinom 256 451[2]. — Verwendung von Lecithin im Stoffwechsel 451[12]. — Lipoidzusammensetzung des nekrotischen Zentrums von Rattencarcinosarkom 256 453[3]. — Einbau von Elaïdinsäure in Tumoren, Leber und Muskel 454[1].
HAVEN, F. L., and W. R. BLOOR: Zusammenfassung über Lipide bei Krebs (1956) 450[3].
— W. R. BLOOR and C. RANRALL: Gehalt an ungesättigten Fettsäuren im WALKER-Carcinom 453[13].
— and S. R. LEVY: Sphingomyelin in Rattencarcinosarkom 256 451[11].
— C. RANDALL and W. R. BLOOR: Citronensäuregehalt in Tumoren und in normalen Geweben 405[2].
— s. BLOOR, W. R. 450[13].
— s. GREENE, A. A. 422[18]
— s. MIDER, G. B. 434[1].
HAVINGA, E., s. VELDSTRA, H. 163[8].
HAWK, P. B., s. HOWE, P. E. 573[4].
HAWKINS, J. A., s. MURPHY, J. B. 406[5], 407[3].
HAWKINS, R. D., M. NISHIKAWARA and B. MENDEL: Aktivierung von Fermenten durch Thyroxin 529[5].
HAWLEY, E., s. SHERMAN, H. C. 509[10].
HAY, A. S., s. SANDIN, R. B. 237[13], 366[2].
HAYASHI, T., s. YABUTA, T. 150[5].
HAYWARD, E.: Cancerogene Wirkung von 4-Amino-3,2'-dimethylazobenzol (o-Aminoazotoluol) 359[3].
HEAD, M. A., s. SCHOENTAL, R. 192[3], 193[7], 218[5], 287[4, 5], 352[2], 375[12].
HEAGY, F. C., s. THOMSON, R. Y. 440[9], 441[6], 442[5], 443[11].
HEARD, R. D., P. H. JELLINCK and V. J. O'DONNELL: Umwandlung von Testosteron in Oestron und Oestradiol 390[6].
HEARD, R. D. H., and A. F. MCKAY: Produkte des Progesteronstoffwechsels 32[1].
HEATH, J. C.: Sarkombildung durch Arsen, Chrom oder Kobalt 211[3]. — Carcinogene Wirkung von metallischem Kobalt 377[4].
— and J. LIQUIER-MILWARD: Zinkaufnahme durch Tumoren und normale Gewebe 400[7]. — Bindung von Zink an Desoxyribonucleoproteide 400[7].
HEATLEY, N. G., s. FLOREY, H. W. 156[15].
HEBEKERL, W., s. REISS, R. 459[12].
HECHT, G.: Zusammenfassung über Röntgenkontrastmittel (1939) 209[6]. — Sarkombildung durch Thizianbraun 246[16]. — Cancerogene Wirkung von „Schwarz 5410" und von „Nigrosinen" 247[1]. — Cancerogene Wirkung von 2,3'-Dimethylazobenzol (Azotoluol) 248[1]. — Latenzzeit der Krebsentstehung bei „Stop"-versuchen mit 4-Dimethylaminoazobenzol 316[2].
— u. A. WINGLER: Aufhebung der methämoglobinbildenden Wirkung aromatischer Amine durch Sulfonierung 245[13].
HECHT, L., s. SCHMIDT, G. 108[1], 123[1].
HECHTER, O., R. P. JACOBSEN, R. JEANLOZ, H. LEVY, C. W. MARSHALL, G. PINCUS and V. SCHENKER: Bildung von Corticoiden aus Cholesterin durch Nebennierenrinde in vitro 171[7]. — Cholesterinbildung und -abbau in Nebennierenrinde 173[9].
HECKEL, G. P.: Vorkommen von Krebs bei Säuglingen und Kindern 188[3].

Hedén, C.-G., s. Malmgrfn, B. 145[4].
Hegemann, G., F. Traut u. L. v. Wallenstern: Bildung von Wundhormonen in geschädigtem Warmblütergewebe 178[8].
Heggen, G., s. Olson, K. B. 400[6].
Hegsted, D. M., s. Riggs, T. R. 255[6].
Heidelberger, C.: Zusammenfassung über Anwendung von Radioisotopen zur Unsuchung der Carcinogenese und des Tumorstoffwechsels (1953) 227[2]. — Zusammenfassung über die Biochemie des Krebses (1956) 342[14]. — Aufnahme von ^{32}P durch Tumoren und wachsende Gewebe 401[12]. — Brenztraubensäureabbau in Tumoren 412[14].
— H. I. Hadler and G. Wolf: Biologische Oxydation von cancerogenen Kohlenwasserstoffen 226[9].
— K. C. Leibman, E. Harbers and P. M. Bhargava: Einbau von Uracil-^{14}C in Nucleinsäuren des Flexner-Jobling-Carcinoms 446[22].
— and M. G. Moldenhauer: Festigkeit der Bindung in die Zelle und cancerogene Wirkung von Kohlenwasserstoffen 227[9]. Bindung cancerogener Kohlenwasserstoffe an Hautproteine 358[4].
— and S. M. Weiss: Bindung von Derivaten carcinogener Kohlenwasserstoffe an Lebereiweiß 431[9].
— s. Bhargava, P. M. 358[6,7], 431[9].
— s. Groth, D. P. 404[12].
— s. le Page, G. A. 435[2], 446[15].
— s. Miller, E. C. 262[9], 263[3], 264[2], 370[4].
— s. Pardee, A. B. 412[19].
— s. Potter, V. R. 404[10], 412[16].
— s. Tyner, E. P. 434[5], 446[1,2].
— s. Wiest, W. G. 223[6], 227[6], 230[4], 358[3], 431[9].
Heidelberger, M., s. Graff, S. 296[14].
Heidenhain, L.: Verimpfung von Autolysaten menschlicher Geschwülste auf Mäuse 299[9].
Heidenhain, M.: Buch über Formen und Kräfte der lebenden Natur (1923) 124[23].
Heilbron, I. M., s. Gillam, A. E. 15[7].
Heilbrunn, L. V., u. F. Weber: (Hrsg.): Protoplasmatologia (1953—) 1[26].
— and W. L. Wilson: Verhinderung der Spindelbildung durch Heparin 138[13]. — Heparin als Mitosegift 156[5].
Heilmeyer, L.: Selektion von Mutanten durch Pharmaka 84[5]. — Mitosegifte 139[5]. — Wirkung von Cortison und Compound F bei Gelenkrheumatismus 172[6]. — Hemmung des Wachstums lymphatischer Tumoren durch Testosteron 330[7]. — Wirkung von Urethan bei Leukämie 375[4].
— R. Merck u. J. Pirwitz: Buch über Klinik und Pharmakologie des Urethans und anderer cytostatischer Stoffe (1948) 139[8].
Heim, G., s. Koch, W. 20[5].
Heiman, J.: Hemmung der krebsfördernden Wirkung von Oestrogenen durch Androgene 328[2].
— and O. F. Krehbiel: Hemmung der krebsfördernden Wirkung von Oestrogenen durch Androgene 328[2].
Hein, R. R., s. White, J. 306[4], 307[3], 360[10].
Heinbecker, P.: Bedeutung der Ernährungsform für Höhe des Grundumsatzes 535[12].
Heine, U., s. Graffi, A. 298[11], 337[11].
Heinemann, H., s. Delbet, P. 399[13].
Heinle, R. W., s. Weir, D. R. 169[6].
Heinlein, H.: Zusammenfassung über Entzündung und örtlichen Stoffwechsel (1950) 164[22]. — Entzündungssubstanz 168[17]. —
Heins, H. C., s. Pratt-Thomas, H. R. 197[2].
Heinz, E.: Aufnahme von Glycin durch Ascitestumorzellen 423[15]
Heinzler, F., s. Esser, H. 432[11].
Heirman, P.: Acetylcholingehalt der Placenta 48[7].
Heise, R., s. Holtz, P. 167[15].
Heite, H.-J., s. Gebelein, H. 34[4].
Heitz, E., u. H. Bauer: Riesenchromosom aus Speicheldrüsen von Drosophila 73[1].
Hekhuis, G. L., s. Cohen, P. P. 395[50], 439[10,11].
Hellbaum, A.: Gehalt an gonadotropen Hormonen im Hypophysenvorderlappen 23[7].
Hellbaum, A. A., s. Bunde, C. A. 26[8].
Heller, L., s. Euler, H. v. 421[15], 422[3].
Heller, W.: Carcinogene Wirkung von UV-Strahlung 199[5], 378[2].
Hellpach, W.: Buch über Geopsyche. 5. Aufl. (1939) 521[5].
Hellström, H., s. Euler, H. v. 417[3].
Helmert, E., s. Maschmann, E. 435[13], 436[2].
Hemmi, H., s. Meyer, K. H. 229[1].
Hempelmann, L. H., s. Simpson, C. L. 199[6], 206[8], 208[12].
Hemphill, R. E., s. Reiss, M. 31[1].
Hench, P. S., E. C. Kendall, C. H. Slocump and H. F. Polley: Wirkung von Cortison und Compound F bei Gelenkrheumatismus 172[6].
— C. H. Slocump, A. R. Barnes, H. L. Smith, H. F. Polley and E. C. Kendall: Wirkung von Cortison und Compound F bei Gelenkrheumatismus 172[6].
— s. Sprague, R. G. 172[3].
Henderson, E., s. Seneca, H. 173[10].
Henderson, J., N. F. MacLagan, V. R. W. Wheatly and J. H. Wilkinson: Bestimmung von Progesteron und Pregnandiol 33[11]. — Abortgefahr bei fehlender Pregnandiolausscheidung 45[6].
Henderson, M. E., s. Christenson, H. N. 423[14].
Hendry, J. A., R. F. Homer, F. L. Rose and A. L. Walpole: Mutagene Wirkung von Triäthylenmelamin 94[5]. — Cancerogene Wirkung von Epoxyden 203[13]. —

Äthylenimine 275[1]. — Cancerogene Wirkung von Alkyläthyleniminen 275[2]. — Cancerogene Wirkung von Vinylcyclohexandiepoxyd 276[1]. — Cancerogene Wirkung von β-Propiolacton 276[5]. — Radikalformen von Äthylenimin, Epoxyden und Methylolaminen 277[1]. — Duplikanten als Angriffsorte der cancerogenen Wirkung 310[3]. — Cancerogene Wirkung der Acylverbindungen von Äthylenimin und von Triäthylenmelamin 372[2]. — Cancerogene Wirkung von 1,2,3,4-Diepoxybutan 372[4]. Wachstumshemmende Wirkung von Äthyleniminverbindungen auf Impftumoren 373[16]. — Wachstumshemmende Wirkung von Epoxyden auf Impftumoren 373[19].

Hendry, J. A., J. J. Matthews, A. L. Walpole and M. H. C. Williams: Cancerogene Wirkung von 4′-Fluor-4-aminodiphenyl 237[12], 362[15].

— F. L. Rose and A. L. Walpole: Mechanismus der radiomimetischen Wirkung 94[9]. — Struktur radiomimetrischer Gifte 140[8]. — Äthylenimine 275[1]. — Cancerogene Wirkung von Trimethylolmelamin 275[3], 372[3]. — Wachstumshemmende Wirkung von Methylolamiden auf Impftumoren 373[17].

— s. Walpole, A. L. 192[11], 215[1], 275[2], 276[5], 287[9], 372[1,5].

Henle, W., s. Liu, O. C. 607[11].

Henly, A. A.: Corticosteroidbestimmung 174[4].

Henneberg, U., s. Göpfert, H. 513[11], 516[1].

Henry, J. L., s. Meyer, J. 160[15].

Henry, R., s. Cheymol, J. 36[1].

Henry, S. A.: Zusammenfassung über Berufskrebs (1946/47) 346[1]. — Röntgenstrahlen als Krebsursache 199[6]. — Carcinogene Wirkung von rohen Mineralölen 200[9]. — Cancerogene Stoffe in Mineralölen 213[8].

Henschel, A., s. Keys, A. 575[1], 576[7].

Henschke, U., s. Hamperl, H. 166[3].

Hensel, H., s. Precht, H. 532[1].

Henshaw, P. S., R. S. Snider and E. F. Riley: Tumorbildung durch ^{32}P 379[18].

— s. Nettleship, A. 374[12].

Henson, A. F., A. R. Somerville, M. E. Farquharson and M. W. Goldblatt: 1-Oxy-2-aminonaphthalin aus β-Naphthylamin 235[2], 256[2].

Henze, M., u. R. Stöhr: Respiratorischer Quotient bei Hunger 519[1].

Heppe, G.: Sauerstoffbestimmungsgerät Magnos 516[2].

Herbert, P. H., s. Beattie, J. 544[7].

Herbst, C.: Wirkung von Calciummangel auf Seeigelkeime 341[3].

Herbst, K.: Zusammenfassung über Methoden der Beeinflussung der tierischen Entwicklung durch chemische Stoffe (1923) 121[9].

Herbrand, W.: Kontrolle der lokalen Entzündung durch Hypophysen-Nebennierenrinden-System 170[9].

Heringa, J. W., s. Kooyman, E. C. 225[6].

Herken, H.: D-Peptidasen in normalem und Tumorgewebe 437[4].

— s. Brock, N. 105[3], 119[4,7], 137[1], 139[26], 164[31], 165[1,5], 170[8], 270[6].

— s. Druckrey, H. 333[2], 335[7], 340[4].

— s. Schmitz, A. 437[8].

Herlant, M.: Permeabilitätsänderungen bei Entwicklungserregung des Eis 105[6].

Herold, L., u. G. Effkemann: Durchtrennung des Hypophysenstiels 22[5].

Heroux, O., s. Hart, J. S. 532[3].

Herrington, L. P., s. Gagge, A. P. 533[8].

— s. Winslow, C.-E. A. 533[8].

Herriott, R. M., and J. L. Barlow: Phagenhüllen ohne Bedeutung für genetische Information 599[5]

Herrmann, F., s. Sulzberger, M. B. 330[9].

Herrmann, R. G., and K. P. du Bois: Cancerogene Wirkung von 4-Dimethylaminobenzol-diazoniumsulfat (DAS) 247[3].

Hershberg, E. B., s. Fieser, L. F. 354[4].

— s. Wolfe, J. K. 34[2].

Hershey, A. D.: Steady-state-Dynamik des Desoxyribonucleinsäurevorrates 63[3]. Vermehrung der Desoxyribonucleinsäure 63[5]. — Makromolekulare Nucleinsäuren als duplikationsfähige Elemente 84[8]. — Genmutation 89[13]. — Proteinanteil an „Phagenchromosom" 598[14]. — Lebenscyclus der Phagen 600[1].

— and M. Chase: Desoxyribonucleinsäure als Erbüberträger bei Bakteriophagen 57[1]. Desoxyribonucleinsäuren als genetisch wesentliches Material 73[8]. — Reaktion von Phagen mit Wirtszellen 598[13].

— J. Dixon and M. Chase: 5-Oxymethylcytosin in Desoxyribonucleinsäure aus Bakteriophagen 63[2].

— A. Garen, D. K. Fraser and J. D. Hudis: Verhalten von Desoxyribonucleinsäure bei Übertragung von Virus 65[1].

— and N. E. Melechen: Bedeutung von Protein für Produktion von Phagen-DNS 599[11].

— and R. Rotman: Symbolisierungen in Nucleinsäuren 61[1,2].

Hertig, A. T., and J. Rock: Zahl der befruchtungsfähigen menschlichen Eier 52[5]. Prozentsatz vollwertiger menschlicher Eier 115[5].

Hertweck, H.: Bestrittene Bedeutung des tu-e-Faktors 186[6].

Hertwig, O.: Verschmelzung der Chromosomensätze bei der Befruchtung 104[6].

Hertwig, P.: Auslösung von Mutationen durch Röntgenbestrahlung bei Mäusen 88[12].

Hertwig, R.: Kern-Plasma-Relationen 145[5]. Nucleoplasmatic Ratio (N.P.R.) 477[2].

HERTZ, R.: Vorkommen von Avidin im Endometrium 17[2]. — Hemmung der gonadotropen Hormone durch 2,6-Diaminopurin 26[5]. — Mammageschwülste nach chronischer Oestrogentherapie 328[1].
— and W. H. SEBRELL: Bildungsort von Avidin 156[1].
— and W. W. TULLNER: Einfluß von Antiwuchsstoffen auf Oestrogenwirkung 16[3]. Hemmung der gonadotropen Hormone durch 2,6-Diaminopurin 26[5].
HERVE, A., et Z. M. BACQ: Erhöhung der Strahlenresistenz durch Blausäure 92[8].
— s. BACQ, Z. M. 140[9].
HESLIN, J., s. DEICHMANN, W. B. 362[11].
HESLINGTON, H. F., s. GARDNER, L. U. 210[5], 377[2].
HESS, B.: Celluläre Verteilung der Oxydationsfermente in Tumoren 420[4].
— u. E. GEHM: Aktivität der Milchsäuredehydrogenase im Serum bei Carcinom 412[9].
— s. CHRISTENSEN, H. N. 423[17].
— s. MARTIUS, C. 529[2].
HESS, G. H.: Gesetz der konstanten Wärmesummen 511[1].
HESS, H.: Cancerogene Wirkung von Arsen-(III)-Verbindungen 376[17].
HESS, V. F., s. EUGSTER, J. 208[8].
HESSE, F.: Überführung solider Tumoren in Ascitesform 335[4].
HESSE, G., J. PIRWITZ u. O. DIETZEL: Nitrite als Mitosegifte 139[1].
HESSELBACH, M. L., s. KIDD, J. G. 406[4], 418[5].
HESTON, W. E.: Zusammenfassung über die Genetik des Krebses (1948) 181[42]. — Vorkommen von Krebs bei Mäusen 184 Tab. — Häufigkeit von Spontantumoren und Leukämien bei Mäusen 185[10]. — Für Krebs verantwortliche Gene 186[9]. — Mutagene und cancerogene Wirkung von Bis-(2-chloräthyl)-sulfid 271[3]. — Lungengeschwülste nach N-Lost 271[4]. — Lungentumoren durch Mustardgas 371[4]. — Lokale Tumoren nach Mustardgas 371[6].
— and W. D. LEVILLAIN: Lungentumoren durch Mustardgas 371[5].
— and M. A. SCHNEIDERMAN: Eintreffereffekte bei der Cancerisierung 228[4]. — Tumorausbeute in Abhängigkeit von Dosis cancerogener Kohlenwasserstoffe 232[1].
— s. EDWARDS, J. E. 375[6].
— s. LARSEN, C. D. 374[21], 375[1].
HEUBNER, W.: Zusammenfassung über methämoglobinbildende Gifte (1940) 255[8]. Einteilung der Gifte 166[1].
HEUPKE, W., u. G. ROST: Buch über Nahrungsmittel (1950) 563[1].
HEUSE, O., s. RAJEWSKY, B. 303[4].
HEUSER, G., s. SELYE, H. 164[20].
HEUSER, G. F., s. SCOTT, M. L. 150[8].
HEUSNER, A.: Buch über Chemie der Hormone (1954) 7[32]. — Übersicht über Stereochemie der Corticoide (1951) 172[5].
HEVELKE, A., s. WERLE, E. 46[12].
HEVESY, G. v.: Buch über radioaktive Indikatoren. Engl. (1948) 401[12]. — Mechanismus der Strahlenwirkung auf Zellen 140[9]. Bildung von ^{32}P-Phosphatiden im Muskel 451[10].
— s. AHLSTRÖM, L. 140[9], 447[15].
— s. EULER, H. v. 446[6], 447[15].
HEWETT, C. L.: Cancerogene Kohlenwasserstoffe als Phenanthrenabkömmlinge 353[8].
— s. BACHMANN, W. E. 350[5], 351[8], 353[6].
— s. BADGER, G. M. 213[7], 218[6], 251[4], 349[13], 350[2]. 351[5,10], 353[7].
— s. BARRY, G. 349[14], 350[1], 351[3], 352[3].
— s. COOK, J. W. 39[6], 41[1], 212[12], 213[2], 236[1], 239[10], 245[3], 345[4], 346[12,14], 365[11].
HEYER, E., s. GRAFFI, A. 381[6].
HEYL, J. G.: Bestimmung des thyreotropen Hormons 154[15]. — Mäuseeinheiten des thyreotropen Hormons 155[2].
HEYMANN, H., s. FIESER, L. F. 351[6].
HEYS, F., s. HANSON, F. B. 88[15], 91[1].
HIATT, H. H.: Glykolyse des EHRLICH-Mäuseascitestumors 406[11].
HIBBERT, J., s. GELLHORN, A. 196[1].
HICKS, C. S., and R. F. MATTERS: Grundumsatz bei australischen Ureinwohnern 535[10].
HIEGER, I.: Zusammenfassung über Fortschritte der Krebsforschung (1947) 181[39]. Zusammenfassung über Krebsauslösung durch endogene Substanzen (1946/47) 201[6]. — Carcinogene Wirkung von Gewebsextrakten 201[7,9,10]. — Geschwulstbildung durch Cholesterin im Tierversuch 203[5]. — 3,4-Benzpyren als cancerogene Substanz aus Steinkohlenteer 213[1]. — Sarkombildung durch Injektion von Öl oder Schweineschmalz 287[8]. — Krebszellen überleben extrem tiefe Temperaturen 300[3]. — Krebszellen überstehen Einfrieren 336[10]. — Fluorescenzspektrum cancerogener Teere und Teerfraktionen 346[8]. — Cancerogenes 3,4-Benzpyren aus Steinkohlenteer 346[13]. — Cancerogene Wirkung von unverseifbarem Anteil der Leber von Krebskranken 391[12]. — Cancerogene Wirkung von Organextrakten 392[2].
— and S. F. ORR: Geschwulstbildung durch Cholesterin im Tierversuch 203[5]. — Cancerogene Wirkung von ungereinigtem Cholesterin 392[6].
— s. BARRY, G. 349[14], 350[1], 351[3], 352[3].
— s. BURROWS, H. 215[1], 287[8], 348[6].
— s. COOK, J. W. 213[6], 345[4], 346[11,12], 348[5].
— s. KENNAWAY, E. L. 213[6], 217[4], 346[10].
HIEPLER, E., s. WARBURG, O. 406[9], 411[2].
HIGBEE, P., s. HUDACK, S. S. 180[10].
HIGGINS, G., s. BROUGHTON, P. M. 313[6], 321[2].
HIGGINS, G. M., s. SIBLEY, J. A. 411[20].
HIGGINS, H., J. A. MILLER, J. M. PRICE and F. M. STRONG: Verteilung von Coenzym A und Pantothensäure in Hepatomzellen 459[9].

Hild, W., u. G. Zetler: Vorkommen von Oxytocin und Vasopressin in Ganglienzellen des Zwischenhirns 23[1]. — Speicherung von Oxytocin in der Neurohypophyse 49[1].
Hildebrandt, A.: Buch über Vitaminstoffwechsel in der Schwangerschaft und im Wochenbett (1951) 43[16].
Hilfinger, M. F., s. Westerfield, W. W. 418[5].
Hill, A. B.: Buch über Prinzipien der Medizinischen Statistik (1937) 215[4].
— s. Doll, R. 194[5], 196[8].
Hill, A. V.: Calorimetrie 516[5].
Hill, B. R.: Hemmung der Serum-Milchsäuredehydrogenase durch p-Chlormercuribenzoat 412[11].
— and R. T. Jordan: Aktivität der Milchsäuredehydrogenase im Serum bei Leukämie 412[6].
— s. Bierman, H. R. 412[8].
Hill, J. G., s. Boyd, E. M. 450[13].
Hill, M. B., s. Doermann, A. H. 61[6].
Hill, R., s. Abraham, S. 410[2].
Hill, R. T.: Beeinflussung der Bildung von Sexualhormonen durch die Temperatur 9[3].
— and M. T. Strong: Beeinflussung der Bildung von Sexualhormonen durch die Temperatur 9[3], 16[1].
Hill, S. R. jr., s. Thorn, G. W. 173[1].
Hilleman, M. H., s. Enders, J. F. 605[3].
Hillmann, A., G. Hillmann u. F. Lohss: Myelomplasmaproteine 433[9].
Hillmann, G., A. Hillmann-Elies and F. Methfessel: Ausscheidung von D-α-Pyrrolidoncarbonsäure nach Verfütterung von Tumoren 428[8,9]. — Vorkommen von D-Glutaminsäure im Eiweiß 428[10].
— s. Braunitzer, G. 433[9].
— s. Hillmann, A. 433[9].
— s. Hillmann-Elies, A. 39[6], 41[15].
— s. Lohss, F. 433[9].
Hillmann-Elies, A.: Allenolsäure ist oestrogen 41[15].
— u. G. Hillmann: Synthetische Oestrogene 39[6]. — Allenolsäure ist oestrogen 41[15].
— s. Braunitzer, G. 433[9].
— s. Hillmann, G. 428[8–10].
— s. Lohss, F. 433[9].
Hills, A. G., s. Thorn, G. W. 172[11], 174[1].
Himsworth, H. P., s. Glynn, L. E. 151[6].
Hingeley, J. E., s. Blair, J. R. 533[5].
Hinsberg, K.: Buch über das Geschwulstproblem in Chemie und Physiologie (1942) 181[20]. — Spaltung von Azobenzolderivaten durch lebende Hefe 258[11], 259[1].
— F. Bruns, W. Geinitz, W. Schild u. H. Wüst: Aktivität der Serumaldolase bei tumortragenden Tieren 411[19]. — Dipeptidase- und Tripeptidaseaktivität im Serum bei Mäuseascitestumor 436[4].
— s. Bruns, F. 410[5].
— s. Dibbelt, L. 33[11].
Hinshelwood, C. N.: Buch über chemische Kinetik der Bakterienzelle. Engl. (1946) 126[2].
Hintze, K.: Buch über Geographie und Geschichte der Ernährung (1934). 507[1].
Hippokrates: Werke, Teil 3, Diät. (1934) 567[1].
Hirata, Y.: Wachstum- und Verkalkungsstörungen des Knochens nach Fluorid 487[2]
Hirsch, G. C.: Plasmapartikel in Spermien 79[18].
Hirsch, H. H.: Unvollständige Oxydation Voraussetzung für Tumorwachstum 408[3].
— u. I. Hirsch: Tumoren enthalten keinen locker gebundenen Schwefel 401[10].
— u. W. Pfützer: Katalasehemmung durch Gewebsextrakte 422[14,15]
Hirsch, I., s. Hirsch, H. H. 401[10].
Hirsch, J. D., s. Kelly, L. S. 447[17].
Hirsch, J. G.: Spermin- und Spermidinoxydase im Sperma 13[14].
Hirsch, M. L., s. Khouvine, Y. 427[2].
Hirsch, S.: Zusammenfassung über Altern und Sterben des Menschen (1926) 524[2].
Hirschberg, E., J. Kream and A. Gellhorn: Desaminierung von 8-Azaguanin durch Tumoren 450[1].
— M. R. Murray, E. R. Peterson, J. Kream, R. Schafranek and J. L. Pool: Desaminierung von 8-Azaguanin durch Gehirn 450[2].
— s. Gellhorn, A. 448[5].
Hirschmann, H.: Androgenausscheidung durch Kastraten 32[11].
Hirshon, J. M., s. Fraenkel, G. K. 280[2].
Hirst, G. K.: Hämagglutination zum Nachweis tierpathogener Viren 584[1].
Hirt, R., u. R. Berchtold: Wirkungsmechanismus von Histamin 167[24].
Hisaw, F. L., and M. X. Zarrow: Zusammenfassung über Relaxin (1950) 46[8].
— s. Fevold, H. L. 22[4], 151[13].
— s. Frieden, E. H. 46[9].
Hitchcock, C. R., and E. T. Bell: Geschwülste durch Spiroptera neoplastica keine echten Tumoren 290[1].
— s. Bloch, H. S. 434[6].
Hitchcock, F. A., s. Horvath, S. M. 532[10].
— s. Matson, J. R. 524[4].
Hitchcock, R., s. Cardon, S. Z. 196[3], 212*.
Hitchings, G. H., s. Biesele, J. J. 142[8].
— s. Sugiura, K. 160[15].
Hlinka, J., s. Mellors, R. C. 443[2].
Hoagland, C. L., S. M. Ward, J. E. Smadel and T. M. Rivers: Flavin-Adenin-Dinucleotid in Vaccine-Virus 610[1]. — Kupfergehalt von Vaccine-Virus 610[2].
Hoagland, M. B., R. S. Grier and M. B. Hood: Knochentumoren nach Beryllium 200[1], 210[5]. — Lungenkrebs durch Metallstaub 200[1].
Hoagland, R., and G. G. Snider: Nährwert von Fetten 557[2].

HOAN, N., s. LACASSAGNE, A. 351[13].
HOCH, F. L., and F. LIPMANN: Entkoppelung von Phosphorylierung und Atmung durch Schilddrüsenhormon 529[2].
HOCH, H., s. HOCH-LIGETI, C. 433[4].
HOCH-LIGETI, C.: Leberkrebs nach Capsicum annuum und frutescens 193[6]. — Cancerogene Wirkung von 8-Oxychinolin 271[2], 289[5]. — Cholangiome und Hepatome nach spanischem Pfeffer 287[2]. — 2-Acetamino-7-hydroxyfluoren ist nicht cancerogen 368[11]. — Bernsteinsäuredehydrogenase-Aktivität der Leber nach carcinogenen Azoverbindungen 415[2]. — Kein Einfluß von 2-Acetaminofluoren auf Bernsteinsäuredehydrogenase-Aktivität 415[3].
— H. HOCH and K. GOODALL: Eiweißveränderungen im Rattenserum nach Dimethylaminoazobenzol und seinem 3'-Methylderivat 433[4].
HOCHMAN, A., E. RATZKOWSKI and H. SCHREIBER: Häufigkeit von Genitalkrebs bei Jüdinnen und bei Nonnen 197[6].
HOCHSTEIN, P.: Glykolysesteigerung von Mitochondrien durch Zusätze 409[11].
HOCHSTER, R. M., and J. H. QUASTEL: Diäthylstiloestrol und sein Chinon als Wasserstoffüberträger 42[6].
HOCHSTRASSER, H. T., s. RODRIGUEZ, N. M. 448[8].
HOCHWALD, A., s. REISS, M. 27*, 36*, 153[2], 324[11], 325[2].
HODAPP, E. L. N. J. WADE and L. J. MENZ: Krebszellen überstehen Einfrieren 336[10].
HODGES, C. V., s. BERG, O. C. 13[12].
— s. HUGGINS, C. 10[6], 329[8], 330[1], 456[5].
HODGSON, G.: Cancerogene Wirkung von Steinkohlenteer 270[13].
HOEBER, R.: Buch über Physikalische Chemie der Zellen und Gewebe (1947) 1[7].
HÖGBERG, B.: Phosphatgehalt von Tumoren 401[11].
— s. EULER, H. v. 95[6].
HÖGL, O.: Zusammenfassung über Schädlichkeit von Lebensmittel-Komponenten (1953) 246[9].
HOEHN, H. H., s. EVANS, H. M. 43[10].
HÖHNE, G., H. A. KÜNKEL, G. H. RATHGEN u. J. UHLMANN: Hemmung von Tumoratmung und -glykolyse durch Röntgenstrahlen 409[2].
— s. BORNSCHEIN, H. 87[7].
— s. MAASS, H. 409[2].
— s. RATHGEN, G. H. 409[2].
HÖLLER, H., s. FRISCH-NIGGEMEYER, W. 422[13].
HÖLSCHER, B., s. BOMSKOW, C. 325[3].
HÖLSCHER, H. A.: Enzyme der Glykolyse in Mikrosomen 82[2]. — Dehydrogenasennachweis mit Triphenyl-tetrazoliumchlorid in Mitochondrien von Tumorzellen 415[8].
HOENSDORF-SCHMIDT, F., s. MANSTEIN, B. 38[1].
HOERR, N. L., s. BENSLEY, R. R. 3[2], 4[2], 73[3], 81[10], 82[1].
HOESSLIN, H. v.: Abhängigkeit des Grundumsatzes vom Körpergewicht 526[3].
HOFF, F.: Buch über unspezifische Therapie und natürliche Abwehrvorgänge (1930) 164[11].
HOFFMAN, C. H., s. WILDS, A. L. 41[17].
HOFFMAN, H. E., and A. M. SCHECHTMAN: Zusammensetzung von löslichen Proteinen aus Azofarbstoff-Lebertumoren 430[6].
HOFFMAN, J.: Buch über weibliche Endokrinologie. Engl. (1944) 14[4].
HOFFMANN, F., s. ANSELMINO, K. J. 7[19].
— s. GRAFFI, A. 233[11], 298[11], 337[11], 380[8].
HOFFMANN, O., s. KARRER, P. 43[10].
HOFFMANN-BERLING, H.: Anteil kontraktiler Proteine am Zellgewicht von Sarkom und Muskel 429[3].
— u. G.-A. KAUSCHE: Genstruktur 144[1]. Struktur der Interphasen-Chromosomen 311[5].
— u. H. H. WEBER: Anteil von kontraktilem Protein am Zellgewicht bei Sarkom und Muskel 429[3].
HOFFMANN-OSTENHOF, O.: Zusammenfassung über Biochemie der Chinone (1947) 227[3].
— s. BRODA, E. 412[17].
HOFMANN, H., u. HJ. STAUDINGER: Bedeutung der Ascorbinsäure für Funktion der Nebennierenrinde 172[1]. — Corticosteroidbestimmung 174[5].
HOFMANN, K., A. BRIDGWATER and A. E. AXELROD: Antiwuchsstoffe 159[10].
— s. DOBRINER, K. 367[3].
HOFMEISTER, F.: Genitalatrophie nach Schilddrüsenexstirpation 11[6]. — Bedeutung von Vitaminen für die Ernährung 509[4].
HOFSTETTER, H., s. BUTENANDT, A. 31[10].
HOGAN, A. G., s. GRAINGER, R. B. 96[7], 118[5].
HOGBEN, L.: Schwangerschaftstest an Xenopus levis 37[2].
HOGBEN, L. T., and F. A. CREW: Adrenalin im Hühnerembryo 479[6].
HOGEBOOM, G. H., and W. C. SCHNEIDER: Aktivität von DPN-Cytochrom c-Reduktase in Leber und Hepatom 395[14]. — Aktivität von Isocitronensäuredehydrogenase in Leber und Hepatom 395[34]. — Enzyme der biologischen Oxydation in Zellfraktionen von Mäusehepatom 98/15[a] und Mäuseleber 417[6]. — Intracelluläre Verteilung von DPN-Cytochromreductase in Hepatom und Mäuseleber 418[2]. Mitochondrienproteine aus transplantiertem Mäusehepatom 432[2]. — Fermentsysteme in Mitochondrien 479[4].
— W. C. SCHNEIDER and M. J. STRIEBICH: Verteilung der Enzymfunktionen in der Zelle 3[2]. — Isolierung von Zellkernen 4[2]. Gewinnung von Plasmagranula 81[10]. — Mikrosomen 82[1].
— s. SCHNEIDER, W. C. 3[2], 4[2], 73[3], 81[10], 82[1], 261[9], 395[4], 415[5,6], 417[6], 449[21].

HOGG, J. E., s. NIRENBERG, M. W. 408[10].
HOGNESS, D. S., M. COHN and J. MONOD: Adaptive Enzymbildung aus Aminosäuren 68[5].
HOHENADEL, B., u. F. TRAUTMANN: Anregung der Neubildung von Blutgefäßen durch auswandernde Zellen 168[5].
HOHL, K.: Buch über experimentelle Untersuchungen über Röntgeneffekte und chemische Effekte auf die pflanzliche Mitose (1949) 124[24].
HOHLWEG, W.: Einfluß von Vitamin A und Carotin auf Veränderungen des Vaginalepithels durch Oestrogene 18[2]. — Wirkung gonadotroper Hormone auf Nebennierenrinde 27[5].
— u. K. JUNKMANN: Wirkung von Androgenen auf Kammwachstum beim Kapaun 11[1], 39[1]. — Hypothalamo-hypophysäres System 22[4].
— s. ASCHHEIM, S. 20[3].
— s. INHOFFEN, H. H. 39[2].
— s. SCHOELLER, W. 20[6].
HOHORST, H. J., s. ARNOLD, H. 274[1].
HOLBROOK, D. J. jr., s. ROTHERHAM, J. 434[15].
HOLDEN, F. R., s. MAGILL, P. L. 195[1].
HOLIDAY, E. R., s. BERENBLUM, I. 223[4], 355[7], 356[6].
HOLLAENDER, A., s. SWANSON, C. 92[11].
HOLLANDER, V. P., s. BRUGER, M. 530[16].
HOLLANDER, W. F., s. STRONG, L. C. 187[3].
HOLLOMAN, A. J., s. NIELSEN, J. P. 214[2].
HOLLSTEIN, K., s. DODEN, W. 398[10].
HOLM, A., s. SMITH, E. L. 118[4], 123[11].
HOLMAN, R. T.: Bedeutung von ungesättigten Fettsäuren für Schweine, Schafe und Kälber 555[7]. — Wirkung von mehrfach ungesättigten Fettsäuren bei Hautkrankheiten 555[17].
— and E. AAES-JØRGENSEN: Cholesterinstoffwechsel bei Mangel an mehrfach ungesättigten Fettsäuren 555[12].
— s. PEIFER, J. J. 555[12].
— s. WIDMER, C. 555[15].
HOLMBERG, C. G., and C.-B. LAURELL: Diaminoxydase 167[20].
HOLMES, B. E.: Zusammenfassung über die Biologie maligner Geschwülste (1935) 342[11]. — Gehalt von Tumoren an Cytochrom c 418[11]. — Hemmung der Desoxyribonucleinsäurebildung in JENSEN-Sarkom durch Röntgenstrahlen 447[15].
— and L. K. MEE: Hemmung der ^{32}P-Aufnahme in Nucleinsäuren des JENSEN-Sarkoms durch 2,4-Dinitrophenol 448[1].
HOLMES, F. O.: Buch über die filtrierbaren Viren. Engl. (1948) 580[6]. — Beziehung zwischen Viruskonzentration und Zahl der Krankheitsherde 583[5].
HOLMES, H. F., s. WELLS, H. G. 184[Tab.].
HOLMES, K. C., s. FRANKLIN, R. E. 594[7].
HOLMES, W. L, s. PRUSOFF, W. H. 447[4].
HOLST, A.: Bedeutung von Vitaminen für die Ernährung 509[3].
HOLST, A., and T. FRÖHLICH: Bedeutung von Vitaminen für die Ernährung 509[3].
HOLSTI, L. R., and P. ERMALA: Krebserzeugende Wirkung von Kondensaten aus Zigarettenrauch 196[1].
— s. ERMALA, P. 196[8], 229[10].
HOLSTI, P., s. SETÄLÄ, K. 229[9], 232[10], 288[10], 304[8], 381[14].
HOLT, L. E. jr., s. ALBANESE, A. A. 550[5].
HOLTFRETER, J.: Induktoreigenschaften abgetöteter Gewebe 111[1]. — Phagocytose 277[2].
HOLTON, P.: Oxytocinauswertung 49[8].
HOLTZ, F.: Carcinogene Wirkung von Ultraviolettstrahlung 199[5]. — Hautkrebs nach UV-Bestrahlung bei Ratten 205[5].
— u. W. PUTSCHAR: Cancerogene Wirkung von UV-Licht 377[14].
— s. ARNOLD, O. 30[2].
— s. PUTSCHAR, W. 377[14].
— s. PUTSCHER, W. 205[5].
HOLTZ, P.: Aminbildung in geschädigtem oder entzündeten Gewebe 165[10].
— u. R. HEISE: Histaminbildung 167[15].
HOLZAPFEL, L.: Silikose 284[10].
HOLZER, H.: Zusammenfassung über Acetyl-Coenzym A (1952) 416[7]. — Zusammenfassung über Chlorophyll (1954) 510[2].
— J. HAAN u. D. PETTE: Hemmung der Tumorglykolyse durch Jodessigsäure 408[7].
— J. HAAN u. S. SCHNEIDER: Vorkommen der Zwischenprodukte des EMBDEN-MEYERHOF-Cyclus in Tumoren 408[6]. — Hemmung der Tumorglykolyse durch Jodessigsäure und Fluorid 408[6]. — Enzyme für glykolytischen Glucose- und Fructoseabbau in Extrakten von EHRLICH-Mäuseascitestumor 410[6].
— G. SEDLMAYR u. A. KEMNITZ: Hemmung der Triosephosphat-dehydrogenase durch Triäthylenmelamin 374[7].
— s. SEDLMAYR, G. 409[3].
HOMBURGER, F., and W. H. FISHMAN (Hrsg.) Buch über Physiopathologie des Krebess. Engl. (1953) 181[52].
— s. BERNFELD, P. 433[1].
— s. FISHMAN, W. H. 546[14], 457[13].
HOMER, R. F., s. HENDRY, J. A. 94[5], 203[13], 275[1,2], 276[1,5], 277[1], 310[3], 372[2,4], 373[16,19].
— s. WALPOLE, A. L. 192[11], 215[1], 275[2], 276[5], 287[9], 372[1,5].
HOOD, M. B., s. HOAGLAND, M. B. 200[1], 210[5].
HOOK, A. E., s. SHARP, D. G. 295[2].
HOOKER, C. W., and T. R. FORBES: Biologische Progesteronbestimmung 33[13]. — Progesteron-Nachweis 38[13].
— and C. A. PFEIFFER: Hodengeschwülste nach Behandlung mit Oestrogen 326[4].
HOPE, D., s. CO TUI, F. W. 170[1].
HOPKINS, F. G.: Bedeutung von Vitaminen für die Ernährung 509[6].
HOPP, J., s. NOTHDURFT, H. 515[7].
HOPP, W., s. STÄHLER, F. 43[12].
HORAVA, A., s. SELYE, H. 164[20].

HOREAU, A., et J. JACQUES: α,α-Dimethyl-β-äthyl-allenolsäure als synthetisches Oestrogen 40[5].
HORN, D., s. HAMMOND, E. C. 196[8].
HORN, H. A., and H. L. STEWART: Vorkommen von Krebs bei Mäusen 184 Tab. — Lokalisation von Spontantumoren bei Mäusen 185[11].
HORNBERGER, A.: Krebsbildung nach kurzfristiger Röntgenbestrahlung 303[6].
HORNE, H. W. jr.: Brustkrebs bei Mäusen 197[11]. — Brustkrebs bei Frauen, unabhängig von Muttermilch auftretend 298[3].
HORNER, L., u. C. BETZEL: Hemmung der Katalase als Krebsursache 260[19].
— u. H. DRUCKREY: 3,5-Dimethyl-4-dimethyl-aminoazobenzol ist nicht cancerogen 238[3].
— u. H. MÜLLER: 3,5-Dimethyl-4-dimethylaminoazobenzol und 2,2'-Dimethyl-4-dimethylaminodiphenyl sind nicht cancerogen 251[2]. — 3,5-Dimethyl-4-dimethylaminoazobenzol ist nicht cancerogen 366[3].
— u. K. SCHERF: Aktivitätsunterschiede zwischen α- und β-Naphthylamin 235[4].
HORNING, E. S.: Krebsfördernde oder -auslösende Wirkungen natürlicher Oestrogene 202[5]. — Nierentumoren durch Oestrogene beim Goldhamster 202[8]. — Bronchialkrebsbildung in Implantaten 230[8]. — Cancerogene Wirkung von Kohlenwasserstoffen unabhängig von chronischen Entzündungen und Regenerationen 231[11]. — Beschleunigung der Nierentumorbildung nach Silböestrol durch Nephrektomie 266[8]. — Maligne Nierenadenome bei Goldhamstern nach Oestrogenbehandlung 328[16].
— s. ALLEN, M. J. 367[7], 388[3].
— s. BOYLAND, E. 234[10], 271[5], 360[3], 371[8].
— s. BURROWS, H. 327[3].
— s. GEORGE, E. P. 208[7].
— s. HADDOW, A. 240[6], 371[10].
HOROWITZ, N. H., M. B. HOULAHAM, M. G. HUNGATE and B. WRIGHT: Chemisch ausgelöste Mutationen an Neurospora 92[16]. — Mutagene Stoffe 93[10].
— and H. K. MITCHELL: Zusammenfassung über biochemische Genetik (1951) 98[4].
— s. SRB, A. M. 99[4].
HORSFALL, F. L., s. HARTMANN, F. W. 580[5].
HORSFALL, F. L. jr., and I. TAMM: Chemoprophylaxe und Chemotherapie von Viren 611[2].
HORTON, A. W., and D. T. DENMAN: Beziehungen zwischen Dosis und Latenzzeit von cancerogenen Kohlenwasserstoffen 231[14]. — Beziehungen zwischen Dosis und Latenz bei cancerogenen Substanzen 293[9], 303[10], 307[8].
HORVATH, S. M., A. FREEDMAN and H. GOLDEN: Grundumsatz bei verschiedenen Temperaturen 533[10].
HORVATH, S. M., H. GOLDEN and J. WAGER: Ursache der Stoffwechselsteigerung in der Kälte 532[3].
— F. A. HITCHCOCK and F. A. HARTMAN: Grundumsatzsteigerung bei Ratten durch Kälte 532[10].
HORWITT, B. N., s. ROSKELLEY, R. C. 418[15].
HOSKER, M. E., s. CASE, R. A. 200[17], 280[1].
HOSTE, R., s. JOHNSON, R. M. 179[10].
HOTCHKISS, R. D.: Symbolisierungen in Nucleinsäuren 61[3].
HOTCHKISS, R. S.: Buch über Fruchtbarkeit des Menschen. Engl. (1944) 8[4].
HOTTINGER, A., O. GESELL u. a.: Buch über Hungerkrankheit, Hungerödem, Tuberkulose (1948) 573[3].
HOTTINGUER, H., s. CHEN, S.-Y. 85[27], 93[18].
— s. EPHRUSSI, B. 78[4], 80[10], 82[3], 85[27], 86[7], 93[12, 18].
HOUGET, J., s. CAHN, T. 539[9].
HOULAHAM, M. B., s. HOROWITZ, N. H. 92[16], 93[10].
HOUSE, F., s. SURE, B. 547[9].
HOUSSAY, B. A.: Schwangerschaftstest mit Rana esculenta 38[1]. — Identität von diabetogenem Hormon und Wachstumshormon 152[3].
— and E. ANDERSON: Identität von Wachstumshormon und diabetogenem Hormon 152[2].
— and A. ARTUNDO: Wirkung der Hypophysenentfernung auf Grundumsatz 529[14]. — Bedeutung der Nebenniere für Stoffwechselsteigerung in der Kälte 532[7].
— s. GIUSTI, L. 38[1].
HOVSEPIAN, D.: Verhütung von Peniskrebs durch Beschneidung 188[1], 197[5].
HOWARD, A., and S. R. PELCS: DNS-Bildung bei der Mitose 135[2].
— s. EBERT, M. 207[1].
HOWARTH, F.: Carcinogene Wirkung von radioaktiven Substanzen 199[11]. — Warnung vor Versuchen mit radioaktiven Isotopen am Menschen 209[14].
HOWATSON, A. F., and A. W. HAM: Zahl der Lebermitochondrien nach 4-Dimethylaminoazobenzol 266[3]. — Zahl der Mitochondrien in Hepatom- und Leberzellen 311[2]. — Mitochondrienzahl in Hepatomen 420[5].
HOWE, C., s. MORGAN, C. 605[4].
HOWE, P. E., H. A. MATTILL and P. B. HAWK: Hungerversuche an Tieren 573[4].
HOWES, E. L., C. M. PLOTZ, J. W. BLUNT and C. RAGAN: Wirkung von Cortison und Compound F auf Wundheilung 172[8].
HOYER, H.: Struktur von Phenylazo-2-naphthol und 2-Tolylazo-2-naphthol 244[4].
HOYLE, L.: Struktur der Viren der klassischen Geflügelpest und der Influenza 606[4].
HOYT, R. E., and M. G. LEVINE: Pregnandiol-glucuronid 31[12].
HROMATKA, O., s. KARRER, K. 245[9].
— s. ZISCHKA, W. 370[5].

HRYNTSCHAK, T.: Entstehung von Krebszellen 321[1].
HSIEH, A. C. L., and L. D. CARLSON: Bedeutung der Schilddrüse für Stoffwechselsteigerung in der Kälte 532[6].
HSIEH, K.-M., V. SUNTZEFF and E. V. COWDRY: Aktivität der Milchsäuredehydrogenase des Serums bei Tumorträgern 412[5].
HUANG, J. S., s. MORGAN, C. 605[4].
HUANG, R. L., s. DODDS, E. C. 39[6], 40[8], 41[7].
HUBER, H., s. PHILIPP, E. 332[15,16], 340[7].
HUBER, P., s. SCHOCH-BODMER, H. 103[1].
HUBERT-HABART, M., s. LATARJET, R. 196[4], 347[8].
HUDACK, S. S., J. W. BLUNT jr., P. HIGBEE and G. M. KEARIN: Saures Mucopolysaccharid in Granulationsgewebe 180[10].
HUDIS, J. D., s. HERSHEY, A. D. 65[1].
HUDSON, L., s. BUCHWALD, K. W. 400[1].
HUDSON, M. T., s. WOODWARD, G. E. 409[5].
HUDSON, P. B., s. LONDON, M. 456[12,15].
HÜBENER, H. J., s. BRÜCKEL, K. W. 174[5].
HUEBNER, R. J., s. ENDERS, J. F. 605[3].
HÜCKEL, E.: Buch über theoretische Grundlagen der organischen Chemie, 5. Aufl. Bd. I (1944) 219[9]. — Quantenmechanische Behandlung des Zustandes aromatischer Bindungen 219[9].
HUEPER, W. C.: Buch über Berufskrebs und verwandte Krankheiten. Engl. (1942) 181[25]. — Zusammenfassung über makromolekulare Substanzen als pathogenen Stoffen (1942) 282[14]. — Zusammenfassung über Umwelt- und Berufskrebs (1948) 198[4]. — Zusammenfassung über Berufskrebs und Umweltkrebs (1952, 1954) 383[3]. — Zusammenfassung über Umweltbedingungen und Lungenkrebs (1956) 213[10]. — Häufigkeit verschiedener Krebsarten bei Mann und Frau 192[5]. — Häufigkeit von Bronchialkrebs 194[5]. — Luftverschmutzung 195[1]. — Berufskrebs 198[4]. — Carcinogene Wirkung von Arsen 199[13], 210[4]. — Carcinogene Wirkung von Asbest 199[14], 212[7], 284[3,4]. — Carcinogene Wirkung von Nickelcarbonyl 200[4], 376[15]. Rauch als Ursache von Haut- und Lungenkrebs 200[8]. — Carcinogene Wirkung von rohen Mineralölen 200[9]. — Arsen als Ursache von Berufskrebs 210[1]. — Cancerogene Wirkung von metallischem Nickel 211[4], 377[3]. — Cancerogene Wirkung von Mineralölen 213[8]. — Cancerogene Stoffe in Auspuffgasen 214[1]. — Cancerogene Wirkung von β-Naphthylamin 234[9]. — Biologische Oxydation von β-Naphthylamin zu 1-Oxy-2-amino-naphthalin 235[1]. Cancerogene Wirkung von 2-Amino-1-naphthol 256[6]. — Cancerogene Wirkung von Isopropylöl 282[4]. — Sarkombildung nach Polyvinylpyrrolidon 282[7]. — Macromolecular haematologic symptom complex 282[12]. — Lungenkrebs durch Asbeststaubinhalation 284[4]. — Nasen- und Lungenkrebs nach Nickelcarbonyl 376[15]. — Lungenkrebs nach Beryllium 376[20].
HUEPER, W. C., and C. C. RUCHHOFT: Cancerogene Kohlenwasserstoffe in Abwässern und der See 214[4].
— F. H. WILEY and H. D. WOLFE: Cancerogene Wirkung von 2-Amino-1-naphthol 256[6].
— F. H. WILEY, H. D. WOLFE, K. E. RANTA, M. F. LEMING and F. R. BLOOD: Blasentumoren bei Hunden nach β-Naphthylamin 361[2].
— J. H. ZUEFLE, A. M. LINK and M. G. JOHNSON: Giftigkeit von Polonium 209[8]. Sarkombildung durch Uran 209[8], 377[10]. — Cancerogene Wirkung von Uran 211[11].
HUERGA, J. DE LA, s. POPPER, H. 193[15], 376[6].
HÜSSELMANN, H.: Macromolecular haematologic symptom complex 282[12].
HUF, E.: Atmung von geschädigten und gereizten Zellen 165[2].
HUFELAND, C. W.: Buch über Makrobiotik. 7. Aufl. (1886/87) 563[7].
HUFF, T. E., s. BUTTS, D. C. A. 398[5].
HUGGET, A. S. G., s. BARKLEY, H. 47[8].
HUGGINS, C.: Einfluß von Röntgenstrahlen auf Hodenfunktion 9[5]. — Reglersysteme 22[1]. — Selbststeuerung der endokrinen Funktionen 27[2]. — Proliferationsfördernde Hormone als bedingt krebsauslösende Faktoren 232[11]. — Geschwulstbildung durch Ausfall von Regulationseinrichtungen 311[13]. — Geschlossene Regulationssysteme bei Hormonen 325[9]. — Wirkung von Hormonen auf Prostatakrebs 329[8]. — Bedingte Tumoren 330[11]. — Serumproteine bei Tumorkranken 432[9]. — Behandlung des Prostatacarcinoms 456[5].
— and P. J. CLARK: Wirkung von Hormonen auf Prostatakrebs 329[8].
— and C. V. HODGES: Wirkung der Oestrogene auf Prostatacarcinom 10[6]. — Wirkung von Hormonen auf Prostatakrebs 329[8]. — Saure Phosphatase im Blut bei Prostatacarcinom 330[1]. — Behandlung des Prostatacarcinoms 456[5].
— and E. V. JENSEN: Synthetische Oestrogene 39[6], 40[2].
— s. BERG, O. C. 13[12].
— s. TALALAY, P. 334[4].
HUGHES, A.: Buch über den Mitosecyclus. Engl. (1952) 124[26]. — Zusammenfassung über Inhibitoren und Physiologie der Mitose (1952) 124[25].
HULTIN, T.: Vorübergehende Speicherung eines Protein-Azofarbstoffderivates in Lebermitochondrien 431[4]. — Farbstoffbindende und Aminosäure einbauende Proteinfraktionen aus Lebermikrosomen 431[5].

HULTZSCH, K., s. FISCHER, F. G. 111[5].
HUME, E. M., s. SMEDLEY-MACLEAN, I. 555[15].
HUMPHREY, J. H., s. ASKONAS, B. A. 175[10].
HUMPHREYS, E. M., s. BENDITT, E. P. 544[6].
HUNGATE, M. G., s. HOROWITZ, N. H. 92[16], 93[10].
HUNGERFORD, D. A., s. FREED, J. J. 443[5].
HUNT, C. C., and F. S. PHILIPS: Bildung von Methyl-2-chloräthyl-äthanolamin aus N-Lost 273[13].
HUNT, R.: Bestimmung des Schilddrüsenhormons 154[6].
HURLBERT, R. B., and V. R. POTTER: Einbau von Orotsäure-^{14}C in Pyrimidine der Tumor- und Lebernucleinsäuren in vivo 447[3].
— H. SCHMITZ, A. F. BRUMM and V. R. POTTER: Noch nicht identifiziertes Adenosinderivat in Lebern normaler Tiere 445[10].
— s. LE PAGE, G. A. 435[2].
— s. SCHMITZ, H. 445[5,7], 446[23].
HURST, E. W., s. SHOPE, R. E. 386[7].
HUSEBY, R. A., s. BARNUM, C. P. 296[12], 387[3], 446[11], 447[6].
— s. VERMUND, H. 447[16].
HUSS, W., u. H. H. PFEIFFER: Buch über Zellkern und Vererbung (1948) 70[38].
HUTCHENS, T. T., s. BRUGGEN, J. T. VAN 554[7].
HUTCHISON, O. S., s. SKIPPER, H. E. 374[19].
HUTCHISON, W. C., s. THOMSON, R. Y. 440[9], 441[6], 442[5], 443[11].
HUXLEY, J.: Buch über Entwickelung. Engl. (1942) 70[39]. — Zusammenfassung über Krebsproblem einschließlich Tumorviren (1956, 1957) 608[5].
HUXLEY, J. S.: Formel für Vermehrung von Zellbestandteilen 132[4].
— and G. R. DE BEER: Buch über Elemente der experimentellen Embryologie. Engl. (1934) 106[3].
HUZIWARA, T., s. NAKAHARA, W. 179[7].
HYDEN, H.: Nucleinsäure- und Proteinstoffwechsel bei Nervenregeneration 180[6].
HYER, H., s. MENK, K. F. 455[8].
HYKES, R., s. FALK, H. L. 200[8], 213[7], 216[10], 347[6].

IACONO, A., s. VESCIA, A. 437[7,9].
IBALL, J.: Index der cancerogenen Wirksamkeit 215[7]. — Vergleich der cancerogenen Wirkung von Kohlenwasserstoffen 348[10].
— and S. G. G. MCDONALD: Chemische Konstitution und Wirkung cancerogener Stoffe 215[9].
— and D. W. YOUNG: Chemische Konstitution und Wirkung cancerogener Stoffe 215[9].
IBRAHIM, A. B.: Schistosoma haematobium als Krebsursache 201[4].
IBRAHIM, H.: Bilharzia-Carcinom 198[9].
ICHII, S., K. MORI and M. OHASHI: Lipaseaktivität im Serum tumortragender Organismen 455[11].
ICHIKAWA, K., s. YAMAGIWA, K. 212[10], 346[2].
IGLESIAS, R., s. LIPSCHUTZ, A. 328[12].
— s. MARDONES, E. 328[12].
IKI, H.: Cysteingehalt im Hepatom nach 4-Dimethylaminoazobenzol 424[2]. — Glutathiongehalt in Hepatomen 424[2].
— s. MASAYAMA, T. 395[33].
ILIFF, A., s. LEWIS, R. C. 523[7], 524[10].
ILJIN, M. D.: Buch über Embryonalchemie. Russ. (1917) 474[2].
ILZHÖFER, H.: Stoffwechselschwankungen im Schlaf 522[10].
IMAGAWA, D. T., s. BITTNER, J. J. 296[11], 300[6].
IMAI, Y.: Übertragung von Plastiden 80[4].
IMAMURA, G.: Meerschildkröteneier 496[2].
IMAMURA, H.: Amnion- und Allantoisflüssigkeit des Meerschildkrötenembryo 490[2].
— s. ISEKI, T. 504[1].
— s. TOMITA, M. 466[8], 469[1], 479[2].
IMMERS, J., and E. VASSEUR: Hemmung der Blutgerinnung durch Gynogamon 2 101[4].
INGALLS, T. H.: Rauch als Ursache von Haut- und Lungenkrebs 200[8].
INGLE, D. J.: Wirkstoffausscheidung durch Nebennierenrinde nach ACTH 172[4].
— M. C. PRESTRUD and K. L. RICE: Tumorwachstum auch bei negativer Stickstoffbilanz 434[2].
INGRAHAM, F. D., s. BERING, E. A. jr. 279[14], 376[10].
INGRAHAM, S. C. II, s. MOELLER, S. C. 199[12].
INHOFFEN, H. H.: Bildung carcinogener Homologer von Steran aus Sterinen und Steroiden 202[13]. — Bildung von 20-Methylcholanthren im Körper 217[4]. — Beziehungen zwischen Steroiden und krebserzeugenden Kohlenwasserstoffen 389[6]. — Umwandlung von Steroiden in aromatische Kohlenwasserstoffe 391[3].
— u. W. HOHLWEG: Vesiculardrüsentest 39[2].
— s. LETTRÉ, H. 7[15].
IRBY, V., s. ALBANESE, A. A. 550[5].
IRVIN, J. L., s. ROTHERHAM, J. 434[15].
IRVINE, E. D.: Rauch als Ursache von Haut- und Lungenkrebs 200[8].
IRWIN, M. R.: Zusammenfassung über morphologische Aspekte der Genetik (1947) 70[40].
ISAACS, A.: Beziehung zwischen Viruskonzentration und Zahl der Krankheitsherde 583[6].
— s. BURKE, D. C. 605[10].
— s. VALENTINE, R. C. 607[6].
ISEKI, T.: Acetylaminopolysaccharid aus Ovomucoid 466[2]. — Gehalt von Hühnerembryonen an anorganischen Bestandteilen 469[11].
— H. IMAMURA u. S. MOTOMURA: Ameiseneier 504[1].
— u. T. KUMON: Riesensalamandereier 499[1].
— T. KUMON, I. TAKAHASHI u. F. YAMASAKI: Riesensalamandereier 499[1].
ISHIBASHI, E., s. TAKAHIRA, H. 535[2].

ISHIBASHI, K.: Transplantation von Ascitestumoren durch eine Zelle 336[3].
ISHII, M., s. TAKAHASHI, W. N. 592[16].
ISRAEL, S. L., D. R. MERANZE and C. G. JOHNSTON: Herabgesetzte Wirkung von Keimdrüsenhormonglucuronaten 31[7].
— and O. SCHNELLER: Temperaturänderungen im menschlichen Cyclus 19[16].
ISRAELS, L. G., and G. E. DELORY: Serum-Phosphohexoseisomerase bei chronischer myeloider Leukämie 411[15].
IVERSEN, H. G.: Cortisonvorbehandlung vor Tumortransplantation 338[9].
IVERSEN, S.: Buch über eine mögliche Korrelation zwischen Absorptionsspektren und carcinogener Wirkung. Engl. (1949) 219[10].
— and N. ARLEY: Absorptionsniveau 224[4]. Cancer control center in der Zelle 228[5]. — Treffertheorie und Entstehung von Viruskrebs 293[10], 303[12]. — Krebsentstehung nach der „Treffertheorie" 303[11], 309[2].
— J. ENGELBRETH-HOLM and O. NORING: Crotonölwirkung hängt von der Dosierung der cancerogenen Stoffe bei der Vorbehandlung ab 380[13]. — Latenzzeit der Crotonölwirkung 381[1].
— s. ARLEY, N. 224[4].
— s. ENGELBRETH-HOLM, J. 303[9].
IVINS, J. C., s. SABANAS, A. O. 199[6], 206[8].
IVY, A. C., s. DENTON, R. W. 179[6].
— s. LANE, A. 193[3], 287[11].
— s. NELSON, D. 193[5], 289[3].
— s. NEWMAN, E. 179[6].
— s. WILLHEIM, R. 242[9], 243[1], 246[11].
IWASE, S., s. OSHIMA, F. 194[3].
IZAKI, K., s. MIZUSHIMA, S. 428[3].

JABLONSKI, C. F.: Zusammenfassung über Farbstoffe in Lebensmitteln (1951) 246[7].
JACOB, G., s. BOHLIG, H. 284[5].
JACOB, W., s. BRUNS, F. H. 411[14].
JACOBJ, W.: Kernwachstum 131[6].
JACOBS, M. B.: Buch über Chemie und Technologie der Nahrung und der Nahrungsprodukte. 2 Bde. Engl. (1944) 563[1].
JACKSON, C.: Vorkommen von Krebs bei Haustieren 184 Tab.
JACOBSEN, A. H. I.: Mammageschwülste bei Männern nach chronischer Oestrogentherapie bei Männern 327[12].
JACOBSEN, O.: Buch über die Vererblichkeit von Brustkrebs. Engl. (1946) 189[4].
JACOBSEN, R. P., and G. PINCUS: Bildung von Corticoiden aus Cholesterin durch Nebennierenrinde in vitro 171[7]. — Cholesterinbildung und -abbau in der Nebennierenrinde 173[9].
— s. HECHTER, O. 171[7], 173[9].
JACOBSON, P. H.: Krebshäufigkeit bei Diabetikern 325[4].
JACOBSON, W., and M. WEBB: Nucleinsäuresynthese bei Zellvermehrung 134[5].
JACQMIN, L., s. MAISIN, J. 349[9].
JACQUES, J.: Synthetische Oestrogene 40[1], 41[4].
JACQUES, J., s. HOREAU, A. 40[5].
JACQUEZ, J. A., R. K. BARCLAY and C. C. STOCK: Transaminierung in Mäuse- und Rattentumoren 440[1].
JÄGER, R.: Silikose 284[10].
JÄHNL, G.: Innere Kernteilungen (Endomitosen) in Dauergeweben 136[4].
JAFFÉ, H., s. DAUGHADAY, W. H. 174[4].
JAFFE, R. (Hrsgb.): Buch über Anatomie und Pathologie von Spontanerkrankungen der kleinen Laboratoriumstiere (1931) 185[4].
JAFFÉ, W. G.: Wirkung zweier Carcinogene bei getrennter Applikation 231[2]. — Cancerogene Wirkung von Äthylurethan 269[8], 374[16].
JAGER, B. V., s. SMITH, E. L. 433[9].
JAHN, A., s. LETTRÉ, H. 196[2], 347[8].
JAHN, G., s. LOEWENTHAL, H. 335[4].
JAILER, J. W., and A. I. KNOWLTON: Corticoidgehalt der Placenta 48[6].
JAKOB, A., and F. WACHSMANN: Carcinogene Wirkung von Radiothor und Mesothor 199[9].
JAKOB, G., s. BOHLIG, H. 376[19].
JAKOWENKO, W., s. CHLOPIN, G. W. 543[2].
JAMES, A. E., s. KELLY, C. A. 42[11].
JAMISON, W., s. SCHULTZ, J. 433[2].
JANSSEN, S., u. A. LOESER: Thyreotropes Hormon 154[13].
— u. (H). REIN: Harnstoffbildung aus Ammoniumsalzen ohne spezifisch-dynamische Wirkung 539[3].
JAQUET, A.: Zusammenfassung über den respiratorischen Gaswechsel (1903) 536[4].
JARMAI, K., u. L. LABO: Leukosebildung bei Hühnern durch Carbaminsäure-3-tolylhydrazid (Maretin) 269[2].
JASMIN, G., and A. ROBERT (Hrsgb.): Buch über den Mechanismus der Entzündung. Engl. (1953) 164[30].
JAYLE, M. F.: Bestimmung von Testosteron, Progesteron und von Corticoiden 33[4].
JEANLOZ, R., s. HECHTER, O. 171[7], 173[9].
JECKELN, H.: Gewebsreaktionen nach makromolekularen Substanzen 282[13].
JEDEIKIN, L. A., A. J. THOMAS and S. WEINHOUSE: Reduzierte und oxydierte Form von Pyridinnucleotiden in Tumoren 415[13].
— and S. WEINHOUSE: Reduzierte und oxydierte Form der Pyridinnucleotide in Tumoren 415[13].
JEENER, R., s. RYSSELBERGE, C. VAN 592[18].
JEFFCOATE, T. N. A., s. GEMMELL, A. A. 267[5], 328[10].
JEHL, J., s. BRIN, M. 403[15].
— s. MCKEE, R. W. 406[9].
JELLINCK, P. H., s. HEARD, R. D. 390[6].
JENKINS, R. J., s. SHACK, J. 444[9].
JENKINSON, C. N., s. GREEN, H. N. 455[11].
JENNINGS, H. S.: Befruchtungsfähige Keimzellen müssen erblich festgelegten Paarungstypen angehören 104[7].
JENNINGS, M. A., s. FLOREY, H. W. 156[15].

Jenrette, W. V., s. Greenstein, J. P. 395[9, 19, 20, 35], 421[3, 5], 427[5], 438[4], 448[15].

Jensen, E. V., s. Huggins, C. 39[6], 40[2].

Jensen, H., s. Cagan, R. N. 529[7].

Jensen, K. A., J. Kirk and M. Westergaard: Mutagene Wirkung von Mustardverbindungen 373[2].

Jensen, K. E.: Typen und Stämme der Influenza-Viren 605[7].

Jensen, P. K., F. E. Lehmann u. R. Weber: Kathepsinaktivität in regenerierenden Zellen 180[8].

Jerchel, D., u. R. Müller: Reinigung von β-Indolylessigsäure 149[14].

— s. Kuhn, R. 163[9].

Jerne, N. K., s. Stent, G. S. 64[3].

Jesaitis, M. A.: Glucose in Phagen-Desoxyribonucleinsäure 598[8].

Jirgensons, B.: Spezifische Drehung der Albumine aus dem Blut von Krebskranken 432[13].

— A. J. Landua and J. Awapara: Bence-Jones-Protein 433[11].

Jobling, J. W., s. Flexner, S. 333[4].

Jobst, H., s. Brückel, K. W. 556[1].

Joel, C. A.: Schwangerschaftstest an Xenopus levis 37[2].

Johannessohn, F., s. Hagedorn, A. 39[5].

Johannsen, W.: Buch über das Äther-Verfahren beim Frühtreiben. 2. Aufl. (1906) 149[22].

Johansson, J. E.: Zusammenfassung über Methodik des Energiestoffwechsels (1925) 512[3]. — Vorsätzliche Muskelruhe 521[3]. — Tagesschwankungen des Grundumsatzes 522[5]. — Ursache der Stoffwechselsteigerung in der Kälte 532[2]. — Linearer Anstieg des Energieverbrauches mit Umfang von körperlicher Arbeit 540[5]. — Ergometer 541[5]. — Stoffwechselsteigerung bei geistiger Arbeit 543[6].

— E. Landergren, K. Sonden u. R. Tigerstedt: Umsatz des erwachsenen Menschen 523[2]. — Stoffwechsel bei völligem Nahrungsentzug 573[3].

John, F., s. Clar, E. 226[1].

John, W.: Biologischer Test auf Vitamin E 43[4].

Johnen, A. G., s. Engländer, H. 112[1].

Johns, E. W., s. Butler, J. A. V. 301[5].

Johnson, E. P.: Virus als Ursache von Leukosen 292[7].

Johnson, F. H., s. Eyring, H. 144[9].

Johnson, J.: Darstellung von Tabakmosaikvirus 589[2].

Johnson, J. M., s. Maver, M. E. 395[47], 436[6].

— s. Morris, H. P. 236[10], 361[13].

— s. Voegtlin, C. 397[4], 398[1].

Johnson, M., s. Bullough, W. S. 120[4], 133[8].

Johnson, M. G., s. Hueper, W. C. 209[8], 211[11], 377[10].

Johnson, P., s. Passey, R. D. 296[15].

Johnson, R. M., S. Albert and R. Hoste: Nucleinsäurestoffwechsel bei Zellregeneration 179[10].

Johnson, R. M., and P. H. Dutch: Phosphatidgehalt von Brustdrüse und Mammatumoren der Maus 451[8].

— s. Albert, S. 420[5], 440[13], 446[10], 451[8].

Johnston, C. G., s. Allen, E. 38[11].

— s. Israel, S. L. 31[7].

Joliot, F., s. Lacassagne, A. 199[11].

Jollos, V.: Dauermodifikationen an Plasmaerbträgern 81[2].

Jones, E. E.: Entstehung von Krebszellen 321[1].

Jones, E. M., C. A. Baumann and M. S. Reynolds: Minimalbedarf an essentiellen Aminosäuren 550[4].

Jones, H. B., I. L. Chaikoff and J. H. Lawrence: Phosphoraustausch bei Tumoren 451[9].

— s. Kelly, L. S. 448[9].

— s. Payne, A. H. 448[10].

Jones, P. E. H., and R. A. McCance: Enzymatische Funktionen des Blutes während der postnatalen Entwicklung des Menschen 124[2].

Jones, R. N.: Beziehungen zwischen spektraler Absorption und cancerogener Wirkung von Kohlenwasserstoffen 355[5].

— s. Dobriner, K. 33[10].

— s. Sandin, R. B. 237[13], 366[2].

Jongh, S. E. de: Oestrogene Hormone sind nicht geschlechtsspezifisch 28[6].

— s. Gaarenstrom, J. 7[21].

Jonkhoff, A. R.: Cancerogene Wirkung von Röntgenstrahlen bei Mäusen 379[7].

Jope, E. M., s. Berenblum, I. 223[4], 355[7].

Jordan, D. O., s. Elmore, D. T. 140[6], 277[3].

Jordan, E.-M., s. Koch, G. 598[12].

Jordan, H. J.: Buch über allgemeine vergleichende Physiologie der Tiere (1929) 522[12].

Jordan, P.: Buch über Physik und Geheimnis des organischen Lebens. 5. Aufl. (1947) 1[14]. — Zusammenfassung über Quantenbiologie (1939) 85[8]. — Treffertheorie 35[1], 89[1]. — Struktur der Gene 75[9]. — Genmutation 90[4].

Jordan, R. T., s. Hill, B. R. 412[6].

Jores, A.: Buch über klinische Endokrinologie. 3. Aufl. (1949) 171[3].

Joseph, N., s. Westphal, O. 170[4].

Jowett, M.: Cholesteringehalt bösartiger Tumoren 452[6].

Jucker, P., s. Edlbacher, S. 440[7], 441[14].

Judd, T., s. Kirschbaum, A. 160[7].

Jühling, L., s. Fischer, F. G. 111[5].

Juhász, J., s. Baló, J. 269[8], 374[12].

Jull, J. W., s. Bonser, G. M. 200[15], 234[9], 235[3], 244[3], 256[1, 2, 6, 7], 257[8], 361[4, 5], 365[15], 367[9].

Jung, A.: Calorienverbrauch des schweizerischen Normalverbrauchers 566[3].

Junkmann, K.: Bildung von Androgenen bei der Frau 20[1]. — Luteinisierungshormon 23[5]. — Bestimmung des thyreotropen Hormons 154[14]. — Für Tumortransplantation

erforderliche Zellzahl 319[3]. — Resistenz gegen Impftumoren 334[6]. — Ausbeute bei Verimpfung von Tumoren 336[6].
Junkmann, K., u. A. Loeser: Bestimmung des thyreotropen Hormons 155[1].
— u. W. Schoeller: Bestimmung des thyreotropen Hormons 154[15]. — Mäuseeinheiten des thyreotropen Hormons 155[2].
— s. Arnold, O. 30[2].
— s. Graffi, A. 450[9].
— s. Hohlweg, W. 11[1], 22[4], 39[1].
Just, W., s. Oberdisse, K. 539[5].

Kaae, S.: Metastasierung nach Krebsoperationen am Menschen 340[4]. — Metastasierung nach lokaler Brustkrebsbestrahlung bei der Maus 340[6].
Kabat, E. A., and J. Furth: Organspezifische Antigeneigenschaften von Mikrosomenfraktion der Leber nach 4-Dimethylaminoazobenzol 265[2]. — Defekt der Krebszelle im Bereich der organspezifischen Antigen-Antikörper-Funktionen 313[3].
— s. Furth, J. 3[3], 5[3], 81[9].
— s. Tiselius, A. 175[7].
Kacser, H.: Bildung von Makromolekülen 77[3].
Kaden, E., s. Baumgart, K. 515[7].
Kadisch, M. A., s. Menkin, V. 168[13].
Kärber, G., s. Behrens, B. 34[4].
Kahawata, K.: Rauch als Ursache von Haut- und Lungenkrebs 200[8].
Kahlau, G.: Zinksalze sind nicht cancerogen 211[8].
— s. Rajewsky, B. 199[8], 209[4], 379[17].
Kahlenberg, W., s. Beintker, E. 507[11].
Kahler, H., and B. J. Lloyd jr.: Größe von Shope-Virus 295[2].
— and W. van B. Robertson: Wasserstoffionenkonzentration in Tumoren und normalen Geweben 398[2].
— s. Dalton, A. J. 81[3].
— s. Eden, M. 398[2].
— s. Robertson, W. v. B. 460[6].
— s. Voegtlin, C. 397[4], 398[1].
Kahn, M. C., and J. Furth: Für Transplantation von Ehrlich-Carcinom benötigte Zellzahl 336[2].
Kaiser, K.: Indol hat keine sichere cancerogene Wirkung 204[5].
— s. Druckrey, H. 253[7], 410[5].
Kajdi, C. N., s. Albanese, A. A. 550[5].
Kajdi, L.: Steigerung des Grundumsatzes durch Hämatoporphyrin 531[3].
Kaliss, N.: Vorbehandlung von Tieren für Tumortransplantation 338[7].
Kalle, K., s. Bierich, R. 424[1].
Kaller, H., u. E. Reller: Grundumsatz bei Nahrungseinschränkung 576[2].
Kallman, F. L., s. Porter, K. R. 292[3], 293[14].
Kamachi, T.: Cephalopodeneier 502[1].
Kambe, S., s. Black-Schaffer, G. 199[12].
Kameda, T., s. Okada, S. 535[3].
Kamegai, S.: Fe/Cu-Verhältnis im Hühnerembryo 470[3].
Kamei, T.: Amnion- und Allantoisflüssigkeit des Hühnerembryos 490[1].
Kamen, M. D., s. Costello, C. J. 396[5], 460[7].
— s. Lansing, A. I. 399[7].
Kamm, O., T. B. Aldrich, I. W. Grote, L. W. Rowe and E. P. Bugbee: Vasopressin 48[16].
Kammer, A. G., s. Poel, W. E. 213[4], 230[6], 306[2], 348[9].
Kandutsch, A. A., and C. A. Baumann: Δ^2-Cholestenolgehalt in Mäuse- und Rattenhaut 453[8]. — Gehalt der Mäuse- und Rattenhaut an Δ^7-Cholestanol nach Crotonöl bzw. nicht carcinogenen Kohlenwasserstoffen oder hepatocarcinogenen Aminen 453[9].
Kanemaki, F., s. Oshima, F. 194[3].
Kao, H.-W., W. H. Adolph and H.-W. Liu: Biologische Wertigkeit von Kartoffeleiweiß 547[10].
Kapferer, R.: Hippokrates-Fibel (1943) 507[10].
Kaplan, A., s. Weiss, C. 168[6].
Kaplan, H. S.: Häufigkeit von Leukämie 190[5], 299[1]. — Leukämien durch Uran und Atombomben 199[12]. — Cancerogene Wirkung von Radium und radioaktiven Substanzen 208[12].
— and M. B. Brown: Tumorbildung nach Röntgenbestrahlung des ganzen Tieres 206[11]. — Strahlendosis und Latenz bei Röntgenbestrahlung 207[2]. — Cancerogene Wirkung von Röntgenstrahlen 303[1]. Hemmung des Wachstums lympathischer Tumoren durch Testosteron 330[6].
— S. N. Marder and M. B. Brown: Hemmung des Wachstums lymphatischer Tumoren durch Testosteron 330[7].
Kaplan, J., s. Penn, H. S.: 223[4].
Kaplan, M. H., s. Coons, A. H. 175[11], 265[5], 313[5].
Kaplan, N. O., s. Lipmann, F. 255[6].
Kaplan, R.: Mutationsrate gealterter Samen 88[9].
— s. Michaelis, P. 91[3].
Kaplan, R. W.: Mutation an Einzellern 86[7]. — Bereich der mutagenen Wirkung ultravioletter Strahlen 91[7]. — Mutagene Wirkung von Erythrosin 91[8]. — Direkte Strahlenwirkung 92[5]. — Genetische Analyse biochemischer Synthesen 99[2]. — Indirekte Strahlenwirkung über Bildung organischer Peroxyde 207[5]. — Retardierte Gendisposition 208[3]. — Retardierende Gendispersion 317[5]. — Mutationswirkungsspektrum für Bact. prodigiosum 378[11].
Kaplan, W. D.: Mutagene Wirkung von Formaldehyd 93[7].
— and M. F. Lyon: Mercaptoäthylamin schützt nicht gegen mutagene Strahlenwirkung 92[9].
Kappas, A., s. Gallagher, T. F. 330[10].

KARASHIMA, J., s. TOMITA, M. 469[12], 473[3], 474[4], 496[2].
KARLSON, A. G., and F. C. MANN: Vorkommen von Krebs beim Hund 184 Tab..
KARLSON, P.: Zusammenfassung über biochemische Wirkungen der Gene (1954) 85[24]. — Zusammenfassung über Sexualstoffe bei Algen (1954) 100[7]. — Zusammenfassung über Sterilitätsstoffe bei Pflanzen (1954) 102[10].
— u. G. HANSER: Verpuppungshormon 114[5]. „Aktivierungsstoff" der Verpuppung 114[6].
— s. BUTENANDT, A. 115[1].
KARNOFSKY, D. A.: Auslösung von Mißbildungen durch Gifte 48[4], 96[5]. — Extremitätenmißbildungen nach Stickstoff-Lost 118[1]. — Auslösung von Mißbildungen durch Mitosegifte 142[12].
— and D. H. BURCHENAL: Androgene zur Therapie des präklimakterischen Brustkrebses 328[3].
KARRER, K., E. BRODA, R. STARK, O. HROMATKA u. W. ZISCHKA: Verteilung von 4-Dimethylaminoazobenzo-3,4'-sulfosäure im Körper 245[9].
— s. ZISCHKA, W. 370[5].
KARRER, P.: Bestimmung von Vitamin E 43[5].
— R. ESCHER, H. FRITZSCHE, H. KELLER, B. H. RINGIER u. H. SALOMON: Synthese von Vitamin E 43[2].
— H. FRITZSCHE u. R. ESCHER: Synthetische Tokopherole 43[10].
— H. FRITZSCHE, B. H. RINGIER u. H. SALOMON: Synthese von Vitamin E 43[2].
— u. O. HOFFMANN: Synthetische Tokopherole 43[10].
— u. B. H. RINGIER: Synthetische Tokopherole 43[10].
— s. EULER, B. v. 146[8].
KARUNARATNE, W. A., s. CAMERON, G. R. 375[8].
KASTENBAUM, M. A., s. MOLONEY, W. C. 199[12], 208[12].
KATAOKA, E.: Kohlenhydratgehalt von Hühnereiern 467[3]. — Glykogengehalt im bebrüteten Hühnerei 471[3]. — Glykogenbildung im bebrüteten Hühnerei 486[1].
— u. I. TAKAHASHI: Riesensalamandereier 499[1].
— u. S. TSUNOO: Riesensalamandereier 499[1].
KATSOYAMUS, P. G., s. VIGNEAUD, V. DU 49[12].
KATSUNUMA, S., and H. NAMAMURA: Eisengehalt des Hühnereies 470[1].
KATSUTA, H., K. NISHIOKA and T. TAKAOKA: Bedeutung der Trephone 150[14]. — Pentosenucleinsäuren als Wuchsstoffe für Tumoren 324[6].
KATZ, J., s. BROWN, G. W. jr. 413[2].
KATZENELLENBOGEN, E. R., s. DOBRINER, K. 33[10].
KAUDEWITZ, F.: Latenz der Manifestation einer Mutation 90[2].
KAUDEWITZ, F., s. FRIEDRICH-FRESKA, H. 90[2], 91[4], 97[3], 311[3], 317[7].
— s. STARLINGER, P. 61[8], 89[10].
KAUFMAN, L., u. M. LASKOWSKI: Parallelität von K:Ca-Quotient und Funktionszustand eines Organs 399[3].
KAUFMANN, B. P., M. MCDONALD and H. GAY: RNS-Umsetzungen während der Mitose 134[2].
KAUFMANN, C.: Pregnandiol-glucuronid 31[12].
— H. A. MÜLLER, A. BUTENANDT u. H. FRIEDRICH-FRESKA: Natürliche Oestrogene sind keine echten Cancerogene 202[6]. — Experimenteller Brustkrebs bei Mäusen nach Oestrogenen 327[7]. — Wirkung von Stilboestrol auf Manifestation von Mammatumoren bei Mäusen 382[1]. — Erhöhung der Spontanrate an Mammacarcinomen bei Mäusen nach Benzolpinselung 383[1].
— U. WESTPHAL u. J. ZANDER: Pregnandiol-glucuronid 31[12]. — Bestimmung von Progesteron und Pregnandiol 33[11].
KAUFMANN, W., s. LEMBKE, A. 87[10], 90[5], 91[7].
KAUNITZ, H., u. L. SELZER: Atmung von geschädigten und gereizten Zellen 165[2].
— s. EPPINGER, H. 164[14].
— s. FÜRTH, O. 424[19].
KAUSCHE, G. A., E. PFANKUCH u. H. RUSKA: Elektronenmikroskopie von Tabakmosaikvirus 589[3].
— u. H. STUBBE: Mutagene Wirkung vorbestrahlter Zellen auf übertragenes Virus 91[9].
— s. HOFFMANN-BERLING, H. 144[1], 311[5].
KAVANAU, J. L., s. WEISS, P. 311[9].
KAWANO, K., s. TAGASHIRA, Y. 398[3].
KAY, H. D.: Phosphatase im Hühnerembryo 478[13].
— and P. G. MARSHALL: Cystin-, Tyrosin- und Tryptophangehalt von Livetin 467[2].
KAYANO, S., s. TAKAHIRA, H. 535[2].
KEARIN, G. M., s. HUDACK, S. S. 180[10].
KEARNS, J. E. jr., and S. E. REID: Bedeutung der Krebsforschung für die plastische Chirurgie 338[11].
KEEN, P., N. G. DE MOOR, M. P. SHAPIRO, L. COHEN, R. L. COOPER and J. M. CAMPBELL: Mundhöhlen- und Speiseröhrenkrebs nach Kauen von Betelnüssen 196[10].
KEETON, R. W., E. H. LAMBERT, N. GLICKMAN, H. H. MITCHELL, J. H. LAST and M. K. FAHNESTOCK: Erhöhung der Kälteresistenz durch fett- und kohlenhydratreiche Nahrung 533[12].
— s. GLICKMAN, N. 533[13].
— s. MITCHELL, H. H. 533[12].
KEIDERLING, W., u. H. SCHARPF: Serum, Eisengehalt 400[2]. — Serumkupfer bei Menschen mit Tumoren 400[4].
— s. WESTPHAL, O. 170[2], 171[4], 174[3].
KEIL, R.: Keine cancerogene Wirkung von radioaktivem natürlichem Kalium 209[15].
KELLAWAY, C. H., s. FELDBERG, W. 167[10].

KELLENBERGER, E., u. W. ARBER: Komponenten von Phagenprotein 67[3]. — Proteinhülle der Phagen 599[3].
— and J. SÉCHAUD: Proteinhülle der Phagen 599[4].
— s. WEIDEL, W. 598[10].
KELLER, E., s. SARTORY, A. 399[16].
KELLER, E. B., s. LITTLEFIELD, J. W. 434[19].
— s. MACKENZIE, C. G. 263[1].
KELLER, H., s. KARRER, P. 43[2].
KELLER, M., and J. WEISS: Oxydation von Cholesterin durch Röntgenstrahlen 392[10].
— s. COLEBY, B. 392[10].
KELLER, W., s. KRAUT, H. 553[1].
KELLEY, E. G.: Reaktion basischer Farbstoffe mit Nucleinsäuren 266[2].
KELLEY, M. G., s. DALTON, A. J. 81[3].
KELLNER, B.: Calciumgehalt von Geschwülsten 340[10]. — Ausschwemmung von Krebszellen auf dem Lymphwege 341[6].
KELLNER, G., s. BRODA, E. 412[17].
KELLNER, K., H. LEY u. T. STARK: Schwefel- und Cystinausscheidung nach Cystinbeladung bei Normalen und Krebskranken 424[3].
KELLS, A., s. GELLHORN, A. 448[5].
KELLY, C. A., and A. E. JAMES: Nachweis synthetischer oestrogener Phenole 42[11].
KELLY, E. M., s. BOYD, E. M. 450[13].
KELLY, L. S., J. D. HIRSCH, G. BEACH and N. L. PETRAKIS: Hemmung der Desoxyribonucleinsäurebildung in EHRLICHschem Mäusetumor durch Röntgenstrahlen 447[17].
— A. H. PAYNE, M. R. WHITE and H. B. JONES: Zunahme der Nucleinsäuren in Organen von Tieren mit Impftumoren 448[9].
— s. PAYNE, A. H. 448[9,10].
KELNER, A., and E. B. TAFT: Hautkrebs nach UV-Bestrahlung bei Mäusen 205[6]. — Cancerogen wirksame UV-Strahlung 378[4].
KELTCH, A. K., s. CLOWES, G. H. A. 416[10,17].
KEMNITZ, A., s. HOLZER, H. 374[7].
— s. SEDLMAYR, G. 409[3].
KENDALL, E. C., s. HENCH, P. S. 172[6].
— s. SPRAGUE, R. G. 172[3].
KENDREY, G., s. BALÓ, J. 269[8], 374[12].
KENNAWAY, E. L.: Kwashiorkor 192[2]. — Häufigkeit von Zungen- und Speiseröhrekrebs 192[9]. — Häufigkeit von Bronchialkrebs 194[5]. — Hautkrebs durch Kreosot 200[11]. — Cancerogen wirksame Teere 212[15]. — Künstliche krebserzeugende Teere 346[7]. — Keine cancerogene Wirkung von Benzol, Anthracen und Phenanthren 349[7]. — Keine cancerogene Wirkung von Naphthalin 349[8].
— and I. HIEGER: Cancerogene Kohlenwasserstoffe 213[6]. — Bildung von 20-Methylcholanthren im Körper 217[4]. — Cancerogene Wirkung von 1,2,5,6-Dibenzanthracen 346[10].
— and N. M. KENNAWAY: Häufigkeit von Zungen- und Speiseröhrenkrebs 192[9]. — Häufigkeit von Bronchialkrebs 194[5].
KENNAWAY, E. L., N. M. KENNAWAY and F. L. WARREN: Cancerogene Wirkung von 9,10-Dimethylanthracen und von 1,2,3,4-Tetra-methylphenanthren 216[8].
— and B. SAMPSON: Künstliche krebserzeugende Teere 346[7].
— s. BADGER, G. M. 213[7], 218[6], 349[13], 350[2], 351[5,10], 353[7].
— s. BARRY, G. 349[14], 350[1], 351[3], 352[3].
— s. BURROWS, H. 215[1], 287[8], 348[6].
— s. COOK, J. W. 202[3], 212[12], 213[6], 236[1], 239[10], 245[3], 248[3], 345[4], 346[11], 348[5], 349[11], 365[11].
— s. CURWEN, M. P. 194[5].
— s. DAFF, M. E. 194[5], 196[9].
— s. KENNAWAY, N. M. 200[3].
— s. LEITCH, A. 210[4].
KENNAWAY, N. M., and E. L. KENNAWAY: Lungenkrebs durch Metallstaub 200[3].
— s. BADGER, G. M. 213[7], 218[6], 349[13], 350[2], 351[5,10], 353[7].
— s. COOK, J. W. 202[3], 212[12], 236[1], 239[10], 245[3], 248[3], 365[11].
— s. CURWEN, M. P. 194[5].
— s. KENNAWAY, E. L. 192[9], 194[5], 216[8].
KENNEDY, E. P.: Zusammenfassung über Stoffwechsel der Lipoide (1957) 554[7].
— s. LEHNINGER, A. L. 395[28].
— s. WILLIAMS-ASHMAN, H. G. 416[12,15], 417[1].
KENNEDY, T. H.: Thyreostatica 529[12].
— s. GRIESBACH, W. E. 269[6].
— s. PURVES, H. D. 267[2], 269[7].
KENSLER, C. J.: Spaltung von 4-Dimethylaminoazobenzol durch Leber zu Anilin und N,N-Dimethyl-p-phenylendiamin 369[3].
— and W. C. CHU: Keine Spaltung von 4′-Oxy- bzw. 4′-sulfosaurem 4-Dimethylaminoazobenzol bei der Ratte 258[12]. — Keine Spaltung von 4-Dimethylaminoazobenzol durch Gewebsschnitte oder Hepatomhomogenate 259[3]. — Bildung von N-Monomethylaminoazobenzol aus 4-Dimethylaminoazobenzol 262[7]. — Spaltung von 4-Dimethylaminoazobenzol durch Leber zu Anilin und N,N-Dimethyl-p-phenylendiamin 369[4].
— H. LANGEMAN and E. SHAPIRO: Einfluß von cancerogenen Azofarbstoffen auf Cholinoxydase der Leber 459[2].
— J. W. MAGILL and K. SUGIURA: Biologischer Abbau von Azobenzol 258[9]. — Hemmung des Abbaus von 4-Dimethylaminoazobenzol durch Katalase 262[6].
— and M. L. PETERMANN: Zusammenfassung über Biochemie neoplastischer Gewebe (1953) 342[13].
— M. RUDDEN and H. LANGEMANN: Cholinesteraseaktivität in 3′-Methyldimethylaminoazobenzolhepatom 455[19].
— K. SUGIURA and C. P. RHOADS: DPN-Gehalt in Tumoren 415[10].

KENSLER, C. J., K. SUGIURA, N. F. YOUNG, C. R. HALTER and C. P. RHOADS: Hefe und Riboflavin verzögern Hepatombildung durch 4-Dimethylaminoazobenzol 259[6], 360[1].
— N. F. YOUNG and C. P. RHOADS: Beziehung zwischen cancerogener Wirkung von Azofarbstoffen und Hemmung der Hefecarboxylase 260[13].
— s. LANGEMANN, H.: 455[6], 458[15].
— s. RHOADS, C. P. 261[10].
— s. SUGIURA, K. 239[3], 364[1,13].
— s. VIGNEAUD, V. DU 331[9].
KENT-JONES, D. W., and A. J. AMOS: Buch über moderne Getreidechemie. 4. Aufl. Engl. (1947) 563[4].
KENYON, A. T., s. GALLAGHER, T. F. 32[11].
KEREKJARTO, B. v., s. SCHRAMM, G. 595[6].
KERR, L. M. H., G. A. LEVVY and J. G. CAMPBELL: Vermehrte Aktivität von β-Glucuronidase in wachsenden Geweben 145[8].
KESTNER, O., u. H. W. KNIPPING: Buch über Ernährung des Menschen. 2. Aufl. (1926) 524[1]. — Grundumsatz bei geistiger Arbeit 543[1].
KESTON, A. S., s. CHARGAFF, E. 452[4].
KETY, S. S., R. B. WOODFORD, M. H. HARMEL, F. A. FREYHAN, K. E. APPEL and C. F. SCHMIDT: Sauerstoffverbrauch des Gehirns im Schlaf 522[11].
— s. MANGOLD, R. 522[10].
KEUTMANN, E. H., s. BURTON, R. B. 174[5].
— s. WATERHOUSE, C. 434[1].
— s. ZAFFARONI, A. 33[9], 174[4].
KEYS, A.: Niedriger Grundumsatz in warmem Klima 534[8]. — Mangel an Verdauungsfermenten bei eiweißarmer Ernährung 578[3].
— and J. BRÓZEK: Zusammenfassung über Körperfett beim erwachsenen Menschen (1953) 579[2].
— J. BRÓZEK, A. HENSCHEL, O. MICKELSEN and H. L. TAYLOR: Buch über Biologie des Hungers beim Menschen. Engl. (1950) 575[1].
— A. HENSCHEL and H. L. TAYLOR: Einfluß von Nahrungseinschränkung auf Herz und Kreislauf 576[7].
KHAN, N. A.: Autooxydation von Leinöl 288[2].
KHANOLKAR, V. R., and R. G. CHITRE: Lipaseaktivität des Serums und Auftreten von Mammatumoren 455[14].
— s. SANGHVI, L. D. 196[10].
KHOUVINE, Y.: Gehalt nekrotischer Tumorteile an Nucleinsäuren 441[15]. — Basenverhältnis in Desoxyribonucleinsäuren 444[8].
— F. BARON, J. GRÉGOIRE, M. L. HIRSCH, B. LUBOCHINSKY, M. MORTREUIL et J. P. ZALTA: An Proteine gebundene Nucleinsäuren menschlicher Krebsgewebe 427[2].
— et J. GRÉGOIRE: Ribonucleinsäuregehalt von Tumoren 441[3]. — Basenzusammensetzung der Desoxyribonucleinsäuren von Rattenepitheliom 444[3].
KHOUVINE, Y., et M. MORTREUIL: Einbau von ^{32}P in DNS der Organe von Tieren mit Impftumoren 448[9].
— et J. VIEYRES: Basenverhältnis in Desoxyribonucleinsäuren 444[8].
— s. MORTREUIL, M. 441[9], 446[8,9], 447[5].
KICHIKAWA, W.: Virilismus und pubertas praecox bei Nebennierenrindentumoren 11[8].
KICKHÖFEN, B., s. WESTPHAL, O. 170[5].
KIDD, J. G.: Umwandlung des SHOPE-Papillom-Virus in metastasierenden Carcinomen 294[14]. — SHOPE-Papillom entsteht nur in geschädigter Haut 294[15]. — Antikörper gegen SHOPE-Virus 295[4]. — Kein Virus im Carcinom von zahmen Kaninchen nach SHOPE-Virus 295[6].
— R. J. WINZLER, D. BURK, M. L. HESSELBACH and D. F. MACNARY: Tumorstoffwechsel 406[4]. — Leistungsfähigkeit des Cytochromsystems in Tumoren und normalem Gewebe 418[15].
— s. FRIEDEWALD, W. F. 295[5].
— s. HARTMAN, F. W. 580[5].
— s. PARSONS, R. J. 295[7].
— s. ROUS, P. 232[5], 304[4], 381[13].
KIDDER, G. W., and V. C. DEWEY: 8-Azaguanin und Cortison als Mitosegifte 139[29]. Hemmung der Guaninbildung durch 8-Azaguanin 142[9]. — Guanazol als Zellgift 160[15].
— V. C. DEWEY, R. E. PARKS jr. and G. L. WOODSIDE: 8-Azaguanin und Cortison als Mitosegifte 139[29]. — Hemmung der Guaninbildung durch 8-Azaguanin 142[9]. Guanazol als Zellgift 160[15]. — 8-Azadenin kein Hemmstoff 161[2]. — Spezifischer Einbau von Guanin in Nucleinsäuren von Mäusetumoren 446[24].
KIDO, I.: Prolanbildung in der Placenta 44[2].
KIEFER, H., s. ERLENMEYER, H. 160[1].
KIELLEY, R. K.: Oxydation von Substraten des Citronensäurecyclus durch Tumormitochondrien 413[14]. — Phosphorylierung in Tumormitochondrien 416[13].
KIHLMAN, B., and A. LEVAN: Mutagene Wirkung von 8-Äthoxy-coffein 93[15].
KIK, M. C.: Biologische Wertigkeit von Milcheiweiß und Lactalbumin 547[7].
KILBORN, L. G., and F. G. BENEDICT: Keine rassischen Unterschiede des Grundumsatzes 535[1]. — Grundumsatz bei den Miao 535[11].
KILHAM, L.: Umwandlung von Fibrom- in Myxomvirus 610[7].
KILJUNEN, A., s. THEIR, H. 283[10].
KIMIRA, A. M., s. MILLER, C. D. 534[13].
KING, E. J.: Auflösung von Quarzpartikeln im Organismus 284[12].
— s. ABDUL-FADL, M. A. M. 456[13].
KING, G., s. BARKLEY, H. 47[8].
KING, R. J., s. CARR, J. G. 293[4].
KINOSHITA, R., s. KINOSITA, R.

Kinosita, R.: Cancerogene Wirkung von 4-Dimethylaminoazobenzol (Buttergelb) 237[16], 254[1], 359[5]. — Carcinogene Wirkung von 2'-Carboxy-4-dimethylaminoazobenzol (Methylrot) 244[8]. — Anticancerogene Eigenschaften von Sulfosäuregruppen 245[2]. — N-Dimethyl-p-phenylendiamin nicht cancerogen 261[1]. — Art der 4-Dimethylaminoazobenzoltumoren 266[5]. — Sulfosäuregruppen heben cancerogene Wirkung von 4-Dimethylaminoazobenzol auf 365[4].

Kinsman, G. M., s. Lewis, R. C. 524[10].

Kirberger, E., s. Dammermann, H. J. 456[11].

Kirby, A. H. M.: Cancerogene Wirkung von 4-Aminoazobenzol 237[14]. — Keine Beziehungen zwischen cancerogener Wirkung und Eigenschaft als Fermentgift 262[2].

— and P. R. Peacock: Cancerogene Wirkung von 4-Aminoazobenzol 237[14], 346[5]. — Cancerogene Wirkung von Phenylazo-2-naphthol (Sudan I) 244[2], 365[13].

Kiriluk, L. B., A. J. Kremen and D. Glick: Keine Hyaluronidaseaktivität in Mammatumoren der Maus 458[10].

Kirk, J., s. Jensen, K. A. 373[2].

Kirkman, H., and R. L. Bacon: Nierentumoren durch Oestrogene beim Goldhamster 202[8].

— s. Bacon, R. L. 328[16].

Kirschbaum, A., N. C. Geisse, T. Judd and L. M. Meyer: A-Methopterin als Folsäureantagonist 160[7].

— s. Bittner, J. J. 297[4].

Kirschner, C., s. Bruns, F. 412[3].

Kirstein, F., s. Flössner, O. 47[9].

Kish, S., and K. Haruno: Esterase- und Kathepsinaktivität in Rattenleber bei Adenomen 261[6].

Kishi, S., T. Fujiwara u. W. Nakahara: Zusammensetzung von normaler Rattenleber und transplantiertem Rattenhepatom 393[1]. — Glykogengehalt von transplantablen Tumoren hängt von Fütterungsgrad ab 402[5]. — Peptidaseaktivität im Rattenhepatom 436[7].

— u. K. Haruno: Aktivität der Leberasparaginase nach Dimethylaminoazobenzol-Verfütterung 439[2].

— s. Fujiwara, T. 393[1], 424[8].

— s. Nakahara, W. 393[1].

— s. Toyoda, H. 401[2].

Kisskalt, K.: Individuelle Variation biologischer Objekte 34[3].

Kit, S.: Pentosephosphat-Cyclus in Tumoren 410[2].

— and J. Awapara: Aminosäurenverteilung in Lymphosarkomen und lymphatischem Gewebe 423[6]. — Kein Glutamin in wachsenden Tumoren 423[6]. — Transaminaseaktivität in Lymphosarkomen der Maus 439[12].

Kit, S., and D. M. Greenberg: Essigsäureumsatz in Milz und Mäuselymphosarkom 413[1]. — Citronensäurebildung aus Essigsäure und Oxalessigsäure unter Fluoressigsäure in Mäuselymphom 413[1]. — Einbaugeschwindigkeit markierter Aminosäuren in Tumoren 434[5]. — Einbau von markierten Aminosäuren in Lymphosarkom- und Milzzellsuspensionen 434[16].

— s. Farber, E. 434[16].

Kitagawa, S., s. Takahira, H. 535[2].

Kitzinger, C., u. T. H. Benzinger: Strahlungscalorimeter 516[6].

— s. Benzinger, T. H. 516[6].

Klamerth, O.: Histaminbindung an Proteine im Gewebe 167[14]. — Reduktionspotential von 4-Dimethylaminoazobenzol 241[3].

Klauck, A., s. Eisenbrand, J. 258[11], 259[1].

Klausner, C., s. Gellhorn, A. 196[1].

Klebe, J. F., s. Bünning, E. 148[4].

Klecker, E.: Hyaluronidase-Bildung im Hoden 8[9]. — Einfluß von X- und Y-Chromosom auf Spermiengröße 12[7]. — X-Chromosomen 51[3]. — Hyaluronidase in Spermien 51[3], 101[13].

Klecman, C. R., s. Wedgwood, R. J. 523[6].

Kleczkowski, A.: Zusammenfassung über Wirkung nichtionisierender Strahlen auf Viren (1955) 580[14]. — X-Protein aus Tabakpflanzen 592[17].

Kleiber, M.: Stoffwechsel von Leberschnitten verschiedener Tiere 528[1].

Klein, A. J., s. Kögl, F. 428[4,6].

Klein, E.: Überführung solider Tumoren in Ascitesform 335[4].

— u. G. Klein: RNS/DNS-Verhältnis im Krebs-Rask-Nielsen-Wagner-Sarkom 441[13]. — DNS-Werte in Zellen des Krebs-Rask-Sarkom 442[8]. — Chromosomenzahl in Kernen menschlicher Tumoren 443[4].

— s. Goldberg, L. 441[10], 442[13].

— s. Klein, G. 319[3], 335[4], 336[1], 339[2], 441[13], 442[8], 443[4].

— s. Leuchtenberger, C. 442[9], 443[8].

Klein, G.: Zusammenfassung über neoplastisches Wachstum (1956) 315[2]. — Krebsübertragung durch Mitochondrien- und Chromatinfraktion aus Krebszellen 300[11]. — Impftumoren 333[2]. — Überführung solider Tumoren in Ascitesform 335[4].

— u. J. Beck: Keine Unterschiede in der Zusammensetzung der Desoxyribonucleinsäuren aus normalen und Tumorzellen 443[15].

— u. E. Klein: Für Tumorübertragung erforderliche Zellzahl 319[3]. — Überführung solider Tumoren in Ascitesform 335[4]. Für Transplantation von Ehrlich-Carcinom benötigte Zellzahl 336[1]. — Bedeutung von Allel-Differenzen für Erfolg von Tumorübertragungen 339[2].

— u. W. Ziese: Arginingehalt von Tumoren 423[18], 424[15]. Arginase-Aktivität in Muskel bei Tumorträgern 438[14].

Klein, G., s. Goldberg, L. 441[10], 442[13].
— s. Klein, E. 441[13], 442[8], 443[4].
— s. Leuchtenberger, C. 442[9], 443[8].
Klein, G. F., s. Panos, T. C. 555[13].
Klein, J. D., s. Griffith, F. R. 534[4].
Klein, J. H.: Inosit im Hühnerei 472[4].
Klein, J. R.: Oxydation von D-Aminosäuren abhängig von Schilddrüsenhormon 153[5].
Klein, M.: Übertragung der cancerogenen Wirkung von Kohlenwasserstoffen durch die Placenta auf die Nachkommenschaft 231[8]. — Übergang von Urethan auf die Nachkommenschaft 270[3]. — Beziehung zwischen Dosis und Dauer bis zur Tumorentwicklung bei polycyclischen aromatischen Kohlenwasserstoffen 348[9]. — Tumorbildung bei Nachkommen von mit Urethan behandelten Tieren 374[14]. — Cocancerogene Wirkung wiederholter Crotonölpinselungen 380[11]. — Crotonölwirkung hängt von der Dosierung der cancerogenen Stoffe bei der Vorbehandlung ab 380[14].
Klein, W., u. M. Steuber: Buch über die gasanalytische Methodik des dynamischen Stoffwechsels (1925) 513[1]. — Zusammenfassung über die Methodik des Stoffwechsels an großen Tieren (1926) 513[1]. — Zusammenfassung über Calorimetrie (1926) 516[5].
Kleinenberg, G. E.: Cancerogene Wirkung von 3,4,8,9-Dibenzpyren 351[9].
Kleinenberg, H. E., S. A. Neĭfach and L. M. Shabad: Carcinogene Wirkung von Gewebsextrakten 201[9]. — Untersuchung der cancerogenen Wirkung der unverseifbaren Anteile der Leber von Krebskranken 391[8]. — Cancerogene Wirkung von Organextrakten 392[3].
Kleinerman, I., s. Mangold, R. 522[10].
Kleinmann, H., u. I. Remesow: Anhäufung von Calciumsalzen in nekrotischen Tumorteilen 399[1].
— u. F. Werr: Aktivität von Kathepsin und Peptidasen in Tumoren 435[12].
Kleinzeller, A., and H. Werner: Katalase im Hühnerembryo 478[9].
Klepzig, H., s. Reindell, H. 576[8].
Klett, H., s. Letterer, E. 376[18].
Klevens, H. B.: Wasserlösliche Addukte von polycyclischen Aromaten und Purinkörpern 225[8].
Kligman, A. M., s. Baldridge, G. D. 156[13].
— s. Mescon, H. 291[1].
Klimas, J. A., s. Wedgwood, R. J. 523[6].
Kline, B. E., s. Miller, J. A. 369[8].
— s. Rusch, H. P. 205[5], 232[8], 233[1], 378[1].
Kline, I., s. Leighton, J. 183[2], 231[1].
Klingenberg, H. G.: Heparin und Chinone als Spindelgifte 138[12]. — Kathepsinhemmung durch Heparin 156[7]. — Hemmung der Wundheilung durch Heparin 156[9].
Klinke, J.: Rhythmisches Verdoppelungswachstum von Zellen 131[5]. — Krebszellen überleben extrem tiefe Temperaturen 300[3]. — Krebszellen überstehen Einfrieren 336[10].
Klinke, K., s. Aron, H. 553[4].
Kloos, K., s. Raczowski, H. A. 335[2].
Klopp, C. T., and J. C. Bateman: Therapie von Lymphosarkomen und Leukämien mit Mustardverbindungen, Äthyleniminen und Epoxyden 373[9].
Klotz, H. P., s. Worms, G. 155[5].
Klotzsch, W., s. Warburg, O. 510[2].
Klug, A., J. T. Finch and R. E. Franklin: Proteinhülle von bushy stunt-Virus 586[6].
— and R. E. Franklin: Röntgenanalysen von Tabakmosaikvirus 594[6].
Klug, H. L., s. Potter, V. R. 413[5], 577[4].
— s. Schneider, W. C. 441[2].
Klyne, W.: Urandiolsulfat im Harn trächtiger Stuten 32[4].
— B. Schachter and G. F. Marrian: Δ^{16}-allo-Pregnenol-3β-on-20-sulfat im Harn trächtiger Stuten 32[2].
— s. Paterson, J. Y. F. 32[3].
Knake, E.: Mitosegiftwirkung der Oestrogene 138[14]. — Sexualhormone als Mitosegifte 139[22]. — Keine physiologischen Mitosegifte 142[13]. — Vorkommen von Krebs bei Ratten 184[Tab.] — Angriffspunkt von Tumorantikörpern an den Blutgefäßen 338[13].
Knapp, E.: Zusammenfassung über Erbsubstanz (1944) 70[41]. — Chromosomenbau 72[3]. — Lokalisation der Gene in den Chromosomen 73[4]. — Mutationswirkungsspektrum für Lebermoos 378[10].
— A. Reuss, O. Risse u. H. Schreiber: Mutagener Bereich der ultravioletten Strahlen 91[7].
Knaus, H. (H.): Buch über die periodische Fruchtbarkeit und Unfruchtbarkeit des Weibes (1935) 46[1]. — Buch über die Physiologie der Zeugung beim Menschen (1950) 52[4]. — Bildung des Corpus luteum 15[4]. — Physiologische Funktion von Progesteron 46[1]. — Sensibilisierung der Uterusmuskulatur für Oxytocin 48[14].
Knepper, R.: Saure Reaktion in Zellen bei Entzündung oder Schädigung 165[8].
Knight, B. C. J. B.: Zusammenfassung über essentielle Metaboliten und Antimetaboliten (1949) 124[27].
Knight, C. A.: Struktur der Ribonucleinsäure 59[1]. — Zahl der Aminosäuren im Shope-Papillom-Virus 386[13]. — Aminosäureanalyse des Tabakmosaikvirusproteins 592[13].
— s. Black, F. L. 592[14], 595[7].
— s. Fremery, D. de 587[6].
— s. Harris, J. I. 592[4], 595[3].
— s. Reddi, K. K. 593[8].
— s. Stanley, W. M. 591[5].
Knipping, H. W.: Keine rassischen Unterschiede des Grundumsatzes 535[5].

Knipping, H. W., u. H. L. Kowitz: Buch über klinische Gasstoffwechseltechnik (1928) 515[6].
— s. Kestner, O. 524[1], 543[1].
Knobil, E., s. Leonard, S. L. 16[10].
Knobloch, H.: Zusammenfassung über Antivitamine (1950) 124[28]. — Zusammenfassung über Metabolit-Antimetabolit-Beziehungen (1950) 178[12]. — Konkurrenzgiftphänomene bei Aminosäuren 161[4].
Knoepfelmacher, A. A., s. Vestling, C. S. 529[4].
Knoll, W., u. C. Sievers: Eiweißgehalt menschlicher Feten 123[9].
Knorr, G.: Häufigkeit von Bronchialkrebs 194[5].
Knowlton, A. I., s. Jailer, J. W. 48[6].
Knowlton, N. P. jr., and W. R. Widner: Dauer und Häufigkeit von Mitosen an Mäusezellen 135[8].
Knox, W. E., s. Wood, S. jr. 439[8].
Kober, S.: Bestimmung von natürlichen Oestrogenen 33[5].
Koch, F. C.: Androgenausscheidung bei Frauen 32[8].
— s. Gallagher, T. F. 11[1], 32[11].
Koch, G., and E.-M. Jordan: Enzym in Schwanzspitze der Phagen 598[12].
— u. W. Weidel: Komponenten von Phagenprotein 67[2]. — Bedeutung der Proteine für „Duplikationen" 74[1].
— s. Alexander, H. E. 603[3].
— s. Weidel, W. 598[11].
Koch, W.: Mast von Hähnen und Ebern durch Oestrogene 11[5]. — Oestrogengehalt des Körpers bei Beginn der Geburt 45[8].
— u. G. Heim: Oestrogengehalt von Hopfen 20[5].
Kocher, R. A.: Gehalt an basischen Aminosäuren in Tumoren 424[13].
Kock, A. M., s. Stevens, C. D. 404[5].
Koe, B. K., and L. Zechmeister: 3,4-Benzpyren und andere polycyclische aromatische Kohlenwasserstoffe in Muscheln 347[10].
— s. Zechmeister, L. 193[4], 214[5], 347[10].
Koechlin, B., u. A. v. Muralt: Neuroregulativer Stoff 150[18].
Köckemann, A.: Blastokoline 163[2].
Kögl, F.: Auxin 148[8]. — Bedeutung von Carotinoiden für Auxinwirkung 148[9]. — Abwandlungsprodukte von Heteroauxin 149[8]. — Strukturelle Grundlagen der Heteroauxinwirkung 149[10]. — Gehalt von Mais und menschlichem Harn an β-Indolylessigsäure 149[15]. — Vorkommen von D-Aminosäuren in Tumoren 427[4], 428[1].
— T. J. Barendregt and A. J. Klein: Ausscheidung von D-α-Pyrrolidoncarbonsäure durch Hunde und Ratten nach Verfütterung von gekochten Benzpyren-Rattentumoren 428[6].
— u. H. Erxleben: Auxin 148[8]. — Vorkommen von D-Aminosäuren in Tumorgewebe 427[3]. — Ausscheidung von racemisierter Glutaminsäure bei Hunden nach Verfütterung von gekochten Tumoren 428[5].
Kögl, F., H. Erxleben u. A. M. Akkerman: Vorkommen von D-Aminosäuren in Tumoren 427[3].
— H. Erxleben u. A. J. Haagen-Smit: Auxin 148[8].
— H. Erxleben, A. J. Klein u. G. J. van Veersen: Vorkommen von D-Aminosäuren in Tumoren 428[4].
— u. N. Fries: Auxin 148[8].
— A. J. Haagen-Smit u. H. Erxleben: Auxin 148[8]. — β-Indolylessigsäure als Pflanzenwuchsstoff 148[12].
— u. W. van Hasselt: Bios I = meso-Inosit 147[11]. — Biotin in tierischen Geweben 147[18].
— A. J. Klein, H. Erxleben u. G. J. van Veersen: Vorkommen von D-Aminosäuren in Tumoren 428[4].
— C. Konigsberger u. H. Erxleben: Auxin 148[8].
— u. B. Tönnis: Wachstumsförderung durch Vitamin H 147[3]. — Biotinbestimmung an Hefekulturen 147[22].
Köhler, E.: Definierte Länge stäbchenförmiger Pflanzenviren 589[1].
Koehler, H., s. Peukert, L. 205[13].
Köhler, K.: Zusammenfassung über Enzymologie der Tumorzelle (1937) 392[16].
— s. Bernhard, F. 455[12].
Köhler, V., u. J. Scharf: Hemmung der Entzündung durch Monojodessigsäure 166[7].
Köker, H.: Granulombildung durch Oxyuren 284[2].
Koelsch, F.: Handbuch der Berufskrankheiten. Bd. I. (1935) 531[1].
— s. Gross, E. 200[2], 211[2].
König, W., s. Danneel, R. 410[5].
Koepfli, J. B., K. V. Thimann and F. W. Went: Wuchsstoffwirkung von Phenyl- und Naphthylessigsäure 149[12]. — Blastokoline 163[9].
Körbler, J., P. Frank u. V. Turner: Carcinogene Eigenschaften von Flachs 283[8].
Kofahl, R. E., and H. J. Lucas: Silberkomplexe von polycyclischen Aromaten 225[7].
Kofler, M.: Bestimmung von Vitamin E 43[9].
Kofrányi, E.: Dauer von Ernährungsversuchen 514[1]. — Zeitdauer der Einstellung der Abnutzungsquote 545[5]. — Berechnung der biologischen Wertigkeit von Eiweiß 547[1]. — Biologische Wertigkeit von tierischem Eiweiß 551[1]. — Berechenbarkeit der biologischen Wertigkeit von Eiweiß 551[6].
— u. H. F. Michaelis: Respirationsgasuhr 515[10], 541[10].
— s. Droese, W. 572[4].

KOGA, T.: Lipase, Protease und Lecithase im Eiereiweiß 466[7].
KOHMAN, T. P., and H. P. RUSCH: Einbau von ^{32}P in Nucleoproteidfraktion von Tumoren 446[4].
KOHN-SPEYER, A. C., s. PLAUT, A. 188[1], 197[3], 204[8].
KOLB, J. J., s. MILLER, G. L. 429[1].
KOLETSKY, S., F. J. BONTE and H. L. FRIEDELL: Cancerogene Wirkung von radioaktivem Phosphor 209[12]. — Knochentumoren durch ^{32}P 379[19].
— and J. H. CHRISTIE: Carcinogene Wirkung von radioaktiven Substanzen 199[11]. — Cancerogene Wirkung von radioaktivem Phosphor 209[12]. — Knochentumoren durch ^{32}P 379[19].
— and G. E. GUSTAFSON: Tumorbildung nach Röntgenbestrahlung des ganzen Tieres 206[11]. — Cancerogene Wirkung von Röntgenstrahlen bei Ratten 379[8].
KOLLATH, W.: Krebshäufigkeit bei Mangelernährung 193[11].
KOLLER, F., u. H. ZOLLIKOFER: THORN-Test 172[11].
— s. EDLBACHER, S. 122[7].
KOLLER, G.: Buch über Hormone bei wirbellosen Tieren (1938) 7[18]. — Buch über Hormone. 2. Aufl. (1949) 114[1].
KOLLER, P. C.: Zusammenfassung über experimentelle cytogenetische Methoden (1953) 94[2].
— s. BOYLAND, E. 270[5], 273[8].
— s. HADDOW, A. 371[10].
KOLLER, S.: Graphische Tafeln zur Beurteilung statistischer Zahlen. 2. Aufl. (1943) 34[4].
KOMADA, K., s. OSHIMA, F. 194[3].
KOMIYAMA, T., s. HAFFNER, F. 154[5], 156[12].
KOMMERELL, B., s. BRÜCKEL, K. W. 556[1].
KOMORI, Y.: Acetylaminopolysaccharid aus Ovomucoid 466[1]. — Amylase im Hühner-ei-Eiweiß 466[5]. — Arginase und Phosphatase im bebrüteten Hühnerei 478[1]. — Mucoidsubstanz in Eisackflüssigkeit von Hemifusus tuba Gmel 502[3].
KON, G. A. R., s. HADDOW, A. 94[3], 216[8], 217[4, 8], 218[1], 240[2, 7], 241[5], 242[1], 250[4], 251[1], 271[6], 308[3], 345[4], 359[6, 8], 363[1, 5], 373[15].
KONEFF, A. A., H. D. MOON, M. E. SIMPSON, C. H. LI and H. M. EVANS: Cocancerogene Wirkung von Wachstumshormon bei der Ratte 381[17].
KONIGSBERGER, G., s. KÖGL, F. 148[8].
KONNO, K., s. ENDO, H. 422[16].
KONYA, A., s. GLASER, E. 19[3].
KOOYMAN, E. C., and J. W. HERINGA: Reaktion von polycyclischen Aromaten mit Trichloräthylradikalen 225[6].
KOPAC, M. J., H. W. BEAMS, A. M. BRUES, H. W. CHALKLEY, G. H. A. CLOWES, E. G. CONKLIN, I. CORNMAN, M. E. CORNMAN a. o.: Zusammenfassung über den Mechanismus der Zellteilung (1951) 132[11].
KOPEC, S.: Verpuppungshormon 114[2].
KOPP, I.: Grundumsatz im Fieber 530[16].
KOPROWSKI, H., s. COLTER, J. S. 418[3], 443[5].
KORENCHEVSKY, V., and S. K. PARIS: Entstehung von Krebszellen 321[1]. — Potentielle Krebskeime bei senilen Ratten 325[6].
KORNGOLD, L., and R. LIPARI: Myelomplasmaproteine 433[9].
— s. PETERMANN, M. L. 433[9].
KOROSTELEVA, T. A.: Carcinogene Wirkung von 2′-Carboxy-4-di-methylaminoazobenzol (Methylrot) 244[8].
KORPÁSSY, B., and K. KOVACS: Lebercirrhose und Hepatome durch Gerbstoff 287[6]. — Lebercirrhose, Hepatome und Cholangiome nach Gerbsäure 375[10].
— and M. MOSONYI: Lebercirrhose und Hepatome durch Gerbstoff 287[6]. — Lebercirrhose, Hepatome und Cholangiome nach Gerbsäure 375[10]. — Einfluß des Eiweißgehaltes der Kost auf Tumorbildung durch Gerbsäure 375[11].
— s. MOSONYI, M. 287[6].
KORSCHELT, E.: Buch über Lebensdauer, Alter und Tod. 3. Aufl. (1924) 178[1]. — Buch über Regenerationen und Transplantation (1927) 176[5].
KORTEWEG, R.: Häufigkeit von Bronchialkrebs 194[5].
— and F. THOMAS: Tumorerzeugung durch cancerogene Stoffe bei hypophysektomierten Tieren 324[12].
KOSA, Y., s. YAMAFUJI, K. 301[4].
KOSAK, A. I.: Aromatische Kohlenwasserstoffe im Zigarettenrauch 196[2].
KOSIR, A.: Abhängigkeit des Geschwulstwachstums von Wuchsstoffen oder Proliferationsreizen 324[1]. — Embryonalextrakt als Wuchsstoff für Tumoren 324[5].
KOSSWIG, C.: Vorkommen von Krebs bei Fischen 184[Tab.] — Melanombildung bei Bastarden aus Schwertfisch und Platyfisch 186[14].
KOST, G. F. W.: Lunge fängt Krebszellen ab 335[7], 341[8].
KOSTOFF, D.: Mutagene Substanzen 93[14]. — Polyploidie durch Insektizide 95[7].
— s. SHMUCK, A. A. 95[5].
KOSTOV, D., s. KOSTOFF, D.
KOSUGE, T., s. NAKAGAWA, S. 422[8].
KOTIN, P.: Luftverschmutzung 195[1]. — Cancerogene Stoffe in Auspuffgasen 214[1].
— H. L. FALK, P. MADER and M. THOMAS: Luftverschmutzung 195[1]. — Rauch als Ursache von Haut- und Lungenkrebs 200[8]. — Vorkommen von 3,4-Benzpyren in der Luft 347[4].
— H. L. FALK and M. THOMAS: Luftverschmutzung 195[1]. — Cancerogene Stoffe in Auspuffgasen 214[1]. — 3,4-Benzpyren in Abgasen von Verbrennungsmotoren 347[6].
s. MCCAMMON, C. J. 372[4].
KOUNTZ, W. B., s. ALLEN, E. 38[11].
KOVÁCS, K., s. KORPÁSSY, B. 287[6], 375[10].

KOWITZ, H. L., s. KNIPPING, H. W. 515[6].
KOYENUMA, N.: Mitogenetische Strahlung 135[7].
— s. FRIEDRICH, W. 391[6].
KRACHT, J.: Tod nach plötzlichem Schreck bei Wildkaninchen 171[1].
— u. U. KRACHT: Tod nach plötzlichem Schreck bei Wildkaninchen 171[1].
— u. M. SPAETHE: Tod nach plötzlichem Schreck bei Wildkaninchen 171[1].
KRACHT, U., s. KRACHT, J. 171[1].
KRAKOWER, C., s. ENGLE, E. T. 329[2].
KRAMER, E.: Elektrophorese mutierter Tabakmosaikviren 595[11].
KRAMER, K., s. BALKE, B. 533[11].
KRATOCHVIL, C. H., s. DEUTSCH, H. F. 433[11].
KRAUCH, H., s. EGGERS-DOERING, W. v. 225[1].
KRAUS, A. S., s. LEVIN, M. L. 196[8].
KRAUSHAAR, A., s. HAAS, H. T. A. 166[1,4].
KRAUT, H.: Nahrungsverbrauch und -bedarf 565[2]. — Arbeitsleistung und Caloriengehalt der Nahrung 565[5]. — Stoffwechselgleichgewicht bei Unterernährung 575[3].
— u. H. BRAMSEL: Körpergewichtsentwicklung deutscher Arbeiter 566[1]. — Energiebedarf bei Arbeit in Anteilen des Grundumsatzes 572[3].
— H. BRAMSEL u. H. WECKER: Bedeutung der Verdauungssekrete für Stoffwechselbilanz 512[5]. — Herkunft des Kot-N 546[1]. Eiweißausnutzung 547[15].
— u. H. BURGER: Lipasegehalt von Lymphocyten 168[4].
— u. G. LEHMANN: Stickstoff-Bilanzminimum 546[6].
— G. LEHMANN u. H. BRAMSEL: Berechnung des Calorienbedarfs für Berufsarbeit 567[2]. — Nahrungsbedarf bei Berufsarbeit 572[2].
— and E. A. MÜLLER: Arbeitsleistung und Caloriengehalt der Nahrung 565[4]. — Abbau der Muskulatur bei Unterernährung 577[1].
— E. A. MÜLLER u. H. MÜLLER-WECKER: Bedeutung der Eiweißzufuhr für Zuwachs an Muskulatur beim Training 552[8].
— u. H. MÜLLER-WECKER: Bilanzrechnungen des Stoffwechsels 512[4].
— u. A. SZAKÁLL: Dauer von Ernährungsversuchen 514[1].
— u. H. WECKER: Feststellung des Bedarfs an Nahrungsbestandteilen 514[2].
— u. W. WIRTHS: Nahrungsverbrauch und -bedarf 565[3].
— H. ZIMMERMANN, M. BÖHM u. W. KELLER: Anteil von Kohlenhydrat und Fett am Stoffwechsel 553[1].
— s. DROESE, W. 572[4].
— s. FACHMANN, W. 563[1].
KREAM, J., s. HIRSCHBERG, E. 450[1,2].
KREBS, A.: Krebsauslösung durch im Körper abgelagerte radioaktive Substanzen 209[16].
KREBS, H. A.: Zusammenfassung über Atmung und Gärung in lebenden Zellen (1933) 165[2]. — Aktivität von Kathepsin und Peptidasen in Tumoren 435[12].
KREBS, M., s. BRÜCKEL, K. W. 556[1].
KREHBIEL, O. F., s. HEIMAN, J. 328[2].
— s. ROHDENBURG, G. L. 398[11].
KREITMAIR, H., u. W. SIECKMANN: Synthetische Sexualhormone 39[6].
KREMANN, R., u. M. PESTEMER: Buch über Zusammenhänge zwischen physikalischen Eigenschaften und chemischer Konstitution (1943) 253[5].
KREMEN, A. J., s. ARHELGER, S. W. 270[11].
— s. BLOCH, H. S. 434[6].
— s. KIRILUK, L. B. 458[10].
KRETCHMER, N., K. K. TSUBOI and C. P. BARNUM: Bernsteinsäuredehydrogenaseaktivität von Leber und Tumor nach Tetrachlorkohlenstoff 415[4].
KREYBERG, L.: Bronchialkrebs bei Zigarettenrauchern 196[8].
— and O. E. HANSSEN: Zellen der Mäusehaut überleben extrem tiefe Temperaturen 300[4]. — Normale Zellen überstehen Einfrieren 336[11].
— s. CAMPBELL, J. M. 195[3].
KRICHESKY, B., s. FLORSHEIM, W. H. 202[2].
KRIEG, A.: Ribonucleinsäure in cytoplasmatischen Viren 601[3].
KRIPPAHL, G., s. WARBURG, O. 510[2].
KRISCHKE, W., s. GIMMY, J. 298[10], 337[8].
— s. GRAFFI, A. 337[12].
KRITCHEVSKY, D., s. BROWN, R. A. 445[2].
— s. COLTER, J. S. 444[10].
KRITCHEVSKY, T. H., and A. TISELIUS: Bestimmung der Oestrogene durch Papierchromatographie 33[9].
KRITZLER, R. A., s. WERNER, S. C. 11[10].
KRÖNING, F.: Zusammenfassung über Genetik der Krebsgeschwülste bei Tieren (1940) 181[17]. — Fernwirkung der cancerogenen Wirkung von Röntgenstrahlen 206[10]. — Tumorbildung nach Röntgenbestrahlung des ganzen Tieres 206[10].
— u. R. SIGMUND: Cancerogene Wirkung von Röntgenstrahlen bei Mäusen 379[9,10].
KROGH, A.: Buch über den Gaswechsel bei Tieren und Mensch. Engl. (1916) 513[4]. — Keine Beteiligung von atmosphärischem Stickstoff am Stoffwechsel 512[2]. — Respirationsapparat 515[5]. — Grundumsatz von Kaltblütern 531[5]. — Fahrradergometer 541[4].
KROGH, M. v.: „logit“-Einheiten 34[5].
KROHMER, J. S., s. THOMAS, C. I. 401[13].
KRONEBERG, G., H.-J. SCHÜMANN u. W. OCKLITZ: Hypertensinogengehalt im Blut bei Unterernährung 576[9].
KROOK, L.: Vorkommen von Krebs beim Hund 184 Tab.
KROTKINA, N., s. PETROV, N. 209[2].
KROTKINA, N. A.: Beziehung zwischen Dosis und Latenzzeit bei cancerogenen Kohlenwasserstoffen 303[8].

KRUEGER, K. K., and W. H. PETERSON: Antibiotin 160[3].
KRUGMAN, S., and R. WARD: Mißbildungen bei Kindern nach Röteln-Erkrankung der schwangeren Mutter 96[2]. — Rubeolen als Ursachen von Mißbildungen 118[2].
KRUMMACHER, O.: Zusammenfassung über Gesetz der isodynamen Vertretung und die spezifisch-dynamische Wirkung (1928) 537[7].
KRYDER, G. D., s. DEUEL, H. J. jr. 555[14].
KRZYWANEK, F. W.: Zusammenfassung über Gesamtstoffwechsel der Pflanzenfresser (1928) 574[1].
KRZYWICKI, H., s. BERNSTEIN, L. M. 518[3].
KUBO, H., u. H. FUJIMOTO: Lebercirrhosen und Tumoren nach Buchweizen 286[5].
KUBOWITZ, F., u. P. OTT: Milchsäuredehydrogenase aus JENSEN-Sarkom und Rattenmuskel identisch 411[7], 432[8].
— u. I. WIEDING: Kein Pentoseabbau durch Krebsseren 410[5].
— s. WARBURG, O. 406[12].
KUCH, M., u. M. v. C. LAZAROVICH-HREBELJANOVICH: Größe der Fettzellen bei Hunger 574[4].
KUCHARIK, J.: Normale Leukocyten bei Kindern leukämischer Mütter 299[2].
KUCHENBECKER, A.: Nachweis aromatischer Amine 234[11].
KÜGLER, L., s. GRAFFI, A. 403[3].
KÜHL, I.: Albuminabnahme und Globulinzunahme im Blut bei Mäusen mit Tumoren durch carcinogene Kohlenwasserstoffe 433[8].
KÜHN, A.: Buch über Vorlesungen über Entwicklungsphysiologie (1955) 106[29]. — Grundriß der Vererbungslehre. 2. Aufl. (1950) 1[18]. — Ommochromsynthese und Tryptophanstoffwechsel als Wirkung von „Gen-Hormonen" 98[12].
— u. H. PIEPHO: Verpuppungshormon 114[2].
KÜNG, H. L.: Herzhormone 151[3].
KÜNKEL, H. A., s. HÖHNE, G. 409[2].
— s. MAASS, H. 409[2].
— s. RATHGEN, G. H. 409[2].
— s. SCHUBERT, G. 380[3].
KÜPFMÜLLER, K.: Buch über Systemtheorie der elektrischen Nachrichtenübertragung (1948) 22[1]. — Reglersysteme 22[1].
— s. DRUCKREY, H. 34[4], 97[1], 124[16], 182[2], 231[14], 254[4], 260[5], 262[1], 267[6], 293[9], 297[13], 300[9], 302[1,3], 306[4], 307[2,7], 309[2], 310[1], 312[5], 318[1,2], 319[2], 321[3], 329[6], 332[7], 333[2], 335[11], 336[4], 360[9].
KUETHER, C. A., s. ROE, J. H. 38[9].
KÜTTNER, H.: Smegma als Ursache von Peniskrebs 204[8].
KUGLER, O. E.: Phosphatidstoffwechsel im sich entwickelnden Hühnerei 474[5].
KUHN, H.: Quantenmechanische Behandlung des Zustandes aromatischer Bindungen 219[9].
KUHN, R.: Gamone 100[8]. — Struktur von Echinochrom A 101[7]. — Bedeutung von Bor für Befruchtung von Pflanzen 102[13].
— u. H. BEINERT: Benzochinon als wirksamer Metabolit von 4-Dimethylaminoazobenzol 260[14].
— u. H. BROCKMANN: β-Carotin 15[7].
— P. GYÖRGY u. T. WAGNER-JAUREGG: Wachstumsförderung durch Riboflavin 146[11].
— D. JERCHEL, F. MOEWUS, E. F. MÖLLER u. H. LETTRÉ: Blastokoline 163[9].
— u. I. LÖW: Blastokoline 163[9].
— u. G. QUADBECK: Cancerogene Wirkung von 4'-Fluordimethylaminoazobenzol 239[4]. 3'-Brom-4-dimethylaminoazobenzol hat keine cancerogene Wirkung 364[12].
— u. K. SCHWARZ: Wachstumsförderung durch p-Aminobenzoesäure 146[14]. — Hemmung der p-Aminobenzoesäurewirkung durch Sulfonamide 158[4], 159[4].
— u. K. WALLENFELS: β-Carotin 15[7]. — Struktur von Echinochrom A 101[7].
— T. WIELAND u. E. F. MÖLLER: Thiopansäure als Antiwuchsstoff 159[8].
— s. HARTMANN, M. 101[5,10], 102[3].
KUK, B. T., s. STEINHOFF, D. 271[7].
KULESCHA, Z., et R. J. GAUTHERET: Wirkung von Tryptophan auf Pflanzenwachstum 149[1].
KUMAGAWA, M., and R. MIURA: Hungerversuche an Tieren 573[4].
KUMLER, W. D., and T. C. DANIELS: Strukturelle Voraussetzungen der Wirksamkeit von Chemotherapeutica 142[2].
KUMON, T.: Verhalten von Rest-N und Ca-Salzen im sich entwickelnden Gastropodenei 503[1].
— s. ISEKI, T. 499[1].
— s. TOMITA, M. 505[1].
KUN, E., P. TALALAY and H. G. WILLIAMS-ASHMAN: Glykolyse und Atmung von EHRLICH-Mäuseascitestumor 406[9]. — Phosphorylierung in Tumormitochondrien 416[11].
KUNDRATITZ, K.: Verringerung der Immunität bei Unterernährung 577[7].
KUPFER, A., s. MELLORS, R. C. 443[2].
KUPKA, E.: Bedeutung der Zellkerne für Zellregeneration 179[9].
KUPKE, D. W., s. GRIFFIN, A. C. 446[7].
KURATSUNE, M.: Luftverschmutzung 195[1]. 3,4-Benzpyrengehalt von Steinkohlen- und Holzteer 213[3].
— s. CAHNMANN, H. J. 214[5].
KURZROK, R., s. GEGERSON, H. J. 26[7].
— s. LEONARD, S. L. 101[14], 106[1].
KUSIN, A. M., u. S. J. DAWYDOWA: Basenzusammensetzung der Nucleinsäuren aus Organen tumortragender Tiere 448[14].
KUSUI, K.: Mobilisierung von Fett im Hühnerei 473[2]. — Cholesterinstoffwechsel im sich entwickelnden Reptilienei 474[8]. — Verhalten des Cholesterins im bebrüteten Hühnerei 486[2].

KUSUI, K., s. TOMITA, M. 496[2].
KUTSCHER, F., s. FLÖSSNER, O. 153[6].
KUTSCHER, W., u. J. PANY: Saure Phosphatase in Prostata 10[7]. — Bildung saurer Phosphatase durch Adenocarcinome der Prostata 329[9].
— u. M. SCHIPPERS: Cholinbestimmungen im Serum von Carcinompatienten 451[13].
— u. H. WOLBERGS: Saure Phosphatase in Prostata 10[7]. — Bildung saurer Phosphatase durch Adenocarcinome der Prostata 329[9]. — Saure Phosphatase in menschlicher Prostata 456[2].
KUZMA, J. F., s. ANDERSON, W. A. 380[1].

LABAW, L. W., and R. W. G. WYCKOFF: Durchmesser von southern bean-Virus 587[12].
LABO, L., s. JARMAI, K. 269[2].
LACASSAGNE, A.: Buch über Krebsbildung durch elektromagnetische Strahlen. Franz. (1945) 199[2]. — Buch über Krebsbildung durch Corpuscularstrahlen. Franz. (1945) 199[2]. — Buch über Krebsbildung durch exogene chemische Faktoren. Franz. (1946) 345[3]. — Buch über Krebsbildung durch endogene chemische Stoffe. Franz. (1950) 388[1]. — Zusammenfassung über Beziehungen zwischen Sexualhormonen und Krebsbildung (1939) 382[3]. — Einfluß von Oestrogenen und Androgenen auf Entwickelung der Glandula submaxillaris 19[6]. — Erhöhung der Strahlenresistenz durch Sauerstoffmangel 92[7]. — Rolle oestrogener Hormone bei Entstehung von Brustdrüsentumoren der Maus 187[7]. — 3,4,11,12-Dibenzpyren im Zigarettenteer 196[6]. — Cancerogene Wirkung von Verbindungen des 1,2-Benzacridins bzw. Carbazols 219[1]. — Cancerogene Wirkung von 9,10 - Dichlor - 1,2 - benzanthracen 219[6]. — Beziehungen zwischen π-Elektronen und cancerogener Wirkung von Heterocyclen 224[7]. — Empfindlichkeit von SHOPE-Papillom gegen Röntgenstrahlen 295[3]. — Cancerogene Wirkung von synthetischen Oestrogenen beim Mäusebrustkrebs 297[11]. — Entzündung als Voraussetzung für cancerogene Wirkung von Strahlen 303[5]. — Experimenteller Brustkrebs nach Oestrogenen 327[5,7]. — Lymphoide Tumoren nach chronischer Oestrogenbehandlung 328[14]. — Oestrogene Substanzen sind nicht kausale Cancerogene 329[3].
— N. P. BUU-HOI, R. DAUDEL and F. ZAJDELA: Cancerogene Wirkung von Methylderivaten der Benzacridine 352[9].
— N. P. BUU-HOI, N. HOAN et G. RUDALI: Cancerogene Wirkung von Substituenten des 1,2-Benzanthracen 351[13].
— N. P. BUU-HOI, R. ROYER et G. RUDALI: Carcinogene Wirkung von Derivaten des 1,2-Benzphenarsazins 219[3].
LACASSAGNE, A., BUU-HOI, F. ZAJDELA et N. D. YUONG: Resistente Streptokokken binden keine Sulfonamide 84[6].
— A. CHAMORRO et N. P. BUU-HOI: 4-Oxybenzyl-äthylketon als synthetisches Oestrogen 40[4].
— et F. JOLIOT: Carcinogene Wirkung von radioaktiven Isotopen 199[11].
— et R. VINZENT: Krebs nach einmaliger Röntgenbestrahlung 207[8]. — Entzündung als Voraussetzung für cancerogene Wirkung von Strahlen 303[5].
— s. EMILE-WEIL, P. 208[10].
LACOUR, F., C. OBERLING et M. GUÉRIN: Bildung von Granulosazell-Tumoren aus in die Milz transplantierten Ovarien 325[10]. Tumorbildung aus in die Milz transplantiertem Hoden 326[3]. — Transplantation von Schilddrüsentumoren in die Milz 326[6].
— s. DUX, C. 458[9].
LACOUR, s. OBERLING, C. 327[3].
LA DUE, J. S., s. WRÓBLEWSKI, F. 412[7], 439[13].
LAFAYE, J. M., s. SAKAMI, W. 553[2].
LAGERKVIST, U., and P. REICHARD: Einbau von Uracil-^{15}N in Pyrimidine der Nucleinsäuren des EHRLICH-Ascitestumor beschleunigt 446[20].
— P. REICHARD, B. CARLSSON and J. GRABOSZ: Synthese der RNS-Pyrimidine in normalen Geweben und Tumoren 447[13].
LAGONI, H., s. LEMBKE, A. 87[10], 90[5], 91[7].
LAIDLAW, P. P., s. DALE, H. 49[7].
LAIRD, A. K.: Verteilung von Protein-N und Ribonucleinsäure auf Zellfraktionen von tierischen Tumoren 428[12]. — Desoxyribonucleinsäuregehalt von Zellkernen bei Säugetieren 442[4]. — Ribonucleinsäuregehalt in Zellkernen von Tumorzellen 443[7].
— and A. D. BARTON: Verteilung von Protein-N und Ribonucleinsäure auf Zellfraktionen menschlicher Tumoren 428[13].
— and E. C. MILLER: Protein- und Nucleinsäuregehalt von Zellfraktionen der Rattenleber nach 2-Acetaminofluoren 429[5]. — Desoxyribonucleinsäuregehalt von Tumorzellen gleich dem von Leberzellen 430[1]. — Desoxyribonucleinsäuregehalt von Zellkernen aus Leber und Hepatomen 442[7]. — Ribonucleinsäuregehalt in Mitochondrien und Mikrosomen beim 2-Acetaminofluoren-Hepatom 443[13].
— s. PRICE, J. M. 442[7], 443[12].
LAKOMY, W., s. WIENINGER, E. 38[3].
LALAND, S. G., W. G. OVEREND and M. WEBB: Basenzusammensetzung von Desoxyribonucleinsäuren aus Mäusesarkom 444[4].
LAM, J.: Aromatische Kohlenwasserstoffe im Zigarettenrauch 196[2].
LAMBERT, E. H., s. KEETON, R. W. 533[12].
— s. MITCHELL, H. H. 533[12].

Lamerton, L. F., s. Guimaraes, J. P. 379[16].
— s. Harris, E. B. 141[3].
Lamirande, G. de, C. Allard and A. Cantero: Elektrophoretisches Verhalten von löslichen Proteinen aus Azofarbstofflebertumoren 430[8]. — Basenzusammensetzung der Ribonucleinsäure aus Zellfraktionen der Leber 444[14]. — Nucleinsäurezusammensetzung der Ribosenucleinsäure aus Dimethylaminoazobenzol-hepatom der Ratte 445[1]. — Desoxyribonuclease-Aktivität in Zellkernen der Leber nach Dimethylaminoazobenzol 449[3].
— and A. Cantero: Eiweißveränderungen im Rattenserum nach Dimethylaminoazobenzol und seinem 3′-Methylderivat 433[4].
— s. Allard, C. 81[8], 266[3], 420[5], 430[3].
— s. Cantero, A. 449[1].
Lammers, W., and T. J. Terpstra: Oxytocinauswertung 49[7].
Lampen, J. O., s. Roblin, B. O. jr. 161[5].
Lan, T. H.: Cholinoxydase- und Uricaseaktivität in Leber und Hepatom 395[12]. — Apoferment der D-Aminosäureoxydase im Rattenhepatom 31 418[8]. — D-Aminosäureoxydase in der Leber von Tumorratten 418[10]. — Cholinoxydasegehalt in transplantiertem Hepatom der Ratte 458[13].
Lancker, J. v., et J. Maisin: Hypophysenhyperplasie nach Implantation von Keimdrüsen 31[8]. — Tumorbildung aus in die Milz transplantierten Ovarien 326[2].
Landau, R. L., and R. Loughead: Fructoseabgabe durch Samenblase nach Androgenwirkung 13[4].
Landergren, E., s. Johansson, J. E. 523[2], 573[3].
Landing, B. H., A. Goldin and H. A. Noe: Wirkung von Cytostatica auf normale Körperzellen 142[11].
Landschütz, C.: Krebsige Entartung in Gewebskulturen 183[1], 231[1]. — Cancerisierung von Gewebskulturen bei Mangelernährung 193[12]. — Krebsige Entartung in Gewebskulturen 231[1]. — Für Tumorgewebskultur erforderliche Zellzahl 319[4]. — Explantation von Krebszellen in Gewebskulturen 335[10]. — Hemmung von Tumoratmung und -glykolyse durch menschlichen Serumfaktor 409[1].
Landsteiner, K.: Buch über die Spezifität serologischer Reaktionen. 2. Aufl. Engl. (1945) 98[8]. — Antigene 98[8].
Landstorfer, L.: Stoffwechsel bei unzureichender Ernährung 575[2].
Landua, A. J., s. Awapara, J. 423[9], 452[3].
— s. Jirgensons, B. 433[11].
Lane, A., D. Blickenstaff and A. C. Ivy: Bildung cancerogener Stoffe beim Erhitzen von Fett 193[3]. — Untersuchung von Ölen auf Vorkommen von cancerogenen Kohlenwasserstoffen 287[11].
Lane, M., s. Ritchie, A. C. 305[1].
Lang, A.: Tryptophangehalt von Tumoren 424[20]. — Cholesteringehalt in Rattenorganen 453[1]. — Lipoidverteilung in atrophischem Rattenhoden 453[6].
— u. R. Rosenbohm: Cholesterin- und Phosphatidgehalt in transplantiertem Jensen-Sarkom 452[10].
— s. Bierich, R. 450[5], 451[1,4], 452[6,7], 453[5].
— s. Melchers, G. 149[20].
Lang, K.: Buch über Intermediären Stoffwechsel (1952) 558[11]. — Buch über Biochemie der Ernährung (1957) 558[11]. — Aminbildung in entzündetem oder geschädigtem Gewebe 165[10]. — Bedeutung von Nahrungsmittelzusätzen für Carcinogenese 384[2]. — Ernährungsphysiologische Eigenschaften der Fettsäuren 557[1].
— u. O. Ranke: Buch über Stoffwechsel und Ernährung (1952) 538[1].
— u. R. Schoen (Hrsg.): Buch über Ernährung (1952) 558[12].
— u. G. Siebert: Verteilung der Enzymfunktionen in der Zelle 3[2]. — Isolierung von Zellkernen 4[2]. — Adenosintriphosphatase im Zellkern 4[4]. — Gewinnung von Chromosomen 73[3]. — Energielieferung für die Mitose 78[1]. — Gewinnung von Plasmagranula 81[10]. — Mikrosomen 82[1].
— G. Siebert u. H. Oswald: Colchicinwirkung auf Desoxyribonuclease 138[3].
— s. Siebert, G. 261[7], 436[11].
— s. Westphal, U. 418[9].
Lange, G., s. Warburg, O. 411[4].
Lange, L.: Entmischungsformen von Lipoiden 291[2].
Langecker, H.: Corticosteroidbestimmung 174[4].
Langemann, H., and C. J. Kensler: Lipaseaktivität in azofarbstoffinduzierten Rattenhepatomen 455[6]. — Cholinoxydaseaktivität im azofarbstoffinduzierten Hepatom der Ratte 458[15].
— s. Kensler, C. J. 455[19], 459[2].
Langen, C. D. de: Grundumsatzsteigerung durch Kochsalz 531[4].
Langendorff, M., s. Catsch, A. 303[4].
Langer, W.: Glucoplastische Aminosäuren 554[1].
Langhof, H., s. Müting, D. 424[14].
Langreder, W.: Chromosomenzentren in Zellen weiblicher Organismen 55[3].
Langstein, L., s. Neuberg, C. 554[1].
Lanham, W. B. jr., and J. M. Lemon: Biologische Wertigkeit von Fischeiweiß und Rindfleisch 547[8].
Lanni, F., and Y. T. Lanni: Komponenten von Phagenprotein 67[1].
Lanni, Y. T., s. Lanni, F. 67[1].
Lansing, A. I.: Einfluß von Überernährung auf Alter und Lebensdauer 127[5]. — Abnahme der Wachstumspotenzen im Alter 130[6].

LANSING, A. I., T. B. ROSENTHAL and M. H. AU: Ultrafiltrables Calcium in Tumoren erniedrigt 399[8].
— T. B. ROSENTHAL and M. D. KAMEN: Veränderungen der calciumbindenden Proteine in Membran der Tumorzellen 399[7].
LAPLACE, P. S. DE, s. LAVOISIER, A. 508[1], 531[10].
LAQUEUR, E.: Selbststeuerung der endokrinen Funktionen 27[2].
— s. DAVID, K. 8[11], 9[1], 104[5].
LARDY, H. A., s. GHOSH, D. 401[9].
LARGENT, E. J., s. DUTRA, F. R. 200[1], 210[5], 377[2].
LARSEN, C. D.: Cancerogene Wirkung von Äthylurethan 269[8]. — Cancerogene Wirkung von Propyl- und Halogenurethanen 270[9]. — Cancerogen wirksame und unwirksame Urethanderivate 375[2].
— and W. E. HESTON: Cancerogene Wirkung von Urethan ist spezifisch 374[21]. — Cancerogen wirksame und unwirksame Urethanderivate 375[1].
— P. B. RHOADS jr. and L. L. WEED: Cancerogene Wirkung von Urethan ist spezifisch 374[21]. — Cancerogen wirksame und unwirksame Urethanderivate 375[1].
— L. L. WEED and P. B. RHOADS jr.: Lungenkrebs bei Jungen nach Behandlung der Muttertiere mit Äthylurethan 188[8], 270[2], 347[14].
— s. MOSTOFI, F. K. 374[15,18].
LARSEN, P.: Neutraler Pflanzenwuchsstoff 149[17].
LARSON, C. E., s. WEISS, C. 168[6].
LASATER, T. E., s. SMITH, S. G. 146[7].
LASKIN, D. M., I. B. ROBINSON and J. P. WEINMANN: Krebsbildung nach Implantation von Methylmethacrylaten 279[16]. — Sarkombildung durch implantierte Kunststoffe 376[10].
LASKOWSKI, M., s. COOPER, E. J. 449[7].
— s. KAUFMAN, L. 399[3].
LASNITZKI, A., and A. K. BREWER: Verhältnis $^{39}K:^{41}K$ in Tumoren und normalen Geweben 398[14].
— u. O. ROSENTHAL: Anaerobe Glykolyse in wachsendem Gewebe 121[4].
LASNITZKI, I., R. E. F. MATTHEWS and J. D. SMITH: Hemmstoffe für Nucleinsäurestoffwechsel 448[5].
— s. BACH, S. J. 438[6].
— s. PASSEY, R. D. 300[3], 336[10].
LAST, J. H., s. KEETON, R. W. 533[12].
LASZLO, D., D. M. EKSTEIN, R. LEWIN and K. G. STERN: Keine Speicherung von ^{139}Lanthan in Tumoren 400[11].
— s. GALLAGHER, T. F. 330[10].
LASZT, L., u. B. NEYMAN: Corticosteroidbestimmung 174[6].
LATARJET, R.: Angriffsort der cancerogenen Wirkung in den plasmatischen Duplikanten 310[6].
— N. P. BUU-HOI u. C. A. ELIAS: Mutagene Substanzen 93[12].
LATARJET, R., J. L. CUSIN, M. HUBERT-HABART, B. MUEL et R. ROYER: Unterdrückung der 3,4-Benzpyrenbildung durch Ammoniumsalze 196[4]. — 3,4-Benzpyren im kondensierten Rauch von Zigaretten 347[8].
— et B. EPHRUSSI: Eintreffer- und Mehrtreffer-Effekt 85[26].
LATHAM, E., s. PRATT-THOMAS, H. R. 197[2].
LATHROP, A. E. C., and L. LOEB: Rolle oestrogener Hormone bei Entstehung von Brustdrüsenkrebs der Maus 187[7]. — Väterlicher genischer Einfluß beim Brustkrebs der Mäuse 297[3]. — Verhütung des Mäusebrustkrebses durch Kastration 297[5]. Brustkrebsbehandlung durch Kastration 328[7].
LAUBER, W., u. P. DANNEBERG: Art der 4-Dimethylaminoazobenzol-Tumoren 266[5]. Dauer der Latenzzeit bei „Stop"-Versuchen der Tumorerzeugung 316[3].
LAUDADIO, E.: Wirkung von Follikel- und Corpus luteum-Hormon auf den Grundumsatz 530[8].
LAUFFER, M. A., s. BENDET, I. J. 598[2].
LAURELL, C.-B., s. HOLMBERG, C. G. 167[20].
LAURENS, H.: Grundumsatz nach UV-Bestrahlung 537[2].
LAUTER, S.: Buch über Hunger, Appetit und Ernährung (1937) 573[3].
LAUTERBORN, R.: Häufigkeit der Krebstodesfälle 190[1].
LAUTSCH, W., s. BROSER, W. 279[3].
LAVES, W.: Schwangerschaftstest mit Rana esculenta 38[1].
LAVIN, G. I., s. DOBRINER, K. 227[1], 356[7].
LAVOISIER, A. (L.): Sauerstoffverbrauch und Kohlensäurebildung bei der Atmung 508[1].
— et P. S. DE LAPLACE: Sauerstoffverbrauch und Kohlensäurebildung bei der Atmung 508[1]. — Stoffwechselsteigerung durch Abkühlung 531[10].
LAW, L. W.: Zusammenfassung über Mäusegenetik (1948) 70[43]. — Guanazol als Zellgift 160[15]. — Anfälligkeit für Brustkrebs bei erbreinen Mäusestämmen 186[8]. — Experimentelle Leukämien 298*. — Erhöhung der Spontanrate an Lungentumoren nach Desoxycholsäure 383[2].
— T. B. DUNN and P. J. BOYLE: Zellfreie Übertragung der „erblichen" lymphatischen Leukämie 298[8].
— s. MANDEL, H. G. 448[5].
LAWLOR, D., s. OSSERMAN, E. F. 433[12].
LAWRENCE, E. A., s. MOORE, D. B. 335[8], 341[12].
LAWRENCE, J. H., s. JONES, H. B. 451[9].
— s. TUTTLE, L. W. 446[4].
LAWSON, W., s. CAMPBELL, N. R. 41[6].
— s. COOK, J. W. 39[6], 41[1].
— s. DODDS, E. C. 39[6], 40[8], 41[5,7], 42[2], 217[7].
LAZARIS, J., s. BRICKER, F. 399[5].
LAZAROVICH-HREBELJANOVICH, M. v. C., s. KUCH, M. 574[4].
LEA, A. J., s. CASE, R. A. M. 271[3,4].

LEA, D. E.: Buch über die Wirkung von Strahlen auf lebende Zellen. Engl. (1947) 85[12]; 2. Aufl. (1955) 199[6].
LEADBETTER, W. F., s. FISHMAN, W. H. 456[14].
LEATH, M. J., s. TIPTON, S. R. 529[8].
LEATHEM, J. H.: Geschlechtsbedingte Abhängigkeit der Empfindlichkeit gegen cancerogene Amine 255[1]. — Geschlechtsbedingte cancerogene Dosis von 4-Dimethylaminoazobenzol 307[5]. — Geschlechtsbedingte Unterschiede in der Wirkung cancerogener Agentien 331[1]. — Verminderung der Blutalbumine nach Verfütterung von Acetaminofluoren 433[6].
— and J. B. ALLISON: Glykogengehalt von Hepatomen nach 2-Acetylaminofluoren 402[3].
LEAVENWORTH, C. S., s. MENDEL, L. B. 472[2].
LEAVY, S., s. ACKART, R. J. 480[4].
LEBLOND, C. P., J. GROSS, W. PEACOCK and R. D. EVANS: Bedeutung der Schilddrüse für Stoffwechselsteigerung in der Kälte 532[6].
— W. F. STOREY and F. BERTALANFFY: Relative Häufigkeit von Mitosen und Krebs in verschiedenen Geweben 267[9].
LE BRETON, É.: Hemmung der Wirkung von 4-Dimethylaminoazobenzol durch Cholesterin 260[12], 263[5].
— et G. SCHAEFFER: Nucleoplasmatic Ratio (N.P.R.) 477[4].
— s. CLEMENT, G. 260[12].
— s. POPJAK, G. 555[1].
LEDERBERG, J.: Zusammenfassung über Zellgenetik und hereditäre Symbiose (1952) 1[23]. — Chromosomenkarten von Escherichia coli 79[2]. — Plasmatische Vererbung durch Virustransfer 83[2]. — Enzymverlust bei Neurospora-Mutanten 261[11].
— and E. L. TATUM: Mutation an Einzellern 86[7]. — Mutationen durch Genaustausch bei Escherichia coli 96[4].
— s. TATUM, E. L. 78[8].
LEDERER, E.: Zusammenfassung über Düfte und Gerüche der Tiere (1950) 9[1].
LEDOUX, L., s. PILERI, A. 447[8].
LEDUC, J. R.: Konservierung lebender Gewebe durch Antihistaminica 167[23].
LEE, C. S., s. STOWELL, R. E. 254[2], 276[7].
LEE, K., s. HADLER, H. I. 227[10], 263[9].
LEE, M., s. FEVOLD, H. L. 151[13].
LEE, R. C.: Respiratorischer Quotient bei Diabetes 519[2]. — Zunahme des Grundumsatzes in Abhängigkeit vom Körpergewicht 523[3]. — Grundumsatzsteigerungen bei Kaninchen durch Kälte 533[1].
— s. BENEDICT, G. F. 536[4].
LEFAUX, R.: Buch über Toxikologie plastischer Massen. Franz. (1952) 282[12].
LEHMAN, A. J.: Lebensmittelfarbstoffe 246[6]. Verbot von Dulcin in den USA 268[3].
LEHMANN, C., F. MUELLER, I. MUNK, H. SENATOR u. N. ZUNTZ: Stickstoffausscheidung und Abnutzungsquote 545[2]. — Stoffwechsel bei völligem Nahrungsentzug 573[2].
— u. N. ZUNTZ: Hungerversuche an Menschen 573[6].
LEHMANN, F. E.: Einführung in die physiologische Embryologie (1945) 106[14]. — Zusammenfassung über chemische Beeinflussung der Zellteilung (1947) 136[8]. — Selbstreproduzierende Plasmapartikel 78[5]. Cytoplasmatische Erbsubstanzen 79[17]. — Plasmagranula als Duplikanten 81[6]. — Entwicklung von Tubifexeiern 107[5]. — Organisatorwirkung 110[1]. — Wirkungsweise chemischer Faktoren in der Embryonalentwicklung 111[5]. — Spezifische Induktorwirkung von Organextrakten 111[7]. Empfindlichkeit von verschiedenen Entwicklungsstadien gegen Schädigungen 115[11]. — Vegetavisierende Wirkung von Lithium auf Keime 117[6]. — Wirksamkeit der Mitosegifte bei verschiedenen Arten 137[3]. — Irreversible Zellschädigung durch Colchicin 138[5]. — Mitosegiftwirkung der Oestrogene 138[14]. — Mitosegiftwirkung der Chinone 138[16]. — Mitosegifte 139[15]. — Angriffspunkt der Mitosegifte 141[8].
— u. A. BRETSCHER: Wirksamkeit der Mitosegifte bei verschiedenen Arten 137[3].
— u. H. R. DETTELBACH: Anregung der Schwanzregeneration bei Xenopus levis durch α-Aminoketone 179[1].
— R. WEBER, H. AEBI, J. BÄUMLER u. H. ERLENMEYER: Histostatische Wirkung eines Methylketons 161[9]. — Anregung der Schwanzregeneration bei Xenopus levis durch α-Aminoketone 179[1].
— s. ERLENMEYER, H. 161[8], 178[13].
— s. JENSEN, P. K. 180[8].
LEHMANN, G.: Buch über praktische Arbeitsphysiologie (1953) 541[1]. — Zusammenfassung über Grundumsatz (1934) 536[7]. — Zusammenfassung über Energieverbrauch bei geistiger Arbeit (1934) 543[8]. — Anteil der Organe am Grundumsatz 521[6]. — Grundumsatz 526[7]. — Arbeitsstoffwechsel der Tiere 528[2]. — Grundumsatz bei Nahrungseinschränkung 576[3].
— E. A. MÜLLER u. H. SPITZER: Calorienverbrauch bei Arbeit 567[3].
— u. A. SZAKÁLL: Grundumsatz nach UV-Behandlung 537[3].
— s. KRAUT, H. 546[6], 567[2], 572[2].
LEHMANN, H., s. FISCHER, F. G. 111[5].
— s. NEEDHAM, J. 121[10].
LEHMANN, K. B.: Erzeugung von Lungenkrebs durch Chromatstaub 211[2].
LEHNARTZ, E.: Buch über Chemische Physiologie. 10. Aufl. (1952) 1[8]; 11. Aufl. (1959) 518[5].
LEHNINGER, A. L., and E. P. KENNEDY: Fettsäureoxydase-Aktivität in Leber und Hepatom 395[28].

LEHNINGER, A. L., s. SIBLEY, J. A. 410[11], 411[21], 412[1].
LEI, H. P., s. CAMPBELL, J. 152[2], 325[3].
LEIBMAN, K. C., s. HEIDELBERGER, C. 446[22].
LEICHENGER, H., G. EISENBERG and A. J. CARLSON: Nährwert von Fetten 557[2].
LEIGHTON, J., I. KLINE and H. C. ORR: Krebsige Entartung menschlicher Zellen in Gewebskulturen 183[2]. — Krebsige Entartung in Gewebskulturen 231[1].
LEIN, M., s. ALBANESE, A. A. 550[5].
LEINER, M.: Aktivität der Carboanhydratase im befruchteten Seeigelei 119[10].
LEINFELDER, P. J., s. DANES, B. 120[3], 133[8].
LEITCH, A.: Krebserzeugende Wirkung von Mineralölen 346[5].
— and E. L. KENNAWAY: Cancerogene Wirkung von Arsen 210[4].
LEITER, J., M. B. SHIMKIN and M. J. SHEAR: Cancerogene Wirkung von Luftkonzentraten aus Industriestädten 213[11].
— and M. J. SHEAR: Cancerogene Wirkung von Luftkonzentraten aus Industriestädten 213[11]. — Cancerogene Wirkung von Luftextrakten (3,4-Benzpyren) 347[5].
— s. ROUS, P. 304[4].
— s. SHEAR, M. J. 350[4], 351[12], 352[6].
— s. WARAVDEKAR, V. S. 416[1, 3].
LEMBERG, R., s. WADDINGTON, C. H. 111[6].
LEMBKE, A., u. R. BÖNICKE: Letale Strahlenwirkung auf Zellen 303[3].
— W. KAUFMANN, H. LAGONI u. H. GANTZ: Ursachen des Auftretens von Spontanmutationen 87[10]. — Aktivierungsenergie bei Mutationen 90[5]. — Bereich der mutagenen Wirkung ultravioletter Strahlen 91[7].
LEMING, M. F., s. HUEPER, W. C. 361[2].
LEMON, H. M., M. M. DAVISON and I. ASIMOV: Aktivität der sauren Phosphatase in menschlichen Tumoren 455[23].
— and C. L. WISSEMAN jr.: Aktivität der sauren Phosphatase in menschlichen Tumoren 455[22]. — Saure Phosphatase im Zellkern menschlicher Tumorzellen 456[1].
— s. WOTIZ, H. H. 390[6].
LEMON, J. M., s. LANHAM, W. B. jr. 547[8].
LENARD, P.: Buch über große Naturforscher (1929) 507[7].
LENGYEL, L., s. LUDÁNY, G. v. 530[14].
LENNOX, B.: Carcinome bei Mäusen und Ratten nach β-Anthramin 361[7].
LENORMANT, H.: UV-Spektren des Unverseifbaren aus normalem und Tumorgewebe 453[12].
LENTA, M. P., and M. A. RIEHL: Aktivität der Milchsäuredehydrogenase in Transplantationstumoren 411[9]. — Aktivität der Äpfelsäuredehydrogenase in Tumoren 414[7]. — Aktivität von Diaphorase und Cytochromreduktase in Tumoren 417[4]. — Aktivität der DPN-Cytochromreduktase in Mäuseleber 418[1]. — Gehalt von Tumoren an Cytochromoxydase 418[1].
LENZ, F., s. BAUR, E. 70[4].
LEON, H. A., and S. F. COOK: Mitochondrien als Duplikanten 311[1].
LEON, M. A.: Properdinbestimmung 176[2].
LEONARD, S. L., and E. KNOBIL: β-Glucuronidase im Endometrium 16[10].
— P. L. PERLMAN and R. KURZROK: Befruchtung bei erhaltener Corona 101[14]. — Bedeutung der Hyaluronidase für Befruchtung 106[1].
LEONE, E., s. MANN, T. 13[11].
LE PAGE, G. A. Analysen von normalen Geweben und Tumoren 402[4]. — Phosphorylierte Zwischenprodukte des Kohlenhydratstoffwechsels in Tumoren 403[7]. — Milchsäuregehalt von menschlichen Tumoren 403[12]. — Brenztraubensäure-, Oxalessigsäure- und α-Ketoglutarsäuregehalt von Tumoren 404[6]. — Bildung von Propandiol-(1,2)-phosphat-(1) aus Brenztraubensäure 404[11]. — Propandiol-(1,4)-phosphat-(1) in FLEXNER-JOBLING-Carcinom, Leber und Niere der Ratte 404[14]. — Tumorglykolyse 406[8]. — Vorkommen der Zwischenprodukte des EMBDEN-MEYERHOF-Cyclus in Tumoren 408[5]. — Aufnahme von anorganischem Phosphat in Tumoren proportional der Milchsäurebildung 408[9]. — Einbaugeschwindigkeit von Aminosäuren in Tumoreiweiß 434[11]. — Desoxyadenosintriphosphat aus FLEXNER-JOBLING-Carcinom 445[12]. — Einbau von Glykokoll-^{14}C in Purine der DNS und RNS von EHRLICH-Ascitestumor 446[16].
— and C. HEIDELBERGER: Einbau von Glykokoll-^{14}C in Purine der DNS und RNS von FLEXNER-JOBLING-Carcinom 446[15].
— V. R. POTTER, H. BUSCH, C. HEIDELBERGER and R. B. HURLBERT: Tumorproteine sind nicht für den Wirtsorganismus verwertbar 435[2]. — Eiweißstoffwechsel schnellwachsender Tumoren 435[2].
— and A. C. SARTORELLI: Synthese von Purinnucleotiden in Mäuseascitestumoren 447[7].
— and W. C. SCHNEIDER: Bedeutung der verschiedenen Zellfraktionen für Glykolyse 409[8].
— s. EDMONDS, M. P. 446[3], 447[11].
— s. FERNANDES, J. F. 447[9], 448[5].
— s. GREENLEES, J. 435[3], 447[9], 448[5].
— s. GROTH, D. P. 404[11, 12].
— s. NOVIKOFF, A. B. 408[9].
— s. POTTER, V. R. 413[5, 6].
— s. REIF, A. E. 408[9], 417[3].
— s. RUSCH, H. P. 342[12].
— s. TYNER, E. P. 434[5], 446[1, 2].
LEPESCHKIN, W. W.: Buch über Zell-Nekrobiose und Protoplasma-Tod (1937) 176[11].
LEPKOVSKY, S., s. EVANS, H. M. 146[9].
LEPOW, I. H., s. PILLEMER, L. 150[20], 176[1].
LERMAN, J.: Wirkung von Thyroxin und Trijodthyronin auf Grundumsatz 529[1].

Lerner, F., s. Fishman, W. H. 10[8], 330[1], 456[14].

Leroy, E. P., s. Ritchie, A. C. 305[1].

Leschke, E.: Zusammenfassung über graphische Stoffwechselregistrierung (1926) 513[8].

Leslié, I., W. C. Fulton and R. Sinclair: Aerobe Glykolyse in Gewebekulturen embryonaler Gewebe 406[12].

— s. Davidson, J. N. 76[2], 132[3], 266[1], 397[1], 441[9], 442[2, 11, 12], 443[6].

Lesné, E., et R. Nattan-Larrier: Grundumsatzbestimmung bei Säuglingen 523[14].

Lespagnol, A.: Zusammenfassung über allgemeine Methoden der Erforschung der Synthesemechanismen (1951) 124[32]. — Zusammenfassung über allgemeine Methoden der Untersuchung synthetischer Heilmittel (1951) 159[3].

— J. Schmitt, L. Thieblott et M. Stoliaroff: Synthetische Oestrogene 39[6]. — 4-Oxy-benzyl-äthylketon als synthetisches Oestrogen 40[4].

Letnansky, K., s. Seelich, F. 406[3].

Letterer, E.: Stadien der Entzündung 166[2]. Beteiligung der Capillaren bei der Entzündung 166[10].

— K. Neidhardt u. H. Klett: Lungenkrebs nach Chromaten 376[18].

— s. Bieling, R. 164[30].

Lettré, H.: Zusammenfassung über Chemie und Krebs (1941) 181[22]. — Zusammenfassung über Mitosegifte (1942; 1950) 124[30]. — Zusammenfassung über Mitosegiftforschung und ihre Beziehung zu Problemen der Enzymforschung (1949) 124[31]. — Zusammenfassung über Biochemie der Tumoren (1948; 1953) 342[6]. — Mitochondrien als vermehrungsfähige Einheiten 81[4]. — Plasmagranula als Duplikanten 81[6]. — Atmung und Glykolyse bei Zellteilung 119[11]. — Plasmabewegung vor der Zellteilung 120[2]. — Energielieferung für die Mitose 133[6]. — RNS-Umsetzungen während der Mitose 134[3]. — Hemmung der Colchicinwirkung durch ATP 137[10]. — 8-Oxychinolin und Colchicin als Mitosegifte 139[17]. — Trypaflavin als Mitosegift 139[17], 140[3]. — Homogenisierte Tumorzellen sind nicht mehr cancerogen 300[13]. — Krebszellen ändern ihre Eigenschaften 333[6]. — Yoshida-Ascites Sarkom 334[5]. — Krebsübertragung durch Zellreste 336[13]. — Mustardverbindungen, Äthylenimine und Epoxyde als Cytostatica 373[10]. — Unvollständige Oxydation Voraussetzung für Tumorwachstum 408[3]. — Basenzusammensetzung der Desoxyribonucleinsäuren aus hyperdiploidem Ehrlichschen Mäuseascitestumor 444[6].

— u. M. Albrecht: Hemmung der Colchicinwirkung durch ATP 137[10].

— u. A. Jahn: Aromatische Kohlenwasserstoffe im Zigarettenrauch 196[2].

Lettré, H., A. Jahn u. C. Hausbeck: 3,4-Benzpyren im kondensierten Rauch von Zigaretten 347[8].

— R. Lettré u. W. Riemenschneider: Adrenalin und Adrenochrom als Mitosegifte 139[31].

— u. H.-J. Thom: Anregung der Mitose 135[4].

— R. Tschesche u. H. H. Inhoffen: Buch über Sterine, Gallensäuren und verwandte Naturstoffe. 2. Aufl. Bd. 1 (1954) 7[15].

— u. H. Wrba: Cancerogene Wirkung von Dulcin fraglich 268[4]. — Carcinogene Wirkung von p-Äthoxyphenylharnstoff (Dulcin) 376[5].

— s. Kuhn, R. 163[9].

— s. Weygand, F. 160[6].

Lettré, R., s. Lettré, H. 139[31].

Leuchtenberger, C., and G. S. Boyer: Proteinkrystalle in durch Adenoviren infizierten Zellen 605[5].

— G. Klein and E. Klein: Nucleinsäure- und Proteingehalt isolierter Zellkerne 442[9]. — Ribonucleinsäuregehalt in Zellkernen von Mäuseascitestumoren 443[8].

— R. Leuchtenberger and A. M. Davis: Desoxyribonucleinsäuregehalt in menschlichen Tumoren 443[3].

Leuchtenberger, R., s. Leuchtenberger, C. 443[3].

Leuenberger, S. G.: Cancerogene Wirkung von Anilin beim Menschen 234[2].

Leuthardt, F. M., s. Greenstein, J. P. 395[10, 11, 13, 15, 17, 25, 29, 37, 49, 52], 418[12], 421[3], 424[17, 22], 427[1], 436[12, 13], 438[1, 3], 439[1], 449[10, 11], 455[2], 457[2], 458[1].

Levan, A.: Colchicin als Mitosegift 137[6].

— and G. Östergren: Mitosegifte 139[13]. — Mechanismus der Mitosegiftwirkung 140[1].

— s. Kihlman, B. 93[15].

Levander, G.: Induktion der Gewebsdifferenzierung 113[1].

Le Veen, H. H., and J. R. Barberio: Gewebsreaktionen nach makromolekularen Substanzen 282[13].

Levene, P. A.: Sphingomyelin im Eidotter 468[1].

Leverton, R. M. u. Mitarb.: Minimalbedarf an essentiellen Aminosäuren 550[4].

Levi, A. A., s. Boyland, E. 226[8], 356[7].

Levie, L. H., s. Gaarenstrom, J. H. 19[8].

Levillain, W. D., s. Heston, W. E. 371[5].

Levin, L., s. MacCorquodale, D. W. 39[6].

Levin, M. L., H. Goldstein and P. R. Gerhardt: Häufigkeit von Bronchialkrebs 194[5].

— A. S. Kraus, I. D. Goldberg and P. R. Gerhardt: Bronchialkrebs bei Zigarettenrauchern 196[8].

— s. Goldberg, I. D. 190[3].

Levine, M. G., s. Hoyt, R. E. 31[12].

Levinthal, C.: Verteilung von Virus auf die Tochterteilchen 64[2].

LEVINTOW, L., S.-C. J. FU, V. E. PRICE and J. P. GREENSTEIN: Dehydropeptidase-Aktivität in Leber und Hepatom 395[18]. Geringe Aktivität der Dehydropeptidase II in Tumoren 438[1].
LEVVY, G. A., s. KERR, L. M. H. 145[8].
LEVY, H., s. HECHTER, O. 171[7], 173[9].
LEVY, H. B., H. M. DAVIDSON and A. L. SCHADE: Verhältnis Ribo-:Desoxyribonucleinsäure in Ascitesthymom der Maus 441[12].
LEVY, L. M., s. BERNSTEIN, L. M. 518[3].
LEVY, M., s. PALMER, A. H. 478[4].
LEVY, S. R., s. HAVEN, F. L. 451[11].
LEWAN, A., s. KIHLMAN, B. 93[15].
LEWIN, C.: Buch über die bösartigen Geschwülste (1909) 181[5].
LEWIN, H., u. W. SPIEGELHOFF: Buch über die Cyclushormone des Weibes (1951) 7[30].
LEWIN, I., R. LEWIN and R. C. BRAY: Aktivität der Xanthinoxydase im Mammagewebe der Maus bei Einwirkung des Milchfaktors 418[4].
LEWIN, R., s. LASZLO, D. 400[11].
— s. LEWIN, I. 418[4].
LEWIS, A. A., and C. W. TURNER: Mammogener Faktor des Hypophysenvorderlappens 18[5], 49[13].
LEWIS, D., s. EMERSON, S. 103[2].
LEWIS, G. E., s. BADGER, G. M. 358[10], 365[12].
LEWIS, K. F., H. J. BLUMENTHAL, C. E. WENNER and S. WEINHOUSE: Pentosephosphat-Cyclus in Tumoren 410[2].
LEWIS, L. A., s. SAVARD, K. 173[8].
LEWIS, M. R.: Polyploidie durch Cancerogene 95[6].
— and H. B. ANDERVONT: In vitro-Inaktivierung von ROUS-Virus 294[2].
— and M. L. CROSSLEY: Wachstumshemmende Wirkung von Äthyleniminverbindungen auf Impftumoren 373[16].
LEWIS, R. C., A. M. DUVAL and A. ILIFF: Grundumsatz von Frauen 523[7].
— G. M. KINSMAN and A. ILIFF: Berechnung des Grundumsatzes 524[10].
LEWIS, T.: Buch über die Blutgefäße der menschlichen Haut und ihre Reaktionen. Engl. (1927) 164[10].
LEWISOHN, M. G., s. BRADBURY, J. T. 350[9].
LEY, H., s. KELLNER, K. 424[3].
LEYMANN, (H.): Hautkrebs durch Anthracenöl 200[10].
L'HÉRITIER, P.: σ-Faktor 80[8].
LI, C., and E. ROBERTS: Aminosäurezusammensetzung von Tumormitochondrien 426[6].
LI, C. H.: Wachstumshormon 151[13]. — Identität von diabetogenem Hormon und Wachstumshormon 152[3]. — Hypophysektomie verzögert Entstehung von Lebertumoren nach carcinogenen aromatischen Aminen 360[6].
— and H. M. EVANS: Zusammenfassung über Wachstums- und adenocorticotropes Hormon (1947) 151[13]. — Zusammenfassung über das Wachstumshormon der Hypophyse (1948) 7[25]. — Zusammenfassung über Chemie der Hormone des Hypophysenvorderlappens (1948) 151[13]. — Gonadotrope Hormone 25[4].
LI, C. H., H. M. EVANS and M. E. SIMPSON: Wachstumshormon 151[13].
— I. I. GESCHWIND, R. D. COLE, I. D. RAACKE, J. I. HARRIS and J. S. DIXON: Chemie von ACTH 171*.
— and K. O. PEDERSEN: Follikelreifungshormon 25[11]. — Aminosäureverteilung im luteotropen Hormon 26[3].
— and H. POPKOFF: Chemie des Wachstumshormons 152[11].
— M. E. SIMPSON and H. M. EVANS: Chemische Struktur und Wirkung der gonadotropen Vorderlappenhormone 25[3]. — Luteinisierungshormon aus Schafshypophyse 25[6, 9]. — Prolactin aus Wöchnerinnenharn 26[1].
— s. FRAENKEL-CONRAT, J. 77[6], 152[15].
— s. KONEFF, A. A. 381[17].
— s. MOON, H. D. 152[13], 325[5], 349[4], 381[16, 17].
— s. SIMPSON, M. E. 152[12], 325[5].
LI, M. H., and W. U. GARDNER: Wachstumsgeschwindigkeit von transplantierten Tumoren 324[3]. — Bildung von Granulosazell-Tumoren aus in die Milz transplantierten Ovarien 325[10].
LI, T.-W.: Biologische Wertigkeit von Eiweißstoffen 547[3].
LIBERSON, W., s. FAILLIE, R. 530[21].
LICHTENSTEIN, J., s. COHEN, S. S. 599[8].
LICKINT, F.: Buch über Ätiologie und Prophylaxe des Lungenkrebses als Problem der Gewerbehygiene und des Tabakrauches (1953) 194[5]. — Häufigkeit von Bronchialkrebs 194[5]. — Bronchialkrebs bei Zigarettenrauchern 196[8].
LIEB, M.: Rückmutationen 99[5].
LIEBAU, G.: Berechnung des Stoffumsatzes aus Kreislauffunktionen 516[3].
LIEBE, E., s. BOYER, P. D. 43[10].
LIEBEGOTT, G.: Carcinogene Wirkung von Arsen 199[13]. — Arsen als Ursache von Berufskrebs 210[1]. — Mammageschwülste bei Männern nach chronischer Oestrogentherapie 327[12]. — Brustkrebs nach Oestrogenen 329[7].
LIEBEN, F.: Buch über Geschichte der physiologischen Chemie (1935) 507[2].
LIEBERMAN, S., s. PRELOG, V. 8[13].
LIEBERMANN, L.: Analyse des Keratins der Dottermembran 466[12].
LIEBERMEISTER, C.: Handbuch der Pathologie und Therapie des Fiebers (1875) 526[2].
LIEBIG, J. (v.): Buch über Thier-Chemie. 2. Aufl. (1843) 508[2]. — Buch über die Ernährungswerte der Speisen (1869) 469[7].
LIEBL, G. J., s. POTTER, V. R. 395[3].
LIEFLÄNDER, M., and H. TRONNIER: Aminosäurezusammensetzung von menschlicher Haut und von Tumoren 426[1].

LIERSCH, G., s. BRÜCKEL, K. W. 174[5].

LIGNERIS, M. J. A. DES: Kwashiorkor 192[2]. Carcinogene Wirkung von Lipoidextrakten aus Leber 201[7]. — Hitze als bedingt krebsauslösende Wirkung 232[6]. — Cocancerogene Wirkung von Verbrennungen 304[2].

LIKELY, G. (D.), s. SANFORD, K. K. 183[1], 231[1], 333[3, 7].

LILJENCRANTZ, E. (Hrsgb.): Krebshandbuch. Engl. (1939) 181[27].

LILLIE, F. R.: Fertilisin 101[1].

LILLIE, R. S.: Permeabilitätsänderungen bei Entwicklungserregung des Eies 105[6].

LIMBURG, (H.): Endometriosen in der Skeletmuskulatur 332[16]. — Metastasierungsfähigkeit der Uterusschleimhaut 340[7].

LIMPEROS, G.: Indirekte Strahlenwirkung über Bildung organischer Peroxyde 207[5]. Hemmung von Strahlenwirkungen durch Sauerstoffmangel 273[4].

LIND, P. E., s. BURNET, (F.) M. 608[1].

LINDAHL, P. E.: Zusammenfassung über physiologisch-chemische Probleme der Embryonalentwicklung (1938; 1941) 118[8]. Determination im Seeigelkeim 107[3]. — Animalisierende Wirkung von Rhodan auf Keime 117[7]. — Atmung unbefruchteter Eizellen 119[6].

LINDBERG, O.: Propandiol-(1,2)-phosphat-(1) als Stoffwechselprodukt der Brenztraubensäure 404[13].

— M. LJUNGGREN, L. ERNSTER and L. RÉVÉSZ: Phosphorylierung in Tumormitochondrien 416[14].

— s. ÖRSTRÖM, A. 119[1].

LINDEGREN, C. C.: Buch über die Hefezelle, ihre Genetik und Cytologie. Engl. (1949) 70[44]. — Modifizierung der MENDEL-Theorie 72[2]. — Anordnung der Gene in den Chromosomen 73[5].

LINDER, A.: Buch über statistische Methoden (1945) 34[4].

LINDERSTRØM-LANG, K.: Zusammenfassung über Verteilung von Enzymen in Geweben und Zellen (1940) 3[2].

LINDNER, A., s. FERNANDES, J. F. 447[9], 448[5].

LINDSEY, A. J., s. COMMINS, B. T. 196[2].

— s. COOPER, R. L. 196[2], 347[8].

LINDSEY, A. W.: Lehrbuch der Genetik. Engl. (1932) 70[45].

LINDVALL, S., s. RUNNSTRÖM, J. 101[11].

LINK, A. M., s. HUEPER, W. C. 209[8], 211[11], 377[10].

LINK, G. K. K., and V. EGGERS: Vorkommen von Pflanzenwuchsstoffen im Harn und in Pflanzengallen 148[10].

LINKO, P., and A. I. VIRTANEN: α-Ketosäuregehalt bei Kaninchen in normalen Geweben und Benzanthracentumoren 404[9].

LINNELL, W. H., D. W. MATHIESON and G. WILLIAMS: — Strukturelle Grundlagen der Wirksamkeit von Corticoiden 41[18], 173[12].

LINSER, H.: Reinigung von β-Indolylessigsäure 149[13]. — Hemmstoffe der Pflanzenstreckung in Pflanzen 149[18].

LINZBACH, A. J.: Konstanz der Zellzahl im Herzmuskel 130[4].

LIPARI, R., s. KORNGOLD, L. 433[9].

LIPMANN, F., N. O. KAPLAN, G. D. NOVELLI, L. C. TUTTLE and B. M. GUIRARD: Bedingungen für biologische Acetylierung von Aminen 255[6].

— s. HOCH, F. L. 529[2].

— s. NOVELLI, G. D. 146[13], 255[5].

LIPNIK, M. J., s. BALDRIDGE, G. D. 156[13].

LIPPINCOTT, S. W., s. ELLENBROCK, L. D. 457[13].

LIPSCHÜTZ, A.: Buch über Steroidhormone und Tumoren. Engl. (1950) 328[11]. — Krebsfördernde oder -auslösende Eigenschaften natürlicher Oestrogene 202[5]. — Proliferationsfördernde Hormone als bedingt krebsauslösende Faktoren 232[11]. — Bauchhöhlenfibrome beim Meerschweinchen nach Oestrogenen 328[11].

— E. MARDONES, R. IGLESIAS, F. FUENZALIDA and S. BRUZZONE: Hemmung der Fibrombildung nach Oestrogenen durch Steroide 328[12].

— H. PONCE DE LEON, E. WOYWOOD and O. GAY: Bildung von Granulosazell-Tumoren aus in die Milz transplantierten Ovarien 325[10].

— s. MARDONES, E. 328[12].

LIPSCHUTZ, A., s. LIPSCHÜTZ, A.

LIQUIER-MILWARD, J.: Speicherung von ^{60}Kobalt in Tumoren 400[12].

— s. HEATH, J. C. 400[7].

LISCO, H., M. P. FINKEL and A. M. BRUES: Sarkombildung durch Plutonium 209[9]. — Weißhaarigkeit bei schwarzen Ratten durch radioaktive Substanzen 273[9].

— s. BRUES, A. M. 209[10].

— s. SHUBIK, P. 305[6], 380[10].

LISSAK, K.: Acetylcholinbildung im Herzen von Hühnerembryonen 122[8].

LISSITZKY, S., s. ROCHE, J. 529[1].

LITS, F., s. DUSTIN, A. P. 137[6].

LITTLE, C. C.: Zusammenfassung über Genetik und das Krebsproblem (1951) 338[10]. — Erhöhte Krebsrate bei Mäusekreuzungen 187[1]. — Bedeutung genetischer Faktoren für Tumortransplantation 338[10].

— and B. M. MCPHETERS: Vererbbare Anfälligkeit für Brustkrebs bei erbreinen Mäusestämmen 186[8]. — Beeinflussung der Krebsmanifestation durch Erbanlagen bei der Maus 187[5].

— and L. C. STRONG: Vererbbare Anfälligkeit für Brustkrebs bei erbreinen Mäusestämmen 186[8].

— s. BITTNER, J. J. 186[8], 296[1].

— s. FEKETE, E. 296[4], 297[6].

— s. MULLER, H. J. 70[55].

— s. WOOLLEY, G. 27[6], 325[10], 330[4, 5].

LITTLE, P. A., A. SAMPATH, V. PAGNELLI, E. LOCKE and Y. SUBBAROW: Förderung des Tumorwachstums durch Vitamin B_{12} und Folsäure 332[3].
LITTLEFIELD, J. W., and E. B. KELLER: Einbau von Aminosäuren in Ribonucleinsäureproteid bei EHRLICHschem Mäuseascitestumor 434[19].
LITTMANN, I., s. GÓTH, A. 460[1].
LIU, H.-W., s. KAO, H.-W. 547[10].
LIU, O. C., H. BLANK, J. SPIZIZEN and W. HENLE: Einbau von radioaktivem Phosphor in Viren der klassischen Geflügelpest 607[11].
LJUNGGREN, M., s. LINDBERG, O. 416[14].
LLOYD, B. J., s. DALTON, A. J. 81[3].
LLOYD, B. J. jr., s. KAHLER, H. 295[2].
LLOYD, J.B., s.BERING, E.A.jr. 279[14], 376[10].
LO, H. W., s. DRUCKREY, H. 242[7], 253[7].
— s. NIEPER, H. A. 365[5].
LOCHHEAD, M. S., s. SCHARRER, B. 185[5].
LOCKE, E., s. LITTLE, P. A. 332[3].
LOCKHARDT, H. B., s. RUEGAMER, W. R. 552[5].
LOEB, J.: Buch über die chemische Entwicklungserregung des tierischen Eis (1909) 100[3].
LOEB, L.: Buch über die biologische Basis der Individualität. Engl. (1944) 338[10]. — Thyreotropes Hormon 154[13]. — Wuchsstoffbildung durch Krebszellen 321[3]. — Experimenteller Brustkrebs nach Oestrogenen 327[5]. — Brustkrebsbehandlung durch Kastration 328[7]. — Bildung von Wuchsstoffen durch Tumorzellen 332[4].
— and R.B. BASSETT: Thyreotropes Hormon 154[13].
— s. LATHROP, A. E. C. 187[7], 297[3, 5], 328[7].
LOESER, A.: Lokale Wirkung von Oestrogenen 29[4].
— s. JANSSEN, S. 154[13].
— s. JUNKMANN, K. 155[1].
LÖW, I., s. KUHN, R. 163[9].
LOEWE, H.: Beziehungen zwischen Virus und Erbträgern von Zellen 79[4].
LOEWE, S., u. H. E. VOSS: Vesiculardrüsentest 10[2], 39[2].
— s. VOSS, H. E. 8[6], 10[2], 26[9], 39[2].
LÖWENSTEIN, B. E., and R. L. ZWEMER: Steroid-Vitamin C-Verbindung aus Nebennierenrinde nach ACTH 172[2].
LOEWENTHAL, H., u. G. JAHN: Überführung solider Tumoren in Ascitesform 335[4].
LOEWENTHAL, S., u. H. PROBST: Eisengehalt menschlicher Tumoren 400[1].
LOEWY, A.: Zusammenfassung über Erhaltungsumsatz im wachen Zustand (1926) 522[2]. — Vorsätzliche Muskelruhe 521[3]. — Stoffwechsel bei geistiger Arbeit 542[5], 543[5].
— s. ZUNTZ, N. 515[3].
LOFTFIELD, R. B., s. ZAMECNIK, P. C. 402[6], 405[10], 412[18], 434[10, 11], 450[11].
LOGAN, J. B., s. BROWN, R. A. 445[2].
LOHMANN, K., u. F. SCHMIDT: Eigenschaften des Virus der „erblichen" lymphatischen Leukämie 298[12]. — Filtrierbares Agens bei Mäuseleukämie und -tumoren 337[10].
LOHMANN, R.: Produkte unvollständiger Verbrennung in geschädigten Zellen 165[3]. — Stoffwechsel von entzündetem Gewebe 166[6]. — Respiratorischer Quotient bei Hunger 519[1].
LOHSS, F., u. G. HILLMANN: Myelomplasmaproteine 433[9].
— A. HILLMANN-ELIES u. G. HILLMANN: Myelomplasmaproteine 433[9].
— E. WEILER u. G. HILLMANN: Myelomplasmaproteine 433[9].
— s. BRAUNITZER, G. 433[9].
— s. HILLMANN, A. 433[9].
LOMBARD, C.: Vorkommen von Krebs bei der Katze 184 Tab.
LOMBARD, H., and E. A. POTTER: Exogene Ursachen für Brustkrebs 197[8].
LOMBARD, H. L.: Bronchialkrebs und Zigarettenkonsum 195[4].
LOMBARDO, M. E., J. J. TRAVERS and L. R. CERECEDO: Nucleinsäurevermehrung in Organen von Mäusen mit Impftumoren 448[8].
— s. CERECEDO, L. R. 441[15], 448[8].
LOMBROSO, C., s. CERA, B. 539[9].
LONBERG-HOLM, L., s. MCKEE, R. W. 406[9].
LONDON, M., and P. B. HUDSON: Prostataphosphatase im Serum bei Prostatacarcinom 456[15].
— R. MCHUGH and P. B. HUDSON: Einfluß der Körpertemperatur auf saure Phosphatase des Blutes 456[12].
LONG, C. N. H.: Zusammenfassung über die Nebenniere als Regulationsfaktor (1949) 171[3]. — Steigerung der Eiweißsynthese durch Wachstumshormon 152[16]. — Beteiligung von Adrenalin an der Stressreaktion 171[2].
— s. SMITH, R. W. 124[49].
LONG, J. A., s. EVANS, H. M. 151[13].
LONG, R. P. DE, and D. R. COMAN: Kreislaufmechanische Gründe für Lokalisation metastasierender Tumoren 341[12].
— D. R. COMAN and I. ZEIDMAN: Calciumgehalt von Geschwülsten 340[10].
— s. COMAN, D. R. 335[8], 341[9].
— s. MCCUTCHEON, M. 341[12].
LONG, S., s. ROCHE, J. 457[12].
LONG, S. J., s. COLLETT, M. E. 530[9].
LONGSWORTH, L. G., R. K. CANNAN and D. A. MACINNES: Zusammensetzung der Eiereiweiß-Proteine 465[2].
— s. WOOLLEY, D. W. 156[2], 465[5].
LOOFBOUROW, J. R., E. S. COOK, C. M. DWYER and M. J. HART: Proliferationsfördernder Faktor in geschädigten Hefezellen 178[6].
LOOP, W., s. TSCHESCHE, R. 159[6], 160[5].
LOOS, H. O.: Histaminbildung bei Verbrennungen 167[7].
LOOSLI, C. G., s. STEINER, P. E. 299[8].

Lopez, G., s. Bischoff, F. 392[7].
— s. Fieser, L. F. 204[1], 276[2], 392[8].
Lopez, M.: Cancerogene Wirkung von Thioacetamid 376[1].
Lorch, I. J., and J. F. Danielli: Bedeutung des Zellkerns für Vermehrungsfähigkeit der Zellen 4[5], 71[1]. — Bedeutung des Cytoplasmas 131[2].
— s. Goldacre, R. J. 332[14].
Lorenz, D.: Bestimmung des Schilddrüsenhormons 154[7].
Lorenz, E.: Strahlendosis und Latenz bei Röntgenbestrahlung 207[2]. — Resorptionsbegünstigung von Carcinogenen durch wiederholte Injektion 231[3].
— and H. B. Andervont: Löslichkeit von Cancerogenen in Gewebslipoiden 229[2].
— s. Furth, J. 199[6], 205[1], 326[1].
Lorenz, W., s. Becker, J. 530[5].
Lorraine, J. A., s. Gaddum, J. H. 23[5].
Lotz, C., s. Dickey, F. H. 92[4], 93[3].
Lotz, R. G. A., s. Giersberg, H. 537[1].
Loughead, R., s. Landau, R. L. 13[4].
Loveless, A.: Cancerogene Wirkung von Bis-2(2-dichloräthyl)-aminoxyd 271[8].
— and S. (H.) Revell: Unterschiede in der Wirkung von Strahlen und radiomimetischen Giften 141[2]. — Reaktion cancerogener alkylierend wirkender Verbindungen mit Proteinen und Nucleinsäuren 374[1].
— s. Goldacre, R. J. 139[10], 140[7], 271[9], 374[1].
Lovtrup, E., s. Maver, M. E. 436[10].
Lowry, O. H., s. Graham, H. T. 167[17].
— s. Talbot, N. B. 17[1].
Lu, F. C., s. Allmark, M. G. 240[1].
Lubochinsky, B., s. Khouvine, Y. 427[2].
Lubschez, R.: Histaminbestimmung 167[12].
Lucas, H. J., s. Kofahl, R. E. 225[7].
Luce-Clausen, E. M., s. Morton, J. J. 205[10].
Luciani, L.: Buch über das Hungern. Dtsche. Übers. (1890) 573[5].
Lucien, M., J. Parisot et G. Richard: Buch über den Hoden. Franz. (1942) 8[3].
Luck, J. M., s. Cook, H. A. 433[4].
— s. Cunningham, L. 430[1], 442[7].
— s. Eldredge, N. T. 430[7].
— s. Griffin, A. C. 434[5], 435[1], 440[10], 441[4].
Lucké, B.: Virusätiologie von Nierengeschwülsten beim Leopardfrosch und bei Rana pipiens 294[8].
— and M. Berwick: Katalaseaktivität der Leber bei Tumorträgern 421[6].
— M. Berwick and I. Zeckwer: Aktivität der Leberkatalase bei Tumorträgern 422[6].
— and H. G. Schlumberger: Vorkommen von Krebs bei Kaltblütern 184[Tab.] — Zusammenfassung über Neoplasmen bei Kaltblütern (1949) 294[8].
Lucy, J. A., s. Butler, J. A. V. 301[5].
Ludány, G. v., u. L. Lengyel: Einfluß der Parathyreoidea auf den Grundumsatz 530[14].
Ludewig, S., and A. Chanutin: Lösliche und gebundene Form der Leberkatalase 421[16].
Ludford, R. J.: Mitosegifte 136[8]. — Wirkung von Colchicin auf den Spindelapparat 137[7]. — Cancerisierung von Zellen ohne Änderung der Kernstruktur 311[7].
— and H. Barlow: Sarkombildung aus transplantierten Carcinomen 333[3].
Ludwig, A. W., s. Bras, N. F. 11[2].
Ludwig, F., s. Gordonoff, T. 332[1].
Luecke, R. W., s. Sarkar, B. C. R. 13[8].
Lüderitz, O., s. Schramm, G. 170[3].
— s. Westphal, O. 170[2,4,5], 171[4], 174[3].
Lüers, H.: Mutagene Wirkung von Triäthylenmelamin 373[4].
Lührs, W., u. E. Negelein: Aktivität der Milchsäuredehydrogenase im Serum bei Carcinom 412[10].
Lüscher, M.: Zusammenfassung über die Ursachen der tierischen Regeneration (1952) 176[15].
Lukens, F. D. W.: Wachstumshormon 151[13]. — Antagonismus Keimdrüsenhormone/Wachstumshormon 153[4], 156[11].
— s. Brady, R. O. 554[8].
Lundgren, H. P., S. Gurin, C. Bachman and D. W. Wilson: Menschliches Prolan 25[8].
Lundquist, F.: Cholinphosphorsäure im Sperma 10[11], 13[13]. — Bedeutung der Hyaluronidase bei der Befruchtung 13[2].
— s. Bjoerneboe, M. 175[5].
Luria, S. E.: Buch über allgemeine Virologie. Engl. (1953) 580[7]. — Vermehrungsmechanismus der Nucleinsäuren in Bakteriophagen 63[1].
— and M. Delbrück: Selektion von Mutanten als Ursache der Resistenz gegen Pharmaka 87[6].
— s. Oakberg, E. G. 87[6].
Lushbaugh, C. C., s. Widner, W. R. 135[5].
Lusk, G.: Buch über Wissenschaft der Ernährung. Engl. 4. Aufl. (1928) 538[6]. Zusammenfassung über die spezifisch-dynamische Wirkung der Nahrungsstoffe (1931) 539[1]. — Glucoplastische Aminosäuren 554[1].
— s. Murlin, J. R. 538[5].
— s. Ringer, A. I. 554[1].
Lusky, L. M., and A. A. Nelson: Carcinogene Wirkung von Carboxymethylcellulose 282[8]. — Cancerogene Wirkung der Tweene 288[11].
Lustig, B.: Glucosegehalt in Tumoren 403[6]. Lipoidgehalt von Lunge und Lungentumoren 450[6].
— u. E. Mandler: Lipoidanalysen von menschlichen Tumoren 450[4].
— and H. K. Wachtel: Wachstumshemmung durch Hypophysenhinterlappenextrakte 153[3], 156[10].

LUTWAK-MANN, C., s. MANN, T. 10[1].
LUTZ, B. R., and M. A. CASE: Adrenalin im Hühnerembryo 479[7].
LWOFF, A.: Zusammenfassung über Virus (1957) 580[15].
LYLE, G. G., s. POTTER, V. R. 413[5], 416[8].
LYMAN, C. P., and P. O. CHATFIELD: Stoffwechsel während des Winterschlafs 522[12].
LYNN, E. V., s. COSTELLO, C. H. 20[4].
LYNN, K. R., s. BADGER, G. M. 354[9].
LYON, M. F., s. KAPLAN, W. D. 92[9].
LYONS, M. J.: Aromatische Kohlenwasserstoffe im Zigarettenrauch 196[2]. — 3,4-Benzpyren im kondensierten Rauch von Zigaretten 347[8].
LYONS, W. R.: Prolactinbestimmung 38[7].

MAALØE, O., and J. D. WATSON: Übertragung von Nucleinsäuren auf die Tochtergeneration 64[1].
— s. STENT, G. S. 63[6].
MAASS, H., G. HÖHNE, H. A. KÜNKEL u. G. H. RATHGEN: Hemmung von Tumoratmung und -glykolyse durch Röntgenstrahlen 409[2].
— s. RATHGEN, G. H. 409[2].
MABEE, D., s. DAUBEN, W. G. 230[5].
MCBRYDE, C. M.: Lokale Wirkung von Oestrogenen und Gestagenen 18[4].
MCCALL, E. F., s. PARSONS, W. H. 327[11].
MCCAMMON, C. J., P. KOTIN and H. L. FALK: Cancerogene Wirkung von 1,2,3,4-Diepoxybutan 372[4].
MCCANCE, R. A., and E. M. WIDDOWSON: Buch über die chemische Zusammensetzung der Nahrung. Engl. 2. Aufl. (1946) 563[1].
— E. M. WIDDOWSON, T. MORAN, W. J. S. PRINGLE and T. F. MACRAE: Mehl als Kohlenhydratquelle 563[3].
— s. JONES, P. E. H. 124[2].
MCCARTHY, P., s. BROWN, E. V. 240[3, 4], 365[9, 10].
MCCARTHY, P. T., s. CERECEDO, L. R. 448[6].
MCCARTY, K. S., s. GROSS, L. 197[10], 298[1].
MCCARTY, M., and O. T. AVERY: Tranformation von Pneumokokken durch plasmatische Desoxyribonucleinsäure 95[10]. — s. AVERY, O. T. 5[3], 56[2], 78[8], 80[7], 83[1], 95[10].
MCCLEAN, D., and I. W. ROWLANDS: Hyaluronidase in Samenzellen 51[8].
MCCLELLAN, W. S.: Kohlenhydratarme Kost 553[3].
— and E. F. DU BOIS: Kohlenhydratarme Kost 553[3].
— V. R. RUPP and V. TOSCANI: Kohlenhydratarme Kost 553[3].
— s. DU BOIS, E. F. 553[3].
MCCLENDON, J. F.: Wirkung von Follikel- und Corpus luteum-Hormon auf den Grundumsatz 530[7].
MCCLOSKY, W. T., C. W. PRICE, W. VAN WINKLE jr., H. WELCH and H. O. CALVERY: Standardisierung der Pyrogene 169[11].
MCCOLLUM, E. V.: Buch über neueres Wissen über die Ernährung. 5. Aufl. (Engl. 1944) 509[7].
— s. MACKENZIE, J. B. 160[13].
MACCORQUODALE, D. W., L. LEVIN, S. A. THAYER and E. A. DOISY: Synthetische Oestrogene 39[6].
— and S. A. THAYER and E. A. DOISY: Beeinflussung des Brustkrebses der Maus durch Oestradiol 297[10].
MCCULLAGH, D. R., s. CUYLER, W. K. 155[4].
MCCUTCHEON, M., and D. R. COMAN: Hyaluronidaseaktivität in menschlichen Tumoren 458[9].
— D. R. COMAN and R. P. DE LONG: Kreislaufmechanische Gründe für Lokalisation metastasierender Tumoren 341[12].
— s. COMAN, D. R. 335[8], 341[9].
— s. ZEIDMAN, I. 335[7], 341[8].
MCDONALD, E., s. WALDSCHMITZ-LEITZ, E. 438[13].
MACDONALD, J. C., A. M. PLESCIA, E. C. MILLER and J. A. MILLER: Schicksal der N-Methylgruppen des 4-Dimethylaminoazobenzol 262[9]. — 4-Dimethylaminoazobenzol ist nicht Methyldonator 263[3]. — Carcinogene Wirksamkeit der N-methylmarkierten Ringmethylhomologen des 4-Dimethylaminoazobenzol 370[7].
— s. MILLER, E. C. 263[2], 370[6].
MCDONALD, M., s. KAUFMANN, B. P. 134[2].
MCDONALD, S. jr., and D. L. WOODHOUSE: Luftverschmutzung 195[1]. — Carcinogene Eigenschaften von Luftkonzentraten aus Industriestädten 213[11].
MACDONALD, S. G. G., s. IBALL, J. 215[9].
MACDOWELL, E. C., s. SMITH, P. E. 152[5].
MCELROY, W. D., and B. GLASS (Hrsgb.): Buch über den Phosphorstoffwechsel, Bd. II. Engl. (1952) 408[4]. — Buch über Aminosäurestoffwechsel. Engl. (1955) 68[7].
MCEWEN, H. D., s. BOYD, E. M. 450[13], 453[4].
MCFADDEN, M. L., s. SMITH, E. L. 433[9].
MCFARLANE, A. S.: Erhöhter Nucleinsäurestoffwechsel bei Zellteilung 5[5]. — Umsatz der Nucleinsäuren in Zellkern und -plasma 144[6]. — Bedeutung der Nucleinsäuren des Zellkerns für Proteinsynthesen 145[1].
MCFARLANE, W. D., and H. I. MILNE: Kupfergehalt der Leber von Hühnerembryonen 470[2].
MCGARY, V. E., s. BERNSTEIN, L. M. 518[3].
MCGINNIS, J., s. MARIAKULANDAI, A. 122[4].
MCGINTY, D. A., G. N. SMITH, M. L. WILSON and C. S. WORREL: Oxydation von Corticoiden in Stellung 11 durch Nebennierenrinde in vitro 171[6]. — Corticosteronbildung 173[8].
MCGUINNES, E. T., s. CERECEDO, L. R. 448[6].

Macheboeuf, M. A.: Bedeutung der Nucleinsäuren für Eiweißsynthese 144[9].
McHenry, E. W., s. Ballantyne, R. M. 460[3].
— s. Barrett, H. M. 151[7].
— s. Semmons, E. M. 33[11].
— s. White, J. M. 439[4].
Machle, W., and F. Gregorius: Lungenkrebs durch Chromat 200[2], 211[2].
McHugh, R., s. London, M. 456[12].
McIndoe, W. M., and J. N. Davidson: Desoxyribonucleinsäuregehalt in Zellkernen beim GRCH-15-Hühnertumor 442[14].
MacInnes, D. A., s. Longsworth, L. G. 465[2].
McIver, F. A., s. Pratt-Thomas, H. R. 197[2].
McKay, A. F., s. Heard, R. D. H. 32[1].
McKee, R. W., K. Lonberg-Holm and J. Jehl: Glykolyse und Atmung von Ehrlich-Mäuseascitestumor 406[9].
— s. Brin, M. 403[15], 406[3].
Mackenzie, C. G., J. P. Chandler, E. B. Keller, J. R. Rachele, N. Cross and V. du Vigneaud: Abspaltung der CH_3-Gruppe aus 4-Dimethylaminoazobenzol 263[1].
— and J. B. Mackenzie: Thioharnstoff und Thiouracil als Hemmstoffe gegen Schilddrüsenhormon 160[13].
— J. R. Rachele, N. Cross, J. P. Chandler and V. du Vigneaud: Abspaltung der CH_3-Gruppe aus 4-Dimethylaminoazobenzol 263[1].
— s. Mackenzie, J. B. 160[13].
McKenzie, E., s. Ropp, R. S. de 336[6].
Mackenzie, I.: Krebsfördernde oder -auslösende Eigenschaften natürlicher Oestrogene 202[5]. — Experimenteller Brustkrebs nach Oestrogenen 327[5]. — Experimenteller Brustkrebs bei Ratten nach Oestrogenen 327[10].
— and P. Rous: Cocancerogene Wirkung von Verbrennungen 304[2]. — Minimale Trefferzahl für Krebsentstehung 320[1]. — Präcancer 320[1].
Mackenzie, J. B., C. G. Mackenzie and E. V. McCollum: Thioharnstoff und Thiouracil als Hemmstoffe gegen Schilddrüsenhormon 160[13].
— s. Mackenzie, C. G. 160[13].
Mackenzie, S.: Hautkrebs durch Kreosot 200[11].
McKeown, T., s. Selye, H. 48[5].
Mackey, C. J., s. Sanford, K. K. 333[3, 7].
McKibben, J. W., s. Scrimshaw, N. S. 480[10].
McKinley, W. A., s. Eakin, R. E. 156[2].
McKissock, W., s. Stapleton, J. E. 401[13].
Mac Lagan, N. F., s. Billimoria, J. D. 41[18], 173[12].
— s. Henderson, I. 33[11], 45[6].
McLaurin, R. L., s. Bering, E. A. jr. 279[14], 376[10].
MacLean, D. L., s. Barrett, H. M. 151[5, 7].
McLean, P., s. Glock, G. E. 415[11].
McLean, R., s. Franseen, C. C. 457[4].
MacLeod, C. M., s. Avery, O. T. 5[3], 56[2], 78[8], 80[7], 83[1], 95[10].
MacLeod, G., E. E. Grofts and F. G. Benedict: Rassische Unterschiede des Grundumsatzes 535[8].
MacLeod, J.: Ejakulatmenge beim Menschen 13[3].
McLennan, M. T., s. Goonman, L. S. 139[9].
McLetchie, N. G. B., s. Dunn, J. S. 139[24].
McMahon, H. E., A. S. Murphy and M. I. Bates: Carcinogene Wirkung von Radiothor und Mesothor 199[9]. — Cancerogene Wirkung von Thoriumdioxyd 209[7].
McManus, R. G., s. Sommers, S. C. 376[17].
MacNary, D. F., s. Kidd, J. G. 406[4], 418[15].
Maconachie, J. E., s. Miller, W. L. 147[14].
Macpherson, A. J. S., and E. M. Robertson: Synthetische Oestrogene 40[3].
McPheters, B. M., s. Little, C. C. 186[8], 187[5].
Macrae, T. F., s. McCance, R. A. 563[3].
McShan, W. H., s. Deutsch, H. F. 26[7].
Mader, P., s. Kotin, P. 195[1], 200[8], 347[4].
Madsen, M. E., s. Dunning, W. F. 327[9].
Magasanik, B., s. Chargaff, E. 444[12], 445[3].
Magee, P. N., and J. M. Barnes: Cancerogene Wirkung von Dimethylnitrosoamin 247[2], 376[2].
Magill, J. W., s. Kensler, C. J. 258[9], 262[6].
Magill, P. L., F. R. Holden and C. Ackley: Handbuch über Luftverunreinigung. Engl. (1956) 195[1].
Magni, G., s. Cavalli, L. 34[4].
Magnus, P. v.: Inkomplette Formen von Viren der Klassischen Geflügelpest und der Influenza 607[1, 2].
Magnus-Levy, A.: Stoffwechsel bei völligem Nahrungsentzug 573[3].
Maguigan, W. H., s. Spitz, S. 237[3], 239[8], 245[6], 362[16].
Mahdihassan, S., s. Feulgen, R. 75[6].
Mahler, H. R., s. Fraser, D. 599[1].
Mahoney, E. B., s. Morton, J. J. 205[10].
Maisin, J., P. Desmedt et L. Jacqmin: Keine cancerogene Wirkung von Anthracen und Phenanthren 349[9].
— Y. Pourbaix et G. Ceulemans: Fettreiche Ernährung begünstigt Krebsentstehung 192[10]. — Krebsfördernde Wirkung fettreicher Ernährung 287[7].
— s. Lancker, J. v. 31[8], 326[2].
Majnarich, J. J., s. Norris, E. R. 151[1], 324[7].
Makar, N.: Schistosoma haematobium als Krebsursache 201[4].
Makino, S.: Buch über Chromosomenzahlen bei Tieren. Engl. (1950) 70[46]. — Atlas der Chromosomenzahlen bei Tieren. 2. Aufl. Engl. (1951) 71[3]. — V-förmige Chromosomen in Zellen des Yoshida-Sarkoms 311[4].
Malbica, J. O., s. Rodriguez, N. M. 448[8].
Malkiel, S., s. Boyd, W. C. 164[18].

Malkin, H. M., and D. M. Greenberg: Hemmung der Aufnahme von Glycin-^{14}C in Ribonucleinsäuren beim Ehrlichschem Ascitestumor durch 2,4-Dinitrophenol 448[2].

Mallory, T. B., E. E. Gall and W. J. Brickley: Leukämie nach Benzol 200[12].

Malloy, P. (L.), s. Brown, E. V. 240[3, 4], 365[9, 10].

Mallwitz, A., u. A. Ohly: Buch über Ernährung und Getränke bei Sport (1939) 571[3].

Malmgren, B., and C.-G. Hedén: Zusammenhang von Proteinsynthese und Nucleinsäuregehalt der Zellen 145[4].

Malmgren, H., B. Sylvén and L. Revesz: Kathepsin- und Dipeptidaseaktivität in Mäuseascitestumoren 436[3].
— s. Sylvén, B. 436[1].

Malmgren, R. A.: Wuchsstoffbildung durch Krebszellen 321[3]. — Mitoserate der Leber nach Injektion von Tumorbrei 332[6].
— and B. E. Bennison: Verhinderung der Antikörperbildung durch cancerogene Azofarbstoffe 262[4]. — Unterschiede in den Antigenen von Hepatom und normalem Lebergewebe 265[3]. — Hemmung der Antikörperbildung durch cancerogene Kohlenwasserstoffe und Farbstoffe 313[2].

Malmros, H.: Wirkung mehrfach ungesättigter Fettsäuren auf Plasmacholesterinspiegel 555[18].

Malpress, F. H.: Bestimmung oestrogener Phenole 42[12].

Mampbell, K.: „Mutator"-Substanz („Mutator-Gen") bei Drosophila 80[9], 96[1].

Manabe, Y., s. Tomita, M. 466[10], 480[8], 500[1].

Mandel, H. G., and P.-E. Carló: Einbau von 4-Amino-5-imidazolcarboxamid-^{14}C in Purine der DNS des Mäusesarkoms 37 beschleunigt 446[14]. — Kein spezifischer Einbau von Guanin-^{14}C in Nucleinsäuren von Mäusetumoren 446[26].
— and L. W. Law: Hemmstoffe für Nucleinsäurestoffwechsel 448[5].
— s. Anderson, E. P. 448[13].
— s. Conzelmann, G. M. jr. 446[14].
— s. Way, J. L. 446[13], 448[12].

Mandel, P., et R. Bieth: DNS-Gehalt im Gehirn von Hühnerembryonen 123[7], 132[8]. — Individuelle Zeitkonstante des Wachstums 127[1]. — Aufhören der Teilung der Gehirnganglienzellen 130[2].
— s. Métais, P. 442[12].

Mandler, E., s. Lustig, B. 450[4].

Mangold, O.: Auslösung von Mißbildungen durch chemische Agentien 115[10].
— u. H. Waechter: Mißbildungen nach Sauerstoffmangel 117[3]. — Augenmißbildungen bei Fundulus 117[5].

Mangold, R., L. Sokloff, E. Connor, I. Kleinerman, P. O. G. Therman and S. S. Kety: Stoffwechselschwankungen im Schlaf 522[10].

Manheimer, L. H., and A. M. Seligman: Alkalische Phosphatase in Tumoren 457[7].
— s. Seligman, A. M. 458[4].

Mann, F. C., s. Karlson, A. G. 184Tab.
— s. Wilhelmj, C. M. 538[9].

Mann, H.-J., s. Weygand, F. 160[6].

Mann, I.: Aktivierung des Milchfaktors durch Oestrogene 297[12].
— and W. J. Dunn: Aktivierung von Krebsvirus durch Kälte 300[2].
— s. Gye, W. E. 300[1], 336[9].

Mann, T.: Buch über Biochemie des Samens. Engl. (1954) 51[1]. — Bedeutung der Fructose für die Spermien 13[5]. — Inositgehalt von Ebersperma 13[10]. — Vorkommen von Fructose im Fruchtwasser 47[6].
— and E. Leone: Ergothionein im Sperma 13[11].
— and C. Lutwak-Mann: Samenblasenphosphatase 10[1].

Mann, W., and J. Gruschow: Aufnahme von ^{32}P in Nucleinsäure und Phosphoproteide 447[14].

Manson, D., s. Booth, J. 235[2], 256[2], 330[3], 367[5].
— s. Boyland, E. 367[4, 10].

Manson, L. A., and L. Young: α-Oxy-β-naphthylamin aus β-Naphthylamin 256[2], 367[2].

Manstein, B., u. F. Schmidt-Hoensdorf: Schwangerschafttest mit Rana esculenta 38[1].

Maqsood, M.: Abhängigkeit der Wirkung des Schilddrüsenhormons von der Hypophyse 153[7].

Marais, A. des, and L. P. Dugal: Bedeutung der Nebennierenrinde für Stoffwechselsteigerung in der Kälte 532[7].

Maramorosch, K.: Vermehrung von Pflanzenviren in Insekten 596[9]. — aster yellow Virus 596[10].

Marañon, G., L. Calvo Pena et E. Ossorio Florit: Grundumsatzsteigerung durch Adrenalin 530[1].
— et M. Ossorio Florit: Grundumsatzsteigerung durch Adrenalin 530[3].

Marberger, E., R. A. Boccabella and W. O. Nelson: Geschlechtsbestimmung aus dem Geschlechtschromatin 55[1].

Marble, B. B., s. Brues, A. M. 180[4], 317[9].

Marcelet, J., s. Roche, J. 457[12].

Marchand, B., s. Criegee, R. 226[3, 7].

Marchetti, A. A., s. Papanicolaou, G. N. 17[4].

Marcovich, H.: Mutationen bei „petites colonies" der Bierhefe 80[11], 93[18].

Mardashev, S. P., s. Zbarskij, B. I. 424[15, 21].

Marder, S. N., s. Kaplan, H. S. 330[7].

Mardones, E., R. Iglesias, F. Fuenzalida, S. Bruzzone and A. Lipschutz: Hemmung der Fibrombildung nach Oestrogenen durch Steroide 328[12].
— s. Lipschutz, A. 328[12].

Marescotti, V., s. Banchetti, A. 33[8].

Margulies, E., s. Dogliotti, G. C. 530[19].

MARIAKULANDAI, A., and J. MC GINNIS: Empfindlichkeit von Embryonen gegen Mangel an Vitamin B_{12} 122[4].
MARIANI, P. L., s. RUDALI, G. 276[7], 375[6].
MARIE, P.: Symptome bei Hypophysengeschwülsten 152[4].
— J. CLUNET et G. RAULOT-LAPOINTE: Röntgenkrebs bei Tieren 206[9]. — Cancerogene Wirkung von Röntgenstrahlen bei Ratten 379[3].
MARINELLI, L. D., s. SEIDLIN, S. M. 267[1], 326[5].
MARINETTI, G. V., D. J. SCARAMUZZINO and E. STOTZ: Wirkung essentieller Fettsäuren auf Aktivität der Cytochromoxydase 556[2].
MARK, D. D., and H. RIS: Desoxyribonucleinsäuregehalt in Tumorzellen gleich dem von Leberzellen 430[1]. — Desoxyribonucleinsäuregehalt von Tumorzellkernen 442[6].
MARK, H., s. MEYER, K. H. 252[4].
MARK, R. E.: Zusammenfassung über den Stoffwechselversuch am Menschen und am Hunde (1926) 513[10]. — Spezifisch-dynamische Wirkung von Leber und Muskulatur 540[3]. — Verminderung des Stoffwechsels nach Zufuhr von Leber und Milz 540[4].
MARKHAM, R.: Ribonucleinsäuren 59[5].
— and J. D. SMITH: Zusammensetzung der Ribonucleinsäure aus Tabakmosaikvirus 593[7].
— and K. M. SMITH: Struktur kugelförmiger Pflanzenviren 586[1].
— K. M. SMITH and R. W. G. WYCKOFF: Durchmesser von Tabaknekrosevirus 587[8].
— s. COSSLETT, V. E. 587[10].
— s. WHITFELD, P. R. 60[3].
MARKOWITZ, J., s. WATERS, E. T. 167[18].
MAROT, R., et M. BURAND: Mangangehalt von menschlichen Tumoren 400[9].
MARQUARDT, H.: Zusammenfassungen über Genetik der Mikroorganismen (1953) 70[47]; (1954) 70[48]. — Selbstreproduktion von Mitochondrien und Plasmagranula 5[3]. — Lockerstellen in Chromosomen 77[4], 208[4]. Plasmatische Vererbung 79[15]. — Duplikantenbestand der Zelle 82[4]. — Unterschiedliche Ursachen und Wirkungen von Mutationen an Chromosomen, Genen und Plasmaduplikanten 86[4]. — Mutagen wirksame Stoffe aus gealterten Samen 88[10], 95[12]. — Chromosomenmutationen durch Produkte des Zellstoffwechsels 92[10]. — Mutagene Wirkung von Äthylurethan 92[14], 93[9]. — Mutagene Substanzen 93[13]. — Mutagene Wirkung von Zephirol 93[16]. — Formen von Mitosegiften 137[5]. — Zeitpunkt der Mitosegiftwirkung 141[7]. — Struktur der Interphasenchromosomen 311[3].
— s. ALTMANN, H. W. 70[2].
— s. BAUTZ, E. 52[1], 135[3].
— s. GRUNDMANN, E. 135[1].
MARQUARDT, P.: Zusammenfassung über Konkurrenzphänomene als Grundlage pharmakologischer Wirkungen (1949) 159[3].
MARRACK, J. R.: Zusammenfassung über die Chemie von Antigenen und Antikörpern (1938) 164[25].
MARRIAN, G. F.: Pregnandiol-glucuronid 31[12].
— and G. A. D. HASLEWOOD: Steroidnatur der Keimdrüsenhormone 28[3].
— s. BUTLER, G. C. 29[6].
— s. COHEN, S. L. 31[5], 32[1], 45[7], 48[13].
— s. KLYNE, W. 32[2].
MARRION, D. H., s. FRIEDMANN, E. 139[7].
MARSHAK, A.: Einbau von ^{32}P in Zellkerne von Tumoren 446[5].
— u. J. FAGER: Usninsäure als Spindelgift 138[10].
— and A. C. WALKER: Anregung der Mitose 135[4].
MARSHALL, A. H.: Ursache der cancerogenen Wirkung von Evans Blue 246[15]. — Cancerogene Wirkung von Trypanblau 366[6].
MARSHALL, C. W., s. HECHTER, O. 171[7], 173[9].
MARSHALL, M., s. OSSERMAN, E. F. 433[12].
MARSHALL, P. G., s. KAY, H. D. 467[2].
MARSHALL, V. F., J. L. GREEN and J. J. HARRIS: Cancerogene Wirkung von β-Naphthylamin 234[9].
MARSTERS, R. W., s. PAUL, H. E. 180[9].
MARTIN, C. J., and R. ROBISON: Biologische Wertigkeit von Eiweiß 546[11].
MARTIN, C. R., s. DEUEL, H. J. jr. 555[10].
MARTIN, G. J., and J. M. BEILER: Verhinderung der Befruchtung durch phosphoryliertes Hesperidin 103[4].
— s. AVAKIAN, S. 162[4].
— s. BEILER, J. M. 156[7].
— s. SWAYNE, V. R. 13[16].
MARTIN, K. A.: Wirkung von Jod auf Grundumsatz 531[2].
MARTIN, R. H., s. BADGER, G. M. 213[7], 218[6], 349[13], 350[2], 351[5,10], 353[7].
— s. COOK, J. W. 205[11].
MARTINETTO, G., e B. BRUNI: Herstellung von Grundumsatzbedingungen bei Tieren durch Curare oder Narkotika 521[4].
MARTINEZ, C., G. MIROFF and J. J. BITTNER: Wuchsstoffbildung durch Krebszellen 321[3]. — Hitzestabiler wachstumsfördernder Faktor in Tumoren 332[5].
MARTIUS, C., H. BIELING u. D. NITZ-LITZOW: Entkopplung von Phosphorylierung und Atmung durch Schilddrüsenhormon 529[2].
— u. B. HESS: Entkopplung von Phosphorylierung und Atmung durch Schilddrüsenhormon 529[2].
MARTIUS, H., s. AULER, H. 181[21].
MARTLAND, H. S.: Zusammenfassung über Radiumvergiftung (1947) 199[7]. — Carcinogene Wirkung von Radiothor und Mesothor 199[9]. — Carcinogene Wirkung von Thoriumdioxyd 209[7].
MARX, E., s. MARX, R. 164[2].

Marx, H., s. Arnold, O. 30².
Marx, H. E., s. Shay, H. 188⁵, 231⁴, ⁸.
Marx, M., s. Reiss, M. 19⁹.
Marx, R., H. Bayerle u. E. Marx: Keimungshemmung bei Pflanzen durch Antivitamin-K-Substanzen 164².
Masai, Y., and T. Fukutomi: Verhalten organischer P-Verbindungen im bebrüteten Hühnerei 474³.
Masayama, T., H. Iki, T. Yokoyama and M. Hasimoto: Histidase-Aktivität in Leber und Hepatom 395³³.
— and T. Yokoyama: Desoxyribonucleinsäuregehalt von Tumoren und ihren Muttergeweben 440⁹.
Maschmann, E.: D-Peptidasen in normalem und Tumorgewebe 437⁴.
— u. E. Helmert: Aktivität von Kathepsin und Peptidasen in Tumoren 435¹³. — Aktivität von Kathepsin und Dipeptidase in nekrotischen Tumorteilen 436².
Mason, E. D.: Bedeutung der Wärmeregulation für Höhe des Grundumsatzes 536¹.
— and F. G. Benedict: Unterschiede zwischen Schlaf- und Ruhestoffwechsel 522⁹.
Mason, H. L., and W. W. Engstrom: Corticosteroidausscheidung im Harn 173¹³.
— and R. G. Sprague: Wirkstoffausscheidung durch Nebennierenrinde nach ACTH 172³.
— s. Sprague, R. G. 172³.
Mason, R.: Chemische Konstitution und Wirkung cancerogener Stoffe 215⁹. — Molekulardiagramme 221¹.
Masoro, E. J., I. L. Chaikoff and W. G. Dauben: Fettbildung aus Glucose 554⁶.
Massazza, A., e G. U. Fajella: Grundumsatz bei Geisteskranken 530²².
Massey, W. E., s. Willis, R. S. 44⁷.
Masson, G.: Zusammenfassung über synthetische Hormone (1944) 39⁶.
Mather, K.: Buch über statistische Analyse in der Biologie. 2. Aufl. (1947); deutsche Übers. von Zeller, A. (1954) 34⁴.
— s. Darlington, C. D. 70¹⁴.
Mathews, J. J., s. Hendry, J. A. 362¹⁵.
Mathieson, D. R., s. Sprague, R. G. 172³.
Mathieson, D. W., s. Linnell, W. H. 41¹⁸, 173¹².
Mathieu, R., s. Allard, C. 266³.
Matson, J. R., and F. A. Hitchcock: Grundumsatz im Greisenalter 524⁴.
Matsuoka, S., s. Black-Schaffer, G. 199¹².
Mattern, C. F. T., and H. G. Du Buy: Krystallisierte Coxsackie-Viren 603⁶.
Matters, R. F., s. Hicks, C. S. 535¹⁰.
Matteucci, G.: Hitze als Ursache von Hautkrebs 199¹.
Matthes, T.: Tumorbildung durch Thorotrast beim Menschen 379¹⁵.
Matthews, J. J., s. Hendry, J. A. 237¹².
Matthews, R. E., and J. D. Smith: Chemotherapie der Viren 611¹.
Matthews, R. E. F., s. Lasnitzki, I. 448⁵.
Mattill, H. A., and M. M. Clayton: Biologische Wertigkeit von Milcheiweiß 547⁵.
— s. Howe, P. E. 573⁴.
Matzner, K. H., s. Tonutti, E. 170⁷.
Mauer, G., s. Haagen, E. 384³.
Maun, M. E., s. Dunning, W. F. 360³.
Maurath, J., u. J. Rehn: Mißbildungen bei Sauerstoffmangel 96⁶. — Auslösung von Mißbildungen durch Sauerstoffmangel 117².
Maurer, W., A. Niklas, H. Basten u. H. Puchtler: Gesamt-phosphorstoffwechsel von Ratten mit Walker-Tumoren 401¹⁵.
Maver, M. E., and M. K. Barrett: Immunologische Verschiedenheiten zwischen Kathepsin aus Rattenhepatom und normaler Rattenleber 432⁶. — Serologische Spezifität von Kathepsin aus Rattenhepatom 436⁸.
— T. B. Dunn and A. Greco: Proteinase-Aktivität in Leber und Hepatom 395⁴⁶, ⁴⁸. Aktivität von Kathepsin und Peptidasen in Tumoren 435¹⁴.
— and A. E. Greco: Kathepsinaktivität der Mitochondrien 436⁹. — p_H-Optimum von Leber- und Hepatomhomogenaten 437¹. Hemmung von Desoxyribonuclease durch Mg-Ionen 449⁶. — Ribonucleasen aus Leber und Milz sowie aus Tumoren 449⁶.
— A. E. Greco, E. Lovtrup and A. J. Dalton: Kathepsinaktivität von Zellkernen aus normaler Leber und aus Hepatomen 436¹⁰.
— G. B. Mider, J. M. Johnson and J. W. Thompson: Proteinase-Aktivität in Leber und Hepatom 395⁴⁷. — Kathepsinaktivität im Rattenhepatom 436⁶.
Maw, W. A., s. Gardiner, V. E. 480⁹.
Mawson, E. H., s. Boyland, E. 356⁷.
Maxwell, L. G.: Steigerung der Keimdrüsenhormon-Wirkung durch Zink und Fettsäuren 29³.
May, M. S.: Komplexbildung zwischen Hautproteinen und polycyclischen Kohlenwasserstoffen 358¹.
Mayer, J.: Zusammenfassung über genetische, traumatische und Umgebungsfaktoren in der Ätiologie der Fettsucht (1953) 579³.
— s. Davis, T. R. 532³.
Mayer, K., s. Waldschmitz-Leitz, E. 437¹⁰.
Mayer, N.: Leistungsfähigkeit des Cytochromsystems in Tumor- und normalem Gewebe 418¹⁵.
— s. Roskelley, R. C. 418¹⁵.
Mayer, R. L.: Enzymatische Reduktion und Spaltung der Azobrücke in 4-Dimethylaminoazobenzol 258⁷.
Mayes, B. T., s. Erhardt, K. 45³.
Mayneord, W. V.: Kalkspat Hauptbestandteil der Eischale 464¹.
— and E. M. F. Roe: Fluorescenzbanden von 3,4-Benzpyren 223⁴.
— s. Cook, J. W. 213⁶, 345⁴, 346¹¹, 348⁵.

Mayr, E.: Buch über Systematik und den Ursprung der Arten. Engl. (1942) 70[50].

Mayr, G., s. Rondoni, P. 355[9].

Mazia, D.: Stoffwechseländerungen an zur Entwicklung gebrachten Eiern 105[2, 4]. — Protoplasmaveränderungen der Eizelle nach Befruchtung 107[8]. — Nucleotidphosphatase im Arbaciaei 469[2].

Mead, J. F., W. H. Slaton and A. B. Decker: Synthese von Arachidonsäure aus Linolsäure bei Ratten 555[15].

— s. Decker, A. B. 555[3].

Meade, J. M., and F. E. Ray: Verteilung von 2-Acetaminofluoren beim Meerschweinchen 368[15].

Meakins, J., and H. W. Davies: Mittelwerte des Grundumsatzes 522[4].

Mecke, R., jr., u. D. Schmähl: Keine Spaltung von Phenylazo- und 2-Tolylazo-2-naphthol durch Hefe 244[5]. — Struktur von Methylrot 245[1]. — Spaltung von Azobenzolderivaten durch lebende Hefe 258[11], 259[1].

— s. Druckrey, H. 197[7], 213[7], 236[9], 253[7], 279[18], 363[6].

— s. Schmähl, D. 241[1], 250[2], 266[6], 308[2], 319[3], 323[2], 334[5], 335[11], 336[4], 363[3].

Medawar, P. B., s. Clark, W. E. le G. 1[5].

Medem, F. Graf: Zusammenfassung über Befruchtungsstoffe der Tiere (1949/50) 100[8].

— s. Bielig, H.-J. 101[10], 102[3].

— s. Hartmann, M. 101[10], 102[3].

Medes, G., B. Friedmann and S. Weinhouse: Glykogengehalt von Hepatomen nach Dimethylaminoazobenzol 402[2].

— G. Paden and S. Weinhouse: Fettsäureoxydation in Tumoren 454[2].

— A. Thomas and S. Weinhouse: Lipoidaufnahme durch Tumoren 450[12].

Mee, L. K., s. Holmes, B. E. 448[1].

Meehan, J. P.: Grundumsatz in kaltem Klima 534[15]. — Keine rassischen Unterschiede des Grundumsatzes 535[7].

Meek, J. S., s. Gershon, H. 161[10].

Meesen, H.: Cancerogene Wirkung von Thorium-X-Präparaten 270[12].

Meier, R., u. M. Allgöwer: Chinone als Mitosegifte 260[17].

— P. Desaulles u. B. Schär: Granulombildung nach präcipitierendem Antiserum + homologem Plasma 168[11]. — Einfluß der Antigen-Antikörperfunktion auf Granulombildung 175[12].

— F. Gross u. P. Desaulles: Wirkung von Cortison und Compound F bei Entzündungen 172[7]. — Wirkung von Antiphlogisticis über Hypophyse und Nebennierenrinde 173[11]. — Hemmung von Granulombildung durch Cortison 179[5].

— et B. Schär: Chinone als Mitosegifte 260[17].

— B. Schär u. L. Neipp: Substanz F aus Herbstzeitlose 138[6].

Meier, R., W. Schuler u. P. Desaulles: Hemmung der Wundheilung durch Cortison und Compound F 172[8].

— s. Desaulles, P. 179[5].

— s. Gross, F. 172[9].

Meigs, J. V. and S. H. Sturgis (Hrsgb.): Buch über Fortschritte der Gynäkologie. Engl. (1946) 14[8].

Meigs, J. W., s. Glassman, J. M. 234[11].

Meikle, R. W., s. Hanahan, D. J. 42[7].

Meinken, M. A., s. Stevens, C. D. 401[3], 404[5].

Meisel, D., s. Twombly, G. H. 326[3].

Meisel, E., s. Wachstein, M. 455[8].

Meister, A.: Acylpyruvase-Aktivität in Leber und Hepatom 395[2]. — Aktivität von β, δ-Diketo-C-acylase und Lactonase in Leber und Hepatom 395[26]. — Aktivität von Milchsäuredehydrogenase in Leber und Hepatom 395[39]. — Aktivität der Milchsäuredehydrogenase in Tumoren und normalen Geweben 411[10]. — Aktivität von Acylpyruvase in Lebertumoren 439[6].

— and J. P. Greenstein: Keine Beschleunigung der Glutamindesaminierung durch α,γ-Ketosäuren bei Lebertumoren 439[5].

— s. Greenfield, R. E. 422[9].

— s. Greenstein, J. P. 392[19].

Meister, P., s. Prelog, V. 9[1], 104[5].

— s. Ruzicka, L. 9[1], 104[5].

Melamed, S., s. Seidlin, S. M. 199[11].

Melby, R., s. Sandin, R. B. 237[13], 366[2].

Melchers, G.: Auslösung der Blütenbildung bei Pflanzen 20[11].

— u. A. Lang: Blühhormone 149[20].

— s. Friedrich-Freksa, H. 595[10].

Melchior, J. B., and A. H. Goldkamp: Einbaugeschwindigkeit von Aminosäuren in Tumoreiweiß 434[11].

Melechen, N. E., s. Hershey, A. D. 599[11].

Mellanby, E.: Kreatin im bebrüteten Hühnerei 475[5].

Mellors, R. C.: Parallelität von Chromosomenzahl und Desoxyribonucleinsäuregehalt in Zellkernen 443[5].

— J. Hlinka, A. Kupfer and K. Sugiura: Desoxyribonucleinsäuregehalt in transplantierten Mäusetumoren 443[2].

Melnick, D., s. Deuel, H. J. jr. 555[9].

Melnick, J. L.: Poliomyelitis-Viren 602[2].

Melville, G. S. jr., s. Upton, A. C. 380[4].

Mendel, B., s. Hawkins, R. D. 529[5].

Mendel, L. B., and C. S. Leavenworth: Pentosen im bebrüteten Hühnerei 472[2].

— s. Osborne, T. B. 509[8, 11], 550[6].

Mengert, W. F., s. Witschi, E. 8[7].

Menges, G., s. Schlief, H. 410[8], 411[1].

— s. Schmidt, C. G. 420[3].

Menk, K. F., and H. Hyer: Unspezifische Esterase in Tumoren 455[8].

Menke, J. F.: Carcinogene Substanzen in Organextrakten 201[11].

Menkès, G.: Pentoseabbau durch das Serum von Krebskranken 410[4].

MENKIN, V.: Buch über die Dynamik der Entzündung. Engl. (1950) 164[18]. — Buch über moderne Vorstellungen über Entzündung. Engl. (1950) 164[18]. — Zusammenfassung über neue Vorstellungen von der Entzündung (1953) 164[18]. — Leukotaxin 168[13, 14]. — Unterdrückung der Leukotaxinwirkung durch Cortison 168[14]. — Leucocytosis promoting factor und Leukocytenzahl senkender Faktor 169[1]. — Exudin 169[2]. — Pyrexin 169[3]. — Förderung des Geschwulstwachstums durch Proliferationsreize 324[9].
— and M. A. KADISCH: Leukotaxin 168[13].
MENNICKEN, G., s. WERLE, E. 167[15].
MENNIGMANN, H.-D., s. BRESCH, C. 600[3].
MENTEN, M. L., and M. WILLMS: Desoxyribonucleinsäuregehalt von Knochenmarkszellen 442[11].
— M. WILLMS and W. D. WRIGHT: Desoxyribonucleinsäuregehalt von Milzzellen bei Leukämie 442[10].
MENZ, L. J., s. HODAPP, E. L. 336[10].
MERANZE, D. R., s. ISRAEL, S. L. 31[7].
MERCK, R., s. HEILMEYER, L. 139[8].
MERENMIES, L., s. SETÄLÄ, K. 381[14].
MERTEN, R., s. SCHMITZ, A. 437[8].
MERTENS, O., s. GÖBEL, P. 576[1].
MESCON, H., J. W. EIMAN and A. M. KLIGMAN: Vorkommen von Mikroorganismen in Tumoren 291[1].
MÉTAIS, P., et P. MANDEL: Desoxyribonucleinsäuregehalt von Leukocyten 442[12].
METHFESSEL, F., s. HILLMANN, G. 428[8–10].
METZNER, H.: Ähnlichkeit von Chromosomen und Plastiden 5[2]. — Außerkaryotische Vererbung 80[3].
MEUNIER, P., et A. VINET: Bestimmung von Vitamin E 43[8].
MEURON, G. DE: Bedeutung von Lebensmittelzusätzen für Carcinogenese 384[2].
MEYER, A. S.: Umwandlung von Testosteron in Oestron und Oestradiol 391[1].
MEYER, C. E., and W. C. ROSE: Entdeckung von Threonin 548[6].
MEYER, F., s. PUTNAM, F. W. 433[12].
MEYER, H., s. ERLENMEYER, H. 217[11].
MEYER, H. E., s. SCHENCK, E. G. 573[8].
MEYER, H. L., s. NETTLESHIP, A. 374[12].
MEYER, H. W., and S. L. GUMPORT: Placentare Übertragung beim menschlichen Melanom 299[3].
MEYER, J., J. L. HENRY and J. P. WEINMANN: Guanazol als Zellgift 160[15].
— s. SARTORY, A. 399[16].
MEYER, K.: Bedeutung der Hyaluronidase bei der Befruchtung 13[2]. — Hyaluronidase in Samenzellen 51[8].
— s. EVANS, H. M. 7[12], 124[18].
MEYER, K. H.: Krebserzeugende Wirkung von aromatischen Aminen und „Substantivität“ von Farbstoffen 252[4].
— u. H. HEMMI: Theorie der Narkose 229[1].
MEYER, K. H., u. H. MARK: Krebserzeugende Wirkung von aromatischen Aminen und „Substantivität“ von Farbstoffen 252[4].
MEYER, K. R., s. SPIELMAN, M. A. 203[11].
MEYER, L. M., s. KIRSCHBAUM, A. 160[7].
MEYER, O. O., s. HARTMANN, H. A. 361[10].
MEYER, R. E., s. FURTER, M. 43[7].
MEYER, R. K., s. DEUTSCH, H. F. 26[7].
— s. SPIELMAN, M. A. 392[12].
MEYER, V.: Entzündungserregende Wirkung von radiomimetischen Giften 272[3].
MEYER-ARENDT, J.: Ödembildung bei der Entzündung 166[11]. — Bildung von Aminen bei Verbrennungen 167[1]. — Bildung von spezifischen Antikörpern in Immunzellen der Milz 175[6].
MEYER-STEINEG, T., u. K. SUDHOFF: Buch über Geschichte der Medizin. 3. Aufl. (1928) 507[6].
MEYERHEIM, G., s. BRÜCKEL, K. W. 174[5].
MEYERHOF, O.: Kalorimetrie 516[5].
— and J. R. WILSON: Glykolyse in Tumorhomogenaten 409[6]. — Verhalten von ATPase in Tumoren und normalen Geweben gegen Inhibitoren 409[6, 7]. — Aldolaseaktivität in Tumoren 410[12].
— s. OESPER, P. 411[6].
MEYTHALER, F., u. F. HÄNDEL: Cancerogene Wirkung von Äthylurethan 270[7].
MICHAELIS, H. F., s. KOFRÁNYI, E. 515[10], 541[10].
MICHAELIS, L.: Krebszellen überleben extrem tiefe Temperaturen 300[3]. — Resistenz von Krebszellen 336[8].
MICHAELIS, P.: Außerkaryotische Vererbung 80[2]. — Mutative Veränderungen an Plasmaerbträgern 80[12]. — Veränderungen im Phänotyp durch Mutation von Plasmaduplikanten 86[1]. — Warnung vor Gebrauch radioaktiver Isotopen in der Medizin 91[3]. — Mutationen an Epilobium durch radioaktive Elemente 91[3]. — Stabilität von Erbträgern in der Zelle 185[12]. Duplikanten, an denen cancerogene Wirkungen angreifen, in Cytoplasma und Kern 300[10].—Wechselwirkungen zwischen Kern und Plasma 311[8].
— u. R. KAPLAN: Warnung vor Gebrauch radioaktiver Isotopen in der Medizin 91[3]. Mutationen an Epilobium durch radioaktive Elemente 91[3].
MICHALOWSKY, I.: Zinksalze sind nicht cancerogen 211[6]. — Hodenteratome durch Zinksalze 211[6]. — Carcinogene Wirkung von Zinksalzen 377[6].
MICHEL, R., s. ROCHE, J. 529[1].
MICHL, H., s. TUPPY, H. 49[2].
MICKELSEN, O., s. KEYS, A. 575[1].
MICKELSON, M. N., and L. BARVICK: Aminosäuregehalt der Proteine bei Mäusesarkom 180 425[4].
MIDER, G. B.: Zusammenfassung über Stickstoff- und Energiestoffwechsel bei Krebskranken (1951) 433[14]. — Tumoren als „Stickstoffalle“ 435[8].

MIDER, G. B., E. L. ALLING and J. J. MORTON: Bluteiweißkörper bei neoplastischen Krankheiten 432[11].
— L. D. FENNINGER, F. L. HAVEN and J. J. MORTON: Stickstoffbedarf für Tumorwachstum 434[1].
— s. FENNINGER, L. D. 433[14].
— s. GREENSTEIN, J. P. 395[9,20], 421[3], 438[4], 448[15].
— s. MAVER, M. E. 395[47], 436[6].
MIESCHER, F., u. F. W. GLASER jr.: Stastische und biologische Beiträge zur Kenntnis vom Leben des Rheinlachses 573[3].
MIESCHER, G.: Hautkrebs nach UV-Bestrahlung bei Ratten 205[5]. — Cancerogene Wirkung von UV-Licht 377[16].
— F. ALMASY u. F. ZEHENDER: 3,4-Benzpyrengehalt von Steinkohlenteer 213[3]. — Beziehungen zwischen Dosis und Latenzzeit bei cancerogenen Kohlenwasserstoffen 231[14]. — Beziehungen zwischen Dosis und Latenzzeit bei cancerogenen Kohlenwasserstoffen 303[8].
MIESCHER, K.: Steroidnatur der Keimdrüsenhormone 28[3]. — Synthetische Oestrogene 39[6]. — α-Bis-dehydro-doisynolsäure als synthetisches Oestrogen 40[6].
— s. ANNER, G. 39[6], 40[6].
MIHICH, E., D. A. CLARKE and F. S. PHILIPS: Hemmung von Tumoratmung und -glykolyse durch Mercaptopurin 409[4].
Mikroskopische und chemische Organisation der Zelle. 2. Mosbacher Coll. 1951. (1952.) 1[25].
MILES, W. R., s. BENEDICT, F. G. 575[5].
MILFORD, J., and F. DURAN-REYNALS: ROUS-Virus erzeugt bei Embryonen Hämorrhagien 293[1].
MILLAR, J., s. BEGG, R. W. 421[7].
MILLARD, A., s. PASSEY, R. D. 300[3], 336[10].
MILLER, C. D., N. S. WENKAM and A. M. KIMIRA: Erniedrigter Grundumsatz in warmem Klima 534[13].
MILLER, D. S., s. STECK, I. E. 530[15].
MILLER, E., u. J. MILLER: Buch über Biochemie der Krebsentstehung in der Leber (1952) 181[47]. — Beziehungen zwischen Konstitution und cancerogene Wirkung von Aminoazobenzolderivaten 251[6].
— and D. L. TURNER: Cancerogene Wirkung von Harnextrakten Krebskranker 203[3].
— s. ESCHENBRENNER, A. B. 254[2], 276[6], 375[7,9].
MILLER, E. C.: Fluorescenznachweis der Bindung carcinogener Kohlenwasserstoffe im Gewebe 223[6]. — Bindung von 3,4-Benzpyren an Zellprotein 227[7]. — Bindung cancerogener Kohlenwasserstoffe an Proteine und Zellstrukturen 230[4], 263[7]. — π-Elektronendichte an den Mesoregionen von basischen höheren aromatischen Kohlenwasserstoffen 250[1]. — Komplexbildung aus Eiweiß und 3,4-Benzpyren 358[2]. — Bindung von Derivaten carcinogener Kohlenwasserstoffe an Lebereiweiß 431[9].
MILLER, E. C., and C. A. BAUMANN: Hefe und Riboflavin verzögern Leberkrebsbildung durch 4-Dimethylaminoazobenzol 259[6]. — Cholin hemmt cancerogene Wirkung von 4-Dimethylaminoazobenzol nicht 260[10]. — Keine cancerogene Wirkung von 4- und 4′-Dimethylamino benzalanilin 241[5]. — Hefe und Riboflavin ver hindern Hepatombildung durch 4-Dimethylaminoazobenzol 259[6]. Biologische Entmethylierung von 4-Dimethylaminoazobenzol 369[9].
— J. C. MACDONALD and J. A. MILLER: 4-Dimethylaminoazobenzol ist nicht Methyldonator 263[2]. — 4-Dimethylaminoazobenzol kein ausgesprochener Methylgruppendonator 370[6].
— and J. A. MILLER: Cancerogene aromatische Amine 234[1]. — Biologischer Abbau von 4-Dimethylaminoazobenzol 262[5]. — Bindung von 4-Dimethylaminoazobenzol an Proteine und Nucleinstoffe der Leber 263[6]. — Proteinbindung von 4-Dimethylaminoazobenzol 264[6]. — 4-Dimethylaminoazobenzoltumoren enthalten keine Derivate des Cancerogens 370[10]. — Verknüpfung von 4-Dimethylaminoazobenzol mit Protein nicht durch die Dimethylaminogruppe 370[12]. — Verzögerung der Hepatombildung nach 4-Dimethylaminoazobenzol durch Riboflavin 371[1]. — Proteingebundene Derivate von cancerogenen Azoverbindungen in der Leber 430[13]. — Halbwertszeit eines Proteinazofarbstoffderivats der Leber 431[2].
— J. A. MILLER, R. B. SANDIN and R. K. BROWN: Carcinogene Wirkung von 1,2,5,6-Dibenzcarbazols und Derivaten 219[5]. — Austausch der CH_3-Brücke in Fluoren 236[11]. — Cancerogene Wirkung von Aminodibenzfuran und Aminodibenzthiophen 236[11]. — Resorptive Wirkung von 2-Acetylaminofluoren 236[11]. — Cancerogene Wirkung von 4-Aminodiphenyl 237[7]. — Cancerogene Wirkung von 4-Dimethylaminodiphenylthioäther 242[4]. — Cancerogene Wirkung von Fluorenabkömmlingen 362[4].
— J. A. MILLER, R. W. SAPP and G. M. WEBER: Wirkgruppe von 4-Dimethylaminoazobenzol 249[7]. — Bindung von 4-Dimethylaminoazobenzol an Proteine und Nucleinstoffe der Leber 263[6]. — Biologische Abbauprodukte von 4-Dimethylaminoazobenzol 369[2]. — Kein 4-Dimethylaminoazobenzol in Lebertumoren 370[10]. — Proteingebundenes Derivat von cancerogenen Azoverbindungen in der Leber 431[1].
— A. M. PLESCIA, J. A. MILLER and C. HEIDELBERGER: Schicksal der N-Methylgruppen des 4-Dimethylaminoazobenzol

262[9]. — 4-Dimethylaminoazobenzol ist nicht Methyldonator 263[3]. — Typen der Bindung von 4-Dimethylaminoazobenzol an Proteine 264[2]. — Abbau von an den Methylgruppen markiertem 4-Dimethylaminoazobenzol 370[4].
MILLER, E. C., R. B. SANDIN, J. A. MILLER and H. P. RUSCH: Keine cancerogene Wirkung von 3-Oxy-4-amino-diphenyl und 3-Oxy-4-dimethylaminoazobenzol 237[11]. — Cancerogene Wirkung von 4-Acetylaminodiphenyl, 4-Dimethylamino-diphenyl und 4′-Fluor-4-acetylaminodiphenyl 362[13].
— s. BROWN, R. R. 370[8].
— s. CILENTO, G. 239[2].
— s. CONNEY, A. H. 370[2,9].
— s. HARTMANN. H. A. 361[10].
— s. LAIRD, A. K. 429[5], 430[1], 442[7], 443[13].
— s. MACDONALD, J. C. 262[9], 263[3], 370[7].
— s. MILLER, J. A. 234[1], 236[8,11], 237[13], 239[4], 241[4], 244[1], 248[5], 250[3], 255[1], 261[1,5], 262[5,6], 263[6], 264[1], 361[9], 362[2,7], 363[7,8,11], 364[3,4,9,14], 365[1,2,6], 366[8], 368[17], 369[2,7,10], 370[11,14], 430[9], 431[1].
— s. POTTER, V. R. 261[9], 415[2].
— s. PRICE, J. M. 249[7], 260[3], 263[8], 429[4,7], 430[1], 431[6], 441[7,17], 459[10].
— s. RASTOGI, R. P. 370[13].
— s. SANDIN, R. B. 237[13], 366[2].
— s. SCHWEIGERT, B. S. 426[4].
— s. SOROF, S. 264[5], 430[5], 431[7].
MILLER, E. E., s. MILLER, G. L. 429[1].
MILLER, E. W., J. W. ORR and F. C. PYBUS: Anregung der Knochenbildung durch Oestrogene 19[9].
— and F. C. PYBUS: Keine lokale Sarkombildung durch Säure-Violett BN 243[2]. Lymphoide Tumoren nach chronischer Oestrogenbehandlung 328[15].
— s. CLEMO, G. R. 213[12], 347[5].
— s. PYBUS, F. C. 328[13].
MILLER, G. L., E. U. GREEN, J. J. KOLB and E. E. MILLER: Myosin aus normalem Muskel und aus Rhabdomyosarkom 429[1].
— E. U. GREEN, E. E. MILLER and J. J. KOLB: Myosin aus normalem Muskel und aus Rahbdomyosarkom 429[1].
— and W. C. PRICE: Molekulargewicht von southern bean-Virus 587[11].
MILLER, H., and C. CARRUTHERS: Citronensäuregehalt von Tumoren und ihren Ausgangsgeweben 405[3].
MILLER, H. K.: Ribonucleinsäuregehalt von Influenza-Viren 605[9].
— s. BOREK, E. 161[7].
— s. WAELSCH, H. 161[7].
MILLER, J.: Zusammenfassung über Krankheiten des Eierstocks (1937) 14[2].
— s. MILLER, E. 181[47], 251[6].
MILLER, J. A.: D-Aminosäuren in Tumoren 428[2].
— and C. A. BAUMANN: Cancerogene Wirkung von 4′-Fluor-4-dimethyl-aminoazobenzol 239[4]. — Kein Einfluß von Cholin auf cancerogene Wirkung von 4-Dimethylaminoazobenzol 260[10]. — Cancerogen unwirksame Substitutionsprodukte von 4-Dimethylaminoazobenzol 363[10]. — Cancerogene Wirkung von am Ringsystem methylierten 4-Dimethylaminoazobenzol 364[10].
MILLER, J. A., B. E. KLINE and H. P. RUSCH: Biologische Bildung von 4-Aminoazobenzol aus 4-Dimethylaminoazobenzol 369[8].
— and E. C. MILLER: Zusammenfassung über cancerogene Aminoazofarbstoffe (1953) 234[1]. — Cancerogene Wirkung von 4′-Fluordimethylaminoazobenzol 239[4]. — Keine carcinogene Wirkung von Anilin und N-Dimethyl-p-phenylendiamin 241[4]. Keine cancerogene Wirkung von 2- und 4′-Oxy-dimethylaminoazobenzol 244[1]. — N-Dimethyl-p-phenylendiamin nicht cancerogen 261[1]. — Enzymaktivitäten in Hepatomen und normaler Leber 261[5]. — Bindung von 4-Dimethylaminoazobenzol an Proteine und Nucleinstoffe der Leber 263[6]. — Carcinogene Wirkung von 4-Dimethylaminoazobenzol 363[8]. — Cancerogen unwirksame Substitutionsprodukte von 4-Dimethylaminoazobenzol 363[11]. — Anilin und N,N-Dimethyl-p-phenylendiamin sind nicht cancerogen 364[4]. — Cancerogene Wirkung von Dimethylaminoazobenzolderivaten 364[4]. — Einführung von phenolischen Hydroxylgruppen hebt cancerogene Wirkung von 4-Dimethylaminoazobenzol auf 365[2]. — Stoffwechsel von 4-Dimethylaminoazobenzol 368[17]. — Abbauprodukte von 4-Dimethylaminoazobenzol 369[2]. — Cancerogene Wirkung von 4-Aminoazobenzol 369[10].
— E. C. MILLER and C. A. BAUMANN: Hemmung des Abbaus von 4-Dimethylaminoazobenzol durch Katalase 262[6]. — Entmethylierung von 4-Dimethylaminoazobenzol im Stoffwechsel 369[7].
— E. C. MILLER and G. C. FINGER: Cancerogene Wirkung von 4′-Fluordimethylaminoazobenzol 239[4]. — Anilin, N,N-Dimethyl-p-phenylendiamin und 2,6-Difluor-4-dimethylaminoazobenzol sind nicht cancerogen 364[3]. — Cancerogene Wirkung von Fluorsubstitutionsprodukten des 4-Dimethylaminoazobenzol 364[14]. 3′- und 4-Methoxy-4-dimethylaminoazobenzol sind cancerogen 365[6]. — N,N′-Diacetyl-3,3′-dimethylbenzidin ist cancerogen 366[8]. — Bindung von 4-Dimethylaminoazobenzol an Leberproteine 370[14].
— E. C. MILLER and R. W. SAPP: Cancerogene Wirkung von Fluorsubstitutionsprodukten des 4-Dimethylaminoazobenzol 364[14].
— E. C. MILLER, R. B. SANDIN and H. P. RUSCH: Cancerogene Wirkung von 7-Fluor-2-acetaminofluoren 362[7].

MILLER. J. A., D. L. MINER, H. P. RUSCH and C. A. BAUMANN: Leberschutzstoffe 179[7].
— R. B. SANDIN, E. C. MILLER and H. P. RUSCH: Magenepitheliome nach 2-Nitrofluoren 236[8]. — Austausch der CH_3-Brücke in Fluoren 236[11]. — Cancerogene Wirkung von Aminodibenzfuran und Aminodibenzthiophen 236[11]. — Resorptive Wirkung von 2-Acetylaminofluoren 236[11]. — Cancerogene Wirkung von Methylderivaten von Diphenylverbindungen 237[13]. — Hepatotrope Eigenschaften der Fluorenkonfiguration 250[3]. — Geschlechtsbedingte Abhängigkeit der Empfindlichkeit gegen cancerogene Amine 255[1]. — Cancerogene Wirkung von 2- und 3-Acetaminophenanthren 361[9]. — Hepatocarcinogene Wirkung von Fluoren-Substitutionsprodukten 362[2]. — Carcinogene Wirkung von 4-Acetylamino-diphenyl 362[2]. — Carcinogene Wirkung von 2-Nitrofluoren 363[7].
— R. W. SAPP and E. C. MILLER: Cancerogene Wirkung von 4′-Fluor-4-dimethylaminoazobenzol 239[4]. — Auxocancerogener Effekt von Fluor 248[5]. — Absorptionsmaxima der Metaboliten von 4-Dimethylaminoazobenzol 264[1]. — Cancerogene Wirkung von Formylaminoazobenzol 364[9]. — Cancerogen unwirksame Derivate von 4-Dimethylaminoazobenzol 365[1]. Farbstoffanteil des nach 4-Dimethylaminoazobenzol entstehenden Proteids der Leber 370[11]. — Proteingebundenes Derivat von cancerogenen Azoverbindungen in der Leber 431[1].
— s. BROWN, R. R. 370[8].
— s. CILENTO, G. 239[2].
— s. CONNEY, A. H. 370[2,9].
— s. GIESE, J. E. 364[11].
— s. HIGGINS, H. 459[9].
— s. MACDONALD, J. C. 262[9], 263[3], 370[7].
— s. MILLER, E. C. 219[5], 234[1], 236[11], 237[7,11], 242[4], 249[7], 262[5,9], 263[2,3,6], 264[2,6], 362[4,13], 369[2], 370[4,6,10,12], 371[1], 430[13], 431[1,2].
— s. MINER, D. L. 332[2].
— s. MUELLER, G. C. 241[2], 258[6], 259[2,4,5], 262[8], 264[2], 369[5,6], 370[1].
— s. POTTER, V. R. 261[9], 415[2].
— s. PRICE, J. M. 249[7], 260[3], 263[8], 429[4,7], 430[1], 431[5,6], 441[7,17], 459[10].
— s. RASTOGI, R. P. 370[13].
— s. SANDIN, R. B. 237[13], 366[2].
— s. SCHWEIGERT, B. S. 426[4].
— s. SOROF, S. 264[5], 430[5], 431[7].
MILLER, L. L.: Einfluß der Unterernährung auf Fermentbildung 577[4].
— s. BURKE, W. T. 438[8].
MILLER, R. R., s. SAWICKI, E. 225[10].
MILLER, W. L.: Mannit und Quercit haben keine Wuchsstoffwirkung 147[13]. — Bios IIb 147[15].
— E. V. EASTCOTT and J. E. MACONACHIE: Bios II 147[14].
MILLER, W. L. jr., s. RUMSFELD, H. W. jr. 307[5], 331[1].
MILLER, Z. B., s. BARRON, E. S. G. 374[3].
MILLGRAM, E., s. GOLDSTEIN, B. 478[12].
MILLINGTON, R. H., s. WEINHOUSE, S. 412[16], 413[9], 414[6], 454[5].
MILLINGTON, W. F., s. WHITE, P. R. 185[7].
MILLS, G. T., and E. E. B. SMITH: Aktivität der β-Glucuronidase in Dimethylaminoazobenzolhepatom der Ratte 458[8].
MILMORE, B. K.: Zunahme des Bronchialcarcinoms 190[6]. — Häufigkeit von Bronchialkrebs 194[5].
MILNE, H. I., s. MCFARLANE, W. D. 470[2].
MILOVIDOV, P. F.: Buch über Physik und Chemie des Zellkerns, Bd. 1 (1949); Bd. 2 (1954) 124[33].
MINAMI, S., s. WARBURG, O. 335[1].
MINER, D. L., J. A. MILLER, C. A. BAUMANN and H. P. RUSCH: Förderung der Hepatomentwicklung durch Pyridoxin 332[2].
— s. MILLER, J. A. 179[7].
MINER, R. W., and C. P. RHOADS (Hrsg.): Zusammenfassungen über Virus als ursächliche Faktoren beim Krebs. Engl. (1952) 384[3].
MIOTTI, T.: Zusammenfassung über Sperma (1942) 12[6].
MIROFF, G., s. MARTINEZ, C. 321[3], 332[5].
MIRSKY, A. E.: Zusammenfassung über Chromosomen und Nucleoproteide (1943) 70[52]. — Wechselwirkungen zwischen „Duplikanten“ von Kern und Plasma 78[6]. — Wechselbeziehungen zwischen Kern und Plasma 311[8].
— and H. RIS: Lokalisierung der Erbmasse in den Chromosomen 5[1]. — Chromosomenbau 72[3]. — Gewinnung von Chromosomen 73[3]. — Chemie des Euchromatins 76[8]. — Desoxyribonucleinsäuregehalt von Zellkernen bei Säugetieren 442[3].
— s. RIS, H. 76[8].
MIRSKY, I. A., S. BLOCK, S. OSHER and R. H. BROH-KAHN: Pepsinbildung als Test für Nebennierenrinden-Funktion 174[3].
MISCHEL, A., u. W. MISCHEL: Frühdiagnose gynäkologischer Carcinome 455[13].
MISCHEL, W., s. MISCHEL, A. 455[13]
MISHELL, D. R., and L. MOTYLOFF: Rückwirkungen von Uterus auf Ovarien 16[7].
MISLIN, H.: Herzhormone 151[3].
MITCHELL, E. R., s. CARROLL, W. R. 90[1].
MITCHELL, H. H.: Bedarf an Eiweiß und Aminosäuren 544[2]. — Biologische Wertigkeit von „Tankage“ (Fleischabfällen) 547[13]. — Bestimmung der biologischen Wertigkeit von Eiweiß an Ratten 548[1]. — Biologische Wertigkeit von Eiweiß 551[3].
— and J. R. BEADLES: Biologischer Wert von essentiellen Aminosäuren für Ratten 552[4].
— and R. J. BLOCK: Berechnung des biologischen Wertes von Nahrungseiweiß 551[2].

MITCHELL. H. H., and M. EDMAN: Buch über Ernährung und Widerstand gegen Stress. Engl. (1952) 533[12].
— N. GLICKMAN, E. H. LAMBERT, R. W. KEETON and M. K. FAHNESTOCK: Erhöhte Kälteresistenz bei fett- und kohlenhydratreicher Nahrung 533[12].
— and T. S. HAMILTON: Buch über Biochemie der Aminosäuren. Engl. (1929) 547[2].
— and V. VILLEGAS: Biologische Wertigkeit von Kokosnußeiweiß 547[12].
— s. BLOCK, R. J. 552[6].
— s. GLICKMAN, N. 533[13].
— s. KEETON, R. W. 533[12].
MITCHELL, H. K., s. HOROWITZ, N. H. 98[4].
— s. WAGNER, R. P. 98[7].
MITCHELL, H. S., s. COOPER, L. F. 558[9].
MITCHELL, J. H. jr., H. E. SKIPPER and L. L. BENNETT jr.: Einbau von Guanazol in RNS-Purine 161[1].
— s. SKIPPER, H. E. 139[28], 141[1], 142[4], 160[8].
MITCHELL, J. S.: Carcinogene Wirkung von radioaktiven Substanzen 199[11].
MIURA, R., s. KUMAGAWA, M. 573[4].
MIXNER, J. P., E. P. REINECKE and C. W. TURNER: Thioharnstoff und Thiouracil als Hemmstoffe gegen Schilddrüsenhormon 160[13].
MIYAKE, A., s. PUTNAM, F. W. 433[12].
MIZEN, N. A., and M. L. PETERMANN: Desoxyribonucleinsäuregehalt von Milzzellen bei Leukämie 442[10].
— s. PETERMANN, M. L. 430[11].
MIZUSHIMA, S., K. IZAKI, H. TAKAHASHI and K.-I. SAKAGUCHI: D-Aminosäuren in Tumoren 428[3].
MOBERGER, G.: Zusammenhang von Wachstum und Ribonucleinsäuregehalt von Zellen 440[14].
MÖHLE, R.: Lockerung der Symphysenfuge durch Oestrogene 19[10].
MÖLLENDORFF, M. v.: Eindringen von Stoffen in geschädigte Zellen 283[4]. — Krebszellen ändern ihre Eigenschaften 333[6].
MÖLLENDORFF, W. v.: Lehrbuch der Histologie. 25. Aufl. (1943) 8[2]. — Zusammenfassung über Mitose (1937, 1938, 1939) 136[8]. — Polyploidie durch Cancerogene 95[6]. — Mitosegifte 136[8]. — Mitosegiftwirkung der Oestrogene 138[14]. — Sexualhormone als Mitosegifte 139[20].
MOELLER, D. W., J. G. TERRILL and S. C. INGRAHAM II: Leukämien durch Uran und Atombomben 199[12].
MÖLLER, E.-F.: Zusammenfassung über Wuchsstoffe und mikrobiologische Stoffwechselanalyse (1951) 147[7].
— F. WEYGAND u. A. WACKER: 4-Aminopteroylglutaminsäure als Folsäureantagonist 160[6].
— s. KUHN, R. 159[8], 163[9].
MØLLER-CHRISTENSEN, E.: Vitamin C-Gehalt der Placenta 48[9].
MØLLGAARD, H.: Buch über Grundzüge der Ernährungsphysiologie der Haustiere (1931) 513[5].
MOESCHLIN, S., u. B. DESMIRAL: Bildung spezifischer Antikörper in Plasmazellen 175[5].
MOEWUS, F.: Zusammenfassung über Sexualstoffe in Chlamydomonas eugametos (1951) 53[1]. — Mutagene Wirkung von Zephirol 93[16]. — Bildung von Geschlechtszellen bei Chlamydomonas 102[7]. — Selbststerilität bei Forsythia 102[12]. — Blastokoline in Zygoten von Grünalgen 163[4]. Blastokoline 163[9].
— u. B. BANERJEE: Blastokolin-Testung an Zygoten von Chlamydomonas eugametos 163[5]. — cis-Zimtsäure als physiologisches Blastokolin 164[1].
— L. MOEWUS u. E. SCHADER: Blastokoline, Definition 163[6].
— s. KUHN, R. 163[9].
MOEWUS, L., s. MOEWUS, F. 163[6].
MOGGIAN, G., s. CREPAX, P. 42[5].
MOHR, H.-J., u. H. NOTHDURFT: Carcinogene Wirkung von Kunststoffen 279[15].
MOHS, F. E.: Extrakte aus präcanceröser Keratose der Haut sind nicht cancerogen 378[9].
MOHS, H.: Vorkommen von Glucose im menschlichen Fruchtwasser 47[7].
MOLDAVE, K.: Umsatz markierter Aminosäuren in Tumorproteinen 435[9]. — Dynamisches Gleichgewicht zwischen Proteinen und Aminosäuren in Ascitestumorzellen 435[9].
MOLDENHAUER, M. G., s. HEIDELBERGER, C. 227[9], 358[4].
MOLE, R. H.: Grundumsatz nach Röntgenbestrahlung 537[4].
MOLISCH, H.: Buch über das Wärmebad als Mittel zum Treiben von Pflanzen (1909) 149[21].
MOLL-WEISS, Mme.: Nahrungsbedarf in der Wachstumsperiode 563[5].
MOLONEY, J. B.: Reinigung von ROUS-Virus 293[5].
— s. BRYAN, W. R. 386[2].
MOLONEY, W. C.: Cancerogene Wirkung von Radium und radioaktiven Substanzen 208[12].
— and M. A. KASTENBAUM: Leukämien durch Uran und Atombomben 199[12].— Cancerogene Wirkung von Radium und radioaktiven Substanzen 208[12].
MONDER, C., s. WAISMAN, H. A. 439[14].
MONDOLFO, U., e V. CAMBONI: Aminosäurezusammensetzung von Tumorproteinen 425[5]. — Aminosäurezusammensetzung menschlicher Tumoren 426[2].
MONEY, W. L., and R. W. RAWSON: Cancerogene Wirkung von Thiouracil 269[7]. — Schilddrüsentumoren nach strumigenen Substanzen 326[7]. — Schilddrüsentumoren nach Thiouracil 382[6].

MONNÉ, L.: Zusammenfassung über Struktur und Funktionszusammenhang des Cytoplasmas (1946) 1[6].

MONOD, J., et M. COHN: Adaptive Enzymbildung 68[1], 100[2].
— s. COHN, M. 68[8].
— s. HOGNESS, D. S. 68[5].

MONROY, A., and A. RUFFO: Androgamon 2_1 101[10].
— u. L. TOSI: Lösung der Gallerthülle der Eizelle 51[10]. — Wanderung der Spermien durch Gallerthülle des Eis 102[1]. — Bedeutung der Hyaluronidase für Befruchtung 106[1].
— s. RUFFO, A. 51[9].

MOODIE, M. M., and C. REID: Fluorescenz höherer aromatischer Kohlenwasserstoffe 223[3]. — Lichtabsorption und Wirkung von carcinogenen Kohlenwasserstoffen 224[3]. — Beziehungen zwischen Phosphorescenz und cancerogener Wirkung von Kohlenwasserstoffen 355[6].
— C. REID and C. A. WALLICK: Bindung cancerogener Kohlenwasserstoffe an Hautproteine 358[5].

MOON, H. D., C. H. LI and M. E. SIMPSON: Einfluß von Somatotropin auf Wirkung cancerogener Kohlenwasserstoffe 349[4].
— M. E. SIMPSON and H. M. EVANS: Tumorerzeugung durch cancerogene Stoffe bei hypophysektomierten Tieren 324[12].
— M. E. SIMPSON, C. H. LI and H. M. EVANS: Geschwulstbildung durch Wachstumshormon 152[13]. — Krebserzeugung bei Ratten durch Wachstumshormon 325[5], 381[17]. — Keine cancerogene Wirung des Wachstumshormons bei Mäusen 381[16].
— s. KONEFF, A. A. 381[17].

MOON, V. H.: Entzündungssubstanzen stammen aus geschädigten Zellen 169[4].
— and G. A. TERSCHAKOVEC: Entzündungssubstanzen stammen aus geschädigten Zellen 169[4].

MOOR, N. G. DE, s. KEEN, P. 196[10].

MOORE, A. E., C. M. SOUTHAM and S. S. STERNBERG: Krebsige Entartung in Gewebskulturen 183[1], 231[1].

MOORE, D. B., and E. A. LAWRENCE: Keine Bedeutung des Mutterbodens für Krebswachstum 335[8]. — Kreislaufmechanische Gründe für Lokalisation metastasierender Tumoren 341[12].

MOORE, D. H., s. GRAFF, S. 296[14], 387[5].
— s. MORGAN, C. 601[1].

MOORE, G. E., E. L. BRACKNEY and F. G. BOCK: Cancerogene Wirkung von Thiouracil 269[7]. — Schilddrüsentumoren nach Propylthiouracil 382[7].

MOOSEY, M. M., s. GREEN, R. G. 296[13].

MORAN, T., and H. P. HALE: Schichten der Dottermembran 466[11].
— s. MCCANCE, R. A. 563[3].

MORÁVEK, V.: Natriumgehalt im ROUS-Sarkom (Huhn) 398[6]. — Ersatz von Kalium durch Natrium im ROUS-Sarkom (Huhn) 398[13]. — Calciumgehalt und K:Ca-Quotient im ROUS-Sarkom 399[11]. Magnesiumgehalt in nekrotischen Teilen von ROUS-Sarkom 399[12]. — Phosphatgehalt von Tumoren 401[11].

MORGAN, C., G. H. BERGOLD, D. H. MOORE and H. M. ROSE: Elektronenmikroskopie von Polyederviren 601[1].
— G. C. GODMAN, H. M. ROSE, C. HOWE and J. S. HUANG: Adenoviren 605[4].

MORGAN, H. R.: Pyrogene aus Bakterien 169[10].

MORGAN, T. H.: Buch über die stoffliche Grundlage der Vererbung (1921) 186[1]. — Buch über die wissenschaftliche Basis der Entwicklung. 2. Aufl. Engl. (1935) 70[53].

MORI, K.: Leberschutzstoffe 179[7].
— s. ICHII, S. 455[11].
— s. NAKAHARA, W. 179[7].

MORI-CHAVEZ, P., s. WHITE, J. 234[4].

MORIGAMI, S., u. I. NISIMURA: Cancerogene Wirkung von Toluidinen 234[5].

MORIN, G.: Bedeutung der Nebenniere für Stoffwechselsteigerung in der Kälte 532[7].

MORRIS, A. T., s. WILLIS, R. S. 44[7].

MORRIS, F. K., s. HARTMANN, H. A. 361[10].

MORRIS, H. P.: Nachweis von 2-Acetylaminofluoren im Harn 257[13]. — Cancerogene Wirkung von Diacetaminofluoren 361[14]. — Cancerogene Wirkung von 7-Fluor-2-acetaminofluoren 362[6].
— and C. S. DUBNIK: Cancerogene Wirkung von 2,7-Bisacetaminofluoren 362[5].
— C. S. DUBNIK and J. M. JOHNSON: Cancerogene Wirkung von Aminofluoren 236[10]. — Cancerogene Wirkung von Diacetaminofluoren 361[13].
— and W. H. EYESTONE: Leber- und Blasentumoren bei Hunden nach 2-Acetaminofluoren 361[12].
— and H. I. FIRMINGER: Hepatombildung durch Acetylaminofluoren bei männlichen Tieren 236[13].
— H. I. FIRMINGER and C. D. GREEN: Einfluß von Sexualhormonen auf Empfindlichkeit kastrierter Tiere gegen cancerogene Stoffe 255[2]. — Geschlechtsbedingte cancerogene Dosis von 4-Dimethylaminoazobenzol 307[5].
— C. A. VELAT and B. P. WAGNER: Cancerogene Wirkung von 4-Acetylaminodiphenyl und 4′-Fluor-4-acetylamino-diphenyl 362[14].
— J. H. WEISBURGER and E. K. WEISBURGER: Cancerogene Wirkung von Aminofluoren 236[10]. — Entacetylierung von 2-Acetylaminofluoren im Körper 255[7]. — 2-Aminofluoren aus 2-Acetaminofluoren im Organismus 368[9].
— and B. B. WESTFALL: Oxydation von p-Toluidin 257[12]. — Ausscheidung von 2-Acetylaminofluoren 257[12].
— s. DALTON, A. J. 326[7].

MORRIS, H. P., s. DYER, H. M. 249[8], 367[12,14], 368[6].
— s. STASNEY, J. 300[11], 337[2].
— s. WEISBURGER, E. K. 258[1], 368[5,13,14,16].
— s. WEISBURGER, J. H. 258[1].
— s. WOLLMAN, S. H. 326[7].
MORTON, J. J., E. M. LUCE-CLAUSEN and E. B. MAHONEY: Krebsauslösung durch 3,4-Benzpyren an bestrahlten Mäusen 205[10].
— s. MIDER, G. B. 432[11], 434[1].
MORTREUIL, M., J. F. DUPLAN et Y. KHOUVINE: Verminderung der Ribonucleinsäure in Rattenhepatomen 441[9].
— et Y. KHOUVINE: Einbau von ^{32}P in Desoxyribonucleinsäuren des Rattenepithelioms beschleunigt 446[8]. — Einbau von ^{32}P in Ribonucleinsäuren des Rattenepithelioms beschleunigt 446[9]. — Aufnahme von ^{32}P in Zellkernfraktionen bei tumortragenden Ratten 447[5].
— s. KHOUVINE, Y. 427[2], 448[9].
MORUZZI, G.: Bromwirkung auf Schilddrüse und Wachstum 159[2].
MOSER, H., s. AUERBACH, C. 92[15], 94[10], 373[2].
MOSETTIG, E., s. NES, W. R. 202[13], 389[7].
MOSLEY, V. M., s. BLACK, L. M. 596[11].
MOSONYI, M., and B. KORPÁSSY: Lebercirrhose und Hepatome durch Gerbstoff 287[6].
— s. KORPÁSSY, B. 287[6], 375[10,11].
MOOS, J., s. AVAKIAN, S. 162[4].
MOSSMAN, W. W., s. HAMILTON, W. J. 106[11].
MOSTOFI, F. K., and C. D. LARSEN: Tumorbildung bei Nachkommen von mit Urethan behandelten Tieren 374[15]. — Cancerogene Wirkung von Urethan bei Mäusen und Ratten 374[15]. — Lungenadenom durch Urethan 374[15,18].
MOTHES, K., s. BORESCH, K. 509[13].
MOTOMURA, S., s. ISEKI, T. 504[1].
MOTTRAM, J. C.: Polyploidie durch Cancerogene 95[6]. — Experimentelle Krebserzeugung mit Radium 209[2]. — Cancer control center in der Zelle 228[5]. — Cancerisierung als „Ein“-oder „Zweitreffereffekt“ 310[5]. Krebsauslösung durch Crotonöl nach unterschwelligen Dosen von polycyclischen aromatischen Kohlenwasserstoffen 380[7].
— and I. DONIACH: Sensibilisierung von Paramaecien gegen UV durch Benzpyren 206[1].
— s. DONIACH, I. 206[1], 263[7].
— s. WEIGERT, F. 356[8].
MOTT-SMITH, L. M., s. MULLER, H. J. 91[5].
MOTYLOFF, L., s. MISHELL, D. R. 16[7].
MOULTON, F. R.: Buch über Chemie und Physiologie der Hormone. Engl. (1944) 30[5].
MOUNTAIN, I. M., s. ALEXANDER, H. E. 603[3].
MOYER, A. W., s. COLTER, J. S. 603[2], 604[5].
MUEL, B., s. LATARJET, R. 347[8].
MÜHLBOCK, O.: Zusammenfassung über die hormonale Entstehung des Brustkrebses (1956) 324[10]. — Krebserzeugende Wirkung von Kondensaten aus Zigarettenrauch 196[1]. — Brustkrebs bei Mäusen 197[11]. — Förderung der Geschwulstentwickelung durch proliferationsfördernde Hormone 267[7]. — Verbreitung des Milchfaktors 296[3]. — Milchfaktor kommt in Harn und Kot nicht vor 296[5]. — Kein Milchfaktor bei Mäusen mit Brustkrebs 296[7]. — Milchfaktor im Sperma anfälliger Mäuse 297[2]. — Brustkrebs bei Mäusen 297[16]. — Bildung von Granulosazell-Tumoren aus in die Milz transplantierten Ovarien 325[10]. — Hemmung des Geschwulstwachstums durch Muskelarbeit 332[8].
MÜHLBOCK, O,, and T. G. VAN RIJSSEL: Förderung der Geschwulstentwickelung durch proliferationsfördernde Hormone 267[7].
— s. RIJSSEL, T. G. VAN 283[9].
MÜHLDORF, A.: Buch über Zellteilung als Plasmateilung (1951) 1[20].
MUEL, B., s. LATARJET, R. 196[4], 347[8].
MÜLLER, A.: Cancerogene Wirkung von Anilin beim Menschen 234[2]. — Blasenkrebs als Berufskrankheit 359[1].
— u. G. F. HANKE: Cancerogene Wirkung von 9,10 - Dichlor - 1,2 - benzanthracen 219[6]. — Auxocancerogener Effekt von Chlor 248[6].
MÜLLER, C.: Angriffspunkt von Vitamin E 43[11].
MÜLLER, E. A.: Fahrradergometer 541[7].
— u. H. FRANZ: Respirationsgasuhr 515[10].
— s. KRAUT, H. 552[8], 565[4], 577[1].
— s. LEHMANN, G. 567[3].
MUELLER, F., s. LEHMANN, C. 545[2], 573[3].
— s. ZUNTZ, N. 515[3].
MÜLLER, F. H.: Häufigkeit von Bronchialkrebs 194[5].
MÜLLER, G.: Einbaugeschwindigkeit von Aminosäuren in Tumoren 434[7].
MUELLER, G. C., and J. A. MILLER: Biologische Spaltung von 4-Dimethylaminoazobenzol 241[2]. — Bildung von 4′-Oxy-4-dimethylaminoazobenzol aus 4-Dimethylaminoazobenzol in der Leber 258[6]. — Spaltung der Azobrücke in 4-Dimethylaminoazobenzol durch Rattenleber 259[2]. Stoffwechsel von aromatischen cancerogenen Aminen 259[4]. — Biologische Spaltung von Derivaten des 4-Aminoazobenzols 259[5]. — Co-Faktoren für die Demethylierung von 4-Dimethylaminoazobenzol 262[8]. — Typen der Bindung von 4-Dimethylaminoazobenzol an Proteine 264[2]. — Spaltung von 4-Dimethylaminoazobenzol durch Leber zu Anilin und N,N-Dimethyl-p-phenylendiamin 369[5,6]. — Entmethylierung von 4-Dimethylaminoazobenzol durch Hepatom, Milz, Niere und Darm nicht möglich 370[1].
MÜLLER, H., s. HORNER, L. 251[2], 366[3].
— H., s. SCHRAMM, G. 595[1].

MÜLLER, H. A.: Nachweis von Sexualhormonen an Fischen nicht spezifisch 19[5]. — Pregnandiol-glucuronid 31[12].
— s. KAUFMANN, C. 202[6], 327[7], 382[1], 383[1].
MÜLLER, J. H.: Glykogenspeicherung in der Uterusschleimhaut im Cyclus 16[6]. — Cholesterinstoffwechsel im sich entwickelnden Hühnerei 474[7].
MÜLLER, R., s. JERCHEL, D. 149[14].
— s. SCHEIBE, G. 89[9].
MÜLLER-WECKER, H., s. KRAUT, H. 512[4], 552[8].
MUENCH, H., s. REED, L. J. 582[1].
MÜTING, D., u. H. LANGHOF: Gehalt an basischen Aminosäuren in Tumoren 424[14].
MULAY, A. S., and C. C. CONGDON: 4-Dimethylaminophenylazo-2′-naphthalin ist cancerogen 365[8].
— and H. I. FIRMINGER: 4-Dimethylaminophenylazo-1′-naphthalin ist cancerogen 365[7]. — Aktivität der alkalischen Phosphatase in Tumoren 457[2].
— and R. W. O'GARA: 4-Dimethylaminophenylazo-1′-naphthalin ist cancerogen 365[7].
— and E. A. SAXÉN: 4-Dimethylaminophenylazo-2′-naphthalin ist cancerogen 365[8].
MULLER, H. J.: Zusammenfassung über die Methodik der Entwickelung (1929) 70[54]. Zusammenfassung über Strahlung und Genetik (1930) 85[2]. — Mutationsrate gealterter Samen 88[9]. — Erhöhung der Mutationsrate bei Drosophila durch Röntgenbestrahlung 88[11]. — Auslösung von Mutationen durch Röntgenstrahlen 88[14]. Empfindlicher Treffbereich einer Zelle 89[6]. — Gefahren der Röntgenstrahlen 207[1]. — Strahlendosis und Latenz bei Röntgenbestrahlung 207[2].
— and E. ALTENBURG: Steigerung der Spontanmutationen durch Temperaturerhöhung 87[8].
— C. C. LITTLE and L. H. SYNDER (Hrsg.): Buch über Genetik, Medizin und Mensch. Engl. (1947) 70[55].
— and L. M. MOTT-SMITH: Natürliche Radioaktivität von Kalium 91[5].
MULLIGAN, R. M.: Vorkommen von Krebs bei der Katze 184 Tab.
MULLIKEN, B., s. TURNER, J. C. 179[7].
MUNDKUR, B. D.: Polyploidisierung von Hefe 95[8].
MUNDRY, K.-W., u. A. GIERER: Erbliche Änderungen des Tabakmosaikvirus durch Nitrit 595[14].
— u. F. SCHNEIDER: Gelbsuchtvirus der Zuckerrübe 595[12].
— s. GIERER, A. 595[14].
MUNK, I., s. LEHMANN, C. 545[2], 573[2].
MUNK, K., s. SCHÄFER, W. 607[3].
MUNRO, A. F.: Erniedrigter Grundumsatz in warmem Klima 534[12].
MURALT, A. v.: Zusammenfassung über Zusammenhänge zwischen physikalischen und chemischen Vorgängen bei der Muskelkontraktion (1935) 520[1].
— s. KOECHLIN, B. 150[18].
MURDOCH, M. E., s. BOYD, E. M. 450[13].
MURLIN, J. R., and G. LUSK: Spezifisch-dynamische Wirkung von Fett 538[5].
MURPHY, A. S., s. MCMAHON, H. E. 199[9], 209[7].
MURPHY, E. A., s. DUNN, M. S. 425[1].
MURPHY, E. D., s. GREENE, H. S. N. 338[3].
MURPHY, J. B., and J. A. HAWKINS: Kohlenhydrat- und Oxydationsstoffwechsel von Geweben 406[5]. — Stoffwechselgröße normaler und maligner Gewebe 407[3].
— and E. STURM: Rolle oestrogener Hormone bei Entstehung von Brustdrüsentumoren der Maus 187[7]. — Tumorverimpfung ins Frontalhirn 338[5].
— s. HANCE, R. T. 273[7].
— s. ROUS, P. 293[19].
MURRAY, M. R., s. BENITEZ, H. H. 138[9].
— s. HIRSCHBERG, E. 450[2].
MURRAY, W. S.: Verhütung des Mäusebrustkrebs durch Kastration 297[5]. — Brustkrebs bei kastrierten Männchen 297[8]. — Experimenteller Brustkrebs nach Oestrogenen 327[5].
MURRAY-LUCK, J. M., s. ELREDGE, N. 264[5].
MUSSGAY, M., u. K. STROHMEIER: Infektiöse Ribonucleinsäure aus Maul- und Klauenseuche-Virus 605[12].
MUSTACCHI, P., and M. B. SHIMKIN: Bilharzia-Carcinom 198[9].
MUTH, H.: Summationswirkung der Strahlung 166[5]. — Radium als Ursache von Knochentumoren und Leukämien 199[7]. Summationswirkung der Erythemdosis von Röntgenstrahlen 207[4]. — Cancerogen wirkende Radiumdosis beim Menschen 209[3].
MUTOLO, V., e F. ABRIGNANI: Myosin aus normalem Muskel und aus Rhabdomyosarkom 429[2].
MYERS, K., s. RATCLIFFE, F. N. 610[5].
MYLROIE, A., s. STEVENS, C. M. 373[2].
MYSTKOWSKI, E.: Kathepsin im Hühnerei 478[11].

NACHLAS, M. M., s. COHEN, R. B. 455[7].
— s. SELIGMAN, A. M. 458[4].
NACHMANSOHN, D.: Bildung von Cholinesterase im Gehirn des Hühnerembryo 478[6].
NACHTSHEIM, H.: Rate der Spontanmutation beim Menschen 87[4]. — Häufigkeit einiger Erbkrankheiten beim Menschen 189[1].
NAERLAND, A., s. DANNENBERG, H. 212*.
NAESLUND, J., and K. E. SWENSON: Anstieg der Wasserstoffionenkonzentration in Tumoren nach Glucosezufuhr 398[4].

NAGAO, N.: Blasenkrebs durch Dimethylazobenzole 239⁹. — Bedeutung der Stellung von Aminogruppen für cancerogene Wirkung von aromatischen Aminen 257². — Blasenkrebs durch 4-Oxy-2', 3-azotoluol 257².
— s. OTSUKA, I. 237³, 239⁸, 257⁹.
NAGASAKI, F., s. GOLDFELDER, A. 333⁶.
NAGASAWA, H. T., and H. R. GUTMANN: Deacylierung von 2-Acylaminofluorenen 368⁴.
NAGATA, C., K. FUKUI, T. YONEZAWA and Y. TAGASHIRA; FUKUI, K., T. YONEZAWA and H. SHINGU: Prinzipielle und subsidiäre Carcinogenophore 223².
— s. FUKUI, K. 223².
NAGAYAMA, M., s. TOMITA, M. 488¹.
NAKAGAWA, I.: Grundumsatz während der Pubertät 530¹².
NAKAGAWA, S., T. KOSUGE and H. TOKUNAKA: Katalasehemmender Faktor aus Krebsgewebe 422⁸.
NAKAHARA, W., and F. FUKUOKA: Katalasehemmung durch Extrakt aus Krebsgewebe (Toxohormon) 422⁷.
— S. KISHI u. T. FUJIWARA: Zusammensetzung von normaler Rattenleber und von transplantiertem Rattenhepatom 393¹.
— K. MORI u. T. HUZIWARA: Leberschutzstoffe 179⁷.
— s. FUJIWARA, T. 393¹, 402⁵, 424⁸.
— s. KISHI, S. 393¹, 436⁷.
— s. TOYODA, H. 401².
NAKAMURA, Y., s. TOMITA, M. 496².
NAKAO, T., s. YAMAGATA, S. 421¹⁴.
NALE, T. W., s. WEIL, C. S. 282⁴.
NAMAMURA, H., s. KATSUNUMA, S. 470¹.
NAPP, J.-H., u. J. PLOTZ: Scheidenabstrich als Test der Ovarialfunktion beim Menschen 17⁴.
NARAT, J. K.: Geschwulstbildung nach Injektion hypertoner Kochsalzlösung 212².
NARITA, K.: Aminosäuresequenz im Tabakmosaikvirusprotein 592¹².
NATH, M. C., s. BASU, K. P. 547⁴.
NATH, V., and K. S. GREWAL: Häufigkeit von Genitalkrebs bei Juden 197¹.
NATHANSON, I. T.: Zusammenfassung über die endokrinen Aspekte des Krebses beim Menschen (1947) 181³⁵
NATTAN-LARRIER, R., s. LESNÉ, E. 523¹⁴.
NAVRATIL, E.: Endometriosen in der Skeletmuskulatur 332¹⁶.
NAWASCHIN, M.: Mutationsrate gealterter Samen 88⁹.
NEALE, R. C., and H. C. WINTER: Leberschutzstoffe 151⁴.
NEBBIA, G., s. ANGELIS, G. DE 192¹⁰.
NEBEL, B. R., and M. L. RUTTLE: Erzeugung polyploider Rassen bei Pflanzen durch Colchicin 137⁸.
NEBELTHAU, E.: Glucoplastische Aminosäuren 554¹.
NEBER, M., s. EDLBACHER, S. 455⁹.
NECCO, A., s. RONDONI, P. 138¹¹, 139¹⁸.
NEEDHAM, A. E.: Regenerationsfähigkeit von Organen 177⁴.
NEEDHAM, D. M.: Enzymhemmung durch Lost und Stickstofflost 374².
— s. DIXON, M. 374⁶.
NEEDHAM, J.: Buch über chemische Embryologie. 3 Bde. Engl. (1931) 118⁷. — Buch über Biochemie und Morphogenese. Engl. (1942) 106³⁴. — Ichthuline 101². — Chemische Natur der Induktoren 111⁴. — Inosit im Hühnerei 472⁶. — Kreatin im bebrüteten Hühnerei 475⁶. — Inositbildung im Hühnerembryo 486³.
— and H. LEHMANN: Fermentaktivitäten im bebrüteten Hühnerei 121¹⁰.
and W. W. NOWIŃSKI: Fermentaktivitäten im bebrüteten Hühnerei 121¹⁰.
— s. BRACHET, J. 478².
— s. WADDINGTON, C. H. 111⁶.
NEERGAARD, K. v.: Entmischungsformen von Lipoiden 291³.
NEGELEIN, E.: Netzhautstoffwechsel 406⁶. — Keine aerobe Glykolyse embryonaler Zellen 408¹. — Einbaugeschwindigkeit von Aminosäuren in Tumoren 434⁸.
— s. LÜHRS, W. 412¹⁰.
— s. WARBURG, O. 335¹, 404².
NEHER, R., s. SIMPSON, S. A. 173⁵.
NEIDHARDT, K., s. LETTERER, E. 376¹⁸.
NEĬFACH, S. A., s. KLEINENBERG, H. E. 201⁹, 391⁸, 392³.
NEĬFAKH, S. A., s. NEĬFACH, S. A.
NEIPP, L., s. DRUEY, J. 245¹².
— s. MEIER, R. 138⁶.
NEISH, W. J. P.: Peroxylierung von höheren Aromaten 226⁸.
NEITZEL, E.: Buch über Berufsschädigungen durch radioaktive Substanzen (1935) 181¹⁴.
NELSON, A. A., O. G. FITZHUGH and H. O. CALVERY: Cancerogene Wirkung von Selen 200⁶, 211⁵. — Cancerogene Wirkung von Tetrachlorkohlenstoff und von Chloroform bei verschiedenen Tierarten 254². — Cancerogene Wirkung von Äthylurethan 269⁸. — Cancerogene Wirkung von Diäthylenglykol 276³. — Neurofibrome nach Mutterkorn (Secale cornutum) 287¹. — Hämatombildung durch Selen 377⁸.
— and E. C. HAGAN: Sulfonierte Triphenylmethanfarbstoffe werden nicht resorbiert 242⁹. — Lokale Sarkombildung durch Lichtgrün SF gelblich, Brillantblau FGF (Patentblau AE) und Guineagrün 243¹.
— and G. WOODARD: Leberkrebs nach o-Aminoazotoluol und 4-Dimethylaminoazobenzol 238². — Cancerogene Wirkung von 4-Dimethylaminoazobenzol bei verschiedenen Tierarten 254¹. — Blasentumoren durch 4-Dimethylaminoazobenzol bei Hunden 363⁹.
— s. FITZHUGH, O. G. 267¹, 268², 269³, 326⁹, 376⁴.

NELSON A. A., s. LUSKY, L. M. 282[8], 288[11].

NELSON, D., P. B. SZANTO, R. WILLHEIM and A. C. IVY: Hepatombildung nach Trockenei und Vollmilchpulver 193[5]. — Hepatombildung durch Trockenei 289[3].

NELSON, J. B.: Krebsauslösung bei Mäusen durch Eperythrozoon coccoides 289[11]. — Sarkombildung durch Eperythrozoon coccoides 291[4].

NELSON, W. O.: Cocancerogene Wirkung von synthetischen Oestrogenen beim Mäusebrustkrebs 297[11].

— s. MARBERGER, E. 55[1].

NÊMEC, B.: Buch über Studien über die Regeneration (1905) 176[3].

NERI, A.: Grundumsatz bei Geisteskranken 530[24].

NERNST, W.: Buch über theoretische Chemie 11.—15. Aufl. (1926) 228[9].

NES, W. R., and E. MOSETTIG: Bildung carcinogener Homologen von Steran aus Sterinen und Steroiden 202[13]. — Umlagerung von 9,11-Dehydrosteroiden in Anthrasteroide 389[7].

NETTLESHIP, A., P. S. HENSHAW and H. L. MEYER: Lungentumoren nach Urethan 374[12].

NEUBAUER, O.: Carcinogene Wirkung von Arsen 199[13]. — Arsen als Ursache von Berufskrebs 210[1]. — Cancerogene Wirkung von Arsen (III)-Verbindungen 376[16].

NEUBERG, C., u. L. LANGSTEIN: Glucoplastische Aminosäuren 554[1].

NEUKOM, H.: Hydrogele aus Zucker und Polyvinylalkohol 279[5].

— s. DEUEL, H. 279[4].

NEUKOMM, S.: Bestimmung der gonadotropen Hormone 26[4].

— et A. REYMOND: Bestimmung von Testosteron, Progesteron und von Corticoiden 33[4].

— s. BONNET, J. 347[8].

NEURATH, H., and G. R. COOPER: bushy stunt-Virus 587[3].

— G. R. COOPER, D. G. SHARP, A. R. TAYLOR, D. BEARD and J. W. BEARD: Virusisolierung aus SHOPE-Papillom 386[10].

NEUWEILER, W.: Thiamingehalt der Placenta 48[8].

NEVE, E. F.: Chronische Hitze als Krebsursache 198[8], 199[1].

NEWBURGH, L. H. and C. R. SPEALMAN: Grundumsatz des Menschen in der Kälte 533[7].

NEWCOMBE, H. B.: Latenz der Manifestation von Mutationen der Plasmaduplikanten 86[3]. — Unterscheidung spontaner und induzierter Mutationen bei Bakterien 87[7]. Latenz der Manifestation einer Mutation 90[2]. — Verzögerte Mutationen 97[2]. — Latenz der mutagenen Strahlenwirkung 208[1]. — Krebsige Entartung von Zellen 317[4].

NEWMAN, E., M. I. GROSSMAN and A. C. IVY: Wirkung von Leberextrakten bei Leberregeneration 179[6].

NEWMAN, M. S., s. FIESER, L. F. 202[1], 229[2], 389[4].

NEWSOM, A. A., s. WILLIS, R. S. 44[7].

NEWTON, M. A., s. SKIPPER, H. E. 139[28], 141[1], 142[4], 160[8].

NEYMAN, B., s. LASZT, L. 174[6].

NGUYEN-VAN THOAI, s. ROCHE, J. 457[12].

NICHOLAS, J. S.: Zusammenfassung über Entwickelungsphysiologie (1948) 106[20].

NICHOLS, S., s. BRUNSCHWIG, A. 398[16].

— s. DUNHAM, L. J. 398[16].

NIEDERL, J. B., and R. M. SILVERSTEIN: Synthetische Oestrogene 39[6].

NIEDERMAN, D. J., s. SNAPP, R. H. 378[8].

NIEHANS, P.: Buch über Prostata-Krebs und Prostatahypertrophie als Folge hormonaler Störungen (1940) 12[5].

NIELSEN, A., s. CLEMMESEN, J. 192[5].

NIELSEN, J. P., H. M. BENEDICT and A. J. HOLLOMAN: Bedeutung der Luftverunreinigung für Tier und Pflanze 214[2].

NIELSEN, N., u. V. HARTELIUS: Toxische Wirkung von Amonisäuren auf Gewebekulturen 146[4].

NIEPER, H. A., P. DANNEBERG u. H. W. LO: Sulfosäuregruppen heben cancerogene Wirkung von 4-Dimethylaminoazobenzol auf 365[5].

— s. DANNEBERG, P. 204[6].

— s. DRUCKREY, H. 242[7], 253[7].

NIGGLI, H., s. HADORN, E. 93[8].

NIGRELLI, R. F.: Vorkommen von Krebs bei Fischen 184[Tab.] — Virusätiologie von Papillomen und Lymphsarkomen bei Fischen fraglich 294[7].

NIKLAS, A., s. MAURER, W. 401[15].

NIKOLOWSKY, W.: Wirkung von Vitamin E auf Oligospermie beim Menschen 43[15].

NILSSON, H., s. EULER, H. v. 97[8].

NILSSON-EHLE, H.: Gene der Chlorophyllsynthese 97[6].

NIRENBERG, M. W., and J. E. HOGG: Kompetitive Hemmung des Fructoseabbaus in Tumoren durch Galaktose 408[10].

NISHIKAWARA, M., s. HAWKINS, R. D. 529[5].

NISHIOKA, K., s. KATSUTA, H. 150[14], 324[6].

NISIMURA, I., s. MORIGAMI, S. 234[5].

NITZ-LITZOW, D., s. MARTIUS, C. 529[2].

NIU, C.-I., and H. FRAENKEL-CONRAT: Aminosäuresequenz im Tabakmosaikvirusprotein 592[7].

NIVEN, J. S. F., s. BROWNING, C. H. 242[2], 359[10].

NIXON, W. L., s. TIPTON, S. R. 529[8].

NOBEL, E., s. FREUD, P. 154[4].

NOBLE, R. L., s. DODDS, E. C. 42[2].

NODA, L., s. GRIFFIN, A. C. 440[10], 441[4].

NOE, H. A., s. LANDING, B. H. 142[11].

NOELL, W. K., s. URBACH, F. 405[8].

NORBERG, B.: Verhalten der alkalischen Phosphatase bei Zellregeneration 180[1].

NORDIN, B. E. C., s. FRASER, R. 521[2].

NORDLING, C. O.: Exogene Ursachen für Magenkrebs 192[8]. — Cancer control center in der Zelle 228[5].
NORDMANN, M., u. A. SORGE: Carcinogene Wirkung von Asbest 284[3], 377[1].
NORING, O., s. IVERSEN, S. 380[13], 381[1].
NORKIN, V. L., s. DIKUN, P. P. 347[3].
NORMAN, A., s. GINOZA, W. 593[6].
Normblatt des Ausschusses für Einheiten und Formelgrößen (AEF) DIN 1313 (1940) 126[1].
NORRIS, E. R., and J. J. MAJNARICH: Wuchsstoffgehalt des Serums im Alter 151[1]. — Beeinflussung des Tumorwachstums durch Serumfaktoren 324[7].
— s. TROESCHER, E. E. 455[10].
NORRIS, L. C., and A. T. RINGROSE: Wachstumsförderung durch Pantothensäure 146[12].
— s. GALLUP, W. D. 470[4].
— s. SCOTT, M. L. 150[8].
NOTHDURFT, H.: Verteilung der Plasmaduplikanten bei der Zellteilung 81[1]. — Carcinogene Organextrakte 201[12]. — Desoxycholsäure ist nicht cancerogen 202[4]. — Cancerogene Wirkung von Harnextrakten Krebskranker 203[3]. — Sarkombildung durch implantierte Plättchen 211[12]. — Carcinogene Wirkung von Kunststoffen 279[12]. — Tumorbildung durch Implantation von Folien aus Edelmetallen und Elfenbein 282[1]. — Duplikanten als Angriffsorte der cancerogene Wirkung 300[10], 310[3,6]. — Entmischung von Duplikanten bei krebsiger Entartung von Zellen 317[7]. — Sarkombildung durch implantierte Kunststoff- und Metallfolien 376[11]. — Sarkombildung durch implantierte Gold- und Silberfolien 376[13]. — Keine cancerogene Wirkung von unverseifbarem Anteil aus Lebern von Krebskranken 391[13]. — Gesamtumsatz bei Hunger 574[2].
— u. J. HOPP: Genauigkeit der Grundumsatzbestimmung 515[7].
— s. MOHR, H.-J. 279[15].
NOUY, P., LECOMTE DU: Buch über biologische Zeit. Engl. (1936) 124[29].
NOVAK, E.: Lehrbuch der Gynäkologie. Engl. (1944) 14[5]. — Hormonale Steuerung der Schwangerschaft 43[16].
NOVELLI, G. D., and F. LIPMANN: Pantothensäure als Bestandteil von Coenzym A 146[13]. — Acetylierung von aromatischen cancerogenen Aminen 255[5].
— s. LIPMANN, F. 255[6].
NOVIKOFF, A. B., and V. R. POTTER: Chemische Analyse von Embryonen 121[11]. — RNS-Konzentration im Hühnerembryo 123[5].
— V. R. POTTER and G. A. LE PAGE: Aufnahme von anorganischem Phosphat in Tumoren proportional der Milchsäurebildung 408[9].
NOWELL, P. C., L. J. COLE and M. E. ELLIS: Darmkrebs bei Mäusen nach Bestrahlung mit schnellen Elektronen 209[1]. — Erzeugung von Tumoren und Leukämien durch Neutronenbestrahlung 380[4].
NOWINSKI, W. W.: Buch über normales und bösartiges Wachstum. Engl. (1956) 124[35].
— s. NEEDHAM, J. 121[10].
— s. WADDINGTON, C. H. 111[6].
NOWINSKY, M.: Transplantationstumoren 333[4].
NOYES, H. M., s. FALK, K. G. 455[1].
NUNEZ, G., e P. HAUZWALB-NUNEZ: Aminosäurezusammensetzung von Nucleoproteiden aus Tumoren 426[7].
NYE, W. N., s. GRIFFIN, A. C. 440[10], 441[4].
NYHAN, W. L., and H. BUSCH: Einbaugeschwindigkeit von Aminosäuren in Tumoreiweiß 434[13].
NYLIN, G.: Grundumsatz bei Kindern im Winter 534[7].
NYMAN, B., s. CHINN, H. I. 533[6].
NYSTRÖM, C., s. CASPERSSON, T. 424[14], 440[14].

OAKBERG, E. G., and S. E. LURIA: Selektion von Mutanten als Ursache von Resistenz gegen Pharmaka 87[6].
OBER, K.-G.: Phosphatasegehalt des Endometriums 16[9].
— u. M. WEBER: Phosphatasegehalt des Endometriums 16[9].
OBERDISSE, K.: Spezifisch-dynamische Wirkung von Aminosäuren im Herz-Lungen-Präparat 539[4]. — Ursache der spezifisch-dynamischen Wirkung 539[5].
— u. M. ECKARDT: Spezifisch-dynamische Wirkung im Herz-Lungen-Präparat 539[4]. Ursache der spezifisch-dynamischen Wirkung der Aminosäuren 539[5].
— u. W. JUST: Ursache der spezifisch-dynamischen Wirkung der Aminosäuren 539[5].
— u. J. N. PARASKEVOPOULOS: Ursache der spezifisch-dynamischen Wirkung der Aminosäuren 539[5].
OBERHAMMER, P.: Herzhormone 151[3].
OBERLING, C.: Buch über das Krebsproblem. Franz. (1942) 290[1]. — Buch über das Krebsrätsel. Engl. (1944) 340[5]; 2. Aufl. (1953) 181[31].
— W. BERNHARD, H. BRAUNSTEINER et H. L. FEBVRE: Streptokokkenartige Ketten im Cytoplasma leukämischer Zellen 299[4].
— et M. GUÉRIN: Zusammenfassung über die Rolle der Viren bei der Krebsbildung (1954) 292[1]. — Transplantabilität von 20-Methylcholanthren-Sarkomen 293[11]. — Serologische Untersuchungen an ROUS-Virus 386[6]. — Duplikantentheorie der Krebsentstehung 387[7].
— M. GUÉRIN, L. DE SEZE et LACOUR: Hypophysentumoren nach Oestrogenbehandlung 327[3].
— P. GUÉRIN et M. GUÉRIN: Vorkommen von Krebs bei Ratten 184[Tab.].

OBERLING, C., s. BERNHARD, W. 295[2], 385[1], 386[4].
— s. LACOUR, F. 325[10], 326[3,6].
— s. ROUSSY, G. 209[7], 340[3].
OBERNDORFER, S.: Zusammenfassung über die inneren männlichen Geschlechtsorgane (1931) 8[1].
OBERST, F. W., s. CHINN, H. I. 533[6].
O'BRIEN, J. R., s. BROUGHTON, P. M. 313[6], 321[2].
OCHOA, S.: Bedeutung des Chlorophylls 510[2].
OCKLITZ, W., s. KRONEBERG, G. 576[9].
O'CONNOR, R. J.: Atmung und Glykolyse im befruchteten Ei 120[1]. — Fermentaktivitäten im bebrüteten Hühnerei 121[10]. Energielieferung für die Mitose 133[7].
O'CONNOR, W. J., s. FELDBERG, W. 167[9].
O'DELL, B. L., s. GRAINGER, R. B. 96[7], 118[5].
ODELL, L. D., and J. C. BURT: Aktivität der β-Glucuronidase in Cervixcarcinomen 458[5].
O'DONNELL, V. J., s. HEARD, R. D. 390[6].
OECH, S., s. ARNOLD, W. 457[8].
OEHLKERS, F.: Buch über Mutationsauslösung durch Chemikalien (1949) 85[19]. — Selbstreproduktion von Mitochondrien und Plasmagranula 5[3]. — Plasmatische Vererbung 79[14], 80[1]. — Mutagene Wirkung von Äthylurethan 92[14], 93[9]. — Blühhormone 149[20].
ÖRSTRÖM, A.: Stoffwechselsteigerung bei künstlicher Parthenogenese 105[2]. — Stoffwechseländerungen an zur Entwickelung gebrachten Eiern 105[4]. — Ammoniakbildung im befruchteten Ei 119[2]. — Spaltungsprozesse im befruchteten Seeigelei 119[3].
— u. O. LINDBERG: Kohlenhydratabbau im befruchteten Ei 119[1].
OESER, H.: Zunahme von Krebs beim Menschen Folge der gestiegenen Lebenserwartung 308[1].
OESPER, P., and O. MEYERHOF: Triosephosphatisomerase-Überschuß in Tumoren, Muskel und Hirn 411[6].
ÖSTERGREN, G.: Aromatische Kohlenwasserstoffe als Mitosegifte 139[13]. — Mechanismus der Mitosegiftwirkung 140[1].
— s. LEVAN, A. 139[13], 140[1].
OETTINGEN, K. v., s. WIND, F. 404[3].
O'FEYNN, C. P.: Hyaluronidase ohne Einfluß auf Ausbreitung von Geschwülsten 332[12].
O'GARA, R. W., s. MULAY, A. S. 365[7].
OGLE, C.: Begünstigung der Spermatogenese durch niedere Temperatur 9[2].
OHASHI, M., s. ICHII, S. 455[11].
OHLY, A., s. MALLWITZ, A. 571[3].
OKADA, S., E. SAKURAI and T. KAMEDA: Keine rassischen Unterschiede im Grundumsatz 535[3].
OKI, M.: Synthetische Oestrogene 39[6]. — 4,4'-Bismethylthiostilben ist oestrogen 41[16].
OKUDA, M.: Adrenalin im Hühnerembryo 479[8].
OLCOTT, C. T., s. PAPANICOLAU, G. N. 184 Tab..
OLENOV, J. M.: Abhängigkeit der Rate der Spontanmutationen von der Ernährung 88[7].
OLLE, E. W., s. BUSCH, H. 405[7].
OLSON, K. B., G. HEGGEN, C. F. EDWARDS and L. W. GORHAM: Gehalt an Spurenelementen in Tumoren 400[6]. — Zinkgehalt in Leber und in Tumoren 400[6].
OLSON, M. E., s. RABINOVITZ, M. 423[12], 434[17,18].
OLSON, R. E.: Unterschiede des Kohlenhydrat- und Oxydationsstoffwechsels zwischen Tumor- und normalem Gewebe nur qualitativ 405[10]. — Aktivität von Hexokinase und Phosphohexokinase in Tumoren 410[9]. — Abbau von Brenztraubensäure, Milchsäure, Glucose und Palmitinsäure in Tumoren und normalen Geweben 412[15]. — Bernsteinsäureumsatz in Leber und Hepatom 412[15]. — Gehalt an Coenzymen mit Beziehung zu Vitaminen im Hepatom 459[8].
O'MEARA, R. A. Q., s. BELL, E. A. 147[1], 159[5], 160[4].
O'MELVENY, K., s. TYLER, A. 101[9].
OMURA, S.: Erhöhung der Spermienbeweglichkeit durch Prostatasekret 51[2].
O'NEAL, M. A., and A. C. GRIFFIN: Einfluß von Hypophysektomie auf cancerogene Wirkung von Diacetylaminofluoren 360[8].
— s. ROBERTSON, C. H. 324[13], 360[7].
ONG, S. G.: Begünstigung der Carcinogenese durch Höhenstrahlung 208[9].
ONO, T., s. ENDO, H. 422[16].
ONSY, A.: Bilharzia-Krebs 289[7].
OPITZ, E., u. H. SAMLERT: Cytochrom c-Gehalt menschlicher Feten 123[8].
— s. RACZOWSKI, H. A. 335[2].
OPPENHEIM, M., J. H. RILLE u. K. ULLMANN: Buch über die Schädigungen der Haut durch Beruf und gewerbliche Arbeit. 3 Bde. (1921/25; 1926; 1927) 198[4].
OPPENHEIMER, B. S., E. T. OPPENHEIMER, I. DANISHEFSKY and A. P. STOUT: Krebsbildung nach Implantation von Kunststoffen 279[15]. — Tumorbildung nach Implantation von Folien aus Edelmetallen und Elfenbein 282[2]. — Resorption von Polyäthylenfolien 283[2]. — Sarkombildung durch implantierte Silberfolien 376[14].
— E. T. OPPENHEIMER, I. DANISHEFSKY, A. P. STOUT and F. R. EIRICH: Keine Sarkombildung durch Zinnplättchen 211[13]. — Sarkombildung durch implantierte Kunststoffe 376[10].
— E. T. OPPENHEIMER, A. P. SCOTT and I. DANISHEFSKY: Krebsbildung nach Implantation von Kunststoffen 279[15].
— E. T. OPPENHEIMER and A. P. STOUT: Krebsbildung nach Implantation von Cellulose 279[9]. — Krebsbildung nach

Implantation von Cellulose und Polyäthylen 279[11]. — Sarkombildung durch implantiertes Cellophan 376[8]. — Sarkombildung durch implantierte Kunststoffe 376[10].
Oppenheimer, B. S., E. T. Oppenheimer, A. P. Stout and I. Danishevsky: Krebsbildung nach Implantation von Kunststoffen 279[15].
Oppenheimer, E. T., s. Oppenheimer B. S. 211[13], 279[9,11,15], 282[2], 283[2], 376[8,10,14].
Oppenheimer, H.: Blastokoline 163[2].
Oppenoorth, W. F. F. jr.: Zellstreckungsstoffe in Hafer 148[3].
Ord, M. J., s. Harris, E. B. 141[3].
Orr, H. C., s. Leighton, J. 183[2], 231[1].
Orr, I. M.: Carcinogene Wirkung von Tabak 200[18].
Orr, J. W.: Zusammenfassung über Bildung von Lebergeschwülsten durch Azoverbindungen (1946/47) 359[11]. — Resorptionsbegünstigung von Carcinogenen durch wiederholte Injektion 231[3]. — Wirkung der Diät auf cancerogene Wirkung von 4-Dimethylaminoazobenzol 260[8]. — Förderung des Tumorwachstums durch Ischämie 332[9]. — Cancerogene Wirkung von Urethan ist spezifisch 374[20].
— D. E. Price and L. H. Stickland: Glykogenspeicherungsvermögen der Leber nach Hepatocarcinogenen 403[3].
— and L. H. Stickland: Glucose als Substrat für Hepatome 403[1].
— s. Miller, E. W. 19[9].
Orr, S. F., s. Hieger, I. 203[5], 392[6].
Orr, S. F. D., and H. W. Thompson: Keine Beziehung zwischen Infrarotspektren und cancerogener Wirksamkeit bei Kohlenwasserstoffen 355[8].
— s. Booth, J. 214[6], 225[9].
— s. Boyland, E. 367[4].
Osborn, M. J., s. Felts, J. M. 554[8].
Osborne, T. B., and L. B. Mendel: Bedeutung der Spurenelemente für die Ernährung 509[8]. — Eiweißbedarf 509[11].
— L. B. Mendel and E. L. Ferry: Eiweißbedarf 509[11]. — Wachstumswert von Eiweiß 550[6].
Oser, B. L.: EAA-Index (essential amino acid-index) 551[4].
Osher, S., s. Mirsky, I. A. 174[3].
Oshima, F., S. Iwase, F. Kanemaki and K. Komada: Verzögerung der Krebsbildung durch 4-Diaminoazobenzol bei Sauerstoffmangel 194[3].
Oshry, E., s. Seidlin, S. M. 267[1], 326[5].
Osiek, R., s. Bensley, E. H. 329[12].
Osnos, M., s. Shettles, L. B. 17[3].
Osserman, E. F., A. Graff, M. Marshall, D. Lawlor and S. Graff: Bildung von Myelomplasmaproteinen und Bence-Jones-Eiweiß 433[12].
Ossorio Florit, E., s. Marañón, G. 530[1].
Ossorio Florit, M., s. Marañón, G. 530[3].
Ostenfeld, J.: Tumorbildung nach Verimpfung von normalen Organen 340[1].
Oster, G.: Spontane Ordnung von Tabakmosaik 591[4].
— P. M. Doty and B. H. Zimm: Molekulargewicht von Tabakmosaikvirus 591[1].
Osteux, R., s. Boulanger, P. 428[3].
Oswald, H., s. Lang, K. 138[3].
Ota, H., s. Sato, A. 151[8].
Otsuka, I., and N. Nagao: Carcinombildung nach Benzidin 237[3]. — Cancerogene Wirkung von Azobenzol 239[8]. — Blasenkrebs durch 4-Oxy-2',3-azotoluol 257[9].
Ott, M. G., s. Sorof, S. 431[8].
Ott, P., s. Kubowitz, F. 411[7], 432[8].
Ottinger, B., s. Germuth, F. G. jr. 173[3].
Outhouse, E. L.: Colaminphosphorsäure aus malignen Tumoren 452[1].
Overend, W. G., s. Laland, S. G. 444[4].
Owades, P., s. Waelsch, H. 161[7].
Owen, M., H. A. Sissons and J. Vaughan: Knochentumoren durch ^{90}Sr 380[2].
Owen, S. E., and M. Cutler: Prostatahypertrophie im Senium 12[5].
— s. Allaben, G. R. 327[11].
Ozawa, G., s. White, J. M. 439[4].

Páal, A.: Wuchsstoffbildung in Wurzelspitzen von Haferkoleoptilen 148[5].
Pabst, H. W., s. Cramer, H. 401[13].
Pacault, A., et S. Carpentier: Dehydrierung von Cyclohexan zu Benzol im Organismus 202[10].
— s. Buu-Hoi 224[6].
Paden, G., s. Medes, G. 454[2].
Pätau, K.: Riesenchromosom aus Speicheldrüsen von Drosophila 73[1].
Page, R. R.: Carcinogene Wirkung von rohen Mineralölen 200[9].
Pages-Flon, M., N. P. Buu-Hoi et R. Daudel: Cancerogene Wirkung von Verbindungen des 1,2-Benzacridins bzw. Carbazols 219[1]. — Beziehungen zwischen π-Elektronen und cancerogener Wirkung bei Heterocyclen 224[7].
Paget, J.: Begriff „carcinogen" 212[11].
Pagnelli, V., s. Little, P. A. 332[3].
Paigen, K., s. Cosentino, V. 586[2], 587[9].
Paillas, J. E., s. Cornil, L. 11[9].
Painter, T. S., u. E. C. Reindorf: Pseudomitose 132[9]. — Vergrößerung der Chromosomen beim Zellwachstum 143[8].
Palatine, I. M., s. Christensen, H. N. 423[13].
Palis, A., s. Bárány, E. 138[1].
Palladin, A. W., u. J. J. Raschba: Arginase im Hühnerembryo 478[3].
Palmer, A. H., and M. Levy: Dipeptidase im Hühnerembryo 478[4].
Palmer, C. F., and A. Ciocco: Zusammenfassung über Wachstum (1941) 124[36].
Palmer, F. jr., s. Butts, D. C. A. 398[5].
Panos, T. C., and J. C. Finerty: Stress-Empfindlichkeit bei Mangel an mehrfach ungesättigten Fettsäuren 555[13].

Panos, T. C., J. C. Finerty, G. F. Klein and R. L. Wall: Stress-Empfindlichkeit bei Mangel an mehrfach ungesättigten Fettsäuren 555[13].

Pany, J., s. Kutscher, W. 10[7], 329[9].

Papaconstantinou, J., and S. P. Colowick: Hemmung der Milchsäuredehydrogenase durch Oxamidsäure 411[11].

Papadopoulou, D.: Aktivität der Blutkatalase bei Gesunden und Tumorkranken 421[13].

Papanicolaou, G. N.: Biologische Bestimmung der Oestrogene durch Scheidenabstriche 18[1].

— and C. T. Olcott: Vorkommen von Krebs beim Meerschweinchen 184Tab.

— and E. Shorr: Scheidenabstriche als Test für Ovarialfunktion beim Menschen 17[4].

— H. F. Traut and A. A. Marchetti: Buch über Epithelien der weiblichen Fortpflanzungsorgane. Engl. (1948) 17[4].

Paraskevopoulos, J. N., s. Oberdisse, K. 539[5].

Pardee, A. B., C. Heidelberger and V. R. Potter: Umsatz von Essigsäure in Tumoren und normalen Geweben 412[19].

Paris, S. K., s. Korenchevsky, V. 321[1], 325[6].

Parisot, J., s. Lucien, M. 8[3].

Park, H. F.: Reaktive Form cancerogener Stoffe 285[3].

Parker, R. C.: Buch über Methoden der Gewebekultur. 2. Aufl. Engl. (1950) 106[32].

Parkes, A. S.: Bildung von Androgenen bei der Frau 20[1].

Parkhurst, R. T.: Vitamin E im Eidotter 480[13].

Parks, R. E. jr., s. Kidder, G. W. 139[29], 142[9], 160[15], 161[2], 446[24].

Parmentier, R.: Mitosegifte 139[2].

Parpart, A. K. (Hrsgb.): Buch über Chemie und Physiologie des Wachstums. Engl. (1949) 118[11].

Parsons, R. J., and J. G. Kidd: Virus des Papilloms der Mundschleimhaut beim Kaninchen 295[7].

Parsons, W. H., and E. F. McCall: Mammageschwülste bei Frauen nach chronischer Oestrogenbehandlung 327[11].

Partridge, M. H., s. Szepsenwol, J. 123[6].

Paschen, E.: Shope-Papillom 294[10].

Paschkis, K. E., A. Cantarow and J. Stasney: Carcinogene Wirkung von Thyreostatica bei Kombination mit 2-Acetaminofluoren 382[11].

— s. Cantarow, A. 448[5].

— s. Rutman, R. J. 429[5], 430[2], 434[14], 440[11], 442[7], 443[10, 13], 446[21].

— s. Stasney, J. 300[11], 337[1, 2].

Pascua, M.: Sterblichkeit an Brustkrebs 190[4].

Passey, R. D.: Experimentelle Hautkrebse 212[10]. — Krebserzeugende Wirkung von Ruß 346[4].

Passey, R. D., L. Dmochowsky, W. T. Astbury, R. Reed and G. Eaves: Dem Mäuse-Milch-Faktor entsprechende Partikel in der Frauenmilch 197[10], 298[2].

— L. Dmochowski, W. T. Astbury, R. Reed and P. Johnson: Partikelchen aus Milchfaktor 296[15].

— L. Dmochowski, I. Lasnitzki and A. Millard: Krebszellen überleben extrem tiefe Temperaturen 300[3]. — Krebszellen überstehen Einfrieren 336[10].

— L. Dmochowski, R. Reed and W. T. Astbury: Isolierung des Milchfaktors 387[6].

Paterson, E., A. Haddow, I. ApThomas and J. M. Watkinson: Einfluß von Urethan auf Leukämie 375[4].

— I. ApThomas, A. Haddow and J. M. Watkinson: Urethan als Mitosegift 139[8].

Paterson, J. Y. F., and W. Klyne: allo-Pregnan-ol-3β-on-20-sulfat im Harn trächtiger Stuten 32[3].

Patten, B. M.: Buch über menschliche Embryologie. Engl. (1946) 106[12].

Patterson, W. B.: Tumorverimpfung in die Backentaschen des Goldhamsters 338[6].

Paul, H. E., M. F. Paul, J. D. Taylor and R. W. Marsters: Sauerstoffverbrauch von Granulationsgewebe 180[9].

Paul, H. L., u. O. Bode: Kartoffel-Aucuba-Virus 596[2]. — Kartoffel A-Virus 596[4].

— s. Bode, O. 596[1, 5].

Paul, M. F., s. Paul, H. E. 180[9].

Pauling, L.: Buch über die Natur der chemischen Bindung. 2. Aufl. Engl. (1950) 219[9]. — Selbstreproduktion von Antikörpern 5[4]. — Antigen als Matrize für Antikörperbildung 83[6]. — Erklärung der Bildung spezifischer Antikörper 175[4]. — Quantenmechanische Behandlung des Zustandes aromatischer Bindungen 219[9].

— D. H. Campbell and D. Pressman: Antigene und Antikörper 174[10].

— and R. B. Corey: Antigen als Matrize für Antikörperbildung 83[6]. — Erklärung der Bildung spezifischer Antikörper 175[4].

Paulmann, F. K.: Wuchsstoffe in Pflanzenkeimen 149[16].

Payne, A. H., L. S. Kelly, G. Beach and H. B. Jones: Einbau von Formiat-^{14}C und Glykokoll-^{14}C in DNS der Organe von Tieren mit Impftumoren 448[10].

— L. S. Kelly and M. R. White: Einbau von ^{32}P in Desoxynucleinsäuren der Organe von Tieren mit Impftumoren 448[9].

— s. Kelly, L. S. 448[9].

Payne, A. M.-M., s. Enders, J. F. 605[3].

Payne, L. D., s. Day, P. L. 332[3].

Payne, R. L., A. R. Crane and J. G. Price: Schilddrüsentumoren nach Thiouracil 382[8].

Payne, S., s. Calcutt, G. 356[10].

Payot, P. H., W. Ruppel, Hj. Staudinger u. L. Weissbecker: Corticosteroidbestimmung 174[4, 7].

PAYOT, P. H., s. DAUBEN, W. G. 392[10].
PEACOCK, P. R.: Carcinogene Wirkung hocherhitzter Öle 288[4]. — Transplantibilität von 20-Methylcholanthren-Sarkomen 293[12].
— and S. BECK: Sarkombildung durch Injektion von Öl oder Schweineschmalz 287[8].
— s. KIRBY, A. H. M. 237[14], 244[2], 364[5], 365[13].
— s. SCHOENTAL, R. 192[3], 287[3], 375[12].
PEACOCK, W., s. LEBLOND, C. P. 532[6].
PEARLMAN, W. H.: Zusammenfassung über Chemie und Stoffwechsel der Oestrogene (1948) 15[5].
— and E. CERCEO: Bildung gestagener Hormone in der Placenta 44[4].
— s. PINCUS, G. 30[4].
PEARSON, C. S., s. SHERMAN, H. C. 563[2].
PEARSON, J., s. BEER, C. T. 202[9].
PEARSON, J. T., s. CASE, R. A. 200[15], 242[6].
PEAT, S., s. BAILEY, J. M. 83[3].
PECK, R. L., s. WRIGHT, L. D. 147[16].
PECK, R. M., s. CREECH, H. J. 227[8].
PECKHAM, B. M., and R. R. GREENE: Bildung von Granulosazell-Tumoren aus in die Milz transplantierten Ovarien 325[10].
PECKOS, P. S.: Konstitutionelle Unterschiede des Nahrungsbedarfs bei Kindern 564[1].
PEDERSEN, K. O.: Fetuin 123[12].
— s. LI, C. H. 25[11], 26[3].
PEHAM, A., s. BARRENSCHEEN, H. K. 440[8].
PEIFER, J. J., and R. T. HOLMAN: Cholesterinstoffwechsel bei Mangel an mehrfach ungesättigten Fettsäuren 555[12].
PEIN, H. v.: Carcinogene Wirkung von Arsen 199[13].
PEIRCE, E. M., s. GEYER, R. P. 217[1], 231[14], 303[8].
PELCS, S. R., s. HOWARD, A. 135[2].
PELLER, S.: Buch über Krebs des Menschen. Engl. (1952) 181[51].
PENCHARZ, R. I., s. EVANS, H. M. 124[18], 151[13].
PENG, C.-T., s. SCOTT, K. G. 401[6].
PENN, H. S., and J. KAPLAN: Fluorescenzbanden von 3,4-Benzpyren 223[4].
PENTIMALLI, F.: Buch über Krebs als biologisches Problem. (1942) 292[5]. — Ursache der Tumorbildung durch Viren 292[5]. — Zellschädigung Voraussetzung für Infektion mit ROUS-Virus 293[19].
— and G. SCHMIDT: ROUS-Virus ist ein phosphorhaltiges Nucleoproteid 293[6].
PEREVOŠČIKOVA, K. A., s. ZBARSKIJ, I. B. 426[5].
PERLMAN, P. L., s. LEONARD, S. L. 101[14], 106[1].
PERLMANN, S., u. W. STAEHLER: Cancerogene Wirkung von Anilin 234[3]. — Blasentumoren bei Kaninchen durch β-Naphthylamin 361[1].
PERRAULT, A., s. ROUS, P. 304[4].
— s. SHEAR, M. J. 169[10], 351[12], 352[6].
PERRAULT, M.: 4-Oxy-benzyläthylketon als synthetisches Oestrogen 40[4]. — p-Oxypropiophenon als „Hypophysenblocker" 42[4].
PERRY, B. T., s. ADA, G. L. 607[5].
PERRY, W. L.: Standardisierung der Pyrogene 169[11].
PERRY, W. L. M.: Buch über Planung von Toxicitätstesten. Engl. (1950) 35[3].
PERSCHKE, H., s. BRODA, E. 412[17].
PESTEMER, M., s. KREMANN, R. 253[5].
PETER, K.: Zellwachstum 143[12]. — Zelle als Arbeits- oder Teilungszelle 154[10]. — Beziehungen zwischen Zellvermehrung und -funktion 176[17].
PETERING, H. G., s. GOVIER, W. M. 455[16].
PETERMANN, M. L., M. G. HAMILTON and L. KORNGOLD: Myelomplasmaproteine 433[9].
— N. A. MIZEN and M. G. HAMILTON: Auftrennung mitochondrienfreier Cytoplasma-Nucleoproteide aus Rattenleber und Hepatom 430[11].
— and R. M. SCHNEIDER: Ribonucleinsäuregehalt in Zellkernen der Milz bei Mäusen mit Leukämie 443[9].
— s. KENSLER, C. J. 342[13].
— s. MIZEN, N. A. 442[10].
PETERS, D.: Größe des Vaccine-Virus 609[3]. — Elektronenmikroskopische Untersuchung von Vaccine-Virus 610[3].
PETERS, J. H., and H. R. GUTMANN: Deacetylase für 2-Acetaminofluoren in Leberschnitten 368[2]. — Bindung von Abbauprodukten des 2-Acetaminofluoren an Leberproteine 368[8].
— s. GUTMANN, H. R. 367[13], 368[7].
PETERS, R. A., s. BUFFA, P. 405[5].
PETERSON, D. H., s. GALLAGHER, T. F. 32[11].
PETERSON, E. R., s. HIRSCHBERG, E. 450[2].
PETERSON, W. H., s. KRUEGER, K. K. 160[3].
PETRAKIS, N. L., s. KELLY, L. S. 447[17].
PETROV, N., u. N. KROTKINA: Experimentelle Krebserzeugung durch Radium 209[2].
PETSCH, G., s. DORNOW, A. 159[3].
PETTE, D., s. HOLZER, H. 408[7].
PETTENKOFER, M.: Stoffwechseluntersuchungen 508[4]. — Respirationsapparat 515[2].
— u. C. v. VOIT: Stoffwechseluntersuchungen 508[4].
PETTERSSON, J., s. EULER, B. v. 19[11].
PETTIGREW, F. W., s. RILEY, J. F. 232[7], 304[2].
PEUKERT, L., u. H. KOEHLER: Hautkrebs 205[13].
PEVNÝ, V.: Mangel an Verdauungsfermenten bei eiweißarmer Ernährung 578[4].
PEZOLD, F. A., s. WUNDERLY, C. 214[8], 229[3].
PFANKUCH, E., s. KAUSCHE, G. A. 589[3].
PFAUNDLER, M. v.: Grundumsatz 526[4].
— u. A. SCHLOSSMANN: Handbuch der Kinderheilkunde. 4. Aufl. Bd. I (1931) 523[12].

Pfeffer, K. H., u. Hj. Staudinger: Wirkung von Bakterientoxinen und Pyrifer 171[4]. — Bedeutung von Ascorbinsäure für Funktion der Nebennierenrinde 172[1]. Corticoidausscheidung im Harn bei Stress oder nach Pyrifer 173[14].

Pfeiffer, C. A., and E. Allen: Kein Hautkrebs durch Kombination von Oestradiol mit Crotonöl 329[2].

— V. E. Emmel and W. U. Gardner: Hypertrophie der Nieren nach Keimdrüsenhormonen 19[7].

— s. Gardner, W. U. 382[3].

— s. Hooker, C. W. 326[4].

Pfeiffer, H. H., s. Huss, W. 70[38].

Pfeiffer, P.: Chromophore Wirkung bestimmter Gruppen 216[5]. — Farbentheorie 249[1].

Pfeil, E.: Erzeugung von Lungenkrebs durch Chromatstaub 211[2].

Pflüger, E. (F. W.): Entstehung von Mißbildungen und Teratomen bei Befruchtung überreifer Eier 115[4]. — Stoffwechseluntersuchungen 508[4].

Pfützer, W., s. Hirsch, H. H. 422[14, 15].

Philip, U., and J. B. S. Haldane: Kritik der Chlamydomonas-Versuche von Moewus 102[5].

Philipp, E.: Prolanbildung in der Placenta 44[2].

— u. H. Huber: Fähigkeit der Uterusschleimhaut zu infiltrativem Wachstum 332[15]. — Endometriosen in der Skeletmuskulatur 332[16]. — Metastasierungsfähigkeit der Uterusschleimhaut 340[7].

Philips, F. S.: 2,4,6-Trimethylmelamin als Mitosegift 139[11]. — α-Naphthylthioharnstoff als Zellgift 160[14]. — Cancerogene Wirkung von Epoxyden 203[13]. — Geschwulstbildung nach N-Lost 271[5]. — Äthylenimine 275[1].

— and J. B. Thiersch: 4-Aminopteroylglutaminsäure alsFolsäureantagonist 160[6].

— s. Hunt, C. C. 273[13].

— s. Mihich, E. 409[4].

Phillips, C.: Sonnenstrahlen als Ursache von Hautkrebs 199[4].

Phillips, W. E., s. Gardiner, V. E. 480[9].

Piacentini, V., e F. Guercio: Wirkung von Sexualhormonen auf Grundumsatz 530[10].

Piccagli, R., s. Sulzberger, M. B. 330[9].

Pickels, E. G., s. Smadel, J. E. 609[5].

Pie, J. W. O., s. Evans, H. M. 43[10].

Piekarski, G.: „Nucleoide" 78[7].

Piemonte, M., s. Boselli, A. 432[11].

Piepho, H.: Larvales Hormon 114[7].

— s. Kühn, A. 114[2].

Pierce, J. G., S. Gordon and V. du Vigneaud: Struktur von Oxytocin 49[2].

— and V. du Vigneaud: Struktur von Oxytocin 49[2].

— s. Turner, R. A. 49[2].

Pihl, A., K. Bloch and H. S. Anker: Fettbildung aus Eiweiß bzw. Kohlenhydrat 554[5].

Pikovsky, M., and M. Schlesinger: Heteroplastische Tumortransplantation 337[16].

Pileri, A., and L. Ledoux: Synthese von Purinnucleotiden im He La-Carcinom 447[8].

Pillemer, L., L. Blum, I. H. Lepow, O. R. Ross, E. W. Todd and A. C. Wardlaw: Wirkung körpereigener Stoffe auf Krankheitserreger und Krebsgeschwülste 150[20]. Properdin 176[1].

— M. D. Schoenberg, L. Blum and L. Wurz: Wirkung körpereigener Stoffe auf Krankheitserreger und Krebsgeschwülste 150[20]. — Properdin 176[1].

Pillsbury, D. M., s. Baldridge, G. D. 156[13].

Piloni, P., s. Roffo, A. H. 440[5].

Pincus, G.: Zusammenfassung über Auswertung von Ovarialhormonen (1948) 32[14]. Zusammenfassung über Chemie und Stoffwechsel von Steroidhormonen (1950) 7[29]. Corticosteronbildung 173[8]. — Corticoidbestimmung 174[4].

— and W. H. Pearlman: Inaktivierung der Keimdrüsenhormone 30[4].

— and K. V. Thimann (Hrsgb.): Buch über Hormone. 3 Bde. Engl. (1948; 1950; 1955). 7[24].

— s. Jacobsen, R. P. 171[7], 173[9].

— s. Hechter, O. 171[7], 173[9].

Pincussen, L., V. Bayerl, E. Brück, J. Görne u. A. Rothmann: Grundumsatz nach UV-Bestrahlung 537[2].

Pinkel, D., s. Farber, S. 373[9].

Pircio, A., s. Cerecedo, L. R. 441[15], 448[8].

Pirie, A.: Keine Hyaluronidaseaktivität im Walker-Carcinosarkom der Ratte 458[12].

Pirie, J. H. H.: Schistosoma haematobium als Krebsursache 201[4].

Pirie, N. W.: Länge von Tabakmosaikvirus 589[7].

— s. Bawden, F. C. 581[2], 587[1,7], 591[3].

Pirwitz, J. (Hrsgb.): Buch über Grundlagen und Praxis chemischer Tumorbehandlung (1954) 342[8].

— s. Heilmeyer, L. 139[8].

— s. Hesse, G. 139[1].

Pisani, G., s. Andreoni, O. 432[11].

Pisarzewski, A., s. Reiss, R. 459[12].

Pissot, L. E., s. DeOme, K. B. 401[13].

Pitt-Rivers, R., s. Gross, J. 529[1].

Plagge, E., s. Becker, E. 114[4].

Plamondon, C. A., s. Asper, S. P. jr. 529[1].

Planck, M.: Buch über Vorträge und Erinnerungen (1949) 183[4].

Plate, L.: Zusammenfassung über spezielle Genetik einiger Nager (1938) 70[56].

Plaut, A., and A. C. Kohn-Speyer: Verhütung von Peniskrebs durch Beschneidung 188[1]. — Cancerogener virusartiger Faktor im menschlichen Smegma 197[3]. — Smegma als Ursache von Peniskrebs 204[8].

Plempel, M., s. Burgeff, H. 100[8].

Plescia, A. M., s. Macdonald, J. C. 262[9], 263[3], 370[7].
— s. Miller, E. C. 262[9], 263[3], 264[2], 370[4].
Pletscher, A., s. Uebelin, F. 200[15], 234[2].
Plimmer, R. H. A., and J. L. Rosedale: Kein Vitamin C im Hühnerembryo 469[5].
— u. F. H. Scott: Verhalten organischer P-Verbindungen im bebrüteten Hühnerei 473[4].
Plötner, K., s. Bürger, M. 453[11], 459[14].
Plonskier, M.: Transplantabilität von Tumoren 338[1].
Plotz, C. M., s. Howes, E. L. 172[8].
Plotz, J., s. Napp, J.-H. 17[4].
Plummer, J. I., L. T. Wright, G. Antikajian and S. Weintraub: 2,4,6-Trimethylmelamin als Mitosegift 139[12].
Plummer, W. A., s. Boothby, W. M. 522[3].
Poding, C. E., s. Ruegamer, W. R. 552[5].
Podloucky, F. H., s. Bayerle, H. 437[10].
Poehl, A. v., Fürst J. v. Tarchanoff u. P. Wachs: Buch über rationelle Organtherapie (1905) 28[1].
Poel, W. E.: Wirksame Dosis von 3,4-Benzpyren 230[6]. — Summierung unterschwelliger Dosen von Cancerogenen 305[9], 306[1]. — Wirksame Dosis von 3,4-Benzpyren bei verteilter Gabe 308[4].
— and A. G. Kammer: Wirksame Dosis von 3,4-Benzpyren 230[6]. — Cancerogene Wirkung wiederholter kleiner Carcinogendosen 306[2]. — Beziehung zwischen Dosis und Dauer bis zur Tumorentwickelung bei polycyclischen aromatischen Kohlenwasserstoffen 348[9].
— A. G. Kammer, L. J. Sullivan and C. B. Willingham: Cancerogene Stoffe aus Teer und Pech 213[4].
Pohl, R.: Zusammenfassung über Wuchsstoff/Hemmstoffproblem höherer Pflanzen (1952) 159[3]. — Kressenwurzeltest auf Biotin 147[17], 148[7]. — Canavanin hemmt Pflanzenwachstum 161[12]. — Blausäure als Blastokolin für Apfelsamen 163[7].
Poisson, S. D.: Buch über Wahrscheinlichkeit von Urteilen in zivilen und kriminellen Dingen. Franz. (1837) 89[3].
Pola, W., s. Hartmann, F. 577[5].
Polak, J. J., s. Freud, J. 29[5].
Polanyi, M., u. E. Wigner: Aktivierungsenergie bei Mutationen 90[5].
Polemann, G.: Antihistamine als Hemmstoffe für pathogene Pilze 164[6]. — Keine Krebsbildung nach Implantation von Kunststoffen 279[15].
Polge, C., and L. E. A. Rowson: Konservierung von Spermatozoen bei tiefen Temperaturen 300[5].
Pollack, M. A., A. Taylor and R. J. Williams: Gehalt an Vitaminen der B-Gruppe in Tumoren 459[5].
— s. Taylor, A. 459[5].
Pollard, A.: Tumorerzeugende Komponente aus Extrakten des Rous-Sarkoms 385[3].
Pollard, E.: Zusammenfassung über Wirkung ionisierender Strahlung auf Viren (1955) 580[16].
Polley, H. F., s. Hench, P. S. 172[6].
— s. Sprague, R. G. 172[3].
Pollia, J. A.: Genetische Übereinstimmung Voraussetzung für Tumorverimpfung 337[14].
Polonovski, M., s. Bénard, H. 161[5].
Ponce de Leon, H., s. Lipschütz, A. 325[10].
Ponse, K.: Zusammenfassung über männliche und weibliche Prägungsstoffe in der Nebennierenrinde (1950) 11[7]. — Wirkung gonadotroper Hormone auf Nebennierenrinde 27[5].
Pool, J. L., s. Hirschberg, E. 450[2].
Popjak, G., and E. le Breton (Hrsgb.): Buch über biochemische Probleme der Lipoide. Engl. (1956) 555[1].
Popkoff, H., s. Li, C. H. 152[11].
Popper, H., J. de la Huerga and C. Yesinick: Leberkrebsbildung durch Äthionin 193[15]. — Carcinogene Wirkung von Äthionin 376[6].
— and A. B. Ragins: Vitamin A-Gehalt in Tumoren 459[13].
— s. Eppinger, H. 164[14].
Porter, C. C., and R. H. Silber: Corticosteroidbestimmung 174[4].
Porter, K. R., and F. L. Kallman: Identische Reduplikation von Zellbestandteilen 292[3]. — Rous-Virus als endogenes Zellprodukt 293[14].
Poschmann, L., s. Butenandt, A. 203[9].
Posener, K., s. Warburg, O. 335[1].
Post, C. F., s. Andrews, G. C. 19[2].
Posternak, T., s. Swigel, M. 467[1].
Pott, P.: Buch über chirurgische Beobachtungen in bezug zum Skrotalkrebs. Engl. (1775) 198[2].
Potter, E. A., s. Lombard, H. 197[8].
Potter, V. R.: Buch über Enzyme, Wachstum und Krebs. Engl. (1950) 181[45]. — Zusammenfassung über biologische Energieumwandlung und das Krebsproblem (1944) 181[29]. — Tumorauslösung durch „Enzym X" 293[16]. — Duplikanten, an denen cancerogene Wirkungen angreifen, in Cytoplasma und Kern 300[10]. — Viren als „errabunde" Gene 301[3]. — Eigenschaften von Viren 302[2]. — Äpfelsäuredehydrogenase-Aktivität in Leber und Hepatom 395[8]. — Keine Citronensäureanhäufung in vivo in transplantablen Rattentumoren 405[6]. — Unterschiede des Kohlenhydrat- und Oxydationsstoffwechsels zwischen Tumor- und normalem Gewebe nur qualitativ 405[10]. — Aktivität der Äpfelsäuredehydrogenase in Tumoren 414[7].
— and H. Busch: Keine Citronensäureanhäufung in vivo in transplantablen Rattentumoren 405[6]. — Keine Unterbrechung des Citronensäurecyclus in Tumoren durch Fluoressigsäure 413[7].

POTTER, V. R., and C. HEIDELBERGER: Brenztraubensäurestoffwechsel 404[10].
— and H. L. KLUG: Einfluß der Unterernährung auf Fermentbildung 577[4].
— and G. J. LIEBL: Adenosintriphosphatase-Aktivität in Leber und Hepatom 395[3].
— and G. G. LYLE: Oxalessigsäureoxydation in Tumoren und normalen Geweben 413[5]. Phosphorylierung in Tumorhomogenaten 416[8].
— and G. A. LE PAGE: Annahme des Fehlens von „kondensierendem Enzym" in Tumoren 413[5].
— G. A. LE PAGE and H. L. KLUG: Oxalessigsäureoxydation in Tumoren und normalen Geweben 413[5].
— J. M. PRICE, E. C. MILLER and J. A. MILLER: Aktivität der Bernsteinsäureoxydase der Leber 261[9]. — Bernsteinsäuredehydrogenase-Aktivität der Leber nach carcinogenen Azoverbindungen 261[9], 415[2].
— and P. SIEKEVITZ: Zusammenfassung über Wege des Phosphatstoffwechsels im Krebsgewebe (1952) 408[4].
— WATSON u. C. HEIDELBERGER: Abbau von Brenztraubensäure, Milchsäure, Glucose und Palmitinsäure in Tumoren und normalen Geweben 412[16].
— s. AISENBERG, A. C. 409[10].
— s. BUSCH, H. 413[2], 414[3,4].
— s. DUBOIS, K. P. 418[11].
— s. HURLBERT, R. B. 445[10], 447[3].
— s. LE PAGE, G. A. 435[2].
— s. NOVIKOFF, A. B. 121[11], 123[5], 408[9].
— s. PARDEE, A. B. 412[19].
— s. REIF, A. E. 310[2], 408[9], 417[3].
— s. RHIAN, M. 417[3].
— s. SCHMITZ, H. 445[5,7], 446[23].
— s. SCHNEIDER, W. C. 395[41], 414[8], 418[13].
— s. SIEKEVITZ, P. 416[9].
POTTS, A. M., and T. F. GALLAGHER: Vasopressin 48[16].
POTVIN, R., et M. ARON: Auftreten der LANGERHANSschen Inseln beim Hühnerembryo 480[1].
POURBAIX Y., s. MAISIN, J. 192[10], 287[7].
POWELL, A. K., s. WEIGERT, F. 356[8].
POWELL, E. O., s. HANBY, W. E. 273[10].
POWER, M. H., s. SPRAGUE, R. G. 172[3].
POWERS, J., s. CO TUI, F. W. 170[1].
POWERS, O. H., s. WARAVDEKAR, V. S. 416[1,3].
POZZI, L., s. RONDONI, P. 121[1].
PRAAG, D. VAN, s. BALIS, M. E. 447[10], 448[11].
PRADO, J. L., s. SAFFRAN, M. 413[10].
PRANGE, I., s. DAM, H. 555[12].
PRATT, P. C., s. VORWALD, A. I. 211[1].
PRATT-THOMAS, H. R., H. C. HEINS, E. LATHAM, E. J. DENNIS and F. A. MCIVER: Genitalkrebsbildung durch Smegma 197[2].
PRECHT, H., J. CHRISTOPHERSEN u. H. HENSEL: Buch über Temperatur und Leben (1955) 532[1].
PRELOG, V., u. L. RUZICKA: Hormone im Hoden 8[13].
— L. RUZICKA, P. MEISTER u. P. WIELAND: 3-Androstanole und -one als Sexualriechstoffe 9[1], 104[5].
— u. R. SCHNEIDER: „Diketon D" im Harn trächtiger Stuten 32[5].
— E. TAGMANN, S. LIEBERMAN u. L. RUZICKA: Hormone im Hoden 8[13].
— s. RUZICKA, L. 8[13], 9[1], 104[5].
PRESS, E. M., s. SMITH, K. A. 273[1].
PRESSMAN, D., s. PAULING, L. 174[10].
PRESTRUD, M. C., s. INGLE, D. J. 434[2].
PRICE, C. W., s. MCCLOSKY, W. T. 169[11].
PRICE, D. E., s. ORR, J. W. 403[3].
PRICE, J. G., s. PAYNE, R. L. 382[8].
PRICE, J. M., and A. K. LAIRD: Desoxyribonucleinsäuregehalt von Zellkernen aus Leber und Hepatomen 442[7]. — Ribonucleinsäuregehalt in Mitochondrien und Mikrosomen bei Dimethylaminoazobenzol-Hepatomen 443[12].
— E. C. MILLER and J. A. MILLER: Wirkgruppe von 4-Dimethylaminoazobenzol 249[7]. — Bindung cancerogener Stoffe an kleine Plasmagranula 263[8]. — Protein- und Nucleinsäuregehalt der Zellfraktionen aus Rattenleber nach 4-Dimethylaminoazobenzol 429[4]. — Association von Azofarbstoffderivaten mit löslichen Zellproteinen 431[6]. — Ribonucleinsäuregehalt in Rattenhepatomen 441[7]. — Riboflavingehalt der Mitochondrien nach 4-Dimethylaminoazobenzol und verwandten Stoffen 459[10].
— E. C. MILLER, J. A. MILLER and G. M. WEBER: Desoxyribonucleinsäuregehalt von Tumorzellen gleich dem von Leberzellen 430[1]. — Association von Azofarbstoffderivaten mit löslichen Zellproteinen 431[6]. — Desoxyribonucleinsäuregehalt von Tumorzellkernen 441[17]. — Riboflavingehalt der Mitochondrien nach 4-Dimethylaminoazobenzol und verwandten Stoffen 459[10].
— J. A. MILLER and E. C. MILLER: Riboflavingehalt der Leber nach 4-Dimethylaminoazobenzol 260[3]. — Keine Änderung der Leberfraktionen beim Hamster nach 4-Dimethylaminoazobenzol 429[7].
— J. A. MILLER, E. C. MILLER and G. M. WEBER: Protein- und Nucleinsäuregehalt der Zellfraktionen aus Rattenleber nach 4-Dimethylaminoazobenzol 429[4]. — Desoxyribonucleinsäuregehalt von Tumorzellkernen 441[17]. — Riboflavingehalt der Mitochondrien nach 4-Dimethylaminoazobenzol und verwandten Stoffen 459[10].
— J. A. MILLER and G. M. WEBER: Protein- und Nucleinsäuregehalt von Zellfraktionen der Rattenleber nach 4-Dimethylaminoazobenzol 429[4].
— s. HIGGINS, H. 459[9].
— s. POTTER, V. R. 261[9], 415[2].
— s. SCHWEIGERT, B. S. 426[4].

PRICE, V. E., and R. E. GREENFIELD: Unlösliche Fraktion der Leberkatalase 421[18]. Aktivität der partikelgebundenen Leberkatalase bei Tumorträgern 422[4].
— and J. P. GREENSTEIN: Aktivität von D-Peptidase in Leber und Hepatom 395[40]. D-Peptidase-Aktivität in Dimethylaminoazobenzolhepatom 437[6]. — Geringe Aktivität der Dehydropeptidase II in Tumoren 438[1].
— s. GREENFIELD, R. E. 421[19], 422[9].
— s. LEVINTOW, L. 395[18], 438[1].
PRICE, W. C., s. MILLER, G. L. 587[11].
PRICHARD, M. M. L., s. BARCLAY, A. E. 47[3].
PRICHARD, W. W., s. EVANS, H. M. 43[10].
PRIEBAT, M. K., s. GRAHAM, H. T. 167[17].
PRIESTLEY, W. jr., s. FISCHER, H. G. M. 225[5].
PRIGGE, R., u. H. v. SCHELLING: Rechnerische und graphische Auswertung von Versuchsergebnissen 34[4].
PRINGE, R. B. s. WOOLLEY, D. W. 142[7].
PRINGLE, W. J. S., s. MCCANCE, R. A. 563[3].
PRINTZ, H.: Buch über algenphysiologische Untersuchungen (1942) 165[2].
PROBST, M., s. LOEWENTHAL, S. 400[1].
PRUNTY, F. T. G., s. THORN, G. W. 172[11], 174[1].
PRUSOFF, W. H., W. L. HOLMES and A. D. WELCH: Aufnahme Joduracil-5-, Joduridin-5- und Jodorotsäure-5-^{131}J in Tumor- und Gewebsnucleinsäuren 447[4].
Public Health Service: Buch über Krebskrankheit. Engl. (1952) 181[49].
PUCHER, G. W., u. E. HANAN: Insulinbildung im Hühnerembryo 480[3].
— s. GRIFFITH, F. R. 534[4].
PUCHTLER, H., s. MAURER, W. 401[15].
PÜTTER, A.: Hungerstreik 574[3].
PULLINGER, B. D.: Cocancerogene Wirkung von Verbrennungen 304[2]. — Förderung des Tumorwachstums durch Proliferationsreize 324[9].
PULLMAN, A.: Molekulardiagramme 221[1]. — Beziehungen zwischen π-Elektronen und carcinogener Wirkung 222[1]. — Verteilung der π-Elektronen und carcinogene Wirkung 223[1]. — Bedeutung der K- und L-Region für cancerogene Wirkung von Kohlenwasserstoffen 355[2].
— et B. PULLMAN: Buch über Cancerisierung durch chemische Substanzen und Molekularstruktur. Franz. (1955) 181[60]. — Zusammenfassung über elektronische Struktur und carcinogene Wirkung von aromatischen Molekülen (1955) 219[10]. — Elektronentheorie der Krebserzeugung 219[10]. — Molekulardiagramme 221[1]. — Beziehungen zwischen π-Elektronen und carcinogener Wirkung 222[1]. — Verteilung der π-Elektronen und carcinogene Wirkung 223[1]. — Chemische Reaktivität und biologische Aktivität von Cancerogenen 226[4]. — Kritischer Wert für π-Elektronendichte und Bindungszahl an der K-Region für cancerogene Wirkung 354[7]. — Bedeutung der K- und L-Region für cancerogene Wirkung von Kohlenwasserstoffen 355[1]. — Komplexbildung von polycyclischen aromatischen Kohlenwasserstoffen mit Zellbestandteilen 357[2]. — π-Elektronendichte an der Azobrücke bei aromatischen Aminen 366[9].
PULLMAN, B.: Chemische Reaktivität und biologische Wirksamkeit von Cancerogenen 226[4]. — Bildung von 1,2-Dihydroxy-1,2-dihydro-Verbindungen bzw. von Phenolen aus höheren Kohlenwasserstoffen im Stoffwechsel 356[2].
— et J. BAUDET: Bedeutung der M-Region für Verhalten von Kohlenwasserstoffen im Stoffwechsel 355[3]. — Komplexbildung von polycyclischen aromatischen Kohlenwasserstoffen mit Zellbestandteilen 357[2].
— s. PULLMAN, A. 181[60], 219[10], 221[1], 222[1], 223[1], 226[4], 354[7], 355[1], 357[2], 366[9].
PURKAYSTHA, R., and C. S. ROY: Aminosäurezusammensetzung von Tumorproteinen 425[6].
PURR, A.: Zusammenfassung über Tumoren bei Mensch, Tier und Pflanze (1938) 181[15].
PURVES, H. D., and W. E. GRIESBACH: Schilddrüsenkrebs bei Kombination von 2-Acetylaminofluoren mit thyreotropem Hormon oder Allylthioharnstoff 267[2]. — Schilddrüsentumoren nach strumigenen Substanzen 326[7]. — Schilddrüsentumoren nach Thioharnstoff 382[5].
— W. E. GRIESBACH and T. H. KENNEDY: Schilddrüsenkrebs bei Kombination von thyreotropem Hormon oder 2-Acetyl-aminofluoren mit Allylthioharnstoff 267[2]. — Cancerogene Wirkung von Thiouracil 269[7].
— s. GRIESBACH, W. E. 269[6].
PUTNAM, F. W.: Zusammenfassung über Biochemie der Viren (1956) 580[21]. — Größe der einzelnen Phagen 598[1].
— and S. HARDY: Bildung von Myelomplasmaproteinen und BENCE-JONES-Eiweiß 433[12].
— F. MEYER and A. MIYAKE: Bildung von Myelomplasmaproteinen und BENCE-JONES-Eiweiß 433[12].
— and P. STELOS: BENCE-JONES-Protein 433[11].
— and B. UDIN: Myelomplasmaproteine 433[9].
— s. HARDY, S. 433[12].
PUTNOKY, J., u. M. HARY: Heteroplastische Tumortransplantation 337[15].
PUTSCHAR, W., s. PUTSCHER, W.
PUTSCHER, W., u. F. HOLTZ: Hautkrebs nach UV-Bestrahlung bei Ratten 205[5]. — Cancerogene Wirkung von UV-Licht 377[14].
— s. HOLTZ, F. 205[5], 377[14].
PYBUS, F. C., and E. W. MILLER: Knochentumoren nach chronischer Oestrogenbehandlung 328[13].
— s. CLEMO, G. R. 213[12], 347[5].
— s. MILLER, E. W. 19[9], 243[2], 328[15].
PYRAH, L. N., s. BONSER, G. M. 234[9], 235[3], 256[1,2,7], 361[4,5], 367[9].

QUADBECK, G., s. KUHN, R. 239[4], 364[12].
QUARLES, E., s. SNELL, E. E. 480[11].
QUASTEL, J.-H., and L. J. ZATMAN: DPN-Nucleosidase-Aktivität in Tumoren 416[2].
— s. COLTER, J. S. 374[5].
— s. HOCHSTER, R. M. 42[6].
QUASTLER, H., s. SPIEGELMAN, S. 84[3].
QUENOUILLE, M. H., A. W. BOYNE, W. B. FISHER and I. ZEITCH: Grundumsatz 523[5].
QUERIDO, A., s. CANNON, W. B. 523[3].
QUERVAIN, F. DE, u. C. WEGELIN: Buch über den endemischen Kretinismus (1936) 153[8].
QUINLIN, P. M., s. STEVENS, C. D. 401[3], 404[5].
QUINN, M., s. WEDGWOOD, R. J. 523[6].

RAAB, W.: Vorkommen von Oxytocin und Vasopressin in Ganglionzellen des Zwischenhirns 23[1].
RAABE, S.: Blockierung der Erythrocytenphosphatase und Aktivierung der Serumphosphatase 456[10]. — Aktivität der alkalischen Serumphosphatase bei osteogenem Sarkom 457[10].
— s. DRUCKREY, H. 39[4], 330[2], 456[6].
RAAKE, I. D., s. LI, C. H. 171*.
RABALD, E., s. HAGEDORN, A. 39[5].
RABINOVITZ, M., M. E. OLSON and D. M. GREENBERG: Bedeutung von Glutamin für Proteinsynthese in EHRLICHS Mäuseascitestumor 423[12]. — Glykolyse liefert Energie für Aminosäureeinbau in Proteine 434[17]. — Bedeutung von Glutamin für Aminosäureneinbau in Proteine bei Tumoren 434[18].
— s. BOYER, P. D. 43[10].
RACE, R. R.: Genkombinationen der Rh-Faktoren 98[10].
— and R. SANGER: Erbfaktoren der Blutgruppen 98[9].
— s. FISHER, R. A. 98[10].
RACHELE, J. R., s. MACKENZIE, C. G. 263[1].
RACHMILEWITZ, M., s. ROSIN, A. 269[4], 375[13].
RACZOWSKI, H. A., K. KLOOS u. E. OPITZ: Substratbedarf von Tumorzellen 335[2].
RADALL, G., s. LACASSAGNE, A. 217[3].
RADOMSKI, J., s. DEICHMANN, W. B. 362[11].
RADOS, A., s. DOLD, H. 168[12].
RAFFY, A., s. VERMES, E. 460[5].
RAFN, M. L., s. CHRISTENSEN, H. N. 423[16].
RAGAN, C., s. HOWES, E. L. 172[8].
RAGINS, A. B., s. POPPER, H. 459[13].
RAISTRICK, H.: Chloromycetin als Antimetabolit 162[1].
RAITHER, E., s. DRUCKREY, H. 48[10].
RAJAGOPALAN, R., s. RAJU, N. V. 193[2], 288[8].
RAJEWSKY, B.: Buch über Strahlendosis und Strahlenwirkung (1954) 199[6]. — Treffertheorie der mutagenen Strahlenwirkung 89[1]. — Strahlendosis und Latenz bei Röntgenbestrahlung 207[2]. — Zwei Wirkungsqualitäten bei Röntgenstrahlen 303[4].
— O. HEUSE u. K. AURAND: Zwei Wirkungsqualitäten bei Röntgenstrahlen 303[4].
RAYEWSKY, B., A. SCHRAUB u. G. KAHLAU: Lungenkrebs nach Emanation 199[8]. — Radiumemanation als Krebsursache 209[4]. — Lungentumoren bei Mäusen nach Radon 379[17].
RAJEWSKY, M., s. DRUCKREY, H. 321[4], 340[2], 341[15].
RAJU, N. V., and R. RAJAGOPALAN: Bildung toxischer Substanzen beim Erhitzen von Fetten 193[2]. — Gelbsucht durch erhitzte Öle 288[8].
RAMACHANDRAN, L. K.: Aminosäureanalyse des Tabakmosaikvirus-proteins 592[15].
RAMALINGASWAMI, V., and H. M. SINCLAIR: Schädigungen an Haut und Haarkleid bei Mangel an mehrfach ungesättigten Fettsäuren 555[8].
RAMSAY, W. N. M.: Anstieg des Hämeisens im bebrüteten Hühnerei 122[2].
RANCOT-LAPOINTE, G., s. MARIE, P. 206[9].
RAND, H. J., s. CARDON, S. Z. 196[3], 212*.
RANDALL, C., s. HAVEN, F. L. 405[2], 453[13].
RANDALL, H. T., s. GRAFF, S. 296[14], 387[5].
RANDALL, L. M., s. SMITH, R. A. 45[2].
— s. WISLON, R. B. 45[2].
RANDALL, S. S., s. HARINGTON, C. R. 154[1].
RANDIG, K.: Bronchialkrebs bei Zigarettenrauchern 196[8]. — Cancerogene Wirkungen von Chlor und halogenierten Kohlenwasserstoffen 276[9].
RANKE, O., s. LANG, K. 538[1].
RANTA, K. E., s. HUEPFER, W. C. 361[2].
RAO, K. C., s. SANGHVI, L. D. 196[10].
RAPER, I. B.: Unrichtigkeit der MOEWUSschen Arbeiten über Gamone 53[2].
RAPKINE, L.: Gehalt an SH-Gruppen im befruchteten Seeigelei 119[8].
RAPOPORT, I. A.: Mutagene Wirkung von Formaldehyd 93[7]. — Mutagene Wirkung von Äthylenamin 94[6]. — Cancerogene Wirkung von Alkyläthyleniminen 275[2]. — Cancerogene Wirkung von β-Propiolacton 276[5].
RAPP, G. W., and G. C. RICHARDSON: Ausscheidung freier 17-Ketosteroide weist auf männlichen Embryo hin 34[1]. — Nachweis freier 17-Ketosteroide im Blut als Schwangerschaftstest 45[5]. — Androgene Hormone im Speichel als Hinweis auf Geschlecht des Kindes 54[10].
RAPPORT, D., s. WEISS, R. 538[8].
RAPPORT, R. L., G. M. CURTIS and S. J. SIMCOX: Stoffwechsel bei Narkose 521[2].
RAREI, B., s. DRUCKREY, H. 333[2], 335[7], 340[4].
RASCHBA, J. J., s. PALLADIN, A. W. 478[3].
RASHKIS, H. A.: Hemmung des Geschwulstwachstums durch Muskelarbeit 332[8].
RASK-NIELSEN, R.: Resorptionsbegünstigung von Carcinogenen durch wiederholte Injektion 231[3].
RASTOGI, R. P., J. A. MILLER and E. C. MILLER: Dimethylamin aus 4-Dimethylaminoazobenzol-Protein-Komplex 370[13].

Ratcliffe, F. N., K. Myers, B. V. Fennessey and J. H. Calaby: Myxomvirus zur Kaninchenbekämpfung 610[5].

Ratcliffe, H. L.: Vorkommen von Krebs bei Wistar-Ratten 184 Tab.

Rathgen, G. H., G. Höhne, H. A. Künkel u. H. Maass: Hemmung von Tumoratmung und -glykolyse durch Röntgenstrahlen 409[2].

— s. Höhne, G. 409[2].

— s. Maass, H. 409[2].

Ratner, S.: Keine L-α-Pyrrolidoncarbonsäure aus L-Glutaminsäure 428[7].

Ratzkowski, E., s. Hochman, A. 197[6].

Raubitschek, H. V.: Virus nicht generell Krebsursache 300[7].

Raule, W., s. Frey, R. 521[4].

Raulot-Lapointe, G., s. Marie, P. 379[3].

Rauramo, L., u. G. R. Wallgren: Serumkupfer bei Menschen mit Tumoren 400[4].

Rauscher, H.: p-Oxypropiophenon kein „Hypophysenblocker" 42[5].

Ravel, J. M., s. Gordon, M. 142[6].

Raven, C. P.: Terminologie der Determinierung 107[1].

— s. Woerdeman, M. W. 106[17].

Ravich, A., and R. A. Ravich: Cancerogener virusartiger Faktor im menschlichen Smegma 197[4]. — Smegma als Ursache von Peniskrebs 204[8].

Ravich, R. A., s. Ravich, A. 197[4], 204[8].

Ravin, H. A., s. Seligman, A. M. 33[3].

Rawes, M. R., s. Buston, H. W. 163[9].

Rawson, R. W., s. Money, W. L. 269[7], 326[7], 382[6].

Ray, F. E., and M. F. Argus: Cancerogene Wirkung von 2-Aminofluoren wird durch Sulfonierung aufgehoben 245[5].

— s. Meade, J. M. 368[15].

— s. Sawicki, E. 230[3], 240[2], 242[1], 286[1].

Raymond, W., s. Davidson, J. N. 77[6], 132[1,7], 152[15], 180[3].

Rayzman, A.: Spezifisch-dynamische Wirkung der Aminosäuren 539[7].

Reaume, S. E., and E. L. Tatum: Chemisch ausgelöste Mutationen an Hefe 92[17]. — Mutagene Stoffe 93[10].

Recant, L., P. H. Forsham and G. W. Thorn: Beteiligung von Adrenalin an der Stressreaktion 171[2].

Reddi, K. K.: Strukturelle Differenzen der Ribonucleinsäuren verschiedener Tabakmosaikvirus-stämme 595[9].

— and C. A. Knight: Keine Endgruppen in Ribonucleinsäure aus Tabakmosaikvirus 593[8].

Reddy, D. V. N., and L. R. Cerecedo: Nucleinsäurevermehrung in Organen von Mäusen mit Impftumoren 448[8].

— s. Cerecedo, L. R. 441[15], 448[8].

Reed, C. I., s. Steck, I. E. 530[15].

Reed, F. W., s. Collett, M. E. 530[9].

Reed, H. S.: Mitosegiftwirkung der Chinone 138[16], 139[16].

Reed, L. J., and H. Muench: Quantitative Bestimmung von Viren 582[1].

Reed, R., s. Passey, R. D. 197[10], 296[15], 298[2], 387[6].

Regato, J. A. del, s. Ackermann, L. V. 181[41].

Regnault, V., et J. Reiset: Respirationsapparat 515[1]. — Nahrungsbedarf kleiner Tiere 524[11].

Rehn, J., s. Maurath, J. 96[6], 117[2].

Rehn, L.: Anilin Ursache von Blasenkrebs 198[5], 358[11]. — Blasenkrebs durch aromatische Amine 200[15]. — Cancerogene Wirkung von Anilin beim Menschen 234[2].

Rehner, J. jr., s. Fischer, H.G. M. 225[5]. —

— s. Wanless, G. G. 225[10], 229[4].

Reich, T., s. Schinz, H. R. 185[3], 191[1], 192[5], 194[4, 5], 195[2], 308[1].

Reichard, P., s. Lagerkvist, U. 446[20], 447[13].

Reichel, C.: Thrombokinaseaktivität von Placenta und embryonalen Geweben 48[10].

— s. Widenbauer, F. 48[10].

Reichel, H., s. Balke, B. 533[11].

Reichert, F. L., s. Evans, H. M. 124[18], 151[13].

Reichmann, S., s. Sellers, E. A. 532[10].

Reichstein, T.: Übersicht über Chemie der Corticoide (1950) 172[5].

— u. J. v. Euw: Androgenbildung in der Nebennierenrinde 32[9].

— s. Šantavý, F. 138[7].

— s. Simpson, S. A. 173[5].

Reid, C., s. Moodie, M. M. 223[3], 224[3], 355[6], 358[5].

Reid, D. B. W., J. F. Crawley and A. J. Rhodes: Beziehung zwischen Viruskonzentration und Zahl der Krankheitsherde 583[4].

Reid, E.: Identität von diabetogenem Hormon und Wachstumshormon 152[2].

— s. Cotes, P. M. 152[2], 325[3].

Reid, J. C., O. S. Temmer and M. O. Bacon: Nucleinsäurevermehrung in Organen von Ratten mit Impftumoren 448[6].

Reid, R. T. W., s. Badger, G. M. 365[12].

Reid, S. E., s. Kearns, J. E. jr. 338[11].

Reif, A. E., and V. R. Potter: Ursache der cancerogenen Wirkung 310[2].

— V. R. Potter, and G. A. le Page: Aufnahme von anorganischem Phosphat in Tumoren proportional der Milchsäurebildung 408[9]. — Aktivität von Diaphorase und DPN-Cytochromreductase in Tumoren 417[3].

— s. Deutsch, H. F. 433[11].

Reifenstein, R. W., s. Spiro, H. M. 174[3].

Reilly, H. C., s. Stock, C. C. 161[11].

Reimann, S. P.: Zusammenfassung über Wachstum (1947) 124[40].

Rein, H.: Gaswechselschreiber 515[12].

— s. Janssen, S. 539[3].

Reinafarje, B., s. Aisenberg, A. C. 409[10].

Reindell, H., u. H. Klepzig: Blutdruck bei Unterernährung 576[8].

Reindorf, E. C., s. Painter, T. S. 132[9], 143[8].

Reinecke, E. P., s. Mixner, J. P. 160[13].

Reinert, J.: Annahme des Vorkommens von Auxinen entbehrlich 148[13]. — Aufhebung der Lichtinaktivierung von β-Indolylessigsäure durch Carotin 149[7].
Reinhard, A. W.: Blastokoline 163[2].
Reinhard, M. C., H. L. Goltz and S. G. Warner: Für Transplantation von Ehrlich-Carcinom benötigte Zellzahl 336[2].
Reinhardt, L., s. Bierman, H. R. 412[8].
Reinig, W. F.: Buch über Elimination und Selektion (1938) 70[57].
Reisener, H. J., s. Bünning, E. 148[4].
Reiser, R.: Bedeutung von essentiellen Fettsäuren für Küken 555[4].
Reiset, J., s. Regnault, V. 515[1], 524[11].
Reiss, M.: Buch über Hormonforschung und ihre Methoden (1934) 7[13]. — Widerstandsfähigkeit von neugeborenen Tieren und Kindern gegen Anaerobiose 121[6].
— E. Brummel, I. D. Halkerston, F. E. Badrick and M. Fenwick: Bestimmung von ACTH 38[10]. — ACTH steigert Atmung von Nebennierenrindenschnitten 171[5].
— H. Druckrey u. A. Hochwald: Technik der Hypophysenexstirpation 27*, 36*. — Bedeutung der Hypophyse für Wachstum von Impfgeschwülsten 324[11]. — Förderung des Geschwulstwachstums durch Wachstumshormon 325[2].
— u. S. Fischer-Popper: Giftwirkung von Hormonen bei hypophysenlosen Tieren 11[11], 23[4].
R. E. Hemphill, J. J. Gordon and E. R. Cook: Wirkung gonadotroper Hormone auf Ausscheidung von Oestrogenen und Ketosteroiden 31[1].
— A. Hochwald u. H. Druckrey: Wirkung von Wachstumshormon auf Stoffwechsel von Gewebsschnitten hypophysektomierter Ratten 153[2].
— u. H. Marx: Anregung der Knochenbildung durch Oestrogene 19[9].
— H. Selye u. J. Balint: Wirkung des Luteinisierungshormons auf den Hoden 27[4].
Reiss, R., A. Graffi u. W. Hebekerl: Gehalt der Rattenleber an den Vitaminen A, B_1, B_2 und C nach Verfütterung carcinogener Azofarbstoffe 459[12].
— A. Pisarzewski, A. Graffi u. W. Hebekerl: Gehalt der Rattenleber an den Vitaminen A, B_1, B_2 und C nach Verfütterung carcinogener Azofarbstoffe 459[12].
Reissig, G., u. G. Graffi: Dosis und Induktionszeit bei Krebsauslösung durch Crotonöl 233[5]. — Beziehung zwischen Dosis und Latenzzeit bei Crotonöl 306[3]. — Cocancerogene Wirkung von Crotonöl 381[4].
— s. Graffi, A. 381[5].
Reiter, A., s. Druckrey, H. 234[6], 241[6], 360[13].
— s. Schmähl, D. 213[9], 268[7].
Reith, W. S., s. Brown, R. 124[11].
Reller, E., s. Kaller, H. 576[2].
Reller, H. H., s. Haurowitz, F. 175[3].
Remesow, I., s. Kleinmann, H. 399[1].
Renner, O.: Keine Termone bei Chlamydomonas 53[3]. — Kritik an Versuchen von Moewus 102[6].
Rennhak, S., s. Windaus, A. 229[5], 245[4], 351[16].
Rennie, D., and T. Adams: Einfluß rassischer Unterschiede in der Wärmeregulation auf Höhe des Grundumsatzes 535[15].
Rensch, B.: Buch über neuere Probleme der Abstammungslehre (1947) 70[58].
Řeřábék, J.: Nucleinsäurevermehrung in Organen von Ratten mit Impftumoren 448[6].
Resegotti, L., u. H. v. Euler: Katalasegehalt der Milz bei tumortragenden Tieren 421[12]. — Glutathiongehalt der Leber bei Yoshida-Ascitestumor 424[11].
Ressler, C., s. Vigneaud, V. du 49[2, 12].
Reuss, A., s. Knapp, E. 91[7].
Revell, S. H., s. Loveless, A. 141[2], 374[1].
Révész, L., s. Forssberg, A. 435[10].
— s. Lindberg, O. 416[14].
— s. Malmgren, H. 436[3].
Reymond, A., s. Neukomm, S. 33[4].
Reynolds, M. S., s. Jones, E. M. 550[4].
Reynolds, S. R. M.: Zusammenfassung über Physiologie der Fortpflanzung (1948) 106[21].
— and N. Ginsburg: Bestimmung von Progesteron und Pregnandiol 33[11].
Rhian, M., and V. R. Potter: Aktivität von Diaphorase and DPN-Cytochromreductase in Tumoren 417[3].
Rhoades, M. M.: Mutative Veränderungen an Plasma-Erbträgern 80[12].
Rhoads, C. P.: Lostverbindungen als Mitosegifte 139[9].
— and C. J. Kensler: Oxydationssystem der Leber nach Einwirkung von 4-Dimethylaminoazobenzol 261[10].
— s. Bennett, L. L. jr. 447[1].
— s. Dobriner, K. 227[1], 356[7], 367[3].
— s. Kensler, C. J. 259[6], 260[13], 360[1], 415[10].
— s. Miner, R. W. 384[3].
— s. Stevenson, E. S. 369[1].
— s. Stock, C. C. 139[9], 161[1]
— s. Sugiura, K. 240[1], 260[6], 364[1].
— s. Vigneaud, V. du 331[9].
— s. Weinfeld, H. 447[2].
Rhoads, P. B. jr., s. Larsen, C. D. 188[8], 270[2], 374[14, 21], 375[1].
Rhoden, E., s. Boyland, E. 273[8], 374[19].
Rhodes, A. J., s. Reid, D. B. W. 583[4].
Ribbert, H.: Buch über Geschwulstlehre (1904) 181[3].
Rice, E. W., s. Roe, J. H. 410[5].
Rice, K. L., s. Ingle, D. J. 434[2].
Rich, A., and J. D. Watson: Röntgendiagramme von Ribonucleinsäure 59[2].
Richard, G., s. Lucien, M. 8[3].
Richards, B. M., s. Atkin, N. B. 443[3].

Richards, J. B., s. Egdahl, R. H. 532[7].

Richardson, G. C.: Schwangerschaftstest durch Nachweis freier 17-Ketosteroide 33[14].

— s. Rapp, G. W. 34[1], 45[5], 54[10].

Richardson, H. L., and E. Borsos-Nachtnebel: Cancerogene Dosis von 4-Dimethylaminoazobenzol 307[4]. — Zellkernveränderungen durch Chemikalien und cancerogene Strahlen 311[6].

— s. Robertson, C. H. 360[7].

Richardson, J. S.: Grundumsatzsteigerung durch Adrenalin 530[2].

Richert, D. A., s. Westerfield, W. W. 418[5].

Richter, C. P.: α-Naphthylthioharnstoff als Zellgift 160[14].

Richter, R., s. Druckrey, H. 391[5].

Ricker, G.: Buch über Relationspathologie, Pathologie als Naturwissenschaft (1924) 164[9].

Riddle, O.: Verhalten organischer P-Verbindungen im bebrütetem Hühnerei 474[1].

— R. W. Bates and S. W. Dykshorn: Prolactin (=luteotrophes Hormon) 18[6], 23[6]. Einfluß von Prolactin auf die Kropfdrüse 19[1]. — Wirkung von Prolactin auf Milchdrüse 49[9].

— s. Spohn, A. A. 466[13].

Ridout, J. H., s. Barrett, H. M. 151[5].

Ried, H., s. Schmitz, H. 445[9].

Riehl, A., s. Lenta, M. P. 411[9], 414[7], 417[4], 418[1].

Riehl, N., N. W. Timoféeff-Ressovsky u. K. G. Zimmer: Treffertheorie der mutagenen Strahlenwirkung 89[1].

Riemann, U., s. Windaus, A. 203[8], 378[6], 392[9].

Riemenschneider, W., s. Lettré, H. 139[31].

Ries, E.: Buch über Biologie der Zelle. 2. Aufl. (Hrsgb. Gersch, M.) (1953) 1[29]. — Zusammenfassung über Lebenszyklen und Arbeitsrythmen von Zellen (1937) 124[41]. — Konstanz der Zellzahlen in Organen 130[3]. — Aufhören mitotischer Teilungen nach Abschluß der Entwicklung 154[11].

Rieseberg, T., s. Schmähl, D. 335[9], 341[10].

Riggs, T. R., B. A. Coyne and H. N. Christensen: Aufnahme von Peptiden durch Ascitestumorzellen 423[17].

— and D. M. Hegsted: Bedingungen für biologische Acetylierung von Aminen 255[6].

— s. Christensen, H. N. 423[13, 17].

Riis, P., s. Fuchs, F. 55[1].

Riisfeldt, O.: Hyaluronidasebildung im Hoden 8[9].

Rijssel, T. G. van, and O. Mühlbock: Erzeugung bösartiger Tumoren durch Haare 283[9].

— s. Mühlbock, O. 267[7].

Riley, E. F., s. Henshaw, P. S. 379[18].

Riley, J. F.: Anregung der Zellteilung durch Aminosäuren 178[11].

Riley, J. F., and F. W. Pettigrew: Verletzungen als bedingt krebsauslösender Effekt 232[7]. — Cocancerogene Wirkung von Verbrennungen 304[2].

Riley, V.: Reinigung des tumorerzeugenden Faktors aus Rous-Sarkom 385[5].

Rille, J. H., s. Oppenheim, M. 198[4].

Rinaldini, L. M.: Gehalt der Hypophyse an gonadotropen Hormonen bei Depressionen 30[3].

Rinck, H.: Lungenkrebs durch Chromat 200[2].

Rinderknecht, H., and L. W. Rowe: Synthetische Oestrogene 39[6].

Rindfleisch, W.: Opisthorchis felineus als Krebsursache 201[3].

Riner, M. E., s. Gerstel, D. U. 102[11], 103[3].

Rinfret, A. P., s. Griffin, A. C. 324[12].

Ring, G. C.: Grundumsatzsteigerungen bei Ratten durch Kälte 532[10]. — Grundumsatzsteigerungen bei Kaninchen durch Kälte 533[1].

Ringer, A. I., u. G. Lusk: Glucoplastische Aminosäuren 554[1].

Ringier, B. H., s. Karrer, P. 43[2, 10].

Ringrose, A. T., s. Norris, L. C. 146[12].

Ris, H., and A. E. Mirsky: Chemie des Euchromatins 76[8].

— s. Mark, D. D. 430[1], 442[6].

— s. Mirsky, A. E. 5[1], 72[3], 73[3], 76[8], 442[3].

Riska, E. B.: Aufnahme höherer aromatischer Kohlenwasserstoffe durch den Darm 214[7]. — Polyäthylenglykole und Glycerin zur Löslichmachung von aromatischen Kohlenwasserstoffen 229[6]. — Cocancerogene Wirkung von Fettsäureestern des Sorbitan und Polyoxysorbitan (Span- bzw. Tween-Gruppe) 381[14].

Risse, O.: Zusammenfassung über physikalische Grundlagen der chemischen Wirkung des Lichtes und der Röntgenstrahlen (1930) 85[3]. — Mechanismus der Strahlenwirkung auf Zellen 140[9].

— s. Knapp, E. 91[7].

Ritchey, M. G., L. F. Wicks and E. L. Tatum: Änderung in der chemischen Zusammensetzung der Mäuseepidermis bei Carcinogenese durch Methylcholanthren 396[8].

Ritchie, A. C.: Lokalisierte Crotonöltumoren auch bei intraperitonealer Zufuhr von Urethan 381[9].

— and U. Saffiotti: Lokalisierte Tumoren nach Crotonöl auch bei oraler Zufuhr von 2-Acetaminofluoren 381[7].

— P. Shubik, M. Lane and E. P. Leroy: Hyperplasie der Mäusehaut durch Crotonöl 305[1].

— s. Shubik, P. 305[6], 380[10].

Ritchie, P. D., s. Dempster, P. B. 284[12].

Rittenberg, D., and D. Shemin: Zellwachstum 143[13], 145[6].

— s. Schoenheimer, R. 545[8].

— s. Shemin, D. 434[5], 435[1].

Ritter, H. B., s. Colter, J. S. 443[5].

Rivers, T. M.: Virus- und Rickettsien-Infektionen beim Menschen. Engl. (1948) 580[8].
— and S. M. Ware: Umwandlung von Fibrom- in Myxom-Virus 610[6].
— s. Hoagland, C. L. 610[1, 2].
— s. Smadel, J. E. 609[5].
Rivlin, R. S., s. Wood, S. jr. 439[8].
Robbins, A. N., s. Geyer, R. P. 231[5].
Robert, A., s. Jasmin, G. 164[30].
Roberts, C., s. Winge, Ö. 84[1].
Roberts, C. W., s. Vigneaud, V. du 49[12].
Roberts, D. C., s. Walpole, A. L. 192[11], 200[16], 215[1], 237[8, 10], 256[1], 275[2], 276[5], 287[9], 362[9, 10, 12], 372[1, 5].
Roberts, E., and P. R. Borges: Aminosäurezusammensetzung neoplastischer Gewebe 423[7]. — Kein Glutamin in wachsenden Tumoren 423[7].
— A. L. Caldwell, G. H. A. Clowes, V. Suntzeft, C. Carruthers and E. V. Cowdry: Aminosäurezusammensetzung von Hautcarcinomen 425[3].
— and S. Frankel: Änderung in chemischer Zusammensetzung der Mäuseepidermis bei Carcinogenese durch Methylcholanthren 396[3]. — Aminosäurenverteilung in Mäusetumoren und normalen Geweben 423[5]. — Argininggehalt in Plattenepithelcarcinom der Haut 423[19]. — Harnstoffgehalt in transplantiertem Hepatom 424[4]. Arginaseaktivität in Methylcholanthren-Hauttumoren 438[6].
— K. K. Tanaka, T. Tanaka and D. G. Simonsen: Glutamingehalt von Tumoren in der Rückbildung 423[11].
— and T. Tanaka: Aminosäurezusammensetzung neoplastischer Gewebe 423[8]. — Kein Glutamin in wachsenden Tumoren 423[8]. — Aufnahmefähigkeit von Ascitestumor für Glutamin und Glutaminsäure 423[8].
— and G. H. Tishkoff: Aminosäurenverteilung in Plattenepithelcarcinom der Haut 423[4].
— s. Li, C. 426[6].
Roberts, I. S., s. Goldzieher, J. W. 8[12].
Robertson, C. H., M. A. O'Neal, A. C. Griffin and H. L. Richardson: Einfluß von Wachstumshormon bzw. ACTH auf cancerogene Wirkung von aromatischen Aminen 360[7].
— M. A. O'Neal, H. L. Richardson and A. C. Griffin: Einfluß von Wachstumshormon bzw. ACTH auf cancerogene Wirkung von aromatischen Aminen 360[7].
— M. A. O'Neal, J. D. Spain and A. C. Griffin: ACTH setzt Cancerogenese durch cancerogene Stoffe in Gang 324[13].
Robertson, E. M., s. Macpherson, A. J. S. 40[3].
Robertson, J. M., and I. Woodward: Konstitution von 4-Aminostilben 251[5].
Robertson, L. L., s. Allen, E. 38[11].
Robertson, W. v. B.: Gehalt an Vitamin C in Tumoren 459[6]. — Vitamin C-Gehalt in Ratten- und Mäusetumoren 460[2].
— and H. Kahler: Vitamin B_2-Gehalt in tierischen Tumoren 460[6].
— s. Kahler, H. 398[2].
Robinet, L.: Krebssterblichkeit steht in umgekehrtem Verhältnis zum Magnesiumgehalt des Bodens 399[14].
Robinson, A. M., s. Bachmann, W. E. 350[5], 351[8], 353[6].
— s. Badger, G. M. 213[7], 218[6], 251[4], 350[2], 351[5], 353[7].
— s. Haddow, A. 359[7].
— s. Warren, F. L. 42[12].
Robinson, I. B., s. Laskin, D. M. 279[16], 376[10].
Robinson, J. M., s. Gutman, A. B. 10[10].
Robinson, R.: Bedeutung der K-Region für cancerogene Wirkung 354[5].
— s. Brown, R. 124[11].
— s. Dodds, E. C. 39[6], 40[8], 41[5, 7].
Robinson, R., s. Martin, C. J. 546[11].
Roblin, B. O. jr., J. O. Lampen, J. P. English, Q. P. Cole and J. R. Vaughan jr.: Antiwuchsstoffwirkung von Methoxin und Methioninsulfon 161[5].
Robson, J. M.: Buch über neuere Fortschritte über Physiologie des Geschlechtes und der Fortpflanzung. Engl. 3. Aufl. (1947) 7[7].
— and A. Schönberg: Synthetische Sexualhormone 39[6].
— s. Auerbach, C. 88[6], 92[15], 93[10], 271[9].
— s. Bonser, G. M. 326[4].
— s. Schönberg, A. 40[3].
Rocha e Silva, M.: Histaminbindung an Proteine im Gewebe 167[14].
— and A. M. Rothschild: Anaphylatoxine 175[1].
Roche, J., L. Cornil, G. Desruisseaux, N. Baudoin et S. Long: Aktivierung der alkalischen Serumphosphatase durch Zn-Ionen bei Carcinom 457[12].
— S. Lissitzky et R. Michel: Wirkung von Thyroxin und Trijodthyronin auf Grundumsatz 529[1].
— Nguyen-van Thoai, J. Marcelet et G. Desruisseaux: Aktivierung der alkalischen Serumphosphatase durch Zn-Ionen bei Carcinom 457[12].
— Nguyen-van Thoai, J. Marcelet, G. Desruisseaux et S. Durand: Aktivierung der alkalischen Serumphosphatase durch Zn-Ionen bei Carcinom 457[12].
Roche, M., s. Thorn, G. W. 173[1].
Rock, J., s. Hertig, A. T. 52[5], 115[5].
Rockenbach, J., s. Seneca, H. 173[10].
Rockmann, L., s. Sturm, A. 401[1].
Rodahl, K.: Bedeutung der Ernährungsform für Höhe des Grundumsatzes 535[12].
Rodeck, H., s. Doden, W. 398[10].
Rodewald, W.: Bedeutung von Virus für Krebsentstehung 300[1].

Rodriguez, N. M., H. T. Hochstrasser, J. O. Malbica and L. R. Cerecedo: Nucleinsäurevermehrung in Organen von Mäusen mit Impftumoren 448[8].
Rodzevitch, M., s. Dobrovolskaja-Zavadskaja, N. 207[8].
Roe, E., s. Boyland, E. 356[7].
Roe, E. M. F., s. Beale, R. N. 241[7, 8], 444[13], 445[4].
— s. Burrows, H. 203[2].
— s. Carr, J. G. 293[4].
— s. Haddow, A. 240[2], 241[5], 242[1], 250[4], 251[1], 308[3], 359[6], 363[1].
— s. Mayneord, W. V. 223[4].
Roe, F. J. (C.): Cancerogene Wirkung von Crotonöl 233[9], 305[8]. — Hautpapillome durch Ester der Methansulfonsäure + Crotonöl 372[7].
— and O. M. Glendenning: Hauttumoren nach Pinselung mit β-Propiolacton 372[6].
— and M. H. Salaman: Krebsauslösung durch Crotonöl nach unterschwelligen Dosen von Urethan 380[8]. — Krebsauslösung durch Crotonöl nach unterschwelligen Dosen von β-Propiolacton 380[9].
— s. Salaman, M. H. 233[10], 305[9], 306[1], 380[8].
Roe, J. H., J. W. Cassidy, A. C. Tatum and E. W. Rice: Kein Pentoseabbau durch Krebsseren 410[5].
— and C. A. Kuether: Ascorbinsäurebestimmung 38[9].
Rössle, R.: Vergleich von Entzündung mit parenteraler Verdauung 168[7]. — Bedeutung der proteolytischen Funktion für infiltratives Tumorwachstum 332[11]. — Infiltratives Wachstum der Uterusschleimhaut 332[15]. — Geschwulstbildung aus überlebenden Krebszellen 334[2].
— u. F. Roulet: Buch über Maß und Zahl in der Pathologie (1932) 124[42].
Roffo, A. H.: Häufigkeit von Bronchialkrebs 194[5]. — Lichtkrebs beruht auf cancerogener Wirkung von Cholesterin 203[4]. — Hautkrebs bei Ratten nach Sonnenbestrahlung 205[3]. — Cancerogene Wirkung von Bestrahlungsprodukten des Cholesterins 205[8]. — Carcinogene Wirkung hoch erhitzter Öle 288[4]. — Hauttumoren nach UV-Bestrahlung 377[12].
— u. L. M. Correa: UV-bestrahltes Cholesterin 203[7]. — Carcinogene Wirkung von photochemischen Umwandlungsprodukten des Cholesterins 378[5].
— e P. Piloni: Nucleinsäuregehalt von Tumoren 440[5].
Roger, H.: Amylase im Hühnerei-Eiweiß 466[4].
Rogers, C. S., s. Rosenthal, O. 145[7].
Rogers, E. C.: Mittelwerte des Grundumsatzes 522[4].
Rogers, H. J.: Hemmung der Hyaluronidase durch Heparin 156[8].
Rogers, S.: Keine Bedeutung der mitotischen Zellteilung für die Cancerisierung 268[1]. — Hemmung der Zellteilung durch Äthylurethan 270[8]. — Lungengeschwülste nach N-Lost 271[4]. — Empfindlichkeit junger Tiere gegen carcinogene Wirkung von Urethan 374[13].
Rohdenburg, G. L., and O. F. Krehbiel: Unterschiede im Kaliumgehalt von schnell und langsam wachsenden Tumoren 398[11].
Roll, P. M., s. Brown, G. B. 446[25].
— s. Weinfeld, H. 447[2].
Rolshoven, E.: „Inäquale" oder „bivalente" Zellteilungen 6[1]. — Bildung der Keimzellen 50[1]. — Zellteilungen beim Wachstum 318[3].
Romatowski, H., M. Tolksdorf u. H. R. Wiedemann: Geschlechtschromatin in menschlichen Leukocyten 55[4].
Romeis, B.: Bestimmung des Schilddrüsenhormons an Kaulquappen 154[2].
Romijn, C., and J. Roos: CO_2-Konzentration in Küken vor dem Ausschlüpfen 122[1].
Rominger, E., s. Droese, W. 578[6].
Rondoni, P.: Buch über den Krebs. Ital. (1946) 181[32]. — Zusammenfassung über Carcinogenese (1955) 358[9]. — Viren als „errabunde" Gene 301[3]. — Proteine und Proteinfraktionen aus Tumoren 428[11]. Nucleinsäuregehalt von Tumoren 440[5].
— e A. Corbellini: Cocancerogene Wirkung von Verbrennungen 304[2].
— G. Mayr and E. Gallico: Keine Beziehungen zwischen magnetischem Verhalten und cancerogener Wirkung von Kohlenwasserstoffen 355[9].
— e A. Necco: Atebrin als Spindelgift 138[11]. Atebrin als Mitosegift 139[18].
— u. L. Pozzi: Einfluß von Sauerstoff auf den Ablauf enzymatischer Prozesse 121[1].
Rook, A. J., G. A. Gresham and R. A. Davis: Cancerogene Wirkung von Steinkohlenteer 270[13].
Roos, J., s. Romijn, C. 122[1].
Ropp, R. S. de: A-Methopterin als Folsäureantagonist 160[7]. — Vorkommen von Krebs bei Pflanzen 185[7].
— and E. McKenzie: Ausbeute bei Verimpfung von Tumoren 336[6].
Rose, A. R., s. Sherman, H. C. 509[10].
Rose, C. S., s. György, P. 156[2].
Rose, F. C., s. Rose, S. M. 294[9].
Rose, F. L., s. Hendry, J. A. 94[5, 9], 140[8], 203[13], 215[1], 275[1–3], 276[1, 5], 277[1], 310[3], 372[2–4], 373[16, 17, 19].
— s. Walpole, A. L. 192[11], 275[2], 276[5], 287[9], 372[1, 5].
Rose, H. M., s. Morgan, C. 601[1], 605[4].
Rose, M. S., s. Sherman, H. C. 509[10].
Rose, S. M., and F. C. Rose: Erzeugung von Knochengeschwülsten durch Virus der Nierengeschwülste von Fröschen 294[9].
Rose, W. C.: Zusammenfassung über Bedeutung der Aminosäuren für die Ernährung (1938) 548[4]. — Zusammenfassungen über Aminosäurebedarf der Menschen (1949) 548[4]; (1957) 548[5]. — Bedarf

von Gewebskulturen an essentiellen Aminosäuren 146[2]. — Essentielle Aminosäuren 509[12]. — Bedarf an Eiweiß und Aminosäuren 544[3].
Rose, W. C., W. J. Haines and D. T. Warner: Essentielle Aminosäuren für den Menschen 549[1].
— L. C. Smith, M. Womack and M. Shane: Verwendung von Ammoniumcitrat für Aminosäuresynthese 550[1].
— s. Meyer, C. E. 548[6].
Rosedale, J. L.: Argininggehalt von Tumoren 424[15].
— s. Plimmer, R. H. A. 469[5].
Rosenberger, F.: Inosit im Hühnerei 472[3].
Rosenblum, D. E.: Stoffwechselsteigerung durch geistige Arbeit 543[7].
Rosenbohm, A., s. Bierich, R. 404[1].
Rosenbohm, R., s. Lang, A. 452[10].
Rosenfeld, M., and F. F. Snyder: Atmungserregung durch Kohlensäure beim Neugeborenen 121[7].
Rosenthal, E.: Katalaseaktivität der Leber beim tumortragenden Organismus 421[4].
Rosenthal, O., and D. L. Drabkin: Leistungsfähigkeit des Cytochromsystems in Tumoren und normalem Gewebe 418[15].
— H. M. Vars, C. S. Rogers and J. C. Fahl: Erhöhte Fermentaktivität in wachsenden Geweben 145[7].
— s. Lasnitzki, A. 121[4].
Rosenthal, T. B., s. Lansing, A. I. 399[7,8].
Rosin, A.: Cancerogene Wirkung von Urethan bei Mäusen und Ratten 374[16].
— and M. Rachmilewitz: Sarkombildung durch Thioharnstoff 269[4], 375[13].
Roskelley, R. C., N. Mayer, B. N. Horwitt and W. T. Salter: Leistungsfähigkeit des Cytochromsystems in Tumor- und normalem Gewebe 418[15].
Ross, G. A. L., s. White, J. M. 439[4].
Ross, H. E., s. Dyer, H. M. 249[8], 367[12].
— s. Schneider, W. C. 395[4], 417[6].
Ross, J. D., and J. T. Syverton: Virusbestimmung durch Gewebekulturen 583[3].
Ross, O. R., s. Pillemer, L. 150[20], 176[1].
Ross, V.: Nucleoside, freie Purine und Pyrimidine in Tumoren 445[13].
Ross, W. C. J.: Gemeinsame Kennzeichen alkylierend wirkender carcinogener Verbindungen 373[22].
— s. Goldacre, R. J. 139[10], 140[7], 271[9], 374[1].
— s. Haddow, A. 94[3], 271[6], 373[15].
Rossi, F. M., s. Smith, L. C. 423[10].
Rossner, W.: Carcinogen wirkende Stoffe aus Cholesterin 201[13]. — Einführung von Sulfosäuregruppen in polycyclische aromatische Kohlenwasserstoffe hebt deren carcinogene Wirkung auf 351[16]. — Darstellung von 3-Methylcholanthren aus Cholesterin 389[5].
Rost, G., s. Heupke, W. 563[1].
Roth, F.: Arsenkrebs 198[1]. — Carcinogene Wirkung von Arsen 199[13]. — Arsen als Ursache von Berufskrebs 210[1]. — Cancerogene Wirkung von Arsen (III)- Verbindungen 376[17].
Roth, J. L., s. Dutra, F. R. 200[1], 210[5], 377[2].
Roth, O.: Herzhormone 151[3].
Roth, P.: Respirationsapparat 515[4].
— s. Benedict, F. G. 575[5].
Rothen, A., s. Chow, B. F. 25[7].
— s. Claude, A. 73[3], 386[3].
— s. Dyke, H. B. van 48[16].
Rotherham, J., J. L. Irvin and D. J. Holbrook jr.: Einbau von markiertem Glycin in transplantiertes Hepatom und normale Rattenleber 434[15].
Rothmann, A., s. Pincussen, L. 537[2].
Rothmann, E.: Spezifität der Induktorwirkung wird bestritten 112[3].
Rothschild, A. M., s. Rocha e Silva, M. 175[1].
Rothschild, Lord: Buch über Befruchtung bei Organismen. Engl. (1956) 101[8]. — Befruchtungsfähigkeit der Samenzellen von Seetieren 51[7]. — Sauerstoffbedarf der Spermatozoen 101[8].
— and H. Barnes: Bestandteile im Samenplasma des Bullen 13[9].
Rothweiler, G., s. Büchner, F. 96[6], 117[3], 122[3].
Rotman, B., and S. Spiegelman: Adaptive Enzymbildung aus Aminosäuren 68[4].
Rotman, R., s. Hershey, A. D. 61[1, 2].
Roulet, F., s. Rössle, R. 124[42].
Roulet, F. C., s. Bieling, R. 164[30].
Roullet, M., s. Drevon, B. 410[5].
Roullier, C. A., s. Abel, J. J. 48[15].
Rous, P.: Buch über Viren und Tumoren bei Viruserkrankungen. Engl. (1943) 292[11]. — Zusammenfassung über neue Fortschritte der Krebsforschung (1947) 181[38]. — Terpentin als bedingt krebsauslösende Substanz 232[5]. — 1. zellfreie Verimpfung eines Sarkoms 292[11]. — Zellfreie Tumorverimpfung 384[4].
— and J. W. Beard: Metastasierende Carcinome des Shope-Papilloms bei zahmen Kaninchen 294[12].
— and W. F. Friedewald: Carcinomatöse Entartung des Shope-Papilloms 386[8].
— and J. G. Kidd: Terpentin als bedingt krebsauslösende Substanz 232[5]. — Cocancerogene Wirkung von Terpentin an Kaninchen und Maus 381[13].
— and J. G. Kidd; Leiter, J. and A. Perrault: Cocancerogene Wirkung von Chloroform 304[4].
— J. B. Murphy and W. H. I. Tytler: Zellschädigung Voraussetzung für Infektion mit Rous-Virus 293[19].
— and W. E. Smith: Embryonalextrakt als Wuchsstoff für Tumoren 324[5].
— s. Friedewald, W. F. 304[2, 4], 317[3], 324[9], 344[2], 381[15].
— s. Mackenzie, I. 304[2], 320[1].
— s. Smith, W. E. 270[2].

ROUSSY, G., et M. GUÉRIN: Cancerogene Wirkung von Thoriumdioxyd 209[7].
— C. OBERLING et M. GUÉRIN: Cancerogene Wirkung von Thoriumdioxyd 209[7]. — Metastasierung nach Krebsoperationen beim Menschen 340[4].
ROWE, L. W., s. KAMM, O. 48[16].
— s. RINDERKNECHT, H. 39[6].
ROWEN, J. W., and W. GINOZA: Molekulargewicht von Tabakmosaikvirus 591[2].
ROWLANDS, I. W.: Bestimmung des thyreotropen Hormons 155[1].
— s. McCLEAN, D. 51[8].
ROWLEY, D., s. BARKLEY, H. 47[8].
ROWLEY, D. A., s. BENDITT, E. P. 577[6].
ROWNTREE, L. G.: Thymushormon 155[6].
— J. H. CLARK, A. STEINBERG and A. M. HANSON: Thymushormon 155[6]. — Funktion der Epiphyse 155[8].
ROWOLD, E., s. WACKER, A. 53[9], 150[3].
— s. WEYGAND, F. 160[6].
ROWSON, L. E. A., s. POLGE, C. 300[5].
ROY, C. S., s. PURKAYSTHA, R. 425[6].
ROY, N. C., s. WILSON, H. E. C. 535[14].
ROY, S. K., s. BUSTON, H. W. 163[9].
ROYER, R., s. LACASSAGNE, A. 219[3].
— s. LATARJET, R. 196[4], 219[3], 347[8].
— s. RUDALI, G. 242[8].
RUBIN, H., s. FRANKLIN, R. M. 608[3].
RUBIN, M., and H. R. BIRD: Chicken growth factor 150[10].
RUBNER, M.: Buch über calorimetrische Methodik (1891) 518[4]. — Buch über die Gesetze des Energieverbrauchs bei der Ernährung (1902) 517[2]. — Zusammenfassung über Kalorimetrie (1911) 516[5]. — Zusammenfassung über Stoffwechsel (1924) 507[8]. — Zusammenfassung über Luftkalorimetrie (1926) 516[6]. — Zusammenfassungen über Stoffwechsel und Ernährung (1928) 508[5]. — Zusammenfassung über physiologische Verbrennungswerte, Ausnutzung, Isodynamie, Calorienbedarf, Kostmaße (1928) 537[7]. — Isodynamie der Nährstoffe 517[1]. — Technik von Ernährungsversuchen 517[2]. — Calorische Werte der Nahrungsstoffe 518[1]. — Messung der Wärmeabgabe beim Hund 518[4]. — Gesetz der Isodynamie 525[2]. — Einfluß der Körpergröße auf Stoff- und Kraftwechsel 525[3]. — N-Gleichgewicht 544[9]. — Abnutzungsquote 546[2]. — Bedeutung pflanzlicher Nahrung in wärmeren Gegenden 570[1]. — Stoffwechsel bei völligem Nahrungsentzug 573[3].
RUCHHOFT, C. C., s. HUEPER, W. C. 214[4].
RUDALI, G.: Experimenteller Brustkrebs bei Mäusen nach Oestrogenen 327[8].
— BUUHOI, N. P., R. ROYER et B. EKERT: 4-Amino-tetraphenylmethan ist nicht cancerogen 242[8].
— H. CHALVET et F. WINTERNITZ: Cancerogene Wirkung von 1,2,5,6-Dibenzphenazin 219[2]. — Blasentumoren bei lokaler Applikation von 3-Methylcholanthren 353[1].
RUDALI, G., et P. L. MARIANI: Cancerogene Wirkung von Tetrachlorkohlenstoff 276[7]. Hepatome nach Tetrachlorkohlenstoff 375[6].
— s. LACASSAGNE, A. 219[3], 351[13].
RUDDEN, M., s. KENSLER, C. J. 455[19].
RUDDER, B. DE: Grundriß einer Meteorobiologie des Menschen 2. Aufl. (1938) 534[7].
RUDITZKY, M. G.: Krebsauslösung durch Opisthorchis felineus 201[3].
RUDOLPH, W.: Buch über Wuchsstoffe und Antiwuchsstoffe (1948) 124[43].
RÜBSAAMEN, H.: Auslösung von Mißbildungen 96[5], 117[1].
— s. BÜCHNER, F. 96[6], 117[3], 122[3].
RUEGAMER, W. R., C. E. PODING and H. B. LOCKHARDT: Wachstumswerte begrenzender Aminosäuren bei Ratten 552[5].
RÜTTNER, J. R., P. BOVET, R. WEBER u. W. WILLY: Gewebswucherungen durch anorganische Krystallite 285[1].
RUFFO, A., e A. MONROY: Wirkung der Hyaluronidase auf die Eizelle 51[9].
— s. MONROY, A. 101[10].
RUGE, U.: Buch über Übungen zur Wachstums- und Entwickelungsphysiologie der Pflanze. 3. Aufl. (1951) 106[24]. — Beeinflussung der Wirkung pflanzlicher Wuchsstoffe durch Aethylen 149[3]. — Keimungsförderung bei Pflanzen durch Milchsäure und Aethylen 164[7].
RUMSFELD, H. W. jr., W. L. MILLER jr. and C. A. BAUMANN: Geschlechtsbedingte cancerogene Dosis von 4-Dimethylaminoazobenzol 307[5]. — Geschlechtsbedingte Unterschiede in der Wirkung cancerogener Agentien 331[1].
RUNEHJELM, D., s. EULER, H. v. 97[7].
RUNNSTRÖM, J.: Zusammenfassung über die Zelloberfläche in Beziehung zur Befruchtung (1952) 100[5]. — Gamone 101[12]. — Stoffwechselsteigerung bei künstlicher Parthenogenese 105[2]. — Stoffwechseländerungen an zur Entwicklung gebrachten Eiern 105[4]. — Keine Änderung des Fermentgehaltes in befruchteten Eiern 105[5]. — Stoffwechsel im befruchteten Ei 118[15]. — Atmung unbefruchteter Eizellen 119[6]. — Atmung befruchteter Eizellen 119[7].
— S. LINDVALL and A. TISELIUS: Androgamon 2_3-Faktor wahrscheinlich eine Desoxyribonucleinsäure 101[11].
RUPP, H.: Wirkung von Oestrogenen auf Durchblutung von Gehirn und Bauchorganen 19[14].
RUPP, J. J., s. BISCHOFF, F. 203[11], 392[7, 11].
— s. FIESER, L. F. 204[1], 276[2], 392[8].
RUPP, V. R., s. McCLELLAN, W. S. 553[3].
RUPPEL, W., s. PFEFFER, K. H. 174[4, 7].
RUSCH, H. P.: Enzyme als Duplikanten 262[1]. — Krebstheorie 265[7]. — Krebsbildung bei Zerstörung funktionswichtiger Duplikanten 312[6].

RUSCH, H. P., nd C. A. BAUMANN: Cancerogene Wirkung von UV-Licht bei Albinotieren 377[15].
— C. A. BAUMANN and B. E. KLINE: Hautkrebs nach UV-Bestrahlung bei Ratten 205[5].
— and B. E. KLINE: Crotonöl als bedingt krebsauslösender Stoff 232[8]. — Latenz der Krebsauslösung durch Crotonöl 233[1].
— B. E. KLINE and C. A. BAUMANN: Hautkrebs nach UV-Bestrahlung bei Ratten 205[5]. — Cancerogen wirksame UV-Strahlung 378[1].
— and G. A. LE PAGE: Zusammenfassung über die Biochemie der Carcinogenese (1948) 342[12].
— s. BAUMANN, C. A. 203[6].
— s. BOUTWELL, R. K. 227[5], 305[8], 381[10].
— s. KOHMAN, T. P. 446[4].
— s. MILLER, E. C. 237[11].
— s. MILLER, J. A. 179[7], 236[8, 11], 237[11, 13], 250[3], 255[1], 361[9], 362[2, 7, 13], 363[7], 369[8].
— s. MINER, D. L. 332[2].
RUSKA, H., s. KAUSCHE, G. A. 589[3].
— s. WOLLSCHITT, H. 515[7].
RUSS, C.: Sterilität beim Hamster nach radioaktivem ^{32}P 9[6].
RUSSELL, E. S.: Genabhängigkeit der Vererbbarkeit von Melanomen bei Drosophila 186[3].
RUSSELL, L. B., and W. L. RUSSELL: Mißbildungen nach Röntgenbestrahlung 117[9].
RUSSELL, W. L., s. RUSSELL, L. B. 117[9].
RUTENBURG, A. M., s. SELIGMAN, A. M. 273[11].
RUTGERS, J. J., s. GIRARD, A. 31[3].
RUTMAN, R. J., A. CANTAROW and K. E. PASCHKIS: Protein- und Nucleinsäuregehalt von Zellfraktionen der Rattenleber nach 2-Acetaminofluoren 429[5]. — Desoxyribonucleinsäuregehalt und Mitochondrienzahl in Tumor- und Leberzellen 430[2]. Einbaugeschwindigkeit von Aminosäuren in Mitochondrieneiweiß bei Tumoren 434[14]. — Desoxyribonucleinsäuregehalt von Tumoren und Muttergeweben 440[11]. Desoxyribonucleinsäuregehalt von Zellkernen aus Leber und Hepatomen 442[7]. — Ribonucleinsäuregehalt in Zellkernen bei Acetaminofluoren-hepatom 443[10]. — Ribonucleinsäuregehalt in Mitochondrien und Mikrosomen beim 2-Acetaminofluoren-hepatom 443[13]. — Einbau von Uracil-^{14}C in Ribonucleinsäuren des 2-Acetaminofluoren-hepatoms der Ratte 446[21].
— A. CANTAROW, K. E. PASCHKIS and B. ALLANOFF; Einbau von Uracil-^{14}C in Ribonucleinsäuren des 2-Acetaminofluoren-hepatoms der Ratte 446[21].
— s. CANTAROW, A. 448[5].
RUTTLE, M. L., s. NEBEL, B. R. 137[8].
RUZICKA, L., P. MEISTER u. V. PRELOG: Androstanol-3 und Androstanon-3 als Sexualriechstoffe 9[1], 104[5].
— u. V. PRELOG: Hormone im Hoden 8[13].
RUZICKA, L., V. PRELOG u. P. MEISTER: Androstanol-3 und Androstanon-3 als Sexualriechstoffe 104[5].
— s. PRELOG, V. 8[13], 9[1], 104[5].
RYAN, F. J.: Unrichtigkeit der MOEWSschen Arbeiten über Gamone 53[2], 102[8].
RYAN, F. L., and L. K. SCHNEIDER: Adaptive Enzymbildung 84[4].
RYAN, K. J., and L. L. ENGEL: 17β-Oestradiol, Bildung aus Oestron durch Leber- und Placentagewebe 29[2].
RYAN, M., s. CHENG, A. L. S. 555[14].
RYDON, H. N., s. FILDES, P. 217[11], 221[2].
— s. HANBY, W. E. 273[10, 12].
RYGAARD, J., s. GARDNER, W. U. 206[11].
RYSSELBERGE, C. VAN, and R. JEENER: X-Protein aus Tabakpflanzen 592[18].

SABANAS, A. O., D. C. DAHLIN, D. S. CHILDS jr. and J. C. IVINS: Röntgenstrahlen als Krebsursache 199[6]. — Röntgenkrebs 206[8].
SACHS, L., D. M. SERR and M. DANON: Chromosomenzentren in Zellen weiblicher Organismen 55[2]. — Heterochromatische „Verpackung" der Geschlechtschromosomen 77[7].
SAFFIOTTI, U., and P. SHUBIK: Kein Krebs bei Sauerstoffmangel im Tierversuch 194[2]. Krebsauslösung durch Crotonöl nach vorheriger Verbrennung 206[4], 305[7]. — Wirksame Dosen von 3,4-Benzpyren 230[6]. — Cancerogene Wirkung wiederholter kleiner Carcinogendosen 306[2].
— s. RITCHIE, A. C. 381[7].
— s. SHUBIK, P. 213[8].
SAFFRAN, M., and J. L. PRADO: Hemmung der cis-Aconitase durch trans-Aconitsäure 413[10].
SAGARA, J.-I.: Verhalten der Hexonbasen im bebrütetem Hühnerei 475[2]. — Bildung von Purinbasen im sich entwickelnden Hühnerembryo 477[6].
— s. TOMITA, M. 466[6], 496[2].
SAKAGUCHI, K. I., s. MIZUSHIMA, S. 428[3].
SAKAMI, W., and J. M. LAFAYE: Bildung von Kohlenhydrat aus Fett 553[2].
SAKURAI, E., s. OKADA, S. 535[3].
SALAMAN, M. H.: Cocancerogene Wirkung wiederholter Crotonölpinselungen 380[11].
— and R. H. GWYNN: 2 Stufen der Krebsentstehung 233[4]. — Cocancerogene Wirkung von Crotonöl 305[3].
— and F. J. ROE: Mechanismus der Crotonölwirkung 233[10]. — Summierung unterschwelliger Dosen von Cancerogenen 305[9]. Cancerogene Wirkung wiederholter kleiner Carcinogendosen 306[1]. — Krebsauslösung durch Crotonöl nach unterschwelligen Dosen von Urethan 380[8].
— s. GWYNN, R. H. 232[9], 304[5].
— s. ROE, F. J. 380[8,9].
SALL, R. D., and M. J. SHEAR: Cocancerogene Wirkung basischer Fraktionen aus Kreosot 304[3].
SALLEY, D. J., s. DIXON, J. K. 277[4].

Salmon, W. D., s. Copeland, D. H. 193[14].

Salomon, H., s. Karrer, P. 43[2].

Salter, W. T.: Zusammenfassung über Chemie der Hormone (1945) 25[4].

— s. Craig, F. N. 418[15].

— s. Roskelley, R. C. 418[15].

Saltzmann, A. H., s. Talbot, N. B. 33[3], 174[4].

Salzer, W.: Synthetische Sexualhormone 39[6].

Samassa, H.: Bedeutung von Sauerstoff für Entwickelung des befruchteten Froscheies 119[5].

Samlert, H., s. Opitz, E. 123[8].

Sampath, A., s. Little, P. A. 332[3].

Sampson, B., s. Kennaway, E. L. 346[7].

Sampson, W. L.: Förderung des Tumorwachstums durch Proliferationsreize 324[9].

Sams, J., s. Demerec, M. 88[16], 94[2].

Samuels, J.: Buch über Hormonversorgung des Feotus (1947) 45[1]

Samuels, L. T., s. Schott, H. F. 402[7].

Sanders, A. G., s. Florey, H. W. 156[15].

Sandford, I., s. Boothby, W. M. 529[3].

Sandground, J. H., s. Bonne, C. 290[7].

Sandin, R. B., and L. F. Fieser: Cancerogene Wirkung von Thiophenbenzanthracen 219[4].

— R. Melby, A. S. Hay, R. N. Jones, E. C. Miller and J. A. Miller: Cancerogene Wirkung von Methylsubstitutionsprodukten von Diphenylverbindungen 237[13]. — 2-Methyl-4-acetylamino-biphenyl ist nicht cancerogen 366[2].

— s. Miller, E. C. 219[5], 236[11], 237[7,11], 242[4], 362[4,13].

— s. Miller, J. A. 236[8,11], 237[13], 250[3], 255[1], 361[9], 362[2,7], 363[7].

Sandritter, W.: Gehalt menschlicher Tumorzellen an Ribo- und Desoxyribonucleinsäure 441[1].

Sandulesco, G., s. Girard, A. 31[3], 33[1].

Sanford, K. K., W. R. Earle, M. M. Becker, E. L. Schilling, E. Duchesne, G. Likely and E. Shelton: Krebsige Entartung in Gewebskulturen 183[1].

— W. R. Earle, E. Shelton, E. L. Schilling, E. M. Duchesne, G. D. Likely and M. M. Becker: Krebsige Entartung in Gewebskulturen 231[1].

— G. D. Likely, V. J. Evans, C. J. Mackey and W. R. Earle: Sarkombildung aus transplantierten Carcinomen 333[3]. — Zunehmende Bösartigkeit von Krebszellen nach mehreren Transplantationspassagen 333[7].

Sanger, R., s. Race, R. R. 98[9].

Sanghvi, L. D., K. C. Rao and V. R. Khanolkar: Mundhöhlen- und Speiseröhrenkrebs nach Kauen von Betelnüssen 196[10].

— s. Strong, L. C. 186[12], 187[4], 231[6].

Sannie, C., R. Truhaut et M. Guérin: Cancerogene Wirkung von unverseifbarem Anteil der Leber von Krebskranken 391[10].

Sannie, C., R. Truhaut, P. Guérin et M. Guérin: Keine carcinogenen Kohlenwasserstoffe im Unverseifbaren von Krebslebern 392[5].

Šantavý, F., R. Winkler u. T. Reichstein: Substanz F aus Colchicin ist Desacetyl-N-methylcolchicin (Demecolcin) 138[7].

Santesson, L., s. Caspersson, T. 73[2], 181[24], 424[14], 440[14].

Sapp, R. W., s. Miller, E. C. 249[7], 263[6], 369[2], 370[10], 431[1].

— s. Miller, J. A. 239[4], 248[5], 264[1], 364[9,14], 365[1], 370[11], 431[1].

Sapper, K.: Buch über Ernährungswirtschaft der Erde und ihre Zukunftsaussichten für die Menschheit (1939) 570[1].

Sargent, S., s. Asplin, F. D. 9[4], 151[12].

— s. Boyland, E. 228[1], 273[8].

Sarkar, B. C. R., R. W. Luecke and C. W. Duncan: Aminosäureverteilung in Spermatozoen und Samenplasma vom Stier 13[8].

Sartorelli, A. C., s. Lepage, G. A. 447[7].

Sartory, A., R. Sartory, J. Meyer et E. Keller: Magnesiummangel-Theorie des Krebses nicht bestätigt 399[16].

Sartory, R., s. Sartory, A. 399[16].

Sasaki, M., s. Tomita, M. 466[10], 480[8], 500[1].

Sasaki, T., u. T. Yoshida: Lebertumoren durch o-Aminoazotoluol 359[4].

Saslaw, I. M., s. Geyer, R. P. 231[5].

Sassa, R., s. Watanabe, R. 545[4].

Sassenrath, E. N., and D. M. Greenberg: Keine Veränderung in Gehalt und Verteilung der freien Aminosäuren im Rattenserum bei Walker-Carcinom 256 433[3].

— s. Greenberg, D. M. 438[15].

Sato, A.: Yakriton 151[8].

— and H. Ota: Yakriton 151[8].

Sato, S., s. Yamazaki, J. 234[3].

Sato, T.: Cholinesteraseaktivität in Dimethylaminoazobenzolhepatom 455[18].

Sauberlich, H. E., and C. A. Baumann: Aminosäurezusammensetzung von Tumoren und normalen Geweben 425[2]. — D-Aminosäuren in Tumoren 428[3].

Sauerbeck, E.: Tumorerzeugung durch Thorotrast bei Mäusen 379[16].

Saunders, B. C., s. Booth, H. 257[10].

Savage, E., s. Deuel, H. J. jr. 557[2].

Savard, K.: Corticosteroidbestimmung 174[5].

— A. A. Green and L. A. Lewis: Corticosteronbildung 173[8].

Sawicki, E., and R. R. Miller: 2,4,7-Trinitrofluorenon 225[10].

— and F. E. Ray: Coplanare Anordnung der Ringsysteme in aromatischen Kohlenwasserstoffen als Voraussetzung carcinogener Wirkung 230[3]. — Molekülstruktur und cancerogene Wirkung 240[2]. — Cancerogene Wirkung der trans-Form von 4-Aminostilben 242[1]. — Molekularstruktur von Cancerogenen 286[1].

Sawyer, C. H., s. Everett, J. W. 27[3].

SAXÉN, E., P. EKWALL and K. SETÄLÄ: Cocancerogene Wirkungen von Tween 289[1].
SAXÉN, E. A., s. MULAY, A. S. 365[8].
SAYERS, G., and M. A. SAYERS: Zusammenfassung über Hypophysen-Nebennieren-System (1948) 171[3].
— s. CHENG, C. P. 171[2].
— s. SAYERS, M. A. 38[8].
SAYERS, M. A., G. SAYERS and L. A. WOODBURY: Nachweis von ACTH an hypophysektomierten Ratten 38[8].
— s. SAYERS, G. 171[3].
SCARAMUZZINO, D. J., s. MARINETTI, G. V. 556[1].
SCHACHMAN, H. K., s. HARRINGTON, W. F. 592[3].
SCHACHTER, B., s. KLYNE, W. 32[2].
SCHACHTER, M., s. FELDBERG, W. 167[10,18].
SCHADE, A. L.: Atmung und Glykolyse von EHRLICH-Mäuseascitestumor 406[9]. — Abgabe von Aldolase durch Zellen des EHRLICH-Mäuseascitestumors an Ascitesserum 411[3]. — Aktivität der Serumaldolase bei tumortragenden Tieren 411[3], 412[13].
— s. LEVY, H. B. 441[12].
SCHADE, R., s. WEIL-MALHERBE, H. 145[9], 422[5].
SCHADER, E., s. MOEWUS, F. 163[6].
SCHADOW, H.: Respirationscalorimeter für Säuglinge 516[9].
SCHÄFER, E. L., u. H. GREUEL: Cancerogene Wirkung von Thoriumdioxyd 209[7].
SCHÄFER, W.: Zusammenfassung über allgemeine Morphologie menschen- und tierpathogener Virusarten (1958) 580[9].
— u. W. ZILLIG: Struktur der Viren der Klassischen Geflügelpest und der Influenza 606[5].
— W. ZILLIG u. K. MUNK: Inkomplette Formen von Viren der Klassischen Geflügelpest und der Influenza 607[3].
— s. BREITENFELD, P. M. 607[7].
— s. WECKER, E. 604[3], 607[10].
— s. ZILLIG, W. 606[1].
SCHAEFFER, G., s. LE BRETON, É. 477[4].
SCHÄR, B., s. MEIER, R. 138[6], 168[11], 175[12], 260[17].
SCHAFFER, F. L., and C. E. SCHWERDT: Krystallisation von Poliovirus 602[5].
— s. SCHWERDT, C. E. 602[6,7].
SCHAFRANEK, R., s. HIRSCHBERG, E. 450[2].
SCHAIRER, E.: Rhythmisches Verdoppelungswachstum von Zellen 131[5]. — Lunge fängt Krebszellen ab 335[7], 341[8].
SCHALL, H. sen.: Nahrungsmitteltabelle. 17. Aufl. (1958) 563[1].
SCHARF, J., s. KÖHLER, V. 166[7].
SCHARPF, H., s. KEIDERLING, W. 400[2,4].
SCHARRER, B.: Tumorbildung nach Recurrensdurchschneidung bei Leucophera maderae 204[9].
— and M. S. LOCHHEAD: Vorkommen von Krebs bei Wirbellosen 185[5].
SCHARRER, B., s. SCHARRER, E. 49[1].
SCHARRER, E.: Vorkommen von Oxytocin und Vasopressin in Ganglienzellen des Zwischenhirns 23[1].
— and B. SCHARRER: Speicherung von Oxytocin in der Neurohypophyse 49[1].
SCHARSACH, F., s. GRAFFI, A. 301[1], 381[6].
SCHARTAU, O., s. HARTMANN, M. 101[5].
SCHECHTMAN, A. M., s. HOFFMAN, H. E. 430[6].
SCHEIBE, G., u. D. BRÜCK: Planare Anordnung von Ringen Bedingung für Fluorescenz 250[6]. — Lichtabsorption und Protonenaffinität 253[3].
— S. HARTWIG u. R. MÜLLER: Energiefortleitung in der Zelle 89[9].
SCHEIDEGGER, S.: Krebshäufigkeit bei Wiederkäuern 192[7].
SCHELINE, R. R., s. SCOTT, K. G. 401[8].
SCHELLING, H. v.: Rechnerische oder graphische Auswertung von Versuchsergebnissen 34[4].
— s. PRIGGE, R. 34[4].
SCHELLONG, G., s. BÜCHNER, F. 117[3].
SCHENCK, E. G.: Argininгehalt von Tumoren 424[15]. — Proteine und Proteinfraktionen aus Tumoren 428[11].
— u. H. E. MEYER: Buch über das Fasten (1938) 573[8].
— s. WOLLSCHITT, H. 515[7].
SCHENCK, G. O.: Cancerogene Kohlenwasserstoffe sind Photosensibilisatoren 205[12]. — Cancerogene Kohlenwasserstoffe als Photosensibilisatoren für Peroxydbildung 224[2]. Katalyse strahlensensibilisierter O_2-Übertragung durch carcinogene Kohlenwasserstoffe 355[10].
SCHENK, P.: Gesteigerter Eiweißbedarf bei großen sportlichen Leistungen 571[4].
SCHENKER, V., s. HECHTER, O. 171[7], 173[9].
— s. SELYE, H. 532[7].
SCHERF, F., s. FÜRTH, O. 424[19].
SCHERF, K., s. HORNER, L. 235[4].
SCHERSCHULSKAJA, L. W., s. WERMEL, E. M. 131[6].
SCHETTLER, G., u. M. EGGSTEIN: Zusammenhang zwischen essentiellen Fettsäuren und Arteriosklerose 556[1].
— s. BRÜCKEL, K. W. 556[1].
SCHIEDT, U., s. BUTENANDT, A. 98[12].
SCHILD, W., s. HINSBERG, K. 411[19], 436[4].
SCHILF, E., s. FELDBERG, W. 164[13].
SCHILLER, W.: Sulfonierte Triphenylmethanfarbstoffe werden nicht resorbiert 242[9]. — Lokale Sarkombildung durch Lichtgrün SF gelblich, Brillantblau FCF (Patentblau AE) und Guineagrün 243[1].
SCHILLING, E. L., s. SANFORD, K. K. 183[1], 231[1].
SCHIMKE, O., s. BAMANN, E. 437[5].
SCHINDLER, O., s. SIMPSON, S. A. 173[5].
SCHINZ, H. R.: Häufigkeit von Bronchialkrebs 194[5].
— u. F. BUSCHKE: Buch über Krebs und Vererbung (1935) 181[13].
— u. H. FRITZ-NIGGLI: Mißbildungen nach Röntgenbestrahlung 117[9].

Schinz, H. R., H. Fritz-Niggli, T. W. Campbell u. H. Schmid: Cancerogene Wirkung von 2′-Acetylamino-2,3,6,7-dibenztropiliden 236[12]. — Cancerogen und nicht cancerogen wirkende Acetaminofluorene 362[8].
— u. T. Reich: Verbreitung von Krebs 185[3]. Kausale Bedeutung exogener Krebsnoxen 191[1]. — Häufigkeit von Organkrebsen 192[5]. — Häufigkeit von Lungen- und Larynxcarcinom 194[4]. — Häufigkeit von Bronchialkrebs 194[5]. — Todesfälle in der Schweiz an Bronchial- und Lungenkrebs 195[2]. —Zunahme von Krebs beim Menschen Folge der gestiegenen Lebenserwartung 308[1].
— u. E. Uehlinger: Cancerogene Wirkung von Arsen 210[4]. — Sarkombildung durch Arsen, Chrom oder Kobalt 211[3]. — Metallkrebs durch Chrom und Kobalt 282[5].
— s. Cocchi, U. 87[3].
Schinzinger: Brustkrebsbehandlung durch Kastration 328[6].
Schippers, M., s. Kutscher, W. 451[13].
Schirm, E.: Konjugierte Doppelbindungen und Restvalenzkräfte 253[2].
Schirren, C.: Fructolyse der Spermien 13[6], 51[5].
Schirrmeister, S.: Ersatz des hormonalen Ausfalls der Keimdrüsen durch Nebennierenrinde 27[6].
Schittenhelm, A.: Stoffwechsel bei partiellem Nahrungsentzug 575[1].
Schläpfer, V., s. Grafe, E. 550[2].
Schlesinger, M., s. Pikovsky, M. 337[16].
Schlie, I., s. Fink, H. 289[2].
Schlief, H., u. C. G. Schmidt: Hexokinase kein begrenzender Faktor der Glykolyse in Mäuseascitestumoren 410[8]. — Abgabe von Aldolase durch Zellen des Ehrlich-Mäuseascitestumors an Ascitesserum 411[1].
— C. G. Schmidt, N. Schümmelfeder u. G. Menges: Hexokinase kein begrenzender Faktor der Glykolyse in Mäuseascitestumoren 410[8]. — Abgabe von Aldolase durch Zellen des Ehrlich-Mäuseascitestumors an Ascitesserum 411[1].
— s. Schmidt, C. G. 420[1, 3].
Schlösser, W.: Steroidausscheidung im Harn 32[13].
Schlossberger, A., s. Butenandt, A. 98[12].
Schlossberger, H., u. H. Brandis: „Nucleoide“ 78[7].
Schlossmann, A., s. Pfaundler, M. v. 523[12].
Schlossmann, H.: Zusammenfassung über Stoffaustausch zwischen Mutter und Kind durch die Placenta (1932) 47[11].
Schlumberger, H. G.: Vorkommen von Krebs bei Fischen 184[Tab.].
— s. Lucké, B. 184[Tab.], 294[8].
Schmähl, D.: Keine cancerogene Wirkung von 2- und 4′-Oxy-dimethylaminoazobenzol 244[1]. — Abschwächung oestrogener Wirkung durch basische Aminogruppen 249[5]. — Cancerogene Wirkung von Phenylharnstoff 269[1]. — Sarkombildung durch Teile von Küchenschaben 290[2]. — Verschiedene Latenzzeit bei starken und schwachen Cancerogenen 304[1]. — Cancerogene Wirkung von Anthracen an der Ratte 349[10]. — Carcinogene Wirkung von Phenylharnstoff 376[3].
Schmähl, D.. U. Consbruch u. H. Druckrey: Rauchaufnahme durch die Lunge beim Inhalieren 196[7].
— u. R. Mecke jr.: Abhängigkeit der Tumorlokalisation von der Natur des Carcinogens 241[1], 266[8]. — Krebserzeugung durch β-Naphthylamin 250[2]. — Cancerogene Dosen von 4-Dimethylaminostilben bei verteilter Gabe 308[2]. — Zahl der zur Tumorverimpfung erforderlichen Zellen 319[3]. — Geschwulstübertragung durch Einzelzellen 323[2]. — Yoshida-Ascites-Sarkom 334[5]. — Für Transplantation benötigte Zahl von Krebszellen 335[11]. — Für Transplantation von Yoshida-Ascites-Sarkom erforderliche Zellzahl 336[4]. — Carcinogene Wirkung von Stilbenderivaten 363[3].
— and A. Reiter: Geräucherte Lebensmittel sind nicht cancerogen 213[9]. — Keine cancerogene Wirkung von Phenacetin 268[7].
— u. T. Rieseberg: Bedeutung des Mutterbodens für Krebswachstum 335[9]. — Metastasierung des Yoshida-Ascites-Sarkoms 341[10].
— s. Consbruch, U. 260[4], 261[8], 309[1].
— s. Danneberg, P. 16[4], 41[13], 249[4].
— s. Druckrey, H. 39[6], 40[9], 41[3,14], 115[7], 133[1], 136[6], 137[4], 138[5,14,15], 139[21,32], 141[5], 142[1], 197[7], 212[1,6,7], 213[7], 215[6], 216[1,3,9], 217[7,10], 218[3], 222[2], 224[10], 225[2], 234[6], 236[9], 241[6], 242[5], 244[4], 248[8], 249[9], 252[5], 253[4,7], 257[1], 260[18], 279[1,6,12,13,17,18], 280[4], 282[6,11], 284[1, 3,7,8,11], 285[2], 286[1], 290[8], 304[1], 312[5], 321[4], 329[4], 340[2], 341[15], 360[13], 363[2,4,6], 365[16], 376[9,12], 377[9].
— s. Mecke, R. jr. 244[5], 245[1], 258[11], 259[1].
Schmalhausen, J.: Wachstum von Individuen umgekehrt proportional der verflossenen biologischen Zeit 127[4].
Schmeisser, M., s. Staudinger, Hj. 33[3], 174[4].
Schmerl, E.: Atmung von geschädigten und gereizten Zellen 165[2].
Schmid, H., s. Schinz, H. R. 236[12], 362[8].
Schmid, J., u. L. Stockinger: Hemmung der Wundheilung durch Heparin 156[9].
Schmidt, C., s. Bidder, F. H. 508[3].
Schmidt, C. F., s. Kety, S. S. 522[11].
Schmidt, C. G.: Zusammenfassung über biologische Oxydation und Glykolyse in Tumoren (1955) 405[9].
— u. H. Schlief: Cytochrom c und Cytochromoxydase in Mäusetumoren und normalen Geweben 420[1]. — Gehalt von Ascitestumoren an Cytochrom c und Cytochromoxydase 420[3].

Schmidt, C. G., H. Schlief, N. Schümmelfeder u. G. Menges: Gehalt an Cytochrom c und Cytochromoxydase in Ascitestumorzellen 420[3].
— s. Schlief, H. 410[8], 411[1].
Schmidt, F.: Leukämien und Tumoren bei Nachkommen von Mäusen mit „erblicher“ lymphatischer Leukämie 298[13]. — Zellfreie Tumorübertragung 337[7]. — Leukämien und Tumoren bei Nachkommen von Tumormäusen 337[9]. — Bedeutung freier SH-Gruppen für Aktivität des Rous-Virus 386[1].
— u. I. Gruhn: Histaminbestimmung 167[12].
— s. Lohmann, K. 298[12], 337[10].
Schmidt, G.: Zusammenfassung über Nucleoproteide und Krebs (1953) 440[4].
— L. Hecht and S. J. Thannhauser: Desoxyribonucleinsäuresynthese bei Entwickelung des Seeigelkeims 108[1]. — Keine Umwandlung von RNS in DNS im Seeigelkeim 123[1].
— s. Euler, H. v. 440[6].
— s. Pentimalli, F. 293[6].
Schmidt, G. W., s. Doerr, R. 294[1].
Schmidt, H., Hj. Staudinger u. V. Bauer: Corticosteroidbestimmung 174[5].
Schmidt, H. W.: Zunahme des Brenztraubensäuregehaltes von Ascites nach Adrenalin 404[7]. — Cholinesteraseaktivität im Serum krebskranker Menschen 455[20].
Schmidt, L., s. Co Tui, F. W. 170[1].
Schmidt, M. B.: Cancerogene Wirkung von Scharlachrot 238[4].
Schmidt, O.: Elektronentheorie der Krebserzeugung 219[10]. — Lichtabsorption und Wirkung von carcinogenen Kohlenwasserstoffen 224[3]. — Bedeutung der π-Elektronen für Bindung cancerogener Kohlenwasserstoffe in der Zelle 227[11]. — Beziehungen zwischen π-Elektronendichte und cancerogener Wirkung 354[3].
Schmidt, P., s. Druey, J. 245[12].
Schmidt-Hoensdorf, F., s. Manstein, B. 38[1].
Schmidt-Lange, W.: Trichinellen als Krebsursache 289[9].
— u. O. Gilch: Gesteigerter Eiweißbedarf bei großen sportlichen Leistungen 571[4].
Schmidt-Thomé, J.: Synthetische Sexualhormone 39[6].
Schmiedeberg, O.: Narkotische Wirkung von Urethan 374[11].
Schmitt, J., s. Lespagnol, A. 39[6], 40[4].
Schmitz, A., R. Merten u. H. Herken: Steigerung der Wirkung von D-Leucylglycylpeptidase durch L-Leucin in normalen Geweben 437[8].
Schmitz, H.: Nachweis von Dehydrogenasen in Mitochondrien des Ehrlich-Ascitestumors 415[9]. — Freie Nucleotide in Walker-Carcinom 445[6]. — Freie Nucleotide in Ascitestumor der Maus 445[8].
— W. Hart u. H. Ried: Freie Nucleotide in Ascitestumor der Maus 445[9].
Schmitz, H., V. R. Potter u. R. B. Hurlbert: Freie Nucleotide in Flexner-Jobling-Carcinom 445[7]. — Einbau von Glucose-1-^{14}C in Nucleinsäuren des Jensen-Sarkoms beschleunigt 446[23].
— V. R. Potter, R. B. Hurlbert and D. M. White: Freie Nucleotide in Jensen-Sarkom 445[5].
— s. Hurlbert, R. B. 445[10].
Schnabel, A.: Zusammenfassung über Bakterientoxine (1924) 164[8].
Schneider, B., s. Traub, E. 605[1].
Schneider, E. J., A. Graffi, H. Bielka u. L. Venker: Bedeutung der Mitochondrien für die Glykolyse 409[9].
— s. Graffi, A. 403[3], 409[9].
Schneider, F., s. Mundry, K.-W. 595[12].
Schneider, H., s. Druckrey, H. 261[4], 309[1].
Schneider, J. W., s. Schramm, G. 592[5].
Schneider, L. K., s. Ryan, F. L. 84[4].
Schneider, P.: Knochentumoren nach Beryllium 200[1]. — Lungenkrebs durch Metallstaub 200[1].
Schneider, R., s. Prelog, V. 32[5].
Schneider, R. M., s. Petermann, M. L. 443[9].
Schneider, S., s. Holzer, H. 408[6], 410[6].
Schneider, W.: Krebs nach einmaliger Röntgenbestrahlung 207[7]. — Krebsbildung nach kurzfristiger Röntgenbestrahlung 303[6].
— u. H. Ebner: Basenzusammensetzung der Desoxyribonucleinsäure aus Ehrlichschem Mäuseascitestumor 444[7].
Schneider, W. C.: Verteilung der Enzymfunktionen in der Zelle 3[2]. — Isolierung von Zellkernen 4[2]. — Gewinnung von Plasmagranula 81[10]. — Mikrosomen 82[1]. Desoxyribonucleinsäuregehalt von Tumoren und ihren Muttergeweben 440[9]. — Verhältnis Ribo-: Desoxyribonucleinsäure in Tumoren 441[11]. — Desoxyribonucleinsäuregehalt von Tumorzellkernen 441[17]. — Desoxynucleotidgehalt von Tumoren 445[11].
— and G. H. Hogeboom: Verteilung der Enzymfunktionen in der Zelle 3[2]. — Isolierung von Zellkernen 4[2]. — Gewinnung von Chromosomen 73[3]. — Gewinnung von Plasmagranula 81[10]. — Mikrosomen 82[1]. — Aktivität der Bernsteinsäureoxydase der Leber 261[9]. — Bernsteinsäuredehydrogenase in den Mitochondrien 415[5]. — Enzyme der biologischen Oxydation in Zellfraktionen von Mäusehepatom und Mäuseleber 417[6].
— G. H. Hogeboom and H. E. Ross: Adenosintriphosphatase- und Bernsteinsäuredehydrogenase-Aktivität in Leber und Hepatom 395[4]. — Enzyme der biologischen Oxydation in Zellfraktionen von Mäusehepatom 98/15[a] und Mäuseleber 417[6].
— G. H. Hogeboom, E. Shelton and M. J. Striebich: Wirkung von 2-Methyl- und

3'-Methyldimethylaminobenzol auf Bernsteinsäuredehydrogenase 415[6]. — Aktivität von Desoxyribonuclease und Ribonuclease der Leber nach 3'-Methyldimethylaminoazobenzol 449[2].
Schneider, W. C., and H. L. Klug: Ribonucleinsäuregehalt von Tumoren 441[2].
— and V. R. Potter: Aktivität von Bernsteinsäuredehydrogenase in Leber und Hepatom 395[41]. — Aktivität der Bernsteinsäuredehydrogenase in Tumoren 414[8]. Gehalt von Tumoren an Cytochromoxydase 418[13].
— s. Hogeboom, G.H. 3[2], 4[2], 81[10], 82[1], 395[14, 34], 417[6], 418[2], 432[2], 479[4].
— s. Le Page, G. A. 409[8].
— s. Striebich, M. J. 420[6].
Schneider, W. P., s. Fieser, L. F. 203[5].
Schneiderman, M. A., s. Heston, W. E. 228[4], 232[1].
Schneller, O., s. Israel, S. L. 19[15].
Schoch-Bodmer, H., u. P. Huber: Ursache der Selbststerilität von Pflanzen 103[1].
— s. Emerson, S. 103[2].
Schöberl, A., s. Grunhofer, A. 54[1], 150[4].
Schoeller, W., M. Dohrn u. W. Hohlweg: Tokokinin 20[6].
— u. H. Goebel: Förderung der Pflanzenentwicklung durch Oestrogene 20[10].
— s. Junkmann, K. 154[15], 155[2].
Schoen, R.: Zusammenfassung über Unterernährung, Fehlernährung und Überernährung (1952) 575[1]. — Serumeiweiß bei Unterernährung 577[3]. — Hungerkrankheit 578[1]. — Mastfettsucht 579[5].
— u. F. Hartmann: Hämoglobingehalt und Erythrocytenzahl im Blut bei Unterernährung 576[10].
— s. Lang, K. 558[12].
Schönberg, A., J. M. Robson, W. Tadros and H. A. Fahim: Synthetische Oestrogene 40[3].
— s. Robson, J. M. 39[6].
Schoenberg, M. D., s. Pillemer, L. 150[20], 176[1].
Schöne, G.: Voraussetzung für genetische Übereinstimmung bei Tumorverimpfung 337[13]. — Bedeutung der Krebsforschung für die plastische Chirurgie 338[11].
Schoenewald, E. F., s. Twombly, G. H. 42[7].
Schönfeld, L.: Unwirksamkeit von Desoxycorticosteronacetat im Thorn-Test 173[7].
Schoenheimer, R.: Buch über dynamischen Zustand der Körperbausteine. Engl. (1942) 4[9].
— and D. Rittenberg: Zusammenfassung über intermediären Stoffwechsel von Tieren mit Hilfe von Isotopen (1940) 545[8].
— s. Barnes, F. W. jr. 75[5], 77[5].
Schönmann, W., s. Baltzer, F. 105[9].
Schoental, R.: Cancerogene Wirkung von cyclischen Crotalin-diestern 287[5].
Schoental, R., and M. A. Head: Leberkrebs nach Monocrotalin 193[7]. — Cancerogene Wirkung von Sauerstoffunktionen 218[5]. — Cholangiome und Hepatome durch Monocrotalin 287[4]. — Cancerogene Wirkung von Methoxy-Derivaten des 1,2-Benzanthracens 352[2].
— M. A. Head and P. R. Peacock: Cancerogene Wirkung von Retrorsin und Isatidin 192[3]. — Cholangiome und Hepatome nach Senecioalkaloiden 287[3]. — Senecioalkaloide als Krebsursache 375[12].
— s. Berenblum, I. 213[3, 12], 346[15], 347[1], 352[4], 356[3, 5, 6, 9].
— s. Cook, J. W. 193[14], 218[2, 6], 226[8], 227[4], 287[3], 352[1], 354[8], 375[12].
Scholes, G., J. Weiss and C. M. Wheeler: Peroxydbildung bei Bestrahlung von Nucleinsäuren 207[6].
Scholler, J., s. Bodansky, O. 411[13], 412[4].
Schott, H. F., L. T. Samuels and H. A. Ball: Glykogengehalt des Walker-Carcinom 256 unabhängig vom Ernährungszustand 402[7].
Schrader, F.: Buch über Mitose. Engl. (1953); Dtsch. Übers. (1954) 124[45].
Schrägle, M.: Krebszellen gehen in Blutgefäßen zugrunde 335[6], 341[7].
Schramm, G.: Buch über Biochemie der Viren (1954) 79[3]. — Zusammenfassung über die Biochemie der Virusarten (1945) 292[2]. — Zusammenfassung über Biochemie der Viren (1958) 580[22]. — Erklärung der Genmutation 89[11]. — Kartoffel-Y-Virus 596[6].
— u. G. Bergold: Molekulargewicht von Tabakmosaikvirus 589[8].
— u. G. Braunitzer: Aminosäuresequenz im Tabakmosaikvirusprotein 592[8].
— G. Braunitzer u. J. W. Schneider: Endgruppen im Tabakmosaikvirusprotein 592[5].
— and R. Engler: Latenz der Infektion mit Tabakmosaikvirus-ribonucleinsäure 594[2].
— u. H. Friedrich-Freska: Kaninchen-Antiserum gegen Tabakmosaikvirus 595[5].
— u. B. v. Kerekjarto: Nachweisbarkeit von Tabakmosaikvirus mit Präcipitin- sowie Komplementbindungsreaktion 595[6].
— u. H. Müller: Änderungen am Protein des Tabakmosaikvirus 595[1].
— G. Schumacher and W. Zillig: Struktur der Ribonucleinsäure des Tabakmosaikvirus 59[6]. — Partieller Abbau von Tabakmosaikvirus 591[6]. —A-Protein ausTabakmosaikvirus 591[6]. — Degradation und Aggregation von Tabakmosaikvirus 592[1]. Infektiösität von partiell degradiertem Tabakmosaikvirus 592[1].
— O. Westphal u. O. Lüderitz: Struktur von Pyrogenen 170[3].
— u. M. Wiedemann: Länge von Tabakmosaikvirus 589[5].
— u. W. Zillig: Degradation und Aggregation von Tabakmosaikvirus 592[2].

Schramm, G., s. Fernández-Moran, H. 594[9].
— s. Friedrich-Freska, H. 595[10].
— s. Gierer, A. 57[2], 59[3], 60[1], 73[7], 593[2].
— s. Schuster, H. 595[13].
Schraub, A., s. Rajewsky, B. 199[8], 209[4], 379[17].
Schreiber, E., s. Druckrey, H. 139[27].
Schreiber, H., s. Hochman, A. 197[6].
— s. Knapp, E. 91[7].
Schrift, M. H., s. Co Tui, F. W. 170[1].
Schröder, V.: Wanderung von X- und Y-Chromosomen im elektrischen Feld 12[8]. Kathodische Wanderung des X-Chromosom 51[4].
Schröder, W., s. Warburg, O. 510[2].
Schrödinger, E.: Buch: „Was ist Leben?“ Engl. (1944); dtsch. Übers. (1946) 85[11].
Schroff, P. D., s. Wynder, E. L. 197[6].
Schubert, G.: Buch über Kernphysik und Medizin. 2. Aufl. (1948) 181[40]. — Selektion von Mutanten als Ursache von Resistenz gegen Pharmaca 87[6]. — Radioaktive Isotope als Krebsursache 199[11].
— H. A. Künkel u. G. Uhlmann: Tumorbildung durch ^{90}Sr 380[3].
— u. G. Uhlmann: Keine Tumorbildung aus Kunststoffäden und -gespinsten 282[3].
Schubert, K.: Buch über Steroide und Krebs (1956) 181[61].
Schueler, F. W.: Synthetische Oestrogene 40[1], 41[4]. — 3,9-Dioxy-tetrahydro-chrysen als synthetisches Oestrogen 40[7].
Schühmann, H.-J., s. Kroneberg, G. 576[9].
Schümmelfeder, N., s. Schlief, H. 410[8], 411[1], 420[3].
Schürch, O.: Cancerogene Wirkung von Röntgenstrahlen bei Kaninchen 379[5].
— u. E. Uehlinger: Experimentelle Krebserzeugung durch Radium 209[2]. — Experimentelle Tumorerzeugung durch Radiumsalze 379[14].
— u. A. Winterstein: Keine cancerogene Wirkung von 2′-Methyl- und 3′-Methyl-3,4-benzpyren 351[7].
— s. Uehlinger, E. 209[5].
Schürmeyer, A., s. Hagen, J. 382[9].
Schützinger, L., s. Dietrich, A. 340[3].
— s. Meier, R. 172[8].
Schuler, W., s. Desaulles, P. 179[5].
— s. Meier, R. 172[8].
Schultz, F., s. Hackmann, C. 331[10].
Schultz, J.: Selbstreproduktion von Mitochondrien und Plasmagranula 5[3]. — Plasmatische Vererbung 79[10].
— W. Jamison, H. Shay and M. Gruenstein: Vermehrung der Globuline und Abnahme der Albumine im Serum tumortragender Ratten 433[2].
Schultze-Jena, B. S.: Lokale Wirkung von Oestrogenen und Gestagenen 18[4].
Schulz, A., u. G. Zehrer: Endometriosen in der Skeletmuskulatur 332[16]. — Metastasierungsfähigkeit der Uterusschleimhaut 340[7].
Schulz, G., s. Butenandt, A. 98[13].
Schulz, G. V.: Doppelbrechung von Thymonucleohistonen 75[4]. — Kombinationsmöglichkeiten bei Nucleinsäuren 76[3]. — Bildung makromolekularer Stoffe 77[2]. — Mechanismus der Stärke-, Nucleinsäure- und Proteinsynthese 83[4]. — Bedeutung der Atmung für Erhaltung der strukturellen Integrität von Zellen 120[5].
Schulz, I., s. Graffi, A. 233[11], 380[8].
Schulz, W., s. Spielmann, W. 35[2].
Schulze, H. O., s. Barban, S. 414[5].
Schulze, R., s. Hamperl, H. 166[3].
Schumacher, G., s. Schramm, G. 59[6], 591[6], 592[1].
Schuster, H., u. G. Schramm: Erbliche Änderungen des Tabakmosaikvirus durch Nitrit 595[13].
Schwab, R.: Herzhormone 151[3].
Schwabe, E. L., E. E. Emery and F. R. Griffith: Grundumsatzsteigerungen bei der Ratte durch Kälte 532[10].
Schwarz, K., s. Kuhn, R. 146[14], 158[4], 159[4].
Schwartz, M. K., s. Whitmore, W. F. jr. 330[1].
Schweigert, B. S., B. T. Guthneck, J. M. Price, J. A. Miller and E. C. Miller: Aminosäurenzusammensetzung von Leber und Hepatomen 426[4].
Schwerdt, C. E., and J. Fogh: Infektiosität von Poliovirus 603[1].
— and F. L. Schaffer: Krystallisation von Poliovirus 602[6, 7].
— s. Schaffer, F. L. 602[5].
Schwietzer, C. H.: Beziehungen zwischen chemischer Konstitution und Wirkung 217[11].
Scott, C. M., s. Haddow, A. 251[3].
Scott, F. H., s. Plimmer, R. H. A. 473[4].
Scott, J. D., s. Haddow, A. 251[3].
Scott, J. F., s. Bucher, N. L. R. 179[2, 3].
Scott, J. W., and E. A. Sellers: Ursache der Stoffwechselsteigerung in der Kälte 532[3].
— s. Sellers, E. A. 532[3].
Scott, K. G., W. L. Bostick, M. B. Shimkin and J. G. Hamilton: Aufnahme von Jod und Jodverbindungen durch die Schilddrüse bei tumortragenden Tieren 401[4].
— and M. B. Daniels: Jod-„Trapping“-Syndrom 401[7].
— M. B. Daniels and R. R. Scheline: Jod-„Trapping“-Syndrom 401[8].
— and C.-T. Peng: Jod-„Trapping“-System 401[6].
— and R. S. Stone: Aufnahme von Jod und Jodverbindungen durch die Schilddrüse bei tumortragenden Tieren 401[4].
Scott, M. L., L. C. Norris and G. F. Heuser: animal protein factors 150[8].
Scott, T. S.: Blasenkrebs durch Benzidin 237[1].
Scott, W. W., s. Berthrong, M. 8[7].
— s. Grayhack, J. T. 11[13].
Scribner, G. M., s. Finkel, M. P. 282[9].

SCRIMSHAW, N. S., W. P. THOMAS, J. W. McKIBBEN, C. R. SULLIVAN and K. C. WELLS: Thiamin im bebrüteten Hühnerei 480[10].
SEABRA, A., and H. F. DEUTSCH: Katalasehemmung durch Gewebsextrakte 422[12].
SEARS, E. M., s. FARBER, S. 373[9].
SEATON, D. L., s. DOROUGH, G. D. 445[13].
SEBRELL, W. H., s. HERTZ, R. 156[1].
SÉCHAUD, J., s. KELLENBERGER, E. 599[4].
SEDDIK, J., s. FLASCHENTRÄGER, B. 198[9].
SEDLMAYR, G., A. KEMNITZ u. H. HOLZER: Hemmung von Tumoratmung und -glykolyse durch Butazolidin 409[3].
— s. HOLZER, H. 374[7].
SEELICH, F., u. H. EHRLICH-GOMOLKA: Phosphatasegehalt des Endimetriums 16[9].
— W. WEIGERT u. K. LETNANSKY: Umgekehrter PASTEUR-Effekt bei Tumoren 406[3].
— u. K. LETNANSKY: Umgekehrter PASTEUR-Effekt bei Tumoren 406[3].
SEELIG, M. G., and E. L. BENIGNUS: Luftverschmutzung 195[1]. — Carcinogene Eigenschaften von Luftkonzentraten aus Industriestädten 213[11].
— s. TAUSSIG, J. 205[10].
SEELKOPF, C.: Aromatische Kohlenwasserstoffe im Zigarettenrauch 196[2]. — 3,4-Benzpyren im kondensierten Rauch von Zigaretten 347[8].
SEEMANN, H.: Anregung der Knochenbildung durch Oestrogene 19[9].
SEGALOFF, A., s. COPPEDGE, R. L. 26[1], 38[5].
— s. DUNNING, W. F. 327[3].
SEIBERT, F. B., M. V. SEIBERT, A. J. ATNO and H. W. CAMPBELL: Bluteiweißkörper bei neoplastischen Krankheiten 432[11].
SEIBERT, M. V., s. SEIBERT, F. B. 432[11].
SEIDEL, F.: Zusammenfassung über Entwickelungsphysiologie der Wirbellosen (1952) 106[8]. — Bedeutung des Zellkerns für Zelldifferenzierung 4[6], 105[9]. — Embryonales Feld im Plasma des Seeigeleis 107[7]. — Rolle der Chromosomen bei der 2. Phase der Entwicklung 109[1]. — Embryonalentwicklung des Seeigels 116[Abb].
SEIDLER, E., s. WRBA, H. 401[14].
SEIDLIN, S. M., L. D. MARINELLI and E. OSHRY: Schilddrüsenkrebs bei Kombination von 2-Acetylaminofluoren mit thyreotropem Hormon oder Allylthioharnstoff 267[1]. Schilddrüsengeschwülste nach Behandlung mit thyreotropem Hormon 326[5].
— E. SIEGEL, A. A. YALOW and S. MELAMED: Carcinogene Wirkung von radioaktiven Substanzen 199[11].
SEIFERT, P., s. TARBELL, D. S. 358[8].
SEIFTER, J., and G. W. WARREN: Hyaluronidase ohne Einfluß auf Ausbreitung von Geschwülsten 332[12].
— s. GYÖRGY, P. 375[8].
SEITZ, L.: Buch über Wachstum, Geschlecht und Fortpflanzung (1939) 7[2].
SEJC, I. F., s. EL'CINA, N. V. 416[16].
SELBERG, W.: Empfindlichkeit der Organe gegen Nahrungseinschränkung 576[6].
SELBIE, F. R.: Cancerogene Wirkung von Thoriumdioxyd 209[7].
SELENKOW, H. A., s. ASPER, S. P. jr. 529[1].
SELIGMAN, A. M., M. M. NACHLAS, L. H. MANHEIMER, O. M. FRIEDMAN and G. WOLF: β-Glucuronidasen in Tumoren 458[4].
— and H. A. RAVIN: Bestimmung von Testosteron, Progesteron und Corticoiden 33[3].
— A. M. RUTENBURG and O. M. FRIEDMAN: Bildung von Methyl-(2-chloräthyl)-äthylenimonium aus N-Lost 273[11].
— s. COHEN, R. B. 455[7].
— s. FIESER, L. F. 217[2].
— s. GODDARD, J. W. 415[8].
— s. MANHEIMER, L. H. 457[7].
SELLERS, E. A., S. REICHMANN and N. THOMAS: Grundumsatzsteigerungen bei Ratten durch Kälte 532[10].
— S. REICHMANN, N. THOMAS and S. S. YOU: Grundumsatzsteigerungen bei Ratten durch Kälte 532[10].
— J. W. SCOTT and N. THOMAS: Ursache der Stoffwechselsteigerung in der Kälte 532[3].
— and S. S. YOU: Bedeutung der Schilddrüse für Stoffwechselsteigerung in der Kälte 532[6]. — Grundumsatzsteigerungen bei Ratten durch Kälte 532[10].
— s. BAKER, D. G. 532[4].
— s. SCOTT, J. W. 532[3].
— s. YOU, R. W. 532[4].
SELLERS, R. F., s. BROWN, F. 605[11].
SELYE, H.: Lehrbuch der Endokrinologie. 2. Aufl. Engl. (1949) 7[26]. — Buch über die Physiologie und Pathologie der Einwirkung von Stress. Engl. (1950) 164[20]. — Jahresbericht über Stress. Engl. Bd. 1 (1951) 164[20]. — Zusammenfassung über Pharmakologie der Steroidhormone (1942) 28[5]. — Bedeutung des Saugreizes für die Lactation 49[10]. — Entzündung mit Ödembildung nach Eiklarinjektion an Ratten 169[7]. — Stress 170[11]. — Entzündungsförderung durch Mineralocorticoide 173[6]. — Bedeutung der Nebenniere für Stoffwechselsteigerung in der Kälte 532[7].
— J. B. COLLIP and D. L. THOMSON: Einfluß von Prolactin auf die Kropfdrüse 19[1].
— and G. HEUSER: Jahresbericht über Stress. Engl. Bd. 4 u. 5 (1954, 1955/56) 164[20].
— and A. HORAVA: Jahresbericht über Stress. Engl. Bd. 2 u. 3 (1952, 1953) 164[20].
— and T. McKEOWN: Hormongehalt der Placenta 48[5].
— and V. SCHENKER: Bedeutung der Nebenniere für Stoffwechselsteigerung in der Kälte 532[7].
— s. COLLIP, J. B. 26[6], 152[10].
— s. REISS, M. 27[4].
SELZER, L., s. KAUNITZ, H. 165[2].
SEMM, K., s. WERLE, E. 46[14, 16], 49[6].
SEMMONS, E. M., and E. W. McHENRY: Bestimmung von Progesteron und Pregnandiol 33[11].

Senator, H., s. Lehmann, C. 545[2], 573[3].
Senden, H. v., s. Harder, R. 20[12], 164[4].
Sendju, Y.: Kreatin und Kreatinin in Eiereiweiß und Eidotter 468[2]. — Verhalten der Aminosäuren im bebrüteten Hühnerei 475[1]. — Kreatinin im bebrüteten Hühnerei 476[1]. — Purinsubstanzen im sich entwickelnden Hühnerembryo 477[5].
— s. Tomita, M. 496[2].
Seneca, H., E. Ellenbogen, E. Henderson, A. Collins and J. Rockenbach: Steroidhormonstoffwechsel in Keimdrüsen, Leber und Niere 173[10].
Serr, D. M., s. Sachs, L. 55[2], 77[7].
Setälä, H.: Cocancerogene Wirkung von Emulgierungsmitteln und Detergents 304[8].
— s. Setälä, K. 229[9], 232[10], 288[10], 304[8], 381[14]
Setälä, K.: Aufnahme höherer aromatischer Kohlenwasserstoffe durch den Darm 214[7]. Polyäthylenglykole und Glycerin zur Löslichmachung von aromatischen Kohlenwasserstoffen 229[6]. — Tween 60 als bedingt krebsauslösende Substanz 232[10]. — Cocancerogene Wirkung der Tweene 288[10].
— and P. Ekwall: Polyäthylenglykol und Glycerin zur Löslichmachung von aromatischen Kohlenwasserstoffen 229[6]. — Cocancerogene Wirkung der Tweene 289[1].
— and P. Ermala: Carcinogene Kohlenwasserstoffe als Chylomikronen im Blut 229[10].
— H. Setälä and P. Holsti: Bedeutung der Löslichkeit für Carcinogenität von 3, 4-Benzpyren 229[9]. — Tween 60 als bedingt krebsauslösende Substanz 232[10]. — Cocancerogene Wirkung der Tweene 288[10]. Cocancerogene Wirkung von Emulgierungsmitteln und Detergents 304[8]. — Cocancerogene Wirkung von Fettsäureestern des Sorbitan und des Polyoxysorbitan (Span- bzw. Tween-Gruppe) 381[14].
— H. Setälä, L. Merenmies u. P. Holsti: Cocancerogene Wirkung von Fettsäureestern des Sorbitan und Polyoxysorbitan (Span- bzw. Tween-Gruppe) 381[14].
— s. Ekwall, P. 289[1].
— s. Ermala, P. 229[9, 10].
— s. Saxén, E. 289[1].
Sevag, M. G.: Buch über Immuno-Katalyse. Engl. (1945) 164[27].
Sexton, W. A.: Buch über chemische Konstitution und biologische Aktivität. 2. Aufl. Engl. (1953) 140[8].
— s. Haddon, A. 375[3].
Seybold, G., s. Wollensak, J. 433[12].
Seyle, H.: Cancerogene Wirkung von Crotonöl 233[9], 305[8].
Seze, L. de., s. Oberling, C. 327[3].
Shabad, L. M.: Vorkommen von Krebs bei Mäusen 184Tab. — Carcinogene Wirkung von Lipoidextrakten aus Leber 201[7]. — Untersuchung der cancerogenen Wirkung der unverseifbaren Anteile der Leber von Krebskranken 391[7].
Shabad, L. M., s. Dikun, P. P. 347[3].
— s. Kleinenberg, H. E. 201[9], 391[8], 392[3].
Shack, J.: D-Aminosäureoxydase- und Cytochromoxydase-Aktivität in Leber und Hepatom 395[6]. — Flavinadenindinucleotid in Tumoren 418[6]. — Hemmung der Cytochromoxydase durch Katalase hemmenden Faktor aus Leber 422[18]. — Desoxyribonuclease in Lymphom 449[4]. — p_H-Optima von Desoxyribonucleasen 449[4]
— and R. J. Jenkins: Physikalisch-chemisches Verhalten von Desoxyribonucleinsäuren aus Tumoren 444[9].
— R. J. Jenkins and J. M. Thompset: Physikalisch-chemisches Verhalten von Desoxyribonucleinsäuren aus Tumoren 444[9].
— and J. M. Thompsett: Physikalisch-chemisches Verhalten von Desoxyribonuceinsäure aus Tumoren 444[9].
Shacter, B.: Oxydative Phosphorylierung in Tumormitochondrien 416[17]. — Beeinflussung des Einbaus von ^{32}P in Desoxyribonucleinsäuren 448[3].
— and M. B. Shimkin: Aktivität von Kohlensäureanhydratase in Leber und Hepatom 395[38].
Shaffer, C. B., and F. H. Critchfield: Antiwuchsstoffwirkung von Methoxin und Methioninsulfon 161[5].
Shane, M., s. Rose, W. C. 550[1].
Shanewise, R. P., s. Dounce, A. L. 421[8].
Shapiro, D., s. Gellhorn, A. 160[15].
Shapiro, D. M., L. S. Dietrich and M. E. Shils: Vitamin B_2-Gehalt in tierischen Tumoren 460[6].
— M. E. Shils and L. S. Dietrich: Aktivität der Glutaminsäure-Oxalessigsäure-transaminase in Tumoren 439[10]. — Vitamin B_6-Gehalt im transplantabelen Mammacarcinom der Maus 460[4].
Shapiro, E., s. Kensler, C. J. 459[2].
Shapiro, M. P., s. Keen, P. 196[10].
Shapiro, O. W., s. Wilbur, K. M. 288[3].
Sharnoff, J. G., and E. C. Zaino: Schnelltest auf Schwangerschaft 37[1].
Sharp, D. G.: Reinigung tierischer Viren 602[1].
— A. R. Taylor, A. E. Hook and J. W. Beard: Größe von Shope-Virus 295[2].
— s. Beard, J. W. 608[4].
— s. Neurath, H. 386[10].
— s. Taylor, A. R. 385[12, 14], 604[1].
Shay, H., B. Friedman, M. Gruenstein and S. Weinhouse: Übertragung cancerogener Substanzen durch die Milch 188[6].
— M. Gruenstein, H. E. Marx and L. Glazer: Resorptionsbegünstigung von Carcinogenen durch orale Gabe 231[4].
— M. Gruenstein and M. Weinberger: Übertragung cancerogener Stoffe durch Placenta und Milch 48[3]. — Mutationen durch cancerogene Kohlenwasserstoffe 94[1]. — Übertragung cancerogener sub-

stanzen durch die Milch 188[7]. — Placentare und lactogene Übertragung von 20-Methylcholanthren 214[10]. — Übertragung der cancerogenen Wirkung von Kohlenwasserstoffen auf die Nachkommenschaft 231[8].

SHAY, H., C. HARRIS and M. GRUENSTEIN: Ausscheidung carcinogener Kohlenwasserstoffe durch die Brustdrüse 197[9]. — Mammacarcinome durch 20-Methylcholanthren 214[9].

— S. WEINHOUSE, M. GRUENSTEIN, H. E. MARX and B. FRIEDMAN: Übertragung der cancerogenen Wirkung von Kohlenwasserstoffen auf die Nachkommenschaft 231[8].

— S. WEINHOUSE, M. GRUENSTEIN, H. E. MARX, B. FRIEDMAN and L. GLASER: Übertragung cancerogener Substanzen auf die Frucht 188[5].

— s. SCHULTZ, J. 433[2].

SHEAR, M. J.: Cancerogene Stoffe aus Teer und Pech 213[4]. — Aufhebung der carcinogenen Wirkung durch Oxydation von Ringsystemen 218[2]. — Carcinogene Wirkung von Chinonen aus cancerogenen Kohlenwasserstoffen 227[4]. — Kreosot als bedingt krebsauslösender Stoff 232[4]. Cancerogene Wirkung von 2-Aminoanthracen (Anthramin) 236[2]. — Cocancerogene Wirkung basischer Fraktionen aus Kreosot 304[3]. — Lokale Sarkombildung durch polycyclische aromatische Kohlenwasserstoffe 348[6]. — Cancerogene Wirkung von Methylhomologen von 1,2-Benzanthracen und von 1,2-Dimethylchrysen 350[3]. — Cancerogen „wirksame" Stellen von Kohlenwasserstoffen 350[8]. — Cancerogene Wirkung von 3,4-Benzpyren 351[4]. — Einfluß von Substituenten auf cancerogene Wirkung von polycyclischen aromatischen Kohlenwasserstoffen 351[11]. Einführung von phenolischen Hydroxylgruppen und von Carboxylgruppen hebt cancerogene Wirkung polycyclischer aromatischer Kohlenwasserstoffe auf 351[14]. Verlust der cancerogenen Wirkung von polycyclischen aromatischen Kohlenwasserstoffen durch Hydrierung 352[5]. — Dehydronorcholen ohne cancerogene Wirkung 352[7]. — Hepatombildung bei Mäusen durch β-Anthramin 361[6]. — Hoher Kalium-, niedriger Calciumgehalt in Tumoren 398[15].

— and J. LEITER: Cancerogene Wirkung von Methylhomologen von 1,2-Benzanthracen und von 1,2-Dimethylchrysen 350[4].

— J. LEITER and A. PERRAULT: Einfluß von Substituenten auf cancerogene Wirkung von polycyclischen aromatischen Kohlenwasserstoffen 351[12]. — 11,12-Dihydro-3-methyl-cholanthren hat keine cancerogene Wirkung 352[6].

SHEAR, M. J., F. C. TURNER, A. PERRAULT and T. SHOVELTON: Pyrogene aus Bakterien 169[10].

— s. CABOT, S. 304[3].

— s. LEITER, J. 213[11], 347[5].

— s. SALL, R. D. 304[3].

SHEAR, N., s. CABOT, S. 304[3].

SHEARER, C.: Stoffwechselsteigerung bei künstlicher Parthenogenese 105[2,4].

SHEDLOVSKY, T., s. CHOW, B. F. 25[7].

SHEEHAN, H. L., s. DUNN, J. S. 139[24].

SHEINESS, P., s. BOREK, E. 161[7].

SHELTON, E.: Verstärkung der hepatogenen Wirkung von 4-Dimethylaminoazobenzol durch Oestrogene 255[3]. — Keine Schutzwirkung von Riboflavin gegen Dimethylaminoazobenzol bei Mäusen 260[2]. — Beschleunigung der Wirkung von 4-Dimethylaminoazobenzol durch Stilboestrol 266[7].

— s. SANFORD, K. K. 183[1], 231[1].

— s. SCHNEIDER, W. C. 415[6], 449[2].

— s. STRIEBICH, M. J. 420[6].

SHEMIN, D., and D. RITTENBERG: Einbaugeschwindigkeit markierter Aminosäuren in Tumoren 434[5]. — Tumoren geben mit Aminosäuren aufgenommene Isotope langsamer ab als normale Gewebe 435[1].

— and E. E. SPROUL: Chemische Zusammensetzung von ROUS-Agens 385[9].

— s. RITTENBERG, D. 143[13], 145[6].

SHEREMETIEVA-BRUNST, E. A.: Vorkommen von Krebs bei Kaltblütern 184[Tab.].

SHERMAN, C. D. jr., s. WATERHOUSE, C. 398[9].

SHERMAN, H. C.: Ausgleich der N-Bilanz 546[7].

— and E. HAWLEY: Bedeutung von Spurenelementen für die Ernährung 509[10].

— and C. S. PEARSON: Buch über modernes Brot vom Standpunkt der Ernährung. Engl. (1942) 563[2].

— A. R. ROSE and M. S. ROSE: Bedeutung von Spurenelementen für die Ernährung 509[10].

— and H. K. STIEBELING: Wachstumsförderung durch Vitamin A 146[8].

SHERRY, S., W. S. TILLETT and L. R. CHRISTENSEN: Desoxyribonucleoproteide im entzündlichen Exsudat 168[9].

SHERWOOD, W., s. CARLSON, L. D. 532[2].

SHETTLES, L. B., Z. DISCHE and M. OSNOS: Neutrale Mucopolysaccharide im Cervicalschleim 17[3].

SHIKINAMI, Y.: Insulinähnliche Substanz im Hühnereidotter 480[2].

SHILS, M. E., s. SHAPIRO, D. M. 439[10], 460[4,6].

SHIMKIN, M. B.: Cancerogene Wirkung von Alkyläthyleniminen 275[2]. — Cancerogene Wirkung von β-Propiolacton 276[5].

— and W. R. BRYAN: Autonomes Geschwulstwachstum 324[2].

— H. G. GRADY and H. B. ANDERVONT: Hodengeschwülste nach Behandlung mit Oestrogenen 326[4].

Shimkin, M. B., J. P. Greenstein and H. B. Andervont: Kein Zusammenhang zwischen Serumlipaseaktivität und Auftreten von Mammatumoren 455[15].
— s. Bryan, W. R. 231[14], 303[8].
— s. Haenszel, W. 195[4].
— s. Leiter, J. 213[11].
— s. Mustacchi, P. 198[9].
— s. Scott, K. G. 401[4].
— s. Shacter, B. 395[38].
Shingu, H., s. Fukui, K. 223[2].
— s. Nagata, C. 223[2].
Shirai, Y.: Tumorverimpfung ins Frontalhirn 338[5].
Shive, W., W. W. Ackermann, M. Gordon, M. E. Getzendaner and R. E. Eakin: Amino-imidazol-carbonamid als Zwischenprodukt der Purinsynthese 142[6].
— s. Beerstecher, E. jr. 146[4].
— s. Gordon, M. 142[6].
Shock, N. W.: Berechnung des Grundumsatzes 524[8].
— and M. J. Yiengst: Grundumsatz im Greisenalter 524[3].
— M. J. Yiengst and D. M. Watkin: Grundumsatz 523[6]. — Grundumsatz im Alter 524[5].
Shope, R. E.: Shope-Papillom 294[10]. — Kein Virus in metastasierenden Carcinomen aus Shope-Papillom 294[13]. — Cottontail-Kaninchen-Papillom-Virus 604[7]. Myxomvirus 610[4].
— and E. W. Hurst: Übertragbares Hautpapillom bei Baumwollschwanzkaninchen 386[7].
Shoppee, C. W., s. Gough, N. 202[14], 203[1], 350[7], 389[8].
Shorr, E., s. Papanicolaou, G. N. 17[4].
Shovelton, T., s. Shear, M. J. 169[10].
Shmuck, A. A., u. D. Kostov: Polyploidie durch aromatische Kohlenwasserstoffe 95[5].
Shrigley, E. W.: Zusammenfassung über Virustumoren (1951) 384[3].
Shubik, P.: 2 Stufen der Krebsentstehung 233[4]. — Krebsauslösung durch Crotonöl 305[3]. — Mechanismus der Krebsentstehung 318[1]. Crotonöl ohne Wirkung bei Ratten, Meerschweinchen und Kaninchen 381[12]. — Cocancerogene Wirkung von Terpentin an Kaninchen und Maus 381[12].
— A. R. Goldfarb, A. C. Ritchie and H. Lisco: Krebsauslösung durch Crotonöl nach Vorbehandlung mit ^{204}Thalliumnitrat 305[6]. — Krebsauslösung durch Crotonöl nach Vorbehandlung mit ionisierenden Strahlen 380[10].
— and U. Saffiotti: Cancerogene Wirkung von Bergin-Ölen 213[8].
— and J. Sicé: Testung carcinogener Wirksamkeit polycyclischer aromatischer Kohlenwasserstoffe 348[8].
— s. Baserga, R. 330[9].
— s. Berenblum, L. 305[3,4], 318[1], 320[3], 344[2], 380[7], 381[2].
Shubik, P., s. Ritchie, A. C. 305[1].
— s. Saffiotti, U. 194[2], 206[4], 230[6], 305[7], 306[2].
Shug, A. L., s. Fraser, D. 599[1].
Shull, A. F.: Buch über Vererbung. 3. Aufl. Engl. (1938) 70[59].
Shunk, C. H., s. Wilds, A. L. 41[17].
Sibley, J. A., and G. A. Fleisher: Aldolaseaktivität in Tumoren 410[11].
— G. A. Fleisher and G. M. Higgins: Aktivität der Serumaldolase bei tumortragenden Tieren 411[20].
— and A. L. Lehninger: Aldolaseaktivität in Tumoren 410[11]. — Serumaldolase-Aktivität nach Regression oder Exstirpation eines Tumors 411[21]. — Aktivität der Serumaldolase bei Krebskranken 412[1].
Sicé, J., s. Shubik, P. 348[8].
Sickles, G. M., s. Dalldorf, G. 603[4].
Siebert, G., K. Lang u. H. Wolf: Durch 4-Dimethylaminoazobenzol nicht gehemmte Fermente 261[7]. — Aufhebung der Dimethylaminoazobenzolhemmung des Kathepsins durch Cystein 436[11].
— s. Lang, K. 3[2], 4[2,4], 73[3], 78[1], 81[10], 82[1], 138[3].
Sieckmann, W., s. Kreitmair, H. 39[6].
Siedentopf, H. A., s. Visscher, M. B. 296[9].
Siegel, A., W. Ginoza and S. G. Wildman: Inaktivierung der Infektionszentren für Tabakmosaikvirus mit UV 594[1].
Siegel, E., s. Seidlin, S. M. 199[11].
Siegler, S. L.: Buch über Fruchtbarkeit der Frau. Engl. (1944) 14[6].
Siekevitz, P., and V. R. Potter: Phosphorylierung in Tumorhomogenaten 416[9].
— s. Potter, V. R. 408[4], 416[6].
Sierens, G., s. Coussens, R. 20[9].
Siess, M., u. H. Stegmann: Konstanz der Zellzahl in der Leber 130[5].
Sievers, C., s. Knoll, W. 123[9].
Sigerist, H. E.: Buch über große Ärzte. 3. Aufl. (1954) 507[4].
Sigmund, R., s. Kröning, F. 379[9,10].
Silber, R. H., s. Porter, C. C. 174[4].
— s. Winter, C. A. 156[13], 172[9].
Silberberg, M., and R. Silberberg: Cancerogene Wirkung von radioaktivem Jod 209[11]. — Experimenteller Brustkrebs nach Oestrogenen 327[6].
Silberberg, R., s. Silberberg, M. 209[11], 327[6].
Silverstein, R. M., s. Niederl, J. B. 39[6].
Silverstone, H., s. Tannenbaum, A. 192[6], 229[11], 287[7].
Simbonis, S., s. Busch, H. 435[6].
Simcox, S. J., s. Rapport, R. L. 521[1].
Šimer, F., s. Dickens, F. 406[4], 407[5].
Simmer, H., s. Zander, J. 33[11], [12].
Simmonds, C. S.: Buch über Krebs. Engl. (1940) 181[18].
Simoes, R. L., s. Costello, C. J. 396[5], 460[7].
Simon, H., s. Bünning, E. 148[4].
Simon, J., s. Bourg, R. 24[1].

SIMON, L.: Blasenkrebs durch aromatische Amine 200[15].
SIMON-REUSS, I., s. FRIEDMANN, E. 139[7].
SIMONS, E. J.: Buch über das primäre Lungencarcinom. Engl. (1937) 194[5].
SIMONSEN, D. G., s. ROBERTS, E. 423[11].
SIMPSON, C. L.: Cancerogene Wirkung von Trypanblau 366[6].
— L. H. HEMPELMANN and L. M. FULLER: Röntgenstrahlen als Krebsursache 199[6]. Röntgenkrebs 206[8]. — Cancerogene Wirkung von Radium und radioaktiven Substanzen 208[12].
SIMPSON, L., s. SKIPPER, H. E. 139[28], 141[1], 142[4], 160[8].
SIMPSON, M. E., H. M. EVANS and C. H. LI: Wirkung des Wachstumshormons 152[12]. Krebserzeugung bei Ratten durch Wachstumshormon 325[5].
— s. DYKE, C. D. VAN 152[8].
— s. EVANS, H. M. 7[12], 23[5], 124[18], 152[10], 528[3], 532[8].
— s. FRAENKEL-CONTRAT, H. L. 25[5].
— s. KONEFF, A. A. 381[17].
— s. LI, C. H. 25[3,6,9], 26[1], 151[13].
— s. MOON, H. D. 152[13], 324[12], 325[5], 349[4], 381[16,17].
SIMPSON, S. A., J. F. TAIT, A. WETTSTEIN, R. NEHER, J. v. EUW, O. SCHINDLER u. T. REICHENSTEIN: Entzündungsfördernde Wirkung von Aldosteron 173[5].
SIMS, P., s. BOYLAND, E. 256[2], 367[10].
SIMSON, P., s. BUTLER, J. A. V. 301[5].
SINCLAIR, H. M. (Hrsgb.): Buch über essentielle Fettsäuren. Engl. (1957) 555[1].
— s. BASNAYAKE, V. 555[11].
— s. RAMALINGASWAMI, V. 555[8].
SINCLAIR, R., s. LESLIE, I. 406[12].
SINGER, B., s. FRAENKEL-CONRAT, H. 593[3].
SINGER, E. J., s. CERECEDO, L. R. 448[6].
SINGH, L.: Molekulardiagramme 221[1].
SINSHEIMER, R. L.: Glucosegehalt von Phagen-Desoxyribonucleinsäure 598[6].
SISSONS, H. A.: Lungenkrebs durch Metallstaub 200[1]. — Knochensarkome durch Beryllium 200[1], 210[5].
— s. OWEN, M. 380[2].
SJÖBLON, L., s. EKWALL, P. 289[1].
SKARZYNSKY, B., s. EULER, H. v. 181[23].
SKEGGS, H. R., s. WRIGHT, L. D. 147[16].
SKIPPER, H. E.: Zusammenfassung über den Wirkungsmechanismus temporär anticarcinoger Agentien (1953) 448[4].
— and L. L. BENNETT jr.: Zusammenfassung über die Biochemie des Krebses (1958) 342[14].
— C. E. BRYAN, L. WHITE jr. and O. S. HUTCHISON: Ausscheidung und Abbau beeinflussen cancerogene Wirkung von Urethan 374[19].
— J. B. CHAPMAN and M. J. BELL: Förderung des Tumorwachstums durch Vitamin B_{12} und Folsäure 332[3].
SKIPPER, H. E., J. H. MITCHELL jr., L. L. BENNETT jr., M. A. NEWTON, L. SIMPSON and M. EIDSON: Mitosegifte 139[28]. — Mechanismus der Strahlenwirkung auf Zellen 141[1]. — Folsäureantogonisten als Mitosegifte und Antiwuchsstoffe 142[4]. — 2,6-Diaminopurin und Mercaptopurin als Konkurrenzgifte gegen Adenin 160[8].
— s. BENNETT, L. L. jr. 447[1].
— s. MITCHELL, J. H. jr. 161[1].
SKOOG, F.: Buch über Wuchsstoffe der Pflanze. Engl. (1951) 124[48].
SLATER, M., s. UPTON, A. C. 380[4].
SLATON, W. H., s. MEAD, J. F. 555[15].
SLOCUMB, C. H., s. HENCH, P. S. 172[6].
— s. SPRAGUE, R. G. 172[3].
SLYE, M.: Vererbbare Anfälligkeit für Brustkrebs bei erbreinen Mäusestämmen 186[8].
— s. WELLS, H. G. 184[Tab.].
SMADEL, J. E., T. M. RIVERS and E. G. PICKELS: Partikelgewicht von Vaccine-Virus 609[5].
— s. HOAGLAND, C. L. 610[1,2].
SMALL, M. C., s. WOOLLEY, G. W. 298[8].
SMEDLEY-MACLEAN, I., and E. M. HUME: Teilsynthese von Arachidonsäure aus Linolsäure 555[15].
SMELLIE, R. M. S., s. THOMSON, R. Y. 447[12].
SMELSER, G. K.: Bestimmung des thyreotropen Hormons 155[1].
SMETAK, E. M., s. ALBANESE, A. A. 550[5].
SMILEY, J. A.: Handkrebs bei Arbeiterinnen der Seilindustrie 283[7].
SMIRNOWA, V.: Regenerationen in Gewebskulturen 177[3].
SMITH, D. R., s. DAVIDSON, W. M. 55[4].
SMITH, E. E. B., s. MILLS, G. T. 458[8].
SMITH, E. F., and C. O. TOWNSEND: Pflanzengeschwülste („crown galls") durch Pseudomonas tumefaciens 291[5].
SMITH, E. L., D. M. BROWN, M. L. MCFADDEN, V. BUETTNER-JANUSCH and B. V. JAGER: Myelomplasmaproteine 433[9].
— and A. HOLM: Resorptionsfähigkeit des Darms von Neugeborenen 118[4]. — Aufnahme von Antikörpern aus dem Colostrum 123[11].
SMITH, F., W. G. BUDDINGTON and M. M. GRENAN: Wirkung von Röntgenstrahlen auf den Stoffwechsel 537[5].
SMITH, G. M., s. GARDNER, W. U. 267[5], 328[8].
— s. GORDON, M. 186[7].
— s. STRONG, L. C. 287[8], 353[5].
SMITH, G. N., s. MCGINTY, D. A. 171[6], 173[8].
SMITH, H. H., and A. M. SRB: Mutagene Wirkung von β-Propiolacton 93[17], 94[7], 373[6]. Mutagene Wirkung von Epoxyden 94[7].
SMITH, H. L., s. HENCH, P. S. 172[6].
SMITH, H. M., s. BENEDICT, F. G. 575[5].
SMITH, J. D., s. DUNN, D. B. 66[1].
— s. LASNITZKI, I. 448[5].
— s. MARKHAM, R. 593[7].
— s. MATTHEWS, R. E. 611[1].

Smith, J. N.: Phenolbildung aus polycyclischen aromatischen Kohlenwasserstoffen im Organismus 355[14].
— and R. T. Williams: Biologische Spaltung von Dulcin 268[6].
Smith, J. T., s. Collett, M. E. 530[9].
Smith, J. W. G., and G. E. Turfitt: Nachweis synthetischer Oestrogene 42[9].
Smith, K. A., and E. M. Press: Spaltung von Nucleinsäuren durch N-Lost und Röntgenstrahlen 273[1].
— s. Butler, J. A. V. 94[4,8], 140[7], 272[5], 273[2], 374[8].
Smith, K. M.: Krystalle von bushy stunt-Virus in infizierten Pflanzen 587[5]. — Insektenviren 600[4].
— s. Markham, R. 586[1], 587[8].
— s. Williams, R. C. 601[5].
Smith, L. C., and F. M. Rossi: Bestimmung freier Aminosäuren in Geweben 423[10].
— s. Rose, W. C. 550[1].
Smith, L. F., s. Alexander, P. 271[9].
Smith, L. I., s. Evans, H. M. 43[10].
Smith, P. E.: Wachstumsanregung durch Hypophysenimplantation 152[7]. — Wirkung des Wachstumshormons 152[12].
— and E. C. MacDowell: Bei Zwergmäusen fehlen die eosinophilen Zellen in der Hypophyse 152[5].
Smith, P. K., s. Anderson, E. P. 448[13].
— s. Conzelmann, G. M. jr. 446[14].
— s. Way, J. L. 446[13], 448[12].
Smith, R. A., A. Albert and L. M. Randall: Prolanausscheidung im Harn 45[2].
Smith, R. H., and H. G. Williams-Ashman: Aktivierung von Fermenten durch Thyroxin 529[6].
Smith, R. W., O. H. Gaebler and C. N. H. Long: Buch über das Wachstumshormon der Hypophyse. Engl. (1955) 124[49].
Smith, S. G., B. Black-Schaffer and T. E. Lasater: Hemmung des Wachstums durch Kaliummangel 146[7].
Smith, W. E.: Carcinogene Wirkung von Asbest 199[14].
— and P. Rous: Lungenkrebs bei Nachkommen von mit Urethan behandelten Mäusen 270[2].
— D. A. Sunderland and K. Sugiura: Cancerogene Stoffe in Mineralölen 213[8].
— s. Rous, P. 324[5].
Smoll, M. C., s. Woolley, G. W. 337[7].
Smyth, H. F. jr., s. Weil, C. S. 282[4].
Snair, W. D., s. Campbell, J. 152[2], 325[3].
Snapp, R. H., D. J. Niederman and S. Rothman: Bestrahlte Hautfette sind nicht cancerogen 378[8].
Snapper, I.: Stilbamidine als Mitosegifte 139[19].
Snell, E. E., and E. Quarles: Riboflavin, Pantothensäure und Biotin im bebrütetem Hühnerei 480[11].
— s. Eakin, R. E. 156[2].
Snell, G. D.: Überführung solider Tumoren in Ascitesform 335[4]. — Antikörperbildung gegen Tumoren 338[12]. — Bedeutung von Antikörpern für Tumorwachstum 339[1]. — Histokompatibilitätsgene 339[3].
Snell, N. S., s. Fraenkel-Conrat, H. 148[1], 156[3].
Snell, R. S., s. Gross, W. 432[12].
Snider, G. G., s. Hoagland, R. 557[2].
Snider, R. S., s. Henshaw, P. S. 379[18].
Snyder, F. F., s. Rosenfeld, M. 121[7].
Snyder, L. H.: Buch über medizinische Genetik. Engl. (1941) 70[60]. — Buch über Prinzipien der Vererbung 4. Aufl. Engl. (1951) 70[61].
— s. Muller, H. J. 70[55].
Snyderman, S. E., s. Albanese, A. A. 550[5].
Sobel, E. H., s. Talbot, N. B. 124[54].
Sobel, H.: Verhütung von Peniskrebs durch Beschneidung 188[1].
— s. Furth, J. 325[10].
Sober, E. K., s. Cohen, P. P. 439[11].
Sober, H. A., s. Weissburger, J. H. 368[14].
Söding, H.: Buch über Wuchsstofflehre (1952) 124[50].
Soehring, K., s. Tschesche, R. 159[6], 160[5].
Søndergaard, E., s. Dam, H. 555[12].
Sørensen, M.: Zusammensetzung der Eiereiweiß-Proteine 465[1].
Sokloff, L., s. Mangold, R. 522[10].
Soll, S. N., s. Glass, S. J. 31[9].
Solmssen, U. V.: Synthetische Oestrogene 39[6].
Solomon, J. B., s. Boyland, E. 355[13].
Somerville, A. R., s. Henson, A. F. 235[2], 256[2].
Sommermeyer, K.: Buch über Quantenphysik der Strahlenwirkung in Biologie und Medizin (1952) 85[22].
Sommers, S. C., R. N. Chute and S. Warren: Vorbehandlung mit Röntgenstrahlen vor Tumortransplantation 338[8].
— and R. G. McManus: Cancerogene Wirkung von Arsen (III)-Verbindungen 376[17].
Sonden, K., s. Johansson, J. E. 523[2], 573[3].
Sonneborn, T. M.: Zusammenfassung über die Rolle der Gene bei der cytoplasmatischen Vererbung (1951) 1[22]. — Selbstreproduktion von Mitochondrien und Plasmagranula 5[3]. — Cytoplasmafaktoren bei Hefe und Paramaecien 52[1]. — Cytoplasmatische Vererbung bei tierischen Zellen 80[6]. — Paarung bei niederen Lebewesen 104[7].
Sorge, A., s. Nordmann, M. 284[3], 377[1].
Sorkin, E., s. Erlenmeyer, H. 217[11].
Sorof, S., B. Claus and P. P. Cohen: Änderung der löslichen Proteine für Azofarbstofftumoren charakteristisch 430[12].
— and P. P. Cohen: Unterschiede im Proteinstoffwechsel von Tumor- und Mutterzellen 264[4]. — Elektrophoretisches Verhalten der löslichen Proteine aus Azofarbstofflebertumoren 430[4].

Sorof, S., P. P. Cohen, E. C. Miller and J. A. Miller: Unterschiede zwischen Proteinen von Tumor- und Mutterzellen 264[5]. Elektrophoretisches Verhalten der löslichen Proteine aus Azofarbstofflebertumoren 430[5]. — Azofarbstoffderivate bindende Proteinfraktion aus Leberzellen 431[7].
— R. H. Golder and M. G. Ott: Azofarbstoffderivate bindendes Protein aus Leberzellen 431[8].
Sorsby, A. (Hrsg.): Buch über klinische Genetik. Engl. (1953) 94[2].
Sorsby, M.: Buch über Krebs und Rasse. Engl. (1931) 181[10].
Souci, S. W.: Bedeutung von Nahrungsmittelzusätzen für Carcinogenese 384[2].
Soukup, R., s. Funk, C. 324[11], 325[2].
Southam, C. M., s. Moore, A. E. 183[1], 231[1].
Spaethe, M., s. Kracht, J. 171[1].
Spain, J. D. and A. C. Griffin: Glykogenspeicherungsvermögen der Leber nach Hepatocarcinogenen 403[3].
— s. Robertson, C. H. 324[13].
— s. Ward, D. N. 371[2], 431[3].
Spandrio, L., s. Ceriotti, G. 422[11].
Spangler, J. M., s. Vigneaud, V. du 331[9].
Spanner, R.: Mütterlicher und kindlicher Kreislauf in der Placenta 47[3]. — Allantoiskreislauf 47[10].
Spatz, H., s. Bustamente, M. 22[3].
Spealman, C. R., s. Newburgh, L. H. 533[7].
Speck: Stoffwechsel bei geistiger Arbeit 542[4], 543[4].
Speckmann, K.: Knochenmarksstörungen bei Unterernährung 576[12].
Spek, J.: Calcium hemmt Zellteilung 341[4].
Spemann, H.: Buch über experimentelle Beiträge zu einer Theorie der Entwicklung (1936) 106[4]. — Geschwulstartiges Wachstum von embryonalem Gewebe 333[1].
— F. G. Fischer u. E. Wehmeier: Reines Glykogen ohne Induktorwirkung 111[3]. — Heteroplastische Transplantation in Amphibienkeime 112[4].
Spence, I., s. Gillman, J. 48[4], 96[5], 117[4, 10], 246[14].
Spencer, H, s. Gallagher, T. F. 330[10].
Spencer, H. J., s. Du Bois, E. F. 553[3].
Spencer, R. R.: Verstärkte Progesteronwirkung führt zu Abort und Eklampsie 44[6].
Speransky, A. D.: Schmerz unterhält die Entzündung 166[9].
Sperling, H., s. Fachmann, W. 563[1].
Speter, M.: Buch über Lavoisier und seine Vorläufer (1910) 507[9].
Spiegel, A.: Ersatz der hormonalen Keimdrüsenfunktion durch Nebennierenrinde 28[4].
Spiegelhoff, W., s. Lewin, H. 7[30].
Spiegelman, S.: Selbstreproduktion von Mitochondrien und Plasmagranula 5[3]. — Adaptive Enzymbildung 68[3]. — Plasmatische Vererbung 79[8]. — Plasmagranula als Duplikanten 81[6]. — Cytoplasmatische Erbträger als Manifestatoren der Gene 83[7].
— L. S. Baron and H. Quastler: Adaptive Enzymbildung in toten Zellen 84[3].
— H. O. Halvorson and R. Ben Ishai: Bedeutung des RNS und DNS für die Enzymbildung 68[7].
— R. R. Sussman and E. Pinska: Extragenische Erbträger 78[4]. — Enzym- und Proteinbildung im Cytoplasma 82[3]. — Adaptive Enzymbildung 84[2].
— s. Campbell, A. M. 68[6].
— s. Rotman, B. 68[4].
Spielman, M. A., and K. R. Meyer: Cancerogene Wirkung von rohen Progesteronpräparaten 203[11]. — Progesterondarstellung aus Cholesterin 392[12].
Spielmann, W., u. W. Schulz: Statistische Versuchsauswertung 35[2].
Spiess, H.: Carcinogene Wirkung von Thorium X 199[10]. — Cancerogene Wirkung von Radium und radioaktiven Substanzen 208[11].
Spiro, H. M., R. W. Reifenstein and S. J. Gray: Pepsinbildung als Test für Nebennierenrindenfunktion 174[3].
Spirtes, M. A., s. Wenner, C. E. 413[8, 13], 414[6].
Spitz, S., W. H. Maguigan and K. Dobriner: Carcinombildung nach Benzidin 237[3], 362[16]. — Cancerogene Wirkung von Azobenzol 239[8]. — Carcinogene Wirkung von Benzidin wird durch Sulfonierung aufgehoben 245[6].
Spitzer, H., s. Lehmann, G. 567[3].
Spizizen, J.: Infektiosität von Desoxyribonucleinsäure aus T_2-Phagen 599[2].
— s. Liu, O. C. 607[11].
Spörri, H., u. L. Candinas: Wirkung hoher Oestrogendosen auf den Genitalapparat 16[2].
Spohn, A. A., and O. Riddle: Analyse des Dotters von Hühner- und Waldhuhnei 466[13].
Sprague, R. G., M. H. Power, H. L. Mason, A. Albert, D. R. Mathieson, P. S. Hench, E. C. Kendall, C. H. Slocumb and H. F. Polley: Wirkstoffausscheidung durch Nebennierenrinde nach ACTH 172[3].
— s. Mason, H. L. 172[3].
Spray, C. M., and E. M. Widdowson: Biochemie der postnatalen Entwicklung des Menschen 124[1].
Sproul, E. E., s. Gutman, E. B. 456[3].
— s. Shemin, D. 385[9].
Sprung, L., s. Stern, P. 269[2].
Sprunt, K., s. Alexander, H. E. 603[3].
Spühler, O., H. U. Zollinger, M. Enderlin u. H. Wipf: Senkung der Antikörperbildung durch Cortison 173[3].

SRB, A. M., and N. H. HOROWITZ: Genetische Analyse des Ornithin-Citrullin-Arginin-Cyclus 99[4].
— s. SMITH, H. H. 93[17], 94[7], 373[6].
SROKA, K. H.: Scrotalkrebs 198[3].
STAATS, J.: Latenzzeit der cancerogenen Wirkung von Kohlenwasserstoffen bei verschiedenen Mäusezuchtstämmen 349[1].
STACEY, K. A., s. ALEXANDER, P. 271[9].
STADLER, L. J.: Zusammenfassung über das Gen (1954) 85[25]. — Unterschiedliche Ursachen und Wirkungen von Mutationen an Chromosomen, Genen und Plasmaduplikanten 86[4]. — Instabilität der Gene als Ursache von Mutationen 88[2]. — Gegen Strahlung empfindliches Volumen der Zelle 89[8]. — Mutationen durch ionisierende Strahlung unabhängig von Stabilität des Erbträgers 90[6].
STAEHELIN, D., s. THORN, G. W. 173[1].
STAEHELIN, M.: Inaktivierung von Tabakmosaikvirus durch Formaldehyd 595[4].
STÄHLER, F., u. W. HOPP: Verstärkung der Progesteronwirkung durch Vitamin E 43[12].
STAEHLER, W., s. PERLMANN, S. 234[3], 361[1].
STAHL, F. W., s. DOERMANN, A. H. 61[4].
STANGER, D. W., s. STEINER, P. E. 201[10].
STANIER, R. Y.: Adaptive Enzymbildung 68[2].
STANLEY, W. M.: Erste Isolierung von Tabakmosaikvirus 581[1].
— and T. A. ANDERSON: Bushy stunt-Virus 587[2].
— and C. A. KNIGHT: Ribonucleinsäuregehalt von Tabakmosaikvirus 591[5].
— s. ANSON, M. L. 595[2].
— s. GRAFF, S. 296[14], 387[5].
STANSFIELD, R., s. WILLIAMS, J. L. 433[7].
STANTON, E., s. HANSON, F. B. 88[15], 91[1].
STAPLETON, J. E., W. MCKISSOCK and H. E. A. FARRAN: Aufnahme von ^{32}P durch Tumoren und wachsende Gewebe 401[13].
STAPP, C.: Chromosomenähnliche Organellen und Genäquivalente bei Bakterien 79[1]. — Pflanzengeschwülste („crown galls") durch Pseudomonas tumefaciens 291[5].
STARE, F. J., s. GEYER, R. P. 217[1], 231[5, 14], 303[8].
STARK, J.: Mechanismus der cancerogenen Strahlenwirkung 205[7].
STARK, M. B.: Vorkommen von Krebs bei Insekten 185[6]. — Transplantable Melanome bei Drosophila 186[2].
STARK, R., s. KARRER, K. 245[9].
STARK, T., s. KELLNER, K. 424[3].
STARKENSTEIN, E.: Inosit im Hühnerei 472[5].
STARLING, E. H.: Zusammenfassung über Correlation (1930) 510[5].
STARLINGER, P., u. F. KAUDEWITZ: Transduktion 61[8]. — Genmodell 89[10].
STARY, Z., H. BODUR u. F. BATIYOK: Polysaccharide als Ursache einer erhöhten Senkungsgeschwindigkeit der Blutkörperchen 175[9].
STASNEY, J., A. CANTAROW and K. E. PASCHKIS: Krebsübertragung durch Mitochondrien- und Chromatinfraktion aus Krebszellen 300[11], 337[1].
— K. E. PASCHKIS, A. CANTAROW and H. P. MORRIS: Krebsübertragung durch Mitochondrien- und Chromatinfraktion aus Krebszellen 300[11]. — Tumortransplantation durch Chromatinfraktion aus Tumorzellen 337[2].
— s. PASCHKIS, K. E. 382[11].
STAUB, H., G. VIOLLIER u. A. WERTHEMANN: Leberkrebs bei Mangel an Methyldonatoren 193[14].
STAUDINGER, H.: Buch über makromolekulare Chemie und Biologie (1947) 77[4]. Buch über organische Kolloidchemie (1950) 75[4].
— u. M. STAUDINGER: Zusammenfassung über makromolekulare Chemie und ihre Bedeutung für die Protoplasmaforschung (1954) 1[28].
STAUDINGER, HJ., u. M. SCHMEISSER: Bestimmung von Testosteron, Progesteron, und von Corticoiden 33[3]. — Corticosteroidbestimmung 174[4].
— s. HOFMANN, H. 172[1], 174[5].
— s. PFEFFER, K. H. 171[4], 172[1], 173[14], 174[4, 7].
— s. SCHMIDT, H. 174[5].
— s. WEISBECKER, L. 174[4].
STAUDINGER, M., s. STAUDINGER, H. 1[28].
STAVELY, H. E., and W. BERGMANN: Cancerogene Wirkung von Cholesterin zweifelhaft 203[6]. — Keine carcinogene Wirkung von photochemischen Umwandlungsprodukten des Cholesterins 378[6].
STECHER, H.: Definition des Wachstums 125[1].
STECK, I. E., D. S. MILLER and C. I. REED: Einfluß der Parathyreoidea auf den Grundumsatz 530[15].
STECKERL, F.: Substratspezifität der sauren Ribonuclease aus EHRLICHschem Mäuseascitestumor 449[9].
STEDTMAN, E.(DGAR): Chromosomin 76[6].
— and E.(LLEN) STEDTMAN: Chromosomin 76[6].
STEDTMAN, E.(LLEN), s. STEDTMAN, E.(DGAR) 76[6].
STEELE, C. H.: Bronchialkrebs bei Zigarettenrauchern 196[8].
STEELE, J. M., s. ZAMECNIK, P. C. 402[6] 405[10], 412[18], 434[11], 450[11].
STEENBOCK, H., and P. W. BOUTWELL: Wachstumsförderung durch Vitamin A 146[8].
STEERE, R. L.: Gleichförmige Länge von Tabakmosaikvirus 589[6].
— s. COSENTINO, V. 586[2], 587[9].
— s. WILLIAMS, R. C. 589[4].
STEFFEE, C. H., s. BENDITT, E. P. 146[3], 544[6], 577[6].
— s. TOBIN, J. R. jr. 577[4].

Steffens, K.: Geschwindigkeit des fetalen Wachstums 130[1].
Stegmann, H., s. Siess, M. 130[5].
Stehle, R. L.: Tyrosinase zerstört Oxytocin 49[5].
Steigerwaldt, F.: Förderung des Tumorwachstums durch Vitamin A 332[1].
Stein, E.: Konstanz der Zellzahlen in Organen 130[3]. — Kernwachstum 131[6], 133[2]. — Einfluß des Zellkerns auf Nucleinsäure- und Eiweißsynthese 143[10].
Stein, G., s. Day, M. J. 92[3].
Stein, H. J., J. W. Eliot and R. A. Bader: Grundumsatzsenkung nach Hitzeaufenthalt 534[2].
Stein, J.: Zellwachstum 143[12]. — Beziehungen zwischen Zellvermehrung und -funktion 176[17].
Stein, W., u. W. Harm: Mechanismus der Strahlenwirkung auf Zellen 140[9].
Stein, W. H., s. Fruton, J. S. 273[6].
Steinberg, A., s. Rowntree, L. G. 155[6, 8].
Steindl, K., s. Gölkel, A. 171[4].
Steiner, P.: Vorkommen von 3,4-Benzpyren im Ruß 347[2].
Steiner, P. E.: Buch über Krebs, Rasse und Geographie. Engl. (1954) 181[55]. — Häufigkeit von Bronchialkrebs 194[5]. — Carcinogene Wirkung von Lipoidextrakten aus Leber 201[7]. — Carcinogene Wirkung von Organextrakten und von Galle 201[10]. — Cancerogene Wirkung von unverseifbarem Anteil der Leber von Krebskranken 391[11]. — Krebserzeugende Wirkung von Extrakten aus Krebslebern nicht gesichert 392[1].
— and J. H. Edgcomb: Schwach cancerogene Wirkung von 1,2-Benzanthracen 216[11]. — Cancerogene Wirkung von 1,2-Benzanthracen 349[15].
— and H. L. Falk: Schwach cancerogene Wirkung von 1,2-Benzanthracen 216[11]. — Latenzzeit der Wirkung cancerogener Kohlenwasserstoffe 231[13].
— and C. G. Loosli: Menschliches Influenzavirus nicht cancerogen 299[8].
— D. W. Stanger and M. N. Bolyard: Carcinogene Wirkung von Organextrakten 201[10].
— s. Falk, H. L. 200[8, 14], 213[7], 216[10], 347[2, 7].
Steinhoff, D., T. Flaschenträger u. P. Bannasch: Auflösung von Krebszellen durch Homogenate normaler Gewebe 341[16].
— u. B. T. Kuk: Carcinogene Wirkung von Bis-(2-chloräthyl)-aminoxyd 271[7].
Steinitz, L. M., s. Thomas, L. E. 424[15].
Stekol, J. A., and K. Weiss: Wachstumshemmende Eigenschaften des Triäthylhomologen des Cholins 161[3]. — Äthionin als Antiwuchsstoff 161[6].
Stelos, P., s. Putnam, F. W. 433[11].
Stenstrom, K. W., s. Vermund, H. 447[16].
Stent, G. S.: Einbau von radioaktivem Phosphor in Nucleinsäuren 61[5]. — Verhalten von Desoxyribonucleinsäure bei Übertragung von Virus 65[2]. — Bedeutung der Proteine für „Duplikationen“ 74[1]. — Genkarten von Phagen 600[2].
— and C. R. Fuerst: Genkarten von Phagen 600[2].
— and N. K. Jerne: Verteilung von Virus auf die Tochterteilchen 64[3].
— and O. Maaløe: Virusbildung 63[6].
Stephenson, M. L., s. Zamecnik, P. C. 395[51], 402[6], 405[10], 412[18], 424[10], 434[10, 11], 436[13], 450[11].
Stepp, W. (Hrsg.): Buch über Ernährungslehre (1939) 575[1]. — Wachstumsförderung durch Vitamin A 146[8]. — Bedeutung von Vitaminen für die Ernährung 509[5].
Stern, C.: Buch über Prinzipien der menschlichen Genetik. Engl. (1949) 70[63]. — Zusammenfassung über multiple Allelie (1930) 70[62]. — Zusammenfassung über Faktorenkoppelung und Faktorentausch (1933) 85[4].
— s. Uphoff, D. E. 207[3], 303[2].
Stern, K., and R. Willheim: Buch über die Biochemie maligner Tumoren. Engl. (1943) 181[28]. — Unterschiede in der Zusammensetzung der Desoxyribonucleinsäuren von normalen und Tumorzellen 443[14].
Stern, K. G., s. Belkin, M. 407[6].
— s. Laszlo, D. 400[11].
Stern, P., u. L. Sprung: Leukosebildung durch Carbaminsäure-3-tolylhydrazid (Maretin) bei Hühnern 269[2].
— s. Zeller, E. A. 167[19].
Sternberg, S. S., s. Moore, A. E. 183[1], 231[1]
Stetten, D. jr., and G. E. Boxer: Fettbildung aus Eiweiß bzw. Kohlenhydrat 554[5].
Stetten, M. R., and C. L. Fox jr.: Unterbrechung der Purinsynthese durch Aminopterin 142[5].
Steuber, M.: Zusammenfassung über Grundumsatz (1932) 522[1].
— s. Klein, W. 513[1], 516[5].
Steven, D. M.: Schwangerschaftsdauer 48[11].
Stevens, C. D., M. A. Meinken, P. M. Quinlin and P. H. Stewart: Jodgehalt der Schilddrüse bei tumortragenden Tieren 401[3].
— P. M. Quinlin, M. A. Meinken and A. M. Kock: Ausfällung von Sulfapyrazin in Tumoren 404[5].
— P. H. Stewart, P. M. Quinlin and M. A. Meinken: Jodgehalt der Schilddrüse von tumortragenden Tieren 401[3].
Stevens, C. M., and A. Mylroie: Mutagene Wirkung von Mustardverbindungen 373[2].
Stevens, K. M.: Nucleinsäuresynthese im Hühnerkeim 108[2]. — DNS-Konzentration im Hühnerembryo 123[4].

STEVENSON, E. S., K. DOBRINER and C. P. RHOADS: Biologische Abbauprodukte von 4-Dimethylaminoazobenzol 369[1].
STEVENSON, G. T., s. DAVIS, R. K. 184Tab., 192[10], 287[7].
STEWART, D. L., s. BROWN, F. 605[11].
STEWART, F. W., s. DURAN-REYNALS, F. 458[9].
STEWART, H. L., s. DUNHAM, L. J. 333[4].
— s. GREENSTEIN, J. P. 437[2].
— s. HORN, H. A. 184Tab., 185[11].
STEWART, P. H., s. STEVENS, C. D. 401[3].
STEWART, S. E.: Virusbedingte „erbliche" lymphatische Leukämie 298[4].
STERZ, H., s. BORKENSTEIN, E. 175[8].
STICH, H.: Einbau von RNS in den Spindelapparat 133[9]. — RNS-Umsetzungen während der Mitose 134[3]. — Eiweißsynthesen im Zellkern 144[5].
STICH, W., s. BINGOLD, K. 418[14].
STICKER, A.: Vorkommen von Krebs beim Hund 184Tab.
STICKLAND, L. H., s. DMOCHOWSKI, L. 415[7].
— s. ORR, J. W. 403[1, 3].
STIEBELING, H. K., s. SHERMAN, H. C. 146[8].
STIEVE, H.: Buch über Einfluß des Nervensystems auf Geschlechtsorgane des Menschen (1952) 12[4].
STIGLER, R.: Phasen der Zellteilung 5[6].
STILLE, G., u. H. P. WACHTER: Leberschutzstoffe 151[6].
STILLING, E., s. CASPARI, W. 544[1].
STIMMEL, B. F.: Bestimmung von Progesteron und Pregnandiol 33[11].
— s. CUYLER, W. K. 155[4].
STJEMHOLM, R., s. EHRENSVÄRD, G. 146[1].
STOCK, C. C.: Therapie von Lymphosarkomen und Leukämien mit Mustardverbindungen, Äthyleniminen und Epoxyden 373[9].
— S. BUCKLEY, K. SUGIURA and C. P. RHOADS: Lostverbindungen als Mitosegifte 139[9].
— H. C. REILLY, S. M. BUCKLEY, D. A. CLARKE and C. P. RHOADS: Azaacetylserin als Antimetabolit 161[11].
— s. BENNETT, L. L. jr. 447[1].
— s. JACQUEZ, J. A. 440[1].
— s. SUGIURA, K. 160[15].
STOCKARD, C. R.: Buch über die körperliche Grundlage der Persönlichkeit (1932) 563[8].
STOCKINGER, L., s. BRODA, E. 412[17].
— s. SCHMID, J. 156[9].
STOCKS, P.: Exogene Ursachen für Magenkrebs 192[8].
— and J. M. CAMPBELL: Bronchialkrebs bei Zigarettenrauchern 196[8].
STÖHR, R., s. HENZE, M. 519[1].
STOERK, H. C., s. WINTER, C. A. 156[13], 172[9].
STOESZ, P. A., s. GROTH, D. P. 404[12].
STOLIAROFF, M., s. LESPAGNOL, A. 39[6], 40[4].
STOLL, H. G., s. BUDNIOK, R. 456[7].
STOLL, P., s. WIMHOFER, H. 38[2].
STOLTE, H. A.: Buch über Werden der Tierformen (1936) 510[5].
STOLTZENBERG, H., u. M. STOLTZENBERG-BERGIUS: Reaktion von Chinonen mit Zellkernen 260[16].
STOLTZENBERG-BERGIUS, M., s. STOLTZENBERG, H. 260[16].
STONE, R. S., s. SCOTT, K. G. 401[4].
STONE, W. S., s. HAAS, F. 79[1].
— s. WAGNER, R. P. 93[5].
STORER, J. B., s. TOURTELLOTTE, W. W. 300[12], 337[3].
— s. WIDNER, W. R. 135[5].
STOREY, W. F., s. LEBLOND, C. P. 267[9].
STOTZ, E.: Gehalt von Tumoren an Cytochrom c 418[11].
— s. MARINETTI, G. V. 556[2].
STOUT, A. P., s. OPPENHEIMER, B. S. 211[13], 279[9, 11, 15], 282[2], 283[2], 376[8, 10, 14].
— s. TWOMPLY, G. H. 326[3].
STOWELL, R. E.: Quotient Ribonucleinsäure: Eiweiß im Überstand von Tumorzellen 429[6]. — Desoxyribonucleinsäuregehalt von Tumoren und ihren Muttergeweben 440[12].
— and Z. K. COOPER: Desoxyribonucleinsäuregehalt von Tumoren und ihren Muttergeweben 440[12].
— C. S. LEE, K. K. TSUBOI and A. VILLASANA: Cancerogene Wirkung von Tetrachlorkohlenstoff und Chloroform bei verschiedenen Tierarten 254[2]. — Cancerogene Wirkung von Tetrachlorkohlenstoff 276[7].
— s. BERENBOM, M. 441[16].
— s. CRAMER, W. 309[3].
STRAUB, J.: Buch über Wege zur Polyploidie (1950) 95[3]. — Ursache der Selbststerilität von Pflanzen 103[2].
— s. EMERSON, S. 103[2].
STRAUB, W.: Deutung „indirekter" Strahlenwirkung als Oxydation 92[1]. — Bildung von Peroxyden und OH-Radikalen durch UV- und Röntgenstrahlen 273[3].
STRECKER, H., s. EBNER, H. 138[4].
STREICHER, E., D. B. HACKEL u. W. FLEISCHMANN: Stoffwechsel hungernder Tauben in der Kälte 533[4].
STRIEBICH, M. J., E. SHELTON and W. C. SCHNEIDER: Einfluß von 3'-Methyl-4-dimethylaminoazobenzol auf Mitochondrienzahl der Leber 420[6].
— s. DALTON, A. J. 81[3].
— s. HOGEBOOM, G. H. 3[2], 4[2], 81[10], 82[1].
— s. SCHNEIDER, W. C. 415[6], 449[2].
STRIECK, F., s. BENEDICT, G. F. 536[4].
STRISOWER, E. H., s. WEINMAN, E. O. 553[2].
STRÖMBECK, J. P.: Blasenkrebs durch Dimethylazobenzole 239[9]. — Cancerogene Wirkung von Dibenzazobenzol (2,2'-Azonaphtalin) 248[2].
— s. EKMAN, B. 234[3, 5], 258[10].
STROHMEIER, K., s. MUSSGAY, M. 605[12].
STRONG, F. M., s. HIGGINS, H. 459[9].

STRONG, L. C.: Mutagene Substanzen 93[12]. — Mutationen durch cancerogene Kohlenwasserstoffe 94[1]. — Heptylaldehyd als Mitosegift 139[6]. — Mutationstheorie des Krebs 182[2]. — Vererbbare Anfälligkeit für Brustkrebs bei erbreinen Mäusestämmen 186[8]. — Für Krebs verantwortliche Gene 186[10]. — Steigerung der erblichen Krebsanfälligkeit von Mäusen durch chronische Behandlung mit 20-Methylcholanthren 187[2]. — Übertragung der cancerogenen Wirkung von Kohlenwasserstoffen durch die Placenta auf die Nachkommenschaft 231[8]. — Krebsbildung bei den Nachkommen von mit 20-Methylcholanthren behandelten Mäusen 270[4].
— and W. F. HOLLANDER: Steigerung der erblichen Krebsanfälligkeit von Mäusen durch chronische Behandlung mit 20-Methylcholanthren 187[3].
— u. L. D. SANGHVI: Genetische Kontrolle der Empfindlichkeit von Organen gegen 20-Methylcholanthren 186[12]. — Disposition von Zellen zu krebsiger Entartung 187[4]. — Lokalisation von Tumoren nach aromatischen Kohlenwasserstoffen 231[6].
— and G. M. SMITH: Sarkombildung durch Injektion von Öl oder Schweineschmalz 287[8].
— G. M. SMITH and W. U. GARDNER: Lebertumoren nach 3,4,5,6-Dibenzcarbazol 353[5].
— s. GARDNER, W. U. 267[5], 327[3], 328[8].
— s. LITTLE, C. C. 186[8].
STRONG, M. T., s. HILL, R. T. 9[3], 16[1].
STRÜBER, R., s. WITTEKIND, D. 196[8].
STRUGGER, S.: Ähnlichkeit zwischen Plastiden und Chromosomen 5[2]. — Plasmatische Vererbung 79[16], 80[3]. — Duplikantenbestand der Zelle 82[4].
STRUNZ, F.: Buch über Leben und Persönlichkeit von Theophrastus Paracelsus (1903) 507[12].
STUBBE, H.: Buch über spontane und strahlen-induzierte Mutabilität (1937) 85[5]. — Zusammenfassung über labile Gene (1937) 85[5]. — Zusammenfassung über Genmutationen (1938) 85[5]. — Plasmafaktoren als Erbkonstituenten 52[2]. — Mutationsrate gealterter Samen 88[9]. — Mutagene Wirkung von Chloralhydrat und Bichromat 92[13], 93[6].
— s. KAUSCHE, G. A. 91[9].
STUBBS, A. L., s. DODGSON, K. S. 42[8].
STUFLER, R., s. GÖPFERT, H. 542[3], 543[10].
STURGIS, S. H., s. MEIGS, J. V. 14[8].
STURM, A., u. L. ROCKMANN: Gehalt an Jodeiweißverbindungen in Geweben mit krankhaftem Stoffwechsel 401[1].
STURM, E., s. MURPHY, J. B. 187[7], 338[5].
STURTEVANT, A. H.: Zusammenfassung über physiologische Aspekte der Vererbung (1941) 70[64]. — Zusammenfassung über die Beziehungen von Genen und Chromosomen (1951) 76[5]. — Theorie der Mutation 86[6].
STUTZ, E.: Bronchialkrebs bei Zigarettenrauchern 196[8].
SUBBAROW, Y., s. LITTLE, P. A. 332[3].
SUDHOFF, K., s. MEYER-STEINEG, T. 507[6].
SÜLLMANN, H., s. ALLGÖWER, M. 168[16].
SUGIMOTO, K., u. Mitarb.: Stoffwechselversuche am bebrüteten Hühnerei 487[1].
SUGIMOTO, S., s. WATENABE, F. 271[1], 289[6].
SUGIMURA, T., s. ENDO, H. 422[16].
SUGIURA, K.: Krebserzeugende Wirkung von Kondensaten aus Zigarettenrauch 196[1]. — Carcinogene Wirkung von Zigarettenteer 347[9]. — Cancerogene Wirkung von Derivaten des Aminoazobenzol 364[8]. — Einführung von phenolischen Hydroxylgruppen hebt cancerogene Wirkung von 4-Dimethylaminoazobenzol auf 365[3].
— M. L. CROSSLEY and C. J. KENSLER: Cancerogene Wirkung von 4-Dimethyl-4′-äthyl-aminoazobenzol 239[3]. — Cancerogene Wirkung von 4′-Äthyl- und 4′-Methyldimethylaminoazobenzol 364[13].
— C. R. HALTER, C. J. KENSLER and C. P. RHOADS: Anilin und N, N-Dimethyl-p-phenylendiamin sind nicht cancerogen 364[1].
— G. H. HITCHINGS, L. F. CAVALIERI and C. C. STOCK: Guanazol als Zellgift 160[15].
— C. J. KENSLER and M. L. CROSSLEY: Cancerogene Wirkung von 4-Dimethyl-4′-äthylaminoazobenzol 239[3].
— and C. P. RHOADS: Cancerogene Wirkung von Yellow AB und OB 240[1]. — Verhinderung der cancerogenen Wirkung von 4-Dimethylaminoazobenzol durch Reiskleieöl 260[6].
— s. BROWN, G. B. 446[25].
— s. FALK, K. G. 455[1].
— s. KENSLER, C. J. 258[9], 259[6], 262[6], 360[1], 415[10].
— s. MELLORS, R. C. 443[2].
— s. SMITH, W. E. 213[8].
— s. STOCK, C. C. 139[9].
— s. VIGNEAUD, V. DU 331[9].
SULLIVAN, C. R., s. SCRIMSHAW, N. S. 480[10].
SULLIVAN, L. J., s. POEL, W. E. 213[4].
SULLIVAN, T. J., E. B. GUTMAN and A. B. GUTMAN: Saure Phosphatase im Blut bei Prostatacarcinom 330[1], 456[8].
SULZBERGER, M. B., F. HERRMANN, R. PICCAGLI and L. FRANK: Begünstigung der Metastasierung experimenteller Tumoren durch Cortison 330[9].
SUMNER, E. E.: Biologische Wertigkeit von Milcheiweiß 547[6].
SUNAKAWA, S., s. TOMIZAWA, J. I. 65[4], 599[10].
SUNDERLAND, D. A., s. SMITH, W. E. 213[8].
SUNTZEFF, V., and C. CARRUTHERS: Änderung im Wassergehalt der Mäuseepidermis bei Carcinogenese durch Methylcholanthren 396[2]. — Calciumgehalt im Plattenepithelcarcinom der Maus 399[6].

SUNTZEFF, V., C. CARRUTHERS and E. V. COWDRY: Verschwinden der Talgdrüsen der Mäuseepidermis nach Pinselung mit Methylcholanthren 450[8].
— s. CARRUTHERS, C. 396[7], 415[1, 10, 12].
— s. COWDRY, E. V. 324[3].
— s. HSIEH, K.-M. 412[5].
— s. ROBERTS, E. 425[3].
— s. WICKS, L. F. 396[4], 450[7].
SURE, B., and F. HOUSE: Biologische Wertigkeit von Hefeeiweiß 547[9].
SURIYONG, R., u. A. VANNOTTI: Herzhormone 151[3].
SUSSMAN, R., s. SPIEGELMAN, S. 78[4], 82[3], 84[2].
SVARTOLM, U.: Elektronentheorie der Krebserzeugung 219[10].
SWABY, L. G., s. BENDET, I. J. 598[2].
SWAMINATHAN, M.: Biologische Wertigkeit von Weizen-Vollkorn-, Linsen- und Sojaeiweiß 547[11].
SWAN, J. M., s. VIGNEAUD, V. DU 49[12].
SWANBERG, H.: Histaminasegehalt von Schwangerenblut 46[10].
SWANN, M. M.: Zusammenfassung über den Kern bei Befruchtung, Mitose und Zellteilung (1952) 100[6].
SWANSON, C. P., and A. HOLLAENDER: Mutationen als Alles- oder Nichts- bzw. Eintreffer-Effekte 92[11].
SWARC, M.: Bildung makromolekularer Stoffe 77[2]. — Polymerisation wird durch Polymere beschleunigt 83[5].
SWAYNE, V. R., J. M. BEILER and G. J. MARTIN: Spermicide Substanzen im Sperma 13[16].
SWENDSEID, M. E., and M. S. DUNN: Minimalbedarf an essentiellen Aminosäuren 550[4].
— I. WILLIAMS and M. S. DUNN: Minimalbedarf an esentiellen Aminosäuren 550[4].
SWENSON, K. E., s. NAESLUND, J. 398[4].
SWICK, R. W., and C. A. BAUMANN: Gehalt an Vitamin E in Tumoren 459[7].
SWIETOSLAWSKI, W.: Buch über Microcalorimetrie. Engl. (1946) 516[5].
SWIFT, H. H.: DNS-Bildung in der Interphase 135[1].
SWIFT, R. W.: Ursache der Stoffwechselsteigerung in der Kälte 532[2].
SWIGEL, M., et T. POSTERNAK: Tripeptide aus Vitellin 467[1].
SWINYARD, C. A., s. CHENG, C. P. 171[2].
SYDOW, G., s. GRAFFI, A. 337[12], 403[3], 409[9].
SYLVÉN, B., and H. MALMGREN: Aktivität von Kathepsin und Dipeptidase in verschiedenen Tumorteilen 436[1].
— s. MALMGREN, H. 436[3].
SYMEONIDIS, A.: Übertragung cancerogener Substanzen durch die Milch 188[6]. — Übertragung der cancerogenen Wirkung von Kohlenwasserstoffen durch die Placenta auf die Nachkommenschaft 231[8]. — Für Transplantation von EHRLICH-Carcinom benötigte Zellzahl 336[2].
Symposion on Chemical Industry and Air and Water Pollution (1955) 213[10].
SYVERTON, J. T., s. ROSS, J. D. 583[3].
SZAKÁLL, A.: Steigerung der Wärmeproduktion durch Aminosäuren 538[8].
— s. KRAUT, H. 514[1].
— s. LEHMANN, G. 537[3].
SZANTO, P. B., s. NELSON, D. 193[5], 289[3].
SZARKA, A. J., s. EVANS, H. M. 124[18].
SZENT-GYÖRGYI, A.: Oxalessigsäurebildung 121[5].
SZEPSENWOL, J., and M. H. PARTRIDGE: Phosphor- und Nucleinsäuregehalt im Hühnerembryo 123[6].

TADROS, W., s. SCHÖNBERG, A. 40[3].
TÄUFEL, K.: Bildung toxischer Substanzen beim Erhitzen von Fetten 193[2]. — Bildung giftiger Produkte in erhitzten Ölen 288[7].
TAFT, E. B., s. KELNER, A. 205[6], 378[4].
TAGASHIRA, Y., S. TAKEDA, K. KAWANO and S. AMANO: Wasserstoffionenkonzentration in Tumoren und normalen Geweben 398[3].
— s. NAGATA, C. 223[2].
TAGMANN, E., s. PRELOG, V. 8[13].
TAHA, M. M., s. FLASCHENTRÄGER, B. 289[8].
TAIT, J. F., s. SIMPSON, S. A. 173[5].
TAKAHASHI, H., s. MIZUSHIMA, S. 428[3].
TAKAHASHI, I., s. ISEKI, T. 499[1].
— s. KATAOKA, E. 499[1].
TAKAHASHI, M.: Verhalten der Hexonbasen im bebrüteten Hühnerei 475[3]. — Bildung von Purinbasen im sich entwickelnden Hühnerembryo 477[7]. — Ornithursäurebildung im Hühnerembryo 484[1].
— s. TOMITA, M. 472[8], 496[2].
TAKAHASHI, S.: Methionin im bebrüteten Hühnerei 475[4].
TAKAHASHI, T.: Arginaseaktivität der Leber nach hepatocarcinogenen Aminen 438[9].
— s. URUSHIBARA, U. 39[6], 40[9].
TAKAHASHI, W. N., and M. ISHII: Abnormes Protein in kranken Tabakpflanzen 592[16].
TAKAHIRA, H., S. KITAGAWA, E. ISHIBASHI and S. KAYANO: Keine rassischen Unterschiede im Grundumsatz 535[2].
TAKAMUTSA, M.: Hynobiuseier 500[2].
TAKANO, G. M. V., s. TALALAY, P. 334[4].
TAKAOKA, T., s. KATSUTA, H. 150[14], 324[6].
TAKEDA, K.: Zusammenfassung über geographische Pathologie von Krebs in Japan (1955) 191[2].
TAKEDA, S., s. TAGASHIRA, U. 398[3].
TAKI, J.: Bindung von 4-Dimethylaminoazobenzol an Proteine und Nucleinstoffe der Leber 263[6].
TAKIZAWA, N.: Cancerogene Wirkung von Benzochinon 260[15].
TALAAT, M., Y. A. HABIB and H. EL-KHANAGRY: Keine rassischen Unterschiede des Grundumsatzes 535[6].
TALALAY, P., G. M. V. TAKANO and C. HUGGINS: WALKER 256-Carcinom 334[4].

TALALAY, P., s. KUN, E. 406[9], 416[11].
TALBOT, F. B., s. BENEDICT, F. G. 523[9].
TALBOT, N. B., O. H. LOWRY and E. B. ASTWOOD: Wirkung von Oestrogenen auf Kalium- und Glykogengehalt der Uterusschleimhaut 17[1].
— A. H. SALTZMANN, R. L. WIXOM and J. K. WOLFE: Bestimmung von Testosteron, Progesteron und von Corticoiden 33[3]. Corticoidbestimmung 174[4].
— and E. H. SOBEL: Zusammenfassung über Faktoren, die das Wachstum von Kindern beeinflussen (1947) 124[54].
TAMINIAU, P. L. M. M.: Kein Einfluß vegetabiler Kost auf Geschwulstwachstum 331[6].
TAMM, I., s. HORSFALL, F. L. jr. 611[2].
TANAKA, K. K., s. ROBERTS, E. 423[11].
TANAKA, T., s. ROBERTS, E. 423[8,11].
— s. TOMITA, M. 481[3], 497[1].
TANGL, F.: Calciumgehalt der Eischale bei Bebrütung des Eis 469[10].
— u. K. FARKAS: Begriff der Entwickelungsarbeit 473[1].
— u. F. VERZÁR: Herstellung von Grundumsatzbedingungen bei Tieren durch Curare oder Narkotica 521[4].
TANNENBAUM, A.: Krebsfördernde Wirkung fettreicher Ernährung 287[7]. — Überernährung fördert Geschwulstwachstum 331[5].
— and H. SILVERSTONE: Zusammenfassung über Ernährung in Beziehung zum Krebs (1953) 192[6]. — Fettreiche Nahrung begünstigt Krebs 229[11]. — Krebsfördernde Wirkung fettreicher Ernährung 287[7].
TARBELL, D. S., E. G. BROOKER, P. SEIFERT, A. VANTERPOOL, C. J. CLAUS and W. CONWAY: Struktur des 3,4-Benzpyren-Protein-Komplexes 358[8].
TARCHANOFF, J. Fürst v., s. POEHL, A. v. 28[1].
TARVER, H.: Zusammenfassung über Stoffwechsel von Aminosäuren und Proteinen (1952) 545[8].
TATUM, A. C., s. ROE, J. H. 410[5].
TATUM, E. L.: Genetische Analyse von Stoffwechselprozessen an Neurospora crassa 99[6].
— and J. LEDERBERG: Genaustausch, Rekombination und Mutationen bei Bakterien 78[8].
— s. BEADLE, G. W. 86[7].
— s. GRIFFIN, A. C. 271[5], 371[9].
— s. LEDERBERG, J. 86[7], 96[4].
— s. REAUME, S. E. 92[17], 93[10].
— s. RITCHEY, M. G. 396[8].
TAUBENHAUS, M., and G. D. AMROMIN: Entzündungsauslösung nach Hypophysenexstirpation 170[10].
TAUSCH, M.: Fruchtwasserbildung durch den Fetus 47[5].
TAUSSIG, J., Z. K. COOPER and M. G. SEELIG: Krebsauslösung durch 3,4-Benzpyren an bestrahlten Mäusen 205[10].
TAYLOR, A., and N. CARMICHAEL: Krebszellen ändern ihre Eigenschaften 333[6].
— M. A. POLLACK and R. J. WILLIAMS: Gehalt an Vitaminen der B-Gruppe in Tumoren 459[5].
— s. POLLACK, M. A. 459[5].
TAYLOR, A. R.: Darstellung des SHOPE-Papillom-Virus 386[11]. — Desoxyribonucleinsäuregehalt in Phagen 598[3].
— D. BEARD, D. G. SHARP and J. W. BEARD: Chemische Zusammensetzung des Kaninchenpapillom-Virus 385[14].
— D. G. SHARP, D. BEARD and J. W. BEARD: Chemische Zusammensetzung einer Hühnchen-Embryo-Komponente 385[12]. — Encephalitis-Viren 604[1].
— s. NEURATH, H. 386[10].
— s. SHARP, D. G. 295[2].
TAYLOR, H. C., s. DUNGAL, N. 184 Tab.
TAYLOR, H. F. W., s. ELMORE, D. T. 140[6], 277[3].
TAYLOR, H. L., s. KEYS, A. 575[1], 576[7].
TAYLOR, J. D., s. PAUL, H. E. 180[9].
TEAGUE, R. S., and A. E. BROWN: Nachweis von Stilboestrol 42[10].
TEDESCHI, G. G.: Gewebsreaktionen nach subcutaner Agarinjektion 282[14].
TEIR, H.: Organspezifische Wuchsstoffwirkung von Extrakten embryonaler Organe 151[2].
— A. VOUTILAINEN and A. KILJUNEN: Sarkombildung nach Implantation von Hautsuspensionen 283[10].
TEMMER, O. S., s. REID, J. C. 448[6].
TEPPERMAN, J., and J. M. DE WITT: ACTH steigert Atmung von Nebennierenrindenschnitten 171[5].
TEREPKA, A. R., s. WATERHOUSE, C. 398[9]
TERESI, J. D., s. GRIFFIN, A. C. 434[5], 435[1].
TERPSTRA, T. J., s. LAMMERS, W. 49[7].
TERRILL, J. G., s. MOELLER, D. W. 199[12].
TERROINE, E. F.: Spezifisch-endogene N-Ausscheidung 546[4].
— et G. DELPECH: Grundumsatz 526[5].
TERSCHAKOVEC, G. A., s. MOON, V. H. 169[4].
TERZIOĞLU, M., and R. AYKUT: Grundumsatz im Höhenklima 536[6].
TEUTSCHLAENDER, O.: Teerkrebs bei bestrahlten Mäusen 205[9]. — Kalkbeincarcinom bei Hühnern 289[10]. — Auslösung des Kalkbeincarcinoms durch Milben 294[5].
THANNHAUSER, S. J., s. SCHMIDT, G. 108[1], 123[1].
THAYER, S. A., s. DOISY, E. A. 28[3].
— s. MACCORQUODALE, D. W. 39[6], 297[10].
THEOPHRASTUS VON HOHENHEIM: Realgar als Ursache von Lungenkrebs 197[12].
THER, L.: Buch über pharmakologische Methoden zur Auffindung von Arzneimitteln und Giften und Analyse ihrer Wirkungsweise (1949) 167[13].
THERMAN, P. O. G., s. MANGOLD, R. 522[10].
THEVENET, M., s. CHEYMOL, J. 36[1].
THIEBLOTT, L., s. LESPAGNOL, A. 39[6], 40[4].
THIERSCH, J. B., s. PHILIPS, F. S. 160[6].

THIERY, J. P., s. THOMAS, J. A. 377[5].
THIMANN, K. V.: Zusammenfassung über pflanzliche Wachstumshormone (1948) 147[5]. — Zusammenfassung über andere Pflanzenhormone (1948) 149[16]. — Schwache Wuchsstoffwirkung von Inden- und Cumarylessigsäure 149[11].
— and J. BONNER: Zusammenfassung über pflanzliche Wachstumshormone (1938) 124[55].
— s. KOEPFLI, J. B. 149[12], 163[9].
— s. PINCUS, G. 7[24].
— s. WENT, F. W. 124[57].
THOENIES, H., u. M. BÜCHNER: Bluteiweißkörper bei neoplastischen Krankheiten 432[11].
THOM, H.-J., s. LETTRÉ, H. 135[4].
THOMAS, A., s. MEDES, G. 450[12].
THOMAS, A. J., s. JEDEIKIN, L. A. 415[13].
THOMAS, C. A. jr., s. FRASER, D. 599[1].
THOMAS, C. I., M. S. BOVINGTON and J. S. KROHMER: Aufnahme von ^{32}P durch Tumoren und wachsende Gewebe 401[13].
THOMAS, F., s. KORTEWEG, R. 324[12].
THOMAS, I. ap, s. PATERSON, E. 139[8], 375[4].
THOMAS, J. A., et J. P. THIERY: Carcinogene Wirkung von Kobalt- und Zinksalzen 377[5]
THOMAS, K.: Biologische Wertigkeit von Eiweiß 546[9].
THOMAS, L. E., and L. M. STEINITZ: Arginingehalt von Tumoren 424[15].
— s. DALLAM, R. D. 13[15].
THOMAS, M., s. KOTIN, P. 195[1], 200[8], 214[1], 347[4, 6].
THOMAS, N., s. SELLERS, E. A. 532[3, 10].
THOMAS, W. P., s. SCRIMSHAW, N. S. 480[10].
THOMASSON, H. J.: Cancerogene Wirkung hitzepolymerisierter Öle 288[9]. — Nährwert der Fette 557[3].
THOMPSETT, J. M., s. SHACK, J. 444[9].
THOMPSON, H. W., s. ORR, S. F. D. 355[8].
THOMPSON, J. W., s. GREENSTEIN, J. P. 395[36], 421[3, 5], 438[5].
— s. MAVER, M. E. 395[47], 436[6].
— s. VOEGTLIN, C. 178[10], 397[4], 398[1], 424[7].
THOMPSON, R. H. S., s. ADAMS, D. H. 374[4].
THOMSON, D. L., s. COLLIP, J. B. 26[6], 152[10].
— s. SELYE, H. 19[1].
THOMSON, R. Y., F. C. HEAGY, W. C. HUTCHISON and J. N. DAVIDSON: Desoxyribonucleinsäuregehalt von Tumoren und ihren Muttergeweben 440[9]. — Verminderung der Ribonucleinsäure in Rattenhepatomen 441[6]. — Desoxyribonucleinsäuregehalt der Leberzellkerne 442[5]. — Ribonucleinsäuregehalt in Zellkernen bei Dimethylaminoazobenzolhepatom 443[11].
— R. M. S. SMELLIE and H. HARRINGTON: Einbau von Formiat-^{14}C in Adenin von RNS und DNS 447[12].
THORN, G. W., P. H. FORSHAM, T. F. FRAWLEY, S. R. HILL jr., M. ROCHE, D. STAEHELIN and D. L. WILSON: Wirkung von Cortison auf Hyaluronidase und auf Bildung und Abbau von Histamin 173[1].
THORN, P. H. FORSHAM, T. G. F. PRUNTY and A. G. HILLS: THORN-Test 172[11], 174[1].
— s. RECANT, L. 171[2].
THORNTON, M. J., s. HARRIS, J. W. 48[12].
THORPE, W. V., s. BRAY, H. G. 257[11].
THORSON, T. A., s. BROWN, D. V. 246[14], 366[6].
THURAU, R.: Übertragung von Antikörpern durch die Placenta 123[10].
THURLOW, T., s. BONNER, J. 162[5].
TICHOMIROFF, A.: Neubildung von Purinbasen in bebrüteten Eiern von Bombyx mori 476[2], 477[8]. — Kein Chitin in Schalensubstanz des Sei-denspinnereis 504[3].
TIEDEMANN, H.: Chinonbildung aus cancerogenen Kohlenwasserstoffen 227[3]. — Benzochinon lokal nicht cancerogen 260[20]. Glykolyse und Atmung von EHRLICH-Mäuseascitestumor 406[9].
TIFFT, M. O., s. GRIFFIN, A. C. 446[12].
TIGERSTEDT, R.: Zusammenfassung über Umsatz bei willkürlicher Muskeltätigkeit (1926) 523[1]. — Grundumsatz des erwachsenen Menschen 523[1].
— s. JOHANSSON, J. E. 523[2], 573[3].
TIKKALA, A. O., s. BOYD, E. M. 450[13].
TILAK, I. B. D.: Cancerogene Wirkung von Thiophenbenzanthracen 219[4]. — Cancerogene Wirkung von 4,7-Dimethyl-2,3,5,6-dibenzthionaphthen und Thiophenanalogen von Dibenzanthracenen 353[3].
TILLETT, W. S., s. SHERRY, S. 168[9].
TIMMIS, G. M., s. HADDOW, A. 139[30], 240[6], 276[4], 373[18].
TIMOFÉEFF-RESSOVSKY, N. W.: Buch über experimentelle Mutationsforschung in der Vererbungslehre (1937) 70[65]. — Rückmutationen 87[2].
— u. M. DELBRÜCK: Berechnung der Mutationsrate 89[4].
— u. K. G. ZIMMER: Buch über Trefferprinzip in der Biologie (1947) 85[14].
— K. G. ZIMMER u. M. DELBRÜCK: Ursache für Auftreten von Spontanmutationen 87[10].
— s. RIEHL, N. 89[1].
TIPLER, M. M., s. GOULDEN, F. 347[3].
TIPTON, I. H., s. TIPTON, S. R. 529[8].
TIPTON, S. R., M. J. LEATH, I. H. TIPTON and W. L. NIXON: Aktivierung von Fermenten durch Thyroxin 529[8].
TISCHLER, G.: Buch über Chromosomenzahlen der Gefäßpflanzen Mitteleuropas (1950) 70[66].
TISELIUS, A., and E. A. KABAT: Antikörper in γ-Globulinfraktion des Blutes 175[7].
— s. KRITCHEVSKY, T. H. 33[9].
— s. RUNNSTRÖM, J. 101[11].
— s. WEIBULL, F. 83[3].
TISHKOFF, G. H., s. ROBERTS, E. 423[4].
TOBIN, J. R. jr., D. BERGENSTAHL and C. H. STEFFEE: Einfluß der Unterernährung auf Fermentbildung 577[4].
TOCH, R., s. FARBER, S. 373[9].
TODD, A. R., s. BROWN, D. M. 60[4].
TODD, E. W., s. PILLEMER, L. 150[20], 176[1]

TÖNDURY, G.: Auslösung von Mißbildungen durch chemische Substanzen 96[5]. — Empfindlichkeit von verschiedenen Entwickelungsstadien gegen Schädigungen 115[13]. — Augenmißbildungen bei Fundulus 117[5]. — Rubeolen als Ursachen von Mißbildungen 118[2]. — Störung der Zellteilung durch oestrogene Hormone 480[7].

TOENNIES, G.: Zusammenfassung über eiweißchemische Aspekte des Krebses (1947) 423[2]. — Unterschiede im Proteinstoffwechsel von Tumor- und Mutterzellen 264[3]. — Serumproteine bei Tumorkranken 432[9].

TÖNNIS, B., s. KÖGL, F. 147[3,22].

TÖRÖ, I.: Herzhormone 151[3].

TOIVONEN, S.: Induktorwirkung fixierter tierischer Gewebe 112[1]. — Induktoren aus Meerschweinchenorganen 112[2].

TOKORO, Y.: Geschwulstbildung nach Injektion hypertoner Kochsalzlösung 212[2].

TOKUNAKA, H., s. NAKAGAWA, S. 422[8].

TOKUOKA, S.: Cancerogene Wirkung von Bis-(2-chloräthyl)-aminoxyd 271[7].

TOLKSDORF, M., s. ROMATOWSKI, H. 55[4].

TOMARELLI, R. (M.), s. GYÖRGY, P. 156[2], 375[8].

TOMASHEFSKY, P., s. FODOR, P. J. 435[15], 457[3].

— s. FUNK, C. 324[11], 325[2].

TOMITA, M.: Milchsäurebildung bei Entwickelung des Hühnerembryos 468[4]. — Milchsäuregehalt im bebrüteten Hühnerei 472[7]. — Reptilieneier 496[1]. — Seidenspinnereier 504[2].

— u. S. FUJII: Waldfroscheier 501[1].

— u. H. FUJIWARA: Riesensalamandereier 499[1].

— K. HAMADA, Y. MANABE and M. SASAKI: Thiamin im Eiereiweiß der Meerschildkröte, Riboflavin dem des Riesensalamanders 466[10]. — Riboflavingehalt im Riesensalamanderei 480[8]. — Vitamin B_2-Gehalt im Riesensalamanderei 500[1].

— u. H. IMAMURA: Dopaoxydase im Eierklar 466[8]. — Dopaoxydase im Hühnerei 469[1]. — Dopaoxydase im Hühnerembryo 479[2].

— u. J. KARASHIMA: Calcium- und Magnesiumgehalt von sich entwickelnden Meerschildkröteneiern 469[12]. — Verhalten von Fett im bebrüteten Meerschildkrötenei 473[3]. — Verhalten organischer P-Verbindungen im bebrüteten Meerschildkrötenei 474[4]. — Meerschildkröteneier 496[2].

— u. T. KUMON: Larven von Fleischfliegen 505[1].

— u. K. KUSUI: Meerschildkröteneier 496[2].

— u. M. NAGAYAMA: Geschlechtsbestimmende Stoffe in Taubeneiern 488[1].

— u. Y. NAKAMURA: Meerschildkröteneier 496[2].

— u. J.-I. SAGARA: Amylase im Hühnerei-Eiweiß 466[6]. — Meerschildkröteneier 496[2].

— u. Y. SENDJU: Meerschildkröteneier 496[2].

TOMITA, M., u. M. TAKAHASHI: Harnsäurebildung im Vogelorganismus 472[8]. — Meerschildkröteneier 496[2].

— u. T. TANAKA: Gaswechsel von sich entwickelnden Kobraeiern 481[3]. — Schlangeneier 497[1].

TOMIZAWA, J. I., and S. SUNAKAWA: Bildung von Virus-Desoxyribonucleinsäure 65[4]. — Bedeutung von Protein für Produktion von Phagen-DNS 599[10].

TOMPSETT, S. L.: Bestimmung von Progesteron und Pregnandiol 33[11].

TONOMURA, A., s. WATANABE, F. 206[5].

TONUTTI, E.: Angriffsort von Diphtherietoxin nach Hormonvorbehandlung 170[7]. Kontrollen der lokalen Entzündung durch Hypophysen-Nebennierenrinden-System 170[9].

— u. S. FETZER: Resistenz gegen Bakterien und Bakterientoxine nach Cortison 173[2].

— u. K. H. MATZNER: Angriffspunkt von Diphtherietoxin nach Hormonvorbehandlung 170[7].

TOOLAN, H. W.: Begünstigung der Transplantation experimenteller Tumoren durch Cortison 330[8]. — Transplantabilität von Tumoren 338[1]. — Cortisonvorbehandlung vor Tumortransplantation 338[9].

— s. BENNETT, L. L. jr. 447[1].

TOSCANI, V., s. MCCLELLAN, W. S. 553[3].

TOSI, L., s. MONROY, A. 51[10], 102[1], 106[1].

TOURTELLOTTE, W. W., and J. B. STORER: Keine Krebsübertragung durch Mitochondrien- und Chromatinfraktion aus Krebszellen 300[12]. — Zur Tumortransplantation sind Zellen erforderlich 337[3].

TOWBIN, A.: Rückbildung transplantierter Tumoren 338[4].

TOWNSEND, C. O., s. SMITH, E. F. 291[5].

TOYODA, H., S. KISHI and W. NAKAHARA: Jodgehalt in Tumoren 401[2].

TRACY, M. M., s. BRUES, A. M. 443[17], 446[7].

TRAEGER, J., s. ENSELME, J. 159[3].

TRAPPE, W., s. DRUCKREY, H. 124[16], 267[6], 318[2], 319[2], 321[3], 332[7], 333[2], 335[11], 336[4].

TRAUB, E., u. B. SCHNEIDER: Züchtung von Maul- und Klauenseuche-Virus 605[1].

TRAUT, F., s. HEGEMANN, G. 178[8].

TRAUT, H. F., s. PAPANICOLAOU, G. N. 17[4].

TRAUTMANN, F., s. HOHENADEL, B. 168[5].

TRAUTMANN, M. L., s. COOPER, E. J. 449[7].

TRAUTNER, T., s. BRESCH, C. 600[3].

TRAVERS, J. J., s. BROWN, E. V. 240[3], 365[5].

— s. CERECEDO, L. R. 441[15], 448[8].

— s. LOMBARDO, M. E. 448[8].

TRÉFOUËL, J., Mme. J. TRÉFOUËL et D. BOVER: Enzymatische Reduktion und Spaltung der Azobrücke in 4-Dimethylaminoazobenzol 258[7].

TRÉFOUËL, J. Mme., s. TRÉFOUËL, J. 258[7].

TRENDELENBURG, P.: Buch über Hormone, Bd. 1 (1929) 7[11]. — Speicherung von Oxytocin in der Neurohypophyse 49[1]. — Oxytocinauswertung 49[7].

TRENTIN, J. J., and C. W. TURNER: Mammogenes Hormon 49[13].
— s. GARDNER, W. U. 382[3].
TRIANTAPHYLLIDIS, E., et M. TUBIANA: Jodgehalt von Schilddrüsentumorgewebe ist erniedrigt 401[5].
TRIPPETT, S., s. VIGNEAUD, V. DU 49[2].
TROESCHER, E. E., and E. R. NORRIS: Lipaseaktivität im Blut tumortragender Organismen 455[10].
TROLL, W.: Lehrbuch der allgemeinen Botanik (1948) 49[14].
TROMP, S. W.: Kein Zusammenhang zwischen Krebs und künstlicher Düngung 193[9]. — Magnesiumgehalt des Bodens und Krebshäufigkeit 399[15].
TRONNIER, H., s. LIEFLÄNDER, M. 426[1].
TROWELL, H. C.: Kwashiorkor 192[2]. — Leberkrebs der Bantuneger beruht auf Proteinmangel 193[13].
TRUHAUT, R.: Zusammenfassung über chemische Substanzen als Ursache von Berufskrebs (1954) 199*. — Magnesiummangel soll Krebs begünstigen 193[10]. — Berufskrebs 198[4]. — Cancerogene aromatische Amine 234[1]. — Lebensmittelfarbstoffe 246[12]. — α-Oxy-β-naphthylamin aus β-Naphthylamin 256[2]. — Bedeutung von Nahrungsmittelzusätzen für Carcinogenese 384[2].
— s. SANNIÉ, C. 391[10], 392[5].
TSAMBOULAS, N.: Spezifisch-dynamische Wirkung abhängig von sozialer Lage 539[11].
TSCHERMAK, A. v.: Buch über allgemeine Physiologie, Bd. I/2 (1924) 510[3].
TSCHERNE, E.: Buch über Sexualhormontherapie (1948) 46[3].
TSCHERNIKOW, (A. M.), I. D. GADASKIN u. I. I. GUREWITSCH: Oxydation von Benzol und Phenol durch Leberschnitte 226[6].
TSCHESCHE, R.: Unterbrechung der Purinsynthese durch Aminopterin 142[5]. — Mechanismus der Wirkung von Chemotherapeutica 142[10]. — p-Aminobenzoesäure als Baustein von Folsäure 147[2]. — Folsäure 159[6]. — Galaktoflavin 160[5].
— W. LOOP u. K. SOEHRING: Folsäure 159[6]. Galaktoflavin 160[5].
— s. LETTRÉ, H. 7[15].
— s. WINDAUS, A. 146[10].
TSCHOPP, E.: α-Bis-dehydro-doisynolsäure als synthetisches Oestrogen 40[6].
TSUBOI, K. K., s. KRETSCHMER, N. 415[4].
— s. STOWELL, R. E. 254[2], 276[7].
TSUNOO, S., s. FUJIWARA, H. 499[1].
— s. KATAOKA, E. 499[1].
TSUTSUI, H.: Experimentelle Hautkrebse 212[10]. — Epitheliombildung nach Teerpinselung 346[3].
TUBA, J.: Kein Zusammenhang zwischen Serumlipase-Aktivität und Auftreten von Mammatumoren 455[15].
TUBIANA, M., s. TRIANTAPHYLLIDIS, E. 401[5].
TULLIS, J. L., s. FURTH, J. 379[12].
TULLNER, W. W., s. HERTZ, R. 16[3], 26[5].
TULPULE, P. G., and J. N. WILLIAMS jr.: Wirkung essentieller Fettsäuren auf Aktivität der Cytochromoxydase 556[2].
TUNG, T. C., and P. P. COHEN: Citrullinsynthese in Hepatomen 438[11].
TUPPER, R., R. W. E. WATTS and A. WORMALL: Zinkaufnahme durch Tumoren und normale Gewebe 400[8].
TUPPY, H.: Struktur von Oxytocin 49[2].
— u. H. MICHL: Struktur von Oxytocin 49[2].
TURBAN, K., s. GRAFE, E. 550[2].
TURFITT, G. E., s. SMITH, J. W. G. 42[9].
TURNER, A. H., and F. G. BENEDICT: Rassische Unterschiede des Grundumsatzes 535[9].
TURNER, C. W., s. BERGMAN, A. J. 155[1].
— s. LEWIS, A. A. 18[5], 49[13].
— s. MIXNER, J. P. 160[13].
— s. TRENTIN, J. J. 49[13].
— s. WHITTLESTONE, W. G. 49[11].
TURNER, D. L., s. MILLER, E. 203[3].
TURNER, E. E., s. BOOTH, J. 226[8].
TURNER, E. L.: Keine rassischen Unterschiede des Grundumsatzes 535[4].
TURNER, F. C.: Krebsbildung nach Implantation von Bakelit 279[8]. — Fibrosarkombildung nach Implantation von Bakelit 376[7].
— s. SHEAR, M. J. 169[10].
TURNER, J. C., and B. MULLIKEN: Leberschutzstoffe 179[7].
TURNER, R. A., J. G. PIERCE and V. DU VIGNEAUD: Struktur von Oxytocin 49[2].
— s. BOISSONNAS, R. A. 262[9], 263[3], 370[3].
TURNER, V., s. KÖRBLER, J. 283[8].
TUTTLE, L. C., s. LIPMANN, F. 255[6].
TUTTLE, L. W., L. A. ERF and J. H. LAWRENCE: Einbau von ^{32}P in Nucleoproteidfraktion von Tumoren 446[4].
TWOMBLY, G. H., D. MEISEL and A. P. STOUT: Tumorbildung aus in die Milz transplantierten Hoden 326[3].
— and E. F. SCHOENEWALDT: Ausscheidung von Diäthylstilboestrol in Galle und Harn 42[7].
TYLER, A.: Zusammenfassung über Entwickelungsphysiologie (1947) 106[16]. — Gynogamon 2 101[3]. — Androgamon 2_1. 101[10].
— and K. O'MELVENY: Antifertilisin 101[9].
TYNER, E. P., C. HEIDELBERGER and G. A. LEPAGE: Einbaugeschwindigkeit markierter Aminosäuren in Tumoren 434[5]. — Einbau von Glykokoll-^{14}C in Ribo- und Desoxyribonucleinsäuren der Zellfraktionen von Rattenleber und JENSEN-Sarkom 446[1]. — Einbau von ^{32}P und Glykokoll-^{14}C in Ribo- und Desoxyribonucleinsäuren der Zellfraktionen von Rattenleber und JENSEN-Sarkom 446[2].
TYSLOWITZ, R., and E. B. ASTWOOD: Bedeutung der Hypophyse für Stoffwechselsteigerung in der Kälte 532[8].
TYTLER, W. H. I., s. ROUS, P. 293[19].

Tyzzer, E. E.: Mutationstheorie des Krebses 182[2]. — Vorkommen von Krebs bei Mäusen 184 Tab.

Udin, B., s. Putnam, F. W. 433[9].
Uebelin, F., u. A. Pletscher: Blasenkrebs durch aromatische Amine 200[15]. — Cancerogene Wirkung von Anilin beim Menschen 234[2].
Uehlinger, E., u. O. Schürch: Cancerogene Wirkung von Mesothor 1 209[5].
— s. Schinz, H. R. 210[4], 211[3], 282[5].
— s. Schürch, O. 209[2], 379[14].
Uffer, A.: Bakteriostatische Wirkung von Demecolcin-Derivaten 138[8].
Ugo, A., s. Vlès, F. 205[9].
Uhlenhuth, E.: Angriffspunkt des Schilddrüsenhormons 154[9].
Uhler, M., and S. Gard: Lipidgehalt der inkompletten Formen der klassischen Geflügelpest und der Influenza 607[4].
Uhlmann, G., s. Schubert, G. 282[3], 380[3].
Uhlmann, J., s. Höhne, G. 409[2].
Ullmann, K., s. Oppenheim, M. 198[4].
Ullmann, S., s. Zillig, W. 606[1].
Ullrich, H.: Zusammenfassung über allgemeine Genetik (1942) 70[67]. — Blühhormone 149[20].
Ulrich, P.: Androgene zur Therapie des präklimakterischen Brustkrebses 328[3].
Umber, F.: Buch über Stoffwechselkrankheiten in der Praxis. 3. Aufl. (1939) 559[1].
Umeda, M.: Cancerogene Wirkung von 3-Amino-p-toluidin (m-Toluylendiamin) 234[7]. Cancerogene Wirkung von 5β-Naphthylazo-2,4,6-triaminopyrimidin und Toluylenblau 240[5]. — Cancerogene Wirkung von Rhodamin B und 6C 243[5]. — Cancerogene Wirkung von Akridinrot 243[6].
Ungnade, H. E., s. Evans, H. M. 43[10].
United Nations. Bericht über Strahlenwirkung (1957) 91[3].
— *World Health Organization:* Bericht über epidemiologische und vitale Statistik (1952) 190[3].
Unna, P. G.: Buch über Histopathologie der Hautkrankheiten. 3 Bde. (1894) 198[4].
Uphoff, D. E., and C. Stern: Dosis und Latenz bei der mutagenen Wirkung der Röntgenstrahlen 207[3]. — Mutagene Strahlenwirkung 303[2].
Upton, A. C., and J. Furth: Hypophysentumoren bei Mäusen nach Röntgenbestrahlung 379[11].
— J. Furth and K. W. Christenberry: Neutronenbestrahlung führt zu Tumoren und Leukämien 380[4].
— G. S. Melville jr., M. Slater, F. P. Conte and J. Furth: Bildung von Tumoren und Leukämie nach Neutronenbestrahlung 380[4].
Uramoto, M.: Cholesteringehalt von Flexner-Jobling-Carcinom 452[9].
Urbach, F.: Ursache der fehlenden Wirkung von Natriumfluoracetat auf Citronensäurecyclus in Tumoren 405[8].
— and W. K. Noell: Ursache der fehlenden Wirkung von Natriumfluoracetat auf Citronensäurecyclus in Tumoren 405[8].
Urban, E. I., s. Vorwald, A. I. 211[1].
Urushibara, Y., and T. Takahashi: Synthetische Oestrogene 39[6]. — 4,4′-Dioxyazobenzol (trans) als synthetisches Oestrogen 40[9].
US National Research Council: Buch über Bedarf an essentiellen Fettsäuren (1953) 556[5].
Uyel, N., s. Evans, H. M. 152[10].

Vahs, W., s. Engländer, H. 112[1].
Valade, P.: Geräucherte Lebensmittel sind nicht cancerogen 213[9].
Valentine, R. C., and A. Isaacs: Filamente aus Viren der klassischen Geflügelpest und der Influenza 607[6].
Valiant, J., s. Wright, L. D. 147[16].
Vals, G. H. van, s. Bosch, L. 410[2].
— s. Emmelot, P. 410[2], 413[4].
Vannotti, A., s. Suriyong, R. 151[3].
Vanterpool, A., s. Tarbell, D. S. 358[8].
Varangot, J.: Wirkung oestrogener Hormone auf den Uterus 46[5].
Vars, H. M., s. Rosenthal, O. 145[7].
Vasseur, E., s. Immers, J. 101[4].
Vassiliadas, H. C.: Verhinderung der cancerogenen Wirkung von 4-Dimethylaminoazobenzol durch Hafer 260[7].
Vaughan, J., s. Owen, M. 380[2].
Vaughan, J. R. jr., s. Roblin, B. O. jr. 161[5].
Vaughan, V. C., and H. V. Bills: Verwendung von Calcium der Eischale für Knochenbildung des Embryo 469[8].
Veersen, G. J. van, s. Kögl, F. 428[4].
Veiel, F.: Cancerogene Wirkung von Steinkohlenteer 270[13].
Velat, C. A., s. Morris, H. P. 362[14].
Veldhuis, A. H.: Bestimmung der Oestrogene durch Fluorometrie 33[8].
Veldstra, H.: Zusammenfassung über synergistische Wirkung von strukturanalogen Stoffen (1948) 159[3]. — Zusammenfassung über Wuchsstoffe (1953) 149[15]. — Abwandlungsprodukte von Heteroauxin 149[8]. — Blastokoline 163[9].
— and E. Havinga: Indolacetaldehyd als Hemmstoff für Maiskeimung 163[8].
— s. Akkerman, A. M. 163[9].
Veler, C. D., s. Doisy, E. A. 28[3].
Vendrely, C., s. Boivin, A. 76[1], 132[3], 442[2].
— s. Vendrely, R. 442[2].
Vendrely, R.: Desoxyribonucleinsäuregehalt von Zellkernen somatischer und haploider Zellen (Spermatozoen) 442[2].
— et C. Vendrely: Desoxyribonucleinsäuregehalt von Zellkernen somatischer und haploider Zellen (Spermatozoen) 442[2].
— s. Boivin, A. 76[1], 81[9], 132[3], 442[2].
Venjakob, J., s. Arnold, H. 274[1].

Venker, L., s. Graffi, A. 337[12].
— s. Schneider, E. J. 409[9].
Venning, E. H.: Bestimmung von Progesteron und Pregnandiol 33[11]. — Prolanausscheidung im Harn 45[2]. — Ausscheidung von Keimdrüsenhormonen und Corticosteroiden während der Schwangerschaft 45[4]. — Corticosteroidausscheidung im Harn 173[13].
Vermes, E., et A. Raffy: Vitamin B_2-Gehalt in menschlichen Tumoren 460[5].
Vermund, H., C. P. Barnum, R. A. Huseby-and K. W. Stenstrom: Hemmung der Desoxyribonucleinsäurebildung im Mammacarcinom der Maus durch Röntgenstrahlen 447[16].
— s. Barnum, C. P. 446[11], 447[6].
Verrett, M. J., s. Brown, E. V. 240[4], 365[10].
Verschuer, O. Frh. v.: Zusammenfassung über Humangenetik (1951) 70[68]. — Erblichkeit des menschlichen Carcinoms 188[2].
Verzár, F.: Buch über die Funktion der Nebennierenrinde (1939) 171[3]. — Kaliumverlust von ermüdetem Gewebe 165[7].
— s. Tangl, F. 521[3].
Vescia, A.: Elektrophoretische Unterschiede zwischen Peptidasen aus normalen und neoplastischen Geweben 437[11].
— A. Albano u. A. Iacono: Keine Hemmung der D-Leucylglycinpeptidaseaktivität durch L-Leucin in Krebsgewebe 437[9].
— F. Fanelli and A. Iacono: Steigerung der Wirkung von L-Leucinglycin- und L-Leucylglycylglycinpeptidase menschlicher Tumoren durch D-Leucin 437[7].
Vesin, M. S.: Lungenkrebs nach Emanation 199[8].
Vesselinovitch, S. D., and J. P. W. Gilman: Latenzzeit der Crotonölwirkung 381[3].
— s. Gilman, J. P. 213[8].
Vestal, B., s. Albanese, A. A. 550[5].
Vestling, C. S., and A. A. Knoepfelmacher: Aktivierung von Fermenten durch Thyroxin 529[4].
Vickerstaff, T.: Buch über die physikalische Chemie des Färbens. Engl. (1950) 252[4].
Vierthaler, R., s. Druckrey, H. 391[5].
Vieyres, J., s. Khouvine, Y. 444[8].
Vigier, P., s. Bernhard, W. 386[4].
Vigneaud, V. du: Zusammenfassung über Oxytocin (1956) 49[3]. — Antibiotin 160[2].
— C. Ressler, J. M. Swan, C. W. Roberts, P. G. Katsoyamus and S. Gordon: Wirkung von Oxytocin auf Lactation 49[12].
— C. Ressler and S. Trippett: Struktur von Oxytocin 49[2].
— J. M. Spangler, D. Burk, C. J. Kensler, K. Sugiura and C. P. Rhoads: Einfluß von Avidin auf Geschwulstwachstum 331[9].
— s. Boissonnas, R. A. 262[9], 263[3], 370[3].
— s. Mackenzie, C. G. 263[1].
— s. Pierce, J. G. 49[2].
— s. Turner, R. A. 49[2].
Villasana, A., s. Stowell, R. E. 254[2], 276[7].
Villavicencio, M., and E. S. G. Barron: Hemmung der Tumorglykolyse durch Jodessigsäure 408[7].
Villegas, V., s. Mitchell, H. H. 547[12].
Vinzent, R., s. Lacassagne, A. 207[8], 303[5].
Vinet, A., s. Meunier, P. 43[8].
Viollier, G.: Bernsteinsäuredehydrogenase-Aktivität der Leber nach carcinogenen Azoverbindungen 415[2]. — Cholinoxydaseaktivität im azofarbstoffinduzierten Hepatom der Ratte 458[14]. — Cholinoxydaseaktivität in Leberadenomen nach cholinarmer Diät 459[3].
— u. P. Waser: Lipaseaktivität in azofarbstoffinduzierten Rattenhepatomen 455[5].
— s. Staub, H. 193[14].
Virchow, R.: Buch über die krankhaften Geschwülste. 2 Bde. (1863/65) 181[1]. — Bedeutung der amöboiden Beweglichkeit der Krebszellen für Metastasenbildung 340[8].
Virkki, N.: Zusammenfassung über Mitose und Meiose (1955) 136[5]. — Pseudomitose 132[9].
Virtanen, A. I., s. Linko, P. 404[9].
Vischer, E., and E. Chargaff: Basenanalyse von Nucleinsäuren 444[1].
— u. A. Wettstein: Zusammenfassung über mikrobiologische Umwandlungen von Steroiden (1957) 391[2].
— s. Chargaff, E. 444[11], 445[3].
Vischer, W.: Gewebsreaktionen nach makromolekularen Substanzen 282[13].
— s. Werthemann, A. 282[13].
Visscher, M. B., R. G. Green, J. J. Bittner, Z. B. Ball and H. A. Siedentopf: Vermehrung des Milchfaktors bei der Maus 296[9].
Visser, D. W., s. Werkheiser, W. C. 446[17], 448[5].
Visconti, N., and M. Delbrück: Austausch genetisch aktiver Teile zwischen Nucleinsäuren 62[2]. — Vermehrung der Desoxyribonucleinsäure 63[4]. — Makromolekulare Nucleinsäuren als duplikationsfähige Elemente 84[8].
Viscontini, M.: Störung der Purin- und Pyrimidinsynthese durch p-Aminobenzoesäureantagonisten 159[7]. — 4-Aminopteroylglutaminsäure als Folsäureantagonist 160[6]. — 2,6-Diaminopurin und Mercaptopurin als Konkurrenzgifte gegen Adenin 160[8].
Vivell, O., u. R. Gädecke: Coxsackie-Viren 603[5].
Vlamynck, E., s. Graffi, A. 233[11], 380[8].
Vlès, F., A. de Coulon et A. Ugo: Teerkrebs bei bestrahlten Mäusen 205[9].
Voegtlin, C.: Einfluß von Sauerstoff auf den Ablauf enzymatischer Prozesse 121[1]. — Steigerung des Tumorwachstums durch Biotin 147[19]. — Chemische Struktur und biologische Wirkung 159[3]. — Virusantibiotica gegen Krebs wirkungslos 300[8]. — Förderung des Tumorwachstums durch Vitamin B_{12} und Folsäure 332[3].

VOEGTLIN, C., R. H. FITCH, H. KAHLER, J. M. JOHNSON and J. W. THOMPSON: Wasserstoffionenkonzentration in Tumoren 397[4]. Wasserstoffionenkonzentration in Tumoren und normalen Geweben 398[1].
— and J. W. THOMPSON: Wuchsstoffwirkung von Aminosäuren 178[10]. — Glutathiongehalt in Tumoren 424[7].
VÖLKER, H., s. BORNSTEIN, A. 522[6].
VOERKELIUS, G. A., s. WEINFURTNER, F. 85[26].
VOGE, C. I. B.: Histidinausscheidung während der Schwangerschaft 47[1].
VOGT, M.: Mutagene Wirkung von Äthylurethan 92[14], 93[9]. — Veränderung der Zelle bei Cancerisierung 317[1].
VOIT, C. (v.): Stoffwechseluntersuchungen 508[4]. — Stickstoffbilanz 512[1]. — Ursache der Stoffwechselsteigerung in der Kälte 532[3]. — Kein Eiweißminimum durch Gelatine erreichbar 546[8].
— s. PETTENKOFER, M. 508[4].
VOLKIN, E.: Glucose in Phagen-Desoxyribonucleinsäure 598[7].
— and L. ASTRACHAN: Keine Ribonucleinsäure in Phagen 598[5].
— s. ASTRACHAN, L. 599[9].
VOLKMANN, R. v.: Buch über Beiträge zur Chirurgie (1875) 198[3]. — Beziehung zwischen Teer und Hautkrebs 345[5].
VOLLMANN, U.: Temperaturverlauf während der Menstruation 15[1].
VONDERBANK, H.: Antibiotica 156[15].
VORWALD, A. I., P. C. PRATT and E. I. URBAN: Lungenkrebs nach Berylliumaerosol 211[1].
VOSS, F.: Arsen als Ursache von Berufskrebs 210[1].
VOSS, (H.) E.: Lokale Wirkung von Oestrogenen und Gestagenen 18[4]. — Bildung von Androgenen bei der Frau 20[1]. — Luteotropes Hormon 23[6], 25[9]. — Prolactin aus Wöchnerinnenharn 26[1]. — Prolactinnachweis 38[6]. — Wirkungsstärke von Androsteron und Androsteronestern 39[3]. Wachstumshormon 151[13].
— u. S. LOEWE: Anregung von Spermiogenese und Hodenentwicklung durch Follikelreifungshormon 8[6]. — Vesiculardrüsentest 10[2], 39[2]. — Bildungsort der oestrogenen Hormone 26[9].
— s. HAGEDORN, A. 39[5].
— s. LOEWE, S. 10[3], 39[2].
VOUTILAINEN, A., s. THEIR, H. 283[10].
VOWLES, R. B.: Zusammensetzung der Desoxyribonucleinsäure aus JENSEN-Sarkom 443[16].
VRIES, H. DE: Buch über Mutationstheorie (1901) 85[1]. — Buch über Mutationen in der Erblichkeitslehre (1912) 85[1].

WACHOLDER, K.: Stoffwechsel bei geistiger Arbeit 543[9].
— u. H. FRANZ: Spezifisch-dynamische Wirkung nach Hunger 539[10].
WACHS, P., s. POEHL, A. v. 28[1].
WACHSMANN, F., s. JAKOB, A. 199[9].
WACHSTEIN, M., and E. MEISEL: Unspezifische Esterase in Tumoren 455[8].
WACHTEL, H. K.: Geschwulstbildung durch Wachstumshormon 152[13]. — Krebserzeugung bei Ratten durch Wachstumshormon 325[5].
— s. LUSTIG, B. 153[3], 156[10].
WACHTER, H. P., s. STILLE, G. 151[6].
WACKER, A., H. DELLWEG u. E. ROWOLD: Komponenten von Vitamin T 53[9], 150[3].
— s. MÖLLER, E.-F. 160[6].
— s. WEYGAND, F. 160[6, 9, 12].
WADDINGTON, C. H.: Buch über Organisatoren und Gene. Engl. (1947) 70[69]. — Mutation an Einzellern 86[7], 99[1].
— and T. C. CARTER: Mutationen und Abnormitäten bei den Nachkommen nach Zufuhr cancerogener Kohlenwasserstoffe an Muttertiere 231[9].
— J. NEEDHAM, W. W. NOWINSKI and R. LEMBERG: Induktorwirkung von Digitonin 111[6].
WADE, N. J., s. HODAPP, E. L. 336[10].
WAECHTER, H., s. MANGOLD, O. 117[3, 5].
WAELSCH, H., P. OWADES, H. K. MILLER and E. BOREK: Methioninsulfoxyd als Antimetabolit gegen Glutaminsäure 161[7].
— s. BOREK, E. 161[7].
WAGENEN, G. VAN: Zusammenfassung über Fortpflanzung (1947) 7[6]. — Beschleunigung der Geschlechtsreife bei Affen durch Testosteron 20[2]. — Bedeutung der Hypophyse für Erhaltung der Schwangerschaft 44[5]. — ACTH-Ausscheidung während der Schwangerschaft 45[9].
WAGER, J., s. HORVATH, S. M. 532[3].
WAGNER, A.: Tumorbildung nach Verimpfung von normalen Organen 340[1].
WAGNER, B. P., s. MORRIS, H. P. 362[14].
WAGNER, G.: Konstanz der Zellzahl im Herzmuskel 130[4].
WAGNER, K., s. WRIGHT, S. 117[9].
WAGNER, L., s. FISCHER, H. 277[2], 283[3].
WAGNER, R.: Buch über Probleme und Beispiele biologischer Regelung (1954) 22[1]. — Biologische Wertigkeit von Eiweiß 546[10].
WAGNER, R. P., C. H. HADDOX, R. FUERST and W. S. STONE: Mutagene Wirkung von Blausäure und Nitriten 93[5].
— and H. K. MITCHEL: Buch über Genetik und Stoffwechsel. Engl. (1955) 98[7].
WAGNER-JAUREGG, T.: Antibiotica 156[15].
— s. KUHN, R. 146[11].
WAHL, N., s. GRAHAM, H. T. 167[17].
WAIN, R. L., and F. WIGHTMAN (Hrsgb.): Buch über Chemie und Wirkungsweise von Pflanzenwuchsstoffen. Engl. (1956) 147[9].
WAISMAN, H. A., C. MONDER and J. N. WILLIAMS jr.: Aktivität der Glutaminsäure-Oxalessigsäure-Transaminase in Leukocyten 439[14].

WAJZER, J., et R. ZELNIK: Fructose im fetalen Blut 44[1].
WAKSMAN, B. H.: „Logit"-Einheiten 34[5].
WALAAS, E., s. WALAAS, O. 16[8].
WALAAS, O., and E. WALAAS: Adenosintriphosphat- und Phosphokreatingehalt in Uterus- und Skeletmuskel 16[8].
WALDSCHMITZ-LEITZ, E.: D-Peptidasen in normalem und Tumorgewebe 437[4].
— u. E. MCDONALD: Arginaseaktivität in den Organen von Tumorträgern 438[13].
— u. K. MAYER: Wirkung von D-Peptidasen 437[10].
— s. WILLSTÄTTER, R. 468[5].
WALDMANN, O., s. GILDEMEISTER, E. 384[3].
WALKER, A. C., s. MARSHAK, A. 135[4].
WALKER, J., s. BURKE, D. C. 605[10].
WALKER, J. M., s. BISSET, G. W. 49[7].
WALKER, P. M. B., and H. B. YATES: DNS-Bildung in der Interphase 135[1].
WALL, R. L., s. PANOS, T. C. 555[13].
WALLACE, D. M., s. BOYLAND, E. 256[5], 330[3], 367[8], 388[5], 458[6].
WALLEN, A., s. CO TUI, F. W. 170[1].
WALLENFELS, K., u. A. GAUHE: Struktur von Echinochrom A 101[7].
— s. HARTMANN, M. 101[5].
— s. KUHN, R. 15[7], 101[7].
WALLENSTERN, L. v., s. HEGEMANN, G. 178[8].
WALLER, R. E.: Luftverschmutzung 195[1]. — Rauch als Ursache von Haut- und Lungenkrebs 200[8]. — Rußniederschläge in Liverpool 213[13]. — Vorkommen von 3,4-Benzpyren in der Luft 347[3].
WALLGREN, G. R., s. RAURAMO, L. 400[4].
WALLICK, C. A., s. MOODIE, M. M. 358[5].
WALLING, C., s. FRAENKEL, G. K. 280[2].
WALPOLE, A. L.: WALKER 256-Carcinom 334[4]. — Cancerogene Wirkung von Äthylenimin und seinen Acylverbindungen 372[1]. — Sarkombildung durch β-Propiolacton 372[5]. — Krebserzeugende Wirkung monofunktioneller Verbindungen 373[21].
— D. C. ROBERTS, F. L. ROSE, J. A. HENDRY and R. F. HOMER: Tumorauslösung durch pflanzliche Öle 192[11]. — Sarkome bei Ratten durch pflanzliche Öle 215[1]. — Cancerogene Wirkung von Alkyläthylenimınen 275[2]. — Cancerogene Wirkung von β-Propiolacton 276[5]. — Sarkombildung durch Injektion von Öl oder Schweineschmalz 287[9]. — Cancerogene Wirkung von Äthylenimin und seinen Acylverbindungen 372[1]. — Sarkombildung durch β-Propiolacton 372[5].
— M. H. C. WILLIAMS and D. C. ROBERTS: Blasenkrebs durch 4-Aminodiphenyl 200[16]. — Cancerogene Wirkung von N-Dimethyl- und 3,3′-Dimethyl-4-aminodiphenyl 237[8, 10]. — Cancerogene Wirkform aromatischer Amine 256[1]. — Sarkombildung bei Injektion von Öl oder Schweineschmalz 287[9]. — Cancerogene Wirkung von 4-Aminodiphenyl 362[9, 10]. — Cancerogene Wirkung von 3,2′-Dimethyl-4-aminodiphenyl 362[12].
WALPOLE, A. L., s. HENDRY, J. A. 94[5, 9], 140[8], 203[13], 237[12], 275[1-3], 276[1, 5], 277[1], 310[3], 362[15], 372[2-4], 373[16, 17, 19].
WALSH, L. B., D. GREIFF and H. T. BLUMENTHAL: Krebszellen überleben extrem tiefe Temperaturen 300[3], 336[10].
WALTER, B.: Phosphatidgehalt von Leber und Lebercarcinomen beim Menschen 451[5].
WALTHARD, B.: Glykogen im Zellkern geschädigter Leberzellen 283[5].
WANIEK, H.: Hitze als Ursache von Hautkrebs 199[1].
WANLESS, G. G., L. T. EBY and J. REHNER jr.: Coffeinzahl erlaubt Voraussagen über cancerogene Wirksamkeit 225[10]. — Reaktion von Kohlenwasserstoffen mit 2,4,7-Trinitrofluorenon 225[10]. — Extraktion von Aromaten aus Mineralölen 229[4].
— s. FISCHER, H. G. M. 225[5].
WANNOWIUS, H., s. CRIEGEE, R. 226[3, 7].
WARAVDEKAR, V. S., and O. H. POWERS: DPN-Synthese in Blut, Leber und Milz nach Tumorimplantation 416[1].
— O. H. POWERS and J. LEITER: DPN-Synthese in Blut, Leber und Milz nach Tumorimplantation 416[1]. — DPN-Pyrophosphatase-Aktivität in Tumoren 416[3].
WARBURG, O.: Buch über den Stoffwechsel der Tumoren (1926) 119[12]. — Buch über Schwermetalle als Wirkungsgruppen von Fermenten (1946) 156[16]. — Stoffwechselsteigerung bei künstlicher Parthenogenese 105[2, 4]. — Atmung befruchteter Eizellen 119[7]. — Stoffwechsel von parthenogenetisch sich entwickelnden Seeigeleiern 164[31]. — Krebstheorie 193[17]. — Wirkung cancerogener Stoffe auf Duplikanten ist mit Atmungsschädigung verbunden 345[2]. — Vorkommen von L(+)-Milchsäure in Tumoren 403[14]. — Aerobe Glykolyse von Gewebekulturen embryonaler Gewebe 406[12]. — Stoffwechselgröße von Chorion (Maus) und EHRLICH-Ascitestumorzellen (Maus) 407[7]. — Keine aerobe Glykolyse embryonaler Zellen 408[2]. — Energieproduktion von normalen und von Krebs-Zellen 408[2].
— u. W. CHRISTIAN: Wachstumsförderung durch Riboflavin 146[11]. — Aktivität der Serumaldolase bei tumortragenden Tieren 411[18]. — Aktivität der Serum-Triosephosphatisomerase bei Tumorträgern 412[12]. — Gehalt an Flavinadenindinucleotid in JENSEN-Sarkom 418[7].
— K. GAWEHN u. A.-W. GEISSLER: Netzhautstoffwechsel 406[7]. — Glykolyse und Atmung von EHRLICH-Mäuseascitestumor 406[7, 10]. — Ursache der Empfindlichkeit von Krebsgewebe gegen Röntgenstrahlen 423[1].

WARBURG, O., K. GAWEHN u. G. LANGE: Aufnahme von Aldolase durch Zellen des EHRLICH-Mäuseascitestumors 411[4].
— u. E. HIEPLER: Glykolyse und Atmung von EHRLICH-Mäuseascitestumor 406[9]. — Abgabe von Aldolase durch EHRLICH-Mäuseascitestumorzellen an Ascitesserum 411[2].
— u. F. KUBOWITZ: Aerobe Glykolyse in Gewebekulturen embryonaler Gewebe 406[12].
— u. S. MINAMI: Suspensionslösung für Tumorzellen 335[1].
— K. POSENER u. E. NEGELEIN: Suspensionsflüssigkeit für Tumorzellen 335[1].
— W. SCHRÖDER, G. KRIPPAHL u. W. KLOTZSCH: Bedeutung des Chlorophylls 510[2].
— F. WIND u. E. NEGELEIN: Milchsäurebildung in Tumoren 404[2].
WARD, D. N., and J. D. SPAIN: Kein Einfluß von Hypophysektomie auf Bindung von 4-Dimethylaminoazobenzol an Leberprotein 371[2]. — Halbwertszeit eines proteingebundenen Azofarbstoffderivats der Leber 431[3].
WARD, R., s. KRUGMAN, S. 96[2], 118[2].
WARD, S. M., s. HOAGLAND, C. L. 610[1, 2]
— s. RIVERS, T. M. 610[6].
WARD, W. H., s. ALDERTON, G. 465[4].
WARDLAW, A. C., s. PILLEMER, L. 150[20], 176[1].
WARK, T. S., s. CAMPBELL, P. N. 143[2].
WARKALLA, B.: Glucoplastische Aminosäuren 554[1].
WARNER, D. T., s. ROSE, W. C. 549[1].
WARNER, S. G., s. REINHARD, M. C. 336[2].
WARREN, C.O.: Kohlenhydrat- und Oxydationsstoffwechsel von Tumoren 406[5].
WARREN, F. L., F. GOULDEN and A. M. ROBINSON: Bestimmung oestrogener Phenole 42[12].
— s. BURROWS, H. 203[2].
— s. ELSON, L. A. 258[8], 356[1].
— s. KENNAWAY, E. L. 216[8].
— s. SEIFTER, J. 332[12].
WARREN, S., and O. GATES: Intravenöse Verimpfung von Tumoren 335[5].
— s. DUNLAP, C. E. 219[4], 350[6], 353[2].
— s. SOMMERS, S. C. 338[8].
WARSHAWSKY, H., s. ABRAMSON, W. 327[12].
WARWICK, O. H., s. BOYLAND, E. 273[8].
WASE, A. W.: Biologische Halblebenszeit von Vitamin B_2 nach Verfütterung von 2-Acetaminofluoren 459[11].
WASER, P., s. VIOLLIER, G. 455[5].
WASHIZU, Y.: Gehalt an basischen Aminosäuren in Tumoren 424[14].
WASSERMANN, F.: Zusammenfassung über Wachstum und Vermehrung der lebendigen Masse (1929) 124[56].
WASSINK, W. K.: Häufigkeit von Bronchialkrebs 194[5].
WASTL, H., s. BERCZELLER, L. 570[5].
WATANABE, F., and S. SUGIMOTO: Cancerogene Wirkung von Hexamethylentetramin 271[1], 289[6].
— and A. TONOMURA: Lebergeschwülste bei der Maus nach Injektion von heißem Wasser 206[5].
WATANABE, R., u. R. SASSA: Stickstoffausscheidung und Abnutzungsquote 545[4].
WATANABE, Z., s. BLACK-SCHAFFER, G. 199[12].
WATERHOUSE, C., L. D. FENNINGER and E. H. KEUTMANN: Stickstoffbedarf für Tumorwachstum 434[1].
— A. R. TEREPKA and C. D. SHERMAN jr.: Kaliumgehalt in Tumoren 398[9].
— s. FENNINGER, L. D. 434[1].
WATERMAN, N.: Hoher Kalium-, niedriger Calciumgehalt in Tumoren 398[15].
— K:Ca-Quotient in schnell und langsam wachsenden Tumoren 399[2].
WATERS, E. T., and J. MARKOWITZ: Histaminbildung im Schock bei leberlosen Hunden 167[18].
WATKIN, D. M., s. SHOCK, N. W. 523[6], 524[5].
WATKINSON, J. M., s. PATERSON, E. 139[8], 375[4].
WATSON s. POTTER, V. R. 412[16].
WATSON, D. L.: Emetin als Mitosegift 139[25].
WATSON, G., s. BOYLAND, E. 204[7], 234[8], 271[2], 289[5], 388[2].
WATSON, J. D.: Bildung von Makromolekülen 77[3].
— u. F. H. C. CRICK: Modell der Desoxyribonucleinsäure 58[1], 74[2, 10]. — Chromosomenbau 72[3].
— s. CRICK, F. H. C. 586[4].
— s. MAALØE, O. 64[1].
— s. RICH, A. 59[2].
WATSON, J. G., s. ALLEN, M. J. 367[7], 388[3].
WATSON, M. C., s. COHEN, S. L. 32[1], 45[7], 48[13].
WATSON, M. L., and A. J. CONIE: Bronchialkrebs bei Zigarettenrauchern 196[8].
WATTS, R. W. E., s. TUPPER, R. 400[8].
WAWZONEK, S., s. EVANS, H. M. 43[10].
WAY, J. L., H. G. MANDEL and P. K. SMITH: Einbau von ^{32}P in Desoxyribonucleinsäuren des Mäusesarkoms 32 446[13]. — Vermehrter Einbau von Adenin-^{14}C in RNS der Organe von Tieren mit Impftumoren 448[12].
WAYMOUTH, C.: Bedeutung der Trephone 150[15].
— s. DAVIDSON, J. N. 440[9, 12], 441[5].
WAYNE, A., s. FISHMAN, W. H. 457[13].
WEBB, M.: Desoxyribonuclease in leukämischem Gewebe der Maus 449[5].
— s. JACOBSON, W. 134[5].
— s. LALAND, S. G. 444[4].
WEBER, F., s. DEUEL, H. 279[4].
— s. HEILBRUNN, L. V. 1[26].
WEBER, G., and A. CANTERO: Aktivität der Glucose-6-phophatase in Tumoren 410[10].
WEBER, G. M., s. MILLER, E. C. 249[7], 263[6], 369[2], 370[10], 431[1].
— s. PRICE, J. M. 429[4], 430[1], 431[6], 441[17], 459[10].

Weber, H. H., s. Hoffmann-Berling, H. 429[3].
Weber, M., s. Ober, K.-G. 16[9].
Weber, R., s. Jensen, P. K. 180[8].
— s. Lehmann, F. E. 161[9], 179[1].
— s. Rüttner, J. R. 285[1].
Wecker, E.: WEE-Virus 604[4]. — Einbau von radioaktivem Phosphor in Virus der klassischen Geflügelpest 607[9].
— u. W. Schäfer: EEE-Virus 604[3]. — Einbau von radioaktivem Phosphor in Viren der klassischen Geflügelpest 607[10].
Wecker, H., s. Kraut, H. 512[5], 514[2], 546[1], 547[15].
Wedemeyer, W. J., s. Black-Schaffer, G. 199[12].
Wedgwood, P., and R. L. Cooper: Nachweis höherer aromatischer Kohlenwasserstoffe in der Luft 213[12].
Wedgwood, R. J., D. E. Bass, J. A. Klimas, C. R. Klecman and M. Quinn: Grundumsatz 523[6].
Wedler, H.-W.: Carcinogene Wirkung von Asbest 199[14]. — Krebsbildung durch Silikate 212[6]. — Lungenkrebs durch Asbeststaubinhalation 284[4].
Weed, L. L.: Einbau von Orotsäure-^{14}C in Pyrimidine der Nucleinsäuren von menschlichen Tumoren 446[19].
— and D. W. Wilson: Einbau von Orotsäure-^{14}C in Pyrimidine der Nucleinsäuren von Walker-Tumoren 446[18].
— s. Larsen, C. D. 188[8], 270[2], 374[14, 21], 375[1].
Weese, H.: Macromolecular haematologic symptom complex 282[12].
— s. Fresen, O. 282[12].
Wegelin, C., s. Quervain, F. de 153[8].
Wehmeier, E., s. Fischer, F. G. 111[5].
— s. Spemann, H. 111[3], 112[4].
Wehnelt, B.: Bildung von Wundhormonen im Phloem 178[4].
Weibull, F., u. A. Tiselius: Amylosesynthese 83[3].
Weichardt, W.: Buch über die Grundlagen der unspezifischen Therapie (1936) 164[15]. Zellteilung anregende Stoffe in geschädigtem Warmblütergewebe 178[7].
Weidel, W.: Reaktionskette der Augenpigmentbildung bei Insekten 56[1]. — Genabhängige biosynthetische Reaktionsketten 69[1]. — Wechselwirkung zwischen Phagen und Wirtszelle 598[9].
— and E. Kellenberger: Receptorsubstanz aus T_2-Phagen 598[10].
— G. Koch u. K. Bobosch: Receptorsubstanz aus T_2-Phagen 598[11].
— s. Butenandt, A. 98[12].
— s. Koch, G. 67[2], 74[1].
Weigert, F., G. Calcutt and A. K. Powell: Biologische Oxydation von 3,4-Benzpyren 356[8].
— and J. C. Mottram: Biologische Oxydation von 3,4-Benzpyren 356[8].
— s. Boyland, E. 218[2], 226[8], 351[15].
Weigert, F., s. Doniach, I. 263[7].
Weigert, W., s. Seelich, F. 406[3].
Weil, C. S., H. F. Smyth jr. and T. W. Nale: Cancerogene Wirkung von Isopropylöl 282[4].
Weil, L.: Arginaseaktivität der Organe bei Tumorträgern 438[13].
Weil-Malherbe, H.: Nachweis und Bestimmung cancerogener Kohlenwasserstoffe durch ihre Fluorescenz 223[5]. — Keine Fluorescenz im Zellkern nach höheren aromatischen Kohlenwasserstoffen 223[8]. — Wasserlösliche Addukte von polycyclischen Aromaten und Purinkörpern 225[8]. Löslichkeit von Cancerogenen in Gewebslipoiden 229[2]. — Anticarcinogene Wirkung von Coffein 230[1].
— and R. Schade: Katalaseaktivität der Leber 145[9]. — Aktivität der Leberkatalase bei Tumorträgern 422[5].
— and J. Weiss: Keine Fluorescenz im Zellkern nach höheren aromatischen Kohlenwasserstoffen 223[8].
— s. Dickens, F. 213[9], 287[8], 402[2], 406[4, 5].
Weiler, E.: Verlust organspezifischer Antigeneigenschaften nach 4-Dimethylaminoazobenzol 262[3]. — Spezifische Leberantigene aus Mikrosomen 265[4]. — Morphologische Darstellung der Carcinogenese 265[6]. — Keine krebsspezifischen Antigene aus Leber-Mikrosomen nach 4-Dimethylaminoazobenzol 313[1]. — Koppelung von organspezifischen Antikörpern mit Fluorescein 313[4]. — Ursache für unbegrenztes Geschwulstwachstum 339[5]. „Antigenspektrum" von Tumoren 432[3] Antigene in Nierentumoren nach Stilboestrol 432[4].
— s. Lohss, F. 433[9].
Weinberger, M., s. Shay, H. 48[3], 94[1], 188[7], 214[10], 231[8].
Weindel, I., s. Frimmer, M. 268[5].
Weinfeld, H., P. M. Roll, E. Carrol, G. B. Brown and C. P. Rhoads: Einbau von Guanylsäure in Tumornucleinsäuren 447[2].
Weinfurtner, F., u. G. A. Voerkelius: Eintreffer- und Mehrtreffer-Effekt 85[26].
Weinhouse, S.: Zusammenfassung über oxydativen Stoffwechsel neoplastischer Geschwülste (1955) 405[9]. — Kritik an Warburgs Krebstheorie 194[1]. — Unterschiede des Kohlenhydrat- und Oxydationsstoffwechsels zwischen Tumor- und normalen Geweben nur qualitativ 405[10]. Abbau von Brenztraubensäure, Milchsäure, Glucose und Palmitinsäure in Tumoren und normalen Geweben 412[16]. Begrenzender Faktor des Citronensäurecyclus in Tumoren ist Diphosphopyridinnucleotid (DPN) 413[11].
— A. Allen and R. H. Millington: Oxydationsgeschwindigkeit von Fettsäuren in Leber und Tumoren 454[5].

WEINHOUSE, S., R. H. MILLINGTON u. C. E. WENNER: Abbau von Brenztraubensäure, Milchsäure, Glucose und Palmitinsäure in Tumoren und normalen Geweben 412[16]. — Unterbrechung des Citronensäurecyclus in Tumoren durch trans-Aconitsäure 413[9]. — Herabgesetzte Aktivität von Aconitase und von Bernsteinsäuredehydrogenase in Tumoren 414[6].
— s. JEDEIKIN, L. A. 415[13].
— s. LEWIS, K. F. 410[2].
— s. MEDES, G. 402[2], 450[12], 454[2].
— s. SHAY, H. 188[5, 6], 231[8].
— s. WENNER, C. E. 410[2], 413[8, 12, 13, 15], 414[1, 6], 420[5].
WEINMAN, E. O., E. H. STRISOWER and I. L. CHAIKOFF: Bildung von Kohlenhydrat aus Fett 553[2].
WEINMANN, J. P., s. LASKIN, D. M. 279[16], 376[10].
— s. MEYER, J. 160[15].
WEINTRAUB, S., s. PLUMMER, J. I. 139[12].
WEIR, D. R., R. W. HEINLE and A. D. WELCH: Granulocytosen nach Antipyridoxinen und bei Pyridoxinmangel 169[6].
WEISBURGER, E. K., and J. H. WEISBURGER: Zusammenfassung über Chemie, Carcinogenität und Stoffwechsel von 2-Fluorenamin und verwandten Verbindungen (1958) 236[4]. — Biologische Abbauprodukte von 2-Acetaminofluoren 368[12].
— J. H. WEISBURGER and H. P. MORRIS: Bindung von Abbauprodukten des 2-Acetaminofluoren an Leberproteine 368[5].
— s. MORRIS, H. P. 236[10], 255[7], 368[9].
— s. WEISBURGER, J. H. 258[1], 368[13,14,16].
WEISBURGER, J. H.: Deacetylase für 2-Acetaminofluoren in Leberhomogenaten 368[3].
— E. K. WEISBURGER and H. P. MORRIS: Ausscheidung von Acetylaminofluoren 258[1]. — Biologische Bildung der Glucuronide der Hydroxyverbindungen von 2-Acetaminofluoren 368[13]. — 7-Hydroxylierung von 2-Acetaminofluoren im Organismus 368[16].
— E. K. WEISBURGER, H. P. MORRIS and H. A. SOBER: Trennung der Abbauprodukte von 2-Acetaminofluoren 368[14].
— s. MORRIS, H. P. 236[10], 255[7], 368[9].
— s. WEISBURGER, E. K. 236[4], 368[5, 12].
WEISMANN, A.: Buch über die Dauer des Lebens (1882) 526[1].
WEISS, A.: Carcinogene Wirkung von Asbest 212[7].
WEISS, C., A. KAPLAN and C. E. LARSON: Säurestabilität von Leukocyten 168[6].
WEISS, J., s. COLEBY, B. 392[10].
— s. KELLER, M. 392[10].
— s. SCHOLES, G. 207[6].
— s. WEIL-MALHERBE, H. 223[8].
WEISS, K., s. STEKOL, J. A. 161[3, 6].
WEISS, K. A.: Ursache der Stoffwechselsteigerung in der Kälte 532[5].
WEISS, L., s. BIESELE, J. J. 160[8], 373[20].
WEISS, M.: Indol und Putrescin als Krebsursache 204[2].
WEISS, O.: Methylpentosen im Hühnereiweiß 466[3].
WEISS, P.: Zusammenfassungen über Forschungsrichtungen in der Morphogenese (1950) 106[23]. — Zusammenfassung über Selbstregulation des Organwachstums (1952) 131[11]. — Regulierung des Organwachstums 325[8].
— and J. L. KAVANAU: Beziehung zwischen Duplikanten und abhängigen Eigenschaften der Zelle 311[9].
WEISS, R., and D. RAPPORT: Steigerung der Wärmeproduktion durch Aminosäuren 538[8].
— s. GRAFFI, A. 301[1].
WEISS, S. M., s. HEIDELBERGER, C. 431[9].
WEISSBECKER, L., u. HJ. STAUDINGER: Corticosteroidbestimmung 174[4].
— s. PFEFFER, K. H. 174[4, 7].
WEISSCHEDEL, E.: Abhängigkeit der Wirkung des Schilddrüsenhormons von der Hypophyse 153[7].
— s. BUSTAMANTE, M. 22[3].
WEISSENFELS, N.: Unterschiede im Feinbau von Mitochondrien aus Tumoren und normalen Geweben 421[2].
— s. DANNEEL, R. 231[11], 233[7], 304[7], 381[11].
WEITZ, W.: Buch über die Vererbung innerer Krankheiten. 2. Aufl. (1949) 181[43].
WELCH, A. D., s. PRUSOFF, W. H. 447[4].
— s. WEIR, D. R. 169[6].
WELCH, H., MCCLOSKY, W. T. 169[11].
WELCKER, E. R.: Hodenatrophie bei Verschluß des ductus deferens 9[7].
WELLEBA, H., s. WESSELY, F. v. 41[9].
WELLINGTON, E. F.: Polyeder-Virus von Bombyx mori 600[6].
WELLS, A. F., s. ALFIN-SLATER, R. B. 555[12].
— s. CRAMPTON, E. W. 193[2].
WELLS, H. G., M. SLYE and H. F. HOLMES: Vorkommen von Krebs bei Mäusen 184[Tab.]
WELLS, K. C., s. SCIRMSHAW, N. S. 480[10].
WELLS, W. W., and C. A. BAUMANN: Gehalt der Rattenhaut an Cholesterin und Δ^7-Cholestenol nach UV-Bestrahlung 453[10].
WENKAM, N. S., s. MILLER, C. D. 534[13].
WENNER, C. E., D. F. DUNN and S. WEINHOUSE: Förderung der Glucose- und Fructoseoxydation in Tumorhomogenaten durch DPN 413[12].
— M. A. SPIRTES and S. WEINHOUSE: Aktivität des „kondensierenden Enzyms" in Mäusetumoren 413[8]. — Oxydation von Substraten des Ctironensäurecyclus durch Tumormitochondrien 413[13]. — Herabgesetzte Aktivität von Aconitase und von Bernsteinsäurehydrogenase in Tumoren 414[6].
— and S. WEINHOUSE: Pentosephosphatcyclus in Tumoren 410[2]. — Einfluß von DPN auf Citronensäurecyclus in Tumoren und normalen Geweben 413[15]. — DPN-Bindung durch Tumormitochondrien 414[1]. — Mitochondrienzahl in Hepatomen 420[5].

Wenner, C. E., s. Lewis, K. F. 410^{2}.
— s. Weinhouse, S. 412^{16}, 413^{9}, 414^{6}.
Went, F. W.: Zellstreckungsstoffe in Hafer $148^{3,4}$. — Hemiauxine 149^{4}.
— and K. V. Thimann: Buch über Phytohormone. Engl. (1937) 124^{57}.
s. Bonner, J. 149^{19}.
— s. Koepfli, J. B. 149^{12}, 163^{9}.
Werkheiser, W. C., and D. W. Visser: Einbau von Formiat-^{14}C und Carbamylasparaginsäure-^{14}C in Purine und Pyrimidine der RNS des Rattenhepatoms beschleunigt 446^{17}. — Hemmstoffe für Nucleinsäurestoffwechsel 448^{5}.
— R. J. Winzler and D. W. Visser: Hemmstoffe für Nucleinsäurestoffwechsel 448^{5}.
Werle, E., u. G. Effkemann: Histaminasegehalt von Schwangerenblut 46^{10}. — Oxytocinase 46^{13}.
— A. Hevelke u. K. Buthmann: Inaktivierung von Oxytocin durch Schwangerenblut 46^{12}.
— u. G. Mennicken: Histaminbildung 167^{15}.
— u. K. Semm: Oxytocinase 46^{14}.
— K. Semm u. R. Enzenbach: Oxytocinasenachweis als Schwangerschaftstest 46^{16}. Oxytocinase 49^{6}.
Wermel, E. M., u. L. W. Scherschulskaja: Kernwachstum 131^{6}.
Werne, J., s. Greenstein, J. P. 395^{15}, 418^{12}.
Werner, A.: Wirkstoff gegen multiple Sklerose aus Nervengewebe 179^{8}.
Werner, H., s. Kleinzeller, A. 478^{9}.
Werner, S. C., F. M. Hanger und R. A. Kritzler: Leberschäden und Gelbsucht nach Methyltestosteron 11^{10}.
Werr, F., s. Kleinmann, H. 435^{12}.
Wertenberger, G. E., s. Collett, M. E. 530^{9}.
Wertheimer, E.: Gesamtkohlenhydratgehalt im Ehrlichschen Mäusecarcinom und Jensen-Sarkom unabhängig von Kohlenhydratbestand des Organismus 402^{8}. — Glucosegehalt von Tumoren 403^{6}.
Werthemann, A., u. W. Vischer: Gewebsreaktionen durch makromolekularen Substanzen 282^{13}.
— s. Staub, H. 193^{14}.
Werthessen, N. T., C. F. Baker and B. Borei: Fermentative Inaktivierung von Oestrogenen 31^{4}.
Wertz, E., s. Dehlinger, U. 75^{9}, 89^{12}.
Wesseley, F. v., u. H. Welleba: Trans-Stilbene 41^{9}.
West, E. S., s. Bruggen, J. T. van 554^{7}.
West, P. M., and W. H. Woglom: Biotingehalt von Tumorgewebe 147^{20}. — Kressewurzeltest 148^{6}.
Westerfeld, W. W.: Bildung inaktiver zweiwertiger Phenole aus phenolischen Oestrogenen 31^{2}.
— D. A. Richert and M. F. Hilfinger: Aktivität der Xanthinoxydase der Leber bei Hepatombildung 418^{5}.
Westergaard, M., s. Jensen, K. A. 373^{2}.
Westfall, B. B., s. Morris, H. P. 257^{12}.
Westman, A.: Bedeutung von Progesteron für Ernährung von Placenta und Frucht 46^{2}.
Westphal, O.: Zusammenfassung über neuere Erkenntnisse der Immunochemie (1944) 174^{11}.
— u. B. Kickhöfen: Wirkungsmechanismus der Pyrogene 170^{5}.
— u. O. Lüderitz: Wirkungsmechanismus der Pyrogene 170^{5}.
— O. Lüderitz, E. Eichenberger u. W. Keiderling: Zusammensetzung der Pyrogene 170^{2}.
— O. Lüderitz, I. Fromme u. N. Joseph: Tyvelose und Abequose als Bausteine von Pyrogenen 170^{4}.
— O. Lüderitz u. W. Keiderling: Wirkungsmechanismus von Bakterientoxinen und Pyrifer 171^{4}. — Pepsinbildung als Test für Nebennierenrindenfunktion 174^{3}.
— s. Schramm, G. 170^{3}.
Westphal, U.: allo-Pregnanolon und Progesteron im Corpus luteum 15^{6}. — Pregnandiol-glucuronid 31^{12}. — Pregnandiol im männlichen Harn 32^{7}. — Aktivität der D-Aminosäureoxydase in der Leber von Tumorratten 418^{9}.
— u. K. Lang: Aktivität der D-Aminosäureoxydase in der Leber von Tumorratten 418^{9}.
— s. Kaufmann, C. 31^{12}, 33^{11}.
Wetter, C., u. J. Brandes: Kartoffel-S-Virus 596^{3}.
Wettstein, A., and G. Anner: Zusammenfassung über Fortschritte auf dem Gebiet der Nebennierenrindenhormone (1954) 391^{2}.
— s. Simpson, S. A. 173^{5}.
— s. Vischer, E. 391^{2}.
Wettstein, F. v.: Außerkaryotische Vererbung 80^{2}.
Weygand, F.: Komponenten von Vitamin T 53^{9}.
— A. Wacker u. H. Grisebach: Hemmung der Wachstumswirkung von Thymin durch 5-Bromuracil 160^{9}.
— A. Wacker, H.-J. Mann, E. Rowold u. H. Lettré: 4-Aminopteroylglutaminsäure als Folsäureantagonist 160^{6}.
— A. Wacker u. F. Wirth: Antagonismus von Folsäure gegen Uracilantagonisten 160^{12}.
— s. Möller, E.-F. 160^{6}.
Weygand, I., s. Bünning, E. 148^{4}.
Wheat, M. W. jr., s. Ackermann, L. V. 340^{5}.
Wheatly, V. R. W., s. Henderson, I. 33^{11}, 45^{6}.
Wheeler, C. M., s. Scholes, G. 207^{6}.
Whelan, W. J., s. Bailey, J. M. 83^{3}.
Whitaker, T. W.: Spontantumoren bei Tabakbastarden 186^{15}.
White, A.: Gonadotrope Hormone 25^{10}.
White, A. V., s. Begg, R. W. 422^{5}.
White, D. M., s. Schmitz, H. 445^{5}.

WHITE, F. R.: Mangel an essentiellen Aminosäuren hemmt Geschwulstwachstum 331[7]. Stickstoffbedarf für Tumorwachstum 434[1].
— A. B. ESCHENBRENNER and J. WHITE: Anilin und N,N-Dimethyl-p-phenylendiamin sind nicht cancerogen 364[2].
WHITE, J., A. J. DALTON and J. E. EDWARDS: Glykogengehalt von Hepatomen nach Dimethylaminoazobenzol 402[2].
— and R. R. HEIN: Beziehung zwischen Dosis und Wirkung bei dauernder oraler Zufuhr von 4-Dimethylaminoazobenzol 306[4]. — Cancerogene Dosis von 4-Dimethylaminoazobenzol 307[3]. — Zur Carcinogenese nötige Menge von 4-Dimethylaminoazobenzol 360[10].
— and P. MORI-CHAVEZ: Keine cancerogene Wirkung von Anilin 234[4].
— s. BERENBOM, M. 255[4], 258[4], 262[9], 263[3, 6].
— s. GREENSTEIN, J. P. 395[7, 9, 35], 421[3, 5], 427[5], 438[4, 10], 448[15].
— s. WHITE, F. R. 364[2].
WHITE, J. C., s. DAVIDSON, J. N. 442[12].
WHITE, J. M., G. OZAWA, G. A. ROSS and E. W. MCHENRY: Aktivität der Leberglutaminase bei tumorfreien und tumortragenden Tieren 439[4].
WHITE, K., s. BRAY, H. G. 257[11].
WHITE, L. jr., s. SKIPPER, H. E. 374[19].
WHITE, M. R., s. KELLY, L. S. 448[9].
— s. PAYNE, A. H. 448[9].
WHITE, P. R.: Übertragung von Pflanzengeschwülsten („crown galls") 291[6].
— and W. F. MILLINGTON: Vorkommen von Krebs bei Pflanzen 185[7].
WHITFELD, P. R., and R. MARKHAM: Schrittweiser Abbau von Ribonucleinsäure 60[3].
WHITMAN, R. C.: Mutationstheorie des Krebses 182[2].
WHITMORE, W. F. jr., O. BODANSKY, M. K. SCHWARTZ, S. H. YING and E. DAY: Saure Phosphatase im Blut bei Prostatacarcinom 330[1].
WHITTLESTONE, W. G., E. G. BASSET and C. W. TURNER: Milk let down-factor 49[11].
WICKS, L. F., and V. SUNTZEFF: Änderung im Gehalt an Cholesterin und Gesamtlipoiden in Mäuseepidermis bei Carcinogenese durch Methylcholanthren 396[4]. — Lipidgehalt der Mäuseepidermis nach Methylcholanthren 450[7].
— s. RITCHEY, M. G. 396[8].
WIDENBAUER, F., u. C. REICHEL: Thrombokinaseaktivität von Placenta und embryonalen Geweben 48[10].
WIDDOWSON, E. M., s. MCCANCE, R. A. 563[1, 3].
— s. SPRAY, C. M. 124[1].
WIDMER, C., and R. T. HOLMAN: Synthese von Arachidonsäure aus Linolsäure bei Ratten 555[15].
WIDNER, W. R., J. B. STORER and C. C. LUSHBAUGH: Dauer der Mitose 135[5].
— s. KNOWLTON, N. P. jr. 135[8].
WIEDEMANN, H. R., s. ROMATOWSKI, H. 55[4].
WIEDEMANN, M., s. SCHRAMM, G. 589[5].
WIEDING, I., s. KUBOWITZ, F. 410[5].
WIEGAND, M.: Wirkung von Gestagenen und Oestrogenen auf Mamma 18[3]. — Wirkung oestrogener Hormone auf das Milchgangsystem der Brustdrüse 46[7].
WIELAND, H., u. E. DANE: Dehydronorcholen und 20-Methylcholanthren aus Gallensäuren 204[14]. — Darstellung von 20-(3)-Methylcholanthren 217[3], 347[12], 389[3].
WIELAND, P., s. PRELOG, V. 9[1], 104[5].
WIELAND, T., s. KUHN, R. 159[8].
WIENER, H.: Harnsäurebildung im Vogelorganismus 472[9], 485[1].
WIENER, N.: Buch über Kybernetik. Engl. (1948) 22[1].
WIENINGER, E., u. W. LAKOMY: Schwangerschaftstest mit Rana esculenta 38[3].
WIESE, H. F., s. HANSEN, A. E. 555[5, 16].
WIESE, L., s. FÖRSTER, H. 53[4], 102[5, 9], 103 Abb.
WIEST, W. G., and C. HEIDELBERGER: Fluorescenznachweis der Bindung carcinogener Kohlenwasserstoffe im Gewebe 223[6]. — Bindung cancerogener Kohlenwasserstoffe an Zellproteine 227[6]. — Bindung cancerogener Kohlenwasserstoffe an Proteine und Zellstrukturen 230[4]. — Komplexbildung aus Eiweiß und 1,2,5,6-Dibenzanthracen 358[3]. — Bindung von Derivaten carcinogener Kohlenwasserstoffe an Lebereiweiß 431[9].
WIGGLESWORTH, V. B.: Buch über Insektenphysiologie. Engl. (1934) 114[2]. — Verpuppungshormon 114[3]. — Differenzierungsmöglichkeit von regenerierenden Zellen bei alten Tieren 176[20].
WIGHTMAN, F., s. WAIN, R. L. 147[9].
WIGNER, E., s. POLANYI, M. 90[5].
WILBUR, K. M., F. BERNHEIM and O. W. SHAPIRO: Epoxydnachweis 288[3].
— s. ANDERSON, N. G. 156[6].
— s. BERNHEIM, F. 288[3].
WILD, H., s. ESSER, H. 432[11].
WILDEMANN, L., s. DROESE, W. 572[4].
WILDER SMITH, A. E., and P. C. WILLIAMS: Ausscheidung von Diäthylstilboestrol in Galle und Harn 42[7].
WILDIERS, E.: Biosfaktoren der Hefe 147[10].
WILDMAN, S. G., and J. BONNER: Auxin kein natürlicher Pflanzenwuchsstoff 148[11].
— s. BONNER, J. 149[5].
— s. SIEGEL, A. 594[1].
WILDS, A. L., C. H. SHUNK and C. H. HOFFMAN: Synthetische Androgene 41[17].
WILEY, F. H.: α-Oxy-β-naphthylamin aus β-Naphthylamin 256[2]. — Bildung von 2-Aminonaphthol-(1) aus β-Naphthylamin im Stoffwechsel 367[1].
— s. HUEPER, W. C. 256[6], 361[2].
WILHELMI, G., et R. DOMENJOZ: Antiphlogistische Wirkung von Antihistaminica 167[22]. — Hemmung der entzün-

dungsauslösenden Wirkung von Eiklar durch Antiphlogistica und Antihistaminica 169[8].
WILHELMIJ, M.: Erythrocytendurchmesser bei Unterernährung 576[11].
WILHELMJ, C. M.: Steigerung der Wärmeproduktion durch Aminosäuren 538[8].
— J. L. BOLLMAN and F. C. MANN: Keine spezifisch-dynamische Wirkung bei leberlosen Hunden 538[9].
WILKE, G.: Polymerisierung von Acylamid in vivo 279[7].
WILKINS, L.: Zusammenfassung über genetische und endokrine Faktoren bei Wachstum und Entwicklung im Kindheits- und Jünglingsalter (1948) 106[18].
WILKINSON, J. H., s. HENDERSON, I. 33[11], 45[6].
WILLEKE, L., s. WINTER, A. G. 156[14].
WILLHEIM, R., u. G. FUCHS: Cholesteringehalt der menschlichen Leber 453[2].
— and A. C. IVY: Sulfonierte Triphenylmethanfarbstoffe werden nicht resorbiert 242[9]. — Lokale Sarkombildung durch Lichtgrün SF gelblich, Brillantblau FGF (Patentblau AE) und Guineagrün 243[1]. — Lebensmittelfarbstoffe 246[11].
— s. NELSON, D. 193[5], 289[3].
— s. STERN, K. 181[28], 443[14].
WILLIAMS, D. C., s. BOYLAND, E. 256[5], 330[3], 367[8, 10], 388[4, 5], 458[6].
WILLIAMS, G., s. LINNELL, W. H. 41[18], 173[12].
WILLIAMS, I., s. SWENDSEID, M. E. 550[4].
WILLIAMS, J. L., and R. STANSFIELD: Erhöhter Globulinspiegel im Blut bei alten Kaninchen mit Lebermetastasen von 1,2,5,6-Dibenzanthracentumoren 433[7].
WILLIAMS, J. N. jr., s. TULPULE, P. C. 556[2].
— s. WAISMAN, H. A. 439[14].
WILLIAMS, J. W.: Zusammenfassung über einige neuere Entwicklungen in der Chemie der Antikörper (1950) 164[29].
WILLIAMS, M. H., s. WALPOLE, A. L. 362[12].
WILLIAMS, M. H. C., s. HENDRY, J. A. 237[8, 12], 362[15].
— s. WALPOLE, A. L. 200[16], 237[8, 10], 256[1], 287[9], 362[9, 10, 12].
WILLIAMS, P. C., s. DODDS, E. C. 217[7].
— s. WILDER SMITH, A. E. 42[7].
WILLIAMS, R., s. FRAENKEL-CONRAT, H. L. 292[4].
WILLIAMS, R. C.: Elektronenmikroskopie von Viren 585[1, 3]. — Größe des Vaccine-Virus 609[4].
— and K. M. SMITH: Desoxyribonucleinsäure in Polyeder-Viren 601[5].
— and R. L. STEERE: Einheitliche Länge von Tabakmosaikvirus 589[4].
— s. FRAENKEL-CONRAT, H. 292[4], 593[3], 594[3].
WILLIAMS, R. H.: Lehrbuch der Endokrinologie. Engl. (1950) 171[3].
— s. DAUGHADAY, W. H. 174[4].
WILLIAMS, R. J., and E. M. BRADWAY: Wachstumsförderung durch Pantothensäure 146[12].
WILLIAMS R. J., s. EAKIN, R. E. 156[2].
— s. POLLACK, M. A. 459[5].
— s. TAYLOR, A. 459[5].
WILLIAMS, R. T., s. DODGSON, K. S. 42[8].
— s. SMITH, J. N. 268[6].
WILLIAMS, W. L.: Kein Einfluß von Antikoagulantien und gefäßerweiternden Pharmaka auf Metastasierung 341[5].
WILLIAMS-ASHMAN, H. G., and E. P. KENNEDY: Phosphorylierung in Tumormitochondrien 416[12]. — DPN-Bedarf der oxydativen Phosphorylierung in Tumor mitochondrien 416[15]. — Einbau von ^{32}P in Tumorcytoplasma 417[1].
— s. BOYLAND, E. 374[6], 410[7], 411[5].
— s. KUN, E. 406[9], 416[11].
— s. SMITH, R. H. 529[6].
WILLINGHAM, C. B., s. POEL, W. E. 213[4].
WILLIS, R. S., W. W. WINN, A. T. MORRIS, A. A. NEWSOM and W. E. MASSEY: Wirkung von Vitamin B_6 auf Schwangerschaftserbrechen 44[7].
WILLMS, M., s. MENTEN, M. L. 442[10, 11].
WILLSTÄTTER, R., u. E. WALDSCHMIDT-LEITZ: Krystallisiertes Lutein aus Eigelb 468[5].
WILLY, W., s. RÜTTNER, J. R. 285[1].
WILSON, A. Y., s. BIESELE, J. J. 142[8], 457[7].
WILSON, D. L.: Wirkstoffausscheidung durch Nebennierenrinde nach ACTH 172[4]. — Wirkung von Cortison auf Hyaluronidase und auf Bildung und Abbau von Histamin 173[1].
— s. THORN, G. W. 173[1].
WILSON, D. W., s. LUNDGREN, H. P. 25[8].
— s. WEED, L. L. 446[18].
WILSON, H. E. C., C. ELLIS and N. C. ROY: Bedeutung der Ernährungsform für Höhe des Grundumsatzes 535[14].
WILSON, I. T.: Genabhängigkeit der Vererbbarkeit von Melanomen bei Drosophila 186[3].
WILSON, J. G., and S. BARCH: Mißbildungen durch Vitaminmangel 96[7], 118[5].
WILSON, J. R., s. MEYERHOF, O. 409[6, 7], 410[12].
WILSON, J. W.: Lebertumoren nach Bentonit 284[9].
WILSON, M. L., s. MCGINTHY, D. A. 171[6], 173[8].
WILSON, R. B., A. ALBERT and L. M. RANDALL: Prolanausscheidung im Harn 45[2].
WILSON, R. H., and F. DE EDS: Cancerogene Wirkung von 2-Aminofluoren 236[4]. — Bildung von 2-Acetyl-amino-7-oxyfluoren aus 2-Acetylaminofluoren 257[14]. — Biologische Reduktion von 2-Nitrofluoren 258[2].
— F. DE EDS and A. J. COX jr.: Cancerogene Wirkung von 2-Aminofluoren 236[4]. — Cancerogene Wirkung von 2-Acetaminofluoren 359[9].
WILSON, W. L., s. HEILBRUNN, L. V. 138[13], 156[5].

WILTSHIRE, G. H.: D-Aminosäuren in Tumoren 428[3].
— s. BOYLAND, E. 226[8].
WIMHÖFER, H., u. P. STOLL: Schwangerschaftstest an Rana esculenta 38[2].
WIND, F., u. K. v. OETTINGEN: Milchsäuregehalt im Blut von Nabelgefäßen, Aorta und Uterusvenen 404[3].
— s. WARBURG, O. 404[2].
WINDAUS, A., K. BURSIAN u. U. RIEMANN: UV-bestrahltes Cholesterin 203[8]. — Keine carcinogene Wirkung von photochemischen Umwandlungsprodukten des Cholesterins 378[6]. — Oxydation von Cholesterin durch UV-Licht 392[9].
— u. S. RENNHAK: Cholestenonsulfosäure zur Löslichmachung von aromatischen Kohlenwasserstoffen 229[5]. — Cancerogene Wirkung von aromatischen Kohlenwasserstoffen wird durch Sulfonierung aufgehoben 245[4], 351[16].
— R. TSCHESCHE u. R. GREWE: Wachstumsförderung durch Thiamin 146[10].
WINDISCH, F.: Lokaler Sauerstoffmangel als Krebsursache 193[16].
WINDLE, W. F., and J. BARCROFT: Atmungsanregung im bebrüteten Ei durch Sauerstoffmangel 122[5].
WINDORFER, A.: Mißbildungen nach Gebrauch von Antikonzeptionsmitteln 118[3].
— s. GREBE, H. 48[4], 96[5], 118[3].
WINGE, Ö., and C. ROBERTS: Adaptive Enzymbildung 84[1].
WINGLER, A.: Zusammenfassung über Berufskrebs und Umweltkrebs (1957) 383[3]. Lebensmittelfarbstoffe 246[13]. — Einführung saurer Gruppen hebt cancerogene Wirkung von aromatischen Aminen auf 366[5].
— s. HECHT, G. 245[13].
WINKLE, W. VAN jr., s. MCCLOSKY, W. T. 169[11].
WINKLER, R., s. ŠANTAVÝ, F. 138[7].
WINN, W. W., s. WILLIS, R. S. 44[7].
WINNICK, T.: Einbaugeschwindigkeit von Aminosäuren in Tumoreiweiß 434[12].
— F. FRIEDBERG and D. M. GREENBERG: Tumoren geben mit Aminosäure aufgenommene Isotope langsamer ab als normale Gewebe 435[1].
— s. BABSON, A. L. 435[5].
WINSLOW, C.-E. A., and L. P. HERRINGTON: Buch über Temperatur und Leben. Engl. (1949) 533[8].
— s. GAGGE, A. P. 533[8].
WINTER, A. G., u. L. WILLEKE: Hemmstoffe für Pilz- und Bakterienwachstum in Pflanzen 156[14].
WINTER, C. A., R. H. SILBER and H. C. STOERK: Cortison als Antiwuchsstoff 156[13]. — Wirkung von Cortison und Compound F auf Körperwachstum 172[9].
WINTER, H. C., s. NEALE, R. C. 151[4].
WINTERNITZ, F., s. RUDALI, G. 219[2], 353[1].
WINTERSTEIN, A., s. SCHÜRCH, O. 351[7].
WINTROBE, M. M., s. GOODMAN, L. S. 139[9].
WINZLER, R. J.: Zusammenfassung über Plasmaprotein bei Krebs (1953) 432[9]. — Änderungen der chemischen Zusammensetzung der Epidermis (Maus) bei Carcinogenese durch Methylcholanthren 396[1].
— s. BURK, D. 342[11], 459[4].
— s. KIDD, J. G. 406[4], 418[15].
— s. WERKHEISER, W. C. 448[5].
WIPF, H,, s. SPÜHLER, O. 173[3].
WIRTH, F., s. WEYGAND, F. 160[12].
WIRTHS, W.: Nährwerttabelle. 3. Aufl. (1958) 561[3]. — Fettbedarf des Menschen 556[3]. Nahrungsbedarf 571[2].
— s. KRAUT, H. 565[3].
WISHART, M. B., s. FISHER, G. 538[4].
WISLOCKI, G. B., s. DEMPSEY, E. W. 18[7].
WISSEMAN, C. L. jr., s. LEMON, H. M. 455[22], 456[1].
WISSLER, R. W., s. BENDITT, E. P. 544[6], 577[6].
WITKIN, E. M.: Änderung der Virulenz pathogener Keime durch Mutation 100[1].
WITRANOWSKI, W. R.: Cholin und Colamin in Impftumoren 451[6].
WITSCHI, E.: Zusammenfassung über Entwicklungsphysiologie (1941) 106[7]. — Zwischenhirnkerne und Hypophyse als inkretorisches Zentralorgan 23[3]. — Verhältnis von Luteinisierungs- und Follikelreifungshormon im Hypophysenvorderlappen 23[3]. — Wirkung von Keimdrüsenhormonen auf die geschlechtliche Entwicklung 54[5]. — Entstehung von Mißbildungen bei Befruchtung von Eiern in CO_2-Atmosphäre 115[6].
— and W. F. MENGERT: Bildungsort oestrogener Hormone im Hoden 8[7].
WITT, J. M. DE, s. TEPPERMAN, J. 171[5].
WITT, O. N.: Beziehungen zwischen Farbstoffen und Cancerogenen 216[2]. — Beziehungen zwischen Konstitution und Farbe 248[9].
WITTE, G.: Explantation von Krebszellen in Gewebskulturen 335[10]. — Für Transplantation von EHRLICH-Carcinom benötigte Zellzahl 336[1].
WITTEKIND, D., u. R. STRÜBER: Bronchialkrebs bei Zigarettenrauchern 196[8].
WITTNEBEN, s. FLÖSSNER, O. 153[6].
WIXOM, R. L., s. TALBOT, N. B. 33[3], 174[4].
WIZINGER, R.: Buch über organische Farbstoffe (1933) 216[2].
— s. DILTHEY, W. 216[2].
WOEBER, K.: Natriumaufnahme durch WALKER-Carcinom und normale Gewebe 398[7].
WÖHLBIER, W.: Zusammenfassung über Einfluß des Wachstums auf die Ernährung (1932) 574[1].
WOERDEMAN, M. W.: Beziehung zwischen Glykolyse und Induktion 111[2]. — Glykogengehalt der Blastula von Axolotl 472[1].
— and C. P. RAVEN: Buch über experimentelle Embryologie in den Niederlanden 1940—1945. Engl. (1947) 106[17].

WOGLOM, W. H.: Tumorbildung nach Verimpfung von normalen Organen 340[1].
— s. WEST, P. M. 147[20], 148[6].
WOITKEWITSCH, A.: Bildung des Wachstumshormons in eosinophilen Zellen der Hypophyse 152[1].
WOLBARST, A. L.: Smegma als Ursache von Peniskrebs 204[8].
WOLBERG, L. R.: Grundumsatz bei Geisteskranken 530[23].
WOLBERGS, H., s. KUTSCHER, W. 10[7], 329[9], 456[2].
WOLF, D. E., s. WRIGHT, L. D. 147[16].
WOLF, G.: Buch über chemische Krebsauslösung (1952) 181[48].
— s. ASPLIN, F. D. 9[4], 151[12].
— s. BOYLAND, E. 226[8].
— s. HEIDELBERGER, C. 226[9].
— s. SELIGMAN, A. M. 458[4].
WOLF, H., s. SIEBERT, G. 261[7], 436[11].
WOLF, P. A., and R. C. CORLEY: Bedarf von Gewebskulturen an essentiellen Aminosäuren 146[3].
WOLFE, H. D., s. HUEPER, W. C. 256[6], 361[2].
WOLFE, J. K., L. F. FIESER and H. B. FRIEDGOOD: Androgenbildung in der Nebennierenrinde 32[9]. — $\Delta^{3,5}$-Androstandien-on-17 im Harn bei Tumoren der Nebennierenrinde 203[2].
— E. B. HERSHBERG and L. F. FIESER: Trennung von Dehydroandrosteron und Androsteron 34[2].
— s. TALBOT, N. B. 33[3], 174[4].
WOLFF, E.: Wirkung der Keimdrüsenhormone auf die geschlechtliche Entwicklung 54[3].
WOLFF, H. S.: Motor-Pneumotachograph (IMP) 515[11].
WOLFF, J.: Buch über die Krebskrankheit. 4 Bde. (1907/28). Bd. 1, 2. Aufl. (1929) 181[4].
WOLLENSAK, J., u. G. SEYBOLD: Bildung von Myelomplasmaproteinen und BENCE-JONES-Eiweiß 433[12].
WOLLHEIM, E.: Intraperitoneale Tumorverimpfung 335[3].
WOLLMAN, S. H.: Strahlendosis und Latenz bei Röntgenbestrahlung 207[2]. — Mathematische Theorie der Wirkung cancerogener Stoffe 215[6]. — Beziehung zwischen Dosis und Latenz bei cancerogenen Substanzen 293[9].
WOLLSCHITT, H., W. BOTHE, H. RUSKA u. E. G. SCHENCK: Genauigkeit der Grundumsatzbestimmung 515[7].
WOLSCHIRSKY, W., s. CHLOPIN, G. W. 543[2].
WOLSKY, A.: Atmung unbefruchteter Eizellen 119[6].
WOLSTENHOLME, J. T., s. CRELIN, E. 14[14].
— s. GARDNER, W. U. 382[3].
WOLZOGEN, F. X., and A. HALAMA: Gonadotropinauswertung an Fröschen 36[3].
WOMACK, M., s. ROSE, W. C. 550[1].
WOOD, J. L., s. GUTMANN, H. R. 356[1].
WOOD, R. M., s. WOODS, A. C. 172[7].
WOOD, S. jr., R. S. RIVLIN and W. E. KNOX: Tryptophanperoxydase-Aktivität in LEWIS-Sarkom 241 439[8].
WOOD, T. R., s. WRIGHT, L. D. 147[16].
WOOD, W. B. jr., s. ATKINS, E. 170[6].
WOODARD, G., s. NELSON, A. A. 238[2], 254[1], 363[9].
WOODARD, H. Q.: Keine Phosphatasebildung durch Adenocarcinome der Prostata bei Ratten 329[10]. — Aktivität von alkalischer Phosphatase in Leber und Hepatom 395[44]. — Aktivität der sauren Phosphatase in Prostatacarcinom 456[3]. — Inaktivierung der sauren Phosphatase durch Wärme 456[9]. — Aktivität der alkalischen Phosphatase in Tumoren 457[2]. — Alkalische Serumphosphatase stammt aus Osteoblasten 457[9]. — Aktivität der alkalischen Serumphosphatase bei Knochenmetastasen des Prostatacarcinoms 457[9, 11].
— s. BARRINGER, B. S. 456[8].
WOODBURY, L. A., s. SAYERS, M. A. 38[8].
WOODFORD, R. B., s. KETY, S. S. 522[11].
WOODHALL, B., s. YOUNGSTROM, K. A. 455[17].
WOODHOUSE, D. L.: Bindung cancerogener Kohlenwasserstoffe an Hautproteine 358[5]. Basenzusammensetzung der Desoxyribonucleinsäuren aus menschlichen Tumoren 444[5].
— s. HAMER, D. 196[1].
— s. McDONALD, S. jr. 195[1], 213[11].
WOODS, A. C., and R. M. WOOD: Wirkung von Cortison und Compound F bei Entzündungen 172[7].
WOODS, D. D.: Antagonismus Barbitale/Uracil 160[10].
— and P. FILDES: Sulfanilsäurederivate als Antistoffe gegen p-Aminobenzoesäure 159[4].
WOODS, F. M., s. DEICHMANN, W. B. 362[11].
WOODSIDE, G. L., s. KIDDER, G. W. 139[29], 142[9], 160[15], 161[2], 446[24].
WOODWARD, G. E.: Glutathionbestimmung 424[6]. — Glutathiongehalt in Tumoren 424[6]. — Cholinoxydaseaktivität im azofarbstoffinduzierten Hepatom der Ratte 458[15]. — Vitamin C-Gehalt in Ratten- und Mäusetumoren 460[2].
— and M. T. HUDSON: Hemmung von Tumoratmung und -glykolyse durch 2-Desoxy-D-glucose 409[5].
WOODWARD, I., s. ROBERTSON, J. M. 251[5].
WOOLLEY, D. W.: Buch über Antimetaboliten. Engl. (1952) 124[60]. — Zusammenfassung über biologische Antagonismen zwischen strukturell verwandten Verbindungen (1946) 124[59]. — Bildung von meso-Inosit durch die Darmflora 147[12]. — Streptogenin 150[1]. — Phenylpantothenon als Antiwuchsstoff 159[9]. — Vitamin B_{12}-Schutzwirkung bei jungen Mäusen gegen spontane Mammatumoren 460[8]. — Vitamin B_{12}-Synthese in Tumoren 460[9].
— and L. G. LONGSWORTH: Avidin 156[2]. — Avidingehalt von Eierweiß 465[5].

WOOLLEY, D. W., and R. B. PRINGE: Unterbrechung der Purinsynthese durch Aminopterin 142^{7}.
WOOLLEY, G. (W.): Nebennierenrindentumoren bei kastrierten Mäusen 330^{4}. — Hemmung des Wachstums lymphatischer Tumoren durch Testosteron 330^{7}.
— E. FEKETE and C. C. LITTLE: Ersatz des hormonalen Ausfalls der Keimdrüse durch Nebennierenrinde 27^{6}. — Bildung von Granulosazelltumoren aus in die Milz transplantierten Ovarien 325^{10}. — Nebennierenrindentumoren bei kastrierten Mäusen 330^{4}.
— and C. C. LITTLE: Oestrogen verhindert Bildung von Nebennierenrindentumoren bei kastrierten Mäusen 330^{5}.
— and M. C. SMOLL: Zellfreie Übertragung der „erblichen" lymphatischen Leukämie 298^{8}. — Zellfreie Tumorübertragung 337^{7}.
— s. FEKETE, E. 297^{6}.
WOLLMAN, S. H.: Formel für Cancerogenese 307^{9}.
— H. P. MORRIS and C. D. GREEN: Schilddrüsentumoren nach strumigenen Substanzen 326^{7}.
WOLSTENHOLME, G. E. W. (Hrsgb.): Symposion über Leukämieforschung (1954) 298*.
WOOLRIDGE, R. L., s. BENDITT, E. P. 146^{3}, 577^{6}.
WORK, T. S., s. ASKONAS, B. A. 175^{10}.
WORMALL, A., s. TUPPER, R. 400^{8}.
WORMS, C. G. M. DE, s. BACHMANN, W. E. 350^{5}, 351^{8}, 353^{6}.
WORMS, G., et H. P. KLOTZ: Funktion des Thymus 155^{5}.
WORREL, C. S., s. MCGINTY, D. A. 171^{6}, 173^{8}.
WOTIZ, H. H., J. W. DAVIS, H. M. LEMON and M. GUT: Umwandlung von Testosteron in Oestron und Oestradiol 390^{6}.
WOYWOOD, E., s. LIPSCHÜTZ, A. 325^{10}.
WRBA, H., u. E. SEIDLER: Aufnahme von ^{32}P als Maß der Vitalität von Tumorzellen 401^{14}.
— E. SEIDLER u. K. ALLMANN: Aufnahme von ^{32}P als Maß der Vitalität von Tumorzellen 401^{14}.
— s. LETTRÉ, H. 268^{4}, 376^{5}.
WREDE, F.: Spermin im weiblichen Organismus 28^{2}.
— F. BOLDT u. E. BUCH: Spermingehalt der Prostata 10^{12}.
WRIGHT, B., s. HOROWITZ, N. H. 92^{16}, 93^{10}.
WRIGHT, L. D., E. L. CRESSON, H. R. SKEGGS, R. L. PECK, D. E. WOLF, T. R. WOOD, J. VALIANT and K. FOLKERS: Biotin aus Biocytin 147^{16}.
WRIGHT, L. T., s. PLUMMER, J. I. 139^{12}.
WRIGHT, S.: Zusammenfassung über Physiologie der Gene (1942) 70^{70}. — Selbstreproduktion von Mitochondrien und Plasmagranula 5^{3}. — Plasmagranula als Duplikanten 81^{6}.
WRIGHT, S., and K. WAGNER: Mißbildungen nach Röntgenbestrahlung 117^{9}.
WRIGHT, S. P.: Bedeutung der Atmung für Mitose 120^{4}.
WRIGHT, W. D., s. MENTEN, M. L. 442^{10}.
WRÓBLEWSKI, F., and J. S. LA DUE: Aktivität der Milchsäuredehydrogenase im Serum bei Leukämie 412^{7}. — Aktivität der Glutaminsäure-Oxalessigsäure-transaminase im Serum bei Leberzellschädigungen 439^{13}.
— s. FRIEND, C. 412^{6}.
WÜST, H., s. HINSBERG, K. 411^{19}, 436^{4}.
WÜST, L., s. FRIED, R. 46^{15}.
WUHRMANN, F., u. C. WUNDERLY: Buch über die Bluteiweißkörper des Menschen. 2. Aufl. (1952) 168^{8}.
WUNDERLY, C., u. F. A. PEZOLD: Bindung aromatischer Kohlenwasserstoffe an α_2- und β-Albumine 214^{8}. — Löslichkeitsvermittler für Cancerogene 229^{3}.
— s. WUHRMANN, F. 168^{8}.
WURZ, L., s. PILLEMER, L. 150^{20}, 176^{1}.
WYATT, G. R.: Buch über Chemie und Physiologie des Zellkerns. Engl. (1952) 58^{2}. — Desoxyribonucleinsäure in cytoplasmatischen Viren 601^{2}.
— and S. S. COHEN: Oxymethylcytosin in Desoxyribonucleinsäure aus Phagen 598^{4}.
WYCKOFF, R. W. G., s. BEARD, J. W. 295^{1}, 386^{9}.
— s. BLACK, L. M. 596^{11}.
— s. LABAW, L. W. 587^{12}.
— s. MARKHAM, R. 587^{8}.
WYNDER, E. L.: Häufigkeit von Bronchialkrebs 194^{5}. — Carcinogene Wirkung von Tabak 200^{18}. — Vermutlich krebserzeugende und bedingt krebsauslösende Faktoren der Umwelt 383^{4}. — Prophylaxe des Umweltkrebses 384^{1}.
— and J. CORNFIELD: Bronchialkrebs bei Zigarettenrauchern 196^{8}.
— J. CORNFIELD, P. D. SCHROFF and K. R. DORAISWAMI: Häufigkeit von Genitalkrebs bei Jüdinnen und bei Nonnen 197^{6}. Carcinogene Wirkung von Zigarettenteer 347^{9}.
— and E. A. GRAHAM: Bronchialkrebs und Zigarettenkonsum 195^{4}. — Carcinogene Wirkung von Tabak 200^{18}.
— E. A. GRAHAM and A. B. CRONINGER: Krebserzeugende Wirkung von Kondensaten aus Zigarettenrauch 196^{1}. — Carcinogene Wirkung von Tabak 200^{18}.
WYNNE, A. M., s. BOJARSKI, T. B. 416^{4}.
WYSS, O., s. HAAS, F. 79^{1}.

XEROS, N.: Ribonucleinsäuren in cytoplasmatischen Viren 601^{4}.
XUONG, N. D., s. LACASSAGNE, A. 84^{6}.

YABUTA, T., and T. HAYASHI: Gibberellin A 150^{5}.
YALOW, A. A., s. SEIDLIN, S. M. 199^{11}.

YAMADA, T.: Wasserstoffwechsel von Hühnereiern 471[1].
YAMAFUJI, K., and Y. KOSA: Peroxydbildung als Ursache der Virusbildung 301[4].
YAMAGATA, S., and T. NAKAO: Aktivität der Blutkatalase bei Krankheiten des Verdauungstrakts 421[14].
YAMAGIWA, K.: Clonorchis sinensis als Krebsursache 201[1].
— u. K. ICHIKAWA: Experimentelle Hautkrebse 212[10]. — Krebserzeugende Wirkung von Steinkohlenteer 346[2].
YAMASAKI, F., s. ISEKI, T. 499[1].
YAMAZAKI, J., and S. SATO: Cancerogene Wirkung von Anilin 234[3].
YASUDA, M., and W. R. BLOOR: Phosphatidgehalt von menschlichen Tumoren 451[3]. Cholesteringehalt bösartiger Tumoren 452[5].
YATES, F., s. FISHER, R. A. 34[4].
YATES, H. B., s. WALKER, M. B. 135[1].
YEE, H. T., s. BOURNE, H. G. jr. 200[2].
YEN, C. Y., s. ANDERSON, E. P. 448[13].
YESINICK, C., s. POPPER, H. 193[15], 376[6].
YIENGST, M. J., s. SHOCK, N. W. 523[6], 524[3, 5].
YING, S. H., s. WHITMORE, W. F. jr. 330[1].
YOKOYAMA, T., s. MASAYAMA, T. 395[33], 440[9].
YONEZAWA, T., s. FUKUI, K. 223[2].
— s. NAGATA, C. 223[2].
YOSHIDA, T.: Cancerogene Wirkung von o-Aminoazotoluol (Pellidol) 237[15]. — Ascites-Sarkom 334[5]. — Krebszellen sind eine veränderte Zellrasse 334[7]. — Überführung solider Tumoren in Ascitesform 335[4]. — Transplantation von Ascitestumoren durch eine Zelle 336[3].
— s. SAHAKI, T. 359[4].
YOSHIMOTO, S.: Gehalt an basischen Aminosäuren in Tumoren 424[12].
YOU, R. W., and E. A. SELLERS: Ursache der Stoffwechselsteigerung in der Kälte 532[4].
YOU, S. S., s. SELLERS, E. A. 532[6, 10].
YOUNG, D. W., s. IBALL, J. 215[9].
YOUNG, E. G., and R. B. CAMPBELL: Reaktion von Lost mit Hefenucleinsäuren und Purinen 140[4]. — 8-Oxychinolin als Mitosegift 140[4].
YOUNG, F. G., s. COTES, P. M. 152[2], 153[1], 325[3].
YOUNG, J. S., s. HADFIELD, G. 26[2].
YOUNG, L.: Stoffwechselprodukte von polycyclischen aromatischen Kohlenwasserstoffen 355[12].
— s. CORNER, E. D. S. 355[13].
— s. MANSON, L. A. 256[2], 367[2].
YOUNG, N. F., s. KENSLER, C. J. 259[6], 260[13], 360[1].
YOUNGSTROM, K. A., B. WOODHALL and R. W. GRAVES: Aktivität der Cholinesterase in Tumoren 455[17].

ZAFFARONI, A., and R. B. BURTON: Bestimmung von Progesteron und Pregnandiol 33[12].
ZAFFARONI, A., R. B. BURTON and E. H. KEUTMANN: Bestimmung der Oestrogene durch Papierchromatographie 33[9]. — Corticosteroidbestimmung 174[4].
— s. BURTON, R. B. 174[5].
ZAHL, P. A., and H. G. ALBAUM: Hemmstoffe für den Nucleinsäurestoffwechsel 448[5].
ZAINO, E. C., s. SHARNOFF, J. G. 37[1].
ZAJDELA, F., et N. P. BUU-HOI: Cancerogene Wirkung von fluorierten Benzacridinen 219[7].
— s. LACASSAGNE, A. 84[6], 352[9].
ZAKI, F. G., s. FRIEDRICH-FREKSA, H. 151[9], 179[4].
ZAKRZEWSKI, Z.: Förderung der Gewebsdifferenzierung durch Schilddrüsenhormon 154[12]. — Heparin hemmt Wachstum von Gewebskulturen 156[4].
ZALTA, J. P., s. KHOUVINE, Y. 427[2].
ZAMBRUNO, D., s. CAFIERO, M. 137[11].
ZAMECNIK, P. C.: Zusammenfassung über die Biochemie maligner Geschwülste (1952) 342[11]. — Aminosäure- und Proteinstoffwechsel von Tumoren 434[4].
— and I. D. FRANTZ jr.: Einbaugeschwindigkeit von Aminosäuren in Tumoreiweiß und in normale Gewebe 434[9]. — Glykolyse liefert Energie für Eiweißsynthese 434[9].
— I. D. FRANTZ jr., R. B. LOFTFIELD and M. L. STEPHENSON: Einbaugeschwindigkeit von Aminosäuren in Tumoreiweiß und in normale Gewebe 434[10].
— R. B. LOFTFIELD, M. L. STEPHENSON and J. M. STEELE: Glykogenabnahme in Leber und Hepatom bei Hunger 402[6]. — Unterschiede des Kohlenhydrat- und Oxydationsstoffwechsels zwischen Tumor- und normalen Geweben nur qualitativ 405[10]. — Aminosäurezusammensetzung von Hepatomprotein 412[18]. — Einbaugeschwindigkeit von Aminosäuren in Tumoreiweiß 434[11]. — Aufnahme von ^{14}C aus Glucose durch Hepatomlipide 450[11].
— and M. L. STEPHENSON: Benzoylargininamid-amidase 395[51]. — Glutathiongehalt in Hepatomen 424[10]. — Kathepsinaktivität in Hepatomextrakten 436[13].
ZANDER, G. E., s. ANDERSON, W. A. D. 380[1].
ZANDER, J., u. H. SIMMER: Bestimmung von Progesteron und Pregnandiol 33[11, 12].
— s. KAUFMANN, C. 31[12], 33[11].
ZARROW, M. X., s. HISAW, F. L. 46[8].
ZATMAN, L. J., s. QUASTEL, J. H. 416[2].
ZBARSKIJ, B. I., I. B. ZBARSKIJ u. S. P. MARDASHEV: Argininggehalt von Tumoren 424[15]. — Tryptophangehalt von Tumoren 424[21].
ZBARSKIJ, I. B., u. S. S. DEBOV: Zusammensetzung von Zellkernproteinen von Tumoren 426[5].
— u. K. A. PEREVOŠČIKOVA: Zusammensetzung von Zellkernproteinen von Tumoren 426[5].
— s. ZBARSKIJ, B. I. 424[15, 21].

Zechmeister, L., and B. K. Koe: 3,4-Benzpyren in Muscheln 193[4], 214[5], 347[10]. — Polycyclische aromatische Kohlenwasserstoffe in Muscheln 347[10].
— s. Koe, B. K. 347[10].
Zeckwer, I., s. Lucké, B. 422[6].
Zehender, F., s. Miescher, G. 213[3], 231[14], 303[8].
Zehrer, G., s. Schulz, A. 332[16], 340[7].
Zeidman, I.: Metastasierung nach Krebsoperationen am Menschen 340[4]. — Verminderte Haftfestigkeit von Tumorzellen beruht auf erniedrigtem Calciumgehalt 399[9].
— M. McCutcheon and D. R. Coman: Lunge fängt Krebszellen ab 335[7], 341[8].
— s. DeLong, R. P. 340[10], 398[8], 399[4].
Zeitch, I., s. Quenouille, M. H. 523[5].
Zeller A.: Buch über statistische Analysen in der Biologie (Übers. des Buches von Mather, K.) (1954) 34[4].
— s. Edlbacher, S. 167[19].
Zeller, E. A.: Einfluß von Oestrogenen auf Aktivität der Acetylcholinesterase des Blutes 19[12]. — Histaminasebestimmung als Schwangerschaftsreaktion 46[11].
— P. Stern u. L. A. Blanksma: Histaminase 167[19].
Zelnik, R., s. Wajzer, J. 44[1].
Zerahn, K., s. Ahlström, L. 140[9].
Zetler, G., s. Hild, W. 23[1], 49[1].
Ziegelmayer, W.: Buch über Lebensmittel und ihre Veränderungen. 3. Aufl. (1942) 563[1].
Ziemke, H.: Histaminbildung bei Erfrierung 167[8].
Ziese, W., s. Klein, G. 423[18], 424[15], 438[14].
Zilber, L. A.: Zusammenfassung über spezifische Tumorantigene (1958) 339[3].
Zillig, W., W. Schäfer u. S. Ullmann: Ribonucleinsäuregehalt der Viren der klassischen Geflügelpest 606[1].
— s. Schäfer, W. 606[5], 607[3].
— s. Schramm, G. 59[6], 591[6], 592[1, 2].
Zilliken, F., s. Dirscherl, W. 33[5].
Zima, O.: Wirkung der synthetischen Oestrogene 42[2].
Zimm, B. H., s. Oster, G. 591[1].
Zimmer, K., s. Brandes, J. 596[7].
Zimmer, K. G.: Berechnung der Mutationsrate 89[5].
— s. Riehl, N. 89[1].
— s. Timoféeff-Resovsky, N. W. 85[14], 87[10].
Zimmermann, H., s. Kraut, H. 553[1].
Zimmermann, Walter: Buch über Vererbung „erworbener Eigenschaften" und Auslese (1938) 70[71]. — Buch über Grundfragen der Evolution (1948) 70[72].
Zimmermann, Wilhelm: Buch über chemische Bestimmung von Steroidhormonen in Körperflüssigkeiten (1955) 32[14]. — Bestimmung der Ketosteroide 33[2]. — Corticosteroidbestimmung 174[4]. — Buch über Evolution (1953) 106[25].
Zinder, N. D.: Bakteriophagen als Überträger genetisch aktiver Substanzen 62[1].
Zipser, A., and A. S. Freedberg: Aufnahme von radioaktivem Rubidium durch Hirntumoren und normales Hirngewebe 400[10].
Zischka, W., K. Karrer, O. Hromatka u. E. Broda: Kein Abbau des Ringsystems von 4-Dimethylaminoazobenzol zu CO_2 370[5].
— s. Karrer, K. 245[9].
Zöttl, H.: Unkrautbekämpfung durch Antimetaboliten des Kohlenhydratstoffwechsels 162[7].
Zollikofer, H., s. Koller, F. 172[11].
Zollinger, H. U.: Erzeugung von Nierentumoren durch Bleiphosphat 211[10]. — Krebsbildung nach Implantation von Acrylharzen 279[10].
— s. Spühler, O. 173[3].
Zondek, B.: Buch über Hormone des Ovariums und des Hypophysenvorderlappens. 2. Aufl. (1935) 7[14]. — Entgiftung phenolischer Oestrogene in der Leber 11[12]. — Bildung von Keimdrüsenhormonglucoronaten in der Leber 31[6]. — Hypophysentumoren nach Oestrogenbehandlung 327[3]. Oestrogene Substanzen sind nicht kausale Cancerogene 329[3].
— u. S. Aschheim: Schwangerschaftsreaktion 36[5].
— s. Aschheim, S. 36[5].
Zondek, H.: Buch über Krankheiten der endokrinen Drüsen (1953) 7[34]. — Anregung der Knochenbildung durch Oestrogene 19[9].
Zorn, B., u. W. Dihlmann: Aminbildung bei Verbrennungen 167[2].
Zucker, L. M., and T. F. Zucker: Zoopherin 150[9].
Zucker, T. F., s. Zucker, L. M. 150[9].
Zuefle, J. H., s. Hueper, W. C. 209[8], 211[11], 377[10].
Zummo, C.: Steigerung der Wärmeproduktion durch Aminosäuren 538[8].
Zuntz, L.: Rotierende Tretbahn 541[6].
Zuntz, N., A. Loewy, F. Müller u. W. Caspari: Buch über Höhenklima und Bergwanderungen in ihrer Wirkung auf den Menschen (1906) 515[3].
— s. Lehmann, C. 545[2], 573[3, 6].
Zwemer, R. L., s. Löwenstein, B. E. 172[2].
Zylberszac, S.: Lebercirrhose durch Benzidin 237[2]. — Lebercirrhose nach 4-Aminodiphenylmethan 242[3].

Sachverzeichnis.

Erklärung: Fettdruck = Hauptstichwort für Organe; kursiver Fettdruck desgl. für Stoffe; Kursivdruck: 1. desgl. für Organismen; 2. für wichtige Stichworte; fetter Punkt über der Zeile = Formel im Text; Schema, Tab., Abb., Gleichung = Schema usw. im Text.

AAF s. 2-Actylaminofluoren.
Abequose 170.
Abnutzungsquote 545f.
Abort 45.
—, Auslösung durch Progesteron 44.
Absorptionscalorimeter 516.
Absorptionsniveau von Farbstoffen 224.
Abwässer, Verunreinigung durch Substanzen, carcinogene 214.
Abwehrkräfte, körpereigene, gegen Geschwülste, 339.
Abwehrmechanismen, organspezifische, gegen Tumorzellen 342.
Ace-Verbindungen, Wirkung, cancerogene 350.
Acenaphthen, Auslösung von Polyploidie durch — 95.
Acetabularia, kernlose, CO_2-Assimilation 4.
2-Acetaminofluoren s. 2-Acetylaminofluoren.
2- und 3-Acetaminophenanthren, Wirkung, cancerogene 361.
Acetaminopyren, Wirkung, cancerogene 361.
Acetolphosphat, Entstehung bei Propandiol-(1,2)-phosphat-(1)-bildung 404.
2′-Acetylamino-dibenztropiliden 236•.
—, Wirkung, cancerogene 236.
4-Acetylamino-diphenyl, Wirkung, cancerogene 362.
2-Acetylaminofluoren
361•.
Ausscheidung im Harn 257.
— — Kot 258.
Derivate, Wirkung, cancerogene 362.
Einfluß auf Blutserum, Eiweißkörper 433.
— — Halblebenszeit von Riboflavin der Leber 459.
— — Protein- und Nucleinsäuregehalt in Zellfraktionen von Rattenleber und Lebertumorenn 429.
— — Wirkung, cancerogene, von Crotonöl 381.
Tumorlokalisation nach — 236, 250, 266f., 382.
Unterdrückung der Crotonölwirkung durch — 233.
Verhalten im Stoffwechsel 367f.
Wirkung, cancerogene 233, 236, 250, 255, 359ff., 363.
—, —, Beeinflussung durch Hormone 326.
—, —, kombiniert mit Jod, radioaktivem 382.
Acetaminofluorenhepatome, Gehalt an Desoxyribonucleinsäuren 442.
—, — — Ribonucleinsäuren 441, 443.
—, Kathepsinaktivität in — 436.
—, Maus, Gehalt an Ribonucleinsäure 443.
—, Ratte, Einbau von Uracil-^{14}C in RNS 446.
2-Acetamino-7-hydroxyfluoren 367•.
—, Bildung aus 2-Acetylaminofluoren 257.
2-Acetylamino-hydroxyfluorene, Bildung aus 2-Acetylaminofluoren 368.
2-Acetylaminophenanthren 361•.
—, Wirkung, cancerogene 361.
3-Acetylaminophenanthren, Wirkung, cancerogene 361.
Acetylaminopolysaccharid aus Ovomucoid 466.
Acetylaminostilben, Wirkung, cancerogene 363.
Acetylcholin, Bildung bei Hühnerembryonen 122.
—, Vorkommen in der Placenta 48.
—, Wirkung auf Uterus 49.
Acetylcholinesterase, Aktivität im Serum bei Geschlechtsreife und nach Oestrogenen 19.
— in Hühnerei, bebrütetem 478.
Acetylen, Teere, cancerogene, aus — 212.
N-Acetylhexosamin in Pyrogenen 170.
Achatina fulica Férussac, Eier 503.
Acidophilus lacticus in der Vaginalflora 18.
Acidose 553.
Aconitase, Gehalt in Tumoren 414.
cis-Aconitase, Hemmung durch trans-Aconitsäure 413.
cis-Aconitsäure, Unterbrechung der Bildung von Citronensäure durch trans-Aconitsäure. 413.
trans-Aconitsäure, Unterbrechung der Bildung von cis-Aconitsäure aus Citronensäure durch — 413.
ACTH(= adrenocorticotrophic hormones)
Antagonist des Wachstumshormons 172.
Ausscheidung im Harn bei Schwangerschaft 45.
Auswertung 38.
Bedeutung für Corticosteronbildung in Nebennierenrinde 173.
Bestimmung 171.
Beteiligung an Stress-Reaktion 171.

ACTH(= adrenocorticotrophic hormones)
Harnsäure/Kreatininquotient nach — im Harn 172.
Inaktivierung von Exudin durch — 169.
Stickstoffbilanz nach — 172.
Wirkung auf Cancerogenese 324.
— — Nebennierenrinde 171f.
— — Tumorbildung durch Amine, aromatische, cancerogene, nach Hypophysektomie 360.
— — Tumorwachstum 330.
Acridin als Grundsubstanz für Farbstoffe 248.
Acridine, Konstitution und Wirkung, canrerogene 249.
Acrylamid, Gelierung von Proteinen durch — 279.
—, Wirkung, keine cancerogene 280.
Acrylharze, Sarkombildung nach Implantation von — 279.
Actomyosin-Adenosintriphosphat-Mischungen, Wirkung von Colchicin auf — 138.
Acyl-äthylenimin 372•
Acyl-äthylenimine, Wirkung, cancerogene 372.
N-Acylase, Gehalt in Leber und Hepatom 394 Tab.
Acylpyruvase, Aktivität in Tumoren 439.
—, Gehalt in Leber und Hepatom 394 Tab.
Adenin, Ausscheidung bei Tieren, schilddrüsenlosen 153.
—, Gehalt in Desoxyribonucleinsäure beim Menschen 444 Tab.
—, — — Ribonucleinsäure aus Tabakmosaikviren 593.
—, Konkurrenzgifte gegen — 160.
Adenin-^{14}C, Einbau in DNS-Purine von 3'-Methyl-4-dimethylaminoazobenzolhepatom (Ratte) und Mäusesarkom 37 446.
—, — — RNS von tumortragenden Tieren 448.
Adenome nach 4-Dimethylaminoazobenzol 266.
—, Hypophysenvorderlappen nach Thiouracil 269.
Adenosindesaminase im Seeigelei, befruchteten 119.
Adenosinphosphat, Anregung der Leukocytenauswanderung durch — 168.
—, Auftreten in Embryonen 121.
—, Dephosphorylierung durch Leber und Hepatom 449.
—, Gehalt in Geweben 402 Tab.
—, — — Leberribonucleinsäuren 445 Tab.
—, — — Tumoren 402 Tab., 403.
—, — — Zellfraktionen 445.
Adenosintriphosphat (ATP)
Antagonismus gegen Colchicin 137.
Auftreten in Embryonen 121.
Bedeutung für Abbau von 4-Dimethylaminoazobenzol 262.
Gehalt in Geweben 402 Tab.
— — Keimgeweben 472.
Adenosintriphosphat (ATP)
Gehalt in Mammacarcinom (Maus) 403.
— — Skeletmuskel 16.
— — Tumoren 402 Tab., 403.
— — Uterusschleimhaut 16.
Spaltung in Eiern, bebrüteten 477.
Synthese in Mitochondrien 81.
Wirkung auf Zellteilung 133f.
Adenosintriphosphat-Actomyosin-Mischungen, Wirkung von Colchicin auf — 138.
Adenosintriphosphatase (ATPase)
Aktivität in Tumoren 409.
— im Zellkern 4, 18.
Bedeutung für Tumorglykolyse 409.
Gehalt in Leber und Hepatom 394 Tab.
Vorkommen in Mitochondrien 81.
— im Ovarium 15.
Wirkung von 4-Dimethylaminoazobenzol auf — 261.
strukturgebundene, der Mitochondrien 409.
in Hühnerei, bebrütetem 478.
— Leberzellfraktionen 417 Tab.
— Tumorenzellfraktionen 417 Tab.
Adenoviren 605.
Adenylsäure s. Adenosinphosphat.
Adrenalin
Auslösung der Stress-Reaktion durch — 171.
Ausscheidung nach Kost, eiweißreicher 540.
Ausschüttung bei Stress 170.
Bildung in Nebennierenmarktumoren 331.
Einfluß auf Stoffwechsel 530.
Notfallsfunktion 30, 171.
Schwangerschaftsreaktion, positive, an Rana esculenta nach — 38.
Sensibilisierung gegen — durch Schilddrüsenhormon 171.
Vorkommen im Hühnerembryo 479.
Wirkung auf Brenztraubensäuregehalt im Ascites 404.
— — Cholesterin in Hühnerei, bebrütetem 486.
— — Uterus 49.
als Mitosegift 139[139].
Adrenochrom als Mitosegift 139[139].
Adrenosteron 28, 32.
Ägypten, Ernährung 571 Tab.
Äpfel, Blastokoline in — 163.
—, Zusamensetzung 562 Tab.
Äpfelsäuredehydrogenase, Gehalt in Leber und Hepatom 394 Tab.
—, — — Tumoren 414.
— in Seeigeleiern 479.
—, — —, befruchteten 119.
Äpfelsamen, Blausäure als Blastokolin für — 163.
Äther, Treiben, künstliches, von Pflanzen durch — 149.
17-Äthinyl-oestradiol 39.
17-α-Äthinyl-testosteron, Corpus luteum-Hormon-Wirkung von — 39.

Äthionin, Wirkung, cancerogene 193, 376.
— als Methionin-Antagonist 161.
8-Äthoxy-coffein, Wirkung, mutagene 93 Tab.
4-Äthoxyphenylharnstoff, Wirkung, carcinogene 268, 376.
α-Äthyl-β-sek.butyl-stilben 218•.
Äthylcarbamat s. Urethan.
4-Äthyl-4-dimethylaminoazobenzol, Wirkung, cancerogene 239.
Äthylen, Einfluß auf Auxinwirkung 149.
Äthylenimin 371•, 372•.
—, Wirkung, cancerogene 275, 285, 372.
Äthylenimine, Polymerisation 277•.
—, Radikalbildung als Ursache der Wirkung, cancerogenen 285.
—, Wirkung, mutagene 94.
Äthyleniminpikrat, Wachstumshemmung von Tumoren durch — 373.
Äthyleniminsulfon 372•.
Äthyleniminsulfonylalkane, Wirkung, cancerogene 275.
Äthyleniminverbindungen, Wachstumshemmung auf Impftumoren 373•.
—, Wirkung, cancerogene 371—374.
—, tumorhemmende, Hemmung der Glykolyse durch — 374.
Äthylurethan 269•.
—, Wirkung, cancerogene 188, 269.
—, —, mutagene 92, 93 Tab.
— als Cytostaticum und Mitosegift 270.
Ätiocholanolon 33 Tab.
Affen, Wirkung von Testosteron auf Geschlechtsreife 20.
Agar, Sarkombildung durch — 282.
Agentien, kropferzeugende, Schilddrüsenkrebs durch — 384 Tab.
—, mutagene, Einfluß auf Häufigkeit von Spontantumoren 187.
—, —, als Mitosegifte 137.
—, physikalische, cancerogen wirkende 199 Tab.
Agglutination 175.
Agglutinierungsstoffe 100.
air pollution 213f.
— als Krebsursache 195.
Ak-Maus, Leukämie, lymphatische, erbliche 298.
Akridinrot 244•.
—, Wirkung cancerogene 243.
Akridin-Verbindungen, Wirkung, mutagene 93 Tab.
Akromegalie 152, 331.
„Aktivierungsstoff“ 114.
Alanin, als Aminosäure, glucoplastische 554.
—, —, nicht essentielle 549 Tab.
—, Gehalt in Eiereiweißproteinen 465 Tab.
—, — — Schalenmembran des Hühnereis 464 Tab.
—, — — Tumoreiweiß 425 Tab.
—, Vorkommen in „Vitamin T“ 54.
—, Wirkung, spezifisch-dynamische 539.
β-Alanin = Bios IIa 147.
Alarmreaktion 30, 170.
Albumine, Gehalt im Blutserum bei Krankheiten, neoplastischen 432.
Albumine, Gehalt im Feten, menschlichen 123.
—, Lage in Chromosomen 76.
—, lipoidreiche, als Lösungsvermittler für Kohlenwasserstoffe, cancerogene — 229.
Aldolase, Aktivität im Blutserum bei Tumorträgern 411f.
—, Vorkommen in Seeigelei, befruchtetem 119.
— in Tumoren 410f.
Aldosteron 391•.
—, Wirkungen, phlogistische 173.
Algen, Aufteilung der Funktionen 6.
—, Carotinoide als Gamone und Termone bei — 15.
—, kernlose, CO_2-Assimilation 4.
Alkaloide, Durchtritt durch die Placenta 48.
—, Wirkung, mutagene 95.
Alkohol, Durchtritt durch die Placenta 48.
—, Larynxkrebs nach — 383 Tab.
Alkohole, Hemmung von Prostataphosphatase durch — 10.
— als Mitosegifte 139 Tab.
Alkyläthylenimine, Wirkung, cancerogene 275.
5-Alkyl-1,2-benzanthracen 351.
10-Alkyl-1,2-benzanthracen 351.
3-Alkylcholanthrene 351.
Allantoin, Vorkommen im Fruchtwasser. 47.
Allantois 47.
Allantoiswasser 490—496.
—, Hühnerembryo, Zusammensetzung 492 Tab.
—, Meerschildkröte, Zusammensetzung 494 Tab. 495 Tab.
Allele 72f.
Allenolsäure, Derivate mit Wirkung, oestrogener 41.
Allergene, Histaminbildung durch — 167.
Alloxan als Mitosegift 139 Tab.
Allylamin, Vorkommen in Eiter 167.
Allylbromid, Entzündung, seröse, nach — 167.
o-Allylphenol, Tokopherolwirkung 43.
Allylsenföl, Wirkung, mutagene 93 Tab.
Allylthioharnstoff 269•.
—, Blockierung der Thyroxinsynthese durch — 326.
—, Einfluß auf Tumorbildung durch 2-Acetylaminofluoren 267.
—, Wirkung, cancerogene 269.
—, —, cocancerogene 382.
Alter, Abhängigkeit der Katalaseaktivität der Leber vom — 145.
—, Einfluß auf Grundumsatz 523.
—, Wachstumspotenzen im — 130.
Altern, Quotient K:Ca beim — 399
— und Wachstum, Beziehungen zwischen — 127.
Altersheim, Ernährung im — 571.
Ameiseneier 504.
Amid-N, Gehalt in Lebernucleoproteiden 427 Tab.

Amine
Auslösung von Entzündung durch — 167.
Bildung in Gewebe, geschädigtem 165.
von Aromaten, kondensierten 234ff.
aromatische
Aktivität, biologische 359f.
Bestimmung 263.
Konstitution und Wirksamkeit 360—366.
Nachweis im Harn 234.
Tautomerie als Ursache der Wirkung, cancerogenen 285.
Verhalten im Stoffwechsel 366.
Wirkung, cancerogene 197, 199 Tab., 234—268, 285, 358—371.
—, —, Voraussetzungen für — 366.
—, —, — — und Konstitution, chemische 247, 249.
—, resorptive 359.
acetylierte, Wirkung, cancerogene 255.
— als Mitosegifte 139 Tab.
cancerogene 234—268.
—, Ausscheidung im Harn 255f.
—, Stoffwechsel 255—261.
—, Verteilung im Körper 266.
höhere, ortho-Oxyverbindungen, Wirkung, carcinogene 255.
nichtkondensierte, carcinogene 237 bis 247.
cancerogene, Entgiftung 256ff.
—, Wirkung auf Fermentfunktionen 261f.
— —, antioestrogene 41.
hepatocarcinogene, Einfluß auf Glutaminaseaktivität der Leber 439.
Aminoäthanol, Bildung von Cholin aus — 100.
Aminoäthylalkohol im Eidotter 468.
2-Aminoanthracen, Wirkung, cancerogene 236, 243, 248.
4-Aminoazobenzol, Bildung aus 4-Dimethylaminoazobenzol 369.
—, Spaltung durch Hefe, lebende 259 Tab.
—, Wirkung, cancerogene 237, 248, 251, 363f., 369.
o-Aminoazobenzol, Wirkung, keine mutagene 93 Tab.
Aminoazobenzol-Derivate, Konstitution und Wirkung, cancerogene 251.
—, Spaltung durch Leber 259.
o-Aminoazotoluol (trans) 235•, 364•.
—, Bildung aus Scharlachrot 238, 246.
—, Spaltung durch Hefe, lebende 259 Tab.
—, Wirkung, cancerogene 237, 239, 359, 364, 366.
4-Amino-3,2'-azotoluol s. o-Aminoazotoluol.
Aminoazotoluole, Wirkung, cancerogene 239.
p-Aminobenzoesäure, Bildung aus p-Toluidin 257.
—, Gehalt in Haut (Maus) vor und nach Carcinogenese 396 Tab.
—, Wachstumswirkung 146.
p-Aminobenzoesäurewirkung, Hemmung, kompetitive, durch Sulfonamide 158.
p-Aminobenzophenon als Antistoff gegen p-Aminobenzoesäure 159.
Aminobuttersäure als Aminosäure, glucoplastische 554.
2-Amino-carbazol 235•.
Aminobenzfuran, Wirkung, cancerogene 236.
2-Amino-dibenzthiophen 235•.
—, Wirkung, cancerogene 236, 248
4-Amino-3,2'-dimethylazobenzol, Wirkung, cancerogene 359.
Amino-diphenyl, Derivate, Wirkung, cancerogene 362.
4-Aminodiphenyl, Blasenkrebs durch — 234, 250.
—, Entgiftung 237.
—, Wirkung, cancerogene 199 Tab. 234, 237, 248, 250, 257, 359, 362.
4-Aminodiphenylmethan, Lebercirrhose durch — 242.
2-Aminofluoren 235•.
—, Bildung aus 2-Acetylaminofluoren 368.
—, Leberkrebs durch — 255.
—, Stoffwechsel 249.
—, Wirkung, cancerogene 236, 245, 248f., 361.
—, —, —, verschwindet nach Sulfonierung 245.
Aminogruppe, Eigenschaften, auxocancerogene 216, 239.
— als Wirkgruppe bei Aminen, aromatischen, cancerogenen 249.
Amino-imidazol-carbonamid 142•.
4-Amino-5-imidazolcarboxamid-^{14}C, Einbau in DNS-Purine von Mäusesarkom 446.
α-Aminoketone als Antiwuchsstoffe 179.
4-Amino-N-(10)-methylpteroyl-glutaminsäure = A-Methopterin 160.
o-Amino-1-naphthol, Wirkung, cancerogene 235, 361, 367, 388.
1-Amino-2-naphthol, Wirkung, cancerogene 256.
2-Amino-naphthol-(1) 367•.
—, Bildung aus β-Naphthylamin 256, 366f.
—, Wirkung, cancerogene 256, 361, 367, 388.
2-Amino-naphthol-(6) 367•.
—, Bildung aus β-Naphthylamin 256, 367.
2-Amino-naphthol-(1)-glucuronid, Wirkung, cancerogene 367.
2-Aminonaphthyl-(1)-schwefelsäure, Wirkung, keine cancerogene 367.
4-Amino-4'-oxy-diäthyl-stilboestrol, Wirkung, oestrogene 41.
5-Amino-7-oxy-1-H-triazol-(d)-pyrimidin (= 8-Azaguanin = Guanazol) 160•, 161.
—, Wirkung auf Purinsynthese 142.
— als Mitosegift 139 Tab.
2-Aminophenanthren 235•.
—, Wirkung, cancerogene 236, 248.
9-Aminophenanthren, Wirkung, keine cancerogene 236.
o-Aminophenol 368•.
—, Bildung aus 4-Dimethylaminoazobenzol 369.

p-Aminophenol 368•.
—, Bildung aus 4-Dimethylaminoazobenzol 369.
—, — — Dulcin im Hühnerembryo 487.
—, Spaltung durch Leber 259.
Aminophenole, Bildung aus Aminen, aromatischen 255.
—, Tautomerie als Ursache der Wirkung, cancerogenen 285.
o-Aminophenole, Wirkung, cancerogene 256, 285.
Aminopterin 160.
—, Einfluß auf Nucleinsäurestoffwechsel 448.
—, — — Oestrogenwirkung 16.
— als Mitosegift 142.
4-Aminopteroylglutaminsäure 160.
Aminopyrazol-pyrimidine, Einfluß auf Nucleinsäurestoffwechsel 448.
Aminosäureamidase, Gehalt in Leber und Hepatom 394 Tab.
Aminosäuren
Bedarf an — 544—552.
Bildung aus Essigsäure und Brenztraubensäure 413.
Einbaugeschwindigkeit in Proteine 434.
Gehalt im Serum bei WALKER-Carcinom 256 433.
Gleichgewicht mit Eiweiß in Ascitestumorzellen 435.
Stoffwechsel, Aufklärung an Mutanten 99.
— in Eiern, bebrüteten 475.
— — Tumoren 433ff.
Verteilung in Spermatozoen und Samenplasma vom Stier 13 Tab.
Vorkommen im Fruchtwasser 47.
Wirkung, spezifisch-dynamische 538f.
—, toxische 146.
basische, Gehalt in Tumoreiweiß 424, 425 Tab.
essentielle 146.
—, Bedarf an — 548—551.
—, Bedeutung für Tumorwachstum 331.
freie, Bestimmung, quantitative 423.
—, in Tumoren 423.
markierte, Fixierung in Tumoren 435.
natürliche, Antagonisten der — 161.
unnatürliche, als Antiwuchsstoffe 178.
D-Aminosäuren, Oxydation bei Fehlen von Schilddrüsenhormon 153.
—, Vorkommen in Proteinen 427f.
D-Aminosäureoxydase, Gehalt in Leber und Hepatom 394 Tab.
—, — — Tumoren 417f.
Amino-Stickstoff, Gehalt in Leber (Ratte) und Hepatom 393 Tab.
4-Aminostilben 251•.
—, Wirkung, carcinogene 241, 251, 363.
4-Aminostilbenverbindungen, Wirkung, cancerogene 248, 251.
α-Aminosulfosäuren als Antagonisten der Aminosäuren, natürlichen 161.
— — Antiwuchsstoffe 178.
4-Aminotetraphenylmethan, Wirkung, keine cancerogene 242.
4-Amino-2-thiouracil als Hemmstoff gegen Uracil 160.
3-Amino-p-toluidin, Wirkung, cancerogene 234.
4-Aminouracil als Hemmstoff gegen Uracil 160.
Ammoniak, Ausscheidung durch Hühnerei, bebrütetes 476 Tab.
—, — bei Vogelembryonen 122.
—, Bildung in Eizellen, tierischen 119.
—, Gehalt in Amnion- und Allantoiswasser, Hühnerembryo 492 Tab.
Ammoniumcitrat als Stickstoffquelle 550.
Ammoniumsalze, Eiweißsynthese aus — 550.
—, Vorkommen im Fruchtwasser 47.
Ammoniumsulfat, Wirkung auf Benzpyrenbildung im Zigarettenrauch 196.
Amnion 47.
Amnionentwicklung, Störung durch Trypaflavin 117.
Amnionwasser 490—496.
—, Gehalt an Fructose 492.
—, Hühnerembryo, Zusammensetzung 492 Tab.
—, Meerschildkröte, Zusammensetzung 494 Tab., 495 Tab.
Amoeba proteus, Mutation, letale, durch ^{32}P 91.
Amöben, kernfreie, Leistungen, biochemische 131.
Amöbenreste, kernlose, Atmung 4, 71.
Amphibien, Eiweißverbrennung in Eiern, bebrüteten 475 Tab.
—, Eizellen, Größe 463.
Amphibieneier 498—502.
—, Entwicklung 109f.
Amphibienkeime, Induktionen an — 111.
—, Mißbildungen bei Sauerstoffmangel 117.
—, Störungen der Zellteilung durch Hormone, oestrogene 480.
—, Transplantation, heteroplastische, an — 112.
Amphibienmetamorphose, Beschleunigung durch Schilddrüsenhormone 479.
Amphioxus, Eizellen, Größe 463.
Amylase, Gehalt in Hepatom 394 Tab.
—, — — JENSEN-Sarkom 403.
—, — — Leber 394 Tab.
—, Inaktivierung der Hormone, gonadotropen, durch — 25.
—, Vorkommen im Eiereiweiß 466.
—, — — Hühnereiweiß 477.
Amyloidosen 283.
Amylose, Aufbau in der Zelle 83.
Anabiose 50.
Anämie, Cholinesteraseaktivität im Blutserum bei — 455.
— nach Hypophysektomie 152.
Anaphase der Zellteilung 134, 134 Tab.
Anaphylatoxine 175.
Androgamone 100f.
Androgene
Anregung der Bildung durch Luteinisierungshormon 27.
— — Insulinproduktion durch — 11.

Androgene
Anregung der Prostata durch — 10.
Auslösung der Pubertätsacne durch — 19.
Ausscheidungsprodukte der — 32.
Auswertung 39.
Bildung, Einfluß von Röntgenstrahlen und Substanzen, radioaktiven, auf — 9.
— bei der Frau 19.
— in Nebennierenrinde 11, 32.
— — Ovarium 9.
— — Placenta 28.
— — Thecazellen 14.
Bildungsort 8.
Darstellung aus Männerharn 8.
Einfluß auf Rückbildung der Gänge, MÜLLERschen, bei Küken 54.
— — Tumorbildung durch Oestrogene 327f.
Entgiftung in der Leber 11.
Entwicklung der Geschlechtsmerkmale, männlichen, sekundären, durch — 10f.
Hahnenkammtest 11.
Nierenhypertrophie nach — 19.
Vorkommen in Nebennierenrinde 27f., 30.
— im Speichel als Anhalt für Geschlechtsbestimmung 54.
Voraussetzungen, strukturelle, der Wirkung von — 173.
Wirkung auf Entwicklung der Glandula submaxillaris 19.
— — Kastrationsfolgen 11.
— — Prostatahypertrophie 10.
— — Prostataphosphatase 10.
—, cocancerogene 381.
synthetische 39—42.
$\Delta^{3,5}$-Androstandien-17-on 203•.
—, Ausscheidung im Harn 32.
Androstandion, Ausscheidung im Harn 32.
Androstan-dion-3,17, Vorkommen im Hoden 8.
Androstanol-3, Geruch 104.
Androstanon-3, Geruch 104.
Androstanon-3β, Vorkommen im Harn 32.
Δ^{16}-Androstenol-3α, Ausscheidung im Harn 32.
—, Vorkommen im Hoden 8.
Δ^{16}-Androstenol-3β, Vorkommen im Hoden 8.
3-Androstenole als Sexualriechstoffe 9.
Δ^{5}-Androstenol-3β-on-17, Ausscheidung im Harn 32.
3-Androstenone als Sexualriechstoffe 9.
Androsteron 33 Tab.
—, Ausscheidung im Harn 32.
—, Darstellung aus Männerharn 8.
—, Nachweis 33.
Androtermon 53.
Anencephalie 117.
20,21-Anhydroprogesteron, Wirksamkeit 39.
Anilin 235•, 360, 361•, 368•.
—, Bildung aus Azobenzol 258.
—, — — 4-Dimethylaminoazotoluol 258, 369.
—, Eigenschaft, methämoglobinbildende 255.
—, Muttersubstanz, cancerophore 234.
—, Spaltung durch Leber 259.
Anilin, Wirkung, cancerogene (?) 198, 234, 241, 248.
—, —, keine cancerogene 364.
Anilinkrebs 358, 362.
animal protein factors 150.
Aniridie, Häufigkeit beim Menschen 189 Tab.
Ankerwickler, Kalorienbedarf, täglicher 568 Tab.
Anlockungsstoffe 100, 102f.
Annellierung von Ringsystemen wirkt cancerogen 216, 234, 239, 354, 361.
Anreißer, Kalorienbedarf, täglicher 568 Tab.
Anstreicher, Kalorienbedarf, täglicher 569 Tab.
Anthanthren 217.
—, Vorkommen in Luft von Industriestädten 213.
Anthocyane, Wirkung, oestrogene 20.
Anthracen
218•.
Ausscheidungsprodukt von Kohlenwasserstoffen, polycyclischen 356.
Bildung von Carcinogenen aus — 215, 247f.
trans-1,2-Dihydroxy-1,2-dihydro-Verbindung als Ausscheidungsprodukt von — 356.
Eigenschaften, cancerophore und oestrophore 249.
Halochromie 224.
Hautkrebs durch — 384 Tab.
Mesoregion, π-Elektronendichte in der — 223.
Oxydationsprodukte in vitro und in vivo 226.
Sarkombildung durch — bei Ratte 222 Abb.
Substitutionsprodukte, cancerogene 216.
Vorkommen in Luft von Industriestädten 213.
Wirkung, cancerogene 216, 222, 349.
—, —, und Konstitution 216, 249.
—, —, Latenzzeit 231, 304.
—, keine mutagene 93 Tab.
als Grundsubstanz für Farbstoffe 248.
Anthracenöl, Wirkung, cancerogene 199 Tab.
2-Anthramin 235•, 361•.
—, Wirkung, cancerogene 236, 248, 361.
Anthranilsäure, Bildung aus Kynurenin 100.
Anthrasteroide 389.
Antibiotica 156.
Antibiotin 160.
Anticoagulantien, Wirkung auf Fermente und Wundheilung 156.
Antifertilisin 101.
Antigen aus Influenza- und Geflügelpestvirus 606.
— — Vaccine-Virus 610.
—, spezifisches, aus Kohlenwasserstoffen, cancerogenen 227.
g-Antigen 607.
Antigeneigenschaften, Leber, Beeinflussung durch 4-Dimethylaminoazobenzol 262, 313.

Antigeneigenschaften, organspezifische, der Mikrosomenfraktion der Leber, 265.
Antigene 175.
—, Bedeutung für Geschwulstwachstum 338.
—, — — Wachstumsregulation 432.
—, Blutgruppen 98.
—, Hepatom 432.
—, Markierung 175.
—, „Matrizen"-Funktion der — 175.
—, künstliche 175.
— in Nierentumoren (Goldhamster) 432.
— und Antikörper, Wechselwirkungen 174f.
Antigen-Antikörpereaktion 175.
Antihistamine 168.
Antihistaminica 167.
—, Einfluß auf Wirkung, entzündungsauslösende, von Eiklar 169.
Antihormon gegen Wachstumshormon 152.
Antihormone gegen Hormone, gonadotrope 26.
Antikörper
Aufnahme aus Colostrum 123.
Ausscheidung in Milch und Colostrum 175.
Bedeutung für Geschwulstwachstum 338.
Bildung, Beeinflussung durch Cortison 173.
—, Hemmung durch Kohlenwasserstoffe, cancerogene, bzw. Azofarbstoffe 313.
—, Matrizenmechanismus 83.
Einfluß von Azofarbstoffen, cancerogenen, auf Bildung von — 262.
Markierung 175.
Resorption aus der Milch 118.
Selbstreproduktion, identische 5.
Übertragung durch Placenta 123.
Vorkommen bei Feten, menschlichen 123.
gegen SHOPE-Virus 295.
spezifische 175.
R-Antikörper 95.
Antikonzeptionsmittel, Chloramin in — 51.
—, 8-Oxychinolin in — 51, 271.
—, Schädigung der Eizellen durch — 14, 118.
—, Wirkung, cancerogene, von — 197, 289.
Antimetabolite für die Krebstherapie 314, 332.
Antimonpentachlorid, Reaktion von Oestrogenen, synthetischen, mit — 42.
Antiphlogistica, Einfluß auf Wirkung, entzündungsauslösende, von Eiklar 169.
—, Wirkung über Hypophyse und Nebennierenrinde 173.
Antipyridoxine, Granulocytose nach — 169.
Antivitamin PP 159.
Antiwuchsstoffe 142, 155—164.
—, Einfluß auf Gonadotropinwirkung 26.
—, — — Oestrogenwirkung 16.
—, synthetische 156, 159—162.
Antiwuchsstoffwirkung von Wuchsstoffen 162.
Aplysia, Entwicklung 107.
—, Verhalten der Carboanhydratase im Ei, befruchteten, von — 119.
Apotheker, Kalorienbedarf, täglicher 569 Tab.
Apyrase, Auftreten im Hühnchenkeim 121.
—, Gehalt in Keimgeweben 472.
Apyrase in Hühnerei, bebrütetem 478.
— — Keimzellen 477.
— — Seeigelei, befruchtetem 119.
Arachidonsäure, Fettsäure, essentielle 555.
—, Teilsynthese aus Linolsäure 555.
— in Eigelblecithin 468.
Arachinsäure, Gehalt in Erdnußöl 556 Tab.
Arbaciaei, Vorkommen von Nucleotidphosphatase im — 469.
Arbeit, Stoffwechsel bei — 540—543.
—, geistige, Energieverbrauch bei — 542.
Argentinien, Ernährung 571 Tab.
Arginase, Aktivität in Geweben, wachsenden 145.
—, — — Hühnerembryo 122 Abb.
—, Auftreten bei Embryonalentwicklung 469.
—, Beziehung zum Wachstum 122.
—, Gehalt in Leber 394 Tab.
—, — — Hepatom 394 Tab.
—, Vorkommen im Ovarium 15.
— in Hühnerei, bebrütetem 478.
— — Tumoren 423, 438.
Arginin
Aminosäure, essentielle 146, 549 Tab.
—, glucoplastische 554.
Bedarf an — 550.
Gehalt in Eiereiweißproteinen 465 Tab.
— — Follikelreifungshormon 25 Tab.
— — Prolactin 26 Tab.
— — Schalenmembran des Hühnereis 464 Tab.
— — Spermatozoen und Samenplasma vom Stier 13 Tab.
— — Tumoreiweiß 424, 425 Tab., 426
Verhalten im Hühnerei, bebrüteten 475.
Vorkommen in Androgamon 2 101.
— — Chromosomin 76.
freies, Gehalt in Tumoren 423.
Argininphosphat, Vorkommen in Muskulatur, glatter, bei Embryonen 122.
Arsen, Durchtritt durch die Placenta 48.
—, Wirkung, cancerogene 199 Tab., 270, 289.
—, metallisches, Sarkombildung durch — 211.
Arsenik, Hautkrebs durch — 384 Tab.
—, Lungenkrebs durch — 383 Tab.
Arsenit als Mitosegift 139 Tab., 140.
Arsenkrebs 197.
Arsen(III)-Verbindungen, Wirkung, cancerogene 209, 376.
Arterenol, Bildung in Nebennierenmarktumoren 331.
Arteriosklerose, Beziehung zu Fettsäuren, essentiellen 556.
Arzneimittel, Wirkung, cancerogene 270, 289.
Arzt, praktischer, Kalorienbedarf, täglicher 569 Tab.
Asbest, Lungenkrebs nach — 383 Tab.
—, Sarkombildung durch — 211 Abb., 212.
—, Wirkung, cancerogene 199 Tab., 284, 376f.
Asbestose 284.
Ascariden als Krebsursache 290.
Ascaris megalocephala, Gewebsproliferationen durch — 290.

Asche, Gehalt in Amnion- und Allantoiswasser, Hühnerembryo 492 Tab.
—, — — —, Meerschildkröte 494 Tab., 495 Tab.
—, — — Eidotter 467 Tab.
—, — — Eiereiweiß 464 Tab.
—, — — Harn der Schildkröte 495 Tab.
—, — — Leber und Hepatom (Ratte) 393 Tab.
Ascites, Gehalt an Brenztraubensäure nach Adrenalin 404.
Ascitesflüssigkeit, Hemmung der Leberkatalase durch — 422.
—, Kathepsin-Aktivität 436.
Ascites-Krebszellen, Atmung und Glykose in — 406.
Ascitesthymom, Gehalt an Ribonucleinsäuren 441.
MCA_1-Ascitestumor, Gehalt an Cytochrom c und Cytochromoxydase 420 Tab.
Ascitestumoren, Glutamin- und Glutaminsäureaufnahme durch — 423.
—, Gehalt an Ribonucleinsäure (Maus) 443.
—, Synthese von Purinnucleotiden (Maus) 447.
—, Transplantierbarkeit 336.
Ascitestumorzellen, Gleichgewicht, dynamisches, zwischen Proteinen und Aminosäuren 435.
Ascomyceten, Mutationsforschung an — 99.
Ascorbinsäure
Aktivierung der Serumphosphatase, saure, durch — 456.
Bedarf, täglicher 565 Tab.
Beteiligung an Corticoidbildung durch Nebennierenrinde 172.
Gehalt in Haut (Maus) vor und nach Carcinogenese 396 Tab.
— — Lebensmitteln 562 Tab.
— — Nebennierenrinde nach ACTH 38.
— — Tumoren 424, 459f.
Speicherung im Auge, embryonalen 480.
Vorkommen in Placenta 48.
— im Samen 13.
Asparaginase II, Gehalt in Leber und Hepatom 394 Tab.
Asparaginase in Tumoren 438.
Asparaginsäure, Aminosäure, glucoplastische 554.
—, —, nicht essentielle 549 Tab.
—, Gehalt in Eiereiweißproteinen 465 Tab.
—, — — Follikelreifungshormon 25 Tab.
—, — — Prolactin 26 Tab.
—, — — Schalenmembran des Hühnereis 464 Tab.
—, — — Tumoreiweiß 425 Tab., 426.
—, Vorkommen in „Vitamin T“ 53.
Asphalt, Hautkrebs durch — 346, 384 Tab.
Assimilation 510f.
Astaxanthin als Anlockungs- und Beweglichkeitsstoff für Spermien 102.
aster yellow-Virus 596.
Atebrin 160.
— als Mitosegift 139 Tab.
— — Spindelgift 138.
Atemmuskeln, Wassergehalt bei Hunger 574.
Atmung, Bedeutung für Massenzuwachs der Organismen 128.
—, — — Wachstum 119, 121.
—, — — Zellteilung 133.
—, Beginn im Hühnchenkeim 121.
— in Ei, befruchtetem 119.
— — Geweben und Zellen, geschädigten 165.
— — Tumoren 408f.
— — Zellen, kernlosen 4.
— im Zellkern 78.
Atmungsfermente in Mikrosomen der Seeigeleier 479.
Atmungsfläche 526.
Atmungskettenphosphorylierung 416.
Atmungsschädigung und Krebserzeugung 345.
Atmungswege, Krebshäufigkeit 192 Tab.
—, Arsen als Krebsursache, exogene, der — 199 Tab.
Atombomben, Auslösung von Mißbildungen durch — 118.
—, Wirkung, cancerogene 199 Tab.
ATPase s. Adenosintriphosphatase.
Atropin, Spaltung in Hühnerei, bebrütetem 487.
Aufbaustoffwechsel 543—558.
Augen, Entwicklung 110.
—, Metastasenbildung in — bei Verimpfung, intravenöser, von Tumorzellen und -ascites 341.
Augenbecher, Transplantation 113.
Augenkammer, vordere, Tumortransplantation in — 335, 338.
Augenmißbildungen, Auslösung 117.
Augit, Wirkung, cancerogene 284.
Auramin, Wirkung, cancerogene 242.
Auspuffgase, Gehalt an 3,4-Benzpyren 195.
—, Substanzen, carcinogene, in — 214.
Außenfaktoren, krebserzeugende, chemische 345—377.
—, —, physikalische 377—380.
Australien, Krebstodesfälle 190 Tab.
Autoreproduktion 83.
Autoschlosser, Kalorienbedarf, täglicher 569 Tab.
Auxin 148.
Avena-Einheit (AE) .148
Avena sativa 148.
Avidin 148, 156, 465.
—, Einfluß auf Tumorwachstum 331.
—, Vorkommen im Endometrium 17.
Axerophthol
Bedarf, täglicher 565 Tab.
Bestimmung, biologische 18.
Einfluß auf Tumorwachstum 331f.
Gehalt in Lebensmitteln 562 Tab.
Hemmung der Oestrogenwirkung durch — 18.
Mangel, Verhornung der Vaginalschleimhaut 18.
Vorkommen in Eidotter 469.
— — Hühnerei 480.
— — Tumoren 459.
Wirkung, wachstumsfördernde 146.

Axolotl, Auswertung von Schilddrüsenhormon an — 154.
—, Induktion einer Medullarplatte bei — 111 Abb.
Axolotllarve, Entwicklungsbeschleunigung durch Thyroxin 479.
Azaacetylserin 161•.
8-Azadenin 161.
8-Azaguanin 160•, 161.
—, Desaminase für — 450.
—, Einfluß auf Nucleinsäurestoffwechsel 448.
—, Hemmung der Purinsynthese durch — 142.
— als Mitosegift 139 Tab.
Azaserin, Einfluß auf Nucleinsäurestoffwechsel 448.
8-Azaxanthin 450.
—, Einfluß auf Nucleinsäurestoffwechsel 448.
Azobenzol, Bildung von Carcinogenen aus — 247f.
—, Eigenschaften, cancerophore und oestrophore 249.
—, Spaltung durch Hefe, lebende 259 Tab.
—, Stoffwechsel 258.
—, Wirkung, cancerogene 239, 258.
—, —, —, und Konstitution 249.
—, —, keine mutagene 93 Tab.
— als Grundsubstanz für Farbstoffe 248.
Azobenzol-Derivate, Leberkrebs durch — 250.
—, Spaltung durch Hefe, lebende 258, 259 Tab.
Azobenzol-4-sulfosaures Na, Spaltung durch Hefe, lebende 259 Tab.
Azobenzolverbindungen, Einfluß auf Wirkung, cancerogene, von 4-Dimethylaminoazobenzol 265.
Azobrücken, Entgiftung durch Spaltung von — 260.
Azofarbstoffe, Hemmung der Antikörperbildung durch — 313.
—, Wirkung, cancerogene 359.
—, carcinogene, Einfluß auf Cholinoxydase der Leber 459.
—, —, — — Vitamingehalt der Leber 459.
Azofarbstoffhepatome, Eiweißkörper, Aminosäurezusammensetzung 425.
—, Gehalt an Desoxyribonucleinsäure 442.
—, — — Ribonucleinsäuren 441.
Azofarbstofftumoren, Eiweißfraktionen im Cytoplasma bei — 430.
Azo-Halogen-Gruppen, Antigenbildung durch — 175.
1,1′-Azonaphthalin 240•.
—, Wirkung, keine cancerogene 235, 239.
2,2′-Azonaphthalin 240•, 365•.
—, Wirkung, cancerogene 236, 239f., 248, 365.
2,2′-Azonaphthalin (trans) 235•.
Azotoluol 235•.
—, Wirkung, cancerogene 248.
2′,3-Azotoluol, Stoffwechsel 258.
—, Wirkung, cancerogene 257.
Azoverbindungen, Derivate, proteingebundene, in Rattenleber 430f.
Azoxybenzol, Wirkung, keine cancerogene 239.
Azulen 224•.

Bacterium coli, Mutationen, letale, durch ^{32}P 91.
—, Spontanmutationen 87.
— prodigiosum, UV-Mutationswirkungsspektrum 378.
Bäcker, Kalorienbedarf, täglicher 569 Tab.
Baggerführer, Kalorienbedarf, täglicher 568 Tab.
Bahn, neurosekretorische 23.
Bakelit 278•.
—, Sarkombildung nach Implantation von — 279.
—, Wirkung, cancerogene 376.
Bakterien
Bildung von β-Indolylessigsäure durch — 149.
Erbänderung durch Desoxyribonucleinsäure 56, 60.
Fermentbildung, adaptive, in — 84.
Genäquivalente bei — 78.
Genaustausch und -rekombinationen bei — 78.
Genetik 78f.
Gewöhnung an Pharmaka 83.
Mutationen 78, 86.
Mutationsforschung an — 99.
Organellen, chromosomenähnliche, bei— 79.
Rassen, mutante, durch Röntgenbestralung 88.
Vermehrung, Geschwindigkeit 322.
Vitaminbildung, fehlende, bei — 146
Zellkernäquivalente 78.
als Krebserreger 290.
gramnegative, Polysaccharidsymplexe aus — 170.
Bakterienhyaluronidase 458.
Bakterientoxine, Auslösung der Stress-Reaktion durch — 171.
—, Histaminbildung durch — 167.
—, Wirkung, entzündungserregende 169.
Bakterienwachstum, Hemmstoffe gegen — 156.
Bakteriophagen 596—600.
—, Bestimmung der Wirksamkeit 583.
—, Bildung 84.
—, Desoxyribonucleinsäure als Erbsubstanz bei — 57, 73.
—, Eindringmechanismus 611.
—, Reproduktionsmechanismus der Desoxyribonucleinsäure in — 63.
—, Vererbung, plasmatische bei — 83.
—, Vorkommen von 5-Oxymethylcytosin in Desoxyribonucleinsäuren aus — 63.
— als Genüberträger 61.
Ballaststoffe, Nahrung 567.
Balletteuse, Kalorienbedarf, täglicher 569 Tab.
Bandwürmer als Krebsursache 290.
—, menschliche, Sarkombildung bei Ratte durch — 284.
Bantuneger, Leberkrebs bei — 287.

Barbitale als Hemmstoffe gegen Uracil 160.
„basal metabolism" 521.
Basaliom, Aminosäurezusammensetzung der Eiweißkörper aus — 426.
„Basalstoffwechsel" 521.
Bastarde, Spontantumoren bei — 186f.
Bastardierung 72, 86, 104.
Bauchhöhle, Sarkome nach Quecksilber, metallischem 377.
—, — — Uran 377.
Bauchraumtumoren durch Cysticercus fasciolaris 283.
Baumwollsamenöl, Fettsäurezusammensetzung 556 Tab.
—, Nahrungswert 557.
Baumwollschwanz-Kaninchen, SHOPE-Papillom 294, 386.
Bausteinhauer, Kalorienbedarf, täglicher 568 Tab.
Baustoffe, organspezifische 151.
Bauzimmerer, Kalorienbedarf, täglicher 569 Tab.
BAYER 638, Wirkung auf Sklerose, multiple 179.
Befruchtung 104f.
—, Stoffwechselsteigerung des Eis nach — 105.
—, Veränderungen in der Eizelle nach — 107.
—, Verhinderung durch Hesperidin, phosphoryliertes 103.
—, polysperme 106, 115.
— bei Pflanzen 102f.
Befruchtungsmembran, Eizelle 107.
Befruchtungsstoffe 100—104.
Belgien, Ernährung 571 Tab.
—, Krebstodesfälle 190 Tab.
BENCE-JONES-Eiweiß, Ausscheidung bei Plasmacytom 433.
BENEDICT, Respirationsapparat 515.
Bentonit, Wirkung, cancerogene 284.
1,2-Benzacridin 353•.
—, Methylderivate, Wirkung, cancerogene 352.
1,2-Benzacridinderivate, Wirkung, cancerogene 219.
3,4-Benzacridin 353•.
Benzacridine, Wirkung, cancerogene 352.
1,2-Benzanthracen 218•, 350•.
—, Abbau im Organismus 356.
—, Fluorescenzspektrum 346.
—, Methylhomologe, Wirkung, cancerogene 349.
—, Molekulardiagramme 221 Abb.
—, Wirkung, cancerogene 216, 222, 349.
—, —, mutagene 93 Tab.
1,2-Benzanthracenderivate, Absorption und Phosphorescenz 355.
—, Synthese 346.
Benzanthracene, 10-substituierte, Wirkung, cancerogene 352.
2′,3′-Benz-2,4-diaminoazobenzol, Wirkung, cancerogene 239.
Benzidin 362•.
—, Bildung aus Azobenzol 258.
Benzidin, Blasenkrebs nach — 234, 237, 257 383 Tab.
—, Verhalten im Stoffwechsel 257.
—, Wirkung, cancerogene 198, 199 Tab., 234, 237, 257, 359, 362, 383 Tab.
—, —, —, verschwindet nach Sulfonierung 245.
Benzidinderivate, Wirkung, cancerogene 362.
Benzinmotoren, Auspuffgase, Benzpyren in — 195.
—, —, Substanzen, carcinogene, in — 214.
Benzochinon, Auslösung von Mißbildungen durch — 115.
—, Wirkung auf Fermente 260.
— als Metabolit, cancerogener, von 4-Dimethylaminoazobenzol 260.
Benzoesäure, Bildung aus Toluol 257.
—, — — Cyclohexancarbonsäure im Organismus 202.
Benzol
Ausscheidungsprodukt von Kohlenwasserstoffen, polycyclischen 356.
Bildung aus Cyclohexan im Organismus 202.
— von Carcinogenen aus — 248.
Leukämie durch — 384 Tab.
Oxydation zu Phenol 226.
Photooxydation 92.
Wirkung, cancerogene 199 Tab.
—, —, keine 349.
—, cocancerogene 383.
als Lösungsmittel für Kohlenwasserstoffe, cancerogene 215.
Benzol-azo-2-naphthole, Spaltung durch Hefe, lebende 259 Tab.
—, Stoffwechsel 258.
Benzol-azo-2-naphthylamine, Spaltung durch Hefe, lebende 259 Tab.
—, Stoffwechsel 258.
β-(2-Benzothienyl)-α-aminopropionsäure 162•.
Benzoyl-L-argininamid, Spaltung durch Tumorkathepsin 436.
Benzoylargininamidamidase, Gehalt in Leber und Hepatom 394 Tab.
1,12-Benzperylen, Vorkommen in Luft von Industriestädten 213.
2,3-Benzphenanthren 216.
3,4-Benzphenanthren 350•.
—, Wirkung, cancerogene 349f.
1,2-Benzphenarsazin 219.
Benzpyren, Auslösung von Polyploidie durch — 95.
—, Bindung an Proteine und Nucleoproteide 223.
—, Gehalt in Holzteer 213.
— sensibilisiert Paramaecien gegen UV-Bestrahlung 205.
1,2-Benzpyren 350•, 351.
—, Vorkommen in Luft von Industriestädten 213.
3,4-Benzpyren
218•, 347•.
Abbau im Organismus 356.
Ausscheidungsprodukt von Kohlenwasserstoffen, polycyclischen 356.

3,4-Benzpyren
Crotonölwirkung nach — 380.
Diazotierung 225.
Fluorescenzbande 223.
Gehalt in Luft von Großstädten 195.
— — Teer 346.
Lebertumoren, Eiweißfraktionen nach — 431.
Oxydationsprodukte in vivo 226.
Proteinkomplex 358.
Vorkommen in Auspuffgasen 195, 214.
— — Luft von Industriestädten 213.
— — Muscheln 193, 214.
— — Zigarettenrauch 196.
Wirkung, cancerogene 213, 216, 346, 348, 351.
—, —, Abhängigkeit von der Dosis 308.
—, —, Aufhebung durch Lost 373.
—, —, Latenzzeit 232, 304.
—, —, an Mäusen, bestrahlten 205.
—, mutagene 93 Tab.
—, tumorrealisierende 381.
wirkt nicht oestrogen 41.
5,8- und 5,9-Benzpyren-chinon, Bildung aus 3,4-Benzpyren in vitro 226.
7- bzw. 10-Benzpyrenol, Bildung aus 3,4-Benzpyren in vivo 226.
Benzpyrentumor, Eiweißfraktionen im Cytoplasma bei — 430.
Bergkrystall, Wirkung, cancerogene 284.
Bernsteinsäure, Abbau in Leber und Hepatom 412.
—, Anhäufung im Citronensäurecyclus 414.
Bernsteinsäuredehydrogenase, Gehalt in Leber und Hepatom 394 Tab.
—, — — Mitochondrien 415.
—, — — Tumoren 414.
—, Verteilung in Leberzellen von Ratten 415.
— in Leberzellfraktionen 417 Tab.
— — Seeigeleiern 479.
— — —, befruchteten 119.
— — Tumorzellfraktionen 417 Tab.
Bernsteinsäureoxydase, Auftreten im Hühnchenkeim 121.
—, Leber, Wirkung von 4-Dimethylaminoazobenzol auf — 261.
Berufsarbeitscalorien 567.
Berufsklavierspieler, Calorienbedarf, täglicher 569 Tab.
Berufskrebs 197—201, 346, 376, 383f.
—, Ursachen 199 Tab.
—, Zeitfaktor beim — 316.
— durch Arsenverbindungen 209f.
— — Nickelcarbonyl 211, 376.
— — Radium und Strahlungen, radioaktive 208.
— — Röntgenbestrahlung 206.
Beryllium, Wirkung, cancerogene 199 Tab., 210f., 376.
Berylliumverbindungen, Wirkung, cancerogene 377.
Beschneidung, Verhinderung von Peniskrebs durch — 188.
Betelnüsse, Mundhöhlen- und Speiseröhrenkrebs nach Kauen von — mit Tabak 196.
Betriebsingenieur, Calorienbedarf, täglicher 569 Tab.
Betriebsschlosser, Calorienbedarf, täglicher 568 Tab.
Beweglichkeitsstoffe 100, 102.
Bichromat, Wirkung, mutagene 92, 93 Tab.
Bienenkönigin, Einfluß von Tokopherol auf Entwicklung der — 54.
Bierhefe, „petites colonies" 80, 92f.
Biersieder, Calorienbedarf 569 Tab.
Bilharzia-Krebs 198, 289.
Bilharziosis, Blasenkrebs nach — 383 Tab.
Bindegewebe, Induktion von Knochenbildung im — 113.
Bindegewebsneubildung, Wirkung von Cortison und Compound F auf — 172.
Bindegewebstumor, Gehalt an Cytochromoxydase und Cytochrom c 419 Tab.
Bindungsindices nach PAULING 220.
Biocytin 147.
Bios, Bildung in Wildhefen 147.
Bios I (= meso-Inosit) 147.
Bios II, Komponenten 147.
Bios IIa (= β-Alanin) 147.
Bios IIb (= Vitamin H = β-Biotin) 147.
Biosfaktoren, Hefe 147.
Biotin, Bindung an Avidin 464f.
—, Einfluß auf Tumorwachstum 331.
—, Gehalt in Haut (Maus) vor und nach Carcinogenese 396 Tab.
—, — — Hühnerei 480.
—, Vorkommen in Tumoren 460.
β-Biotin (= Vitamin H = Bios IIb) 147.
—, sulfosaures 159.
Biotinavitaminose 464.
Birnen, Zusammensetzung 562 Tab.
2,7-Bisacetaminofluoren, Wirkung, cancerogene 362.
Bis-β-chloräthylamin, Chromosomenveränderungen durch — 271.
—, Reaktionsfähigkeit, biologische 273.
—, Wirkung auf Zellteilung 140.
Bis-(2-chloräthyl)-aminoxyd, Wirkung, cancerogene 271.
Bis-(2-chloräthyl)-methylamin 271•, 274•.
Bis-(2-chloräthyl)-sulfid (Lost) 271•, 371•.
—, Enzymhemmung durch — 374.
—, Radikalbildung als Ursache der Wirkung, cancerogenen 285.
—, Reaktion mit Hefenucleinsäuren und Purinen 140.
—, Wirkung auf Desoxyribonucleinsäure 374.
—, — — Zellteilung 140.
—, —, cancerogene 271, 371—374.
—, —, mutagene 92, 93 Tab., 94, 271.
α-bis-Dehydro-doisynolsäure 40•.
4,4'-bis-Dimethylaminoazobenzol, Spaltung durch Hefe, lebende 259 Tab.
4,4'-bis-Methylthiostilben, Wirkung, oestrogene 41.
Bitterling, Legeröhre 19.
BITTNER-Virus 298.
Blase, „Bilharzia-Carcinom" 198.
Blasenkrebs s. Blasentumoren.

Blasenmole 118.
—, Prolanauscheidung bei — 45.
Blasentest, Wirkung, cancerogene, von Xanthin auf — 388.
Blasentumoren
Faktoren, auslösende und erzeugende 383 Tab.
β-Glucuronidase bei — 458.
Häufigkeit 192.
Maus 388.
Stoffwechselgrößen 407 Tab.
Ursache, exogene 199 Tab.
nach 2-Acetaminofluoren 360f.
— Äthylurethan 269.
— Aminen, aromatischen 359.
— —, cancerogenen, aromatischen 198, 234.
— Aminodiphenyl 237, 250, 362.
— 4-Aminodiphenyl-Derivaten 237.
— 2-Aminonaphthol-(1) 367.
— 2-Amino-naphthol-(1)-glucuronid 367.
— Anilin 358.
— Auramin oder Fuchsin 242.
— Benzidin 237, 257, 362.
— Diäthylenglykol 276.
— 4-Dimethylaminoazobenzol 239, 363.
— 3,3'-Dioxybenzidin 237, 257.
— 3-Methoxy-2-amino-fluoren 236.
— 3-Methylcholanthren 353.
— β-Naphthylamin 250, 257, 361f., 367.
— β-Naphthylamin-Stoffwechselprodukten 256.
Blastocoel 109.
Blastokoline, Wirksamkeit, verschiedene 163 Tab.
Blastomere 108.
Blastula 107, 109.
—, Glykogengehalt 472.
Blaualgen, Zellkernäquivalente 78.
Blausäure, Hemmung, keine, der Atmung von Eizellen, unbefruchteten 119.
—, Wirkung, mutagene 93 Tab.
— als Blastokolin 163.
— erhöht Strahlenresistenz 92.
Blausäurevergiftung, Widerstandsfähigkeit von Neugeborenen gegen — 121.
Bleiphosphat, Wirkung, cancerogene 211.
„Blockgifteffekte" 163.
Blockgiftwirkungen, Behandlung, mathematische 157.
„Blühhormone" 149.
Blüten, Vorkommen von Oestrogenen in — 20.
Blumenkohl, Zusammensetzung 562 Tab.
Blut
Aktivität von Fermenten im — bei Neugeborenen und Erwachsenen 123 Tab.
DPN-Synthese in — nach Tumorimplantation 415.
Druck, kolloidosmotischer, bei Ödemkrankheit 578.
Gehalt an
Brenztraubensäure im Oestrus 19.
Calcium bei Krebs 341.
Cholesterin 556.
Blut
Gehalt an
Citronensäure 405 Tab.
Diaminoxydase bei Schwangerschaft 46.
Fibrinogen, Beeinflussung durch Cortison 173.
γ-Globulinen, Beeinflussung durch Cortison 173.
α-Ketosäuren 404.
17-Ketosteroiden bei Schwangerschaft 45.
Leukocyten, eosinophilen, Beeinflussung durch Corticosteroide 172, 174.
—, —, nach ACTH oder Cortison 172.
Lymphocyten nach ACTH oder Cortison 172.
Milchsäure (Aorta) bei Meerschweinchen, trächtigen 404.
Phosphatase bei Prostatacarcinom 10.
—, saurer 456.
Thrombocyten nach ACTH oder Cortison 172.
γ-Globuline, Antikörpergehalt 175.
β-Glucuronidasegehalt bei Schwangerschaft 458.
Granulocytenzahl, Wirkung von Pyridoxin auf — 169.
Lipase- und Esteraseaktivität bei Organismen, tumortragenden 455.
Löslichkeit von Kohlenwasserstoffen, aromatischen, im — 214.
Nachweis von 17-Ketosteroiden, freien, als Schwangerschaftstest 33.
Senkungsgeschwindigkeit 175.
Wirkungen, toxische, auf — durch Substanzen, makromolekulare 282.
Blutbild, Veränderungen durch Radium 379.
Blutdruck bei Unterernährung 576.
Blutdrucksteigerung bei Nebennierenmarktumoren 331.
Blutgefäße, Regenerationsvermögen 177.
—, Zellvermehrung nach der Geburt 130.
—, Zerstörung von Krebszellen in — 341.
Blutgerinnung, Hemmung durch Fertilisin 101.
Blutgruppen, Antigene 98.
„Blutgruppen"-Allele, Modelle für Immungenetik der Tumor-Transplantation 339.
Blutplasma, Eiweißkörper, Verwendung für Synthese von Tumoreiweiß 435.
—, Jodretention in — bei Tumortieren 401.
—, Lipase- und Esteraseaktivität bei Organismen, tumortragenden 455.
—, Schildkröte, Zusammensetzung 495 Tab.
Blutkatalase 421.
Blutserum
Aktivität der Acetylcholinesterase bei Geschlechtsreife und nach Oestrogenen 19.
— — Aldolase im — 412.
Antigene im — 175.
Bestimmung der Phosphatase, sauren 456.

Blutserum
Eiweißkörper bei Krankheiten, neoplastischen 432.
— — Myelom, multiplem 433.
— — Plasmacytom 433.
— nach Acetaminofluoren 433.
— — 1,2,5,6-Dibenzanthracen 433.
— — Kohlenwasserstoffen, carcinogenen 433.
— — Leberschädigungen 433.
Gehalt an Aldolase bei Prostatacarcinom 412.
— — Cholin bei Carcinompatienten 451.
— — Desoxyribonuclease 449.
— — Eisen bei Menschen mit Tumoren 400.
— — Eiweiß bei Unterernährung 577.
— — Fermenten bei Tumorträgern 411f.
— — Phosphat bei Tieren, wachsenden 146.
— — Phosphatase, saurer, bei Prostata-Carcinom-Metastasen 329f.
Lipase- und Esteraseaktivität bei Organismen, tumortragenden 455.
Maus, Dipeptidase- und Tripeptidaseaktivität bei Ascitestumor 436.
Medium für Stoffwechselversuche 406.
Mensch, Hemmung der Tumorglykolyse durch — 409.
Phosphatase, alkalische, Herkunft 457.
—, —, bei Knochenmetastasen des Prostatacarcinoms 457.
—, saure, Aktivierung durch Ascorbinsäure 456.
Phosphataseaktivität bei Carcinompatienten 451.
Stute, trächtige, Gehalt an Gonadotropin 45.
Transaminaseaktivität bei Leberzellschädigungen 439.
Vorkommen von Desoxyribonucleasen in — 449.
Blutumlauf bei Unterernährung 576.
Blutzellen, Verhalten bei Entzündung 168.
Böttcher, Calorienbedarf, täglicher 569 Tab.
Bohnen, Zusammensetzung 562 Tab.
Bohnenmosaikvirus Südstamm 587.
Boltzmann-Konstante 87.
Bombe, Berthelotsche 516.
Bombyx mori, Anlockungsstoffe 104.
—, Eier, bebrütete, Bildung von Purinbasen 476f.
—, —, Eiweißverbrennung 475 Tab.
—, Eischale 504.
—, Polyedervirus 600.
Bonellia viridis, Geschlechtsbestimmung 53.
Borsäure, Auslösung von Mißbildungen durch — 117.
—, Komplexbildung mit Hemmstoffen der Befruchtung von Forsythien 102.
—, Vernetzung mit Polysacchariden 279.
Brachymelie nach Eserin 117.
Brasilien, Ernährung 571 Tab.
Breiesser 570.
Brennholzsäger, Calorienbedarf, täglicher 569 Tab.
Brenztraubensäure, Abbau in Leber und Tumoren 412.
—, Anhäufung in Gewebe, entzündetem 165.
—, Bildung von Aminosäuren aus — in Tumoren 413.
—, — — Propandiol-(1,2)-phosphat-(1) aus — 404.
—, Gehalt im Blut bei Oestrus 19.
—, — in Tumoren 404.
—, Wirkung, spezifisch-dynamische 539.
Briefträger, Calorienbedarf, täglicher 569 Tab.
Brillantblau FCF, Wirkung, cancerogene 243.
Brillenschleifer, Calorienbedarf, täglicher 568 Tab.
Brom, Gehalt im Hypophysenvorderlappen 24.
—, Verdrängung, biologische, von Jod durch — 159.
5-Bromuracil, Hemmung der Thyminwirkung durch — 160.
Bronchialepithel, Maus, Wirkung von Influenzavirus auf — 299.
Bronchialkrebs 194—197.
—, Häufigkeit 190.
—, Todesfälle 194 Abb., 195 Abb
—, Ursachen, exogene 194—201.
— bei Zigarettenrauchern 196.
— und Zigarettenkonsum, Latenzzeit 195.
Bronchospasmen durch Histamin 167.
Bronchuscarcinom, Gehalt an Cytochromoxydase und Cytochrom c 419 Tab.
Brot, Eiweiß- und Kohlenhydratquelle 563.
—, Zusammensetzung 562 Tab.
Brotesser 570.
Brown-Pearce-Carcinom, Cystin : Cystein-Verhältnis in Lebernucleoproteiden 427.
—, Metastasenbildung bei Verimpfung, intravenöser 341.
—, Transplantierbarkeit 334f.
Brustdrüsen 18f.
—, Entwicklung 49.
—, Krebshäufigkeit 192 Tab.
—, Phosphatidgehalt 451.
—, Tumorbildung durch Oestrogene 327.
—, Tumoren, Häufigkeit bei der Maus 185 Tab.
—, Veränderungen bei Hormonbildung, gesteigerter 30.
—, Wirkung des Hypophysenfaktors, mammogenen, auf — 18.
—, — der Oestrogene auf — 16, 46.
Brustdrüsenkrebs
s. a. Mammacarcinom.
s. a. Mammatumoren.
298, 329
Auslösung durch Oestrogene 267, 327.
Beeinflussung, hormonale 330.
Erblichkeit 186f.
Maus 295ff.
Mensch, Zusammensetzung, chemische 402 Tab.

Brustdrüsenkrebs
Ratte, durch 20-Methylcholanthren 214.
Sterblichkeit 190.
Therapie 328.
Ursachen, exogene 197.
Wildmaus 297.
nach 2-Acetylaminofluoren 236.
— Aminodiphenyl 250.
präklimakterischer 328.
Brustkrebsvirus, Übertragung 118.
Buchbinder, Calorienbedarf, täglicher 569 Tab.
Buchdrucker, Calorienbedarf, täglicher 569 Tab.
Buchhalter, Calorienbedarf, täglicher 569 Tab.
Buchweizen, Lebercirrhose nach — 286.
—, Wirkung, cancerogene 286.
Bückling, Zusammensetzung 562 Tab.
Bufo, Auswertung der Gonadotropine an — 36 Tab.
Bundesrepublik, Ernährung 571 Tab.
Bungarus multicinctus, Ei 498 Tab., 499 Tab.
bushy stunt-Virus, Tomate 581, 586f.
Butadien-diepoxyd 275•.
—, Wachstumshemmung von Tumoren durch — 373.
—, Wirkung, cancerogene 276.
Butazolidin, Hemmung der Tumorglykolyse durch — 409.
Butea superba, Knollen, Substanz, oestrogene, in — 20.
Butter, Mineralstoff- und Fettquelle 563.
—, Nahrungswert 557.
—, Zusammensetzung 562 Tab.
Butterfett, Fettsäurezusammensetzung 556 Tab.
Buttergelb s. 4-Dimethylaminoazobenzol.
Buttergelbtumoren, Proteine der — 312.
butter yellow s. 4-Dimethylaminoazobenzol.
n-Butylcarbamat, Wirkung, cancerogene 375.

Cachexia strumipriva, Grundumsatz bei — 529.
Calciferol, Bildung bei UV-Bestrahlung 378.
—, Vorkommen 556.
—, — im Eidotter 469.
—, — — Hühnerei 480.
Calcium
Anteil, ultrafiltrabler 399.
Bedarf während Schwangerschaft 46.
—, täglicher 565 Tab.
Bedeutung für Seeigelentwicklung 116 Abb.
— — Gewebsfestigkeit 341.
Eierschale, Verwertung durch Embryo 469.
Gehalt in Amnion- und Allantoiswasser, Hühnerembryo 492 Tab.
— — —, Meerschildkröte 494 Tab., 495 Tab.
— — Blut bei Krebs 341.
— — Eidotter 468.
— — Eiereiweiß 466.
— — Fleischfliegenlarven 504 Tab.
— — Geschwülsten 340f.

Calcium
Gehalt in Harn (Schildkröte) 495 Tab.
— — Haut (Maus) vor und nach Carcinogenese 369 Tab.
— — Hühnerei, bebrütetem 470 Tab.
— —, —, —, Schale 470 Tab.
— — Lebensmitteln 562 Tab.
— — Leber(Ratte)und Hepatom 393 Tab.
— — Tumoren 398f.
— — Organismus, mütterlichem, bei Schwangerschaft 19.
— — Samenplasma (Stier) 13 Tab.
Hemmung der Zellteilung durch — 341.
Komplexbildung mit Kittsubstanz, intracellulärer 341.
Mobilisierung durch Oestrogene 46.
Veränderungen in Eizelle, befruchteter 107
Calcium-Wirkung, cancerogene 380.
Calcium-Ionen, Bedeutung für Erhaltung des Zellverbandes 121.
Calliphora, Melaninbildung 98.
—, Ommochrom aus — Augen 98.
—, „Schnürungstest“ 114.
— erythroephala, Melaninbildung 98.
„caloric-restriction“, Einfluß auf Tumorwachstum 331.
Calorien, Bedarf, täglicher 565 Tab.
—, Gehalt in Lebensmitteln 562 Tab.
—, Verbrauch, täglicher 571 Tab.
Calorimeter 516.
Calorimetrie, indirekte 519.
Canavanin 161•.
„cancer control center“ in der Zelle 228, 312.
Cancerisierung, Begriff 232.
—, Disposition, celluläre 183.
—, „initiating“-Prozeß 305.
—, „phenomic lag“-Phase 317.
—, „promoting substances“ 305.
—, Ursachen 262, 265.
—, Wirkung auf Duplikanten 315.
— als „Ein“- oder „Zweitreffer“-Effekt 310.
— — Mehrtreffer-Effekt 314ff.
Cancerogenese
Änderung der Epidermiszusammensetzung bei — (Maus) 396 Tab.
Auslösung von Polyploidie durch — 95.
Beziehung zu Chromogenen 216.
Bindung an Proteine 263f., 283.
Darstellung, morphologische 265.
Defekt-Theorie 310—316.
Dosis-Wirkungsbeziehungen 302—310.
Duplikanten, Veränderung bei — 314f., 317.
Duplikanten-Theorie 310—316.
Farbstoffcharakter 248, 252f.
Formen, intracelluläre, reaktive 285.
Glykogenspeicherungsvermögen der Leber nach — 403.
Mechanismus 302—342.
Mutations-Theorie 310—316.
Übertragung durch die Placenta 118.
Wirkung von ACTH auf — 324.
Wirkung, mutagene 94.
—, resorptive 234.

Cancerogenese
Zeitfaktor 316ff.
anorganische 209—212.
aromatische, Chemoluminescenz nach Einwirkung von Peroxyden 224.
—, Grundlagen, konstitutive, der Wirkung 253.
—, s. a. Amine, aromatische, cancerogene, s. a. Kohlenwasserstoffe, aromatische, cancerogene
chemische 199 Tab.
endogene 201—204.
radiomimetische 271—277.
durch Oestrogene, Beziehung zu deren Molekellänge 217.
in Epidermis, durch Methylcholanthren 400.
und Chromogene, Beziehungen zu — 216.
Cantharidin wirkt nicht oestrogen 41.
Capillaren, Beteiligung an Entzündungen 166.
Capillargifte 166.
Caproyläthylenimin 275*.
—, Wirkung, cancerogene 275.
Capsicum annuum (und frutescens), Wirkung, cancerogene 193, 287.
Carbaminsäure-3-tolylhydrazid, Leukosen nach — 269.
Carbamylasparaginsäure-^{14}C, Einbau in RNS von Rattenhepatom 446.
Carbazol, Bildung von Carcinogenen aus — 247 .
—, Eigenschaften, cancerophore und oestrophore 249.
—, Konstitution und Wirkung, cancerogene 249.
Carbazolderivate, Wirkung, cancerogene 219.
Carboanhydratase, Gehalt im Blut 123 Tab.
—, Verhalten im Ei, befruchteten, von Aplysia 119.
— in Hühnerei, bebrütetem 478.
carbon black, Wirkung, cancerogene 199 Tab. 213.
Carbowax als Lösungsvermittler für Kohlenwasserstoffe, aromatische 229.
2'-Carboxy-4-dimethylaminoazobenzol, Wirkung, cancerogene 244.
Carboxylase, Hefe, Hemmung durch N-Dimethyl-p-phenylendiamin 260.
Carboxymethylcellulose, Wirkung, carcinogene 282.
Carboxypeptidasen, Vorkommen in Tumoren 437.
—, Wirkung auf Tabakmosaikvirus 595.
Carcinogenese s. Krebsentstehung, s. Carcinogenese.
Carcinom
Aktivität der Milchsäuredehydrogenase im Blutserum bei — 412.
Bildung aus Papillomen bei Kaninchen 386.
— — Virus-Papillomen bei Hauskaninchen 604.
Erblichkeit 186, 188.
Gehalt des Blutserums an Phosphohexoseisomerase bei — 411.
Carcinom
Grundumsatz bei — 530.
transplantiertes, Gehalt an Harnstoff 424.
—, Umwandlung in Sarkome 333.
nach β-Anthramin 361.
s. a. Krebs.
Carcinomleber, Ribonucleinsäuren, Zusammensetzung 445 Tab.
Carcinosarkom Walker 256 299.
Carcinomzellen, Citronensäurecyclus in — 412.
Carnitin 115*.
— als Wirkstoff der Metamorphose des Reismehlkäfers 115.
—, dimeres, Wuchsstoffeigenschaften 150.
Carotin, Einfluß auf Auxinwirkung 149.
—, Hemmung der Oestrogenwirkung durch— 18.
β-Carotin, Gehalt in Fetten, pflanzlichen 556.
—, Vorkommen im Corpus luteum 15.
—, Wirkung als Gynogamon 102.
Carotinoide, Stoffwechsel, Aufklärung an Mutanten 99.
Casein, Protein-Vollei-Wert 552 Tab.
—, Wachstumswert 550.
—, Wertigkeit, biologische 547 Tab.
Cellophan, Sarkombildung nach Implantation von — 279.
—, Wirkung, cancerogene 376.
Cellulose 278*.
—, Ballaststoff der Nahrung 567.
—, Sarkombildung nach Implantation von — -plättchen und — -filmen 279.
Centrosom 462.
Cephalopodeneier 502.
^{144}Cer, Wirkung, cancerogene 209.
Cerealien-Eiweiß, Ergänzungswert 548.
Cerebroside, Galaktosegehalt 554.
— im Eidotter 468.
Cervicalschleim, Polysaccharide im — 17.
Cervicalsekret, Reaktion 17.
Ceylon, Krebstodesfälle 190 Tab.
Chätopoden, Geschlechtsbestimmung 53.
chain transfer 90.
Chelonia cauana, Eier 496f.
Chemikalien, Einfluß auf Häufigkeit von Spontantumoren 187.
Chemotherapeutica, Beziehungen zwischen Wirkung, Konstitution, chemischer, und Eigenschaften, physikalischen 217.
—, Konstitution und Wirkung 253.
—, Resistenz gegen — 100.
—, Wirkungsmechanismus 142.
"chicken growth factor" 150.
Chinolin, Bildung aus Tetrahydrochinolin im Organismus 202.
Chinone als Mitosegifte 138, 139 Tab., 140, 260.
—, Wirkung, cancerogene 260.
—, —, mutagene 93 Tab.
Chironimus-Larve, Chromosomen 143.
Chlamydomonas eugametos, Geschlechtsbestimmung 53.
— —, Wirkung von Gamonen und Termonen bei — 102, 103 Abb.

Clamydomonas eugametos, Zygoten, Blastokolinauswertung bei — 163 Tab.
Chlor, Effekt, auxocancerogener 248.
—, Gehalt in Amnion- und Allantoiswasser, Hühnerembryo 492 Tab.
—, — — —, Meerschildkröte 494 Tab. 495 Tab.
—, — — Eidotter 468.
—, — — Eiereiweiß 566.
—, — — Fleischfliegenlarven 504 Tab.
—, — — Harn (Schildkröte) 495 Tab.
—, — — Hühnerei, bebrütetem 470 Tab.
—, — — Leber und Hepatom (Ratte) 393 Tab.
—, Wirkung, cancerogene 276.
Chloraceton, Wirkung, mutagene 93 Tab.
Chloracetophenon, Wirkung, cocancerogene 304.
Chloracetyldehydroalanin 437•.
Chloracetyl-L-tyrosin 437.
2-Chloräthyl-methansulfonat, Wachstumshemmung von Tumoren durch — 373.
Chloralhydrat, Wirkung, mutagene 92, 93 Tab.
— als Mitosegift 139 Tab.
Chloramin als Antikonzeptionsmittel 51.
10-Chlor-1,2-benzanthracen, Wirkung, cancerogene 351.
Chlorid. Gehalt im Samenplasma vom Stier 13 Tab.
p-Chlormercuribenzoat, Hemmung der Milchsäuredehydrogenase durch — 412.
—, Inaktivierung von Rous-Virus durch — 385.
Chloroform, Radikalbildung als Ursache der Wirkung, cancerogenen 285.
—, Wirkung, cancerogene 254, 271, 276, 285, 289, 375.
—, —, cocancerogene 304.
Chloroleukämien nach Verimpfung, zellfreier, von Tumoren 298.
Chloromycetin 161•.
Chlorophyll 510.
—, Stoffwechsel, Aufklärung an Mutanten 99.
Chlorophylldefekte 97.
Chlorophyllsynthese, Genabhängigkeit 97.
Chloroplasten, Degeneration 97.
Chlorpikrin, Wirkung, keine mutagene 93 Tab., 94.
Cholangiome, Desoxyribonucleinsäuregehalt 442.
— nach 4-Dimethylaminoazobenzol 266.
— — 4-Dimethylaminostilben 360.
— — Gerbsäure 375.
— — Pfeffer, spanischem (Capsicum annuum und frutescens) (Ratte) 287.
Cholansäure 203•.
Cholanthren, Bildung aus Gallenalkoholen, Gallensäuren und Cholesterin 390.
—, Wirkung, cancerogene 350.
$\Delta^{3,5}$-Cholestadien-on-7, Vorkommen in Hoden 8.
Cholestan-3,6-dion, Vorkommen im Hoden 8.
trans-Cholestan-triol-3β,5,6, Vorkommen im Hoden 8.
Δ^{7}-Cholestenol-3, Gehalt in Haut nach Crotonöl oder Methylcholanthren 453.
—, — in Tumoren 453.
Δ^{5}-Cholestenol-3β-on-7, Vorkommen im Hoden 8.
Cholestenon, UV-Bestrahlung 378.
Δ^{4}-Cholesten-on-3, Vorkommen in Hoden 8.
Δ^{5}-Cholesten-3-on-7,8,9,11-di-epoxyd 275•.
—, Wirkung, cancerogene 276.
Δ^{4}-Cholesten3-on-6β-peroxyd, Wirkung, cancerogene 276.
Cholestenonsulfosäure als Lösungsvermittler für Kohlenwasserstoffe, cancerogene 229.
Cholesterin
Bestrahlungsprodukte, Wirkung, cancerogene 203ff.
Bildung aus Essigsäure 173.
— — — in Tumoren 413.
— von Cholanthren und Steranthren aus — 390.
— — Corticoiden aus — durch Nebennierenrindengewebe 171.
— — 3,6-Dimethylsteranthren aus — 390.
— — Progesteron aus — 392.
Darstellung von 3(20)-Methylcholanthren aus — 201, 389.
Gehalt im Gelbkörper bei Reifung 15.
— in Haut nach Bestrahlung 203.
— — — (Maus) vor und nach Carcinogenese 396 Tab.
— — Hühnerei, bebrüteten
— — Leber und Hepatom 393 Tab.
— — Vaccine-Virus 610.
Stoffwechsel, Beeinflussung durch Fettsäuren, essentielle 555.
Tumoren 452f.
Umwandlungsprodukte, photochemische, als Agens, krebserzeugendes 378.
Wirkung, cancerogene 201, 203, 392.
im Eidotter 468.
— Hühnerei, bebrütetem 486.
verhindert Hepatombildung 260, 263.
a-Cholesterinoxyd, Wirkung, cancerogene 392.
Cholin, Gehalt in Epidermis 460.
—, — — Epidermiscarcinom, Maus 460.
—, — — Haut (Maus) vor und nach Carcinogenese 396 Tab.
—, — — Impftumoren 451 Tab.
—, — — Serum von Carcinompatienten 451.
—, Leberschutzwirkung 151, 179.
—, Vorstufen, biologische 100.
—, Wirkung, kompetitive, durch das Triäthylhomologe 161.
Cholinacetylase, Hemmung durch Lost und Stickstofflost 374.
Cholinesterasen, Hemmung durch Lost und Stickstofflost 374.
—, Tumoren 455.
—, Vorkommen in Eiern, befruchteten, von Paracentrotus lividus 469.

Cholinesterasen in Hühnerei, bebrütetem 478.
Cholinmangel, Einfluß auf Entwicklung von Lebertumoren 193, 260, 263.
—, Wirkung auf Cholinoxydaseaktivität in Leberadenomen 459.
Cholinoxydase, Gehalt in Leber und Hepatom 394 Tab.
—, Hemmung durch Lost und Stickstofflost 374.
—, Tumoren 458f.
Cholinphosphorsäure, Vorkommen im Sperma 10, 13.
Cholinstoffwechsel, Fermente des —, Hemmung durch Lost und Stickstofflost 374.
Chondrodystrophie, Häufigkeit beim Menschen 189 Tab.
Chondrosarkom, Gehalt an Cytochromoxydase und Cytochrom c 419 Tab.
Chordabildung, Verhinderung durch Lithiumsalze 117.
Chorioallantois-Membran, Hühnerei, Läsionen durch Viren, tierpathogene 583.
Chorion 16, 47.
—, Bildung von Hormon, gonadotropem, im — 23.
—, — — Prolan im — 44.
—, Stoffwechselgrößen 407 Tab.
— frondosum 47.
Chorionepitheliom 118.
—, Ausscheidung von Prolan bei — 45.
Choriongonadotropin 24.
Chrom, Metallkrebs durch — 282.
—, metallisches, Sarkombildung durch — 211.
Chromate, Lungenkrebs nach — 211, 383 Tab.
—, Wirkung, cancerogene 199 Tab., 376.
Chromatin, Anregung der Mitose durch — 135.
— am Nucleolus associiertes 144.
Chromogene und Cancerogene, Beziehungen zwischen 216.
Chromomere 73.
—, Proteinsynthese an — 143.
Chromonemen 73, 75, 77, 144.
Chromosomen
81, 82 Tab.
Anordnung der Erbanlagen in — 73.
Bau 72—79.
Bezirke, heterochromatische 107.
Bildung des Nucleolus durch — 78.
— durch Reproduktion, konvariante 76.
Bruchbereitschaft 88.
Erbmasse in — 5, 74.
Funktionsform 72, 133, 135.
Genkarten 61.
Gewinnung 73.
Hüllsubstanz 72.
Interbanden 73.
Lockerstellen, prospektive, in — 77.
—, —, nach Bestrahlung 208.
Lokalisation von Albuminen und Globulinen in — 76.
Matrix 72.
Mutabilität 90, 183.
Mutationen an — 86.
Chromosomen
Mutationen durch Produkte des Zellstoffwechsels 92.
Rolle bei der Entwicklung des Eis 109.
Querscheiben 73.
SAT-Zone 78.
Segmente, euchromatische 73.
—, heterochromatische 77.
Spaltung bei Zellteilung 133f., 134 Tab.
Speicheldrüsen von Drosophila melanogaster, Bänder, euchromatische, im — 76.
— — —, Verhalten von Eu- und Hetrochromatin 77.
Transportform 72, 133, 135.
Übergang aus Form, gefalteter, in lineare 72, 77.
Veränderung bei Cancerisierung 311.
— durch Röntgenstrahlen 272.
— nach bis-β-Chloräthylaminen 271.
Verhalten bei Carcinogenese 293.
— — Wachstum 176.
— — Zellteilung 133.
— — Zellwachstum 143.
Wirkung von Giften, radiomimetischen auf — 140.
Zustand, polytäner 75.
Chromosomenbrüche 77.
Chromosomenbrücke, Yoshida-Ascites-Sarkom 272 Abb.
Chromosomengestalt, Kontinuität 76.
Chromosomenkarten 73.
—, Drosophila melanogaster 74 Abb.
—, Escherichia coli 79.
Chromosomenkonjugation 76.
Chromosomenmasse, Zunahme bei Wachstum 132.
Chromosomenorte, Positionseffekt 76.
Chromosomensätze, Konjugation 104.
Chromosomensatz, haploider, in Keimzellen nach Reifeteilung 12, 14.
Chromosomenzahlen 71.
—, Verdoppelung bei Wachstum 132.
Chromosomenzentrum 77, 144.
—, zusätzliches, in Zellen weiblicher Organismen 55.
Chromosomin 76.
X-Chromosom 12, 51.
X-Chromosomen in Eizellen 14.
Chrysen 350•, 390•.
—, Bildung aus Steroidhormonen 389.
—, Methylderivate, Wirkung, cancerogene 349f.
—, Wirkung, cancerogene 216, 390.
Chrysoidin 239•.
—, Wirkung, cancerogene 239.
Citatricula (Hahnentritt) 463.
Citronensäure, Abbau in Mitochondrien, isolierten, durch Röntgenstrahlen 208.
—, Einfluß von trans-Aconitsäure auf Umwandlung in cis-Aconitsäure 413.
—, Gehalt in Blut und Organen 405, 405 Tab.
—, — — Samenbläschen 405.
—, — — Samenplasma vom Stier 13 Tab.
—, — — Tumoren 404f., 405 Tab.

Citronensäurecyclus 553.
—, Enzyme, Lokalisation in Mitochondrien 81, 413.
— in Tumoren 412—416.
Citrullin, Aminosäure, nicht essentielle 549 Tab.
—, Synthese in Tumoren 438.
Clonochis sinensis 199 Tab.
closed cycle feedback 22.
Co-Cancerogene 233, 267.
Cocarboxylase, Vorkommen in Mitochondrien 81.
Codehydrogenasen, Nachweis in Tumoren 415.
Coenzym (ATP)-Wirkung, Hemmung, kompetitive, durch Purin- oder Folsäurehemmstoffe 409.
Coenzym A, Vorkommen in Tumoren 495.
Coenzyme, Vorkommen in Tumoren 459.
Coffein, Durchtritt durch die Placenta 48.
—, Wirkung auf Zellteilung 136.
— als Lösungsvermittler für Kohlenwasserstoffe, carcinogene 214.
Coffeinzahl von Aromaten, höheren 225.
Coitus, Auslösung der Ausschüttung von Luteinisierungshormon durch — 27.
—, Einfluß auf Ovulation 52.
—, steriler, Ausschüttung des Luteinisierungshormons bei — 44.
Colamin, Gehalt in Impftumoren 451 Tab..
Colaminphosphorsäure in Tumoren 452.
Colaminphosphorsäureester, Einbau in Tumorphosphatide 452.
Colchicin, Auslösung von Mißbildungen durch — 117.
—, — — Polyploidie durch — 95.
—, Hemmung der Zellteilung durch — 138.
—, Wirkung auf Adenosintriphosphat-Actomyosin-Mischungen 138.
—, — — Desoxyribonuclease 138.
—, — — Phosphatase, alkalische 138.
—, — — Pyrophosphatase 458.
—, — — Zellteilung 141.
—, —, mutagene 93 Tab..
— als Mitosegift 137, 139 Tab.., 140.
Colchicinamide 138.
Colchicum autumnale (Herbstzeitlose), Demecolcin aus — 138.
Colonadenocarcinom, Gehalt an Cytochromoxydase und Cytochrom c 419 Tab..
Colongewebe, menschliches, Aminosäurezusammensetzung 425 Tab., 426.
Colontumor, menschlicher, Aminosäurezusammensetzung 425 Tab., 426.
Colostrum, Aufnahme von Antikörpern aus — 123.
—, Ausscheidung von Antikörpern im — 175.
—, Resorption von Stoffen aus — 118.
Compound E 172.
Compound F 172.
Conalbumin, Aminosäurezusammensetzung 465 Tab..
—, Gehalt in Eiereiweiß 465 Tab..
„contagium vivum fluidum“ 581.
Corpora allata 114.
Corpus albicans 15.
— luteum 15f.
— —, Vorkommen von allo-Pregnanolon im — 15.
— —, Phosphatid- und Cholesteringehalt bei Reifung 15.
— —, Vorkommen von Progesteron im — 15.
— — graviditatis 44.
Corpus luteum-Hormon s. Progesteron.
Corpus rubrum 15.
Cortexon, Wirkungen, phlogistische 173.
Corticoide, Ausscheidung im Harn 173.
—, Bestimmung 174.
—, Bildung aus Cholesterin durch Nebennierenrindengewebe 171.
—, Nachweis 33.
—, Vorkommen in Placenta 48.
—, Wirkung auf Prostatahypertrophie 10.
Corticosteroide, Ausscheidung bei Schwangerschaft 45.
—, Wirkung auf Gehalt an Leukocyten, eosinophilen, im Blut 172, 174.
Corticosteron 33 Tab..
—, Bildung aus Desoxycorticosteron 173.
Cortison
33 Tab..
Ausscheidung nach ACTH 172.
Beeinflussung der Transplantierbarkeit von Tumoren durch — 338.
Harnsäure/Kreatinquotient im Harn nach — 172.
Hemmung der Granulombildung durch — 179.
Stickstoffbilanz nach — 172.
Wirkung auf Tumorwachstum 330.
— —Histaminbildung 172.
— —Hyaluronidase 172.
— — Leukotaxin und leukocytose promoting factor 168.
Wirkungen, biologische 172f.
als Antiwuchsstoff 156.
— Hormon, antiphlogistisch wirkendes 172.
— Mitosegift 139 Tab.
Cotton-tail-Kaninchen, SHOPE-Papillom 294, 386.
Cottontail-Kaninchen-Virus 604.
Coxsackie-Virus 601, 603.
Creosotöl als Ursache von Hautkrebs 346.
cricetus aureatus, Tumorbildung nach Oestrogenen 328.
Crocin und Crocinmethylester als Termone 53.
CROCKER-Sarkom 39, Transplantierbarkeit 334.
„cross-linkage“ 373f.
Crotalaria, Substanzen, cancerogene, aus — 287.
Crotalaria-Arten, Wirkung, cancerogene 193.
Crotonöl, Einfluß auf Δ^7-Cholestenol-(3)-gehalt der Haut 453.
—, Wirkung, cancerogene 233, 329.
—, —, cocancerogene 206, 232f., 304ff., 380f.
—, —, —, mit Methansulfonsäureester 372.
—, —, —, — Urethan 374.

„crown galls" 291.
Cumarin, Blastokolinwirkung 163 Tab.
—, Wirkung, mutagene 93 Tab..
o-Cumarsäure, Blastokolinwirkung 163 Tab.
Cumarylessigsäure, Auxinwirksamkeit 149.
curly top-Virus 596.
Cyanate als Mitosegifte 139 Tab., 140.
Cyano-cobalamin, Einfluß auf Cysteinbildung aus Methionin im Ei 487.
—, — — Tumorwachstum 332.
—, Mangel, Empfindlichkeit von Embryonen gegen — 122.
—, Schutzwirkung gegen Mammatumoren, spontane, Maus 460.
—, Synthese in Tumoren 460.
10-Cyano-9-methyl-1,2-benzanthracen, Wirkung, cancerogene 219.
Cycloheptanon (Sorbinol) 104.
Cyclohexan, Dehydrierung zu Benzol 202.
Cyclohexancarbonsäure, Dehydrierung 202.
Cyclopentadekanol 104.
Cyclopentanophenanthren, Wirkung, cancerogene 217.
1,2-Cyclopentanophenanthren 390•.
—, Bildung aus Steroidhormonen 389.
—, Methylhomologe, Wirkung, cancerogene 389f.
Cyclophorase, Vorkommen in Mitochondrien 81.
Cyclophorasesystem in Eiern, bebrüteten 479.
Cyclopie, Auslösung 117.
Cyclus, Aufbau der Uterusschleimhaut im — 16.
—, Tage, fruchtbare 52.
—, Temperaturkurve 15, 19.
Cyren, Wirkung, cocancerogene 382.
Cystamin, Wirkung bei Röntgenbestrahlung 206f.
Cystein
Aktivierung von Peptidasen durch — 437.
Aminosäure, glucoplastische 554.
—, nicht essentielle 549 Tab.
Bildung aus Methionin 487.
Gehalt in Eiereiweißproteinen 465 Tab.
— — Tabakmosaikvirus 592.
Ödemkrankheit bei Mangel an — 578.
Reaktivierung von Kathepsin durch — 436.
Verhalten in Hühnerei, bebrütetem 475.
freies, fehlt in Tumoren und Gewebe, normalem 423.
als Wuchsstoff 178.
Cysticercus fasciolaris als Krebsursache 290.
Cystin:Cystein-Verhältnis in Lebernucleoproteiden 427.
Cystin, Gehalt in Eiereiweißproteinen 465 Tab.
—, — — Follikelreifungshormon 25 Tab.
—, — — Livetin 467.
—, — — Schalenmembran des Hühnereis 464 Tab.
—, — — Tumoreiweiß 424, 425 Tab., 426.
Cystin, Protein-Vollei-Wert in Eiweißkörpern 552 Tab.
—, Umsatz bei Gesunden und Krebskranken 424.
—, Verhalten im Hühnerei, bebrüteten 475.
Cystindesulfurase, Gehalt in Leber und Hepatom 394 Tab.
— in Tumoren 438.
Cytidylsäure, Dephosphorylierung durch Leber und Hepatom 449.
—, Gehalt an Leberribonucleinsäuren 445 Tab.
Cytochrom, Gehalt in Tumoren 418.
Cytochrom a, Vorkommen in Mäuseascitestumor 420.
— b, Vorkommen in Mäuseascitestumor 420.
— c, Gehalt in Feten, menschlichen 123.
—, — — Geweben, normalen, und neoplastischen 419 Tab., 420 Tab.
—, — — Mitochondrien 479.
—, — — Zellen bei Regeneration 180.
Cytochromoxydase, Beeinflussung durch Fettsäuren, essentielle 556.
—, Gehalt in Geweben, normalen, und neoplastischen 419 Tab., 420 Tab.
—, — — Leber und Hepatom 394 Tab..
—, — — Tumoren 418.
—, Hemmung durch Kochsaftfaktor 422.
— in Eiern, bebrüteten 478.
— — Leberzellfraktionen 417 Tab.
— — Tumorzellfraktionen 417 Tab.
Cytochromoxydasesystem in Mitochondrien 479.
Cytochromsystem, Vorkommen in Mitochondrien 81.
Cytolyseprodukte, Rolle bei Entzündung 168.
Cytoplasma
s. a. Plasma.
Bedeutung für Zellteilung 141.
— von Bestandteilen des — für die Entwicklung 107.
Bildung einer Mutatorsubstanz im — 96.
— von Eiweiß im — 144.
Duplikanten 82 Tab.
Eiweißsynthese im — bei Zellregeneration 180.
Eizelle, Reifung 14.
Erbträger im — 83.
Funktionen 131.
Gehalt an Nucleinsäure bei Zellregeneration 180.
— — Ribonucleinsäure bei Embryonalentwicklung 123.
Hepatom, Gehalt an Ribonucleinsäure 443.
Nucleinsäuren, Umsatz 144.
Proteinsynthese im — 4.
Selbstreproduktion, identische 5.
Überstand, Gehalt an Fermenten 82.
Vorkommen von Enzymen, glykolytischen im — 3.
Wechselwirkung mit Kern 78.
Wirkung von Substanzen, carcinogenen, auf — 266.
Wirkungen, mutagene, über das — 92.
kernloses, „Zellteilung" an — 4.

Cytoplasmafaktoren, Vermehrungsfähigkeit 52.
Cytoplasmaproteine, Bildung durch Ribonucleinsäure 76.
cytoplasmatic segregation 81.
Cytosin, Gehalt in Desoxyribonucleinsäure beim Menschen 444 Tab.
—, — — Ribonucleinsäure aus Tabakmosaikviren 593.
Cytostatika 373.
—, Wirkung auf Geschwülste 142.
Cytostaticum, Äthylurethan als — 270.
—, Trimethylolmelamin als — 275.

D_{50} = Dosis, mittlere wirksame.
„2,4-D" (= 2,4-Dichlorphenoxyessigsäure) 162.
DAB s. 4-Dimethylaminoazobenzol.
Dachdecker, Calorienbedarf, täglicher 569 Tab.
Dachziegelformer, Calorienbedarf, täglicher 568 Tab.
Dampfermaschinist, Calorienbedarf, täglicher 569 Tab.
Daphniden, Einfluß der Ernährung auf Fortpflanzung 53.
—, Ernährung, fettfreie 146.
Darm, Aktivität der Galaktosidase 554.
—, Anteil am Grundumsatz 521 Tab.
—, Auftreten von Ganglien, autonomen, im — 123.
—, Erregung der Muskulatur durch Prostatasubstanz 10 .
—, Gehalt an Colaminphosphorsäure 452.
Darm-Adenocarcinom, Esterase und Phosphataseaktivität in — 454 Tab., 455.
Darmbewegungen, Beginn bei Feten, menschlichen 123.
Darmepithel, Krebshäufigkeit und Mitoserate 267 Tab.
Darmflora, Einwirkung auf Steroide 391.
Darmschleimhaut, Esterase- und Phosphataseaktivität in — 454 Tab., 455
—, Gehalt an Cytochromoxydase und Cytochrom c 419 Tab.
—, — — Phosphatase, alkalischer 457.
—, Ratte, Stoffwechselgrößen 407 Tab.
Darmtrakt, Eintrittspforte für Poliovirus 602.
—, Neugeborenes, Resorptionsfähigkeit 118.
Darmtumoren nach 2-Acetylaminofluoren 236.
— — Aminodiphenyl 250.
— — 3,3'-Dioxybenzidin 237, 257.
— — Diphenyl 266.
— bei Mäusen nach Ganzbestrahlung 209.
Darmflora 147.
Darminhalt, Bildung von β-Indolylessigsäure im — 149.
„DAS" s. 4-Dimethylamino-benzoldiazoniumsulfat.
DDT, Wirkung, cancerogene 276.
Deacetylase, Vorkommen in Leber und Dünndarm 368.
Δ^9-Decen-1,10-dicarbonsäure (= Traumatin) 178•.
Decerebrierung, Wirkung, spezifisch-dynamische, nach — 539.
Decidua 16.
Dehydroandrosteron, Fällung durch Digitonin 33.
trans-Dehydroandrosteron, Nachweis 33.
Dehydrogenasen, Hemmung durch Diäthylstilboestrol 42.
—, — — Gifte, schmerzauslösende 166.
—, Nachweis in Mitochondrien von Tumorzellen 415.
Dehydro-iso-androsteron, Darstellung aus Männerharn 8.
Dehydronorcholen 352, 389•.
—, Bildung von Stoffen, cancerogenen, aus — durch Darmflora 391.
Dehydropeptidase, Gehalt in Leber und Hepatom 394 Tab.
— in Tumoren 437.
delayed mutations 97.
Delphinium ajacis, Mutation, somatische 97 Abb.
Demarkation 166.
Demecolcin 138•.
Demecolcinamide 138.
Demethylase für 4-Dimethylaminoazobenzol 370.
Depressionen, Erlöschen der Keimdrüsenfunktion bei — 30.
Dermatofibrosarkom, Gehalt an Cytochromoxydase und Cytochrom c 419 Tab.
Desacetyl-N-methylcolchicin (Demecolcin) 138•.
Desaminase für 8-Azaguanin 450.
Desaminasen, Aktivität in Leber bei Hepatomen 261.
Desaminierung, Anteil an Wirkung, spezifisch-dynamischer 539.
Desmoidtumor, Gehalt an Cytochromoxydase und Cytochrom c 419 Tab.
Desoxycholsäure 389•.
—, Darstellung von 3-Methylcholanthren aus — 347, 389.
—, Wirkung, keine cancerogene 202.
—, —, cocancerogene 383.
11-Desoxycorticosteroide 174.
Desoxycorticosteron 33 Tab.
—, Bildung von Corticosteron aus — 173.
—, Wirkungen, phlogistische 173.
2-Desoxygalaktose, Hemmung, kompetitive, der Glykolyse durch — 409.
2-Desoxyglucose, Hemmung, kompetitive, der Glykolyse durch — 409.
2-Desoxy-D-glucose, Hemmung der Tumorglykolyse durch — 409.
3-Desoxy-11-keto-equilenin, Ausscheidung im Harn 31 Tab.
Desoxypyridoxin 160.
—, Granulocytose nach — 169.
Desoxyribonuclease, Gehalt in Leber und Hepatom 394 Tab.
—, Leber, nach 3'-Methyl-dimethyl- und Dimethylaminoazobenzol 449.
—, Wirkung auf Vaccine-Virus 610.
—, — von Colchicin auf — 138.

Desoxyribonuclease in Gewebe, leukämischem, der Maus 449.
— — Lymphom 449.
Desoxyribonuclease-Inhibitor 449.
Desoxyribonucleinsäure (DNS)
s. a. Nucleinsäuren.
s. a. Thymonucleinsäure.
Bauprinzip 58f.
Beziehung zu Erbsubstanzen 56ff.
Bildung in der Interphase der Zellteilung 135.
Depolymerisierung durch Bestrahlung 273.
— — Röntgenstrahlen 207, 272.
Einheit, kleinste, rekombinierende 61.
Erbänderungen in Bakterien durch — 56, 60.
Gehalt in
Cytoplasma bei Zellregeneration 180.
— von Hühnerembryonen 123, 132.
Phagen 598.
Polyedervirus 600f.
Seeigelei bei Teilung — 108.
Seeigelkeim 122f.
Tumorzellen 429.
Vaccine-Virus 610.
Viren, cytoplasmatischen 601.
Zellen als Bezugsbasis für Zellanalysen 397.
Zellkern 132.
— während Mitose 135.
Gehalt, konstanter, im Gewebe 75f.
Lokalisation in Einzellern 78.
— — Genen, chromosomalen 131.
Matritzenmechanismus der Reduplikation 62, 65.
Modell von WATSON u. CRICK 75 Abb.
Reproduktionsmechanismus 58, 62ff.
Ruhekern, Beteiligung, keine, am Stoffwechsel 131f.
Schraubenmodell 75.
Spaltung 449.
Stoffwechsel, Einfluß der Glucocorticoide auf — 174.
Träger der Erbmasse 131.
— — Erbeigenschaften bei Bakteriophagen 57.
Tumoren 444.
Umbau im Stoffwechsel 77.
Verhalten bei Zellvermehrung und Wachstum 131f.
Vermehrung bei Zellteilung 145.
Verteilung in Lebertumoren nach 4-Dimethylaminoazobenzol 429.
Vorkommen in Cytoplasma 80.
— — — von Paramaecia aurelia „killer“ 80.
— — Heterochromatin 144.
— — Kaninchenpapillomvirus 386.
— — Strukturen, chromosomenartigen 144.
— — Virus 79, 144.
— — Zellkern 5.
— von 5-Oxymethylcytosin in — bei Bakteriophagen 63.
Desoxyribonucleinsäuren (DNS)
Wirkung von Lost auf — 374.
— — Stickstoff-Lost auf — 272, 374.
Zahl der Gene in einem Molekül der — 61, 67.
Zusammensetzung 444.
plasmatische, als Wirkstoff von Typenumwandlungen der Pneumokokken 95.
als Androgamon 2_3-Faktor 101.
— Code, linearer 73.
— Material, genetisches 73.
— Substanz, lebende, der Zelle 125.
in Eiern, bebrüteten 477.
Desoxyribonucleinsäure-Nucleoprotamine in Salmoniden-Spermatozoen 12.
Desoxyribonucleodesaminase, Gehalt in Leber und Hepatom 394 Tab.
Desoxyribonucleoproteide, Bindung von Zink an — 400.
—, Mammatumoren, Maus, Aminosäurezusammensetzung 426.
—, Rolle bei Entzündung 168.
Desoxyribose, Bildung im Organismus 554.
Detergents, Wirkung, cocancerogene 304.
Determinationsperioden, teratogenetische 117, 122.
Deutschland, Krebstodesfälle 190 Tab.
Dextran, Wirkung, keine cancerogene 282.
DEWAR-Struktur 220.
Diabetes, Grundumsatz bei — 530.
—, Quotient, respiratorischer, bei — 519.
— mellitus bei Schwangerschaft 46.
Diabetiker, Häufigkeit von Krebs bei — 325.
2-Diacetaminofluoren, Wirkung, cancerogene 361.
Diät, eiweißarme, Tumorbildung nach Urethan bei — 375.
—, fettfreie, Ernährungsstörungen durch — 554f.
Diäthanol-methylamin, Bildung aus N-Lost 274.
Diäthylenglykol, Wirkung, cancerogene 276.
Diäthylstilboestrol, Ausscheidung 42.
—, Wirkung, oestrogene 41.
— als Wasserstoffüberträger 41.
Diamant, Gewebswucherungen durch — 285.
3,3'-Diamin-hexoestrol, Wirkung, oestrogene 41.
2,4-Diaminoazobenzol, Wirkung, cancerogene 239.
2,2'-Diamino-dinaphthyl 235*.
2,2'-Diamino-1,1-dinaphthyl, Wirkung, cancerogene 236.
2,6-Diaminopurin, Einfluß auf Gonadotropinwirkung 26.
—, — — Oestrogenwirkung 16.
— als Konkurrenzgift gegen Adenin 160.
— — Mitosegift 139 Tab., 142.
Diaminoxydase 167.
—, Gehalt im Blut bei Schwangerschaft 46.
Diaminosäuren im Heterochromatin 144.
Diaphorase in Tumoren 417f.
Diazoessigsäure, Ausscheidungsprodukt von

Kohlenwasserstoffen, polycyclischen 356.
—, Eiweißfraktionen in Lebertumoren nach — 431.
—, Oxydationsprodukte in vivo 226.
—, Proteinkomplex 358.
—, Reaktion mit Kohlenwasserstoffen, aromatischen, polycyclischen 354.
—, Wirkung, cancerogene, von — 213, 216, 219, 236, 248, 346, 348, 351, 353.
—, —, mutagene 93 Tab.
1,2,5,6-Dibenz-acridin 218•.
Dibenzanthracen, Thiophenanaloge, Wirkung, cancerogene 353.
1,2,5,6-Dibenz-anthracen 218•, 347•.
—, Abbau im Organismus 356f.
1,2,5,6-Dibenzanthracentumoren, Blutserum-Eiweißkörper nach — 433.
1,2,7,8-Dibenzanthracen 350•.
—, Wirkung, cancerogene 351.
Dibenzazobenzol, Wirkung, cancerogene 248.
1,2,5,6-Dibenzcarbazol 353•.
—, Wirkung, cancerogene 219, 353.
3,4,5,6-Dibenzcarbazol 353•.
—, Wirkung, cancerogene 236, 353.
1,2,5,6-Dibenzfluoren 353•.
—, Wirkung, cancerogene 217, 236.
1,2,7,8-Dibenzfluoren 353•.
—, Wirkung, cancerogene 353.
Dibenzfuran, Bildung von Carcinogenen aus — 247.
1,2,3,4-Dibenzphenanthren 350•, 351.
1,2,5,6-Dibenzphenanthren 350•.
—, Wirkung, cancerogene 351.
1,2,3,4-Dibenzphenazin, Wirkung, cancerogene 352.
1,2,5,6-Dibenzphenazin, Wirkung, cancerogene 219, 352.
1,2,3,4-Dibenzpyren 351.
—, Wirkung, cancerogene 217.
3,4,8,9-Dibenzpyren 351.
—, Wirkung, cancerogene 217.
3,4,11,12-Dibenzpyren, Vorkommen im Zigarettenteer 196.
Dibenzthiophen, Bildung von Carcinogenen aus — 247f.
Dibenzthiophene, Konstitution und Wirkung, cancerogene 249.
Dicarnitin, Wuchsstoffeigenschaften 150.
Di-(2-chloräthyl)-aminoxyd, Abbau 274.
2,4-Dichloranisol 162•.
9,10-Dichlor-1,2-benzanthracen, Wirkung, cancerogene 219.
Dichlordiäthyl-methylamin s. Methyl-(bis-chloräthyl)-amin.
Dichlordiäthylsulfid s. Bis-(2-chloräthyl)-sulfid.
N,N'-Di-(2-chloräthyl)-N,N'-dimethyl-piperazinium, Bildung aus N-Lost 273, 274•.
Dichlordiphenyltrichloräthan, Wirkung, cancerogene 276.
2,4-Dichlorphenoxyessigsäure 162•.
Dichlorriboflavin 160.
Dicumarol, Wirkung auf Fermente und Wundheilung 156.
Dienoestrol, Farbreaktion mit Schwefelsäure 42.
—, Wirkung, oestrogene 41.
1,2,3,4-Diepoxybutan 372•.
—, Wirkung, cancerogene 372.
7,8,9,11-Diepoxydcholestanol 203, 204•.
Di-epoxyde, Wirkung, mutagene 93 Tab.•
Dieselmotoren, Benzpyren in Auspuffgasen von — 195.
—, Substanzen, carcinogene, in Auspuffgasen 214.
Differenzspirometer, HELMREICH-WEGNER 515.
2,6-Difluor-4-dimethylaminoazobenzol, Wirkung, keine cancerogene 364.
Difluortyrosin, Wirkung auf Inkretion, thyreotrope, der Hypophyse 42.
Digitonin, Fällung von 3β-Hydroxysteroiden mit — 34.
—, Induktion durch — 111.
9,10-Dihydro-1,2-benzanthracen 352.
Dihydroxy-1,2,5,6-dibenzanthracene als Stoffwechselprodukte 357.
4',8'-Dihydroxy-1,2,5,6-dibenzanthracen 356, 357•.
4',8'-Dihydroxy-1,2,5,6-dibenzanthracen-chinon-9,10 357.
8,9-Dihydroxy-8,9-dihydro-3,4-benzpyren 356•.
trans-1,2-Dihydro-1,2-dihydroxy-naphthalin 355, 356•.
— als Stoffwechselprodukt 357.
trans-1,2-Dihydroxy-1,2-dihydro-Verbindungen als Ausscheidungsprodukte von Kohlenwasserstoffen, polycyclischen 356.
11,12-Dihydro-3-methylcholanthren 352.
Dihydrozibetol 104.
3,3'-Dijodhexoestrol, Wirkung, oestrogene 41.
Dijodtyrosin, Wirkung auf Inkretion, thyreotrope, der Hypophyse 42.
β,δ-Diketo-C-acylase, Gehalt in Leber und Hepatom 394 Tab.
Diketon D 32•.
α,γ-Diketosäuren, Einfluß auf Glutaminase 439.
Dimesyl-α,ω-glykol 275•.
—, Wirkung, cancerogene 276.
α,ω-Dimethansulfonoxyalkane 372•.
—, Wachstumshemmung auf Impftumoren 373.
α,α-Dimethyl-β-äthyl-allenolsäure 40•.
Dimethylamin, Bildung bei Verbrennungen 167.
Dimethylamino-äthanol, Bildung von Cholin aus — 100.
2,3-Dimethyl-4-aminoazobenzol, Wirkung, cancerogene 237.
4-Dimethylaminoazobenzol (= Buttergelb)
235•, 364•.
Ausscheidung in Harn und Kot 258.
Bindung an Leberprotein 364, 370f.
Derivate, proteingebundene, in Rattenleber 430f.

4-Dimethylaminoazobenzol (=Buttergelb)
Dosis, cancerogene 360.
Einfluß auf Antigenfunktion der Leber 262, 313.
— — Asparaginaseaktivität der Leber 439.
— — Atmung der Leberzelle 266
— — Cholinoxydase der Leber 459.
— — Ribonuclease- und Desoxyribonucleaseaktivität von Leber und Hepatom 449.
— — Transaminaseaktivität der Leber 439.
Entgiftung durch Spaltung 241.
Entmethylierung 369f.
Glykogenspeicherungsvermögen der Leber nach — 403.
Leberkrebs durch — 384 Tab.
Lebertumoren, Eiweißfraktionen 431f.
Metabolit, cancerogener, ist Benzochinon 260.
Methylgruppendonator 370.
Protein- und Nucleinsäuregehalt in Zellfraktionen von Rattenleber und Lebertumoren nach — 429.
Serumeiweißkörper nach — 433.
Spaltung durch Hefe, lebende 259 Tab.
— — Leber 259.
Stoffwechsel 258, 368ff.
„Stop-Versuche" mit — 316, 316 Tab.
Substitutionsprodukte, Wirkung, cancerogene 239f.
Verhalten im Organismus 262ff.
Verschwinden von Leberantigen, spezifischem, nach — 432.
Verteilung bei der Ratte 266.
— in der Leberzelle 263.
Wirkung auf Bernsteinsäuredehydrogenase 415.
— — Fermente 261.
— — Glykogengehalt in Leber und Hepatomen 403.
—, cancerogene 193, 237, 248f., 254f., 263, 264—268, 276, 359, 363.
—, —, Beeinflussung durch Diät 259f.
—, —, Beziehung zu Bindung an Eiweiß 371.
—, —, Latenzzeit 360.
—, —, auf Enzymsysteme 261.
—, —, und Dosis 306ff.
—, —, — Mitosehäufigkeit 317.
—, —, verschwindet nach Sulfonierung 245.
—, mutagene 93 Tab.
4-Dimethylaminoazobenzol-Derivate, Wirkung, cancerogene 364f.
Dimethylaminoazobenzol-hepatom, Aktivität der — 455.
—, — — D-Peptidase 437.
—, Eiweißkörper, Aminosäurezusammensetzung 426.
—, Gehalt an Cystein, freiem 424.
—, — — Glutathion 424.
Dimethylaminoazobenzol-hepatom, Gehalt an Phosphatase, alkalischer 457.
—, — — Ribonucleinsäure 443.
—, β-Glucuronidase bei — 458.
—, Ribonucleinsäuren, Basenzusammensetzung 444.
—, Kathepsinaktivität in — 436.
—, Riboflavin in — 459.
4-Dimethylaminoazobenzol-4'-sulfonamid, Wirkung, cancerogene 245.
4-Dimethylaminoazobenzol-4'-sulfosäure (Methylrot), Wirkung, keine cancerogene 245.
4-Dimethylaminoazobenzol-4'-sulfosaures Na, Spaltung durch Hefe, lebende 259 Tab.
4-Dimethylaminobenzoldiazoniumsulfat (=DAS) 247•.
—, Wirkung, cancerogene 247.
4-Dimethylaminobenzalacetophenon 252•.
—, Wirkung, keine cancerogene 252.
4- und 4'-Dimethylaminobenzalanilin, Spaltung durch Hefe, lebende 259 Tab.
—, Stoffwechsel 258.
—, Wirkung, keine cancerogene 261.
4'-Dimethylaminobenzalanin, Wirkung, keine cancerogene 241.
4-Dimethylaminobezolazo-naphthalin, Spaltung durch Hefe, lebende 259 Tab.
4-Dimethylaminoazobenzol-2'- und -4'-carbonsäure, Spaltung durch Hefe, lebende 259 Tab.
4-Dimethylaminoazobenzol-4'-carbonsäure, Wirkung, keine cancerogene 244.
3,2'-Dimethyl-4-amino-diphenyl 362•.
—, Wirkung, cancerogene 362.
3,3'-Dimethyl-4-aminodiphenyl, Wirkung, cancerogene 237.
4-Dimethylaminodiphenyl 235•.
—, Wirkung, cancerogene 241, 362.
N-Dimethyl-4-aminodiphenyl, Wirkung, cancerogene 237.
Dimethylaminodiphenylthioäther 242•.
—, Wirkung, cancerogene 242.
4-Dimethylamino-bis-azobenzol, Wirkung, keine cancerogene 252.
2-Dimethylaminofluoren, Wirkung, cancerogene 362.
4-Dimethylaminohydrazobenzol, Reduktionspotential 241.
4-Dimethylamino-4'-methylazobenzol, Spaltung durch Hefe, lebende 259 Tab.
4-Dimethylaminophenylazo-1'-naphthalin 365•.
—, Wirkung, cancerogene 365.
4-Dimethylaminophenylazo-2'-naphthalin 365•.
—, Wirkung, cancerogene 365.
4-Dimethylaminophenylazo-4'-pyridin, Wirkung, cancerogene 365.
4-Dimethylaminostilben, Wirkung, cancerogene 240f., 251, 261, 359, 363.
—, —, —, Beeinflussung durch Diät 360.
—, —, —, und Dosis 308.
—, —, hemmende, auf Impftumoren 359

4-Dimethylaminostilben (trans) 235•, 362•.
4-Dimethylaminostilben-Derivate, Konstitution und Wirkung, cancerogene 251.
4-Dimethylaminostilben-Homologe, Wirkung, keine cancerogene 252.
4-Dimethylaminotriphenylmethan, Wirkung, cancerogene 242, 363.
9,10-Dimethyl-anthracen 218•, 350•.
—, Wirkung, cancerogene 216, 248, 349.
Dimethylazobenzol, Wirkung, cancerogene 239.
2,3′-Dimethylazobenzol 235•.
—, Wirkung, cancerogene 248.
5,10-Dimethyl-1,2-benzanthracen, Wirkung, cancerogene 350.
9,10-Dimethyl-1,2-benzanthracen 218•, 347•, 356.
—, Wirkung, cancerogene 217, 219, 348f.
—, —, —, Latenzzeit 304.
—, —, —, nach Vorbehandlung mit Crotonöl 380f.
3,3′-Dimethylbenzidin 366•.
—, Abspaltung aus Trypanblau und Evans Blue 246.
—, Wirkung, cancerogene 366.
2,6-Dimethylbenzochinon, Bildung aus Oxymesitylen 257.
4,9-Dimethyl-5,6-benzthiophenanthren 353•.
1,2-Dimethylchrysen, Wirkung, cancerogene 350.
3,4-Dimethyl-cyclo-pentanophenanthren 218•.
—, Wirkung, cancerogene 217.
9,10-Dimethyl-1,2,5,6-dibenzanthracen, Bindung an Zellkerne 223.
—, Wirkung, keine cancerogene 217.
4,7-Dimethyl-2,3,5,6-dibenzthionaphthen 353•.
3,5-Dimethyl-4-dimethylaminoazobenzol, Wirkung, keine cancerogene 238, 251, 366.
2,2′-Dimethyl-4-dimethylaminodiphenyl, Wirkung, keine cancerogene 251.
Dimethylnitrosamin 247•.
—, Wirkung, cancerogene 247, 376.
N,N-Dimethyl-p-phenylendiamin 368•.
—, Bildung aus 4-Dimethylaminoazobenzol 369.
—, — — 4-Dimethylaminoazotoluol 258, 260.
—, — — 4- und 4′-Dimethylaminobenzalanilin 261.
—, Spaltung durch Leber 259.
—, Wirkung auf Fermente 260.
—, —, keine cancerogene 241, 261, 364.
2,4-Dimethylpyrimidin-sulfanilamid, Anregung des Hodenwachstums durch — 9, 151.
Dimethyl-steranthren, Wirkung, cancerogene 202•.
3,6-Dimethylsteranthren, Bildung aus Cholesterin 390.
N-Dimethyl-toluidine 360.
—, Wirkung, keine cancerogene 234, 241.
3,3′-Dinitro-hexoestrol, Wirkung, oestrogene 41.
Dinitrokresol, Beeinflussung der Phosphorylierung, oxydativen, durch — 416.
2,4-Dinitrophenol, Einfluß auf Nucleinsäuresynthese in JENSEN-Sarkom 447f.
—, — — Phosphorylierung, oxydative, durch — 416.
—, Wirkung, mutagene 93 Tab.
Dioestrus 18.
Dioxan als Mitosegift 139 Tab.
p-Dioxy-azobenzol, Wirkung, oestrogene 249.
4,4′-Dioxyazobenzol (trans) 40•.
Dioxybenzidin, Wirkung, cancerogene 244.
3,3′-Dioxybenzidin, Bildung aus Benzidin 257.
—, Wirkung, cancerogene 237, 257.
4,4′-Dioxy-α,β-diäthylstilben, Wirkung, oestrogene 41.
3,3′-Dioxy-4,4′-diaminodiphenyl, Wirkung, cancerogene 244.
1,2-Dioxydihydroanthracen, Bildung aus Anthracen in vivo aus — 226.
3,4-Dioxydihydrophenanthren, Bildung von Phenanthren in vivo 226.
p-Dioxy-naphthalin, Wirkung, oestrogene 249.
p-Dioxy-diphenyl, Wirkung, oestrogene 249.
4,4′-Dioxydiphenyl 40•.
4,4′-Dioxydiphenyläthan 40•.
4,4′-Dioxy-α,β-diphenyl-β,δ-hexadien, Wirkung, oestrogene 41.
4,4′-Dioxydiphenylmethan 40•.
p-Dioxy-stilben, Wirkung, oestrogene 249.
3,9-Dioxy-tetrahydro-chrysen 40•.
p-Dioxy-triphenylmethan, Wirkung, oestrogene 249.
4,4′-Dioxytriphenylmethan 40•.
Dioxy-Verbindungen, Wirkung, cancerogene 248.
3,4-Dioxyzimtsäure als Blastokolin 163.
Dipeptidase, Aktivität in Tumoren 436.
— in Hühnerei, bebrütetem 478.
Diphenyl-Bildung von Carcinogenen aus — 247f.
—, Eigenschaften, cancerophore und oestrophore 249.
—, Ratte, Blasenkrebs 266.
—, —, Darmkrebs 266.
—, Wirkung, cancerogene 266.
— als Grundsubstanz für Farbstoffe 248.
Diphenylamin, Wirkung, cancerogene 242.
Diphosphopyridinnucleotid (DPN), Auftreten in Embryonen 121.
—, Bedarf für Oxydation der Komponenten des Citronensäurecyclus 414 Tab.
—, — — Phosphorylierung, oxydative 416.
—, Bedeutung für Abbau von 4-Dimethylaminoazobenzol 262.
—, Bindung an Tumor-Mitochondrien 414.
—, Faktor, begrenzender, für Oxalessigsäureabbau in Tumoren 413.
—, Nachweis in Tumoren 415.
—, Synthese, Verringerung nach Tumorimplantation 415 .

Diphosphopyridinnucleotid in Seeigeleiern 479.
Diphosphopyridinnucleotid-Cytochrom c-Reduktase, Gehalt in Leber und Hepatom 394 Tab.
— in Leberzellfraktionen 417 Tab.
— — Mitochondrien 479.
— — Tumoren 417f.
— — Tumorzellfraktionen 417 Tab.
Diphosphopyridinnucleotid-Nucleosidase, Aktivität in Tumoren 416.
— in Mikrosomen 416.
Diphosphopyridinnucleotid-Pyrophosphatase, Aktivität in Tumoren 416.
Diphtherie, Mortalität an — bei Unterernährung 577.
Diphtherietoxin 170.
Diploidie 50, 71.
Disaccharide, Wirkung, spezifisch-dynamische 538.
„Dissimilation“ 511.
Distomum japonicum als Krebsursache 289.
DNS s. Desoxyribonucleinsäure.
DOC s. Desoxycorticosteron.
DOCA = Desoxycorticosteronacetat.
Doisynolsäure, Derivate, mit Wirkung, oestrogener 41.
Dopaoxydase, Vorkommen im Eidotter 469.
—, — — Eiereiweiß 466.
—, — — Hühnerei 479.
—, — — Hühnereiweiß 477.
Doppelbindung, konjugierte, und Wirksamkeit, cancerogene 230.
Dosis, mittlere wirksame (D_{50}) 34.
Dotter 462.
Dottermembran 466.
DOUGLAS-HALDANE, Respirationsapparat 515.
DOUGLAS-Sack 541.
Drahtwäscher, Calorienbedarf, täglicher 568 Tab.
Drahtzieher, Calorienbedarf, täglicher 568 Tab.
Dreher, Calorienbedarf, täglicher 568 Tab.
Dreherin, Calorienbedarf, täglicher 568 Tab.
Drosophila, Merkmalsänderungen 97.
—, MORGAN-STARK-Tumoren 186f.
—, Melaninbildung 98.
—, Mutationen 94.
—, — durch Substanzen, chemische 92.
—, Mutationsrate bei Röntgenbestrahlung 88.
—, Speicheldrüsen, Riesenchromosomen 143.
—, Spontanmutationen 87.
—, Vorkommen einer Mutatorsubstanz im Cytoplasma 80.
—, — von Melanomen 186.
—, Wirkung von Verpuppungshormon bei — 114.
— melanogaster, Chromosomenkarte 74 Abb.
— —, Speicheldrüsen, Riesenchromosomen 73, 75ff.
— pseudoobscura, Mutator-Gen bei 95.
Drosophila-Eier, σ-Faktor 80.
Drosophila-Larven, Chromosomen 143.
Druck, kolloidosmotischer, im Blut bei Ödemkrankheiten 578.
—, osmotischer, Auslösung von Mißbildungen durch — 117.
—, —, in Zellen und Geweben, geschädigten 165.
Drüse, interstitielle, Hoden 8.
Drüsen bei Unterernährung 576.
—, BARTOLINIsche, Sekretabgabe 18.
—, COWPERsche, Sekret 10.
—, endokrine, Induktion der Entwicklung durch — 111.
—, —, Korrelationen der — 11.
—, —, Regenerationsvermögen 177.
Drüsenkrebs, Ursache, exogene 199 Tab.
Drüsenzellen, Bedeutung von Ribonucleinsäure für Eiweißbildung in — 145.
Ductus omphalomesaraicus 47.
Düngung, künstliche, keine Krebsursache 193, 212.
Dünndarm, Vorkommen von Deacetylase 368.
Duftstoffe bei Schmetterlingen, weiblichen 103f.
Dulcin 268•.
—, Wirkung auf Leber und Niere, embryonale 487.
—, —, carcinogene 268, 376.
Duodenalsaft, Fermentgehalt bei Unterernährung 577.
Duplikanten
5, 52, 70, 83, 310.
s. a. Plasmaduplikanten.
Bedeutung für Krebsentstehung 345.
Blockgifteffekte 163.
Gehalt an Nucleinsäuren 76.
Mutation von — 86.
Plasmagranula als — 81.
Rolle bei der Krebsentstehung 262, 277, 300, 310ff.
Veränderung bei Carcinogenese 314f., 317, 336.
—, bleibende 315.
Verlust von — bei Entartung, krebsiger, von Zellen 314f.
extrachromosomale 97.
extragenische 84.
als Erbmasse 78.
Duplikantenaustausch als Ursache von Erbänderungen 96.
Duplikantengifte 141.
Durochinon, Tokopherolwirkung 43.
Dysmenorrhoen 12.
Dysorexie 559.
Dystrophia adiposo-genitalis, „Reithosenform“ des Fettansatzes bei — 29.
Dystrophie, lipophile 577f.
—, trockene 577.

Eastern equine encephalitis 603.
Eber, Harn, Oestrogenausscheidung 31.
—, Mast durch Oestrogene 11.
—, Samen, Inositgehalt 13.
Echinochrom A 101•.
Echinodermen, Eizellen, Entwicklung, parthenogenetische 79.

Echinodermen, Entwicklung 107.
ECHO-Viren 601, 603.
Edelmetallfolien, Sarkombildung durch — 282.
EEE s. eastern equine encephalitis.
Effekt, antiphlogistischer 171.
—, auxocancerogener 354, 366.
—, phlogistischer 171.
egg receptor neutralis 101.
EHRLICH-Adenocarcinom, Transplantierbarkeit 334.
—, Transplantation durch Filtrate 298.
EHRLICH-Ascitestumorzellen, Energieproduktion 408 Tab.
—, Maus, Vergleich mit Körperzellen, normalen 408 Tab.
—, Stoffwechselgrößen 407 Tab.
EHRLICH-Carcinom, Formen, verschiedene 335.
—, Hyaluronidase in — 458.
EHRLICHsches Mäusecarcinom, Gesamtkohlenhydratgehalt 402.
EHRLICH-*Mäuse-Ascites-Tumor* 311.
Atmung 406.
Aufnahme von ^{32}P durch — 401.
Dehydrogenasennachweis in — 415.
Desoxyribonucleinsäure, Zusammensetzung 444.
Desoxyribonucleinsäuregehalt je Zellkern 442 Tab.
Einbau von Glykokoll-^{14}C und Uracil-^{15}N in Nucleinsäuren 446.
Einfluß von 2,4-Dinitrophenol auf ^{32}P-Aufnahme in RNS von — 448.
— — Röntgenbestrahlung auf DNS-Bildung in — 447.
Eiweißgehalt je Zellkern 442 Tab.
Gehalt an Cytochrom c und Cytochromoxydase 420 Tab.
— — α-Ketosäuren 404.
— — Ribonucleinsäuren 441.
— — Xanthinoxydase 418.
Glykolyse 406, 408.
—, Hemmung durch Serumfaktor, menschlichen 409.
Neusynthese der RNS-Purine 447.
Phosphorylierung in — 416.
Ribonuclease, saure, Substratspezifität 449.
Ribonucleinsäuren, Basenzusammensetzung 445.
Transplantierbarkeit 334, 336*.
Zellextrakte, Enzyme, glykolytische, in — 410
Ei 460—505.
—, Befruchtungsmembran 105.
—, Entwicklungserregung 105, 112.
—, Nidation, Verhinderung durch Oestrogene 44.
—, Pol, vegetativer 107.
—, Stoffwechsel, chemischer, bei Bebrütung 469—480.
—, Veränderungen nach Befruchtung 107.
— s. a. Eizellen.
Eibildung 463.
Eidotter 466—469.
—, Gehalt an Tokopherol 480.
—, Proteine 467.
—, Zusammensetzung 467 Tab.
Eier als Eiweißquelle 563.
—, bebrütete, Eiweißverbrennung in — 475 Tab.
—, —, Phosphorgehalt 473 Tab.
—, oligo-, meso- und polylecithale 462.
Eieralbumin, Protein-Vollei-Wert 552 Tab.
—, Wertigkeit, biologische 547 Tab.
Eiereiweiß 464 ff.
—, Avidingehalt 156.
—, Proteine 464 ff.
—, Wertigkeit, biologische 547 Tab.
—, Zusammensetzung 464 Tab.
Eigelb, Lipochrom 15.
Eigelblecithin 468.
Eigenschaften, cancerophore 216.
—, magnetische, Abhängigkeit von π-Elektronen 224.
Eiklar, Entzündung, lokale, nach — 169.
Einrichter, Calorienbedarf, täglicher 568 Tab.
Einschaler, Calorienbedarf, täglicher 569 Tab.
Eintreffer-Effekte 85, 92, 96, 228.
Einzeller, Bildung von Vitaminen durch — 146.
—, Fermentbildung, adaptive, durch — 84.
—, Regeneration 177.
—, Substanzen, autotrophe und heterotrophe für — 145.
—, Zellkernäquivalente 78.
Eisen, Bedarf, täglicher 565 Tab.
—, Gehalt in Blutserum bei Menschen mit Tumoren 400.
—, — — Haut (Maus) vor und nach Carcinogenese 396 Tab.
—, — — Hepatom 393 Tab.
—, — — Hühnerei 470.
—, — — Lebensmitteln 562 Tab.
—, — — Leber 393 Tab.
—, — — Samenplasma (Stier) 13 Tab.
—, — — Tumoren 400.
—, Unentbehrlichkeit 558.
Eisenoxydstaub, Wirkung, cancerogene 199 Tab.
Eisensäger, Calorienbedarf, täglicher 568 Tab.
Eisenträger, Calorienbedarf, täglicher 568 Tab.
Eiter, Vorkommen von Allylamin 167.
Eiweiß
Abbau bei Fehlen von Schilddrüsenhormon 153.
Ausnutzung 547.
Bedarf 544—552.
—, täglicher 565 Tab.
Bedeutung von Hetrochromatin für Synthese von — 77.
— — Ribonucleinsäure für Synthese von — 611.
Bestimmung 518.
Bildung
143.
Bedeutung des Nucleolus für — 123.
— von Ribonucleinsäuren für — 4, 68, 145.

Eiweiß
Bildung
Einfluß von Wachstumshormon auf — 152.
Matrizenmechanismus der — 68f.
Nucleinsäurevermehrung bei — 145.
Steuerung durch den Zellkern 131.
aus Fett 554.
in Hepatomen 412.
— Leber 412.
im Nucleolus 144.
in der Zelle 4, 83.
im Zellkern 144.
in Zellorganellen, duplikationsfähigen 82.
von Kohlenhydraten aus Eiweiß nach ACTH oder Cortison 172.
Einbaugeschwindigkeit von Aminosäuren 434.
Ergänzungswert 548.
Gehalt in Bändern, euchromatischen des Speicheldrüsenchromosoms von Drosophila melanogaster 76.
— — Cytoplasma bei Carcinogenese 266.
— — Eidotter 467 Tab.
— — Feten, menschlichen 123.
— — Haut (Maus) vor und nach Carcinogenese 396 Tab.
— — Lebensmitteln 562 Tab.
— — Tumoren je Zellkern 442 Tab.
— — Zellfraktionen der Rattenleber nach 4-Dimethylaminoazobenzol und 2-Acetaminofluoren 429
Gleichgewicht mit Aminosäuren in Ascitestumorzellen 435.
„Ladungsmuster" 4.
— als Matrize 77.
Reproduktion, identische 77.
Selbstreproduktion, identische 5.
Stoffwechsel bei Zellregenerationen 179f.
— in Gewebe, geschädigtem 165.
— — Tumoren 433ff.
Unterschiede zwischen Geweben, normalen, und Tumoren 432.
Verbrauch, täglicher 571 Tab.
Verbrennung in Eiern, bebrüteten 475 Tab.
Wachstumswert 550.
Wertigkeit, biologische 546ff., 551f.
—, —, Berechnung 551f.
—, —, für Wachstum 550.
Wirkung, spezifisch-dynamische 537 bis 540.
kontraktiles, von Sarkomzellen 429.
spezifisches, Synthese 68.
tierisches, Anteil am Nahrungsverbrauch 571.
in Eidotter 467.
— Eiereiweiß 464ff.
— Eiern 474—476.
Eiweißkörper, Blutserum, bei Krankheiten, neoplastischen 432.
— in Buttergelbtumoren, Eigenschaften 312.
Eiweißmangel, Einfluß auf Tumorwachstum 331.
Eiweißmangel, bei Unterernährung 577.
— und Leberkrebs 193.
Eiweißquellen der Nahrung 563.
Eiweißumsatz, Einfluß von Thyroxin auf — 529.
Eiweißverbrauch bei Sport 571.
Eiweißverlust, minimaler, täglicher 545.
Eiweißzerfall, prämortaler 574.
Eizellen
51f,. 462.
Befruchtungsmembran 107.
Bildung 8.
Echinodermen, Entwicklung, parthenogenetische 52, 79.
Entwicklung 114.
—, parthenogenetische 52.
Größe 463.
Hüllen 463.
Reifung 14.
Rolle des Zellkerns bei Entwicklung der — 4.
Teilung 107.
Verhalten der Nucleinsäure bei Teilung von —, befruchteten 108.
Wirkung von Hyaluronidase auf — 51.
Zahl im Ovarium, menschlichen, nach der Geburt 130, 463.
befruchtete, Änderungen im Zustand des Calciums 107.
menschliche, Befruchtungsfähigkeit 52.
—, Zahl 130, 463.
tierische, Ammoniakbildung 119.
—, Säurebildung 118.
unbefruchtete, Atmung 119.
s. a. Ei.
Ejakulat, menschliches, Spermatozoengehalt 13.
Eklampsie, Auslösung durch Progesteron 44.
Ektromelie-Virus 609.
Elaidinsäure, Einbau in Phosphatide 453f.
Elaphe carinata, Ei 498 Tab., 499 Tab.
taineurus, Ei 498 Tab., 499 Tab.
Elefant, Grundumsatz und Körpergewicht 527 Tab.
—, Trächtigkeitsdauer 48 Tab.
Elektrokarrenfahrer, Calorienbedarf, täglicher 569 Tab.
Elektromonteur, Calorienbedarf, täglicher 568 Tab.
Elektronen 208.
π-Elektronen 220, 250, 353.
—, Beziehungen zu Wirksamkeit, cancerogener 221, 366.
—, Dichte an C-Atomen, basischen 253.
—, Dichtefunktion und Wirksamkeit, cancerogene 221f.
—, Energieübertragung von — auf Zellproteine 227.
—, Protonenaffinität 249.
—, Regionen, Beziehungen zu Wirksamkeit, krebserzeugender 354f.
— und Eigenschaften von Stoffen 224f.
— — Lichtabsorption 223.
π-Elektronendonatoren 227, 279.
Elektronenwolke 220.

π-Elektronensysteme, Superdelokalisierbarkeit der — 223.
σ-Elektronen 220.
Elektroofenschmelzer, Calorienbedarf, täglicher 568 Tab.
Elemente, radioaktive, künstliche, Wirkung, cancerogene 379f.
Elfenbein, Wirkung, cancerogene 282, 376.
Emanation, Wirkung, cancerogene 199 Tab.
EMBDEN-MEYERHOF-Schema der Glykolyse 480.
— — — in Tumoren 410.
Embryo
Arginase-Aktivität 122 Abb.
Auftreten von Kreatinphosphorsäure im — 122.
Empfindlichkeit gegen Vitamin B_{12}-Mangel 122.
Entwicklung 47.
—, Auftreten von Arginase bei — 469.
—, Einfluß von Glycin auf — 487.
—, Verhalten der Milchsäure bei — 468.
—, — von Mineralstoffen bei — 470.
—, Wachstum während der — 130.
— der Stoffwechselfunktionen 121—124.
Kohlendioxydbildung 121f.
Mißbildungen durch Sauerstoffmangel 117.
Stickstoffwechsel 122.
Stoffwechselgrößen 407 Tab.
Zusammensetzung, chemische 121.
Embryonalextrakte, Bedeutung für Gewebekulturen 150.
—, Nucleinsäuren als Bestanteile, wachstumsfördernde, in — 135.
—, Wirkung auf Tuberkelbacillen, avirulente 150.
—, — bei Nephritis 151.
— als Wuchsstoff für Tumoren 324.
Embryonalgewebe, transplantiertes, Wachstum 333.
„Embryonin" 150.
Emetin als Mitosegift 139 Tab.
Emulgierungsmittel, Wirkung, cocancerogene 304.
Encephalitis-Viren 602ff.
Encephalomyelitis-Virus, Maus 603.
Encephalomyocarditis-Viren 601, 603.
Endiviensalat, Zusammensetzung 562 Tab.
Endometrin s. Prolan.
Endometriosen 332.
Endometrium, Bestandteile, chemische 16.
—, Krebs, Faktoren, auslösende und erzeugende 384 Tab.
—, Vorkommen von Avidin im — 17
Endomitosen 136.
Energie, chemische, Umsetzung in Arbeit 520.
—, —, und Wärmeproduktion 518ff.
Energiebedarf, Berechnung 567.
Energiebilanzen 514—517.
Energiewechsel 520—543.
England, Krebstodesfälle 190 Tab., 194 Abb.
Enhydris Plumbea, Ei 498 Tab., 499 Tab..
Entbindung, Oestrogengehalt im Körper vor — 45.
Ente, Desoxyribonucleinsäuregehalt im Zellkern 75.
—, Grundumsatz und Körpergewicht 527 Abb.
—, Zellkerne, Gehalt an Desoxyribonucleinsäure 132.
enteric cytopathogenic human orphan viruses 602.
Entgiftung durch Spaltung von Azobrücken 260.
Entwicklung 106—124.
—, Biochemie 118—124.
—, Erregung durch Säuren 119.
—, Induktion 109, 115.
—, —, Reaktionssysteme 113f.
—, Pathologie 115—118.
—, Physiologie 106.
—, Schrifttum 106.
—, ontogenetische und phylogenetische 106.
—, parthenogenetische, Auslösung 164.
Entwicklungsarbeit 473.
Entzündung
112.
Bildung von Leukocyten bei — aus Gewebszellen 166.
Biochemie 164—176.
Glykolyse, aerobe 166.
Hemmung durch Lokalanaesthetica 166.
Hyperämie, aktive 166.
Kaliumverlust des Gewebes bei — 165f.
Kardinalsymptome 166.
Stadien im Capillargebiet 166.
Verhalten von Blutzellen bei — 168.
Wechselwirkung zwischen Erreger und Organismus bei — 174ff.
chemisch ausgelöste 166.
exsudative 166.
lokale, nach Eiklar 169.
seröse 166f.
Entzündungssubstanzen aus Exsudaten, entzündlichen 168f.
„Enzym X", Verhalten bei Carcinogenese 293.
— cn^+ 98.
— v^+ 98.
Enzyme s. Fermente.
enzyme deletion hypothesis 431.
Enzymoide 78.
—, teilungsfähige 131.
Eosin, Sensibilisierung gegen Strahlenwirkung durch — 205f.
Eperythrozoon coccoides als Krebsursache 289.
— —, Sarkombildung bei Mäusen durch — 291.
Ephedrin, Wirkung auf Cholesterin in Hühnerei, bebrütetem 486.
Ephestia kühniella, Melaninbildung 98.
Epidermis, Aminosäurezusammensetzung der Eiweißkörper aus — 425.
—, Bernsteinsäuredehydrogenase in — 415.
—, Gehalt an Cholin 460.
—, — — Citronensäure nach Methylcholanthren 405.
—, — — Harnstoff 424.
—, Krebshäufigkeit und Mitoserate 267 Tab.
—, Maus, Desoxyribonucleinsäuregehalt 441.

Epidermis, Maus, Lipoidgehalt nach Methylcholanthren 450.
—, Zusammensetzung, chemische, während Carcinogenese 400.
Epidermis-Carcinom (Maus), Bernsteinsäuredehydrogenase in — 415.
— —, Gehalt an Cholin 460.
— —, — — Inosit 460.
Epidermoidalgebilde, Regenerationsvermögen 177.
Epidermoidcarcinom, Gehalt an Cytochromoxydase und Cytochrom c 419 Tab.
Epilepsie, Grundumsatz bei — 530.
Epilobium, Mutationen durch ^{32}P oder ^{35}S 91.
Epiloia, Häufigkeit beim Menschen 184 Tab..
Epiphyse 155.
—, Einfluß auf Eintritt der Geschlechtsreife 27.
Epiphysenknorpel, Knochenwachstum nach Wachstumshormon 152.
Epitheliom, Ratte, Desoxyribonucleinsäure, Zusammensetzung 444.
—, atypisches, Ratte 446.
Epithelkörperchen-Tumoren 331.
Epoxyde, Nachweis mit Thiobarbitursäure 288.
—, Polymerisation 277•.
—, Radikalbildung als Ursache der Wirkung, cancerogenen 285.
—, Wachstumshemmung auf Impftumoren 373.
—, Wirkung, cancerogene 276, 285, 371—374.
—, —, mutagene 93 Tab., 94.
Equilenin 31, 33 Tab.
—, Nachweis 33.
Equilin 31.
—, Nachweis 33.
Erbanlagen, Anordnung in Chromosomen 73.
Erbfaktoren 85.
— von Eizellern 78.
Erbgang, dominanter 72.
Erbkrankheiten, menschliche, Häufigkeit 189 Tab.
Erbmasse 70f., 85.
—, Definition, chemische und funktionelle 79.
—, Desoxyribonucleinsäuren als Träger der — 131.
—, Duplikanten als — 78.
—, Lokalisation in Chromosomen 5, 71.
—, Stabilität 132.
—, Struktur 76.
—, Virus 79.
—, Zellkern, Träger der — 4.
—, artspezifische 181.
Erbsen, Sproßwachstum, Förderung durch Biotin 147.
—, Wachstumstest an — 148.
—, Wachstumswert 550.
—, Wassergehalt 561 Tab.
Erbsenbrei, Wassergehalt 561 Tab.
Erbsensuppe, Wassergehalt 561 Tab.
Erbsubstanz, Nucleinsäure als — 56ff.
—, Reproduktion, autokatalytische 56.
Erbträger, Lockerstellen 86.
—, Mutabilität 86.
Erbträger, extragenische 78.
Erdnußmehl, Protein-Vollei-Wert 552 Tab.
Erdnußöl, Fettsäurezusammensetzung 556 Tab.
„Erdstrahlen“, Wirkung, keine cancerogene 206.
Erepsin, Inaktivierung von Oxytocin durch — 49.
—, Wirkung auf Oxytocin 49.
Erfrierung, Histaminbildung durch — 167.
Ergine 21.
Ergometer 541.
Ergone 21.
Ergothionein, Vorkommen im Samen 13.
Erhaltungsstoffwechsel 543—558.
Ermüdung, Verlust der Gewebe an Kalium bei — 165.
Ernährung 558—579.
—, Einfluß auf Wirkung, cancerogene, von Aminen und Kohlenwasserstoffen, aromatischen 359.
—, Schwankungen, jahreszeitliche 570.
—, fettreiche, Wirkung, krebsfördernde 287.
— als Krebsursache 192.
— bei Sport 571.
— und Geschwulstwachstum 331f.
— — Konstitution 563.
— — Produktion, industrielle 565 Tab., 566 Tab.
Ernährungslehre, allgemeine 558f.
Ernährungsmängel, Mundhöhlenkrebs bei — 383 Tab.
—, Tumorbildung durch — 383 Tab.
Ernährungstypen 570.
Ernährungsversuche, Dauer 514.
Erntearbeiter, Calorienbedarf, täglicher 568 Tab.
Erucasäure, Gehalt in Rüböl 556 Tab.
Erythembildung bei UV-Bestrahlung 378.
Erythemdosis 166, 207.
Erythrocyten, Aktivität der Aldolase in — 412.
—, Katalaseaktivität bei Tieren, tumortragenden 421.
—, Neuraminsäureabspaltung aus — durch Viren 606.
—, Pentoseabbau durch — 410.
— bei Unterernährung 576.
Erythrocyten-Antigen und Susceptibilität für Tumoren 339.
Erythrocytenbildung, Einfluß von Glycin und Glutaminsäure auf — 487.
Erythrocytenphosphatase, Blockierung mit Formaldehyd 456.
Erythroleukämien, virusbedingte, beim Huhn 292.
Escherichia coli, Bildung von Genotypen, neuen, durch Mutantenmischung 86.
— —, — — Stoffen, cancerogenen, aus Dehydronorcholen durch — 391.
— —, Chromosomenkarten 79.
— —, Hemmstoffe gegen Wachstum von — 162.

Escherichia coli, Mutanten 99.
— —, T-Phagen 597.
— —, Pyrogene aus — 170.
— —, Typenumwandlungen 95.
Eserin, Auslösung von Mißbildungen durch — 117.
Eskimos, Grundumsatz 535.
essentiell amino acid-index 551, 552 Tab.
Essigsäure, Abbau in Tumoren und Geweben, normalen 412.
—, Bildung von Aminosäuren aus — in Tumoren 413.
—, — — Cholesterin aus — 173.
—, Wirkung, spezifisch-dynamische 539.
Esterasen, Aktivität in Leber bei Adenomen 261.
—, — — Organen und Tumoren 454 Tab.
—, Gehalt in Leber und Hepatom 394 Tab.
—, Vorkommen in Mikrosomen 82.
Euchromatin 73, 144.
—, Verhalten in Speicheldrüsenchromosomen von Drosophila melanogaster 77.
Euflavin, Mutationsauslösung an Hefe durch — 80, 92.
Evans Blue, Wirkung, cancerogene 246.
Exaltol 104.
Exsudate, entzündliche, Entzündungssubstanzen aus — 168f.
Extraktivstoffe im Eidotter 468.
—, N-freie, Gehalt im Eidotter 467 Tab.
—, —, — — Eiereiweiß 464 Tab.
Extremitäten, Mißbildungen 117.
Exudin 169.

Färber, Calorienbedarf, täglicher 569 Tab.
Fahrkartenverkäuferin, Calorienbedarf, täglicher 569 Tab.
Fahrradergometer 541.
Faktor, antigonadotroper 26.
—, mammogener, im Hypophysenvorderlappen 18.
—, milchaustreibender, Hypophysenvorderlappen 49.
ϰ-Faktor 80.
σ-Faktor, Drosophilaeier 80.
Faktoren, bedingt krebsauslösende 344f.
—, cocarcinogene 232ff.
—, krebsauslösende und krebserregende 383 Tab.
—, krebserzeugende 344f.
—, thermische, Magenkrebs durch — 384 Tab.
Farbentheorie 249.
Farbsalze, WUSTERsche, Wirkung auf Fermente 260.
Farbstoffe, Absorptionsniveau 224.
—, Lungenkrebs nach — 383 Tab.
—, Wirkung, cancerogene 248, 252f.
—, basische, Reaktion mit Nucleinsäuren 266.
—, cancerogene, Einfluß auf Bildung von Antikörpern 262.
Fastenkuren 573.
Federn, Vorkommen von Oestrogenen in — 19.
Ferment, kondensierendes, Gehalt in Tumoren 413f.

Fermente
Aktivität, Beeinflussung durch Thyroxin 529.
— im Blut von Neugeborenen und Erwachsenen 123 Tab.
— in Geweben, wachsenden 145.
— — Leber und Hepatom 394 Tab.
Beziehungen zu Genen 56, 68, 98f.
Bildung in Zellorganellen, duplikationsfähigen 82.
—, adaptive 68, 84, 100.
Hemmung durch Lost und Stickstofflost 374.
Verteilung in der Zelle 3f.
Vorkommen in Mitochondrien 81.
Wirkung von Aminen, cancerogenen, auf — 261f.
— — 4-Dimethylaminoazobenzol auf — 261.
— — Oestrogenen auf — 19.
gelbe, in Tumoren 417f.
glykolytische, Bindung an Zellstrukturen 121.
—, Vorkommen im Cytoplasma und Zellkern 3f.
nucleinsäurespaltende, in Tumoren 448ff.
proteolytische, Bildung durch Krebszellen 332.
als Duplikanten 82.
bei Unterernährung 577.
der Glykolyse in Tumoren 410ff.
des Citronensäurecyclus, Lokalisation in Mitochondrien 413.
in Eidotter 468f.
— Eiereiweiß 466.
— Eiern, bebrüteten 477ff.
Fertigwalzer, Calorienbedarf, täglicher 568 Tab.
Fertilisin 101.
Feten, menschliche, Beginn der Darmbewegungen 123.
—, —, Veränderungen, chemische, während der Entwicklung 123.
Fettansatz nach Kastration 11.

Fette
Anteil am Nahrungsverbrauch 571.
Ausnutzbarkeit 556.
Bedarf 552—557.
—, täglicher 565 Tab.
Bildung aus Eiweiß 554.
— — Kohlenhydrat 553f.
— von Kohlenhydrat aus — 553.
— — Substanzen, cancerogenen und toxischen, bei Erhitzung von — 193.
Gehalt in Eidotter 467 Tab.
— — Lebensmitteln 562 Tab.
Lebensnotwendigkeit 146.
Nahrungswert 556f.
Träger für Vitamine, fettlösliche 554.
Verbrauch, täglicher 571 Tab.
Wirkung, krebsfördernde 287.
—, spezifisch-dynamische 537f.
für Ernährungszwecke 557.

Fettgewebe, Gehalt an Oestrogenen vor Entbindung 45.
Fettleibigkeit, Grundumsatz bei — 530.
Fettquellen der Nahrung 563.
Fettsäuren
Abbau in Tumoren 454.
Aufnahme durch Tumoren 454.
Bildung aus Essigsäure in Tumoren 413.
Einfluß auf Wirkung der Keimdrüsenhormone 29.
Gehalt in Hepatom 393 Tab.
— — Leber (Ratte) 393 Tab.
— — Speisefetten 556 Tab.
Synthese in Tumoren 454.
Tumoren 453f.
essentielle, Bedeutung, ernährungsphysiologische 555ff.
—, Gehalt in Ölen und Fetten 557.
—, Wachstumswirkung 146.
flüssige, Induktion durch — 111.
hoch ungesättigte, Bedeutung, ernährungsphysiologische 555ff.
ungesättigte, Gehalt in Speisefetten 556 Tab.
—, — — WALKER-Carcinom 453.
in Lipoiden des Eidotters 468.
Fettsäureoxydase, Gehalt in Hepatom 394 Tab.
Fettstoffe, Gehalt in Eiereiweiß 464 Tab.
Fettsucht 579.
Fetuin 123.
Fetus, Wirkung von Oestrogenen, mütterlichen, auf die — 46.
Fibrin, Rolle bei Entzündung 168.
Fibrinogen, Gehalt im Blut, Beeinflussung durch Cortison 173.
—, — — Blutserum bei Krankheiten, neoplastischen 432.
—, Gelierung durch Acrylamid 279.
—, Rolle bei Entzündung 168.
Fibrinolyse 168.
Fibroblasten, Citronensäurecyclus in — 412.
—, Gewebskultur, Bedeutung der Atmung für Wachstum der — 120.
—, —, Eiweißquelle für — 146.
Fibrocyten, Aktivierung durch Nucleinsäuren 168.
Fibrome, Bildung bei Meerschweinchen durch Oestrogene 328.
Fibrom-Virus 609f.
Fibrosarkome 376.
— (Ratte), Aminosäurezusammensetzung 425 Tab., 426.
Fieber, Grundumsatz bei — 530.
Filme, Sarkombildung nach Implantation von — 279.
Fische, Eiweißverbrennung in Eiern, bebrüteten 475 Tab.
—, Hochzeitskleid 19.
—, Hungerperioden 574.
—, Papillome und Lymphosarkome, Ätiologie 294.
—, Spermatozoen, Nucleinsäuren aus — 12.
—, Tumoren, melanotische, bei — 186.
—, Vorkommen von Krebs bei — 184 Tab.
Fische als Eiweißquelle 563.
Fisch-Eiweiß, Wertigkeit, biologische 547 Tab.
Flachsfasern und -staub, Tumorbildung durch — 283.
Flachsspinnerinnen, Lippen- und Mundhöhlenkrebs bei — 283.
Flächen, ernährende 525.
Flavin-Adenin-Dinucleotid, Bindung an Vaccine-Virus 610.
— in Tumoren 418.
Flavinadenindiphosphat (FAD) 479.
Flavonole, Komplexbildung mit Borsäure 102.
Flavoproteinenzyme, Vorkommen in Mitochondrien 81.
Fleisch als Eiweißquelle 563.
Fleisch-Eiweiß, Ergänzungswert 548.
Fleischer, Calorienbedarf, täglicher 569 Tab.
Fleischfliegen, Larven 504 Tab., 505.
Flexner-Jobling-Carcinom 299.
Aktivität von Kathepsin in — 435.
— — Lipase und Esterase in — 455.
Bildung von Propandiol-1,2-phosphat-1 in — 404.
Einbau von ^{32}P, Uracil-^{14}C und Glykokoll-^{14}C in Nucleinsäuren 446.
Eiweißkörper, Aminosäurezusammensetzung 425.
Gehalt an Cholin und Colamin 451 Tab.
— — Schwefel 401.
— — Phosphatiden 451.
Lipoidzusammensetzung 452 Tab.
Oxalessigsäureabbau in — 413.
Phosphatase, alkalische, im Blutserum bei — 457.
Stoffwechselgrößen 407 Tab.
Transplantierbarkeit 334.
Zellfraktionen, Aktivität, glykolytische 409.
Fliegen, Häutung und Verpuppung 114.
Fließgleichgewichte in der Biologie 128.
Florigen 149.
Flunder, Eiweißverbrennung in Eiern, bebrüteten 475 Tab.
Fluor, Effekt, auxocancerogener 248.
—, Unentbehrlichkeit 558.
7-Fluor-2-acetaminofluoren, Wirkung, cancerogene 362.
4'-Fluor-4-acetylamino-diphenyl, Wirkung, cancerogene 362.
4'-Fluor-4-aminodiphenyl, Wirkung, cancerogene 237, 362.
Fluoranthen, Vorkommen in Luft von Industriestädten 213.
4'-Fluor-4-dimethylaminoazobenzol, Wirkung, cancerogene 239.
Fluoren, Bildung von Carcinogenen aus — 247f.
—, Eigenschaften, cancerophore und oestrophore 249.
—, Kohlenwasserstoffe, cancerogene, aus — 215.
4'-Fluoren-dimethylaminoazobenzoltumoren, Riboflavin in — 459.

Fluoressigsäure, kein Einfluß auf Citronensäurebildung in Mäuselymphom 413.
Fluorescenz, Ursache der — 223.
Fluoride, Beeinflussung der Phosphorylierung, oxydativen, durch — 416.
—, Hemmung der Prostataphosphatase durch — 10.
—, — — Tumorglykolyse durch — 408.
—, Wirkung auf Knochen 487.
6-Fluorglucose, Hemmung, kompetitive, der Glykolyse durch — 409.
Fluorose, embryonale 487f.
Fördermaschinist, Calorienbedarf, täglicher 568 Tab.
Follikel, GRAAFsche 14.
Follikelhormon, Ausscheidung im Harn zu Beginn der Geburt 48.
—, Einfluß auf Grundumsatz 530.
—, Wirkung auf Lactation 49.
— s. a. Oestron.
Follikelreifung, Bedeutung der Hypophyse für — 27.
Follikelreifungshormon (FRH) 8, 23.
—, Bestimmung, biologische 36.
—, Eigenschaften und Zusammensetzung 25 Tab.
—, Einheit 36.
—, Hemmung seiner Bildung durch Hormone, oestrogene 27.
—, Wirkung 14.
Folsäure 159.
—, Antagonisten 160.
—, Bedeutung für Nucleinsäuresynthese 142.
—, — — Thionasewirkung 142.
—, Einfluß auf Hämoglobinbildung 487.
—, — — Tumorwachstum 332.
—, Pantothensäure als Baustein der — 146f.
Folsäureantagonisten als Mitosegifte 139 Tab., 142.
Folsäurehemmstoffe, Hemmung, kompetitive, der Coenzym (ATP)-Wirkung durch — 409.
Forelleneier, Gynogamone in — 102.
Formaldehyd, Blockierung der Erythrocytenphosphatase mit — 456.
—, Wirkung auf Tabakmosaikvirus 595.
—, —, mutagene 93 Tab.
Formaldehyd-Gruppen, Antigenbildung durch — 175.
Formel, ARRHENIUSsche 87, 90.
—, HILLsche 215.
—, READsche 516.
Former, Calorienbedarf, täglicher 568 Tab.
Formiat-^{14}C, Einbau in DNS und RNS 446ff.
Forstschädlinge, Polyederviren 600.
Forsythia, Selbststerilität 102.
Fortpflanzung 1—55.
Fortpflanzungskörper 50.
Fortpflanzungsorgane 7—20.
—, Literatur 7.
—, Exkrete und Inkrete der — 6f.
—, männliche 8—13.
—, weibliche 14—20.
Frankreich, Krebstodesfälle 190 Tab.
Frau, Brustkrebs nach Oestrogenen 327.
Frau, Grundumsatz 523f.
Frauenmilch, Fett, Fettsäurezusammensetzung 556 Tab..
— s. a. Muttermilch.
Fremdkörper, Sarkombildung durch — 282.
FRH s. Follikelreifungshormon.
FRIEDMANN-Schnelltest der Schwangerschaftsreaktion 37.
Friseur, Calorienbedarf, täglicher 569 Tab.
Frontal-Hirn, Tumortransplantation in — 335, 338.
Frosch, Auswertung der Gonadotropine am — 36.
—, Desoxyribonucleinsäuregehalt im Zellkern 75.
—, Eiweißverbrennung in Eiern, bebrüteten 475 Tab.
—, Entwicklung 107.
—, Zellkerne, Gehalt an Desoxyribonucleinsäure 132.
—, Zwitterbildung 54.
Froschei, Apyrase im — 477.
—, Vorkommen von Phosphoproteidphosphatase im — 469.
—, bebrütetes, Glykogengehalt 471.
Fruchtwasser 47, 490—496.
—, Navicularzellen mit Chromosomenzentrum, zusätzlichem, im — 55.
Fructolyse im Sperma 13.
Fructose
Abbau in Leber und Hepatomen 412.
— — Tumoren 408.
Bildung aus Glucose in der Placenta 44.
Fermente für Abbau, glykolytischen, in EHRLICH-Ascitestumor-Extrakten 410.
Gehalt in Amnionflüssigkeit 492.
— — Fetalblut 47.
— — Samenplasma 13, 13 Tab.
Glykogenbildung aus — im Hühnerei, bebrüteten 486.
Spaltung, keine, durch Samenblase 9.
Vorkommen im Fruchtwasser 47.
— — Samenplasma 51.
Wirkung, spezifisch-dynamische 538.
vertretbar durch Glucose oder Mannose 554.
Fructose-6-phosphat, Gehalt in Geweben und Tumoren 402 Tab.
Frühgeburten, Grundumsatz 523.
FSH (= follicle stimulating hormone) s. Follikelreifungshormon.
Fuchsin, Wirkung, cancerogene 242.
Fuhrknecht, Calorienbedarf, täglicher 568 Tab.
Fumarase, Gehalt in Tumoren 414.
Fundulus, Auslösung von Augenmißbildungen bei — 117.
Funktionen, vegetative 3.
Funktionssubstanzen, organspezifische 151.
Furchungsteilungen 108.
Fusarinsäure 149.
Fusarium moniliforme, Wuchsstoffeigenschaften 150.
Fußballmacher, Calorienbedarf, täglicher 569 Tab.
Futtereiweiß, Einsparung bei Nutztieren 550.

Gärtnereiarbeiter, Calorienbedarf, täglicher 568 Tab.
Galaktoflavin 160.
Galaktose, Glykogenbildung aus — in Hühnerei, bebrütetem 486.
—, Hemmung, kompetitive, des Fructoseabbaues in Tumoren durch — 408.
—, —, —, der Glykolyse durch — 409.
—, Verwertung 554.
— in Pyrogenen 170.
Galaktosidase, Aktivität im Darm 554.
Galaktoside 554.
Galaktozymase, Anregung der Bildung durch Galaktose 84.
Galle, Wirkung, cancerogene 201.
Gallenalkohole, Bildung von Cholanthren und Steranthren aus — 390.
Gallengangsadenome durch Cysticercus fasciolaris 290.
Gallengangskrebs bei Haff-Fischern 198.
— durch Opisthorchis felineus 289.
— — Parasiten 199 Tab.
— — Thioacetamid (Ratte) 376.
Gallensäuren, Bildung von Cholanthren aus — 390.
—, Darstellung von 3-Methylcholanthren aus — 350, 389.
— als Lösungsvermittler für Kohlenwasserstoffe, cancerogene 229.
Gamete 104.
Gametenbildung 50.
Gamone 7, 15, 51, 100, 102.
Ganglien, autonome, Auftreten im Darm 123.
Ganglienzellen 177.
—, Gehirn, Ende der Zellteilungen in — 130.
—, Regeneration, keine 180.
Ganglioside, Galaktosegehalt 554.
Gans, Grundumsatz und Körpergewicht 527 Abb.
GARDNER-Lymphosarkom, Arginaseaktivität in Muskulatur von Tieren, tumortragenden 438.
Gartenbohne, Tabakmosaikvirus bei — 589.
Gastropodeneier 502f.
Gastrula, Entwickelung aus der Eizelle 114.
Gastrulation 109f.
—, Bedeutung der Gene für — 123.
Gastrulastadium, Differenzierung im — 107.
Gaststättenverpflegung 571.
Gasuhr nach KOFRANYI-MICHAELIS 541.
Gaswechsel, respiratorischer, Bestimmung 514ff.
Gaswechselschreiber von REIN 515.
Gaumenspalten, Störung der Bildung durch Trypaflavin 117.
Gefäßendothel, Wirkungen, toxische, auf — durch Substanzen, makromolekulare 282.
Gefäßneubildung, Anregung durch Oestrogene 19.
Geflügel, Zusammensetzung 562 Tab.
— als Eiweißquelle 563.
Geflügel-Leukose, myeloblastische 608.
Geflügelpocken-Virus 609.

Gehirn
Anteil am Grundumsatz 521 Tab.
Aufnahme von ^{86}Rubidium 400.
Desaminierung von 8-Azaguanin 450.
Durchblutung nach Oestrogenen 19.
Ganglienzellen, Beendigung der Zellteilungen 130.
Gehalt an Brom 24.
— — Cytochromoxydase und Cytochrom c 419 Tab.
— — Jod 24.
— — Triosephosphatisomerasen 411.
— — Zink 24.
Hühnerembryonen, Desoxynucleinsäuregehalt 123, 132.
Gehörbläschen, Entwicklung 110.
Gehörgangstumoren nach 2-Acetylaminofluoren 236.
— — 4-Dimethylaminostilben (Ratte) 241 Abb.
— — 3,3'-Dioxybenzidin 237.
— — Stilben 266.
— — Stilbenderivate 250.
Geisteskrankheiten, Grundumsatz bei — 530.
Gelatine als Eiweißquelle 546.
Gelbfieber-Virus 604.
Gelbkörper s. Corpus luteum.
Gelbkörperhormon s. Progesteron.
Gelbkreuz s. Bis-(2-chloräthyl)-sulfid.
Gelbsucht nach Methyltestosteron 11.
— durch Öle, erhitzte 288.
Gelbsuchtvirus der Zuckerrübe 595.
Gelenkrheumatismus, Wirkung von Cortison und Compound F bei — 172.
Gemeinschaftsverpflegung 571.
Gemüse als Nahrungsmittel 563.
Gen, Vergleich mit Phagen, DNS-haltigen 611.
Gen K 80.
Gen M 53.
Gen cn 98, 100.
Gen v 98, 100.
Genäquivalente bei Bakterien 78.
Genaustausch bei Bakterien 78.
— als Ursache von Erbänderungen 96.

Gene
82 Tab.
Anordnung in Chromosomen 73.
Bedeutung für Geschwulstwachstum 338.
— — Krebsentstehung bei Drosophila 186.
Begriff 61.
Beziehungen zu Enzymen 56, 68, 98f.
— — Nucleinsäuren 61.
Bildung durch Reproduktion, konvariante 76.
Effekte, polyphäne 97.
Eiweißsynthese durch — 144.
Kontrolle über Cytoplasmastrukturen 144.
— — Nucleolus 144.
Mutabilität 183.
Mutationen 62, 75, 86, 88f.
Neurospora crassa, Mutationen 86.
Penetranz 72.
Umwelteinfluß auf — 83.
Zahl der Atome in — 75.

Gene
Zahl in einem Desoxynucleinsäuremolekül 61, 67.
Zeitpunkt des Eingreifens in Embryonalentwicklung 123.
chromosomale, Lokalisation der Desoxyribonucleinsäuren in den — 131.
H-Gene und -Antigene 339.
general adaption syndrom 170.
Generationsorgane bei Unterernährung 576.
Generationswechsel, antithetischer 50.
Genetik der Vererbung 70—85.
—, biochemische 98f.
—, chemische 86.
Genhormone 83, 98.
Genistein, Wirkung, oestrogene 20.
Genitalatrophie nach Schilddrüsenexstirpation 11.
Genitale, weibliches, Bildung von Riesenzell-Granulomen durch Oxyuren 284.
Genitalien, Involution, nach Funktionsstörungen von Hypophyse und Keimdrüsen 29.
Genitalkrebs, männlicher 197.
Genitaltumoren, weibliche, Wasserstoffionenkonzentration in — 398.
Genkarten 61, 73.
Genmodell 89.
Genmutation als Alles-oder-Nichts-Ereignis 89.
,,Genodispersion, retardierte" 208.
Genom 82 Tab.
—, Mutationen 86.
Genort, Nucleinsäurekonzentration am — 75.
Genotyp 72.
Genproteine, Bildung durch Desoxyribonucleinsäuren 76.
Genrekombinationen bei Bakterien 78.
Genußmittel 560.
Genwirkung, primäre 67f.
Gepäckarbeiter, Calorienbedarf, täglicher 569 Tab.
GEPPERT und ZUNTZ, Respirationsapparat 515.
Gerbereiarbeiter, Calorienbedarf, täglicher 569 Tab.
Gerste, Albinomutanten, Chlorophylldefekte 97.
—, Eiweiß, Wertigkeit, biologische 547 Tab.
—, Wachstumstest an — 148.
Gerbsäure, Wirkung, cancerogene 375.
Geruchsorgan, Entwicklung 110.
Gesamtstoffwechsel 506—520.
—, Begriff 511.
—, Überblick, geschichtlicher 507ff.
— und Stoffwechsel, intermediärer 511f.
Geschlecht, Einfluß auf Grundumsatz 523.
Geschlechtsapparat 6.
Geschlechtsbestimmung 51—55.
—, Grundlagen, chemische 488ff.
Geschlechtschromosomen 50f., 54, 72.
—, Heterochromatie 77.
Geschlechtscyclus, weiblicher 27.
—, —, Störungen 30.
Geschlechtsmerkmale, sekundäre, Bildung durch Keimdrüsenhormone 28.
—, —, männliche 10f.
—, —, weibliche 19f.
Geschlechtsorgane, akzessorische 6f.
Geschlechtsreife, Aktivität der Serum-Acetylcholinesterase bei — 19.
—, Beeinflussung durch Epiphyse 27.
—, Beschleunigung durch Testosteron bei Affen 20.
Geschlechtswechsel, partieller 54.
Geschwülste, Abwehrkräfte, körpereigene, gegen — 339.
—, Calciumgehalt 340f.
—, Keimdrüsenatrophie bei — 331.
—, Malignität 315.
—, Nebennierenvergrößerung bei — 331.
—, Übertragbarkeit, zellfreie 292.
—, menschliche, Transplantation auf Versuchstiere 337f.
— s. a. Tumoren.
Geschwulstbildung durch ^{131}Jod 209, 379.
— — ^{32}Phosphor 209.
— — Salzsäure, Natronlauge, Kochsalzlösung, hypertone 212.
— — Wachstumshormonbehandlung, dauernde 152.
Geschwulstwachstum 318—324.
—, Bedeutung der Blutversorgung für — 332.
—, — des Wachstumshormons für — 324f.
—, — von Antigenen und Antikörpern für — 338.
— durch Proliferationsreize 325.
— und Ernährung 331f.
Gesetz von der Erhaltung der Energie 510.
Gesetze, MENDELsche 72.
Gesichtstumoren nach Thioharnstoff 375.
Gestagene, Bildung in der Placenta 28, 44.
—, Vorkommen in Nebennierenrinde 27f., 30.
—, Wirkung auf Brustdrüsen 18.
— s. a. Progesteron.
Getreidekörner, Vorkommen von β-Indolylessigsäure in — 148.
Gewebe
Alter 178.
Atmung und Glykolyse in — 406.
Gehalt an Desoxyribonucleinsäuren ist konstant 75f.
— — α-Ketosäuren 404.
— — Milchsäure 404.
Kaliumverlust bei Entzündung und Ermüdung 165.
Konservierung durch Antihistaminica 167.
Reaktion auf Induktor oder Organisator 113.
Regenerationsvermögen 177.
Stoffwechselgrößen 407 Tab.
blutzellenbildende, Regenerationsvermögen 177.
embryonale, Charakterisierung 181f.
—, Glykolyse 121.
—, Thrombokinaseaktivität 48.
—, Umsatz von Oxalessigsäure 211.

Gewebe
entzündete, Entartung, krebsige, unter Strahlenwirkung 303.
— und geschädigte, Stoffwechsel 165ff.
leukämische, Maus, Desoxyribonuclease in — 449.
lymphatische 423.
—, Wirkung von Cortison und Compound F auf — 172.
menschliche, Biotingehalt 148 Tab.
neoplastische, Gehalt an Aminosäuren, freien 423.
normale, Wasserstoffkonzentration in — 398.
— und maligne, Stoffwechselgrößen 407 Tab.
regenerierende, Charakterisierung 182.
—, Gehalt an Kalium 398.
—, Quotient K:Ca 399.
subcutane, Aminosäurezusammensetzung der Eiweißkörper aus — 425.
—, Tumorbildung durch ^{32}P 379.
tierische, Induktionswirkung 112f.
—, Teere, cancerogen wirksame, aus — 212.
wachsende, Enzymaktivität 145.
—, Glykolyse, anaerobe, in — 406.
—, Stoffwechsel 121.
Gewebekulturen, Altern von — 177.
—, Bedarf an Aminosäuren, essentiellen 146.
—, Beförderung des Wachstums durch Nucleinsäuren 135.
—, Cancerisierung 193.
—, Entartung, krebsige 231.
—, Regenerationen in — 177.
—, Stoffwechsel 145f.
—, Verhalten von Krebszellen in — 332.
—, Wachstumsförderung durch Embryonalextrakte 150.
—, Zellvermehrung in — 131.
Gewebslipoide 229.
Gewebsreaktionen durch Substanzen, makromolekulare 282.
Gewebsschnitte, Stoffwechsel in — nach Hypophysektomie 153.
Gewebswucherungen, Unterschied gegen Krebszellen 182.
Gewebszellen, Bildung von Leukocyten aus — bei Entzündung 166.
Gewicht, Einfluß auf Grundumsatz 523.
Gewürze, Magenkrebs durch — 384 Tab.
Gibberella fujikuroi, Wuchsstoffeigenschaften 150.
Gibberellin A 150.
Gibberellinsäure 150.
Gießer, Calorienbedarf, täglicher 568 Tab.
Gifte, Organisatorwirkung 118.
—, Wirkung auf Mitose 140.
—, — — Samenzellen 51.
—, karyoklastische 137.
—, mutagene 142.
—, radiomimetische 140f., 272, 275f.
—, schmerzauslösende, Hemmung von Dehydrogenasen 166.
Gifte, zellteilungshemmende, Beziehung zwischen Konstitution und Wirkung 141.
Gigas-Formen 136.
Glandula pinealis 155.
Glaser, Calorienbedarf, täglicher 569 Tab.
Gleisbauarbeiter, Calorienbedarf, täglicher 569 Tab.
Glimmer, Wirkung, cancerogene 284.
Glioblastoma multiforme 450.
Globuline, Gehalt in Blutserum bei Krankheiten, neoplastischen 432.
—, — — Eiereiweiß 465 Tab.
—, — — Feten, menschlichen 123.
—, Lage in Chromosomen 76.
—, Resorption aus der Milch 118.
—, Rolle bei Entzündung 168.
γ-Globuline, Gehalt an Antikörpern 175.
—, — im Blut, Beeinflussung durch Cortison 173.
—, — — Blutserum bei Krankheiten, neoplastischen 432f.
—, Gelierung durch Acrylamid 279.
Glucocorticoide, Ausscheidung nach ACTH 172.
—, Bestimmung 174.
—, Bildung von Pepsin in der Magenschleimhaut nach — 174.
—, Einfluß auf DNS-Stoffwechsel 174.
—, Uropepsinausscheidung im Harn nach — 174.
—, Wirkungen, biologische 174.
Gluco-11-oxycorticoisteroide 174.
Glucoproteide, Vorkommen in Eiereiweiß 464.
Glucosamin, Glykogenbildung aus — in Hühnerei, bebrütetem 486.
—, Vorkommen im Eiereiweiß 466.
Glucose
Abbau in Tumoren 412.
Bildung aus Inosit 472.
— von Glykogen aus — im Hühnerei, bebrüteten 486.
— — Inosit aus — 472, 486.
— — Lipoiden aus — in Leber und Hepatom 450.
— — Milchsäure aus — in Hühnerei, bebrütetem 484.
Einfluß auf Wasserstoffionenkonzentration in Tumoren und Gewebe, normalem 398.
Fermente für Abbau, glykolytischen, in EHRLICH-Ascitestumor-Extrakten 410.
Gehalt in Eidotter 467.
— — Eiereiweiß 466.
— — Eiern, bebrüteten 471.
— — Pyrogenen 170.
— — Tumoren 403.
Spaltung durch Samenblase 9.
Umwandlung in Fructose in der Placenta 44.
Vorkommen in Desoxyribonucleinsäuren aus Phagen 598.
— — Fruchtwasser 47.
Wirkung auf Eiweißstoffwechsel in Gewebe, geschädigtem 165.

Glucose
Wirkung, spezifisch-dynamische 538.
als Substrat für die Leber 403.
vertretbar durch Fructose oder Mannose 554.
Glucose-1-^{14}C, Einbau in Nucleinsäuren von JENSEN-Sarkom 446.
Glucose-1-phosphat, Gehalt in Geweben 402 Tab.
—, — — Mammacarcinom (Maus) 403.
—, — — Tumoren 402 Tab.
Glucose-6-phosphat, Bildung von Ribose-5-phosphat aus — 554.
—, Gehalt in Geweben und Tumoren 402 Tab.
Glucose-6-phosphatase, Vorkommen in Mikrosomen 82.
— in Tumoren 410.
Glucosephosphorylierung, Glykolyseregulierung durch — 409.
β-D-Glucosido-cumarsäure, Blastokolinwirkung 163 Tab.
Glucozymase, Anregung der Bildung durch Glucose 84.
Glucuronidase-Aktivität in Blasenschleimhaut bei Blasenkrebs 256.
β-Glucuronidasen, Aktivität in Geweben, wachsenden 145.
—, Gehalt im Harn bei Blasenkrebs 388, 458.
—, Vorkommen im Endometrium 16.
—, — in Tumoren 458.
β-Glucuronidase-Aktivität in Harnblasentumoren 330.
Glucuronsäure, Koppelung von Keimdrüsenhormonen an — 31.
—, Paarung mit 2-Amino-1-naphthol 256.
—, — — Aminophenolen 255.
Glutamin, Aufnahme durch Ascitestumoren 423.
—, Rolle bei Proteinsynthese in EHRLICH-schen Mäuseascitestumoren 423.
— fehlt in Tumoren, wachsenden 423.
Glutaminase, Gehalt in Leber und Hepatom 394 Tab.
— in Seeigeleiern 479.
— — —, befruchteten 119.
— — Tumoren 438.
Glutaminsäure
Aminosäure, glucoplastische 554.
—, nicht essentielle 549 Tab.
Aufnahme durch Ascitestumoren 423.
Einfluß auf Hämoglobin- und Erythrocytenbildung 487.
Gehalt in Eiereiweißproteinen 465 Tab.
— — Follikelreifungshormon 25 Tab.
— — Prolactin 26 Tab.
— — Schalenmembran des Hühnereies 464 Tab.
— — Spermatozoen und Samenplasma (Stier) 13 Tab.
— — Tumoreiweiß 425f., 425 Tab.
Methioninsulfoxyd als Antimetabolit gegen — 161.
Vorkommen im Chromosomin 76.
— — Strepogenin 150.
— — „Vitamin T“ 53.
D-Glutaminsäure, Bedeutung, physiologische 428.
—, Vorkommen in Tumorproteinen 427f.
Glutaminsäure-Brenztraubensäure-Transaminase in Tumoren 439.
Glutaminsäure-Oxalessigsäure-Transaminase in Tumoren 439.
Glutathion, Gehalt in Rattenleber 424.
—, — — Tumoren 424.
Glycerin als Lösungsmittel für Kohlenwasserstoffe, cancerogene 215.
— als Lösungsvermittler für Kohlenwasserstoffe, cancerogene 229.
Glycerinsäure, Wirkung, spezifisch-dynamische 539.
β-Glycerophosphatase, Gehalt in Leber und Hepatom 394 Tab.
α-Glycerophosphatdehydrogenase, Aktivität im Blutserum bei Tumorträgern 412.
Glykyldehydroalanin 437•.
Glykogen
Auftreten in Embryonen 121.
Bildung aus Monosacchariden in Hühnerei, bebrütetem 486.
Gehalt in Eiern, bebrüteten 471f.
— — Epidermis (Maus) nach Methylcholanthren 403.
— — Geweben 402 Tab.
— — Hühnerei 467.
— — Schlangeneiern 498 Tab.
— — Tumoren 402f.
— — Uterusschleimhaut nach Oestrogenen 17.
Induktion der Entwicklung durch — 111.
Speicherung in der Uterusschleimhaut 16.
Vorkommen in Vaginalschleimhaut 18.
— — Zellkernen von Leberzellen, geschädigten 283.
Glykogen-Eiweißkomplex, Induktion durch — 111.
Glykokoll
Aminosäure, glucoplastische 554.
—, nicht essentielle 549 Tab.
Aufnahme durch Asciteszellen 423.
Einbaugeschwindigkeit in Hepatomproteine 434.
Einfluß auf Embryonalentwicklung 487.
— — Hämoglobin- und Erythrocytenbildung 487.
Gehalt in Eiereiweißproteinen 465 Tab.
— — Prolactin 26 Tab.
— — Schalenmembran des Hühnereis 464 Tab.
— — Tumoreiweiß 425f., 425 Tab.
Vorkommen in „Vitamin T“ 54.
Wirkung, spezifisch-dynamische 538f.
Glykokoll-^{14}C, Einbau in DNS und RNS von tumortragenden Tieren 448.
—, — — Tumornucleinsäuren 446.
—, Einfluß von 2,4-Dinitrophenol auf ^{32}P-Aufnahme in RNS von EHRLICH-Ascitestumor 448.
Glykolyse
Bedeutung für Wachstum 119f.

Glykolyse
Beziehung zu Induktion der Entwicklung 111.
Energielieferung für Aminosäureeinbau in Eiweiß 434.
— — Mitose 121.
Fermente der — in Tumoren 410ff.
— — — im Überstand der Mikrosomen 82.
Hemmung 121.
— durch Triäthylenmelamin und Äthylenverbindungen 374.
Lieferung der Energie für Mitose durch — 133.
Regulierung in Tumorzellen 409.
Tumoren, Hemmung 408f.
Zellkern 78.
Zwischenprodukte, phosphorylierte 403.
aerobe, Beginn beim Hühnchenkeim 121.
—, bei Entzündung 166.
—, — Zellschädigung 121.
—, in Leber und Hepatomen 394 Tab.
—, — Tumoren 403, 406.
—, — Zellen und Geweben, geschädigten 165.
anaerobe, in Geweben, wachsenden 406.
—, — Hühnerembryo 478.
—, — Leber und Hepatomen 394 Tab.
—, — Mitochondrien 409.
—, — Tumoren 406.
beim Wachstum von Zellen 119f.
im Ei, befruchteten 119.
Glyoxalase, Gehalt im Blut 123 Tab.
—, — in Leber und Hepatomen 394 Tab.
Gold, Wirkung, cancerogene 211, 282, 376.
Goldhamster, Nierentumor, Aminosäurezusammensetzung der Eiweißkörper 426.
—, —, Antigene in — 432.
—, — durch Stilboestrol 266.
—, Tumorbildung durch Kohlenwasserstoffe, aromatische, polycyclische 349.
—, — — Oestrogene 202, 328.
—, Tumortransplantation in Backentasche 335, 338.
Goldschmied, Calorienbedarf, täglicher 568 Tab.
Gonadotropine
23—27.
Antihormone gegen — 26.
Ausscheidung von Hormonen, oestrogenen, nach — 30f.
— — Ketosteroiden nach — 31.
Bestimmung, biologische 35—38.
Bildung nach Kastration 12.
Darstellung und Eigenschaften 25 Tab.
Einfluß auf Bildung von Keimdrüsentumoren 326.
Follikelsprung beim Kaninchen nach — 15.
Gehalt in Hypophyse 23 Tab.
— — — bei Depressionen 30.
— in Serum von Stuten, trächtigen 45.
Vorkommen in der Placenta 48.
Wirkungen 26.
als Glykoproteide 24.
der Stute s. Stutengonadotropin.
Grabsteinmetz, Calorienbedarf, täglicher 568 Tab.
Granulationsgewebe, Sauerstoffverbrauch 180.
Granulocyten, Nucleolus und Nucleinsäuregehalt 144.
—, Verhalten bei Entzündung 168.
—, Zahl im Blut nach Pyridoxin 169.
Granulocytose nach Antipyridoxinen 169.
Granulome, Bildung, Hemmung durch Cortison 179.
—, — durch Silikate 212.
—, — — Substanzen, makromolekulare 282.
—, — — Vorgänge, immunbiologische 168.
—, Entwicklung durch Antigen-Antikörperreaktion 175.
Granulosazellen 14.
Granulosazell-Tumoren in Ovarien, transplantierten 325.
Graphit, Gewebswucherungen durch — 285.
—, Sarkombildung durch 285 Abb.
Grashüpfer, Übertragung von Virustumoren bei Pflanzen durch — 294.
Greisenalter, Grundumsatz 524.
Größe, Einfluß auf Grundumsatz 523.
Grünalgen, Zygoten, Blastokoline in — 163.
Grundnährstoffe, Quotienten, respiratorische 518 Tab.
Grundumsatz
520—537.
Abhängigkeit von Sauerstoffdruck 536.
— — Umgebungstemperatur 531—534.
Anteil der Organe am — 521 Tab.
Auswertung von Schilddrüsenhormon am — 154.
Beziehung zu Körpergewicht 527f., 527 Tab.
Einfluß des Höhenklimas auf — 536.
— der Schilddrüse auf — 528f.
predicition tables 524.
Schwankungen 522.
—, jahreszeitliche 534.
Vorausberechnungen 524.
bei Fehlen von Schilddrüsenhormon 153.
— Krankheiten 530f.
— Mangel an Fettsäuren, essentiellen 555.
— Schwangerschaft 46.
— Umgebungstemperaturen, kalten 532f.
— —, warmen 534.
— Unterernährung 575f.
in der Höhe 522.
— — Pubertät 530.
und Hormone 528ff.
— Klima 534f.
— Rasse 535f.
— Sinnesreize 536f.
— Strahlen 536f.
Gruppen, auxocancerogene 216, 247.
—, auxochrome 216.
—, carcinophore 216, 236, 243, 249, 251.
—, chromophore 215.
—, saure, Aufhebung der Wirkung, cancerogenen, durch — 249.

Gruppen, toxophore 216.
Guanazol 160*, 161.
— s. a. 8-Azaguanin
Guanin, Einbau in Tumornucleinsäuren 446f.
—, Gehalt in Desoxyribonucleinsäure beim Menschen 444 Tab.
—, — — Ribonucleinsäure aus Tabakmosaikviren 593.
—, Reaktion mit Lost 140.
Guanylsäure, Dephosphorylierung durch Leber und Hepatom 449.
—, Einbau in Tumornucleinsäuren 447.
—, Gehalt in Leberribonucleinsäuren 445 Tab.
—, — — Zellfraktionen 445.
Guineagrün 243*.
—, Wirkung, cancerogene 243.
Gummi, Sarkombildung durch — 279, 280 Abb., 282.
—, Wirkung, cancerogene 199 Tab.
—, verarbeiteter, Vorkommen von 3,4-Benzpyren in — 347.
Gummiprodukte, Wirkung, cancerogene, von — 213.
Gutsinspektor, Calorienbedarf, täglicher 568 Tab.
Gynogamone 100ff.
Gynotermin 53.

Haare, Bedeutung von Fettsäuren, essentiellen, für — 555.
—, Gehalt an Citronensäure 405.
—, Zahnfleischtumoren durch — bei Mäusen 283.
Haberlandt-Test 178.
Hämagglutination durch Influenzavirus 606.
— — Viren, tierpathogene 584.
Hämagglutinin aus Geflügelpestvirus 606.
— — Influenza-Virus 606, 611.
— — Vaccine-Virus 610.
— — Virus der Geflügelpest, atypischen 608.
Hämatome nach Selen (Ratte) 377.
Hämatoporphyrin, Sensibilisierung gegen Strahlenwirkung durch — 205f.
Hämin, Mischpolymerisate mit Styrol 279.
Hämineisen, Gehalt im Hühnerembryo 122.
Häminproteide in Tumoren 418—421.
Hämochromogen, Vorkommen in Mikrosomen 82.
Hämoglobin bei Unterernährung 576.
Hämoglobinbildung 487.
Hämophilie 87.
—, Häufigkeit beim Menschen 189 Tab.
Hämatoporphyrin, Einfluß auf Grundumsatz 531.
Hände, Krebs an den — von Arbeiterinnen in der Seilindustrie 283.
Hafer hebt Wirkung, cancerogene, von 4-Dimethylaminoazobenzol auf 260.
Haferflocken-Eiweiß, Wertigkeit, biologische 547 Tab.
Haferkoleoptilen, Wachstum 148.
Haff-Fischer, Gallengangskrebs bei — 198.

Hahn, Hodenhyperplasie nach 2,4-Dimethylpyrimidinsulfonamid 151.
—, Mast durch Oestrogene 11.
—, Teratome nach Kupfersulfat 377.
—, — — Zinksalzen 377.
Hahnenkammtest 9
Hahnentritt 463.
Haifisch, Eizellen, Größe 463.
Halogenalkylamine, Wirkung, cancerogene 270, 273.
—, —, mutagene und cytotoxische 273.
Halogenbenzole als Mitosegifte 139 Tab.
Halogene, Effekt, auxocancerogener 248.
Halogenessigsäure als Antiwuchsstoffe 162.
Halogenurethane, Wirkung, cancerogene 270.
Hammelfleisch, Zusammensetzung 562 Tab.
Hammerführer, Calorienbedarf, täglicher 568 Tab.
Hamster, Sterilität durch Substanzen, radioaktive 9.
—, Tumorbildung nach Stickstofflostverbindungen 371.
— refraktär gegen 4-Dimethylaminoazobenzol 429.
Handsetzer, Calorienbedarf, täglicher 569 Tab.
Handweber, Calorienbedarf, täglicher 569 Tab.
Haploidie 50.
„Haptene“ 175.
Hari, Calorimeter 516.
Harn
Ausscheidung von
2-Acetylaminofluoren 257.
ACTH bei Schwangerschaft 45.
Aminen, aromatischen, cancerogenen 255f.
Androgenen 32.
— bei Nebennierenrindentumoren 11.
$\Delta^{3,5}$-Androstandien-on-17
— bei Nebennierenrindentumoren 203.
Corticoiden 173.
4-Dimethylaminoazobenzol 258.
Follikelhormon, freiem, bei Beginn der Geburt 48.
Histidin bei Schwangerschaft 47.
Jod bei Tumortieren 401.
Keimdrüsenhormonen in der Schwangerschaft 45.
Oestriol 31.
Oestrogenen 31, 31 Tab.
11-Oxycorticoiden nach Stress 173.
Oxytocin 49.
Pflanzenwuchsstoffen 148.
Pregnandiol während Schwangerschaft 45.
Pregnanolon während Schwangerschaft 45.
Prolan 24, 45.
D-α-Pyrrolidoncarbonsäure 428.
Steroiden bei Keimdrüsen- und Nebennierengeschwülsten 29.
Steroidhormonen bei Nebennierentumoren 28.

Harn
Ausscheidung von
Stickstoff während Schwangerschaft 46.
— bei Tieren, schilddrüsenlosen 153.
Sulfatasen 256, 388.
Gehalt an Corticosteroiden bei Schwangerschaft 45.
— — β-Glucuronidase bei Blasenkrebs 388, 458.
— — 3-Hydroxyanthranilsäure bei Blasenkrebs 388.
— — 3-Hydroxykynurenin bei Blasenkrebs 388.
— — Sulfatase bei Blasenkrebs 388, 458.
— — Steroiden 32.
Harnsäure/Kreatinin-Quotient nach ACTH oder Cortison 172.
— nach Glucocorticoiden 174.
Lipoidextrakte, Wirkung, cancerogene 203.
Nachweis von Aminen, aromatischen, im — 234.
— — 17-Ketosteroiden, freien, als Schwangerschaftstest 33.
Schildkröte, Zusammensetzung 495 Tab.
Stickstoffbilanz nach ACTH und Cortison 172.
Stickstofffraktionen entsprechend der Abnutzungsquote 545.
Vorkommen von β-Indolylessigsäure 148f.
— — Oestron bei Schwangerschaft 15.
— — Prolactin 26 Tab.
Harnausscheidung, Beeinflussung durch Fettsäuren, essentielle 555.
Harnblase, Gehalt an Cytochromoxydase und Cytochrom c 419 Tab.
Harnblasentumoren, Wirkung von Oestrogenen auf — 330.
Harnsäure, Ausscheidung bei Vogelembryonen 122.
—, — durch Hühnerei, bebrütetes 476.
—, Bildung im Hühnerembryo 474, 485f.
—, Gehalt im Amnion- und Allantoiswasser, Hühnerembryo 492 Tab.
—, — — —, Meerschildkröte 495 Tab.
—, — — Harn der Schildkröte 495 Tab.
—, — — Leber und Hepatom 393 Tab.
—, Vorkommen im Fruchtwasser 47.
Harnsäure/Kreatinin-Quotient im Harn nach ACTH oder Cortison 172.
— — nach Glucocorticoiden 174.
Harnstoff
Ausscheidung bei Vogelembryonen 122.
— durch Hühnerei, bebrütetes 476.
Eiweißsynthese aus — 550.
Gehalt in Amnion- und Allantoiswasser, Hühnerembryo 492 Tab.
— — —, Meerschildkröte 495 Tab.
— — Harn der Schildkröte 495 Tab.
— — Hepatom 393 Tab.
— — —, transplantiertem 424.
— — Leber 393 Tab., 424.

Harnstoff
Gehalt in Tumoren 424.
Synthese in Leber und Hepatom 394 Tab.
— — Tumoren 438.
Vorkommen im Fruchtwasser 47.
Hartgummi, Sarkombildung durch — 281 Abb.
Hartkäse, Zusammensetzung 562 Tab.
Haspelwärter, Calorienbedarf, täglicher 568 Tab.
Hausangestellte, Calorienbedarf, täglicher 569 Tab.
Hausfrau, Calorienbedarf, täglicher 569 Tab.
Haushuhn, Grundumsatz und Körpergewicht 527 Abb.
Hauskaninchenpapillom 386.
Haustiere, Vorkommen von Krebs 184 Tab.
Harnstoff-Verbindungen, Wirkung, carcinogene 268—271.
Haut
Bedeutung von Fettsäuren, essentiellen, für — 555.
Bräunung bei UV-Bestrahlung 378.
Epidermis, Änderung der Zusammensetzung bei Carcinogenese (Maus) 396 Tab.
Gehalt an Biotin 148 Tab.
— — Δ^7-Cholestenol-(3) 453.
— — Cholesterin nach Bestrahlung 203.
— — Citronensäure 405.
Jodretention in — bei Tumortieren 401.
Plattenepithelcarcinom, Gehalt an Aminosäuren, freien 423.
Röntgenbestrahlung, Bildung von Tumoren, lymphoiden, nach — 206.
Sauerstoffverbrauch (Ratte) 180.
SHOPE-Papillom 294.
Wärmeabgabe 526.
Wirkung von Cytostatica auf — 142.
— — Keimdrüsenhormonen auf — 19.
Zellteilungen, inäquale 318.
Zellteilungsrate 130.
menschliche, Aminosäurezusammensetzung der Eiweißkörper aus — 426.
bei Unterernährung 576.
Hautcarcinome, Arginin in — 438.
— (Maus), Aminosäurezusammensetzung der Eiweißkörper aus — 425.
—, transplantiertes, Aminosäurezusammensetzung der Eiweißkörper aus — 426.
Hautextrakte, UV-bestrahlte, Wirkung, keine cancerogene 378.
Hautfette, UV-bestrahlte, Wirkung, keine cancerogene 378.
Hautkrankheiten, Behandlung mit Fettsäuren, ungesättigten 555.
Hautkrebs
345f.
Auslösung 183.
Bedeutung von Teer für die Entstehung von — 345f.
Erzeugung, experimentelle 215.
Faktoren, auslösende und erzeugende 384 Tab.
Häufigkeit 192 Tab.
Maus 381.

Hautkrebs
Ursachen, exogene 199 Tab.
als Berufskrebs 198.
nach Arsen (III)-Verbindungen 376.
— Dibenzcarbazolen 353.
— ^{32}P 379.
— Radium 208, 379.
— Röntgenbestrahlung 266.
— Sonnenbestrahlung 205.
— Substanzen, radioaktiven 208.
— Teerpinselung 212, 344.
— Ultraviolettlicht 205, 377f.
Hautsuspensionen, Sarkombildung durch — 283.
HAZEN-Transformation 34.
Hebeler, Calorienbedarf, täglicher 568 Tab.
Hefe
Anregung der Vermehrung durch Nitrat 144.
Bildung von Vitaminen durch — 146.
Bios I 147.
Bios IIb (= Vitamin H) 147.
Biosfaktoren 147.
Einfluß auf Wirkung, cancerogene, von 4-Dimethylaminoazobenzol 259.
Hemmung der Vermehrung durch Propargylglycin 161.
Mutationen durch Substanzen, chemische 92.
Plasmafaktoren, Vermehrungsfähigkeit 52.
Polyploidisierung 95.
Protein-Vollei-Wert 552 Tab.
petites colonies 80.
—, Bildung durch Euflavin 92f.
Spaltung von Azobenzolderivaten durch — 258, 259 Tab.
Teere, cancerogen wirksame, aus — 212.
Vorkommen von β-Indolylessigsäure 148.
Hefe-Eiweiß, Wertigkeit, biologische 547 Tab.
Hefenucleinsäure, Reaktion mit Lost 140.
— s. a. Ribonucleinsäure.
Hefezellen, Faktor, proliferationsfördernder, in — 178.
HeLa-Carcinom, Synthese von Purinnucleotiden 447.
HeLa-Zellen, Extrakte, zellfreie, Fermente des Citronensäurecyclus in — 414.
Heliumkerne, Träger der Strahlungsenergie 208.
HELMREICH-WEGNER, Differenzspirometer 515.
Hemiauxine 149.
Hemifusus tuba Gmel., Ei 502f.
Hengst, Harn, Oestrogenausscheidung im — 31.
Heparin 101, 156.
—, Wirkung auf Spermatozoen 51.
—, — — Wachstum 154.
— als Spindelgift 138.
Hepatektomie, Mitochondrienzahl in Leberzellen bei — 81.
—, Mitosenraten nach — 180, 317.
—, partielle, Regeneration nach — 151, 177.
Hepatome
Abbau von Bernsteinsäure in — 412.
— — Brenztraubensäure in — 412.
— — Fructose in — 412.
— — Glucose in — 412.
Aktivität der DPN-Cytochromreduktase in — 418.
— — Hexokinase und Phosphohexokinase in — 410.
Aminosäurezusamensetzung der Eiweißkörper aus — 426.
Antigene in — 432.
Antigeneigenschaften nach 4-Dimethylaminoazobenzol 265.
Beeinflussung durch Pyridoxin 332.
Bildung, Verhinderung durch Cholesterin 260, 263.
— bei der Ratte 193.
— von Lipoiden aus Glucose 450.
Cholinesteraseaktivität in — 455.
DPN-Bedarf für Oxydation der Komponenten des Citronensäurecyclus 414 Tab.
Einbaugeschwindigkeit von Glycin in — 434.
Eiweißsynthese in — 412.
Enzymaktivitäten in — 394 Tab.
— in der Leber bei — 261.
Gehalt an Citronensäure 405 Tab.
— — Desoxyribonucleinsäure 442.
— — Glutathion 424.
— — Glykogen nach Dimethylaminoazobenzol 402f.
— — Inosit 460.
— — Kreatin und Kreatinin 424.
— — Phosphatase, alkalischer 457.
— — Ribonucleinsäuren 441.
— — Schwefel 401.
— — Vitaminen 459.
Häufigkeit bei der Maus 185 Tab.
Proteine aus — 264.
— in — nach Buttergelb 312f.
Pyrophosphatase in — 458.
Ratte, Einbau von ^{14}C und ^{32}P in Nucleinsäuren 446.
Ribonuclease in — 449.
Transaminaseaktivität 439.
Wasserstoffionenkonzentration in — 397f.
Zahl der Mitochondrien in Zellen von — 420.
Zellfraktionen, Gehalt an Ribonucleinsäuren 443.
Zusammensetzung (Ratte) 393 Tab.
nach
2-Acetylaminofluoren 402.
Äthionin (Ratte) 376.
β-Anthramin 361.
Chloroform 276, 375.
4-Dimethylaminoazobenzol 266.
—, Beeinflussung durch Stilboestrol 266.
—, Gehalt an Cystein, freiem 424.
—, — — Desoxyribonuclease 449.
Dimethylnitrosoamin 247, 376.
3,3'-Dioxybenzidin 237.

Hepatome
nach
4'-Fluor-4-aminodiphenyl (Ratte) 237.
Gerbsäure (Ratte) 375.
β-Naphthylamin 361.
Pfeffer, spanischem (Capsicum annuum und frutescens) 287.
Tetrachlorkohlenstoff 276, 375.
Thioharnstoff (Ratte) 269.
Trockeneigelb (Ratte) 289.
transplantable, Glykogengehalt 402.
transplantierte, Esterase- und Phosphataseaktivität 454 Tab., 455.
—, Gehalt an Harnstoff 424.
Hepatom 98/15, Gehalt an Oxydationsfermenten 417 Tab.
Hepatomproteine, Einbaugeschwindigkeit von Glycin in — 434.
1,3,4,5,6,7,8-Heptaoxy-2-äthylnaphthalin 101.
Hept-α-enollacton als Blastokolin 163.
Heptylaldehyd als Mitosegift 139 Tab.
Herbstzeitlose, Demecolcin aus — 138.
HERXHEIMER, Spirometer 515.
Herz, Anteil am Grundumsatz 521 Tab.
—, Gehalt an Biotin 148 Tab.
—, — — Wasser bei Hunger 574.
Herzfibroblasten, Wachstumsbeeinflussung durch Proteinabbauprodukte 432.
Herzgifte, Grundlage, strukturelle, der Wirksamkeit 42.
Herzgröße bei Unterernährung 576.
Herzhormone 151.
Herzkrankheiten, Sterblichkeit 191 Abb.
Herzmuskel, Gehalt an Cytochromoxydase und Cytochrom c 419 Tab., 420 Tab.
—, Konstanz der Zellzahlen in — 130.
—, Milchsäuredehydrogenase-Hemmung durch Oxamidsäure 411.
Hesperidin, phosphoryliertes, Verhinderung der Befruchtung durch — 103.
Heteroauxin 148f.
—, Blastokolinwirkung 163 Tab.
Heterochromatin 77, 144.
—, Bedeutung für Synthese von Ribonucleinsäure und Eiweiß sowie Bildung des Nucleolus 77.
—, Ribonucleinsäuregehalt 477.
—, Verhalten in Speicheldrüsenchromosomen von Drosophila melanogaster 77.
—, Zusammensetzung, chemische 77.
— als Regulationszentrum für Nucleinsäure- und Eiweißstoffwechsel der Zelle 78.
Heterogamie 50.
Heteroploidie 86.
Hexadecensäure als Wuchsstoff für Milchsäurebakterien 146.
Hexamethylentetramin, Wirkung, cancerogene 271, 289.
Hexenmilch 46.
Hexoestrol, Farbreaktion mit Schwefelsäure 42.
Hexokinase, Bedeutung für Tumorglykolyse 409.
Hexokinase, Hemmung durch Insulinhemmstoffe 409f.
—, — — Lost 374.
—, — — Stickstofflost 374, 410.
— in Tumoren 410.
Hexokinase-Reaktion der Mitchondrien-Glykolyse 409.
Hexosamin, Gehalt in Luteinisierungshormon 25 Tab.
Hexose-diphosphate, Auftreten in Embryonen 121.
—, Gehalt in Geweben und Tumoren 402 Tab.
Hexosemonophosphate, Auftreten in Embryonen 121.
Hexosephosphatase, Vorkommen im Eidotter 469.
Hippulin 31.
Hirnrinde, Stoffwechselgrößen 407 Tab.
Hirse-Eiweiß, Wertigkeit, biologische 547 Tab.
Hirsutismus 331.
Histamin
Abgrenzung gegen Entzündungsstoffe 169.
Beteiligung bei Entzündungen 167f.
Bildung und Abbau, Wirkung von Cortison auf — 172.
— bei Bestrahlung 167.
— — Schock 167.
— — Verbrennung 167.
— in Leber 167.
— — Mastzellen 167.
Blutdrucksenkung durch — 167.
Gehalt in Leukocyten, eosinophilen 167.
Uteruskontraktion durch — 49.
Wirkung auf Uterus 49.
Histaminase 167.
—, Gehalt im Blut bei Schwangerschaft 46.
Histidase, Gehalt in Leber und Hepatomen 394 Tab.
Histidin
Aminosäure, essentielle 146, 549 Tab.
—, glucoplastische 554.
Ausscheidung im Harn bei Schwangerschaft 47.
Gehalt in Eiereiweißproteinen 465 Tab.
— — Follikelreifungshormon 25 Tab.
— — Prolactin 26 Tab.
— — Schalenmembran des Hühnereis 464 Tab.
— — Spermatozoen und Samenplasma vom Stier 13 Tab.
— — Tumoreiweiß 425, 425 Tab.
Lebensnotwendigkeit 548.
Protein-Vollei-Wert in Eiweißkörpern 552 Tab.
Vorkommen im Chromosomin 76.
„Histokompatibilitäts-Gene" 339.
Histone, Bildung im Nucleolus 144.
—, Vorkommen im Heterochromatin 77.
Hitze, Einfluß auf Krebsauslösung 232.
—, Wirkung, cancerogene 198, 199 Tab.
—, —, mutagene 88.

Hochbaumaurer, Calorienbedarf, täglicher 569 Tab.
Hochzeitsstoffe 51, 100.
Hoden
Atrophie bei Verschluß der Ductus deferentes 9.
Descensus 9.
Desoxyribonuclease in — (Stier) 449.
Epithel, samenbildendes, Rate der Zellteilung 130.
Gewichtsschwankungen bei Vögeln 9.
Hyperplasie nach 2,4-Dimethylpyrimidinsulfonamid 9, 151.
Pathologie der Inkretion 12.
Stoffwechselgrößen 407 Tab.
Teratome nach Kupfersulfat (Hahn) 377.
— — Zinksalze 211, 377.
Tumortransplantation in — 335.
Umwandlung in Ovariotestes durch Oestrogene im Hühnerei, bebrüteten 54.
Veränderungen bei Tokopherolmangel 43.
Vorkommen von Steroiden 8.
Wachstumsanregung durch 2,4-Dimethylpyrimidin-sulfanil-amid 9.
Zellteilungen inäquale 318.
transplantierte, Tumorbildung in — 326.
Hodenkrebs, Schornsteinfeger 345.
Hodenteratome, Prolanausscheidung bei — 45.
Hodentumoren, Begünstigung durch Oestrogene 267.
Höhenklima, Einfluß auf Grundumsatz 536.
Höhensonne, Hautkrebs nach — bei Mäusen und Ratten 205.
Höhenstrahlung, Wirkung, mutagene 88, 208.
—, kosmische, Wirkung, cancerogene und mutagene 208.
HOGBEN-Test (Schwangerschaftsreaktion an Xenopus levis) 37.
Holzfäller, Calorienbedarf, täglicher 569 Tab.
Holzstaub, Lungenkrebs nach — 383 Tab.
Holzteer, Wirkung, cancerogene, von — 213.
Hopfen, Gehalt an Oestriol 20.
Hormon
Definition 20f.
adenocorticotropes s. ACTH.
chondrotropes 152.
corticotropes s. ACTH.
diabetogenes, identisch mit Wachstumshormon 152.
interstitiotropes (IH) s. Luteinisierungshormon.
luteotrophes s. Prolactin.
mammogenes 49.
somatotropes, Bedeutung für Geschwulstwachstum 324f.
—, Förderung der Tumorbildung nach Thioharnstoff durch — 269.
—, Wirkung, proliferationsfördernde 305.
— s. a. Wachstumshormon.
thyreotropes 154f., 382, 529.
—, Beteiligung an Stress-Reaktion 171.
—, Einfluß auf Bildung von Hypophysentumoren 327.
Hormon
thyreotropes, Einfluß auf Schilddrüsentumoren 326.
—, — — Tumoren durch 2-Acetylaminofluoren 267.
—, Wirkung, proliferationsfördernde 305.
Hormondrüsen, periphere, Wechselbeziehungen 27.
Hormone
Wirkung, bedingt cancerogene 305, 330.
—, cocancerogene 381.
androgene s. Androgene 32.
antiphlogistisch wirkende 172.
gestagene s. Gestagene.
gonadotrope s. Gonadotropine.
neurogene 49.
oestrogene s. Oestrogene.
proliferationsfördernde, Einfluß auf Krebsauslösung 232.
in Eiern, bebrüteten 479f.
und Krebs 324—331.
Hormontherapie, Gegenregulationen bei— 11.
„H-Substanzen“ bei der Entzündung 168.
Hühnchen, Gehirn, embryonales, Glykolyse, aerobe, im — 120.
—, Keim, Glykolyse, aerobe, Beginn 121.
—, Mißbildungen 96.
Hühnerei
Bestandteile, chemische 464—469.
Chorioallantois-Membran, Läsionen durch Viren, thierpathogene 583.
Dopaoxydase 479.
Eischale 464.
Entwicklungsarbeit 473.
Gehalt an Eisen 470.
— — Glykogen 467.
Keimscheibe 52.
Kohlenhydrate 471f.
Lipochrome im — 468.
Mißbildungen durch Sauerstoffmangel 117.
Phosphatidstoffwechsel 474.
Schalenmembran, Gehalt an Aminosäuren 464 Tab.
Vitamine 480.
Zusammensetzung 562 Tab.
bebrütetes
Aminosäurestoffwechsel 475.
Bildung von Purinbasen 476.
Cholesterin im — 486.
Gaswechsel 480f.
Milchsäurebildung aus Glucose 485.
Mineralgehalt 470 Tab.
Monosaccharide als Glykogenbildner 486.
Ornithursäuresynthese 484f.
Phosphorfraktionen 473 Tab.
Schale, Calciumgehalt 470 Tab.
Umwandlung von Hoden in Ovariotestes durch Oestrogene 54.
Verhalten der Mineralstoffe 470.
Wasserstoffwechsel 471.
befruchtetes 463.
Hühnereidotter, Substanz, insulinähnliche, im — 480.

Hühnereiweiß, Fermentgehalt 477f.
Hühnerembryo
Amnion- und Allantoisflüssigkeit 490 bis 493.
Arginase-Aktivität 122 Abb.
Atembewegungen 16.
Beinflussung der Knochenentwicklung 488f.
Beginn der Lungenatmung 122.
Desoxyribonucleinsäuregehalt 123.
Entwicklung der Stoffwechselfunktionen 121—124.
Gehirn, Desoxyribonucleinsäuregehalt 132.
—, Ganglienzellen, Beendigung der Zellteilungen 130.
Geschlechtsentwicklung 54.
Hämineisengehalt 122.
Harnsäurebildung 474, 485f.
Humor vitreus, Refraktionsindex 480.
Inositbildung 472, 486.
Leber, Gehalt an Kupfer 470.
Stoffwechsel 469—481.
Vitamine 480.
Vorkommen von Adrenalin 479.
Wirkung von Fluorid auf — 487f.
Wuchsstoffgehalt 150.
Hühnersarkom, Gehalt an Arginin, freiem 423.
Hülsenfrüchte als Eiweiß- und Kohlenhydratquelle 563.
Hufschmied, Calorienbedarf, täglicher 568 Tab.
Huhn
Desoxyribonucleinsäuregehalt im Zellkern 75.
Eiweißverbrennung in Eiern, bebrüteten 475 Tab.
CRCH-15-Impftumor, Desoxyribonucleinsäuregehalt 442.
Kalkbeincarcinom 289, 293.
Keim, Verhalten der Nucleinsäuren im — 108.
Leukosen nach „Maretin" 269.
—, Übertragbarkeit, zellfreie 292.
Rous-Sarkom 293.
—, Gehalt an Natrium und Kalium 398.
Tumorbildung durch Radiumsalze 379.
— — Tumorextrakte, zellfreie 344.
Viruserkrankungen 292.
Virustumoren, mesenchymale 294.
Zellkerne, Gehalt an Desoxyribonucleinsäure 132.
Hummer, Eier, Anlockungs- und Beweglichkeitsstoffe, für Spermien 102.
Humor aqueus, Ascorbinsäure, Speicherung beim Hühnerembryo 480.
Humor virteus, Refraktionsindex, Hühnerembryo 480.
Hund
Amine, aromatische, cancerogen wirkende, für — 359.
Bedeutung von Fettsäuren, essentiellen, für — 555.
Blasenkrebs, experimenteller 237.
Hund
Blasentumoren nach 4-Aminodiphenyl und Benzidin 362.
— — 4-Dimethylaminoazobenzol 363.
— — β-Naphthylamin 361f., 367.
Grundumsatz und Körpergewicht 527 Abb.
Leberkrebs nach 4-Dimethylaminoazobenzol 237, 254f.
Tragezeit 48 Tab.
Tumoren nach 2-Acetaminofluoren 361.
— — 4-Aminodiphenyl 362.
— — Benzidin 362.
Vorkommen von Krebs beim — 184 Tab.
Hunger 573f.
—, Glykogengehalt von Leber und Tumoren im — 402.
—, Stickstoffausscheidung im — 545.
—, Wirkung, spezifisch-dynamische, nach — 539.
Hungerödem 577f.
Hungerstoffwechsel 521.
Hungerwassersucht 578.
Hutmacher, Calorienbedarf, täglicher 569 Tab.
Hyaluronidase, Bakterien 458.
—, Bedeutung, keine, für Geschwulstausbildung 332.
—, Beteiligung an Ausbildung der Entzündung 169.
—, Bildung im Hoden 8.
—, Rolle bei Befruchtung des Eis 105.
—, Vorkommen in Spermien 13, 51, 101.
—, — — Tumoren 458.
—, Wirkung von Anticoagulantia auf — 156.
—, — — Cortison auf — 172.
Hyaluronsäure, Rolle bei Entzündung 168.
Hybriden 72, 104.
Hybridisierung 72, 104.
Hydra, Wirkung von Nahrungsentzug auf — 574.
Hydrazobenzol, Wirkung, keine cancerogene 239.
Hydridverschiebungssatz, Grimmscher 159, 236, 240, 269.
Hydrocellulose, Wirkung, cancerogene 376.
6-β-Hydroperoxy-Δ^4-cholesten-on-3 204•, 392•.
4′-Hydroxy-4-aminoazobenzol, Bildung aus 4-Dimethylaminoazobenzol 369.
3-Hydroxyanthranilsäure, Wirkung, cancerogene 388•.
4′-Hydroxy-1,2-benzanthracen 356•.
8-Hydroxy-3,4-benzpyren 356•.
10-Hydroxy-3,4-benzpyren 356.
8-Hydroxychinolin als Antikonzeptionsmittel 51.
6β-Hydroxy-Δ^4-cholestenon-(3), Wirkung, cancerogene 392.
3′-Hydroxychrysen 356•.
2′-Hydroxy-4-dimethylaminoazobenzol 369•.
4′-Hydroxy-4-dimethylaminoazobenzol 369•.
4′-Hydroxy-9,10-dimethyl-1,2-benzanthracen 356•.

3-Hydroxykynurenin, Wirkung, cancerogene 388•.
Hydroxylgruppe, phenolische, Effekt, anticancerogener 227.
4'-Hydroxy-4-methylaminoazobenzol, Bildung aus 4-Dimethylaminoazobenzol 369.
5-Hydroxy-1,2-naphthalin-dicarbonsäure 357•.
Hydroxy-Verbindungen s. a. unter den entsprechenden Oxyverbindungen.
Hynobiuseier 500f.
Hyperplasie 125.
—, Unterschied von Krebsgeweben 182.
Hypertensinogen bei Unterernährung 576.
Hyperthyreose, Absterben des Fetus bei — 48.
—, Grundumsatz bei — 529.
Hypertonie, Grundumsatz bei — 530.
Hypertrophie 125.
Hypoglykämie 331.
Hypophyse
Adenom, basophiles, bei Morbus CUSHING 29.
Bedeutung für Korrelation der Funktionen, endokrinen 11.
— — Spermiogenese und Follikelreifung 27.
— — Temperaturregulation 532.
Einfluß auf Geschlechtsmerkmale, sekundäre 29.
— — Grundumsatz 531.
— — Schilddrüse 529.
Geschwulstbildung in — nach ^{121}J 209.
Hinterlappenextrakte, Wachstumshemmung durch — 153, 156.
keine Hormone, gonadotropen, in der — bei Schwangerschaft 44.
Hyperplasie, adenomartige, nach Oestrogenbehandlung, dauernder 30.
Kastrationsveränderungen 31.
Kastrationszellen 30.
Störungen bei Infantilismus 12.
Vorderlappen
Adenome 331.
— durch Thiouracil 269.
Beteiligung an Stress-Reaktion 171.
Faktor, mammogener 18.
—, milchaustreibender 49.
Gehalt an Brom 24.
— — Hormon, thyreotropem 155 Tab.
— — Jod 24.
— — Zink 24.
Hormone, „-trope", Bedeutung für Geschwulstwachstum 325.
Inkretion, gonadotrope, nach — 30.
Verbindung, nervöse, mit Hypothalamus 22.
Wachstumshormon s. Wachstumshormon
Wirkung von Antiphlogistica über — 173.
Zellen, eosinophile, Fehlen bei Zwergmäusen, erblichen 152.
Hypophysektomie, Anämie nach — 152.
—, Einfluß auf Latenzzeit von Tumorbildung, experimenteller 349.
—, — — Wirkung, cancerogene, von Aminen, aromatischen, cancerogenen 360.
—, Wirkung, keine, auf Bindung von 4-Dimethylaminoazobenzol an Lebereiweiß 371.
Hypophysenexstirpation, Einfluß auf Sexualhormonwirkung 23.
Hypophysenkrebs nach 2-Acetylaminofluoren 267.
Hypophysen-Lipoproteide, Hexokinasehemmung durch — 410.
Hypophysen-Nebennierenrindensystem, Beteiligung an Stress-Reaktion 171.
—, Einfluß auf Entzündung 170.
—, Wirkung von Pyrogenen auf — 170.
Hypophysen-Tumoren, Einfluß von Organen, endokrinen, peripheren, auf Bildung von — 327.
— durch Röntgenstrahlen 379.
Hypoproteinämie bei Krankheiten, neoplastischen 432.
Hypothalamus, Bedeutung für Temperaturregulation 532.
—, Bildung von Oxytocin und Vasopressin im — 48.
—, Verbindung, nervöse, mit Hypophysenvorderlappen 22.

ICSH = Interstitialzellen stimulierendes Hormon s. Hormon, Interstitialzellen stimulierendes.
IH s. Hormon, interstitiotropes.
Immunität bei Unterernährung 577.
Impfgeschwülste 333—336.
Impftumoren, Gehalt an Cholin und Colamin 451 Tab.
—, Wachstumshemmstoffe für — 373.
Impotenz 12.
Indenessigsäure, Auxinwirksamkeit 149.
Indien, Ernährung 571 Tab.
Indol, Wirkung, cancerogene, fraglich 204
Indolacetaldehyd, Hemmung der Maiskeimung durch — 163.
β-Indolcarbonsäure, Auxinwirksamkeit 149.
β-Indolylacrylsäure 162•.
β-Indolylbuttersäure, Auxinwirksamkeit 149.
β-Indolylessigsäure 148f.
—, Bildung von Indolacetaldehyd aus — 163.
—, Einfluß auf Blütenbildung 20.
—, — — Wirkung, cancerogene, von 2-Acetaminofluoren 360.
—, —, kein, auf Tumorwachstum 331.
β-Indolylpropionsäure, Auxinwirksamkeit 149.
β-Indolylsulfonsäure 159.
Induktion 181.
— s. a. Entwicklung.
Induktionen 111f.
Induktoren der Entwicklung 111f.
— — Enzymbildung 68.
—, negative 113.

Infantilismus, Ursachen 12.
Infantilität, Bedingtheit, sexuale 6.
Infektionserreger als Krebsursache 291.
Infektionskrankheiten, Bedeutung der Mutationsforschung für — 100.
—, Resistenz gegen — bei Unterernährung 577.
Influenza-Viren 605—608.
Influenza-Virus, Hämagglutinin 611.
—, Wirkung auf Bronchialepithel, Maus 299.
Inosit, Bildung aus Glucose im Hühnerembryo 472, 486.
—, Gehalt in Eiern, bebrüteten 472.
—, — — Epidermiscarcinom, Maus 460.
—, — — Haut (Maus) vor und nach Carcinogenese 396 Tab.
—, — im Samen des Ebers 13.
meso-Inosit = Bios I 147.
Insekten, Atmung abhängig vom Körpervolumen 129.
—, Bedeutung von Fettsäuren, essentiellen, für — 555.
—, Eiweißverbrennung in Eiern, bebrüteten 475 Tab.
—, Melaninbildung 98.
—, Vorkommen von Krebs bei — 185.
Insekteneier 503f.
Insektenviren 600f.
Insektizide, Auslösung von Polyploidie durch — 95.
—, Wirkung, mutagene 93 Tab.
Inseln, LANGERHANSsche, Auftreten im Hühnerembryo 480.
—, —, Hyperplasie bei Schwangerschaft 46.
Insulin, Auftreten in Hühnerei, bebrütetem 471.
—, Auslösung von Mißbildungen durch — 117.
—, Einfluß auf Mitochondrienglykolyse von Tumoren 409.
Insulinbildung, Anregung durch Androgene 11.
Insulin-Hemmstoff, Einfluß auf Mitochondrienglykolyse von Tumoren 409.
Interphase der Zellteilung 134.
— — —, Desoxyribonucleinsäurebildung während — 135.
Interphasenchromosom 143.
Interphasenkern, Ribonucleinsäuregehalt 144.
Involution, Bedingtheit, sexuale 6.
Inzucht 72, 104.
Ionen, anorganische, Bedeutung für Entwicklung 121.
Ionenbildung als Ursache der Wirkung, cancerogenen 285.
Irresein, manisch-depressives, Grundumsatz bei — 530.
Isatidin, Wirkung, cancerogene 192f., 287.
Isoamylcarbamat, Wirkung, cancerogene 375.
Isocitronensäuredehydrogenase, Gehalt in Hepatom 394 Tab.
—, — — Leber 394 Tab.
— — — Leberzellfraktionen 417 Tab.
—, — — Tumoren 414.
Isocitronensäuredehydrogenase, Gehalt in Tumorzellfraktionen 417 Tab.
Isocyanat-Gruppen, Antigenbildung durch — 175.
Isodynamiegesetz 517f., 520, 525.
Isogamie 50.
Isoleucin, Aminosäure, essentielle 146, 549 Tab.
—, Bedarf, täglicher, des Menschen 549 Tab. 550.
—, Gehalt in Eiereiweißproteinen 465 Tab.
—, — — Follikelreifungshormon 25 Tab.
—, — — Prolactin 26 Tab.
—, — — Spermatozoen und Samenplasma vom Stier 13 Tab.
—, — — Tumoreiweiß 425 Tab.
—, Protein-Vollei-Wert in Eiweißkörpern 552 Tab.
—, Wert, biologischer, in Eiweißkörpern 552 Tab.
Isopren, Teere, cancerogen wirksame, aus — 212.
Isopropylcarbamat, Wirkung, cancerogene 375.
Isopropylöl 278•.
—, Lungenkrebs nach — 383 Tab.
—, Sarkombildung durch — 282.
Isotope, radioaktive, Wirkung, cancerogene 199 Tab. 209.
—, —, künstliche, Wirkung, cancerogene 379f.
„Istnahrung“ 572.
Italien, Ernährung 571 Tab.
—, Krebstodesfälle 190 Tab.

Japan, Ernährung 571 Tab.
—, Krebstodesfälle 190 Tab.
Javanicin 149.
Jensen-Sarkom
299, 397.
Einbau von Glucose-1-^{14}C, Glykokoll-1-^{14}C und ^{32}P in Nucleinsäuren des — 446.
Einfluß von Röntgenbestrahlung auf DNS-Bildung in — 447.
Eiweißfraktionen im Cytoplasma bei — 430.
Esterase- und Phosphataseaktivität in — 454 Tab.
Gehalt an Amylase 403.
— — Cholesterin 452f.
— — Cholin und Colamin 451 Tab.
— — Flavinadenindinucleotid 418.
— — Glykogen 402f.
— — Phosphatiden 451, 453.
Hyaluronidase 458.
Kathepsin 436.
Milchsäuredehydrogenase, krystallisierte, aus — 411.
Nucleinsäuresynthese in — 448.
Protein, kontraktiles, aus — 429.
Stoffwechselgrößen 40 Tab.
Transplantierbarkeit 334.
Zusammensetzung, chemische 402 Tab.
JOBLING-Carcinom, Eiweißfraktionen im Cytoplasma bei — 430.

Jod
Aufnahme durch Schilddrüse bei Tumortieren 401.
Ausscheidung im Harn bei Tumortieren 401.
Einfluß auf Grundumsatz 531.
Gehalt in Hepatom 393 Tab.
— — Hypophysenvorderlappen 24.
— — Leber 393 Tab. 401.
— — Muskel 401.
— — Schilddrüse 401.
— — Tumoren 400.
Retention in Organen bei Tumortieren 401.
Unentbehrlichkeit 558.
Verdrängung, biologische, durch Brom 159.
Wirkung auf Tabakmosaikvirus 595.
—, mutagene 93 Tab.
radioaktives, Schilddrüsenkrebs durch — 384 Tab.
—, Wirkung, cancerogene 209, 379.
—, —, —, kombiniert mit 2-Acetaminofluoren 382.
Jod-„Trapping"-Syndrom 401.
Jodessigsäure, Einfluß auf Krebsauslösung 232.
—, Wirkung auf Phosphorylierung, oxydative 416.
—, — — Tumorglykolyse 408.
—, — — Zellteilung, Prophase 133.
—, —, cocancerogene 304.
Jod-orotsäure-5-^{131}J, Einbau in Nucleinsäuren 447.
Joduracil-5-^{131}J, Einbau in Nucleinsäuren 447.
Joduridin-5-^{131}J, Einbau in Nucleinsäuren 447.
Juden, Häufigkeit von Genitalkrebs, männlichem, bei — 197.
Jüdinnen, Genitalkrebs bei — 197.
Jugendlager, Ernährung in — 571.

Kabeljau, Zusammensetzung 562 Tab.
Kälte, Calorienbedarf bei — 533.
—, Wirkung, mutagene 88.
Kaffeesäure als Blastokolin 163.
Kakaobutter, Fettsäurezusammensetzung 556 Tab.
Kakao-Eiweiß, Wertigkeit, biologische 547 Tab.
Kakodylat als Mitosegift 139 Tab.
Kalb, Bedeutung von Fettsäuren, essentiellen, für — 555.
—, Leber, Desoxyribonuclease in — 449.
—, —, Nucleoproteide, Analysendaten 427 Tab.
—, —, Ribonucleinsäuren, Zusammensetzung 445 Tab
—, Sauerstoffverbrauch 525.
—, Thymus, Desoxyribonucleinsäure 444.
—, —, Nucleoproteid aus —, Induktion der Medullarplatte bei Axolotl 111 Abb.
Kalbfleisch, Wassergehalt 561 Tab.
—, Zusammensetzung 562 Tab.

Kalium
Bedeutung für Wachstum 146.
Gehalt in
Amnion- und Allantoiswasser, Hühnerembryo 492 Tab.
—, Meerschildkröte 494 Tab.
Eidotter 468.
Eiereiweiß 466.
Fleischfliegenlarven 504 Tab.
Gewebe, regenerierendem 398.
Haut vor und nach Carcinogenese 396 Tab.
Hepatom 393 Tab.
Hühnerei, bebrütetem 470 Tab.
Leber 393 Tab.
Myomen 398.
Samenplasma 13, 13 Tab.
Tumoren 398.
Uterusschleimhaut nach Oestrogenen 17.
Radioaktivität, natürliche 91.
Verlust der Gewebe an — bei Entzündung und Ermüdung 165f.
natürliches, ist nicht cancerogen 209.
als „Schmerzstoff" 166.
^{38}K : ^{41}K-Verhältnis in Geweben, normalen, und in Tumoren 398.
Kaliumchlorid, Wirkung, mutagene 92.
Kaliumjodid, Wirkung, mutagene 93 Tab.
Kalkbeincarcinom bei Hühnern 289, 294.
Kalklader, Calorienbedarf, täglicher 568 Tab.
Kaltblüter, Abhängigkeit des Stoffwechsels von der Umgebungstemperatur 531
—, Grundumsatz 531.
—, Metamorphose 154.
—, Stoffwechsel 481.
—, Vorkommen von Krebs bei — 184 Tab.
Kanada, Krebstodesfälle 190 Tab.
Kanarienvogel, Grundumsatz und Körpergewicht 527 Abb.
Kanarienweibchen, Androgenwirkung auf Stimmentwicklung 11.
KANGRI-Krebs 198, 206.
Kaninchen
Auswertung von Gonadotropinen an — 36 Tab.
— — Prolactin an — 38.
Blasentumoren nach β-Naphthylamin 361.
Carcinombildung aus Virus-Papillomen 604.
Desaminase beim — 450.
Follikelsprung 15.
Grundumsatz und Körpergewicht 527 Abb.
Hautcarcinome durch Teerpinselung 212.
Hautpapillom bei — 386.
Hauttumoren durch Teerpinselung 344.
Hypophyse, Vorderlappen, Verhältnis LH:FRH 23.
Leber, Nucleoproteide, Analysendaten 427 Tab.
Melaninbildung 98.
Mundschleimhaut, Papillome, gutartige 295.

Kaninchen
SANARELLI-Myxomatose 295.
Sarkombildung durch Metalle 211.
— — Kobalt und Kobaltsalze 377.
Sarkome, osteogene, nach Berylliumverbindungen 377.
SHOPE-Papillom 294.
Tragezeit 48 Tab.
Tumoren, transplantierbare 334.
Tumorbildung durch Kohlenwasserstoffe, aromatische, polycyclische 349.
— — Radiumsalze 379.
— — Röntgenstrahlen 379.
Uteruscarcinom beim — nach Oestrogenen 328.
Vorkommen von Krebs beim — 184 Tab.
Kaninchenembryo, Auftreten von Kreatinphosphorsäure 122.
Kaninchen-Myxom-Virus 609f.
Kaninchenpapillomvirus 386.
—, Zusammensetzung, chemische 385 Tab.
Kaolin, Gewebswucherungen durch — 285.
Kapaun, Auswertung der Androgene am — 39.
—, Kamm, Wachstumsanregung durch Androgene 11.
Kapaun-Einheit 39.
Kapselviren 600.
Kartoffel, Wassergehalt 561 Tab.
—, Zusammensetzung 562 Tab.
— als Nahrungsmittel 563.
Kartoffelbrei, Wassergehalt 561 Tab.
Kartoffel-Eiweiß, Wertigkeit, biologische 547 Abb., 548.
Kartoffelviren 595f.
Kartoffel-Y-Virus 596 Abb.
Karyokinese 133, 134 Abb.
—, Wirkung von Mitosegiften auf — 137.
Kastration 27.
—, Ausscheidung von Androgenen bei — 32.
—, — — Gonadotropin nach — 45.
—, Bildung von Keimdrüsenhormonen in der Nebennierenrinde nach — 12, 330.
—, Einfluß auf Grundumsatz 530.
—, — — Hypophyse 327.
—, — — Mammacarcinom 328.
—, — — Stoffwechsel 11.
—, Inkretion, gonadotrope, der Hypophyse nach — 30.
Kastrationshypophyse 27.
Katalase, Aktivität in der Leber 145.
—, Fraktionen in Mäuse- und Rattenleber 421f.
—, Gehalt in Blut 123 Tab.
—, — — Hepatom 394 Tab.
—, — — Leber 394 Tab.
—, — — Tumoren 418, 421.
—, Hemmung durch Benzochinon und N-Dimethyl-p-phenylendiamin 260.
—, — — Kochsaftfaktor 422.
—, Inaktivierung durch Strahlung 92.
— in Eiern, bebrüteten 478.
Katalasedefekte als Merkmal, erbliches 97.
Katalasehemmstoff 422.

Kathepsin
Aktivität bei Gewebsregeneration 180.
— in Leber 436.
— — — bei Adenomen 261.
— — Hepatomen 261.
— — Mitochondrien 436.
Leber, Wirkung von 4-Dimethylaminoazobenzol auf — 261.
p_H-Optimum 436.
Rattenleber 436.
Unterschiede, immunologische, zwischen — aus Rattenhepatom und Leber, normaler 432.
Wirkung von Anticoagulantien auf — 156.
in Hühnerei, bebrütetem 478.
— Seeigeleiern 479.
— —, befruchteten 119.
Katze, Grundumsatz und Körpergewicht 527 Abb.
—, Leberkrebs nach 4-Dimethylaminoazobenzol 254f.
—, Tragezeit 48 Tab.
—, Vorkommen von Krebs bei der — 184 Tab.
Katzenbandwurm, Larve, als Krebsursache 290.
Kaulquappen, Auswertung von Schilddrüsenhormon an — 154.
—, Ektoderm, Transplantation 112.
—, Metamorphose Abb. 154
Kehlkopfcarcinom, Stoffwechselgrößen 407 Tab.
Keimbahn, Kontinuität der — 6, 71.
Keimblätter, Bildung 109.
Keimdrüsen
Atrophie bei Geschwülsten 331.
Beziehungen zur Nebennierenrinde 11.
Bildung von Steroidhormonen in — 173.
Differenzierung, Wirkung von Sexualhormonen auf — 54.
Einfluß auf Geschlechtsmerkmale, sekundäre 29.
—, hormonaler, auf Entwicklung 6.
Entwicklung 6.
Ersatz der Funktion, hormonalen, durch Nebennierenrinde 27.
Hormonbildung in den — 28.
Transplantation 31.
Wirkung von Cytostatica auf — 142.
—, zentripetale 27.
männliche, s. Hoden.
weibliche, s. Ovarien.
Keimdrüsengeschwülste, Steroidausscheidung im Harn bei — 29.
Keimdrüsenhormone
27—43
Ausscheidung 30ff.
— bei Tieren, tragenden 45.
Beeinflussung der Wirkung durch Fettsäuren und Zink 29.
Bestimmung, biologische 34, 38f.
—, chemische 32.
Bildung in Nebennierenrinde nach Kastration 330.
— nach Röntgenkastration 14.

Keimdrüsenhormone
Entgiftung 30ff.
Inaktivierung durch UV-Bestrahlung 9.
Kopplung an Glucuronsäure 31.
Tumorbildung in Brustdrüse und Uterus durch — 327f.
Veresterung 39.
Wachstumshemmung durch — 153, 156.
Wirkungen 19, 28ff.
— auf Thymus 155.
Keimdrüsen-Tumoren, Einfluß von Hormonen, gonadotropen, auf Bildung von — 326.
Keime, embryonale, versprengte, Organisatorwirkung 118.
—, pathogene, Änderung der Virulenz 100.
Keimmutterzellen 6, 50, 54, 71.
Keimöle, Gehalt an Tokopherol 43.
Keimzellen
50.
Apyrase 477.
Ausbildung 104.
Empfindlichkeit gegen Röntgenstrahlen 14.
Funktion, „omnipotente" 6.
Meiosis 136.
Mutationen 9, 85ff.
Reifung 71.
Veränderungen, mutagene, durch Substanzen, radioaktive 9.
Wertigkeit 115.
männliche 51.
—, Reifeteilung 8.
weibliche 51f.
KÉKULÉ-Struktur 220.
Kephalin, Gehalt in Hühnerei, bebrütetem 474.
—, — — Impftumoren 451.
—, Vorkommen im Eidotter 468.
Keratin, Vorkommen in Dottermembran 466.
Kerngifte 137.
Kernmacher, Calorienbedarf, täglicher 568 Tab.
Kernmembran 138, 140.
Kernphasenwechsel 50.
Kern-Plasma-Relation 145.
Kernschädigung durch Gifte und Strahlen 141.
Kernteilung, Metaphase 72.
—, amitotische 132.
—, indirekte 133.
—, innere 136.
—, mitotische 132.
Kesselschmied, Calorienbedarf, täglicher 568 Tab.
Keten, Wirkung auf Tabakmosaikvirus 595.
6-Keto-Δ^4-cholestenon-3, Wirkung, cancerogene 392.
α-Ketoglutarsäure, Gehalt in der Niere 404.
—, — — Tumoren 404.
α-Ketoglutarsäure-Valin-Transaminierung in Tumormitodiondrien 440.
Ketonurie 553.
α-Ketosäuren, Aktivierung von Glutaminase II durch — 439.
α-Ketosäuren, Gehalt in Tumoren 404.
Ketosteroide, Ausscheidung nach Hormonen, gonadotropen 31.
—, Bestimmung 32f.
—, Einfluß auf Grundumsatz 530.
17-Ketosteroide 31.
—, Bestimmung 33.
—, — im Blut als Schwangerschaftstest 45.
— fehlen im Sperma, menschlichen 13.
Kettenschmied, Calorienbedarf, täglicher 568 Tab.
Kieselsäure, Gehalt in Amnion- und Allantoiswasser beim Hühnerembryo 492.
„killer"-Faktor 80.
„killer"-Rasse von Paramaecia aurelia 80.
Kind, Grundumsatz 523f.
—, Krebshäufigkeit 188.
—, Nahrungsbedarf 523.
—, Sarkome 189.
Kistenmacher, Calorienbedarf, täglicher 569 Tab.
Kittsubstanz, intracelluläre, Komplexbildung mit Calcium 341.
Klima und Grundumsatz 534f.
Klimakterium 29f.
—, Ausscheidung von Hormonen, gonadotropen, im Harn 45.
—, — — Steroiden 32 Tab.
—, Beeinflussung von Störungen, psychischen, durch Oestrogene 19.
—, Grundumsatz 530.
—, Nebennierenrindenfunktion 12.
KNIPPING, Respirationsapparat 515.
Knochen, Ablagerung von ^{45}Ca, ^{89}Sr und ^{90}Sr im — 380.
—, — — Radium im — 379.
—, Esterase- und Phosphataseaktivität in — 454 Tab., 455.
—, Fluoridwirkung auf — 487.
—, Gehalt an Citronensäure 405.
—, — — Phosphatase, alkalischer 457.
—, Zellvermehrung nach der Geburt 130.
— bei Unterernährung 576.
Knochenbildung, Anregung durch Oestrogene 19.
Knochenextrakt, Induktion von Knochenbildung durch 113.
Knochengeschwülste durch Virus 294.
Knochenkrebs, Ursachen, exogene 199 Tab.
Knochenmark, Aktivierung bei Entzündung 168.
—, Wirkung von Cytostatica auf — 142.
— bei Unterernährung 576.
Knochenmarkszellen, Desoxyribonucleinsäuregehalt bei Leukämie 442 Tab.
Knochensarkome nach Beryllium 210.
Knochentumoren 379.
—, Calciumgehalt des Blutes bei — 341.
— durch ^{45}Ca, ^{89}Sr und ^{90}Sr 380.
— — Oestrogene 328.
— — Radium 208, 379.
— — Substanzen, radioaktive 208.
Knochenwachstum, Epiphysenknorpel nach Wachstumshormon 152.

Knüppelgatterschneider, Calorienbedarf, täglicher 569 Tab.
Knüppelputzer, Calorienbedarf, täglicher 568 Tab.
Kobalt, Metallkrebs durch — 282.
—, Unentbehrlichkeit 558.
—, Vorkommen in animal protein factor 150.
—, metallisches, Sarkombildung durch — 211.
—, —, Wirkung, cancerogene 377.
^{60}Kobalt, Speicherung in Tumoren 400.
Kobaltsalze, Wirkung, cancerogene 377.
Kobraeier, Stoffwechsel 481—484.
Koch, Calorienbedarf, täglicher 569 Tab.
Kochsaftfaktor, Katalasehemmung durch — 422.
Kochsalzlösung, hypertone, Krebsauslösung durch — 212.
Koeffizient, calorischer 519 Tab.
Körner, Calorienbedarf, täglicher 568 Tab.
Körper, Wassergehalt bei Hunger 574.
Körperflüssigkeiten, wäßrige, Löslichkeit von Kohlenwasserstoffen, cancerogenen, in — 229.
Körpergewicht, Beziehung zu Grundumsatz 527 Abb.
Körperoberfläche, Bedeutung für Grundumsatz 524—528.
Körpertemperatur, Beeinflussung durch Keimdrüsenhormone 19.
Körperwachstum, Wirkung von Cortison und Compound F auf — 172.
Körperwärme, Regulierung 531.
Körperzellen, Diploidie 71.
—, Funktion, „pluripotente" 6.
—, Regenerationsvermögen 6.
KOFRÁNYI-MICHAELIS, Respirationsgasuhr 515.
Kohle, Teere, cancerogen wirksame, aus — 212.
Kohlendioxyd, Assimilation bei Acetabularia, kernlosen 4.
—, Bildung bei Embryonen 121f.
—, Mißbildungen bei Befruchtung in — -Atmosphäre 115.
—, Wert, calorischer 518, 519, Tab. Abb.
Kohlenoxydvergiftung, Widerstandsfähigkeit von Neugeborenen gegen — 121.
Kohlenhauer, Calorienbedarf, täglicher 568 Tab.

Kohlenhydrate

Abbau in Tumoren 403.
Bedarf an — 552ff.
—, täglicher 565 Tab.
Bildung aus Aminosäuren, glykoplastischen 553.
— — Eiweiß 554.
— — — nach ACTH oder Cortison 172.
— — Fett 553ff.
Gehalt in Eiern, bebrüteten 471.
— — Hormonen, gonadotropen 25 Tab.
— — Lebensmitteln 562 Tab.
— — Tumoren 402f.
Stoffwechsel in Tumoren 402.

Kohlenhydrate

Übergang in Fett 553.
Verbrauch, täglicher 571 Tab.
Vorkommen im Eidotter 467.
— — Fruchtwasser 47.
— — Eiereiweiß 466.
— — Vaginalsekret 18.
Wirkung, spezifisch-dynamische 537f.
Kohlenoxyd, Hemmung, keine, der Atmung von Eizellen, unbefruchteten 119.
Kohlenprodukte, Wirkung, cancerogene 193.
Kohlensäure, Wirkung, atmungserregende, beim Säugling 121.
Kohlensäureanhydratase, Gehalt in Leber und Hepatom 394 Tab.
Kohlenstoff, isotoper, Einbau in Nucleinsäuren 77.
Kohlenhydratquellen der Nahrung 563.
Kohlentrimmer, Calorienbedarf, täglicher 569 Tab.

Kohlenwasserstoffe

Wirkung, cancerogene, und π-Elektronen 354.
aromatische
Absorptionsspektren und Fluorescenzspektren 355.
Auslösung von Polyploidie durch — 95.
Dosis, cancerogene 360.
Koppelung mit Maleinsäureanhydrid 229.
Wirkung, cancerogene 199 Tab.
als Mitosegifte 139 Tab.
aromatische, cancerogene 212—234.
s. a. Cancerogene, aromatische.
Eigenschaften, basische, und Wirkung, cancerogene 149.
Elektronentheorie der Wirkung 220—225.
Faktoren, cocancerogene 232ff.
Farbstoffeigenschaften und Wirkung, cancerogene 224.
Konstitution, chemische, und Wirkung 215—219, 224.
Lösungsmittel für — 215.
Mesomerie, als Ursache der Wirkung, cancerogenen 285.
Prüfung, experimentelle 214f.
Reaktivität, chemische 225f.
Stoffwechsel 226f.
Vorkommen 212ff.
Wirksamkeit, Auswertung 215.
Wirkungsmechanismus 227—232.
aromatische, polycyclische
Aktivität, biologische 348f.
Konstitution und Wirksamkeit 349 bis 355.
Synthese 346.
Verhalten im Stoffwechsel 355—358.
Wirkung, cancerogene, 345—358.
carcinogene
Ausscheidungsprodukte von — 356.
Beziehungen, strukturelle, zu Steroiden 389.

Kohlenwasserstoffe
carcinogene
Bindung an Eiweiß 224, 358.
— — die Zelle 227, 230.
Blutserum, Eiweißkörper nach —433.
Derivate, proteingebundene, von — in der Leber 431.
Dosis und Wirkung 231f., 303f.
π-Elektronen 253.
Entstehung, endogene 217.
Hemmung der Antikörperbildung durch — 313.
π-Komplexe 224.
Komplexbildung mit Purinen und Nucleinsäuren 225.
Krebserzeugung, lokale und resorptive 231.
Latenz-(Induktions-)zeit der Wirkung 231.
Löslichkeit in Körperflüssigkeiten, wäßrigen 229.
Luminiscenzerscheinungen und Wirkung, cancerogene 226.
Mutationen durch — 94.
Oxydation von — 226.
Passage durch Placenta 231.
Photooxyde von — sind nicht cancerogen 205.
O_2-Übertragung, strahlensensibilisierte, durch — 355.
„Stop"-Versuche mit — 316
Wirkung, cytotoxische und entzündungserregende 231.
halogenierte, Wirkung, cancerogene 276.
als Photosensibilisatoren 205.
in Abwässern und der See 214.
höhere, aromatische, Fluorescenz in — 223.
polycyclische, Infrarotspektren 355.
—, Verhalten, magnetisches 355.
„Kohlenwasserstoff'-Protein-Komplexe 358.
Kohlrüben-Gelbmosaik-Virus 586f.
Kokereiarbeiter, Calorienbedarf, täglicher 568 Tab.
Kokosnuß-Eiweiß, Wertigkeit, biologische 547 Tab.
Kokosöl, Fettsäurezusammensetzung 556 Tab.
Kollagen, Ladungsmuster 284.
Kolpokeratose 18.
Kompensationscalorimeter 516.
Komplexmutation 97.
Konditor, Calorienbedarf, täglicher 569 Tab.
Kondylome, spitze, Auslösung durch Virus 299.
Konkurrenzgiftwirkungen 163.
—, Behandlung, mathematische 157.
Kopulationsstoffe 100.
Konstitution und Ernährung 563.
Konsumeinheit 572.
Korbflechter, Calorienbedarf, täglicher 569 Tab.
Kostformen 567, 570f.
Kot, Ausscheidung von 2-Acetylaminofluoren 258.
Kot, Ausscheidung von 4-Dimethylaminoazobenzol 258.
—, Stickstoff, Herkunft 546.
Kräfte, van der Waalsche, Abhängigkeit von π-Elektronen 224.
Krallenfrosch, afrikanischer (Xenopus laevis), Entwicklung 107.
Krankenhausverpflegung 571.
Krankheit, Reichensteiner 210.
Krankheiten, neoplastische, Serumeiweißkörper bei — 432.
Kreatin, Gehalt in Amnion- und Allantoiswasser, Hühnerembryo 492 Tab.
—, — — Leber und Hepatom 393 Tab. 424.
—, — — Schlangeneiern 498 Tab.
— im Eidotter 468.
Kreatinin, Gehalt in Amnion- und Allantoiswasser, Hühnerembryo 492 Tab.
—, — — —, Meerschildkröte 495 Tab.
—, — — Harn der Schildkröte 495 Tab.
—, — — Leber und Hepatom 393 Tab., 424.
—, — — Schlangeneiern 498 Tab.
—, Verhalten im Hühnerei, bebrüteten 476.
— im Eidotter 468.
Kreatinphosphorsäure, Auftreten im Kaninchenembryo 122.
Kreatinurie bei Kastration 11.
Krebs
181—342.
Schrifttum 181.
s. a. Carcinom,
s. a. Geschwülste.
s. a. Sarkome.
Auslösung 112.
— bei Mäusen durch Crotonöl 305.
Bedeutung der Mutationsforschung für — 100.
Begriffsbestimmung 181—184.
Bildung, Elektronentheorie der — 219 bis 225.
—, experimentelle 212.
— durch Silikate 212.
— — Substanzen, resorbierte 229.
— in Geweben, entzündeten, nach Röntgenbestrahlung 208.
— und Atmungsschädigung 345.
Chemotherapie 323.
Cytostatica gegen — 142.
Defekttheorie 265, 302.
Definition 320.
Diagnose, serologische oder biochemische 313.
Disposition, Vererblichkeit 187. 190.
—, celluläre 183, 187.
Duplikantentheorie 265.
Entstehung 305.
—, Begünstigung durch Nahrung, fettreiche 227.
—, „initiating" und „promoting factor" 304.
—, Nachweis 313.
—, Stufen der — 233.
—, Treffertheorie 303f.
—, endogene 388—392.

Krebs
Entstehung, s. a. Carcinogenese.
Entwicklung, Latenz 188.
Erblichkeit 186—190.
Erzeugung durch Strahlen, ionisierende 205.
— — Strahlenwirkung, „indirekte" 205.
— — Substanzen, radioaktive 205—209
—, experimentelle 204—342.
—, —, mit Radium 209.
Gehalt an Calcium im Blut bei — 341.
Geschlechtsgebundenheit 197.
Häufigkeit 192 Tab.
— bei Mangelernährung 193.
— und Lebenserwartung 308.
Immunologie 338f.
Magnesiummangel-Theorie 399.
Metastasen 339—342.
Mitosen, Häufigkeit, relative, und — 267 Tab.
Mutationstheorie 95, 182.
Nachweis, serologischer 321.
Statistik 190ff.
Therapie mit Äthyleniminen 275.
— — Äthylurethan 270.
— — Antimetaboliten 314.
—, serologische, spezifische 313.
Ursachen, exogene 188, 191, **192ff.**, 194, **197—201**, 270.
—, pränatale 270.
Vorkommen 185f.
— bei Wirbeltieren 184 Tab.
Wachstum 183.
als Duplikantenproblem 301.
— „macromolecular disease" 283.
in der Seilindustrie 283.
und Düngung, künstliche 193.
— Hormone 324—331.
hormonabhängiger 324—331.
kongenitaler, Häufigkeit 189.
Krebs-Chemotherapeutica, Wirkung, cancerogene 289.
Krebserreger 290f.
Krebsfaktoren, konditionale 202.
—, — und causale 183.
—, exogene 197—201.
Krebsgewebe, Wachstumsgeschwindigkeit 322.
Krebsgeschwülste, Chemotherapie, spezifische 250.
—, Entwicklung 183, 185.
—, experimentell erzeugte, Transplantierbarkeit 315.
Krebsgewebe, Empfindlichkeit gegen Röntgenstrahlen 422.
—, Induktion der Entwicklung durch — 111.
—, Umsatz von Oxalessigsäure im — 121.
—, menschliches, Nucleoproteide 427.
„Krebsinfektionen" 299.
Krebskachexie durch Mikroorganismen 291.
Krebskranke, Blutserum 411.
—, —, Pentoseabbau durch — 410.
—, Transaminaseaktivität im Blutserum bei — 439.
Krebskrankheit 183.
„Krebsmilch" 340.
Krebsoperation, Metastasierung nach — 340.
Krebsprophylaxe 198, 201, 270, 317.
KREBS-RASK-NIELSEN-WAGNER-Sarkom 441f.
Krebsreaktionen, biochemische 321.
Krebssterblichkeit, relative, Abhängigkeit vom Lebensalter 189.
Krebstheorie von WARBURG 193f.
Krebstheorien 265.
Krebstherapie 332.
Krebstodesfälle 189 Abb., 190 Tab., 191 Tab., Abb.
Krebszellen
Auflösung durch Gewebe, normale 341.
Aussaat 340.
Ausschwemmung 341.
Bildung von Enzymen, proteolytischen, durch — 332.
Definition 183.
Empfindlichkeit gegen Wasserstoffperoxyd 422.
Energieproduktion 408 Tab.
Entstehung 182, 315.
Geschwindigkeit der Vermehrung 321f.
Malignität 182.
Mitosedauer 135, 135 Tab.
Proliferationsreiz auf — durch Oestrogene 329.
Resistenz 336.
— gegen Temperaturen, tiefe 300.
Suspensionsflüssigkeit für — 334f.
Verbreitung 321.
Verhalten von — in Gewebekulturen 332.
Vermehrung 131.
Wuchsstoffbildung durch — 332.
latente 305.
und Krebs, Unterscheidung, begriffliche 231, 320f.
Kreislauforgane bei Unterernährung 576.
Kreislaufsystem, embryonales 47.
Kreosot, Einfluß auf Krebsauslösung 232.
—, Wirkung, cancerogene 199 Tab.
—, —, cocancerogene 304.
Kresse, Blastokolinauswertung bei — 163 Tab.
Kressewurzeln, Wachstum, Förderung durch Biotin 147.
Kressewurzel-Test 148.
Kretin 153 Abb.
Kretinismus, Grundumsatz bei — 529.
—, endemischer 153.
Kreuzung 72.
Kröte, Auswertung der Gonadotropine an der — 36.
—, Schwangerschaftstest an der — 37.
KROGH, Respirationsapparat 515.
Kropfdrüsen, Vögel 18f.
Kryptorchismus 12.
Küchenschaben als Krebsursache 290.
Küken, Bedeutung von Fettsäuren, essentiellen, für — 555.
—, Entwicklung 463.
—, Rückbildung der Gänge, MÜLLERschen 54.

Kuh, Entstehung von „Zwickel“ 54.
—, Grundumsatz und Körpergewicht 527 Abb.
—. Hypophyse, Vorderlappen, Gehalt an Hormonen, gonadotropen 23 Tab.
—, Leber, Nucleoproteide, Analysendaten 427 Tab.
—, Tragezeit 48 Tab.
Kuhpocken-Virus 609.
Kulturhefe benötigt Bios 147.
Kunststoffe, Wirkung, cancerogene 277 bis 285, 376.
—, plastische, Sarkombildung nach Implantation von Plättchen und Filmen 279.
Kunststoffpresser, Calorienbedarf, täglicher 569 Tab.
Kupfer, Gehalt in Haut vor und nach Carcinogenese 396 Tab.
—, — — Leber von Hühnerembryonen 470.
—, — — Tumoren 400.
—, — — Vaccine-Virus 610.
—, Unentbehrlichkeit 558.
Kupferschmied, Calorienbedarf, täglicher 568 Tab.
Kupfersulfat, Wirkung, cancerogene 377.
Kupolofenschmelzer, Calorienbedarf, täglicher 568 Tab.
Kwashiorkor 192.
L-Kynurenin, Oxydation zu L-3-Oxykynurenin, Gen für — 98.
Kynurenin, Stellung im Tryptophanabbau 100.
Kynurensäure, Bildung aus Kynurenin 100.

Laborant, Calorienbedarf, täglicher 569 Tab.
Lachs, Eiweißverbrennung in Eiern, bebrüteten 475 Tab.
Lactalbumin, Wertigkeit, biologische 547 Tab.
Lactation 49.
—, Bedeutung der Fettsäuren, essentiellen, für — 555.
—, Wirkung von Oxytocin auf — 18.
Lactoflavin, Einfluß auf Wirkung, cancerogene, von Aminen und Kohlenwasserstoffen, aromatischen 360.
—, Wirkung auf Tumorbildung durch 4-Dimethylaminoazobenzol 371.
Lactoflavin-Coenzym, Beteiligung an Abbau von 4-Dimethylaminoazobenzol 369.
Lactonase, Gehalt in Leber und Hepatom 394 Tab.
Lactose, Glykogenbildung aus — in Hühnerei, bebrütetem 486.
—, Verwertung 554.
Lamblia intestinalis 199 Tab.
Larve, Entwicklung aus der Eizelle 114.
Larynxkrebs, Faktoren, auslösende und erzeugende 383 Tab.
—, Häufigkeit 192, 194 Tab.
„Laubwuchs-Hormon“ 149.
Lebensalter und Krebstodesfälle 189, 189 Abb., 190 Tab., 191 Tab.
Lebenserwartung und Wirkung, cancerogene, von Kohlenwasserstoffen, aromatischen 222f.
Lebensmittel 560.
—, geräucherte, haben keine cancerogene Wirkung 213.
—, verarbeitete, Wirkung, cancerogene 289.
Lebensmittelfarbstoffe 245f.
Lebensmittelzusätze, Wirkung, cancerogene 193.
Lebensverlängerung durch Mangeldiät 127.
Lebensvorgänge, Steuerung 113.
Leber
  Abbau von Bernsteinsäure 412.
  — — Brenztraubensäure 412
  — — Fructose 412.
  — — Glucose 412.
  Aktivität von D-Aminosäureoxydase nach Tumortransplantation 418.
  — — DPN-Cytochromreduktase 418.
  — — Katalase 145.
  — — Kathepsin 436.
  Aktivitätsverhältnis DNS/RNS nach ^{32}P 180.
  Aminosäurezusammensetzung der Eiweißkörper aus — 425.
  Anteil an Grundumsatz 521 Tab.
  — — Wirkung, spezifisch-dynamischer 539.
  Asparaginasen und Glutaminasen in — 439.
  Bildung von Histamin 167.
  — — Lipoiden aus Glucose 450.
  — — Steroidhormonen 173.
  Bios I in — 147.
  Cholinoxydase nach Farbstoffen, carcinogenen 458.
  Cystindesulfhydrase in — 438.
  Dehydropeptidase II in — 437.
  DPN-Bedarf für Oxydation der Komponenten des Citronensäurecyclus 414 Tab.
  DPN-Synthese in — nach Tumortransplantation 415.
  Derivate, proteingebundene, von Carcinogenen in — 430f.
  Desoxyribonucleinsäuren, Basenzusammensetzung 444 Tab.
  Eiweißsynthese 412.
  — in Mitochondrien und Mikrosomen 435.
  Entgiftung von Sexualhormonen in der — 11.
  Enzymaktivitäten in — 394 Tab.
  Esterase- und Phosphataseaktivität in — 454 Tab., 455.
  Exstirpation, partielle, Mitoserate 130.
  Fermentaktivität in der — bei Hepatomen 261.
  Gehalt an
    Biotin 148 Tab.
    Cholesterin 556.
    Citronensäure 405 Tab.
    Cystein, freiem 424.
    Cytochrom c und Cytochromoxydase 419, Tab. 420 Tab.
    Glutathion 424.
    Glykogen 402.
    — nach Dimethylaminoazobenzol 403.

Leber
Gehalt an
Citronensäure 405 Tab.
Harnstoff 424.
Jod 401.
Kreatin und Kreatinin 424.
Kupfer, Hühnerembryo 470.
Phosphatase, alkalischer 457.
Riboflavin nach 2-Dimethylaminoazobenzol 260.
Glucose als Substrat des Stoffwechsels der — 403.
Glykogenspeicherungsvermögen nach Hepatocancerogenen 403.
Halblebenszeit von Vitaminen in der — 459.
Hepatektomie, partielle (Ratte), Mitosehäufigkeit, relative 317.
Kalb, Desoxyribonuclease in — 449.
Katalase 421f.
—, Aktivität im Organismus, tumortragenden 421f.
Koppelung der Keimdrüsenhormone an Glucuronsäure durch — 31.
Krebsbildung durch Amine, cancerogene, aromatische 234.
Krebshäufigkeit und Mitoserate 267 Tab.
Lipoidextrakte,Wirkung, cancerogene201.
Mikrosomenfraktion, Antigeneigenschaften, organspezifische 265.
Mitosenzahl 130.
Mitoserate 130.
Nucleasen, Einfluß von Farbstoffen, carcinogenen, auf — 449.
Nucleoproteide, Analysendaten 427 Tab.
Pyrophosphatase in — 458.
Ratte, Aktivität von Xanthinoxydase bei Hepatombildung durch p-Dimethylaminoazobenzol 418.
—, Einbau von Elaidinsäure in — 453f.
—, — — ^{32}P und Glykokoll-^{14}C in Nucleinsäuren 446.
—, Einbaugeschwindigkeit von Glycin in — 434.
—, Gehalt an Phosphatiden 451.
—, — — Ribonucleinsäure 443.
—, Stoffwechselgrößen 407 Tab.
Regeneration nach Hepatektomie, partieller 151, 177.
Regenerationsvermögen 177, 179.
Ribonuclease, saure und alkalische, in — 449.
Ribonucleinsäuren, Zusammensetzung 445 Tab.
Spaltung von Azobenzolderivaten durch — 259.
Tryptophanperoxydase-Aktivität bei tumortragenden Tieren 439.
Vorkommen von Deacetylase 368.
Wirkung, spezifisch-dynamische 540.
Zellfraktionen, Ribonucleinsäuren, Basenzusammensetzung 444.
Zellzahlen, Konstanz 130.
Zusammensetzung, chemische (Ratte) 402 Tab.

Leber
embryonale, Wirkung von Dulcin auf — 487.
menschliche, Phosphatidgehalt 451.
nekrotische, Ribonucleinsäuregehalt 441.
regenerierende, Gehalt an Kalium 398.
Leberadenome, Cholinoxydaseaktivität in — 459.
Leberantigen, organspezifisches, Verschwinden nach 4-Dimethylaminoazobenzol 432.
Lebercarcinom, Mensch, Desoxyribonucleinsäure, Zusammensetzung 444.
—, —, Phosphatidgehalt 451.
—, Ratte, Zusammensetzung, chemische 402 Tab.
Lebercirrhose, Einfluß, kein, auf Wirkung, cancerogene, von 4-Dimethylaminoazobenzol 317.
— nach 4-Aminodiphenylmethan 242.
— — Benzidin 237.
— — Buchweizen 286.
— — Gerbsäure 375.
— — Selen 211.
— — Tetrachlorkohlenstoff 375.
Leberegel als Krebsursache 289.
Lebererkrankungen, Cholinesteraseaktivität im Blutserum bei — 455.
Leberextrakte, Beschleunigung der Leberregeneration durch — 179.
—, Wirkung, cancerogene 392.
— heben Wirkung, cancerogene, von 4-Dimethylaminoazobenzol auf 260.
Lebergeschwülste nach Injektion von Wasser, heißem 206.
Leberkrankheiten,Oestrogenentgiftung bei — 31.
Leberkrebs
Faktoren, auslösende und erzeugende 384 Tab.
Ribonucleasen, saure und alkalische, in — 449.
Ursachen, exogene 199 Tab.
Verschwinden von Leberantigen, spezifischem, in — 432.
Verteilung von Eiweiß und Nucleinsäuren in — 429.
Zeitfaktor bei Entstehung von — 316.
Zellfraktionen, Eiweiß- und Nucleinsäuregehalt 430 Tab.
bei Bantunegern 192, 287.
— Mangel an Methyldonatoren (Ratte) 193.
nach 2-Acetylaminofluoren 236, 250, 361, 382.
— Äthylurethan 269.
— Aminen, aromatischen 359.
— —, —, linearen 363.
— Azobenzolderivate 250.
— Bentonit (Maus) 284.
— Capsicum annuum (oder frutescens) 193.
— Chloroform 254.
— Crotalaria 193.
— Cysticercus fasciolaris 283.
— Diäthylenglykol 276.

Leberkrebs
nach Dibenzcarbazolen 353.
— 4-Dimethylaminoazobenzol 237, 238 Abb., 254f.
— 3,3'-Dioxybenzidin 257.
— Distomum japonicum 289.
— Dulcin (Ratte) 268.
— Eiweißmangel 193.
— 3'-Methyl-4-dimethylaminoazobenzol 360.
— Parasiten 199 Tab.
— Phenylazo-2-naphthol (Sudan I, Oil orange E) 244, 365.
— Selen 211.
— Senecioalkaloide 375.
— Tetrachlorkohlenstoff 254.
— Thioharnstoffderivaten 326.
Lebermoos, UV-Mutationswirkungsspektrum 378.
Leberproteine, Bindung von 4-Dimethylaminoazobenzol an — 364.
Lebersarkome durch Cysticercus fasciolaris 290.
Leberschädigungen, Serumeiweißkörper nach — 433.
— durch Magermilchpulver 289.
— — Methyltestosteron 11.
— — Öle, erhitzte 288.
— — Tweens 288.
Leberschutzstoffe 151, 179.
Lebertumoren s. Leberkrebs.
Leberzellen, Eigenschaften, antigene, nach 4-Dimethylaminoazobenzol 313.
—, Verteilung der Bernsteinsäuredehydrogenase in — 415.
—, Zahl der Mitochondrien 420.
—, — — — nach 4-Dimethylaminoazobenzol 266.
—, geschädigte, Vorkommen von Glykogen im Zellkern 283.
Leberzellschädigungen, Transaminaseaktivität im Blutserum bei — 439.
Lebewesen, Stoffaustausch mit der Umwelt 509f.
Lecithase, Vorkommen im Eiereiweiß 466.
—, — — Hühnereiweiß 477.
Lecithin, Gehalt in Hühnerei, bebrütetem 474.
—, — — Impftumoren 451.
Leghorn, Vorkommen von Dopaoxydase in Eiereiweiß und Dotter von — 466, 469.
Leghornei, Dopaoxydase im — 479.
Leguminosen-Eiweiß, Ergänzungswert 548.
Leinöl, Gehalt in Speisefetten 556 Tab.
—, Wirkung, cancerogene 287f., 288 Abb.
Leitfähigkeit, elektrische, Abhängigkeit von π-Elektronen 224.
Leopardfrosch, Nierengeschwülste durch Virus bei — 294f.
Lepra, Leberkatalase-Aktivität bei Ratten 421.
Leucin, Aminosäure, essentielle 146, 549 Tab.
—, Bedarf, täglicher, des Menschen 549 Tab. 550.
Leucin, Gehalt in Eiereiweißproteinen 465 Tab.
—, — — Follikelreifungshormon 25 Tab.
—, — — Prolactin 26 Tab.
—, — — Schalenmembran des Hühnereis 464 Tab.
—, — — Spermatozoen und Samenplasma vom Stier 13 Tab.
—, — — Tumoreiweiß 425 Tab.
—, Protein-Vollei-Wert in Eiweißkörpern 552 Tab.
D-Leucin, Vorkommen in Tumorproteinen 427.
Leucophera maderae, Tumorbildung, endogene, bei — 204.
Leukämie
Altersabhängigkeit 189.
Aktivität der Milchsäuredehydrogenase im Blutserum bei — 412.
Desoxyribonucleinsäuregehalt in Milzzellen, Knochenmarkszellen und Leukocyten bei — 442 Tab.
Erblichkeit bei der Maus 186.
Faktoren, auslösende und erzeugende 384 Tab.
Häufigkeit 190.
— bei der Maus 185 Tab.
Maus, Ribonucleinsäuregehalt bei — 443.
Therapie 276, 373.
Transaminaseaktivität in Leukocyten bei — 439.
Übertragung, zellfreie 337.
Ursachen, exogene 199 Tab.
Wirkung von Urethan auf — 375.
nach 2-Acetaminophenanthren 361.
— Flachsfasern und -staub 283.
— Indol 204.
— Kohlenwasserstoffen, cancerogenen 231.
— Neutronenbestrahlung (Maus) 380.
— N-Lost 271.
— Radium und Substanzen, radioaktiven 208.
— Röntgenbestrahlung 206.
chronische, myeloische, Gehalt des Blutserums an Phosphohexoseisomerase bei — 411.
experimentelle 298•.
lymphatische, erbliche, Maus 298.
menschliche 299.
myeloische, Therapie 276.
Leukerethin 47, 169.
Leukocyten, Auswanderung, Anregung der — 168.
—, Bildung aus Gewebszellen bei Entzündung 166.
—, Desoxyribonucleinsäuregehalt bei Leukämie 442 Tab.
—, Geschlechtschromatin in — 55.
—, Transaminaseaktivität bei Leukämie und bei Krebskranken 439.
—, Verhalten bei Entzündung 168.
—, eosinophile, Gehalt an Histamin 167.
—, —, — im Blut nach ACTH oder Cortison 172.
—, —, — — —, Beeinflussung durch Corticosteroide 172, 174.

leukocytose promoting factor 168f.
Leukose, Hühner, Übertragbarkeit, zellfreie 292.
— nach „Maretin" 269.
Leukotaxin 168f.
LEWIS-Sarkom 241, Tryptophanperoxydase-Aktivität in der Leber bei — 439.
Lewisit, Wirkung, keine mutagene 93 Tab., 94.
LH s. Luteinisierungshormon.
Libido, Anregung durch Testosteron 20.
—, gesteigerte, Hyperplasie der Nebennierenrinde bei — 12.
Licht, sichtbares, Wirkung, mutagene 91.
Lichtadsorption und Anregbarkeit der π-Elektronen 223.
Lichtgrün SF, Wirkung, cancerogene 225.
— gelblich 243*.
— —, Wirkung, cancerogene 243.
„Lichtkrebs" 203.
Lichtpauser, Calorienbedarf, täglicher 569 Tab.
Lignocerinsäure in den Lipoiden des Eidotters 468.
Linolensäure, Gehalt in Speisefetten 556 Tab.
— als Fettsäure, essentielle 555.
— in Lipoiden des Eidotters 468.
Linolsäure, Gehalt in Speisefetten 556 Tab.
— als Fettsäure, essentielle 555.
— in Eigelblecithin 468.
— — Lipoiden des Eidotters 468.
Linsen-Eiweiß, Wertigkeit, biologische 547 Tab.
Lipase, Vorkommen im Eidotter 469.
—, — — Eiereiweiß 466.
—, — — Hühnereiweiß 477.
—, atoxylresistente, Aktivität im Blutserum Krebskranker 455.
Lipid, Vorkommen in Viren 606, 610f.
Lipochrome, Gehalt im Eidotter 468.
Lipoide
Bildung aus Glucose in Leber und Hepatom 450.
Gehalt in Eidotter 467 Tab.
— — Eiern, bebrüteten 473f.
— — Haut (Maus) vor und nach Carcinogenese 396 Tab.
— — Rattenhoden, atrophischem 453.
— — ROUS-Virus 385.
— — Tumoren 450.
— — Vaccine-Virus 610.
als Lösungsvermittler für Kohlenwasserstoffe, cancerogene 229.
in Hühnereiern 468.
— Pyrogenen 170.
— Waldfroscheiern 305 Tab.
Lipoid-P, Gehalt in Leber und Hepatom 393 Tab.
Lipoidosen 283.
Lipopolysaccharide in Pyrogenen 169f.
Liposarkome nach Zinksalzen (Ratte) 377.
Lipovitellenin 467 Tab.
Lipovitellin 467 Tab.
Lippenkrebs bei Flachsspinnerinnen 283.
Liquor Kalii arsenicosi, Wirkung, cancerogene 270.
Lithium, Bedeutung für Seeigelei-Entwicklung 120 Abb.
Lithiumchlorid, Einfluß auf Entwicklung des Seeigeleis 116 Abb.
—, — — Grundumsatz 530.
Lithiumsalze, Verhinderung der Chordabildung durch — 117.
Livetin 467.
Lösungsvermittler 225, 229.
—, Urethan als — 270*.
—, Tweene als — 288.
—, Wirkung, anticancerogene 230.
Lokalanaesthetica, Hemmung von Entzündung durch — 166.
Lokführer, Calorienbedarf, täglicher 569 Tab.
Lokheizer, Calorienbedarf, täglicher 569 Tab.
Lolido bleekeri Kefir, Eier 502.
Lost s. Bis-(2-chloräthyl)-sulfid.
Lostverbindungen, Wirkung auf Zellteilung 139 Tab., 140.
—, cancerogene 243.
—, radiomimetrische 94.
N-Lost s. Stickstofflost.
Luft-Konzentrate von Industriestädten, Substanzen, cancerogene, in — 213.
Luftverunreinigung als Krebsursachen 194 bis 197.
Lumisteroide, Wirkung, keine cancerogene 378.
Lunge, Auflösung von Tumorzellen durch — 342.
—, Entwicklung von Tumoren durch Verimpfung von — tumorkranker Tiere 340.
—, Esterase- und Phosphataseaktivität in — 454 Tab., 455.
—, Gehalt an Cytochromoxydase und Cytochrom c 419 Tab.
—, Metastasierung von Tumoren in die — 341.
—, Tumorzellen, latente, in — 335.
—, Zerstörung von Krebszellen in — 341.
Lungenadenome nach Urethan 374.
Lungenatmung, Beginn im Hühnerembryo 122.
Lungenkrankheiten, Grundumsatz bei — 530.
Lungenkrebs
Erblichkeit bei der Maus 186.
Esterase- und Phosphataseaktivität in — 454 Tab., 455.
Faktoren, auslösende und erzeugende 383 Tab.
Häufigkeit 192 Tab., 194 Abb., 195 Abb.
— bei der Maus 185 Tab.
— und Mitoserate 267 Tab.
Ursachen, exogene 199 Tab.
Transplantierbarkeit 338.
Schneeberger 209.
durch Wirkung, cocancerogene, von Desoxycholsäure 383.
im Bergbau 197.
nach Äthylurethan 188, 269.
— Arsen(III)-Verbindungen 376.
— Asbest 284, 376.
— Beryllium 376.

Lungenkrebs
nach Berylliumsulfat 210.
— Bis-(2-chloräthyl)-sulfid 371.
— Chromaten 211, 376f.
— Diäthylenglykol 276.
— Nickelcarbonyl 376.
— Radiumemanation 379.
— Stickstofflost 271.
— Urethan 374.
— — bei der Nachkommenschaft 270.
menschlicher, Lipoidgehalt 450.
Lungenödem 172.
Lungentumoren s. Lungenkrebs.
Lutein, Vorkommen im Corpus luteum 15.
— im Eigelb 468.
Luteinisierungshormon 8, 23.
—, Ausschüttung bei Coitus, sterilem 44.
—, Bestimmung, biologische 36.
Luteotrophin, Wirkung auf Brustdrüse 49.
Luxemburg, Ernährung 571 Tab.
Luxuskonsumption 540, 579.
Lymphdrüsen, Entwicklung von Tumoren durch Verimpfung von — tumorkranker Tiere 340.
Lymphknoten, Stoffwechselgrößen 407 Tab.
—, Wirkung von Cortison und Compound F auf — 172.
Lymphocyten, Gehalt im Blut nach ACTH oder Cortison 172.
—, „Trephone" aus — 150.
—, Verhalten bei Entzündung 168.
Lymphogranulomatose (Hodgkin) 299.
Lymphknoten, Esterase- und Phosphatase-aktivität in — 454 Tab., 455.
—, Gehalt an Colaminphosphorsäure 452.
Lymphomatosen, virusbedingte, beim Huhn 292.
Lymphome, Desoxyribonuclease in — 449.
—, Esterase- und Phosphataseaktivität in — 454 Tab., 455.
—, Maus, Desoxyribonucleinsäure 444.
—, —, Fluoressigsäure ohne Wirkung auf Citronensäurebildung 413.
—, bösartige, nach Röntgenbestrahlung 206.
DBA-Lymphom, Desoxyribonucleinsäuregehalt 442.
DBA-Lymphom-Ascitestumor 442 Tab.
Lymphosarkome, Ätiologie (Fische) 294.
—, Einbaugeschwindigkeit von Aminosäuren in — 434.
—, Essigsäureabbau in — 413.
—, Gehalt an Aminosäuren, freien 423.
—, — — Cytochromoxydase und Cytochrom c 419 Tab.
—, Maus, Transaminaseaktivität 439.
—, Ribonuclease in — 449.
—, Therapie 373.
— nach Indol 204.
— — Stickstoff-Lost 271.
Lyse 175.
Lysin
Aminosäure, essentielle 146, 549 Tab.
Bedarf, täglicher, des Menschen 549, Tab. 550.
Lysin
Gehalt in Eiereiweißproteinen 465 Tab.
— — Follikelreifungshormon 25 Tab.
— — Prolactin 26 Tab.
— — Schalenmembran des Hühnereies 464 Tab.
— — Spermatozoen und Samenplasma vom Stier 13 Tab.
— — Tumoreiweiß 425f., 425 Tab.
Lebensnotwendigkeit 548.
Ödemkrankheit bei Mangel an — 578.
Protein-Vollei-Wert in Eiweißkörpern 552 Tab.
Verhalten im Hühnerei, bebrüteten 475.
Vorkommen in Androgamon 2 und 3 101f.
— — Chromosomin 76.
Wert, biologischer, in Eiweißkörpern 552 Tab.
Wuchsstoff 178.
D-Lysin, Vorkommen in Tumorproteinen 427.
Lysozym, Aminosäurezusammensetzung 465 Tab.
—, Gehalt in Eiereiweiß 465 Tab.

Macacus cynomolgus, Magentumoren durch Nochtia nochti 290.
macromolecular heamatologic symptom complex 282.
Macropisthodon Rudis Carinatus, Ei 498, Tab. 499 Tab.
Mäusepocken-Virus 609.
Magen, Anteil am Grundumsatz 521 Tab.
—, Fermentgehalt bei Unterernährung 577.
—, Metastasenbildung im — bei Verimpfung, intravenöser, von Tumorbrei und -ascites 341.
—, Tumoren nach 3,3'-Dioxybenzidin 237.
—, —, polypöse, durch Nochtia nochti 290.
Magenadenocarcinom, Gehalt an Cytochromoxydase und Cytochrom c 419 Tab.
Magen-Darmtrakt, Jodretention in — bei Tumortieren 401.
Magenepitheliome, Ratte, nach 2-Nitrofluoren und 4-Nitrostilben 236.
Magenkrebs, Faktoren, auslösende und erzeugende 384 Tab.
—, Häufigkeit 192.
—, — und Mitoserate 267 Tab.
—, Mann, Erblichkeit 186.
—, Ursachen, exogene 199 Tab.
— nach 20-Methylcholanthren (Maus) 187.
Magenschleimhaut, Zellen, eiweißproduzierende, Ribonucleinsäuregehalt 145.
Magentumoren, Ratte, nach 4-Nitrostilben und -fluoren 363.
Magenta, Wirkung, cancerogene 242.
Magermilchpulver, Leberschädigung durch — 289.
Magnesium
Eierschale, Verwertung durch Embryo 469.
Einfluß auf Knochenentwicklung beim Hühnerembryo 488.

Magnesium
Gehalt in
Amnion- und Allantoiswasser, Hühnerembryo 492 Tab.
— — —, Meerschildkröte 494 Tab., 495 Tab.
Eidotter 468.
Eiereiweiß 466.
Fleischfliegenlarven 504 Tab.
Harn der Schildkröte 495 Tab.
Haut (Maus) vor und nach Carcinogenese 396 Tab.
Hepatom 393 Tab.
Hühnerei, bebrütetem 470 Tab.
Leber (Ratte) 393 Tab.
Samenplasma vom Stier 13 Tab.
Tumoren 399.
Magnesium-Ionen, Aktivierung der Pyrophosphatase durch — 458.
—, Wirkung auf Desoxyribonuclease 449.
Magnesiummangel, Wirkung, cancerogene 193.
Magnesiummangel-Theorie, Krebs 399.
Mais 148.
—, Keimung, Hemmung durch Indolacetaldehyd 163.
—, Pachytänchromosomen 73.
Mais-Eiweiß, Wertigkeit, biologische 547 Tab.
Maissamen, Gehalt an β-Indolylessigsäure 149.
Makromoleküle, Bedeutung in der Biochemie 4.
Maleinsäure als Mitosegift 139 Tab.
Maleinsäureanhydrid, Koppelung mit Kohlenwasserstoffen, cancerogenen 229.
Maltose, Glykogenbildung aus — in Hühnerei, bebrütetem 486.
Mammae s. Brustdrüsen.
Mammacarcinom, Esterase- und Phosphataseaktivität in — 454 Tab., 455.
—, Gehalt an Cytochromoxydase und Cytochrom c 419 Tab.
—, Maus 387.
—, —, Einfluß von Röntgenbestrahlung auf DNS-Bildung in — 447.
—, —, Stoffwechsel, glykolytischer 403.
—, metastasierendes, Gehalt des Blutserums an Phosphohexoseisomerase bei — 411.
— bei Mäuseinzuchtstämmen 383.
— nach 2-Acetylaminophenanthren (Ratte) 361.
— — 4-Acetylamino-diphenyl (Ratte) 362.
— s. a. Brustdrüsenkrebs.
— s. a. Mammatumoren.
Mammacarcinomfaktor der Maus 386f.
Mamma-Fibrosarkom (Ratte), Aminosäurezusammensetzung 425 Tab.
Mammagewebe, β-Glucuronidasegehalt bei Schwangerschaft 458.
—, Maus, Aktivität von Xanthinoxydase bei Tumorbildung durch Milchfaktor 418.
—, —, Verteilung der Bernsteinsäuredehydrogenase in — 415.
—, hyperplastisches, Esterase- und Phosphataseaktivität in — 454 Tab., 455.
Mammatumoren, Arginin in — 438.
Mammatumoren, Gehalt an Verbindungen, phosphatübertragenden (Maus) 403.
—, β-Glucuronidase in — 458.
—, Maus, Einbau von ^{32}P und Glykokoll-^{14}C in Nucleinsäuren 446.
—, Phosphatidgehalt 451.
—, Verteilung der Bernsteinsäuredehydrogenase in — 415.
—, spontane, Schutzwirkung von Cobalamin gegen — 460.
—, —, (Maus), Aminosäurezusammensetzung 426.
— nach 2-Acetaminofluoren 382.
— — Oestronbehandlung 381f.
— s. a. Brustdrüsenkrebs.
— s. a. Mammacarcinom.
Mammillen 18.
Mangan, Gehalt in Tumoren 400.
—, Unentbehrlichkeit 558.
—, Verhalten im Hühnerei, bebrüteten 470.
Manganionen 437.
Mangeldiät, Lebensverlängerung durch — 127.
Mangelernährung, Einfluß auf Tumorwachstum 331.
—, Wirkung, cancerogene 193.
Mann, Brustkrebs beim — nach Oestrogenen 327.
—, Grundumsatz 523f.
Mannit 147.
Mannose, Gehalt in Luteinisierungshormon 25 Tab.
—, Glykogenbildung aus — in Hühnerei, bebrütetem 486.
— vertretbar durch Fructose oder Glucose 554.
Maretin 268•.
—, Leukosen nach — 289.
—, Wirkung, cancerogene 269.
Margarine, Nahrungswert 557.
—, Zusammensetzung 562 Tab.
Marmorschleifer, Calorienbedarf, täglicher 568 Tab.
Maschinenbohrer, Calorienbedarf, täglicher 568 Tab.
Maschinenformer, Calorienbedarf, täglicher 568 Tab.
Masern, Immunität gegen — bei Unterernährung 577.
Mast durch Oestrogene 11.
Mastfettsucht 579.
Mastzellen, Bildung von Histamin in — 167.
Matrizen 131.
„Matrizen"-Funktion der Antigene 175.
Matrizenmechanismus 62, 65, 67, 77, 83.
Matrizenwirkung 135.
— der Nucleinsäuren 144.
Maul- und Klauenseuche-Virus 602, 604f.
Maus
Ascitesthymom, Ribonucleinsäuregehalt 441.
Ascitestumor
Aktivität der Dipeptidase in — 436.
Gehalt an Aminosäuren, freien, in Asciteszellen und -serum 423.
— — Ribonucleinsäure 443.

Maus
Ascitestumor
Synthese von Purinnucleotiden 447.
Vorkommen von Cytochrom b und c 420.
EHRLICHscher, Aminosäureeinbau in Ribonucleinsäurepartikel 434.
—, Desoxyribonucleinsäuregehalt je Zellkern 442 Tab.
—, Einbau von Glykokoll-^{14}C in Nucleinsäuren 446.
—, Eiweißgehalt je Zellkern 442 Tab.
—, Zellen und Körperzellen, normale, Vergleich 408 Tab.
Auswertung von Gonadotropinen an — 36 Tab.
— — Schilddrüsenhormon an — 154.
Bedeutung von Fettsäuren, essentiellen, für — 555.
Bestimmung der Oestrogene an der — 38.
Blasentumoren 388.
Blut, Citronensäuregehalt 405 Tab.
Brunstcyclus 15.
Brustkrebs 295—299.
— nach Oestrogenen 327.
— nach 2-Amino-naphthol-(1)-glucuronid 367.
—, erblicher 186f.
Brustkrebsvirus, Übertragung 118.
Carcinome, Gehalt an Arginin, freiem 423.
Darmkrebs nach Ganzbestrahlung 209.
Desaminase bei — 450.
DPN-Synthese nach Tumorimplantation 415.
EHRLICH-Ascitestumor s. Ascitestumor, EHRLICHscher.
Embryo, Stoffwechselgrößen 407 Tab.
Encephalitis durch Lymphogranulomatose-Virus 299.
Encephalomyelitis-Virus 603.
Epidermis, Änderung der Zusammensetzung bei Carcinogenese 396 Tab.
—, Carcinom, Bernsteinsäuredehydrogenase in — 415.
—, Desoxyribonucleinsäuregehalt 441.
—, Gehalt an Glykogen nach Methylcholanthren 403.
—, — — Harnstoff 424.
—, — — Lipoiden nach Methylcholanthren 450.
Esterase- und Phosphataseaktivität in Organen und Tumoren der — 454 Tab.
Gewebe, Gehalt an Cytochrom c und Cytochromoxydase 420 Tab.
—, leukämisches, Desoxyribonuclease in — 449.
Gewebswucherungen durch Krystallite, anorganische 285.
Grundumsatz und Körpergewicht 527 Abb.
Haut, Gehalt an Aminosäuren, freien 423.
—, — — Δ^7-Cholesterol-(3) 453.
Hautkrebs 183, 233.
—, Aminosäurezusammensetzung der Eiweißkörper aus — 426.

Maus
Hautkrebs nach Sonnen- und UV-Bestrahlung 205.
— durch Teerpinselung 212.
Hauttumoren 381.
— durch Dibenzcarbazole 353.
Hepatom, Citronensäuregehalt 405 Tab.
—, DPN-Bedarf für Oxydation der Komponenten des Citronensäurecyclus 414 Tab.
—, Eiweißfraktionen 432.
—, Glykogengehalt nach Dimethylaminoazobenzol 403.
—, Pyrophosphatase in — 458.
— nach β-Anthramin 361.
— — Chloroform 375.
— — Tetrachlorkohlenstoff 375.
— 98/15, Aktivität der DPN-Cytochromreduktase 417f.
— 112 B, Eiweißfraktionen im Cytoplasma bei — 430.
Inzuchtstämme, Mammatumoren bei — 382.
Krebs durch Eperythrozoon coccoides 289.
KREBS-RASK-NIELSEN-WAGNER-Sarkom, Desoxyribonucleinsäuregehalt 442.
Krebsauslösung durch Äthylurethan 188.
— — Crotonöl 305.
— — Salzsäure, Natronlauge und Kochsalzlösung, hypertone 212.
Krebserblichkeit 186.
Kreuzungen, Spontantumoren bei — 187.
Leber, Aktivität der DPN-Cytochromreduktase 418.
—, Citronensäuregehalt 405 Tab.
—, DPN-Bedarf für Oxydation der Komponenten des Citronensäurecyclus 414 Tab.
—, Glykogengehalt nach Dimethylaminoazobenzol 403.
—, Katalasefraktionen 421.
—, Zahl der Mitosen in 130.
—, nekrotische, Ribonucleinsäuregehalt 441.
Leberkrebs nach Tetrachlorkohlenstoff und Chloroform 254.
Leukämie, lymphatische, erbliche 298.
Lebertumoren durch Bentonit 284.
— — Bis-(2-chloräthyl)-sulfid 371.
— — Phenylazo-2-naphthol (Sudan I, Oil orange E) 365.
— — Radiumemanation 209.
— — Stickstoff-Lost 271.
— — Urethan 374.
Lymphom, Desoxyribonucleinsäure 444.
—, Fluoressigsäure ohne Wirkung auf Citronensäurebildung 413.
DBA-Lymphom, Desoxyribonucleinsäuregehalt 442.
Lymphosarkom, Essigsäureabbau in — 413.
—, Transaminaseaktivität 439.
Mammacarcinom 387, 403.

Maus
Mammacarcinom, Einfluß von Röntgenbestrahlung auf DNS-Bildung in — 447.
Mammagewebe, Verteilung der Bernsteinsäuredehydrogenase in — 415.
Mammatumoren, Einbau von ^{32}P in Nucleinsäuren 446.
—, spontane, Aminosäurezusammensetzung 426.
— nach Oestronbehandlung 381f.
MAUD SLYE-Stamm 186.
Milchfaktor 188, 296, 327.
Milz, Gehalt an Ribonucleinsäure 443.
Milzzellen, Desoxyribonucleinsäuregehalt bei Leukämie 442 Tab.
Mißbildungen 96.
Muskel, Citronensäuregehalt 405 Tab.
Neurofibrom nach Mutterkorn 286.
Plattenepithelcarcinom, Gehalt an Calcium 399.
—, — — Citronensäure 405, 405 Tab.
— nach Asbest 377.
Rhabdomyosarkom, Citronensäuregehalt 405 Tab.
—, Eiweißkomponenten 428.
Sarkom 37, Einbau von 4-Amino-5-imidazolcarboxamid-^{14}C und Adenin-^{14}C in DNS-Purine 446.
Sarkom 180, Aminosäurezusammensetzung der Eiweißkörper aus — 425.
Sarkombildung durch Eperythrozoon coccoides 291.
— — Implantation von Plättchen und Filmen 279.
— — Sulfonamide 247.
— — o-Tolylazo-2-naphthol (Oil orange TX) 365.
Scheidenschleimhaut 17 Abb.
Schilddrüsenkrebs nach Allylthioharnstoff 269.
— — Propylthiouracil 382.
Sperma, Milchfaktor im — 296.
Spontantumoren, Häufigkeit 185 Tab.
— bei — in Kunststoffkäfigen 282.
Tragezeit 48 Tab.
Tumorbildung nach Äthylurethan 269.
— — Chloroform 276.
— — Diäthylglykol 276.
— — 1,2,3,4-Diepoxybutan 372.
— — Flachsfasern und -staub 283.
— — Kohlenwasserstoffen, aromatischen, polycyclischen 349.
— — β-Naphthylamin 361.
— — Oestrogene 328.
— — Radiumsalze 379.
— — Röntgenstrahlen 379.
— — Stickstofflost und -verbindungen 371.
— — Tetrachlorkohlenstoff 276.
— — UV-Strahlung, Minimaldosis 378.
Tumoren, Gehalt an Aminosäuren, freien 423.
—, — — Cytochrom c und Cytochromoxydase 419 Tab., 420 Tab.

Maus
Tumoren, Gehalt an Verbindungen, phosphatübertragenden 403.
—, Stoffwechselgrößen 407 Tab.
—, spontane, Wasserstoffionenkonzentration in — 398.
—, transplantierbare 334.
—, zellfrei verimpfbare 298.
Uteruscarcinom bei — nach Oestrogenen 328.
Vorkommen von Krebs bei der — 184 Tab.
Wirkung, von Influenzavirus auf Bronchialepithel 299.
—, mutative, von 20-Methylcholanthren bei der — 186f.
Zahnfleischtumoren durch Haare 283.
Medullarplatte, Axolotl, Induktion 111 Abb.
Medusen, Regeneration 177.
Meerschildkröte, Eiweißverbrennung in Eiern, bebrüteten 475 Tab.
—, Thiamin im Eiereiweiß von — 466.
Meerschildkröteneier 496f.
—, Cholesteringehalt 474.
—, Fettgehalt 473.
—, Mineralstoffwechsel 469.
—, bebrütete, Phosphatidgehalt 474 Tab.
Meerschildkrötenembryo, Amnion- und Allantoiswasser 493—496.
Meerschweinchen
Auswertung von Oxytocin an — 49.
Fibrombildung durch Oestrogene 328.
Grundumsatz und Körpergewicht 527 Abb.
Hypophysenvorderlappen, Verhältnis LH:FRH 23.
Krebserzeugung durch 9,10-Dimethyl-1,2-benzanthracen 217.
— — Radium 209.
Tragezeit 48 Tab.
Transplantierbarkeit von Tumoren in Frontalhirn und Augenkammer, vordere 338.
Tumorbildung durch Kohlenwasserstoffe, aromatische, polycyclische 349.
— — Radiumsalze 379.
— — Röntgenstrahlen 379.
Vorkommen von Krebs beim — 184 Tab.
trächtige, Blut, Milchsäuregehalt 404.
Meerwasser, Spermienaktivierung durch — 9.
Mehl als Nahrungsmittel 563.
Mehrtreffer-Mutationen 96.
Meiosis 12, 50, 71, 104, 136.
Melaninbildung 98.
Melanom, Gehalt an Cytochromoxydase und Cytochrom c 419 Tab.
—, Stoffwechselgrößen 407 Tab.
—, menschliches, Übertragbarkeit, placentare 299.
Melanosarkom, Transplantierbarkeit 338.
Meningiom, Gehalt an Cytochromoxydase und Cytchrom c 419 Tab.
Meningitis, aseptische, ECHO-Viren bei — 603.
Meningo-Encephalitis-Virus 604.
Menopause, Prolactinausscheidung im Harn bei — 26.

Mensch
Aminosäuren, entbehrliche und unentbehrliche 549 Tab.
Amnion, Geschlechtschromatin im — 55.
Bedarf an Aminosäuren, essentiellen 549.
— — Fettsäuren, essentiellen 556.
Blasenkrebs nach β-Naphthylamin 367.
Blut, Antikörper in der γ-Globulin-Fraktion 175.
Blutserum, Aktivität der Aldolase 412.
—, Gehalt an Eisen bei — mit Tumoren 400.
—, — — Phosphohexoseisomerase bei Tumoren und bei Leukämie, chronischer, myeloischer 411.
—, Hemmung der Tumorglykolyse durch — 409.
Desoxyribonucleinsäuregehalt im Zellkern 75.
Eizellen, Größe 463.
Erbkrankheiten, Häufigkeit von — 189 Tab.
Erythemdosis 207.
Erythrocyten, Aktivität der Aldolase in — 412.
Faktoren, bedingt krebsauslösende, für den — 383.
Fetus, Beginn der Darmbewegungen 123.
—, Veränderungen, chemische, während der Entwicklung 123.
Gehalt an Biotin in Geweben 148 Tab.
— — Cytochromoxydase und Cytochrom c in Geweben, normalen und neoplastischen 419 Tab.
— — Hormon, thyreotropem, in Hypophysenvorderlappen 155 Tab.
Geschlechtsbestimmung, künstliche 55.
Grundumsatz und Körpergewicht 527 Tab.
Harn, Ausscheidung von Biotin 147.
Hypophysen-Vorderlappen, Verhältnis LH:FRH 23.
Körpergewichtsverlust bei Hunger 574.
Krebsursachen, exogene 199 Tab.
Leber, Phosphatidgehalt 451.
Lebercarcinom, Desoxyribonucleinsäure, Zusammensetzung 444.
Mißbildungen beim — bei Virusinfektionen 118.
Ovarium, Konstanz der Zahl der Eizellen 130.
Peniskrebs 188.
Placenta, Prolanbildung in der — 45.
Prolan, Gehalt an Hexosamin-di-galaktose 25 Tab.
Prostatacarcinom 456.
Schwangerschaftsdauer 48 Tab.
Spontanmutationen 87.
Tumorbildung durch Röntgenstrahlen 378f.
— — Thorotrast 379.
Tumoren, Stoffwechselgrößen 407 Tab.
Zellkerne, Gehalt an Desoxyribonucleinsäure 132.

Mensch
Zellkernvolumina beim — 131.
arbeitender, Nahrungsbedarf 567.
Menstruation 15ff.
Mercaptoäthylamin hat keine Strahlenschutzwirkung 92.
6-Mercaptopurin, Einfluß auf Nucleinsäurestoffwechsel 448.
—, Hemmung der Tumorglykolyse durch — 409.
— als Konkurrenzgift gegen Adenin 160.
Mercaptursäuren als Ausscheidungsprodukte von Kohlenwasserstoffen, polycyclischen 356.
Merkmale, recessive 72.
Mesenchym 109.
Meso-phenanthrenregion, Dichtefunktion ε an der — 221.
Meso-Regionen 220.
Mesothor, Wirkung, cancerogene 199 Tab.
Mesothor 1, Wirkung, cancerogene 209.
Metabograph 541.
Metalle, Gehalt in Tumoren 398—401.
Metallkrebs 211f., 282.
Metallplättchen, Sarkomauslösung durch — 211.
Metallstaub, Wirkung, cancerogene 199 Tab.
— und -dämpfe, Lungenkrebs nach — 383 Tab.
Metamorphose, Kaltblüter 154.
—, Steuerung durch Wirkstoffe 114.
Metaphase 133f., 134 Abb., 137.
—, Wirkung von Colchicin auf — 138.
Metaphosphatase im Seeigelei, befruchteten 119.
Metaplasien, Unterschied gegen Krebszellen 182.
Metastasen, Gehalt an Eisen 400.
—, osteoblastische, Gehalt an Phosphatase, alkalischer 457.
Metastasenbildung 399.
— durch einzelne Tumorzellen 343.
Metastasierung nach Krebsoperation 340.
Methansulfonsäureester 372•.
—, Wirkung, cancerogene 372.
Methionin
Aminosäure, essentielle 146, 549 Tab.
Antagonisten 161.
Bedarf, täglicher, des Menschen 549 Tab., 550.
Bildung 142.
— von Cystein aus — 487.
Gehalt in Eiereiweißproteinen 465 Tab.
— — Follikelreifungshormon 25 Tab.
— — Lebernucleoproteiden 427 Tab.
— — Prolactin 26 Tab.
— — Spermatozoen und Samenplasma vom Stier 13 Tab.
— — Tumoreiweiß 424, 425 Tab., 426.
Leberschutzwirkung 151, 179.
Protein-Vollei-Wert in Eiweißkörpern 552 Tab.
Verhalten bei Eientwicklung 487.
— im Hühnerei, bebrüteten 475.

Methionin
Wert, biologischer, in Eiweißkörpern 552 Tab.
Methioninsulfon als Methionin-Antagonist 161.
Methioninsulfoxyd als Antimetabolit gegen Glutaminsäure 161.
A-Methopterin 160.
Methoxin als Methionin-Antagonist 161.
3-Methoxy-2-aminofluoren, Wirkung, cancerogene 236.
8-Methoxy-3,4-benzpyren, Wirkung, cancerogene 218, 351f.
2-Methyl-4-acetylaminobiphenyl, Wirkung, keine cancerogene 366.
Methyläthanoläthylenimonium, Bildung aus N-Lost 274.
4-Methyläthylaminoazobenzol, Wirkung, cancerogene 364.
Methylaminoäthanol, Bildung von Cholin aus — 100.
4-Methylaminoazobenzol, Wirkung, cancerogene 364.
5-Methyl-4-amino-2-thiouracil als Hemmstoff gegen Uracil 160.
Methylarsenat, Auslösung von Mißbildungen durch — 117.
5-Methyl-1,2-benzacridin 218•.
4'-Methyl-1,2-benzanthracen 355.
9-Methyl-1,2-benzanthracen, Wirkung, cancerogene 217.
10-Methyl-1,2-benzanthracen, Wirkung, cancerogene 217, 222.
N-Methyl-bis-(2-chloräthyl)-amin 371•.
— Wirkung, cancerogene 271, 371.
—, —, mutagene 92, 93 Tab., 271.
Methylcarbamat, Wirkung, cancerogene 375.
Methyl-(2-chloräthyl)-äthanolamin, Bildung aus N-Lost 273, 274•.
Methyl-(2-chloräthyl)-äthylenimonium, Form, wirksame 273, 274•.
3-Methylcholanthren s. Methylcholanthren.
3-Methylcholanthren
203•, 218, 347•, 389.
Darstellung 201, 350, 389.
Einfluß auf Δ^7-Cholestenol-(3)-gehalt der Haut 453.
— — Glykogengehalt der Mäuseepidermis 403.
— — Lipoidgehalt der Mäuseepidermis 450.
— — Wirkung, cocancerogene, von Crotonöl 380.
Entartung, carcinomatöse, von Hautpapillomen durch — 386.
Hauttumoren nach — 400.
— —, Zusammensetzung 396 Tab.
Krebserzeugung durch — 214.
Sarkom, zellfrei transplantierbares, durch — 293
Wirkung auf Citronensäuregehalt in Epidermis 405.
— — Demethylase für 4-Dimethylaminoazobenzol 370.

3-Methylcholanthren
Wirkung bei der Maus, Kontrolle durch Gene 186f.
— — Zwergmäusen, hypophysenlosen 325.
—, cancerogene 217, 230, 347f., 353.
—, —, auf die Nachkommenschaft 270.
—, cocancerogene 381.
—, mutagene 93 Tab.
20-Methylcholanthren s. 3-Methylcholanthren
Methylcholanthrencarcinom, Desoxyribonucleinsäuregehalt 442.
Methylcholanthrensarkom, Aminosäurezusammensetzung der Eiweißkörper aus — 425.
Methylcholanthrentumor, Aminosäurezusammensetzung der Eiweißkörper aus — 426.
—, Arginin in — 438.
—, Eiweißfraktionen im Cytoplasma bei — 430.
4-Methyl-1,2-cyclopentanophenanthren, Wirkung, cancerogene 202, 217.
10-Methylcyclopentanophenanthren, Wirkung, cancerogene 217.
2-Methyl-dimethylaminoazobenzol, Einfluß auf Cholinoxydase der Leber 459.
2-Methyl-4-dimethylaminoazobenzol, Einfluß auf Mitochondrienzahl in Leberzellen 420.
—, — — Bernsteinsäuredehydrogenase 415.
—, Serumeiweißkörper nach — 433.
—, Wirkung auf Bernsteinsäuredehydrogenase der Leber 415.
—, — — Cholinoxydase der Leber 459.
—, — — Mitochondrienzahl in Leberzellen 420.
—, — — Ribonuclease- und Desoxyribonucleaseaktivität von Leber 449.
—, —, cancerogene 233, 239, 360, 415.
—, —, —, Beeinflussung durch Hypophysektomie 360.
3'-Methyl-4-dimethylaminoazobenzolhepatom, Cholinesteraseaktivität 455.
—, Einbau von Adenin-^{14}C in DNS 446.
Methyldonatoren, Mangel an — führt zu Leberkrebs (Ratte) 193.
Methylendiurethan 375•.
Methylgruppen, Eigenschaften, auxocancerogene 216, 221, 237f.
—, Erhöhung der Wirkung, cancerogenen, durch — 351f., 361, 363f.
Methylmethacrylat, Sarkombildung durch — 279, 282.
Methylolamine, Polymerisation 277•.
—, Wachstumshemmung auf Impftumoren 373.
—, Wirkung, cancerogene 371—374.
— als Gifte, radiomimetische 275.
Methylorange, Wirkung, keine cancerogene 245.
N-Methyl-p-phenylendiamin 368•.
—, Bildung aus 4-Dimethylaminoazobenzol 369.

Methylrot 245*.
—, Wirkung, cancerogene 244.
Methyltestosteron, Leberschädigung durch — 11.
17-Methyl-testosteron, Resorption, buccale 39.
Methylthiouracil, Wirkung, cocancerogene 382.
Methylxanthin, Wirkung, mutagene 93 Tab.
MEYERHOF-EMBDEN-Schema 403.
Mikrosomen 82.
—, Bedeutung für Tumorglykolyse 409.
—, DPN-Nucleosidase in — 416.
—, Gehalt an Oxydationsfermenten 417 Tab.
—, — — Pyridinnucleotiden 415.
—, Leber, Antigeneigenschaften, organspezifische 265.
—, Ribonucleinsäuregehalt 144.
—, Seeigeleier, Atmungsfermente in — 479.
—, Vorkommen von Enzymen in — 3.
Milben, Kalkbeincarcinom, Huhn, durch — 294.
— als Krebsursache 289.
— — Überträger von Viruserkrankungen auf Hühner 292.
Milch, Antigene in — 175.
—, Ausscheidung von Antikörpern 175.
—, Resorption von Stoffen, makromolekularen aus der — 118.
—, Übertragung von Stoffen durch die — auf das Kind 48.
—, — — Substanzen, cancerogenen, durch — 188.
— als Eiweißquelle 546.
— — Nahrungsmittel 561, 563.
Milchbildung 49.
Milcheiweiß, Ergänzungswert 548.
—, Wertigkeit, biologische 547 Tab.
Milchfaktor 418.
—, Beteiligung bei Entstehung von Brustkrebs, erblichem, bei der Maus 188.
— (BITTNER) 296, 327, 387.
Milchprodukte als Eiweißquelle 563.
Milchsäure, Abbau in Tumoren 412.
—, Anhäufung in Zellen und Geweben, geschädigten und entzündeten 165.
—, Bildung aus Glucose in Hühnerei, bebrütetem 484.
—, Gehalt in Blut beim Meerschweinchen, trächtigen 404.
—, — — Geweben 402 Tab., 404.
—, — — Tumoren 402 Tab., 403f.
—, Vorkommen im Eidotter 468.
—, — — Fruchtwasser 47.
—, Wirkung, spezifisch-dynamische 539.
D-Milchsäure, Gehalt in Eiern, bebrüteten 472.
—, Umsetzung in Tumoren 403.
L(+)-Milchsäure, Gehalt in Tumoren 403.
Milchsäurebakterien, Palmitoleinsäure (Hexadecensäure) als Wuchsstoff für — 146.
Milchsäuredehydrogenase, Aktivität in Blutserum bei Tumorträgern 411f.
—, — — Leber bei Hepatomen 261.
—, Gehalt in Leber und Hepatom 394 Tab.
Milchsäuredehydrogenase, Hemmung durch p-Chlormercuribenzoat 412.
— in Tumoren 261, 411.
Milchsekretion, Auslösung durch Hypophysenvorderlappen 49.
milk let down-Faktor 49.

Milz

Auflösung von Tumorzellen durch — 342.
DPN-Synthese in — nach Tumorimplantation 415.
Einbaugeschwindigkeit von Aminosäuren in — 434.
Entwicklung von Tumoren durch Verimpfung von — tumorkranker Tiere 340.
Essigsäureabbau in — 413.
Gehalt an Colaminphosphorsäure 452.
— — Cytochromoxydase und Cytochrom c 419 Tab., 420 Tab.
„Immunzellen", Bildung von Antikörpern, spezifischen, in — 175.
Katalaseaktivität bei Tieren, tumortragenden 421.
Maus, Gehalt an Ribonucleinsäure 443.
Metastasenbildung in — bei Verimpfung, intravenöser, von Tumorzellen und -ascites 341.
Regenerationsvermögen 177.
Ribonuclease in — 449.
Stoffwechselgrößen 407 Tab.
Tumormetastasen in der — 341.

Milzzellen, Maus, Desoxyribonucleinsäuregehalt bei Leukämie 442 Tab.
Mineralbestandteile, Gehalt in Eiern, bebrüteten 469.
Mineralocorticoide, Ausscheidung nach ACTH 172.
—, Wirkungen, phlogistische 173.
Mineralöle, Wirkung, cancerogene 193, 213.
—, rohe, Wirkung, cancerogene 199 Tab.
— als Ursache von Hautkrebs 346.
Mineralölfraktionen, cancerogen wirksame 213.
Mineralstoffe, Bedarf an — 557f.
—, Eidotter 468.
—, Eiereiweiß 466.
—, Gehalt in Lebensmitteln 562 Tab.
Mineralstoffquellen der Nahrung 563.
Mineralstoffwechsel 512.
— im Wachstum 146.
Mischbrot, Zusammensetzung 562 Tab.
Mißbildungen 115—118.
—, Auslösung durch Sauerstoffmangel 122.
— durch Temperatur, erhöhte 117.
— — Cytostatica 142.

Mitochondrien

81f., 82 Tab.
Angriffspunkt von Kohlenwasserstoffen, cancerogenen, an den — 223.
ATPase, strukturgebundene 409.
Bedeutung für Tumorglykolyse 409.
Bildung von Adenosintriphosphorsäure in — 81.
Einbaugeschwindigkeit von Aminosäuren in — 434.

Mitochondrien
Enzyme des Citronensäureabbaues in — 413.
Fermentsystem in — 479.
Gehalt an Bernsteinsäuredehydrogenase 415.
— — Fermenten 81.
— — Lipoiden 450.
— — Oxydationsfermenten 417 Tab.
— — Ribonucleinsäure 81, 144.
— — Stickstoff 81.
— in Leberzellen nach 4-Dimethyl-aminoazobenzol 266.
— — Zellen, teilungsbereiten 135.
Glykolyse, Hexokinase-Reaktion 409.
—, anaerobe 409.
Hemmung des Citronensäureabbaues durch Röntgenstrahlen 208.
Kathepsinaktivität in — 436.
Phosphorylierung, oxydative, in — 416.
Ribonucleaseaktivität in — 449.
Selbstreproduktion, identische 5, 78.
Tumorzellen, DPN-Bindung an — 414.
—, Nachweis von Dehydrogenasen in — 415.
Unterschiede zwischen normalen und Tumormitochondrien 421.
Veränderungen bei Cancerisierung 311.
Vermehrung durch Teilung 131.
Vorkommen von Enzymen in — 3.
Zahl in Leberzellen 81.
— — Tumorzellen 420, 430.
Mitose
50, 133, 134 Abb., 143.
Anregung durch Chromatin 135.
Auslösung 143.
Bedeutung von Faktoren, plasmatischen, für — 141.
— des Oxydationspotentials für — 120.
Bewegungen bei der — 133.
Dauer 135.
Desoxyribonucleinsäuregehalt im Zellkern bei — 135.
Energielieferung für — 4, 78, 133.
Glykolyse bei — 121.
Häufigkeit 135 Tab.
—, relative, und Krebs 267 Tab.
Interphase 143.
Störung durch Stoffe, chemische 117.
Telophase 143.
Verhalten der Ribonucleinsäure bei — 144.
Wirkung von Mitosegiften auf — 137, 140.
Zahl in Leber 130.
als Vorgang, kinetischer 134.
Mitosegifte 136—142.
—, Äthylurethan 270.
—, Chinone 260.
Mitoserate 130, 136.
Mitosestörungen 136.
„mitotic gelation“ 156.
Mittelblechwalzer, Calorienbedarf, täglicher 568 Tab.
Mittelschwerarbeiter 565.
Modifikationen 97.
molecular orbitals 220.
Molekulardiagramme 221.
Molluscum contagiosum, Auslösung durch Virus 299.
Molluscum contagiosum-Virus 609.
—, Nucleinsäuren in — 79.
Molybdän, Unentbehrlichkeit 558.
Monocrotalin 287*.
—, Wirkung, cancerogene 193, 287.
Monojodessigsäure, Einfluß auf Entzündung 166.
Monomethylamin, Bildung bei Verbrennungen 167.
N-Monomethylaminoazobenzol, Bildung aus 4-Dimethylaminoazobenzol 262, 369.
2-Monomethylaminofluoren, Wirkung, cancerogene 361.
Monosaccharide, Glykogenbildung aus — im Hühnerei, bebrüteten 486.
Montageschlosser, Calorienbedarf, täglicher 568 Tab.
Moor, Wirkung, oestrogene 20.
Morbus ADDISON, Grundumsatz bei — 531.
— BASEDOW, Grundumsatz bei — 529.
— CUSHING, Adenom, basophiles, der Hypophyse und/oder Nebennierenrindenadenom bei — 29.
Morphosen 97.
Morula 108f.
—, Entwicklung aus der Eizelle 114.
Mosaikkrankheit 581.
Moschus 104.
Moschusratte 104.
Motor-Pneumotachograph von WOLF 515.
Mucin, Gehalt in Eiereiweiß 465 Tab.
—, Vorkommen in Dottermembran 466.
—, — — Eiereiweiß 464.
Mucopolysaccharase, Vorkommen im Seeigelsperma 51.
Mucopolysaccharide in Granulationsgewebe 180.
—, neutrale, Vorkommen im Cervicalschleim 17.
Mucoproteide, Hemmung der Hämagglutination durch Influenzavirus 606.
Mucoid, Vorkommen in Eiereiweiß 464.
Mundhöhlenkrebs, Faktoren, auslösende und erzeugende 383 Tab.
—, Ursachen, exogene 199 Tab.
— bei Flachsspinnerinnen 283.
— nach Kauen von Betelnüssen mit Tabak 196.
Mundschleimhaut, Kaninchen, Papillome, gutartige 295.
Mus bacterianus, Kreuzungen, Spontantumoren bei — 187.
— musculus, Kreuzungen, Spontantumoren bei — 187.
Muscheln, Vorkommen von 3,4-Benzpyren in — 193, 214, 347.
Muskel
Abbau bei Unterernährung 577.
Aktivität von Aldolase in — 410.
— — Arginase in — bei tumortragenden Tieren 438.

Muskel
Aminosäurezusammensetzung der Eiweißkörper aus — 425.
Anteil am Grundumsatz 521 Tab.
Auflösung von Tumorzellen durch — 342.
Einbau von Elaidinsäure in — 453f.
Gehalt an Adenosintriphosphat 16.
— — Biotin 148 Tab.
— — Citronensäure 405 Tab.
— — Jod 401.
— — Myosin 429.
— — Natrium 398.
— — Oestrogenen vor Entbindung 45.
— — Phosphokreatin 16.
— — Triosephosphatisomerase 411.
Jodretention im — bei Tumortieren 401.
Milchsäuredehydrogenase, krystallisierte, aus — 411.
Regenerationsvermögen 177.
Rous-Sarkom, Gehalt an Natrium und Kalium 398.
Wirkung, spezifisch-dynamische 540.
Zusammensetzung, chemische 402 Tab.
glatter, Erregung durch Prostatasekret 10.
—, Vorkommen von Argininphosphat im — bei Embryonen 122.
Muskelextrakte, Induktion der Bildung von Muskelfasern durch — 113.
Muskelfasern, Induktion der Bildung durch Muskelextrakte 113.
Muskelmyosin 429.
Muskelruhe, vorsätzliche 521.
Muskelverletzungen, Einfluß auf Grundumsatz 530.
Muskelzellen, Tumorzellen in — 267.
Muskon 104*.
Muskulatur s. Muskel.
Mustardgas s. Bis-(2-chloräthyl)-sulfid.
Mustardverbindungen, Gruppierung, wirksame 372.
—, Wachstumshemmung von Tumoren durch — 373.
Mutagene, Wirkung, cancerogene 94.
Mutationen
62, 81, 84, 100.
Literatur 85.
Aktivierungsenergie 87, 90.
Auslösung durch Höhenstrahlung, kosmische 88, 208.
— — Röntgenstrahlen 88.
— — Strahlen, ionisierende 380.
— — Virus 96.
Beziehung zwischen Dosis und Häufigkeit 90f.
Duplikanten-Veränderung als — 315.
Manifestation 85.
Mechanismus 90.
Temperaturabhängigkeit 87f.
als Alles-oder-Nichts-Effekte 85, 92.
— Eintreffer-Effekte 85.
bei Bakterien 78.
durch Substanzen, chemische 92.
— — endogene 95.
mit Selektionswert, positivem 87.
Mutationen
letale 86f.
—, chromosomale 97.
plasmatische 93.
recessive 96.
somatische 96 Abb., 117.
spontane 87f.
Mutator-Gen 80.
— bei Drosophila pseudoobscura 95.
Mutatorsubstanz, Bildung im Cytoplasma 96.
— im Cytoplasma von Drosophila 80.
Mutterkorn, Neurofibrom durch — 286.
Muttermilch, Gehalt an Fettsäuren, essentiellen 556.
—, Übertragung von Stoffen durch die — 118.
— s. a. Frauenmilch.
Myeloblasten, Reifung 144.
Myelom, Plasmaproteine bei — 433.
—, multiples, Blutserum-Eiweißkörper bei — 433.
Mykolsäure in Spermatozoen 13.
Myleran, Wirkung, cancerogene 276.
Myome, Gehalt an Kalium 398.
Myosin, Gehalt in Muskel und Tumoren 429.
Myosinapyrase in Hühnerei, bebrütetem 478.
Myxödem 153.
—, Grundumsatz bei — 529.
Myxoviren 605.

Nabelgefäße, Blut, Milchsäuregehalt beim Meerschweinchen, trächtigen 404.
Nährstoffe 559ff.
Nährstoffverbrauch, täglicher 571 Tab.
Nährwert, Verbrauch, täglicher 571 Tab.
Nager, Auswertung von Schilddrüsenhormon an — 154.
Nagetiere, Scheingravidität 16.
Nahrung, Ballaststoffe 567.
—, Probenahme 514.
—, Wassergehalt 561.
—, fettreiche, Krebshäufigkeit bei — 192, 229.
Nahrungsbedarf 563—567.
—, Bedeutung der Konstitution für — 563.
Nahrungsentzug, partieller 575ff.
—, völliger 573f.
Nahrungsfaktoren, Schilddrüsenkrebs durch — 384 Tab.
Nahrungsmittel 560—563.
—, Brennwert, Bestimmung 516.
—, Wassergehalt 561 Tab.
—, Zubereitung, Nährstoffverlust bei — 561.
—, Zusammensetzung 562 Tab.
Nahrungsstoffe, Brennwerte 518.
—, Isodynamie 517f., 520.
Nahrungsverbrauch 571ff.
Nahrungszufuhr, wünschenswerte 565 Tab.
Naja Naja Atra, Ei 498 Tab., 499 Tab.
Naphthalin, Auslösung von Polyploidie durch — 95.
—, Ausscheidungsprodukt von Kohlenwasserstoffen, polycyclischen 356.
—, Bildung von Carcinogenen aus — 248.

Naphthalin, trans-1,2-Dihydroxy-1,2-dihydro-Verbindung als Ausscheidungsprodukt von — 356.
—, Eigenschaften, cancerophore und oestrophore 249.
—, Verhalten im Stoffwechsel 355.
—, Wirkung, keine cancerogene 222 Abb., 349.
Naphthalin-mercaptursäuren 355, 356•.
1,2-Naphthochinon-4-sulfonat, Bestimmung von Aminen, cancerogenen, mit — 263.
—, Nachweis von Aminen, aromatischen mit — 234.
α-Naphthol als Oxydationsprodukt von 1,2,5,6-Dibenzanthracen 227.
Naphthylacrylsäure 162•.
α-Naphthylamin, Wirkung, keine cancerogene 235.
β-Naphthylamin 235•, 361•.
—, Blasenkrebs durch — 250, 383 Tab.
—, Oxydation, biologische
—, Stoffwechselprodukte 256.
—, Verhalten im Stoffwechsel 366f.
—, Wirkung, cancerogene 198, 199 Tab., 234, 248, 257, 359, 361f., 367.
—, Stoffwechselprodukte, Wirkung, cancerogene 256.
5-β-Naphthylazo-2,4,6-triaminopyrimidin 240•.
—, Wirkung, cancerogene 240.
Naphthylessigsäure, Auxinwirksamkeit 149.
α-Naphthylthioharnstoff 160.
Narkose, Theorie der — 140.
Narkotica, Wirkung auf Samenzellen 51.
Nasenkrebs nach Nickelcarbonyl 376.
Natrium
Gehalt in Amnion- und Allantoiswasser, Hühnerembryo 492 Tab.
— — —, Meerschildkröte 494 Tab.
— — Eidotter 468.
— — Eiereiweiß 466.
— — Fleischfliegenlarven 504 Tab.
— — Haut (Maus) vor und nach Carcinogenese 396 Tab.
— — Hühnerei, bebrütetem 470 Tab.
— — Leber und Hepatom 393 Tab.
— — Muskel 398.
— — Samenplasma vom Stier 13 Tab.
— — Tumoren 398.
Natriumbromid, Einfluß auf Grundumsatz 530.
Natriumfluoracetat, Wirkung auf Citronensäurestoffwechsel 405
Natriummalonat, Unterbrechung des Citronensäurecyclus durch — 414.
Natriumrhodanid, Einfluß auf Entwicklung des Seeigels 116 Abb.
Natrix Annularis, Ei 498 Tab., 499 Tab.
Natrix Piscator, Ei 498 Tab., 499 Tab..
Natronlauge, Krebsauslösung durch — 212.
Naturprodukte, Wirkungen, cancerogene 286—289.
Navicularzellen der Vagina, fetalen, Chromosomenzentrum, zusätzliches, in — 55.
Nebenhoden 9f.
Nebenhöhlen, Krebs, Ursachen, exogene 199 Tab.
Nebennieren, Bedeutung für Temperaturregulation 532.
—, Einfluß auf Stoffwechsel 529f.
—, Entwicklung von Tumortransplantaten in — 335.
—, Gehalt an Cytochromoxydase und Cytochrom c 419 Tab.
—, Metastasenbildung in — bei Verimpfung, intravenöser, von Tumorzellen und -ascites 341.
—, Vorkommen von Cystein, freiem 424.
—, Zellfraktionen, Verteilung von Protein-N und Ribonucleinsäure 428.
Nebennierengeschwülste, Steroidausscheidung im Harn bei — 29.
Nebennierenmark, Tumoren 331.
—, Wirkung von Stress auf — 170.
Nebennierenrinde
Anregung durch Hormone, gonadotrope 27.
Auswertung von ACTH an — 38.
Beziehungen zu Keimdrüsen 11.
Beteiligung an Stress-Reaktion 171.
Bildung von Androgenen 11, 32.
— — Corticosteron 173.
— — Hormonen 28.
— — — bei Geschwülsten der — 28.
— — Keimdrüsenhormonen in — nach Kastration 12, 330.
— — Steroidhormonen 173.
Ersatz des hormonalen Ausfalls der Keimdrüsen durch — 27f., 30.
Funktion im Klimakterium 12.
Gehalt an Ascorbinsäure nach ACTH 38.
Hyperplasie, gesteigerte Libido bei — 12.
Stellung im Steroidstoffwechsel 173.
Steroide als Vorstufen von Substanzen, cancerogenen 203.
Steroid-Vitamin-C-Verbindung aus — 172•.
Tumoren 331.
Vergrößerung bei Geschwülsten 331.
— — Schwangerschaft 45.
— Wirkung von ACTH auf — 171f.
— — Antiphlogistica über — 173.
Nebennierenrindenadenom bei Morbus Cushing 29.
Nebennierenrindenhormone, Hexokinasehemmung durch — 410.
—, Wirkung auf Prostatahypertrophie 10.
—, — — Thymus 155.
Nebennierenrindeninsuffizienz, MILLON-Reaktion im Harn negativ bei — 173.
Nebennierenrindentumoren 11.
—, Ausscheidung von $\Delta^{3,5}$-Androstandienon-17 im Harn bei 203.
Nekrosin 169.
Nephrektomie, einseitige, Hypertrophie, kompensatorische, der anderen Niere nach — 179.
Nephritis, Wirkung von Embryonalextrakten bei — 151.
Nerven, Regeneration 180.

Nervenfasern, Regenerationsvermögen 177.
Nervengifte 166.
Nervensystem, Wassergehalt bei Hunger 574.
—, vegetatives, Einfluß auf Entzündung 170.
— bei Unterernährung 576.
Netzhaut, Atmung und Glykolyse 406.
—, Stoffwechselgrößen 407 Tab.
Neugeborene, Antikörperbildung, keine 175.
—, Grundumsatz 523.
—, Resorption im Darm bei — 118.
—, Widerstandsfähigkeit gegen Sauerstoffmangel, Kohlenoxyd- und Blausäurevergiftung 121.
Neuramidase 606.
Neuraminsäure, Abspaltung durch Geflügelpest- und Influenzaviren 606.
Neuritis, retrobuläre, bei Unterernährung 576.
Neuroblastoma retinae 190.
Neurofibrom 286.
Neurohypophyse, Speicherung von Oxytocin und Vasopressin 48f.
Neurolymphomatosen, virusbedingte, beim Huhn 292.
Neurospora, Mutationen an — durch Substanzen, chemische 92.
— crassa 86.
— —, Mutanten 99.
— —, —, künstliche, Fermentaktivität 261.
— —, Strahlenwirkung, mutagene, auf — 92.
Neurula, Entwicklung aus der Eizelle 114.
Neuseeland, Krebstodesfälle 190 Tab..
Neutralfett, Gehalt in Vaccine-Virus 610.
Neutralität, thermische 531.
Neutronen, Wirkung, cancerogene 380.
Newcastle disease 608.
Nichtmetalle, Gehalt in Tumoren 400f.
Nichteiweiß-N, Gehalt in Haut (Maus) vor und nach Carcinogenese 396 Tab.
—, — — Leber und Hepatom 393 Tab.
Nicht-Eiweiß-R.Q. 518.
Nickel, Lungenkrebs nach — 383 Tab.
—, metallisches, Wirkung, cancerogene 211, 377.
Nickelcarbonyl, Wirkung, cancerogene 199 Tab., 376.
— als Ursache von Berufskrebs 211.
Nicotiana glauca, Bastarde, Spontantumoren bei — 186.
— glutinosa, Tabakmosaikvirus auf — 583 Abb., 589.
— langsdorfii, Bastarde, Spontantumoren bei — 186.
Nicotin, Durchtritt durch dic Placenta 48.
—, Wirkung auf Hühnerembryo 487.
— nicht cancerogen 196.
Nicotinsäure, Bildung aus Tryptophan 100.
Niederlande, Krebstodesfälle 190 Tab.
Niere
Adenome, maligne, bei Goldhamstern durch Oestrogene 328.
Anteil an Grundumsatz 521 Tab.
— — Wirkung, spezifisch-dynamischer 539.
Niere
Bildung von Steroidhormonen in — 173.
Cystindesulfhydrase in — 438.
Dehydropeptidase II in — 437.
Eiweißkörper, Aminosäurezusammensetzung 426.
Entwicklung von Tumortransplantaten in — 335.
Gehalt an Biotin 148 Tab.
— an Cytochromoxydase und Cytochrom c — 419 Tab.
— — Phosphatase, alkalischer 457.
Hypertrophie nach Androgenen 19.
—, kompensatorische 179.
Katalaseaktivität bei Tieren, tumortragenden 421.
Krebshäufigkeit und Mitoserate 267 Tab.
Metastasenbildung in — bei Verimpfung, intravenöser, von Tumorzellen und -ascites 341.
Nekrosen nach Chloroform (Maus) 375.
Stoffwechselgrößen 407 Tab.
Wachstum nach Xanthopterin 151.
embryonale, Wirkung von Dulcin auf — 487.
Nierentumor, Goldhamster, Aminosäurezusammensetzung der Eiweißkörper aus — 426.
—, —, Antigene in — 432.
— nach Bleiphosphat 211.
— — 4′-Fluor-4-aminodiphenyl (Ratte) 237.
— — Oestrogenen (Goldhamster) 202.
— — Stilboestrol 266.
— — Virus 294f.
Nietenwärmer, Calorienbedarf, täglicher 568 Tab.
Nieter, Calorienbedarf, täglicher 568 Tab.
Nigrosine, Wirkung, cancerogene 247.
Nitrat, Anregung der Hefevermehrung durch — 144.
Nitrite als Mitosegifte 139 Tab.
—, Wirkung, mutagene 93 Tab.
m-Nitroanilin, Reaktion mit Oestrogenen, synthetischen 42.
p-Nitrobenzazo-3,4-benzpyren 225.
Nitrobenzole als Mitosegifte 139 Tab.
2-Nitrofluoren, Wirkung, cancerogene 236, 361, 363.
2-Nitrofluoren 258.
nitrogen mustards, Wirkung, cancerogene 271, 371.
—, —, mutagene 271.
„nitrogen trap“ 435.
4-Nitrostilben, Wirkung, cancerogene 236, 363.
Nitroverbindungen, Wachstumshemmungen durch — 162.
Nochtia nochti, Magentumoren durch — bei Affen 290.
Nonnen, Genitalkrebs bei — 197.
Noradrenalin, Ausscheidung nach Kost, eiweißreicher 540.
Norleucin, Aminosäure, nicht essentielle 549 Tab.
„Normalarbeiter“ 564f.

Normalverbraucher 564f.
Norwegen, Krebstodesfälle 190 Tab.
Notfallsfunktion von Adrenalin 30, 171.
NOVIKOFF-Hepatom, Aktivität der DPN-Nucleosidase in — 416.
—, Glutaminaseaktivität der Leber bei — 439.
Nuclealfärbung 477.
Nuclease, Vorkommen im Eidotter 469.
—, — — Hühnereiweiß 478.
Nucleinsäuren
s. a. Desoxynucleinsäuren.
s. a. Ribonucleinsäuren.
Absorptionsgebiet, maximales 378.
Absorptionsspektrum 75.
Abstände zwischen Purin- und Pyrimidinkernen in den — 277.
Angriffspunkt von Mitosegiften an — 140.
Anregung der Leukocytenauswanderung durch — 168.
Aufnahme von ^{32}P in — 91.
Bauprinzip 58ff.
Bedeutung für Eiweißsynthese 144.
— — das Leben 5.
— — Phagenvermehrung 598.
— — Proteinsynthese 4.
Beziehung zu Erbsubstanzen 56ff.
— — Genen 61.
Bildung in der Zelle 83.
Darstellung aus Fischspermatozoen 12.
Depolymerisation durch Röntgenstrahlen 207.
Einbau von Elementen, isotopen, in — 77.
— — ^{32}P in — 447.
Gehalt in Bändern, euchromatischen, des Speicheldrüsenchromosoms von Drosophila melanogaster 76.
— — Keimgeweben 472.
— — Thymus 155.
— — Viren 582, 610.
— — Zellkern bei Wachstum 131.
Induktion durch — 111.
Konzentration am Genort 75.
„Ladungsmuster" 4.
— als Matrize 77.
Lokalisation in Einzellern 78.
Reaktion mit Farbstoffen, basischen 266.
— — Giften, radiomimetischen 140.
— — Fremdstoffen in Zellen 277.
— — Verbindungen, alkylierend wirkenden 373.
Rekombination von Informationen, genetischen 60ff.
Reproduktion, identische 77.
Reproduktionsprinzip 58f.
Röntgendiagramme 58f.
Selbstreproduktion, identische 5.
Speicherung von Informationen, genetischen 60ff.
Stoffwechsel, Bedeutung für Embryonalentwicklung 122f.
Nucleinsäuren
Stoffwechsel, Einfluß von Wachstumshormon auf — 152.
—, Hemmung durch Antiwuchsstoffe 160.
— bei Zellregenerationen 179f.
— — Zellteilung 5.
— in Tumoren 445—448.
Strahlenwirkung auf — 166.
Struktur, spezifische 58ff.
—, Zusammensetzung 443ff.
Vermehrung bei Zellteilung 134f.
— — Zellvermehrung, Wachstum und Funktion 145.
Verteilung in der Zelle 441ff.
Vorkommen im Samen des Stiers 13.
— in Tumoren 440—445.
— — Virus 79.
— im Zellkern 4f.
Wirkung von Epoxyden und Hydroxylradikalen auf — 273.
Zerfall bei Mutationen 94.
als Bestandteile, wachstumsfördernde, von Embryonalextrakten 135.
— Erbsubstanz 56f.
— Lösungsvermittler 225.
— Matrizen 144.
— Träger des Lebens 144.
— Wuchsstoffe 150.
des Nucleolus 78, 144.
in Plastidengrana 80.
Nucleinsäuredepolymerasen, Aktivität in Leber bei Hepatomen 261.
Nucleinsäuregenetik 62.
Nucleinstoffe, Gehalt in Hühnerei, bebrütetem 476f.
Nucleoide 78.
Nucleolus, Bedeutung für Eiweißsynthese 123, 144.
—, — von Heterochromatin für Bildung des — 77.
—, Bildung 144.
—, — durch Chromosomen 78.
—, Chromatin, am — assoziiertes 144.
—, Eiweißbildung im — 144.
—, Nucleinsäuren des — 78.
—, Ribonucleinsäuregehalt 477.
— als Regulationszentrum für Nucleinsäure- und Eiweißstoffwechsel der Zelle 78.
— verschwindet in Prophase 133.
nucleolus organizing body 78, 144.
Nucleoproteid, Kalbsthymus, Induktion der Medullarplatte bei Axolotl durch — 111 Abb.
Nucleoproteide, Bindung von Benzpyren an — 223.
—, Leber, Analysendaten 427 Tab.
—, Viren als — 581, 586.
— als Wuchsstoffe 150.
Nucleoproteid-P, Gehalt in Eiern, bebrüteten 473 Tab.
—, — — Haut (Maus) vor und nach Carcinogenese 396 Tab.
Nucleotidphosphatase im Arabaciaei 469.
Nutzwert, physiologischer 547.
Nylon, Wirkung, cancerogene 376.

Oberflächengesetz 524—528.
Obst als Nahrungsmittel 563.
Ochse, Leber, Ribonucleinsäure, Zusammensetzung 445 Tab.
Ödem 166.
—, entzündliches 165.
Ödeme bei Unterernährung 578.
Ödemkrankheit 577f.
Öle, Substanzen, cancerogene, in — 287.
—, erhitzte, Wirkung, cancerogene 288.
—, hoch polymerisierte, Wirkung, cancerogene, von — 193.
—, mineralische, Hautkrebs durch — 384 Tab.
—, pflanzliche, Sarkombildung an Ratten durch — 215.
—, —, Zusammensetzung 562 Tab.
—, —, als Krebsursache 192.
Ölsäure, Gehalt in Speisefetten 556 Tab.
—, Induktion der Bildung der Medullarplatte bei Axolotl durch — 111 Abb.
Oesophagus, Krebshäufigkeit 192.
Oesophaguskrebs, Ursache, exogene 199 Tab.
Österreich, Krebstodesfälle 190 Tab.
Östradiol 33 Tab., 40•.
—, Ausscheidung im Harn 31 Tab.
—, Bildung aus Testosteron 390.
—, Einheit 38.
—, Wirkungen 29.
α-Östradiol, Vorkommen im Hoden 8.
—, — — Ovarium 15.
—, — in Placenta 48.
17-β-Oestradiol, Bildung aus Oestron 29.
Oestradiol-3-monobenzoat, Wirkungsdauer 39.
Oestron-diol-3,17, Ausscheidung im Harn 31 Tab.
Oestriol 33 Tab.
—, Ausscheidung im Harn 31 Tab.
—, Vorkommen im Harn 31.
—, — in Pflanzen 20.
—, — — Placenta 31, 48.
—, Wirkungen 29.
Oestrogene
Anregung der Prostata durch — 10.
Aromatisierung 202.
Ausscheidung im Harn 31, 31 Tab.
— — — bei Schwangerschaft 45.
— nach Hormonen, gonadotropen 30f.
Bedeutung für Entstehung von Brustkrebs bei der Maus 187, 297.
Behandlung des Prostatacarcinoms mit — 456.
Bestimmung, biologische 17f.
Bildung im Hoden 19.
— — Organismus, männlichen 10.
— in Placenta 28, 44.
— von Hypophysentumoren durch — 327.
— — Nierentumoren bei Goldhamster durch — 202.
Bildungsorte 26f.
Cervixcarcinome nach — 383 Tab.
Einfluß auf Geschwulstbildung 326.
— — Tumorlokalisation 267.
Oestrogene
Einfluß von Antiwuchsstoffen auf Wirkung der — 16.
Entgiftung in der Leber 11.
Grundlagen, konstitutive, der Wirkung 253.
Heilung der Pubertätsacne durch — 19.
Hemmung des Kammwachstums beim Kapaun 11.
— ihrer Wirkung durch Vitamin A und Carotin 18.
Induktion durch — 111.
Konstitution, allgemeine 39f.
Mitosegiftwirkung 138.
Therapie des Prostatacarcinoms durch — 328.
Tumorbildung in Brustdrüse und Uterus durch — 327f.
Umwandlung von Hoden in Ovariotestes im Hühnerei, bebrüteten, durch Oestrogene 54.
Verhinderung der Nidation des Eis durch — 44.
Vorkommen in Federn von Vögeln, weiblichen 19.
— — Follikelflüssigkeit 14.
— — Nebennierenrinde 27f., 30.
—, extragenitales 20.
Wirkung, Voraussetzungen, strukturelle 173.
— auf Aktivität der Serum-Acetylcholinesterase 19.
— — Brustdrüsen 18.
— — Fettansatz 11.
— — Gänge, MÜLLERsche, bei Küken 54.
— — Geschlechtsmerkmale, männliche, sekundäre 11.
— — Gewebe, sich entwickelnde 480.
— — Glandula submaxillaris 19.
— — Gonadotropinbildung 27.
— — Kalium- und Glykogengehalt der Uterusschleimhaut 17.
— — Knochenbildung 19.
— — Körpertemperatur 19.
— — Organdurchblutung 19.
— — Pflanzenentwicklung 20.
— — Prostatahypertrophie 10.
— — Prostataphosphatase 10.
—, cancerogene 381f.
—, „fibromatogene" 328.
—, proliferationsfördernde 305.
Wirkungen, toxische 30.
—, verschiedene 29.
Wirkungsphäre 46.
phenolische, Inaktivierung 31.
synthetische 39—42.
—, Ausscheidung und Entgiftung 43.
als Krebsfaktoren, konditionale 202.
und Cancerogene, Moleküllänge 217.
Oestron
33 Tab., 391•.
Ausscheidung im Harn 31 Tab.
Bildung aus Testosteron 390.
— von 17-β-Oestradiol aus — 29.

Oestron
Einheit 38.
Nachweis 33.
Vorkommen im Hoden 8.
— in Placenta 48.
— im Schwangerenharn 15.
Wirkung auf Salamanderlarve 480.
—, cancerogene 381f.
Wirkungen 29.
s. a. Follikelhormon.
„Oestronase“, Inaktivierung von Oestrogenen durch — 31.
Oestron-3-monobenzoat, Wirkungsdauer 39.
Oestronsulfat als Entgiftungsprodukt 31.
Oestrus 17 Abb., 18, 38.
—, Ratte, Brenztraubensäuregehalt des Blutes bei — 19.
Ofenmann, Calorienbedarf, täglicher 568 Tab.
Oil orange E, Wirkung, cancerogene 365.
— TX, Wirkung, cancerogene 244, 365.
Oleinsäure in Lipoiden des Eidotters 468.
Olivenöl, Fettsäurezusammensetzung 556 Tab.
Omnibusfahrer, Calorienbedarf, täglicher 569 Tab.
Ommochrome 98.
Oocyten 1. Ordnung 462.
Oogonien 71.
Ooplasma 462.
Ophiostoma, Mutanten 99.
Ophryotrocha puerilis, Geschlechtswechsel, künstlicher 54.
Opisthorchis felineus als Krebsursache 289.
— —, Wirkung, cancerogene 198, 199 Tab.
Optiker, Calorienbedarf, täglicher 568 Tab.
Organbildung, induktive 109—114.
Organe, Anteil am Grundumsatz 521 Tab.
—, Durchblutung nach Oestrogenen 19.
—, Gewichtsverlust bei Hunger 574.
—, blutbildende, Rate der Zellteilung in — 130.
—, —, Zellteilungen, inäquale 318.
—, drüsige, Regenerationsvermögen 177.
—, innere, als Mineralstoff- und Fettquellen 563.
Organismus, Wärmeproduktion 518ff.
—, wachsender, Aminosäurebedarf 550f.
Organellen, chromosomenähnliche, bei — 79.
Organextrakte, Induktionswirkung 111.
—, Wirkung, cancerogene 201.
Organisator 112.
Organisatoren der Eientwicklung 110f.
Organismen, primitive, Regeneration 176.
Organismus, Aromatisierung von Ringsystemen, hydrierten, im — 202.
Organspezifität gebunden an Plasmagranula 3.
Ornithin als Aminosäure, glucoplastische 554.
Ornithin-Citrullin-Arginin-Cyclus, Analyse, genetische 99.
Ornithursäure, Synthese, im Hühnerei, bebrüteten 484f.
Orotsäure-^{14}C, Einbau in Nucleinsäure-Pyrimidine von WALKER-Carcinom 446.
—, — — Pyrimidine der Tumornucleinsäuren 447.
Orthopädiemechaniker, Calorienbedarf, täglicher 568 Tab.
Osmiumtetroxyd, Nachweis von Gruppen, carcinophoren, mit — 249.
—, Reaktion mit Kohlenwasserstoffen, aromatischen, polycyclischen 354.
Osteoblasten, Bildung der alkalischen Serumphosphatase in — 457.
Ostitis fibrosa generalisata 331.
Ovalbumin, Aminosäurezusammensetzung 465 Tab.
—, Gehalt in Eiereiweiß 465 Tab.
Ovarialhormone, Wirkung, zentripetale 23.
— s. a. Gestagene,
— s. a. Oestrogene.
Ovarialkrebs nach 2-Acetylaminofluoren 267.
Ovarien
14ff.
Änderungen, cyclische 14.
Bildung von Hormonen, androgenen, in — 9.
Blutpunkte 15.
Follikel, persistierende 30.
Follikelreifung 27.
Funktionsprüfung 17.
β-Glucuronidasegehalt bei Schwangerschaft 458.
Granulosazell-Tumoren 331.
—, Gehalt an Cytochromoxydase und Cytochrom c 419 Tab.
Hormonbildung, Temperatureinfluß auf — 16.
Konstanz der Zahl der Eizellen 130.
Vorkommen von Fermenten im — 15.
— — α-Oestradiol im — 15.
transplantierte, Bildung von Granulosazell-Tumoren in — 325.
Ovariotestes, Bildung im Hühnerei, bebrüteten 54.
Ovicentrum 462.
Ovocyten 14.
Ovogonien 14.
Ovomucoid, Acetylaminopolysaccharid aus — 466.
—, Aminosäurezusammensetzung 465 Tab.
—, Gehalt in Eiereiweiß 465 Tab.
—, — — Eiern, bebrüteten 472.
Ovotyrin β 467.
Ovulation 27.
—, Verhinderung durch Progesteron 46.
Oxalessigsäure, Abbau in Tumoren 413.
—, Bedeutung für Reaktion, PASTEURsche 121.
—, Gehalt in Tumoren 404.
Oxalessigsäurecarboxylase, Gehalt in Tumoren 414.
Oxalsäure, Einfluß auf Grundumsatz 531.
Oxamidsäure, Hemmung der Milchsäuredehydrogenase durch — 411.
Oxy-Verbindungen s. a. unter den entsprechenden Hydroxyverbindungen.
1-Oxy-2-aminonaphthalin, Oxydationsprodukt von β-Naphthylamin 235.
—, Wirkung, cancerogene 244.
11-Oxyandrosteron, Ausscheidung im Harn 32.

Oxyanthranylsäure, Bildung aus Oxykynurenin 100.
—, Wirkung, cancerogene 204, 234.
2- und 4-Oxyazobenzol, Spaltung durch Hefe, lebende 259 Tab.
4-Oxy-2',3-azotoluol, Bildung aus 2,3'-Azotoluol 257.
8-Oxy-3,4-benzpyren, Wirkung, cancerogene 218.
4-Oxybenzyläthylketon 40*.
8-Oxychinolin als Mitosegift 139 Tab., 140.
—, Wirkung, cancerogene 271, 289.
6-Oxychromane, substituierte, Tokopherolwirkung 43.
11-Oxycorticoide, Ausscheidung im Harn nach stress 173.
17-Oxycorticosteron, Ausscheidung nach ACTH 172.
5-Oxycumaran, Tokopherolwirkung 43.
2-Oxy-2,4,6-cycloheptatrien-on-1 (= Tropolon) 138.
Oxydasen, Hemmung durch Benzochinon 260.
Oxydationsquotient, MEYERHOFscher 407 Tab., 408 Tab.
Oxydationspotential, Bedeutung für Glykolyse 121.
—, — — Mitosen 120.
2-Oxy-4-dimethylaminobenzol, Spaltung durch Hefe, lebende 259 Tab.
—, Wirkung, keine cancerogene 244.
3-Oxy-4-dimethylaminoazobenzol, Wirkung, keine cancerogene 237.
4-Oxy-4-dimethylaminoazobenzol, Wirkung, keine cancerogene 244.
4'-Oxy-4-dimethylaminoazobenzol, Bildung aus 4-Dimethylaminoazobenzol 258.
Oxyglutaminsäure, Aminosäure, nicht essentielle 549 Tab.
Oxykynurenin, Bildung aus Kynurenin 100.
—, Stellung im Tryptophanabbau 100.
5-Oxykynurenin 98.
Oxykynurensäure, Bildung aus Oxykynurenin 100.
Oxymesitylen, Bildung von 2,6-Dimethylbenzochinon aus — 257.
γ-Oxymethionin als Methionin-Antagonist 161.
Oxymethylamine, Wirkung, keine cancerogene 275.
5-Oxymethylcytosin, Vorkommen in Desoxyribonucleinsäuren aus Phagen 63, 598.
5-Oxy-1,2-naphthalindicarbonsäure als Oxydationsprodukt von 1,2,5,6-Dibenzanthracen 227.
α-Oxy-β-naphthylamin, Bildung aus β-Naphthylamin 256.
Oxyprolin, Aminosäure, glucoplastische 554.
—, —, nicht essentielle 549 Tab.
—, Gehalt in Eiereiweißproteinen 465 Tab.
p-Oxypropiophenon, Wirkung, oestrogene 42.
Oxysäuren, aromatische, Vorkommen im Fruchtwasser 47.
Oxystearinsäure in den Lipoiden des Eidotters 468.
Oxytocin 48f.
—, Ausscheidung im Harn 49.
—, Auswertung 49.
—, Eigenschaften 49.
—, Einheit 49.
—, Inaktivierung durch Schwangerenblut 46.
—, Speicherung in der Neurohypophyse 48f.
—, Synthese 49.
—, Vorkommen in Ganglienzellen des Zwischenhirns 22f.
—, — — Hypophyse 22f.
—, Wirkung auf Lactation 18.
— als Faktor, milchaustreibender 49.
Oxytocinase 46, 49.
Oxytocinflavianat 49.
4-Oxy-2,6,6-trimethyl-Δ^1-tetrahydrobenzaldehyd (= Androtermon) 53.
Oxytryptophan, Stellung im Tryptophanabbau 100.
Oxyuren als Krebsursache 290.
—, Bildung von Riesenzell-Granulomen durch — in Genitale, weiblichem 284.
Ozon, Reaktion mit Kohlenwasserstoffen, aromatischen, polycyclischen 354.

Pachytänchromosomen, Mais 73.
Palmenöl, Fettsäurezusammensetzung 556 Tab.
—, Gehalt an β-Carotin 556.
Palmkernöl, Fettsäurezusammensetzung 556 Tab.
Palmitinsäure, Abbau in Tumoren 412
— in Lipoiden des Eidotters 468.
Palmitoleinsäure als Wuchsstoff für Milchsäurebakterien 146.
Pankreas, Cystindesulfhydrase in — 438.
—, Dehydropeptidase II in — 437.
—, Eiweißsynthese 145.
—, Esterase- und Phosphataseaktivität in — 454 Tab., 455.
—, Gehalt an Colaminphosphorsäure 452.
—, — — Cytochromoxydase und Cytochrom c 419 Tab.
—, Stoffwechselgrößen 407 Tab.
—, Zellen, eiweißproduzierende, Ribonucleinsäuregehalt 145.
Pankreas-Desoxyribonuclease 449.
Pankreastumoren, Hypoglykämie bei — 331.
— nach 2-Acetaminofluoren 382.
Pantothensäure 147.
—, Gehalt im Hühnerei 480.
—, Vorkommen in Tumoren 459.
—, Wachstumswirkung 146.
Pantoyltaurin 159.
Papain, Inaktivierung von Oxytocin durch — 49.
—, Wirkung auf Oxytocin 49.
—, — — Vaccine-Virus 610.
Papillome, Auslösung durch Virus 299.
—, Fische, Ätiologie 294.
—, gutartige, Mundschleimhaut, Kaninchen 295.
Papillom-Virus des Kaninchens 602, 604, 608.
Paracentrotus 116 Abb.

Paracentrotas lividus, Cholinesterase in Eiern, befruchteten, von — 469.
— —, Ei, Entwicklung 120 Abb.
— s. a. Seeigel.
Paraffin, Hautkrebs durch — 384 Tab.
—, rohes, Wirkung, cancerogene 199 Tab.
Parafuchsin, Wirkung, cancerogene 242.
Paralyse, progressive, Grundumsatz bei — 530.
Paramaecia aurelia, Vererbung, plasmatische 80.
Paramäcien, Cytoplasmafaktoren, Vermehrungsfähigkeit 52.
—, killer-Faktor 82.
—, Mutationen an — durch Substanzen, chemische 92.
—, Rasse, „sensitive“, von — 80.
—, Sensibilisierung gegen UV-Bestrahlung 205f.
Parascorbinsäure als Blastokolin 163.
Parasiten, Erzeugung von Blasenkrebs durch — 199 Tab.
— als Krebsursache 234, 289—291.
Parathyreoidea, Einfluß auf Grundumsatz 530.
Parotin, Einfluß auf Knochenwachstum 487.
Parotismischtumor, Gehalt an Cytochromoxydase und Cytochrom c 419 Tab.
Parotistumoren nach 2-Acetaminofluoren 382.
Parthenogenese 50, 112.
—, Auslösung, künstliche 113.
—, künstliche, Seeigelei 105.
PASTEUR-Effekt 401, 406.
—, umgekehrter, bei Tumoren 406.
Patentblau AE 243*.
—, Wirkung, cancerogene 243.
Patulin 149.
PAULING-Struktur 220.
Pech, Hautkrebs durch — 346, 384 Tab.
PELGER-Anomalie 87.
—, Häufigkeit beim Menschen 189 Tab.
Pellidol, Wirkung, cancerogene 237, 289.
Penetranz der Gene 72.
Penichromin, Hexokinasehemmung durch — 410.
Penicillin 156.
Penicillium, Mutanten 99.
Peniskrebs 197.
—, Faktoren, auslösende und erzeugende 383 Tab.
—, Mensch 188.
—, Ursachen, exogene 204.
Pentacen, Peroxydbildung 225.
Pent-α-enollacton als Blastokolin 163.
Pentolyse in Tumoren 410.
Pentoseabbau durch Erythrocyten 410.
Pentosen, Gehalt an Eiern, bebrüteten 472.
Pentosenucleinsäuren als Wuchsstoff für Tumoren 324.
Pentosephosphat, freies, Auftreten in Embryonen 121.
Pentosephosphat-Cyclus in Tumoren 410.
Pepsin, Bildung in der Magenschleimhaut nach Glucocorticoiden 174.
—, — in Vaccine-Virus 610.
Pepsin, Wirkung auf Prolactin 26.
— fehlt in Magentumoren 437.
Peptidase, Gehalt in Leber und Hepatom 394 Tab.
—, — — Tumoren 435ff.
D-Peptidase, Gehalt in Leber und Hepatom 394 Tab.
—, — — Tumoren 437.
Peptide, Aufnahme durch Asciteszellen 423.
Perbenzoesäure 366.
—, Nachweis von Gruppen, carcinophoren, mit — 249.
—, Reaktion mit Kohlenwasserstoffen, aromatischen, polycyclischen 354.
Periost, Induktion von Knochenbildung durch — 113.
Peroxydase, Hemmung durch Kochsaftfaktor 422.
Peroxyde, Bildung bei Bestrahlung 207.
—, Wirkung auf Nucleinsäuren 273.
—, —, mutagene 92, 93 Tab.
Peroxydbildung, Cancerogene, aromatische, als Photosensibilisatoren für die — 224.
„perspiratio insensibilis“ 507.
Perylen, Vorkommen in Luft von Industriestädten 213.
Pessare, Eigenschaften, cancerogene 197.
Petroleum, Teere, cancerogen wirksame, aus — 212.
PETTENKOFER, Respirationsapparat 515.
Pfeffer, spanischer, Wirkung, cancerogene 287.
Pferd, Bildung von Equilin, Hippulin und Equilenin beim — 31.
—, Gehalt an Hormon, thyreotropem, in Hypophysenvorderlappen 155 Tab.
—, Grundumsatz und Körpergewicht 527 Abb.
—, Tragezeit 48 Tab.
Pferde-Encephalitis, amerikanische 603.
Pflanzen
Auslösung der Blütenbildung 20.
Blütenbildung, Förderung 162.
Infektion mit Virus, tumorerzeugendem 283.
Kohlensäureassimilation 520.
Mißbildungen bei — 115.
Mutation, somatische 97 Abb.
Schädigung durch Substanzen, carcinogene, der Luft 214.
Tumorbildung durch Pseudomonas tumefaciens 291.
Virustumoren 294.
Samen, Vorkommen von Oestrogenen im — 20.
Selbststerilität 102.
Treiben, künstliches 149.
Vitaminbildung in — 146.
Vorkommen von Krebs bei — 185.
Wachstum, Förderung durch Biotin 147.
—, Hemmung durch Canavanin 161.
Wundhormone bei — 178.
chlorophyllhaltige, Stoffaustausch 509.
höhere, Befruchtungsvorgänge bei — 102.

Pflanzen
höhere, Vererbung, außerkaryotische, der Plastiden 80.
—, Zwittrigkeit, genisch bedingte 55.
Pflanzengallen, Vorkommen von Pflanzenwuchsstoffen in — 148.
Pflanzenkeime, Vorkommen von Wuchsstoffen in — 149.
Pflanzenprodukte, Wirkung, cancerogene 286.
Pflanzenviren, Vermehrung in Insekten 596.
—, kugelförmige 586f.
—, stäbchenförmige 588—596.
Pflanzenwuchsstoffe, Antistoffe gegen — 162.
Pflanzenzelle, Vererbung, außerkaryotische 80.
Pflastersteinhauer, Calorienbedarf, täglicher 568 Tab.
p_H in Tumoren 397.
p_H-Verschiebungen in Gewebe, entzündetem 165.
Phäne 87.
—, polygen bedingte 97.
Phänokopie 97, 117.
Phänotyp 72.
Phänotypus, Änderungen 97.
Phäochromocytome 331.
Phagen, Gehalt an DNS 598.
—, Lebenscyclus 600 Abb.
—, DNS-haltige, Wirkung, genartige 611.
—, temperierte 599.
T-Phagen 596ff.
T_2-Phagen 597 Abb.
—, Receptorsubstanz 598.
„Phagenchromosom" 598.
Phagenreproduktion 68.
Phagocytose 277, 283.
Pharmaka, Durchtritt durch die Placenta 48.
—, Wirkungsmechanismus 228—232.
—, cholinergische, Wirkung auf Eiweißbildung im Pankreas 145.
Phaseolus vulgaris, Tabakmosaikvirus bei — 589.
Phenacetin 268•.
—, Wirkung, keine cancerogene 268.
Phenacin, Aminoverbindungen, Wirkung, cancerogene 219.
Phenanthren 218•.
—, Bildung von Carcinogenen aus — 247f.
—, trans-1,2-Dihydroxy-1,2-dihydro-Verbindung als Ausscheidungsprodukt von — 356.
—, Eigenschaften, cancerophore und oestrophore 249.
—, Kohlenwasserstoffe, cancerogene, aus — 215.
—, Konstitution und Wirkung, cancerogene 249.
—, Oxydationsprodukte in vitro und in vivo 226.
—, Substitutionsprodukte, cancerogene, von — 216.
—, Wirkung, keine cancerogene 222, 349.
Phenanthren-Derivate, Wirkung, cancerogene 354.
9,10-Phenanthrenregion, π-Elektronendichte in der — 223.
Phenazin, Aminoverbindungen 219.
p-Phenetidin als Antistoff gegen p-Aminobenzoesäure 159.
Phenetidinharnstoff, Wirkung, cancerogene 268.
Phenol als Lösungsvermittler für Kohlenwasserstoffe, cancerogene 229.
—, Bildung durch Oxydation von Kohlenwasserstoffen 226.
—, Wirkung, cancerogene 227.
—, —, mutagene 93 Tab.
Phenole, zweiwertige, Wirkungen, zellteilungshemmende 138.
— als Ausscheidungsprodukte von Kohlenwasserstoffen, polycyclischen 356.
— — Mitosegifte 139 Tab.
p-Phenole, mehrwertige, Wirkung, oestrogene 20.
Phenol-Formaldehydharz 278•.
Phenolformaldehydpolymerisat, Sarkombildung nach Implantation von — 279.
Phenoloxydase, Hemmung durch Kochsaftfaktor 422.
Phenolsulfatase im Seeigelei, befruchteten 119.
„phenomic lag"-Phase der Cancerisierung 317.
Phenylalanin
Aminosäure, essentielle 146, 549 Tab.
Bedarf, täglicher, des Menschen 549 Tab., 550.
Chloromycetin als Hemmstoff gegen — 161f.
Gehalt in Eiereiweißproteinen 465 Tab.
— — Follikelreifungshormon 25 Tab.
— — Prolactin 26 Tab.
— — Spermatozoen und Samenplasma vom Stier 13 Tab.
— — Tumoreiweiß 425 Tab.
Protein-Vollei-Wert in Eiweißkörpern 552 Tab.
Wert, biologischer, in Eiweißkörpern 552 Tab.
2-Phenylamino-5-naphthol-7-sulfosäure, Nachweis von Aminen, aromatischen, mit — 234.
Phenylazo-2-naphthol („Sudan I") 244•, 365•.
—, Wirkung, cancerogene 244, 257, 365.
Phenylbrenztraubensäure, Transaminierung mit β-2-Thienyl-D,L-alanin in Tumoren 439.
p-Phenylendiamin 368•.
—, Bildung aus 4-Dimethylaminoazobenzol 369.
Phenylessigsäure, Auxinwirksamkeit 149.
Phenylharnstoff, Wirkung, cancerogene 268f., 285, 376.
Phenylharnstoffverbindungen, Tautomerie als Ursache der Wirkung, cancerogenen 285.

Phenylhydroxylamin, Bildung aus Aminen, aromatischen 255.
Phenylisocyanat, Wirkung auf Tabakmosaikvirus 595.
Phenylpantothenon 159.
2-Phenyl-phenanthrendicarbonsäure-3,2′ 357•, 358.
α-Phenylstilben, Oestrogenwirkung 40.
Philadelphiasarkom 424.
Phosgen 276.
Phosphat
Bedarf während Schwangerschaft 46.
Bedeutung für Wachstum 146.
Gehalt in Amnion- und Allantoiswasser, Hühnerembryo 492 Tab.
— — — — —, Meerschildkröte 494Tab., 495 Tab.
— — Eidotter 468.
— — Eiereiweiß 466.
— — Fleischfliegenlarven 504 Tab.
— — Harn der Schildkröte 495 Tab.
— — Hühnerei, bebrütetem 470 Tab.
— — Serum bei Tieren, wachsenden 146.
Phosphatasen
Aktivität in Geweben, wachsenden 145.
— im Serum von Carcinompatienten 451.
—· in Leber bei Hepatomen 261.
Erythrocyten, Blockierung mit Formaldehyd 456.
β-Indolylessigsäure als Aktivator einer — 149.
Vorkommen in Endometrium 16.
— — Hühnerei, bebrütetem 478.
— — Ovarium 15.
— — Samenblase 10.
— — Tumoren 261, 455ff.
alkalische
Aktivität in Organen und Tumoren 454 Tab., 455f.
— bei Zellregeneration 179.
Gehalt in Leber und Hepatom 394 Tab.
Nachweis, histochemischer 457.
Vorkommen in Brustdrüse, lactierender 18.
— — Seeigeleiern 479.
Wirkung von Colchicin auf — 138.
saure
Aktivität in Organen und Tumoren 454 Tab., 455f.
— — Prostata-Carcinom 328.
Bestimmung im Serum 456.
Bildung bei Prostatacarcinom 329.
Gehalt in Blut 123 Tab., 456.
— — Leber und Hepatom 394 Tab.
Lokalisation in Tumoren 455.
Vorkommen im Prostatasekret 10.
— — Seeigelei, befruchteten 119.
— — Sperma 18.
Phosphatide, Einbau von Elaidinsäure in — 453f.
—, Gehalt in Brustdrüse 451.
—, — — Eidotter 468.
Phosphatide, Gehalt in Eiern, bebrüteten 473f.
—, — im Gelbkörper bei Reifung 15.
—, — in Hepatom 393 Tab.
—, — — Leber 393 Tab., 451.
—, — — Tumoren 451.
—, Stoffwechsel, Hühnerei 474.
Phosphoglycerinsäure, Gehalt in Geweben 402 Tab.
—, — — Tumoren 402 Tab.
Phosphohexokinase in Tumoren 410.
Phosphohexoseisomerase, Aktivität im Blutserum bei Tumorträgern 411.
Phosphokinasen, Hemmung durch Lost und Stickstofflost 374
Phosphokreatin, Gehalt in Geweben 402 Tab.
—, — — Skeletmuskel 16.
—, — — Tumoren 402 Tab., 403.
—, — — Uterusschleimhaut 16.
— s. a. Kreatinphosphorsäure.
Phospholipid in Virus der Geflügelpest, atypischen 608.
Phospholipoide, Gehalt in Vaccine-Virus 610.
—, Vorkommen in Mikrosomen 82.
Phospholipoid-P, Gehalt in Haut (Maus) vor und nach Carcinogenese 396 Tab.
Phosphoproteid aus Eidotter 467.
—, Einbau von ^{32}P in — 447.
Phosphoproteidphosphatase im Froschei 469.
— in Hühnerei, bebrütetem 478.
Phosphopyridin-nucleotide, Vorkommen in Mitochondrien 81.
Phosphor
Bedarf, täglicher 565 Tab.
Gehalt von Eiern, bebrüteten 473 Tab.
— in Lebensmitteln 562 Tab.
— — Leber und Hepatom 393 Tab.
— — Lebernucleoproteiden 427 Tab.
— — Samenplasma 13 Tab.
Vorkommen im Heterochromatin 144.
anorganischer, Gehalt in Geweben 402 Tab.
—, — — Mammacarcinom (Maus) 403.
—, — — Tumoren 402 Tab.
isotoper, Einbau in Nucleinsäuren 77.
organisch gebundener, in Pyrogenen 170.
organischer, Gehalt in Geweben 402 Tab.
—, — — Tumoren 402 Tab.
radioaktiver (^{32}P), Wirkung, mutagene 91.
säurelöslicher, Gehalt in Geweben 402 Tab.
—, — — Tumoren 402 Tab.
^{32}Phosphor, Einbau in DNS von Tieren, tumortragenden 448.
—, — — Nucleinsäuren und Phosphoproteide 447f.
—, — — Tumornucleinsäuren 446.
—, — — Zellkerne bei Tieren, tumortragenden 447.
—, Wirkung, cancerogene 209, 379.
Phosphoraustausch, Tumoren 451.
Phosphorsäure, Anhäufung in Gewebe, entzündetem 165.
—, Gehalt in Tumoren 401.

Phosphorylierung, Beginn im Hühnchenkeim 121.
—, oxydative, DPN-Bedarf für — 416.
—, —, Einfluß von Thyroxin auf — 529.
—, —, in Tumoren 416f.
—, —, — Tumormitochondrien, Beeinflussung durch Thyroxin 417.
— in Ehrlich-Ascitestumor 416.
— — Walker-Tumor 256, 416.
Phosvitin 467 Tab.
Photosensibilisierung von Zellen 91
Phrenosin im Eidotter 468.
Phytohormone 148.
Pigmentierung, Steuerung durch Wirkstoffe 114.
Pikrocrocin 53.
Pilocarpin, Auslösung von Mißbildungen durch — 117.
—, Wirkung auf Eiweißbildung im Pankreas 145.
Pilze, Stoffaustausch 509.
— als Krebserreger 290.
Pilzwachstum, Hemmstoffe gegen — 156.
Pitressin 48.
Pituicyten 48.
PKW-Fahrer, Calorienbedarf, täglicher 569 Tab.
Placenta 16.
Ausbildung 44.
Bedeutung für den Fetus 48.
Bildung von Hormon, gonadotropem in — 23.
— — Hormonen in — 28, 44.
Entwicklung, Bedeutung von Progesteron für — 46.
β-Glucuronidasegehalt bei Schwangerschaft 458.
Permeabilität 48.
— für Antikörper 123.
— — Giftstoffe 118.
— — Kohlenwasserstoffe, cancerogene 231.
— — Substanzen, cancerogene 188.
— — Urethan 270.
Stoffaustausch durch die — 48.
Stoffwechselgrößen 407 Tab.
Vorkommen von Acetylcholin in — 48.
— — Glucose→Fructose-Isomerase in — 43f.
— — Hormonen in — 48.
— — Oestriol in — 31.
— — Vitaminen in — 48.
Wirkung von Tokopherol auf — 43.
menschliche, Prolanbildung in — 45.
Placentaextrakte, Thrombokinaseaktivität 48.
Placentome 16.
Plättchen, Sarkombildung nach Implantation von — 279.
Planarien, Wirkung von Nahrungsentzug auf — 574.
Plasma, Bedeutung für Zellteilung 141.
— s. a. Blutplasma.
— s. a. Cytoplasma.
Plasma s. a. Zellplasma.
Plasmacytom, Ausscheidung von Bence-Jones-Eiweiß bei — 433.
—, Blutserum, Eiweißkörper bei — 433.
Plasmaduplikanten 79—85.
—, Mutation 85f.
Plasmaerbträger 80.
—, Dauermodifikationen 80f.
Plasmagene 131.
Plasmagranula 81, 82 Tab.
—, Gehalt an Ribonucleinsäuren 81, 144.
—, Selbstreproduktion, identische 5.
—, Vermehrung durch Teilung 131.
—, Vorkommen von Enzymen in — 3.
Plasmapartikel, Selbstreproduktion 78.
Plasmateilung, Hemmung durch Colchicin 141.
—, Störung durch Gifte und Strahlen 137.
Plasmawuchs 124, 132.
Plasmazellen, Bildung von Antikörpern, spezifischen, in — 175.
Plasmin 168.
Plasmon 82 Tab.
Plastiden 82.
—, Selbstreproduktion, identische 5.
—, Vererbung, außerkaryotische 80.
—, chlorophylltragende, Selbstreproduktion 78.
Plastidengrana, Nucleinsäuren der — 80.
Platin, Wirkung, cancerogene 282, 376.
Platinscheibchen, Sarkombildung durch — 211, 282.
Plattenepithelcarcinom, Gehalt an Calcium 399.
—, — — Citronensäure 405, 405 Tab.
—, Haut, Gehalt an Aminosäuren, freien 423
Plattenepithelcarcinome nach Asbest 377.
Platyfisch, Hybriden, Melanomhäufigkeit bei — 186.
Pleiotropie 87, 99.
Pluteus 108f., 116 Abb.
Plutonium, Wirkung, cancerogene 209.
^{239}Plutonium, Wirkung, cancerogene 209.
Pneumokokken, Typenumwandlung 95.
Pneumokokken-Typenfaktor 83.
Pneumococcusfaktor 73, 80.
Pneumokokken, Typenwandel 80.
Pocken-Virus, echtes 609.
Podophyllium-Verbindungen, Hexokinasehemmung durch — 410.
Poisson-Näherung 89.
Poliomyelitis, Schutzimpfung gegen — 602.
Poliomyelitis-Viren 601ff.
—, Vermehrung 610.
Poliovirus 602f.
—, Ribonucleinsäure 603.
Polkörperchen 133.
pollution on the seas 214.
Polonium, Giftigkeit 209.
Polplasmen, Tubifexei, Selbstreproduktion 78f.
Polyäthylen 278•.
—, Sarkombildung nach Implantation von Plättchen und Filmen 279.
—, Wirkung, cancerogene 376.

Polyäthylenfolien, Resorption 283.
Polyäthylenglykole als Lösungsvermittler für Kohlenwasserstoffe, cancerogene 229.
Polyamid 278*.
—, Sarkombildung nach Implantation von Plättchen und Filmen 279.
—, Wirkung, cancerogene 376.
Polyeder-Viren 600f.
Polyfluoräthylen, Sarkombildung nach Implantation von Plättchen und Filmen 279.
Polymerisation, Beschleunigung 83.
—, intracelluläre 277.
Polynitroderivate als Moschus, künstlicher 104.
Polyoxyäthylensorbitan-Fettsäureester, Wirkung, cocancerogene 381.
Polyoxyäthylen-sorbitan-monostearat als Lösungsvermittler für Kohlenwasserstoffe, cancerogene 214, 229.
Polyoxyäthylensorbinmonostearat, Wirkung, cocancerogene 304.
Polyoxyäthylensorbitanstearat, Einfluß auf Krebsauslösung 232.
Polyploidie 71, 86, 132, 143.
—, Auslösung durch Agentien, chemische 95.
—, — — Mitosegifte 137.
Polyposis intestini 190.
Polysaccharide, Antigenwirkung 175.
—, Vernetzung mit Borsäure 279.
—, Vorkommen im Cervicalschleim 17.
—, — in Pyrogenen 169.
—, Wirkung, spezifisch-dynamische 538.
Polysaccharidsymplexe aus Bakterien, gramnegativen 170.
Polystyrol, Sarkombildung nach Implantation von Plättchen und Filmen 279.
—, Wirkung, cancerogene 376.
Polythen 278*.
Polyurethan, Sarkombildung durch — 279, 281 Abb.
Polyvinyl 278*.
Polyvinylalkohol, Hydrogelbildung mit Zucker 279.
Polyvinylchlorid, Sarkombildung nach Implantation von Plättchen und Filmen 279.
—, Wirkung, cancerogene 376.
Polyvinylpyrrolidon, Sarkombildung durch 282.
Populationen, Vermehrung, Behandlung, mathematische 126—129.
Porthetria dispar, Polyedervirus 600, 601 Abb.
potato yellow dwarf-Virus 596.
„Präcancer" 320.
„Präcancerose" 320.
Präcipitinreaktion 175.
„Präneoplasien", vererbbare 190.
^{144}Praseodym, Wirkung, cancerogene 209.
Pregnandiol 33 Tab.
—, Ausscheidung im Harn während Schwangerschaft 45.
—, Bestimmung 33.
—, Vorkommen im Harn, männlichen 32.
Pregnan-diol-glucuronid, Ausscheidung 31.
Pregnandion, Ausscheidung im Harn 32.
allo-Pregnandion, Ausscheidung im Harn 32.
epi-Pregnan-3-ol, Ausscheidung im Harn 32.
Pregnanolon, Ausscheidung im Harn während Schwangerschaft 45.
allo-Pregnanolon, Vorkommen im Corpus luteum 15.
Pregnan-ol-3α-on-20, Ausscheidung im Harn 32.
allo-Pregnan-ol-3-on-20, Vorkommen im Hoden 8.
allo-Pregnan-ol-3β-on-sulfat, Vorkommen im Harn 32.
Pregnantriol, Vorkommen im Harn 32.
Δ^5-Pregnen-diol-3β, 20α, Ausscheidung im Harn 32.
Δ^5-Pregnenol-3β-on-20, Vorkommen im Hoden 8.
Δ^{16}-allo-Pregnenol-3β-on-20-sulfat, Vorkommen im Harn 32.
Preußen, Krebstodesfälle 190.
Primordialfollikel 14.
Prinzip, CARNOTsches 510.
Produkte, pflanzliche, Wirkung, cancerogene 286.
Progesteron
33 Tab.
s. a. Gestagene.
Auslösung von Eklampsie durch — 44.
Auswertung 38.
Bedeutung für Einbettung des Eis 46.
— — Entwicklung der Placenta 46.
Bestimmung, biologische 16.
Bildung aus Cholesterin 392.
Einfluß auf Wirkung, „fibromatogene", von Oestrogenen 328.
Einheit 38.
Nachweis 33.
Stoffwechselprodukte 32.
Vorkommen im Corpus luteum 15.
— in Placenta 48.
Wirkung 16.
— auf Körpertemperatur 19.
— — Prostatahypertrophie 10.
Wirkungssteigerung durch Tokopherol 143.
rohes, Wirkung, cancerogene 203, 392.
als Sexualhormon, spezifisch, weibliches 28.
Prolactin 18, 23, 26, 26 Tab.
—, Ausscheidung im Harn 38.
—, Auswertung, biologische 38.
—, Bildung, Auslösung durch Nidation des Eies 44.
—, Einheit 38.
—, Wirkung auf Brustdrüse 18, 49.
—, — — Kropfdrüsen 18.
Prolan, Ausscheidung im Harn 45.
—, Bestimmung, biologische 36.
—, Bildung in der Placenta 24, 44f.
—, Einheit 38.
—, Gehalt an Hexosamin-digalaktose 25 Tab.
—, Vorkommen in der Placenta 48.
Prolin, Aminosäure, glucoplastische 554.
—, —, nicht essentielle 549 Tab.
—, Gehalt in Eiereiweißproteinen 465 Tab.
—, — — Prolactin 26 Tab.

Prolin, Gehalt in Schalenmembran des Hühnereies 464 Tab.
—, — — Tumoreiweiß 425 Tab.
promoting substances 233.
Propandiol-(1,2)-phosphat-(1), Gehalt in Tumoren 404.
Propargylglycin 161•.
Properdin 150, 176.
Prophase 133, 134 Abb., 135.
Prophasengifte 140.
β-Propiolacton 372•.
—, Wachstumshemmung von Tumoren durch — 373.
—, Wirkung, cancerogene 276.
—, —, cocancerogene, von Crotonöl nach Vorbehandlung mit — 380.
—, —, mutagene 93 Tab., 94.
Propylthiouracil, Wirkung, cocancerogene 382.
Propylurethan, Wirkung, cancerogene 270.
Prostata 10.
—, Gehalt an Cytochromoxydase und Cytochrom c 419 Tab.
—, — — Phosphatase, saurer 456.
—, Hypertrophie 10.
—, — im Senium 12.
—, hypertrophe, Gehalt an Cytochromoxydase und Cytochrom c 419 Tab.
Prostatakrebs 10, 197, 329, 382.
—, Aldolase im Blutserum bei — 412.
—, Behandlung mit Oestrogenen 456.
—, Gehalt an Cytochromoxydase und Cytochrom c 419 Tab.
—, — — Phosphatase, saurer 456.
—, Knochenmetastasen, Serumphosphatase, alkalische, bei — 457.
—, Metastasen, Phosphatase, saure, bei — 328ff.
—, — in der Brustdrüse 328.
—, metastasierender, Blutserumgehalt an Phosphatase, saurer, bei — 456.
—, —, — — Phosphohexoisomerase bei — 411.
Protease, Vorkommen im Eidotter 469.
—, — — Eiereiweiß 466.
—, — — Hühnereiweiß 477.
A-Protein aus Tabakpflanzen, mosaikkranken 592, 594.
—, — Tabakmosaikvirus 611.
X-Protein aus Tabakpflanzen, mosaikkranken 592.
— — — Tabakmosaikvirus 611.
protein deletion hypothesis 431.
protein efficiency 550.
Proteinase, Gehalt in Leber und Hepatom 394 Tab.
—, Hemmung durch Lost und Stickstofflost 374.
— in Tumoren 435ff.
Proteine
Bindung von Benzpyren an — 223.
— — Cancerogenen an — 225, 263f.
— — Kohlenwasserstoffen, cancerogenen, an — 230.
— — Silikaten an — 284.
Proteine
Gelierung durch Acrylamid 279.
Reaktion mit Fremdstoffen in Zellen 277.
— — Verbindungen, alkylierend wirkenden 373.
Verteilung in Lebertumoren nach 4-Dimethylaminoazobenzol 429.
als Lösungsvermittler für Kohlenwasserstoffe, cancerogene 229.
aus Hepatomen, Bindungsfähigkeit für Farbstoffe 264.
s. a. Eiweiß.
Protein-P, Gehalt in Leber und Hepatom 393 Tab.
Protein-Stickstoff, Verteilung in Tumor-Zellfraktionen 428.
Proteinstoffwechsel in Tumorzellen 264.
Proteolyseprodukte, Rolle bei Entzündung 168.
Prothoraxdrüse, Bedeutung für Verpuppung der Raupe 114.
Protocrocin 53.
Protonendonatoren 277.
Protozoen als Krebserreger 290.
Psamechinus 120 Abb.
Pseudoallelie 61.
Pseudoendomitose 136.
Pseudogravidität 18, 44.
Pseudomonas tumefaciens, Tumorbildung bei Pflanzen durch — 291.
Psychosomatik und Regulationssystem, hormonales 30.
Ptyas Korros, Ei 498 Tab., 499 Tab.
Ptyas Mucosus, Ei 498 Tab., 499 Tab.
Pubertät, Ausscheidung von Steroiden im Harn 32 Tab.
—, Bedingtheit, sexuale 6.
—, Grundumsatz in der — 530.
Pubertätsacne 19.
pubertas praecox 28, 331.
— bei Nebennierenrindentumoren 11.
Pulsfrequenz bei Unterernährung 576.
Punktwärme 87.
Purinbasen, Bildung in Eiern, bebrüteten 476.
Purine, Einbau von Formiat-^{14}C in — 447.
—, Reaktion mit Lost 140.
—, Stoffwechsel, Aufklärung an Mutanten 99.
—, — Hemmung durch Guanazol-Synthese 142.
—, —, Störung durch Antistoffe gegen p-Aminobenzoesäure 159.
— als Lösungsvermittler 225, 229.
Purin-Hemmstoffe, Hemmung, kompetitive, der Coenzym (ATP)-Wirkung durch — 409.
Purinnucleotide, Synthese, Wege der — 447.
Putrescin, Wirkung, cancerogene, fraglich 204.
—, —, mutagene 93 Tab., 95.
Putzfrau, Calorienbedarf, täglicher 569 Tab.
Pyramidon, Wirkung über Hypophyse und Nebennierenrinde 173.
Pyren, Halochromie 224.

Pyren, Vorkommen in Luft von Industriestädten 213.
—, Wirkung, cancerogene 216.
Pyrexin 169.
Pyridin-4'-azo-4-dimethylanilin, Wirkung, cancerogene 240.
Pyridinnucleotide, Verteilung in Zellfraktionen von Tumoren 415.
Pyridoxin, Antistoff 160.
—, Wirkung auf Granulocytenzahl im Blut 169.
—, — — Tumorwachstum 332.
Pyrifer, Auslösung der Stress-Reaktion durch — 171.
Pyrimidine, Stoffwechsel, Aufklärung an Mutanten 99.
Pyrimidinsynthese, Störung durch Antistoffe gegen p-Aminobenzoesäure 159.
Pyrithiamin 160.
Pyrogene 169f.
Pyrophosphat, Vorkommen im Seeigelei 479.
Pyrophosphatase, Gehalt in Hepatom 395 Tab.
—, — — Leber 395 Tab., 458.
— in Seeigelei, befruchtetem 119.
— in Tumoren 458.
D-α-Pyrrolidoncarbonsäure, Bildung aus Benzpyren-Rattentumoren durch Hunde und Ratten 428.
$Q_M^{N_2}$ 407 Tab., 408 Tab.
Q^{O_2} 407 Tab., 408 Tab.
$Q_M^{O_2}$ 407 Tab., 408 Tab.
Quark, Zusammensetzung 562 Tab.
Quarz, Löslichkeit im Organismus 284.
—, Wirkung, cancerogene 376.
Quarzsand, Wirkung, cancerogene 284.
Quecksilber, Metallkrebs durch — 282, 377.
—, Sarkombildung durch — 210 Abb., 212.
Quecksilberverbindungen, Durchtritt durch Placenta 48.
Quercit 147.
Quercitrin als Blastokolin 163.
Quotient, respiratorischer 518f.
—, —, Hühnerembryo 481.
—, —, Kobraeier 482 Tab., 483.

Rabies-Virus, Nucleinsäuren in — 79.
Radfahren, Umsatzsteigerung durch — 542.
Radikalbildung 285.
Radikale, Wirkung, auf Nucleinsäuren 273.
—, freie („Diyl-Form") 225.
Radiothor, Wirkung, cancerogene 199 Tab.
Radium, Ablagerung im Knochen 379.
—, Wirkung, cancerogene 199 Tab., 208f., 289, 379.
Radiumemanation, Halbwertszeit 209.
—, Lungenkrebs durch — 379.
—, Ursache des „Schneeberger Lungenkrebses" 209.
Radiumsalze, Wirkung, cancerogene 379.
Radon, Lungenkrebs durch — 379.
Rana esculenta, Gonadotropinnachweis an — 36 Tab.
— —, Schwangerschaftstest an — 38.
Rana esculanta u. pipiens, Mißbildungen 115.
— —, Nierengeschwülste durch Virus bei — 294f.
— temporaria, Mißbildungen 115.
Rangierer, Calorienbedarf, täglicher 569 Tab.
Rasse und Grundumsatz 535f.
Ratte
2-Acetaminofluoren, Einbau von Uracil-^{14}C in RNS 446.
Amine, aromatische, cancerogene, für die — 359.
Aminosäuren, entbehrliche und unentbehrliche 549 Tab.
Auslösung von Hautkrebs 183.
Auswertung von Gonadotropinen an der — 36 Tab.
— — Oxytocin an der — 49.
Azofarbstoffhepatome, Aminosäurezusammensetzung der Eiweißkörper aus — 426.
Bedeutung von Fettsäuren, essentiellen, für — 555.
3,4-Benzpyrensarkom, Pyrophosphatase in — 458.
Bestimmung der Oestrogene an der — 38.
Blasentumoren durch 3-Methylcholanthren 353.
Brunstcyclus 15.
Brustkrebs bei — nach Oestrogenen 327.
Carcinome nach β-Anthramin 361.
Cholangiome, Desoxyribonucleinsäuregehalt 442.
— nach Gerbsäure 375.
4-Dimethylaminoazobenzol, Dosis, cancerogene, bei — 360.
Empfindlichkeit gegen Hunger 574.
Epitheliom, Desoxyribonucleinsäure, Zusammensetzung 444.
Esterase- und Phosphataseaktivität in Organen und Tumoren 454 Tab.
Galaktose, Toxicität bei — 554.
Gallengangskrebs nach Thioacetamid 269, 376.
Gehalt an Cytochrom c und Cytochromoxydase in Geweben 420 Tab.
— — Desoxyribonucleinsäure im Zellkern 75.
— — Hormon, thyreotropem, in Hypophysenvorderlappen 155 Tab.
Gehörgangscarcinom 241 Abb.
Gehörgangstumoren nach 2-Acetylaminofluoren 236.
Gesichtstumoren nach Thioharnstoff 375.
Gewebswucherungen durch Krystallite, anorganische 285.
Granulombildung durch Vorgänge, immunbiologische 168.
Grundumsatz und Körpergewicht 527 Abb.
Hämatome nach Selen 377.
Haut, Gehalt an Δ^7-Cholestenol-3 453.
—, Sauerstoffverbrauch 180.
Hautkrebs nach Sonnen- und UV-Bestrahlung 205.
Hoden, atrophischer, Lipoidgehalt 453.

Ratte
Hypophysenvorderlappen, Verhältnis LH:FRH 23.
Krebsauslösung durch Salzsäure, Natronlauge, Kochsalzsäure, hypertone 212.
Leber
Aktivität von Xanthinoxydase bei Hepatombildung durch p-Dimethylaminoazobenzol 418.
Aminosäurezusammensetzung 425 Tab.
Antigeneigenschaften nach 4-Dimethylaminoazobenzol 262.
Derivate, proteingebundene, von Azofarbstoffen in — 431.
Einbau von Elaidinsäure in — 453f.
— — ^{32}P und Glykokoll-^{14}C in Nucleinsäuren 446.
Einbaugeschwindigkeit von Glycin in — 434.
Eiweißkörper, Aminosäurezusammensetzung nach 4-Dimethylaminoazobenzol 426.
Fermentaktivität in der — bei Tumoren 261.
Gehalt an Cystein, freiem 424.
— — Glutathion 424.
— — Glykogen nach Dimethylaminoazobenzol 403.
— — Harnstoff 424.
— — Phosphatiden 451.
— — Riboflavin nach 2-Dimethylaminoazobenzol 260.
— — Ribonucleinsäure 443.
Katalaseaktivität 145.
Katalasefraktionen 421.
Kathepsin 436.
Nucleoproteide, Analysendaten 427 Tab.
Phosphatase, alkalische, Wirkung von Colchicin auf — 138.
Zahl der Mitochondrien 81.
— — Mitosen 130.
Zellfraktionen, Aktivität, glykolytische 409.
—, Eiweiß- und Nucleinsäuregehalt 430 Tab.
—, Ribonucleinsäuren, Basenzusammensetzung 444.
Zusammensetzung, chemische 393 Tab., 402 Tab.
Lebercirrhose nach Gerbsäure 375.
— — Tetrachlorkohlenstoff 375.
Lebergeschwülste nach Injektion von Wasser, heißem 206.
Leberkrebs nach 4-Aminoazobenzolhomologen 238.
— — 2-Aminofluoren 255.
— — 4-Dimethylaminoazobenzol 237, 238 Abb., 254f.
— — Dulcin 268.
— — Mangel an Methyldonatoren 193.
Leberzellen, Verteilung der Bernsteinsäuredehydrogenase in — 415.
Lungenkrebs nach Berylliumsulfat 210.

Ratte
Lungentumoren nach Bis-(2-chloräthyl)-sulfid 371.
— — Urethan 374.
Magentumoren nach 4-Nitrostilben und -fluoren 236, 363.
Mammacarcinome nach 4-Acetylaminodiphenyl 362.
— — 2-Acetylaminophenanthren 361.
— — 20-Methylcholanthren 214.
Muskel, Aminosäurezusammensetzung 425 Tab.
—, Einbau von Elaidinsäure in — 453f.
—, Milchsäuredehydrogenase, krystallisierte, aus — 411.
—, Zusammensetzung, chemische 402 Tab.
Neurofibrom nach Mutterkorn 286.
Niere, Gehalt an α-Ketoglutarsäure 404.
Nierenwachstum nach Xanthopterin 151.
Oestrus, Brenztraubensäuregehalt des Blutes 19.
Organe, Stoffwechselgrößen 407 Tab.
Rhabdomyosarkom 240.
Schilddrüsenkrebs nach Allylthioharnstoff 269.
— nach Thyreostatica 382.
Tragezeit 48 Tab.
Transplantierbarkeit von Tumoren in das Frontalhirn 338.
Tumorbildung durch 4-Aminodiphenyl 362.
Verteilung von 4-Dimethylaminoazobenzol bei der — 266.
Vorkommen von Krebs bei der — 184 Tab.
Wachstumshemmung durch Substanzen, cancerogene 251.
WALKER-Carcinom, Gehalt an Natrium 389.
Zellkerne, Gehalt an Desoxyribonucleinsäure 132.
hypophysektomierte, Auswertung von ACTH an — 38.
Rattenembryo, Stoffwechselgrößen 407 Tab.
Rattencarcinom 256, Gehalt an Cholesterin 453.
—, — — Phosphatiden 451.
—, — — Sphingomyelin 451.
— s. a. WALKER-Carcinom 256.
Rattenfibrosarkom, Eiweißfraktionen im Cytoplasma bei — 430.
Rattenhepatom
Bildung 193.
Cystin:Cystein-Verhältnis in Lebernucleoproteiden 427.
Einbau von Formiat-^{14}C und Carbamylasparaginsäure-^{14}C in RNS 446.
Gehalt an Desoxyribonucleinsäure 442.
— — Glykogen nach Dimethylaminoazobenzol 403.
— — Phosphatiden 451.
— — Ribonucleinsäuren 441.
Kathepsin- und Dipeptidaseaktivität in — 436.
Nucleoproteide, Analysendaten 427 Tab.

Rattenhepatom
nach Äthionin 376.
— Dimethylnitrosoamin 247, 376.
— Gerbsäure 375.
— β-Naphthylamin 361.
— Trockeneigelb 289.
Rattensarkom
Gehalt an Arginin, freiem 423.
Bildung durch
Anthracen 222 Abb.
Asbest 211 Abb., 212.
Cysticercus fasciolaris 284.
4-Dimethylamino-triphenylmethan 363.
Graphit 285 Abb.
Hautsuspensionen 283.
Implantation von Plättchen und Filmen 279.
Kobalt und Kobaltsalzen 377.
Küchenschaben 290.
Leinöl 287f., 288 Abb.
Nickel, metallischem 377.
Ölen und Schweineschmalz 287.
—, pflanzlichen 215.
Parafuchsin 242.
Quecksilber 210 Abb., 212.
Sulfonamiden 247.
Taenia saginata 284, 290, 291 Abb.
Uran und Plutonium 209.
Rattentumoren
Aminosäurezusammensetzung 425 Tab.
Bildung durch
Äthylurethan 269.
Agar 282.
Benzidin 362.
Bleiphosphat 211.
Capsicum annuum und frutescens 287.
Diäthylenglykol 276.
1,2,3,4-Diepoxybutan 372.
4-Dimethylaminoazobenzol 276.
4-Dimethylaminostilben 240.
Dulcin 376.
4'-Fluor-4-aminodiphenyl 237.
Kohlenwasserstoffen, aromatischen, polycyclischen 349.
Pfeffer, spanischen 287.
Radiumsalze 379.
Röntgenstrahlen 379.
Stickstofflost und -verbindungen 271, 371.
Thioharnstoff 269.
Urethan 271.
Einbau von ^{32}P in Nucleinsäuren 446.
Erzeugung 234.
Stoffwechselgrößen 407 Tab.
transplantierbare 334.
Rauch, Wirkung, cancerogene 199 Tab.
Raupen, Häutung und Verpuppung 114.
Reaktion, BRACHETsche, auf Ribonucleinsäuren 75, 144.
—, FEULGENsche auf Desoxyribonucleinsäure 75, 144.
—, PASTEURsche 121.
Reaktionsketten, biosynthetische, genabhängige 69.
Reaktivität, chemische, Abhängigkeit von π-Elektronen 224.
Realgar 197.
Rectumadenocarcinom, Gehalt an Cytochromoxydase und Cytochrom c 419 Tab.
Reduktase, Vorkommen in Mitochondrien 81.
Reduktionsteilung 14, 50, 136.
Reflexe, bedingte 30.
Regeneration 112, 176—181.
—, Aktivierung der Kerne bei — 179.
—, Einfluß auf Krebsauslösung 232.
—, Hemmung der — 178.
—, Induktionen bei — 113.
—, Mitoserate bei — 136.
—, Zellkern, Bedeutung für — 177.
—, Zellvermehrung bei — 176.
— bei Organismen, primitiven 176.
— in Gewebekulturen 177.
— von Substanzverlusten 130.
K-Regionen 220.
„Reglersystem" in Zellen 83, 84 Abb., 131.
REGNAULT u. REISET, Respirationsapparat 515.
Regulationssystem, humorales und nervöses 22.
Rehbock, Anregung der Gehörnentwicklung durch Oestrogene 11.
Reife, Bedingtheit, sexuale 6.
Reifeteilung 8, 12, 14, 50, 104.
REIN, Gaswechselschreiber 515.
Reis-Eiweiß, Wertigkeit, biologische 547 Tab., 548.
Reiskleieöl hebt Wirkung, cancerogene, von 4-Dimethylaminoazobenzol auf 260.
Reismehlkäfer, Carnitin als Wirkstoff für die Metamorphose 115.
Reispflanzerin, Calorienbedarf, täglicher 568 Tab.
Reiz, akustischer 537.
Reizgifte, Histaminbildung durch — 167.
Relaxin 46.
Rennin 437.
Reproduktion, identische 62—67.
Reptilien, Eiweißverbrennung in Eiern, bebrüteten 475 Tab.
—, Eizellen, Größe 463.
Reptilieneier 496ff.
—, Stoffwechsel 481—484.
Reptilienembryo, Stoffwechsel 480—484.
Resorptionssterilität 43.
Respirationsapparate 508, 514ff.
Respirationscalorimeter, SCHADOW 516.
Respirationsgasuhr, KOFRÁNYI-MICHAELIS 515.
Rest-Stickstoff, Gehalt in Schlangeneiern 498 Tab.
„Restunverseifbares", Tumoren 453.
Retinablastom 87.
—, Häufigkeit beim Menschen 189 Tab.
Retrorsin, Wirkung, cancerogene 192f., 287.
Reviersteiger, Calorienbedarf, täglicher 568 Tab.
Rhabdomyosarkom, Esterase- und Phosphataseaktivität in — 454 Tab., 455.
—, Gehalt an Citronensäure (Maus) 405 Tab.

Rhabdomyosarkom, Maus, Eiweißkomponenten 428.
iso-Rhamnetin 53•.
Rhamnose, Vorkommen in Eiereiweiß 466.
—, — — Pyrogenen 170.
Rhesusaffe, Tragezeit 48 Tab.
Rh-Faktoren, Antigene 98.
Rhodamin B 244•.
—, Wirkung, cancerogene 243.
Rhodamin 6 C, Wirkung, cancerogene 243.
Rhodanide, Auslösung von Mißbildungen durch — 116 Abb., 117.
Riboflavin
Antistoffe 160.
Bedarf, täglicher 565 Tab.
Bindung an Vaccine-Virus 610.
Einfluß auf Auxinwirkung 149.
— — Hämoglobinwirkung 487.
— — Wirkung, cancerogene, von Aminen und Kohlenwasserstoffen, aromatischen 360.
— —, —, —, von 4-Dimethylaminoazobenzol 259.
Gehalt in Lebensmitteln 562 Tab.
— — Leber nach 2-Dimethylaminoazobenzol 260.
Halblebenszeit in der Leber 459.
Verhalten im Ei 487.
Vorkommen in Eidotter 469.
— — Eiereiweiß 466.
— — Hühnerei 480.
— — Tumoren 459f.
Wachstumswirkung 146.
iso-Riboflavin 160.
Riboflavin-Adenin-Nucleotid, Bedeutung für Spaltung von Azobenzolderivate 259.
Ribonuclease, Aktivität in Mitochondrien 449.
—, Gehalt in Leber und Hepatom 395 Tab.
—, Leber, nach 3′-Methyl-dimethyl- und Dimethylaminoazobenzol 449.
—, Vorkommen in Milz und Lymphosarkom 449.
—, — — Mitochondrien 81.
—, saure und alkalische, in Leber und Lebertumoren 449.
Ribonucleinsäuren
s. a. Hefenucleinsäure.
s. a. Nucleinsäuren.
Anreicherung in Hefe nach Nitrat 144.
Basenzusammensetzung 444.
Bauprinzip 59f.
Bedeutung für Eiweißsynthese 611.
— — Enzymsynthese 4, 68, 145.
— — Virusvermehrung 603.
— von Heterochromatin für Synthese von — 77.
Bildung 143f.
Darstellung, histochemische 75.
Einbau in Spindelapparat 133.
Einfluß auf Mitosen und Nucleinsäuresynthese 150.
Gehalt in
Cytoplasma bei Carcinogenese 266.
— — Zellregeneration 180.
Hepatom, Cytoplasma 443.

Ribonucleinsäuren
Gehalt in
Mitochondrien 81, 144.
Plasmagranula 81.
Poliovirus 603.
Seeigelkeim 122f.
— bei Teilung 108.
Tabakmosaikvirus 59f., 590, 593.
Tumorzellkernen 428.
Viren 589.
—, cytoplasmatischen 601.
Zellfraktionen 443.
— der Rattenleber nach 4-Dimethylaminoazobenzol und 2-Aminoacetofluoren 429.
Zellkern 443.
— beim Wachstum 131.
Lokalisation in Einzellern 78.
Spaltung 449.
Träger der Information, genetischen 593, 604.
Umsetzungen der — bei Zellteilung 134.
Vermehrung bei Sekretion 145.
— — Zellwachstum 145.
Verteilung in Lebertumoren nach 4-Dimethylaminoazobenzol 429.
— im Plasma 144.
— in Tumor-Zellfraktionen 428.
Vorkommen in
Eiern, bebrüteten 477.
Encephalitis-Viren 604.
Mikrosomen 82.
Nucleolus 78, 144.
Pflanzenviren 586.
Rous-Viren 385.
Viren, kleinen, der Warmblüter 602.
— der Geflügelpest und der Influenza 605.
Virus 79, 144.
— der Geflügelpest, atypischen 608.
im Zellkern 5.
plasmatische, Bedeutung für Eiweißsynthese 144.
als Erbsubstanz 57, 60.
aus Tabakmosaikvirus, Infektiosität 60.
und Zellwachstum 440.
Ribonucleinsäuregehalt und Sauerstoffverbrauch 121.
Ribonucleinsäureproteid, Aminosäureeinbau in — bei Mäuseascitestumor 434.
Ribose, Bildung im Organismus 554.
Ribose-5-phosphat, Bildung aus Glucose-6-phosphat 554.
Richtungskörperchen 14.
Riesenchromosomen 143.
— in Speicheldrüsen von Drosophila melanogaster 73, 75.
Riesenformen, Auslösung durch Agentien, chemische 95.
Riesensalamander, Riboflavin im Eiereiweiß vom — 466.
Riesensalamandereier 499f.
—, Gehalt an Vitamin B_2 480.
Riesenwuchs 152, 331.
— durch Polyploidisierung 95.

Riesenzellen, Bildung durch Zellteilung, amitotische 136.
Riesenzell-Granulome im Genitale, weiblichen, durch Oxyuren 284.
Riesenzelltumor, Gehalt an Cytochromoxydase und Cytochrom c 419 Tab.
Rind, Amnionwasser, Fructosegehalt 492 Tab.
—, Grundumsatz und Körpergewicht 527 Abb.
—, Hypophysenvorderlappen, Gehalt an Hormon, thyreotropem 155 Tab.
—, —, Verhältnis LH:FRH 23.
—, Leber, Desoxyribonucleinsäuregehalt je Zellkern 442 Tab.
—, —, Eiweißgehalt je Zellkern 442 Tab.
Rinderleber-Eiweiß, Wertigkeit, biologische 547 Tab.
Rindermuskel, Protein-Vollei-Wert 552 Tab.
Rinderniere-Eiweiß, Wertigkeit, biologische 547 Tab.
Rindertalg, Fettsäurezusammensetzung 556 Tab.
Rindfleisch, Wassergehalt 561 Tab.
—, Zusammensetzung 562 Tab.
Rindfleisch-Eiweiß, Wertigkeit, biologische 547 Tab.
—, Zusammensetzung 562 Tab.
Ringdrüse, Bedeutung für Verpuppung der Raupe 114.
Ringelnatterembryo, Stoffwechsel 481.
Ringofeneinsetzer, Calorienbedarf, täglicher 568 Tab.
Ringsysteme, Annellierung von — wirkt cancerogen 216, 234, 239, 354, 361.
—, hydrierte, Aromatisierung im Organismus 202.
RNS s. Ribonucleinsäure.
Röntgenbestrahlung, Beeinflussung der DNS-Synthese in Tumoren durch — 447.
—, Schutzwirkung der Fettsäuren, essentiellen, bei — 556.
Röntgenkastration 12.
Röntgenkrebs 198.
—, Bedeutung der Gesamtdosis bei Entstehung von — 208.
—, Latenzzeit 206f.
Röntgenstrahlen
Auslösung von Mißbildungen durch — 117.
— — Mutationen durch — 88.
Beeinflussung der Transplantierbarkeit von Tumoren durch — 338.
Chromosomenveränderungen durch — 271.
Depolymerisierung von Dsoxyribonucleinsäure durch — 272f.
— — Nucleinsäuren durch — 207.
Dosis, cancerogene 360.
Bildung von Walker-Tumoren 401.
Hautkrebs durch — 384 Tab.
Hemmung der Tumorglykolyse durch — 409.
Krebserzeugung an der Haut 266.
Oxydation von Cholesterin durch — 392.
Schädigung der Spermiogenese durch — 9.
„Summationswirkung" 207.
Wirkung auf Desoxyribonucleinsäure 272, 374.
Röntgenstrahlen
Wirkung auf Granulosazellen und Theca 14.
— — Grundumsatz 537.
—, cancerogene 199 Tab., 206ff., 302f., 378ff.
Wirkungsqualitäten 303.
Roggenbrot, Zusammensetzung 562 Tab.
Rohkost 570.
Rous-Sarkom 299.
—, Gehalt an Calcium 399.
—, — — Natrium und Kalium 398.
—, Stoffwechselgrößen 407 Tab.
— Nr. 1 385f.
Rous-Virus 292—295.
—, Antigeneigenschaften 294.
Rubeolen, Auslösung von Mißbildungen durch — 118.
^{86}Rubidium in Hirntumoren und Hirngewebe, normalem 400.
Rüböl, Fettsäurezusammensetzung 556 Tab.
Rückenmark, Entwicklung 110.
Rückkreuzung 104.
Rückmutationen 99.
Ruhekern 72.
—, Desoxyribonucleinsäuren im —, Beteiligung, keine, am Stoffwechsel 131f.
Ruhekerngifte 137.
Ruhephase der Zellteilung 135.
„Ruhestoffwechsel" 520.
Ruheumsatz 522.
Rundfunkmechaniker, Calorienbedarf, täglicher 567 Tab.
Rundzellengeschwülste, Metastasierungsfähigkeit 340.
Ruß, Vorkommen von 3,4-Benzpyren im — 347.
—, Wirkung, cancerogene 193, 198, 199 Tab., 213.
— als Ursache von Hautkrebs 346.
— — — für Hodenkrebs der Schornsteinfeger 345.
Rutin als Blastokolin 163.

Saccharomyces cerevisiae, „petites colonies" 80.
— —, — —, Mutationsauslösung durch Euflavin 92.
Sackträger, Calorienbedarf, täglicher 569 Tab.
Säugetiere, Befruchtung des Eis 105.
—, Sexualität, relative 54f.
—, Wachstum, fetales 130.
—, placentale, Eizellen, Größe 463.
Säugling, Galaktosebedarf 554.
—, Grundumsatz 523.
—, Krebshäufigkeit 188.
—, Unterernährung 578.
Säuglingssterblichkeit 578.
Säuren, Entwicklungserregung durch — 119.
—, Wirkung auf Samenzellen 51.
— als Lösungsvermittler für Kohlenwasserstoffe, cancerogene 229.
Säure-Violett 5 BN, Wirkung, keine cancerogene 243.
Salamander, Entwicklung 107.

Salamander, Zwitterbildung 54.
Salamanderlarve, Wirkung von Oestron auf — 480.
Salate als Mineralstoff- und Fettquelle 563.
Salicylsäure, Wirkung über Hypophyse und Nebennierenrinde 173.
Salmo irideus, Eier, Anlockungs- und Beweglichkeitsstoffe für Spermien in — 102.
Salmonella abortus equi, Abequose aus — 170.
Salmoniden, DNS-Nucleoprotamine in Spermatozoen der — 12.
Salpeter, roher, Wirkung, cancerogene 199 Tab.
Salzhering, Zusammensetzung 562 Tab.
Salzsäure, Krebsauslösung durch — 212.
Samen 12f.
—, Vorkommen von Cholinphosphorsäure im — 10, 13.
—, gealterter, Mutationsrate 88.
Samenblasen 9f.
—, Gehalt an Citronensäure 405.
Samenplasma 13.
—, Stier, Aminosäureverteilung 13 Tab.
—, —, Zusammensetzung 13 Tab.
Samenzellen 51.
—, Fructoseabbau durch — 51.
— s. a. Spermatozoen.
SANARELLI-Myxomatose, Kaninchen 295.
— -Virus, Entstehung aus SHOPE-Virus 87.
Sarkom 37, Stoffwechselgrößen 407 Tab.
— 180, Transplantierbarkeit 334.
—, osteogenes, Esterase- und Phosphataseaktivität in — 454 Tab., 455.
—, —, Gehalt an Phosphatase, alkalischer 457.
—, —, nach Berylliumverbindungen beim Kaninchen 377.
—, solides, Verimpfung, zellfreie, erste 292.
—, zellfrei transplantierbares, durch 20-Methylcholanthren 293.
GRCH-15-Sarkom, Huhn, Desoxyribonucleinsäuregehalt 442.
—, Ribonucleinsäuren, Basenzusammensetzung 444, 445 Tab.
Sarkome
Bauchhöhle nach Uran und Quecksilber, metallischem (Ratte) 377.
Bildung auf Carcinomen, transplantierten 333.
Bildung nach
Anthracen (Ratte) 222 Abb.
Asbest 211 Abb., 212.
Cysticercus fasciolaris 283.
4-Dimethylamino-triphenylmethan 363.
Eperythrozoon coccoides (Maus) 291.
Graphit (Ratte) 285 Abb.
Hautsuspensionen (Ratte) 283.
Implantation von Hydrocellulose 376.
— — Plättchen und Filmen 279.
Indol 204.
Kobalt und Kobaltsalzen (Ratte) 377.
Küchenschaben (Ratte) 290.
Sarkome
Bildung nach
Leinöl 287f., 288 Abb.
Metallen 211.
Metallplättchen 211.
β-Naphthylamin 361.
Nickel, metallischem 377.
Ölen und Schweineschmalz (Ratte) 287.
—, pflanzlichen (Ratte) 215.
Parafuchsin (Ratte) 242.
Quecksilber (Ratte) 210 Abb., 212.
Silikaten 284.
Stickstoff-Lost (Ratte) 271.
Substanzen, polymeren 277—285.
Sulfonamiden (Ratte) 247.
Taenia saginata (Ratte) 284, 290, 290 Tab.
Thioharnstoff (Ratte) 269
o-Tolylazo-2-naphthol (Oil orange TX) (Maus) 365.
Triphenylmethanfarbstoffen 242f.
Uran und Plutonium 209.
Verimpfung, zellfreier 298.
Gehalt an Arginin, freiem 423.
kindliche 189.
s. a. Krebs.
Sarkomzellen, Protein, kontraktiles 429.
SAT-Zone, Chromosom 78.
Sattler, Calorienbedarf, täglicher 569 Tab.
Sauerstoff, Bedeutung für Entwicklung des Eis 119.
—, Wert, calorischer 518, 519 Tab., Abb.
Sauerstoffmangel, Hemmung von Strahlenwirkungen durch — 273.
—, Mißbildungen nach — 96, 117, 122.
—, Strahlenresistenz bei — 92.
—, Widerstandsfähigkeit von Neugeborenen gegen — 121.
—, lokaler, Wirkung, cancerogene 193.
Sauerstoffschuld 541.
Sauerstoffverbrauch und Ribonucleinsäuregehalt 121.
Saugreiz 49.
SCHADOW, Respirationscalorimeter 516.
Schädlingsbekämpfungsmittel, arsenhaltige 210.
Schäfer, Calorienbedarf, täglicher 568 Tab.
Schaf, Bedeutung von Fettsäuren, essentiellen, für — 555.
—, Follikelreifungshormon, Eigenschaften und Zusammensetzung 25 Tab.
—, Fructosegehalt im Fruchtwasser 47.
—, Grundumsatz und Körpergewicht 527 Abb.
—, Hypophysenvorderlappen, Gehalt an Hormon, thyreotropem 155 Tab.
—, —, — —, Hormonen, gonadotropen 23 Tab.
—, Leber, Ribonucleinsäuren, Zusammensetzung 445 Tab.
—, Luteinisierungshormon, Gehalt an Hexosamin 25 Tab.
—, Vorkommen von Krebs beim — 184 Tab.
Schamottesteinformer, Calorienbedarf, täglicher 568 Tab.

Scharlach, Biebricher 238•.
—, —, Wirkung, cancerogene 246.
Scharlachrot 364•.
—, Wirkung, cancerogene 238, 245, 289, 359, 364, 366.
—, —, —, verschwindet nach Sulfonierung 245.
Schauspieler, Calorienbedarf, täglicher 569 Tab.
Scheidenschleimhaut, Maus 17 Abb.
Scheinschwangerschaft 16, 30, 44.
Schieferöle, Wirkung, cancerogene 199 Tab.
—, Hautkrebs durch — 384 Tab.
Schilddrüse
Bedeutung für Temperaturregulation 532.
Beteiligung an Stress-Reaktion 171.
Bildung von Hypophysentumoren nach Schädigung der — 327.
Einfluß auf Entzündung 170.
— — Grundumsatz 528f.
Gehalt an Cytochromoxydase und Cytochrom c 419 Tab.
— — Jod 401.
Genitalatrophie nach Exstirpation der — 11.
Stoffwechselgrößen 407 Tab.
Tumoren nach Thyreostatika 382.
Tumorbildung in — durch ^{131}J 209, 379.
Schilddrüsenadenom, Gehalt an Cytochromoxydase und Cytochrom c 419 Tab.
Schilddrüsencarcinom, Esteraseaktivität in — 455.
Schilddrüsenfunktion, Anregung durch Androgene 11.
Schilddrüsenhormon 153f.
—, Ausscheidung 154, 154 Abb.
—, Beschleunigung der Metamorphose bei Amphibien durch — 479.
—, Sensibilisierung gegen Adrenalin durch — 171.
—, Wachstumshemmung durch — 156.
—, Wirkung auf Inkretion, thyreotrope, der Hypophyse 42.
— s. a. Thyroxin.
Schilddrüsenkrebs, Faktoren, auslösende und erzeugende 384 Tab.
— nach 2-Acetylaminofluoren 267.
— — Allylthioharnstoff, Thioharnstoff und Thiouracil 269.
Schilddrüsen-Tumoren, Einfluß von Hormon, thyreotropem, auf Bildung von — 326.
Schildkröte, Blutplasma und Harn 495 Tab.
Schistoma haematobium Bilharzii, Wirkung, cancerogene 198, 199 Tab.
Schizophrenie, Grundumsatz bei — 530.
Schlaf, Grundumsatz im — 522.
Schlangeneier 497f.
—, Entwicklung und Stoffwechsel 482.
Schleimhäute, Zellteilungen, inäquale 318.
— bei Unterernährung 576.
Schmalz als Lösungsmittel für Kohlenwasserstoffe, cancerogene 215.
Schmeißfliege, „Schnürungstest“ 114.
Schmelzer, Calorienbedarf, täglicher 568 Tab.
„Schmerzstoff“ 166.
Schmetterlinge, Anlockungsstoffe 104.
—, Häutung und Verpuppung 114.
—, weibliche, Duftstoffe 103f.
Schmieröle, Lungenkrebs nach — 383 Tab.
Schnecken, Regeneration 177.
Schneider, Calorienbedarf, täglicher 569 Tab.
Schock, Bildung von Histamin im — 167.
Schornsteinfeger, Scrotalkrebs bei — 198, 345.
Schreck, Alarmreaktion nach — 170f.
Schriftgießer, Calorienbedarf, täglicher 569 Tab.
Schuhmacher, Calorienbedarf, täglicher 569 Tab.
Schulspeisungen 571.
Schwammspinner, Polyedervirus 600.
Schwangerschaft
15, 43—49.
Ausscheidung von ACTH 45.
— — Histidin 47.
— — Leukerethin 169.
— — Oestrogen 45.
— — Oestron 15.
— — Prolan 45.
Calcium- und Phosphatbedarf in der — 46.
Calciumgehalt des Organismus, mütterlichen, bei — 19.
Dauer 48 Tab.
β-Glucuronidase bei — 458.
Inkretionswechsel bei der — 44.
Nucleinsäurestoffwechsel bei — 448.
Reaktionen des Gesamtorganismus bei — 46.
Schwangerschaftserbrechen, Wirkung von Vitamin B_6 auf — 44.
Schwangerschaftsreaktionen 15, 33, 36ff., 45f.
Schwarz 5410 246•.
—, Wirkung, cancerogene 247.
Schweden, Ernährung 571 Tab.
—, Krebstodesfälle 190 Tab.
Schwefel
Ausscheidung im Harn nach Cystinzufuhr 424.
Gehalt in Amnion- und Allantoiswasser, Hühnerembryo 492 Tab.
— — —, Meerschildkröte 494 Tab., 495 Tab.
— — Fleischfliegenlarven 504 Tab.
— — Harn der Schildkröte 495 Tab.
— — Hühnerei, bebrütetem 470 Tab.
— — Leber (Ratte) und Hepatom 393 Tab.
— — Lebernucleoproteiden 427 Tab.
— — Tumoren 401.
locker gebundener, Nachweis 401.
radioaktiver (^{35}S), Wirkung, mutagene 91.
Schwefelsäure, Paarung mit 2-Amino-1-naphthol 256.
—, — — Aminophenolen 255.
Schwefelsäureester, organische, Wirkung auf Spermatozoen 51.

Schwein, Amnionwasser, Fructosegehalt 492 Tab.
—, Bedeutung von Fettsäuren, essentiellen, für — 555.
—, Gehalt an Hormon, thyreotropem, in Hypophysenvorderlappen 155 Tab.
—, Grundumsatz und Körpergewicht 527 Abb.
—, Hypophysenvorderlappen, Gehalt an Hormonen, gonadotropen 23 Tab.
—, Leber, Ribonucleinsäuren, Zusammensetzung 445 Tab.
—, Luteinisierungshormon, Gehalt an Mannose 25 Tab.
—, Tragezeit 48 Tab.
Schweinefleisch, Zusammensetzung 562 Tab.
Schweineschinken-Eiweiß, Wertigkeit, biologische 547 Tab.
Schweineschmalz, Fettsäurezusammensetzung 556 Tab.
—, Substanzen, cancerogene in — 287.
Schweißer, Calorienbedarf, täglicher 568 Tab.
Schweiz, Krebstodesfälle 190 Tab., 195 Abb.
Schweizer, Calorienbedarf, täglicher 568 Tab.
Schwerarbeiter 564f.
Schwerhörigkeit bei Unterernährung 576.
Schwerstarbeiter 564f.
—, Leistungsmaxima 542 Tab.
Schwertfisch, Kreuzung mit Platyfisch, Melanomhäufigkeit bei den Hybriden 186.
Scopolamin, Spaltung in Hühnerei, bebrütetem 487.
Scrotalkrebs bei Schornsteinfegern 198, 345.
Secale cornutum, Neurofibrom durch — 286.
Secretin, Auftreten während Embryonalentwicklung 123.
See, Verunreinigung durch Substanzen, carcinogene 214.
Seeigel, Carotinoide als Gamone und Termone bei — 15.
—, Embryonalentwicklung 116 Abb.
—, Sperma, Gehalt an Mucopolysaccharase 51.
—, Spermatozoen, Bildung von Androgamon 1 101.
Seeigelei
Animalisierung 116 Abb.
Atmung 120 Abb.
— und Fermente nach Befruchtung 119 Abb.
Bau, polarer 107.
Befruchtung 101, 112.
Differenzierung 108 Abb.
Entstehung von Riesenzellen aus — 136.
Entwicklung 107, 120 Abb.
—, parthenogenetische 79.
Entwicklungsanregung, künstliche 105.
Furchungsteilungen 108.
Mikrosomen, Atmungsfermente in — 479.
Teilung 125.
—, Gehalt an Nucleinsäure im — 108.
Vegetarisierung 116 Abb.
Verhalten nach der Befruchtung 119.
bebrütetes, Fermente 478.
befruchtetes, Atmung und Fermente 119.
Seeigelei
kernloses, Atmung 4.
—, Parthenogenese 71, 105.
unbefruchtetes, Auslösung der Entwicklung, parthenogenetische 164.
—, reifes, Empfindlichkeit gegen Gifte und Strahlen 141.
Seeigelkeime, Bedeutung von Calciumionen für Entwicklung von — 121.
—, Nucleinsäuregehalt 122f.
—, Zerfall bei Calciummangel 341.
Seeigellarve (= Pluteus) 108f.
„Seemannshaut" 198.
Seetiere, Aktivierung der Spermien durch Meerwasser 9.
—, Stoffwechsel der Samenzellen 51.
Segregation, cytoplasmatische 82.
Seidenhuhn, Vorkommen von Dopaoxydase in Eiereiweiß und Dotter vom — 466, 469.
Seidenhuhnei, Dopaoxydase im — 479.
Seidenraupe, Polyedervirus 600.
Seidenspinner, Anlockungsstoffe 104.
—, Eier 504.
Seifensieder, Calorienbedarf, täglicher 569 Tab.
Sekretion, Vermehrung der Ribonucleinsäuren bei — 145.
—, innere, Störungen, pathologische 29.
Selbstdifferenzierung 113.
Selbstreproduktion, identische, von Zellelementen 5.
Selen, Auslösung von Mißbildungen durch — 117.
—, Wirkung, cancerogene 199 Tab., 211, 377.
self duplicating units 78.
Senecio jacobaea, Substanzen, cancerogene, aus — 287.
— —, Wirkung, cancerogene 192.
Senecioalkaloide, Wirkung, cancerogene 375.
Seneciol, Wirkung, cancerogene 193.
Senfgas s. Bis-(2-chloräthyl)-sulfid.
Senfgase, Wirkung, mutagene 92.
Senium, Ausscheidung vou Steroiden 42 Tab.
—, Prostatahypertrophie im — 12.
Serin, Aminosäure, glucoplastische 554.
—, —, nicht essentielle 549 Tab.
—, Gehalt in Eiereiweißproteinen 465 Tab.
—, — — Prolactin 26 Tab.
—, — — Tumoreiweiß 425 Tab., 426.
L-Serin, Vorkommen in Vitellin 467.
Serum s. Blutserum.
Serumalbumine bei Unterernährung 577.
Serumglobuline bei Unterernährung 577.
Serum-γ-Globuline, Anregung der Leukocytenauswanderung durch — 168.
Serumphosphatase, saure, Aktivierung mit Ascorbinsäure 456.
Sexualhormone 20—43.
—, Einfluß auf Stoffwechsel 530.
—, — — Tumorentwicklung 197.
—, Entgiftung in der Leber 11.
—, Ester 39.
—, Glykoside 39.
—, Hexokinasehemmung durch — 410.

Sexualhormone, Wirkung auf Differenzierung der Gonaden 54.
—, — nach Hypophysenentfernung 23.
— als Mitosegifte 139 Tab.
Sexualität in allen Zellen 55.
—, relative 54f.
Sexualhormone, Steuerung durch Keimdrüsenhormone 28.
Sexualriechstoffe 9, 104
SHOPE-Papillom 294f.
SHOPE-Virus 295.
—, Umwandlung in SANARELLI-Virus 87.
Siechenheim, Ernährung im — 571.
Silastic, Sarkombildung nach Implantation von Plättchen und Filmen 279.
Silber, Wirkung, cancerogene 282, 376.
Silberscheibchen, Sarkombildung durch — 211, 282.
Silicium, Gehalt in Amnion- und Allantoiswasser, Hühnerembryo 492 Tab.
—, — — —, Meerschildkröte 494 Tab.
—, — — Fleischfliegenlarven 504 Tab.
—, — — Hühnerei, bebrütetem 470 Tab.
Silikate, Bindung an Proteine 284.
—, Ladungsmuster 284.
—, Wirkung, cancerogene 212, 284.
—, polymere 278•.
Silikose 284f.
Sinnesreize und Grundumsatz 536f.
Skeletmuskel, Esterase- und Phosphataseaktivität in — 454 Tab., 455.
—, Gehalt an Cytochromoxydase und Cytochrom c 419 Tab.
—, Metastasen von Uterusschleimhaut in — 332.
— s. a. Muskel.
Sklerose, multiple, Wirkung von BAYER 638 bei — 179.
Smegma, Penis- und Cervixkrebs nach — 383 Tab.
—, Wirkung, cancerogene 197, 204.
Soja-Eiweiß, Wertigkeit, biologische 547 Tab.
Sojaöl, Fettsäurezusammensetzung 556 Tab.
Solanaceen, Tabakmosaikvirus bei — 589.
Soldatenernährung 571.
„Sollnahrung" 572.
Somatropin, Bedeutung für Leberregeneration 179.
—, Einfluß auf Latenzzeit von Tumorbildung, experimentelle 349.
—, Wirkung, cocancerogene 381.
Sonnenbestrahlung, Hautkrebs nach — 205.
Sonnenblumenöl, Fettsäurezusammensetzung 556 Tab.
Sonnenstrahlen, Wirkung, cancerogene 198, 199 Tab.
Sorbinol (Cycloheptanon) 104.
Sorbinpolyäthylenoxydstearate bzw. -palmitate, Wirkung, cancerogene 288.
Sorbitan-Fettsäureester, Wirkung, cocancerogene 381.
southern bean mosaic-Virus 587.
Spaltamine, Wirkung, cancerogene 366.
Span-Gruppen, Wirkung, cocancerogene 381.
Speichel, Geschlechtsbestimmung aus Androgengehalt des — 54.
—, Nachweis von 17-Ketosteroiden, freien, zur Geschlechtsbestimmung des Embryo 33.
Speicheldrüsen, Drosophila melanogaster, Riesenchromosomen 73, 75ff.
—, Ratte, Stoffwechselgrößen 407 Tab.
—, Wirkung von Keimdrüsenhormonen auf — 19.
Speicheldrüsenhormon, Einfluß auf Knochenwachstum 487.
Speisefette, Fettsäurezusammensetzung 556 Tab.
Speiseröhrenkrebs, Faktoren, auslösende und erzeugende 384 Tab.
— nach Kauen von Betelnüssen mit Tabak 196.
Sperling, Grundumsatz und Körpergewicht 527 Abb.
—, Sauerstoffverbrauch 525.
Sperma, Antigene im — 175.
—, Fructolyse 13.
—, Konservierung 51.
—, Milchfaktor im — (Maus) 296.
—, Vorkommen von Cholinphosphorsäure im — 10, 13.
—, — — Phosphatase, saurer, im — 18.
Spermatocyten 8.
Spermatogenese 14.
—, Begünstigung durch Temperatur, tiefe 9.
Spermatogonien 8, 71.
Spermatozoen 8, 57.
Aktivierung 9.
Anlockungs- und Beweglichkeitsstoffe für — 102.
Chromosomensatz 12.
Desoxyribonucleinsäuregehalt 442.
Mißbildungen 115.
Plasmapartikel in — 79.
Resistenz gegen Temperaturen, tiefe 300.
Seeigel, Agglutination durch Fertilisin 101.
Stier, Aminosäureverteilung 13 Tab.
Veränderungen an den — im Nebenhoden 9.
Vorkommen von Hyaluronidase 13, 101.
Zahl im Ejaculat, menschlichen 13.
keine Parthenogenese von — 105.
spermatozoon receptor 101.
Spermidinoxydase, Vorkommen in Samen 13.
Spermien s. Spermatozoen.
Spermin 28•.
—, Gehalt in Prostata 10.
Sperminoxydase, Vorkommen im Samen 13.
Spermiogenese 8.
—, Bedeutung der Hypophyse für — 27.
—, Schädigung durch Röntgenstrahlen, Substanzen, radioaktive, und UV-Bestrahlung 9.
Spermiophagie 9.
Sphaerechinus 116 Abb.

Sphingomyelin, Gehalt in Rattencarcinom 256 451.
—, Vorkommen im Eidotter 468.
Spinalerkrankungen, funiculäre, bei Unterernährung 576.
Spindelapparat 133f., 137.
Spindelbildung, Hemmung durch Heparin 156.
Spindelgifte 137f.
Spindelzellsarkom, Esterase- und Phosphataseaktivität in — 454 Tab., 455.
—, Gehalt an Cytochromoxydase und Cytochrom c 419 Tab.
Spinner, Calorienbedarf 569 Tab.
Spirometer, HERXHEIMER 515.
Spiroptera neoplastica als Krebsursache 289.
„Spontan"-Krebs 185f.
Spontanmutationen 87f., 95, 185.
Spontantumoren 349.
—, Maus, nach 20-Methylcholanthren-Behandlung 186f.
— bei Hybriden 186f.
Sport, Ernährung bei — 571.
Spurenelemente, Bedarf an — 558.
—, Gehalt in Tumoren 400.
Stämme, homozygote 104.
Stärke, Synthese in der Zelle 83.
Stahmokinese 137.
„Standardstoffwechsel" 521.
Staphylokokken, Wachstumshemmung durch Nitroverbindungen 162.
Stase 166.
Staub, radioaktiver, Lungenkrebs nach — 383 Tab.
steady state 542.
Stearinsäure in Lipoiden des Eidotters 468.
Stearoyläthylenimin 275•.
—, Wirkung, cancerogene 275.
Steckrüben, Eiweißgehalt 544.
Steinabnehmerin, Calorienbedarf, täglicher 568 Tab.
Steinkohle, Gewebswucherungen durch — 285.
Steinkohlenteer, Kohlenwasserstoffe, aromatische, cancerogene, im — 212.
—, Wirkung, cancerogene 213, 270, 289, 346.
Stellmacher, Calorienbedarf, täglicher 569 Tab.
Stenotypistin, Calorienbedarf, täglicher 569 Tab.
Sterangrundskelet, Dehydrierung im Organismus 202.
Steranthren 390•.
—, Bildung aus Gallenalkoholen und Cholesterin 390.
—, Form, angulare 390.
—, Wirkung, cancerogene 202, 217.
Sterilität durch Substanzen, radioaktive 9.
—, hormonale, bei Gelbkörper, persistierendem 30.
—, physiologische 17.
Sterine, Gehalt im Hühnerei, bebrüteten 474.
Steroide, Ausscheidung im Harn bei Nebennierenrindentumoren 11.
—, Beziehungen, strukturelle, zu Kohlenwasserstoffen, krebserzeugenden 389.
Steroide, Dehydrierung, enzymatische 390.
—, Einfluß auf Wirkung, „fibromatogene", von Oestrogenen 328.
—, Gehalt im Harn 32.
—, Gruppeneinteilung 33 Tab.
—, Oxydation durch Nebennierenrindengewebe 171.
—, Ultraviolettbestrahlung 391.
—, Umwandlung in Kohlenwasserstoffe, aromatische 390f.
Steroidhormone, Bildungsorte 28, 173.
—, Umwandlung in Kohlenwasserstoffe, cancerogene 389.
—, UV-Bestrahlung 378..
—, Wirkung auf Thymus 155.
Steroidstoffwechsel, Stellung der Nebennierenrinde im — 173.
Steroid-Vitamin C-Verbindung aus Nebennierenrinde 172•.
Stickstoff
Ausscheidung bei Tieren, schilddrüsenlosen 153.
Bilanz nach Androgenen 11.
— im Harn nach ACTH und Cortison 172
Gehalt in Amnion- und Allantoiswasser, Hühnerembryo 492 Tab.
— — — —, Meerschildkröte 495 Tab.
— — Harn der Schildkröte 495 Tab.
— — Haut (Maus) vor und nach Carcinogenese 396 Tab.
— — Leber und Hepatom (Ratte) 393 Tab.
— — Lebernucleoproteiden 427 Tab.
— — Mikrosomen 82.
— — Mitochondrien 81.
— — Samenplasma vom Stier 13 Tab.
— — Schlangeneiern 498 Tab.
isotoper, Einbau in Nucleinsäuren 77.
Stickstoff-Ausscheidung, minimale 545f.
—, spezifisch-endogene 546.
Stickstoffbedarf zur Aminosäuresynthese 550.
Stickstoffbilanz 544.
—, negative 514.
— nach ACTH und Cortison 172.
Stickstoffbilanzminimum 546.
Stickstoffgleichgewicht 544.
—, endogenes 546.
Stickstofflost
271•.
Auslösung von Mißbildungen durch — 117.
Depolymerisierung von Desoxyribonucleinsäure durch — 272f.
Enzymhemmung durch — 374.
in vitro-Hemmung der Hexokinase durch — 410.
Pharmakologie 374.
Polymerisation 277.
Wirkung auf Desoxyribonucleinsäure 272, 374.
—, cancerogene 271, 371.
—, cytostatische 373.
—, hemmende, auf Impftumoren 359.
—, mutagene 92, 271.
Stickstofflostverbindungen, Wachstumshemmung auf Impftumoren 373.

Stickstofflostverbindungen, Wirkung, cancerogene 371.
—, aromatische, Wirkung, cancerogene 271.
Stickstoffminimum, absolutes 545f.
Stickstoffwechsel, Bilanz 512.
—, Entwicklung beim Embryo 122.
Stier, Samenplasma, Zusammensetzung 13 Tab.
—, Spermatozoen, Aminosäurenverteilung 13 Tab.
—, Testes, Desoxyribonuclease in — 449.
Stiersperma, Desoxyribonucleinsäure- und Eiweißgehalt je Zellkern 442 Tab.
Stilbamidine als Mitosegifte 139 Tab.
Stilben, Bildung von Carcinogenen aus — 247.
—, Eigenschaften, cancerophore und oestrophore 249.
—, Gehörgangskrebs nach — (Ratte) 266.
—, Konstitution und Wirkung, cancerogene 249.
— als Grundsubstanz für Farbstoffe 248.
Stilben-Derivate, Gehörgangskrebs durch — 250.
Stilbene, Oestrogenwirkung 40.
—, oestrogene, Struktur und Wirkung 41.
Stilboestrol, Antigene in Nierentumoren, Goldhamster, nach — 432.
—, Einfluß auf Hepatombildung durch 4-Dimethylaminoazobenzol 266.
—, Nachweis 42.
—, Nierentumoren bei Goldhamstern nach — 266.
—, Wirkung, cancerogene 266.
—, —, cocancerogene 382.
— als Mitosegift 139 Tab.
Stilboestrol-diphosphat zur Therapie von Prostata-Carcinom 330.
Störungen, psychische, als Ursache von Dysmenorrhoen 12.
Stoff, neuroregulativer 150.
Stoffaustausch zwischen Lebewesen und Umwelt 509f.
Stoffbilanzen 513f.
Stoffe, bedingt cancerogene 233, 304, 380 bis 383.
—, cancerogene, sind Summationsgifte 360.
—, hautreizende, Wirkung, cocancerogene 381.
—, krebserzeugende, Vorkommen in Organen und Körperflüssigkeiten von Krebskranken 391f.
Stoffumsatz, Begriff 511.
Stoffwechsel,
Beeinflussung durch Hypophyse und Keimdrüsen 29.
— — Kastration 11.
— — Keimdrüsenhormone 19, 28.
Begriff 510.
Bilanzrechnungen 512f.
Oberflächengesetz 524—528.
Phase, konstante 541.
Umstellung vom embryonalen auf kindlichen 121.
Untersuchung 513—517.
Stoffwechsel,
embryonaler 121—124.
intermediärer, Begriff 511.
—, und Gesamtstoffwechsel 511.
bei Arbeit 540—543.
in Gewebe, entzündetem 166.
Stoffwechselbetrachtung, energetische 517f.
Stoffwechselbilanzen 514.
Stoffwechselendprodukte 512.
Stoffwechselreduktion, Gesetz 524—528.
Stoffwechselsteigerung, extramuskuläre 532.
Stoffwechseluntersuchung, Methode, indirekte 516f.
„Stop-Versuche" der Carcinogenese, experimentellen 316, 316 Tab.
Strahlen, Empfindlichkeit gegen — bei Mangel an Fettsäuren, essentiellen 555.
—, Leukämie durch — 384 Tab.
—, Wirkungen, mutagene und cancerogene 273.
—, cancerogene, „Stop-Versuche" mit — 316.
—, ionisierende, Auslösung von Mutationen durch — 380.
—, —, Wirkung, cocancerogene, von Crotonöl nach Vorbehandlung mit — 380.
—, —, —, hemmende, auf Impftumoren 359.
—, mutagene 91.
—, ultraviolette, Wirkung, mutagene 91.
— und Grundumsatz 536f.
β-Strahlen 208.
—, Wirkung, cancerogene 380.
γ-Strahlen 208.
Strahlenempfindlichkeit von Objekten, biologischen 91f.
— — Seeigeleiern, unbefruchteten 151.
Strahlenerythem 166.
Strahlenresistenz bei Sauerstoffmangel 92.
Strahlenwirkungen, Hemmung durch Sauerstoffmangel 283.
—, Sensibilisierung gegen — 205.
—, indirekte 273.
—, —, Krebserzeugung durch — 205.
—, —, Wirkung, mutagene, der — 92.
—, mutagene 89, 91.
—, — und letale, Latenzzeit 208.
—, summative, bei Mutationen 92.
— auf Nucleinsäuren 166.
Strahlung, ionisierte, Wirkung, cancerogene 377—380.
—, kosmische 91.
—, mitogenetische 135.
γ-Strahlung, Wirkung, mutagene 91.
Strahlungscalorimeter 516.
Straßenbahnschaffner, Calorienbedarf, täglicher 569 Tab.
Straßenpflasterer, Calorienbedarf, täglicher 569 Tab.
Strauß, Eizellen, Größe 463.
Streptocarpus, Zwittrigkeit, genisch bedingte, bei — 54.
Streptococcus faecalis, Hemmung der Thyminwirkung auf — durch 5-Bromuracil 160.
Streptodornase 168.
Streptogenin 149f.

Streptokinase 168.
Streptokokken, resistente, gegen Sulfonamide 84.
Streptomycin, Gewöhnung von Bakterien an — 83.
Stress 30, 170.
—, Ausscheidung von 11-Oxycorticoiden im Harn nach — 173.
—, Empfindlichkeit gegen — bei Mangel an Fettsäuren, essentiellen 555.
Strongylocentrotus lividus, Eizellen, Atmung nach Befruchtung 119 Abb.
Strontium, Einfluß auf Knochenentwicklung beim Hühnerembryo 488.
^{89}u. ^{90}Strontium, Wirkung, cancerogene 209, 380.
Stützzellen, SERTOLIsche 8.
—, —, Wirkung von Follikelreifungshormon auf — 26.
Stukkateur, Calorienbedarf, täglicher 569 Tab.
Stute, trächtige, Gonadotropinbildung 24.
—, —, Serum, Gonadotropingehalt 45.
Stutengonadotropin, Gehalt an Kohlenhydraten 25 Tab.
—, Vorkommen in Placenta 48.
Styrol, Mischpolymerisate mit Hämin 279.
—, Wirkung, cancerogene 199 Tab., 248.
—, —, keine cancerogene 280.
„Styrol 430" (BROWNING) 242•, 363•.
— —, Wirkung, cancerogene 242, 359, 363.
— —, —, mutagene 99 Tab.
Styrylessigsäure 162•.
Sublimat als Mitosegift 139 Tab.
Substanz F aus Herbstzeitlose 138.
—, blutdrucksenkende, im Prostatasekret 10.
—, insulinähnliche, im Hühnereidotter 480.
—, lebende, Unsterblichkeit 6.
— $C_{13}H_{22}O_2N_2$(?), Vorkommen im Hoden 8.
— $N(CH_2—CH_2—Cl)_3$, Wirkung, mutagene 93 Tab.
— $O(CH_2—CH_2—S—CH_2—CH_2—Cl)_2$, Wirkung, mutagene 93 Tab.
Substanzen, alkylierende, Wirkung, cancerogene 271—276.
—, bedingt cancerogene 267.
Substanzen, cancerogene
192, 199 Tab.
s. a. unter Wirkung, cancerogene.
Angriffspunkt der Wirkung 254.
Bindung an Zellbestandteile 286, 294.
— in der Zelle 252.
Chemiluminescenz nach Oxydation 206
Eigenschaften, physikalische, und Wirkung 250f., 285f.
Einwirkung, diaplacentare 270.
Empfindlichkeitsunterschiede gegen — 254f.
Induktion durch — 111.
Moleküllänge und Wirkung 251f.
Prüfungsmethoden 348.
Summationswirkung 306—310.
Übertragung, diaplacentare 188.
Vorkommen im Tabak 196.
Wirkung nach Hypophysektomie 324.
—, irreversible 305.
Substanzen, cancerogene
Wirkung, wachstumshemmende 251.
in Auspuffgasen von Motoren 214.
endogene 201—204.
organische, verschiedene 268—289.
Substanzen, chemische, Mutationsauslösung durch — 92.
—, genetisch aktive, Biochemie der — 55—69.
—, krebsfördernde 232f.
—, makromolekulare, Wirkungen, toxische 282.
—, —, anorganische, Wirkung, cancerogene 284.
—, mutagene 93 Tab.
—, oestrogene, Moleküllänge und Wirkung 251.
—, organische, verschiedene, allgemeine Wirkungsprinzipien 285—289.
—, radioaktive, Einfluß auf Spermiogenese 9.
—, —, Wirkung, cancerogene 208.
—, spermicide, im Sperma 13.
—, „strumigene" 326.
Substratphosphorylierung 416.
Succinoxydase, Vorkommen in Mitochondrien 81.
Succinoxydasesystem in Mitochondrien 479.
„Sudan I", Wirkung, cancerogene 244f., 257, 365.
—, —, —, verschwindet nach Sulfonierung 245.
Sudanbraun RR 239•.
—, Wirkung, cancerogene 239.
Süßwasserpolypen, Regeneration 177.
Sulfanilsäurederivate als Antistoffe gegen p-Aminobenzoesäure 159.
Sulfapyrazin, Ausfällung in Tumorgewebe 404.
Sulfat, Bedeutung für Seeigelentwicklung 116 Abb.
—, Gehalt in Eiereiweiß 466.
Sulfatase, Aktivität in der Blasenschleimhaut bei Blasenkrebs 256.
—, — — Harnblasentumoren 330.
—, Ausscheidung im Harn 256.
—, Gehalt im Harn bei Blasenkrebs 388, 458.
Sulfhydrylgruppen im Seeigelei, befruchteten 119.
Sulfon-äthylenimine, Wirkung, cancerogene 372.
Sulfonamide, Beziehung zwischen Konstitution und Wirkung 142.
—, Gewöhnung von Bakterien an — 83.
—, Hemmung, kompetitive, der p-Aminobenzoesäurewirkung 158.
—, Resistenz gegen — 84.
—, Wirkung, cancerogene 247.
—, —, mutagene 93 Tab.
Sulfonierung, Beeinflussung der Wirkung, cancerogenen, pharmakologischen oder toxikologischen, von Aminen durch — 245.
Sulfonsäureester als Mitosegifte 139 Tab.
Sulfonsäuregruppe, Effekt, anticancerogener 243.
Summationsgifte 360.

„Summationswirkung" 166.
Supressor-Gene 96.
Sympathektomie, Wirkung, spezifisch-dynamische, nach — 539.
Symphysenfuge, Lockerung durch Keimdrüsenhormone 19, 46.
Synovium, Gehalt an Cytochromoxydase und Cytochrom c 419 Tab.
Synthesen, Genabhängigkeit 99f.
Synthrophismus 99.
Syphilis, Zungenkrebs bei — 383 aab.
System, cancerophores 366.
—, hypothalamo-hypophysäres 22.

Tabak, Tumorbildung durch — 286, 383 Tab.
—, Vorkommen von Substanzen, cancerogenen, im — 196.
—, Wirkung, cancerogene 194—197, 199 Tab., 286.
Tabakmosaikvirus
295, 581, 583, 583 Abb., **589—595**, 590 Abb., 591 Abb.
Antigenwirkung 595.
Antiserum gegen — 592f.
Aufbau, innerer 594.
Biosynthese 594.
Größe und Gestalt 589ff.
Modell 594 Abb.
Molekulargewicht 589.
Rekonstitution 594.
Ribonucleinsäuregehalt 59f., 590, 593.
Varianten 595.
Vermehrung 610.
Tabakmosaikvirus-Nucleinsäure 592f.
Tabakmosaikvirus-Protein 591f.
Tabaknekrose-Virus 587, 587 Tab., 588 Abb.
Tabakpflanzen, Mosaikkrankheit 581.
—, mosaikkranke, A-Protein aus — 592, 594.
—, —, X-Protein aus — 592.
Tabaksorten, Bastarde, Spontantumoren bei — 186.
Taenia crassiocollis als Krebsursache 290.
— saginata, Sarkombildung durch — 284, 290, 291 Abb.
— taeniaeformis, Sarkombildung durch — 283.
Tätigkeitsstoffwechel 520.
Talgdrüsen, Einfluß von Methylcholanthren auf — 450.
Talkum, Wirkung, cancerogene 199 Tab., 284.
„Tankage", (Fleischabfälle-)Eiweiß, Wertigkeit, biologische 547 Tab.
Tannin, Wirkung, cancerogene 375.
Tantal, Sarkomauslösung durch Plättchen aus — 211.
L-Tartrat, Hemmung von Prostataphosphatase durch — 10, 456.
—, Wirkung auf Phosphatase, saure 329.
Taube, Auswertung von Prolactin an der — 38.
—, Ernährung, kalkarme 574.
—, Grundumsatz und Körpergewicht 527 Abb.
Teer, Bedeutung für Entstehung von Hautkrebs 345f.
Teer, Entartung, carcinomatöse, von Hautpapillomen durch — 386.
—, Gehalt an 3,4-Benzpyren 346.
—, Substanzen, cancerogene, im — 205.
—, Wirkung, cancerogene 199 Tab., 212, 358, 384 Tab.
—, —, cocancerogene 381.
Teere, cancerogen wirksame 212.
—, —, —, Fluorescenzspektrum 346.
—, —, —, künstliche 346.
Teerkrebs 205, 344.
—, Stoffwechselgrößen 407 Tab.
Teestaub, Bios I in — 147.
Teflon, Sarkombildung nach Implantation von Plättchen und Filmen 279.
α-Teilchen 208.
—, Wirkung, mutagene 91.
β-Teilchen, Wirkung, mutagene 91.
Teilungsgifte 137.
Temperaturregulation 531f.
Temperaturschock, Wirkung, mutagene 88.
Teratome 115—118.
— nach Kupfersulfat und Zinksalzen 377.
Termiten, Bildung von Anlockungsstoffen 103.
—, Einfluß der Ernährung auf Entwicklung von — 53.
Termone 7, 15, 53, 102, 110.
Terpentin, Einfluß auf Krebsauslösung 232.
—, Wirkung, cocancerogene 304, 381.
Testalon $C_{21}H_{32}O_3$, Vorkommen im Hoden 8.
Testes, s. Hoden
Testosteron 33 Tab., 391•.
—, Ausscheidung im Harn 32.
—, Bildung von Oestron und Oestradiol aus — 390.
—, Effekt, virilisierender 20.
—, Einfluß auf Tumorbildung 382.
—, Einheit 39.
—, Nachweis 33.
—, Vorkommen im Hoden 8.
—, Wirkung auf Tumorwachstum 330.
— als Hormon, spezifisch, männliches 28.
Testosteron-17-propionat, Wirkungsdauer 39.
Tetanie bei Schwangerschaft 46.
Tetradenanalyse 72.
Tetrachlorkohlenstoff, Lebercirrhose nach — 375.
—, Wirkung auf Bernsteinsäuredehydrogenase der Leber 415.
—, Wirkung, cancerogene 254, 276, 375.
Tetraclita squamosa rubescens, Vorkommen von 3,4-Benzpyren in — 347.
1′,2′,3′,4′-Tetrahydro-1,2-benzanthracen 352.
Tetrahydrochinolin, Dehydrierung 202.
5,6,7,8-Tetrahydro-10-methyl-1,2-benzanthracen 352.
Tetramethylcumaran, Tokopherolwirkung 43.
Tetramethylhydrochinone, Tokopherolwirkung 43.
1,2,3,4-Tetramethyl-phenanthren 218•, 350•.
—. Wirkung, cancerogene 203, 216, 349.
Tetraploidie 71.
Textilverkäuferin, Calorienbedarf, täglicher 569 Tab.

Thalassämie, Häufigkeit beim Menschen 189 Tab.
Thalassochelys corticata, Eier 496f.
Thalliumnitrat, Wirkung, cancerogene 305.
Thalliumverbindungen, Durchtritt durch die Placenta 48.
Thecazellen, Hormonbildung in den — 14.
THEILERsches Virus 603.
Theorie von LEWIS betr. Eigenschaften, basischen 224.
Thiamin
Bedarf, täglicher 565 Tab.
Gehalt in Lebensmitteln 562 Tab.
Pyrithiamin als Antagonist von — 160.
Vorkommen in Eidotter 469.
— — Eiereiweiß 466.
— — Hühnerei 480.
— — Placenta 48.
— — Seeigeleiern 479.
— — Tumoren 459.
Wachstumswirkung 146.
Thiazinbraun, Wirkung, cancerogene 246.
Thiazolsynthese, Blockierung bei Mutanten 99.
β-2-Thienyl-D,L-alanin, Transaminierung mit Phenylbrenztraubensäure in Tumoren 439.
Thioacetamid 269•
—, Wirkung, cancerogene 269, 376.
Thiobarbitursäure, Nachweis von Epoxyden mit — 288.
Thioharnstoff 269•, 529.
—, Blockierung der Thyroxinsynthese durch — 160, 326.
—, Wirkung, cancerogene 269, 375.
—, —, cocancerogene 382.
Thioharnstoff-Derivate, Wirkung, cancerogene, Beeinflussung durch Hormon, thyreotropes 326.
Thioharnstoffverbindungen, Tautomerie als Ursache der Wirkung, cancerogenen 285.
Thionase, Bedeutung von Folsäure für — 142.
Thiophenbenzanthracen, Wirkung, cancerogene 219.
Thiouracil 269•, 529.
—, Blockierung der Thyroxinsynthese durch — 160, 326.
—, Einfluß auf Nucleinstoffwechsel 448.
—, Wirkung, cancerogene 269.
—, —, cocancerogene 382.
— als Hemmstoff gegen Uracil 160.
Thorium X, Wirkung, cancerogene 199 Tab.
Thoriumdioxyd, Wirkung, cancerogene 209.
Thorium-Präparate, Wirkung, cancerogene 289.
Thorium-X-Präparate, Wirkung, cancerogene 270.
THORN-Test 172ff.
Thorotrast 209.
—, Ablagerung im Knochen 379.
Threonin
Aminosäure, essentielle 146, 549 Tab.
Bedarf, täglicher, des Menschen 549 Tab., 550.
Gehalt in Eiereiweißproteinen 465 Tab.
Threonin
Gehalt in Tabakmosaikvirus 592.
— — Tumoreiweiß 425 Tab.
— — —, menschlichem 426.
— — Follikelreifungshormon 25 Tab.
— — Prolactin 26 Tab.
— — Spermatozoen und Samenplasma vom Stier 13 Tab.
Lebensnotwendigkeit 548.
Protein-Vollei-Wert in Eiweißkörpern 552 Tab.
Thrombocyten, Gehalt im Blut nach ACTH oder Cortison 172.
Thrombokinaseaktivität von Extrakten aus Placenta und Geweben, embryonalen 48.
Thymin, Gehalt in Desoxyribonucleinsäure beim Menschen 444 Tab.
—, Synthese, Hemmung durch Urethan 270.
—, Wachstumswirkung, Hemmung durch 5-Bromuracil 160.
Thymome nach Röntgenbestrahlung 206.
Thymonucleinsäure s. a. Desoxyribonucleinsäure.
Thymonucleohistone 75.
Thymus 155.
—, Desoxyribonucleinsäuren, Basenzusammensetzung 444 Tab.
—, Gehalt an Colaminphosphorsäure 452.
—, Stoffwechselgrößen 407 Tab.
—, Wirkung von Cortison und Compound F auf — 172.
—, Zellfraktionen, Verteilung von Protein-N und Ribonucleinsäure 428.
Thyreostatica 529.
—, Wirkung, cocancerogene 382.
Thyreotoxikose, Grundumsatz bei — 529.
Thyroxin, Wirkung auf Atmung des Hühnerembryo 479.
—, — — Bildung von Hypophysentumoren 327.
—, — — Inkretion, thyreotrope, der Hypophyse 42.
—, — — Phosphorylierung, oxydative, in Tumormitochondrien 417.
— s. a. Schilddrüsenhormon.
Thyroxin-Synthese, Blockierung der — 160, 326.
Tiere, Schädigung durch Substanzen, carcinogene, der Luft 214.
—, Stoffaustausch 509.
—, erbreine 104.
—, niedere, Steuerung der Entwicklung 114.
—, trächtige, Ausscheidung von Hormonen, gonadotropen, bei — 45.
—, wachsende, Kaliumgehalt im Serum 146.
Tierstämme, homozygote 72.
Tischler, Calorienbedarf, täglicher 569 Tab.
TMV s. Tabakmosaikvirus.
Tobias-Säure 198.
Töpfer, Calorienbedarf, täglicher 568 Tab.
Tokokinin 20.
Tokopherol 42f.
—, Bedeutung für Fortpflanzung 42f.
—, Bestimmung 43.

Tokopherol, Einfluß auf Entwicklung der Bienenkönigin 54.
—, Vorkommen 556.
— — in Eidotter 469.
—, — — Hühnerei 480.
—, — — Tumoren 459.
—, Wirkung auf Leberschädigung durch Magermilchpulver 289.
α-Tokopherol, Einheit 43.
o- und m-Toluidin, Bildung aus 2,3-Azotoluol 258.
p-Toluidin, Bildung von p-Aminobenzoesäure aus — 257.
Toluidine, Bildung aus 4-Dimethylaminoazobenzol 264.
—, Wirkung, cancerogene 234.
Toluol, Bildung von Benzoesäure aus — 257.
Toluylenblau 240•.
—, Wirkung, cancerogene 242.
m-Toluylendiamin, Wirkung, cancerogene 234.
2-Tolylazo-2-naphthol, Wirkung, cancerogene 244, 365.
Tomate, Blastokoline in — 163.
—, Bushy-stunt-Virus 581.
Tomatenzwergbusch-Virus 586f.
Torf, Wirkung, oestrogene, 20.
Toxine und Antitoxine, Wechselwirkungen 174f.
—, bakterielle, Wirkung von Cortison auf Resistenz gegen — 173.
Toxogen 216.
Toxohormon 422.
Training, Aminosäurebedarf 551.
Traktorenführer, Calorienbedarf, täglicher 568 Tab.
Transaminasen, Gehalt in Leber und Hepatom 395 Tab.
—, Konfigurationsspezifität in Tumoren 440.
—, Vorkommen in Mitochondrien 81.
—, — — Tumoren 439f.
Transduktion 61.
Transformation, bakterielle 60.
Transmethylierung, enzymatische, Vergiftung durch Urethan 270.
Transplantabilität, heterologe 338.
Transplantation 181.
—, heteroplastische 337.
Transplantations-Tumoren 333—336.
Trauma, Wirkung, cocancerogene 304.
Traumatin 178•.
Treffertheorie 94, 228, 309.
—, Anwendung auf Viruskrebs 293.
—, — — Giftwirkung, radiomimetische 140.
—, Krebsentstehung 303f.
— der Strahlenwirkung, mutagenen 89.
Tremolit, Wirkung, cancerogene 284.
„Trephone“ 150.
Tretbahn, rotierende 541.
sym. 1,3,5-Triäthylenimintriazin, Wirkung, cancerogene 275.
sym. 2,4-6-Triäthylen-imintriazin, Wirkung, mutagene 93 Tab.
Triäthylenmelamin 275•, 372•.
Triäthylenmelamin, Hemmung der Glykolyse durch — 374.
—, Wachstumshemmung von Tumoren durch — 373.
—, —, cancerogene 275, 372.
—, —, cocancerogene, von Crotonöl nach Vorbehandlung mit — 380.
—, —, mutagene 94.
2,4,6-Triäthylenmelamin als Mitosegift 139 Tab.
Tribolium confus., Carnitin als Wirkstoff für die Metamorphose von — 115.
Tricaprylin als Lösungsmittel für Kohlenwasserstoffe, cancerogene 215.
Trichinellen als Krebsursache 289.
Tri-(2-chloräthyl)-amin 371•.
—, Wirkung, cancerogene 271, 371.
—, —, mutagene 92.
Trienoestrol, Wirkung, oestrogene 41.
2,3,5-Trijodbenzoesäure 162.
—, Auslösung von Mißbildungen bei Pflanzen durch — 115.
Trimethylamin, Bildung bei Verbrennungen 167.
5,9,10-Trimethyl-1,2-benzanthracen, Wirkung, cancerogene 222.
Trimeresurus Mucrosquamatus, Ei 498 Tab., 499 Tab.
Trimethylolmelamin 275•, 372•.
—, Wirkung, cancerogene 275, 372.
1,2,4-Trimethylphenanthren, Wirkung, cancerogene 349.
2,4,7-Trinitrofluorenon-pikrat 225.
Triosephosphate, Auftreten in Embryonen 121.
Triose-phosphatdehydrogenase, Hemmung durch Lost und Stickstofflost 374.
Triosephosphatisomerase, Aktivität im Blutserum bei Tumorträgern 412.
— in Tumoren 411.
Triphenyläthylen, Oestrogenwirkung 40.
Triphenylmethan 218.
Triphenylmethanfarbstoffe, Wirkung, cancerogene 242f.
Triphenylmethansulfosäuren, Wirkung, cancerogene 218f.
Triphenylmethyl, Reaktivität, chemische 225.
Triphenyl-tetrazolium-chlorid, Dehydrogenasennachweis mit — 415.
Triphosphopyridinnucleotid, Bedeutung für Abbau von 4-Dimethylaminoazobenzol 262.
—, Nachweis in Tumoren 415.
— -Cytochromreduktase in Tumoren 417f.
Triton, Befruchtung, polymere 106.
—, Induktion an — 112.
— alpestris, Wirkung von Implantaten auf Triton taeniatus 109.
— taeniatus, Induktion an — 110 Abb.
— —, Organisatorwirkung 109 Abb.
Trockeneigelb, Hepatombildung durch — bei Ratten 289.
—, Wirkung, cancerogene 193.
Trophylium-Ion 224.

Tropolon, Wirkung auf Mitose 138.
Trypaflavin, Auslösung von Mißbildungen durch — 117.
— als Mitosegift 139 Tab., 140.
Trypanblau 246•, 366•.
—, Auslösung von Mißbildungen durch — 117.
—, Resorption aus der Milch 118.
—, Übertragung durch die Placenta 118.
—, Wirkung, cancerogene 246, 289, 366.
Trypsin, Wirkung auf Oxytocin 49.
—, — — Prolactin 26.
Tryptophan
388•.
Abbau 100.
Aminosäure, essentielle 146, 549 Tab.
Bedarf, täglicher, des Menschen 549 Tab., 550.
Bildung von β-Indolylessigsäure aus — 149.
Einfluß auf Wirkung, cancerogene, von 2-Acetaminofluoren 360.
Gehalt in Eiereiweißproteinen 465 Tab.
— — Lebernucleoproteiden 427 Tab.
— — Livetin 467.
— — Prolactin 26 Tab.
— — Spermatozoen und Samenplasma vom Stier 13 Tab.
— — Tumoreiweiß 424ff., 425 Tab.
Hemmstoffe gegen — 162.
Lebensnotwendigkeit 548.
Protein-Vollei-Wert in Eiweißkörpern 552 Tab.
Umwandlung in α-Oxytryptophan, Gen für — 98.
Verhalten im Hühnerei, bebrüteten 475.
Verstärkung der Wirkung, cancerogenen, von β-Naphthylamin durch — 234.
Wert, biologischer, in Eiweißkörpern 552.
Tryptophanperoxydase in Tumoren 439.
Tryptophanstoffwechsel 98.
Tuben, Wirkung von Hormonen, oestrogenen, auf — 46.
Tuber cinereum, Sexualzentrum 22.
Tuberkulose, Mortalität bei Unterernährung 577.
—, Sterblichkeit 191 Abb.
Tuberkelbacillen, Phosphatid aus — erzeugt Tuberkel 169.
—, Wachshülle, Auflösung durch Lymphocyten 168.
Tubifex, Entwicklung 107.
Tubifex-Ei, Polplasmen, Selbstreproduktion 78f.
„tu-e-Faktor“ 186.
Türkei, Ernährung 571 Tab.
Tulpenzwiebel, Extrakte, oestrogene, aus — 20.
Tumorbildung, Phasen der — 344.
— durch Crotonöl 206.
— — Flachsfasern und -staub (Maus) 283.
— — Neutronen 380.
— — Plättchen und Folien 279—282.
— — Tumorextrakte, zellfreie 344.
Tumoren
s. a. Geschwülste.
A- und B-Zellen in — 440.
Abbau von Brenztraubensäure in — 412.
— — Essigsäure in — 412.
— — Fructose in — 408.
— — Glucose in — 412.
— — Milchsäure in — 412.
— — Oxalessigsäure in — 413.
— — Palmitinsäure in — 412.
Aldolase in — 410f.
Aminosäuren in — 423f.
— der Proteine von — 424ff.
Aminosäure- und Proteinstoffwechsel 433ff.
Arginase in — 438.
Asparaginase in — 438.
Aufnahme von Fettsäuren durch — 454.
Ausfällung von Sulfapyrazin in — 404.
Bestandteile, anorganische 397—401.
Bildung von Aminosäuren aus Essigsäure in — 413.
— — Cholesterin aus Essigsäure in — 413.
— — Fettsäuren aus Essigsäure in — 413.
Biochemie 342—460.
Bösartigkeit und Quotient K:Ca 399.
Chemie 392—460.
Cholesterin 452f.
Cholinesterase 455.
Cholinoxydase 458f.
Citronensäure-Cyclus in — 412—416.
Cobalaminsynthese 460.
Colaminphosphorsäure in — 452.
Cystindesulfurase in — 438.
Dehydropeptidasen in — 437.
Desoxyribonuclease in — 449.
Desoxyribonucleinsäure 444.
DPN-Nucleosidase-Aktivität in — 416.
DPN-Pyrophosphatase-Aktivität in — 416.
Eiweiß 423f., 428—432.
— und Eiweißstoffwechsel 423—440.
Eiweißbedarf 435.
Eiweißeinbau in Mitochondrien und Mikrosomen 435.
Entstehung 344—392.
— s. a. Tumorbildung.
Enzyme des Citronensäureabbaues in den Mitochondrien 413.
— der Glykolyse in — 410ff.
— des Proteinstoffwechsels 435—440.
Esterase 454f.
Fermente, nucleinsäurespaltende 448ff.
Fettsäuren 453f.
Flavinadenindinucleotid in — 418.
Gehalt an
Aconitase 414.
Äpfelsäuredehydrogenase 414.
Arginin, freiem 423.
Ascorbinsäure 424.
Bernsteinsäuredehydrogenase 414.
Brenztraubensäure 404.
Calcium 398f.
Citronensäure 404f.

Tumoren
Gehalt an
Cytochrom 418.
Cytochromoxydase 418.
Desoxyribonucleinsäuren 442.
Eisen 400.
Eiweiß je Zellkern 442 Tab.
Enzym, kondensierendem 413f.
Fumarase 414.
Glucose-6-phosphatase 410.
β-Glucuronidase 458.
Glutaminasen 438.
Gluthation 424.
Glykogen 402f.
Harnstoff 424.
Isocitronensäuredehydrogenase 414.
Jod 400.
Kalium 398.
Katalase 418.
α-Ketoglutarsäure 404.
α-Ketosäuren 404.
Kohlenhydraten 402f.
Kupfer 400.
Magnesium 399.
Mangan 400.
Metallen 398—401.
Milchsäure 403f.
Myosin 429.
Nichtmetallen 400f.
Oxalessigsäure 404.
Oxalessigsäurecarboxylase 414.
Phosphatiden 451.
Phosphorsäure 401.
Prophyrinen 418.
Ribonucleinsäuren 440—443.
Schwefel 401.
Spurenelementen 400.
Verbindungen, phosphatübertragenden 403.
Wasser 397f.
Zink 211, 400.
Glykolyse 406—410.
—, aerobe 403, 406.
—, anaerobe 406.
Hemmstoffe für das Wachstum von — 373.
Heterotransplantation 337f.
Hexokinase 410.
Hyaluronidase 458.
Immunität bei — 433.
Kathepsinaktivität in — 435f.
Kohlenhydratstoffwechsel 402f., 405 bis 416.
Lipase 454f.
Lipoide 450—454.
Lokalisation nach Aminen, cancerogenen 266.
Milchsäuredehydrogenase in — 411.
Mitochondrien, Aminosäurezusammensetzung der Proteine aus — 426.
—, Unterschiede gegen Mitochondrien, normale 421.
—, Zahl 420.
Mitoserate in — 136.
Nachweis von Codehydrogenasen in — 415.

Tumoren
Nachweis von TPN in — 415.
Nekrosen, Cholesterin 452f.
—, Fettsäuren 453 Tab.
—, Hyaluronidase 458.
—, Kathepsinaktivität 436.
—, Lipoide 450, 453 Tab.
—, Neutralfette 453 Tab.
—, Nucleinsäuregehalt 441.
—, Phosphatase, alkalische 457.
—, Phosphatide 453.
Nucleinsäuren 440—445.
—, Einbau von Guanin 446f.
—, Stoffwechsel 445—448.
—, Zusammensetzung 443ff.
Nucleoproteide 426ff.
Oxydationsfermente 417—423.
Oxydationsstoffwechsel 405—1423.
PASTEUR-Effekt, umgekehrter, bei — 406.
Pentolyse 410.
Pentosephosphat-Cyclus 410.
D-Peptidasen 437.
Phosphatasen 455ff.
Phosphohexokinase 410.
Phosphoraustausch 451.
Phosphorylierung, oxydative 416f.
Polynucleotidasen 448f.
Pyridinnucleotide, Verteilung in Zellfraktionen von — 415.
Pyrophosphatase 458.
„Restunverseifbares" 453.
RNS/DNS-Verhältnis 441.
Speicherung von ^{60}Kobalt 400.
„Stickstoffalle" 435.
Stoffwechsel 392—1460.
—, aerob glykolytischer, als Ursache der krebsigen Entartung 193.
Stoffwechselgrößen 407 Tab.
Transaminasen 439f.
—, Konfigurationsspezifität 440.
Transplantation 333—336.
Triosephosphatisomerase 411.
Tryptophanperoxydase 439.
Übertragung, zellfreie 336f.
Unterschiede, strukturelle, von Eiweiß aus — und Geweben, normalen 432.
Verimpfbarkeit durch Duplikanten 300f.
Verwandtschaft, biochemische 397.
Vitamine 459f.
Wachstumstendenz und Kaliumgehalt 398.
Wasserstoffionenkonzentration 397f.
Zellfraktionen, Verteilung von Protein-N und Ribonucleinsäure 428.
Zellkern, Gehalt an Ribonucleinsäuren 428.
Zellzahl, erforderliche, für Tumortransplantation, 319.
Zusammensetzung, chemische 402 Tab.
Zymohexase 410f.
bedingte 330.
bösartige, Einfluß von Proteinabbauprodukten auf Herzfibroblasten 432.

Tumoren
extragenitale, Geschlechtsabhängigkeit 331.
konditionale 325.
leukämische, durch Röntgenstrahlen 379.
lymphoide, nach Oestrogenen 328.
—, — Röntgenbestrahlung der Haut 206.
melanotische, bei Fischen 186.
menschliche, Aminosäurezusammensetzung der Eiweißkörper aus — 425f.
—, Cholesteringehalt und Bösartigkeit 452.
—, Phosphatidgehalt und Bösartigkeit 451.
solide, Überführung in die Ascites-Form 335.
spontane, Häufigkeit bei der Maus 185 Tab.
wachsende, enthalten kein Glutamin 423.
Tumoreiweiß, Aminosäurenzusammensetzung 424ff.
—, Einbaugeschwindigkeit von Aminosäuren, markierten 434.
—, Halblebensdauer 435.
—, Vorkommen von D-Aminosäuren in — 427.
Tumorgewebe, Vorkommen von Biotin 147.
—, Wasserstoffionenkonzentration 405.
Tumorimplantation, Einfluß auf Katalaseaktivität der Leber 422.
Tumormitochondrien, Einfluß von Thyroxin auf Phosphorylierung, oxydative, in — 417.
—, Transaminierung in — 440.
Tumormyosin 429.
Tumorträger, Leberkatalaseaktivität beim — 421f.
Tumortransplantation, Einfluß auf D-Aminooxydase-Aktivität der Leber 418.
Tumor-Virusarten 384—387, 608.
Tumorzellen, Bildung aus Zellen, normalen 344.
—, Dehydrogenasenachweis in — 415.
—, Calciumgehalt und Haftfestigkeit von — untereinander 399.
—, Gehalt von Desoxyribonucleinsäure in — 429.
—, Größe 429.
—, Mitochondrien, DPN-Bindung an — 414.
—, —, Zahl 430.
—, Phosphorylierung, oxydative, in — 416.
—, Proteinstoffwechsel 264.
—, Regulierung der Glykolyse in — 409.
—, latente 305.
—, —, in Lungen 335.
turnip yellow mosaic-Virus 586f., 587 Tab.
Tween 60, Wirkung, cancerogene 232, 304.
— als Lösungsvermittler für Kohlenwasserstoffe, cancerogene 214, 229.
Tween-Gruppe, Wirkung, cocancerogene 381.
Tweens, Leberschädigung durch — 288.
—, Wirkung, cancerogene 288.
Typhusbacillen, Pyrogene aus — 169f.
Typhus-Vaccine, Bildung von Pyrogen nach — 170.

Tyrosin
Aminosäure, glucoplastische 554.
—, nicht essentielle 549 Tab.
Gehalt in Eiereiweißproteinen 465 Tab.
— — Follikelreifungshormon 25 Tab.
— — Lebernucleoproteiden 427 Tab.
— — Livetin 467.
— — Prolactin 26 Tab.
— — Schalenmembran des Hühnereis 464 Tab.
— — Tumoreiweiß 425, 425 Tab.
— — —, menschlichem 426.
Protein-Vollei-Wert in Eiweißkörpern 552 Tab.
Verhalten im Hühnerei, bebrüteten 475.

Tyrosinase. Inaktivierung von Oestrogenen durch — 31.
—, Wirkung auf Oxytocin 49.
Tyvelose 170.

Überernährung 579.
—, Einfluß auf Tumorwachstum 331.
—, Lebensverkürzung durch — 127.
Übertragung, placentare und lactogene, von 20-Methylcholanthren 214.
Uhrmacher, Calorienbedarf, täglicher 568 Tab.
Ultrarot-Licht, Wirkung auf Grundumsatz 537.
Ultraviolett-Bestrahlung, Einfluß auf Grundumsatz 537.
—, Hautkrebs durch — 205, 384 Tab.
—, Schädigung der Spermiogenese durch — 9.
—, Wirkung, cancerogene 199 Tab., 303, 377f.
—, —, mutationsauslösende 378.
—, kurzwellige, Wirkung, cancerogene 190.
— von Steroiden 391.
Ultraviolett-Licht, Einfluß auf Δ^7-Cholestenol-3- und Cholesteringehalt der Haut 453.
—, Oxydation von Cholesterin durch — 392.
Umweltfaktoren, Bedeutung für Ernährung 559.
—, krebsauslösende und krebserzeugende 383 Tab.
Umweltkrebs 376, 383 f.
Unkrautbekämpfung 162.
Unterernährung 573—578.
—, Aminosäurebedarf 551.
—, Cholinesteraseaktivität im Blutserum bei — 455.
—, Eiweißmangel bei — 577.
—, Grundumsatz bei — 575f.
—, Immunität bei — 577.
—, Schlagvolumen bei — 576.
—, Serumeiweißkörper bei — 577.
—, Wirkung, spezifisch-dynamische, bei — 576.
—, langdauernde 577f.
Uracil, Gehalt in Ribonucleinsäure aus Tabakmosaikviren 593.
—, Hemmstoffe gegen — 160.
Uracil-^{14}C, Einbau in RNS von 2-Acetaminofluorenhepatome, Ratte 446.

Uracil-^{15}N, Einbau in Nucleinsäuren des EHRLICH-Ascitestumor, Maus 446.
Uran, Wirkung, cancerogene 199 Tab., 209, 377.
Urandiolsulfat, Vorkommen im Harn 32.
Urdarmdach als Organisationszentrum 110.
Urease, Hemmung durch Benzochinon 260.
Ureidobernsteinsäure-^{14}C, Einbau in RNS von Tieren, tumortragenden 448.
Urethan
375*.
Auslösung von Mißbildungen durch — 117.
Depolymerisierung von Desoxyribonucleinsäure durch — 272f.
Tumorbildung nach — 271.
Vergiftung der Transmethylierung, enzymatischen, durch — 270.
Wirkung bei Leukämie 375.
—, cancerogene 270f., 289, 374.
—, cocancerogene, von Crotonöl nach Vorbehandlung mit — 380f.
—, hemmende, auf Impftumoren 359.
als Lösungsvermittler 270*.
— Mitosegift 139 Tab., 140.
Uricase, Gehalt in Leber und Hepatom 395 Tab.
—, Vorkommen in Mikrosomen 82.
Uridylsäure, Dephosphorylierung durch Leber und Hepatom 449.
—, Gehalt in Leberribonucleinsäuren 445 Tab.
—, — — Zellfraktionen 445.
Urin, Bios I in — 147.
— s. a. Harn.
Urkeimzellen 14.
Urodelenlarve, Implantationen an — 112 Abb.
Urogenitalapparat, Krebshäufigkeit 192 Tab.
Uropepsinausscheidung im Harn nach Glucocorticoiden 174.
USA, Ernährung 571 Tab.
—, Krebstodesfälle 190 Tab.
—, Zigarettenkonsum 195.
Usninsäure als Spindelgift 138.
Uterus
16.
Cervicalsekret, Reaktion 17.
Cervixcarcinom, Faktoren, auslösende und erzeugende 383 Tab.
Gehalt an Cytochromoxydase und Cytochrom c 419 Tab.
β-Glucuronidasegehalt bei Schwangerschaft 458.
Kontraktionen durch Histamin, Acetylcholin und Adrenalin 49
Rückwirkung auf Ovarien 16.
Tumorbildung in — durch Oestrogene 327, 331.
Veränderungen bei Tokopherolmangel 43.
Wirkung auf Milchsekretion 49.
— von Histamin, Acetylcholin und Adrenalin auf — 49.
— — Hormonen, oestrogenen, auf — 16, 46.
— — Tokopherol auf — 43.
Uterus, gravider, unabhängig von Inkretion des Organismus 44.
Uterusfibromyom, Gehalt an Cytochromoxydase und Cytochrom c 419 Tab.
Uteruskrebs 329.
Uterusmuskulatur, Adenosintriphosphat- und Phosphokreatingehalt 16.
—, Erregung durch Prostatasubstanz 10.
—, Wirkung von Progesteron auf — 46.
Uterusschleimhaut, Fähigkeit zu Metastasierung 340.
—, Gehalt an Enzymen und Glykogen in der Sekretionsphase 43.
—, Glykogen- und Kaliumgehalt nach Oestrogenen 17.
—, Hyperplasie, glandulär cystische 30.
—, Veränderungen bei Hormonbildung, gesteigerter 30.
—, Wachstum, infiltratives, und Metastasierung 332.
Uterustumoren, Begünstigung durch Oestrogene 267.
Uterusvenen, Blut, Milchsäuregehalt beim Meerschweinchen, trächtigen 404.
UV s. Ultraviolett.

Vaccine-Virus 609f.
Vagina, Epithelveränderungen, oestrogene 17f.
—, Wirkung der Oestrogene auf — 16.
—, fetale, Chromosomenzentrum, zusätzliches, in Navicularzellen 55.
Vaginalflora 18.
Vaginalschleimhaut, Gehalt an Glykogen 18.
—, Verhornung bei Vitamin A-Mangel 18.
—, Wirkung von Oestrogenen auf — 46.
Vaginalsekret 18.
valence bond method 220.
Valenz, freie, Indices der — 220.
Valin, Aminosäure, essentielle 146, 549 Tab.
—, Bedarf, täglicher, des Menschen 549 Tab., 550.
—, Gehalt in Eiereiweißproteinen 465 Tab.
—, — — Follikelreifungshormon 25 Tab.
—, — — Prolactin 26 Tab.
—, — — Spermatozoen und Samenplasma vom Stier 13 Tab.
—, — — Tumoreiweiß 425 Tab.
—, Protein-Vollei-Wert in Eiweißkörpern 552 Tab.
D-Valin, Vorkommen in Tumorproteinen 427.
Valylamino-methylketon 161 , 178.
Vanadium, Unentbehrlichkeit 558.
Variola-Virus 609.
Vasopressin 48.
—, Speicherung in der Neurohypophyse 48f.
—, Vorkommen in Ganglienzellen des Zwischenhirns 22f.
Verbindungen, alkylierend wirkende, Wirkung, cancerogene 371—374.
—, anorganische, Wirkung, cancerogene 376f.
—, hydroaromatische, Aromatisierung 390.
—, phosphorylierte, des Kohlenhydratabbaues in Tumoren 403.

Verbindungen, radiomimetische 373.
Verbrennung, Bildung von Aminen bei — 167.
—, Wirkung, cocancerogene 304f., 381.
Verbrennungsmotoren, Substanzen, carcinogene, in Auspuffgasen von — 214, 347.
Verdaulichkeit, wahre 547.
Verdauungswege, Krebshäufigkeit 192 Tab.
Vererbung 70—106.
—, außergenische 52.
—, außerkaryotische 52, 79—85.
—, geschlechtsgebundene 72.
—, karyotische und außerkaryotische 71.
—, plasmatische 79—85.
—, —, bei Paramaecia aurelia 80.
Vergiftungen, Einfluß auf Grundumsatz 530.
Verhalten, sexuelles, Steuerung durch Wirkstoffe 114.
Verletzungen, Einfluß auf Krebsauslösung 232.
—, mechanische, Wirkung, cocancerogene 304.
Vermehrung, Bedeutung von Fettsäuren, essentiellen, für — 555.
Versatzarbeiter, Calorienbedarf, täglicher 568 Tab.
Vermehrung, Begriff 124.
Vernalin 149.
Verpuppungshormon 114f.
Versuchsauswertung, statistische 34f.
Vesiculardrüsentest 39.
Verteilungsquotient 228.
Vieltreffer-Effekt 228.
Viktoriablau, Wirkung auf Prophase der Zellteilung 133.
4-Vinylcyclohexan-di-epoxyd 275*.
—, Wirkung, cancerogene 276.
Viren
73, 83.
Aufbau 610f.
Auslösung von Mutationen durch — 96.
Bekämpfung 611f.
Bestimmung, quantitative 582ff.
Beteiligung bei Entstehung von Brustkrebs, erblichem, der Maus 187.
Bildung 63ff., 84.
Charakterisierung 585f.
Chemie, physiologische 580—612.
Chemotherapie 611f.
Desoxyribonucleinsäure in — 79, 144.
Definition 581f.
Eigenschaften 302.
Eingreifen in den Zellstoffwechsel 611.
Erbmasse 79.
Gehalt an Nucleinsäuren 79.
— — Ribonucleinsäure 589.
Knochengeschwülste durch — 294.
Mutationen 86.
Nachweis und Darstellung 582—586.
Neubildung 96.
Nierengeschwülste durch — 294.
Spontanmutationen 87.
Struktur 586—611.
Tropismus 585.
Vergleich mit Erbträgern von Zellen 79.
Viren
Vermehrung 610f.
—, Bedeutung der Nucleinsäuren für — 593, 598f., 604, 610.
Wirkung, proliferationsfördernde 299.
Wirtsspezifität 585.
cytoplasmatische 601.
„filtrierbare“ 581.
kleine, der Warmblüter 601—605.
stäbchenförmige 595f.
tierpathogene, größere 608.
tumorerzeugende, Zusammensetzung, chemische 385 Tab.
als Krebsursache 292—302.
als Nucleoproteide 581, 586.
— Ribonucleinsäuremolekül 144.
der Geflügelpest, atypischen 607 Abb., 608.
— —, klassischen 605—608.
— Influenza-Gruppe, Eindringmechanismus 611.
— Mumps 608.
— Pferde-Encephalitis, Vermehrung 610.
— Pockengruppe 608ff.
des Rous-Sarkom 385f., 608.
der West Nile-Encephalitis, Vermehrung 610.
und Krebs 387.
Virilismus 28, 331.
— bei Nebennierenrindentumoren 11.
Viruserkrankungen bei Hühnern 292.
Virusinfektionen, Auslösung von Mißbildungen durch — 118.
Virus-Transfer 83.
Virustumoren 292—302.
—, Latenzzeit 300.
—, mesenchymale, beim Huhn 294.
Vitamin A s. Axerophthol.
Vitamin B_1 s. Thiamin.
Vitamin B_2 s. Riboflavin.
Vitamin B_6, Vorkommen in Tumoren 460.
—, Wirkung auf Schwangerschaftserbrechen 44.
— -Komplex, Gehalt in Haut (Maus) vor und nach Carcinogenese 396 Tab.
Vitamin B_{12} s. Cobalamin.
Vitamin D s. Calciferol.
Vitamin E s. Tokopherol.
Vitamin H (= Bios IIb = β-Biotin) 147.
„Vitamin T“ 53.
„Vitamin T-Komplex“ 150.
Vitamine
B-Gruppe, Vorkommen in Tumoren 459.
—, Wachstumswirkung 146.
Bedarf an — 557f.
Bildung in Einzellern und Pflanzen 146.
Gehalt in Lebensmitteln 562 Tab.
Stoffwechsel, Aufklärung an Mutanten 99.
Tumoren 459f.
Vorkommen in Eidotter 469.
— — Eiereiweiß 466.
— — Eiern, bebrüteten 480.
— — Hühnerei 480.
— — Hühnerembryo 480.
Wirkung, wachstumsfördernde 146.

Vitaminmangel, Mißbildungen durch — 96, 118.
Vitaminquellen der Nahrung 563.
Vitaminzufuhr, Jahresrhythmus 570.
Vitellenin 467.
Vitellin 467.
Vitellin-P, Gehalt in Eiern, bebrüteten 473 Tab.
Vitello intestinalis 47.
Vögel, Eiweißverbrennung in Eiern, bebrüteten 475 Tab.
—, Eizellen, Größe 463.
—, Hodengewicht, Schwankungen 9.
—, Kropfdrüsen 18f.
—, Tumorbildung durch Kohlenwasserstoffe, aromatische, polycyclische 349.
Voegtlin-Einheit 49.
Vogelei, Bildung der Kalkschale 19.
—, Dimorphismus 488.
—, Nährstoffgehalt 52.
Vogelembryonen, Ausscheidung von Stoffen, N-haltigen 122.
Vollei, Wachstumswert 550f.
Vollmilch, Zusammensetzung 562 Tab.
Vollmilchpulver, Wirkung, cancerogene 193.
Vollperson 572f.
Volloestrus 17 Abb.
Volvox, Aufteilung der Funktionen 6.
Vorsteherdrüse s. Prostata.
Vorzeichner, Calorienbedarf, täglicher 568 Tab.

Wachstum:
1—6, 124—164, 176.
Schrifttum 1, 124.
Arten des — 132.
Bedeutung der Glykolyse für — 120.
— der Wertigkeit, biologischen, von Eiweiß, für — 550.
— von Kalium und Phosphat für — 146.
Beeinflussung durch Schilddrüsenhormon 154.
Begriff 124f.
Behandlung, mathematische 126—129.
Beziehungen zu Arginase 122.
Gesetzmäßigkeiten 318.
Hemmstoffe des — 155—164.
Hemmung durch Heparin 154.
— — Hypophysenhinterlappenextrakte 153.
— — Keimdrüsenhormone 153.
— — Substanzen, cancerogene 251.
Mineralstoffwechsel im — 146.
Nucleinsäurevermehrung bei — 145.
Quotient K:Ca bei — von Zellen 399.
Wirkung von Heparin auf — 138.
Zeitkonstante 127.
fetales, Geschwindigkeit 130.
infiltratives 332, 343.
physiologisches, abhängig von Atmung 121.
und Altern, Beziehungen zwischen — 127.
Wachstumsfaktoren, tumoreigene 332f.
Wachstumshemmungen durch Mangel an Fettsäuren, essentiellen 555.
Wachstumshormon (=Somatotropin) 151ff.
s. a. Hormon, somatotropes
Antagonisten 156, 172.
Bedeutung für Geschwulstwachstum 324f.
— — Leberregeneration 179.
Beteiligung an Stress-Reaktion 171.
Einfluß auf Eiweißsynthese 152.
— — Latenzzeit von Tumorbildung, experimentelle 349.
— — Nucleinsäurestoffwechsel 152.
— — Tumorbildung durch Amine, aromatische, cancerogene, nach Hypophysektomie 360.
Test auf — 152.
Wirkung auf Brustdrüsen 18.
—, cocancerogene 381.
identisch mit Hormon, diabetogenem 152.
Wachstumsregulation, Bedeutung von Antigenen für — 432.
Wärmeproduktion, Organismus 518ff.
Wärmeregulation 532.
Wärmestrahlung 520.
Wäscherin, Calorienbedarf, täglicher 569 Tab.
Wagenaufschieber, Calorienbedarf, täglicher 568 Tab.
Waisenhäuser, Ernährung in — 571.
Wal, Gehalt an Hormon, thyreotropem, in Hypophysenvorderlappen 155 Tab.
Waldfroscheier 501f.
Walker-Carcinom 256
333, 397.
s. a. Rattencarcinom 256.
Einbau von Orotsäure-^{14}C in Nucleinsäuren 446.
Einfluß von Röntgenbestrahlung auf DNS-Bildung in — 447.
Eiweißfraktionen im Cytoplasma bei — 430.
Gehalt an Ascorbinsäure 424.
— — Fettsäuren, ungesättigten 453.
— — Glutathion 424.
— — Glykogen 402.
— — Natrium 398.
— — Phosphohexoseisomerase im Blutserum bei — 411.
— — Schwefel 401.
— im Serum an Aminosäuren bei — 433.
Hyaluronidase in — 458.
Oxalessigsäureabbau in — 413.
Phosphorstoffwechsel 401.
Phosphorylierung in — 416.
Transplantierbarkeit 334.
Zusammensetzung, chemische 402 Tab.
nekrotisches, Lipoidgehalt 453 Tab.
transplantiertes, Wirkung auf Lipoidgehalt von Organen und Geweben 450.
Walzer, Calorienbedarf, täglicher 568 Tab.
Warburg, Respirationsapparat 516.
Warmblüter, Beziehung zwischen Grundumsatz und Körpergewicht 527 Abb.
—, Viren, kleine 601—605.
Warmblütergewebe, Wundhormone in — 178.

Warmpresser, Calorienbedarf, täglicher 568 Tab.
Warzen, Auslösung durch Virus 299.
Wasser, Gehalt im Eidotter 467 Tab.
—, — in Eiereiweiß 464 Tab.
—, — — Eiern, bebrüteten 469.
—, — — Fleischfliegenlarven 504 Tab.
—, — — Haut vor und nach Carcinogenese 396 Tab.
—, — im Körper bei Hunger 574.
—, — in Leber und Hepatom 393 Tab.
—, — — Tumoren 397f.
Wasserabgabe durch Haut, Einfluß von Fettsäuren, essentiellen, auf — 555.
Wasserstoffionenkonzentration im Tumorgewebe 405.
Wasserstoffperoxyd, Wirkung auf Krebszellen 422.
—, — — Spermatozoen 51.
—, —, mutagene 93 Tab.
Weber, Calorienbedarf, täglicher 569 Tab.
Weberin, Calorienbedarf, täglicher 569 Tab.
WEE = western equine encephalitis 603f.
Wegebauarbeiter, Calorienbedarf, täglicher 569 Tab.
Weichensteller, Calorienbedarf, täglicher 569 Tab.
Weichmacher, Wirkung, cancerogene 199 Tab.
Weidenkätzchen, Vorkommen von Oestriol in — 20.
Weißhaarigkeit, lokale, durch Röntgenbestrahlung, Substanzen, radioaktive oder N-Lost 273.
Weißnäherin, Calorienbedarf, täglicher 569 Tab.
Weizen, Blastokolinauswertung bei — 163.
—, Wachstumswert 550.
Weizenbrot, Wassergehalt 561 Tab.
—, Zusammensetzung 562 Tab.
Weizen-Eiweiß, Wertigkeit, biologische 547 Tab.
Weizengluten, Protein-Vollei-Wert 552 Tab.
Weizenmehl, Wassergehalt 561 Tab.
—, Zusammensetzung 562 Tab.
— als Eiweißquelle 546.
— hebt Wirkung, cancerogene, von 4-Dimethylaminoazobenzol auf — 260.
„Welktoxine" 149.
Werksverpflegung 571.
Werkzeugmacher, Calorienbedarf, täglicher 568 Tab.
West Nile-Encephalitis 604.
western equine encephalitis 603.
Wild als Eiweißquelle 563.
Wildkaninchen, SHOPE-Papillom 294.
Wildmaus, Brustkrebs 297.
Winterschlaf 574.
—, Stoffwechsel im — 522.
Winzer, Arsenkrebs bei — 209ff.
—, Calorienbedarf, täglicher 568 Tab.
Wirbellose, Vorkommen von Krebs bei — 185.
Wirbeltiere, Vorkommen von Krebs bei — 184 Tab.
—, niedere, Regeneration 177.
Wirksamkeit, corticoide, Voraussetzungen, strukturelle der — 173.
Wirkstoffe, Schema 21 Abb.
—, biogene 21.
Wirkung, bakteriostatische, von Demecolcinamiden 138.
Wirkung, cancerogene
199 Tab., 375.
Definition 344f.
Index der — 215.
Irreversibilität 232.
Latenzzeit 329.
von
2- und 3-Acetaminophenanthren 361.
Acetaminopyren 361.
2′-Acetylamino-2,3,6,7-dibenztropiliden 236.
4-Acetylamino-diphenyl 362.
Acetylaminofluoren 233, 236, 250, 255, 267, 326, 359ff., 363, 382, 402.
2-Acetaminofluoren-Derivaten 362.
Acetylaminostilben 363.
Acridinrot 243.
Acyl-äthyleniminen 372.
Äthionin 193, 376.
4-Äthoxyphenylharnstoff 268, 376.
4-Äthyl-4-dimethyl-aminoazobenzol 239.
Äthyleniminen 275, 285, 372.
Äthyleniminverbindungen 371—374.
Äthylurethan 188, 269.
Agar 282.
Alkohol 383 Tab.
Alkyläthyleniminen 275.
Allylthioharnstoff 269.
4-Aminodiphenyl 362.
Aminen, aromatischen 197, 199 Tab., 234—268, 285, 358—371, 439.
—, —, höheren, o-Oxyverbindungen 255.
2-Aminoanthracen 236, 243, 248.
4-Aminoazobenzol 237, 248, 251, 363f., 369.
4-Aminoazobenzol-homologen 238.
o-Aminoazotoluol 237, 239, 359, 364, 366.
4-Amino-2′,3-azotoluol 239.
Aminodibenzfuran 236.
Aminodibenzthiophen 236, 248.
4-Amino-3,2′-dimethylazobenzol 359.
4-Aminodiphenyl 199 Tab., 234, 237, 248, 250, 257, 359, 362.
Aminodiphenyl-Derivaten 237, 362.
2-Aminofluoren 236, 245, 248f., 255.
o-Amino-1-naphthol 235, 361, 367, 388.
1-Amino-2-naphthol 256.
2-Amino-1-naphthol 256, 361, 367, 388.
2-Amino-naphthol-(1)-glucuronid 367.

Wirkung, cancerogene
von
2-Aminophenanthren 236, 248.
Aminophenolen 256, 285.
4-Aminostilben 241, 251, 363.
4-Aminostilbenverbindungen 248, 251.
3-Amino-p-toluidin 234.
Anilin (?) 198, 234, 241, 248, 358, 364.
Anthracen 216, 222, 231, 249, 304, 349.
Anthramin 236.
2-Anthramin 248.
β-Anthramin 361.
Antikonzeptionsmitteln 197, 289.
Arsen 197, 199 Tab., 211, 270, 289.
Arsenverbindungen 209f.
Arsen (III)-Verbindungen 209, 376, 383 Tab., 384 Tab.
Arzneimitteln 270, 289.
Asbest 199 Tab., 211 Abb., 212, 284, 376f., 383 Tab.
Asphalt 346, 384 Tab.
Atombomben 199 Tab.
Augit 284.
Auramin 242.
Azobenzol 239, 258.
Azobenzolderivaten 247f., 250.
Azofarbstoffen 359.
2,2′-Azonaphthalin 236, 239f., 248, 365.
Azotoluol 248.
2′,3-Azotoluol 257.
Bakelit 279, 376.
Bentonit 284.
1,2-Benzacridin 219.
Benzacridinen 219, 352.
1,2-Benzanthracen 216, 222, 349.
—, Methylhomologen 349.
Benzanthracenen, 10-substituierten 352.
2′,3′-Benz-2,4-diaminoazobenzol 239.
Benzidin 198, 199 Tab., 234, 237, 257, 359, 362, 383 Tab.
—, Verlust der Wirkung, cancerogene, durch Sulfonierung 245.
— -Derivaten 362.
Benzol (?) 199 Tab., 349.
3,4-Benzphenanthren 349f.
1,2-Benzphenarsazinderivaten (?) 219.
3,4-Benzpyren 213, 216, 346, 348, 351.
—, Abhängigkeit von der Dosis 308.
—, Aufhebung durch Lost 373.
Bergkrystall 284.
Beryllium 199 Tab., 210f., 376.
Berylliumverbindungen 210, 377.
Biebricher Scharlach 246.
2,7-Bisacetaminofluoren 362.
Bis-(2-chloräthyl)-aminoxyd 271.
Bis-(2-chloräthyl)-sulfid 271, 371—374.
Bleiphosphat 211.

Wirkung, cancerogene
von
Brillantblau FCF 243.
Buchweizen 286.
Butadien-di-epoxyd 276.
Buttergelb s. Wirkung, cancerogene, von 4-Dimethylaminoazobenzol.
n-Butylcarbamat 375.
^{45}Calcium 380.
Caproyläthylenimin 275.
Capsicum annuum und frutescens 193, 287.
Carbazol 219, 249.
carbon black 199 Tab., 213.
2′-Carboxy-4-dimethylaminoazobenzol 244.
Carboxymethylcellulose 282.
Cellophan 279, 376.
Cellulose 279.
^{144}Cer 209.
Chinonen 260.
Chlor 276.
10-Chlor-1,2-benzanthracen 351.
Chloroform 254, 271, 276, 289, 375.
—, Formen, intracellulär reaktiven 285.
—, Tierspezifität 254.
Cholanthren 350.
Δ^2-Cholesten-3-on-7,8,9,11-diepoxyd 276.
Δ^5-Cholesten-3-on-6-β-peroxyd 276.
Cholesterin 201, 203, 392.
—, Bestrahlungsprodukten 203ff.
—, Umwandlungsprodukten, photochemischen (?) 378.
α-Cholesterinoxyd 392.
Chrom 211, 282.
Chromaten 199 Tab., 211, 376f., 383 Tab.
Chrysen 216, 390.
— -Methylderivaten 349f.
Chrysoidin 239.
Crotolaria 193, 287.
Crotonöl 233, 305, 329.
10-Cyano-9-methyl-1,2-benzanthracen 219.
Cyclopentanophenanthren 217.
— -Methylhomologen 389f.
Diäthylenglykol 276.
DAS (4-Dimethylaminobenzoldiazoniumsulfat) 247.
DDT (Dichlordiphenyltrichloräthan 276.
2-Diacetaminofluoren 361.
Diäthylenglykol 276.
2,4-Diaminoazobenzol 239.
2,2′-Diamino-1,1′-dinaphthyl 236.
1,2,5,6-Dibenzanthracen 213, 216, 219, 236, 248, 346, 348, 351, 353.
1,2,7,8-Dibenzanthracen 351.
Dibenzanthracen-Thiophenanalogen 353.
Dibenzazobenzol 248.
1,2,5,6-Dibenzcarbazol 219, 353.

Wirkung, cancerogene
von
3,4,5,6-Dibenzcarbazol 236, 353.
1,2,5,6-Dibenzfluoren 217, 236, 353.
1,2,7,8-Dibenzfluoren 353.
1,2,5,6-Dibenzphenanthren 351.
1,2,3,4-Dibenzphenazin 352.
1,2,5,6-Dibenzphenazin 219, 352.
1,2,3,4- und 3,4,8,9-Dibenzpyren 217.
Dibenzthiophenen 249.
9,10-Dichlor-1,2-benzanthracen 219.
Dichlordiphenyltrichloräthan (DDT) 276.
1,2,3,4-Diepoxybutan 372.
Di-mesyl-α-glykol 276.
2,3-Dimethyl-4-aminoazobenzol 237.
4-Dimethylaminoazobenzol 193, 237ff., 245, 254f., 259f., 263, 264—268, 276, 306ff., 317, 359f., 363, 371, 384 Tab.
—, Abhängigkeit von der Dosis 306f.
—, Bedeutung der Aminogruppe für — 248f.
—, Methylierungsprodukten 233, 239.
—, Unterschiede im Wirkungsort 254.
—, Wirkung bei verschiedenem Geschlecht 255.
— -Derivaten 364f.
— -sulfonamid 245.
4-Dimethylaminobenzoldiazoniumsulfat (DAS) 247.
3,2'-Dimethyl-4-aminodiphenyl 362.
3,3'-Dimethyl-4-aminodiphenyl 237.
4-Dimethylaminodiphenyl 241, 362.
N-Dimethyl-4-aminodiphenyl 237.
4-Dimethylaminodiphenylthioäther 242.
2-Dimethylaminofluoren 362.
4-Dimethylaminophenylazo-naphthalinen 365.
4-Dimethylaminostilben 240f., 251, 261, 359f., 363.
—, Abhängigkeit von der Dosis 308.
4-Dimethylaminotriphenylmethan 242, 363.
9,10-Dimethylanthracen 216, 248, 349.
Dimethylazobenzol 239.
2,3'-Dimethylazobenzol 248.
5,10-Dimethyl-1,2-benzanthracen 350.
9,10-Dimethyl-1,2-benzanthracen 217, 219, 304, 348f., 380f.
3,3'-Dimethylbenzidin 366.
1,2-Dimethylchrysen 350.
3,4-Dimethylcyclopentanophenanthren 217.
Dimethylnitrosamin 247, 376.
Dimethyl-steranthren 202.
3,3'-Dioxybenzidin 237, 244, 257.
3,3'-Dioxy-4,4'-diaminodiphenyl 244.
Diphenyl 266.
Diphenylamin 242.

Wirkung, cancerogene
von
Dulcin 268, 376.
Edelmetallen 282.
Elementen, radioaktiven 379f.
Elfenbein 282, 376.
Epoxyden 276, 285, 371—374.
Evans Blue 246.
Farbstoffen 248, 252f., 383 Tab.
Flachsfasern und -staub 283.
7-Fluor-2-acetaminofluoren 362.
4'-Fluor-4-acetylamino-diphenyl 362.
4'-Fluor-4-aminodiphenyl 237, 362.
4'-Fluor-4-dimethylaminoazobenzol 239.
Fluorenkohlenwasserstoffen 215.
4'-Fluoren-dimethyl-amino-azobenzol 459.
Fremdkörpern 282.
Fuchsin 242.
Gerbsäure 375.
Glimmer 284.
Gold 211, 282, 376.
Graphit 285 Abb.
Guineagrün 243.
Gummi 199 Tab., 279, 280 Abb., 282.
Gummiprodukten 213.
Halogenalkylaminen 270, 273.
Halogenurethanen 270.
Harnstoffverbindungen 268—271.
Hautsuspensionen 283.
Hexamethyltetramin 271, 289.
Höhenstrahlung, kosmischer 208.
Holzteer 213.
Hydrocellulose 376.
3-Hydroxyanthranilsäure 388.
6β-Hydroperoxy-Δ^4-cholestenon-(3) 392.
3-Hydroxykynurenin 388.
Indol fraglich 204.
Isatidin 192f., 287.
Isoamylcarbamat 375.
Isopropylcarbamat 375.
Isopropylöl 282, 383 Tab.
Isotopen, radioaktiven 199 Tab., 209.
—, —, künstlichen 379f.
^{131}Jod 209, 379.
6-Keto-Δ^4-cholestenon-(3) 392.
Kobalt 211, 282, 377.
Kobaltsalzen 377.
Kohlenwasserstoffen, aromatischen 149, 199 Tab., 212—234, 285, 360.
—, —, polycyclischen 345—358.
—, halogenierten 276.
Krebs-Chemotherapeutica 289.
Kreosot 199 Tab.
Kunststoffen 277—285, 376.
Kupfersulfat 377.
Lebensmitteln, verarbeiteten 289.
Leberextrakten 392.
Leinöl 287f., 288 Abb.
Lichtgrün SF, gelblich 243.
Liquor Kalii arsenicosi 270.

Wirkung, cancerogene
von
Lost s. Wirkung, cancerogene, von Bis-(2-chloräthyl)-sulfid.
Lost-Verbindungen 243.
Luft, verschmutzter 194—197.
Magenta 242.
Mangelernährung 193.
Maretin 289.
Metallen 211f., 282.
Methansulfonsäureester 372.
3-Methoxy-2-aminofluoren 236.
8-Methoxy-3,4-benzpyren 218, 351f.
4-Methyläthylaminoazobenzol 364.
4-Methylaminoazobenzol 364.
9-Methyl-1,2-benzanthracen 217.
10-Methyl-1,2-benzanthracen 217, 222.
Methyl-bis-(β-chloräthyl)-amin 271, 371.
N-Methyl-bis-(2-chloräthyl)-amin 371.
Methylcarbamat 375.
Methylcholanthren 187, 214, 217, 230, 270, 293, 347f., 353, 400.
4-Methyl-1,2-cyclopentanophenanthren 202, 217.
10-Methylcyclopentanophenanthren 217.
3'-Methyl-4-dimethyl-aminoazobenzol 233, 239, 360, 415
Methylmethacrylat 279, 282.
Methylolamiden 371—374.
Methylrot 244.
Mineralöl 193, 199 Tab., 213, 346.
Monocrutalin 193, 287.
2-Monomethylaminofluoren 361.
mustard gas s. Wirkung, cancerogene, von Bis-(2-chlordiäthyl)-sulfid.
Mutagenen 94.
Mutterkorn 286.
Myleran 276.
β-Naphthylamin 198, 199 Tab., 234, 248, 250, 257, 359, 361f., 367, 383 Tab.
—, Stoffwechselprodukten 256.
5-β-Naphthylazo-2,4,6-triaminopyrimidin 240.
Natronlauge 212.
Naturprodukten 286—289.
Neutronen 380.
Nickel 211, 377, 383 Tab.
Nickelcarbonyl 199 Tab., 211, 376.
Nigrosinen 247.
2-Nitrofluoren 236, 361, 363.
nitrogen mustard 271, 371.
4-Nitrostilben 236, 363.
Nylon 376.
Ölen 193f., 215, 287f., 384 Tab.
Oestrogenen 202, 267, 327f.
Oestron 381f.
Oil orange E 365.
Oil orange TX 244, 265.
1-Oxy-2-aminonaphthalin 244.
Oxyanthranilsäure 204.

Wirkung, cancerogene
von
3-Oxyanthranilsäure 234.
8-Oxy-3,4-benzpyren 218.
8-Oxy-chinolin 271, 289.
Parafuchsin 242.
Parasiten 199 Tab., 284, 289—291.
Patentblau AE 243.
Pech 346, 384 Tab.
Pellidol 237, 289.
Peroxyden 92, 93 Tab.
Pfeffer, spanischem 287.
Pflanzenprodukten 286.
Phenanthren-Derivaten 216, 354.
Phenazin, Aminoverbindungen 219.
Phenetidinharnstoff 268.
Phenol 227.
Phenylazo-2-naphthol 244, 257, 365.
Phenylharnstoff 268, 285, 376.
^{32}Phosphor 209, 379.
Plättchen und Folien 279—282.
Platin 282, 376.
Plutonium 209.
Polyäthylen 376.
Polyamid 376.
Polystyrol 376.
Polyurethan 279, 281 Abb.
Polyvinylchlorid 376.
Polyvinylpyrrolidon 282.
^{144}Praseodym 209.
Progesteron, rohem 203, 392.
β-Propiolacton 276.
Propylthiouracil 382.
Propylurethan 270.
Putrescin (fraglich) 204.
Pyren 216.
Pyridin-4'-azo-4-dimethylanilin 240.
Quarz 376.
Quarzsand 284.
Quecksilber 210 Abb., 212, 282, 377.
Radiothor 199 Tab.
Radium 199 Tab., 208f., 289, 379.
Radiumemanation und Radiumzerfallsprodukten 209, 379.
Radiumsalzen 379.
Radon 379.
Retrorsin 192f., 287.
Rhodamin B 243.
Rhodamin 6 C 243.
Röntgenstrahlen 198f., 206ff., 266, 302f., 378ff.
Ruß 193, 198, 199 Tab., 213, 345f.
Salpeter, rohem 199 Tab.
Sauerstoffmangel, lokalem 193.
Scharlachrot 238, 245, 289, 359, 364, 366.
Schieferölen 199 Tab., 384 Tab.
Schmierölen 383 Tab.
Schwarz 5410 247.
Schweineschmalz 287.
Selen 199 Tab., 211, 377.
Seneciol 193.
Senicioalkaloiden 192, 375.
Silber 211, 282, 376.

Wirkung, cancerogene
von
Silikaten 212, 284.
Smegma 197, 204, 383 Tab.
Sonnenbestrahlung 198, 199 Tab., 205.
Sorbinpolyäthylenoxydstearaten bzw. -palmitaten 288.
Spaltaminen 366.
Stearoyläthylenimin 275.
Steinkohlenteer 213, 270, 289, 346.
Steranthren 202, 217.
Stickstofflost 271, 371.
Stilben 249, 266.
Stilbenderivaten 247, 250.
Stilboestrol 266.
Stoffen, anorganischen 209—212.
—, verschiedenen 374ff.
Strahlen, ionisierenden 205—209, 273, 316, 377—380.
β-Strahlen 380.
^{89}Strontium und ^{90}Strontium 209, 380.
Styryl 430 199 Tab., 242, 248, 359, 363.
Substanzen, alkylierende 271—276.
—, anorganischen, makromolekularen 284.
—, organischen, verschiedenen 268.
—, polymeren 277—285.
—, radioaktiven 205—209.
Sudan I 244f., 257f., 365.
Sudanbraun RR 239.
Sulfon-äthyleniminen 372
Sulfonamiden 247.
Tabak 194—197, 199 Tab., 286, 383 Tab.
Talkum 199 Tab., 284.
Tannin 375.
Teer 199 Tab., 205, 212, 344ff., 358, 384 Tab.
Tetrachlorkohlenstoff 254, 276, 375.
1,2,3,4-Tetramethylphenanthren 203, 216, 349.
Thalliumnitrat 305.
Thiazinbraun 246.
Thioacetamid 269, 376.
Thioharnstoff 269, 375.
Thioharnstoffverbindungen 285, 326.
Thiophenbenzanthracen 219.
Thiouracil 269.
Thorium-Präparaten 209, 289.
Thorium X-Präparaten 199 Tab., 270.
Toluidinen 234.
Toluylenblau 242.
m-Toluylendiamin 234.
o-Tolylazo-2-naphthol 365.
2-Tolylazo-2-naphthol 244.
Tremolit 284.
sym. 1,3,5-Triäthylenimintriazin 275.
Triäthylenmelamin 275, 372.
Tri-(2-chloräthyl)-amin 271, 371.

Wirkung, cancerogene
von
5,9,10-Trimethyl-1,2-benzanthracen 222.
Trimethylolmelamin 275, 372.
1,2,4-Trimethylphenanthren 349.
Triphenylmethanfarbstoffen 242f.
Triphenylmethansulfosäure 218f.
Trockeneigelb 193, 289.
Trypanblau 246, 289, 366.
Tweens 288.
Ultraviolettlicht 190, 199 Tab., 205, 303, 377f., 384 Tab..
Uran 199 Tab., 209, 377.
Urethan 270f., 289, 374f.
Verbindungen, alkylierend wirkende 371—374.
—, anorganischen 376f.
—, organischen, verschiedenen 268—289.
Vinylcyclohexandiepoxyd 276.
Virus 292—302.
Wurmparasiten 204, 283.
Xanthenfarbstoffen 243.
Xanthin 204, 388.
Yellow AB und OB 240.
Zigaretten 195f.
Zinksalzen 377.
bedingte, von Oestrogenen 327—330.
resorptive 229.
Wirkung, cocancerogene
304, 380—384.
beim Menschen 383.
von
Allylthioharnstoff 382.
Androgenen 381.
Benzol 383.
3,4-Benzpyren 381.
Crotonöl 206, 232f., 304ff., 372, 374, 380f.
Desoxycholsäure 383.
Hormonen 381.
Kreosot 304.
Methylcholanthren 381.
Methylthiouracil 382.
Oestrogenen 381f.
Polyoxyäthylensorbitan-Fettsäureester 304, 381.
β-Propiolacton 380.
Propylthiouracil 382.
Somatrophin 381.
Sorbitan-Fettsäureester 381.
Span-Gruppe 381.
Stilboestrol 382.
Stoffen, hautreizenden 381.
Teer 381.
Terpentin 304, 381.
Thioharnstoff 382.
Thiouracil 382.
Thyreostatica 382.
Traumen 304.
Tweens 232, 304, 381.
Verbrennungen 304f., 381.
Wachstumshormon 381.
Wunden 381.

Wirkung, mutagene:
93 Tab.
über das Cytoplasma 92.
von
Äthylurethan 92, 93Tab.
Bis-(2-chloräthyl)-sulfid 92, 93, 93 Tab. 94, 271.
Epoxyden 93 Tab., 94.
Halogenalkylaminen 273.
Höhenstrahlung 88, 208.
Lost s. Wirkung, mutagene, von Bis-(2-chloräthyl)-sulfid (Lost)
Methyl-bis-(β-chloräthyl)-amin 92, 93 Tab., 271.
nitrogen mustard 271.
^{32}Phosphor 91.
β-Propiolacton 93 Tab., 94.
Putrescin 93 Tab., 95.
Röntgenstrahlen 88.
Senfgasen 92.
Stickstoff-Lost 92, 271.
Strahlen 89, 91f., 273, 380.
Triäthylenmelamin 94.
tris-Chloräthylamin 92.
Viren 96.
Wirkung, oestrogene, von p-Dioxyverbindungen 248.
—, organotrope 250.
—, photochemische 205.
—, —, bei Strahlenwirkung, indirekter 207.
—, proliferationsfördernde, von Virus 299.
—, radiomimetische 272f., 275f.
—, —, von Mustardverbindungen, Äthyleniminen und Epoxyden 373.
—, resorptive, von Aminen, cancerogenen, aromatischen 234.
—, spezifisch-dynamische 537—540.
—, —, Dauer 538.
—, —, Einfluß von Thyroxin auf — 529.
—, —, bei Unterernährung 576.
WITTE-Pepton 169.
Wohlbehagen, thermisches 521.
WOLF, Motor-Pneumotachograph 515.
Wuchsstoffbildung durch Krebszellen 332.
Wuchsstoff, organspezifischer, in Leber 179.
Wuchsstoffe 147—155.
—, Vorkommen in Pflanzenkeimen 149.
—, zellteilungsfördernde 147.
— als Antiwuchsstoffe 162.
Wuchsstoffwirkungen, organspezifische, in Embryonalextrakten 151.
Wunden, Wirkung, cocancerogene 381.
Wundheilung 177.
—, Wirkung von Anticoagulantia auf — 156.
—, — — Cortison und Compound F auf — 172.
„Wundhormone“ 178.
Wurmparasiten, Wirkung, cancerogene 204, 283.

Zählerableser, Calorienbedarf, täglicher 568 Tab.
Zähne bei Unterernährung 576.
Zahnarzt, Calorienbedarf, täglicher 569 Tab.
Zahnfleischtumoren durch Haare bei Mäusen 283.
Zaocys Nigromarginatus Oshimai, Ei 498 Tab., 499 Tab.
Zeichner, Calorienbedarf, täglicher 569 Tab.
Zellbestandteile, Gehalt an Nucleinsäuren 441ff.
Zellen
Alter 178.
Alterung 177.
Anlagen, präsumptive 113.
Atmungsstörungen als Krebsursache 199f.
Bestand an Duplikanten 82 Tab.
Bindung von Substanzen, cancerogenen 286.
Cancerisierung, Nachweis 313.
„cancer control center“ 312.
Entartung, krebsige 314, 314 Abb., 344.
—, —, Wachstumstyp bei — 319.
Erbträger, Vergleich mit Virus 79.
Funktions- und Teilungsformwechsel 143.
Größenzunahme beim Wachstum 130.
Mitose und Funktion schließen sich aus 176.
Omnipotenz 113.
Photosensibilisierung 91.
Plasmagranula 81.
Plastizität 113, 177.
Proteinsynthese in — 4.
Regeneration, Gehalt an Nucleinsäure im Cytoplasma bei — 180.
Regenerationsvermögen 177.
Resistenz gegen Einfrieren 336.
Ribonucleinsäuregehalt und Wachstum 440.
Spezialisierung 107.
Spindelapparat 137.
Synthese von Stoffen, makromolekularen, in der — 83.
Teilung 125.
Verdoppelungswachstum, rhythmisches 131.
Vermehrung 125, 131.
— bei Regeneration 176.
Verteilung der Nucleinsäuren 441ff.
entzündete und geschädigte, Stoffwechsel 165ff.
kernlose, Atmung 4.
polyploide 143.
— durch Mitosegifte 137.
präcanceröse 315, 320.
somatische, Chromosomenzahlen 71.
als „Regelsystem“ 131, 311, 311 Abb.
Zellbestandteile, Duplikation 83.
409.
Zellfraktionen, Aktivität, glykolytische
Zellgifte 141, 166.
Zellgranula 83.
Zellkern
Angriffspunkt von Giften im — 167.
— — Mitosegiften im — 140.
— — Noxen, schädigenden, im — 166.
Bedeutung für Nucleinsäuresynthese 4.
— — Regeneration 177.

Zellkern
Bedeutung für Synthese von Ribonucleinsäuren und Proteinen 143.
— — Vermehrung von Zellen 71.
Bindung von Kohlenwasserstoffen, aromatischen, an — 223.
Desoxyribonucleinsäuregehalt 442.
Duplikanten 82 Tab.
Funktionen 131.
Gehalt an Desoxyribonucleinsäure 132.
— — — bei Mitose 135.
— — Nucleinsäure beim Wachstum 131.
— — Oxydationsfermenten 417 Tab.
— — Ribonucleinsäure 443.
Leber, Kathepsinaktivität in — 436.
Masse, Zunahme bei Zellvermehrung 125.
Lokalisation der Erbmasse im — 71.
Proteinsynthese im — 4.
Rolle bei Entwicklung der Eizellen 4.
Seeigelei, Gehalt an Nucleinsäuren bei Teilung 108.
Stoffwechsel 78.
Synthese von Ribonucleinsäure im — 144.
Träger der Erbmasse 4.
Veränderung bei Cancerisierung 311.
Vergrößerung bei Wachstum 176.
Volumina beim Menschen 131.
Vorkommen von Enzymen im — 4.
— — Nucleinsäuren im — 4.
Wachstum 143.
Wachstumsprogression, geometrische 131.
Wechselwirkung mit Cytoplasma 78.
Zentrum der Proteinsynthese 144.
ruhender, Desoxyribonucleinsäuregehalt 132.
Zellkernäquivalente in Einzellern 78.
Zellkernfragmente, Verhalten bei Carcinogenese 293.
Zellplasma s. a. Cytoplasma.
Zellproteine, Bildung von Konjugaten mit Cancerogenen 263f., 283.
Zellregeneration, Nucleinsäurestoffwechsel bei — 179.
Zellschädigung durch Gifte und Strahlen 141.
— — Kohlenwasserstoffe, cancerogene 231.
Zellstreckung, Hemmstoffe 149.
Zellstrukturen, Bindung von Kohlenwasserstoffen, cancerogenen, an — 230.
Zellteilung
133—142.
Anregung durch Lysin und Cystein 178.
Arten der — 6.
Bedeutung des Cytoplasmas für — 141.
Hemmung 136—142.
— durch Calcium 341.
— — Chinone 260.
Kontraktionen, rhythmische, bei der — 133.
Metaphase, Wirkung von Colchicin auf — 138.
Zellteilung
Nucleinsäurestoffwechsel bei — 4.
Phasen der — 133ff., 134 Abb.
Prophase 133, 134 Abb.
„Ruhephase" 5.
Strahlenempfindlichkeit während der — 135.
Telophase 134, 134 Abb., 135.
Verjüngung bei — 178
Vermehrung der Desoxyribonucleinsäure bei — 125, 131f., 145.
— — Nucleinsäuren bei — 134f.
Verteilung der Plasmagranula bei — 81.
Vorgänge bei — 5f.
—, aktive, bei — 134.
Wirkung von Adenosintriphosphat auf — 133f.
— — Giften auf — 136—142.
amitotische 136.
bivalente, inäquale 50.
inäquale 318.
mitotische 71.
an Cytoplasma, kernlosem 4.
Zellvermehrung beim Wachstum 130.
—, Zunahme der Desoxyribonucleinsäuren bei — 125, 131f., 145.
—, — — Nucleinsäure bei — 145.
Zellwachstum 143—147.
—, Vermehrung der Ribonucleinsäuren bei — 143.
Zellzahl, Konstanz der — 130.
Zephirol, Wirkung, mutagene 93 Tab.
Zibetkatze 104.
Zibeton 104•.
Ziege, Amnionwasser, Fructosegehalt 492 Tab.
Zigarrenmacher, Calorienbedarf, täglicher 569 Tab.
Zigarrenrauch, Vorkommen von 3,4-Benzpyren im — 347.
Zigaretten-Konsum in USA 195.
Zigarettenrauch, Kohlenwasserstoffe, aromatische im — 196.
—, Wirkung, cancerogene 195f.
Zigarettenteer, Vorkommen von 3,4,11,12-Dibenzpyren im — 196.
Zimtaldehyd, Blastokolinwirkung 163 Tab.
Zimtsäuren, Blastokolinwirkung 163 Tab.
cis-Zimtsäure als Blastokolin, physiologisches 164.
Zink, Bindung an Desoxyribonucleoproteide 400.
—, Einfluß auf Wirkung der Keimdrüsenhormone 29.
—, Gehalt in Haut (Maus) vor und nach Carcinogenese 396 Tab.
—, — — Hypophysenvorderlappen 24.
—, — — Tumoren 211, 400.
—, Unentbehrlichkeit 558.
Zink-Ionen, Wirkung auf Serumphosphatase, alkalische 457.
Zinkmangel, Krebsförderung durch — 211.
Zinksalz, Hodenteratome nach — 211.
—, Wirkung, cancerogene 377.

Zinkschmelzer, Calorienbedarf, täglicher 568 Tab.
Zirbeldrüse s. Epiphyse.
„Zoopherin" 150.
Zucker, Hydrogelbildung mit Polyvinylalkohol 279.
Zuckerphosphatase, Vorkommen im Eidotter 478.
Zuckerrübe, Gelbsuchtvirus der — 595.
Zungenkrebs, Häufigkeit 192.
Zustände, molekulare 220.
Zustand, postabsorptiver 521.
Zwerchfell, Gehalt an Cytochromoxydase und Cytochrom c 419 Tab.
—, Metastasenbildung im — bei Verimpfung, intravenöser, von Tumorzellen und -ascites 341.
Zwergmäuse, Fehlen der Zellen, eosinophilen, in Hypophyse bei — 152.
Zwergwuchs bei Fehlen von Schilddrüsenhormon 153.
Zwillinge, einzellige 107.
Zwischenhirn, Ganglienzellen, Vorkommen von Oxytocin und Vasopressin 22f.
—, Sexualzentrum 22f.
—, Störungen bei Infantilismus 12.
Zwischenhirnkerne als Organe, inkretorische 23.
„Zwischenschmerz" 15.
Zwischenzellen, Leydigsche 8, 43.
—, —, Beeinflussung durch Röntgenstrahlen 9.
—, —, Wirkung des Luteinisierungshormons auf — 27.
Zwitterbildung 54.
Zygote 104.
Zymohexase in Tumoren 410f.
Zymosan 176.

Zeitfracht Medien GmbH
Ferdinand-Jühlke-Straße 7
99095 Erfurt, Deutschland
produktsicherheit@kolibri360.de